# Fundamental Mechanics of Materials Equations

## Basic definitions

Average normal stress in an axial member

$$\sigma_{avg} = \frac{F}{A}$$

Average direct shear stress

$$\tau_{avg} = \frac{V}{A_V}$$

Average bearing stress

$$\sigma_b = \frac{F}{A_b}$$

Average normal strain in an axial member

$$\varepsilon_{avg} = \frac{\delta}{L}$$

Average normal strain caused by temperature change

$$\varepsilon_T = \alpha \Delta T$$

Hooke's Law (one-dimensional)

$$\sigma = E\varepsilon \quad \text{and} \quad \tau = G\gamma$$

Poisson's ratio

$$\nu = -\frac{\varepsilon_{lat}}{\varepsilon_{long}}$$

Relationship between $E$, $G$, and $\nu$

$$G = \frac{E}{2(1+\nu)}$$

Definition of allowable stress

$$\sigma_{allow} = \frac{\sigma_{failure}}{FS} \quad \text{or} \quad \tau_{allow} = \frac{\tau_{failure}}{FS}$$

Factor of safety

$$FS = \frac{\sigma_{failure}}{\sigma_{actual}} \quad \text{or} \quad FS = \frac{\tau_{failure}}{\tau_{actual}}$$

## Axial deformation

Deformation in axial members

$$\delta = \frac{FL}{AE} \quad \text{or} \quad \delta = \sum_i \frac{F_i L_i}{A_i E_i}$$

Force-temperature-deformation relationship

$$\delta = \frac{FL}{AE} + \alpha \Delta T L$$

## Torsion

Maximum torsion shear stress in a circular shaft

$$\tau_{max} = \frac{Tc}{J}$$

where the polar moment of inertia $J$ is defined as

$$J = \frac{\pi}{2}[R^4 - r^4] = \frac{\pi}{32}[D^4 - d^4]$$

Angle of twist in a circular shaft

$$\phi = \frac{TL}{JG} \quad \text{or} \quad \phi = \sum_i \frac{T_i L_i}{J_i G_i}$$

Power transmission in a shaft

$$P = T\omega$$

## Six rules for constructing shear-force and bending-moment diagrams

Rule 1: $\Delta V = P_0$

Rule 2: $\Delta V = V_2 - V_1 = \int_{x_1}^{x_2} w(x)\, dx$

Rule 3: $\frac{dV}{dx} = w(x)$

Rule 4: $\Delta M = M_2 - M_1 = \int_{x_1}^{x_2} V\, dx$

Rule 5: $\frac{dM}{dx} = V$

Rule 6: $\Delta M = -M_0$

## Flexure

Flexure formula

$$\sigma_x = -\frac{My}{I} \quad \text{or} \quad \sigma_{max} = \frac{Mc}{I} = \frac{M}{S} \quad \text{where} \quad S = \frac{I}{c}$$

Unsymmetric bending of arbitrary cross sections

$$\sigma_x = \left[\frac{I_z z - I_{yz} y}{I_y I_z - I_{yz}^2}\right] M_y + \left[\frac{-I_y y + I_{yz} z}{I_y I_z - I_{yz}^2}\right] M_z$$

Unsymmetric bending of symmetric cross sections

$$\sigma_x = \frac{M_y z}{I_y} - \frac{M_z y}{I_z} \qquad \tan\beta = \frac{M_y I_z}{M_z I_y}$$

Horizontal shear stress associated with bending

$$\tau_H = \frac{VQ}{It}$$

Shear flow formula

$$q = \frac{VQ}{I}$$

Shear flow, fastener spacing, and fastener shear relationship

$$qs \le n_f V_f = n_f \tau_f A_f$$

For circular cross sections,

$$Q = \frac{1}{12} d^3 \quad \text{(solid sections)}$$

$$Q = \frac{2}{3}[R^3 - r^3] = \frac{1}{12}[D^3 - d^3] \quad \text{(hollow sections)}$$

## Beam deflections

Elastic curve relations between $w$, $V$, $M$, $\theta$, and $v$ for constant $EI$

$$\text{Deflection} = v$$

$$\text{Slope} = \frac{dv}{dx} = \theta$$

$$\text{Moment } M = EI\frac{d^2v}{dx^2}$$

$$\text{Shear } V = \frac{dM}{dx} = EI\frac{d^3v}{dx^3}$$

$$\text{Load } w = \frac{dV}{dx} = EI\frac{d^4v}{dx^4}$$

# Fundamental Mechanics of Materials Equations

## Plane stress transformations

Normal and shear stresses on an arbitrary plane

$$\sigma_n = \sigma_x \cos^2\theta + \sigma_y \sin^2\theta + 2\tau_{xy}\sin\theta\cos\theta$$

$$\tau_{nt} = -(\sigma_x - \sigma_y)\sin\theta\cos\theta + \tau_{xy}(\cos^2\theta - \sin^2\theta)$$

or

$$\sigma_n = \frac{\sigma_x + \sigma_y}{2} + \frac{\sigma_x - \sigma_y}{2}\cos 2\theta + \tau_{xy}\sin 2\theta$$

$$\tau_{nt} = -\frac{\sigma_x - \sigma_y}{2}\sin 2\theta + \tau_{xy}\cos 2\theta$$

Principal stress magnitudes

$$\sigma_{p1,p2} = \frac{\sigma_x + \sigma_y}{2} \pm \sqrt{\left(\frac{\sigma_x - \sigma_y}{2}\right)^2 + \tau_{xy}^2}$$

Orientation of principal planes

$$\tan 2\theta_p = \frac{\tau_{xy}}{(\sigma_x - \sigma_y)/2}$$

Maximum in-plane shear stress magnitude

$$\tau_{\max} = \pm\sqrt{\left(\frac{\sigma_x - \sigma_y}{2}\right)^2 + \tau_{xy}^2} \quad \text{or} \quad \tau_{\max} = \frac{\sigma_{p1} - \sigma_{p2}}{2}$$

$$\sigma_{\text{avg}} = \frac{\sigma_x + \sigma_y}{2}$$

Absolute maximum shear stress magnitude

$$\tau_{\text{abs max}} = \frac{\sigma_{\max} - \sigma_{\min}}{2}$$

Normal, stress invariance

$$\sigma_x + \sigma_y = \sigma_n + \sigma_t = \sigma_{p1} + \sigma_{p2}$$

## Plane strain transformations

Normal and shear strain in arbitrary directions

$$\varepsilon_n = \varepsilon_x \cos^2\theta + \varepsilon_y \sin^2\theta + \gamma_{xy}\sin\theta\cos\theta$$

$$\gamma_{nt} = -2(\varepsilon_x - \varepsilon_y)\sin\theta\cos\theta + \gamma_{xy}(\cos^2\theta - \sin^2\theta)$$

or

$$\varepsilon_n = \frac{\varepsilon_x + \varepsilon_y}{2} + \frac{\varepsilon_x - \varepsilon_y}{2}\cos 2\theta + \frac{\gamma_{xy}}{2}\sin 2\theta$$

$$\frac{\gamma_{nt}}{2} = -\frac{\varepsilon_x - \varepsilon_y}{2}\sin 2\theta + \frac{\gamma_{xy}}{2}\cos 2\theta$$

Principal strain magnitudes

$$\varepsilon_{p1,p2} = \frac{\varepsilon_x + \varepsilon_y}{2} \pm \sqrt{\left(\frac{\varepsilon_x - \varepsilon_y}{2}\right)^2 + \left(\frac{\gamma_{xy}}{2}\right)^2}$$

Orientation of principal strains

$$\tan 2\theta_p = \frac{\gamma_{xy}}{\varepsilon_x - \varepsilon_y}$$

Maximum in-plane shear strain

$$\frac{\gamma_{\max}}{2} = \pm\sqrt{\left(\frac{\varepsilon_x - \varepsilon_y}{2}\right)^2 + \left(\frac{\gamma_{xy}}{2}\right)^2} \quad \text{or} \quad \gamma_{\max} = \varepsilon_{p1} - \varepsilon_{p2}$$

$$\varepsilon_{\text{avg}} = \frac{\varepsilon_x + \varepsilon_y}{2}$$

Normal strain invariance

$$\varepsilon_x + \varepsilon_y = \varepsilon_n + \varepsilon_t = \varepsilon_{p1} + \varepsilon_{p2}$$

## Generalized Hooke's Law

Normal stress/normal strain relationships

$$\varepsilon_x = \frac{1}{E}[\sigma_x - \nu(\sigma_y + \sigma_z)]$$

$$\varepsilon_y = \frac{1}{E}[\sigma_y - \nu(\sigma_x + \sigma_z)]$$

$$\varepsilon_z = \frac{1}{E}[\sigma_z - \nu(\sigma_x + \sigma_y)]$$

Shear stress/shear strain relationships

$$\gamma_{xy} = \frac{1}{G}\tau_{xy} \qquad \gamma_{yz} = \frac{1}{G}\tau_{yz} \qquad \gamma_{zx} = \frac{1}{G}\tau_{zx}$$

where

$$G = \frac{E}{2(1+\nu)}$$

Normal stress/normal strain relationships for plane stress

$$\varepsilon_x = \frac{1}{E}(\sigma_x - \nu\sigma_y)$$

$$\varepsilon_y = \frac{1}{E}(\sigma_y - \nu\sigma_x)$$

$$\varepsilon_z = -\frac{\nu}{E}(\sigma_x + \sigma_y)$$

or

$$\sigma_x = \frac{E}{1-\nu^2}(\varepsilon_x + \nu\varepsilon_y)$$

$$\sigma_y = \frac{E}{1-\nu^2}(\varepsilon_y + \nu\varepsilon_x)$$

Shear stress/shear strain relationships for plane stress

$$\gamma_{xy} = \frac{1}{G}\tau_{xy} \quad \text{or} \quad \tau_{xy} = G\gamma_{xy}$$

## Pressure vessels

Axial stress in spherical pressure vessel

$$\sigma_a = \frac{pr}{2t} = \frac{pd}{4t}$$

Longitudinal and hoop stresses in cylindrical pressure vessels

$$\sigma_{\text{long}} = \frac{pr}{2t} = \frac{pd}{4t} \qquad \sigma_{\text{hoop}} = \frac{pr}{t} = \frac{pd}{2t}$$

## Failure theories

Mises equivalent stress for plane stress

$$\sigma_M = [\sigma_{p1}^2 - \sigma_{p1}\sigma_{p2} + \sigma_{p2}^2]^{1/2} = [\sigma_x^2 - \sigma_x\sigma_y + \sigma_y^2 + 3\tau_{xy}^2]^{1/2}$$

## Column buckling

Euler buckling load

$$P_{cr} = \frac{\pi^2 EI}{(KL)^2}$$

Euler buckling stress

$$\sigma_{cr} = \frac{\pi^2 E}{(KL/r)^2}$$

Radius of gyration

$$r^2 = \frac{I}{A}$$

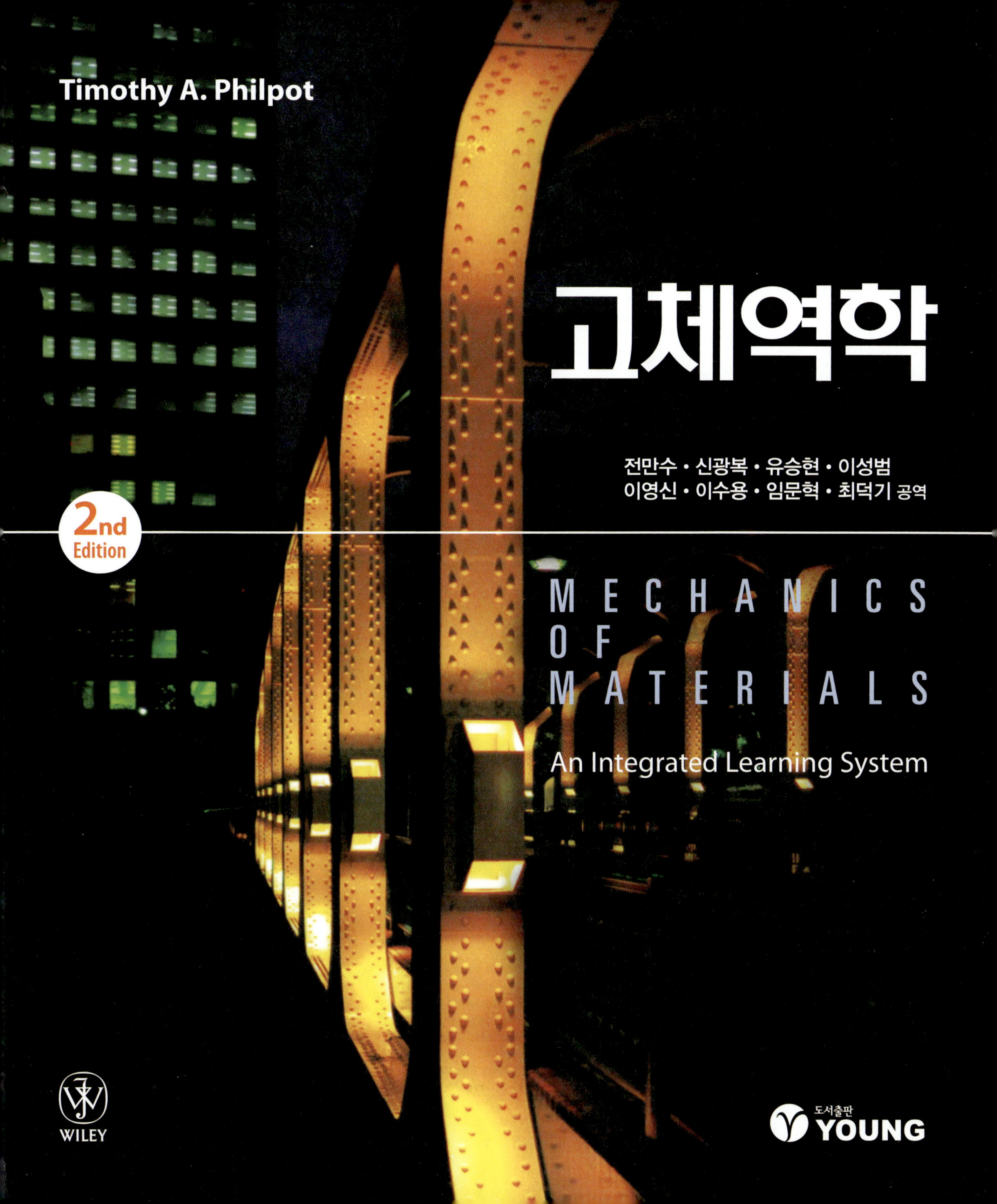

Timothy A. Philpot

# 고체역학

전만수 · 신광복 · 유승현 · 이성범
이영신 · 이수용 · 임문혁 · 최덕기 공역

2nd Edition

# MECHANICS OF MATERIALS

An Integrated Learning System

WILEY

도서출판 YOUNG

# 저자서문

매학기 시작하면서 나는 내가 겪었던 학부생 시절의 고체역학에 관한 경험을 늘 이야기한다. 내가 어떻게 해서든지 A학점을 일구어내기는 했을지라도, 고체역학은 학부과정의 교과과정에서 매우 혼돈스러운 교과목 중의 하나였다. 공부를 계속하면서 나는 이 교과목의 개념을 실제로는 잘 이해하지 못했다는 것을 깨닫게 되었으며, 이러한 약점이 후속된 설계 관련 교과목의 이해에 방해가 되었다. 내가 기술자로서 경력이 쌓였을 때, 비로소 고체역학의 개념과 세부적인 설계 상황과 연결이 가능하게 되었다. 일단 내가 그 실세계의 연결을 달성한 이후, 훈련된 설계 과정을 보다 완전하게 이해하였으며 설계기술자로서의 신념이 확고하게 되었다. 내가 교육받은 것과 일을 통해 습득한 경험이 고등 설계 교과목과 공학적 실무의 기초로서 고체역학의 핵심적 중요성에 관한 확신을 갖게 되었다.

## 마음의 눈을 통한 교육

나의 초창기 교육 경력 기간 동안 경험을 쌓아가면서, 나는 그 핵심 주제의 이해를 용이하게 하는 다수의 마음속 이미지들에 의존했기 때문에 나는 고체역학의 개념들을 이해하고 설명할 수 있게 되었다. 훗날, MecMovies 소프트웨어의 형성 평가 중에 Andrew 박사(Dean of School of Information at the University of Texas at Austin)는 마음속 이미지의 역할을 간결하게 이렇게 표현했다. “전문가는 그들의 전문영역에 관한 마음속 이미지를 가지고 있다는 것이고, 반면에 초보자는 그렇지 않다는 것이다. 바로 이 점이 전문가를 결정하는 결정적 요소라는 것이다”. 이러한 식견에 근거하여 판단할 때, 교육자의 근본적인 목적 중의 하나는 마음의 눈에 따라 가르치는 것, 즉 고체역학을 공부하는 학생들에게 정보를 제공하고 길을 가르쳐 주는 것과 관련된 마음속 이미지를 전달하고 양성하는 것이다. 이 책에서 사용된 MecMovies나 그림들은 이러한 목적을 가슴에 새기고 개발되었다.

## MecMovies 교육 소프트웨어

컴퓨터를 활용한 교육은 고체역학의 이해도를 높일 수 있다. 3차원 모델링 및 렌더링 소프트웨어를 사용하면 다양한 부품 또는 구성요소들을 사진과 같이 생생하게 생성시킬 수 있고 이들을 다양한 각도에서 볼 수 있다. 뿐만 아니라 에니메니션 소프트웨어는 물체나 공정을 움직이는 상태로 보이게 한다. 이 두 기능을 결합함으로써 물체의 실제 형상의 표현을 보다 더 완벽에 가깝도록 하였다. 이것은 문제를 이해하고 풀 수 있도록 하는 데 필연적인 마음속의 구상을 가능하게 한다.

애니메이션은 또한 컴퓨터 기반 학습 도구의 새로운 세대를 연다. 예제 등 고체역학을 가르치는 데 사용된 전통적인 학습 방법은 애니메이션을 통하여 바람직한 문제풀이 과정을 기억하기 좋고 호감이 가는 방식으로 강조하거나 그림으로 보여줌으로써 크게 개선될 수 있다. 애니메이션은 학생들이 문제풀이에 능숙해지는 데 필요한 구체적인 기교에 초점을 맞춘 대화식 도구를 개발하는 데도 사용될 수 있다. 이러한 컴퓨터를 근간으로 하는 도구는 올바른 해를 제공할 뿐만 아니라 답에 도달하는 데 필요한 과정에 관한 상세한 시각적 및 구두 설명을 제공할 수가 있다. 소프트웨에서 제공된 피드백은 전통적인 과제물과 직결된 일종의 걱정꺼리를 들어줄 수가 있으며, 이것은 또한 학습자에 적합한 보조로 그들이 능숙함과 확신을 갖도록 하는 것이 가능하도록 한다.

이 책에서는 기존의 교과서 양식에다 MecMovies 교육 소프트웨어를 추가하여 컴퓨터 기반 교육을 확립하였다. 현재 MecMovies는 고체역학 교과목을 대표하는 주제에 관한 160개 이상의 애니메이션 영상으로 이루어져 있다. 대부분의 애니메이션들은 상세 예제 문제를 제공하며, 약 80여 개의 애니메이션은 대화식으로 되어 있어 학습자에게 개념을 적용할 기회와 함께 핵심 고려사항, 세부 계산, 중간 계산 결과 등에 관하여 피드백을 즉시 받을 수 있는 기회를 제공한다. MecMovies는 NEEDS(The National Engineering Education Delivery System, a digital library of learning resources for engineering education)가 수여한 '2004 Premier Award for Excellence in Engineering Eduacation Courseware' 상을 수상하였다.

## 책의 특징

20년간 강도 또는 힘, 변형, 안정성 등의 근본적인 주제에 관하여 교육하면서 나는 성공과 실망을 거듭하였으며, 이로부터 알게 되었다. 이 책은 교육자와 학생 간의 명확한 의사교환을 향한 열정으로부터 성장해 온 것이며, 나의 수업시간에서 다양한 학습자들에게 핵심적인 내용을 전달하는 데 있어 확고한 효율을 향한 투지로부터 성장해 온 것이다. 이 책과 처음부터 끝까지 통합되어 있는 MecMovies 교육 소프트웨어를 통하여 내가 바라는 것은 다양한 학습자의 요구에 부응하기 위한 직설적이고 간결하게 설명하는 방식으로 고체역학의 이론과 실습을 제공하고 발전시키는 것이다. 이 책과 소프트웨어는 주제들을 표현함에 있어 준엄함과 심오함을 희생시키지 않으면서 학생에게 친숙해지기 위하여 각별한 노력이 기울어진 결과물이다.

**그림으로 대화하기:** 나는 독자에게 이 책을 먼저 훑어보길 희망한다. 내가 바라는 것은 독자들이 본문과 그림 양면에서 신선한 명쾌함을 발견하는 것이다. 저자와 삽화가로서 독자의 마음의 눈을 위하여 학습 내용을 밝히는 데 도와주는 시각적 내용을 만들고자 하였다. 삽화들을 제작할 때 컬러, 음영처리, 원근법, 질감, 치수 등을 사용함으로써 개념의 전달을 명쾌하게 하였으며, 그 개념을 실세계의 구성요소나 물체의 연장선상에 위치시키고자 노력하였다. 이러한 그림들은 기술자들이 미래의 기술자들을 교육시키기 위한 목적으로 기술자에 의하여 준비되었다.

**문제풀이 도해:** 학습 연구 결과에 따르면 지식의 전수는 학생이 문제풀이 도해를 개발할 수 있을 때 더욱 효과적이다. Webster 사전에서는 문제풀이 도해는 복잡한 상황에 응답하는 조직적 방법을 포함하는 정신적 체계화로 정의되어 있다. 다시 말해, 만약 학생들에게 마음속으로 체계화시키는 개념과 그 적용 방법을 위한 구조적 틀을 개발하도록 유도한다면, 이해도나 숙련도는 향상된다. 이 책과 소프트웨어는 학생들이 고체역학의 개념과 문제풀이 과정을 조직화하고 구분하도록 돕기 위한 수많은 특징적 요소들을 포함하고 있다. 예를 들면, 경험적으로 볼 때, 비틀림 하중을 받는 부정정계 축 문제는 학생들에게 가장 어려운 주제에 속한다. 이러한 주제에 관한 풀이 과정을 구체화하는 것을 돕기 위하여 5단계 방법이 사용된다. 이 방법은 학생들에게 혼돈스러운 상황을 쉽게 이해 가능한 계산의 과정으로 체계화시켜 주는 문제풀이 방법을 제공한다. 그리고 이러한 주제에 관한 요약표가 학생들이 평범한 부정정계 구조물을 구조물의 구체적인 형상에 근거한 영역 구분을 실행하는 데 도움을 주기 위하여 제공된다. 학생들이 혼돈스럽게 생각하는 또 하나의 문제는 보의 처짐을 구하는 데 사용되는 중첩의 원리의 사용이다. 이 문제는 이러한 형태의 문제를 풀 때 널리 사용되는 여덟 개의 기교들의 열거를 통하여 분문에 소개되어 있다. 이러한 체계화된 기법은 보다 더 복잡한 상황 또는 문제를 고려하기에 앞서서 학생들이 숙련도를 점진적으로 발전시키도록 유도한다.

**예제의 독특한 양식과 명료함:** 대부분 고체역학은 예제를 통하여 교육된다. 그러므로 이 책에서는 예제 문제의 표현방법과 품질에 많은 신경을 썼다. 예제에 대한 해설이나 삽화들은 학습자들에게 특히 중요하다. 해설은 여러 단계가 필요한 이유를 설명하고 해를 구하는 과정에서 각 단계의 이론적 근거를 서술한다. 반면, 삽화들은 개념을 여러 상황에 부합되도록 하는 데 필요한 마음속의 이미지를 구상하도록 도와준다. 학생들은 MecMovies에서 사용되고 있는 단계별 접근 방법이 매우 유용하다는 것을 알게 된다. 물론 유사한 방법이 본문에서도 사용되고 있다. 이 책과 MecMovies 소프트웨어는 모두 270개의 삽화가 완벽하게 갖추어진 예제를 제공하고 있다. 이 예제들은 문제풀이 기교에 대한 능력과 확신을 갖도록 하는 데 필요한 폭과 깊이를 동시에 제공하고 있다.

**과제물 원칙:** 고체역학이 문제풀이 과정이므로 교과의 개념을 명확하게 하고 강화시키기 위한 과제물의 개발에 많은 숙고가 이루어졌다. 이 책은 다양한 발전 단계에 와 있는 학습자들에 적합한 난이도가 고려된 940개 이상의 과제물이 제공된다. 이 문제들은 다음 단계의 설계 교과목에서 필요로 하는 기술적 기초와 기교를 갖추도록 하기 위한 의도 하에 준비되었다. 이 문제들은 전통적인 공학 현실 문제에 도전적이면서, 동시에 실용적이고 타당성이 있는 것들로 구성되어 있다.

어떤 교육자는 과거의 교육용 소프트웨어에 관한 불만족스러운 경험을 가지고 있을 것이다.

## MecMovies를 교과 과제와 연계하기

종종 결과가 의도한 대로 되지 않은 경우가 있다. 그리고 교육자들이 컴퓨터 근거 교육 내용을 그들의 수업에 접목시키기를 꺼려하는 것은 이해할 만하다. 그러한 교육자들을 위하여 이 책은 MecMovies 소프트웨어를 필요로 하지 않는 상태에서 책 자체의 장점만으로 독립적으로 활용될 수도 있다. 교육자들은 이 책은 어떤 방식이든 MecMovies를 사용하지 않은 채 오래토록 강의되어질 고체역학 교과목을 가르치는 데 성공적으로 사용될 수 있다는 사실을 알게 될 것이다. 하지만, 이 책과 결합되어 있는 MecMovies 소프트웨어는 새롭고 가치 있는 교육 매체로서 이미 고체역학 학습자들 세계에서 유명하고 동시에 효과적이라는 사실이 입증되었다. 부정적인 사람들은 수년 동안 교육 소프트웨어가 교과서에 보충하는 자료로 삽입되어 왔으며, 그것이 학생들의 실력 향상에 크게 기여하지 못하였다고 말할지도 모른다. 내가 이러한 평가를 애써 부정하지 않고 있는 동안, 나는 당신에게 MecMovies를 다른 각도에서 보도록 설득하고자 한다.

경험적으로 볼 때, 교육 소프트웨어를 교과 운영에 결합시키는 방법은 그 소프트웨어의 질적 수준만큼 중요하다. 학생들은 그들의 공부 시간에 많은 해결해야 할 것들을 가지고 있다. 그리고 일반적으로 그들은 시간과 노력을 교과목의 이수에 핵심적이 아니라고 판단되는 소프트웨어에 투자하지 않으려 할 것이다. 다시 말하면, 보충적 역할을 하는 소프트웨어는 그것의 질적 수준이나 장점과는 상관없이 실패의 운명으로 전락하고 말 것이다. 효과적이 되기 위해서, 교육 소프트웨어는 정기적으로 또는 수시적으로 교과 과제물과 결합되어야 한다. 왜 교육자는 전통적인 교육 방식을 교과목 수업에 컴퓨터 근간 과제물을 활용하는 방식으로 바꾸어야 하는가? 답은 다음과 같다. MecMovies가 제공하는 독보적인 기능들이 첫째,

학생들에게 맞춤형 교육을 제공하게 하기 때문이며, 둘째, 여러 주제에 관한 기초적인 내용보다 발전된 내용에 관하여 논의할 수 있는 시간을 많이 갖도록 해주기 때문이며, 셋째, 교육 능력을 향상시키기 때문이다.

교육 매체로서의 컴퓨터는 맞춤형 대화식 학습 활동, 특히 완벽한 이해에 선행되어야 할 문제풀이 기교를 갖추도록 하는 데 매우 적합하도록 되어 있다. MecMovies는 많은 연습문제를 가지고 있으며, 최소한 이러한 특징은 교육자들에 의하여 여러 가지 점에서 유용하게 사용될 수 있다. 첫째, 학생들이 가령, 도심이나 단면관성모멘트 등과 같이 어떤 주제를 공부하기에 앞서 사전에 알고 있어야 할 적절한 지식을 갖도록 하는 것, 둘째, 특별한 문제의 풀이에 있어 충분하게 숙련되도록 하는 것, 셋째, 학생들로 하여금 최신의 강의 주제에 머물도록 하는 것 등이 그것이다.

1. **Concept Checkpoints** – 이 기능은 하나 또는 두 개의 계산을 요하는 기본 문제를 위하여 사용된다. 이것은 또한 풀이 과정을 일련의 연속적으로 극복해야 하는 몇 개의 단계로 세분화함으로써 보다 복잡한 문제에 대한 확신과 숙련도를 기르는 목적으로 활용된다.
2. **Try One problems** – 이 기능은 특별한 문제에 부과된다. Try One problem에서는 예제에서 설명된 개념과 문제풀이 방식을 즉시 유사한 다른 문제의 풀이에 적용할 수 있는 기회를 제공한다.
3. **Games** – Games는 극복하기 위하여 반복적 학습이 필요한 특별한 지식에 대한 숙련도를 향상시키는 목적으로 사용된다. 예를 들면, Games는 도심, 단면관성모멘트, 전단력, 굽힘모멘트, Mohr 원 등을 교육하는 데 사용된다.

이러한 소프트웨어의 기능으로, 문제에서 필요로 하는 수치들은 각 학생들에게 즉각적으로 생성되며, 학생들의 풀이는 평가되어 요약 보고서가 프린트 목적으로 생성된다. 이것은 채점의 무거운 짐을 교육자에게 부과하지 않으면서 매일의 과제물이 모아지게 하는 것을 가능케 한다.

많은 대화식 MecMovies 연습문제는 그 주제에 관한 사전 지식을 전제로 하지 않는다. 결과적으로 교육자는 어떤 주제에 관한 강의를 하기 이전에 MecMovies의 내용이 완결되도록 요구할 수 있다. 예를 들면, Coach Mohr's Cicle of Stress는 학생들을 평면응력에 대한 Mohr 원의 상세 작성이 가능하도록 순차적인 방식으로 인도한다. 만약 Mohr 원에 관한 첫 강의를 하기 이전에 학생들이 이 연습문제를 완료했다면, 교육자는 최소한 주응력을 결정하는 데 Mohr 원을 어떻게 사용하는지에 관한 기본적 이해를 학생들이 할 것이라는 확신을 가질 수 있을 것이다. 이렇게 함으로써 교육자는 Mohr 원의 계산과 관련된 추가적인 내용을 설명하기 위하여 기초지식을 갖도록 하는 데 들어가는 노력을 피할 수 있다.

다년간의 MecMovies에 관한 학생들의 반응은 매우 좋다. 많은 학생들은 교과서보다 MecMovies를 통한 공부를 선호하는 것으로 보고하고 있다. 학생들은 즉시 MecMovies가 교과 내용의 이해와 고득점 획득에 매우 도움이 된다는 것을 알게 된다. 더욱이 MecMovies가 교과 운영과 연계될 때, 정량화하기 어려운 편익이 목격되고 있다. 학생들은 수업시간에 과거에는 이해할 수 없었던 이론적 내용과 관련된 좋은 질문을 더 많이 하게 될 수 있으며, 학생의 교과 운영에 관한 자세와 자질이 전반적으로 개선될 수 있다.

## 감사의 글


- Thanks to Joe Hayton, formerly Acquisitions Editor at John Wiley & Sons, without whom this book would not have been realized. Thank you for seeing merit and potential in my work all those years ago.
- Thanks to Sujin Hong, Dan Sayre, Mike McDonald, Renata Marchione and the hard working, efficient, and focused staff at Wiley for keeping this project on track. Thank you for your expertise.
- To Ron Fannin, Chairman of the Interdisciplinary Engineering Department at the University of Missouri–Rolla, for appreciating that educational innovation occurs at all hours of the day (and night). Thank you for your flexibility, insight, and unflagging support.
- To Doug Carroll of the University of Missouri–Rolla for his willingness to teach from an incomplete manuscript, his openness to the integration of MecMovies in his own classes, and his work in generating many, many homework solutions. Also, thanks to Carla Campbell of the University of Missouri–Rolla for her use of MecMovies in her classes during its development and for her support of this book project. Thank you both for your collegiality.
- To David Oglesby formerly of the University of Missouri–Rolla and Scott Hendricks of Virginia Polytechnic Institute and State University for their thorough checking of the manuscript accuracy. Thank you for your attention to detail.
- To Kurt Gramoll of the University of Oklahoma, a true pioneer and innovator in computer-based instructional media for engineering mechanics. Thanks for the inspiration.
- To Loren W. Zachary of Iowa State University and the estate of William F. Riley for allowing me to build on the foundation of their 1989 book, *Introduction to Mechanics of Materials*.
- To Lou Ann Philpot, my mother, whose eye for color, pattern, and design are unsurpassed. Thank you for the good genes.
- To Madeleine and Larkin Philpot for their understanding. Thanks for accepting a driven and often preoccupied father.
- And finally to Pooch, my wife, the mother of my children, the love of my life, and my constant companion for the past 38 years. Words are inadequate to convey the depth of love, support, strength, encouragement, optimism, wisdom, enthusiasm, good humor, and sustenance that you give so freely to me.

The following colleagues in the engineering teaching profession reviewed parts or all of the manuscript, and I am deeply indebted to them for their constructive criticism and words of encouragement.

**Second Edition.** John Baker, *University of Kentucky*; George R. Buchanan, *Tennessee Technological University*; Debra Dudick, *Corning Community College*; Yalcin Ertekin, *Trine University*; Nicholas Xuanlai Fang, *University of Illinois Urbana-Champaign*; Noe Vargas Hernandez, *University of Texas at El Paso*; Ernst W. Kiesling, *Texas Tech University*; Lee L. Lowery, Jr., *Texas A&M University*; Kenneth S. Manning, *Adirondack Community College*; Prasad S. Mokashi, *Ohio State University*; Ardavan Motahari, *University of Texas at Arlington*; Dustyn Roberts, *New York University*; Zhong-Sheng Wang, *Embry-Riddle Aeronautical University*.

**First Edition.** Stanton Apple, *Arkansas Tech University*; John Baker, *University of Kentucky*; Kenneth Belanus, *Oklahoma State University*; Xiaomin Deng, *University of South Carolina*; Udaya Halahe, *West Virginia University*; Scott Hendricks, *Virginia Polytechnic Institute and State University*; Tribikram Kundu, *University of Arizona*; Patrick Kwon, *Michigan State University*; Shaofan Li, *University of California, Berkeley*; Cliff Lissenden, *Pennsylvania State University*; Vlado Lubarda, *University of California, San Diego*; Gregory Olsen, *Mississippi State University*; Ramamurthy Prabhakaran, *Old Dominion University*; Oussama Safadi, *University of Southern California*; Hani Salim, *University of Missouri–Columbia*; Scott Schiff, *Clemson University*; Justin Schwartz, *Florida State University*; Lisa Spainhour, *Florida State University*; and Leonard Spunt, *California State University, Northridge*.

## 연락처

I would greatly appreciate your comments and suggestions concerning this book and the MecMovies software. Please feel free to send me an e-mail message at *philpott@mst.edu* or *philpott@mdsolids.com*.

# 역자서문

고체역학은 역학을 중심으로 하는 공학 분야(기계공학, 조선공학, 항공공학, 건축공학, 토목공학)의 4년제 대학에서 대개 2학년 1학기와 2학기에 교육되고 있다. 경우에 따라서는 응용고체역학의 교과목에서 고등고체역학 또는 전산고체역학 등으로 연결되기도 한다. 고체역학은 정지하고 있는 변형 가능한 물체(변형체)에 관한 역학, 즉 힘, 변형, 힘과 변형의 관계 등에 관한 전문지식을 제공한다. 이러한 전문지식은 구조물 또는 기계의 설계와 부품의 제조 분야에서 필요로 하는 매우 중요한 제반 이론과 관련 지식을 제공하며, 기계요소설계, 기계진동학, 유체역학, 응용고체, 소성역학, 생산공학 등의 학습에 필요한 역학적 기반을 갖추도록 한다.

고체역학의 학습에서 중시하는 것은 역학적 감각이며, 이것은 수계산을 통한 해의 획득과 함께 체득된다. 수계산이 가능한 고체역학 문제의 대표적인 것은 가느다란 부재, 즉 세장부재에 관한 역학이다. 세장부재에 축방향의 하중이 가해진 경우를 봉(rod)이라고 하고, 비틀림모멘트가 가해진 경우를 축(shaft)이라고 하고, 굽힘모멘트가 가해진 경우를 보(beam)라고 하고, 축방향의 압축하중에 의하여 부재가 굽는 경우를 기둥(column)이라고 한다. 고체역학은 앞에서 열거한 문제를 수계산에 의존하여 학습하는 것을 일차 목표로 한다. 이러한 기본적인 고체역학 문제를 해결하는 데는 응력과 변형률의 개념이 필수적이다.

고체역학에서 가장 중시하는 것은 응력 및 변형률과 재료의 성질을 반영하는 응력과 변형률의 관계이다. 따라서 고체역학은 세장부재를 대상으로 응력과 변형률의 기본 개념을 충분히 체득한 후에 이를 임의의 2차원 및 3차원 문제로 확장하는 내용을 포함한다. 그러나 임의의 2차원 또는 3차원 형상과 하중의 고체역학 문제는 편미분방정식으로 수식화되며, 수계산으로 그 해를 구하는 것이 불가능하다. 이 책에서 이와 관련된 수식, 즉 지배방정식을 직접적으로 혹은 간접적으로 유도하지만, 이에 관한 수계산에 의존한 일반적인 해법은 존재하지 않으며, 컴퓨터를 이용한 수치해석이 필수적이다. 그러나 전산구조해석 기술은 고학년 또는 대학원의 학습 대상이다.

이 책의 최대 장점은 독자들에게 다가서고자 하는 저자의 열의에 있다. 저자는 설계 기술자로서 경험한 바와 대학에서 고체역학의 교과목을 운영하면서 경험한 바를 토대로 다방면의 고체역학적 지식을 비교적 쉬운 방법과 반복적인 서술 방법 등을 통하여 독자들에게 효과적으로 전달하고자 노력하였다. 이를 위하여 이론의 상세설명 및 체득을 강조한 다양한 예제와 함께 McMovies 교육 소프트웨어에 기초한 최신 영상 교육자료가 제공되어 있다.

저자는 기본 이론의 소개, 예제 문제의 풀이방식의 규칙화, 현실적인 설계 또는 응용문제의 예시, 유사 예제의 반복을 통한 이론 체득 과정의 규칙화 등의 표준화된 교육 방식을 따르고 있다. 이러한 체계화된 교육 방식을 통하여 독자들이 관련 이론을 스스로 심화발전시킬 수 있도록 의도하였다. 다만, 고체역학에서 중시하는 역학적 개념의 이해와 이에 따른 역학적 사고력의 증진의 관점에서 보았을 때, 이 책이 다소 지나치게 규격화된 접근방법 또는 반복적인 문제풀이 중심의 고체역학의 학습 방법에 의존하고 있으며, 이로 이한 시간적 및 내용적 부담의 증가와 독자의 수동적 참여 가능성이 무시할 수 없는 현실적 문제가 될 수 있다는 점을 지적해 둔다. 이러한 문제들을 독자들이 효과적으로 극복하는 방법은 이론에 관한 심도 있는 이해를 바탕으로 예제풀이에  직접 참여하여 저자가 제시한 문제풀이 절차를 유연하게 받아들이는 창의적 노력이 필요하다고 사료된다.

다수의 역자들이 기존의 여러 역서들이 안고 있는 문제점을 개선시키고자 책을 펴내는 의지로 협력하여 번역 작업을 개시하였으나, 현실적으로 볼 때 그 결실이 다소 의지에 부합하지 않은 면이 없지 않다. 관점에 따라서는 원서도 다소 미흡한 부분이 없지 않았으며, 이를 보완하기 위하여 다수의 역자주를 추가하거나 부득이 하게 전공용어를 저자와 다소 다르게 표현해야 하는 경우도 없지 않았다. 앞으로 이 책의 저자와 상의하고 역자들이 협력하여 개정판에서 발전적으로 보완할 것을 약속드리며, 이 역서의 고품질화를 위한 독자의 적극적인 참여를 기대한다.

# 차 례

# CHAPTER 01 응력

## 1.1 서론

정지하고 있는 고체와 관련된 기본역학으로는 정역학과 고체역학이 있다.* 정역학에서는 주로 외력과 강체, 질점(즉, 힘으로 인한 크기나 형상의 변화가 무시된 이상화된 물체)과 관련된 역학에 관하여 학습한다. 고체역학에서는 변형하는 실제의 물체(하중의 부과에 의해 변형될 수 있는 물체)에 가해지는 외부 하중에 의해 야기되는 내부의 현상에 관하여 학습한다.

---

* 역자주: 뉴톤은 물체를 질점의 집합으로 간주하여 뉴톤의 운동법칙을 서술하였다. 뉴톤의 제1법칙은 공학적으로는 활용되지 않는다. 정지하고 있는 물체에 관한 제2법칙은 물체 내의 임의의 질점에 작용하는 모든 힘의 합, 즉 반력, 자중, 하중 등을 포함하는 외력과 질점과 질점 간에 작용하는 모든 내력의 합은 0이어야 한다는 것이다. 그리고 제3법칙은 임의의 두 질점 사이에 작용하는 힘, 즉 내력은 크기가 같고 방향이 반대이며 동일 작용선 상에 존재해야 한다는 것이다. 그런데 물체는 무수히많은 질점으로 이루어져 있으므로 뉴톤의 운동법칙을 고체역학 문제의 해결에 직접 활용할 수는 없다. 정지하고 있는 물체에 관한 뉴톤의 제2법칙과 제3법칙을 조합하면, 평형조건식($\Sigma \vec{F} = \vec{0}$, $\Sigma \vec{M}_A = \vec{0}$, on equilibrium)이 유도된다. 이것을 강체에 대한 평형방정식(equation of equilibrium for a rigid body)이라고도 한다. 흔히 평형방정식으로 부르기도 하지만, 올바른 표현은 아니다. 왜냐하면, 평형방정식(equation of equilibrium)은 별도로 존재하기 때문이다(12장 참조). 문제는 평형조건식이 무한대 개의 모든 질점에서의 힘의 평형조건을 대변할 수 없다. 그런데 이 평형조건은 물체의 전체뿐만 아니라 물체로부터 분리된 임의의 부분계에 대해서도 성립해야 하는데, 임의의 부분계는 미소요소에 의해 대표될 수 있다. 미소요소의 극한, 즉 점에 관한 평형조건식은 미분방정식으로 수식화된다. 따라서 고체역학 문제는 기본적으로 미분방정식으로 수식화된다.

　정역학은 이 평형조건식을 이용하여 강체에 작용하는 반력을 결정하는 데 집중되어 있다. 어떤 물체를 강체로 가정한 후 평형조건식만으로 그 반력을 결정할 수 있다면 그 문제를 정정계라고 한다. 따라서 정역학은 정정계에 작용하는 반력을 결정하는 내용으로 구성되며, 더 이상의 연구 대상이 아니므로 하나의 학문 영역이 될 수는 없다. 반면, 고체역학은 변형체에 관련된 것으로 정정계는 물론 평형조건식만으로는 그 반력을 결정할 수 없는 부정정계 문제를 포함한다. 그런데 물론 모든 고체역학 문제를 해결하기 위해서 평형조건식을 적용해야 한다. 이런 이유로 정역학은 고체역학을 학습하는 데 필요는 하지만, 이에 관한 학습이 미리 되어 있지 않을 경우, 고체역학의 학습 도중에 약간의 추가적인 노력을 통하여 충분히 극복이 가능하다.

왜 물체에 가해지는 내부의 현상이 중요한가? 엔지니어는 자동차, 비행기, 선박, 수송관, 교량, 건축물, 터널, 옹벽, 모터, 기계 등과 같은 다양한 제품과 구조물을 설계하고 생산한다. 이 과정의 성공을 위해서는 세 가지의 역학적 관점이 고려되어야 한다.

1. **강도:** 물체나 구조물이 적용될 하중에 견딜 수 있을 만큼 충분히 강한가? 물체가 부서지거나 파괴될 것인가? 반복되는 부하 하에서 물체가 지속적으로 적절한 역할을 수행할 수 있는가?
2. **강성:** 물체나 구조물이 의도된 기능을 수행할 수 없을 만큼 변형되는가?
3. **안정성:** 물체가 부과된 하중 상태에서 더 이상 제 기능을 수행하지 못할 정도로 갑자기 구부러지거나 찌그러지는가?

이러한 관심사를 해결하기 위해 물체 내부에 작용하는 내력의 크기와 이에 따른 변형을 평가해야 하고, 동시에 물체를 구성하는 재료의 역학적 특성을 이해해야 한다. 고체역학은 몇 개의 부재에 초점이 맞추어져 교육된다. 가령, 축 하중을 받는 봉, 비틀림 상태의 축, 굽힘 하중을 받는 보, 압축력을 받는 기둥이 그것이다.

기술 코드와 시방서에서 찾을 수 있는 수많은 설계 목적의 수식과 규칙은 앞서 언급된 여러 구조물의 기본 구성요소와 연관되는 고체역학의 기초에 근거하고 있다. 고체역학에 대한 확고한 개념과 문제 해결력을 지닌 학생들은 고급 공학 설계 과정을 취득할 능력을 갖추게 된다.

## 1.2 단축부하 하에서의 법선응력

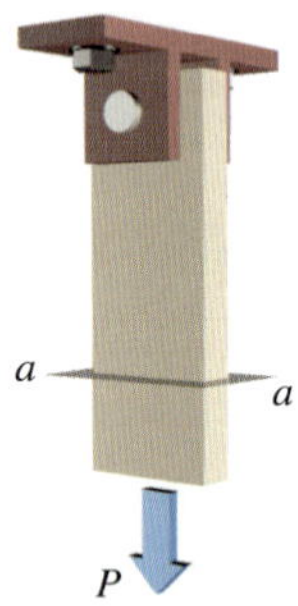

**그림 1.1*a*** • 단축하중 $P$를 받는 봉

모든 교과목에는 그 과목의 충분한 이해를 위해 가장 중요하게 간주되는 특정한 기초 개념이 있다. 고체역학에서 이런 개념에 해당하는 것이 **응력**이다. 정성적으로 말하자면, 응력은 힘 또는 내력이 갖는 강함의 정도를 의미한다. 힘은 크기와 방향을 정량적으로 갖는 벡터량이며, 그 힘의 강함의 정도는 힘이 가해지는 면적에 반비례한다. 따라서 응력은 다음과 같이 정의될 수 있다.

$$\text{응력} = \frac{\text{힘}}{\text{면적}} \tag{1.1}$$

**법선응력**의 개념을 소개하기 위해 축력을 받고 있는 직사각축을 고려해 보자(그림 1.1*a*). **축력**은 부재의 길이방향으로 가해진 힘이다.* 부재를 잡아당기는 축력을 **인장력**이라

* 역자주: 세장 부재에서 길이방향에 수직한 단면에 작용하는 내력의 합을 축력이라고 하며, 양수의 축력은 인장력을 의미하고 음수의 축력은 압축력을 의미한다.

부르고, 그 반대의 경우를 **압축력**이라 부른다. 그림 1.1$a$에서 축력 $P$는 인장력이다. 내부의 현상에 대해 알아보기 위해서 봉을 그림 1.1$a$에서 $a$–$a$와 같은 봉의 길이방향에 수직한 평면으로 절단하면 봉의 하단 반쪽의 자유물체도가 나타나며(그림 1.1$b$), 이 절단면은 봉의 길이방향의 축에 수직하다. 노출된 절단면은 수직단면 또는 단면이라 불린다.

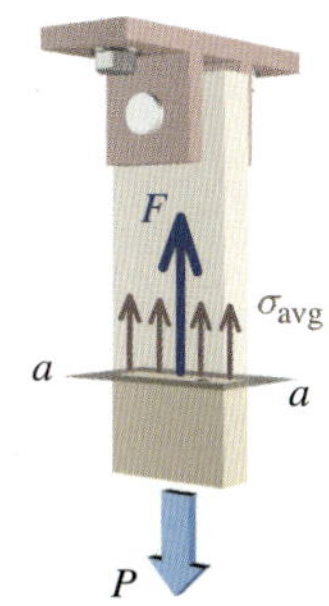


**그림 1.1$b$** • 평균응력

> 단면에서 내부의 역학적 상태를 나타내기 위해 물체를 절단하는 기법을 **절단법**이라 칭하고, 절단면은 단면이라 한다. 내부의 역학적 상태를 알아보기 위해 "봉의 단면을 절단하라"라고 말하는 것은 단면법을 사용한다는 의미이다. 이 기법은 외력에 의해 발생하는 고체의 역학적 현상의 규명을 위해 고체역학 학습 전반에 걸쳐 사용될 것이다.

봉 아래 부분의 평형은 노출된 단면에서 발생한 내력의 분포에 의해 이루어진다. 내력의 분포는 합력 $F$를 가지게 되는데, 이때 합력 $F$는 노출된 면의 방향과 수직하며 $P$와 같은 크기를 가진다. 또한 $P$의 작용선과 동일선상의 작용선을 가진다. 재료에 분산되어 작용하는 분포력 즉, 내력의 크기를 응력이라고 한다.

그림 1. 1$b$의 경우 응력은 단면에 수직한 방향으로 작용한다. 이러한 유형의 응력을 **법선응력**이라고 하며, 그리스 문자 $\sigma$(sigma)로 표기한다. 봉에서의 법선응력의 크기를 결정하기 위해 단면에서의 내력의 평균크기는 다음과 같이 계산된다.

$$\sigma_{avg} = \frac{F}{A} \tag{1.2}$$

여기서 $A$는 봉의 단면적이다.

> 법선응력의 **부호규약**은 다음과 같이 정의된다.
>
> • 양의 부호는 인장법선응력을 나타낸다.
> • 음의 부호는 압축법선응력을 나타낸다.

이제 그림 1.1$c$에 나타난 것처럼 봉의 노출된 단면적 상의 미소 면적 $\Delta A$를 고려해 보자. 그리고 $\Delta F$는 미소 면적에 전달된 내력의 합을 나타낸다고 하자. 면적 $\Delta A$로 전달되는 내력의 평균 크기는 $\Delta F$를 $\Delta A$로 나눔으로써 구해진다. 면적 $\Delta A$는 더욱더 작게 될 수 있고, 궁극적으로 노출된 면상의 하나의 점으로 수렴해 갈 것이다. 이에 상응하는 $\Delta F$도 함께 작아질 것이다. $\Delta A$가 수렴하는 단면상의 한 점에서의 응력은 다음과 같이 정의된다.

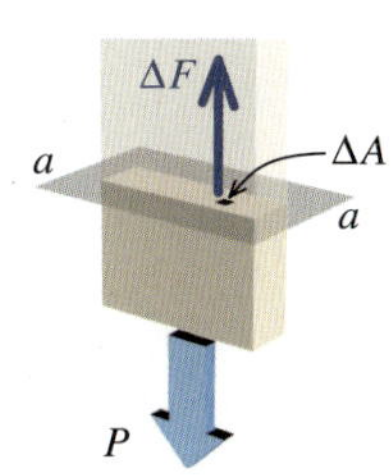


**그림 1.1$c$** • 점에서의 응력

$$\sigma = \lim_{\Delta A \to 0} \frac{\Delta F}{\Delta A} \tag{1.3}$$

만약 응력의 분포가 균일하다면, 합력은 단면적의 도심에 작용해야만 한다. 트러스 구조물이나 이와 유사한 구조물의 구성품인 긴 부재, 세장 부재, 축하중 부과 부재의 단면이 일정하고 재료가 균질할 경우, 외력이 작용된 지점의 주변을 벗어나면 법선응력은 균일하게 분포한다. 축하중 부과 부재의 응력 분포는 구멍, 홈, 나사, 균열 부위 등의 주변에서는 균일하지 않다. 이러한 현상들에 대해서는 응력 집중과 관련된 장에서 차후에 논의할 것이다. 이 책에서는 특별한 언급이 없는 한 축력은 단면의 도심에 작용한다.

## 응력의 단위

법선응력은 단면에 작용하는 수직 분력의 힘을 단면적으로 나눔으로써 계산된다. 응력은 단위 면적당 힘의 단위이다. 미국에서 상용되는 단위를 사용했을 때, 응력은 일반적으로 인치 제곱당 파운드(psi) 또는 인치 제곱당 kips (ksi)로 표현되며, 이때 1 kip = 1,000* lb이다. 보편적으로 SI (from the French *Le Systéme International d'Unités*)로 축약되어 표현되는 국제단위계에서 응력은 파스칼(Pa)로 표현되며 뉴턴(N) 단위의 힘을 미터 제곱($m^2$) 단위의 면적으로 나눔으로써 계산된다. 전형적인 공학적 응용에서 파스칼은 매우 작은 단위이다. 따라서 응력은 일반적으로 MPa로 표현되며 1 MPa은 1,000,000 Pa이다. 응력을 MPa 단위로 계산할 때 유용한 방법은, 힘은 뉴턴(N)으로 면적은 밀리미터 제곱($mm^2$)으로 표현하는 것이다. 따라서

$$1 \text{ MPa} = 1{,}000{,}000 \text{ N/m}^2 = 1 \text{ N/mm}^2 \tag{1.4}$$

## 유효숫자

이 책에서 최종적인 수치 정답은 2에서 9 사이의 숫자로 시작될 경우 일반적으로 세 자리의 유효숫자로 표현된다. 그리고 숫자 1로 시작될 경우 네 자리의 유효숫자로 표현된다. 반올림 또는 라운딩에 의한 수치 정확성의 손실을 최소화하기 위해 계산 중간값은 추가적인 유효숫자와 함께 기록된다.

---

* 역자주: 수의 자리수 표시 목적으로 ','사용은 일반적인 국제 규범을 따른 것이 아니다. 원서에서 이 표현법을 따랐기 때문에 역서에서도 ','를 사용한 자리수 표시법을 그대로 사용하였다.

예제와 연습문제를 통해 응력에 대한 개념을 확고히 하기 위해 **강체** 요소 또는 강체 부재의 개념을 적용하는 것이 편리하다. 강체 부재는 지지된 곳에서 수직 또는 수평으로 움직이거나 또는 지지대에서 회전할 수도 있다. 그러나 강체 부재는 무한히 강한 것으로 가정한다. 강체의 변위는 발생하지만 강체의 변형은 발생하지 않는다.

## 예제 1.1 EXAMPLE

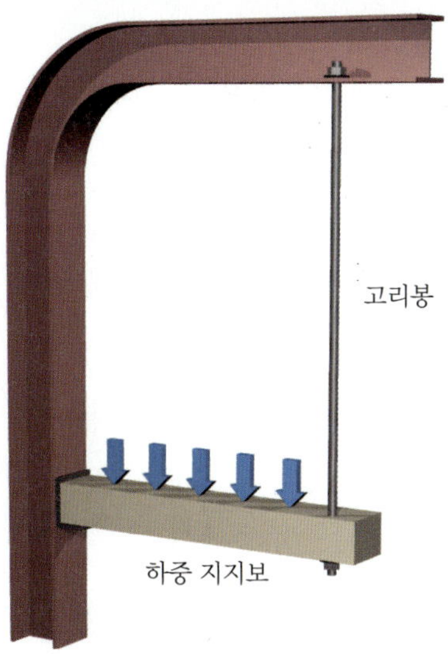


0.5 in. 지름의 중실봉(고리봉)이 하중 지지보의 한 끝단을 고정시키기 위해 사용되었다. 봉에 전달되는 힘은 5,000 lb이다. 봉에서의 법선응력을 구하라(봉의 무게는 무시하라).

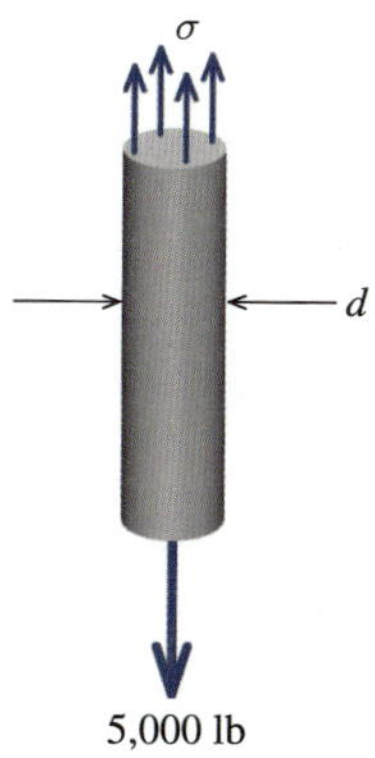


고리봉의 자유물체도

**풀이**

봉의 자유물체도에서 보듯이 중실봉은 원형의 단면을 지닌다. 따라서 단면적은 다음과 같이 계산된다.

$$A = \frac{\pi}{4}d^2 = \frac{\pi}{4}(0.5\text{ in})^2 = 0.19635\text{ in.}^2$$

여기서 $d$는 봉의 지름이다.

봉에 가해지는 힘이 5,000 lb이기 때문에 봉에서의 법선응력은 다음과 같이 계산된다.

$$\sigma = \frac{F}{A} = \frac{5{,}000\text{ lb}}{0.19635\text{ in}^2} = 25{,}464.73135\text{ psi}$$

비록 위의 답이 수치적으로는 옳은 답일지라도 최종 정답으로 응력이 25,464.73135 psi라 하는 것은 적절하지 않다. 이 많은 자릿수로 이루어진 답은 논란의 여지가 없는 정확성을 보인다. 이 문제에서 봉의 지름과 힘 모두 하나의 유효숫자로 주어져 있다. 하지만 우리가 여기서 계산한 응력값은 10 자리의 유효숫자를 가지고 있다.

공학에서 최종 정답이 세 자리(첫 번째 숫자가 1이 아닐 경우)나 네 자리(첫 번째 숫자가 1일 경우)의 유효숫자를 가지도록 반올림하는 것은 관례이다. 이 지침을 통해 봉에서의 응력은 다음과 같다.

$$\sigma = 25{,}500\text{ psi} \qquad \textbf{Ans.}$$

이 책의 많은 예제 삽화는 물체나 구조물을 실제 3차원 투시화법으로 보여주고자 시도하였다. 가능한 모든 경우, 물체나 구조물과 관련된 문단에서 자유물체도를 보여주고자 노력하였다. 이러한 삽화들 중 자유물체도는 색깔로 보인 반면 물체나 구조물의 다른 부분들은 희미하게 표현된다.

## 예제 1.2 EXAMPLE

강체 부재 $ABC$는 $A$지점에서 핀과 540 $mm^2$의 단면적을 가진 축방향 부재 (1)에 의해 지지되어 있다. 강체 부재 $ABC$의 무게는 무시될 수 있다.

(a) 8 kN의 하중 $P$가 $C$에 작용할 때, 부재 (1)에서의 법선응력을 구하라.

(b) 부재 (1)의 최대 법선응력이 50 MPa로 제한되어야만 할 경우, 강체 부재 $C$지점에 적용될 수 있는 하중 $P$의 최대 크기는 얼마인가?

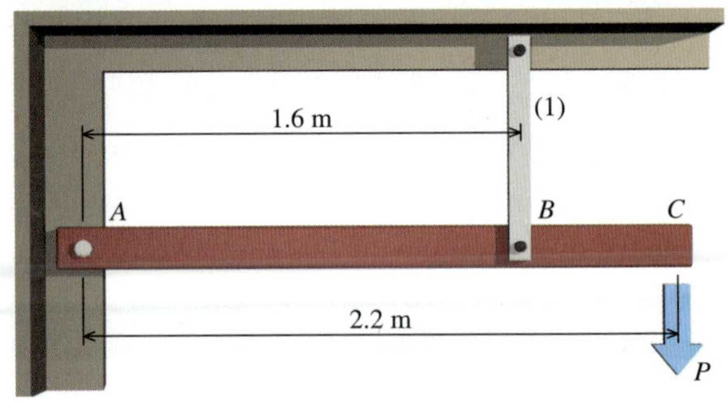


### 풀이 계획

**(Part a)**

부재 (1)에서의 법선응력을 계산하기 전에 부재 (1)에서의 축력이 결정되어야만 한다. 이 힘을 계산하기 위해 강체 부재 $ABC$의 자유물체도를 작성하고, 핀 $A$에 대한 모멘트 평형조건식을 적용한다.

### 풀이

**(Part a)**

강체 부재 $ABC$에서 핀 $A$에 대한 모멘트의 평형조건을 적용해 보자. $F_1$을 부재 (1)에서의 축력이라 두고, $F_1$은 인장력이라 가정하자. 평형조건식에서의 양의 모멘트는 오른손법칙에 의해 정의되었다.

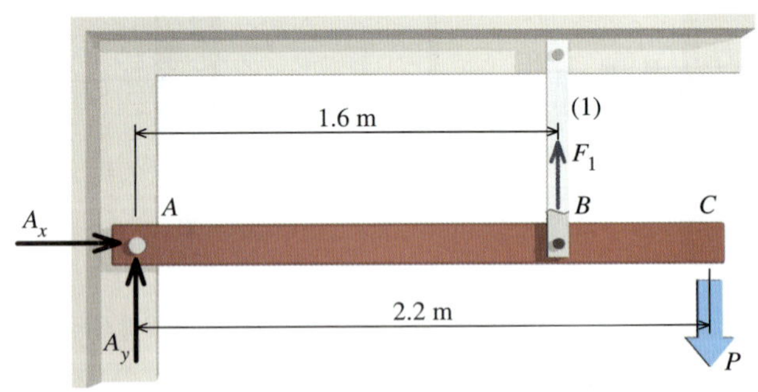


**강체 부재 $ABC$의 자유물체도**

$$\Sigma M_A = -(8\text{ kN})(2.2\text{ m}) + (1.6\text{ m})F_1 = 0$$

$$\therefore F_1 = 11\text{ kN}$$

부재 (1)에서의 법선응력은 다음과 같이 계산된다.

$$\sigma_1 = \frac{F_1}{A_1} = \frac{(11\text{ kN})(1{,}000\text{ N/kN})}{540\text{ mm}^2} = 20.370\text{ N/mm}^2 = 20.4\text{ MPa}$$ **Ans.**

### 풀이 계획

**(Part b)**

주어진 응력을 이용하여, 부재 (1)에 안전하게 전달될 수 있는 최대의 힘을 계산한다. 최대의 힘이 계산되면, 하중 $P$를 결정하기 위해 모멘트 평형조건식을 이용한다.

**풀이**

**(Part b)**

먼저 부재 (1)에 허용되는 최대의 힘 $F_1$을 결정한다. 즉 다음식으로부터

$$\sigma = \frac{F}{A}$$

$$\therefore F_1 = \sigma_1 A_1 = (50\text{ MPa})(540\text{ mm}^2) = (50\text{ N/mm}^2)(540\text{ mm}^2) = 27{,}000\text{ N} = 27\text{ kN}$$

모멘트 평형조건식으로부터 허용 가능한 최대의 하중 $P$를 계산하라.

$$\Sigma M_A = -(2.2\text{ m})P + (1.6\text{ m})(27\text{ kN}) = 0$$

$$\therefore P = 19.64\text{ kN}$$

**Ans.**

## 예제 1.3 EXAMPLE

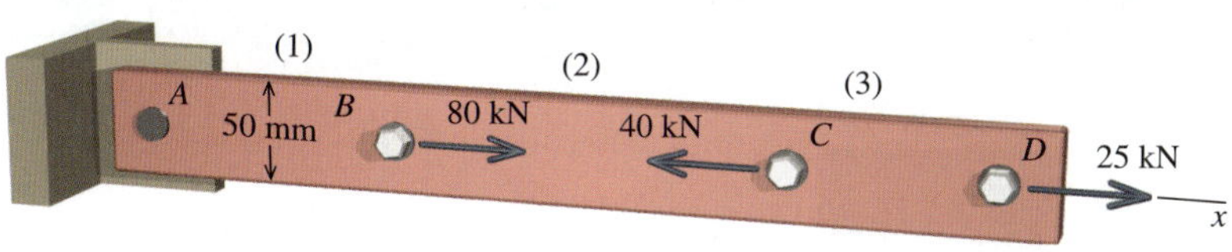


50 mm 높이 강봉의 $B, C, D$ 지점에 축력이 작용한다. 봉에서의 법선응력 크기가 60 MPa을 초과하지 않아야 할 때, 봉에 적용될 수 있는 최소 두께를 구하라.

**풀이 계획**

세 구획의 각부에 축력이 나타난 자유물체도를 그린다. 각 구획에서 평형이 유지되기 위해 요구되는 축력의 크기와 방향을 결정한다. 봉에 요구되는 최소 단면적을 계산하기 위해 가장 큰 축력의 크기와 허용 가능한 법선응력을 이용한다. 봉의 최소 두께를 계산하기 위해 단면적을 봉의 높이인 50 mm로 나눈다.

**풀이**

구획 (3)에서 내력이 나타난 자유물체도를 그리는 것으로부터 시작하자. $A$지점에서의 반력이 계산되지 않았기 때문에, 봉의 구획 (3)에서 잘라 절단면에서 시작하여 $D$지점에서 봉의 자유끝단으로 뻗어나가는 봉의 일부분을 고려하는 것이 더욱 용이하다. 미지의 축력 $F_3$는 구획 (3)에 작용하며, 이와 같은 문제를 풀기 위해 일관된 접는 방법을 확립하는 것이 도움이 될 것이다.

**문제풀이 도움**: 축방향 부재 절단 지점에서의 자유물체도를 그릴 때 축력은 인장이라 가정하고 절단면으로부터 뻗어나가는 방향으로의 화살표를 그린다. 계산된 축력 값이 양의 숫자로 판별되면, 인장상태로 가정하여 구한 값이기 때문에 인장을 의미한다. 만약 계산된 값이 음의 숫자로 판별되면, 실제로 축력은 압축이다.

축방향 구획 (3)에서 절단된 자유물체도에 근거하여 유도된 평형조건식은 다음과 같다.

$$\Sigma F_x = -F_3 + 25\text{ kN} = 0$$
$$\therefore F_3 = 25\text{ kN} = 25\text{ kN (T)}$$

구획 (2)에서 축력을 나타낸 자유물체도를 그리기 위해 앞의 절차를 반복한다.

$$\Sigma F_x = -F_2 - 40\text{ kN} + 25\text{ kN} = 0$$
$$\therefore F_2 = -15\text{ kN} = 15\text{ kN (C)}$$

그리고 구획 (1)에서 축력이 표시된 자유물체도를 그리기 위해

$$\Sigma F_x = -F_1 + 80\text{ kN} - 40\text{ kN} + 25\text{ kN} = 0$$
$$\therefore F_1 = 65\text{ kN (T)}$$

봉의 축력을 도식적으로 요약한 그림을 그리는 것은 좋은 학습이 된다. 오른쪽의 축력 선도에서 축 위의 영역은 인장력을 의미하고, 축 아래의 영역은 압축력을 의미한다. 요구되는 단면적은 절대값이 가장 큰 축력의 크기에 근거하여 계산된다. 봉에서의 법선응력의 절대값은 60 MPa 또는 60 N/mm²을 초과하지 않아야 한다.

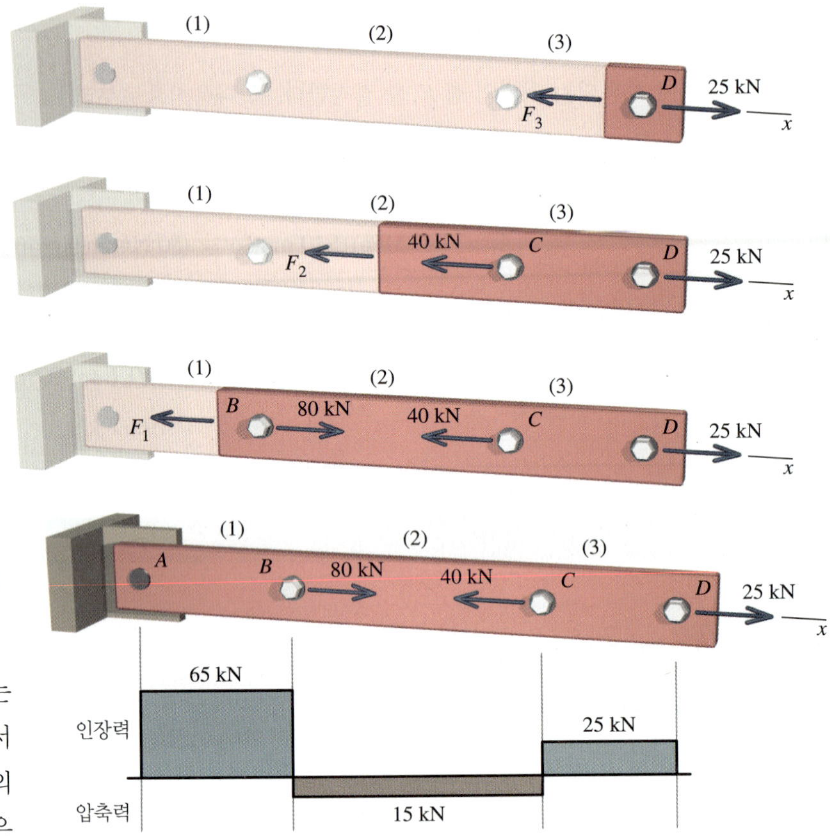


각 봉의 단면에서 내력을 보여주는 축력선도

$$\sigma = \frac{F}{A} \qquad \therefore A \geq \frac{F}{\sigma} = \frac{(65\text{ kN})(1{,}000\text{ N/kN})}{60\text{ N/mm}^2} = 1{,}083.333\text{ mm}^2$$

봉의 단면의 높이가 50 mm이기 때문에 봉의 최소 허용 두께는 다음과 같이 계산된다.

$$t_{\min} \geq \frac{1{,}083{,}333\text{ mm}^2}{50\text{ mm}} = 21.667\text{ mm} = 21.7\text{ mm}$$ **Ans.**

실질적으로 봉의 두께는 다음과 같이 큰 표준 사이즈의 두께로 반올림된다.

**재검토**

단위계에 특별한 주의를 기울여 계산을 다시 확인해 보자. 계산과정에서 단위를 표시하면 실수를 가장 확실하게 발견할 수 있다. 정답들이 이치에 맞는지를 생각해 보자. 가령, 보의 두께가 21.7 mm 대신 0.0217 mm라고 계산되었을 때, 상식과 직관에 근거하여 이것이 이치에 맞는지를 생각해 보라.

## MecMovies Example M1.4

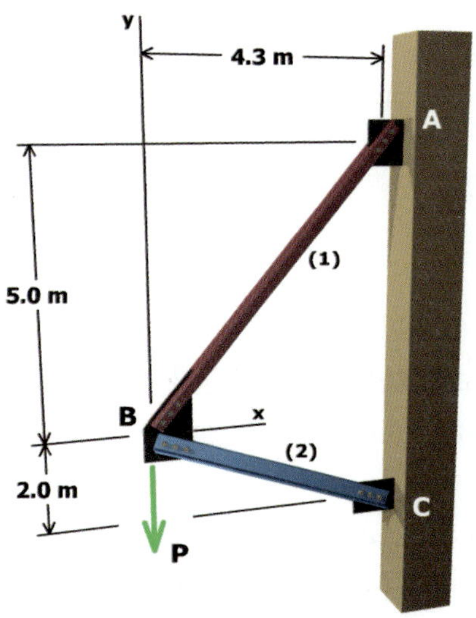


두 개의 봉이 조인트 $B$에 부과된 하중 $P$를 지지하기 위해 사용된다.

- 부재 (1)의 단면적 $A_1$은 3,080 mm$^2$이고, 최대 허용 법선응력은 180 MPa이다.
- 부재 (2)의 단면적 $A_2$는 4,650 mm$^2$이고, 최대 허용 법선응력은 75 MPa이다.

각 부재에서 최대 허용 법선응력을 초과하지 않고 지지할 수 있는 최대 하중 $P$를 구하라.

## 1.3 직접전단응력

구조물이나 기계에 가해진 하중은 일반적으로 리벳, 볼트, 핀, 못, 용접부의 연결부 등을 통해 각 부재로 전달된다. 모든 연결부에서 야기되는 가장 중요한 응력들 중 하나는 전단응력이다. 앞 절에서 법선응력은 내력의 방향에 수직한 면 또는 단면에 작용하는 수직 내력 성분의 단위 면적당 크기로 정의하였다. 전단응력도 내력의 크기이지만 법선응력과 달리 전단응력의 작용 방향은 단면에 평행하다.

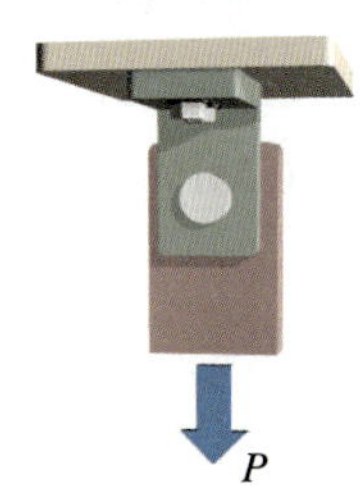


**그림 1.2a** • 단일전단 핀 연결

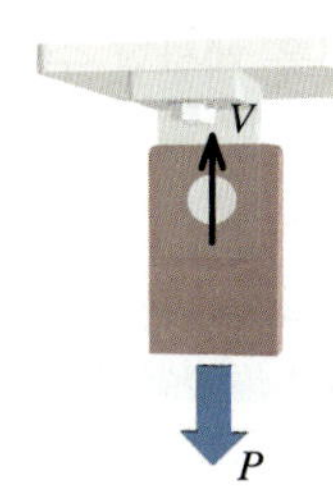


**그림 1.2b** • 핀으로 전달되는 전단력을 보여주는 자유물체도

전단응력에 대해 알아보기 위해, 봉에 의해 전달되는 힘이 원형 핀에 의해 지지대로 전달되는 단순한 연결 구조를 생각해 보자(그림 1.2*a*). 하중은 봉으로부터 핀의 횡단면 상에 분산되는 **전단력**(즉, 절단하려는 경향의 힘)으로 지지대에 전달된다. 봉과 핀의 자유물체도는 그림 1.2*b*와 같다. 이 그림에서 전단력 $V$는 핀의 횡단면에 분포하는 전단응력에 상응하는 합력이다. 전단력 $V$는 하중 $P$와 평형을 유리하는 데 필요한 힘이다. 단지 하나의 핀 단면이 봉과 지지대 사이에서 하중을 전달하기 때문에 핀은 **단일전단** 상태에 놓여 있다고 말한다.

식 (1.1)에 의해 주어진 응력의 정의에 따라, 핀의 횡단면에서의 평균 전단응력은 아래와 같이 계산될 수 있다.

$$\tau_{avg} = \frac{V}{A_V} \tag{1.5}$$

MecMovies 1.7과1.8은 단일 및 이중전단의 볼트 연결에 관한 동영상을 보여준다.

여기서 $A_V$는 전단응력이 작용하는 면적이고, 그리스 문자 $\tau$ (tau)는 전단응력을 표현한다. 전단응력을 위한 부호규약은 이 책의 뒷부분에서 언급할 것이다.

핀의 횡단면 상 한 점에서의 전단응력은 한 점에서의 법선응력을 정의하기 위한 식 (1.3)을 도출하기 위해 사용하였던 것과 동일한 방법의 극한화 과정을 통해 다음과 같이 정의된다.

$$\tau = \lim_{\Delta A_V \to 0} \frac{\Delta V}{\Delta A_V} \tag{1.6}$$

MecMovies 1.9는 기어와 축 사이의 전단키 연결에 관한 동영상을 보여준다.

전단응력은 볼트나 핀의 횡단면에 균일하게 분배될 수 없다는 것과 횡단면에서의 최대 전단응력이 식 (1.5)을 이용하여 얻어진 평균 전단응력보다 훨씬 크다는 사실은 본문의 후반에서 취급된다. 하지만 단순한 연결 부위의 설계는 관례적으로 평균응력을 기초로 실시하며, 이 책에서도 이러한 관례를 따른다.

연결부에서 전단응력을 결정하는 열쇠는 파단면 또는 커넥터(즉 핀, 볼트, 못, 용접부)가 실제로 부서졌을 때(즉, 파손 되었을 때) 발생하는 면을 시각화하는 것이다. 전단력을 전달하는 전단면 $A_V$는 커넥터가 파손되었을 때 노출되는 면이다.

## 예제 1.4 EXAMPLE

체인 (1)과 체인 (2)는 걸쇠와 핀에 의해 연결되어 있다. 체인의 양단에 작용하는 하중이 $P = 28$ kN이고, 핀에서의 최대 허용전단응력이 $\tau_{allow} = 90$ MPa일 때 핀의 최소 허용지름 $d$를 결정하라.

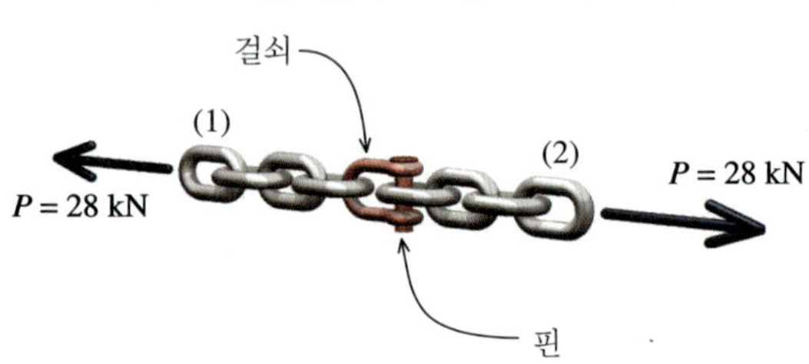


### 풀이 계획

문제를 풀기 위해 가장 먼저 하중 $P$에 의해 핀이 파단했을 때 나타날 수 있는 면을 가시화한다. 하중 $P$를 가하면 핀과 걸쇠 사이의 접촉면(즉, 일반적인 경계)에서 전단응력이 발생하고, $P$를 증가시키면 그 전단응력은 커질 것이다. 각 표면에 작용하는 전단력을 견디는 데 필요한 전단면을 찾고, 그 전단면으로부터 핀의 최소 지름을 계산할 수 있다.

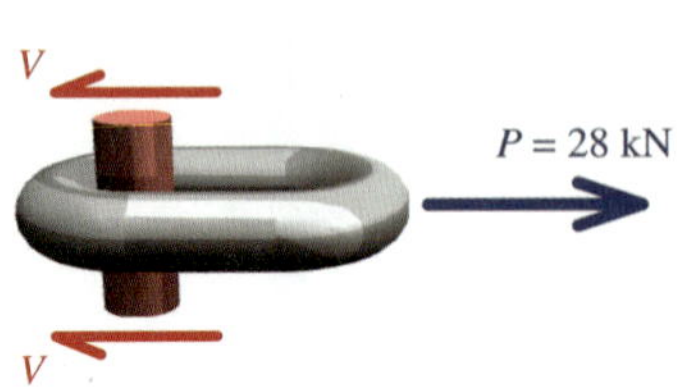


핀의 자유물체도

### 풀이

체인 (2)와 걸쇠를 연결하는 핀의 자유물체도(FBD)를 그린다. 두 전단력 $V$는 작용하중 $P = 28$ kN을 지탱해야 한다. 각 면에 작용하는 전단력 $V$는 작용하중 $P$를 반으로 나눈 크기와 같아야만 하므로 $V = 14$ kN이다.

다음으로 각 면의 면적은 단순하게 핀의 단면적으로 간주한다. 따라서 핀의 각 파손면에 작용하는 평균 전단응력은 핀 전단력 $V$을 핀의 단면적으로 나눈 값이다. 평균 전단응력은 90 MPa를 넘지 않아야 하기 때문에 최대 허용전단응력을 만족하기 위해 요구되는 최소 단면적은 다음과 같이 계산된다.

$$\tau = \frac{V}{A_{\text{pin}}} \qquad \therefore A_{\text{pin}} \geq \frac{V}{\tau_{\text{allow}}} = \frac{(14\text{ kN})(1{,}000\text{ N/kN})}{90\text{ N/mm}^2} = 155.556\text{ mm}^2$$

걸쇠를 사용하기 위해 필요한 핀의 최소 지름은 단면적으로부터 계산될 수 있다.

$$A_{\text{pin}} = \frac{\pi}{4} d_{\text{pin}}^2 \geq 155.556\text{ mm}^2 \qquad \therefore d_{\text{pin}} \geq 14.07\text{ mm} \text{ 따라서, } d_{\text{pin}} = 15\text{ mm}$$ **Ans.**

이 연결부에서 핀의 양 단면이 전단력 $V$를 받는다. 따라서 핀은 이중전단 상태에 있다고 할 수 있다.

## MecMovies Example M1.5

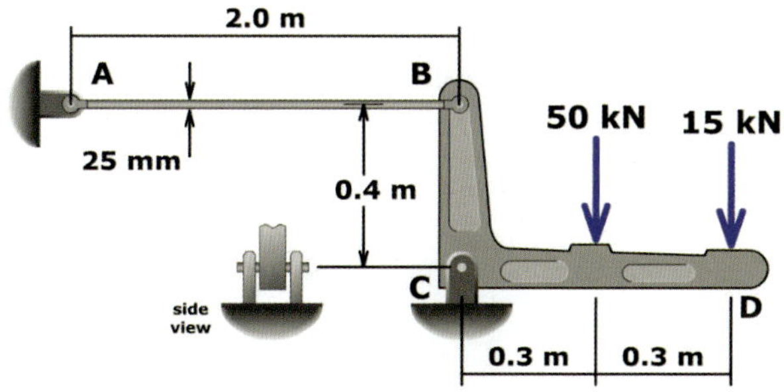


$C$지점에서의 핀과 $B$지점에서의 둥근 알루미늄 봉은 강체 $BCD$를 지지하고 있다. 핀의 허용전단응력이 50 MPa일 때, $C$지점에서의 핀에 요구되는 최소 지름은 얼마인가?

## 예제 1.5 EXAMPLE

장치의 구동을 위해 이용되는 벨트풀리는 사각 전단키와 함께 30 mm 지름의 축에 부착되어 있다. 벨트의 인장력은 그림에 나타난 바와 같이 1,500 N과 600 N이다. 전단키의 크기는 6 mm × 6 mm × 25 mm이다. 전단키에서 작용하는 전단응력을 결정하라.

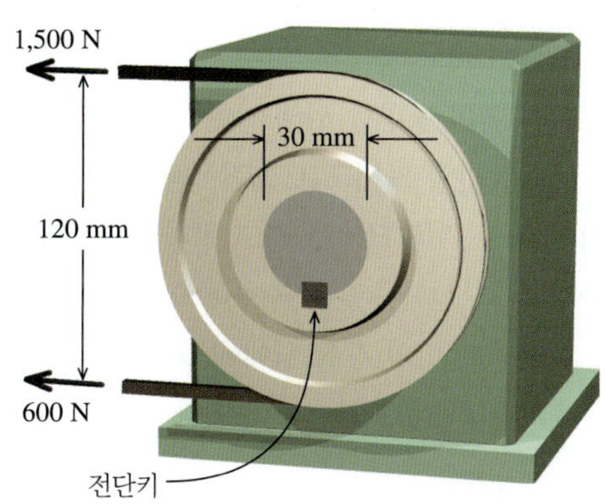


### 풀이 계획

전단키는 풀리, 체인 스프라켓, 기어를 중실 원형축에 연결시키기 위해 사용되는 기계 부품이다. 사각의 홈이 축에 가공되며 그에 상응하는 같은 폭의 노치가 풀리에 가공된다. 홈과 노치가 정렬된 후 빈 공간에 정방형 금속조각이 삽입된다. 이 금속 조각은 전단키라 불리며, 축과 풀리가 함께 회전하도록 한다.

계산을 시작하기 전 전단키에서의 파손면을 시각화해 보자. 벨트의 인장력이 같지 않기 때문에 축과 풀리의 회전을 유발시키는 모멘트가 축의 중심에서 발생한다. 이러한 유형의 모멘트를 토크라 부른다. 동일하지 않은 벨트 인장력에 의해 생성되는 토크 $T$가 매우 크다면, 전단키는 축과 풀리 사이의 접촉면에서 부서지고 축에 대한 풀리의 자유로운 회전을 허용할 것이다. 이 파손면은 전단키에서 전단응력이 발생된 지점이다.

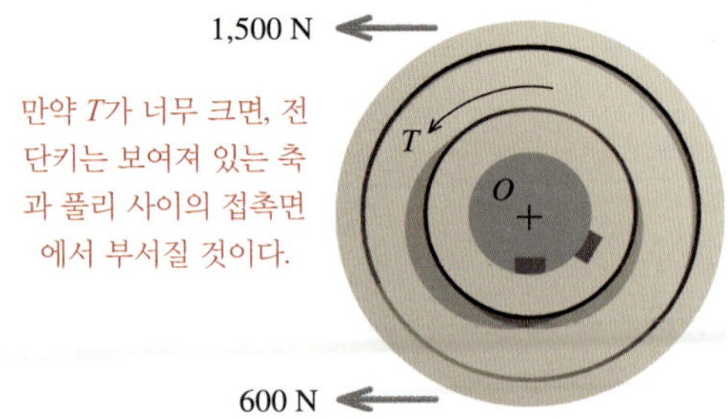

전단키의 파단면을 그리시오.

벨트의 인장력과 풀리의 지름으로부터 풀리에 의해 축에 발생되는 토크 $T$를 결정한다. 풀리의 자유물체도(FBD)에서 평형을 이루기 위해 전단키가 공급하는 힘을 구한다. 전단키에서의 힘을 구하면, 키에서의 전단응력은 전단키의 치수를 이용해 계산할 수 있다.

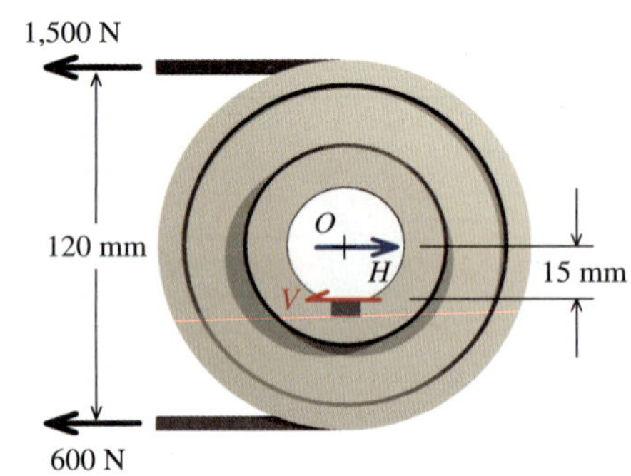

풀리의 자유물체도

## 풀이

풀리의 자유물체도를 고려해 보자. 이 자유물체도는 벨트 인장력은 포함하지만 축은 포함하지 않는다. 자유물체도는 풀리와 축간 접촉면의 전단키를 자른다. 그리고 전단키의 노출된 면에 작용하는 내력이 있다고 가정한다. 이 힘을 전단력 $V$로 나타내었으며, $V$로부터 축 중심 $O$까지의 거리는 축의 반지름과 동일하다. 축의 지름이 30 mm이기 때문에 $O$로부터 전단력 $V$까지 거리는 15 mm이다. 전단력 $V$의 크기는 풀리와 축의 회전 중심인 점 $O$에 대한 모멘트 평형조건으로부터 구해질 수 있다. 이 방정식에서 양의 모멘트는 오른손법칙에 의해 정의된다.

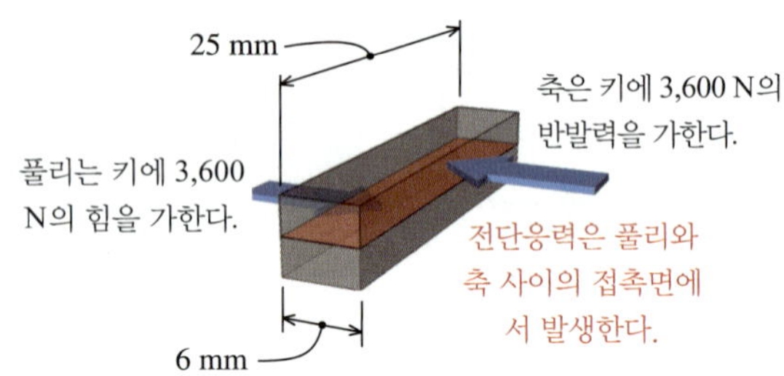

전단키의 확대도

$$\Sigma M_O = (1{,}500 \text{ N})(60 \text{ mm}) - (600 \text{ N})(60 \text{ mm}) - (15 \text{ mm})V = 0$$
$$\therefore V = 3{,}600 \text{ N}$$

풀리의 힘의 평형을 위해 전단키는 풀리에 전단력 $V = 3{,}600$ N을 작용한다.

전단키의 확대도는 그림에서 보는 바와 같다. 벨트 인장력에 의한 토크는 전단키에 3,600 N의 힘이 작용하도록 한다. 힘의 평형을 위해 크기는 같고 방향이 반대인 힘이 축에 의해서 키에 작용한다. 이 한 쌍의 힘은 전단응력을 발생시켜 키를 절단하려 하고, 전단응력은 붉은색으로 강조된 면에 작용한다.

풀리가 힘의 평형 상태에 놓여 있다면, $V = 3{,}600$ N의 내력은 전단키의 내부면에 존재해야만 한다. 이때, 이 평면의 면적은 전단키의 폭과 길이의 곱이다.

$$A_V = (6 \text{ mm})(25 \text{ mm}) = 150 \text{ mm}^2$$

이제 전단키에서 발생한 전단응력을 계산할 수 있다.

$$\tau = \frac{V}{A_V} = \frac{3{,}600\ \text{N}}{150\ \text{mm}^2} = 24.0\ \text{N/mm}^2 = 24.0\ \text{MPa} \qquad \textbf{Ans.}$$

## MecMovies Example M1.6

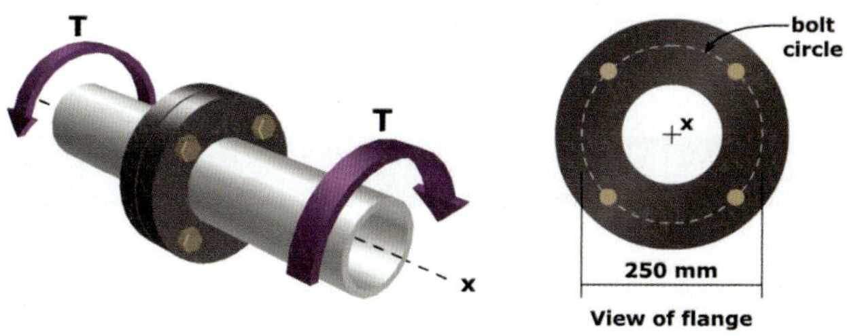


$T$ = 10 kN-m의 토크는 22 mm 지름의 볼트에 의해 두 플랜지축 사이에 전달된다. 볼트원의 지름이 250 mm일 때, 각 볼트에서 평균 전단응력을 결정하라(플랜지 간의 마찰은 무시하라).

전단 하중의 또 다른 일반적인 유형은 천공전단이라 불린다. 이러한 유형의 하중 실례는 금속평판에 리벳홀 생성을 위해 펀치로 구멍을 천공하는 경우, 단단한 기초에 건축물의 지주를 꽂는 경우, 볼트머리 부분에서 볼트의 축을 당길 때, 볼트에 가해지는 인장축하중의 경우 등을 포함한다. 천공전단하중 하에서 중요한 응력은 펀칭 부재의 둘레와 펀칭되는 부재의 두께로 묘사되는 표면에서의 평균 전단응력이다.

**MecMovies 1.10**은 천공전단의 동영상을 보여준다.

## 예제 1.6 EXAMPLE

강판에 구멍을 가공하기 위한 펀치가 있다. 0.25 in.두께의 강판에 0.75 in. 지름의 구멍을 내기 위해 32 kips의 하강 펀칭력이 필요하다. 원형 슬러그가 강판에서 잘리는 순간 강판에서의 평균 전단응력을 결정하라.

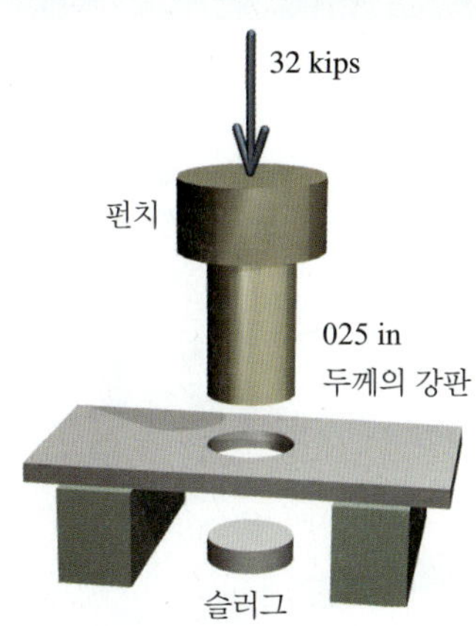


### 풀이 계획

슬러그가 강판에서 잘릴 때 나타나는 면을 가시화한다. 작용된 펀칭력과 노출된 면적을 이용해 전단응력을 계산한다.

### 풀이

구멍을 가공하기 위해 제거된 강판의 일부분을 슬러그라 한다. 전단응력을 받는 면은 슬러그의 둘레에 발생한다. 전단면 $A_V$를 계산하기 위해 슬러그의 지름과 판의 두께 $t$를 이용하자.

$$A_V = \pi dt = \pi(0.75\text{ in.})(0.25\text{ in.}) = 0.58905\text{ in.}^2$$

평균 전단응력 $\tau$는 펀칭력 $P = 32$ kips와 전단면으로부터 계산된다.

$$\tau = \frac{P}{A_V} = \frac{32\text{ kips}}{0.58905\text{ in.}^2} = 54.3\text{ ksi}$$ **Ans.**

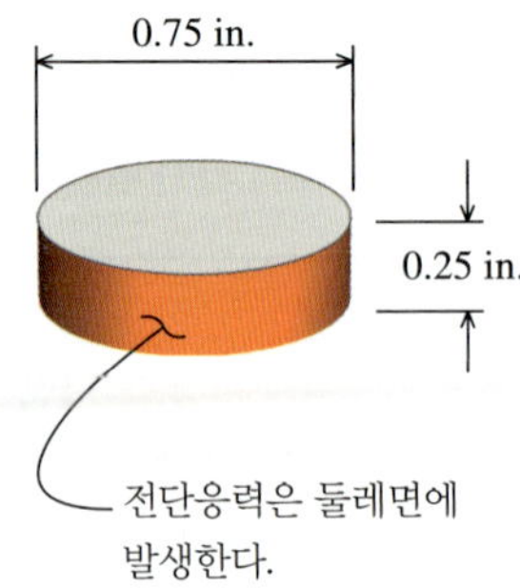


## 1.4 지탱응력

응력의 세 번째 유형인 **지탱응력**은 실제로 법선응력의 특별한 범주이다. 지탱응력은 분리되어 있으면서 상호작용하는 두 부재 사이의 접촉면에서 발생하는 압축법선응력이다. 이러한 법선응력의 유형은 법선응력, 전단응력과 같은 방식(즉, 면적당 힘)으로 정의된다. 따라서 평균 지탱응력 $\sigma_b$는 다음과 같이 표현된다.

$$\sigma_b = \frac{F}{A_b} \tag{1.7}$$

여기서 $A_b$는 두 요소 간의 접촉면적이다.

### 예제 1.7 EXAMPLE

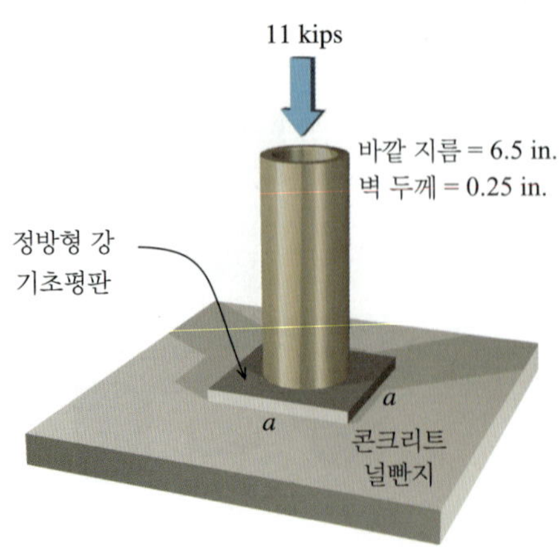


강 파이프 기둥(6.5 in. 외경, 0.25 in. 벽 두께)은 11 kips의 하중을 지지한다. 강 파이프는 강으로 제작된 정방형 기초평판 상에 얹혀 있고, 이 정방형 기초평판은 콘크리트로 제작된 널빤지 위에 있다.

(a) 강 파이프 기둥과 강으로 제작된 판 사이의 지탱응력을 구하라.

(b) 콘크리트 널빤지 위 강으로 제작된 판의 지탱응력이 90 psi를 초과하지 않아야 할 때, 허용 가능한 판의 최소 치수 $a$는 얼마인가?

**풀이 계획**

지탱응력을 계산하기 위해 두 물체 간의 접촉면적이 결정되어야만 한다.

**풀이**

(a) 파이프 기둥 끝과 기초평판 사이의 압축지탱응력을 계산하기 위해 파이프 단면적이 필요하며, 파이프의 단면적은 아래와 같이 계산된다.

$$A_{\text{pipe}} = \frac{\pi}{4}(D^2 - d^2)$$

여기서 $D$는 외경이고 $d$는 내경이다. 내경 $d$는 외경 $D$와 연관되어 있다.

$$d = D - 2t$$

여기서 $t$는 벽 두께이다. 따라서 $D = 6.5$ in.와 $d = 6.0$ in.를 이용해 관의 면적을 계산할 수 있다.

$$A_{\text{pipe}} = \frac{\pi}{4}(D^2 - d^2) = \frac{\pi}{4}[(6.5\text{ in.})^2 - (6.0\text{ in.})^2] = 4.9087\text{ in.}^2$$

파이프와 기초평판 사이의 지탱응력은

$$\sigma_b = \frac{F}{A_b} = \frac{11\text{ kips}}{4.9087\text{ in.}^2} = 2.24\text{ ksi}$$

(b) 지탱응력이 90 psi를 초과하지 않기 위해 요구되는 기초평판의 최소 면적은

$$\sigma_b = \frac{F}{A_b} \qquad \therefore A_b = \frac{F}{\sigma_b} = \frac{(11\text{ kips})(1{,}000\text{ lb/kip})}{90\text{ psi}} = 122.222\text{ in.}^2$$

강으로 제작된 평판은 정방형이기 때문에 콘크리트 널빤지와의 접촉면은

$$A_b = a \times a = 122.222\text{ in.}^2 \qquad \therefore a = \sqrt{122.222\text{ in.}^2} = 11.06\text{ in.}$$ 따라서, $a = 12$ in.이다. **Ans.**

지탱응력도 판과 볼트나 핀 같은 물체 사이의 접촉면 상에서 발생한다. 반원형태의 접촉면 상에서의 이러한 응력 분포는 매우 복잡하기 때문에 평균 지탱응력은 설계목적으로 종종 사용된다. 평균 지탱응력 $\sigma_b$는 전달된 힘을 판과 볼트 또는 판과 핀 사이의 실제 접촉면 대신 투영된 접촉면으로 나눔으로써 계산된다. 이러한 접근법은 다음 예제에서 예시하고 있다.

## 예제 1.8 EXAMPLE

2.5 in.의 너비와 0.125 in.의 두께를 지닌 강판 A는 0.75 in.의 지름의 핀으로 지지대와 연결되고 그림과 같이 1.8 kips의 하중을 받는다. 강판의 지탱응력을 구하라.

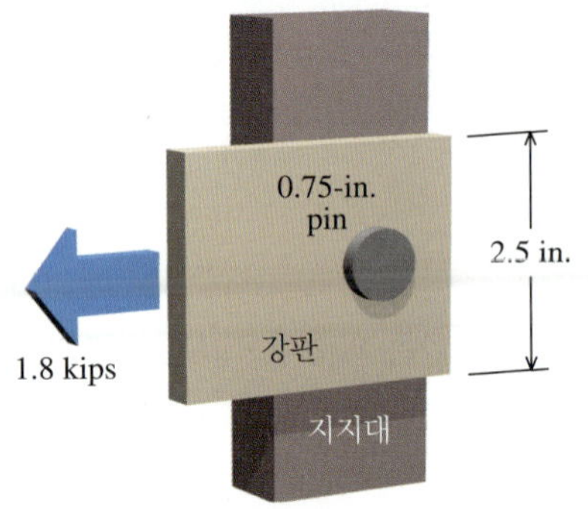


### 풀이 계획

지탱응력은 구멍 오른편의 핀과 강판이 접촉하는 면에서 발생할 것이다. 평균 지탱응력을 결정하기 위해 판과 핀 사이의 투영된 접촉면의 넓이가 계산되어야만 한다.

### 풀이

1.8 kips의 하중은 강판을 왼쪽으로 당기는데, 이는 구멍의 오른쪽을 핀과 접촉하게 한다. 지탱응력은 구멍(강판)의 오른편과 핀의 오른쪽 절반에서 발생한다.

반원형태의 접촉면 상에서의 실제 지탱응력의 분포는 매우 복잡하기 때문에 평균 지탱응력이 설계 목적으로 간혹 사용된다. 평균 지탱응력의 계산에서는 실제 접촉면적을 사용하는 대신 투영된 접촉면적을 사용한다.

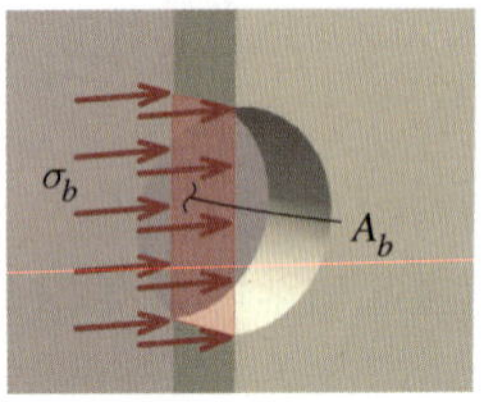


투영된 접촉면의 확대도

오른쪽에 보이는 그림은 강판과 핀 사이에 있는 투영된 접촉면의 확대도이다. 평균 지탱응력 $\sigma_b$는 강판에서 핀에 의해 발생한다. 강판이 핀에 작용한 동일한 지탱응력의 크기는 나타내지 않았다.

투영된 면적 $A_b$는 핀(또는 볼트) 지름 $d$와 판 두께 $t$의 곱과 같다. 문제의 핀과 연결된 부위에 있는 0.125 in. 두께의 강판과 0.75 in. 지름의 핀 사이에 투영된 면적 $A_b$는 다음과 같이 계산된다.

$$A_b = dt = (0.75 \text{ in.})(0.125 \text{ in.}) = 0.09375 \text{ in.}^2$$

강판과 핀 사이의 평균 지탱응력은

$$\sigma_b = \frac{F}{A_b} = \frac{1.8 \text{ kips}}{0.09375 \text{ in.}^2} = 19.20 \text{ ksi}$$ **Ans.**

## MecMovies Example M1.1

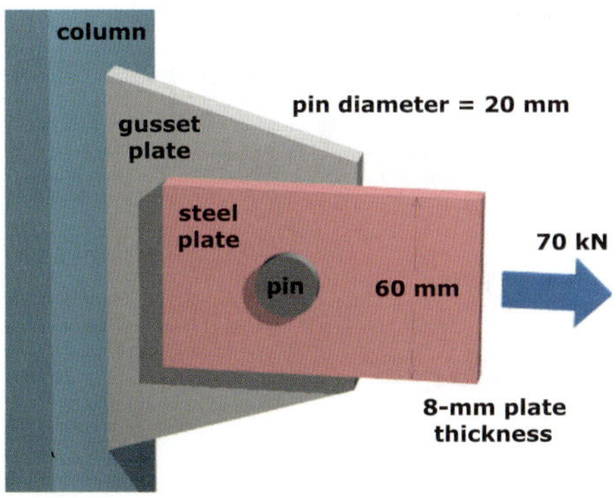


60 mm 너비와 8 mm 두께의 강판이 20 mm 지름을 가진 핀으로 이음판에 연결되어 있다. 70 kN의 하중 $P$가 적용될 때, 연결부에서의 법선응력, 전단응력, 지탱응력을 결정하라.

## MecMovies EXERCISES

**M1.1** 아래에 나타난 핀 연결부에서 전체면적에 작용하는 법선응력, 핀 부위를 제외한 면적에 작용하는 법선응력, 핀에서의 전단응력, 핀 부위의 강판의 지탱응력을 구하라.

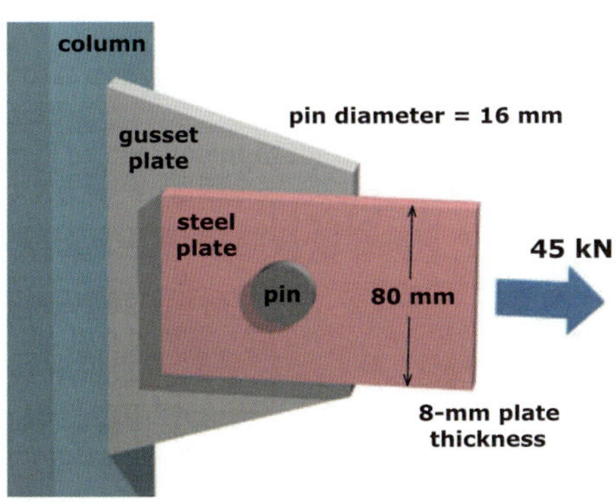


그림 M1.1

**M1.2** 네 개의 문제에 법선응력의 개념을 적용하라.

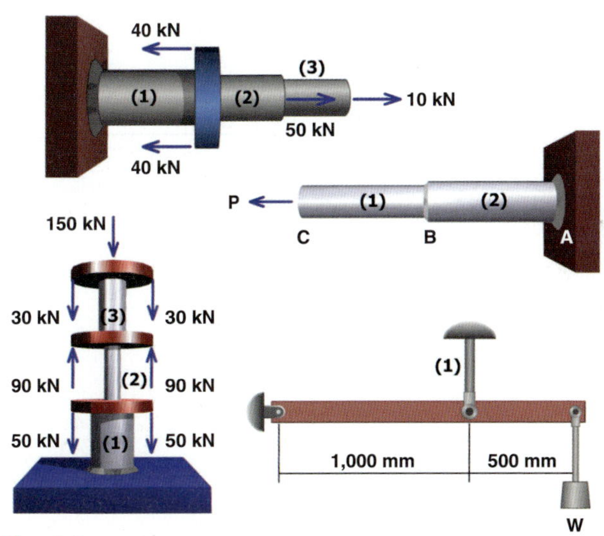


그림 M1.2

**M1.3** 네 개의 문제에 전단응력의 개념을 적용하라.

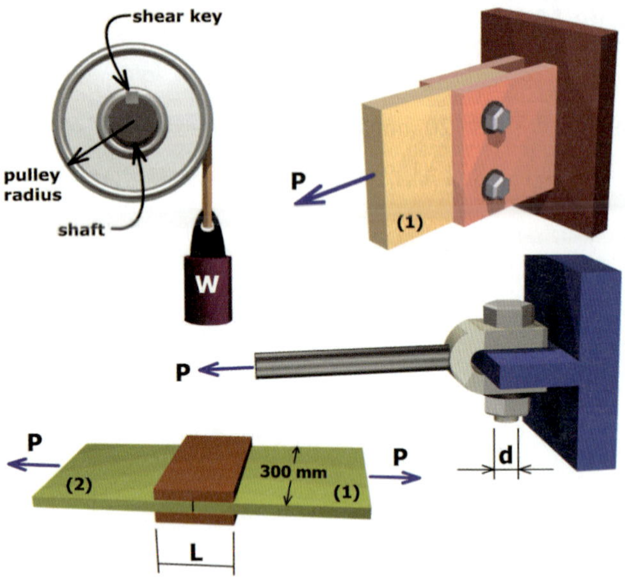


그림 M1.3

**M1.4** 부재 (1)과 (2)의 면적과 허용법선응력이 주어졌을 때, 각 부재가 허용법선응력을 초과하지 않고 구조물이 지지될 수 있는 최대 하중 $P$를 결정하라.

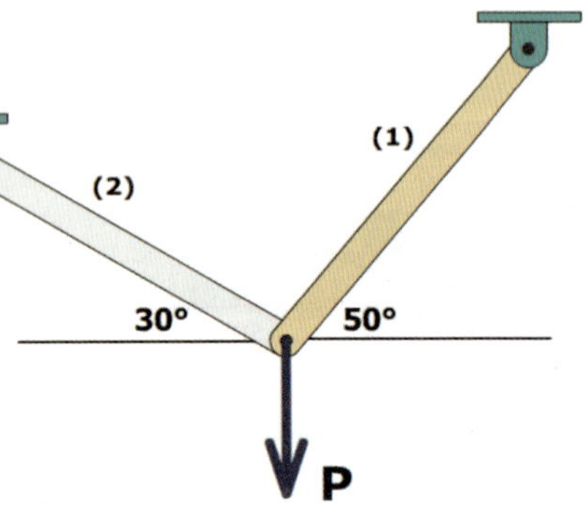


그림 M1.4

**M1.5** 여섯 가지의 형상 변화에 대해 $C$지점 핀에서의 합력, 전단응력, 요구되는 핀의 최소 지름을 결정하라.

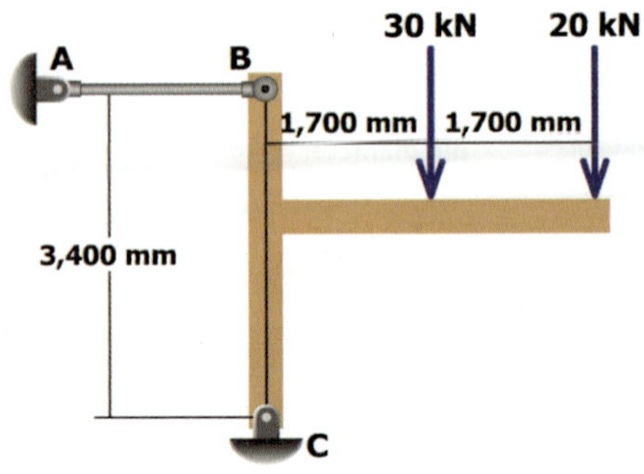


그림 M1.5

**M1.6** 토크 $T$는 여섯 개의 볼트에 의해 두 플랜지축으로 전달된다. 볼트에서의 전단응력이 특정한 값을 초과하지 않아야 할 때, 안전한 연결을 위해 필요한 볼트의 최소 지름을 구하라.

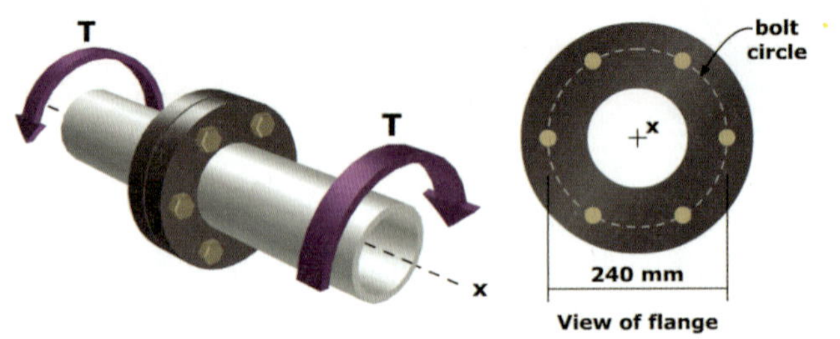


그림 M1.6

# PROBLEMS

**P1.1** A stainless steel tube with an outside diameter of 60 mm and a wall thickness of 5 mm is used as a compression member. If the axial stress in the member must be limited to 200 MPa, determine the maximum load $P$ that the member can support.

**P1.2** A 2024-T4 aluminum tube with an outside diameter of 2.50 in. will be used to support a 27-kip load. If the axial stress in the member must be limited to 18 ksi, determine the wall thickness required for the tube.

**P1.3** Two solid cylindrical rods (1) and (2) are joined together at flange $B$ and loaded as shown in Figure P1.3/4. The diameter of rod (1) is $d_1 = 24$ mm and the diameter of rod (2) is $d_2 = 42$ mm. Determine the normal stresses in rods (1) and (2).

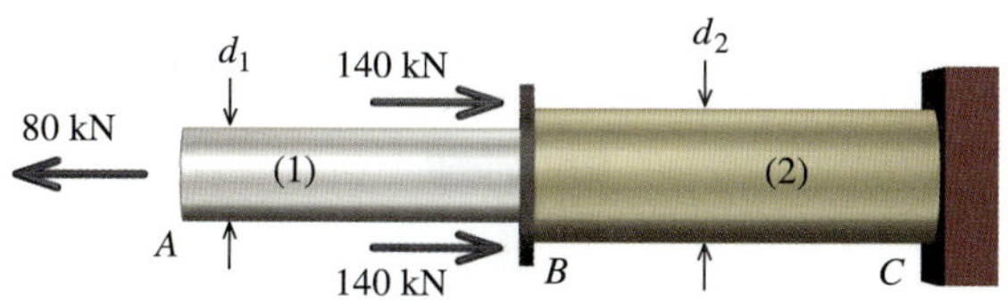


**FIGURE P1.3/4**

**P1.4** Two solid cylindrical rods (1) and (2) are joined together at flange $B$ and loaded as shown in Figure P1.3/4. If the normal stress in each rod must be limited to 120 MPa, determine the minimum diameter required for each rod.

**P1.5** Two solid cylindrical rods (1) and (2) are joined together at flange $B$ and loaded as shown in Figure P1.5/6. If the normal stress in each rod must be limited to 40 ksi, determine the minimum diameter required for each rod.

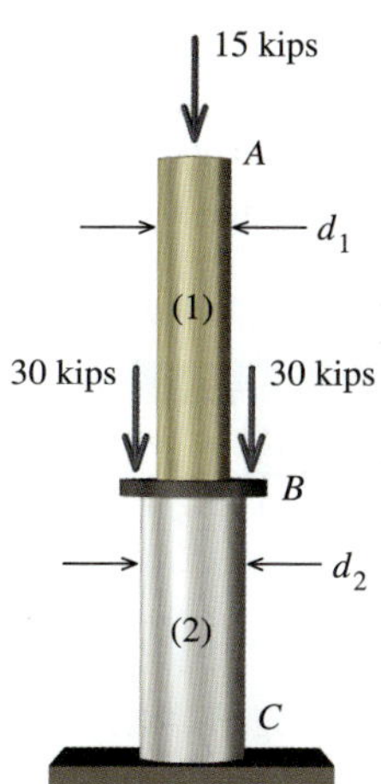


**FIGURE P1.5/6**

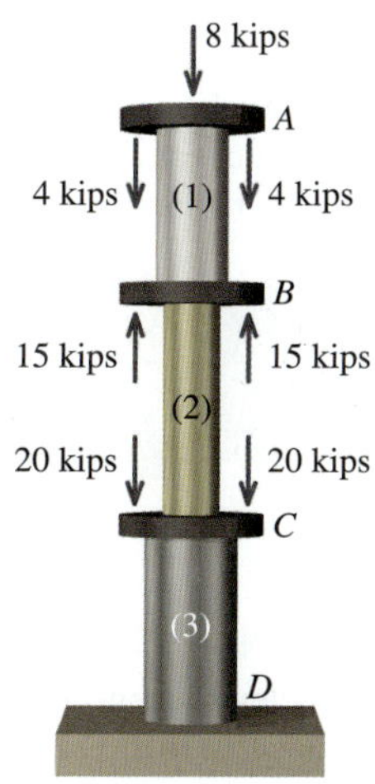


**FIGURE P1.7/8**

**P1.6** Two solid cylindrical rods (1) and (2) are joined together at flange $B$ and loaded as shown in Figure P1.5/6. The diameter of rod (1) is 1.75 in. and the diameter of rod (2) is 2.50 in. Determine the normal stresses in rods (1) and (2).

**P1.7** Axial loads are applied with rigid bearing plates to the solid cylindrical rods shown in Figure P1.7/8. The diameter of aluminum rod (1) is 2.00 in., the diameter of brass rod (2) is 1.50 in., and the diameter of steel rod (3) is 3.00 in. Determine the axial stress in each of the three rods.

**P1.8** Axial loads are applied with rigid bearing plates to the solid cylindrical rods shown in Figure P1.7/8. The normal stress in aluminum rod (1) must be limited to 18 ksi, the normal stress in brass rod (2) must be limited to 25 ksi, and the normal stress in steel rod (3) must be limited to 15 ksi. Determine the minimum diameter required for each of the three rods.

**P1.9** Two solid cylindrical rods support a load of $P = 50$ kN as shown in Figure P1.9/10. If the normal stress in each rod must be limited to 130 MPa, determine the minimum diameter required for each rod.

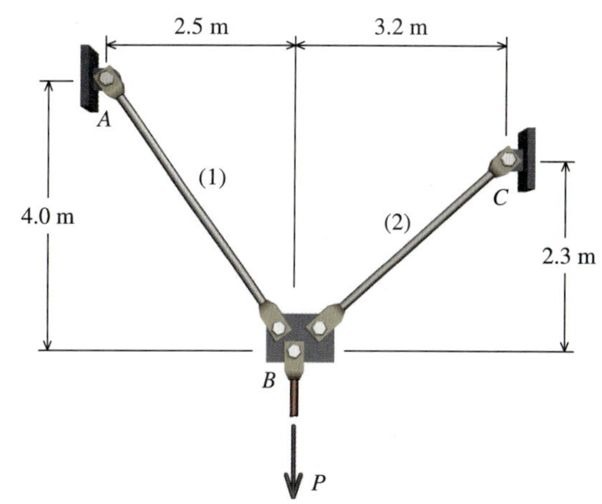


**FIGURE P1.9/10**

**P1.10** Two solid cylindrical rods support a load of $P = 27$ kN as shown in Figure P1.9/10. Rod (1) has a diameter of 16 mm and the diameter of rod (2) is 12 mm. Determine the axial stress in each rod.

**P1.11** A simple pin-connected truss is loaded and supported as shown in Figure P1.11. All members of the truss are aluminum pipes that have an outside diameter of 4.00 in. and a wall thickness of 0.226 in. Determine the normal stress in each truss member.

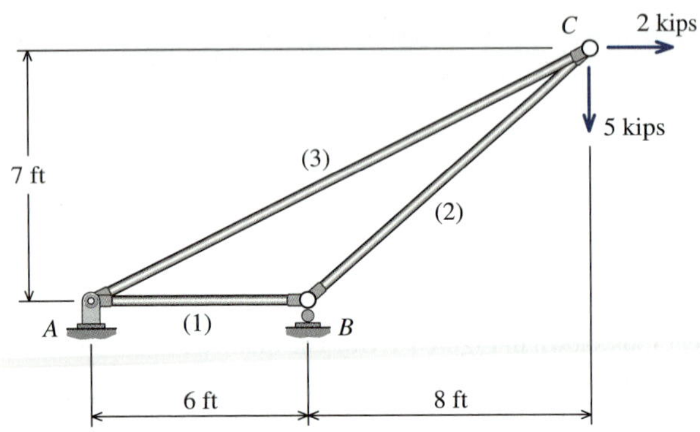


**FIGURE P1.11**

**P1.12** A simple pin-connected truss is loaded and supported as shown in Figure P1.12. All members of the truss are aluminum pipes that have an outside diameter of 60 mm and a wall thickness of 4 mm. Determine the normal stress in each truss member.

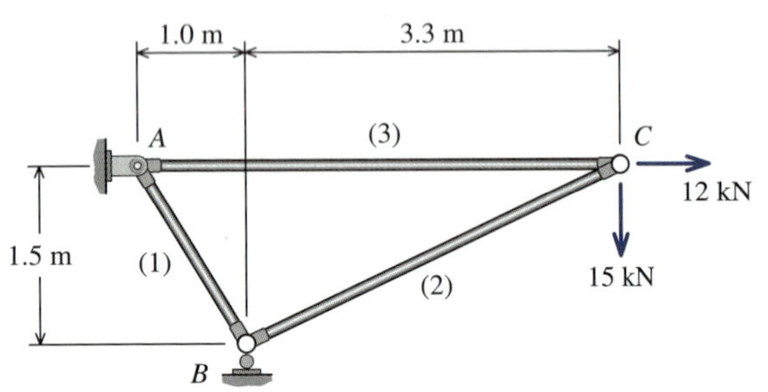


**FIGURE P1.12**

**P1.13** A simple pin-connected truss is loaded and supported as shown in Figure P1.13. All members of the truss are aluminum pipes that have an outside diameter of 42 mm and a wall thickness of 3.5 mm. Determine the normal stress in each truss member.

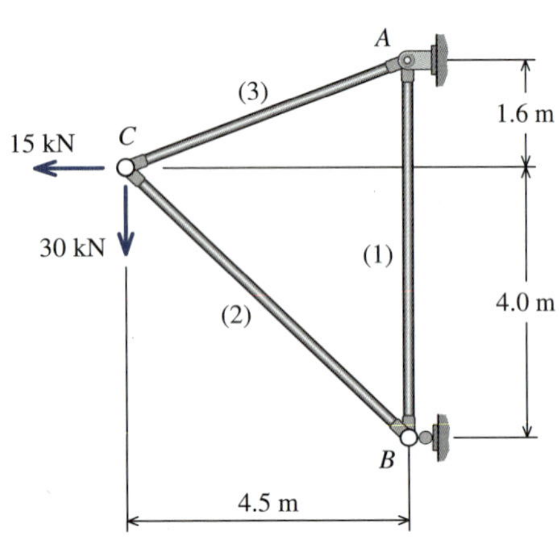


**FIGURE P1.13**

**P1.14** The members of the truss shown in Figure P1.14 are aluminum pipes that have an outside diameter of 4.50 in. and a wall thickness of 0.237 in. Determine the normal stress in each truss member.

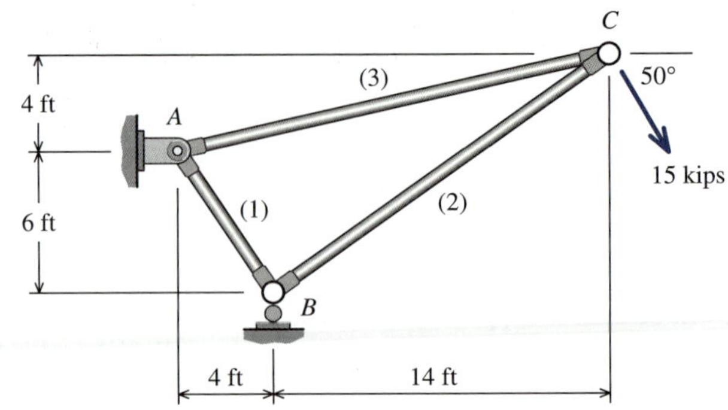


**FIGURE P1.14**

**P1.15** Bar (1) in Figure P1.15 has a cross-sectional area of 0.75 in.$^2$. If the stress in bar (1) must be limited to 30 ksi, determine the maximum load $P$ that may be supported by the structure.

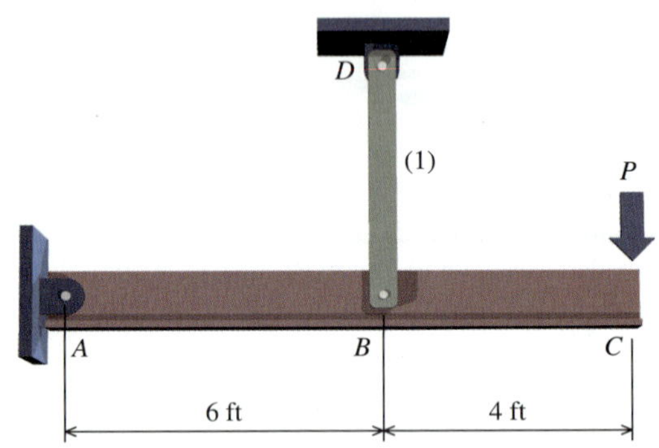


**FIGURE P1.15**

**P1.16** Two 6-in.-wide wooden boards are to be joined by splice plates that will be fully glued on the contact surfaces as shown in Figure P1.16. The glue to be used can safely provide a shear strength of 120 psi. Determine the smallest allowable length $L$ that can be used for the splice plates for an applied load of $P = 10{,}000$ lb. Note that a gap of 0.5 in. is required between boards (1) and (2).

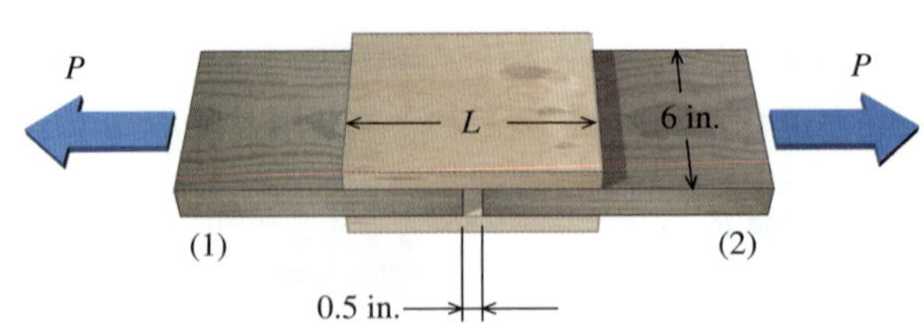


**FIGURE P1.16**

**P1.17** For the clevis connection shown in Figure P1.17/18, determine the shear stress in the 22-mm-diameter bolt for an applied load of $P = 90$ kN.

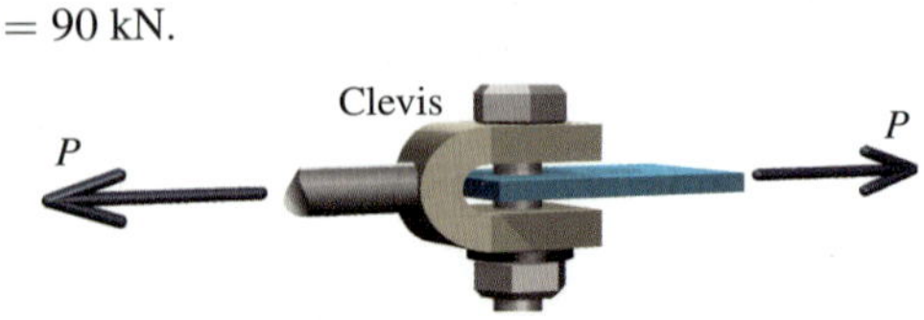

**P1.18** For the clevis connection shown in Figure P1.17/18, the shear stress in the 3/8-in.-diameter bolt must be limited to 36 ksi. Determine the maximum load $P$ that may be applied to the connection.

**P1.19** For the connection shown in Figure P1.19/20, determine the average shear stress in the 7/8-in.-diameter bolts if the load is $P = 45$ kips.

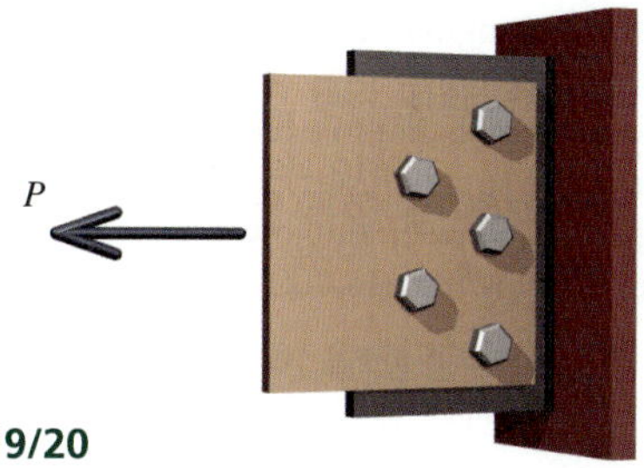


**FIGURE P1.19/20**

**P1.20** The five-bolt connection shown in Figure P1.19/20 must support an applied load of $P = 300$ kN. If the average shear stress in the bolts must be limited to 225 MPa, determine the minimum bolt diameter that may be used in the connection.

**P1.21** The three-bolt connection shown in Figure P1.21/22 must support an applied load of $P = 40$ kips. If the average shear stress in the bolts must be limited to 24 ksi, determine the minimum bolt diameter that may be used in the connection.

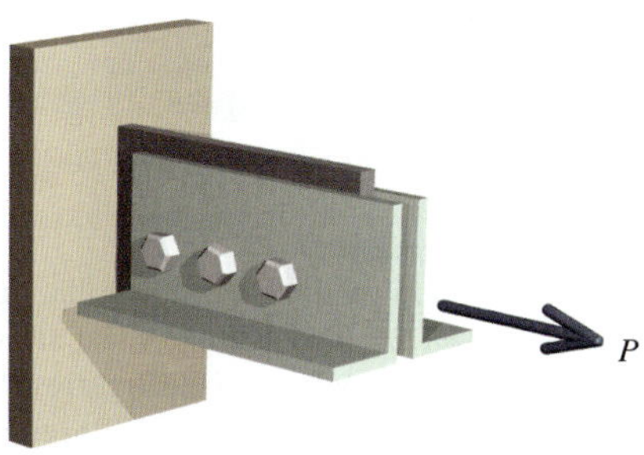


**FIGURE P1.21/22**

**P1.22** For the connection shown in Figure P1.21/22, the average shear stress in the 12-mm-diameter bolts must be limited to 160 MPa. Determine the maximum load $P$ that may be applied to the connection.

**P1.23** A hydraulic punch press is used to punch a slot in a 0.50-in.-thick plate as illustrated in Figure P1.23. If the plate shears at a stress of 30 ksi, determine the minimum force $P$ required to punch the slot.

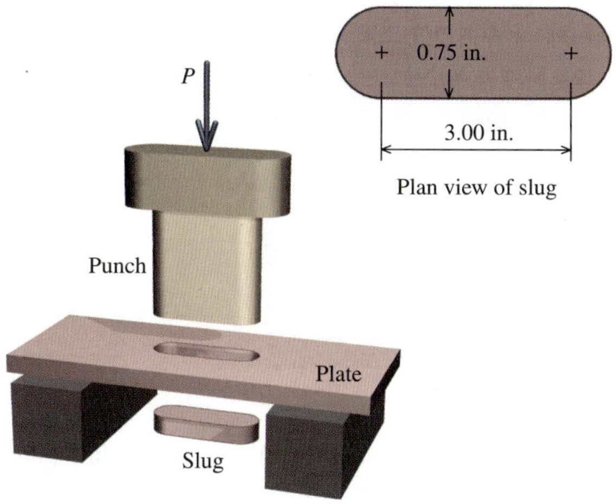


**FIGURE P1.23**

**P1.24** A coupling is used to connect a 2-in.-diameter plastic pipe (1) to a 1.5-in.-diameter pipe (2) as shown in Figure P1.24. If the average shear stress in the adhesive must be limited to 400 psi, determine the minimum lengths $L_1$ and $L_2$ required for the joint if the applied load $P$ is 5,000 lb.

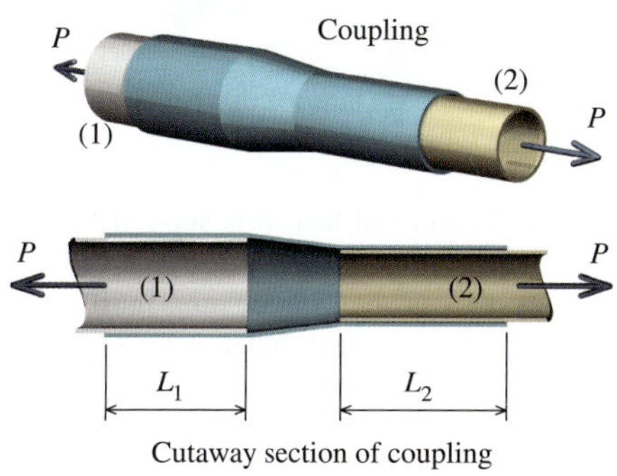


**FIGURE P1.24**

**P1.25** A lever is attached to a shaft with a square shear key as shown in Figure P1.25. The force applied to the lever is $P = 400$ N. If the shear stress in the key must not exceed 90 MPa, determine the minimum dimension $a$ that must be used if the key is 15 mm long.

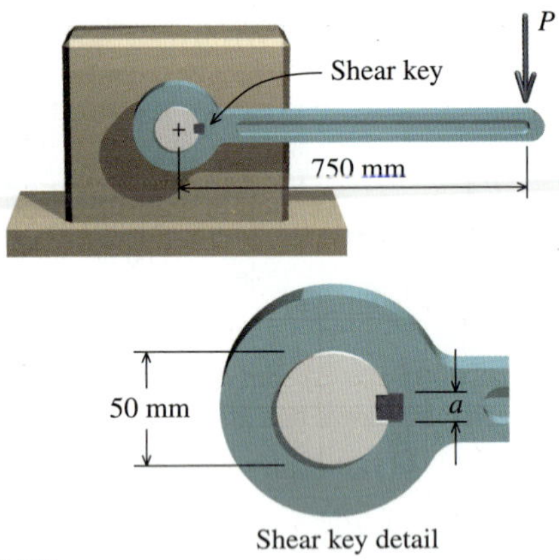


**FIGURE P1.25**

**P1.26** A common trailer hitch connection is shown in Figure P1.26. The shear stress in the pin must be limited to 30,000 psi. If the applied load is $P = 4{,}000$ lb, determine the minimum diameter that must be used for the pin.

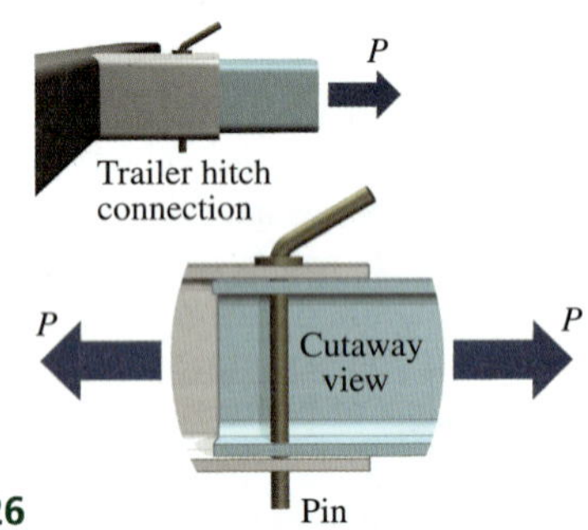


**FIGURE P1.26**

**P1.27** In Figure P1.27, an axial load $P$ is supported by a short steel column, which has a cross-sectional area of 11,400 mm$^2$. If the average normal stress in the steel column must not exceed 110 MPa, determine the minimum required dimension $a$ so that the bearing stress between the base plate and the concrete slab does not exceed 8 MPa.

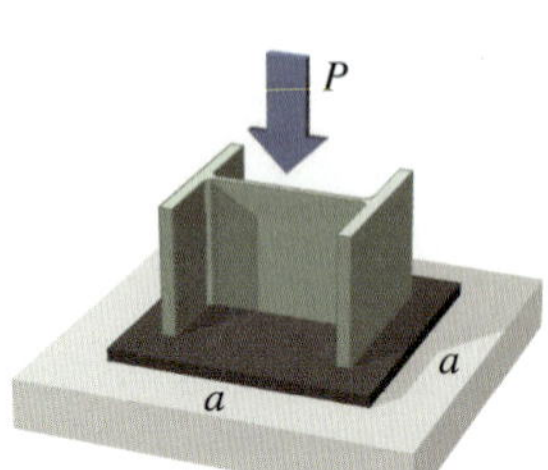


**FIGURE P1.27**

**P1.28** The steel pipe column shown in Figure P1.28 has an outside diameter of 8.625 in. and a wall thickness of 0.25 in. The timber beam is 10.75 in. wide, and the upper plate has the same width. The load imposed on the column by the timber beam is 80 kips. Determine:

(a) the average bearing stress at the surfaces between the pipe column and the upper and lower steel bearing plates.
(b) the length $L$ of the rectangular upper bearing plate if its width is 10.75 in. and the average bearing stress between the steel plate and the wood beam is not to exceed 500 psi.
(c) the dimension $a$ of the square lower bearing plate if the average bearing stress between the lower bearing plate and the concrete slab is not to exceed 900 psi.

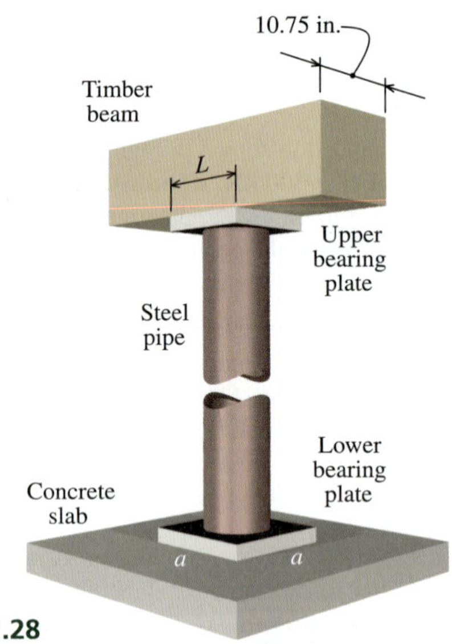


**FIGURE P1.28**

**P1.29** A vertical shaft is supported by a thrust collar and bearing plate as shown in Figure P1.29. The average shear stress in the collar must be limited to 18 ksi. The average bearing stress between the collar and the plate must be limited to 24 ksi. Based on these limits, determine the maximum axial load $P$ that can be applied to the shaft.

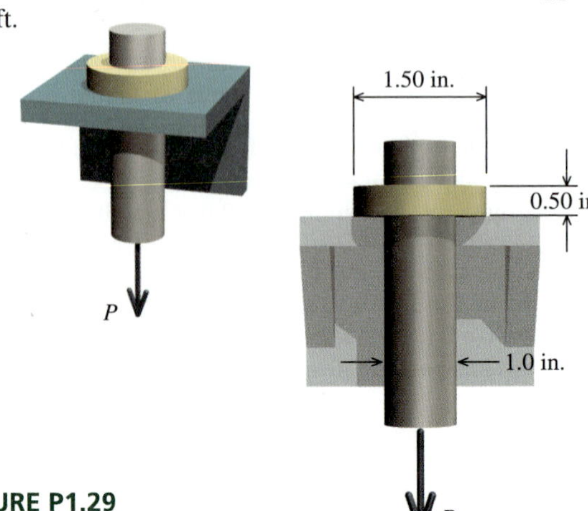


**FIGURE P1.29**

## 1.5 경사부 상에서의 응력

앞 절에서는 부재의 중심에 부과된 하중의 축에 평행하거나 수직인 평면에서의 법선응력, 전단응력, 지탱응력이 소개되었다. 이제 단축하중이 가해진 봉의 축과 경사진 면에서의 응력에 대해 설명한다.

봉의 중심에 하중 $P$를 받는 각기둥 봉을 생각해 보자(그림 1.3*a*). 힘이 봉에 축 방향으로만(즉, 인장 또는 압축) 작용하기 때문에 이러한 유형의 부하를 **단축부하**라 한다. 봉의 단면적은 $A$이다. 재료의 내부에 미치는 응력을 알아보기 위해 봉의 단면 $a$–$a$를 자른다. 자유물체도(그림 1.3*b*)는 봉의 절단면에 분산되는 법선응력 $\sigma$를 나타낸다. 만약 응력이 균일하게 분포되었다면, 법선응력의 크기는 $\sigma = P/A$ 식으로 계산할 수 있다. 이 경우 봉이 각기둥 형상이고 힘 $P$가 단면의 도심에 적용되기 때문에 응력은 균일하다. 이 법선응력 분포의 합력의 크기는 적용된 하중 $P$와 동일하고, 그 적용선은 그림에서와 같이 봉의 축 방향과 일치한다. 절단면은 합력의 방향에 수직하기 때문에 전단응력 $\tau$는 없다는 것을 유의하라.

그러나 단면 $a$–$a$는 힘 $P$의 방향에 수직인 유일한 면이기 때문에 드문 경우이고, 더 일반적인 것은 봉과 임의의 각도만큼 기울어진 절단면이다. 단면 $b$–$b$에서 자유물체도를 고려해 보자(그림 1.3*c*). 응력은 봉 전체에 걸쳐 동일하기 때문에 경사면에서의 응력도 균일하게

MecMovies 1.11은 경사면에서의 응력에 대한 이론의 소개 동영상을 보여준다.

참조 평면에서 평면 방향은 평면의 수직방향으로 정의된다. 그림 1.3*d*의 기울어진 면을 $n$ 면이라 하는 데, 이는 $n$ 축이 이 면의 수직방향이기 때문이다.

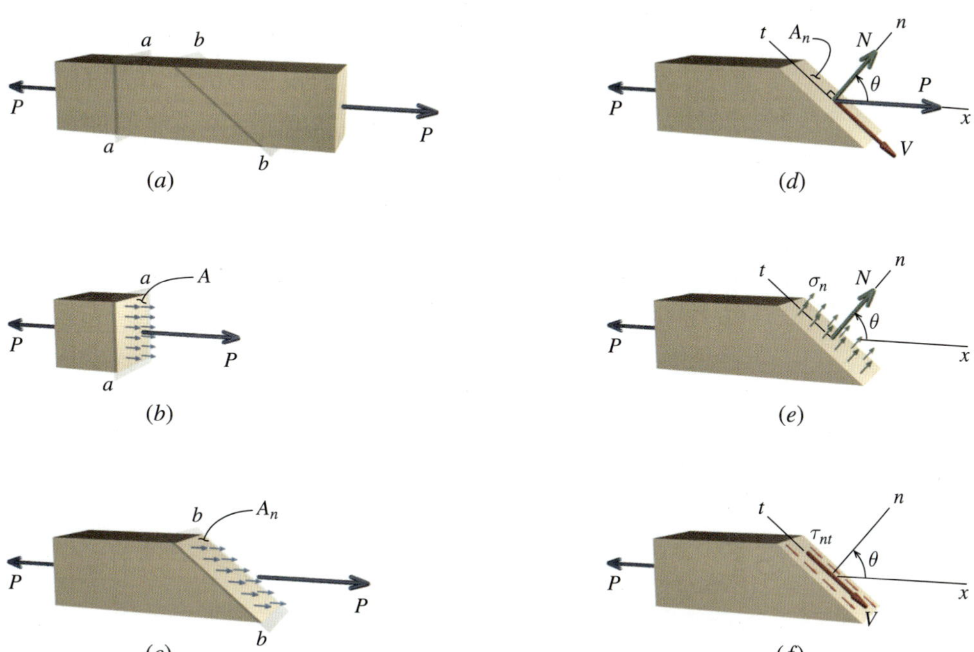


**그림 1.3** • (*a*) 축력 $P$를 받는 각기둥봉. (*b*) 단면 $a$-$a$에서의 법선응력. (*c*) 경사면 $b$-$b$에서의 응력. (*d*) 경사면에 수직하게 작용하는 힘의 요소와 경사면에 평행하게 작용하는 힘의 요소. (*e*) 경사면에서 작용하는 법선응력. (*f*) 경사면에서 작용하는 전단응력

분포되어야 한다. 봉은 평형상태에 있기 때문에 균일하게 분포된 응력의 합은 응력이 경사면에 작용할지라도 $P$와 같다.

그림 1.3$d$에 나타난 바와 같이 경사면의 방향은 $x$축과 평면에 수직인 $n$축 사이의 각도 $\theta$에 의해 정의된다. 양의 각도 $\theta$는 $x$축에서 $n$축으로 반시계방향으로 정의된다. $t$축은 절단면의 접선 방향이며, $n-t$ 축은 오른손법칙에 의한 좌표계를 형성한다.

경사면(그림 1.3$d$)에 작용하는 응력을 알아보기 위해 면에 수직하게 그리고 평행하게 작용하는 합력 $P$의 선분들을 계산해야 한다. 앞서 정의된 $\theta$를 이용하여 수직 성분(즉, 법선력) $N$은 $P\cos\theta$이고, 접선 성분(즉, 전단력) $V$는 $-P\sin\theta$이다(음의 부호는 그림 1.3$d$에 나타난 바와 같이 전단력이 $-t$ 방향으로 작용한다는 것을 가리킨다). 경사면의 면적 $A_n$은 $A/\cos\theta$이며, 여기서 $A$는 봉의 단면적이다. 경사면에 작용하는 법선응력과 전단응력은(그림 1.3$e$와 1.3$f$) 힘 성분을 경사면의 면적으로 나눔으로써 결정된다.

$$\sigma_n = \frac{N}{A_n} = \frac{P\cos\theta}{A/\cos\theta} = \frac{P}{A}\cos^2\theta = \frac{P}{2A}(1+\cos 2\theta) \tag{1.8}$$

$$\tau_{nt} = \frac{V}{A_n} = \frac{-P\sin\theta}{A/\cos\theta} = -\frac{P}{A}\sin\theta\cos\theta = -\frac{P}{2A}\sin 2\theta \tag{1.9}$$

경사면의 면적 $A_n$과 경사면에서의 법선력과 전단력의 값 $N$, $V$ 모두 경사각 $\theta$의 함수이기 때문에 법선응력 $\sigma_n$과 전단응력 $\tau_{nt}$도 경사면에서의 경사각 $\theta$의 함수이다. 힘과 면에 대한 응력의 의존성, 즉 함수 관계는 응력이 벡터량이 아니라는 것을 의미한다. 따라서 벡터의 덧셈 법칙은 응력에 적용되지 않는다.

$\theta$에 대한 함수로써 $\sigma_n$과 $\tau_{nt}$의 크기를 보여주는 그래프는 그림 1.4와 같다. 이 결과들은 $\sigma_n$이 $\theta$가 0° 또는 180°일 때 최대이고, $\tau_{nt}$는 $\theta$가 45°또는 135°일 때 최대임을 시사한다. 또한 $\tau_{\max} = \sigma_{\max}/2$임을 보여준다. 따라서 봉의 도심에 작용하는 단축인장력이나 단축압축력(도심단축부하라 칭함)을 받는 봉에서의 최대 법선응력과 최대 전단응력은 다음과 같다.

$$\sigma_{\max} = \frac{P}{A}, \qquad \tau_{\max} = \frac{P}{2A} \tag{1.10}$$

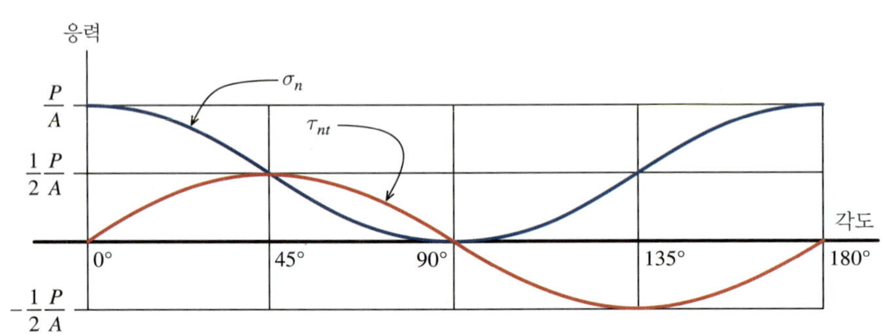


**그림 1.4** • 경사면 방향 $\theta$에 대한 함수로서의 법선응력과 전단응력의 변화

법선응력은 전단응력이 0인 면에서 최대이거나 최소임을 유의하자. 즉 전단응력은 법선응력이 최대이거나 최소인 면에서 항상 0이다. 더욱 일반적인 경우인 최대 및 최소 법선응력과 최대 전단응력의 개념은 이 책의 후반부에서 다룰 것이다.

그림 1.4에 나타난 단축부하 상태에서의 법선응력과 전단응력 그래프는 $\theta$가 90°보다 클 때 전단응력의 부호가 변함을 보여준다. 하지만 어떠한 각도 $\theta$에서든지 전단응력의 크기는 $90° + \theta$ 각도에서의 전단응력 크기와 같다. 부호의 변화는 단지 전단력 $V$의 방향만 변한다는 것을 의미한다.

## 의미

비록 혹자는 재료(특히, 단순 축방향 부재)에 단지 하나의 응력만이 존재한다고 생각할지 모르지만 전술한 내용은 고체에 법선응력과 전단응력의 매우 다양한 조합이 존재함을 말해 준다. 다시 말하면, 임의의 점에서의 법선응력과 전단응력의 크기와 방향은 고려되는 평면의 방향에 의존한다.

**이것이 왜 중요한가?** 요소의 설계에 있어 엔지니어는 특정한 법선응력 $\sigma_n$이나 전단응력 $\tau_{nt}$뿐만이 아니라 물체의 내부면에 존재하는 가능한 모든 법선응력과 전단응력의 조합에 염두를 두어야만 한다. 왜냐하면 서로 다른 재료는 서로 다른 유형의 응력에 반응하기 때문이다. 예를 들면, 단축인장이 가해진 시편에 대한 실험에서 취성 재료는 법선응력의 크기에 따라 파손된다. 이러한 재료는 가로 방향의 면에서 파손된다(즉, 그림 1.3$a$에서의 단면 $a$–$a$와 같은 평면). 반면 연성 재료는 전단응력의 크기에 민감하다. 단축인장이 가해진 연성 재료는 45° 평면에서 최대 전단응력이 발생하기 때문이다.

## 1.6 직교면에서 전단응력의 동일성*

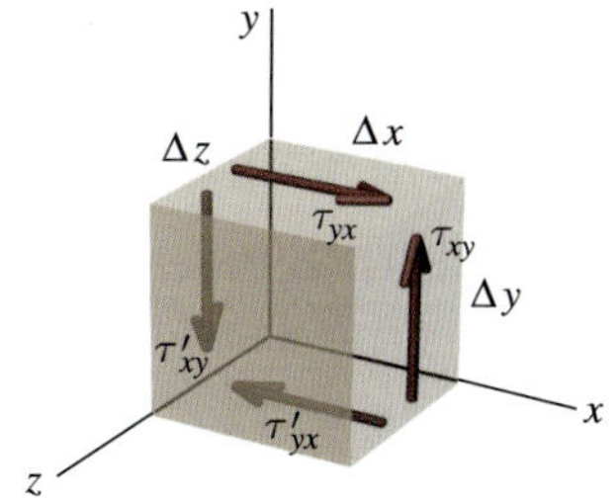


그림 1.5 • 재료의 작은 체적 요소에 작용하는 전단응력

임의의 물체가 평형상태에 있다면, 테스트를 위해 선택된 부분이 아무리 작은 크기일지라도 평형상태에 있어야 한다. 그러므로 그림 1.5에 나타난 전단응력을 받는 재료의 작은 체적 요소를 살펴보자. 이 작은 요소의 앞면과 뒷면은 응력이 없는 상태이다.

힘의 평형은 응력이 아니라 힘과 관련된다. 이 요소의 힘의 평형을 고려하기 위해서 각 면에 작용하는 응력에 의해 발생되는 힘은 각 면에 작용하는 응력과 면의 면적의 곱을 통해 구해진다. 예를 들어 이 요소의 상단면에 작용하는 수평력은 $\tau_{yx}\Delta x\Delta z$이며, 이 요소의 우측면에 작용하는 수직력은 $\tau_{xy}\Delta y\Delta z$이다. 수평방향에서의 평형조건은 아래 식으로 표현된다.

$$\Sigma F_x = \tau_{yx}\Delta x\Delta z - \tau'_{yx}\Delta x\Delta z = 0 \qquad \therefore \tau_{yx} = \tau'_{yx}$$

그리고 수직방향에서의 힘의 평형조건은 아래식으로 표현된다.

$$\Sigma F_y = \tau_{xy}\,\Delta y\,\Delta z - \tau'_{xy}\,\Delta y\,\Delta z = 0 \qquad \therefore \tau_{xy} = \tau'_{xy}$$

마지막으로 임의의 모서리 점에 대한 $z$축 방향의 모멘트 평형조건으로부터 다음 식이 성립한다.

$$\Sigma M_z = (\tau_{xy}\,\Delta y\,\Delta z)\,\Delta x - (\tau_{yx}\,\Delta x\,\Delta z)\,\Delta y = 0 \qquad \therefore \tau_{xy} = \tau_{yx}$$

따라서 힘의 평형조건은 다음을 요구한다.

$$\tau_{xy} = \tau_{yx} = \tau'_{xy} = \tau'_{yx} = \tau$$

다시 말해서 전단응력이 물체의 한 평면에 작용하면 동등한 크기의 전단응력이 나머지 세 평면에 작용한다. 전단응력은 그림 1.5의 방향으로 작용하거나, 그 반대일 경우 모든 면에서 전단응력의 방향은 그 반대가 된다.

인접해 있는 면에서 전단응력은 서로를 향하는 방향이거나 서로로부터 멀어져가는 방향으로 작용한다. 다시 말하면, 화살표는 수직으로 교차하는 두 개의 평면상에서 화살표 머리를 맞대거나 화살표 꼬리를 맞대며 정렬된다. 결코 화살표 머리와 꼬리가 맞대며 정렬되지 않는다.

## 예제 1.9 EXAMPLE

그림에 나타난 120 mm 폭의 용접 연결부를 가지는 강봉이 축방향 인장하중 $P$ = 180 kN을 전달하는 데 이용된다. 이 용접부면에서의 법선응력과 전단응력이 각각 80 MPa와 45 MPa로 제한될 때, 봉에 요구되는 최소 두께를 구하라.

**풀이 계획**

법선응력허용한계나 전단응력허용한계 중 하나 또는 두 개가 동시에 봉의 면적의 결정에 영향을 끼칠 것이다. 어떤 응력이 영향을 끼칠지 사전에 알 수 있는 방법은 없다. 따라서 두 가지 가능성을 모두 검토하여야 한다. 각 허용한계에 대한 최소 단면적을 결정해야 한다. 두 결과 중 큰 값을 봉의 최소 두께로 결정한다. 이 예제는 두 가지 방법으로 풀이된다.

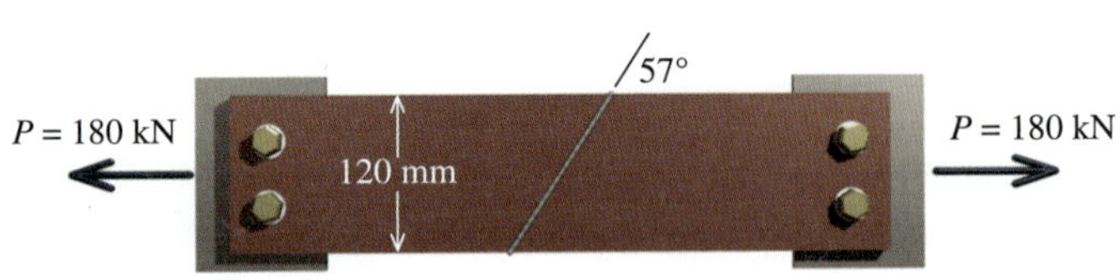


(a) 힘 $P$의 법선요소와 전단요소의 직접적인 이용

(b) 식 (1.8)과 (1.9)의 이용

**풀이**

**(a) 법선력과 전단력 요소를 이용한 풀이**

부재의 왼쪽 반의 자유물체도(FBD)를 고려해 보자. 축력 $P$ = 180 kN을 용접면에 수직한 힘의 성분 $N$과 용접면에 평행한 힘

* 역자주: 1.6절의 논리는 다소 일관성이 없다. 이것은 독자들이 충분히 이해할 수 있는 역학적 지식을 보유하고 있지 않다는 전제 하에 결과의 전달과 이해 및 적용에 초점을 둔 결과라고 판단된다. 이에 관한 보충 설명을 12.3절에 기술하였다.

의 성분 $V$로 분해하자.

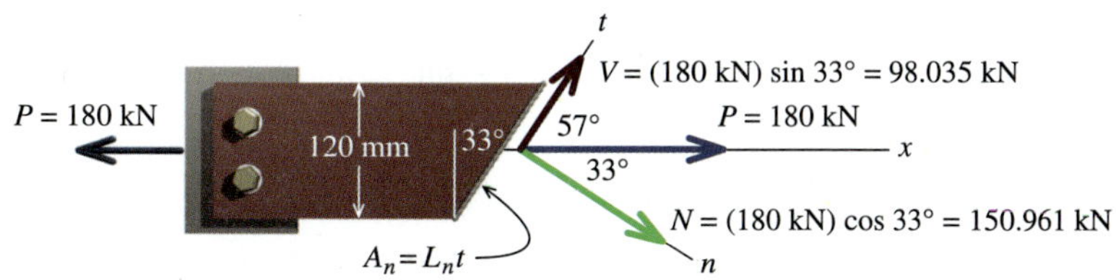


법선응력의 한계인 80 MPa을 만족하기 위한 용접부의 최소 단면적 $A_n$은 다음 식에 의해 계산된다.

$$\sigma_n = \frac{N}{A_n} \qquad \therefore A_n \geq \frac{(150.961 \text{ kN})(1{,}000 \text{ N/kN})}{80 \text{ N/mm}^2} = 1{,}887.013 \text{ mm}^2$$

이와 유사하게 전단응력의 한계인 45 MPa을 만족하기 위한 용접부의 최소 단면적 $A_n$은 다음 식에 의해 계산된다.

$$\tau_{nt} = \frac{V}{A_n} \qquad \therefore A_n \geq \frac{(98.035 \text{ kN})(1{,}000 \text{ N/kN})}{45 \text{ N/mm}^2} = 2{,}178.556 \text{ mm}^2$$

법선응력한계와 전단응력한계 모두를 만족하는 용접부의 최소 단면적 $A_n$은 2,178.556 mm²이다. 다음으로 경사면을 따르는 용접부의 길이 $L_n$을 결정할 수 있다. 면의 기하학으로부터

$$\cos 33° = \frac{120 \text{ mm}}{L_n} \qquad \therefore L_n = \frac{120 \text{ mm}}{\cos 33°} = 143.084 \text{ mm}$$

따라서, 요구되는 용접면을 규정하기 위한 최소 두께는

$$t_{\min} \geq \frac{2{,}178.556 \text{ mm}^2}{143.084 \text{ mm}} = 15.23 \text{ mm}$$ **Ans.**

**(b) 식 (1.8)과 (1.9)를 이용한 풀이**

식 (1.8)과 (1.9)의 이용에 필요한 $\theta$를 결정하자. 각도 $\theta$는 측방향 단면(즉, 작용 하중에 수직한 단면)과 경사면 사이의 각도로 정의되며, 반시계방향인 양의 각도로 정의된다. 문제의 그림에서 용접부의 각도가 57°로 표시되어 있지만, 이 각도는 $\theta$에 대입하기 위한 값이 아니다. 식에 적용되는 $\theta$는 $-33°$이다.

경사면에서의 법선응력과 전단응력은 다음과 같이 계산된다.

$$\sigma_n = \frac{P}{A}\cos^2\theta, \qquad \tau_{nt} = -\frac{P}{A}\sin\theta\cos\theta$$

80 MPa의 법선응력 한계에 근거하여 봉에 요구되는 최소 단면적은

$$A_{\min} \geq \frac{P}{\sigma_n}\cos^2\theta = \frac{(180 \text{ kN})(1{,}000 \text{ N/kN})}{80 \text{ N/mm}^2}\cos^2(-33°) = 1{,}582.58 \text{ mm}^2$$

이와 같이 45 MPa의 전단응력 한계에 근거하여 봉에 요구되는 최소 단면적은

$$A_{\min} \geq -\frac{P}{\tau_{nt}}\sin\theta\cos\theta = -\frac{(180\ \text{kN})(1{,}000\ \text{N/kN})}{45\ \text{N/mm}^2}\sin(-33°)\cos(-33°) = 1{,}827.09\ \text{mm}^2$$

**참고:** 여기서 힘과 면적의 크기에 중점을 두었다. 만약 계산된 면적이 음수라면, 그 절대값을 취해야 한다.

두 허용한계응력 모두를 만족하기 위해 두 면적 중 큰 면적이 최종적으로 선택되어야 한다. 강철봉의 폭이 120 mm이기 때문에 봉의 최소 두께는 아래와 같다.

$$t_{\min} \geq \frac{1{,}827.09\ \text{mm}^2}{120\ \text{mm}} = 15.23\ \text{mm}$$ **Ans.**

## MecMovies Example M1.12

그림의 강봉 단면은 100 mm × 25 mm의 사각형이다. 축력 $P = 40$ kN이 봉에 작용될 때, 경사면 $a$–$a$에 작용하는 법선응력과 전단응력을 구하라.

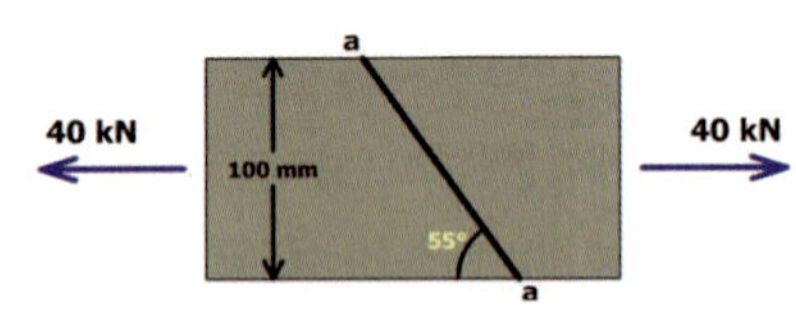


## MecMovies Example M1.13

그림의 강봉은 50 mm × 10 mm의 사각형이다. 경사면에서 허용 가능한 법선응력과 전단응력이 각각 40 MPa과 25 MPa로 제한될 때, 봉에 작용될 수 있는 최대 축력 $P$의 크기를 구하라.

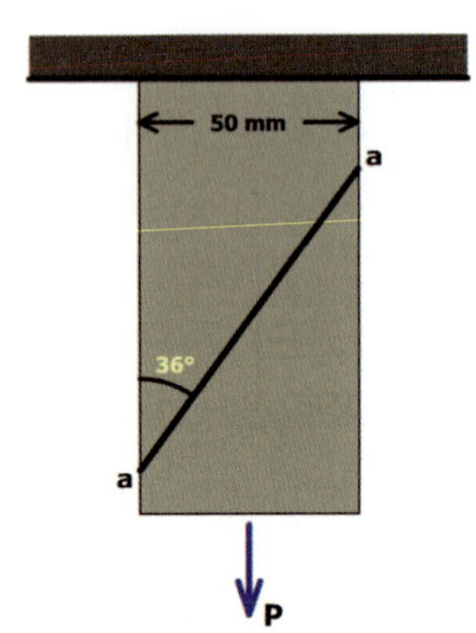

## MecMovies EXERCISES

**M1.12** 사각 단면의 봉에 하중 $P$가 주어졌을 때 경사면인 단면 $a$–$a$에 수직한 힘의 요소와 평행한 힘의 요소와 단면 $a$–$a$ 에 작용하는 법선응력과 전단응력의 크기를 구하라.

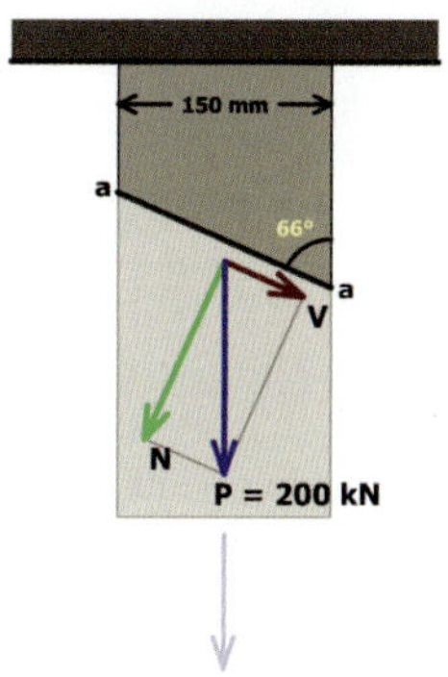


그림 M1.12

**M1.13** 사각 단면의 봉의 경사면 $a$–$a$에서 허용법선응력과 허용전단응력이 주어져 있다. 봉에 작용 가능한 최대 축력 $P$의 크기를 구하고, 경사면 $a$–$a$에 작용하는 실제 법선응력과 전단응력을 구하라.

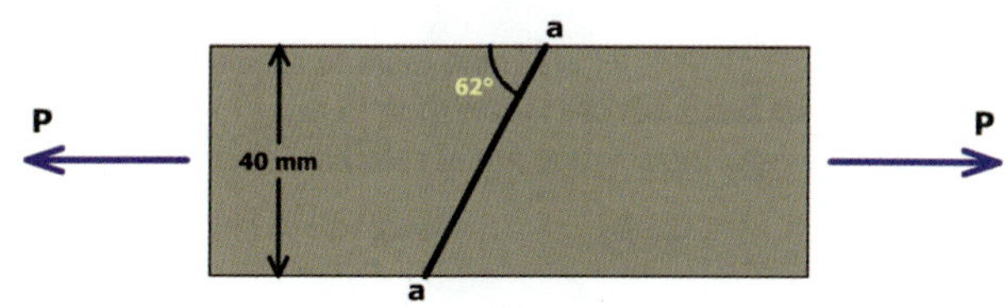


그림 M1.13

## PROBLEMS

**P1.30** A structural steel bar with a 25-mm by 75-mm rectangular cross section is subjected to an axial load of 150 kN. Determine the maximum normal and shear stresses in the bar.

**P1.31** A steel rod of circular cross section will be used to carry an axial load of 92 kips. The maximum stresses in the rod must be limited to 30 ksi in tension and 12 ksi in shear. Determine the required diameter for the rod.

**P1.32** An axial load $P$ is applied to the rectangular bar shown in Figure P1.32. The cross-sectional area of the bar is 400 mm$^2$. Determine the normal stress perpendicular to plane $AB$ and the shear stress parallel to plane $AB$ if the bar is subjected to an axial load of $P = 70$ kN.

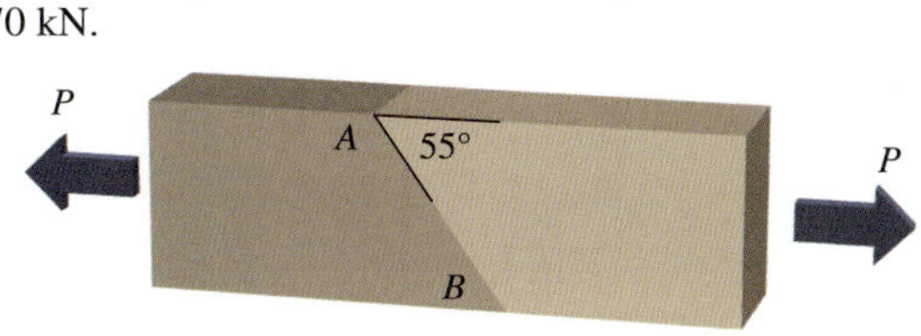


**FIGURE P1.32**

**P1.33** An axial load $P$ is applied to the 1.75-in. by 0.75-in. rectangular bar shown in Figure P1.33. Determine the normal stress perpendicular to plane $AB$ and the shear stress parallel to plane $AB$ if the bar is subjected to an axial load of $P = 18$ kips.

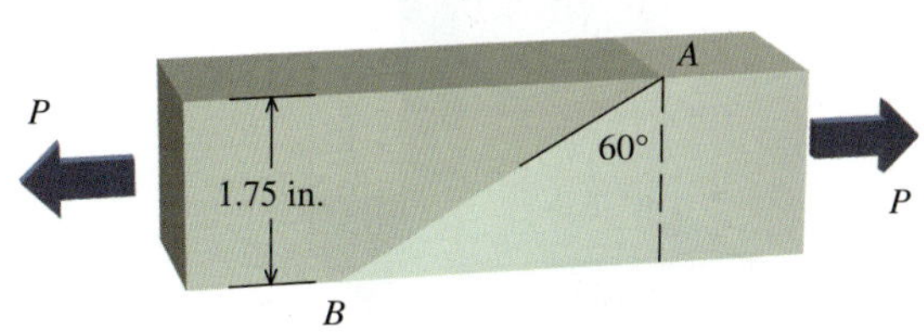


**FIGURE P1.33**

## PROBLEMS

**P1.34** A compression load of $P = 80$ kips is applied to a 4-in by 4-in. square post as shown in Figure P1.34/35. Determine th normal stress perpendicular to plane $AB$ and the shear stress paral· lel to plane $AB$.

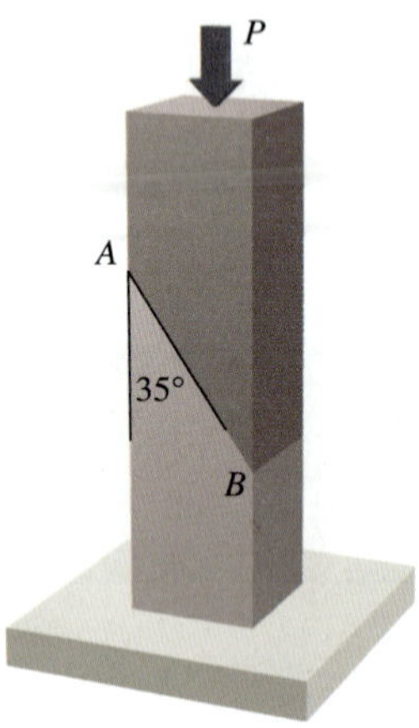


FIGURE P1.34/35

**P1.35** Specifications for the 50-mm by 50-mm square bar shown in Figure P1.34/35 require that the normal and shear stresses on plane $AB$ not exceed 120 MPa and 90 MPa, respectively. Determine the maximum load $P$ that can be applied without exceeding the specifications.

**P1.36** Specifications for the 6-in. by 6-in. square post shown in Figure P1.36 require that the normal and shear stresses on plane $AB$ not exceed 800 psi and 400 psi, respectively. Determine the maximum load $P$ that can be applied without exceeding the specifications.

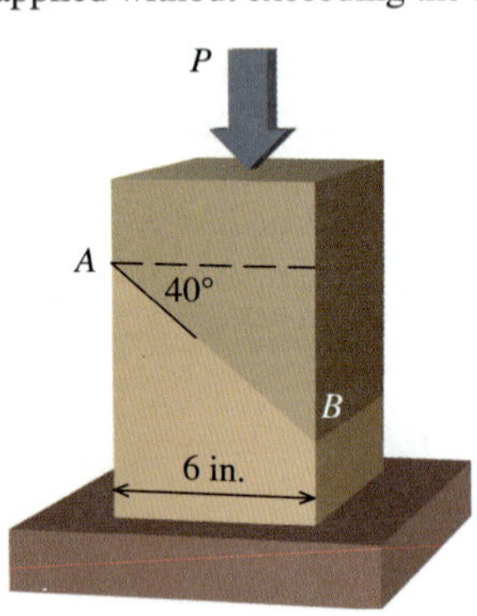


FIGURE P1.36

**P1.37** A 90-mm-wide bar will be used to carry an axial tension load of 280 kN as shown in Figure P1.37. The normal and shear stresses on plane $AB$ must be limited to 150 MPa and 100 MPa, respectively. Determine the minimum thickness $t$ required for the bar.

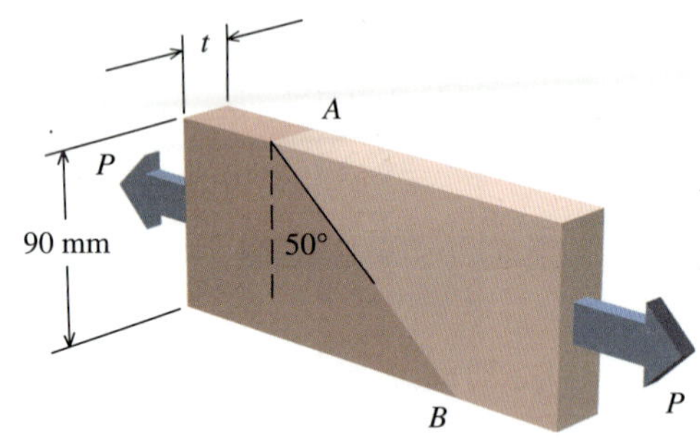


FIGURE P1.37

**P1.38** A rectangular bar having width $w = 6.00$ in. and thickness $t = 1.50$ in. is subjected to a tension load $P$ as shown in Figure P1.38/39. The normal and shear stresses on plane $AB$ must not exceed 16 ksi and 8 ksi, respectively. Determine the maximum load $P$ that can be applied without exceeding either stress limit.

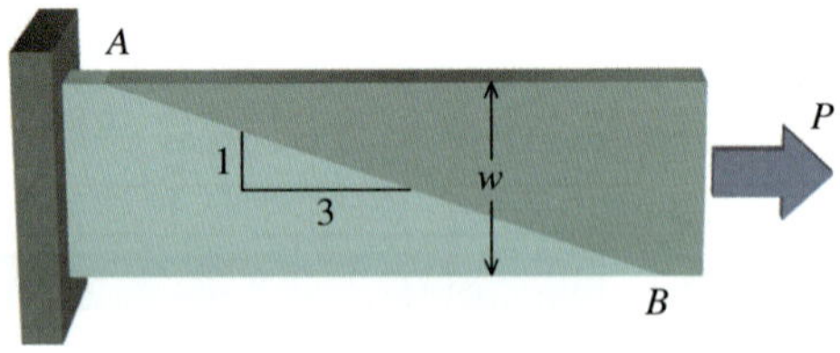


FIGURE P1.38/39

**P1.39** In Figure P1.38/39, a rectangular bar having width $w = 1.25$ in. and thickness $t$ is subjected to a tension load of $P = 30$ kips. The normal and shear stresses on plane $AB$ must not exceed 12 ksi and 8 ksi, respectively. Determine the minimum bar thickness $t$ required for the bar.

**P1.40** The rectangular bar has a width of $w = 3.00$ in. and a thickness of $t = 2.00$ in. The normal stress on plane $AB$ of the rectangular block shown in Figure P1.40/41 is 6 ksi (C) when the load $P$ is applied. Determine:

(a) the magnitude of load $P$.
(b) the shear stress on plane $AB$.
(c) the maximum normal and shear stresses in the block at any possible orientation.

**P1.41** The rectangular bar has a width of $w = 100$ mm and a thickness of $t = 75$ mm. The shear stress on plane $AB$ of the rectangular block shown in Figure P1.40/41 is 12 MPa when the load $P$ is applied. Determine:

(a) the magnitude of load $P$.
(b) the normal stress on plane $AB$.
(c) the maximum normal and shear stresses in the block at any possible orientation.

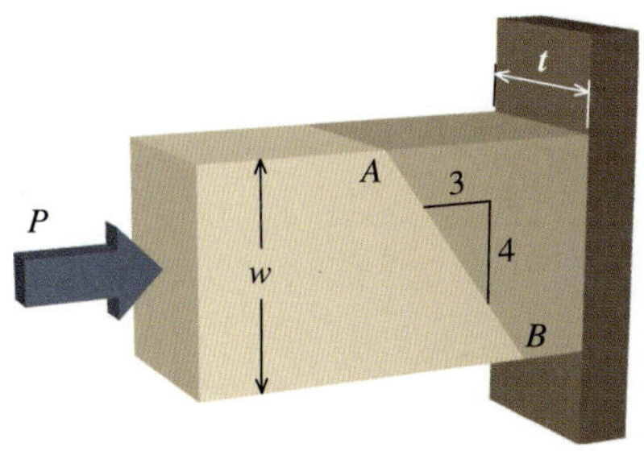


**FIGURE P1.40/41**

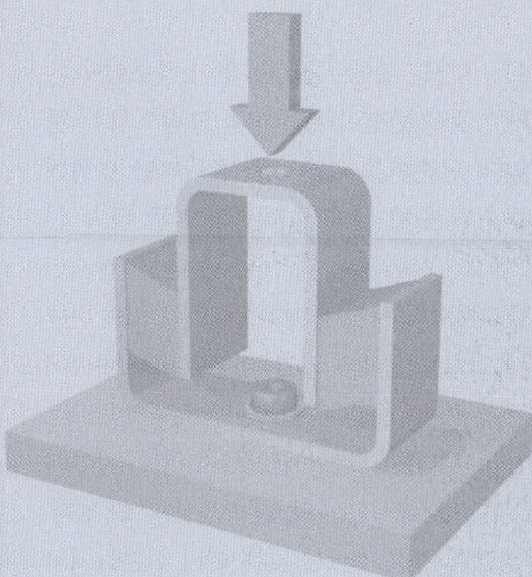

CHAPTER 02

# 변형률

## 2.1 변위, 변형, 변형률의 개념

구조 요소나 기계 부품의 설계에 있어 작용 하중으로 인한 물체의 변형은 종종 응력만큼 중요한 고려사항이다. 따라서 실제 변형이 가능한 물체에서의 내부 응력에 의한 변형 특성을 논의하고자 하며, 변형의 측정과 계산 방법을 학습한다.

### 변위

하중이 기계 부품이나 구조 요소에 작용할 때, 일반적으로 물체 내 각 점들은 이동하게 된다. 이때 기준좌표계에 대한 점의 상대 이동(운동)은 벡터량으로 표현되며, 이 벡터량을 **변위**라고 한다. 변위는 물체 전체의 병진운동과 회전운동, 병진운동 또는 회전운동과 관련이 있다. **강체**의 경우 변위에 의하여 물체의 크기와 형상은 변하지 않는다. 그림 2.1$a$에 나타나 있는 물체 상의 점 $H$와 점 $K$에 주목해 보자. 만약 물체가 병진운동이나 회전운동에 의해 옮겨진다면, 점 $H$와 점 $K$는 새로운 위치인 점 $H'$과 점 $K'$으로 이동할 것이다. 하지만 점 $H'$과 점 $K'$ 사이의 위치 벡터는 점 $H$와 점 $K$ 사이의 위치 벡터와 같은 크기를 가진다. 즉 강체에서 $H$와 점 $K$의 거리 또는 길이는 변위가 발생하더라도 변하지 않는다. 이것을 강체의 변위라고 한다.

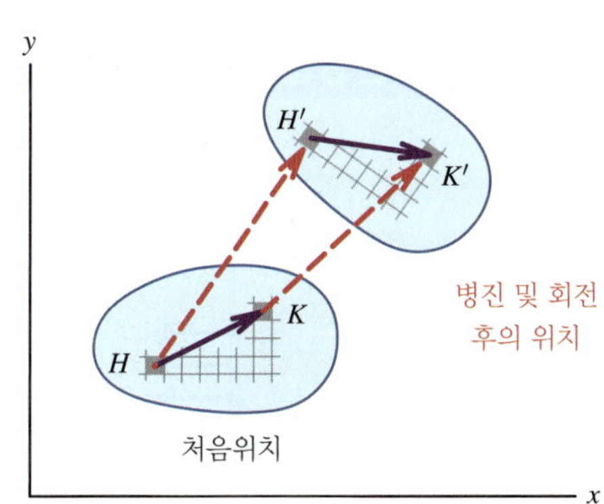


**그림 2.1$a$** • 강체의 변위

### 변형

하중이나 온도 변화로 인하여 변형이 발생했을 때, 물체의 각 점들 간의 거리 또는 길

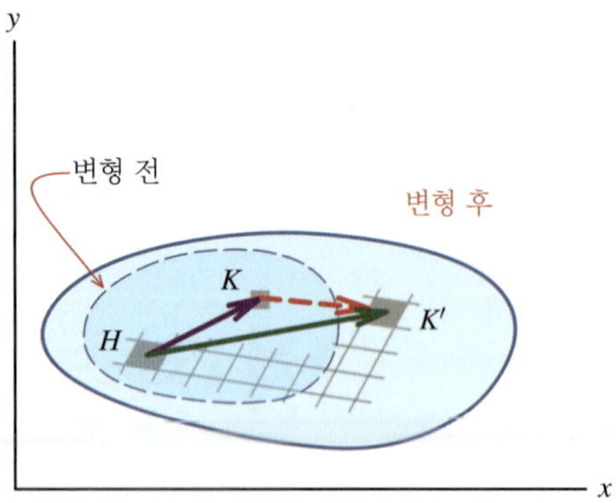


**그림 2.1*b*** • 물체의 변형

이도 변한다. 1차원 선분이든, 2차원 평면이든, 3차원 형상이든 상관없이 하중이나 온도에 의해 유발된 변위에서 강체운동을 제외한 것을 변형이라고 한다. 그림 2.1*b*는 물체의 변형 전과 변형 후 모두를 보여주고 있다. 단순화를 위해 그림에 나타난 변형에서 점 $H$의 위치는 변하지 않는다. 하지만 변형 전 물체 상의 점 $K$는 변형 후 점 $K'$의 위치로 이동한다. 이 변형으로 인해 점 $H$와 점 $K'$ 사이의 위치벡터는 변형 전 물체의 $HK$ 벡터보다 크기가 크다. 또한 변형 전 물체에서의 사각형 격자는(그림 2.1*a*) 변형 후 더 이상 사각형상을 유지하지 않는다. 결론적으로 물체의 크기와 형상 모두 변형에 의해 변화되었다.

일반적인 하중 조건 하에서 변형은 물체의 전체에 대하여 균일하지 않다. 일부의 선분 상에서는 확장이 발생하는 반면, 다른 선분 상에서는 수축이 발생할 수도 있다. 즉 그 크고 작음을 나타내기 위하여 동일선상에서 같은 길이를 갖는 여러 선분들에서 서로 다른 확장과 수축이 발생할 것이다. 마찬가지로, 선분들 간의 각도 변화는 물체의 위치와 방향에 따라 다양하게 나타날 것이다. 하중의 비균일 특성에 의해 유발된 변형은 13장에서 학습할 것이다.

### 변형률

변형률(단위 길이당 변형)은 임의의 변형을 정량화하기 위하여 즉, 그 크고 작음을 나타내기 위하여 사용되는 양이다. 마찬가지로 응력(단위 면적당 힘)은 임의의 내력의 크기를 정량화하기 위해 사용된다. 1.2절과 1.3절에서 응력은 법선응력과 전단응력 두 종류로 정의된 바 있다. 동일한 접근 방식이 변형률에도 적용된다. 그리스 기호 $\varepsilon$ (epsilon)으로 표현되는 **법선변형률**은 변형이 진행되는 동안 물체 내 임의 선분의 연신과 수축을 정량화하기 위해 사용된다. 그리스 기호 $\gamma$ (gamma)로 표현되는 **전단변형률**은 각도 비틀림(변형 전 상태의 직교하는 두 선분 사이의 각도 변화)의 정량화를 하기 위해 사용된다. 변형과 변형률은 온도 변화, 응력, 입자 성장이나 수축과 같은 그 밖의 물리적 현상 등의 결과이다. 이 책에서는 온도나 응력의 변화에 의한 변형률만이 고려된다.

## 2.2 법선변형률

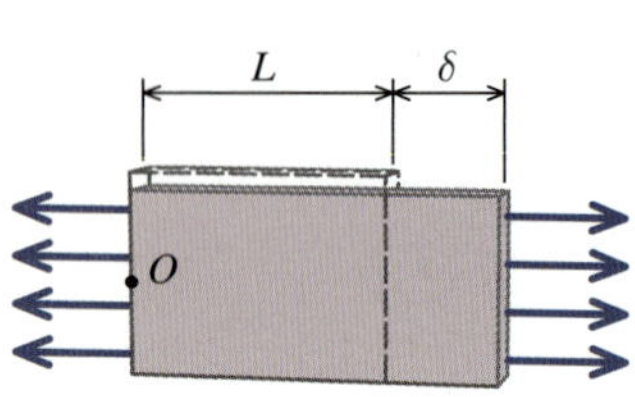


**그림 2.2** • 법선변형률

### 평균 법선변형률

임의의 단축하중 하에서 단순봉(단면이 균일하고 재료가 균질한)의 변형(길이와 폭의 변화)은 법선변형률의 개념을 설명하기 위해 사용될 수 있다(그림 2.2 참조). 봉 길이 전체에 걸친 평균 법선변형률 $\varepsilon_{avg}$는 봉의 축방향 변형량 $\delta$를 봉의 초기 길이 $L$로 나눔으로써 구할 수 있다. 즉

$$\varepsilon_{avg} = \frac{\delta}{L} \tag{2.1}$$

기호 $\delta$는 봉이 축방향으로 늘어난 양을 나타낸다.

> 따라서, 양의 $\delta$값은 축봉의 길이가 늘어났음을 가리키며(인장이라 칭함), 음의 $\delta$값은 봉의 길이가 줄어들었음을 가리킨다(수축이라 칭함).

## 임의의 한 점에서의 법선변형률

봉의 법선변형률은 **축변형률**이라고도 칭한다.

봉의 길이에 따라 변형률이 일정하지 않은 경우(예: 자체 중량을 지탱하는 긴 막대), 식 (2.1)에 의해 얻어지는 평균 법선변형률은 봉 상의 임의의 점 $O$에서의 법선변형률과 다소의 차이가 있을 수 있다. 임의의 점에서의 법선변형률은 실제 변형 측정구간의 길이를 감소시킴으로써 구할 수 있다. 궁극적으로 점 $O$의 법선변형률 $\varepsilon(O)$을 구할 수 있다. 이 극한 과정을 측정 구간을 점진적으로 작게 하여 수식화하면 다음과 같다.

$$\varepsilon(O) = \lim_{\Delta L \to 0} \frac{\Delta\delta}{\Delta L} = \frac{d\delta}{dL} \tag{2.2}$$

봉의 법선변형률은 축변형률이라고도 한다.

## 변형률의 단위

식 (2.1)과 (2.2)는 법선변형률이 무차원량임을 보여준다. 하지만 법선변형률은 in./in., mm/mm, m/m, μin./in., μm/m, 또는 $\mu\varepsilon$ 등의 단위를 이용해 자주 표현된다. 변형률 단위의 표현에서 기호 μ는 "micro"라 읽으며, $10^{-6}$을 의미한다. in./in. 또는 m/m와 같은 무차원량으로부터 μin./in., μm/m, 또는 $\mu\varepsilon$과 같은 "microstrain" 단위로의 변환은 아래와 같다.

$$1\ \mu\varepsilon = 1 \times 10^{-6}\ \text{in./in.} = 1 \times 10^{-6}\ \text{m/m}$$

법선변형률은 작고 무차원수이기 때문에 백분율의 관점에서 변형률을 표현하는 것도 유용하다. 금속 또는 합금으로 제작된 대부분의 산업용 재료의 법선변형률은 0.2% (0.002 m/m)의 값을 초과하는 경우가 거의 없다.

## 실험을 통한 법선변형률의 측정

법선변형률은 **스트레인게이지**라는 간단한 측정도구를 이용해 측정할 수 있다. 일반적인 스트레인게이지(그림 2.3)는 기계 부품이나 구조 요소 표면에 부착되는 얇은 금속박 격자로 구성되어 있다. 임의의 하중(또는 온도 변화)이 가해질 때, 테스트 대상 물체는 연신하거나 수축하면서 법선변형률이 생성된다. 이때, 스트레인게이지는 물체에 부착되어 있으므로 그 물체와 동일한 변형률을 발생시킨다. 스트레인게이지가 연신하거나 수축함에 따라 금속박 격

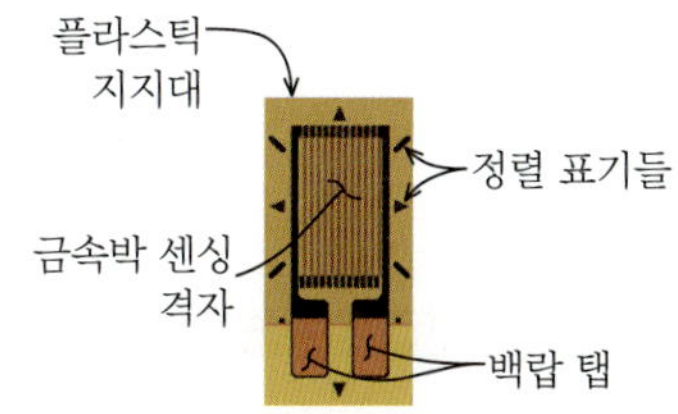


**그림 2.3** • 스트레인게이지

자의 전기 저항은 연신율 또는 수축률에 비례하여 변한다. 게이지의 변형률과 이에 부합하는 저항 변화 간의 관계는 스트레인게이지 생산업체에 의해 각 게이지 타입의 보정 절차를 통해 미리 결정되어 있다. 따라서 게이지 내 저항 변화의 측정은 변형률을 간접적으로 측정하는 역할을 한다. 스트레인게이지는 1 $\mu\varepsilon$ 만큼의 작은 법선변형률도 측정이 가능한 정밀하고도 매우 민감한 측정도구이다. 스트레인게이지의 응용에 대해서는 13장에서 더욱 상세히 학습한다.

## 법선변형률을 위한 부호규약

식 (2.1)과 (2.2)의 정의에 따라 물체가 연신할 경우 법선변형률은 양의 값을 가지고, 수축할 경우 음의 값을 가진다. 일반적으로 연신은 물체에 가해지는 축응력이 인장일 때 발생한다. 그러므로 양의 법선변형률은 인장변형률이라 칭하며, 음의 법선변형률은 압축변형률이라 칭한다.

> 예제와 연습문제를 통한 법선변형률 개념의 정립에 있어 강체 부재를 사용하는 것이 용이하다. 강체 부재는 어떠한 종류의 변형도 없는 가상의 물체를 의미한다. 강체 부재는 지지된 방식에 따라 지지점에서 병진운동(상, 하, 좌, 우로의 이동)을 하거나 회전운동을 할 것이다(예제 2.1 참조). 하지만 강체 부재는 가해지는 하중에 관계없이 어떠한 방식으로든 구부러지거나 변형되지 않는다. 만약 하중이 작용되기 전에 강체 부재가 곧은 상태였다면 하중이 작용된 후에도 강체 부재는 곧은 상태일 것이다. 봉은 병진하거나 회전은 하지만 곧은 상태를 유지할 것이다.

### 예제 2.1 EXAMPLE

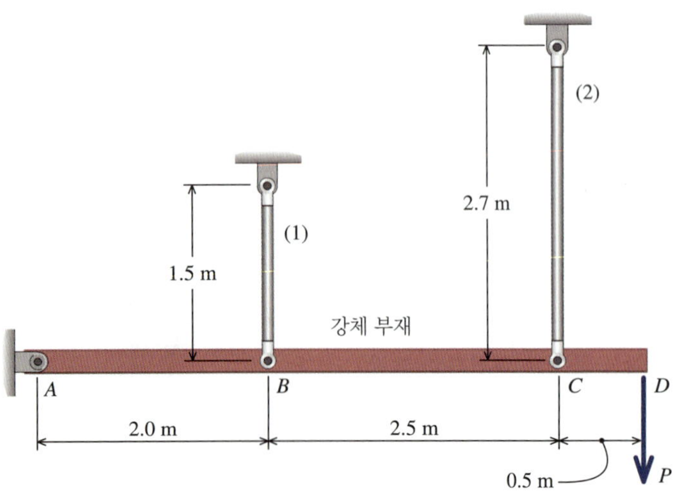


강체 부재 $ABCD$는 그림과 같이 $A$지점에 핀으로 고정되어 있고, $B$, $C$지점에 연결되어 있는 두 개의 강봉으로 지지되어 있다. 하중 $P$가 작용되기 전에 수직봉의 변형률은 0이다. 즉 변형이 없는 상태이다. 하중 $P$가 작용된 후 봉 (2)가 800 $\mu\varepsilon$의 법선변형률을 가질 때, 다음을 구하라.

(a) 봉 (1)의 축방향 법선변형률

(b) 하중이 작용하기 전, 강체 부재와 봉 (2) 사이에 1 mm의 간격이 있을 경우 봉 (1)의 축방향 법선변형률

**풀이 계획**

이 문제에서는 각 봉의 변형률과 연신을 관련짓기 위해 법선변형률의 정의가 적용된다. 강체 부재로 $A$지점에 핀으로 고정되어 있기 때문에 $A$지점에서 회전하게 될 것이다. 하지만 강체 부재는 곧은 상태를 유지할 것이다. 강체 부재 상의 점 $B$, $C$, $D$에서의 변형은 닮은꼴 삼각형 규칙으로부터 결정될 수 있다. (b)의 경우 1 mm의 간격은 강체 부재 $C$지점에서의 변형 증가를 유발할 것이며 더불어 봉 (1)의 변형률을 증가시킬 것이다.

**풀이**

(a) 봉 (2)의 법선변형률은 주어져 있으므로 봉의 변형은 다음 식에 의해 계산된다.

$$\varepsilon_2 = \frac{\delta_2}{L_2} \qquad \therefore \delta_2 = \varepsilon_2 L_2 = (800\ \mu\varepsilon)\left[\frac{1\ \text{mm/mm}}{1{,}000{,}000\ \mu\varepsilon}\right](2{,}700\ \text{mm}) = 2.16\ \text{mm}$$

변형의 계산을 위해 주어진 변형률 값 $\varepsilon_2$의 $\mu\varepsilon$ 단위는 무차원 단위로 반드시 변환되어야 한다(예: mm/mm). 변형률 값이 양수이므로 봉 (2)는 늘어난다.

봉 (2)는 강체 부재에 연결되어 있고 늘어나기 때문에 강체 부재는 결합부위 $C$에서 반드시 아랫방향으로 2.16 mm의 처짐이 발생해야 한다. 하지만 강체 부재 $ABCD$는 결합부위 $A$에서 핀으로 고정되어 있으므로 고정부위인 왼쪽 끝단에서 강체 부재 $ABCD$의 처짐을 막는다. $C$지점의 변형을 보여주는 회전된 강체 부재의 형상을 그려보자. 이런 종류의 스케치는 변형선도라 알려져 있다.

비록 처짐은 매우 적더라도 스케치 상에서 명확하게 하기 위해 다소 과장하였다. 이런 종류의 문제를 위해 소변형 근사법을 이용하였다.

$$\sin\theta \approx \tan\theta \approx \theta$$

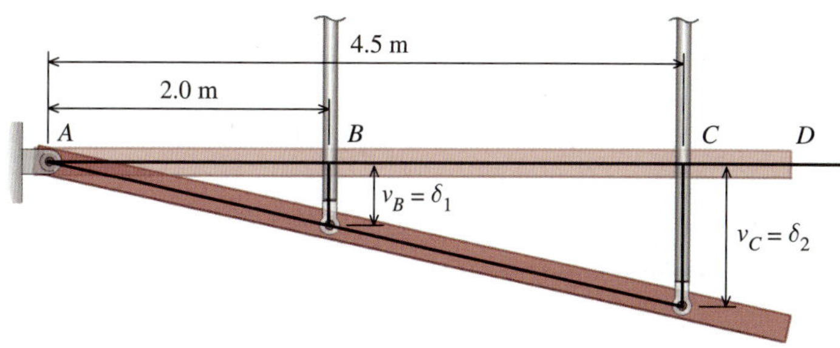


$\theta$는 라디안 단위인 강체 부재의 회전각도이다.

봉에서 발생하는 연신과 강체 부재 각 지점에서의 처짐을 명확하게 구별하기 위해 강체 부재의 가로방향 처짐(즉, 이 문제의 경우 위 또는 아랫방향으로의 처짐)은 기호 $v$로 표기한다. 따라서 결합부위 $C$지점에서 강체 부재의 처짐은 $v_C$로 표기한다.

결합부위 $C$지점에서의 핀 연결은 완벽히 끼워 맞추어져 있다고 가정되므로 강체 부재 $C$지점에서의 처짐은 봉 (2)에서 발생하는 연신과 같다($v_C = \delta_2$).

강체 부재 형상의 변형선도로부터 결합부위 $B$지점($v_B$)에서의 강체 부재 처짐은 닮은꼴 삼각형의 규칙을 이용해 구할 수 있다.

$$\frac{v_B}{2.0\ \text{m}} = \frac{v_C}{4.5\ \text{m}} \qquad \therefore v_B = \frac{2.0\ \text{m}}{4.5\ \text{m}}(2.16\ \text{mm}) = 0.96\ \text{mm}$$

봉 (1)과 강체 부재가 결합부위 $B$지점에서 완벽하게 끼워 맞춰졌다면, 봉 (1)은 강체 부재 $B$지점에서의 처짐과 같은 양으로 늘어날 것이다. 따라서 $\delta_1 = v_B$이다. 봉 (1)에서 발생된 변형을 구했기 때문에 봉 (1)의 변형률 계산이 가능하다.

$$\varepsilon_1 = \frac{\delta_1}{L_1} = \frac{0.96\text{ mm}}{1{,}500\text{ mm}} = 0.000640\text{ mm/mm} = 640\ \mu\varepsilon \qquad \textbf{Ans.}$$

(b) (a)경우와 같은 방식으로 봉의 변형이 계산된다.

$$\varepsilon_2 = \frac{\delta_2}{L_2} \qquad \therefore \delta_2 = \varepsilon_2 L_2 = (800\ \mu\varepsilon)\left[\frac{1\text{ mm/mm}}{1{,}000{,}000\ \mu\varepsilon}\right](2{,}700\text{ mm}) = 2.16\text{ mm}$$

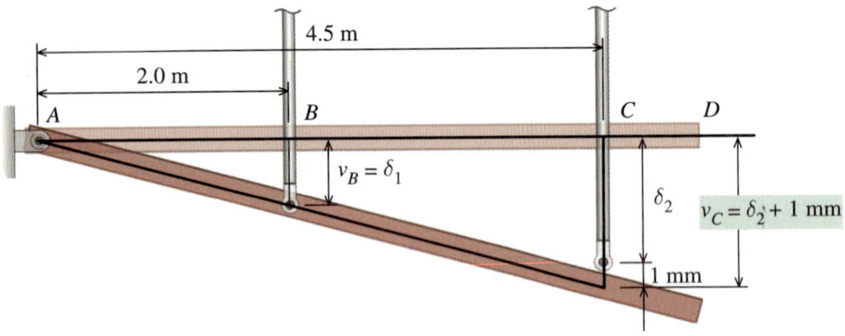


(b)경우의 회전하는 강체 부재 형상을 그려보자. 이 경우 봉 (2)와 강체 부재의 $C$지점 사이에 1 mm의 간격이 존재한다. 이것은 강체 부재의 봉 (2)를 잡아 늘이기 전에, 강체 부재 $C$지점에서 아랫방향으로 1 mm 처져 있음을 의미한다. $C$지점에서의 전체 처짐은 1 mm의 간격과 봉 (2)에서 발생하는 연신의 합으로 구성된다. 따라서 $v_C = 2.16\text{ mm} + 1\text{ mm} = 3.16\text{ mm}$ 이다.

(a)와 마찬가지로 강체 부재 결합부위 $B$ ($v_B$) 지점에서의 처짐은 닮은꼴 삼각형 규칙을 이용해 구할 수 있다.

$$\frac{v_B}{2.0\text{ m}} = \frac{v_C}{4.5\text{ m}} \qquad \therefore v_B = \frac{2.0\text{ m}}{4.5\text{ m}}(3.16\text{ mm}) = 1.404\text{ mm}$$

결합부위 $B$에서 봉 (1)과 강체 부재의 연결은 완벽하게 끼워 맞추어져 있기 때문에 $\delta_1 = v_B$이고 봉 (1)의 변형률은 아래와 같이 계산된다.

$$\varepsilon_1 = \frac{\delta_1}{L_1} = \frac{1.404\text{ mm}}{1{,}500\text{ mm}} = 0.000936\text{ mm/mm} = 936\ \mu\varepsilon \qquad \textbf{Ans.}$$

(a)와 (b)에서 봉 (1)의 변형률을 비교해 보자. $C$지점에서의 아주 작은 간격은 봉 (1) 변형률의 현저한 증가를 유발했다.

## MecMovies Example M2.1

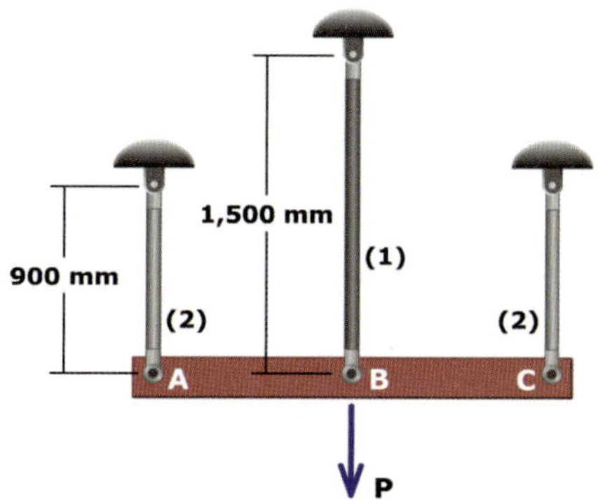


강체 부재 $ABC$는 세 개의 봉에 의해 지지되고 있다. 하중 $P$가 작용하기 전, 변형률은 없다. 하중 $P$가 적용된 후, 봉 (1)의 축변형률은 1,200 $\mu\varepsilon$이다.

(a) 봉 (2)의 축변형률을 구하라.

(b) 하중이 작용되기 전, 봉 (2)와 강체 부재 사이에 0.5 mm의 간격이 존재할 경우 축변형률을 구하라.

## MecMovies Example M2.2

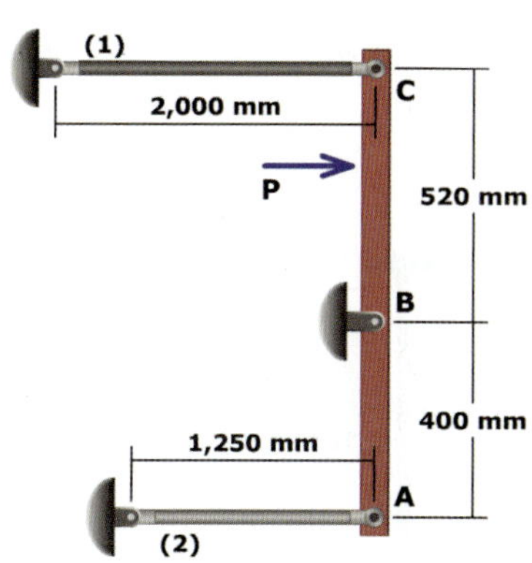


강체 부재 $ABC$는 $B$지점에서 핀으로 고정되어 있고 $A$와 $C$지점에서는 두 개의 봉에 의해 지지되고 있다. 하중 $P$가 작용하기 전, 변형률은 없다. 하중 $P$가 작용된 후, 봉 (1)의 축변형률은 910 $\mu\varepsilon$이다. 봉 (2)의 축변형률을 구하라.

## MecMovies Example M2.4

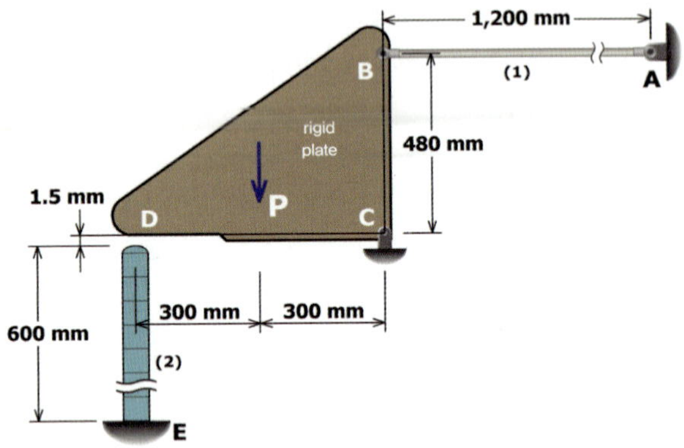


하중 $P$는 기둥 (2)에서 $-1{,}800\ \mu\varepsilon$의 축변형률을 발생시킨다. 봉 (1)의 축변형률을 구하라.

## MecMovies EXERCISES

**M2.1** 수평방향 강체 부재 $ABC$는 세 개의 수직방향 봉들로 지지되고 있다. 하중 $P$가 작용되기 전, 변형률은 없다. 하중 $P$가 작용된 후, 축변형률은 특정한 값을 가진다. 강체 부재 $B$지점에서의 처짐을 결정하고, 하중이 작용되기 전, 봉 (1)과 강체 부재 사이에 특정한 간격이 있는 경우 봉 (2)의 법선변형률을 결정하라.

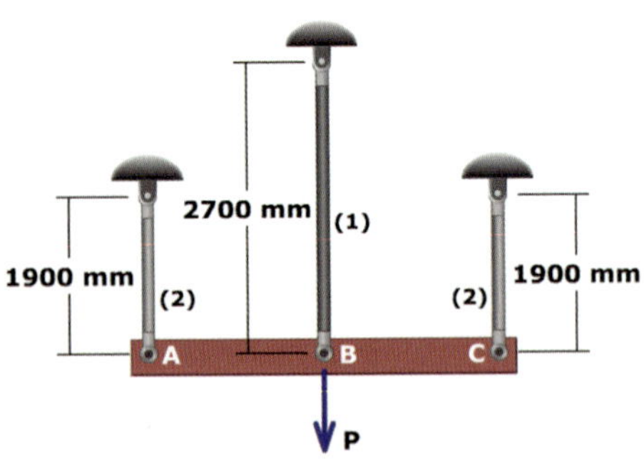


그림 M2.1

**M2.2** 강체 부재 $AB$는 $A$지점에서 핀으로 고정되어 있고 두 개의 봉에 의해 지지되고 있다. 하중 $P$가 작용되기 전, 변형률은 없다. 하중 $P$가 작용된 후, 봉 (1)의 축변형률은 특정한 값을 가진다. 봉 (2)의 축변형률을 구하고, 강체 부재 $B$지점에서의 아랫방향 처짐을 구하라.

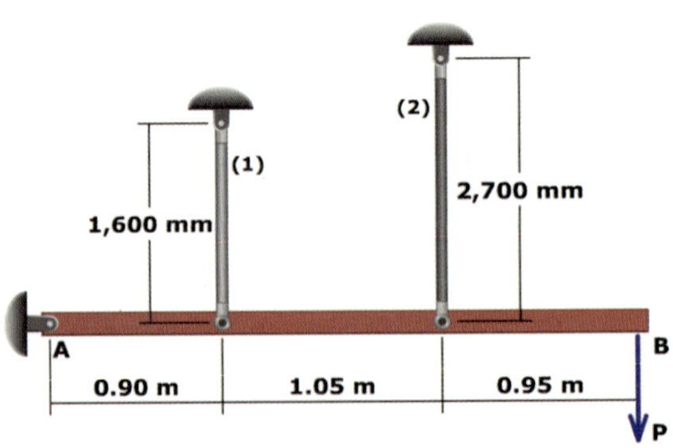


그림 M2.2

**M2.3** 두 종류의 구조물을 이용한 네 종류의 입문 문제를 위해 법선변형률 개념을 이용하라.

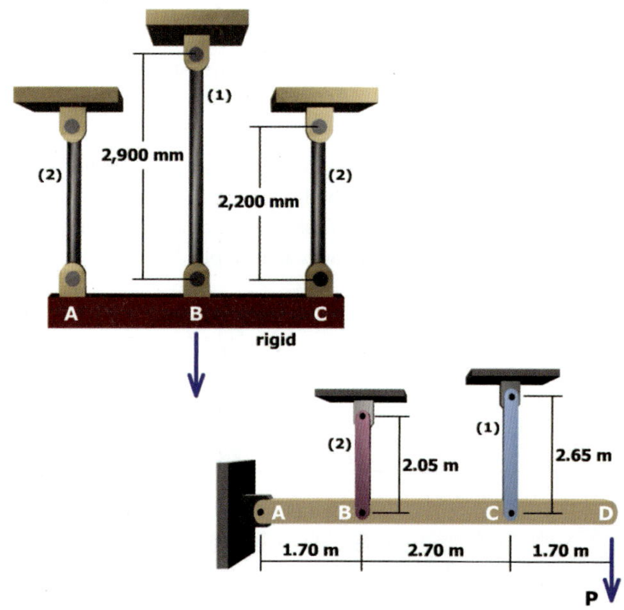


그림 M2.3

## PROBLEMS

**P2.1** When an axial load is applied to the ends of the bar shown in Figure P2.1, the total elongation of the bar between joints *A* and *C* is 0.15 in. In segment (2), the normal strain is measured as 1,300 μin./in. Determine:

(a) the elongation of segment (2).
(b) the normal strain in segment (1) of the bar.

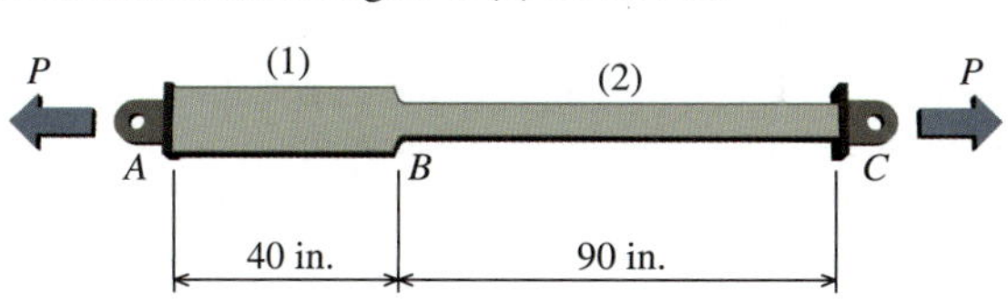


**FIGURE P2.1**

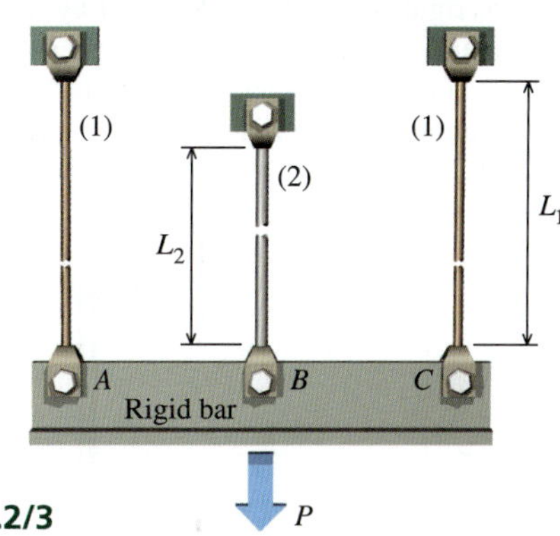


**FIGURE P2.2/3**

**P2.2** A rigid steel bar is supported by three rods as shown in Figure P2.2/3. There is no strain in the rods before the load *P* is applied. After load *P* is applied, the normal strain in rod (2) is 1,080 μin./in. Assume initial rod lengths of $L_1 = 130$ in. and $L_2 = 75$ in. Determine:

(a) the normal strain in rods (1).
(b) the normal strain in rods (1) if there is a 1/32-in. gap in the connections between the rigid bar and rods (1) at joints *A* and *C* before the load is applied.
(c) the normal strain in rods (1) if there is a 1/32-in. gap in the connection between the rigid bar and rod (2) at joint *B* before the load is applied.

**P2.3** A rigid steel bar is supported by three rods as shown in Figure P2.2/3. There is no strain in the rods before the load *P* is applied. After load *P* is applied, the normal strain in rods (1) is 860 μm/m. Assume initial rod lengths of $L_1 = 2{,}400$ mm and $L_2 = 1{,}800$ mm. Determine:

(a) the normal strain in rod (2).
(b) the normal strain in rod (2) if there is a 2-mm gap in the connections between the rigid bar and rods (1) at joints *A* and *C* before the load is applied.
(c) the normal strain in rod (2) if there is a 2-mm gap in the connection between the rigid bar and rod (2) at joint *B* before the load is applied.

**P2.4** A rigid bar *ABCD* is supported by two bars as shown in Figure P2.4. There is no strain in the vertical bars before load *P* is applied. After load *P* is applied, the normal strain in rod (1) is −570 μm/m. Determine:

(a) the normal strain in bar (2).
(b) the normal strain in bar (2) if there is a 1-mm gap in the connection at pin *C* before the load is applied.
(c) the normal strain in bar (2) if there is a 1-mm gap in the connection at pin *B* before the load is applied.

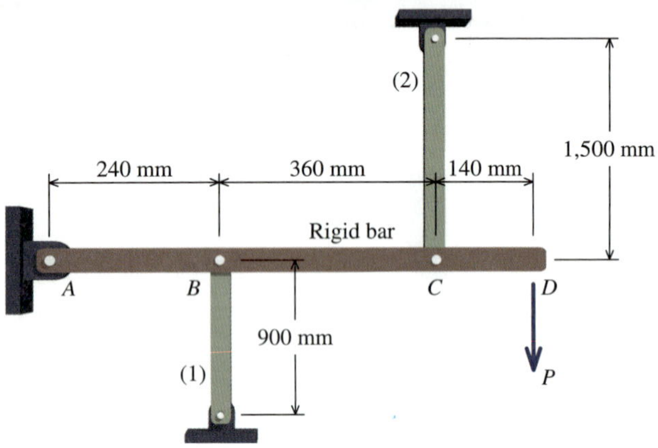


**FIGURE P2.4**

**P2.5** In Figure P2.5, rigid bar *ABC* is supported by a pin connection at *B* and two axial members. A slot in member (1) allows the pin at *A* to slide 0.25 in. before it contacts the axial member. If the load *P* produces a compression normal strain in member (1) of −1,300 μin./in., determine the normal strain in member (2).

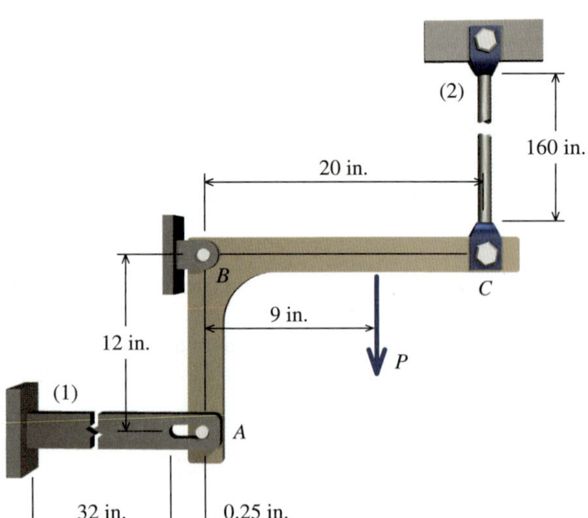


**FIGURE P2.5**

**P2.6** The sanding-drum mandrel shown in Figure P2.6 is made for use with a hand drill. The mandrel is made from a rubber-like material that expands when the nut is tightened to secure the sanding sleeve placed over the outside surface. If the diameter *D* of the mandrel increases from 2.00 in. to 2.15 in. as the nut is tightened, determine:

(a) the average normal strain along a diameter of the mandrel.
(b) the circumferential strain at the outside surface of the mandrel.

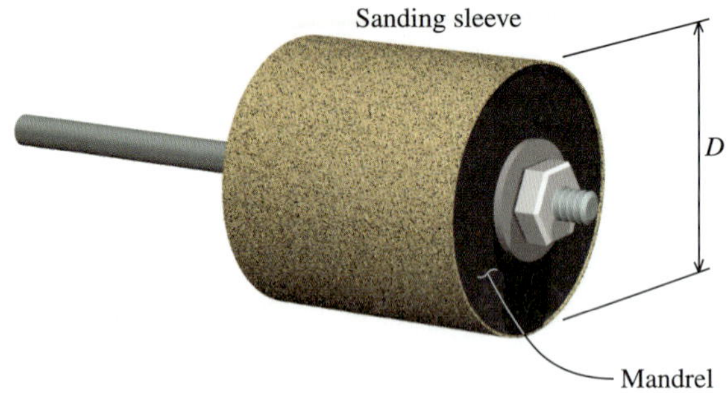


**FIGURE P2.6**

**P2.7** The normal strain in a suspended bar of material of varying cross section due to its own weight is given by the expression $\gamma y/3E$, where $\gamma$ is the specific weight of the material, $y$ is the distance from the free (i.e., bottom) end of the bar, and $E$ is a material constant. In terms of $\gamma$, $L$, and $E$, determine:

(a) the change in length of the bar due to its own weight.
(b) the average normal strain over the length $L$ of the bar.
(c) the maximum normal strain in the bar.

**P2.8** A steel cable is used to support an elevator cage at the bottom of a 2,000-ft-deep mineshaft. A uniform normal strain of 250 μin./in. is produced in the cable by the weight of the cage. At each point, the weight of the cable produces an additional normal strain that is proportional to the length of the cable below the point. If the total normal strain in the cable at the cable drum (upper end of the cable) is 700 μin./in., determine:

(a) the strain in the cable at a depth of 500 ft.
(b) the total elongation of the cable.

## 2.3 전단변형률

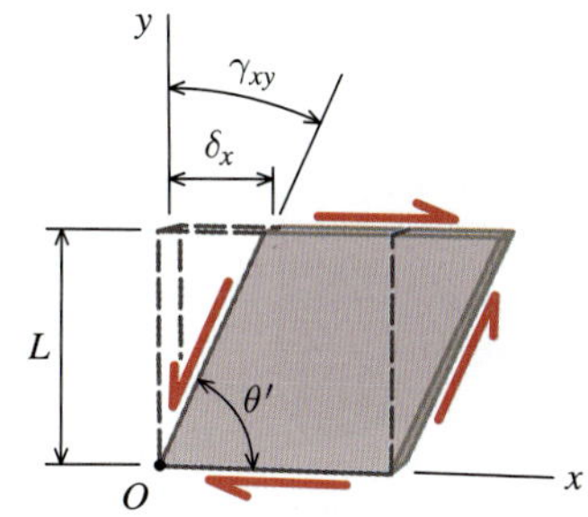


**그림 2.4** • 전단변형률

형상의 뒤틀림은 전단변형률로 정량화된다. 평균 전단변형률 $\gamma_{avg}$는 변형 전 상태에서 직교하는 두 기준선(그림 2.4에 나타나 있는 요소의 두 모서리)과 연관되어 있으며, 전단변형량 $\delta_x$(요소의 아래쪽 모서리에 대한 위쪽 모서리의 변위)를 수직거리 $L$로 나눠줌으로써 구해질 수 있다. 변형이 매우 적은 경우 $\sin\gamma \approx \tan\gamma \approx \gamma$이고 $\cos\gamma \approx 1$이므로 전단변형률은 식 (2.3)과 같이 정의된다.

$$\gamma_{avg} = \frac{\delta_x}{L} \tag{2.3}$$

변형이 일정하지 않은 경우, 임의의 점에서 작성된 직교하는 두 기준선 $x$, $y$에 대한 전단변형률 $\gamma_{xy}(O)$는 요소의 크기를 점점 줄이므로써 정의된다.

$$\gamma_{xy}(O) = \lim_{\Delta L \to 0} \frac{\Delta\delta_x}{\Delta L} = \frac{d\delta_x}{dL} \tag{2.4}$$

전단변형률은 라디안 단위인 비틀림각의 탄젠트 값으로 정의되므로 전단변형률은 아래의 식으로 표현될 수 있다.

$$\gamma_{xy}(O) = \frac{\pi}{2} - \theta' \tag{2.5}$$

위 식에서 $\theta'$은 변형된 상태에서의 초기 직교 기준선 간의 각도이다.

### 변형률의 단위

식 (2.3)에서 (2.5)까지를 통해 전단변형률은 라디안(rad)이나 마이크로라디안(μrad)으로 표현되는 단위가 없는 양이라는 사실을 알 수 있다. 무차원 양인 라디안과 마이크로라디안의 관계는 **1 μrad = 1 × 10⁻⁶ rad** 이다.

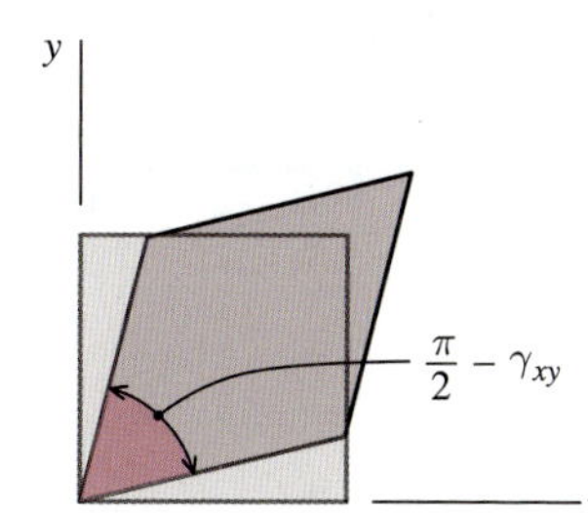


**그림 2.5a** • 양의 값을 가지는 전단변형률 $\gamma_{xy}$는 $x$축과 $y$축 간의 각도 $\theta'$이 변형된 물체에서 줄어들었음을 의미한다.

### 실험을 통한 전단변형률의 측정

측정된 전단변형률은 각도의 변화량을 측정한 값이고, 전형적인 구조물의 극소한 각도 변화량을 직접적으로 측정하는 것은 불가능하다. 하지만 전단변형률은 스트레인 로제트(strain rosette)라 불리는 스트레인게이지를 이용한 실험을 통해 구할 수 있다. 스트레인 로제트에 대해서는 13장에서 더욱 상세하게 공부하게 된다.

## 전단변형률을 위한 부호규약

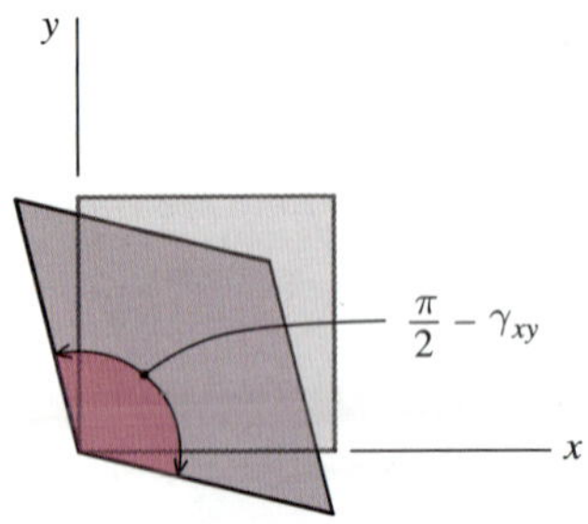


**그림 2.5*b*** • 전단변형률 $\gamma_{xy}$가 음의 값을 가질 경우 $x$축과 $y$축 간의 각도는 증가한다.

식 (2.5)로부터 $x$축과 $y$축 간의 각도 $\theta'$이 감소하면 그에 상응하는 전단변형률이 양의 값이 됨을 알 수 있다. 반대로 $\theta'$이 증가하면 전단변형률은 음수가 된다. 다른 방식으로 설명하면, 식 (2.5)로부터 초기에 90°이던 두 기준선 간의 변형된 상태에서의 각도 $\theta'$을 다음 식으로 표현할 수 있다.

$$\theta' = \frac{\pi}{2} - \gamma_{xy}$$

$\gamma_{xy}$의 값이 양인 경우, 변형된 상태에서의 각도 $\theta'$은 90°(즉, $\pi$ /2 rad) 이하의 값을 가질 것이다(그림 2.5a). $\gamma_{xy}$의 값이 음인 경우, 변형된 상태에서의 각도 $\theta'$은 90° 이상의 값을 가질 것이다(그림 2.5b). 양이나 음의 전단변형률 값을 구분하기 위한 특정 명칭은 없다.

### 예제 2.2 EXAMPLE

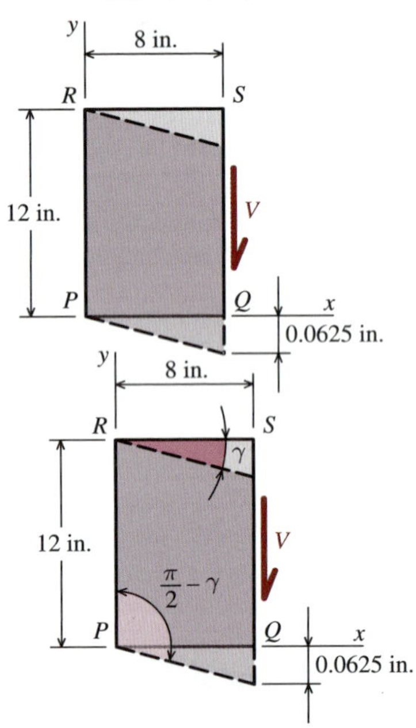


그림 상에 나타나 있는 전단력 $V$는 얇은 사각판의 측면 $QS$의 아랫방향으로 0.0625 in.의 변위를 유발한다. $P$지점에서의 전단변형률 $\gamma_{xy}$를 구하라.

**풀이 계획**

전단변형률은 각도의 변화량이다. $x$축과 변형된 판의 측면 $PQ$ 사이의 각도를 구하라.

**풀이**

0.0625 in.의 변형에 의해 발생한 각도를 구하라. **주의:** 소각도 근사를 이용한다. 따라서 $\sin\gamma \approx \tan\gamma \approx \gamma$이다.

$$\gamma = \frac{0.0625 \text{ in.}}{8 \text{ in.}} = 0.0078125 \text{ rad}$$

변형 전의 판 $P$지점에서의 각도는 $\pi/2$이다. 변형 후 $P$지점에서의 각도는 증가한다. 변형 후 각도는 $(\pi/2 - \gamma)$로 정의되므로 $P$지점에서의 전단변형률은 음의 값이어야만 한다. 따라서 $P$지점에서의 전단변형률은

$$\gamma = -0.00781 \text{ rad} \qquad \textbf{Ans.}$$

## 예제 2.3 EXAMPLE

얇은 사각판이 그림과 같이 일정하게 변형된다. $P$지점에서의 전단변형률 $\gamma_{xy}$를 구하라.

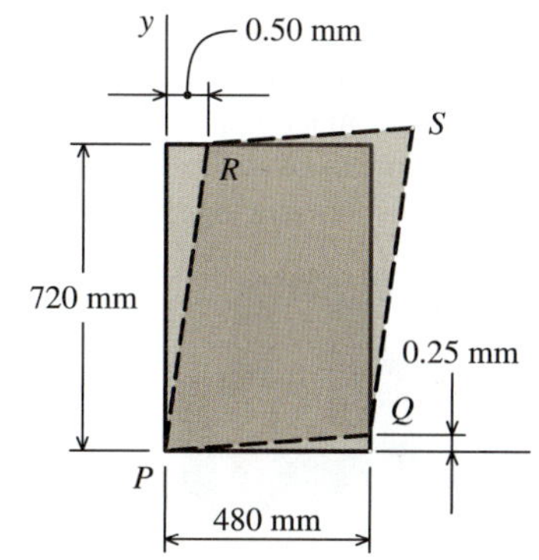


**풀이 계획**

전단변형률은 각도의 변화량이다. $Q$점의 0.25 mm와 $R$점의 0.50 mm의 변위로 인하여 발생한 두 각도의 변화량을 구하라. 두 각도의 변화량의 합을 통해 $P$지점에서의 전단변형률을 구하라.

**풀이**

각 변형으로 발생한 각도를 구하라. **주의:** 소각도 근사가 이용될 것이다. 따라서 $\sin\gamma \approx \tan\gamma \approx \gamma$이다.

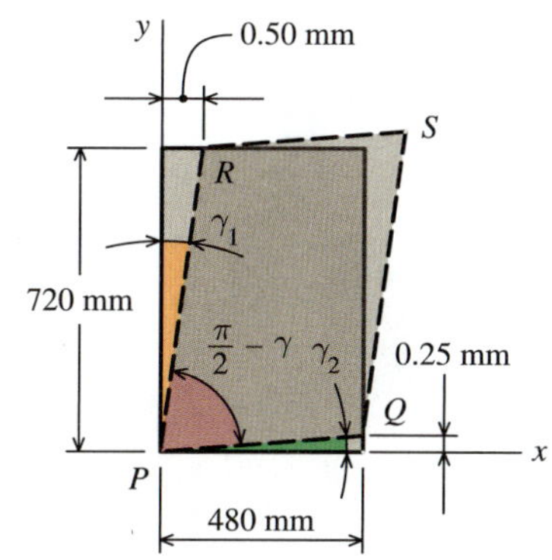


$$\gamma_1 = \frac{0.50 \text{ mm}}{720 \text{ mm}} = 0.000694 \text{ rad}$$

$$\gamma_2 = \frac{0.25 \text{ mm}}{480 \text{ mm}} = 0.000521 \text{ rad}$$

$P$지점에서의 전단변형률은 두 각도의 합으로부터 간단히 구해진다.

$$\gamma = \gamma_1 + \gamma_2 = 0.000694 \text{ rad} + 0.000521 \text{ rad} = 0.001215 \text{ rad}$$
$$= 1{,}215 \ \mu\text{rad}$$

**Ans.**

$P$지점에서의 전단변형률은 양수이므로 변형된 판의 $P$지점에서의 각도는 $\pi/2$ 이하가 되어야 한다. 참고로, $Q$와 $R$ 모서리에서의 전단변형률은 모서리 $P$에서의 전단변형률과 크기는 같지만, 부호는 반대이다. 즉 $Q$와 $R$ 모서리에서 전단변형률은 음수이다.

## MecMovies Example M2.5

얇은 삼각판이 일정한 모양으로 변형된다. 초기의 $P$ 지점이 아랫방향으로 1 mm 옮겨졌을 때의 전단변형률을 구하라.

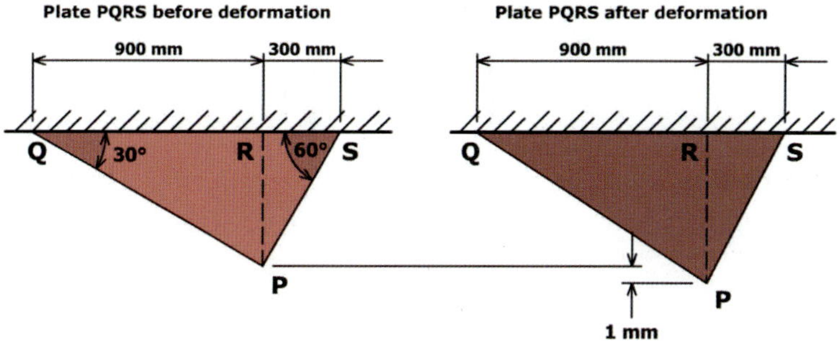

# PROBLEMS

**P2.9** The 16-mm by 22-mm by 25-mm rubber blocks shown in Figure P2.9 are used in a double U shear mount to isolate the vibration of a machine from its supports. An applied load of $P = 690$ N causes the upper frame to be deflected downward by 7 mm. Determine the average shear strain and the shear stress in the rubber blocks.

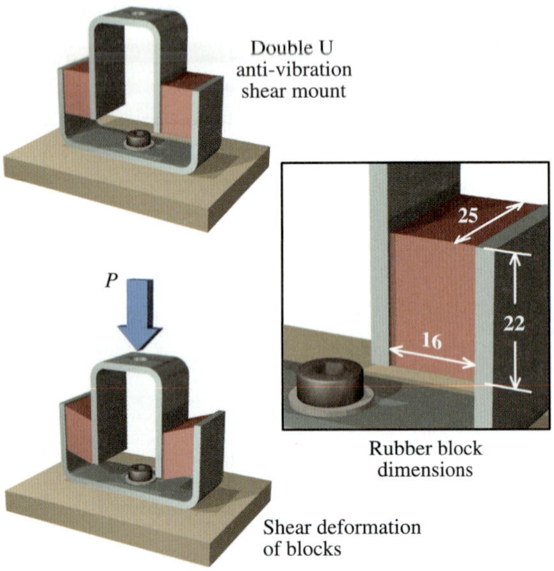


**FIGURE P2.9**

**P2.10** A thin polymer plate $PQR$ is deformed such that corner $Q$ is displaced downward 1/16 in. to new position $Q'$ as shown in Figure P2.10. Determine the shear strain at $Q'$ associated with the two edges ($PQ$ and $QR$).

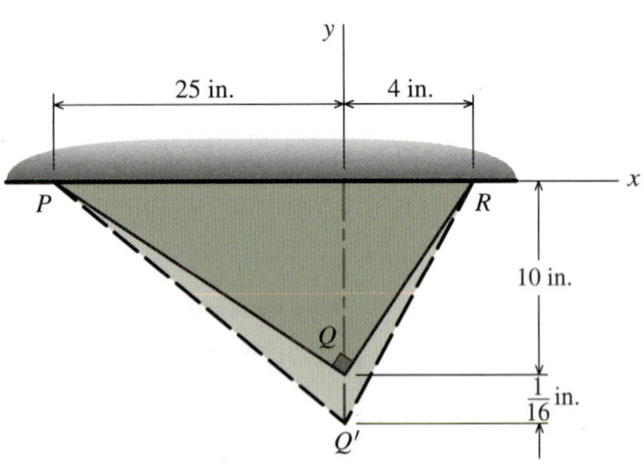


**FIGURE P2.10**

**P2.11** A thin polymer plate $PQR$ is deformed so that corner $Q$ is displaced downward 1.0 mm to new position $Q'$ as shown in Figure P2.11. Determine the shear strain at $Q'$ associated with the two edges ($PQ$ and $QR$).

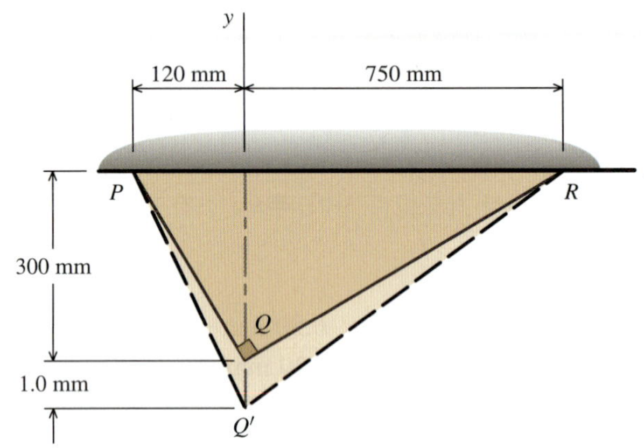


**FIGURE P2.11**

**P2.12** A thin rectangular plate is uniformly deformed as shown in Figure P2.12. Determine the shear strain $\gamma_{xy}$ at $P$.

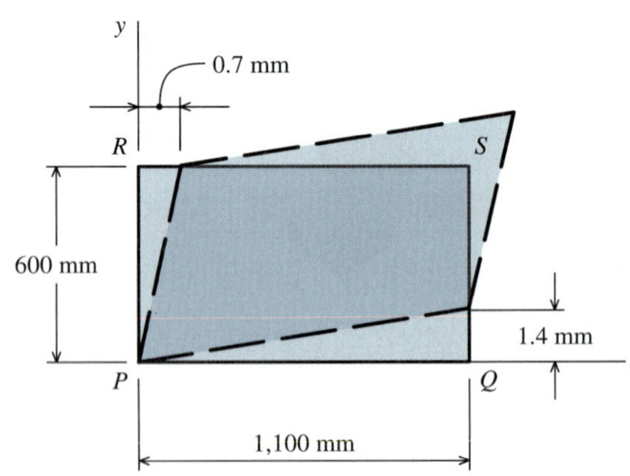


**FIGURE P2.12**

**P2.13** A thin rectangular plate is uniformly deformed as shown in Figure P2.13. Determine the shear strain $\gamma_{xy}$ at *P*.

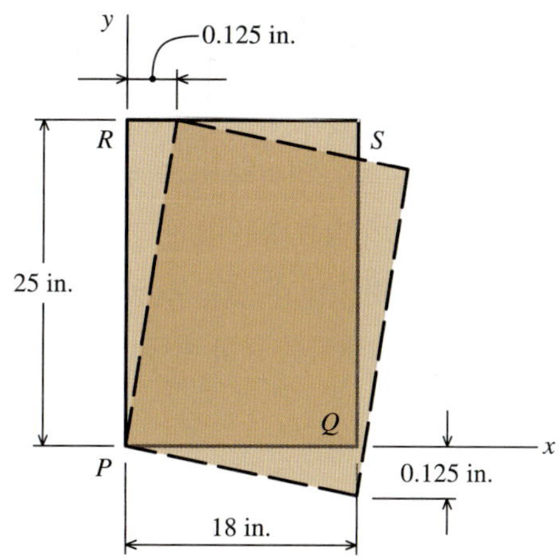


**FIGURE P2.13**

**P2.14** A thin polymer plate *PQR* is deformed so that corner *Q* is displaced downward 1.0 mm to new position *Q′* as shown in Figure P2.14. Determine the shear strain at *Q′* associated with the two edges (*PQ* and *QR*).

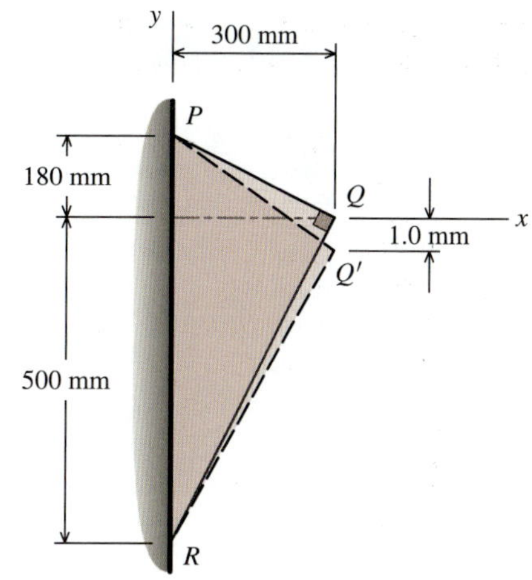


**FIGURE P2.14**

## 2.4 열변형률

구속이 없는 경우 산업용 재료는 가열하면 팽창하고, 냉각하면 수축한다. 온도 1도(1°)의 변화로 인한 열변형률은 그리스 기호 $\alpha$ (alpha)로 표기되며 **열팽창계수**로 정의된다. 온도 변화 $\Delta T$로 발생하는 변형률은 아래 식과 같다.

성분이 균일한 물질을 **균질 물질**이라 한다. 균질물질로 이루어진 물체에서 국부적인 비균질은 공학적 목적을 위해 무시될 수 있다. 게다가 균질물질은 기계적으로 서로 다른 두 재료(예: 고분자 복합체 내 탄소섬유)로 분리될 수 없다. 일반적인 균질물질으로는 금속, 합금, 세라믹, 유리, 몇 종류의 플라스틱이 있다.

$$\varepsilon_T = \alpha\,\Delta T \tag{2.6}$$

열팽창계수는 일상적인 온도 범위에서는 대체로 큰 변화가 없다(일반적으로 계수는 온도의 증가와 함께 증가한다). 모든 방향에서 같은 기계적 물성(**등방성 재료**라 칭함)을 갖는 재료의 열팽창계수는 치수에 상관없이 모든 방향에 대하여 동일하게 적용된다. 일반 재료의 열팽창계수 값은 부록 D에 수록하였다.

### 전체 변형률

온도 변화에 의해 발생하는 변형률과 하중에 의한 변형률은 서로 작다는 가정하에 독립적이라고 가정한다. 따라서 온도 변화(열적 하중)와 하중(역학적 하중)으로 인해 발생하는 물체의 전체 법선변형률은 아래와 같이 표현된다.

**등방성 재료**는 모든 방향에서 같은 기계적 성질을 갖는다.

$$\varepsilon_{\text{total}} = \varepsilon_\sigma + \varepsilon_T \tag{2.7}$$

등방성 재료로 이루어진 균질 물질을 제한 없이 가열할 경우, 모든 방향으로 균등하게 팽창(냉각할 경우 균등하게 수축)하기 때문에 물체의 형상과 전단응력, 전단변형률 모두 온도 변화에 영향을 받지 않는다.

### 예제 2.4 EXAMPLE

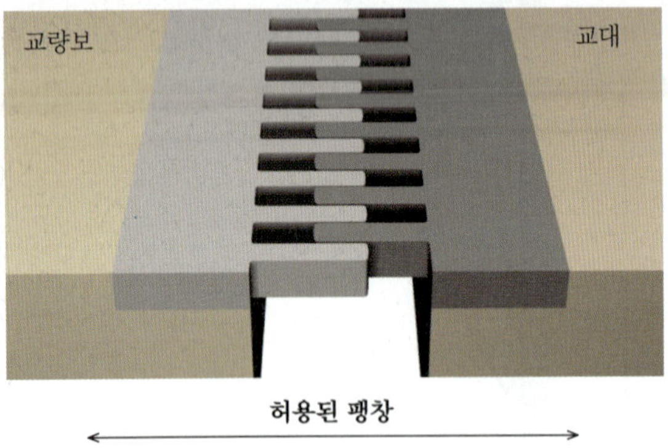


전형적인 손가락 타입의 교량 팽창 접합부

총 길이 150 m의 강재 교량보가 있다. 1년 동안 교량은 −40°C에서 40°C 사이의 온도에 노출되고, 온도 변화에 따라 보는 팽창과 수축을 한다. 교량보와 다리 양 끝단 지지부(교대라 불림) 간의 팽창 접합부는 제한 없이 길이의 변화 발생을 허용할 수 있도록 설치되어 있다. 팽창 접합부가 수용할 수 있는 길이의 변화를 구하라. 강철의 열팽창계수는 11.9 × 10−6/°C로 가정한다.

**풀이 계획**

식 (2.6)으로부터 전체 온도 변화에 대한 열변형률을 구하라. 길이의 변화는 열변형률과 보의 길이의 곱이다.

**풀이**

80°C의 온도변화에 의한 열변형률

$$\varepsilon_T = \alpha \Delta T = (11.9 \times 10^{-6}/°\text{C})(80°\text{C}) = 0.000952 \text{ m/m}$$

따라서 보의 전체 길이 변화는

$$\delta_T = \varepsilon L = (0.000952 \text{ m/m})(150 \text{ m}) = 0.1428 \text{ m} = 142.8 \text{ mm} \qquad \textbf{Ans.}$$

팽창 접합부는 적어도 142.8 mm의 수평방향 움직임을 수용할 수 있다.

### 예제 2.5 EXAMPLE

밀링공구와 드릴과 같은 절삭공구는 공구 홀더로 가공 설비에 연결되어 있다. 절삭공구는 정밀한 가공을 위해 공구 홀더에 단단히 고정되어 있어야 한다. 열박음 공구 홀더는 강하고 동일한 축심을 갖는 체결력을 유발하기 위해 열팽창 특성을 이용한다. 절삭공구의 삽입을 위해 열박음 홀더는 절삭공구가 실내 온도로 유지되는 동안 급속히 가열된다. 홀더가 충분히 팽창했을 때, 절삭공구는 홀더 속으로 끼워진다. 그 후 홀더는 냉각되고 매우 큰 힘으로 절삭공구는 공구 자루에 일직선으로 고정된다.

20°C의 온도에서 절삭공구 자루의 외부 지름은 18.000 mm ± 0.005 mm이고, 공구 홀더는 17.950 mm ± 0.005 mm의 내부 지름을 가진다. 공구 자루의 온도가 20°C를 유지하고 있다면 절삭공구 자루를 삽입하기 위해 공구 홀더에 가해져야 할 최소의 온도는 몇 도인가? 공구 홀더의 열팽창계수는 11.9 × 10−6/°C로 가정한다.

**풀이 계획**

자루의 최대 외부 지름과 홀더의 최소 내부 지름을 계산하기 위해 지름과 공차를 이용한다. 이 두 지름 간의 차이는 홀더 내의 팽창량이다. 공구 자루를 홀더에 끼우기 위해서는 홀더의 내부 지름은 자루의 지름과 같거나 초과해야만 한다.

**풀이**

자루의 최대 외부 지름은 18.000 + 0.005 mm = 18.005 mm이다. 홀더의 최소 내부 지름은 17.950 − 0.005 mm = 17.945 mm이다. 따라서 홀더의 내부 지름은 18.005 − 17.945 mm = 0.060 mm만큼 증가되어야만 한다. 홀더의 0.060 mm만큼의 팽창을 위해 온도의 상승이 요구된다.

$$\delta_T = \alpha \Delta T d = 0.060 \text{ mm} \qquad \therefore \Delta T = \frac{0.060 \text{ mm}}{(11.9 \times 10^{-6}/°\text{C})(17.945 \text{ mm})} = 281°\text{C}$$

따라서 공구 홀더가 도달해야 할 최소 온도는 아래와 같다.

$$20°\text{C} + 281°\text{C} = 301°\text{C}$$ **Ans.**

## PROBLEMS

**P2.15** An airplane has a half-wingspan of 33 m. Determine the change in length of the aluminum alloy $[\alpha_A = 22.5 \times 10^{-6}/°\text{C}]$ wing spar if the plane leaves the ground at a temperature of 15°C and climbs to an altitude where the temperature is −55°C.

**P2.16** A large cement kiln has a length of 400 ft and a diameter of 20 ft. Determine the change in length and diameter of the structural steel $[\alpha_S = 6.5 \times 10^{-6}/°\text{F}]$ shell caused by an increase in temperature of 350°F.

**P2.17** A cast iron pipe has an inside diameter of $d = 208$ mm and an outside diameter of $D = 236$ mm. The length of the pipe is $L = 3.0$ m. The coefficient of thermal expansion for cast iron is $\alpha_I = 12.1 \times 10^{-6}/°\text{C}$. Determine the dimension changes caused by an increase in temperature of 70°C.

**P2.18** At a temperature of 40°F, a 0.08-in. gap exists between the ends of the two bars shown in Figure P2.18. Bar (1) is an aluminum alloy $[\alpha = 12.5 \times 10^{-6}/°\text{F}]$ and bar (2) is stainless steel $[\alpha = 9.6 \times 10^{-6}/°\text{F}]$. The supports at $A$ and $C$ are rigid. Determine the lowest temperature at which the two bars contact each other.

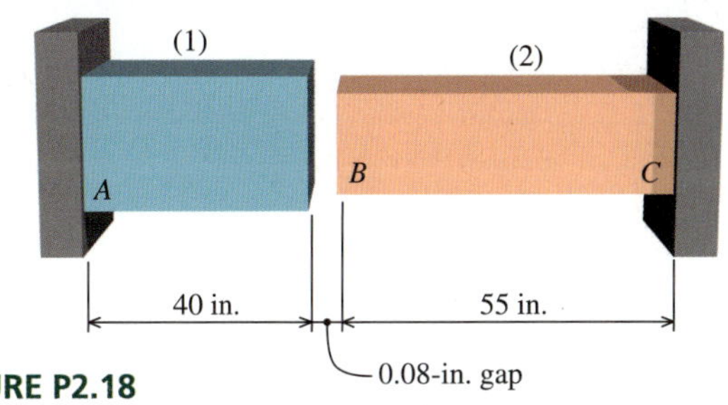


**FIGURE P2.18**

**P2.19** At a temperature of 5°C, a 3-mm gap exists between two polymer bars and a rigid support as shown in Figure P2.19. Bars (1) and (2) have coefficients of thermal expansion of $\alpha_1 = 140 \times 10^{-6}/°\text{C}$ and $\alpha_2 = 67 \times 10^{-6}/°\text{C}$, respectively. The supports at $A$ and $C$ are rigid. Determine the lowest temperature at which the 3-mm gap is closed.

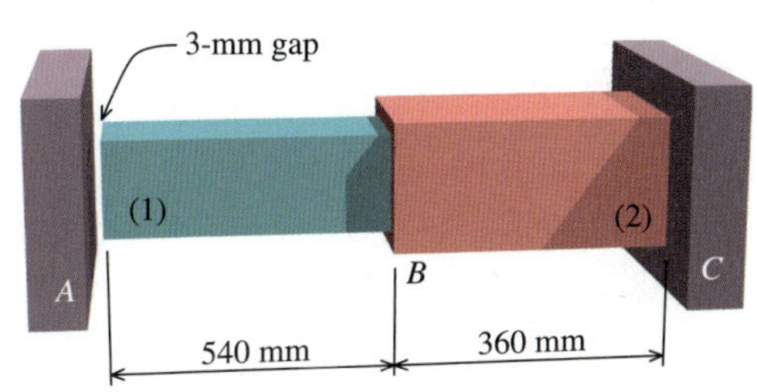


**URE P2.19**

**P2.20** An aluminum pipe has a length of 60 m at a temperature of 10°C. An adjacent steel pipe at the same temperature is 5 mm longer. At what temperature will the aluminum pipe be 15 mm longer than the steel pipe? Assume that the coefficient of thermal expansion for the aluminum is $22.5 \times 10^{-6}/°C$ and that the coefficient of thermal expansion for the steel is $12.5 \times 10^{-6}/°C$.

**P2.21** Determine the movement of the pointer of Figure P2.21 with respect to the scale zero in response to a temperature increase of 60°F. The coefficients of thermal expansion are $6.6 \times 10^{-6}/°F$ for the steel and $12.5 \times 10^{-6}/°F$ for the aluminum.

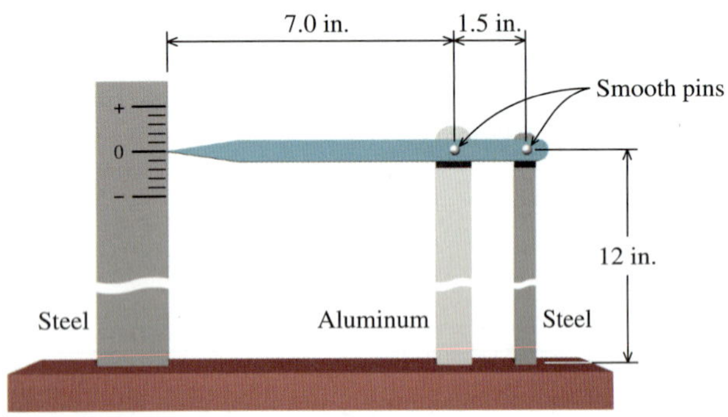


**FIGURE P2.21**

**P2.22** Determine the horizontal movement of point $A$ of Figure P2.22 due to a temperature increase of 75°C. Assume that member $AE$ has a negligible coefficient of thermal expansion. The coefficients of thermal expansion are $11.9 \times 10^{-6}/°C$ for the steel and $22.5 \times 10^{-6}/°C$ for the aluminum alloy.

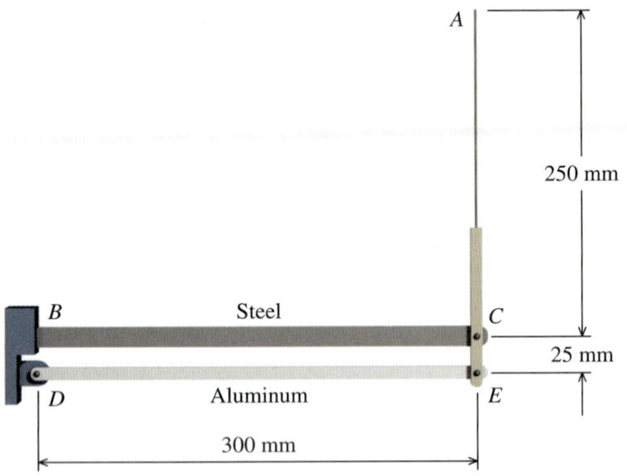


**FIGURE P2.22**

**P2.23** At a temperature of 25°C, a cold-rolled red brass $[\alpha_B = 17.6 \times 10^{-6}/°C]$ sleeve has an inside diameter of $d_B = 299.75$ mm and an outside diameter of $D_B = 310$ mm. The sleeve is to be placed on a steel $[\alpha_S = 11.9 \times 10^{-6}/°C]$ shaft with an outside diameter of $D_S = 300$ mm. If the temperatures of the sleeve and the shaft remain the same, determine the temperature at which the sleeve will slip over the shaft with a gap of 0.05 mm.

CHAPTER 03

# 재료의 기계적 성질

## 3.1 인장시험

구조 요소와 기계 부품의 적절한 설계를 위하여 기술자는 구조 요소와 기계 부품에 사용되는 재료의 특성과 한계를 이해하고 이에 맞춰 설계를 수행해야 한다. 강, 알루미늄, 플라스틱, 나무 같은 재료들은 작용하는 하중과 응력에 각각 고유의 특성에 따라 반응한다. 이러한 재료의 강도와 특성을 파악하거나 규명하기 위해서는 실험이 필요하다. 재료에 관한 공학적 설계정보를 얻기 위한 가장 간단하고 효과적인 실험 중 하나는 **인장시험**이다.

인장시험은 매우 간단한 실험으로 일반적으로 둥글거나 직사각형 단면의 얇은 봉 형태의 재료 시편을 제어된 인장력으로 당겨서 실시한다. 인장력, 즉 인장하중이 증가함에 따라 시편의 변형량, 즉 늘어난 양이 측정되고 기록된다. 인장하중과 변형 결과 간의 관계는 실험 데이타의 그래프를 통해 알 수 있다. 그러나 실험 과정에 사용된 특정한 시편(특정한 지름이나 단면치수를 가지는 시편을 의미)에 대해서만 시험이 수행되었기 때문에 이 인장하중–변형 선도는 직접적인 사용에는 제한이 따른다.

인장하중–변형 선도보다 더욱 유용한 선도는 응력과 변형률의 관계를 보여주는 **응력–변형률 선도**이다. 응력–변형률 선도는 일반적으로 실험에 이용된 특정한 시편이 아닌 재료에 적용되기 때문에 더욱 유용하다. 응력–변형률 선도로부터 얻어진 정보는 그 치수에 상관없이 모든 구조 요소나 기계 부품에 적용될 수 있다. 인장시험을 통해 얻어진 인장하중과 변형 데이타는 응력–변형률의 관계로 손쉽게 변환될 수 있다.

### 인장시험 장비

인장시험을 수행하기 위해 시편은 시험장비에 의해 힘이 가해지는 동안 시편을 단단하게 고

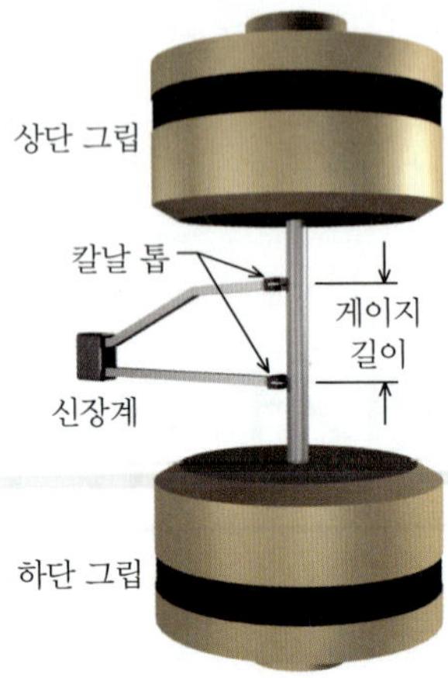

**그림 3.1** • 인장시험 기구

**그림 3.2** • 업셋 나사를 가진 인장시험 시편

정시키는 그립에 삽입된다(그림 3.1). 일반적으로 하단 그립은 상단 그립이 위쪽으로 움직이는 동안 고정되어 있기 때문에 시편의 인장을 유발할 수 있다.

몇몇 유형의 그립이 일반적으로 사용되는데 이는 테스트에 사용되는 시편에 따라 결정된다. 둥근 평판 또는 평평한 시편에는 쐐기형 그립이 자주 사용되며, 쐐기는 V자형 홀더 안에서 짝을 이뤄 사용된다. 쐐기형 그립은 시편을 강하게 죄기 위해 치상 돌기가 있고, 시편에 적용되는 인장력은 쐐기 간의 거리를 가깝게 조절하면서 시편과의 체결력을 높인다. 더욱 정교한 그립은 쐐기의 움직임과 체결력을 증가시키기 위해 유압을 사용한다.

인장시편 중에는 봉의 양 단에 나사 가공을 실시하고 나사 가공된 양 단 사이의 영역에서 지름을 줄인 것도 있다. 이러한 종류의 나사를 업셋 나사라고 칭한다. 봉 끝단의 지름은 시편부의 지름보다 크기 때문에 나사의 존재는 시편의 강도를 감소시키지 않게 된다. 업셋 나사(그림 3.2)를 지닌 시편은 나사 시편 홀더의 시험장비에 고정되며, 나사 시편 홀더는 시험 중 시편의 미끄러짐이나 그립에서의 이탈과 같은 사소한 가능성도 배제한다.

**신장계**라 불리는 장비는 인장시험 시편의 신장을 측정하기 위해 사용된다. 신장계는 시험시편에 고정되는 두 개의 칼날들로 구성된다. 칼날들 사이의 초기 거리는 **게이지길이**라 칭한다. 인장된 후 신장계는 시편의 게이지길이 내에서 발생한 신장을 측정한다. 신장계는 0.0001 in. 또는 0.002 mm만큼의 작은 신장도 매우 정확하게 측정할 수 있다. 신장계를 이용한 측정은 가장 일반적인 0.3 in. 2 in.(U.S. 단위), 8 ~100 mm (SI 단위) 크기의 형태를 지닌 게이지길이 범위 내에서 유효하다.

## 인장시험 측정

측정은 시험 전, 시험 중, 시험 후에 걸쳐 실시된다. 시험 전에는 시편의 단면적을 측정하며, 시편 면적은 데이타와 함께 법선응력의 계산을 위해 힘이 사용된다. 신장계의 게이지길이도 주요 측정 대상이며 법선변형률이 시편의 변형(즉, 시편의 축방향 신장)과 게이지길이로부터 산출되기 때문이다. 시험 중에는 시편에 작용되는 힘과 신장계의 칼날 모양의 가장자리 사이 시편의 신장이 측정된다. 시편의 파단 후에는 나누어진 두 시편을 맞추고 파단지점 단면의 지름뿐만 아니라 최종적인 게이지길이를 측정한다. 최종 게이지길이와 초기 게이지길이로부터 결정된 평균 공칭변형률은 재료의 연성에 관한 첫 번째 척도가 제공된다. 면적(파단면의 면적과 원래 단면적 간)의 감소 정도를 원래 단면적으로 나눈 값은 재료의 연성의 두 번째 척도가 된다. **연성**이라는 용어는 재료가 파단 전까지 버틸 수 있는 변형률의 양을 의미한다.

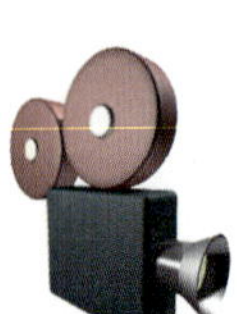
**MecMovies 3.1**은 인장시험 동영상을 보여준다.

**인장시험 결과** 연성금속의 전형적인 인장시험 결과는 그림 3.3에 나타나 있다. 몇 가지 특성은 인장하중–변형 선도에서 일반적으로 나타난다. 인장하중이 작용됨에 따라 변형과 하중이 선형적 관계를 유지하고 범위가 존재한다(1). 어떤 인장하중에 도달하면 인장하중–변형 선도는 꺾이기 시작하고, 상대적으로 적은 하중 증가에 대한 반응으로 두드러지게 큰 변형을 야기한다(2). 하중이 지속적으로 증가함에 따라 시편의 신장은 명백해지며(3), 어떤 점에서 최대 하

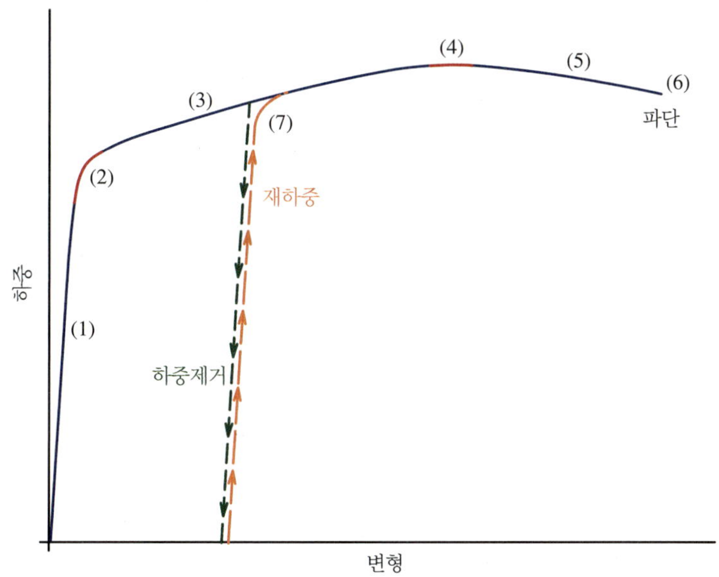


**그림 3.3** • 인장시험으로부터의 인장하중-변형 선도

중크기에 도달한다(4). 최고점에 도달한 바로 직후 임의의 하나의 지점에서 시편은 네킹 현상에 의하여 가늘어지게 되며 국부적으로 늘어나고 이 네킹현상은 시편에 작용하는 하중의 감소를 유발한다(5). 이후 시편은 곧 파단되고(6), 가장 얇은 단면부에서 두 조각으로 파손된다.

만약 시험이 선형구간을 넘어선 임의의 점에서 중단된다면, 금속 재료의 또 다른 흥미로운 특성이 관찰된다. 그림 3.3에서 구간 (3)까지 시편에 인장하중을 가한 후 이를 제거하면 인장하중과 변형 곡선은 기존의 것을 따르지 않는다. 대신 초기 선형 그래프 (1)에 평행한 경로를 따라 하중이 제거된다. 하중이 완전히 제거되었을 때, 시편의 변형은 시험이 시작된 시점과는 달리 0이 아니다. 즉 시편은 돌이킬 수 없이 영구적으로 변형된다. 시험이 다시 시작되어 인장하중이 증가했을 때, 경로는 대체적으로 부하제거 경로를 따라간다. 재부하 경로가 원래의 하중-변형 그래프에 접근함에 따라 재부하 그래프는 원래 그래프의 (2) 구간과 유사한 방식으로 구부러지기 시작한다(7). 하지만 재부하 그래프가 뚜렷이 변하는 구간 (7)의 하중은 원래의 부하 구간 (2)의 하중보다 크다. 부하제거와 재부하 과정은 재료가 명백한 비선형 구간에 진입하기 이전까지 가할 수 있는 인장하중을 증가시키는, 즉 재료를 강화시키는 효과가 있다. 큰 하중에 견딜 수 있도록 재료를 강화시킨 것이다. 특히 금속 재료에서 부하제거/부하 거동은 매우 유용한 특징이다. 재료의 강도를 높이기 위한 하나의 기술이 신장과 이완 과정이고, 이를 **가공경화(workhardening)** 또는 변형경화(strain hardening)라 한다.

**응력-변형률 선도의 준비.** 인장시험을 통해 구해진 하중-변형 데이타는 특정한 크기의 시편에 대한 정보만을 제공한다. 만약 시험 결과가 응력-변형률 선도로 일반화된다면, 그 결과는 더욱 유용할 것이다. 시험 결과로부터 응력-변형률 선도를 그리기 위해서는

(a) 법선변형률을 구하기 위해 시편 연신 데이타를 신장계 게이지 길이로 나눈다.
(b) 법선응력을 구하기 위해 하중 데이타를 초기 시편 단면적으로 나눈다. 그리고
(c) 변형률을 수평축에 나타내며 응력은 수직축에 나타낸다.

## 3.2 응력-변형률선도

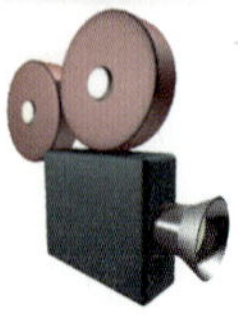

MecMovies 3.1는 응력-변형률 선도의 검토에 대한 동영상을 보여준다.

알루미늄합금과 저탄소강의 전형적인 응력-변형률 선도는 그림 3.4와 같다. 공학적 설계를 위해 필수적인 재료의 물성치는 응력-변형률 선도로부터 얻어진다. 응력-변형률 선도는 비례한도, 탄성계수, 항복강도, 인장강도를 포함한 중요 물성치를 결정한다. 공칭응력과 진응력 간의 차이를 논의하고, 금속의 연성 개념을 소개한다.

### 비례한도

**비례한도**는 응력-변형률 그래프가 더 이상 선형이 아닌 지점(직선이 아닌 한계점)에서의 응력이다. 응력-변형률 선도에서 선형구간 내 변형률은 파손된 지점까지의 전체 변형률에 비하여 일반적으로 아주 작다. 따라서 명확한 관찰을 위해 선도 내 선형구간의 배율을 증가시키는 것이 필요하다. 알루미늄합금에 대한 응력-변형률 선도의 선형구간을 확대하여 그림 3.5에 나타내었다. 가장 적합한 직선이 응력-변형률 데이타로부터 그려진다. 응력-변형률 데이타가 이 선을 벗어나 구부러지기 시작하는 지점에서의 응력이 비례한도가 된다. 이 재료의 비례한도는 대략 43.5 ksi이다.

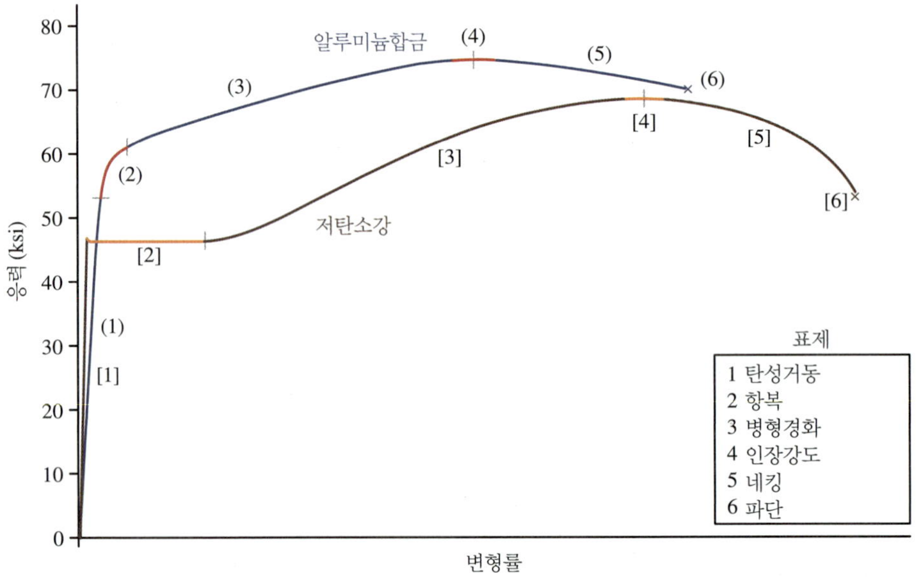


**그림 3.4** • 두 가지 일반적인 금속 재료에 대한 전형적인 응력-변형률선도

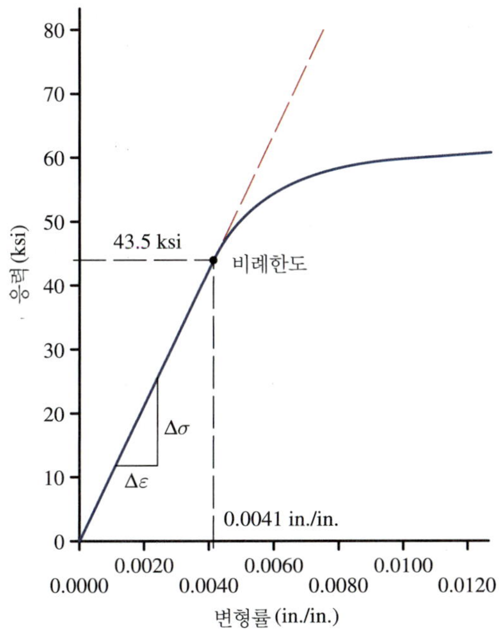


**그림 3.5** • 비례한도

그림 3.3에 나타나 있는 부하제거/재부하 거동을 생각해 보자.* 비례한도 이하의 응력이 재료에 가해지는 한 손상은 부하와 부하제거 시에 발생하지 않는다. 공학적인 맥락에서 이 사실은 어떤 부품에 일정 이하의 회수 범위 내에서 부하 및 부하제거의 반복이 가능하다는 것을 의미하고, 이 부품은 그 기간 동안 "처음 상태"의 재료처럼 거동할 것이다. 이러한 특성을 **탄성**이라 하고, 이는 임의의 재료가 하중이 제거되는 동안 원래의 형상으로 돌아옴을 의미한다. 재료는 이 영역에서 탄성 상태라 불리운다.

대부분의 공학적 부품들은 비례한도의 초과 후 발생하는 영구 변형을 피하기 위해 탄성을 가지고 기능하도록 설계되어 있다. 게다가 변형률과 변형이 적다면, 물체의 크기와 형상은 크게 변하지 않는다. 이것은 적절한 작동을 위해 서로 결합되어야 하는 많은 부품으로 구성된 메커니즘과 기계에 있어 특히 중요한 고려사항이다.

## 탄성계수

대부분의 부품들은 탄성 상태에서 기능하도록 설계되어 있다. 따라서 응력-변형률 선도의 초기 선형구간 내의 응력과 변형률의 관계는 공학적 재료에 있어 특별한 관심사 중 하나이다. 1807년 토마스 영(Thomas Young)은 탄성구간 내에서 법선응력과 법선변형률 간의 비례관계에 의한 재료거동의 특성화를 제안하였다. 이 비례상수는 응력-변형률 선도의 초기 직선부의 기울기이며, **영률(Young's modulus)** 또는 **탄성계수(modulus of elasticity)**라 칭하며 기호 $E$로 나타낸다.

$$E = \frac{\Delta\sigma}{\Delta\varepsilon} \tag{3.1}$$

탄성계수 $E$는 재료와 강성의 척도이다. 어느 정도의 하중까지 부품이 견딜 수 있는가를 예측

---

* 역자주: 부하는 하중과 동일한 의미로도 널리 사용되지만, 이 책에서는 '하중부과'의 의미로 사용된다.

하는 강도의 척도와는 달리, 탄성계수 $E$와 같은 강성의 척도가 중요한 까닭은 부품에 작용하는 하중에 대한 반응으로 신장, 압축, 구부러짐, 편향이 얼마나 일어났는지를 설명하기 때문이다.

어떤 시험과정에서도 측정 시 약간의 오차는 존재한다. 탄성계수 값을 계산할 때, 측정 오차로 인한 문제를 최소화하기 위하여 멀리 떨어진 점의 데이타를 사용하여 $E$를 계산하는 것이 바람직하다. 응력–변형률 선도의 비례구간에서 가장 먼 거리의 두 점 데이타는 비례한도점과 원점이다. 비례한도와 원점을 이용해 계산된 탄성계수 $E$ 값은 다음과 같다.

$$E = \frac{43.5 \text{ ksi}}{0.0041 \text{ in./in.}} = 10{,}610 \text{ ksi} \tag{3.2}$$

실제로 탄성계수 $E$의 가장 적절한 값은 원점과 비례한도 사이의 데이타와 최소자승법 관점에서 가장 잘 맞는 직선으로 구하는 것이다. 최소자승법을 이용한 분석 시, 이 재료의 탄성계수 $E$는 10,750 ksi이다.

## 가공경화

하중–변형 그래프 상에서의 부하제거와 재부하의 효과는 그림 3.3에 나타나 있다. 응력–변형률 선도 상에서의 부하제거와 재부하의 효과는 그림 3.6에 나타나 있다. 재료에 발생하는 응력이 항복응력 또는 항복강도(비선형 탄성을 무시할 경우 비례한도)를 넘어 $B$점까지 증가한다고 가정하자. 원점 $O$와 비례한도 $A$ 사이의 변형률은 선형**탄성변형률**이라 한다. 이 변

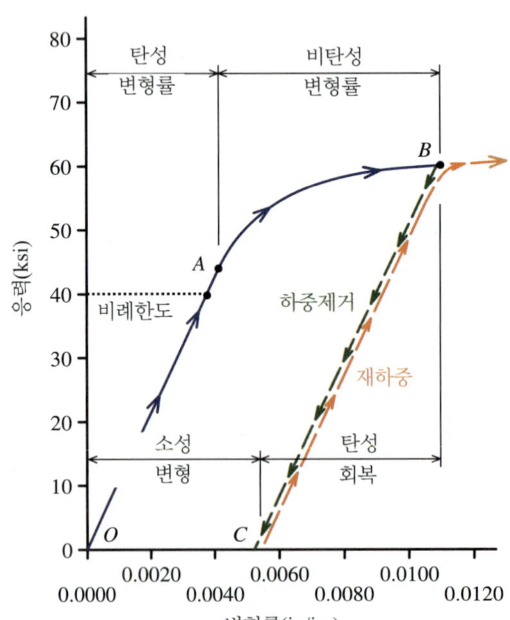


**그림 3.6** • 가공경화

형률은 재료로부터 응력이 제거된 뒤 완전히 회복될 것이다. $A$점과 $B$점 사이에서의 변형률은 **비탄성변형률**이라 한다. 응력이 제거되었을 때(즉, 하중이 제거되었을 때) 비탄성변형률 일부분만이 회복될 것이다. 재료에서 응력이 제거됨에 따라 탄성계 수선에 평행한 경로, 즉 선 $OA$에 평행한 경로를 따라 하중이 제거된다. $B$지점에서의 변형률 일부분은 탄성적으로 복구될 것이다. 그러나 재료 변형률의 일부는 영구적으로 남는다. 이 변형률을 잔류변형률, 영구변형률, 또는 소성변형률이라 부른다. 응력이 다시 작용됨에 따라 재료는 $CB$의 경로를 따라 재부하된다. $B$점에 도달하자마자 재료는 원래의 응력–변형률 곡선에 따라 계속 거동할 것이다. 재부하 후의 비례한도는 원래 부하에 대한 비례한도(즉, $A$점)보다 큰 값을 가지는 $B$지점에서의 응력이 된다. 이 현상은 재료의 비례한도를 증가시키는 효과를 가지므로 **가공경화**라 부른다.

일반적으로 응력–변형률 곡선의 비례영역에서 거동하는 재료는 탄성거동을 한다고 한다. 재료 내 변형률이 일시적이라는 것은 재료에서 응력이 제거되었을 때 모든 변형률은 회복된다는 것을 의미한다. 탄성영역을 넘어선 부분에서의 재료는 소성거동을 했다고 한다. 소성영역에서 변형률 중의 일부는 일시적이며 응력이 제거되면 회복되는 반면, 나머지 부분의 변형률은 영구적이다. 이 영구적 변형률을 **소성변형**이라고 한다.

## 탄성한계

대부분의 공학 부품들은 탄성거동을 하도록 설계되며, 이는 하중이 제거될 때 부품이 원래의 형태 즉 변형되지 않은 형태로 복원된다는 것을 의미한다. 그러므로 적절한 설계를 위해 재료가 더 이상 탄성거동을 하지 않는 지점의 응력을 정의하는 것은 중요하다. 대부분의 재료가 탄성거동에서 소성거동으로의 점진적인 변화를 보이고, 소성변형이 시작되는 지점을 정확히 정의하는 것은 어렵다. 이 임계값을 설정하기 위해 사용된 하나의 측정값을 탄성한계라 부른다.

**탄성한계**는 응력이 완전히 제거된 이후, 측정 가능한 영구적인 변형률을 유발하지 않는 최대의 응력이다. 탄성한계를 결정하기 위해서는 부하와 부하제거의 과정이 반복적으로 필요하며, 이 반복 과정에서 점진적으로 최종응력을 증가시킨다(그림 3.7). 예를 들면 응력을 $A$점까지 증가시킨 다음 이를 제거하면, 변형률은 원점 $O$로 되돌아올 것이다. 이 과정은 $B$, $C$, $D$, $E$점에 대해서도 반복 수행된다. 모든 경우 하중이 제거되자마자 변형률은 원점 $O$로 되돌아간다. 최종적으로 응력은 부하제거가 완료되어도 모든 ($G$점) 변형률이 원상 회복되지 않는 지점($F$점)에 도달할 것이며, 탄성한계는 $F$점에서의 응력이 된다.

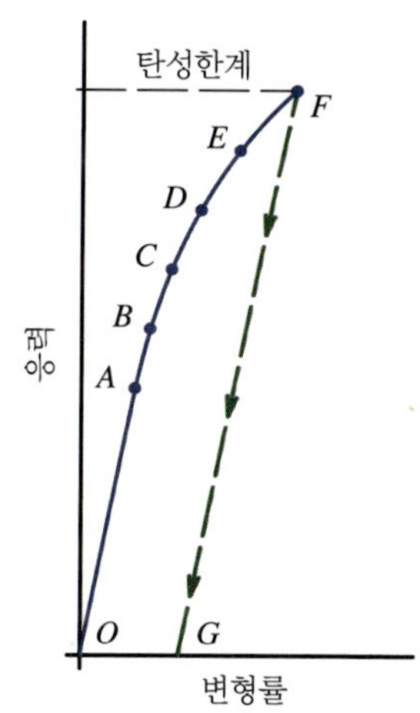

**그림 3.7** • 탄성한계

## 항복

일반적인 재료(예: 그림 3.4와 그림 3.8에 확대되어 나타난 저탄소강)에서 탄성한계와 비례한도를 구별할 수 없다. 탄성한계를 지나서는 작거나 무시할 정도의 응력 증가에 대해 상대적으로 큰 변형이 발생할 것이다. 이 거동을 **항복**이라 부른다.

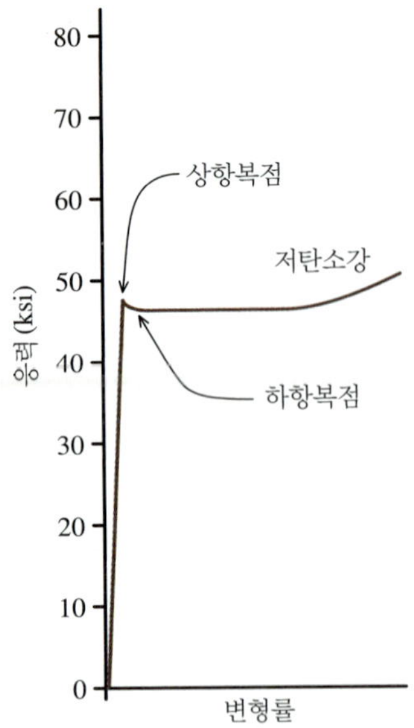


**그림 3.8** • 저탄소강의 항복점

그림 3.8과 같은 방식으로 거동하는 재료는 **항복점**을 가진다. 항복점은 응력의 증가 없이 변형률이 상당히 증가하는 지점에서의 응력이다. 사실 저탄소강은 두 개의 항복점을 가진다. 상항복점에 도달하자마자 응력은 지탱된 하항복점으로 갑자기 떨어진다. 재료가 응력의 증가 없이 항복할 때, 이 재료는 **완전소성** 재료라고 일컬어진다. 그림 3.8과 유사한 응력–변형률 선도를 보이는 재료는 **탄소성 재료**라 한다.

모든 재료가 항복점을 가지는 것은 아니다. 그림 3.4에 나타난 알루미늄합금과 같은 재료는 명확히 정의된 항복점을 가지지 않는다. 비례한도가 응력–변형률 선도의 선형구간의 최상단에 표시되는 반면, 실제 비례한도를 결정하는 것은 때로 어렵다. 특히 직선에서 곡선으로 완만하게 천이되는 재료에서는 더욱 그렇다. 이러한 재료에 대해서는 항복강도가 정의된다. **항복강도**는 재료에 대게 0.05% 또는 0.2%로 지정된 잔류변형률을 유발하는 응력으로서 정의된다(**주의**: 0.2%의 잔류변형률은 0.002 in./in. 또는 0.002 mm/mm 변형률 표현의 또 다른 방식이다). 응력–변형률 선도에서 항복강도를 결정하기 위해 변형률 축 상의 지정된 잔류변형률 지점에 한 점을 표시한다(그림 3.9). 이 점을 지나면서 초기의 직선 구간에 평행한 선을 그린다. 응력–변형률 선도와 오프셋된 선이 교차하는 지점에서의 응력을 항복강도라 일컫는다.

## 변형경화와 극한강도

항복이 발생한 후, 대부분의 재료들은 파단 전까지 추가적인 응력에 견딜 수 있다. 응력–변형률 곡선은 응력값의 최고점을 향해 지속적으로 상승하는데, 이때의 응력값을 **인장강도**라

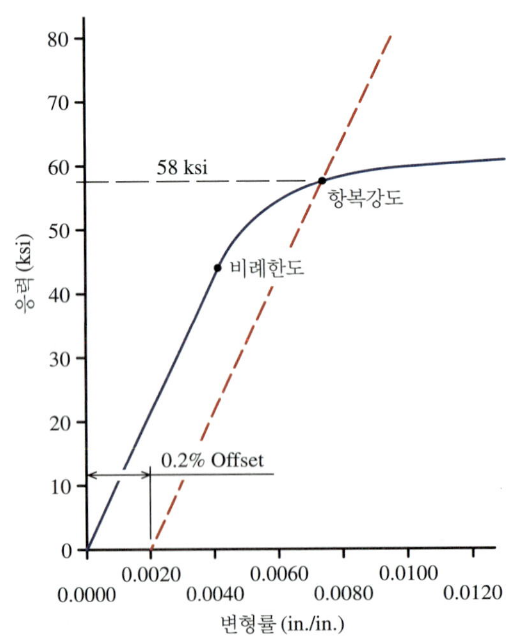


**그림 3.9** • 오프셋법을 이용한 항복강도

칭한다. 곡선의 상승은 **변형경화**라 부른다. 저탄소강과 알루미늄합금의 변형경화 영역과 인장강도의 지점은 그림 3.4의 응력-변형률 선도에 나타나 있다.

## 네킹

시편의 단면적은 최대하중점(최대응력점)까지 균일하고 영구적으로 감소한다. 그러나 시편이 일단 인장강도에 도달하게 되면, 시편 단면적의 변화는 게이지 길이 전체에 걸쳐 더 이상 균일하지 않다. 단면적은 시편의 국부적인 영역에서 수축 또는 "넥"을 형성하면서 감소하기 시작한다. 이러한 거동을 네킹(그림 3.10)이라 한다. 네킹은 연성 재료에 발생하며, 취성 재료에서는 발생하지 않는다(연성 참조).

**그림 3.10** • 인장시편에서의 네킹

## 파단

시편이 두 조각으로 분리가 시작되는 지점에서의 응력을 **파단응력**이라 부른다. 그림 3.4에서 인장강도와 파단응력 사이의 관계를 확인해 보자. 파단응력이 인장강도보다 적은 값을 갖는 것이 이상하지 않은가? 시편이 인장강도에서 파단되지 않았다면 왜 인장강도보다 낮은 응력에서 파단되는 것일까? 시편의 법선응력이 시편의 하중을 초기 단면적으로 나눔으로써 산출되었다는 것을 상기해 보자. 이러한 응력 계산방식에 의해 구해진 응력을 **공칭응력**이라 한다. 공칭응력은 인장하중이 부과되는 동안 시편 단면적의 어떠한 변화도 계산에 반영하지 않는다. 인장강도에 도달한 후 시편에는 네킹이 발생하기 시작하고, 국부적인 수축부위에서의 수축이 더욱 명확해짐에 따라 단면적은 지속적으로 감소한다. 하지만 공칭응력의 산출은 시편의 초기 단면적에 근거한다. 따라서 응력-변형률선도 상의 파단점에서 계산된 공칭응력은 재료의 진응력이 정확히 반영된 것이 아니다. 만약 인장시험 동안 시편 지름의 변화가 측정되고 감소한 지름에 근거하여 진응력이 계산되었다면, 진응력의 증가가 인장강도를 넘어 계속되는 것을 발견할 수 있었을 것이다(그림 3.11).

## 연성

강도와 강성과 함께 연성은 설계 기술자들에게 중요한 물성치에 속한다. **연성**은 재료의 소성변형량을 의미한다.

파단 전에 큰 대변형률이 발생하는 재료를 **연성 재료**라고 한다. 파단 이전에 항복현상을 조금 보이거나 보이지 않는 재료는 **취성 재료**라 한다. 연성은 강도와 반드시 관련되지는 않는다. 두 재료가 정확히 같은 강도를 지녀도 파단점에서 매우 다른 변형률을 보일 수 있다(그림 3.12).

종종 재료 강도의 증가는 연성의 감소를 희생한다. 그림 3.13은 서로 다른 네 종류 강의 응력-변형률 선도를 비교하였다. 네 개의 곡선은 모두 동일한 선형탄성 특성으로부터 파생되므로 모든 강은 동일한 강성을 지닌다. 강은 취성강 (1)부터 연성강 (4)까지 다양하다. 강

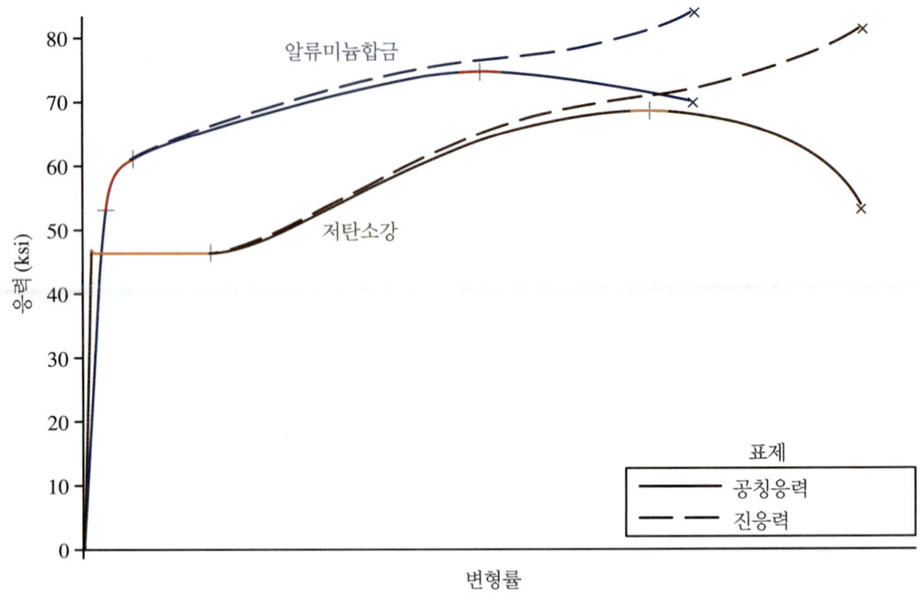


**그림 3.11** • 진응력과 공칭응력

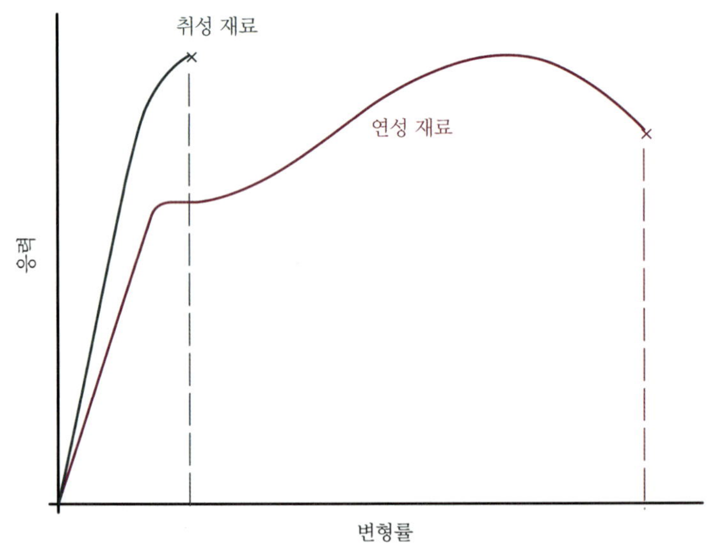


**그림 3.12** • 연성 재료와 취성 재료

(1)은 파단 이전까지 소성변형을 겪지 않는 단단한 공구강을 나타낸다. 강 (4)는 파단 이전에 큰 소성변형이 발생하는 전형적인 저탄소강이다. 이들 강 중에서 강 (1)은 가장 강하지만 동시에 가장 적은 연성을 가진 반면, 강 (4)는 가장 약하지만 가장 큰 연성을 보인다.

기술자에게 있어 연성은 재료의 절곡, 압연, 단조, 인발, 압출과 같은 소성가공 작업 시 재료가 파단 없이 변형될 수 있는 한계를 나타내기 때문에 중요하다. 제작된 구조물이나 기

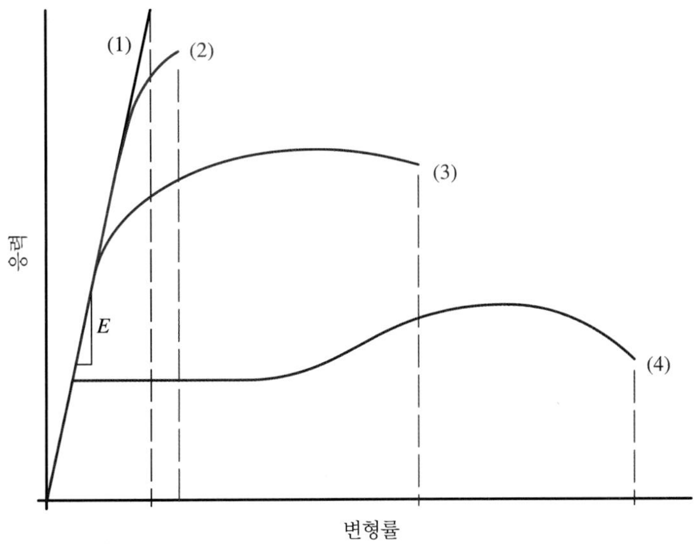


**그림 3.13** • 강에 대한 강도와 연성 간의 상반관계

계 부품에 있어 연성은 국부적으로 응력집중을 유발하는 구멍, 노치, 필렛, 그루브 등과 구조적 불연속 지점에서 재료의 변형 능력을 나타낸다. 연성 재료에서의 소성변형은 응력이 불연속 지점 주변의 더 큰 영역으로 전달되게 한다. 이러한 응력의 재분배는 최대 응력의 크기를 최소화하며 부품에서의 파단 방지를 돕는다. 연성 재료는 파단 전 많은 양의 신장이 발생하기 때문에 건축물, 교량, 기타 구조물에서의 과도한 부품 변형은 파손의 임박에 대해 경고하며 구조물로부터의 안전한 탈출 기회를 제공하고 보수 필요성 등을 알려준다. 취성 재료는 전조를 거의 보이지 않고 갑자기 파손되는 반면, 연성 재료는 구조물에 지진과 같은 극한 하중의 영향을 흡수하고 재분배하는 능력을 갖는다.

**연성의 정량화.** 인장시험 결과로부터 연성을 정량화하는 방법으로 두 가지가 있다. 첫 번째의 연성의 정량적 양은 파단점에서의 공칭변형률이다. 측정값을 산출하기 위해 부러진 시편 두 개의 조각을 서로 맞추고 최종 게이지길이를 측정한다. 그다음 초기 게이지길이와 최종 게이지길이로부터 평균변형률을 계산한다. 이 값은 대개 비율로 표현되며 **연신율**이라 칭한다.

두 번째의 연성의 정량적 양은 파단면에서의 면적감소량이다. 이 값 또한 비율로 표현되며 **단면감소율**이라 하며, 아래 식과 같이 계산한다.

$$\text{단면감소율} = \frac{A_0 - A_f}{A_0}(100\%) \tag{3.3}$$

여기서 $A_0$는 초기 시편의 단면적이고 $A_f$는 파단면에서 시편의 단면적이다.

**변형경화**

- 재료가 신장함에 따라 증가하는 응력을 견딜 수 있다.

**인장강도**

- 공칭응력의 관점에서 볼 때, 인장강도는 재료가 인장시험에서 견딜 수 있는 가장 큰 크기의 공칭응력이다.

**항복**

- 약간의 응력 증가는 두드러진 변형률의 증가를 유발한다.
- 항복이 시작되면 재료는 영구적으로 변한다. 오로지 일부분의 변형률만이 응력이 제거된 후 복원된다.
- 변형률은 응력이 제거되었을 때 일부분만이 복원되므로 비탄성이라 부른다.
- 항복강도는 재료의 중요한 설계 변수이다.

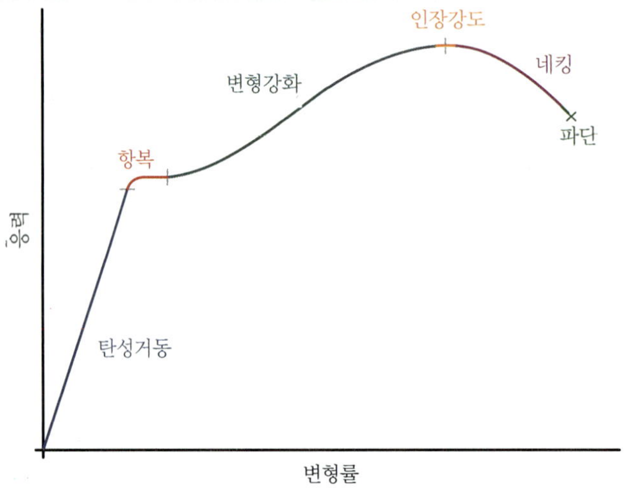


**네킹**

- 단면적은 시편의 국부적인 영역에서 두드러지게 감소하기 시작한다.
- 시편의 추가적인 신장을 발생시키기 위해 요구되는 인장력은 면적이 줄어듦에 따라 감소한다.
- 네킹은 연성 재료에서는 발생하지만 취성 재료에서는 발생하지 않는다.

**탄성거동**

- 일반적으로 응력과 변형률 간의 초기 관계는 선형이다.
- 탄성변형률은 일시적이며 이것은 하중이 제거되었을 때 모든 변형률이 완전히 복원됨을 의미한다.
- 이 선의 기울기를 탄성계수라 한다.

**파단응력**

- 파단응력은 시편이 두 조각으로 분리되기 시작하는 지점에서의 공칭응력이다.

**그림 3.14** • 응력–변형률선도 상의 중요한 특징 재검토

## 중요한 특징들의 재검토

응력–변형률 선도는 어떤 형상이나 크기의 부품에도 적용 가능한 필수적인 산업적 설계 정보를 제공한다. 각 재료는 고유의 특성을 가지고 있지만 산업적 적용에 일반적으로 이용되는 재료의 중요한 특성은 응력–변형률 선도에서 찾을 수 있다. 이 특성들을 그림 3.14에 요약하였다.

## 3.3 후크법칙

앞서 논의한 바와 같이, 기계나 구조물에 사용되는 대부분의 재료의 응력-변형률 선도의 초기 영역은 직선이다. 회주철이나 콘크리트 같은 몇몇 재료의 응력-변형률 선도는 아주 적은 응력에서도 약간의 곡선을 나타낸다. 하지만 곡률을 무시하고 선도의 초기부의 데이타의 평균으로부터 직선을 그리는 것은 일반적이다. 처짐에 대한 하중의 비례 관계는 로버트 후크에 의해 1678년 *Ut tension sic vis* ("as the stretch so the force")로 처음 기록되었다. 이 관계는 **후크법칙(Hook's law)**이라 불린다. 한 방향으로 작용하는 법선응력 $\sigma$와 법선변형률 $\varepsilon$에 대한(단축응력과 단축변형률로 칭함) 후크법칙은 다음과 같이 표현된다.

$$\sigma = E\varepsilon \tag{3.4}$$

여기서 $E$는 탄성계수이다.

후크법칙은 전단응력 $\tau$와 전단변형률 $\gamma$의 관계에도 적용된다.

$$\tau = G\gamma \tag{3.5}$$

여기서 $G$는 **전단탄성계수(shear modulus of elasticity)**라고 한다.

## 3.4 포아송비

한 방향으로 하중을 받고 있는 재료는 하중에 평행한 방향으로의 변형뿐만 아니라 수직한 방향으로의 변형을 일으킨다. 바꾸어 말하면

- 만약 임의의 고체 물체가 단축 인장을 받게 되면 재료는 측방향으로 수축한다.
- 만약 임의의 고체 물체가 압축되면 재료는 측방향으로 팽창한다.

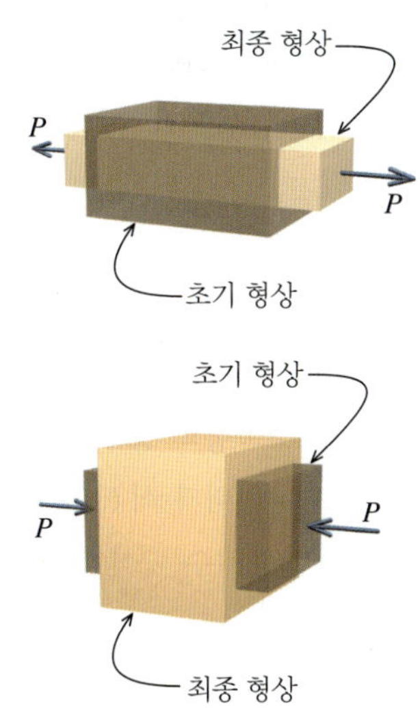


**그림 3.15** • 축력을 받는 고체 물체의 측방향 수축과 측방향 팽창

이 현상은 그림 3.15에 설명되어 있으며 변형은 매우 과장되어 표현되었다. 실험에 의하면, 재료가 탄성을 유지하고 등방성이며 균질할 경우, (2.4절에 정의된 바와 같이) 축력에 의해 발생하는 측방향 변형률과 길이방향 변형률의 비율이 일정하게 유지된다. 이 비율은 탄성계수 $E$와 함께 탄성역학에서 중요한 물성치 중의 하나이다. 단축응력상태 하에서의 길이방향 또는 축방향 변형률($\varepsilon_{\text{long}}$ or $\varepsilon_a$)에 대한 측방향 또는 가로방향의 변형률($\varepsilon_{\text{lat}}$ or $\varepsilon_t$)의 비율을 **포아송비(Poisson's ratio)**라 부르며, 이 비율은 1811년 포아송에 의해 밝혀졌다. 포아송비는 그리스 기호 $\nu$ (nu)로 표기되며 다음과 같이 정의된다.

$$\nu = -\frac{\varepsilon_{\text{lat}}}{\varepsilon_{\text{long}}} = -\frac{\varepsilon_t}{\varepsilon_a} \tag{3.6}$$

포아송비 $\nu = -\varepsilon_t/\varepsilon_a$는 단축응력상태 하에서만 유효하다(즉, 단순인장 또는 단순압축). 단축 하중상태 하에서 측방향 변형률과 길이방향 변형률은 항상 반대의 부호를 가지기 때문에 식 (3.6)에 음의 부호가 포함되어 있다(즉, 하나의 변형률이 연신하면 다른 변형률은 수축한다).

재료가 가진 포아송 효과는 가로방향의 변형이 억제되어 있지 않거나 어떤 방식으로 방해받지 않으면 측방향으로 추가적인 응력을 유발하지 않는다.

포아송비의 값은 재료에 따라 다양한 값을 가지나 대부분 금속의 포아송비는 1/4에서 1/3의 사이의 범위에 속한다. 극단적인 경우일지라도 축방향 인장 시에 재료의 체적이 줄어들 수 있으므로 포아송비의 가장 큰 값은 0.5이다. 이 상극한에 근접한 포아송비 값을 갖는 재료로 대표적인 것이 고무이다.

## $E$, $G$, $\nu$의 관계

포아송비는 탄성계수 $E$, 전단탄성계수 $G$와 연관되어 있으며 공식은 아래와 같다.

$$G = \frac{E}{2(1+\nu)} \tag{3.7}$$

### 예제 3.1 EXAMPLE

1.975 in.의 폭과 0.375 in.의 두께를 가진 나일론–플라스틱 시편의 인장시험이 수행되었다. 하중이 작용되기 전 4.000 in.의 게이지길이가 시편 위에 표시되었다. 응력–변형률 선도의 탄성구간 내에서 작용된 하중 $P = 6{,}000$ lb, 게이지길이의 연신은 0.023 in.로 측정되었고 봉폭의 수축은 0.0004 in.로 측정되었을 때, 다음을 구하라.

(a) 탄성계수 $E$

(b) 포아송비 $\nu$

(c) 전단탄성계수 $G$

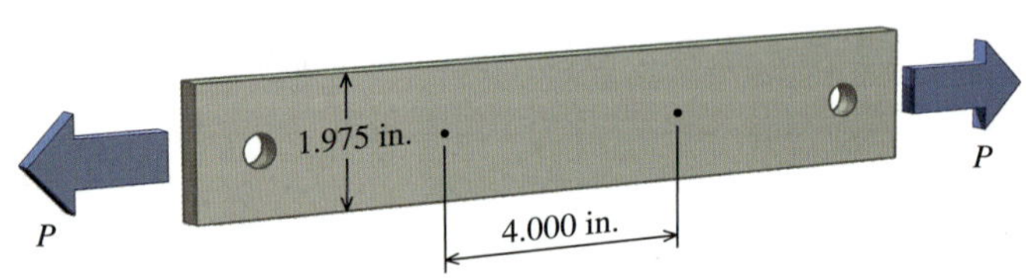


**풀이 계획**

(a) 하중과 봉의 초기 치수로부터 법선응력을 계산할 수 있다. 길이방향(즉, 축방향) 법선변형률 $\varepsilon_{\text{long}}$은 게이지길이의 연신량과 초기 게이지길이로부터 계산할 수 있다. 두 값과 식 (3.4)로부터 탄성계수 $E$를 구할 수 있다.

(b) 폭의 수축량과 봉의 초기 폭으로부터 측방향 변형률(즉, 가로방향 변형률) $\varepsilon_{\text{lat}}$을 계산할 수 있다. 측방향 변형률이 계산되면 포아송비가 식 (3.6)으로부터 계산된다.

(c) 전단탄성계수는 식 (3.7)로부터 계산한다.

**풀이**

(a) 플라스틱 시편에서의 법선응력은

$$\sigma = \frac{6{,}000 \text{ lb}}{(1.975 \text{ in.})(0.375 \text{ in.})} = 8{,}101.27 \text{ psi}$$

길이방향 변형률은

$$\varepsilon_{\text{long}} = \frac{0.023 \text{ in.}}{4.000 \text{ in.}} = 0.005750 \text{ in./in.}$$

따라서 탄성계수 $E$는

$$E = \frac{\sigma}{\varepsilon} = \frac{8{,}101.27 \text{ psi}}{0.005750 \text{ in./in.}} = 1{,}408{,}916 \text{ psi} = 1{,}409{,}000 \text{ psi} \qquad \textbf{Ans}$$

(b) 측방향 변형률은

$$\varepsilon_{\text{lat}} = \frac{-0.004 \text{ in.}}{1.975 \text{ in.}} = -0.002025 \text{ in./in.}$$

식 (3.6)으로부터 포아송비는 다음과 같이 계산된다.

$$\nu = -\frac{\varepsilon_{\text{lat}}}{\varepsilon_{\text{long}}} = -\frac{-0.002025 \text{ in./in.}}{0.005750 \text{ in./in.}} = 0.352 \qquad \textbf{Ans}$$

(c) 전단탄성계수 $G$는 식 (3.7)로부터 다음과 같이 계산된다.

$$G = \frac{E}{2(1+\nu)} = \frac{1{,}408{,}916 \text{ psi}}{2(1+0.352)} = 521{,}049 \text{ psi} = 521{,}000 \text{ psi} \qquad \textbf{Ans}$$

## 예제 3.2 EXAMPLE

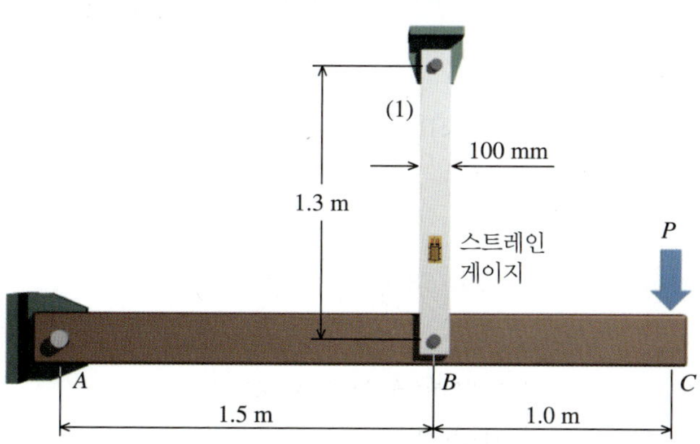


강체봉 $ABC$는 $A$지점에서 핀에 의해 지지되어 있고, $B$지점에서는 100 mm의 폭과 6 mm의 두께를 가진 알루미늄[$E = 70$ GPa; $\alpha = 22.5 \times 10-6/°\text{C}$; $\nu = 0.33$] 합금 봉으로 지지되어 있다. 알루미늄 봉의 표면에 붙어 있는 스트레인게이지는 알루미늄 봉의 길이방향 변형률을 측정하기 위해 사용된다. 하중 $P$가 강체봉의 $C$지점에 작용되기 전 주위 온도 20°C에서 스트레인게이지는 길이방향 변형률을 0으로 측정하였다. 하중 $P$가 강체봉의 $C$지점에 작용되고 주위 온도가 –10°C까지 하강한 후 알루미늄 봉에서는 +2400 $\mu\varepsilon$의 길이방향 변형률이 측정되었을 때, 다음을 구하라.

(a) 부재 (1)의 응력

(b) 하중 $P$의 크기

(c) 알루미늄 봉의 폭 변화(즉, 100 mm 치수)

**풀이 계획**

이 문제는 특히 온도변화가 해석의 요소가 될 때, 후크법칙과 포아송비의 적용 시에 자주 범하는 잘못된 개념들에 대해 설명한다.

**풀이**

(a) 탄성계수 $E$와 길이방향 변형률 $\varepsilon$은 문제에 주어져 있기 때문에 후크법칙 식 (3.4)로부터 알루미늄 막대의 법선응력을 계산하도록 유인될 수 있다.

$$\sigma_1 = E_1\varepsilon_1 = (70\text{ GPa})(2{,}400\ \mu\varepsilon)\left[\frac{1{,}000\text{ MPa}}{1\text{ GPa}}\right]\left[\frac{1\text{ mm/mm}}{1{,}000{,}000\ \mu\varepsilon}\right] = 168\text{ MPa}$$

이 계산은 부재 (1)의 법선응력 계산으로 옳지 않다. 왜 옳지 않은가?

식 (2.7)로부터 어떤 물체의 전체 변형률 $\varepsilon_{\text{total}}$은 응력에 의해 발생하는 부분 $\varepsilon_\sigma$와 온도변화에 의해 발생하는 부분 $\varepsilon_T$를 포함한다. 부재 (1)에 부착되어 있는 스트레인게이지는 알루미늄 봉의 전체 변형률을 $\varepsilon_{\text{total}} = +2{,}400\ \mu\varepsilon = +0.002400$ mm/mm로 측정했다. 하지만 이 문제에서 부재 (1)의 온도는 변형률 측정 전 30°C가 하락했다. 식 (2.6)으로부터 온도변화에 의해 발생하는 알루미늄 막대의 변형률은

$$\varepsilon_T = \alpha\,\Delta T = (22.5\times10^{-6}/°\text{C})(-30°\text{C}) = -0.000675\text{ mm/mm}$$

따라서 부재 (1)의 법선응력에 의해 발생하는 변형률은

$$\varepsilon_{\text{total}} = \varepsilon_\sigma + \varepsilon_T$$

$$\begin{aligned}\therefore \varepsilon_\sigma &= \varepsilon_{\text{total}} - \varepsilon_T = 0.002400\text{ mm/mm} - (-0.000675\text{ mm/mm})\\ &= +0.003075\text{ mm/mm}\end{aligned}$$

이 변형률 값을 이용하여 부재 (1)에서의 법선응력은 이제 후크법칙으로 계산할 수 있다.

$$\sigma_1 = E\varepsilon = (70\text{ GPa})(0.003075\text{ mm/mm}) = 215.25\text{ MPa} = 215\text{ MPa}$$ **Ans.**

(b) 부재 (1)에서의 축력은 법선응력과 막대의 면적으로부터 계산된다.

$$F_1 = \sigma_1 A_1 = (215.25\text{ N/mm}^2)(100\text{ mm})(6\text{ mm}) = 129{,}150\text{ N}$$

조인트 $A$에서 모멘트 평형조건을 적용하여 하중 $P$를 계산하자.

$$\Sigma M_A = (1.5\text{ m})(129{,}150\text{ N}) - (2.5\text{ m})P = 0$$

$$\therefore P = 77{,}490\text{ N} = 77.5\text{ kN}$$ **Ans.**

(c) 봉의 폭 변화는 측방향(즉, 가로방향) 변형률 $\varepsilon_{lat}$에 100 mm의 초기 폭을 곱함으로써 계산된다. $\varepsilon_{lat}$를 결정하기 위해 포아송비의 정의 [식 (3.6)]이 사용된다.

$$\nu = -\frac{\varepsilon_{lat}}{\varepsilon_{long}} \qquad \therefore \varepsilon_{lat} = -\nu\varepsilon_{long}$$

주어진 포아송비 값과 측정된 변형률을 이용하여 $\varepsilon_{lat}$는 다음과 같이 계산된다.

$$\varepsilon_{lat} = -\nu\varepsilon_{long} = -(0.33)(2{,}400\ \mu\varepsilon) = -792\ \mu\varepsilon$$

이 계산은 부재 (1)의 측방향 변형률 계산으로 옳지 않다. 왜 옳지 않은가?
포아송 효과는 오로지 응력(즉, 역학적 효과)이 발생하는 변형률에 적용된다. 균질이며 등방성인 재료는 구속이 없을 경우 재료가 가열됨으로써 모든 방향으로 균등하게 팽창한다(그리고 냉각함으로써 균등하게 수축한다). 따라서 열변형률은 포아송비 계산에 포함되지 않아야 하며, 이 문제의 측방향변형률은 다음과 같이 계산되어야 한다.

$$\varepsilon_{lat} = -(0.33)(0.003075\ \text{mm/mm}) + (-0.000675\ \text{m/m}) = -0.0016898\ \text{mm/mm}$$

따라서 알루미늄 봉의 폭 변화는

$$\delta_{width} = (-0.0016898\ \text{mm/mm})(100\ \text{mm}) = -0.1690\ \text{mm}$$ **Ans.**

## 예제 3.3 EXAMPLE

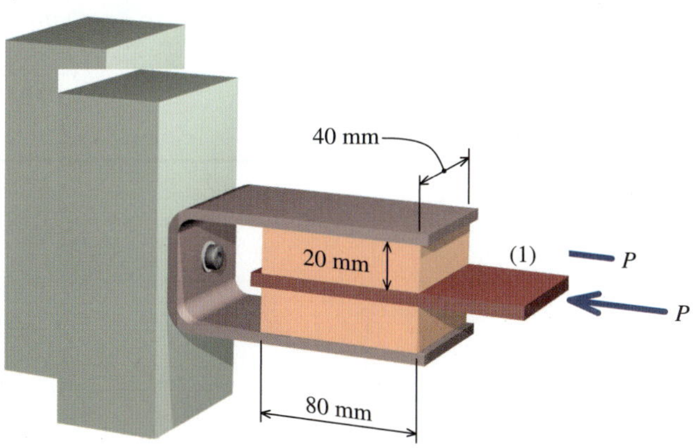


각각 80 mm의 길이, 40 mm의 폭, 20 mm의 두께를 가지고 있는 두 개의 고무 블록이 강체지지 마운트와 움직일 수 있는 평판 (1)에 결합되어 있다. $P = 2{,}800$ N의 힘이 조립체에 작용될 때, 평판 (1)은 수평방향으로 8 mm 이동한다. 블록에 사용된 고무의 전단탄성계수 $G$를 구하라.

### 풀이 계획

후크법칙은 전단력과 전단변형률 사이의 관계를 표현한다[식 (3.5)]. 전단력은 작용하중 $P$와 움직일 수 있는 평판 (1), 접촉해 있는 고무 블록의 면적으로 구할 수 있다. 전단변형률은 각도 값으로 평판 (1)의 수평 이동과 고무 블록의 두께로부터 결정된다. 전단탄성계수 $G$는 전단응력을 전단변형률로 나눔으로써 계산된다.

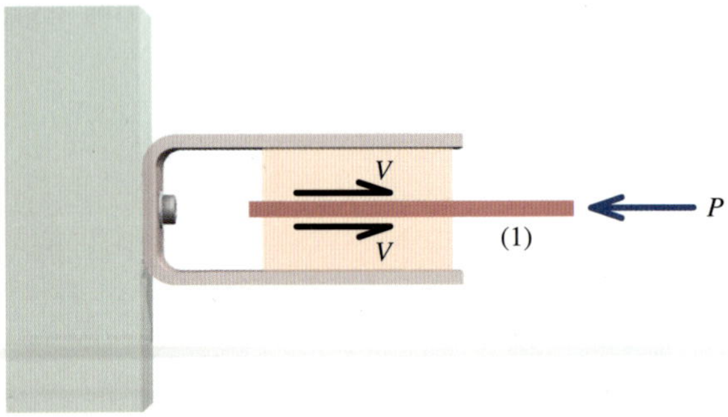


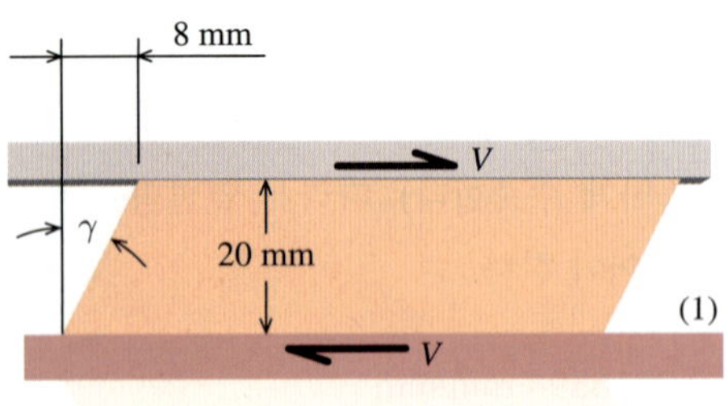


**풀이**

움직일 수 있는 평판 (1)의 자유물체도를 고려해 보자. 각 고무 블록은 하중 $P$에 저항하는 전단력을 제공한다. 평형조건으로부터 수평방향 힘의 합은

$$\Sigma F_x = 2V - P = 0$$

$$\therefore V = P/2 = (2{,}800 \text{ N})/2 = 1{,}400 \text{ N}$$

다음으로 변형된 위치에서 상단 고무 블록의 자유물체도를 고려해 보자. 전단력 $V$는 80 mm의 길이와 40 mm 폭의 표면에 작용한다. 따라서 고무 블록의 전단응력 $\tau$는

$$\tau = \frac{1{,}400 \text{ N}}{(80 \text{ mm})(40 \text{ mm})} = 0.4375 \text{ MPa}$$

8 mm 수평 이동은 그림이 나타낸 바와 같이 블록의 비틀림을 유발한다. 각도 $\gamma$(라디안 단위로 측정된)는 전단변형률이다.

$$\tan\gamma = \frac{8 \text{ mm}}{20 \text{ mm}} \qquad \therefore \gamma = 0.3805 \text{ rad}$$

전단응력 $\tau$, 전단탄성계수 $G$, 전단변형률 $\gamma$는 후크법칙과 관련된다.

$$\tau = G\gamma$$

따라서 블록에 사용된 고무의 전단탄성계수 $G$는

$$G = \frac{\tau}{\gamma} = \frac{0.4375 \text{ MPa}}{0.3805 \text{ rad}} = 1.150 \text{ MPa}$$ **Ans.**

## MecMovies EXERCISES

**M3.1** 후크법칙이 적용되는 세 가지 기본 문제

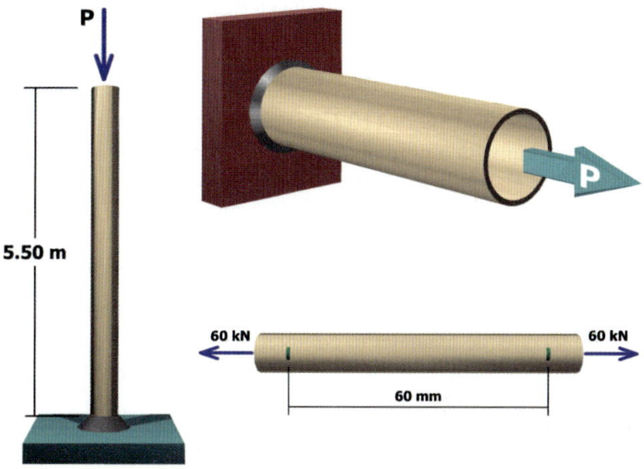


그림 M3.1

## PROBLEMS

**P3.1** At the proportional limit, a 2-in. gage length of a 0.375-in.-diameter alloy rod has elongated 0.0083 in. and the diameter has been reduced 0.0005 in. The total tension force on the rod was 4.75 kips. Determine the following properties of the material:

(a) the modulus of elasticity.
(b) Poisson's ratio.
(c) the proportional limit.

**P3.2** At the proportional limit, a 30-mm-wide by 12-mm-thick bar elongates 2.0 mm under an axial load of 41.5 kN. The bar is 1.5 m long. If Poisson's ratio is 0.33 for the material, determine:

(a) the modulus of elasticity.
(b) the proportional limit.
(c) the change in each lateral dimension.

**P3.3** At an axial load of 22 kN, a 45-mm-wide by 15-mm-thick polyimide polymer bar elongates 3.0 mm while the bar width contracts 0.25 mm. The bar is 200 mm long. At the 22-kN load, the stress in the polymer bar is less than its proportional limit. Determine:

(a) the modulus of elasticity.
(b) Poisson's ratio.
(c) the change in the bar thickness.

**P3.4** A 0.75-in.-thick rectangular alloy bar is subjected to a tensile load $P$ by pins at $A$ and $B$ as shown in Figure P3.4/5. The width of the bar is $w = 3.0$ in. Strain gages bonded to the specimen measure the following strains in the longitudinal ($x$) and transverse ($y$) directions: $\varepsilon_x = 840\ \mu\varepsilon$ and $\varepsilon_y = -250\ \mu\varepsilon$.

(a) Determine Poisson's ratio for this specimen.
(b) If the measured strains were produced by an axial load of $P = 32$ kips, what is the modulus of elasticity for this specimen?

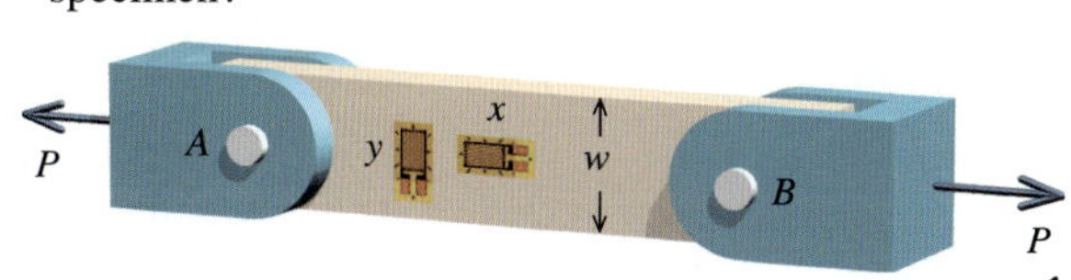


**FIGURE P3.4/5**

**P3.5** A 6-mm-thick rectangular alloy bar is subjected to a tensile load $P$ by pins at $A$ and $B$ as shown in Figure P3.4/5. The width of the bar is $w = 30$ mm. Strain gages bonded to the specimen measure the following strains in the longitudinal ($x$) and transverse ($y$) directions: $\varepsilon_x = 900\ \mu\varepsilon$ and $\varepsilon_y = -275\ \mu\varepsilon$.

(a) Determine Poisson's ratio for this specimen.
(b) If the measured strains were produced by an axial load of $P = 19$ kN, what is the modulus of elasticity for this specimen?

**P3.6** A copper rod [$E = 110$ GPa] originally 350 mm long is pulled in tension with a normal stress of 180 MPa. If the deformation is entirely elastic, what is the resulting elongation?

**P3.7** A 6061-T6 aluminum tube [$E = 10{,}000$ ksi; $\nu = 0.33$] has an outside diameter of 4.000 in. and a wall thickness of 0.065 in.

(a) Determine the tension force that must be applied to the tube to cause its outside diameter to contract by 0.005 in.
(b) If the tube is 84 in. long, what is the overall elongation?

**P3.8** A metal specimen with an original diameter of 0.500 in. and a gage length of 2.000 in. is tested in tension until fracture occurs. At the point of fracture, the diameter of the specimen is 0.260 in. and the fractured gage length is 3.08 in. Calculate the ductility in terms of percent elongation and percent reduction in area.

**P3.9** A portion of the stress–strain curve for a stainless steel alloy is shown in Figure P3.9. A 350-mm-long bar is loaded in tension until it elongates 2.0 mm and then the load is removed.

(a) What is the permanent set in the bar?
(b) What is the length of the unloaded bar?
(c) If the bar is reloaded, what will the proportional limit be?

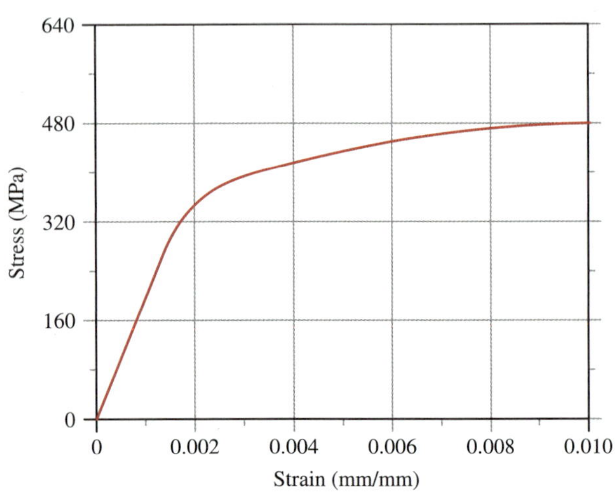


**FIGURE P3.9**

**P3.10** The 16 by 22 by 25-mm rubber blocks shown in Figure P3.10 are used in a double U shear mount to isolate the vibration of a machine from its supports. An applied load of $P = 285$ N causes the upper frame to be deflected downward by 5 mm. Determine the shear modulus $G$ of the rubber blocks.

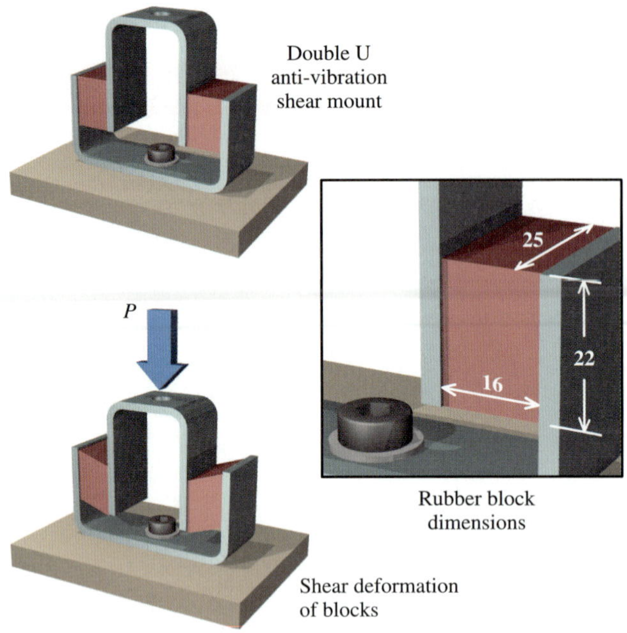


**FIGURE P3.10**

**P3.11** Two hard rubber blocks are used in an anti-vibration mount to support a small machine as shown in Figure P3.11/12. An applied load of $P = 150$ lb causes a downward deflection of 0.25 in. Determine the shear modulus of the rubber blocks. Assume $a = 0.5$ in., $b = 1.0$ in., and $c = 2.5$ in.

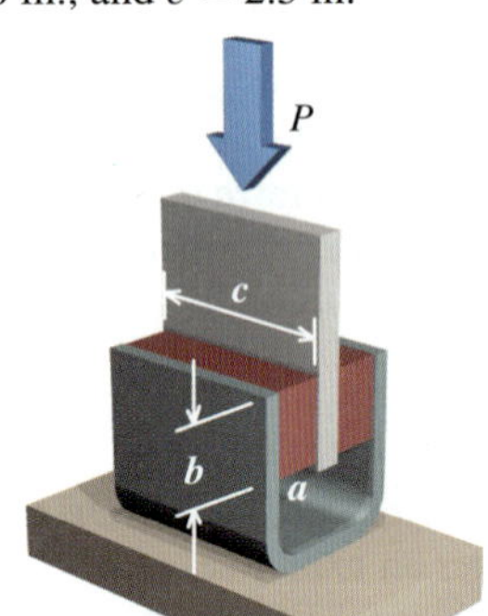


**FIGURE P3.11/12**

**P3.12** Two hard rubber blocks [$G = 350$ kPa] are used in an anti-vibration mount to support a small machine as shown in Figure P3.11/12. Determine the downward deflection that will occur for an applied load of $P = 900$ N. Assume $a = 20$ mm, $b = 50$ mm, and $c = 80$ mm.

**P3.13** A load test on a 6-mm-diameter by 225-mm-long aluminum alloy rod found that a tension load of 4,800 N caused an elastic elongation of 0.52 mm in the rod. Using this result, determine the elastic elongation that would be expected for a 24-mm-diameter rod of the same material if the rod were 1.2 m long and subjected to a tension force of 37 kN.

**P3.14** The stress–strain diagram for a particular stainless steel alloy is shown in Figure P3.14. A rod made from this material is initially 800 mm long at a temperature of 20°C. After a tension force is applied to the rod and the temperature is increased by 200°C, the length of the rod is 804 mm. Determine the stress in the rod and state whether the elongation in the rod is elastic or inelastic. Assume the coefficient of thermal expansion for this material is $18 \times 10^{-6}$/°C.

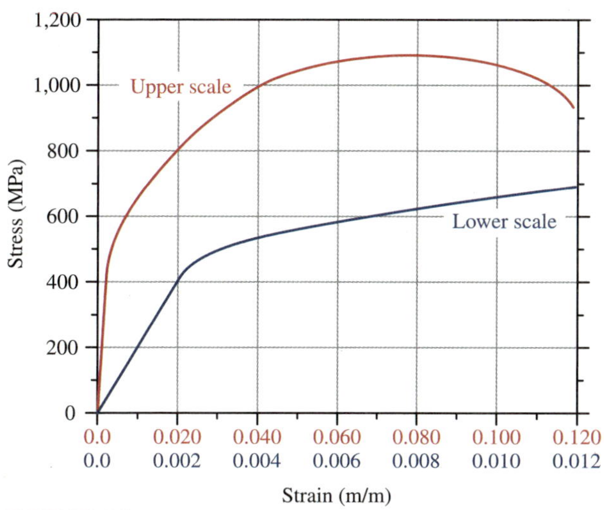


**FIGURE P3.14**

**P3.15** In Figure P3.15, rigid bar *ABC* is supported by axial member (1), which has a cross-sectional area of 400 mm², an elastic modulus of $E = 70$ GPa, and a coefficient of thermal expansion of $\alpha = 22.5 \times 10^{-6}$/°C. After load *P* is applied to the rigid bar and the temperature rises 40°C, a strain gage affixed to member (1) measures a strain increase of 2,150 με. Determine:

(a) the normal stress in member (1).
(b) the magnitude of applied load *P*.
(c) the deflection of the rigid bar at *C*.

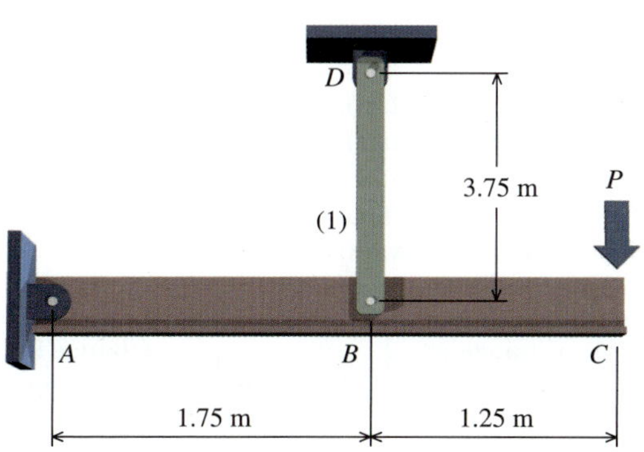


**FIGURE P3.15**

**P3.16** A tensile test specimen of 1045 hot-rolled steel having a diameter of 0.505 in. and a gage length of 2.00 in. was tested to fracture. Stress and strain data obtained during the test are shown in Figure P3.16. Determine:

(a) the modulus of elasticity.
(b) the proportional limit.
(c) the ultimate strength.
(d) the yield strength (0.20% offset).
(e) the fracture stress.
(f) the true fracture stress if the final diameter of the specimen at the location of the fracture was 0.392 in.

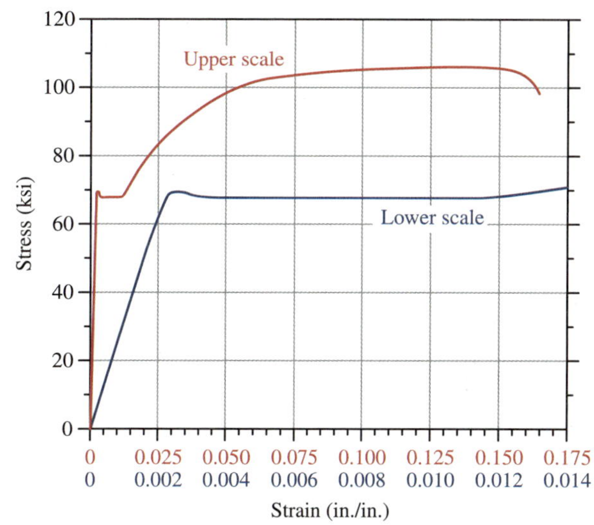


**FIGURE P3.16**

**P3.17** A tensile test specimen of stainless steel alloy having a diameter of 0.495 in. and a gage length of 2.00 in. was tested to fracture. Stress and strain data obtained during the test are shown in Figure P3.17. Determine:

(a) the modulus of elasticity.
(b) the proportional limit.
(c) the ultimate strength.
(d) the yield strength (0.20% offset).
(e) the fracture stress.
(f) the true fracture stress if the final diameter of the specimen at the location of the fracture was 0.350 in.

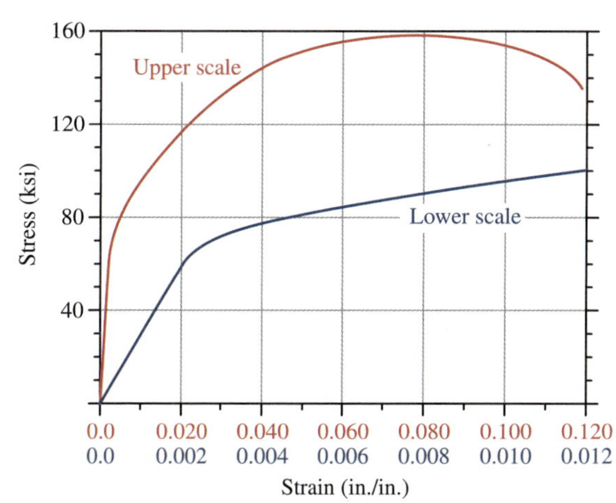


**FIGURE P3.17**

**P3.18** A bronze alloy specimen having a diameter of 12.8 mm and a gage length of 50 mm was tested to fracture. Stress and strain data obtained during the test are shown in Figure P3.18. Determine:

(a) the modulus of elasticity.
(b) the proportional limit.
(c) the ultimate strength.
(d) the yield strength (0.20% offset).
(e) the fracture stress.
(f) the true fracture stress if the final diameter of the specimen at the location of the fracture was 10.5 mm.

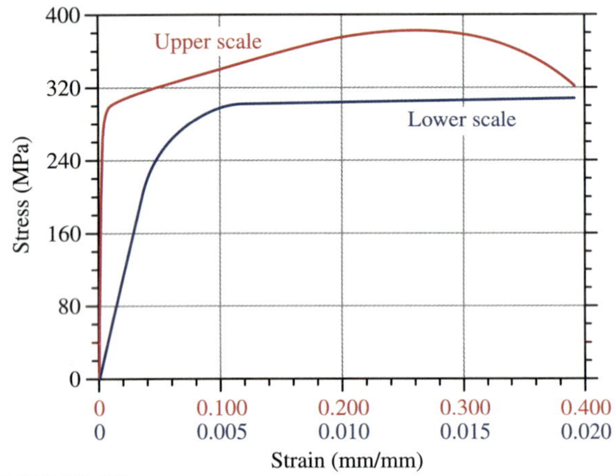


**FIGURE P3.18**

**P3.19** An alloy specimen having a diameter of 12.8 mm and a gage length of 50 mm was tested to fracture. Load and deformation data obtained during the test are given. Determine:

(a) the modulus of elasticity.
(b) the proportional limit.
(c) the ultimate strength.
(d) the yield strength (0.05% offset).
(e) the yield strength (0.20% offset).
(f) the fracture stress.
(g) the true fracture stress if the final diameter of the specimen at the location of the fracture was 11.3 mm.

| Load (kN) | Change in Length (mm) | Load (kN) | Change in Length (mm) |
|---|---|---|---|
| 0 | 0 | | |
| 7.6 | 0.02 | 43.8 | 1.50 |
| 14.9 | 0.04 | 45.8 | 2.00 |
| 22.2 | 0.06 | 48.3 | 3.00 |
| 28.5 | 0.08 | 49.7 | 4.00 |
| 29.9 | 0.10 | 50.4 | 5.00 |
| 30.6 | 0.12 | 50.7 | 6.00 |
| 32.0 | 0.16 | 50.4 | 7.00 |
| 33.0 | 0.20 | 50.0 | 8.00 |
| 33.3 | 0.24 | 49.7 | 9.00 |
| 36.8 | 0.50 | 47.9 | 10.00 |
| 41.0 | 1.00 | 45.1 | fracture |

**P3.20** A 1035 hot-rolled steel specimen with a diameter of 0.500 in. and a 2.0-in. gage length was tested to fracture. Load and deformation data obtained during the test are given. Determine:

(a) the modulus of elasticity.
(b) the proportional limit.
(c) the ultimate strength.
(d) the yield strength (0.05% offset).
(e) the yield strength (0.20% offset).
(f) the fracture stress.
(g) the true fracture stress if the final diameter of the specimen at the location of the fracture was 0.387 in.

| Load (lb) | Change in Length (in.) | Load (lb) | Change in Length (in.) |
|---|---|---|---|
| 0 | 0 | 12,540 | 0.0209 |
| 2,690 | 0.0009 | 12,540 | 0.0255 |
| 5,670 | 0.0018 | 14,930 | 0.0487 |
| 8,360 | 0.0028 | 17,020 | 0.0835 |
| 11,050 | 0.0037 | 18,220 | 0.1252 |
| 12,540 | 0.0042 | 18,820 | 0.1809 |
| 13,150 | 0.0046 | 19,110 | 0.2551 |
| 13,140 | 0.0060 | 19,110 | 0.2968 |
| 12,530 | 0.0079 | 18,520 | 0.3107 |
| 12,540 | 0.0098 | 17,620 | 0.3246 |
| 12,840 | 0.0121 | 16,730 | 0.3339 |
| 12,840 | 0.0139 | 16,130 | 0.3385 |
| | | 15,900 | fracture |

**P3.21** A 2024-T4 aluminum test specimen with a diameter of 0.505 in. and a 2.0-in. gage length was tested to fracture. Load and deformation data obtained during the test are given. Determine:

(a) the modulus of elasticity.
(b) the proportional limit.
(c) the ultimate strength.
(d) the yield strength (0.05% offset).
(e) the yield strength (0.20% offset).
(f) the fracture stress.
(g) the true fracture stress if the final diameter of the specimen at the location of the fracture was 0.452 in.

| Load (lb) | Change in Length (in.) | Load (lb) | Change in Length (in.) |
|---|---|---|---|
| 0 | 0.0000 | 11,060 | 0.0139 |
| 1,300 | 0.0014 | 11,500 | 0.0162 |
| 2,390 | 0.0023 | 12,360 | 0.0278 |
| 3,470 | 0.0032 | 12,580 | 0.0394 |
| 4,560 | 0.0042 | 12,800 | 0.0603 |
| 5,640 | 0.0051 | 13,020 | 0.0788 |
| 6,720 | 0.0060 | 13,230 | 0.0974 |

| | | | |
|---|---|---|---|
| 7,380 | 0.0070 | 13,450 | 0.1159 |
| 8,240 | 0.0079 | 13,670 | 0.1391 |
| 8,890 | 0.0088 | 13,880 | 0.1623 |
| 9,330 | 0.0097 | 14,100 | 0.1994 |
| 9,980 | 0.0107 | 14,100 | 0.2551 |
| 10,200 | 0.0116 | 14,100 | 0.3200 |
| 10,630 | 0.0125 | 14,100 | 0.3246 |
| | | 14,100 | fracture |

**P3.22** A 1045 hot-rolled steel tension test specimen has a diameter of 6.00 mm and a gage length of 25 mm. In a test to fracture, the stress and strain data below were obtained. Determine:

(a) the modulus of elasticity.
(b) the proportional limit.
(c) the ultimate strength.
(d) the yield strength (0.05% offset).
(e) the yield strength (0.20% offset).
(f) the fracture stress.
(g) the true fracture stress if the final diameter of the specimen at the location of the fracture was 4.65 mm.

| Load (kN) | Change in Length (mm) | Load (kN) | Change in Length (mm) |
|---|---|---|---|
| 0.00 | 0.00 | 13.22 | 0.29 |
| 2.94 | 0.01 | 16.15 | 0.61 |
| 5.58 | 0.02 | 18.50 | 1.04 |
| 8.52 | 0.03 | 20.27 | 1.80 |
| 11.16 | 0.05 | 20.56 | 2.26 |
| 12.63 | 0.05 | 20.67 | 2.78 |
| 13.02 | 0.06 | 20.72 | 3.36 |
| 13.16 | 0.08 | 20.61 | 3.83 |
| 13.22 | 0.08 | 20.27 | 3.94 |
| 13.22 | 0.10 | 19.97 | 4.00 |
| 13.25 | 0.14 | 19.68 | 4.06 |
| 13.22 | 0.17 | 19.09 | 4.12 |
| | | 18.72 | fracture |

**P3.23** Rigid bar $BCD$ in Figure P3.23 is supported by a pin at $C$ and by aluminum rod (1). A concentrated load $P$ is applied to the lower end of aluminum rod (2), which is attached to the rigid bar at $D$. The cross-sectional area of each rod is $A = 0.20$ in.$^2$ and the elastic modulus of the aluminum material is $E = 10{,}000$ ksi. After the load $P$ is applied at $E$, the strain in rod (1) is measured as 1,350 $\mu\varepsilon$ (tension). Determine:

(a) the magnitude of load $P$.
(b) the total deflection of point $E$ relative to its initial position.

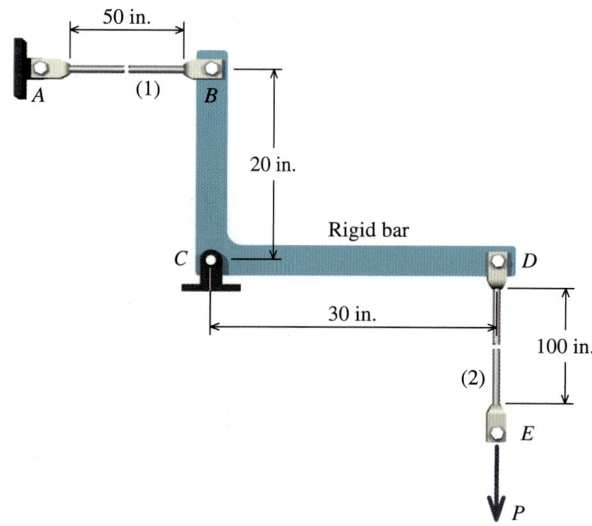


FIGURE P3.23

**P3.24** Rigid bar $ABC$ is supported by pin-connected axial member (1) and by a 0.75-in.-diameter double shear pin connection at $C$ as shown in Figure P3.24. Member (1) is a 2.75-in.-wide by 1.25-in.-thick rectangular bar made of aluminum with an elastic modulus of 10,000 ksi. When a concentrated load $P$ is applied to the rigid bar at $A$, the normal strain in member (1) is measured as $-880$ $\mu\varepsilon$. Determine:

(a) the magnitude of applied load $P$.
(b) the average shear stress in the pin at $C$.

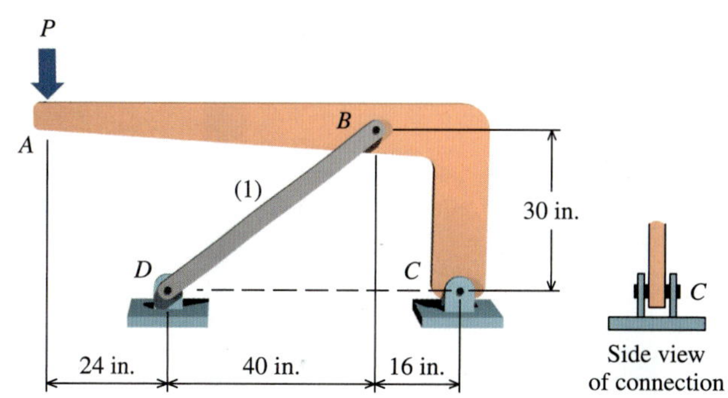


FIGURE P3.24

**P3.25** A concentrated load $P$ is supported by two bars as shown in Figure P3.25. Bar (1) is made of cold-rolled red brass [$E = 16{,}700$ ksi; $\alpha = 10.4 \times 10^{-6}/°\mathrm{F}$] and has a cross-sectional area of 0.225 in.$^2$. Bar (2) is made of 6061-T6 aluminum [$E = 10{,}000$ ksi; $\alpha = 13.1 \times 10^{-6}/°F$] and has a cross-sectional area of 0.375 in.$^2$. After load $P$ has been applied and the temperature of the entire assembly has *increased* by 50°F, the total strain in bar (1) is measured as 1,400 με (elongation). Determine:

(a) the magnitude of load $P$.
(b) the total strain in bar (2).

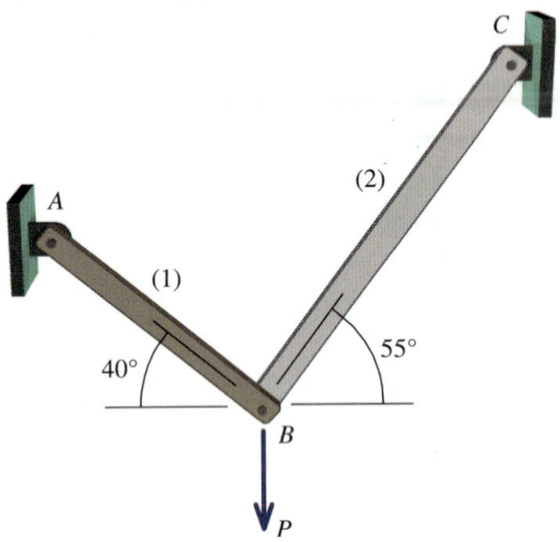


FIGURE P3.25

**P3.26** The rigid bar $AC$ in Figure P3.26 is supported by two axial bars (1) and (2). Both axial bars are made of bronze [$E = 100$ GPa; $\alpha = 18 \times 10^{-6}/°C$]. The cross-sectional area of bar (1) is $A_1 = 240$ mm$^2$ and the cross-sectional area of bar (2) is $A_2 = 360$ mm$^2$. After load $P$ has been applied and the temperature of the entire assembly has *increased* by 30°C, the total strain in bar (2) is measured as 1,220 με (elongation). Determine:

(a) the magnitude of load $P$.
(b) the vertical displacement of pin $A$.

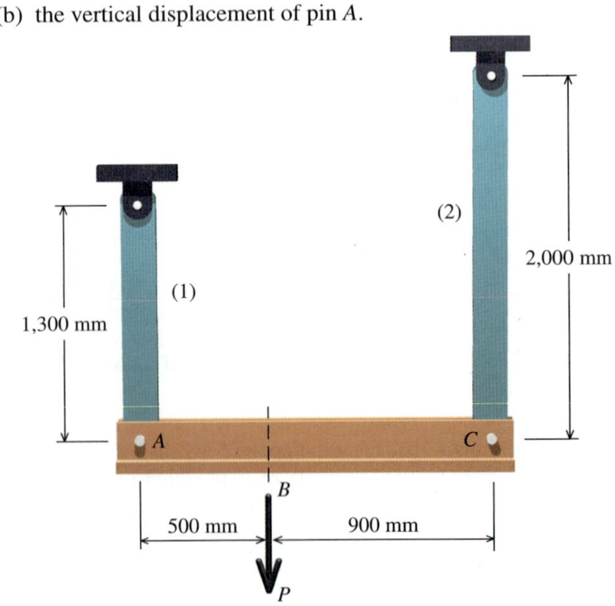


FIGURE P3.26

**P3.27** The rigid bar in Figure P3.27/28 is supported by axial bar (1) and by a pin connection at $C$. Axial bar (1) has a cross-sectional area of $A_1 = 275$ mm$^2$, an elastic modulus of $E = 200$ GPa, and a coefficient of thermal expansion of $\alpha = 11.9 \times 10^{-6}/°C$. The pin at $C$ has a diameter of 25 mm. After load $P$ has been applied and the temperature of the entire assembly has been *increased* by 20°C, the total strain in bar (1) is measured as 925 με (elongation). Determine:

(a) the magnitude of load $P$.
(b) the average shear stress in pin $C$.

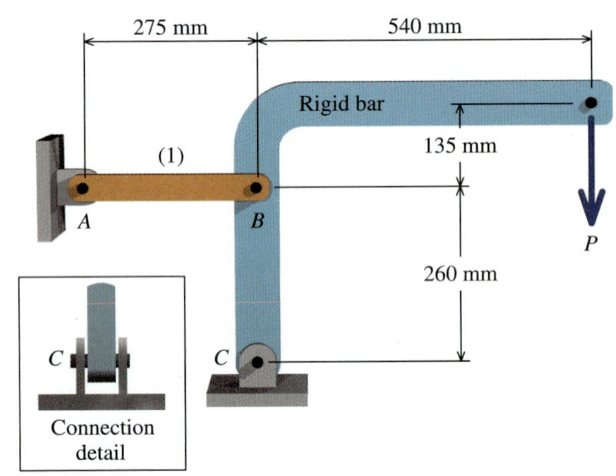


FIGURE P3.27/28

**P3.28** The rigid bar in Figure P3.27/28 is supported by axial bar (1) and by a pin connection at $C$. Axial bar (1) has a cross-sectional area of $A_1 = 275$ mm$^2$, an elastic modulus of $E = 200$ GPa, and a coefficient of thermal expansion of $\alpha = 11.9 \times 10^{-6}/°C$. The pin at $C$ has a diameter of 25 mm. After load $P$ has been applied and the temperature of the entire assembly has been *decreased* by 30°C, the total strain in bar (1) is measured as 925 με (elongation). Determine:

(a) the magnitude of load $P$.
(b) the average shear stress in pin $C$.

# CHAPTER 04 설계 개념

## 4.1 서론

기술자들이 접하는 설계 문제들에는 기능, 안전, 초기비용, 제품주기비용, 환경에 대한 영향, 효율성 그리고 심미적인 것과 같은 많은 고려사항들이 있다. 그러나 고체역학에서 우리의 관심은 세 가지의 고려사항에 집중되는데 강도, 강성, 그리고 안정성이 그것이다. 이러한 것들을 해결하기 위해서는 많은 불확실성들이 고려되어야 하고 설계에 반영되어야 한다. 기계나 구조물에 작용하는 힘은 일반적으로 추정되어지고 이 힘들에게는 상당히 큰 변동이 있게 된다.

- 실제 힘의 크기는 설계 시의 가정들과 다를 수 있다.
- 구조물 또는 기계에 사용되는 재료에 대한 불확실성도 있다. 재료 물성을 측정하는 것은 재료의 손상을 가져오고, 결국 재료의 기계적 물성은 직접적으로 평가될 수 없어서 비슷한 재료의 시편을 측정함으로써 결정되어진다. 나무와 같은 재료들은 각 목판들과 목재들의 강도와 강성에 상당한 차이가 있게 된다.
- 재료의 강도는 부식과 함께 다른 영향에 의해 시간에 따라 변화할 수 있다.
- 기온, 습도 그리고 비와 눈에 대한 노출과 같은 환경 조건은 설계 시의 가정과 다를 수 있다.
- 비록 화학적 구성이 같을지라도 원형(프로토타입)이나 시험부품들에서 사용되는 재료들은 실제 생산 시의 구성품에서 사용되는 재료들과 미세구조, 크기, 압연이나 성형, 표면처리 같은 인자들 때문에 다를 수 있다.
- 제조공정 중에 부품 안에서 응력이 발생할 수 있고 정교하지 못한 가공기술은 설계강도를 감소시킬 수 있다.

- 해석에 사용되는 모델과 방법들은 지나치게 단순화되고 부정확하게 이상화되어 이들의 실제 거동을 부정확하게 표현하게 된다.

이 교재의 문제들은 확정적인 결과를 얻기 위해 해석과 설계가 완벽히 정의된 구조들과 기계들에 대해 엄밀한 계산을 적용하는 과정이라는 인상을 갖게 한다. 그러나 실제로 설계 과정은 확실성을 갖고 정량화될 수 없는 많은 인자들을 위한 허용량들을 가져야 한다.

## 4.2 하중의 형태

구조물 또는 기계에 작용하는 힘들은 하중이라 부른다. 구조물 또는 기계에 작용하는 하중의 종류는 적용되는 데에 따라 다르다. 다음에는 건물에 작용하는 여러 하중을 알아본다.

### 불변하중

불변하중은 다양한 구조부재들의 무게와 구조물에 영구적으로 붙어 있는 물체의 무게로 구성된다. 건물에 있어서 구조물의 자중은 보, 기둥, 바닥평판, 벽, 배관, 전기장치들, 영구적인 기계장비 그리고 지붕 등의 하중을 포함한다. 이러한 하중들의 크기와 위치는 구조물의 수명 동안 변하지 않는다.

구조물을 설계할 때 보, 바닥, 기둥 그리고 다른 부품들의 크기는 시작할 때 알려져 있지 않다. 구조해석은 마지막 부재의 크기가 정해지기 전에 수행되어야 하지만, 해석은 부재의 자중을 포함하고 있어야 한다. 따라서 적절한 부재의 크기를 추정하고 다양한 부품들의 자중을 예측하고 해석을 수행하는 등의 설계 계산을 종종 반복적으로 수행하는 것이 필요하다. 만약 아주 큰 차이가 발생한다면 자중에 대하여 조금 더 실제에 접근한 추정치를 사용하여 해석을 계속해야 한다.

비록 구조물의 자중은 잘 정의되어졌다 해도, 영구적인 기구들의 무게, 방 분할, 지붕재질, 바닥마감재, 고정된 사용기구 그리고 움직일 수 없는 고정물과 같은 다른 정하중들의 불확실성 때문에 불변하중이 과소평가될 수도 있다. 구조물에 대한 나중의 수정 가능성도 고려되어야 한다. 예를 들어 미래에 교량의 구조물에 고속도로 포장 재료가 추가되어질 수도 있는 것이다.

### 가변하중

가변하중은 크기, 지속기간, 위치가 구조물의 수명 기간에 걸쳐 변화하는 하중을 말한다. 가변하중들은 일시적으로 놓인 물체의 무게, 움직이는 차량이나 사람들, 또는 자연적인 힘에 의해 발생한다. 구조물의 어떤 층과 갑판 위의 가변하중은 보통 균일하게 분포되어 있고, 원래 사용목적에 따른 물품들을 고려한 면하중으로 모델링된다. 일반적인 사무실과 주택에서는 거주자들, 가구들과 창고들이 포함된다.

교량과 주차 건물과 같은 구조물에서는 균일분포 면하중 외에도 차량의 무게 또는 다른 무거운 물건들의 집중하중이 반드시 고려되어야 한다. 해석에서는 여러 곳의 잠재적으로 위험한 위치에서의 집중하중의 영향이 고려되어야 한다.

구조물에 순간적으로 작용하는 하중은 충격하중이라고 불린다. 창고의 바닥 위에 떨어진 상자 또는 울퉁불퉁한 도로 위를 지나는 트럭은 천천히 점진적으로 적용된 하중보다 더 큰 하중을 발생시킨다. 가변하중은 일반적으로 정상적인 사용 환경이나 교통 환경에 더해 충격효과를 위한 적절한 허용치를 준다. 엘리베이터를 지지하는 구조물, 왕복운동 또는 회전운동을 하는 대형기계나 크레인에 대해서는 특별한 충격에 대한 고려가 필요하다.

본질적으로 가변하중은 불변하중보다 덜 확실하다. 가변하중은 구조물의 생애에 걸쳐 크기와 위치가 변화한다. 예를 들면 건물에서 예상치 못한 많은 사람들의 모임은 가끔씩 일어날 수 있으며 어떤 공간은 가구나 여러 물건들이 일시적으로 옮겨지는 과정 중에 비정상적으로 큰 하중을 받을 수 있다.

### 설(눈)하중

추운 기후에서 설하중은 지붕 설계를 위한 중요한 요소가 될 수도 있다. 설하중의 크기와 지속기간은 확실히 알기가 어렵다. 게다가, 바람의 영향으로 눈은 보통 지붕 위에 균일하게 펴져 있지 않다. 눈은 종종 지붕의 높이가 달라지는 부분에서 뭉쳐서 추가 하중을 발생시키곤 한다.

### 풍하중

바람은 건물에 풍속의 제곱에 비례하는 압력을 가한다. 언제든지 풍속은 평균 속도에 돌풍이라고 알려진 난류가 더해져서 나타난다. 풍압은 건물 외부 전면적에 걸쳐 가해지는데, 벽 또는 지붕 면을 미는 양의 압력으로 작용하기도 하고 지붕을 들어 올리고 벽을 당기는 음의 압력으로 나타나기도 한다. 구조물에 작용하는 풍하중 크기는 지리적 위치, 지표면 위의 높이, 주변 지역 특성, 건물의 모양과 특징 그리고 여러 인자로 인해 변화한다. 바람은 어느 방향에서든지 구조물에 하중을 가할 수 있다. 이러한 특성들이 모두 풍하중의 크기와 분포를 정확하게 예측하기 어렵게 만든다.

## 4.3 안전성

기술자들은 의도하는 기능을 안전하게 수행할 수 있는 충분히 강한 물체를 만들기 위해서 노력한다. 강도의 관점에서 설계의 안전성을 얻기 위해서 구조물과 기계들은 항상 일반적인 상황에서의 하중보다 높은 하중(과부하)을 견딜 수 있게 설계된다. 이러한 예비 용량이 극한적인 과하중의 경우에도 안전을 보장하기 위해 필요할 뿐만 아니라, 구조물 또는 기계가 원래의 설계에서 의도된 대로 사용될 수 있도록 하는 것이다.

그러나 핵심 질문은 "얼마나 안전한 것이 충분히 안전한 것인가?"이다. 만약 구조물과 기계가 충분한 예비 용량을 가지고 있지 않다면 과부하가 파손, 파열, 붕괴로 정의되는 고장을 야기할 가능성이 있다. 너무 과한 예비용량을 부품 설계에 반영하면, 고장 가능성은 적어지지만 불필요하게 크고 무겁고 비싸게 된다. 최상의 설계는 경제성과 보수적이지만 합리적인 안전계수의 사이에 적절한 균형을 맞추는 것이다. 파손에 대한 안전율을 적절하게 하는 것이다.

## 4.4 허용응력설계

안전성을 담보하는 두 가지 개념이 현재 구조물과 기계들을 위한 공학 설계 현장에서 사용되고 있다. 이 두 가지 방법을 **허용응력설계**와 하중저항계수설계라 부른다.

허용응력설계 방법(Allowable Stress Design: ASD)은 정상적인 상태에서의 하중에 대해 사용된다. 이러한 하중은 사용하중이라 불리며 불변하중, 가변하중, 풍하중과 사용 중에 발생할 수 있는 다른 하중들로 구성된다. ASD 방법에서 구조요소는 사용하중에 의해 생기는 탄성응력이 특정한 재료의 항복응력의 일정비율을 초과하지 않도록 설계된다. 이 응력한계를 **허용응력**이라 한다(그림 4.1). 보통의 상태에서의 응력들이 허용응력과 같거나 낮게 유지된다면, 강도에 대한 여유분은 예상치 않은 과부하가 생기더라도 설계의 안전 여유를 주게 된다.

설계를 위한 계산에 사용되는 허용응력은 파손응력을 **안전계수(Factor of Safety: FS)**로 나눈 것으로 계산된다.

$$\sigma_{\text{allow}} = \frac{\sigma_{\text{failure}}}{\text{FS}} \quad \text{또는} \quad \tau_{\text{allow}} = \frac{\tau_{\text{failure}}}{\text{FS}} \tag{4.1}$$

파손은 여러 가지로 정의될 수 있다. 파손은 재료의 실제 파괴를 의미하여 재료의 인장강도(응력-변형율 선도에서 결정된)가 식 (4.1)에 사용되는 파손응력이 되는 경우가 있다. 그렇지 않으면 의도한 기능을 못하게 되는 부품의 항복과 연관된 재료의 대변형을 뜻할 수도 있다. 이 경우에 식 (4.1)의 파손응력은 항복응력이다.

안전계수는 다른 설계자들이 사용할 규격과 표준을 작성하는 숙련된 기술자들에 의해 정해진다. 규격과 표준의 제정은 지나치게 큰 비용 없이 합리적인 안전 수준을 제공한다. 예상되는 파손의 유형뿐만 아니라 비슷한 부품의 기록, 파손의 결과 및 다른 불확실성들이 다양한 상황을 위한 적절한 안전계수를 결정하는 데 고려된다. 특별한 경우 안전계수는 더 큰 값을 가질 수도 있지만, 전형적인 안전계수의 범위는 1.5에서 3 정도이다.

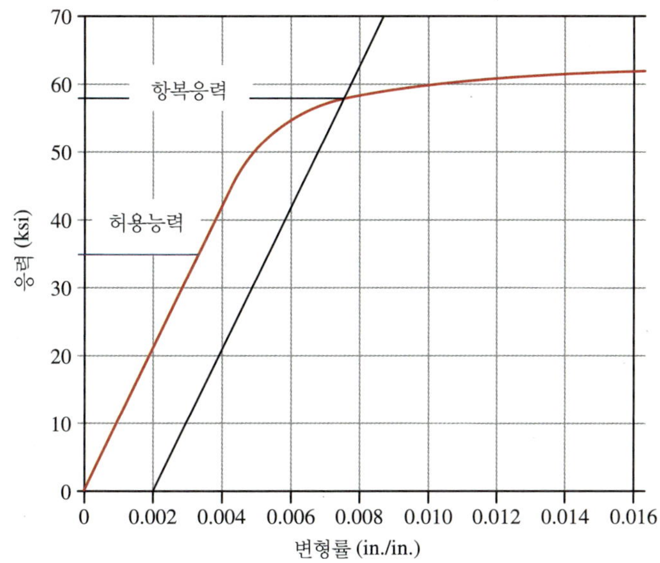


**그림 4.1** • 응력-변형율 선도에서의 허용응력

어떤 경우에 기술자들은 현재 존재하거나 제안된 설계안에서 안전의 수준을 평가할 필요가 있다. 이러한 목적으로 안전계수는 예상되는 파손응력과 예상 실제응력의 비로 계산하기도 한다.

$$FS = \frac{\sigma_{failure}}{\sigma_{actual}} \quad 또는 \quad FS = \frac{\tau_{failure}}{\tau_{actual}} \tag{4.2}$$

안전계수의 계산은 응력으로만 하는 것은 아니다. 안전계수는 식 (4.3)처럼 파손을 일으키는 힘과 예상되는 실제 힘의 비로 나타낼 수 있다.

$$FS = \frac{P_{failure}}{P_{actual}} \quad 또는 \quad FS = \frac{V_{failure}}{V_{actual}} \tag{4.3}$$

## 예제 4.1 EXAMPLE

그림에서와 같이 8.9 kN의 하중이 6 mm 두께의 철판에 작용하고 있다. 철판은 $A$지점에서 10 mm 지름의 단일 전단 철 핀에 의해 지지되고 있으며 $B$지점에서 10 mm 지름의 이중 전단 철 핀에 의해 지지되고 있다. 철 핀의 극한전단강도는 280 MPa이고, 철판의 극한지지강도(ultimate bearing strength)는 530 MPa이다.

(a) 극한전단강도에 대한 핀 $A$와 $B$의 안전계수를 구하라.

(b) 핀 $B$에서 철판의 극한지지강도에 대한 안전계수를 구하라.

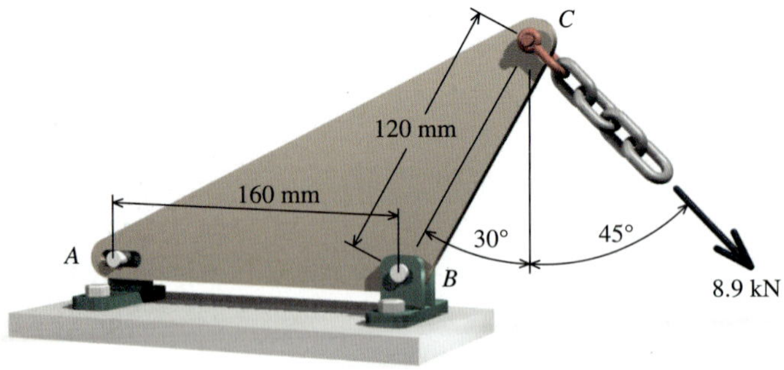


**풀이 계획**

핀 $A$와 $B$의 반력은 힘의 평형으로부터 계산될 수 있다. 특히 $B$에서의 합력은 수평과 수직반력으로부터 계산되어야 한다. 핀의 힘들이 결정되면, 핀 전단응력은 핀이 하나 또는 두 개로 연결되는지를 감안하여 계산된다. 판과 접촉하는 부위에 작용하는 $B$의 지지응력은 $B$의 핀에 가해지는 힘의 합력과 판의 두께, 핀의 지름으로부터 구해진다. 이 세 가지 응력들이 구해진 후에 극한강도와 관련된 안전계수는 각각 계산될 것이다.

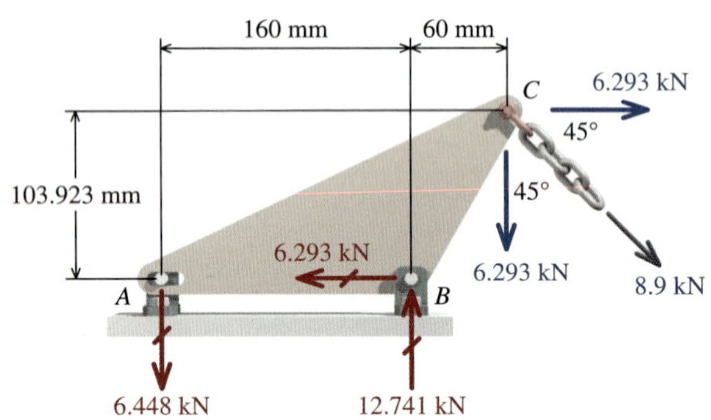


**풀이**

평형으로부터 핀 $A$와 $B$의 반력이 결정된다. **주의:** 핀 $A$는 슬롯 구멍에서 움직일 수 있으므로 철판 위에서 수직 힘만 받는다. 반력은 옆의 그림에 스케치되어 있다.

핀 $B$에 의해 판에 가해진 힘의 합력은

$$R_B = \sqrt{(6.293\text{ kN})^2 + (12.741\text{ kN})^2} = 14.210\text{ kN}$$

**주의:** 핀 또는 볼트의 전단응력을 계산할 때 항상 합력을 사용해야 한다.

(a) 10 mm 지름의 핀의 단면적은 $A_{pin} = 78.540\text{ mm}^2$이다. 핀 $A$는 단일 전단 연결이기 때문에 전단면적 $A_V$는 핀 단면적 $A_{pin}$과 같다. 핀 $A$의 전단응력은 전단력 $V_A$(즉, 6.448 kN의 반력)와 $A_V$로부터 구해진다.

$$\tau_A = \frac{V_A}{A_V} = \frac{(6.448\text{ kN})(1{,}000\text{ N/kN})}{78.540\text{ mm}^2} = 82.1\text{ MPa}$$

핀 $B$는 이중 전단 연결이다. 따라서 전단응력을 받는 핀 단면적 $A_V$는 핀 단면적 $A_{pin}$의 두 배이다. 핀에 작용하는 전단력 $V_B$는 $B$에 작용하는 합력과 같다.

$$\tau_B = \frac{V_B}{A_V} = \frac{(14.210\text{ kN})(1{,}000\text{ N/kN})}{2(78.540\text{ mm}^2)} = 90.5\text{ MPa}$$

식 (4.2)를 이용하여, 극한전단강도 280 Mpa에 대한 핀 안전계수를 구한다.

$$\text{FS}_A = \frac{\tau_{\text{failure}}}{\tau_{\text{actual}}} = \frac{280\text{ MPa}}{82.1\text{ MPa}} = 3.41 \qquad \text{FS}_B = \frac{\tau_{\text{failure}}}{\tau_{\text{actual}}} = \frac{280\text{ MPa}}{90.5\text{ MPa}} = 3.09$$ **Ans.**

(b) $B$에서의 지지응력은 10 mm 지름의 핀과 6 mm 두께의 철판 접촉 면에서 발생한다. 비록 철판의 접촉지점에서의 실제응력 분포는 복잡하지만, 평균 지지응력은 보통 접촉력과 함께 핀의 지름과 판 두께의 곱과 같은 투사 면적으로부터 계산된다. 그러므로 철판의 핀 $B$에서 평균 지지응력은 다음과 같이 계산된다.

$$\sigma_b = \frac{R_B}{d_B t} = \frac{(14.210 \text{ kN})(1{,}000 \text{ N/kN})}{(10 \text{ mm})(6 \text{ mm})} = 236.8 \text{ MPa}$$

극한지지강도 530 MPa에 대한 판의 안전계수는 아래와 같다.

$$\text{FS}_{\text{bearing}} = \frac{530 \text{ MPa}}{236.8 \text{ MPa}} = 2.24$$ **Ans.**

## 예제 4.2 EXAMPLE

그림은 트러스 조인트를 나타낸 것이다. 부재 (1)은 7.22 in.$^2$의 단면을 가지고 있고 부재 (2)는 3.88 in.$^2$의 단면을 가지고 있다. 두 부재 모두 A36 강이고 이것은 36 ksi의 항복강도를 가지고 있다. 만약 안전계수 1.5가 요구된다면 조인트에 가할 수 있는 최대 하중 $P$를 결정하라.

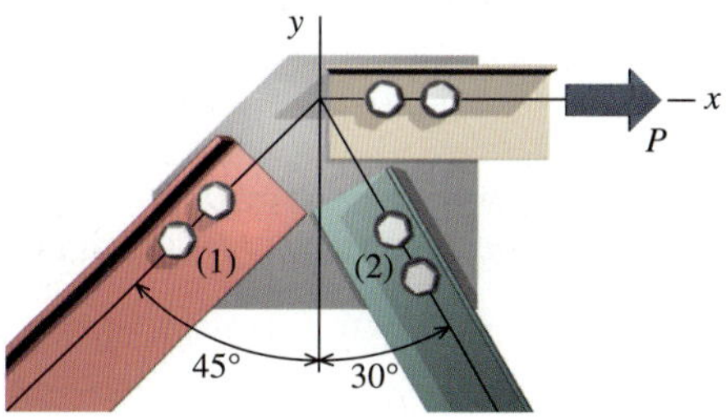


**풀이 계획**

트러스 부재들은 축방향의 하중, 즉 축력을 지지하기 때문에, 두 개의 평형조건식이 세워질 수 있다. 이 평형조건식들로부터 미지의 하중 $P$는 부재력 $F_1$과 $F_2$로 표현될 수 있다. 강의 항복강도와 안전계수를 기초로 허용응력은 정해질 수 있다. 허용응력과 단면적으로부터 최대 허용부재력이 결정된다. 그러나 두 부재가 동시에 허용응력에 도달하는 것은 아닐 수 있다. 하나의 부재가 설계를 결정하게 될 가능성이 크다. 평형에 대한 결과와 허용부재력을 이용하여 설계를 결정하는 부재가 결정되고 최대 하중 $P$도 계산된다.

**풀이**

**평형**

트러스 조인트의 자유물체도는 그림과 같다. 자유물체도로부터 세 개의 미지수 $F_1$, $F_2$, $P$를 사용하여 두 개의 평형조건식이 유도된다. **주의:** 부재력 $F_1$과 $F_2$는 인장력이라고 가정한다[부재 (2)는 압축력이라고 예상되지만].

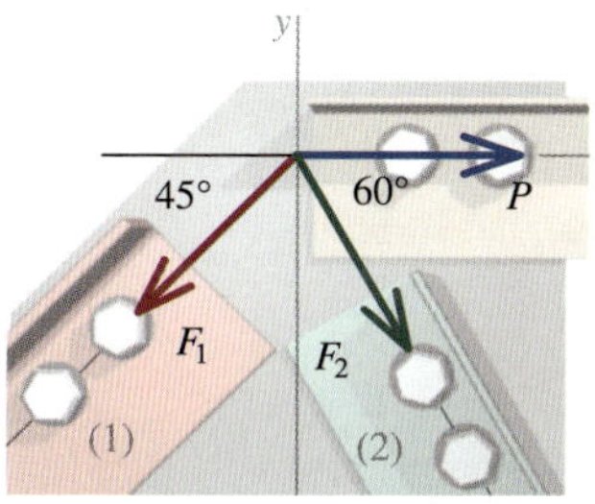


$$\Sigma F_x = -F_1 \cos 45° + F_2 \cos 60° + P = 0 \tag{a}$$

$$\Sigma F_y = -F_1 \sin 45° - F_2 \sin 60° = 0 \tag{b}$$

두 개의 수식으로부터 미지 하중 $P$를 위한 표현은 부재력 $F_1$과 $F_2$로 유도될 수 있다.

$$P = \left[\cos 45° + \frac{\sin 45°}{\sin 60°} \cos 60°\right] F_1 \tag{c}$$

$$P = -\left[\frac{\sin 60°}{\sin 45°}\cos 45° + \cos 60°\right]F_2 \tag{d}$$

허용응력: 강철 부재의 수직 허용응력은 식 (4.1)로부터 계산될 수 있다.

$$\sigma_{\text{allow}} = \frac{\sigma_Y}{\text{FS}} = \frac{36\text{ ksi}}{1.5} = 24\text{ ksi} \tag{e}$$

허용부재력: 허용응력을 기본으로 각 허용부재력이 계산될 수 있다.

$$F_{1,\text{allow}} = \sigma_{\text{allow}}A_1 = (24\text{ ksi})(7.22\text{ in.}^2) = 173.28\text{ kips} \tag{f}$$

$$F_{2,\text{allow}} = \sigma_{\text{allow}}A_2 = (24\text{ ksi})(3.88\text{ in.}^2) = 93.12\text{ kips} \tag{g}$$

문제 해결 조언: 여기에서 흔히 나오는 실수는 두 개의 허용력을 식 (a)에 대입하면서 $P$를 계산하는 것이다. 이러한 시도는 안 된다. 왜냐하면 식 (b)에서 평형이 만족되지 않기 때문이다. 평형은 언제나 만족되어야 한다.

최대 $P$의 계산: 다음으로 두 개의 가능성이 검토된다. 부재 (1)이거나 부재 (2)가 설계를 결정한다. 첫째로, 부재 (1)의 허용력이 설계를 결정한다고 가정하자. 최대 허용하중 $P$를 계산하기 위하여 부재 (1)의 허용력을 식 (c) 에 대입한다.

$$\begin{aligned} P &= \left[\cos 45° + \frac{\sin 45°}{\sin 60°}\cos 60°\right]F_1 = 1.11536F_{1,\text{allow}} \\ &= (1.11536)(173.28\text{ kips}) \\ &\therefore P \le 193.27\text{ kips} \end{aligned} \tag{h}$$

다음, 부재 (2)가 설계를 결정한다면 최대 허용하중을 계산하기 위하여 식 (d)를 이용하라.

$$\begin{aligned} P &= -\left[\frac{\sin 60°}{\sin 45°}\cos 45° + \cos 60°\right]F_2 = -1.36603F_{2,\text{allow}} \\ &= -(1.36603)(93.12\text{ kips}) \\ &\therefore P \le -127.20\text{ kips} \end{aligned} \tag{i}$$

왜 식 (i)에서 $P$가 음수로 나왔는가? 그리고 좀더 중요한 것으로 어떻게 이 음수를 설명할 수 있는가? 식 (e)에서 계산된 허용응력은 인장과 압축 구분이 없다. 따라서, 식 (f)와 (g)에서 계산된 허용부재력은 오직 크기만 계산된다. 이러한 부재력은 인장(양수) 또는 압축(음수)일 수 있다. 식 (i)에서 최대 하중은 $P = -127.20$ kips로 계산된다. 음수의 $P$는 하중 $P$가 $-x$ 방향으로 가해진다는 것을 의미한다. 그리고 이것은 문제에서 제시한 것과 맞지 않는다는 것을 쉽게 알 수 있다. 따라서 부재 (2)의 허용력은 실제로 압축력이라고 결론내릴 수 있다.

$$\boxed{P \leq -(1.36603)(-93.12 \text{ kips}) = 127.20 \text{ kips}} \qquad \text{(j)}$$

식 (h)와 (j)의 결과를 비교하면 결론은 트러스트 조인트에 적용될 수 있는 최대 하중은

$$P = 127.20 \text{ kips}$$ **Ans.**

**최대 하중 $P$의 작용점에서의 부재력:** 부재 (2)가 설계를 결정하는 것으로 나타났다. 다시 말하면 부재 (2)가 구조적으로 가장 취약하고 가장 중요한 고려대상이 된다는 것이다. 최대 하중 $P$가 작용할 때 실제 부재력은 식 (c)와 (d)로부터 구해진다.

$$F_1 = 114.05 \text{ kips (T)}$$

$$F_2 = -93.12 \text{ kips} = 93.12 \text{ kips (C)}$$

부재에서 실제 법선응력은

$$\sigma_1 = \frac{F_1}{A_1} = \frac{114.05 \text{ kips}}{7.22 \text{ in.}^2} = 15.80 \text{ ksi (T)}$$

$$\sigma_2 = \frac{F_2}{A_2} = \frac{-93.12 \text{ kips}}{3.88 \text{ in.}^2} = 24.0 \text{ ksi (C)}$$

**주의:** 두 부재에서 법선응력의 크기는 허용응력 24 ksi보다 작거나 같다.

## MecMovies Example M4.1

그림의 구조물은 분포하중 $w = 15$ kN/m을 지지하기 위해 사용된다. $A$, $B$, $C$에 16 mm 지름의 볼트를 사용하고 각 볼트는 이중전단 연결 방식으로 체결된다. 부재 (1)의 단면적은 3,080 mm²이다.

축부재 (1)의 허용법선응력은 50 MPa이고 볼트의 허용응력은 280 MPa이다. 주어진 허용응력에 대한 축부재 (1)과 볼트 $C$의 안전계수를 정하라.

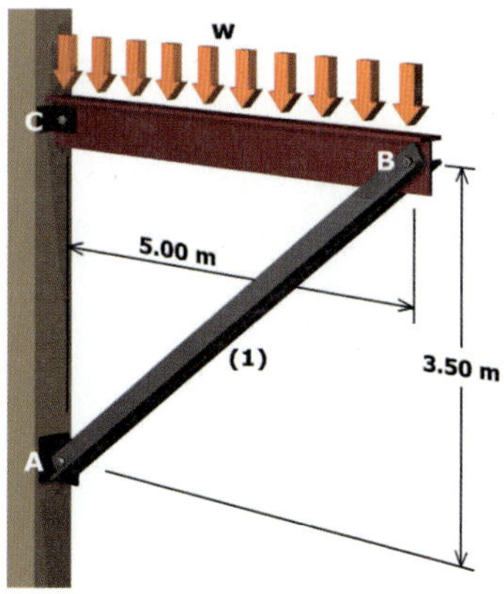

## MecMovies Example M4.2

그림과 같이 두 개의 강판이 여덟 개의 볼트가 사용된 한 쌍의 이음판으로 연결되어 있다. 볼트의 인장강도는 270 MPa이다. 축 방향으로 인장하중 $P =$ 480 kN이 강판에 작용하고 있다.

만약 안전계수 1.6이 정해졌다면 볼트의 허용 최소 지름을 구하라.

## MecMovies Example M4.3

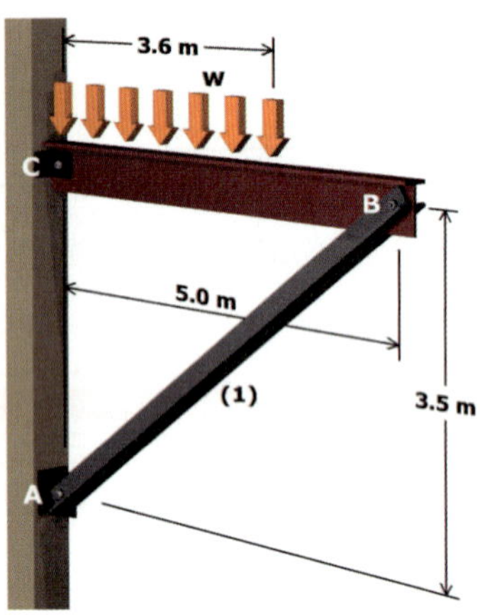


그림의 구조물이 분포하중 $w$ kN/m을 지지하고 있다. $A$, $B$, $C$에 16 mm 지름 볼트가 이중 전단 연결 방식으로 체결되어 있다. 부재 (1)의 단면적은 3,080 mm$^2$이다.

축부재 (1)의 허용법선응력은 50 MPa이고, 볼트의 허용응력은 280 MPa이다. 만약 2.0의 최소 안전계수가 모든 부품들을 위해 요구된다면 이 구조물의 의해 지지될 수 있는 최대 허용분포하중 $w$를 구하라.

# MecMovies EXERCISES

**M4.1** 그림의 구조물은 특정한 분포하중을 지지한다. 봉 (1)과 핀 $A$, $B$, $C$의 허용응력은 주어졌다. 봉 (1)에서의 축력, 핀 $C$의 합력, 봉 (1)과 핀 $B$, $C$에서의 안전계수를 구하라.

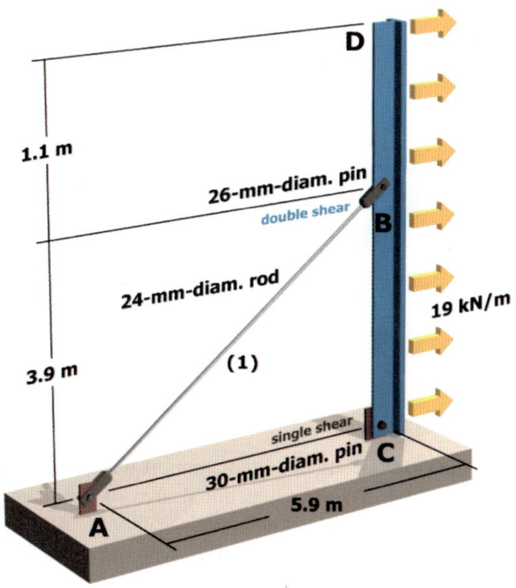


그림 M4.1

**M4.2** 그림에서 보는 바와 같이 단일 전단 연결이 많은 볼트로 이루어져 있다. 볼트 지름과 볼트의 안장강도는 주어졌다. 특정 인장하중 $P$에 대한 안전계수를 구하라.

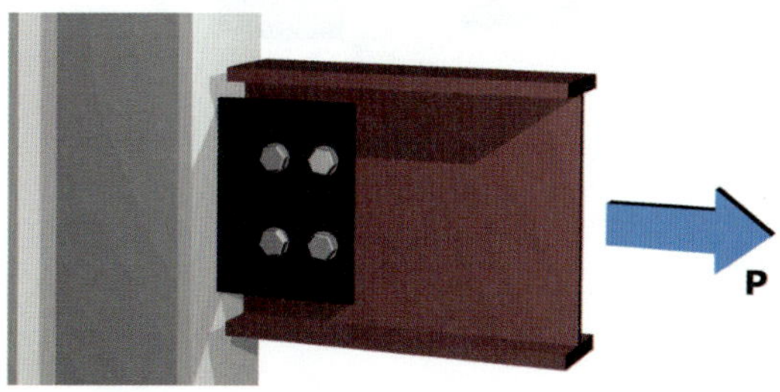


그림 M4.2

**M4.3** 그림의 구조물은 미지의 하중 $w$를 지지한다. 봉 (1)과 핀을 위한 허용응력은 주어졌다. 주어진 최소 안전계수에 대하여 구조물에 작용할 수 있는 최대 하중의 크기와 그때의 봉과 핀에서의 응력를 구하라.

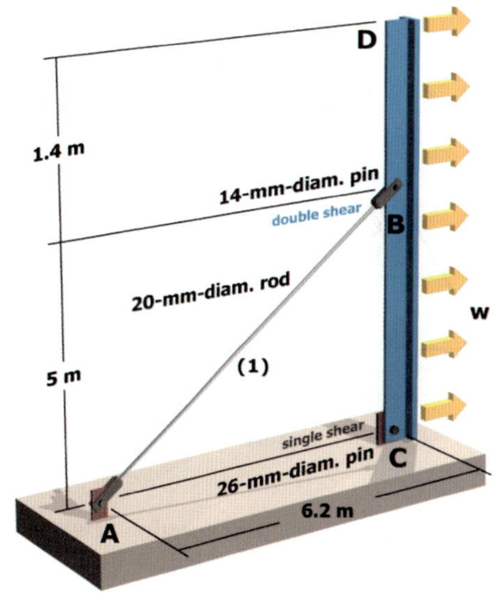


그림 M4.3

## PROBLEMS

**P4.1** A stainless steel alloy bar 25 mm wide by 16 mm thick is subjected to an axial load of $P = 145$ kN. Using the stress–strain diagram given in Figure P4.1, determine:

(a) the factor of safety with respect to the yield strength defined by the 0.20% offset method.
(b) the factor of safety with respect to the ultimate strength.

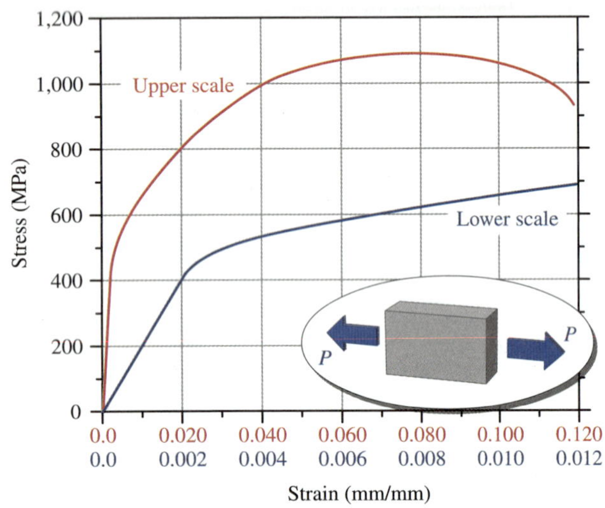


**FIGURE P4.1**

**P4.2** Six bolts are used in the connection between the axial member and the support as shown in Figure P4.2. The ultimate shear strength of the bolts is 300 MPa, and a factor of safety of 4.0 is required with respect to fracture. Determine the minimum allowable bolt diameter required to support an applied load of $P = 475$ kN.

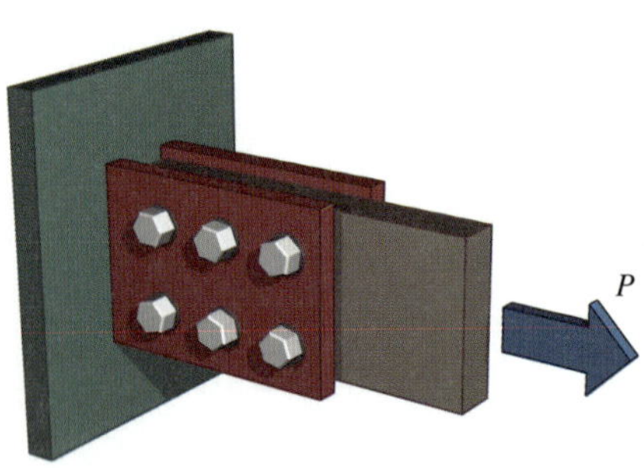


**FIGURE P4.2**

**P4.3** A 14-kip load is supported by two bars as shown in Figure P4.3. Bar (1) is made of cold-rolled red brass ($\sigma_Y = 60$ ksi) and has a cross-sectional area of 0.225 in.$^2$. Bar (2) is made of 6061-T6 aluminum ($\sigma_Y = 40$ ksi) and has a cross-sectional area of 0.375 in.$^2$. Determine the factor of safety with respect to yielding for each of the bars.

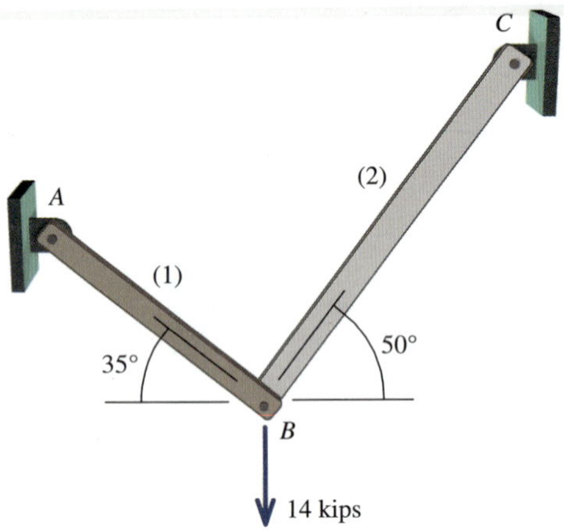


**FIGURE P4.3**

**P4.4** A steel plate is to be attached to a support with three bolts as shown in Figure P4.4. The cross-sectional area of the plate is 560 mm$^2$ and the yield strength of the steel is 250 MPa. The ultimate shear strength of the bolts is 425 MPa. A factor of safety of 1.67 with respect to yield is required for the plate. A factor of safety of 4.0 with respect to the ultimate shear strength is required for the bolts. Determine the minimum bolt diameter required to develop the full strength of the plate. (*Note:* Consider only the gross cross-sectional area of the plate—not the net area.)

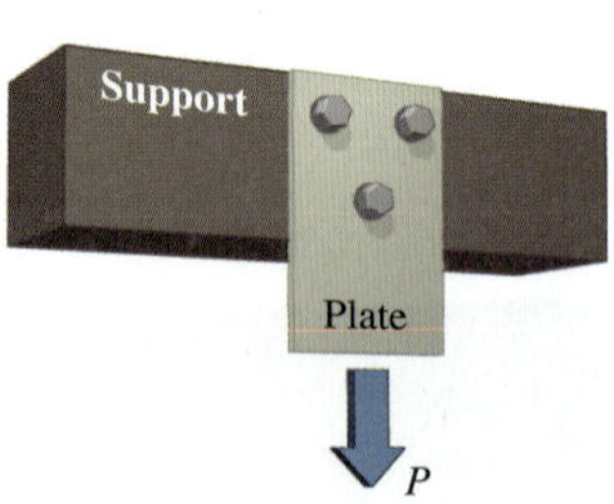


**FIGURE P4.4**

**P4.5** In Figure P4.5, member (1) is a steel bar with a cross-sectional area of 1.35 in.$^2$ and a yield strength of 50 ksi. Member (2) is a pair of 6061-T6 aluminum bars having a combined cross-sectional area of 3.50 in.$^2$ and a yield strength of 40 ksi. A factor of safety of 1.6 with respect to yield is required for both members. Determine the maximum allowable load $P$ that may be applied to the structure. Report the factors of safety for both members at the allowable load.

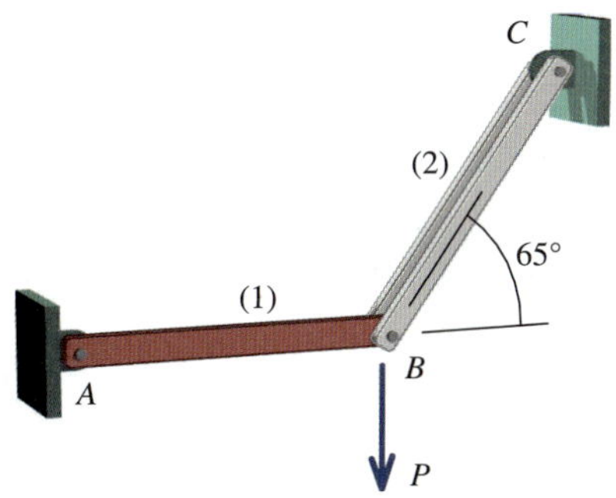


**FIGURE P4.5**

**P4.6** The rigid structure $ABD$ in Figure P4.6 is supported at $B$ by a 35-mm-diameter tie rod (1) and at $A$ by a 30-mm-diameter pin used in a single shear connection. The tie rod is connected at $B$ and $C$ by 24-mm-diameter pins used in double shear connections. Tie rod (1) has a yield strength of 250 MPa, and each of the pins has an ultimate shear strength of 330 MPa. A concentrated load of $P = 50$ kN acts as shown at $D$. Determine:

(a) the normal stress in rod (1).
(b) the average shear stress in the pins at $A$ and $B$.
(c) the factor of safety with respect to the yield strength for tie rod (1).
(d) the factor of safety with respect to the ultimate strength for the pins at $A$ and $B$.

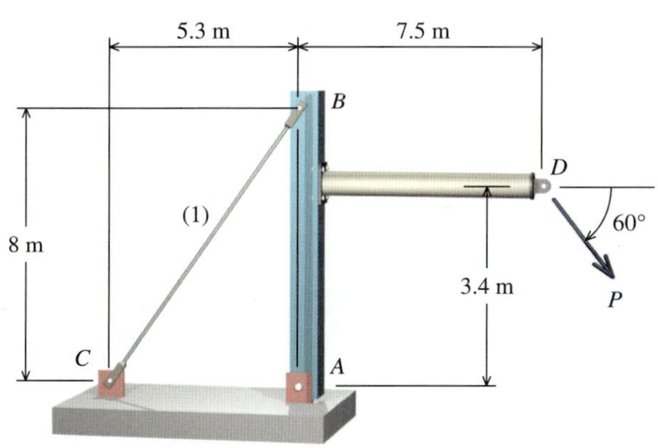


**FIGURE P4.6**

**P4.7** Rigid bar $ABD$ in Figure P4.7 is supported by a pin connection at $A$ and a tension link $BC$. The 8-mm-diameter pin at $A$ is supported in a double shear connection, and the 12-mm-diameter pins at $B$ and $C$ are both used in single shear connections. Link $BC$ is 30 mm wide and 6 mm thick. The ultimate shear strength of the pins is 330 MPa, and the yield strength of link $BC$ is 250 MPa. Determine:

(a) the factor of safety in pins $A$ and $B$ with respect to the ultimate shear strength.
(b) the factor of safety in link $BC$ with respect to the yield strength.

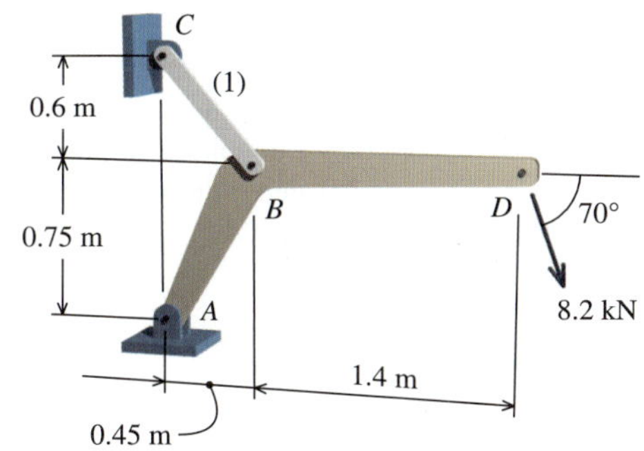


**FIGURE P4.7**

**P4.8** In Figure P4.8, davit $ABD$ is supported at $A$ by a single shear pin connection and at $B$ by a tie rod (1). The pin at $A$ has a diameter of 1.25 in. and the pins at $B$ and $C$ are each 0.75-in.-diameter pins. Tie rod (1) has an area of 1.50 in.$^2$. The ultimate shear strength in each pin is 80 ksi, and the yield strength of the tie rod is 36 ksi. A concentrated load of 25 kips is applied as shown to the davit structure at $D$. Determine:

(a) the normal stress in rod (1).
(b) the average shear stress in the pins at $A$ and $B$.
(c) the factor of safety with respect to the yield strength for tie rod (1).
(d) the factor of safety with respect to the ultimate strength for the pins at $A$ and $B$.

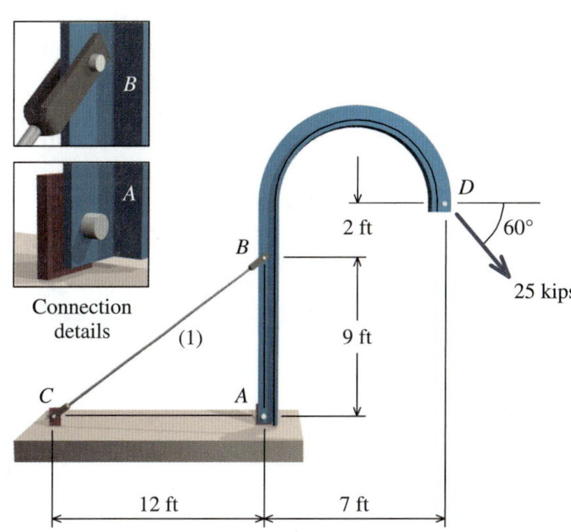


**FIGURE P4.8**

**P4.9** The pin-connected structure is subjected to a load $P$ as shown in Figure P4.9. Inclined member (1) has a cross-sectional area of 250 mm$^2$ and a yield strength of 255 MPa. It is connected to rigid member $ABC$ with a 16-mm-diameter pin in a double shear connection at $B$. The ultimate shear strength of the pin material is 300 MPa. For inclined member (1), the minimum factor of safety with respect to the yield strength is $FS_{min} = 1.5$. For the pin connections, the minimum factor of safety with respect to the ultimate strength is $FS_{min} = 3.0$.

(a) Based on the capacity of member (1) and pin $B$, determine the maximum allowable load $P$ that may be applied to the structure.
(b) Rigid member $ABC$ is supported by a double shear pin connection at $A$. Using $FS_{min} = 3.0$, determine the minimum pin diameter that may be used at support $A$.

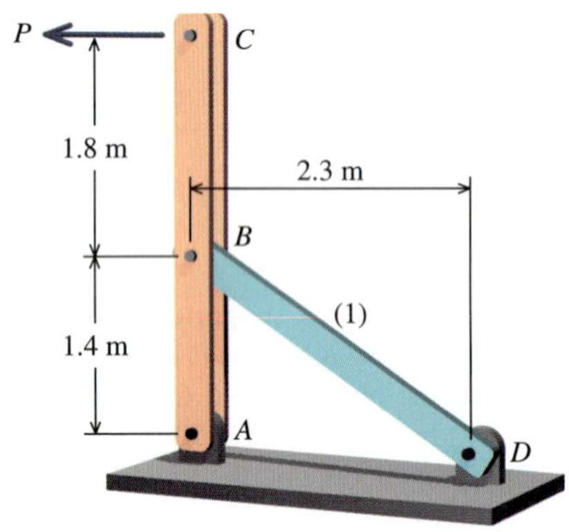


FIGURE P4.9

**P4.10** After load $P$ is applied to the pin-connected structure shown in Figure P4.10, a normal strain of $\varepsilon = +550\ \mu\varepsilon$ is measured in the longitudinal direction of member (1). The cross-sectional area of member (1) is $A_1 = 0.60$ in.$^2$, its elastic modulus is $E_1 = 29{,}000$ ksi, and its yield strength is 36 ksi.

(a) Determine the axial force in member (1), the applied load $P$, and the resultant force at pin $B$.
(b) The ultimate shear strength of the steel pins is 54 ksi. Determine the minimum diameter for the pin at $B$ if a factor of safety of 2.5 with respect to the ultimate shear strength is required.
(c) Compute the factor of safety for member (1) with respect to its yield strength.

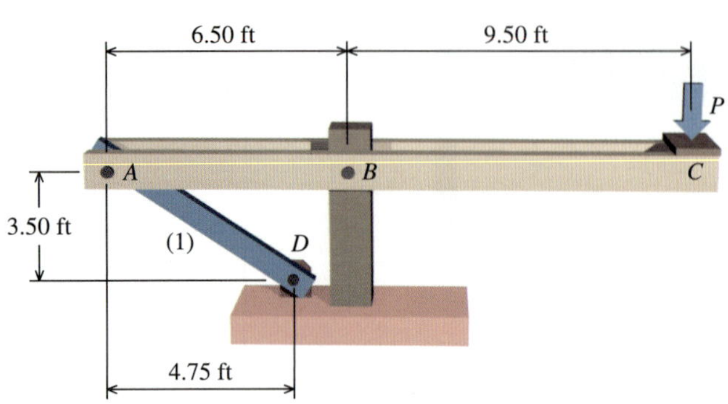


FIGURE P4.10

**P4.11** The simple pin-connected structure carries a concentrated load $P$ as shown in Figure P4.11. The rigid bar is supported by strut $AB$ and by a pin support at $C$. The steel strut $AB$ has a cross-sectional area of 0.25 in.$^2$ and a yield strength of 60 ksi. The diameter of the steel pin at $C$ is 0.375 in., and the ultimate shear strength is 54 ksi. If a factor of safety of 2.0 is required in both the strut and the pin at $C$, determine the maximum load $P$ that can be supported by the structure.

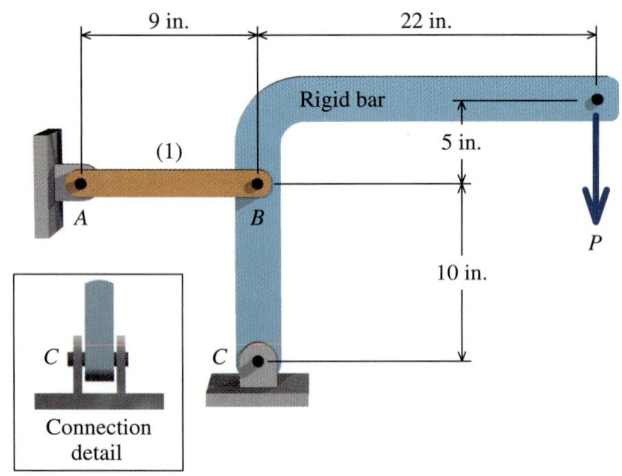


FIGURE P4.11

**P4.12** In Figure P4.12/13, rigid tee-beam $ABC$ is supported at $A$ by a single shear pin connection and at $B$ by a strut, which consists of two 30-mm-wide by 8-mm-thick steel bars. The pins at $A$, $B$, and $D$ are each 12 mm in diameter. The yield strength of the steel bars in strut (1) is 250 MPa, and the ultimate shear strength of each pin is 500 MPa. Determine the allowable load $P$ that may be applied to the rigid bar at $C$ if an overall factor of safety of 3.0 is required. Use $L_1 = 1.1$ m and $L_2 = 1.3$ m.

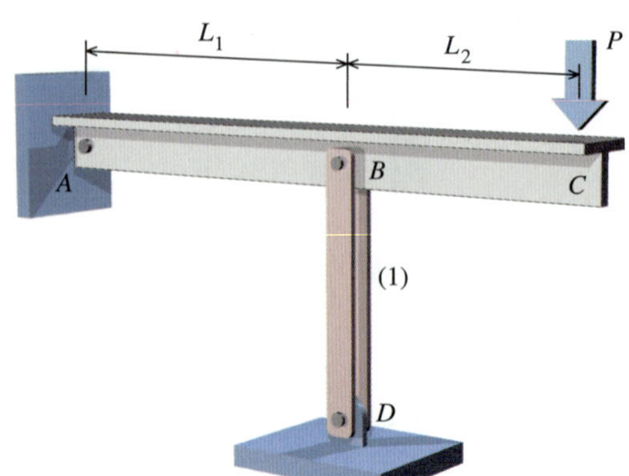


FIGURE P4.12/13

**P4.13** In Figure P4.12/13, rigid bar *ABC* is supported at *A* by a single shear pin connection and at *B* by a strut, which consists of two 2-in.-wide by 0.25-in.-thick steel bars. The pins at *A*, *B*, and *D* each have a diameter of 0.5 in. The yield strength of the steel bars in strut (1) is 36 ksi, and the ultimate shear strength of each pin is 72 ksi. Determine the allowable load *P* that may be applied to the rigid bar at *C* if an overall factor of safety of 3.0 is required. Use $L_1 = 36$ in. and $L_2 = 24$ in.

**P4.14** A concentrated load of $P = 70$ kips is applied to beam *AB* as shown in Figure P4.14/15. Rod (1) has a diameter of 1.50 in., and its yield strength is 60 ksi. Pin *A* is supported in a double shear connection, and the ultimate shear strength of pin *A* is 80 ksi.

(a) Determine the normal stress in rod (1).
(b) Determine the factor of safety with respect to the yield strength for rod (1).
(c) If a factor of safety of 3.0 with respect to the ultimate strength is specified for pin *A*, determine the minimum required pin diameter.

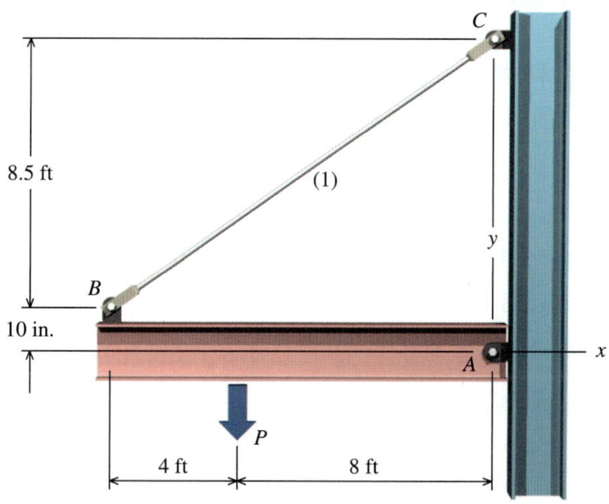


**FIGURE P4.14/15**

**P4.15** Beam *AB* is supported as shown in Figure P4.14/15. Tie rod (1) is attached at *B* and *C* with double shear pin connections, while the pin at *A* is attached with a single shear connection. The pins at *A*, *B*, and *C* each have an ultimate shear strength of 54 ksi, and tie rod (1) has a yield strength of 36 ksi. A concentrated load of $P = 16$ kips is applied to the beam as shown. A factor of safety of 3.0 is required for all components. Determine:

(a) the minimum required diameter for tie rod (1).
(b) the minimum required diameter for the double shear pins at *B* and *C*.
(c) the minimum required diameter for the single shear pin at *A*.

**P4.16** In Figure P4.16, the rigid member *ABDE* is supported at *A* by a single shear pin connection and at *B* by a tie rod (1). The tie rod is attached at *B* and *C* with double shear pin connections. The pins at *A*, *B*, and *C* each have an ultimate shear strength of 80 ksi, and tie rod (1) has a yield strength of 60 ksi. A concentrated load of $P = 24$ kips is applied perpendicular to *DE*, as shown. A factor of safety of 2.0 is required for all components. Determine:

(a) the minimum required diameter for the tie rod.
(b) the minimum required diameter for the pin at *B*.
(c) the minimum required diameter for the pin at *A*.

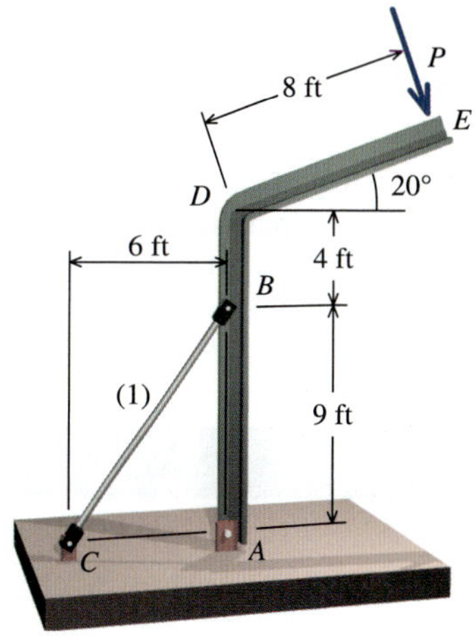


**FIGURE P4.16**

**P4.17** Rigid bar *ABC* is subjected to a concentrated load *P* as shown in Figure P4.17. Inclined member (1) has a cross-sectional area of $A_1 = 2.250$ in.$^2$ and is connected at ends *B* and *D* by 1.00-in.-diameter pins in double shear connections. The rigid bar is supported at *C* by a 1.00-in.-diameter pin in a single shear connection. The yield strength of inclined member (1) is 36 ksi, and the ultimate strength of each pin is 60 ksi. For inclined member (1), the minimum factor of safety with respect to the yield strength is $FS_{min} = 1.5$. For the pin connections, the minimum factor of safety with respect to the ultimate strength is $FS_{min} = 2.0$. Determine the maximum load *P* that can be supported by the structure.

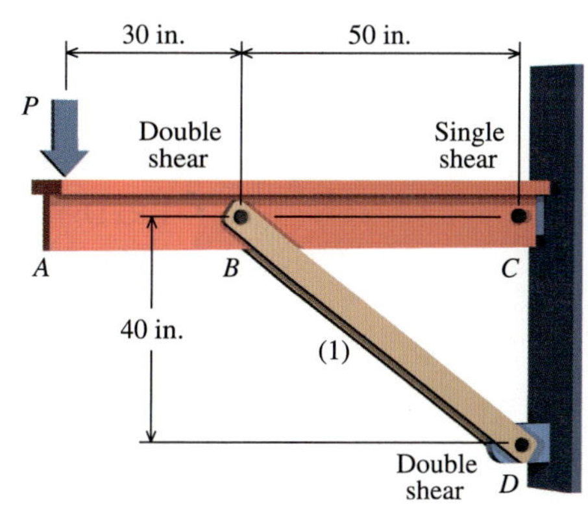


**FIGURE P4.17**

**P4.18** Rigid bar *ABC* is supported by pin-connected axial member (1) and by a pin connection at *C* as shown in Figure P4.18. A 6,300-lb concentrated load is applied to the rigid bar at *A*. Member (1) is a 2.75-in.-wide by 1.25-in.-thick rectangular bar made of steel with a yield strength of $\sigma_Y = 36{,}000$ psi. The pin at *C* has an ultimate shear strength of $\tau_U = 60{,}000$ psi.

(a) Determine the axial force in member (1).
(b) Determine the factor of safety in member (1) with respect to its yield strength.
(c) Determine the magnitude of the resultant reaction force acting at pin *C*.
(d) If a minimum factor of safety of FS = 3.0 with respect to the ultimate shear strength is required, determine the minimum diameter that may be used for the pin at *C*.

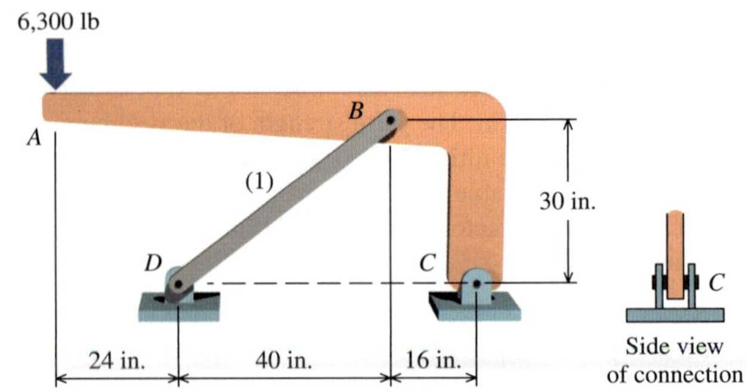


**FIGURE P4.18**

## 4.5 하중저항계수설계

두 번째 일반적인 설계 개념은 **하중저항계수설계(Load and Resistance Factor Design: LRFD)**이다. 이 접근법은 강화 콘크리트, 강재, 목재 구조물에서 가장 널리 사용된다.

ASD과 LRFD 개념의 차이를 비교 설명하기 위해 다음 예를 고려해 보자. 기술자가 ASD를 사용하여 강 교량 트러스의 특정부재가 100 kN의 하중을 받게 된다고 계산했다고 하자. 그 기술자는 이러한 유형의 부재에 예를 들어 1.6의 안전계수를 사용하여 그 트러스가 160 kN을 지지할 수 있도록 설계를 할 것이다. 부재의 강도는 작용하는 하중보다 크기 때문에 트러스 부재는 성공적으로 의도된 기능을 수행할 수 있다. 그러나 구조물의 수명 기간에 걸쳐 트러스 부재에 작용하는 하중은 바뀐다. 차량이 교량 위에 없을 때 결과적으로 실제 하중은 100 kN보다 훨씬 작을 것이다. 교량이 차량으로 가득찰 때가 있을 것이고 그때의 작용하중은 100 kN보다 클 것이다. 어떻든 기술자는 160 kN의 하중을 지지하게 트러스 부재를 설계했다. 그러나 강의 재질이 기대보다 강하지 않거나 공사과정에서 응력들이 발생했다고 가정해 보자. 그러면 부재의 실제 강도는 예상된 160 kN의 강도보다 작은 150 kN이 되는 것도 가능하다. 만약 가상적인 트러스 부재 위에서 실제 하중이 150 kN을 초과한다면, 부재는 파손될 것이다. "이러한 상황이 얼마나 가능할까?"가 우리의 질문이다. ASD 접근법은 정량적인 방법으로 이러한 질문에 답을 줄 수가 없다.

LRFD에서의 설계는 기본적으로 확률개념에 기초한다. LRFD에서의 강도설계는 구조물에 작용하는 실제 하중과 구조부재들의 실제 강도(LRFD에서 저항이라고 사용)는 사실 정확히 그 값을 결정할 수 없는 확률 변수이다. 하중과 저항을 통계적으로 특징지음으로 해서 설계 과정이 발전하여 잘 설계된 부재는 허용 가능할 정도로 작지만 정량화할 수 있는 파손 가능성을 갖게 되고 이 파손 확률은 여러 다른 재료의(철강, 목재, 콘크리트) 구조요소(보, 기둥, 연결부 등)들에 있어서 일관된 값을 갖게 된다.

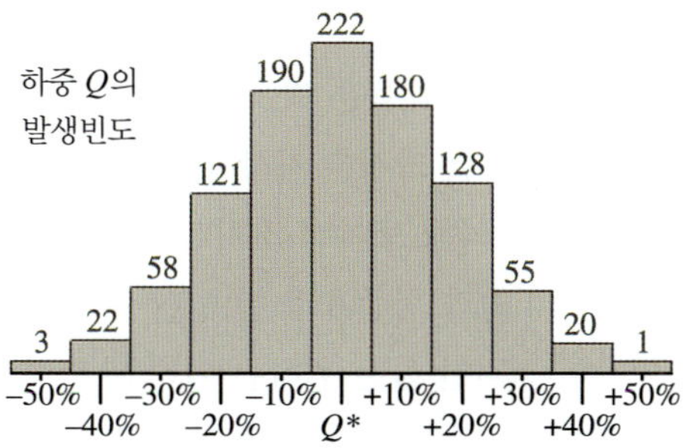


**그림 4.2** • 하중효과에 대한 그래프

## 확률개념

LRFD 안에 내재하는 개념을 보여주기 위해(확률론 쪽으로 너무 깊이 들어가지는 말고) 위의 트러스 부재를 예로 든다. 1,000개의 트러스 교량을 조사하고 각각의 교량 안에서 전형적인 인장 부재를 뽑아냈다고 가정하자. 인장부재에서 두 개의 하중 크기를 기록하여 보자. 첫째, 설계 계산에서의 사용하중(여기서는 인장하중)을 기록한다. 이 예에서는 이 하중을 $Q^*$로 표시한다. 둘째, 구조물의 수명 기간 동안에 걸쳐 트러스 부재에 작용하는 최대 인장하중을 기록한다. 각각의 경우에, 최대 인장하중은 사용하중 $Q^*$와 비교하여 그 결과를 막대그래프 위에 하중 크기 차이의 빈도수로 표시하였다(그림 4.2). 예를 들어 1,000개 중 128 사례는 트러스 부재의 최대 인장하중이 설계에서 사용된 인장보다 20% 큰 경우를 의미한다.

같은 인장부재에서 두 강도의 크기가 기록되었다고 하자. 첫째, 설계 시의 부재 강도는 저항 $R^*$로 표시되었다. 둘째, 부재에서 나타난 최대 인장강도도 결정되었다. 이 값은 부재를 파손 때까지 실험했을 때 부재에서의 인장하중을 나타낸다. 최대 인장강도는 설계 저항 $R^*$와 비교될 수 있고 결과는 막대그래프에 저항 크기 차이의 발생 빈도수로 표시할 수 있다(그림 4.3). 예를 들어, 1,000개 중 210개로 표시된 사례는 트러스 부재의 최대 인장강도는 설계 계산에 의해 예측된 강도보다 10%보다 작다는 것을 의미한다.

구조 부재들은 하중에 의해 생기는 효과보다 부재의 강도가 크다면 파손되지 않을 것이다. LRFD에서 강도설계 제안을 위한 일반적 식은 다음과 같이 표현된다.

$$\phi R_n \geq \Sigma \gamma_i Q_{ni} \tag{4.4}$$

$\phi$ = 부재의 종류(보, 기둥, 연결부 등)에 따른 저항계수
$R_n$ = 부재의 저항 값(강도)
$\gamma_i$ = 각 하중의 형태(정하중, 가변하중 등)에 상응하는 하중계수
$Q_{ni}$ = 하중의 종류(축력, 전단력, 굽힘 모멘트)에 따른 사용하중 효과

일반적으로 저항계수 $\phi$는 1보다 작고 하중계수 $\gamma_i$는 1보다 크다. 비기술적 언어로 하면, 부재의 저항은 과소평가되고(실제 부재의 강도가 예측한 것보다 작을 가능성에 대비해서) 부재에 대한 하중은 과대평가되는 것이다(하중의 내재적인 변동성 때문에 매우 큰 하중이 가

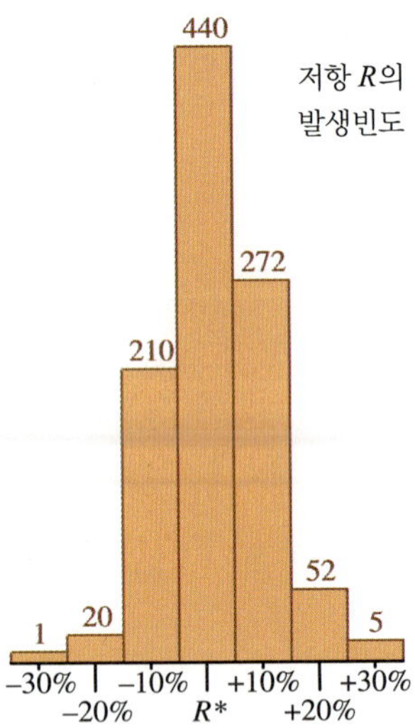


**그림 4.3** • 저항 그래프

능한 경우를 대비해서).

설계 개념에 관계없이 잘 설계된 부재들은 작용하는 하중보다 더 강하게 된다. 그러나 LRFD에서 적절한 설계인자를 수립하는 과정은 저항 $R$과 하중효과 $Q$를 정확한 값이라기보다 확률변수로 취급한다. 식 (4.4)에 의해 보여진 것처럼 LRFD에서 사용하기 위한 적절한 계수들은 부재 저항분포 $R$ 그림 (4.3)과 하중효과 분포 $Q$ 그림 (4.2)에서의 상대적 위치를 고려해 결정된다. $\phi$와 $\gamma_i$ 인자의 적절한 값은 원하는 어떤 파손 확률이 달성되도록 하는 $\phi$와 $\gamma_i$의 값을 택하는 신뢰성해석을 사용하는 코드 검증(Code calibration)이라는 과정을 거쳐 결정된다. 부재의 설계 강도는 하중효과에 기초한다. 따라서 설계인자는 강도가 하중보다 크도록 저항분포가 하중분포보다 오른쪽으로 이동해 있어야 한다(그림 4.4).

이 개념을 보여주기 위해, 1,000개의 교량으로부터 얻은 자료를 고려해 보자. 매우 작은 $\phi$ 인자와 매우 큰 $\gamma_i$인자의 사용은 모든 부재가 어떤 하중이라도 견뎌 낼 수 있다는 것을 보증한다(그림 4.4). 그러나 이 상태는 너무 보수적이고 아마 턱없이 비싼 구조물을 생산하게 될 것이다.

좀더 큰 $\phi$ 인자와 상대적으로 작은 $\gamma_i$ 요소의 사용은 저항분포 $R$과 하중분포 $Q$가 겹치는 구역을 만들어 낼 것이다(그림 4.5). 다시 말해서 부재의 강도는 하중보다 같거나 작게 될 것이다. 그림 4.5에서 1,000개의 트러스 부재 중 22개의 부재가 파손될 것으로 예측된다(**주의:** 트러스 부재는 적절하게 설계되었다. 여기서 논의된 파손은 설계 실수나 실력 부족이라기 보다 인자들의 가변성 때문이다). 파손확률 $P_F = 0.022$는 수용하기에는 너무 위험하고 특히 공공안전이 염려되는 곳에서는 더욱 그렇다.

$\phi$와 $\gamma_i$ 요소의 적절한 결합은 $R$과 $Q$ 사이의 겹침영역을 작게 한다(그림 4.6). 그림 4.6에서 보듯이 트러스 부재의 파손확률은 1,000개 중의 하나이다(즉, $P_F = 0.001$). 이 비율은

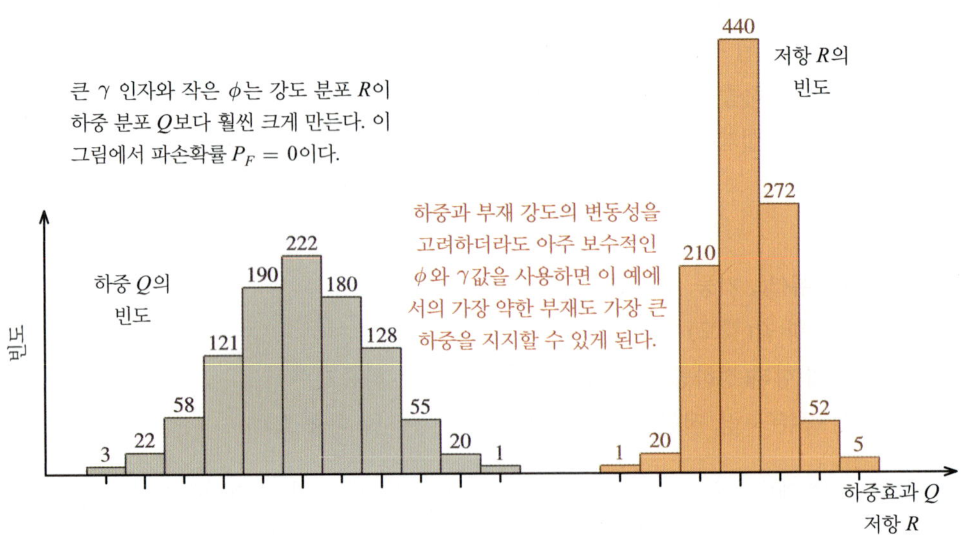


**그림 4.4** • 아주 심하게 보수적인 하중과 저항계수는 파손확률이 거의 0인 설계를 하게 한다.

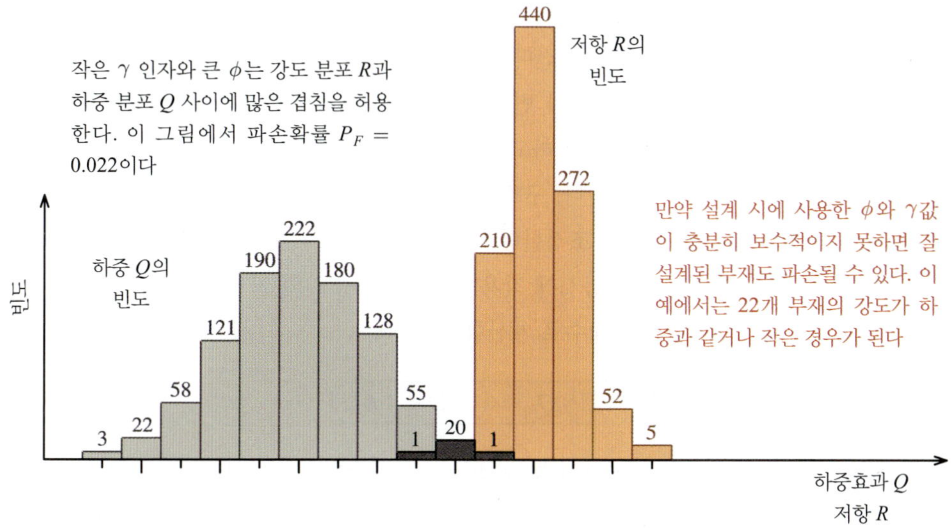


**그림 4.5** • 보수적이 아닌 하중과 저항계수는 받아들일 수 없는 파손확률을 만들어 낸다.

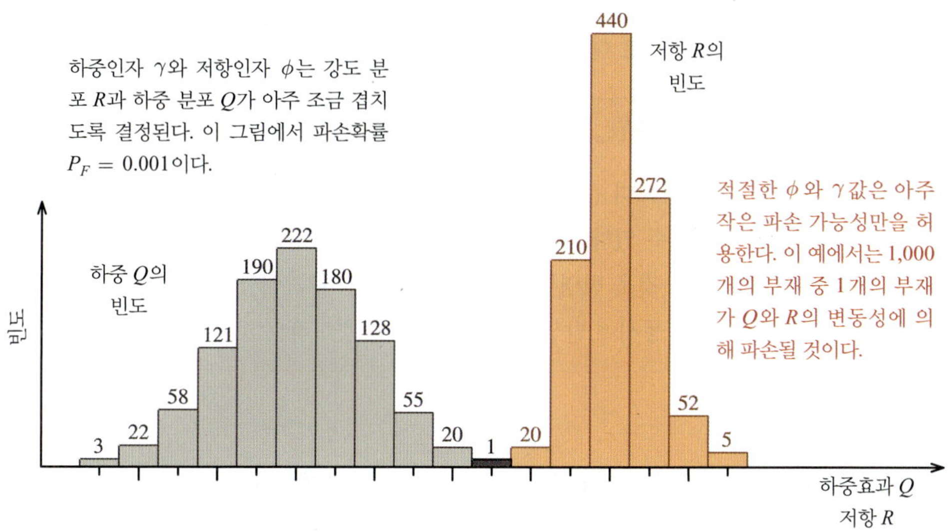


**그림 4.6** • 적절한 하중과 저항계수는 적절한 파손확률을 만들어 낸다.

위험성과 원가 간의 용인될 수 있는 수준의 선택이다(값 $P_F = 0.001$은 공칭파손확률로 알려져 있다. 몇 년간의 성공적인 사례에서 보인 공학적 경험에 따르면 실제 파손율은 항상 매우 작다. 신뢰성 분석에서 종종 여러 변수들의 평균과 표준편차들은 예측할 수밖에 없고 확률변수들의 분포 형상은 일반적으로 알 수 없다. 이런 것들이 실제에서 발생하는 파손율보다 높은 파손율 예측을 하게 한다).

## 하중 결합

구조물에 작용하는 하중은 기본적으로 가변적이다. 비록 설계자들이 구조물에 작용하는 사용하중을 합리적으로 예측하더라도, 실제 하중은 사용하중과 다를 것이다. 더 나아가 하중의 유형에 따라 가변성의 범위도 달라진다. 예를 들어, 생활하중은 불변하중보다 더 크게 변화할 것이라고 예상할 수 있다. 하중의 변동성을 감안하기 위하여 LRFD에서는 각각 다른 하중에 대하여 다른 하중계수 $\gamma_i$를 곱하고 어떤 파손(파단 혹은 붕괴)이 일어나느냐에 따른 최종 하중을 계산하기 위하여 더한다. 구조물 전체나 구조 부재는 부재의 공칭강도 $\phi R_n$이 극한하중과 같거나 크도록 비율을 조정한다.

예를 들어 구조 철강 부재에 동시에 작용하는 불변하중 $D$와 가변하중 $L$의 결합에 의한 극한하중 $U$는 다음과 같은 하중 계수로 계산할 수 있다,

$$U = \Sigma \gamma_i Q_{ni} = 1.2D + 1.6L \tag{4.5}$$

훨씬 더 확실히 알려져 있어서 작은 하중 계수 $\gamma_D = 1.2$를 갖는 불변하중에 비해서 가변하중에 대한 큰 하중 계수 $\gamma_L = 1.6$은 이런 형태의 하중에 내재된 불확실성을 반영한다.

가능한 한 다양한 하중 결합이 점검되어야 하고, 각 결합은 고유한 하중 계수 세트를 가진다. 예를 들어, 구조 강철 부재에 작용하는 극한하중 $U$는 불변하중 $D$, 가변하중 $L$, 풍하중 $W$, 그리고 설하중 $S$의 결합으로 다음과 같이 계산된다.

$$U = \Sigma \gamma_i Q_{ni} = 1.2D + 1.3W + 0.5L + 0.5S \tag{4.6}$$

하중 계수들은 일반적으로 1보다 큰 값을 갖지만 1보다 작은 값들도 여러 하중들의 조합들에 대해서는 적절하게 사용할 수 있다. 여러 결합하중에 대해서는 극한적인 경우가 동시에 나타나는 확률은 적을 것이라는 것을 반영한 결과이다. 예를 들어, 거대한 설하중이 발생할 때 매우 큰 풍하중과 가변하중이 동시에 발생하기는 쉽지 않을 것이라는 것이다.

## 한계상태

LRFD는 **한계상태**라는 개념에 기초를 두고 있다. 여기서 한계상태라는 것은 구조물이나 그 중 일부분이 의도한 기능을 멈추는 상태를 표현하는 말이다. 두 가지 일반적인 한계상태가 구조물에 적용된다. 이 둘은 강도 한계상태와 사용 한계상태이다. 강도 한계상태는 갑작스러운 대재앙적인 구조의 파손으로부터 인명의 보호를 다른 무엇보다 우선시하는 곳에서의 극한하중의 발생에 대한 안전으로 정의한다. 사용 한계상태는 일상적인 하중 조건 상태에 있는 구조물의 만족스러운 기능에 적용한다. 이들 한계상태는 대변형, 진동, 균열 그리고 공공 안전을 위협하지는 않지만 기능적으로 혹은 경제적으로 염려되는 것들과 같은 고려사항을 포함한다.

## 예제 4.3 EXAMPLE

30 kips의 불변 축하중과 48 kips의 가변 축하중을 받는 직사각형 단면의 철판이 있다. 철강의 항복강도는 36ksi이다.

(a) *ASD* 방법: 만약 항복에 대해 1.5의 안전계수가 요구된다면, ASD 방법에 기초하여 필요로 하는 철판의 단면적을 결정하라.

(b) *LRFD* 방법: LRFD 방법을 사용하여 전체의 항복에 기초하여 필요로 하는 철판 단면적을 결정하라. 저항계수 $\phi_t = 0.9$와 불변하중에 대하여 하중 계수 1.2, 가변하중에 대하여 하중 계수 1.6을 사용하라.

**풀이 계획**

이 간단한 설계 문제는 두 가지 방법이 어떻게 사용되는지를 보여준다.

**풀이**

**(a) ASD 방법**

주어진 항복응력과 안전계수로부터 허용법선응력을 결정한다.

$$\sigma_{\text{allow}} = \frac{\sigma_Y}{\text{FS}} = \frac{36\text{ ksi}}{1.5} = 24\text{ ksi}$$

인장 부재에 적용되는 사용하중은 불변하중과 가변하중의 합이다.

$$P = D + L = 30\text{ kips} + 48\text{ kips} = 78\text{ kips}$$

사용하중을 지지하기 위해 필요한 단면적은 다음과 같이 계산된다.

$$A = \frac{P}{\sigma_{\text{allow}}} = \frac{78\text{ kips}}{24\text{ ksi}} = 3.25\text{ in.}^2$$

**Ans.**

**(b) LRFD 방법**

인장 부재에 작용하는 하중은 다음과 같이 하중 계수로부터 계산된다.

$$P_u = 1.2D + 1.6L = 1.2(30\text{ kips}) + 1.6(48\text{ kips}) = 112.8\text{ kips}$$

인장 부재의 공칭강도는 항복응력과 단면적의 곱이다.

$$P_n = \sigma_Y A$$

설계 강도는 공칭강도와 이런 요소(인장 부재)에 대한 저항 계수의 곱이다. 설계 강도는 부재에 작용되는 하중 계수로부터 합쳐진 하중보다 반드시 같거나 커야 한다.

$$\phi_t P_n \geq P_u$$

그러므로, 하중을 지지하는 데 요구되는 단면적은 아래와 같다.

$$\phi_t P_n = \phi_t \sigma_Y A \geq P_u$$

$$\therefore A = \frac{P_u}{\phi_t \sigma_Y} = \frac{112.8\text{ kips}}{0.9(36\text{ ksi})} = 3.48\text{ in.}^2$$

**Ans.**

# PROBLEMS

**P4.19** A rectangular steel plate is used as an axial member to support a dead load of 70 kips and a live load of 110 kips. The yield strength of the steel is 50 ksi.

(a) Use the ASD method to determine the minimum cross-sectional area required for the axial member if a factor of safety of 1.67 with respect to yielding is required.
(b) Use the LRFD method to determine the minimum cross-sectional area required for the axial member based on yielding of the gross section using the LRFD method. Use a resistance factor of $\phi_t = 0.9$ and load factors of 1.2 and 1.6 for the dead and live loads, respectively.

**P4.20** A 20-mm-thick steel plate will be used as an axial member to support a dead load of 150 kN and a live load of 220 kN. The yield strength of the steel is 250 MPa.

(a) Use the ASD method to determine the minimum plate width $b$ required for the axial member if a factor of safety of 1.67 with respect to yielding is required.
(b) Use the LRFD method to determine the minimum plate width $b$ required for the axial member based on yielding of the gross section using the LRFD method. Use a resistance factor of $\phi_t = 0.9$ and load factors of 1.2 and 1.6 for the dead and live loads, respectively.

**P4.21** A round steel tie rod is used as a tension member to support a dead load of 30 kips and a live load of 15 kips. The yield strength of the steel is 46 ksi.

(a) Use the ASD method to determine the minimum diameter required for the tie rod if a factor of safety of 2.0 with respect to yielding is required.
(b) Use the LRFD method to determine the minimum diameter required for the tie rod based on yielding of the gross section using the LRFD method. Use a resistance factor of $\phi_t = 0.9$ and load factors of 1.2 and 1.6 for the dead and live loads, respectively.

**P4.22** A round steel tie rod is used as a tension member to support a dead load of 190 kN and a live load of 220 kN. The yield strength of the steel is 320 MPa.

(a) Use the ASD method to determine the minimum diameter required for the tie rod if a factor of safety of 2.0 with respect to yielding is required.
(b) Use the LRFD method to determine the minimum diameter required for the tie rod based on yielding of the gross section using the LRFD method. Use a resistance factor of $\phi_t = 0.9$ and load factors of 1.2 and 1.6 for the dead and live loads, respectively.

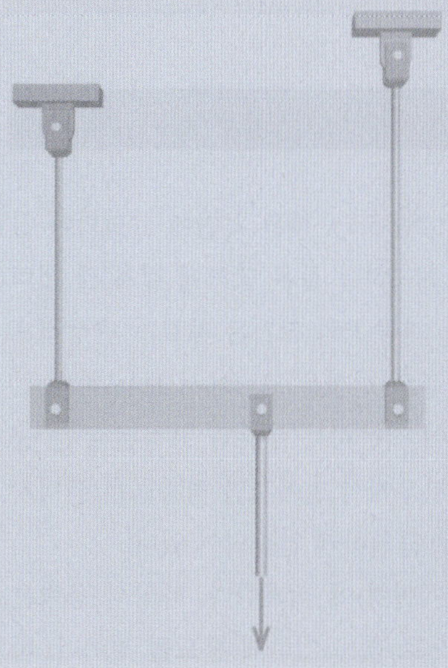

CHAPTER 05

# 축방향 변형

## 5.1 서론

1장에서 응력의 개념은 물체 내부의 힘의 분포를 평가하는 도구로서 설명되었다. 2장에서 변형률의 개념은 물체 내의 변형을 정량화하기 위한 목적으로 소개되었다. 3장에선 대표적인 재료의 거동과 이 거동을 응력과 변형률의 관계식에 의해 어떻게 이상화할 수 있는지 논의하였다. 특히 흥미로운 것은 선형 탄성의 특성을 지닌 재료들이다. 변형률과 응력이 선형적 비례 관계를 갖는 이런 재료들은 후크법칙에 의해 이상화할 수 있다. 4장에서는 안전계수와 함께 의도한 기능을 수행할 수 있는 구조물과 부재를 설계하는 두 방법에 대해서 설명하였다. 이 책의 남은 장들에서는 이러한 개념들이 축력, 비틀림모멘트, 및 굽힘모멘트 등을 받는 다양한 구조 부재를 분석하는 데 이용될 것이다.

외력을 받고 있는 물체 내의 모든 점에서 힘과 변형을 결정하는 문제는 하중이나 물체의 형상이 복잡할 때 상당히 어렵다. 그러므로 대부분의 설계 문제들의 실질적인 해답은 **고체역학적 접근법**에 의존한다. 이 방법에서 실제의 구조요소들은 단순화된 하중과 구속조건들로 이상화된 모델로 분석된다. 그 결과들은 응력, 변형률, 변형의 크기에 결정적인 영향을 주는 요소만 고려하였기 때문에 근사적인 것이다.

**탄성론**에 근거한 강력한 계산법은 복잡한 하중이나 형상을 포함하는 물체를 해석 가능하게 한다. 이 방법 중의 하나인 **유한요소법**이 역학적 해석을 위하여 가장 널리 이용되고 있다. 비록 고체역학적인 접근법이 탄성론적인 접근법보다 다소 덜 정확하지만, 경험상 여러 중요한 공학적 문제에서 꽤 만족스러운 결과를 준다. 그럴 수 있는 가장 중요한 이유 중의 하나가 바로 **Saint-Venant**의 원리이다.

## 5.2 Saint-Venant의 원리

축방향으로 하중 $P$를 받는 직사각형 봉을 고려해 보자(그림 5.1). 봉은 지면에 고정되어 있고 합력 $P$는 그림에서 보이는 것과 같이 봉의 폭 1/4에 해당하는 좁은 영역에 걸쳐 세 개의 동일한 크기의 하중으로 봉의 끝 부분에 작용하고 있다. 하중 $P$의 크기는 재료가 탄성적으로 거동할 정도로 작으며 따라서 후크법칙이 적용된다. 봉의 변형은 그림에서 보는 바와 같이 격자들에 의해 가시화되었다. 특별히 격자들이 하중이 작용하는 부분과 고정된 부분 근처에서 휘어 있음을 주목할 필요가 있다. 하지만 이 두 부분에서 멀어지면 격자들은 휘어지지 않고, 직각을 유지하며 하중 $P$가 작용된 압축방향으로 균일하게 압축되어 있다.

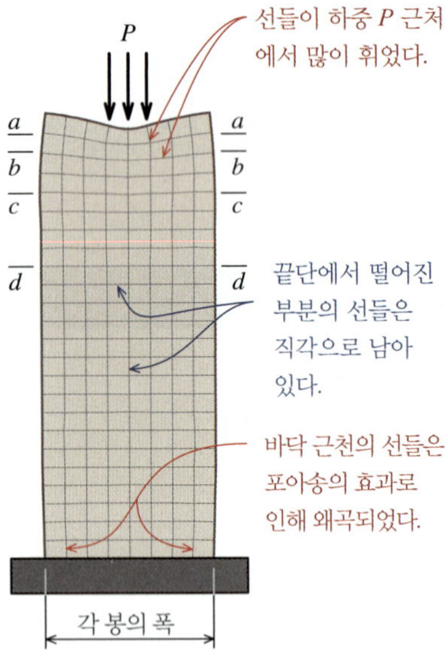


**그림 5.1** • 압축력을 받는 직사각형 봉

후크법칙이 적용되므로 응력은 변형률(결국은 변형)에 비례한다. 따라서 응력은 하중 $P$로부터의 거리가 멀어짐에 따라 봉 전체적으로 더 균일하게 분포될 것이다. 하중 $P$로부터의 거리에 따른 응력의 변화를 도식화하기 위해 단면 $a$–$a$, $b$–$b$, $c$–$c$, $d$–$d$(그림 5.1)에서 수직방향으로 작용하는 법선응력을 그림 5.2에 나타내었다. 단면 $a$–$a$(그림 5.2$a$)에서 하중 $P$ 바로 밑의 법선응력은 꽤 큰 반면에 절단면의 남은 부분의 응력은 매우 작다. 단면 $b$–$b$(그림 5.2$b$)에서 봉의 중앙부분의 응력은 여전히 남아있지만, 중앙부분에서 떨어진 부분의 응력은 확연하게 단면 $a$–$a$의 부분보다 크다. 단면 $c$–$c$(그림 5.2$c$)에서 응력은 더 균일하다. 하중 $P$에서, 봉의 가로 폭 길이 $w$만큼의 아래에 위치한 단면 $d$–$d$(그림 5.2$d$)에서의 응력은 아주 균일하다. 이 비교는 하중으로부터 생기는 국지적 효과는 하중점으로부터의 멀어지면서 사라지는 경향을 보여준다. 일반적으로, 응력분포는 봉의 끝에서부터 봉의 폭 길이 $w$만큼 떨어진 곳에서 거의 균일하게 되고, $w$는 축 부재의 가장 큰 측방향 치수(각봉의 폭이나 환봉의 지름)이다. 이 거리만큼 떨어진 곳에서의 최대 응력은 평균응력보다 몇 % 더 클 뿐이다.

그림 5.1에서, 격자는 봉의 바닥 근처에서 포아송의 효과 때문에 휘게 된다. 봉은 기본적으로 하중 $P$에 의한 압축 법선변형률의 작용으로 폭 방향으로 늘어날 것이다. 바닥의 고

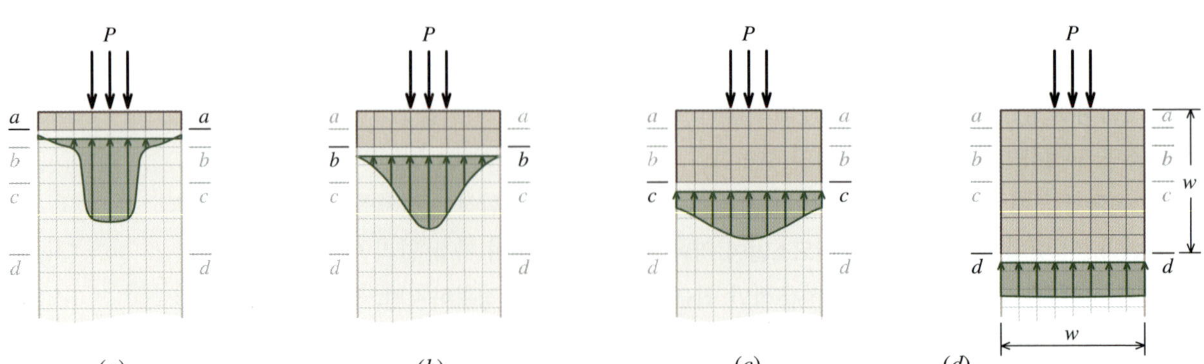


**그림 5.2** • 단면에 작용하는 법선응력 분포

정은 이런 늘어남을 막고 결과적으로 부가적인 응력을 생성한다. 위의 논리와 동일한 방법으로, 바닥으로부터 $w$의 거리만큼 떨어진 지점에서 응력의 증가가 무시가능하다는 것을 보여줄 수 있다.

하중 $P$와 고정된 바닥 근처에서 증가된 법선응력의 크기는 응력집중의 예이다. 응력집중은 하중이 적용된 곳에서 발생하고 또한 고체 내에 응력의 자연스러운 흐름이 방해받는 구멍, 홈, 노치, 필렛, 그 이외의 형상의 변화가 큰 부근에서 발생한다. 축 하중과 관련된 응력집중은 5.7절에서 더욱 자세히 논의될 것이고, 다른 형태의 하중과 관련된 응력집중은 다음 장에서 차례대로 논의될 것이다.

하중작용 점 근처의 변형률의 거동은 1855년에 프랑스 수학자 Barre' de Saint-Venant (1797~1886)에 의해 논의되었다. Saint-Venant는 하중작용 영역으로부터 조금 떨어진 곳에서 국부적인 효과가 사라짐을 발견했다. 더 나아가, 그는 합력이 등가(즉 정적 등가)이면 하중의 분포에 관계없이 이 현상이 나타남을 알아냈다. 이 개념은 **Saint-Venant의 원리**로 알려져 있고 공학 해석에 널리 이용되고 있다.

Saint-Venant 원리는 합력이 등가이기만 하면, 작용되는 하중의 분포에 관계없이 적용된다. 이러한 하중분포로부터의 독립성을 보여주기 위해 앞에서 논의된 축방향 봉을 생각해 보자. 여기서는 그림 5.3에서 보이는 것과 같이 하중 $P$를 봉의 윗부분 끝에 네 개의 같은 하중으로 나누어 적용하였다. 이전 경우와 같이 격자선이 하중이 작용된 영역 근처에서 휘게 되었지만, 하중 작용점으로부터 어느정도 떨어진 곳에서는 균일해진다. 법선응력 분포는 단면 $a$–$a$, $b$–$b$, $c$–$c$, $d$–$d$에서 그림 5.4에 나타내었다. 단면 $a$–$a$(그림 5.4$a$)에서 작용되는 하중의 바로 밑 부분의 법선응력은 꽤 크지만, 단면 부분 중간의 응력은 매우 작다. 하중점으로부터의 거리가 증가함에 따라 최대 응력 부분들이 점점 사라져(그림 5.4$b$, 그림 5.4$c$) 하중 $P$에서 봉의 가로 폭 $w$만큼 아래에 위치한 단면 $d$–$d$(그림 5.2$d$)에서는 응력이 균일해진다.

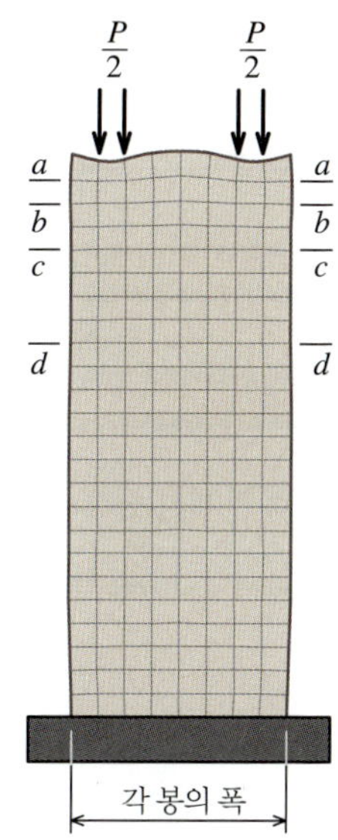

**그림 5.3** • 작용하중이 다르지만 등가인 직사각형 봉

요약하면, 최대 응력은(그림 5.2$a$, 그림 5.4$a$) 평균응력의 몇 배 정도 될 것이다(그림 5.2$d$, 그림 5.4$d$). 하지만, 최대 응력은 하중 작용점으로부터의 거리가 멀어짐에 따라 빠르게 줄어든다. 이런 현상은 또한 일반적으로 대부분의 응력집중(구멍, 홈, 필렛등) 현상에서도 나타난다. 따라서 하중점이나 지지부에서의 복잡한 국지적 응력 분포나 다른 응력집중은 거기로부터 충분히 멀리 떨어진 부분의 응력에 큰 영향을 미치지 않을 것이다. 다시 말하면, 국부적인 응력과 변형은 물체의 전체적인 거동에 미치는 영향은 거의 없다.

> 고체역학을 공부하는 과정에서 다양한 유형의 하중을 받는 여러 부재의 응력과 변형에 대하여 여러 표현식들이 나올 것이다. 이런 표현식들이 하중 작용점, 지지부, 단면이 갑자기 변화하는 곳 등에서 아주 가까운 곳을 제외한 전체 부재에 대하여 타당성을 갖는다. Saint-Venant 원리가 이를 뒷받침한다.

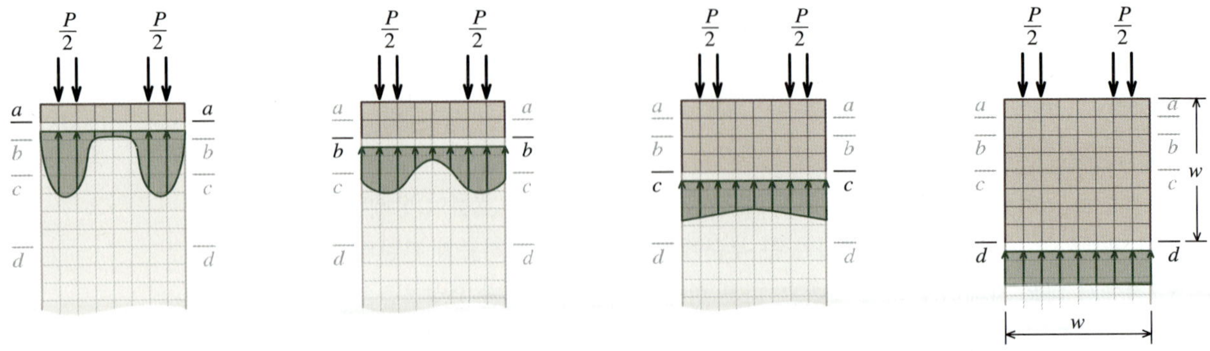


**그림 5.4** • 각 단면에 대한 법선응력 분포

## 5.3 축하중을 받는 봉의 변형

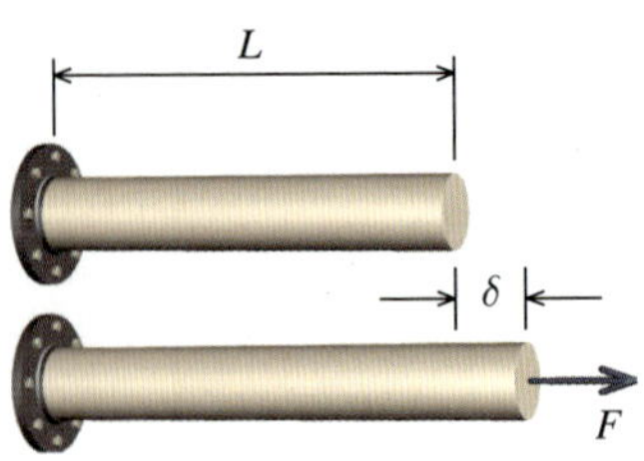


**그림 5.5** • 축 부재의 신장

균일한 단면을 갖는 봉이 끝 부분에서 작용되는 힘에 의해 축 하중을 받을 때(단축하중 부재), 봉의 길이에 따라 축 변형률이 일정하다고 가정한다. 정의에 따라, 축방향 힘 $F$로부터 생기는 봉의 변형량 $\delta$(그림 5.5)는 $\delta = \varepsilon L$로 표현될 것이다. 봉의 응력은 단면적이 $A$일 때 $\sigma = F/A$로 주어진다. 만약 축 응력 $\sigma$가 재료의 비례한계를 초과하지 않는다면, 후크법칙이 응력과 변형률의 관계를 결정하며 그 결과는 다음과 같이 된다: $\sigma = E\varepsilon$. 따라서 축 변형량 $\delta$ 는 아래와 같이 응력 혹은 하중의 함수로 표현된다.

$$\delta = \varepsilon L = \frac{\sigma L}{E} \tag{5.1}$$

또는

$$\delta = \frac{FL}{AE} \tag{5.2}$$

모멘트는 없고 오직 두 점에서의 힘만 작용하는 부재는 **봉**이라 부른다. 평형상태에서 두 힘의 작용선은 힘이 작용되는 두 점을 반드시 통과하여야 한다.

첫 번째 형태[식 (5.1)]는 축 응력과 축 변형률의 허용치가 모두 주어진 탄성 문제에 편리하게 적용될 수 있다. 주어진 변형에 따른 응력은 식 (5.1)로부터 얻을 수 있고, 허용응력과 비교하여 두 값 중 작은 값이 미지의 하중이나 단면적을 계산하는 데 쓰인다. 일반적으로 식 (5.1)은 응력의 결정이나 비교하는 문제에서 선호하는 형태이다.

식 (5.1)과 (5.2)는 다음과 같은 봉에 대해서만 사용될 것이다:

성분이 균일한 재료는 **균질 재료**라 불린다. **각봉**(prismatic)이란 용어는 길이방향으로 곧고 일정한 단면을 가지는 구조 부재를 나타낸다.

- 균질(homogeneous)하다(즉, 일정한 $E$).
- 각봉(prismatic)이다(균일한 단면적 $A$), 그리고
- 균일한 내력, 즉 축력을 갖는다(즉, 오직 끝에서만 힘이 가해진다).

만약 부재가 중간점에서(즉, 끝이 아닌 다른 부위) 축 하중이 가해지거나 변하는 단면과 재료로 구성되어 있다면, 축 부재는 위의 3가지 조건을 만족하는 부분으로 반드시 나누어야 한다. 두 가지 혹은 더 많은 부분으로 구성된 복합 축 부재에 대하여 축 부재의 총 변형량은 각 부분의 변형량의 합으로 결정된다.

$$\delta = \sum_i \frac{F_i L_i}{A_i E_i} \tag{5.3}$$

여기서 $F_i$, $L_i$, $A_i$, $E_i$는 각각 복합 축 부재의 각 부분에 대한 축력, 길이, 단면적, 탄성계수들이다.

식 (5.3)에서, 축력 $F$에 의해 발생하는 변형량 $\delta$를 계산하기 위해 일관된 부호규약이 필요하다. 변형에 대한 **부호규약**은 다음과 같이 정의된다(그림 5.6).

- 양의 $\delta$ 값은 축의 부재가 길어지는 것을 나타낸다. 따라서 양의 축력 $F$는 인장을 발생시킨다.
- 음의 $\delta$ 값은 축의 부재가 짧아지는 것을 나타낸다(압축이라 칭한다). 음의 축력 $F$는 압축을 발생한다.

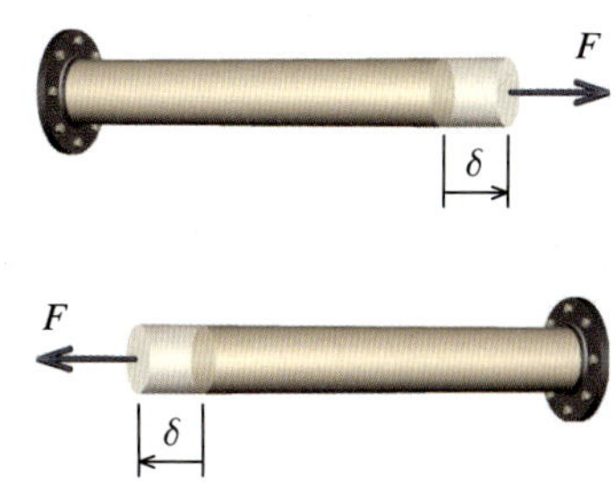


**그림 5.6** • 축력 $F$와 변형량 $\delta$에 대한 양의 부호규약

세 부분으로 형성된 축 부재가 그림 5.7$a$에 제시되어 있다. 이 축 부재의 전체 변형을

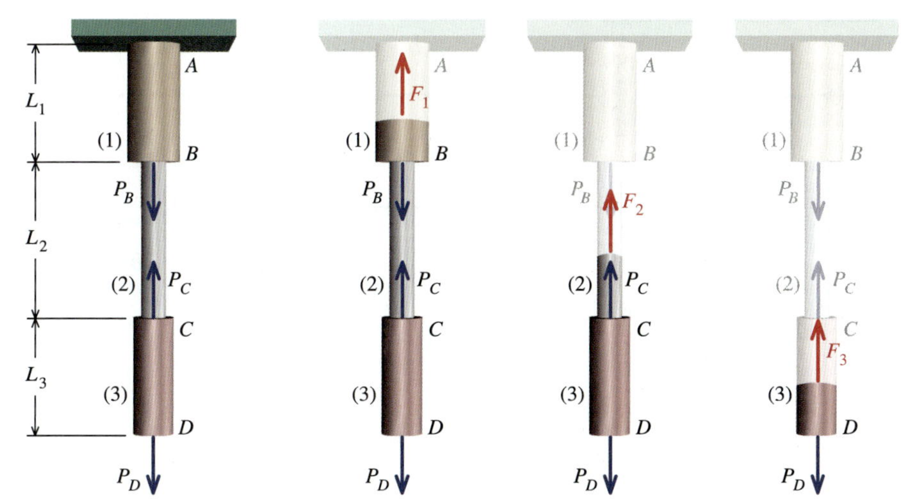


($a$) 세 부분으로 된 축 부재

($b$) 부분 (1)의 자유물체도

($c$) 부분 (2)의 자유물체도

($d$) 부분 (3)의 자유물체도

**그림 5.7** • 복합 축 부재와 관련된 자유물체도

결정하기 위해 먼저 세 부분의 변형량이 따로 계산된다. 그러고 나서 전체 변형량을 결정하기 위해 세 변형량을 합한다. 각 부분의 축력 $F_i$는 그림 5.7*b*~*d*에서의 자유물체도로부터 결정된다.

봉의 길이에 따라 축력이나 단면적이 연속적으로 변화하는 경우에는(그림 5.8*a*), 식 (5.1), (5.2), (5.3)은 유효하지 않다. 2.2절에서 불균일 변형의 경우 한 점에서의 축 변형률은 $\varepsilon = d\delta/dL$로 정의되었다. 따라서 길이가 $dL = dx$인 미소요소의 변형 증가는 다음 식으로 표시될 수 있다. $d\delta = \varepsilon dx$. 후크법칙을 적용한다면, 변형률은 $\varepsilon = \sigma/E$로 표현된다. 여기서 $\sigma = F(x)/A(x)$이고 축력 $F$와 단면적 $A$ 둘 다 봉의 위치에 대한 함수가 될 수 있다(그림 5.8*b*). 따라서,

$$d\delta = \frac{F(x)}{A(x)E}dx \tag{5.4}$$

식 (5.4)를 적분하면, 봉의 총 변형량은 다음과 같다.

$$\delta = \int_0^L d\delta = \int_0^L \frac{F(x)}{A(x)E}dx \tag{5.5}$$

식 (5.5)는 선형 탄성 재료에만 적용된다(후크법칙으로 가정하였기 때문에). 식 (5.5)는 모든 단면에 걸쳐 균일하게 분포된 응력을 가정하여 유도되었다[즉, $\sigma = F(x)/A(x)$]. 이 논의는 단면일정 각봉에 대해서는 맞지만 단면이 변하는 봉에 대해서는 맞지 않다.

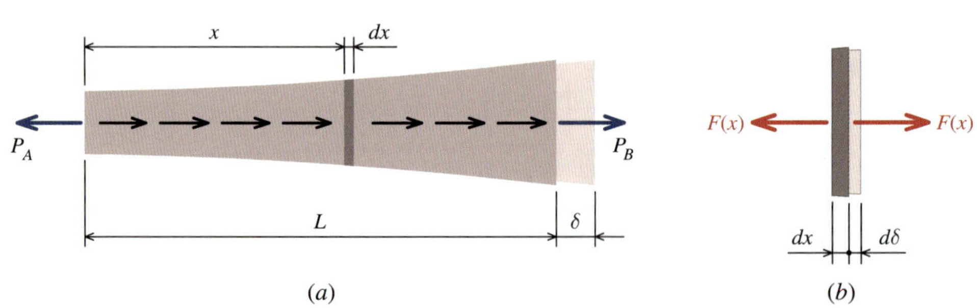


**그림 5.8** • 변하는 내력과 단면적을 가지는 축 부재

## MecMovies Example M5.3

하중 $P = 50$ kN이 복합 축 부재에 작용한다. 부분 (1)은 20 mm 지름의 황동 중실봉이다[$E = 100$ GPa]. 부분 (2)는 알루미늄 중실봉이다[$E = 70$ GPa]. C부터 지지대 $A$까지, 축 변형이 5 mm를 넘지 않게 하는 알루미늄 중실봉의 최소 지름을 결정하라.

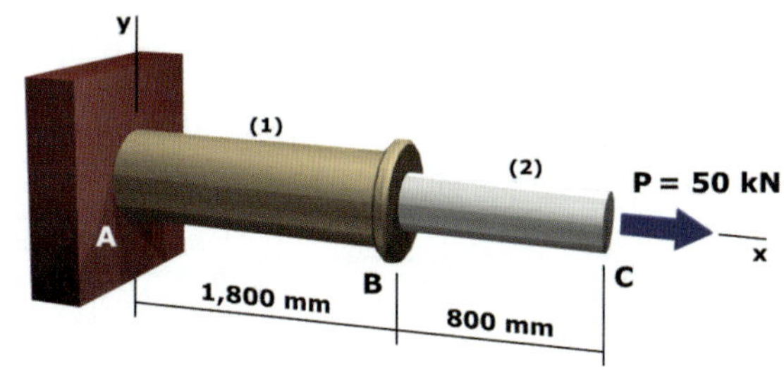


## 예제 5.1 EXAMPLE

20 mm 지름의 알루미늄[$E = 70$ GPa] 중실봉 (1), 24 mm 지름의 알루미늄 중실봉 (2), 16 mm 지름의 강[$E = 200$ GPa] 중실봉 (3) 등으로 구성된 복합 축 구조가 있다. 끝점 $A$에 대한 $B$, $C$, $D$점의 변형을 구하라.

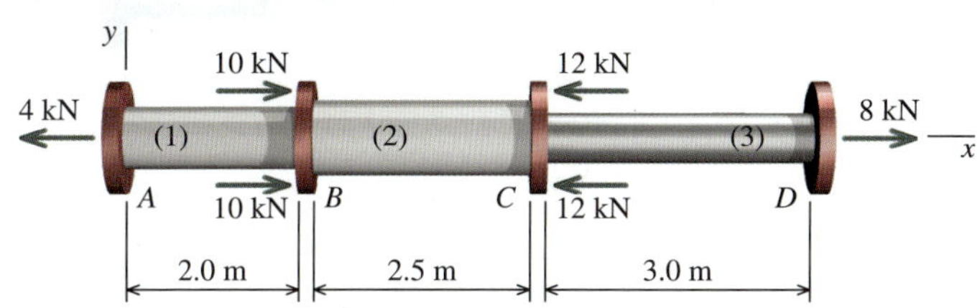


### 풀이 계획

각 부분의 내부 축력을 표시하기 위해 자유물체도를 그린다. 축력과 단면적을 이용하여 법선응력을 계산한다. 각 부분의 변형량은 식 (5.2)로 계산할 수 있고 식 (5.3)은 끝점 $A$에 대한 $B$, $C$, $D$점의 변형을 계산하는 데 이용된다.

### 용어

해를 찾기 전에 이러한 유형의 문제를 논의하기 위해 사용될 용어를 정의한다. 부분 (1), (2), (3)은 봉 혹은 축 부재, 또는 부재라고 부른다. 봉은 변형 가능하다. 그들은 축력에 의해 늘어나거나 혹은 줄어든다. 일반적으로 봉의 양의 축력은 인장력으로 가정한다. 이런 부호규약은 필수적이지는 않지만 종종 여러 상황에서 당연한 것으로 반복적인 해법 과정을 수립하는 데 유용하다. 각 봉은 봉 또는 부재 (1)처럼 괄호 안 숫자로 표기되고 각 봉의 변형량은 $\delta_1$과 같이 표현된다.

점 $A$, $B$, $C$, $D$는 연결점이다. 한 연결점은 요소들(이 예에서는 인접한 봉들)의 접합점이거나 혹은 단순히 어떤 지정된 위치(연결점 $A$와 $D$처럼)를 표시한다. 연결점은 늘어나거나 수축하지 않는다. 대신 병진 이동하거나 회전을 통해 움직인다. 그러므로 연결점은 변위된다고 말할 수 있다(다른 맥락에선 연결부위는 회전하거나 처진다라고 할 수도 있다). 연결점은 대문자로 표시한다. 연결점의 축방향 변위는 $u$에 첨자로 연결점을 확인할 수 있도록 표시한다(예를 들어, $u_A$).

### 풀이

#### 평형

부재 (1)에 내부 축력을 표시한 자유물체도를 그린다. 부재 (1)은 인장력을 받는다고 가정하자. 이 자유물체도에 대한 평형조건식은

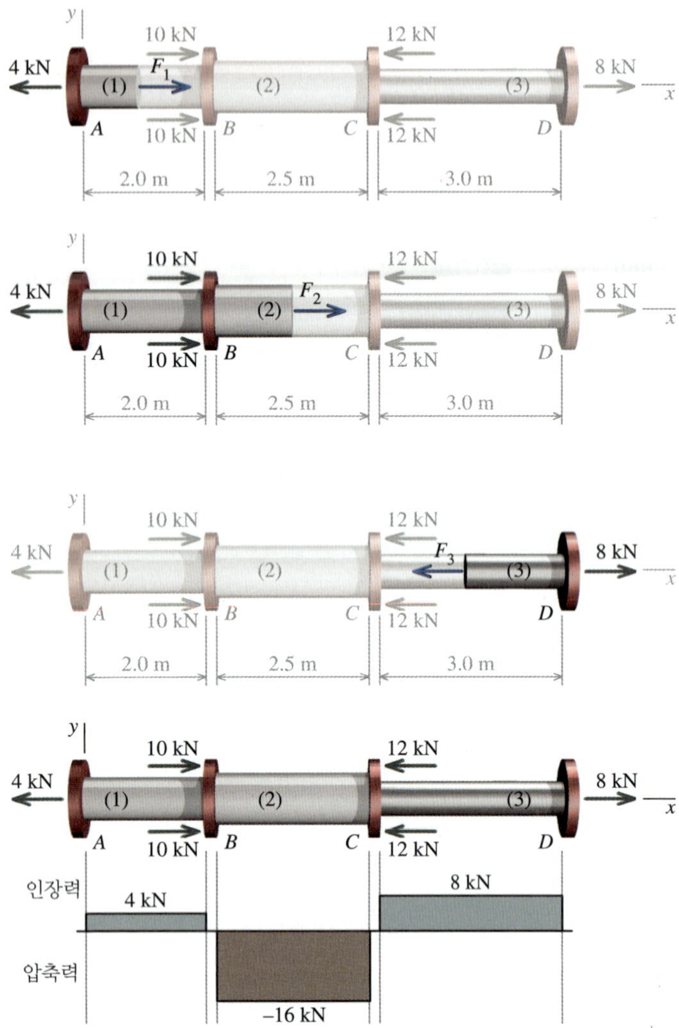

복합 부재의 축력 다이어그램

$$\Sigma F_x = F_1 - 4 \text{ kN} = 0$$
$$\therefore F_1 = +4 \text{ kN} = 4 \text{ kN (T)}$$

부재 (2)에 대한 자유물체도를 그리고 부재 (2)는 인장력을 받는다고 가정하자. 이 자유물체도에 대한 평형조건식은

$$\Sigma F_x = F_2 + 2(10 \text{ kN}) - 4 \text{ kN} = 0$$
$$\therefore F_2 = -16 \text{ kN} = 16 \text{ kN (C)}$$

같은 방법으로 부재 (3)에 대한 자유물체도를 그리고 인장력을 받는다고 가정하자. 두 가지 방법의 자유물체도가 가능하지만, 더 간단한 자유물체도를 나타내었다. 자유물체도에 대한 평형조건식은

$$\Sigma F_x = -F_3 + 8 \text{ kN} = 0$$
$$\therefore F_3 = +8 \text{ kN} = 8 \text{ kN (T)}$$

이 시점에서 복합 부재에 작용하는 축력 $F_1$, $F_2$, $F_3$를그래프로 그려보자. 이것은 연결점 $A$, $B$, $C$, $D$에 가해진 외력이 아니라 축 부재의 변형을 가져오게 하는 축력이다.

**문제 해결 팁:** 축 부재에 대하여 자유물체도를 그릴 때, 축력은 인장력으로 가정하고 힘의 방향이 자른 면으로부터 바깥 방향으로 그린다. 만약 계산된 축력의 값이 양의 값을 가지면 인장력이 작용하는 경우이고, 만약 계산된 축력의 값이 음이라면 축력은 실제로는 압축력이다.

**힘-변형 관계**

축 부재의 변형과 축력 사이의 관계는 식 (5.2)와 같이 표현된다.

$$\delta = \frac{FL}{AE}$$

축력을 인장력으로 가정하였기 때문에, 축 변형량은 신장으로 가정된다. 만약 내력이 압축력이라면, 내력 $F$에 대하여 음의 값을 사용하고 위 식에서 음의 변형이 만들어질 것이며, 이 변형은 수축이라고 한다.

세 가지 부재의 변형을 각각 계산한다. 부재 (1)은 지름이 20 mm의 알루미늄 중실봉으로 단면적은 $A_1 = 314.159\ \text{mm}^2$

$$\delta_1 = \frac{F_1 L_1}{A_1 E_1} = \frac{(4\ \text{kN})(1{,}000\ \text{N/kN})(2.0\ \text{m})(1{,}000\ \text{mm/m})}{(314.159\ \text{mm}^2)(70\ \text{GPa})(1{,}000\ \text{MPa/GPa})} = 0.364\ \text{mm}$$

부재 (2)의 지름은 24 mm로서 단면적은 $A_2 = 452.389\ \text{mm}^2$이다.

$$\delta_2 = \frac{F_2 L_2}{A_2 E_2} = \frac{(-16\ \text{kN})(1{,}000\ \text{N/kN})(2.5\ \text{m})(1{,}000\ \text{mm/m})}{(452.389\ \text{mm}^2)(70\ \text{GPa})(1{,}000\ \text{MPa/GPa})} = -1.263\ \text{mm}$$

음의 값인 $\delta_2$는 부재 (2)가 수축하는 것을 의미한다.

부재 (3)은 지름이 16 mm의 강봉이다. 단면적은 $A_3 = 201.062\ \text{mm}^2$

$$\delta_3 = \frac{F_3 L_3}{A_3 E_3} = \frac{(8\ \text{kN})(1{,}000\ \text{N/kN})(3.0\ \text{m})(1{,}000\ \text{mm/m})}{(201.062\ \text{mm}^2)(200\ \text{GPa})(1{,}000\ \text{MPa/GPa})} = 0.597\ \text{mm}$$

**변형의 형상**

$A$점에 대한 $B$, $C$, $D$점의 변위를 구하는 것이기 때문에, $A$점을 좌표축의 원점으로 잡는다. 복합 축 부재에서 연결점의 변위는 부재의 변형들과 얼마나 연관되어 있을까? 축 부재의 변형은 부재 양단의 변위 차이로 설명할 수 있다. 예를 들어, 부재 (1)의 변형은 연결점 $A$(즉, 부재의 $-x$ 끝)의 변위와 연결점 $B$(즉, 부재의 $+x$ 끝)의 변위 차이로 표현될 수 있다.

$$\delta_1 = u_B - u_A$$

같은 방법으로 부재 (2), (3)에 대해서:

$$\delta_2 = u_C - u_B \qquad \delta_3 = u_D - u_C$$

변위들이 연결점 $A$에 대해서 계산되기 때문에, 연결점 $A$의 변위는 $u_A = 0$으로 정의한다. 위에서 유도된 식들을 풀어서 부재의 신장 값으로 표현한 연결점의 변위를 다음과 같이 구할 수 있다.

$$u_B = \delta_1 \qquad u_C = u_B + \delta_2 = \delta_1 + \delta_2 \qquad u_D = u_C + \delta_3 = \delta_1 + \delta_2 + \delta_3$$

이 표현식들을 쓰면, 연결점 변위를 다음과 같이 계산할 수 있다.

$$u_B = \delta_1 = 0.364\ \text{mm} = 0.364\ \text{mm} \rightarrow$$
$$u_C = \delta_1 + \delta_2 = 0.364\ \text{mm} + (-1.263\ \text{mm}) = -0.899\ \text{mm} = 0.899\ \text{mm} \leftarrow$$
$$u_D = \delta_1 + \delta_2 + \delta_3 = 0.364\ \text{mm} + (-1.263\ \text{mm}) + 0.597\ \text{mm} = -0.302\ \text{mm} = 0.302\ \text{mm} \leftarrow$$

**Ans.**

양의 값인 $u$는 $+x$ 방향으로의 변위를 나타내고 음의 값인 $u$는 $-x$ 방향으로의 변위를 나타낸다. 연결점 $D$는 부재 (3)이 인장 상태임에도 불구하고 왼쪽으로 이동한다.

용어들과 부호규약은 이런 간단한 문제에서는 불필요해 보일지도 모른다. 하지만, 여기서 제시된 계산과정은 특히 정역학만으로는 풀 수 없는 복잡한 문제에 유용할 것이다.

## MecMovies Example M5.2

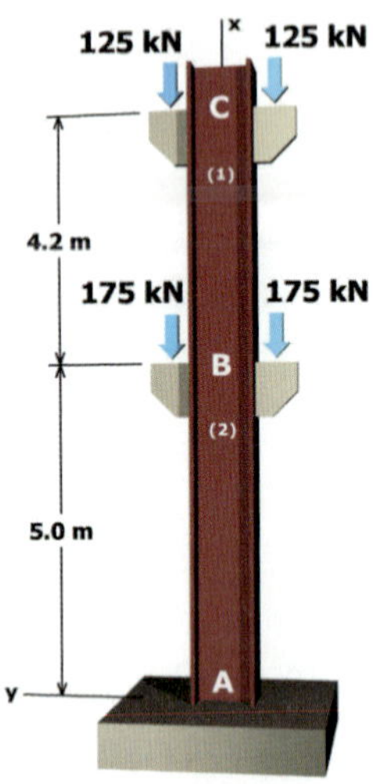


건물의 지붕과 2층은 그림과 같은 기둥에 의해서 지지된다. 그림의 강 기둥[$E$ 200 GPa]은 균일한 단면적 7,500 mm$^2$를 갖고 있다. 바닥 $A$에 대하여 연결점 $C$의 변위를 계산하라.

## 예제 5.2 EXAMPLE

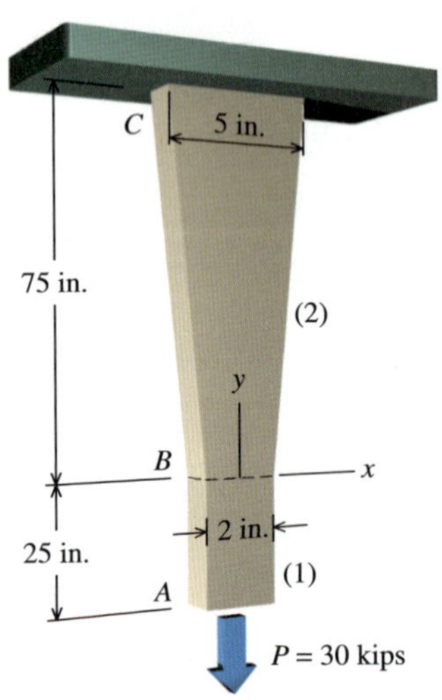


균일한 너비를 갖는 부재 (1)과 경사진 부재 (2)가 결합되어 있고 단면이 직사각형인 강봉[$E = 30{,}000$ ksi]이 있다. 경사진 부재 (2)는 너비가 바닥 2 in.부터 윗부분 5 in.까지 선형적으로 변한다. 봉의 두께는 0.5 in.로 모든 지점에서 동일하다. 30 kip의 하중이 작용할 때 봉의 늘어난 길이를 구하라. 봉의 무게는 무시한다.

**풀이 계획**

균일 단면 부재 (1)의 연신은 식 (5.2)로부터 구해진다. 경사진 부재 (2)는 식 (5.5)를 필요로 한다. 단면적이 변하는 부재 (2)에 대한 식을 유도하여 경사진 부재의 길이인 75 in.에 대하여 적분할 때 사용한다.

**풀이**

균일 단면 부재 (1)에 대해서는 식 (5.2)로부터 변형량이 다음과 같이 계산된다.

$$\delta_1 = \frac{F_1 L_1}{A_1 E_1} = \frac{(30\text{ kips})(25\text{ in.})}{(2\text{ in.})(0.5\text{ in.})(30{,}000\text{ ksi})} = 0.0250\text{ in.}$$

경사진 부재 (2)에 대해서는 너비($w$)가 위치($y$)에 따라서 선형적으로 변한다. 즉 경사진 부분에서 단면적은 다음 식과 같이 표현된다.

$$A_2(y) = wt = \left[2\text{ in.} + \frac{3\text{ in.}}{75\text{ in.}}(y\text{ in.})\right](0.5\text{ in.}) = 1 + 0.02y\text{ in.}^2$$

봉의 무게를 무시하면 경사진 부재에 작용하는 축력은 일정하고 작용된 하중 30 kip와 같다. 식 (5.5)를 적분하면 다음과 같이 계산된다.

$$\delta_2 = \int_{75}^{0} \frac{F_2}{A_2(y)E_2}\,dy = \frac{F_2}{E_2}\int_{75}^{0} \frac{1}{A_2(y)}\,dy = \frac{30\text{ kips}}{30{,}000\text{ ksi}}\int_{75}^{0} \frac{1}{(1+0.02y)}\,dy$$

$$= (0.001\text{ in.}^2)\left(\frac{1}{0.02\text{ in.}}\right)[\ln(1+0.02y)]_0^{75} = 0.0458\text{ in.}$$

봉의 최종 연신량(변형량)은 각 부분의 연신량(변형량)의 합이다.

$$u_A = \delta_1 + \delta_2 = 0.0250\text{ in.} + 0.0458\text{ in.} = 0.0708\text{ in.}\downarrow$$ **Ans.**

**주의:** 만약에 봉의 무게를 무시하지 않는다면, 균일단면 봉 (1)과 경사단면 봉 (2)에서의 축력 $F$는 일정하지 않으며, 식 (5.5)는 전체에 적용되어야 한다. 해석과정에서 봉의 무게를 포함시킬 경우 각 부분의 축력은 수직 위치값인 $y$를 변수로 각 위치에 따라 변화하는 함수로 유도되어야 한다. 임의의 높이 $y$에서 축력 $F$는 일정한 값인 $P$와 수직 위치 $y$ 아래 부분의 무게의 합이다. 무게에 의해서 발생하는 힘은 수직 위치 $y$ 아래 부분의 체적과 재료의 비중량을 곱한 값으로 표현되는 함수이다. 이때, 축력 $F$는 $y$에 따라 변하므로 식 (5.5)의 적분 안으로 들어가야 한다.

## MecMovies EXERCISES

**M5.1** 아래 3개의 문제에 대하여 축 변형 방정식을 사용하라.

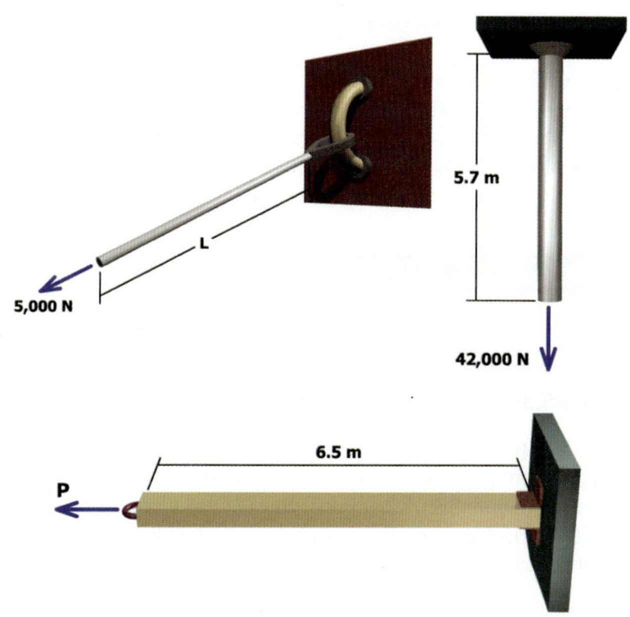


그림 M5.1

**M5.2** 복합 축에 대하여 축 변형 개념을 적용하라.

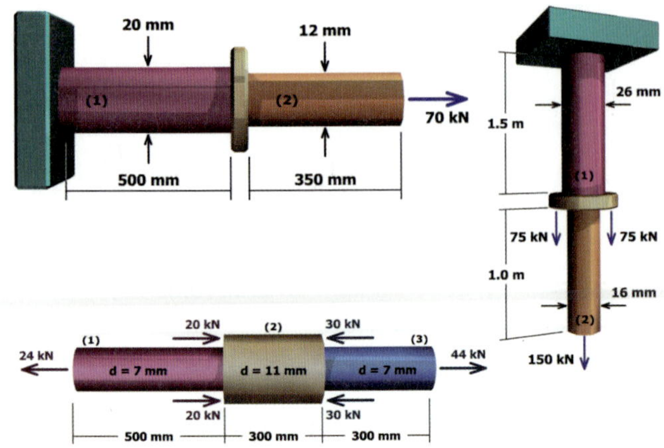


그림 M5.2

## PROBLEMS

**P5.1** A steel [$E = 200$ GPa] rod with a circular cross section is 7.5 m long. Determine the minimum diameter required if the rod must transmit a tensile force of 50 kN without exceeding an allowable stress of 180 MPa or stretching more than 5 mm.

**P5.2** An aluminum [$E = 10{,}000$ ksi] control rod with a circular cross section must not stretch more than 0.25 in. when the tension in the rod is 2,200 lb. If the maximum allowable normal stress in the rod is 12 ksi, determine:

(a) the smallest diameter that can be used for the rod.
(b) the corresponding maximum length of the rod.

**P5.3** A 12-mm-diameter steel [$E = 200$ GPa] rod (2) is connected to a 30-mm-wide by 8-mm-thick rectangular aluminum [$E = 70$ GPa] bar (1) as shown in Figure P5.3. Determine the force $P$ required to stretch the assembly 10.0 mm.

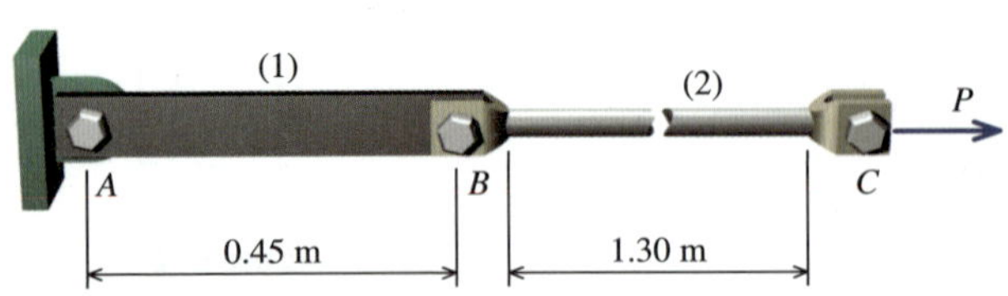


**FIGURE P5.3**

**P5.4** Two polymer bars are connected to a rigid plate at $B$ as shown in Figure P5.4. Bar (1) has a cross-sectional area of 1.65 in.$^2$ and an elastic modulus of 2,400 ksi. Bar (2) has a cross-sectional area of 0.975 in.$^2$ and an elastic modulus of 4,000 ksi. Determine the total deformation of the bar.

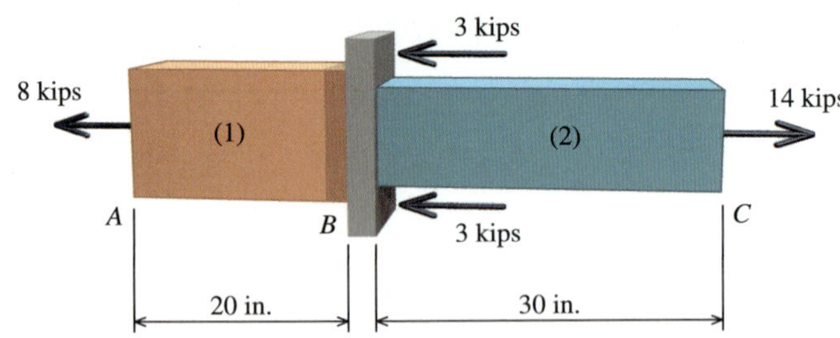


**FIGURE P5.4**

**P5.5** An axial member consisting of two polymer bars is supported at $C$ as shown in Figure P5.5. Bar (1) has a cross-sectional area of 540 mm$^2$ and an elastic modulus of 28 GPa. Bar (2) has a cross-sectional area of 880 mm$^2$ and an elastic modulus of 16.5 GPa. Determine the deflection of point $A$ relative to support $C$.

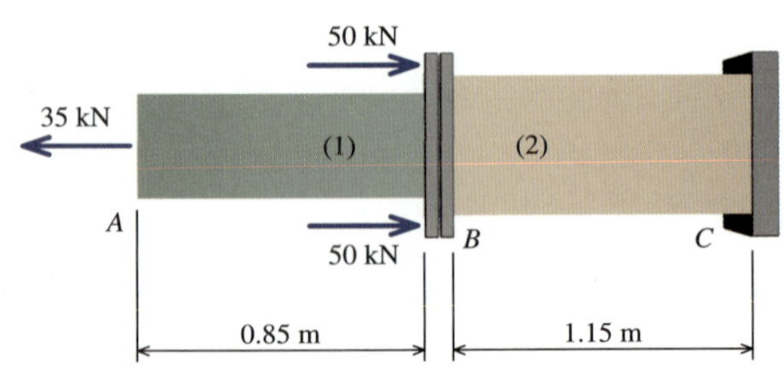


**FIGURE P5.5**

**P5.6** The roof and second floor of a building are supported by the column shown in Figure P5.6. The column is a structural steel

W10 × 60 wide-flange section [$E = 29{,}000$ ksi; $A = 17.6$ in.$^2$]. The roof and floor subject the column to the axial forces shown. Determine:

(a) the amount that the first floor will deflect.
(b) the amount that the roof will deflect.

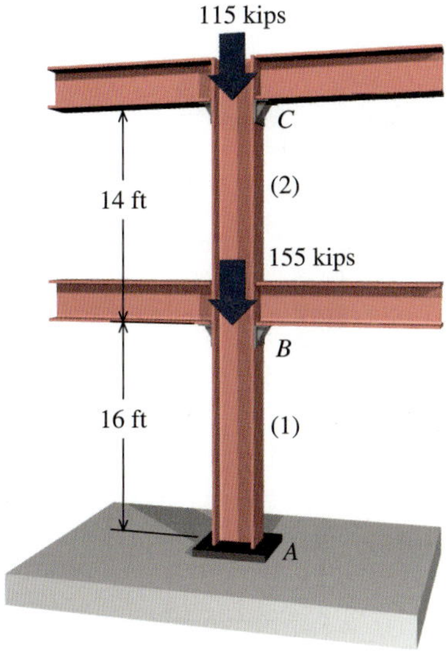


**FIGURE P5.6**

**P5.7** Aluminum [$E = 70$ GPa] member $ABC$ supports a load of 28 kN as shown in Figure P5.7. Determine:

(a) the value of load $P$ such that the deflection of joint $C$ is zero.
(b) the corresponding deflection of joint $B$.

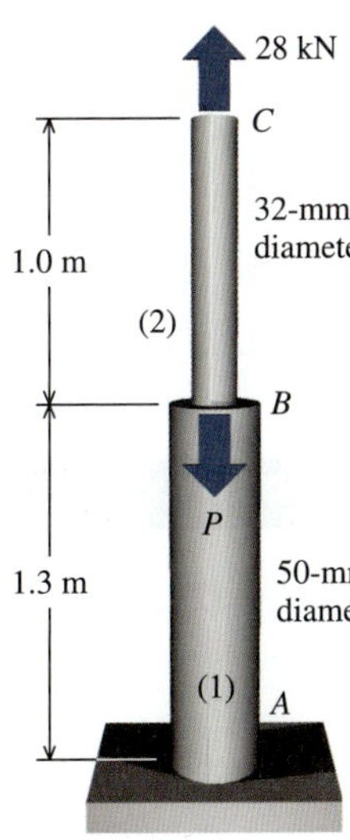


**FIGURE P5.7**

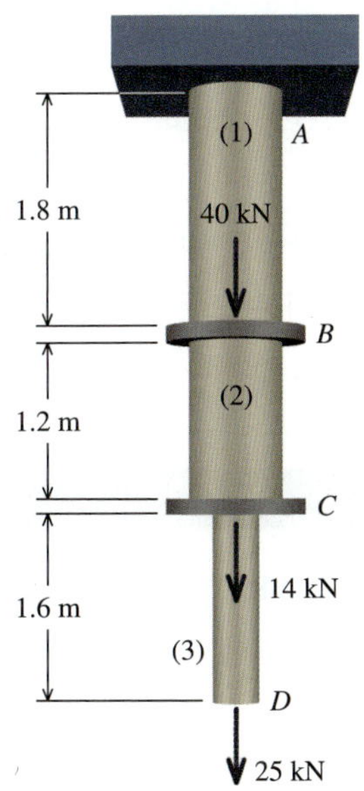


**FIGURE P5.8**

**P5.8** A solid brass [$E = 100$ GPa] axial member is loaded and supported as shown in Figure P5.8. Segments (1) and (2) each have a diameter of 25 mm and segment (3) has a diameter of 14 mm. Determine:

(a) the deformation of segment (2).
(b) the deflection of joint $D$ with respect to the fixed support at $A$.
(c) the maximum normal stress in the entire axial member.

**P5.9** A hollow steel [$E = 30{,}000$ ksi] tube (1) with an outside diameter of 2.75 in. and a wall thickness of 0.25 in. is fastened to a solid aluminum [$E = 10{,}000$ ksi] rod (2) that has a 2-in.-diameter and a solid 1.375-in.-diameter aluminum rod (3). The bar is loaded as shown in Figure P5.9. Determine:

(a) the change in length of steel tube (1).
(b) the deflection of joint $D$ with respect to the fixed support at $A$.
(c) the maximum normal stress in the entire axial assembly.

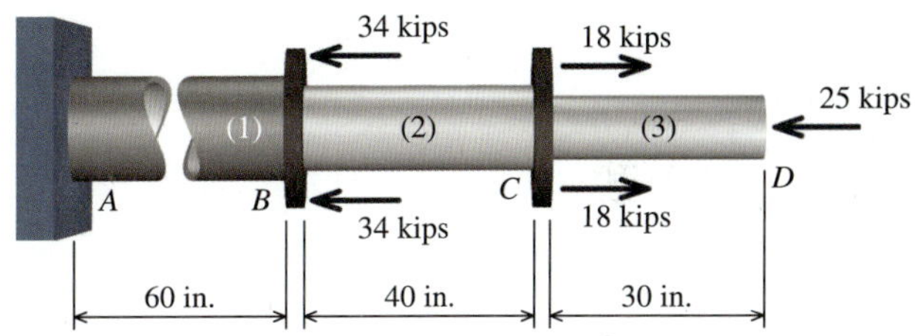


**FIGURE P5.9**

**P5.10** A solid 5/8-in. steel [$E = 29{,}000$ ksi] rod (1) supports beam $AB$ as shown in Figure P5.10. If the stress in the rod must not exceed 30 ksi and the maximum deformation in the rod must not exceed 0.25 in., determine the maximum load $P$ that may be supported.

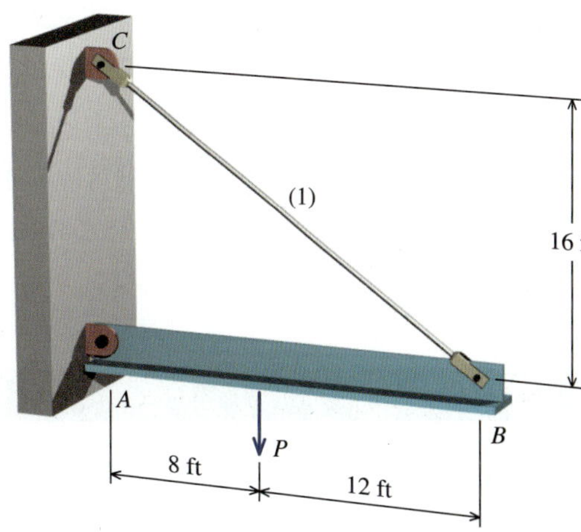


**FIGURE P5.10**

**P5.11** A 1-in.-diameter by 16-ft-long cold-rolled bronze [$E = 15{,}000$ ksi and $\gamma = 0.320$ lb/in.$^3$] bar hangs vertically while suspended from one end. Determine the change in length of the bar due to its own weight.

**P5.12** A homogeneous rod of length $L$ and elastic modulus $E$ is a truncated cone with a diameter that varies linearly from $d_0$ at one end to $2d_0$ at the other end. A concentrated axial load $P$ is applied to the ends of the rod as shown in Figure P5.12. Assume that the taper of the cone is slight enough for the assumption of a uniform axial stress distribution over a cross section to be valid. Determine:

(a) an expression for the stress distribution on an arbitrary cross section at $x$.
(b) an expression for the elongation of the rod.

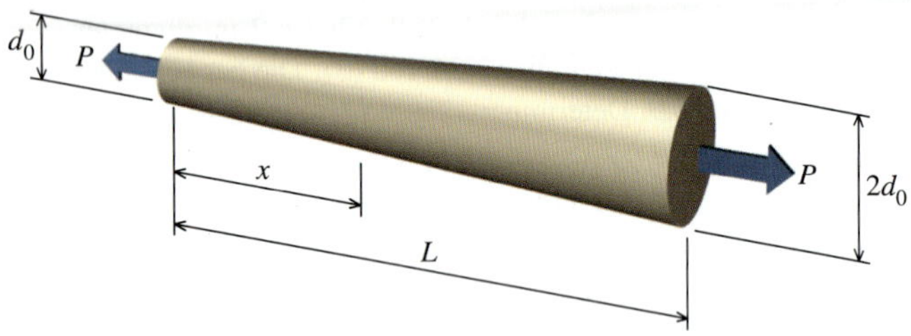


**FIGURE P5.12**

**P5.13** Determine the extension, due to its own weight, of the conical bar shown in Figure P5.13. The bar is made of aluminum alloy [$E = 10{,}600$ ksi and $\gamma = 0.100$ lb/in.$^3$]. The bar has a 2-in. radius at its upper end and a length of $L = 20$ ft. Assume the taper of the bar is slight enough for the assumption of a uniform axial stress distribution over a cross section to be valid.

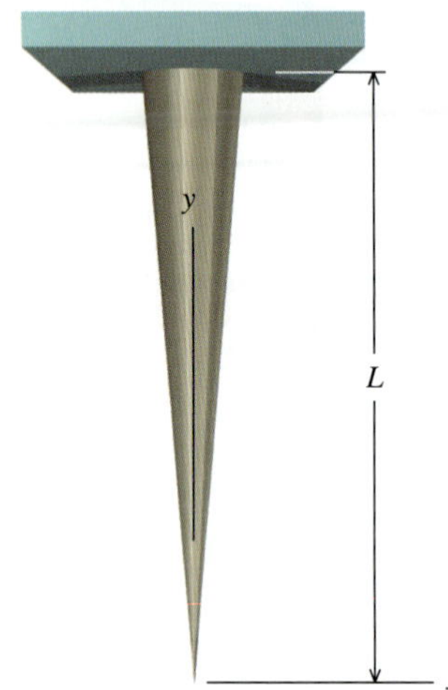


**FIGURE P5.13**

## 5.4 축력이 작용되는 봉 시스템에서의 변형

많은 구조물들은 하나 이상의 축 하중, 즉 축력을 받는 부재, 즉 봉들로 구성되는데, 변형 가능한 봉들이 핀으로 연결된 이러한 구조물의 축 변형과 응력이 결정되어야 한다. 이들 문제는 변형된 구조물의 기하학적 조건을 고려하여 해결하는데, 여기로부터 여러 봉들의 축 변형이 결정된다.

균질한 각봉 및 환봉은 (a) 직선이고, (b) 단면적이 동일하며, (c) 단일 재료(즉 단일 $E$ 값)로 구성된다.

이 절에서는 균질한 봉들로 구성된 정정계 구조물의 해석을 다룬다. 이러한 구조물을 해석할 경우, 중요 요소들에 작용하는 모든 힘을 보여주는 자유물체도로부터 시작한다. 그리고 각 봉들의 변형의 결과로 구조 전체의 변형이 어떻게 되는지를 파악한다.

### 예제 5.3 EXAMPLE

그림의 조립체 또는 구조물은 강체 부재 $ABC$, 2개의 섬유강화 플라스틱(FRP) 봉 (1), (3)과 섬유강화 플라스틱 기둥 (2) 로 이루어져 있다. FRP의 탄성계수는 $E = 18$ GPa이다. 30 kN의 하중이 작용한 후에 점 $D$의 수직 방향 변위를 구하라.

**풀이 계획**

조인트 $D$의 초기 위치에서부터의 변위가 계산되어야 한다. 조인트 $C$에 대한 $D$의 변위는 단순히 봉 (3)의 연신이다. 이 문제에서 어려운 점은 조인트 $C$의 변위를 계산하는 것이다. 강체 부재는 봉 (1), (2)의 연신과 수축으로 인해 처지면서 회전하게 될 것이다. 강체 부재의 최종 위치를 결정하기 위해서 먼저 평형조건식을 이용해서 세 개의 축에 발생하는 힘을 계산하여야 한다. 그 이후에 식 (5.2)는 각 봉의 변형을 계산하는 데 사용된다. 변형도는 강체 부재 *ABC*에서 변형들의 관계를 명시하는 목적으로 그려진다. 각 봉의 변형은 강체 부재의 처짐과 관련지을 수 있다. 마지막으로 점 *D*의 변위는 점 *C*에서의 변위와 봉 (3)의 연신의 합으로 계산할 수 있다.

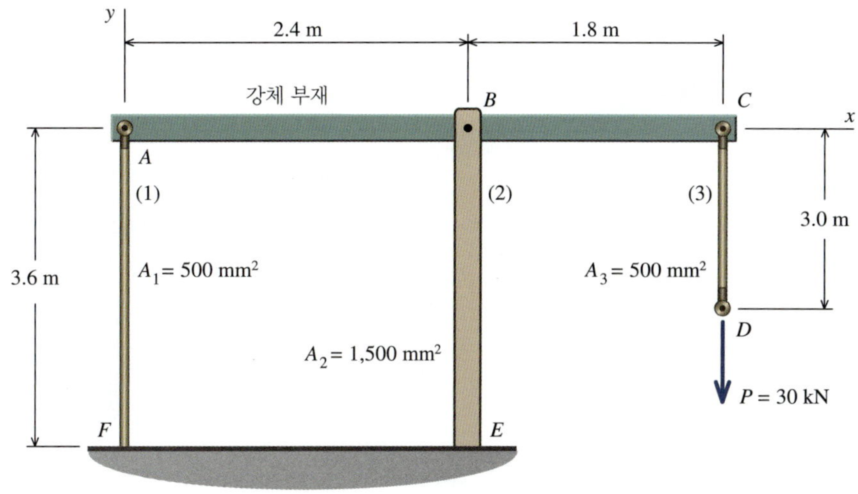


**세 개의 축은 핀에 의해서 강체 부재와 연결되었다. 봉 (1)은 *F*에서 지지부와 핀 연결되고 봉 (2)는 *E*에서 지지부에 고정된다.**

## 풀이

### 평형

강체 부재의 자유물체도를 그리고 평형조건식을 적용한다.

$$\Sigma F_y = -F_1 - F_2 - F_3 = 0$$
$$\Sigma M_B = (2.4\text{ m})F_1 - (1.8\text{ m})F_3 = 0$$

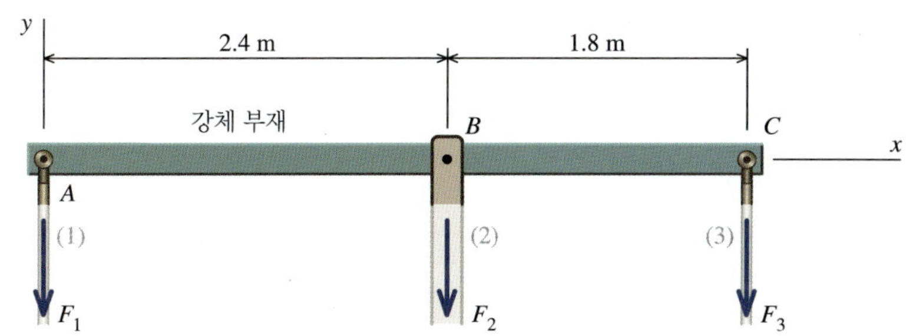


문제에서 주어진 것을 보면 $F_3 = P = 30$ kN이다. 이 결과를 이용하여 두 개의 평형조건식에서 $F_1 = 22.5$ kN, $F_2 = -52.5$ kN으로 계산할 수 있다.

### 힘 변형 관계

세 봉들의 변형을 계산한다.

$$\delta_1 = \frac{F_1 L_1}{A_1 E_1} = \frac{(22.5\text{ kN})(1{,}000\text{ N/kN})(3.6\text{ m})(1{,}000\text{ mm/m})}{(500\text{ mm}^2)(18\text{ GPa})(1{,}000\text{ MPa/GPa})} = 9.00\text{ mm}$$

$$\delta_2 = \frac{F_2 L_2}{A_2 E_2} = \frac{(-52.5\text{ kN})(1{,}000\text{ N/kN})(3.6\text{ m})(1{,}000\text{ mm/m})}{(1{,}500\text{ mm}^2)(18\text{ GPa})(1{,}000\text{ MPa/GPa})} = -7.00\text{ mm}$$

봉 (2)의 결과에서 음수는 봉 (2)의 수축을 의미한다.

$$\delta_3 = \frac{F_3 L_3}{A_3 E_3} = \frac{(30\text{ kN})(1{,}000\text{ N/kN})(3.0\text{ m})(1{,}000\text{ mm/m})}{(500\text{ mm}^2)(18\text{ GPa})(1{,}000\text{ MPa/GPa})} = 10.00\text{ mm}$$

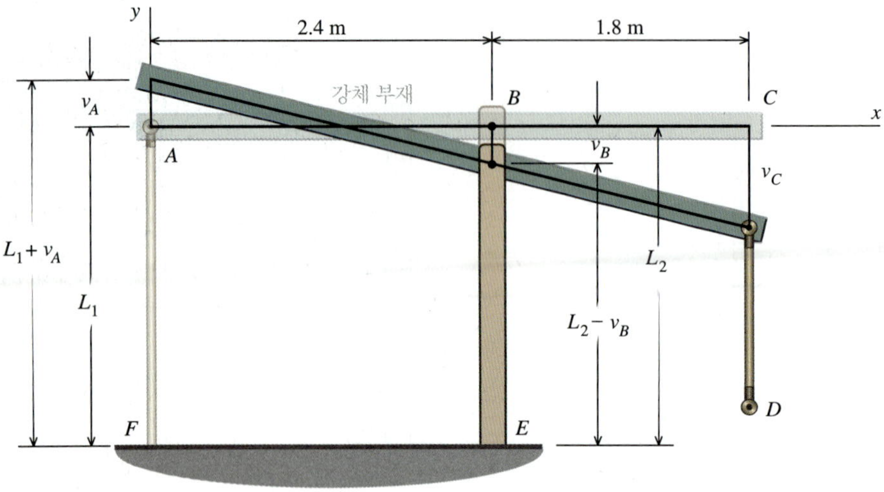


**변형의 기하학**

강체 부재의 최종 형상을 그린다. 봉 (1)의 변형은 신장이고 따라서 $A$는 위쪽으로 올라갈 것이다. 봉 (2)는 수축하고 $B$는 아래쪽으로 움직인다. 따라서 점 $C$의 변위는 결정된다.

(**주의:** 주요 점에서 강체 부재에 대하여 수직 방향 변형은 $v$로 표시했다.)

점 $A$, $B$, $C$에서 강체 부재의 변위는 닮은꼴 삼각형 규칙을 이용하여 구해진다.

$$\frac{v_A + v_B}{2.4\text{ m}} = \frac{v_C - v_B}{1.8\text{ m}} \qquad \therefore v_C = \frac{1.8\text{ m}}{2.4\text{ m}}(v_A + v_B) + v_B = 0.75(v_A + v_B) + v_B$$

그림에서 표시한 강체 부재의 처짐 $v_A$와 $v_B$가 봉의 변형 $\delta_1$과 $\delta_2$와 어떻게 관계지어질까? 정의에 의하면 변형은 축의 변형 전과 변형 후의 길이 차이이다. 강체 부재의 변형도를 이용하면 봉 (1)의 변형 전과 변형 후의 길이로 변형을 알아낼 수 있다.

$$\delta_1 = L_{\text{final}} - L_{\text{initial}} = (L_1 + v_A) - L_1 = v_A \qquad \therefore v_A = \delta_1 = 9.00\text{ mm}$$

동일하게 봉 (2):

$$\delta_2 = L_{\text{final}} - L_{\text{initial}} = (L_2 - v_B) - L_2 = -v_B \qquad \therefore v_B = -\delta_2 = -(-7.00\text{ mm}) = 7.00\text{ mm}$$

이 결과를 사용하여 점 $C$에서 강체 부재의 변위가 계산된다.

$$v_C = 0.75(v_A + v_B) + v_B = 0.75(9.00\text{ mm} + 7.00\text{ mm}) + 7.00\text{ mm} = 19.00\text{ mm}$$

변위의 방향은 변형도에서 확인할 수 있다. 즉 점 $C$는 아래 방향으로 19.00 mm 변위된다.

***D*의 변위**

점 $D$의 아래 방향으로의 변위는 점 $C$에서 강체 부재의 변위와 봉 (3)의 신장의 합이다.

$$v_D = v_C + \delta_3 = 19.00\text{ mm} + 10.00\text{ mm} = 29.0\text{ mm}$$

**Ans.**

## MecMovies Example M5.4

그림의 조립체 또는 구조물은 강체 부재 $AB$에 연결된 세 개의 봉으로 구성되어 있다. 봉 (1)은 강이고 봉 (2)와 (3)은 알루미늄이다. 각 봉의 탄성계수와 단면적은 그림에 표시되어 있다. 점 $D$에 80 kN의 힘이 작용한다. 점 $A$, $B$, $C$, $D$의 수직방향 변위를 결정하라.

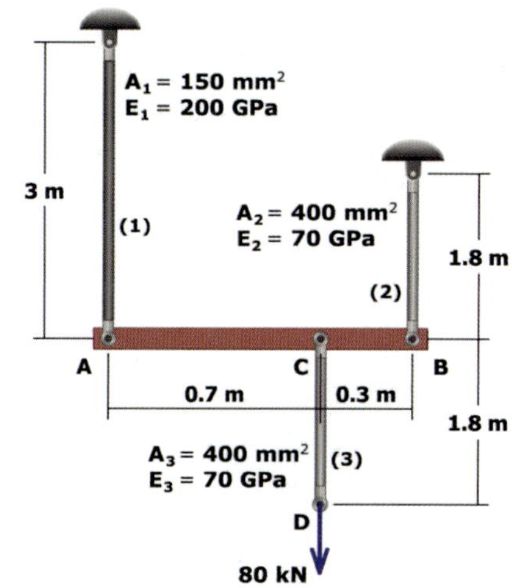


앞의 예제에서는 평행한 축의 봉으로 구성된 구조만을 고려했고, 그 결과 변형의 기하학적 관계를 비교적 규명하기 쉬웠다. 이제 평행하지 않은 축이 포함된 구조물에 관하여 공부해 보자. 그림 5.9에 보인 구조는 연결점 $B$에 공통적으로 연결된 세 개의 봉으로 구성되어 있다($AB$, $BC$, $BD$). 이 그림에서 실선은 하중을 받지 않은 시스템을 표시하고 점선은 연결점 $B$에서 하중이 부과되어 변형된 시스템을 표시한다. 피타고라스의 정리로부터 봉 $AB$의 실제 변형은

$$\delta_{AB} = \sqrt{(L+y)^2 + x^2} - L$$

식의 마지막 항를 이항시키고 양변을 제곱하면 다음과 같이 된다.

$$\delta_{AB}^2 + 2L\delta_{AB} + L^2 = L^2 + 2Ly + y^2 + x^2$$

만약 변형량이 작다면(재료의 강성이 높고, 탄성 변형인 일반적인 경우) 변위의 제곱이 포함되어 있는 항은 무시될 수 있다. 따라서 봉 $AB$의 변형은

$$\delta_{AB} \approx y$$

동일한 방법으로 계산하면, 봉 $BD$의 축 변형은

$$\delta_{BD} \approx x$$

봉 $BC$의 축 변형은

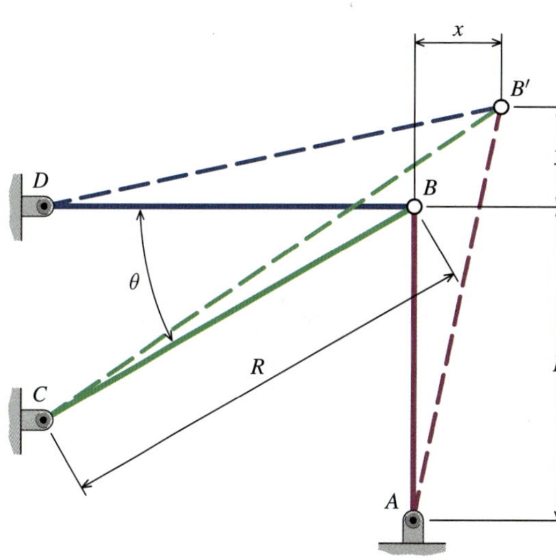


**그림 5.9** • 조인트에 공통으로 연결된 축 구조

$$\delta_{BC} = \sqrt{(R\cos\theta + x)^2 + (R\sin\theta + y)^2} - R$$

마지막 항을 이항시키고 양변을 제곱하면 식은 다음과 같다.

$$\delta_{BC}^2 + 2R\delta_{BC} + R^2 \\ = R^2\cos^2\theta + 2Rx\cos\theta + x^2 + R^2\sin^2\theta + 2Ry\sin\theta + y^2$$

변위의 크기가 작아서 변위의 2차 항들은 무시할 수 있다. 삼각법을 사용하면 $\sin^2\theta + \cos^2\theta = 1$, 봉 $BC$의 변형은

$$\delta_{BC} \approx x\cos\theta + y\sin\theta$$

와 같으며, 다른 두 봉의 변형 항으로 표시하면 다음과 같다

$$\delta_{BC} \approx \delta_{BD}\cos\theta + \delta_{AB}\sin\theta$$

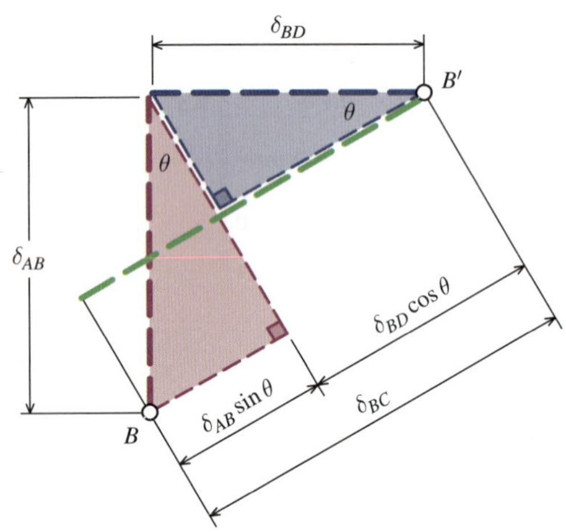

그림 5.10 • 봉 변형의 기하학적 해석

이 식의 기하학적 의미는 그림 5.10에서 음영된 직각삼각형에 표시되었다.

위에서 설명한 것으로부터 다음의 결론을 이끌어낼 수 있다. 변형량이 작을 경우 임의의 봉에서 축 변형량은 봉의 한쪽 끝단에서의 변위(다른 쪽 끝단에서 상대적인)를 봉의 원래의 방향에 대한 성분과 같다. 시스템 내의 강체는 위치가 변하거나 회전할 수 있지만 어떤 방식으로도 변형되지 않는다. 예를 들면, 만약 그림 5.9에서 봉 $BD$가 강체이고 오른쪽 위 방향으로 약간 회전한다면 지점 $B$는 $y$ 거리만큼 수직방향으로 움직일 것이고, 결과적으로 $\delta_{BC}$는 $y\sin\theta$와 같게 된다.

## 예제 5.4 EXAMPLE

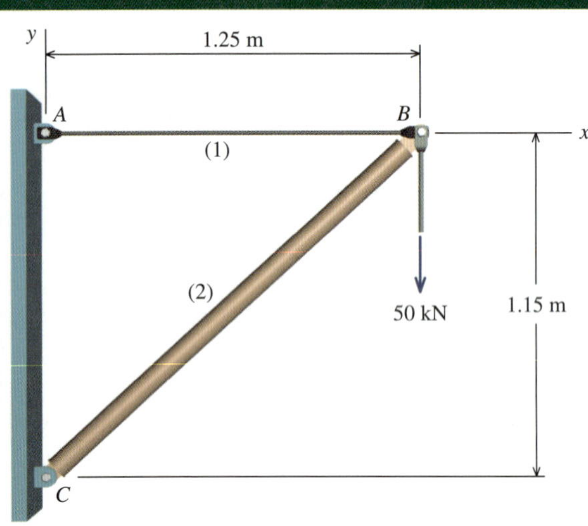

그림과 같이 지지봉 (1)과 파이프 지주 (2)는 50 kN의 힘을 받고 있다. 지지봉 (1)의 단면적이 $A_1 = 650\text{ mm}^2$이고 파이프 지주 (2)의 단면적이 $A_2 = 925\text{ mm}^2$이다. 두 요소는 구조강으로 되어 있고 탄성계수는 $E = 200\text{ GPa}$이다.

(a) 지지봉 (1)과 파이프 지주 (2)의 축 법선응력을 구하라.
(b) 각 요소의 신장량 혹은 수축량을 구하라.
(c) 점 $B$의 변형된 위치를 보여주는 변형도를 그려라.
(d) 점 $B$의 가로방향 및 세로방향의 변위를 구하라.

**풀이 계획**

점 $B$의 자유물체도에서 봉 (1), (2)의 축력을 계산한다. 각 요소의

신장량(혹은 수축량)은 식 (5.2)로부터 계산된다. 점 $B$가 이동한 위치를 구하기 위해서 다음과 같은 과정을 따른다. 점 $B$의 핀을 일시적으로 제거했다고 가정하여 요소 (1)과 (2)가 자유롭게 신장이나 수축을 하게 한다. 그러면 (1)은 점 $A$를 중심으로 회전하고 지주 (2)는 점 $C$를 중심으로 회전하게 되며 두 요소의 교차점의 위치가 정해진다. 이 새 위치에 핀으로 점 $B$를 연결했다고 가정해 본다. 이 움직임들을 설명하는 변형도는 조인트 $B$의 가로와 세로 방향에 대한 변위를 계산하는 데 사용된다.

**풀이**

**(a) 응력**

부재 (1)과 (2)의 축 내력은 점 $B$의 자유물체도에 기초한 평형조건식으로부터 구해진다. 가로($x$) 방향에 대한 힘의 평형조건식은 다음과 같이 쓸 수 있고

$$\Sigma F_x = -F_1 - F_2 \cos 42.61° = 0$$

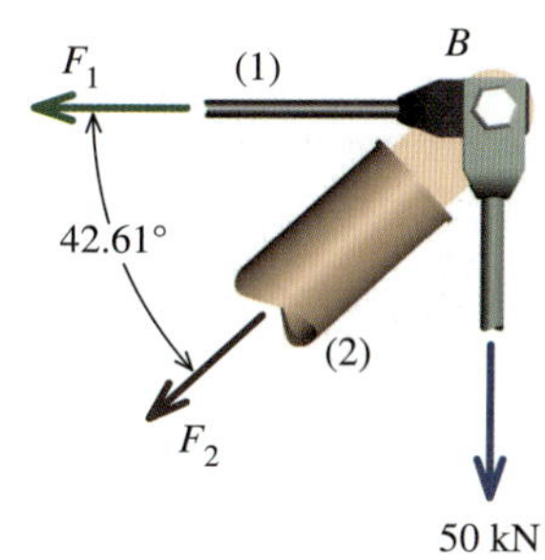


세로($y$) 방향에 대한 힘의 평형조건식은 아래와 같이 표현한다

$$\Sigma F_y = -F_2 \sin 42.61° - 50 \text{ kN} = 0$$
$$\therefore F_2 = -73.85 \text{ kN}$$

이 결과를 앞의 식에 대입하면

$$F_1 = 54.36 \text{ kN}$$

지지봉 (1)의 축 법선응력은

$$\sigma_1 = \frac{F_1}{A_1} = \frac{(54.36 \text{ kN})(1{,}000 \text{ N/kN})}{650 \text{ mm}^2} = 83.63 \text{ N/mm}^2 \text{ (T)} = 83.6 \text{ MPa (T)}$$ **Ans.**

파이프 지주 (2)의 축 법선응력은

$$\sigma_2 = \frac{F_2}{A_2} = \frac{(73.85 \text{ kN})(1{,}000 \text{ N/kN})}{925 \text{ mm}^2} = 79.84 \text{ N/mm}^2 \text{ (C)} = 79.8 \text{ MPa (C)}$$ **Ans.**

**(b) 변형**

각 봉의 변형량은 식 (5.1)이나 (5.2)로부터 얻어진다. 지지봉 (1)의 신장량은

$$\delta_1 = \frac{\sigma_1 L_1}{E_1} = \frac{(83.63 \text{ N/mm}^2)(1.25 \text{ m})(1{,}000 \text{ mm/m})}{200{,}000 \text{ N/mm}^2} = 0.5227 \text{ mm}$$ **Ans.**

기울어진 파이프 지주 (2)의 길이는

$$L_2 = \sqrt{(1.25 \text{ m})^2 + (1.15 \text{ m})^2} = 1.70 \text{ m}$$

이고 변형량은 다음과 같다.

$$\delta_2 = \frac{\sigma_2 L_2}{E_2} = \frac{(-79.84\ \text{N/mm}^2)(1.70\ \text{m})(1{,}000\ \text{mm/m})}{200{,}000\ \text{N/mm}^2} = -0.6786\ \text{mm} \qquad \textbf{Ans.}$$

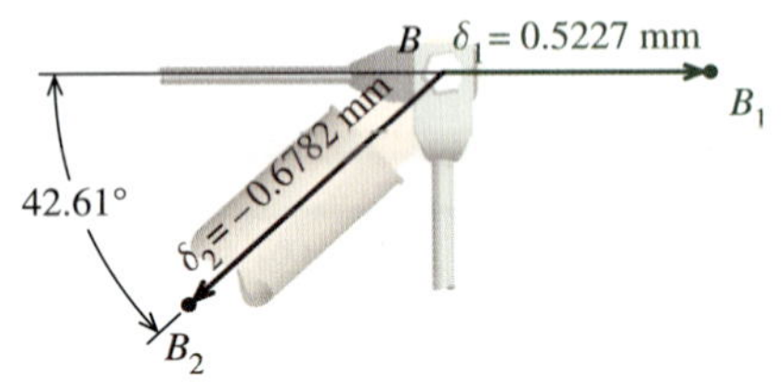


음수는 파이프 지주 (2)의 수축을 의미한다.

**(c) 변형도**

**1단계:** 점 $B$의 변형된 위치를 구하기 위해서 부재 (1)과 (2)가 (b)에서 구한 변형량에 의해 자유로운 변형을 허용하도록 점 $B$에서 핀을 일시적으로 뺐다고 하자. 지지봉 (1)에서 점 $A$는 지지부에 고정되어 있기 때문에 움지이지 않는다. 그러므로 지지봉 (1)이 0.5227 mm 신장할 때 조인트 $B$는 오른쪽으로 이동하고 점 $A$에서부터 멀어지는 $B_1$ 위치가 된다.

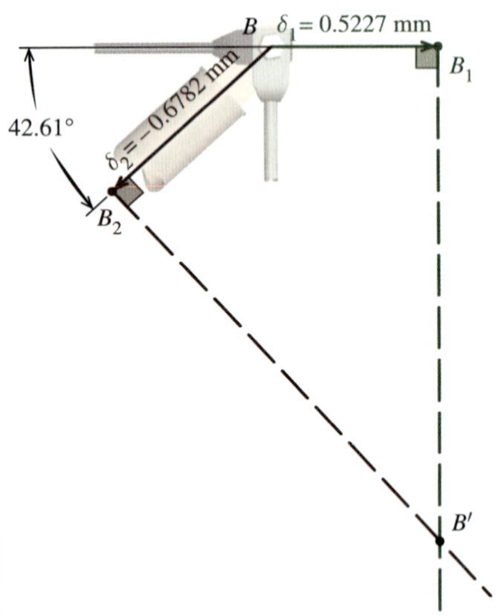


비슷하게 파이프 지주 (2)에서 점 $C$는 고정된다. 부재 (2)가 0.6782 mm 만큼 수축될 때 파이프 지주의 점 $B$는 점 $C$ 쪽으로 이동하고 $B_2$라는 새로운 위치로 이동된다. 이 변형은 왼쪽의 그림에 있다.

**2단계:** 1단계에서 연결점 $B$에서 핀을 없애고 각 부재가 각 내력에 의해서 발생하는 신장이나 수축만큼 자유롭게 변형하도록 하였다. 그렇지만 실제로는 두 봉은 핀 $B$에 의해서 연결되어 있다. 이 두 번째 단계에서는 (1)과 (2)를 연결하는 핀의 새로운 위치인 $B'$을 각 부재의 연신 $\delta_1$, $\delta_2$와 어긋나지 않도록 구하는 것이 필요하다.

축변형 때문에 지지봉 (1)과 파이프 지주 (2)는 핀 $B$에 의한 연결이 지속된다는 조건하에서 약간 회전하게 된다. 지지봉 (1)은 움직이지 않는 $A$의 끝단을 중심으로 회전하게 될 것이고 파이프 지주 (2)는 움직이지 않는 $C$의 끝단을 중심으로 회전하게 될 것이다. 만약 회전각이 작다면 점 $B$의 가능한 변형점을 설명할 원호는 부재가 하중을 받지 않았을 때의 형상에 대한 수직선으로 대체할 수 있다.

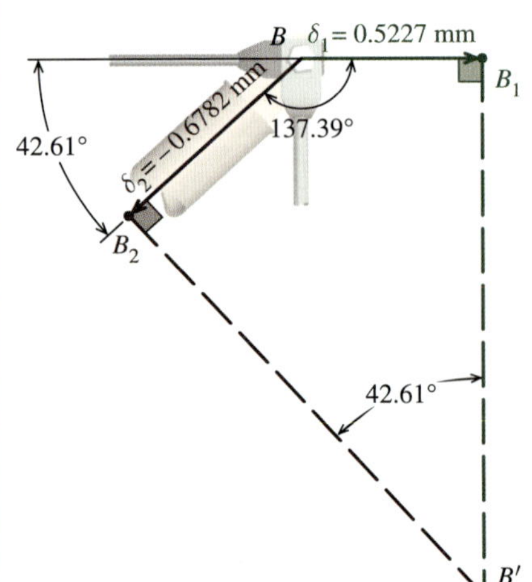


그림을 보자. 지지봉 (1)이 고정된 점 $A$를 중심으로 시계방향으로 회전하면 점 $B_1$은 아래 방향으로 이동한다. 만약에 회전각이 작다면 점 $B_1$이 이동 가능한 위치를 표시하는 원호는 지지봉 (1)의 원래의 위치에 수직한 직선으로 대체할 수 있다.

동일하게 파이프 지주 (2)가 고정된 점 $C$를 중심으로 시계방향으로 회전하게 되므로 점 $B_2$가 이동될 수 있는 위치는 부재 (2)의 원래의 방향에 수직한 직선으로 대체할 수 있다.

이 두 수직선이 교차하는 $B'$을 점 $B$의 새로운 최종위치로 정한다.

**3단계:** 이와 같이 두 개 요소로 된 구조의 변형도는 사변형 모양이 된다. $x$축과 부재 (2)가 이루는 각은 42.61°이다. 그러므로 점 $B$에서의 둔각은 180° − 42.61° = 137.39°이다.

사변형의 내각의 합은 360°이고 $B_1$과 $B_2$는 각각 90°이므로 $B'$에서 예각은 360° − 90° − 90° − 137.39° = 42.61°가 된다.

이 변형도를 이용하면 $B$의 처음 위치와 이동된 위치 $B'$ 사이의 수평 및 수직 거리를 각각 구할수 있다.

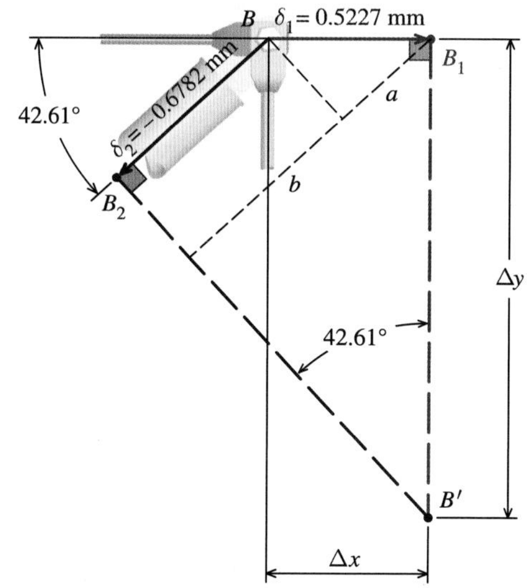


**(d) 점 $B$의 변위**

변형도는 $B$의 최종 위치 $B'$을 결정하기 위해 사용된다. 그림을 보면 점 $B$의 수평 이동 $\Delta x$는

$$\Delta x = \delta_1 = 0.5227 \text{ mm} = 0.523 \text{ mm} \qquad \textbf{Ans.}$$

수직 이동 $\Delta y$를 계산하려면 몇 단계 중간 과정이 필요하다. 변형도에서 거리 $b$는 변형의 크기 $\delta_2$와 같다. 그러므로 $b = |\delta_2| = 0.6782$ mm이다. 거리 $a$는

$$\cos 42.61° = \frac{a}{0.5227 \text{ mm}}$$

$$\therefore a = (0.5227 \text{ mm}) \cos 42.61° = 0.3847 \text{ mm}$$

수직 변위 $\Delta y$는 아래와 같은 식으로 계산 된다.

$$\sin 42.61° = \frac{(a+b)}{\Delta y}$$

$$\therefore \Delta y = \frac{(a+b)}{\sin 42.61°} = \frac{(0.3847 \text{ mm} + 0.6782 \text{ mm})}{\sin 42.61°} = 1.570 \text{ mm} \qquad \textbf{Ans.}$$

그림을 보면 점 $B$는 오른쪽 아래 방향으로 이동한다는 것을 알 수 있다.

## PROBLEMS

**P5.14** Rigid bar *ABCD* is loaded and supported as shown in Figure P5.14. Steel [$E = 30{,}000$ ksi] bars (1) and (2) are unstressed before the load *P* is applied. Bar (1) has a cross-sectional area of 0.75 in.$^2$ and bar (2) has a cross-sectional area of 0.425 in.$^2$. After load *P* is applied, the strain in bar (1) is found to be 780 $\mu\varepsilon$. Determine:

(a) the stresses in bars (1) and (2).
(b) the vertical deflection of point *D*.
(c) the load *P*.

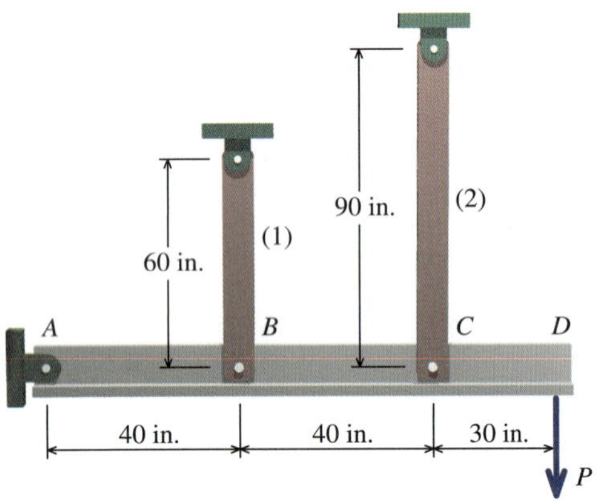


**FIGURE P5.14**

**P5.15** Rigid bar *ABCD* is loaded and supported as shown in Figure P5.15. Bars (1) and (2) are unstressed before the load *P* is applied. Bar (1) is made of bronze [$E = 100$ GPa] and has a cross-sectional area of 520 mm$^2$. Bar (2) is made of aluminum [$E = 70$ GPa] and has a cross-sectional area of 960 mm$^2$. After the load *P* is applied, the force in bar (2) is found to be 25 kN (in tension). Determine:

(a) the stresses in bars (1) and (2).
(b) the vertical deflection of point *A*.
(c) the load *P*.

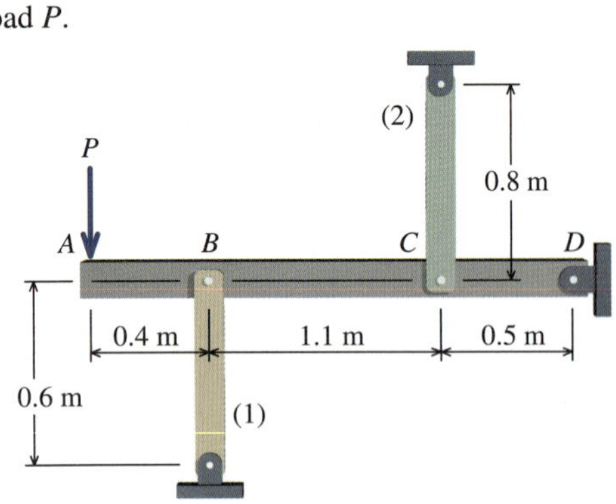


**FIGURE P5.15**

**P5.16** In Figure P5.16, aluminum [$E = 70$ GPa] links (1) and (2) support rigid beam *ABC*. Link (1) has a cross-sectional area of 300 mm$^2$ and link (2) has a cross-sectional area of 450 mm$^2$. For an applied load of $P = 55$ kN, determine the rigid beam deflection at point *B*.

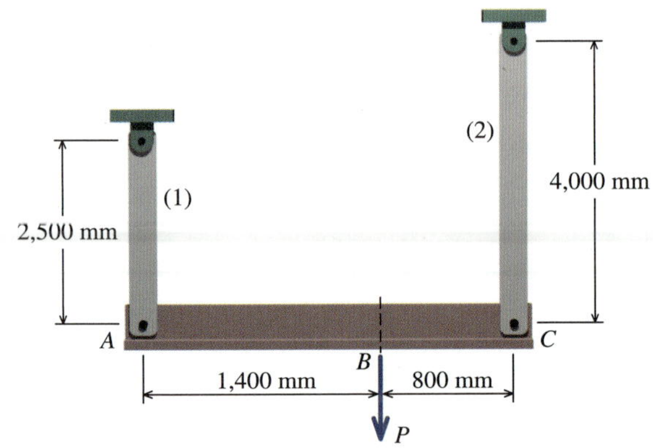


**FIGURE P5.16**

**P5.17** Rigid bar *ABC* is supported by bronze rod (1) and aluminum rod (2) as shown in Figure P5.17. A concentrated load *P* is applied to the free end of aluminum rod (3). Bronze rod (1) has an elastic modulus of $E_1 = 15{,}000$ ksi and a diameter of $d_1 = 0.50$ in. Aluminum rod (2) has an elastic modulus of $E_2 = 10{,}000$ ksi and a diameter of $d_2 = 0.75$ in. Aluminum rod (3) has a diameter of $d_3 = 1.0$ in. The yield strength of the bronze is 48 ksi and the yield strength of the aluminum is 40 ksi.

(a) Determine the magnitude of load *P* that can safely be applied to the structure if a minimum factor of safety of 1.67 is required.
(b) Determine the deflection of point *D* for the load determined in part (a).
(c) The pin used at *B* has an ultimate shear strength of 54 ksi. If a factor of safety of 3.0 is required for this double shear pin connection, determine the minimum pin diameter that can be used at *B*.

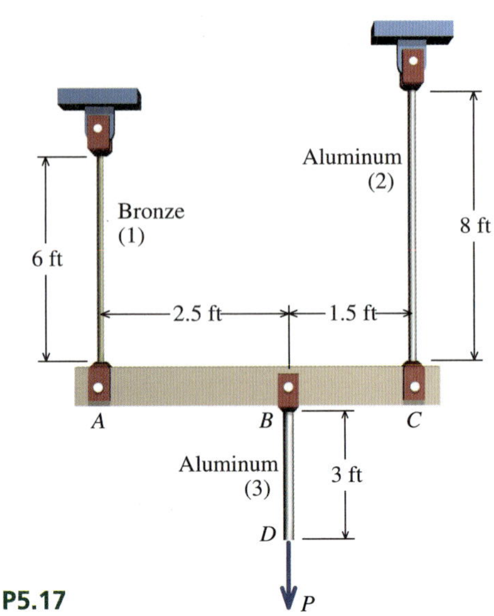


**FIGURE P5.17**

**P5.18** Solve Problem 5.14 when there is a clearance of 0.05 in. in the pin connection at $C$.

**P5.19** The rigid beam in Figure P5.19 is supported by links (1) and (2), which are made from a polymer material [$E = 16$ GPa]. Link (1) has a cross-sectional area of 400 mm$^2$ and link (2) has a cross-sectional area of 800 mm$^2$. Determine the maximum load $P$ that may by applied if the deflection of the rigid beam is not to exceed 20 mm at point $C$.

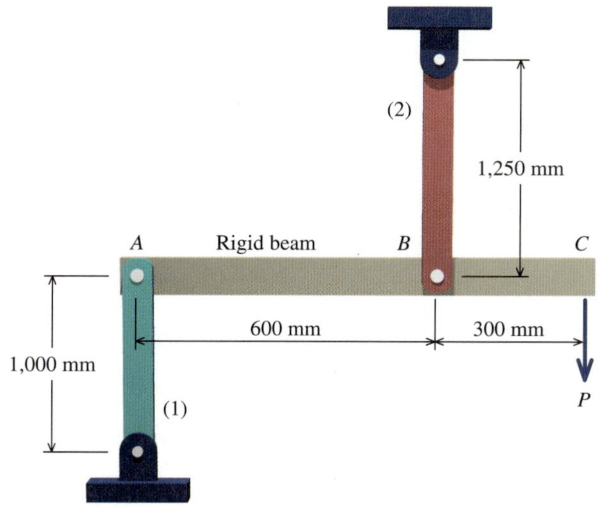


**FIGURE P5.19**

**P5.20** Three aluminum [$E = 10{,}000$ ksi] bars are used to support the loads shown in Figure P5.20. The elongation in each bar must be limited to 0.25 in. Determine the minimum cross-sectional area required for each bar.

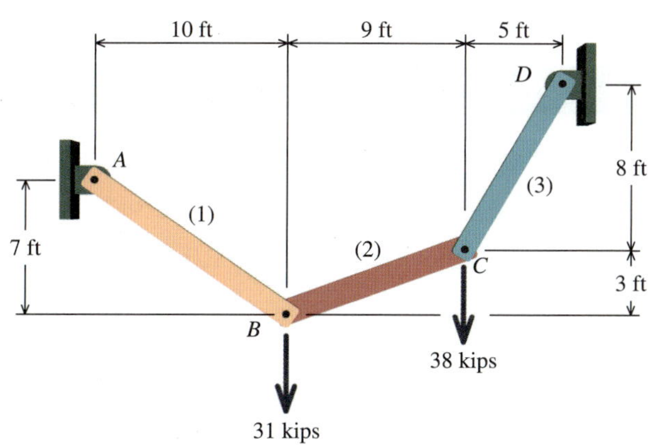


**FIGURE P5.20**

**P5.21** A tie rod (1) and a pipe strut (2) are used to support an 80-kip load as shown in Figure P5.21. Pipe strut (2) has an outside diameter of 6.625 in. and a wall thickness of 0.280 in. Both the tie rod and the pipe strut are made of structural steel with a modulus of elasticity of $E = 29{,}000$ ksi and a yield strength of $\sigma_Y = 36$ ksi. For the tie rod, the minimum factor of safety with respect to yield is 1.5 and the maximum allowable axial elongation is 0.20 in.

(a) Determine the minimum diameter required to satisfy both constraints for tie rod (1).
(b) Draw a deformation diagram showing the final position of joint $B$.

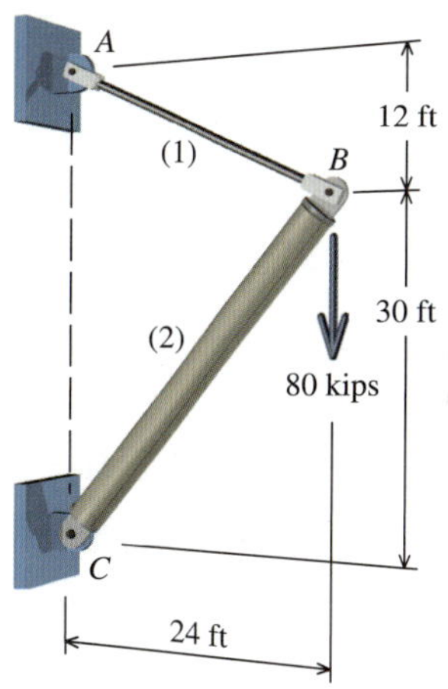


**FIGURE P5.21**

**P5.22** Two axial members are used to support a load of $P = 72$ kips as shown in Figure P5.22. Member (1) is 12 ft long, it has a cross-sectional area of $A_1 = 1.75$ in.$^2$, and it is made of structural steel [$E = 29{,}000$ ksi]. Member (2) is 16 ft long, it has a cross-sectional area of $A_2 = 4.50$ in.$^2$, and it is made of an aluminum alloy [$E = 10{,}000$ ksi].

(a) Compute the normal stress in each axial member.
(b) Compute the deformation of each axial member.
(c) Draw a deformation diagram showing the final position of joint $B$.
(d) Compute the horizontal and vertical displacements of joint $B$.

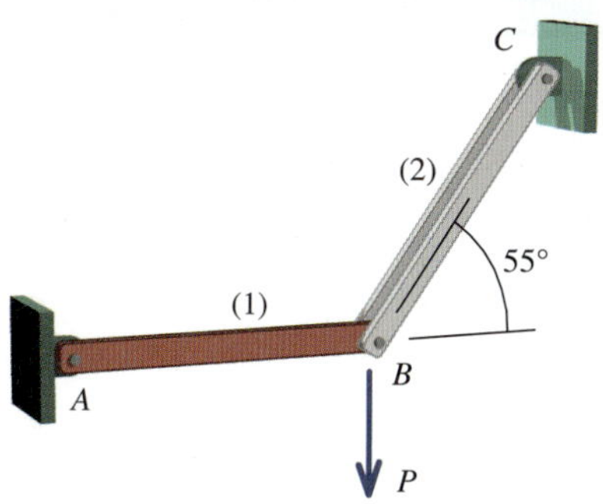


**FIGURE P5.22**

## 5.5 축하중을 받는 부정정 부재

축하중 부재, 즉 봉들로 구성된 간단한 구조물들과 기계 시스템의 반력 및 각 요소들의 축력을 나타낸 자유물체도에 평형조건을 적용함으로써 구할 수 있다. 이런 구조물과 시스템은 **정정**계로 분류된다.

다른 구조물과 기계 시스템에서는 평형조건식만으로는 반력 및 각 요소의 축력을 계산하기에 충분하지 않다. 다시 말하면 시스템에서의 모든 미지수를 구하기 위한 방정식의 수가 부족하다. 이런 구조물과 시스템을 **부정정**계라고 한다. 이런 구조물들은 평형조건식에 더하여 이 구조물과 시스템의 부재들에 대한 변형의 기하학적 조건을 포함함으로써 모자라는 방정식의 수를 보충해야 한다. 일반적인 풀이과정은 5단계로 구성된다.

공학 문헌에서 **힘-변형 관계**는 **구성방정식**이라고 하기도 한다. 왜냐하면 이 관계식은 재료의 물리적 성질, 다시 말해 재료의 ***기본 거동특성***을 이상화한 것이기 때문이다.

**1단계 — 평형조건:** 구조물에 대한 힘의 평형조건으로부터 미지의 축력 항으로 수식화한다.

**2단계 — 변형의 기하학적 관계:** 대상 구조물의 기하학적인 형상을 고려하여 각 축 요소들의 변형량을 결정한다.

**3단계 — 힘-변형 관계:** 축 부재들의 축력과 해당되는 변형의 관계를 식 (5.2)로 나타낸다.

**4단계 — 기하학적 적합조건:** 힘-변형 관계는 구조의 기하학적 요구조건 또는 적합성을 기초로 해서 얻은 기하학적 적합방정식에 대입하게 되고 미지의 축력 항으로 표시된 식을 유도한다.

**5단계 — 방정식 풀이:** 평형조건식과 기하학적 적합방정식을 동시에 풀어 미지의 축력을 계산한다.

다음의 예제에서 위와 같은 부정정 축 구조물의 풀이과정을 소개한다.

> 1장과 2장에서 논했듯이 강체요소의 개념을 사용하는 것이 축변형 개념을 설명하는 데 편리하다. 강체 부재(봉, 보, 평판 등)는 무한 강도를 가져 어떤 경우라도 변형이 되지 않는 물체를 말한다. 강체는 이동과 회전을 하더라도 늘어나거나 줄어들거나 비틀리거나 휘어지지 않는다.

### 예제 5.5 EXAMPLE

1.5 m 길이의 강체 부재 $ABC$는 세 개의 축에 의해 지지되어 있다. 집중하중 220 kN이 강체 부재의 $B$점 아래에 작용한다.

$A$와 $C$에 연결되어 있는 축 부재 (1)은 각각 같은 알루미늄합금봉[$E = 70$ GPa]으로 단면적은 $A_1 = 550$ mm$^2$이고 길이는 $L_1 = 2$ m이다. 부재 (2)는 강봉[$E = 200$ GPa] 이며, 단면적이 $A_2 = 900$ mm$^2$이고 길이는 $L_2 = 2$ m이다. 모든 부재는 무마찰 핀에 의해서 연결되어 있다. 만약 세 봉이 모두 초기에 응력이 없었다면, 다음을 결정하라.

(a) 알루미늄봉과 강봉의 법선응력

(b) 220 kN이 작용한 이후의 강체 부재의 변위

* 역자주: 4단계의 기하학적 적합과 관련된 내용을 2단계에 포함시키고 2단계의 제목을 변형의 기하학 및 기하학적 적합성을 표현함으로써 역학 문제의 수식화 과정을 3단계로 설명할 수 있다.

**풀이 계획**

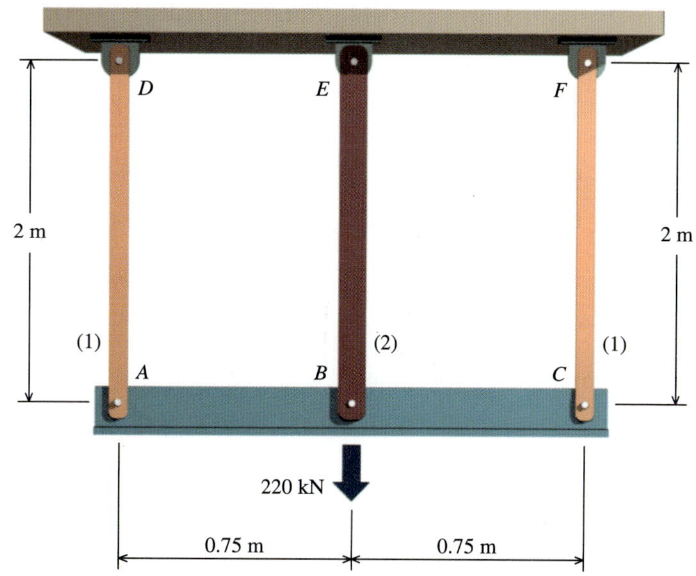


강체 부재 $ABC$의 자유물체도를 그리고 미지의 부재력 $F_1$과 $F_2$의 항을 포함한 평형조건식을 유도한다. 축 부재와 220 kN의 하중이 강체 부재의 중점 $B$를 기준으로 대칭으로 구성되어 있기 때문에 두 개의 알루미늄봉 (1)의 힘들은 동일하다. 축 부재들의 축력은 식 (5.2)에 의해 변형량과 관계 지워진다. 부재 (1)과 (2)는 강체 부재 $ABC$에 연결되어 있기 때문에 두 부재는 서로 독립적으로 변형할 수 없다. 이 결과와 함께 구조물의 대칭성을 고려하면 부재 (1)과 부재 (2)의 변형이 서로 같다고 할 수 있다. 이 사실은 부재력과 변형의 관계식[식 (5.2)]과 합쳐져서 미지력 $F_1$과 $F_2$의 항으로 표현된 다른 방정식을 끌어낼 수 있다. 이 방정식은 적합방정식이라 부른다. 평형조건식과 기하학적 적합방정식을 동시에 풀어서 부재력을 계산해 낼 수 있다. $F_1$과 $F_2$가 결정되면 각 봉의 법선응력과 강체 부재 $ABC$의 변위가 계산된다.

**풀이**

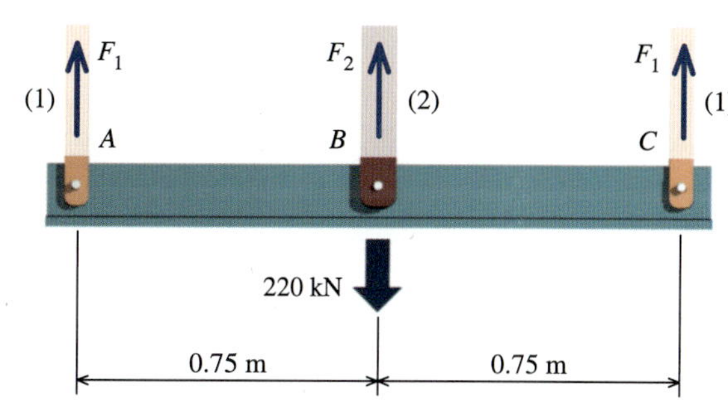


**1단계 — 평형조건**: 강체 부재 $ABC$의 자유물체도는 그림에 있다. 전체인 구조와 하중의 대칭성으로부터 부재 $AD$와 $CF$의 축력이 같다는 것을 알 수 있고 따라서 이 부재들의 내력을 똑같이 $F_1$으로 표시한다. 부재 $BE$의 내력은 $F_2$로 표시한다*.

자유물체도로부터 (a) 수직방향($y$방향)의 힘의 평형조건과 (b) 점 $A$에서 모멘트 평형조건으로부터 다음의 두 식을 구할 수 있다.

$$\Sigma F_y = 2F_1 + F_2 - 220\text{ kN} = 0 \qquad \text{(a)}$$

$$\Sigma M_A = (1.5\text{ m})F_1 + (0.75\text{ m})F_2 - (0.75\text{ m})(220\text{ kN}) = 0 \qquad \text{(b)}$$

평형조건식에는 두 개의 미지수($F_1$, $F_2$)가 있고 첫눈에는 이 두 식을 동시에 풀어 $F_1$과 $F_2$를 구해낼 수 있을 것으로 생각할 수 있다. 그러나 식 (b)를 0.75 m로 나누면 식 (a)와 식 (b)는 동일하게 된다. 따라서 $F_1$과 $F_2$를 계산하기 위해서 평형조건식과 다른 하나의 방정식이 유도되어야 한다**.

**2단계 — 변형의 기하학적 관계:** 대칭에 의해서 강체 부재 $ABC$는 220 kN의 하중이 작용한 이후에도 수평으로 유지된다는 것을 알 수 있다. 따라서 조인트 $A$, $B$, $C$는 같은 양만큼 아래 방향으로 이동한다($v_A = v_B = v_C$). 이 강체 부재의 세 점의 변위

* 역자주: C점의 $F_1$ 대신 $F_3$로 두고, 점 $B$에서 모멘트 평형조건으로부터 $F_3 = F_1$의 관계식을 유도하는 것이 원칙이다.

** 역자주: $F_3$ 대신 $F_1$으로 함으로써 점 $B$에서 모멘트 평형조건을 사용했기 때문에 식 (b)는 의미가 없다.

가 어떻게 부재의 변형량 $\delta_1$과 $\delta_2$와 관계가 있을까? 부재들은 강체에 직접 연결되어 있기 때문에(그리고 핀 연결의 공차나 간격 같은 다른 고려사항이 없다) 다음 식이 성립한다.

$$v_A = v_C = \delta_1, \quad v_B = \delta_2 \tag{c}$$

**3단계—힘-변형 관계:** 축 부재의 연신량은 식 (5.2)에 의해서 구해진다. 그러므로 내부 축력과 부재의 변형량의 관계는 각 부재마다 다음 식으로 표시된다.

$$\delta_1 = \frac{F_1 L_1}{A_1 E_1}, \quad \delta_2 = \frac{F_2 L_2}{A_2 E_2} \tag{d}$$

**4단계—기하학적 적합조건:** 힘-변형 관계식 (d)는 형상의 변형에 기초하지만 부재의 미지력 $F_1$과 $F_2$의 항으로 표현되는 새로운 식을 구하기 위해 변형의 기하학적 적합조건[식 (c), $\delta_1 = \delta_2$]에 대입한다.

$$v_A = v_B = v_C \qquad \therefore \frac{F_1 L_1}{A_1 E_1} = \frac{F_2 L_2}{A_2 E_2} \tag{e}$$

**5단계—방정식 풀이:** 기하학적 적합방정식 (e)로부터 $F_1$을 유도한다.

$$F_1 = F_2 \frac{L_2}{L_1}\frac{A_1}{A_2}\frac{E_1}{E_2} = F_2 \frac{(2\text{ m})}{(2\text{ m})}\frac{(550\text{ mm}^2)}{(900\text{ mm}^2)}\frac{(70\text{ GPa})}{(200\text{ GPa})} = 0.2139F_2 \tag{f}$$

식 (f)를 식 (a)에 대입하고 $F_1$과 $F_2$를 구한다.

$$\Sigma F_y = 2F_1 + F_2 = 2(0.2139F_2) + F_2 = 220\text{ kN}$$

$$\therefore F_2 = 154.083\text{ kN}, \quad F_1 = 32.958\text{ kN}$$

알루미늄봉 (1)의 법선응력은

$$\sigma_1 = \frac{F_1}{A_1} = \frac{32{,}958\text{ N}}{550\text{ mm}^2} = 59.9\text{ MPa (T)}$$ **Ans.**

이고, 강봉 (2)의 법선응력은

$$\sigma_2 = \frac{F_2}{A_2} = \frac{154{,}083\text{ N}}{900\text{ mm}^2} = 171.2\text{ MPa (T)}$$ **Ans.**

이다. 식 (c)로부터 강체 부재의 변위는 축 부재들의 변형량과 같다. 두 부재 (1)과 (2)의 연신이 같기 때문에 식 (d)의 어느 항을 사용해도 좋다.

$$\delta_1 = \frac{F_1 L_1}{A_1 E_1} = \frac{(32{,}958\text{ N})(2{,}000\text{ mm})}{(550\text{ mm}^2)(70{,}000\text{ N/mm}^2)} = 1.712\text{ mm}$$

그러므로 강체 부재의 변위는 $v_A = v_B = v_C = \delta_1 = 1.712$ mm이다. **Ans.**

강체 부재가 아래 방향으로 이동한다는 것을 바로 알 수 있다.

앞의 예제를 통해서 보여준 5단계 과정은 부정정 구조의 해석에 다양하게 적용될 수 있다. 이에 더하여 문제 풀이 각 단계에서의 고려사항과 추천사항을 다음 표에 정리하였다.

부정정 축 구조의 풀이 방법

| | | |
|---|---|---|
| **1단계** | 평형조건 | 봉 또는 부재들을 연결하는 연결점에 중점을 두면서 구조물의 자유물체도를 하나 또는 그 이상 그린다. 연결점은 (a) 외력이 작용되거나, (b) 단면의 성질(단면이나 지름)이 변화하거나, (c) 재료의 성질($E$ 등)이 변화하거나, (d) 봉 또는 부재가 강체 부재(봉, 보, 평판, 플랜지 등)에 연결되는 모든 지점에 위치한다. 일반적으로 반력이 작용하는 연결점에서의 자유물체도는 유용하지 않다<br>자유물체도에 대해 평형조건식을 유도한다. 포함된 미지수의 개수와 독립된 평형조건식의 개수에 주의한다. 만약 미지수의 개수가 평형조건식의 개수를 초과하면 기하학적 적합방정식이 초과하는 미지수의 개수만큼 유도되어야 한다.<br>주:<br>• 연결점의 표시는 대문자로 하고 부재는 번호로 표시한다. 간단한 이 방법은 부재에 발생하는 현상(변형 등)이나 연결점에 관한 현상(강체의 처짐 등)을 정확히 인식하는 데 도움을 줄 것이다.<br>• 일반적으로 축 부재를 가로질러 자유물체도를 분리할 때 축력은 인장으로 가정한다(2단계에서처럼). 양의 인장과 함께 양의 축력을 쓰는 것은 많은 경우에, 특히 온도가 변화하는 곳에 대한 고려 등에 있어서 매우 효과적이다. 온도 변화는 5.6절에서 다루게 된다. |
| **2단계** | 변형의 기하학적 관계 | 이 단계는 부정정계 문제에 특히 필요하다. 구조물이나 시스템은 축 부재들의 변형이 어떻게 서로 관련을 맺고 있는지를 평가하기 위하여 잘 연구해야 한다. 대부분의 부정정 축 구조물은 다음 세 가지 중의 하나에 포함된다.<br>**1.** 동축 혹은 평행 축 부재들<br>**2.** 축 부재들에서 연속적으로 끝단이 연결<br>**3.** 축 부재들이 회전하는 강체요소와 연결<br>이 세 종류의 특성은 아래에 자세히 설명한다. |
| **3단계** | 힘–변형 관계 | 축 부재 $i$에서 축력과 변형의 관계는 다음과 같이 표시한다.<br>$$\delta_i = \frac{F_i L_i}{A_i E_i}$$<br>실제적으로, 문제해결의 이번 단계에서 축 부재들의 힘–변형 관계를 쓰는 것은 도움이 된다. 이 관계식은 아래 4단계에서 기하학적 적합방정식을 구할 때 사용된다. |
| **4단계** | 기하학적 적합조건 | 힘–변형의 관계(3단계)는 부재의 변형량과 형상의 관계(2단계)와 합쳐져서 미지의 부재력으로 표시되는 새로운 방정식으로 유도된다. 기하학적 적합방정식과 평형조건식을 합하면 미지의 변수를 구하는 데 충분한 정보를 제공한다. |
| **5단계** | 방정식 풀이 | 기하학적 적합방정식과 평형조건식을 동시에 푼다. 개념적으로는 쉬우나 이 단계에서는 부호규약이나 단위의 일관성과 같은 세밀한 부분의 주의를 요한다. |

다섯 단계의 풀이 방법에 대한 성공적인 적용은 어떤 구조 내에서 축 변형이 어떻게 연관되는지에 대한 이해의 능력에 따라 매우 크게 좌우된다. 다음 표는 축에는 부재들로 구성

되는 부정정계 구조물에 대한 세 가지의 일반적인 분류를 표시하였다. 각각의 분류에서 가능한 형상의 기하학적 적합방정식을 논하였다.

일반적인 부정정계 축 구조물 변형의 기하학적 관계

| 방정식 형태 | 주 | 일반적인 문제 |
|---|---|---|
| **1. 동축 혹은 평행 축 부재들** | | |
| | 이 분류에서의 문제들은 나란한 평판, 가운데가 채워져 있는 관, 강이 보강된 콘크리트 기둥, 강봉에 대칭적으로 연결된 평행한 봉들이 있다. | 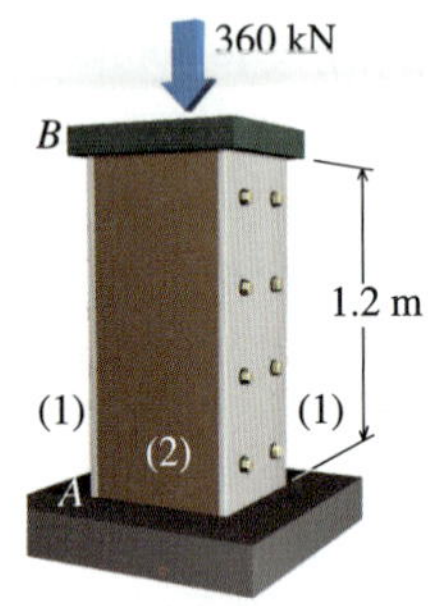  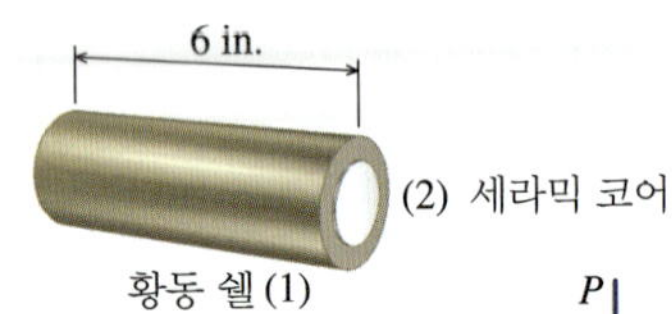  |
| $\delta_1 = \delta_2$ | 부재들 간의 간격이나 공차가 없다면 각각의 축 부재들의 변형은 동일하다. | 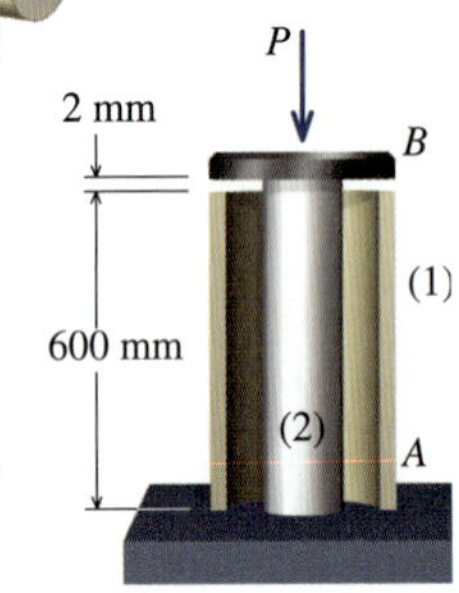  |
| $\delta_1 + \text{gap} = \delta_2$<br>$\delta_1 = \delta_2 + \text{gap}$ | 만약 간격이 있다면 한 부재의 변형은 다른 부재의 변형에 간격의 거리를 더한 만큼이 된다. | 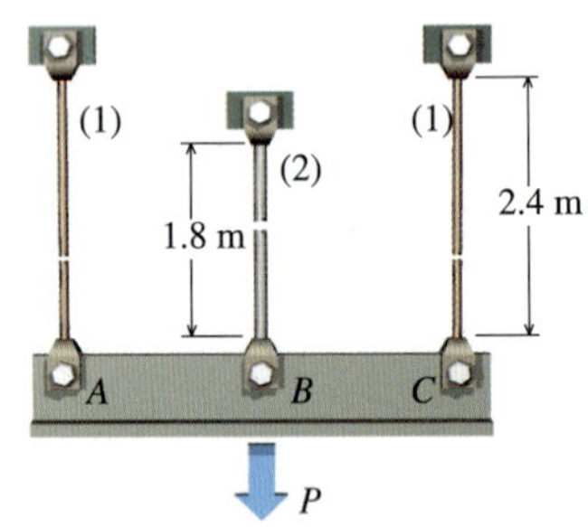  |
| **2. 축 부재들에서 연속적으로 끝단이 연결** | | |
| | 이 분류에서의 문제들은 두 개 혹은 그 이상의 부재들이 끝단에서 연결된 구조들이다. | 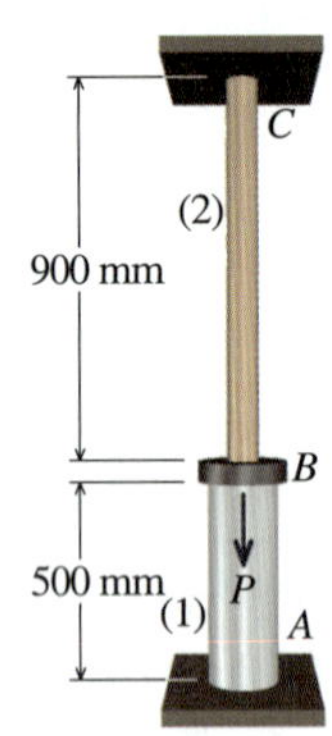  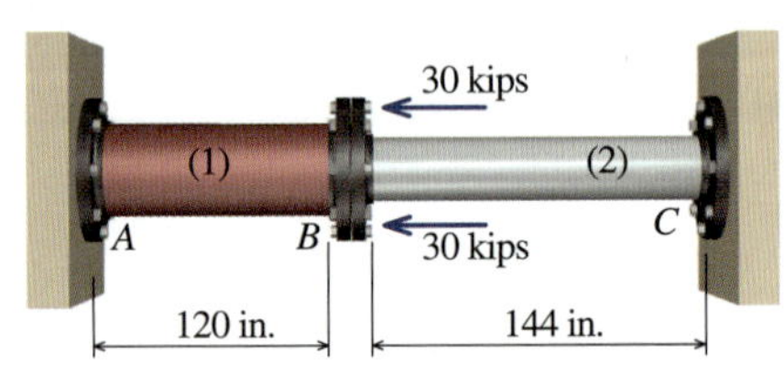  |
| $\delta_1 + \delta_2 = 0$ | 만약에 간격이나 공차가 없다면 부재의 변형들의 합은 없게 된다. 다시 말해서 하나의 부재 (1)의 연신은 다른 부재 (2)의 동일한 양만큼의 수축을 동반한다. | 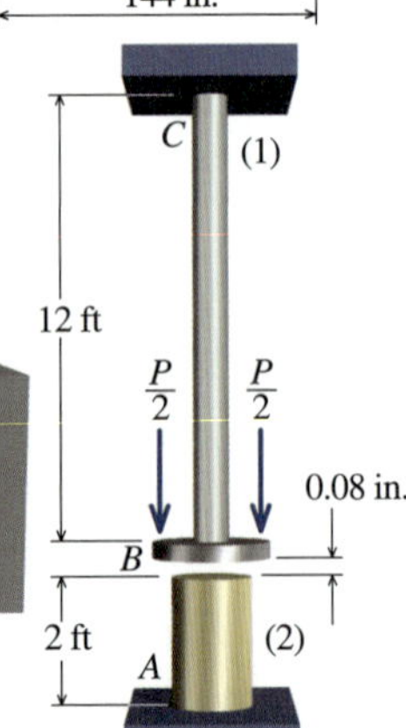  |
| $\delta_1 + \delta_2 =$ 일정함 | 만약에 간격이나 공차가 두 부재 사이에 존재하거나 지지부가 하중이 작용할 때 이동하면 부재의 변형의 합은 이들 거리와 동일하다. | 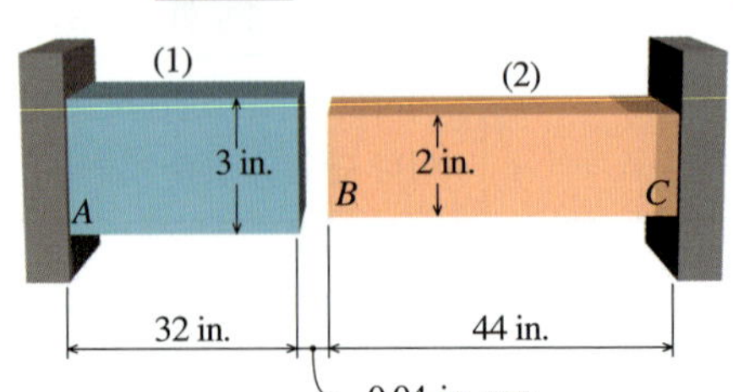  |

(계속)

| 방정식 형태 | 주 | 일반적인 문제 |
|---|---|---|
| 3. 축 부재들이 회전하는 강체요소와 연결 | | |
| | 이 분류에서의 문제는 강체 부재 혹은 강체 평판에 축 부재들이 접합된 형태이다.<br><br>강체 부재는 핀연결이 되어 어떤 고정점에 대해 회전이 가능하다. 축 부재들이 회전 부재에 연결되어 있기 때문에 축 부재들의 변형은 강체 부재의 처짐 위치에 따라서 구속된다. 축 부재들의 변형 사이의 관계는 닮은꼴 삼각형 규칙으로부터 구할 수 있다. | 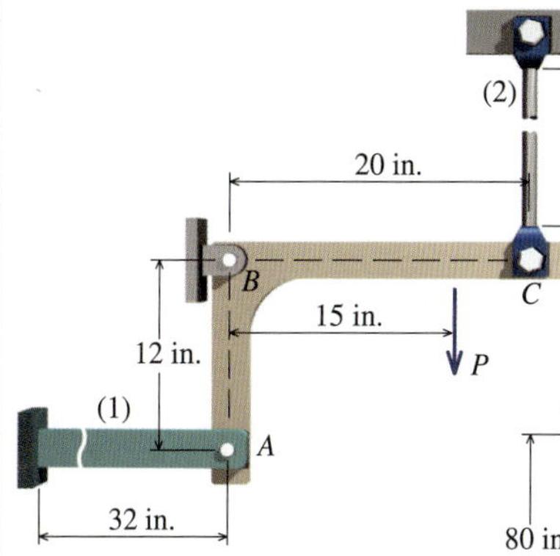 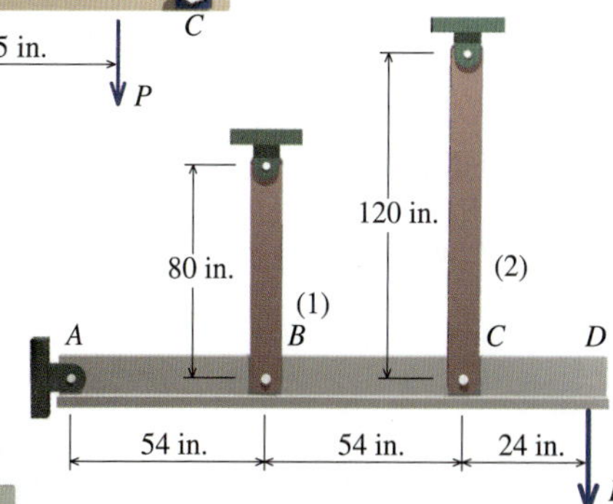 |
| $\frac{\delta_1}{a} = \frac{\delta_2}{b}$ | 만약 두 축 부재가 강체 부재의 회전에 따라서 연신 혹은 수축한다면 첫 번째 형태의 방정식이 얻어진다. | 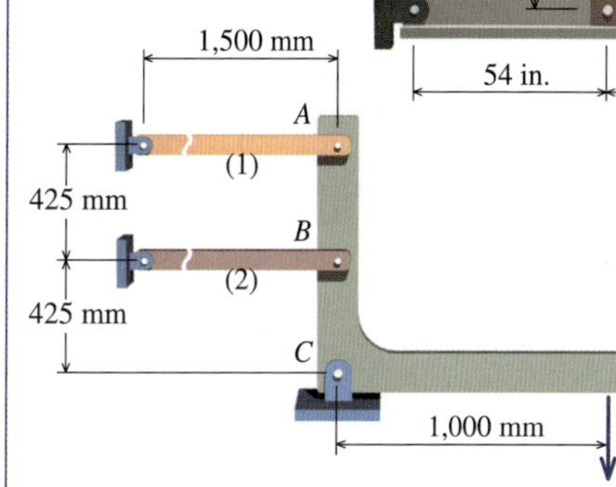 |
| $\frac{\delta_1}{a} = -\frac{\delta_2}{b}$ | 만약 강체 부재의 회전에 따라서 하나의 축부재가 연신하고 다른 축 부재는 수축한다면 변형의 기하학적 관계식은 두 번째 형태의 방정식으로 수식화된다. | 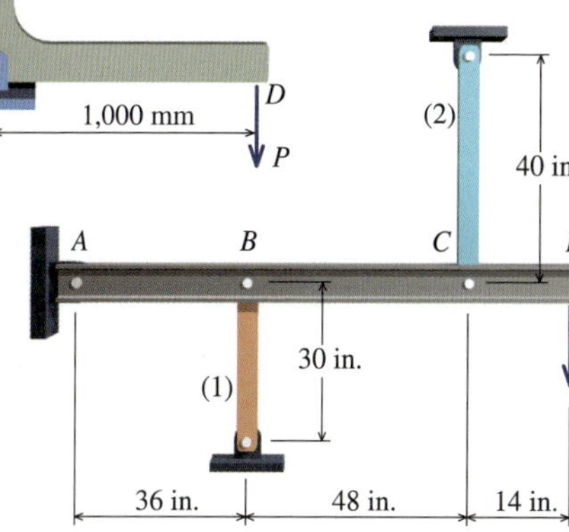 |
| $\frac{\delta_1 + \text{gap}}{a} = \frac{\delta_2}{b}$ | 만약 간격이나 공차가 연결점에 있다면 변형의 기하학적 관계식은 세 번째 형태를 갖게 된다. | |









## 예제 5.6 EXAMPLE

강 파이프 (1)은 알루미늄 파이프 (2)에 플랜지 $B$에서 연결되어 있다. 강 파이프 (1)과 알루미늄 파이프 (2)는 각각 강체 지지대의 점 $A$와 $C$에 붙어 있다.

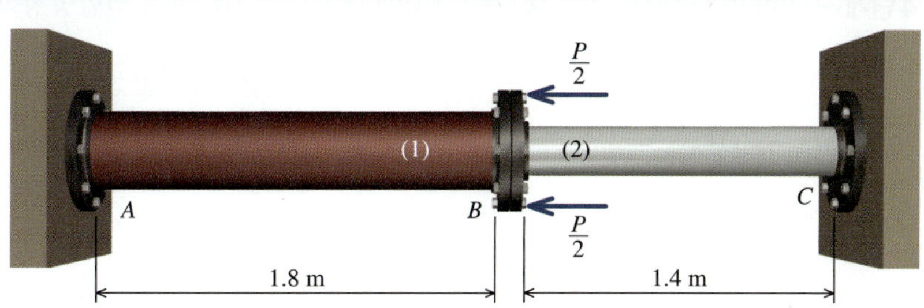


부재 (1)은 단면적이 $A_1 = 3{,}600\ \text{mm}^2$이

고, 탄성계수는 $E_1 = 200$ GPa이며 허용법선응력은 160 MPa이다. 부재 (2)는 단면적이 $A_2 = 2{,}000$ mm$^2$이고, 탄성계수는 $E_2 = 70$ GPa이며, 허용법선응력은 120 MPa이다. 허용응력을 초과하지 않고 플랜지 $B$에 적용 가능한 최대 하중 $P$를 구하라.

**풀이 계획**

플랜지 $B$의 자유물체도를 그리고 $x$방향의 힘의 합에 대한 평형조건식을 유도한다. 이 방정식은 세 개의 미지수($F_1$, $F_2$, $P$)가 포함된다.

변형의 기하학적 관계식을 결정하고 부재 (1)과 부재 (2)의 힘-변형 관계를 수식화한다. 힘-변형 관계식을 변형의 기하학적 관계식에 대입하여 기하학적 적합방정식을 얻는다. 그리고 허용응력과 부재 (1)의 단면적을 사용하여 $P$를 계산한다. 이 과정을 반복해서 부재 (2)의 허용응력과 단면적을 이용하여 $P$의 두 번째 값을 구한다. 플랜지 $B$에 적용 가능한 두 개의 최대 힘 $P$ 중에서 작은 값을 선택한다.

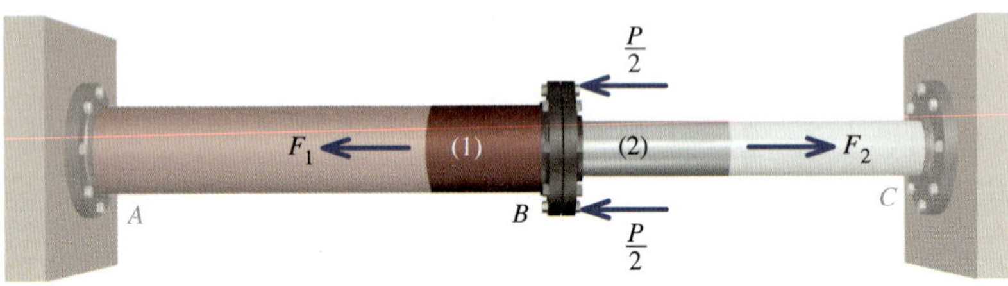


**풀이**

**1단계 — 평형조건:** 조인트 $B$의 자유물체도는 그림과 같다. 두 부재 모두 인장 내력으로 가정한다[부재 (1)은 실제적으로 압축될 것으로 예상된다].

조인트 $B$에 대한 평형조건식은 아래와 같다.

$$\Sigma F_x = F_2 - F_1 - P = 0 \tag{a}$$

**2단계 — 변형의 기하학적 관계:** 복합 축 부재는 $A$와 $C$에서 강체 지지부에 고정되어 있기 때문에 구조의 전체 변형은 없다. 다시 말해서

$$\delta_1 + \delta_2 = 0 \tag{b}$$

**3단계 — 힘-변형 관계:** 두 부재에 대해 일반적인 힘-변위 관계를 수식화한다.

$$\delta_1 = \frac{F_1 L_1}{A_1 E_1}, \qquad \delta_2 = \frac{F_2 L_2}{A_2 E_2} \tag{c}$$

**4단계 — 기하학적 적합조건:** 식 (c)를 식 (b)에 대입하고 기하학적 적합방정식을 얻는다.

$$\frac{F_1 L_1}{A_1 E_1} + \frac{F_2 L_2}{A_2 E_2} = 0 \tag{d}$$

**5단계—방정식 풀이:** 첫째, 식 (a)에 $F_2$를 대입한다. 이를 위해 식 (d)를 $F_2$에 대하여 푼다.

$$\boxed{F_2 = -F_1 \frac{L_1}{L_2}\frac{A_2}{A_1}\frac{E_2}{E_1}} \tag{e}$$

식 (e)를 식 (a)에 대입하면 다음의 식을 얻는다.

$$-F_1 \frac{L_1}{L_2}\frac{A_2}{A_1}\frac{E_2}{E_1} - F_1 = -F_1\left[\frac{L_1}{L_2}\frac{A_2}{A_1}\frac{E_2}{E_1} + 1\right] = P$$

이 방정식에는 아직 두 개의 미지수가 있다. 따라서 해를 얻기 위해서는 다른 방정식이 필요하다. $F_1$을 부재 (1)의 허용 응력에 대응하는 힘 $\sigma_{\text{allow},1}$과 같다고 놓고 하중 $P$에 대해 계산한다(**주의**: $F_1$에 붙는 음수는 생략 가능한데 이유는 하중 $P$의 크기에만 관심이 있기 때문이다).

$$\sigma_{\text{allow},1}A_1\left[\frac{L_1}{L_2}\frac{A_2}{A_1}\frac{E_2}{E_1} + 1\right] = (160\ \text{N/mm}^2)(3{,}600\ \text{mm}^2)\left[\left(\frac{1.8}{1.4}\right)\left(\frac{2{,}000}{3{,}600}\right)\left(\frac{70}{200}\right) + 1\right]$$
$$= (576{,}000\ \text{N})[1.25] = 720{,}000\ \text{N} = 720\ \text{kN} \geq P$$

이 과정을 부재 (2)에도 반복한다. 식 (e)를 다시 써서 $F_1$에 대한 식을 구한다.

$$\boxed{F_1 = -F_2 \frac{L_2}{L_1}\frac{A_1}{A_2}\frac{E_1}{E_2}} \tag{f}$$

식 (f)를 식 (a)에 대입하고 다음 식을 얻는다.

$$F_2 + F_2\frac{L_2}{L_1}\frac{A_1}{A_2}\frac{E_1}{E_2} = F_2\left[1 + \frac{L_2}{L_1}\frac{A_1}{A_2}\frac{E_1}{E_2}\right] = P$$

$F_2$를 허용 가능한 힘으로 놓고 작용하는 힘 $P$에 대해서 푼다.

$$\sigma_{\text{allow},2}A_2\left[1 + \frac{L_2}{L_1}\frac{A_1}{A_2}\frac{E_1}{E_2}\right] = (120\ \text{N/mm}^2)(2{,}000\ \text{mm}^2)\left[1 + \left(\frac{1.4}{1.8}\right)\left(\frac{3{,}600}{2{,}000}\right)\left(\frac{200}{70}\right)\right]$$
$$= (240{,}000\ \text{N})[5.0] = 1{,}200{,}000\ \text{N} = 1{,}200\ \text{kN} \geq P$$

그러므로 플랜지 $B$에 작용할 수 있는 최대 하중 $P = 720$ kN이다. **Ans.**

## MecMovies Example M5.5

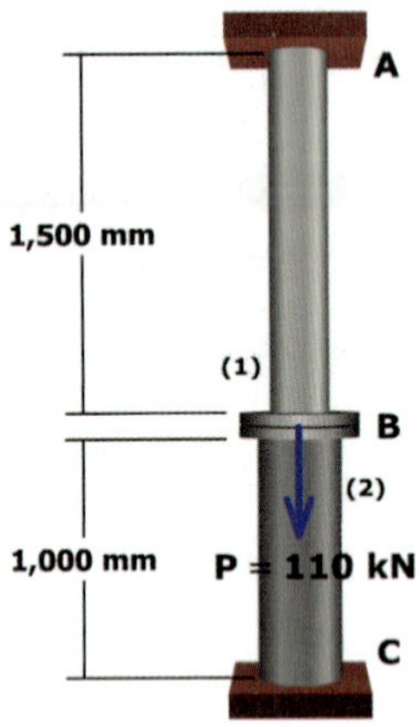


강봉 (1)은 플랜지 $B$에서 강철 기둥 (2)에 붙어 있다. 아래 방향으로 하중 110 kN이 플랜지 $B$에 작용한다. 봉 (1)과 기둥 (2)는 $A$와 $C$에서 강체 지지부와 연결되어 있다. 봉 (1)의 단면적은 800 $mm^2$이고 탄성계수는 200 GPa이다. 기둥 (2)의 단면적은 1,600 $mm^2$이며 탄성계수는 200 GPa 이다.

(a) 봉 (1)과 기둥 (2)의 법선응력을 계산하라.

(b) 플랜지 $B$의 변위를 계산하라.

## MecMovies Example M5.6

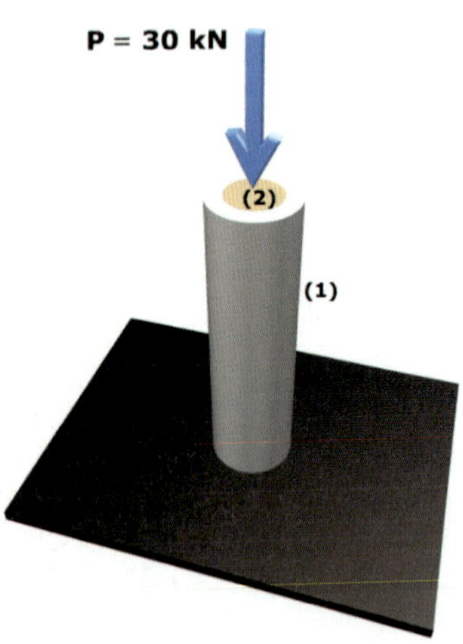


알루미늄 관 (1)은 중심이 황동 (2)로 채워져 있다. 두 부품은 서로 접합되어 있고 아래 방향으로 30 kN의 힘을 받는 하나의 축 부재로 되어 있다. 관 (1)의 외경 $D = 30$ mm이고 내경 $d = 20$ mm이다. 알루미늄의 탄성계수는 70 GPa이다. 황동 (2)는 지름 $d = 22$ mm이고 탄성계수는 105 GPa이다. 관 (1)과 황동 (2)의 법선응력을 계산하라.

## 회전하는 강체 부재가 있는 구조

회전하는 강체 요소가 포함된 문제는 특히 어렵다. 이런 구조물에서는 변형도가 시작부터 그려져야 한다. 변형도는 정확한 변형의 기하학적 관계식을 얻는 데 필수적이다. 일반적으로 변형도를 그릴 때 부재의 내부 부재는 인장으로 가정한다. MecMovies 예제 M5.7은 이런 종류의 문제이다.

### MecMovies Example M5.7

강체 부재 $AD$는 $A$에서 핀으로 연결되고 봉 (1)과 봉 (2)는 각각 $B$와 $C$에서 강체 부재와 연결된다. 봉 (1)은 알루미늄이고 봉 (2)는 황동이다. 집중하중 $P = 36$ kN이 강체 부재 $D$에 작용한다. 각각의 봉의 법선응력을 계산하고 강체 부재 $D$에서 아래 방향으로의 처짐을 계산하라.

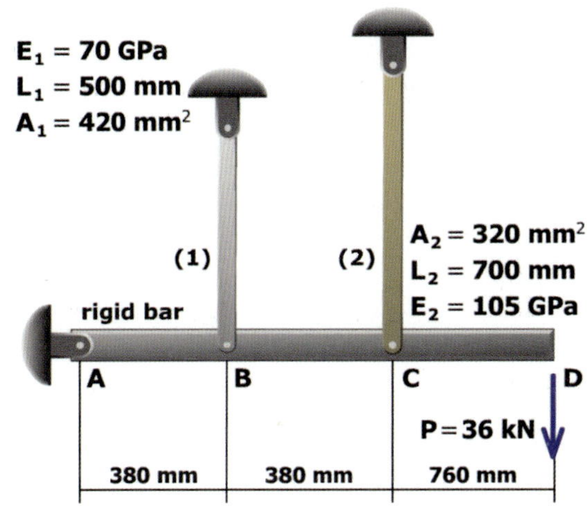


회전하는 강체 부재가 포함된 일부 구조물은 상반되는 변형을 가지는 부재로 구성된다. 즉 하나의 부재가 연신하면 다른 부재는 압축하게 된다. 그림 5.11은 이런 두 종류 사이의 미묘한 차이를 설명하고 있다.

두 개의 인장 부재가 포함된 구조에서(그림 5.11$a$), $v_B$와 $v_C$로 표시한 연결점에서의 변위량의 기하학적인 관계는 닮은꼴 삼각형 규칙에 의해서 얻어진다(그림 5.11$b$):

$$\frac{v_B}{x_B} = \frac{v_C}{x_C}$$

그림 5.11$c$에서 부재의 변형량 $\delta_1$과 $\delta_2$는 다음 식에 의해서 연결점에서의 변위량 $v_B$와 $v_C$와 아래와 같이 연결된다.

$$\delta_1 = L_{\text{final}} - L_{\text{initial}} = (L_1 + v_B) - L_1 = v_B \qquad \therefore v_B = \delta_1$$

$$\delta_2 = L_{\text{final}} - L_{\text{initial}} = (L_2 + v_C) - L_2 = v_C \qquad \therefore v_C = \delta_2 \tag{5.6}$$

그러므로 변형의 기하학적 관계식은 부재의 변형으로 다음과 같이 쓸 수 있다.

$$\frac{\delta_1}{x_B} = \frac{\delta_2}{x_C} \tag{5.7}$$

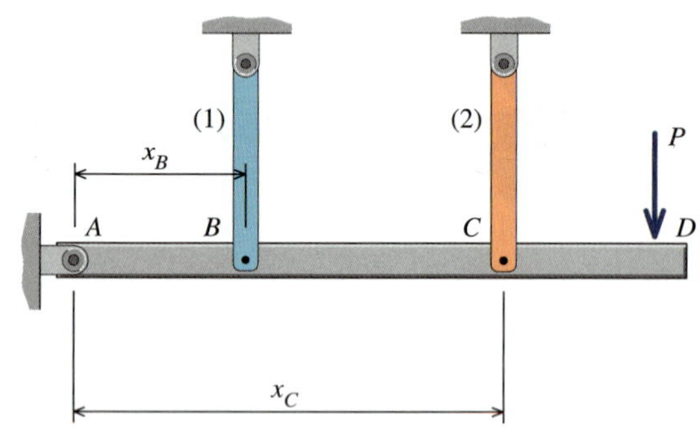


**그림 5.11*a*** • 두 개의 인장 부재로 구성

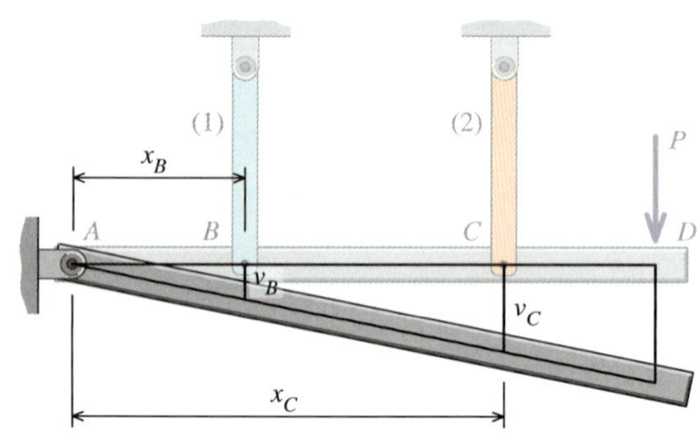


**그림 5.11*b*** • 변형도

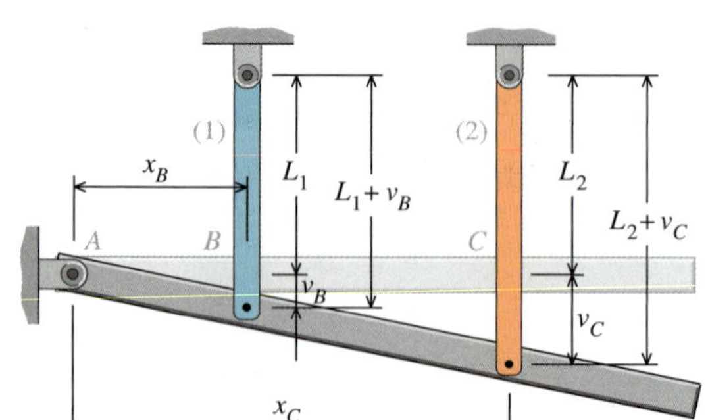


**그림 5.11*c*** • 부재의 변형도

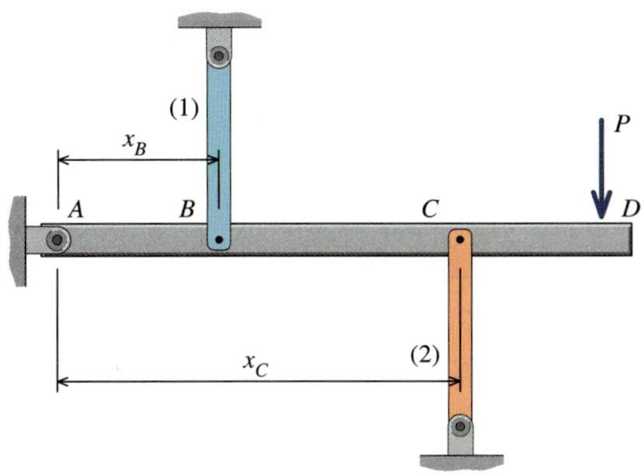


**그림 5.11*d*** • 상반되는 부재가 있는 구성

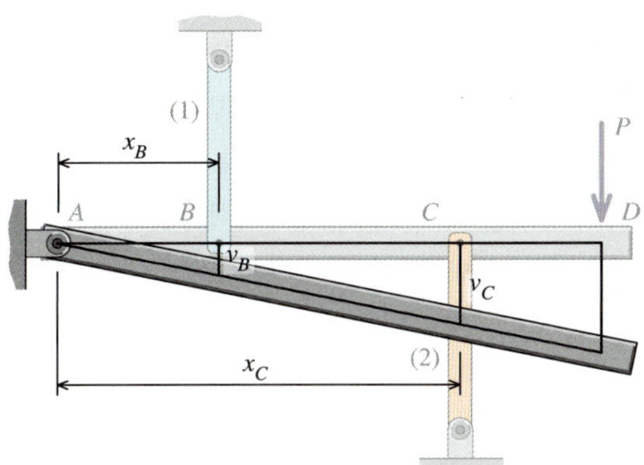


**그림 5.11*e*** • 변형도

두 개의 상반되는 축 부재를 갖는 구조물의 경우(그림 5.11*d*), $v_B$와 $v_C$로 표시된 연결점의 변위량의 기하학적인 관계는 앞의 설명과 같다(그림 5.11*e*):

$$\frac{v_B}{x_B} = \frac{v_C}{x_C}$$

그림 5.11*f*에서, 부재의 변형량 $\delta_1$과 $\delta_2$와 연결점의 변위량 $v_B$와 $v_C$의 관계는 다음 식과 같다.

$$\delta_1 = L_{\text{final}} - L_{\text{initial}} = (L_1 + v_B) - L_1 = v_B \qquad \therefore v_B = \delta_1$$

$$\delta_2 = L_{\text{final}} - L_{\text{initial}} = (L_2 - v_C) - L_2 = -v_C \qquad \therefore v_C = -\delta_2 \tag{5.8}$$

식 (5.6)과 식 (5.8)의 미묘한 차이에 주의하라. 부재의 변형 측면에서 상반되는 부재의 구성에 대한 변형의 기하학적인 관계식은 다음과 같다.

$$\frac{\delta_1}{x_B} = -\frac{\delta_2}{x_C} \tag{5.9}$$

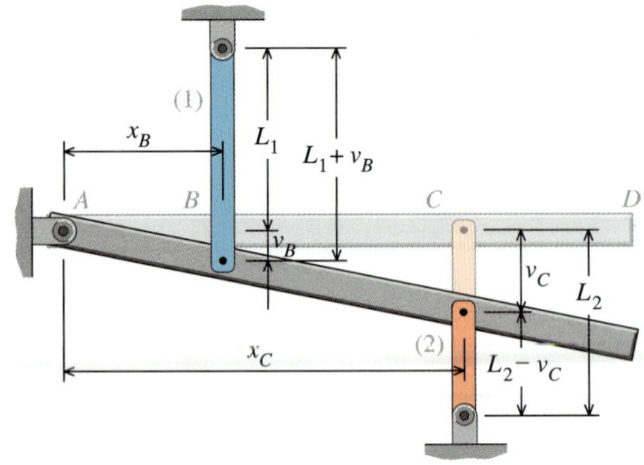


**그림 5.11*f*** • 부재의 변형도

평형조건식과 해당하는 변형방정식은 서로 맞아야 한다. 즉 자유물체도에서 인장력이 부재에 존재한다고 할 때 같은 부재에서는 같은 인장 변형이 나와야만 한다. 지금 보인 구성에서는 모든 축 부재들의 축력은 인장으로 가정되었다. 그렇지만 그림 5.11*d*의 경우에 강체 부재 *C*(그림 5.11*e*)에서의 변위는 축 부재 (2)의 수축에 해당하는 것이다. 식 (5.8)에서 보는 바와 같이 이 조건은 $\sigma_2$를 음수가 되게 하고 결과적으로 식 (5.9)의 변형의 기하학적 관계식은 두 개의 인장 부재로 구성된 구조물의 변형의 기하학적 관계식[식 (5.7)]과 약간 차이가 있게 된다.

상반되는 축 부재를 가지는 강체 부재 구조는 MecMovies 예제 M5.8과 M5.9에서 해석하였다.

## MecMovies Example M5.8

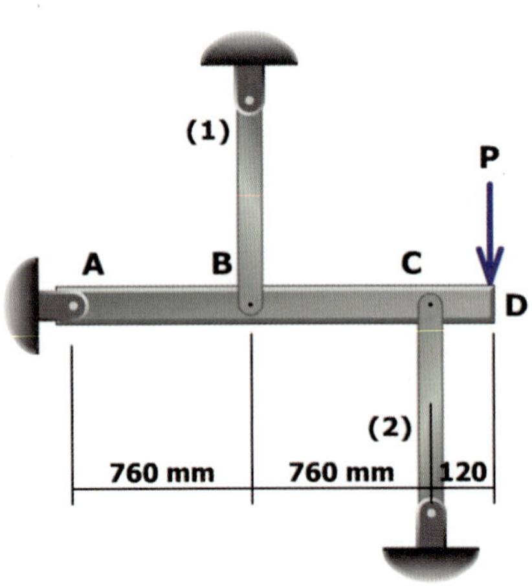


핀 연결된 구조물이 그림과 같이 하중을 받고 또 지지되어 있다. 부재 *ABCD*는 하중 *P*를 받기 전에 수평이었던 강체 부재이다. 부재 (1)과 (2)는 알루미늄[$E$ = 70 GPa]이고 단면적 $A_1 = A_2 = 160$ mm²이다. 부재 (1)은 길이가 900 mm이고 부재 (2)는 1,250 mm이다. *D*점에서 35 kN의 하중 *P*가 작용한다.

(a) 부재 (1)과 (2)의 축력을 계산하라.

(b) 부재 (1)과 (2)의 법선응력을 계산하라.

(c) 강체 부재의 *D*점에서 아래 방향으로의 변형을 계산하라.

## MecMovies Example M5.9

강체 부재 $ABCD$는 $C$에서 핀으로 연결되었고 $A$와 $D$에서 봉 (1)과 (2)에 의해서 지지되고 있다. 봉 (1)은 알루미늄이고 봉 (2)는 청동이다. 집중하중 $P = 80$ kN이 강체 부재의 $B$에서 작용한다. 각 봉에 작용하는 법선응력을 계산하고 강체 부재 $A$점에서 아래 방향의 변위를 계산하라.

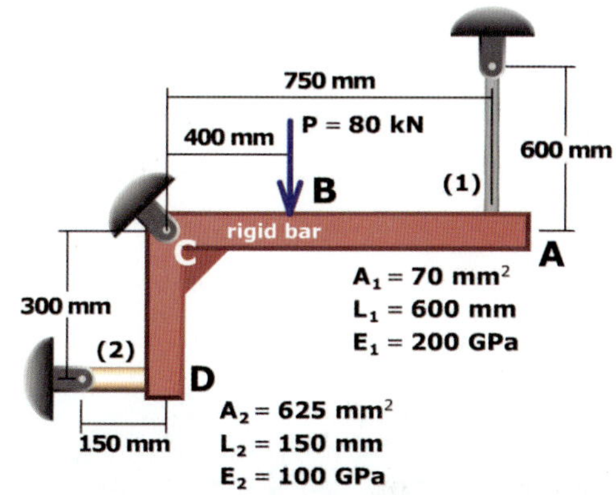


## MecMovies Example M5.10

알루미늄봉 (2)는 황동 기둥 (1)과 연결되어 있다. 두 개의 축 부재가 설치되었을 때 플랜지 $B$와 황동 기둥 사이에 1/16 in.의 간격이 있다는 것을 발견하였다. 황동 기둥 (1)은 단면적 $A_1 = 0.60$ in.$^2$이고 탄성계수 $E_1 = 16{,}000$ ksi이다. 알루미늄봉 (2)는 단면적이 $A_2 = 0.2$ in.$^2$이고 탄성계수 $E_2 = 10{,}000$ ksi이다.

만약 볼트가 플랜지 $B$를 통해서 삽입되고 간격이 사라질 때까지 조여진다면 각각의 부재에 발생하는 응력의 크기는 얼마인가?

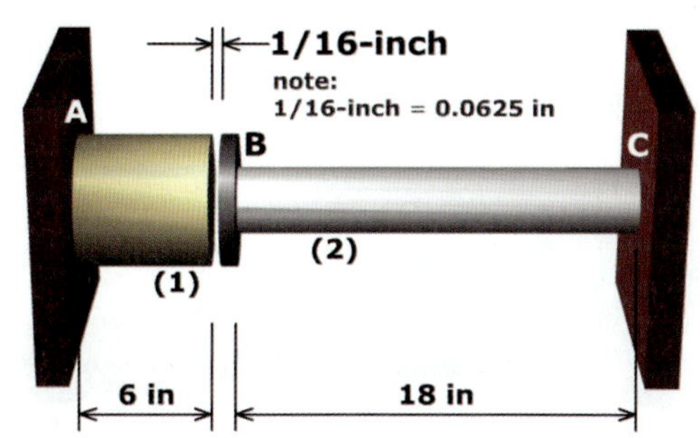

## MecMovies EXERCISES

**M5.5** 두 개의 봉으로 구성된 복합 축 구조는 플랜지 $B$로 연결되어 있다. 봉 (1)과 (2)는 $A$와 $C$에서 지지부에 완전히 고정되어 있다. 집중하중 $P$는 플랜지 $B$에 그림과 같은 방향으로 작용하고 있다. 각 봉에서 축력과 법선응력을 구하라. 또한 플랜지 $B$의 $x$ 방향에 대한 변형량을 구하라.

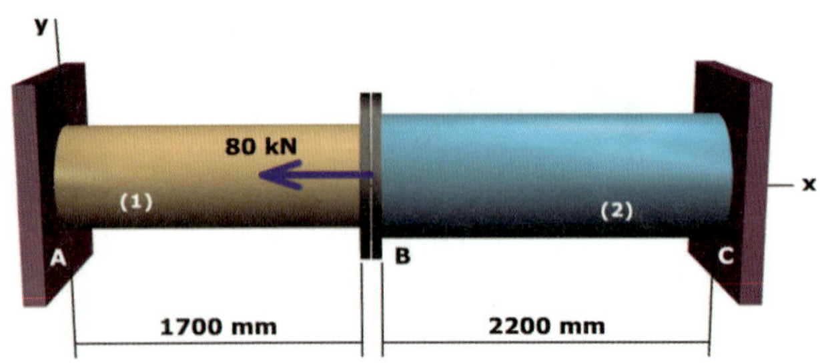


그림 M5.5

**M5.6** 관으로 된 셸로 구성된 복합 축 구조물 (1)이 $A$에서 $C$까지 뻗은 중실 축[(2)와 (3)으로 표시됨]에 길이 $AB$만큼 접합되어 있다. 집중하중 $P$는 자유단 $C$에 그림과 같은 방향으로 작용하고 있다. 셸 (1)과 내부 봉 (2)의 축력과 법선응력(즉, $A$와 $B$ 사이의)을 구하라. 또한 $A$에 대한 끝단 $C$의 $x$ 방향 변형량을 구하라.

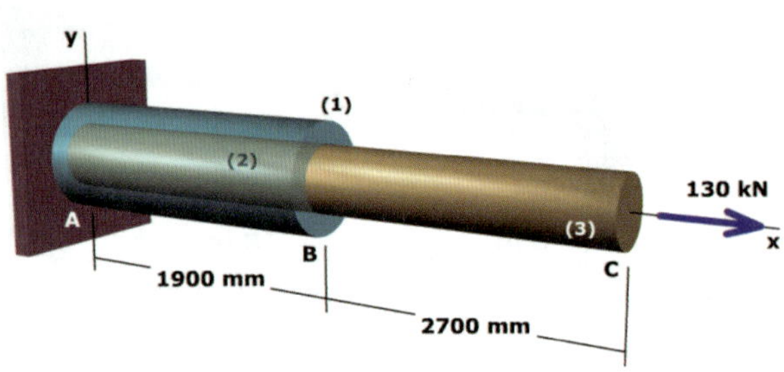


그림 M5.6

**M5.7** 봉 (1)과 봉 (2)의 내력과 법선응력을 구하라. 또한 강체 부재의 $C$에서 $x$ 방향으로의 변형량을 구하라.

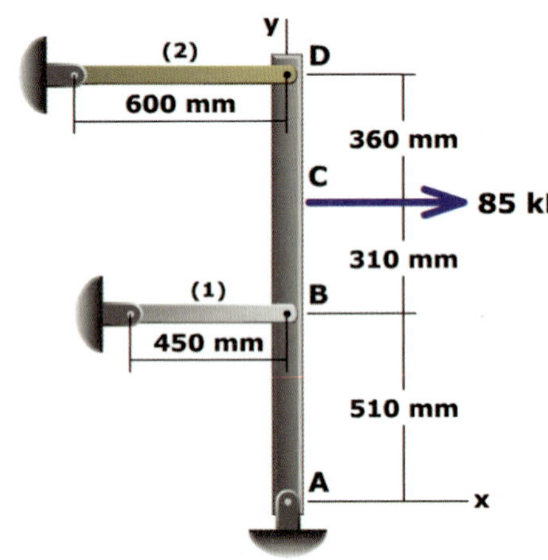


그림 M5.7

**M5.8** 봉 (1)과 봉 (2)의 축력과 법선응력을 구하라. 또한 강체 부재의 $C$에서 $x$ 방향으로의 변형량을 구하라.

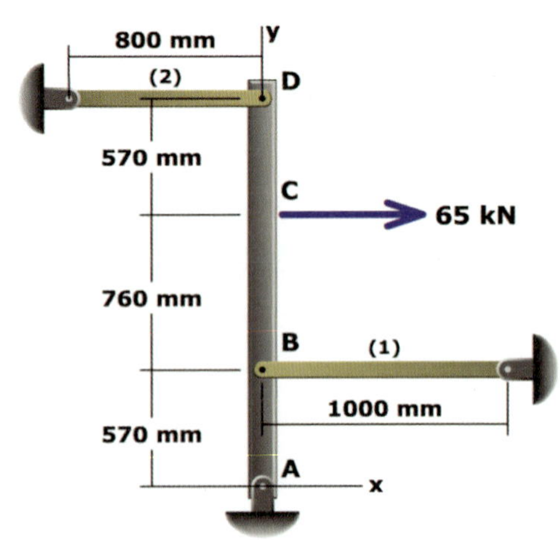


그림 M5.8

# PROBLEMS

**P5.23** The 200-mm by 200-mm by 1,200-mm oak [$E = 12$ GPa] block (2) shown in Figure P5.23 is reinforced by bolting two 6-mm by 200-mm by 1,200-mm steel [$E = 200$ GPa] plates (1) to opposite sides of the block. A concentrated load of 360 kN is applied to a rigid cap. Determine:

(a) the normal stresses in the steel plates (1) and the oak block (2).
(b) the shortening of the block when the load is applied.

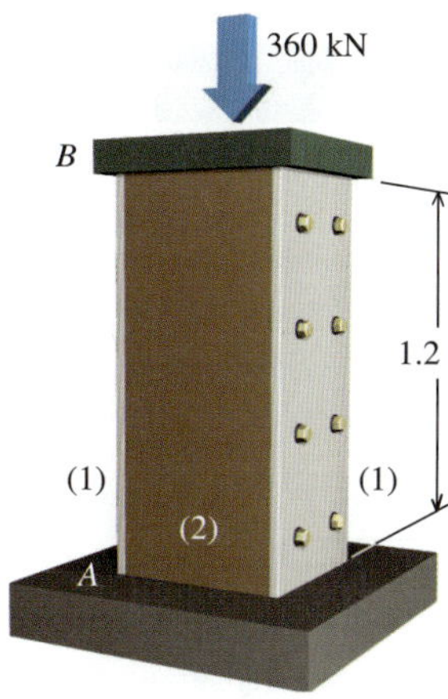


FIGURE P5.23

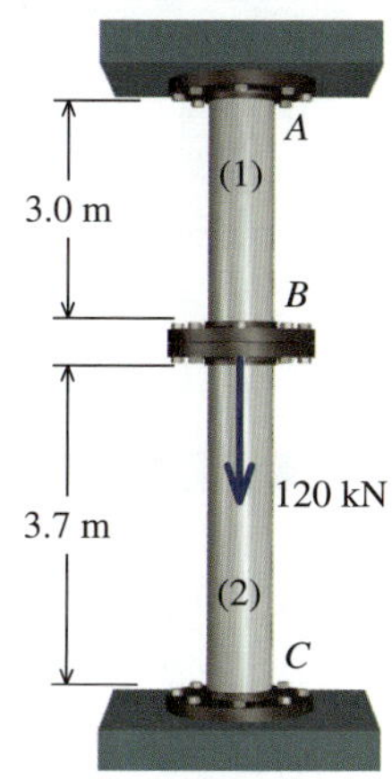


FIGURE P5.24/25

**P5.24** Two identical steel [$E = 200$ GPa] pipes, each with a cross-sectional area of 1,475 mm$^2$, are attached to unyielding supports at the top and bottom as shown in Figure P5.24/25. At flange $B$, a concentrated downward load of 120 kN is applied. Determine:

(a) the normal stresses in the upper and lower pipes.
(b) the deflection of flange $B$.

**P5.25** Solve Problem 5.24 if the lower support in Figure P5.24/25 yields and displaces downward 1.0 mm as the load $P$ is applied.

**P5.26** A load $P$ is supported by a structure consisting of rigid bar $ABC$, two identical solid bronze [$E = 15{,}000$ ksi] rods, and a solid steel [$E = 30{,}000$ ksi] rod as shown in Figure P5.26. The bronze rods (1) each have a diameter of 0.75 in. and they are symmetrically positioned relative to the center rod (2) and the applied load $P$. Steel rod (2) has a diameter of 0.50 in. If all bars are unstressed before the load $P$ is applied, determine the normal stresses in the bronze and steel rods after a load of $P = 20$ kips is applied.

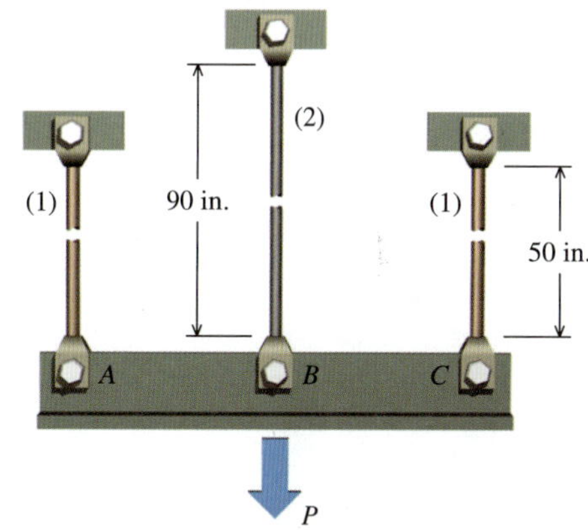


FIGURE P5.26

**P5.27** An aluminum alloy [$E = 10{,}000$ ksi] pipe with a cross-sectional area of $A_1 = 4.50$ in.$^2$ is connected at flange $B$ to a steel [$E = 30{,}000$ ksi] pipe with a cross-sectional area of $A_2 = 3.20$ in.$^2$. The assembly shown in Figure P5.27 is connected to rigid supports at $A$ and $C$. For the loading shown, determine:

(a) the normal stresses in aluminum pipe (1) and steel pipe (2).
(b) the deflection of flange $B$.

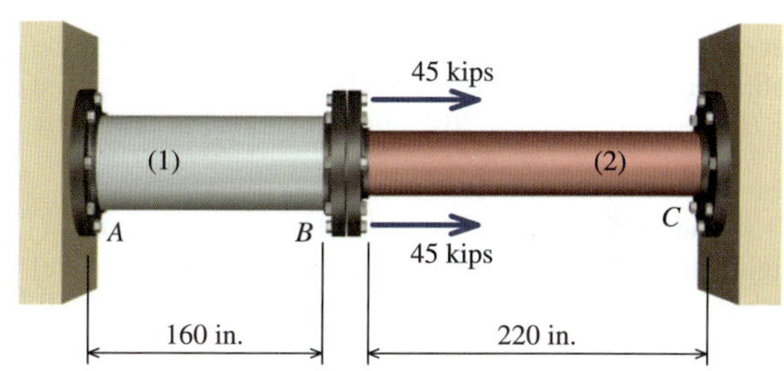


FIGURE P5.27

**P5.28** The concrete [$E = 29$ GPa] pier shown in Figure P5.28/29 is reinforced using four steel [$E = 200$ GPa] reinforcing rods, each having a diameter of 19 mm. If the pier is subjected to an axial load of 670 kN, determine:

(a) the normal stress in the concrete and in the steel reinforcing rods.
(b) the shortening of the pier.

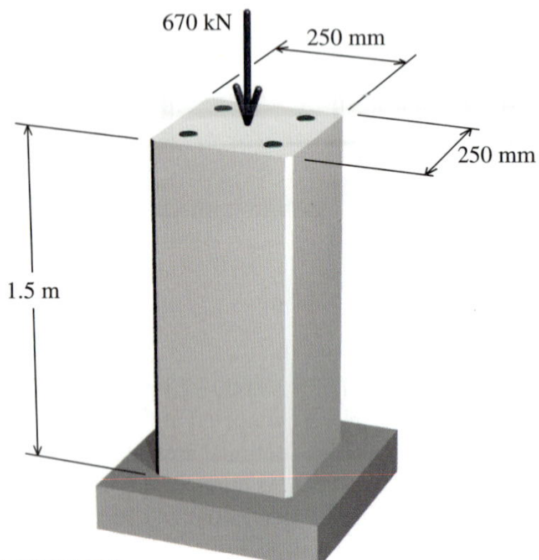


**FIGURE P5.28/29**

**P5.29** The concrete [$E = 29$ GPa] pier shown in Figure P5.28/29 is reinforced using four steel [$E = 200$ GPa] reinforcing rods. If the pier is subjected to an axial force of 670 kN, determine the required diameter $D$ of each rod so that 20% of the total load is carried by the steel.

**P5.30** A load of $P = 100$ kN is supported by a structure consisting of rigid bar $ABC$, two identical solid bronze [$E = 100$ GPa] rods, and a solid steel [$E = 200$ GPa] rod as shown in Figure P5.30. The bronze rods (1) each have a diameter of 20 mm and they are symmetrically positioned relative to the center rod (2) and the applied load $P$. Steel rod (2) has a diameter of 24 mm. All bars are unstressed before the load $P$ is applied; however, there is a 3-mm clearance in the bolted connection at $B$. Determine:

(a) the normal stresses in the bronze and steel rods.
(b) the downward deflection of rigid bar $ABC$.

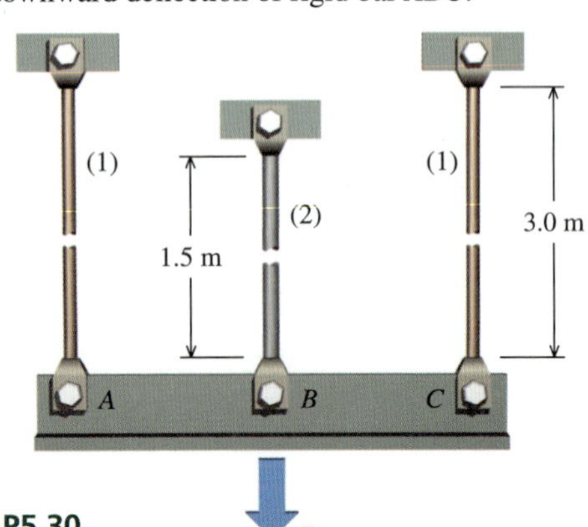


**FIGURE P5.30**

**P5.31** Two steel [$E = 30{,}000$ ksi] pipes (1) and (2) are connected at flange $B$ as shown in Figure P5.31. Pipe (1) has an outside diameter of 6.625 in. and a wall thickness of 0.28 in. Pipe (2) has an outside diameter of 4.00 in. and a wall thickness of 0.226 in. If the normal stress in each steel pipe must be limited to 18 ksi, determine:

(a) the maximum downward load $P$ that may be applied at flange $B$.
(b) the deflection of flange $B$ at the load determined in part (a).

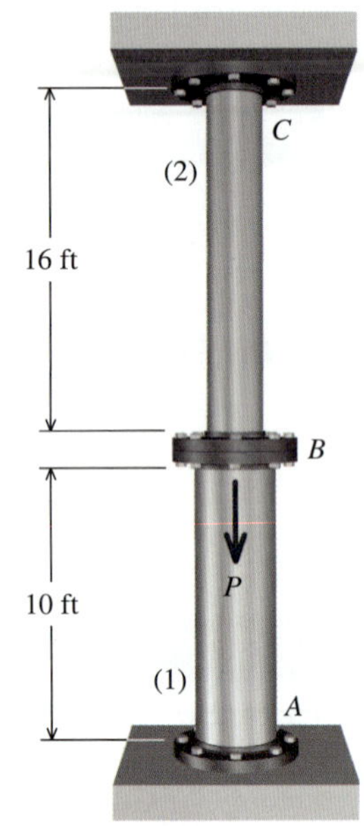


**FIGURE P5.31**

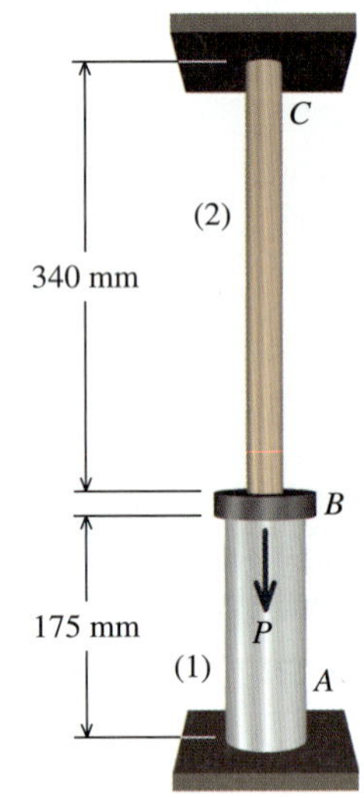


**FIGURE P5.32**

**P5.32** A solid aluminum [$E = 70$ GPa] rod (1) is connected to a solid bronze [$E = 100$ GPa] rod at flange $B$ as shown in Figure P5.32. Aluminum rod (1) has an outside diameter of 35 mm and bronze rod (2) has an outside diameter of 20 mm. The normal stress in the aluminum rod must be limited to 160 MPa, and the normal stress in the bronze rod must be limited to 110 MPa. Determine:

(a) the maximum downward load $P$ that may be applied at flange $B$.
(b) the deflection of flange $B$ at the load determined in part (a).

**P5.33** A pin-connected structure is supported and loaded as shown in Figure P5.33/34. Member $ABCD$ is rigid and is horizontal before the load $P$ is applied. Bars (1) and (2) are both made from steel [$E = 30{,}000$ ksi] and both have a cross-sectional area of 1.25 in.$^2$. A concentrated load of $P = 25$ kips acts on the structure at $D$. Determine:

(a) the normal stresses in both bars (1) and (2).
(b) the downward deflection of point $D$ on the rigid bar.

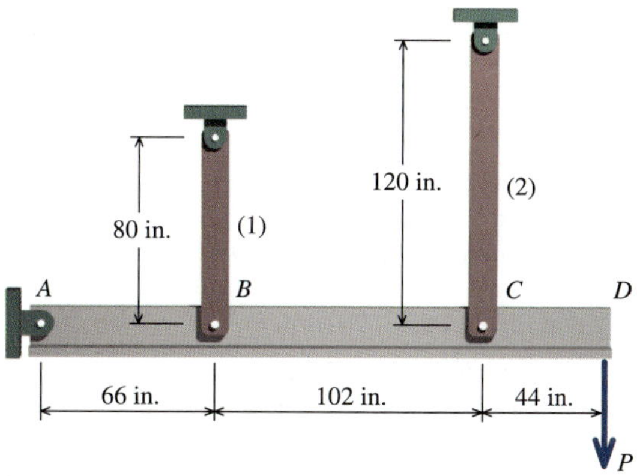


**FIGURE P5.33/34**

**P5.34** A pin-connected structure is supported and loaded as shown in Figure P5.33/34. Member *ABCD* is rigid and is horizontal before the load *P* is applied. Bars (1) and (2) are both made from steel [$E$ = 30,000 ksi] and both have a cross-sectional area of 1.25 in.$^2$. If the normal stress in each steel bar must be limited to 18 ksi, determine the maximum load *P* that may be applied to the rigid bar.

**P5.35** The pin-connected structure shown in Figure P5.35/36 consists of a rigid beam *ABCD* and two supporting bars. Bar (1) is an aluminum alloy [$E$ = 70 GPa] with a cross-sectional area of $A_1$ = 800 mm$^2$. Bar (2) is a bronze alloy [$E$ = 100 GPa] with a cross-sectional area of $A_2$ = 500 mm$^2$. The normal stress in the aluminum bar must be limited to 70 MPa, and the normal stress in the bronze rod must be limited to 90 MPa. Determine:

(a) the maximum downward load *P* that may be applied at *B*.
(b) the deflection of the rigid beam at *B*.

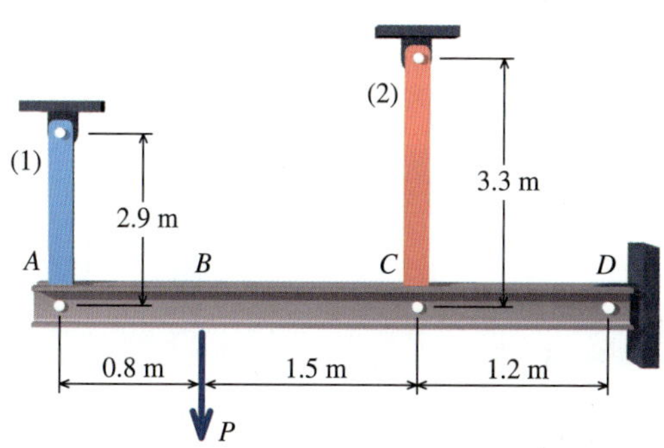


**FIGURE P5.35/36**

**P5.36** The pin-connected structure shown in Figure P5.35/36 consists of a rigid beam *ABCD* and two supporting bars. Bar (1) is an aluminum alloy [$E$ = 70 GPa] with a cross-sectional area of $A_1$ = 800 mm$^2$. Bar (2) is a bronze alloy [$E$ = 100 GPa] with a cross-sectional area of $A_2$ = 500 mm$^2$. All bars are unstressed before the load *P* is applied; however, there is a 3-mm clearance in the pin connection at *A*. If a load of $P$ = 54 kN is applied at *B*, determine:

(a) the normal stresses in both bars (1) and (2).
(b) the normal strains in bars (1) and (2).
(c) the downward deflection of point *A* on the rigid bar.

**P5.37** The pin-connected structure shown in Figure P5.37/38 consists of a rigid bar *ABCD* and two axial members. Bar (1) is bronze [$E$ = 100 GPa] with a cross-sectional area of $A_1$ = 620 mm$^2$. Bar (2) is an aluminum alloy [$E$ = 70 GPa] with a cross-sectional area of $A_2$ = 340 mm$^2$. A concentrated load of $P$ = 75 kN acts on the structure at *D*. Determine:

(a) the normal stresses in both bars (1) and (2).
(b) the downward deflection of point *D* on the rigid bar.

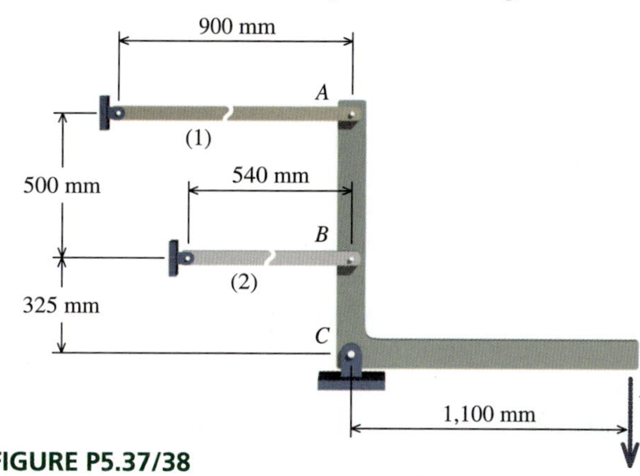


**FIGURE P5.37/38**

**P5.38** The pin-connected structure shown in Figure P5.37/38 consists of a rigid bar *ABCD* and two axial members. Bar (1) is bronze [$E$ = 100 GPa] with a cross-sectional area of $A_1$ = 620 mm$^2$. Bar (2) is an aluminum alloy [$E$ = 70 GPa] with a cross-sectional area of $A_2$ = 340 mm$^2$. All bars are unstressed before the load *P* is applied; however, there is a 3-mm clearance in the pin connection at *A*. If a concentrated load of $P$ = 90 kN acts on the structure at *D*, determine:

(a) the normal stresses in both bars (1) and (2).
(b) the normal strains in bars (1) and (2).
(c) the downward deflection of point *D* on the rigid bar.

**P5.39** The assembly shown in Figure P5.39 consists of a solid aluminum alloy [$E$ = 70 GPa] post (2) surrounded by a bronze [$E$ = 100 GPa] tube (1). Before the load *P* is applied, there is a clearance of 2 mm between the post and the tube. The yield stress for the aluminum post is 260 MPa and the yield stress for the bronze tube is 340 MPa. Determine:

(a) the maximum load *P* that may be applied to the assembly without causing yielding of either the post or the tube.
(b) the downward displacement of rigid cap *B*.
(c) the normal strain in the bronze tube.

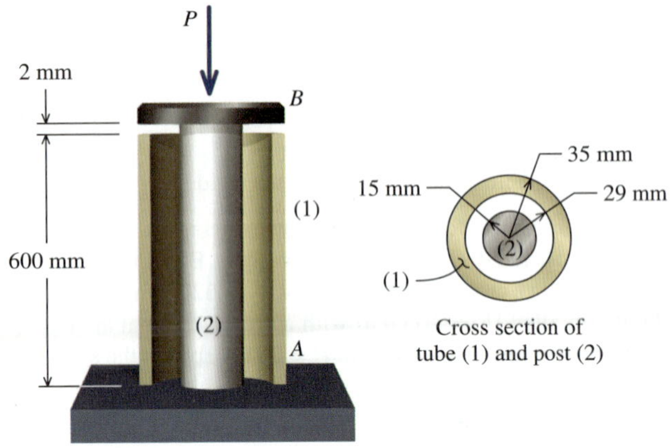


**FIGURE P5.39**

**P5.40** A 4.5-m-long aluminum tube (1) is to be connected to a 2.4-m-long bronze pipe (2) at $B$. When put in place, however, a gap of 8 mm exists between the two members as shown in Figure P5.40. Aluminum tube (1) has an elastic modulus of 70 GPa and a cross-sectional area of 2,000 mm$^2$. Bronze pipe (2) has an elastic modulus of 100 GPa and a cross-sectional area of 3,600 mm$^2$. If bolts are inserted in the flanges and tightened so that the gap at $B$ is closed, determine:

(a) the normal stresses produced in each of the members.
(b) the final position of flange $B$ with respect to support $A$.

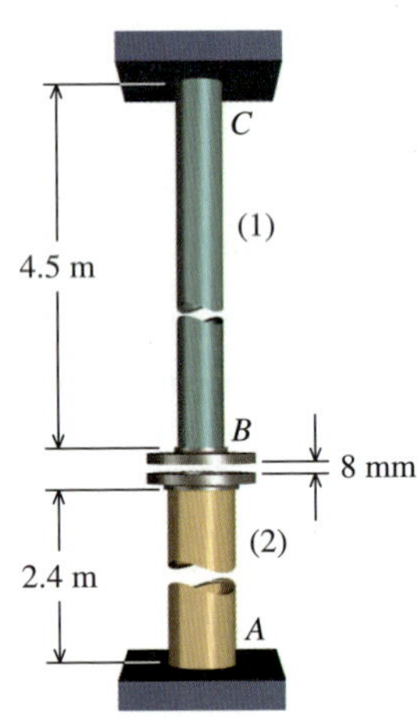


**FIGURE P5.40**

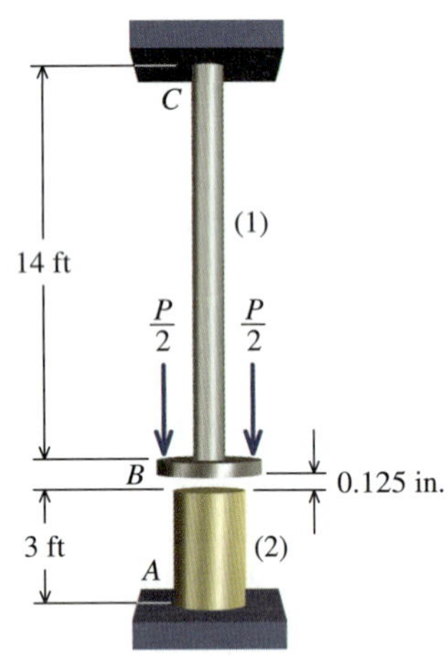


**FIGURE P5.41**

**P5.41** The assembly shown in Figure P5.41 consists of a steel [$E_1 = 30{,}000$ ksi; $A_1 = 1.25$ in.$^2$] rod (1), a rigid bearing plate $B$ that is securely fastened to rod (1), and a bronze [$E_2 = 15{,}000$ ksi; $A_2 = 3.75$ in.$^2$] post (2). The yield strengths of the steel and bronze are 62 ksi and 75 ksi, respectively. A clearance of 0.125 in. exists between the bearing plate $B$ and bronze post (2) before the assembly is loaded. After a load of $P = 65$ kips is applied to the bearing plate, determine:

(a) the normal stresses in bars (1) and (2).
(b) the factors of safety with respect to yield for each of the members.
(c) the vertical displacement of bearing plate $B$.

**P5.42** A hollow steel [$E = 30{,}000$ ksi] tube (1) with an outside diameter of 3.50 in. and a wall thickness of 0.216 in. is fastened to a solid 2-in.-diameter aluminum [$E = 10{,}000$ ksi] rod. The assembly is attached to unyielding supports at the left and right ends and is loaded as shown in Figure P5.42. Determine:

(a) the stresses in all parts of the axial structure.
(b) the deflections of joints $B$ and $C$.

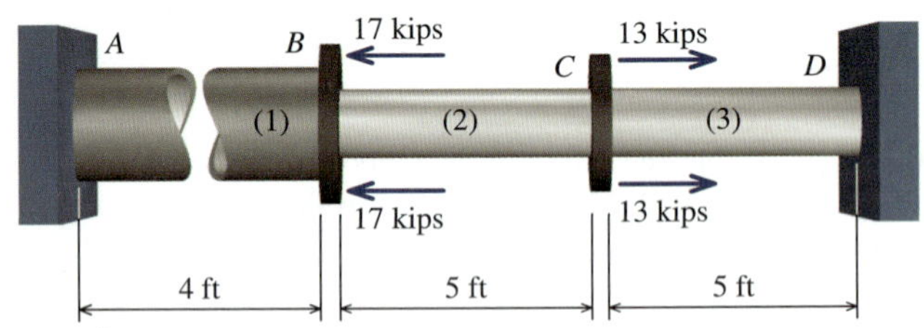


**FIGURE P5.42**

**P5.43** Rigid bar $ABCD$ in Figure P5.43 is supported by a pin connection at $A$ and by two axial bars (1) and (2). Bar (1) is a 30-in.-long bronze [$E = 15{,}000$ ksi] bar with a cross-sectional area of 1.25 in.$^2$. Bar (2) is a 40-in.-long aluminum alloy [$E = 10{,}000$ ksi] bar with a cross-sectional area of 2.00 in.$^2$. Both bars are unstressed before the load $P$ is applied. If a concentrated load of $P = 27$ kips is applied to the rigid bar at $D$, determine:

(a) the normal stresses in bars (1) and (2).
(b) the deflection of the rigid bar at point $D$.

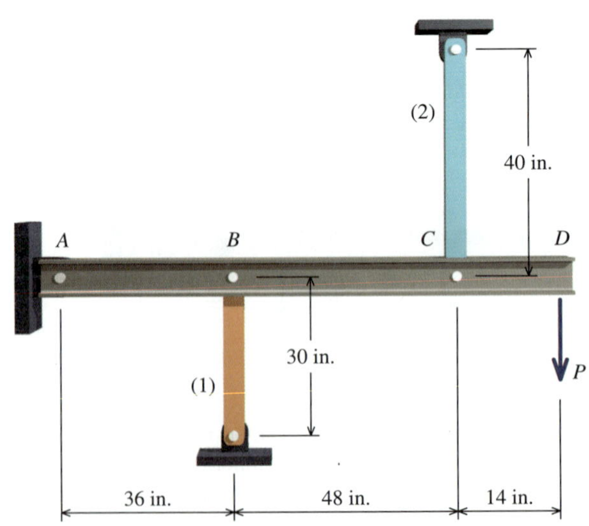


**FIGURE P5.43**

## 5.6 축방향 변형에서의 열효과

2.4절에서 논의되었던 것처럼, 온도변화 $\Delta T$는 재료의 법선변형률을 일으킨다.

$$\varepsilon_T = \alpha \Delta T \tag{5.10}$$

축 부재의 길이 $L$에 걸쳐 온도변화에 의한 변형은

$$\delta_T = \varepsilon_T L = \alpha \Delta T L \tag{5.11}$$

만약 축 부재의 신장과 수축이 자유롭다면, 온도변화에 의한 재료 자체의 응력은 발생하지 않는다. 그러나, 신장 또는 수축이 구속된다면 축 부재에 상당한 응력을 유발하게 된다.

### 힘–열–변형 관계

축력과 축 변형의 관계를 전개한 식 (5.2)에 온도 변화의 효과를 포함하면 다음과 같이 나타낼 수 있다.

$$\delta = \frac{FL}{AE} + \alpha \Delta T L \tag{5.12}$$

정정계 축 부재의 변형량은 온도변화에 따라 자유롭게 신장하거나 줄어드는 부재이므로 식 (5.12)로 계산할 수 있다. 그러나 부정정 축 부재에서는 온도변화 때문에 생기는 변형이 지지물이나 다른 부재에 의해 구속될 수도 있다. 부재의 신장이나 수축을 제한하는 이런 종류의 구속은 법선응력을 발생시키는 원인이 된다. 이 응력을 **열응력**이라고 한다. 물론 온도의 변화가 직접적으로 응력을 유발하지는 않는다.

**MecMovies Example M5.11**

지름 20 mm의 강봉 [$E$ = 200 GPa, $\alpha$ = 12.0 × $10^{-6}$/°C] 이 벽 사이에 넉넉히 설치되어 있다. 지름 15 mm 볼트에 작용하는 전단응력이 70 MPa가 되는 온도 하강량 $\Delta T$를 계산하라.

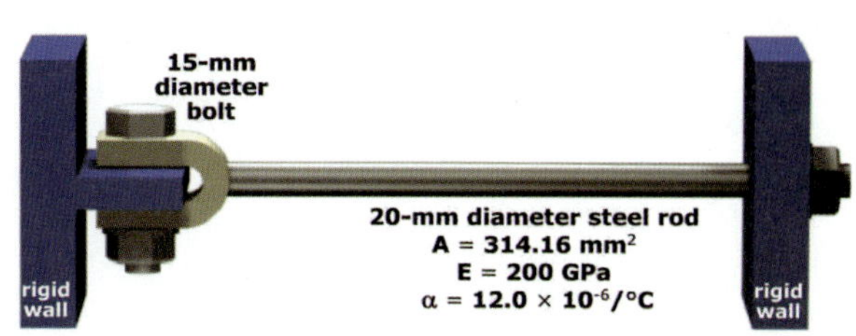

## MecMovies Example M5.12

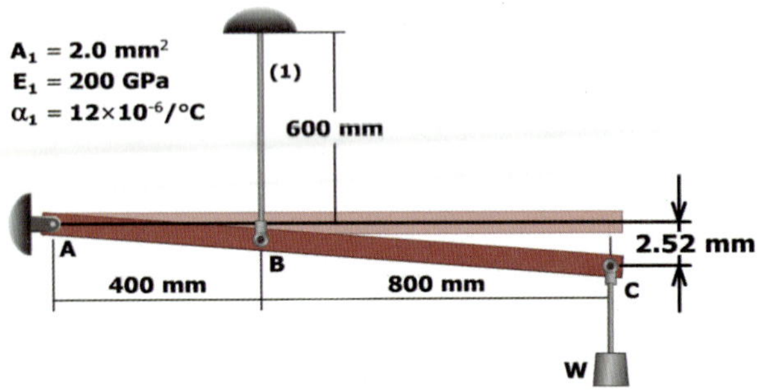


강체 부재 $ABC$는 $A$에 핀으로 연결되고, 강선으로 $B$에서 지지된다. $C$에 무게추 $W$가 적용되기 전의 강체 부재는 수평이다. 무게추 $W$가 설치되고 여기에 온도를 50° 올렸을 때, 정밀하게 측정해 보니 강체 부재의 $C$부분이 아래로 2.52 mm 정도 처짐을 알게 되었다. 다음을 구하라.

(a) 강선 (1)의 법선변형률

(b) 강선 (1)의 법선응력

(c) 무게추 $W$의 무게

### 부정정 구조물에서의 온도 영향 적용

5.5절에서 다섯 단계의 부정정 축 구조의 해석과정이 설명되었다. 봉의 힘–열–변형의 관계에 대해 식 (5.2) 대신 식 (5.12)를 이용하면, 온도 영향을 이 단계들에 쉽게 결합할 수 있다. 이 5단계를 사용하면, 열변화를 포함하는 부정정계 구조의 해석은 온도 영향이 없는 문제보다 별로 어렵지 않다. 식 (5.12)의 $\alpha \Delta TL$ 항의 추가는 계산상의 어려움을 증가시키나 전체적인 과정은 같다. 실제로, 다섯 단계 문제 해결 과정의 장점이 나타나는 것은 온도변화를 수반하는 문제와 같이 더 어려운 문제들인 것이다.

식 (5.12)가 일관성이 있어야 한다는 것은 당연하다. 축력 $F$(즉, 인장력)와 양의 값인 $\Delta T$는 양의 변형(즉, 인장)을 유발한다는 것을 뜻한다. 일관성의 필요성은 비록 직관적으로는 어떤 부재가 압축을 받는다고 하여도 모든 봉의 축력을 인장으로 가정하는 것의 중요성을 강조하고 있다.

## MecMovies Example M5.13

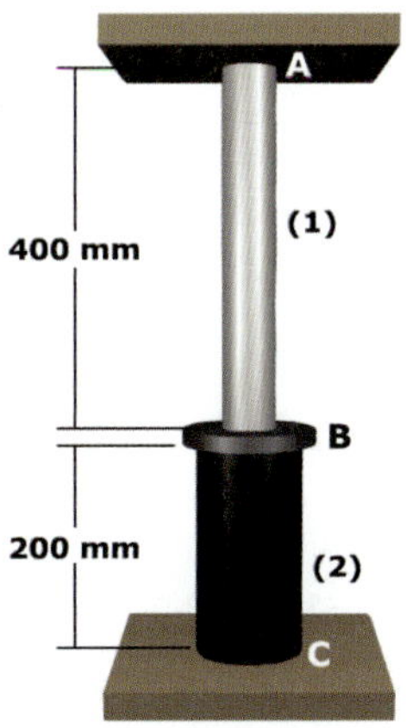


알루미늄봉 (1)은 강 기둥 (2)에 강체 플랜지 $B$에서 연결되어 있다. 봉 (1)과 기둥 (2)는 20°C의 온도에서 플랜지에 체결되었을 때 초기 응력은 없다. 알루미늄봉 (1)의 단면적은 $A_1 = 200\ \text{mm}^2$이고, 탄성계수는 $E = 70$ GPa이며, 선팽창계수는 $\alpha_1 = 23.6 \times 10^{-6}/°\text{C}$이다. 강 부재 (2)의 단면적은 $A_2 = 450\ \text{mm}^2$이고, 탄성계수는 $E_2 = 200$ GPa이며, 선팽창계수는 $\alpha_2 = 12.0 \times 10^{-6}/°\text{C}$이다. 온도가 75°C로 올라갔을 때 부재 (1)과 (2)의 법선응력과 플랜지 $B$의 변위를 결정하라.

## 예제 5.7 EXAMPLE

알루미늄봉 (1) [$E = 70$ GPa, $\alpha = 22.5 \times 10^{-6}/°\text{C}$]와 황동 봉 (2) [$E = 105$ GPa, $\alpha_1 = 18.0 \times 10^{-6}/°\text{C}$]은 그림과 같이 고정단에 연결되어 있다. 봉 (1)과 봉 (2)의 단면적은 각각 2,000 mm²와 3,000 mm²이다.

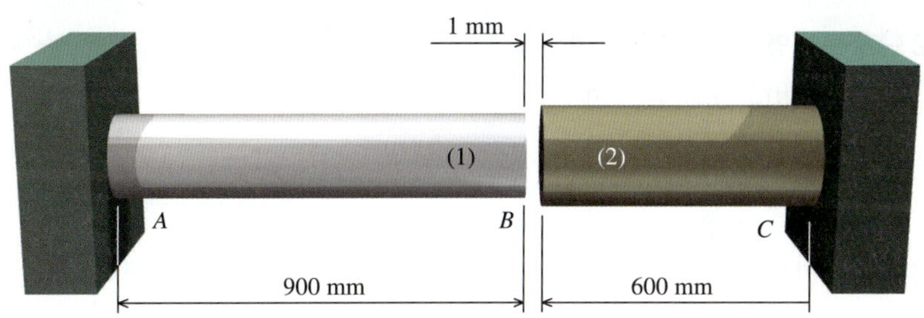


(a) 두 봉 사이의 초기 간격 1 mm가 닫히려면 얼마만큼의 온도가 상승해야 하는지 구하라.

(b) 만일 총 온도 증가가 +60°C라면 각 봉에서의 법선응력을 구하라.

### 풀이 계획

먼저 얼마의 온도 증가가 1 mm의 간격을 닫을 수 있을 정도의 연신을 일으키는지를 구해야 한다. 만약 두 봉이 접촉하게 되면, 문제는 부정정계가 되고, 5.5절에서의 5단계의 과정을 거쳐 해를 구해야 한다. 비록 온도증가 때문에 두 부분들은 압축될 것이 분명하다 할지라도 힘-열-변형 관계의 일관성을 유지하기 위해서 부재 (1)과 (2) 둘 다 인장이라고 가정한다. 따라서, 축력 $F_1$과 $F_2$는 음의 값을 가져야 한다.

### 풀이

(a) 두 봉의 축방향 신장은 오직 온도상승에 기인하며, 식으로 표현하면

$$\delta_{1,T} = \alpha_1 \Delta T L_1, \quad \delta_{2,T} = \alpha_2 \Delta T L_2$$

두 봉이 $B$에서 만나기 위해선, 봉의 총 늘어난 길이는 1 mm 이어야 한다.

$$\delta_{1,T} + \delta_{2,T} = \alpha_1 \Delta T L_1 + \alpha_2 \Delta T L_2 = 1 \text{ mm}$$

이들을 온도변화에 대해 풀면

$$(22.5 \times 10^{-6}/°\text{C})\Delta T(900 \text{ mm}) + (18.0 \times 10^{-6}/°\text{C})\Delta T(600 \text{ mm}) = 1 \text{ mm}$$
$$\therefore \Delta T = 32.2°\text{C}$$ **Ans.**

(b) 32.2°C의 온도 증가가 1 mm의 간격을 메우므로, 더 큰 온도 증가(이 경우는 60°C)가 발생하면 알루미늄봉과 황동봉이 $A$와 $C$의 지지점에서 구속되어 있기 때문에 서로 압축될 것이다.

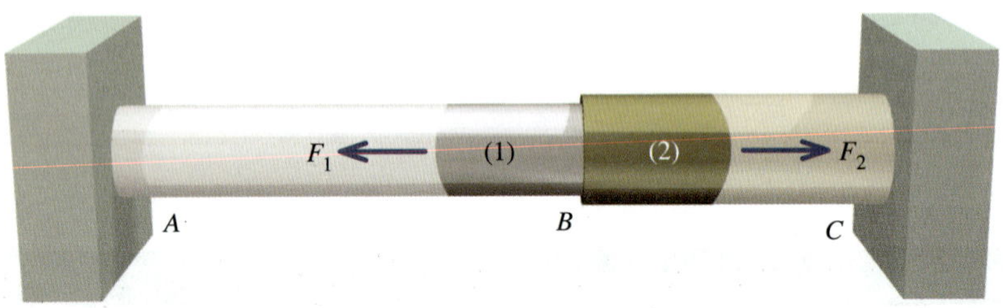


**1단계—평형조건:** 알루미늄봉과 황동봉이 접촉한 이후에 연결점 $B$의 자유물체도를 고려해 보자. 수평 방향 힘의 합은 오로지 축력으로만 이루어진다.

$$\Sigma F_x = F_2 - F_1 = 0 \qquad \therefore F_1 = F_2$$

**2단계—변형의 기하학적 관계:** 복합 축 부재는 강체 지지점 $A$와 $C$에 붙어 있기 때문에, 구조의 전체 신장량은 1 mm 이상이 될 수 없다. 식으로 쓰면

$$\delta_1 + \delta_2 = 1 \text{ mm} \tag{a}$$

**3단계—힘–온도–변형 관계:** 두 부재에 대해서 힘–온도–변형 관계식은 다음과 같다.

$$\delta_1 = \frac{F_1 L_1}{A_1 E_1} + \alpha_1 \Delta T L_1, \quad \delta_2 = \frac{F_2 L_2}{A_2 E_2} + \alpha_2 \Delta T L_2 \tag{b}$$

**4단계—기하학적 적합조건:** 적합방정식을 얻기 위해 식 (b)를 식 (a)에 대입한다.

$$\frac{F_1 L_1}{A_1 E_1} + \alpha_1 \Delta T L_1 + \frac{F_2 L_2}{A_2 E_2} + \alpha_2 \Delta T L_2 = 1 \text{ mm} \tag{c}$$

**5단계—방정식 풀이:** $F_2 = F_1$을(평형조건식에서) 식 (c)에 대입하고 축력 $F_1$에 대하여 푼다.

$$F_1\left[\frac{L_1}{A_1 E_1} + \frac{L_2}{A_2 E_2}\right] = 1 \text{ mm} - \alpha_1 \Delta T L_1 - \alpha_2 \Delta T L_2 \tag{d}$$

$F_1$을 계산할 때, 일관성이 있도록 단위에 매우 주의하라.

$$F_1\left[\frac{900\text{ mm}}{(2{,}000\text{ mm}^2)(70{,}000\text{ N/mm}^2)}+\frac{600\text{ mm}}{(3{,}000\text{ mm}^2)(105{,}000\text{ N/mm}^2)}\right]$$
$$=1\text{ mm}-(22.5\times10^{-6}/°\text{C})(60°\text{C})(900\text{ mm})-(18.0\times10^{-6}/°\text{C})(60°\text{C})(600\text{ mm}) \qquad \text{(e)}$$

따라서,

$$F_1=-103{,}560\text{ N}=-103.6\text{ kN}$$

봉 (1)의 법선응력은

$$\sigma_1=\frac{F_1}{A_1}=\frac{-103{,}560\text{ N}}{2{,}000\text{ mm}^2}=-51.8\text{ MPa}=51.8\text{ MPa (C)}$$ **Ans.**

봉 (2)의 법선응력은

$$\sigma_2=\frac{F_2}{A_2}=\frac{-103{,}560\text{ N}}{3{,}000\text{ mm}^2}=-34.5\text{ MPa}=34.5\text{ MPa (C)}$$ **Ans.**

## MecMovies Example M5.14

알루미늄으로 만들어진 30 mm 너비, 24 mm 두께의 직사각형 단면 봉[$E$ = 70 GPa; $\alpha$ = 23.0 × $10^{-6}$/°C ]과 구리로 만들어진 30 mm 너비, 12 mm 두께의 직사각형 단면 봉[$E$ = 120 GPa; $\alpha$ = 16.0 × $10^{-6}$/°C] 두 개가 11 mm 지름의 핀으로 연결되어 있다. 핀이 봉에 처음 삽입될 때, 구리와 알루미늄봉의 응력은 없었다. 결합체의 온도를 65°C까지 올렸다면, 다음을 계산하라.

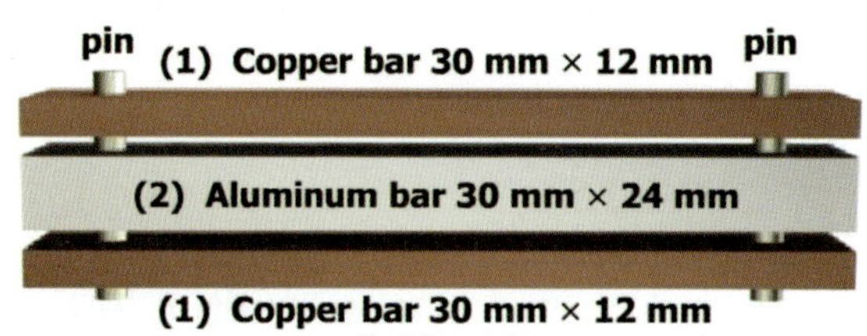


(a) 알루미늄봉의 축력
(b) 구리봉의 법선변형률
(c) 11-mm 지름 핀의 전단응력

## 예제 5.8 EXAMPLE

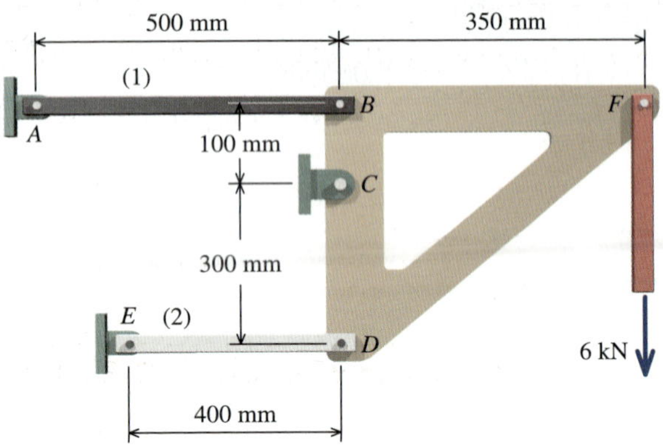


어떤 핀 연결 구조가 하중을 받고 그림과 같이 지지되어 있다. 부재 $BCDF$는 강체 판이다. 부재 (1)은 강봉[$E$ = 200 GPa; $A_1$ = 310 mm²;$\alpha$ = 11.9 × $10^{-6}$/°C]이고 부재 (2)는 알루미늄봉[$E$ = 70 GPa; $A_1$ = 620 mm² $\alpha$ = 22.5 × $10^{-6}$/°C]이다. $F$에 6 kN의 하중이 가해진다. 온도가 20°C 증가한다면 부재 (1)과 부재 (2)의 법선 응력을 계산하라.

### 풀이 계획

부정정계 문제에 대한 다섯 단계의 풀이법이 사용되어야 한다. $C$에서 강체 판이 핀으로 연결되었기 때문에, $C$를 중심으로 회전할 것이다. 변형도는 판이 $C$에서 시계방향으로 회전한다는 가정하에 연결부위 $B$와 $D$에서 강체 판의 변형 간의 관계를 구한다. 연결점의 변형은 변형량 $\delta_1$, $\delta_2$와 관계되고, 이는 축력 $F_1$, $F_2$로 표현되는 기하학적 적합방정식을 이끌어낼 것이다.

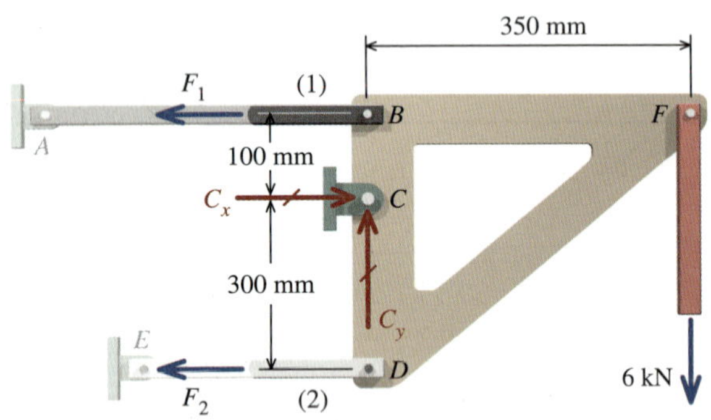


### 풀이

**1단계—평형조건:**

$$\Sigma M_C = F_1(100\text{ mm}) - F_2(300\text{ mm}) - (6\text{ kN})(350\text{ mm}) = 0 \quad \text{(a)}$$

**2단계—변형의 기하학적 관계:** 강체 판의 변형 후 형상을 그린다. 판은 $C$에서 핀으로 연결되어 있기 때문에 $C$에 대하여 회전할 것이다. 연결점 $B$와 $D$ 간의 처짐의 관계식은 닮은꼴 삼각형 규칙에서부터 아래와 같이 표현할 수 있다.

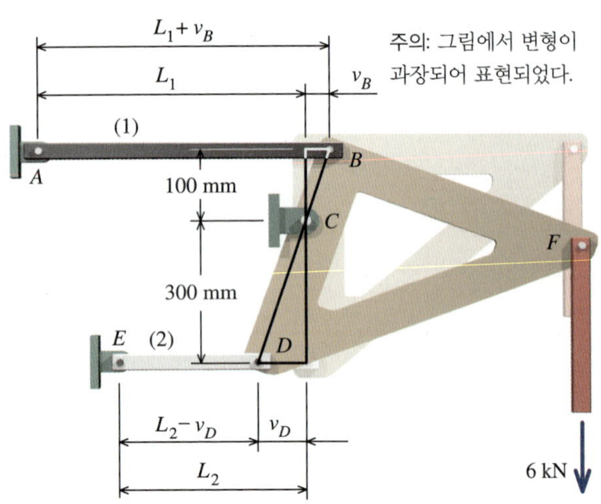


$$\frac{v_B}{100\text{ mm}} = \frac{v_D}{300\text{ mm}} \quad \text{(b)}$$

어떻게 부재 (*1*),(*2*)의 변형과 연결점 $B$, $D$에서의 처짐값이 연관 될까?

정의로부터 부재의 변형은 최종 길이(즉, 하중과 온도의 증가가 작용된 이후)와 최초 길이의 차이이다. 그러므로 부재 (1)에 대해서

$$\delta_1 = L_{\text{final}} - L_{\text{initial}} = (L_1 + v_B) - L_1 = v_B \qquad \therefore v_B = \delta_1 \quad \text{(c)}$$

같은 방법으로, 부재 (2)에 대해서

$$\delta_2 = L_{\text{final}} - L_{\text{initial}} = (L_2 - v_D) - L_2 = -v_D \quad \therefore v_D = -\delta_2 \tag{d}$$

식 (c), (d)의 결과를 식 (b)에 대입하면

$$\frac{\delta_1}{100\text{ mm}} = -\frac{\delta_2}{300\text{ mm}} \tag{e}$$

**3단계—힘-온도-변형 관계:** 두 축 부재에 대한 힘–온도–변형 관계식은 다음과 같다.

$$\delta_1 = \frac{F_1 L_1}{A_1 E_1} + \alpha_1 \Delta T L_1, \quad \delta_2 = \frac{F_2 L_2}{A_2 E_2} + \alpha_2 \Delta T L_2 \tag{f}$$

**4단계—기하학적 적합조건:** 힘–온도–변형관계식 (f)를 식 (e)에 대입하면 다음의 적합방정식을 얻는다.

$$\frac{1}{100\text{ mm}}\left[\frac{F_1 L_1}{A_1 E_1} + \alpha_1 \Delta T L_1\right] = -\frac{1}{300\text{ mm}}\left[\frac{F_2 L_2}{A_2 E_2} + \alpha_2 \Delta T L_2\right] \tag{g}$$

이 식은 구조의 변형에 대한 정보로부터 도출되었고 두 개의 미지의 부재력 $F_1$과 $F_2$로 표현되었다 .

**5단계—방정식 풀이:** 방정식 왼편의 $F_1$과 $F_2$를 그룹화하여, 적합방정식 [식 (g)]을 다시 쓰면

$$\frac{F_1 L_1}{(100\text{ mm})A_1 E_1} + \frac{F_2 L_2}{(300\text{ mm})A_2 E_2} = -\frac{1}{100\text{ mm}}\alpha_1 \Delta T L_1 - \frac{1}{300\text{ mm}}\alpha_2 \Delta T L_2 \tag{h}$$

평형조건식 (a)는 같은 방법으로 다시 배열할 수 있다.

$$F_1(100\text{ mm}) - F_2(300\text{ mm}) = (6\text{ kN})(350\text{ mm}) \tag{i}$$

식 (h)와 (i)는 여러 방법으로 동시에 풀 수 있다. 여기서 손으로 풀 때 대입법을 사용한다. $F_2$에 대하여 식 (i)를 풀면

$$F_2 = \frac{F_1(100\text{ mm}) - (6\text{ kN})(350\text{ mm})}{300\text{ mm}} \tag{j}$$

이것을 식 (h)에 대입하고 식의 왼쪽에 $F_1$의 항들을 모으면

$$\frac{F_1 L_1}{(100\text{ mm})A_1 E_1} + \frac{[(100\text{ mm}/300\text{ mm})F_1]L_2}{(300\text{ mm})A_2 E_2}$$
$$= -\frac{1}{100\text{ mm}}\alpha_1 \Delta T L_1 - \frac{1}{300\text{ mm}}\alpha_2 \Delta T L_2 + (6\text{ kN})\left[\frac{350\text{ mm}}{300\text{ mm}}\right]\frac{L_2}{(300\text{ mm})A_2 E_2}$$

정리하고 $F_1$에 대해서 풀면

$$F_1\left[\frac{500\text{ mm}}{(100\text{ mm})(310\text{ mm}^2)(200{,}000\text{ N/mm}^2)}+\frac{(1/3)(400\text{ mm})}{(300\text{ mm})(620\text{ mm}^2)(70{,}000\text{ N/mm}^2)}\right]$$

$$=-\frac{1}{100\text{ mm}}(11.9\times10^{-6}/°\text{C})(20°\text{C})(500\text{ mm})$$

$$-\frac{1}{300\text{ mm}}(22.5\times10^{-6}/°\text{C})(20°\text{C})(400\text{ mm})$$

$$+(6{,}000\text{ N})\left[\frac{350\text{ mm}}{300\text{ mm}}\right]\frac{400\text{ mm}}{(300\text{ mm})(620\text{ mm}^2)(70{,}000\text{ N/mm}^2)}$$

따라서

$$F_1=-17{,}328.8\text{ N}=-17.33\text{ kN}=17.33\text{ kN (C)}$$

식 (j)에 거꾸로 대입하면

$$F_2=-12{,}776.3\text{ N}=-12.78\text{ kN}=12.78\text{ kN (C)}$$

이제 부재 (1)과 (2)의 법선응력을 결정할 수 있다.

$$\sigma_1=\frac{F_1}{A_1}=\frac{-17{,}328.8\text{ N}}{310\text{ mm}^2}=-55.9\text{ MPa}=55.9\text{ MPa (C)}$$

$$\sigma_2=\frac{F_2}{A_2}=\frac{-12{,}776.3\text{ N}}{620\text{ mm}^2}=-20.6\text{ MPa}=20.6\text{ MPa (C)}$$

**Ans.**

**주의:** 부재 (1)의 변형은 다음과 같이 계산할 수 있다

$$\delta_1=\frac{F_1L_1}{A_1E_1}+\alpha_1\Delta TL_1=\frac{(-17{,}328.8\text{ N})(500\text{ mm})}{(310\text{ mm}^2)(200{,}000\text{ N/mm}^2)}$$

$$+(11.9\times10^{-6}/°\text{C})(20°\text{C})(500\text{ mm})$$

$$=-0.1397\text{ mm}+0.1190\text{ mm}=-0.0207\text{ mm}$$

부재 (2)의 변형은

$$\delta_2=\frac{F_2L_2}{A_2E_2}+\alpha_2\Delta TL_2=\frac{(-12{,}776.3\text{ N})(400\text{ mm})}{(620\text{ mm}^2)(70{,}000\text{ N/mm}^2)}$$

$$+(22.5\times10^{-6}/°\text{C})(20°\text{C})(400\text{ mm})$$

$$=-0.1178\text{ mm}+0.1800\text{ mm}=0.0622\text{ mm}$$

변형도에서 처음의 가정과는 반대로, 부재 (1)은 실제로 수축했고, 부재 (2)는 늘어났다. 이 결과는 온도의 증가로 인한 신장으로 설명되었다. 강제 판은 실제로 $C$에 대하여 시계반대방향으로 회전하였다.

## MecMovies Example M5.15

황동 링크와 강봉이 20°C의 온도에서 그림과 같은 치수를 가진다. 강봉은 링크 안에 여유 간격이 없이 조립될 때까지 냉각되었다. 그 이후에 가열하여 링크–봉 결합체의 전체 온도를 40°C까지 상승시켰다. 다음을 결정하라.

(a) 강봉의 최종 법선응력

(b) 강봉의 변형량

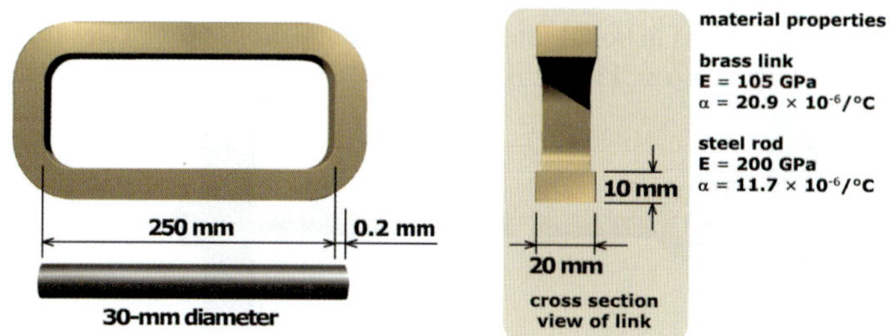


# MecMovies EXERCISES

**M5.13** 복합 축 구조물이 플랜지 $B$에서 연결된 두 개의 봉으로 되어 있다. 봉 (1)과 (2)는 각각 $A$와 $C$에서 구속되어 있다. 그림에서 보인 방향으로 집중하중 $P$가 플랜지 $B$에 작용하고 있다. 온도가 $\Delta T$만큼 상승하였을 때 각 봉의 축력과 법선응력을 구하라.

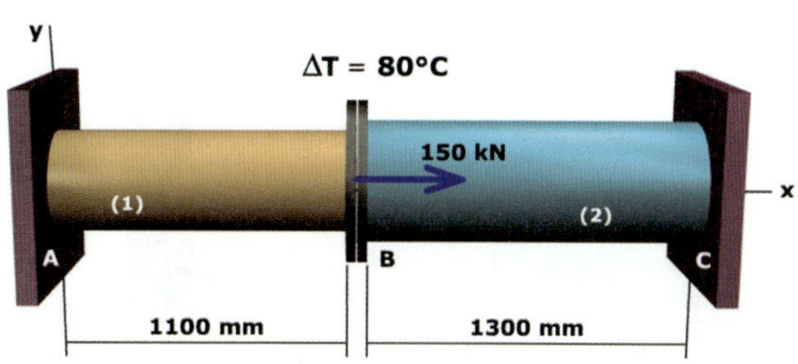


그림 M5.13

**M5.14** 강체 수평부재 $ABC$는 3개의 수직 봉에 의하여 지지되어 있다. 하중이 가해지기 전에는 이 시스템에 작용하는 응력이 없다. 하중 $P$가 가해진 이후 세 개 봉의 온도를 $\Delta T$만큼 상승시켰다. 다음을 결정하라.

(a) 봉 (1)의 축력

(b) 봉 (2)의 법선응력

(c) 봉 (2)의 법선변형률

(d) $B$에서의 강체 부재의 변위

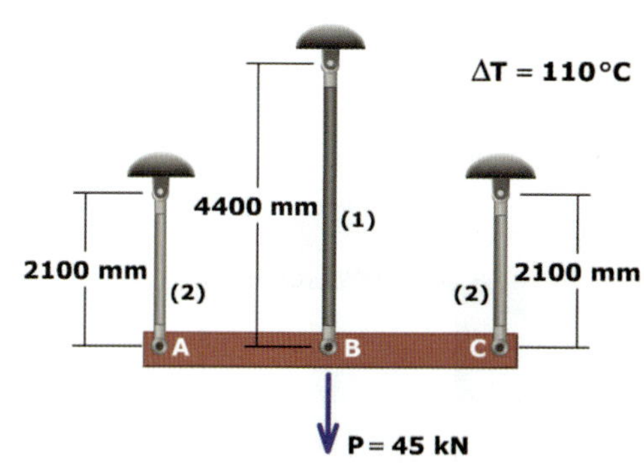


그림 M5.14

## PROBLEMS

**P5.44** A 25-mm-diameter by 3.5-m-long steel rod (1) is stress free after being attached to rigid supports as shown in Figure P5.44/45. At $A$, a 16-mm-diameter bolt is used to connect the rod to the support. Determine the normal stress in steel rod (1) and the shear stress in bolt $A$ after the temperature drops 60°C. Use $E = 200$ GPa and $\alpha = 11.9 \times 10^{-6}/°C$.

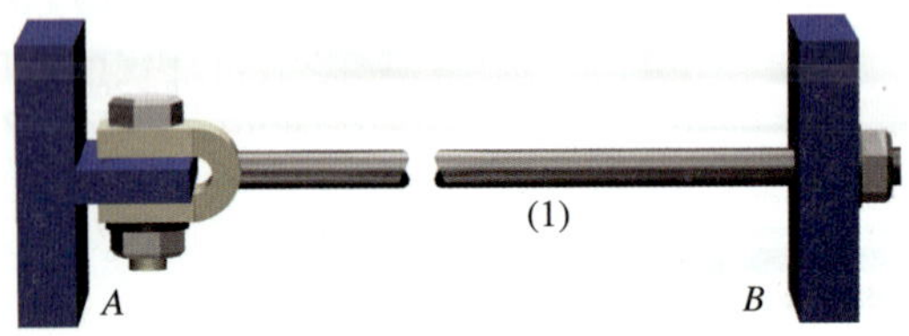


**FIGURE P5.44/45**

**P5.45** A 0.875-in.-diameter by 15-ft-long steel rod (1) is stress free after being attached to rigid supports. A clevis-and-bolt connection as shown in Figure P5.44/45 connects the rod with the support at $A$. The normal stress in the steel rod must be limited to 18 ksi, and the shear stress in the bolt must be limited to 42 ksi. Assume $E =$ 29,000 ksi and $\alpha = 6.6 \times 10^{-6}/°F$ and determine:

(a) the temperature decrease that can be safely accommodated by rod (1) based on the allowable normal stress.
(b) the minimum required diameter for the bolt at $A$ using the temperature decrease found in part (a).

**P5.46** A steel [$E =$ 29,000 ksi and $\alpha = 6.6 \times 10^{-6}/°F$] rod containing a turnbuckle has its ends attached to rigid walls. During the summer when the temperature is 82°F, the turnbuckle is tightened to produce a stress in the rod of 5 ksi. Determine the stress in the rod in the winter when the temperature is 10°F.

**P5.47** A high-density polyethylene [$E = 120$ ksi and $\alpha = 78 \times 10^{-6}/°F$] block (1) is positioned in a fixture as shown in Figure P5.47. The block is 2 in. by 2 in. by 32 in. long. At room temperature, a gap of 0.10 in. exists between the block and the rigid support at $B$. Determine:

(a) the normal stress in the block caused by a temperature increase of 100°F.
(b) the normal strain in block (1) at the increased temperature.

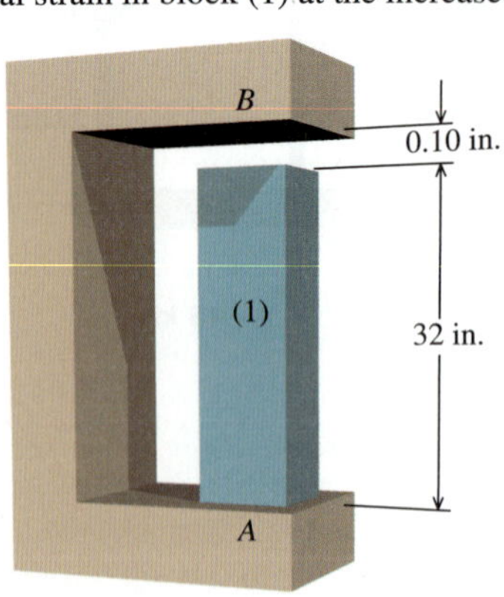


**FIGURE P5.47**

**P5.48** The assembly shown in Figure P5.48 consists of a brass shell (1) fully bonded to a ceramic core (2). The brass shell [$E = 115$ GPa; $\alpha = 18.7 \times 10^{-6}/°C$] has an outside diameter of 50 mm and an inside diameter of 35 mm. The ceramic core [$E =$ 290 GPa; $\alpha = 3.1 \times 10^{-6}/°C$] has a diameter of 35 mm. At a temperature of 15°C, the assembly is unstressed. Determine the largest temperature increase that is acceptable for the assembly if the normal stress in the longitudinal direction of the brass shell must not exceed 80 MPa.

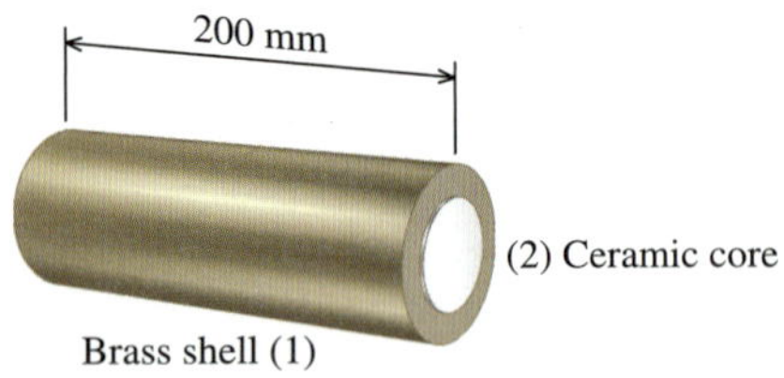


**FIGURE P5.48**

**P5.49** At a temperature of 60°F, a 0.04-in. gap exists between the ends of the two bars shown in Figure P5.49. Bar (1) is an aluminum alloy [$E =$ 10,000 ksi; $\nu = 0.32$; $\alpha = 12.5 \times 10^{-6}/°F$] bar with a width of 3 in. and a thickness of 0.75 in. Bar (2) is a stainless steel [$E =$ 28,000 ksi; $\nu = 0.12$; $\alpha = 9.6 \times 10^{-6}/°F$] bar with a width of 2 in. and a thickness of 0.75 in. The supports at $A$ and $C$ are rigid. Determine:

(a) the lowest temperature at which the two bars contact each other.
(b) the normal stress in the two bars at a temperature of 250°F.
(c) the normal strain in the two bars at 250°F.
(d) the change in width of the aluminum bar at a temperature of 250°F.

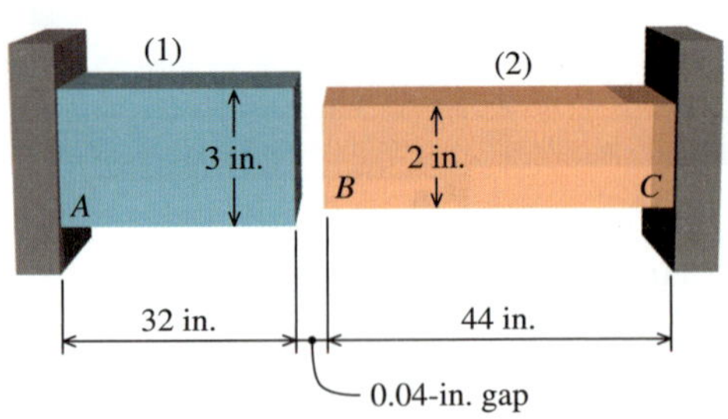


**FIGURE P5.49**

**P5.50** At a temperature of 5°C, a 3-mm gap exists between two polymer bars and a rigid support as shown in Figure P5.50. Bar (1) is 50 mm wide and 20 mm thick [$E = 800$ MPa; $\alpha = 140 \times 10^{-6}/°C$]. Bar (2) is 75 mm wide and 25 mm thick [$E = 2.7$ GPa; $\alpha = 67 \times 10^{-6}/°C$]. The supports at $A$ and $C$ are rigid. Determine:

(a) the lowest temperature at which the 3-mm gap is closed.
(b) the normal stress in the two bars at a temperature of 60°C.
(c) the normal strain in the two bars at 60°C.

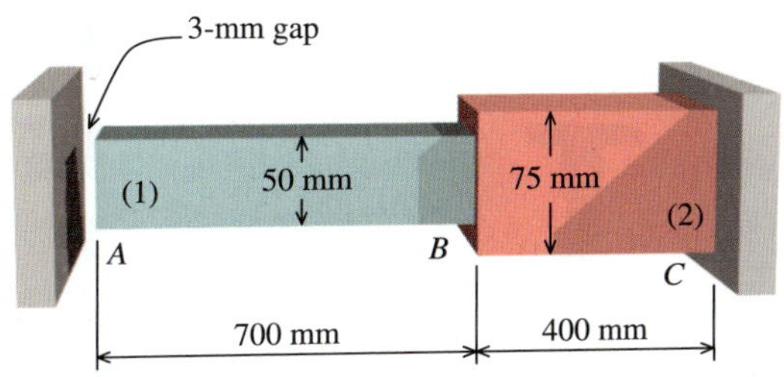


**FIGURE P5.50**

**P5.51** The axial assembly shown in Figure P5.51 consists of a solid 1-in.-diameter aluminum alloy [$E = 10{,}000$ ksi; $\nu = 0.32$; $\alpha = 12.5 \times 10^{-6}/°\text{F}$] rod (1) and a solid 1.5-in.-diameter bronze [$E = 15{,}000$ ksi; $\nu = 0.15$; $\alpha = 9.4 \times 10^{-6}/°\text{F}$] rod (2). If the supports at $A$ and $C$ are rigid and the assembly is stress free at 0°F, determine:

(a) the normal stress in both rods at 160°F.
(b) the displacement of flange $B$.
(c) the change in diameter of the aluminum rod.

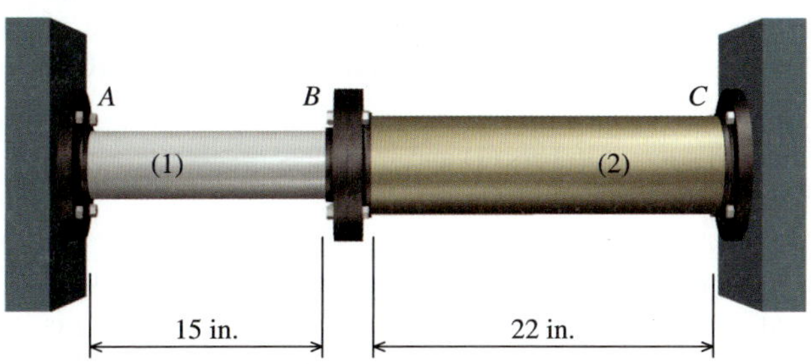


**FIGURE P5.51**

**P5.52** The pin-connected structure shown in Figure P5.52 consists of a rigid bar $ABC$, a solid bronze [$E = 100$ GPa; $\alpha = 16.9 \times 10^{-6}/°\text{C}$] rod (1), and a solid aluminum alloy [$E = 70$ GPa; $\alpha = 22.5 \times 10^{-6}/°\text{C}$] rod (2). Bronze rod (1) has a diameter of 24 mm and aluminum rod (2) has a diameter of 16 mm. The bars are unstressed when the structure is assembled at 25°C. After assembly, the temperature of rod (2) is decreased by 40°C, while the temperature of rod (1) remains constant at 25°C. Determine the normal stresses in both rods for this condition.

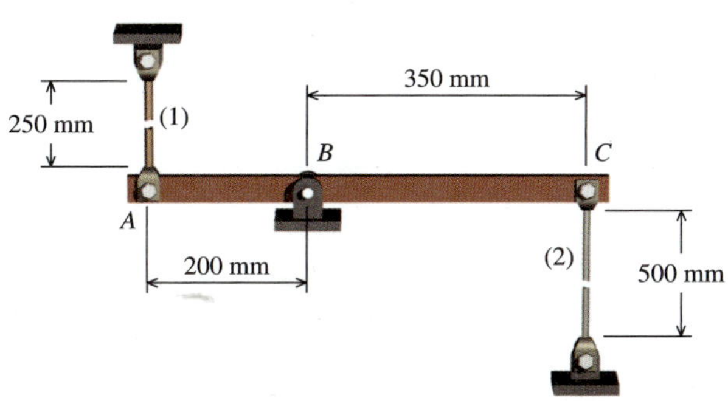


**FIGURE P5.52**

**P5.53** Rigid bar $ABC$ is supported by two identical solid bronze [$E = 100$ GPa; $\alpha = 16.9 \times 10^{-6}/°\text{C}$] rods, and a solid steel [$E = 200$ GPa; $\alpha = 11.9 \times 10^{-6}/°\text{C}$] rod as shown in Figure P5.53. The bronze rods (1) each have a diameter of 16 mm and they are symmetrically positioned relative to the center rod (2) and the applied load $P$. Steel rod (2) has a diameter of 20 mm. The bars are unstressed when the structure is assembled at 30°C. When the temperature decreases to −20°C, determine:

(a) the normal stresses in the bronze and steel rods.
(b) the normal strains in the bronze and steel rods.

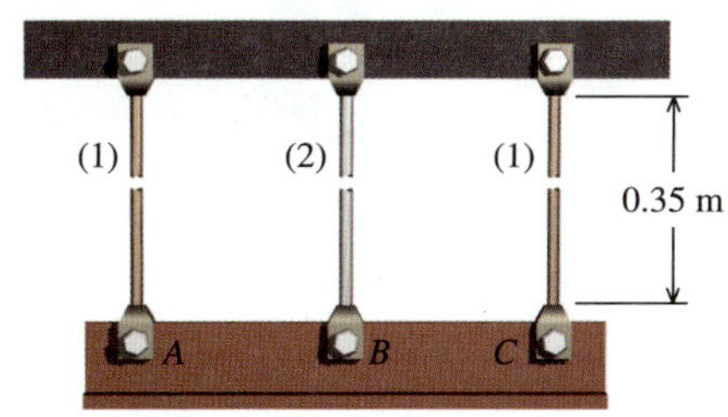


**FIGURE P5.53**

**P5.54** A load of $P = 85$ kN is supported by a structure consisting of rigid bar $ABC$, two identical solid bronze [$E = 100$ GPa; $\alpha = 16.9 \times 10^{-6}/°\text{C}$] rods, and a solid steel [$E = 200$ GPa; $\alpha = 11.9 \times 10^{-6}/°\text{C}$] rod as shown in Figure P5.54. The bronze rods (1) each have a diameter of 20 mm and they are symmetrically positioned relative to the center rod (2) and the applied load $P$. Steel rod (2) has a diameter of 14 mm. The bars are unstressed when the structure is assembled. After the temperature of the structure has been increased by 45°C, determine:

(a) the normal stresses in the bronze and steel rods.
(b) the normal strains in the bronze and steel rods.
(c) the downward deflection of rigid bar $ABC$.

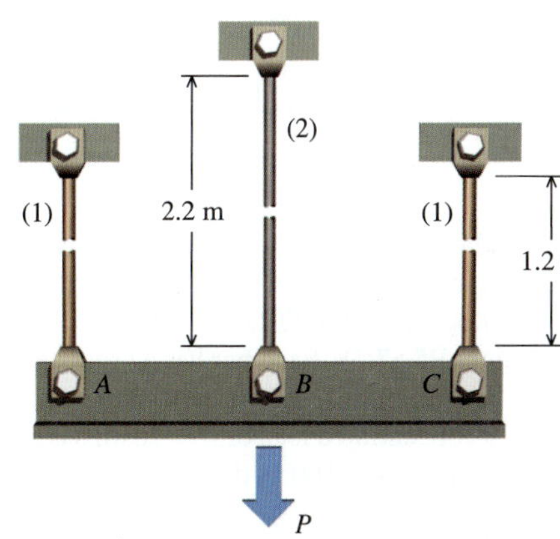


**FIGURE P5.54**

**P5.55** A solid aluminum [$E$ = 70 GPa; $\alpha$ = 22.5 × $10^{-6}$/°C] rod (1) is connected to a solid bronze [$E$ = 100 GPa; $\alpha$ = 16.9 × $10^{-6}$/°C] rod at flange $B$ as shown in Figure P5.55. Aluminum rod (1) has a diameter of 40 mm and bronze rod (2) has a diameter of 120 mm. The bars are unstressed when the structure is assembled at 30°C. After the 300-kN load is applied to flange $B$, the temperature increases to 45°C. Determine:

(a) the normal stresses in rods (1) and (2).
(b) the deflection of flange $B$.

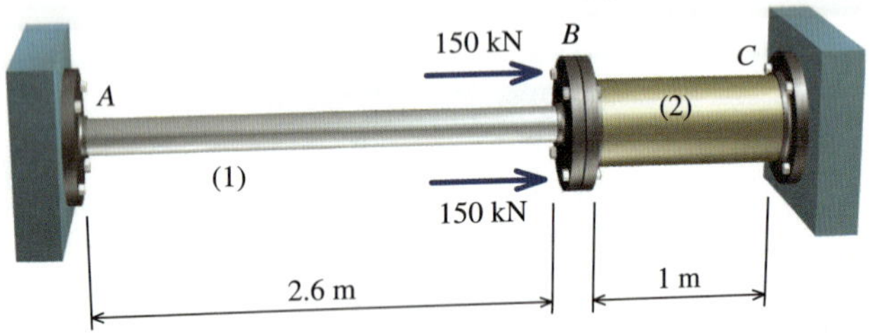


**FIGURE P5.55**

**P5.56** A steel [$E$ = 30,000 ksi; $\alpha$ = 6.6 × $10^{-6}$/°F] pipe (1) with a cross-sectional area of $A_1$ = 5.60 in.$^2$ is connected at flange $B$ to an aluminum alloy [$E$ = 10,000 ksi; $\alpha$ = 12.5 × $10^{-6}$/°F] pipe (2) with a cross-sectional area of $A_2$ = 4.40 in.$^2$. The assembly shown in Figure P5.56 is connected to rigid supports at $A$ and $C$. It is initially unstressed at a temperature of 90°F.

(a) At what temperature will the normal stress in steel pipe (1) be reduced to zero?
(b) Determine the normal stresses in steel pipe (1) and aluminum pipe (2) when the temperature reaches −10°F.

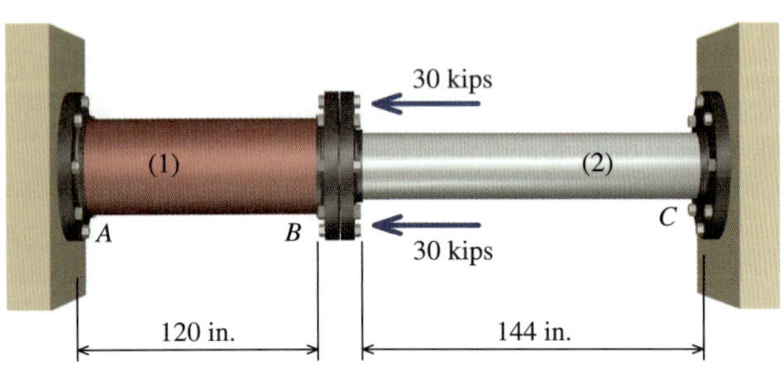


**FIGURE P5.56**

**P5.57** A load $P$ will be supported by a structure consisting of a rigid bar $ABCD$, a polymer [$E$ = 2,300 ksi; $\alpha$ = 2.9 × $10^{-6}$/°F] bar (1), and an aluminum alloy [$E$ = 10,000 ksi; $\alpha$ = 12.5 × $10^{-6}$/°F] bar (2) as shown in Figure P5.57/58. Each bar has a cross-sectional area of 2.00 in.$^2$. The bars are unstressed when the structure is assembled at 30°F. After a concentrated load of $P$ = 26 kips is applied and the temperature is increased to 100°F, determine:

(a) the normal stresses in bars (1) and (2).
(b) the vertical deflection of joint $D$.

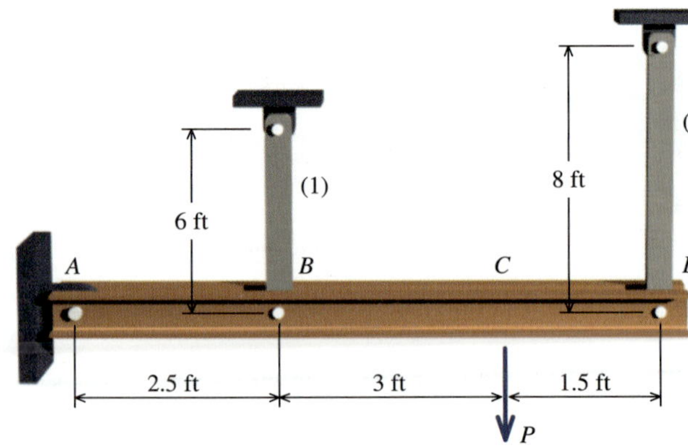


**FIGURE P5.57/58**

**P5.58** A load $P$ will be supported by a structure consisting of a rigid bar $ABCD$, an aluminum alloy [$E$ = 10,000 ksi; $\alpha$ = 12.5 × $10^{-6}$/°F] bar (1), and a steel [$E$ = 29,000 ksi; $\alpha$ = 6.5 × $10^{-6}$/°F] bar (2) as shown in Figure P5.57/58. Each bar has a cross-sectional area of 2.00 in.$^2$. The bars are unstressed when the structure is assembled at 80°F. After a concentrated load of $P$ = 42 kips is applied and the temperature is decreased to –10°F, determine:

(a) the normal stresses in bars (1) and (2).
(b) the vertical deflection of joint $D$.

**P5.59** The pin-connected structure shown in Figure P5.59/60 consists of a rigid bar $ABCD$ and two axial members. Bar (1) is steel [$E$ = 200 GPa; $\alpha$ = 11.7 × $10^{-6}$/°C] with a cross-sectional area of $A_1$ = 400 mm$^2$. Bar (2) is an aluminum alloy [$E$ = 70 GPa; $\alpha$ = 22.5 × $10^{-6}$/°C] with a cross-sectional area of $A_2$ = 400 mm$^2$. The bars are unstressed when the structure is assembled. After a concentrated load of $P$ = 36 kN is applied and the temperature is increased by 25°C, determine:

(a) the normal stresses in bars (1) and (2).
(b) the deflection of point $D$ on the rigid bar.

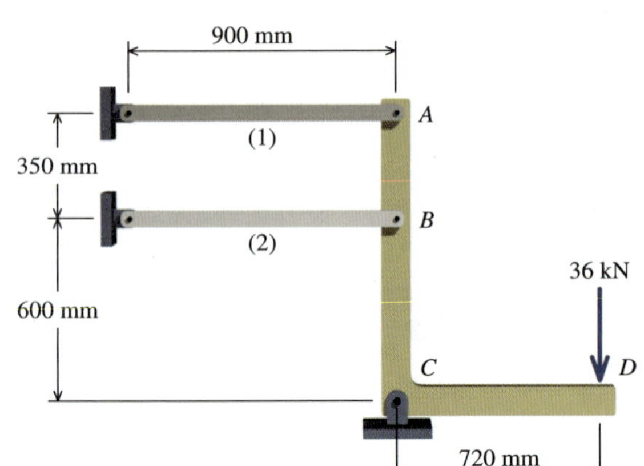


**FIGURE P5.59/60**

**P5.60** The pin-connected structure shown in Figure P5.59/60 consists of a rigid bar *ABCD* and two axial members. Bar (1) is steel [$E = 200$ GPa; $\alpha = 11.7 \times 10^{-6}/°\text{C}$] with a cross-sectional area of $A_1 = 400\ \text{mm}^2$. Bar (2) is an aluminum alloy [$E = 70$ GPa; $\alpha = 22.5 \times 10^{-6}/°\text{C}$] with a cross-sectional area of $A_2 = 400\ \text{mm}^2$. The bars are unstressed when the structure is assembled. After a concentrated load of $P = 36$ kN is applied and the temperature is decreased by 50°C, determine:

(a) the normal stresses in bars (1) and (2).
(b) the deflection of point *D* on the rigid bar.

**P5.61** Rigid bar *ABCD* is supported as shown in Figure P5.61. Bar (1) is made of bronze [$E = 100$ GPa; $\alpha = 16.9 \times 10^{-6}/°\text{C}$] and has a cross-sectional area of 400 mm². Bar (2) is made of aluminum [$E = 70$ GPa; $\alpha = 22.5 \times 10^{-6}/°\text{C}$] and has a cross-sectional area of 600 mm². Bars (1) and (2) are initially unstressed. After the temperature has increased by 40°C, determine:

(a) the stresses in bars (1) and (2).
(b) the vertical deflection of point *A*.

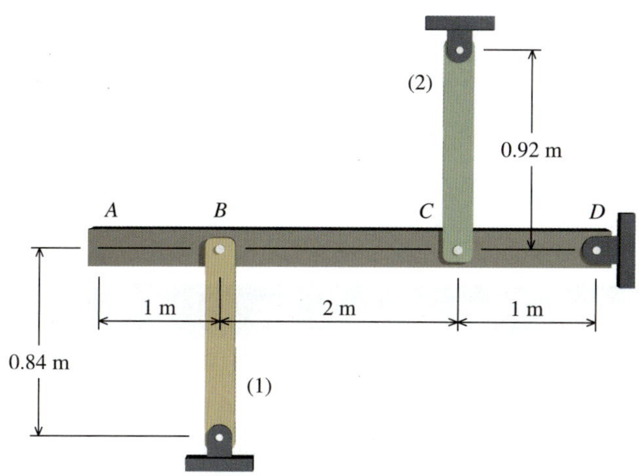


FIGURE P5.61

**P5.62** Rigid bar *ABCD* in Figure P5.62 is supported by a pin connection at *A* and by two axial bars (1) and (2). Bar (1) is a 30-in.-long bronze [$E = 15{,}000$ ksi; $\alpha = 9.4 \times 10^{-6}/°\text{F}$] bar with a cross-sectional area of 1.25 in.². Bar (2) is a 40-in.-long aluminum alloy [$E = 10{,}000$ ksi; $\alpha = 12.5 \times 10^{-6}/°\text{F}$] bar with a cross-sectional area of 2.00 in.². Both bars are unstressed before the load *P* is applied. If a concentrated load of $P = 27$ kips is applied to the rigid bar at *D* and the temperature is decreased by 100°F, determine:

(a) the normal stresses in bars (1) and (2).
(b) the normal strains in bars (1) and (2).
(c) the deflection of the rigid bar at point *D*.

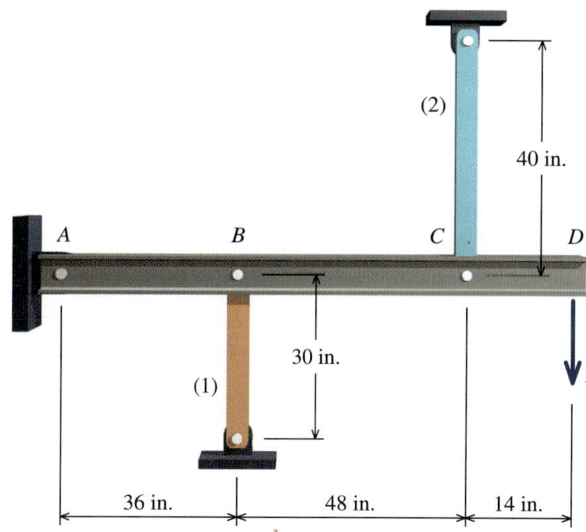


FIGURE P5.62

**P5.63** The pin-connected structure shown in Figure P5.63 consists of a rigid bar *ABC*, a steel bar (1), and a steel rod (2). The cross-sectional area of bar (1) is 1.5 in.² and the diameter of rod (2) is 0.75 in. Assume $E = 30{,}000$ ksi and $\alpha = 6.6 \times 10^{-6}/°\text{F}$ for both axial members. The bars are unstressed when the structure is assembled at 70°F. After application of a concentrated force of $P = 20$ kips, the temperature is decreased to 30°F. Determine:

(a) the normal stresses in bar (1) and rod (2).
(b) the normal strains in bar (1) and rod (2).
(c) the deflection of pin *C* from its original position.

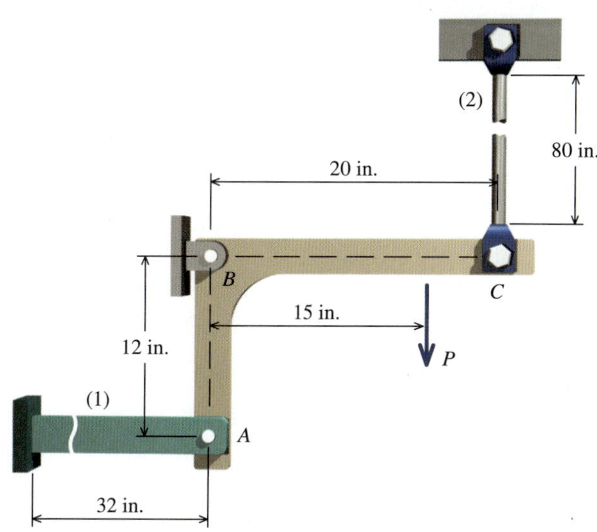


FIGURE P5.63

**P5.64** Three rods of different materials are connected and placed between rigid supports at $A$ and $D$ as shown in Figure P5.64/65. Properties for each of the three rods are given below. The bars are initially unstressed when the structure is assembled at 70°F. After the temperature has been increased to 250°F, determine:

(a) the normal stresses in the three rods.
(b) the force exerted on the rigid supports.
(c) the deflections of joints $B$ and $C$ relative to rigid support $A$.

| Aluminum (1) | Cast Iron (2) | Bronze (3) |
|---|---|---|
| $L_1 = 10$ in. | $L_2 = 5$ in. | $L_3 = 7$ in. |
| $A_1 = 0.8$ in.$^2$ | $A_2 = 1.8$ in.$^2$ | $A_3 = 0.6$ in.$^2$ |
| $E_1 = 10{,}000$ ksi | $E_2 = 22{,}500$ ksi | $E_3 = 15{,}000$ ksi |
| $\alpha_1 = 12.5 \times 10^{-6}/°F$ | $\alpha_2 = 7.5 \times 10^{-6}/°F$ | $\alpha_3 = 9.4 \times 10^{-6}/°F$ |

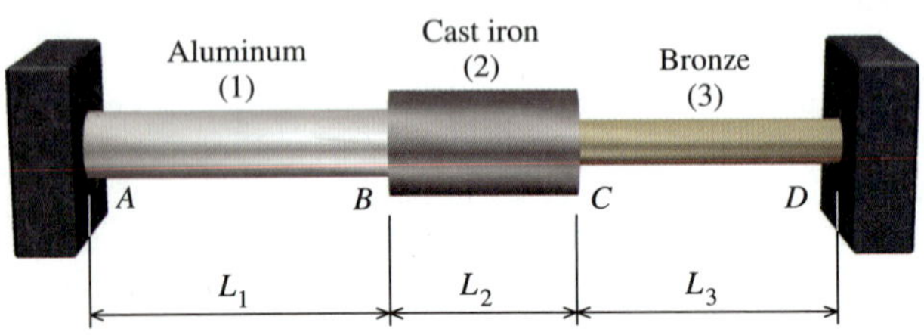


**FIGURE P5.64/65**

**P5.65** Three rods of different materials are connected and placed between rigid supports at $A$ and $D$ as shown in Figure P5.64/65. Properties for each of the three rods are given below. The bars are initially unstressed when the structure is assembled at 20°C. After the temperature has been increased to 100°C, determine:

(a) the normal stresses in the three rods.
(b) the force exerted on the rigid supports.
(c) the deflections of joints $B$ and $C$ relative to rigid support $A$.

| Aluminum (1) | Cast Iron (2) | Bronze (3) |
|---|---|---|
| $L_1 = 440$ mm | $L_2 = 200$ mm | $L_3 = 320$ mm |
| $A_1 = 1{,}200$ mm$^2$ | $A_2 = 2{,}800$ mm$^2$ | $A_3 = 800$ mm$^2$ |
| $E_1 = 70$ GPa | $E_2 = 155$ GPa | $E_3 = 100$ GPa |
| $\alpha_1 = 22.5 \times 10^{-6}/°C$ | $\alpha_2 = 13.5 \times 10^{-6}/°C$ | $\alpha_3 = 17.0 \times 10^{-6}/°C$ |

## 5.7 응력집중

응력선도는 어디에서든지 최대 법선응력에 평행한 선이다.

이전 절에서, $\sigma = P/A$로써 표현된 평균응력은 중요하고 의미 있는 응력으로 가정했다. 많은 문제들에 대해 이것은 사실이나, 어떤 위치에서의 최대 법선응력은 평균 법선응력보다 훨씬 더 크고 또한 어떤 하중과 재료의 상황에서는 최대 응력이 평균응력보다 더 중요한 고려대상이 된다. 만약 구조물 또는 기계 요소 안에 응력 경로(**응력선도**라고 함)를 방해하는 불연속이 존재하면 불연속 위치에서의 응력은 단면의 평균응력(공칭응력: nominal stress)보다 상당히 클 것이다. 이것을 불연속 위치에서의 **응력집중**(*stress concentration*)이라 부른다. 응력집중의 효과는 그림 5.12에 설명되어 있다. 불연속의 유형이 위쪽에 표시되어 있고, 수평면 위의 수직응력의 근사적인 분포는 아래쪽에 함께 표시되었다. 단면에서 최대 응력과 공칭응력의 비율은 **응력집중계수** $K$로 알려져 있다. 따라서 축하중 부재에서 최대 수직응력을 위한 표현은 다음과 같이 된다.

$$\sigma_{max} = K\sigma_{nom} \tag{5.13}$$

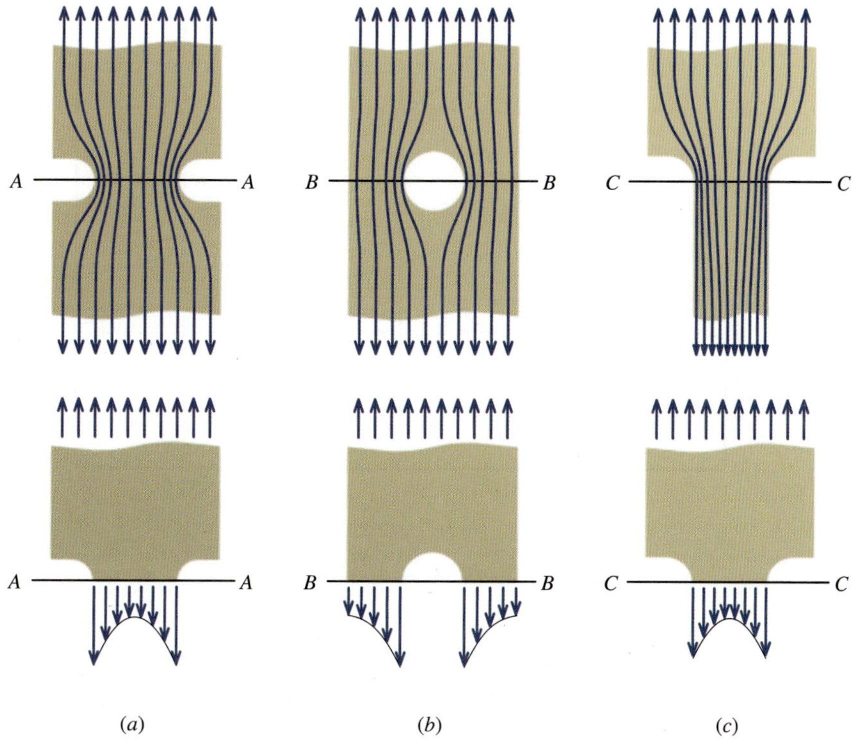


**그림 5.12** • (*a*) 노치, (*b*) 중앙에 위치한 구멍, (*c*) 어깨부에 필렛을 가진 평면 봉에 대한 전형적인 응력 선도와 법선응력분포

그림 5.13, 5.14, 5.15[1]에서 보여주고 있는 것들과 비슷한 곡선은 일반적인 설계 핸드북에서 찾을 수 있다. 이러한 곡선(혹은 계수들의 표)의 사용자들은 전체적인 단면에 대한 것인지 아닌지에 대해 확인하는 것이 중요하다. 이 책에서 응력집중계수 $K$는 그림 5.12에서 보여지는 것과 같이 최소 또는 순 단면적에서 나타나는 공칭응력과 연계하여 사용될 것이다. 그림 5.13, 5.14, 5.15에서 보여지는 $K$ 계수는 순단면에서의 응력을 바탕으로 한다.

한 방향의 균일한 인장력을 받는 넓은 판 안의 작은 원형 구멍(그림 5.16)의 경우가 국지적인 응력 재분포를 잘 보여준다. 탄성론에서 나온 해는 그림 5.16에서와 같이 반지름방향 응력 $\sigma_r$, 접선응력 $\sigma_\theta$, 전단응력 $\tau_{r\theta}$들로 표현되며, 관련 공식들은 다음과 같다.

$$\sigma_r = \frac{\sigma}{2}\left(1 - \frac{a^2}{r^2}\right) - \frac{\sigma}{2}\left(1 - \frac{4a^2}{r^2} + \frac{3a^4}{r^4}\right)\cos 2\theta$$

$$\sigma_\theta = \frac{\sigma}{2}\left(1 + \frac{a^2}{r^2}\right) + \frac{\sigma}{2}\left(1 + \frac{3a^4}{r^4}\right)\cos 2\theta$$

$$\tau_{r\theta} = \frac{\sigma}{2}\left(1 + \frac{2a^2}{r^2} - \frac{3a^4}{r^4}\right)\sin 2\theta$$

[1] Adapted from Walter D. Pilkey, *Peterson's Stress Concentration Factors*, 2nd ed.(New York:John Wiley Sons,Inc ,1987).

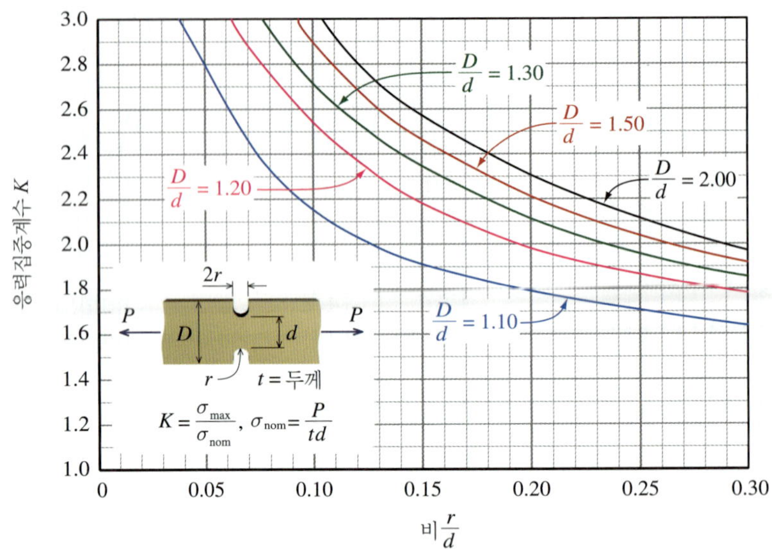


**그림 5.13** • 양쪽에 U 형상의 노치부를 가진 평면 봉에 대한 응력집중계수 $K$

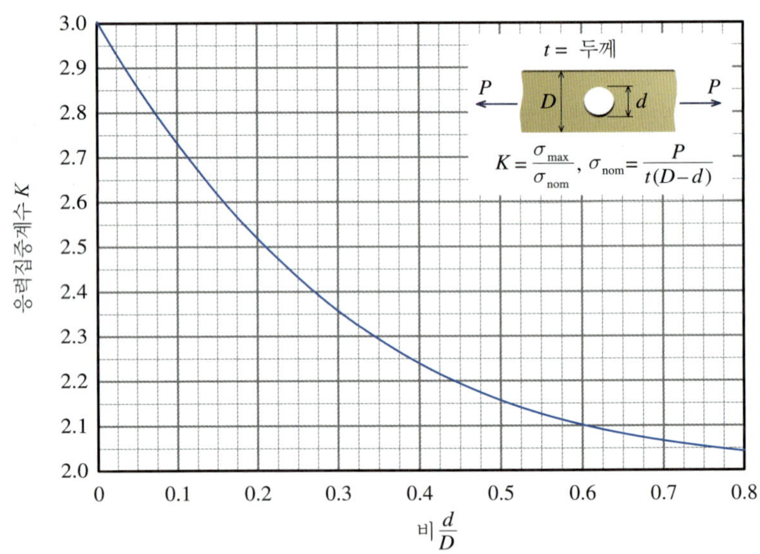


**그림 5.14** • 중앙에 원형 구멍을 가진 평면 봉에 대한 응력집중계수 $K$

구멍의 경계에서 위 공식들은 다음과 같이 간단히 표현된다.

$$\sigma_r = 0$$
$$\sigma_\theta = \sigma(1 + 2\cos 2\theta)$$
$$\tau_{r\theta} = 0$$

$\theta = 0°$에서 접선응력은 $\sigma_\theta = 3\sigma$가 되는데 $\sigma$는 구멍에서부터 먼 부분의 균일한 인장응력이다. 따라서, 이런 유형의 불연속에서 응력집중계수는 3이다.

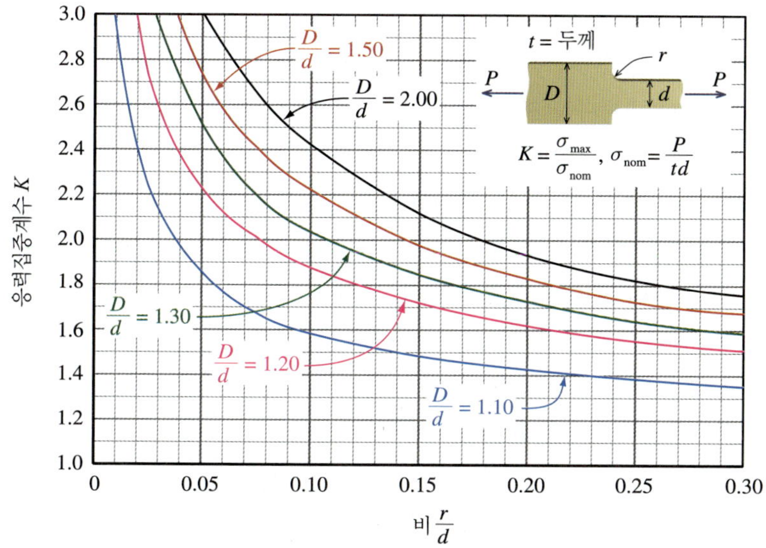


**그림 5.15** • 어깨부에 필렛을 가진 평면 봉에 대한 응력집중계수 $K$

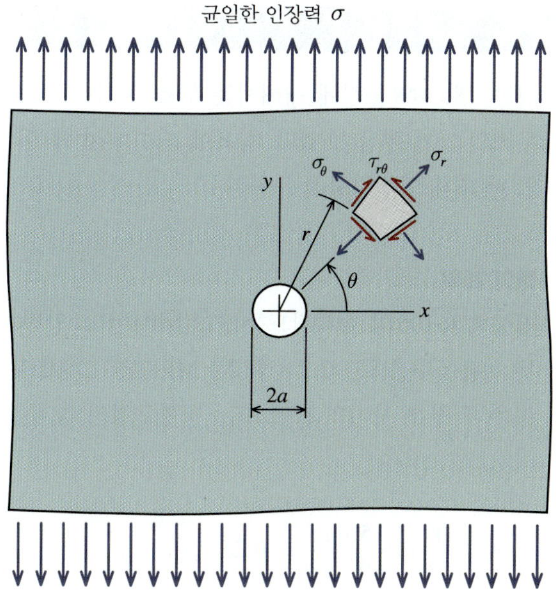


**그림 5.16** • 한 방향의 균일한 인장력을 받는 넓은 판 안의 원형 구멍

응력집중의 국부적 현상은 $x$축($\theta = 0°$)에서 원주방향의 응력성분 $\sigma_\theta$의 분포를 고려해 보면 잘 평가될 수 있다. 여기서

$$\sigma_\theta = \frac{\sigma}{2}\left(2 + \frac{a^2}{r^2} + \frac{3a^4}{r^4}\right)$$

거리 $r = 3a$(즉, 구멍의 경계에서 지름만큼 떨어진 곳)에서 공식으로부터 $\sigma_\theta = 1.074\sigma$가 된다. 따라서, 구멍의 경계에서 공칭응력의 3배로 시작한 응력은 구멍으로부터 지름만큼 떨어진 곳에서는 공칭응력보다 단지 7% 큰 값으로 떨어진다. 이런 빠른 감소는 불연속 주변에서 응력 재분포의 전형적인 예이다.

연성재료의 경우, 높은 응력의 영역에서 항복이 발생하기 때문에 정하중과 연관된 응력집중은 큰 걱정거리가 아니다. 왜냐하면 이러한 국부적인 항복을 동반하는 응력의 재분포로 인하여 평형이 유지되고 위험하지 않게 된다. 그러나 만약 하중이 정하중이 아니고 충격이거나 반복적이면 재료는 파손될 수 있다. 또한 만약 재료가 취성이면, 심지어 정하중에서도 파손이 일어날 수 있다. 그러므로, 어떤 재료에서든지 충격이나 반복하중인 경우와 정하중을 받는 취성재료의 경우에 응력집중은 무시하면 안 된다.

형상에 대한 고려 외에도 특정 응력집중계수는 또한 하중의 형태에 의존한다. 이번 절에서는 축하중에 대한 응력집중계수에 대해 알아보았다. 다음 장에서는 비틀림과 굽힘에서의 응력집중계수에 대해 알아볼 것이다.

**예제 5.9** EXAMPLE

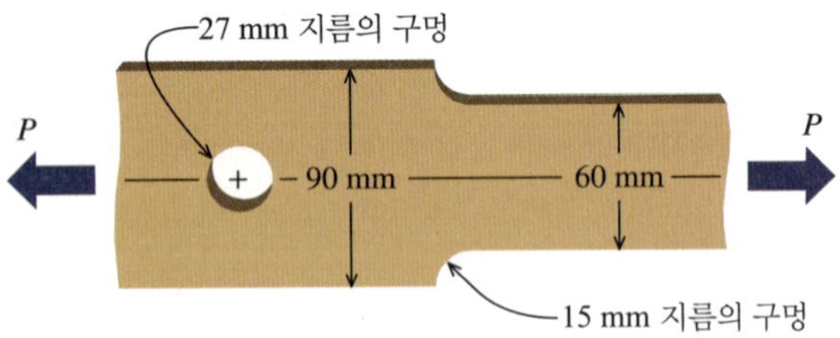


청동 C86100(물성에 대해서는 부록 D 참조)으로 만들어진 20 mm 두께의 기계 부품이 있다. 항복에 의한 파손에 대한 안전계수가 2.5일 때 최대 안전하중을 구하라.

**풀이 계획**

청동 C86100의 항복강도는 331 MPa이다. 안전계수 2.5에 기반을 둔 허용응력은 331/2.5 =132.4 MPa이다. 기계 부품에서의 최대 응력은 두 부분 사이의 필렛 또는 원형구멍의 경계에서 발생한다.

**필렛에서**

$$\frac{D}{d} = \frac{90 \text{ mm}}{60 \text{ mm}} = 1.5, \qquad \frac{r}{d} = \frac{15 \text{ mm}}{60 \text{ mm}} = 0.25$$

그림 5.15로부터, $K \cong 1.73$. 따라서,

$$P = \frac{\sigma_{\text{allow}} A_{\text{min}}}{K} = \frac{(132.4 \text{ N/mm}^2)(60 \text{ mm})(20 \text{ mm})}{1.73} = 91{,}838 \text{ N} = 91.8 \text{ kN}$$

**구멍에서**

$$\frac{d}{D} = \frac{27 \text{ mm}}{90 \text{ mm}} = 0.3$$

그림 5.14로부터, $K \cong 2.36$. 따라서,

$$P = \frac{\sigma_{allow} A_{net}}{K} = \frac{(132.4\ \text{N/mm}^2)(90\ \text{mm} - 27\ \text{mm})(20\ \text{mm})}{2.36} = 70{,}688\ \text{N} = 70.7\ \text{kN}$$

그러므로

$$P_{max} = 70.7\ \text{kN}$$ **Ans.**

## PROBLEMS

**P5.66** The machine part shown in Figure P5.66 is 3/8 in. thick and is made of cold-rolled 18-8 stainless steel (see Appendix D for properties). Determine the maximum safe load $P$ if a factor of safety of 2.5 with respect to failure by yield is specified.

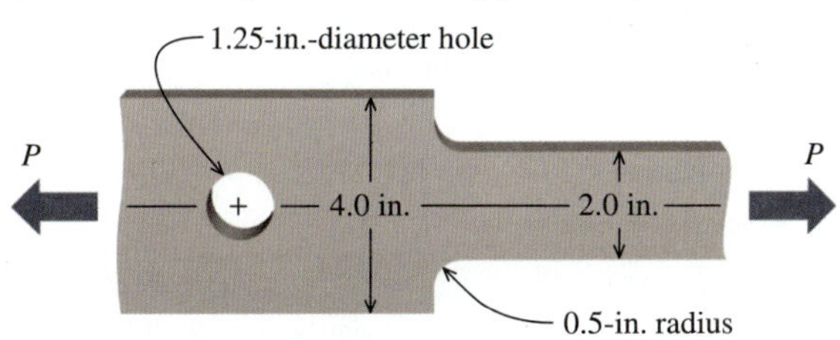


**FIGURE P5.66**

**P5.67** The machine part shown in Figure P5.67 is 12 mm thick and is made of SAE 4340 heat-treated steel (see Appendix D for properties). The holes are centered in the bar. Determine the maximum safe load $P$ if a factor of safety of 3.0 with respect to failure by yield is specified.

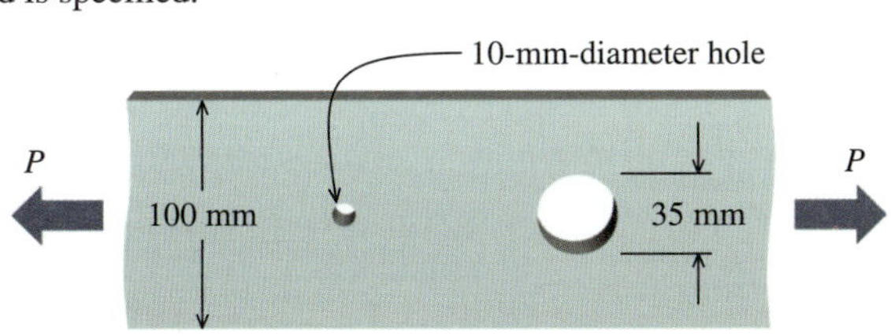


**FIGURE P5.67**

**P5.68** A 100-mm-wide by 8-mm-thick steel bar is transmitting an axial tensile load of 3,000 N. After the load is applied, a 4-mm-diameter hole is drilled through the bar as shown in Figure P5.68. The hole is centered in the bar.

(a) Determine the stress at point $A$ (on the edge of the hole) in the bar before and after the hole is drilled.
(b) Does the axial stress at point $B$ on the edge of the bar increase or decrease as the hole is drilled? Explain.

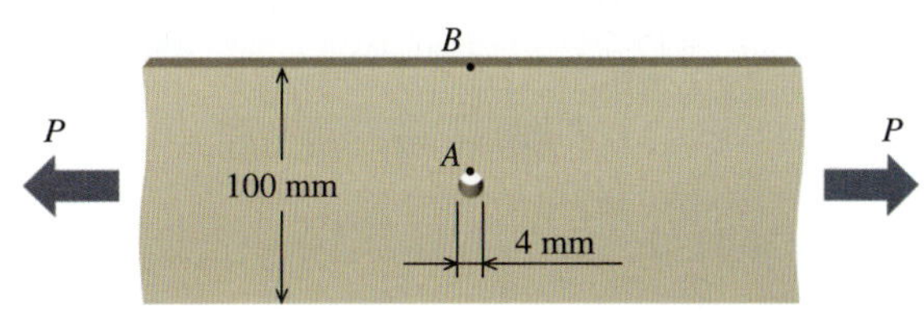


**FIGURE P5.68**

**P5.69** The machine part shown in Figure P5.69 is 90 mm wide by 12 mm thick and is made of 2014-T4 aluminum (see Appendix D for properties). The hole is centered in the bar. Determine the maximum safe load $P$ if a factor of safety of 1.50 with respect to failure by yield is specified.

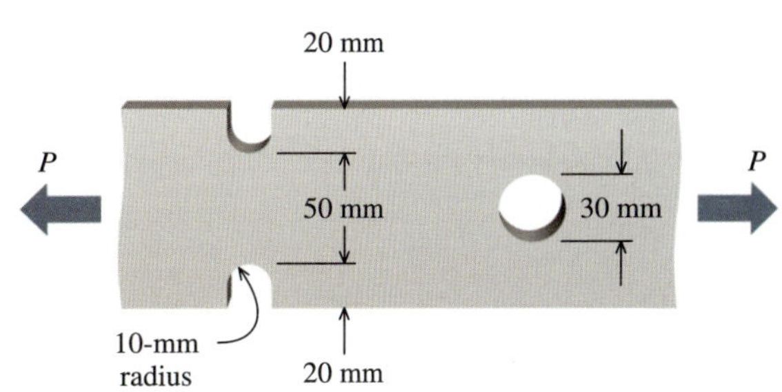


**FIGURE P5.69**

**P5.70** The machine part shown in Figure P5.70 is 8 mm thick and is made of AISI 1020 cold-rolled steel (see Appendix D for properties). Determine the maximum safe load $P$ if a factor of safety of 3 with respect to failure by yield is specified.

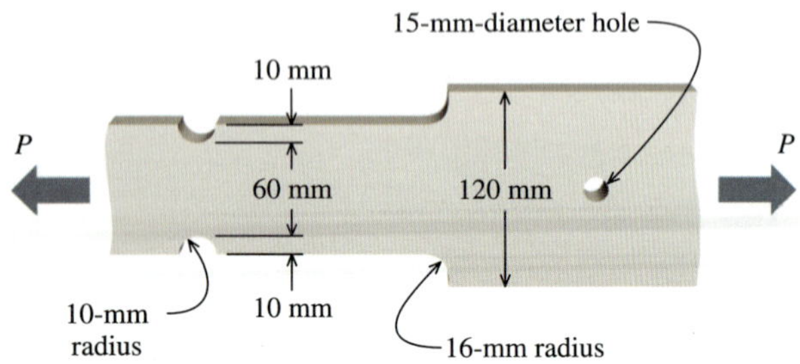


**FIGURE P5.70**

**P5.71** The machine part shown in Figure P5.71 is 10 mm thick, is made of AISI 1020 cold-rolled steel (see Appendix D for properties), and is subjected to a tensile load of $P = 45$ kN. Determine the minimum radius $r$ that can be used between the two sections if a factor of safety of 2 with respect to failure by yield is specified. Round the minimum fillet radius up to the nearest 1-mm multiple.

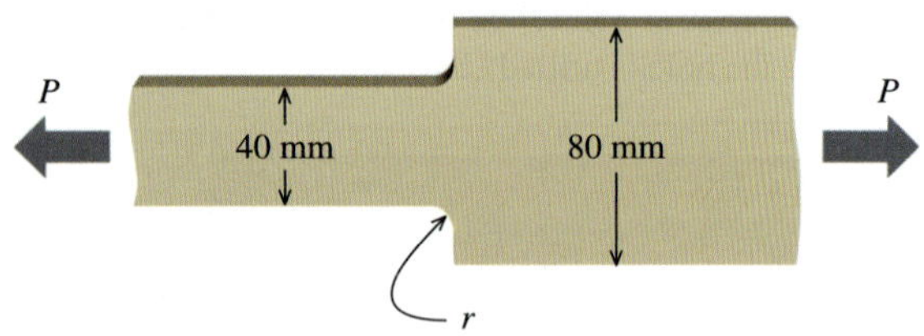


**FIGURE P5.71**

**P5.72** The 0.25-in.-thick bar shown in Figure P5.72 is made of 2014-T4 aluminum (see Appendix D for properties) and will be subjected to an axial tensile load of $P = 1{,}500$ lb. A 0.5625-in.-diameter hole is located on the centerline of the bar. Determine the minimum safe width $D$ for the bar if a factor of safety of 2.5 with respect to failure by yield must be maintained.

**FIGURE P5.72**

**P5.73** The stepped bar with a circular hole shown in Figure P5.73 is made of annealed 18-8 stainless steel. The bar is 12 mm thick and will be subjected to an axial tensile load of $P = 70$ kN. The normal stress in the bar is not to exceed 150 MPa. To the nearest millimeter, determine:

(a) the maximum allowable hole diameter $d$.
(b) the minimum allowable fillet radius $r$.

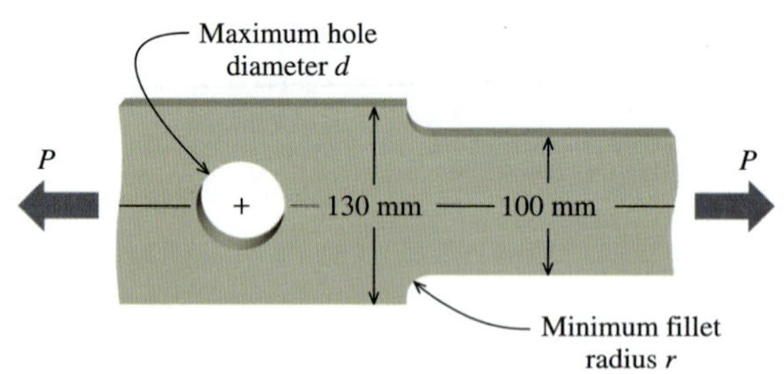


**FIGURE P5.73**

CHAPTER 06

# 축의 비틀림

## 6.1 서론

**토크**(*torque*)*는 부재가 축방향(길이방향)에 대해 비틀어지도록 하는 모멘트, 즉 비틀림모멘트(twisting moment)이다. 기계 및 구조물의 설계에서 한 평면에서 이에 평행한 평면으로 토크 또는 동력을 전달하는 문제를 자주 접하게 된다. 이 기능을 수행하는 가장 간단한 장치가 **축**(*shaft*)이다. 축은 일반적으로 엔진이나 모터를 펌프, 압축기, 차축, 유사한 장치 등에 연결할 때 널리 사용된다. 기어나 풀리와 연결되는 축은 비틀림 부재, 즉 축을 사용하는 흔한 적용사례이다. 대부분의 축은 중실 또는 중공 원형단면을 갖는다. 대표적인 장치에 대한 수정된 자유물체도를 그림 6.1에 나타내었다. 수정된 자유물체도에서는 자중과 지지

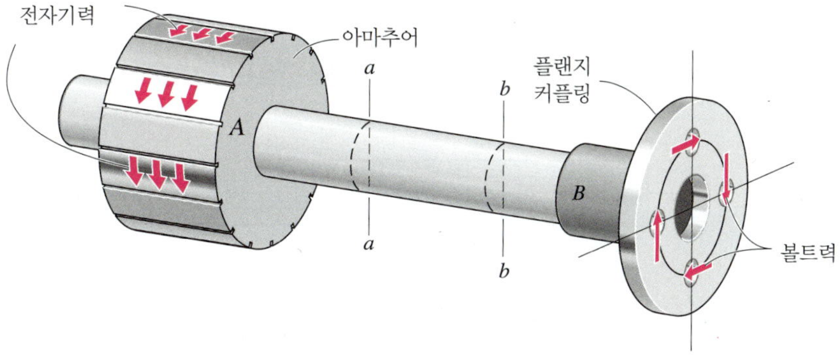


**그림 6.1** • 전형적인 전기모터 축의 수정된 자유물체도

---

* 역자주: 이 책에서 토크는 모멘트를 대신하여 사용하고 있다. 일반적으로 사용하는 하중으로서의 모멘트 대신 외부토크라는 용어를 사용하며, 내력을 나타내는 의미로 널리 사용하는 비틀림모멘트 대신 내부토크라는 용어를 사용하고 있다.

반력은 제시되지 않았는데, 그 이유는 이것들이 비틀림 문제의 해결에 필요하지 않기 때문이다. 모터의 아마추어 $A$에 가해지는 전자기력의 합력은 모멘트이며, 이것은 플랜지커플링 $B$에 작용하는 볼트력의 합력(다른 모멘트)에 의해 지탱된다. 원형축은 아마추어로부터 커플링까지 토크를 전달한다. 비틀림 문제는 축 1의 응력과 축의 변형을 구하는 것이다. 이 책에서 전개되는 기본해석을 위해 그림 6.1의 $a$–$a$와 $b$–$b$ 횡단면 사이의 축 요소에 대해서 생각한다. 해석 대상을 이와 같은 축 요소로 제한함으로써 토크작용요소(즉, 아마추어와 플랜지커플링)의 가까이에서 발생하는 복잡한 응력상태를 피할 수 있다. Saint-Venant 원리를 다시 생각하면 축에 아마추어와 커플링을 부착하여 생기는 영향은 이들 요소에서 축 지름만큼 떨어진 곳에서는 사라진다.

1784년에 프랑스 엔지니어인 Coulomb은 원형 바의 비틀림각과 작용토크 사이의 관계를 실험적으로 개발하였다.[1] 또 다른 프랑스 엔지니어인 Duleau는 1820년에 출판된 논문에서 동일한 관계식을 해석적으로 유도하였으며, 이때의 비틀림을 받기 전에 축에 수직한 평면의 단면은 비틀림 후에도 평면을 유지하고, 이 단면 상의 반지름방향 선이 비틀림 후에도 평면을 유지한다고 가정하였다. 비틀림을 받는 모델을 시각적으로 검토하면 이들 가정이 중실 또는 중공 원형단면에 대해 정확하다는 것을 알 수 있다(중공단면은 원형이며, 축의 좌표축에 대해 대칭이기 때문에). 그러나 다른 형상에 대해서는 옳지 않다. 예를 들어 그림 6.2에 제시된 두 개의 사각 고무 축 모델에서 분명한 뒤틀림을 비교할 수 있다. 그림 6.2$a$와 6.2$b$는 끝단에서 작용하는 외부토크 $T$의 작용 전후의 원형 고무 축을 보여준다. 토크 $T$가 원형 축의 끝단에 작용할 때 원형 단면과 축 위의 표시된 길이방향 격자 선은 그림 6.2$b$에 보여진 형상으로 변형된다. 각 길이방향 격자선은 나선상으로 비틀어지며, 원형 단면과 동일한 각으로 교차된다. 축의 길이와 반지름은 변하지 않는다. 각 단면은 평면을 유지하며 인접한 단

비 원형 형상의 비틀림은 *뒤틀림(warping)*을 발생시키며, 이것은 하중 작용 전에 평면 단면이 토크가 작용한 후에 평면이 아니거나 뒤틀린다는 것이다.

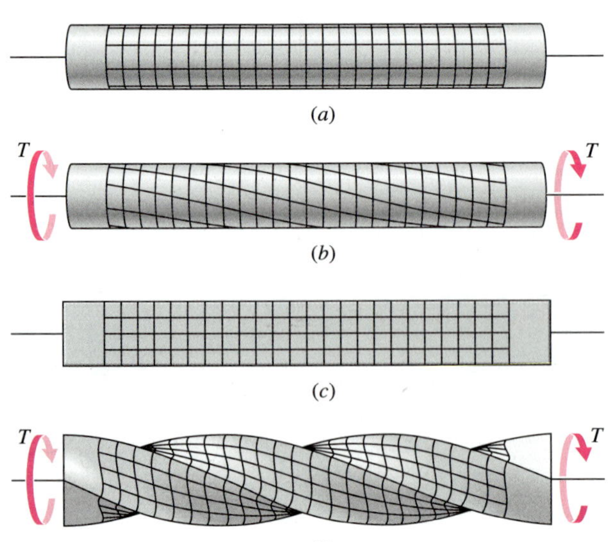


**그림 6.2** • 원형($a$, $b$) 및 정사각형($c$, $d$) 단면을 가진 고무 모델에 대해 도시되는 뒤틀림 변형

[1] From S.P. Timoshenko, *History of Strength of Materials* (New York: McGraw-Hill, 1953).

면에 대해 뒤틀리지 않고 회전한다.*

그림 6.2$c$와 6.2$d$는 끝단에서 외부토크 $T$가 작용하기 전후의 정사각형 고무 축을 보여준다. 토크가 작용하기 전의 그림 6.2$c$의 평면단면은 $T$가 작용한 후의 평면을 유지하지 않는다(그림 6.2$d$). 비틀림모멘트의 사각 축의 작용시 거동은 원형단면과는 다르다. 따라서 다음의 이론은 중실 또는 중공원형 축에 대해서만 적용가능하다.

## 6.2 비틀림 전단변형률

그림 6.3에서 보는 바와 같이 한 단이 고정되고 길이가 $L$이며 반지름이 $c$인 길고 가는 축을 생각해 보자. 외부토크 $T$가 축의 자유단 $b$에 작용할 때, 축은 그림 6.3$b$와 같이 변형된다. 축의 모든 단면은 동일한 내부토크 $T$를 받는다. 따라서, 이 축은 순수비틀림(pure torsion) 상태에 있다. 그림 6.3$a$의 길이방향 선은 나선형으로 비틀어지며, 축의 자유단은 각도 $\phi$만큼 회전한다. 이 회전각은 **비틀림각**(*angle of twist*)이라고 한다. 비틀림각은 축의 길이 $L$에 따라 변한다. 단면이 균일한 원형축에서 비틀림각은 축의 양단 사이에서 선형적으로 변한다. 비틀림 변형은 어떤 경우에도 축의 단면을 뒤틀리게 하지 않으며, 전체 축의 길이는 일정하게 유지한다. 6.1절에서 논의 한대로, 다음의 가정이 중실 또는 중공 원형 축의 비틀림에 적용된다.

- 비틀림을 받기 전에 평면단면은 비틀림을 받은 후에도 평면을 유지한다. 다시 말하면, 원형단면은 비틀림을 받아 뒤틀리지 않는다.
- 단면은 길이방향 좌표축에 대해 회전하며, 수직을 유지한다.
- 각 단면은 인접한 단면에 대해 회전할 경우에 뒤틀리지 않는다. 다시 말하면, 단면은 원형을 유지하며, 단면의 평면 내에서는 변형이 없다. 반지름방향 선은 단면이 회전할 경우에도 직선을 유지하며 반지름방향이다.
- 단면 사이의 거리는 비틀림 변형 중에도 일정하게 유지된다. 다시 말하면, 원형 축의 비틀림에서 축방향의 변형이 발생하지 않는다.

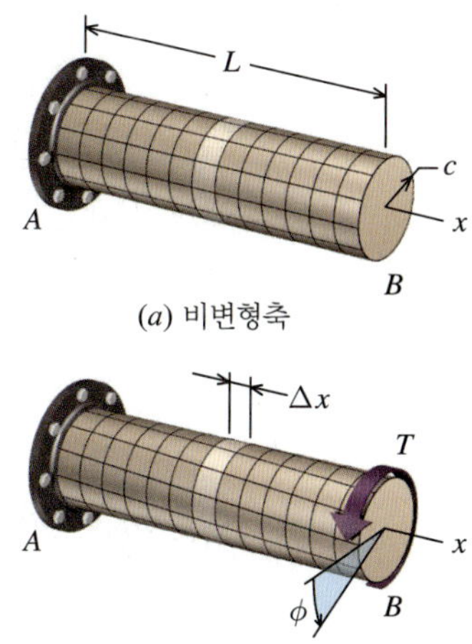


(*a*) 비변형축

(*b*) 토크 $T$에 응답하는 변형축

**그림 6.3** • 순수비틀림을 받는 원형축

비틀림 중에 발생하는 변형을 연구하기 위해 그림 6.3의 축의 짧은 구간 $\Delta x$를 그림 6.4$a$와 같이 분리한다. 축 반지름은 $c$이다. 그러나 일반성을 위해서 길이방향의 구간 $\Delta x$와 반지름 $\rho(0 < \rho \leq c)$로 정의되는 축의 미소요소를 이론 전개에 사용한다(그림 6.4$b$). 축이 비틀어질 때, 요소의 두 단면은 $x$축 주위로 회전하고, 변형 전 축의 선 요소 $CD$는 나선형 $C'D'$으로 비틀어진다. 이 두 단면의 회전각의 차이는 $\Delta\phi$가 된다. 이 각의 차이가 축에서 전단변형률 $\gamma$를 발생시킨다. 전단변형률 $\gamma$는 그림 6.4$b$에서 보는 바와 같이 선 요소 $C'D'$과 $C'D''$의 사이의 각과 같다. 각 $\gamma$의 값은 다음과 같이 주어진다.

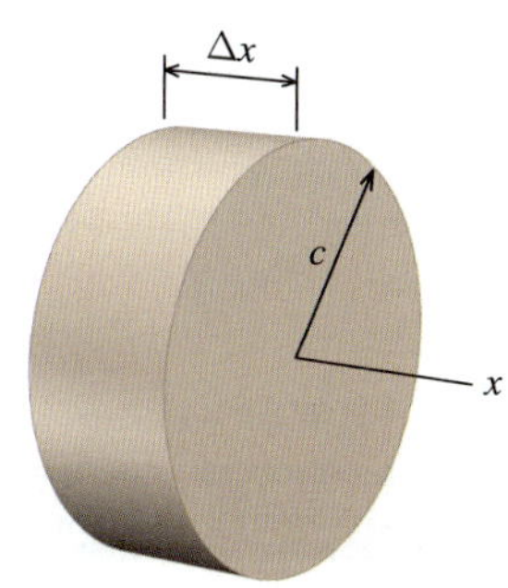


**그림 6.4*a*** • 길이 $\Delta x$인 축 요소

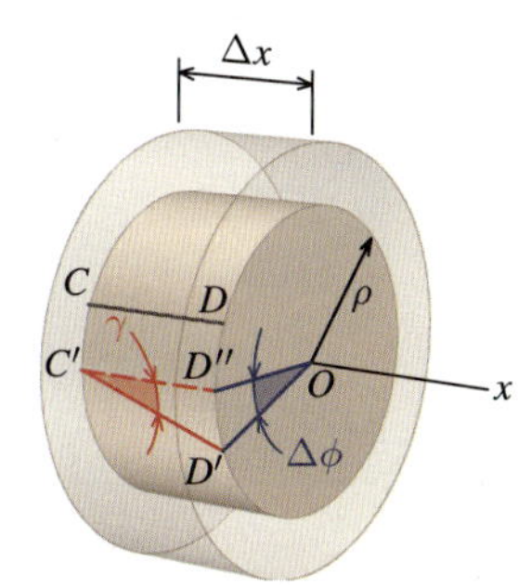


**그림 6.4*b*** • 축 요소의 비틀림변형

---

* 역자주: 대칭성 논리에 의하여 축의 방향에 수직한 평면 디스크는 강체 회전운동을 실시한다. 이 책에서는 그 결과만을 서술하고 있으나 대칭성 논리를 통하여 관련 변형 특성을 쉽게 설명할 수 있다.

$$\tan\gamma = \frac{D'D''}{\Delta x}$$

거리 $D'D''$은 원호길이 $\rho\Delta\phi$로 표현될 수 있으며, 다음 식이 된다.

$$\tan\gamma = \frac{\rho\Delta\phi}{\Delta x}$$

변형률이 작으면, $\tan\gamma \approx \gamma$이다. 따라서

$$\gamma = \rho\frac{\Delta\phi}{\Delta x}$$

축의 미소요소의 길이 $\Delta x$가 0으로 감소하면, 전단변형률은 다음과 같다.

$$\boxed{\gamma = \rho\frac{d\phi}{dx}} \tag{6.1}$$

여기서 $d\phi/dx$는 비틀림률(*angle of twist per unit length, rate of twist*)이다. 식 (6.1)에서 반지름좌표 $\rho$에 대해 선형임을 주목하라. 따라서 축의 중심선(즉, $\rho = 0$)에서 전단변형률은 0이고, 최대 전단변형률은 $\rho$값이 최대치($\rho = c$)일 때이며, 따라서 축의 바깥표면에서 발생된다.

$$\boxed{\gamma_{max} = c\frac{d\phi}{dx}} \tag{6.2}$$

식 (6.1)과 (6.2)는 임의의 반지름좌표 $\rho$에서 전단변형률을 최대 전단변형률의 항으로 표현하기 위해 조합된다.

$$\boxed{\gamma_\rho = \frac{\rho}{c}\gamma_{max}} \tag{6.3}$$

여기서 강조할 점은 이들 관계식은 변형률이 아주 크지 않은 경우(즉, $\tan\gamma \approx \gamma$) 대칭성을 만족할 경우 재료의 균질 및 비균질 여부와 탄성 및 소성 여부에 상관없이 적용된다는 점이다. 이 책의 연습 예제들은 이러한 조건(작은 변형)들의 만족을 전제로 한다.

## 6.3 비틀림 전단응력

후크법칙이 적용된다고 가정하면, 전단변형률 $\gamma$는 전단응력 $\tau$는 관계식 $\tau = G\gamma$[식 (3.5)]를 가지며, 여기서 $G$는 전단탄성계수이다. 이 가정은 전단응력이 축 재료의 비례한도 이내로 유지될 경우에만 유용하다. 후크법칙을 이용하여, 식 (6.3)은 $\tau$항으로 표현하여, 임의의 반지름좌표 $\rho$에서의 전단응력 $\tau_\rho$와 축의 바깥표면 (즉, $\rho = c$)[2]에서 발생되는 $\tau_{max}$와의 관

[2] 1.5절에 표시된 표기를 유지하면, 전단응력 $\tau_\rho$는 실제로는 $\tau_{x\theta}$로 표시되며 이것은 $x$면에서 $\theta$가 증가하는 방향으로 응력이 작용하는 것을 나타낸다. 그러나 이 책에서 논의되는 원형단면의 비틀림에 대한 기본이론에서는 임의의 횡단면에서의 전단응력은 어떤 점에서 반지름방향에 수직하게 작용한다고 하자. 따라서 전단응력에 대한 공식적인 두 개의 첨자에 의한 표기는 정확을 위해 필요치 않으며, 여기서는 생략한다.

계식으로 표현될 수 있다.

$$\tau_\rho = \frac{\rho}{c}\tau_{max} \tag{6.4}$$

원형축에서 전단변형률과 마찬가지로 전단응력은 축의 중심선에서의 반지름 $\rho$에 선형적으로 변한다. 최대 전단응력은 축의 외부표면에서 발생된다. 이 전단응력의 크기의 변화가 그림 6.5에 도시되었다. 또한 전단응력은 한 개의 면에서 단독으로 작용하지 않는다. 절단면의 전단응력은 그림 6.6에서 표현된 바와 같이 길이방향 면에서 작용하는 동일한 크기의 전단응력이 동반된다.

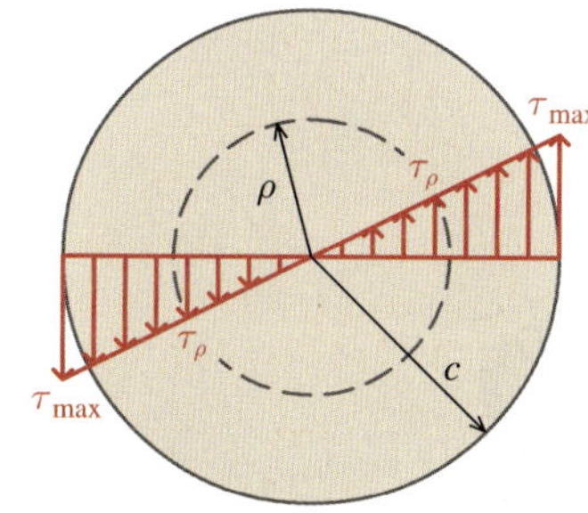


**그림 6.5** • 반지름좌표 $\rho$의 함수인 전단응력의 선형적 변화

축에 전달되는 토크 $T$와 축에서 내부적으로 발생되는 전단응력 $\tau_\rho$ 사이의 관계가 유도되어야 한다. 단면의 아주 작은 부분 $dA$를 생각해 보자(그림 6.7). 토크 $T$에 의해 전단응력 $\tau_\rho$가 면적 $dA$의 단면에 발생되며, 이것은 축의 길이방향좌표축으로부터 반지름방향 거리 $\rho$에 위치한다.

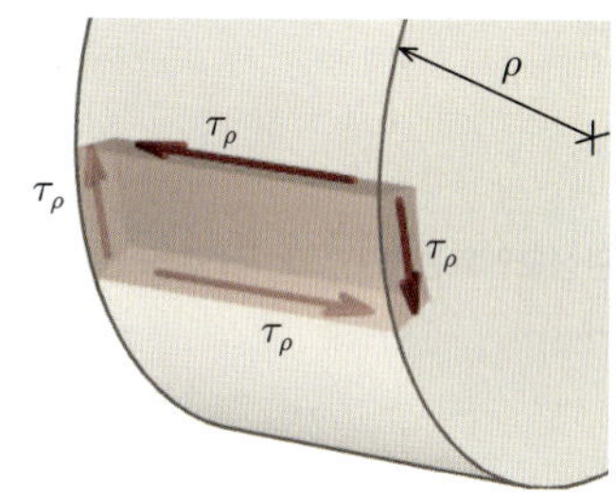


**그림 6.6** • 단면과 길이방향단면에 작용하는 전단응력

작은 면적요소에 작용하는 합력 $dF$는 전단응력 $\tau_\rho$와 면적 $dA$의 곱으로 정의된다. 힘 $dF$는 축 중심선 $O$에 관한 모멘트 $dM$을 발생시키며, 다음 식으로 표현된다. $dM = \rho dF = \rho(\tau_\rho dA)$. 축 중심선 $O$에 관한 전단응력이 발생시키는 모멘트의 합은 $dM$을 단면적에 대해 적분하여 구해진다.

$$\int dM = \int_A \rho\tau_\rho\, dA$$

식 (6.4)를 이 식에 대입하면, 다음 식이 된다.

$$\int dM = \int_A \rho\frac{\tau_{max}}{c}\rho\, dA = \int_A \frac{\tau_{max}}{c}\rho^2\, dA$$

$\tau_{max}$와 $c$는 $dA$에 따라 변하지 않으므로, 이들 항은 적분 기호 밖으로 움직일 수 있다. 또한, 평형을 만족시키기 위해서는 모든 요소의 모멘트 $dM$의 합은 토크와 같게 된다. 따라서

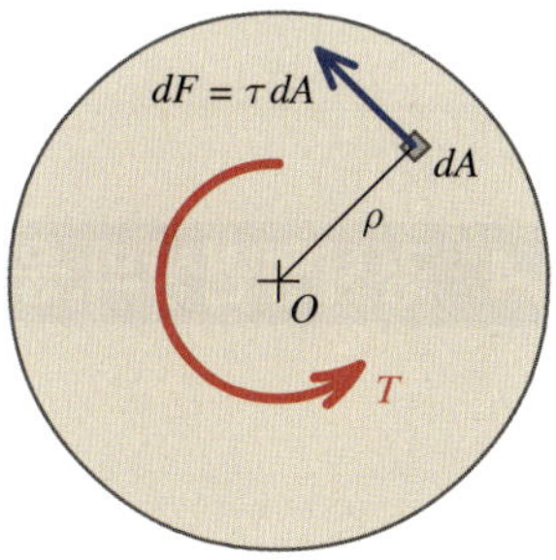


**그림 6.7** • 비틀림 전단응력에 의해 발생되는 합모멘트의 계산

$$T = \int dM = \frac{\tau_{max}}{c}\int_A \rho^2\, dA \tag{a}$$

식 (a)에서 적분은 **단면극관성모멘트**(*polar moment of inertia of the cross-section*)라 부르고, $J$로 표시한다

$$J = \int_A \rho^2\, dA \tag{b}$$

식 (b)를 (a)에 대입하여 토크 $T$와 최대 전단응력 $\tau_{max}$ 사이의 관계식을 얻는다.

$$T = \frac{\tau_{max}}{c}J \tag{c}$$

최대 전단응력 항으로 표현하면,

$$\tau_{max} = \frac{Tc}{J} \tag{6.5}$$

식 (6.4)를 식 (6.5)에 대입하면 축의 중심선으로부터 반지름 $\rho$에서의 전단응력 $\tau_\rho$를 구할 수 있는 관계식을 얻을 수 있다.

**MecMovies 6.2** 탄성비틀림공식의 유도 동영상을 보여준다.

$$\tau_\rho = \frac{T\rho}{J} \tag{6.6}$$

식 (6.5)는 식 (6.6) 의 특별한 예이며, 식 (6.6)은 **탄성비틀림공식**(*elastic torsion formula*)이다. 일반적으로 축이나 축 요소에서의 내부토크(비틀림모멘트)는 자유물체도와 평형조건으로 구해진다. **주의:** 식 (6.5)와 (6.6)은 선형탄성 균질등방성 재료에 대해서만 적용된다.

### 단면극관성모멘트 $J$

극관성모멘트는 단면의 극소화모멘트라 부른다.

중실 원형축의 단면극관성모멘트 $J$는 다음과 같다.

$$J = \frac{\pi}{2}r^4 = \frac{\pi}{32}d^4 \tag{6.7}$$

여기서 $r$은 반지름 $d$는 지름이다. 중공 원형축에 대해서 단면극관성모멘트 $J$는 다음과 같다.

대표적으로 $J$는 U.S 단위계로는 in.$^4$ 이고, SI 단위는 mm$^4$이다.

$$J = \frac{\pi}{2}[R^4 - r^4] = \frac{\pi}{32}[D^4 - d^4] \tag{6.8}$$

여기서 $R$은 외부 반지름이고, $r$은 내부 반지름이다. $D$는 외부 지름이고, $d$는 내부 지름이다.

## 6.4 경사평면상의 응력

탄성비틀림공식 (6.6)은 토크에 의해 원형축의 횡단면상에서 발생하는 최대 전단응력을 계산하기 위해 사용된다. 횡단면이 최대 전단응력 평면인가를 확인할 필요가 있으며, 이곳에서 비틀림에 의해 다른 중요한 응력이 있는가도 확인해야 된다. 이를 위해 그림 6.8*a*의 축의 *A*점에서 응력이 계산된다. 그림 6.8*b*는 축의 *A*점에서 취한 미분요소를 보여주며, 횡단면 및 길이방향 평면에서 전단응력이 작용한다. 응력 $\tau_{xy}$가 탄성비틀림공식으로부터 구해지며, $\tau_{yx} = \tau_{xy}$이다(1.6절 참조). 평형조건을 그림 6.8*c*의 자유물체도에 적용하면 다음 결과가 얻어진다.

$$\Sigma F_t = \tau_{nt}\, dA - \tau_{xy}(dA\cos\theta)\cos\theta + \tau_{yx}(dA\sin\theta)\sin\theta = 0$$

여기에서

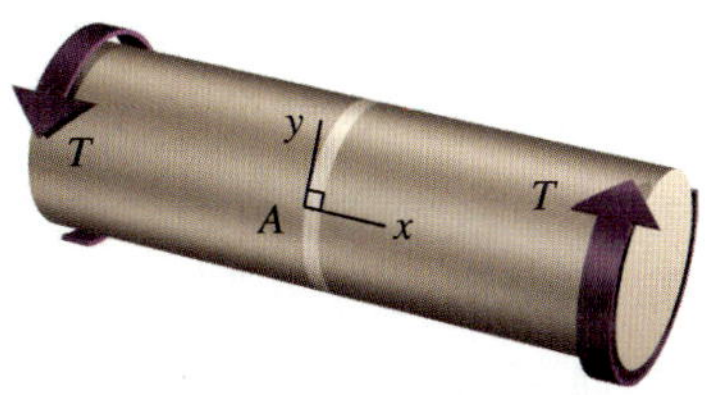


**그림 6.8*a*** • 순수비틀림을 받는 축

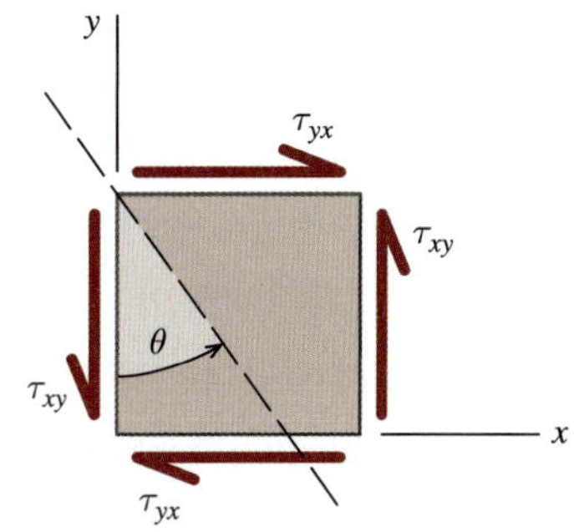


**그림 6.8*b*** • 축 $A$점의 미분요소

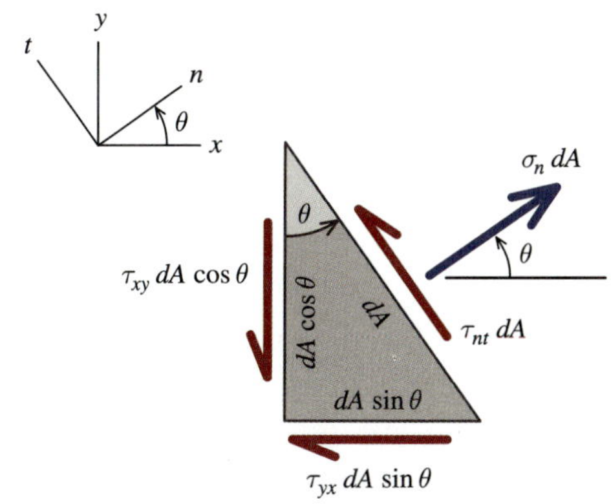


**그림 6.8*c*** • 미분요소의 쐐기현상의 FBD

$$\tau_{nt} = \tau_{xy}(\cos^2\theta - \sin^2\theta) = \tau_{xy}\cos 2\theta \tag{6.9}$$

이고

$$\Sigma F_n = \sigma_n\, dA - \tau_{xy}(dA\cos\theta)\sin\theta - \tau_{yx}(dA\sin\theta)\cos\theta = 0$$

이므로 여기에서

$$\sigma_n = 2\tau_{xy}\sin\theta\cos\theta = \tau_{xy}\sin 2\theta \tag{6.10}$$

이들 결과는 그림 6.9에서 보는 바와 같으며, 여기서 최대 전단응력은 횡방향과 길이방향 중심평면(즉, 축의 중심선을 포함하는 길이방향 평면)에서 발생되는 것이 분명하다. 이 그래프는 최대 수직응력이 축의 좌표축 및 축에 수직한 축에서 45° 경사진 평면에서 발생됨을 보여준다. 이 평면 중 하나(그림 6.4*b*에서 $\theta = 45°$)에서 수직응력은 인장응력이며, 다른 평면($\theta$ =135°)에서 수직응력은 압축응력이다. 또한, $\sigma$와 $\tau$의 최대값은 같다. 따라서 탄성비틀림공식에서 주어지는 최대 전단응력은 순수비틀림을 받는 원형축의 한 점에서 발생하는 최대 수직응력과 수치적으로 동일하다.

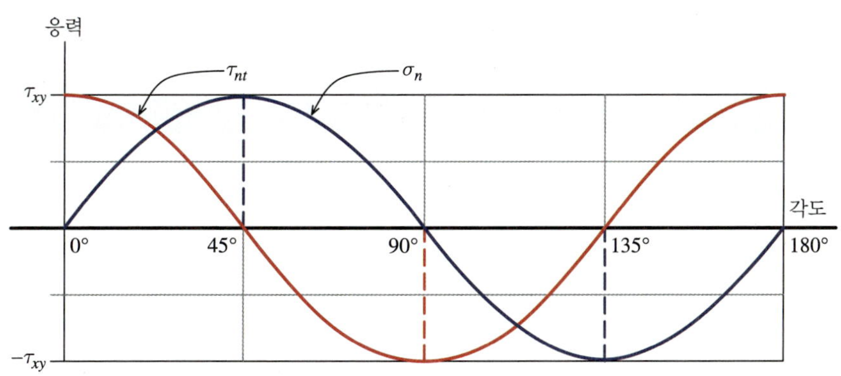


**그림 6.9** • $A$점에서 각도 $\theta$에 대한 수직 및 전단응력이 변화

앞의 문장에서 논의된 어떤 응력은 특별한 문제에서 중요해진다. 예를 들어, 그림 6.10의 파단을 비교해 보자. 그림 6.10에서 트럭의 강축이 길이방향으로 파단되었다. 이런 형태의 파단은 길이방향으로 배열된 입자를 가진 목재 축에서도 발생된다고 예상된다. 그림 6.10*b*는 압축응력이 발생하여 얇은 벽 알루미늄합금 튜브를 45° 평면을 따라 **좌굴**을 일으켰으며, 인장응력이 또 다른 45° 평면상의 파열을 일으켰다. 비틀림하중을 받는 얇은 두께 튜브(또는 다른 형상)의 좌굴은 설계자에게 아주 중요한 과제이다. 그림 6.10*c*에서 인장 수직하중은 회주철 축을 탄성상태에서 파단하는 원인이 되며, 이것은 비틀림을 받는 모든 취성 재료의 전형적 형태, 즉 취성파괴(brittle fracture)이다. 그림 6.10*d*는 저탄소강이 횡단면에 가까운 단면상의 전단을 받으며, 이것은 연성 재료의 전형적 파단형태, 즉 연성파괴(ductile fracture)이다. 그림 6.10*d*의 파단이 횡단면에서 발생되지 않는 이유는 파단 전에 큰 소성 비틀림 변형 하에 있으며(나선들은 각 요소들이 바의 축에 원래 평형하게 있었다는 것에 주목하라), 길이방향 요소들은 축방향 인장하중을 받기 때문이다. 이 축방향 하중은 시험기 그립이 비틀림시편에 나선상으로 비틀어져 수축되는 것을 허용하지 않기 때문에 발생된다. 이 축인장응력(그림 6.8에서는 나타내지 않음)은 경사면(파단 시 뒤틀림면에서 발생)에 수직인 단면에서 최대 전단응력면을 변화시킨다.[3]

좌굴은 *안정파손(stability failure)*이다. 안정파손의 현상은 16장에서 논의된다.

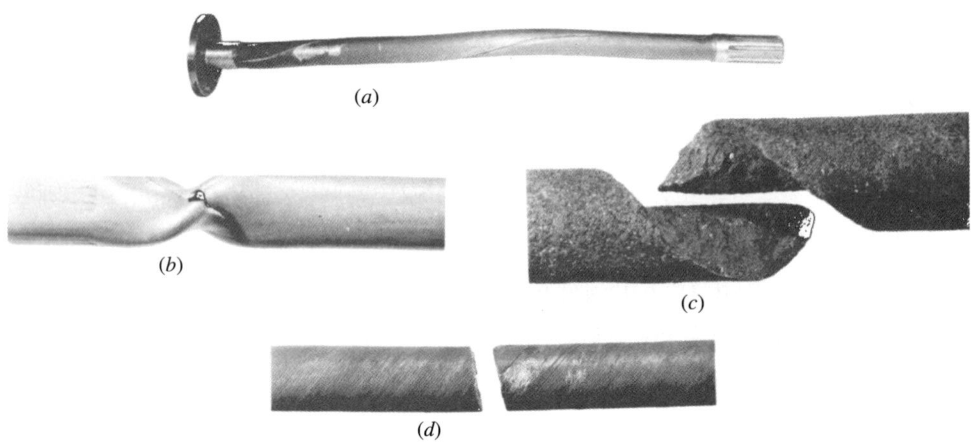

**그림 6.10** • 실제 축 파단사진

## 6.5 비틀림 변형

축의 전단응력이 축 재료의 비례한도 내에 있으면, 후크법칙 $\tau = G\gamma$가 비틀림 부재의 전단응력과 전단변형률의 관계를 맺어준다. 임의의 반지름방향 좌표 $\rho$에서 축의 전단응력과 내부토크 $T$와의 관계는 식 (6.6)으로 주어진다.

[3] 인장응력은 전체적으로 그립에 의한 것만이 아니며, 그 이유는 바의 외부요소의 소성변형이 내부요소보다 상당히 크기 때문이다. 외부요소에서 나선형인장응력이 내부요소에서는 유사한 압축응력이 발생된다.

$$\tau_p = \frac{T\rho}{J} \tag{6.6}$$

전단변형률과 비틀림률과의 관계식은 식 (6.1)로 주어진다.

$$\gamma = \rho\frac{d\phi}{dx} \tag{6.1}$$

식 (6.1)과 (6.6)을 후크법칙에 대입한다.

$$\tau_\rho = G\gamma \qquad \therefore \frac{T\rho}{J} = G\rho\frac{d\phi}{dx}$$

비틀림률을 토크항으로 표현하면

$$\frac{d\phi}{dx} = \frac{T}{JG} \tag{6.11}$$

**MecMovies 6.2** 비틀림각 관계식의 동영상 유도를 보여준다.

임의의 축 요소에서 비틀림각을 구하기 위해 식 (6.11)의 양변에 $dx$를 곱하여 요소길이 $L$에 대해 적분한다.

$$\int d\phi = \int_L \frac{T}{JG}dx$$

축 재료가 균질이고(즉, $G$가 일정하고) 단면이 균일하며(즉, 지름이 일정하고 그 결과로 $J$가 일정하며), 일정한 내부토크 $T$를 받는 축이라면, 축의 비틀림각 $\phi$는 다음과 같이 표현된다.

$$\phi = \frac{TL}{JG} \tag{6.12}$$

$\phi$의 단위는 SI 및 영국 단위계에서 모두 라디안이다.

또한, 후크법칙과 식 (6.1), (6.2), (6.5), (6.6)을 조합함으로써 비틀림각에 관한 부가적 관계식을 얻을 수 있다.

$$\phi = \frac{\gamma_\rho L}{\rho} = \frac{\tau_\rho L}{\rho G} = \frac{\tau_{\max} L}{cG} \tag{6.13}$$

이 관계식들은 $\phi$와 $\tau$의 한계값이 동시에 주어진 문제와 같이 두 개의 값이 명시된 문제를 다룰 때 유용하다.

다시 반복하면, 식 (6.12)와 (6.13)은 비틀림 부재가 다음과 같은 경우에 비틀림각 $\phi$를 계산하는 데 사용될 수 있다.

- 균질이다(즉, $G$가 일정).
- 단면이 일정하다(즉, 지름이 일정하고, 그 결과 $J$가 일정하다).
- 일정한 내부토크 $T$를 받는다.

축의 양단이 아닌 지점에서 외부토크를 받거나 지름이나 재료가 일정하지 않은 경우에는 축을 위에서 열거한 세 가지 목록이 만족되는 구간, 즉 단으로 나누어야 한다. 예를 들면, 두 개 이상의 구간으로 구성된 다단축의 경우, 전체 비틀림각은 각 단의 비틀림각을 대수적으로 더한 것이다.

$$\phi = \sum_i \frac{T_i L_i}{J_i G_i} \tag{6.14}$$

여기서 $T_i$, $L_i$, $G_i$, $J_i$는 각각 다단축에서 $i$-단의 내부토크, 길이, 전단탄성계수, 단면극관성모멘트이다.

축(또는 구조요소)의 비틀림의 크기는 흔히 설계에서 주요한 고려사항이다. 식 (6.12)와 (6.13)의 비틀림각 $\phi$는 풀리, 커플링, 또는 다른 기계적 장치들이 부착된 단면에서 충분히 떨어진 일정지름의 축 요소에 적용된다(즉, Saint-Venant의 원리가 적용된다). 그러나 실용적인 목적으로는 모든 연결부에서 국부적인 뒤틀림을 무시하는 것이 일반적이며, 비틀림각의 계산에서 연결부 및 하중이 부과된 지점에서의 불연속 및 불확실을 고려하지 않는다.

### 회전각

다단축이나 몇 가지 축 시스템 내의 특정 점에서 각 변위를 구할 필요가 있게 된다. 예를 들어, 축과 기어계의 적정한 작동을 위해서는 특정기어의 각 변위가 제한치를 넘지 않도록 하여야 한다. **비틀림각**의 용어는 축과 축 요소의 비틀림 변형을 의미한다. **회전각**의 용어는 비틀림계의 특정점이나 풀리, 기어, 커플링, 플랜지 등의 강성요소에서의 각 변위를 지칭할 때 사용된다.

## 6.6 비틀림 부호규약

축과 축 조립체를 해석할 때 일관된 부호규약을 사용하는 것이 편리하다. 다음의 부호규약이 사용된다.

- 축과 축 요소에서의 내부토크
- 축과 축 요소에서의 비틀림각
- 특정점이나 강성요소에서의 회전각

### 내부토크 부호규약

일반적인 모멘트와 특정한 내부토크는 두 개의 벡터화살표로 표현된다. 이 표기는 오른손 법칙에 기초한다.

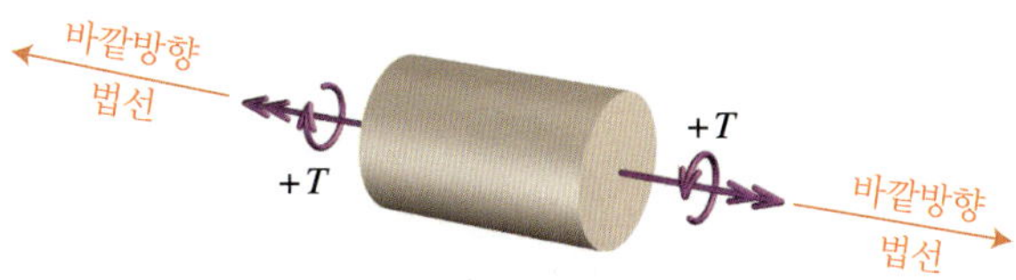


**그림 6.11** • 내부토크의 부호규약

**MecMovies 6.3** 내부토크, 축 요소의 비틀림각, 회전각에서 사용되는 부호규약의 동영상을 보여준다.

- 모멘트가 회전시키려는 방향으로 오른손의 손가락을 구부린다. 이때 엄지손가락의 방향이 이중 벡터의 화살표의 방향을 나타낸다.
- 반대로, 이중화살표 방향으로 엄지손가락의 방향을 가리키면, 오른손의 손가락은 모멘트가 회전시키려는 방향으로 구부러진다.

축 또는 비틀림 부재에서 양의 내부토크 $T$는 오른손 법칙에 따라 노출된 단면의 외향법선 방향을 중심으로(엄지손가락이 외향법선벡터와 일치한 상태에서) 회전한다. 다시 말하면, 오른손의 손가락이 내부토크가 회전하는 방향으로 구부렸을 때, 단면에서 외향법선벡터의 방향으로 오른손의 엄지가 향하고 있다면 내부토크는 양이다. 이 부호규약은 그림 6.11에 도시되었다.

## 비틀림각 부호규약

비틀림각의 부호규약은 내부토크 부호규약과 일치한다. 축 또는 다른 비틀림 부재에서 양의 비틀림각 $\phi$는 노출된 단면의 외향법선방향과 엄지손가락을 일치시켰을 때 나머지 손가락이 축의 회전 방향과 일치하는 경우이다. 다시 말하면,

- 비틀림 부재의 노출 단면에서, 비틀림 변형의 방향으로 오른손의 손가락을 구부린다.
- 엄지손가락이 외부로 향하여 단면에서 멀어진다면 비틀림각은 양이다.

이 부호규약은 그림 6.12에 표현되어 있다.

## 회전각 부호규약

축의 길이방향 좌표축을 $x$축이라고 하자. 양의 회전각은 양의 $x$축에 대해서 오른손 법칙에 따라 작용한다. 이 부호규약에서는 비틀림 부재의 좌표계를 위하여 원점이 정의되어야 한다.

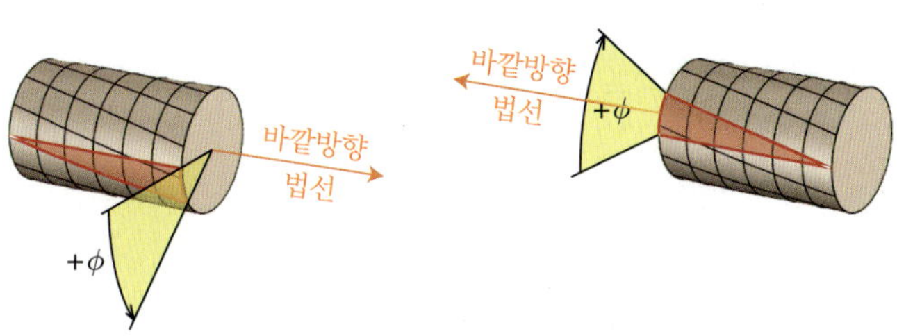


**그림 6.12** • 비틀림각의 부호규약

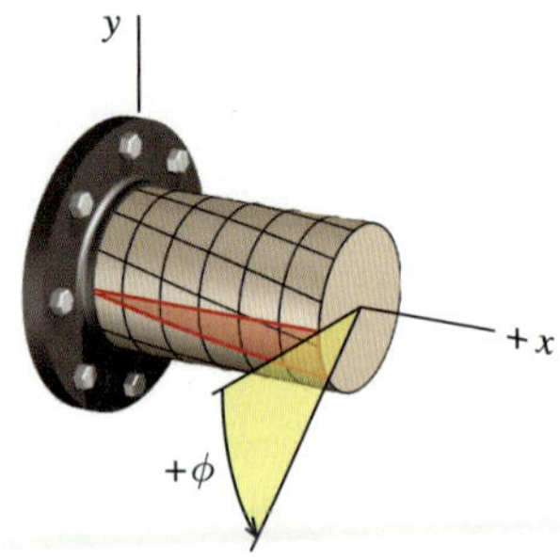


**그림 6.13** • 회전각의 부호규약

두 개의 평형축이 필요하다면, 두 개의 양의 $x$축은 동일한 방향으로 향한다. 이 부호규약이 그림 6.13에 도시되었다.

## 예제 6.1 EXAMPLE

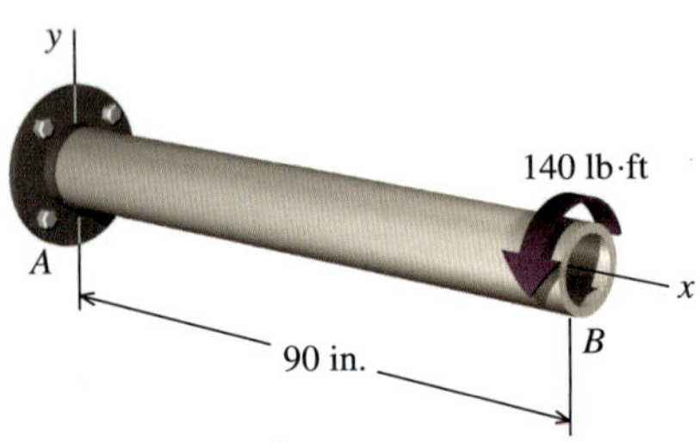


외경이 1.6 in.이고 벽 두께가 0.125 in.인 중공 원형강축이 140 lb·ft의 순수토크를 받고 있다. 축길이는 90 in.이다. 강의 전단탄성계수는 $G = 12{,}000$ ksi이다. 다음을 구하라.

(a) 축의 최대 전단응력

(b) 축의 비틀림각 크기

**풀이 계획**

탄성비틀림공식 (6.5)가 최대 전단응력을 계산하는 데 사용되며, 비틀림각공식 (6.12)가 중공축의 비틀림각을 구하는 데 사용된다.

**풀이**

중공축에 대한 단면극관성모멘트 $J$가 이 계산을 위해 필요하다. 축의 외경은 $D = 1.5$ in.이고, 벽 두께는 $t = 0.125$ in.이다. 따라서 축의 내경 $d$는 $d = D - 2t = 1.50 \text{ in.} - 2(0.125 \text{ in.})$이다. 중공축의 극관성모멘트는 다음과 같다.

$$J = \frac{\pi}{32}[D^4 - d^4] = \frac{\pi}{32}[(1.50 \text{ in.})^4 - (1.25 \text{ in.})^4] = 0.257325 \text{ in.}^4$$

(a) 최대 전단응력은 탄성비틀림공식으로부터 계산된다.

$$\tau = \frac{Tc}{J} = \frac{(140 \text{ lb}\cdot\text{ft})(1.50 \text{ in.}/2)(12 \text{ in./ft})}{0.257325 \text{ in.}^4} = 4{,}896.5 \text{ psi} = 4{,}900 \text{ psi} \qquad \textbf{Ans.}$$

(b) 길이 90 in. 축에서의 비틀림각의 크기는

$$\phi = \frac{TL}{JG} = \frac{(140 \text{ lb}\cdot\text{ft})(90 \text{ in.})(12 \text{ in./ft})}{(0.257325 \text{ in.}^4)(12{,}000{,}000 \text{ lb/in.}^2)} = 0.0490 \text{ rad} \qquad \textbf{Ans.}$$

## 예제 6.2 EXAMPLE

길이 500 mm 중실강재($G = 80$ GPa) 축이 토크 $T = 20$ N·m를 전달하도록 설계되었다. 축에서의 최대 전단응력은 70 MPa을 넘지않으며, 길이 500 mm에서 비틀림각도 3°를 넘지 않도록 한다. 이 축의 필요한 최소 지름 $d$를 구하라.

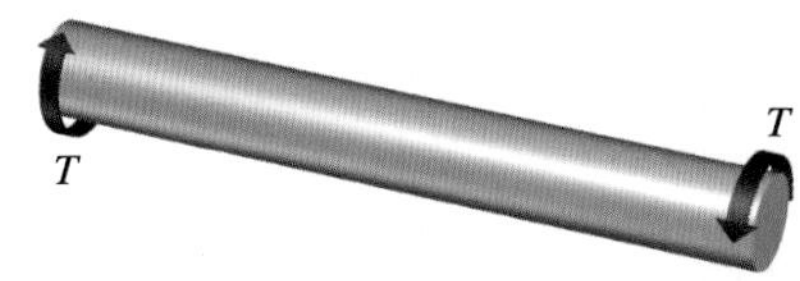


### 풀이 계획

탄성비틀림공식 (6.5)와 비틀림각 공식 (6.12)가 두 가지 고려사항을 만족하는 최소 지름을 구하기 위해 정리된다. 두 개의 지름 중 큰 값이 축에서 사용할 수 있는 최소 지름 $d$값으로 선택된다.

### 풀이

탄성비틀림공식은 전단응력과 토크의 관계를 결정한다.

$$\tau = \frac{Tc}{J}$$

이 예에서, 축에 대한 토크와 허용전단응력은 알려져 있다. 탄성비틀림공식을 정리하여 알려진 항은 식의 우변에 놓는다.

$$\frac{J}{c} = \frac{T}{\tau}$$

이 식의 좌편을 축 지름 $d$항으로 표현한다.

$$\frac{(\pi/32)d^4}{d/2} = \frac{\pi}{16}d^3 = \frac{T}{\tau}$$

허용전단응력 한계값 80 MPa을 만족하는 최소 지름을 구한다.

$$d^3 \geq \frac{16}{\pi}\frac{T}{\tau} = \frac{16(20 \text{ N·m})(1{,}000 \text{ mm/m})}{\pi(70 \text{ N/mm}^2)} = 1{,}455.1309 \text{ mm}^3$$

$$\therefore d \geq 11.33 \text{ mm}$$

축에서 비틀림각은 길이 500 mm에서 3°를 넘지 않도록 한다. 비틀림각 공식을 정리하여 단면극관성모멘트 $J$가 식의 좌변에 오도록 한다.

$$\phi = \frac{TL}{JG} \qquad \therefore J = \frac{TL}{G\phi}$$

단면극관성모멘트를 지름 $d$항으로 표현하고, 3° 제한조건을 만족하는 최소 지름 $d$를 구한다.

$$d^4 \geq \frac{32TL}{\pi G\phi} = \frac{32(20 \text{ N·m})(500 \text{ mm})(1{,}000 \text{ mm/m})}{\pi(80{,}000 \text{ N/mm}^2)(3°)(\pi \text{ rad}/180°)} = 24{,}317.084 \text{ mm}^4$$

$$\therefore d \geq 12.49 \text{ mm}$$

이 두 계산으로부터 축에서 허용되는 최소 지름은 $d \geq 12.49$ mm이다. **Ans.**

## 예제 6.3 EXAMPLE

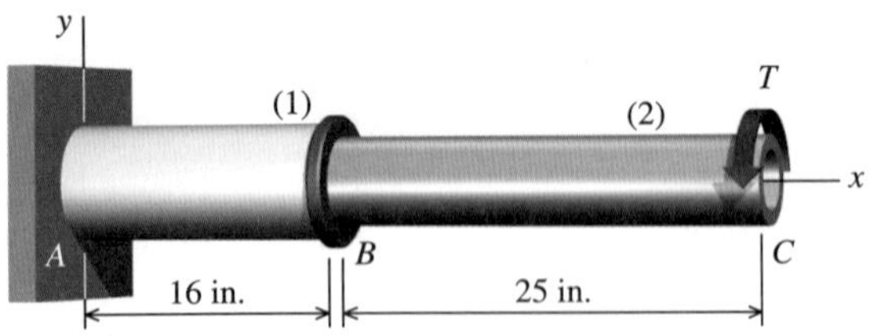


다단축이 중실알루미늄 구간 (1)과 중공강재 구간 (2)로 이루어져 있다. 구간 (1)은 지름 1.625 in.인 중실알루미늄 축이며, 허용전단응력은 6,000 psi이고 전단탄성계수는 $4 \times 10^6$ psi이다. 구간 (2)는 중공강축으로 외경 1.25 in., 벽 두께 0.125 in. 허용전단응력 9,000 psi, 전단탄성계수는 $11 \times 10^6$ psi이다. 허용진단응력에 부가하여, 두 축 자유단 사이의 회전각이 2°가 넘지 않도록 규격이 요구된다. 다단축 $C$에서 가할 수 있는 최대 토크 $T$를 구하라.

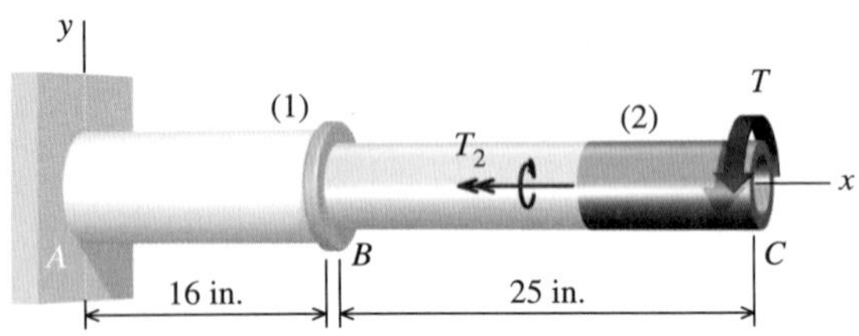


### 풀이 계획

$C$에 가할 수 있는 최대 토크 $T$를 구하기 위해서, 두 개의 축 요소의 최대 전단응력과 비틀림각에 대한 해석이 고려되어야 한다.

### 풀이

구간 (1)과 (2)에 작용하는 내부토크는 각 구간을 자른 자유물체도로부터 쉽게 계산할 수 있다. 축의 자유단을 포함하며 자유물체도에서 구간 (2)를 자른다. 양의 내부토크 $T_2$가 구간 (2)에 작용한다고 한다. 다음의 평형조건식이 얻어진다.

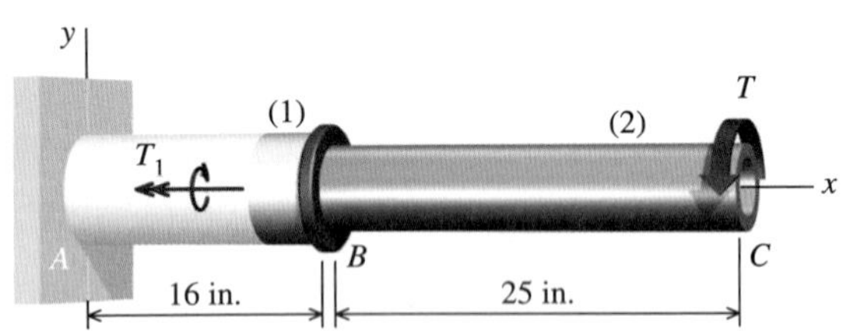


$$\Sigma M_x = T - T_2 = 0 \qquad \therefore T_2 = T$$

구간 (1)을 절단하고 축의 자유단을 포함하는 자유물체도에서 동일한 과정을 반복한다. 이 자유물체도에서 유사한 평행조건식이 얻어진다.

$$\Sigma M_x = T - T_1 = 0 \qquad \therefore T_1 = T$$

따라서 축의 양 구간에서 내부토크는 $C$에서 작용하는 외부토크와 동일하다.

### 전단응력

이 다단축에서 구간 (1)과 (2)의 지름과 허용전단응력은 알려져 있다. 탄성비틀림공식으로부터 허용토크는

$$T_1 = \frac{\tau_1 J_1}{c_1} \qquad T_2 = \frac{\tau_2 J_2}{c_2}$$

구간 (1)은 지름 1.625 in.의 중실 알루미늄 축이다. 이 구간에서의 극관성모멘트는

$$J_1 = \frac{\pi}{32}(1.625\text{ in.})^4 = 0.684563\text{ in.}^4$$

이 값과 허용전단응력 6,000 psi를 이용하여 허용토크 $T_1$을 구한다.

$$T_1 \le \frac{\tau_1 J_1}{c_1} = \frac{(6{,}000 \text{ psi})(0.684563 \text{ in.}^4)}{(1.625 \text{ in.}/2)} = 5{,}055.2 \text{ lb·in.} \tag{a}$$

구간 (2)는 외경이 $D = 1.25$ in.이고 벽 두께가 $t = 0.125$ in.인 중공강축이다. 이 구간의 내경은 $d = D - 2t = 1.25$ in. $-$ 2(0.125 in.) = 1.00 in.이다. 구간 (2)의 단면극관성모멘트는

$$J_2 = \frac{\pi}{32}[(1.25 \text{ in.})^4 - (1.00 \text{ in.})^4] = 0.141510 \text{ in.}^4$$

이 값과 허용전단응력 9,000 psi를 이용하여 허용토크 $T_2$를 구하면

$$T_2 \le \frac{\tau_2 J_2}{c_2} = \frac{(9{,}000 \text{ psi})(0.141510 \text{ in.}^4)}{(1.25 \text{ in.}/2)} = 2{,}037.7 \text{ lb·in.} \tag{b}$$

**$C$에서의 회전각**

구간 (1)과 (2)에서의 비틀림각은 다음과 같이 표현된다.

$$\phi_1 = \frac{T_1 L_1}{J_1 G_1} \qquad \phi_2 = \frac{T_2 L_2}{J_2 G_2}$$

$C$에서의 회전각은 이 두 비틀림각의 합이다.

$$\phi_C = \phi_1 + \phi_2 = \frac{T_1 L_1}{J_1 G_1} + \frac{T_2 L_2}{J_2 G_2}$$

여기서, $T_1 = T_2 = T$이므로,

$$\phi_C = T\left[\frac{L_1}{J_1 G_1} + \frac{L_2}{J_2 G_2}\right]$$

외부토크 $T$에 대해서 풀면

$$\begin{aligned} T &\le \frac{\phi_C}{\dfrac{L_1}{J_1 G_1} + \dfrac{L_2}{J_2 G_2}} \\ &\le \frac{(2°)(\pi \text{ rad}/180°)}{\dfrac{16 \text{ in.}}{(0.684563 \text{ in.}^4)(4{,}000{,}000 \text{ psi})} + \dfrac{25 \text{ in.}}{(0.141510 \text{ in.}^4)(11{,}000{,}000 \text{ psi})}} \\ &= 1{,}593.6 \text{ lb·in.} \end{aligned} \tag{c}$$

**외부토크 $T$**

방정식 (a), (b), (c)에서 구한 세 가지 외부토크의 값을 비교하면, 축의 $C$에 가할 수 있는 최대 외부토크 크기는

$$T = 1{,}594 \text{ lb·in.} = 132.8 \text{ lb·ft} \qquad \textbf{Ans.}$$

## 예제 6.4 EXAMPLE

여러 지름을 갖는 중실강축 ($G = 80$ GPa)이 그림과 같이 토크를 받고 있다. 축 구간 (1)은 36 mm의 지름이고, 구간 (2)는 30 mm의 지름이며, 구간 (3)의 지름은 25 mm이다. 그림의 베어링은 축을 자유롭게 회전하도록 한다. 다른 베어링은 문제를 명확하게 하기 위해 그림에서 제거하였다.

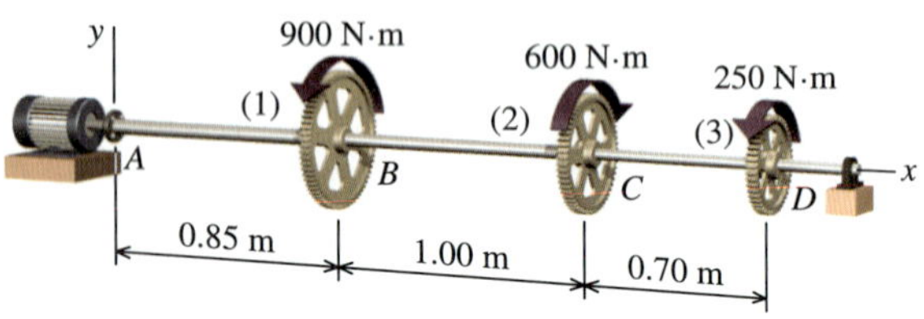


(a) 축 구간 (1), (2), (3)에서의 내부토크를 구하라. 축의 모든 구간에서 내부토크를 보여주는 그림, 즉 내부토크선도를 작도하라. 6.6절에서 제시된 부호규약을 사용하라.

(b) 축의 각 구간에서 최대 전단응력의 크기를 구하라.

(c) 기어 $B$, $C$, $D$에서 플랜지 $A$에 대한 축의 회전각을 구하라. 축의 모든 점에서의 회전각을 나타내는 그림을 작도하라.

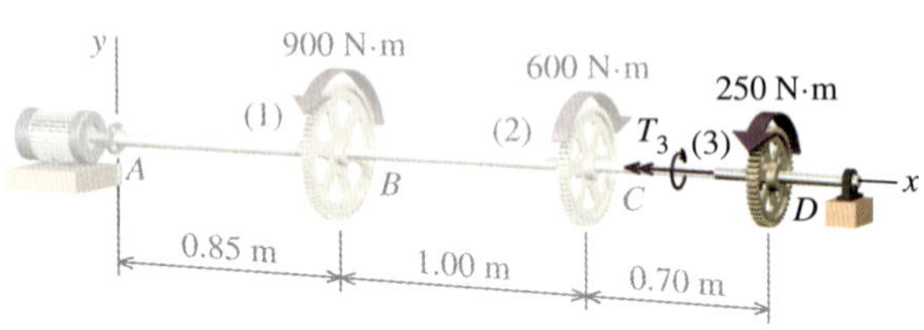


**풀이 계획**

세 개의 축 요소에서의 내부토크는 자유물체도와 평형조건으로부터 구한다. 탄성비틀림공식 (6.5)은 각 요소에서의 내부토크를 구한 후 최대 전단응력을 계산하는 데 사용된다. 비틀림각 공식 [식 (6.12)와 (6.14)]는 각 축에서의 비틀림과 기어 $B$, $C$, $D$에서의 회전각을 구하는 데 사용된다.

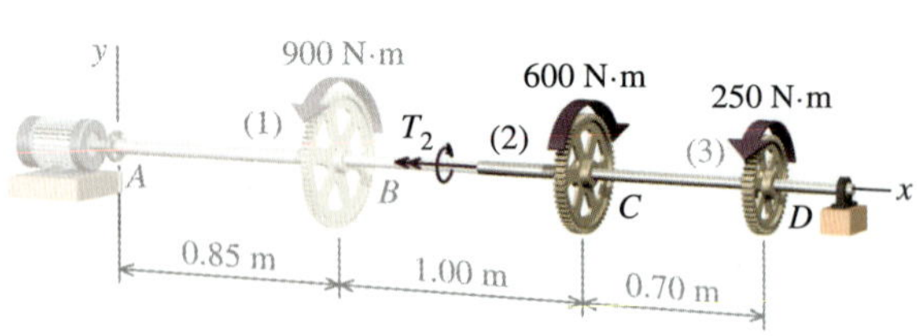


**풀이**

**평형**

축의 자유단을 포함하여 축 요소 (3)을 절단하는 자유물체도를 생각한다. 양의 내부토크 $T_3$가 요소 (3)에 작용한다고 가정한다. 이 자유물체도에서 구한 평형조건식은 축 요소 (3)의 내부토크를 구해준다.

$$\Sigma M_x = 250 \text{ N·m} - T_3 = 0$$
$$\therefore T_3 = 250 \text{ N·m}$$

마찬가지로, 요소 (2)에서의 내부토크는 축의 요소 (2)를 절단하는 자유물체도에서 구한 평형조건으로부터 구한다. 양의 내부토크 $T_2$가 요소 (2)에 작용한다고 가정한다.

$$\Sigma M_x = 250 \text{ N·m} - 600 \text{ N·m} - T_2 = 0$$
$$\therefore T_2 = -350 \text{ N·m}$$

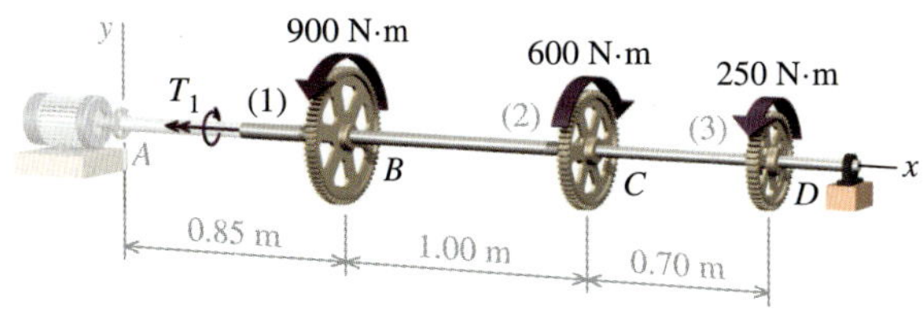


요소 (1)에 대해서는

$$\Sigma M_x = 250 \text{ N·m} - 600 \text{ N·m} + 900 \text{ N·m} - T_1 = 0$$
$$\therefore T_1 = 550 \text{ N·m}$$

이들 세 가지 결과를 작도하면, 내부토크(비틀림모멘트선도) 선도가 그려진다.

**단면극관성모멘트**

탄성비틀림공식이 각 축 요소에서 최대 전단응력을 계산하기 위해 사용된다. 이 계산을 위해 각 요소에 대한 단면극관성모멘트가 계산된다. 요소 (1)은 36 mm의 지름을 가진 중실축이다. 이 축 요소에 대한 단면극관성모멘트는

$$J_1 = \frac{\pi}{32}(36 \text{ mm})^4 = 164{,}895.9 \text{ mm}^4$$

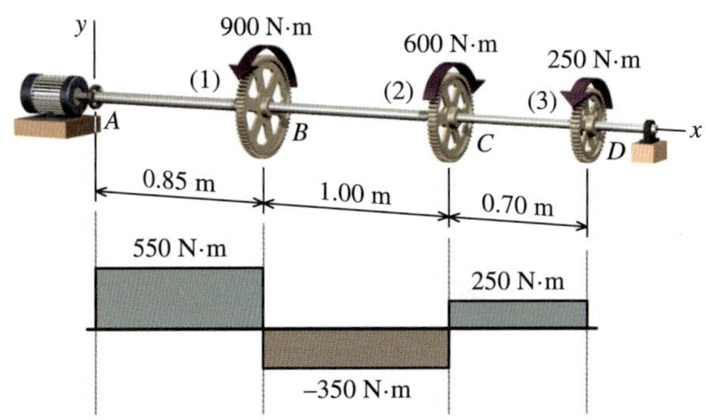


다단축에 대한 내부토크선도

축 요소 (2)는 30 mm의 지름 중실축이고, 단면극관성모멘트는

$$J_2 = \frac{\pi}{32}(30 \text{ mm})^4 = 79{,}521.6 \text{ mm}^4$$

지름 25 mm의 중실축인 축 요소 (3)의 극관성모멘트는 다음 값을 갖는다.

$$J_3 = \frac{\pi}{32}(25 \text{ mm})^4 = 38{,}349.5 \text{ mm}^4$$

**전단응력**

각 요소에서 최대 전단응력의 크기는 탄성비틀림공식을 이용하여 계산된다.

$$\tau_1 = \frac{T_1 c_1}{J_1} = \frac{(550 \text{ N·m})(36 \text{ mm}/2)(1{,}000 \text{ mm/m})}{164{,}895.9 \text{ mm}^4} = 60.0 \text{ MPa}$$ **Ans.**

$$\tau_2 = \frac{T_2 c_2}{J_2} = \frac{(350 \text{ N·m})(30 \text{ mm}/2)(1{,}000 \text{ mm/m})}{79{,}521.6 \text{ mm}^4} = 66.0 \text{ MPa}$$ **Ans.**

$$\tau_3 = \frac{T_3 c_3}{J_3} = \frac{(250 \text{ N·m})(25 \text{ mm}/2)(1{,}000 \text{ mm/m})}{38{,}349.5 \text{ mm}^4} = 81.5 \text{ MPa}$$ **Ans.**

**비틀림각**

회전각을 구하기 전에 각 요소의 비틀림각이 계산된다. 앞의 계산에서, 내부토크의 부호는 전단응력의 크기만이 필요하므로 고려하지 않았다. 그러나 여기서 계산되는 비틀림각은 내부토크의 부호가 반드시 포함되어야 한다.

$$\phi_1 = \frac{T_1 L_1}{J_1 G_1} = \frac{(550\text{ N}\cdot\text{m})(850\text{ mm})(1{,}000\text{ mm/m})}{(164{,}895.9\text{ mm}^4)(80{,}000\text{ N/mm}^2)} = 0.035439\text{ rad}$$

$$\phi_2 = \frac{T_2 L_2}{J_2 G_2} = \frac{(-350\text{ N}\cdot\text{m})(1{,}000\text{ mm})(1{,}000\text{ mm/m})}{(79{,}521.6\text{ mm}^4)(80{,}000\text{ N/mm}^2)} = -0.055017\text{ rad}$$

$$\phi_3 = \frac{T_3 L_3}{J_3 G_3} = \frac{(250\text{ N}\cdot\text{m})(700\text{ mm})(1{,}000\text{ mm/m})}{(38{,}349.5\text{ mm}^4)(80{,}000\text{ N/mm}^2)} = 0.057041\text{ rad}$$

**회전각**

비틀림각은 각 요소의 끝단에서의 회전각의 항으로 정의된다.

$$\phi_1 = \phi_B - \phi_A \qquad \phi_2 = \phi_C - \phi_B \qquad \phi_3 = \phi_D - \phi_C$$

좌표계의 원점은 플랜지 $A$에 위치한다. 여기서 임의로 플랜지 $A$에서의 회전각이 0이라고 정의한다($\phi_A = 0$). 기어 $B$에서의 회전각은 요소 (1)의 비틀림각으로부터 계산된다.

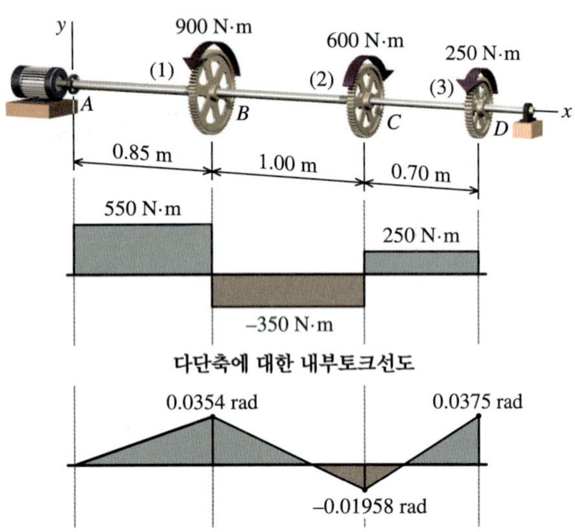


다단축에 대한 내부토크선도

다단축에 대한 회전각선도

$$\phi_1 = \phi_B - \phi_A$$

$$\therefore \phi_B = \phi_A + \phi_1 = 0 + 0.035439\text{ rad} = 0.035439\text{ rad} = 0.0354\text{ rad}$$

마찬가지로, $C$에서의 회전각은 요소 (2)의 비틀림각과 기어 $B$의 회전각으로부터 구한다.

$$\phi_2 = \phi_C - \phi_B$$

$$\therefore \phi_C = \phi_B + \phi_2 = 0.035439\text{ rad} + (-0.055017\text{ rad}) = -0.019578\text{ rad} = -0.01958\text{ rad}$$

끝으로, 기어 $D$의 회전각은

$$\phi_3 = \phi_D - \phi_C$$

$$\therefore \phi_D = \phi_C + \phi_3 = -0.019578\text{ rad} + 0.057041\text{ rad} = 0.037464\text{ rad} = 0.0375\text{ rad}$$

회전각선도는 내부토크선도와 함께 3단축의 역학적 현상을 보여주는 핵심적인 결과이다.

## MecMovies Example M6.4

중공축에서 50 MPa의 최대 전단응력을 발생시키는 토크 $T$를 구하라. 축의 외경은 40 mm이고 벽 두께는 5 mm이다.

## MecMovies Example M6.5

토크 5 kN·m를 받고 있는 중실축의 최소 허용지름을 구하라. 축의 허용전단응력은 65 MPa이다.

## MecMovies Example M6.6

단일토크 $T = 50$ N·m가 다단축에 작용하고 있다. 요소 (1)은 32 mm 지름의 중실 황동축[$G = 37$ GPa]이다. 요소 (2)는 중실 알루미늄축[$G = 26$ GPa]이다. 지지점 $A$에 대한 $C$점의 회전각이 3°를 넘지 않을 때 알루미늄축의 최소 지름을 구하라.

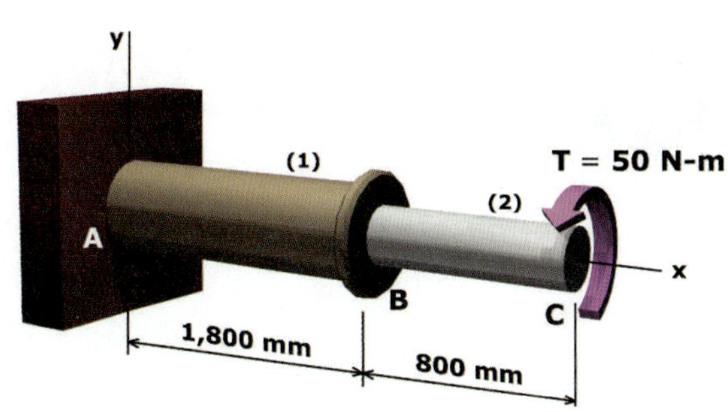

## MecMovies Example M6.7

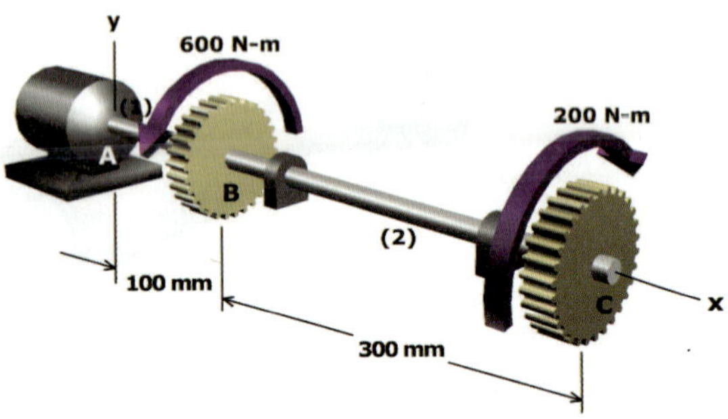


중실원형구동축이 모터를 기어 $B$, $C$와 연결하고 있다. 기어 $B$의 토크는 600 N·m이고, 기어 $C$의 토크는 200 N·m로 그림에서 보는 방향으로 작용하고 있다. 구동축의 재료는 강[$G = 66$ MPa]이며 25 mm이다.

(a) 축 (1)과 (2)의 최대 전단응력을 구하라.

(b) $A$에 대한 $C$의 회전각을 구하라.

## MecMovies Example M6.8

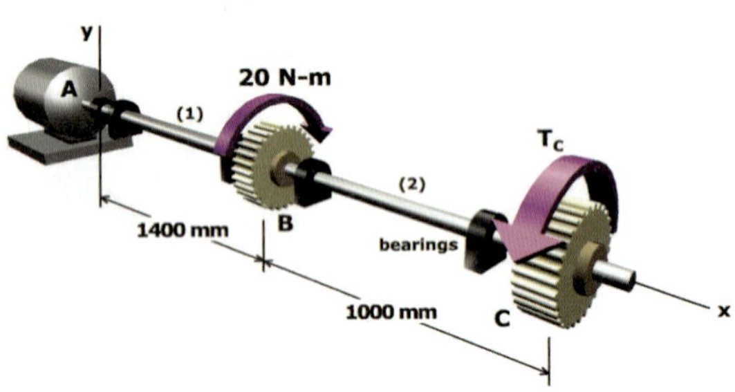


커플링 $A$와 기어 $B$ 사이의 중실강축[$G = 80$ GPa]이 35 mm의 지름을 갖고 있다. 기어 $B$, $C$ 사이에서 중실축의 지름은 20 mm로 줄어들었다. 기어 $B$에서 20 N·m의 집중된 토크가 그림에서 보는 방향으로 축에 가해졌다. 집중토크 $T_C$가 기어 $C$에 가해진다. $C$점에서의 전체 회전각이 1°를 넘지 않을 때, 그림에서 보는 방향으로 가할 수 있는 토크 $T_C$의 크기를 구하라.

# MecMovies EXERCISES

**M6.1** 여러 요소를 가진 축의 내부토크, 전단응력, 비틀림각에 대한 10개의 기본 비틀림 문제들

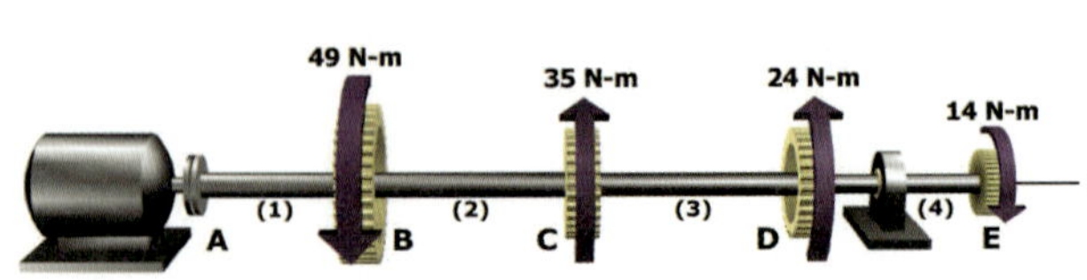


그림 M6.1

# PROBLEMS

**P6.1** A solid circular steel shaft having an outside diameter of $d = 0.75$ in. is subjected to a pure torque of $T = 650$ lb-in. Determine the maximum shear stress in the shaft.

**P6.2** A hollow aluminum shaft with an outside diameter of 80 mm and a wall thickness of 5 mm has an allowable shear stress of 75 MPa. Determine the maximum torque $T$ that may be applied to the shaft.

**P6.3** A hollow steel shaft with an outside diameter of 100 mm and a wall thickness of 10 mm is subjected to a pure torque of $T = 5{,}500$ N-m. Determine:

(a) the maximum shear stress in the hollow shaft.
(b) the minimum diameter of a solid steel shaft for which the maximum shear stress is the same as in part (a) for the same torque $T$.

**P6.4** A compound shaft consists of two pipe segments. Segment (1) has an outside diameter of 200 mm and a wall thickness of 10 mm. Segment (2) has an outside diameter of 150 mm and a wall thickness of 10 mm. The shaft is subjected to torques $T_B = 42$ kN-m and $T_C = 18$ kN-m, which act in the directions shown in Figure P6.4/5. Determine the maximum shear stress magnitude in each shaft segment.

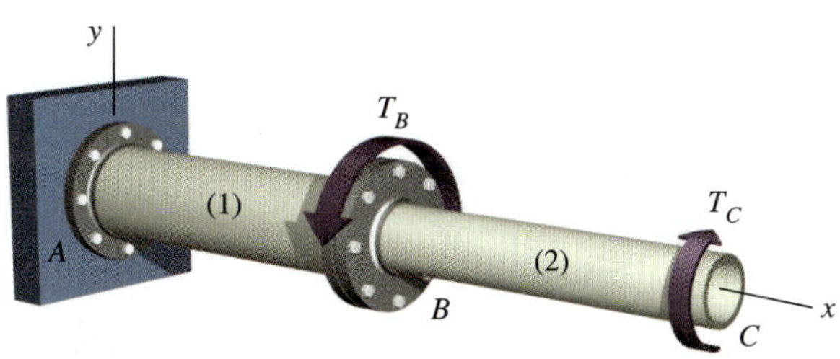


**FIGURE P6.4/5**

**P6.5** A compound shaft consists of two pipe segments. Segment (1) has an outside diameter of 10.75 in. and a wall thickness of 0.365 in. Segment (2) has an outside diameter of 6.625 in. and a wall thickness of 0.280 in. The shaft is subjected to torques $T_B = 60$ kip-ft and $T_C = 24$ kip-ft, which act in the directions shown in Figure P6.4/5. Determine the maximum shear stress magnitude in each shaft segment.

**P6.6** A compound shaft (Figure P6.6/7) consists of brass segment (1) and aluminum segment (2). Segment (1) is a solid brass shaft with an outside diameter of 0.625 in. and an allowable shear stress of 6,000 psi. Segment (2) is a solid aluminum shaft with an outside diameter of 0.50 in. and an allowable shear stress of 9,000 psi. Determine the magnitude of the largest torque $T_C$ that may be applied at $C$.

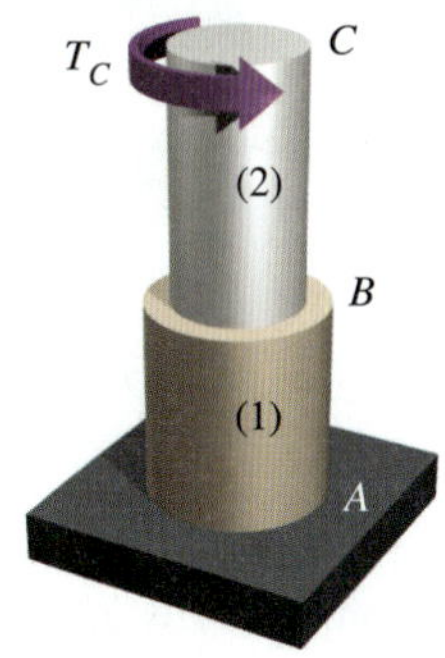


**FIGURE P6.6/7**

**P6.7** A compound shaft (Figure P6.6/7) consists of brass segment (1) and aluminum segment (2). Segment (1) is a solid brass shaft with an allowable shear stress of 60 MPa. Segment (2) is a solid aluminum shaft with an allowable shear stress of 90 MPa. If a torque of $T_C = 23{,}000$ N-m is applied at $C$, determine the minimum required diameter of:

(a) the brass shaft.
(b) the aluminum shaft.

**P6.8** A solid 0.75-in.-diameter shaft is subjected to the torques shown in Figure P6.8. The bearings shown allow the shaft to turn freely.

(a) Plot a torque diagram showing the internal torque in segments (1), (2), and (3) of the shaft. Use the sign convention presented in Section 6.6.
(b) Determine the maximum shear stress magnitude in the shaft.

**FIGURE P6.8**

**P6.9** A solid constant-diameter shaft is subjected to the torques shown in Figure P6.9. The bearings shown allow the shaft to turn freely.

(a) Plot a torque diagram showing the internal torque in segments (1), (2), and (3) of the shaft. Use the sign convention presented in Section 6.6.
(b) If the allowable shear stress in the shaft is 80 MPa, determine the minimum acceptable diameter for the shaft.

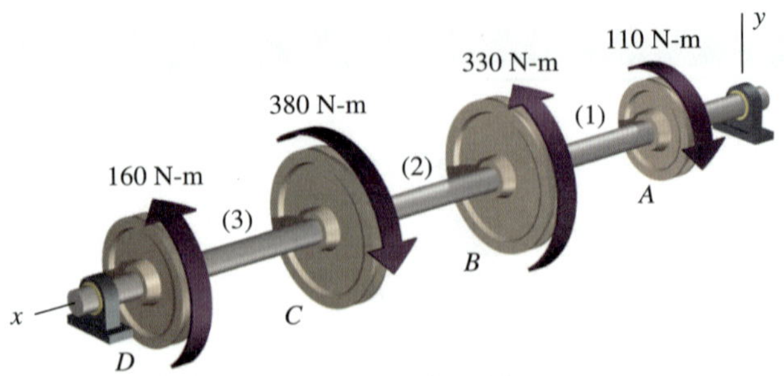


FIGURE P6.9

**P6.10** A solid circular steel shaft having an outside diameter of 1.25 in. is subjected to a pure torque of $T = 2{,}200$ lb-in. The shear modulus of the steel is $G = 12{,}000$ ksi. Determine:

(a) the maximum shear stress in the shaft.
(b) the magnitude of the angle of twist in a 6-ft length of shaft.

**P6.11** A solid circular steel shaft having an outside diameter of 35 mm is subjected to a pure torque of $T = 640$ N-m. The shear modulus of the steel is $G = 80$ GPa. Determine:

(a) the maximum shear stress in the shaft.
(b) the magnitude of the angle of twist in a 1.5-m length of shaft.

**P6.12** A hollow steel shaft with an outside diameter of 85 mm and a wall thickness of 10 mm is subjected to a pure torque of $T = 7{,}000$ N-m. The shear modulus of the steel is $G = 80$ GPa. Determine:

(a) the maximum shear stress in the shaft.
(b) the magnitude of the angle of twist in a 2.5-m length of shaft.

**P6.13** A solid stainless steel [$G = 12{,}500$ ksi] shaft that is 72 in. long will be subjected to a pure torque of $T = 900$ lb-in. Determine the minimum diameter required if the shear stress must not exceed 8,000 psi and the angle of twist must not exceed 5°. Report both the maximum shear stress $\tau$ and the angle of twist $\phi$ at this minimum diameter.

**P6.14** A solid stainless steel [$G = 86$ GPa] shaft that is 2.0 m long will be subjected to a pure torque of $T = 75$ N-m. Determine the minimum diameter required if the shear stress must not exceed 50 MPa and the angle of twist must not exceed 4°. Report both the maximum shear stress $\tau$ and the angle of twist $\phi$ at this minimum diameter.

**P6.15** A hollow steel [$G = 12{,}000$ ksi] shaft with an outside diameter of 3.50 in. will be subjected to a pure torque of $T = 3{,}750$ lb-ft. Determine the maximum inside diameter $d$ that can be used if the shear stress must not exceed 8,000 psi and the angle of twist must not exceed 3° in an 8-ft length of shaft. Report both the maximum shear stress $\tau$ and the angle of twist $\phi$ for this maximum inside diameter.

**P6.16** A compound steel [$G = 80$ GPa] shaft (Figure P6.16) consists of a solid 55-mm-diameter segment (1) and a solid 40-mm-diameter segment (2). The allowable shear stress of the steel is 70 MPa, and the maximum rotation angle at the free end of the compound shaft must be limited to $\phi_C \leq 3°$. Determine the magnitude of the largest torque $T_C$ that may be applied at $C$.

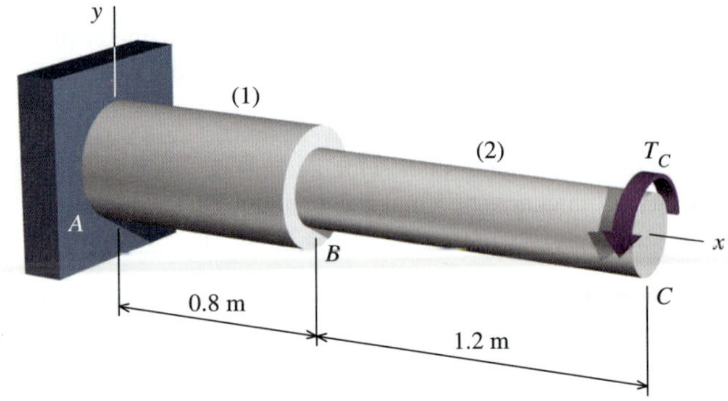


FIGURE P6.16

**P6.17** A compound shaft (Figure P6.17) consists of brass segment (1) and aluminum segment (2). Segment (1) is a solid brass [$G = 5{,}600$ ksi] shaft with an outside diameter of 1.75 in. and an allowable shear stress of 9,000 psi. Segment (2) is a solid aluminum [$G = 4{,}000$ ksi] shaft with an outside diameter of 1.25 in. and an allowable shear stress of 12,000 psi. The maximum rotation angle at the upper end of the compound shaft must be limited to $\phi_C \leq 4°$. Determine the magnitude of the largest torque $T_C$ that may be applied at $C$.

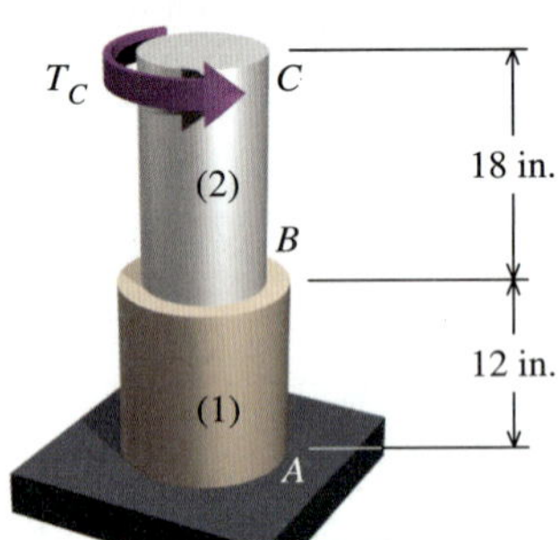


FIGURE P6.17

**P6.18** A compound steel [$G = 80$ GPa] shaft consists of solid 30-mm-diameter segments (1) and (3) and tube segment (2), which has an outside diameter of 60 mm and an inside diameter of 50 mm (Figure P6.18/19). Determine:

(a) the maximum shear stress in tube segment (2).
(b) the angle of twist in tube segment (2).
(c) the rotation angle of gear $D$ relative to gear $A$.

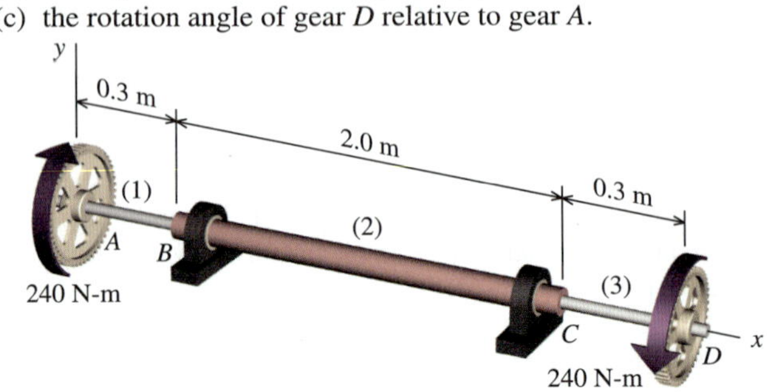


FIGURE P6.18/19

**P6.19** A compound steel [$G = 80$ GPa] shaft consists of solid 40-mm-diameter segments (1) and (3) and tube segment (2), which has an outside diameter of 75 mm (Figure P6.18/19). If the rotation of gear $D$ relative to gear $A$ must not exceed 0.01 rad, determine the maximum inside diameter that may be used for tube segment (2).

**P6.20** The compound shaft shown in Figure P6.20 consists of aluminum segment (1) and steel segment (2). Aluminum segment (1) is a tube with an outside diameter of $D_1 = 4.00$ in., a wall thickness of $t_1 = 0.25$ in., and a shear modulus of $G_1 = 4{,}000$ ksi. Steel segment (2) is a tube with an outside diameter of $D_2 = 2.50$ in., a wall thickness of $t_2 = 0.125$ in., and a shear modulus of $G_2 = 12{,}000$ ksi. The compound shaft is subjected to torques applied at $B$ and $C$, as shown in Figure P6.20.

(a) Prepare a diagram that shows the internal torque and the maximum shear stress in segments (1) and (2) of the shaft. Use the sign convention presented in Section 6.6.
(b) Determine the rotation angle of $B$ with respect to the support at $A$.
(c) Determine the rotation angle of $C$ with respect to the support at $A$.

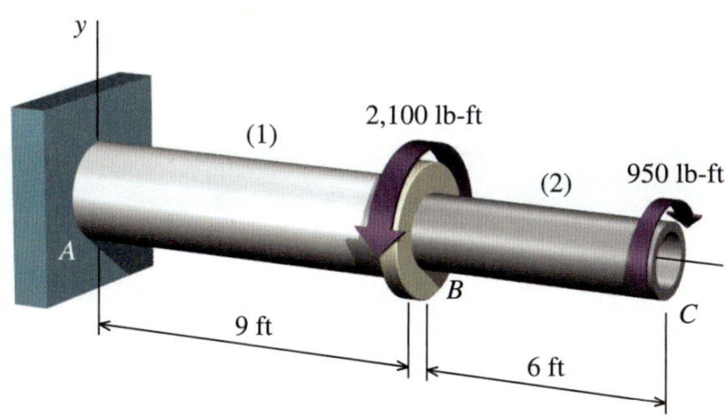


**FIGURE P6.20**

**P6.21** A solid 1.00-in.-diameter steel [$G = 12{,}000$ ksi] shaft is subjected to the torques shown in Figure P6.21.

(a) Prepare a diagram that shows the internal torque and the maximum shear stress in segments (1), (2), and (3) of the shaft. Use the sign convention presented in Section 6.6.
(b) Determine the rotation angle of pulley $C$ with respect to the support at $A$.
(c) Determine the rotation angle of pulley $D$ with respect to the support at $A$.

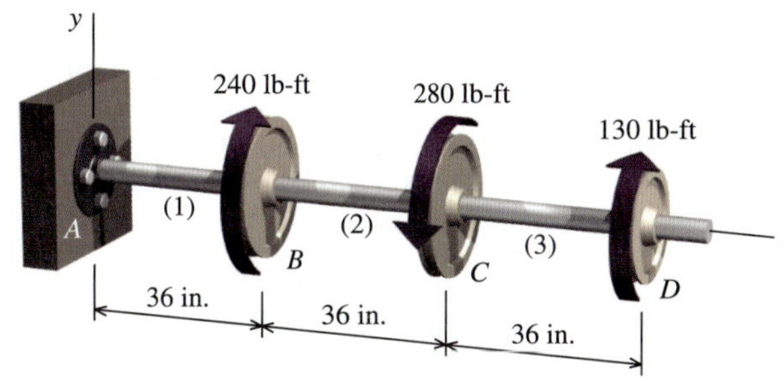


**FIGURE P6.21**

**P6.22** A compound shaft supports several pulleys as shown in Figure P6.22. Segments (1) and (4) are solid 25-mm-diameter steel [$G = 80$ GPa] shafts. Segments (2) and (3) are solid 50-mm-diameter steel shafts. The bearings shown allow the shaft to turn freely. Determine:

(a) the maximum shear stress in the compound shaft.
(b) the rotation angle of pulley $D$ with respect to pulley $B$.
(c) the rotation angle of pulley $E$ with respect to pulley $A$.

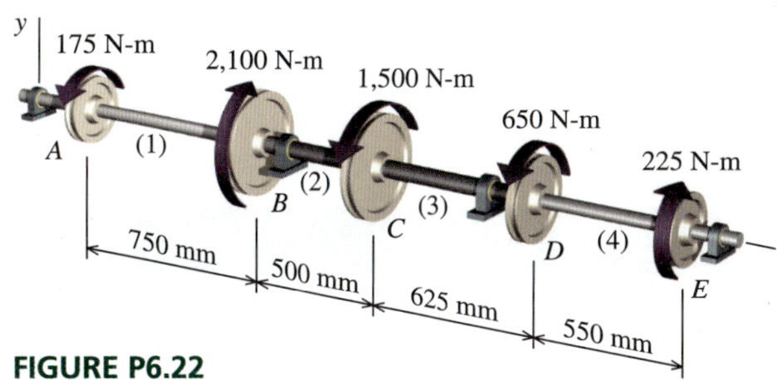


**FIGURE P6.22**

**P6.23** A solid steel [$G = 80$ GPa] shaft of variable diameter is subjected to the torques shown in Figure P6.23. The diameter of the shaft in segments (1) and (3) is 50 mm, and the diameter of the shaft in segment (2) is 80 mm. The bearings shown allow the shaft to turn freely. Determine:

(a) the maximum shear stress in the compound shaft.
(b) the rotation angle of pulley $D$ with respect to pulley $A$.

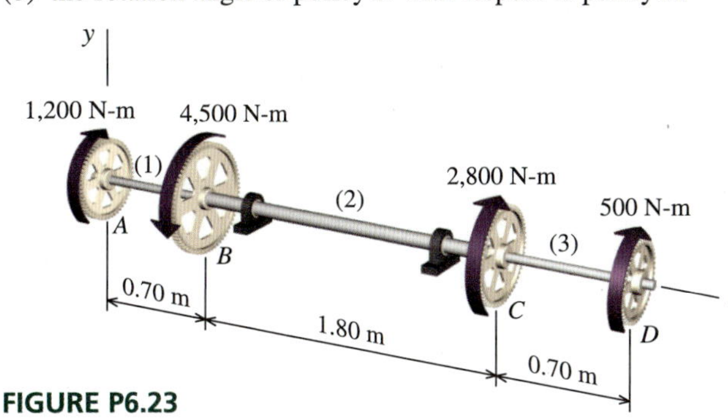


**FIGURE P6.23**

**P6.24** A compound shaft drives three gears as shown in Figure P6.24. Segments (1) and (2) of the compound shaft are hollow aluminum [$G = 4{,}000$ ksi] tubes, which have an outside diameter of 3.00 in. and a wall thickness of 0.25 in. Segments (3) and (4) are solid 2.00-in.-diameter steel [$G = 12{,}000$ ksi] shafts. The bearings shown allow the shaft to turn freely. Determine:

(a) the maximum shear stress in the compound shaft.
(b) the rotation angle of flange $C$ with respect to flange $A$.
(c) the rotation angle of gear $E$ with respect to flange $A$.

**P6.25** A compound shaft drives several pulleys, as shown in Figure P6.25. Segments (1) and (2) of the compound shaft are hollow aluminum [$G = 4{,}000$ ksi] tubes, which have an outside diameter of 3.00 in. and a wall thickness of 0.125 in. Segments (3) and (4) are solid 1.50-in.-diameter steel [$G = 12{,}000$ ksi] shafts. The bearings shown allow the shaft to turn freely. Determine:

(a) the maximum shear stress in the compound shaft.
(b) the rotation angle of flange $C$ with respect to pulley $A$.
(c) the rotation angle of pulley $E$ with respect to pulley $A$.

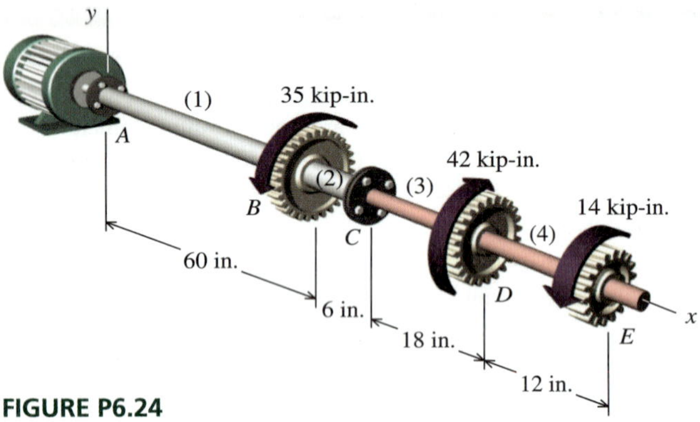


**FIGURE P6.24**

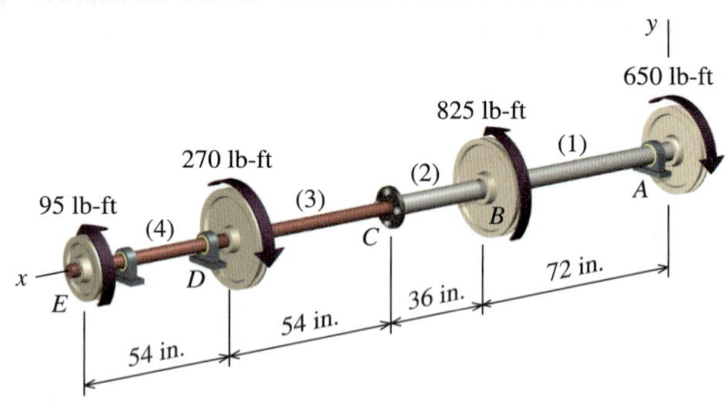


**FIGURE P6.25**

## 6.7 비틀림 조합상태의 기어

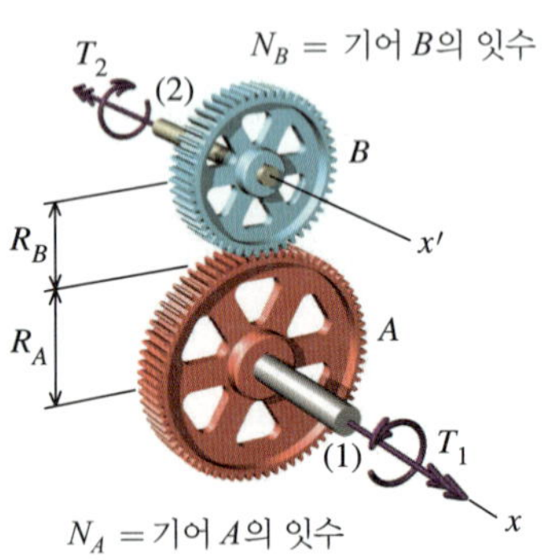


**그림 6.14** • 기본 기어 조립체

기어는 많은 형태의 기구와 장치에서 적용되는 기본요소이며, 특히 이들 장치들은 모터나 엔진에 의해 구동된다. 기어는 다음과 같은 목적으로 사용된다.

- 한 축에서 다른 축으로 토크 및 동력을 전달시킨다.
- 축에서 토크를 증가 또는 감소시킨다.
- 축에서 회전속도를 증가 또는 감소시킨다.
- 두 축의 회전방향을 변경시킨다.
- 한 방향에서 다른 방향으로 회전운동을 변경시킨다. 예를 들어, 수평축에 대한 회전을 수직축에 대한 회전으로 변경시킨다.

또한, 기어들은 이를 갖고 있으며, 기어에 연결된 축은 항상 다른 축과 정확하게 동조되어야 한다.

기본 기어 조립체가 그림 6.14에 나와 있다. 이 조립체에서 토크는 기어 $A$와 $B$에 의해 축 (1)로부터 축 (2)로 전달되며, 기어는 각각 반지름 $R_A$와 $R_B$를 갖고 있다. 각 기어의 잇수는 $N_A$와 $N_B$로 표기된다. 양의 내부토크 $T_1$과 $T_2$가 축 (1)과 (2)에 가해진다. 문제를 분명하게 하기 위해, 두 개의 축을 지지하는 베어링은 생략하였다. 이 형상은 기어를 가진 비틀림 조립체의 토크, 회전각, 회전속도에 대한 기본 관계를 나타내는 데 사용된다.

## 토크

그림 6.15는 축 (1)과 (2)에서 내부토크 사이의 관계를 도시한 자유물체도이다. 이 계가 평형상태에 있으므로 각각의 기어도 평형을 만족해야 된다. 기어 $A$의 자유물체도를 생각해 보자. 축 (1)에 작용되는 내부토크가 기어 $A$로 직접 전달된다. 이 토크는 기어 $A$를 반시계방향으로 회전시킨다. 기어 $A$와 $B$가 회전하면, 기어비의 이가 기어 $A$에 힘을 야기하고 두 기어에 접선으로 작용한다. 기어 $A$의 회전에 반대되는 이 힘은 $F$로 표현한다. $x$축에 대한 모멘트 평형조건식은 기어 $A$의 $T_1$과 $F$의 관계를 지어준다.

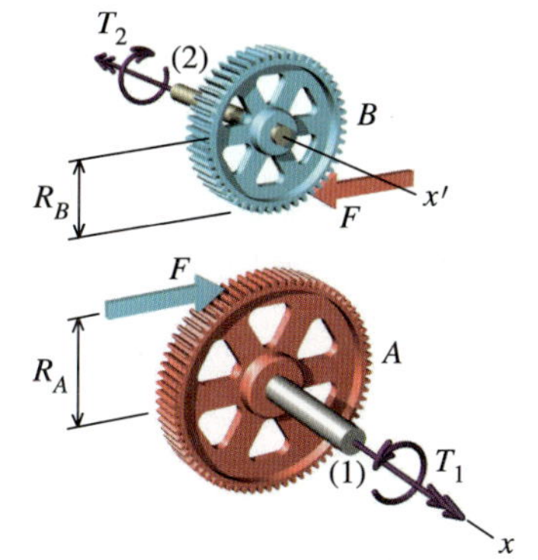

**그림 6.15** • 기어 $A$와 $B$의 자유물체도

$$\Sigma M_x = T_1 - F \cdot R_A = 0 \qquad \therefore F = \frac{T_1}{R_A} \tag{a}$$

다음으로 기어 $B$의 자유물체도를 생각해 보자. 기어 $B$의 이가 기어 $A$ 상의 힘 $F$를 받으면 기어 $A$의 이가 기어 $B$에 힘을 가하고 이것은 크기가 서로 같고, 방향이 반대이다. 이 힘은 기어 $B$를 시계방향으로 회전시킨다. $x'$에 관한 모멘트 평형조건식은

$$\Sigma M_{x'} = -F \cdot R_B - T_2 = 0 \tag{b}$$

식 (a)에서 구한 $F$를 식 (b)에 대입하면, 평형을 위해 필요한 토크 $T_2$를 토크 $T_1$의 항으로 표현할 수 있다.

$$-\frac{T_1}{R_A} \cdot R_B - T_2 = 0 \qquad \therefore T_2 = -T_1 \frac{R_B}{R_A} \tag{c}$$

$T_2$의 크기는 $T_1$과 기어의 반지름 비로 결정된다. 두 개의 기어가 반대 방향으로 회전하므로 $T_2$의 부호는 $T_1$의 부호와 반대이다.

**MecMovies 6.9** 토크, 회전각, 회전속도, 동력전달에 대한 기본 기어 관계식을 설명하는 동영상을 보여준다.

**기어비.** 식 (c)의 $R_B/R_A$는 기어비(gear ratio)라 부르며, 이 비는 기어로 연결된 축 사이의 관계를 나타내는 핵심 매개변수이다. 식 (c)의 기어비는 기어반지름으로 표현된다. 또한, 이 매개변수는 기어지름이나 기어 잇수 항으로 표현할 수 있다.

기어의 지름 $D$는 간단히 반지름 $B$의 두 배이다. 따라서 식 (c)의 기어비는 $D_A$, $D_B$가 각각 기어 $A$, $B$의 지름일 때, $D_B/D_A$로 표현할 수 있다.

두 개의 기어가 적절하게 연결되어 있을 때, 두 개의 기어의 이는 동일한 크기이어야 한다. 다시 말하면, 한 개 이의 원호길이 즉, 피치 $p$는 두 기어 모두에서 동일해야 한다. 기어 $A$와 $B$의 원주 $C$는 기어반지름의 항으로 표현된다.

$$C_A = 2\pi R_A \qquad C_B = 2\pi R_B$$

피치와 기어의 잇수항으로 표현하면

$$C_A = pN_A \qquad C_B = pN_B$$

각 기어의 원주식은 같으며, 각 기어의 피치에 대해 풀 수 있다.

$$p = \frac{2\pi R_A}{N_A} \qquad p = \frac{2\pi R_B}{N_B}$$

또한 두 기어의 피치 $p$는 같기 때문에,

$$\frac{R_B}{R_A} = \frac{N_B}{N_A}$$

요약하면, 임의의 두 기어 $A$와 $B$ 사이의 기어비는 동일하게 기어반지름, 기어지름, 기어 잇수로 표현할 수 있다.

$$\text{기어비} = \frac{R_B}{R_A} = \frac{D_B}{D_A} = \frac{N_B}{N_A} \tag{d}$$

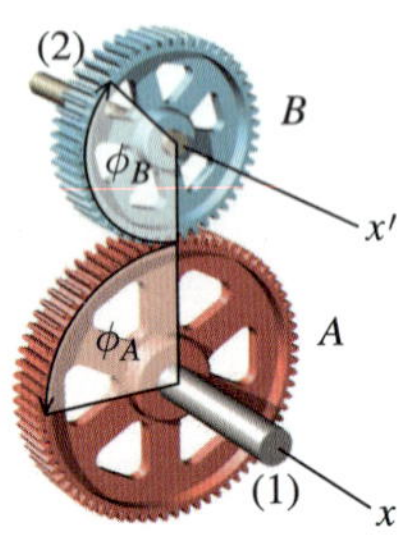


**그림 6.16** • 기어 $A$와 $B$의 회전각

**회전각.** 기어 $A$가 그림 6.16에서 보는 것처럼 $\phi_A$만큼 회전하였을 때, 기어 $A$의 원주의 원호길이 $s_A$는 $s_A = R_A\phi_A$이다. 마찬가지로, 기어 $B$의 원주의 원호길이는 $s_B = /R_B\phi_B$이다. 각 기어의 이는 동일한 크기이어야 하므로 두 개의 기어에 의해 회전되는 원호의 길이는 반드시 크기가 같아야 한다. 그러나 두 기어는 서로 반대 방향으로 회전한다. $s_A$와 $s_B$가 동일하고 회전이 반대 방향이라는 것을 고려하면, 회전각 $\phi_A$는 다음과 같이 표현된다.

$$R_A\phi_A = -R_B\phi_B \qquad \therefore \phi_A = -\frac{R_B}{R_A}\phi_B \tag{e}$$

식 (e)에서 $R_B/R_A$ 항은 간단히 기어비이므로

$$\phi_A = -(\text{Gear ratio})\,\phi_B \tag{f}$$

**회전속도.** 회전속도 $\omega$는 단위 시간당 기어에 의해 회전되는 회전각 $\phi$이다. 따라서, 두 개의 서로 연결된 기어의 회전속도는 같은 방법으로 회전각으로 기술할 수 있다.

$$\omega_A = -(\text{Gear ratio})\,\omega_B \tag{g}$$

### 예제 6.5 EXAMPLE

두 개의 중실강축($G = 80$ GPa)이 그림에서 보는 바와 같이 기어에 의해 연결되었다. 축 (1)의 지름은 35 mm이고 축 (2)의 지름은 30 mm이다. 그림의 모든 베어링은 축을 자유롭게 회전하도록 한다고 가정한다. 기어 $D$에 315 N·m의 토크가 작용하였을 때 다음을 구하라.

(a) 각 축의 최대 전단응력의 크기

(b) 비틀림각 $\phi_1$과 $\phi_2$

(c) 기어 $B$와 $C$의 회전각 $\phi_B$와 $\phi_C$

(d) 기어 $D$의 회전각

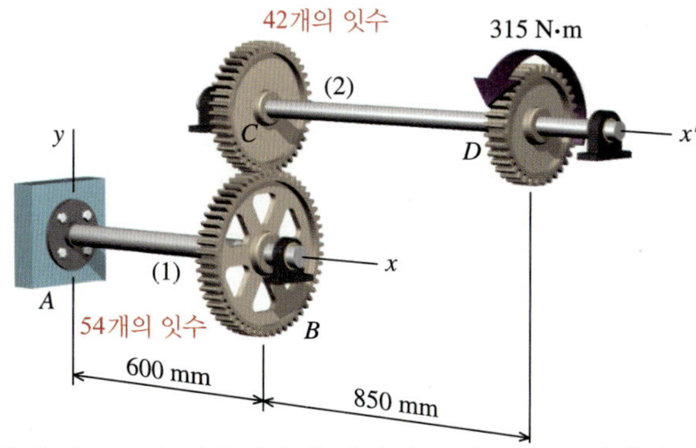


**풀이 계획**

축 (2)의 내부토크는 기어 $D$의 자유물체도에서 쉽게 구해진다. 그러나 축 (1)의 내부토크는 기어비로 구해야 한다. 두 축의 내부토크가 구해지면 각 축에 비틀림각이 계산되며, 비틀림각의 부호에 주의해야 한다. 축 (1)의 비틀림각이 얼마만큼 기어 $B$를 회전하는가를 구하고, 다음에 기어 $B$의 회전각을 구한다. 기어 $D$의 회전각은 $C$의 회전각과 축 (2)의 비틀림각에 종속된다.

**풀이**

**평형**

기어 $D$를 포함하여 축 (2)를 자르는 자유물체도를 생각해 보자. 축 (2)에 양의 내부토크가 작용한다고 가정한다. 이 자유물체도에서 $x'$축에 대한 모멘트 평형조건식이 축 (2)의 내부토크 $T_2$를 구하기 위해 사용된다.

$$\Sigma M_{x'} = 315\ \text{N·m} - T_2 = 0 \qquad \therefore T_2 = 315\ \text{N·m} \tag{a}$$

다음으로 기어 $C$를 포함하고 축 (2)를 자르는 자유물체도를 생각한다. 마찬가지로 양의 내부토크가 축 (2)에 작용한다고 가정한다. 기어 $B$의 이에 힘 $F$가 기어 $C$의 이에 가해진다. 기어 $C$ 의 반지름을 $R_C$라고 표기하면, $x'$축에 대한 모멘트 평형조건식은 다음과 같이 쓸 수 있다.

$$\Sigma M_{x'} = T_2 - F \cdot R_C = 0 \qquad \therefore F = \frac{T_2}{R_C} \tag{b}$$

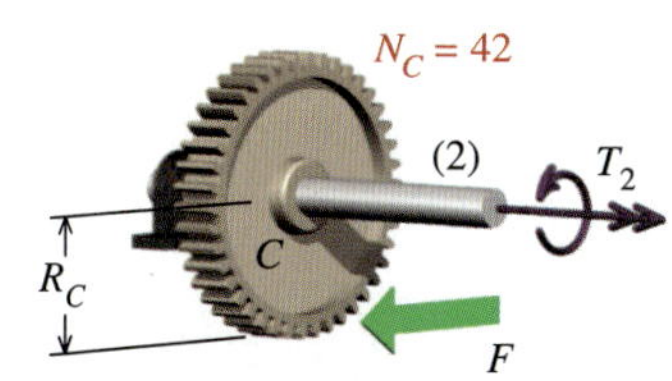


축 $A$를 자르는 기어 $B$의 자유물체도가 나타나 있다. 양의 내부토크 $T_1$이 축 (1)에 작용한다고 가정한다. 기어 $B$의 이와 기어 $C$의 힘 $F$가 가해진다면, 평형을 이루기 위해 기어 $C$의 이에는 기어 $B$의 이에 작용하는 힘과 크기가 같고 방향이 반대인 힘이 작용해야 된다. 기어 $B$의 반지름을 $R_B$라고 하면 $x$축에 관한 모멘트 평형조건식은 다음과 같이 쓸 수 있다.

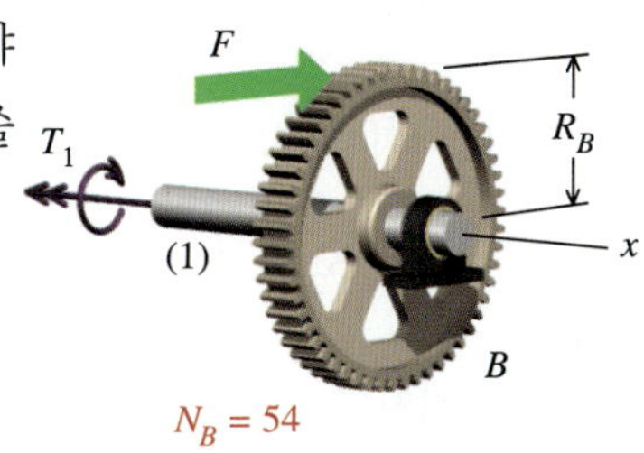


$$\Sigma M_x = -T_1 - F \cdot R_B = 0 \qquad \therefore T_1 = -F \cdot R_B \tag{c}$$

축 (2)의 내부토크는 식 (a)로부터 구해진다. 축 (1)의 내부토크는 식 (b)를 식 (c)에 대입하여 구해진다.

$$T_1 = -F \cdot R_B = -\frac{T_2}{R_C} R_B = -T_2 \frac{R_B}{R_C}$$

기어반지름 $R_B$와 $R_C$는 알려지지 않았다. 그러나 $R_B/R_C$ 비는 기어 $B$와 $C$ 사이의 기어비이다. 두 기어의 이는 기어가 적절하게 맞춰지기 위해서는 같은 크기이어야 하므로, 각 기어의 잇수 비는 기어 반지름 비와 같게 된다. 따라서 축 (1)의 토크는 기어 $B$, $C$의 잇수 $N_B$, $N_C$항으로 표현할 수 있다.

$$T_1 = -T_2\frac{R_B}{R_C} = -T_2\frac{N_B}{N_C} = -(315\ \text{N·m})\frac{54\ \text{teeth}}{42\ \text{teeth}} = -405\ \text{N·m}$$

**전단응력**

각 축에서의 최대 전단응력의 크기는 탄성비틀림공식으로부터 계산된다. 이 계산을 위해 각 축에 단면극관성모멘트가 필요하다. 축 (1)은 35 mm의 지름 중실축이므로, 단면극관성모멘트는 다음과 같다.

$$J_1 = \frac{\pi}{32}(35\ \text{mm})^4 = 147{,}324\ \text{mm}^4$$

축 (2)는 30 mm의 지름 중실축이므로 단면극관성모멘트는 다음과 같다.

$$J_2 = \frac{\pi}{32}(30\ \text{mm})^4 = 79{,}552\ \text{mm}^4$$

최대 전단응력을 계산하기 위해 $T_1$과 $T_2$의 절대치가 사용된다. 35 mm 지름의 축 (1)의 최대 전단응력은

$$\tau_1 = \frac{T_1c_1}{J_1} = \frac{(405\ \text{N·m})(35\ \text{mm}/2)(1{,}000\ \text{mm/m})}{147{,}324\ \text{mm}^4} = 48.1\ \text{MPa}$$ **Ans.**

지름 30 mm의 축 (2)의 최대 전단응력은

$$\tau_2 = \frac{T_2c_2}{J_2} = \frac{(315\ \text{N·m})(30\ \text{mm}/2)(1{,}000\ \text{mm/m})}{79{,}552\ \text{mm}^4} = 59.4\ \text{MPa}$$ **Ans.**

**비틀림각**

비틀림각은 $T_1$, $T_2$의 부호값을 고려하여 계산되어야 한다. 축 (1)의 길이는 600 mm이고, 전단탄성계수는 $G = 80$ GPa이다. 이 축의 비틀림각은

$$\phi_1 = \frac{T_1L_1}{J_1G_1} = \frac{(-405\ \text{N·m})(600\ \text{mm})(1{,}000\ \text{mm/m})}{(147{,}324\ \text{mm}^4)(80{,}000\ \text{N/mm}^2)} = -0.020618\ \text{rad} = -0.0206\ \text{rad}$$ **Ans.**

축 (2)의 길이는 850 mm이다. 따라서 이것의 비틀림각은

$$\phi_2 = \frac{T_2L_2}{J_2G_2} = \frac{(315\ \text{N·m})(850\ \text{mm})(1{,}000\ \text{mm/m})}{(79{,}522\ \text{mm}^4)(80{,}000\ \text{N/mm}^2)} = 0.042087\ \text{rad} = 0.0421\ \text{rad}$$ **Ans.**

**기어 *B*와 *C*의 회전각**

기어 $B$의 회전각은 축 (1)의 비틀림각과 같다.

$$\phi_B = \phi_1 = -0.020618\ \text{rad} = -0.0206\ \text{rad}$$ **Ans.**

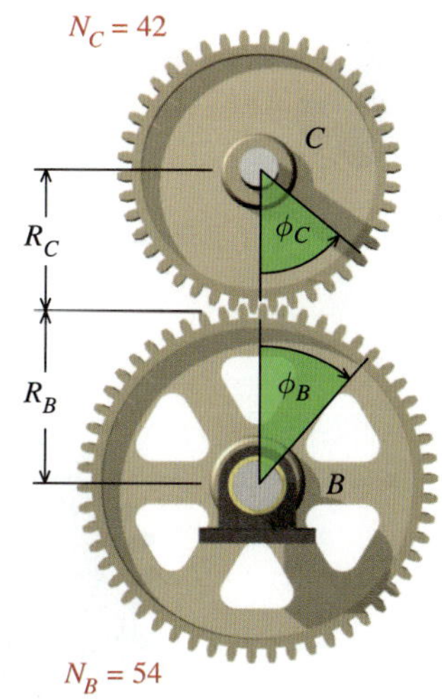


**주의:** 6.6절에서 기술되고 그림 6.13에서 설명된 회전각의 부호규약으로부터 기어 $B$의 음의 회전각은 기어 $B$가 그림에서 보는 것처럼 시계방향으로 회전하는 것을 나타낸다.

기어 $B$와 $C$의 회전각은 상대회전이 같아야 되는 원호길이와 연계하여 관계가 지어진다. 그 이유는 기어 이가 서로 연결되기 때문이다. 그러나 기어는 반대 방향으로 회전한다. 이 예에서는 기어 $B$는 시계방향으로 회전하며, 이것은 기어 $C$가 반시계방향으로 회전하게 만든다. 회전방향의 이러한 변화는 계산에서 음의 부호를 나타난다.

$$R_C \phi_C = -R_B \phi_B$$

여기서 $R_B$와 $R_C$는 각각 기어 $B$와 $C$의 반지름이다. 이 관계식을 이용하여 기어 $C$의 회전각을 다음과 같이 표현할 수 있다.

$$\phi_C = -\frac{R_B}{R_C}\phi_B$$

여기서 $R_B/R_C$는 기어 $B$와 $C$ 사이의 기어비이고, 이 비는 $B$와 $C$의 잇수 $N_B$와 $N_C$로 표현할 수도 있다.

$$\phi_C = -\frac{N_B}{N_C}\phi_B$$

따라서 기어 $C$의 회전각은

$$\phi_C = -\frac{N_B}{N_C}\phi_B = -\frac{54 \text{ teeth}}{42 \text{ teeth}}(-0.020618 \text{ rad}) = 0.026509 \text{ rad} = 0.0265 \text{ rad}$$ **Ans.**

**기어 $D$의 회전각**

기어 $D$의 회전각은 기어 $C$의 회전각에 축 (2)에서 발생하는 비틀림을 더한 것이다.

$$\phi_D = \phi_C + \phi_2 = 0.026509 \text{ rad} + 0.042087 \text{ rad} = 0.068596 \text{ rad} = 0.0686 \text{ rad}$$ **Ans.**

## MecMovies Example M6.13

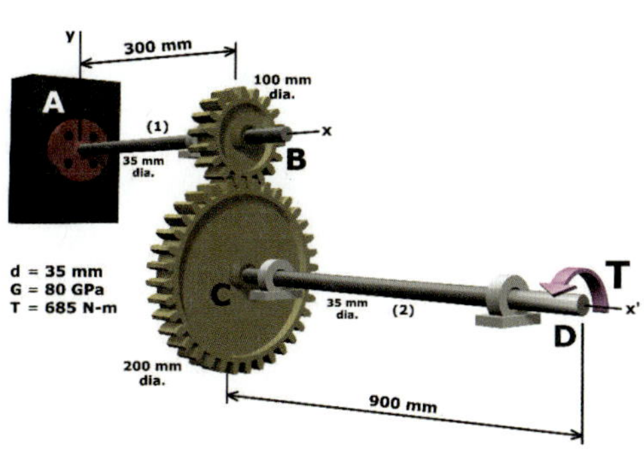


두 개의 중실강축[$G = 80$ GPa]이 그림과 같이 기어와 연결되었다. 각 축의 지름은 35 mm이다. 토크 $T = 685$ N·m가 $D$에서 작용한다. 다음을 구하라.

(a) 각 축의 최대 전단응력

(b) $D$점에서 회전각

## MecMovies EXERCISES

**M6.9** 기어의 토크, 회전각, 회전속도에 관한 여섯 개의 다지선다형 질문

그림 M6.9

**M6.11** 3축에 대한 여섯 개의 기본 계산

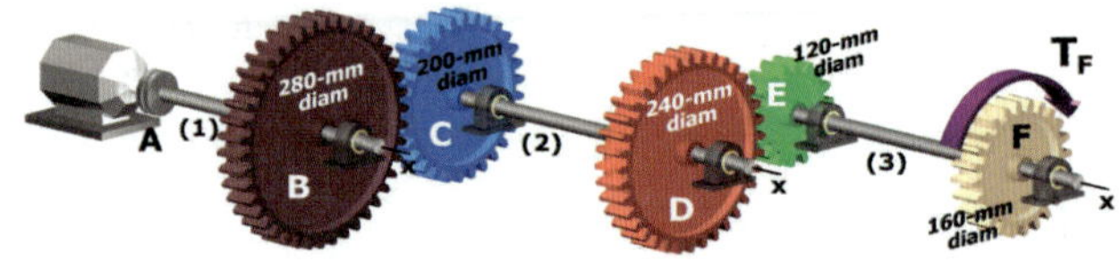


그림 M6.11

**M6.10** 기어에 연결된 두 개의 축이 포함된 여섯 개의 기본 계산

그림 M6.10

**M6.12** 기어에 연결된 두 축의 다섯 개의 기본 비틀림각 및 회전각의 계산

그림 M6.12

# PROBLEMS

**6.26** A torque of $T_A = 460$ lb-ft is applied to gear $A$ of the gear train shown in Figure P6.26. The bearings shown allow the shafts to rotate freely.

(a) Determine the torque $T_D$ required for equilibrium of the system.
(b) Assume shafts (1) and (2) are solid 1.5-in.-diameter steel shafts. Determine the magnitude of the maximum shear stresses acting in each shaft.
(c) Assume shafts (1) and (2) are solid steel shafts, which have an allowable shear stress of 6,000 psi. Determine the minimum diameter required for each shaft.

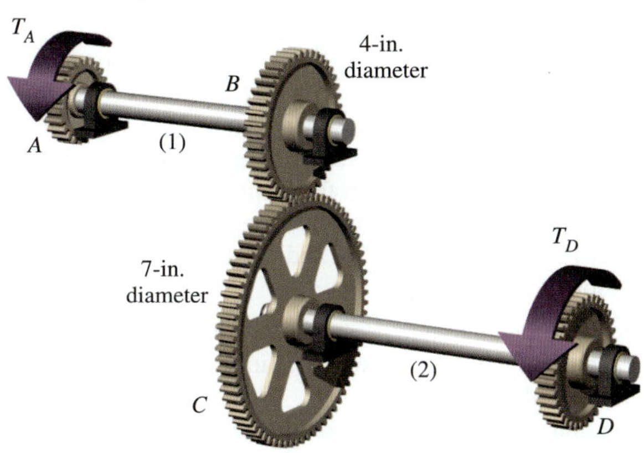


**FIGURE P6.26**

**P6.27** A torque of $T_D = 450$ N-m is applied to gear $D$ of the gear train shown in Figure P6.27. The bearings shown allow the shafts to rotate freely.

(a) Determine the torque $T_A$ required for equilibrium of the system.
(b) Assume shafts (1) and (2) are solid 30-mm-diameter steel shafts. Determine the magnitude of the maximum shear stresses acting in each shaft.
(c) Assume shafts (1) and (2) are solid steel shafts, which have an allowable shear stress of 60 MPa. Determine the minimum diameter required for each shaft.

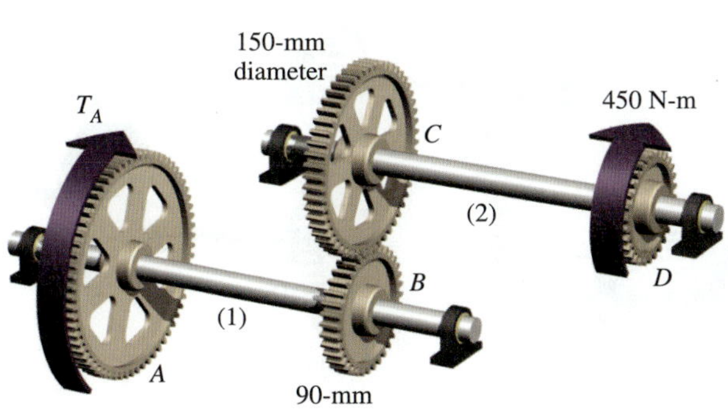


**P6.28** The gear train system shown in Figure P6.28 includes shafts (1) and (2), which are solid 1.375-in.-diameter steel shafts. The allowable shear stress of each shaft is 8,000 psi. The bearings shown allow the shafts to rotate freely. Determine the maximum torque $T_D$ that can be applied to the system without exceeding the allowable shear stress in either shaft.

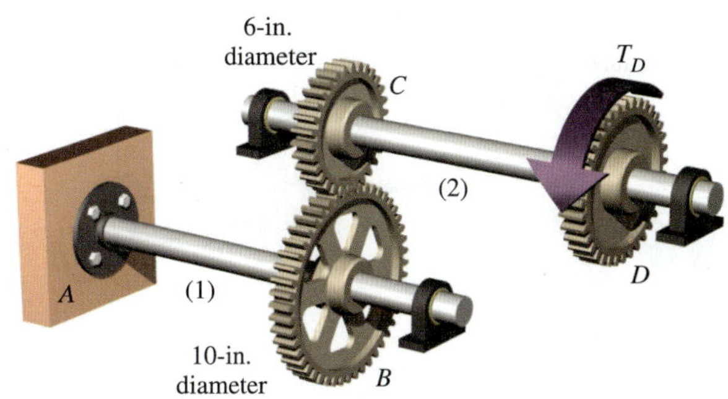


**FIGURE P6.28**

**P6.29** The gear train system shown in Figure P6.29 includes shafts (1) and (2), which are solid 20-mm-diameter steel shafts. The allowable shear stress of each shaft is 50 MPa. The bearings shown allow the shafts to rotate freely. Determine the maximum torque $T_D$ that can be applied to the system without exceeding the allowable shear stress in either shaft.

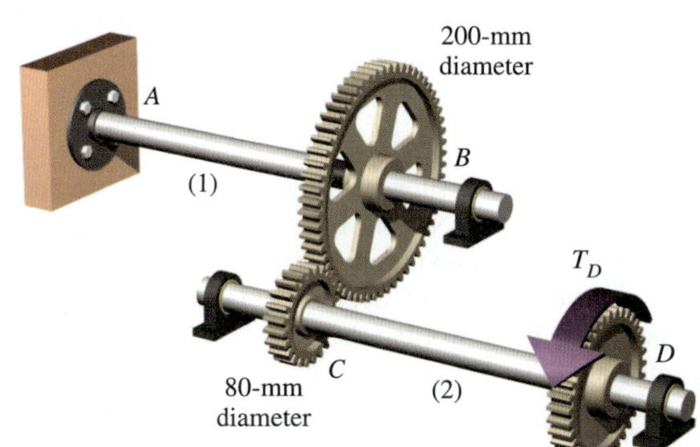


**FIGURE P6.29**

**P6.30** In the gear system shown in Figure P6.30/31, the motor applies a 210 lb-ft torque to the gear at $A$. A torque of $T_C = 300$ lb-ft is removed from the shaft at gear $C$, and the remaining torque is removed at gear $D$. Segments (1) and (2) are solid 1.5-in.-diameter steel [$G = 12{,}000$ ksi] shafts, and the bearings shown allow free rotation of the shaft. Determine:

(a) the maximum shear stress in segments (1) and (2) of the shaft.
(b) the rotation angle of gear $D$ relative to gear $B$.

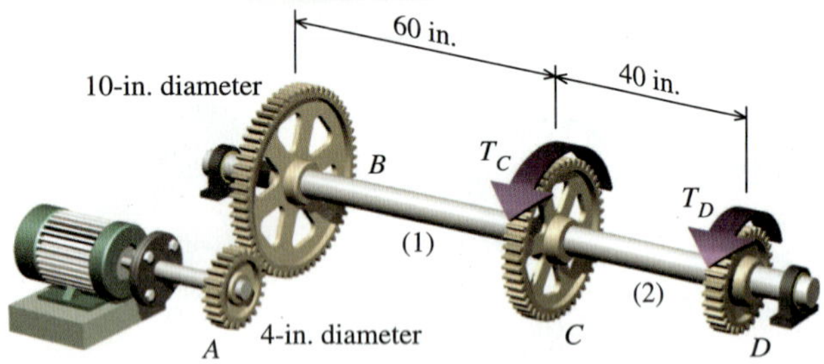


**FIGURE P6.30/31**

**P6.31** In the gear system shown in Figure P6.30/31, the motor applies a 360 lb-ft torque to the gear at $A$. A torque of $T_C = 500$ lb-ft is removed from the shaft at gear $C$, and the remaining torque is removed at gear $D$. Segments (1) and (2) are solid steel [$G = 12{,}000$ ksi] shafts, and the bearings shown allow free rotation of the shaft.

(a) Determine the minimum permissible diameters for segments (1) and (2) of the shaft if the maximum shear stress must not exceed 6,000 psi.
(b) If the same diameter is to be used for both segments (1) and (2), determine the minimum permissible diameter that can be used for the shaft if the maximum shear stress must not exceed 6,000 psi and the rotation angle of gear $D$ relative to gear $B$ must not exceed 0.10 rad.

**P6.32** In the gear system shown in Figure P6.32/33, the motor applies a torque of 220 N-m to the gear at $A$. A torque of $T_C = 400$ N-m is removed from the shaft at gear $C$, and the remaining torque is removed at gear $D$. Segments (1) and (2) are solid 40-mm-diameter steel [$G = 80$ GPa] shafts, and the bearings shown allow free rotation of the shaft. Determine:

(a) the maximum shear stress in segments (1) and (2) of the shaft.
(b) the rotation angle of gear $D$ relative to gear $B$.

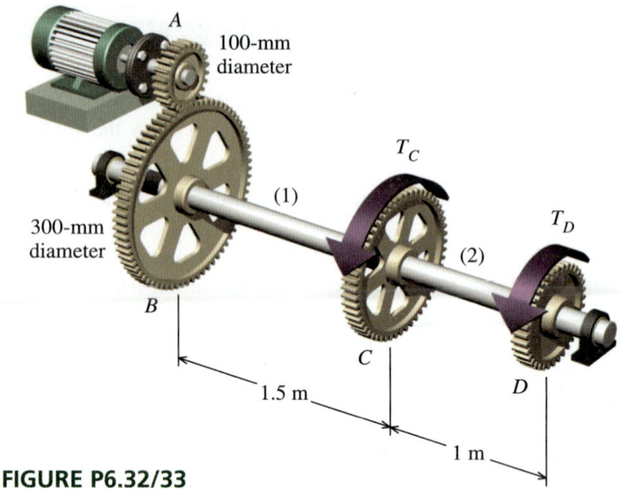


**FIGURE P6.32/33**

**P6.33** In the gear system shown in Figure P6.32/33, the motor applies a torque of 400 N-m to the gear at $A$. A torque of $T_C = 700$ N-m is removed from the shaft at gear $C$, and the remaining torque is removed at gear $D$. Segments (1) and (2) are solid steel [$G = 80$ GPa] shafts, and the bearings shown allow free rotation of the shaft.

(a) Determine the minimum permissible diameters for segments (1) and (2) of the shaft if the maximum shear stress must not exceed 40 MPa.
(b) If the same diameter is to be used for segments (1) and (2), determine the minimum permissible diameter that can be used for the shaft if the maximum shear stress must not exceed 40 MPa and the rotation angle of gear $D$ relative to gear $B$ must not exceed 3.0°.

**P6.34** In the gear system shown in Figure P6.34/35/36/37, the motor applies a torque of 250 N-m to the gear at $A$. Shaft (1) is a solid 35-mm-diameter shaft, and shaft (2) is a solid 50-mm-diameter shaft. The bearings shown allow free rotation of the shafts. Determine:

(a) the torque $T_E$ provided by the gear system at gear $E$.
(b) the maximum shear stresses in shafts (1) and (2).

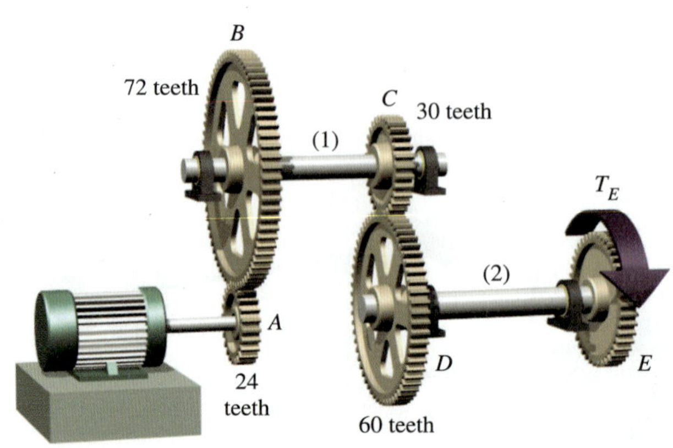


**FIGURE P6.34/35/36/37**

**P6.35** In the gear system shown in Figure P6.34/35/36/37, the motor applies a torque of 600 N-m to the gear at $A$. Shafts (1) and (2) are solid shafts, and the bearings shown allow free rotation of the shafts.

(a) Determine the torque $T_E$ provided by the gear system at gear $E$.
(b) If the allowable shear stress in each shaft must be limited to 70 MPa, determine the minimum permissible diameter for each shaft.

**P6.36** In the gear system shown in Figure P6.34/35/36/37, a torque of $T_E = 1{,}500$ lb-ft is delivered at gear $E$. Shafts (1) and (2) are solid shafts, and the bearings shown allow free rotation of the shafts.

(a) Determine the torque provided by the motor to gear $A$.
(b) If the allowable shear stress in each shaft must be limited to 4,000 psi, determine the minimum permissible diameter for each shaft.

**P6.37** In the gear system shown in Figure P6.34/35/36/37, a torque of $T_E = 720$ lb-ft is delivered at gear $E$. Shaft (1) is a solid 1.50-in.-diameter shaft, and shaft (2) is a solid 2.00-in.-diameter shaft. The bearings shown allow free rotation of the shafts. Determine:

(a) the torque provided by the motor to gear $A$.
(b) the maximum shear stresses in shafts (1) and (2).

**P6.38** Two solid 30-mm-diameter steel shafts are connected by the gears shown in Figure P6.38/39. The shaft lengths are $L_1 = 300$ mm and $L_2 = 500$ mm. Assume that the shear modulus of both shafts is $G = 80$ GPa and that the bearings shown allow free rotation of the shafts. If the torque applied at gear $D$ is $T_D = 160$ N-m, determine:

(a) the internal torques $T_1$ and $T_2$ in the two shafts.
(b) the angles of twist $\phi_1$ and $\phi_2$.
(c) the rotation angles $\phi_B$ and $\phi_C$ of gears $B$ and $C$.
(d) the rotation angle of gear $D$.

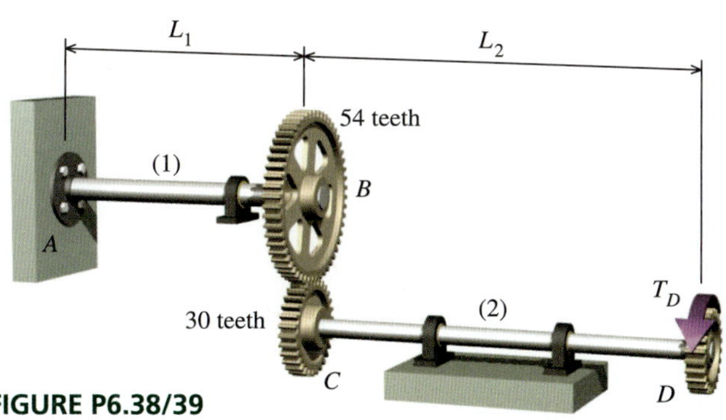


FIGURE P6.38/39

**P6.39** Two solid 1.75-in.-diameter steel shafts are connected by the gears shown in Figure P6.38/39. The shaft lengths are $L_1 = 6$ ft and $L_2 = 10$ ft. Assume that the shear modulus of both shafts is $G = 12{,}000$ ksi and that the bearings shown allow free rotation of the shafts. If the torque applied at gear $D$ is $T_D = 225$ lb-ft, determine:

(a) the internal torques $T_1$ and $T_2$ in the two shafts.
(b) the angles of twist $\phi_1$ and $\phi_2$.
(c) the rotation angles $\phi_B$ and $\phi_C$ of gears $B$ and $C$.
(d) the rotation angle of gear $D$.

**P6.40** Two solid steel shafts are connected by the gears shown in Figure P6.40/41. The design requirements for the system require (1) that both shafts must have the same diameter, (2) that the maximum shear stress in each shaft must be less than 6,000 psi, and (3) that the rotation angle of gear $D$ must not exceed 3°. Determine the minimum required diameter of the shafts if the torque applied at gear $D$ is $T_D = 345$ lb-ft. The shaft lengths are $L_1 = 10$ ft and $L_2 = 8$ ft. Assume that the shear modulus of both shafts is $G = 12{,}000$ ksi and that the bearings shown allow free rotation of the shafts.

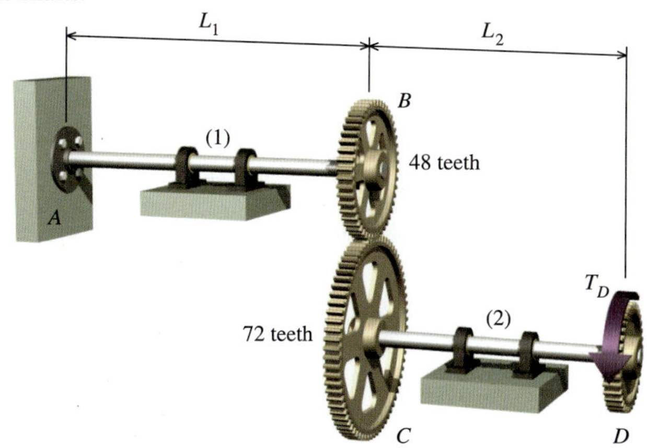


FIGURE P6.40/41

**P6.41** Two solid steel shafts are connected by the gears shown in Figure P6.40/41. The design requirements for the system require (1) that both shafts must have the same diameter, (2) that the maximum shear stress in each shaft must be less than 50 MPa, and (3) that the rotation angle of gear $D$ must not exceed 3°. Determine the minimum required diameter of the shafts if the torque applied at gear $D$ is $T_D = 750$ N-m. The shaft lengths are $L_1 = 2.5$ m and $L_2 = 2.0$ m. Assume that the shear modulus of both shafts is $G = 80$ GPa and that the bearings shown allow free rotation of the shafts.

## 6.8 동력전달

원형축의 가장 대표적인 목적 중의 하나는 모터나 엔진으로부터 장치나 부품으로 동력을 전달하는 것이다. **동력(power)**은 단위 시간에 한 일(work)이다. 일정크기 토크 $T$에 의한 일 $W$는 토크 $T$와 축이 회전한 각도 $\phi$와의 곱과 같다.

$$\boxed{W = T\phi} \tag{6.15}$$

동력은 한 일의 속도이다. 따라서 식 (6.15)를 시간 $t$에 관해 미분하면, 이것은 일정토크 $T$가 가해진 축이 전달하는 동력 $P$가 된다.

$$\boxed{P = \frac{dW}{dt} = T\frac{d\phi}{dt}} \tag{6.16}$$

회전각의 변화율, 즉 각변위의 변화율 $d\phi/dt$는 축의 회전속도 또는 각속도 $\omega$이다. 따라서 축에 전달되는 동력은 축의 토크 크기 $T$와 각속도 $\omega$의 함수이다.

$$\boxed{P = T\omega} \tag{6.17}$$

여기서 $\omega$는 초당 라디안으로 계산된다.

### 동력단위

SI 단위계에서 토크에 대한 적절한 단위는 N·m이다. 따라서 동력에 대한 SI 단위는 와트(Watt)이다.

$$P = T\omega = (\text{N·m})(\text{rad/s}) = \frac{\text{N·m}}{\text{s}} = 1\text{ Watt} = 1\text{ W}$$

영국 단위계에서는 토크는 lb·ft이며, 이에 상당하는 동력의 단위는

$$P = T\omega = (\text{lb·ft})(\text{rad/s}) = \frac{\text{lb·ft}}{\text{s}}$$

실용적으로 동력은 마력(horsepower, hp)으로 널리 표현되며, 다음 환산값을 갖는다.

$$\boxed{1\text{ hp} = 550\,\frac{\text{lb·ft}}{\text{sec}}} \tag{6.18}$$

## 회전속도 단위

축의 회전속도 $\omega$는 일반적으로 진동수 $f$나 분당회전수(rpm)로 표현된다. 진동수 $f$는 단위 시간당 회전수이다. 진동수의 표준단위는 Hertz (Hz)이며, 이것은 단위 초당의 회전수이다. 축은 한 바퀴 회전할 때 $2\pi$ radians 각으로 회전하므로, 회전속도 $\omega$는 Hz로 측정한 진동수 $f$항으로 표현될 수 있다.

$$\omega = \left(\frac{f\text{ rev}}{\text{s}}\right)\left(\frac{2\pi\text{ rad}}{\text{rev}}\right) = 2\pi f\text{ rad/s}$$

따라서 식 (6.17)은 진동수(Hz로 측정)항으로 쓸 수 있다.

$$\boxed{P = T\omega = 2\pi fT} \tag{6.19}$$

또 다른, 회전속도의 공통적인 척도는 분당 회전수(rpm)이다. 회전속도 $\omega$는 분당 회전수 $n$의 항으로 쓸 수 있다.

$$\omega = \left(\frac{n\text{ rev}}{\text{min}}\right)\left(\frac{2\pi\text{ rad}}{\text{rev}}\right)\left(\frac{1\text{ min}}{60\text{ s}}\right) = \frac{2\pi n}{60}\text{rad/s}$$

식 (6.17)은 분당 회전수 $n$의 항으로 쓸 수 있다.

$$\boxed{P = T\omega = \frac{2\pi nT}{60}} \tag{6.20}$$

### 예제 6.6 EXAMPLE

0.75 in. 지름의 중실강축이 3,200 rpm에서 7마력을 전달한다. 이 축에서 발생되는 최대 전단응력의 크기를 구하라.

**풀이 계획**

동력전달공식 (6.17)이 축에서의 토크를 계산하는 데 사용된다. 축에서의 최대 전단응력은 탄성비틀림공식 (6.5)로부터 계산된다.

**풀이**

동력 $P$는 토크 $T$와 회전속도 $\omega$와 다음 식으로 연결된다. $P = T\omega$. 동력과 회전속도에 대한 정보가 주어지므로 이 관계식은 미지 토크 $T$를 풀기 위해 다시 정리된다. 이 과정에서 요구되는 환산계수는 처음에는 좀 혼란스러울 수 있다.

$$T = \frac{P}{\omega} = \frac{(7\text{ hp})[550\text{ (lb·ft)/s/1 hp}]}{(3{,}200\text{ rev/min})\left(\dfrac{2\pi\text{ rad}}{1\text{ rev}}\right)\left(\dfrac{1\text{ min}}{60\text{ s}}\right)} = \frac{3{,}850\text{ (lb·ft)/s}}{335.1032\text{ rad/s}} = 11.4890\text{ lb·ft}$$

0.75 in.의 지름 중실축의 단면극관성모멘트는

$$J = \frac{\pi}{32}(0.75\text{ in.})^4 = 0.0310631\text{ in.}^4$$

따라서 축에서 발생되는 최대 전단응력은

$$\tau = \frac{Tc}{J} = \frac{(11.4890\text{ lb}\cdot\text{ft})(0.75\text{ in.}/2)(12\text{ in./ft})}{0.0310631\text{ in.}^4} = 1{,}664\text{ psi} \qquad \textbf{Ans.}$$

## MecMovies Example M6.16

길이 2 m 중공강축[$G = 75$ GPa]의 외경은 75 mm이고, 내경은 65 mm이다. 축의 최대 전단응력이 50 MPa로 제한되고, 비틀림각도가 1° 이내로 제한될 때, 축이 600 rpm으로 회전할 경우 이 축으로 전달할 수 있는 최대 동력을 구하라.

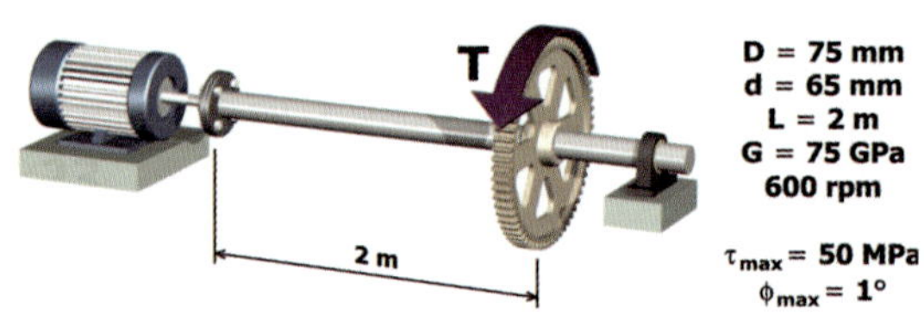


## MecMovies Example M6.17

모터축이 900 rpm에서 40 kW의 동력을 전달하도록 설계되었다. 이 축의 전단응력을 75 MPa로 제한할 경우 다음을 구하라.

(a) 중실축 경우 필요한 최소 지름

(b) 중공축에서 축의 내경이 외경의 80%라고 가정할 경우 필요한 최소 외경

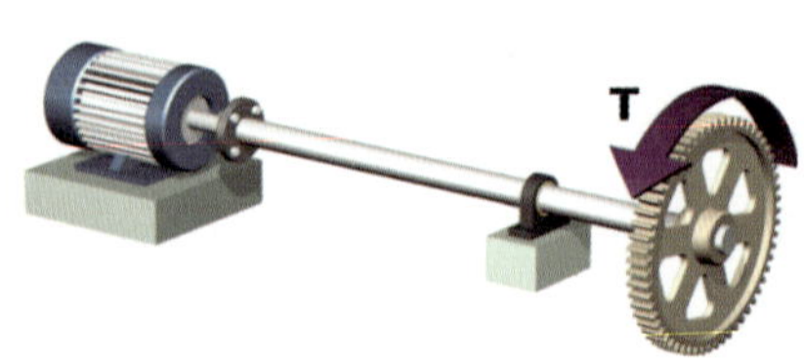

## MecMovies Example M6.18

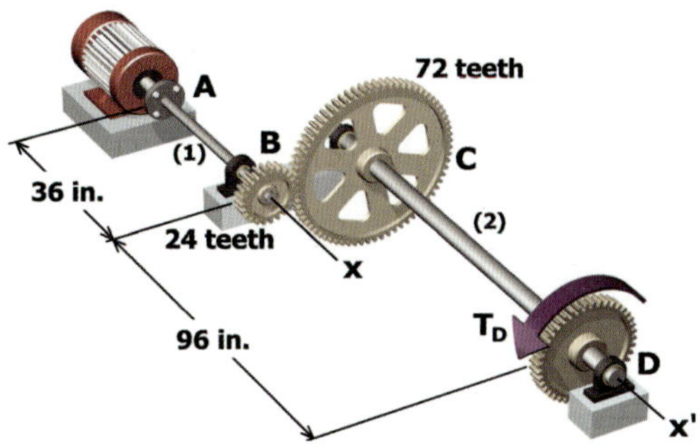


그림의 모터가 $A$에서 1,800 rpm으로 15마력의 동력을 공급한다. 축 (1)은 지름 0.75 in.의 중실축이고, 축 (2)는 지름 1.50 in.의 중실축이다. 두 축 모두 강[$G = 12{,}000$ ksi]으로 제작되었다. 그림의 베어링은 축을 자유롭게 회전시킨다. 다음을 구하라.

(a) 각 축에서 발생되는 최대 전달응력
(b) 플랜지 $A$에 대한 기어 $D$의 회전각

## 예제 6.7 EXAMPLE

두 개의 25 mm 지름의 중실강축이 그림에서 보는 바와 같이 기어와 연결되었다. 이 모터는 $A$에서 계에 15 Hz로 20 kW를 공급한다. 그림에서 베어링들은 축을 자유롭게 회전하도록 한다. 다음을 구하라.

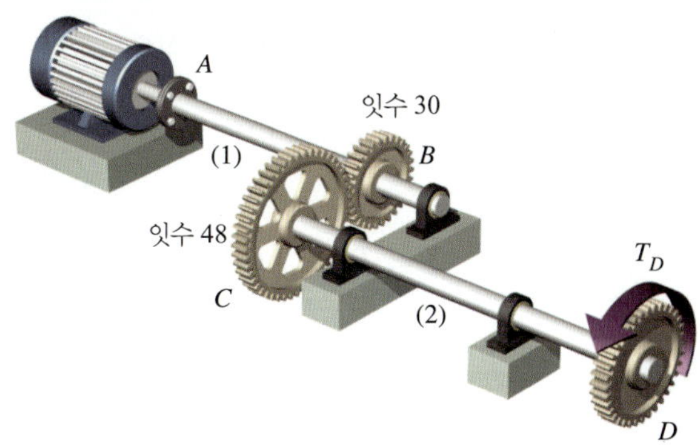


(a) 기어 $D$에서 가능한 토크
(b) 각 축에서 최대 전단응력의 크기

**풀이 계획**

축 (1)의 토크는 동력전달공식으로부터 계산된다. 축 (2)의 토크는 기어비로부터 구해진다. 일단 토크가 구해지면, 최대 전단응력의 크기는 탄성비틀림공식으로부터 구해진다.

**풀이**

축 (1)의 토크는 동력전달공식으로부터 계산된다. 모터에 의해 공급되는 동력은 20 kW이다.

$$P = (20\ \text{kW})\left(\frac{1{,}000\ \text{W}}{1\ \text{kW}}\right) = 20{,}000\ \text{W} = 20{,}000\ \frac{\text{N·m}}{\text{s}}$$

모터는 15 Hz로 회전한다. 이 회전속도는 rad/s 단위로 변환할 수 있다.

$$\omega = 15\ \text{Hz} = \left(\frac{15\ \text{rev}}{\text{s}}\right)\left(\frac{2\pi\ \text{rad}}{1\ \text{rev}}\right) = 94.24778\ \frac{\text{rad}}{\text{s}}$$

따라서 축 (1)의 토크는 다음과 같다.

$$T_1 = \frac{P}{\omega} = \frac{20{,}000 \text{ N·m/s}}{94.24778 \text{ rad/s}} = 212.2066 \text{ N·m}$$

축 (2)의 토크는 증가되며, 그 이유는 기어 $C$가 기어 $B$보다 크기 때문이다. 각 기어의 잇수에 따라. 기어비를 계산하고, 축 (2)에서의 토크를 계산한다.

$$T_2 = (212.2066 \text{ N·m})\left(\frac{48 \text{ teeth}}{30 \text{ teeth}}\right) = 339.5306 \text{ N·m}$$

**주의:** 이 예에서는 토크의 크기만이 필요하다. 따라서 $T_2$의 절대치만을 계산하였다. 따라서 이 계의 기어 $D$에서 가능한 토크는 $T_D = 340$ N·m. **Ans.**

**전단응력**

지름 25 mm 중실축의 단면극관성모멘트는

$$J = \frac{\pi}{32}(25 \text{ mm})^4 = 38{,}349.5 \text{ mm}^4$$

각 요소의 최대 전단응력은 탄성비틀림공식으로부터 계산된다.

$$\tau_1 = \frac{T_1 c_1}{J_1} = \frac{(212.2066 \text{ N·m})(25 \text{ mm}/2)(1{,}000 \text{ mm/m})}{38{,}349.5 \text{ mm}^4} = 69.2 \text{ MPa} \quad \textbf{Ans.}$$

$$\tau_2 = \frac{T_2 c_2}{J_2} = \frac{(339.5306 \text{ N·m})(25 \text{ mm}/2)(1{,}000 \text{ mm/m})}{38{,}349.5 \text{ mm}^4} = 110.7 \text{ MPa} \quad \textbf{Ans.}$$

## MecMovies EXERCISES

**M6.14** 기어에 연결된 두 개의 축에서 동력전달에 관한 여섯 개의 기본 계산

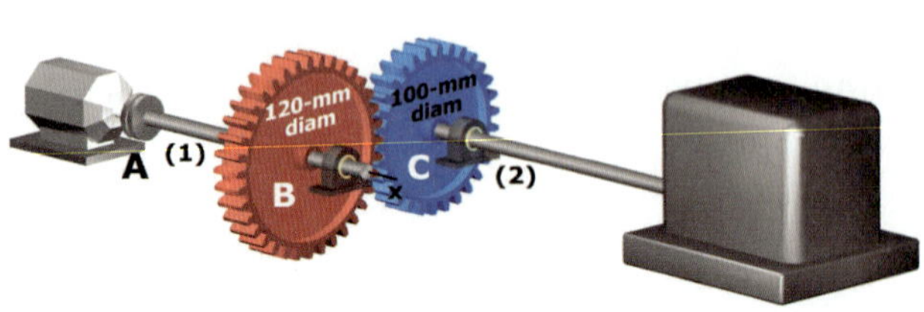


그림 M6.14

**M6.15** 기어로 연결된 세 축에서의 동력전달에 관한 여섯 개의 기본 계산

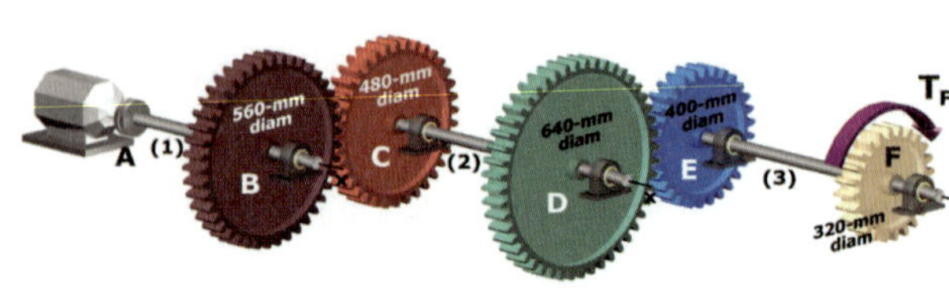


그림 M6.15

# PROBLEMS

**P6.42** The driveshaft of an automobile is being designed to transmit 180 hp at 3,500 rpm. Determine the minimum diameter required for a solid steel shaft if the allowable shear stress in the shaft is not to exceed 6,000 psi.

**P6.43** A tubular steel shaft transmits 225 hp at 4,000 rpm. Determine the maximum shear stress produced in the shaft if the outside diameter is $D = 3.000$ in. and the wall thickness is $t = 0.125$ in.

**P6.44** A tubular steel shaft is being designed to transmit 225 kW at 1,700 rpm. The maximum shear stress in the shaft must not exceed 30 MPa. If the outside diameter of the shaft is $D = 75$ mm, determine the minimum wall thickness for the shaft.

**P6.45** A solid 20-mm-diameter bronze shaft transmits 11 kW at 25 Hz to the propeller of a small sailboat. Determine the maximum shear stress produced in the shaft.

**P6.46** A steel propeller for a windmill transmits 5.5 kW at 65 rpm. If the allowable shear stress in the shaft must be limited to 60 MPa, determine the minimum diameter required for a solid shaft.

**P6.47** A solid steel [$G = 12{,}000$ ksi] shaft with a 3-in. diameter must not twist more than 0.06 rad in a 16-ft length. Determine the maximum horsepower that the shaft can transmit at 4 Hz.

**P6.48** A tubular steel [$G = 80$ GPa] shaft with an outside diameter of $D = 100$ mm and a wall thickness of $t = 6$ mm must not twist more than 0.05 rad in a 7-m length. Determine the maximum power that the shaft can transmit at 375 rpm.

**P6.49** A solid 3-in.-diameter bronze [$G = 6{,}000$ ksi] shaft is 7 ft long. The allowable shear stress in the shaft is 8 ksi and the angle of twist must not exceed 0.03 rad. Determine the maximum horsepower that this shaft can deliver:

(a) when rotating at 150 rpm.
(b) when rotating at 540 rpm.

**P6.50** A hollow titanium [$G = 43$ GPa] shaft has an outside diameter of $D = 50$ mm and a wall thickness of $t = 1.25$ mm. The maximum shear stress in the shaft must be limited to 150 MPa. Determine:

(a) the maximum power that can be transmitted by the shaft if the rotation speed must be limited to 20 Hz.
(b) the magnitude of the angle of twist in a 700-mm length of the shaft when 30 kW is being transmitted at 8 Hz.

**P6.51** A tubular aluminum alloy [$G = 4{,}000$ ksi] shaft is being designed to transmit 400 hp at 1,500 rpm. The maximum shear stress in the shaft must not exceed 6 ksi and the angle of twist is not to exceed 5° in an 8-ft length. Determine the minimum permissible outside diameter if the inside diameter is to be three-fourths of the outside diameter.

**P6.52** A tubular steel [$G = 80$ GPa] shaft is being designed to transmit 150 kW at 30 Hz. The maximum shear stress in the shaft must not exceed 80 MPa and the angle of twist is not to exceed 6° in a 4-m length. Determine the minimum permissible outside diameter if the ratio of the inside diameter to the outside diameter is 0.80.

**P6.53** An automobile engine supplies 180 hp at 4,200 rpm to a driveshaft. If the allowable shear stress in the driveshaft must be limited to 5 ksi, determine:

(a) the minimum diameter required for a solid driveshaft.
(b) the maximum inside diameter permitted for a hollow driveshaft if the outside diameter is 2.00 in.
(c) the percent savings in weight realized if the hollow shaft is used instead of the solid shaft. (*Hint*: The weight of a shaft is proportional to its cross-sectional area.)

**P6.54** The impeller shaft of a fluid agitator transmits 28 kW at 440 rpm. If the allowable shear stress in the impeller shaft must be limited to 80 MPa, determine:

(a) the minimum diameter required for a solid impeller shaft.
(b) the maximum inside diameter permitted for a hollow impeller shaft if the outside diameter is 40 mm.
(c) the percent savings in weight realized if the hollow shaft is used instead of the solid shaft. (*Hint*: The weight of a shaft is proportional to its cross-sectional area.)

**P6.55** A motor supplies 200 kW at 6 Hz to flange $A$ of the shaft shown in Figure P6.55. Gear $B$ transfers 125 kW of power to operating machinery in the factory, and the remaining power in the shaft is transferred by gear $D$. Shafts (1) and (2) are solid aluminum [$G = 28$ GPa] shafts that have the same diameter and an allowable shear stress of $\tau = 40$ MPa. Shaft (3) is a solid steel [$G = 80$ GPa] shaft with an allowable shear stress of $\tau = 55$ MPa. Determine:

(a) the minimum permissible diameter for aluminum shafts (1) and (2).
(b) the minimum permissible diameter for steel shaft (3).
(c) the rotation angle of gear $D$ with respect to flange $A$ if the shafts have the minimum permissible diameters as determined in (a) and (b).

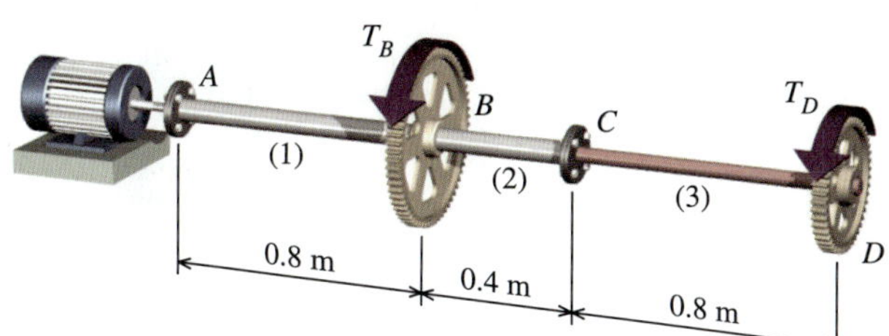


**FIGURE P6.55**

**P6.56** A motor supplies 150 hp at 520 rpm to flange $A$ of the shaft shown in Figure P6.56. Gear $B$ transfers 90 hp of power to operating machinery in the factory, and the remaining power in the shaft is transferred by gear $D$. Shafts (1) and (2) are solid aluminum [$G = 4{,}000$ ksi] shafts that have the same diameter and an allowable shear stress of $\tau = 6$ ksi. Shaft (3) is a solid steel [$G = 12{,}000$ ksi] shaft with an allowable shear stress of $\tau = 8$ ksi. Determine:

(a) the minimum permissible diameter for aluminum shafts (1) and (2).
(b) the minimum permissible diameter for steel shaft (3).
(c) the rotation angle of gear $D$ with respect to flange $A$ if the shafts have the minimum permissible diameters as determined in (a) and (b).

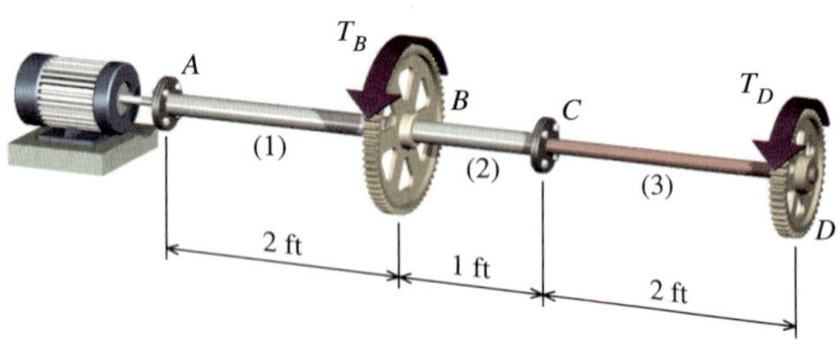


**FIGURE P6.56**

**P6.57** A motor supplies sufficient power to the system shown in Figure P6.57/58 so that gears $C$ and $D$ provide torques of $T_C = 800$ N-m and $T_D = 550$ N-m, respectively, to machinery in a factory. Power shaft segments (1) and (2) are hollow steel tubes with an outside diameter of $D = 60$ mm and an inside diameter of $d = 50$ mm. If the power shaft [i.e., segments (1) and (2)] rotates at 40 rpm, determine:

(a) the maximum shear stress in power shaft segments (1) and (2).
(b) the power (in kW) that must be provided by the motor as well as the rotation speed (in rpm).
(c) the torque applied to gear $A$ by the motor.

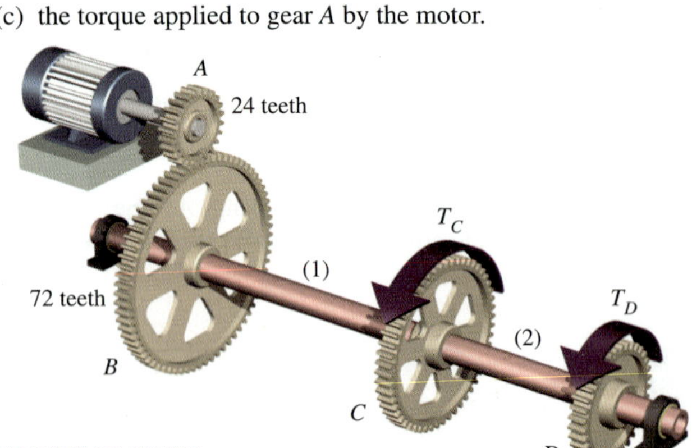


**FIGURE P6.57/58**

**P6.58** A motor supplies sufficient power to the system shown in Figure P6.57/58 so that gears $C$ and $D$ provide torques of $T_C = 100$ lb-ft and $T_D = 80$ lb-ft, respectively, to machinery in a factory. Power shaft segments (1) and (2) are hollow steel tubes with an outside diameter of $D = 1.75$ in. and an inside diameter of $d = 1.50$ in. If the power shaft [i.e., segments (1) and (2)] rotates at 540 rpm, determine:

(a) the maximum shear stress in power shaft segments (1) and (2).
(b) the power (in hp) that must be provided by the motor as well as the rotation speed (in rpm).
(c) the torque applied to gear $A$ by the motor.

**P6.59** A motor supplies 25 hp at 6 Hz to gear $A$ of the drive system shown in Figure P6.59/60. Shaft (1) is a solid 2.25-in.-diameter aluminum [$G = 4{,}000$ ksi] shaft with a length of $L_1 = 16$ in. Shaft (2) is a solid 1.5-in.-diameter steel [$G = 12{,}000$ ksi] shaft with a length of $L_2 = 12$ in. Shafts (1) and (2) are connected at flange $C$, and the bearings shown permit free rotation of the shaft. Determine:

(a) the maximum shear stress in shafts (1) and (2).
(b) the rotation angle of gear $D$ with respect to gear $B$.

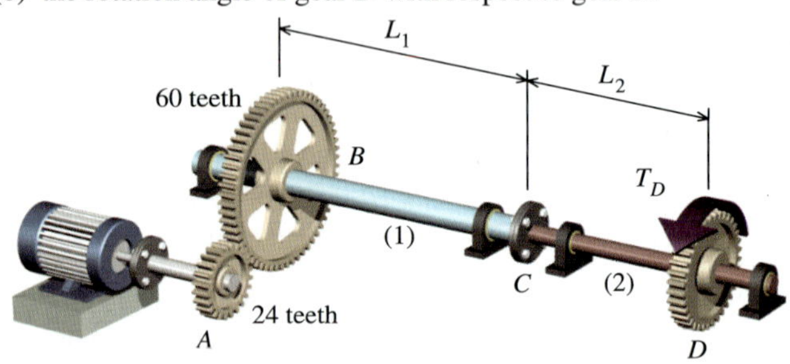


**FIGURE P6.59/60**

**P6.60** A motor supplies 20 kW at 400 rpm to gear $A$ of the drive system shown in Figure P6.59/60. Shaft (1) is a solid 50-mm-diameter aluminum [$G = 28$ GPa] shaft with a length of $L_1 = 1{,}200$ mm. Shaft (2) is a solid 40-mm-diameter steel [$G = 80$ GPa] shaft with a length of $L_2 = 750$ mm. Shafts (1) and (2) are connected at flange $C$, and the bearings shown permit free rotation of the shaft. Determine:

(a) the maximum shear stress in shafts (1) and (2).
(b) the rotation angle of gear $D$ with respect to gear $B$.

**P6.61** The motor shown in Figure P6.61/62 supplies 10 hp at 1,500 rpm at $A$. The bearings shown permit free rotation of the shafts.

(a) Shaft (1) is a solid 0.875-in.-diameter steel shaft. Determine the maximum shear stress produced in shaft (1).
(b) If the shear stress in shaft (2) must be limited to 6,000 psi, determine the minimum acceptable diameter for shaft (2) if a solid shaft is used.

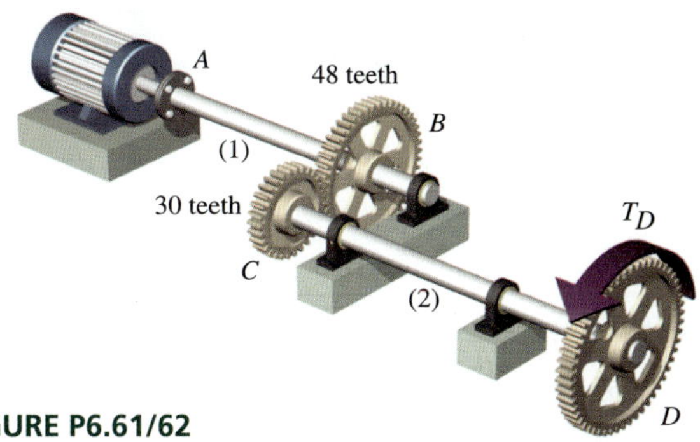


FIGURE P6.61/62

**P6.62** The motor shown in Figure P6.61/62 supplies 12 kW at 15 Hz at *A*. The bearings shown permit free rotation of the shafts.

(a) Shaft (2) is a solid 35-mm-diameter steel shaft. Determine the maximum shear stress produced in shaft (2).
(b) If the shear stress in shaft (1) must be limited to 40 MPa, determine the minimum acceptable diameter for shaft (1) if a solid shaft is used.

**P6.63** The motor shown in Figure P6.63/64 supplies 9 kW at 15 Hz at *A*. Shafts (1) and (2) are each solid 25-mm-diameter steel [$G$ = 80 GPa] shafts with lengths of $L_1$ = 900 mm and $L_2$ = 1,200 mm, respectively. The bearings shown permit free rotation of the shafts. Determine:

(a) the maximum shear stress produced in shafts (1) and (2).
(b) the rotation angle of gear *D* with respect to flange *A*.

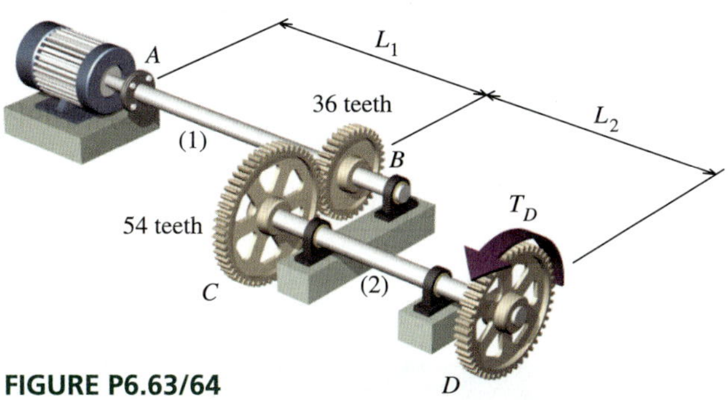


FIGURE P6.63/64

**P6.64** The motor shown in Figure P6.63/64 supplies 150 hp at 1,800 rpm at *A*. Shafts (1) and (2) are each solid 2-in.-diameter steel [$G$ = 12,000 ksi] shafts with lengths of $L_1$ = 75 in. and $L_2$ = 90 in., respectively. The bearings shown permit free rotation of the shafts. Determine:

(a) the maximum shear stress produced in shafts (1) and (2).
(b) the rotation angle of gear *D* with respect to flange *A*.

**P6.65** The gear train shown in Figure P6.65/66 transmits power from a motor to a machine at *E*. The motor turns at a frequency of 50 Hz. The diameter of solid shaft (1) is 25 mm, the diameter of solid shaft (2) is 32 mm, and the allowable shear stress for each shaft is 60 MPa. Determine:

(a) the maximum power that can be transmitted by the gear train.
(b) the torque provided at gear *E*.
(c) the rotation speed of gear *E* (in Hz).

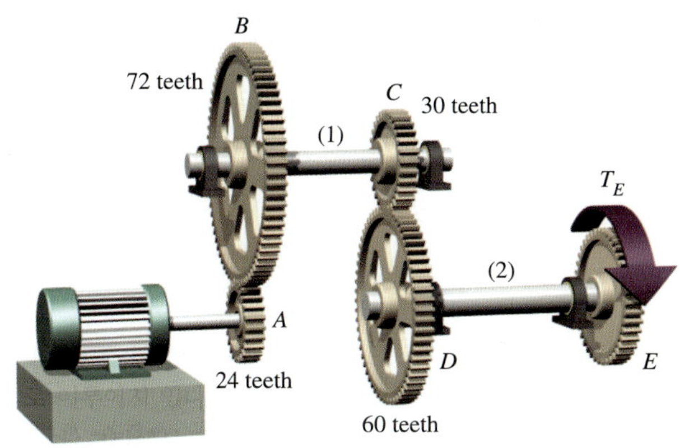


FIGURE P6.65/66

**P6.66** The gear train shown in Figure P6.65/66 transmits power from a motor to a machine at *E*. The motor turns at 2,250 rpm. The diameter of solid shaft (1) is 1.50 in., the diameter of solid shaft (2) is 2.00 in., and the allowable shear stress for each shaft is 6 ksi. Determine:

(a) the maximum power that can be transmitted by the gear train.
(b) the torque provided at gear *E*.
(c) the rotation speed of gear *E* (in Hz).

## 6.9 부정정 비틀림 부재

비틀림하중을 받는 많은 간단한 기계 및 구조물에서 각각 부재의 지지점과 내부토크는 자유물체도를 그리고 평형조건식을 풀어 구할 수 있다. 이러한 비틀림 계는 **정정(statically determinate)**이라고 분류한다.

많은 기계 및 구조 계에서는 평형조건식만으로 부재나 부제에서의 내부토크와 반력을 구하는 것이 충분치 않다. 다시 말하면, 계에서의 모든 미지수를 풀기 위한 평형조건식이 충분치 않다. 이러한 구조와 계를 **부정정(statically indeterminate)**이라 한다. 이러한 형태의 구조는 평형조건식에 구조나 계의 부재의 변형형상을 포함하는 부가적 방정식을 이용해서 해석된다. 일반적인 해법 과정은 다섯 단계로 구성되며, 이것은 5.5절의 부정정 축방향 구조물에 개발된 절차와 유사하다.

**1단계—평형조건:** 미지의 내부토크의 항으로 표현된 방정식이 계에 평형을 고려하여 유도된다.

**2단계—변형의 기하학적 관계:** 특정한 계의 기하형상이 비틀림 부재의 변형과 어떻게 관계되는가를 구하기 위해 분석된다.

**3단계—토크-비틀림 관계:** 부재의 내부토크와 이에 상당하는 비틀림각과의 관계식이 식 (6.12)로 표현된다.

**4단계—적합방정식:** 토크-비틀림 관계식을 변형기하형상 방정식에 대입하여 미지의 내부토크 항으로 표현된 구조기하형상에 기초한 방정식이 얻어진다.

**5단계—방정식 풀이:** 미지의 내부토크를 계산하기 위해 평형조건식과 적합방정식을 연립으로 푼다.

부정정 비틀림 문제를 해석하는 데 사용되는 이상의 절차가 다음 예제에서 설명된다.

**예제 6.8** EXAMPLE

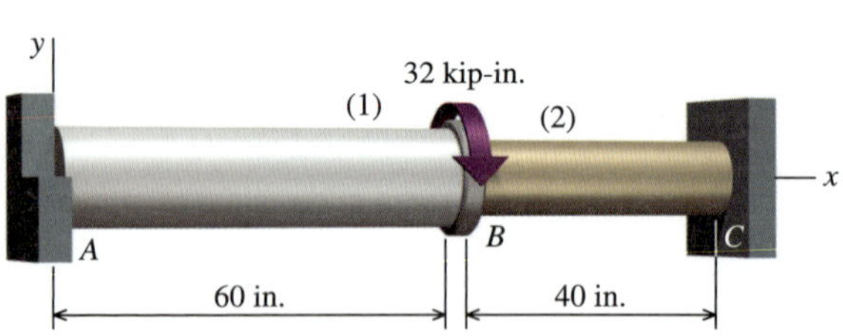


두 개의 중실축으로 이루어진 다단축이 플랜지 $B$와 연결되었으며, $A$와 $C$에서 벽에 고정되었다. 축 (1)은 지름 3.00-in.의 중실 알루미늄 축[$G = 4{,}000$ ksi]이고 길이가 60 in.이다. 축 (2)는 지름 2.00-in.의 중실청동축[$G = 6{,}500$ ksi]으로 길이가 40 in.이다. 32 kip-in.의 집중토크가 플랜지 $B$에 가해질 때 다음을 구하라.

(a) 축 (1)과 (2)에서의 최대 전단응력 크기

(b) 지지점 $A$에 관한 플랜지 $B$의 회전각

**풀이 계획**

해법은 먼저 플랜지 $B$의 자유물체도로부터 시작한다. 이 자유물체도에서 구한 평형조건식은 다단보가 부정정이라는 것을 보여준다. 이 문제를 풀기 위한 부가적인 정보는 알루미늄축과 청동축 구간에서 비틀림각의 관계식을 고려하여 얻어진다.

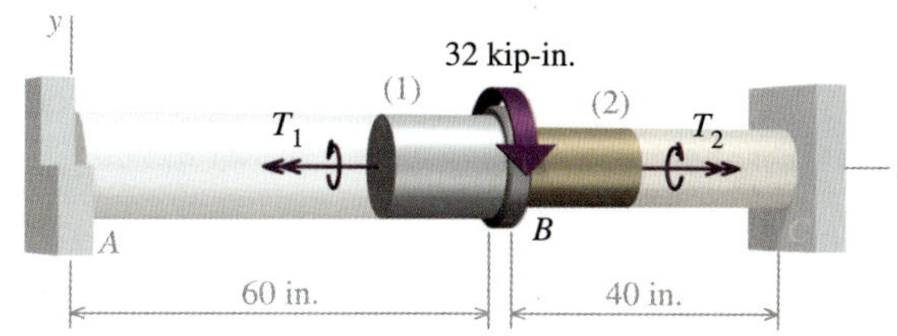


**풀이**

**1단계—평형조건:** 플랜지 $B$의 자유물체도를 그린다. 축 요소 (1)과 (2)에서 양의 내부토크를 가정한다[6.6절에서 설명한 부호 규약 참조]. 이 자유물체도에서 다음과 같은 모멘트 평형조건식이 얻어진다.

$$\Sigma M_x = -T_1 + T_2 + 32 \text{ kip-in.} = 0 \tag{a}$$

식 (a)에서는 두 개의 미지수가 있다. $T_1$과 $T_2$. 따라서 정역학만으로 이 문제의 해를 구하기에 충분한 정보가 제공되지 않는다. 두 미지토크 $T_1$과 $T_2$를 포함하는 다른 관계식을 얻기 위해, 다단축에서 비틀림각 사이의 일반관계식을 고려하여야 한다.

**2단계—변형의 기하학적 관계[*]:** 다음 질문은 "두개의 축 요소에서 어떻게 비틀림각이 관계되는가?"이다. 다단축은 $A$와 $C$에서 고정되어 있다. 따라서 축 요소 (1)에서 발생하는 비틀림과 축 요소 (2)의 비틀림은 다단축의 양단 사이의 상대각도 변화를 발생시키지 않는다. 다시 말하면, 이들 비틀림각의 합은 반드시 0이 되어야 한다.

$$\phi_1 + \phi_2 = 0 \tag{b}$$

**3단계—토크-비틀림 관계:** 축 요소 (1)과 (2)의 비틀림각은 비틀림각 공식으로부터 미지의 토크로 표현할 수 있다[식 6.12]. 비틀림각 공식은 요소 (1)과 (2)에 대해 표현된다.

$$\phi_1 = \frac{T_1 L_1}{J_1 G_1} \qquad \phi_2 = \frac{T_2 L_2}{J_2 G_2} \tag{c}$$

**4단계—적합방정식:** 토크-비틀림각 관계식[식 (c)]을 변형의 기하학방정식[식 (b)]에 대입하여 미지의 토크 $T_1$, $T_2$에 대한 새로운 관계식을 얻는다.

$$\frac{T_1 L_1}{J_1 G_1} + \frac{T_2 L_2}{J_2 G_2} = 0 \tag{d}$$

이 관계식은 평형에 기초하지 않으며, 이것은 다단축에서 발생되는 변형 사이의 관계임을 강조한다. 이 방정식은 적합방정식(compatibility equation)이라 부른다.

**5단계—방정식 풀이:** 내부토크 $T_1$과 $T_2$ 항으로 두 개의 방정식이 유도되었다.

$$\Sigma M_x = -T_1 + T_2 + 32 \text{ kip-in.} = 0 \tag{a}$$

---

[*] 역자주: 실제 식 (b)는 기하학적 적합성을 나타낸 식이다. 그러나 이 책에서는 이 식을 변형의 기하학 방정식으로 부르고 있고, 식 (b)를 미지의 내부토크로 표현한 것을 적합방정식으로 부르고 있다. 엄밀히 본다면 식 (d)와 식 (b) 모두 기하학적 접합성을 수식으로 표현한 방정식으로 볼 수 있다. 다시 말하면, 기본 수식의 유도는 식 (a), 식 (b), 식 (c)로 족하다.

그리고

$$\boxed{\frac{T_1 L_1}{J_1 G_1} + \frac{T_2 L_2}{J_2 G_2} = 0} \tag{d}$$

각 축 요소에서의 토크를 구하기 위해 이 두 식을 연립하여 풀어야 한다. 적합방정식[식 (d)]은 내부토크 $T_2$를 구하기 위해 정리된다.

$$T_2 = -T_1\left(\frac{L_1}{J_1 G_1}\right)\left(\frac{J_2 G_2}{L_2}\right) = -T_1\left(\frac{L_1}{L_2}\right)\left(\frac{J_2}{J_1}\right)\left(\frac{G_2}{G_1}\right)$$

이 결과를 평형조건식[식 (a)]에 대입하면,

$$-T_1 - T_1\left(\frac{L_1}{L_2}\right)\left(\frac{J_2}{J_1}\right)\left(\frac{G_2}{G_1}\right) + 32 \text{ kip-in.} = 0$$

이것을 내부토크 $T_1$에 대해서 풀면,

$$\boxed{T_1 = \frac{32 \text{ kip-in.}}{\left[1 + \left(\frac{L_1}{L_2}\right)\left(\frac{J_2}{J_1}\right)\left(\frac{G_2}{G_1}\right)\right]}} \tag{e}$$

알루미늄축과 청동축의 단면극관성모멘트가 추가적 계산에 필요하다. 알루미늄축 (1)은 지름이 3.00-in.인 중실축이고, 길이가 60 in.이며, 전단탄성계수가 4,000 ksi이다. 축 요소 (1)의 단면극관성모멘트는

$$J_1 = \frac{\pi}{32}(3.00 \text{ in.})^4 = 7.952156 \text{ in.}^4$$

청동축 (2)는 지름이 2.00-in.인 중실축으로 길이가 40 in.이고, 전단탄성계수가 6,500 ksi이다. 단면극관성모멘트는

$$J_2 = \frac{\pi}{32}(2.00 \text{ in.})^4 = 1.570796 \text{ in.}^4$$

내부토크 $T_1$은 모든 값을 식 (e)에 대입함으로써 계산된다.

$$T_1 = \frac{32 \text{ kip-in.}}{\left[1 + \left(\frac{60 \text{ in.}}{40 \text{ in.}}\right)\left(\frac{1.570796 \text{ in.}^4}{7.952156 \text{ in.}^4}\right)\left(\frac{6{,}500 \text{ ksi}}{4{,}000 \text{ ksi}}\right)\right]} = \frac{32 \text{ kip-in.}}{1.481481} = 21.600 \text{ kip-in.}$$

내부토크 $T_2$는 식 (a)에 $T_1$을 대입하여 구해진다.

$$T_2 = T_1 - 32 \text{ kip-in.} = 21.600 \text{ kip-in.} - 32 \text{ kip-in.} = -10.400 \text{ kip-in.}$$

**전단응력**

지금 내부토크가 구해졌으므로, 최대 전단응력의 크기는 각 요소에 대해 탄성비틀림공식 [식 (6.5)]를 이용하여 계산된다. 최대 전단응력의 크기를 계산할 때, 내부토크의 절대치를 사용하였다. 요소 (1)에서 지름 3.00-in.의 알루미늄축의 최대 전단응력의 크기는

$$\tau_1 = \frac{T_1 c_1}{J_1} = \frac{(21.600 \text{ kip-in.})(3.00 \text{ in.}/2)}{7.952156 \text{ in.}^4} = 4.07 \text{ ksi} \qquad \textbf{Ans.}$$

지름 2.00-in.의 청동축 (2)에서의 최대 전단응력의 크기는

$$\tau_2 = \frac{T_2 c_2}{J_2} = \frac{(10.400 \text{ kip-in.})(2.00 \text{ in.}/2)}{1.570796 \text{ in.}^4} = 6.62 \text{ ksi} \qquad \textbf{Ans.}$$

**플랜지 *B*의 회전각**

축 (1)의 비틀림각은 축의 $+x$와 $-x$의 끝단에서의 회전각의 차이로 표현된다.

$$\phi_1 = \phi_B - \phi_A$$

축은 $A$에서 벽에 완전하게 고정되어 있으므로, $\phi_A$는 0이다. 따라서 플랜지 $B$의 회전각은 간단히 축 (1)의 비틀림각과 같게 된다. **주의:** 비틀림각의 계산에서는 내부토크 $T_1$의 올바른 부호가 사용되어야 한다.

$$\phi_B = \phi_1 = \frac{T_1 L_1}{J_1 G_1} = \frac{(21.600 \text{ kip-in.})(60 \text{ in.})}{(7.952156 \text{ in.}^4)(4{,}000 \text{ ksi})} = 0.040744 \text{ rad} = 0.0407 \text{ rad} \qquad \textbf{Ans.}$$

위의 예제에서 제시된 다섯 단계의 절차는 부정정 비틀림 구조해석에 대한 유용한 방법을 제시해 준다. 각 절차에서 추가적으로 고려해야 할 사항과 방법이 정리되었다.

부정정 비틀림계의 해법

| | | |
|---|---|---|
| **1단계:** | 평형조건식 | 부재를 연결하는 연결점을 주목하여 구조물에 대한 한 개 또는 그 이상의 자유물체도(FBD)를 그린다. 연결점은 다음 경우에 위치한다. (a) 외부토크 작용, (b) 단면특성(예를 들면 지름)의 변화, (c) 재료특성(예를 들면, $G$)의 변화, (d) 강체요소(예를 들면, 기어, 풀리, 지지점, 또는 플랜지)에 연결되는 곳. 일반적으로 연절점의 FBD는 의미가 없다. FBD에 대한 평형조건식을 유도한다. 포함된 미지수와 독립적인 평형조건식 수를 검토한다. 미지수가 평형조건식 수보다 많으면, 그 차이만큼의 변형방정식이 세워져야 한다.<br>요약:<br>• 대문자로 절점을 표기하고, 부재에 번호를 붙인다. 이 간단한 방법이 각 부재에서 발생되는 현상(예를 들면, 비틀림각)과 절점에 대한 현상(예를 들면, 강체요소의 회전각)을 혼돈하지 않게 한다.<br>• 원칙적으로 비틀림 부재에 대해 FBD를 작성할 때, 6.6절에서 설명한 대로 내부토크는 양으로 가정한다. 양의 비틀림각과 함께 양의 내부토크를 일관성 있게 사용하는 것은 혼동을 피하는 데 매우 효율적이다. |
| **2단계:** | 변형의 기하학 | 이 단계는 부정정 문제에서 더욱 분명해진다. 구조물이나 계는 축의 변형이 서로 어떻게 연결되어 있는가를 규명하기 위해 분석된다. 대부분의 부정정계의 축 비틀림 문제는 다음 중 하나로 분류된다.<br>**1.** 축방향이 동일한 비틀림 부재들을 갖는 계<br>**2.** 비틀림 부재가 끝에서 끝으로 직렬로 연결된 계 |

| | | |
|---|---|---|
| **3단계:** | 토크–비틀림 관계식 | 부재에서의 내부토크와 비틀림각은 다음 식으로 표현된다.<br>$$\phi_i = \frac{T_i L_i}{J_i G_i}$$<br>실용적으로 비틀림 부재의 토크–비틀림 관계를 확립하는 것이 이 단계의 계산과정에서 필요한 절차이다. 이 관계는 다음의 4단계의 적합방정식을 세울 때 사용될 수 있다. |
| **4단계:** | 적합 방정식 | 토크–비틀림 관계식(단계 3)은 부재의 비틀림각(단계 2)의 기하학적 관계식과 연결하여 세로운 방정식을 유도하며, 이것은 비시의 내부토크 항으로 표현된다. 또한, 적합방정식과 평형조건식은 미지의 변수를 푸는 데 필요한 정보를 제공한다. |
| **5단계:** | 문제풀이 | 적합방정식과 평형조건식을 연립하여 푼다. 이 단계에서는 부호규약과 단위의 일치성 등에 관하여 계산과정에서 세심한 주의를 기울여야 한다.. |

5단계 해법의 성공적인 적용은 계에서 어떻게 비틀림변형이 관계되어 있는가를 이해하는 능력에 달려 있다. 아래의 표는 부정정 비틀림계의 두 가지 공통 범주에 대한 고려사항을 제시한다. 각 공통 범주에 대한 변형의 기하학적 요구조건이 주어진다.

대표적인 부정정 비틀림계에 대한 변형의 기하형상

<table>
<tr><th>방정식 형태</th><th>특 징</th><th>대표적인 문제</th></tr>
<tr><td colspan="3">1. 동일축 비틀림 부재</td></tr>
<tr><td>$\phi_1 = \phi_2$</td><td>이 범주의 문제는 내부축을 에워싸고 있는 튜브 또는 중공축*이 포함된다. 이와 같은 계에서 두 비틀림 부재에 대한 비틀림각은 동일해야 된다.</td><td>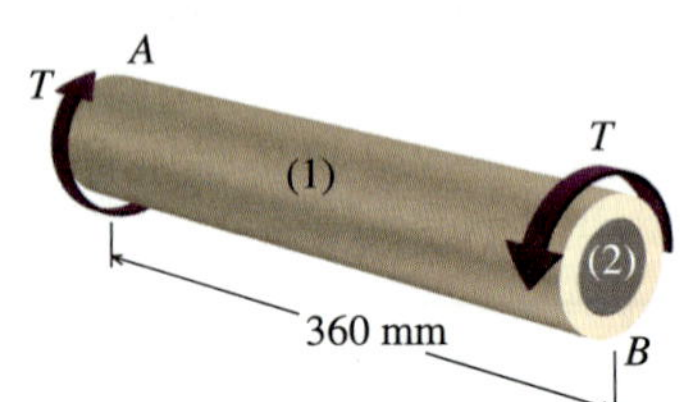

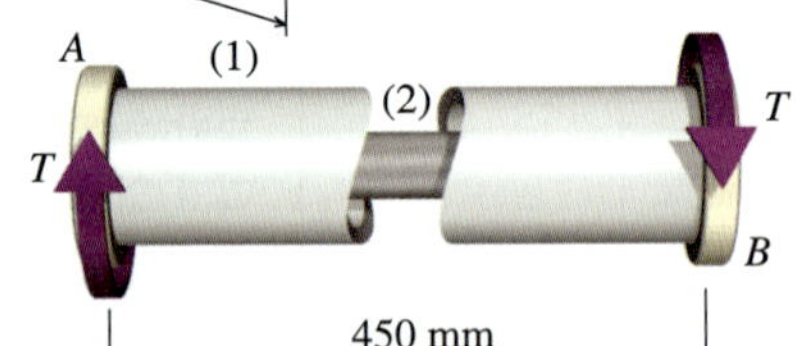

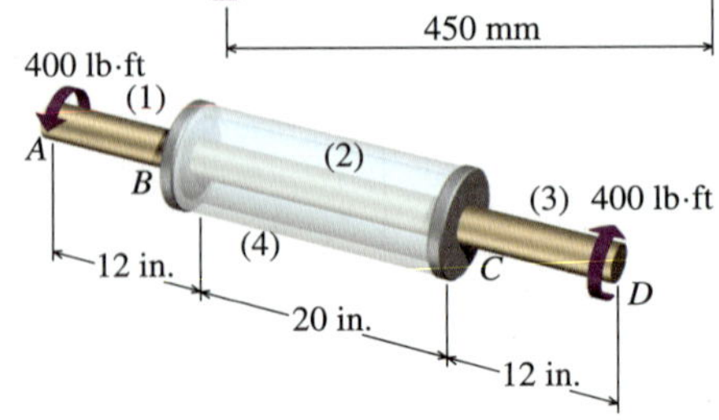
</td></tr>
</table>

| 2. 일렬로 끝과 끝이 연결된 비틀림 부재 | | |
|---|---|---|
| | 이 범주의 문제에는 두 개나 두 개 이상의 부재가 끝과 끝으로 연결된다. | 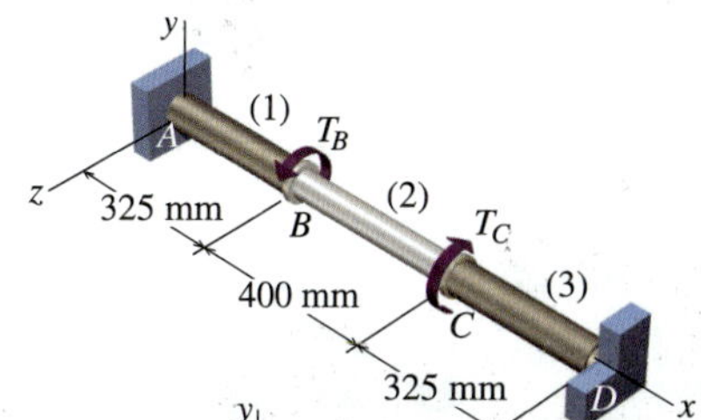 |
| $\phi_1 + \phi_2 = 0$ | 형상에서 갭이나 틈새가 없다면, 부재의 비틀림각의 합은 0이 되어야 한다. | |
| $\phi_1 + \phi_2 =$ 일정함 | 두 부재가 미리 비틀어진 상태로 조립되었거나 토크가 가해질 때, 지지점이 움직인다면 부재의 비틀림각의 합은 요구된 회전각과 같게 된다. | 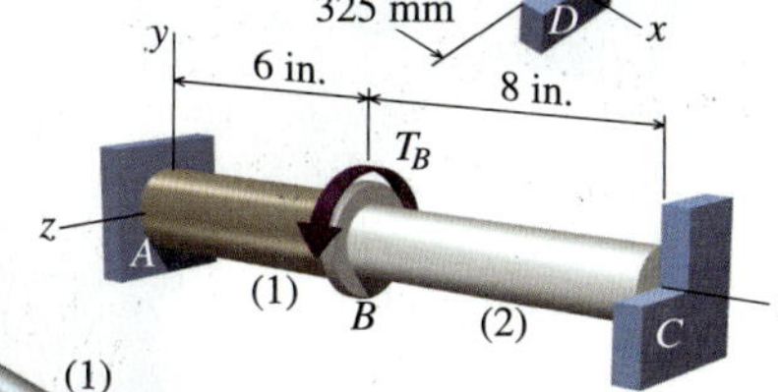 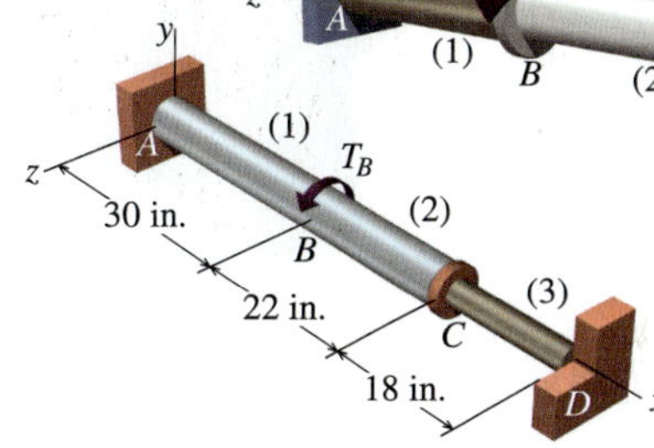 |







## MecMovies Example M6.19

그림의 다단축이 중공 알루미늄축[$G = 26$ GPa] (1)의 내부에 중공 청동축[$G = 38$ GPa] (2)를 부착하여 제작되었다. 축 (1)의 외경은 50 mm이고, 내경은 42 mm이다. 축 (2)의 외경은 42 mm이고, 내경은 30 mm이다. $T = 1{,}400$ N·m의 집중토크가 다단축의 자유단 $B$에 가해진다. 다음을 구하라.

(a) 알루미늄축과 청동축에서 발생되는 토크 $T_1$과 $T_2$

(b) 각 축에서의 최대 전단응력 $\tau_1$과 $\tau_2$

(c) 끝단 $B$의 회전각

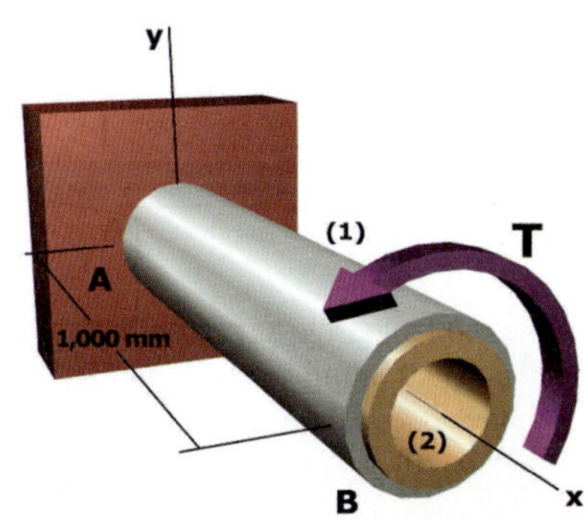

## MecMovies Example M6.20

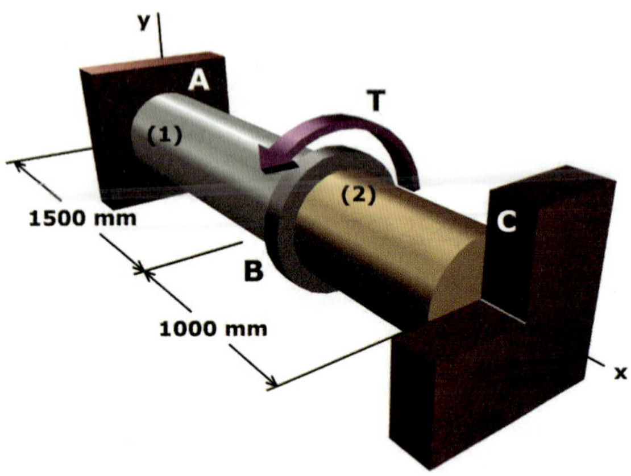


중공강축[$G = 75$ GPa] (1)과 중실황동축 (2)가 플랜지 $B$에서 연결되어 다단축을 이루고 있다. 축 (1)의 외경은 50 mm이고, 내경은 40 mm이다. 축 (2)의 외경은 50 mm이다. $T = 1{,}000$ N·m의 집중토크가 다단축의 플랜지 $B$에 작용한다. 다음을 구하라.

(a) 강축 및 황동축에 발생되는 토크 $T_1$과 $T_2$

(b) 각 축에서의 최대 전단응력 $\tau_1$과 $\tau_2$

(c) 플랜지 $B$의 회전각

## 예제 6.9 EXAMPLE

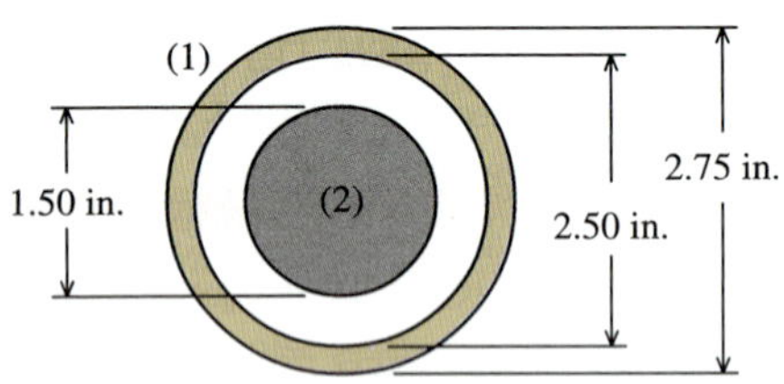


단면치수

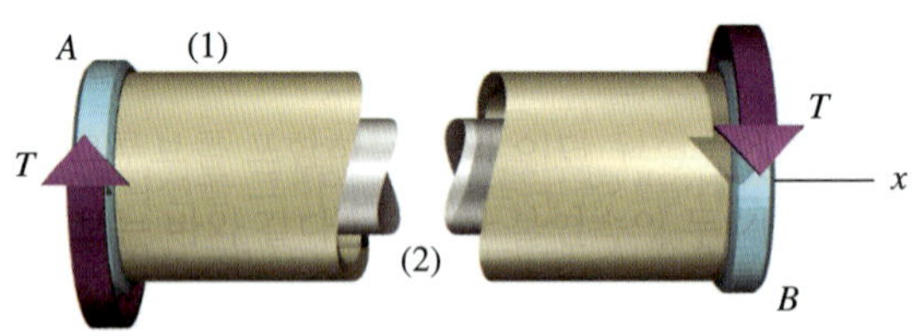


그림의 복합축에서 내부 스테인리스강재 코어 [$G = 12{,}500$ ksi] (2)가 $A$와 $B$에서 황동관 [$G = 5{,}600$ ksi] (1)의 끝과 연결되어 있다. 조립체의 단면치수는 그림과 같다. 황동관 (1)의 허용전단응력은 12 ksi이고, 스테인리스강재 코어 (2)의 허용전단응력은 18 ksi이다. 복합축에 가할 수 있는 최대 토크 $T$를 구하라.

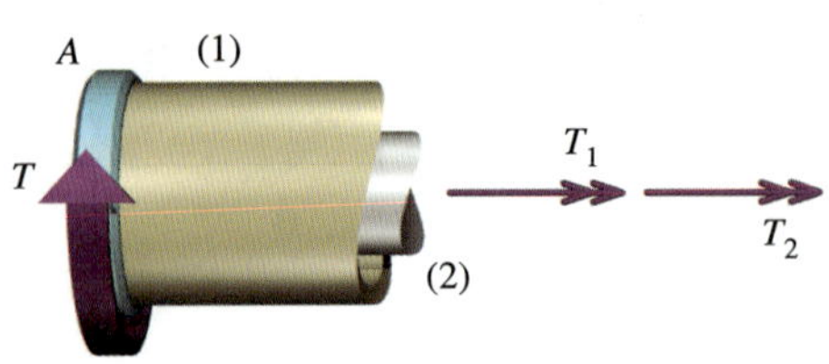


**풀이 계획**

그림에서 조립체를 절단한 자유물체도는 외부관과 내부코어에서의 내부토크를 나타낸다. 여기에는 두 개의 내부토크에 대한 단 한 개의 평형조건식이 있으므로, 복합축은 부정정계이다. 관과 코어는 강체 끝판에 부착되어 있다. 따라서, 복합축은 비틀림을 받으면 관과 코어는 동일한 양만큼 비틀어진다. 이 관계식은 미지의 내부토크 항으로 표현된 적합방정식을 유도하는 데 사용된다. 다음으로 허용전단응력에 대한 정보로부터 관과 코어 중 어느 것이 복합축의 토크부하용량을 결정하는지를 판정한다.

**풀이**

**1단계—평형조건:** 강재 끝판 $A$ 주위 조립체의 자유물체도를 자른다. 이 자유물체도에서 다음의 평형조건식이 얻어진다.

$$\Sigma M_x = -T + T_1 + T_2 = 0 \tag{a}$$

여기에, 세 개의 미지수—$T_1$, $T_2$와 외부토크 $T$가 있으므로, 이 조립체는 부정정계이다.

**2단계—변형의 기하학적 관계:** 관과 코어는 모두 강체 끝판에 부착되어 있다. 따라서 조립체가 비틀림을 받으면, 이 두 요소는 동일한 양만큼 비틀어진다.

$$\phi_1 = \phi_2 \tag{b}$$

**3단계—토크-비틀림 관계:** 관 (1)과 코어 (2)의 비틀림각은 다음과 같이 표현된다.

$$\phi_1 = \frac{T_1 L_1}{J_1 G_1} \qquad \phi_2 = \frac{T_2 L_2}{J_2 G_2} \tag{c}$$

**4단계—적합방정식:** 토크-비틀림관계식[식 (c)]를 변형의 기하학적 요구조건식[식 (b)]에 대입하여 적합방정식을 얻는다.

$$\frac{T_1 L_1}{J_1 G_1} = \frac{T_2 L_2}{J_2 G_2} \tag{d}$$

**5단계—방정식 풀이:** 세 개의 미지토크($T_1$, $T_2$와 외부토크 $T$)의 항으로 두 개의 방정식이 유도되었다. 미지토크를 풀기 위해 추가정보가 필요하다.

**허용전단응력**

관과 코어에서의 최대 전단응력은 탄성비틀림공식으로부터 구해진다. 두 요소에 대해 허용전단응력이 규정되므로 탄성비틀림공식이 각 요소에 대해서 적용되며, 토크를 풀기 위해 정리된다. 황동관 (1)에 대해서

$$\tau_1 = \frac{T_1 c_1}{J_1} \qquad \therefore T_1 = \frac{\tau_1 J_1}{c_1} \tag{e}$$

스테인리스강재 코어 (2)에 대해서

$$\tau_2 = \frac{T_2 c_2}{J_2} \qquad \therefore T_2 = \frac{\tau_2 J_2}{c_2} \tag{f}$$

식 (e)와 (f)를 적합방정식[식 (d)]에 대입하고 간단히 하면,

$$T_1 \frac{L_1}{J_1 G_1} = T_2 \frac{L_2}{J_2 G_2}$$

$$\frac{\tau_1 J_1}{c_1}\frac{L_1}{J_1 G_1} = \frac{\tau_2 J_2}{c_2}\frac{L_2}{J_2 G_2}$$

$$\boxed{\frac{\tau_1 L_1}{c_1 G_1} = \frac{\tau_2 L_2}{c_2 G_2}} \tag{g}$$

**주의:** 식 (g)는 관 (1)과 코어 (2)에 대해 식 (6.13)을 표현한 것이다. 관과 코어는 동일한 길이를 가지므로 식 (g)는 다음과 같이 단순화된다.

$$\boxed{\frac{\tau_1}{c_1 G_1} = \frac{\tau_2}{c_2 G_2}} \tag{h}$$

이 시점에서 즉, 관 (1)과 코어 (2)가 복합축에서 갖는 능력을 알 수 없다. 그래서 코어 (2)의 최대 전단응력이 복합축의 토크부하 용량을 결정한다고 가정하자. 즉 $\tau_2 =$ 18 ksi. 이 경우에 황동관 (1)에서의 상당 전단응력은 식 (h)로부터 계산된다.

$$\tau_1 = \tau_2\left(\frac{c_1}{c_2}\right)\left(\frac{G_1}{G_2}\right) = (18\text{ ksi})\left(\frac{2.75\text{ in.}/2}{1.50\text{ in.}/2}\right)\left(\frac{5{,}600\text{ ksi}}{12{,}500\text{ ksi}}\right) = 14.784\text{ ksi} > 12\text{ ksi}\quad\text{N.G.}$$

이 전단응력은 황동관의 허용전단응력 12 ksi를 초과한다. 따라서 앞의 가정은 맞지 않다. 황동관의 최대 전단응력이 실제로 복합축의 토크부하용량을 제어한다.

식 (h)가 $\tau_2$를 풀기 위해 정리되며, 황동관의 허용전단응력은 $\tau_1 = 12$ ksi로 주어진다.

$$\tau_2 = \tau_1\left(\frac{c_2}{c_1}\right)\left(\frac{G_2}{G_1}\right) = (12\text{ ksi})\left(\frac{1.50\text{ in.}/2}{2.75\text{ in.}/2}\right)\left(\frac{12{,}500\text{ ksi}}{5{,}600\text{ ksi}}\right) = 14.610\text{ ksi} < 18\text{ ksi}\quad\text{O.K.}$$

**허용토크**

적합방정식에 기초하여, 각 요소에서 발생되는 최대 전단응력을 알게 되었다. 이들 전단응력으로부터 각 요소의 토크는 식 (e)와 식 (f)를 이용하여 구해진다.

각 요소에 대한 단면극관성모멘트가 필요하다. 황동관 (1)에 대해서

$$J_1 = \frac{\pi}{32}[(2.75\text{ in.})^4 - (2.50\text{ in.})^4] = 1.779801\text{ in.}^4$$

스테인리스강재 코어 (2)에 대해서,

$$J_2 = \frac{\pi}{32}(1.50\text{ in.})^4 = 0.497010\text{ in.}^4$$

식 (e)로부터 황동관 (1)의 허용내부토크는 다음과 같이 계산된다.

$$T_1 = \frac{\tau_1 J_1}{c_1} = \frac{(12 \text{ ksi})(1.779801 \text{ in.}^4)}{2.75 \text{ in.}/2} = 15.533 \text{ kip-in.}$$

그리고 식 (f)로부터 스테인리스강재 코어 (2)의 내부토크는

$$T_2 = \frac{\tau_2 J_2}{c_2} = \frac{(14.610 \text{ ksi})(0.497010 \text{ in.}^4)}{1.50 \text{ in.}/2} = 9.682 \text{ kip-in.}$$

이들 결과를 평형조건식[식 (a)]에 대입하여 다단축 조립체에 가할 수 있는 외부토크 $T$의 크기를 구할 수 있다.

$$T = T_1 + T_2 = 15.533 \text{ kip-in.} + 9.682 \text{ kip-in.} = 25.2 \text{ kip-in.}$$ **Ans.**

## MecMovies Example M6.21

다단축이 중공강축[$G = 75$ GPa] (1)을 플랜지 $B$에서 중실청동축[$G = 38$ GPa] (2)와 연결하여 제작되었다. 축 (1)의 외경은 80 mm이고, 내경은 65 mm이다. 축 (2)의 외경은 80 mm이다. 강과 청동 재료의 허용전단응력은 각각 90 MPa과 50 MPa이다. 다음을 구하라.

(a) 플랜지 $B$에 가할 수 있는 최대 토크 $T$

(b) 강축과 청동축에서 발생되는 응력 $\tau_1$과 $\tau_2$

(c) 플랜지 $B$의 회전각

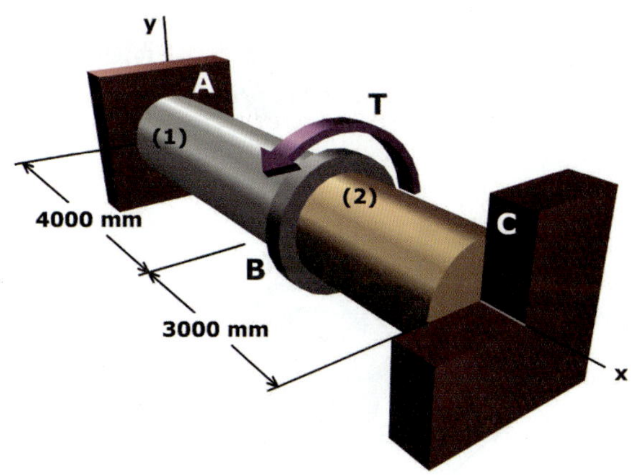

## MecMovies Example M6.22

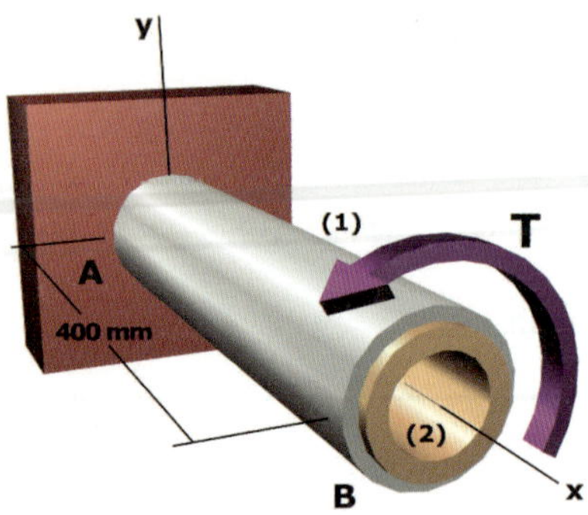


그림의 다단축은 중공알루미늄축[$G$ = 26 GPa] (1)을 플랜지 $B$에서 중공청동축[$G$ = 38 GPa] (2)와 결합하에 제작되었다. 축 (1)의 외경은 50 mm이고 내경은 42 mm이다. 축 (2)의 외경은 42 mm이고, 내경은 30 mm이다. 알루미늄과 청동 재료의 허용전단응력은 85 MPa과 100 MPa이다. 다음을 구하라.

(a) 자유단 $B$에 가할 수 있는 최대 토크 $T$

(b) 축에 발생되는 응력 $\tau_1$과 $\tau_2$

(c) 끝단 $B$의 회전각

## MecMovies Example M6.23

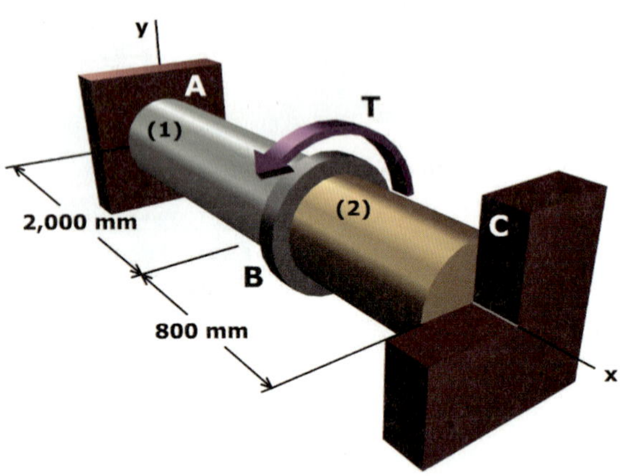


그림은 다단축은 중공강축[$G$ = 86 GPa] (1)을 플랜지 $B$에서 중실 청동축[$G$ = 38 GPa] (2)로 연결하에 만든 것이다. 축 (1)의 외경은 75 mm이고 내경은 55 mm이다. 축 (2)의 외경은 75 mm이다. 집중 토크 $T$가 플랜지 $B$에서 복합축에 가해진다. 다음을 구하라.

(a) 플랜지 $B$의 회전각이 3°를 초과하지 않을 때, 집중토크 $T$의 최대 크기

(b) 각 축에서의 최대 전단응력 $\tau_1$과 $\tau_2$

## 예제 6.10 EXAMPLE

그림과 같이 기어 $C$에서 18 kip-in.의 토크가 작용하는 기어 및 축 조립체가 있다. 축 (1)과 (2)는 2.00-in. 지름의 중실강축이고, 축 (3)은 지름이 2.50 in.인 중실강축이다. 그림에서 베어링은 축을 자유롭게 회전하도록 한다. 다음을 구하라.

(a) 축 (1), 축 (2), 축 (3)에서의 최대 전단응력크기
(b) 기어 $E$의 회전각
(c) 기어 $C$의 회전각

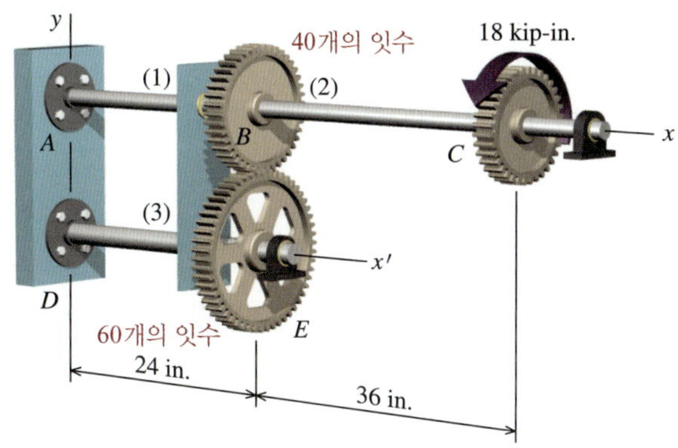


### 풀이 계획

18 kip-in. 토크가 기어 $C$에 가해진다. 이 토크는 축 (2)에 의해 기어 $B$로 전달되어 회전을 야기하고 그 결과 축 (1)을 비튼다. 기어 $B$의 회전은 기어 $E$도 회전시키며 그 결과 축 (3)이 비틀어진다. 따라서 기어 $C$에 가해진 18 kip-in.의 토크는 이 세 축 모두에서 내부토크를 발생시킨다. 기어 $B$의 회전각은 축 (1)의 비틀림각과 동일하다. 마찬가지로 기어 $C$의 회전각은 축 (3)의 비틀림각과 동일하다. 또한, 기어 $B$와 $E$의 상대 회전은 기어비의 함수이다. 이들 관계식은 세 축에서 발생되는 내부토크를 해석할 때 고려된다. 일단 내부토크가 알려지면, 최대 전단응력, 비틀림각, 회전각이 구해진다.

### 풀이

**1단계—평형조건:** 기어 C를 포함하고 축 (2)를 절단하는 자유물체도를 생각하자. 양의 내부토크가 축 (2)에서 작용하는 것으로 가정한다. 이 자유물체도에서 $x$축에 관한 모멘트 평형조건식을 적용하여 축 (2)의 내부토크를 구한다.

$$\Sigma M_x = 18 \text{ kip-in.} - T_2 = 0 \qquad \therefore T_2 = 18 \text{ kip-in.} \tag{a}$$

다음으로 기어 $B$를 포함하고, 축 (1)과 (2)를 절단하는 자유물체도를 생각한다. 다시 한 번, 양의 내부토크가 축 (1)과 (2)에서 작용한다고 가정된다. 기어 $E$의 이와 기어 $B$의 이에 힘 $F$가 가해진다. 기어 $B$의 반지름을 $R_B$라고 표현하면, $x$축에 관한 모멘트 평형조건식은 다음과 같이 쓸 수 있다.

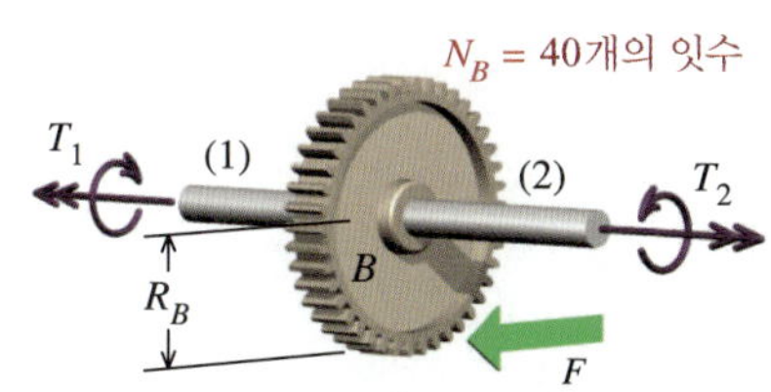


$$\Sigma M_x = T_2 - T_1 - F \cdot R_B = 0 \tag{b}$$

그림에서 보는 바와 같이 기어 $C$를 포함하고 축 (3)을 절단하는 자유물체도를 고려한다. 양의 내부토크 $T_3$가 축 (3)에 작용한다고 가정한다. 기어 $E$의 이와 기어 $B$의 이에 힘 $F$가 가해지므로, 평형조건은 기어 $B$의 이에 기어 $E$의 이와 방향이 반대이고, 같은 크기의 힘이 가해져야 한다. 기어 $E$의 반지름을 $R_E$라고 표기하면, $x'$축에 관한 모멘트 평형조건식은 다음과 같이 쓸 수 있다.

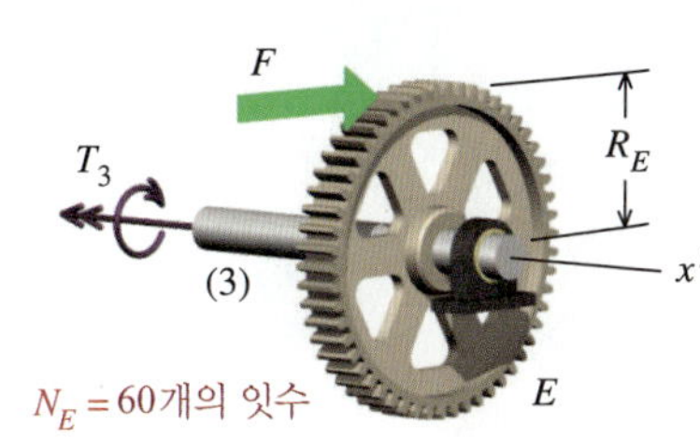

$$\Sigma M_{x'} = -T_3 - F \cdot R_E = 0 \qquad \therefore F = -\frac{T_3}{R_E} \tag{c}$$

식 (a)와 (c)의 결과를 식 (b)에 대입하면 다음과 같다.

$$T_1 = T_2 - F \cdot R_B = 18 \text{ kip-in.} - \left(-\frac{T_3}{R_E}\right) R_B = 18 \text{ kip-in.} + T_3 \frac{R_B}{R_E}$$

반지름 $R_B$와 $R_E$는 알려지지 않았다. 그러나 $R_B/R_E$는 기어 $B$와 $E$의 기어비이다. 이 두 기어의 비는 기어가 적절하게 맞춰지기 위해서는 기어 이가 같은 크기이어야 하므로, 각 기어의 잇수 비는 기어반지름 비와 같게 된다. 따라서 축 (1)의 토크는 기어 $B$와 $E$의 잇수인 $N_B$, $N_E$ 항으로 표현된다.

$$T_1 = 18 \text{ kip-in.} + T_3 \frac{N_B}{N_E} \tag{d}$$

식 (d)는 평형조건의 결과를 요약하지만, 이 방정식에는 여전히 두 개의 미지수 $T_1$과 $T_3$가 있다. 따라서 이 문제는 부정정이다. 이 문제를 풀기 위해서는 부가적으로 방정식이 유도되어야 한다. 제2의 방정식은 축 (1)과 (3)의 비틀림각 관계식에서 유도된다.

**2단계—변형의 기하학적 관계:** 기어 $B$의 회전은 축 (1)의 비틀림각과 같다.

$$\phi_B = \phi_1$$

기어 $E$의 회전은 축 (3)의 비틀림각과 같다.

$$\phi_E = \phi_3$$

그러나 기어 이는 서로 맞물리므로 기어 $B$와 $E$의 회전각은 독립이 아니다. 상대회전에 따른 원호길이는 크기가 같으며, 기어는 반대 방향으로 회전한다. 이 기어회전관계는 다음과 같이 표현된다.

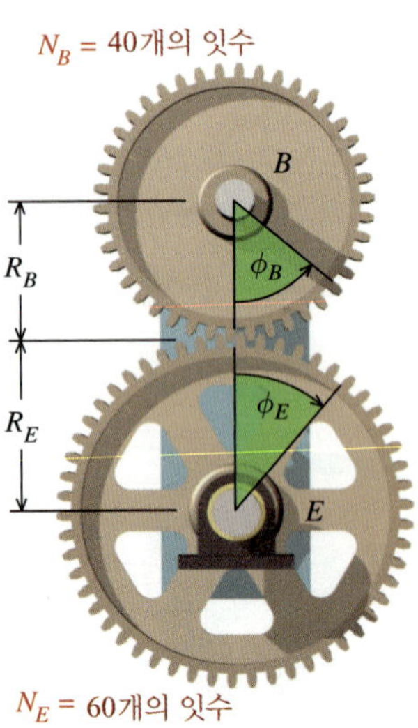


$$R_B\phi_B = -R_E\phi_E$$

여기서 $R_B$와 $R_E$는 각각 기어 $B$와 $E$의 반지름이다. 기어회전각은 축의 비틀림각과 관계되며, 이들 관계식은 다음과 같이 표현된다.

$$R_B\phi_1 = -R_E\phi_3 \tag{e}$$

**3단계—토크-비틀림 관계:** 축 (1)과 (3)의 비틀름각은 다음과 같이 표현된다.

$$\phi_1 = \frac{T_1L_1}{J_1G_1} \qquad \phi_3 = \frac{T_3L_3}{J_3G_3} \tag{f}$$

**4단계—적합방정식:** 토크-비틀림관계식[식 (f)]을 변형의 기하학적 요구조건식[식 (e)]에 대입하면

$$R_B \frac{T_1 L_1}{J_1 G_1} = -R_E \frac{T_3 L_3}{J_3 G_3}$$

이 식을 정리하여, 기어비 $N_B/N_E$ 항으로 표현하면

$$\boxed{\frac{N_B}{N_E}\frac{T_1 L_1}{J_1 G_1} = -\frac{T_3 L_3}{J_3 G_3}} \tag{g}$$

**주의:** 적합방정식은 두 개의 미지수 $T_1$과 $T_3$를 포함하고 있다. 이 방정식을 평형조건식 [식 (d)]와 연립으로 풀어 축 (1)과 (3)의 내부토크를 계산한다.

**5단계—방정식 풀이:** 식 (g)에서 내부토크 $T_3$에 대해서 푼다.

$$T_3 = -T_1 \frac{N_B}{N_E}\left(\frac{L_1}{L_3}\right)\left(\frac{J_3}{J_1}\right)\left(\frac{G_3}{G_1}\right)$$

이 결과를 식 (d)에 대입한다.

$$\begin{aligned} T_1 &= 18 \text{ kip-in.} + T_3 \frac{N_B}{N_E} \\ &= 18 \text{ kip-in.} + \left[-T_1 \frac{N_B}{N_E}\left(\frac{L_1}{L_3}\right)\left(\frac{J_3}{J_1}\right)\left(\frac{G_3}{G_1}\right)\right]\frac{N_B}{N_E} \\ &= 18 \text{ kip-in.} - T_1\left(\frac{N_B}{N_E}\right)^2\left(\frac{L_1}{L_3}\right)\left(\frac{J_3}{J_1}\right)\left(\frac{G_3}{G_1}\right) \end{aligned}$$

$T_1$항으로 정리하면 다음을 얻는다.

$$\boxed{T_1\left[1 + \left(\frac{N_B}{N_E}\right)^2\left(\frac{L_1}{L_3}\right)\left(\frac{J_3}{J_1}\right)\left(\frac{G_3}{G_1}\right)\right] = 18 \text{ kip-in.}} \tag{h}$$

축의 단면극관성모멘트가 이 계산에서 필요하다. 축 (1)은 지름이 2.00 in.인 중실축이고, 축 (3)은 지름이 2.50 in.인 중실축이다. 이들 축의 극관성모멘트는

$$\begin{aligned} J_1 &= \frac{\pi}{32}(2.00 \text{ in.})^4 = 1.570796 \text{ in.}^4 \\ J_3 &= \frac{\pi}{32}(2.50 \text{ in.})^4 = 3.834952 \text{ in.}^4 \end{aligned}$$

두 축의 길이는 같고, 동일한 전단탄성계수를 갖는다. 따라서 식 (h)는 다음과 같이 된다.

$$T_1\left[1 + \left(\frac{40 \text{ teeth}}{60 \text{ teeth}}\right)^2(1)\left(\frac{3.834952 \text{ in.}^4}{1.570796 \text{ in.}^4}\right)(1)\right] = T_1(2.085070) = 18 \text{ kip-in.}$$

이 식에서 축 (1)의 내부토크가 계산되며, $T_1 = 8.6328$ kip-in.이다. 이 결과를 식 (d)에 대입하면 축 (3)의 내부토크가 구해지며, $T_3 = -14.0508$ kip-in.이다.

**전단응력**

세 축에서의 최대 전단응력의 크기는 탄성비틀림공식을 이용하여 구해진다.

$$\tau_1 = \frac{T_1 c_1}{J_1} = \frac{(8.6328 \text{ kip-in.})(2.00 \text{ in.}/2)}{1.570796 \text{ in.}^4} = 5.50 \text{ ksi} \qquad \textbf{Ans.}$$

$$\tau_2 = \frac{T_2 c_2}{J_2} = \frac{(18 \text{ kip-in.})(2.00 \text{ in.}/2)}{1.570796 \text{ in.}^4} = 11.46 \text{ ksi} \qquad \textbf{Ans.}$$

$$\tau_3 = \frac{T_3 c_3}{J_3} = \frac{(14.0508 \text{ kip-in.})(2.50 \text{ in.}/2)}{3.834952 \text{ in.}^4} = 4.58 \text{ ksi} \qquad \textbf{Ans.}$$

여기서는 전단응력의 크기만이 요구되므로, $T_3$의 절대치가 사용되었다.

**기어 $E$의 회전각**

기어 $E$의 회전각은 축 (3)의 비틀림각과 같다.

$$\phi_E = \phi_3 = \frac{T_3 L_3}{J_3 G_3} = \frac{(-14.0508 \text{ kip-in.})(24 \text{ in.})}{(3.834952 \text{ in.}^4)(12{,}000 \text{ ksi})} = -0.007328 \text{ rad} = -0.00733 \text{ rad} \qquad \textbf{Ans.}$$

**기어 $C$의 회전각**

기어 $C$의 회전각은 기어 $B$의 회전각에 축 (2)에서 발생되는 비틀림각을 더한 것이다.

$$\phi_C = \phi_B + \phi_2$$

기어 $B$의 회전각은 축 (1)의 비틀림각과 같다.

$$\phi_B = \phi_1 = \frac{T_1 L_1}{J_1 G_1} = \frac{(8.6328 \text{ kip-in.})(24 \text{ in.})}{(1.570796 \text{ in.}^4)(12{,}000 \text{ ksi})} = 0.010992 \text{ rad}$$

**주의**: 기어 $B$의 회전각은 기어 $E$의 회전각으로부터도 구할 수 있다.

$$\phi_B = -\frac{N_E}{N_B}\phi_E = -\frac{60}{40}(-0.007328 \text{ rad}) = 0.010992 \text{ rad}$$

축 (2)의 비틀림각은

$$\phi_2 = \frac{T_2 L_2}{J_2 G_2} = \frac{(18 \text{ kip-in.})(36 \text{ in.})}{(1.570796 \text{ in.}^4)(12{,}000 \text{ ksi})} = 0.034377 \text{ rad}$$

따라서 기어 $C$의 회전각은

$$\phi_C = \phi_B + \phi_2 = 0.010992 \text{ rad} + 0.034377 \text{ rad} = 0.045369 \text{ rad} = 0.0454 \text{ rad} \qquad \textbf{Ans.}$$

## MecMovies Example M6.24

기어로 연결된 두 개의 중실황동축[$G = 44$ GPa]의 조립체가 그림에서 보는 것처럼 집중토크 240 N·m를 받는다. 축 (1)의 지름은 20 mm이고, 축 (2)의 지름은 16 mm이다. 각 축의 하단에서 회전이 방지되었다. 축 (2)의 최대 전단응력과 $A$의 회전각을 구하라.

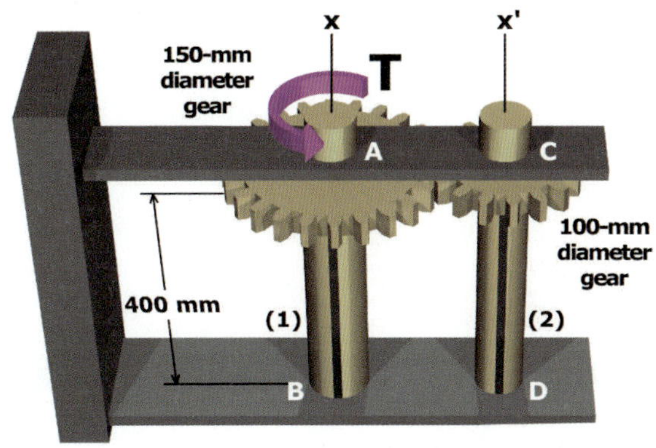


# MecMovies EXERCISES

**M6.19** 그림의 다단 복합축은 (2)와 (3)으로 표시된 중실축과 $AB$ 사이에서 (2)와 결합된(접합된) 중공축 (1)로 이루어져 있다. 집중토크 $T$가 그림에서 보는 바와 같이 축의 자유단 $C$에 작용한다. 중공축 (1)과 중실축의 일부인 코어 (2)(즉, $A$와 $B$ 사이)의 내부토크와 전단응력을 구하라. 그리고 점 $C$에서의 회전각을 구하라.

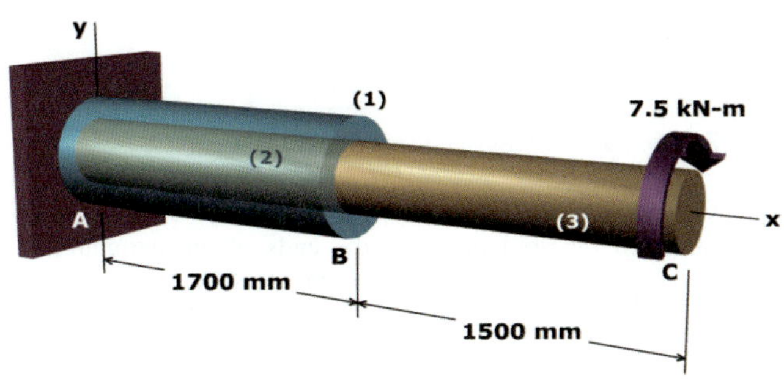


그림 M6.19

**M6.20** 그림의 다단축은 플랜지 $B$에서 체결된 두 개의 중실 축으로 이루어져 있다. 축 (1)과 (2)는 각각 $A$와 $C$에서 강체지지로 부착되었다. 그림에서 보는 바와 같이 집중토크 $T$가 플랜지 $B$에 작용한다. 각 축에서의 내부토크와 전단응력을 구하라. 그리고 플랜지 $B$의 회전각을 구하라.

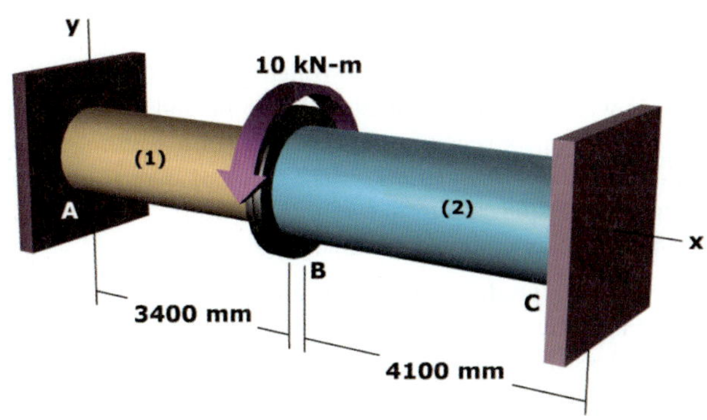


그림 M6.20

**M6.21** 그림의 다단축은 플랜지 $B$에서 연결된 두 개의 중실축으로 이루어져 있다. 축 (1)과 (2)는 각각 $A$와 $C$에서 강체지지로 부착되어 있다. 그림에서 주어진 허용전단응력을 사용하여, 그림에서 정의된 방향으로 플랜지 $B$에 가할 수 있는 최대 토크 $T$를 구하라. 최대 토크가 작용할 때 각 축의 최대 전단응력과 플랜지 $B$의 회전각을 구하라.

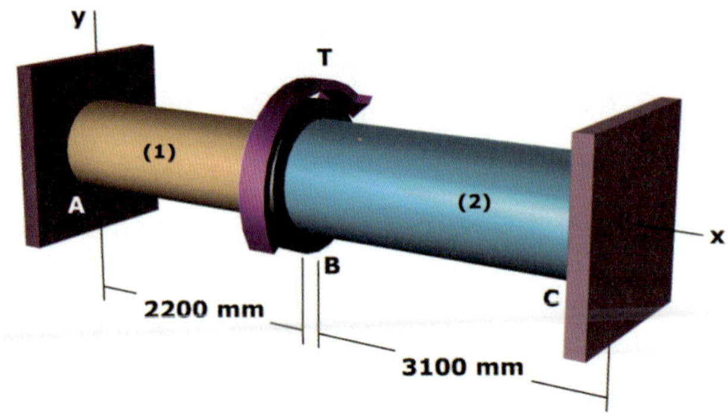


그림 M6.21

## PROBLEMS

**P6.67** A hollow circular cold-rolled bronze [$G_1$ = 6,500 ksi] tube (1) with an outside diameter of 1.75 in. and an inside diameter of 1.25 in. is securely bonded to a solid 1.25-in.-diameter cold-rolled stainless steel [$G_2$ = 12,500 ksi] core (2) as shown in Figure P6.67/68. The allowable shear stress of tube (1) is 27 ksi, and the allowable shear stress of core (2) is 60 ksi. Determine:

(a) the allowable torque $T$ that can be applied to the tube-and-core assembly.
(b) the corresponding torques produced in tube (1) and core (2).
(c) the angle of twist produced in a 10-in. length of the assembly by the allowable torque $T$.

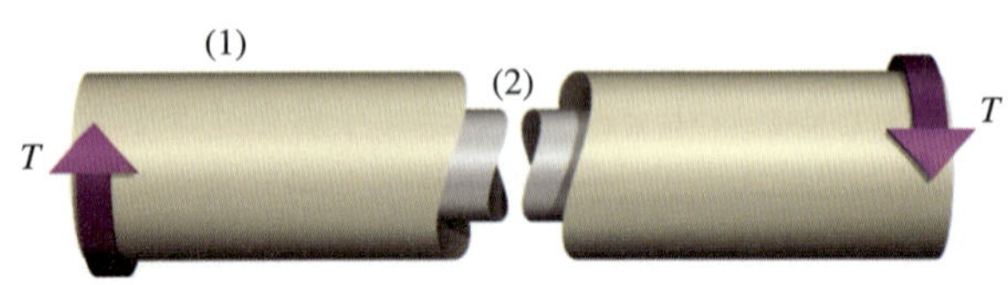


**FIGURE P6.67/68**

**P6.68** A hollow circular cold-rolled bronze [$G_1$ = 6,500 ksi] tube (1) with an outside diameter of 1.75 in. and an inside diameter of 1.25 in. is securely bonded to a solid 1.25-in.-diameter cold-rolled stainless steel [$G_2$ = 12,500 ksi] core (2) as shown in Figure P6.67/68. If a torque of $T$ = 20 kip-in. is applied to the tube-and-core assembly, determine:

(a) the torques produced in tube (1) and core (2).
(b) the maximum shear stress in the bronze tube and in the stainless steel core.
(c) the angle of twist produced in a 10-in. length of the assembly.

**P6.69** A composite assembly consisting of a steel [$G$ = 80 GPa] core (2) connected by rigid plates at the ends of an aluminum [$G$ = 28 GPa] tube (1) is shown in Figure P6.69*a*/70*a*. The cross-sectional dimensions of the assembly are shown in Figure P6.69*b*/70*b*. If a torque of $T$ = 1,100 N-m is applied to the composite assembly, determine:

(a) the maximum shear stress in the aluminum tube and in the steel core.
(b) the rotation angle of end $B$ relative to end $A$.

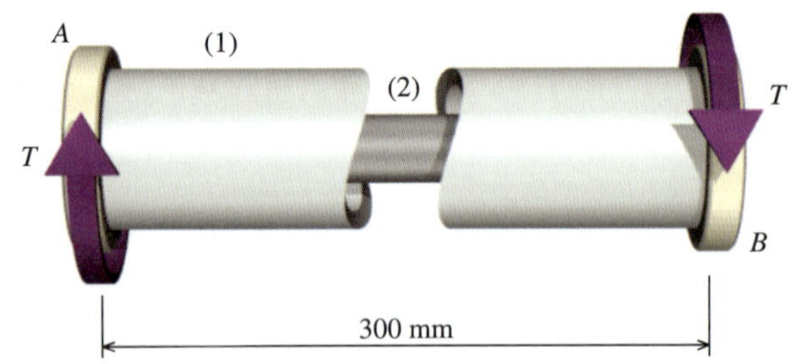


**FIGURE P6.69*a*/70*a*** Tube-and-core composite shaft.

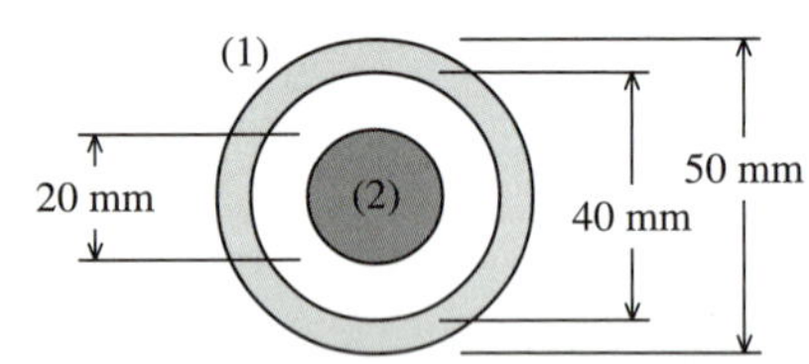


**FIGURE P6.69*b*/70*b*** Cross-sectional dimensions.

**P6.70** A composite assembly consisting of a steel [$G$ = 80 GPa] core (2) connected by rigid plates at the ends of an aluminum [$G$ = 28 GPa] tube (1) is shown in Figure P6.69*a*/70*a*. The cross-sectional dimensions of the assembly are shown in Figure P6.69*b*/70*b*. The allowable shear stress of aluminum tube (1) is 90 MPa, and the allowable shear stress of steel core (2) is 130 MPa. Determine:

(a) the allowable torque $T$ that can be applied to the composite shaft.
(b) the corresponding torques produced in tube (1) and core (2).
(c) the angle of twist produced by the allowable torque $T$.

**P6.71** The composite shaft shown in Figure P6.71/72 consists of a bronze sleeve (1) securely bonded to an inner steel core (2). The bronze sleeve has an outside diameter of 35 mm, an inside diameter of 25 mm, and a shear modulus of $G_1 = 45$ GPa. The solid steel core has a diameter of 25 mm and a shear modulus of $G_2 = 80$ GPa. The allowable shear stress of sleeve (1) is 180 MPa, and the allowable shear stress of core (2) is 150 MPa. Determine:

(a) the allowable torque $T$ that can be applied to the composite shaft.
(b) the corresponding torques produced in sleeve (1) and core (2).
(c) the rotation angle of end $B$ relative to end $A$ that is produced by the allowable torque $T$.

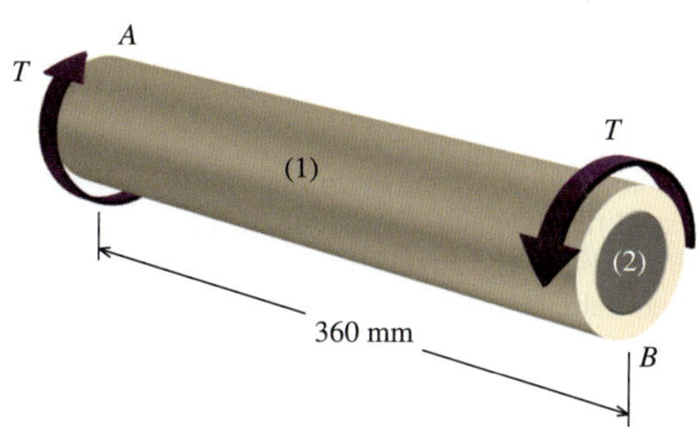


**FIGURE P6.71/72**

**P6.72** The composite shaft shown in Figure P6.71/72 consists of a bronze sleeve (1) securely bonded to an inner steel core (2). The bronze sleeve has an outside diameter of 35 mm, an inside diameter of 25 mm, and a shear modulus of $G_1 = 45$ GPa. The solid steel core has a diameter of 25 mm and a shear modulus of $G_2 = 80$ GPa. The composite shaft is subjected to a torque of $T = 900$ N-m. Determine:

(a) the maximum shear stresses in the bronze sleeve and the steel core.
(b) the rotation angle of end $B$ relative to end $A$.

**P6.73** The composite shaft shown in Figure P6.73 consists of two steel pipes that are connected at flange $B$ and securely attached to rigid walls at $A$ and $C$. Steel pipe (1) has an outside diameter of 168 mm and a wall thickness of 7 mm. Steel pipe (2) has an outside diameter of 114 mm and a wall thickness of 6 mm. Both pipes are 3 m long and have a shear modulus of 80 GPa. If a concentrated torque of 20 kN-m is applied to flange $B$, determine:

(a) the maximum shear stress magnitudes in pipes (1) and (2).
(b) the rotation angle of flange $B$ relative to support $A$.

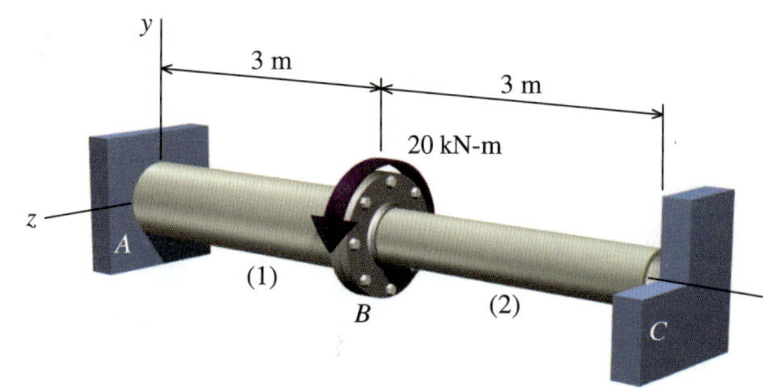


**FIGURE P6.73**

**P6.74** The composite shaft shown in Figure P6.74 consists of two steel pipes that are connected at flange $B$ and securely attached to rigid walls at $A$ and $C$. Steel pipe (1) has an outside diameter of 8.625 in., a wall thickness of 0.322 in., and a length of 15 ft. Steel pipe (2) has an outside diameter of 6.625 in., a wall thickness of 0.280 in., and a length of 25 ft. Both pipes have a shear modulus of 12,000 ksi. If a concentrated torque of 36 kip-ft is applied to flange $B$, determine:

(a) the maximum shear stress magnitudes in pipes (1) and (2).
(b) the rotation angle of flange $B$ relative to support $A$.

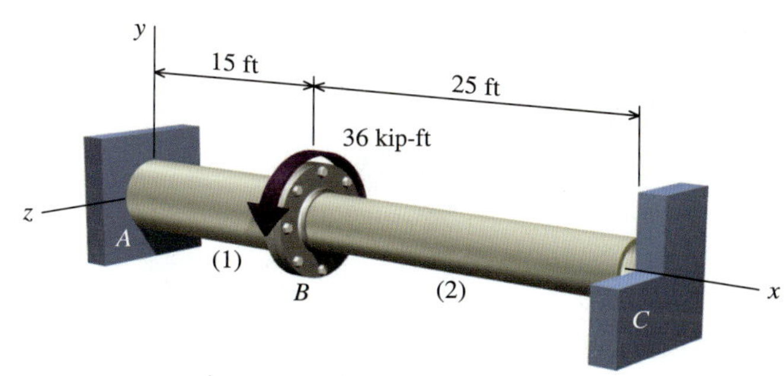


**FIGURE P6.74**

**P6.75** The composite shaft shown in Figure P6.75 consists of a solid brass segment (1) and a solid aluminum segment (2) that are connected at flange $B$ and securely attached to rigid supports at $A$ and $C$. Brass segment (1) has a diameter of 1.00 in., a shear modulus of 5,600 ksi, and an allowable shear stress of 8 ksi. Aluminum segment (2) has a diameter of 0.75 in., a shear modulus of 4,000 ksi, and an allowable shear stress of 6 ksi. Determine:

(a) the allowable torque $T_B$ that can be applied to the composite shaft at flange $B$.
(b) the magnitudes of the internal torques in segments (1) and (2).
(c) the rotation angle of flange $B$ that is produced by the allowable torque $T_B$.

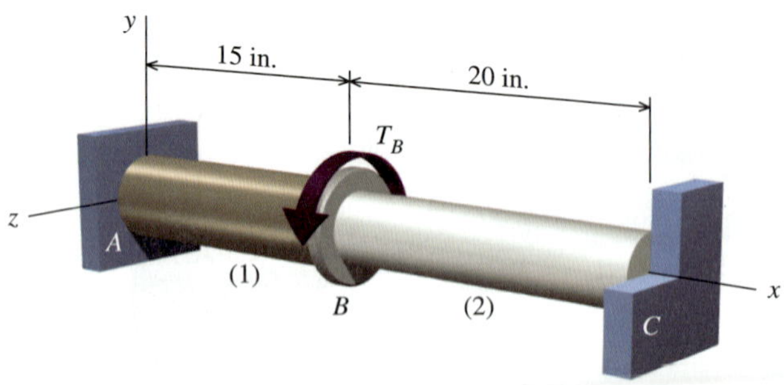


FIGURE P6.75

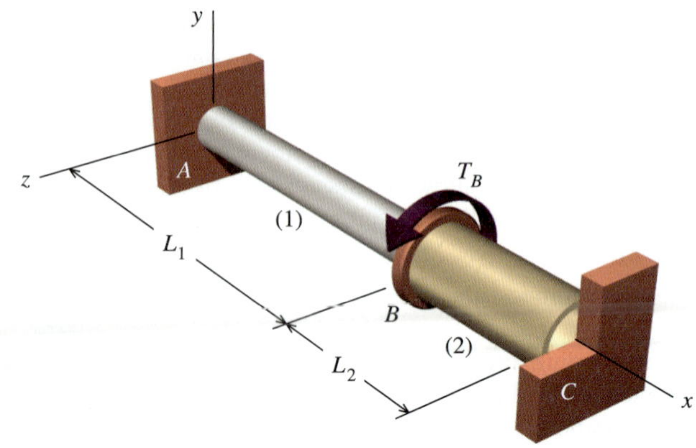


FIGURE P6.77/78

**P6.76** The composite shaft shown in Figure P6.76 consists of a solid brass segment (1) and a solid aluminum segment (2) that are connected at flange *B* and securely attached to rigid walls at *A* and *C*. Brass segment (1) has a diameter of 18 mm and a shear modulus of 39 GPa. Aluminum segment (2) has a diameter of 24 mm and a shear modulus of 28 GPa. If a concentrated torque of 270 N-m is applied to flange *B*, determine:

(a) the maximum shear stress magnitudes in segments (1) and (2).
(b) the rotation angle of flange *B* relative to support *A*.

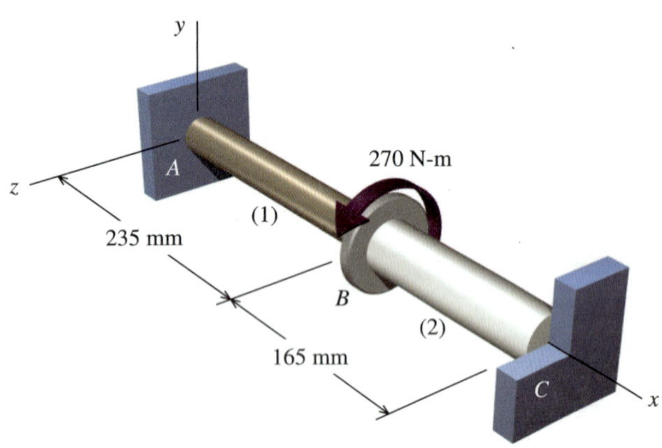


FIGURE P6.76

**P6.77** The composite shaft shown in Figure P6.77/78 consists of a stainless steel tube (1) and a brass tube (2) that are connected at flange *B* and securely attached to rigid supports at *A* and *C*. Stainless steel tube (1) has an outside diameter of 2.25 in., a wall thickness of 0.250 in., a length of $L_1 = 40$ in., and a shear modulus of 12,500 ksi. Brass tube (2) has an outside diameter of 3.500 in., a wall thickness of 0.219 in., a length of $L_2 = 20$ in., and a shear modulus of 5,600 ksi. If a concentrated torque of $T_B = 42$ kip-in. is applied to flange *B*, determine:

(a) the maximum shear stress magnitudes in tubes (1) and (2).
(b) the rotation angle of flange *B* relative to support *A*.

**P6.78** The composite shaft shown in Figure P6.77/78 consists of a stainless steel tube (1) and a brass tube (2) that are connected at flange *B* and securely attached to rigid supports at *A* and *C*. Stainless steel tube (1) has an outside diameter of 2.25 in., a wall thickness of 0.250 in., a length of $L_1 = 40$ in., and a shear modulus of 12,500 ksi. Brass tube (2) has an outside diameter of 3.500 in., a wall thickness of 0.219 in., a length of $L_2 = 20$ in., and a shear modulus of 5,600 ksi. The allowable shear stress in the stainless steel is 50 ksi, and the allowable shear stress in the brass is 18 ksi. Determine:

(a) the allowable torque $T_B$ that can be applied to the composite shaft at flange *B*.
(b) the rotation angle of flange *B* that is produced by the allowable torque $T_B$.

**P6.79** The torsional assembly of Figure P6.79/80 consists of a cold-rolled stainless steel tube connected to a solid cold-rolled brass segment at flange *C*. The assembly is securely fastened to rigid supports at *A* and *D*. Stainless steel tube (1) and (2) has an outside diameter of 3.50 in., a wall thickness of 0.120 in., and a shear modulus of $G = 12{,}500$ ksi. The solid brass segment (3) has a diameter of 2.00 in. and a shear modulus of $G = 5{,}600$ ksi. A concentrated torque of $T_B = 6$ kip-ft is applied to the stainless steel pipe at *B*. Determine:

(a) the maximum shear stress magnitude in the stainless steel tube.
(b) the maximum shear stress magnitude in brass segment (3).
(c) the rotation angle of flange *C*.

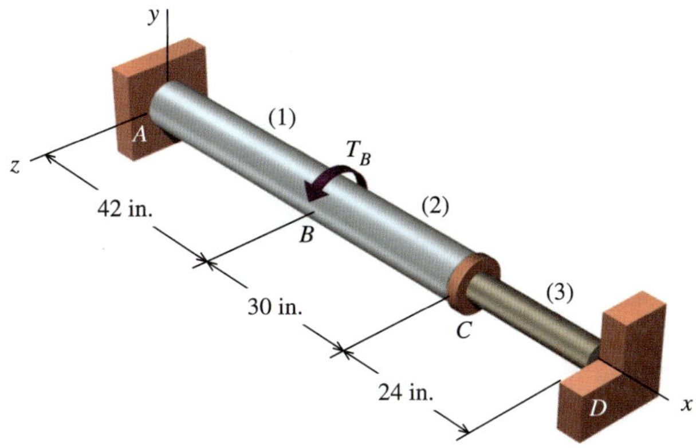


**FIGURE P6.79/80**

**P6.80** The torsional assembly of Figure P6.79/80 consists of a cold-rolled stainless steel tube connected to a solid cold-rolled brass segment at flange $C$. The assembly is securely fastened to rigid supports at $A$ and $D$. Stainless steel tubes (1) and (2) have an outside diameter of 3.50 in., a wall thickness of 0.120 in., a shear modulus of $G = 12{,}500$ ksi, and an allowable shear stress of 30 ksi. The solid brass segment (3) has a diameter of 2.00 in., a shear modulus of $G = 5{,}600$ ksi, and an allowable shear stress of 18 ksi. Determine the maximum permissible magnitude for the concentrated torque $T_B$.

**P6.81** The torsional assembly of Figure P6.81*a* consists of a solid 75-mm-diameter bronze [$G = 45$ GPa] segment (1) securely connected at flange $B$ to solid 75-mm-diameter stainless steel [$G = 86$ GPa] segments (2) and (3). The flange at $B$ is secured by four 14-mm-diameter bolts, which are each located on a 120-mm-diameter bolt circle (Figure P6.81*b*). The allowable average shear stress of the bolts is 90 MPa, and friction effects in the flange can be neglected for this analysis. Determine:

(a) the allowable torque $T_C$ that can be applied to the assembly at $C$ without exceeding the capacity of the bolted flange connection.
(b) the maximum shear stress magnitude in bronze segment (1) when the torque $T_C$ from part (a) is applied.
(c) the maximum shear stress magnitude in stainless steel segments (2) and (3) when the torque $T_C$ from part (a) is applied.

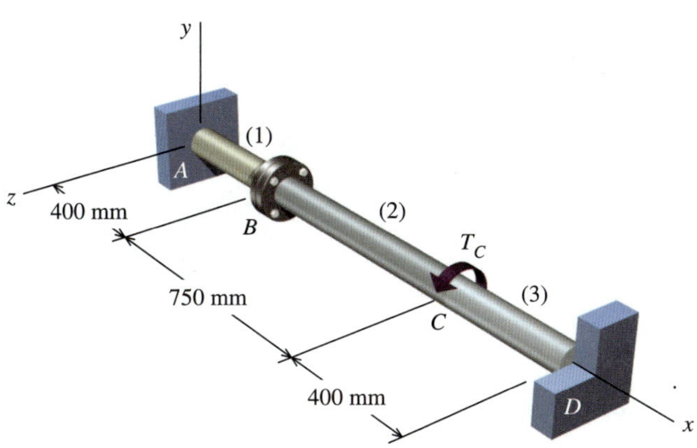


**FIGURE P6.81*a***

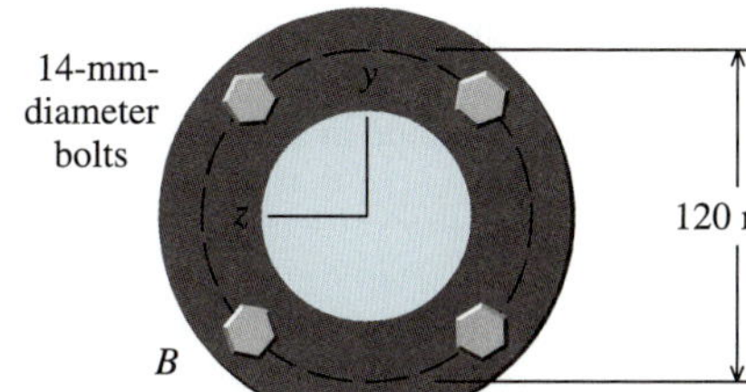


**FIGURE P6.81*b*** Flange $B$ bolts.

**P6.82** The torsional assembly shown in Figure P6.82/83 consists of solid 2.50-in.-diameter aluminum [$G = 4{,}000$ ksi] segments (1) and (3) and a central solid 3.00-in.-diameter bronze [$G = 6{,}500$ ksi] segment (2). Concentrated torques of $T_B = T_0$ and $T_C = 2T_0$ are applied to the assembly at $B$ and $C$, respectively. If $T_0 = 20$ kip-in., determine:

(a) the maximum shear stress magnitude in aluminum segments (1) and (3).
(b) the maximum shear stress magnitude in bronze segment (2).
(c) the rotation angle of joint $C$.

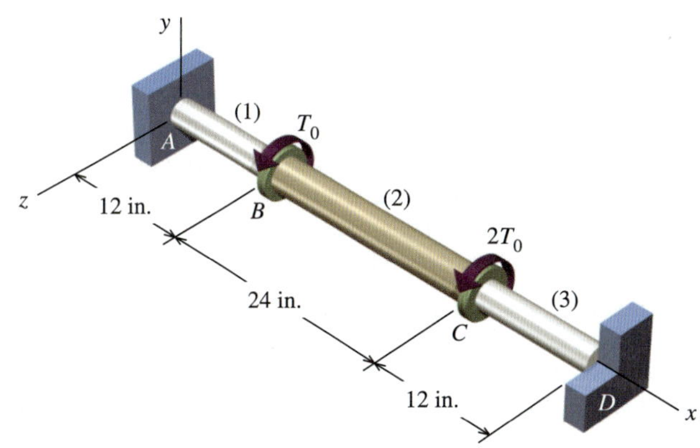


**FIGURE P6.82/83**

**P6.83** The torsional assembly shown in Figure P6.82/83 consists of solid 2.50-in.-diameter aluminum [$G = 4{,}000$ ksi] segments (1) and (3) and a central solid 3.00-in.-diameter bronze [$G = 6{,}500$ ksi] segment (2). Concentrated torques of $T_B = T_0$ and $T_C = 2T_0$ are applied to the assembly at $B$ and $C$, respectively. If the rotation angle at joint $C$ must not exceed 3°, determine:

(a) the maximum magnitude of $T_0$ that may be applied to the assembly.
(b) the maximum shear stress magnitude in aluminum segments (1) and (3).
(c) the maximum shear stress magnitude in bronze segment (2).

**P6.84** The torsional assembly shown in Figure P6.84/85 consists of a solid 60-mm-diameter aluminum [$G = 28$ GPa] segment (2) and two bronze [$G = 45$ GPa] tube segments (1) and (3), which have an outside diameter of 75 mm and a wall thickness of 5 mm. If concentrated torques of $T_B = 9$ kN-m and $T_C = 9$ kN-m are applied in the directions shown, determine:

(a) the maximum shear stress magnitude in bronze tube segments (1) and (3).
(b) the maximum shear stress magnitude in aluminum segment (2).
(c) the rotation angle of joint $C$.

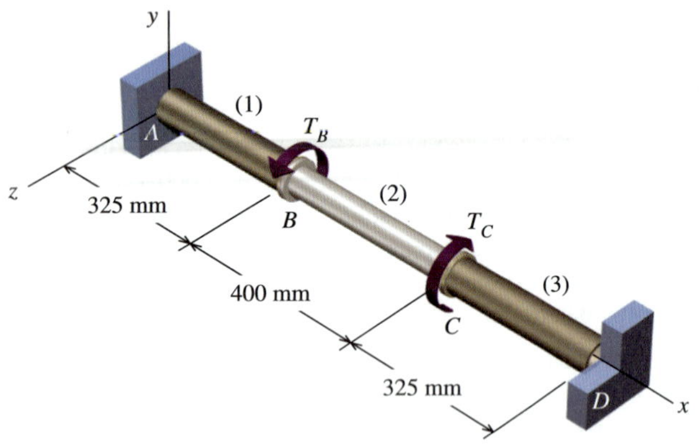


**FIGURE P6.84/85**

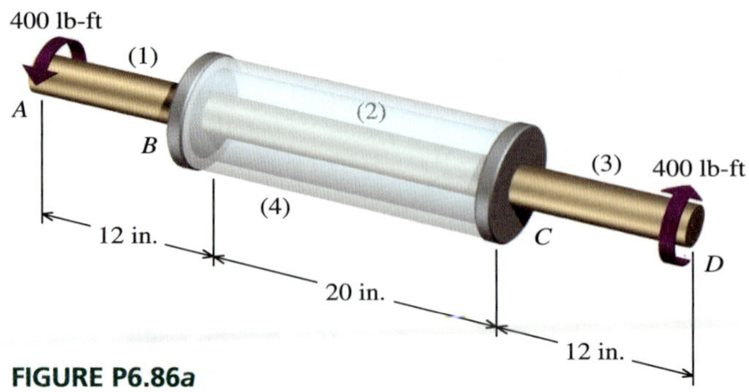


**FIGURE P6.86*a***

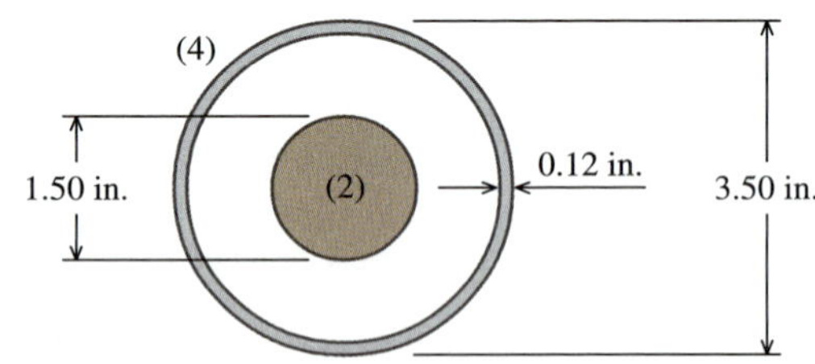


**FIGURE P6.86*b*** Cross section through tube.

**P6.85** The torsional assembly shown in Figure P6.84/85 consists of a solid 60-mm-diameter aluminum [$G = 28$ GPa] segment (2) and two bronze [$G = 45$ GPa] tube segments (1) and (3), which have an outside diameter of 75 mm and a wall thickness of 5 mm. If concentrated torques of $T_B = 6$ kN-m and $T_C = 10$ kN-m are applied in the directions shown, determine:

(a) the maximum shear stress magnitude in bronze tube segments (1) and (3).
(b) the maximum shear stress magnitude in aluminum segment (2).
(c) the rotation angle of joint $C$.

**P6.86** A solid 1.50-in.-diameter brass [$G = 5{,}600$ ksi] shaft [segments (1), (2), and (3)] has been stiffened between $B$ and $C$ by the addition of a cold-rolled stainless steel tube (4) (Figure P6.86*a*). The tube (Figure P6.86*b*) has an outside diameter of 3.50 in., a wall thickness of 0.12 in., and a shear modulus of $G = 12{,}500$ ksi. The tube is attached to the brass shaft by means of *rigid* flanges welded to the tube and to the shaft. (The thickness of the flanges can be neglected for this analysis.) If a torque of 400 lb-ft is applied to the shaft as shown in Figure P6.86*a*, determine:

(a) the maximum shear stress magnitude in segment (1) of the brass shaft.
(b) the maximum shear stress magnitude in segment (2) of the brass shaft (i.e., between flanges $B$ and $C$).
(c) the maximum shear stress magnitude in the stainless steel tube (4).
(d) the rotation angle of end $D$ relative to end $A$.

**P6.87** A solid 60-mm-diameter cold-rolled brass [$G = 39$ GPa] shaft that is 1.25 m long extends through and is *completely bonded* to a hollow aluminum [$G = 28$ GPa] tube as shown in Figure P6.87. Aluminum tube (1) has an outside diameter of 90 mm, an inside diameter of 60 mm, and a length of 0.75 m. Both the brass shaft and the aluminum tube are securely attached to the wall support at $A$. When the two torques shown are applied to the composite shaft, determine:

(a) the maximum shear stress magnitude in aluminum tube (1).
(b) the maximum shear stress magnitude in brass shaft segment (2).
(c) the maximum shear stress magnitude in brass shaft segment (3).
(d) the rotation angle of joint $B$.
(e) the rotation angle of end $C$.

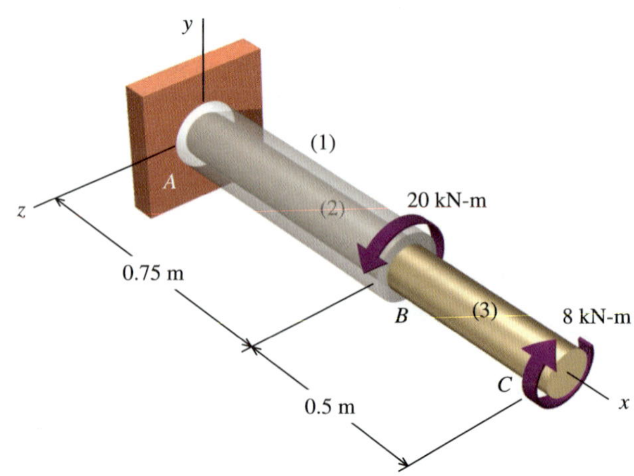


**FIGURE P6.87**

**P6.88** The gear assembly shown in Figure P6.88/89 is subjected to a torque of $T_C = 140$ N-m. Shafts (1) and (2) are solid 20-mm-diameter steel shafts, and shaft (3) is a solid 25-mm-diameter steel shaft. Assume $L = 400$ mm and $G = 80$ GPa. Determine:

(a) the maximum shear stress magnitude in shaft (1).
(b) the maximum shear stress magnitude in shaft segment (3).
(c) the rotation angle of gear $E$.
(d) the rotation angle of gear $C$.

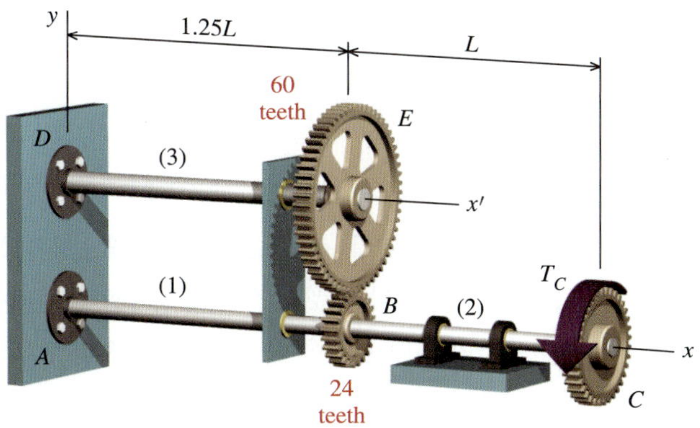


**FIGURE P6.88/89**

**P6.89** The gear assembly shown in Figure P6.88/89 is subjected to a torque of $T_C = 1{,}100$ lb-ft. Shafts (1) and (2) are solid 1.625-in.-diameter aluminum shafts and shaft (3) is a solid 2.00-in.-diameter aluminum shaft. Assume $L = 20$ in. and $G = 4{,}000$ ksi. Determine:

(a) the maximum shear stress magnitude in shaft (1).
(b) the maximum shear stress magnitude in shaft segment (3).
(c) the rotation angle of gear $E$.
(d) the rotation angle of gear $C$.

**P6.90** A torque of $T_C = 460$ N-m acts on gear $C$ of the assembly shown in Figure P6.90/91. Shafts (1) and (2) are solid 35-mm-diameter aluminum shafts and shaft (3) is a solid 25-mm-diameter aluminum shaft. Assume $L = 200$ mm and $G = 28$ GPa. Determine:

(a) the maximum shear stress magnitude in shaft (1).
(b) the maximum shear stress magnitude in shaft segment (3).
(c) the rotation angle of gear $E$.
(d) the rotation angle of gear $C$.

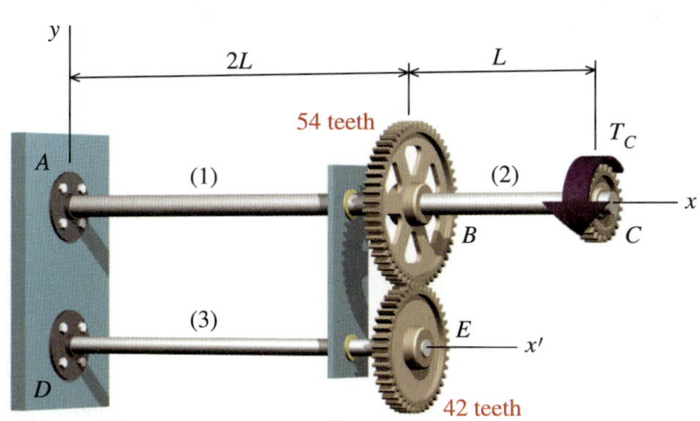


**FIGURE P6.90/91**

**P6.91** A torque of $T_C = 40$ kip-in. acts on gear $C$ of the assembly shown in Figure P6.90/91. Shafts (1) and (2) are solid 2.00-in.-diameter stainless steel shafts and shaft (3) is a solid 1.75-in.-diameter stainless steel shaft. Assume $L = 8$ in. and $G = 12{,}500$ ksi. Determine:

(a) the maximum shear stress magnitude in shaft (1).
(b) the maximum shear stress magnitude in shaft segment (3).
(c) the rotation angle of gear $E$.
(d) the rotation angle of gear $C$.

**P6.92** The steel [$G = 12{,}000$ ksi] pipe shown in Figure P6.92/93 is fixed to the wall support at $C$. The bolt holes in the flange at $A$ were supposed to align with mating holes in the wall support; however, an angular misalignment of 4° was found to exist. To connect the pipe to its supports, a temporary installation torque $T'_B$ must be applied at $B$ to align flange $A$ with the mating holes in the wall support. The outside diameter of the pipe is 3.50 in. and its wall thickness is 0.216 in.

(a) Determine the temporary installation torque $T'_B$ that must be applied at $B$ to align the bolt holes at $A$.
(b) Determine the maximum shear stress $\tau_{\text{initial}}$ in the pipe after the bolts are connected and the temporary installation torque at $B$ is removed.
(c) If the maximum shear stress in the pipe shaft must not exceed 12 ksi, determine the maximum external torque $T_B$ that can be applied at $B$ after the bolts are connected.

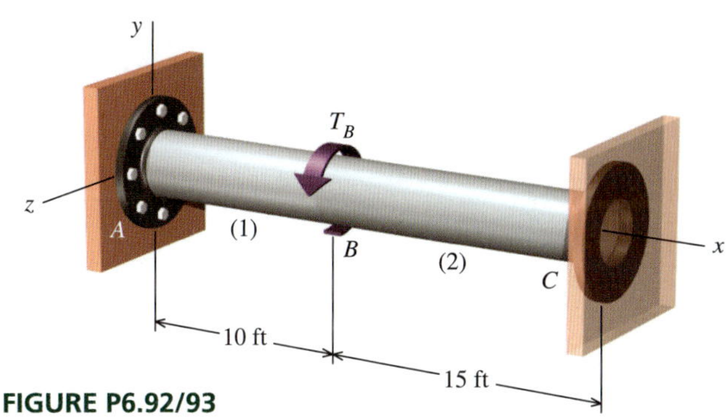


**FIGURE P6.92/93**

**P6.93** The steel [$G = 12{,}000$ ksi] pipe shown in Figure P6.92/93 is fixed to the wall support at $C$. The bolt holes in the flange at $A$ were supposed to align with mating holes in the wall support; however, an angular misalignment of 4° was found to exist. To connect the pipe to its supports, a temporary installation torque $T'_B$ must be applied at $B$ to align flange $A$ with the mating holes in the wall support. The outside diameter of the pipe is 2.875 in. and its wall thickness is 0.203 in.

(a) Determine the temporary installation torque $T'_B$ that must be applied at $B$ to align the bolt holes at $A$.
(b) Determine the maximum shear stress $\tau_{\text{initial}}$ in the pipe after the bolts are connected and the temporary installation torque at $B$ is removed.
(c) Determine the magnitude of the maximum shear stress in segments (1) and (2) if an external torque of $T_B = 80$ kip-in. is applied at $B$ after the bolts are connected.

## 6.10 비틀림하중을 받는 원형축의 응력집중

5.7절에서 원형구멍이나 다른 기하학적 불연속에 의해 축방향으로 하중을 받는 부재의 불연속 주위에서는 매우 큰 응력 증가가 발생된다는 것을 확인하였다. 이 현상을 응력집중이라 하며, 비틀림하중을 받는 원형축에서도 발생한다.

이 장의 앞에서 균일단면이고 선형탄성 재료로 제작된 원형축의 최대 전단응력이 식 (6.5)로 주어졌다.

$$\tau_{\max} = \frac{Tc}{J} \tag{6.5}$$

원형축의 응력집중의 측면에서 이 응력은 **공칭응력**(*nominal stress*)이며, 이것은 축의 불연속 부로부터 상당히 떨어진 영역에서의 전단응력을 의미한다. 축 지름이 급격하게 변화하는 곳에서의 전단응력은 크게 증가하며, 식 (6.5)로는 그루브나 필렛과 같은 축의 불연속부에서의 최대 응력을 예측하지 못한다. 이 불연속부에서의 최대 응력은 응력집중계수 $K$의 항으로 표현되며, 다음과 같이 정의 된다.

$$K = \frac{\tau_{\max}}{\tau_{\text{nom}}} \tag{6.21}$$

*불연속성이 있는 큰 축경 D를 주지름(major diameter)이라 부른다. 불연속이 있는 작은 축경 d는 최소 지름(minor diameter)라 부른다.*

이 관계식에서 $\tau_{\text{nom}}$은 불연속부에서 축의 최소 지름(*minor diameter*로 표현)에 대한 응력으로 $Tc/J$이다.

U형 그루브를 포함하는 축과 이단 원형축에 대한 응력집중계수 $K$는 각각 그림 6.17과 6.18에서 보는 바와 같다.[4] 전술한 불연속의 두 가지 형태에 대해, 응력집중계수는 (a) 그루브

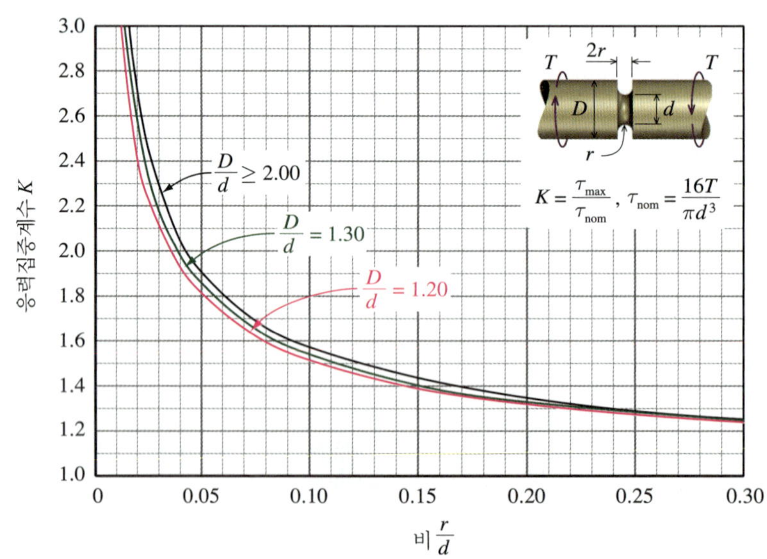


**그림 6.17** • U-형상 그루브를 가진 원형축의 응력집중계수 $K$

[4] Adapted from Walter D. Pilkey, *Peterson's Stress Concentration Factors*, 2nd ed. (New York: John Wiley & Sons, Inc., 1997).

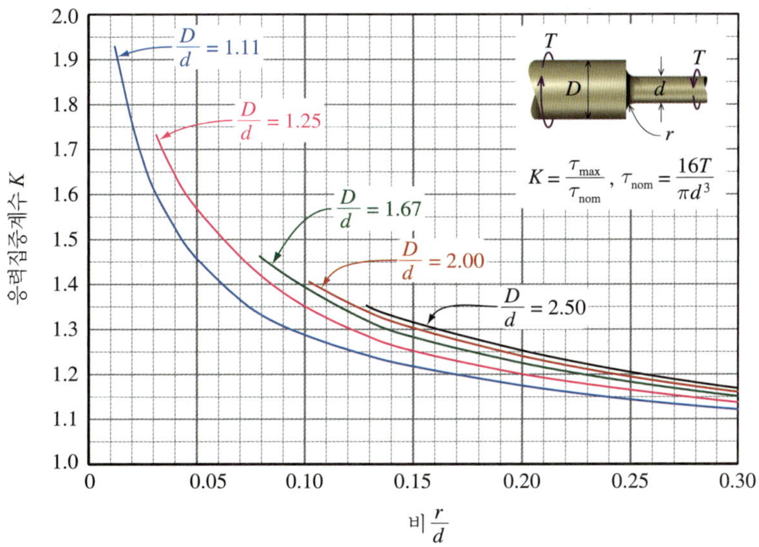


**그림 6.18** • 접합부 필렛을 가진 2단 원형축의 응력집중계수 $K$

또는 필렛의 반지름 $r$의 작은지름 $d$에 대한 비 $r/d$, (b) 큰 지름 $D$와 작은 지름 $d$의 비 $D/d$에 달려 있다.

그림 6.17과 그림 6.18을 검토해 보면, 축 지름이 변화할 경우 부드러운 필렛반지름 $r$을 사용해야 함을 알 수 있다. 식 (6.21)은 $\tau_{max}$가 재료의 비례한도를 초과하지 않는 한 국부최대 전단응력을 구하는 데 사용될 수 있다. 원형축에서 흔히 사용하는 오일 홀이나 축에 풀리와 기어를 연결하기 위해 사용되는 키홈도 응력집중을 발생시킨다. 이러한 형상 불연속은 설계과정에서 특별히 고려하여야 한다.

### 예제 6.11 EXAMPLE

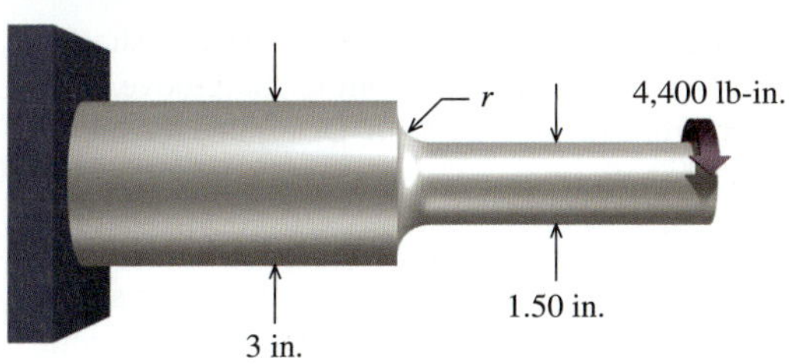


길이에 반은 3 in.의 지름이고, 나머지 반은 1.5 in.의 지름인 2단축이 있다. 축이 4,400 lb·in.의 토크를 전달할 때 축의 최대 전단응력을 8,000 psi로 제한할 경우 축의 두 부분의 연결점에서 요구되는 최소 필렛반지름 $r$을 구하라.

**풀이 계획**

작은 지름(즉, 최소 지름)의 축에 작용하는 최대 전단응력을 구한다. 이 전단응력과 허용전단응력으로부터 최대 허용응력집중계수 $K$가 구해진다. $K$와 축의 확정된 변수 값을 이용하여, 그림 6.18로부터 최소 허용 필렛반지름을 구한다.

**풀이**

4,400 lb·in.의 토크에 의해 작은 지름의 축에 발생되는 최대 전단응력은

$$\tau_{nom} = \frac{Tc}{J} = \frac{(4{,}400 \text{ lb·in.})(0.75 \text{ in.})}{\frac{\pi}{32}(1.5 \text{ in.})^4} = 6{,}639.7 \text{ psi}$$

두 축 사이의 필렛에서의 최대 전단응력은 8,000 psi로 제한되므로 작은 지름의 축의 공칭전단응력에 기초한 응력집중계수 $K$의 최대 허용치는 다음과 같다.

$$K = \frac{\tau_{max}}{\tau_{nom}} \qquad \therefore K \le \frac{8{,}000 \text{ psi}}{6{,}639.7 \text{ psi}} = 1.20$$

응력집중계수 $K$는 두 개의 비에 종속된다. 즉 $D/d$와 $r/d$. 지름 1.5 in.의 수축단면을 갖는 지름 3 in.의 축에 대해 $D/d = (3.00 \text{ in.})/(1.50 \text{ in.}) = 2.00$이다. 그림 6.18의 곡선에서 $r/d = 0.238$이고 $D/d = 2.00$인 경우, 응력집중계수 $K = 1.20$이다. 따라서 두 축의 결합부의 필렛의 최소 허용반지름은

$$\frac{r}{d} \ge 0.238 \qquad \therefore r \ge 0.238(1.50 \text{ in.}) = 0.357 \text{ in.}$$ **Ans.**

## PROBLEMS

**P6.94** A stepped shaft with a major diameter of $D = 1.375$ in. and a minor diameter of $d = 1.00$ in. is subjected to a torque of 500 lb-in. A fillet with a radius of $r = 3/16$ in. is used to transition from the major diameter to the minor diameter. Determine the maximum shear stress in the shaft.

**P6.95** A stepped shaft with a major diameter of $D = 20$ mm and a minor diameter of $d = 16$ mm is subjected to a torque of 25 N-m. A full quarter-circular fillet having a radius of $r = 2$ mm is used to transition from the major diameter to the minor diameter. Determine the maximum shear stress in the shaft.

**P6.96** A fillet with a radius of 1/2 in. is used in a stepped shaft at the junction where the diameter is reduced from 8.00 in. to 6.00 in. Determine the maximum torque that the shaft can transmit if the maximum shear stress in the fillet must be limited to 5 ksi.

**P6.97** A stepped shaft with a major diameter of $D = 2.50$ in. and a minor diameter of $d = 1.25$ in. is subjected to a torque of 1,200 lb-in. If the maximum shear stress must not exceed 4,000 psi, determine the minimum radius $r$ that may be used for a fillet at the junction of the two shaft segments. The fillet radius must be chosen as a multiple of 0.05 in.

**P6.98** A fillet with a radius of 16 mm is used in a stepped shaft at the junction where the diameter is reduced from 200 mm to 150 mm. Determine the maximum torque that the shaft can transmit if the maximum shear stress in the fillet must be limited to 55 MPa.

**P6.99** A stepped shaft with a major diameter of $D = 50$ mm and a minor diameter of $d = 32$ mm is subjected to a torque of 210 N-m. If the maximum shear stress must not exceed 40 MPa, determine the minimum radius $r$ that may be used for a fillet at the junction of the two shaft segments. The fillet radius must be chosen as a multiple of 1 mm.

**P6.100** A stepped shaft has a major diameter of $D = 2.00$ in. and a minor diameter of $d = 1.50$ in. A fillet with a 0.25-in. radius is used to transition between the two shaft segments. The maximum shear stress in the shaft must be limited to 9,000 psi. If the shaft rotates at a constant angular speed of 800 rpm, determine the maximum power that may be delivered by the shaft.

**P6.101** A stepped shaft has a major diameter of $D = 100$ mm and a minor diameter of $d = 75$ mm. A fillet with a 10-mm radius is used to transition between the two shaft segments. The maximum shear stress in the shaft must be limited to 60 MPa. If the shaft rotates at a constant angular speed of 500 rpm, determine the maximum power that may be delivered by the shaft.

**P6.102** A 2-in.-diameter shaft contains a 1/2-in.-deep U-shaped groove that has a 1/4-in. radius at the bottom of the groove. The shaft must transmit a torque of $T = 720$ lb-in. Determine the maximum shear stress in the shaft.

**P6.103** A semicircular groove with a 6-mm radius is required in a 50-mm-diameter shaft. If the maximum allowable shear stress in the shaft must be limited to 40 MPa, determine the maximum torque that can be transmitted by the shaft.

**P6.104** A 40-mm-diameter shaft contains a 10-mm-deep U-shaped groove that has a 6-mm radius at the bottom of the groove. The maximum shear stress in the shaft must be limited to 60 MPa. If the shaft rotates at a constant angular speed of 22 Hz, determine the maximum power that may be delivered by the shaft.

**P6.105** A 1.25-in.-diameter shaft contains a 0.25-in.-deep U-shaped groove that has a 1/8-in. radius at the bottom of the groove. The maximum shear stress in the shaft must be limited to 12,000 psi. If the shaft rotates at a constant angular speed of 6 Hz, determine the maximum power that may be delivered by the shaft.

## 6.11 비원형단면의 비틀림

Duleau가 실험결과를 출판한 1820년 이전에는 임의의 비틀림을 받는 부재의 전단응력은 길이방향 축으로부터의 거리에 비례한다고 생각하였다. Duleau는 실험적으로 사각 단면에서 이것은 옳지 않다고 증명하였다. 그림 6.19의 검토가 Duleau의 결론을 증명한다. 사각 바의 응력이 축으로부터 떨어진 거리에 비례한다면, 최대 응력은 모서리에서 발생된다. 그러나 그림 6.19*a*에서 제시된 것처럼 모서리에서 임의 크기의 응력이 있다면, 이것은 6.19*b*에 도시된 것과 같은 성분으로 분해할 수 있다. 그리고 이들 성분들이 존재한다면, 자유경계 상의 화살표로 표시된 두 개의 성분도 존재해야 된다. 그림에서의 평면이 자유경계이기 때문에 이 자유경계 상의 응력은 존재하지 않는다. 따라서 사각봉의 모서리에서의 전단응력은 0이 되어야 한다.

비원형단면을 갖는 각형바의 비틀림에 대한 최초의 올바른 해석결과는 1855년 Saint-Venant에 의해 출판되었다. 그러나 이 해석의 범위는 이 교재의 기본해석의 범주를 넘어선다.[5] Saint-Venant의 해석결과는 일반적으로 보면 원형단면부재를 제외하고 모든 단면에서 비틀림을 받는 경우 뒤틀림이 발생한다는 것이다(즉, 평면이 유지되지 않는다).

그림 6.2*d*의 사각봉의 경우 작은 정사각형의 뒤틀림은 단면의 측면 중앙에서 최대가 되며, 코너에서는 없어진다. 이 뒤틀림은 전단변형률의 척도가 되므로 후크법칙에 따라 전단응력은 단면 측면의 중앙에서 최대가 되고, 코너에서는 0이 된다. 따라서 사각단면에 대한 최대 전단응력과 비틀림각의 공식은 Saint-Venant 이론에서 얻어지며, 다음과 같다.

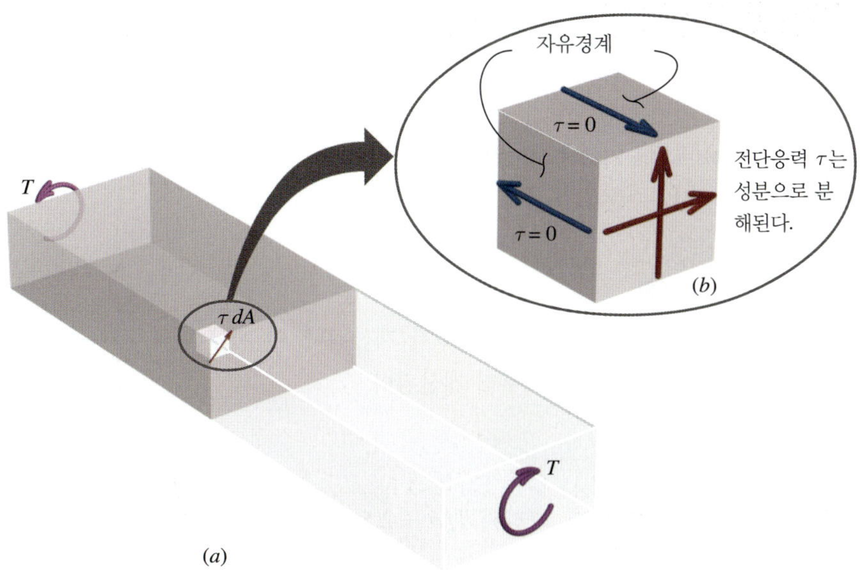


**그림 6.19** • 사각막대의 비틀림 응력

[5] 이론의 완전한 논의는 *Mathematicical Theory of Elasticity*. IS.Sokolnikoff, 2nd. ed.(New York: McGraw-Hill, 1956):109−134와 같은 책에 제시되어 있다.

$$\tau_{max} = \frac{T}{\alpha a^2 b} \tag{6.22}$$

$$\phi = \frac{TL}{\beta a^3 bG} \tag{6.23}$$

여기서 $a$와 $b$는 사각형의 짧은 변과 긴 변의 길이이다. 상수 $\alpha$와 $\beta$는 표 6.1[6]에서 구해진다.

**표 6.1** • 사각봉의 비틀림에 대한 상수표

| b/a의 비 | $\alpha$ | $\beta$ |
|---|---|---|
| 1.0 | 0.208 | 0.1406 |
| 1.2 | 0.219 | 0.166 |
| 1.5 | 0.231 | 0.196 |
| 2.0 | 0.246 | 0.229 |
| 2.5 | 0.258 | 0.249 |
| 3.0 | 0.267 | 0.263 |
| 4.0 | 0.282 | 0.281 |
| 5.0 | 0.291 | 0.291 |
| 10.0 | 0.312 | 0.312 |
| $\infty$ | 0.333 | 0.333 |

## 예제 6.12 EXAMPLE

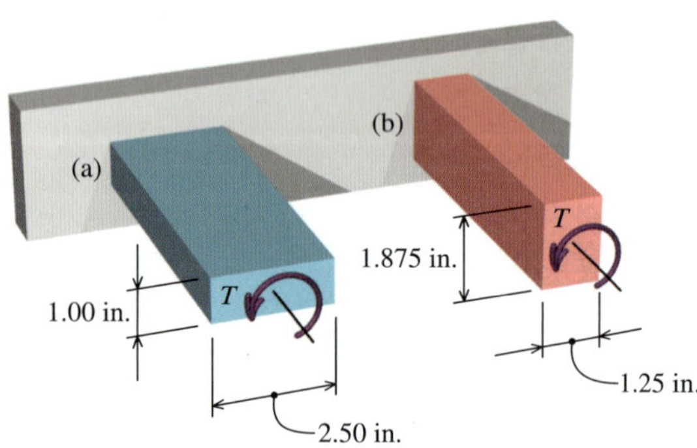


보여지는 두 개의 사각형 고분자 막대가 $T = 2{,}000$ lb·in.의 토크를 받고 있다. 각 막대에서 다음을 구하라.

(a) 최대 전단응력

(b) 막대길이가 12 in.일 때, 자유단에서의 회전각. 고분자 재료의 전단탄성계수는 $G = 500$ ksi이다.

### 풀이 계획

각 막대에 대한 형상비 $b/a$가 계산된다. 이 비에 대해, 상수 $\alpha$와 $\beta$가 표 6.1로부터 계산된다. 최대 전단응력과 회전각이 식 (6.22)와 (6.23)으로부터 계산된다.

### 풀이

막대 (a)에서 긴 쪽 변은 $b = 2.50$ in.이고, 짧은 변은 $a = 1.00$ in.이다. 따라서 $b/a = 2.5$이다. 표 6.1로부터 $\alpha = 0.258$, $\beta = 0.248$이다.

토크 $T = 2{,}000$ lb·in.에 의해 막대 (a)에 발생되는 최대 전단응력은

[6] S.P. Timoshenko and J.N.Goodier, *Theory of Elasticity*, 3rd ed.(New York: McGraw-Hill, 1969):Section 109.

$$\tau_{\max} = \frac{T}{\alpha a^2 b} = \frac{2{,}000 \text{ lb-in.}}{(0.258)(1.00 \text{ in.})^2(2.50 \text{ in.})} = 3{,}100 \text{ psi} \qquad \textbf{Ans.}$$

길이 12 in.의 막대의 비틀림각은

$$\phi = \frac{TL}{\beta a^3 bG} = \frac{(2{,}000 \text{ lb-in.})(12 \text{ in.})}{(0.249)(1.00 \text{ in.})^3(2.50 \text{ in.})(500{,}000 \text{ psi})} = 0.0771 \text{ rad} \qquad \textbf{Ans.}$$

막대 (b)에 대해 막대의 긴 변은 $b = 1.875$ in.이고, 짧은 변은 $a = 1.25$ in.이다. 따라서 $b/a = 1.5$이다. 표 6.1로부터 $\alpha = 0.231$, $\beta = 0.196$이다.

토크 $T = 2{,}000$ lb·in.에 의해 막대 (b)에 발생되는 최대 전단응력은

$$\tau_{\max} = \frac{T}{\alpha a^2 b} = \frac{2{,}000 \text{ lb-in.}}{(0.231)(1.25 \text{ in.})^2(1.875 \text{ in.})} = 2{,}960 \text{ psi} \qquad \textbf{Ans.}$$

길이 12 in.의 막대의 비틀림각은

$$\phi = \frac{TL}{\beta a^3 bG} = \frac{(2{,}000 \text{ lb-in.})(12 \text{ in.})}{(0.196)(1.25 \text{ in.})^3(1.875 \text{ in.})(500{,}000 \text{ psi})} = 0.0669 \text{ rad} \qquad \textbf{Ans.}$$

## 6.12 얇은 벽 두께 원관의 비틀림: 전단류

6.1, 6.2, 6.3절에 제시된 기초 비틀림이론은 원형단면에 국한된다. 그러나 비원형단면의 한 가지는 기초적인 방법으로 쉽게 해석될 수 있다. 이러한 형상은 그림 6.20*a*에 보여진 얇은 벽 두께 관이며, 이것은 벽 두께가 변하는(즉, $t$가 변하는) 비원형 단면을 나타낸다.

얇은 벽 두께 단면의 해석에 관련된 유용한 개념은 **전단류**(*shear flow*) $q$ 이며, 이것은 얇은 단면의 단위 길이당 내부전단력으로 정의된다. $q$에 대한 대표적인 단위는 단위 in당 lb 또는 단위 m 당 N이다. 응력항으로 표현하면, $q$는 $\tau \times t \times 1(= \tau t)$이며, 여기서 $\tau$는 두께 $t$에 걸친 평균 전단응력이다.

먼저, 단면의 벽 두께가 변하는 경우에도 단면의 전단류가 일정하다는 것을 설명하고자 한다. 그림 6.20*b*는 $A$와 $B$ 사이에서 그림 6.20*a*를 절단한 블록을 보여준다. 부재가 순수비틀림을 받으므로 전단력 $V_1$, $V_2$, $V_3$, $V_4$만이 필요하며, 평형을 위해서 충분하다(즉, 수직력은 포함되지 않는다). $x$방향에 대한 힘들을 합하면

$$V_1 = V_3$$

또는

$$q_1\,dx = q_3\,dx$$

여기서

$$q_1 = q_3$$

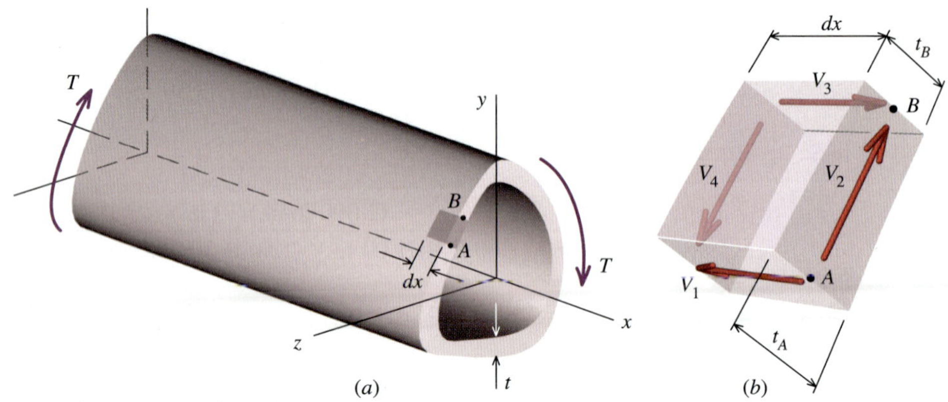


**그림 6.20** • 얇은 벽 두께 관의 전단류

따라서 $q = \tau \times t$이므로

전단류와 전단응력은 항상 관 벽에 접하게 작용한다는 것에 주목하라.

$$\tau_1 t_A = \tau_3 t_B \tag{a}$$

점 $A$에서 길이방향과 횡방향평면에 대한 전단응력은 크기가 같다. 마찬가지로, 점 $B$에서 길이방향과 횡방향평면 상의 전단응력도 크기가 같다. 따라서 식 (a)는 다음과 같이 쓸 수 있다.

$$\tau_A t_A = \tau_B t_B$$

또는

$$q_A = q_B$$

이것은 단면의 벽 두께가 변하더라도 단면의 전단류는 일정하다는 것을 나타낸다. $q$가 단면에 걸쳐 일정하므로 최대 평균 전단응력은 벽 두께가 최소일 때, 발생한다.

다음으로, 토크와 전단응력의 관계식이 유도된다. 그림 6.21에서 보는 것처럼, 둘레의 미분요소 $ds$의 중심을 지나 작용하는 힘 $dF$를 생각해 보자. $dF$가 점 $O$에 대해서 발생시키는 미분모멘트는 $\rho \times dF$이다. 여기서 $\rho$는 둘레요소에서 원점까지의 평균 반지름이다. 내부토크는 미분모멘트의 전체의 합과 같다. 즉

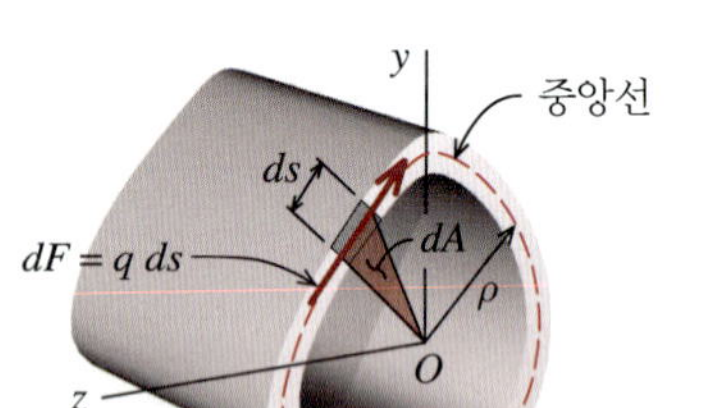


**그림 6.21** • 얇은 벽 단면에서 내부토크와 전단력 관계의 유도

$$T = \int (dF)\rho = \int (q\,ds)\rho = q \int \rho\, ds$$

이 적분은 정식적분으로 계산하기는 어렵다. 그러나 양 $\rho ds$가 그림 6.20에 음영된 삼각형의 면적의 두 배이므로, 적분은 중앙선으로 정의된 면적 $A_m$의 두 배가 된다. 즉 $A_m$은 관벽두께의 중앙선에 의하여 정의된 도형의 경계 안의 면적이다. 따라서 토크 $T$와 전단류 $q$와의 최종 관계식은

$$T = q(2A_m) \tag{6.24}$$

응력 항으로 표현하면

$$\tau = \frac{T}{2A_m t} \tag{6.25}$$

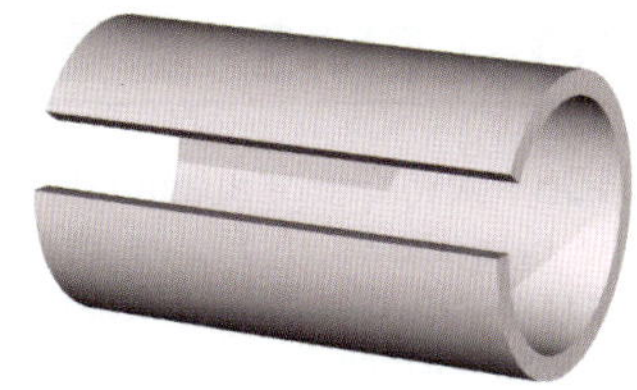

**그림 6.22** • 개단면을 가진 얇은 벽 두께

여기서 $\tau$는 두께 $t$(둘레에 접선)에 대한 평균 전단응력이다. 식 (6.25)로부터 구해지는 전단응력은 $t$가 비교적 작다면 상당히 정확하다. 예를 들어서, 원관의 지름 대 두께 비가 20이면, 식 (6.25)로 주어지는 응력은 비틀림공식으로 주어지는 것보다 5% 정도 작다. 다시 한 번 강조하면, 식 (6.25)는 폐 단면, 즉, 연속적인 둘레를 가진 단면에만 적용된다. 부재가 길이방향으로 열려 있다면(그림 6.22 참조), 비틀림에 대한 저항은 폐단면에 비해서 상당히 떨어지게 된다.

## 예제 6.13 EXAMPLE

알루미늄합금 사각형 상자 단면의 외곽 치수가 100 mm와 50 mm이다. 50 mm 쪽의 판 두께는 2 mm이고, 100 mm 쪽은 3 mm이다. 최대 전단응력을 95 MPa로 제한한다면, 이 단면에 가할 수 있는 최대 토크 $T$를 구하라.

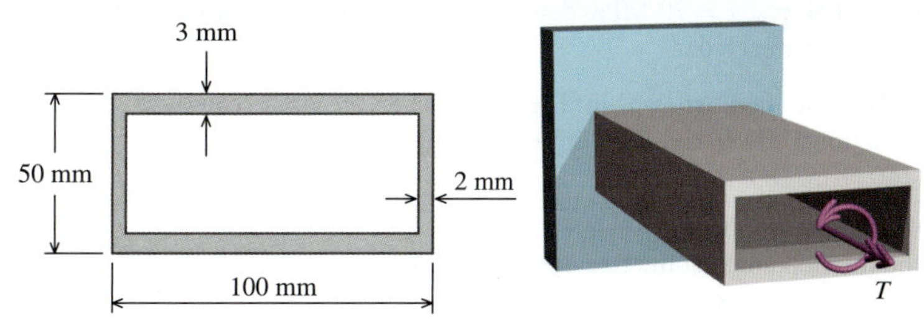


단면치수

### 풀이 계획

최대 전단응력은 가장 얇은 판에서 발생된다. 허용전단응력을 이용하면, 가장 얇은 판에서의 전단류가 계산된다. 다음에 단면 벽의 중앙선으로 에워싸진 면적 $A$(그림 6.21참조)가 계산된다. 끝으로 최대 토크가 식 (6.24)로 계산된다.

### 풀이

최대 전단응력은 가장 얇은 판에서 발생한다. 따라서 임계전단류 $q$는

$$q = \tau t = (95\ \text{N/mm}^2)(2\ \text{mm}) = 190\ \text{N/mm}$$

중앙선으로 에워싸진 면적은

$$A_m = (100\ \text{mm} - 2\ \text{mm})(50\ \text{mm} - 3\ \text{mm}) = 4{,}606\ \text{mm}^2$$

끝으로, 단면이 전달할 수 있는 토크는 식 (6.24)로부터 계산된다.

$$T = q(2A_m) = (190\ \text{N/mm})(2)(4{,}606\ \text{mm}^2) = 1{,}750{,}280\ \text{N·mm} = 1{,}750\ \text{N·m}$$ **Ans.**

# PROBLEMS

**P6.106** A torque of magnitude $T = 1.5$ kip-in. is applied to each of the bars shown in Figure P6.106/107. If the allowable shear stress is specified as $\tau_{allow} = 8$ ksi, determine the minimum required dimension $b$ for each bar.

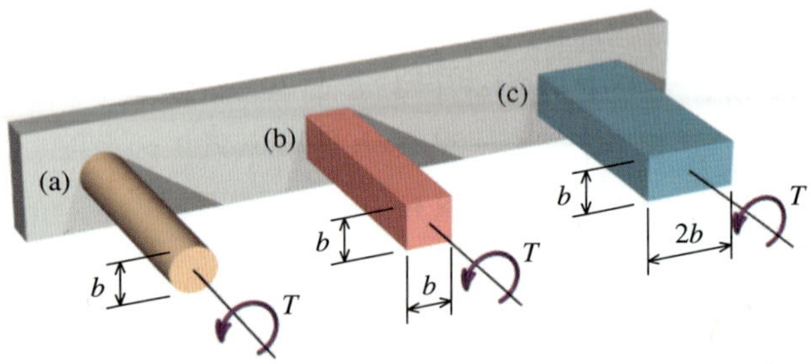


**FIGURE P6.106/107**

**P6.107** A torque of magnitude $T = 270$ N-m is applied to each of the bars shown in Figure P6.106/107. If the allowable shear stress is specified as $\tau_{allow} = 70$ MPa, determine the minimum required dimension $b$ for each bar.

**P6.108** The bars shown in Figure P6.108/109 have equal cross-sectional areas and they are each subjected to a torque of $T = 160$ N-m. Determine:

(a) the maximum shear stress in each bar.
(b) the rotation angle at the free end if each bar has a length of 300 mm. Assume $G = 28$ GPa.

**P6.109** The allowable shear stress for each bar shown in Figure P6.108/109 is 75 MPa. Determine:

(a) the largest torque $T$ that may be applied to each bar.
(b) the corresponding rotation angle at the free end if each bar has a length of 300 mm. Assume $G = 28$ GPa.

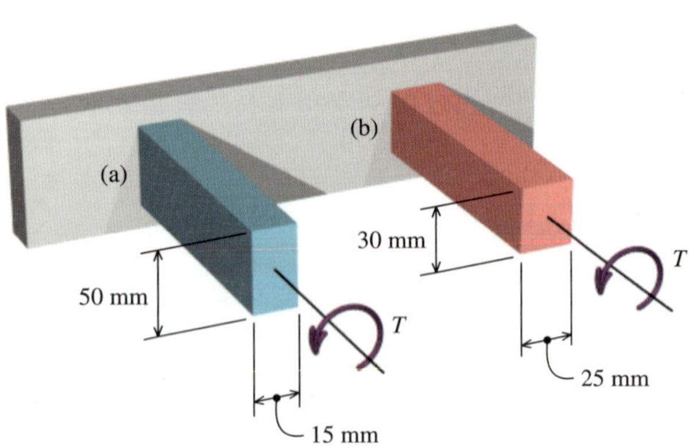


**FIGURE P6.108/109**

**P6.110** A solid circular rod having diameter $D$ is to be replaced by a rectangular tube having cross-sectional dimensions $D \times 2D$ (which are measured to the wall centerlines of the cross section shown in Figure P6.110). Determine the required minimum thickness $t_{min}$ of the tube so that the maximum shear stress in the tube will not exceed the maximum shear stress in the solid bar.

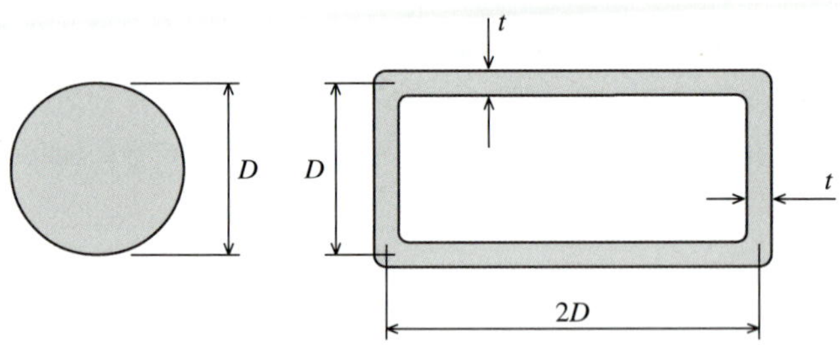


**FIGURE P6.110**

**P6.111** A 24-in.-wide by 0.100-in.-thick by 100-in.-long steel sheet is to be formed into a hollow section by bending through 360° and welding (i.e., butt-welding) the long edges together. Assume a cross-sectional medial length of 24 in. (no stretching of the sheet due to bending). If the maximum shear stress must be limited to 12 ksi, determine the maximum torque that can be carried by the hollow section if:

(a) the shape of the section is a circle.
(b) the shape of the section is an equilateral triangle.
(c) the shape of the section is a square.
(d) the shape of the section is an $8 \times 4$ in. rectangle.

**P6.112** A 500-mm-wide by 3-mm-thick by-2 m-long aluminum sheet is to be formed into a hollow section by bending through 360° and welding (i.e., butt-welding) the long edges together. Assume a cross-sectional medial length of 500 mm (no stretching of the sheet due to bending). If the maximum shear stress must be limited to 75 MPa, determine the maximum torque that can be carried by the hollow section if:

(a) the shape of the section is a circle.
(b) the shape of the section is an equilateral triangle.
(c) the shape of the section is a square.
(d) the shape of the section is a $150 \times 100$ mm rectangle.

**P6.113** A torque of $T = 150$ kip-in. will be applied to the hollow, thin-walled aluminum alloy section shown in Figure P6.113. If the maximum shear stress must be limited to 10 ksi, determine the minimum thickness required for the section. (*Note:* The dimensions shown are measured to the wall centerline.)

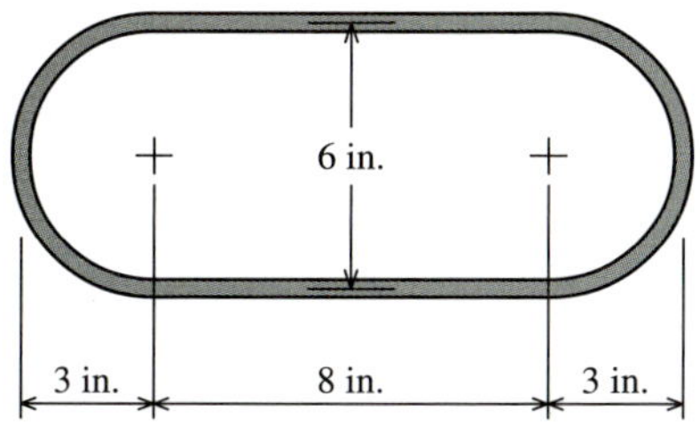


**FIGURE P6.113**

**P6.114** A torque of $T = 2.5$ kN-m will be applied to the hollow, thin-walled aluminum alloy section shown in Figure P6.114. If the maximum shear stress must be limited to 50 MPa, determine the minimum thickness required for the section. (*Note:* The dimensions shown are measured to the wall centerline.)

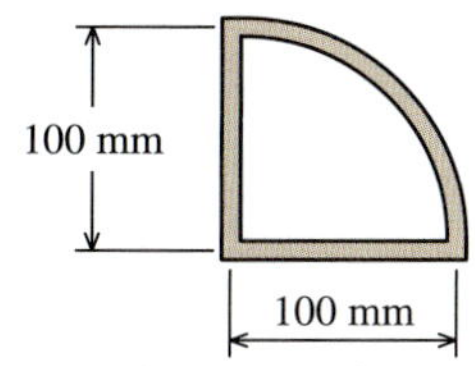


**FIGURE P6.114**

**P6.115** A torque of $T = 100$ kip-in. will be applied to the hollow, thin-walled aluminum alloy section shown in Figure P6.115. If the section has a uniform thickness of 0.100 in., determine the magnitude of the maximum shear stress developed in the section. (*Note:* The dimensions shown are measured to the wall centerline.)

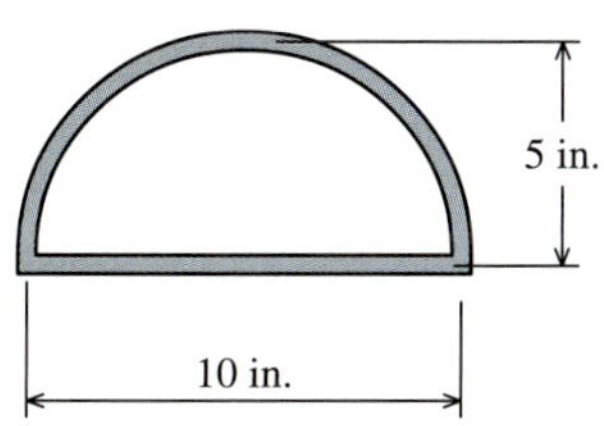


**FIGURE P6.115**

**P6.116** A torque of $T = 2.75$ kN-m will be applied to the hollow, thin-walled aluminum alloy section shown in Figure P6.116. If the section has a uniform thickness of 4 mm, determine the magnitude of the maximum shear stress developed in the section. (*Note:* The dimensions shown are measured to the wall centerline.)

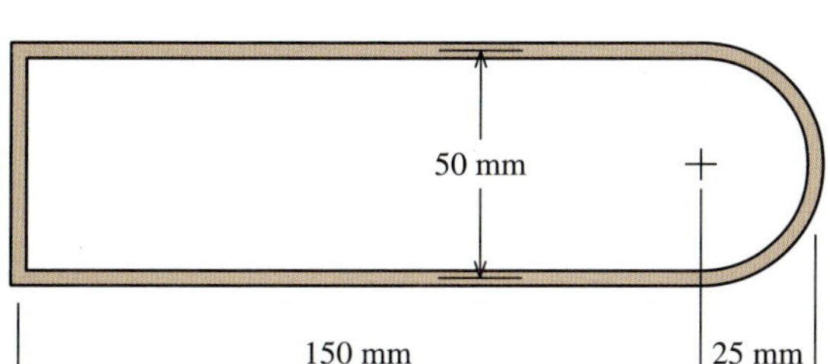


**FIGURE P6.116**

**P6.117** A cross section of the leading edge of an airplane wing is shown in Figure P6.117. The enclosed area is 82 in.$^2$. Sheet thicknesses are shown on the diagram. For an applied torque of $T = 100$ kip-in., determine the magnitude of the maximum shear stress developed in the section. (*Note:* The dimensions shown are measured to the wall centerline.)

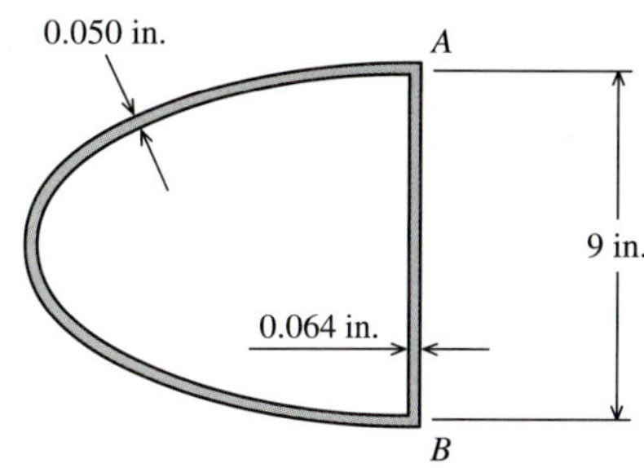


**FIGURE P6.117**

**P6.118** A cross section of an airplane fuselage made of aluminum alloy is shown in Figure P6.118. For an applied torque of $T = 1{,}250$ kip-in. and an allowable shear stress of $\tau = 7.5$ ksi, determine the minimum thickness of the sheet (which must be constant for the entire periphery) required to resist the torque. (*Note:* The dimensions shown are measured to the wall centerline.)

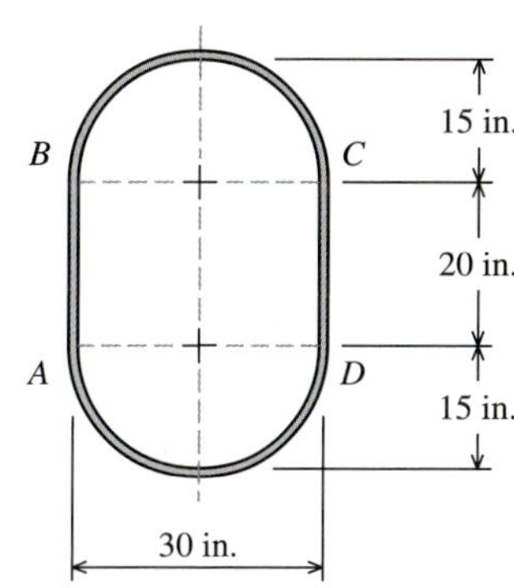


**FIGURE P6.118**

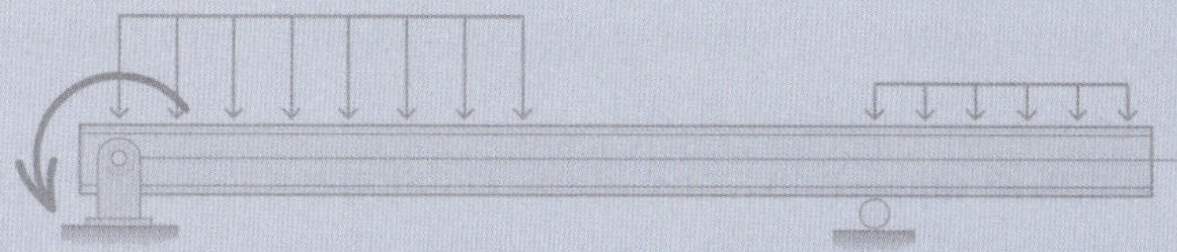

CHAPTER 07

# 보의 평형

## 7.1 서론

축하중과 비틀림하중을 받는 가는 구조부재의 거동이 각각 5장과 6장에서 논의되었다. 이 장에서는 구조적 및 기계적으로 가장 널리 사용되는 중요한 요소인 보에 대해서 생각한다. **보(Beam)**은 일반적으로 단면적 치수에 비해서 길고, 곧은 각형부재로 부재의 길이방향 축에 수직하게 작용하는 하중, 즉 측력을 지지한다. 이 측력은 내부의 전단력과 굽힘모멘트의 조합으로 지탱된다.

하중과 단면에서 **횡(transverse)**이라는 용어는 부재의 길이방향 축에 수직이라는 뜻이다.

### 지지의 형태

보는 흔히 지지되는 방법에 따라 분류된다. 그림 7.1은 세 가지 형태의 지지를 표현하는 데 사용되는 상징적 그림을 나타낸다.

- 그림 7.1*a*는 **핀지지(pin support)**를 나타낸다. 핀지지는 두 개의 직교방향으로 이동을 방지한다. 보에 대해서, 이것은 보의 길이방향 축(즉, 그림 7.1*a*에서는 $x$축)의 변위 성분과 길이방향 축의 수직 변위 성분(즉, 그림 7.1*a*에서는 $y$ 방향)이 지지점에서 구속된다는 것이다. 변위가 핀지지에서는 구속되지만, 핀 연결부에서의 회전은 허용된다. 그림 7.1*a*에서 보는 $z$축으로 회전할 수 있으며, 반력은 보에서 $x$와 $y$ 방향으로 작용한다.
- 그림 7.1*b*는 **롤러지지(roller support)**를 보여준다. 롤러지지는 보의 길이방향의 변위와 축에 수직한 방향(즉, 그림 7.1*b*에서 $y$ 방향)으로의 변위를 방지한다. 그러나 지지점에서 $x$ 방향으로의 변위와 $z$ 방향으로의 회전이 자유롭게 발생한다. 특별하게 기술하지 않는

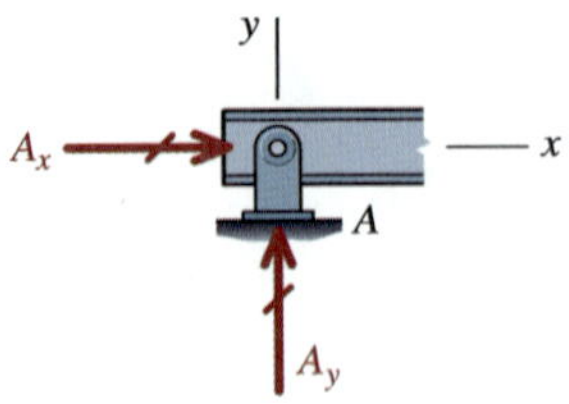


(a) 핀지지

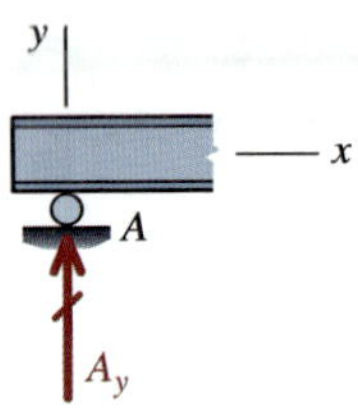


(b) 롤러지지

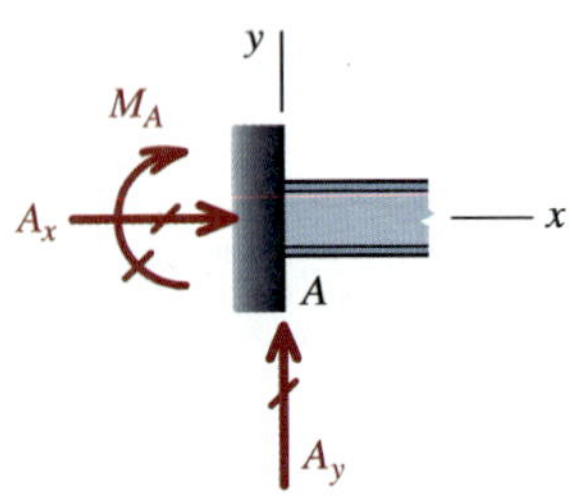


(c) 고정 지지

**그림 7.1** • 지지 형태

한, 롤러지지는 $+y$ 방향의 변위와 $-y$ 방향의 변위를 모두 구속한다. 그림 7.1*b*의 롤러 지지는 보의 반력이 $y$ 방향으로만 작용하도록 한다.

- 그림 7.1*c*는 **고정 지지(fixed support)**이다. 고정 지지는 지지된 절점에서 변위와 회전을 모두 방지한다. 그림 7.1*c*의 고정 지지는 보의 반력이 $x$ 방향과 $y$ 방향으로 동시에 작용하고, 반력모멘트가 $z$ 방향으로 작용하도록 한다. 이러한 형태의 지지를 때때로 모멘트 연결(moment connection)이라고도 부른다.

그림 7.1은 보에 관련된 세 가지 지지 형태를 상징적으로 나타내는 그림이다. 이 상징적 그림은 보의 지지조건을 쉽게 의사소통하는 간단한 도식적 약어이므로 이들 기호를 기억하는 것이 중요하다. 실제로 핀, 롤러, 고정 지지는 많은 모양으로 나타날 수 있다. 그림 7.2는 각 연결형태에 대한 가능한 예를 보여준다.

그림 7.2*a*는 핀지지의 한 가지 형태를 보여준다. 이 연결부에서는 세 개의 볼트가 보를 클립앵글(clip angle)이라 부르는 작은 부품에 연결하기 위해서 사용되었으며, 또한 수직 지지부재(기둥이라고 부른다)에 볼트로 체결되었다. 이 볼트들은 보가 수평이나 수직으로 움직이는 것을 방지한다. 엄밀하게 이야기하면, 볼트들은 조인트에서 회전을 어느 정도 방지한다. 그러나 볼트들은 보의 중앙에 가깝게 위치하므로, 연결부에서 이것들은 완전하게 회전을 제어할 수는 없다. 이러한 형태의 연결은 충분한 회전을 허용하므로 이 조인트는 핀 연결로 분류된다.

그림 7.2*b*는 롤러지지의 한 가지 예이다. 볼트들은 전단 탭(shear tab)이라고 부르는 작은 판의 파진 홈에 삽입된다. 볼트들은 홈 안에 있으므로 보는 수평방향으로 자유롭게 변형될 수 있지만, 상하로 변형되는 것은 구속된다. 파진 홈들은 때때로 건설공정의 설비에서 사용되며, 무거운 보를 기둥에 빨리 부착할 수 있게 한다.

그림 7.2*c*는 용접된 강의 고정 지지의 한 예이다. 추가 판이 보의 상면과 하면에 용접되며 이들 판은 직접 기둥에 연결된다. 이들 추가 판은 조인트에서 보가 회전하는 것을 방지한다.

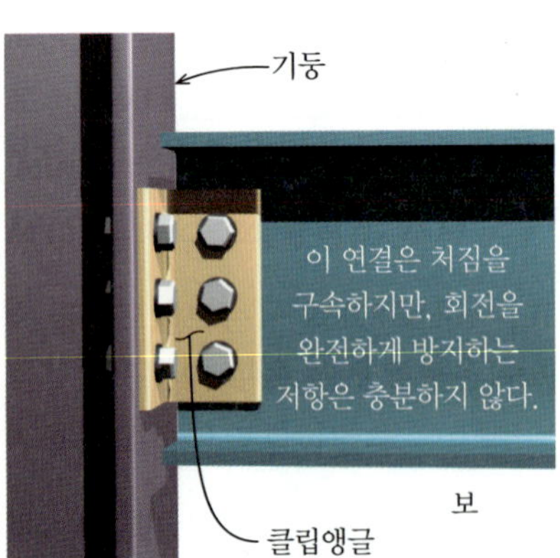


(a) 핀지지

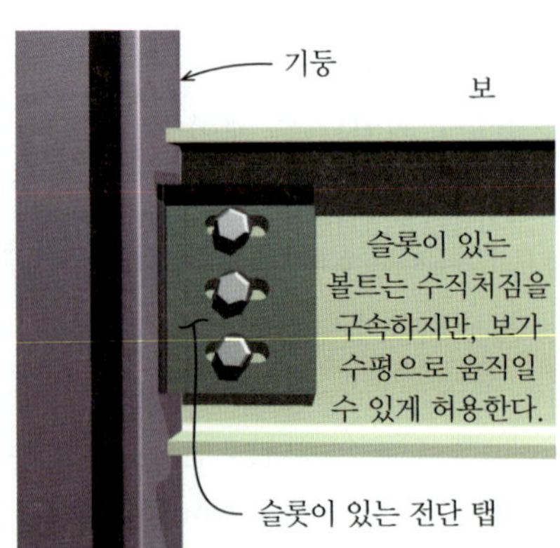


(b) 롤러지지

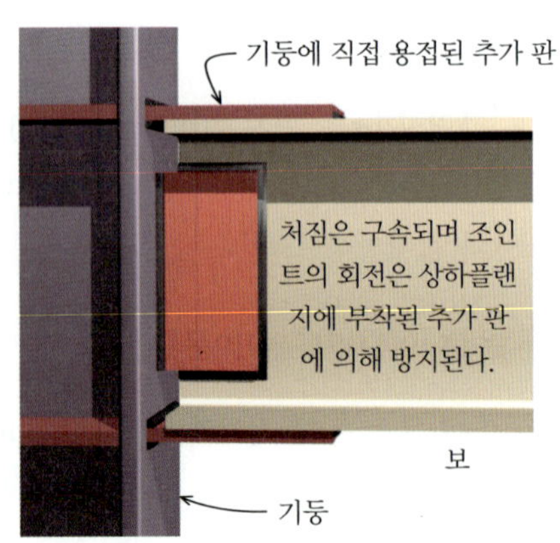


(c) 고정 지지

**그림 7.2** • 실제 보 지지의 예

## 정정보의 형태

보는 지지점이 배열된 방법에 따라 보다 구체적으로 분류된다. 그림 7.3은 세 가지 대표적인 정정 보를 나타낸다. 그림 7.3*a*는 **단순지지보(simply supported beam),** 또는, 단순보(simple beam)를 나타낸다. 단순지지보는 한 단에서 핀지지되고 다른 단에서는 롤러지지되어 있다. 그림 7.3*b*는 변화된 단순지지보를 나타내며 여기서 보는 지지점을 지나 존재하며, 이것을 **내다지보(overhang)**라 부른다. 이 두 경우, 단순지지보에서 핀지지와 롤러지지에 세 개의 반력이 존재한다. 즉 핀에서 수평반력과 핀과 롤러에서 수직반력이 그것이다. 그림 7.3*c*는 **외팔보(cantilever beam)**를 나타낸다. 외팔보는 한 쪽 끝단에서만 고정 지지를 갖는다. 고정 지지에서는 세 개의 반력이 작용한다. 즉 수평반력, 수직반력과 반력모멘트 등이 작용한다. 이들 세 개의 미지반력은 강체에 대해 적용되는 세 개의 평형조건식(즉, $\Sigma F_x = 0$, $\Sigma F_y = 0$, $\Sigma M = 0$)*으로부터 구해진다.

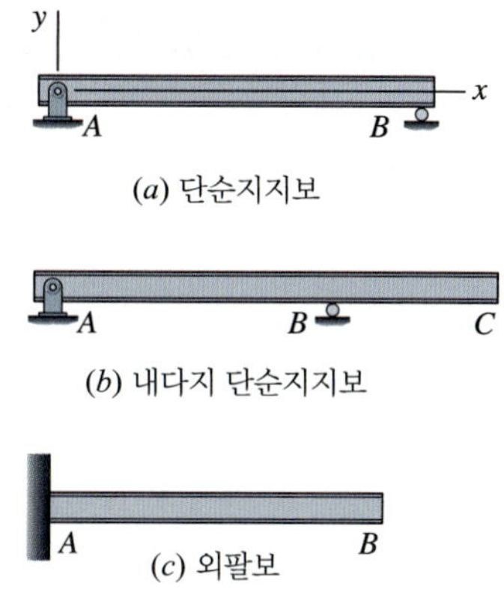


**그림 7.3** • 정정보이 형태

## 하중의 형태

몇 가지 대표적인 하중이 보에 의해 공통으로 지지된다(그림 7.4). 보의 한 점에 집중된 하중을 **집중하중(concentrated loads)**이라 부른다. 기둥이나 다른 부재의 하중과 반력은 전형적으로 집중하중으로 나타낸다. 그리고 집중하중은 자동차의 바퀴하중이나 기계로부터 구조에 작용하는 하중을 나타내기도 한다. 보의 일부분에 작용하는 하중을 **분포하중(distributed loads)**이라 부른다. 일정 크기를 갖는 분포하중은 균일분포하중(uniformly distributed loads)이라 부른다. 균일분포하중의 예로는 콘크리트 바닥 슬라브의 자중이나 바람에 의한 하중들이다. 또 다른 예로서 하중은 선형적으로 분포(linearly distributed)할 수 있으며, 분포하중의 크기가 하중의 구간에서 선형적으로 변한다는 것을 뜻한다. 눈, 모래, 유압 등이 선형 분포하중을 발생시키는 예이다. 보는 또한 집중모멘트(concentrated moments)를 받을 수 있으며, 이것은 보를 구부리고 회전시킨다. 집중모멘트는 흔히 보를 연결하는 다른 부재에 의해 부과된다.

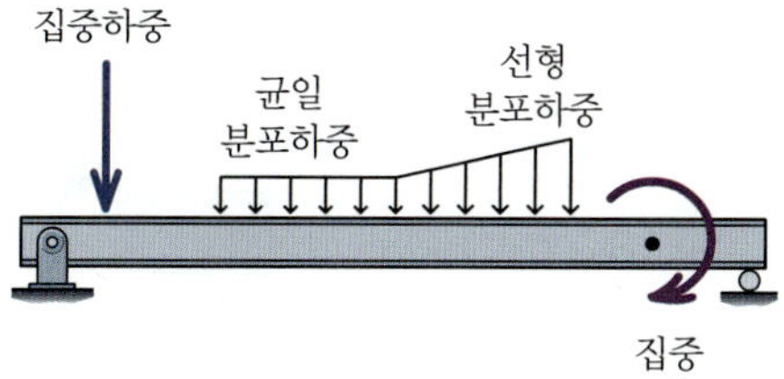


**그림 7.4** • 하중의 여러 형태에 사용되는 표기

## 7.2 보의 전단력과 굽힘모멘트

작용하중에 의해 발생되는 응력을 구하기 위해, 보의 임의의 점에서 작용하는 내부 전단력 $V$와 내부 굽힘모멘트 $M$을 구해야 한다.* $V$와 $M$을 구하는 일반적인 방법이 그림 7.5에 도시되었다. 그림에서 내닫이 단순지지보가 두 개의 집중하중 $P_1$, $P_2$와 균일 분포하중 $w$를 받고 있다. 핀지지점 $A$에서 거리 $x$만큼 떨어진 단면을 절단하여 자유물체도를 그렸을 때 절단평면은 전단력 $V$와 굽힘모멘트 $M$을 받는다. 보가 평형상태에 있다면 보의 임의의 영역에서도 힘의 평형이 유지되어야 한다. 궁극적으로 자유물체는 전단력 $V$와 굽힘모멘트 $M$에 대하여 평형상태에 있어야 한다. 그러므로 위치 $x$에 작용하는 $V$와 $M$을 구하기 위해, 평형 조건이 사용될 수 있다.

작용하중 때문에 보에는 일반적으로 위치에 따라 변화하는 전단력 $V$와 굽힘모멘트 $M$이 발생된다. 보에서 발생되는 응력을 해석하기 위해서는 보 전체의 모든 위치에서 $V$와 $M$을 구해야 된다. 이들 결과는 $x$의 함수로 작도되며, 각각 **전단력선도(shear-force diagram)**와 **굽힘모멘트선도(bending moment diagram)**라 부른다. 이들 선도는 모든 점에서의 전단력과 굽힘모멘트를 한눈으로 볼 수 있게 하며 $V$와 $M$의 최대치 및 최소치를 쉽게 인식할 수 있게 한다. 이들의 극한값이 최대 응력을 계산하는 데 필요하다.

보에는 여러 가지 다른 하중이 작용하므로, $V(x)$와 $M(x)$의 변화를 나타내는 함수가 전체 보의 길이에 걸쳐 연속이 아닐 수 있다. 이러한 이유로 전단력과 굽힘모멘트 함수가 보의 몇 개의 구간에서 구해져야 한다. 일반적으로 이 구간은 다음과 같이 분리된다.

(a) 집중하중, 집중모멘트, 반력 등의 위치
(b) 분포하중의 구간

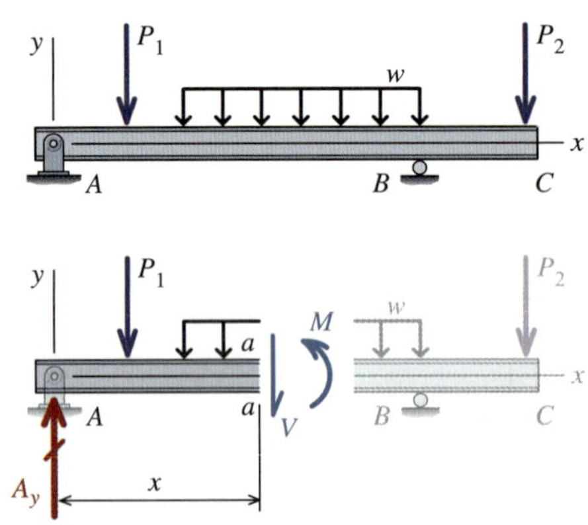


**그림 7.5** • 보에 적용되는 단면법

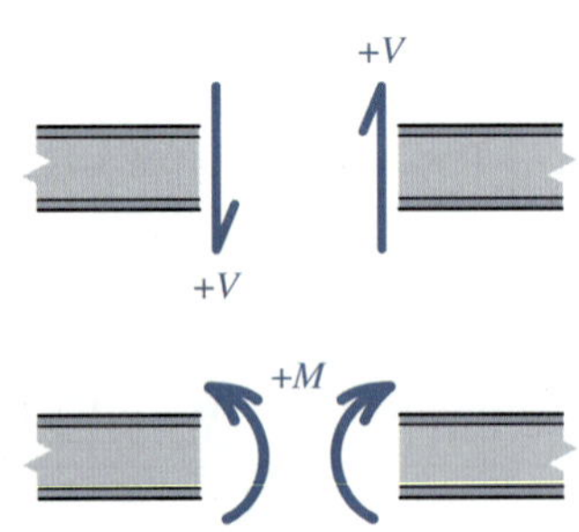


**그림 7.6** • 전단력 $V$와 굽힘모멘트 $M$의 부호규약

---

* 역자주: 이 책에서 저자는 전단력과 굽힘모멘트 앞에 내부라는 용어를 일반적으로 붙이고 있다. 전단력과 굽힘모멘트는 보의 내력을 의미하는 전공용어에 해당하므로 역서에서는 내부라는 용어를 생략하였다. 그리고 외부 점을 내부 점의 특별한 것으로 간주할 수 있다. 즉 내부에 관한 이론은 경계점에서도 성립한다.

여러 구간에 대한 전단력과 굽힘모멘트의 함수를 평형조건으로부터 유도하는 방법이 예제를 통해 설명된다.

**전단력선도와 굽힘모멘트선도의 부호규약.** 전단력과 굽힘모멘트의 함수를 유도하기 전에 일관된 부호규약을 확실히 해둘 필요가 있다. 이들 부호규약이 그림 7.6에 제시되었다.*

> **양의 전단력 $V$**
> - 보의 오른쪽 면에서는 아래로 작용
> - 보의 왼쪽 면에서는 위로 작용
>
> **양의 굽힘모멘트 $M$**
> - 보의 우측면에서는 반시계방향으로 작용
> - 보의 좌측 면에서는 시계방향으로 작용

이들 부호규약은 보의 작은 요소에 작용하는 $V$와 $M$의 방향으로 표현된다. $V$와 $M$의 부호규약에 대한 또 다른 표현은 그림 7.7에 제시된다.

> 양의 전단력 V는 보 요소를 시계방향으로 회전시킨다.
> 양의 굽힘모멘트 M은 보 요소를 아래로 볼록하게 구부린다.

전단력선도와 굽힘모멘트선도는 각 보의 전단력 함수와 굽힘모멘트 함수를 작도한 것이다. 함수 사이의 일관성을 보장하기 위해, 이들 부호규약을 준수하는 것은 매우 중요하다.

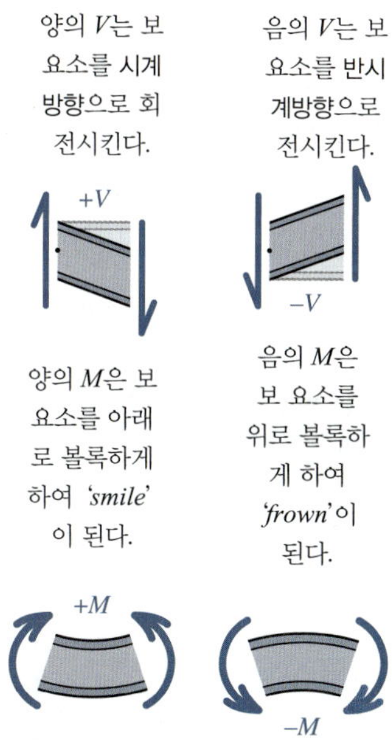


**그림 7.7** • 보 요소에 보여지는 $V$와 $M$의 부호규약

## 예제 7.1 EXAMPLE

그림의 단순지지보에 대해 전단력선도와 굽힘모멘트선도를 작도하라.

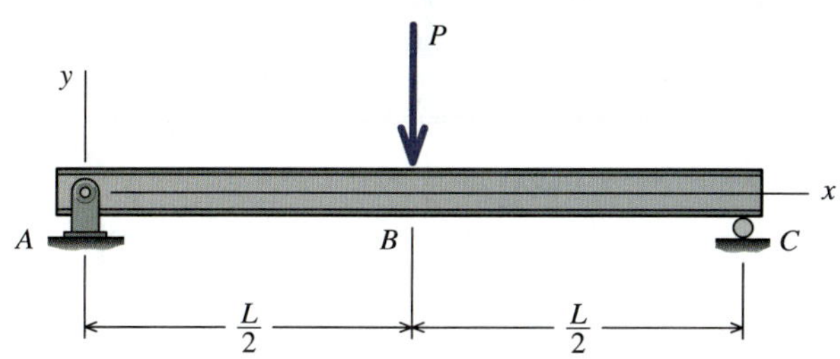


### 풀이 계획

먼저 핀 $A$와 롤러 $C$에서의 반력을 구한다. 다음으로 보의 전 구간을 따라 두 구간으로 나누어 고려한다. $A$와 $B$ 사이 및 $B$와 $C$ 사이. 각 구간별로 단면을 자르고 적절한 자유물체도(FBD)를 단면에 작용하는 미지의 전단력 $V$와 굽힘모멘튼 $M$을 표시한다. 각 자유물체도에 대한 평형조건식을 유도하고 $x$의 함수인 $V$와 $M$을 구한다 . 이 함수를 작도하여 전단력선도와 굽힘모멘트선도를 완성한다.

### 풀이

**반력**

이 보는 대칭적으로 지지되고 대칭적으로 하중을 받으므로 반력 또한 대칭이다. 따라서 각 지지점에서는 상향으로 $P/2$가 작

* 역자주: 전술한 바와 같이, 전단력에 대한 부호규약은 책마다 다를 수 있다. 독자가 이 책에서 정한 부호규약을 따르지 않아도 된다. 그때도 반드시 일관성을 유지하고 특히 전단력선도와 굽힘모멘트선도의 작성 시에 부호규약을 명시해 둘 필요가 있다.

용한다. $x$ 방향으로 작용하중이 없으므로, 핀지지 $A$에서의 수평반력은 0이다.

**전단력과 굽힘모멘트**

일반적으로 핀지지 $A$점에서 임의의 거리 $x$만큼 떨어진 위치에서 보를 자르며 하중과 반력뿐만 아니라, 노출된 단면에서 미지의 전단력 $V$와 굽힘모멘트 $M$을 부과함으로써 자유물체도에 작용하는 모든 힘들을 표시한다.

구간 $0 \leq x < L/2$: 보가 단면 $a$–$a$ 상에 절단되며, 이것은 핀지지 $A$에서 임의의 거리 $x$에 위치한다. 미지의 전단력 $V$와 미지의 굽힘모멘트 $M$이 보의 노출면에 제시된다. $V$와 $M$에 대해 양의 방향을 가정하였다(그림 7.6의 부호 규약 참조).

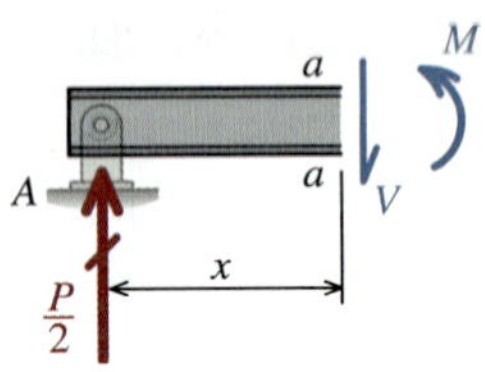


$x$ 방향으로는 힘이 작용하지 않으므로 평형조건식 $\Sigma F_x = 0$은 자동적으로 성립한다. 수직방향으로의 힘의 평형을 고려하면 다음의 $V$에 대한 함수를 얻는다.

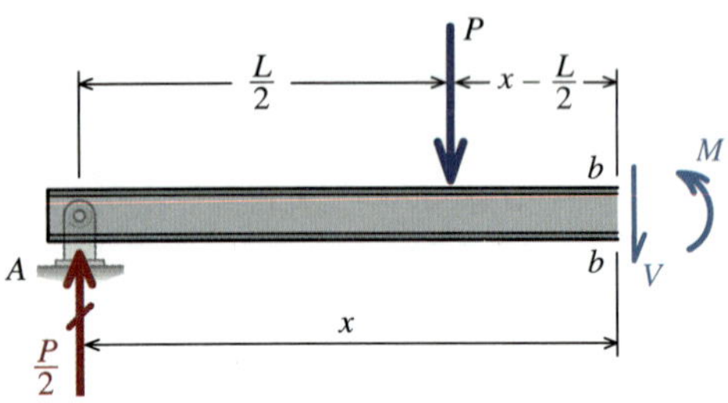


$$\Sigma F_y = \frac{P}{2} - V = 0 \qquad \therefore V = \frac{P}{2} \tag{a}$$

단면 $a$–$a$에서 모멘트 평형조건식은 $M$에 대한 다음의 함수를 얻게 한다.

$$\Sigma M_{a-a} = -\frac{P}{2}x + M = 0 \qquad \therefore M = \frac{P}{2}x \tag{b}$$

이 결과는 전단력은 일정하고 굽힘모멘트는 구간 $0 \leq x < L/2$에서 선형적으로 변하는 것을 보여준다.

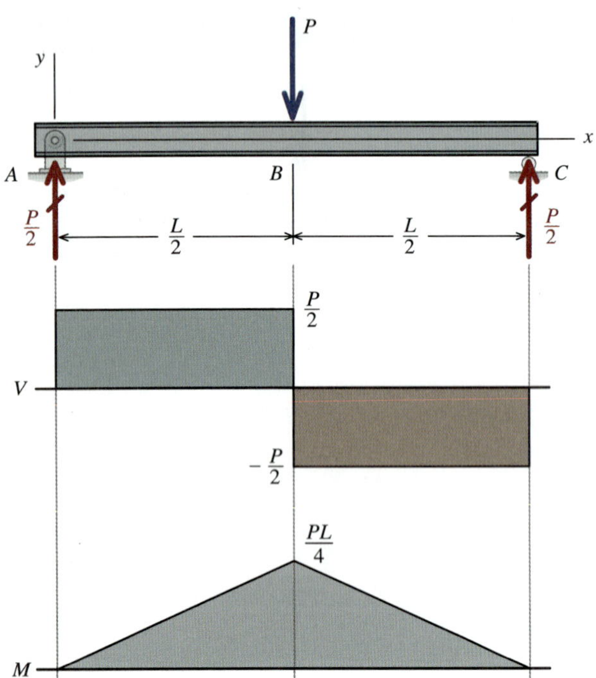


구간 $L/2 \leq x < L$: 보는 구간 $b$–$b$에서 절단되며, 이것은 핀지지 $A$로부터 임의의 거리 $x$만큼 떨어진 것이다. 그러나 단면 $b$–$b$는 집중하중 $P$가 작용하는 $B$를 지난다. 앞에서와 같이 미지의 전단력 $V$와 미지의 굽힘모멘트 $M$을 보의 노출면에서 부과하며, $V$와 $M$ 모두 양의 방향으로 가정한다.

수직방향으로의 힘의 평형을 고려하면 다음의 결과를 얻는다.

$$\Sigma F_y = \frac{P}{2} - P - V = 0 \qquad \therefore V = -\frac{P}{2} \tag{c}$$

단면 $b$–$b$에서 모멘트 평형조건식은 $M$에 대한 다음의 함수를 얻게 한다.

$$\Sigma M_{b-b} = P\left(x - \frac{L}{2}\right) - \frac{P}{2}x + M = 0$$
$$\therefore M = -\frac{P}{2}x + \frac{PL}{2} \tag{d}$$

따라서 구간 $L/2 \le x < L$에서 전단력 $V$는 상수이고, 굽힘모멘트 $M$은 선형적으로 변한다.

**함수의 작도**

구간 $0 \le x < L/2$에서는 식 (a)와 (b)로 주어진 함수를, 구간 $L/2 \le x < L$에서는 식 (c)와 (d)로 주어진 함수를 작도함으로써 전단력선도와 굽힘모멘트선도를 그린다.

최대 또는 최소 전단력은 $V_{max} = \pm P/2$이다. 최대 굽힘모멘트는 $M_{max} = PL/4$이고, $x = L/2$에서 발생한다.

여기서 유의할 점은 집중하중은 작용점에서 전단력의 불연속성을 야기시킨다는 것과 전단력선도에서 집중하중의 크기만큼 점프가 발생한다는 사실이다. 이 예제에서 점프는 아래 방향이며, 이것은 집중하중 $P$와 같은 방향이다.

## 예제 7.2 EXAMPLE

그림의 단순보에 대한 전단력선도와 굽힘모멘트선도를 그려라.

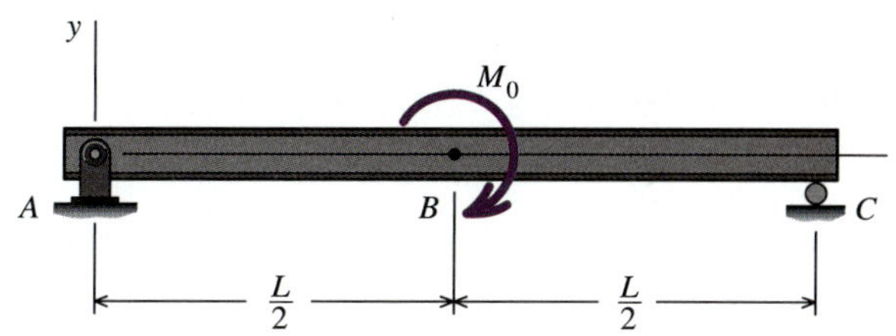


**풀이 계획**

예제 7.1에 제시된 해석절차를 이용하여 그림의 보에 대한 $V$와 $M$를 구한다.

**풀이**

**반력**

보 전체의 자유물체도는 그림과 같다. 평형조건식은

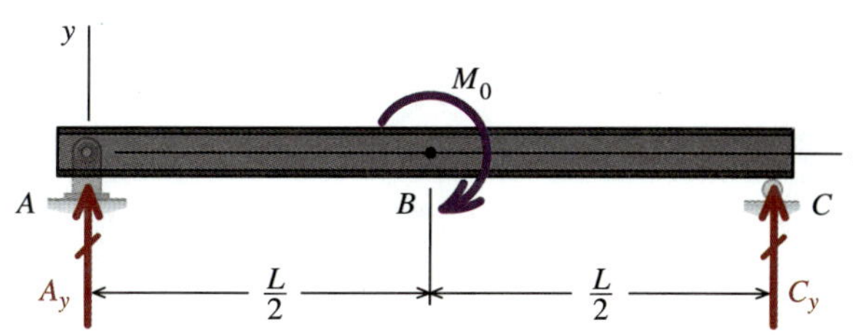


$$\Sigma F_y = A_y + C_y = 0$$
$$\Sigma M_A = -M_0 + C_y L = 0$$

이들 방정식으로부터 보의 반력은

$$C_y = \frac{M_0}{L}, \quad A_y = -\frac{M_0}{L}$$

$A_y$에 대한 음의 값은 이 반력이 처음에 가정한 방향과 반대로 작용하는 것을 의미한다. 따라서 필요 시 자유물체도에서 이 반력의 방향을 반대로 수정한다.

구간 $0 \le x < L/2$: $A$와 $B$ 사이에서 임의의 거리 $x$에서 보를 자른다. 미지의 전단력 $V$와 미지의 굽힘모멘트 $M$이 보의 노출된 면에 작용하도록 한다. 그림 7.6에 주어진 부호규약에 따라 양의 $V$와 $M$을 가정한다.

수직방향의 힘의 평형조건으로부터 $V$를 다음과 같이 구한다.

$$\Sigma F_y = -\frac{M_0}{L} - V = 0 \qquad \therefore V = -\frac{M_0}{L} \qquad \text{(a)}$$

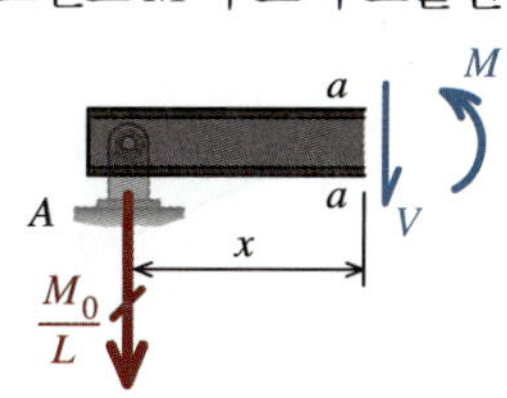

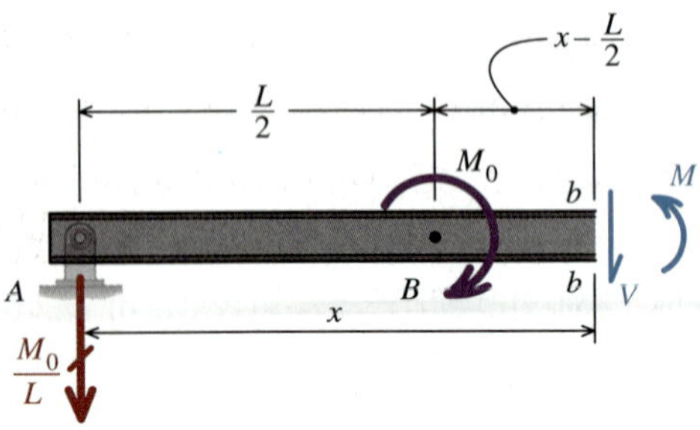


단면 $a$–$a$의 모멘트 평형조건으로부터 $M$을 다음과 같이 구한다.

$$\Sigma M_{a-a} = \frac{M_0}{L}x + M = 0 \qquad \therefore M = -\frac{M_0}{L}x \tag{b}$$

이들 결과로부터 구간 $0 \le x < L/2$에서 전단력 $V$는 상수이고, 굽힘모멘트 $M$은 선형적으로 변함을 알 수 있다.

구간 $L/2 \le x < L$: $B$와 $C$ 사이의 임의의 위치에서 보를 단면 $b$–$b$로 자른다. 수직방향의 힘의 평형조건으로부터 $V$를 다음과 같이 구한다.

$$\Sigma F_y = -\frac{M_0}{L} - V = 0 \qquad \therefore V = -\frac{M_0}{L} \tag{c}$$

단면 $b$–$b$에서 모멘트 평형조건식은 $M$을 다음과 같이 구하게 해준다.

$$\Sigma M_{b-b} = \frac{M_0}{L}x - M_0 + M = 0$$
$$\therefore M = M_0 - \frac{M_0}{L}x \tag{d}$$

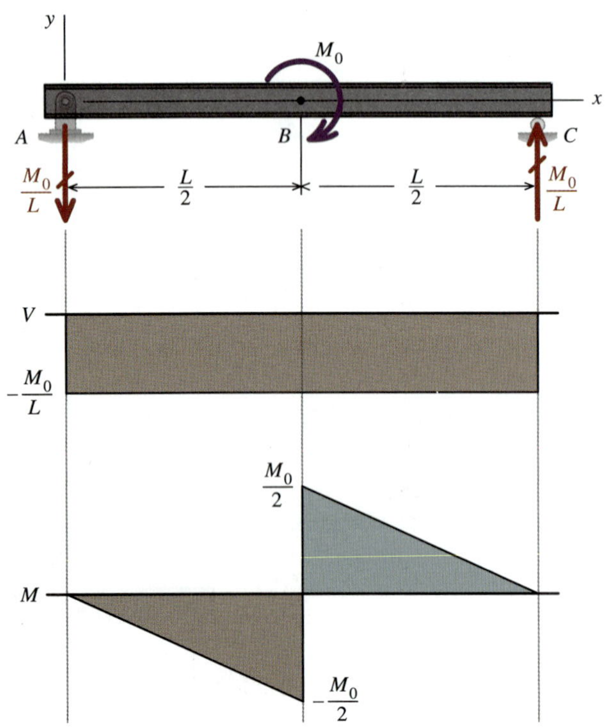


구간 $L/2 \le x < L$ 사이에서 전단력 $V$는 상수이고 굽힘모멘트 $M$은 선형적으로 변한다.

**함수의 작도**

구간 $0 \le x < L/2$에서는 식 (a)와 (b)의 함수를 작도하고, 구간 $L/2 \le x < L$에서는 식 (c)와 (d)의 함수를 작도함으로써 그림의 전단력선도와 굽힘모멘트선도를 그린다.

최대 전단력은 $V_{max} = -M_0/L$이다. 최대 굽힘모멘트는 $M_{max} = \pm M_0/2$이고, $x = L/2$에서 발생한다.

집중모멘트는 $B$점에서 전단력선도의 영향을 미치지 않음을 주목하라.* 그러나 굽힘모멘트선도에서는 모멘트작용점에서 불연속이 발생한다. 굽힘모멘트선도에서 집중모멘트의 크기만큼 점프가 발생했다. 시계방향의 집중모멘트 $M_0$는 굽힘모멘트선도의 $B$점에서 윗방향으로 점프를 발생시키며 이것의 양은 집중모멘트의 크기와 같다.

* 역자주: 저자는 집중모멘트가 가해진 지점에서 전단력의 변화가 없다고 하였으나, 실제 이 점에서 전단력의 결정은 불가능하다고 보는 것이 옳다고 사료된다.

## 예제 7.3 EXAMPLE

그림의 단순지지보의 전단력선도와 굽힘모멘트선도를 그려라.

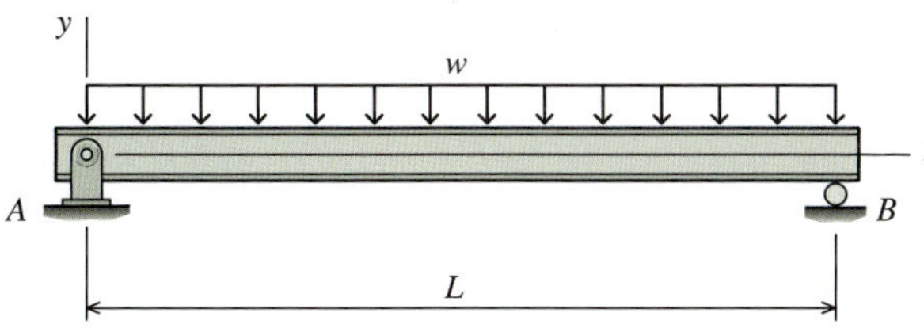


### 풀이 계획

핀 $A$와 롤러 $B$에서의 반력을 구한 다음, 임의의 위치 $x$에서 보를 잘라 단면에서 미지의 전단력 $V$와 굽힘모멘트 $M$을 부과한 자유물체도(FBD)를 그린다. FBD에 대한 평형조건식을 유도하고 전체 구간에 대한 위치 $x$에서의 $V$와 $M$의 변화를 나타내는 두 개의 함수에 대한 방정식을 푼다. 이 함수를 작도하여 전단력선도와 굽힘모멘트선도를 완성한다.

### 풀이

**반력**

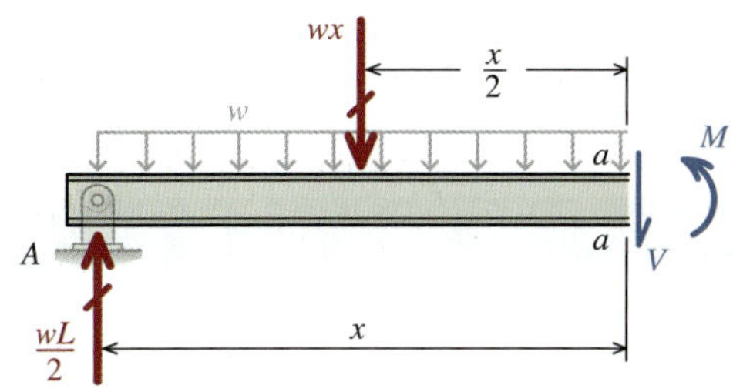


이 보는 대칭적으로 지지되고 대칭적으로 하중을 받고 있으므로, 반력도 대칭이어야 한다. 보에 작용하는 전체하중은 $wL$이다. 따라서 각 지지점에는 이 하중의 1/2에 해당하는 반력 $wL/2$이 $+y$ 방향으로 작용한다.

구간 $0 \leq x < L$: $A$와 $B$ 사이의 임의의 거리 $x$에서의 보를 자른다. 원래의 분포하중 $w$를 FBD에 명확히 표현해야 한다. 보의 노출된 면에서 미지의 전단력 $V$와 미지의 굽힘모멘트 $M$을 부과한다. 그림 7.6에서 정의한 부호규약에 양의 $V$와 $M$의 방향을 결정한다. 보 길이 $x$에 작용하는 균일분포하중 $w$의 합력은 $wx$이다. 이 합력은 이 하중의 중앙(즉, 폭 $x$와 높이 $w$인 사각형의 도심)에 작용한다. 수직방향의 힘의 평형조건으로부터 $V$는 다음과 같이 구해진다.

$$\Sigma F_y = \frac{wL}{2} - wx - V = 0$$
$$\therefore V = \frac{wL}{2} - wx = w\left(\frac{L}{2} - x\right) \quad \text{(a)}$$

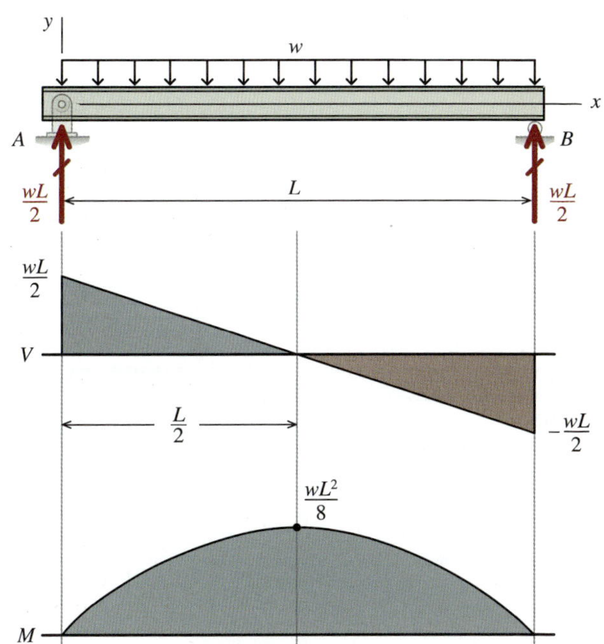


전단력은 선형점(즉, 1차 함수)이고, 이 직선의 기울기는 $-w$(분포하중의 세기)이다.

단면 $a$–$a$에서 모멘트 평형조건으로부터 $M$을 다음과 같이 구할 수 있다.

$$\Sigma M_{a-a} = -\frac{wL}{2}x + wx\frac{x}{2} + M = 0$$
$$\therefore M = \frac{wL}{2}x - \frac{wx^2}{2} = \frac{wx}{2}(L - x) \quad \text{(b)}$$

따라서 굽힘모멘트 $M$은 포물선(즉, 2차 함수)이다.

**함수의 작도**

식 (a)와 (b)의 함수를 작도하면 그림의 전단력선도와 굽힘모멘트선도를 얻을 수 있다.

최대 전단력은 $V_{max} = \pm wL/2$이고, $A$와 $B$에서 발생한다. 최대 굽힘모멘트는 $M_{max} = wL^2/8$이고, $x = L/2$에서 발생한다.

최대 굽힘모멘트는 전단력 $V$가 0인 위치에서 발생됨을 주목하라.

## 예제 7.4 EXAMPLE

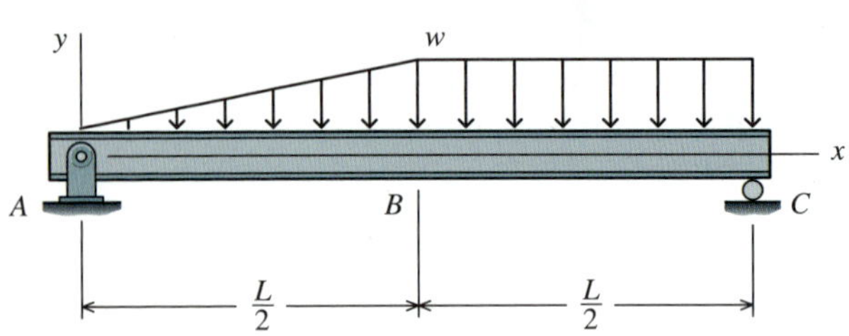


그림의 단순지지보에 대한 전단력선도와 굽힘모멘트선도를 그려라.

**풀이 계획**

핀 $A$와 롤러 $C$에서의 반력을 구한 후에 $A$와 $B$ 사이의 단면(선형분포하중 구간)과 $B$와 $C$(균일분포하중 구간)를 절단한다. 적절한 자유물체도를 그리고, 각 FBD에 대한 평형조건식을 세우고, 보의 전 구간 상의 위치 $x$에서 $V$와 $M$을 구한다.

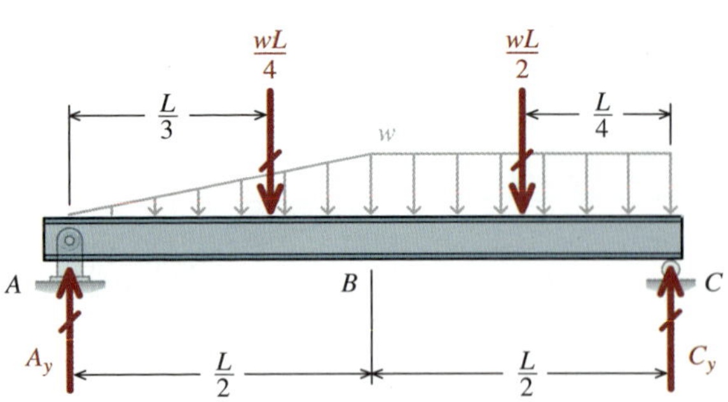


**풀이**

**반력**

전체 보에 대한 FBD를 작성한다. 선형분포하중에 대한 합력은 밑변 $L/2$이고, 높이 $w$인 삼각형의 면적과 같다.

$$\frac{1}{2}\left(\frac{L}{2}\right)w = \frac{wL}{4}$$

합력은 이 삼각형의 도심에 작용하고, 도심의 위치는 삼각형의 밑변의 2/3의 지점이다.

$$\frac{2}{3}\left(\frac{L}{2}\right) = \frac{L}{3}$$

보에 대한 평형조건식은 다음과 같다.

$$\Sigma F_y = A_y + C_y - \frac{wL}{4} - \frac{wL}{2} = 0, \qquad \Sigma M_A = C_y L - \frac{wL}{4}\left(\frac{L}{3}\right) - \frac{wL}{2}\left(\frac{3L}{4}\right) = 0$$

반력을 구하면 다음과 같다.

$$A_y = \frac{7}{24}wL, \qquad C_y = \frac{11}{24}wL$$

구간 $0 \le x < L/2$: $A$와 $B$ 사이에서 임의의 거리 $x$에서 보를 자른다. 원래의 선형분포하중을 자유물체도에 반영되어야 한다. 선형분포하중에 대한 새로운 합력은 이 자유물체도에서 별도로 유도되어야 한다.

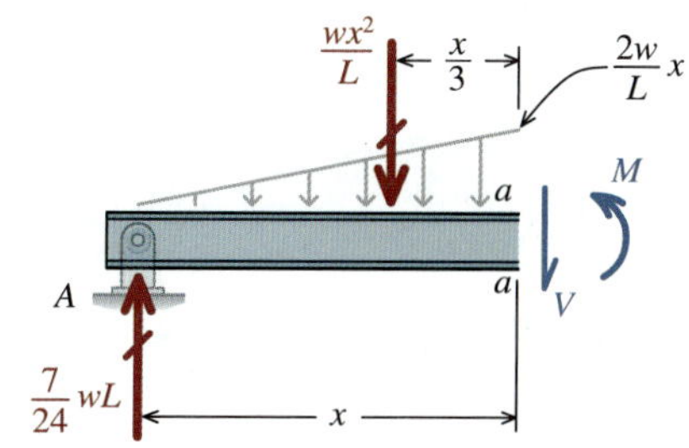


선형분포하중의 기울기는 $w/(L/2) = 2w/L$이다. 따라서 단면 $a$–$a$에서 삼각형 하중의 높이는 이 기울기와 거리 $x$의 곱, $(2w/L)x$이다.
따라서 이 FBD에 작용하는 선형분포하중의 합력은 $(1/2)x[(2w/L)x] = (wx^2/L)$이고, 단면 $a$–$a$로부터 $x/3$만큼 떨어진 지점에 작용한다. 구간 $0 \le x < L/2$에서 작용하는 $V$와 $M$은 FBD에 대한 평형조건식에서 유도된다.

$$\Sigma F_y = \frac{7}{24}wL - \frac{wx^2}{L} - V = 0 \qquad \therefore V = -\frac{wx^2}{L} + \frac{7}{24}wL \tag{a}$$

$$\Sigma M_{a-a} = -\frac{7}{24}wLx + \frac{wx^2}{L}\left(\frac{x}{3}\right) + M = 0 \qquad \therefore M = -\frac{wx^3}{3L} + \frac{7}{24}wLx \tag{b}$$

전단력 함수는 포물선(즉, 2차 함수)이고, 굽힘모멘트 함수는 3차 함수이다.

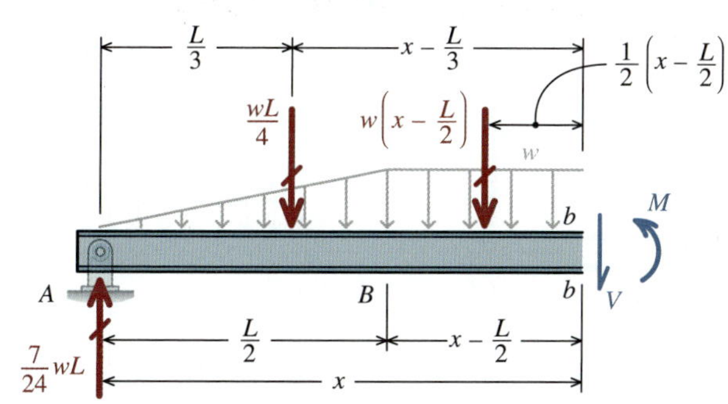


구간 $L/2 \le x < L$: $B$와 $C$ 사이에서 임의의 거리 $x$에서 보를 자른다. 위치한 보의 단면. $V$와 $M$의 함수를 유도하기 전에 FBD 상에 원래의 분포하중을 부과해야 한다.

이 FBD에 기초한 평형조건식은 다음과 같이 쓸 수 있다.

$$\Sigma F_y = \frac{7}{24}wL - \frac{wL}{4} - w\left(x - \frac{L}{2}\right) - V = 0 \qquad \therefore V = \frac{7}{24}wL - \frac{wL}{4} - w\left(x - \frac{L}{2}\right) \tag{c}$$

$$\Sigma M_{a-a} = -\frac{7}{24}wLx + \frac{wL}{4}\left(x - \frac{L}{3}\right) + w\left(x - \frac{L}{2}\right)\frac{1}{2}\left(x - \frac{L}{2}\right) + M = 0$$
$$\therefore M = \frac{7}{24}wLx - \frac{wL}{4}\left(x - \frac{L}{3}\right) - \frac{w}{2}\left(x - \frac{L}{2}\right)^2 \qquad \text{(d)}$$

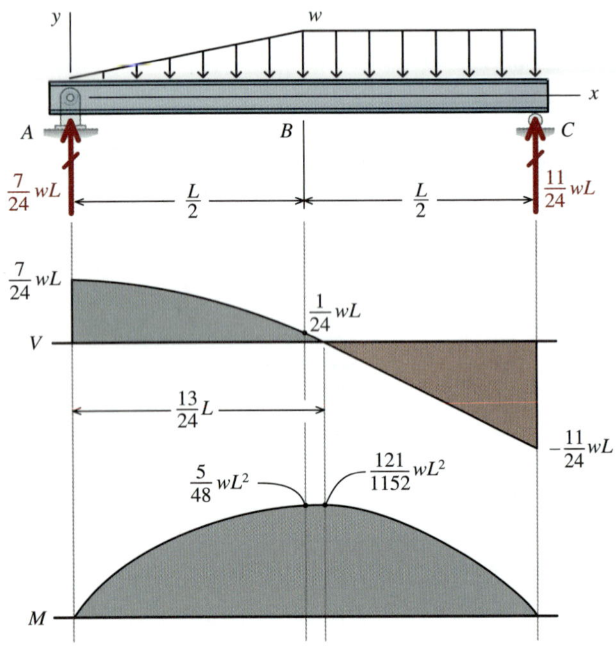


이들 방정식은 다음과 같이 단순화된다.

$$V = w\left(\frac{13}{24}L - x\right),$$

$$M = \frac{w}{24}(-12x^2 + 13Lx - L^2)$$

전단력 함수는 $B$와 $C$ 사이에서 선형(즉, 1차 함수)이고, 굽힘모멘트 함수는 포물선(즉, 2차 함수)이다.

**함수의 작도**

$V$와 $M$ 함수를 작도하여 그림과 같은 전단력선도와 굽힘모멘트선도를 얻을 수 있다.

최대 굽힘모멘트는 전단력 $V$가 0인 위치에서 발생됨을 주목하기 바란다.

## 예제 7.5 EXAMPLE

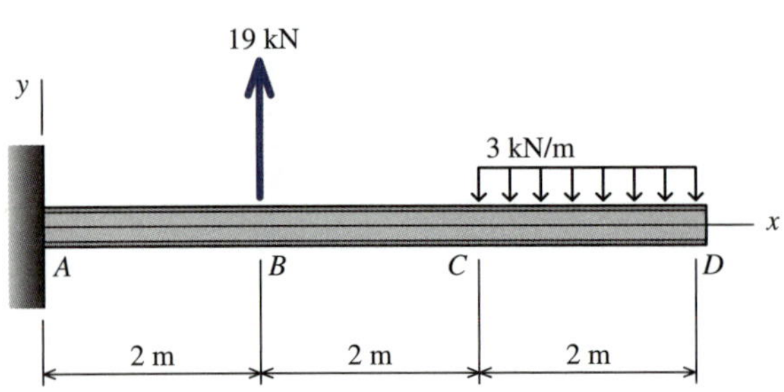


그림의 외팔보에 대한 전단력선도와 굽힘모멘트선도를 작도하라.

**풀이 계획**

먼저 고정 지지 $A$의 반력을 구한다. $AB$, $BC$, $CD$ 구간에 대해 세 개의 단면이 고려된다. 각 단면에서 적절한 자유물체도를 그리고, 평형조건식을 세우며 보의 전 구간에서 $V$와 $M$의 변화를 나타내는 함수를 구한다. 함수를 작도하여, 전단력선도와 굽힘모멘트선도를 완성한다.

**풀이**

**반력**

그림에서 보는 바와 같이 전체 보에 대한 FBD를 그린다. $x$ 방향으로는 힘이 작용하지 않으므로, 반력 $A_x = 0$은 자유물체도에서 제외하였다. 의미 있는 평형조건식은 다음과 같다.

$$\Sigma F_y = A_y + 19\text{ kN} - 6\text{ kN} = 0$$
$$\Sigma M_A = -M_A + (19\text{ kN})(2\text{ m}) - (6\text{ kN})(5\text{ m}) = 0$$

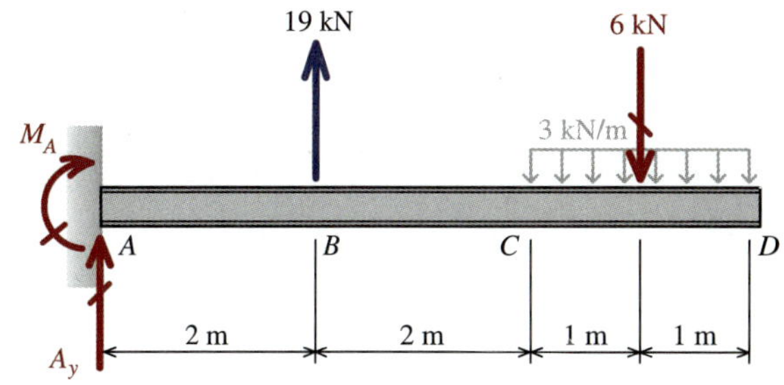


이들 방정식으로부터, 보의 반력은 다음과 같이 구해진다.

$$A_y = -13\text{ kN}, \qquad M_A = 8\text{ kN·m}$$

$A_y$가 음수이므로 이것은 실제로 반력이 아래로 작용한다는 것을 의미한다. 편의상 반력의 올바른 방향을 새로운 자유물체도에 표시하였다.

구간 $0 \le x < 2$ m: $A$와 $B$ 사이에 임의의 좌표 $x$에서 보를 자른다. 이 단면에 대한 FBD는 그림에서 보는 바와 같다. 이 FBD에 대한 평형조건식으로부터 $V$와 $M$을 구한다.

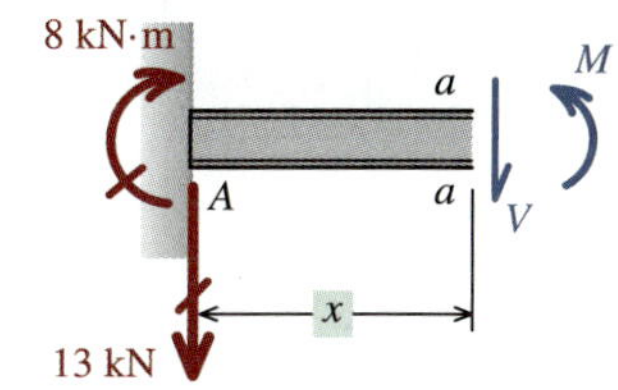


$$\Sigma F_y = -13\text{ kN} - V = 0$$
$$\therefore V = -13\text{ kN} \quad \text{(a)}$$

$$\Sigma M_{a-a} = (13\text{ kN})x - 8\text{ kN·m} + M = 0$$
$$\therefore M = -(13\text{ kN})x + 8\text{ kN·m} \quad \text{(b)}$$

구간 $2 \le x < 4$ m: $B$와 $C$ 사이를 자른 단면으로부터, 다음의 전단력 및 굽힘모멘트를 구한다.

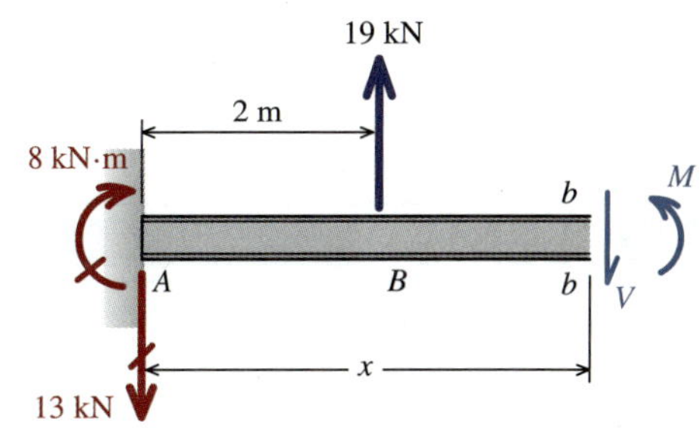


$$\Sigma F_y = -13\text{ kN} + 19\text{ kN} - V = 0$$
$$\therefore V = 6\text{ kN} \quad \text{(c)}$$

$$\Sigma M_{b-b} = (13\text{ kN})x - (19\text{ kN})(x - 2\text{ m}) - 8\text{ kN·m} + M = 0$$
$$\therefore M = (6\text{ kN})x - 30\text{ kN·m} \quad \text{(d)}$$

구간 $4 \le x < 6$ m: $C$와 $D$ 사이를 자른 단면으로부터 다음의 전단력과 굽힘모멘트를 구한다.

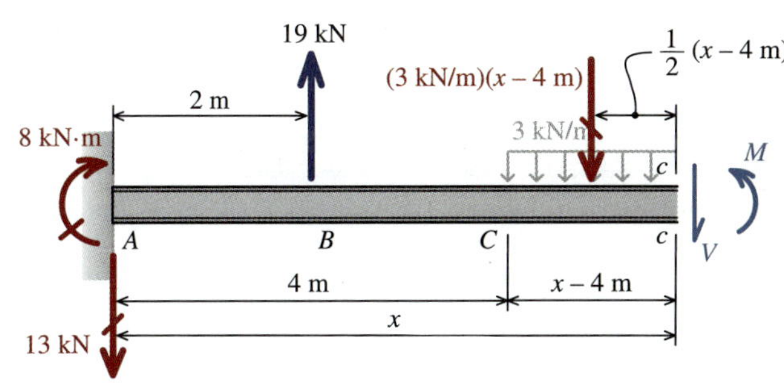


$$\Sigma F_y = -13\text{ kN} + 19\text{ kN}$$
$$-(3\text{ kN/m})(x - 4\text{ m}) - V = 0$$
$$\therefore V = (3\text{ kN/m})x + 18\text{ kN} \quad \text{(e)}$$

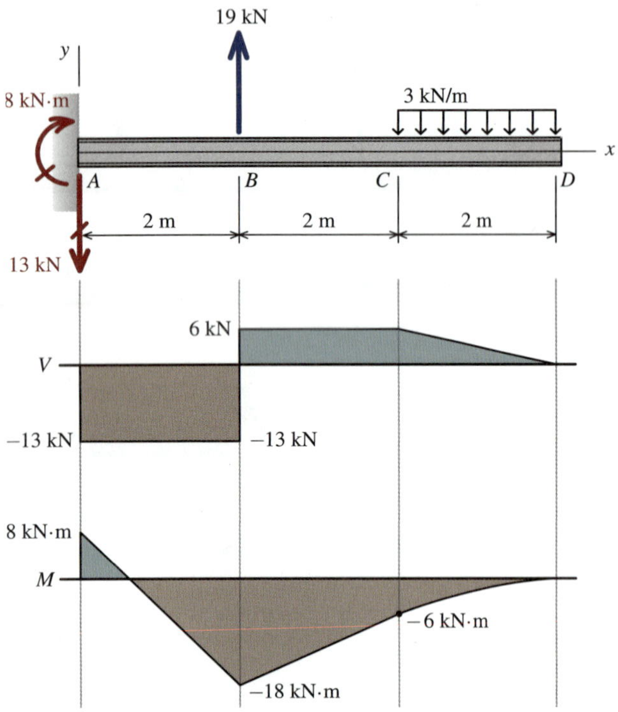


$$\Sigma M_{c-c} = (13 \text{ kN})x - (19 \text{ kN})(x - 2 \text{ m}) + (3 \text{ kN/m})(x - 4 \text{ m})\frac{(x - 4 \text{ m})}{2} - 8 \text{ kN·m} + M = 0 \qquad \text{(f)}$$

$$\therefore M = -(1.5 \text{ kN/m})x^2 + (18 \text{ kN})x - 54 \text{ kN·m}$$

**함수의 작도**

식 (a)에서 (f)까지의 함수를 작도함으로써 그림과 같은 전단력선도와 굽힘모멘트선도를 그릴 수 있다.

구간 $AB$와 $BC$에서 전단력선도는 상수(즉, 0차 함수)이며, 구간 $CD$에서는 선형적(즉, 1차 함수)이다. 굽힘모멘트선도는 구간 $AB$와 $BC$에서는 선형적(즉, 1차 함수)이고, 구간 $CD$에서는 포물선(즉, 2차 함수)이다.

## PROBLEMS

**P7.1** For the cantilever beam and loading shown in Figure P7.1:

(a) derive equations for the shear force $V$ and the bending moment $M$ for any location in the beam (place the origin at point $A$).
(b) plot the shear-force and bending-moment diagrams for the beam using the derived functions.

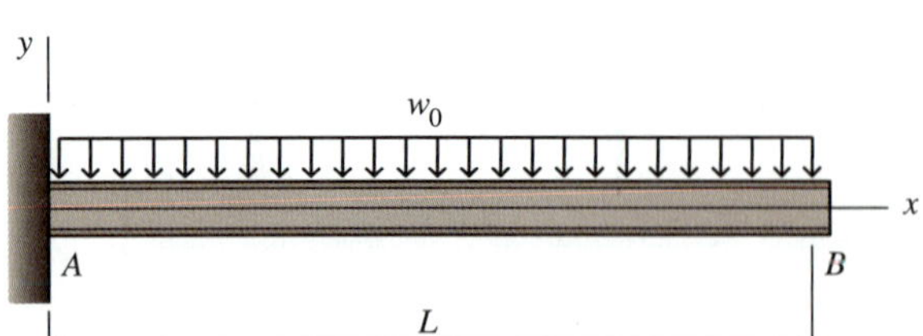


**FIGURE P7.1**

**P7.2** For the simply supported beam shown in Figure P7.2:

(a) derive equations for the shear force $V$ and the bending moment $M$ for any location in the beam (place the origin at point $A$).
(b) plot the shear-force and bending-moment diagrams for the beam using the derived functions.

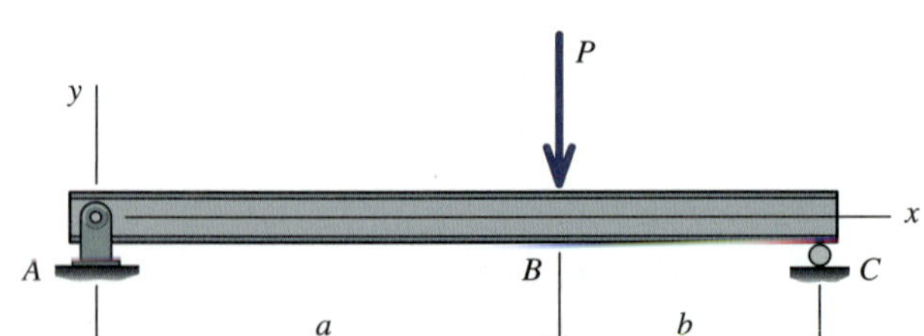


**FIGURE P7.2**

**P7.3** For the cantilever beam and loading shown in Figure P7.3:

(a) derive equations for the shear force $V$ and the bending moment $M$ for any location in the beam (place the origin at point $A$).
(b) plot the shear-force and bending-moment diagrams for the beam using the derived functions.

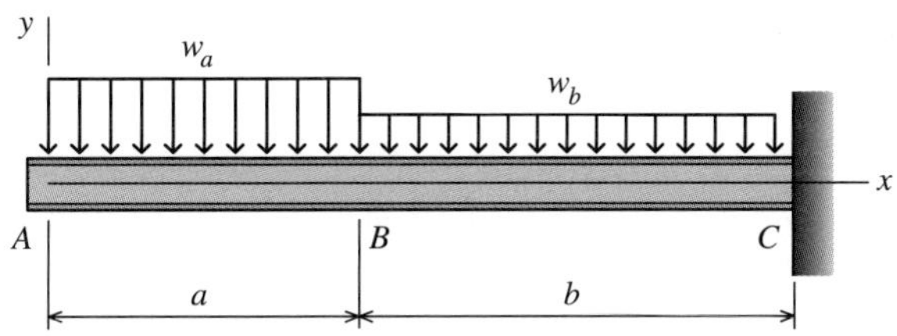


**FIGURE P7.3**

**P7.4** For the simply supported beam subjected to the loading shown in Figure P7.4:

(a) derive equations for the shear force $V$ and the bending moment $M$ for any location in the beam (place the origin at point $A$).
(b) plot the shear-force and bending-moment diagrams for the beam using the derived functions.

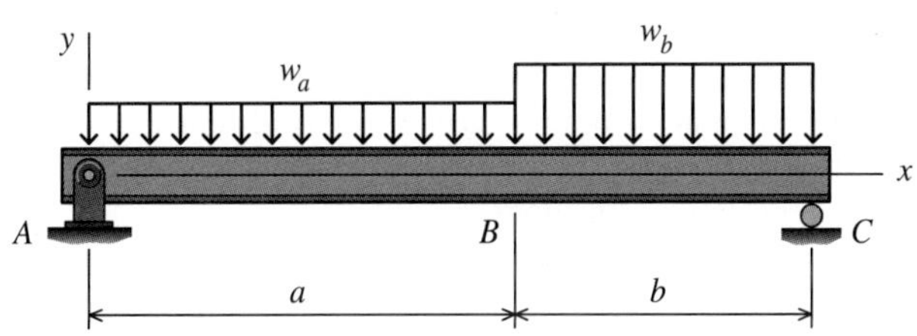


**FIGURE P7.4**

**P7.5** For the cantilever beam and loading shown in Figure P7.5:

(a) derive equations for the shear force $V$ and the bending moment $M$ for any location in the beam (place the origin at point $A$).
(b) plot the shear-force and bending-moment diagrams for the beam using the derived functions.

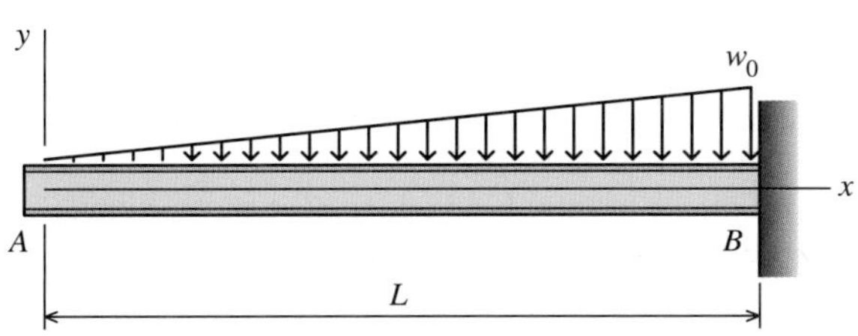


**FIGURE P7.5**

**P7.6** For the simply supported beam shown in Figure P7.6:

(a) derive equations for the shear force $V$ and the bending moment $M$ for any location in the beam (place the origin at point $A$).
(b) plot the shear-force and bending-moment diagrams for the beam using the derived functions.
(c) determine the location and the magnitude of the maximum bending moment.

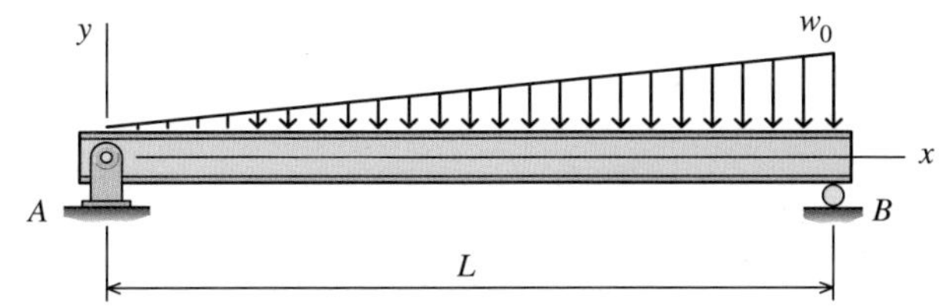


**FIGURE P7.6**

**P7.7** For the simply supported beam subjected to the loading shown in Figure P7.7:

(a) derive equations for the shear force $V$ and the bending moment $M$ for any location in the beam (place the origin at point $A$).
(b) plot the shear-force and bending-moment diagrams for the beam using the derived functions.
(c) report the maximum bending moment and its location.

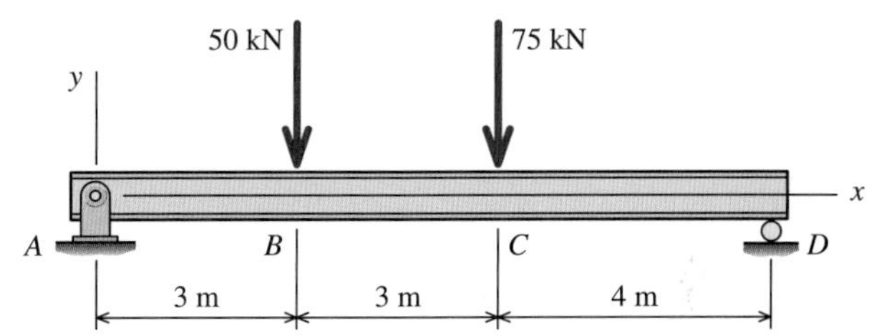


**FIGURE P7.7**

**P7.8** For the simply supported beam subjected to the loading shown in Figure P7.8:

(a) derive equations for the shear force $V$ and the bending moment $M$ for any location in the beam (place the origin at point $A$).
(b) plot the shear-force and bending-moment diagrams for the beam using the derived functions.
(c) report the maximum positive bending moment, the maximum negative bending moment, and their respective locations.

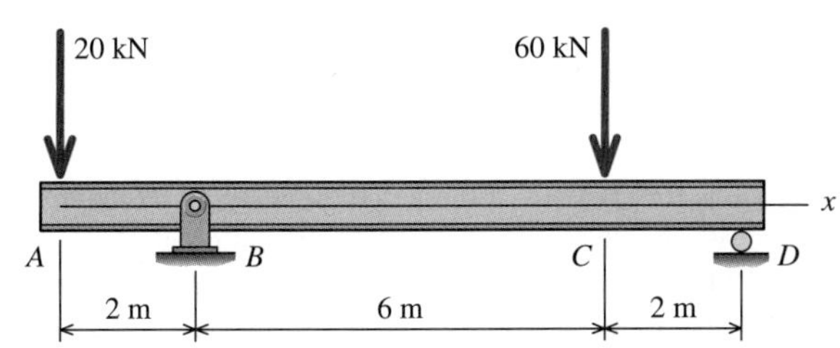


**FIGURE P7.8**

**P7.9** For the simply supported beam subjected to the loading shown in Figure P7.9:

(a) derive equations for the shear force $V$ and the bending moment $M$ for any location in the beam (place the origin at point $A$).
(b) plot the shear-force and bending-moment diagrams for the beam using the derived functions.
(c) report the maximum positive bending moment, the maximum negative bending moment, and their respective locations.

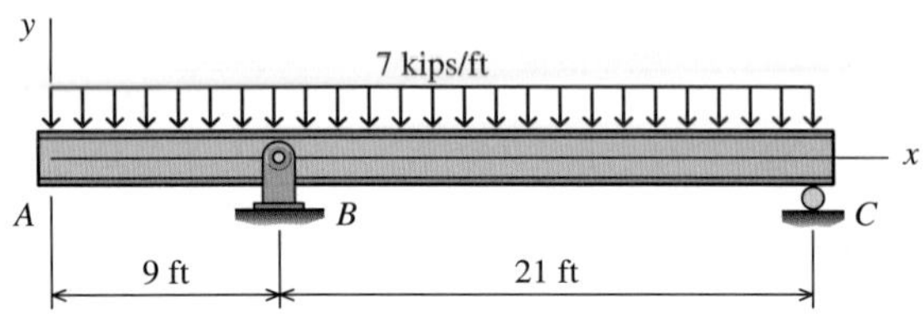


**FIGURE P7.9**

**P7.10** For the cantilever beam and loading shown in Figure P7.10:

(a) derive equations for the shear force $V$ and the bending moment $M$ for any location in the beam (place the origin at point $A$).
(b) plot the shear-force and bending-moment diagrams for the beam using the derived functions.

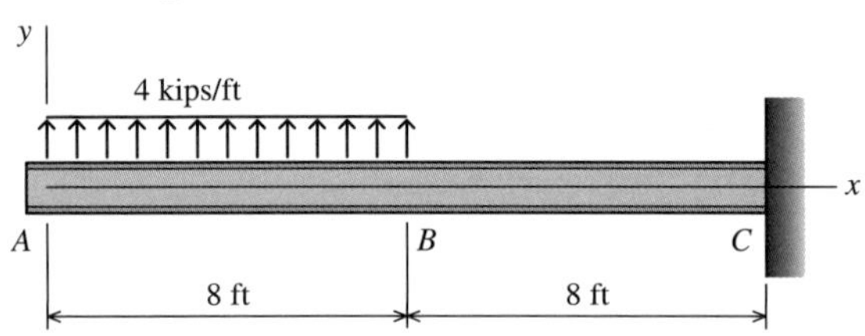


**FIGURE P7.10**

**P7.11** For the simply supported beam subjected to the loading shown in Figure P7.11:

(a) derive equations for the shear force $V$ and the bending moment $M$ for any location in the beam (place the origin at point $A$).
(b) plot the shear-force and bending-moment diagrams for the beam using the derived functions.
(c) report the maximum bending moment and its location.

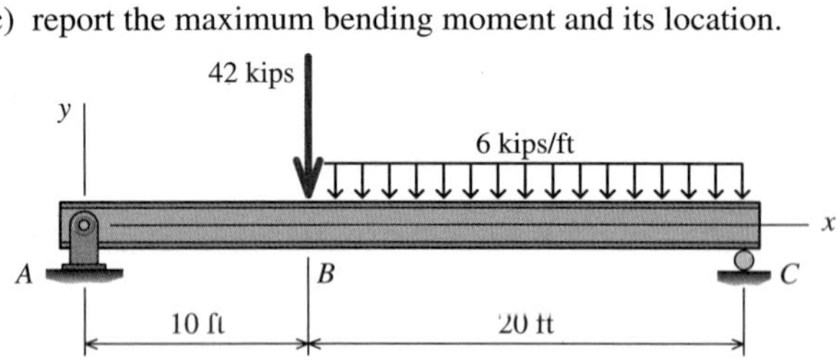


**FIGURE P7.11**

**P7.12** For the simply supported beam subjected to the loading shown in Figure P7.12:

(a) derive equations for the shear force $V$ and the bending moment $M$ for any location in the beam (place the origin at point $A$).
(b) plot the shear-force and bending-moment diagrams for the beam using the derived functions.
(c) report the maximum positive bending moment, the maximum negative bending moment, and their respective locations.

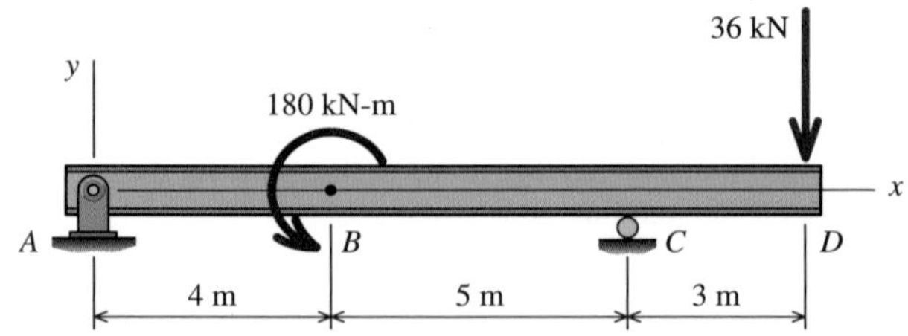


**FIGURE P7.12**

**P7.13** For the cantilever beam and loading shown in Figure P7.13:

(a) derive equations for the shear force $V$ and the bending moment $M$ for any location in the beam (place the origin at point $A$).
(b) plot the shear-force and bending-moment diagrams for the beam using the derived functions.

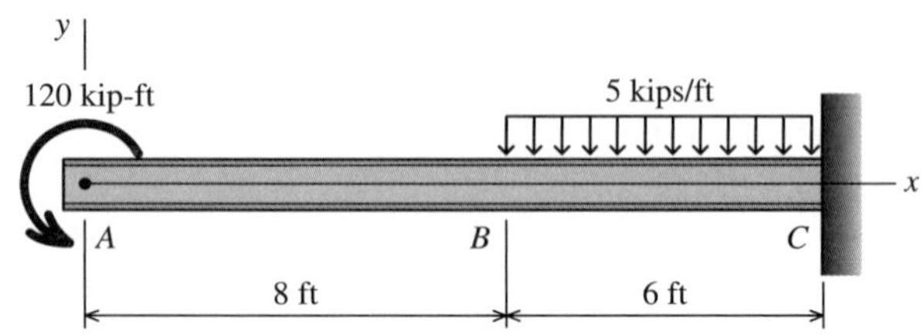


**FIGURE P7.13**

**P7.14** For the cantilever beam and loading shown in Figure P7.14:

(a) derive equations for the shear force $V$ and the bending moment $M$ for any location in the beam (place the origin at point $A$).
(b) plot the shear-force and bending-moment diagrams for the beam using the derived functions.

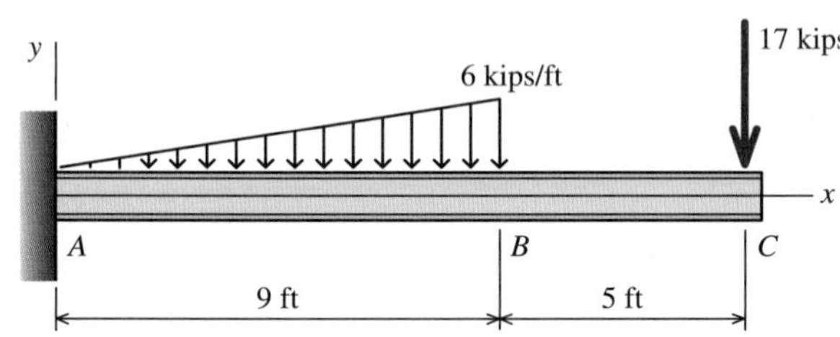


**FIGURE P7.14**

**P7.15** For the simply supported beam subjected to the loading shown in Figure P7.15:

(a) derive equations for the shear force $V$ and the bending moment $M$ for any location in the beam (place the origin at point $A$).
(b) plot the shear-force and bending-moment diagrams for the beam using the derived functions.
(c) report the maximum positive bending moment, the maximum negative bending moment, and their respective locations.

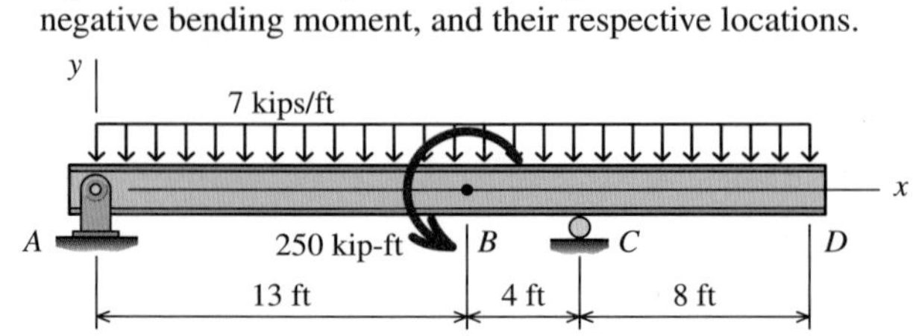


**FIGURE P7.15**

## 7.3 전단력선도와 굽힘모멘트선도를 그리는 도식적 방법

7.2절에서 설명된 것처럼, 전단력선도와 굽힘모멘트선도는 보에 대한 전단력 $V(x)$와 굽힘모멘트 $M(x)$의 변화를 표현하는 함수를 구하고, 이 함수를 작도함으로써 그려진다. 그러나 몇 개의 하중이 보에 작용한다면 이 방법은 아주 시간이 많이 걸리며, 좀더 간단한 방법이 필요하다. 전단력선도와 굽힘모멘트선도를 그리는 과정에서 하중, 전단력, 모멘트 사이의 특정한 관계식을 고려한다면 좀더 쉬워질 수 있다.

몇 가지 하중을 받는 그림 7.8*a*의 보를 생각해 보자. 그림에서 $w(x)$는 불포하중함수*이다. 그림의 모든 하중은 각각 양의 방향을 갖는다. 먼저, 집중하중이나 집중모멘트가 없는 보의 미소 구간에 대해서 생각해 보자. 이 미소 보 요소의 길이는 $\Delta x$(그림 7.8*b*)이고 좌편의 좌표는 $x$이다. 전단력 $V$와 굽힘모멘트 $M$이 보 요소의 왼편에 작용한다. 이 요소에 작용하는 분포하중 때문에 오른쪽에 작용하는 전단력과 굽힘모멘트는 평형을 만족하기 위해 약간 달라지며 그 값은 각각 $V + \Delta V$와 $M + \Delta M$이다. 그림 7.6의 부호규약의 정의에 따라 모든 전단력과 굽힘모멘트는 양의 방향으로 작용한다고 가정한다. 분포하중은 $0 < k < 1$(즉, 분포하중이 균일할 경우, $k = 0.5$)일 때, 우측에서 부분거리 $k\Delta x$에 작용하는 합력 $w(x)\Delta x$로 대치된다. 보의 미소 구간은 평형을 만족해야 된다. 따라서 두 개의 평형조건 즉, 수직방향의 힘의 평형과 요소의 우측 변에서 점 $O$에서의 모멘트 평형조건을 고려한다.

$$\Sigma F_y = V + w(x)\Delta x - (V + \Delta V) = 0$$

$$\therefore \Delta V = w(x)\Delta x$$

$$\Sigma M_O = -V\Delta x - w(x)\Delta x \bullet k\Delta x - M + (M + \Delta M) = 0$$

$$\therefore \Delta M = V\Delta x + w(x)\Delta x \bullet k\Delta x$$

윗식을 $\Delta x$로 나누고, $\Delta x \to 0$인 극한을 취하면 다음 관계식을 얻는다.

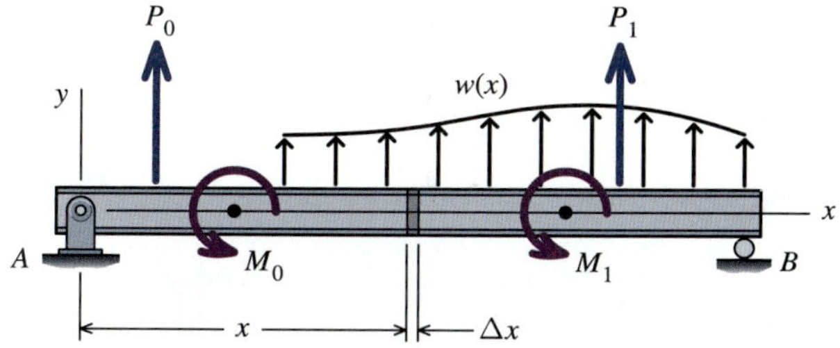

**그림 7.8*a*** • 양의 하중을 받는 일반화된 보

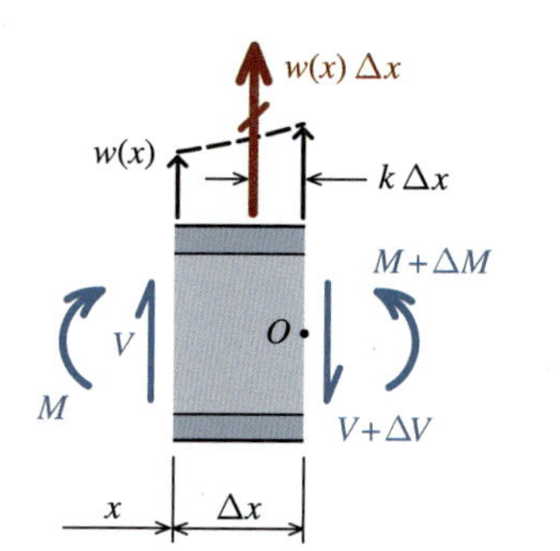

**그림 7.8*b*** • 전단력과 굽힘모멘트를 나타낸 보 요소

* 역자주: 원서의 Load digram의 용어는 하중밀도함수를 나타내기 위하여 사용되었으므로 분포하중함수로 번역하였다. 일부 책에서 분포하중의 외곽형상으로 표현되는 도형을 하중선도(load digram)로 표현하고 있다. 그러므로 역서에서 하중선도는 후자의 의미로 사용한다.

$$\frac{dV}{dx} = w(x) \tag{7.1}$$

$$\frac{dM}{dx} = V(x) \tag{7.2}$$

**양의 기울기(positive slop)**는 오른쪽으로 움직이면 위로, 왼쪽으로 움직이면 아래로 향하게 한다.

식 (7.1)은 전단력선도의 기울기가 임의의 위치 $x$에서 분포하중함수와 같다는 것을 나타낸다. 그리고 식 (7.2)는 굽힘모멘트선도의 기울기가 임의의 위치 $x$에서 전단력과 같다는 것을 나타낸다.

식 (7.1)의 의미를 설명하기 위해 그림 7.9의 보를 고려한다. 이 보는 $A$에서 $w(x) = w_A = 0$으로부터 $G$에서 $w(x) = w_G$로 증가하는 분포하중 $w(x)$를 받고 있다. 분포하중 $w$가 0인 $A$에서 전단력선도의 기울기 또한 0이다. 보를 따라 오른쪽으로 이동을 하면, 분포하중은 $B$에서 작은 양의 값으로 증가되며, 이에 따라 $B$에서 전단력선도의 기울기는 양의 값을 갖는다(즉, 전단력선도의 기울기가 약간 위로 향하게 된다). $B$를 지나 $C$ 점에서 분포하중의 크기는 점점 더 커진다(즉, 점점 더 큰 값의 양수가 된다). 마찬가지로 이들 점에서의 전단력선도의 기울기는 더욱 큰 양수의 값으로 증가된다. 다시 말하면, $V$ 곡선은 분포하중 $w$의 커짐에 따라 증가한다.

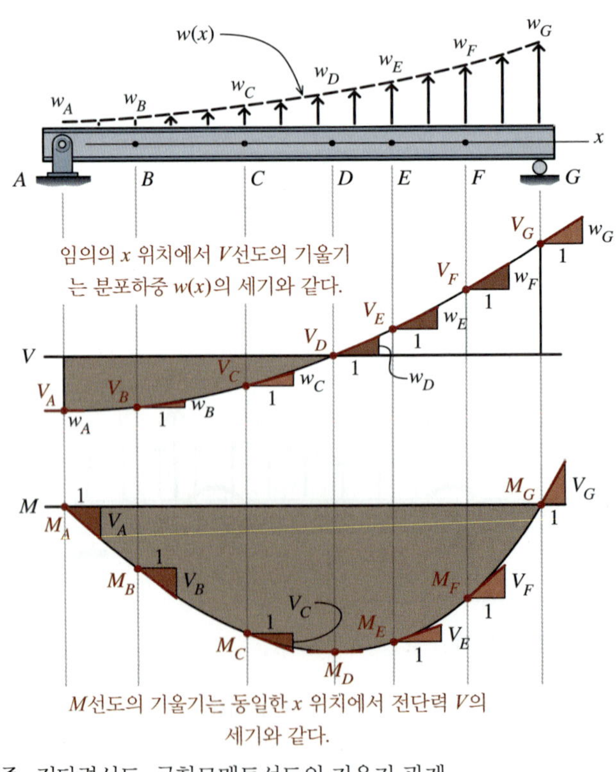


**그림 7.9** • 분포하중, 전단력선도, 굽힘모멘트선도의 기울기 관계

마찬가지로 식 (7.2)는 임의의 점에서의 굽힘모멘트선도의 기울기는 동일한 점에서의 전단력 $V$와 같다는 것을 의미한다. 그림 7.9의 점 $A$에서 전단력 $V_A$는 상대적으로 큰 음의 값이다. 따라서 굽힘모멘트선도의 기울기는 비교적 큰 음의 값을 갖는다. 다시 말하면, $M$선도의 기울기는 크게 아래로 향한다. $B$와 $C$점에서 전단력 $V_B$와 $V_C$는 여전히 음이지만 $V_A$는 음이 아니다. 따라서, $M$선도는 기울기가 아래로 향하지만 점 $A$와 같이 급격하지는 않다. 점 $D$에서 전단력 $V_D$는 0이고, 이것은 $M$선도의 기울기가 0이라는 것을 의미한다(함수의 극대치와 극소치가 그 함수의 기울기가 0인 점에서 발생하므로 이것은 매우 중요하다). 점 $E$에서 전단력 $V_E$는 작은 양의 수가 되며, 따라서 $M$선도는 기울기가 약간 위로 향한다. 점 $F$와 $G$에서 전단력 $V_F$와 $V_G$가 비교적 큰 양의 수이고, 이것은 $M$선도의 기울기가 상대적으로 급격히 위로 향하게 한다.

간단히 말하면, 전단력선도는 $V$선도 또는 $V$곡선이라 부른다. 굽힘모멘트선도는 $M$선도 또는 $M$곡선이라 부른다.

식 (7.1)과 (7.2)는 $dV = w(x)dx$와 $dM = Vdx$의 형태로 다시 쓸 수 있다. $w(x)dx$와 $Vdx$ 항은 각각 분포하중과 전단력선도의 면적을 나타낸다. 식 (7.1)은 보의 임의의 두 위치 $x_1$과 $x_2$ 사이에서 적분할 수 있다.

$$\int_{V_1}^{V_2} dV = \int_{x_1}^{x_2} w(x)\,dx$$

따라서 다음 관계식이 유도된다.

$$\Delta V = V_2 - V_1 = \int_{x_1}^{x_2} w(x)\,dx \tag{7.3}$$

이 책에서 **하중선도(load diagram)**와 **분포하중선도(distributed-load curve)**는 동일한 의미로 사용된다. 분포하중선도는 $w$선도 또는 $w$곡선이라 부른다.

마찬가지로, 식 (7.2)는 적분형으로 표현할 수 있다.

$$\int_{M_1}^{M_2} dM = \int_{x_1}^{x_2} V\,dx$$

이것은 다음 관계식으로 표현된다.

$$\Delta M = M_2 - M_1 = \int_{x_1}^{x_2} V\,dx \tag{7.4}$$

식 (7.3)은 보의 임의의 두 점 사이의 전단력의 변화 $\Delta V$는 동일한 두 점 사이의 분포하중 곡선의 면적과 같다는 것을 나타낸다. 마찬가지로, 식 (7.4)는 임의의 두 점 사이의 굽힘모멘트의 변화 $\Delta M$은 전단력선도의 면적과 같다는 것을 의미한다.

식 (7.3)과 (7.4)의 중요성을 설명하기 위해 그림 7.10에 보여진 보를 생각해 보자. 점 $E$와 $F$ 사이의 전단력의 변화는 이 두 점 사이의 분포하중 곡선의 면적에서 구할 수 있다.마찬가지로, 점 $B$와 $C$ 사이의 굽힘모멘트의 변화는 이 두 점 사이의 $V$곡선의 면적으로부터 구할 수 있다.

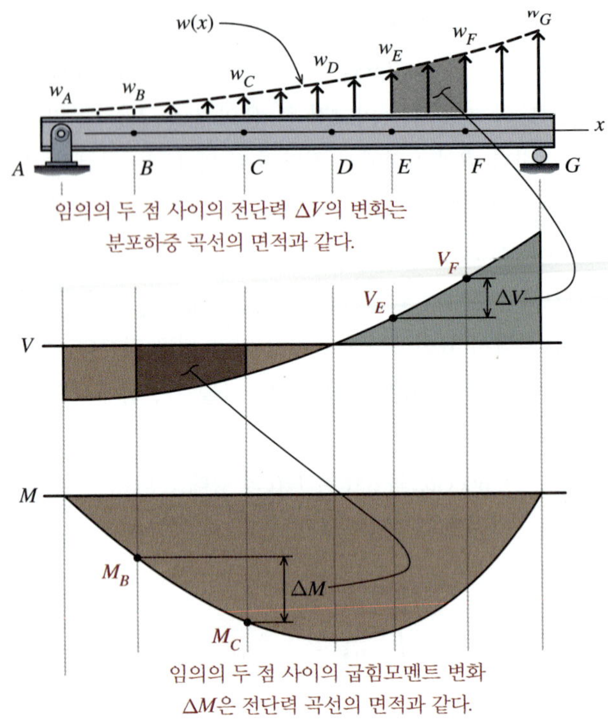


**그림 7.10** • 분포하중, 전단력선도, 모멘트선도의 면적 관계

## 집중하중과 모멘트 영역

식 (7.1)에서 (7.4)까지의 식은 분포하중을 받는 보의 영역에 대해서만 유도한 것이다. 이제 집중하중(그림 7.11*a*)을 받는 보의 미소 영역(그림 7.8*a*)에서의 자유물체도를 생각해 보자. 이 자유물체의 힘의 평형조건은 다음과 같다.

$$\Sigma F_y = V + P_0 - (V + \Delta V) = 0 \qquad \therefore \Delta V = P_0 \tag{7.5}$$

집중하중에 대한 양의 방향은 윗방향이다.

윗방향 하중 $P$는 전단력선도가 위로 점프하게 한다. 마찬가지로, 아랫방향 하중 $P$는 전단력선도가 아래로 점프하게 한다.

이 방정식은 얇은 빔 요소에서 좌 우변 사이의 전단력의 변화 $\Delta V$는 보 요소에 작용하는 집중하중 $P_0$의 강도와 같다는 것을 보여준다. 양의 외부하중이 작용하는 위치에서 전단력선도는 불연속이다. 즉 전단력선도는 집중하중의 세기만큼 점프한다. 집중하중이 양수이면 위로 점프하고 음수이면 반대로 아래로 점프한다(예제 7.1 참조).

다음으로 집중모멘트에 위치한 미소 보 요소를 생각해 보자(그림 7.11*b*). 이 요소의 모멘트 평형은 다음과 같이 표현된다.

$$\Sigma M_O = -M - V\Delta x + M_0 + (M + \Delta M) = 0$$

$\Delta x$가 0에 접근하면 다음 식이 성립한다.

$$\boxed{\Delta M = -M_0} \quad (7.6)$$

모멘트선도는 집중모멘트가 작용하는 위치에서는 불연속이다. 식 (7.6)은 미소 보 요소의 좌변과 우변 사이의 굽힘모멘트의 변화 $\Delta M$이 보 요소에 작용하는 집중모멘트 $M_0$의 부와 같다는 것을 의미한다. 만약 양의 집중모멘트를 반시계방향으로 정의하면, 양의 집중모멘트는 굽힘모멘트선도가 아래로 점프하게 한다. 반대로, 음의 집중모멘트(즉, 시계방향으로 작용하는 모멘트)는 굽힘모멘트선도를 위로 점프하게 한다(예제 7.2 참조).

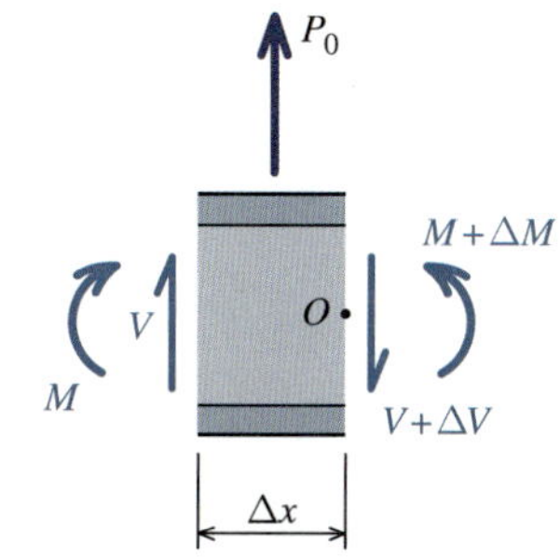


**그림 7.11*a*** • 집중하중 $P_0$를 받는 미소 보 요소의 자유물체도

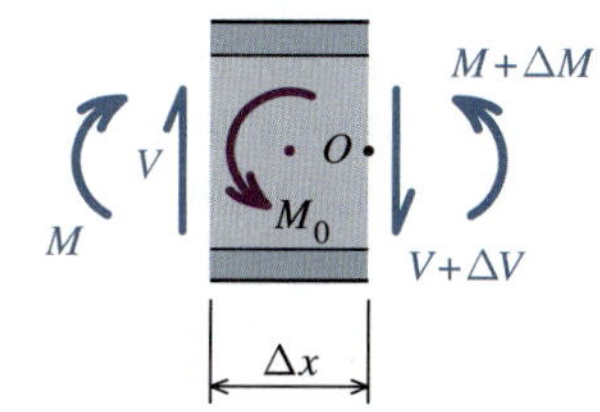


**그림 7.11*b*** • 집중모멘트 $M_0$를 받는 미소 보 요소의 자유물체도

## 최대 및 최소 굽힘모멘트

수학적으로, 함수 $f(x)$의 최대치는 함수의 도함수를 구하고 이 도함수를 0으로 두고 극값을 갖는 위치 $x$를 정한 후 극값을 계산하여 비교함으로써 구해진다. 일단 $x$값이 알려지면, 이 값은 $f(x)$에 대입되고, 최대값을 알 수 있다.

전단력선도와 굽힘모멘트선도의 두 개를 두고 볼 때, 관심 있는 함수는 굽힘모멘트 함수 $M(x)$이다. 이 함수의 도함수는 $dM/dx$이므로 극대 또는 극소의 굽힘모멘트는 $dM/dx = 0$인 위치에서 발생한다. 식 (7.2)에서 $dM/dx = V$이므로 이 두 방정식을 조합하면, 극대 또는 극소 굽힘모멘트는 $V = 0$인 위치에서 발생하는 것으로 결론지을 수 있다. 이 결론은 $M$선도에서 집중모멘트에 의해 불연속이 발생하지 않는 한 옳다.

따라서 최대 및 최소 굽힘모멘트는 집중모멘트가 작용하는 점들과 $V$곡선이 $V = 0$ 축을 지나는 점에서 발생할 수 있다. 그러므로 불연속 위치서 굽힘모멘트는 최대 또는 최소 굽힘모멘트 값을 검토하기 위해 계산되어야 한다.

## 전단력선도와 굽힘모멘트선도를 그리는 여섯가지 규칙

식 (7.1)에서 (7.6)까지는 여섯 가지 규칙을 구성하며 이것은 임의의 보에서 전단력선도와 굽힘모멘트선도를 그리는 데 사용할 수 있다. 사용법에 따라 구분된 이 규칙들은 다음과 같이 설명된다.

### 전단력선도에 대한 규칙

**법칙 1:** 집중하중 $P$를 받는 모든 점에서 전단력선도는 불연속이다. 양의 $P$는 $V$선도가 위로 점프하게 하며, 음의 $P$는 $V$선도가 아래로 점프하게 한다[식 (7.5)].

**법칙 2:** 두 위치 $x_1$과 $x_2$ 사이의 전단력의 차이는 분포하중곡선의 면적과 같다[식 (7.3)].

음의 면적은 음의 $w$에 연유한다(즉, 아래 방향의 분포하중).

**법칙 3:** 임의의 위치 $x$에서 $V$선도의 기울기는 분포하중 $w$의 세기와 같다[식 (7.1)].

### 굽힘모멘트선도에 대한 규칙

**법칙 4:** 임의의 두 위치 $x_1$과 $x_2$ 사이의 굽힘모멘트의 변화는 전단력선도의 면적과 같다[식 (7.4)].

음의 전단력값으로부터 계산된 면적은 음으로 간주된다.

**법칙 5:** 임의의 위치 $x$에서 $M$선도의 기울기는 전단력 $V$의 세기와 같다[식 (7.2)].

**법칙 6:** 굽힘모멘트선도는 집중하중을 받는 점에서 불연속이다. 시계방향의 집중모멘트는 $M$선도가 위로 점프하게 하며, 반시계방향의 집중모멘트는 $M$선도가 아래로 점프하게 한다[식 (7.6)].

편의상 이 여섯 가지 규칙을 표 7.1에서 정리하였다.

## 전단력선도와 굽힘모멘트선도를 그리는 일반절차

식 (7.3)과 (7.4)와 같이 단순 사각형이나 삼각형일 때 도식적인 방법이 매우 유용하다. 보의 하중이 집중하중이거나 균일분포하중일 때 이러한 형태의 면적이 나타난다.

여기서 제시된 $V$와 $M$선도를 그리는 방법을 도식적방법(graphical method)라 부르며, 그 이유는 하중선도가 전단력선도를 그리는 데 사용되고 다음에 전단력선도가 굽힘모멘트선도를 그리는 데 사용되기 때문이다. 위에서 설명한 여섯 가지 규칙이 이와 같은 작도법에 사용된다. 도식법은 전체 보에 대한 $V(x)$와 $M(x)$ 함수를 유도하는 것보다는 효율적으로 보를 해석하고 설계하는 데 필요한 정보를 제공해 준다. 일반절차는 다음 단계로 요약된다.

**1단계 — 하중밀도선도*의 작도:** 지지점, 하중, 주요치수를 포함하여 보를 스케치한다. 반력을 계산한다. 보가 외팔보인 경우는 반력모멘트를 구한다. 올바른 방향의 화살표와 함께 하중밀도선도에 이들 반력을 표시한다.

$V = 0$에서 시작되고 끝나는 것은 보의 평형조건식 $\Sigma F_y = 0$과 관계되어 있다. 보의 우측 끝단에서 전단력선도가 $V = 0$으로 되돌아 가지 않는 경우는 평형이 만족되지 않았다는 것을 나타낸다. $V$선도의 이러한 오차의 대부분은 보 반력 계산에서의 실수이다.

**2단계 — 전단력선도의 작도:** 전단력선도는 하중밀도선도 바로 아래에 그린다. 그 이유는 일련의 수직선을 그려 중요한 보의 위치를 선도에 표시하는 것이 편리하기 때문이다. 수평축을 그려서 전단력선도를 그리며, 이것은 $V$선도의 $x$축이 된다. 전단력선도는 항상 $V = 0$인 값에서 시작되고 마무리된다. 전단력선도는 보의 왼쪽 끝단에서 시작하여 오른쪽 끝단으로 향하게 되고, p.282에서 설명된 규칙을 따른다. 규칙 1과 2는 중요점에서 전단력 값을 구하기 위하여 사용되는 규칙이다. 규칙 3은 이들 중요점에서 선도의 형상을 스케치하는 데 유용하다. 전단력이 급격히 변하는 점과 최대 또는 최소(즉, 음의 최대치)가 발생되는 점들을 표기한다.

**3단계 — 전단력선도의 주요점의 표시:** 전단력선도에서 $V = 0$을 지나는 모든 점에 대해 특별한 관심이 주어져야 하며, 그 이유는 이 점에서 굽힘모멘트가 극대값 또는 극소값이 되기 때문이다. 분포하중을 받는 보에 대해서 규칙 **3**은 이 임무의 핵심이 된다.

**4단계 — 굽힘모멘트선도의 작도:** 굽힘모멘트선도는 전단력선도의 바로 아래에 그린다. 굽힘모멘트선도의 작도는 수평선을 그리는 것으로부터 시작되며, 이것은 $M$선도의 $x$축이 된다. 굽힘모멘트선도는 $M = 0$의 값에서 시작되고 마무리된다. $M$선도는 p.282에 설명된

* 역자주: 하중밀도함수 또는 하중밀도선도는 분포하중뿐만 아니라 집중하중도 포함하는 의미로 사용되었다. 집중하중은 분포하중의 특별한 형태라고 볼 수 있다. 그러므로 이 책에서 그것이 분포하중함수로 사용되기도 한다.

**표 7.1** • 전단력선도과 굽힘모멘트선도의 작도법

| 방정식 | 하중밀도선도 $w$ | 전단력선도 $V$ | 굽힘모멘트선도 $M$ |
|---|---|---|---|
| **법칙 1:** 집중하중은 전단력선도에서 불연속을 만든다[식 (7.5)]. | | | |
| $\Delta V = P_0$ | 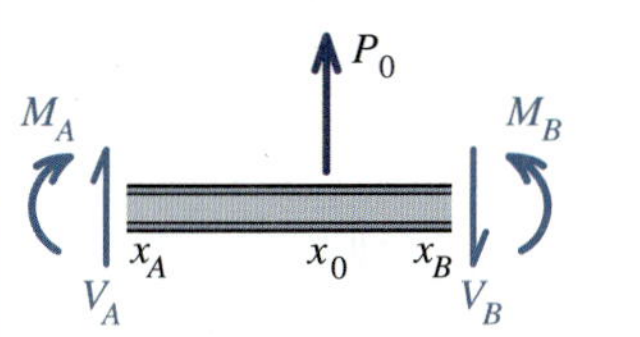 | 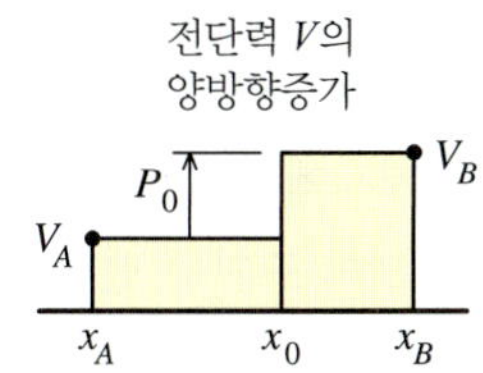 | 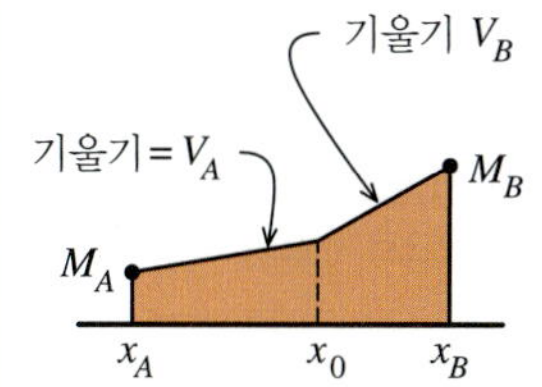 |
| **법칙 2:** 전단력의 변화는 분포하중곡선의 면적과 같다[식 (7.3)]. | | | |
| $V_B - V_A = \int_{x_A}^{x_B} w(x)\,dx$ | 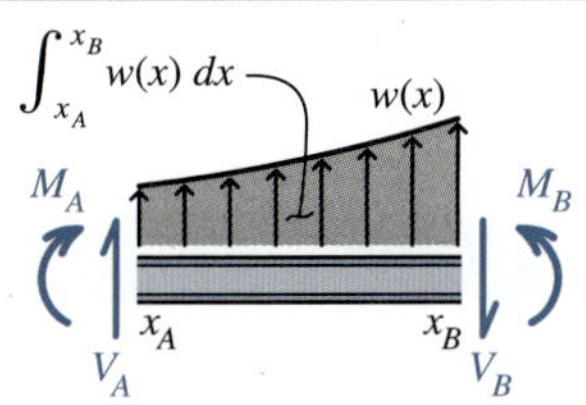 | 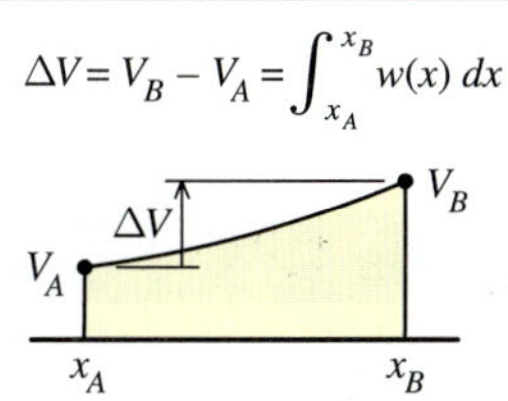 | 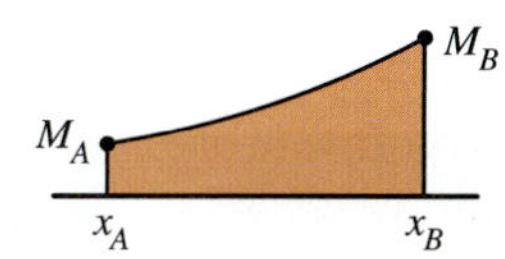 |
| **법칙 3:** 전단력선도의 기울기는 분포하중 $w$의 세기와 같다[식 (7.1)]. | | | |
| $\dfrac{dV}{dx} = w(x)$ | 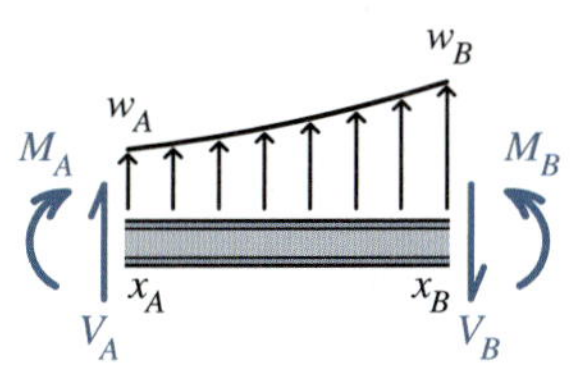 | 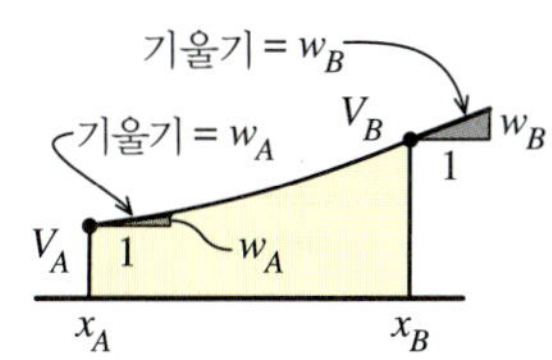 | 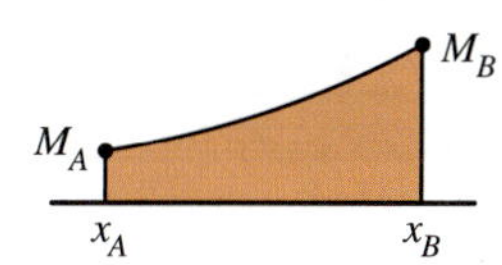 |
| **법칙 4:** 굽힘모멘트의 변화는 전단력선도의 면적과 같다[식 (7.4)]. | | | |
| $M_B - M_A = \int_{x_A}^{x_B} V\,dx$ | 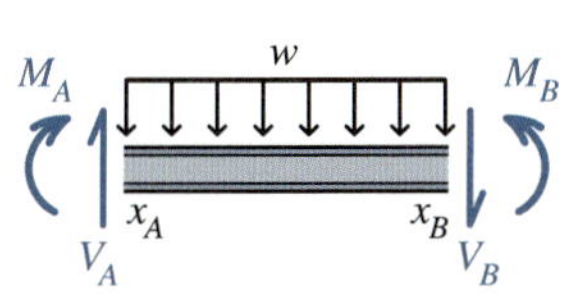 | 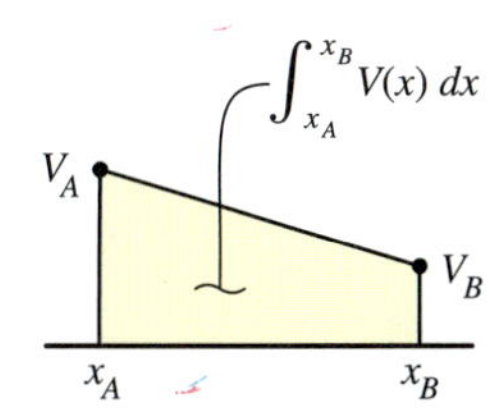 | 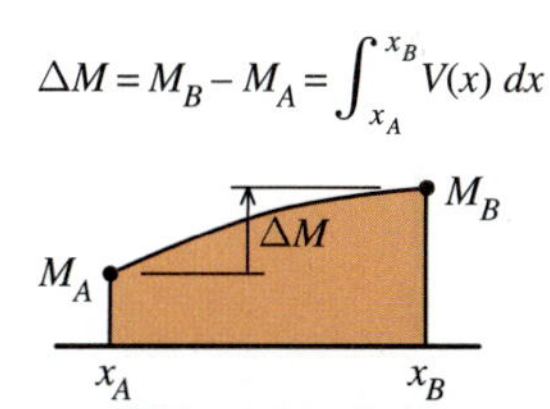 |
| **법칙 5:** $M$선도의 기울기는 전단력 $V$의 세기와 같다[식 (7.2)]. | | | |
| $\dfrac{dM}{dx} = V$ | 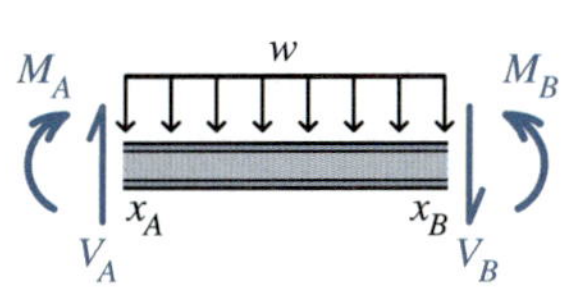 | 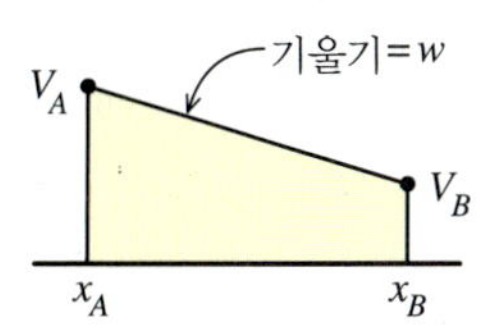 | 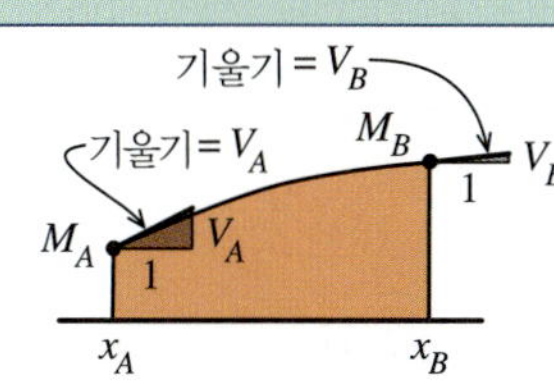 |
| **법칙 6:** 집중모멘트는 굽힘모멘트선도의 불연속을 만든다[식 (7.6)]. | | | |
| $\Delta M = -M_0$ | 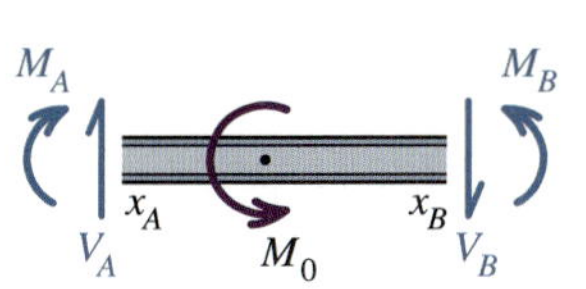 | 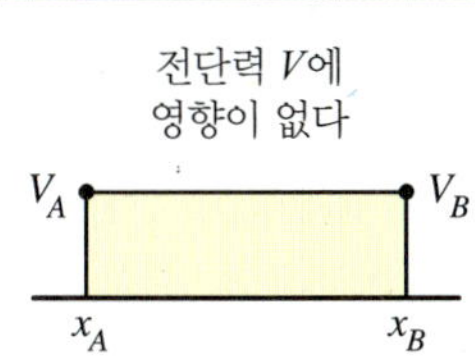 | 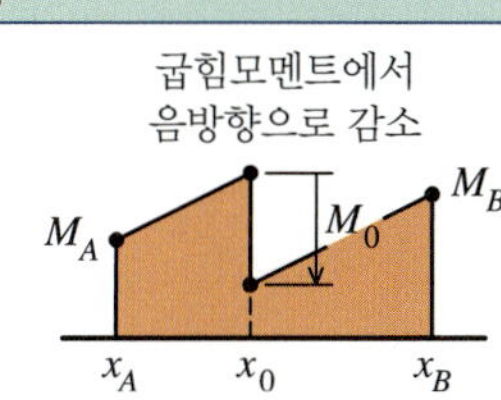 |

$M=0$으로 시작하고 끝나는 것은 보 평형 조건식 $\Sigma M=0$에 관계되어 있다.* 굽힘 모멘트선도에서 $M=0$으로 되돌아가지 않는 것은 우측 끝단에서 평형이 만족되지 않았음을 나타낸다. 이러한 $M$선도에서 오차의 공통된 원인은 보 반력계산에서의 실수이다. 작용하중에 집중모멘트가 포함되어 있다면, 또 한 가지 공통된 오류는 불연속 위치에서 틀린 방향으로 점프가 이루어졌기 때문이다.

규칙에 따라 보의 좌측단에서 시작하여 우측단 끝으로 진행하면서 그려진다. 규칙 4와 6이 중요점에서 굽힘모멘트 값을 구하기 위해 가장 많이 사용된다. 규칙 5는 이들 주요점 사이의 선도를 적절하게 작도하는 데 유용하다. 굽힘모멘트가 급격히 변하거나 최대 또는 최소(즉, 음의 최대치)가 발생하는 점들을 표기한다.

아래의 예제에서는 $V$와 $M$선도에서 불연속점에서의 값을 나타내는 데 특별한 표기가 사용되었다. 이 표기를 설명하기 위해, $x=15$에서 전단력선도 상에서 불연속이 발생한다고 가정해 보자. 불연속점의 $-x$ 방향의 전단력은 $V(15^-)$로 표기하고, $+x$ 쪽의 값은 $V(15^+)$로 표기한다. 마찬가지로, $x=0$에서 굽힘모멘트의 불연속이 있는 경우, 이 불연속점에서 모멘트 값은 $M(0^-)$와 $M(0^+)$로 표현된다.

## 예제 7.6 EXAMPLE

보여진 단순지지보에 대한 전단력선도와 굽힘모멘트선도를 그려라. 보의 전 구간에서 발생되는 최대 굽힘모멘트를 구하라.

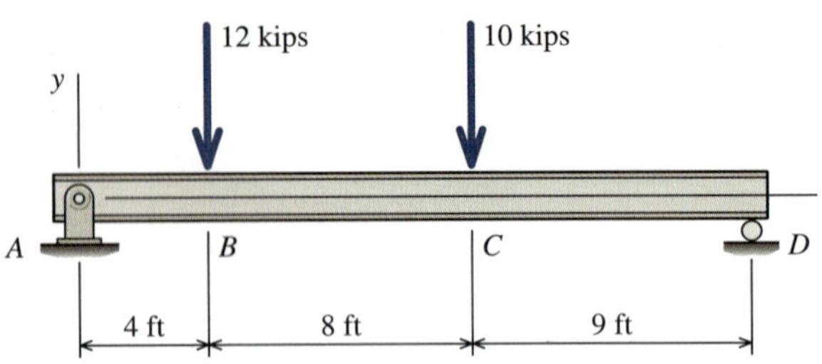


**풀이 계획**

핀 $A$와 롤러 $D$의 반력을 계산하여 하중밀도선도를 완성한다. 이 보에 집중하중만이 작용하므로, 규칙 1이 하중밀도선도로부터 전단력선도를 그리는 데 사용된다. 굽힘모멘트선도는 전단력선도로부터 그려지며, 규칙 4가 주요점에서의 굽힘모멘트의 변화를 계산하는 데 사용된다.

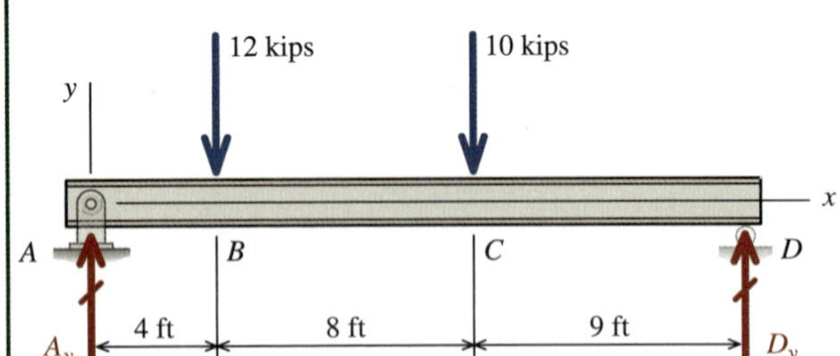


**풀이**

**반력**

그림에 전체 보의 FBD를 나타내었다. 수평방향으로는 하중이 작용하지 않으므로, 평형조건식 $\Sigma F_x=0$는 자동적으로 성립하며, 더 이상 고려하지 않는다. 의미 있는 평형조건식은 다음과 같다.

$$\Sigma F_y = A_y + D_y - 12\text{ kips} - 10\text{ kips} = 0$$
$$\Sigma M_A = -(12\text{ kips})(4\text{ ft}) - (10\text{ kips})(12\text{ ft}) + D_y(21\text{ ft}) = 0$$

이들 방정식으로부터 다음의 보 반력이 계산된다.

$$A_y = 14\text{ kips}, \qquad D_y = 8\text{ kips}$$

* 역자주: 이 책에서 $M$은 굽힘모멘트의 의미로도 사용되고 외력으로서의 모멘트로 사용되기도 한다. 책에 따라서는 굽힘모멘트를 $M_b$로 표시하고, 어떤 점 $A$에서의 모멘트 평형조건은 $\Sigma M_A=0$으로 표현한다.

### 전단력선도의 작도

$A_y$와 $D_y$가 양수이므로 하중밀도선도에서 반력의 방향은 적절하다. 보의 주요점에 일련의 수직선을 그리고 $V$선도의 축이 되는 수평선을 그린다. 다음 단계들이 $V$선도를 그리는 데 사용된다(**주의:** $V$선도 상의 소문자 글자들은 각 단계에 주어진 설명에 해당한다).

$a$ $V(0^-) = 0$ kips(보의 끝단에서 전단력이 0)

$b$ $V(0^+) = 14$ kips(**규칙 1:** $V$선도가 14 kips 반력만큼 위로 점프)

$c$ $V(4^-) = 14$ kips(**규칙 2:** $w = 0$이므로 $V$곡선의 면적이 0 이다. 따라서 전단력선도에서는 변화가 없다.

$d$ $V(4^+) = 2$ kips(**규칙 1:** $V$선도가 12 kips만큼 아래로 점프)

$e$ $V(12^-) = 2$ kips(**규칙 2:** $w$곡선 하에서의 면적이 0이다. 따라서 $\Delta V = 0$)

$f$ $V(12^+) = -8$ kips(**규칙 1:** $V$선도가 10 kips만큼 아래로 점프)

$g$ $V(21^-) = -8$ kips(**규칙 2:** $w$곡선 하에서의 면적이 0이다. 따라서 $\Delta V = 0$

$h$ $V(21^+) = 0$ kips(**규칙 1:** $V$선도는 반력 8 kips만큼 위로 점프하며, $V = 0$ kips로 돌아온다).

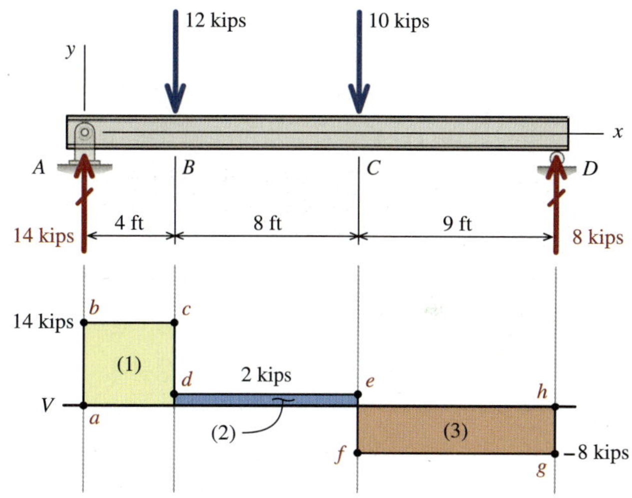


$V$선도는 $V_a = 0$에서 시작하여, $V_h = 0$에서 끝난다.

### 굽힘모멘트선도의 작도

$V$선도로 시작하여, 다음 단계가 $M$선도를 작도하는 데 사용된다(**주의:** $M$선도 상의 소문자는 각 단계에서의 설명과 일치한다).

$i$ $M(0) = 0$(단순지지보의 핀지지 끝단에서 모멘트가 0)

$j$ $M(4) = 56$ kip-ft(**규칙 4:** 임의의 두 점 사이의 굽힘모멘트 변화 $\Delta M$은 $V$선도의 면적과 같다). $x = 0$ ft와 $x = 4$ ft 사이의 면적은 간단히 사각형 (1)의 면적이고, 여기서 폭이 4 ft이고 높이가 $+14$ kips이다. 따라서 이 사각형의 면적은 $(+14$ kips$)(4$ ft$) = +56$ kip-ft(양의 값). $x = 0$ ft에서 $M = 0$ kip-ft이고, 굽힘모멘트의 변화는 $\Delta M = +56$ kip-ft이므로, $x = 4$ ft에서의 굽힘모멘트는 $M_j = 56$ kip-ft이다.

$k$ $M(12) = 72$ kip-ft(**규칙 4:** $\Delta M = V$선도의 면적). $\Delta M$은 $x = 8$ ft와 $x = 12$ ft 사이의 $V$선도 면적과 같다. 사각형 (2)의 면적은 $(+2$ kips$)(8$ ft$) = +16$ kip-ft이다. 따라서 $\Delta M = +$

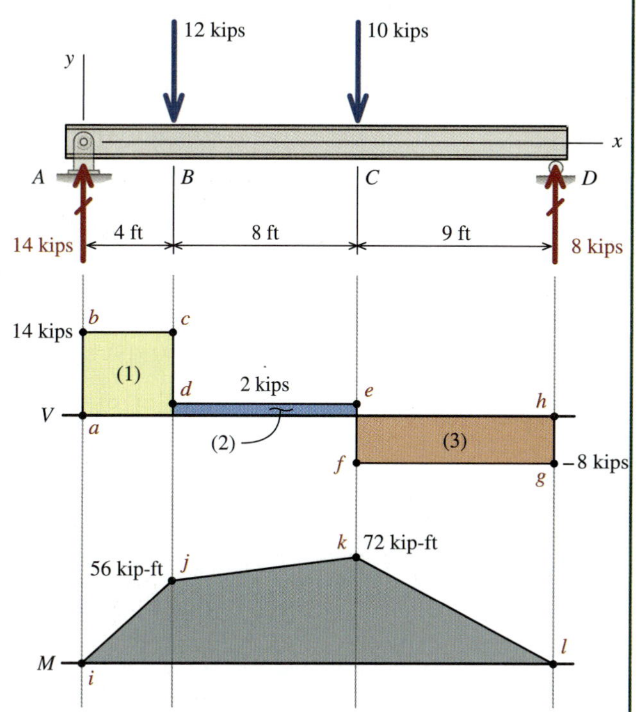

16 kip-ft(양의 값)이다. $j$에서 $M = +56$ kip-ft이고 $\Delta M = +16$ kip-ft이므로, $k$에서의 굽힘모멘트는 $M_k = +56$ kip-ft $+$ 16 kip-ft $= +72$ kip-ft이다. 전단력이 +14 kips에서 +2 kips로 감소하지만, 이 영역에서 굽힘모멘트는 계속 증가한다.

$l$ $M(21) = 0$ kip-ft(**규칙 4:** $\Delta M = V$선도의 면적). $x = 12$ ft와 $x = 21$ ft 사이의 $V$선도의 면적은 직사각형 (3)의 면적이고, 여기서 (−8 kips)(9 ft) = −72 kip-ft(음의 값)이다. 따라서 $\Delta M = -72$ kips-ft이다. $k$ 점에서 $M = +72$ kip-ft이다. $k$와 $l$ 사이에서 굽힘모멘트는 $\Delta M = -72$ kip-ft만큼 변한다. 따라서 $x = 21$ ft에서의 굽힘모멘트는 $M_l = 0$ kip-ft이다. 이 결과는 롤러 $D$에서 굽힘모멘트가 0이 되어야 한다는 조건과 일치한다.

그림의 $M$선도는 $M_i = 0$에서 시작하여 $M_l = 0$에서 끝난다. 그리고 그림의 $M$선도는 선형구간으로 이루어져 있다. **규칙 5**($M$선도의 기울기는 전단력 $V$의 강도와 같다)로부터, $M$선도의 기울기는 점 $i, j, k, l$의 사이에서 일정해야 되며, 그 이유는 전단력이 이들 영역에서 일정하기 때문이다.

$i$와 $j$ 두 점 사이의 $M$선도의 기울기는 +14 kips이고, $j$와 $k$ 사이의 기울기는 +2 kips이며, $k$와 $l$ 사이의 $M$ 기울기는 −8 kips이다. 일정기울기를 갖는 곡선의 유일한 형태는 직선이다.

최대 전단력은 $V = 14$ kips이다. 최대 굽힘모멘트는 $x = 12$ ft에서 $M = +72$ kip-ft이다. 최대 굽힘모멘트는 전단력선도가 $V = 0$ 축을 지나는 곳($e$와 $f$ 사이의 점)에서 발생된다.

## 선도 형상 사이의 상호관계

식 (7.3)은 분포하중 $w$를 적분하여 $V$선도를 구할 수 있음을 보여주며, 식 (7.4)는 전단력 $V$를 적분하여 $M$선도를 할 수 있음을 보여준다. 한 예로서 분포하중이 없는($w = 0$) 보 요소를 생각해 보자. 이 경우에 $w$를 적분하면 일정한 전단력 함수가 되며[즉, 0차 함수 $f(x^0)$], 일정한 $V$를 적분하면 굽힘모멘트는 선형함수가 된다[즉, 일차 함수 $f(x^1)$]. 보 요소가 일정한 $w$[즉, 0차 함수 $f(x^0)$]를 갖는 경우, $V$선도는 일차 함수 $f(x^1)$이고, $M$선도는 이차 함수 $f(x^2)$이다. 알고 있는 바와 같이 $w$에서 $V$로 그리고 $V$에서 $M$으로 계산되어 가는 과정에서 각 함수의 차수는 1씩 증가한다.

보 요소의 $V$선도가 상수라면, $M$선도는 직선이 되고, 이것은 $M$선도를 쉽게 그릴 수 있게 한다. $V$선도가 보 요소에서 선형이라면, $M$선도는 2차 함수(즉, 포물선)가 된다. 포물선은 두 가지 형태가 될 수 있다. 오목 또는 볼록. $M$선도의 적절한 모양은 $V$선도에서 구한 정보로부터 결정되며, 이것은 $M$선도의 기울기가 전단력 $V$의 크기와 같기 때문이다[**규칙 5:** 식 (7.2)]. 여러 가지 전단력선도의 모양과 이에 해당하는 굽힘모멘트 모양이 그림 7.12에 설명되었다.

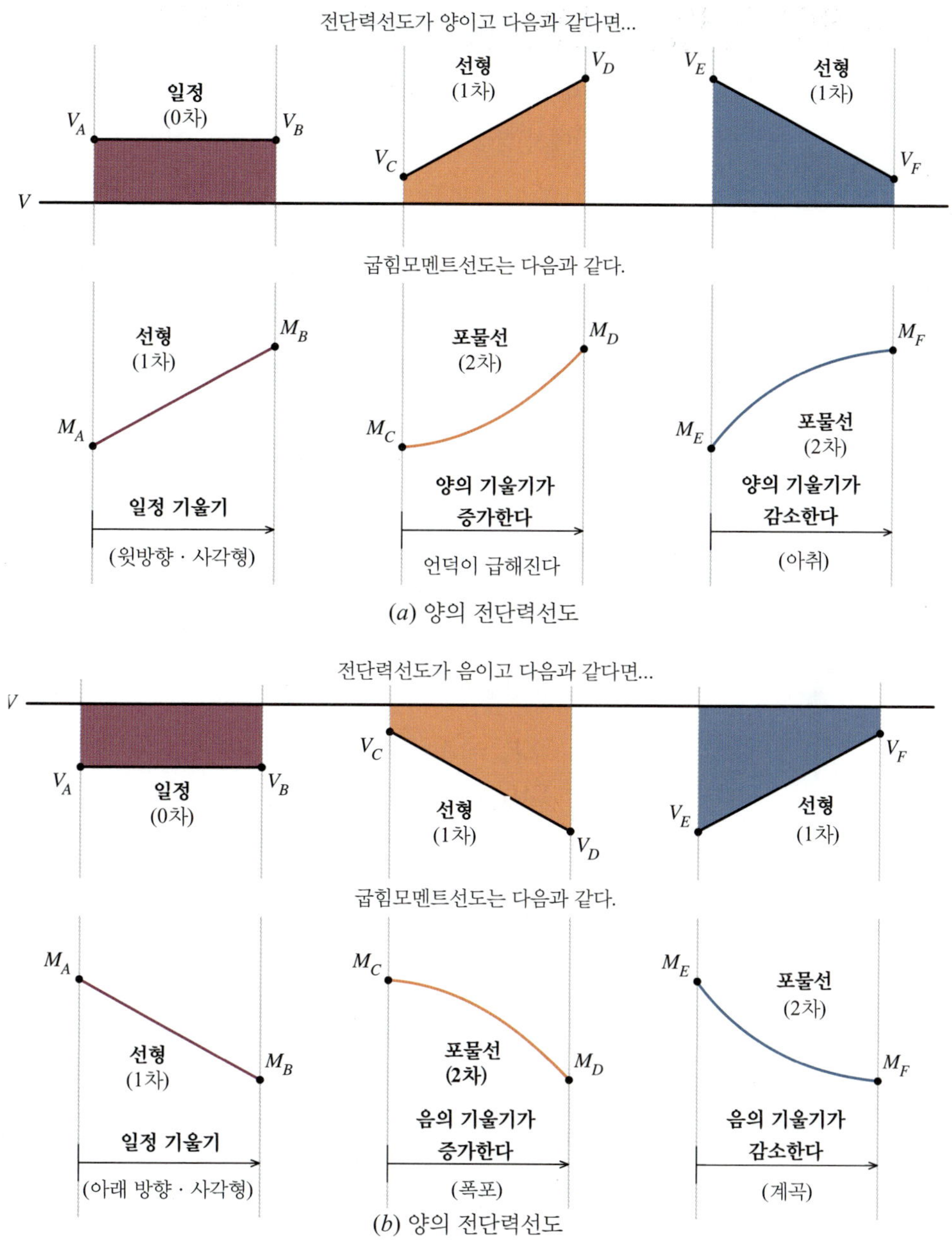


**그림 7.12** • $V$선도와 $M$선도 형상의 상호관계

## 예제 7.7 EXAMPLE

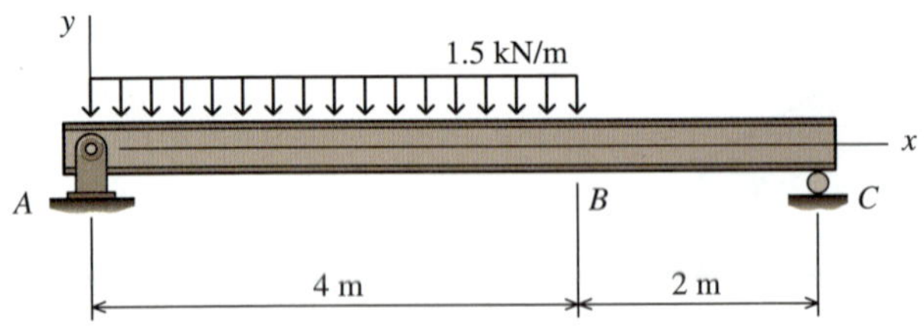


그림의 단순지지보에 대한 전단력선도와 굽힘모멘트선도를 그려라. 이 보의 전 구간에서 발생되는 최대 굽힘모멘트를 구하라.

### 풀이 계획

이 예제는 균일분포하중을 받는 보에서의 최대 굽힘모멘트를 구하는데 초점이 맞추어져 있다. 최대 굽힘모멘트를 구하기 위해서는 $V = 0$인 위치를 먼저 찾아야 한다. 이를 위해서, 전단력선도의 기울기가 규칙 3을 이용하여 분포하중의 세기로부터 구해진다. $V = 0$의 위치가 정해지면 최대 굽힘모멘트는 규칙 4로부터 계산된다.

### 풀이

**반력**

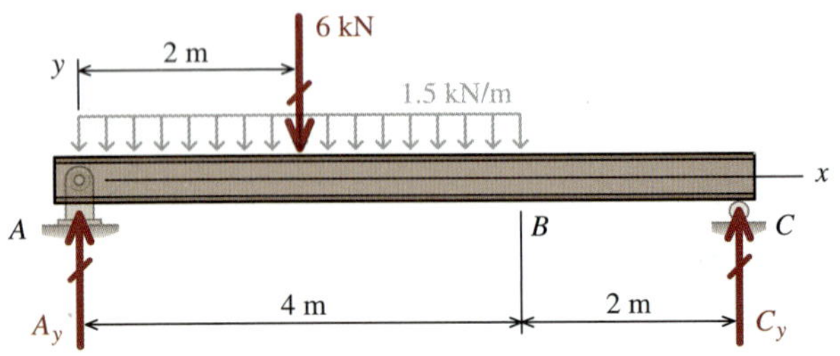


그림에 보의 FBD를 나타내었다. 보의 반력을 계산할 목적으로 분포하중 −1.5 kN/m는 하중선도(분포하중의 외곽선으로 만들어지는 도형)의 도심에서 아래로 작용하는 합력(1.5 kN/m)(4 m) = 6 kN으로 대치된다. 평형조건식은

$$\Sigma F_y = A_y + C_y - 6 \text{ kN} = 0$$
$$\Sigma M_A = -(6 \text{ kN})(2 \text{ m}) + C_y(6 \text{ m}) = 0$$

이들 방정식으로부터 보 반력은

$$A_y = 4 \text{ kN}, \quad C_y = 2 \text{ kN}$$

**전단력선도의 작도**

Ay와 Cy가 양수이므로 하중밀도선도에 표시된 반력의 방향은 적절하다. 합력 6- kN이 아닌 원래의 분포하중이 V선도를 작도하는 데 사용되어야 한다. 합력은 보의 반력을 구하는 데만 사용되며, 보의 전단력 변화를 구하는 데는 사용될 수 없다.

다음은 $V$선도를 그리는 과정을 상술하고 있다(**주의:** 도표 상의 소문자는 각 단계에서의 설명과 일치한다).

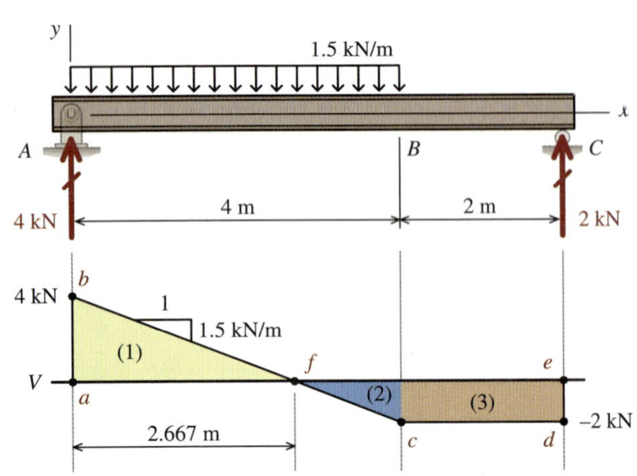


*a* $V(0^-) = 0$ kN(보의 끝단에서 전단력이 0이다)

*b* $V(0^+) = 4$ kN(**규칙 1:** $V$선도가 반력 4 kN만큼 위로 점프)

*c* $V(4) = -2$ kN(**규칙 2:** 전단력의 변화 $\Delta V$는 $w$곡선의 면적과 같다). $A$와 $B$ 사이의 $w$곡선의 면적은( −1.5 kN/m)(4 m) = −6 kN이다. 따라서 $\Delta V = -6$ kN이다. $V_b = +4$ kN이므로, $c$점의 전단력은 $V_c = +4 \text{ kN} - 6 \text{ kN} = -2$ kN이다.

$A$와 $B$ 사이에서 $w$가 일정하므로 $V$선도의 기울기 또한 일정하며(**규칙 3**), $b$와 $c$ 사이에서 −1.5 kN/m이다. 따라서 이 구간에서 $V$선도는 직선이다.

*d* $V(6^-) = -2$ kN(**규칙 2:** $w$선도의 면적은 $B$와 $C$ 사이에서 0이다. 따라서 $\Delta V = 0$이다)

*e* $V(0^+) = 0$ kN(**규칙 1:** $V$선도는 반력 2-kN만큼 위로 점프되며 다음에 $V = 0$ kN으로 되돌아 온다)

*f* $V$선도를 완성하기 전에 $b$와 $c$ 사이에서 $V = 0$이 되는 점을 표시해야 한다. 이 작업을 위해 $V$선도의 기울기($dV/dx$)가 분포하중 $w$의 강도와 같다는 것을 다시 한 번 이용한다(**규칙 3**). 이때, 보의 미소 길이 $\Delta x$가 극한 길이 $dx$ 대신 고려된다. 따라서 식 (7.1)은 다음과 같이 쓸 수 있다.

$$\text{선도의 기울기} = \frac{\Delta V}{\Delta x} = w \tag{a}$$

$A$와 $B$ 사이에서 분포하중이 $w = -1.5$ kN/m로 주어졌으므로, 두 점 $b$와 $c$ 사이의 $V$선도의 기울기는 $-1.5$ kN/m이다. $b$점에서 $V = 4$ kN이므로 $V = 0$까지의 전단력 변화는 $\Delta V = -4$ kN이다. 기지의 기울기와 $\Delta V$를 이용하여 식 (a)에서 $\Delta x$를 구한다.

$$\Delta x = \frac{\Delta V}{w} = \frac{-4\ \text{kN}}{-1.5\ \text{kN/m}} = 2.667\ \text{m}$$

$b$에서 $x = 0$이므로, $f$는 보의 좌측단에서 2.667 m에 위치한다.

**굽힘모멘트선도의 작도**

$V$선도로부터 출발하여, $M$선도를 그리기 위하여 다음의 과정을 따른다(**주의**: $M$선도의 소문자들은 각 단계에서 주어진 설명과 일치한다).

*g* $M(0) = 0$(단순 지지보의 핀 끝단에서 모멘트가 0이므로 굽힘 모멘트도 0이다)

*h* $M(2.667) = +5.333$ kN·m(**규칙 4:** 임의의 두 점 사이의 굽힘모멘트 변화 $\Delta M$은 $V$선도의 면적과 같다. $b$와 $f$ 사이의 $V$선도는 삼각형 (1)이며, 폭이 2.667 m, 높이 $+4$kN이다. 이 삼각형의 면적은 $+5.333$ kN·m이다. 따라서 $\Delta M = +5.333$ kN·m이다. $x = 0$에서 $M = 0$ kN·m이고, $\Delta M = +5.333$ kN·m이므로, $x = 2.667$ m에서의 굽힘모멘트 $M_h = +5.333$ kN이다.

$g$와 $h$ 사이의 굽힘모멘트선도의 형상은 **규칙 5**($M$선도의 기울기는 전단력 $V$와 같다)를 이용하여 그려진다. $b$에서 전단력은 $+4$ kN이다. 따라서 $M$선도는 $g$에서 큰 양의 기울기를 갖는다. $b$와 $f$ 사이에서 전단력은 여전히 양이지만 그 크기가 감소한다. 따라서 $M$선도의 기울기는 양이지만 이것은 $x$가 증가함에 따라 점점 완만해진다. $f$에서 $V = 0$이므로 $M$선도의 기울기는 0이 된다.

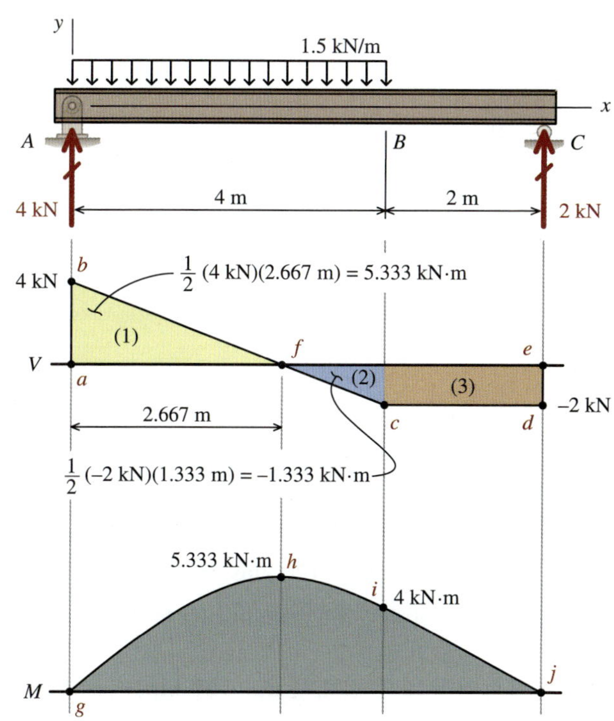

*i* $M(4) = +4$ kN·m(**규칙 4:** $\Delta M = V$선도의 면적). *f*와 *c* 사이의 전단력선도는 폭이 1.333 m이고 높이가 $-2$ kN인 삼각형 (2)이다. 이 삼각형은 $-1.333$ kN인 음의 면적을 가지므로 $\Delta M = -1.333$ kN·m이다. *h*에서 $M = +5.333$ kN·m이다. 이 값에 $\Delta M = -1.333$ kN·m를 더하면, $x = 4$ m에서의 굽힘모멘트가 구해진다. 즉 $M_i = 4$ kN·m이다.

*h*와 *i* 사이의 굽힘모멘트선도의 형상은 **규칙 5**($M$선도의 기울기는 전단력 $V$와 같다)를 이용하여 그려진다. *h*에서 $M$선도의 기울기가 0이며 이것은 *f*에서 $V = 0$에 해당한다. $x$가 증가하면, $V$는 점점 음으로 증가한다. 따라서 $M$선도의 기울기는 점점 더 절대값이 큰 음이 되며, *i*점에서 기울기는 $dM/dx = -2$ kN이 된다. $M(6) = 0$ kN·m이다.

*j* $M(6) = 0$ N·m(**규칙 4:** $\Delta M = V$선도의 면적). $x = 4$와 $x = 6$ 사이에서 $V$선도의 면적은 간단히 사각형 (3)의 면적이다. 즉, $(-2\text{ kN})(2\text{ m}) = -4$ kN·m이다. $\Delta M = -4$ kN·m를 *i*점의 굽힘모멘트($M_i = +4$ kN·m)에 더하면, *j*점의 굽힘모멘트가 구해진다. 즉 $M_j = 0$ kN·m이 되며, 이 결과는 롤러 $C$에서 모멘트가 0이고 그 결과 굽힘모멘트가 0이 되는 사실과 일치한다.

최대 전단력은 $V = 4$ kN이다. 최대 굽힘모멘트는 $x = 2.667$ m에서 $M = +5.333$ kN·m이고, 이 점은 전단력선도에서 $V = 0$를 지나는 곳이다(점 *b*와 *c* 사이).

## 예제 7.8 EXAMPLE

그림의 단순지지보에 대한 전단력선도 및 굽힘모멘트선도를 그려라. 보에서 발생하는 최대 양의 굽힘모멘트와 최대 음의 굽힘모멘트를 구하라.

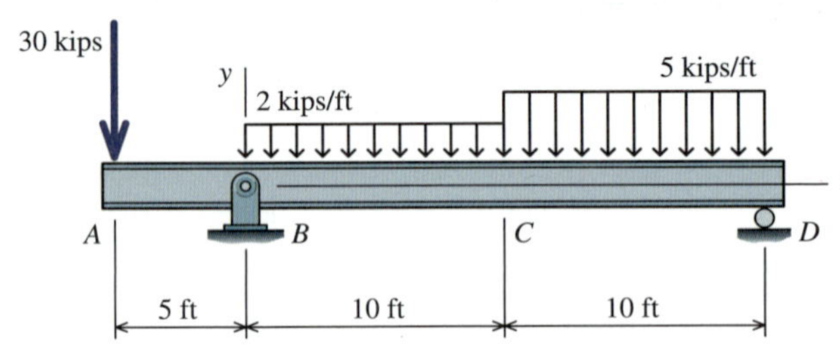


### 풀이 계획

이 문제의 핵심은 다음과 같다.

(a) 최대 양과 최대 음의 굽힘모멘트를 구한다.
(b) 음에서 양의 값으로 변할 때 $M$곡선의 적절한 형상을 그린다.

### 풀이

**반력**

그림에 보의 FBD를 나타내었다. 보의 반력을 계산하기 위하여 분포하중을 합력으로 대치한다. 평형조건식은

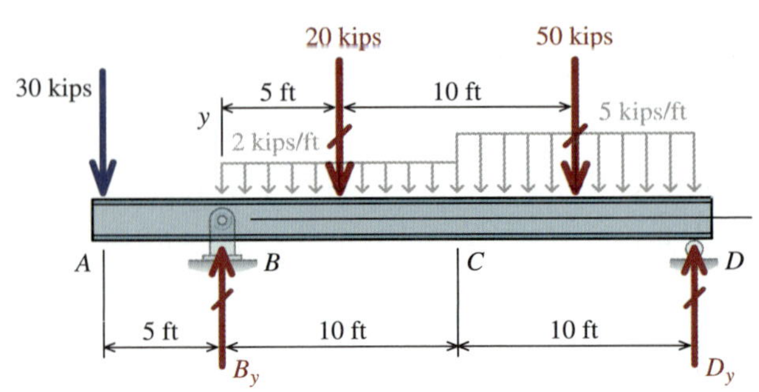


$$\Sigma F_y = B_y + D_y - 30\text{ kips} - 20\text{ kips} - 50\text{ kips} = 0$$

$$\Sigma M_B = (30\text{ kips})(5\text{ ft}) - (20\text{ kips})(5\text{ ft}) - (50\text{ kips})(15\text{ ft}) + D_y(20\text{ ft}) = 0$$

이들 방정식에서 보의 반력은 $B_y = 65$ kips이고 $D_y = 35$ kips이다.

### 전단력선도의 작도

먼저 적절한 방향의 화살표를 고려하여 반력을 포함하는 하중밀도선도를 완성한다. $V$선도를 작도할 때는 분포하중을 대신한 합력을 사용하지 않고 원래의 분포하중을 이용한다.

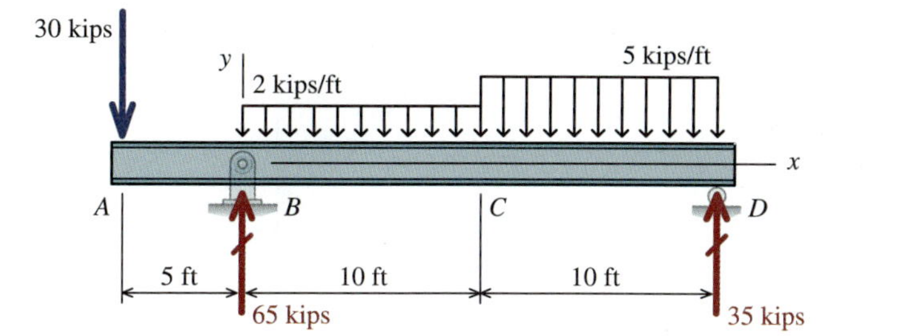


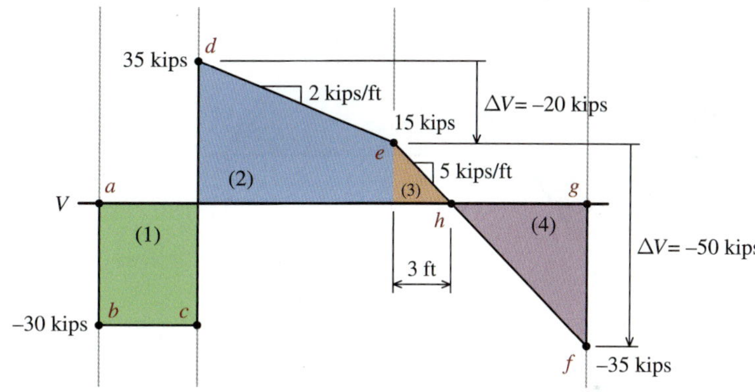


*a* $V(-5^-) = 0$ kips

*b* $V(-5^+) = -30$ kips(**규칙 1**)

*c* $V(0^-) = -30$ kips(**규칙 2**)

$A$와 $B$ 사이에서 $w$의 면적은 0이다. 즉 $b$와 $c$ 사이에서 $\Delta V = 0$이다.

*d* $V(0^+) = +35$ kips(**규칙 1**)

*e* $V(10) = +15$ kips(**규칙 2**: $\Delta V = w$의 면적). $B$와 $C$ 사이의 $w$의 면적은 $-20$ kips이다. 이 영역에서 $w$가 일정하므로, $V$선도의 기울기 또한 일정하며(**규칙 3**), $d$와 $e$ 사이에서 $-2$ kips/ft이다.

*f* $V(20^-) = -35$ kips(**규칙 2:** $\Delta V = w$의 면적). $C$와 $D$ 사이의 $w$의 면적은 $-50$ kips이다. $V$선도의 기울기는 일정하며(**규칙 3**), $e$와 $f$ 사이에서 $-5$ kips/ft이다.

*g* $V(20^+) = 0$ kips(**규칙 1**)

*h* $V$선도를 완성하기 위해서 $e$와 $f$ 사이에서 $V = 0$인 위치를 정한다. 이 구간에서 $V$선도의 기울기는 $-5$ kips/ft이다(**규칙 3**)

점 $e$에서 $V = +15$ kips이다. 따라서 $V = 0$ 축과 교차할 때 전단력은 $\Delta V = -15$ kips만큼 변한다. 기지의 기울기와 $\Delta V$를 이용하여 $\Delta x$를 구한다.

$$\Delta x = \frac{\Delta V}{w} = \frac{-15 \text{ kips}}{-5 \text{ kips/ft}} = 3.0 \text{ ft}$$

$e$점에서 $x = 10$ ft이므로, 점 $h$는 $x = 13$ ft에 위치한다.

### 굽힘모멘트선도의 작도

$V$선도로 시작하며, $M$선도를 그리기 위해서 다음의 단계들에 따른다.

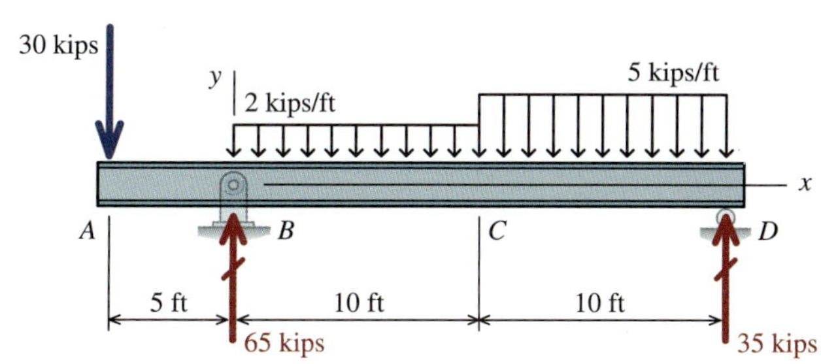


*i* $M(-5) = 0$(단순지지보의 자유단에서 모멘트가 0이며, 이는 굽힘모멘트도 0임을 의미한다)

*j* $M(0) = -150$ kip-ft(**규칙 4:** $\Delta M = V$선도의 면적). 영역 (1)의 면적은 $(-30 \text{ kips})\ (5 \text{ ft}) = -150$ kip-ft이다. 따라서 $\Delta M = -150$ kip-ft이다. $i$와 $j$점 사이에서 $M$선도는 직선이고, $-30$ kips인 음의 일정한 기울기를 갖는다.

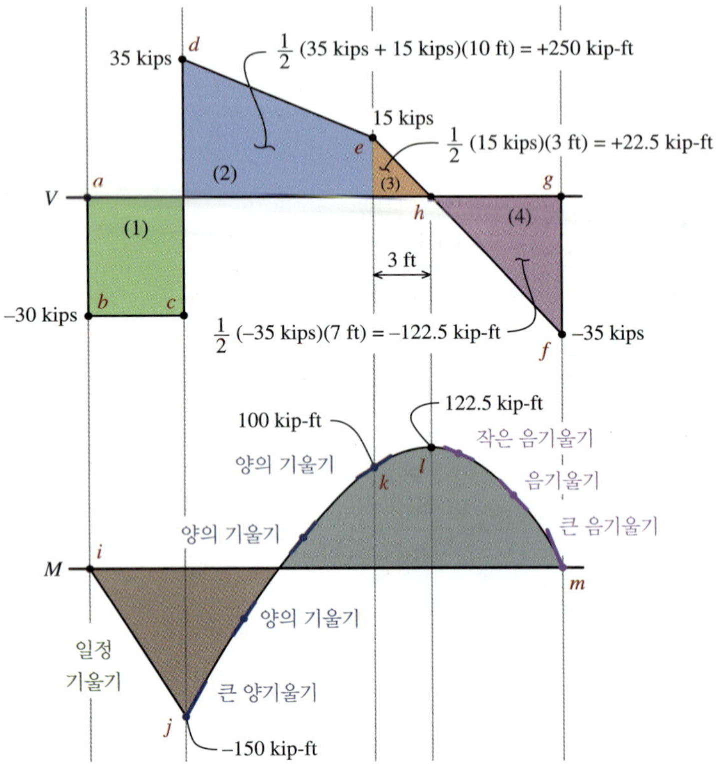


*k* $M(10) = +100$ kip-ft(**규칙 4:** $\Delta M = V$선도의 면적). 사다리꼴 (2)의 면적은 $+250$ kip-ft이다. 따라서 $\Delta M = +250$ kip-ft이다. $\Delta M = +250$ kip-ft를 $j$에서의 모멘트 $-150$ kip-ft에 더하면 $x = 10$ ft에서 $M_k = +100$ kip-ft가 구해진다.

**규칙 5**($M$선도의 기울기 = 전단력 $V$)를 이용하여, $j$와 $k$ 사이의 $M$선도를 그린다. $V_d = +35$ kips이므로, $M$선도는 $j$에서 큰 양의 기울기를 갖는다. $x$가 증가하면, 전단력은 여전히 양이지만 $e$점에서 $V_e = +15$ kips로 감소한다. 그 결과로 $M$의 기울기는 $j$와 $k$에서 양이지만 $k$점에 가까울수록 평평해진다.

*l* $M(13) = +122.5$ kip-ft(**규칙 4:** $\Delta M = V$선도의 면적). $V$선도의 면적 (3)은 $+22.5$ kip-ft이다. 따라서 $\Delta M = +22.5$ kip-ft이다. $+22.5$ kip-ft에 $M_k = +100$ kip-ft를 더해 $l$점에서의 $M_l = +122.5$ kip-ft를 계산한다. 이 위치에서 $V = 0$이므로, $M$선도의 기울기는 점 $l$에서 0이다.

*m* $M(20) = 0$ kip-ft(**규칙 4:** $\Delta M = V$선도의 면적). 삼각형 (4)의 면적은 $-122.5$ kip-ft이다. 따라서 $\Delta M = -122.5$ kip-ft이다.

$l$과 $m$ 사이의 굽힘모멘트선도의 형상은 **규칙 5**($M$선도의 기울기 = 전단력 $V$)를 이용하여 그려진다. $l$점에서 $M$선도의 기울기는 0이다. $x$가 증가하면 $V$는 점점 더 큰 절대값의 음수가 된다. 따라서 $M$선도의 기울기의 절대값도 $x$의 증가와 함께 증가하며, $x = 20$ ft에서 최대 음의 기울기가 된다.

최대 양의 굽힘모멘트는 $+122.5$ kip-ft이고 $x = 13$ ft에서 발생한다. 최대 음의 굽힘모멘트는 $-150$ kip-ft이고 이 모멘트는 $x = 0$에서 발생한다.

## 예제 7.9 EXAMPLE

그림의 외팔보에 대한 전단력선도 및 굽힘모멘트선도를 구한다. 보에 작용하는 최대 굽힘모멘트를 구하라.

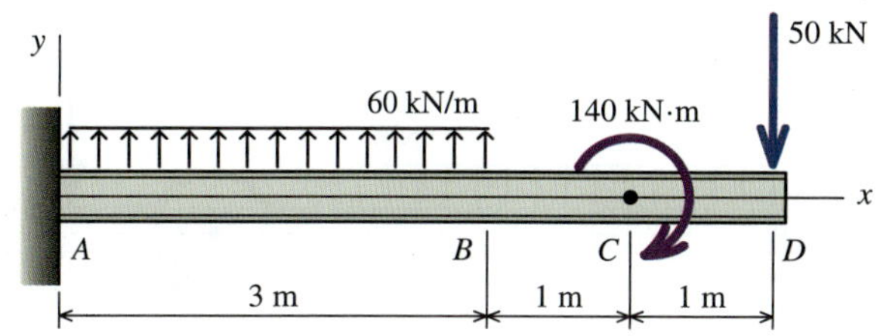


**풀이 계획**

$V$선도와 $M$선도에 대한 집중모멘트의 영향은 복잡하다. 이 외팔보에 두 개의 집중모멘트가 작용한다.

**풀이**

**반력**

그림에 보의 FBD를 나타내었다. 보의 반력을 계산하기 위하여 분포하중을 합력으로 대치한다. 평형조건식은

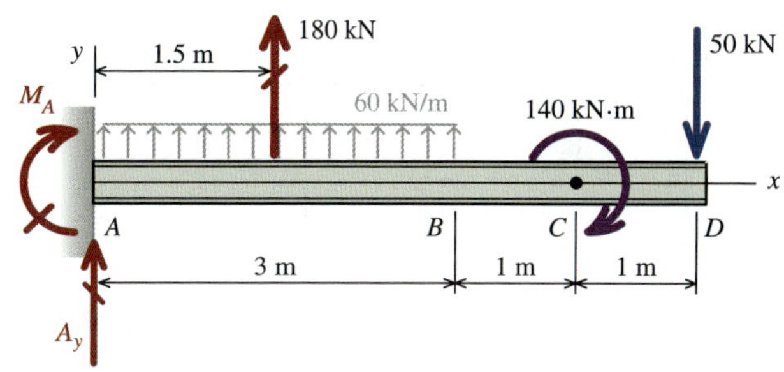


$$\Sigma F_y = A_y + 180\text{ kN} - 50\text{ kN} = 0$$

$$\Sigma M_A = (180\text{ kN})(1.5\text{ m}) - (50\text{ kN})(5\text{ m}) - 140\text{ kN·m} - M_A = 0$$

이 방정식에서 보의 반력은 $A_y = -130$ kN, $M_A = -120$ kN·m이다.

**전단력선도의 작도**

먼저 반력을 표기하여 하중선도를 완성한다. 이때, 외력의 적절한 방향으로 화살표를 표시한다. $V$선도를 그릴 때는 원래의 분포하중을 사용하고, 외력의 계산에 사용된 합력을 사용하지 않는다.

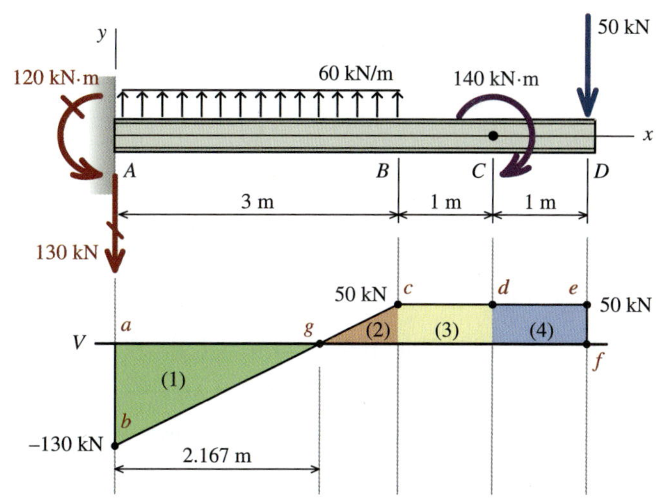


*a* $V(0^-) = 0$ kN

*b* $V(0^+) = -130$ kN(**규칙 1**)

*c* $V(3) = +50$ kN(**규칙 2**)

$A$와 $B$ 사이의 $w$의 면적은 $+180$ kN이다. 따라서 $b$와 $c$ 사이의 전단력 증분은 $\Delta V = 180$ kN이다.

*d* $V(4) = +50$ kN(**규칙 2:** $\Delta V = w$의 면적). $B$와 $C$ 사이 $w$의 면적은 0이다. 따라서 $V$의 변화는 없다.

*e* $V(5^-) = +50$ kN(**규칙 2:** $\Delta V = w$의 면적). $C$와 $D$ 사이의 $w$는 면적이 0이다. 따라서 $V$의 변화는 없다.

*f* $V(5^+) = 0$ kN(**규칙 1**)

*g* $V$선도를 완성하기 위해서 $b$와 $c$ 사이에 $V = 0$인 점을 표시한다. 이 구간에서 $V$선도의 기울기는 $+60$ kN/m(**규칙 3**)이다. $b$점에서 $V = -130$ kN이다. 따라서 전단력은 $V = 0$ 축과 교차하기 위해 $\Delta V = +130$ kN만큼 변한다. 기지의 기울기와 $\Delta V$를 이용하여 $\Delta x$를 구한다.

$$\Delta x = \frac{\Delta V}{w} = \frac{+130 \text{ kN}}{+60 \text{ kN/m}} = 2.1667 \text{ m}$$

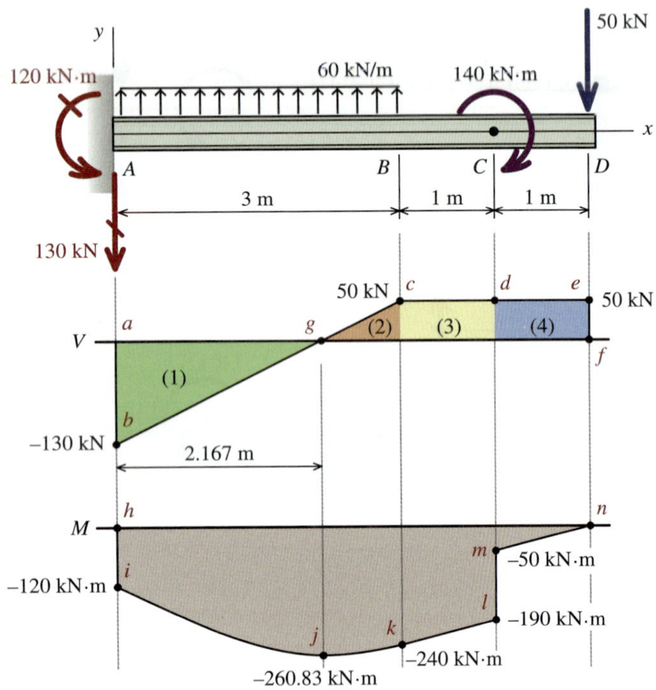


**굽힘모멘트선도의 작도**

$V$선도로부터 시작하여 다음 과정을 밟아 $M$선도를 그린다.

$h$ $M(0^-) = 0$

$i$ $M(0^+) = -120$ kN·m(**규칙 6:** 반시계방향 모멘트에 대해 $M$선도는 120 kN·m의 반력만큼 아래로 점프한다)

$j$ $M(2.1667) = -260.836$ kN·m(**규칙 4:** $\Delta M = V$선도의 면적). 면적 (1) = −140.836 kN·m이다. 따라서 $\Delta M = 140.836$ kN·m이다.

**규칙 5**($M$선도의 기울기 = 전단력 $V$)를 사용하여 $i$와 $j$ 사이의 $M$선도를 그린다. $V_b = -130$ kN이므로, $M$선도는 $i$에서 큰 음의 기울기를 갖는다. $x$가 증가하면, 전단력의 절대값은 줄어들어 $g$에서 0에 도달한다. 그 결과로, $M$선도의 기울기는 $i$와 $j$ 사이에서는 음수이지만, 점 $j$에 이르면 편편해진다.

$k$ $M(3) = -240$ kN·m(**규칙 4:** $\Delta M = V$선도의 면적). 면적 (2) = +20.833 kN·m이다. 따라서 $\Delta M = +20.833$ kN·m이다. $\Delta M$을 $j$에서의 모멘트 −260.836 kN·m에 더하면, $x = 3$에서 $M_k = -240$ kN·m이다.

**규칙 5**($M$선도의 기울기 = 전단력 $V$)의 식을 이용하여 $j$와 $k$ 사이의 $M$선도를 그린다. $x$가 증가하면 양수의 전단력은 증가하며, 점 $c$에서 최대값을 갖는다. 이것은 $M$선도의 기울기가 $j$와 $k$에서 양이고 $x$가 증가함에 따라 점점 더 위로 향한다는 것을 의미한다.

$l$ $M(4^-) = -190$ kN·m(**규칙 4:** $\Delta M = V$선도의 면적). 면적 (3) = +50 kN·m이다. $\Delta M = +50$ kN·m를 $k$에서의 모멘트 −240 kN·m에 더하면, $x = 4$ m에서 $M_l = -190$ kN·m이다.

$m$ $M(4^+) = -50$ kN·m (**규칙 6:** 시계방향 모멘트에 대해 $M$선도는 집중모멘트 140 kN·m만큼 위로 점프한다.

$n$ $M(5) = 0$ kN·m(**규칙 4:** $\Delta M = V$선도의 면적). 면적 (4) = +50 kN·m이다.

최대 굽힘모멘트는 −260.8 kN·m이고 $x = 2.1667$ m에서 발생한다.

## MecMovies Example M7.1

전단력선도와 굽힘모멘트선도를 그리는 여섯 가지 규칙.

## MecMovies Example M7.2

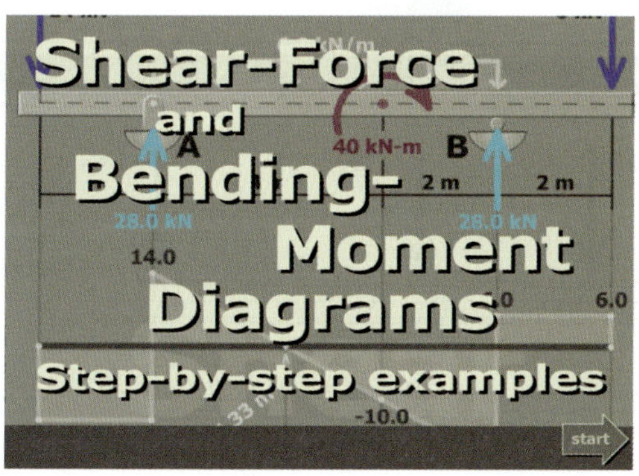


여러 가지 지지(대)와 하중을 갖는 48개 보에 대해 동적으로 그려진 전단력선도 및 굽힘모멘트선도. $V$선도와 $M$선도 모두의 주요점에서 간략한 설명이 제시되었다.

## MecMovies EXERCISES

**M7.1** **전단력선도와 굽힘모멘트선도를 그릴 때 여섯 가지 규칙.** 여섯 개 규칙 각각에 대해서 최소 40점을 받아야 된다(전체 최저점 = 240점).

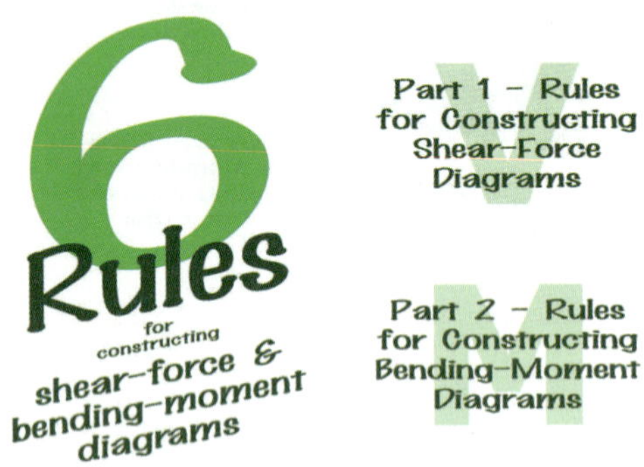


그림 M7.1

**M7.2** 규칙을 따름으로써 최대 400점 중 적어도 350점을 받아야 한다.

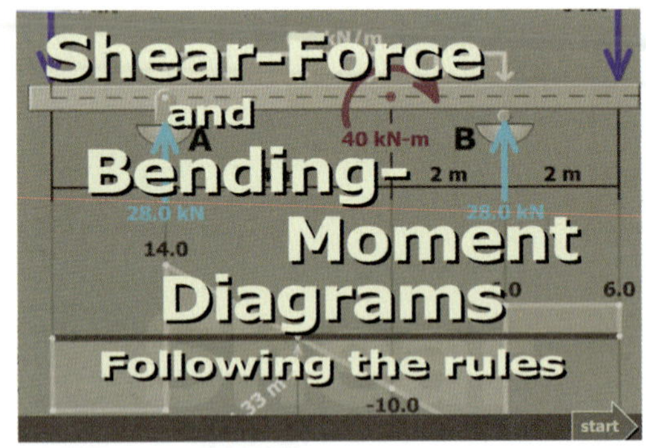


그림 M7.2

## PROBLEMS

**P7.16–P7.30** Use the graphical method to construct the shear-force and bending-moment diagrams for the beams shown in Figures P7.16–P7.30. Label all significant points on each diagram and identify the maximum moments (both positive and negative) along with their respective locations. Clearly differentiate straight-line and curved portions of the diagrams.

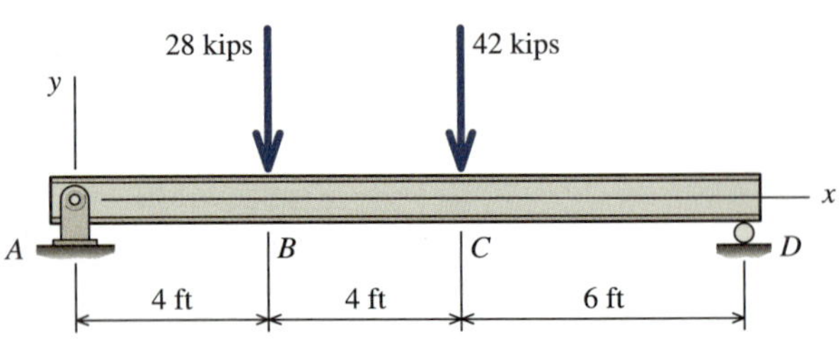


**FIGURE P7.16**

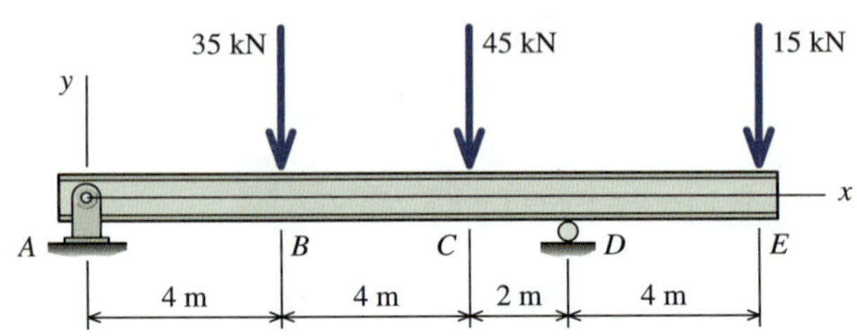


**FIGURE P7.17**

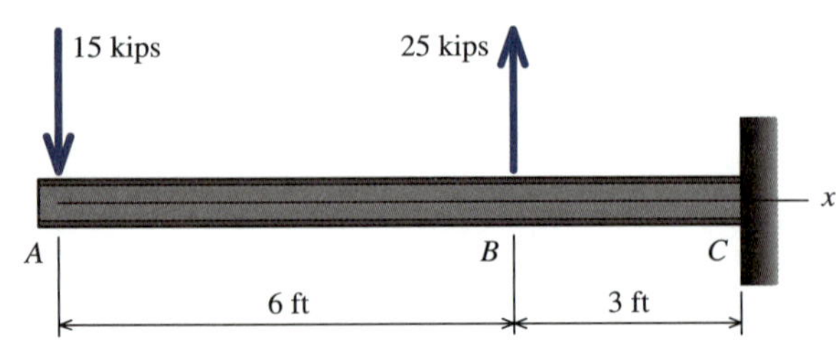


**FIGURE P7.18**

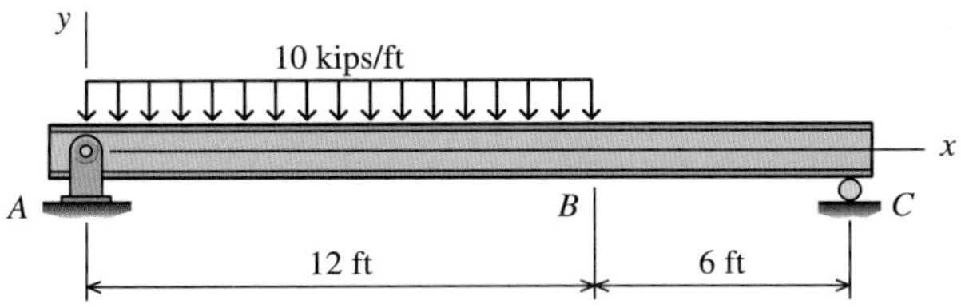


FIGURE P7.19

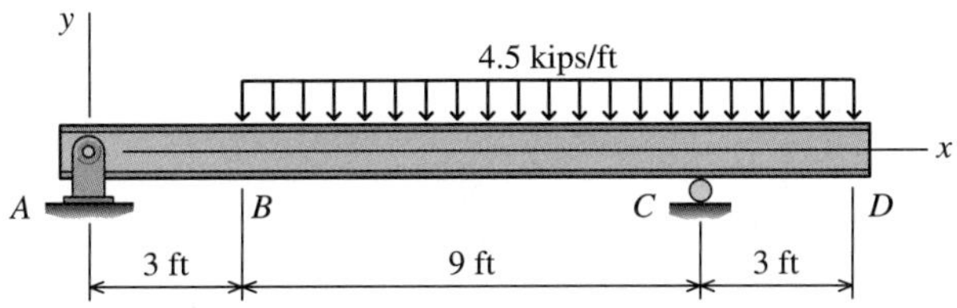


FIGURE P7.20

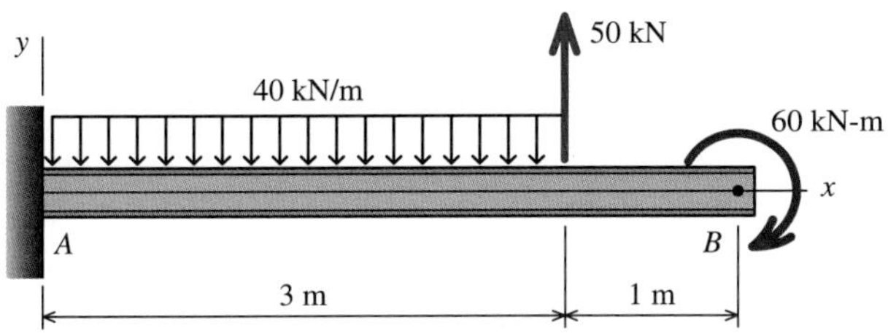


FIGURE P7.21

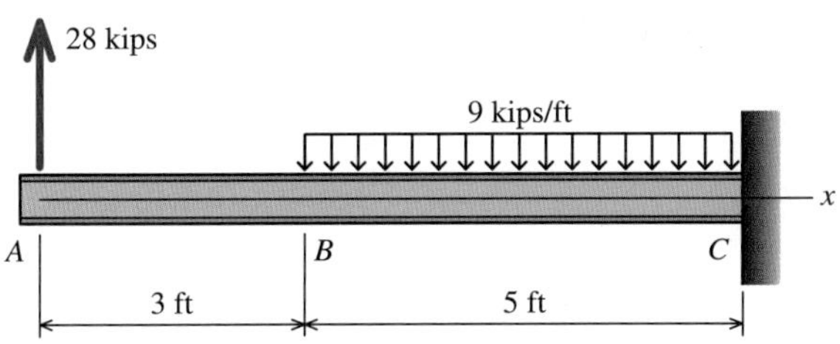


FIGURE P7.22

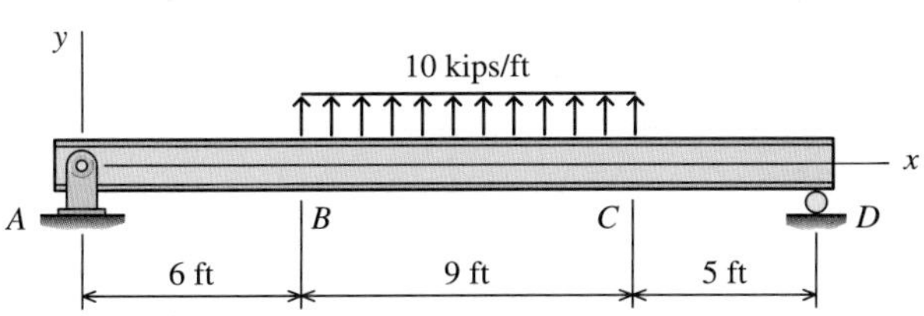


FIGURE P7.23

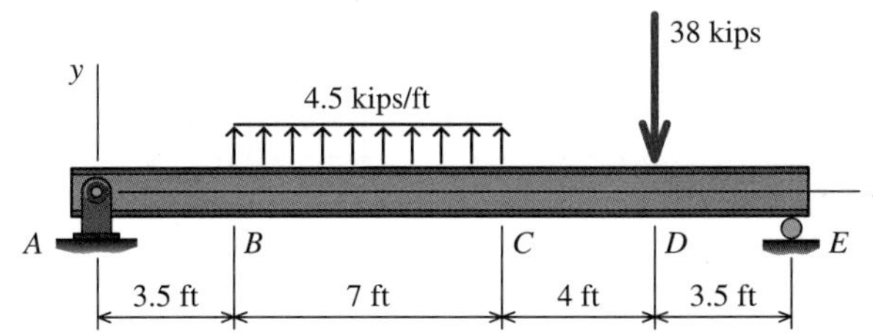


FIGURE P7.24

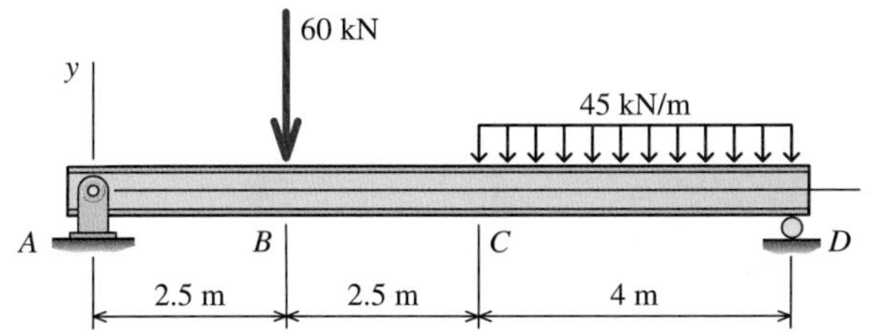


FIGURE P7.25

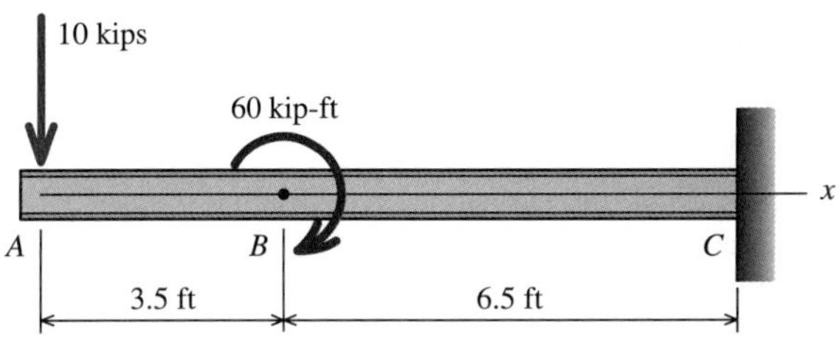


FIGURE P7.26

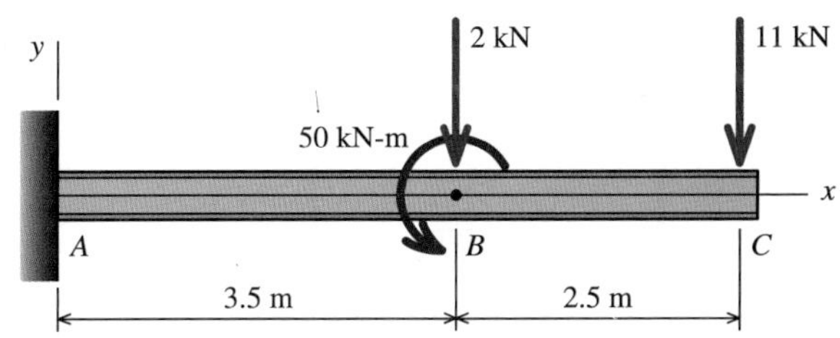


FIGURE P7.27

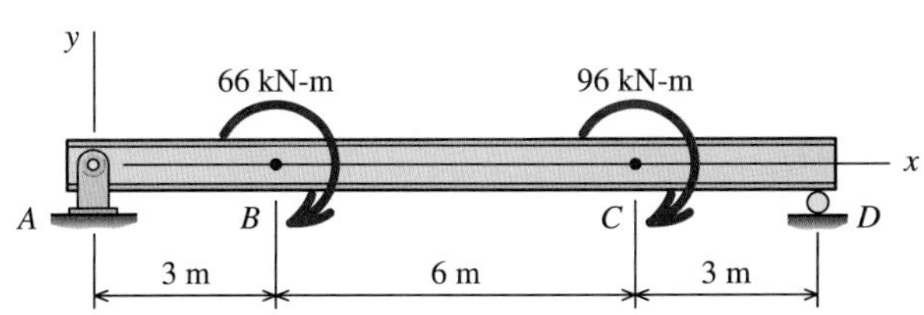


FIGURE P7.28

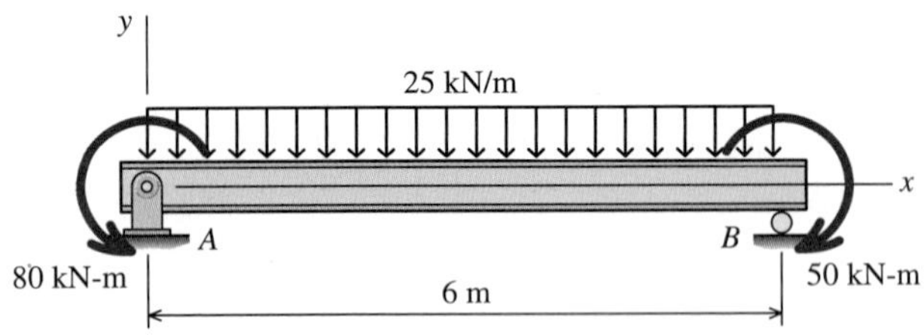


FIGURE P7.29

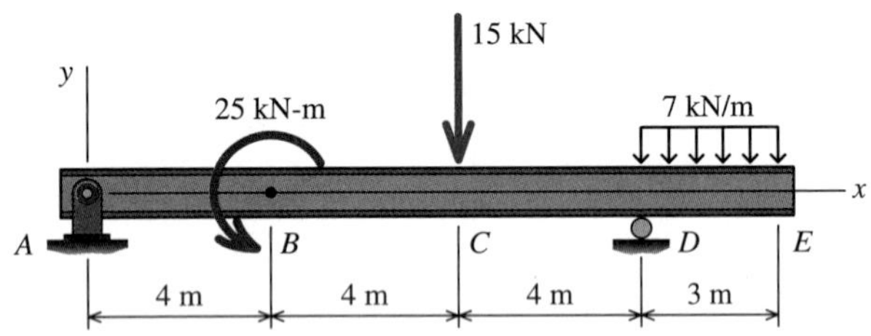


FIGURE P7.30

**P7.31–P7.32** Draw the shear-force and bending-moment diagram for the beams shown in Figures P7.31 and P7.32. Assume the upward reaction provided by the ground to be uniformly distributed. Label all significant points on each diagram. Determine the maximum value of:

(a) the internal shear force and
(b) the internal bending moment.

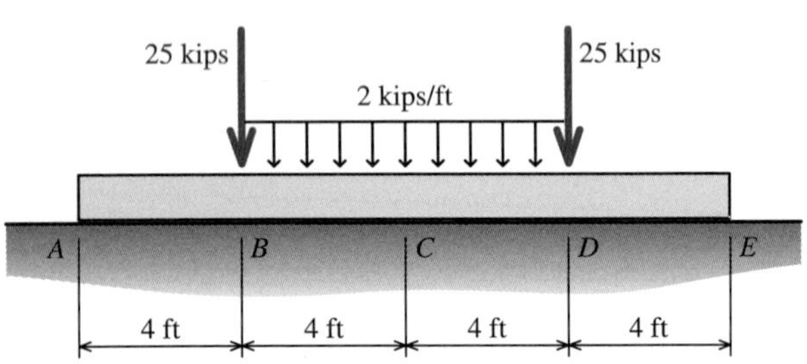


FIGURE P7.31

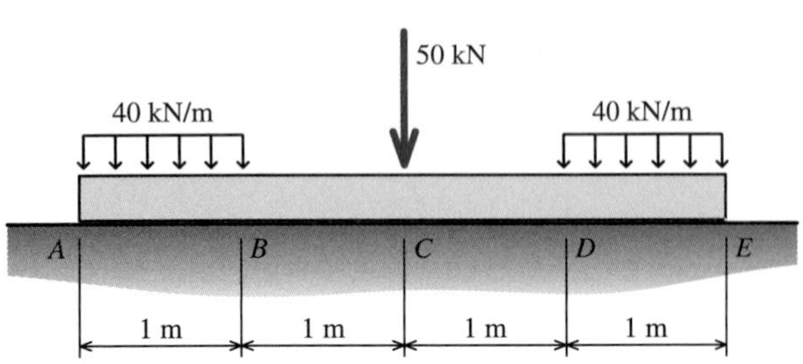


FIGURE P7.32

**P7.33–P7.36** Use the graphical method to construct the shear-force and bending-moment diagrams for the beams shown in Figures P7.33–P7.36. Label all significant points on each diagram and identify the maximum moments along with their respective locations. **Additionally, determine:**

(a) $V$ and $M$ in the beam at a point located 0.75 m to the right of $B$.
(b) $V$ and $M$ in the beam at a point located 1.25 m to the left of $C$.

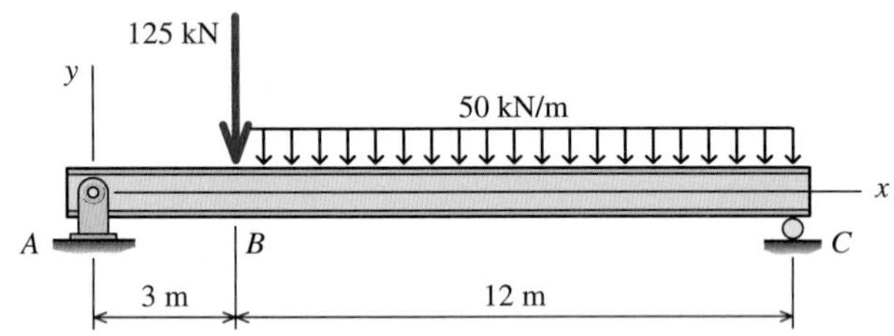


FIGURE P7.33

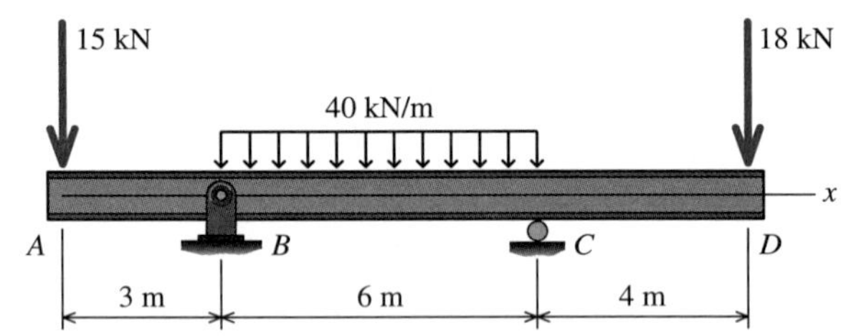


FIGURE P7.34

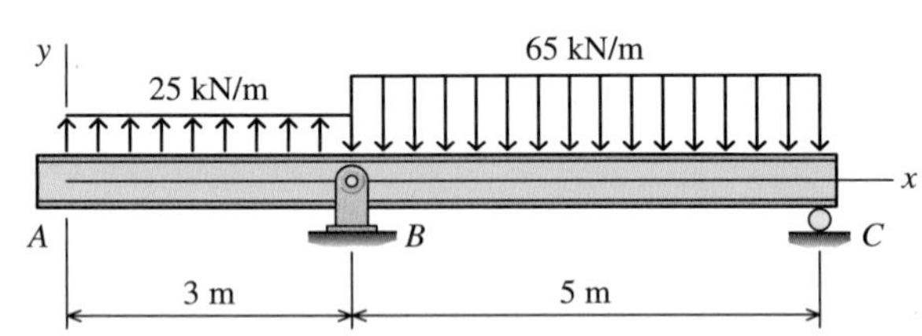


FIGURE P7.35

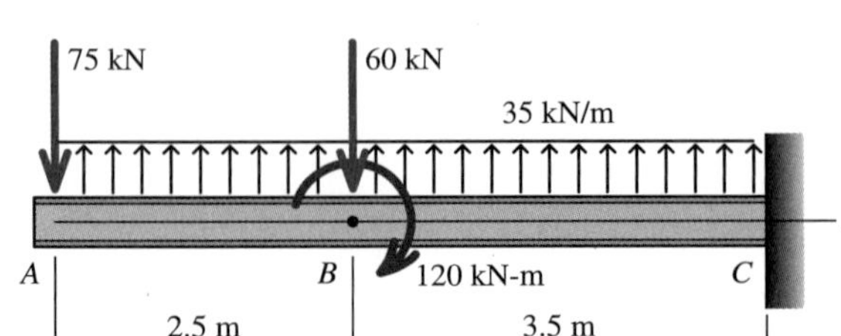


FIGURE P7.36

**P7.37–P7.39** Use the graphical method to construct the shear-force and bending-moment diagrams for the beams shown in Figures P7.37–P7.39. Label all significant points on each diagram and identify the maximum moments along with their respective locations. **Additionally, determine:**

(a) $V$ and $M$ in the beam at a point located 1.50 m to the right of $B$.
(b) $V$ and $M$ in the beam at a point located 1.25 m to the left of $D$.

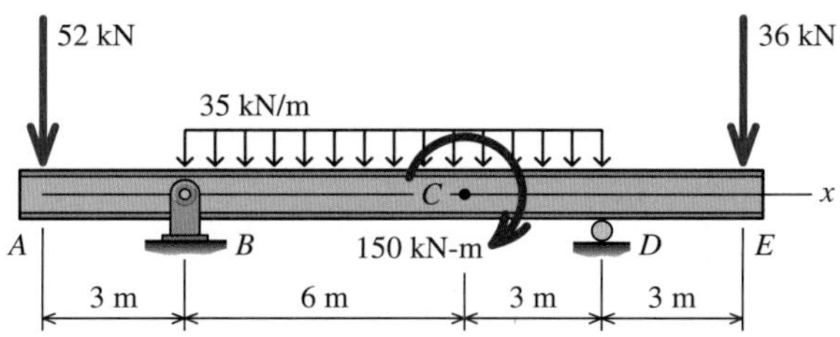


**FIGURE P7.37**

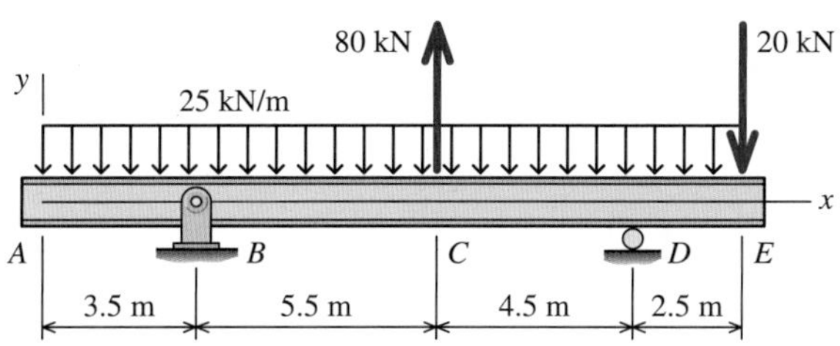


**FIGURE P7.38**

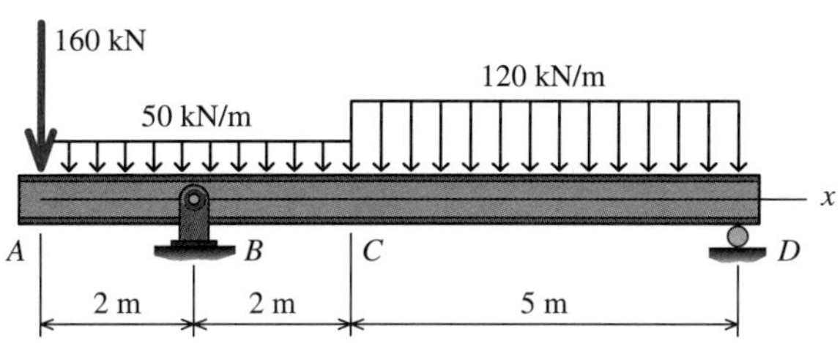


**FIGURE P7.39**

**P7.40–P7.55** Use the graphical method to construct the shear-force and bending-moment diagrams for the beams shown in Figures P7.40–P7.55. Label all significant points on each diagram and identify the maximum moments (both positive and negative) along with their respective locations. Clearly differentiate straight-line and curved portions of the diagrams.

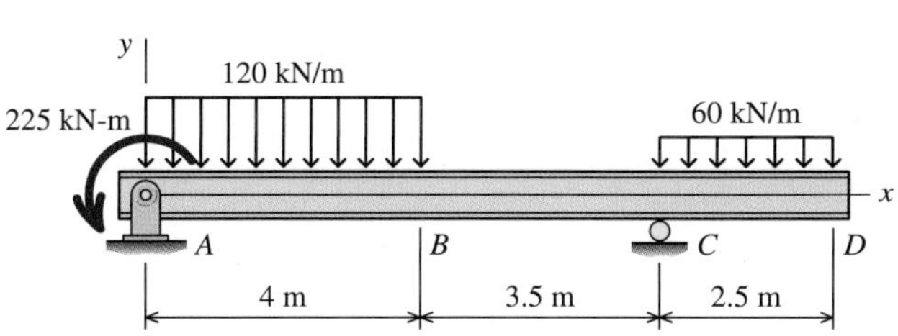


**FIGURE P7.40**

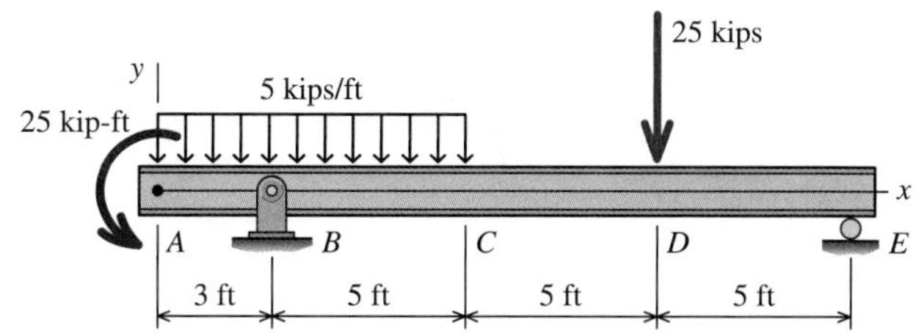


**FIGURE P7.41**

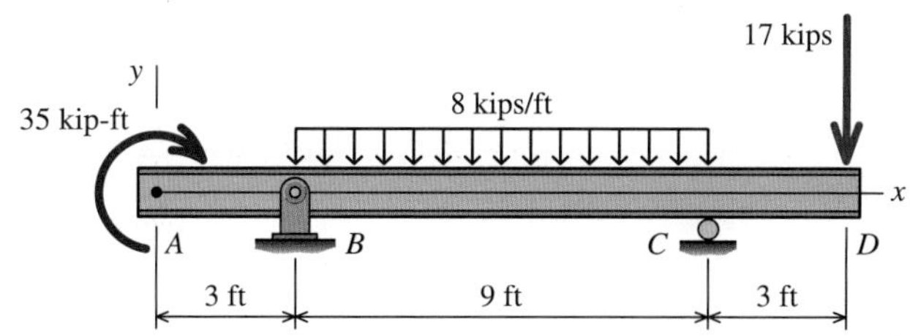


**FIGURE P7.42**

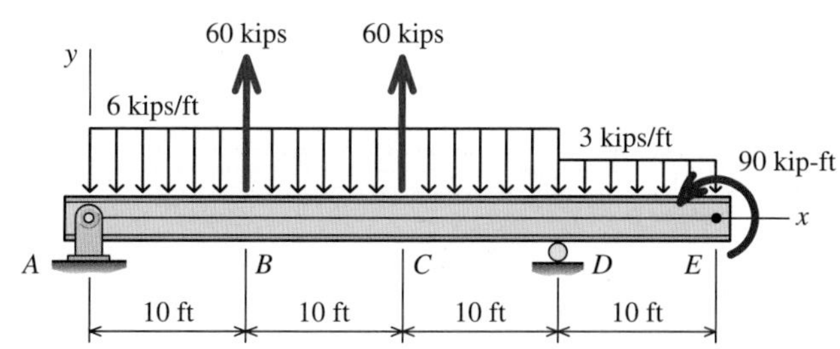


**FIGURE P7.43**

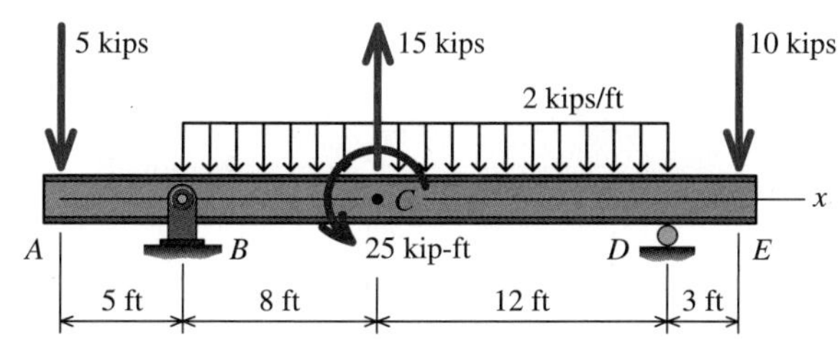


**FIGURE P7.44**

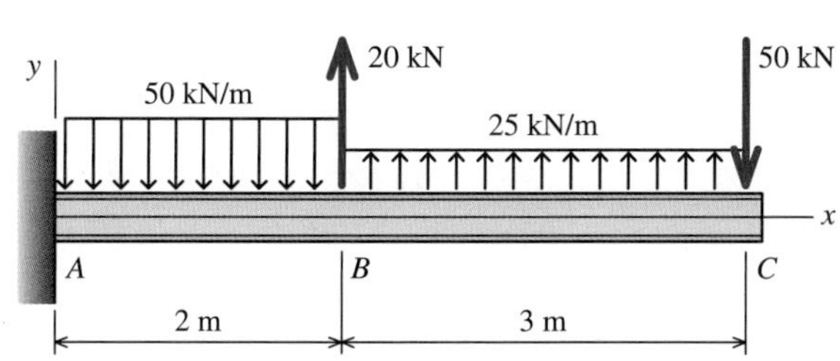


**FIGURE P7.45**

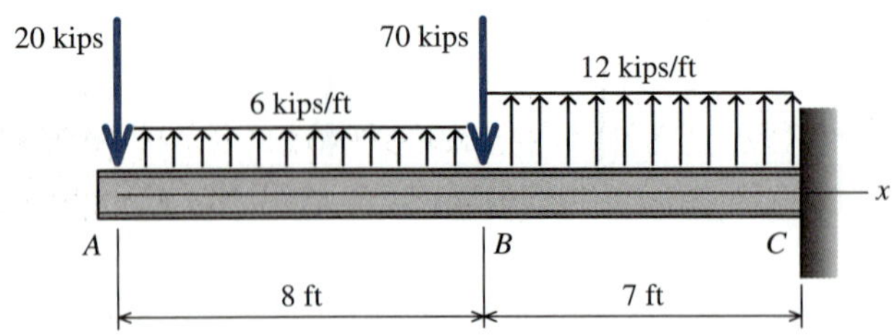


FIGURE P7.46

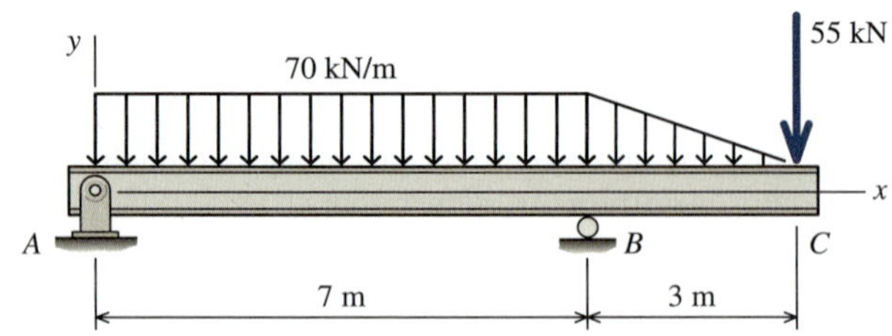


FIGURE P7.51

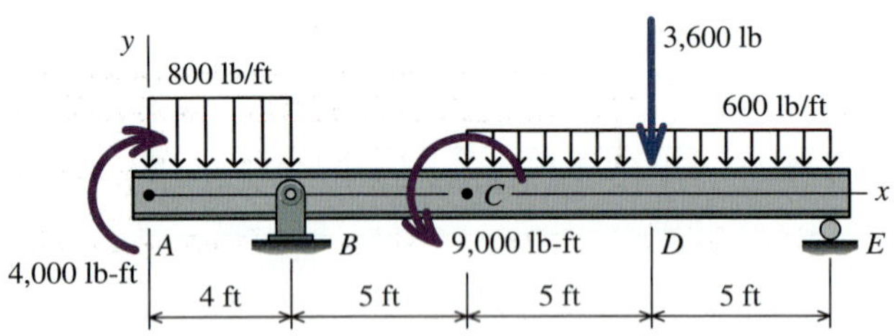


FIGURE P7.47

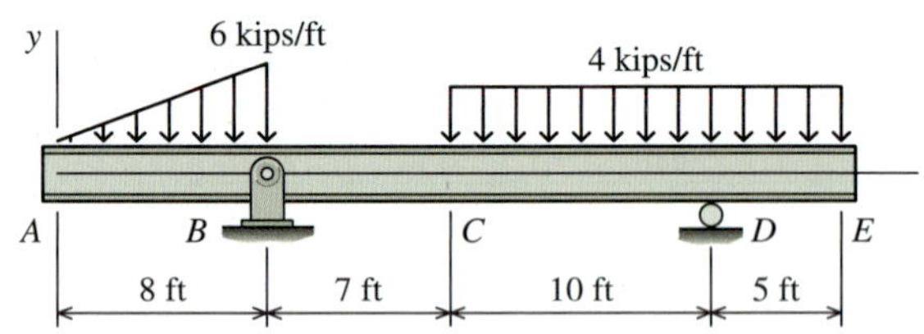


FIGURE P7.52

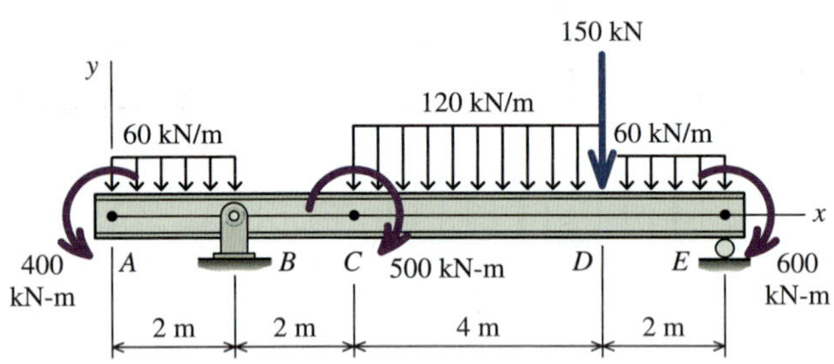


FIGURE P7.48

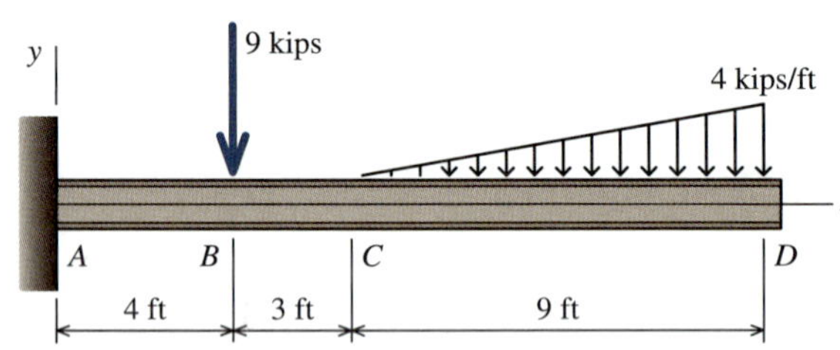


FIGURE P7.53

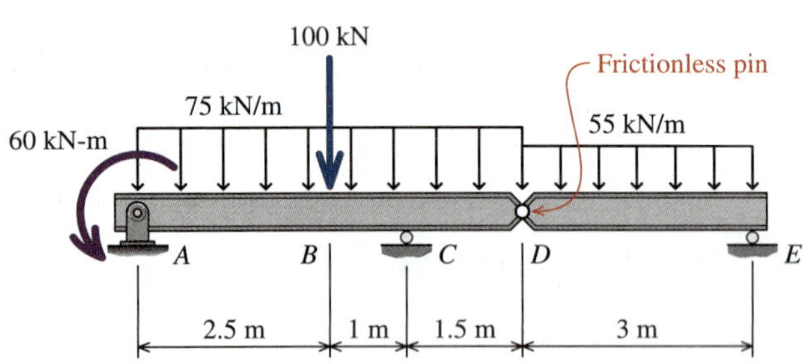


FIGURE P7.49

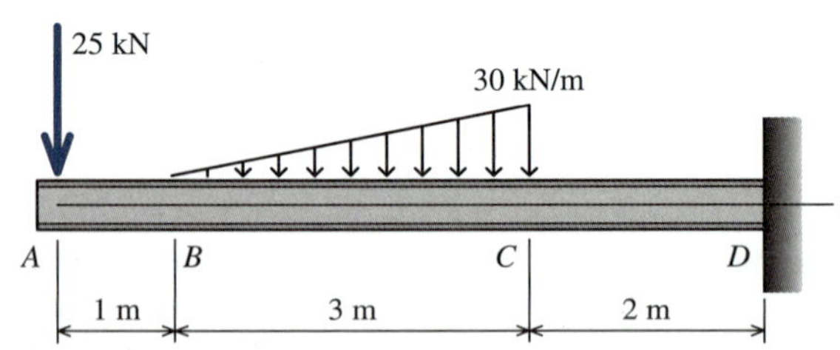


FIGURE P7.54

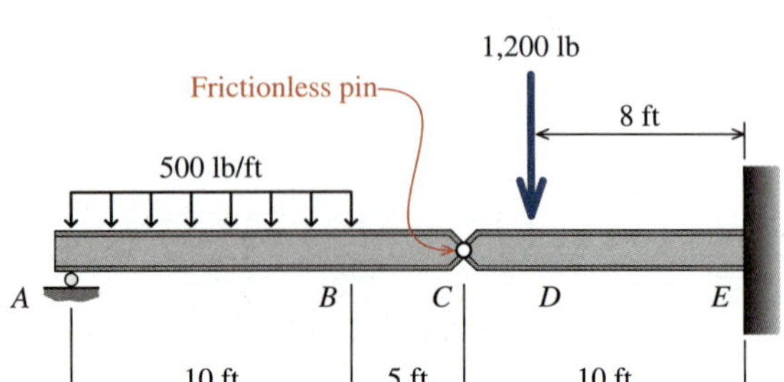


FIGURE P7.50

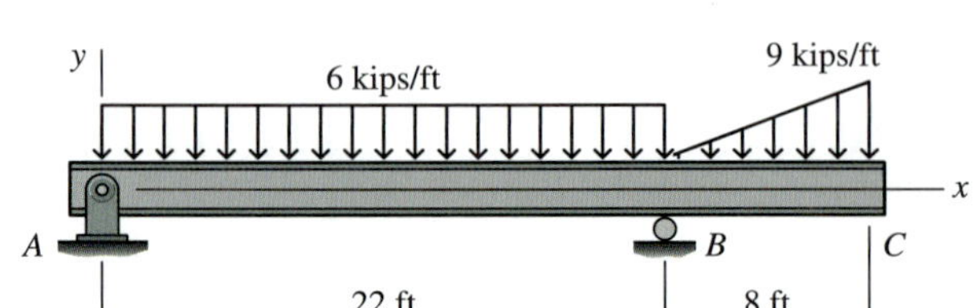


FIGURE P7.55

## 7.4 하중밀도, 전단력, 굽힘모멘트를 표현하는 불연속함수

7.2절에서 보의 전 구간의 전단력 $V(x)$와 굽힘모멘트 $M(x)$의 관계식을 유도하고, 이 식을 그림으로 표현함으로써 전단력선도와 굽힘모멘트선도를 작도하였다. 7.2절에서 사용된 적분법은 보 전체 길이에 대해서 하중밀도함수가 연속함수일 때는 편리하다. 그러나 보에 여러 개의 하중이 작용할 경우, 이 방법은 일련의 함수들이 보의 각 구간마다 유도되어야 하므로 다소 지루하고 시간이 많이 소요된다.

이 절에서는 보에 작용하는 모든 하중을 하나의 함수, 즉 하중밀도함수로 표현하는 방법을 공부한다. 이 단일 하중밀도함수 $w(x)$는 실제의 하중이 연속적이지 않더라도 하중과 상관없이 보의 전체길이에 대해서 연속적 방법으로 만들어진다. 하중함수 $w(x)$는 두 번 적분되며, 한 번 적분하면 $V(x)$가 유도되고, 두 번 적분하여 $M(x)$가 된다. 보에 작용하는 하중을 단일 함수로 표현하기 위하여, 두 가지의 특수함수가 사용된다. *Macaulay* **함수**가 분포하중을 표현할 때 사용되며, **특이함수**(*singularity functions*)가 집중하중과 집중모멘트를 표현할 때 사용된다. 이들 두 함수를 **불연속함수(discontinuity functions)**라 부른다. 이 함수는 일반함수와 구별하여 제한적으로 사용된다. 이 제한적 특성을 명백하게 표현하기 위해 함수에서 사용되는 전통적인 괄호( )는 *Macaulay* 괄호로 $\langle x-a\rangle^n$과 같이 각형 괄호로 대치된다.

### MACAULAY 함수

분포하중은 Macaulay 함수로 표현할 수 있으며, 일반형은 다음과 같이 정의된다.

$$\langle x-a\rangle^n = \begin{cases} 0 & \text{when } x < a \\ (x-a)^n & \text{when } x \geq a \end{cases} \quad \text{for } n \geq 0 \; (n = 0, 1, 2, \ldots) \tag{7.7}$$

괄호 안의 항이 0보다 작은 경우에는 이 함수는 값이 0이다. 그러나 괄호 안의 항이 0보다 크거나 같을 경우에 Macaulay 함수는 일반함수와 같으며, 이때는 일반적인 괄호가 사용된다.

$n = 0$, $n = 1$, $n = 2$ 등일 때의 세 개의 Macaulay 함수가 그림 7.13에 그려져 있다. 그림 7.13$a$에서 함수 $\langle x-a\rangle^0$는 $x = a$에서 불연속이고, 계단함수이다. 따라서 이 함수를 계단

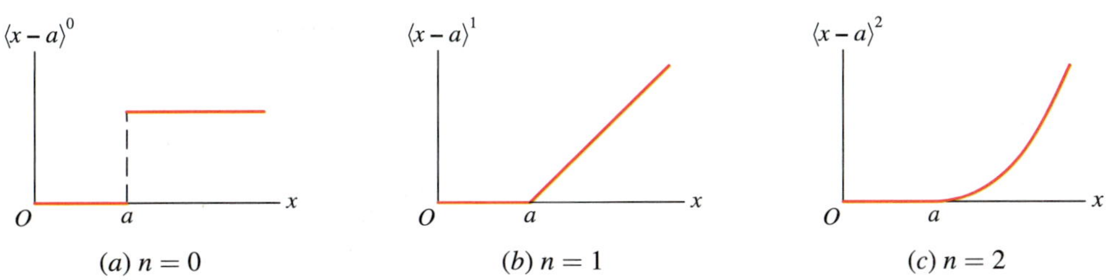


**그림 7.13** • Macaulay 함수의 그래프

함수(step function)라고 부른다. 식 (7.7)에 주어진 정의로부터 계단함수는 다음과 같이 요약된다.

$$\langle x-a\rangle^0 = \begin{cases} 0 & \text{when } x < a \\ 1 & \text{when } x \geq a \end{cases} \tag{7.8}$$

계단함수 앞에 곱해지는 상수 값을 하중밀도와 같다고 정하면, 계단함수 $\langle x-a\rangle^0$는 균일분포하중을 표현하는 데 사용될 수 있다. 그림 7.13*b*에서 함수 $\langle x-a\rangle^1$은 램프함수(ramp function)라 부르며, 이것은 $x = a$에서 선형적으로 증가하기 때문이다. 따라서 램프함수 $\langle x-a\rangle^1$은 적절한 하중밀도와 조합하여 선형분포하중을 표현하는 데 사용될 수 있다. 그림 7.13*c*의 함수 $\langle x-a\rangle^2$는 $x = a$에서 시작되는 포물선을 나타낸다.

Macaulay 괄호 안의 값은 길이의 척도라는 것에 유의할 필요가 있다. 따라서 이것은 meter나 feet와 같은 길이의 차원을 갖는다. Macaulay 함수는 하중밀도를 고려한 상수값으로 스케일이 조절되며, 하중밀도함수 $w(x)$에 포함된 모든 항은 단위 길이당 힘의 단위를 갖도록 해야 한다. 표 7.2는 여러 가지 형태의 하중에 대한 불연속 식을 보여준다.

## 특이함수

특이함수는 집중하중 $P_0$와 집중모멘트 $M_0$를 표현하는 데 사용된다. 집중하중 $P_0$는 분포하중의 특별한 경우로 생각할 수 있으며, 이 경우 아주 큰 하중 $P_0$가 0에 접근하는 거리 $\varepsilon$에 작용한다(그림 7.14*a*). 따라서 분포하중의 하중밀도 크기는 $w = P_0/\varepsilon$이고 면적, 즉 하중의 크기는 $P$와 같다. 이것을 다음의 특이함수로 표현할 수 있다.

$$w(x) = P_0\langle x-a\rangle^{-1} = \begin{cases} 0 & \text{when } x \neq a \\ \infty & \text{when } x = a \end{cases} \tag{7.9}$$

이 함수는 $x = a$에서 $\infty$이고, 그 이외에서는 0이다. 그리고 식 (7.9)에서 괄호 안의 항이 길이 단위이므로 $w(x)$의 차원은 단위 길이당의 힘이다.

마찬가지로 집중모멘트 $M_0$는 그림 7.14*b*에서 보는 것처럼 두 개의 분포하중의 특별한 조합, 즉 짝힘으로 생각될 수 있다. 이 하중은 다음의 특이함수로 표현된다.

$$w(x) = M_0\langle x-a\rangle^{-2} = \begin{cases} 0 & \text{when } x \neq a \\ M_0 & \text{when } x = a \end{cases} \tag{7.10}$$

이 함수는 $x \neq a$에서 0이고, $x = a$에서 함수 값이 정의되지 않지만, 한 번 적분을 실시하면 $-M_0\langle x-a\rangle^{-1}$이 된다. 식 (7.10)에서 우변의 차원은 단위 길이당 힘이 된다.

## 불연속함수의 적분

불연속함수의 적분은 다음 공식으로 정의된다.

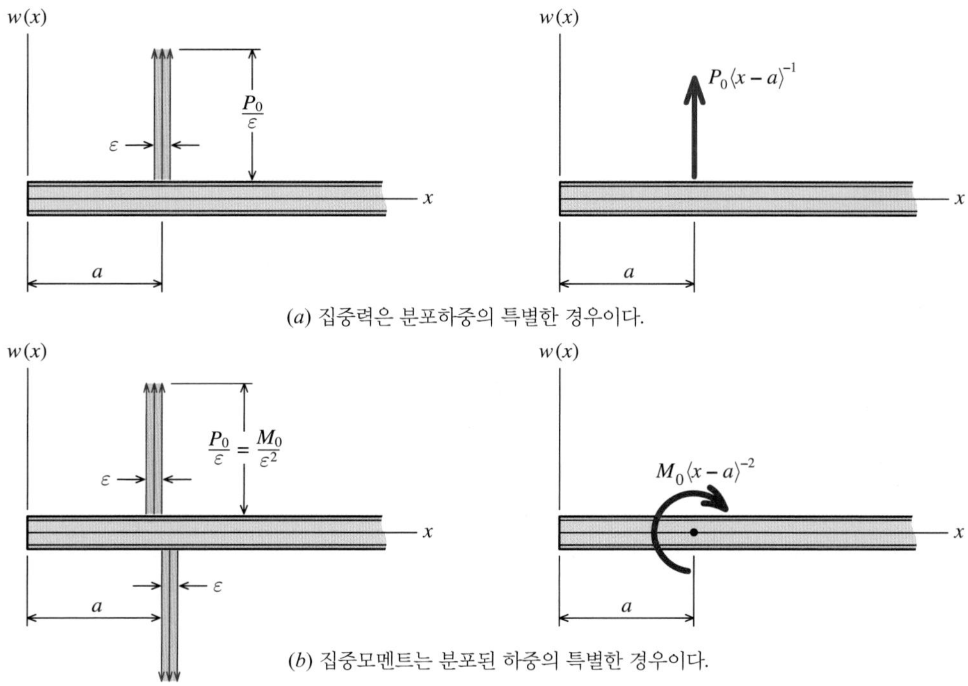


**그림 7.14** • (*a*) 집중하중. (*b*) 집중모멘트를 나타내는 특이함수

$$\int \langle x-a\rangle^n dx = \begin{cases} \dfrac{\langle x-a\rangle^{n+1}}{n+1} & \text{for } n \geq 0 \\ \langle x-a\rangle^{n+1} & \text{for } n < 0 \end{cases} \tag{7.11}$$

지수 $n$이 음의 값일 때, 불연속함수의 차수가 적분으로 인하여 1만큼 증가한다는 것에 유의하기 바란다.

**적분상수.** Macaulay 함수를 적분하면 적분상수가 발생한다. $w(x)$를 적분하여 $V(x)$를 구할 때 생기는 적분상수는 간단히 $x = 0$에서의 전단력이다. 즉 $V(0)$이다. 마찬가지로, $M(x)$를 구하기 위해 $V(x)$를 적분할 때의 제2의 적분상수는 $x = 0$에서의 굽힘모멘트이다. 즉 $M(0)$ 이다. 하중밀도함수 $w(x)$를 (작용)하중만으로 표현할 때에는 적분상수는 적분과정에서 반드시 포함되어야 되며, 경계조건을 고려하여 계산된다. 이들 적분상수가 $V(x)$와 $M(x)$ 함수 모두에서 생기므로, 이것들은 $C\langle x\rangle^0$와 같이 특이함수를 이용하여 표현할 수도 있다. $V(x)$와 $M(x)$에 이들을 도입한 후에, 상수들은 관련적분의 일반적인 방법으로 적분된다.

그리고 $V(x)$와 $M(x)$에 대해 동일한 결과가 하중밀도함수 $w(x)$에 하중뿐만 아니라 반력(힘과 모멘트 포함)을 포함시켜 구할 수 있다. $w(x)$에 반력을 포함하는 것은 상당한 이점이 있다. 그 이유는 경계조건을 고려하지 않고도 $V(x)$나 $M(x)$의 적분상수를 자동적으로 결정할 수 있기 때문이다. 정정보의 반력은 모든 공학도에게 친숙한 방법으로 쉽게 구할 수 있다.

**표 7.2** • 불연속함수로 표현되는 기본하중

| 경우 | 보의 하중 | 불연속함수 |
|---|---|---|
| 1 | 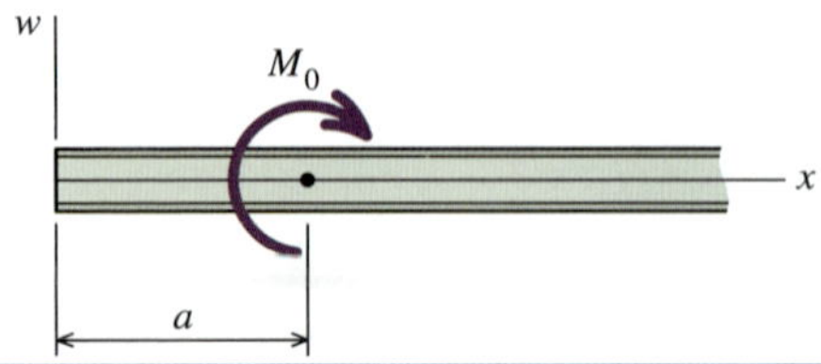  | $w(x) = M_0\langle x-a\rangle^{-2}$<br>$V(x) = M_0\langle x-a\rangle^{-1}$<br>$M(x) = M_0\langle x-a\rangle^{0}$ |
| 2 | 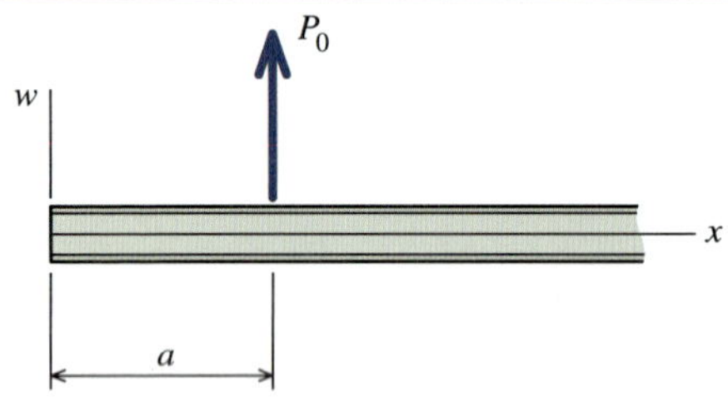  | $w(x) = P_0\langle x-a\rangle^{-1}$<br>$V(x) = P_0\langle x-a\rangle^{0}$<br>$M(x) = P_0\langle x-a\rangle^{1}$ |
| 3 | 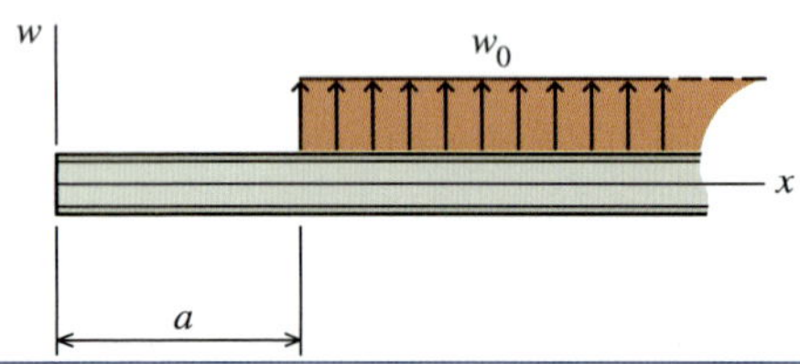  | $w(x) = w_0\langle x-a\rangle^{0}$<br>$V(x) = w_0\langle x-a\rangle^{1}$<br>$M(x) = \dfrac{w_0}{2}\langle x-a\rangle^{2}$ |
| 4 | 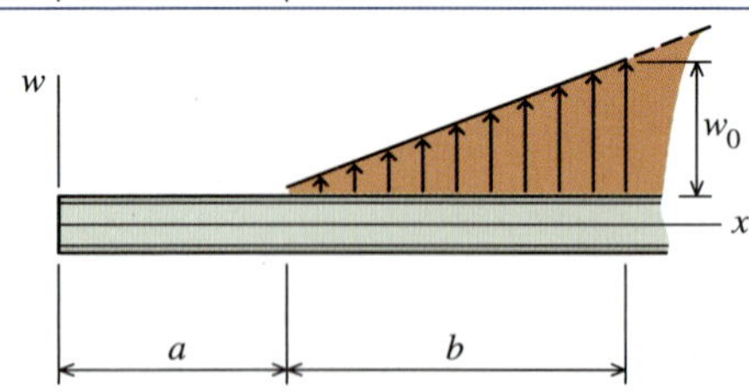  | $w(x) = \dfrac{w_0}{b}\langle x-a\rangle^{1}$<br>$V(x) = \dfrac{w_0}{2b}\langle x-a\rangle^{2}$<br>$M(x) = \dfrac{w_0}{6b}\langle x-a\rangle^{3}$ |
| 5 | 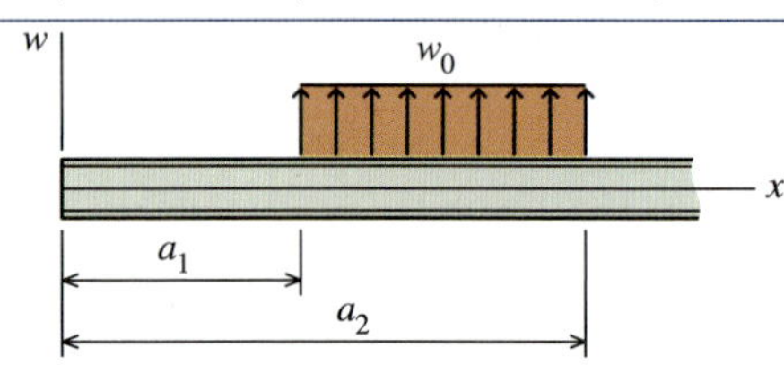  | $w(x) = w_0\langle x-a_1\rangle^{0} - w_0\langle x-a_2\rangle^{0}$<br>$V(x) = w_0\langle x-a_1\rangle^{1} - w_0\langle x-a_2\rangle^{1}$<br>$M(x) = \dfrac{w_0}{2}\langle x-a_1\rangle^{2} - \dfrac{w_0}{2}\langle x-a_2\rangle^{2}$ |
| 6 | 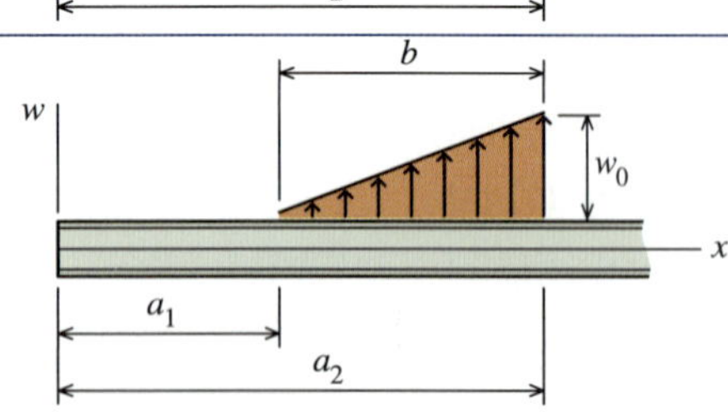  | $w(x) = \dfrac{w_0}{b}\langle x-a_1\rangle^{1} - \dfrac{w_0}{b}\langle x-a_2\rangle^{1} - w_0\langle x-a_2\rangle^{0}$<br>$V(x) = \dfrac{w_0}{2b}\langle x-a_1\rangle^{2} - \dfrac{w_0}{2b}\langle x-a_2\rangle^{2} - w_0\langle x-a_2\rangle^{1}$<br>$M(x) = \dfrac{w_0}{6b}\langle x-a_1\rangle^{3} - \dfrac{w_0}{6b}\langle x-a_2\rangle^{3} - \dfrac{w_0}{2}\langle x-a_2\rangle^{2}$ |
| 7 | 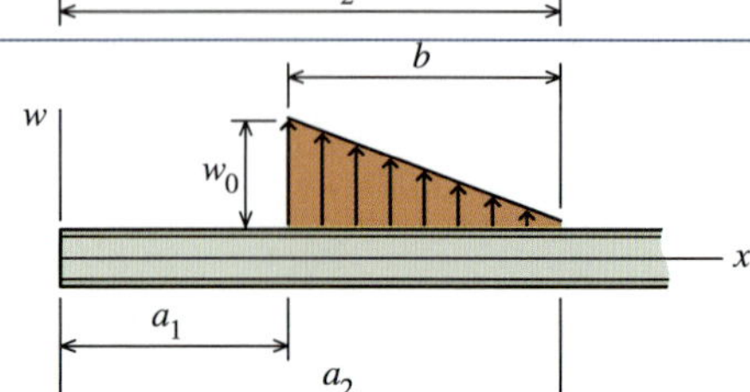  | $w(x) = w_0\langle x-a_1\rangle^{0} - \dfrac{w_0}{b}\langle x-a_1\rangle^{1} + \dfrac{w_0}{b}\langle x-a_2\rangle^{1}$<br>$V(x) = w_0\langle x-a_1\rangle^{1} - \dfrac{w_0}{2b}\langle x-a_1\rangle^{2} + \dfrac{w_0}{2b}\langle x-a_2\rangle^{2}$<br>$M(x) = \dfrac{w_0}{2}\langle x-a_1\rangle^{2} - \dfrac{w_0}{6b}\langle x-a_1\rangle^{3} + \dfrac{w_0}{6b}\langle x-a_2\rangle^{3}$ |

따라서 보의 반력(힘과 모멘트 포함)은 이 절에서 연속해서 제시되는 예들의 하중밀도함수 $w(x)$에 포함된다.

요약하면, $V(x)$와 $M(x)$를 구하기 위해 $w(x)$를 두 번 적분하면, 적분상수가 발생된다. 만약 $w(x)$가 작용하중만을 포함하였다면, 이들 적분상수는 경계조건을 이용하여 명백하게 구해져야 한다. 보의 반력(힘과 모멘트)이 작용하중과 함께 $w(x)$에 포함된 경우에는 적분상수는 중복된 것으로, $V(x)$와 $M(x)$ 함수를 구하는 데 불필요하다.

**$V$와 $M$을 구하기 위한 불연속함수의 응용.** 표 7.2에 여러 가지 일반하중에 대해 필요한 $w(x)$의 불연속 식이 요약되었다. Macaulay 함수는 $x > a$에서 연속이라는 것을 잊지 말아야 한다. 다시 말하면, 일단 Macaulay 함수가 일단 작동하면, $x$가 증가하는 모든 곳에 적용된다. 중첩의 개념을 이용하여, 어떤 Macaulay 함수는 보의 $w(x)$ 함수에 다른 Macaulay 함수를 적용하여 소거할 수 있다.

Macaulay 함수는 $x > a$에서 무한히 연속이다. 따라서 새로운 Macaulay 함수(또는 여러 경우에 몇 개의 함수)가 이전 함수를 소거하기 위해 도입된다.

## 예제 7.10 EXAMPLE

그림의 보에서 불연속함수를 이용하여 전단력 $V(x)$와 굽힘모멘트 $M(x)$을 구하라. 이 함수를 이용하여 보의 전단력선도와 굽힘모멘트선도를 그려라.

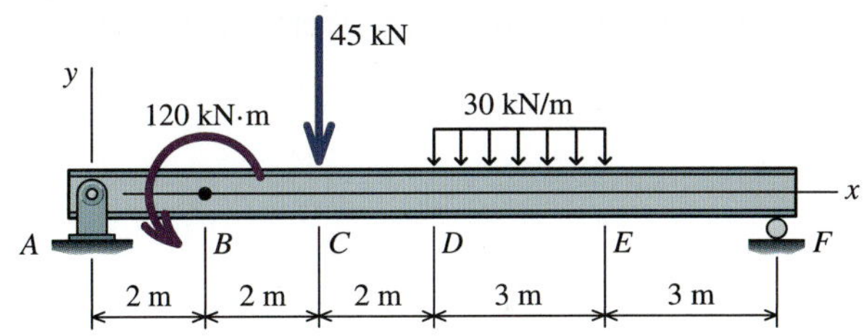


### 풀이 계획

단순지지점 $A$와 $F$에서의 반력을 구한다. 표 7.2를 이용하여, 보에 작용하는 세 개의 하중과 두 개의 반력에 대한 $w(x)$ 식을 표현한다. $w(x)$를 적분하여 전단력 $V(x)$를 구하고 다음에 $V(x)$를 적분하여 굽힘모멘트 $M(x)$를 구한다. 이들 함수를 작도하여 전단력선도와 굽힘모멘트선도를 완성한다.

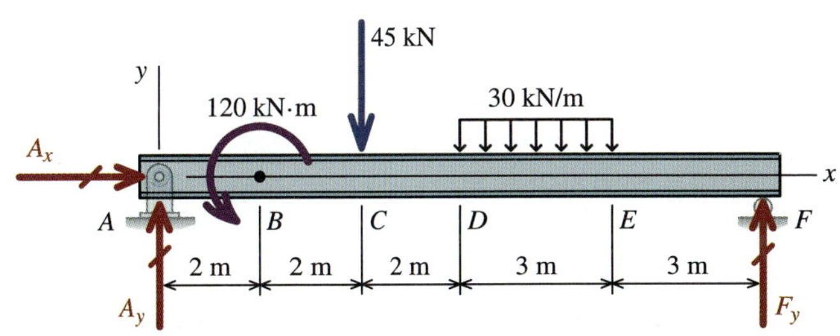


### 풀이

**반력**

그림에 보의 FBD를 나타내었다. 평형조건식은

$$\begin{aligned} \Sigma F_x &= A_x = 0 \\ \Sigma F_y &= A_y + F_y - 45\text{ kN} - (30\text{ kN/m})(3\text{ m}) = 0 \\ \Sigma M_A &= 120\text{ kN-m} - (45\text{ kN})(4\text{ m}) \\ &\quad - (30\text{ kN/m})(3\text{ m})(7.5\text{ m}) + F_y(12\text{ m}) = 0 \end{aligned}$$

이들 방정식으로부터 보의 반력은

$$A_y = 73.75\text{ kN}, \quad F_y = 61.25\text{ kN}$$

**불연속 식**

반력 $A_y$: $A$점에서 위로 향하는 반력은 다음과 같이 표현된다.

$$w(x) = A_y\langle x - 0\text{ m}\rangle^{-1} = 73.75\text{ kN}\langle x - 0\text{ m}\rangle^{-1} \quad \text{(a)}$$

*120* kN·m **집중모멘트**: 표 7.2의 경우 1로부터 $x = 2$ m에 작용하는 집중모멘트 120 kN·m는 다음의 특이함수로 표현된다.

$$w(x) = -120\text{ kN·m}\langle x - 2\text{ m}\rangle^{-2} \quad \text{(b)}$$

음의 부호는 반시계방향의 모멘트의 방향을 고려한 것이다.

*45* kN **집중하중**: 표 7.2의 경우 2로부터 $x = 4$ m에 작용하는 집중하중 45 kN은 다음의 특이함수로 표현된다.

$$w(x) = -45\text{ kN}\langle x - 4\text{ m}\rangle^{-1} \quad \text{(c)}$$

음의 부호는 집중하중 45 kN이 아래로 향하는 것을 고려한 것이다.

*30* kN/m **균일 분포하중**: 균일분포하중은 두 개 항을 사용해야 한다. 제항 1은 $x = 6$ m인 점 $D$부터 가해진 하중 $-30$ kN/m을 표현한다.

$$w(x) = -30\text{ kN/m}\langle x - 6\text{ m}\rangle^{0}$$

이 항으로 표현된 균일분포하중은 $x = 6$ m보다 큰 $x$값에서 보에 연속적으로 작용한다. 실제의 보에 작용하는 하중은 구간 6 m $\leq x \leq$ 9 m 내에서만 분포된 하중이다. 따라서 $x = 9$ m 이후의 분포하중을 제거하기 위해서는 제2항의 중첩이 필요하다. 제2항은 $x = 9$ m인 $E$점에서 시작되는 동일크기의 반대 방향으로 작용하는 균일분포하중을 표현한다.

$$w(x) = -30\text{ kN/m}\langle x - 6\text{ m}\rangle^{0} + 30\text{ kN/m}\langle x - 9\text{ m}\rangle^{0} \quad \text{(d)}$$

이 두 개 항을 부가하면 하향 $-30$ kN/m의 분포하중이 $x = 6$ m에서 시작하여 $x = 9$ m에서 끝난다.

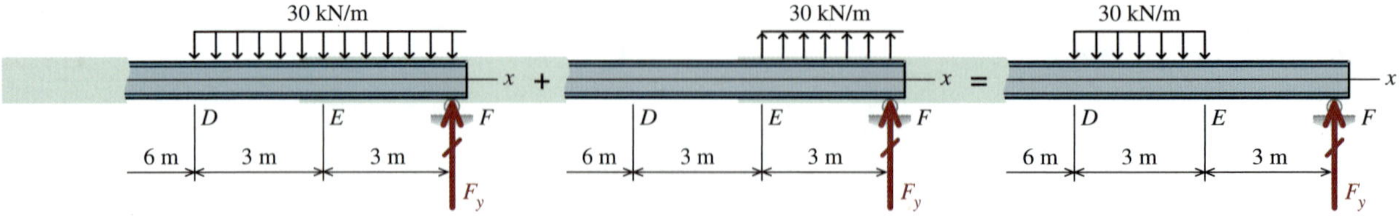


**제1항: $D$에서 시작되는 하향 균일 분포하중 $-(30\text{ kN/m})\langle x-6\text{ m}\rangle^0$**

**제2항: $E$에서 시작되는 상향 균일 분포하중 $+(30\text{ kN/m})\langle x-9\text{ m}\rangle^0$**

**$D$에서 시작하여 $E$에서 끝나는 30 kN/m 분포하중**

반력 $F_y$: $F$에서의 반력은 다음과 같이 표현된다.

$$w(x) = F_y\langle x - 12\text{ m}\rangle^{-1} = 61.25\text{kN}\langle x - 12\text{ m}\rangle^{-1} \tag{e}$$

실질적으로 이 항은 필요가 없다. 식 (e)의 값이 $x \le 12$ m보다 작을 때, 0이기 때문이다. 보의 길이는 12 m이므로 $x > 12$ m인 값은 현재 상황에서 의미가 없다. 그러나 이 항은 일관성을 위하여 유지하고자 한다.

**보 하중밀도함수의 완성:** 식 (a)에서 (e)까지를 더하면, 전체 보에 대한 하중밀도함수 $w(x)$가 다음과 같이 구해진다.

$$\begin{aligned} w(x) = {} & 73.75\text{ kN}\langle x - 0\text{ m}\rangle^{-1} - 120\text{ kN·m}\langle x - 2\text{ m}\rangle^{-2} - 45\text{ kN}\langle x - 4\text{ m}\rangle^{-1} \\ & - 30\text{ kN/m}\langle x - 6\text{ m}\rangle^{0} + 30\text{ kN/m}\langle x - 9\text{ m}\rangle^{0} + 61.25\text{ kN}\langle x - 12\text{ m}\rangle^{-1} \end{aligned} \tag{f}$$

**전단력 함수:** 식 (7.11)에 주어진 적분공식을 이용하여 식 (f)를 적분하여 보의 전단력을 구한다.

$$\begin{aligned} V(x) &= \int w(x)\,dx \\ &= 73.75\text{ kN}\langle x - 0\text{ m}\rangle^{0} - 120\text{ kN·m}\langle x - 2\text{ m}\rangle^{-1} - 45\text{ kN}\langle x - 4\text{ m}\rangle^{0} \\ &\quad - 30\text{ kN/m}\langle x - 6\text{ m}\rangle^{1} + 30\text{ kN/m}\langle x - 9\text{ m}\rangle^{1} + 61.25\text{ kN}\langle x - 12\text{ m}\rangle^{0} \end{aligned} \tag{g}$$

**굽힘모멘트 함수:** 마찬가지로 식 (g)를 적분하여 보의 굽힘모멘트를 구한다.

$$\begin{aligned} M(x) &= \int V(x)\,dx \\ &= 73.75\text{ kN}\langle x - 0\text{ m}\rangle^{1} - 120\text{ kN·m}\langle x - 2\text{ m}\rangle^{0} - 45\text{ kN}\langle x - 4\text{ m}\rangle^{1} \\ &\quad - \frac{30\text{ kN/m}}{2}\langle x - 6\text{ m}\rangle^{2} + \frac{30\text{ kN/m}}{2}\langle x - 9\text{ m}\rangle^{2} + 61.25\text{ kN}\langle x - 12\text{ m}\rangle^{1} \end{aligned} \tag{h}$$

**함수의 작도**

구간 0 m $\le x \le$ 12 m에서 (g)와 (h)로 주어진 $V(x)$와 $M(x)$ 함수를 작도하면, 그림과 같은 전단력선도와 굽힘모멘트선도가 얻어진다.

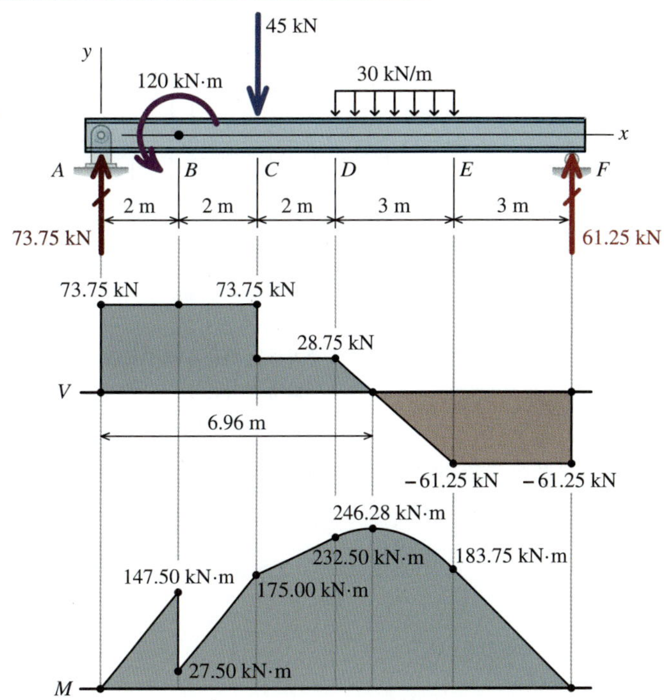

## 예제 7.11 EXAMPLE

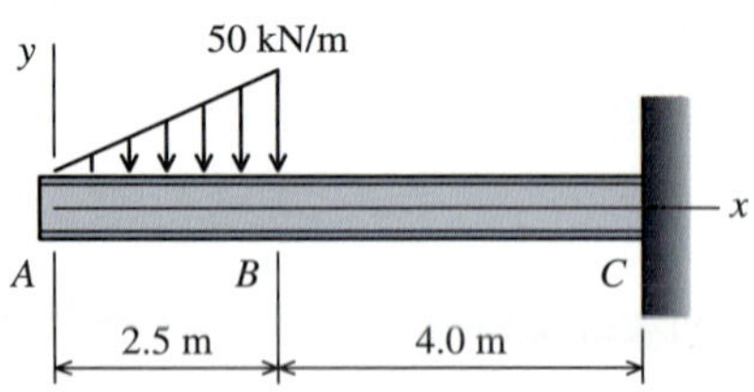


불연속함수를 이용하여 보 $A$와 $B$ 사이에 작용하는 선형분포하중에 대한 하중밀도함수를 구하라.

**풀이 계획**

표 7.2의 식은 오른쪽 보의 하중 예를 통하여 설명된다.

**풀이**

표 7.2의 경우 4를 참고하면, 선형분포하중은 직관적으로 단일 항으로 표현할 수 있다.

$$w(x) = -\frac{50 \text{ kN/m}}{2.5 \text{ m}}\langle x - 0 \text{ m}\rangle^1$$

그러나 이 항은 $x$가 증가할 때 계속 증가한다. 이 선형분포하중이 $B$점에서 끝나도록 하기 위해서는 $w(x)$에 이 선형분포하중의 부를 더해주어야 한다.

$$w(x) = -\frac{50 \text{ kN/m}}{2.5 \text{ m}}\langle x - 0 \text{ m}\rangle^1 + \frac{50 \text{ kN/m}}{2.5 \text{ m}}\langle x - 2.5 \text{ m}\rangle^1$$

이 두 식의 합은 아래에서 보는 하중을 나타낸다. 두 번째 식은 $B$점부터 선형분포하중만을 제거하고 균일 분포하중은 그대로 남긴다.

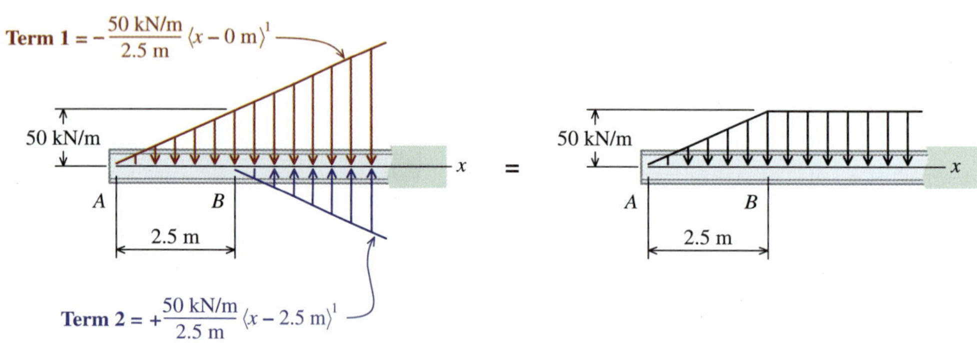


선형적으로 증가하는 하중을 역수로 $B$에서 보에 부가한다.

하중의 선형부분을 소거한다. 그러나 균일분포하중은 유지된다.

이 균일분포하중을 소거하기 위해서는 $B$에서 시작되는 제3의 항이 필요하다.

$$w(x) = -\frac{50 \text{ kN/m}}{2.5 \text{ m}}\langle x - 0 \text{ m}\rangle^1 + \frac{50 \text{ kN/m}}{2.5 \text{ m}}\langle x - 2.5 \text{ m}\rangle^1 + 50 \text{ kN/m}\langle x - 2.5 \text{ m}\rangle^0$$

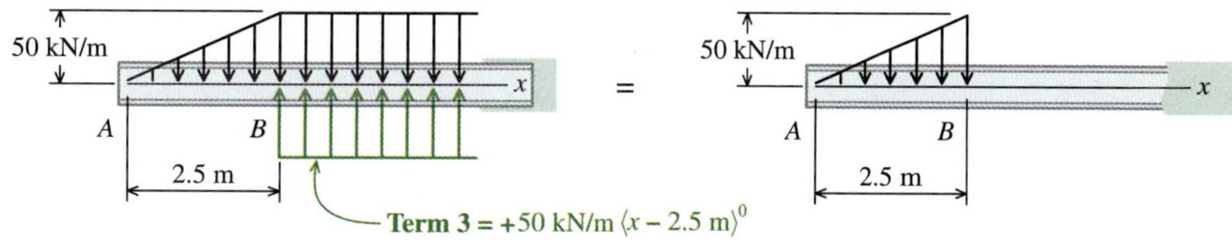


**B에서 시작되는 부가적인 균일하중항이 나머지 균일하중을 소거하기 위해 필요하다.**

**따라서, A와 B 사이의 요구되는 선형분포하중을 구할 수 있도록 중첩된다.**

이 예에서 보는 것처럼, 세 개의 항은 $A$와 $B$ 사이에 작용하는 선형적으로 증가하는 하중을 표현하기 위해 필요하다. 표 7.2의 경우 6은 선형적으로 증가하는 일반적인 불연속하중을 대변한다. 유사한 논리가 선형적으로 감소하는 하중을 대변하는 표 7.2의 경우 7을 유도하는 데 사용된다.

## 예제 7.12 EXAMPLE

그림의 보에 대해 전단력 $V(x)$와 굽힘모멘트 $M(x)$를 유도하는 데 불연속함수를 사용하라. 이 식을 사용하여 보의 전단력선도와 굽힘모멘트선도를 그려라.

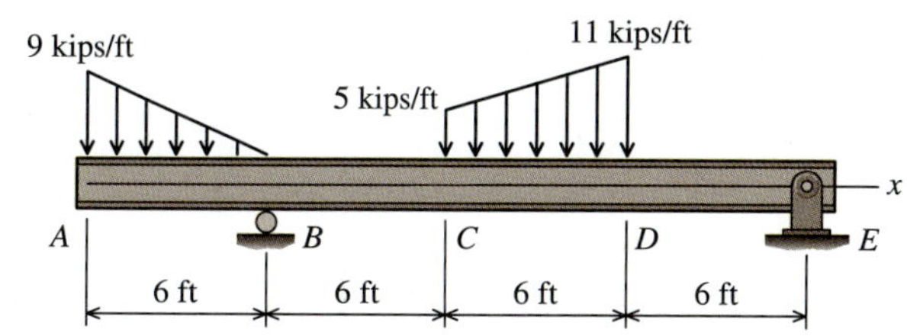


### 풀이 계획

단순 지지점 $A$와 $F$에서의 반력을 구한다. 표 7.2를 이용하여, 반력과 함께 $A$와 $B$ 사이에서 선형으로 감소하고, $C$와 $D$ 사이에서는 선형적으로 증가하는 하중에 대한 $w(x)$ 식을 구한다. $w(x)$를 적분하여 전단력 $V(x)$를 구하면, 그다음, $V(x)$를 적분하여 굽힘모멘트 $M(x)$를 구한다. 이 함수를 작도하여 전단력선도와 굽힘모멘트선도를 완성한다.

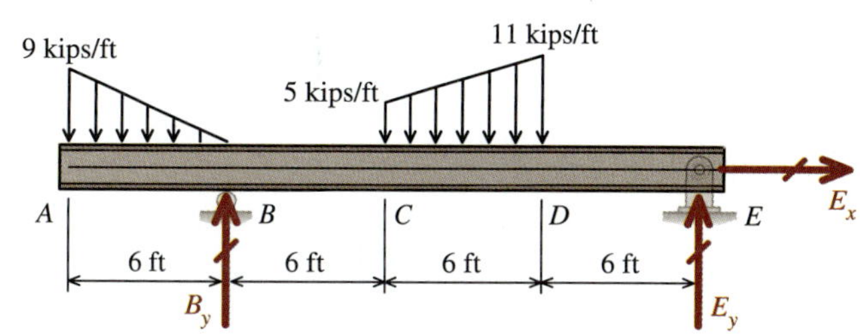


### 풀이

### 반력

그림에 보의 FBD를 나타내었다. 먼저 $C$와 $D$ 사이의 선형적으로 증가하는 하중을 다음과 같이 세분화하는 것이 유리하다.

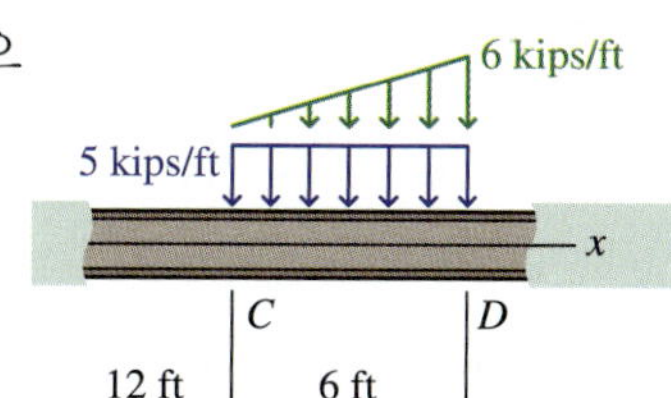


(a) 5 kips/ft의 강도를 갖는 균일분포하중

(b) 최대 강도가 6 kips/ft인 선형분포하중

따라서 보의 평형조건식은 다음과 같다.

$$\Sigma F_x = E_x = 0$$

$$\Sigma F_y = B_y + E_y - \frac{1}{2}(9 \text{ kips/ft})(6 \text{ ft}) - (5 \text{ kips/ft})(6 \text{ ft}) - \frac{1}{2}(6 \text{ kips/ft})(6 \text{ ft}) = 0$$

$$\Sigma M_B = \frac{1}{2}(9 \text{ kips/ft})(6 \text{ ft})(4 \text{ ft}) - (5 \text{ kips/ft})(6 \text{ ft})(9 \text{ ft})$$
$$- \frac{1}{2}(6 \text{ kips/ft})(6 \text{ ft})(10 \text{ ft}) + E_y(18 \text{ ft}) = 0$$

이 방정식으로부터 보의 반력은

$$B_y = 56.0 \text{ kips}, \qquad E_y = 19.0 \text{ kips}$$

**불연속식**

$A$와 $B$ 사이에서 선형적으로 감소하는 분포하중: 표 7.2의 경우 7로부터 9 kips/ft 선형분포하중은 다음 식으로 표현된다.

$$w(x) = -9 \text{ kips/ft}\langle x - 0 \text{ ft}\rangle^0 + \frac{9 \text{ kips/ft}}{6 \text{ ft}}\langle x - 0 \text{ ft}\rangle^1 - \frac{9 \text{ kips/ft}}{6 \text{ ft}}\langle x - 6 \text{ ft}\rangle^1 \tag{a}$$

반력 $B_y$ : $V$점에서 반력은 표 7.2의 경우 2로부터 표현된다.

$$w(x) = 56.0 \text{ kips}\langle x - 6 \text{ft}\rangle^{-1} \tag{b}$$

$C$와 $D$의 균일분포하중: 균일분포하중을 위하여 두 개 항의 사용이 필요하다. 표 7.2의 경우 5로부터 이 하중은 다음과 같이 표현된다.

$$w(x) = -5 \text{ kips/ft}\langle x - 12 \text{ ft}\rangle^0 + 5 \text{ kips/ft}\langle x - 18 \text{ ft}\rangle^0 \tag{c}$$

$C$와 $D$ 사이의 증가하는 선형분포하중: 표 7.2의 경우 6으로부터 6 kips /ft의 선형분포하중은 다음 식으로 표현된다.

$$w(x) = -\frac{6 \text{ kips/ft}}{6 \text{ ft}}\langle x - 12 \text{ ft}\rangle^1 + \frac{6 \text{ kips/ft}}{6 \text{ ft}}\langle x - 18 \text{ ft}\rangle^1 - 6 \text{ kips/ft}\langle x - 18 \text{ ft}\rangle^0 \tag{d}$$

반력 $E_y$: 점 $E$에서 반력은 다음과 같이 표현된다.

$$w(x) = 19 \text{ kips}\langle x - 24 \text{ ft}\rangle^{-1} \tag{e}$$

실질적으로는 이 항은 해에 영향을 주지 않는다. 그 이유는 $x \leq 24$ ft일 때 식 (e)의 값은 항상 0이기 때문이다. 그러나 이 항은 일관성을 위하여 포함하였다.

전체 보에 대한 하중밀도함수: 식 (a)에서 (e)까지를 합하여 전체 보에 대한 하중밀도함수 $w(x)$를 다음과 같이 구한다.

$$\begin{aligned} w(x) = &-9\text{ kips/ft}\langle x - 0\text{ ft}\rangle^0 + \frac{9\text{ kips/ft}}{6\text{ ft}}\langle x - 0\text{ ft}\rangle^1 - \frac{9\text{ kips/ft}}{6\text{ ft}}\langle x - 6\text{ ft}\rangle^1 \\ &+ 56.0\text{ kips}\langle x - 6\text{ ft}\rangle^{-1} - 5\text{ kips/ft}\langle x - 12\text{ ft}\rangle^0 + 5\text{ kips/ft}\langle x - 18\text{ ft}\rangle^0 \\ &- \frac{6\text{ kips/ft}}{6\text{ ft}}\langle x - 12\text{ ft}\rangle^1 + \frac{6\text{ kips/ft}}{6\text{ ft}}\langle x - 18\text{ ft}\rangle^1 \\ &- 6\text{ kips/ft}\langle x - 18\text{ ft}\rangle^0 + 19\text{ kips}\langle x - 24\text{ ft}\rangle^{-1} \end{aligned} \tag{f}$$

전단력 함수: 보에 대한 전단력을 구하기 위해 식 (7.11)에 주어진 적분공식을 이용하여 식 (f)를 적분한다.

$$\begin{aligned} V(x) &= \int w(x)\,dx \\ &= -9\text{ kips/ft}\langle x - 0\text{ ft}\rangle^1 + \frac{9\text{ kips/ft}}{2(6\text{ ft})}\langle x - 0\text{ ft}\rangle^2 - \frac{9\text{ kips/ft}}{2(6\text{ ft})}\langle x - 6\text{ ft}\rangle^2 \\ &\quad + 56.0\text{ kips}\langle x - 6\text{ ft}\rangle^0 - 5\text{ kips/ft}\langle x - 12\text{ ft}\rangle^1 + 5\text{ kips/ft}\langle x - 18\text{ ft}\rangle^1 \\ &\quad - \frac{6\text{ kips/ft}}{2(6\text{ ft})}\langle x - 12\text{ ft}\rangle^2 + \frac{6\text{ kips/ft}}{2(6\text{ ft})}\langle x - 18\text{ ft}\rangle^2 \\ &\quad - 6\text{ kips/ft}\langle x - 18\text{ ft}\rangle^1 + 19\text{ kips}\langle x - 24\text{ ft}\rangle^0 \end{aligned} \tag{g}$$

굽힘모멘트 함수: 마찬가지로 보에 대한 굽힘모멘트를 구하기 위해 식 (g)를 적분한다.

$$\begin{aligned} M(x) &= \int V(x)\,dx \\ &= -\frac{9\text{ kips/ft}}{2}\langle x - 0\text{ ft}\rangle^2 + \frac{9\text{ kips/ft}}{6(6\text{ ft})}\langle x - 0\text{ ft}\rangle^3 \\ &\quad - \frac{9\text{ kips/ft}}{6(6\text{ ft})}\langle x - 6\text{ ft}\rangle^3 + 56.0\text{ kips}\langle x - 6\text{ ft}\rangle^1 \\ &\quad - \frac{5\text{ kips/ft}}{2}\langle x - 12\text{ ft}\rangle^2 + \frac{5\text{ kips/ft}}{2}\langle x - 18\text{ ft}\rangle^2 \\ &\quad - \frac{6\text{ kips/ft}}{6(6\text{ ft})}\langle x - 12\text{ ft}\rangle^3 + \frac{6\text{ kips/ft}}{6(6\text{ ft})}\langle x - 18\text{ ft}\rangle^3 \\ &\quad - \frac{6\text{ kips/ft}}{2}\langle x - 18\text{ ft}\rangle^2 + 19\text{ kips}\langle x - 24\text{ ft}\rangle^1 \end{aligned} \tag{h}$$

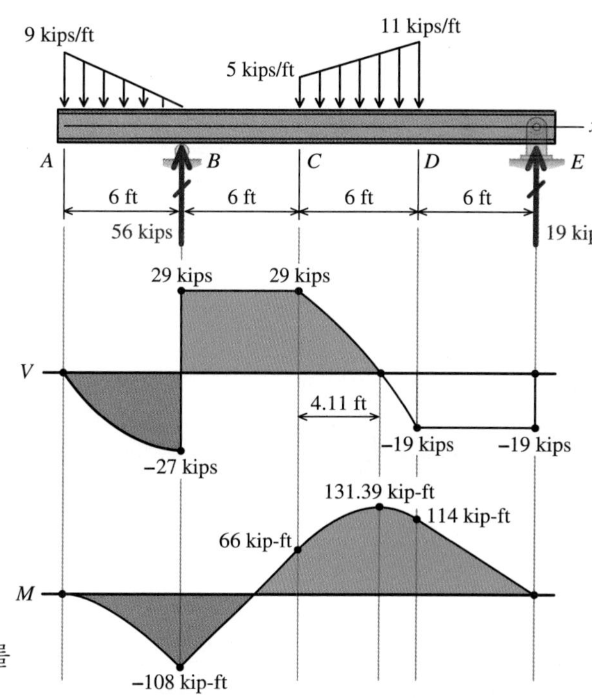


**함수의 작도**

0 ft $\le x \le$ 24 ft에 대해, 식 (g)와 (h)로 주어진 $V(x)$와 $M(x)$ 함수를 작도하면, 그림과 같은 전단력선도와 굽힘모멘트선도가 완성된다.

# PROBLEMS

**P7.56–P7.66** For the beams and loading shown in Figures P7.56–P7.66:

(a) use discontinuity functions to write the expression for $w(x)$; include the beam reactions in this expression.

(b) integrate $w(x)$ twice to determine $V(x)$ and $M(x)$.

(c) use $V(x)$ and $M(x)$ to plot the shear-force and bending-moment diagrams.

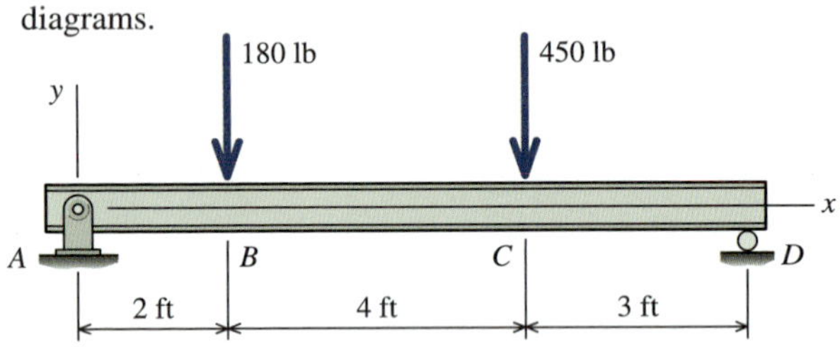


**FIGURE P7.56**

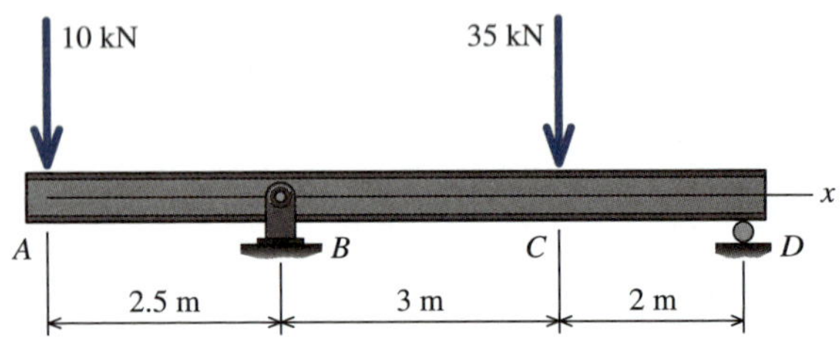


**FIGURE P7.57**

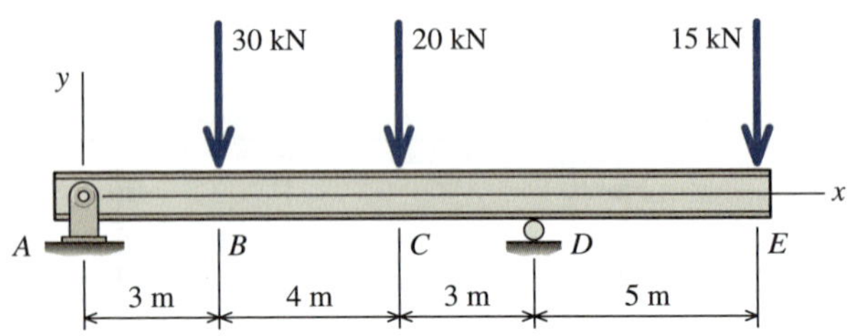


**FIGURE P7.58**

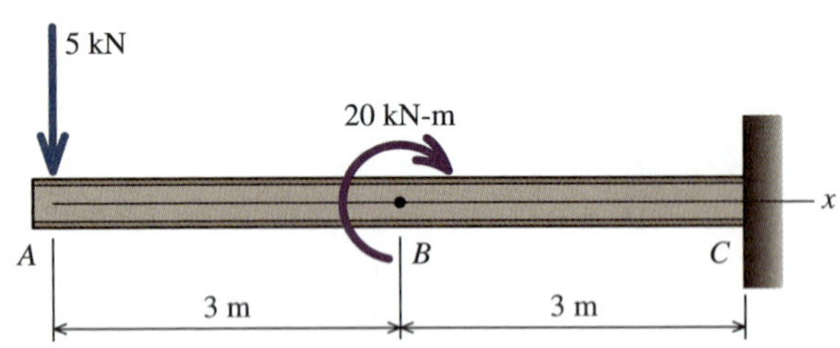


**FIGURE P7.59**

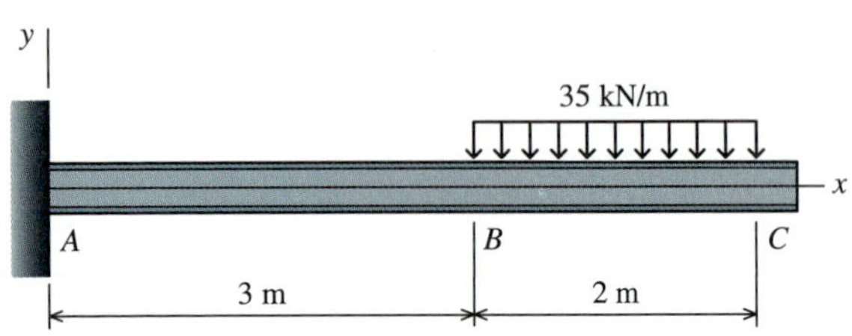


**FIGURE P7.60**

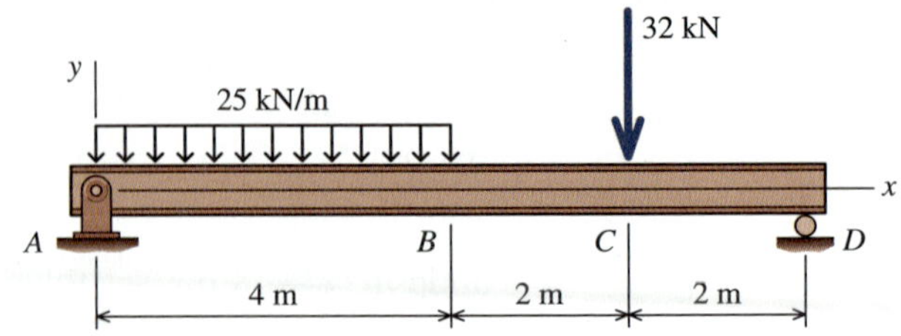


**FIGURE P7.61**

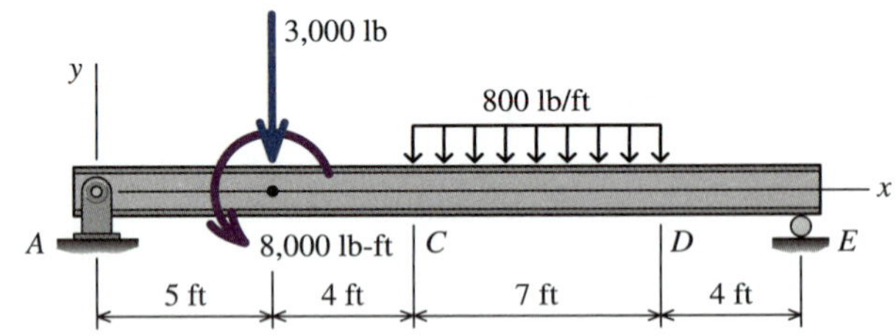


**FIGURE P7.62**

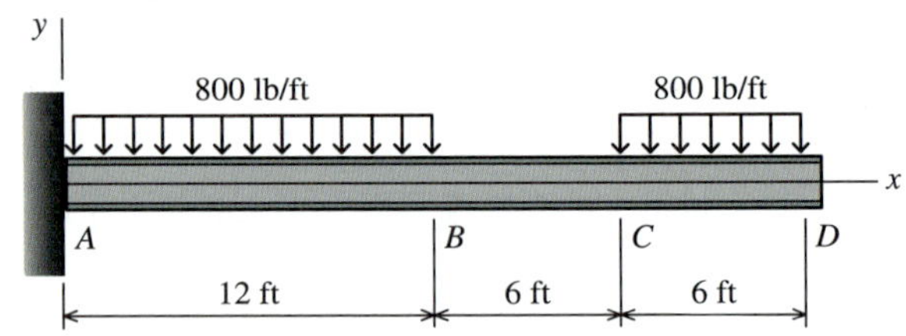


**FIGURE P7.63**

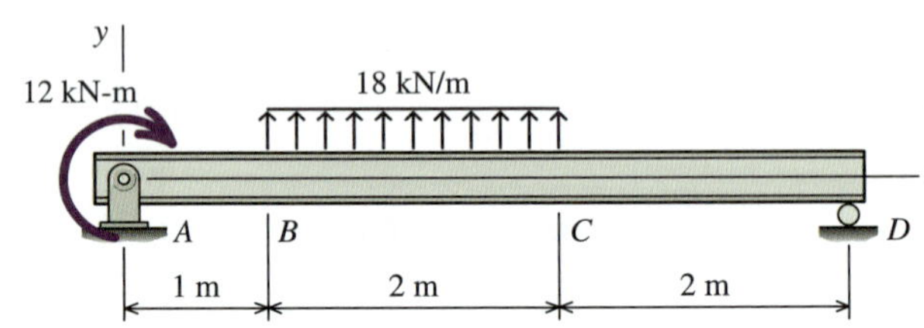


**FIGURE P7.64**

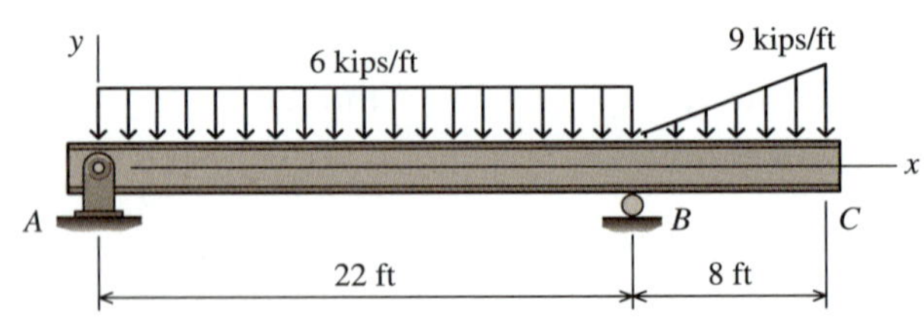


**FIGURE P7.65**

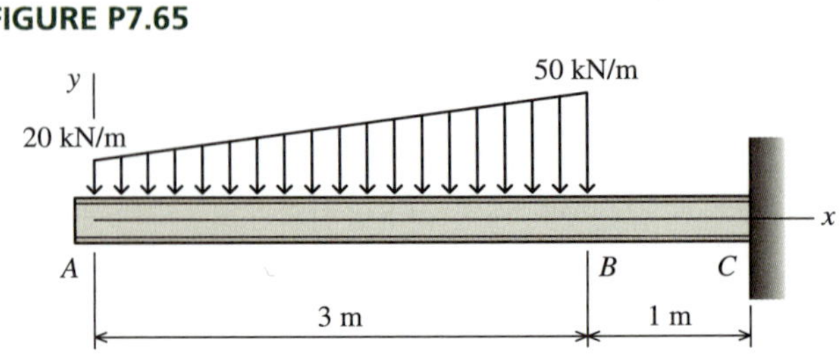


**FIGURE P7.66**

**P7.67–P7.72** For the beams and loading shown in Figures P7.67–P7.72:

(a) use discontinuity functions to write the expression for $w(x)$; include the beam reactions in this expression.
(b) integrate $w(x)$ twice to determine $V(x)$ and $M(x)$.
(c) determine the maximum bending moment in the beam between the two simple supports.

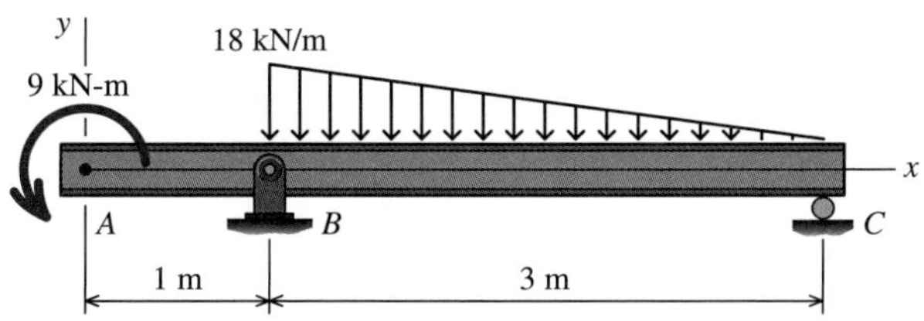


FIGURE P7.67

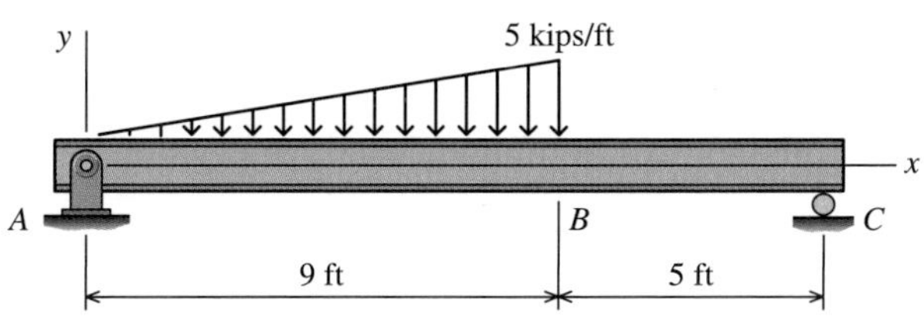


FIGURE P7.68

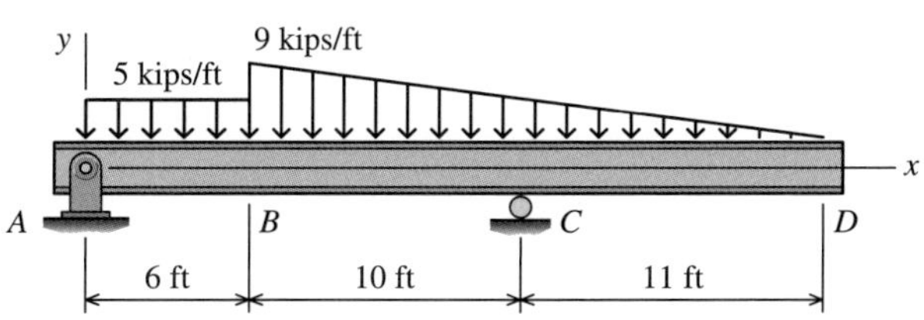


FIGURE P7.69

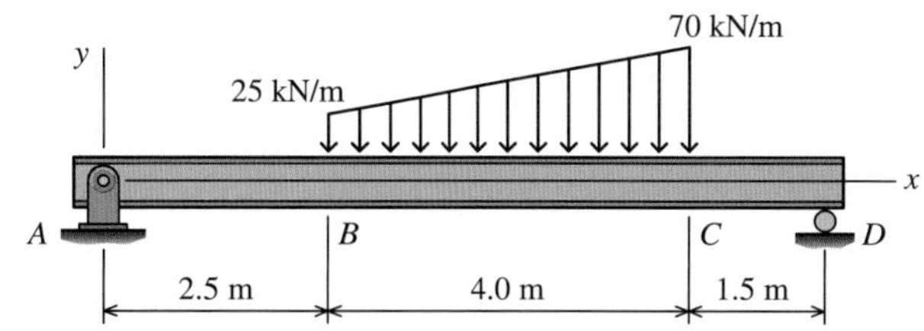


FIGURE P7.70

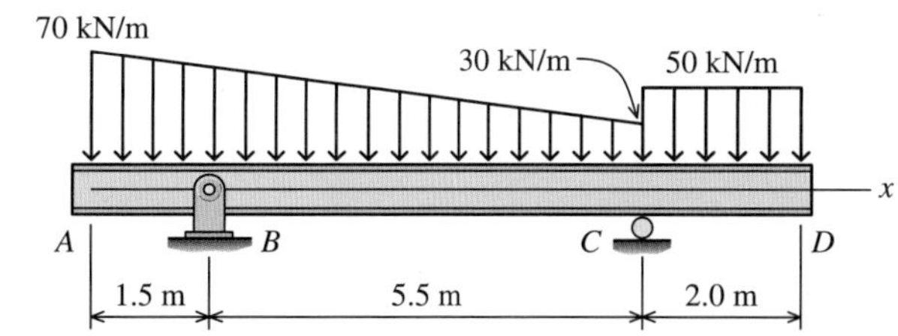


FIGURE P7.71

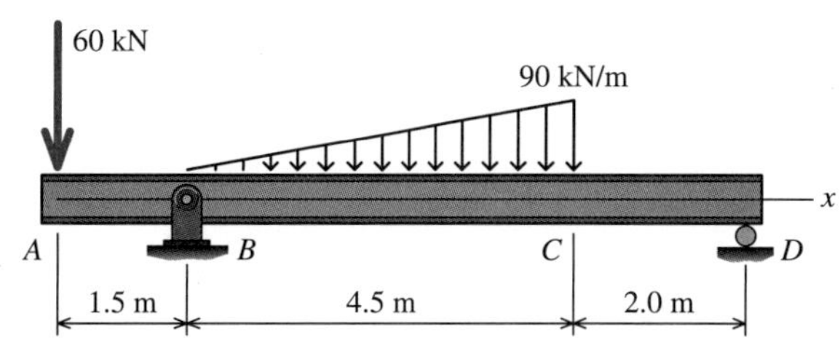


FIGURE P7.72

CHAPTER 08

# 보의 굽힘

## 8.1 서론

보는 이론 해를 구할 수 있는 구조용 부재 중에서 가장 일반적이다. 실제 구조물과 기계에서 보는 다양한 크기, 형상, 그리고 방향을 갖는다. 그러므로 보의 역학적 해석은 고체역학의 주요 관심분야로 여겨진다.

보는 일반적으로 부재의 길이방향 축에 수직하게 작용하는 측력, 즉 횡하중을 받으며, 길이가 길고(단면적에 비하여) 직선이며, 단면적이 일정하다(그림 8.1*a*). 보에 가해지는 횡하중은 인장, 압축, 비틀림과는 달리 보를 휘어지게 한다. 작용하중은 초기에 곧은 부재를 굽은 형상(그림 8.1*b*)으로 변형시키는데, 이 굽은 형상을 **굽힘곡선(deflection)**, 처짐곡선 또는 탄성곡선이라고 부른다.

**횡방향**은 부재의 길이방향 축에 수직한 하중과 단면을 나타낸다.

이 절에서는 하중 미부과 시에 직선이고 길이방향으로 대칭면을 갖는 보(그림 8.2*a*)를 다룬다. 부재 단면의 형상, 재료, 지지조건, 그리고 하중 등은 대칭면에 대하여 대칭이다. 보의 대칭면에서 길이방향의 축을 $x$축으로 두며 대칭면 상에서의 $y$축, 즉 대칭축은 $x$축에 수직하게 위쪽으로 향한다. 따라서 $x-y$면은 대칭면과 일치한다. 그리고 $z$축은 오른손 규칙을 따르는

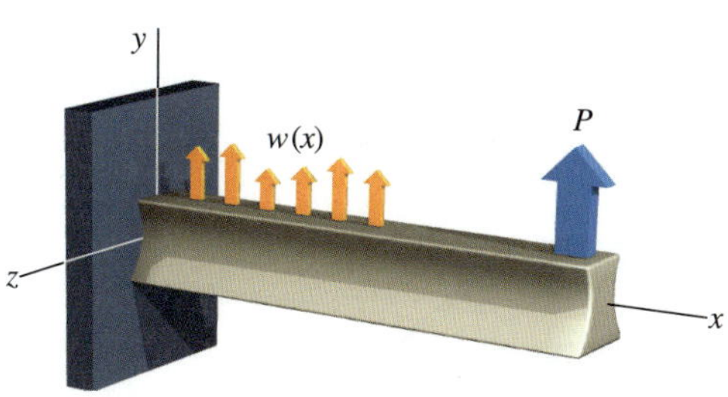


**그림 8.1*a*** • 보에 작용하는 측력

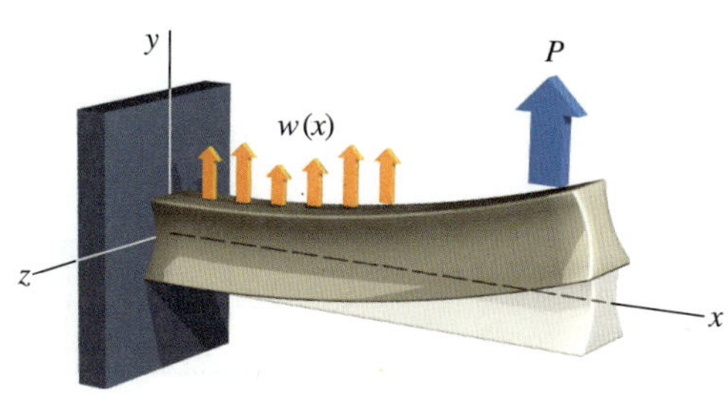


**그림 8.1*b*** • 굽힘에 의한 처짐

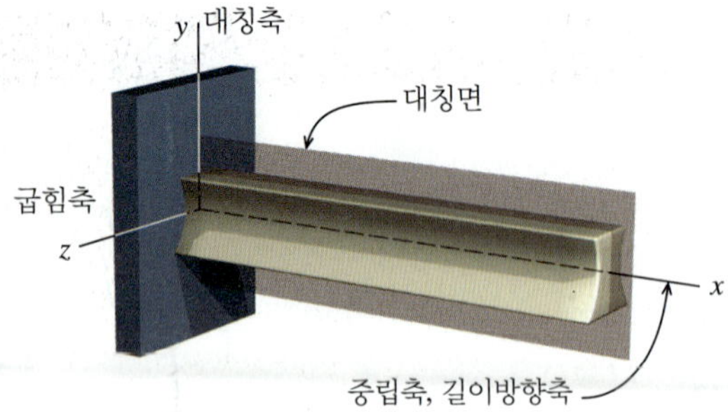


**그림 8.2*a*** • 길이방향 대칭면

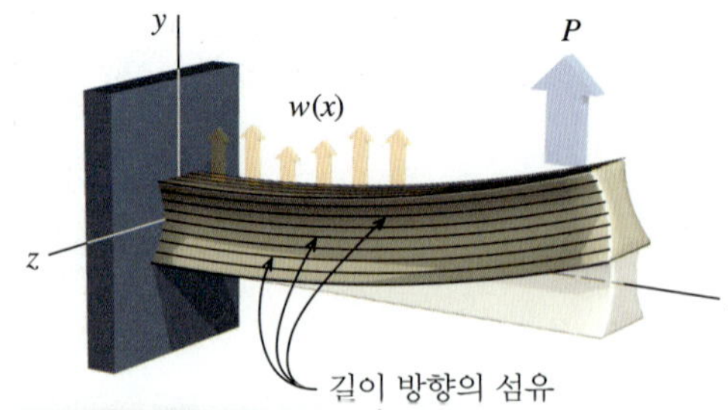


**그림 8.2*b*** • 길이방향 "섬유"의 개념

$x-y-z$좌표계에 의하여 정의된다. 그림 8.1*b*에서 $x-y$평면은 대칭면(plane of symmetry) 또는 굽힘면이라 부르고, 하중의 작용과 부재의 처짐은 이 평면에서 발생한다. 굽힘은 $z$축에 대하여 발생한다.

보의 거동을 이해하고 논의할 때, 일반적으로 보의 길이방향 축으로 평행하게 연결된 많은 길이방향 섬유 다발로 보를 상상한다(그림 8.2*b*). 이 방법은 굽힘거동을 서술하는 데 매우 유용하다. 그림 8.2*b*에서 보의 상부에 있는 섬유는 압축되는 반면, 하부에 있는 섬유는 늘어나서 전체적으로 굽힘이 발생하게 된다.

## 순수굽힘

**순수굽힘(pure bending)**은 일정한 크기의 굽힘모멘트를 받는 보의 굽힘을 의미한다. 예를 들면, 그림 8.3의 보의 점 $B$와 점 $C$ 사이의 영역은 일정한 크기의 굽힘모멘트 $M$을 받으며, 이 영역은 순수굽힘에 해당된다. 순수굽힘은 횡방향 전단력 $V$가 0일 때만 발생한다. 식 (7.2)에

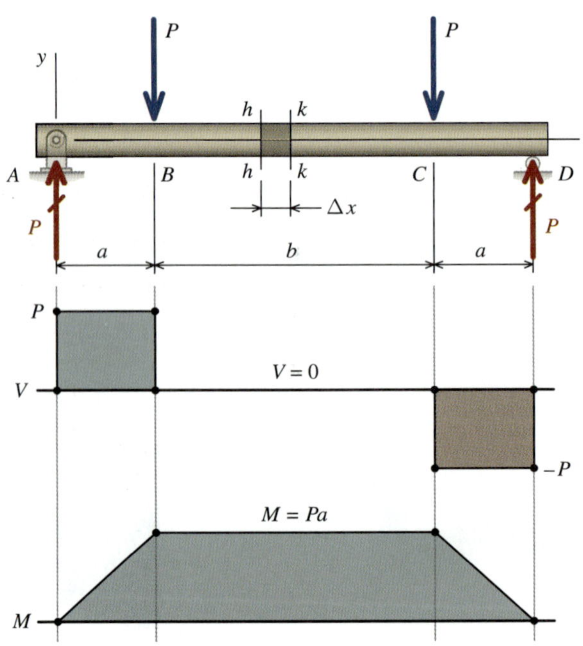


**그림 8.3** • 보의 영역별 순수굽힘의 예

서 $V = dM/dx$이다. 만약 굽힘모멘트 $M$이 일정하다면, $dM/dx = 0$이고, 이는 $V = 0$을 의미한다. 그리고 순수굽힘은 보 내에서 축력이 발생하지 않는 것을 전제로 한다.

반대로 **불균일굽힘(nonuniform bending)**은 전단력 $V$가 0이 아닌 굽힘을 의미한다. 만약 $V \neq 0$이면, $dM/dx \neq 0$이다. 즉 굽힘모멘트가 보의 길이에 따라 변한다.

다음 절에서 순수굽힘을 받는 보의 변형률과 응력을 주제로 다룬다. 다행히 순수굽힘을 통해 얻은 결과는 보의 단면치수에 비해 상대적으로 보의 길이가 길다면, 불균일굽힘을 받는 보에도 적용될 수 있다.

## 8.2 굽힘변형률

순수굽힘을 받는 보에 작용하는 변형률을 관찰하기 위해 길이가 $\Delta x$인 그림 8.3의 보의 미소 영역을 고려한다. 단면 $h-h$와 단면 $k-k$의 사이를 변형량을 크게 확대하여 그림 8.4에 나타내었다. 보는 굽힘이 발생하기 전에 직선이고, 보의 단면은 일정하다고 가정한다. 단면 $h-h$와 단면 $k-k$는 변형 후에도 평면으로 남아 있다.*

보가 초기에 직선일 경우, 단면 $h-h$와 단면 $k-k$ 사이의 모든 초기 섬유의 길이는 $\Delta x$이다. 굽힘이 발생한 후, 단면 상부에서 보의 섬유 길이는 줄어들게 되고, 하부에서는 늘어나게 된다. 그러나 보의 상부와 하부 사이에는 보의 섬유가 줄어들지도 늘어나지도 않는 하나의 면이 존재하게 된다. 이 면을 **중립면(neutral surface)**이라고 한다. 중립면의 한쪽에 위치하는 모든 섬유는 압축되고, 반대편의 섬유는 늘어나게 된다. 중립면과 대칭면의 교선을 **중립축(neutral axis)**이라 하고, 이 중립축을 $x$축과 일치시킨다.**

순수굽힘을 받을 때, 보는 원호 형상으로 변한다.* 이 원호의 중심 $O$는 곡률중심이라 불린다. 곡률의 중심에서 보의 중립축까지의 거리를 **곡률반경(radius of curvature)**이라 부르고, 그리스어 $\rho$로 표기한다.

중립면 위의 거리 $y$에 위치한 길이방향 섬유를 고려한다. 즉 $y$좌표축의 원점은 중립면 위에 위치하고 있다. 섬유의 초기 길이는 $\Delta x$이다. 굽힘이 발생하면, 섬유의 길이는 짧아지고, 변형된 길이를 $\Delta x'$으로 표시한다. 식 (2.1)에 주어진 법선변형률의 정의로부터 길이방향 섬유의 법선변형률은 다음과 같이 표현된다.

$$\varepsilon_x = \frac{\delta}{L} = \lim_{\Delta x \to 0} \frac{\Delta x' - \Delta x}{\Delta x}$$

* 역자주: 대칭보가 순수굽힘을 받을 때, 보의 $x$축에 수직한 단면은 변형 후에도 평면으로 남고 $x$축에 평행한 직선은 원호로 변형된다. 이 사실은 대칭성 논리로 설명될 수 있다. 이에 관하여 참고서적을 통하여 이해하기 바란다. 역학은 힘의 평형, 변형의 기하학, 재료의 변형 특성으로 이루어져 있고, 전술한 대칭성 논리는 변형의 기하학을 논하는 데 매우 중요한 요소이다.

** 역자주: 책에 따라서는 중립축을 중립면과 횡단면이 이루는 교선으로 정의하는 경우가 있다. 이 역서의 원서에서도 전술한 방식으로 중립축을 정의하였으나, 이 역서에서는 이를 굽힘축으로 번역하였고 중립면과 대칭면의 교선을 중립축으로 번역하였다.

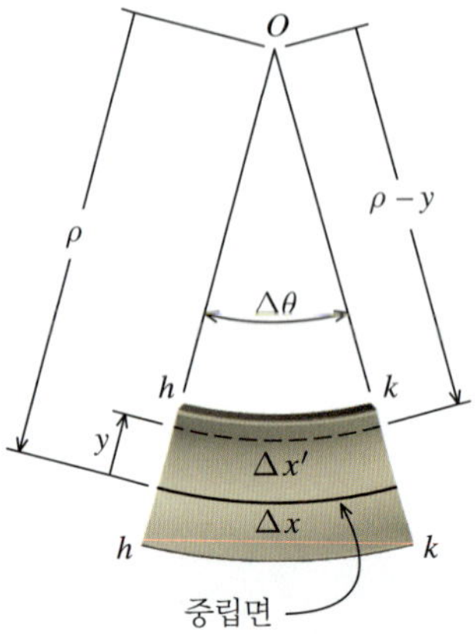


**그림 8.4** • 굽힘 변형

순수굽힘을 받는 보의 미소영역은 원호 형상으로 변형되고, 이 원호의 내부 각도는 $\Delta\theta$로 표기된다. 그림 8.4에 표시한 기하학적 형상을 바탕으로 길이 $\Delta x$와 $\Delta x'$은 원호 길이의 항으로 표현할 수 있는데 이는 축방향 변형률 $\varepsilon_x$가 식 (8.1)과 같이 곡률반경 $\rho$와 관련 있기 때문이다.

$$\varepsilon_x = \lim_{\Delta x \to 0} \frac{\Delta x' - \Delta x}{\Delta x} = \lim_{\Delta\theta \to 0} \frac{(\rho - y)\Delta\theta - \rho\Delta\theta}{\rho\Delta\theta} = -\frac{1}{\rho}y \tag{8.1}$$

식 (8.1)은 어떤 섬유에서 작용하는 법선변형률이 식 (8.1)과 같이 중립면으로부터 섬유거리까지의 거리에 직접적으로 비례한다는 것을 나타낸다. 식 (8.1)은 재료가 탄성 또는 비탄성, 선형 또는 비선형 여부와는 상관없이 모든 재료에 대해 유효하다. 주목할 점은 하중이 $y$방향으로 작용하고 굽힘 변형이 $z$방향으로 발생함에도 불구하고 변형률은 $x$방향으로 발생한다는 사실이다. 양의 $\rho$값에 대한 식 (8.1)의 음의 부호는 압축변형률이 중립면 위(양의 $y$값)의 섬유에서 작용하고, 인장변형률은 중립면 아래(음의 $y$값)에서 발생하는 것을 의미한다. $\varepsilon_x$에 대한 부호규약은 2장에서 법선변형률을 위하여 정의한 것과 같다. 즉 신장일 때는 양이고, 단축일 때는 음이다.

**곡률** $\kappa$는 보가 얼마나 급격히 휘어지는지에 대한 척도이고, 이것은 식 (8.2)와 같이 곡률반경 $\rho$와 관련된다.

$$\kappa = \frac{1}{\rho} \tag{8.2}$$

만약 보에 작용하는 하중이 상대적으로 작으면, 보의 처짐은 상대적으로 작고, 곡률반경 $\rho$는 크며, 곡률 $\kappa$는 작다. 반대로 큰 처짐을 갖는 보의 곡률반경 $\rho$는 작고, 곡률 $\kappa$는 크다. 여기서 사용된 $x-y-z$좌표계에 대하여 곡률중심이 보의 상부에 위치할 때, $\kappa$의 부호를 양수로 정의한다. 그림 8.4에 표시한 보의 미소단면에 대한 곡률중심 $O$는 보의 위에 위치하므로 이 보는 양의 곡률 $\kappa$를 가지며 식 (8.2)에 의해 양의 곡률반경 $\rho$를 가진다. 요약하면, $\kappa$와 $\rho$는 항상 동일한 부호를 갖는다. 곡률중심이 보의 위에 위치한다면 둘 다 양의 값이고, 곡률중심이 보의 아래 위치한다면, 둘 다 음의 값이 된다.

## 횡방향 변형

보의 축변형률 $\varepsilon_x$는 포아송 효과에 의해 단면의 평면($y$–$z$면)의 변형을 동반한다. 대부분의 보는 길이가 길고 단면이 작기 때문에 포아송 효과로 인해 $y$–$z$평면 내에서의 변형은 매우 작다. 보가 좌우로 자유롭게 변형된다면, $y$와 $z$방향의 법선변형률은 횡방향의 법선응력을 유발하지 않는다. 즉 $\sigma_y$와 $\sigma_z$는 0이다. 이 상황은 인장 또는 압축을 받는 단면적이 일정한 봉의 경우와 비교할 수 있다. 왜냐하면 순수굽힘을 받는 보의 길이방향 섬유는 단축응력 상태에 있기 때문이다.*

## 8.3 보에서의 법선응력

순수굽힘에서 보의 축방향 변형률 $\varepsilon_x$는 보의 중립면으로부터 섬유까지의 거리에 비례한다. 횡방향 단면에서 발생하는 법선응력 $\sigma_x$는 보 재료에 대한 응력-변형률 관계를 통해 결정되며, 이를 굽힘응력이라고 한다. 대부분의 기계 재료에서 인장과 압축에 대한 응력-변형률 관계는 탄성구간에서 동일하다. 응력-변형률선도는 비탄성 범위에서 다소 차이가 발생하지만, 그 차이는 대부분 무시할 수 있다. 이 책에 고려된 보 문제에서 인장과 압축응력-변형률 관계는 동일한 것으로 가정한다.

재료가 등방성 선형탄성이고 $\sigma_y$와 $\sigma_z$가 0이라는 가정하에 재료의 응력-변형률의 관계는 후크법칙으로부터 $\sigma_x = E\varepsilon_x$이다. 식 (8.1)에 정의된 변형률 관계식이 후크법칙과 결합되면, 중립면으로부터 거리 $y$만큼 떨어진 곳에서의 굽힘응력은 다음과 같이 표현된다.

$$\sigma_x = E\varepsilon_x = -\frac{E}{\rho}y = -E\kappa y \tag{8.3}$$

식 (8.3)은 보의 횡방향 단면에 발생하는 굽힘응력 $\sigma_x$가 중립면으로부터의 거리 $y$에 대해 선형적으로 변하는 것을 보여준다. 중립면 위의 압축응력과 중립면 아래의 인장응력이 발생시키는 굽힘모멘트 $M$에 의한 응력분포의 형태는 그림 8.5$a$에서 보는 바와 같다.

평면의 단면은 굽힘 변형 후에도 평면이 유지되므로, 굽힘에 의한 법선응력 $\sigma_x$ 역시 $z$ 방향으로 균일하게 분포된다.

식 (8.3)은 보의 높이에 걸쳐 발생하는 굽힘응력의 변화추이를 나타내며 중립축의 위치를 결정할 때 필요하다. 식 (8.3)보다 더 유용한 관계식은 굽힘모멘트 $M$과 보에서 발생한 굽힘응력의 관계일 것이다. 이 두 가지의 의도는 단면에 분포되어 있는 법선응력 $\sigma_x$의 합력을 결정함으로써 달성될 수 있다.

일반적으로 보에서 굽힘응력의 합력은 다음의 두 가지로 구성된다.

(a) $x$방향(중립축 방향)으로 작용하는 합
(b) $z$축에 관해 작용하는 모멘트 합

보가 순수굽힘을 받는다면, 중립축 방향의 힘의 합은 0이 되어야 하고, 모멘트의 합력은 보에서의 굽힘모멘트 $M$과 같아야 한다. 그림 8.5$a$의 응력분포를 기초로 두 개의 평형조건식 ($\Sigma F_x = 0$, $\Sigma M_z = 0$)을 적용할 수 있다. 이 두 개의 방정식으로부터

(a) 중립축의 위치를 결정할 수 있고,
(b) 굽힘모멘트와 굽힘응력 사이의 관계식를 구할 수 있다.

* 역자주: 보는 일반적으로 얇은 플랜지(flange)와 웹(web)으로 이루어져 있다. 보 이론에서 하중은 대칭축에만 작용한다고 가정한다. 따라서 이 영역을 제외한 대부분의 보의 표면에는 작용하는 하중이 없으므로 해당 방향으로의 법선응력 $\sigma_y$ 또는 $\sigma_z$는 0이다. 이러한 논리와 얇은 두께를 근거로 두 법선응력 $\sigma_y$와 $\sigma_z$는 모든 점에서 0이라고 가정한다. 따라서 비록 굽힘응력과 포아송 효과에 의하여 $y$축과 $z$축 방향의 법선변형률이 발생하지만 법선응력 $\sigma_y$와 $\sigma_z$는 0이다. 달리 말하면, 일반화된 후크법칙[식 (13.16) 참조]에서 비록 $\sigma_y$와 $\sigma_z$가 0이더라도 $\varepsilon_y$와 $\varepsilon_z$는 $\sigma_x$의 영향에 의해 발생할 수 있다.

그림 8.5a에서 압축응력은 단면을 가리키는 화살표로 나타나고, 인장응력은 단면으로부터 바깥쪽을 가리키는 화살표로 나타낸다.

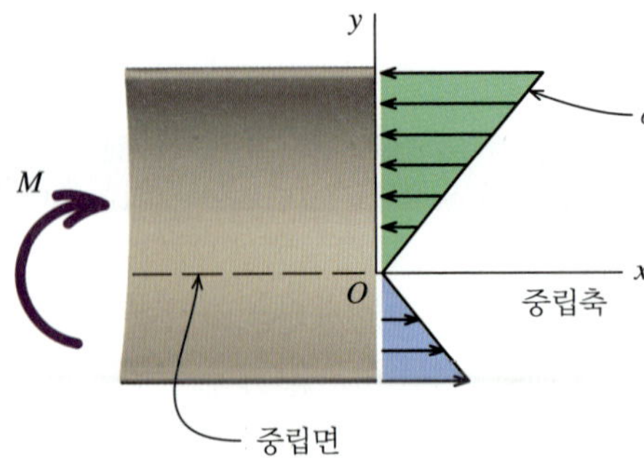

(a) 보의 측면에서 본 굽힘응력분포

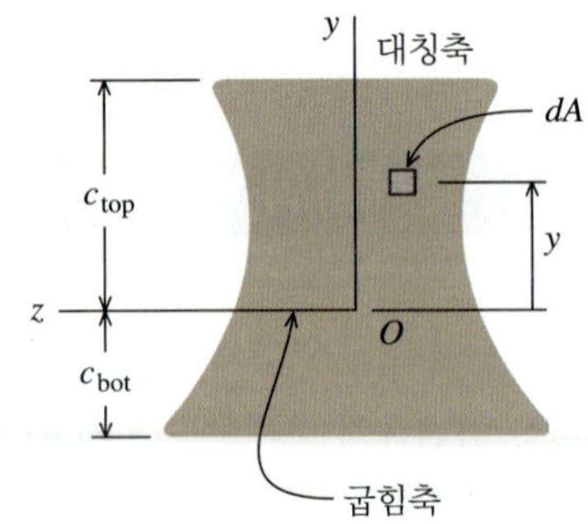

(b) 보의 단면

**그림 8.5** • 선형탄성재료 보에서의 굽힘응력

## 중립축의 위치

**중립면**과 보의 임의의 단면의 교차선을 **굽힘축**이라고 한다.

그림 8.5b에 보의 단면을 나타내었다. 단면적 $A$의 미소면적요소 $dA$를 고려한다. 보의 재료가 균질하다고 가정한다. 굽힘응력에 기인하는 곡률반경은 $\rho$라고 둔다. 굽힘축 또는 중립면에서 면적 $dA$까지의 거리는 $y$좌표이다. 미소면적 $dA$에서 작용하는 법선력은 $\sigma_x dA$로 주어진 미소 힘 $dF$를 생성한다. 수평방향 평형조건을 만족하기 위해서 그림 8.5a에 나타낸 미소 힘 $dF$의 합은 0이여야 한다. 즉

$$\Sigma F_x = \int dF = \int_A \sigma_x \, dA = 0$$

$\sigma_x$의 관계식 (8.3)을 윗식에 대입하면 다음과 같다.

$$\Sigma F_x = \int_A \sigma_x \, dA = -\int_A \frac{E}{\rho} y \, dA = -\frac{E}{\rho}\int_A y \, dA = 0 \tag{8.4}$$

식 (8.4)에서 고체 상태의 재료의 탄성계수 $E$는 0이 될 수 없다. 곡률반경 $\rho$는 무한대일 수 있지만, 이것은 보에 굽힘이 전혀 작용하지 않는 경우를 의미한다. 결과적으로 일반적인 굽힘응력에 대한 보의 축방향 평형조건으로부터 다음 식이 만족되어야 한다.

$$\int_A y \, dA = 0 \tag{a}$$

이 식은 $z$축에 관한 단면적의 1차 모멘트가 0임을 뜻한다. 한편 $x$축에 수직한 단면에 대한 도심의 $y$좌표 $\bar{y}$는 단면적의 1차 모멘트의 항으로 다음과 같이 정의된다.

$$\bar{y} = \frac{\int_A y \, dA}{\int_A dA} \tag{b}$$

이 결론은 균질 등방성 선형탄성 재료의 순수굽힘의 가정하에 유도되었다. 가령, 축력이 굽힘부재에 존재한다거나 재료가 비탄성이라면, 중립면은 단면적의 도심을 통과하지 않을 수도 있다.

식 (a)를 식 (b)에 대입하면, 평형조건은 $\bar{y} = 0$일 때, 즉 중립면으로부터 단면의 도심까지의 거리 $\bar{y}$가 0일 때 만족된다. 따라서 순수굽힘이 작용할 때, 중립축은 단면의 도심을 통과해야 한다.

8.1절에서 가정한 바와 같이 굽힘에 관한 수식과 결과는 길이방향으로 대칭면을 갖는 보에만 적용된다. 결과적으로 $y$축은 반드시 도심을 통과해야 하며, 보 좌표계의 원점 $O$(그림 8.5$b$)는 단면의 도심에 위치한다. $x$축은 중립면의 평면에 위치하고, 부재의 길이방향 축과 일치한다. 도심에 원점을 둔 $y$축은 길이방향 대칭면과 $x$축에 수직한 단면 상에 위치한다. $z$축은 도심에 원점을 두고, 그 방향은 오른손 $x-y-z$ 좌표계를 따른다.

## 굽힘모멘트-곡률 관계식

모멘트 평형조건으로부터 굽힘응력이 야기시키는 모멘트의 합이 굽힘모멘트와 같아야 한다. 단면 상의 미소면적요소 $dA$에서 발생하는 미소 힘 $dF$는 $z$축으로부터 거리 $y$에 위치하므로 이 힘은 $z$축에 대한 미소 모멘트 $dM$을 발생시킨다. 미소 힘은 $dF = \sigma_x dA$로 표현된다. 양의 $y$좌표에 위치한 미소면적요소 $dA$에 작용하는 양의 법선응력(인장 법선응력) $\sigma_x$는 음의 $z$축방향으로 회전시키는 모멘트 $dM$을 발생시킨다. 그러므로 모멘트의 증분 $dM$은 $dM = -y\sigma_x dA$로 표현된다.

모멘트는 힘과 거리의 항으로 구성된다. 거리의 항은 *모멘트의 팔*이라 불린다. 미소면적 $dA$에 작용하는 미소 힘은 $\sigma_x dA$이다. 모멘트의 팔은 중립면으로부터 $dA$까지의 거리 $y$이다.

그림 8.5($a$)에서 굽힘모멘트 $M$과 단면에서 작용하는 굽힘응력에 의한 모든 모멘트의 증분의 합은 $z$축에 대한 모멘트 평형조건을 만족해야 한다.

$$\Sigma M_z = -\int_A y\sigma_x \, dA - M = 0$$

식 (8.3)의 $\sigma_x$를 윗식에 대입하면, 굽힘모멘트 $M$은 곡률반경 $\rho$의 항으로 표현된다.

$$M = -\int_A y\sigma_x \, dA = \frac{E}{\rho}\int_A y^2 \, dA \tag{8.5}$$

식 (8.5)의 적분항은 단면2차관성모멘트이다.

$$I_z = \int_A y^2 \, dA$$

첨자 $z$는 굽힘축(굽힘모멘트 $M$이 작용하는 축)에 대해 결정되는 단면2차관성모멘트를 나타낸다. 식 (8.5)는 단면2차관성모멘트 $I_z$로 표현된다.

고체역학의 단락에서, 단면관성모멘트는 일반적으로 단순히 **관성모멘트**로 불린다.

$$M = \frac{EI_z}{\rho}$$

따라서 보의 곡률과 굽힘모멘트의 관계는 다음과 같이 주어진다.

곡률반경 $\rho$는 곡률중심에서 보의 중립면까지 측정된다(그림 8.5$b$).

$$\kappa = \frac{1}{\rho} = \frac{M}{EI_z} \tag{8.6}$$

이 관계식은 **굽힘모멘트-곡률 관계식**이라 불린다. 이 식에 의하면, 보의 곡률은 굽힘모멘트에 비례하고, $EI_z$와는 반비례하다. $EI$를 **굽힘강성**으로 부르며, 보의 굽힘저항에 대한 척도가 된다.

## 굽힘응력공식

법선응력 $\sigma_x$와 곡률의 관계식은 식 (8.3)과 같고, 곡률과 굽힘모멘트 $M$ 사이의 관계식은 식 (8.6)에 주어졌다. 이 두 개의 관계식으로부터 굽힘모멘트에 의해 발생하는 보 내에서의 응력은 다음과 같이 표현된다.

$$\sigma_x = -\frac{My}{I_z} \tag{8.7}$$

식 (8.7)은 **탄성굽힘응력공식** 또는 굽힘응력공식이다. 여기서 유도된 바와 같이 $z$축에 대한 굽힘모멘트 $M$은 보 내의 $x$방향으로의 법선응력을 발생시킨다. 이 응력은 중립면으로부터 떨어진 거리에 따라 선형적으로 변한다. 굽힘모멘트에 의해 보에서 발생하는 법선응력을 앞에서 정의한 바와 같이 **굽힘응력**이라고 한다.

굽힘응력공식에 의해 양의 굽힘모멘트는 중립면 위(양의 $y$값)의 단면 부분에서 음의 법선응력을 발생시키고, 중립면 아래(음의 $y$값)의 단면 부분에서 양의 법선응력을 발생시킨다는 사실을 알 수 있다. 음의 굽힘모멘트에 의한 굽힘응력은 반대로 발생한다. 양과 음의 굽힘모멘트에 따른 굽힘응력의 분포를 그림 8.6에서 나타내었다.

7장에서 양의 굽힘모멘트는 다음과 같이 정의되었다.

- 보의 오른쪽 단면에서 반시계방향으로 작용할 때
- 보의 왼쪽 단면에서 시계방향으로 작용할 때

이 부호규약은 굽힘모멘트에 의해 발생되는 굽힘응력을 고려하여 확장시킬 수 있다. 확장된 굽힘모멘트 부호규약을 그림 8.7에 나타내었다.

**양의 굽힘모멘트 $M$은 다음을 발생시킨다.**

- 중립면 위에서 압축굽힘응력
- 중립면 아래에서 인장굽힘응력
- 양의 곡률 $\kappa$

**음의 굽힘모멘트 $M$은 다음을 발생시킨다.**

- 중립면 위에서 인장굽힘응력
- 중립면 아래에서 압축굽힘응력
- 음의 곡률 $\kappa$

## 단면에서의 최대 응력

굽힘응력 $\sigma_x$의 세기는 중립면으로부터 떨어진 거리 $y$에 대해 선형적으로 변하므로[식(8.3)] 최대 굽힘응력 $\sigma_{max}$은 중립면에서 가장 멀리 떨어진 보의 상단면 또는 하단면에서 발생한

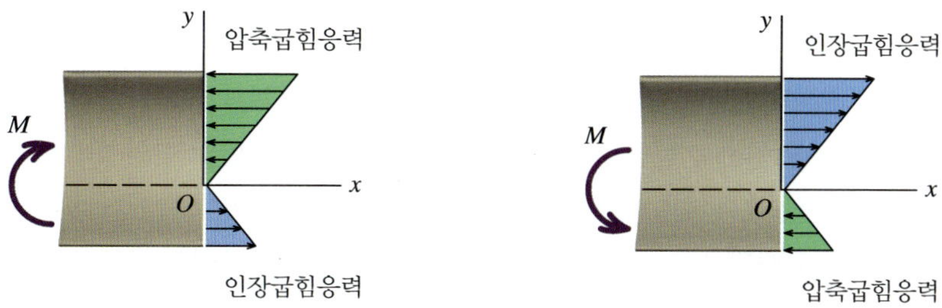


(*a*) 양의 모멘트 *M*에 의한 굽힘 응력

(*b*) 음의 모멘트 *M*에 의한 굽힘 응력

**그림 8.6** • 굽힘모멘트 *M*과 굽힘응력 사이의 관계

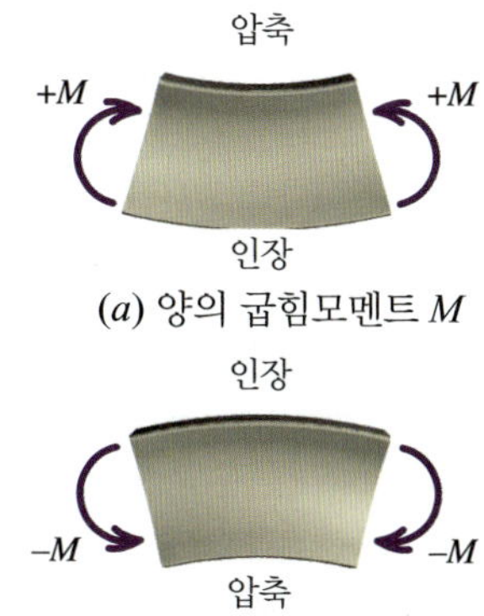


(*a*) 양의 굽힘모멘트 *M*

(*b*) 음의 굽힘모멘트 *M*

**그림 8.7** • 확장된 굽힘모멘트 부호규약

다. 그림 8.5*b*에서 중립축으로부터 단면의 상단면 또는 하단면의 거리는 각각 $c_{top}$과 $c_{bot}$로 표기된다. 즉 $c_{top}$과 $c_{bot}$는 각각 상단면과 하단면의 $y$좌표의 절대값이다. 대응하는 굽힘응력의 크기는 다음과 같다.

$$\sigma_{max} = \frac{Mc_{top}}{I_z} = \frac{M}{S_{top}} \quad \text{보의 상단면}$$
$$\sigma_{max} = \frac{Mc_{bot}}{I_z} = \frac{M}{S_{bot}} \quad \text{보의 하단면} \tag{8.8}$$

$\sigma_x$의 부호(인장 또는 압축)는 굽힘모멘트의 부호에 따라 결정된다. $S_{top}$과 $S_{bot}$는 **단면계수**라 부르고 다음과 같이 정의된다.

$$S_{top} = \frac{I_z}{c_{top}}, \qquad S_{bot} = \frac{I_z}{c_{bot}} \tag{8.9}$$

단면계수는 두 개의 중요한 단면특성치가 결합된 것이며, 보를 설계하기 위한 주요 고려 요소이다.

그림 8.5의 보의 단면은 $y$축에 대해 대칭이다. 만약 보가 $z$축에 대해서도 대칭이면, 이것을 **이중대칭단면**이라 부른다. 이중대칭단면에서는 $c_{top} = c_{bot} = c$이고, 그 결과 상단면과 하단면에서의 굽힘응력 크기는 식 (8.10)으로 동일하다.

$$\sigma_{max} = \frac{|M|c}{I_z} = \frac{|M|}{S}, \qquad S = \frac{I_z}{c} \tag{8.10}$$

식 (8.10)은 응력의 크기만을 나타낸다. $\sigma_x$의 부호(인장 또는 압축)는 굽힘모멘트의 부호에 의해 정해진다.

## 불균일굽힘

앞 절에서 보가 균질이며 단면적이 일정한 보가 순수굽힘을 받는다고 가정하였다. 만약 보가 전단력 $V$에 의해 발생하는 불균일굽힘을 받으면, 전단력은 단면의 면외 뒤틀림을 발생시킨다. 이런 면외 뒤틀림은 굽힘이 발생하기 전의 평면 단면은 굽힘이 발생한 후에도 평면을 유지한다는 가정에 위배된다. 그러나 전단력에 의한 뒤틀림은 통상적인 보에서 중요하지 않으며, 보 이론에서는 그 효과를 무시한다. 그러므로 이 절에서 유도된 방정식은 불균일굽힘을 받는 보의 굽힘응력을 계산하는 데 사용할 수 있다고 가정한다.

## 요약

보 내에서의 굽힘응력은 3가지 과정으로 평가된다.

**1단계 — 굽힘모멘트 $M$을 구한다.** 굽힘모멘트가 주어질 수 있으나, 일반적으로 굽힘모멘트는 전단력선도와 굽힘모멘트선도에 의해 구해진다.

**2단계 — 보의 단면특성치를 계산한다.** 순수굽힘에 대해 단면의 도심과 중립축은 일치하므로 도심 위치를 가장 먼저 구해야 한다. 다음으로 단면2차관성모멘트를 굽힘모멘트 $M$에 부합하는 도심축에 대해 계산해야 한다. 굽힘모멘트 $M$이 $z$축에 대하여 발생한다면, $z$축에 대한 단면2차관성모멘트가 요구된다. 마지막으로 단면에서의 굽힘응력은 높이에 따라 변하므로, 응력을 계산하기 위해서 $y$좌표를 정해야 한다.

**3단계 — 굽힘응력을 구하기 위해 굽힘응력공식을 사용한다.** 굽힘응력은 두 가지 공식으로 나뉜다.

$$\sigma_x = -\frac{My}{I_z} \tag{8.7}$$

그리고

$$\sigma_x = \frac{Mc}{I_z} = \frac{M}{S} \tag{8.10}$$

일반적으로 이들 두 개의 식을 굽힘응력공식이라 부른다. 첫 번째 공식[식 (8.7)]은 임의의 위치에서 굽힘응력을 계산하는 데 사용된다. 이 공식의 사용에 있어서 $M$과 $y$의 부호규약에 대한 세심한 주의가 필요하다. 두 번째 공식[식 (8.10)]은 최대 굽힘응력 굽힘응력의 크기를 계산하는 데 유용하다. 굽힘응력의 인장 또는 압축 여부가 중요하다면, 내부 굽힘모멘트 $M$의 부호를 조사하여 결정할 수 있다.

## 예제 8.1 EXAMPLE

⊥-형상 단면을 갖는 보가 $M_z = 5$ kN·m의 양의 굽힘모멘트를 받고 있다. 보의 단면치수는 그림과 같다. 이때 다음을 결정하라.

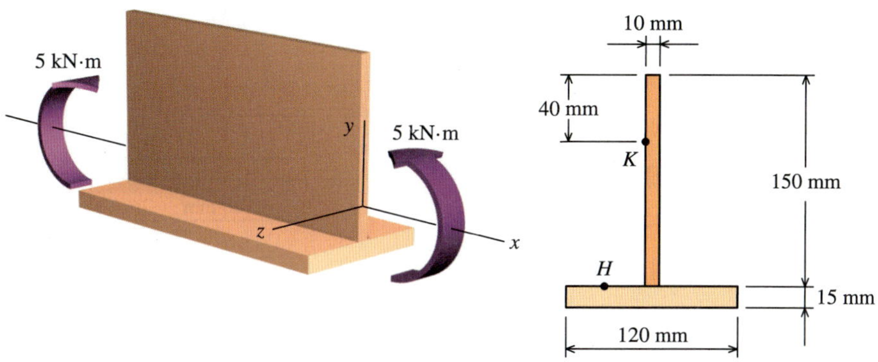


(a) 도심 위치, $z$축에 관한 단면2차관성모멘트, 그리고 $z$축에 관한 단면계수

(b) 점 $H$와 점 $K$에서의 굽힘응력. 그리고 법선응력이 인장 또는 압축인지를 설명하라.

(c) 단면에서 발생하는 굽힘응력. 응력이 인장 또는 압축인지를 설명하라.

### 풀이 계획

굽힘모멘트로 인해 발생한 법선응력은 굽힘응력공식[식 (8.7)]으로 구할 수 있다. 굽힘응력공식을 적용하기 전에 보의 단면특성치를 계산해야 한다. 굽힘모멘트는 굽힘축에 작용한다. 그러므로 도심의 $y$좌표가 결정되어야 한다. 도심 위치가 결정되면, 굽힘축에 대한 단면2차관성모멘트는 계산될 것이다. 도심 위치와 도심 축에 관한 단면2차관성모멘트를 알고 있으면, 굽힘응력은 굽힘응력공식으로부터 쉽게 구할 수 있다.

### 풀이

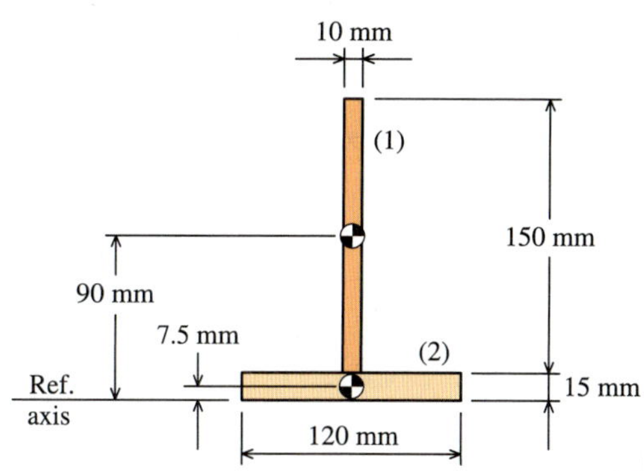


(a) $z$축 수평방향의 도심 위치는 대칭조건만으로 결정할 수 있다. $y$축 방향의 도심 위치는 ⊥-형상 단면에서 결정되어야 한다. ⊥-형상은 먼저 직사각형 형상 (1)과 (2)로 세분화하고, 세분된 단면의 면적 $A_i$를 구한다. 계산을 위해서 기준축을 임의의 위치에 설정한다. 이 예제에서는 기준축을 ⊥-형상의 바닥면에 위치시킨다. 기준축으로부터 각 직사각형 단면 $A_i$의 도심까지의 수직방향으로 떨어진 거리 $y_i$가 결정되고, 그 후 $y_iA_i$(단면적의 *1*차 모멘트)가 구해진다. 기준축에서 측정된 도심위치 $\bar{y}$는 단면의 1차 모멘트 $y_iA_i$의 합을 면적 $A_i$의 합으로 나누어 계산한다. ⊥-형상 단면에 대한 계산은 다음 표에 요약되어 있다.

| | $A_i$(mm²) | $y_i$(mm) | $y_iA_i$(mm³) |
|---|---|---|---|
| (1) | 1,500 | 90 | 135,000 |
| (2) | 1,800 | 7.5 | 13,500 |
| | 3,300 | | 148,500 |

$$\bar{y} = \frac{\Sigma y_i A_i}{\Sigma A_i} = \frac{148{,}500 \text{ mm}^3}{3{,}300 \text{ mm}^2} = 45.0 \text{ mm}$$

굽힘축은 ⊥-형상 단면에 대해 기준축 위로 45 mm에 위치한다. **Ans.**

굽힘모멘트는 굽힘축으로 작용하므로 ⊥-형상의 단면2차관성모멘트는 이 축에 대해 계산되어야 한다. 면적 (1)과 (2)의 도심은 전체 단면에 대한 굽힘축과 일치하지 않으므로, 평행이동축 정리는 ⊥-형상에 대한 단면2차관성모멘트를 계산하는 데 반드시 사용되어야 한다.

도심에 관한 각 직사각형 단면의 관성모멘트 $I_{ci}$를 미리 구해야 한다. 예를 들면, 단면 (1)의 굽힘축에 관한 면적 (1)의 관성모멘트는 $I_{c1} = bh^3/12 = (10\text{ mm})(150\text{ mm})^3/12 = 2{,}812{,}500\text{ mm}^4$로 계산된다. 다음으로 ⊥-형상의 굽힘축과 면적 $A_i$의 굽힘축 사이의 수직거리 $d_i$가 결정되어야 한다. $d_i$의 제곱에 $A_i$를 곱한 값은 ⊥-형상 단면의 굽힘축에 관한 각 직사각형의 단면2차관성모멘트를 구하기 위해 $I_{ci}$에 더해진다. 모든 단면 $A_i$에 대한 결과는 단면의 도심축에 관한 단면2차관성모멘트를 구하기 위해 더해진다. 전체의 계산 절차는 아래 표에 요약되어 있다.

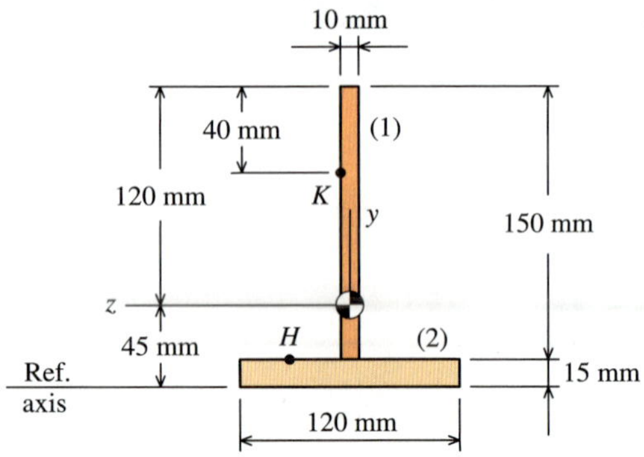


| | $I_{ci}$(mm$^4$) | $\lvert d_i \rvert$(mm) | $d_i^2 A_i$(mm$^4$) | $I_z$(mm$^4$) |
|---|---|---|---|---|
| (1) | 2,812,500 | 45.0 | 3,037,500 | 5,850,000 |
| (2) | 33,750 | 37.5 | 2,531,250 | 2,565,000 |
| | | | | 8,415,000 |

굽힘축에 대한 단면2차관성모멘트는 $I_z = 8{,}415{,}000\text{ mm}^4$이다 **Ans.**

⊥-형상은 단면의 굽힘축에 대해 대칭이 아니므로 두 개의 단면계수가 존재한다[식 (8.9) 참조]. $z$축에서 단면의 상단면까지 거리는 $c_{\text{top}}$으로 표시한다. 이 값으로 계산된 단면계수는 다음과 같다.

$$S_{\text{top}} = \frac{I_z}{c_{\text{top}}} = \frac{8{,}415{,}000\text{ mm}^4}{120\text{ mm}} = 70{,}136\text{ mm}^3$$

$z$축에서 단면의 하단면까지 거리를 $c_{\text{bot}}$로 표시하면, 이때 해당되는 단면계수는 다음과 같다.

$$S_{\text{bot}} = \frac{I_z}{c_{\text{bot}}} = \frac{8{,}415{,}000\text{ mm}^4}{45\text{ mm}} = 187{,}000\text{ mm}^3$$

지배적 단면계수는 이 두 가지 값 중에서 작은 것이다. 그러므로 ⊥-형상의 단면계수는 다음과 같다.

$$S = 70{,}125\text{ mm}^3$$ **Ans.**

왜 가장 작은 단면계수가 본문에서 지배적이라고 하는가? 최대 굽힘응력은 아래의 굽힘응력공식으로부터 단면계수를 사용하여 계산되어진다[식 (8.10)].

$$\sigma_{\max} = \frac{M}{S}$$

단면계수 $S$는 굽힘응력공식의 분모로 나타난다. 결과적으로, 단면계수와 응력 사이에는 반비례 관계가 성립되며, $S$의 가장 작은 값이 가장 큰 굽힘응력을 야기시킨다.

(b) 도심 위치와 굽힘축에 관한 단면2차관성모멘트가 결정되었기 때문에 굽힘응력공식[식 (8.7)]은 임의의 좌표 $y$에서 굽힘응력을 결정하는 데 사용될 수 있다($y$축은 도심을 원점으로 한다). 점 $H$는 $y = -30\text{ mm}$에 위치한다. 그러므로 $H$에서 굽힘

응력은 다음과 같다.

$$\sigma_x = -\frac{My}{I_z} = -\frac{(5\ \text{kN·m})(-30\ \text{mm})(1{,}000\ \text{N/kN})(1{,}000\ \text{mm/m})}{8{,}415{,}000\ \text{mm}^4}$$
$$= 17.83\ \text{MPa} = 17.83\ \text{MPa (T)} \qquad \textbf{Ans.}$$

점 $K$는 $y = +80$ mm에 위치한다. 그러므로 $K$의 굽힘응력은 다음과 같이 계산된다.

$$\sigma_x = -\frac{My}{I_z} = -\frac{(5\ \text{kN·m})(80\ \text{mm})(1{,}000\ \text{N/kN})(1{,}000\ \text{mm/m})}{8{,}415{,}000\ \text{mm}^4}$$
$$= -47.5\ \text{MPa} = 47.5\ \text{MPa (C)} \qquad \textbf{Ans.}$$

(c) 특정 단면형상에 관계없이 모든 보에서 가장 큰 굽힘응력은 보의 상단면 또는 하단면에서 발생한다. 단면이 굽힘 축에 관해 대칭이 아니면, 가장 큰 굽힘응력 크기는 중립축에서 가장 먼 위치(절대값이 가장 큰 $y$좌표값을 갖는 점)에서 발생할 것이다. ⊥-형상 단면에서 가장 큰 굽힘응력은 다음과 같이 상단면에서 발생한다.

$$\sigma_x = -\frac{My}{I_z} = -\frac{(5\ \text{kN·m})(120\ \text{mm})(1{,}000\ \text{N/kN})(1{,}000\ \text{mm/m})}{8{,}415{,}000\ \text{mm}^4}$$
$$= -71.3\ \text{MPa} = 71.3\ \text{MPa (C)} \qquad \textbf{Ans.}$$

단면계수 $S$는 식 (8.10)에서 결정된 최대 굽힘응력의 크기를 구하기 위해 사용될 수 있다.

$$\sigma_{\text{max}} = \frac{M}{S} = \frac{(5\ \text{kN·m})(1{,}000\ \text{N/kN})(1{,}000\ \text{mm/m})}{70{,}125\ \text{mm}^3}$$
$$= 71.3\ \text{MPa} = 71.3\ \text{MPa (C)}$$

식 (8.10)이 최대 굽힘응력을 계산하는 데 사용된다면, 응력의 부호(인장 또는 압축)는 관찰을 통해 결정해야 한다.

## 예제 8.2 EXAMPLE

보의 단면치수는 오른쪽의 그림에서 보는 바와 같다. 최대 허용굽힘응력이 $\sigma_b = 230$ MPa일 때, 보가 지탱할 수 있는 최대 굽힘모멘트 $M$을 결정하라. **주의,** 단면의 둥근 모서리는 단면특성치 계산에서 무시할 수 있다.

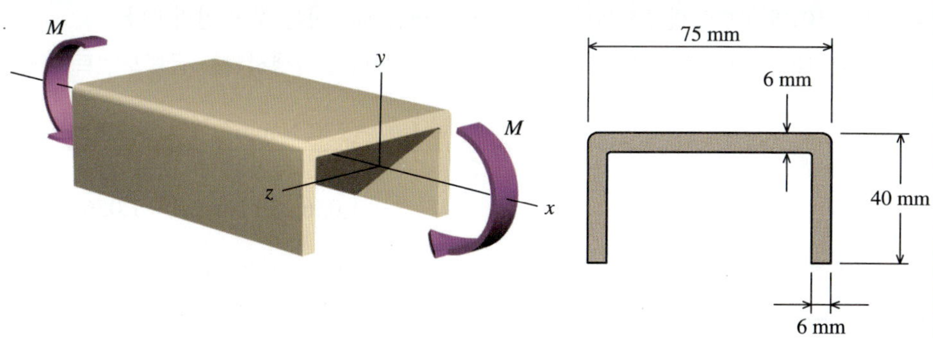


### 풀이 계획

도심 위치와 보의 단면2차관성모멘트가 먼저 계산되어야 한다. 일단 단면특성치가 계산되면, 굽힘응력공식을 굽힘모멘트 중심으로 재배열한 후, 230 MPa의 허용굽힘응력을 초과하지 않는 범위 내에서 적용할 수 있는 최대 굽힘모멘트를 결정한다.

**풀이**

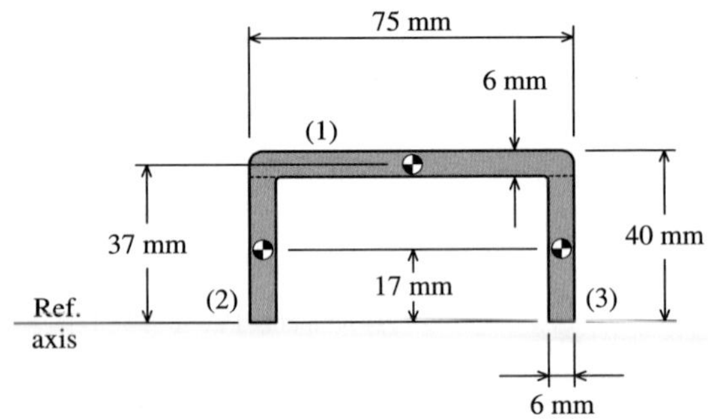


$z$축방향의 도심 위치는 대칭조건으로부터 구할 수 있다. 단면은 세 개의 직사각형 형상으로 세분화될 수 있다. 예제 8.1에서 설명된 절차와 마찬가지로 이러한 형상의 도심 계산은 다음 표와 같이 요약된다.

$$\bar{y} = \frac{\Sigma y_i A_i}{\Sigma A_i} = \frac{23{,}586 \text{ mm}^3}{858 \text{ mm}^2} = 27.49 \text{ mm}$$

따라서 굽힘축은 이 단면의 기준축 위로 27.49 mm에 위치한다. **Ans.**

| | $A_i(\text{mm}^2)$ | $y_i(\text{mm})$ | $y_iA_i(\text{mm}^3)$ |
|---|---|---|---|
| (1) | 450 | 37 | 16,650 |
| (2) | 204 | 17 | 3,468 |
| (3) | 204 | 17 | 3,468 |
| | 858 | | 23,586 |

이 축에 대한 단면2차관성모멘트의 계산과정은 다음 표와 같다.

| | $I_{ci}(\text{mm}^4)$ | $\lvert d_i \rvert(\text{mm})$ | $d_i^2A_i(\text{mm}^4)$ | $I_z(\text{mm}^4)$ |
|---|---|---|---|---|
| (1) | 1,350 | 9.51 | 40,698.0 | 42,048.0 |
| (2) | 19,652 | 10,49 | 22,448.2 | 42,100.2 |
| (3) | 19,652 | 10,49 | 22,448.2 | 42,100.2 |
| | | | | 126,248.4 |

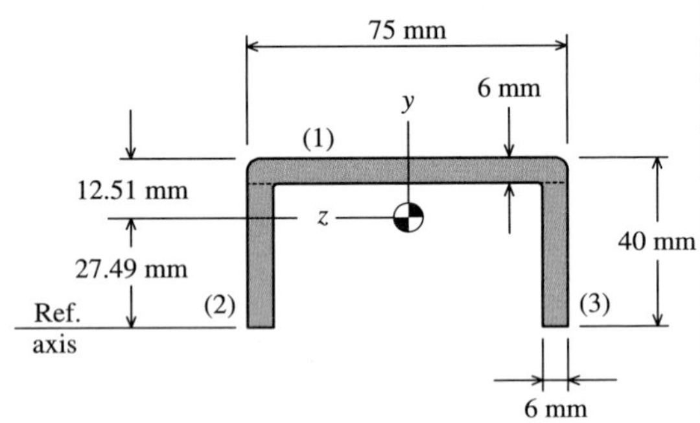


따라서 굽힘축에 관한 단면2차관성모멘트는 $I_z = 126{,}248.4 \text{ mm}^4$이다. **Ans.**

모든 보에서 가장 큰 굽힘응력은 보의 상단면 또는 하단면에서 발생한다. 이 예제의 단면의 경우, 보의 하단면까지의 거리가 보의 상단면까지의 거리보다 길다. 그러므로 가장 큰 굽힘응력은 $y = -27.49$ mm인 단면의 하단면에서 발생한다. 이런 경우, 식 (8.10)의 굽힘응력공식에서 $c = 27.49$ mm를 사용하는 것이 편리하다.

식 (8.10)은 보의 하단면에서 230 MPa의 굽힘응력을 발생시키는 굽힘모멘트 $M$을 구하기 위해 재배열될 수 있다.

$$M \leq \frac{\sigma_x I_z}{c} = \frac{(230 \text{ N/mm}^2)(126{,}248.4 \text{ mm}^4)}{27.49 \text{ mm}}$$
$$= 1{,}056{,}280 \text{ N·mm} = 1{,}056 \text{ N·m} \qquad \textbf{Ans.}$$

굽힘모멘트의 방향에 대해, $M = 1{,}056$ N·m의 굽힘모멘트는 보의 하단면에서 230 MPa의 압축응력을 유발할 것이다.

## MecMovies Example M8.4

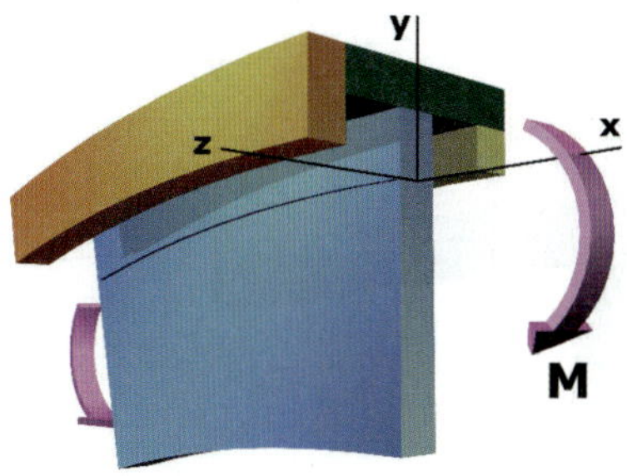


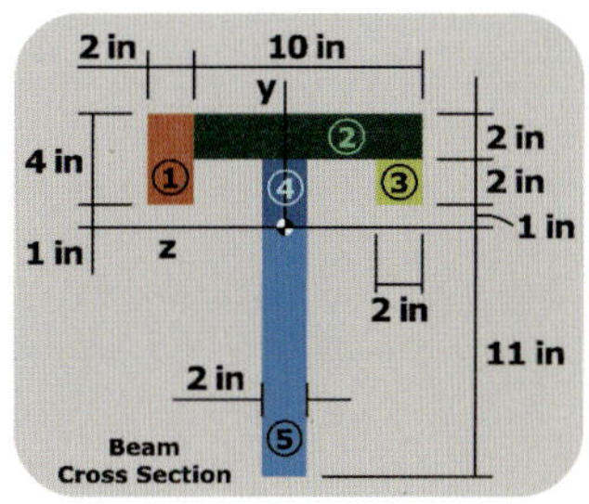


단면의 여러 부분에 작용하는 굽힘응력을 조사하고, 굽힘응력을 유발시키는 굽힘모멘트를 결정하라.

## MecMovies Example M8.5

T-형상의 도심을 계산하기 위한 과정의 동영상 예제

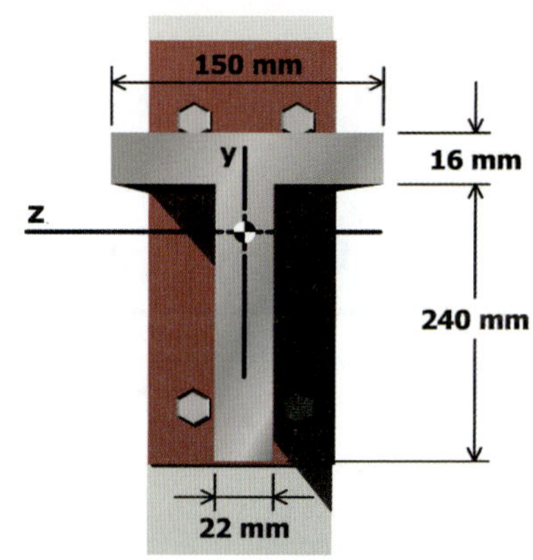


## MecMovies Example M8.6

U-형상의 도심을 계산하기 위한 과정의 동영상 예제

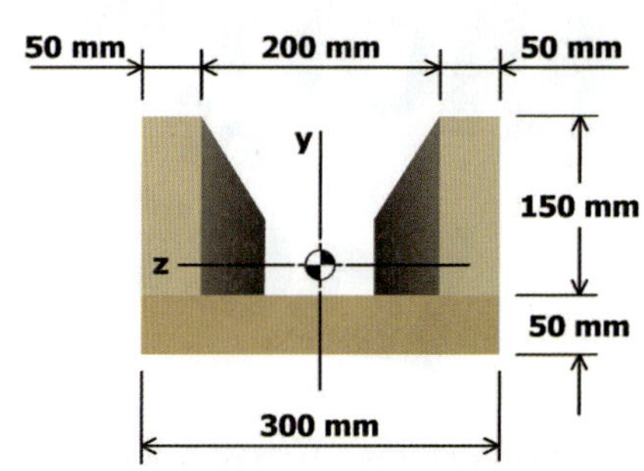

## MecMovies Example M8.7

T-형상의 굽힘축에 관한 단면2차관성모멘트와 도심을 결정하라.

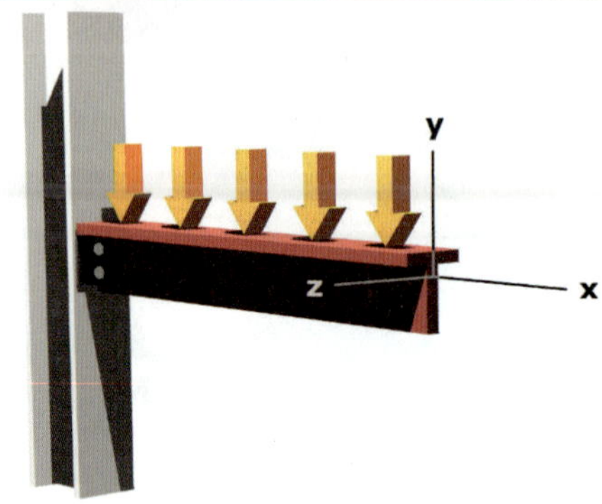


## MecMovies EXERCISES

**M8.1** 도심 게임: 로프를 통해 학습한다. 점수는 최소한 90% 이상이어야 한다.

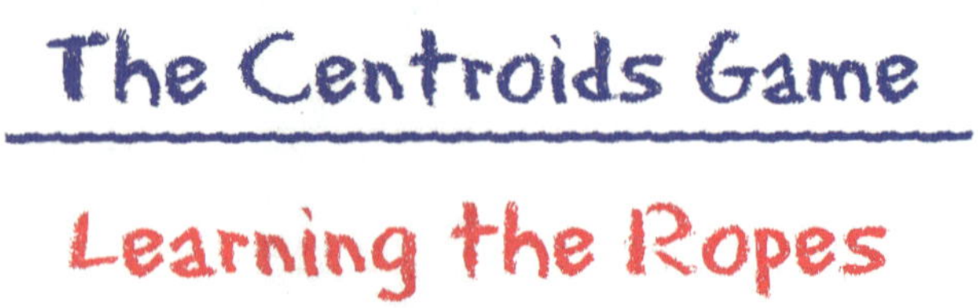


그림 M8.1

**M8.2** **단면2차관성모멘트 게임: 정사각형으로부터 시작한다**. 게임에 대한 점수는 최소한 90% 이상이어야 한다.

그림 M8.2

**M8.3** 굽힘응력공식을 사용하여 플랜지 형상에서의 굽힘응력을 구하라.

그림 M8.3

# PROBLEMS

**P8.1** During fabrication of a laminated timber arch, one of the 10-in.-wide by 1-in.-thick Douglas fir [$E$ = 1,900 ksi] planks is bent to a radius of curvature of 40 ft. Determine the maximum bending stress developed in the plank.

**P8.2** A high-strength steel [$E$ = 200 GPa] tube having an outside diameter of 80 mm and a wall thickness of 3 mm is bent into a circular curve having a 52-m radius of curvature. Determine the maximum bending stress developed in the tube.

**P8.3** A high-strength steel [$E$ = 200 GPa] band saw blade wraps around a pulley that has a diameter of 450 mm. Determine the maximum bending stress developed in the blade. The blade is 12 mm wide and 1 mm thick.

**P8.4** The boards for a concrete form are to be bent into a circular shape having an inside radius of 10 m. What maximum thickness can be used for the boards if the normal stress is not to exceed 7 MPa? Assume that the modulus of elasticity for the wood is 12 GPa.

**P8.5** A beam having a tee-shaped cross section is subjected to equal 12 kN-m bending moments as shown in Figure P8.5*a*. The cross-sectional dimensions of the beam are illustrated in Figure P8.5*b*. Determine:

(a) the centroid location, the moment of inertia about the $z$ axis, and the controlling section modulus about the $z$ axis.
(b) the bending stress at point $H$; state whether the normal stress at $H$ is *tension* or *compression*.
(c) the maximum bending stress produced in the cross section; state whether the stress is *tension* or *compression*.

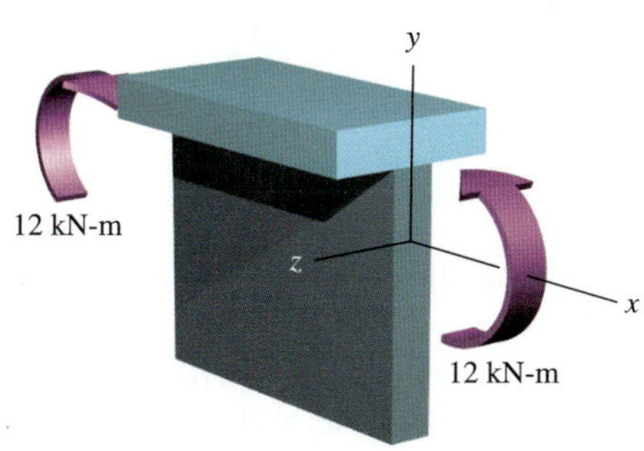


**FIGURE P8.5*a***

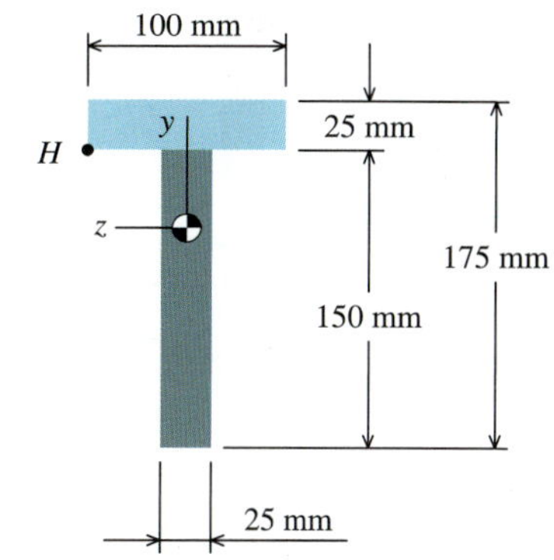


**FIGURE P8.5*b***

**P8.6** A beam is subjected to equal 6.5 kip-ft bending moments as shown in Figure P8.6*a*. The cross-sectional dimensions of the beam are illustrated in Figure P8.6*b*. Determine:

(a) the centroid location, the moment of inertia about the $z$ axis, and the controlling section modulus about the $z$ axis.
(b) the bending stress at point $H$, which is located 2 in. below the $z$ centroidal axis; state whether the normal stress at $H$ is *tension* or *compression*.
(c) the maximum bending stress produced in the cross section; state whether the stress is *tension* or *compression*.

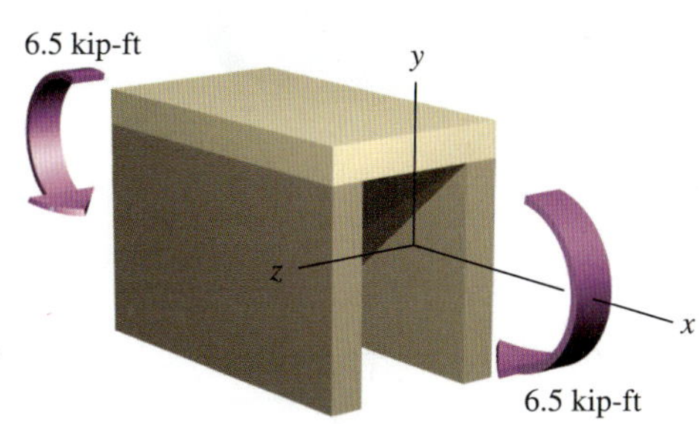


**FIGURE P8.6*a***

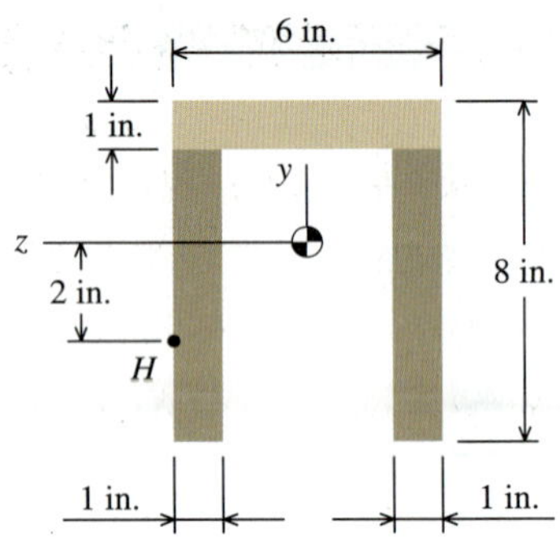


**FIGURE P8.6*b***

**P8.7** A beam is subjected to equal 470 N-m bending moments as shown in Figure P8.7*a*. The cross-sectional dimensions of the beam are illustrated in Figure P8.7*b*. Determine:

(a) the centroid location, the moment of inertia about the $z$ axis, and the controlling section modulus about the $z$ axis.
(b) the bending stress at point $H$; state whether the normal stress at $H$ is *tension* or *compression.*
(c) the maximum bending stress produced in the cross section; state whether the stress is *tension* or *compression.*

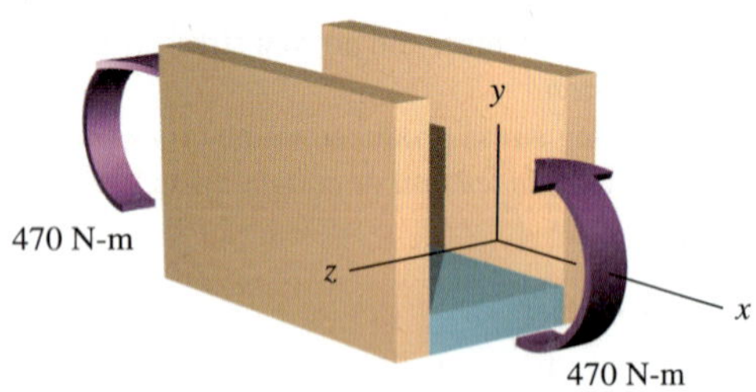


**FIGURE P8.7*a***

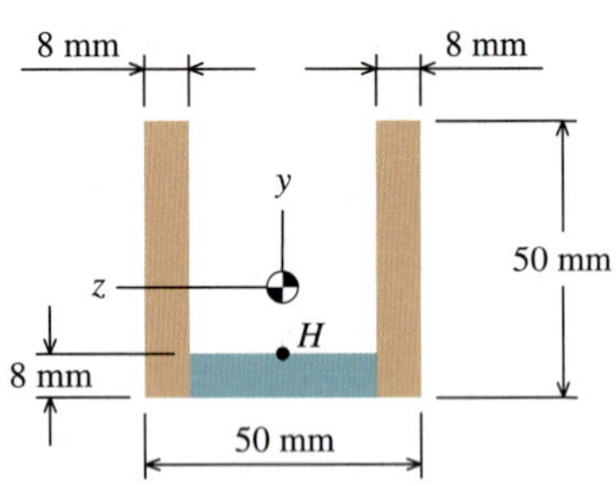


**FIGURE P8.7*b***

**P8.8** A beam is subjected to equal 17.5 kip-ft bending moments as shown in Figure P8.8*a*. The cross-sectional dimensions of the beam are illustrated in Figure P8.8*b*. Determine:

(a) the centroid location, the moment of inertia about the $z$ axis, and the controlling section modulus about the $z$ axis.
(b) the bending stress at point $H$; state whether the normal stress at $H$ is *tension* or *compression.*
(c) the bending stress at point $K$; state whether the normal stress at $K$ is *tension* or *compression.*
(d) the maximum bending stress produced in the cross section; state whether the stress is *tension* or *compression.*

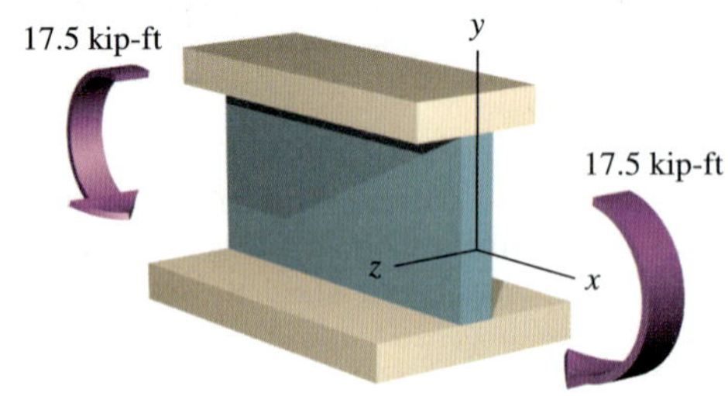


**FIGURE P8.8*a***

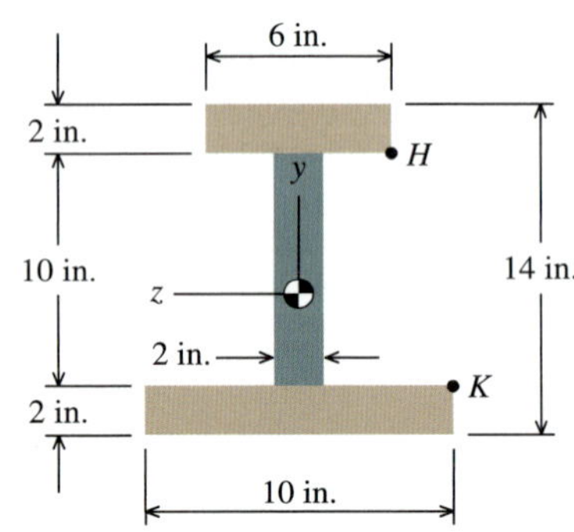


**FIGURE P8.8*b***

**P8.9** The cross-sectional dimensions of a beam are shown in Figure P8.9.

(a) If the bending stress at point $K$ is 43 MPa (C), determine the internal bending moment $M_z$ acting about the $z$ centroidal axis of the beam.
(b) Determine the bending stress at point $H$. State whether the normal stress at $H$ is *tension* or *compression.*

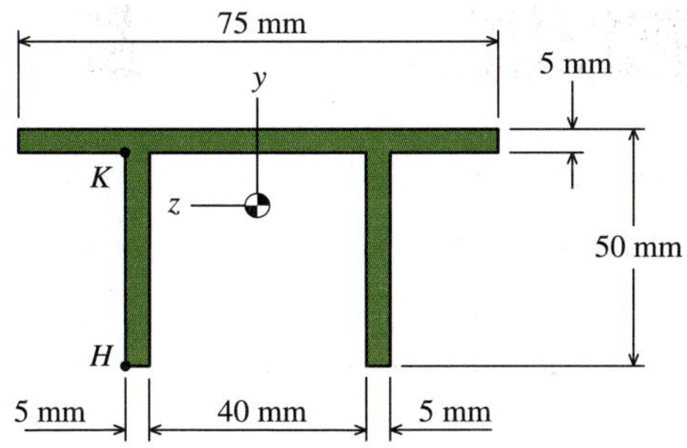


**FIGURE P8.9**

**P8.10** The cross-sectional dimensions of a beam are shown in Figure P8.10.

(a) If the bending stress at point $K$ is 2,600 psi (T), determine the internal bending moment $M_z$ acting about the $z$ centroidal axis of the beam.
(b) Determine the bending stress at point $H$. State whether the normal stress at $H$ is *tension* or *compression.*

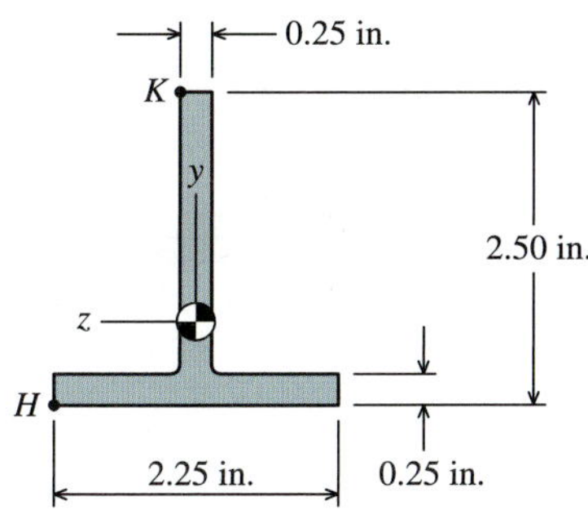


**FIGURE P8.10**

**P8.11** The cross-sectional dimensions of a box-shaped beam are shown in Figure P8.11. If the maximum allowable bending stress is $\sigma_b = 15{,}000$ psi, determine the maximum internal bending moment $M_z$ magnitude that can be applied to the beam.

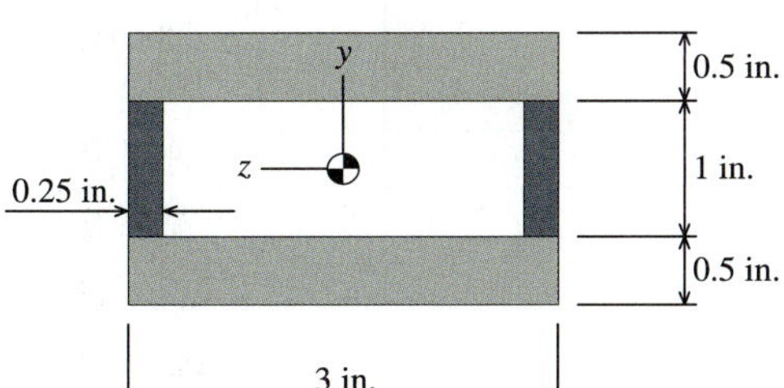


**FIGURE P8.11**

**P8.12** The cross-sectional dimensions of a beam are shown in Figure P8.12. The internal bending moment about the $z$ centroidal axis is $M_z = +2.70$ kip-ft. Determine:

(a) the maximum tension bending stress in the beam.
(b) the maximum compression bending stress in the beam.

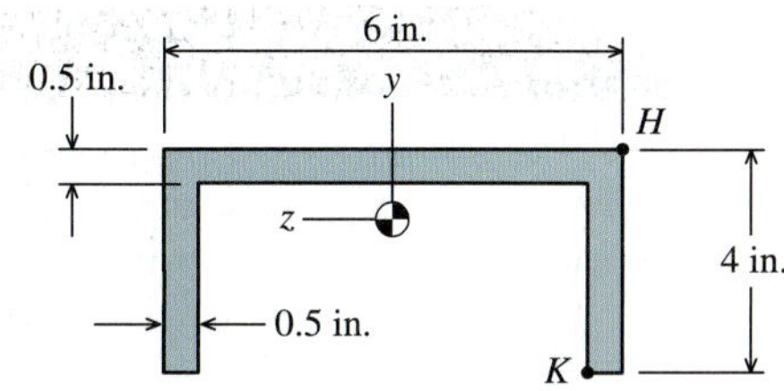


**FIGURE P8.12**

**P8.13** The cross-sectional dimensions of a beam are shown in Figure P8.13.

(a) If the bending stress at point $K$ is 35.0 MPa (T), determine the bending stress at point $H$. State whether the normal stress at $H$ is *tension* or *compression.*
(b) If the allowable bending stress is $\sigma_b = 165$ MPa, determine the magnitude of the maximum bending moment $M_z$ that can be supported by the beam.

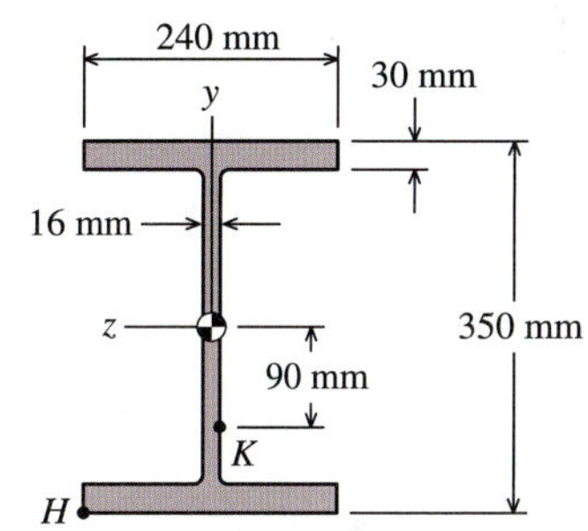


**FIGURE P8.13**

**P8.14** The cross-sectional dimensions of a beam are shown in Figure P8.14.

(a) If the bending stress at point $K$ is 9.0 MPa (T), determine the bending stress at point $H$. State whether the normal stress at $H$ is *tension* or *compression.*
(b) If the allowable bending stress is $\sigma_b = 165$ MPa, determine the magnitude of the maximum bending moment $M_z$ that can be supported by the beam.

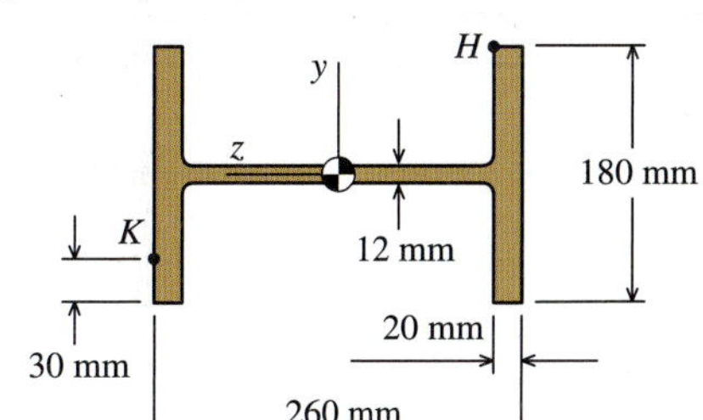


**FIGURE P8.14**

**P8.15** The cross-sectional dimensions of a beam are shown in Figure P8.15. The internal bending moment about the $z$ centroidal axis is $M_z = -1.55$ kip-ft. Determine:

(a) the maximum tension bending stress in the beam.
(b) the maximum compression bending stress in the beam.

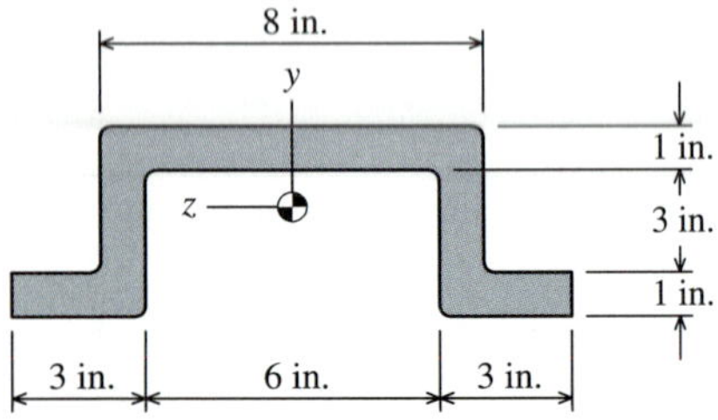


**FIGURE P8.15**

**P8.16** The cross-sectional dimensions of a beam are shown in Figure P8.16. The internal bending moment about the $z$ centroidal axis is $M_z = +270$ lb-ft. Determine:

(a) the maximum tension bending stress in the beam.
(b) the maximum compression bending stress in the beam.

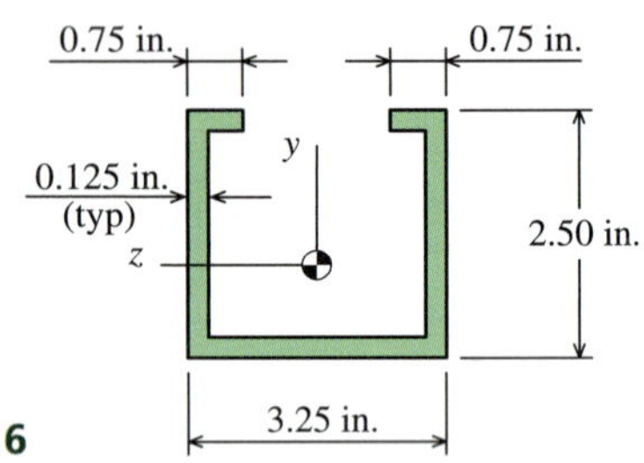


**FIGURE P8.16**

**P8.17** Two vertical forces are applied to a simply supported beam (Figure P8.17*a*) having the cross section shown in Figure P8.17*b*. Determine the maximum tension and compression bending stresses produced in segment $BC$ of the beam.

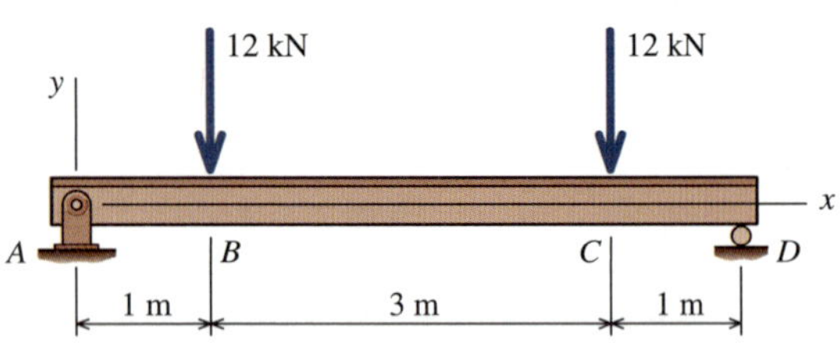


**FIGURE P8.17*a***

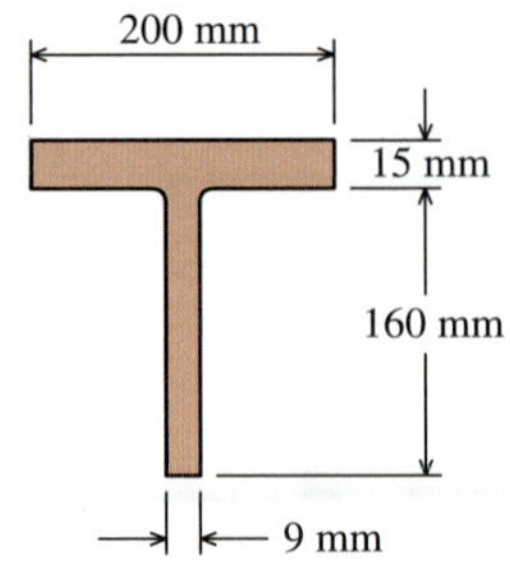


**FIGURE P8.17*b***

**P8.18** Two vertical forces are applied to a simply supported beam (Figure P8.18*a*) having the cross section shown in Figure P8.18*b*. Determine the maximum tension and compression bending stresses produced in segment $BC$ of the beam.

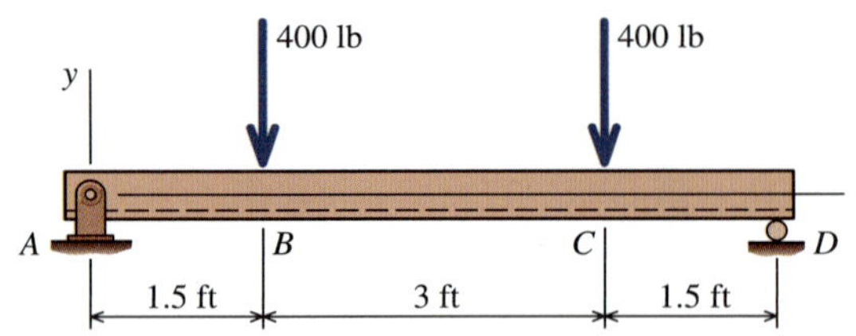


**FIGURE P8.18*a***

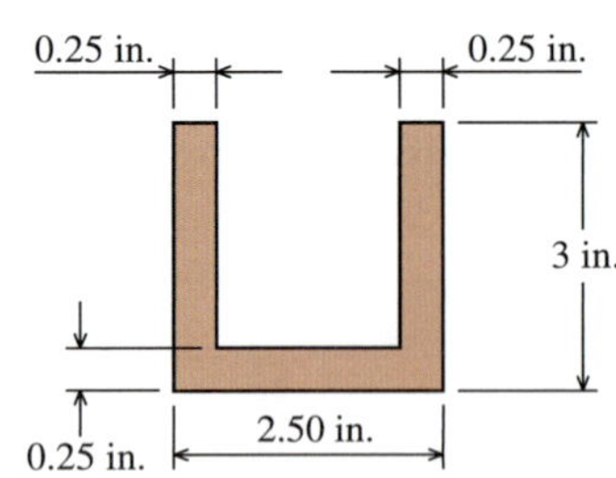


**FIGURE P8.18*b***

## 8.4 보의 굽힘응력 해석

이 절에서 굽힘응력공식은 다양한 하중이 부과되는 정정보에 대한 굽힘응력 해석에 적용된다. 해석과정은 주어진 폭과 하중에 대한 전단력선도와 굽힘모멘트선도의 작성으로부터 시작한다. 그 다음으로 보의 단면특성치가 계산된다. 필수 특성치는 다음과 같다.

(a) 단면의 도심
(b) 굽힘축에 관한 단면2차관성모멘트
(c) 굽힘축으로부터 보의 상단면과 하단면까지의 거리

이러한 단면특성치에 대한 계산이 완료되면, 굽힘응력공식을 사용하여 보의 임의의 위치에서 굽힘응력을 계산할 수 있다.

보는 다양한 방법으로 하중을 받고 지지될 수 있다. 따라서 양과 음의 굽힘모멘트의 분포와 크기는 보마다 다르다. 굽힘모멘트선도는 굽힘응력과 관련이 있으므로 그것의 중요성을 이해하는 것은 보의 해석에 있어서 필수적이다. 예를 들면, 그림 8.8의 강화 콘크리트 내다지 보를 고려해 보자. 콘크리트는 압축에 대해 높은 강도를 갖는 재료이지만, 인장에 대해 낮은 강도를 갖는 재료이다. 콘크리트가 보를 만드는 데 사용될 때, 강재 봉은 콘크리트를 강화하기 위해서 인장응력이 발생하는 영역에 위치시켜야 한다. 내다지 보의 일부분에서 인장응력은 중립면 아래에서 발생할 수 있고, 다른 부분에서는 인장응력이 중립면 위에서 발생할 수도 있다. 기술자는 인장응력이 작용하는 영역을 정해서 철근이 그곳에 위치하도록 해야 한다. 결론적으로, 기술자는 전체의 보에 대해서 굽힘응력의 크기뿐만 아니라 중립면의 위와 아래에서 양과 음의 굽힘모멘트에 의해 변화하는 굽힘응력의 부호(인장 또는 압축)에도 주의를 기울여야 한다.

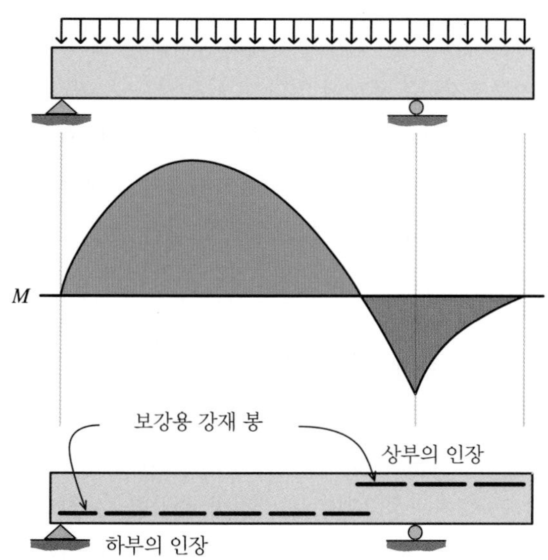


**그림 8.8** • 강화 콘크리트 보

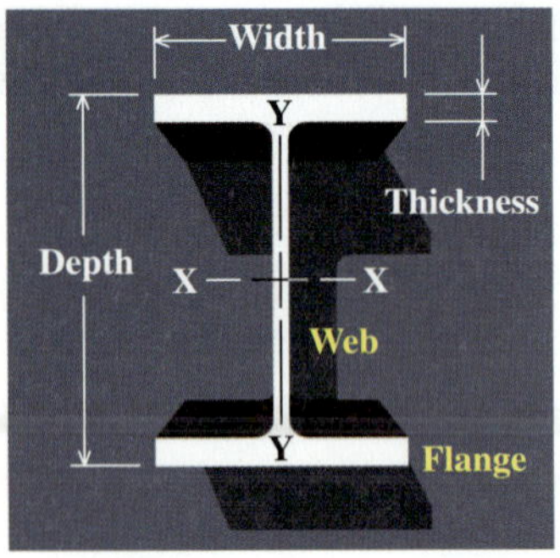


(*a*) 광폭플랜지 형상(W형강)

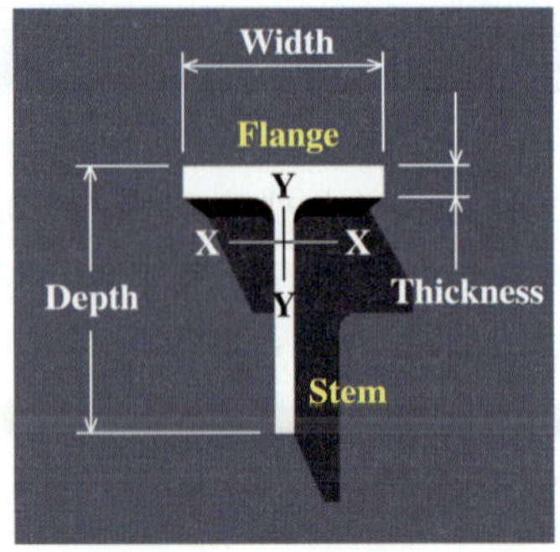


(*b*) 'T'형상(WT형강)

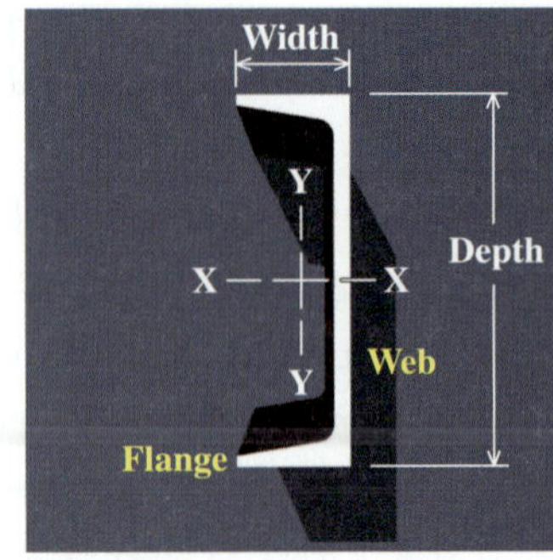


(*c*) 체널형상(C형강)

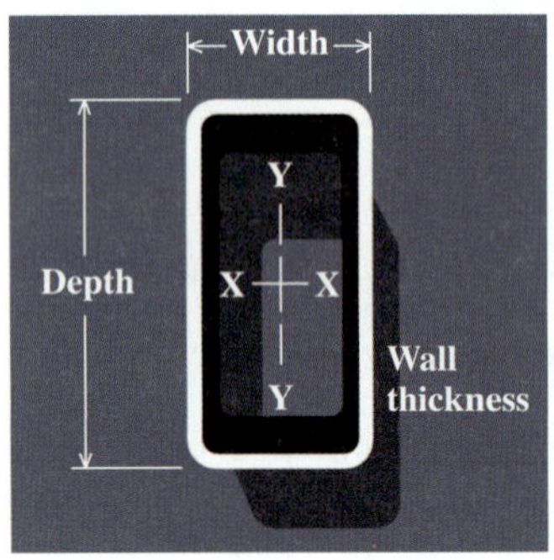


(*d*) 중공구조단면 (HSS형강)

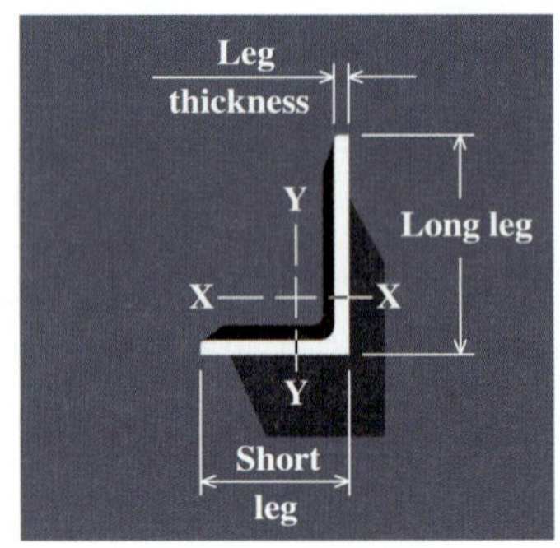


(*e*) 엥글형상(L형강)

**그림 8.9** • 표준 강재 형상들

## 보의 단면형상

보는 정사각형, 직사각형, 중실 원통형, 둥근 파이프나 튜브 형상과 같이 매우 다른 단면형상으로 제작될 수 있다. 수많은 추가적인 형상들이 강재, 알루미늄, 섬유강화플라스틱 등으로 만들어진 구조에 사용할 수 있으며, 표준 형상들과 관련된 용어들을 논의할 가치가 있다. 강재는 구조물에 사용되는 가장 일반적이 재료이기 때문에, 이 논의의 초점은 그림 8.9의 다섯 가지 표준 압연구조강, 즉 형강에 있다.

가장 널리 사용되는 형강(형상)은 W형강(광폭플랜지 형상)이다(그림 8.9*a*). 광폭플랜지 형상은 굽힘을 받는 응용분야에서 경제성을 위하여 최적화된 것이다. 식 (8.10)에서 보는 것처럼 보의 굽힘응력은 단면계수 $S$와 반비례 관계이다. 같은 허용응력을 갖는 두 가지의 형상 사이에서 선택한다면, 큰 $S$값을 갖는 형상이 작은 $S$값을 갖는 형상보다 굽힘모멘트를 좀더 견딜 수 있을 것이다. 보의 무게는 단면적에 비례하고, 보통 보의 비용은 보의 무게와 직접적인 관련이 있다. 그러므로 굽힘에 대해 최적화된 형상은 재료의 주어진 단면적에 대해 가장 큰 단면계수 $S$를 갖도록 결정된다. 광폭플랜지 형상의 면적은 **플랜지**에 집중되어 있다. 두 개의 플랜지를 연결하는 **웨브**의 면적은 상대적으로 작다. 도심과 각 플랜지 사이의 거리가 증가함으로써 $X$–$X$축에 대한 단면2차관성모멘트는 급격히 증가할 수 있고, 대략적으로 거리의 제곱에 비례한다. 따라서 전체 면적의 최소한의 증가로 형상의 단면계수는 대폭 증가할 수 있다.

광폭플랜지 형상에 대해 $X-X$ 도심축(그림 8.9$a$)에 대한 단면2차관성모멘트 $I$와 단면계수 $S$는 $Y-Y$ 도심축에 관한 $I$와 $S$보다 매우 크다. 그러므로 $X-X$축에 대한 굽힘을 강축에 관한 굽힘이라고 하고, 반대로 $Y-Y$축에 대한 굽힘은 약축에 관한 굽힘이라고 한다.

영국(미국) 단위계에서 W형강 광폭플랜지 형상은 문자 W 다음에 인치로 측정되는 형상 공칭깊이와 피트당 파운드(lb/ft) 단위를 갖는 단위 길이당 무게로 결정된다. W12 × 50은 전형적인 미국 전통표기법의 예이다(읽는법: w12 by 50). 이 형강은 공칭깊이가 12 in.이고, 단위 길이당 무게는 50 lb/ft이다. W형강은 고온 상태의 강을 원하는 형상으로 점진적으로 바꾸기 위하여 정렬된 여러 개의 압연기를 통과시킴으로써 제작된다. 압연기 사이의 간격을 변화시킴으로써 동일한 공칭치수를 갖는 다수의 다른 형상을 제작할 수 있고, 이것은 기술자에게 형상의 세밀한 등급선택권을 주게 된다. W형강을 만들 때, 플랜지 사이의 거리는 플랜지 두께에 상관없이 일정하게 유지된다. 따라서 W형강의 실제 깊이는 일반적으로 공칭깊이와 일치하지 않는다. 예를 들면, W12 × 50 형상의 공칭깊이는 12 in.이지만 실제 깊이는 12.2 in.이다.

SI 단위계에서 W형강의 공칭깊이는 mm로 측정된다. 길이당 무게 대신에, 형강의 표기는 길이당 질량으로 주어지고, 이때 질량은 kg으로 측정되고 길이는 m로 측정된다. 전형적인 SI 표기법은 W310 × 74이다. 이 형강은 공칭깊이가 310 mm이고, 질량은 74 kg/m이다.

그림 8.9$b$는 **T**형상을 나타내며, 단면은 플랜지와 스템으로 구성되어 있다. 그림 8.9$c$는 **C**형상을 나타내며, 그 단면의 형상은 광폭플랜지 형상과 유사하다. T형상의 강재는 문자 WT로 표기되고, C형상은 문자 C로 표기된다. WT형강과 C형강은 광폭플랜지 형상과 유사한 방식으로 이름 지어지고, 공칭깊이와 단위 길이당 무게 또는 길이당 질량이 명시된다. 흔히 W형강을 중간에서 절단하여 WT형강을 만든다. 그러므로 WT형강의 공칭깊이는 일반적으로 실제 깊이와 일치하지 않는다. C형강은 공칭깊이와 실제 깊이가 같도록 압연된다. WT형강과 C형강은 굽힘에 대해 강축과 약축을 갖는다.

그림 8.9$d$는 중공구조단면이라 불리는 직사각형 튜브 형상을 보여준다(HSS). HSS형상은 전체 깊이, 바깥쪽 폭, 벽 두께 순서로 표기된다. 예를 들면, HSS10 × 6 × 0.50은 10 in.의 깊이, 6 in.의 폭, 0.5 in.의 벽 두께 등을 갖는다.

그림 8.9$e$는 L형상을 나타내며, 두 개의 다리로 구성된다. L형강은 문자 L 다음에 긴 다리 치수, 짧은 다리 치수, 다리의 두께 등의 순서로 표기된다(참조 L6 × 4 × 0.50). L형강은 다양한 목적으로 사용되는 다목적 부재이지만, 단일 L형강은 강하지 않고 길이방향 축에 관해 쉽게 비틀리는 경향이 있어 보로서는 거의 사용되지 않는다. 그러나 서로 맞대어 연결된 L형강들은 이중 L형강(2L)이라 불리는 배열을 갖게 되어 굽힘부재로서 자주 사용된다.

표준 형상들의 단면특성치는 부록 B에 제시되어 있다. 비록 규정된 플랜지와 웨브의 치수로부터 광폭플랜지 형상 또는 C형상의 단면적과 단면2차관성관성모멘트는 계산할 수 있지만, 부록 B의 표에 주어진 수치적 값들은 필렛과 같은 특정 단면 정보를 고려하였기 때문에 우선시된다.

## 예제 8.3 EXAMPLE

그림에서 보는 바와 같이 플랜지를 갖는 단면 보가 하중을 지탱하고 있다. 형상의 치수는 주어져 있다. 보의 전체 길이 20 ft를 고려하여 다음을 결정하라.

(a) 전체 보에서 최대 인장굽힘응력
(b) 전체 보에서 최대 압축굽힘응력

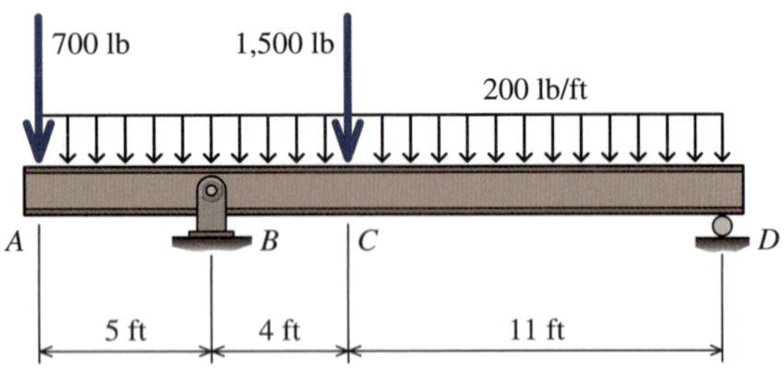


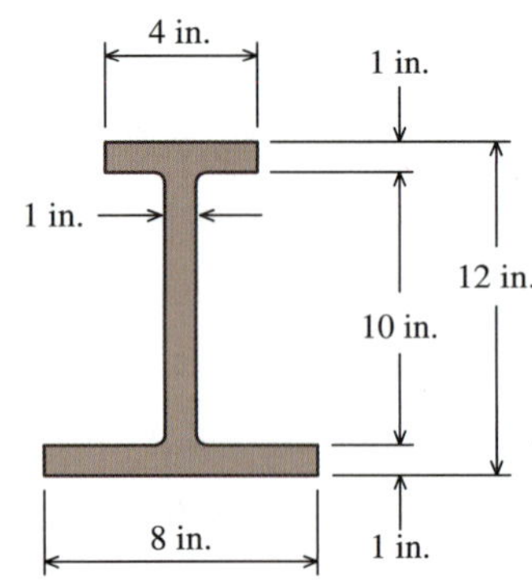


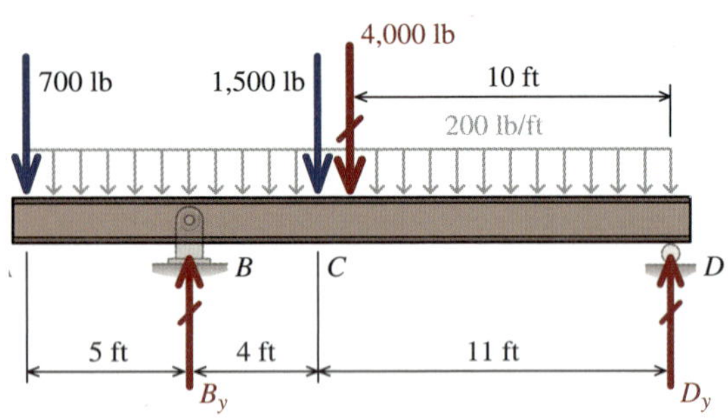


**풀이 계획**
굽힘응력공식이 이 예제에서 보의 굽힘응력을 결정하는 데 사용된다. 물론 보에서 발생하는 굽힘모멘트와 단면의 특성치는 반드시 응력계산을 수행하기 전에 구해져야 한다. 7.3절에 제시된 도식해법을 사용하여 전단력선도와 굽힘모멘트선도를 작성한다. 그 후, 도심의 위치와 단면2차관성모멘트가 계산된다. 단면은 굽힘축에 대해 대칭이 아니므로, 굽힘응력은 전체 보의 길이에 따라 발생하는 가장 큰 양과 음의 굽힘모멘트 둘 다에 대해 조사해야 한다.

**풀이**

**반력**
그림에 보의 자유물체도를 나타내었다. 보의 반력의 계산목적으로 아래로 향하는 200 lb/ft의 분포하중은 하중선도의 도심선 아래로 작용하는 (200 lb/ft)(20 ft) = 4,000 lb의 합력으로 대체할 수 있다. 평형조건식은 다음과 같이 정리될 수 있다.

$$\Sigma F_y = B_y + D_y - 700\text{ lb} - 1{,}500\text{ lb} - 4{,}000\text{ lb} = 0$$

$$\Sigma M_D = (700\text{ lb})(20\text{ ft}) + (1{,}500\text{ lb})(11\text{ ft}) + (4{,}000\text{ lb})(10\text{ ft}) - B_y(15\text{ ft}) = 0$$

이 평형조건식으로부터, 핀지지 $B$와 롤러지지 $D$에서 보의 반력들은 다음과 같다.

$$B_y = 4{,}700\text{ lb}, \quad D_y = 1{,}500\text{ lb}$$

**전단력선도와 굽힘모멘트선도 작성**
전단력과 굽힘모멘트의 선도는 7.3절의 6가지 원칙을 사용하여 작성할 수 있다.

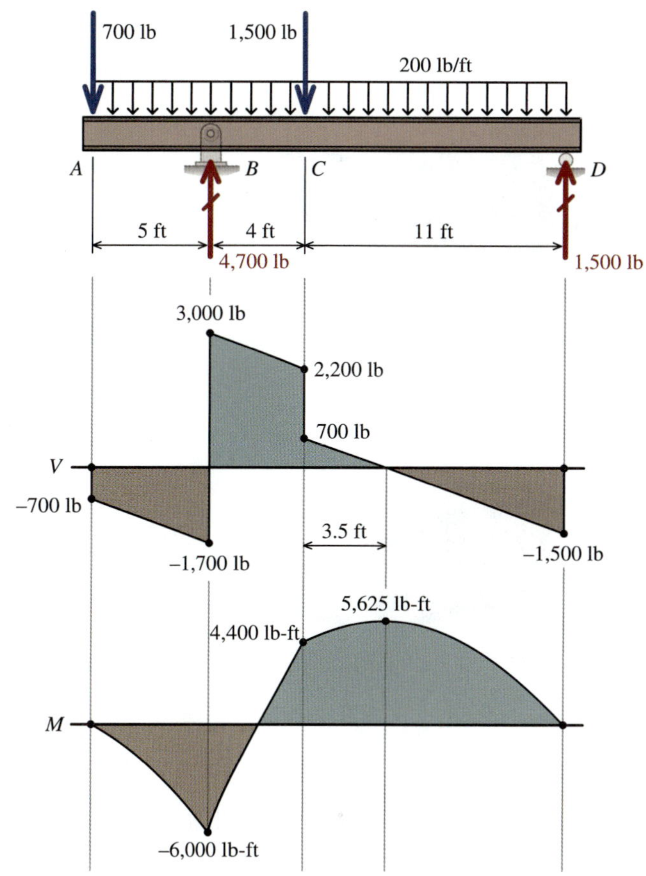


최대 양의 굽힘모멘트는 $C$의 오른쪽으로 3.5 ft에서 작용하고, 값은 $M = 5{,}625$ lb-ft이다.

최대 음의 굽힘모멘트는 핀지지 $B$에서 작용하고, 값은 $M = -6{,}000$ lb-ft이다.

### 도심 위치

z축 방향의 도심 위치는 대칭조건만으로 구할 수 있다. 도심의 $y$좌표를 결정하기 위해 플랜지 단면을 세 개의 직사각형 형상으로 세분화한다. 계산을 위한 기준축은 하부플랜지의 하단면에 위치시킨다. 도심의 계산과정은 다음의 표와 같다.

| | $A_i$(in.$^2$) | $y_i$(in.) | $y_iA_i$(in.$^3$) |
|---|---|---|---|
| (1) | 4.0 | 11.5 | 46.0 |
| (2) | 10.0 | 6.0 | 60.0 |
| (2) | 8.0 | 0.5 | 4.0 |
| | 22.0 | | 110.0 |

$$\bar{y} = \frac{\Sigma y_i A_i}{\Sigma A_i} = \frac{110.0 \text{ in.}^3}{22.0 \text{ in.}^2} = 5.0 \text{ in.}$$

굽힘축은 단면의 기준축 아래 5.0 in.에 위치한다. **Ans.**

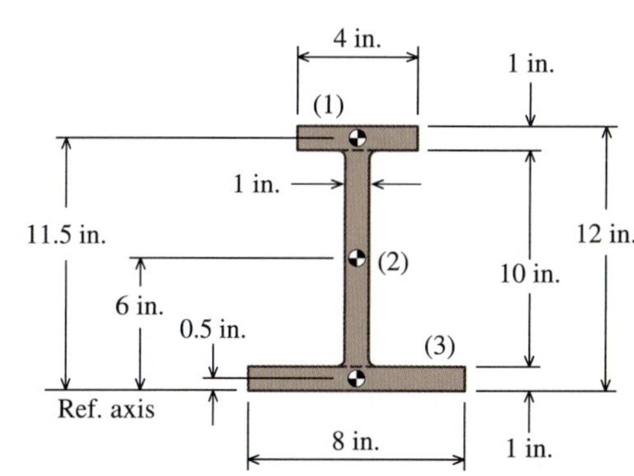


### 단면2차관성모멘트

면적 (1), (2), (3)의 도심은 전체 단면에 대한 굽힘축과 일치하지 않으므로, 평행이동축 정리는 이 축에 대한 단면2차관성모멘트를 계산하는 데 사용되어야 한다. 최종적인 계산은 다음 표에 요약되어 있다.

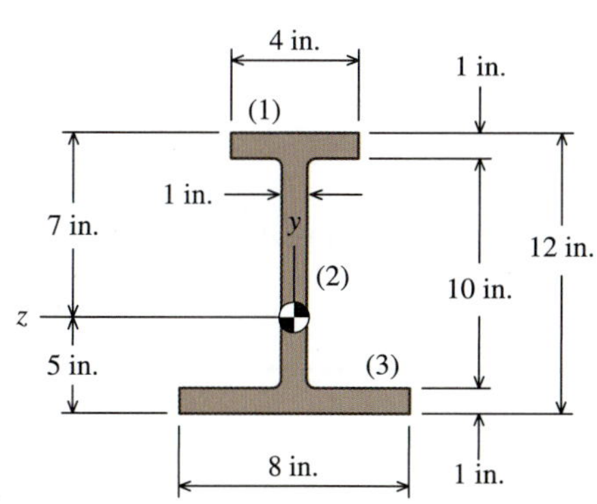


| | $I_c$(in.$^4$) | $d_i$(in.) | $d_i^2A_i$(in.$^4$) | $I_z$(in.$^4$) |
|---|---|---|---|---|
| (1) | 0.333 | 6.5 | 169.000 | 169.333 |
| (2) | 83.333 | 1.0 | 10.000 | 93.333 |
| (3) | 0.667 | 4.5 | 162.000 | 162.667 |
| | | | | 425.333 |

굽힘축에 관한 단면2차관성모멘트는 $I_z = 425.333\ \text{in.}^4$이다. **Ans.**

**굽힘응력공식**

양의 굽힘모멘트는 보의 상부에서 압축응력, 하부에서는 인장응력을 발생시킨다. 보의 단면은 굽힘축($z$축)에 대하여 대칭이 아니므로, 보의 상부에서 굽힘응력의 크기는 보의 하부에서 굽힘응력보다 클 것이다.

최대 양의 굽힘모멘트는 $M = 5{,}625$ lb-ft이다. 이 양의 굽힘모멘트에 대해 플랜지를 갖는 형상의 상부($y = +7$ in.)에서 발생하는 굽힘응력은 아래 식에 따라 계산된다.

$$\sigma_x = -\frac{My}{I_z} = -\frac{(5{,}625\ \text{lb-ft})(7\ \text{in.})(12\ \text{in./ft})}{425.333\ \text{in.}^4} = -1{,}111\ \text{psi} = 1{,}111\ \text{psi (C)}$$

그리고 플랜지를 갖는 형상 하부($y = -5$ in.)에서 발생하는 인장굽힘응력은 아래 식에 따라 계산된다.

$$\sigma_x = -\frac{My}{I_z} = -\frac{(5{,}625\ \text{lb-ft})(-5\ \text{in.})(12\ \text{in./ft})}{425.333\ \text{in.}^4} = +793\ \text{psi} = 793\ \text{psi (T)}$$

음의 굽힘모멘트는 보의 상부에서 인장응력과 하부에서 압축응력을 발생시킨다. 최대 음의 굽힘모멘트는 $M = -6{,}000$ lb-ft이다. 이 음의 굽힘모멘트에 의하여 플랜지의 상부($y = +7$ in.)에서 발생하는 인장굽힘응력은 아래와 같이 계산된다.

$$\sigma_x = -\frac{My}{I_z} = -\frac{(-6{,}000\ \text{lb-ft})(7\ \text{in.})(12\ \text{in./ft})}{425.333\ \text{in.}^4} = +1{,}185\ \text{psi} = 1{,}185\ \text{psi (T)}$$

그리고 플랜지의 하부($y = -5$ in.)에서 발생하는 압축굽힘응력은 아래와 같이 계산된다.

$$\sigma_x = -\frac{My}{I_z} = -\frac{(-6{,}000\ \text{lb-ft})(-5\ \text{in.})(12\ \text{in./ft})}{425.333\ \text{in.}^4} = -846\ \text{psi} = 846\ \text{psi (C)}$$

(*a*) **최대 인장굽힘응력**: 이 보에서 최대 인장굽힘응력은 최대 음의 굽힘모멘트가 작용하는 위치에서 보의 상부에서 발생한다. 최대 인장굽힘응력은 $\sigma_x = 1{,}185$ psi (T)이다. **Ans.**

(*b*) **최대 압축굽힘응력**: 최대 압축굽힘응력도 보의 상부에서 발생한다. 그러나 그것은 최대 양의 굽힘모멘트가 작용하는 위치에서 발생한다. 최대 압축굽힘응력은 $\sigma_x = 1{,}111$ psi (C)이다. **Ans.**

## 예제 8.4 EXAMPLE

그림에서 보는 바와 같이 40 mm의 중실 강축이 주어진 하중을 지탱하고 있다. 이때, 축의 최대 굽힘응력의 크기와 위치를 결정하라. 이 해석을 위해 베어링 $B$는 롤러지지로 가정하고, 베어링 $E$는 핀지지로 가정한다.

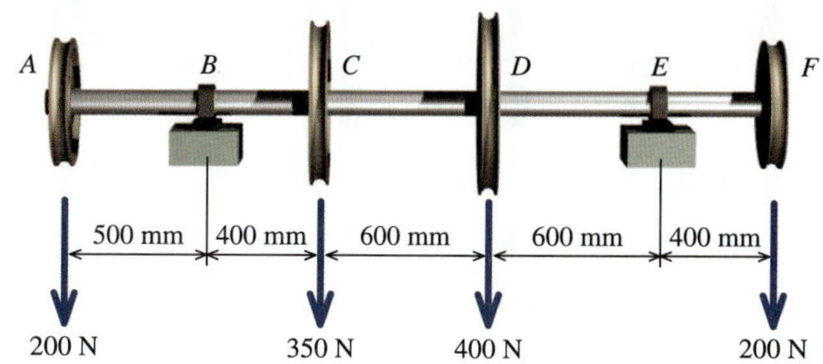


### 풀이 계획

7.3절의 도식해법을 사용하여, 주어진 축과 부과하중에 대한 전단력선도와 굽힘모멘트선도를 작성한다. 원형단면은 굽힘축에 대해 대칭이므로, 최대 굽힘응력은 최대 굽힘모멘트가 작용하는 위치에서 발생한다.

### 풀이

**반력**

보의 자유물체도는 그림과 같다. 자유물체도로부터 평형조건식은 다음과 같이 정리된다.

$$\Sigma F_y = B_y + E_y - 200\text{ N} - 350\text{ N} - 400\text{ N} - 200\text{ N} = 0$$

$$\Sigma M_B = (200\text{ N})(500\text{ mm}) - (350\text{ N})(400\text{ mm}) - (400\text{ N})(1{,}000\text{ mm})$$
$$- (200\text{ N})(2{,}000\text{ mm}) + E_y(1{,}600\text{ mm}) = 0$$

이 평형조건식으로부터 핀지지 $B$와 롤러지지 $D$에서의 보의 반력은 다음과 같다.

$$B_y = 625\text{ N}, \quad E_y = 525\text{ N}$$

**전단력선도와 굽힘모멘트선도의 작성**

전단력선도와 굽힘모멘트의 선도는 7.3절의 6가지 원칙으로 작성할 수 있다.

최대 굽힘모멘트는 $D$에서 작용하고, 크기는 $M$ = 115 N·m이다.

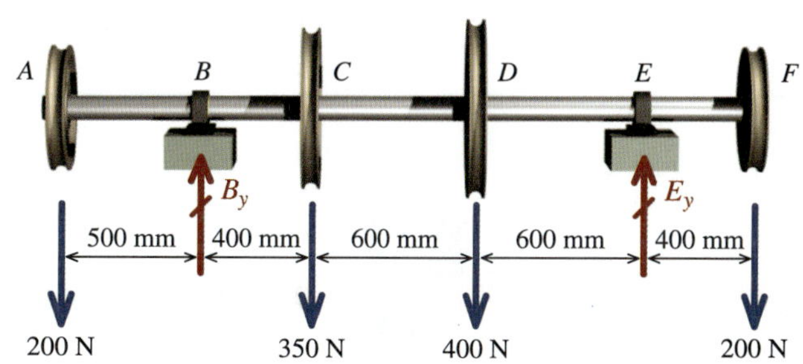


**단면2차관성모멘트**

지름이 40 mm 중실 강축의 단면2차관성모멘트는 다음과 같다.

$$I_z = \frac{\pi}{64}d^4 = \frac{\pi}{64}(40\text{ mm})^4 = 125{,}664\text{ mm}^4$$

**굽힘응력공식**

축 내에서의 최대 굽힘응력은 $D$에서 발생한다. 원형단면은 굽힘축에 대해 대칭이므로, 인장굽힘응력과 압축굽힘응력 둘 다 같

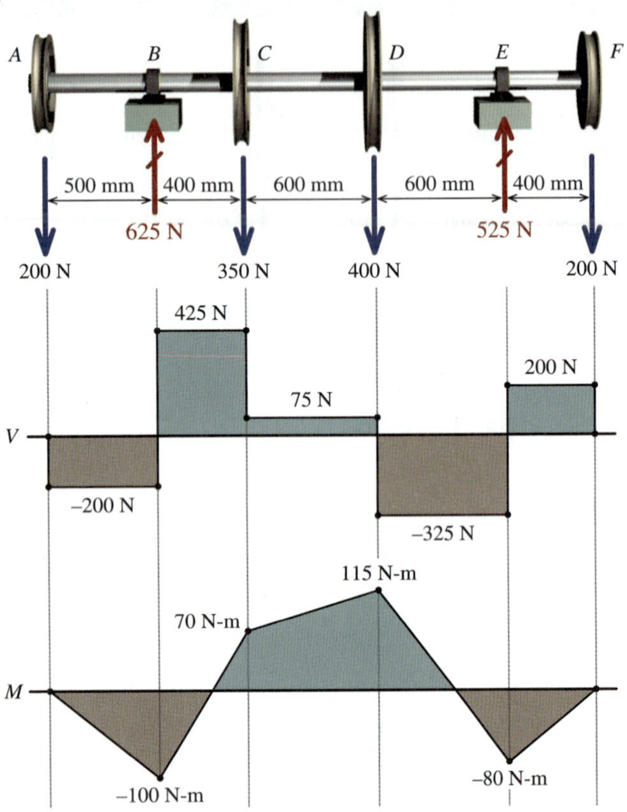


은 크기를 갖는다. 이런 경우, 식 (8.10)의 굽힘응력공식은 굽힘응력계산에 편리하다. 식 (8.10)에서 사용된 거리 $c$는 축의 반지름이다. 이 굽힘응력공식으로부터 축 내에서의 최대 굽힘응력의 크기는 다음과 같다.

$$\sigma_{max} = \frac{Mc}{I_z} = \frac{(115 \text{ N·m})(20 \text{ mm})(1{,}000 \text{ mm/m})}{125{,}664 \text{ mm}^4}$$
$$= 18.30 \text{ MPa} \qquad \textbf{Ans.}$$

**중실 원형단면에 대한 단면계수**

다른 방법으로 축 내에서의 최대 굽힘응력의 크기는 단면계수를 사용하여 계산할 수 있다. 중실 원형단면에 대해 단면계수를 다음과 같이 구할 수 있다.

$$S = \frac{I_z}{c} = \frac{(\pi/64)\,d^4}{d/2} = \frac{\pi}{32}d^3$$

여기에 고려된 지름이 40 mm인 중실 강축에 대한 단면계수는 다음과 같이 계산된다.

$$S = \frac{\pi}{32}d^3 = \frac{\pi}{32}(40 \text{ mm})^3 = 6{,}283 \text{ mm}^3$$

그리고 축 내에서의 최대 굽힘응력의 크기는 다음과 같이 계산된다.

$$\sigma_{max} = \frac{M}{S} = \frac{(115 \text{ N·m})(1{,}000 \text{ mm/m})}{6{,}283 \text{ mm}^3} = 18.30 \text{ MPa} \qquad \textbf{Ans.}$$

## MecMovies Example M8.9

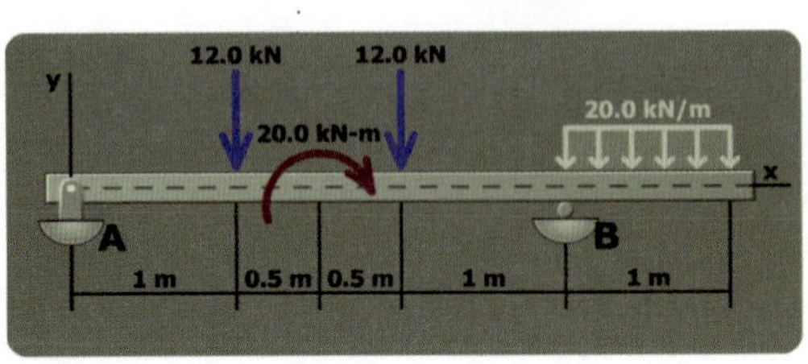


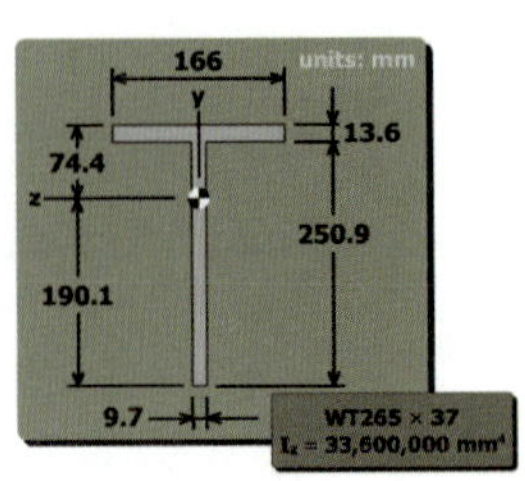


T-형상에 대한 굽힘모멘트선도와 최대 인장 및 압축굽힘응력을 결정하라.

## MecMovies Example M8.10

주어진 허용 인장굽힘응력 및 압축굽힘응력을 만족하는 최대 굽힘모멘트를 결정하라.

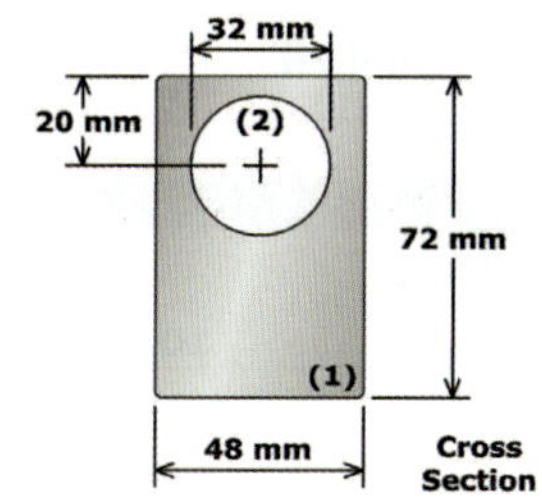


## MecMovies Example M8.11

W형강으로 구성된 단순지지보의 굽힘모멘트선도, 단면2차관성모멘트, 굽힘응력 등을 결정하라.

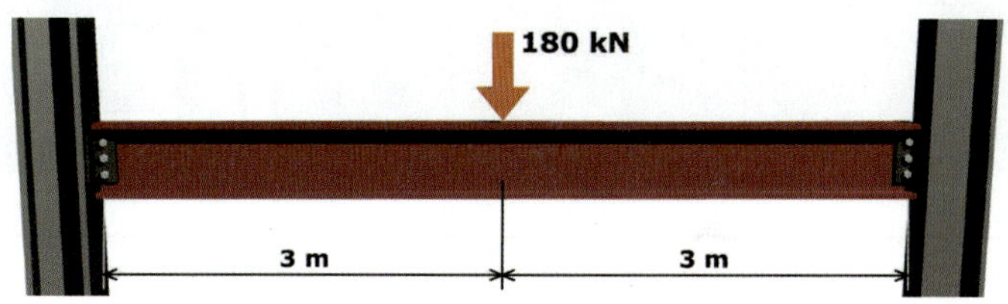


## MecMovies Example M8.12

T형강의 외팔보의 굽힘모멘트선도, 단면2차관성모멘트, 굽힘응력 등을 결정하라.

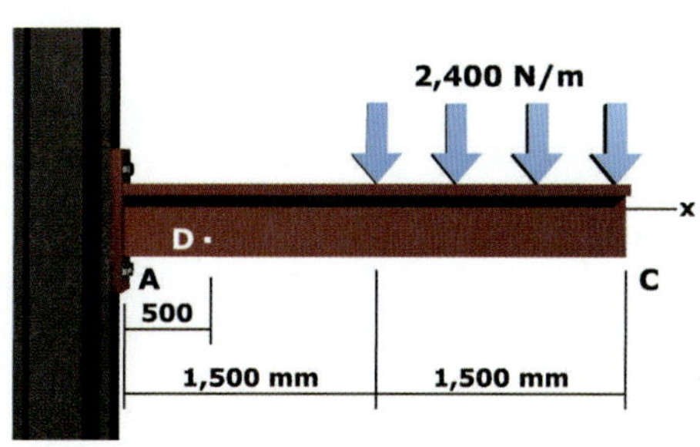


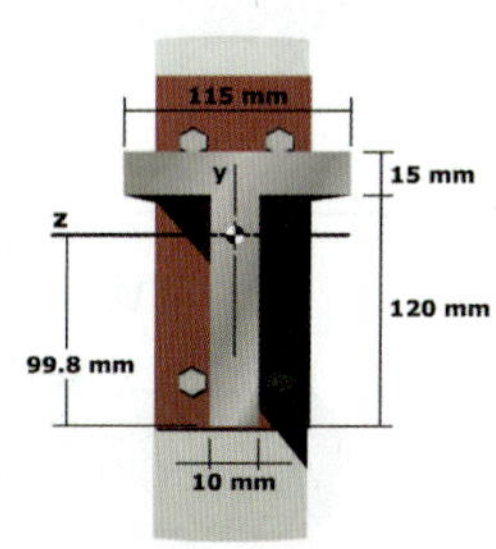

## MecMovies Example M8.13

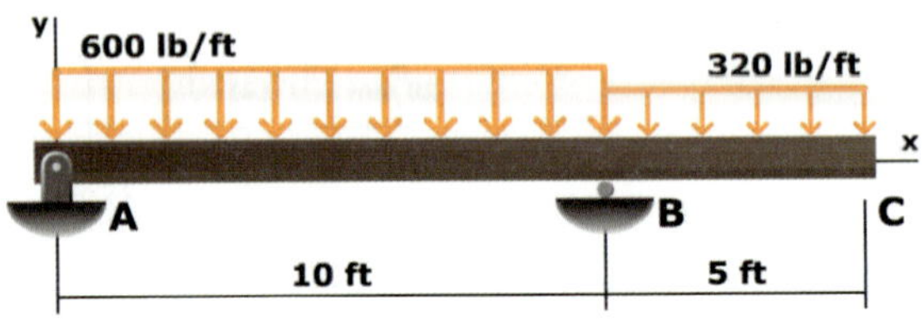


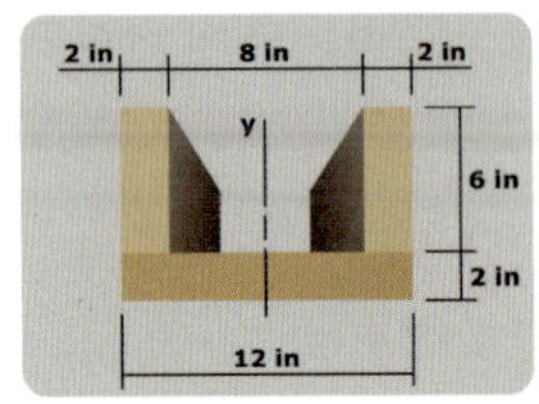


U형강의 단순지지보의 굽힘모멘트선도, 도심, 단면2차관성모멘트, 굽힘응력 등을 결정하라.

## MecMovies Example M8.14

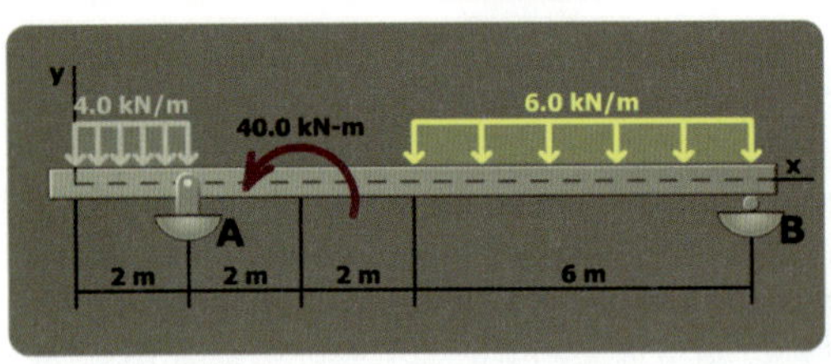


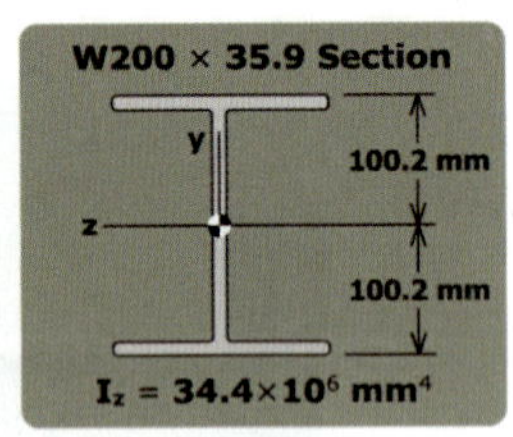


내다지와 단순지지보에 사용되는 표준 강재형상에 대해 굽힘모멘트선도와 굽힘응력을 결정하라.

## MecMovies Example M8.15

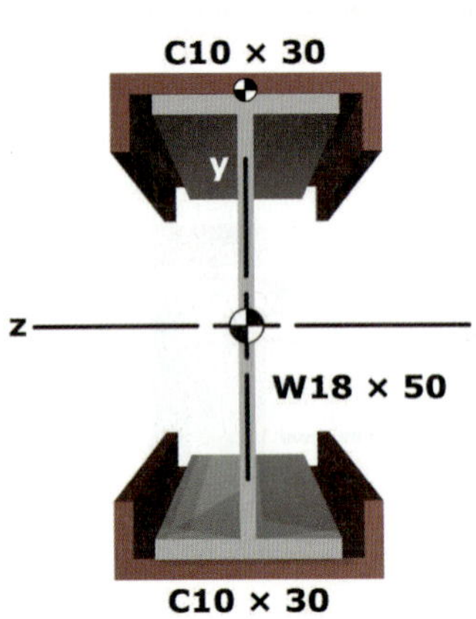


표준강재 형상으로부터 제작된 형강이 갖는 단면2차관성모멘트를 결정하라.

## MecMovies EXERCISES

**M8.8** 단일 대칭단면에 발생하는 인장 및 압축굽힘응력을 계산하라.

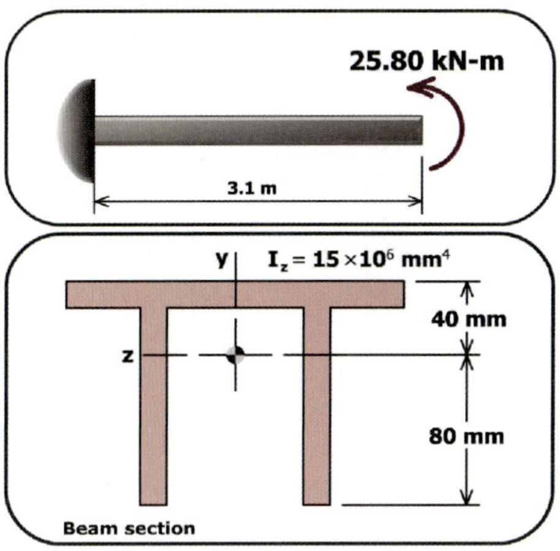


그림 M8.8

**M8.9** 규정된 굽힘모멘트선도가 주어질 때, 보의 전체에서 발생하는 최대 인장 및 압축굽힘응력을 계산하라.

**M8.10** 허용인장굽힘응력과 허용 압축굽힘응력이 주어져 있을 때, 보에서 작용할 수 있는 최대 굽힘모멘트의 크기를 결정하라.

## PROBLEMS

**P8.19** A WT230 × 26 standard steel shape is used to support the loads shown on the beam in Figure P8.19*a*. The dimensions from the top and bottom of the shape to the centroidal axis are shown in the sketch of the cross section (Figure P8.19*b*). Consider the entire 4-m length of the beam and determine:

(a) the maximum tension bending stress at any location along the beam, and

(b) the maximum compression bending stress at any location along the beam.

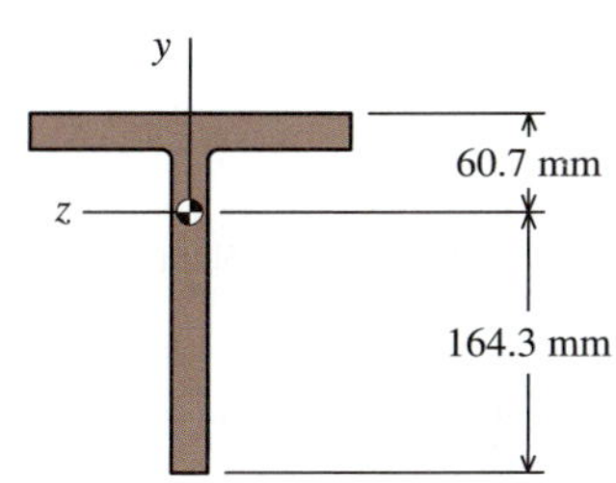


**FIGURE P8.19*b***

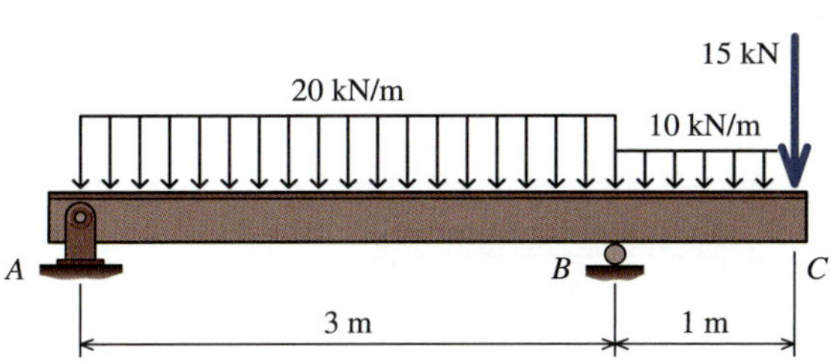


**FIGURE P8.19*a***

**P8.20** A WT305 × 41 standard steel shape is used to support the loads shown on the beam in Figure P8.20*a*. The dimensions from the top and bottom of the shape to the centroidal axis are shown in the sketch of the cross section (Figure P8.20*b*). Consider the entire 10-m length of the beam and determine:

(a) the maximum tension bending stress at any location along the beam, and

(b) the maximum compression bending stress at any location along the beam.

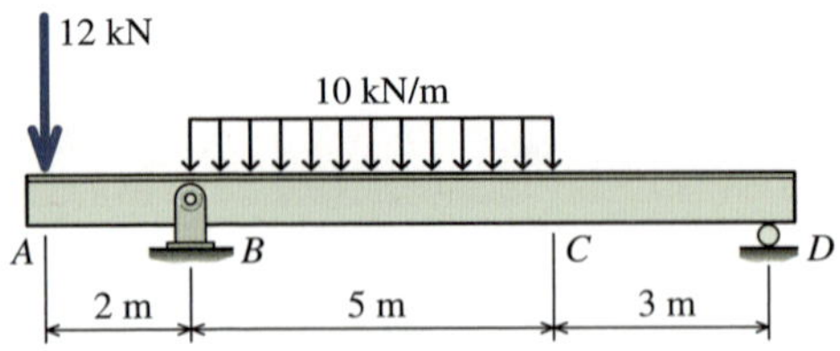


FIGURE P8.20*a*

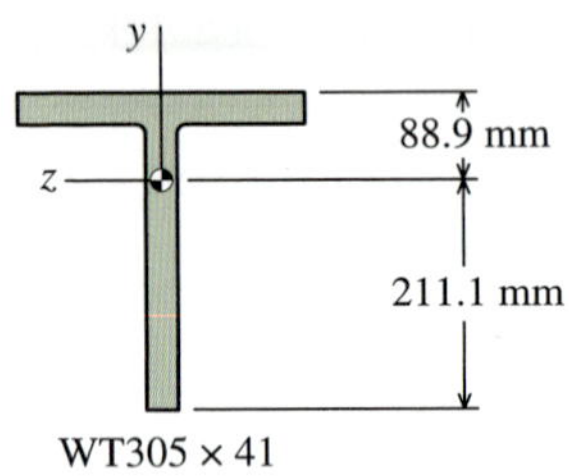


FIGURE P8.20*b*

**P8.21** A steel tee shape is used to support the loads shown on the beam in Figure P8.21*a*. The dimensions of the shape are shown in Figure P8.21*b*. Consider the entire 24-ft length of the beam and determine:

(a) the maximum tension bending stress at any location along the beam, and
(b) the maximum compression bending stress at any location along the beam.

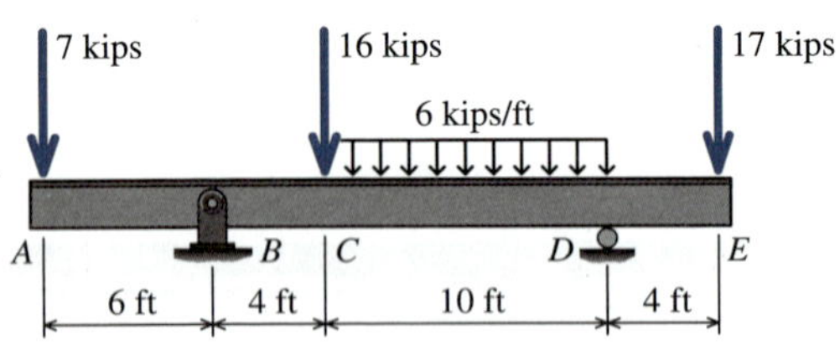


FIGURE P8.21*a*

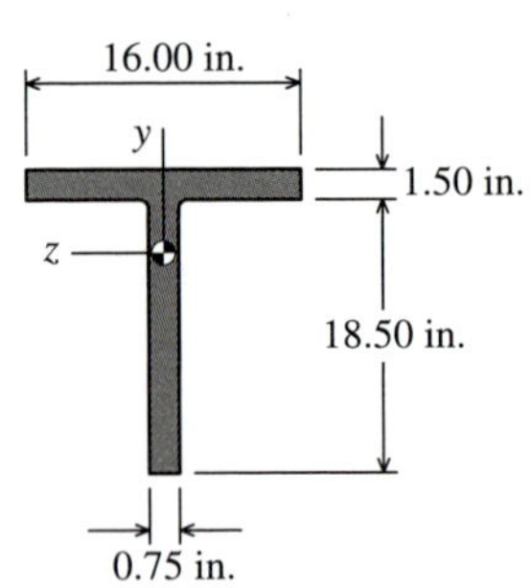


FIGURE P8.21*b*

**P8.22** A flanged wooden shape is used to support the loads shown on the beam in Figure P8.22*a*. The dimensions of the shape are shown in Figure P8.22*b*. Consider the entire 18-ft length of the beam and determine:

(a) the maximum tension bending stress at any location along the beam, and
(b) the maximum compression bending stress at any location along the beam.

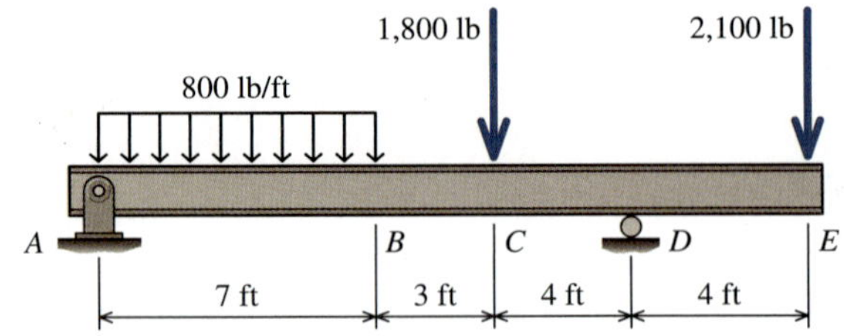


FIGURE P8.22*a*

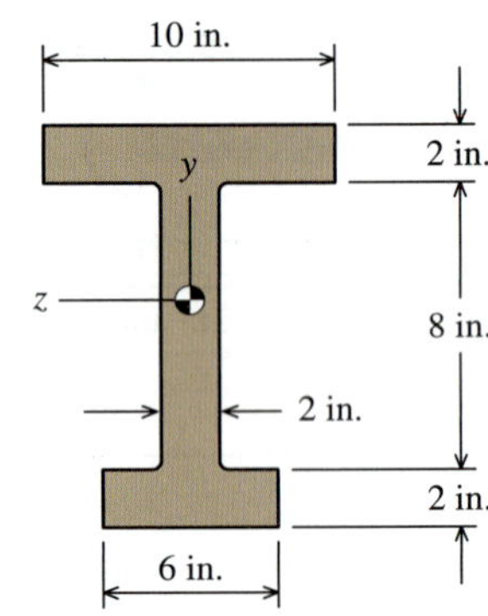


FIGURE P8.22*b*

**P8.23** A channel shape is used to support the loads shown on the beam in Figure P8.23*a*. The dimensions of the shape are shown in Figure P8.23*b*. Consider the entire 12-ft length of the beam and determine:

(a) the maximum tension bending stress at any location along the beam, and
(b) the maximum compression bending stress at any location along the beam.

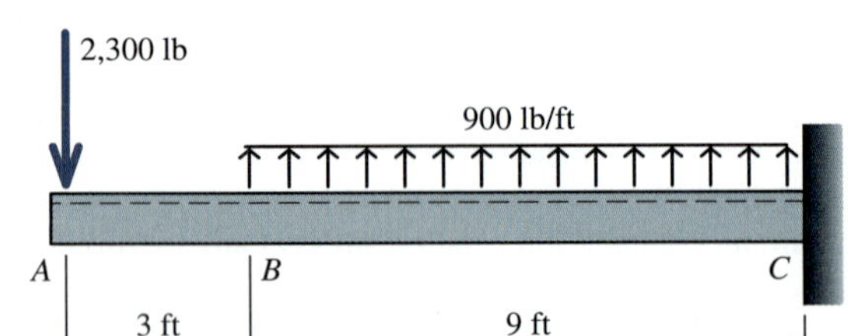


FIGURE P8.23*a*

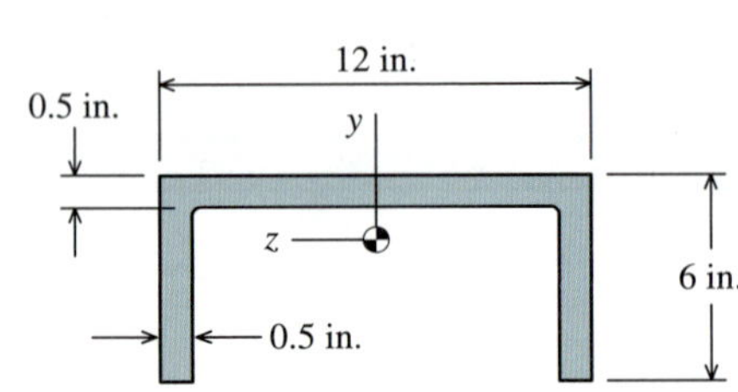


FIGURE P8.23*b*

**P8.24** A W360 × 72 standard steel shape is used to support the loads shown on the beam in Figure P8.24*a*. The shape is oriented so that bending occurs about the weak axis as shown in Figure P8.24*b*. Consider the entire 6-m length of the beam and determine:

(a) the maximum tension bending stress at any location along the beam, and
(b) the maximum compression bending stress at any location along the beam.

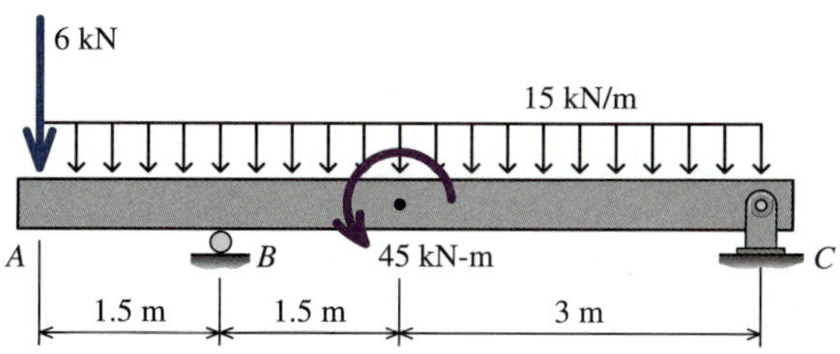


**FIGURE P8.24*a***

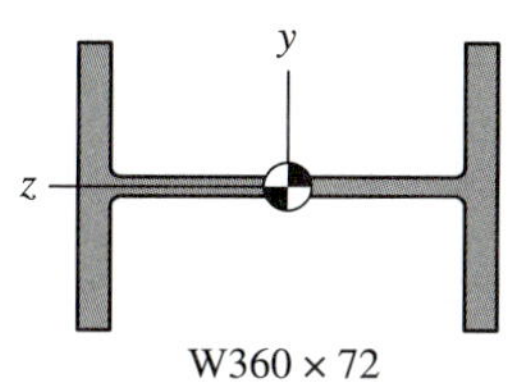


**FIGURE P8.24*b***

**P8.25** A 1.00-in.-diameter solid steel shaft supports loads $P_A = 180$ lb and $P_C = 240$ lb as shown in Figure P8.25/26. Assume $L_1 = 5$ in., $L_2 = 16$ in., and $L_3 = 8$ in. The bearing at *B* can be idealized as a roller support and the bearing at *D* can be idealized as a pin support. Determine the magnitude and location of the maximum bending stress in the shaft.

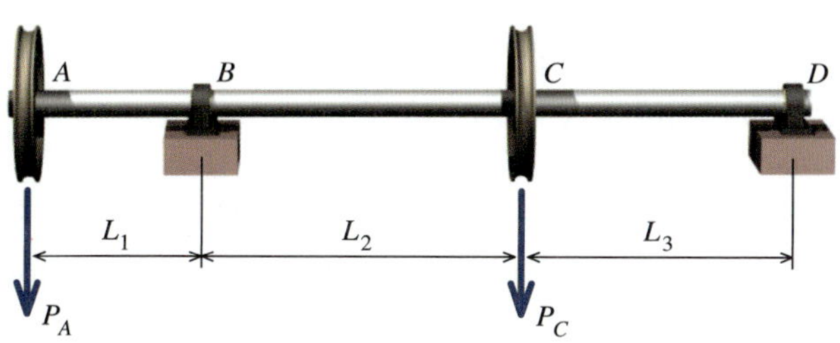


**FIGURE P8.25/26**

**P8.26** A 30-mm-diameter solid steel shaft supports loads $P_A = 1{,}400$ N and $P_C = 2{,}600$ N as shown in Figure P8.25/26. Assume $L_1 = 100$ mm, $L_2 = 200$ mm, and $L_3 = 150$ mm. The bearing at *B* can be idealized as a roller support and the bearing at *D* can be idealized as a pin support. Determine the magnitude and location of the maximum bending stress in the shaft.

**P8.27** A 20-mm-diameter solid steel shaft supports loads $P_A = 500$ N, $P_C = 1{,}750$ N, and $P_E = 500$ N as shown in Figure P8.27/28. Assume $L_1 = 90$ mm, $L_2 = 260$ mm, $L_3 = 140$ mm, and $L_4 = 160$ mm. The bearing at *B* can be idealized as a roller support and the bearing at *D* can be idealized as a pin support. Determine the magnitude and location of the maximum bending stress in the shaft.

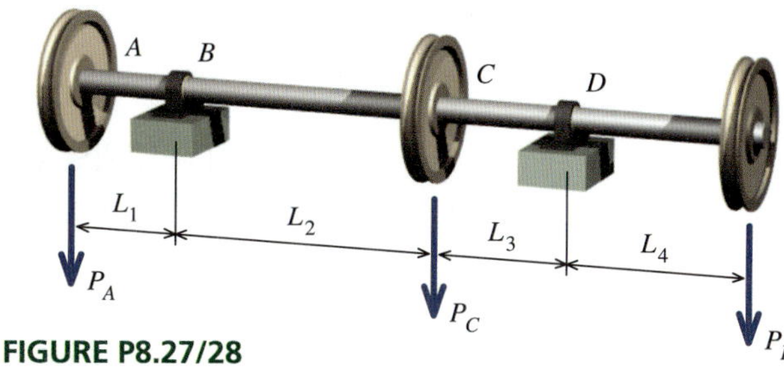


**FIGURE P8.27/28**

**P8.28** A 1.75-in.-diameter solid steel shaft supports loads $P_A = 250$ lb, $P_C = 600$ lb, and $P_E = 250$ lb as shown in Figure P8.27/28. Assume $L_1 = 9$ in., $L_2 = 24$ in., $L_3 = 12$ in., and $L_4 = 15$ in. The bearing at *B* can be idealized as a roller support and the bearing at *D* can be idealized as a pin support. Determine the magnitude and location of the maximum bending stress in the shaft.

**P8.29** A HSS12 × 8 × 1/2 standard steel shape is used to support the loads shown on the beam in Figure P8.29. The shape is oriented so that bending occurs about the strong axis. Determine the magnitude and location of the maximum bending stress in the beam.

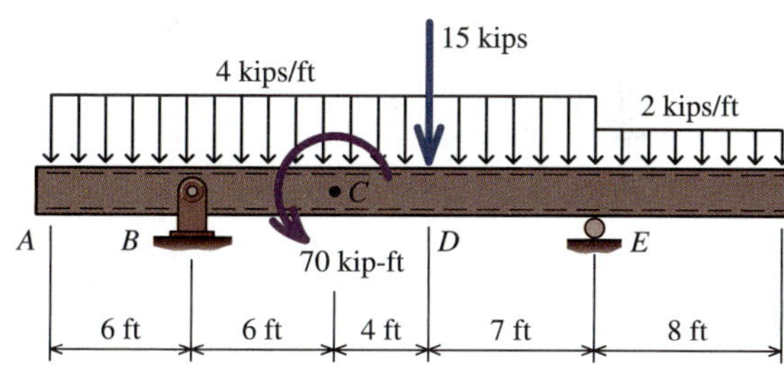


**FIGURE P8.29**

**P8.30** A W410 × 60 standard steel shape is used to support the loads shown on the beam in Figure P8.30. The shape is oriented so that bending occurs about the strong axis. Determine the magnitude and location of the maximum bending stress in the beam.

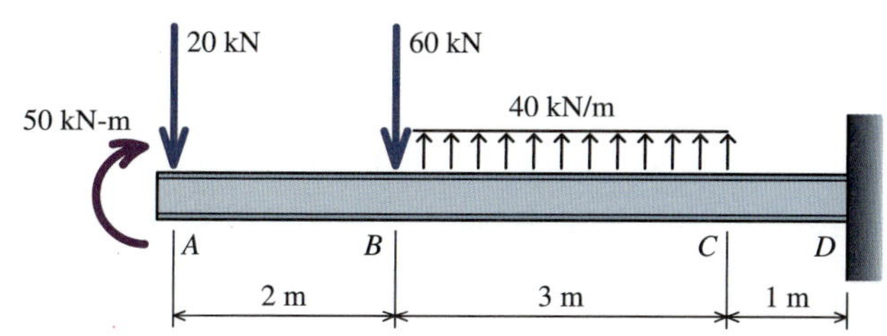


**FIGURE P8.30**

## 8.5 강도를 위한 보의 기초설계

보는 허용굽힘응력을 초과하지 않고 작용하중을 지지할 수 있도록 설계되어야 한다. 성공적인 설계는 보에 대한 경제적 단면의 결정을 포함한다. 성공적인 설계는 재료를 낭비하지 않으면서 의도된 기능을 수행하는 설계를 의미한다. 기본적인 설계는 일반적으로 아래 사항을 포함한다.

(a) 직사각형 또는 원형 단면과 같은 기본적인 형상에 대해 적합한 치수의 결정, 또는
(b) 선택된 재료로 만들어진 만족할 만한 표준형상 및 표준형강의 선택

완벽한 보의 설계는 많은 주의를 요한다. 그러나 여기서는 허용굽힘응력이 만족되도록 하고 그럼으로써 하중을 지탱하기에 충분한 강도를 보가 갖도록 하는 단면을 결정하는 업무에 국한한다.

단면계수 $S$는 보의 설계에 있어 특히 편리한 특성치이다. 이중대칭 형상을 위한 굽힘응력공식의 한 가지 유형은 식 (8.10)과 같다.

$$\sigma_{\text{max}} = \frac{Mc}{I} = \frac{M}{S} \qquad \text{여기서} \qquad S = \frac{I}{c}$$

보 재료의 허용굽힘응력이 정해지면, 굽힘응력공식은 최소 요구 단면계수 $S_{\text{min}}$를 얻기 위해 다음과 같이 표현된다.

$$S_{\text{min}} \geq \left| \frac{M}{\sigma_{\text{allow}}} \right| \tag{8.11}$$

기술자는 식 (8.11)을 사용하여,

(a) 최소 단면계수를 얻기 위해 필요한 단면치수를 결정하거나
(b) $S_{\text{min}}$보다 크거나 같은 단면계수을 가진 표준형상 및 표준형강을 정할 수 있다.

보에서의 최대 굽힘모멘트는 굽힘모멘트선도로부터 구할 수 있다. 보의 단면이 이중대칭이라면, 최대 굽힘모멘트의 크기(양이나 음의 굽힘모멘트 $M$)가 식 (8.11)에 대입되어야 한다. 어떤 경우에는 최대 양의 굽힘모멘트와 최대 음의 굽힘모멘트 둘 다 조사할 필요가 있다. 이러한 경우의 한 가지 예는 T형강과 같이 이중대칭이 아닌 단면에서 허용인장굽힘응력과 허용압축굽힘응력이 다를 때 발생한다.

하나의 치수와 다른 치수의 비율은 **종횡비**라고 불린다. 직사각형 단면에 대해, 높이 $h$와 폭 $b$의 비율은 보의 종횡비이다.

보가 원형, 정사각형, 정해진 종횡비를 갖는 직사각형 등과 같은 단순 단면형상을 갖는다면, 그 치수는 $S = I/c$의 정의에 의해 $S_{\text{min}}$으로부터 결정될 수 있다. 좀더 복잡한 형상(예를 들면, 광폭플랜지 형상)이 보에 사용된다면, 부록 B에 수록된 것과 같은 단면특성치의 표를 활용할 수 있다. 단면특성치의 표로부터 경제적인 표준형강을 선택하는 일반적인 과정은 표 8.1에 요약되어 있다.

**표 8.1** • 보에 대한 표준형강의 선정

**1단계:** 정해진 폭과 하중에 대해 요구되는 최소 단면계수를 계산하라.

**2단계:** 단면특성치 표(부록 B)에서 단면계수 값을 찾아라. 일반적으로 보의 굽힘이 강축에 대해 일어나도록 맞춘다. 그러므로 강축에 대한 $S$값에 해당하는 열을 찾아라(일반적으로 $X-X$ 축으로 지정된다).

**3단계:** 단면특성치 표의 아래에서 찾기 시작하라. 형상은 일반적으로 무거운 것에서 가벼운 것으로 정렬되어 있다. 그러므로 표의 하단에 있는 형상은 통상적으로 가장 가벼운 부재들이다. 단면계수가 $S_{min}$보다 크거나 같은 값을 찾을 때까지 열을 살펴라. 어떤 형상이 적절하다면, 그의 명칭을 적어둔다.

**4단계:** 여러 가지 받아들일 수 있는 형상이 결정될 때까지, 위로 살피는 것을 계속하라.

**5단계:** 여러 가지 받아들일 수 있는 형상이 정해진 후, 보의 단면으로 사용할 한 가지 형상을 선택하라. 보의 가격은 보의 무게와 직접적으로 관련 있으므로, 가장 가벼운 단면이 일반적으로 선택되어진다.

## 예제 8.5 EXAMPLE

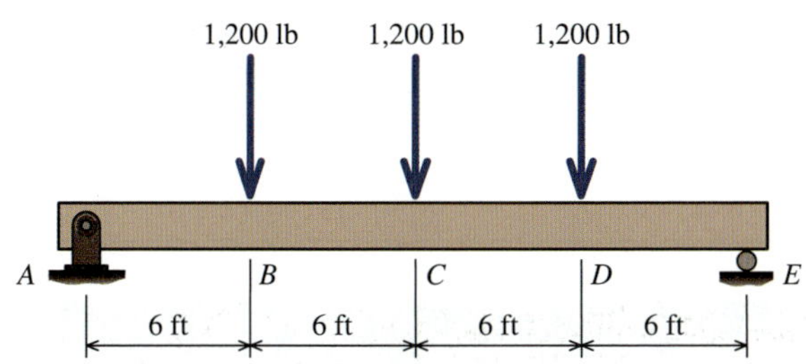


보와 하중

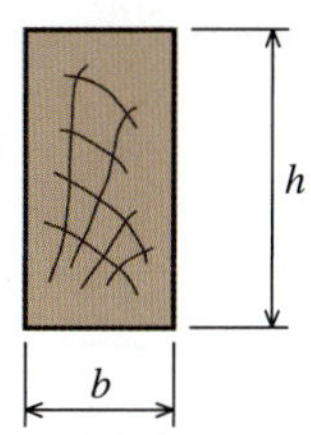


단면.

그림에서 보는 바와 같이 24 ft 길이의 단순지지 나무보에 등간격으로 1,200 lb의 하중이 가해지고 있다. 나무의 허용굽힘응력은 1,800 psi이다. 중실 직사각형 나무보의 종횡비는 $h/b = 2.0$이라면, 보의 최소 허용폭 $b$를 결정하라.

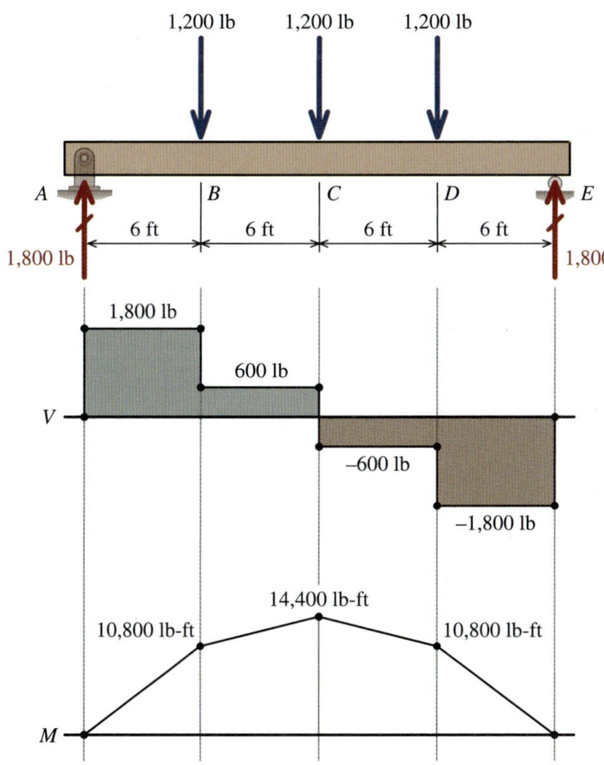


### 풀이 계획

7.3절의 도식해법을 사용하여, 그림의 보와 부과하중에 대한 전단력선도와 굽힘모멘트선도를 먼저 작성한다. 최대 굽힘모멘트와 주어진 허용굽힘응력을 사용하여, 요구 단면계수를 식 (8.10)을 통해 결정한다. 그 후, 보의 단면에서 높이가 폭보다 두 배가 되도록 치수를 정할 수 있다.

### 풀이

**전단력선도와 굽힘모멘트선도의 작성**

보와 부과하중에 대한 전단력선도와 굽힘모멘트선도는 그림과 같다. 최대 굽힘모멘트는 $C$에서 작용한다.

**요구 단면계수**

굽힘응력공식으로부터 $M = 14{,}400$ lb-ft의 최대 굽힘모멘트를 지탱하기 위해 1,800 psi 허용굽힘응력을 초과하지 않고 요구되는 최소 단면계수를 얻을 수 있다.

$$\sigma_{max} = \frac{M}{S} \le \sigma_{allow}$$

$$\therefore S \geq \frac{M}{\sigma_{allow}} = \frac{(14{,}400 \text{ lb-ft})(12 \text{ in./ft})}{1{,}800 \text{ psi}}$$
$$= 96.0 \text{ in.}^3$$

**직사각형 단면에 대한 단면계수**

폭 $b$와 높이 $h$를 갖는 중실 직사각형 단면에 대해, 다음 식을 통해 단면계수를 얻을 수 있다.

$$S = \frac{I_z}{c} = \frac{bh^3/12}{h/2} = \frac{bh^2}{6}$$

이 보에 대하여 지정된 종횡비는 2이다. 즉 $h = 2b$이다. 이 요구 조건을 단면계수 공식에 대입하면, 다음과 같다.

$$S = \frac{bh^2}{6} = \frac{b(2b)^2}{6} = \frac{4}{6}b^3 = \frac{2}{3}b^3$$

보에 요구되는 최소한의 폭을 다음과 같이 결정할 수 있다.

$$\frac{2}{3}b^3 \geq 96.0 \text{ in.}^3 \qquad \therefore b \geq 5.24 \text{ in.}$$ **Ans.**

## 예제 8.6 EXAMPLE

그림의 보는 허용응력이 30 ksi인 표준 W형강으로 제작되었다.

(a) 이 보를 위해 사용 가능한 W형강의 가능한 목록을 만들어라. 가능한 W형강 목록에 가장 경제적인 W8, W10, W12, W14, W16, WI8 형상을 포함하라.

(b) 이 보에 대해 가장 경제적인 W형강을 선택하라.

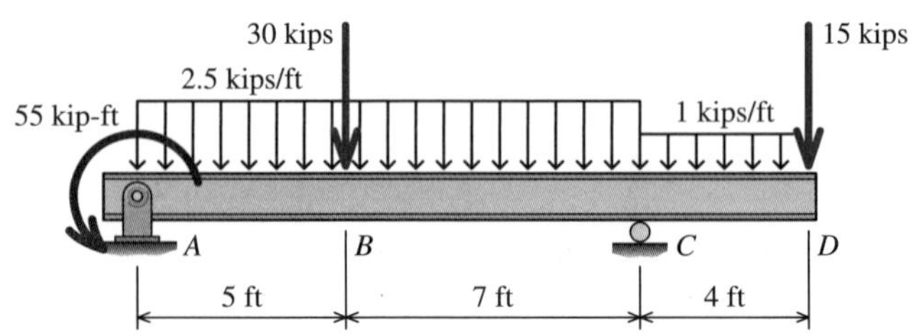


**풀이 계획**

7.3절에 제시된 도식해법을 적용하여, 보와 부과하중에 대한 전단력선도와 굽힘모멘트선도를 먼저 작성한다. 최대 굽힘모멘트와 주어진 허용굽힘응력을 사용하여, 요구 단면계수를 굽힘응력공식 (8.10)으로부터 결정할 수 있다. 사용 가능한 표준 W형강은 부록 B에서 선택할 수 있고, 형강들 중에서 가장 가벼운 것을 이 예제에 대해 가장 경제적인 형상으로 선택할 수 있다.

**풀이**

**반력**

보의 자유물체도는 그림과 같다. 자유물체도로부터 작성되는 평형조건식들은 다음과 같이 정리될 수 있다.

$$\Sigma F_y = A_y + C_y - 30 \text{ kips} - 15 \text{ kips} - 30 \text{ kips} - 4 \text{ kips} = 0$$
$$\Sigma M_C = (30 \text{ kips})(7 \text{ ft}) + (30 \text{ kips})(6 \text{ ft}) - (4 \text{ kips})(2 \text{ ft}) - (15 \text{ kips})(4 \text{ ft}) + 55 \text{ kip-ft} - A_y(12 \text{ ft}) = 0$$

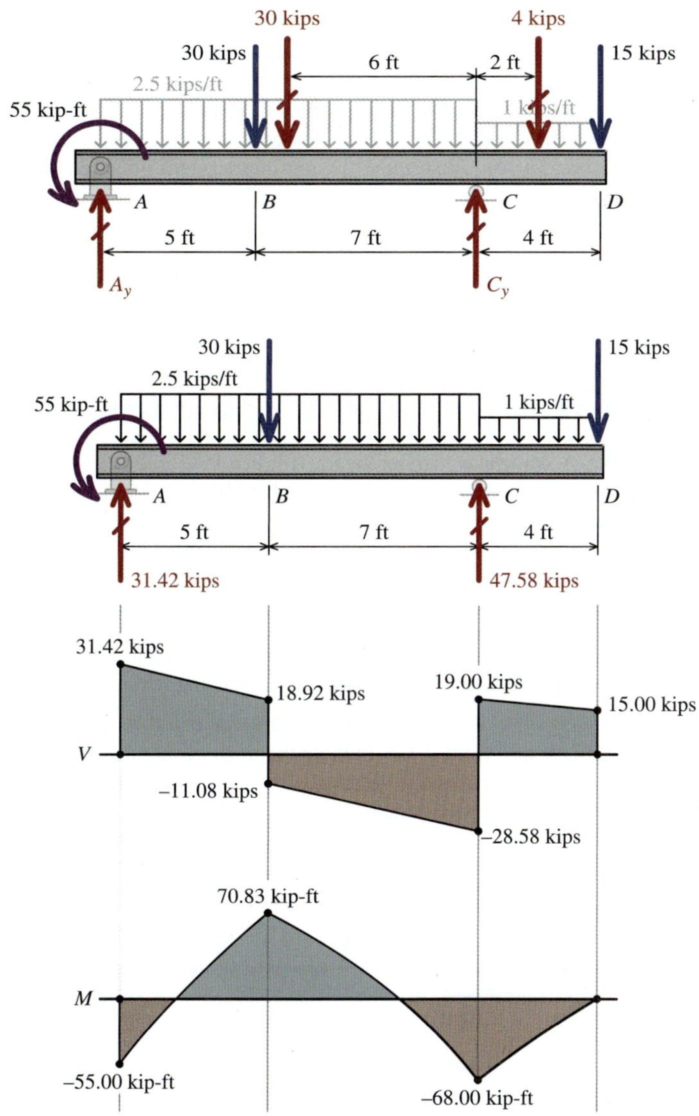


이들 평형조건식들로부터 핀지지 $A$와 롤러지지 $C$에서의 보의 반력들은 다음과 같다.

$$A_y = 31.42 \text{ kips}, \quad C_y = 47.58 \text{ kips}$$

**전단력선도와 굽힘모멘트선도**

보와 부과하중에 대한 전단력과 굽힘모멘트 선도는 그림과 같다. 보에서의 최대 굽힘모멘트는 $M = 70.83$ kip-ft 이고, $B$에서 발생한다.

**요구 단면계수**

굽힘응력공식부터 30 ksi 허용굽힘응력을 초과하지 않고 최대 굽힘모멘트를 지탱하기 위해 요구되는 최소 단면계수를 구할 수 있다.

$$\sigma_{\text{max}} = \frac{M}{S} \leq \sigma_{\text{allow}}$$

$$\therefore S \geq \frac{M}{\sigma_{\text{allow}}} = \frac{(70.83 \text{ kip-ft})(12 \text{ in./ft})}{30 \text{ ksi}} = 28.33 \text{ in.}^3$$

(*a*) 적용 가능한 표준 W형강의 선택: 선택된 표준 W형강의 단면특성치는 부록 B에 나타나 있다. 28.33 in.$^3$과 같거나 큰 단면계수를 갖는 W형강은 여기서 고려된 하중과 보에 대해 적용될 수 있다. 형강의 가격은 무게에 비례하므로 가장 가벼운 형상이 선택을 위한 우선조건으로 고려된다.

표 8.1에 제시된 표준 형강들을 선택하기 위한 절차를 행하라. 이 절차를 사용하여 다음과 같은 형강들이 문제의 보와 부가하중에 적용 가능한 형상으로 확인된다.

$$\text{W8} \times 40, \ S = 35.5 \text{ in.}^3$$
$$\text{W10} \times 30, \ S = 32.4 \text{ in.}^3$$
$$\text{W12} \times 26, \ S = 33.4 \text{ in.}^3$$
$$\text{W14} \times 22, \ S = 29.0 \text{ in.}^3$$
$$\text{W16} \times 31, \ S = 47.2 \text{ in.}^3$$
$$\text{W18} \times 35, \ S = 57.6 \text{ in.}^3$$

(*b*) 가장 경제적인 W형강을 선택하라: 가장 경제적인 형강은 적용 가능한 선발후보 목록에서 선택할 수 있다. 선발후보 목록에서 W14 × 22 표준 W형강이 이 문제의 보와 부과하중을 위해 가장 가벼운 단면이다. **Ans.**

## PROBLEMS

**P8.31** A solid steel shaft supports loads $P_A = 200$ lb and $P_D = 300$ lb as shown in Figure P8.31/32. Assume $L_1 = 6$ in., $L_2 = 20$ in., and $L_3 = 10$ in. The bearing at $B$ can be idealized as a roller support and the bearing at $C$ can be idealized as a pin support. If the allowable bending stress is 8 ksi, determine the minimum diameter that can be used for the shaft.

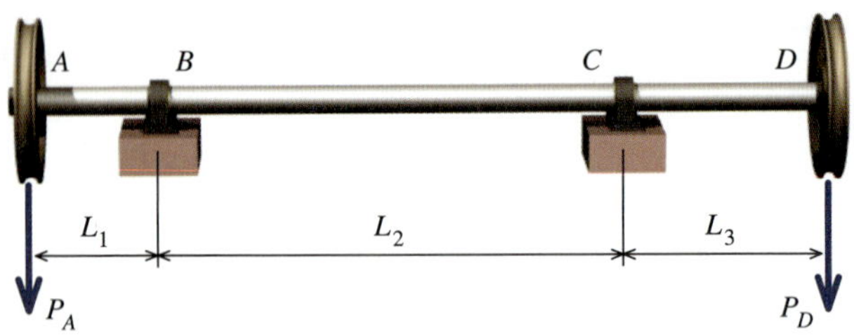


**FIGURE P8.31/32**

**P8.32** A solid steel shaft supports loads $P_A = 500$ N and $P_D = 400$ N as shown in Figure P8.31/32. Assume $L_1 = 200$ mm, $L_2 = 660$ mm, and $L_3 = 340$ mm. The bearing at $B$ can be idealized as a roller support and the bearing at $C$ can be idealized as a pin support. If the allowable bending stress is 25 MPa, determine the minimum diameter that can be used for the shaft.

**P8.33** A simply supported wood beam (Figure P8.33*a*/34*a*) with a span of $L = 20$ ft supports a uniformly distributed load of $w = 800$ lb/ft. The allowable bending stress of the wood is 1,400 psi. If the aspect ratio of the solid rectangular wood beam is specified as $h/b = 1.5$ (Figure P8.33*b*/34*b*), determine the minimum width $b$ that can be used for the beam.

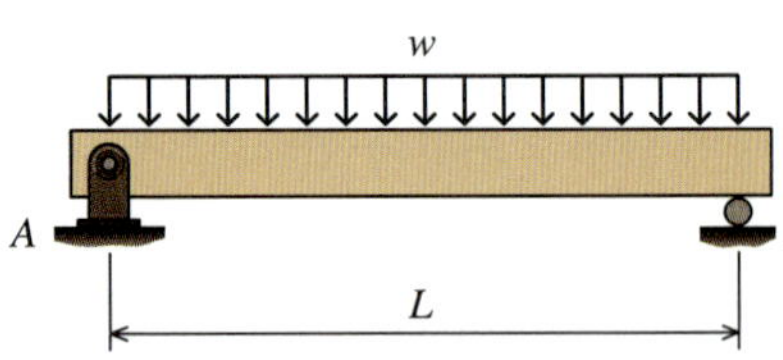


**FIGURE P8.33*a*/34*a***

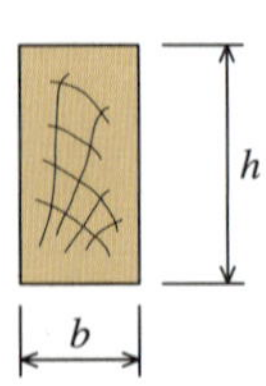


**FIGURE P8.33*b*/34*b***

**P8.34** A simply supported wood beam (Figure P8.33*a*/34*a*) with a span of $L = 14$ ft supports a uniformly distributed load of $w$. The beam width is $b = 6$ in. and the beam height is $h = 10$ in. (Figure P8.33*b*/34*b*). The allowable bending stress of the wood is 900 psi. Determine the magnitude of the maximum load $w$ that may be carried by the beam.

**P8.35** A cantilever timber beam (Figure P8.35*a*/36*a*) with a span of $L = 2.5$ m supports a uniformly distributed load of $w = 4$ kN/m. The allowable bending stress of the wood is 9 MPa. If the aspect ratio of the solid rectangular timber is specified as $h/b = 0.5$ (Figure P8.35*b*/36*b*), determine the minimum width $b$ that can be used for the beam.

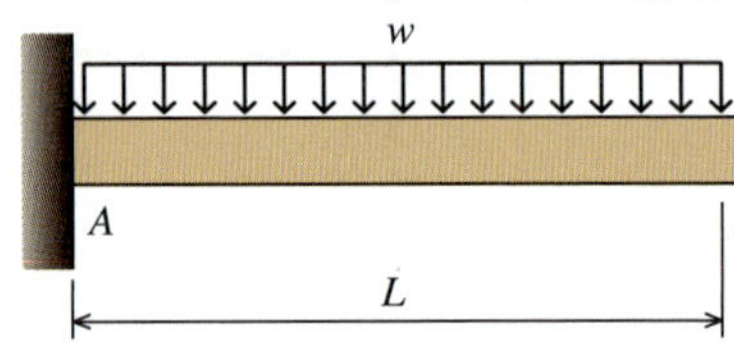


**FIGURE P8.35*a*/36*a***

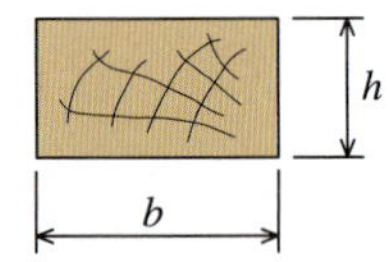


**FIGURE P8.35*b*/36*b***

**P8.36** A cantilever timber beam (Figure P8.35*a*/36*a*) with a span of $L = 3$ m supports a uniformly distributed load of $w$. The beam width is $b = 300$ mm and the beam height is $h = 200$ mm (Figure P8.35*b*/36*b*). The allowable bending stress of the wood is 6 MPa. Determine the magnitude of the maximum load $w$ that may be carried by the beam.

**P8.37** The beam shown in Figure P8.37 will be constructed from a standard steel W-shape using an allowable bending stress of 24 ksi.

(a) Develop a list of five acceptable shapes that could be used for this beam. On this list, include the most economical W10, W12, W14, W16, and W18 shapes.
(b) Select the most economical W-shape for this beam.

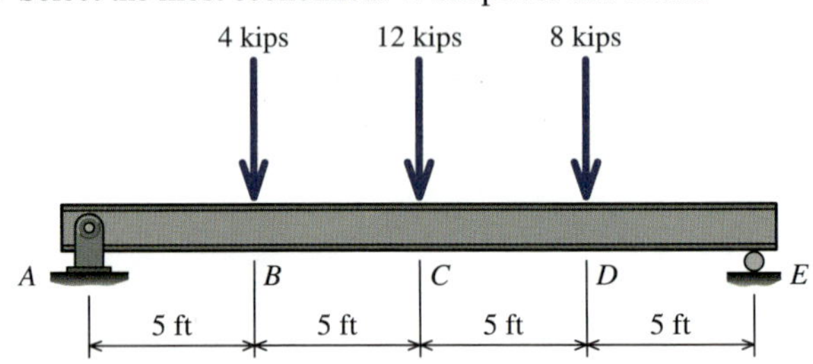


**FIGURE P8.37**

**P8.38** The beam shown in Figure P8.38 will be constructed from a standard steel W-shape using an allowable bending stress of 165 MPa.

(a) Develop a list of four acceptable shapes that could be used for this beam. Include the most economical W360, W410, W460, and W530 shapes on the list of possibilities.
(b) Select the most economical W-shape for this beam.

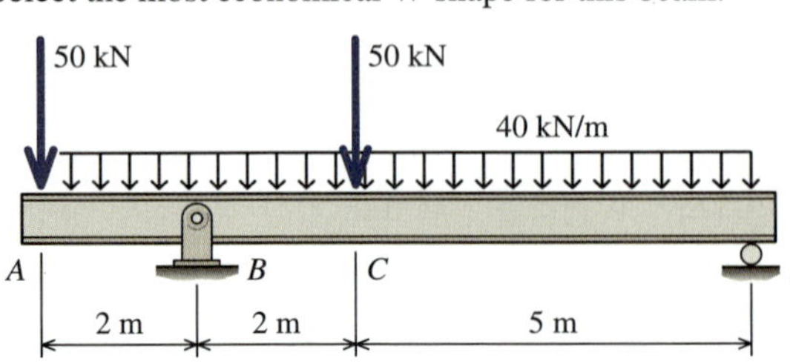


**FIGURE P8.38**

**P8.39** The beam shown in Figure P8.39 will be constructed from a standard steel W-shape using an allowable bending stress of 165 MPa.

(a) Develop a list of four acceptable shapes that could be used for this beam. Include the most economical W360, W410, W460, and W530 shapes on the list of possibilities.
(b) Select the most economical W-shape for this beam.

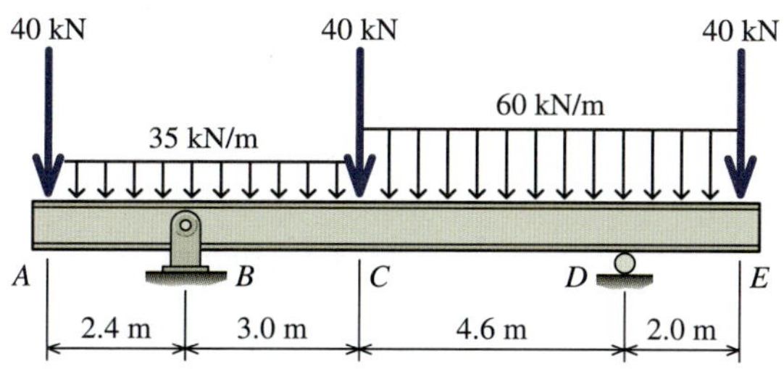


**FIGURE P8.39**

**P8.40** The beam shown in Figure P8.40 will be constructed from a standard steel W-shape using an allowable bending stress of 165 MPa.

(a) Develop a list of four acceptable shapes that could be used for this beam. Include the most economical W310, W360, W410, and W460 shapes on the list of possibilities.
(b) Select the most economical W-shape for this beam.

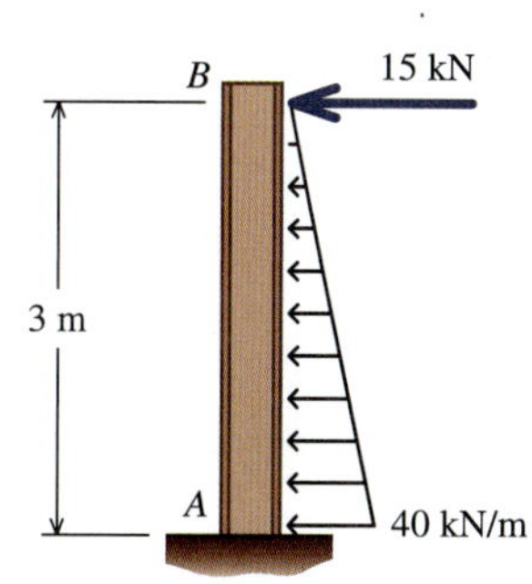


**FIGURE P8.40**

**P8.41** The beam shown in Figure P8.41 will be constructed from a standard steel HSS-shape using an allowable bending stress of 30 ksi.

(a) Develop a list of three acceptable shapes that could be used for this beam. On this list, include the most economical HSS8, HSS10, and HSS12 shapes.
(b) Select the most economical HSS-shape for this beam.

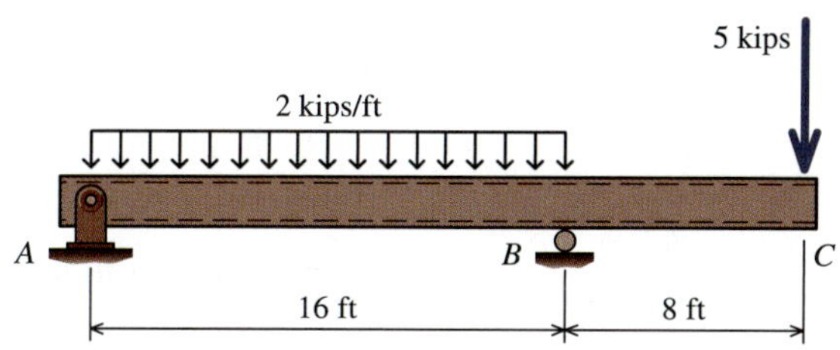


**FIGURE P8.41**

## 8.6 두 가지 재료의 보에 대한 굽힘응력

많은 구조물에서 두 가지 재료로 만들어진 보가 적용된다. 이러한 형태의 보를 복합보라 한다. 상단면과 하단면에 철판이 부착된 나무와 인장응력을 지탱하기 위해 철근이 삽입된 강화콘크리트 보로 구성된 보가 그 예이다. 기술자는 각 재료가 갖는 장점을 효율적으로 활용할 수 있도록 보를 설계한다.

굽힘응력공식은 균질한 보, 즉 하나의 탄성계수 $E$에 의해 특성지어지는 균일한 재료로 구성된 보에 대해 유도되었다. 그러므로 굽힘응력공식은 추가적인 수정 없이 복합보의 법선응력을 결정하는 데 사용될 수 없다. 이 절에서 두 가지 다른 재료로 구성되어 있는 보의 단면이 한 가지 재료의 등가단면으로 변환될 수 있도록 하는 계산방법을 적용할 것이다. 이 등가의 균질한 보를 사용하여 굽힘응력공식은 복합보의 굽힘응력을 계산하는 데 사용될 수 있다.

### 등가 보

두 가지 재료로 만들어진 보를 고려하기 전에 먼저 다른 재료의 두 가지 보가 등가로 구성되려면 무엇이 필요한지에 대해 조사해 보자. $E_{alum} = 70$ GPa의 탄성계수를 갖는 작은 직사각형 알루미늄보가 순수굽힘 변형을 받는 것으로 가정한다(그림 8.10*a*). 보는 $z$축에 대해 굽어지게 하는 $M = 140{,}000$ N·mm의 굽힘모멘트를 받고 있다. 보의 폭은 15 mm이고, 높이는 40 mm이며(그림 8.10*b*), $z$축에 대한 단면2차관성모멘트는 $I_{\text{alum}} = 80{,}000 \text{ mm}^4$이다. 이 보의 곡률반경 $\rho$는 식 (8.6)으로부터 계산될 수 있다.

$$\frac{1}{\rho} = \frac{M}{EI_{\text{alum}}} = \frac{140{,}000 \text{ N·mm}}{(70{,}000 \text{ N/mm}^2)(80{,}000 \text{ mm}^4)}$$
$$\therefore \rho = 40{,}000 \text{ mm}$$

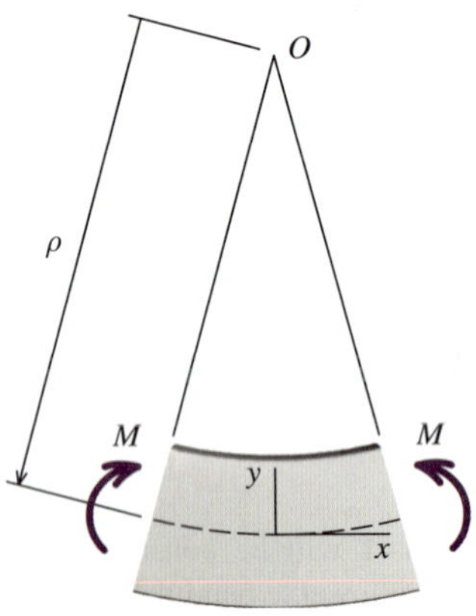

(*a*) 순수굽힘을 받는 봉

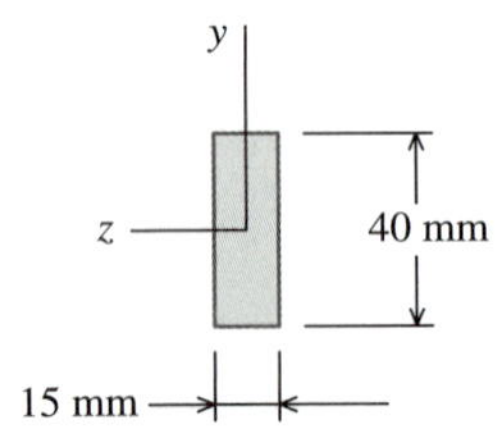

(*b*) 알루미늄보의 단면 치수

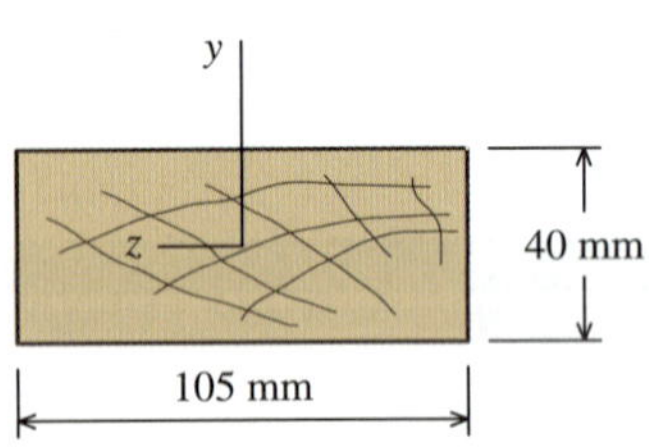

(*c*) 등가 나무보의 단면치수

**그림 8.10** • 알루미늄과 나무의 등가 보

굽힘모멘트로 인한 최대 굽힘변형률은 식 (8.1)로부터 결정할 수 있다.

$$\varepsilon_x = -\frac{1}{\rho}y = -\frac{1}{40{,}000 \text{ mm}}(\pm 20 \text{ mm}) = \pm 0.0005 \text{ mm/mm}$$

여기서 알루미늄보를 $E_{\text{wood}} = 10$ GPa의 탄성계수를 갖는 나무로 대체하는 문제를 생각해 보자. 추가적으로 나무보는 반드시 알루미늄보와 등가이여야 함이 요구된다. 의문사항은 "나무보가 알루미늄보에 등가이기 위해서는 어떤 치수가 필요한가?"이다.

이 본문에서 "등가"는 무엇을 의미하는가? 등가가 되기 위해, 나무보는 반드시 주어진 굽힘모멘트 $M$에 대해 알루미늄보와 같은 곡률반경 $\rho$와 굽힘변형률 $\varepsilon_x$의 분포를 가져야 한다. 굽힘모멘트 140 N·m에 대해 같은 $\rho$를 발생시키려면, 나무보의 관성모멘트는 아래 식과 같이 증가되어야 한다.

$$I_{\text{wood}} = \frac{M}{E}\rho = \frac{140{,}000 \text{ N·mm}}{10{,}000 \text{ N/mm}^2}(40{,}000 \text{ mm}) = 560{,}000 \text{ mm}^4$$

나무보는 같은 곡률반경을 갖기 위해 반드시 알루미늄보보다 커야 한다. 그러나 등가성 또한 나무보는 반드시 같은 변형률 분포를 가져야 함을 요구한다. 변형률은 $y$에 정비례하므로 나무보는 반드시 알루미늄보와 같은 $y$좌표계(나무보의 높이가 40 mm)를 가져야 한다.

나무보의 관성모멘트는 알루미늄보보다 커야 하지만, 두 개의 높이는 같아야 한다. 그러므로 두 가지 보가 등가가 되기 위해서는 나무보는 알루미늄보보다 폭이 넓어야 한다.

$$I_{\text{wood}} = \frac{bh^3}{12} = \frac{b_{\text{wood}}(40 \text{ mm})^3}{12} = 560{,}000 \text{ mm}^4$$
$$\therefore b_{\text{wood}} = 105 \text{ mm}$$

예를 들면, 폭이 105 mm이고 높이가 40 mm인 나무보는 폭이 15 mm이고 높이가 40 mm인 알루미늄보와 등가이다(그림 8.10*c*). 두 가지 재료의 탄성계수는 다르기 때문에(이 경우 7배), 나무보(낮은 $E$를 갖는)는 반드시 알루미늄보(큰 $E$를 갖는)보다 넓어야 하고, 이 경우에는 7배 넓다.

두 개의 보가 등가라면, 굽힘응력들은 같은가? 알루미늄보의 굽힘응력은 굽힘응력공식으로부터 계산할 수 있다.

$$\sigma_{alum} = \frac{(140{,}000 \text{ N·mm})(20 \text{ mm})}{80{,}000 \text{ mm}^4} = 35 \text{ MPa}$$

마찬가지로 나무보의 굽힘응력은 다음와 같이 계산될 수 있다.

$$\sigma_{wood} = \frac{(140{,}000 \text{ N·mm})(20 \text{ mm})}{560{,}000 \text{ mm}^4} = 5 \text{ MPa}$$

나무보의 굽힘응력은 알루미늄보의 응력의 1/7이다. 그러므로 등가 보는 같은 굽힘응력을 가질 필요는 없고, 단지 $\rho$와 $\varepsilon$이 같으면 된다.

이 예제에서는 탄성계수, 보의 폭, 굽힘응력 등은 모두 7배의 차이가 난다. 두 가지 보에 대한 모멘트–곡률 관계식을 비교해 보자.

$$\frac{1}{\rho} = \frac{M}{E_{alum}I_{alum}} = \frac{M}{E_{wood}I_{wood}}$$

윗식에서 단면2차관성모멘트를 각 보의 폭 $b_{wood}$, $b_{alum}$, 공통의 보 높이 $h$ 등의 항으로 표현하면 다음과 같다.

$$\frac{M}{E_{alum}\left(\dfrac{b_{alum}h^3}{12}\right)} = \frac{M}{E_{wood}\left(\dfrac{b_{wood}h^3}{12}\right)}$$

이 식은 다음과 같이 간략화된다.

$$\frac{b_{wood}}{b_{alum}} = \frac{E_{alum}}{E_{wood}}$$

이 탄성계수의 비를 탄성계수비라고 하고, 기호 $n$으로 표기한다. 여기서 고려된 두 가지 재료에서 탄성계수비 $n$은 다음과 같다.

$$n = \frac{E_{alum}}{E_{wood}} = \frac{70 \text{ GPa}}{10 \text{ GPa}} = 7$$

이런 이유로 이 예제를 통해 나타난 7배의 비율은 두 가지 재료에 대한 탄성계수비에 연유한다. 나무보의 요구된 폭은 탄성계수비 $n$의 항으로 다음 식과 같이 표현된다.

$$\frac{b_{wood}}{b_{alum}} = \frac{E_{alum}}{E_{wood}} = n \qquad \therefore b_{wood} = nb_{alum} = 7(15 \text{ mm}) = 105 \text{ mm}$$

두 개의 보로부터 굽힘응력도 7배의 차이를 보인다. 알루미늄과 나무보는 등가이므로 굽힘변형률은 두 보에 대해 같다.

$$(\varepsilon_x)_{alum} = (\varepsilon_x)_{wood}$$

응력은 후크법칙으로부터 변형률과 관련되므로 굽힘변형률은 다음 식과 같이 표현된다.

$$(\varepsilon_x)_{\text{alum}} = \left(\frac{\sigma}{E}\right)_{\text{alum}}, \qquad (\varepsilon_x)_{\text{wood}} = \left(\frac{\sigma}{E}\right)_{\text{wood}}$$

두 가지 재료에 대한 굽힘응력들 사이의 관계식은 탄성계수비 $n$의 항으로 표현될 수 있다:

$$\frac{\sigma_{\text{alum}}}{E_{\text{alum}}} = \frac{\sigma_{\text{wood}}}{E_{\text{wood}}} \quad \text{또는} \quad \frac{\sigma_{\text{alum}}}{\sigma_{\text{wood}}} = \frac{E_{\text{alum}}}{E_{\text{wood}}} = n$$

굽힘응력비 역시 탄성계수비 $n$과 동일하다.

요약하면, 하나의 재료로 만든 보는 그 보의 폭을 변경함으로써 다른 재료의 보와 등가인 보로 변형된다. 두 가지 재료의 탄성계수 사이의 비(탄성계수비)는 등가를 만들기 위해 요구된 보의 폭의 변화에 영향을 준다. 굽힘응력은 등가 보에 대해 서로 같지 않고 탄성계수비만큼 차이가 난다.

## 변환단면법

앞의 예제에 소개된 개념은 두 가지 재료로 구성된 보를 해석하기 위한 방법을 전개하는 데 사용될 수 있다. 기본 개념은 두 가지 재료로 구성된 단면을 단지 한 가지 재료의 등가 단면으로 변환하는 것이다. 이 변환이 완료되면, 균질한 보의 굽힘해석을 위해 전개된 이론이 복합보의 굽힘응력을 결정하는 데 사용될 수 있다.

두 가지 선형 탄성 재료(재료 1과 재료 2로 표시)로 만들어진 보의 단면이 서로 완벽하게 붙어 있는 경우를 고려한다(그림 8.11*a*). 이 복합보는 8.2절에 묘사된 것처럼 굽을 수 있다. 굽힘모멘트가 이 보에 작용하면, 그 후 균질한 보처럼 전체 단면적은 굽힘 후에도 평면을 유지할 것이다.* 이것은 법선변형률이 중립면으로부터 측정된 $y$좌표에 대해 선형적으로 변하는 것을 의미하며, 식 (8.1)은 유효하다.

$$\varepsilon_x = -\frac{1}{\rho}y \tag{8.1}$$

그러나 이러한 경우 중립면은 복합보의 도심을 지난다고 볼 수 없다.

이러한 절차에서, 재료 1은 변환을 위한 "공동 화폐"로 생각할 수 있다. 모든 면적은 공동 화폐에서 그들의 등가로 변환된다.

이제 재료 2를 재료 1의 등가치로 변환시키고 전부 재료 1로 만들어진 새로운 단면을 정의하고자 한다. 이 변환단면이 계산 목적에 유효하기 위해서는 반드시 재료 1과 재료 2로 구성된 실제단면과 등가이여야 한다. 이것은 변환단면의 곡률과 변형률이 실제단면의 곡률과 변형률과 같아야 한다는 것을 의미한다.

재료 *1*의 면적이 재료 *2*의 미소면적 $dA$과 등가가 되기 위해서는 얼마나 넓어야 하는가? 재료 2가 재료 1보다 단단한 두 가지 재료($E_2 > E_1$)로 구성된 단면을 고려한다(그림 8.11*b*). 재료 2의 미소 면적요소 $dA_2$로 전달된 힘을 조사한다. 요소 $dA$는 폭 $dz$와 높이 $dy$를

* 역자주: 단일 소재에 대한 이론 전개 과정에서 서술한 8.2절의 역자주는 복합보에 대해서도 성립한다. 즉 대칭성논리로부터 이 사실을 입증할 수 있다.

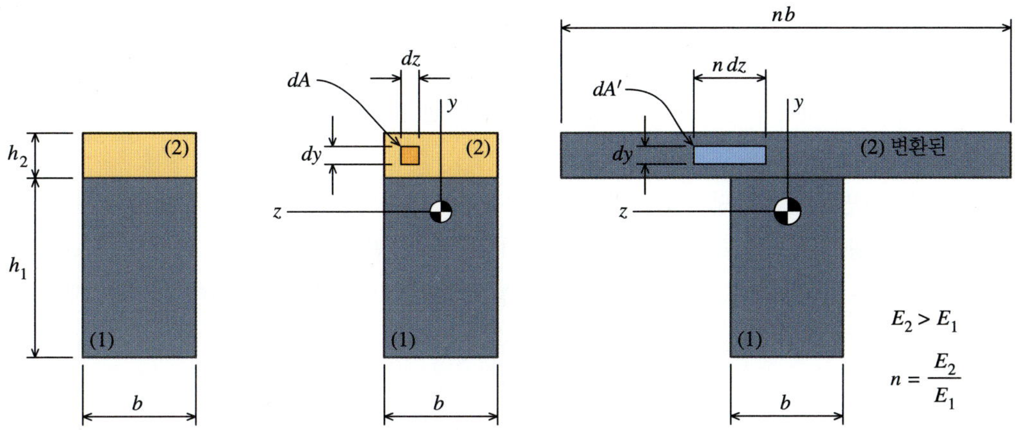


(a) 초기 단면 (b) $dA = dy\ dz$를 갖는 초기 단면 (c) 탄성계수비 $n$을 사용하여 변환된 재료 2

**그림 8.11** • 두 가지 재료를 갖는 보: 단면의 기본 형상과 변형형상

갖는다. 이 미소 면적요소로 전달된 힘 $dF$는 $dF = \sigma_x dz\ dy$로 주어진다. 후크법칙으로부터 응력 $\sigma_x$는 탄성계수와 변형률의 곱으로 표현될 수 있으므로 다음과 같이 된다.

$$dF = (E_2 \varepsilon)\ dz\ dy$$

재료 2가 재료 1보다 단단하므로 $dF$와 동일한 힘을 전달하기 위해 더 넓은 재료 1의 면적이 요구된다. 변환단면 내에서의 변형률 분포는 실제단면 내에서의 변형률 분포와 같아야 한다. 이런 이유로 변환단면 내에서의 $y$치수(중립축에 수직한 치수)는 실제단면에서 그것과 같아야 한다. 그러나 폭 치수(중립축에 평행한 치수)는 수정될 수 있다. 재료 1의 등가면적 $dA'$은 높이 $dy$와 수정된 폭 $n\ dz$(여기서, $n$은 이미 결정된 인자)에 의해 주어진다고 하자(그림 8.11$c$). 재료 1의 이 면적에서 전달된 힘은 다음 식과 같이 표현될 수 있다.

재료 2는 강재처럼 "딱딱한" 재료이고, 재료 1은 고무처럼 "부드러운" 재료로 가정하자. 고무와 강재 둘 다에서 변형률이 같다면, 강재의 미소면적에 전달되는 힘과 동일하기 위해 고무의 면적은 매우 커야 할 것이 요구된다.

$$dF' = (E_1 \varepsilon)(n\ dz)\ dy$$

변환단면이 실제단면과 등가가 되려면, 힘 $dF'$과 $dF$는 반드시 같아야 한다.

$$(E_1 \varepsilon)\ (n\ dz)\ dy = (E_2 \varepsilon)\ dz\ dy$$

그러므로,

$$n = \frac{E_2}{E_1} \tag{8.12}$$

비율 $n$은 탄성계수비로 불린다.

이 해석은 탄성계수비를 사용하여 두 가지 재료로 구성된 실제단면이 단일 재료로 구성된 등가단면으로 변환될 수 있다는 것을 보여준다. 실제단면은 다음과 같은 방법으로 변환된다. 재료 1의 면적은 변하지 않고 즉, 그것의 초기 치수가 변하지 않는다. 재료 2의 면적은 탄성계수비 $n$을 실제 폭(중립축과 평행한 치수)에 곱하여 재료 1의 등가 면적으로 변환된다. 재료 2의 높이(중립축과 수직한 치수)는 동일하게 남아 있다. 이 절차는 두 개의 재료로 구성된 실제단면과 (주어진 변형률 $\varepsilon$에 대해) 동일한 힘을 전달하는 재료 1로 전체를 구성한 **변환단면**을 만들어 낸다.

변환단면은 실제단면과 같은 중립축을 갖는가? 변환단면이 실제단면과 등가라면, 반드시 같은 변형률 분포를 발생시켜야 한다. 그러므로 두 단면은 같은 중립축 위치를 가져야 한다. 균질한 보에서 중립축은 식 (8.4)에서 $x$방향의 힘의 합으로부터 결정된다. 두 가지 재료로 만들어진 보에 대해 같은 절차를 적용하면 다음과 같다.

$$\Sigma F_x = \int_{A_1} \sigma_{x1}\, dA + \int_{A_2} \sigma_{x2}\, dA = 0$$

여기서 $\sigma_{x1}$은 재료 1에서의 응력이고 $\sigma_{x2}$는 재료 2에서의 응력이다. 이 식에서 첫 번째 적분은 재료 1의 단면적에 걸쳐 평가되고, 두 번째 적분은 재료 2의 단면적에 걸쳐 평가된다. 식 (8.3)으로부터, 두 가지 재료에 대한 $y$(중립축으로부터 측정된)에서의 법선응력은 곡률반경 $\rho$의 항으로 표현하면 다음과 같다.

$$\boxed{\sigma_{x1} = -\frac{E_1}{\rho}y, \quad \sigma_{x2} = -\frac{E_2}{\rho}y} \tag{8.13}$$

$\sigma_{x1}$과 $\sigma_{x2}$에 대한 이들 표현식을 위에 주어진 식에 대입하면 다음과 같이 된다.

$$\Sigma F_x = -\int_{A_1} \frac{E_1}{\rho} y\, dA - \int_{A_2} \frac{E_2}{\rho} y\, dA = 0$$

곡률반경은 식을 간략화하기 위해 삭제될 수 있다.

$$E_1 \int_{A_1} y\, dA + E_2 \int_{A_2} y\, dA = 0$$

이 식에서 적분은 중립축에 대하여 단면의 두 부분의 1차 모멘트를 나타낸다. 여기서 앞의 식을 $n$의 항으로 표현하기 위해 탄성계수비를 도입할 수 있다.

$$E_1 \int_{A_1} y\, dA + E_1 \int_{A_2} yn\, dA = 0$$

위 식을 간략화하면 다음과 같다.

$$\boxed{\int_{A_1} y\, dA + \int_{A_2} yn\, dA = 0} \tag{8.14}$$

변환단면적은 다음 식과 같이 표현될 수 있다.

$$\int_{A_1} dA + \int_{A_2} n\,dA = \int_{A_t} dA_t$$

따라서 식 (8.14)를 간단하게 다음과 같이 쓸 수 있다.

$$\boxed{\int_{A_t} y\,dA_t = 0} \tag{8.15}$$

따라서 중립축이 균질 보의 도심을 지나는 것처럼, 이것은 변환단면의 도심을 통과한다.

변환단면은 실제단면처럼 같은 굽힘모멘트-곡률 관계식을 갖는가? 식 (8.13)의 관계식을 사용하면, 두 가지 재료의 보에 대한 굽힘모멘트-곡률 관계식은 다음 식과 같다.

$$\begin{aligned} M &= -\int_A y\sigma_x\,dA \\ &= -\int_{A_1} y\sigma_x\,dA - \int_{A_2} y\sigma_x\,dA \\ &= \frac{1}{\rho}\left[\int_{A_1} E_1 y^2\,dA + \int_{A_2} E_2 y^2\,dA\right] \end{aligned}$$

탄성계수비를 사용하여 재료 2의 탄성계수를 $E_2 = nE_1$으로 표현하면, 위의 식은 다음과 같이 간략화된다.

$$M = \frac{E_1}{\rho}\left[\int_{A_1} y^2\,dA + \int_{A_2} y^2 n\,dA\right]$$

위의 괄호 안의 항은 중립축(앞에서 보여진 도심을 통과하는 중립축)에 관한 변환단면의 관성모멘트 $I_t$이다. 그러므로 굽힘모멘트-곡률 관계식을 다시 작성하면 다음과 같다.

$$\boxed{M = \frac{E_1 I_t}{\rho} \qquad \text{여기서} \qquad I_t = \int_{A_t} y^2\,dA_t} \tag{8.16}$$

그러므로 변환단면의 굽힘모멘트-곡률 관계식은 실제단면의 관계식과 같다.

변환단면을 사용하여 두 가지 재료에 대한 굽힘응력은 어떻게 계산될 수 있는가? 식 (8.16)은 아래 식과 같이 표현될 수 있다.

$$\frac{1}{\rho} = \frac{M}{E_1 I_t}$$

실제단면에서 재료 1에 대응하는 위치에서 굽힘응력을 얻기 위해 식 (8.13)의 응력관계식을 대입하면, 다음과 같다.

$$\boxed{\sigma_{x1} = -\frac{E_1}{\rho}y = -\left(\frac{M}{E_1 I_t}\right)E_1 y = -\frac{My}{I_t}} \tag{8.17}$$

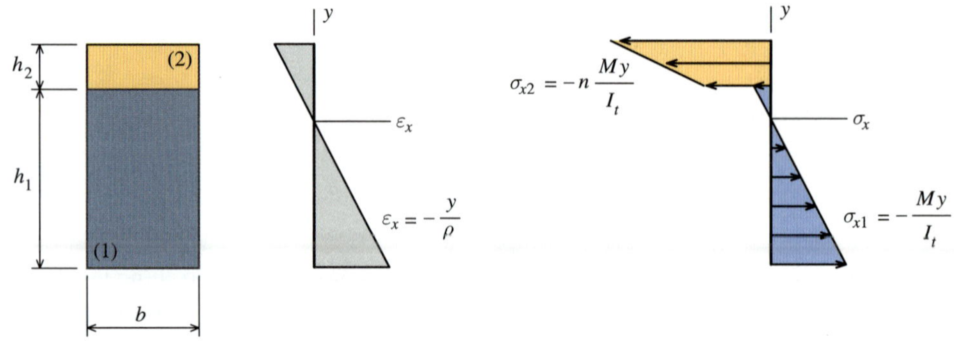


(*a*) 초기 단면 (*b*) 법선변형률의 분포 (*c*) 법선응력의 분포

**그림 8.12** • 두 가지 재료의 보: 변형률과 응력 분포

재료 1에서의 굽힘응력은 굽힘응력공식으로부터 계산된다. 재료 1의 실제 면적은 변환단면을 만드는 과정에서 수정되지 않았기 때문이다.

실제단면에서 재료 2에 대응하는 위치에서의 굽힘응력은 다음 식으로 구한다.

$$\sigma_{x2} = -\frac{E_2}{\rho}y = -\left(\frac{M}{E_1 I_t}\right)E_2 y = -\frac{E_2}{E_1}\frac{My}{I_t} = -n\frac{My}{I_t} \tag{8.18}$$

실제단면에서 재료 2(변환된 재료)에 대응하는 위치에서의 굽힘응력을 계산하기 위해 변환단면(그림 8.12*b*)을 사용할 때, 굽힘응력공식은 반드시 탄성계수비 $n$을 곱해야 한다.

두 가지 재료로 이루어진 단면(그림 8.12*a*)에서 굽힘모멘트에 의한 변형률은 균질한 보와 마찬가지로 단면 전체에 걸쳐 $y$방향으로 선형적으로 분포된다. 대응하는 법선응력 역시 선형적으로 분포된다. 그러나 재료들이 갖는 서로 다른 탄성계수로 인하여 두 가지 재료의 접합면에서 불연속이 존재한다(그림 8.12*c*). 변환단면법에서 변환된 재료(예를 들면, 재료 2)에 대한 굽힘응력은 탄성계수비 $n$을 굽힘응력공식에 곱하여 계산된다.

요약하면, 변환단면법을 사용한 굽힘응력 계산에 대한 절차는 재료의 변환 유무에 따라 다르다.

- 면적이 변환되지 않는다면, 굽힘응력공식으로부터 관련된 굽힘응력은 쉽게 계산된다.
- 면적이 변환된다면, 관련된 굽힘응력을 계산할 때 굽힘응력공식에 $n$을 곱한다.

진술한 논의에서 보의 실제단면은 전체가 재료 1로만 구성된 등가단면으로 변환된다. 물론 재료 2로 단면을 변환하는 것도 가능하다. 이 경우 탄성계수비는 $n = E_1/E_2$로 정의된다. 실제단면의 재료 2에서의 굽힘응력은 변환단면의 대응되는 부분에서의 굽힘응력과 같을 것이다. 실제단면의 재료 1에 대응되는 위치에서 발생하는 굽힘응력은 굽힘응력공식에 $n = E_1/E_2$를 곱해서 얻을 수 있다.

## 예제 8.7 EXAMPLE

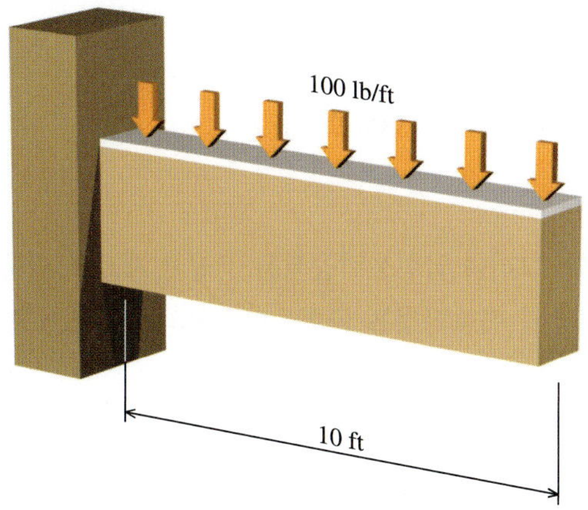

외팔보

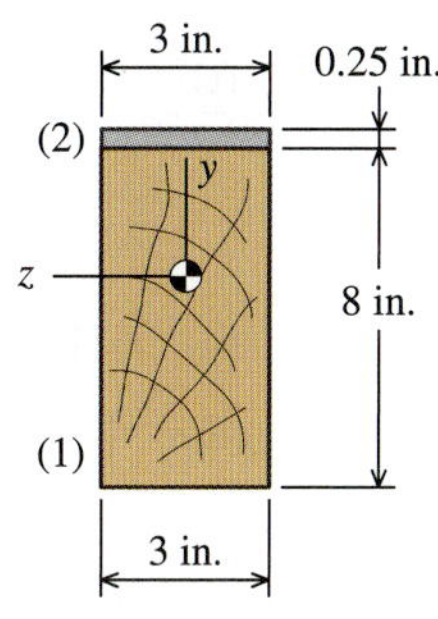

단면치수

그림에서 10 ft의 길이를 갖는 외팔보가 $w = 100$ lb/ft의 균일한 분포하중을 받고 있다. 보의 하부는 폭이 3 in.이고 깊이가 8 in.인 나무보 (1)로 이루어져 있고, 상부표면은 폭 3 in.이고 두께가 0.25 in.인 알루미늄 판 (2)로 강화되어 있다. 나무의 탄성계수는 $E = 1{,}700$ ksi이고, 알루미늄 판의 탄성계수는 $E = 10{,}200$ ksi이다. 나무보 (1)과 알루미늄 판(2)에서 발생하는 최대 굽힘응력을 구하라.

### 풀이 계획

변환단면법은 두 가지 재료로 구성된 단면을 한 가지 재료로 구성된 등가단면으로 변환하기 위해 사용된다. 이 변환단면이 계산 목적으로 사용된다. 변환단면의 도심 위치와 단면2차관성모멘트가 계산된다. 이들의 단면특성치와 함께 굽힘응력공식은 외팔보의 전체에서 발생하는 최대 굽힘모멘트에 대한 나무와 알루미늄의 굽힘응력을 계산하는 데 사용된다.

### 풀이

### 탄성계수비

변환 절차는 $n$으로 표기된 두 가지 재료에 대한 탄성계수의 비를 바탕으로 한다. 탄성계수비는 변환된 재료의 탄성계수를 기준재료의 탄성계수로 나눈 것으로 정의된다. 예를 들면, 단단한 재료(알루미늄)는 덜 단단한 재료(나무)의 등가의 양으로 변환될 것이다. 그러므로 나무는 기준 재료로 사용된다. 이 변환을 위한 탄성계수비는 다음과 같다.

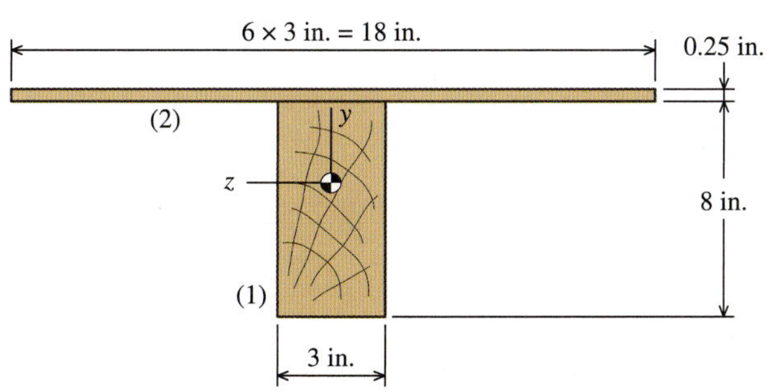

변환단면

$$n = \frac{E_{trans}}{E_{ref}} = \frac{E_2}{E_1} = \frac{10{,}200 \text{ ksi}}{1{,}700 \text{ ksi}} = 6$$

단면의 알루미늄 부분의 폭은 탄성계수비 $n$이 곱해진다. 나무 하나로 이루어진 단면은 나무와 알루미늄 둘 다로 구성된 실제단면과 등가이다.

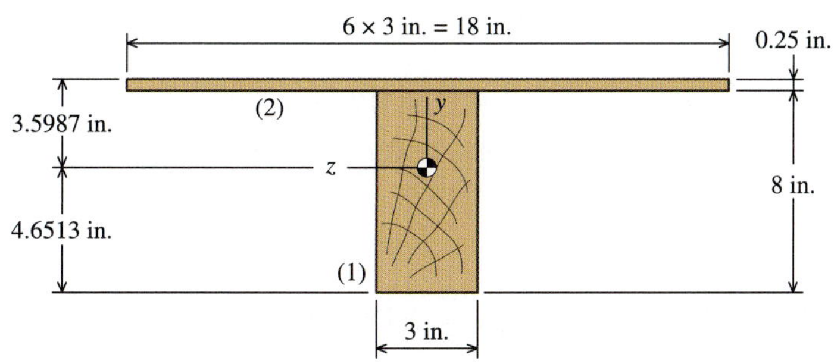


### 단면특성치

변환단면에 대한 도심 위치는 왼쪽의 그림에 나타나 있다. 굽힘축에 관한 변환단면의 관성모멘트는 $I_t = 192.5 \text{ in.}^4$이다.

**최대 굽힘모멘트**

$w = 100$ lb/ft의 균일한 분포하중을 받는 10 ft 길이의 외팔보에 대한 최대 굽힘모멘트는 다음과 같다.

$$M_{max} = -\frac{wL^2}{2} = -\frac{(100\text{ lb/ft})(10\text{ ft})^2}{2} = -5{,}000\text{ lb-ft} = -60{,}000\text{ lb-in.}$$

**굽힘응력공식**

굽힘응력공식[식 (8.7)]은 임의의 좌표 위치 $y$에서의 굽힘응력을 계산해 준다. 그러나 굽힘응력공식은 균질한 재료로 만들어진 보에 대해서만 유효하다. 알루미늄 판을 등가의 나무로 대체하기 위해 사용된 변환과정은 굽힘응력공식의 제한조건을 만족하는 균질의 단면을 얻기 위해 요구되었다.

나무로만 구성된 변환단면은 실제단면과 등가이다. 변환단면은 변환단면 내에서 발생하는 굽힘변형률이 실제단면에서 발생하는 변형률과 똑같기 때문에 등가이다. 그러나 변환단면에서의 굽힘응력은 추가적인 조정 작업이 요구된다. 단면의 초기 나무[면적 (1)]에 대해 계산된 굽힘응력은 굽힘응력공식으로부터 바로 계산된다. 알루미늄 판에 대해 계산된 굽힘응력은 두 가지 재료의 탄성계수 차이인 탄성계수비 $n$을 곱해야 한다.

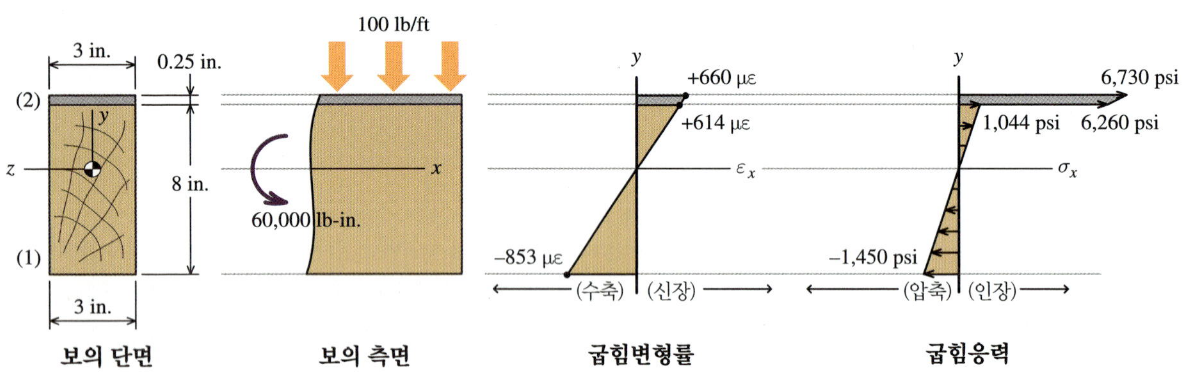


**나무에서의 최대 굽힘응력**

단면의 나무 부분 (1) 내에서의 최대 굽힘응력은 보의 하단면에서 발생한다. 나무는 변환되지 않으므로 식 (8.17)이 최대 굽힘응력을 계산하는 데 사용된다.

$$\sigma_{x1} = -\frac{My}{I_t} = -\frac{(-60{,}000\text{ lb-in.})(-4.6513\text{ in.})}{192.5\text{ in.}^4} = -1{,}450\text{ psi} = 1{,}450\text{ psi (C)}$$ **Ans.**

**알루미늄에서의 최대 굽힘응력**

해석에서 단면의 알루미늄 부분은 나무의 등가 폭으로 변환되어졌다. 변환단면에 대한 굽힘변형률은 정확하지만 변환된 재료에 대한 굽힘응력은 두 가지 재료의 차이를 설명하는 탄성계수비 $n$이 곱해져야 한다. 단면의 알루미늄 부분(2) 내에서의 최대 굽힘응력은 보의 상단면에서 발생하고, 식 (8.18)로부터 계산된다.

$$\sigma_{x2} = -n\frac{My}{I_t} = -6\frac{(-60{,}000\text{ lb-in.})(3.5987\text{ in.})}{192.5\text{ in.}^4} = 6{,}730\text{ psi} = 6{,}730\text{ psi (T)}$$ **Ans.**

**두 가지 재료의 교차점에서의 굽힘응력**

목재 (1)과 알루미늄 판 (2) 사이의 접합은 $y = 3.3487$ in.에서 발생한다. 이 위치에서 재료의 굽힘변형률은 $\varepsilon_x = +614\ \mu\varepsilon$으로 동일하다. 알루미늄의 탄성계수는 나무의 탄성계수보다 6배 크기 때문에, 알루미늄 내에 굽힘응력은 나무 내에 굽힘응력보다 6배 크다.

$$\sigma_{x2} = -n\frac{My}{I_t} = -6\frac{(-60{,}000\text{ lb-in.})(3.3487\text{ in.})}{192.5\text{ in.}^4} = 6{,}263\text{ psi} = 6{,}263\text{ psi (T)}$$

$$\sigma_{x1} = -\frac{My}{I_t} = -\frac{(-60{,}000\text{ lb-in.})(3.3487\text{ in.})}{192.5\text{ in.}^4} = 1{,}044\text{ psi} = 1{,}044\text{ psi (T)}$$

이 결과는 또한 각각의 재료에 대한 후크법칙의 적용으로도 알 수 있다. $\varepsilon_x = +614\ \mu\varepsilon$의 법선변형률에 대해 나무목재 (1)에서의 법선응력은 후크법칙으로부터 다음과 같다.

$$\sigma_{x1} = E_1\varepsilon_x = (1{,}700{,}000\text{ psi})(614 \times 10^{-6}\text{in./in.}) = 1{,}044\text{ psi} = 1{,}044\text{ psi (T)}$$

그리고 알루미늄 판 (2)에서의 법선응력은 다음과 같다.

$$\sigma_{x2} = E_2\varepsilon_x = (10{,}200{,}000\text{ psi})(614 \times 10^{-6}\text{in./in.}) = 6{,}263\text{ psi} = 6{,}263\text{ psi (T)}$$

**MecMovies Example M8.16**

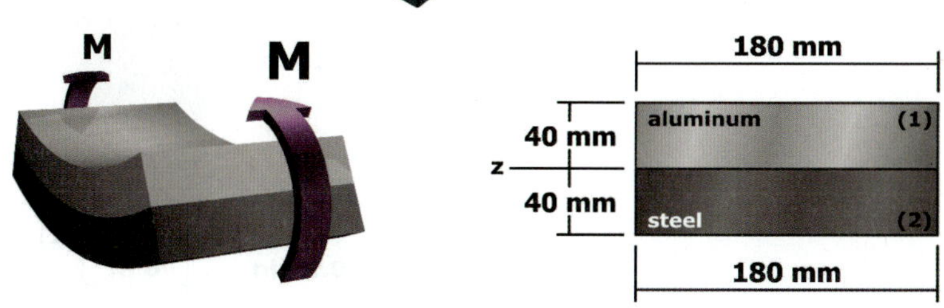


변환단면법을 사용하여 복합보의 굽힘응력을 구하라.

## MecMovies Example M8.17

알루미늄과 황동 재료에 대한 허용응력이 주어질 때, 보의 단면의 $z$축에 대해 발생될 수 있는 최대 허용굽힘모멘트를 구하라.

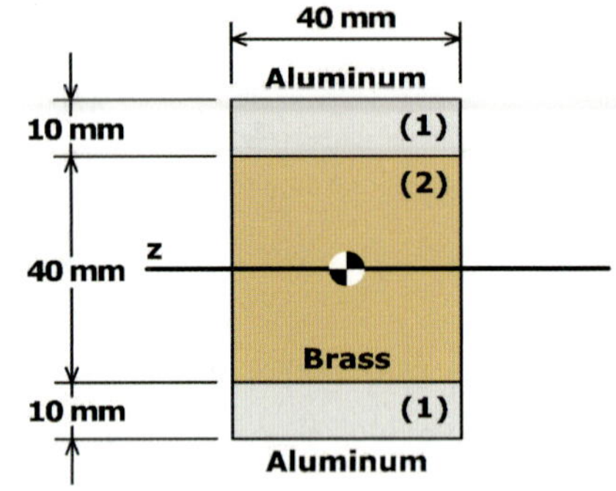


## MecMovies Example M8.18

두 가지 재료에 대한 허용응력이 주어질 때, 그림의 보의 수평축에 대해 부과할 수 있는 최대 허용굽힘모멘트를 구하라.

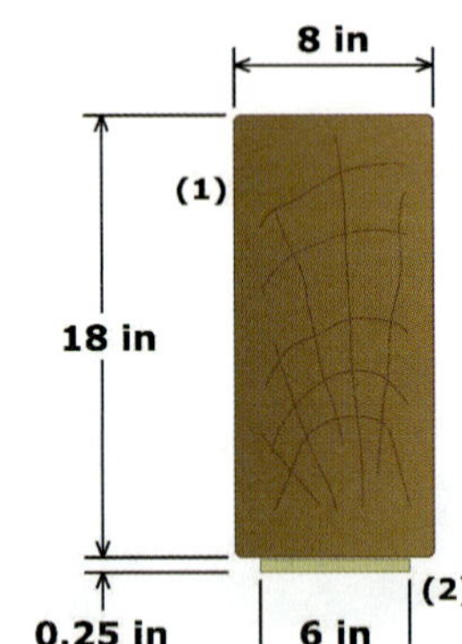

## MecMovies Example M8.19

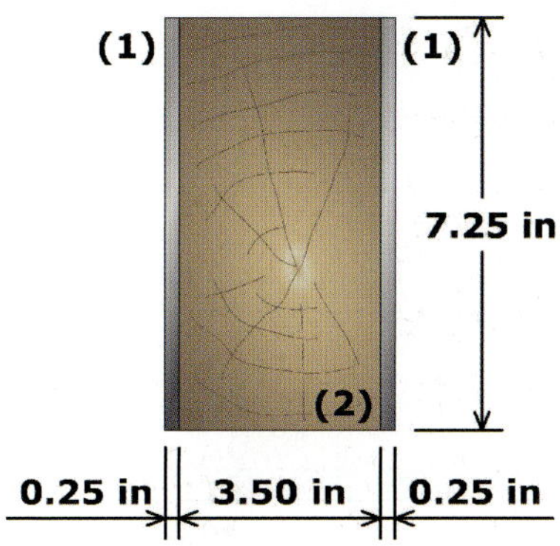


나무와 강의 재료에 대한 허용응력이 주어질 때, 단순지지보에 부과될 수 있는 최대 허용굽힘모멘트와 최대 분포하중을 차례로 구하라.

# MecMovies EXERCISES

**M8.16** 복합보 단면은 완전히 접합된 두 개의 직사각형 보로 구성된다. 보는 규정된 굽힘모멘트 $M$을 받게 된다. 다음을 결정하라.

(a) 도심축의 $K$로부터의 수직거리
(b) $H$에서 발생하는 굽힘응력
(c) $K$에서 발생하는 굽힘응력

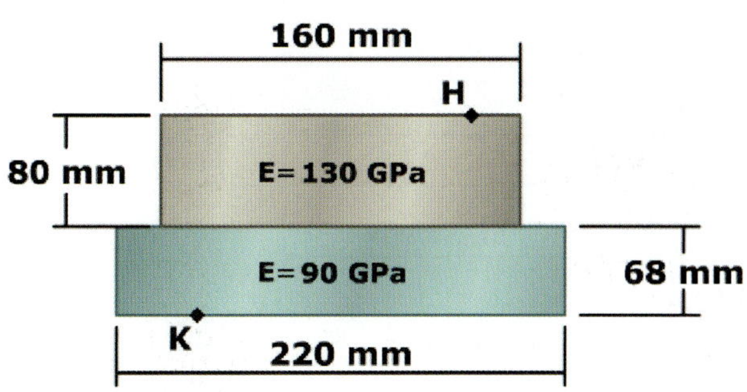


그림 M8.16

**M8.17** 복합보 단면은 완전히 접합된 두 개의 직사각형 보로 구성된다. 제시된 허용응력을 바탕으로 다음을 결정하라.

(a) $K$로부터 도심축까지의 수직거리
(b) 최대 허용굽힘모멘트
(c) $H$에서 발생하는 굽힘응력
(d) $K$에서 발생하는 굽힘응력

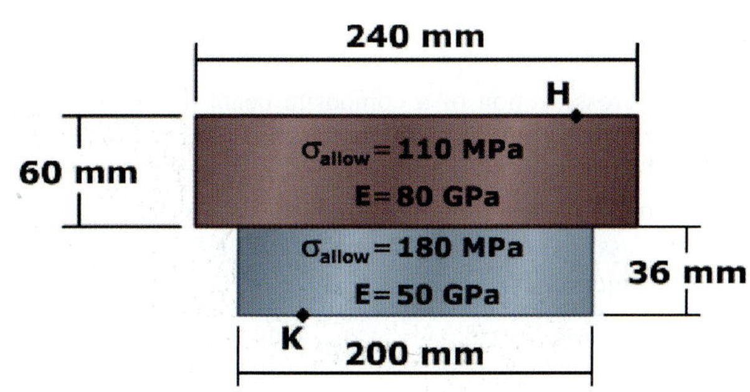


그림 M8.17

## PROBLEMS

**P8.42** A composite beam is fabricated by bolting two 3-in.-wide by 12-in.-deep timber planks to the sides of a 0.50-in. by 12-in. steel plate (Figure P8.42*b*). The moduli of elasticity of the timber and the steel are 1,800 ksi and 30,000 ksi, respectively. The simply supported beam spans a distance of 20 ft and carries two concentrated loads $P$, which are applied at the quarter points of the span (Figure P8.42*a*).

(a) Determine the maximum bending stresses produced in the timber planks and the steel plate if $P = 3$ kips.
(b) Assume that the allowable bending stresses of the timber and the steel are 1,200 psi and 24,000 psi, respectively. Determine the largest acceptable magnitude for concentrated loads $P$. (You may neglect the weight of the beam in your calculations.)

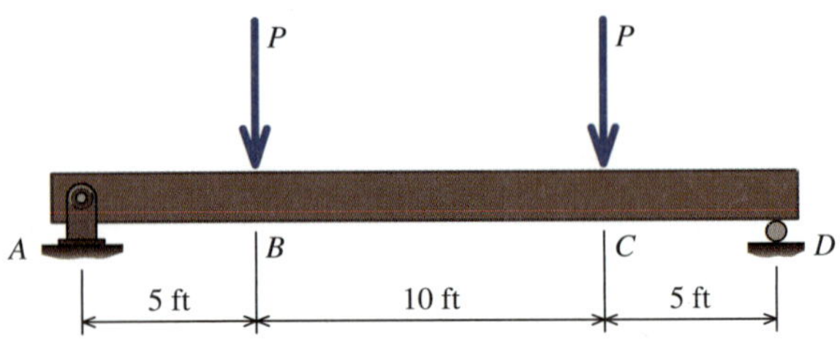


**FIGURE P8.42*a***

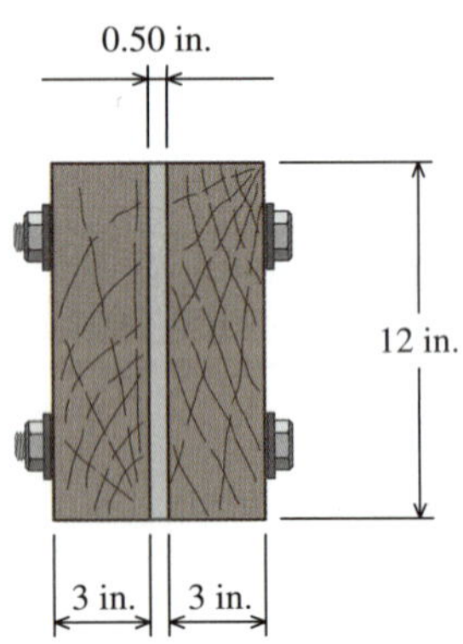


**FIGURE P8.42*b***

**P8.43** The cross section of a composite beam that consists of 4-mm-thick fiberglass faces bonded to a 20-mm-thick particleboard core is shown in Figure P8.43. The beam is subjected to a bending moment of 55 N-m acting about the $z$ axis. The elastic moduli for the fiberglass and the particleboard are 30 GPa and 10 GPa, respectively. Determine:

(a) the maximum bending stresses in the fiberglass faces and the particleboard core.
(b) the stress in the fiberglass at the joint where the two materials are bonded together.

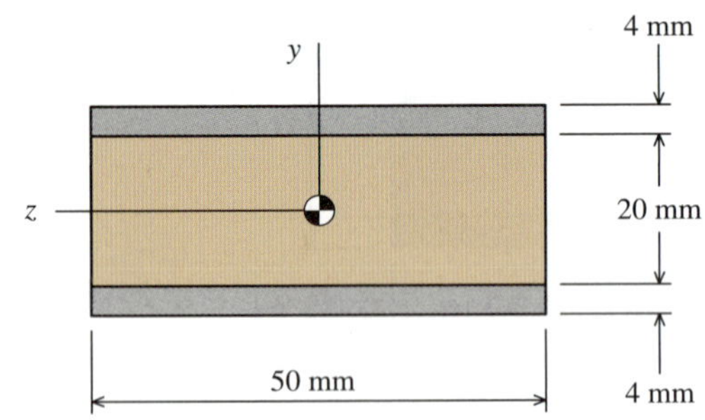


**FIGURE P8.43**

**P8.44** A composite beam is made of two brass [$E = 100$ GPa] plates bonded to an aluminum [$E = 75$ GPa] bar as shown in Figure P8.44. The beam is subjected to a bending moment of 1,750 N-m acting about the $z$ axis. Determine:

(a) the maximum bending stresses in the brass plates and the aluminum bar.
(b) the stress in the brass at the joints where the two materials are bonded together.

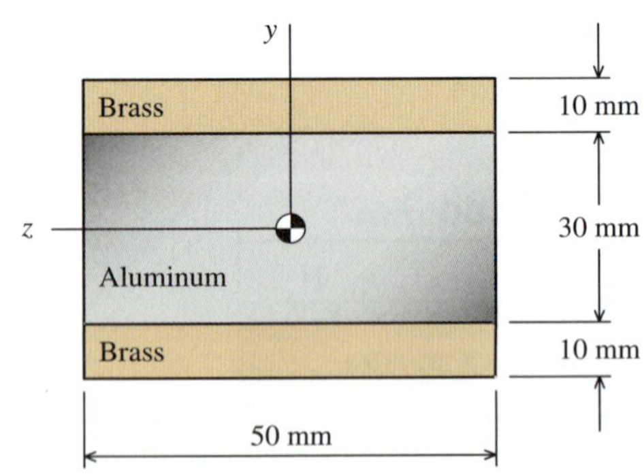


**FIGURE P8.44**

**P8.45** An aluminum [$E = 10{,}000$ ksi] bar is bonded to a steel [$E = 30{,}000$ ksi] bar to form a composite beam (Figure P8.45*b*/46*b*). The composite beam is subjected to a bending moment of $M = +300$ lb-ft about the $z$ axis (Figure P8.45*a*/46*a*). Determine:

(a) the maximum bending stresses in the aluminum and steel bars.
(b) the stress in the two materials at the joint where they are bonded together.

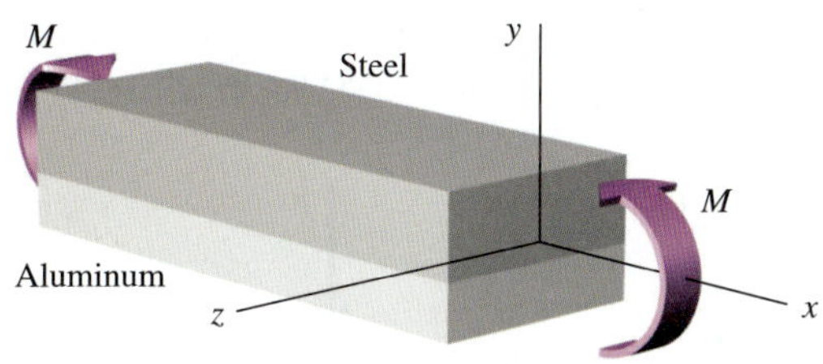


**FIGURE P8.45*a*/46*a***

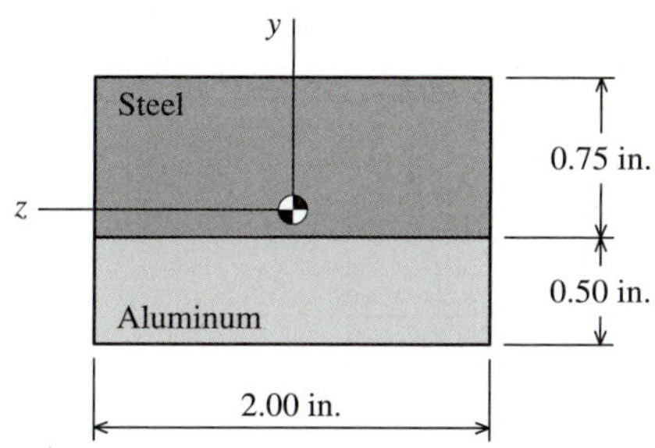


**FIGURE P8.45*b*/46*b***

**P8.46** An aluminum [$E = 10{,}000$ ksi] bar is bonded to a steel [$E = 30{,}000$ ksi] bar to form a composite beam (Figure P8.45*b*/46*b*). The allowable bending stresses for the aluminum and steel bars are 20 ksi and 30 ksi, respectively. Determine the maximum bending moment $M$ that can be applied to the beam.

**P8.47** Two steel [$E = 30{,}000$ ksi] plates are securely attached to a Southern pine [$E = 1{,}800$ ksi] timber to form a composite beam (Figure P8.47). The allowable bending stress for the steel plates is 24,000 psi and the allowable bending stress for the Southern pine is 1,200 psi. Determine the maximum bending moment that can be applied about the horizontal axis of the beam.

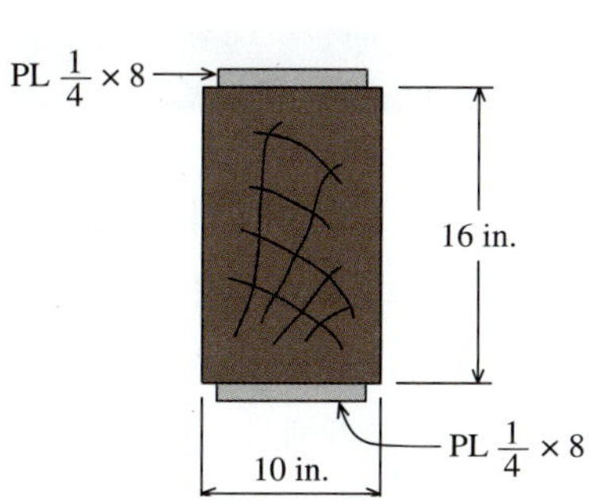


**FIGURE P8.47**

**P8.48** A simply supported composite beam 5 m long carries a uniformly distributed load $w$ (Figure P8.48*a*). The beam is constructed of a Southern pine [$E = 12$ GPa] timber, 200 mm wide by 360 mm deep, that is reinforced on its lower surface by a steel [$E = 200$ GPa] plate that is 150 mm wide by 12 mm thick (Figure P8.48*b*).

(a) Determine the maximum bending stresses produced in the timber and the steel if $w = 12$ kN/m.
(b) Assume that the allowable bending stresses of the timber and the steel are 9 MPa and 165 MPa, respectively. Determine the largest acceptable magnitude for distributed load $w$. (You may neglect the weight of the beam in your calculations.)

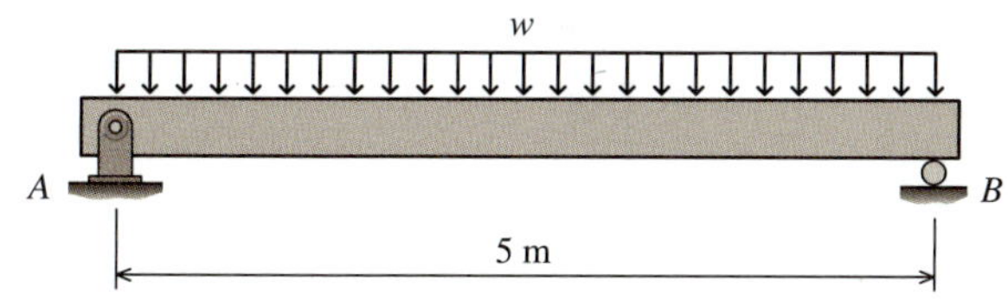


**FIGURE P8.48*a***

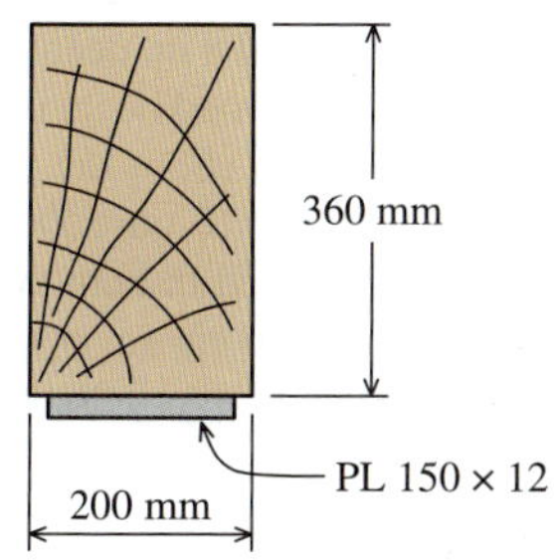


**FIGURE P8.48*b***

**P8.49** A glue-laminated timber beam is reinforced by carbon fiber reinforced plastic (CFRP) material bonded to its bottom surface. The cross section of the composite beam is shown in Figure P8.49*b*. The elastic modulus of the wood is 12 GPa and the elastic modulus of the CFRP is 112 GPa. The simply supported beam spans 6 m and carries a concentrated load $P$ at midspan (Figure P8.49*a*).

(a) Determine the maximum bending stresses produced in the timber and the CFRP if $P = 4$ kN.
(b) Assume that the allowable bending stresses of the timber and the CFRP are 9 MPa and 1,500 MPa, respectively. Determine the largest acceptable magnitude for concentrated load $P$. (You may neglect the weight of the beam in your calculations.)

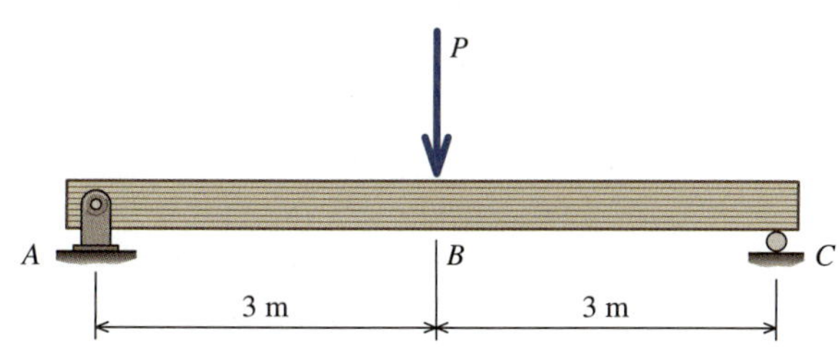


**FIGURE P8.49*a***

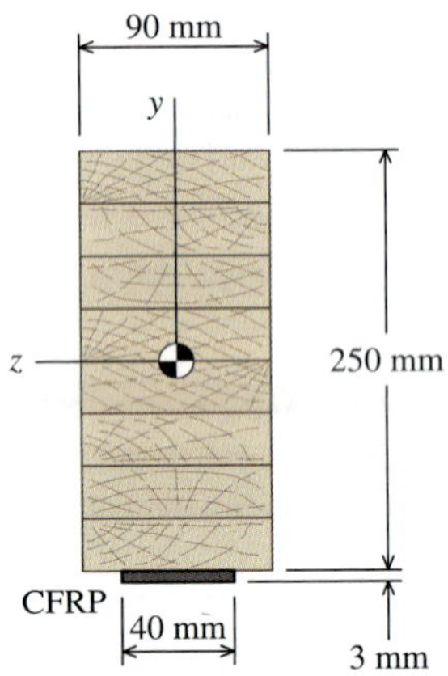


**FIGURE P8.49*b***

**P8.50** Two steel plates, each 4 in. wide and 0.25 in. thick, reinforce a wood beam that is 3 in. wide and 8 in. deep. The steel plates are attached to the vertical sides of the wood beam in a position such that the composite shape is symmetric about the $z$ axis, as shown in the sketch of the beam cross section (Figure P8.50). Determine the maximum bending stresses produced in both the wood and the steel if a bending moment of $M_z = +50$ kip-in. is applied about the $z$ axis. Assume $E_{wood} = 2{,}000$ ksi and $E_{steel} = 30{,}000$ ksi.

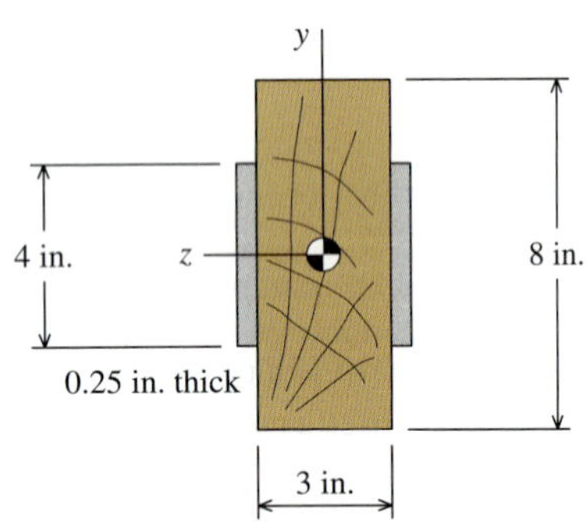


**FIGURE P8.50**

**P8.51** A glue-laminated timber beam is reinforced by carbon fiber reinforced plastic (CFRP) material bonded to its bottom surface. The cross section of the composite beam is shown in Figure P8.51*b*. The elastic modulus of the wood is 1,700 ksi and the elastic modulus of the CFRP is 23,800 ksi. The simply supported beam spans 24 ft and carries two concentrated loads $P$, which act at the quarter-points of the span (Figure P8.51*a*). The allowable bending stresses of the timber and the CFRP are 2,400 psi and 175,000 psi, respectively. Determine the largest acceptable magnitude for the concentrated loads $P$. (You may neglect the weight of the beam in your calculations.)

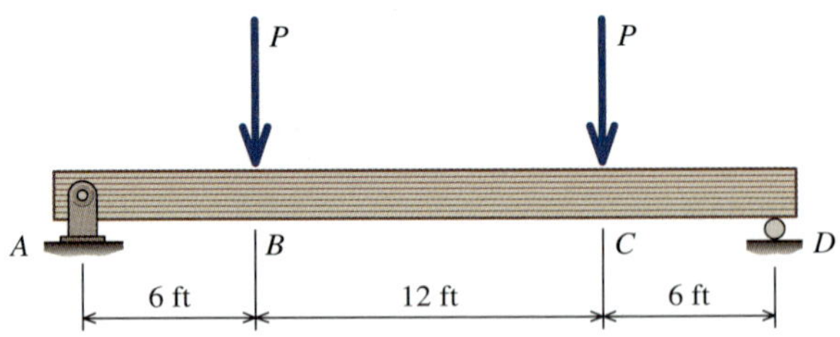


**FIGURE P8.51*a***

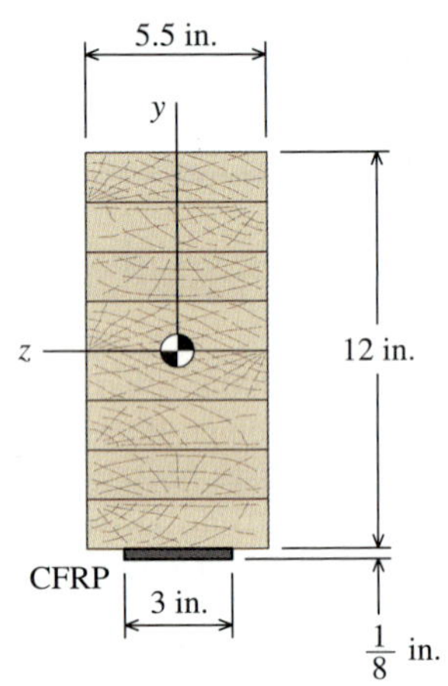


**FIGURE P8.51*b***

## 8.7 편심단축하중에 의한 굽힘

1장, 4장, 5장 등에서 논의된 것처럼 작용선이 단면의 도심을 통과하는 축하중(도심단축하중으로 불린다)은 부재의 단면적에 걸쳐 균일하게 분포되는 법선응력이 발생한다. 편심단축하중은 작용선이 단면의 도심을 통과하지 않는 힘이다. 축력이 부재의 도심으로부터 벗어날 때, 굽힘응력이 축력으로 인한 법선응력 외에 추가로 부재에서 발생한다. 그러므로 굽힘의 이러한 유형의 분석은 축응력과 굽힘응력 둘 다 고려사항으로 요구된다. 많은 구조물들(표지판, 보받이판, 그리고 교각과 같은 흔한 대상들을 포함해서)은 편심단축하중을 받는다.

$C$를 포함한 단면에서 발생하는 법선응력은 그림 8.13$a$의 물체에 대해 구할 것이다. 여기서 제시된 해석은 굽힘부재는 대칭면(그림 8.2$a$)을 갖고, 모든 하중은 대칭면에서 작용된다고 가정한다.

축하중 $P$의 작용선은 도심 $C$를 통과하지 않는다. 그러므로 이 물체(점 $H$와 점 $K$ 사이)는 편심단축하중을 받는다. $P$의 작용선과 도심 $C$ 사이의 편심은 기호 $e$로 표기된다.

단면에서 작용하는 내력은 $C$를 가로질러 자른 자유물체도(그림 8.13$b$)에서 보듯이 단면의 도심에 작용하는 축력 $F$와 대칭면 내에서 작용하는 굽힘모멘트 $M$으로 표현될 수 있다.

축력 $F$와 굽힘모멘트 $M$은 둘 다 법선응력(그림 8.14)을 발생시킨다. 이들 응력은 관심 단면에서 완전한 응력분포로 결합되어야 한다. 축력 $F$는 전체 단면에 걸쳐 균일하게 분포되는 법선응력 $\sigma_x = F/A$를 발생시키고, 굽힘모멘트 $M$은 단면의 깊이에 걸쳐 선형적으로 분포되는 굽힘응력공식 $\sigma_x = -My/I_z$에 의해 얻어진 법선응력을 발생시킨다. 완전한 응력분포는 $F$와 $M$에 의해 생성된 응력들을 중첩함으로써 얻는다.

$$\sigma_x = \frac{F}{A} - \frac{My}{I_z} \tag{8.19}$$

$F$와 $M$에 대한 부호규약은 앞 장에서 제시된 것과 동일하다. 양의 축력 $F$는 인장법선응력을 발생시키고, 양의 굽힘모멘트는 양의 $y$값에 대해 압축법선응력을 발생시킨다.

편심 $e$만큼 단면의 도심으로부터 떨어진 작용선에 작용하는 축력은 $M = P \times e$의 내부 굽힘모멘트를 발생시킨다. 그래서 편심축력에 대해 식 (8.19)는 다음과 같이 표현된다.

$$\sigma_x = \frac{F}{A} - \frac{(Pe)\,y}{I_z} \tag{8.20}$$

## 중립축 위치

축력 $F$와 굽힘모멘트 $M$이 동시에 작용할 때, 더 이상 중립축은 단면의 도심에 위치하지 않는다. 사실 축력 $F$의 크기에 따라, 중립축은 없을 수도 있을 것이다. 이 때, 단면 상의 모든 법

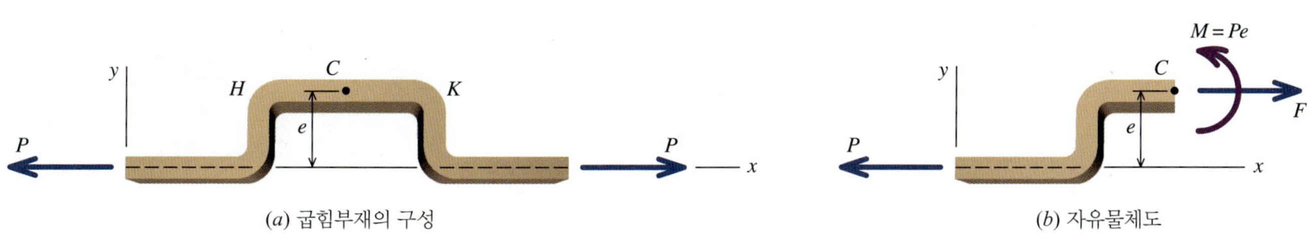


**그림 8.13** • 편심단축하중에 의한 굽힘

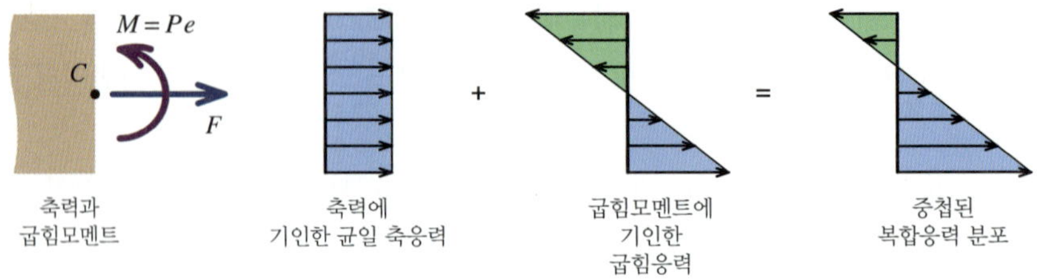


**그림 8.14** • 편심단축하중에 의한 법선응력

선응력은 인장응력 또는 압축응력일 것이다. 중립축의 위치는 식 (8.19)에서 $\sigma_x = 0$으로 놓고, 단면의 도심으로부터 측정된 길이 $y$에 대해 풀어서 구한다.

## 한계

이러한 접근을 통해 결정된 응력은 굽힘부재에 있는 굽힘모멘트가 초기 변형되지 않은 치수로부터 정확히 계산될 수 있다고 가정한 것의 결과이다. 다시 말해, 굽힘모멘트에 의한 처짐은 상대적으로 작아야 한다. 굽힘부재가 비교적 길거나 얇다면, 편심단축하중에 의한 횡방향 처짐은 급격하게 굽힘모멘트를 증폭시키는 편심 $e$를 증가시킬 것이다.

식 (8.19)와 (8.20)의 사용은 Saint-Venant의 원리와 부합되어야 한다. 실제 적용에서 응력들은 그림 8.13$a$의 점 $H$와 $K$ 근처에서 정확하게 계산될 수 없다는 것을 의미한다.

### 예제 8.8 EXAMPLE

폭이 10 in.이고 깊이가 6 in.인 직사각형단면을 갖는 구조 부재가 그림처럼 집중하중 30 kip를 지탱하고 있다. 부재의 단면 $a-a$ 위의 법선응력의 분포를 결정하라.

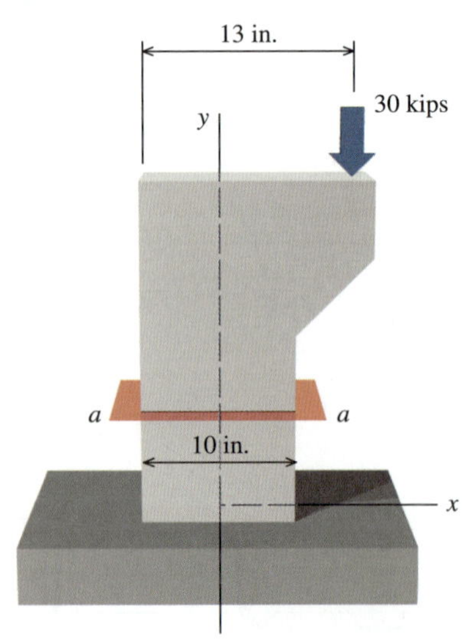


**풀이 계획**

단면 $a-a$ 위에 작용하는 내력을 먼저 구해야 한다. 등가 힘 계의 원리는 부재 구조물의 상단면에서 작용하는 단일 집중하중 30 kip와 등가인 관심단면에서 작용하는 축력과 굽힘모멘트를 결정하는 데 사용된다. 일단 등가의 축력과 굽힘모멘트가 결정되면, 단면 $a-a$에서 발생하는 응력을 계산할 수 있다.

**풀이**

**등가 힘과 모멘트**

구조 부재의 단면은 직사각형이다. 그러므로 대칭조건에 의해 도심은 구조 부재의 왼쪽 측면으로부터 5 in. 떨어진 곳에 위치해야 한다. 집중하중 30 kip는 구조 부재의 왼쪽 측면으로부터 13 in. 떨어진 곳에 위치한다. 그 결과 집중하중은 구조 부재의 도심축의 오른쪽으로 8 in.인 곳에 위치

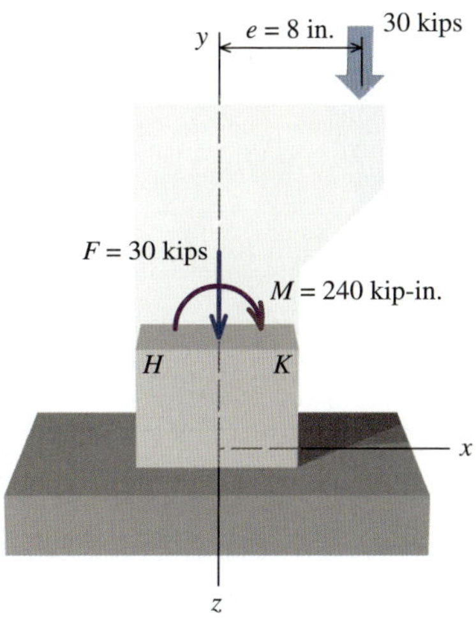


한다. 하중의 작용선과 부재의 도심축 사이의 거리를 일반적으로 **편심량** $e$라고 한다. 이 예제에서 하중은 $e = 8$ in.만큼 편심되어 작용한다고 한다.

집중하중 30 kip의 작용선은 구조 부재의 도심축과 일치하지 않으므로 힘과 모멘트 둘 다 $e = 8$ in.의 편심 위치에서 구조 부재의 상부에 작용하는 집중하중 30 kip와 등가를 얻기 위해서는 단면 $a-a$에서 구해야 한다. 등가 힘은 실제 힘과 같다. 등가를 위해 요구되는 모멘트는 실제 힘과 편심 $e$를 곱한 것과 같다. 그러므로 단면 $a-a$의 도심에서 작용하는 $F = 30$ kips의 축력과 $M = F \times e = (30 \text{ kips})(8 \text{ in.}) = 240$ kip-in.의 굽힘모멘트는 구조 부재의 상부에서 작용하는 하중 30 kip와 등가가 된다.

**단면특성치**

도심 위치는 대칭으로부터 알 수 있다. 단면적은 $A = (10 \text{ in.})(6 \text{ in.}) = 60 \text{ in.}^2$이다. 굽힘모멘트 $M = 240$ kip-in.는 $z$축에 관해 작용한다. 그러므로 $z$축에 관한 단면2차관성모멘트는 굽힘응력을 계산하기 위해 결정되어야 한다.

$$I_z = \frac{(6 \text{ in.})(10 \text{ in.})^3}{12} = 500 \text{ in.}^4$$

**축응력**

단면 $a-a$에서 축력 $F = 30$ kips($y$도심축을 따라 작용)는 다음과 같이 수직방향($y$방향)으로의 법선응력을 발생시킨다.

$$\sigma_{\text{axial}} = \frac{F}{A} = \frac{30 \text{ kips}}{60 \text{ in.}^2} = 0.5 \text{ ksi (C)}$$

축응력은 전체 단면에 걸쳐 균일하게 분포되는 압축법선응력이다.

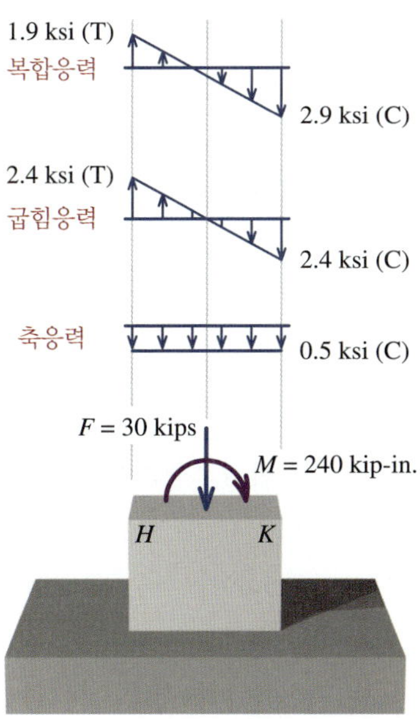


**굽힘응력**

단면 $a-a$ 위에서 최대 굽힘응력의 크기는 굽힘응력공식으로부터 구할 수 있다.

$$\sigma_{\text{bend}} = \frac{Mc}{I_z} = \frac{(240 \text{ kip-in.})(5 \text{ in.})}{500 \text{ in.}^4} = 2.4 \text{ ksi}$$

굽힘응력은 수직방향($y$방향)으로 발생하고, 그것은 굽힘축으로부터 떨어진 거리에 따라 선형적으로 증가한다. 이 문제에서 정의된 좌표계에서 굽힘축으로부터의 거리는 $z$축으로부터 $x$방향으로 측정된다.

굽힘응력의 부호(인장 또는 압축)는 굽힘모멘트 $M$의 방향을 관찰함으로써 쉽게 결정할 수 있다. 이 예제에서 $M$은 구조 부재의 $K$면에서 압축굽힘응력을 일으키고 $H$면에서 인장굽힘응력을 일으킨다.

**복합 법선응력**

축응력과 굽힘응력은 같은 방향($y$방향)에서 발생하는 법선응력이므로 단면 $a-a$ 위에 발생하는 복합응력을 얻기 위해서는 응력들을 직접 더하여 얻을 수 있다. 구조 부재의 $H$면에서의 복합 법선응력은 다음과 같다.

$$\sigma_H = \sigma_{\text{axial}} + \sigma_{\text{bend}} = -0.5 \text{ ksi} + 2.4 \text{ ksi} = +1.9 \text{ ksi} = 1.9 \text{ ksi (T)} \qquad \textbf{Ans.}$$

그리고 $K$면에서의 복합 법선응력은 다음과 같다.

$$\sigma_K = \sigma_{\text{axial}} + \sigma_{\text{bend}} = -0.5 \text{ ksi} - 2.4 \text{ ksi} = -2.9 \text{ ksi} = 2.9 \text{ ksi (C)} \qquad \textbf{Ans.}$$

**중립축의 위치**

편심단축하중에 대해 중립축(응력이 0인 위치)은 단면 도심에 위치하지 않는다. 이 예제에서 요구하지는 않았지만, 영의 응력축의 위치는 복합응력 분포로부터 결정할 수 있다. 닮은꼴 삼각형의 규칙을 사용하여 복합응력은 구조 부재의 왼쪽 측면으로부터 3.958 in. 떨어진 거리에서 0이다

## 예제 8.9 EXAMPLE

그림의 C-클램프는 인장 또는 압축 모두 324 MPa의 항복강도를 갖는 합금으로 만들어졌다. 3.0의 안전계수가 요구되는 경우, 클램프가 견딜 수 있는 허용체결력을 구하라.

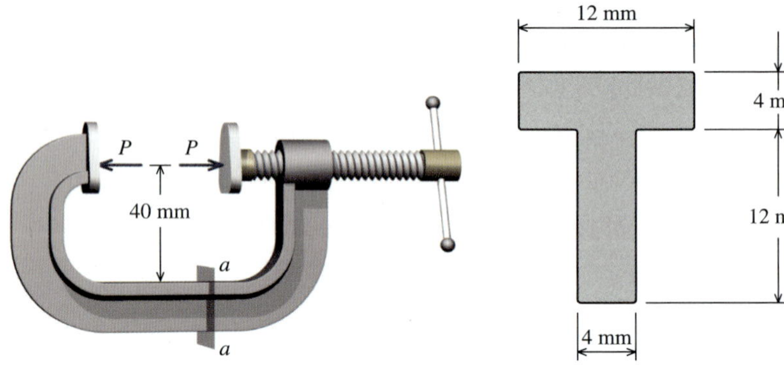

**단면 *a–a*.**

**풀이 계획**

T-형상 단면에 대한 도심 위치를 먼저 구해야 한다. 도심을 찾으면, 체결력 $P$의 편심 $e$는 결정될 수 있고, 단면 $a-a$ 위에 작용하는 등가 힘과 모멘트는 밝힐 수 있다. 미지의 힘 $P$의 항으로 쓰여지는 축응력과 굽힘응력에 대한 복합응력의 표현은 허용법선응력과 같게 설정할 수 있다. 이들 표현식으로부터 최대 허용체결력이 결정될 수 있다.

**풀이**

**단면특성치**

T-형상 단면에 대한 도심은 그림에서 보는 바와 같다. 단면적은 $A = 96$ mm$^2$이고, $z$도심축에 관한 관성모멘트는 $I_z = 2{,}176$ mm$^4$이다.

**허용법선응력**

클램프에 사용되는 합금은 324 MPa의 항복강도를 갖는다. 3.0의 안전계수가 요구되므로 이 재료에 대한 허용법선응력은 108 MPa이다.

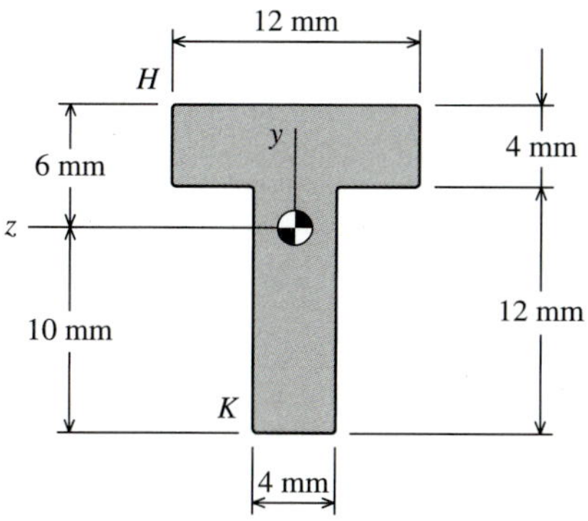


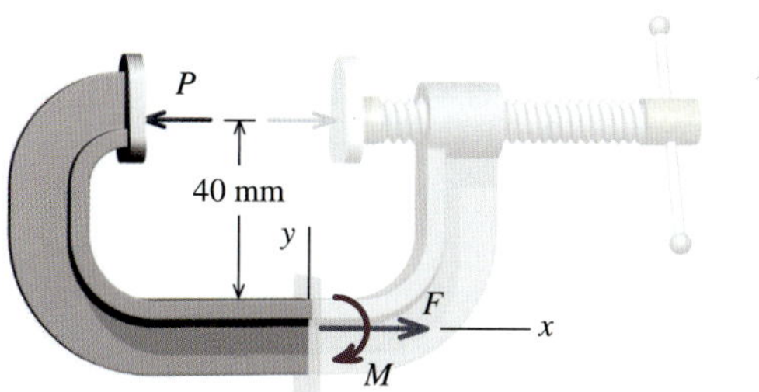


**축력과 굽힘모멘트**

그림에 단면 $a-a$에서 클램프를 잘라 만든 자유물체도를 나타내었다. 축력 $F$는 체결력 $P$와 같다. 굽힘모멘트 $M$은 체결력 $P$에 단면 $a-a$의 도심과 $P$의 작용선 사이의 편심 $e(e = 40\text{ mm} + 6\text{ mm} = 46\text{ mm})$를 곱한 것과 같다.

**축응력**

단면 $a-a$ 위에서 축력 $F$(체결력 $P$와 같다)는 다음의 법선응력을 발생시킨다.

$$\sigma_{\text{axial}} = \frac{F}{A} = \frac{P}{A} = \frac{P}{96\text{ mm}^2}$$

이 법선응력은 전체단면에 걸쳐 균일하게 분포된다. 관찰에 의해, 축응력은 인장이다.

**굽힘응력**

T-형상은 $z$축에 관해 대칭이 아니므로 플랜지의 상단면(점 $H$)에서 굽힘응력은 스템의 하단면(점 $K$)에서의 굽힘응력과 다르다. 점 $H$에서의 굽힘응력은 다음 식과 같이 체결력 $P$로 표현된다.

$$\sigma_{\text{bend},H} = \frac{My}{I_z} = \frac{P(46\text{ mm})(6\text{ mm})}{2{,}176\text{ mm}^4} = \frac{P}{7.88406\text{ mm}^2}$$

관찰에 의해, 점 $H$에서 굽힘응력은 인장이다.

점 $K$에서 굽힘응력은 다음 식과 같이 표현될 수 있다.

$$\sigma_{\text{bend},K} = \frac{My}{I_z} = \frac{P(46\text{ mm})(10\text{ mm})}{2{,}176\text{ mm}^4} = \frac{P}{4.73043\text{ mm}^2}$$

관찰에 의해, 점 $K$에서의 굽힘응력은 압축이다.

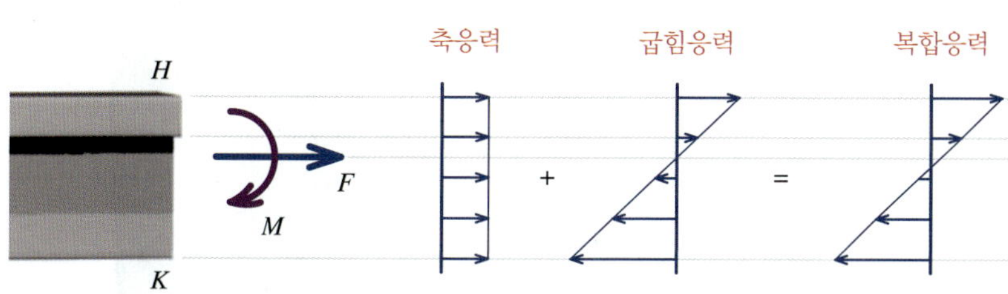


**$H$에서의 복합응력**

점 $H$에서 복합응력은 다음와 같이 미지의 체결력 $P$로 표현될 수 있다.

$$\sigma_{\text{comb},H} = \frac{P}{96\text{ mm}^2} + \frac{P}{7.88406\text{ mm}^2} = P\left[\frac{1}{96\text{ mm}^2} + \frac{1}{7.88406\text{ mm}^2}\right] = \frac{P}{7.28572\text{ mm}^2}$$

축응력과 굽힘응력은 둘 다 인장응력이므로 더해졌다. 첫 번째로 가능한 $P$값을 구하기 위하여 복합응력을 허용법선응력과 동일하게 둔다.

$$\frac{P}{7.28572\ \text{mm}^2} \leq 108\ \text{MPa} = 108\ \text{N/mm}^2 \qquad \therefore P \leq 787\ \text{N} \tag{a}$$

**$K$에서의 복합응력**

점 $K$에서 복합응력은 인장축응력과 압축굽힘응력의 합이다.

$$\sigma_{\text{comb},K} = \frac{P}{96\ \text{mm}^2} - \frac{P}{4.73043\ \text{mm}^2} = P\left[\frac{1}{96\ \text{mm}^2} - \frac{1}{4.73043\ \text{mm}^2}\right] = -\frac{P}{4.97560\ \text{mm}^2}$$

음의 부호는 점 $K$에서 복합응력이 압축법선응력임을 의미한다. 두 번째로 가능한 $P$값은 다음의 식으로부터 구할 수 있다. $P$의 크기만 관심 있으므로 음의 부호는 여기서 생략할 수 있다.

$$\frac{P}{4.97560\ \text{mm}^2} \leq 108\ \text{MPa} = 108\ \text{N/mm}^2 \qquad \therefore P \leq 537\ \text{N} \tag{b}$$

**체결력 조절**

허용체결력은 식 (a)와 (b)로부터 얻은 두 값 중 작은 것이다. 이 C-클램프에서 최대 허용체결력은 $P = 537$ N이다. **Ans**

## MecMovies Example M8.20

그림의 C-클램프는 400 N의 최대 체결력을 견딜 수 있을 것으로 예상된다. 클램프 단면의 폭이 20 mm이고 두께는 10 mm이다. C-클램프 내에서의 최대 인장응력과 압축응력을 구하라.

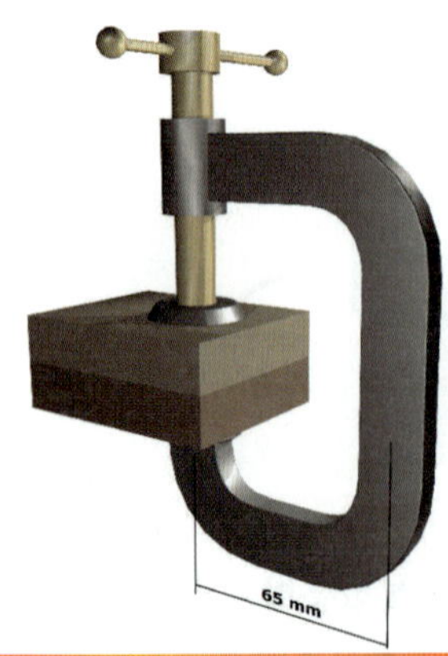

## MecMovies Example M8.21

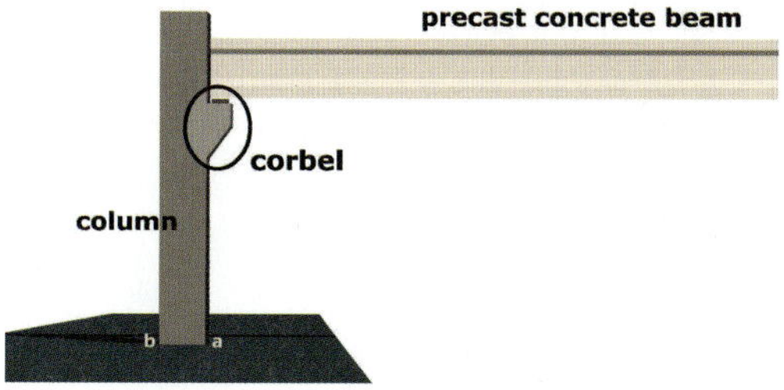


블록으로 성형된 콘크리트 보는 콘크리트 기둥에 있는 받침대에 의해 지지되어 있다. 보의 끝단에서 반력은 1,200 kN이다. 이 반력은 기둥의 중심선으로부터 240 mm 떨어진 받침대에서 발생한다. 기둥의 바닥 부분의 점 *a*와 *b*에서 응력을 구하라.

## MecMovies Example M8.22

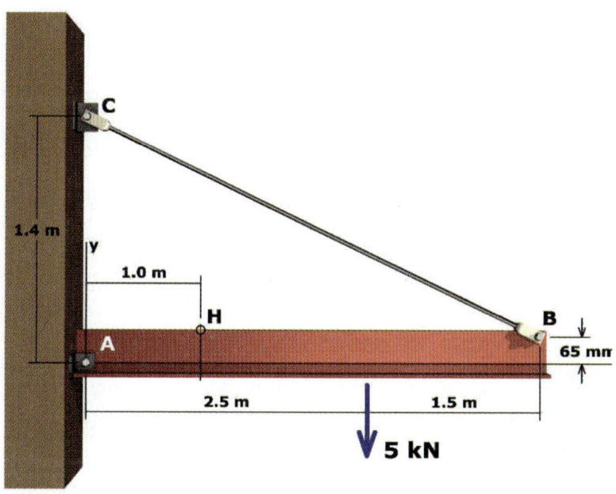


T형강은 최대 5 kN까지의 하중을 들어올릴 수 있도록 벽 브라켓 지브 기중기(wall *braclket jb* crane)를 위한 팔로 사용된다. 팔은 벽 *A*에서 핀으로 지지되어 있다. 점 *B*에서 팔은 강봉 *BC*에 의해 지지되어 있다. *A*에서 핀은 T형강의 도심축에 위치하지만, *B*에서 강봉은 도심축 위로 65 mm 떨어진 T형강의 스탬에 연결되어 있다. 5 kN의 크레인 하중이 그림에서 보는 바와 같이 위치에 있을 때, *A*로부터 1 m 떨어진 점 *H*(T형강의 스텝의 끝에 위치한다)에서 법선응력을 구하라.

## MecMovies EXERCISES

**M8.20** *A*와 *B*에서의 법선응력을 구하라.

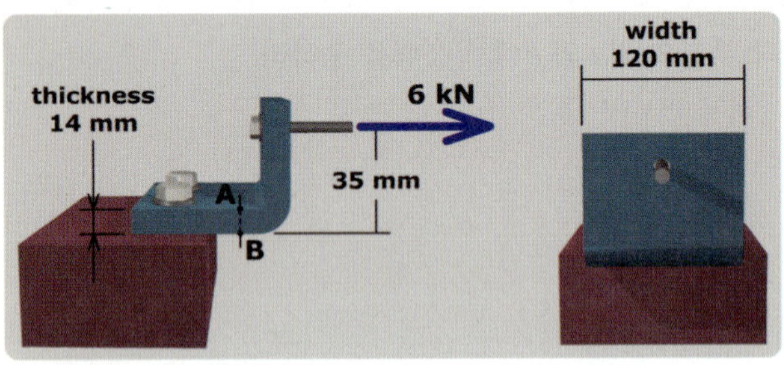


그림 M8.20

**M8.21** *A*와 *B*에서의 법선응력을 구하라.

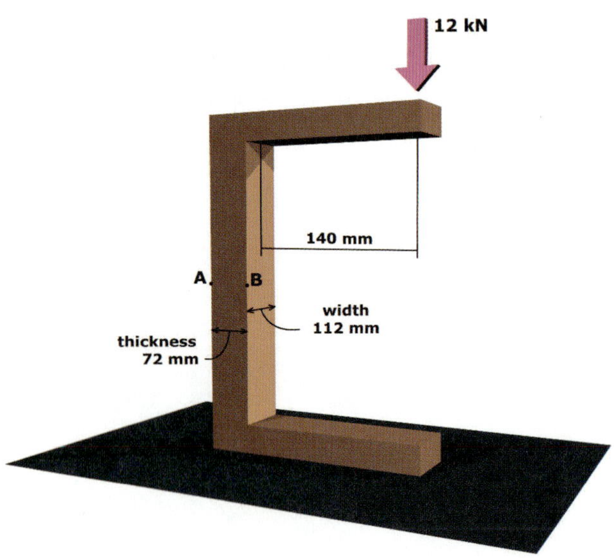


그림 M8.21

**M8.22** 다양한 하중이 부과되는 그림의 구조물과 관련된 10개의 질문에 답하라.

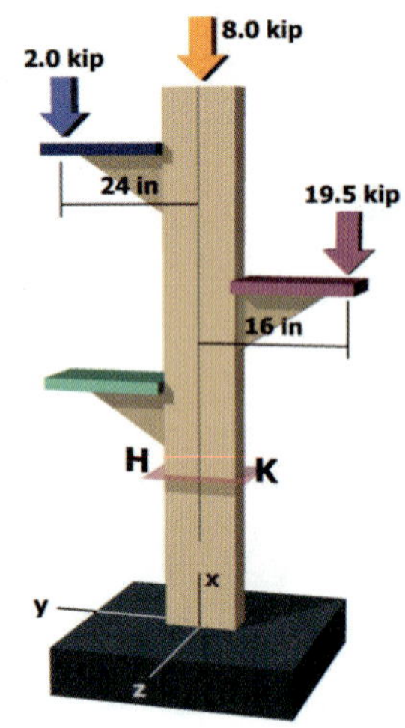


그림 M8.22

**M8.23** 파이프 *AB*(외경과 벽 두께는 주어짐)는 *w*의 균일한 분포 하중을 지탱한다. 핀 *A*의 반력을 구하고, 부재 (1)의 축력과 점 *H*와 *K*에서 법선응력을 구하라.

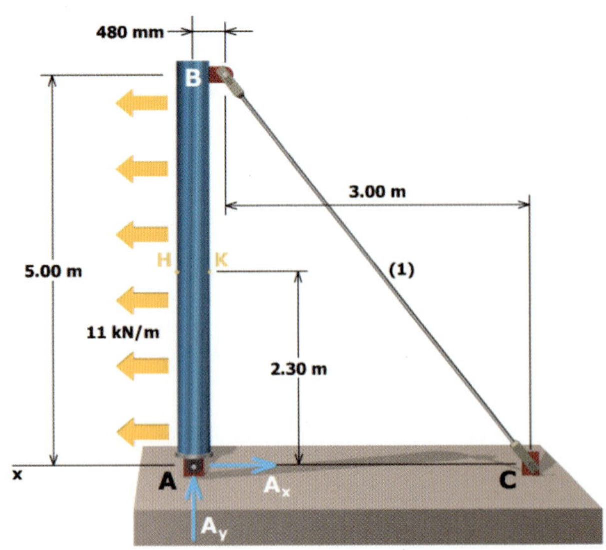


그림 M8.23

## PROBLEMS

**P8.52** A steel pipe assembly supports a concentrated load of 22 kN as shown in Figure P8.52. The outside diameter of the pipe is 142 mm and the wall thickness is 6.5 mm. Determine the normal stresses produced at points *H* and *K*.

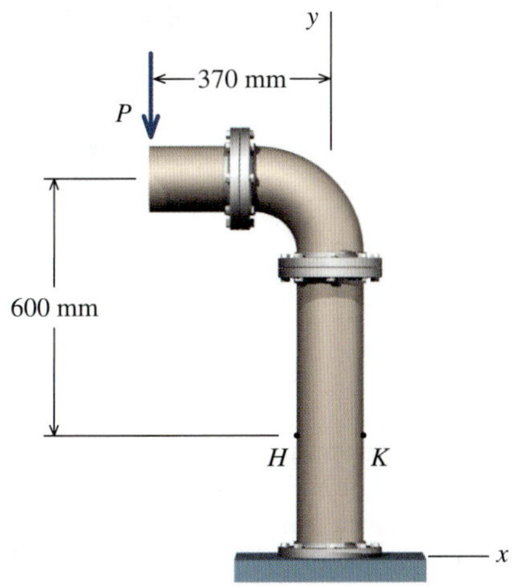


**FIGURE P8.52**

**P8.53** The screw of a clamp exerts a compressive force of 350 lb on the wood blocks as shown in Figure P8.53. Determine the normal stresses produced at points *H* and *K*. The clamp cross-sectional dimensions at the section of interest are 1.25 in. by 0.375 in. thick.

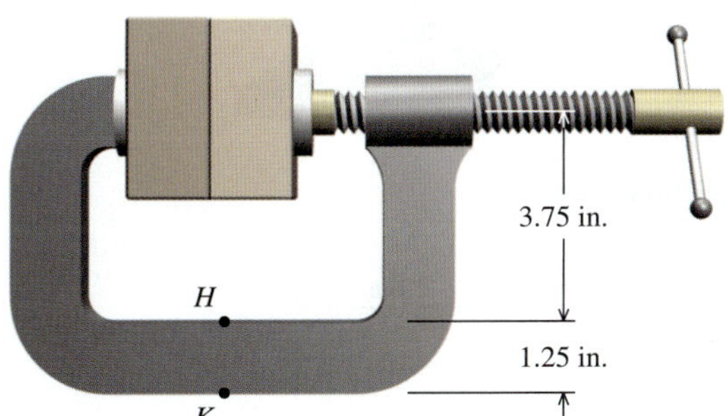


**FIGURE P8.53**

**P8.54** Determine the normal stresses produced at points *H* and *K* of the pier support shown in Figure P8.54*a*. The pier cross-sectional dimensions are shown in Figure P8.54*b*.

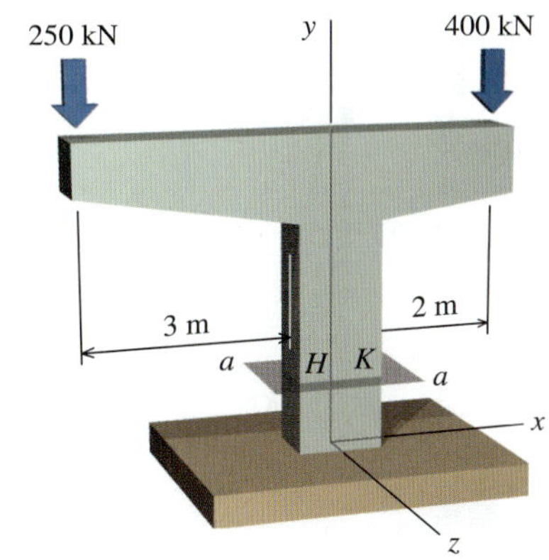


**FIGURE P8.54*a***

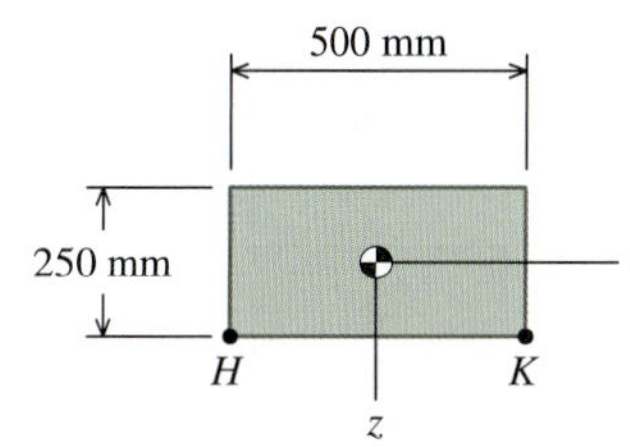


**FIGURE P8.54*b*** Cross section *a*–*a*.

**P8.55** A tubular steel column *CD* supports horizontal cantilever arm *ABC* as shown in Figure P8.55. Column *CD* has an outside diameter of 10.75 in. and a wall thickness of 0.365 in. Determine the maximum compression stress at the base of column *CD*.

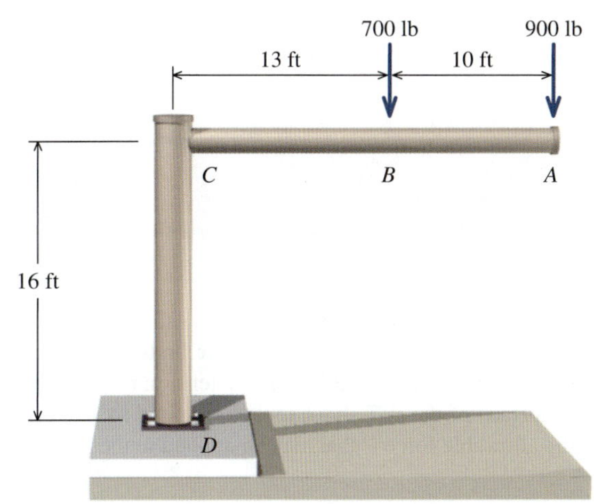


**FIGURE P8.55**

**P8.56** Determine the normal stresses acting at points *H* and *K* for the structure shown in Figure P8.56*a*. The cross-sectional dimensions of the vertical member are shown in Figure P8.56*b*.

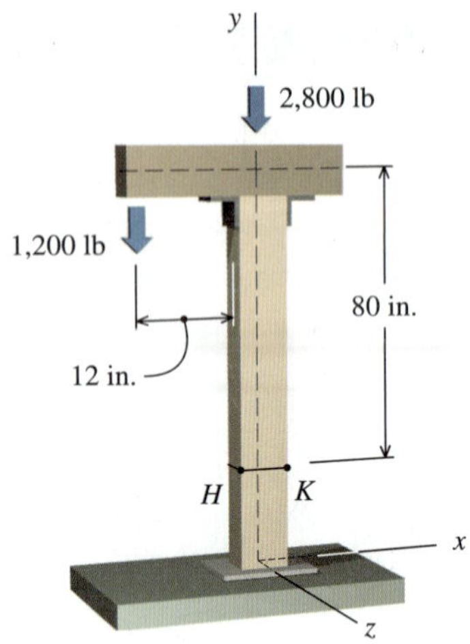


**FIGURE P8.56*a***

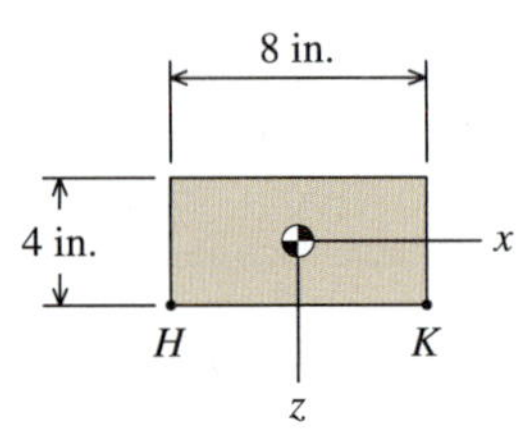


**FIGURE P8.56*b*** Cross section.

**P8.57** A W18 × 35 standard steel shape is subjected to a tension force $P$ that is applied 15 in. above the bottom surface of the wide-flange shape as shown in Figure P8.57. If the tension normal stress of the upper surface of the W-shape must be limited to 18 ksi, determine the allowable force $P$ that may be applied to the member.

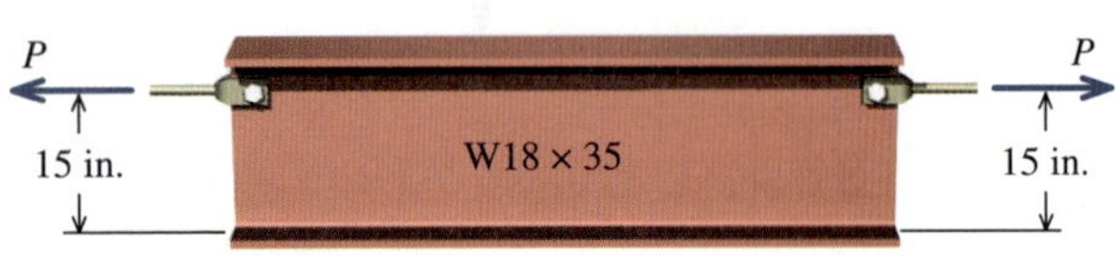


**FIGURE P8.57**

**P8.58** A WT305 × 41 standard steel shape is subjected to a tension force $P$ that is applied 250 mm above the bottom surface of the tee shape as shown in Figure P8.58. If the tension normal stress of the upper surface of the WT-shape must be limited to 150 MPa, determine the allowable force $P$ that may be applied to the member.

**FIGURE P8.58**

**P8.59** A pin support consists of a vertical plate 60 mm wide by 10 mm thick. The pin carries a load of 1,200 N. Determine the normal stresses acting at points $H$ and $K$ for the structure shown in Figure P8.59.

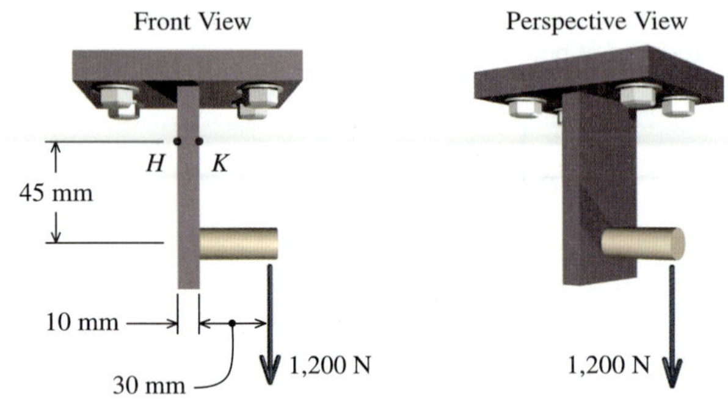


**FIGURE P8.59**

**P8.60** The tee shape shown in Figure P8.60*b*/61*b* is used as a short post to support a load of $P$ = 4,600 lb. The load $P$ is applied at a distance of 5 in. from the surface of the flange as shown in Figure P8.60*a*/61*a*. Determine the normal stresses at points $H$ and $K$, which are located on section $a$–$a$.

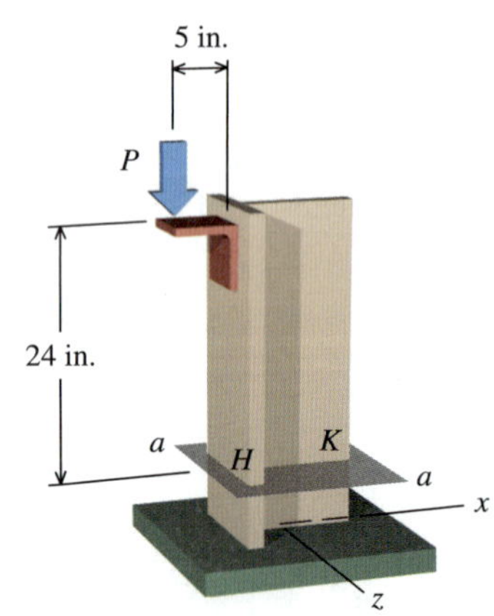


**FIGURE P8.60*a*/61*a***

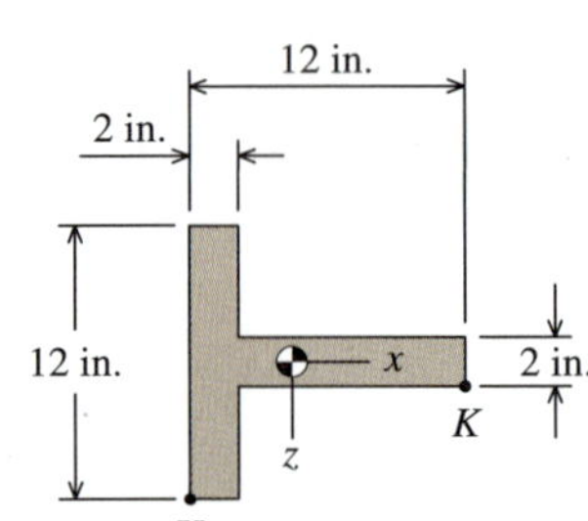


**FIGURE P8.60*b*/61*b*** Cross-sectional dimensions.

**P8.61** The tee shape shown in Figure P8.60*b*/61*b* is used as a short post to support a load of *P*. The load *P* is applied at a distance of 5 in. from the surface of the flange, as shown in Figure P8.60*a*/61*a*. The tension and compression normal stresses in the post must be limited to 1,000 psi and 800 psi, respectively. Determine the maximum magnitude of load *P* that satisfies both the tension and compression stress limits.

**P8.62** The tee shape shown in Figure P8.62*b*/63*b* is used as a post that supports a load of $P = 25$ kN. Note that the load *P* is applied 400 mm from the flange of the tee shape as shown in Figure P8.62*a*/63*a*. Determine the normal stresses at points *H* and *K*.

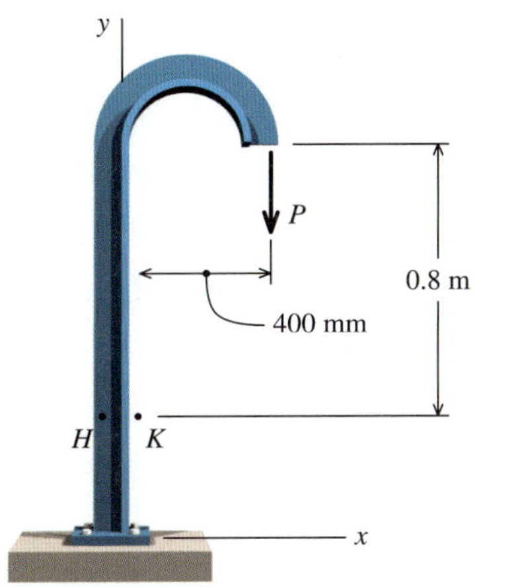


**FIGURE P8.62*a*/63*a***

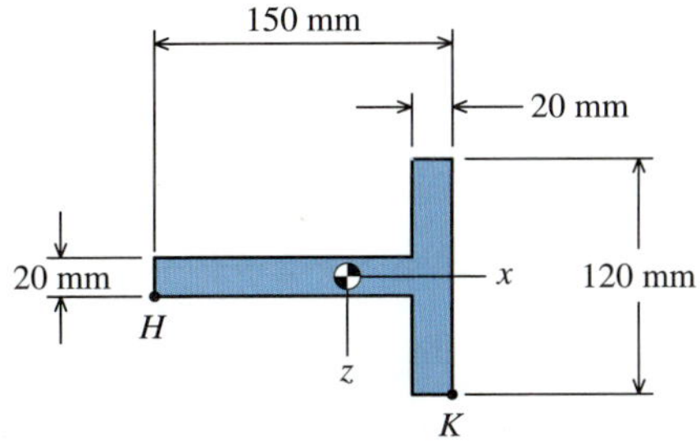


**FIGURE P8.62*b*/63*b***

**P8.63** The tee shape shown in Figure P8.62*b*/63*b* is used as a post that supports a load of *P*, which is applied 400 mm from the flange of the tee shape as shown in Figure P8.62*a*/63*a*. The tension and compression normal stresses in the post must be limited to 165 MPa and 80 MPa, respectively. Determine the maximum magnitude of load *P* that satisfies both the tension and compression stress limits.

**P8.64** The tee shape shown in Figure P8.64*b* is used as a post that supports a load of $P = 25$ kN, which is applied 400 mm from the flange of the tee shape as shown in Figure P8.64*a*. Determine the magnitudes and locations of the maximum tension and compression normal stresses within the vertical portion *BC* of the post.

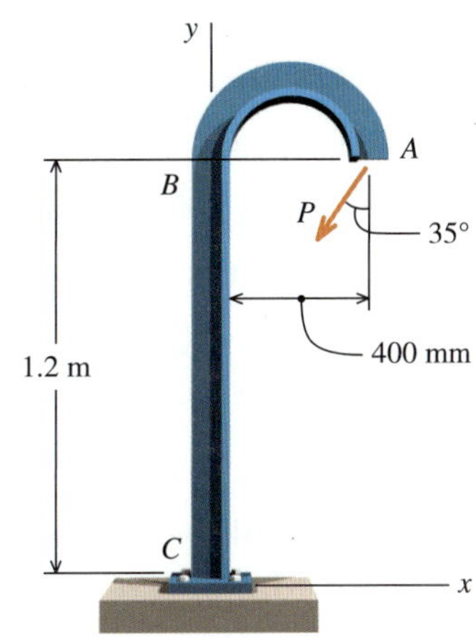


**FIGURE P8.64*a***

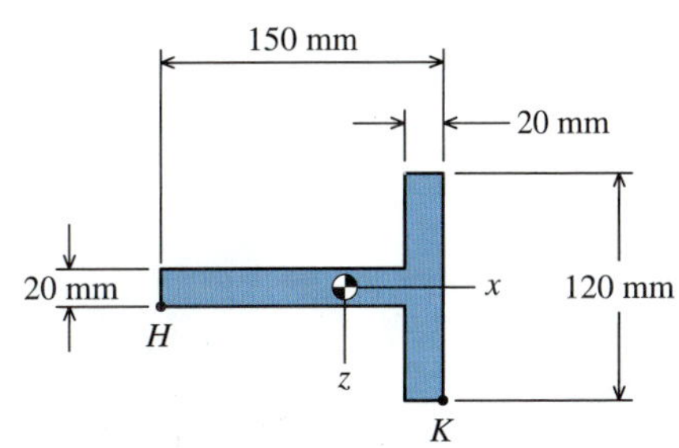


**FIGURE P8.64*b*** Cross-sectional dimensions.

## 8.8 비대칭 굽힘

8.1절에서 8.3절까지 굽힘이론은 단면적이 일정한 보에 대해 전개되었다. 이 이론을 유도하는 과정에서 보는 길이방향 대칭면(그림 8.2*a*)을 갖는다고 가정하였다. 그리고 보에서 작용하는 하중뿐만 아니라 결과물인 곡률과 처짐은 굽힘면에서만 발생한다고 가정하였다. 보 단면이 비대칭 또는 보에 가해지는 하중이 굽힘면 내에 작용하지 않는다면, 8.1절에서 8.3절까지 정리된 굽힘이론은 유효하지 않다.

다음의 가상실험을 고려해 보자. 그림 8.15*a*의 비대칭 플랜지를 갖는 보의 양 단면에는 그림에서 보는 것처럼 동일한 크기의 $z$축에 대한 굽힘모멘트 $M_z$가 작용한다. 보는 $M_z$에 응답하여 $x-y$평면에서만 굽어지고, $z$축을 굽힘축으로 가정한다. 다시 말해, $x-z$면을 중립면으로 가정한다. 이 가정이 맞다면, 그림 8.15*b*에 보여지는 굽힘응력은 $z$단면에서 발생할 것이다. 압축굽힘응력은 $z$축 위에서 발생할 것이고, 인장굽힘응력은 $z$축 아래에서 발생할 것이다.

다음으로 $z$단면의 플랜지에서 발생하는 응력을 고려한다. 굽힘응력은 각 플랜지의 폭에 걸쳐 균일하게 분포할 것이다. 상단 플랜지에서 발생하는 압축굽힘응력들의 내부 합력은 $F_C$로 표기한다(그림 8.15*c*). 그 작용선은 $y$축으로부터 $z_C$만큼 떨어진 거리에서(수평방향으로) 플랜지의 중간점을 통과한다. 마찬가지로 하단 플랜지에서의 인장굽힘응력의 합력은 $F_T$로 표기하고, 그 작용선은 $y$축으로부터 $z_T$의 거리에 위치한다. 합력 $F_C$와 $F_T$는 크기는 같고 반대 방향으로 발생하므로 그들은 $y$축에 관한 굽힘모멘트를 생성하는 짝힘을 형성한다. 이 $y$축에 관한 내부 모멘트($x-z$평면에서 작용)는 (작용모멘트 $M_z$가 단지 $z$축에 관해서만 작용하므로) 임의의 외부 모멘트에 의해 영향을 받지 않는다. 그러므로 평행은 만족되지 않는다. 따라서 비대칭 보의 굽힘은 발생하중의 평면($x-y$평면)에서 단독으로 발생하지 않는다. 이 가상실험을 통해 비대칭 보는 모멘트 $M_z$가 작용하는 평면($x-y$평면)뿐만 아니라 그 이외의 면방향($x-z$평면)으로도 굽어야 한다는 것을 보여준다.

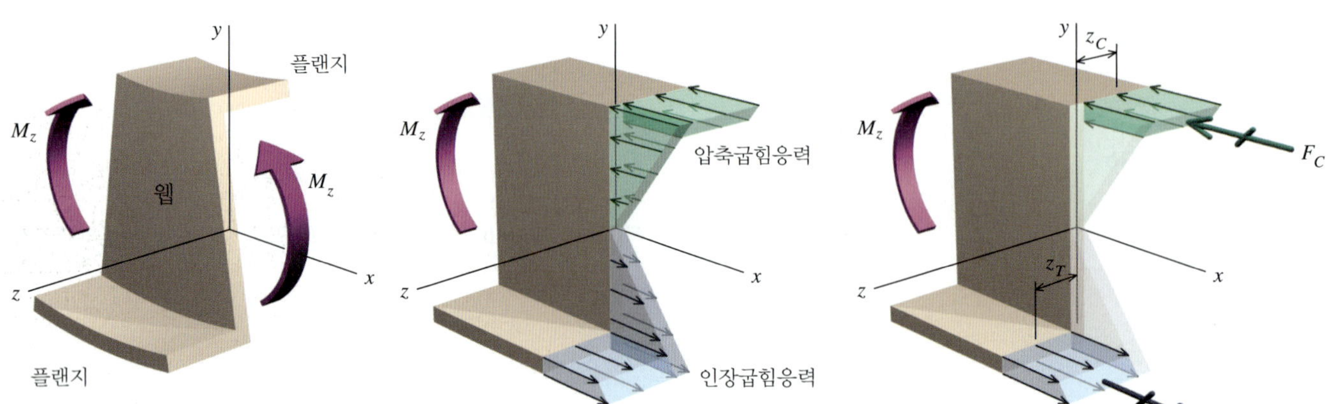


(*a*) $z$단면에 작용되는 동등한 크기의 굽힘모멘트 $M$

(*b*) 굽힘이 $x-y$평면에서만 발생할 경우 $z$단면 내에 생성된 굽힘응력들

(*c*) 플랜지의 굽힘응력에 의해 생성된 합력

**그림 8.15** • 사고시험을 통한 비대칭 굽힘

## 균일한 임의 단면 형상보

좀더 일반적인 굽힘이론은 임의단면을 갖는 보에 대해 요구된다. 보는 순수굽힘을 받으며, 굽힘을 받기 전의 평면단면은 굽힘을 받은 후에도 평면을 유지하고, 굽힘응력은 탄성을 유지한다고 가정한다. 보의 단면은 그림 8.16에서 보는 바와 같고, 보의 길이방향 축은 $x$축으로 정의된다. 여기서는 $y$축과 $z$축은 각각 수직하고 수평하다고 가정한다. 그러나 이들 축은 직교성이 유지된다면, 임의의 방향으로 놓일 수 있다.

이 절에서, 임의의 단면이라는 용어는 대칭한 축을 갖지 않는 형상을 의미한다.

굽힘모멘트 $M_y$와 $M_z$는 보 위에서 발생하는 것으로 간주하며, $x-z$평면과 $x-y$평면에서 각각 보의 곡률을 생성한다. 굽힘모멘트는 굽힘축 $n-n$ 위와 아래에서 선형적으로 분포하는 법선응력 $\sigma_x$를 생성한다. 앞의 가상실험에서 보여졌듯이 비대칭 보 위에 작용하는 하중은 하중의 평면 내에서와 수직한 곳에서 모두 굽힘이 발생할 수 있다.

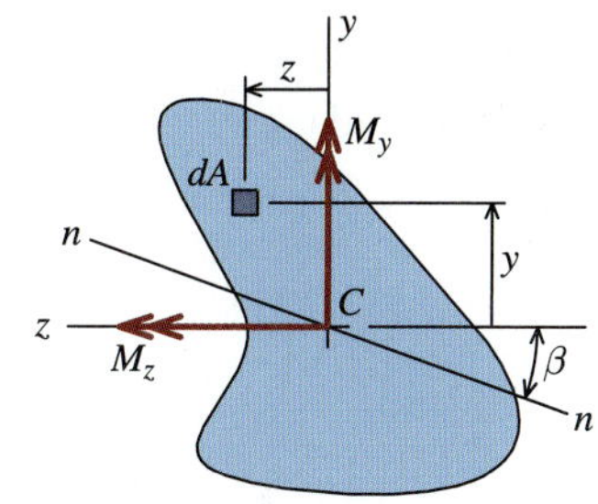


**그림 8.16** • 임의단면과 보의 굽힘

$x-y$평면에서 보의 곡률을 $1/\rho_z$로 표기하고, $x-z$평면에서 곡률을 $1/\rho_y$로 표기한다. 굽힘 전에 평면단면은 굽어진 후에도 평면을 유지하므로 보의 단면 내 임의의 위치$(y, z)$에서 길이방향 법선변형률 $\varepsilon_x$는 다음과 같이 표현될 수 있다.

$$\varepsilon_x = -\frac{y}{\rho_z} - \frac{z}{\rho_y}$$

굽힘이 탄성이라면, 굽힘응력 $\sigma_x$는 굽힘변형률에 비례하고, 단면에 걸친 응력분포는 다음과 같이 정의된다.

$$\sigma_x = E\varepsilon_x = -\frac{Ey}{\rho_z} - \frac{Ez}{\rho_y} \tag{a}$$

평형조건을 만족하기 위해 모든 굽힘응력의 합력은 0이 되어야 한다.

$$\int_A \sigma_x \, dA = 0 \tag{b}$$

그리고 다음의 모멘트 식을 만족해야 한다.

$$\int_A z\sigma_x \, dA = M_y \tag{c}$$

$$\int_A y\sigma_x \, dA = -M_z \tag{d}$$

식 (a)에서 주어진 $\sigma_x$의 식을 식 (b)에 대입하여 다음을 얻는다.

$$\int_A \left(-\frac{Ey}{\rho_z} - \frac{Ez}{\rho_y}\right) dA = \int_A \left(\frac{y}{\rho_z} + \frac{z}{\rho_y}\right) dA = \frac{1}{\rho_z}\int_A y\,dA + \frac{1}{\rho_y}\int_A z\,dA = 0 \tag{e}$$

이 식은 굽힘축 $n-n$이 단면의 도심을 통과할 때만 만족될 수 있다.

식 (a)를 식 (c)에 대입하면 아래의 식을 얻는다.

$$\int_A z\left(-\frac{Ey}{\rho_z} - \frac{Ez}{\rho_y}\right)dA = -\frac{E}{\rho_z}\int_A yz\,dA - \frac{E}{\rho_y}\int_A z^2\,dA = M_y \tag{f}$$

여기서 적분항은 각각 다음 식에서 정의된 $z$축에 관한 단면2차관성모멘트와 단면의 관성적이다.

면적에 대한 관성모멘트와 관성적은 부록 A에서 확인할 수 있다.

$$I_y = \int_A z^2\,dA \qquad I_{yz} = \int_A yz\,dA$$

그래서 식 (f)는 다음 식과 같이 다시 정리될 수 있다.

$$-\frac{EI_{yz}}{\rho_z} - \frac{EI_y}{\rho_y} = M_y \tag{g}$$

마찬가지로 식 (a)는 식 (d)에 대입하여 다음의 식을 얻을 수 있다.

$$-\frac{EI_z}{\rho_z} + \frac{EI_{yz}}{\rho_y} = M_z \tag{h}$$

여기서

$$I_z = \int_A y^2\,dA$$

식 (g)와 (h)를 연립하여 풀면, 굽힘모멘트 $M_y$와 $M_z$로 인한 $x-y$평면과 $x-z$평면에서의 곡률에 관한 식을 유도할 수 있다.

$$\frac{1}{\rho_z} = \frac{M_zI_y + M_yI_{yz}}{E(I_yI_z - I_{yz}^2)}, \qquad \frac{1}{\rho_y} = -\frac{M_yI_z + M_zI_{yz}}{E(I_yI_z - I_{yz}^2)} \tag{i}$$

이 곡률 식은 굽힘모멘트 $M_y$와 $M_z$를 받는 균일한 임의단면 형상을 갖는 보에서 발생한 굽힘응력에 대한 일반적인 관계식을 얻기 위해 식 (a)에 대입할 수 있다.

$$\sigma_x = -\frac{(M_zI_y + M_yI_{yz})y}{I_yI_z - I_{yz}^2} + \frac{(M_yI_z + M_zI_{yz})z}{I_yI_z - I_{yz}^2} \tag{8.21}$$

또는

$$\sigma_x = \left(\frac{I_zz - I_{yz}y}{I_yI_z - I_{yz}^2}\right)M_y + \left(\frac{-I_yy + I_{yz}z}{I_yI_z - I_{yz}^2}\right)M_z \tag{8.22}$$

### 굽힘축 방향

굽힘축의 방향은 법선응력이 최대 또는 최소값을 갖는 단면 상의 점의 위치를 찾기 위해서 결정되어야 한다. $\sigma_x$는 중립면에서 0이므로 굽힘축의 방향은 식 (8.21)을 0으로 놓음으로써 구할 수 있다.

$$-(M_z I_y + M_y I_{yz})y + (M_y I_z + M_z I_{yz})z = 0$$

또는

$$y = \frac{M_y I_z + M_z I_{yz}}{M_z I_y + M_y I_{yz}} z$$

이것은 $y-z$평면 내에서 굽힘축의 방정식이다. 만약 굽힘축의 기울기를 $dy/dz = \tan\beta$로 표현한다면, 굽힘축의 방향은 다음 식과 같이 주어질 수 있다.

$$\tan\beta = \frac{M_y I_z + M_z I_{yz}}{M_z I_y + M_y I_{yz}} \tag{8.23}$$

## 대칭단면을 갖는 보

보의 단면이 적어도 하나의 대칭축을 갖는다면, 단면에 대한 관성적은 $I_{yz} = 0$이다. 이 경우 식 (8.21)과 (8.22)는 다음과 같이 정리된다.

$$\sigma_x = \frac{M_y z}{I_y} - \frac{M_z y}{I_z} \tag{8.24}$$

그리고 굽힘축 방향은 다음 식과 같이 표현될 수 있다.

$$\tan\beta = \frac{M_y I_z}{M_z I_y} \tag{8.25}$$

모든 하중이 보의 $x-y$평면에 작용하면, $M_y = 0$이고, 식 (8.24)는 다음과 같이 간략화된다.

$$\sigma_x = -\frac{M_z y}{I_z}$$

식 (8.24)는 두 축에 관한 굽힘모멘트($M_y$와 $M_z$)를 받는 다양한 일반 단면형상(직사각형, W-형상, C-형상, WT-형상)의 굽힘 해석에 유용하다.

## 단면의 주축

앞의 유도과정에서 $y$와 $z$축은 각각 수직하고 수평하다고 가정하였다. 그러나 식 (8.21)부터 식 (8.25)를 사용할 때 임의의 직교축은 $y$축과 $z$축으로 취할 수 있다. 어떤 단면에 대해 항상 관성적 $I_{yz}$를 0으로 만드는 두 개의 직교도심축이 있다는 사실은 입증되어 있다. 이들 축들은 **단면의 주축**이라 부르고, 이에 대응하는 보의 평면들은 **굽힘의 주평면**이라 불린다. 주평면에서 작용하는 굽힘모멘트에 대해 굽힘은 항상 이들 평면 내에서만 발생한다. 보가 주평면이 아닌 곳에서 굽힘모멘트를 받는다면, 굽힘모멘트는 항상 보의 두 개의 주평면과 일치하는 성분으로 분해될 수 있다. 그 후, 중첩원리를 사용하여 단면에서 임의의 좌표($y$, $z$)에서 전체 굽힘응

주축은 직교하므로, $y$ 또는 $z$축은 주축이라면, 다른 축은 자동적으로 주축이다.

력은 각각의 모멘트 성분에 의해 발생된 응력을 대수학적으로 더하여 얻을 수 있다.

## 한계

앞선 논의는 순수굽힘에 대해서만 엄밀히 수용한다. 굽힘이 발생하는 동안 전단응력과 전단 변형은 단면에서 발생할 것이다. 그러나 이들 전단응력은 굽힘거동에 큰 영향을 미치지 않고, 식 (8.21)부터 식 (8.25)를 사용하여 굽힘응력을 계산할 때 무시할 수 있다.

### 예제 8.10 EXAMPLE

C180 × 22의 표준 C형강은 $z$축에 관하여 13°의 각도 방향으로 $M = 5$ kN·m의 굽힘모멘트를 받고 있다. 점 $H$와 $K$에서의 굽힘응력과 굽힘의 방향을 결정하라.

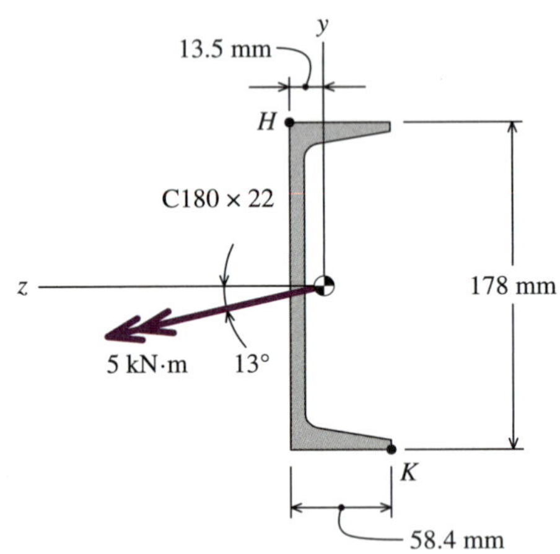


**풀이 계획**

C180 × 22의 C형강에 대한 단면특성치는 부록 B로부터 얻을 수 있다. $y$와 $z$ 방향에서 모멘트 성분들은 굽힘모멘트의 크기와 방향으로부터 계산될 수 있다. C형강은 하나의 대칭축을 갖기 때문에 점 $H$와 $K$에 굽힘응력은 식 (8.24)를 사용하여 계산될 수 있고, 굽힘축의 방향은 식 (8.25)로부터 계산될 수 있다.

**풀이**

**단면특성치**

부록 B로부터, C180 × 22 형강의 관성모멘트는 $I_y = 570{,}000$ mm$^4$과 $I_z = 11.3 \times 10^6$ mm$^4$이다. 형상은 하나의 대칭축을 갖기 때문에 관성적은 $I_{yz} = 0$이다. C180 × 22 형상의 깊이와 플랜지 폭은 각각 $d = 178$ mm와 $b_f = 58.4$ mm이다. C형강의 뒷면에서 도심까지의 거리는 13.5 mm이다. 이 치수는 그림에 나타나 있다.

**점 $H$와 $K$의 좌표**

점 $H$의 $(y, z)$ 좌표는 다음과 같다.

$$y_H = \frac{178\text{ mm}}{2} = 89\text{ mm}, \quad z_H = 13.5\text{ mm}$$

그리고 점 $K$의 좌표는 다음과 같다.

$$y_K = -\frac{178\text{ mm}}{2} = -89\text{ mm}, \quad z_K = 13.5\text{ mm} - 58.4\text{ mm} = -44.9\text{ mm}$$

$y$와 $z$축에 대한 굽힘모멘트는 다음과 같다.

$$M_y = M\sin\theta = (5\text{ kN·m})\sin(-13°) = -1.12576\text{ kN·m} = -1.12576\times10^6\text{ N·mm}$$
$$M_z = M\cos\theta = (5\text{ kN·m})\cos(-13°) = 4.87185\text{ kN·m} = 4.87185\times10^6\text{ N·mm}$$

**점 $H$와 $K$에서의 굽힘응력**

C180 × 22의 형강은 하나의 대칭축을 갖기 때문에, 점 $H$와 $K$에서의 굽힘응력은 식 (8.24)를 사용하여 계산될 수 있다. 점 $H$에서, 굽힘응력은 다음 식을 통해 얻을 수 있다.

$$\begin{aligned}\sigma_H &= \frac{M_y z}{I_y} - \frac{M_z y}{I_z}\\ &= \frac{(-1.12576\times10^6\text{ N·mm})(13.5\text{ mm})}{570{,}000\text{ mm}^4} - \frac{(4.87185\times10^6\text{ N·mm})(89\text{ mm})}{11.3\times10^6\text{ mm}^4}\\ &= -65.0\text{ MPa} = 65.0\text{ MPa (C)}\end{aligned}$$ **Ans.**

점 $K$에서의 굽힘응력은 다음과 같다.

$$\begin{aligned}\sigma_K &= \frac{M_y z}{I_y} - \frac{M_z y}{I_z}\\ &= \frac{(-1.12576\times10^6\text{ N·mm})(-44.9\text{ mm})}{570{,}000\text{ mm}^4} - \frac{(4.87185\times10^6\text{ N·mm})(-89\text{ mm})}{11.3\times10^6\text{ mm}^4}\\ &= +127.0\text{ MPa} = 127.0\text{ MPa (T)}\end{aligned}$$ **Ans.**

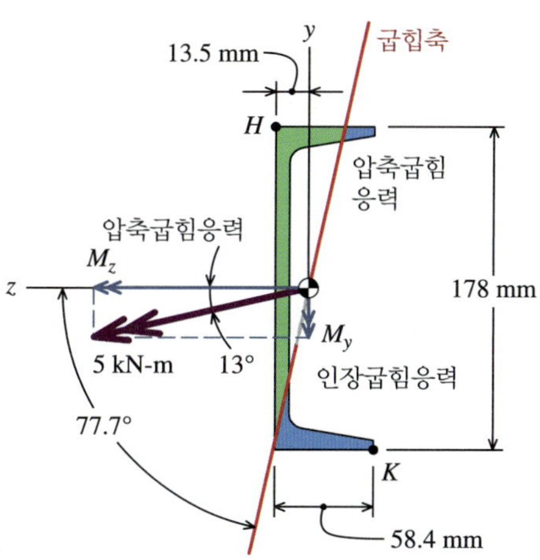


**굽힘축의 방향**

굽힘축의 방향은 식 (8.25)를 사용하여 계산될 수 있다.

$$\tan\beta = \frac{M_y I_z}{M_z I_y} = \frac{(-1.12576\text{ kN·m})(11.3\times10^6\text{ mm}^4)}{(4.87185\text{ kN·m})(570{,}000\text{ mm}^4)} = -4.580949$$

$$\therefore \beta = -77.7°$$

양의 $\beta$ 각은 $z$축으로부터 시계방향으로 회전된다. 그러므로 굽힘축은 그림에서 보여지는 것과 같은 방향이다. 그림은 단면의 인장과 압축법선응력 영역을 나타내기 위해 음영처리되었다.

## 예제 8.11 EXAMPLE

부등변 L형강은 $M$ = 9,000 lb-in.의 굽힘모멘트를 받는다. 굽힘모멘트의 방향은 그림과 같다. 점 $H$와 $K$에서의 굽힘응력을 계산하고, 중립축의 방향을 결정하라.

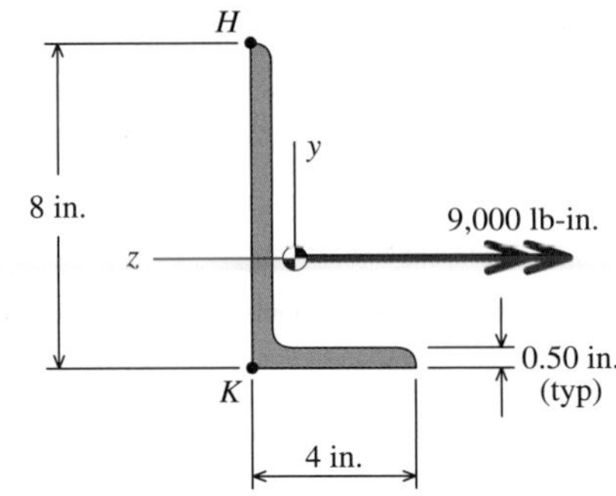


### 풀이 계획

계산을 시작하기 위해 L형강의 도심 위치를 먼저 알아야 한다. 그 후, 단면2차 관성모멘트 $I_y$와 $I_z$, 단면의 관성적 $I_{yz}$ 등은 도심 위치에 대해 계산되어야 한다. 점 $H$와 $K$에서 굽힘응력은 식 (8.21)로 계산될 수 있고, 굽힘축의 위치는 식 (8.23)으로 계산될 수 있다.

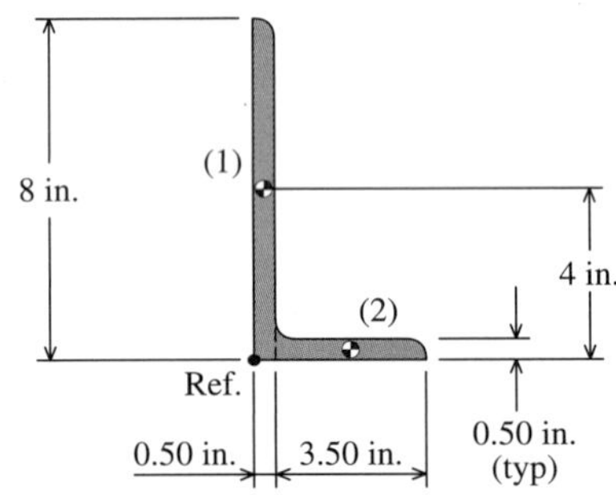


### 풀이

**단면특성치**

L형강은 그림과 같이 두 개의 영역 (1)과 (2)로 나누어질 수 있다(이 계산에서 필렛부는 무시될 수 있다). 그림에서 보는 것과 같이 L형강의 모서리는 수평방향과 수직방향으로의 도심의 계산을 위해 기준 위치로 사용될 수 있다. 수직방향으로의 도심 위치는 다음 방법으로 계산된다.

| | $A_i$ (in.$^2$) | $y_i$ (in.) | $y_iA_i$ (in.$^3$) |
|---|---|---|---|
| (1) | 4.00 | 4 | 16.00 |
| (2) | 1.75 | 0.25 | 0.4375 |
| | 5.75 | | 16.4375 |

$$\bar{y} = \frac{\Sigma y_i A_i}{\Sigma A_i} = \frac{16.4375 \text{ in.}^3}{5.75 \text{ in.}^2} = 2.859 \text{ in.}$$

마찬가지로 수평방향으로의 도심위치는 다음과 같이 계산된다.

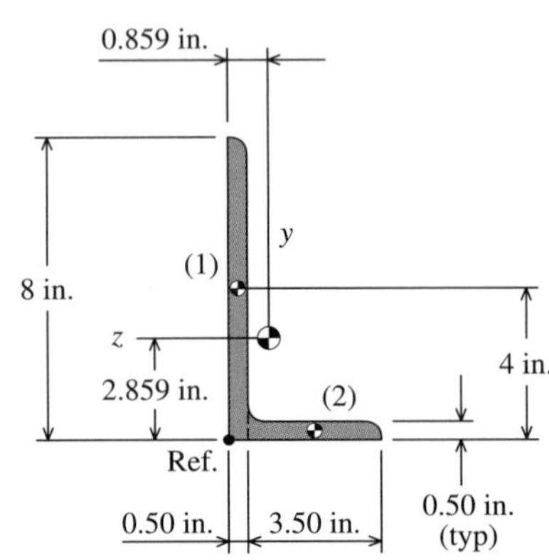


| | $A_i$ (in.$^2$) | $z_i$ (in.) | $z_iA_i$ (in.$^3$) |
|---|---|---|---|
| (1) | 4.00 | −0.25 | −1.00 |
| (2) | 1.75 | −2.25 | −3.9375 |
| | 5.75 | | −4.9375 |

$$\bar{z} = \frac{\Sigma z_i A_i}{\Sigma A_i} = \frac{-4.9375 \text{ in.}^3}{5.75 \text{ in.}^2} = -0.859 \text{ in.}$$

L형강에 대한 도심 위치를 그림에 나타내었다. 다음으로 L형강의 단면2차관성모멘트 $I_y$는 $y$도심축에 대해 계산된다.

| | $A_i$ (in.$^2$) | $z_i$ (in.) | $I_{yi}$ (in.$^4$) | $\lvert d_i \rvert$ (in.) | $d_i^2 A_i$ (in.$^4$) | $I_y$ (in.$^4$) |
|---|---|---|---|---|---|---|
| (1) | 4.00 | −0.25 | 0.0833 | 0.609 | 1.4835 | 1.5668 |
| (2) | 1.75 | −2.25 | 1.7865 | 1.391 | 3.3860 | 5.1725 |
| | | | | | | 6.7393 |

마찬가지로 굽힘축에 대한 단면2차관성모멘트 $I_z$는 다음 표로부터 계산된다.

| | $A_i$ (in.$^2$) | $y_i$ (in.) | $I_{zi}$ (in.$^4$) | $\lvert d_i \rvert$ (in.) | $d_i^2 A_i$ (in.$^4$) | $I_z$ (in.$^4$) |
|---|---|---|---|---|---|---|
| (1) | 4.00 | 4 | 21.3333 | 1.1410 | 5.2075 | 26.5408 |
| (2) | 1.75 | 0.25 | 0.0365 | 2.6090 | 11.9120 | 11.9485 |
| | | | | | | 38.4893 |

그리고 도심축에 대한 관성적 $I_{yz}$는 다음 표로부터 계산된다.

| | $A_i$ (in.$^2$) | $y_i$ (in.) | $z_i$ (in.) | $\bar{y} - y_i$ (in.) | $\bar{z} - z_i$ (in.) | $I_{yz} = (y - y_i)(z - z_i)A_i$ (in.$^4$) |
|---|---|---|---|---|---|---|
| (1) | 4.00 | 4 | −0.25 | −1.1410 | −0.6090 | 2.7795 |
| (2) | 1.75 | 0.25 | −2.25 | 2.6090 | 1.3910 | 6.3510 |
| | | | | | | 9.1304 |

### 점 $H$와 $K$의 좌표

점 $H$의 좌표$(y, z)$는 다음과 같다.

$$y_H = 8 \text{ in.} - 2.859 \text{ in.} = 5.141 \text{ in.}, \qquad z_H = 0.859 \text{ in.}$$

그리고 점 $K$의 좌표는 다음과 같다.

$$y_K = -2.859 \text{ in.}, \qquad z_K = 0.859 \text{ in.}$$

### 굽힘모멘트 성분

굽힘모멘트는 $z$축에 관해 발생하고, 다음과 같다.

$$M_z = -9{,}000 \text{ lb-in}, \qquad M_y = 0$$

### 점 $H$와 $K$에서 굽힘응력

L-형상은 대칭축을 가지지 않으므로, 점 $H$와 $K$에서의 굽힘응력은 식 (8.21) 또는 식 (8.22)를 사용하여 계산될 수 있다. $M_y = 0$이므로 식 (8.22)가 이 예제에서 좀더 편리하다. 점 $H$의 굽힘응력은 식 (8.22)로부터 다음과 같이 계산된다.

$$\sigma_H = \left(\frac{I_z z - I_{yz} y}{I_y I_z - I_{yz}^2}\right) M_y + \left(\frac{-I_y y + I_{yz} z}{I_y I_z - I_{yz}^2}\right) M_z$$

$$= 0 + \left[\frac{-(6.7393 \text{ in.}^4)(5.141 \text{ in.}) + (9.1304 \text{ in.}^4)(0.859 \text{ in.})}{(6.7393 \text{ in.}^4)(38.4893 \text{ in.}^4) - (9.1304 \text{ in.}^4)^2}\right](-9{,}000 \text{ lb-in.})$$

$$= +1{,}370 \text{ psi} = 1{,}370 \text{ psi (T)}$$

그리고 점 $K$에서의 굽힘응력은 다음과 같다.

$$\sigma_K = \left(\frac{I_z z - I_{yz} y}{I_y I_z - I_{yz}^2}\right) M_y + \left(\frac{-I_y y + I_{yz} z}{I_y I_z - I_{yz}^2}\right) M_z$$

$$= 0 + \left[\frac{-(6.7393 \text{ in.}^4)(-2.859 \text{ in.}) + (9.1304 \text{ in.}^4)(0.859 \text{ in.})}{(6.7393 \text{ in.}^4)(38.4893 \text{ in.}^4) - (9.1304 \text{ in.}^4)^2}\right](-9{,}000 \text{ lb-in.})$$

$$= -1{,}386 \text{ psi} = 1{,}386 \text{ psi (C)}$$

**굽힘축의 방향**

굽힘축의 방향은 식 (8.23)을 사용하여 다음과 같이 계산된다.

$$\tan\beta = \frac{M_y I_z + M_z I_{yz}}{M_z I_y + M_y I_{yz}} = \frac{0 + (-9{,}000 \text{ lb-in.})(9.1304 \text{ in.}^4)}{(-9{,}000 \text{ lb-in.})(6.7393 \text{ in.}^4) + 0} = 1.3548$$

$$\therefore \beta = 53.6°$$

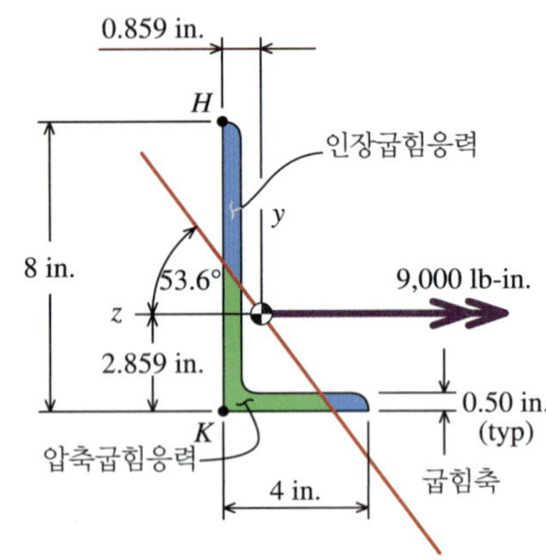


양의 $\beta$각은 $z$축으로부터 시계방향으로 회전된다. 그러므로 굽힘축의 방향은 그림에서 보는 바와 같다. 그림은 단면의 인장과 압축 법선응력 영역을 나타내기 위해 음영처리되었다.

## PROBLEMS

**P8.65** A beam with a box cross section is subjected to a resultant moment magnitude of 2,100 N-m acting at the angle shown in Figure P8.65. Determine:

(a) the maximum tension and the maximum compression bending stresses in the beam.
(b) the orientation of the neutral axis relative to the $+z$ axis; show its location on a sketch of the cross section.

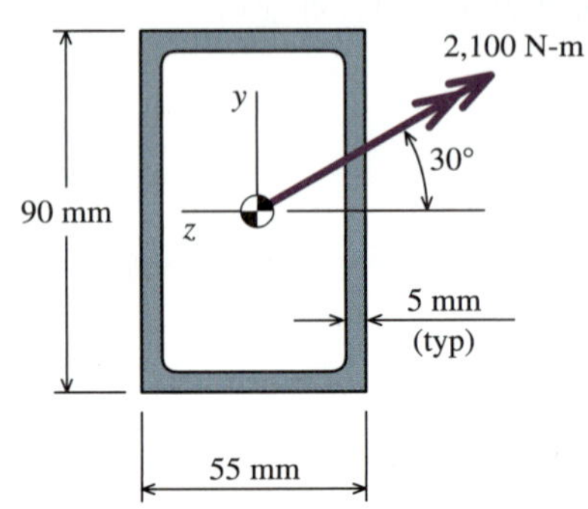


**FIGURE P8.65**

**P8.66** The moment acting on the cross section of the T-beam has a magnitude of 22 kip-ft and is oriented as shown in Figure P8.66. Determine:

(a) the bending stress at point $H$.
(b) the bending stress at point $K$.
(c) the orientation of the neutral axis relative to the $+z$ axis; show its location on a sketch of the cross section.

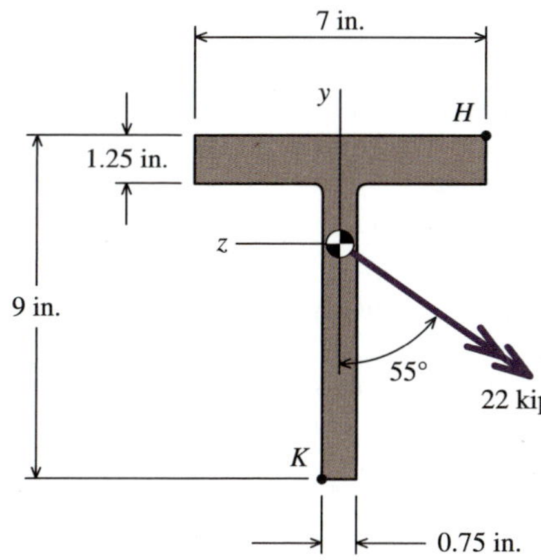


**FIGURE P8.66**

**P8.67** A beam with a box cross section is subjected to a resultant moment magnitude of 75 kip-in. acting at the angle shown in Figure P8.67. Determine:

(a) the bending stress at point $H$.
(b) the bending stress at point $K$.
(c) the maximum tension and the maximum compression bending stresses in the beam.
(d) the orientation of the neutral axis relative to the $+z$ axis; show its location on a sketch of the cross section.

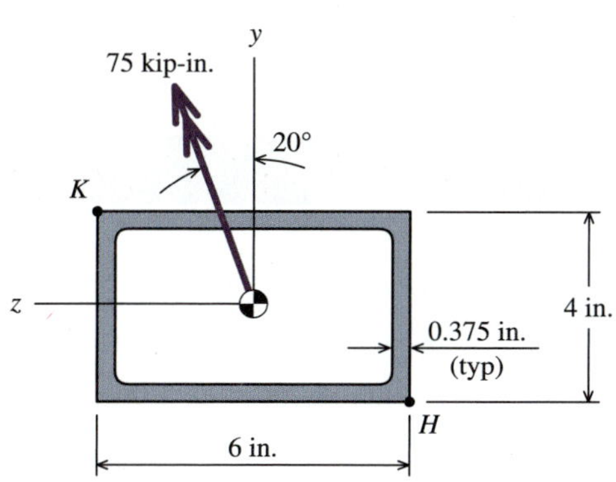


**FIGURE P8.67**

**P8.68** The moment acting on the cross section of the wide-flange beam has a magnitude of $M = 12$ kN-m and is oriented as shown in Figure P8.68/69. Determine:

(a) the bending stress at point $H$.
(b) the bending stress at point $K$.
(c) the orientation of the neutral axis relative to the $+z$ axis; show its location on a sketch of the cross section.

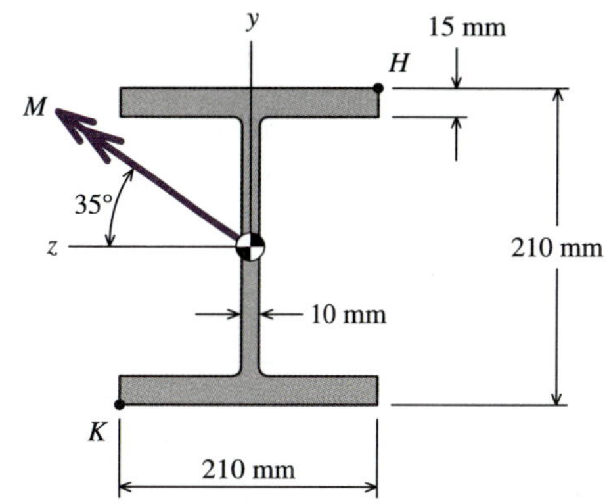


**FIGURE P8.68/69**

**P8.69** For the cross section shown in Figure P8.68/69, determine the maximum magnitude of the bending moment $M$ so that the bending stress in the wide-flange shape does not exceed 165 MPa.

**P8.70** The unequal-leg angle is subjected to a bending moment of $M_z = 20$ kip-in. that acts at the orientation shown in Figure P8.70/71. Determine:

(a) the bending stress at point $H$.
(b) the bending stress at point $K$.
(c) the maximum tension and the maximum compression bending stresses in the cross section.
(d) the orientation of the neutral axis relative to the $+z$ axis; show its location on a sketch of the cross section.

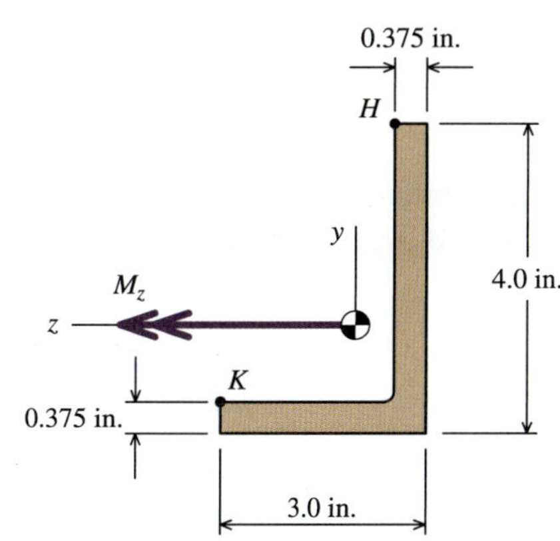


**FIGURE P8.70/71**

**P8.71** For the cross section shown in Figure P8.70/71, determine the maximum magnitude of the bending moment $M$ so that the bending stress in the unequal-leg angle shape does not exceed 24 ksi.

**P8.72** The moment acting on the cross section of the unequal-leg angle has a magnitude of $M = 20$ kip-in. and is oriented as shown in Figure P8.72. Determine:

(a) the bending stress at point $H$.
(b) the bending stress at point $K$.
(c) the maximum tension and the maximum compression bending stresses in the cross section.
(d) the orientation of the neutral axis relative to the $+z$ axis; show its location on a sketch of the cross section.

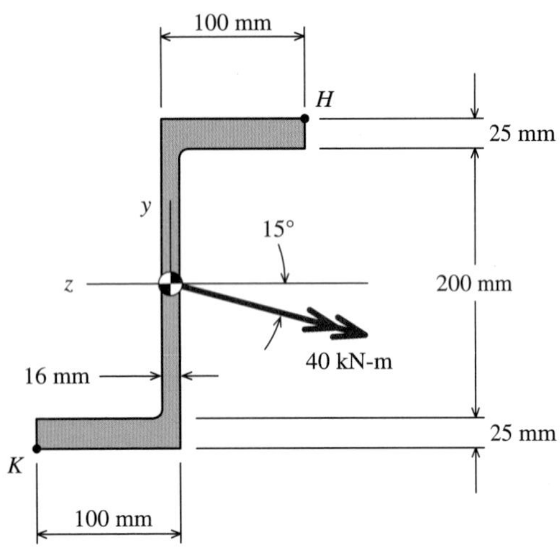


**FIGURE P8.72**

**P8.73** The moment acting on the cross section of the unequal-leg angle has a magnitude of 14 kN-m and is oriented as shown in Figure P8.73. Determine:

(a) the bending stress at point $H$.
(b) the bending stress at point $K$.
(c) the maximum tension and the maximum compression bending stresses in the cross section.
(d) the orientation of the neutral axis relative to the $+z$ axis; show its location on a sketch of the cross section.

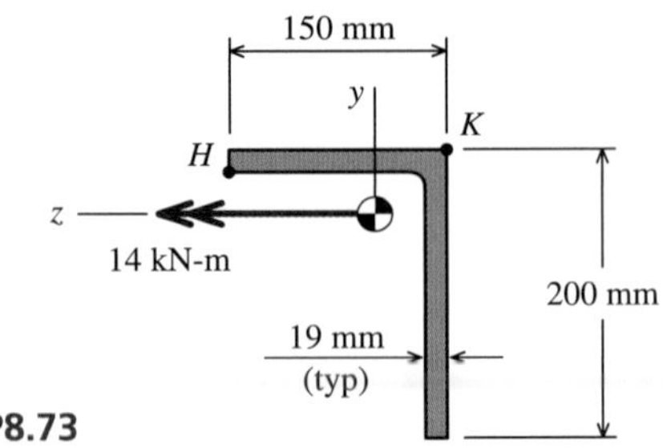


**FIGURE P8.73**

**P8.74** The moment acting on the cross section of the zee shape has a magnitude of $M = 4.75$ kip-ft and is oriented as shown in Figure P8.74/75. Determine:

(a) the bending stress at point $H$.
(b) the bending stress at point $K$.
(c) the maximum tension and the maximum compression bending stresses in the cross section.
(d) the orientation of the neutral axis relative to the $+z$ axis; show its location on a sketch of the cross section.

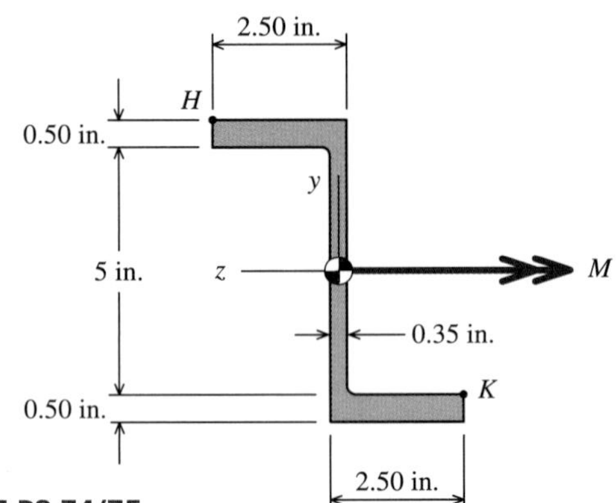


**FIGURE P8.74/75**

**P8.75** For the cross section shown in Figure P8.74/75, determine the maximum magnitude of the bending moment $M$ so that the bending stress in the zee shape does not exceed 24 ksi.

## 8.9 굽힘하중 하에의 응력집중

5.7절에서 축하중 부재로 원형구멍 또는 다른 기하학적 불연속의 도입은 불연속 근처에서 응력의 갑작스런 증가의 원인이 될 수 있다는 것을 알았다. 마찬가지로 증가된 응력이 비틀림을 받는 원형축의 지름이 줄어드는 부분 근처에서도 발생하였다. 이 현상은 **응력집중**이라고 불리고, 굽힘부재에서도 흔히 발생한다.

8.3절에서 순수굽힘 영역에서 균일한 단면의 보에서 법선응력의 크기는 다음의 식과 같이 주어짐을 알았다.

$$\sigma_{max} = \frac{Mc}{I_z} \tag{8.10}$$

식 (8.10)으로부터 계산된 굽힘응력의 크기는 응력집중현상에 대해 설명되지 않았기 때문에 공칭응력으로 불린다. 노치 근처, 홈, 필렛, 단면의 급격한 변화가 발생 지점 등에서 굽힘으로 인한 법선응력은 급격히 증가할 수 있다. 불연속에서 최대 굽힘응력과 식 (8.10)으로부터 계산된 공칭응력 사이의 관계식은 응력집중계수 $K$의 항으로 표현된다.

직사각형 보에서 식 (8.26)에서 사용된 공칭굽힘응력은 최소 깊에서의 응력이다. 원형축에서 공칭굽힘응력은 최소 지름에 대해 계산된다.

$$K = \frac{\sigma_{max}}{\sigma_{nom}} \tag{8.26}$$

식 (8.26)에서 사용된 공칭응력은 불연속 위치에의 굽힘부재의 최소 깊이 또는 지름에 대해 계산된 굽힘응력이다. 응력집중계수 $K$는 부재의 형상에만 의존되므로 관련된 매개변수 비율의 함수로 응력집중계수 $K$를 나타낼 수 있다. 순수굽힘을 받는 직사각형 단면의 노치와 필렛에 대한 곡선은 그림 (8.17)과 (8.18)에서 보는 바와 같다.[1] 순수굽힘을 받는 원형의 홈과 필렛에 대한 곡선은 그림 (8.19)와 (8.20)에서 보는 바와 같다.[2]

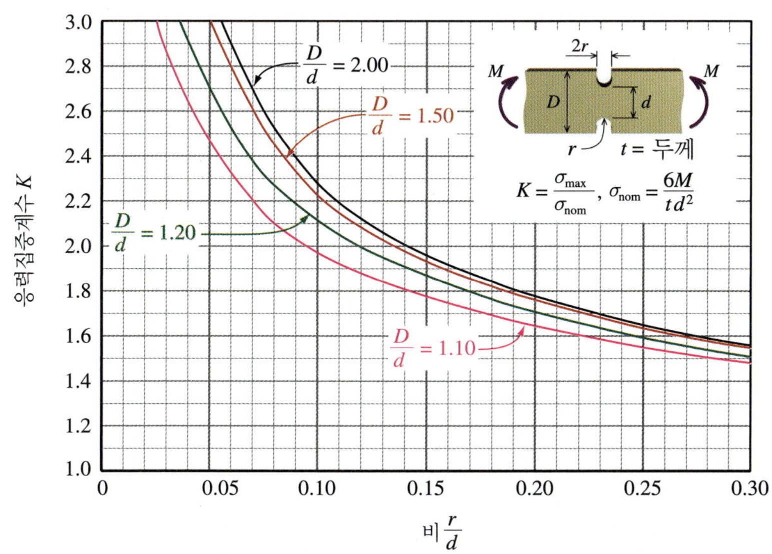


**그림 8.17** • 양쪽에 U-형상의 노치를 갖는 평판봉의 굽힘에 대한 응력집중계수 $K$

[1]Adapted from Walter D. Pilkey, *Peterson's Stress Concentration Factors*, 2nd ed. (New York: John Wiley &Sons, Inc., 1997).

[2]Adapted from Walter D. Pilkey, *Peterson's Stress Concentration Factors*, 2nd ed. (New York: John Wiley &Sons, Inc., 1997).

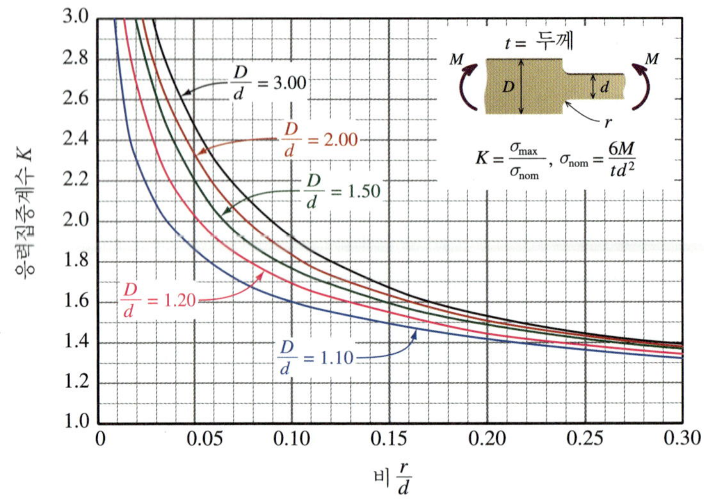


**그림 8.18** • 어깨 모양의 필렛을 갖는 평판보의 굽힘에 대한 응력집중계수 $K$

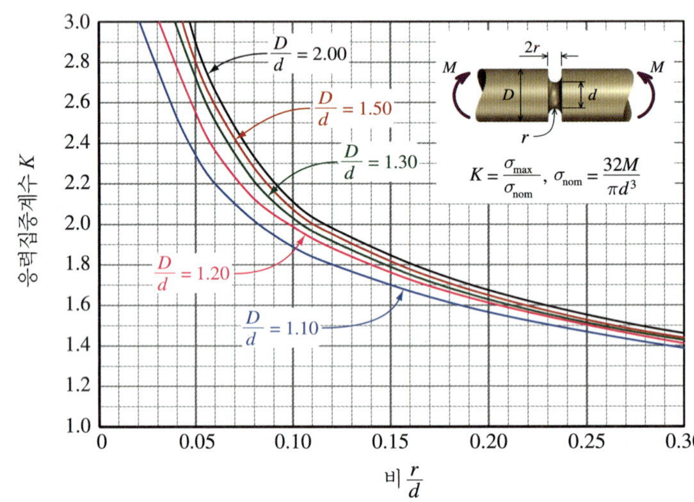


**그림 8.19** • U-형상 홈을 갖는 원형단면보의 굽힘에 대한 응력집중계수 $K$

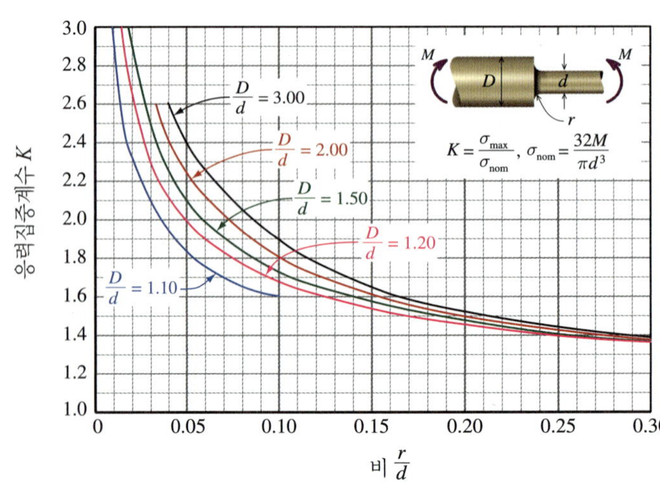


**그림 8.20** • 어깨 모양의 필렛을 갖는 다단원형단면보의 굽힘에 대한 응력집중계수 $K$

## 예제 8.12 EXAMPLE

그림의 SAE 4340 열처리 강으로 만든 외팔보 스프링의 두께는 50 mm이다. 그림에서 보는 바와 같이 직사각형 단면의 깊이는 변곡 구간에서 필렛을 이용하여 80 mm에서 40 mm로 줄어든다. 파괴에 대해 2.5의 안전계수가 스프링에 대해 주어졌다. 스프링에 대한 최대 안전모멘트 $M$을 다음의 조건에서 구하라.

(a) 필렛의 반지름 $r$은 4 mm이다.
(b) 필렛의 반지름 $r$은 12 mm이다.

**풀이**

열처리된 SAE 4340 강(특성에 대해 부록 D 참조)의 인장강도는 1,030 MPa이다. 따라서 스프링에 대한 허용응력은 다음과 같다.

$$\sigma_{\text{allow}} = \frac{\sigma_U}{\text{FS}} = \frac{1{,}034\ \text{MPa}}{2.5} = 413.6\ \text{MPa}$$

최소 스프링 깊이에서 관성모멘트 $I$는 다음과 같다.

$$I = \frac{(50\ \text{mm})(40\ \text{mm})^3}{12} = 266{,}667\ \text{mm}^4$$

허용굽힘모멘트의 크기는 식 (8.26)으로부터 응력집중계수 $K$의 항으로 유도될 수 있다.

$$M_{\text{allow}} = \frac{\sigma_{\text{allow}} I}{Kc} = \frac{(413.6\ \text{N/mm}^2)(266{,}667\ \text{mm}^4)}{K(20\ \text{mm})} = \frac{5{,}514{,}574\ \text{N}\cdot\text{mm}}{K} = \frac{5{,}515\ \text{N}\cdot\text{m}}{K}$$

그림 8.18에서 정의된 치수의 명칭을 사용하면, 최대 스프링 깊이 $D$와 감소된 깊이 $d$의 비는 $D/d = 80/40 = 2.0$이다.

**(a) 필렛의 반지름 $r = 4$ mm**

$D/d = 2.0$과 $r/d = 4/40 = 0.10$을 사용하여 그림 8.18로부터 $K = 1.84$의 응력집중계수를 얻을 수 있다. 따라서 최대 허용굽힘모멘트는 다음과 같다.

$$M = \frac{5{,}515\ \text{N}\cdot\text{m}}{K} = \frac{5{,}515\ \text{N}\cdot\text{m}}{1.84} = 2{,}997\ \text{N}\cdot\text{m}$$ **Ans.**

**(b) 필렛의 반지름 $r = 12$ mm**

필렛의 반지름이 12 mm일 때, $r/d = 12/40 = 0.30$이다. 따라서 그림 8.18로부터 대응하는 응력집중계수는 $K = 1.38$이다. 결과적으로 최대 허용굽힘모멘트는 다음과 같다.

$$M = \frac{5{,}515\ \text{N}\cdot\text{m}}{K} = \frac{5{,}515\ \text{N}\cdot\text{m}}{1.38} = 3{,}996\ \text{N}\cdot\text{m}$$ **Ans.**

# PROBLEMS

**P8.76** A stainless-steel spring (Figure P8.76/77) has a thickness of 3/4 in. and a change in depth at section $B$ from $D = 1.50$ in. to $d = 1.25$ in. The radius of the fillet between the two sections is $r = 0.125$ in. If the bending moment applied to the spring is $M = 2{,}000$ lb-in., determine the maximum normal stress in the spring.

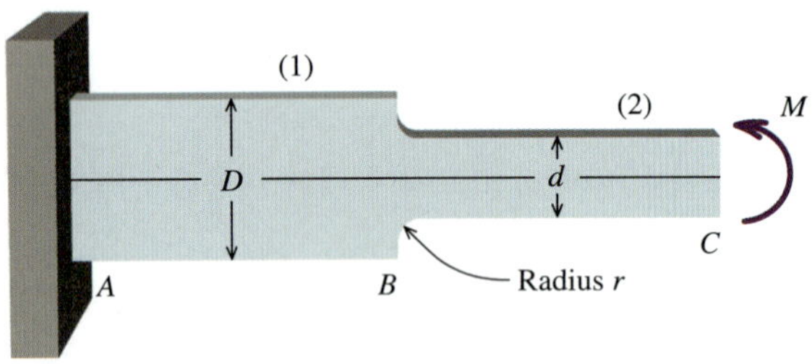


FIGURE P8.76/77

**P8.77** An alloy-steel spring (Figure P8.76/77) has a thickness of 25 mm and a change in depth at section $B$ from $D = 75$ mm to $d = 50$ mm. If the radius of the fillet between the two sections is $r = 8$ mm, determine the maximum moment that the spring can resist if the maximum bending stress in the spring must not exceed 120 MPa.

**P8.78** The notched bar shown in Figure P8.78/79 is subjected to a bending moment of $M = 300$ N-m. The major bar width is $D = 75$ mm, the minor bar width at the notches is $d = 50$ mm, and the radius of each notch is $r = 10$ mm. If the maximum bending stress in the bar must not exceed 90 MPa, determine the minimum required bar thickness $b$.

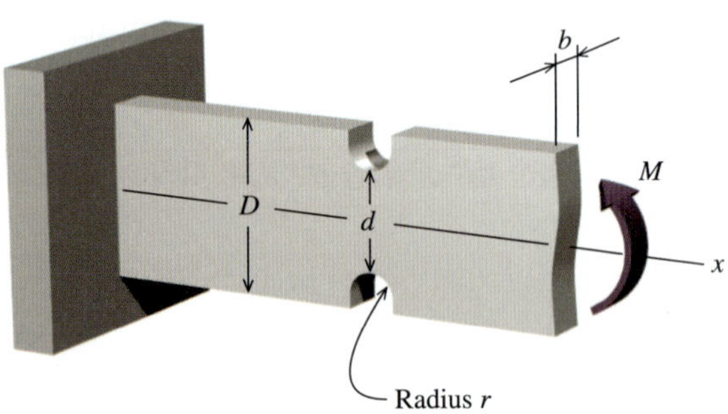


FIGURE P8.78/79

**P8.79** The machine part shown in Figure P8.78/79 is made of cold-rolled 18-8 stainless steel (see Appendix D for properties). The major bar width is $D = 1.50$ in., the minor bar width at the notches is $d = 1.00$ in., the radius of each notch is $r = 0.125$ in., and the bar thickness is $b = 0.25$ in. Determine the maximum safe moment $M$ that may be applied to the bar if a factor of safety of 2.5 with respect to failure by yield is specified.

**P8.80** The shaft shown in Figure P8.80/81 is supported at each end by self-aligning bearings. The major diameter is $D = 2.00$ in., the minor diameter is $d = 1.50$ in., and the radius of the fillet between the major and minor diameter sections is $r = 0.125$ in. The shaft length is $L = 24$ in. and the fillets are located at $x = 8$ in. and $x = 16$ in. Determine the maximum load $P$ that may be applied to the shaft if the maximum normal stress must be limited to 24,000 psi.

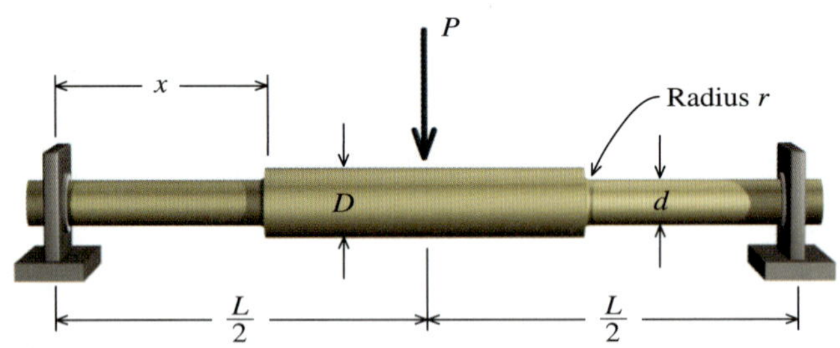


FIGURE P8.80/81

**P8.81** The C86100 bronze (see Appendix D for its properties) shaft shown in Figure P8.80/81 is supported at each end by self-aligning bearings. The major diameter is $D = 40$ mm, the minor diameter is $d = 25$ mm, and the radius of the fillet between the major and minor diameter sections is $r = 5$ mm. The shaft length is $L = 500$ mm and the fillets are located at $x = 150$ mm and $x = 350$ mm. Determine the maximum load $P$ that may be applied to the shaft if a factor of safety of 3.0 with respect to failure by yield is specified.

**P8.82** The machine shaft shown in Figure P8.82/83 is made of 1020 cold-rolled steel (see Appendix D for its properties). The major diameter is $D = 1.000$ in., the minor diameter is $d = 0.625$ in., and the radius of the fillet between the major and minor diameter sections is $r = 0.0625$ in. The fillet is located at $x = 4$ in. from $C$. If a load of $P = 125$ lb is applied at $C$, determine the factor of safety with respect to failure by yield for the fillet at $B$.

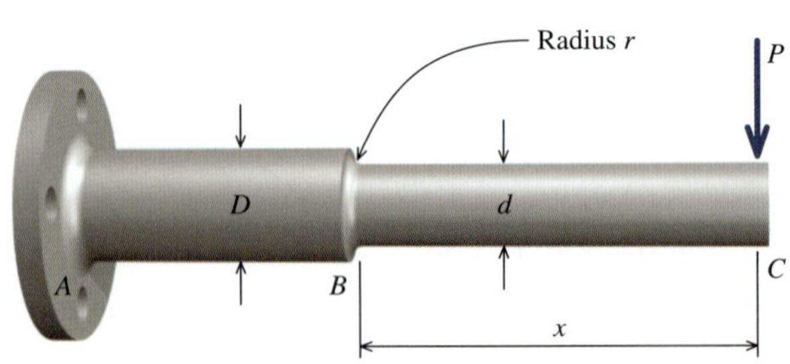


FIGURE P8.82/83

**P8.83** The machine shaft shown in Figure P8.82/83 is made of 1020 cold-rolled steel (see Appendix D for its properties). The major diameter is $D = 30$ mm, the minor diameter is $d = 20$ mm, and the radius of the fillet between the major and minor diameter sections is $r = 3$ mm. The fillet is located at $x = 90$ mm from $C$. Determine the maximum load $P$ that can be applied to the shaft at $C$ if a factor of safety of 1.5 with respect to failure by yield is specified for the fillet at $B$.

**P8.84** The grooved shaft shown in Figure P8.84 is made of C86100 bronze (see Appendix D for its properties). The major diameter is $D = 50$ mm, the minor diameter at the groove is $d = 34$ mm, and the radius of the groove is $r = 4$ mm. Determine the maximum allowable moment $M$ that may be applied to the shaft if a factor of safety of 1.5 with respect to failure by yield is specified.

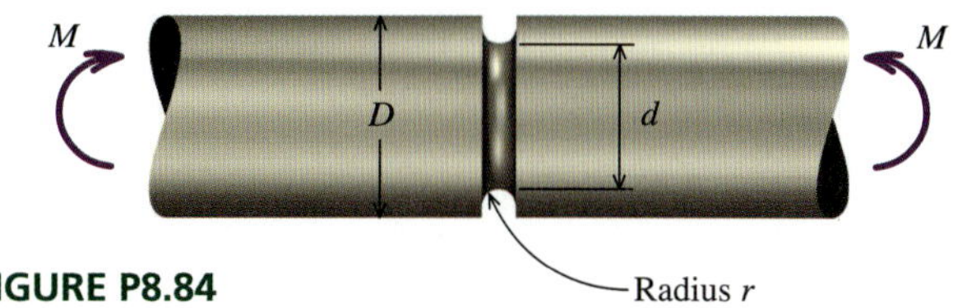


**FIGURE P8.84**

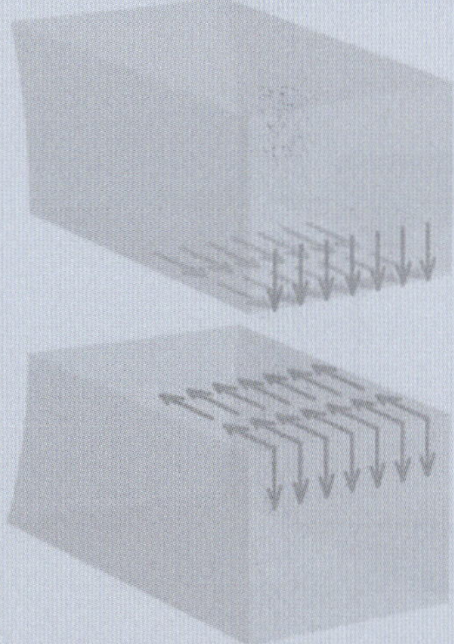

CHAPTER 09

# 보에서의 전단응력

## 9.1 서론

순수굽힘을 받는 보에서는 인장과 압축 법선응력만이 굽힘부재에서 발생한다. 그러나 대부분의 경우 보에 작용하는 하중들은 불균일굽힘을 유발한다. 즉 굽힘모멘트는 전단력을 동반한다. 불균일굽힘의 결과로써, 법선응력들뿐만 아니라 전단응력이 발생한다. 이 장에서는 불균일굽힘에 의해 발생되는 전단응력을 구하기 위한 공식을 유도한다. 이 방법은 또한 불연속 체결 부품으로 결합되어진 여러 조각으로 제작된 보를 고려하기 위해 응용된다.

## 9.2 굽힘응력에 의해 발생되는 합력

보의 전단응력공식을 유도하기 전에 보 단면에서 굽힘응력에 의해 발생되는 합력을 좀더 상세히 고려할 필요가 있다. 2 m 길이 중간에 집중하중 $P = 9{,}000$ N이 작용하는 그림 9.1의 단순지지보를 고려한다. 이 보의 길이와 하중에 대한 전단력선도와 전단모멘트선도는 그림과 같다.

이 학습을 위해 그림 9.1에서 보는 것처럼 왼쪽 지지대로부터 300 mm 떨어져 위치한 보의 150 mm 길이의 미소영역 $BC$를 임의로 고려한다. 두 개의 목재판으로 만들어진 보는 서로 같은 탄성계수를 갖는다. 하부판은 부재 (1)로 표기하고, 상부판은 부재 (2)로 표기한다. 보의 단면치수는 그림 9.2에서 보는 바와 같다.

이 학습의 목적은 단면 $B$와 $C$에서 부재 (1)에 발생하는 힘들을 결정하는 것이다.

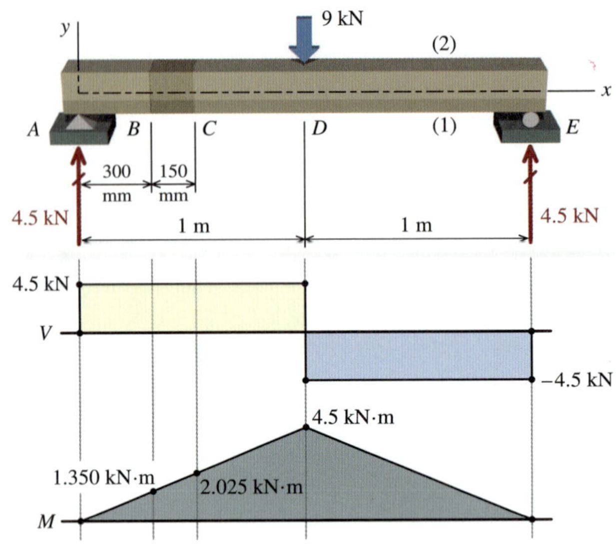


**그림 9.1** • 보의 길이 중간에 작용하는 집중하중을 받는 단순지지보

굽힘모멘트선도로부터 단면 $B$와 $C$에서의 굽힘모멘트는 각각 $M_B = 1.350$ kN·m와 $M_C = 2.025$ kN·m이다. 두 모멘트는 양이다. 그러므로 보의 미소영역 $BC$는 그림 9.3$a$와 같이 변형될 것이다. 압축굽힘응력은 보 단면의 상반부에서 발생하고, 인장법선응력은 하반부에서 발생할 것이다. 이 두 위치에서의 단면 깊이에 걸쳐 발생하는 굽힘응력의 분포는 굽힘축($z$ 도심축)에 관한 단면2차관성모멘트($I_z = 33{,}750{,}000\text{ mm}^4$)를 사용하여 굽힘응력공식으로부터 결정할 수 있다. 굽힘응력의 분포를 그림 9.3$b$에 나타내었다.

부재 (1)에 발생하는 힘을 결정하기 위해 점 $b$와 $c$(단면 $B$) 사이와 점 $e$와 $f$(단면 $C$) 사이에서 발생하는 법선응력만을 고려한다. 단면 $B$에서 굽힘응력은 점 $b$의 1.0 MPa (T)에서 점 $c$의 3.0 MPa (T)로 변한다. 단면 $C$에서 굽힘응력은 점 $e$의 1.5 MPa (T)에서 점 $f$에서 4.5 MPa (T)로 변한다.

그림 9.2로부터 부재 (1)의 단면적은 다음과 같다.

$$A_1 = (50\text{ mm})(120\text{ mm}) = 6{,}000\text{ mm}^2$$

이 면적에 발생하는 단면 $B$에서의 합력을 결정하기 위해 응력분포는 두 가지 성분으로 나눌 수 있다. 1.0 MPa의 크기를 갖는 균일분포영역과 (3.0 MPa − 1.0 MPa) = 2.0 MPa의 최대 강도를 갖는 삼각분포영역이다. 이 접근방법을 사용하여 단면 $B$에서 부재 (1)에서 발생하는 합력은 다음과 같이 계산될 수 있다.

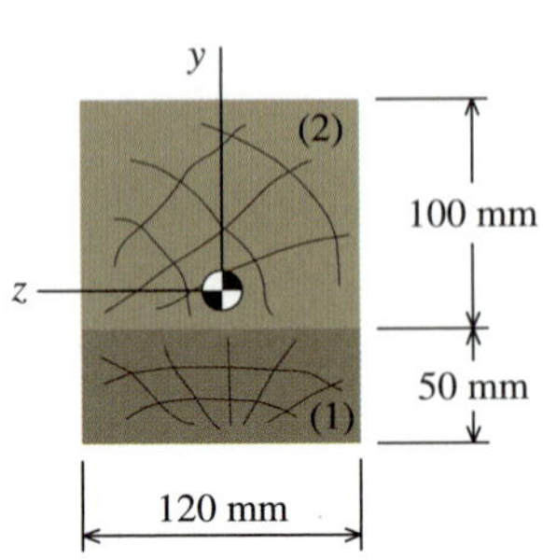


**그림 9.2** • 보 단면 치수

$$\begin{aligned}\text{합력 } F_B &= (1.0\text{ N/mm}^2)(6{,}000\text{ mm}^2) + \frac{1}{2}(2.0\text{ N/mm}^2)(6{,}000\text{ mm}^2)\\ &= 12{,}000\text{ N} = 12\text{ kN}\end{aligned}$$

굽힘응력은 인장이므로 합력은 단면 $B$에서 인장으로 발생한다.

마찬가지로 단면 $C$에서 응력분포는 두 가지 성분으로 나눌 수 있다. 1.5 MPa의 크기를 갖는 균일분포영역과 (4.5 MPa − 1.5 MPa) = 3.0 MPa의 최대 강도를 갖는 삼각분포영역이 그것이다. 단면 $C$에서 부재 (1) 위에 작용하는 합력은 다음으로부터 얻는다.

$$\text{합력} \quad F_C = (1.5\ \text{N/mm}^2)(6{,}000\ \text{mm}^2) + \frac{1}{2}(3.0\ \text{N/mm}^2)(6{,}000\ \text{mm}^2) = 18{,}000\ \text{N} = 18\ \text{kN}$$

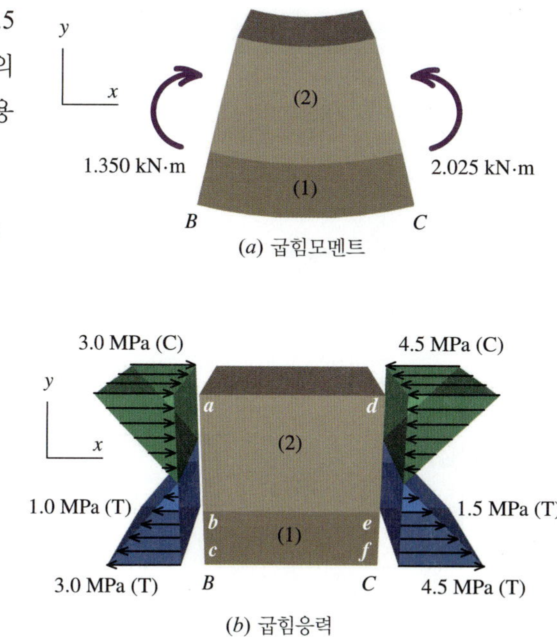


**그림 9.3** • 보의 미소영역 $BC$에 발생하는 굽힘모멘트, 합력

부재 (1)에서 굽힘응력에 의한 합력은 그림 9.3$c$에서 보는 바와 같다. 주목할 점은 합력은 크기가 같지 않다는 사실이다. 왜 이 두 합력은 같지 않는가? 굽힘모멘트 $M_C$는 $M_B$보다 크기 때문에 단면 $C$에서 합력은 단면 $B$에서 합력보다 크다. 합력 $F_B$와 $F_C$는 굽힘모멘트가 단면 $B$와 $C$에서 같을 때만 크기가 서로 같다. 보의 미소영역 $BC$의 부재 (1)은 평형인가? 보의 이 부분은 $\Sigma F_x \neq 0$이므로 평형상태가 아니다. 힘의 평형을 만족하기 위해 요구되는 추가적인 힘은 얼마인가? 수평방향으로 6 kN의 추가적인 힘이 부재 (1)의 평형조건을 만족하기 위해 부과되어야 한다. 이 추가적인 힘은 어디에 위치해야 하는가? 두 개의 수직면($b$–$c$와 $e$–$f$)에서 발생하는 모든 법선응력들은 $F_B$와 $F_C$에 대한 계산에 이미 고려되었다. 하단 수평면 $c$–$f$는 응력이 부과되지 않은 자유면이다. 그러므로 평형조건을 만족하기 위해 요구되는 추가적인 6 kN의 수평한 힘은 그림 9.4에서 보는 것과 바와 수평면 $b$–$e$ 위에 위치해야 한다. 이 면은 부재 (1)과 (2)의 접합면이다. 그 작용선에 평행한 면 위에 작용하는 힘을 무엇이라 부르는가? 면 $b$–$e$ 위에 작용하는 6 kN의 수평방향 힘을 전단력이라 부른다. 6 kN의 힘은 굽힘응력의 합과 같은 방향 즉, $x$축과 평행한 방향으로 작용한다.

이 간단한 학습으로부터 무엇을 얻을 수 있는가? 굽힘모멘트가 일정하지 않는 보의 영역에서 단면의 한 부분에서 작용하는 합력은 크기가 같지 않다. 이 부분들의 평형은 보의 내부에서 보의 길이방향으로 작용하는 추가적인 전단력에 의해서만 만족될 수 있다.

다음 절에서 평형을 만족하기 위해 요구되는 추가적인 전단력이 두 가지 방법으로 유도될 수 있음을 알게 된다. 전단력은 보에서 발생하는 전단응력의 합일 수도 있고, 볼트, 못, 나사 등과 같이 불연속 체결부품에 의해 유발될 수 있다.

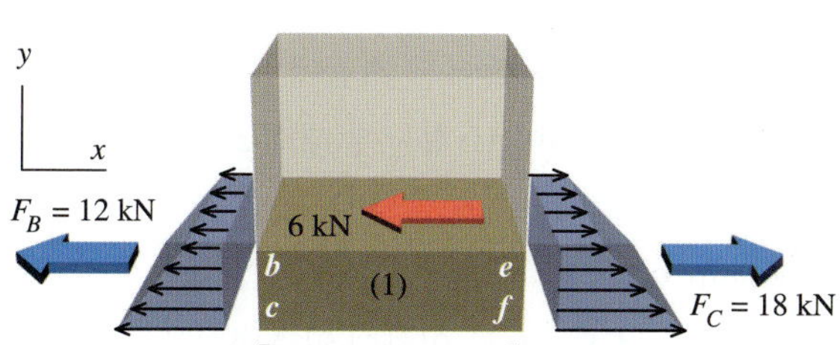


**그림 9.4** • 부재 (1)의 자유물체도

## 예제 9.1 EXAMPLE

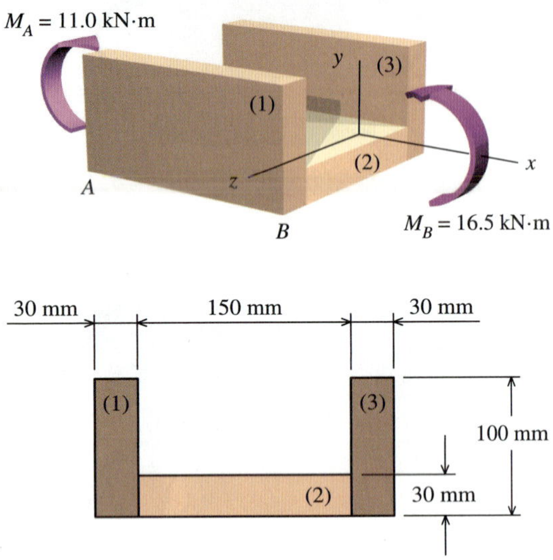


그림에서 보는 바와 같이 보의 미소영역은 굽힘모멘트를 받고 있다. 보의 단면치수는 그림에서 주어져 있다.

(a) 보의 미소영역의 측면도를 그리고, 단면 $A$와 $B$에서 작용하는 굽힘응력의 분포를 그려라. 그림에서 핵심적인 굽힘응력들의 크기를 표시하라.

(b) 단면 $A$와 $B$에서 면적 (2)의 $x$방향으로 발생하는 합력을 구하고, 그림으로 이들 합력을 나타내어라.

(c) 주어진 면적에서 $x$방향으로 발생하는 힘들은 평형을 이루는가? 그렇지 않다면, 주어진 면적에 대해 평형을 만족하기 위해 요구되는 수평방향 힘을 결정하고, 그림으로 이 힘의 위치와 방향을 나타내어라.

### 풀이 계획

단면특성치를 계산한 후, 굽힘모멘트에 의해 발생하는 법선응력은 굽힘응력공식으로부터 계산된다. 특히, 면적 (2)에서 발생하는 굽힘응력이 계산된다. 이 응력들을 사용하여 보의 미소영역의 각 끝단에 수평방향으로 작용하는 합력이 계산된다.

### 풀이

(a) $z$방향으로의 도심 위치는 대칭조건으로부터 구할 수 있다. $y$방향으로 도심 위치는 U-형상 단면에 대해 결정되어야 한다. U-형상 단면은 직사각형 (1), (2), (3)으로 나누어지고, $y$도심 위치는 다음으로부터 계산된다.

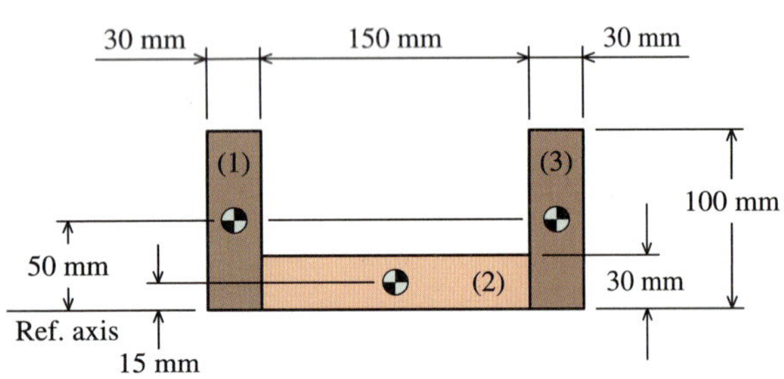


| | $A_i$ (mm$^2$) | $y_i$ (mm) | $y_i\ A_i$ (mm$^3$) |
|---|---|---|---|
| (1) | 3,000 | 50 | 150,000 |
| (2) | 4,500 | 15 | 67,500 |
| (3) | 3,000 | 50 | 150,000 |
| | 10,500 | | 367,500 |

$$\bar{y} = \frac{\Sigma y_i A_i}{\Sigma A_i} = \frac{367{,}500 \text{ mm}^3}{10{,}500 \text{ mm}^2} = 35.0 \text{ mm}$$

굽힘축($z$도심축)은 U-형상 단면에 대해 그림의 기준축에서 위로 35.0 mm만큼 떨어진 지점에 위치한다. 다음으로 굽힘축에 관한 단면2차관성모멘트가 계산된다. 평행이동축 정리가 단면 (1), (2), (3)이 U-형상에 대해 $z$도심축과 일치하지 않기 때문에 필요하다. 최종 계산은 다음 쪽의 표에 요약되어 있다.

굽힘축에 관한 U-형상 단면의 관성모멘트는 $I_z$ = 8,487,500 mm$^4$이다.

그림에서 보는 것처럼 보의 미소영역에 작용하는 양의 굽힘모멘트 $M_A$와 $M_B$로 인하여 압축법선응력은 굽힘축 위에서

|  | $I_{ci}$ (mm⁴) | $\|d_i\|$(mm) | $d_i^2A_i$ (mm⁴) | $I_z$ (mm⁴) |
|---|---|---|---|---|
| (1) | 2,500,000 | 15.0 | 675,000 | 3,175,000 |
| (2) | 337,500 | 20 | 1,800,000 | 2,137,500 |
| (3) | 2,500,000 | 15.0 | 675,000 | 3,175,000 |
|  |  |  |  | 8,487,500 |

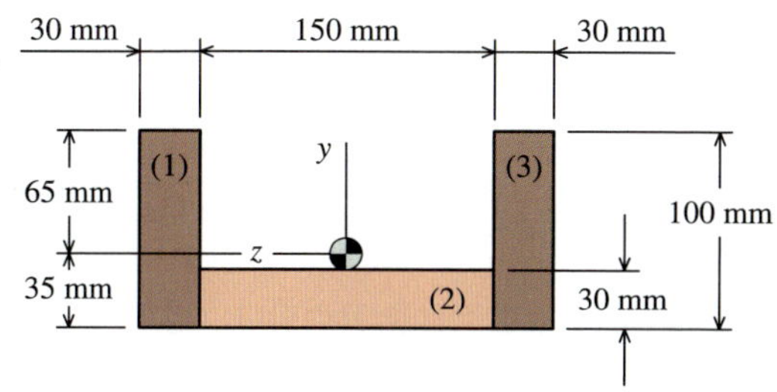


발생하고, 인장법선응력들은 굽힘축 아래에서 발생한다. 굽힘응력공식 [식 (8.7)]은 임의의 위치 $y$에서의 굽힘응력을 계산하는 데 사용된다. 예를 들면, 단면 $A$에서 면적 (1)의 상단의 굽힘응력은 $y = +65$ mm를 사용하여 계산된다.

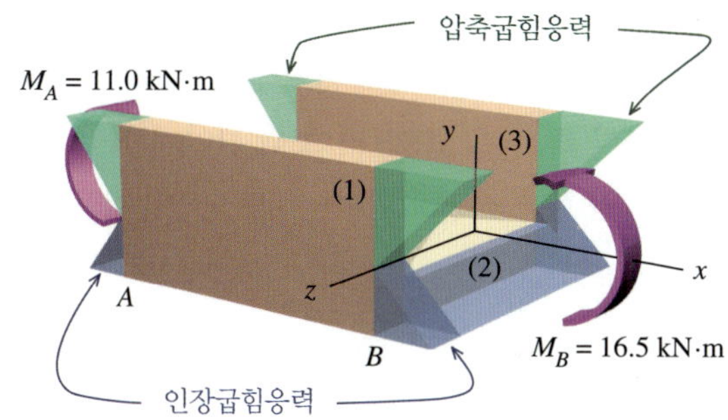


$$\sigma_x = -\frac{M_y}{I_z} = -\frac{(11\text{ kN-m})(65\text{ mm})(1{,}000\text{ N/kN})(1{,}000\text{ mm/m})}{8{,}487{,}500\text{ mm}^4}$$
$$= -84.2\text{ MPa} = 84.2\text{ MPa (C)}$$

단면 $A$와 $B$에서의 최대 인장굽힘응력과 압축굽힘응력은 오른쪽 그림에 나와 있다.

(b) 이 예제에서 특히 흥미로운 것은 U-형상 단면의 면적 (2)에서 발생하는 굽힘응력이다. 면적 (2)에서 발생하는 법선응력은 아래 그림과 같다.

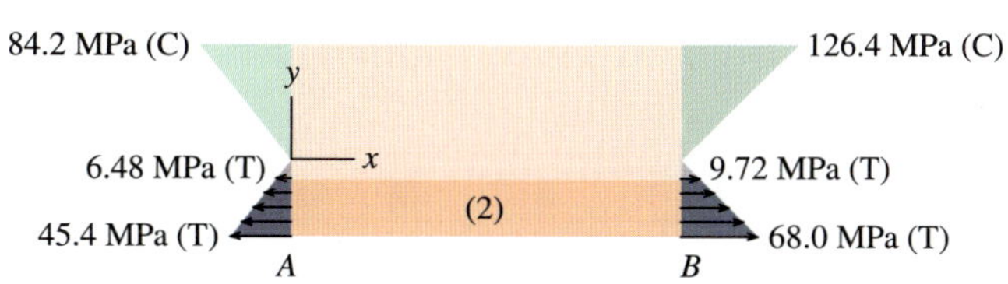


면적 (2)에 작용하는 굽힘응력의 합력은 반드시 단면 $A$와 $B$에서 결정되어야 한다. 면적 (2)에 작용하는 법선응력은 방향이 모두 같고(인장), $y$방향으로 선형적으로 분포되므로 평균응력의 크기만을 결정할 필요가 있다. 응력은 면적 (2)의 $z$좌표에 대해 균일하다. 그러므로 면적 (2)에서 발생하는 합력은 평균 법선응력과 발생하는 면적의 곱으로 결정될 수 있다. 면적 (2)의 폭은 150 mm이고 높이는 30 mm이다. 그러므로 $A_2 = 4{,}500\text{ mm}^2$이다. 단면 $A$에서 $x$방향으로 합력은 다음과 같다.

$$F_A = \frac{1}{2} = (6.48\text{ MPa} + 45.4\text{ MPa})(4{,}500\text{ mm}^2) = 116{,}730\text{ N} = 116.7\text{ kN}$$

그리고 단면 $B$에서 수평방향으로의 합력은 다음과 같다.

$$F_B = \frac{1}{2} = (9.72\text{ MPa} + 68.0\text{ MPa})(4{,}500\text{ mm}^2) = 174{,}870\text{ N} = 174.9\text{ kN}$$

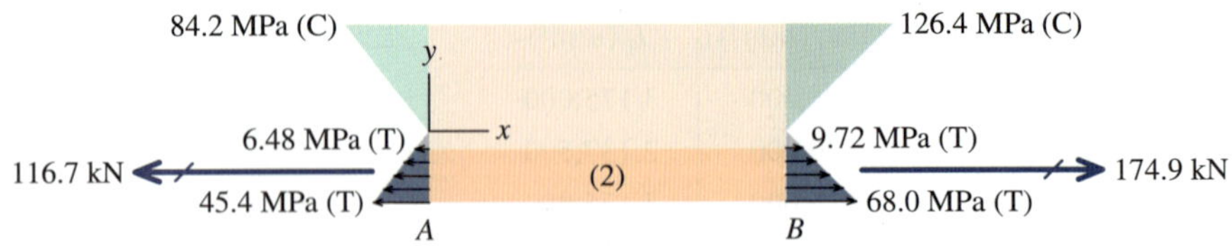


(c) 면적 (2)의 평형조건을 고려한다. $x$방향으로 두 합력의 합은 다음과 같다.

$$\Sigma F_x = 174.9 \text{ kN} - 116.7 \text{ kN} = 58.2 \text{ kN} \neq 0$$

따라서 면적 (2)는 평형이지 않다. 이러한 경우로부터 무슨 영감을 얻을 수 있는가? 보의 미소영역이 불균일굽힘을 받을 때마다 즉, 굽힘모멘트가 보의 길이에 따라 변할 때마다, 보 단면의 한 부분은 길이방향으로 평형조건을 만족하기 위해 추가적인 힘을 필요로 한다. 이 추가적인 힘은 면적 (2)의 어디에 작용할 수 있는가?

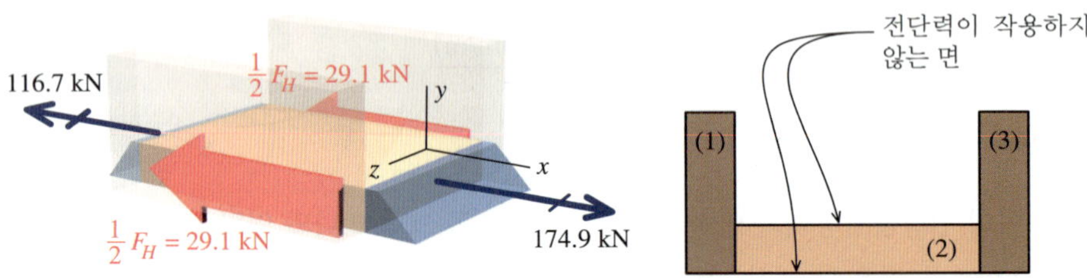


평형조건을 만족하기 위해 요구되는 수평방향으로의 추가적인 힘 $F_H$는 이들이 자유면이므로 면적 (2)의 상단과 하단 면으로부터 나올 수 없다. 그러므로 $F_H$는 반드시 면적 (1)과 (2) 사이 또는 면적 (2)와 (3) 사이의 경계에 작용해야 한다. 대칭에 의해 수평방향 힘의 절반이 각 면 위에 작용할 것이다. $F_H$가 면적 (2)의 수직 측면을 따라 작용하므로 이것을 전단력이라 부른다.

## MecMovies Example M9.1

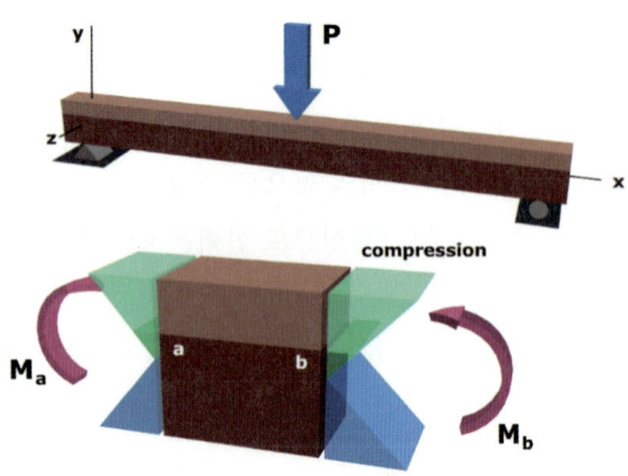


굽힘 부재에서 발생하는 수평 전단력을 논의하라.

# PROBLEMS

For the following problems, a beam segment subjected to internal bending moments at sections *A* and *B* is shown along with a sketch of the cross-sectional dimensions. For each problem:

(a) Sketch a side view of the beam segment and plot the distribution of bending stresses acting at sections *A* and *B*. Indicate the magnitude of key bending stresses in the sketch.
(b) Determine the resultant forces acting in the *x* direction on the specified area at sections *A* and *B* and show these resultant forces in the sketch.
(c) Is the specified area in equilibrium with respect to forces acting in the *x* direction? If not, determine the horizontal force required to satisfy equilibrium for the specified area and show the location and direction of this force in the sketch.

**P9.1** The 20-in.-long beam segment shown in Figure P9.1*a* is subjected to internal bending moments of $M_A = 24$ kip-ft and $M_B = 28$ kip-ft. Consider area (1) shown in Figure P9.1*b*.

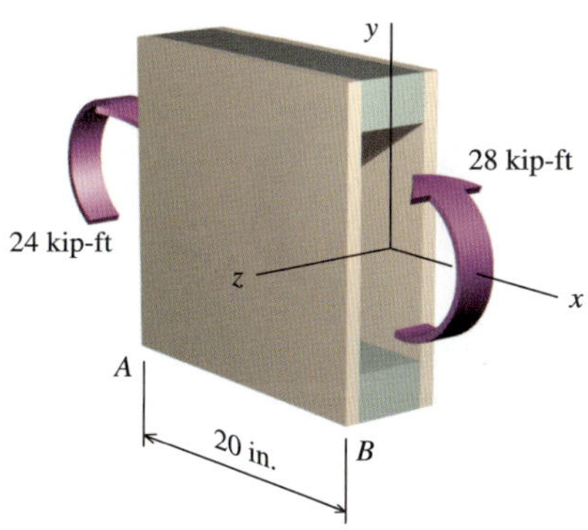


**FIGURE P9.1*a*** Beam segment.

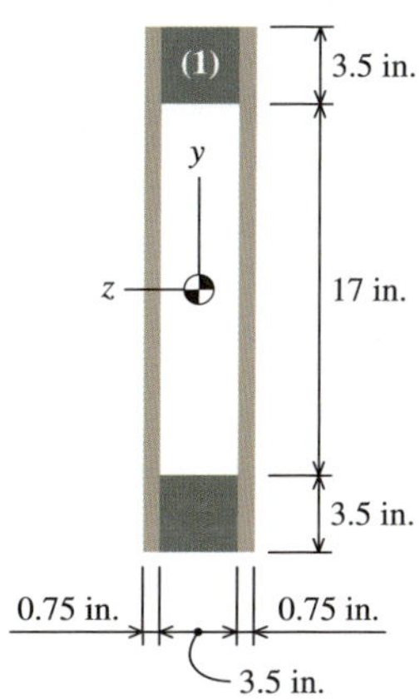


**FIGURE P9.1*b*** Cross-sectional dimensions.

**P9.2** The 12-in.-long beam segment shown in Figure P9.2*a* is subjected to internal bending moments of $M_A = 700$ lb-ft and $M_B = 400$ lb-ft. Consider area (1) shown in Figure P9.2*b*.

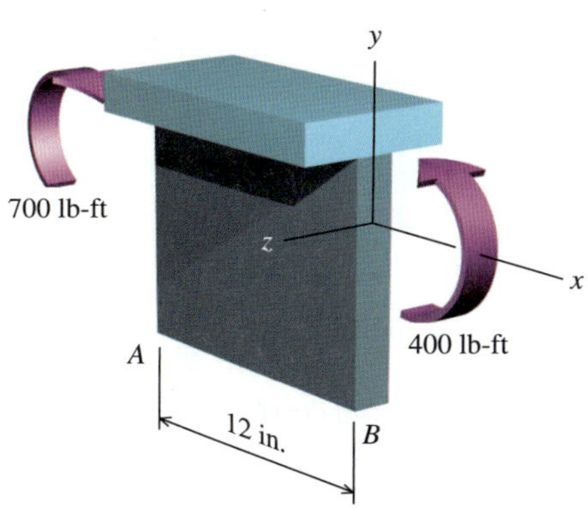


**FIGURE P9.2*a*** Beam segment.

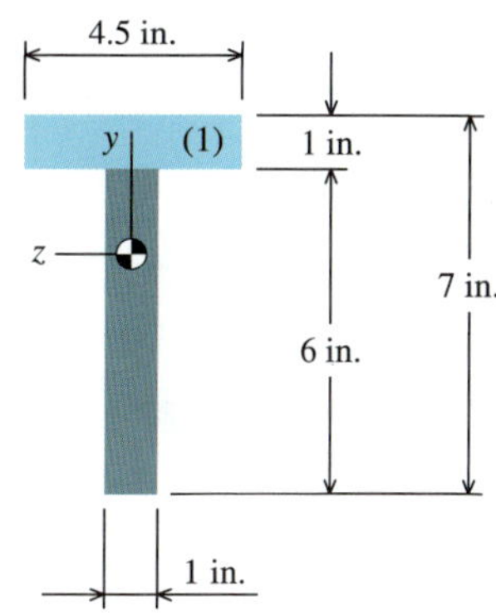


**FIGURE P9.2*b*** Cross-sectional dimensions.

**P9.3** The 500-mm-long beam segment shown in Figure P9.3*a* is subjected to internal bending moments of $M_A = -5.8$ kN-m and $M_B = -3.2$ kN-m. Consider area (1) shown in Figure P9.3*b*.

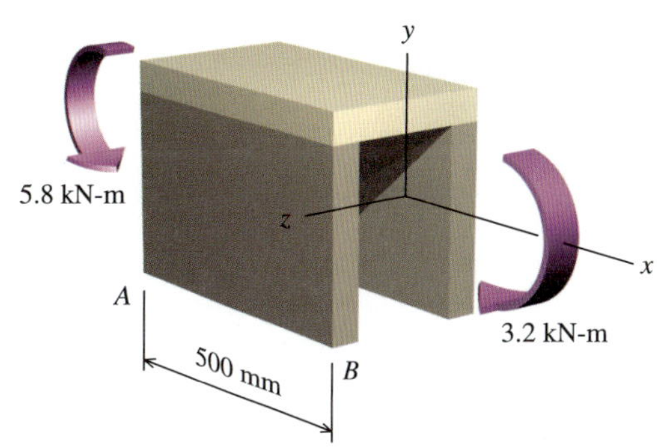


**FIGURE P9.3*a*** Beam segment.

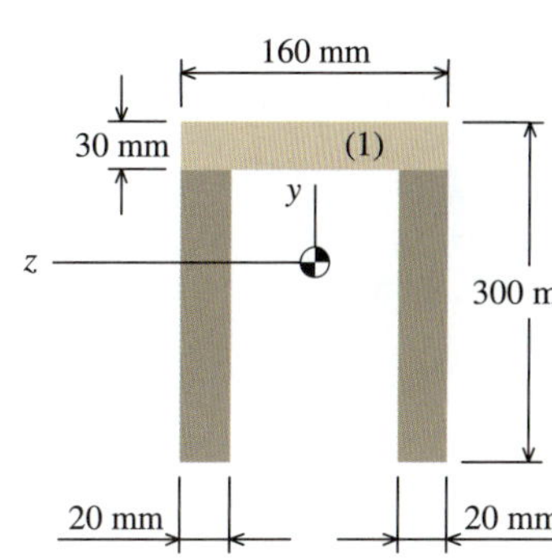


**FIGURE P9.3*b*** Cross-sectional dimensions.

**P9.4** The 16-in.-long beam segment shown in Figure P9.4*a* is subjected to internal bending moments of $M_A = -3{,}300$ lb-ft and $M_B = -4{,}700$ lb-ft. Consider area (1) shown in Figure P9.4*b*.

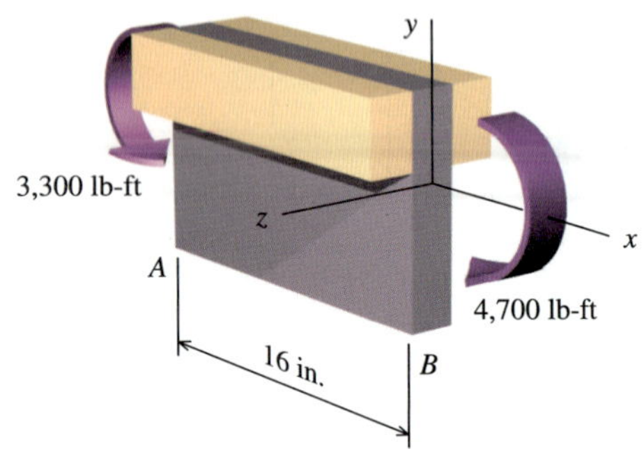


**FIGURE P9.4*a*** Beam segment.

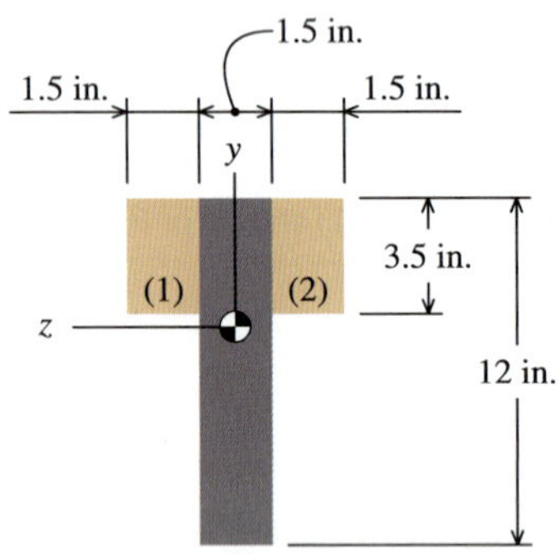


**FIGURE P9.4*b*** Cross-sectional dimensions.

**P9.5** The 18-in.-long beam segment shown in Figure P9.5*a*/6*a* is subjected to internal bending moments of $M_A = -42$ kip-in. and $M_B = -36$ kip-in. Consider area (1) shown in Figure P9.5*b*/6*b*.

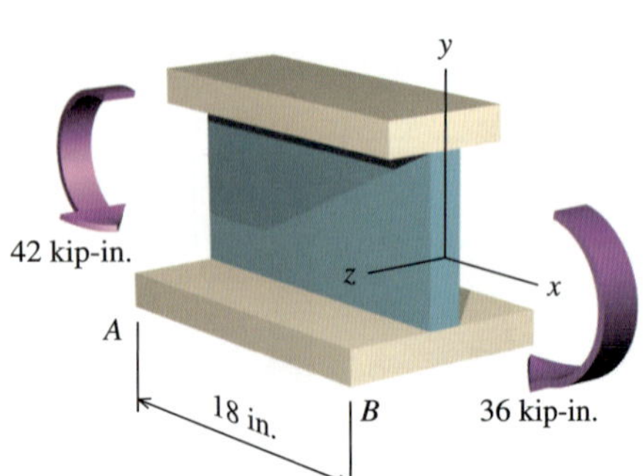


**FIGURE P9.5*a*/6*a*** Beam segment.

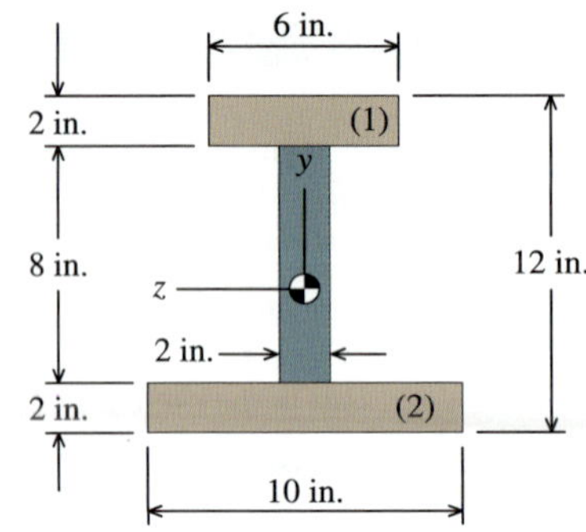


**FIGURE P9.5*b*/6*b*** Cross-sectional dimensions.

**P9.6** The 18-in.-long beam segment shown in Figure P9.5*a*/6*a* is subjected to internal bending moments of $M_A = -42$ kip-in. and $M_B = -36$ kip-in. Consider area (2) shown in Figure P9.5*b*/6*b*.

**P9.7** The 300-mm-long beam segment shown in Figure P9.7*a*/8*a* is subjected to internal bending moments of $M_A = 7.5$ kN-m and $M_B = 8.0$ kN-m. Consider area (1) shown in Figure P9.7*b*/8*b*.

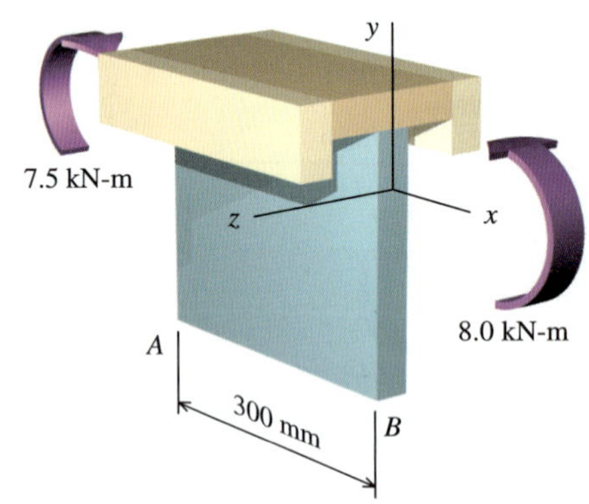


**FIGURE P9.7*a*/8*a*** Beam segment.

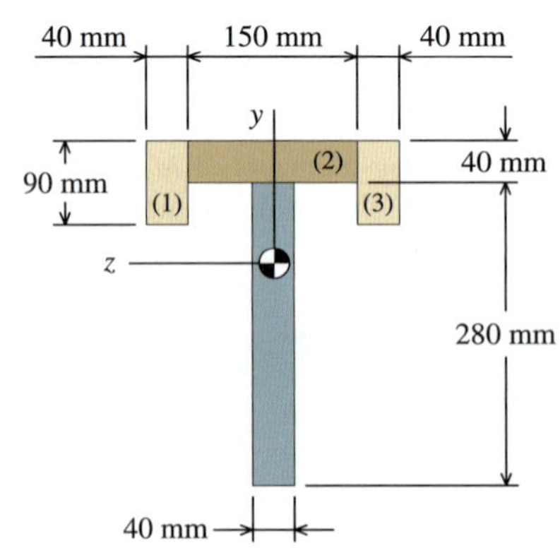


**FIGURE P9.7*b*/8*b*** Cross-sectional dimensions.

**P9.8** The 300-mm-long beam segment shown in Figure P9.7*a*/8*a* is subjected to internal bending moments of $M_A = 7.5$ kN-m and $M_B = 8.0$ kN-m. Consider the combined areas (1), (2), and (3) shown in Figure P9.7*b*/8*b*.

## 9.3 전단응력공식

이 절에서는 균질한 선형탄성 재료로 만들어진 단면적이 일정한 보에서 발생하는 전단응력을 구하는 공식을 유도한다. 그림 9.5$a$와 같이 다양한 하중을 받는 보를 고려한다. 보의 단면은 그림 9.5$b$에 나타나 있다. 이 공식을 유도하는 과정에서 $A'$으로 표기된 단면의 일부분에 각별한 관심이 집중된다.

길이 $\Delta x$이고, 좌표 $x$에 위치한 보의 자유물체도를 검토한다(그림 9.6$a$). 자유물체도의 왼쪽 측면(단면 $a$–$b$–$c$)에서 전단력과 굽힘모멘트는 $V$와 $M$으로 각각 표기된다. 자유물체도의 오른쪽 측면(단면 $d$–$e$–$f$)에서, 전단력과 굽힘모멘트는 조금씩 다르며 각각 $V + \Delta V$와 $M + \Delta M$으로 표시된다. 여기서 $x$방향으로의 힘의 평형조건을 고려한다. 전단력 $V$, $V + \Delta V$, 분포하중 $w(x)$ 등은 수직방향으로 작용된다. 그 결과 그들은 $x$방향의 평형조건에 영향을 미치지 않아 다음의 해석 과정에서 생략할 수 있다.

이 자유물체도에 발생하는 법선응력(그림 9.6$b$)은 굽힘응력공식으로 결정될 수 있다.

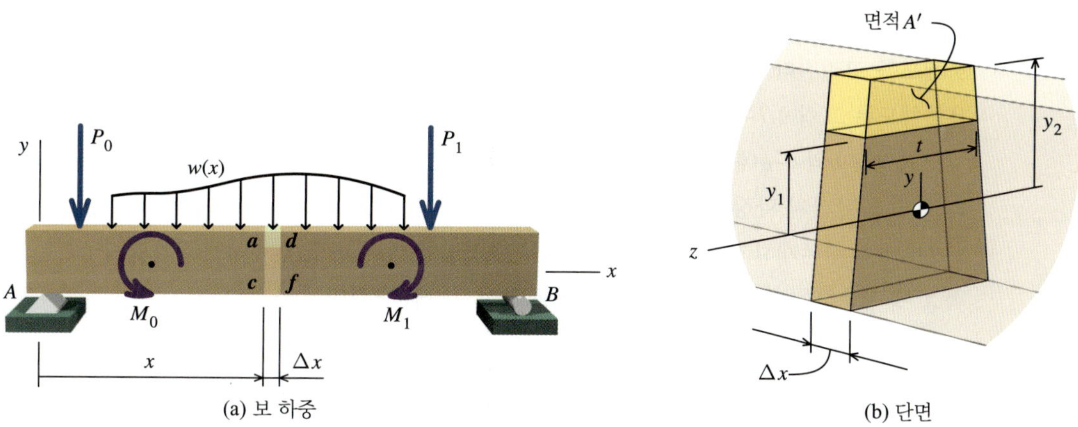


**그림 9.5** • 불균일굽힘을 받는 단면적이 일정한 보

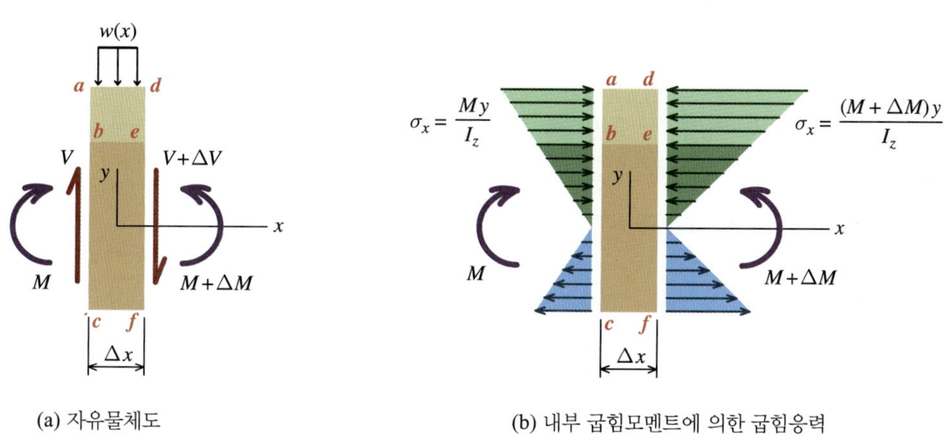


**그림 9.6** • 보의 미소영역의 자유물체도

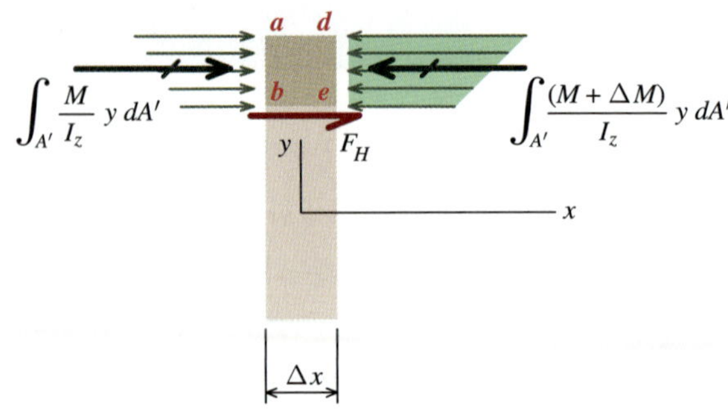


**그림 9.7** • 면적 A′의 자유물체도(측면도)

자유물체도의 왼쪽 측면의 굽힘모멘트 $M$에 의한 굽힘응력은 $My/I_z$이고, 오른쪽 측면에서 굽힘모멘트 $M + \Delta M$은 $(M + \Delta M)y/I_z$의 굽힘응력을 발생시킨다. 굽힘응력의 부호는 관찰에 의해 결정될 수 있다. 중립면 위에서 굽힘모멘트는 그림에 표시된 방향으로 자유물체도에서 발생하는 압축법선응력들을 생성한다.

보가 평형상태에 있다면, 선택한 보의 임의의 부분 역시 평형이어야 한다. 그림 9.6에서 보듯이 단면의 $b$–$e$에서부터($y = y_1$) 단면의 가장 바깥 경계($y = y_2$)까지의 한 부분의 자유물체도를 고려한다. 이것은 그림 9.5$b$에서 $A'$으로 표시된 단면의 일부분이다. 면적 $A'$의 자유물체도는 그림 9.7에서 보는 바와 같다.

단면 $a$–$b$와 $d$–$e$에서의 합력은 $y = y_1$의 단면의 한 부분에서 시작하여 $y = y_2$(그림 9.5$b$)의 단면 상단까지 확장된 면적 $A'$에서의 발생하는 법선응력을 적분하여 구할 수 있다. 단면 $a$–$d$에서 힘은 존재하지 않는다. 그러나 내부 수평방향 힘 $F_H$는 단면 $b$–$e$에 작용할 수 있다. 면적 $A'$에 작용하는 힘의 $x$방향으로의 평형조건식은 다음과 같다.

$$\Sigma F_x = \int_{A'} \frac{M}{I_z} y\, dA' - \int_{A'} \frac{(M + \Delta M)}{I_z} y\, dA' + F_H = 0 \tag{a}$$

각 항의 부호는 그림 9.7의 관찰에 의해 결정된다. 식 (a)에서 적분항은 아래에 주어진 식으로 확장될 수 있다.

$$\Sigma F_x = \int_{A'} \frac{M}{I_z} y\, dA' - \int_{A'} \frac{M}{I_z} y\, dA' - \int_{A'} \frac{\Delta M}{I_z} y\, dA' + F_H = 0 \tag{b}$$

위 식을 정리하면 다음과 같다.

$$F_H = \int_{A'} \frac{\Delta M}{I_z} y\, dA' \tag{c}$$

면적 $A'$에 대해서 $M$과 $I_z$는 모두 일정하다. 그러므로 식 (c)는 다음과 같이 간략화된다.

$$F_H = \frac{\Delta M}{I_z} \int_{A'} y\,dA' \qquad \text{(d)}$$

관성모멘트의 항은 관성모멘트는 보의 전체 깊이와 특정 면적 $A'$에 걸쳐 발생하는 전단응력을 결정하는 데 사용되는 굽힘응력공식에서 생겨나는 식 (9.1)을 나타낸다.

$I_z$는 $z$축에 관한 전체 단면의 관성모멘트이다.

식 (d)에서 적분항은 단면의 굽힘축에 관한 면적 $A'$의 1차 모멘트이다. 이 양은 $Q$로 표기된다. $Q$의 계산에 관해 추가적인 세부 사항은 9.4절에서 다루어진다. 표기 $Q$로 적분항을 대체하면, 식 (d)는 다음과 같이 정리된다.

$$F_H = \frac{\Delta M Q}{I_z} \qquad (9.1)$$

식 (9.1)의 중요성은 무엇인가? 보에서 굽힘모멘트가 일정하지 않다면($\Delta M \neq 0$), 내부의 수평전단력 $F_H$는 평형조건을 만족하기 위해 $y = y_1$에 존재해야 한다. 특히 $Q$는 면적 $A'$(그림 9.5$b$)과 관련된다는 사실을 명심해 둘 필요가 있다. $Q$의 값은 면적 $A'$과 함께 변하므로 $F_H$ 역시 변한다. 다시 말해, 단면 내의 가능한 모든 $y$의 값에서 평형을 위해 요구되는 내부 수평전단력 $F_H$는 서로 독립적이다.

여기서 식 (9.1)을 9.2절에서 논의된 문제에 적용하면 도움이 될 수도 있다. 이 문제에서 보의 미소영역의 오른쪽과 왼쪽 측면( $\Delta x$ = 150 mm임)에서 굽힘모멘트는 각각 $\Delta M_B$ =1.350 kN·m와 $\Delta M_C$ =2.025 kN·m이다. 이 두 개의 모멘트들을 사용하면, $\Delta M_B$ = 2.025 kkN·m − 1.350 kN·m = 0.675 kN·m = 675 kN·m이다. 단면2차관성모멘트 $I_z$는 $I_z$ = 33,750,000 mm$^4$으로 주어진다.

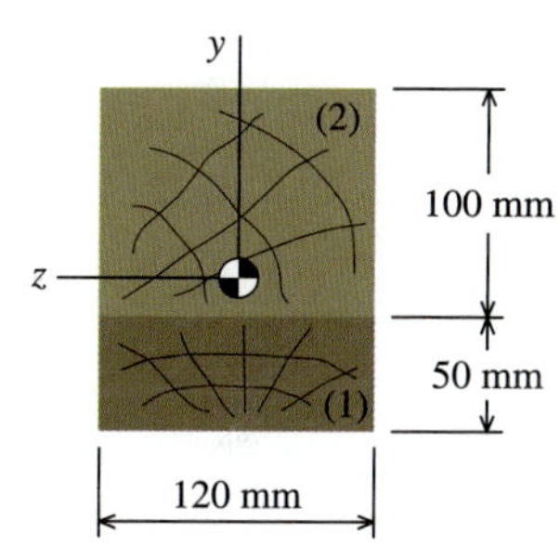


**그림 9.2(반복 사용)** • 보 단면 치수

이 문제와 관련된 면적 $A'$은 단지 부재 (1)의 면적이고, 단면의 하단에 위치하는 50 mm × 120 mm 판이다. 면적의 1차 모멘트 $Q$는 $\int y\,dA'$ 으로부터 계산된다. 부재 (1)의 폭은 $b$로 표기한다. 이 폭은 일정하므로 미분면적 $dA'$는 $dA' = b\,dy$로 표현된다. 이 예제에서 면적 $A'$은 $y = -25$ mm에서 시작하여 $y = -75$ mm의 가장 바깥 경계까지를 포함한다. $b$ = 120 mm를 사용하여, 면적의 1차 모멘트 $Q$를 다음과 같이 계산할 수 있다.

$$Q = \int_{y=-25}^{y=-75} by\,dy = b\frac{1}{2}[y^2]_{y=-25}^{y=-75} = 300{,}000\ \text{mm}^3$$

그리고 식 (9.1)로부터 부재 (1)이 평형을 유지하기 위해 요구되는 내부 수평전단력 $F_H$는 다음과 같다.

$$F_H = \frac{\Delta M Q}{I_z} = \frac{(675\ \text{kN-mm})(300{,}000\ \text{mm}^3)}{33{,}750{,}000\ \text{mm}^4} = 6\ \text{kN}$$

이 결과는 9.2절에서 결정된 수평힘과 일치한다.

## 보에서의 전단응력

식 (9.1)은 불균일굽힘을 받는 보에서 발생하는 전단응력을 정의하기 위해 사용될 수 있다. $F_H$가 작용하는 면이 $\Delta x$의 길이를 갖는다. 보 단면의 형상에 따라 면적 $A'$의 폭은 변할 수 있고, 그래서 $y = y_1$에서 면적 $A'$의 폭은 변수 $t$로 나타낼 수 있다(그림 9.5*b*). 응력은 힘을 면적으로 나눈 것으로 정의되므로 수평 단면 *b–e*에 작용하는 평균 수평전단응력공식은 이 힘이 작용하는 면의 면적($t\,\Delta x$)으로 식 (9.1)의 $F_H$를 나눔으로써 유도할 수 있다.

$$\tau_{H,\text{avg}} = \frac{F_H}{t\,\Delta x} = \frac{\Delta M\,Q}{t\,\Delta x I_z} = \frac{\Delta M}{\Delta x}\frac{Q}{I_z t} \tag{e}$$

이 식에 내포된 것은 전단응력이 임의의 위치 $y$에서 단면의 폭에 걸쳐 일정하다고 가정한 점이다. 즉 어떤 주어진 위치 $y$에서 전단응력은 임의의 위치 $z$에 대해 일정하다. 그리고 이 식의 유도는 전단응력 $\tau$가 단면의 수직 측면($y$축)에 평행하다는 가정에 근거한다.

$\Delta x \to 0$의 극한을 취하면, $\Delta M/\Delta x$는 $dM/dx$의 미분 항으로 표현되고, 식 (e)는 보의 위치 $x$에서 작용하는 수평전단응력을 구하는 식이 된다.

$$\tau_H = \frac{dM}{dx}\frac{Q}{I_z t} \tag{f}$$

식 (f)는 보에서 수평전단응력을 정의한다. 전단응력은 굽힘모멘트가 일정하지 않는($dM/dx \neq 0$) 위치에서 존재함을 유의할 필요가 있다. 앞서 논의된 것처럼 면적의 1차 모멘트 $Q$는 보의 단면에서 $y$의 값에 따라 변할 수 있다. 그리고 단면의 모양에 따라 폭 $t$ 좌표 $y$에 따라 변할 수 있다. 결과적으로 수평전단응력은 어떤 위치 $x$에서 단면에서의 $y$ 좌표에 따라 변한다.

9.2 절에서 제시된 간단한 관찰과 이 절에서 유도된 식들은 보에서 전단응력을 이해하는 데 필수적인 개념을 제공하고 있다.

> 수평전단력과 그 결과물인 수평전단응력은 굽힘모멘트가 보의 길이에 따라 변하는 영역의 굽힘부재에서 발생한다. 단면의 한 부분에 작용하는 굽힘응력의 합력의 불균형은 평형을 위한 내부 수평전단력을 요구한다.

식 (f)는 보에 작용하는 수평전단응력에 관한 식이다. 항 $dM/dx$가 보에서 전단응력의 존재를 명확히 하는 데 도움이 되지만, 계산목적으로는 다소 어렵다. $dM/dx$에 대한 등가 표현식이 있는가? 7.3절에서 유도된 전단력과 굽힘모멘트 사이의 관계식은 다음과 같다.

$$\frac{dM}{dx} = V \tag{7.2}$$

다시 말해, 굽힘모멘트가 변하는 곳이면 어디든지 전단력 $V$가 존재한다. 식 (f)에서 $\tau_H$의 식을 쉽게 사용하기 위해 $dM/dx$ 항은 전단력 $V$로 대체된다.

$$\tau_H = \frac{VQ}{I_z t} \qquad \text{(g)}$$

전단응력은 하나의 면에서만 발생하지 않는다고 1.6절에서 설명했다. 보에서 수평면으로 전단력 $\tau_H$가 있다면, 수직면으로 같은 크기의 전단응력 $\tau$가 역시 존재한다(그림 9.8). 수평과 수직 전단응력은 동일하므로, $\tau_H = \tau_V = \tau$로 놓을 수 있다. 그러므로, 식 (g)는 일반적으로 전단응력공식으로 알려진 다음의 공식으로 단순화된다.

수평전단응력과 횡방향 전단응력의 항은 보 전단응력에 의해 기준에서 사용된다. 직교 평면 위에 전단응력은 크기가 동일하므로, 이러한 두 종류의 항은 둘 다 동일한 수치의 전단응력 값을 나타내는 효과적인 동의어이다.

$$\tau = \frac{VQ}{I_z t} \qquad (9.2)$$

식 (9.2)의 $I_z$는 $z$축에 관한 전체단면의 단면2차관성모멘트이다.

$Q$가 면적 $A'$에 따라 변하므로 $\tau$의 값은 단면의 깊이, 즉 $y$ 좌표에 따라 변한다. 단면의 상단과 하단 경계에서(그림 9.8에서 점 $a, c, d, f$) 면적 $A'$이 0이므로 $Q$의 값은 0이다. $Q$의 최대값은 단면의 굽힘축에서 발생한다. 그래서 가장 큰 전단응력 $\tau$는 일반적으로 굽힘축에 위치한다. 식 (9.2)에서 전단력 $V$와 단면2차관성모멘트 $I_z$는 보의 임의의 위치에서 일정하다. $Q$의 값은 고려된 특정한 좌표 $y$에 좌우된다. 식 (9.2)의 분모에서 $t$항(주어진 좌표 $y$에서 $z$방향으로의 단면의 폭) 역시 단면의 깊이, $y$ 좌표에 따라 변한다. 그러므로 최대 수평전단응력 $\tau$는 가장 큰 $Q/t$ 값을 갖는 $y$ 좌표에서 발생한다. 흔히 가장 큰 $Q/t$의 값은 굽힘축에서 발생하지만, 반드시 그런 것은 아니다.

횡방향 평면에서 발생하는 전단응력의 방향은 전단력의 방향과 같다. 그림 9.8에서 설명된 것과 같이 전단력은 단면 $d$–$e$–$f$에서 아래 방향으로 작용한다. 전단응력은 수직면에서 동일한 방향으로 작용한다. 하나의 면에서 전단응력의 방향이 결정되고 나면, 다른 면에 작용하는 전단응력을 알 수 있다.

비록 식 (9.2)에 의해 구해진 응력이 보의 특정한 점과 관계가 있지만, 그것은 두께 $t$에 대한 평균값이고 이런 이유로 $t$가 매우 크지 않을 때만 정확하다. 2배의 폭과 같은 높이를 갖는 직사각형 단면에 대해 매우 정교한 방법으로 계산된 최대 응력은 식 (9.2)로 구한 값보다

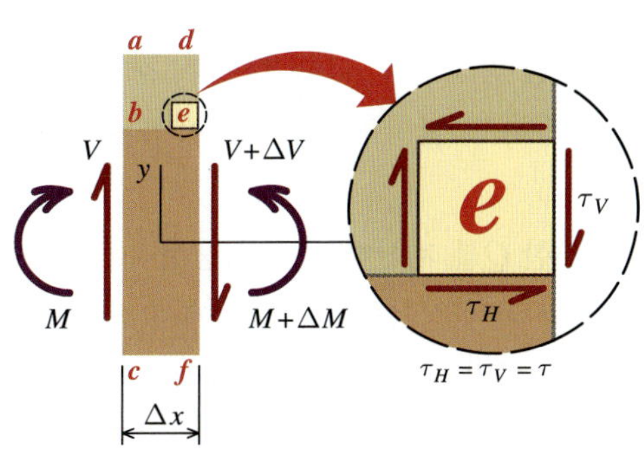


**그림 9.8** • 점 $e$에서의 전단응력

약 3% 더 크다. 단면이 정사각형이면, 오차는 약 12%이다. 폭이 높이의 4배이면, 오차는 거의 100%에 달한다. 게다가 전단응력공식이 삼각형 단면과 같이 보의 양면들이 서로 평행하지 않는 단면에 적용되면, 응력의 횡방향 변화가 보의 양면이 평행하지 않을 때 더 크기 때문에 추가적인 오차에 노출된다.

## 9.4 면적의 1차 모멘트 $Q$

보의 단면에서 주어진 위치 $y$에 대한 면적의 1차 모멘트 $Q$의 계산은 초기에 굽힘 부재의 전단응력과 관련된 가장 혼란스러운 것 중 하나이다. $Q$가 특정 단면에서 고유한 값을 갖지 않고, 다양한 값을 갖기 때문에 혼란스러운 것이다. 예로서 그림 9.9$a$의 박스 형상 단면을 고려해 본다. 점 $a$, $b$, $c$ 등에서 전단력 $V$와 관련된 전단응력을 계산하기 위해, $Q$의 세 가지 다른 값을 결정해야 한다.

$Q$는 무엇인가? $Q$는 면적의 1차 모멘트라 불리는 수학적 개념이다. 면적의 1차 모멘트 항은 도심을 정의하는 식에서 분자에 나타난다.

$$\bar{y} = \frac{\int_A y\,dA}{\int_A dA} \tag{a}$$

$Q$는 전체 단면적 $A$의 한 부분인 $A'$만의 면적 1차 모멘트이다. 식 (a)는 전체 단면적 $A$ 대신에 $A'$의 항으로 다시 정리할 수 있고, $Q$에 대한 유용한 공식을 얻기 위해 정리할 수 있다.

$$Q = \int_{A'} y\,dA' = \bar{y}'\int_{A'} dA' = \bar{y}'A' \tag{9.3}$$

여기서 $\bar{y}'$은 단면의 중립축으로부터 면적 $A'$의 도심까지의 거리이다.

그림 9.9$a$에서 점 $a$에 대한 $Q$를 결정하기 위해 단면은 $a$에서 나누어지고, $z$축(굽힘축)에 평행하게(전단력 $V$의 방향에 수직하게) 자른다. 면적 $A'$은 이 절단선에서 시작하고 $z$축으로부터 멀어지는 방향에 위치한 보의 자유면까지를 포함한다(앞의 유도과정에서 면적 $A'$의 수평방향 평형조건을 평가하기 위해 사용된 그림 9.7의 자유물체도를 상기하라). 점 $a$에 대해 $Q$를 계산하기 위해 사용된 면적 $A'$은 그림 9.9에서 강조되었다. 굽힘축을 기준으로 하여 강조된 면적의 도심을 결정하고, 굽힘축으로부터 이 도심까지의 거리와 강조된 면적의 곱으로부터 $Q$를 계산한다.

유사한 과정이 점 $b$에 대한 $Q$를 계산하는 데 사용된다. 박스 형상은 $z$축에 평행한 $b$에서 나뉘어진다(**주의:** $V$는 항상 이에 상응하는 $z$축 등에 수직하다. 그 반대도 성립한다). 면적 $A'$은 그림 9.9$c$에서 보는 것처럼 이 절단선에서 시작하여 $z$축으로부터 멀어지는 방향에 위치한 자유면까지 확장한다. $z$축으로부터 강조된 면적의 도심까지의 거리 또는 도심의 $y$좌표 $\bar{y}'$을 결정하고, $Q$를 $Q = \bar{y}'A'$으로부터 계산한다.

점 $c$는 박스 형상에 대해 $z$축 위에 위치한다. 그러므로 면적 $A'$은 $z$축에서 시작한다(그림 9.9$d$). 점 $a$와 $b$에 대해서는 방향이 "$z$축으로부터 멀어진다"고 한 것은 옳았다. 그러나 $c$는 실제로 $z$축 위에 있기 때문에 다음과 같은 의문을 갖게 된다. 면적 $A'$은 $z$축의 위 또는 아래 중 어느 방향으로 확장되어야 하는가? 그 답은 다음과 같다. "어느 쪽 방향이든 점 $c$에서 같은 $Q$가 주어진다." $z$축 위쪽 면적이 그림 9.9$d$에서 강조되었지만, $z$축 아래 면적은 같은 결과를 낳는다. $z$축을 기준으로 강조된 영역의 도심의 위치 $\bar{y}'$이 결정되고, $Q$는 $Q = \bar{y}'\mathrm{A}'$으로부터 계산된다.

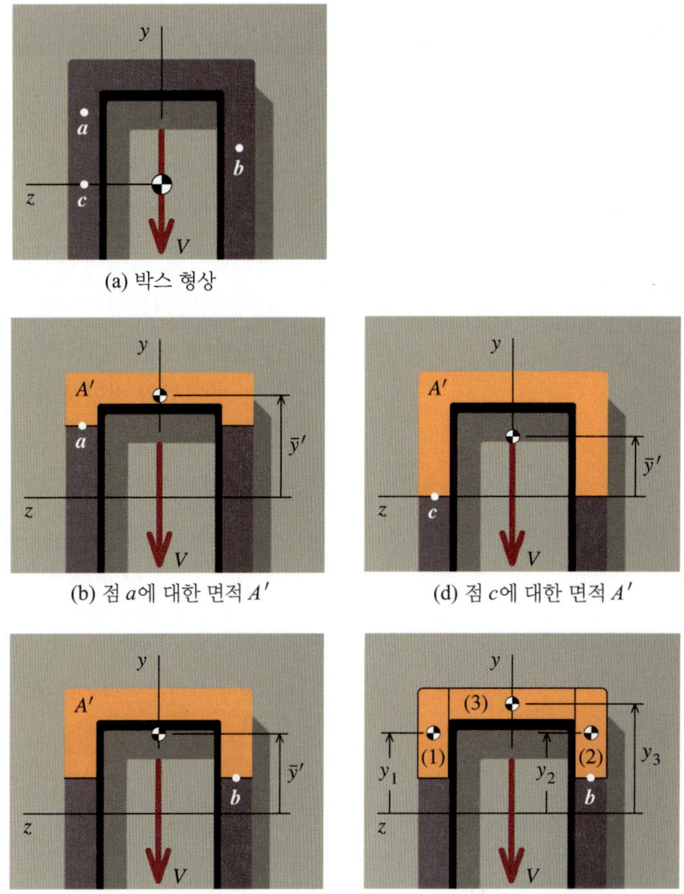

(a) 박스 형상

(b) 점 $a$에 대한 면적 $A'$

(d) 점 $c$에 대한 면적 $A'$

(c) 점 $b$에 대한 면적 $A'$

(e) 계산 과정

**그림 9.9** • 박스 형상 단면의 다른 위치에서 $Q$ 계산

$z$축에 관한 전체 단면적의 1차 모멘트는 중립축의 정의에 의해 반드시 0이여야 한다. 여기서 실시한 설명은 점 $a$, $b$, $c$의 위의 면적 $A'$을 사용하여 $Q$를 계산하는지에 관한 것이었지만 $a$, $b$, $c$의 아래의 면적의 1차 모멘트는 앞에서 설명한 $Q$의 부(음의 값)이다. 다시 말해, 점 $a$, $b$, $c$의 아래의 면적 $A'$을 사용하여 계산된 $Q$의 값은 점 $a$, $b$, $c$ 위의 면적 $A'$으로부터 계산된 $Q$와 같은 크기를 가져야 한다. 중립축으로부터 멀리는 방향으로 확장된 면적 $A'$을 사용하여 $Q$를 계산하는 것이 쉽지만, 예외도 있다.

점 $b$에 대한 $Q$의 계산(그림 9.9$c$)을 좀더 자세히 고려해 보자. 면적 $A'$은 $A' = A_1 + A_2 + A_3$가 되도록 세 개의 직사각형 면적(그림 9.9$e$)으로 나눌 수 있다. 강조된 면적의 도심 위치 $\bar{y}'$은 다음 식으로부터 계산된다.

$$\bar{y}' = \frac{y_1A_1 + y_2A_2 + y_3A_3}{A_1 + A_2 + A_3}$$

일반적으로 관심점이 중립축 위에 있는 경우, 점에서 시작하여 위쪽 방향 최외곽까지 연결된 면적 $A'$을 고려하는 것이 편리하다. 관심점이 중립축 아래에 있는 경우, 점에서 시작하여 아래 방향 최외곽까지 연결된 면적 $A'$을 고려하는 것이 편리하다.

점 $b$와 관련된 $Q$의 값은 다음 식으로부터 계산된다.

$$Q = y'A' = \frac{y_1A_1 + y_2A_2 + y_3A_3}{A_1 + A_2 + A_3}(A_1 + A_2 + A_3) = y_1A_1 + y_2A_2 + y_3A_3$$

이 결과는 좀더 직접적인 계산과정을 제안한다. $i$개의 형상으로 이루어져 있는 단면에 대한 $Q$는 다음과 같이 계산된다.

$$Q = \sum_i y_iA_i \qquad (9.4)$$

여기서, $y_i$는 중립축과 $i$번째 형상의 도심 사이의 거리이고, $A_i$는 $i$번째 형상의 면적이다.

## 9.5 직사각형 단면 보의 전단응력

직사각형 단면 보는 전단응력이 보의 높이(깊이)에 걸쳐 어떻게 분포되는지에 대한 이해를 돕는 데 자주 활용된다. 전단력 $V$를 받는 보를 고려하자. 9.3절에서 논의된 것처럼 전단력은 굽힘모멘트가 일정하지 않을 때만 존재하고, 보의 길이에 따른 굽힘모멘트의 변화는 보에서 전단응력을 발생시킨다. 그림 9.10$a$의 직사각형 단면은 폭 $b$와 높이 $h$를 갖는다. 그러므로 전체 단면적은 $A = bh$이다. 대칭조건에 의해 직사각형의 도심은 도형의 중간에 위치한다. 굽힘축에 관한 단면2차관성모멘트는 $I_z = bh^3/12$이다.

보에서의 전단응력은 식 (9.2)로부터 결정된다. 단면에 걸친 $\tau$의 분포를 조사하기 위해 전단응력은 중립축으로부터 임의의 높이 $y$에서 계산된다(그림 9.10$b$). 강조된 면적 $A'$에 대한 면적의 1차 모멘트 $Q$는 다음과 같다.

$$Q = \bar{y}'A' = \left[y + \frac{1}{2}\left(\frac{h}{2} - y\right)\right]\left(\frac{h}{2} - y\right)b = \frac{1}{2}\left(\frac{h^2}{4} - y^2\right)b \tag{a}$$

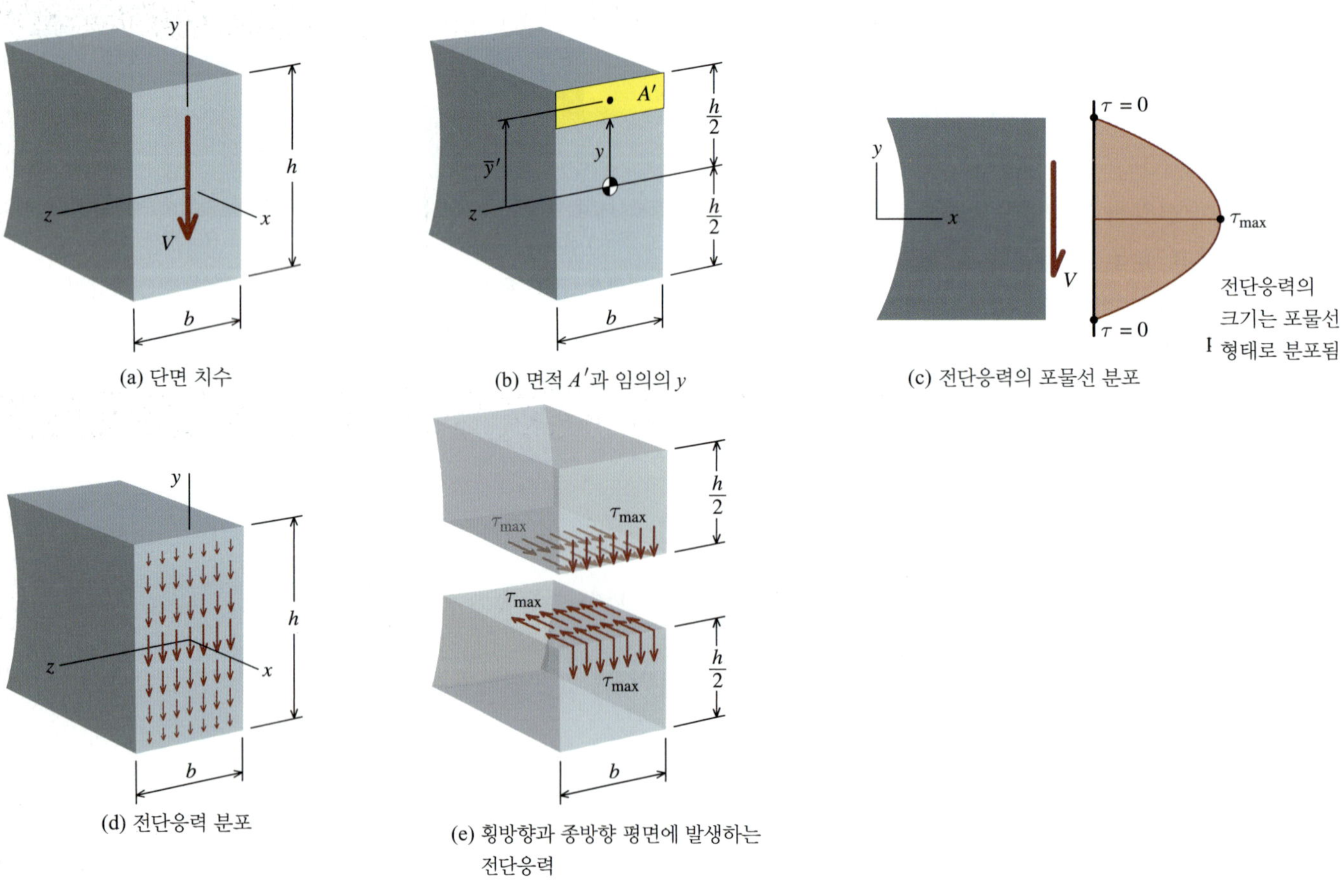


**그림 9.10** • 직사각형 단면에서의 전단분포

전단응력 $\tau$는 전단응력공식으로부터 좌표 $y$의 함수로 표현된다.

$$\tau = \frac{VQ}{I_z t} = \frac{V}{\left(\frac{1}{12}bh^3\right)b} \times \frac{1}{2}\left(\frac{h^2}{4} - y^2\right)b = \frac{6V}{bh^3}\left(\frac{h^2}{4} - y^2\right) \tag{9.5}$$

식 (9.5)는 2차 함수이므로, 전단응력 $\tau$는 $y$에 관한 포물선 형태로 분포된다(그림 910$c$). $y = \pm h/2$에서 $\tau = 0$이다. 이 위치에서 $A' = 0$이므로 $Q = 0$이 되고, 그 결과 단면의 가장 멀리 떨어진 지점에서 전단응력은 사라진다. 보의 자유면에서 전단응력은 없다. 최대 전단응력은 중립면($y = 0$)에서 발생한다. 중립면에서 직사각형 단면의 최대 전단응력은 다음과 같다.

식 (9.6)의 정확도는 단면의 높이와 폭의 비율에 달려 있다. 보의 단면의 높이가 폭에 비해 매우 클 경우 식 (9.6)은 정답에 가깝게 된다. 반면, 단면이 정사각형에 가까울수록, 실제 최대 전단응력은 식 (9.6)에 주어진 결과보다 커진다.

$$\tau_{\max} = \frac{VQ}{I_z t} = \frac{V}{\left(\frac{1}{12}bh^3\right)b} \times \frac{1}{2}\left(\frac{h}{2}\right)\frac{bh}{2} = \frac{3V}{2bh} = \frac{3}{2}\frac{V}{A} \tag{9.6}$$

식 (9.6)이 직사각형 단면에 대해서만 최대 전단응력이 주어진다는 점이 중요하다. 그리고 중립면에 작용하는 최대 전단응력은 $\tau = V/A$로 정의되는 평균 전단응력보다 50% 크다는 점을 기억할 필요가 있다.

요약하자면, 직사각형 단면에서 전단력 $V$와 관련된 전단응력의 강도는 중립면에 수직한 방향($y$축 방향)으로는 포물선 형태로 분포되고, $z$축 방향으로는 균일하게 분포된다(그림 9.10$d$). 전단응력은 직사각형 단면의 상단과 하단 가장자리에서 사라지고, 중립면에서 가장 크다. 전단응력은 횡방향과 종방향 평면 두 곳에서 모두 발생한다(그림 9.10$e$).

보의 전단응력에서 "최대 전단응력"의 표현은 문제가 있다. 12장에서 응력변환의 주제에서는 임의의 점에서 존재하는 응력상태는 응력이 작용하는 평면의 방향에 의존하는 법선응력과 전단응력의 다양한 조합들로 표현될 수 있다(이 개념은 축하중 부재와 관련하여 1.5절에서 그리고 비틀림 부재와 관련하여 6.4절에서 이미 소개되었다). 따라서 보에 작용하는 "최대 전단응력"의 표현은 다음 중 하나의 의미로 설명될 수 있다.

(a) 중립축에 수직한 단면에서 모든 좌표 $y$에서 구해진 전단응력 $\tau = VQ/It$의 최대값, 또는

(b) 단면상의 특정점에서 그 점을 통과하는 모든 가능한 평면상에서의 응력상태를 고려하여 얻은 최대 전단응력

이 장에서 "최대 수평전단응력" 표현은 단면의 모든 좌표 $y$에 대해서 $\tau = VQ/I_t$의 최대값이 결정된다는 것을 의미할 때 사용한다. 직교 평면에서 전단응력의 크기가 같기 때문에, 이런 목적으로 "최대 횡방향전단응력"의 표현을 사용하는 것도 가능하다. 12장에서 특정한 점에서 최대 전단응력은 응력변환의 개념을 사용하여 결정될 것이고, 15장에서는 보 내에 특정한 점에서 최대 법선응력과 인장응력이 더욱 자세히 논의될 것이다.

## MecMovies Example M9.2

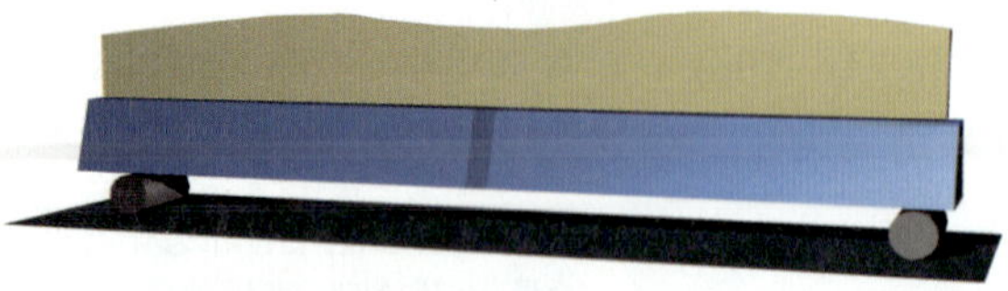

전단응력공식의 유도.

## 예제 9.2 EXAMPLE

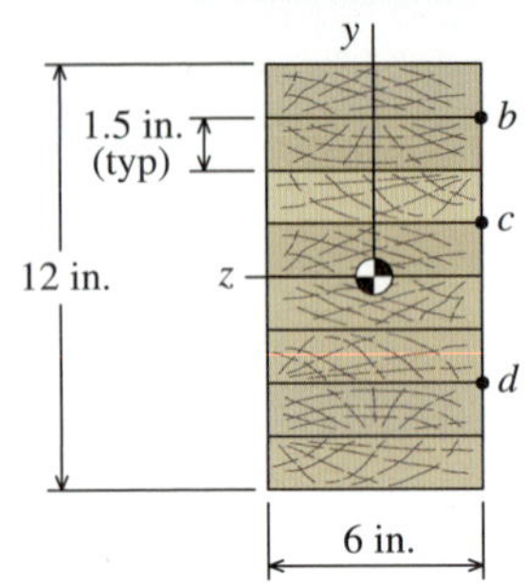


10 ft 길이의 단순지지보는 그림에서 보는 바와 같이 폭 6 in.와 높이 12 in.의 단면을 구성하기 위해 8개의 15 in. × 6 in. 널빤지를 함께 접착하였다. 보는 길이 중간에서 9 kips의 집중하중이 가해진다. 핀지지 $A$로부터 2.5 ft에 위치한 단면 $a$-$a$에서 다음을 결정하라.

(a) 접합부 $b$, $c$, $d$에서 평균 수평전단응력

(b) 단면에서 최대 수평전단응력

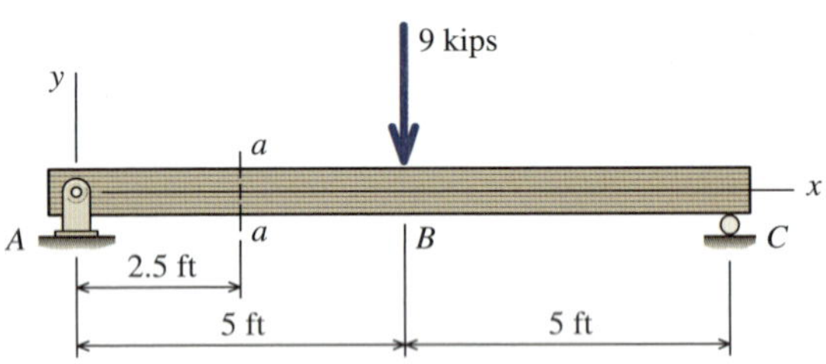


**풀이 계획**

단면 $a$–$a$에서 발생하는 횡방향 전단력 $V$는 단순지지보에 대한 전단력선도로부터 결정된다. 표시된 접합부에서 수평전단응력을 결정하기 위해 해당되는 면적의 1차 모멘트 $Q$는 각각의 위치에 대해 계산되어야 한다. 평균 수평전단응력은 식 (9.2)에 주어진 전단응력공식을 사용하여 구할 수 있다.

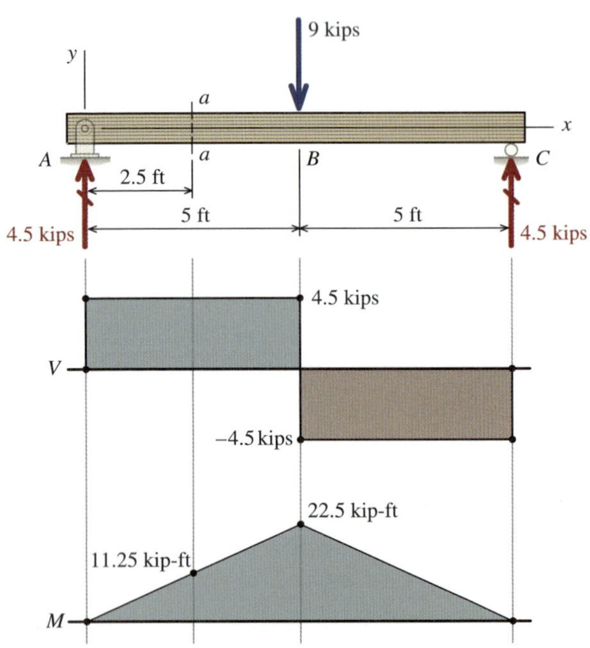


**풀이**

**단면 $a$–$a$에서의 전단력**

전단력선도와 굽힘모멘트선도는 단순지지보에 대해 쉽게 작성될 수 있다. 전단력선도로부터 단면 $a$–$a$에서 발생하는 전단력 $V$는 $V = 4.5$ kips이다.

**단면특성치**

직사각형 단면에 대한 도심 위치는 대칭조건으로부터 결정된다. 굽힘축에 관한 단면2차관성모멘트는 다음과 같다.

$$I_z = \frac{bh^3}{12} = \frac{(6\text{ in.})(12\text{ in.})^3}{12} = 864\text{ in.}^4$$

**(a) 접합부에서의 평균 수평전단응력**

전단응력공식은 다음과 같다.

$$\tau = \frac{VQ}{I_z t}$$

전단응력공식을 사용하여 접합부 $b$, $c$, $d$에서 평균 수평전단응력을 결정하기 위해 먼저 면적의 1차 모멘트 $Q$와 응력을 받는 면의 폭 $t$는 각 위치에서 결정되어야 한다.

**접합부 $b$에서의 전단응력:** $Q$를 구하기 위해 고려되는 단면의 일부분은 점 $b$에서 시작하여 $z$축에서 멀어지는 방향으로 단면의 끝까지 확장된다. $z$축에 관한 이 면적의 1차 모멘트를 $Q$로 표기한다. 접합부 $b$에서 고려된 단면의 일부분, 즉 면적은 다음 쪽의 왼쪽 그림에서 강조되어 있다. 강조된 영역의 면적은 (1.50 in.)(6 in.) = 9 in.이다. 중립축으로부터 강조된 면적의 도심까지의 거리는 5.25 in.이다. 접합부 $b$에 해당하는 일부분의 면적의 1차 모멘트 $Q$는 다음과 같이 계산된다.

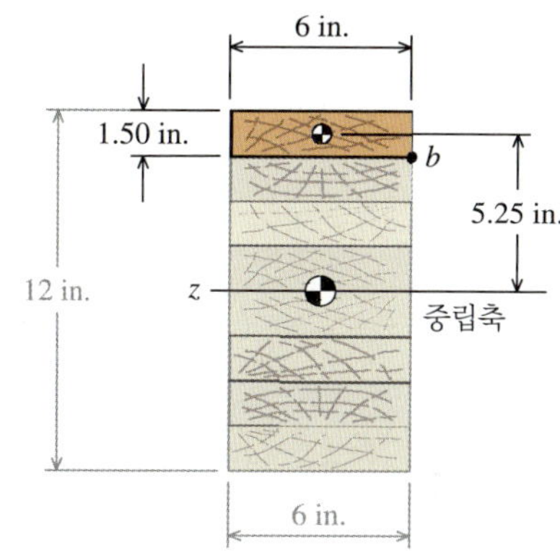


$$Q_b = (1.50 \text{ in.})(6 \text{ in.})(5.25 \text{ in.}) = 47.25 \text{ in.}^3$$

접합부의 폭 $t$는 6 in.이다. 전단응력공식으로부터 접합부 $b$에서 평균 수평전단응력은 다음과 같이 계산된다.

$$\tau_b = \frac{VQ_b}{I_z t_b} = \frac{(4.5 \text{ kips})(47.25 \text{ in.}^3)}{(864 \text{ in.}^4)(6 \text{ in.})} = 0.0410 \text{ ksi} = 41.0 \text{ psi} \quad \textbf{Ans.}$$

이 전단응력은 접합부에서 $x$방향으로 발생한다(**주의:** 전단응력공식에 의해 결정된 전단응력은 단면의 6 in. 폭을 걸쳐 그 크기가 다소 변하기 때문에 평균값이다. 이 변화는 상대적으로 짧고 넓은 단면에서 더욱 뚜렷하다).

**접합부 $c$에서의 전단응력:** 왼쪽 그림에서 강조된 접합부 $c$를 위해 고려되는 면적은 $c$에서 시작하여 중립축으로부터 멀어지는 방향으로 단면의 끝까지 확장된다. 접합부 $c$에 해당하는 면적의 1차 모멘트 $Q$는 다음과 같이 계산된다.

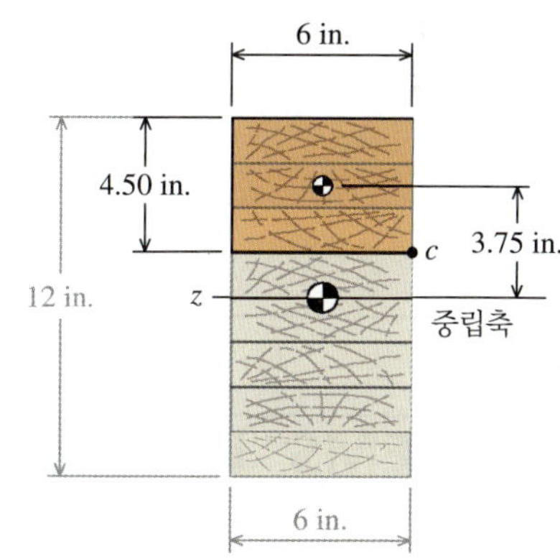


$$Q_c = (4.50 \text{ in.})(6 \text{ in.})(3.75 \text{ in.}) = 101.25 \text{ in.}^3$$

접합부의 폭 $t$는 6 in.이다. 전단응력공식으로부터 접합부 $c$에서 $x$방향으로 발생하는 평균 전단응력은 다음과 같이 계산된다.

$$\tau_c = \frac{VQ_c}{I_z t_c} = \frac{(4.5 \text{ kips})(101.25 \text{ in.}^3)}{(864 \text{ in.}^4)(6 \text{ in.})} = 0.0879 \text{ ksi} = 87.9 \text{ psi} \quad \textbf{Ans.}$$

**접합부 $d$에서의 전단응력:** 왼쪽 그림에 강조된 접합부 $d$를 위해 고려되는 면적은 $d$에서 시작하여 중립축으로부터 멀어지는 방향으로 단면의 끝까지 확장된다. 그러므로 이 경우에는 $d$로부터 아래 방향으로 단면의 끝까지 확장된다. 접합부 $d$에 해당하는 면적의 1차 모멘트 $Q$는 다음과 같이 계산된다.

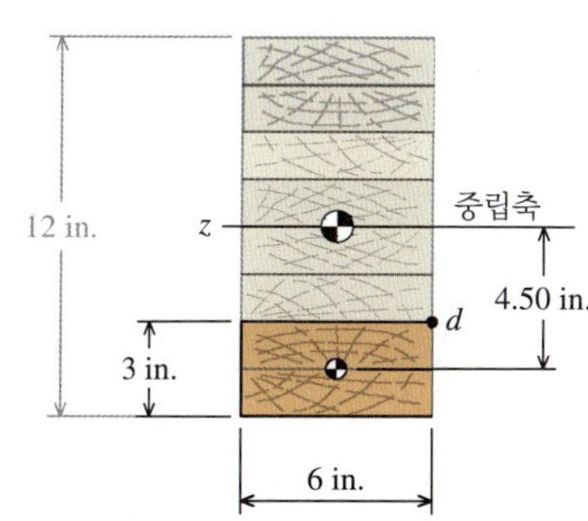


$$Q_d = (3 \text{ in.})(6 \text{ in.})(4.50 \text{ in.}) = 81.0 \text{ in.}^3$$

접합부 $d$에서 $x$방향으로 발생하는 평균 수평전단력은 다음과 같이 계산된다.

$$\tau_d = \frac{VQ_d}{I_z t_d} = \frac{(4.5\ \text{kips})(81.0\ \text{in.}^3)}{(864\ \text{in.}^4)(6\ \text{in.})} = 0.0703\ \text{ksi} = 70.3\ \text{psi}$$ **Ans.**

**(b) 단면에서 최대 수평전단응력**

직사각형 단면에서의 최대 수평전단응력은 중립면에서 발생한다. $Q$를 계산하기 위해 $z$축에서 시작하여 위쪽 또는 아래쪽으로 끝단까지 확장되는 면적이 사용된다. 위쪽의 면적에 대한 $Q$는 다음과 같이 계산된다.

$$Q_{\max} = (6\ \text{in.})(6\ \text{in.})(3\ \text{in.}) = 108\ \text{in.}^3$$

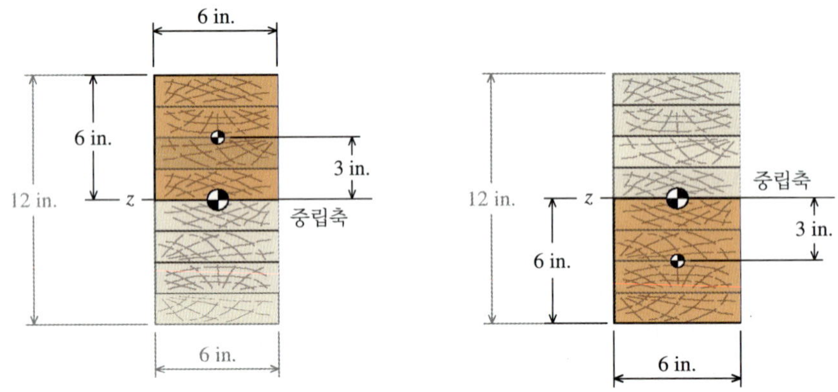


$Q$의 최대값은 항상 중립축의 위치에서 발생한다. 그리고 최대 수평전단응력도 보통 중립축에서 발생한다. 그러나 경우에 따라서는 응력을 받는 면의 폭 $t$가 단면 상의 위치에 따라 변한다. 이런 경우 최대 수평전단응력은 중립축 외에 다른 위치 $y$에서 발생할 수도 있다.

직사각형 단면에서의 최대 수평전단응력은 다음과 같이 계산된다.

$$\tau_{\max} = \frac{VQ_{\max}}{I_z t} = \frac{(4.5\ \text{kips})(108\ \text{in.}^3)}{(864\ \text{in.}^4)(6\ \text{in.})} = 0.0938\ \text{ksi} = 93.8\ \text{psi}$$ **Ans.**

## PROBLEMS

**P9.9** A 1.6-m-long cantilever beam supports a concentrated load of 7.2 kN as shown in Figure P9.9*a*. The beam is made of a rectangular timber having a width of 120 mm and a depth of 280 mm as shown in Figure P9.9*b*. Calculate the maximum horizontal shear stresses at points located 35 mm, 70 mm, 105 mm, and 140 mm below the top surface of the beam. From these results, plot a graph showing the distribution of shear stresses from top to bottom of the beam.

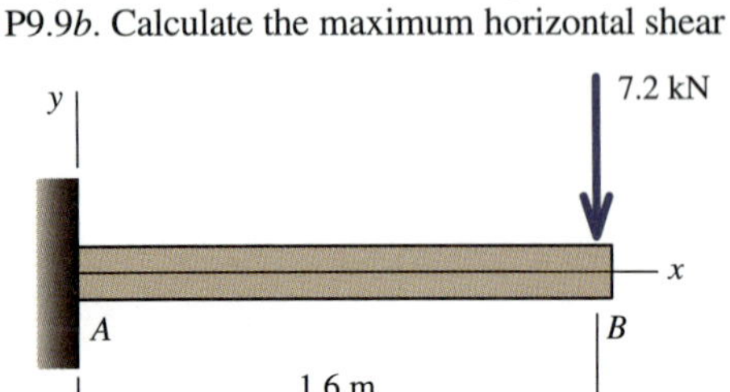


**FIGURE P9.9*a*** Cantilever beam.

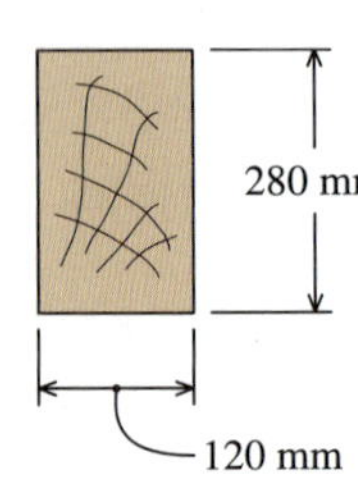


**FIGURE P9.9*b*** Cross-sectional dimensions.

**P9.10** A 14-ft-long simply supported timber beam carries a 6-kip concentrated load at midspan as shown in Figure P9.10*a*. The cross-sectional dimensions of the timber are shown in Figure P9.10*b*.

(a) At section *a–a*, determine the magnitude of the shear stress in the beam at point *H*.
(b) At section *a–a*, determine the magnitude of the shear stress in the beam at point *K*.
(c) Determine the maximum horizontal shear stress that occurs in the beam at any location within the 14-ft span length.
(d) Determine the maximum tension bending stress that occurs in the beam at any location within the 14-ft span length.

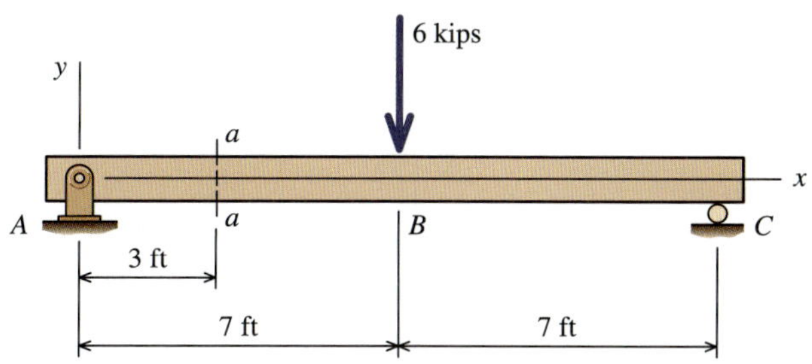


**FIGURE P9.10*a*** Simply supported timber beam.

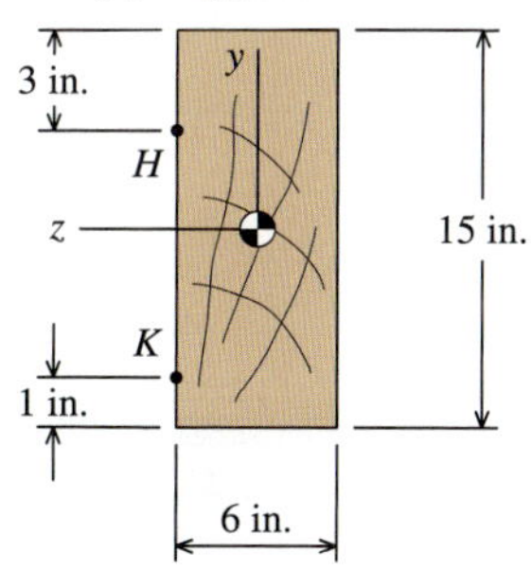


**FIGURE P9.10*b*** Cross-sectional dimensions.

**P9.11** A 5-m-long simply supported timber beam carries a uniformly distributed load of 12 kN/m as shown in Figure P9.11*a*. The cross-sectional dimensions of the beam are shown in Figure P9.11*b*.

(a) At section *a–a*, determine the magnitude of the shear stress in the beam at point *H*.
(b) At section *a–a*, determine the magnitude of the shear stress in the beam at point *K*.
(c) Determine the maximum horizontal shear stress that occurs in the beam at any location within the 5-m span length.
(d) Determine the maximum compression bending stress that occurs in the beam at any location within the 5-m span length.

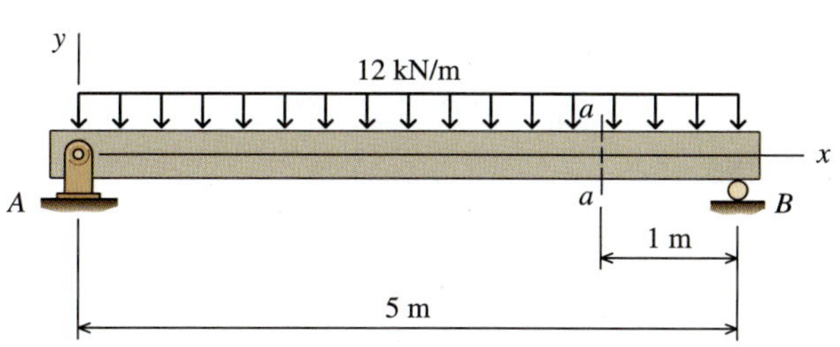


**FIGURE P9.11*a*** Simply supported timber beam.

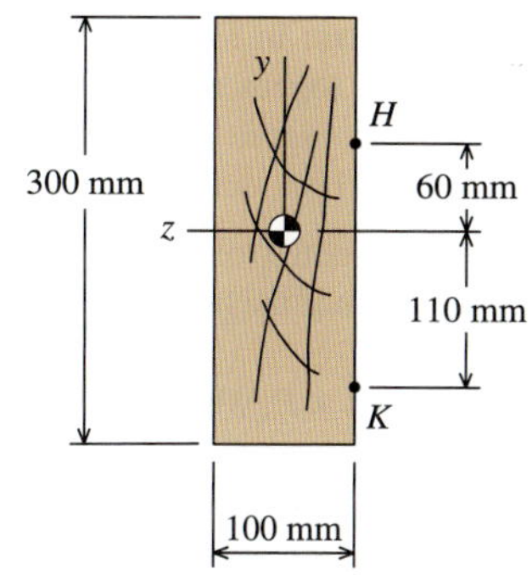


**FIGURE P9.11*b*** Cross-sectional dimensions.

**P9.12** A 5-m-long simply supported timber beam carries two concentrated loads as shown in Figure P9.12*a*. The cross-sectional dimensions of the beam are shown in Figure P9.12*b*.

(a) At section *a–a*, determine the magnitude of the shear stress in the beam at point *H*.
(b) At section *a–a*, determine the magnitude of the shear stress in the beam at point *K*.
(c) Determine the maximum horizontal shear stress that occurs in the beam at any location within the 5-m span length.
(d) Determine the maximum compression bending stress that occurs in the beam at any location within the 5-m span length.

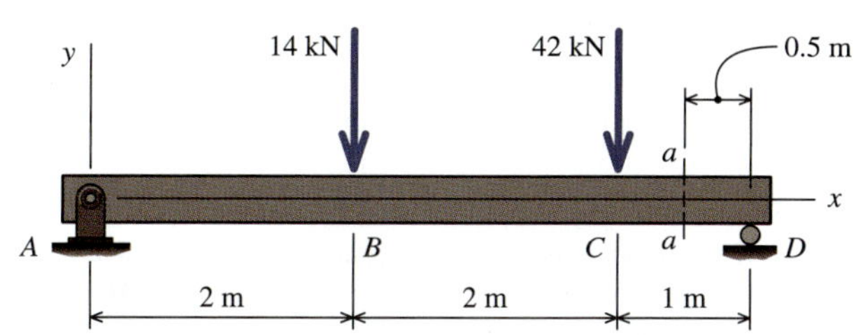


**FIGURE P9.12*a*** Simply supported timber beam.

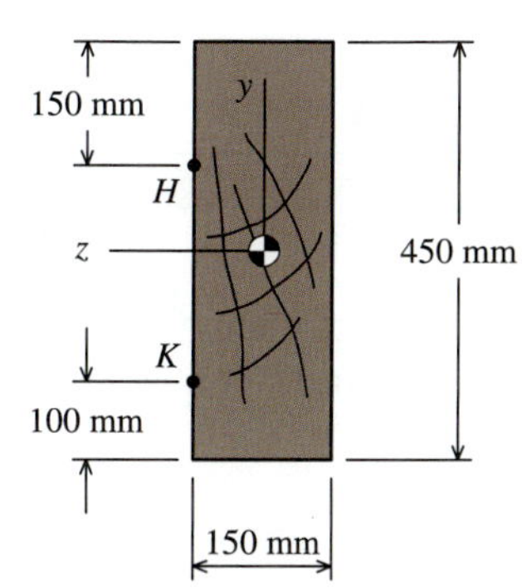


**FIGURE P9.12*b*** Cross-sectional dimensions.

**P9.13** The laminated wood beam in Figure P9.13*a* consists of eight 2-in. by 6-in. planks glued together to form a section 6 in. wide by 16 in. deep as shown in Figure P9.13*b*. If the allowable strength of the glue in shear is 160 psi, determine:

(a) the maximum uniformly distributed load $w$ that can be applied over the full length of the beam if the beam is simply supported and has a span of 20 ft.
(b) the shear stress in the glue joint at $H$, which is located 4 in. above the bottom of the beam and 3 ft from the left support; assume the beam is subjected to the load $w$ determined in part (a).
(c) the maximum tension bending stress in the beam when the load of part (a) is applied.

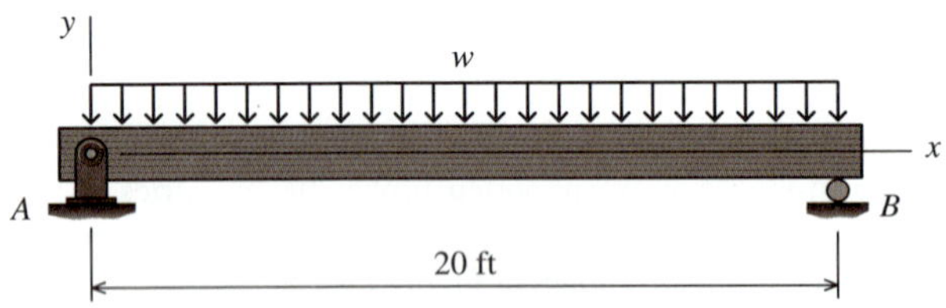


**FIGURE P9.13*a*** Simply supported timber beam.

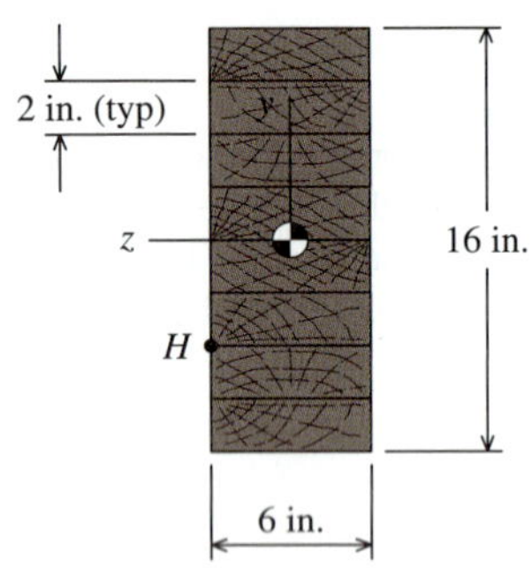


**FIGURE P9.13*b*** Cross-sectional dimensions.

**P9.14** A 5-ft-long simply supported wood beam carries a concentrated load $P$ at midspan as shown in Figure P9.14*a*. The cross-sectional dimensions of the beam are shown in Figure P9.14*b*. If the allowable shear strength of the wood is 80 psi, determine the maximum load $P$ that may be applied at midspan.

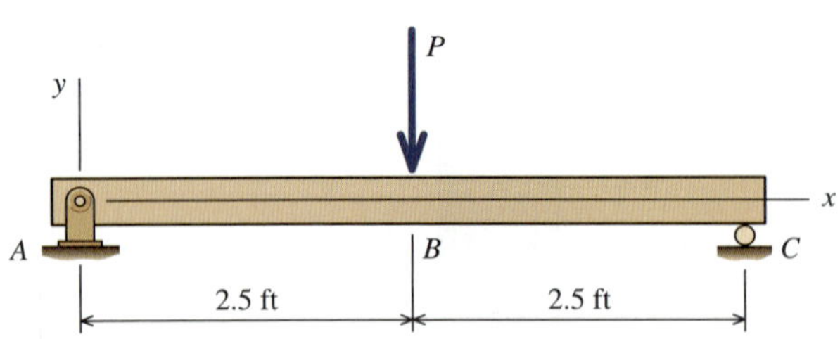


**FIGURE P9.14*a*** Simply supported timber beam.

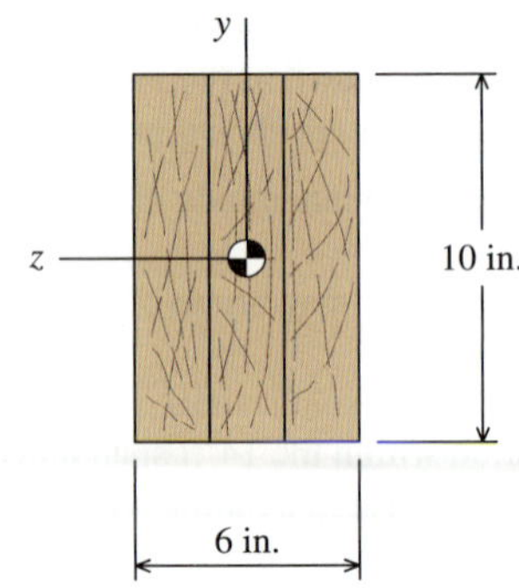


**FIGURE P9.14*b*** Cross-sectional dimensions.

**P9.15** A wood beam supports the loads shown in Figure P9.15*a*. The cross-sectional dimensions of the beam are shown in Figure P9.15*b*. Determine the magnitude and location of:

(a) the maximum horizontal shear stress in the beam.
(b) the maximum tension bending stress in the beam.

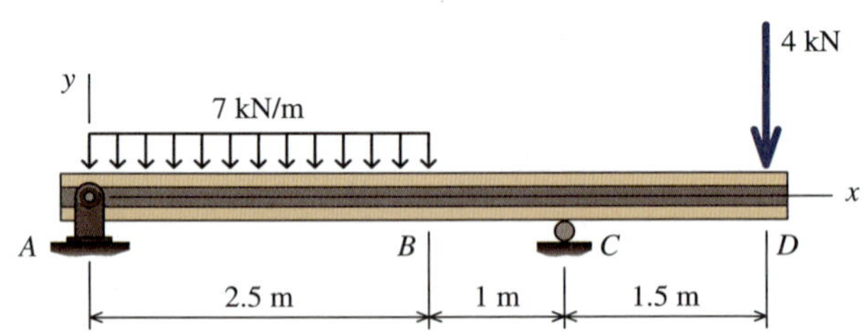


**FIGURE P9.15*a*** Simply supported timber beam.

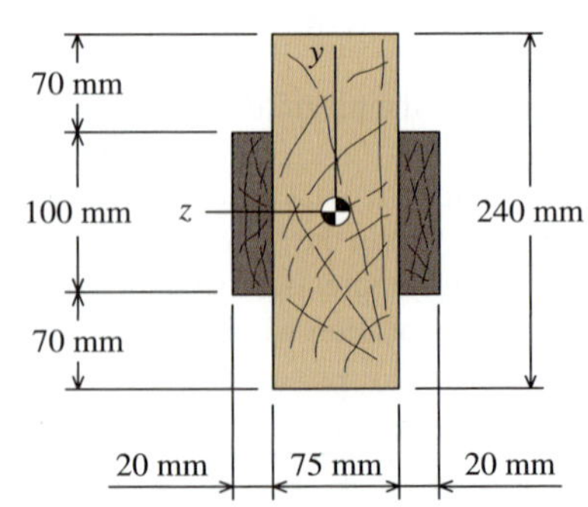


**FIGURE P9.15*b*** Cross-sectional dimensions.

## 9.6 원형 단면 보의 전단응력

원형 단면 보에서 횡방향 전단응력은 형상의 전체 높이에 걸쳐 $y$축에 평행하게 발생하지 않는다. 따라서 전단응력공식은 일반적으로 원형 단면에 대해 적용할 수 없다. 그러나 식 (9.2)는 중립축에서 발생하는 전단응력을 결정하는 데 사용할 수 있다.

그림 9.11은 반지름 $r$의 중실 원형 단면을 나타낸다. 전단응력공식을 사용하기 위해 강조된 반원 면적에 대한 $Q$의 값이 결정되어야 한다. 반원의 면적 $A'$은 $A' = \pi r^2/2$이다. 중립축으로부터 반원의 도심까지의 거리는 $\bar{y}' = 4r/3\pi$이다. 그러므로 $Q$는 다음과 같이 계산된다.

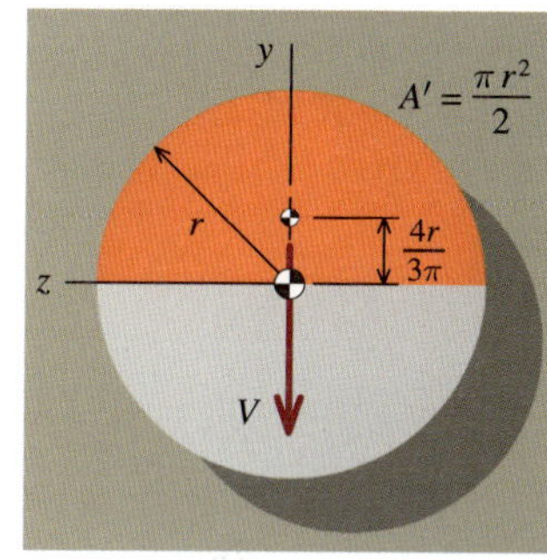

**그림 9.11** • 중실 원형 단면

$$Q = \bar{y}'A' = \frac{4r}{3\pi}\frac{\pi r^2}{2} = \frac{2}{3}r^3 \tag{9.7}$$

이 식을 지름 $d$로 표현하면 다음과 같다.

$$Q = \frac{1}{12}d^3 \tag{9.8}$$

중립축에서 원형 단면의 폭은 $t = 2r$이고, $z$축에 관한 단면2차관성모멘트는 $I_z = \pi r^4/4 = \pi d^4/64$이다. 이들 관계식들을 전단응력공식에 대입하면, 중실 원형 단면의 중립축에 작용하는 $\tau_{\max}$를 다음과 같이 구할 수 있다.

$$\tau_{\max} = \frac{VQ}{I_z t} = \frac{V}{\pi r^4/4} \times \frac{2}{3}r^3 \times \frac{1}{2r} = \frac{4V}{3\pi r^2} = \frac{4V}{3A} \tag{9.9}$$

그림 9.12는 외부 반지름 $R$과 내부 반지름 $r$을 갖는 중공 원형 단면을 나타내고 있다. 식 (9.7) 또는 식 (9.8)은 굽힘축 위의 강조된 면적에 대한 $Q$를 결정하는 데 사용된다.

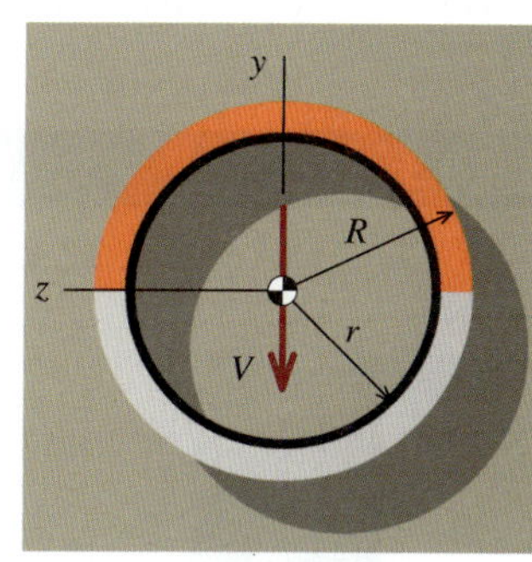

**그림 9.12** • 중공 원형 단면

$$Q = \frac{2}{3}[R^3 - r^3] = \frac{1}{12}[D^3 - d^3] \tag{9.10}$$

굽힘축에서 중공 원형 단면의 폭 $t$는 벽 두께에 2배 또는 $t = 2(R - r) = D - d$이다. $z$축에 관한 중공 원형 형상의 단면2차관성모멘트는 다음과 같다.

$$I_z = \frac{\pi}{4}[R^4 - r^4] = \frac{\pi}{64}[D^4 - d^4]$$

## 9.7 플랜지를 갖는 보의 웨브에서의 전단응력

전단응력공식을 유도하는 데 사용된 기본 이론은 플랜지를 갖는 보의 웨브에서 발생하는 전단응력을 구하는 경우에만 적절하다(보는 강축에 관해 굽는다고 가정한다). W형강을 그림 9.13에 나타내었다. 단면의 웨브에 위치한 점 $a$에서 전단응력을 구하기 위한 $Q$의 계산은 굽힘축을 기준으로 하는 두 개의 강조된 면적 (1)과 (2)의 1차 모멘트를 구하는 것이다(그림 9.13$b$). 플랜지를 갖는 형상의 전체 면적의 대부분은 플랜지에서 집중되어 있고, 그래서 $z$축에 관한 면적 (1)의 1차 모멘트는 $Q$의 큰 비율을 차지한다. $y$값이 감소함에 따라 $Q$값은 증가하는 반면, 그 변화는 직사각형 단면에서 일어나는 것에 비하면 플랜지를 갖는 형상에서 뚜렷하게 나타나지는 않는다. 따라서 웨브 상의 위치에 따른 전단응력 분포는 여전히 포물선이지만 상대적으로 균일하다(그림 9.13$a$). 웨브 상에서 최소 수평전단응력은 웨브와 플랜지 사이의 연결지점에서 발생하고 최대 수평전단응력은 중립면에서 발생한다. 광폭 플랜지를 갖는 강재 보에서 최대와 최소의 웨브 전단응력의 차이는 일반적으로 10~60%의 범위에 있다.

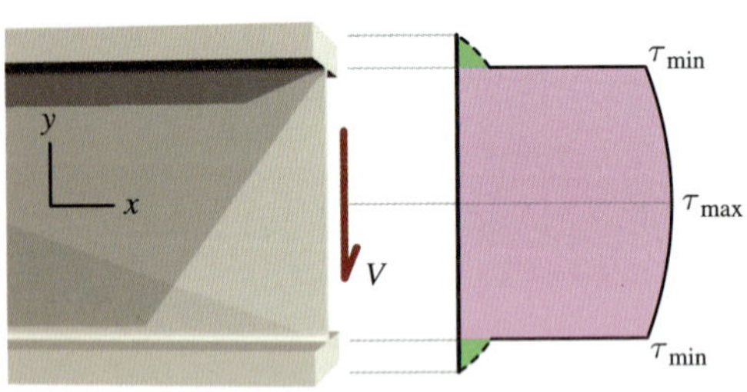


(a) 전단응력 분포

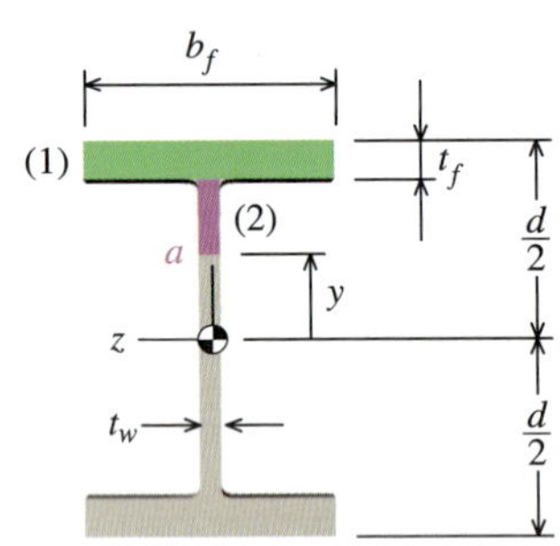


(b) 단면

**그림 9.13** • W-형상에서 전단응력 분포

전단응력공식 유도과정에서 보의 폭에 걸친 전단응력($z$방향)은 일정하다고 가정하였다. 이 가정은 보의 플랜지에서는 유효하지 않다. 그러므로 식 (9.2)로부터 상단과 하단 플랜지에서 계산된 전단응력과 그림 9.13$a$에 그려진 전단응력은 타당하지 않다. 전단응력이 광폭 플랜지 보의 플랜지 (1)에서도 작용하지만, 이것은 $x$-$z$면에서 작용하고 $x$-$y$면에서는 작용되지 않는다.

### 예제 9.3 EXAMPLE

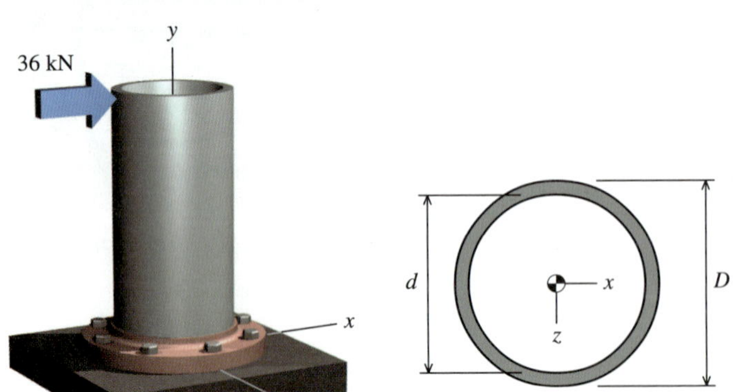


파이프 단면

그림에서 보는 바와 같이 $P = 36$ kN의 집중하중이 파이프의 상단 끝에 작용한다. 파이프의 외경은 $D = 220$ mm이고 내경은 $d = 200$ mm이다. 파이프 벽의 $y$–$z$평면에서 수직전단응력을 구하라.

**풀이 계획**

파이프에서 작용하는 전단응력을 식 (9.10)에서 계산된 면적의 1차 모멘트를 사용한 전단응력공식[식 (9.2)]으로부터 결정할 수 있다.

**풀이**

**단면특성치**

관 형상의 단면에 대한 도심 위치는 대칭조건으로부터 결정된다. $z$축에 관한 단면2차관성 모멘트는 다음과 같다.

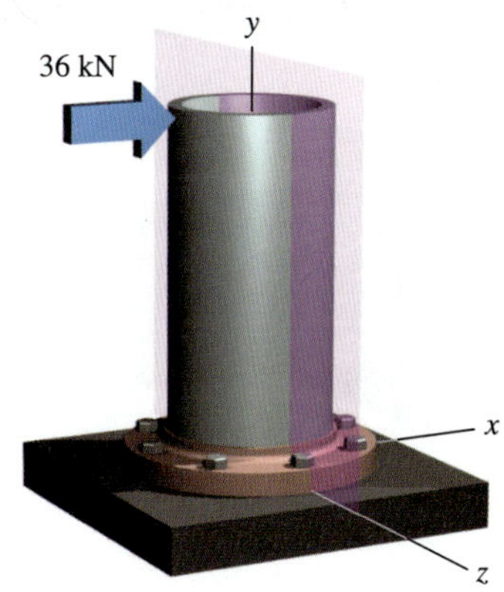


$$I_z = \frac{\pi}{64}[D^4 - d^4] = \frac{\pi}{64}[(220\text{ mm})^4 - (200\text{ mm})^4] = 36{,}450{,}329\text{ mm}^4$$

식 (9.10)은 파이프의 단면에 대한 면적의 1차 모멘트 $Q$를 계산하는 데 사용된다.

$$Q = \frac{1}{12}[D^3 - d^3] = \frac{1}{12}[(220\text{ mm})^3 - (200\text{ mm})^3] = 220{,}667\text{ mm}^3$$

**전단응력공식**

이 파이프에서 최대 수직전단응력은 $y$–$z$평면과 파이프 벽의 교차선을 따라 발생한다. 이 예제에서 $y$–$z$평면은 $x$방향으로 작용하는 전단력 $V$의 방향에 수직하는 점을 유의해야 한다. 전단응력이 발생하는 두께 $t$는 $t = D - d = 20$ mm이다. 이 평면에서 최대 전단응력은 전단응력공식으로부터 다음과 같이 계산된다.

$$\tau_{\max} = \frac{VQ}{I_z t} = \frac{(36{,}000\text{ N})(220{,}667\text{ mm}^3)}{(36{,}450{,}329\text{ mm}^4)(20\text{ mm})} = 10.90\text{ MPa}$$

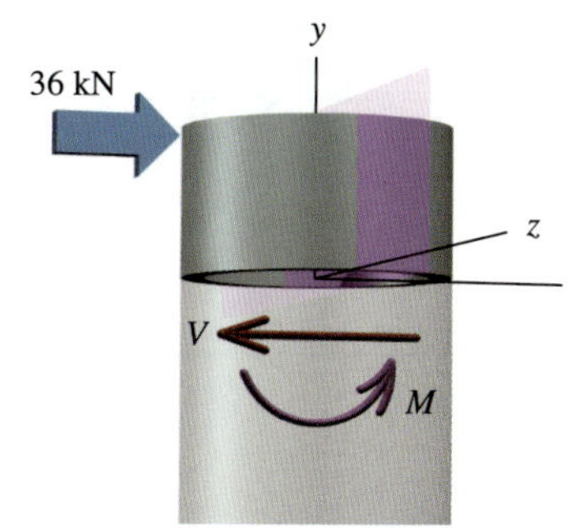


파이프의 자유물체도

**추가 설명**

처음에는 파이프 형상에서 발생하는 전단응력을 가시화하는 것이 다소 어려울 수 있다. 이 예제에서 발생하는 전단응력의 원인을 좀더 이해하기 위해서 하중의 작용점 근처에서 파이프의 짧은 일부분의 자유물체도를 고려해 본다. 36 kN의 외부 하중은 각각 파이프의 $-x$와 $+x$ 부분에서 인장과 압축법선응력을 발생시키는 굽힘모멘트 $M$을 생성한다. 이제 파이프의 반쪽의 평형관계를 조사해 본다.

압축법선응력은 굽힘모멘트 $M$에 의해 파이프 오른쪽 반쪽에서 발생한다. $y$방향으로의 평형조건은 압축법선응력에 의해 발생되는 윗방향 힘을 지탱하기 위해 아래로 작용하는 합력을 요구한다. 이 아래로 작용하는 합력은 파이프의 벽에서 수직하게 발생하는 전단응력에 기인한다. 여기서 고려된 예제에서 전단응력은 $\tau = 10.90$ MPa의 크기를 갖는다.

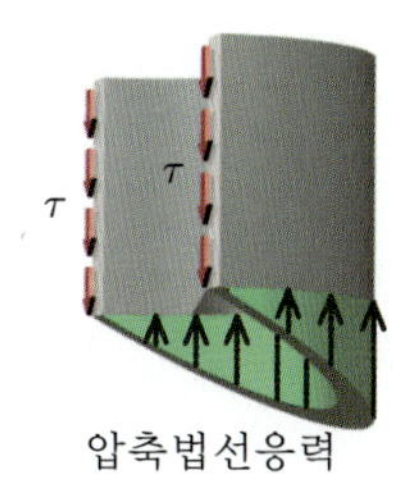


파이프의 오른쪽 반쪽에 적용하는 응력

## 예제 9.4 EXAMPLE

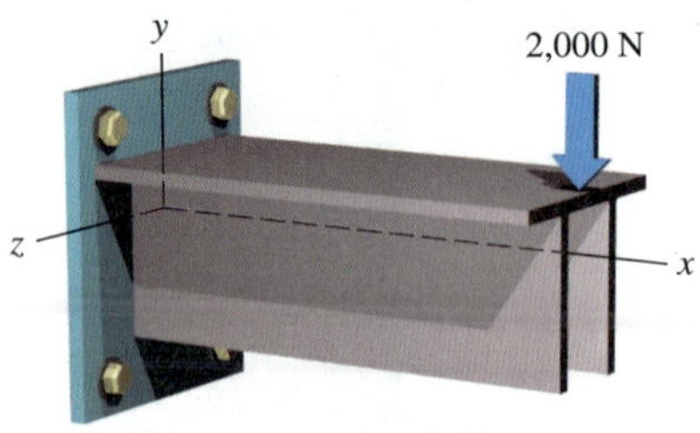


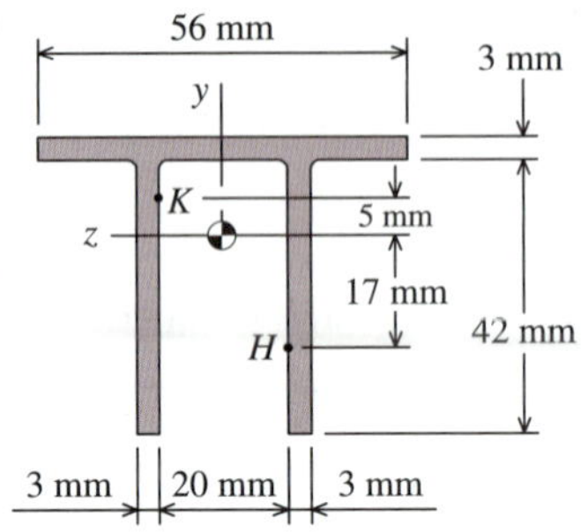


그림의 외팔보는 2,000 N의 집중하중을 받는다. 단면은 이중 T-형상이며 단면치수는 그림과 같다. 이때, 다음을 결정하라.

(a) 이중 T-형상의 도심 아래 17 mm에 위치된 점 $H$에서의 전단응력

(b) 이중 T-형상의 도심 위 5 mm에 위치된 점 $K$에서의 전단응력

(c) 이중 T-형상에서 최대 수평전단응력

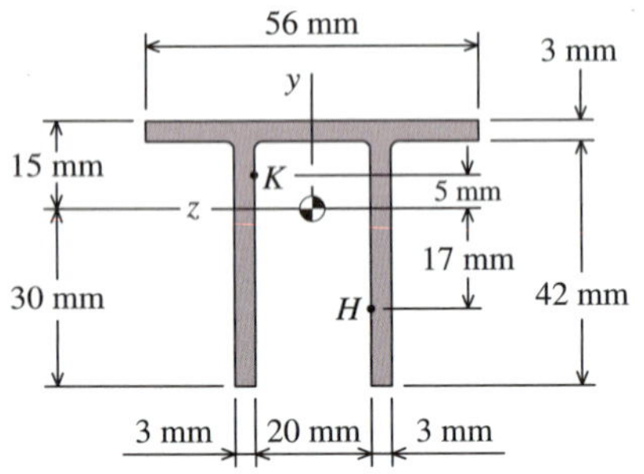


**풀이 계획**

이중 T-형상에서 전단응력은 전단응력공식[식 (9.2)]으로부터 결정된다. 이 예제의 관건은 각각의 계산에서 $Q$값을 적절하게구하느냐에 달려 있다.

**풀이**

**단면특성치**

이중 T-형상에 대한 도심 위치가 먼저 결정되어야 한다. 결과는 오른쪽 그림에서 보는 바와 같다. 굽힘축($z$축)에 관한 단면2차관성모멘트는 $I_z = 88,200 \text{ mm}^4$이다.

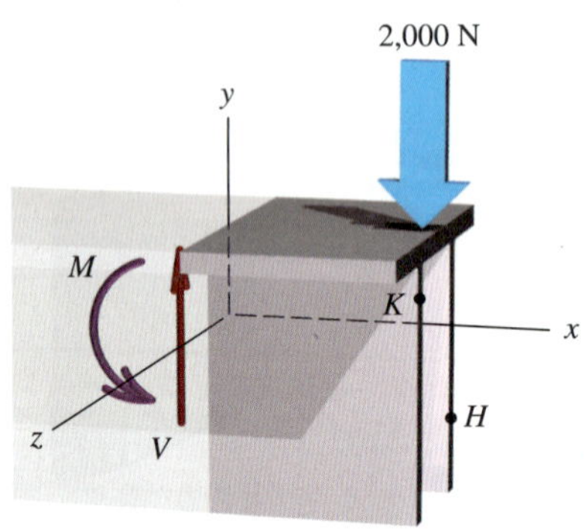


**(a) $H$에서의 전단응력**

$\tau$의 계산을 수행하기 전에 굽힘부재에서 발생하는 전단응력의 근원을 상상하는 것이 도움이 된다. 외팔보의 자유단의 근처에서 절단한 자유물체도를 고려하자. 2,000 N의 외부 집중하중은 $V = 2,000$ N의 전단력과 외팔보의 길이에 따라 변하는 굽힘모멘트 $M$을 생성한다. 이중 T-형상 단면에서 발생하는 전단응력을 조사하기 위해 이 자유물체도는 9.3 절에 제시된 유도과정과 유사한 방법으로 보다 더 세분화된다.

$H$에서 발생하는 전단응력을 그림의 자유물체도를 자름으로써 노출시킬 수 있다. 굽힘모멘트 $M$은 이중 T-형상의 스템에서 선형적으로 분포하는 압축굽힘응력을 발생한다. 이들 압축법선응력으로부터 합력은 이중 T-스템을 양의 $x$방향으로 민다. 수평방향으로의 평형조건을 만족시키기 위해서 전단응력 $\tau$는 $H$에서 드러난 수평면에서 발생해야 한다. 이들 전단응력의 크기는 전단응력공식[식 (9.2)]으로부터 구할수 있다.

전단응력공식에서 사용한 면적의 1차 모멘트 $Q$의 적당한 값을 얻기 위해서는 이 자유물체도를 기억하는 것이 도움이 된다.

**점 $H$에서의 $Q$ 계산:** 이중 T-형상의 단면은 오른쪽 그림에서 보는 바와 같다. 전체 단면의 일부분만이 $Q$ 계산에 고려된다. 적절한 면적을 결정하기 위해 점 $H$에서의 굽힘축에 평행하게 단면을 자르고 $H$에서 시작한 단면의 부분은 중립축으로부터 멀어지는 방향으로 단면의 끝단까지 확장된다. 굽힘축에 평행하게 단면을 자르는 것은 전단력 $V$의 방향에 수직하게 단면을 자르는 것과 같다.

점 $H$에 대한 $Q$값의 계산에서 고려된 면적은 그림의 단면에서 강조되었다. [이것은 9.3절(특히 그림 9.5와 9.7)에서 전단응력공식의 유도과정에서 $A'$으로 표기된 면적이다].

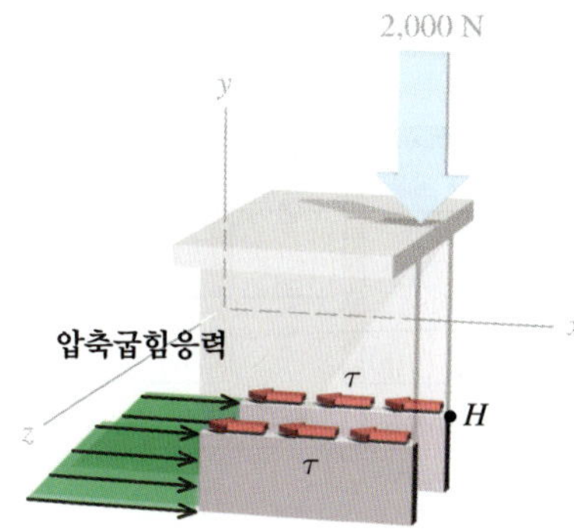


점 $H$에 대한 $Q$는 $z$도심축에 관한 면적 (1)과 (2)의 1차 모멘트이다. 단면에 관한 그림으로부터 $Q_H$는 다음과 같이 계산된다.

$$Q_H = 2[(3\text{ mm})(13\text{ mm})(23.5\text{ mm})] = 1{,}833\text{ mm}^3$$

$H$지점에 작용하는 전단응력은 전단응력공식으로부터 계산된다.

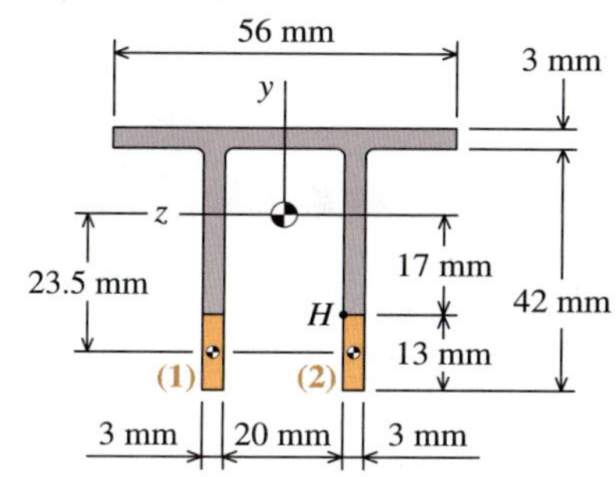


$$\tau_H = \frac{VQ_H}{I_z t} = \frac{(2{,}000\text{ N})(1{,}833\text{ mm}^3)}{(88{,}200\text{ mm}^4)(6\text{ mm})} = 6.93\text{ MPa} \qquad \textbf{Ans.}$$

전단응력공식에서 항 $t$는 점 $H$를 지나는 자유물체도를 잘라서 드러난 면의 폭임을 유의할 필요가 있다. 이중 T-형상의 두 개의 스템을 자를 때, 폭 6 mm가 노출된다. 그러므로 $t = 6$ mm이다.

**(b) $K$에서의 전단응력**

외팔보의 자유단 근처에서 자른 자유물체도를 다시 고려한다. 이 자유물체도로부터 왼쪽 그림에서 보이는 것처럼 점 $K$에서 시작하여 중립축으로부터 멀어지는 방향으로 끝단까지 확장된 영역을 잘라서 보다 세분화된 자유물체도를 만든다. 굽힘모멘트 $M$은 이중 T-형상의 플랜지와 스템에 걸쳐 선형적으로 분포되는 인장굽힘응력을 발생시킨다. 이 법선응력의 합력은 잘려진 자유물체도에 해당하는 부분을 $-x$방향으로 민다. 전단응력 $\tau$는 수평방향으로의 평형조건을 만족시키기 위해 $K$에서 노출된 수평면에서 발생해야 한다.

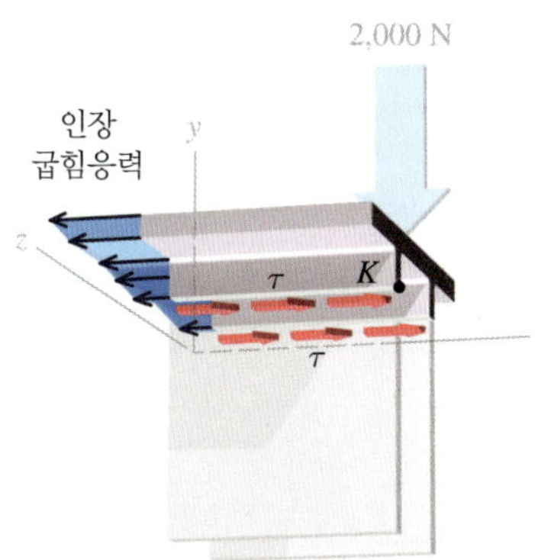


점 $K$에서의 $Q$ 계산: 점 $K$에서 $Q$값의 계산을 위해 고려된 면적은 단면의 그림에서 강조되어 있다. 점 $K$에 대한 $Q$값은 굽힘축에 대한 면적 (3), (4), (5)의 모멘트이다.

$$Q_K = 2[(3\text{ mm})(7\text{ mm})(8.5\text{ mm})] + (56\text{ mm})(3\text{ mm})(13.5\text{ mm}) = 2{,}625\text{ mm}^3$$

$K$에 작용하는 전단응력은 다음과 같다.

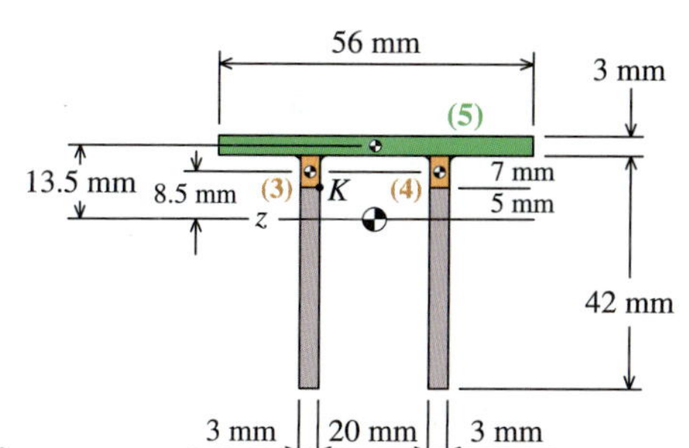


$$\tau_K = \frac{VQ_K}{I_z t} = \frac{(2{,}000\text{ N})(2{,}625\text{ mm}^3)}{(88{,}200\text{ mm}^4)(6\text{ mm})} = 9.92\text{ MPa} \qquad \textbf{Ans.}$$

**(c) 최대 수평전단응력**

$Q$의 최대값은 중립축에서 구한 $Q$값이다. 즉 굽힘축에서 시작하여 이로부터 멀어지는 방향으로 끝단까지 확장된 영역에 대한 $Q$값을 구하면 된다. 굽힘축에서

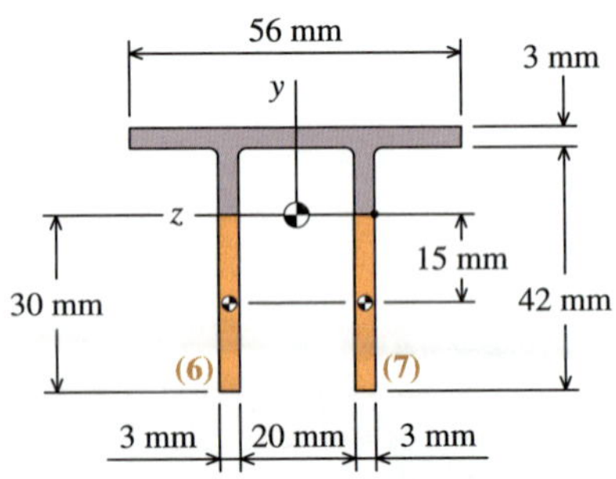


부터 영역을 확장할 때 위쪽 방향과 아랫쪽 방향 모두 가능하며, 그 결과는 동일하다. 이중 T 단면에 대해서는 $Q$의 최대값의 계산은 중립축 아래의 강조된 면적을 고려하는 것이 계산상 유리하다.

$$Q_{max} = 2[(3\text{ mm})(30\text{ mm})(15\text{ mm})] = 2{,}700\text{ mm}^3$$

이중 T-형상의 최대 수평전단응력은 다음과 같다.

$$\tau_{max} = \frac{VQ_{max}}{I_z t} = \frac{(2{,}000\text{ N})(2{,}700\text{ mm}^3)}{(88{,}200\text{ mm}^4)(6\text{ mm})} = 10.20\text{ MPa} \qquad \textbf{Ans.}$$

## MecMovies Example M9.4

WT265×37 표준 형강으로 구성된 단순지지보에 대해 점 $H$와 $K$에서의 전단응력을 구하라.

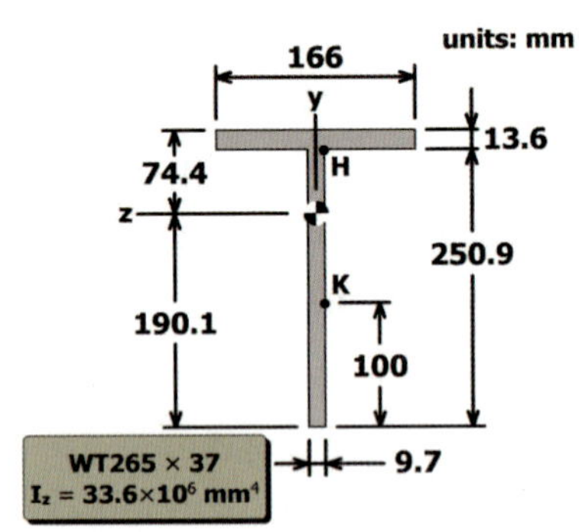


## MecMovies Example M9.5

T-형상에서 발생되는 전단응력의 분포를 구하라.

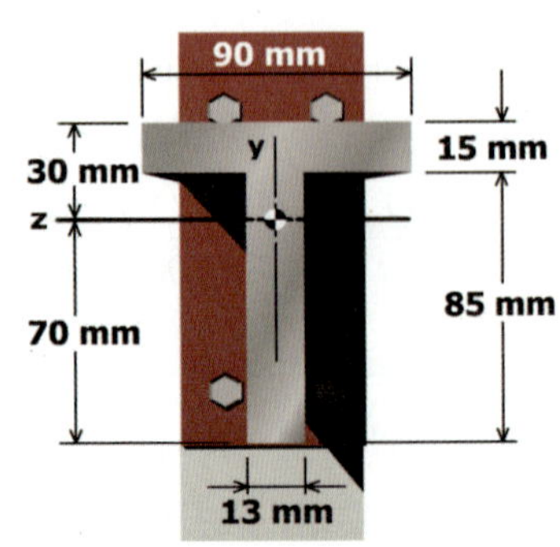

## MecMovies Example M9.6

단순지지 광폭플랜지 보에서 최대 수평전단응력을 구하라.

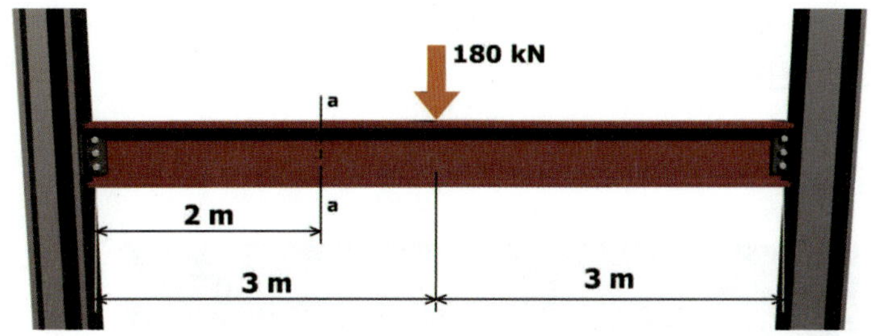


## MecMovies Example M9.7

그림과 같이 튜브 구조물로 구성된 외팔 기둥에 대해 점 $H$에서의 전단응력을 구하라.

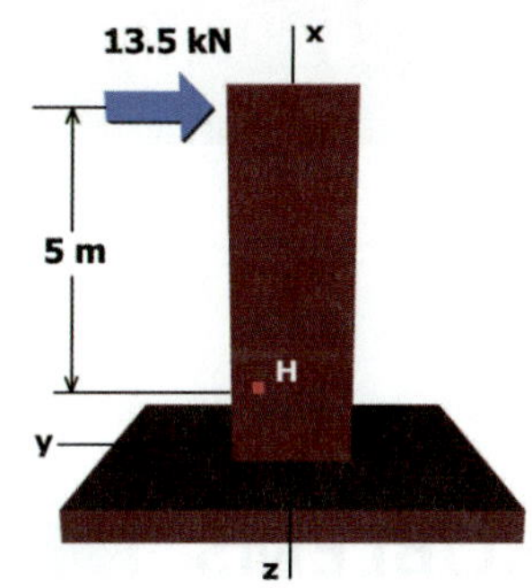


## MecMovies Example M9.8

광폭플랜지 형상에 대해 도심축 위 3 in.에 위치한 점 $H$에서의 법선응력과 전단응력을 결정하라.

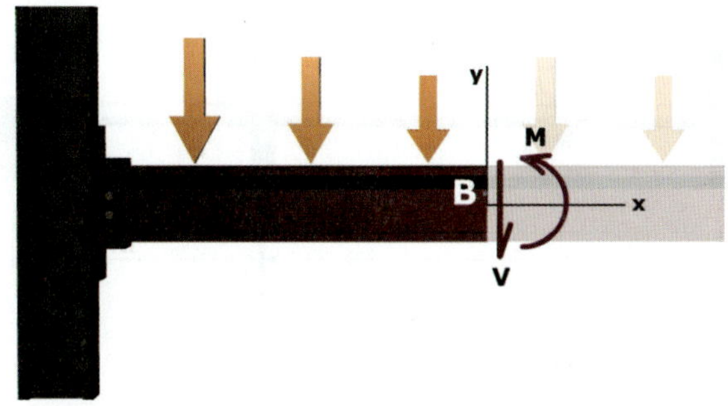

## MecMovies EXERCISES

**M9.3** **Q-타일. Q 단면특성치 게임.** Q-타일 게임에서 적어도 90% 이상 득점하라.

그림 M9.3

**M9.4** 전단력 $V$를 받는 광폭플랜지 형상에 대해 점 $H$와 $K$에서 발생하는 전단응력을 구하라.

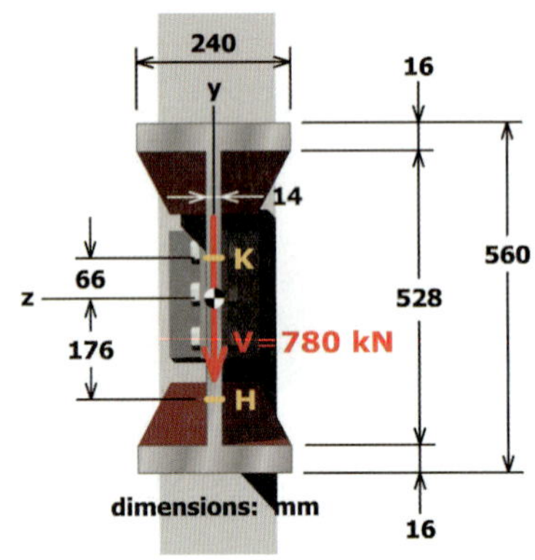


그림 M9.4

## PROBLEMS

**P9.16** A 50-mm-diameter solid steel shaft supports loads $P_A = 1.5$ kN and $P_C = 3.0$ kN as shown in Figure P9.16/17. Assume $L_1 = 150$ mm, $L_2 = 300$ mm, and $L_3 = 225$ mm. The bearing at $B$ can be idealized as a roller support and the bearing at $D$ can be idealized as a pin support. Determine the magnitude and location of:

(a) the maximum horizontal shear stress in the shaft.
(b) the maximum tension bending stress in the shaft.

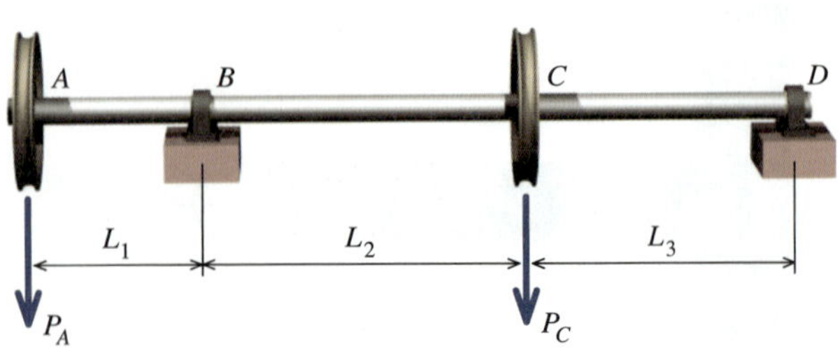


**FIGURE P9.16/17**

**P9.17** A 1.25-in.-diameter solid steel shaft supports loads $P_A = 400$ lb and $P_C = 900$ lb as shown in Figure P9.16/17. Assume $L_1 = 6$ in., $L_2 = 12$ in., and $L_3 = 8$ in. The bearing at $B$ can be idealized as a roller support and the bearing at $D$ can be idealized as a pin support. Determine the magnitude and location of:

(a) the maximum horizontal shear stress in the shaft.
(b) the maximum tension bending stress in the shaft.

**P9.18** A 1.00-in.-diameter solid steel shaft supports loads $P_A = 200$ lb and $P_D = 240$ lb as shown in Figure P9.18/19. Assume $L_1 = 2$ in., $L_2 = 5$ in., and $L_3 = 4$ in. The bearing at $B$ can be idealized as a pin support and the bearing at $C$ can be idealized as a roller support. Determine the magnitude and location of:

(a) the maximum horizontal shear stress in the shaft.
(b) the maximum tension bending stress in the shaft.

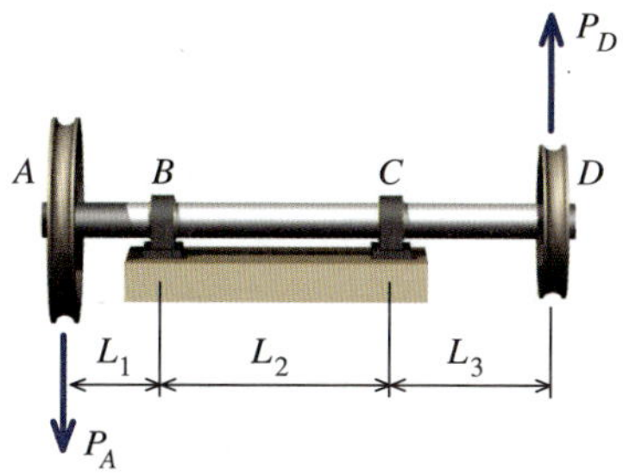


**FIGURE P9.18/19**

**P9.19** A 20-mm-diameter solid steel shaft supports loads $P_A = 900$ N and $P_D = 1{,}200$ N as shown in Figure P9.18/19. Assume $L_1 = 50$ mm, $L_2 = 120$ mm, and $L_3 = 90$ mm. The bearing at $B$ can be idealized as a pin support and the bearing at $C$ can be idealized as a roller support. Determine the magnitude and location of:

(a) the maximum horizontal shear stress in the shaft.
(b) the maximum compression bending stress in the shaft.

**P9.20** A 1.25-in.-diameter solid steel shaft supports loads $P_A = 600$ lb, $P_C = 1{,}600$ lb, and $P_E = 400$ lb as shown in Figure P9.20/21. Assume $L_1 = 6$ in., $L_2 = 15$ in., $L_3 = 8$ in., and $L_4 = 10$ in. The bearing at $B$ can be idealized as a roller support and the bearing at $D$ can be idealized as a pin support. Determine the magnitude and location of:

(a) the maximum horizontal shear stress in the shaft.
(b) the maximum tension bending stress in the shaft.

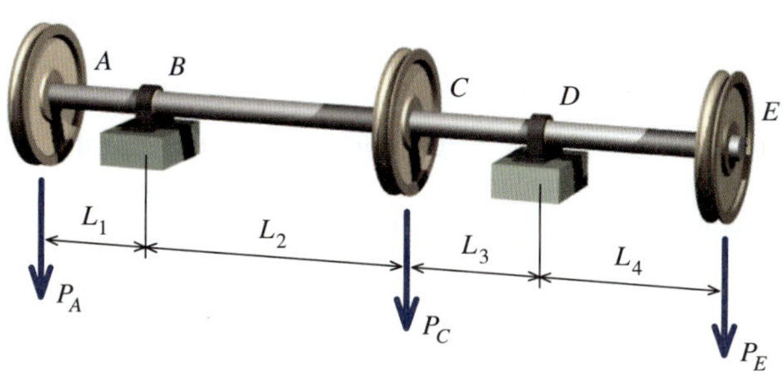


**FIGURE P9.20/21**

**P9.21** A 25-mm-diameter solid steel shaft supports loads $P_A = 1{,}000$ N, $P_C = 3{,}200$ N, and $P_E = 800$ N as shown in Figure P9.20/21. Assume $L_1 = 80$ mm, $L_2 = 200$ mm, $L_3 = 100$ mm, and $L_4 = 125$ mm. The bearing at $B$ can be idealized as a roller support and the bearing at $D$ can be idealized as a pin support. Determine the magnitude and location of:

(a) the maximum horizontal shear stress in the shaft.
(b) the maximum tension bending stress in the shaft.

**P9.22** A 3-in. standard steel pipe ($D = 3.500$ in.; $d = 3.068$ in.) in Figure 9.22*b*/23*b* supports a concentrated load of $P = 900$ lb as shown in Figure P9.22*a*/23*a*. The span length of the cantilever beam is $L = 3$ ft. Determine the magnitude of:

(a) the maximum horizontal shear stress in the pipe.
(b) the maximum tension bending stress in the pipe.

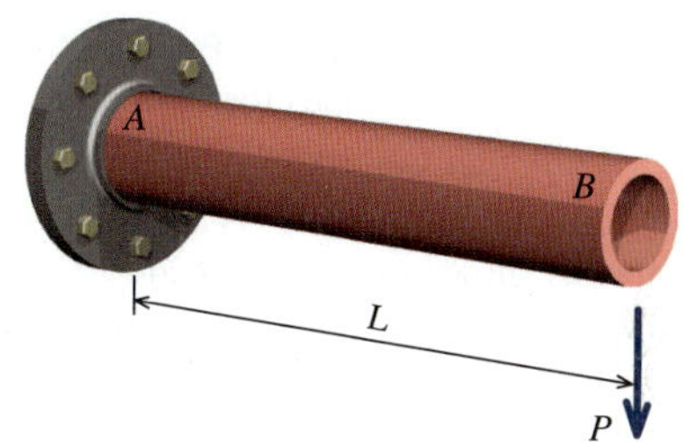


**FIGURE P9.22*a*/23*a*** Cantilever beam.

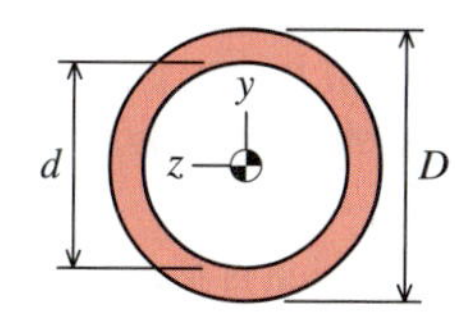


**FIGURE P9.22*b*/23*b*** Pipe cross section.

**P9.23** A steel pipe ($D = 170$ mm; $d = 150$ mm) in Figure P9.22*b*/23*b* supports a concentrated load of $P$ as shown in Figure P9.22*a*/23*a*. The span length of the cantilever beam is $L = 1.2$ m.

(a) Compute the value of $Q$ for the pipe.
(b) If the allowable shear stress for the pipe shape is 75 MPa, determine the maximum load $P$ that can be applied to the cantilever beam.

**P9.24** A concentrated load $P$ is applied to the upper end of a 1-m-long pipe as shown in Figure P9.24*a*/25*a*. The outside diameter of the pipe is $D = 114$ mm and the inside diameter is $d = 102$ mm.

(a) Compute the value of $Q$ for the pipe.
(b) If the allowable shear stress for the pipe shape is 75 MPa, determine the maximum load $P$ that can be applied to the cantilever beam.

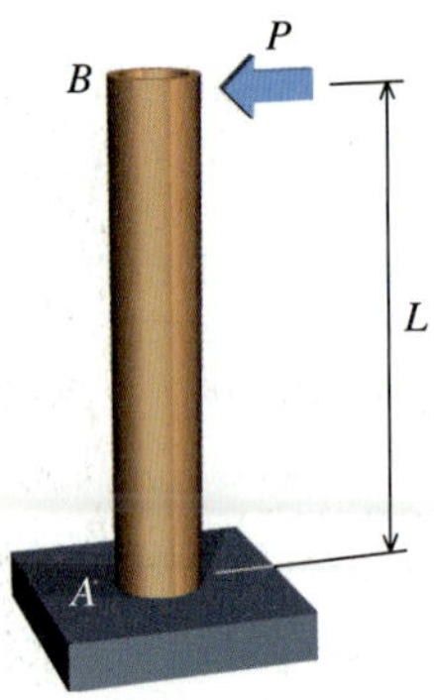


**FIGURE P9.24*a*/25*a***
Cantilever pipe.

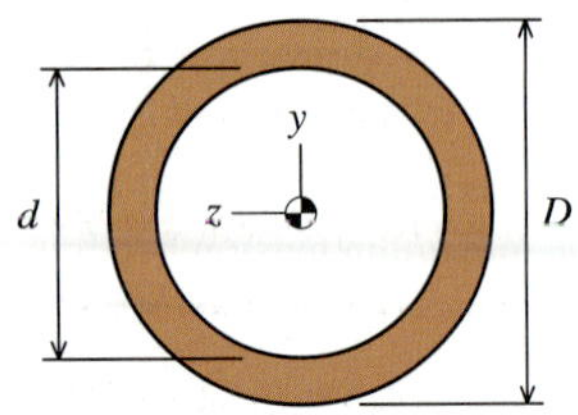


**FIGURE P9.24*b*/25*b***
Pipe cross section.

**P9.25** A concentrated load of $P = 6$ kips is applied to the upper end of a 4-ft-long pipe, as shown in Figure P9.24*a*/25*a*. The pipe is an 8-in. standard steel pipe, which has an outside diameter of $D = 8.625$ in. and an inside diameter of $d = 7.981$ in. Determine the magnitude of:

(a) the maximum vertical shear stress in the pipe.
(b) the maximum tension bending stress in the pipe.

**P9.26** The cantilever beam shown in Figure P9.26*a*/27*a* is subjected to a concentrated load of $P = 38$ kips. The cross-sectional dimensions of the wide-flange shape are shown in Figure P9.26*b*/27*b*. Determine:

(a) the shear stress at point *H*, which is located 4 in. below the centroid of the wide-flange shape.
(b) the maximum horizontal shear stress in the wide-flange shape.

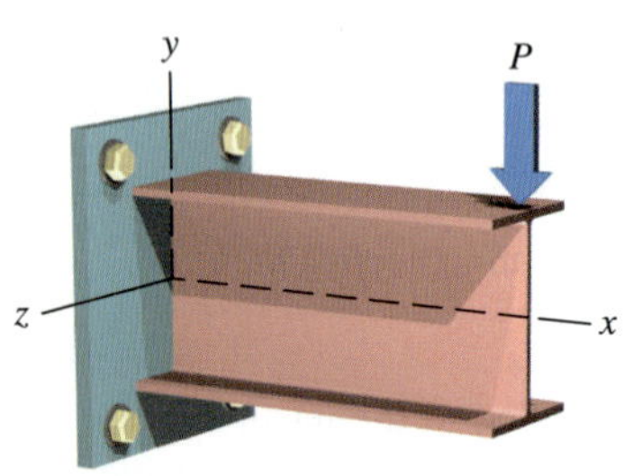


**FIGURE P9.26*a*/27*a***

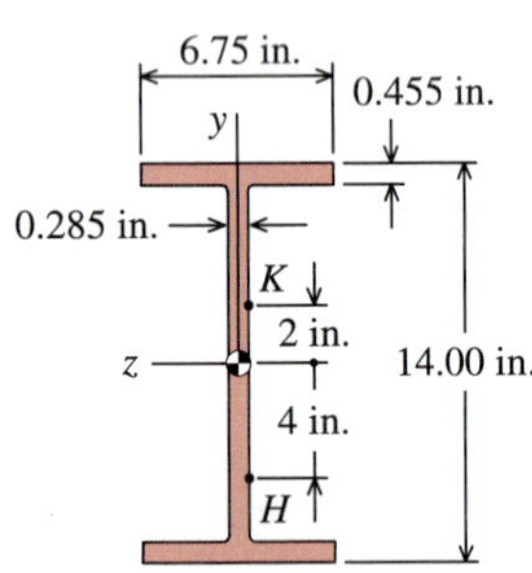


**FIGURE P9.26*b*/27*b***

**P9.27** The cantilever beam shown in Figure P9.26*a*/27*a* is subjected to a concentrated load of *P*. The cross-sectional dimensions of the wide-flange shape are shown in Figure P9.26*b*/27*b*.

(a) Compute the value of *Q* that is associated with point *K*, which is located 2 in. above the centroid of the wide-flange shape.
(b) If the allowable shear stress for the wide-flange shape is 14 ksi, determine the maximum concentrated load *P* that can be applied to the cantilever beam.

**P9.28** The cantilever beam shown in Figure P9.28*a*/29*a* is subjected to a concentrated load of *P*. The cross-sectional dimensions of the rectangular tube shape are shown in Figure P9.28*b*/29*b*.

(a) Compute the value of *Q* that is associated with point *H*, which is located 90 mm above the centroid of the rectangular tube shape.
(b) If the allowable shear stress for the rectangular tube shape is 125 MPa, determine the maximum concentrated load *P* that can be applied to the cantilever beam.

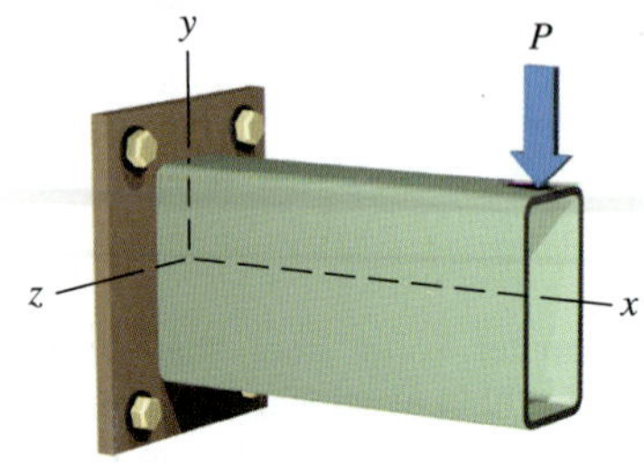


**FIGURE P9.28*a*/29*a***

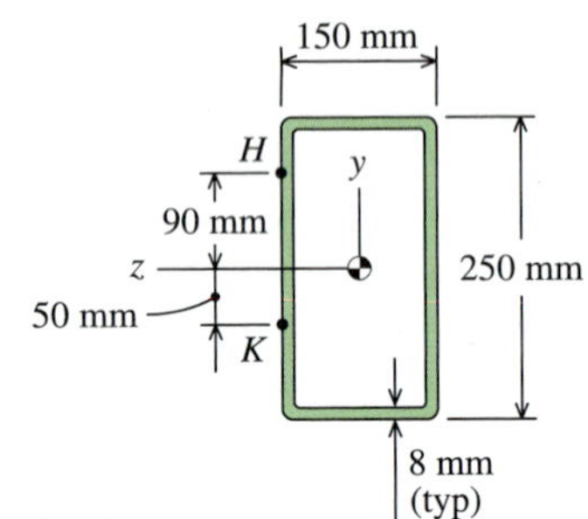


**FIGURE P9.28*b*/29*b***

**P9.29** The cantilever beam shown in Figure P9.28*a*/29*a* is subjected to a concentrated load of $P = 175$ kN. The cross-sectional dimensions of the rectangular tube shape are shown in Figure P9.28*b*/29*b*. Determine:

(a) the shear stress at point *K*, which is located 50 mm below the centroid of the rectangular tube shape.
(b) the maximum horizontal shear stress in the rectangular tube shape.

**P9.30** The internal shear force *V* at a certain section of an aluminum beam is 8 kN. If the beam has a cross section shown in Figure P9.30, determine:

(a) the shear stress at point *H*, which is located 30 mm above the bottom surface of the tee shape.
(b) the maximum horizontal shear stress in the tee shape.

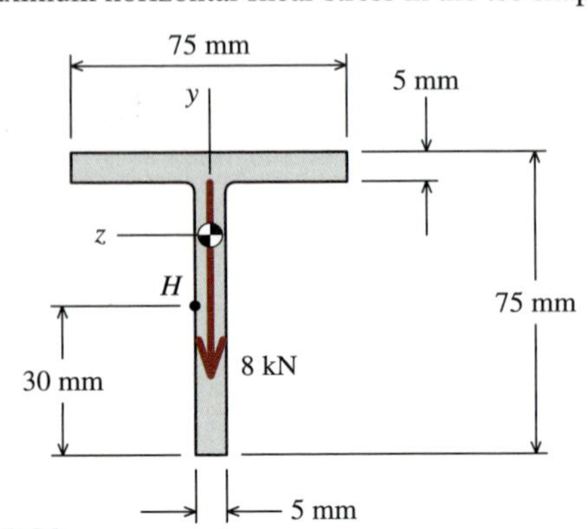


**FIGURE P9.30**

**P9.31** The internal shear force $V$ at a certain section of a steel beam is 80 kN. If the beam has a cross section shown in Figure P9.31, determine:

(a) the shear stress at point $H$, which is located 30 mm below the centroid of the wide-flange shape.
(b) the maximum horizontal shear stress in the wide-flange shape.

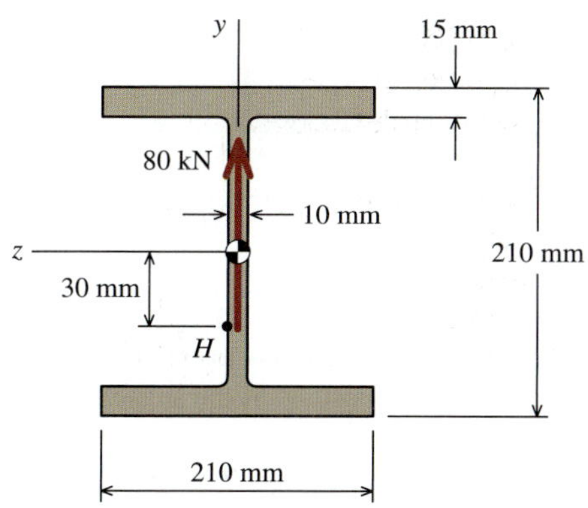


**FIGURE P9.31**

**P9.32** The internal shear force $V$ at a certain section of a steel beam is 110 kips. If the beam has a cross section shown in Figure P9.32, determine:

(a) the value of $Q$ associated with point $H$, which is located 2 in. below the top surface of the flanged shape.
(b) the maximum horizontal shear stress in the flanged shape.

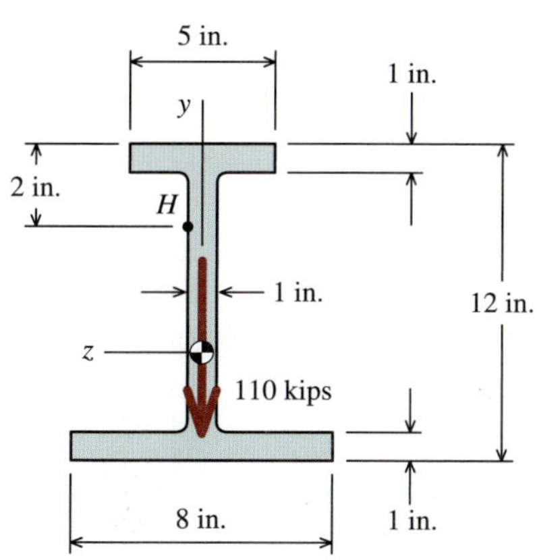


**FIGURE P9.32**

**P9.33** The internal shear force $V$ at a certain section of a steel beam is 75 kips. If the beam has a cross section shown in Figure P9.33, determine:

(a) the shear stress at point $H$, which is located 2 in. above the bottom surface of the flanged shape.
(b) the shear stress at point $K$, which is located 4.5 in. below the top surface of the flanged shape.

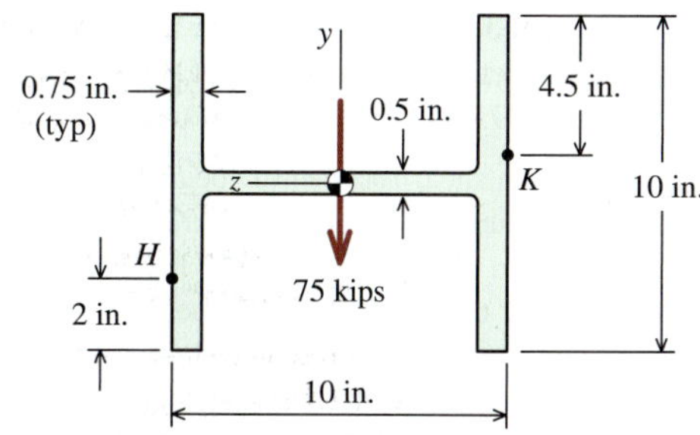


**FIGURE P9.33**

**P9.34** Consider a 100-mm-long segment of a simply supported beam (Figure P9.34*a*). The internal bending moments on the left and right sides of the segment are 75 kN-m and 80 kN-m, respectively. The cross-sectional dimensions of the flanged shape are shown in Figure P9.34*b*. Determine the maximum horizontal shear stress in this segment of the beam.

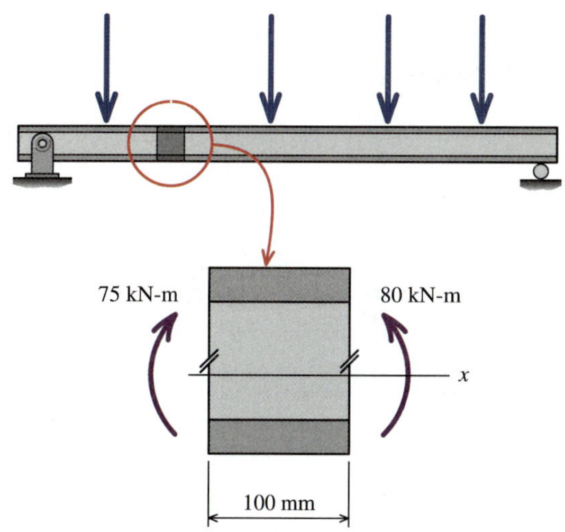


**FIGURE P9.34*a*** Beam segment (side view).

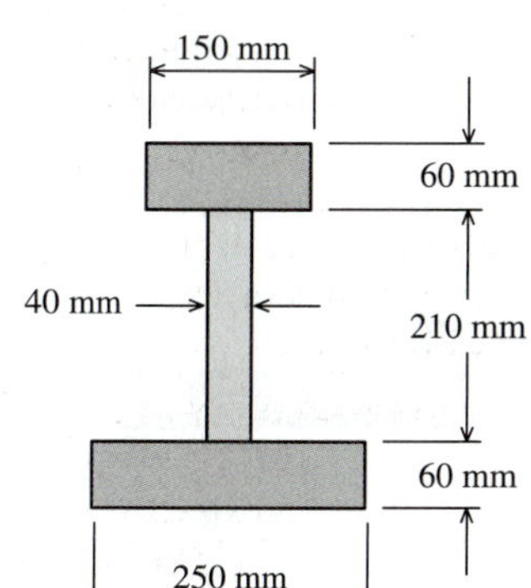


**FIGURE P9.34*b*** Cross-sectional dimensions.

**P9.35** A simply supported beam supports the loads shown in Figure P9.35*a*. The cross-sectional dimensions of the wide-flange shape are shown in Figure P9.35*b*.

(a) Determine the maximum shear force in the beam.
(b) At the section of maximum shear force, determine the shear stress in the cross section at point *H*, which is located 100 mm below the neutral axis of the wide-flange shape.
(c) At the section of maximum shear force, determine the maximum horizontal shear stress in the cross section.
(d) Determine the magnitude of the maximum bending stress in the beam.

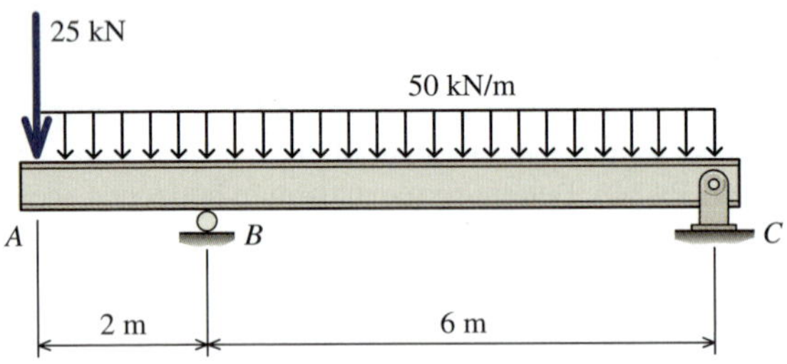


**FIGURE P9.35*a***

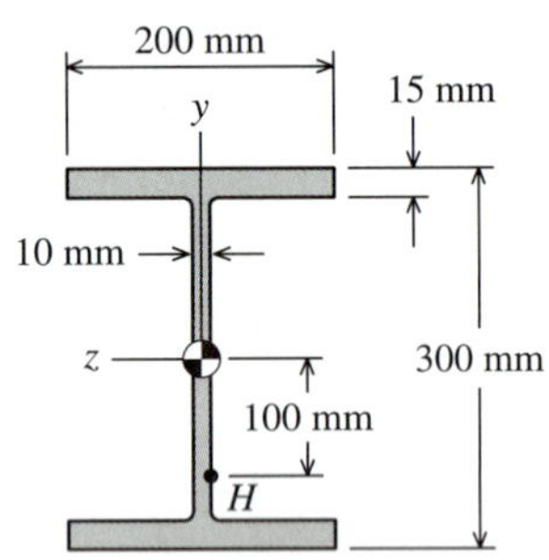


**FIGURE P9.35*b***

**P9.36** A simply supported beam supports the loads shown in Figure P9.36*a*. The cross-sectional dimensions of the structural tube shape are shown in Figure P9.36*b*.

(a) At section *a–a*, which is located 4 ft to the right of pin support *B*, determine the bending stress and the shear stress at point *H*, which is located 3 in. below the top surface of the tube shape.
(b) Determine the magnitude and the location of the maximum horizontal shear stress in the tube shape at section *a–a*.

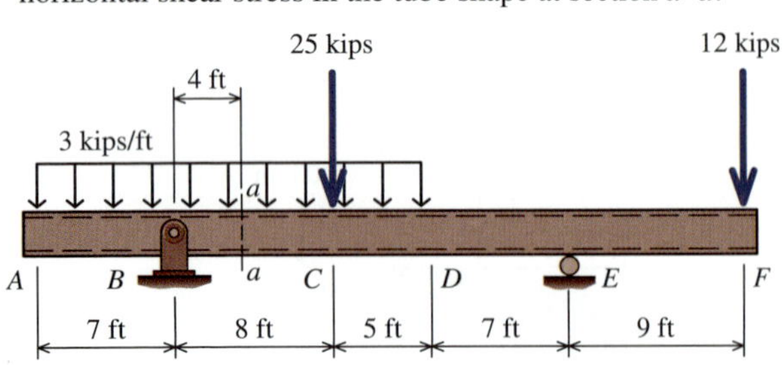


**FIGURE P9.36*a***

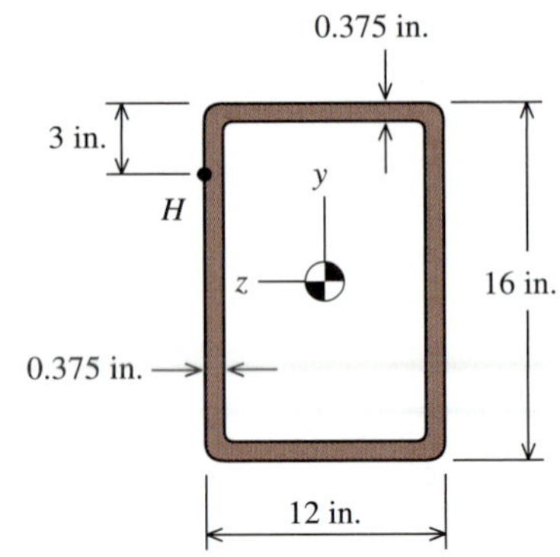


**FIGURE P9.36*b***

**P9.37** A cantilever beam supports the loads shown in Figure P9.37*a*. The cross-sectional dimensions of the shape are shown in Figure P9.37*b*. Determine:

(a) the maximum horizontal shear stress.
(b) the maximum compression bending stress.
(c) the maximum tension bending stress.

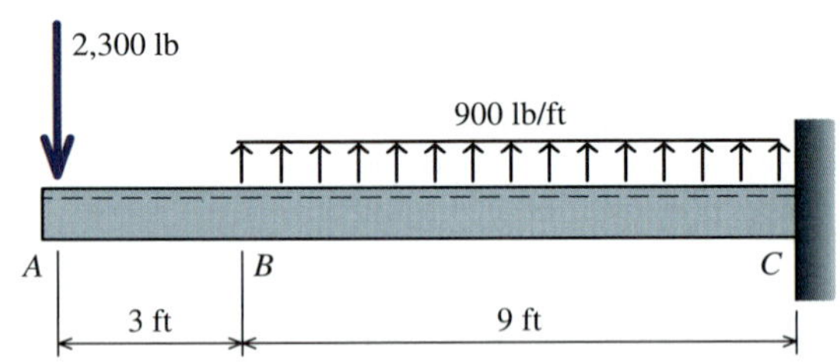


**FIGURE P9.37*a***

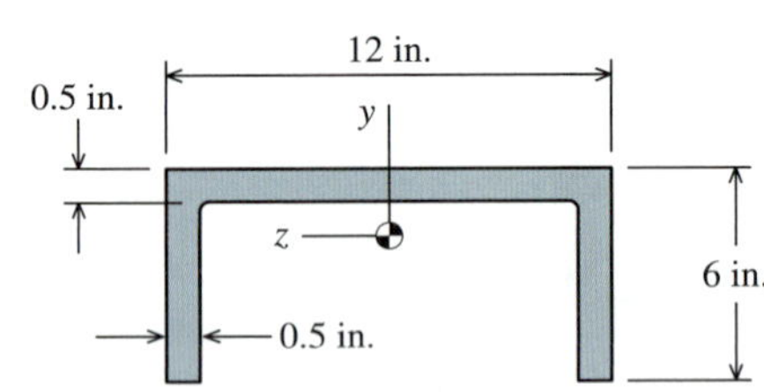


**FIGURE P9.37*b***

**P9.38** A cantilever beam supports the loads shown in Figure P9.38*a*. The cross-sectional dimensions of the shape are shown in Figure P9.38*b*. Determine:

(a) the maximum vertical shear stress.
(b) the maximum compression bending stress.
(c) the maximum tension bending stress.

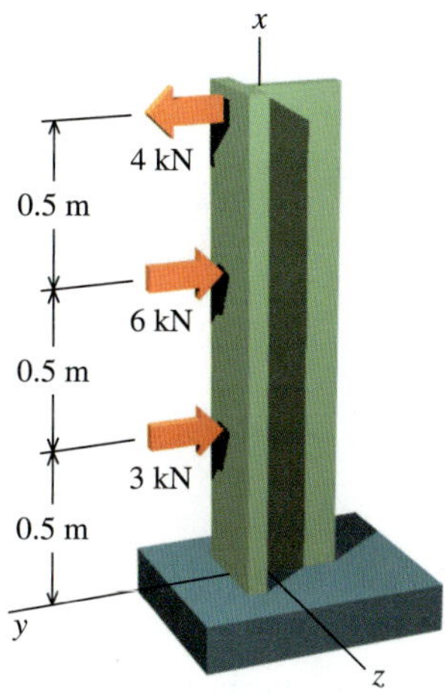


**FIGURE P9.38*a***

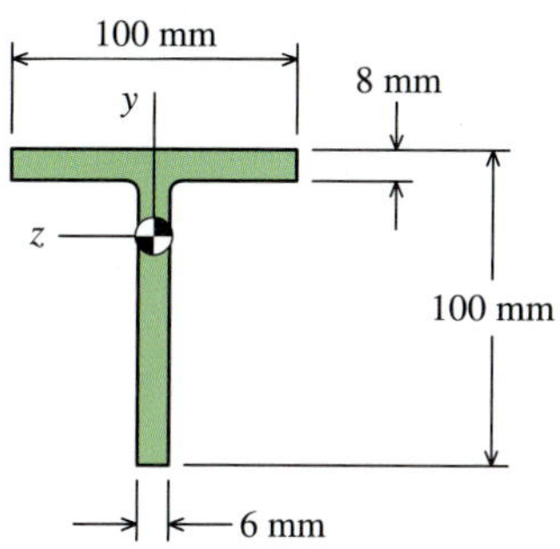


**FIGURE P9.38*b***

**P9.39** A simply supported beam fabricated from pultruded reinforced plastic supports the loads shown in Figure P9.39*a*. The cross-sectional dimensions of the plastic wide-flange shape are shown in Figure P9.39*b*.

(a) Determine the magnitude of the maximum shear force in the beam.
(b) At the section of maximum shear force, determine the shear stress magnitude in the cross section at point $H$, which is located 2 in. above the bottom surface of the wide-flange shape.
(c) At the section of maximum shear force, determine the magnitude of the maximum horizontal shear stress in the cross section.
(d) Determine the magnitude of the maximum compression bending stress in the beam. Where along the span does this stress occur?

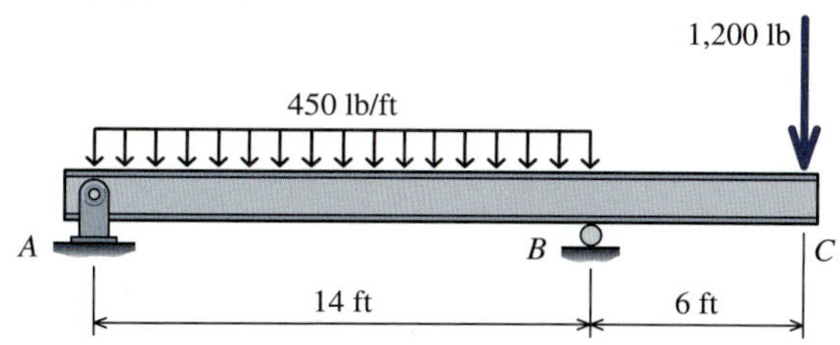


**FIGURE P9.39*a***

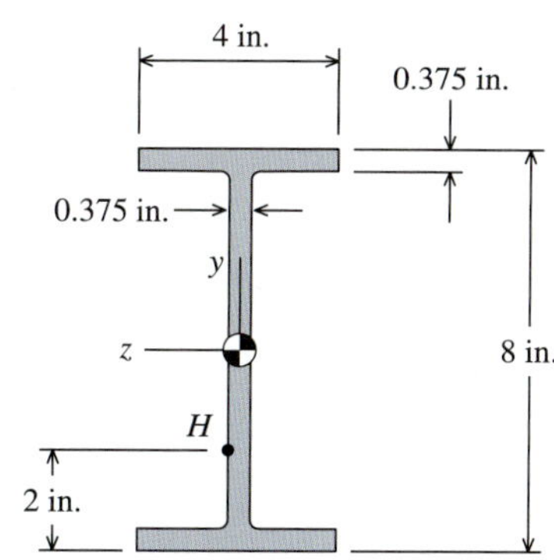


**FIGURE P9.39*b***

## 9.8 조립보에서의 전단류

표준 형강들과 다른 특별하게 만든 형상을 갖는 단면들이 보를 제작하기 위해 자주 사용되며, 특수 목적으로 목재판자 또는 철판과 같은 부품으로부터 조립되는 보들도 있다. 9.2절에서 설명한 것처럼, 불균일굽힘은 단면의 각 부분으로 수평력(보의 길이방향 축에 평행한 힘)을 생성한다. 평형조건을 만족시키기 위해 수평력이 반드시 이들 부품의 사이에서 추가적으로 작용해야 한다. 불연속 부품으로 제작된 단면에 대해 못, 나사못, 볼트, 기타 연결기구 등과 같은 체결부품은 개별부품이 하나의 굽힘부재처럼 작동되도록 결합해야 한다(그림 9.14*a*).

전형적인 조립된 굽힘부재의 단면을 그림 9.14*a*에 나타내었다. 못은 굽힘부재처럼 함께 작동되도록 4개의 나무판자를 연결한다. 9.3절에서처럼, 불균일굽힘을 받는 보의 길이 $\Delta x$를 고려한다(그림 9.14*b*). 다음으로 길이방향($x$방향)으로 작용하는 힘들을 평가하기 위해 단면의 부분 $A'$을 조사한다. 여기서는 면적 $A'$으로 판자 (3)을 고려한다. 판자 (3)의 자유

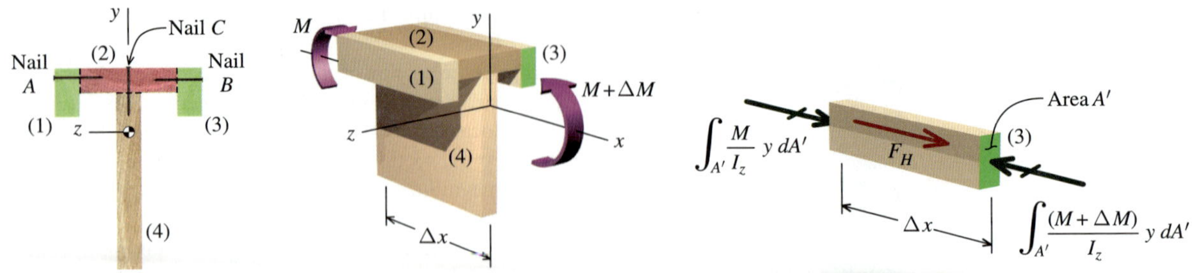


(*a*) 네 개의 나무판자으로 만들어진 단면 (*b*) 불균일굽힘을 받는 조립보 (*c*) 판자 (3)의 자유물체도

**그림 9.14** • 조립보의 수평방향 평형조건

물체도는 그림 9.14*c*에서 보는 바와 같다. 9.3절에서의 유도과정과 비슷한 접근방법을 사용하면, 식 (9.1)은 길이 $\Delta x$에 걸쳐 발생한 굽힘모멘트의 변화량 $\Delta M$이 면적 $A'$에 대해 평형조건을 만족시키기 위해 요구되는 수평력과 관련 있다는 것을 알 수 있다.

식 (9.1), (9.11), (9.12)의 $I_z$는 굽힘축에 관한 전체단면의 단면2차관성모멘트이다.

$$F_H = \frac{\Delta MQ}{I_z} \tag{9.1}$$

굽힘모멘트 $\Delta M$의 변화는 $\Delta M = (dM/dx)\ \Delta x = V\ \Delta x$로서 표현할 수 있고, 그것 때문에 전단력 $V$의 항으로 식 (9.1)을 다음과 같이 재정리할 수 있다.

$$F_H = \frac{VQ}{I_z}\Delta x \tag{9.11}$$

식 (9.11)는 보의 전단력 $V$와 단면(면적 $A'$)의 일부분이 평형을 유지하기 위해 요구되는 수평력 $F_H$ 사이의 관계를 설명한다. $Q$항은 중립축에 관한 면적 $A'$의 1차 모멘트이고, $I_z$항은 중립축에 관한 전체 단면의 단면2차관성모멘트이다.

판자 (3)이 평형을 유지하기 위해 요구되는 힘 $F_H$는 그림 9.14*a*의 못 *B*에 전달되고, 이것이 바로 조립된 굽힘부재 설계의 특징인 불연속 체결부품의 존재 이유이다. 굽힘응력공식과 전단응력공식에서 구한 굽힘응력과 전단응력에 관한 고려는 물론이고, 조립된 굽힘부재(조립보)의 설계자는 보 부품을 체결하기 위해 사용되는 체결부품의 평형조건을 만족시키기 위해 요구되는 수평력을 충분히 전달되도록 해야 한다.

보의 길이에 따라 변하는 굽힘모멘트에 의해 생성된 법선응력으로부터 전단흐름을 막는 것을 이해하는 것이 중요하다. $V$항은 $dM/dx$에 대해 대입된 식 (9.12)에서 나타난다. 전단응력은 보의 길이방향 축과 평행하게 발생하고, 굽힘응력들은 같은 방향에서 발생한다.

이런 유형의 해석을 용이하게 하기 위해서 전단류의 개념을 도입하는 것이 편리하다. 식 (9.11)의 양쪽 면을 $\Delta x$로 나누면, **전단류 $q$**는 다음과 같이 정의될 수 있다.

$$\frac{F_H}{\Delta x} = q = \frac{VQ}{I_z} \tag{9.12}$$

전단류 $q$는 단면의 일부분에 대해 수평방향으로의 힘의 평형조건을 만족하기 위해 요구된 단위 길이당 전단력이다. 식 (9.12)는 전단류공식이라 불린다.

## 체결부품의 해석과 설계

조립된 단면은 여러 가지의 보 부품들을 하나의 굽힘부재로 연결하기 위한 못, 나사못, 볼트 등과 같은 불연속 체결부품을 사용한다. 조립된 단면의 한 사례가 그림 9.14$a$에 나타나 있고, 여러 다른 사례들은 그림 9.15에서 보는 바와 같다. 이 사례들이 못에 의해 연결된 나무 판자로 구성되었지만, 원리와 개념은 보 재료와 체결부품의 종류와 상관없다.

체결부품의 고려사항은 일반적으로 아래의 목적 중의 하나를 포함한다.

- 체결부품의 보에서 전단력 $V$와 전단력 수용능력이 주어지면, 보의 길이($x$방향)에 따라 체결부품의 적당한 간격은 얼마인가?
- 체결부품의 지름과 간격 $s$가 주어지면, 보에서 주어진 전단력 $V$에 대해 각 체결부품에서 발생하는 전단응력 $\tau_f$는 얼마인가?
- 체결부품의 지름, 간격 $s$, 허용응력 등이 주어지면, 조립된 부재에 대해 수용할 수 있는 최대 전단력 $V$는 얼마인가?

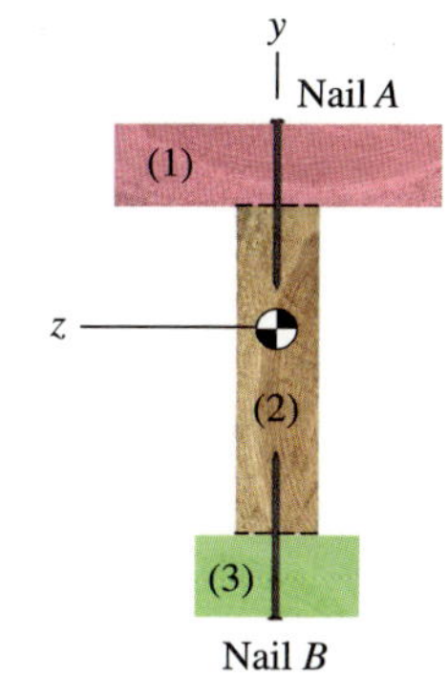

($a$) I-형상을 갖는 보 단면

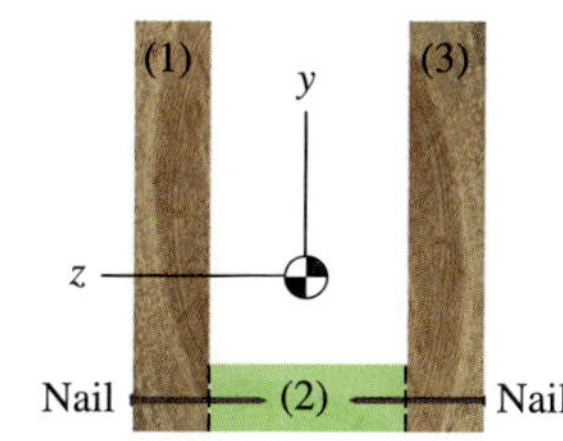

($b$) U-형상을 갖는 보 단면

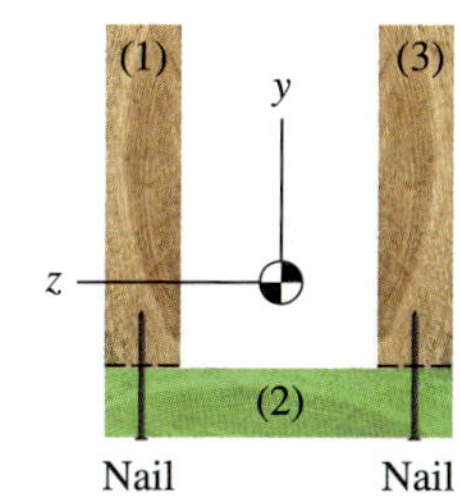

($c$) 다른 U-형상을 갖는 나무 보 단면

**그림 9.15** • 조립된 굽힘부재의 예

이들 목적에 부응하기 위해 체결부품의 저항력과 면적 $A'$이 평형관계를 유지하기 위해 요구된 수평 전단력 $F_H$를 연결하는 식 (9.12)로부터 새로운 식이 유도될 필요가 있다. 식 (9.12)에서 길이 $\Delta x$항을 보의 $x$축에 따라 설치된 체결부품의 간격 $s$와 동일하게 둔다. 전단류 $q$의 관점에서 볼 때, 보의 간격 $s$에 걸쳐 연결된 부품 간에 전달되어야 하는 전체 수평 전단력 $F_H$는 다음과 같다.

$$F_H = qs \tag{a}$$

내부 수평력 $F_H$는 반드시 체결부품에 의해 판자 또는 판 사이에 전달되어야 한다(**참조:** 연결된 보 부품 사이의 마찰은 무시된다). 단일 체결부품에 의해 전달될 수 있는 전단력을 $V_f$로 표기한다. 한 개 이상의 체결부품이 간격 $s$ 안에서 사용될 수 있기 때문에 간격 내에 있는 체결부품의 갯수를 $n_f$로 표기한다. $n_f$개의 체결부품에 의해 생성되는 저항력은 연결부품이 수평방향으로 평형을 유지하기 위해 요구되는 수평력 $F_H$와 같거나 커야 한다.

$$F_H \leq n_f V_f \tag{b}$$

식 (a)와 (b)의 조합으로 전단류 $q$, 체결부품 간격 $s$, 그리고 단일 체결부품에 의해 전달될 수 있는 전단력 $V_f$ 사이의 관계식을 얻는다. 이 식은 체결부품의 힘–간격 관계식이라고 불린다.

$$qs \leq n_f V_f \tag{9.13}$$

체결부품에서 발생한 전단응력 $\tau_f$는 다음과 같이 표현될 수 있다.

$$\tau_f = \frac{V_f}{A_f} \tag{c}$$

여기서 체결부품은 단일 전단이 발생한다고 가정하고, $A_f$는 체결부품의 단면적으로 가정한다. 이 관계식을 사용하여 식 (9.13)은 체결부품에 작용하는 전단응력의 항으로 재정리할 수 있다. 이 식을 체결부품의 응력-간격 관계식이라고 한다.

$$qs \leq n_f \tau_f A_f \tag{9.14}$$

## $Q$를 위한 적절한 면적의 설정

특별한 응용문제에 대한 전단류 $q$를 해석할 때, 가장 혼란스러운 결정은 $Q$값의 계산에서 단면의 어느 부분을 포함해야 하는가에 관한 것이다. 적절한 면적 $A'$을 선택하기 위한 핵심은 단면의 어느 부분이 체결부품에 의해 고정되어 있는지를 결정하는 것이다.

몇몇 조립된 나무보 단면들은 그림 9.14$a$와 그림 9.15에서 예시되었다. 각각의 경우, 못들은 나무판자들을 하나의 굽힘부재로 연결하기 위해 사용된다. 수직한 전단력 $V$가 각 단면에 작용한다고 가정한다.

그림 9.14$a$의 T-형상에 대해, 판자 (1)은 못 $A$에 의해 제자리에 고정된다. 못 $A$를 해석하기 위해 설계자는 판자 (1)과 단면의 나머지 부분 사이에 전달되는 전단류 $q$를 결정해야 한다. 이 목적을 위해 적절한 $Q$는 $z$도심축에 관한 판자 (1)의 면적의 1차 모멘트이다. 마찬가지로 못 $B$와 관련된 전단류는 중립축에 관한 판자 (3)에 대한 $Q$를 요구한다. 못 $C$는 판자 (1), (2), (3)에서 발생하는 전단류를 T-형상의 스템으로 전달해야 한다. 결과적으로 적절한 $Q$는 판 (1), (2), (3)을 포함한다.

그림 9.15$a$는 판자 (2)의 웨브와 못질된 플랜지 판자 (1)과 (3)에 의해 조립된 I-형상 단면을 보여준다. 못 $A$는 판자 (1)을 단면의 나머지 부분에 연결한다. 그러므로 못 $A$와 관련된 전단류 $q$는 $z$축에 관한 판자 (1)에 대한 면적의 1차 모멘트 $Q$에 기초한다. 못 $B$는 판자 (3)을 단면의 나머지 부분에 연결한다. 판자 (3)은 판자 (1)보다 작고 $z$축으로부터 더욱 멀리 떨어져 있으므로 $Q$값이 달라지고, 그 결과 판자 (3)에 대해 $q$값이 다르게 된다. 따라서 못 $B$의 간격 $s$는 못 $A$의 간격 $s$와 다를 확률이 높다. 두 경우 모두 $I_z$는 $z$도심축에 관한 전체 단면의 단면2차관성모멘트이다.

그림 9.15$b$와 9.15$c$는 판자 (2)가 두 개의 못에 의해 단면의 나머지에 연결된 U-형상을 갖는 단면의 서로 다른 모양 또는 조합을 나타낸다. 못에 의해 제자리에 고정된 부품은 두 가지 모두 판자 (2)이다. 두 가지 다른 조합은 같은 치수, 같은 단면적, 그리고 같은 단면2차관성모멘트를 갖는다. 그러나 그림 9.15$b$에서 판자 (2)에 대해 계산된 $Q$의 값은 그림 9.15$c$의 판자 (2)에 대한 $Q$보다 작다. 따라서 첫 번째 조합에 대한 전단류는 다른 배열에 대한 전단류보다 작을 것이다.

## 예제 9.5 EXAMPLE

그림의 내다지 단순지지보는 $D$에서 500 lb의 집중하중을 지탱한다. 보는 길이에 따라서 5 in. 간격으로 나무나사로 고정된 두 개의 2 in. × 8 in. 나무판자로 제작되었다. 조립된 단면의 도심 위치는 그림과 같고, $z$도심축에 관한 단면의 관성모멘트는 $I_z = 290.667$ in.$^4$이다. 나무나사에서 발생하는 전단력을 결정하라.

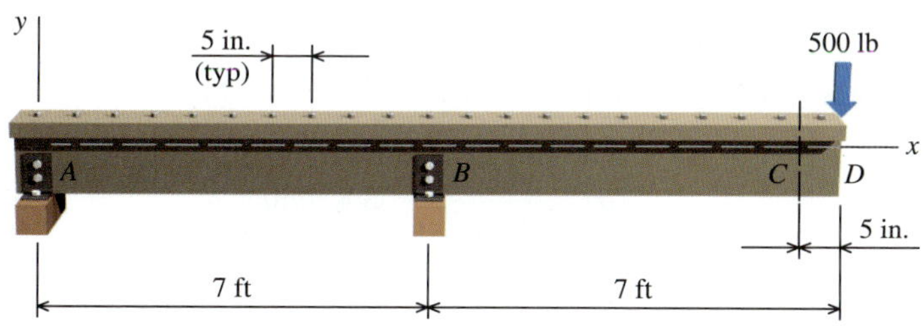


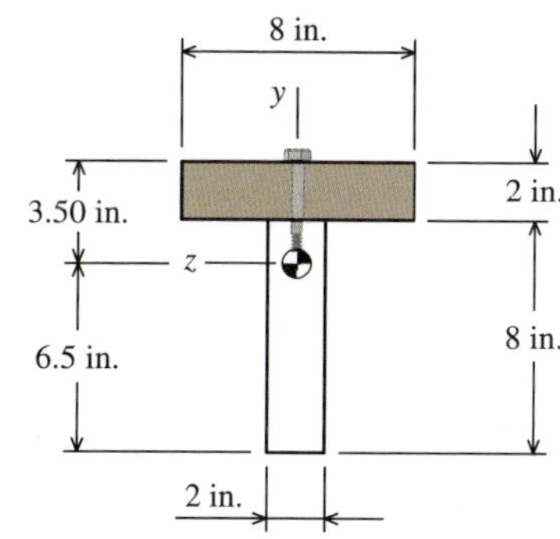


### 풀이 계획

단면이(못이 나사못 또는 볼트 같은) 체결부품을 포함할 경우, 전단류공식[식 (9.12)]과 관련된 체결부품의 힘–간격 관계식[식 (9.13)]은 의도된 목적을 위한 체결부품의 적절성을 평가하는 데 도움이 될 수 있다. 체결부품에서 발생하는 전단응력을 결정하기 위해 먼저 체결부품에 의해 고정된 단면의 보 부품(구성)들을 확인해야 한다. 여기서 고려된 기본적인 T-형상 단면에 대해 상단 플랜지 판자는 나무나사에 의해 스템 판자에 고정된다. 전체 단면이 평형관계에 있다면, 플랜지 판자에서 수평방향으로 발생하는 합력은 체결부품의 전단력에 의해 스템 판자로 전달되어야 한다. 이 해석에서 나무나사의 간격과 동일한 보의 짧은 길이가 평형조건을 만족하기 위해 각각의 체결부품에 적용되어야 하는 전단력을 결정하는 데 사용된다.

### 풀이

**$C$에서의 자유물체도**

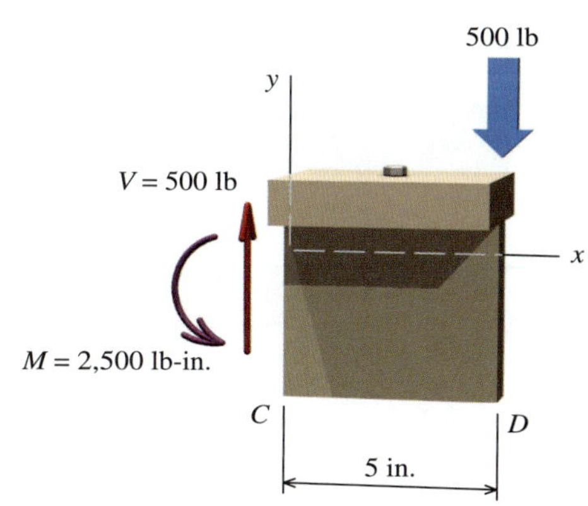


체결부품의 기능을 좀더 이해하기 위해서 돌출부의 끝으로부터 5 in.에 위치한 단면 $C$에서 자른 자유물체도를 고려한다. 이 자유물체도는 하나의 나무나사를 포함한다. 500 lb의 집중하중은 전단력 $V = 500$ lb를 생성시키고, 그림의 방향으로 $C$에 작용하는 굽힘모멘트 $M = 2{,}500$ lb-in.가 발생시킨다. 굽힘모멘트 $M = 2{,}500$ lb-in.는 굽힘축($z$축) 위에서 인장굽힘응력과 중립축 아래에서 압축굽힘응력을 생성시킨다. 플랜지와 스템에서 발생하는 주요 법선응력은 굽힘응력 공식으로부터 계산된다. 이 응력들은 그림에 표시되어 있다.

9.2절에서 요약된 접근방법은 플랜지에서 발생하는 인장굽힘응력에 의해 생성된 수평방향 합력을 계산하는 데 사용될 수 있다. 합력은 344 lb의 크기를 갖고,

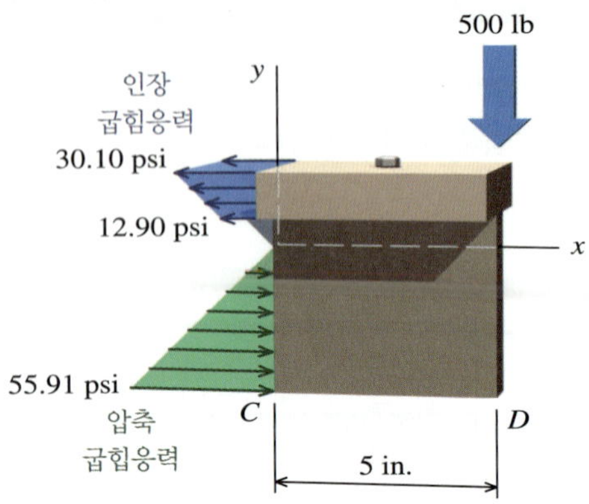


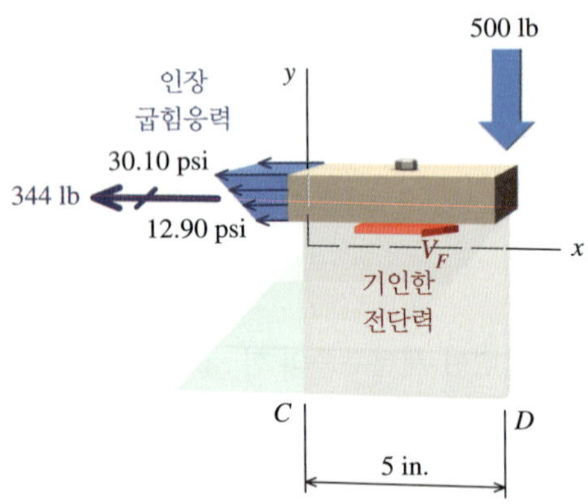


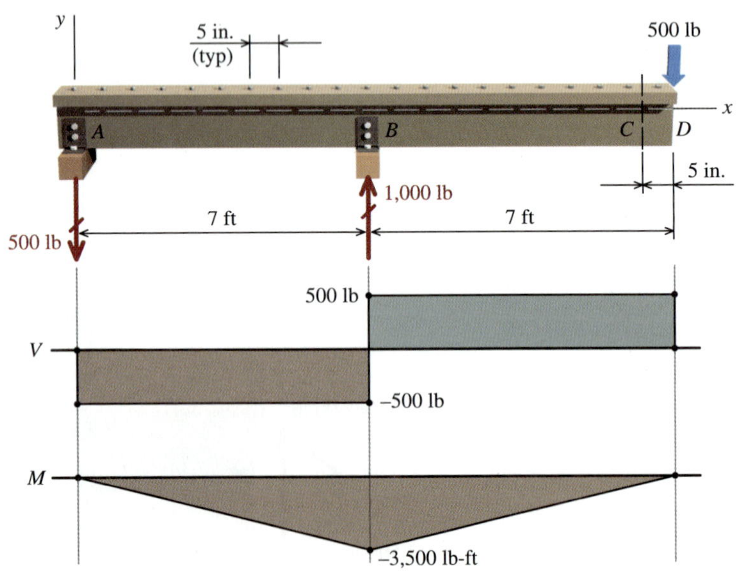


$-x$방향으로 플랜지를 당긴다. 플랜지가 평형상태에 있다면, $+x$방향으로 작용하는 추가적인 힘은 존재해야 한다. 이 힘이 나무나사의 전단저항력이다. $V_f$로서 이 힘을 표기하면, 수평방향으로 평형조건은 $V_f = 344$ lb가 된다.

다시 말해, 플랜지의 평형은 스템에서 344 lb의 저항력이 플랜지에서 나무나사를 통해 이동할 때만 만족할 수 있다. 여기서 결정된 $V_f$의 크기는 보의 5 in. 길이의 구간에 대해서만 적용할 수 있다. 5 in.보다 긴 구간이 고려된다면, 굽힘모멘트 $M$은 더 커질 것이고, 이것은 더 큰 응력을 발생시킨다. 따라서 요구된 단위 보당 간격은 수평 저항력의 항으로 연결된 부분으로 이동해야 힘의 양을 표현하기 위해 유리하다. 이 경우의 전단류는 다음과 같다.

$$q = \frac{344 \text{ lb}}{5 \text{ in.}} = 68.8 \text{ lb/in.} \tag{a}$$

앞선 논의는 조립보의 거동을 설명하기 위하여 의도된 것이다. 이런 유형의 굽힘부재에 포함된 힘과 응력의 이해는 조립된 굽힘부재에서 체결부품를 해석하고 설계하기 위한 전단류공식[식 (9.12)]과 체결부품의 힘–간격 관계식[식 (9.13)]의 적절한 사용을 용이하게 한다.

### 전단류공식

전단류공식을 재정리하면 다음과 같다.

$$q = \frac{VQ}{I_z} \tag{b}$$

그리고 체결부품의 힘–간격 관계식은 조립보의 나무나사에서 발생하는 전단력 $V_f$를 결정하기 위해 사용된다. 이들 식에서 나타난 항들에 대한 적절한 값을 이제부터 구한다.

$$qs \le n_f V_f \tag{c}$$

**보의 전단력** $V$: 단순지지보에 대한 전단력선도와 굽힘모멘트선도는 그림과 같다. $V$선도는 전단력이 보의 전체길이에 걸쳐 $V = 500$ lb로 일정한 크기를 갖는 것을 나타낸다.

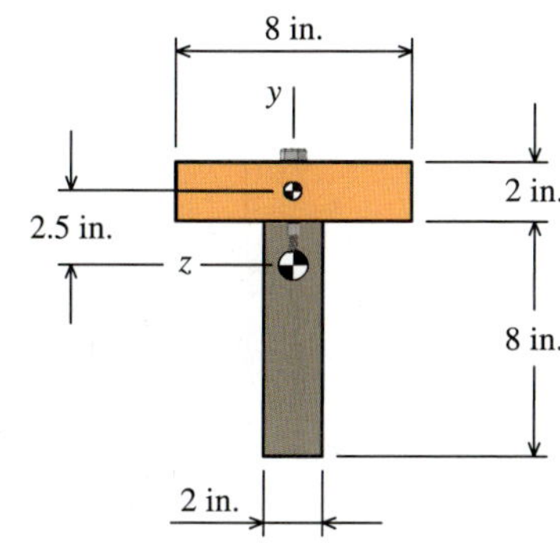


**면적의 1차 모멘트 $Q$:** $Q$는 나무나사에 의해 연결된 단면의 일부분에 대해 계산된다. 따라서 $Q$는 이 경우 플랜지 판자에 대해 계산된다.

$$Q = (8 \text{ in.})(2 \text{ in.})(2.5 \text{ in.}) = 40 \text{ in.}^3$$

**체결부품 간격 $s$:** 나무나사는 보의 길이에 따라 5 in.의 간격으로 설치된다. 그러므로 $s = 5$ in.이다.

**전단류 $q$:** 스템으로부터 체결부품를 통해 플랜지에 전달되어야 하는 전단류는 전단류공식으로부터 계산할 수 있다.

$$q = \frac{VQ}{I_z} = \frac{(500 \text{ lb})(40 \text{ in.}^3)}{(290.667 \text{ in.}^4)} = 68.8 \text{ lb/in.} \tag{d}$$

전단류공식에 의하여 식 (d)에서 얻어진 결과는 식 (a)에서 얻어진 결과와 동일하다는 것에 주목하기 바란다. 전단류공식은 계산에 편리한 수단을 제공하지만, 이 식으로부터 근본적인 굽힘거동을 명확하게 이해하기는 쉽지 않다. $C$에서 보의 자유물체도를 사용한 앞에서의 학습은 이 거동의 이해를 높이는 데 도움을 줄 수 있다.

**체결부품 전단력 $V_f$:** 체결부품에 작용하는 전단력은 체결부품의 힘-간격 관계식으로부터 계산될 수 있다. 보는 각각 5 in.의 간격에서 설치된 하나의 나무나사로 조립되므로 $n_f = 1$이다.

$$qs \leq n_f V_f$$

$$\therefore V_f = \frac{qs}{n_f} = \frac{(68.8 \text{ lb/in.})(5 \text{ in.})}{1 \text{ fastener}} = 344 \text{ lb per fastener}$$

**Ans.**

## 예제 9.6 EXAMPLE

그림에서 보는 바와 같이 예제 9.5의 단순지지보에 대해 다른 단면이 제안된다. 대안 설계에서 보는 2 in. × 6 in. 플랜지 판자에 못을 박아 연결한 두 개의 1 in. × 10 in. 나무판자에 의해 조립된다. 조립된 단면의 도심 위치는 그림에서 나타나 있으며, $z$도심축에 관한 단면의 관성모멘트는 $I_z = 290667$ in.$^4$이다. 각각의 못의 허용전단저항력이 80 lb라면, 조립보에 대해 적용 가능한 최대 간격 $s$를 결정하라.

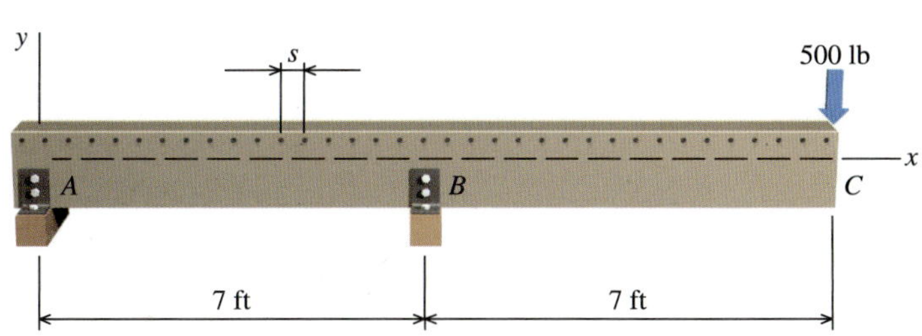


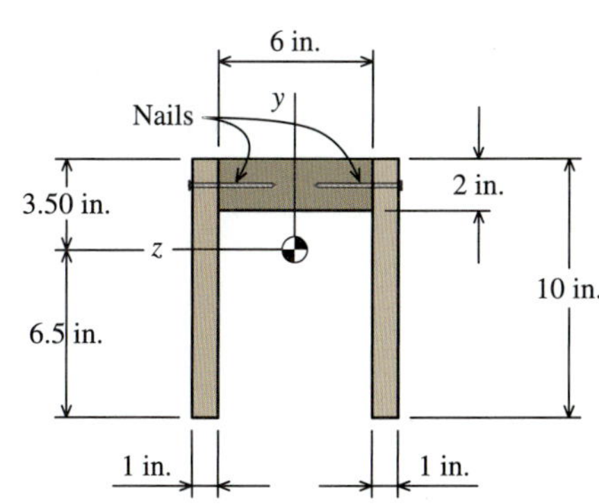

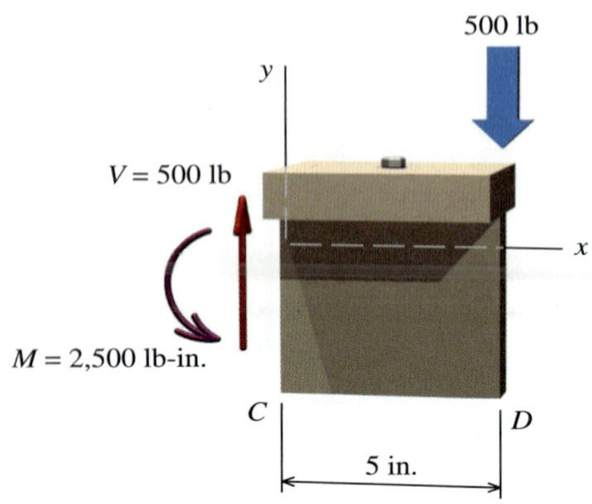


**풀이 계획**

전단류공식[식 (9.12)]과 체결부품의 힘–간격 관계식[식 (9.13)]은 최대 간격 $s$를 결정하는 데 필요하다. 2 in. × 6 in. 플랜지 판자는 못에 의해 제자리에 고정되고, 면적 1차 모멘트 $Q$뿐만 아니라 전단류 $q$는 단면의 이 영역을 기초로 하여 계산된다.

**풀이**

**보의 전단력 $V$**

단순지지보에 대한 전단력선도와 굽힘모멘트선도는 예제 9.5에서 제시되었다. 전단력 $V$는 보의 전체 길이에 걸쳐 $V = 500$ lb로 일정하다.

면적 1차 모멘트 $Q$: $Q$는 단면의 일부분인 2 in. × 6 in. 플랜지 판자에 대해 계산된다.

$$Q = (6\text{ in.})(2\text{ in.})(2.5\text{ in.}) = 30\text{ in.}^3$$

전단흐름 $q$: 한 쌍의 못을 통해 전달되어야 하는 전단흐름은 다음과 같다.

$$q = \frac{VQ}{I_z} = \frac{(500\text{ lb})(30\text{ in.}^3)}{(290.667\text{ in.}^4)} = 51.6\text{ lb/in.}$$

최대 못 간격 $s$: 못의 최대 간격은 체결부품의 힘–간격 관계식[식 (9.13)]으로부터 계산된다. 이 보는 각 간격에서 사용된 두 개의 못으로 조립된다. 그러므로 $n_f = 2$이다.

$$qs \leq n_f V_f$$

$$\therefore s \leq \frac{n_f V_f}{q} = \frac{(2\text{ nails})(80\text{ lb/nail})}{51.6\text{ lb/in.}} = 3.10\text{ in.}$$ **Ans.**

한 쌍의 못의 간격은 3.10 in.와 같거나 작아야 한다. 실제로 못은 3 in. 간격으로 설치될 수도 있을 것이다.

## MecMovies Example M9.9

두 가지 다른 못 배열로 조립된 두 가지의 나무박스 보의 허용전단력의 크기를 구하라.

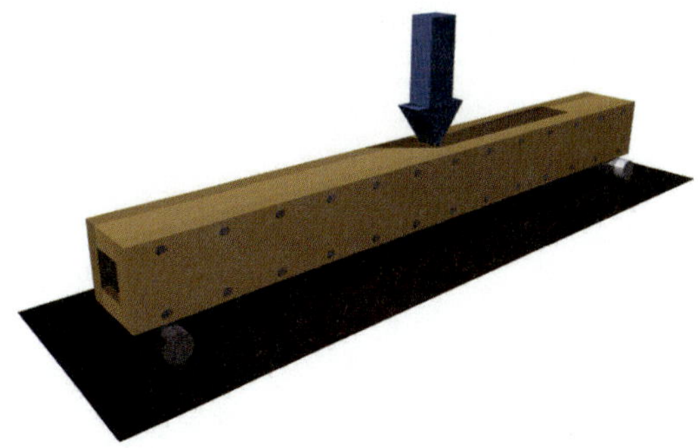

## MecMovies Example M9.10

U-형상을 갖는 나무 보의 최대 못 간격을 구하라.

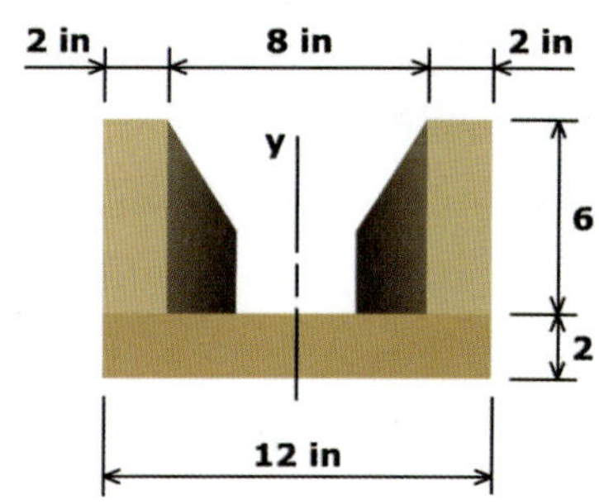

## MecMovies Example M9.11

50 kip 전단력을 지탱하는 데 요구되는 볼트의 최대 길이방향의 간격을 구하라.

## MecMovies Example M9.12

마주보는 두 개의 C형강을 연결하는 데 사용되는 볼트에서 발생하는 전단응력을 구하라.

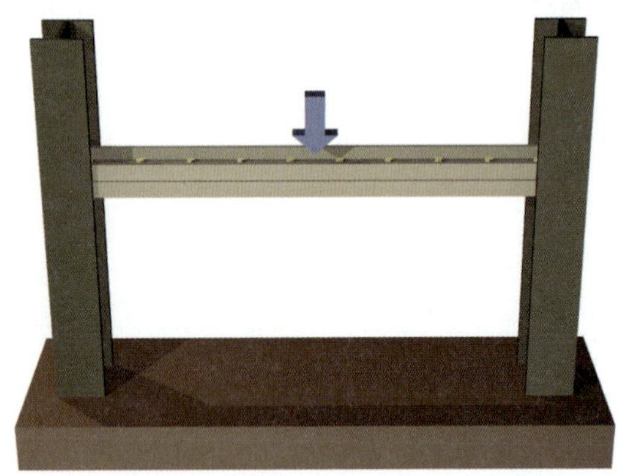

## MecMovies Example M9.13

나무박스 보를 조립하는 데 사용되는 볼트에 작용하는 전단력을 구하라.

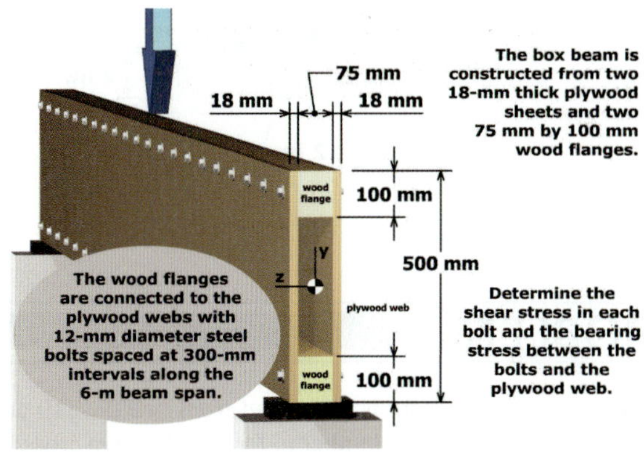


## MecMovies EXERCISES

**M9.9** 조립보 단면에 대한 $Q$의 계산을 포함한 5가지 선택형 문제

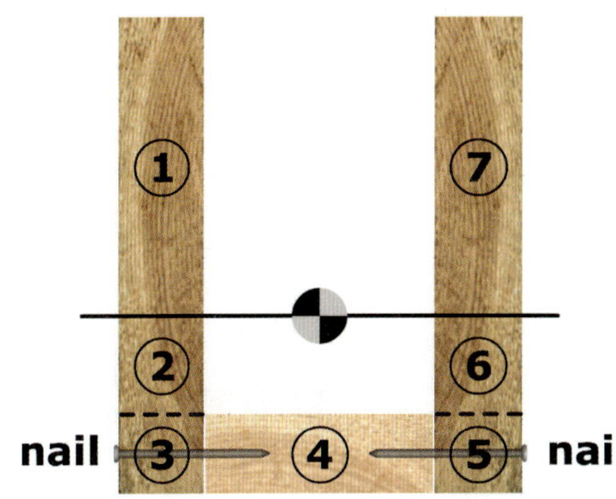


그림 M9.9

**M9.10** 조립보 단면 내에의 전단류에 관한 5가지 선택형 문제

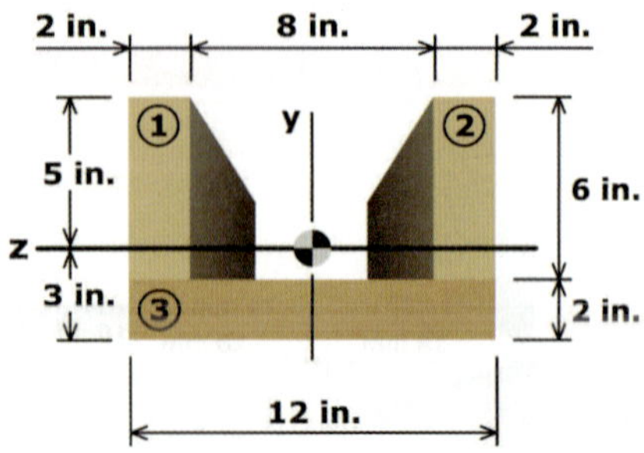


그림 M9.10

**M9.11** 조립보 단면 내에의 전단류에 관한 4가지 선택형 문제

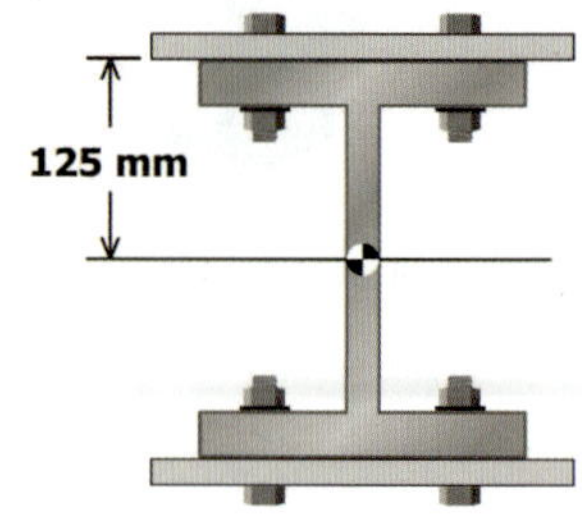


그림 M9.11

## PROBLEMS

**P9.40** A wooden beam is fabricated from one 2 × 10 and two 2 × 4 pieces of dimension lumber to form the I-beam cross section shown in Figure P9.40/41. The flanges of the beam are fastened to the web with nails that can safely transmit a force of 120 lb in direct shear. If the beam is simply supported and carries a 1,000-lb load at the center of a 12-ft span, determine:

(a) the horizontal force transferred from each flange to the web in a 12-in.-long segment of the beam.
(b) the maximum spacing $s$ (along the length of the beam) required for the nails.
(c) the maximum horizontal shear stress in the I-beam.

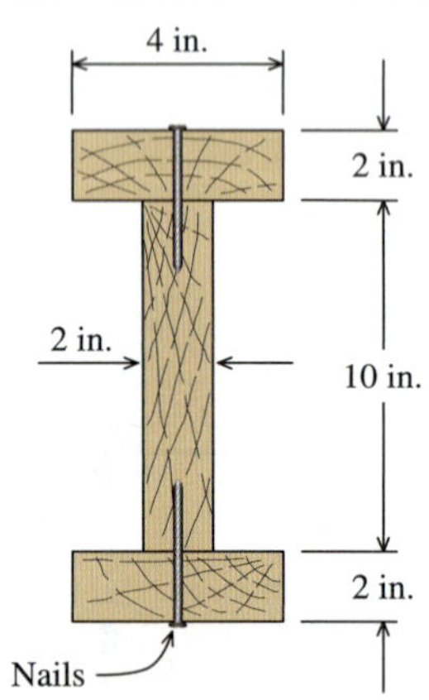


**FIGURE P9.40/41**

**P9.41** A wooden beam is fabricated from one 2 × 10 and two 2 × 4 pieces of dimension lumber to form the I-beam cross section shown in Figure P9.40/41. The I-beam will be used as a simply supported beam to carry a concentrated load $P$ at the center of a 20-ft span. The wood has an allowable bending stress of 1,200 psi and an allowable shear stress of 90 psi. The flanges of the beam are fastened to the web with nails that can safely transmit a force of 120 lb in direct shear.

(a) If the nails are uniformly spaced at an interval of $s = 4.5$ in. along the span, what is the maximum concentrated load $P$ that can be supported by the beam? Demonstrate that the maximum bending and shear stresses produced by $P$ are acceptable.
(b) Determine the magnitude of load $P$ that produces the allowable bending stress in the span (i.e., $\sigma_b = 1{,}200$ psi). What nail spacing $s$ is required to support this load magnitude? Demonstrate that the maximum horizontal shear stresses produced by $P$ are acceptable.

**P9.42** A wooden box beam is fabricated from four boards, which are fastened together with nails, as shown in Figure P9.42*b*. The nails are installed at a spacing of $s = 125$ mm (Figure P9.42*a*), and each nail can provide a resistance of $V_f = 500$ N. In service, the box beam will be installed so that bending occurs about the $z$ axis. Determine the maximum shear force $V$ that can be supported by the box beam based on the shear capacity of the nailed connections.

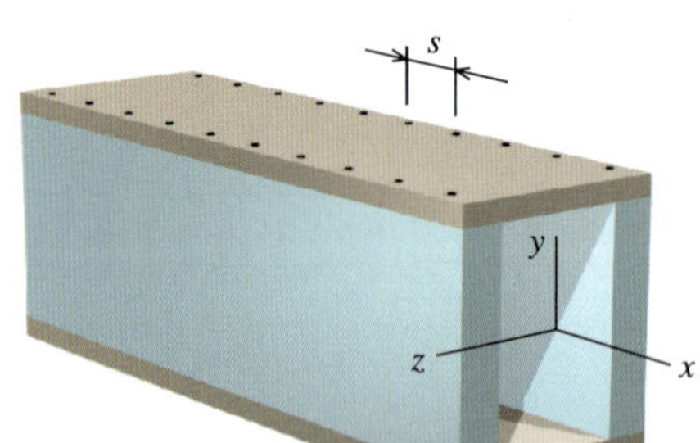


**FIGURE P9.42*a***

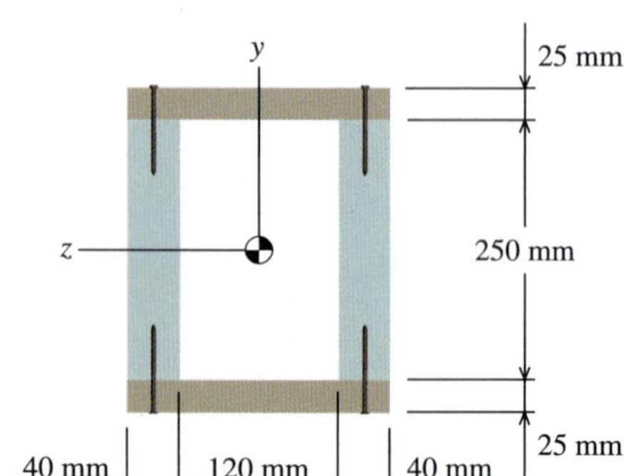


**FIGURE P9.42*b***

**P9.43** A wooden box beam is fabricated from four boards, which are fastened together with screws, as shown in Figure P9.43*b*. Each screw can provide a resistance of 800 N. In service, the box beam will be installed so that bending occurs about the *z* axis, and the maximum shear force in the beam will be 9 kN. Determine the maximum permissible spacing interval *s* for the screws (see Figure P9.43*a*).

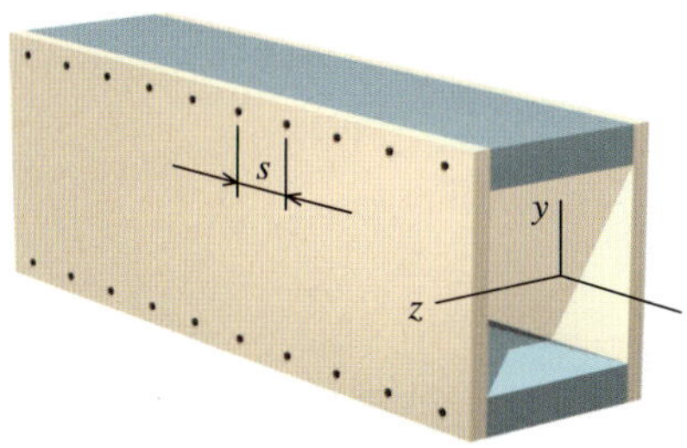


**FIGURE P9.43*a***

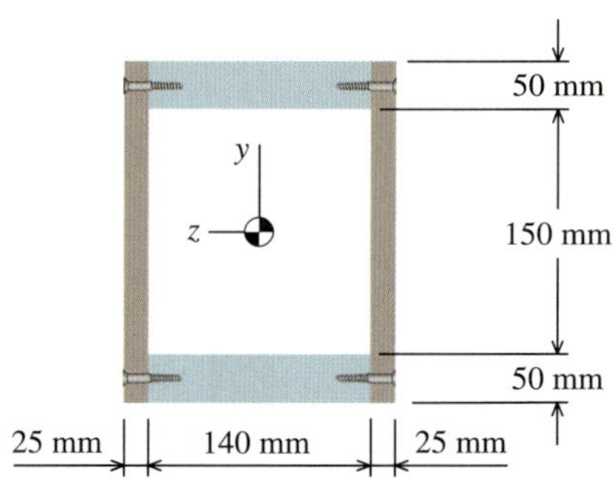


**FIGURE P9.43*b***

**P9.44** A wooden beam is fabricated by nailing together three pieces of dimension lumber as shown in Figure P9.44*a*. The cross-sectional dimensions of the beam are shown in Figure P9.44*b*. The beam must support an internal shear force of $V = 750$ lb.

(a) Determine the maximum horizontal shear stress in the cross section for $V = 750$ lb.
(b) If each nail can provide 100 lb of horizontal resistance, determine the maximum allowable spacing *s* for the nails.
(c) If the three boards were connected by glue instead of nails, what minimum shear strength would be necessary for the glued joints?

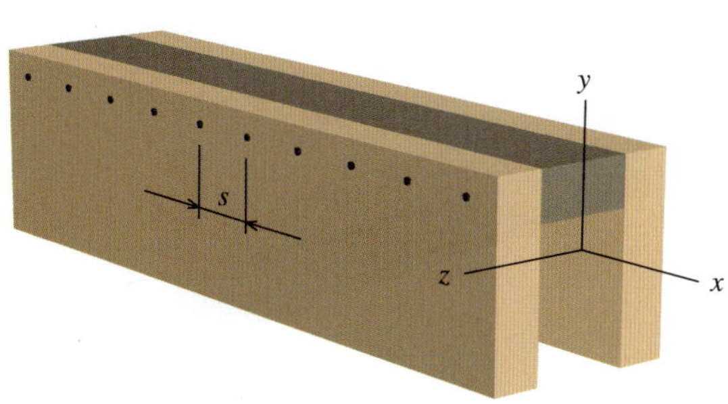


**FIGURE P9.44*a***

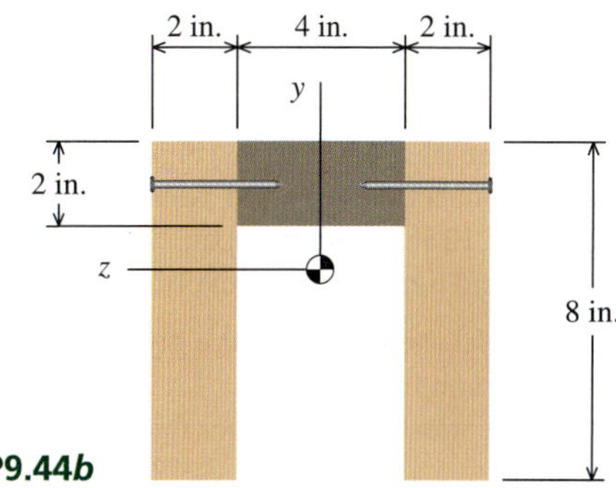


**FIGURE P9.44*b***

**P9.45** A wooden beam is fabricated by gluing four dimension lumber boards, each 40 mm wide and 90 mm deep, to a 32 × 400 plywood web as shown in Figure P9.45. Determine the maximum allowable shear force and the maximum allowable bending moment that this section can carry if the allowable bending stress is 6 MPa, the allowable shear stress in the plywood is 640 kPa, and the allowable shear stress in the glued joints is 250 kPa.

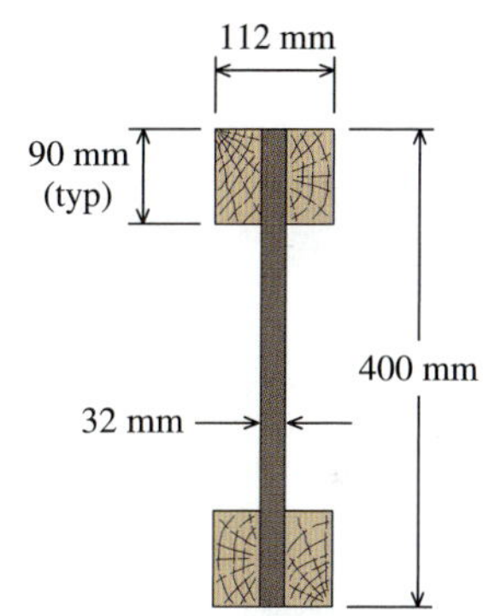


**FIGURE P9.45**

**P9.46** A wooden beam is fabricated from one 2 × 12 and two 2 × 10 dimension lumber boards to form the double-tee cross section shown in Figure P9.46. The beam flange is fastened to the stem with nails. Each nail can safely transmit a force of 175 lb in direct shear. The allowable shear stress of the wood is 70 psi.

(a) If the nails are uniformly spaced at an interval of $s = 4$ in. along the span, what is the maximum internal shear force *V* that can be supported by the double-tee cross section?
(b) What nail spacing *s* would be necessary to develop the *full strength* of the double-tee shape in shear? (*Full strength* means that the maximum horizontal shear stress in the double-tee shape equals the allowable shear stress of the wood.)

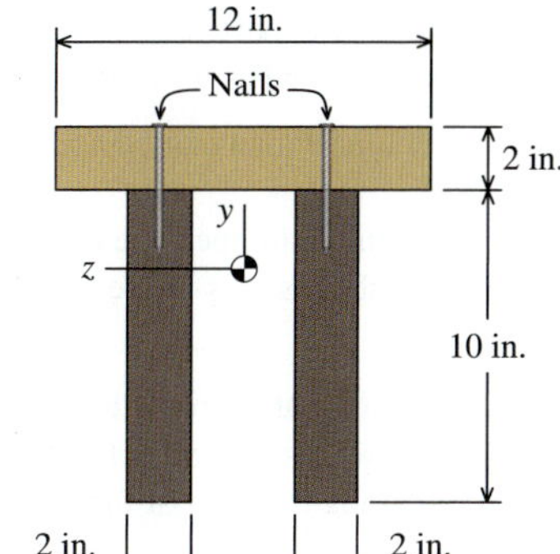


**FIGURE P9.46**

**P9.47** A box beam is fabricated from two plywood webs that are secured to dimension lumber boards at its top and bottom flanges (Figure P9.47*b*/48*b*). The beam supports a concentrated load of $P = 5{,}000$ lb at the center of a 15-ft span (Figure P9.47*a*/48*a*). Bolts (3/8-in. diameter) connect the plywood webs and the lumber flanges at a spacing of $s = 12$ in. along the span. Supports $A$ and $C$ can be idealized as a pin and a roller, respectively. Determine:

(a) the maximum horizontal shear stress in the plywood webs.
(b) the average shear stress in the bolts.
(c) the maximum bending stress in the lumber flanges.

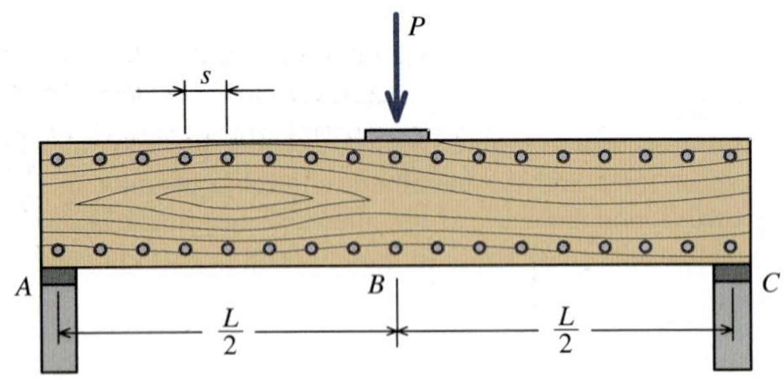


**FIGURE P9.47*a*/48*a***

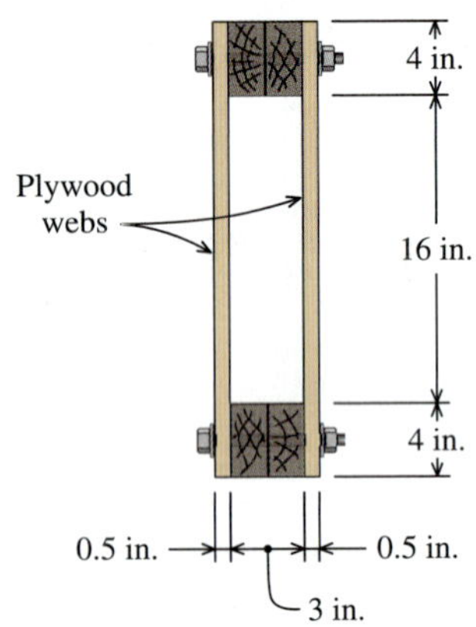


**FIGURE P9.47*b*/48*b***

**P9.48** A box beam is fabricated from two plywood webs that are secured to dimension lumber boards at its top and bottom flanges (Figure P9.47*b*/48*b*). The lumber has an allowable bending stress of 1,500 psi. The plywood has an allowable shear stress of 300 psi. The 3/8-in.-diameter bolts have an allowable shear stress of 6,000 psi, and they are spaced at intervals of $s = 9$ in. The beam span is $L = 15$ ft (Figure P9.47*a*/48*a*). Support $A$ can be assumed to be pinned and support $C$ can be idealized as a roller.

(a) Determine the maximum load $P$ that can be applied to the beam at midspan.
(b) Report the bending stress in the lumber, the shear stress in the plywood, and the average shear stress in the bolts at the load $P$ determined in part (a).

**P9.49** A wooden beam is fabricated from three boards, which are fastened together with screws, as shown in Figure P9.49*b*. The screws are uniformly spaced along the span of the beam at intervals of 150 mm (Figure P9.49*a*). In service, the beam will be positioned so that bending occurs about the $z$ axis. The maximum bending moment in the beam is $M_z = -4.50$ kN-m, and the maximum shear force in the beam is $V_y = -2.25$ kN. Determine:

(a) the magnitude of the maximum horizontal shear stress in the beam.
(b) the shear force in each screw.
(c) the magnitude of the maximum bending stress in the beam.

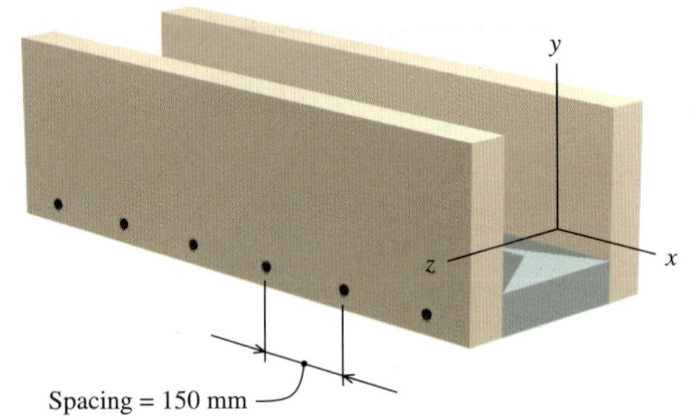


**FIGURE P9.49*a***

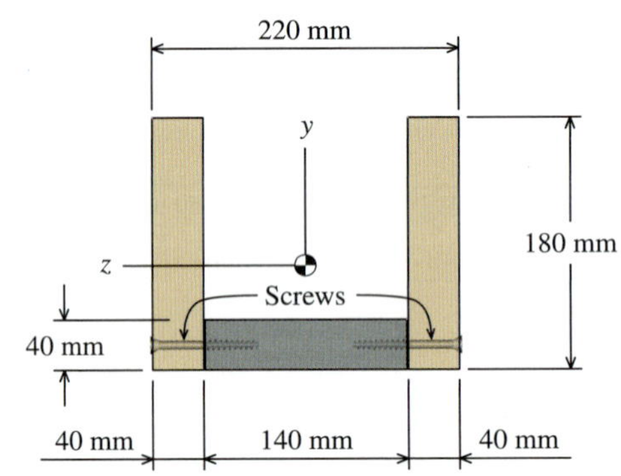


**FIGURE P9.49*b***

**P9.50** A wooden beam is fabricated by bolting together three members as shown in Figure P9.50*a*/51*a*. The cross-sectional dimensions are shown in Figure P9.50*b*/51*b*. The 8-mm-diameter bolts are spaced at intervals of $s = 200$ mm along the $x$ axis of the beam. If the internal shear force in the beam is $V = 7$ kN, determine the shear stress in each bolt.

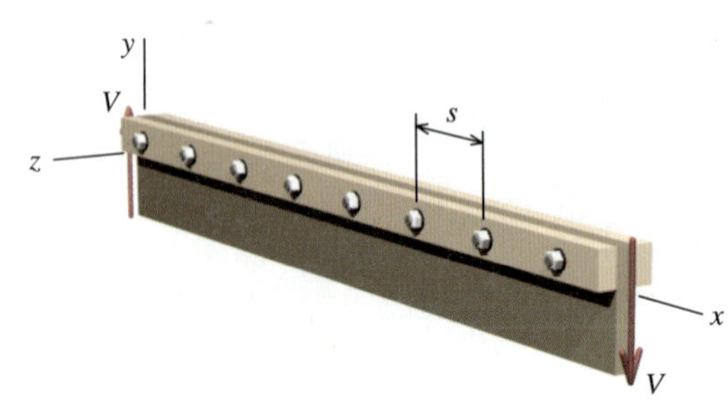


**FIGURE P9.50*a*/51*a***

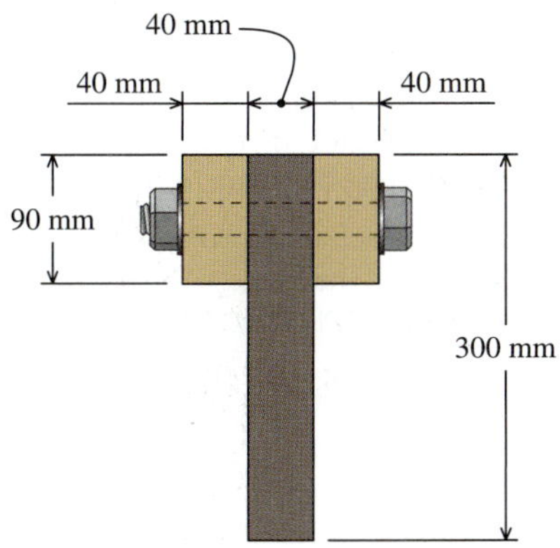


**FIGURE P9.50*b*/51*b***

**P9.51** A wooden beam is fabricated by bolting together three members as shown in Figure P9.50*a*/51*a*. The cross-sectional dimensions are shown in Figure P9.50*b*/51*b*. The allowable shear stress of the wood is 850 kPa, and the allowable shear stress of the 10-mm-diameter bolts is 40 MPa. Determine:

(a) the maximum internal shear force $V$ that the cross section can withstand based on the allowable shear stress in the wood.
(b) the maximum allowable bolt spacing $s$ required to develop the internal shear force computed in part (a).

**P9.52** A cantilever flexural member is fabricated by bolting two identical cold-rolled steel channels back-to-back as shown in Figure P9.52*a*. The cantilever beam has a span of $L$ = 1,600 mm and supports a concentrated load of $P$ = 600 N. The cross-sectional dimensions of the built-up shape are shown in Figure P9.52*b*. The effect of the rounded corners can be neglected in determining the section properties for the built-up shape.

(a) If 4-mm-diameter bolts are installed at intervals of $s$ = 75 mm, determine the shear stress produced in the bolts.
(b) If the allowable average shear stress in the bolts is 96 MPa, determine the minimum bolt diameter required if a spacing of $s$ = 400 mm is used.

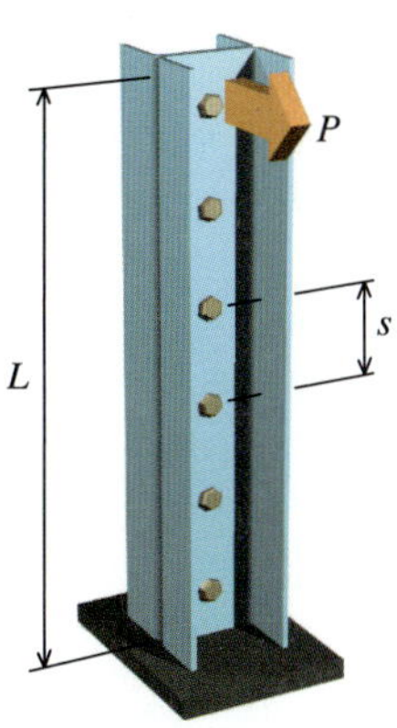


**FIGURE P9.52*a***

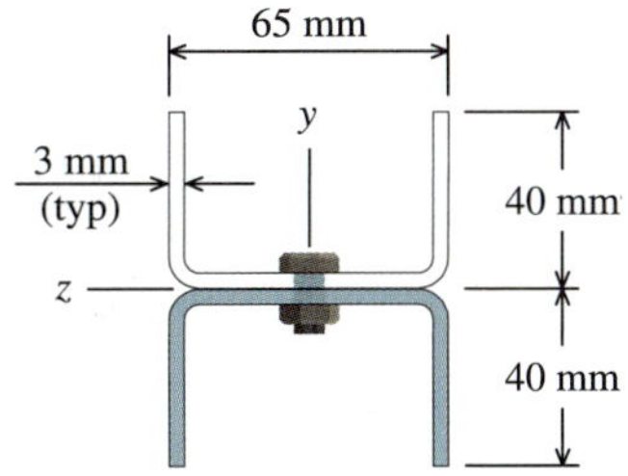


**FIGURE P9.52*b***

**P9.53** A W310 × 60 steel beam (see Appendix B) in an existing structure is to be strengthened by adding a 250-mm-wide by 16-mm-thick cover plate to its lower flange as shown in Figure P9.53. The cover plate is attached to the lower flange by pairs of 24-mm-diameter bolts spaced at intervals of $s$ along the beam span. Bending occurs about the $z$ centroidal axis.

(a) If the allowable bolt shear stress is 96 MPa, determine the maximum bolt spacing interval $s$ required to support an internal shear force in the beam of $V$ = 50 kN.
(b) If the allowable bending stress is 150 MPa, determine the allowable bending moment for the existing W310 × 60 shape, the allowable bending moment for the W310 × 60 with the added cover plate, and the percentage increase in moment capacity that is gained by adding the cover plate.

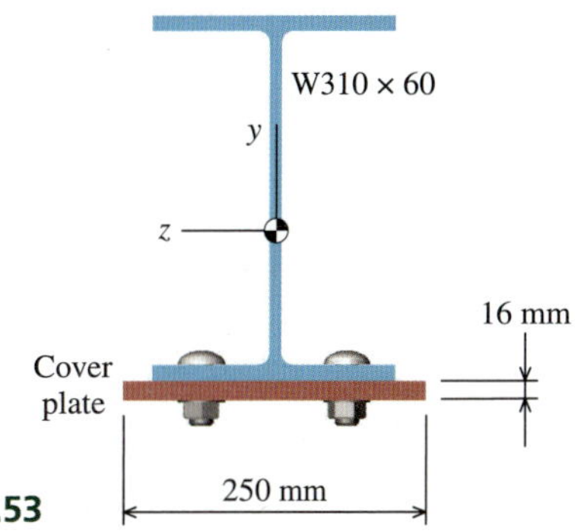


**FIGURE P9.53**

**P9.54** A W410 × 60 steel beam (see Appendix B) is simply supported at its ends and carries a concentrated load $P$ at the center of a 7-m span. The W410 × 60 shape will be strengthened by adding two 250-mm-wide by 16-mm-thick cover plates to its flanges as shown in Figure P9.54/55. Each cover plate is attached to its flange by pairs of 20-mm-diameter bolts spaced at intervals of $s$ along the beam span. The allowable bending stress is 150 MPa, the allowable average shear stress in the bolts is 96 MPa, and bending occurs about the $z$ centroidal axis.

(a) Based on the 150-MPa allowable bending stress, determine the maximum concentrated load $P$ that may be applied at the center of a 7-m span for a W410 × 60 steel beam with two cover plates.
(b) For the internal shear force $V$ associated with the concentrated load $P$ determined in part (a), compute the maximum spacing interval $s$ required for the bolts that attach the cover plates to the flanges.

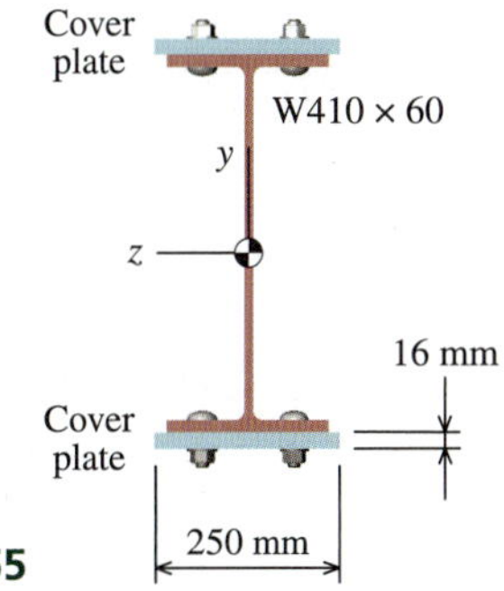


**FIGURE P9.54/55**

**P9.55** A W410 × 60 steel beam (see Appendix B) is simply supported at its ends and carries a concentrated load of $P = 420$ kN at the center of a 7-m span. The W410 × 60 shape will be strengthened by adding two 250-mm-wide by 16-mm-thick cover plates to its flanges as shown in Figure P9.54/55. Each cover plate is attached to its flange by pairs of bolts spaced at intervals of $s = 250$ mm along the beam span. The allowable average shear stress in the bolts is 96 MPa, and bending occurs about the $z$ centroidal axis. Determine the minimum required diameter for the bolts.

**P9.56** A W310 × 60 steel beam (see Appendix B) has a C250 × 45 channel bolted to the top flange as shown in Figure P9.56/57. The beam is simply supported at its ends and carries a concentrated load of 100 kN at the center of a 6-m span. Pairs of 24-mm-diameter bolts are spaced at intervals of $s$ along the beam. If the allowable average shear stress in the bolts must be limited to 125 MPa, determine the maximum spacing interval $s$ for the bolts.

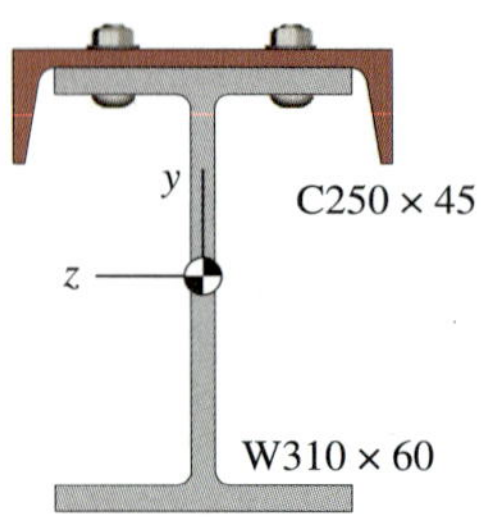


**FIGURE P9.56/57**

**P9.57** A W310 × 60 steel beam (see Appendix B) has a C250 × 45 channel bolted to the top flange as shown in Figure P9.56/57. The beam is simply supported at its ends and carries a concentrated load of 90 kN at the center of an 8-m span. If pairs of bolts are spaced at 600-mm intervals along the beam, determine:

(a) the shear force carried by each of the bolts.
(b) the bolt diameter required if the average shear stress in the bolts must be limited to 75 MPa.

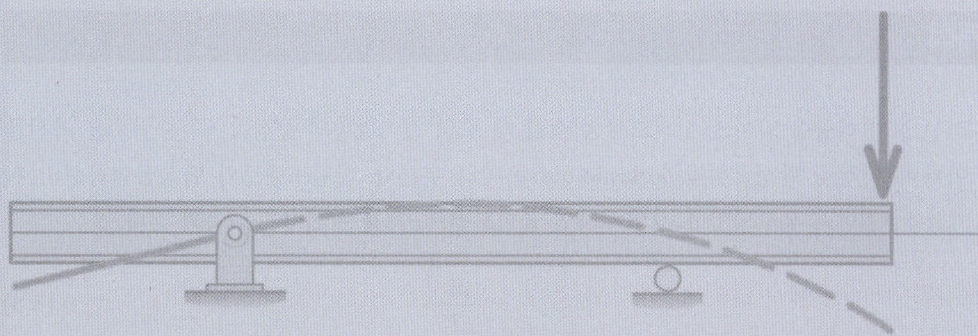

CHAPTER 10

# 보의 처짐

## 10.1 서론

8장과 9장에서 보에 작용하는 하중에 따른 법선응력 및 전단응력과의 중요한 관계가 소개되었다. 그러나 특정한 하중에 대한 보의 처짐을 결정하기 전까지는 설계가 완전한 것은 아니다. 하중들이 그 자체로 안전상의 문제를 일으키지는 않으나, 과다한 보의 처짐은 구조물의 완벽한 성능에 다른 방법으로 나쁜 영향을 미친다. 과다한 처짐은 건축물에서 벽이나 천정에 균열을 일으키거나 문짝이나 유리창이 잘 닫히지 않게 만든다. 건물 바닥이 처지거나 사람들이 걸어갈 때 진동이 느껴질 수도 있다. 많은 기계들에서 보나 굽힘을 받는 부재들은 기어나 다른 부품들이 적절히 접촉을 하기 위해 허용된 만큼만 처짐이 있어야 한다. 요약하자면 굽힘을 받는 부재를 설계하는 경우 최소 지지하중과 더불어 최대 처짐량이 지정되어야 한다.

보의 처짐은 보를 이루는 재질의 강성과 단면적에 따라 다르며 하중의 종류와 지지조건에도 영향을 받는다. 보의 처짐을 구하는 가장 일반적인 세 가지 방법을 이 장에서 소개한다. (1) 적분방법, (2) 불연속함수를 사용하는 방법, (3) 중첩법 등이 그것이다.

앞으로의 설명에서 세 가지 좌표를 사용할 것이다. 그림 10.1에 보이는 것과 같이 $x$축(오른쪽이 양의 방향)은 보의 왼편의 원점에서 시작하여 원래 직선이었던 보의 축방향을 향하는 축으로 정의된다. $x$좌표는 변형 전에 폭이 $dx$인 미소보요소의 위치를 결정하는 데 사용된다. $x$의 함수 $v$는 $x$축으로부터 위쪽이 양의 방향이다. $v$는 보의 중립면에서의 변위를 측정한 것이다. 제3의 $y$축은 보의 단면에 있는 중립면에 원점이 있는 국부좌표계이다. $y$좌표는 위쪽 방향이 양의 방향이며 보의 단면 내에서 특정한 위치를 지정하기 위해 사용된다. $x$좌표와 $y$좌표는 8장에서 굽힘응력공식의 유도에서 사용된 것과 같다.

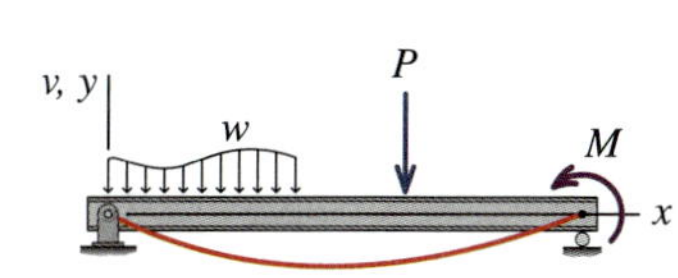

**그림 10.1** • 좌표 시스템

## 10.2 굽힘모멘트-곡률 관계식

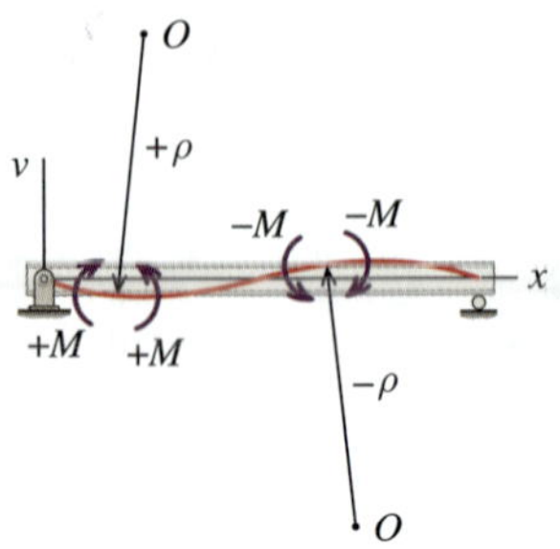


**그림 10.2** • $M$의 부호에 따른 곡률 반지름 $\rho$

직선 보가 하중을 받아 탄성적으로 변형할 때 보의 길이방향의 중심축, 즉 중립축은 곡선을 이루며, 이것을 탄성굽힘곡선(elastic curve)이라 부른다. 굽힘모멘트와 탄성굽힘곡선의 관계는 8.4절에서 유도되었고, 요약하자면 **굽힘모멘트-곡률** 관계식은 다음과 같다.

$$\kappa = \frac{1}{\rho} = \frac{M}{EI_z} \tag{8.5}$$

이 식은 보에서 중립축의 곡률반경 $\rho$와 굽힘모멘트 $M$, 재료의 탄성계수 $E$, 단면2차관성모멘트 $I_z$와의 관계식이다. $E$와 $I_z$는 항상 양의 값을 가지므로 $\rho$의 부호는 굽힘모멘트의 부호와 일치한다. 그림 10.2에서 보는 바와 같이 양의 굽힘모멘트는 양의 $v$방향인 보의 위쪽으로 곡률반경을 만든다. $M$이 음의 부호이면 $\rho$는 음의 $v$방향인 보의 아래쪽에 위치한다.

## 10.3 탄성굽힘곡선의 미분방정식

굽힘모멘트와 곡률반경의 관계식은 굽힘부재에 일정한 굽힘모멘트가 작용할 때(순수굽임일 때) 적용할 수 있다. 그러나 대부분의 보에서 굽힘모멘트는 길이방향으로 변하며, 처짐량 $v$를 좌표 $x$의 함수로 표시하기 위해서는 좀더 일반적인 표현이 필요하다.

미적분학에서 곡률 $\kappa$는 다음과 같이 정의된다.

$$\kappa = \frac{1}{\rho} = \frac{d^2v/dx^2}{[1 + (dv/dx)^2]^{3/2}}$$

전형적인 보의 경우 기울기 $dv/dx$는 매우 작아서 그것의 제곱은 1과 비교하여 무시할 만하다. 따라서 근사적으로 곡률은 다음과 같이 표시할 수 있다.

$$\kappa = \frac{1}{\rho} = \frac{d^2v}{dx^2}$$

따라서 식 (8.5)는 다음과 같다.

$$EI\frac{d^2v}{dx^2} = M(x) \tag{10.1}$$

이것이 보의 **탄성굽힘곡선의 지배방정식(goveruing equation of elastic curve)**이다. 일반적으로 굽힘모멘트 $M$은 보의 길이방향의 위치인 $x$의 함수이다.

굽힘처짐곡선의 미분방정식은 그림 10.3에서 보는 바와 같이 보의 처진 형상으로부터도 구할 수 있다. 굽힘처짐곡선 상에서 점 $A$의 처짐량 $v$가 그림 10.3$a$에 나타나 있다. 점 $A$

는 원점으로부터 $x$만큼 떨어져 있다. 두 번째 점 $B$는 원점으로부터 $x + dx$만큼 떨어져 있고 처짐량은 $v + dv$이다.

보가 굽혀지면 보를 따라 점들이 처지거나 회전한다. 그림 10.3*b*에서 점 $A$를 확대하여 나타낸 것과 같이 굽힘처짐곡선에서 회전각(angle of rotation) $\theta$는 $x$축과 처짐곡선에서 접선과의 사잇각이다. 마찬가지로 점 $B$에서의 회전각은 $\theta + d\theta$이고, $d\theta$는 두점 $A$와 $B$ 사이에서 회전각의 증가량이다.

처짐곡선의 기울기는 처짐량 $v$의 일차도함수 $dv/dx$이다. 그림 10.3*b*에서 기울기는 수직 증분량 $dv$를 두 점 $A$와 $B$ 사이의 수평 증분량 $dx$로 나눈 것으로도 정의할 수 있다. 일차도함수 $dv/dx$와 회전각 $\theta$는 다음의 관계를 갖는다.

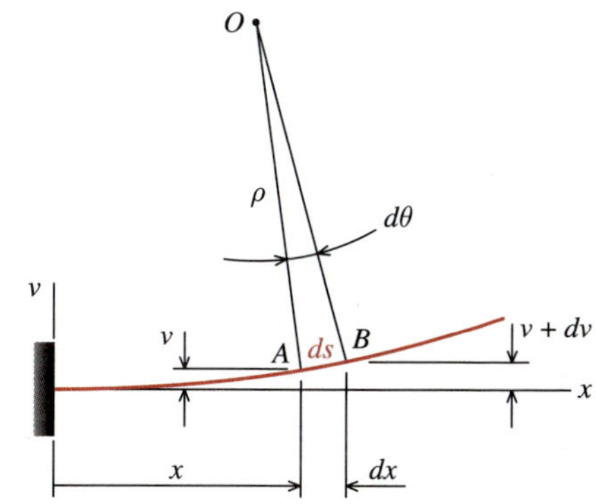


**그림 10.3*a*** • 탄성굽힘곡선

$$\frac{dv}{dx} = \tan\theta \tag{a}$$

기울기 $dv/dx$는 처짐곡선 접선의 기울기가 오른쪽으로 가면서 위쪽을 향하면 양임을 주의해야 한다.

그림 10.3*b*에서 처짐곡선상에서 두 점 $A$와 $B$ 사이의 거리를 $ds$로 표시하였다. 호의 길이는 정의에 따라 $ds = \rho\, d\theta$이다. 회전각 $\theta$가 매우 작다면(일반적으로 보의 처짐이 매우 작다), 그림 10.3*b*에서 처짐곡선상의 거리 $ds$는 $x$축 상의 거리 증분량 $dx$와 같아야 한다. 따라서 $dx = \rho\, d\theta$ 또는

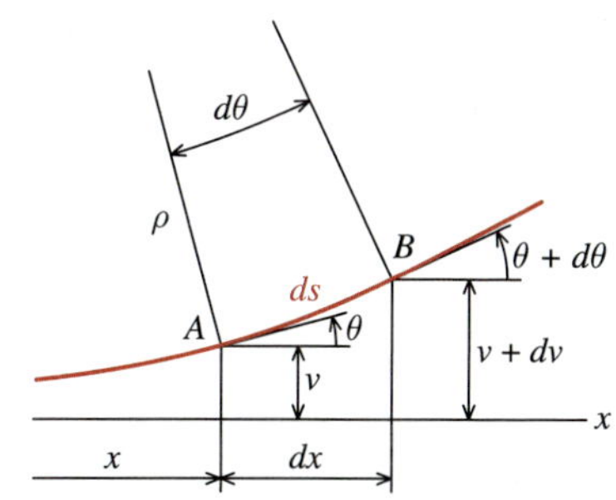


**그림 10.3*b*** • 점 $A$ 주위를 확대한 영역

$$\frac{1}{\rho} = \frac{d\theta}{dx} \tag{b}$$

작은 각도에서 $\tan\,\theta \approx \theta$이므로 식 (a)는 근사적으로 다음과 같다.

$$\frac{dv}{dx} \approx \theta \tag{c}$$

그러므로 보의 회전각 $\theta$(라디안 값)와 기울기 $dv/dx$는 보의 처짐이 작은 경우에 같다.

식 (c)를 $x$에 대하여 미분하면 다음과 같다.

$$\frac{d^2v}{dx^2} = \frac{d\theta}{dx} \tag{d}$$

식 (b)로부터 $d\theta/dx = 1/\rho$이다. 추가로 식 (8.5)는 $M$과 $\rho$의 관계식을 준다. 위의 관계식을 종합하면 다음과 같다.

$$\frac{d^2v}{dx^2} = \frac{d\theta}{dx} = \frac{1}{\rho} = \frac{M}{EI} \tag{e}$$

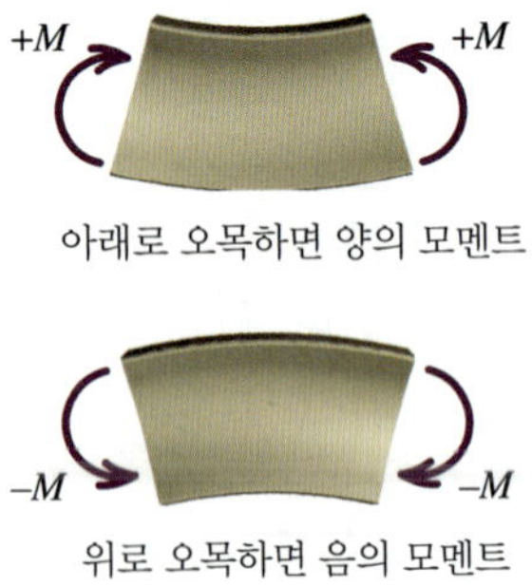


**그림 10.4** • 굽힘모멘트 부호규약

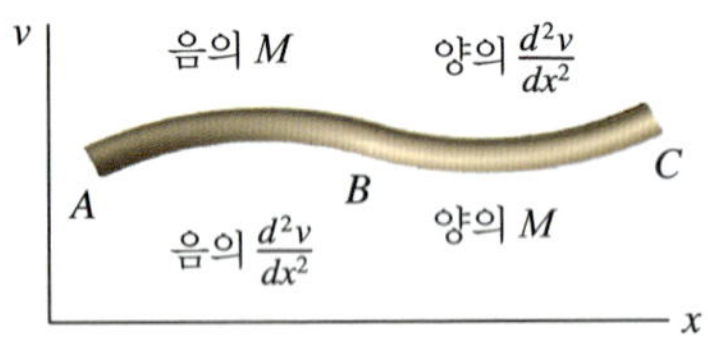

**그림 10.5** • $d^2v/dx^2$과 $M$의 부호 사이 관계

또는

$$EI\frac{d^2v}{dx^2} = M(x) \tag{10.1}$$

일반적으로 굽힘모멘트 $M$은 위치의 함수, 즉 $x$의 함수이다.

## 부호규약

굽힘모멘트의 부호규약은 이미 7.3절에서 세워 두었으며(그림 10.4 참조), 식 (10.1)에 그대로 사용한다. $E$와 $I$ 모두 양이므로 굽힘모멘트와 2차도함수의 부호는 같다. 그림 10.5의 좌표를 사용하면 보의 기울기는 $A$와 $B$ 사이에서 양에서 음으로 변화한다. 따라서 2차도함수는 음이며 이것은 7.3절의 부호규약과 잘 들어맞는다. $BC$ 구간에서는 $d^2v/dx^2$와 $M$ 모두 양이다.

## 도함수들의 관계식

식 (10.1)의 해를 구하기 전에 보에서 나타나는 여러 물리량과 탄성굽힘곡선 $v$와의 관계를 정리하여 두는 것이 좋을 것이다.

$$\text{처짐량} = v$$

$$\text{기울기} = \frac{dv}{dx} = \theta$$

$$\text{모멘트 } M = EI\frac{d^2v}{dx^2} \qquad (\text{식 10.1으로부터})$$

$$\text{전단력 } V = \frac{dM}{dx} = EI\frac{d^3v}{dx^3} \quad (EI\text{가 상수})$$

$$\text{하중밀도함수 } w = \frac{dV}{dx} = EI\frac{d^4v}{dx^4} \quad (EI\text{가 상수})$$

여기서 부호들은 7.2절과 7.3절에서 정의하였다.

7.3절에서 미분방정식을 이용하여 하중밀도함수로부터 전단력선도 $V$와 굽힘모멘트선도 $M$을 구하는 방법을 학습하였다. 이 방법은 기울기선도 $\theta$와 처짐량 선도 $v$를 구할 때 바로 적용할 수 있다. 식 (e)로부터

$$\frac{d\theta}{dx} = \frac{M}{EI} \tag{f}$$

이 식을 적분하면 다음과 같다.

$$\int_{\theta_A}^{\theta_B} d\theta = \int_{x_A}^{x_B} \frac{M}{EI}dx \qquad \therefore \theta_B - \theta_A = \int_{x_A}^{x_B} \frac{M}{EI}dx$$

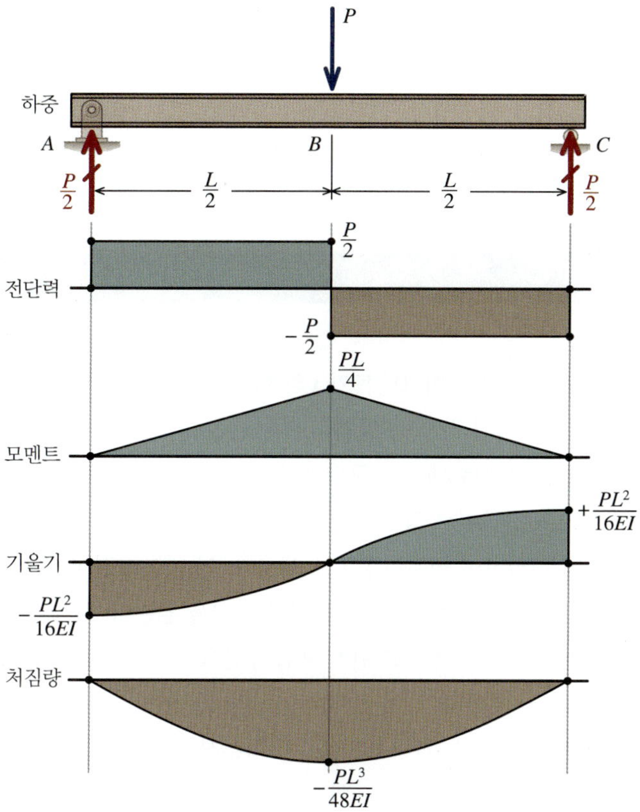


**그림 10.6** • 여러 가지 보 선도 간의 관계

이 식은 굽힘모멘트선도에서 보 위에 있는 임의의 두 점 사이의 면적($EI$로 나누어짐을 고려)은 같은 두 점 사이의 기울기의 변화량을 의미한다. 마찬가지로 기울기선도에서 보 위에 있는 두 점 사이의 면적은 같은 두 점 사이의 처짐량의 변화와 같다. 이러한 관계들이 그림 10.6에서 보인 중앙에 집중하중을 받는 단순지지보의 여러 선도들을 그릴 때 사용되었다. 보의 기하학적 처짐을 고려하여 선도를 그릴 때 시작점으로 필요한 기울기와 처짐량이 영인 곳을 구하였다. 다음 절에서는 보의 처짐량을 계산하기 위한 다른 방법을 소개한다.

## 가정의 요점정리

보의 처짐을 계산하기 위한 구체적인 과정을 수행하기 전에 탄성굽힘곡선에 관한 지배방정식을 유도하기 위하여 사용된 가정을 기억하는 것이 도움이 될 것이다. 식 (10.1)의 유도에 굽힘공식이 사용되었기 때문에 모든 제한은 굽힘공식과 처짐량을 구하는 식에도 적용된다. 추가적인 가정은 다음과 같다.

**1.** 기울기의 제곱은 1에 비하여 무시할 만큼 작다. 이 가정은 보의 처짐이 상대적으로 적어야만 한다는 것을 의미한다.

2. 보의 단면은 보의 변형에도 불구하고 평면을 유지한다. 이 가정은 전단응력에 의한 변형량은 무시할만하다는 의미이다.
3. $E$와 $I$는 보 전체에 걸쳐 일정하다. 만약 $E$나 $I$가 보를 따라 변하고 그 변화를 $x$의 함수로 표시할 수 있다면, 이 변화를 고려하여 식 (10.1)의 해를 구할 수 있다.

## 10.4 굽힘모멘트를 적분하여 구한 처짐량

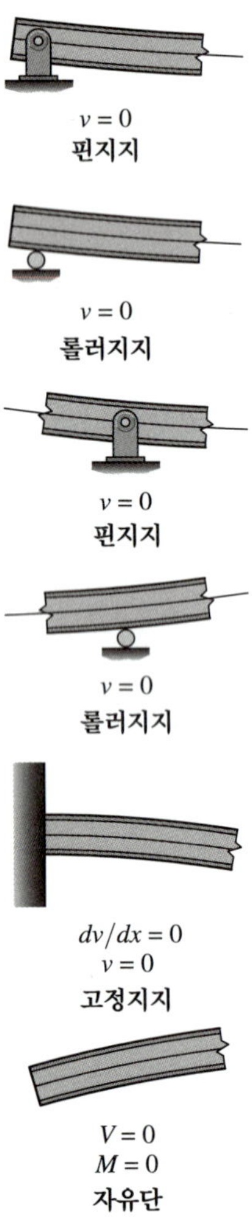

**그림 10.7** • 경계조건

앞 절에서의 가정을 만족하고 굽힘모멘트가 $x$의 함수로 표시되어 적분 가능하기만 하면, 식 (10.1)을 풀어서 보의 탄성처짐곡선, 즉 임의의 위치 $x$에서의 처짐량 $v$도 구할 수 있다. 그 과정은 평형을 고려하여 굽힘모멘트 $M(x)$를 구하는 것으로부터 시작한다. 보 전체에 적용 가능한 하나의 함수를 구하거나, 구간별로 정의된 여러 개의 함수가 필요할 수도 있다. 그 굽힘모멘트의 함수를 식 (10.1)에 대입하여 미분방정식을 세운다. 이 미분방정식을 적분하여 풀 수 있다. 식 (10.1)을 적분하면 보의 기울기 $dv/dx$를 결정하는 식을 얻는다. 다시 적분하면 탄성처짐곡선 $v$를 얻는다. 이러한 접근 방법으로 탄성처짐곡선을 구하는 것을 **이중적분법(double-integration method)**이라 부른다.

각 적분 단계에서 적분상수가 나오는데, 이 적분상수는 기울기나 처짐에서 알고 있는 기하학적 조건으로부터 구해야만 한다. $v$와 $dv/dx$의 알고 있는 조건들은 3가지로 나눌 수 있다. 경계조건, 연속조건, 대칭조건 등이 그것이다.

### 경계조건

경계조건(boundary conditions)은 보를 따라 특정한 위치에서 알고 있는 처짐량 $v$나 기울기 $dv/dx$의 값을 의미한다. 용어가 의미하는 바와 같이 경계조건은 적분 고려 대상 영역의 하한과 상한에서 주어진다. 예를 들면, 굽힘모멘트 $M(x)$가 보의 $x_1 \leq x \leq x_2$ 구간에서 유도되었다고 하면, 경계조건은 $x = x_1$과 $x = x_2$에서 찾을 수 있다.

> 경계조건은 굽힘모멘트 $M(x)$의 극한에서 알고 있는 기울기와 처짐량을 의미한다. "경계(boundary)"라는 용어는 $M(x)$의 경계(bounds)를 의미하지 꼭 보의 경계를 의미하지는 않는다. 비록 경계조건이 보의 지지점에서 나타나지만, $M(x)$ 구간 내의 지지점만을 경계조건으로 사용할 수 있다.

그림 10.7에서 여러 가지 지지조건과 그에 따른 경계조건이 나타나 있다. 핀지지나 롤러지지는 보가 수직으로 처지는 것(수평보가 위나 아래로)을 막는 단순지지이다. 결론적으로 핀지지나 롤러지지의 경우 $v = 0$이 되어야 한다. 핀지지나 롤러지지는 보의 회전을 저지할 수 없

다. 즉 단순지지에서 보의 기울기는 경계조건이 될 수 없다. 고정지지의 경우 보는 처짐과 기울기의 제한을 받는다. 따라서 $v = 0$과 $dv/dx = 0$이다.

처짐량 $v$와 기울기 $dv/dx$를 포함하는 경계조건들은 통상적으로 지지점에서 0이지만, 기술자들이 보에서 지지점의 변위에 대한 영향을 분석하고 싶은 경우가 많이 있다. 예를 들면 기초 밑에 있는 토양의 압축으로 인한 지지의 하향 변위로 나타나는 지지침하(support settlement)의 가능성이 일반적인 설계 관심사항이다. 이러한 가능성을 검토하기 위하여 0이 아닌 경계조건을 가끔 사용하기도 한다.

> 한 개의 경계조건은 오직 한 개의 적분상수만을 결정하는 데 사용할 수 있다.

## 연속조건

보에 걸리는 하중은 집중하중이나 반력과 같이 급격히 변하거나 또는 분포하중의 경우에도 세기가 갑자기 변하는 경우가 많다. 굽힘모멘트 $M(x)$도 한 지점의 좌우에서 갑자기 달라질 수 있다. 그 결과 전 영역에 유효한 굽힘모멘트를 한 개의 식(일반적인 대수함수)로 나타낼 수 없다. 그러나 이것은 각 구간에 대한 굽힘모멘트 식을 사용하여 해결할 수 있다. 비록 한 점에서 하중이 급격히 변하지만 보의 변형은 그 위치에서 연속이다. 결론적으로 두 인접한 구간의 접점에서 처짐량과 기울기는 같아야만 한다. 이것을 **연속조건(continuity condition)**이라 한다.

## 대칭조건

때때로 보의 지지와 하중이 길이방향에 대하여 대칭인 경우가 있다. 대칭이 존재하는 경우에 한 점에서의 기울기 값을 알 수 있다. 예를 들면, 균일 분포하중을 받는 단순지지보는 대칭이다. 대칭으로부터 보의 중앙에서의 기울기는 0이다. 대칭으로부터 처짐해석에서 보의 절반에 대한 탄성처짐곡선을 결정하여도 무방하다.

각각의 경계조건, 연속조건, 대칭조건(symmetry condition)들이 한 개 또는 그 이상의 적분상수를 포함하는 식을 만든다. 이중적분법의 경우, 두 개의 적분상수가 각 보의 구간에서 나온다. 따라서 이 상수들을 결정하기 위해 두 개의 조건이 필요하다.

## 이중적분법의 순서

이중적분법에 의한 처짐의 계산에는 여러 개의 단계가 있으며 다음의 순서를 확실히 따르기를 적극 권장한다.

**1. 스케치:** 지지점, 하중, $x$–$v$ 좌표계 등을 포함한 보를 그린다. 개략적인 탄성처짐곡선을 그린다. 지지점에서의 기울기와 처짐량에 각별히 주의를 기울인다.

2. **지지점 반력:** 어떤 보의 경우 보의 구간별 해석에 들어가기 전에 지지점에서의 반력을 구할 필요가 있다. 이러한 경우에 보 전체의 평형을 고려하여 반력을 결정한다. 보의 스케치에 구한 반력을 적절한 방향과 함께 표시한다.
3. **평형:** 고려 대상 구간을 선정한다. 각 구간에 대하여 원점으로부터 $x$만큼 떨어진 위치에서 자른 자유물체도(FBD)를 그린다. 자유물체도 상에 모든 하중을 표시한다. 만약 분포하중이 작용하면, 자유물체도 안에 작용하는 분포하중이 들어 있어야 한다. 잘려진 단면에 작용하는 굽힘모멘트를 포함하고 $M$은 항상 양의 방향으로 작용하도록 한다(그림 10.5 참조). 그래야만 굽힘모멘트 식이 옳바른 부호를 갖는다. 자유물체도로부터 굽힘모멘트들을 구하고 적용 가능한 구간을 표시한다(즉, $x_1 \le x \le x_2$).
4. **적분:** 각 구간에 대하여 굽힘모멘트와 $EI\,d^2v/dx^2$을 등식으로 놓는다. 이 식을 두 번 적분하여 두 개의 적분상수가 포함된 기울기에 관한 식 $dv/dx$와 처짐에 관한 식 $v$를 유도한다.
5. **경계조건과 연속조건:** 굽힘모멘트에 적용 가능한 경계조건을 열거한다. 만약 보가 두 개 이상의 구간을 포함하면 연속조건도 열거한다. 두 개의 상수를 구하기 위해서는 각 구간에서 두 개의 기하학적 조건이 필요하다는 것을 유의해야 한다.
6. **상수 결정:** 모든 적분상수를 구하기 위해 경계조건과 연속조건을 적용한다.
7. **탄성굽힘곡선과 기울기 식:** 4단계에서 나타난 적분상수를 6단계에서 구한 값으로 대치한다. 결과 식에서 차원의 동일성을 확인한다.
8. **특정한 점에서의 처짐량과 기울기:** 필요하면 특정한 점에서의 처짐을 계산한다.

다음 예제들이 이중적분을 이용하여 보의 처짐을 계산하는 방법을 보여준다.

## 예제 10.1 EXAMPLE

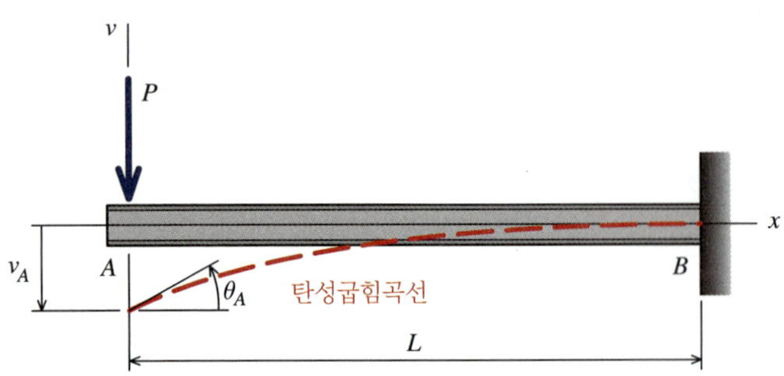


그림의 외팔보가 자유단에서 집중하중 $P$를 받고 있다. 탄성굽힘곡선을 구하고 점 $A$에서의 처짐과 기울기를 구하라. $EI$는 보에서 일정하다.

### 풀이 계획

외팔보 자유단으로부터 $x$만큼 떨어진 위치에서 보를 자르고 자유물체도를 그린다. 모멘트의 평형조건을 적용한다. 그리고 이것으로부터 $x$에 따라 변하는 굽힘모멘트 $M$을 구한다. $M$을 식 (10.1)에 대입하고 두 번 적분한다. 고정단에서 알고 있는 경계을 사용하여 적분상수들을 구한다.

**풀이**

**평형**

원점으로부터 임의의 거리 $x$만큼 떨어진 곳을 자르고 자유물체도를 그린다. 굽힘모멘트 $M$의 방향이 양의 방향이 되도록 주의를 기울인다. 단면 $a$–$a$에서 모멘트의 평형조건은 다음과 같다.

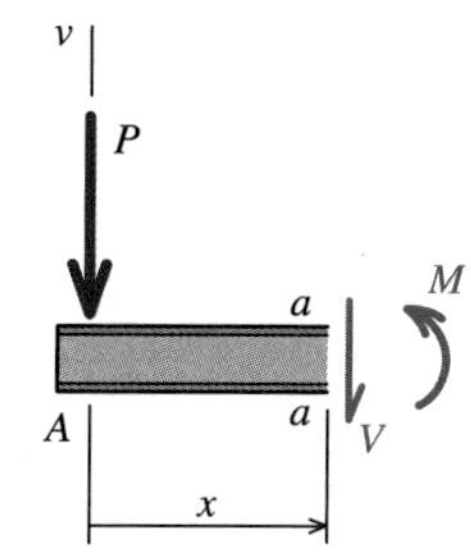


$$\Sigma M_{a-a} = Px + M = 0$$

따라서 보의 굽힘모멘트는 다음과 같다

$$\boxed{M = -Px} \tag{a}$$

굽힘모멘트 식 (a)는 이 특정한 보에서 모든 $x$에 대하여 유효하다. 다시 말하면, 식 (a)는 구간 $0 \le x \le L$에서 유효하다. 이 식을 식 (10.1)에 대입하면 다음과 같다.

$$\boxed{EI\frac{d^2v}{dx^2} = -Px} \tag{b}$$

**적분**

식 (b)를 2번 적분한다. 첫 번째 적분은 보의 기울기 $dv/dx$에 관한 일반식을 준다.

$$\boxed{EI\frac{dv}{dx} = -\frac{Px^2}{2} + C_1} \tag{c}$$

여기서 $C_1$은 적분상수이다. 두 번째 적분은 탄성처짐곡선에 대한 일반식을 준다.

$$\boxed{EIv = -\frac{Px^3}{6} + C_1x + C_2} \tag{d}$$

여기서 $C_2$는 두 번째 적분상수이다. 적분상수 $C_1$과 $C_2$는 기울기와 처짐곡선을 완성하기 전에 구해야만 한다.

**경계조건**

경계조건은 보의 처짐량 $v$나 기울기 $dv/dx$를 알고 있는 특정한 위치에서 부과된다. 이 예제의 경우 식 (a)의 굽힘모멘트 $M$은 구간 $0 \le x \le L$에서 유효하다. 따라서 경계조건은 $x = 0$과 $x = L$에서 부과될 수 있다.

구간 $0 \le x \le L$에서의 보와 하중을 검토해 본다. $x = 0$에서 보는 지지가 없다. 보는 이 점에서 아래로 처질 것이며 처짐에 따라 보의 기울기는 더 이상 영이 아니다. 결론적으로 처짐량 $v$나 기울기 $dv/dx$는 $x = 0$에서 알 수가 없다. $x = L$에서는 고정되어 지지되어 있다. 점 $B$의 고정단이 처짐과 회전을 막고 있다. 따라서 $x = L$에서 두 개의 정보를 알 수 있다. 즉 $x = L$에서 $v = 0$이고 $dv/dx = 0$이다. 이 두 개의 경계조건이 적분상수 $C_1$과 $C_2$를 구하는 데 사용된다.

**적분상수의 결정**

$x = L$에서 $dv/dx = 0$의 경계조건을 식 (c)에 대입하여 적분상수 $C_1$을 구한다.

$$EI\frac{dv}{dx} = -\frac{Px^2}{2} + C_1 \quad\Rightarrow\quad EI(0) = -\frac{P(L)^2}{2} + C_1 \qquad \therefore C_1 = \frac{PL^2}{2}$$

다음으로 $C_1$ 값과 $x = L$에서 $v = 0$의 경계조건을 식 (d)에 대입하여 두 번째 적분상수 $C_2$를 구한다.

$$EIv = -\frac{Px^3}{6} + C_1x + C_2 \quad\Rightarrow\quad EI(0) = -\frac{P(L)^3}{6} + \frac{PL^2}{2}(L) + C_2 \qquad \therefore C_2 = -\frac{PL^3}{3}$$

**탄성굽힘곡선식**

앞에서 구한 $C_1$과 $C_2$를 식 (d)에 대입하여 탄성굽힘곡선식을 완성한다.

$$EIv = -\frac{Px^3}{6} + \frac{PL^2}{2}x - \frac{PL^3}{3} \qquad \text{또는} \qquad v = \frac{P}{6EI}[-x^3 + 3L^2x - 2L^3] \tag{e}$$

마찬가지로, 앞에서 구한 $C_1$과 식 (c)로부터 보의 기울기곡선식을 완성할 수 있다.

$$EI\frac{dv}{dx} = -\frac{Px^2}{2} + \frac{PL^2}{2} \qquad \text{또는} \qquad \frac{dv}{dx} = \frac{P}{2EI}[L^2 - x^2] \tag{f}$$

**점 $A$에서의 처짐량과 기울기**

점 $A$에서의 처짐량과 기울기는 식 (e)와 식 (f)에서 $x = 0$을 대입하여 얻는다.

$$v_A = -\frac{PL^3}{3EI}, \qquad \left(\frac{dv}{dx}\right)_A = \frac{PL^2}{2EI}$$ **Ans.**

## MecMovies Example M10.2

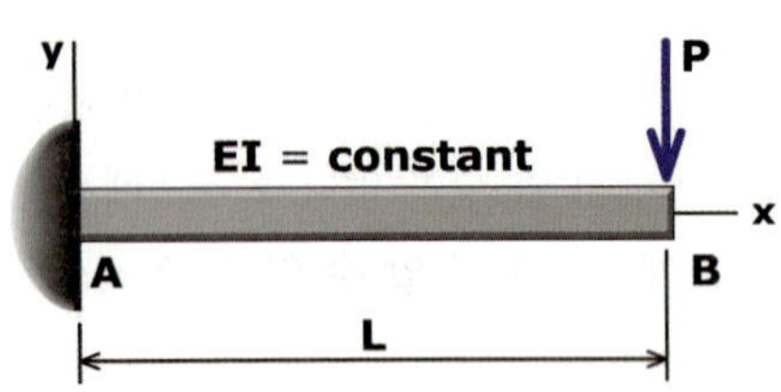


그림의 보에 대한 탄성처짐곡선을 유도하고, 점 $B$에서의 기울기와 처짐량을 구하라. 이중적분법을 사용하라.

## 예제 10.2 EXAMPLE

그림과 같이 단순지지보가 선형분포하중을 받고 있다. 탄성굽힘곡선을 구하라. 보의 중앙 $B$에서의 처짐량과 지지점 $A$에서의 기울기를 구하라. $EI$는 보에서 일정하다.

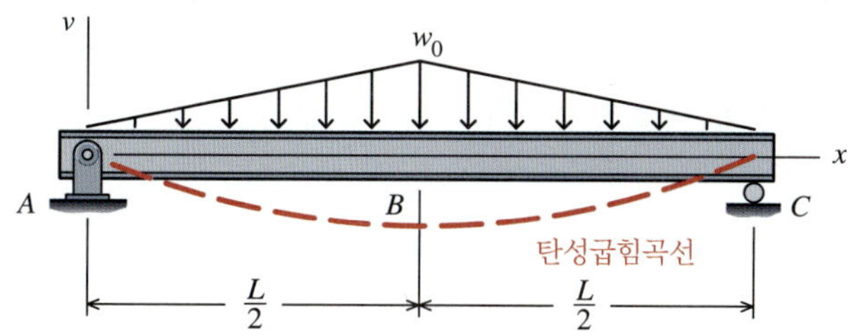


### 풀이 계획

일반적으로 전체 보에 대한 $M$을 정의하기 위해 두 개의 모멘트 식이 필요하다. 그러나 이 경우 보와 하중이 대칭이다. 대칭으로부터 $0 \le x \le L/2$ 구간만 탄성처짐곡선을 구할 필요가 있다. 이 구간에서의 경계조건은 핀지지점 $A$와 보의 중앙 $B$에서 구할 수 있다.

### 풀이

**반력**

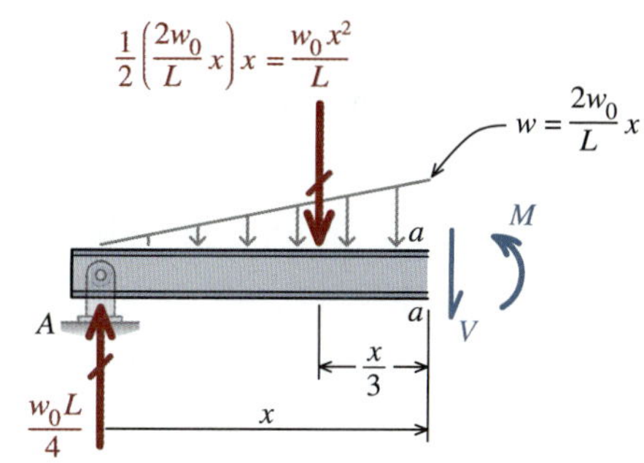


보가 대칭이고 대칭적으로 하중을 받고 있으므로 점 $A$와 점 $B$에서의 반력은 같다.

$$A_y = C_y = \frac{w_0L}{4}$$

$x$방향으로 하중이 없으므로 $A_x = 0$이다.

**평형**

원점으로부터 임의의 거리 $x$만큼($0\le x\le y_2$) 떨어진 곳을 자르고 자유물체도를 그린다. 이때, 굽힘모멘트 $M$의 방향이 양의 방향이 되도록 주의를 기울인다. 단면 $a$–$a$에서 모멘트의 평형조건은 다음과 같다.

$$\Sigma M_{a-a} = \frac{1}{2}\left(\frac{2w_0x}{L}\right)x\left(\frac{x}{3}\right) - \left(\frac{w_0L}{4}\right)x + M = 0$$

따라서 보에 대한 굽힘모멘트는 다음과 같다.

$$M = \frac{w_0Lx}{4} - \frac{w_0x^3}{3L} \quad (0 \le x \le L/2\text{에서 유효}) \tag{a}$$

$M$의 식을 식 (10.1)에 대입하면 다음 식을 얻는다.

$$EI\frac{d^2v}{dx^2} = \frac{w_0Lx}{4} - \frac{w_0x^3}{3L} \tag{b}$$

**적분**

탄성처짐곡선을 얻기 위해 식 (b)를 두 번 적분한다. 첫 번째 적분결과는 다음과 같다.

$$EI\frac{dv}{dx} = \frac{w_0 Lx^2}{8} - \frac{w_0 x^4}{12L} + C_1 \tag{c}$$

여기서 $C_1$은 적분상수이다. 다시 적분하면,

$$EIv = \frac{w_0 Lx^3}{24} - \frac{w_0 x^5}{60L} + C_1 x + C_2 \tag{d}$$

여기서 $C_2$는 두 번째 적분상수이다.

**경계조건**

굽힘모멘트 식 (a)는 구간 $0 \le x \le L/2$에서만 유효하다. 따라서 경계조건은 같은 구간에서 찾아야 한다. $x = 0$에서 보가 롤러지지를 받고 있다. 즉 $x = 0$에서 $v = 0$이다.

이러한 종류의 문제에서 흔히 저지르는 실수는 $C$에서의 핀지지를 두 번째 경계조건으로 사용하는데 있다. $C$에서의 처짐이 0인 것은 사실이지만, $x = L$에서의 경계조건으로 $v = 0$을 사용할 수 없다. 왜냐하면, 경계조건을 굽힘모멘트의 식이 적용된 구간 내에서만 찾아야만 하기 때문이다. 즉, $0 \le x \le L/2$ 구간 내에서 경계조건을 찾아야 한다.

적분상수를 구하기 위한 두 번째 경계조건은 대칭으로부터 찾을 수 있다. 보가 대칭적으로 하중과 지지를 받고 있다. 그러므로 $x = L/2$에서 보의 기울기가 $dv/dx = 0$이 되어야만 한다.

**적분상수의 결정**

$x = 0$에서 $v = 0$의 경계조건을 식 (d)에 대입하면, $C_2 = 0$이다.

다음으로 $C_2$ 값과 $x = L/2$에서의 경계조건 $dv/dx = 0$을 식 (c)에 대입하고 적분상수 $C_1$을 구하면 다음과 같다.

$$EI\frac{dv}{dx} = \frac{w_0 Lx^2}{8} - \frac{w_0 x^4}{12L} + C_1 \quad \Rightarrow \quad EI(0) = \frac{w_0 L(L/2)^2}{8} - \frac{w_0 (L/2)^4}{12L} + C_1$$

$$\therefore C_1 = -\frac{5w_0 L^3}{192}$$

**탄성굽힘곡선**

탄성굽힘곡선을 완성하기 위하여 $C_1$과 $C_2$를 식 (d)에 대입한다.

$$EIv = \frac{w_0 Lx^3}{24} - \frac{w_0 x^5}{60L} - \frac{5w_0 L^3}{192}x \quad \text{또는} \quad v = \frac{w_0 x}{960EI}\left[40Lx^2 - \frac{16x^4}{L} - 25L^3\right] \tag{e}$$

마찬가지로 $C_1$과 식 (c)로부터 보의 기울기곡선식을 완성할 수 있다.

$$EI\frac{dv}{dx} = \frac{w_0 Lx^2}{8} - \frac{w_0 x^4}{12L} - \frac{5w_0 L^3}{192} \quad \text{또는} \quad \frac{dv}{dx} = \frac{w_0 x}{192EI}\left[24Lx^2 - \frac{16x^4}{L} - 5L^3\right] \tag{f}$$

**보의 중앙에서 처짐량**

점 $B$에서의 처짐량은 $x = L/2$을 식 (e)에 대입하여 구한다.

$$EIv_B = \frac{w_0 L(L/2)^3}{24} - \frac{w_0 (L/2)^5}{60L} - \frac{5w_0 L^3}{192}(L/2)$$

$$\therefore v_B = -\frac{16 w_0 L^4}{1{,}920EI} = -\frac{w_0 L^4}{120EI}$$ **Ans.**

**$A$에서의 기울기**

$A$에서의 기울기는 식 (f)에 $x = 0$을 대입하여 구한다.

$$EI\left(\frac{dv}{dx}\right)_A = \frac{w_0 L(0)^2}{8} - \frac{w_0 (0)^4}{12L} - \frac{5w_0 L^3}{192} \qquad \therefore \left(\frac{dv}{dx}\right)_A = -\frac{5w_0 L^3}{192}$$ **Ans.**

## 예제 10.3 EXAMPLE

외팔보가 그림과 같이 균일분포하중 $w$를 받고 있다. 탄성굽힘곡선과 외팔보 끝 자유단에서 처짐량 $v_B$와 $\theta_B$를 결정하라. $EI$는 보에서 일정하다.

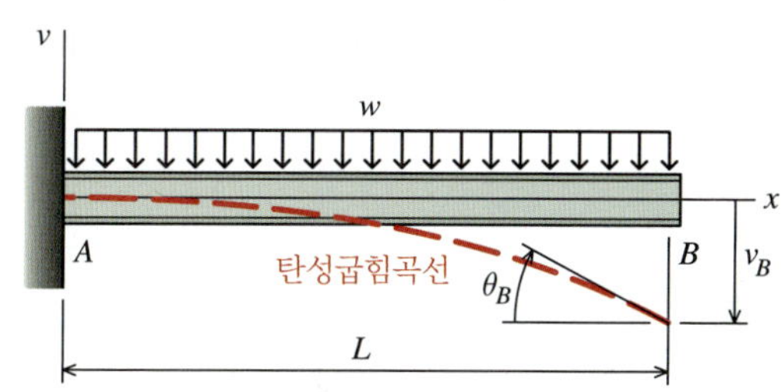


**풀이 계획**

이 예제에서 외팔보 끝단에서의 자유물체도를 고려하하는 것이 보다 편리하다.

**풀이**

**평형**

탄성굽힘곡선을 구하기 전에 굽힘모멘트를 구해야 한다. 보통 이 과정은 보의 왼쪽 부분의 자유물체도를 그리면서 시작한다. 그 그림이 오른쪽에 있다. 이 자유물체도를 완성하기 위해 수직반력 $A_y$와 반력 모멘트 $M_A$를 결정해야 한다. 그러나 보의 오른쪽 부분의 자유물체도를 고려하는 것이 아마도 더 간단하다. 그 이유는 자유물체도에 고정지지점 $A$의 반력이 포함되지 않기 때문이다.

외팔보 오른쪽 부분의 자유물체도가 그림에 나타나 있다. 이 단계에서 저지르는 공통적인 실수는 단면 $a$–$a$와 $B$ 사이의 길이를 $x$로 놓는 것이다. $x$–$v$ 좌표계의 원점은 지지점 $A$에 있고 양의 $x$는 오른쪽으로 향한다. 정의된 좌표와 일관성을 갖기 위해서는 보 구간의 길이는 $L - x$이어야 한다.

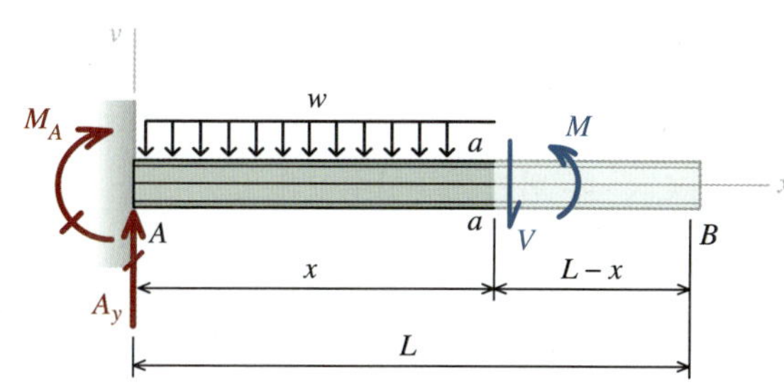


외팔보 왼쪽 부분의 자유물체도

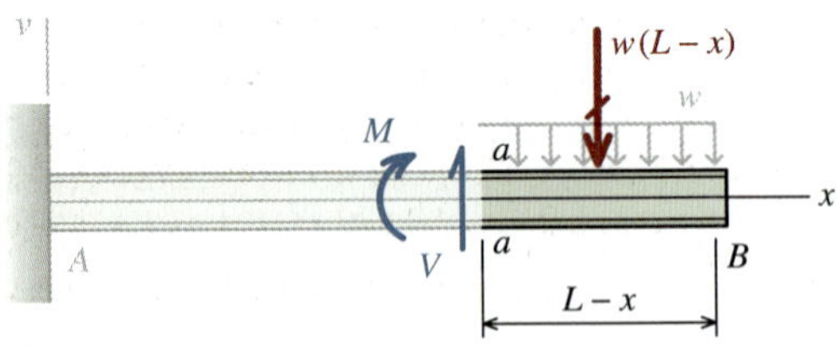


외팔보 오른쪽 부분의 자유물체도

단면 $a$–$a$에서 보를 자르고 단면 $a$–$a$와 보 자유단 $B$ 사이의 보와 하중을 고려한다. 보의 단면 $a$–$a$에서 시계방향으로 작용하는 모멘트 $M$에 유의해야 한다. 보의 요소에서 왼쪽 면에 작용하는 굽힘모멘트는 시계방향이 양의 방향이다. 그리고 이 방향은 그림 10.5에 설명한 부호규약과 일관성을 갖고 있다.

$a$–$a$에서 모멘트의 평형조건은 다음과 같다.

$$\Sigma M_{a-a} = -w(L-x)\left(\frac{L-x}{2}\right) - M = 0$$

따라서 굽힘모멘트는 다음과 같다.

$$M = -\frac{w}{2}(L-x)^2 \tag{a}$$

이 식은 구간 $0 \leq x \leq L$에서 유효하다. $M$에 관한 식을 식 (10.1)에 대입하면 다음을 얻는다.

$$EI\frac{d^2v}{dx^2} = -\frac{w}{2}(L-x)^2 \tag{b}$$

**적분**

식 (b)의 첫 번째 적분은 다음과 같다.

$$EI\frac{dv}{dx} = +\frac{w}{6}(L-x)^3 + C_1 \tag{c}$$

여기서 $C_1$은 적분상수이다. 첫 번째 항에서 부호 변화가 있음을 유의해야 한다. 다시 적분하면,

$$EIv = -\frac{w}{24}(L-x)^4 + C_1x + C_2 \tag{d}$$

여기서 $C_2$는 두 번째 적분상수이다.

**경계조건**

외팔보의 경계조건은 $x = 0$에서 $v = 0$이고, $x = 0$에서 $dv/dx = 0$이다.

**적분상수의 결정**

적분상수 $C_1$을 결정하기 위하여 식 (c)에 $x = 0$에서 $dv/dx = 0$인 경계조건을 대입한다.

$$EI\frac{dv}{dx} = \frac{w}{6}(L-x)^3 + C_1 \quad \Rightarrow \quad EI(0) = \frac{w}{6}(L-0)^3 + C_1 \qquad \therefore C_1 = -\frac{wL^3}{6}$$

다음으로 적분상수 $C_1$과 $x = 0$에서 $v = 0$인 경계조건을 식 (d)에 대입하여 두 번째 적분상수 $C_2$를 구한다.

$$EIv = -\frac{w}{24}(L-x)^4 + C_1x + C_2 \quad \Rightarrow \quad EI(0) = -\frac{w}{24}(L-0)^4 - \frac{wL^3}{6}(0) + C_2$$

$$\therefore C_2 = \frac{wL^4}{24}$$

**탄성굽힘곡선식**

앞에서 구한 $C_1$과 $C_2$를 식 (d)에 대입하여 탄성굽힘식을 완성한다.

$$EIv = -\frac{w}{24}(L-x)^4 - \frac{wL^3}{6}x + \frac{wL^4}{24} \quad \text{또는} \quad v = -\frac{wx^2}{24EI}(6L^2 - 4Lx + x^2) \tag{e}$$

마찬가지로 식 (c)와 $C_1$을 이용하여 보의 기울기식을 완성한다.

$$EI\frac{dv}{dx} = \frac{w}{6}(L-x)^3 - \frac{wL^3}{6} \quad \text{또는} \quad \frac{dv}{dx} = -\frac{wx}{6EI}(3L^2 - 3Lx + x^2) \tag{f}$$

***B*에서 보의 처짐**

보의 끝단은 $x = L$이다. 이 값을 식 (e)에 대입하여 다음을 얻는다.

$$EIv_B = -\frac{w}{24}[L-(L)]^4 - \frac{wL^3}{6}(L) + \frac{wL^4}{24} \quad \therefore v_B = -\frac{wL^4}{8EI}$$ **Ans.**

***B*에서 보의 회전각**

보의 처짐이 작다면 회전각 $\theta$는 기울기 $dv/dx$와 같다. 식 (f)에 $x = L$을 대입하면 다음을 얻는다.

$$EI\left(\frac{dv}{dx}\right)_B = \frac{w}{6}[L-(L)]^3 - \frac{wL^3}{6} \quad \therefore \left(\frac{dv}{dx}\right)_B = -\frac{wL^3}{6EI} = \theta_B$$ **Ans.**

## 예제 10.4 EXAMPLE

그림의 단순지지보가 왼쪽과 오른쪽 지지점으로부터 각각 $a$와 $b$ 만큼 떨어진 곳에 집중하중 $P$를 받고 있다. 탄성굽힘곡선을 구하라. 또 지지점 $A$와 $B$에서 보의 기울기를 구하라. $EI$는 보에서 일정하다.

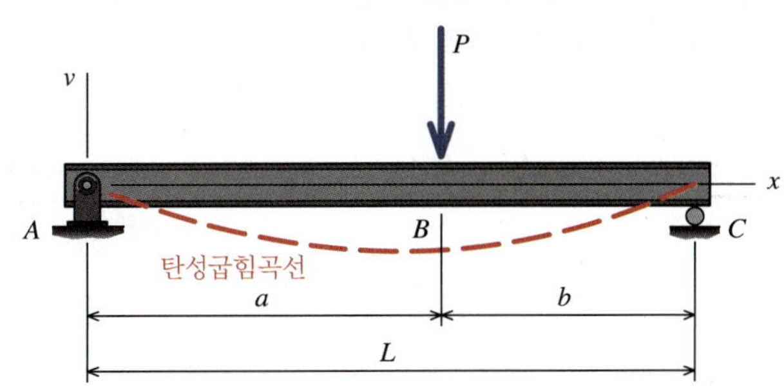


**풀이 계획**

두 개의 탄성굽힘공식이 필요할 것이다. 한 곡선은 구간 $0 \le x \le a$에 적용되고, 다른 하나의 곡선은 구간 $a \le x \le L$에 적용한다. 두 식을 이중적분하면 4개의 적분상수가 만들어질 것이다. 두 개의 상수는 보의 지지점에서 구할 수 있다. 즉 $x = 0$과 $x = L$에서 $v = 0$임을 알고 있다. 나머지 두 개의 상수는 연속조건에서 구한다. 두 개의 탄성굽힘곡선이 만나는 $x = a$에서 보가 연속이므로 두 곡선은 이곳에서 같은 처짐량과 기울기를 갖는다.

**풀이**

**반력**

전체 보의 평형에서 핀지지 $A$와 롤러지지 $C$의 반력은 다음과 같다.

$$A_x = 0, \quad A_y = \frac{Pb}{L}, \quad C_y = \frac{Pa}{L}$$

**평형**

이 예제에서 굽힘모멘트는 두 개의 식으로 표시가 된다. 아래에 보이는 자유물체도에 기초한 굽힘모멘트는 다음과 같다.

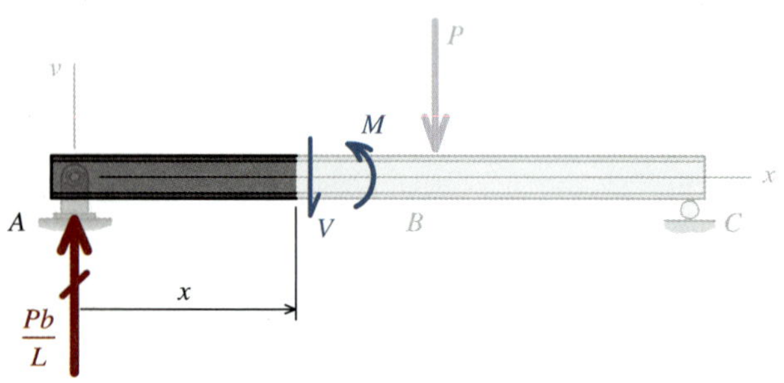


$$M = \frac{Pbx}{L} \qquad (0 \le x \le a) \tag{a}$$

$$M = \frac{Pbx}{L} - P(x-a) \qquad (a \le x \le L) \tag{b}$$

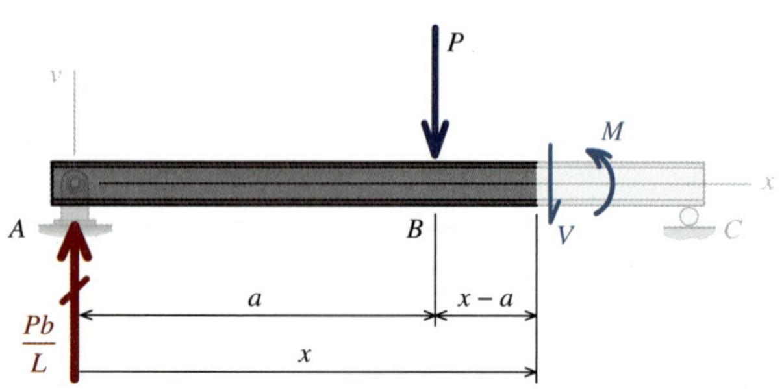


**구간 $0 \le x \le a$에서의 적분**

식 (a)를 식 (10.1)에 대입하여 다음 식을 얻는다.

$$EI\frac{d^2v}{dx^2} = \frac{Pbx}{L} \tag{c}$$

식 (c)를 두 번 적분하면

$$EI\frac{dv}{dx} = \frac{Pbx^2}{2L} + C_1 \tag{d}$$

$$EIv = \frac{Pbx^3}{6L} + C_1x + C_2 \tag{e}$$

**구간 $a \le x \le L$에서의 적분**

식 (b)를 식 (10.1)에 대입하여 다음 식을 얻는다.

$$EI\frac{d^2v}{dx^2} = \frac{Pbx}{L} - P(x-a) \tag{f}$$

**적분**

식 (f)를 2번 적분하면

$$EI\frac{dv}{dx} = \frac{Pbx^2}{2L} - \frac{P}{2}(x-a)^2 + C_3 \tag{g}$$

$$EIv = \frac{Pbx^3}{6L} - \frac{P}{6}(x-a)^3 + C_3x + C_4 \tag{h}$$

식 (d), (e), (g), (h)에 4개의 적분상수가 포함되어 있다. 따라서 이 상수를 구하기 위해서는 4개의 경계조건과 연속조건이 필요하다.

**연속조건**

보는 하나의 연속 부재이다. 결론적으로 두 개의 식들은 $x = a$에서 같은 기울기와 처짐량을 가져야 한다. 기울기식 (d)와 (g)를 고려하면, $x = a$에서 이 두식들은 같은 기울기를 가져야 한다. 따라서 변수 $x$에 $a$를 대입하고 등식으로 놓는다.

$$\frac{Pb(a)^2}{2L} + C_1 = \frac{Pb(a)^2}{2L} - \frac{P}{2}[(a)-a]^2 + C_3 \qquad \therefore C_1 = C_3 \tag{i}$$

같은 방법으로 처짐식 (e)와 (h)도 $x = a$에서 같은 처짐을 가져야 한다. $x = a$를 두 식에 대입하고 등식으로 놓으면

$$\frac{Pb(a)^3}{6L} + C_1(a) + C_2 = \frac{Pb(a)^3}{6L} - \frac{P}{6}[(a)-a]^3 + C_3(a) + C_4 \qquad \therefore C_2 = C_4 \tag{j}$$

**경계조건**

$x = 0$에서 보는 핀으로 지지되고 있다. 즉 $x = 0$에서 $v = 0$이다. 이 경계조건을 식 (e)에 대입하면 다음을 얻는다.

$$EIv = \frac{Pbx^3}{6L} + C_1x + C_2 \quad \Rightarrow \quad EI(0) = \frac{Pb(0)^3}{6L} + C_1(0) + C_2 \qquad \therefore C_2 = 0$$

$C_2 = C_4$이므로 식 (j)로부터

$$C_2 = C_4 = 0 \tag{k}$$

$x = L$에서 보는 롤러지지를 받고 있다. 즉 $x = L$에서 $v = 0$이다. 이 경계조건을 식 (h)에 대입하면

$$EIv = \frac{Pbx^3}{6L} - \frac{P}{6}(x-a)^3 + C_3x + C_4 \quad \Rightarrow \quad EI(0) = \frac{Pb(L)^3}{6L} - \frac{P}{6}(L-a)^3 + C_3(L) + C_4$$

여기서 $(L - a) = b$임을 유의하면 위 식은 다음과 같이 간단히 할 수 있다.

$$EI(0) = \frac{PbL^2}{6} - \frac{Pb^3}{6} + C_3L \qquad \therefore C_3 = -\frac{PbL^2}{6L} + \frac{Pb^3}{6L} = -\frac{Pb(L^2-b^2)}{6L}$$

$C_1 = C_3$이므로

$$C_1 = C_3 = -\frac{Pb(L^2-b^2)}{6L} \tag{l}$$

**탄성굽힘곡선**

앞에서 구한 적분상수를 대입하면, 즉 식 (k)와 식 (l)을 식 (e)와 (h)에 대입하여 탄성굽힘곡선식을 완성한다.

$$EIv = \frac{Pbx^3}{6L} - \frac{Pb(L^2 - b^2)}{6L}x \quad \text{또는}$$
$$v = -\frac{Pbx}{6LEI}[L^2 - b^2 - x^2] \quad (0 \le x \le a) \tag{m}$$

그리고

$$EIv = \frac{Pbx^3}{6L} - \frac{P}{6}(x-a)^3 - \frac{Pb(L^2 - b^2)}{6L}x \quad \text{또는}$$
$$v = -\frac{Pbx}{6LEI}[L^2 - b^2 - x^2] - \frac{P(x-a)^3}{6EI} \quad (a \le x \le L) \tag{n}$$

두 부분의 기울기 식은 $C_1$과 $C_3$를 식 (d)와 (g)에 각각 대입하여 얻는다.

$$EI\frac{dv}{dx} = \frac{Pbx^2}{2L} - \frac{Pb(L^2 - b^2)}{6L}$$
$$\therefore \frac{dv}{dx} = -\frac{Pb}{6LEI}(L^2 - b^2 - 3x^2) \quad (0 \le x \le a) \tag{o}$$

그리고

$$EI\frac{dv}{dx} = \frac{Pbx^2}{2L} - \frac{P}{2}(x-a)^2 - \frac{Pb(L^2 - b^2)}{6L}$$
$$\therefore \frac{dv}{dx} = -\frac{Pb}{6LEI}(L^2 - b^2 - 3x^2) - \frac{P(x-a)^2}{2EI} \quad (a \le x \le L) \tag{p}$$

어느 위치에서의 처짐량 $v$와 기울기 $dv/dx$도 식 (m), (n), (o), (p)로부터 계산할 수 있다.

**지지점에서 보의 기울기**

각 지지점에서 보의 기울기는 식 (o)와 (p)로부터 구할 수 있다. 핀지지점 $A$에서 보의 기울기는 식 (o)에 $x = 0$을 대입하여 구한다. 그리고 $a = L - b$를 이용하면 다음과 같다.

$$\left(\frac{dv}{dx}\right)_A = -\frac{Pb}{6LEI}(L^2 - b^2) = -\frac{Pb}{6LEI}(L-b)(L+b) = -\frac{Pab(L+b)}{6LEI} \quad \textbf{Ans.}$$

롤러지지점 $C$에서 보의 기울기는 $x = L$을 식 (p)에 대입하여 구한다.

$$\left(\frac{dv}{dx}\right)_C = -\frac{Pb}{6LEI}(L^2 - b^2 - 3L^2) - \frac{P(L-a)^2}{2EI}$$
$$= \frac{Pb(2L^2 - 3bL + b^2)}{6LEI} = \frac{Pab(L+a)}{6LEI} \quad \textbf{Ans.}$$

## MecMovies EXERCISES

**M10.1 보 경계조건 게임.** 이중적분 방법에서 적분상수를 구하기 위해 필요한 알맞은 경계조건을 결정하라.

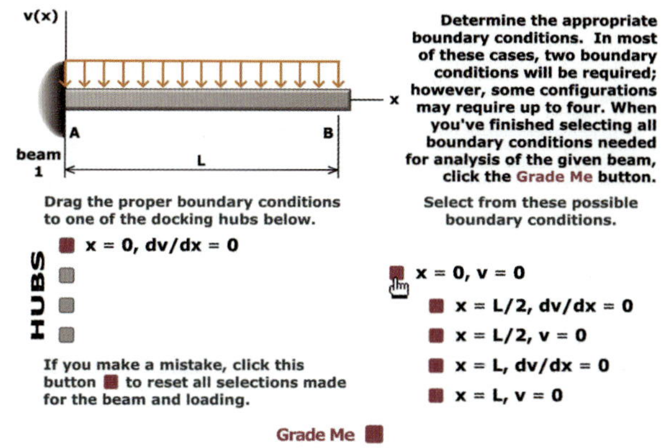


그림 M10.1

## PROBLEMS

**P10.1–P10.3** For the loading shown in Figure P10.1–P10.3, use the double-integration method to determine:

(a) the equation of the elastic curve for the cantilever beam,
(b) the deflection at the free end, and
(c) the slope at the free end.

Assume that $EI$ is constant for each beam.

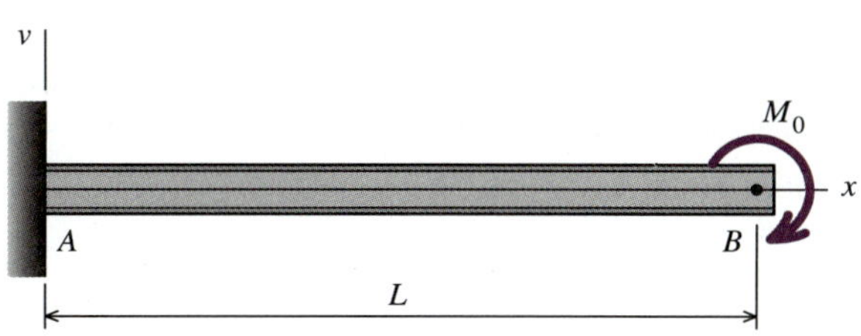


**FIGURE P10.1**

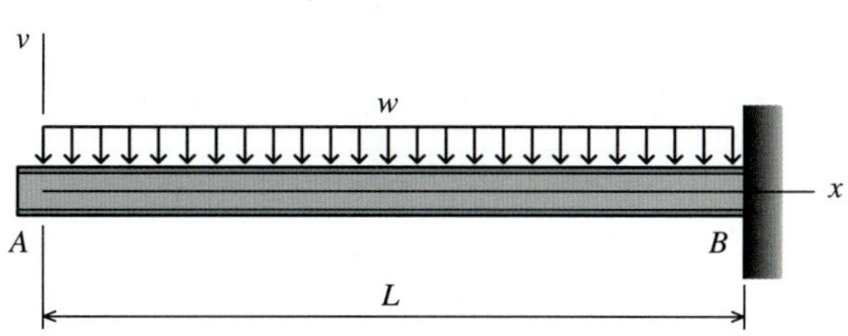


**FIGURE P10.2**

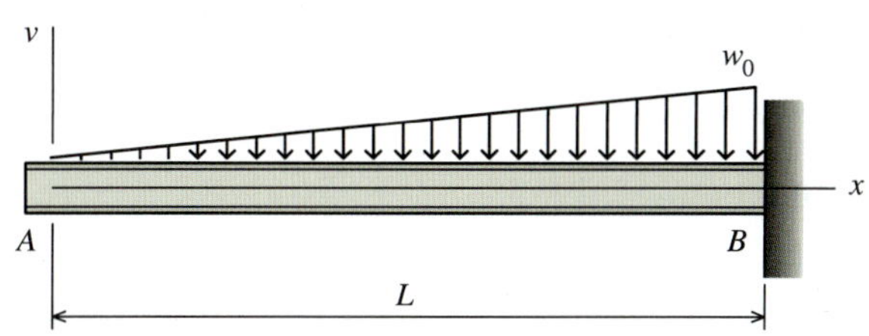


**FIGURE P10.3**

**P10.4** For the beam and loading shown in Figure P10.4, use the double-integration method to determine:

(a) the equation of the elastic curve for segment $AB$ of the beam,
(b) the deflection at $B$, and
(c) the slope at $A$.

Assume that $EI$ is constant for the beam.

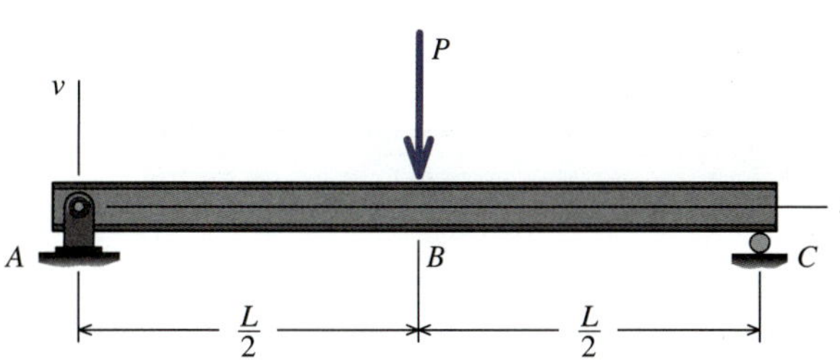


**FIGURE P10.4**

**P10.5** For the beam and loading shown in Figure P10.5, use the double-integration method to determine:

(a) the equation of the elastic curve for the beam,
(b) the slope at $A$,
(c) the slope at $B$, and
(d) the deflection at midspan.

Assume that $EI$ is constant for the beam.

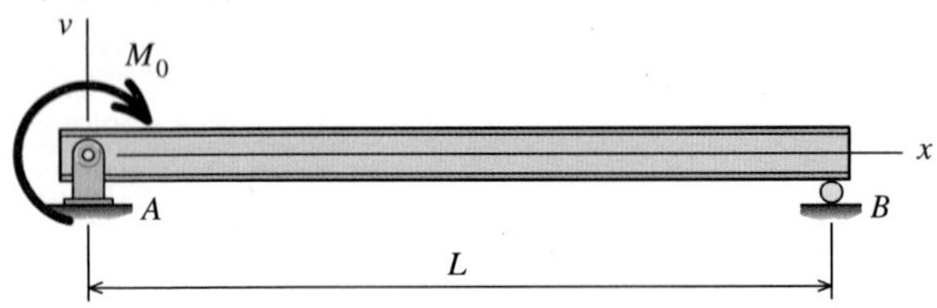


**FIGURE P10.5**

**P10.6** For the beam and loading shown in Figure P10.6, use the double-integration method to determine:

(a) the equation of the elastic curve for the beam,
(b) the maximum deflection, and
(c) the slope at $A$.

Assume that $EI$ is constant for the beam.

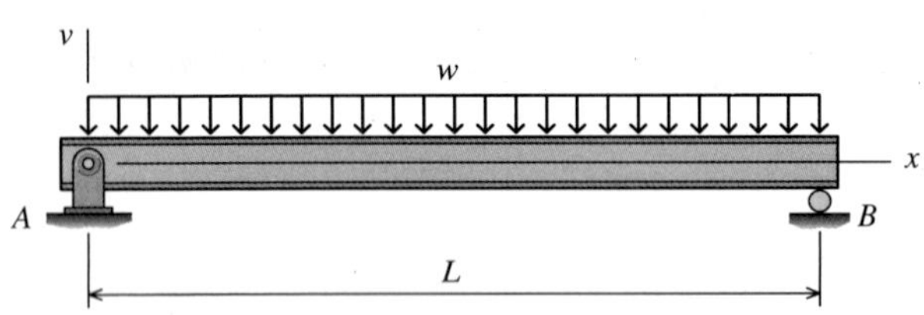


**FIGURE P10.6**

**P10.7** For the beam and loading shown in Figure P10.7, use the double-integration method to determine:

(a) the equation of the elastic curve for segment $AB$ of the beam,
(b) the deflection midway between the two supports,
(c) the slope at $A$, and
(d) the slope at $B$.

Assume that $EI$ is constant for the beam.

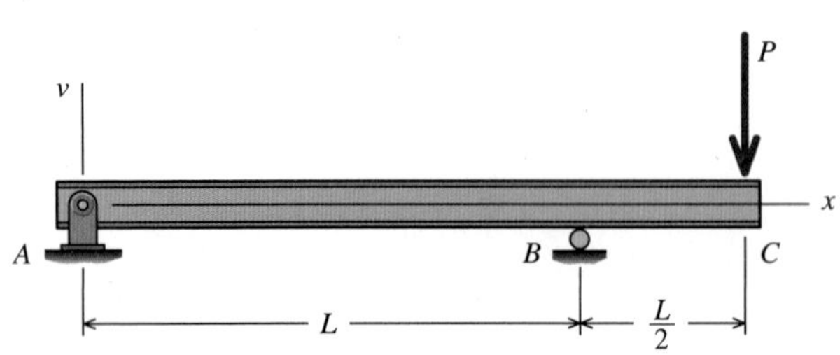


**FIGURE P10.7**

**P10.8** For the beam and loading shown in Figure P10.8, use the double-integration method to determine:

(a) the equation of the elastic curve for segment $BC$ of the beam,
(b) the deflection midway between $B$ and $C$, and
(c) the slope at $C$.

Assume that $EI$ is constant for the beam.

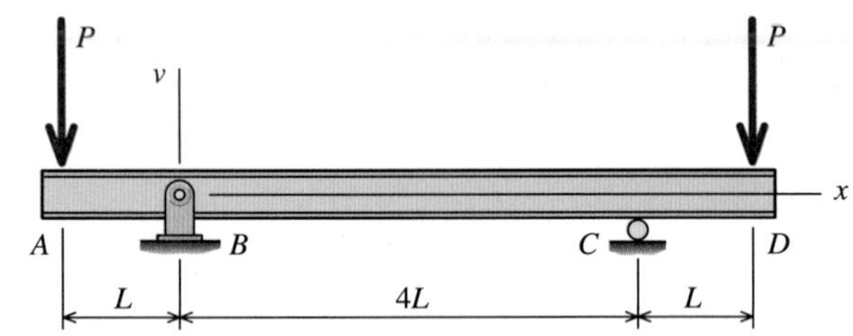


**FIGURE P10.8**

**P10.9** For the beam and loading shown in Figure P10.9, use the double-integration method to determine:

(a) the equation of the elastic curve for segment $AB$ of the beam,
(b) the deflection midway between $A$ and $B$, and
(c) the slope at $B$.

Assume that $EI$ is constant for the beam.

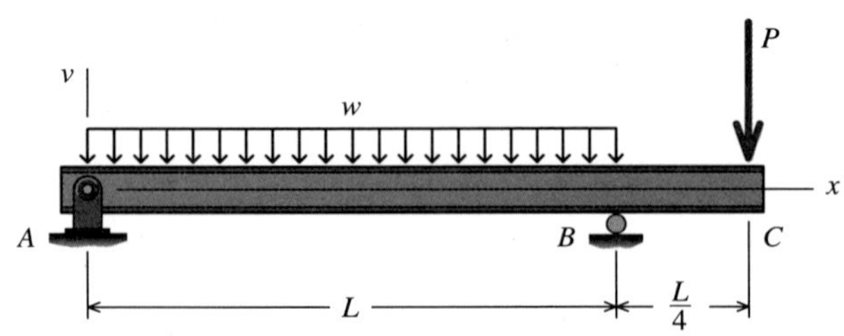


**FIGURE P10.9**

**P10.10** For the beam and loading shown in Figure P10.10, use the double-integration method to determine:

(a) the equation of the elastic curve for segment $AC$ of the beam,
(b) the deflection at $B$, and
(c) the slope at $A$.

Assume that $EI$ is constant for the beam.

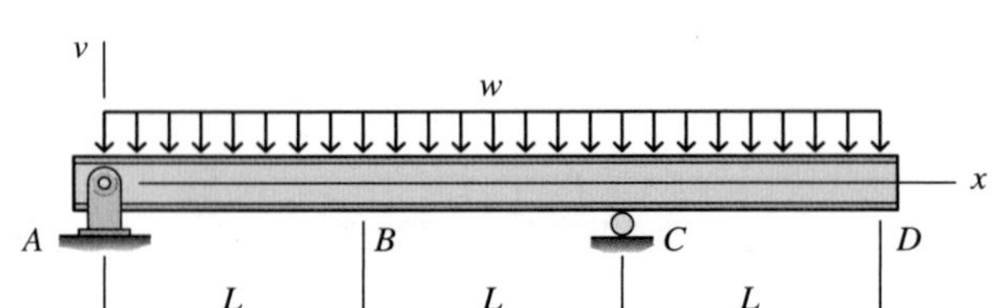


**FIGURE P10.10**

**P10.11** For the simply supported steel beam [$E = 200$ GPa; $I = 129 \times 10^6$ mm$^4$] shown in Figure P10.11, use the double-integration method to determine the deflection at $B$. Assume $L = 4$ m, $P = 60$ kN, and $w = 40$ kN/m.

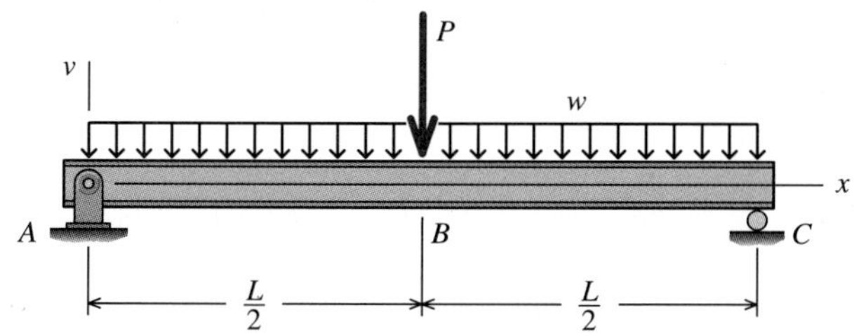


**FIGURE P10.11**

**P10.12** For the cantilever steel beam [$E = 200$ GPa; $I = 129 \times 10^6$ mm$^4$] shown in Figure P10.12, use the double-integration method to determine the deflection at $A$. Assume $L = 2.5$ m, $P = 50$ kN, and $w = 30$ kN/m.

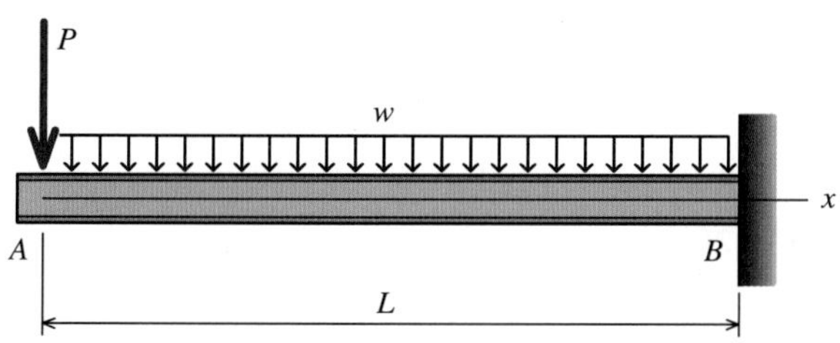


**FIGURE P10.12**

**P10.13** For the cantilever steel beam [$E = 200$ GPa; $I = 129 \times 10^6$ mm$^4$] shown in Figure P10.13, use the double-integration method to determine the deflection at $B$. Assume $L = 3$ m, $M_0 = 70$ kN-m, and $w = 15$ kN/m.

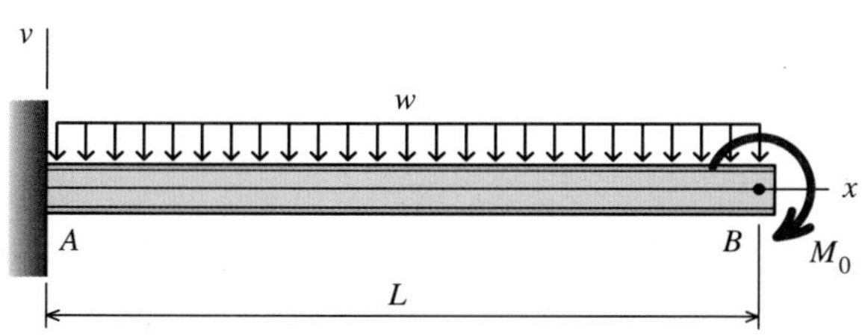


**FIGURE P10.13**

**P10.14** For the cantilever steel beam [$E = 200$ GPa; $I = 129 \times 10^6$ mm$^4$] shown in Figure P10.14, use the double-integration method to determine the deflection at $A$. Assume $L = 2.5$ m, $P = 50$ kN-m, and $w_0 = 90$ kN/m.

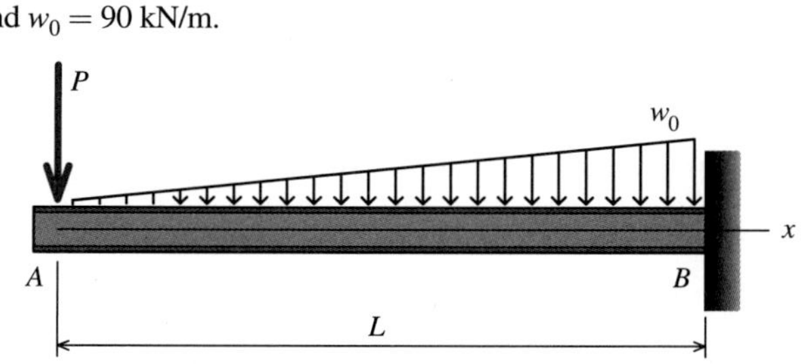


**FIGURE P10.14**

**P10.15** For the beam and loading shown in Figure P10.15, use the double-integration method to determine:

(a) the equation of the elastic curve for the cantilever beam,
(b) the deflection at the free end, and
(c) the slope at the free end.

Assume that $EI$ is constant for each beam.

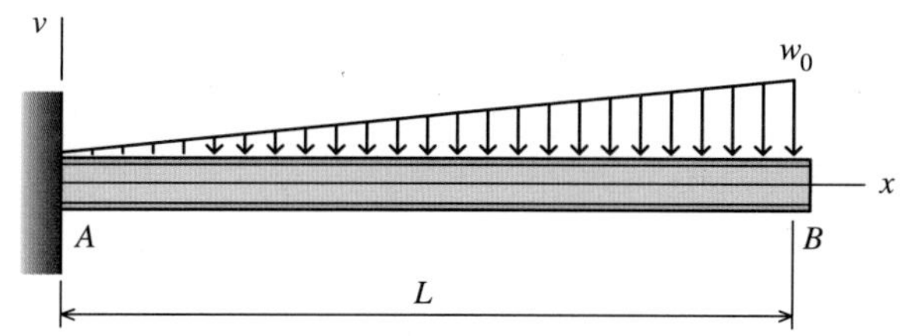


**FIGURE P10.15**

**P10.16** For the beam and loading shown in Figure P10.16, use the double-integration method to determine:

(a) the equation of the elastic curve for the cantilever beam,
(b) the deflection at the free end, and
(c) the slope at the free end.

Assume that $EI$ is constant for each beam.

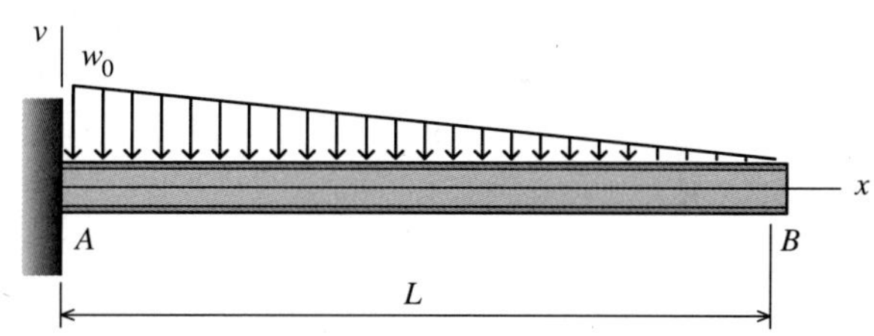


**FIGURE P10.16**

**P10.17** For the beam and loading shown in Figure P10.17, use the double-integration method to determine:

(a) the equation of the elastic curve for the cantilever beam,
(b) the deflection at $B$,
(c) the deflection at the free end, and
(d) the slope at the free end.

Assume that $EI$ is constant for the beam.

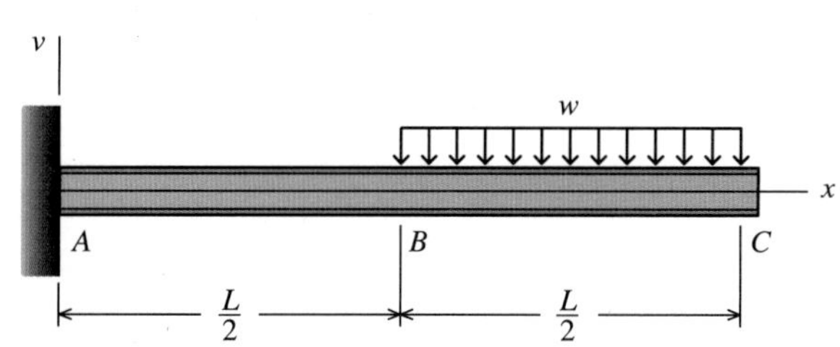


**FIGURE P10.17**

**P10.18** For the beam and loading shown in Figure P10.18, use the double-integration method to determine:

(a) the equation of the elastic curve for the beam, and
(b) the deflection at $B$.

Assume that $EI$ is constant for the beam.

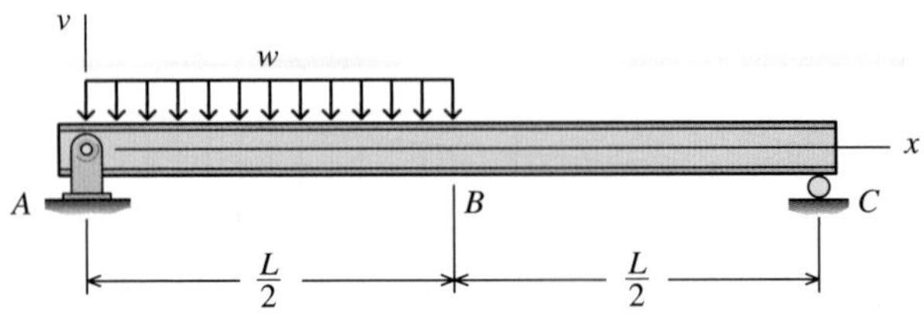


**FIGURE P10.18**

**P10.19** For the beam and loading shown in Figure P10.19, use the double-integration method to determine:

(a) the equation of the elastic curve for the entire beam,
(b) the deflection at $C$, and
(c) the slope at $B$.

Assume that $EI$ is constant for the beam.

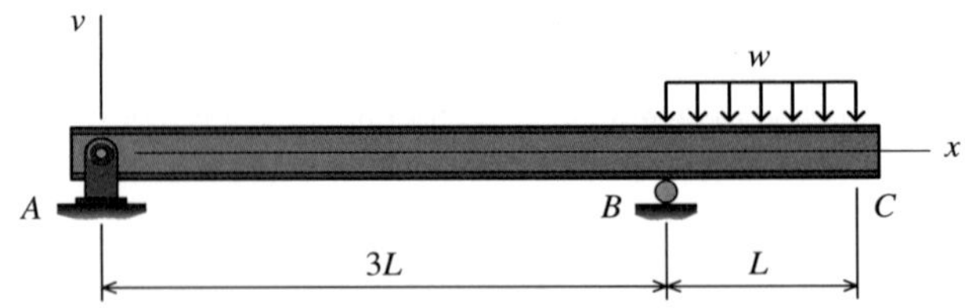


**FIGURE P10.19**

**P10.20** For the beam and loading shown in Figure P10.20, use the double-integration method to determine:

(a) the equation of the elastic curve for the beam,
(b) the location of the maximum deflection, and
(c) the maximum beam deflection.

Assume that $EI$ is constant for the beam.

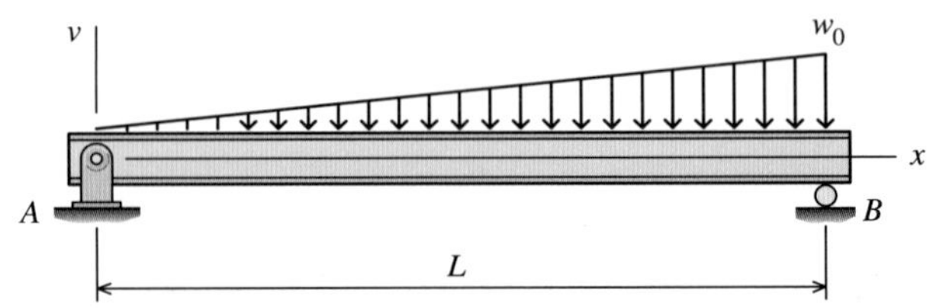


**FIGURE P10.20**

## 10.5 전단력이나 하중밀도함수의 적분에 의한 처짐량 구하기

10.3절에서 탄성굽힘곡선을 다음의 미분방정식을 적분하여 구하였다.

$$EI\frac{d^2v}{dx^2} = M \tag{10.1}$$

그리고 2개의 적분상수를 구하기 위하여 적당한 경계조건을 적용하였다. 비슷한 방법으로 탄성굽힘곡선은 전단력이나 하중식으로부터 구할 수 있다. 처짐량 $v$와 전단력 $V$ 또는 하중밀도함수 $w$와의 관계는 다음과 같다.

$$EI\frac{d^3v}{dx^3} = V \tag{10.2}$$

$$EI\frac{d^4v}{dx^4} = w \tag{10.3}$$

여기서 $V$와 $w$는 모두 $x$의 함수이다. 식 (10.2)나 (10.3)을 이용하여 탄성굽힘곡선을 구할 때 3번 또는 4번의 적분이 필요하다. 식 (10.1)을 이용하였을 때는 2번의 적분이 필요하였다. 이러한 추가적인 적분으로 추가 적분상수가 나타난다. 경계조건에 기울기와 처짐량 이외에 전단력이나 굽힘모멘트가 포함된다. 어떤 미분방정식 형태를 사용할 것인가 하는 문제는 주로 수학적인 편리함이나 개인적인 선호에 달려 있다. 하중밀도함수를 식으로 표현하는 것이 굽힘모멘트를 식으로 표시하는 것보다 용이한 경우에는 식 (10.1)보다 식 (10.3)을 사용하는 것이 편리하다. 다음 예제가 식 (10.3)을 이용하여 처짐량을 계산하는 방법을 보여준다.

## 예제 10.5 EXAMPLE

보가 그림과 같이 지지되고 하중을 받고 있다. $EI$는 보에서 일정하다. 다음을 구하라.

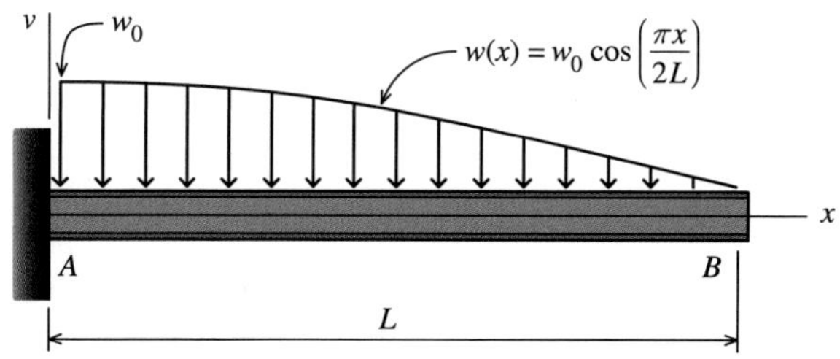


(a) 탄성굽힘곡선을 $w_0, L, x, E, I$로 표시하기
(b) 보의 오른쪽 끝단의 처짐량
(c) 보 왼쪽에 작용하는 반력 $A_y$와 $M_A$

**풀이 계획**

하중밀도함수가 주어져 있고 굽힘모멘트를 구하기 어려우므로 처짐량을 구하기 위해 식 (10.3)을 사용한다.

**풀이**

위쪽 방향이 분포하중 $w$의 양의 방향이므로 식 (10.3)을 다음과 같이 쓸 수 있다.

$$EI\frac{d^4v}{dx^4} = w(x) = -w_0\cos\left(\frac{\pi x}{2L}\right) \tag{a}$$

**적분**

식 (a)를 4번 적분하여 탄성굽힘곡선을 구한다.

$$EI\frac{d^3v}{dx^3} = V(x) = -\left(\frac{2w_0L}{\pi}\right)\sin\left(\frac{\pi x}{2L}\right) + C_1 \tag{b}$$

$$EI\frac{d^2v}{dx^2} = M(x) = \left(\frac{4w_0L^2}{\pi^2}\right)\cos\left(\frac{\pi x}{2L}\right) + C_1x + C_2 \tag{c}$$

$$EI\frac{dv}{dx} = EI\theta = \left(\frac{8w_0L^3}{\pi^3}\right)\sin\left(\frac{\pi x}{2L}\right) + C_1\frac{x^2}{2} + C_2x + C_3 \tag{d}$$

$$EIv = -\left(\frac{16w_0L^4}{\pi^4}\right)\cos\left(\frac{\pi x}{2L}\right) + C_1\frac{x^3}{6} + C_2\frac{x^2}{2} + C_3x + C_4 \tag{e}$$

**경계조건과 적분상수**

4개의 적분상수를 경계조건을 적용하여 구한다.

$$x = 0\text{에서}\quad v = 0;\qquad \text{따라서}\qquad C_4 = \frac{16w_0L^4}{\pi^4}$$

$$x = 0\text{에서}\quad \frac{dv}{dx} = 0;\qquad \text{따라서}\qquad C_3 = 0$$

$$x = L\text{에서}\quad V = 0;\qquad \text{따라서}\qquad C_1 = \frac{2w_0L}{\pi}$$

$$x = L\text{에서}\quad M = 0;\qquad \text{따라서}\qquad C_2 = \frac{2w_0L^2}{\pi}$$

**탄성굽힘곡선**

앞에서 구한 적분상수 값을 식 (e)에 대입하여 탄성굽힘곡선을 구한다.

$$v = -\frac{w_0}{3\pi^4 EI}\left[48L^4\cos\left(\frac{\pi x}{2L}\right) - \pi^3 Lx^3 + 3\pi^3L^2x^2 - 48L^4\right] \qquad \textbf{Ans.}$$

**보의 오른쪽 끝단의 처짐량**

$B$점에서의 처짐량은 탄성굽힘곡선식에 $x = L$을 대입하여 구한다.

$$v_B = -\frac{w_0}{3\pi^4 EI}[-\pi^3L^4 + 3\pi^3L^4 - 48L^4] = -\frac{(2\pi^3 - 48)w_0L^4}{3\pi^4 EI} = -0.04795\frac{w_0L^4}{EI} \qquad \textbf{Ans.}$$

**점 $A$에서의 반력**

지지점으로부터 $x$만큼 떨어진 곳의 전단력 $V$와 굽힘모멘트 $M$은 식 (b)와 (c)로부터 다음과 같이 주어진다.

$$V(x) = \frac{2w_0L}{\pi}\left[1 - \sin\left(\frac{\pi x}{2L}\right)\right]$$

$$M(x) = \frac{2w_0L}{\pi^2}\left[2L\cos\left(\frac{\pi x}{2L}\right) + \pi x - \pi L\right]$$

따라서 왼쪽 끝단(즉 $x = 0$) 지지점에서의 반력은 다음과 같다.

$$A_y = V_A = \frac{2w_0L}{\pi} \qquad \textbf{Ans.}$$

$$M_A = -\frac{2(\pi - 2)w_0L^2}{\pi^2} \qquad \textbf{Ans.}$$

## PROBLEMS

**P10.21** For the beam and loading shown in Figure P10.21, integrate the load distribution to determine:

(a) the equation of the elastic curve for the beam, and
(b) the maximum deflection for the beam.

Assume that $EI$ is constant for the beam.

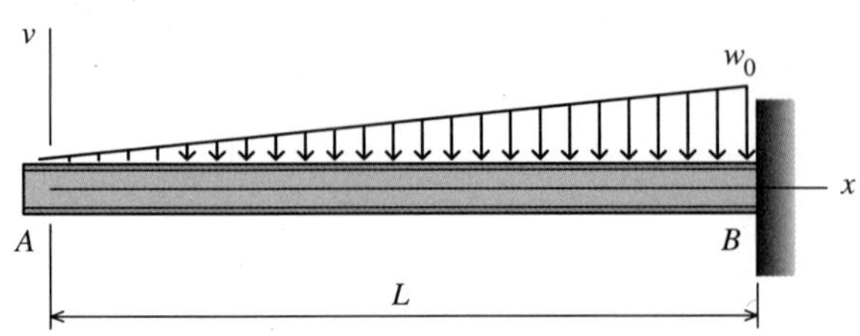


**FIGURE P10.21**

**P10.22** For the beam and loading shown in Figure P10.22, integrate the load distribution to determine:

(a) the equation of the elastic curve for the beam, and
(b) the deflection midway between the supports.

Assume that $EI$ is constant for the beam.

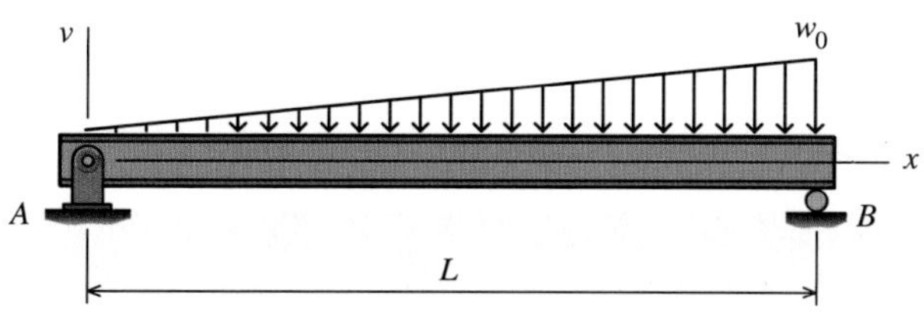


**FIGURE P10.22**

**P10.23** For the beam and loading shown in Figure P10.23, integrate the load distribution to determine:

(a) the equation of the elastic curve,
(b) the deflection at the left end of the beam, and
(c) the support reactions $B_y$ and $M_B$.

Assume that $EI$ is constant for the beam.

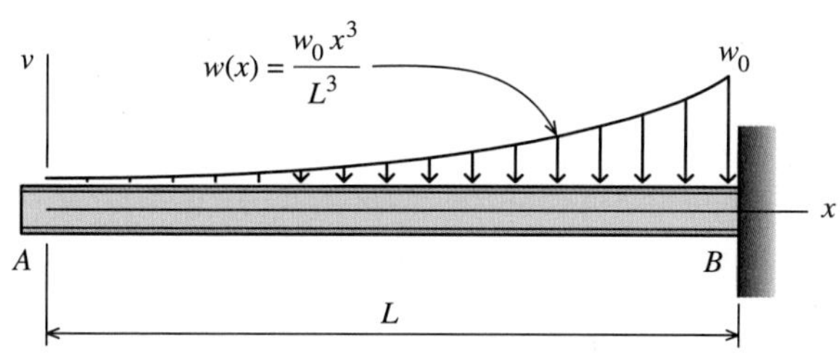


**FIGURE P10.23**

**P10.24** For the beam and loading shown in Figure P10.24, integrate the load distribution to determine:

(a) the equation of the elastic curve,
(b) the deflection midway between the supports, and
(c) the support reactions $A_y$ and $B_y$.

Assume that $EI$ is constant for the beam.

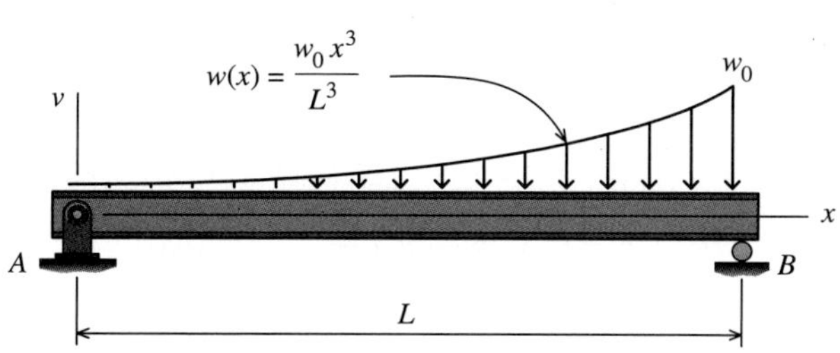


**FIGURE P10.24**

**P10.25** For the beam and loading shown in Figure P10.25, integrate the load distribution to determine:

(a) the equation of the elastic curve,
(b) the deflection at the left end of the beam, and
(c) the support reactions $B_y$ and $M_B$.

Assume that $EI$ is constant for the beam.

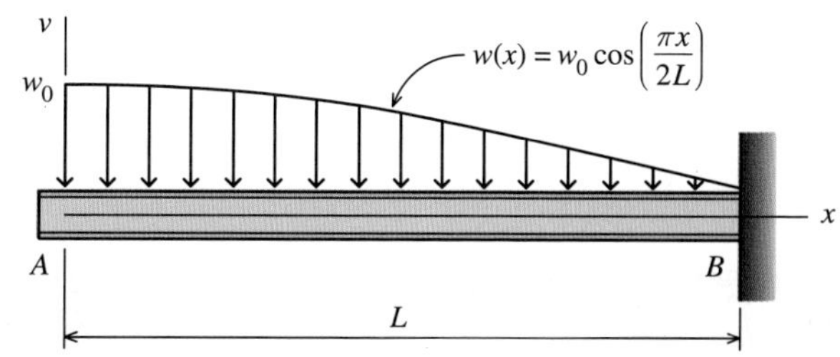


**FIGURE P10.25**

**P10.26** For the beam and loading shown in Figure P10.26, integrate the load distribution to determine:

(a) the equation of the elastic curve,
(b) the deflection midway between the supports,
(c) the slope at the left end of the beam, and
(d) the support reactions $A_y$ and $B_y$.

Assume that $EI$ is constant for the beam.

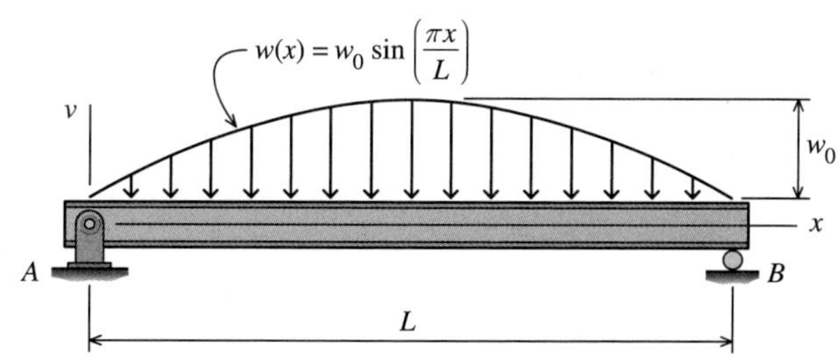


**FIGURE P10.26**

**P10.27** For the beam and loading shown in Figure P10.27, integrate the load distribution to determine:

(a) the equation of the elastic curve,
(b) the deflection midway between the supports,
(c) the slope at the left end of the beam, and
(d) the support reactions $A_y$ and $B_y$.

Assume that $EI$ is constant for the beam.

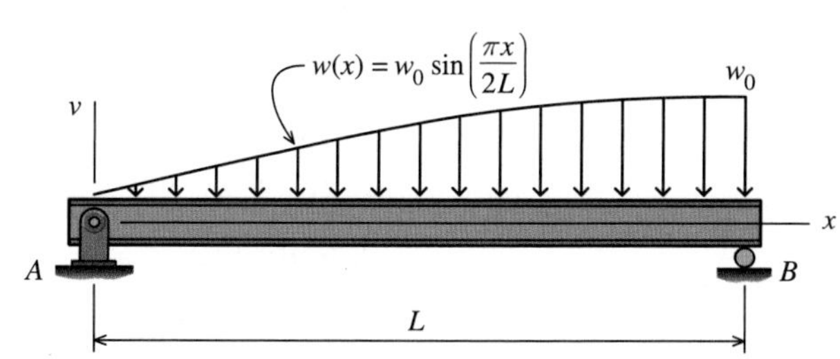


**FIGURE P10.27**

**P10.28** For the beam and loading shown in Figure P10.28, integrate the load distribution to determine:

(a) the equation of the elastic curve,
(b) the deflection at the left end of the beam, and
(c) the support reactions $B_y$ and $M_B$.

Assume that $EI$ is constant for the beam.

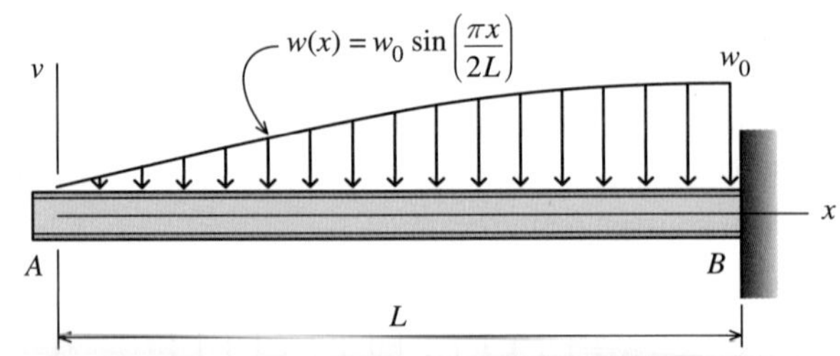


**FIGURE P10.28**

## 10.6 불연속함수를 이용하여 처짐량 구하기

한 개의 연속함수로 보 전체에 하중을 표시할 수 있다면 적분에 의해 탄성굽힘곡선을 구하는 것이 상대적으로 간단하다. 그러나 10.4절과 10.5절에서 사용된 방법은 보가 여러 개의 집중하중을 받고 있거나 부분적으로 분포하중을 받고 있다면 매우 복잡해지고 지루한 과정이 된다. 예제 10.4에 있는 한 개의 집중하중을 받는 보를 예로 들어 보자. 상대적으로 하중이 복잡하지 않은 이 경우에도 탄성굽힘곡선을 구하기 위하여 두 개의 구간으로 나누어 굽힘모멘트식을 유도하였다. 두 개의 굽힘모멘트식을 2번 적분하여 4개의 적분상수가 나왔고 이를 구하기 위하여 경계조건과 연속조건을 사용하였다. 여러 개의 집중하중과 부분적인 분포하중을 받는 보의 경우, 계산에 필요한 모든 식을 유도하고 모든 적분상수를 구하는 것은 꽤 긴 시간이 필요할 것이다. 불연속함수의 사용은 이 과정을 상당히 단축시켜 준다. 이 절에서는 여러 개의 하중을 받는 보에서 탄성굽힘곡선을 구하기 위해 불연속함수를 사용할 것이다. 이 함수들은 일정한 굽힘강성 $EI$를 가진 정정계나 부정정계의 보에서 처짐량을 계산하는 데 여러모로 유용하고 효과적인 방법을 제공한다. 부정정계에 불연속함수를 이용하는 방법은 11.4절에서 논의할 예정이다.

7.4절에서 논의된 바와 같이 하중은 연속이 아니더라도 보 전체에 걸쳐 연속인 한 개의 하중함수 $w(x)$로 보에 작용하는 모든 하중을 표시할 수 있게 하여 준다. $w(x)$는 연속함수이므로 연속조건 적용이 필요없어 계산과정을 단순화시켜 준다. 보에서 반력이나 반력모멘트가 $w(x)$에 포함되어 있을 때 경계조건을 고려하지 않고도 $V(x)$나 $M(x)$의 적분상수를 자동적으로 결정할 수 있다. 그러나 탄성굽힘곡선을 구하기 위하여 $M(x)$를 2번 적분할 때 추가적으로 적분상수가 나타난다. 각 적분 단계마다 한 개의 적분상수가 나타나며, 이 두 개의 적분상수를 구하기 위해 경계조건을 사용하여야만 한다. 식 (10.1)에 있는 굽힘모멘트–곡률 관계식부터 시작하면, $M(x)$를 적분하여 $EIv'(x)$를 구하고 그때 나타나는 적분상수는 $C_1 = EIv'(0)$가 된다. 두 번째 적분으로 $EIv(x)$를 구하고 적분상수는 $C_2 = EIv(0)$이다. 처짐량이나 기울기를 하나 또는 모두 $x = 0$에서 알고 있는 보의 경우 $C_1$과 $C_2$를 결정하기 위한 수고를 덜 수 있다. 그러나 $x = 0$ 이외의 지점에서 핀지지, 롤러지지 또는 고정지지 같은 경계조건이 있는 경우가 많다. 이러한 보의 경우 2개의 경계조건을 사용하면 미지의 적분상수 $C_1$과 $C_2$를 포함한 연립방정식이 나타난다. 이 연립방정식을 풀어 $C_1$과 $C_2$를 구한다.

불연속함수를 사용하여 보의 처짐량과 기울기를 구하는 방법을 다음의 예제에서 예시한다.

## 예제 10.6 EXAMPLE

그림과 같은 보에서 불연속함수를 이용하여 다음 위치에서 보의 처짐량을 구하라.

(a) 점 $A$

(b) 점 $B$

보에서 $EI = 17 \times 10^3$ kN· m²이다.

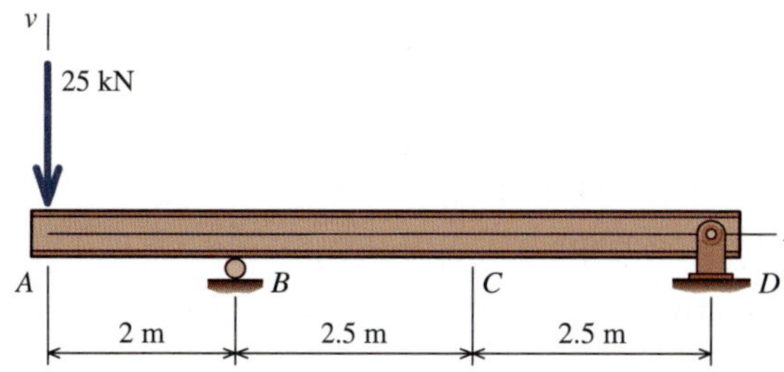


**풀이 계획**

단순지지인 점 $B$와 점 $D$의 반력을 구한다. 표 7.2를 이용하여 26 kN의 집중하중과 두 개의 반력에 대한 $w(x)$를 수식화한다. 처짐량과 기울기를 구하기 위하여 $w(x)$를 4번 적분한다. 알고 있는 단순지지의 경계조건을 사용한다.

**풀이**

**반력**

자유물체도를 오른쪽에 나타내었다. 이 자유물체도를 바탕으로 보의 반력을 계산하면 다음과 같다.

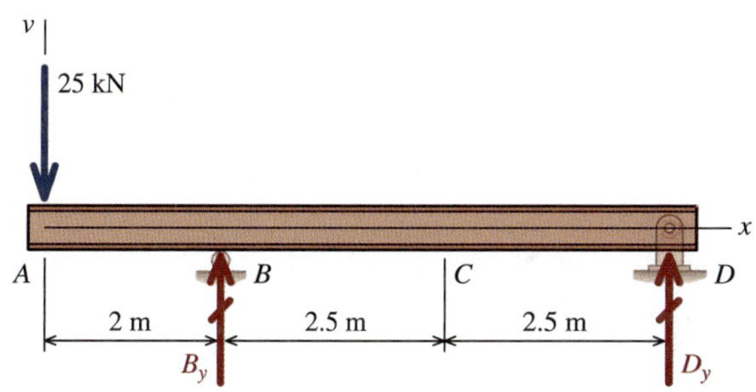


$$\Sigma M_B = (25 \text{ kN})(2 \text{ m}) + D_y(5 \text{ m}) = 0$$
$$\therefore D_y = -10 \text{ kN}$$
$$\Sigma F_y = B_y + D_y - 25 \text{ kN} = 0$$
$$\therefore B_y = 35 \text{ kN}$$

**불연속함수 표현**

**25 kN 집중하중:** 표 7.2의 경우 2를 사용하여 다음과 같이 25 kN 집중하중에 대한 식을 쓴다.

$$w(x) = -25 \text{ kN}\langle x - 0 \text{ m}\rangle^{-1}$$

**반력 $B_y$와 $D_y$:** 위쪽으로 향하는 반력 $B_y$와 $D_y$를 표 7.2 경우 2를 사용하여 표시한다.

$$w(x) = 35 \text{ kN}\langle x - 2 \text{ m}\rangle^{-1} - 10 \text{ kN}\langle x - 7 \text{ m}\rangle^{-1}$$

여기서 보의 길이가 7 m이므로 반력 $D_y$는 항상 영이 되는 것에 주의하라. 따라서 이 항을 여기서 제외한다.

**보 하중식의 적분:** 하중식 $w(x)$를 적분하라.

$$w(x) = -25 \text{ kN}\langle x - 0 \text{ m}\rangle^{-1} + 35 \text{ kN}\langle x - 2 \text{ m}\rangle^{-1}$$

전단력 $V(x)$를 구하기 위해 적분하면

$$V(x) = \int w(x)\,dx = -25 \text{ kN}\langle x - 0 \text{ m}\rangle^{0} + 35 \text{ kN}\langle x - 2 \text{ m}\rangle^{0}$$

다시 굽힘모멘트 $M(x)$를 구하기 위해 적분하면

$$M(x) = \int V(x)dx = -25\text{ kN}\langle x - 0\text{ m}\rangle^1 + 35\text{ kN}\langle x - 2\text{ m}\rangle^1$$

$w(x)$를 하중과 반력으로 표시하였으므로 지금까지의 계산과정 중에는 적분상수가 나타나지 않았다. 그러나 다음 두 번의 적분(기울기와 처짐량을 구하기 위한)에는 적분상수가 나오며 경계조건을 이용하여 구한다.

식 (10.1)로부터 다음과 같이 쓸 수 있다

$$EI\frac{d^2v}{dx^2} = M(x) = -25\text{ kN}\langle x - 0\text{ m}\rangle^1 + 35\text{ kN}\langle x - 2\text{ m}\rangle^1$$

보의 기울기를 구하기 위해 모멘트 함수를 적분하면,

$$EI\frac{dv}{dx} = -\frac{25\text{ kN}}{2}\langle x - 0\text{ m}\rangle^2 + \frac{35\text{ kN}}{2}\langle x - 2\text{ m}\rangle^2 + C_1 \quad \text{(a)}$$

보의 처짐량을 구하기 위해 다시 적분하면,

$$EIv = -\frac{25\text{ kN}}{6}\langle x - 0\text{ m}\rangle^3 + \frac{35\text{ kN}}{6}\langle x - 2\text{ m}\rangle^3 + C_1x + C_2 \quad \text{(b)}$$

경계조건을 이용하여 적분상수 구하기: 경계조건은 보의 특정한 위치에서 처짐량 $v$나 기울기 $dv/dx$를 알고 있는 경우에 적용된다. 예제의 보의 경우, 롤러지지($x = 2$ m)와 핀지지($x = 7$ m)에서 처짐량 $v$를 알고 있다. $x = 2$ m에서 $v = 0$인 경계조건을 식 (b)에 대입하면 다음과 같다.

$$-\frac{25\text{ kN}}{6}(2\text{ m})^3 + \frac{35\text{ kN}}{6}(0\text{ m})^3 + C_1(2\text{ m}) + C_2 = 0 \quad \text{(c)}$$

다음으로 $x = 7$ m에서 $v = 0$인 경계조건을 식 (b)에 대입하면 다음과 같다.

$$-\frac{25\text{ kN}}{6}(7\text{ m})^3 + \frac{35\text{ kN}}{6}(5\text{ m})^3 + C_1(7\text{ m}) + C_2 = 0 \quad \text{(d)}$$

적분상수 $C_1$과 $C_2$를 구하기 위해 식 (c)와 (d)를 연립하여 풀면,

$$C_1 = 133.3333\text{ kN·m}^2, \qquad C_2 = -233.3333\text{ kN·m}^3$$

따라서 적분상수를 관련 식에 대입함으로써 보의 기울기식과 처짐곡선식을 모두 구한다.

$$EI\frac{dv}{dx} = -\frac{25\text{ kN}}{2}\langle x - 0\text{ m}\rangle^2 + \frac{35\text{ kN}}{2}\langle x - 2\text{ m}\rangle^2 + 133.3333\text{ kN·m}^2$$

$$EIv = -\frac{25\text{ kN}}{6}\langle x - 0\text{ m}\rangle^3 + \frac{35\text{ kN}}{6}\langle x - 2\text{ m}\rangle^3 + (133.3333\text{ kN·m}^2)x - 233.3333\text{ kN·m}^3$$

**(a) 점 $A$의 처짐량**

$x = 0$에서 떠있는 끝단의 처짐량은 다음과 같다.

$$\begin{aligned} EIv_A &= -\frac{25\text{ kN}}{6}\langle x - 0\text{ m}\rangle^3 + \frac{35\text{ kN}}{2}\langle x - 2\text{ m}\rangle^3 + (133.3333\text{ kN}\cdot\text{m}^2)x - 233.3333\text{ kN}\cdot\text{m}^3 \\ &= -233.3333\text{ kN}\cdot\text{m}^3 \end{aligned}$$

$$\therefore v_A = -\frac{233.3333\text{ kN}\cdot\text{m}^3}{17\times10^3\text{ kN}\cdot\text{m}^2} = -0.013725\text{ m} = 13.73\text{ mm}\downarrow$$ **Ans.**

**(b) 점 $C$에서의 처짐량**

$x = 4.5$ m인 점 $C$의 처짐량은 다음과 같다.

$$\begin{aligned} EIv_C &= -\frac{25\text{ kN}}{6}(4.5\text{ m})^3 + \frac{35\text{ kN}}{6}(2.5\text{ m})^3 + (133.3333\text{ kN m}^2)(4.5\cdot\text{m}) - 233.3333\text{ kN}\cdot\text{m}^3 \\ &= 78.1249\text{ kN}\cdot\text{m}^3 \end{aligned}$$

$$\therefore v_C = \frac{78.1249\text{ kN}\cdot\text{m}^3}{17\times10^3\text{ kN}\cdot\text{m}^2} = 0.004596\text{ m} = 4.60\text{ mm}\uparrow$$ **Ans.**

## 예제 10.7 EXAMPLE

그림과 같은 보에서 불연속함수를 이용하여 다음을 구하라.

(a) $A$에서의 기울기

(b) $B$에서의 처짐량

보에서 $EI = 125\times10^3$ kN· m²으로 일정하다.

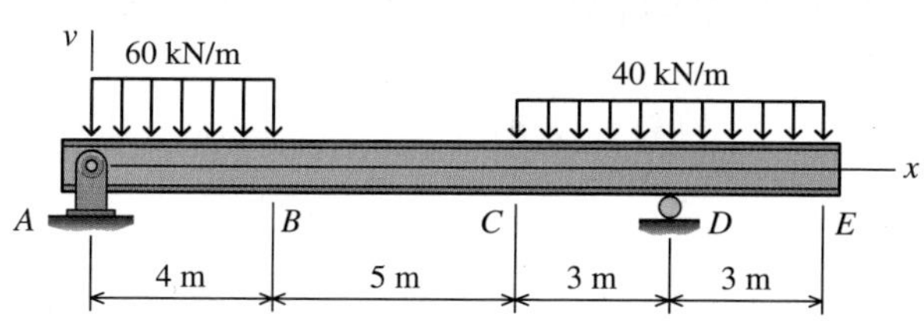


**풀이 계획**

지지점 $A$와 $D$에서의 반력을 구한다. 표 7.2를 이용하여 두 개의 반력과 두 개의 분포하중에 대한 $w(x)$를 구한다. 처짐량과 기울기를 구하기 위하여 $w(x)$를 4번 적분한다. 알고 있는 단순 지지의 경계조건을 사용하여 적분상수를 구한다.

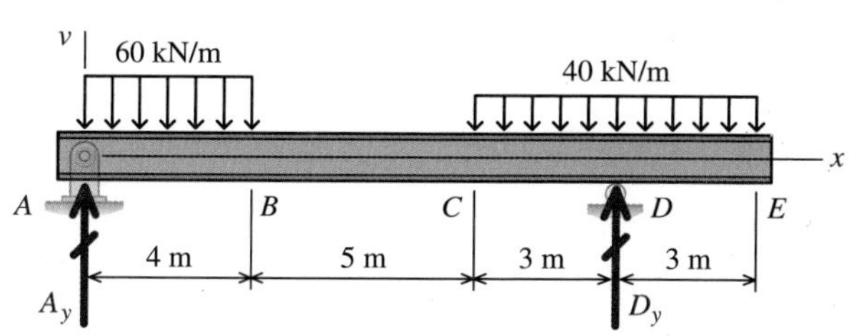


**풀이**

**반력**

그림에 자유물체도를 나타내었다. 이 자유물체도를 참조하여 보의 반력을 구하면 다음과 같다

$$\Sigma M_A = -(60\text{ kN/m})(4\text{ m})(2\text{ m}) - (40\text{ kN/m})(6\text{ m})(12\text{ m}) + D_y(12\text{ m}) = 0$$

$$\therefore D_y = 280\text{ kN}$$

$$\Sigma F_y = A_y + D_y - (60\text{ kN/m})(4\text{ m}) - (40\text{ kN/m})(6\text{ m}) = 0$$

$$\therefore A_y = 200\text{ kN}$$

**불연속함수 표현**

$A$와 $B$ 사이의 분포하중: 60 kN/m의 분포하중을 표현하는 식을 쓰기 위해 표 7.2의 경우 5를 사용한다.

$$w(x) = -60\text{ kN/m}\langle x - 0\text{ m}\rangle^0 + 60\text{ kN/m}\langle x - 4\text{ m}\rangle^0$$

두 번째 항은 $x > 4$ m인 경우에 첫 번째 항을 제거하기 위해 사용되었다.

$C$와 $E$ 사이의 분포하중: 다시 40 kN/m의 분포하중을 표현하는 식을 쓰기 위해 표 7.2의 경우 5를 사용한다.

$$w(x) = -40\text{ kN/m}\langle x - 9\text{ m}\rangle^0 + 40\text{ kN/m}\langle x - 15\text{ m}\rangle^0$$

윗식에서 두 번째 항은 보의 길이가 15 m이므로 아무런 영향을 미치지 않아 이 항을 더 이상 고려하지 않고 삭제한다.

반력 $A_y$와 $D_y$: 위쪽으로 향하는 반력 $A$와 $D$를 표 7.2 경우 2를 사용하여 표시한다.

$$w(x) = 200\text{ kN}\langle x - 0\text{ m}\rangle^{-1} + 280\text{ kN}\langle x - 12\text{ m}\rangle^{-1}$$

하중밀도함수의 적분: $w(x)$는 다음과 같다.

$$\begin{aligned} w(x) = {} & 200\text{ kN}\langle x - 0\text{ m}\rangle^{-1} - 60\text{ kN/m}\langle x - 0\text{ m}\rangle^0 + 60\text{ kN/m}\langle x - 4\text{ m}\rangle^0 \\ & -40\text{ kN/m}\langle x - 9\text{ m}\rangle^0 + 280\text{ kN}\langle x - 12\text{ m}\rangle^{-1} \end{aligned}$$

전단력 $V(x)$를 구하기 위해 $w(x)$를 적분하면,

$$\begin{aligned} V(x) = \int w(x)\,dx = {} & 200\text{ kN}\langle x - 0\text{ m}\rangle^0 - 60\text{ kN/m}\langle x - 0\text{ m}\rangle^1 + 60\text{ kN/m}\langle x - 4\text{ m}\rangle^1 \\ & -40\text{ kN/m}\langle x - 9\text{ m}\rangle^1 + 280\text{ kN}\langle x - 12\text{ m}\rangle^0 \end{aligned}$$

다시 굽힘모멘트 $M(x)$를 구하기 위해 적분하면,

$$\begin{aligned} M(x) = \int V(x)\,dx = {} & 200\text{ kN}\langle x - 0\text{ m}\rangle^1 - \frac{60\text{ kN/m}}{2}\langle x - 0\text{ m}\rangle^2 + \frac{60\text{ kN/m}}{2}\langle x - 4\text{ m}\rangle^2 \\ & -\frac{40\text{ kN/m}}{2}\langle x - 9\text{ m}\rangle^2 + 280\text{ kN}\langle x - 12\text{ m}\rangle^1 \end{aligned}$$

$w(x)$에서 하중과 반력을 표시하였으므로 지금까지의 계산과정 중에는 적분상수가 나타나지 않았다. 그러나 다음 두 번의 적분(기울기와 처짐량을 구하기 위한)에는 적분상수가 나오며 경계조건을 이용하여 구한다.

식 (10.1)로부터 다음과 같이 쓸 수 있다

$$\begin{aligned} EI\frac{d^2v}{dx^2} = M(x) = {} & 200\text{ kN}\langle x - 0\text{ m}\rangle^1 - \frac{60\text{ kN/m}}{2}\langle x - 0\text{ m}\rangle^2 + \frac{60\text{ kN/m}}{2}\langle x - 4\text{ m}\rangle^2 \\ & -\frac{40\text{ kN/m}}{2}\langle x - 9\text{ m}\rangle^2 + 280\text{ kN}\langle x - 12\text{ m}\rangle^1 \end{aligned}$$

보의 기울기를 구하기 위해 굽힘모멘트 함수를 적분하면,

$$EI\frac{dv}{dx} = \frac{200\text{ kN}}{2}\langle x-0\text{ m}\rangle^2 - \frac{60\text{ kN/m}}{6}\langle x-0\text{ m}\rangle^3 + \frac{60\text{ kN/m}}{6}\langle x-4\text{ m}\rangle^3 - \frac{40\text{ kN/m}}{6}\langle x-9\text{ m}\rangle^3 + \frac{280\text{ kN}}{2}\langle x-12\text{ m}\rangle^2 + C_1 \tag{a}$$

보의 처짐량을 구하기 위해 다시 한 번 적분하면,

$$EIv = \frac{200\text{ kN}}{6}\langle x-0\text{ m}\rangle^3 - \frac{60\text{ kN/m}}{24}\langle x-0\text{ m}\rangle^4 + \frac{60\text{ kN/m}}{24}\langle x-4\text{ m}\rangle^4 - \frac{40\text{ kN/m}}{24}\langle x-9\text{ m}\rangle^4 + \frac{280\text{ kN}}{3}\langle x-12\text{ m}\rangle^3 + C_1x + C_2 \tag{b}$$

**경계조건을 이용하여 적분상수 구하기:** 경계조건은 보의 특정한 위치에서 처짐량 $v$나 기울기 $dv/dx$를 알고 있는 경우에 적용된다. 예제의 보의 경우, 핀지지($x = 0$ m)와 롤러지지($x = 12$ m)에서 처짐량 $v$를 알고 있다. $x = 0$에서 $v = 0$인 경계조건을 식 (b)에 대입하면 다음과 같다.

$$C_2 = 0$$

다음으로 상수 $C_1$을 구하기 위하여 $x = 12$ m에서 $v = 0$인 경계조건을 식 (b)에 대입하면.

$$\frac{200\text{ kN}}{6}(12\text{ m})^3 - \frac{60\text{ kN/m}}{24}(12\text{ m})^4 + \frac{60\text{ kN/m}}{24}(8\text{ m})^4 - \frac{40\text{ kN/m}}{24}(3\text{ m})^4 + C_1(12\text{ m}) = 0$$
$$\therefore C_1 = -1{,}322.0833\text{ kN·m}^2$$

적분상수를 관련식에 대입함으로써 보의 기울기와 탄성처짐곡선을 완성한다.

$$EI\frac{dv}{dx} = \frac{200\text{ kN}}{2}\langle x-0\text{ m}\rangle^2 - \frac{60\text{ kN/m}}{6}\langle x-0\text{ m}\rangle^3 + \frac{60\text{ kN/m}}{6}\langle x-4\text{ m}\rangle^3 - \frac{40\text{ kN/m}}{6}\langle x-9\text{ m}\rangle^3 + \frac{280\text{ kN}}{2}\langle x-12\text{ m}\rangle^2 - 1{,}322.0833\text{ kN·m}^2$$

$$EIv = \frac{200\text{ kN}}{6}\langle x-0\text{ m}\rangle^3 - \frac{60\text{ kN/m}}{24}\langle x-0\text{ m}\rangle^4 + \frac{60\text{ kN/m}}{24}\langle x-4\text{ m}\rangle^4 - \frac{40\text{ kN/m}}{24}\langle x-9\text{ m}\rangle^4 + \frac{280\text{ kN}}{3}\langle x-12\text{ m}\rangle^3 - (1{,}322.0833\text{ kN·m}^2)x$$

**(a) *A*에서의 기울기**

$A$ ($x = 0$)에서의 기울기는

$$EI\left(\frac{dv}{dx}\right)_A = -1{,}322.0833\text{ kN·m}^2$$

$$\therefore\left(\frac{dv}{dx}\right)_A = -\frac{1{,}322.0833\text{ kN·m}^2}{125\times10^3\text{ kN·m}^2} = -0.01058\text{ rad}$$ **Ans.**

**(b) *B*에서의 처짐량**

$B$ $(x = 4)$에서의 처짐량은

$$EIv_B = \frac{200 \text{ kN}}{6}(4 \text{ m})^3 - \frac{60 \text{ kN/m}}{24}(4 \text{ m})^4 - (1{,}322.0833 \text{ kN·m}^2)(4 \text{ m}) = -3{,}795 \text{ kN·m}^3$$

$$\therefore v_B = -\frac{3{,}795 \text{ kN·m}^3}{125 \times 10^3 \text{ kN·m}^2} = -0.030360 \text{ m} = 30.4 \text{ mm} \downarrow$$ **Ans.**

## 예제 10.8 EXAMPLE

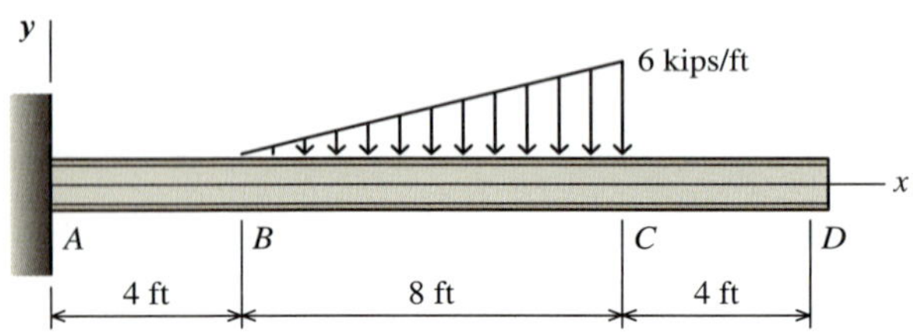


그림과 같은 보에서 불연속함수를 이용하여 $D$에서의 처짐량을 구하라. 보에서 $EI = 192{,}000$ kip-ft²으로 일정하다.

**풀이 계획**

고정지지 $A$에서의 반력을 구한다. 표 7.2를 이용하여 두 개의 반력과 선형으로 변하는 분포하중에 대한 $w(x)$를 구한다. 처짐량과 기울기를 구하기 위하여 $w(x)$를 4번 적분한다. 알고 있는 고정지지의 경계조건을 사용하여 적분상수를 구한다.

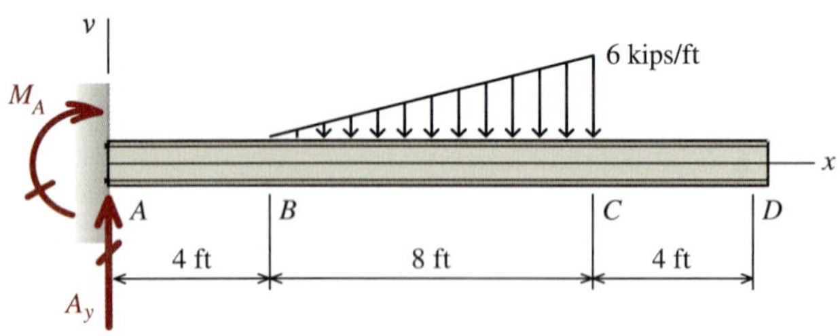


**풀이**

**반력**

자유물체도는 그림과 같다. 이 자유물체도를 참조하여 보의 반력을 구하면 다음과 같다.

$$\Sigma F_y = A_y - \frac{1}{2}(6 \text{ kips/ft})(8 \text{ ft}) = 0$$

$$\therefore A_y = 24 \text{ kips}$$

$$\Sigma M_A = -M_A - \frac{1}{2}(6 \text{ kips/ft})(8 \text{ ft})\left[4 \text{ ft} + \frac{2(8 \text{ ft})}{3}\right] = 0$$

$$\therefore M_A = -224 \text{ kip-ft}$$

**불연속함수 표현**

$B$와 $C$ 사이의 분포하중: 분포하중을 표현하는 식을 쓰기 위해 표 7.2의 경우 6을 사용한다,

$$w(x) = -\frac{6 \text{ kips/ft}}{8 \text{ ft}}\langle x - 4 \text{ ft}\rangle^1 + \frac{6 \text{ kips/ft}}{8 \text{ ft}}\langle x - 12 \text{ ft}\rangle^1 + 6 \text{ kips/ft}\,\langle x - 12 \text{ ft}\rangle^0$$

반력 $A_y$와 $M_A$: 점 $A$에서의 반력을 표 7.2 경우 1과 2를 사용하여 표시한다.

$$w(x) = -224 \text{ kip-ft} \langle x - 0 \text{ ft} \rangle^{-2} + 24 \text{ kips} \langle x - 0 \text{ ft} \rangle^{-1}$$

하중밀도함수의 적분: $w(x)$는 다음과 같다

$$\begin{aligned} w(x) = &-224 \text{ kip-ft} \langle x - 0 \text{ ft} \rangle^{-2} + 24 \text{ kips} \langle x - 0 \text{ ft} \rangle^{-1} \\ &- \frac{6 \text{ kips/ft}}{8 \text{ ft}} \langle x - 4 \text{ ft} \rangle^{1} + \frac{6 \text{ kips/ft}}{8 \text{ ft}} \langle x - 12 \text{ ft} \rangle^{1} + 6 \text{ kips/ft} \langle x - 12 \text{ ft} \rangle^{0} \end{aligned}$$

전단력 $V(x)$를 구하기 위해 $w(x)$를 적분하면,

$$\begin{aligned} V(x) = \int w(x)\,dx = &-224 \text{ kip-ft} \langle x - 0 \text{ ft} \rangle^{-1} + 24 \text{ kips} \langle x - 0 \text{ ft} \rangle^{0} \\ &- \frac{6 \text{ kips/ft}}{2(8 \text{ ft})} \langle x - 4 \text{ ft} \rangle^{2} + \frac{6 \text{ kips/ft}}{2(8 \text{ ft})} \langle x - 12 \text{ ft} \rangle^{2} + 6 \text{ kips/ft} \langle x - 12 \text{ ft} \rangle^{1} \end{aligned}$$

다시 굽힘모멘트 $M(x)$를 구하기 위해 적분하면,

$$\begin{aligned} M(x) = \int V(x)\,dx = &-224 \text{ kip-ft} \langle x - 0 \text{ ft} \rangle^{0} + 24 \text{ kips} \langle x - 0 \text{ ft} \rangle^{1} \\ &- \frac{6 \text{ kips/ft}}{6(8 \text{ ft})} \langle x - 4 \text{ ft} \rangle^{3} + \frac{6 \text{ kips/ft}}{6(8 \text{ ft})} \langle x - 12 \text{ ft} \rangle^{3} + \frac{6 \text{ kips/ft}}{2} \langle x - 12 \text{ ft} \rangle^{2} \end{aligned}$$

$w(x)$에서 하중과 반력을 표시하였으므로 지금까지의 계산과정 중에는 적분상수가 나타나지 않았다. 그러나 다음 두 번의 적분(기울기와 처짐량을 구하기 위한)에는 적분상수가 나오며 경계조건을 이용하여 구한다.

식 (10.1)로부터 다음과 같이 쓸 수 있다.

$$\begin{aligned} EI\frac{d^2v}{dx^2} = M(x) = &-224 \text{ kip-ft} \langle x - 0 \text{ ft} \rangle^{0} + 24 \text{ kips} \langle x - 0 \text{ ft} \rangle^{1} \\ &- \frac{6 \text{ kips/ft}}{6(8 \text{ ft})} \langle x - 4 \text{ ft} \rangle^{3} + \frac{6 \text{ kips/ft}}{6(8 \text{ ft})} \langle x - 12 \text{ ft} \rangle^{3} + \frac{6 \text{ kips/ft}}{2} \langle x - 12 \text{ ft} \rangle^{2} \end{aligned}$$

보의 기울기를 구하기 위해 굽힘모멘트 함수를 적분하면,

$$\begin{aligned} EI\frac{dv}{dx} = &-224 \text{ kip-ft} \langle x - 0 \text{ ft} \rangle^{1} + \frac{24 \text{ kips}}{2} \langle x - 0 \text{ ft} \rangle^{2} \\ &- \frac{6 \text{ kips/ft}}{24(8 \text{ ft})} \langle x - 4 \text{ ft} \rangle^{4} + \frac{6 \text{ kips/ft}}{24(8 \text{ ft})} \langle x - 12 \text{ ft} \rangle^{4} + \frac{6 \text{ kips/ft}}{6} \langle x - 12 \text{ ft} \rangle^{3} + C_1 \end{aligned} \tag{a}$$

보의 처짐량을 구하기 위해 다시 한 번 적분하면,

$$\begin{aligned} EIv = &-\frac{224 \text{ kip-ft}}{2} \langle x - 0 \text{ ft} \rangle^{2} + \frac{24 \text{ kips}}{6} \langle x - 0 \text{ ft} \rangle^{3} \\ &- \frac{6 \text{ kips/ft}}{120(8 \text{ ft})} \langle x - 4 \text{ ft} \rangle^{5} + \frac{6 \text{ kips/ft}}{120(8 \text{ ft})} \langle x - 12 \text{ ft} \rangle^{5} + \frac{6 \text{ kips/ft}}{24} \langle x - 12 \text{ ft} \rangle^{4} + C_1 x + C_2 \end{aligned} \tag{b}$$

경계조건을 이용하여 적분상수 구하기: 예제 보의 경우 $x = 0$ ft에서 기울기와 처짐량을 알고 있다. $x = 0$에서 $dv/dx = 0$인 경계조건을 식 (b)에 대입하면 다음과 같다.

$$C_1 = 0$$

다음으로 상수 $C_2$를 구하기 위하여 $x = 0$ ft에서 $v = 0$인 경계조건을 식 (b)에 대입하면,

$$C_2 = 0$$

적분상수를 관련 식에 대입함으로써 이제 보의 기울기와 탄성처짐곡선식을 완성한다.

$$\begin{aligned} EI\frac{dv}{dx} &= -224 \text{ kip-ft}\langle x - 0 \text{ ft}\rangle^1 + \frac{24 \text{ kips}}{2}\langle x - 0 \text{ ft}\rangle^2 \\ &\quad - \frac{6 \text{ kips/ft}}{24(8 \text{ ft})}\langle x - 4 \text{ ft}\rangle^4 + \frac{6 \text{ kips/ft}}{24(8 \text{ ft})}\langle x - 12 \text{ ft}\rangle^4 + \frac{6 \text{ kips/ft}}{6}\langle x - 12 \text{ ft}\rangle^3 \\ EIv &= -\frac{224 \text{ kip-ft}}{2}\langle x - 0 \text{ ft}\rangle^2 + \frac{24 \text{ kips}}{6}\langle x - 0 \text{ ft}\rangle^3 \\ &\quad - \frac{6 \text{ kips/ft}}{120(8 \text{ ft})}\langle x - 4 \text{ ft}\rangle^5 + \frac{6 \text{ kips/ft}}{120(8 \text{ ft})}\langle x - 12 \text{ ft}\rangle^5 + \frac{6 \text{ kips/ft}}{24}\langle x - 12 \text{ ft}\rangle^4 \end{aligned}$$

$D$에서의 처짐량: $D$ ($x = 16$ ft)에 보의 처짐량을 계산하면 다음과 같다.

$$\begin{aligned} EIv_D &= -\frac{224 \text{ kip-ft}}{2}(16 \text{ ft})^2 + \frac{24 \text{ kips}}{6}(16 \text{ ft})^3 - \frac{6 \text{ kips/ft}}{120(8 \text{ ft})}(12 \text{ ft})^5 + \frac{6 \text{ kips/ft}}{120(8 \text{ ft})}(4 \text{ ft})^5 + \frac{6 \text{ kips/ft}}{24}(4 \text{ ft})^4 \\ &= -13{,}772.8 \text{ kip-ft}^3 \end{aligned}$$

$$\therefore v_D = -\frac{13{,}772.8 \text{ kip-ft}^3}{192{,}000 \text{ kip-ft}^2} = -0.071733 \text{ ft} = 0.861 \text{ in.} \downarrow$$ **Ans.**

## PROBLEMS

**P10.29** For the beam and loading shown in Figure P10.29, use discontinuity functions to compute the deflection of the beam at $D$. Assume a constant value of $EI = 1{,}750$ kip-ft$^2$ for the beam.

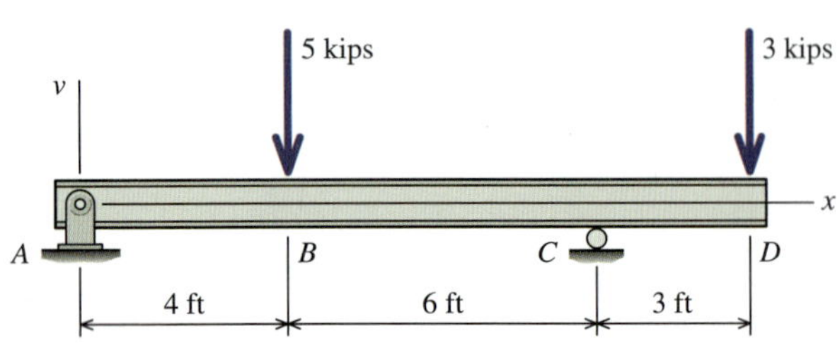


**FIGURE P10.29**

**P10.30** The solid 30-mm-diameter steel [$E = 200$ GPa] shaft shown in Figure P10.30 supports two pulleys. For the loading shown, use discontinuity functions to compute:

(a) the shaft deflection at pulley $B$.
(b) the shaft deflection at pulley $C$.

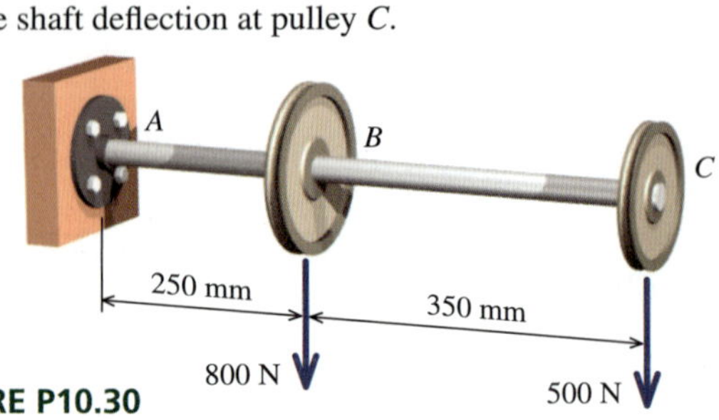


**FIGURE P10.30**

**P10.31** For the beam and loading shown in Figure P10.31, use discontinuity functions to compute:

(a) the slope of the beam at $C$, and
(b) the deflection of the beam at $C$.

Assume a constant value of $EI = 560 \times 10^6$ N-mm$^2$ for the beam.

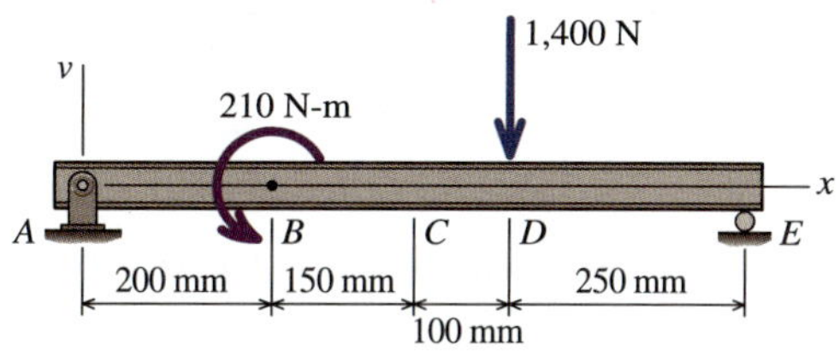


**FIGURE P10.31**

**P10.32** The solid 30-mm-diameter steel [$E = 200$ GPa] shaft shown in Figure P10.32 supports two belt pulleys. Assume that the bearing at $A$ can be idealized as a pin support and that the bearing at $E$ can be idealized as a roller support. For the loading shown, use discontinuity functions to compute:

(a) the shaft deflection at pulley $B$.
(b) the shaft deflection at point $C$.

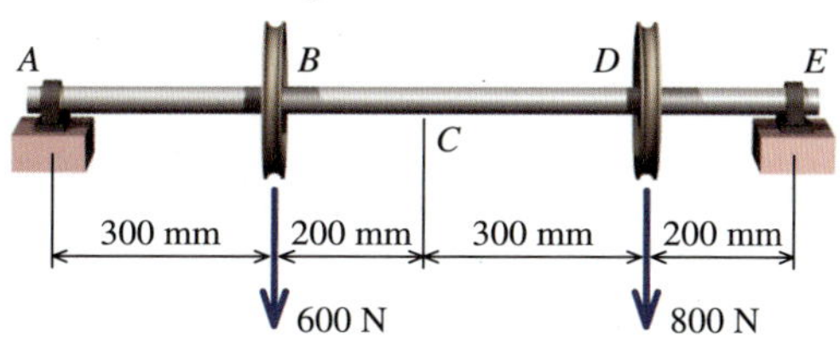


**FIGURE P10.32**

**P10.33** The cantilever beam shown in Figure P10.33 consists of a W530 × 74 structural steel wide-flange shape [$E = 200$ GPa; $I = 410 \times 10^6$ mm$^4$]. Use discontinuity functions to compute the deflection of the beam at $C$ for the loading shown.

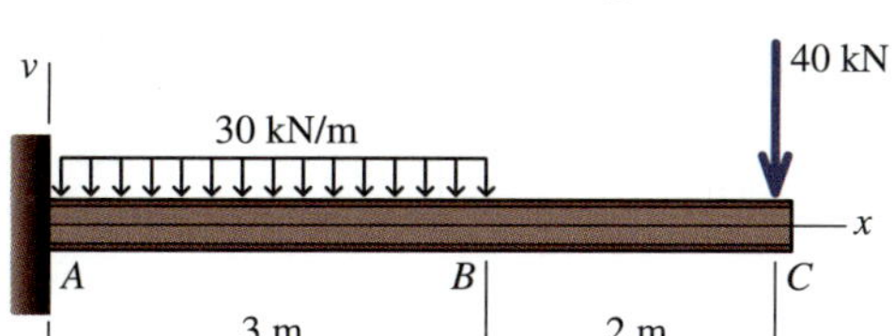


**FIGURE P10.33**

**P10.34** The cantilever beam shown in Figure P10.34 consists of a W21 × 50 structural steel wide-flange shape [$E = 29{,}000$ ksi; $I = 984$ in.$^4$]. Use discontinuity functions to compute the deflection of the beam at $D$ for the loading shown.

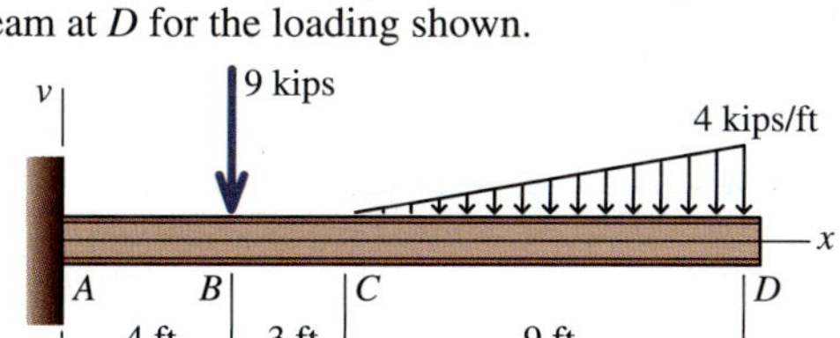


**FIGURE P10.34**

**P10.35** The simply supported beam shown in Figure P10.35 consists of a W410 × 85 structural steel wide-flange shape [$E = 200$ GPa; $I = 316 \times 10^6$ mm$^4$]. For the loading shown, use discontinuity functions to compute:

(a) the slope of the beam at $A$, and
(b) the deflection of the beam at midspan.

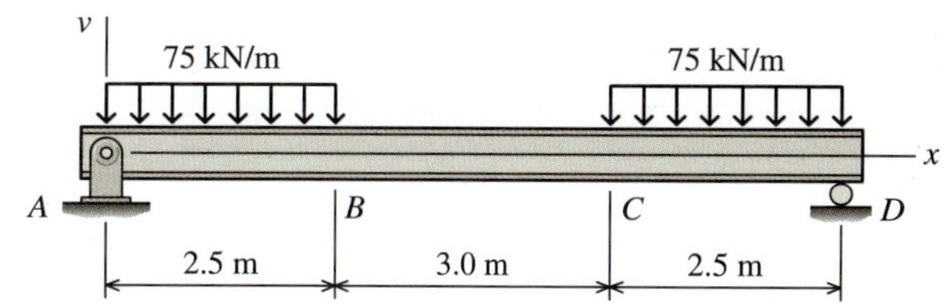


**FIGURE P10.35**

**P10.36** The simply supported beam shown in Figure P10.36 consists of a W14 × 30 structural steel wide-flange shape [$E = 29{,}000$ ksi; $I = 291$ in.$^4$]. For the loading shown, use discontinuity functions to compute:

(a) the slope of the beam at $A$, and
(b) the deflection of the beam at midspan.

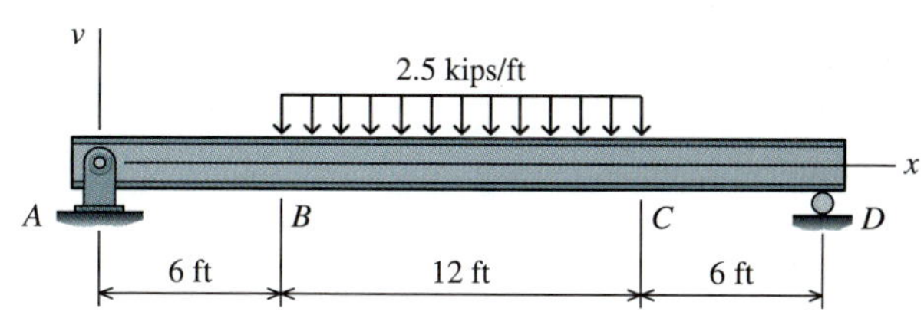


**FIGURE P10.36**

**P10.37** The simply supported beam shown in Figure P10.37 consists of a W21 × 50 structural steel wide-flange shape [$E = 29{,}000$ ksi; $I = 984$ in.$^4$]. For the loading shown, use discontinuity functions to compute:

(a) the slope of the beam at $A$, and
(b) the deflection of the beam at $B$.

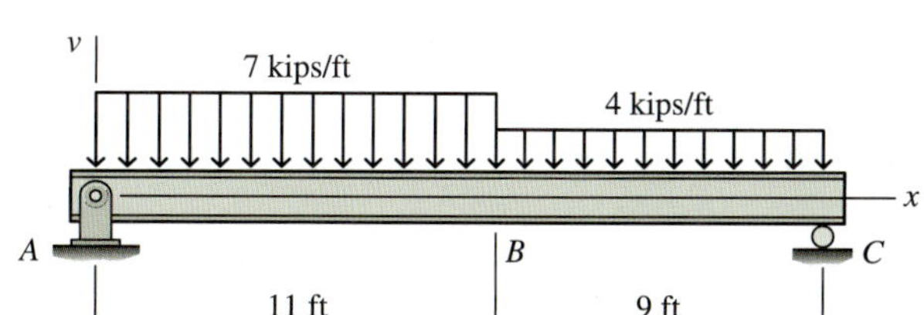


**FIGURE P10.37**

**P10.38** The simply supported beam shown in Figure P10.38 consists of a W200 × 59 structural steel wide-flange shape [$E = 200$ GPa; $I = 60.8 \times 10^6$ mm$^4$]. For the loading shown, use discontinuity functions to compute:

(a) the deflection of the beam at $C$, and
(b) the deflection of the beam at $F$.

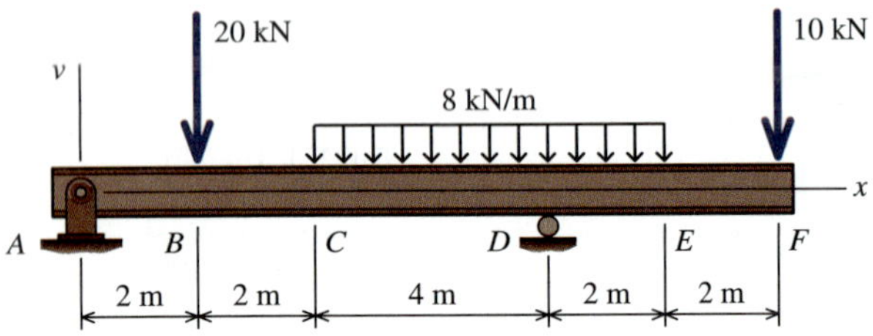


**FIGURE P10.38**

**P10.39** The solid 0.50-in.-diameter steel [$E = 30{,}000$ ksi] shaft shown in Figure P10.39 supports two belt pulleys. Assume that the bearing at $B$ can be idealized as a pin support and that the bearing at $D$ can be idealized as a roller support. For the loading shown, use discontinuity functions to compute:

(a) the shaft deflection at pulley $A$.
(b) the shaft deflection at pulley $C$.

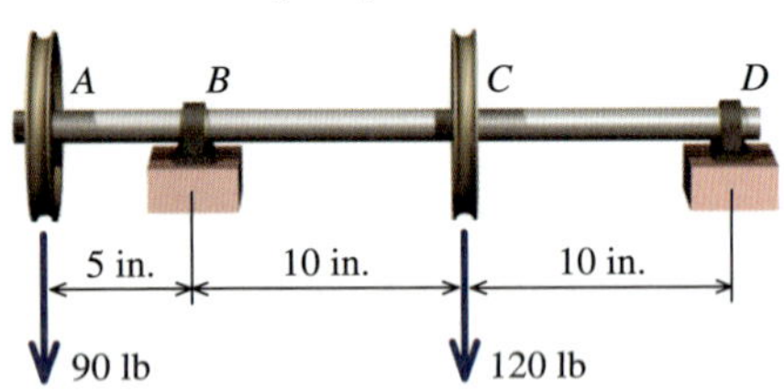


**FIGURE P10.39**

**P10.40** The cantilever beam shown in Figure P10.40 consists of a W8 × 31 structural steel wide-flange shape [$E = 29{,}000$ ksi; $I = 110$ in.$^4$]. For the loading shown, use discontinuity functions to compute:

(a) the slope of the beam at $A$, and
(b) the deflection of the beam at $A$.

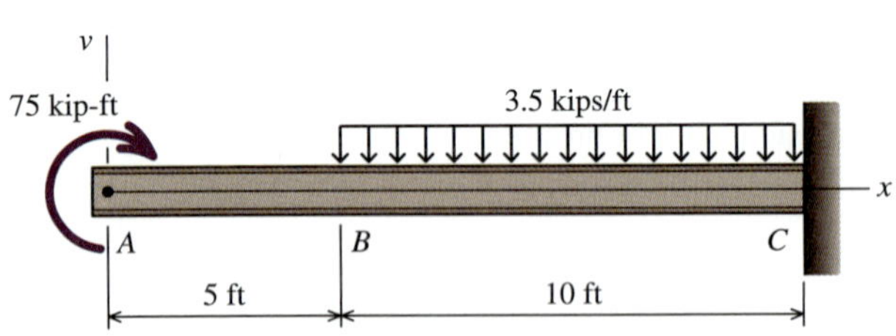


**FIGURE P10.40**

**P10.41** The simply supported beam shown in Figure P10.41 consists of a W14 × 34 structural steel wide-flange shape [$E = 29{,}000$ ksi; $I = 340$ in.$^4$]. For the loading shown, use discontinuity functions to compute:

(a) the slope of the beam at $E$, and
(b) the deflection of the beam at $C$.

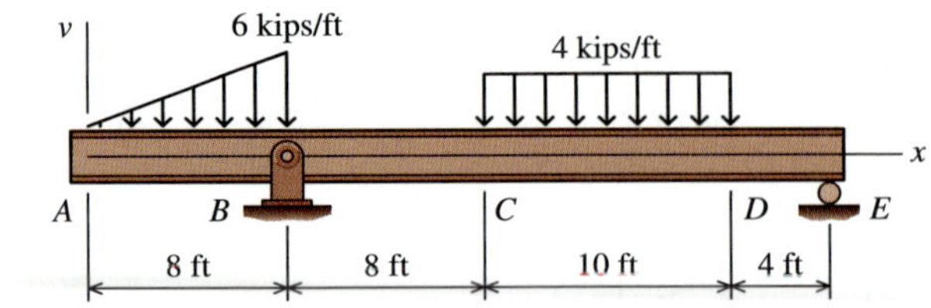


**FIGURE P10.41**

**P10.42** For the beam and loading shown in Figure P10.42, use discontinuity functions to compute:

(a) the deflection of the beam at $A$, and
(b) the deflection of the beam at midspan (i.e., $x = 2.5$ m).

Assume a constant value of $EI = 1{,}500$ kN-m$^2$ for the beam.

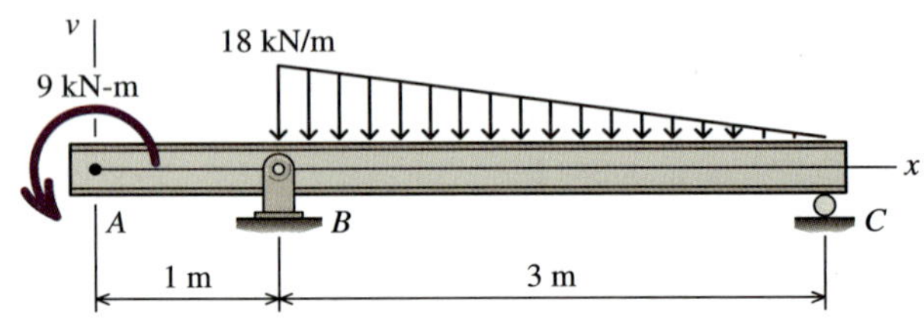


**FIGURE P10.42**

**P10.43** For the beam and loading shown in Figure P10.43, use discontinuity functions to compute:

(a) the slope of the beam at $B$, and
(b) the deflection of the beam at $A$.

Assume a constant value of $EI = 133{,}000$ kip-ft$^2$ for the beam.

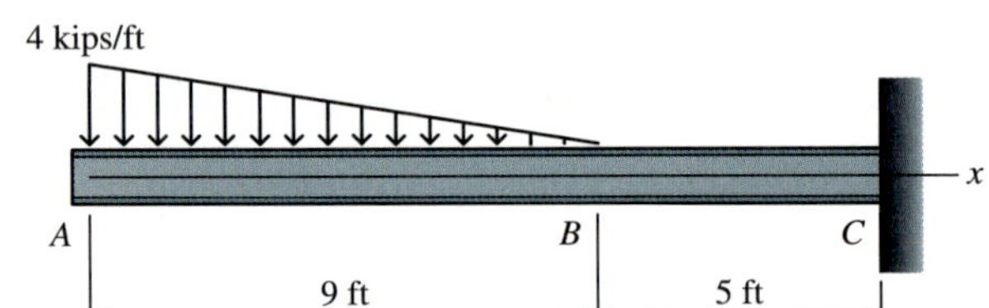


**FIGURE P10.43**

**P10.44** For the beam and loading shown in Figure P10.44, use discontinuity functions to compute:

(a) the slope of the beam at $B$, and
(b) the deflection of the beam at $C$.

Assume a constant value of $EI = 34 \times 10^6$ lb-ft$^2$ for the beam.

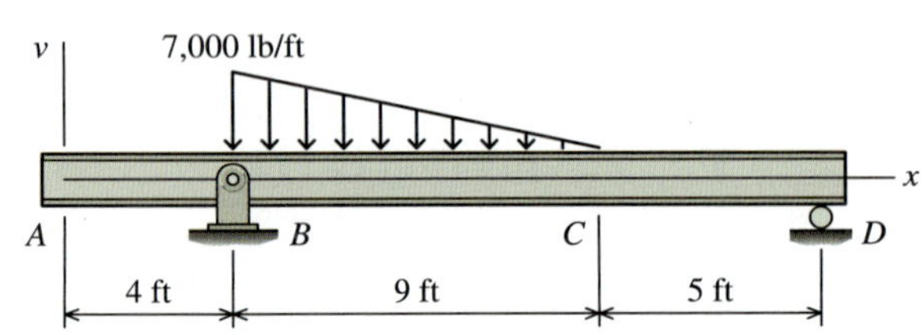


**FIGURE P10.44**

**P10.45** For the beam and loading shown in Figure P10.45, use discontinuity functions to compute:

(a) the slope of the beam at $A$, and
(b) the deflection of the beam at $B$.

Assume a constant value of $EI = 370{,}000$ kip-ft$^2$ for the beam.

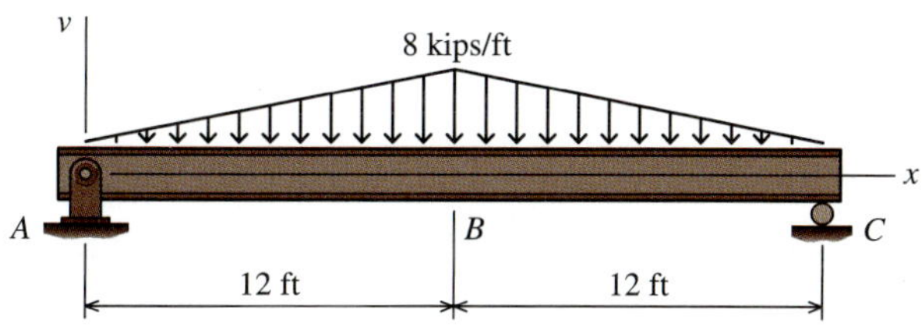


**FIGURE P10.45**

**P10.46** For the beam and loading shown in Figure P10.46, use discontinuity functions to compute:

(a) the slope of the beam at $B$, and
(b) the deflection of the beam at $B$.

Assume a constant value of $EI = 110{,}000$ kN-m$^2$ for the beam.

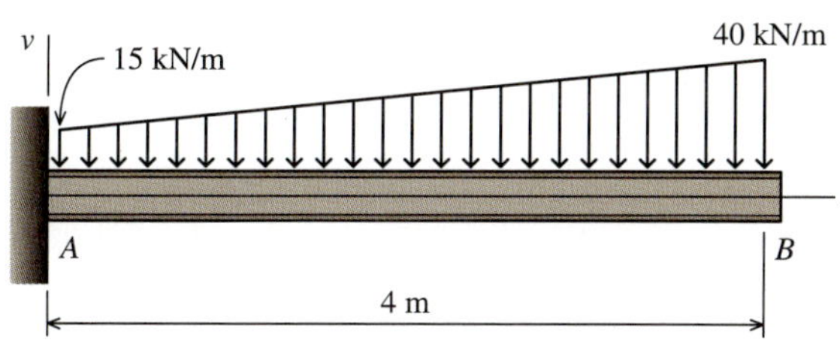


**FIGURE P10.46**

**P10.47** For the beam and loading shown in Figure P10.47, use discontinuity functions to compute:

(a) the deflection of the beam at $A$, and
(b) the deflection of the beam at $C$.

Assume a constant value of $EI = 24{,}000$ kN-m$^2$ for the beam.

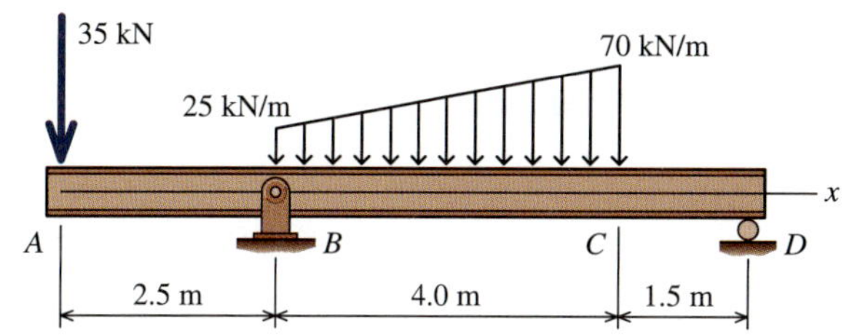


**FIGURE P10.47**

**P10.48** For the beam and loading shown in Figure P10.48, use discontinuity functions to compute:

(a) the slope of the beam at $B$, and
(b) the deflection of the beam at $A$.

Assume a constant value of $EI = 54{,}000$ kN-m$^2$ for the beam.

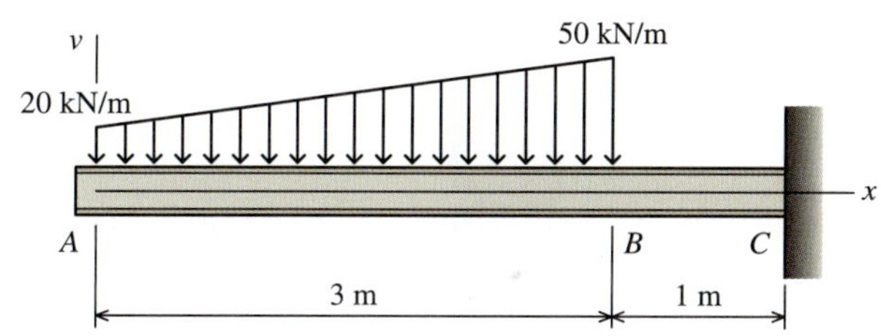


**FIGURE P10.48**

## 10.7 중첩법

중첩법은 보의 처짐을 구하는 실용적이고 편리한 방법이다. **중첩의 원리**는 여러 개의 하중이 어떤 물체에 동시에 작용하는 경우에 그 결합된 효과는 각각의 하중이 따로 작용하였을 때의 효과를 합한 것과 같음을 말한다. 이 원리를 어떻게 보의 처짐을 계산할 때 사용할 수 있는가? 균일분포하중과 자유단에서 집중하중을 받는 외팔보를 고려해 본다. $B$에서의 처짐량(그림 10.8$a$)을 구하기 위해 따로따로 두 번의 계산을 하여야 한다. 첫 번째로, 오직 균일분포하중(그림 10.8$b$)만을 고려하여 $B$에서의 처짐량을 구한다. 다음에 집중하중 $P$(그림 10.8$b$)만을 고려하여 처짐을 구한다. 이 두 개의 계산 결과를 산술적으로 합하면 전체 하중에 대한 $B$에서의 처짐량이 나온다.

흔히 사용되는 지지조건이나 하중에 대하여 보의 처짐과 기울기들은 공학 핸드북이나 다른 참고서적에 수록되어 있다. 흔히 사용되는 단순지지보나 외팔보의 경우 부록 C(이 표를 보통 빔 테이블(beam table)이라고 한다)에 식들이 실려 있다. 이러한 식들을 적절히 사용하면 여러 종류의 지지조건과 하중에 대하여 보의 처짐을 구할 수 있다.

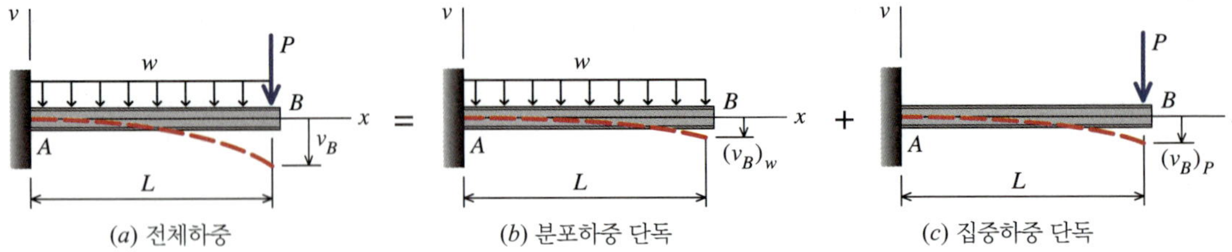


**그림 10.8** • 보의 처짐량을 구하기 위한 중첩의 원리

중첩의 원리가 보의 처짐을 구할 때 유효하려면 몇 가지 조건을 만족해야만 한다.

1. 처짐이 하중과 선형적인 관계를 가져야 한다. 부록 C에서 모든 하중변수(즉 $w$, $P$, $M$)들을 관찰해 보면, 관련함수는 이들에 관한 1차 함수이다.
2. 후크법칙이 적용되어야만 한다. 다시 말하면 응력과 변형률이 선형적이어야 한다.
3. 하중에 의해 원래 형상이 크게 변하지 않아야 한다. 이 조건은 보의 처짐이 작을 때 만족된다.
4. 여러 경우의 합으로 나타나는 경계조건은 원래의 경계조건과 같아야만 한다. 이러한 정황상 경계조건은 주로 보의 지지점에서의 처짐량과 기울기 값들이다.

**MecMovies Example M10.7**

중첩법을 두 개의 기초적인 예제(외팔보와 단순지지보)에 적용하기

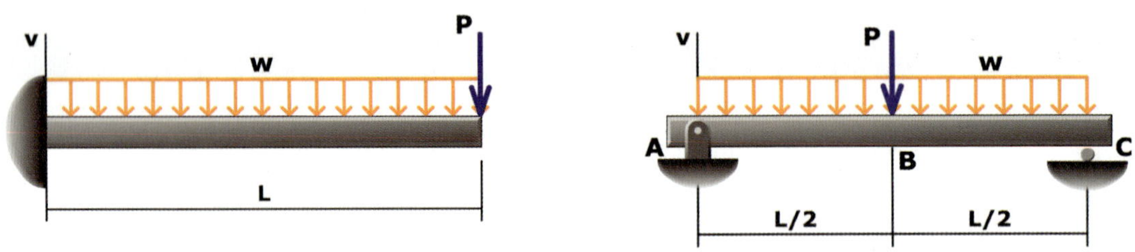


## 중첩법의 적용

중첩법은 보의 처짐량을 계산할 수 있는 빠르고 강력한 방법 중의 하나이다. 그러나 이 방법을 처음 적용할 때 공학계산보다는 기교에 가까워 보일 수도 있다. 진도를 나가기 전에 전형적인 보와 하중상에 자주 사용되는 여러 가지 계산 기술을 점검하여 보는 것이 도움이 될 것이다.

**기술 1—처짐을 구하기 위해 기울기 사용:** $B$에서의 처짐을 계산하기 위하여 $A$에서의 기울기가 필요할 수도 있다.

**기술 2—처짐을 구하기 위해 기울기와 처짐 사용:** $B$에서의 처짐을 계산하기 위하여 $A$에서의 기울기와 처짐 모두가 필요할 수도 있다.

**기술 3—처짐을 구하기 위해 탄성굽힘곡선 사용:** 외팔보의 자유단이나 단순지지보의 중앙과 같이 중요한 지점의 기울기나 처짐량이 테이블로 주어져 있다. 그러나 많은 경우에 다른 위치의 처짐량이 필요하다. 이러한 경우에 탄성굽힘곡선을 이용하여 처짐량을 구할 수 있다.

**기술 4—처짐을 구하기 위해 외팔보와 단순지지보 이용:** 단순지지되어 있으나 돌출되어 있는 보의 돌출되어 있는 자유단의 처짐을 계산하기 위하여 외팔보와 단순지지보의 식이 필요하다.

**기술 5—처짐을 구하기 위해 하중의 상쇄 이용:** 분포하중이 일부에만 작용하는 보의 경우에 우선 보 전체에 작용하는 분포하중을 적용한다. 그리고 반대 하중(즉, 같은 크기이나 방향이 반대)을 보의 일부에 더하면 하중이 서로 상쇄되어 없어진다. 이 기술은 선형적으로 변하는 분포하중(즉, 삼각형하중)의 경우에도 유용하다.

**기술 6—미지의 반력과 모멘트를 구하기 위해 특정한 위치의 알고 있는 처짐량 이용:** 이 기술은 부정정계의 해석에 특히 유용하다.

**기술 7—미지의 반력과 모멘트를 구하기 위해 특정한 위치의 알고 있는 기울기 이용:** 이 기술은 부정정계의 해석에 특히 유용하다.

**기술 8—보와 하중을 한 가지 방법 이상으로 나누어 구성:** 주어진 보와 하중을 여러 가지 방법으로 좁게 나누거나 더하여 원래와 같은 보의 형상과 경계조건을 만들 수 있다(즉, 지지점에서의 처짐량이나 기울기). 같은 결과를 얻기 위하여 다른 방법을 사용하면 계산량을 줄일 수 있다.

전술한 기술들이 예제와 MecMovies M10.3과 M10.4(8 Skills: Part I and Part II), MecMovies M10.5(중첩법 시동걸기)에 예제와 함께 소개된다.

## MecMovies Example M10.3 and M10.4

**8 기술:** I부와 II부

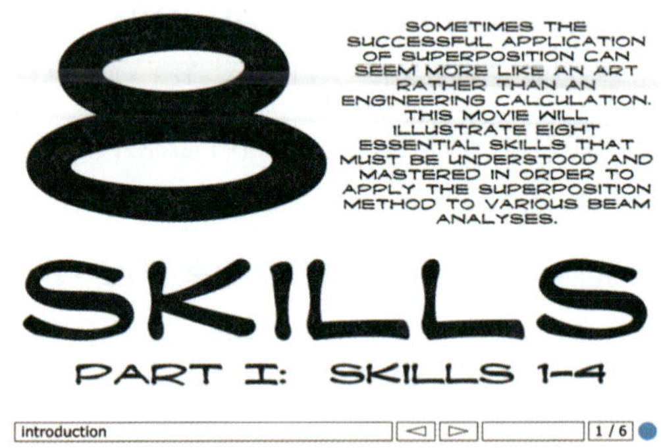


## MecMovies Example M10.5

**중첩법 시동걸기:** 중첩법을 잘 적용하여 보의 처짐을 구하기 위한 기본적인 기술을 보여주는 일련의 예제와 연습문제

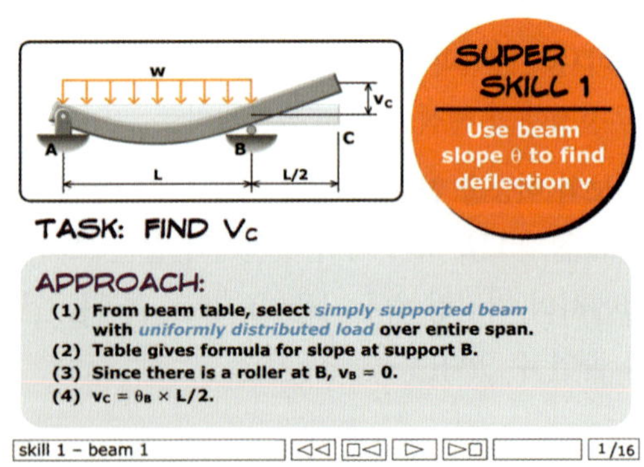


## 예제 10.9 EXAMPLE

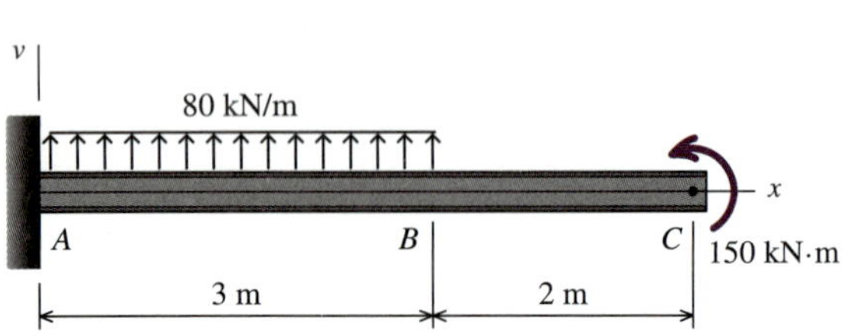


외팔보가 광폭 플랜지 형상의 구조용 형강(W형강)으로 이루어져 있다[$E = 20$ GPa, $I = 650 \times 10^6$ mm$^4$]. 그림과 같은 하중에서 다음을 구하라.

(a) 점 $B$에서의 처짐량

(b) 점 $C$에서의 처짐량

**풀이 계획**

이 문제를 풀기 위하여 주어진 하중을 두 가지 경우로 분해한다. (1) 균일분포하중을 받는 외팔보, (2) 자유단에서 집중모멘트를 받는 외팔보. 이 두 가지 경우에 부록 C의 테이블에서 적합한 식들이 주어져 있다. 경우 1에서는 $B$와 점 $C$의 처짐량을 구하기 위하여 외팔보의 자유단에서 처짐량과 회전각의 식을 사용한다. 경우 2에서는 탄성굽힘곡선이 두 지점의 처짐량을 구하기 위해 사용된다.

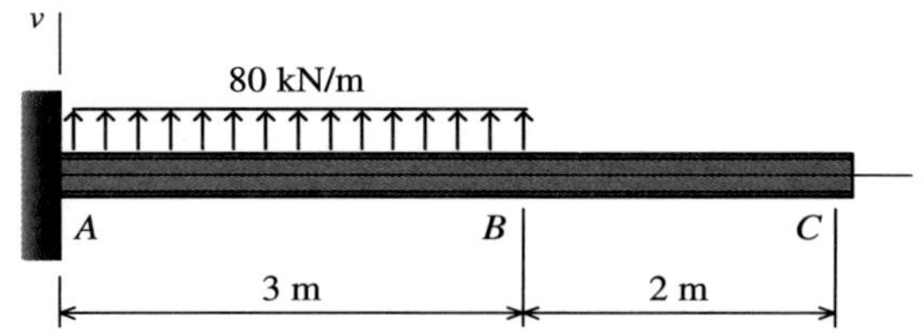


**경우 1—균일분포하중을 받는 외팔보**

**풀이**

이 예제의 경우 탄성계수가 $E = 200$ Gpa이고 관성모멘트는 $I = 650 \times 10$ mm$^4$이다. 모든 식에서 $EI$가 나타나므로 이 값을 미리 계산하여 두는 것이 좋다.

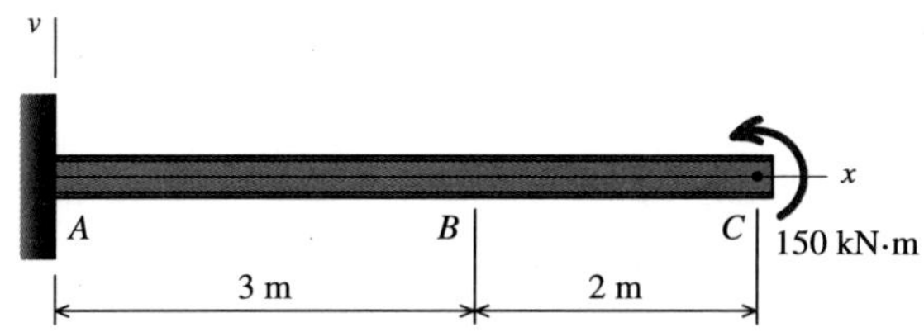


**경우 2—집중모멘트를 받는 외팔보**

$$\begin{aligned} EI &= (200 \text{ GPa})(650 \times 10^6 \text{ mm}^4) = 130 \times 10^{12} \text{ N·mm}^2 \\ &= 130 \times 10^3 \text{ kN·m}^2 \end{aligned}$$

모든 계산을 진행하면서 단위를 일관되게 유지하는 것이 필수적이다. 이것은 중첩법에서 특히 중요하다. 빔 테이블에서 얻은 여러 가지 식들에 숫자를 대입할 때 단위를 혼동하기가 쉽다. 만약 이런 일이 일어나면 3 m 길이의 보에서 처짐량이 1,000,000 mm로 나타나는 것과 같이 터무니없는 결과를 얻을 수 있다. 이런 상황을 피하기 위해 항상 각 변수에 해당하는 단위를 주의해야 하고 모든 단위는 일관성을 유지하여야 한다.

**경우 1—균일분포하중을 받는 보**

부록 C의 빔 테이블에서 보 전체에 균일분포하중을 받는 외팔보의 자유단의 처짐량이 다음과 같이 주어져 있다.

$$v_{max} = -\frac{wL^4}{8EI} \tag{a}$$

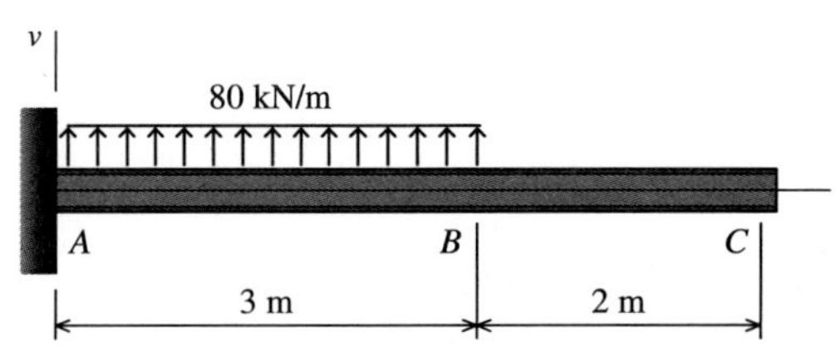


점 $B$의 처짐량은 이 식을 이용하여 구할 수 있다. 그러나 이 식은 점 $C$의 처짐을 구하기 위하여 충분하지 않다. 여기서 고려한 보는 균일분포하중이 $A$와 $B$ 사이에만 걸쳐져 있다. $B$와 $C$ 사이에는 하중이 작용하지 않는다. 이것은 이 구간에 굽힘모멘트가 없다는 것을 의미한다. 굽힘모멘트가 없으면 보는 굽지 않을 것이다(즉, 구부러지지 않는다). 그리고 $B$와 $C$ 사이의 기울기는 일정할 것이다. 보가 연속이므로 $B$와 $C$ 사이의 기울기는 균일분포하중으로 인한 점 $B$에서의 기울기와 같아야만 한다(**주의:** 작은 처짐을 가정하였으므로 보의 기울기 $dv/dx$는 회전각 $\theta$와 같다. 여기서 "기울기"와 "회전각"은 같은 의미로 사용된다).

부록 C의 빔 테이블로부터 외팔보 자유단의 기울기는 다음과 같이 주어진다.

$$\theta_{max} = -\frac{wL^3}{6EI} \tag{b}$$

$C$에서의 처짐량은 식 (a)와 (b)를 모두 사용하여야 한다.

**문제해결 조언:** 계산을 시작하기 전에 굽어진 보의 형상을 그려보는 것이 도움이 된다. 그다음, 보를 해석하기 위하여 필요한 표준식에서 나타나는 모든 변수를 관련 변수의 구체적인 값과 함께 목록으로 만든다. 이때 모든 단위가 일관성을 갖도록 해야 한다. 예를 들면, 모든 힘의 단위를 킬로뉴턴(kN)으로 통일하고, 모든 길이는 미터(m)로 통일한다. 식에서 나오는 변수들의 간단한 목록을 만드는 것이 성공을 좀더 보장하고 계산 과정을 확인할 때 시간을 절약하게 해준다.

$B$에서의 처짐량: 식 (a)를 이용하여 점 $B$의 처짐량을 계산한다. 이 예제의 경우,

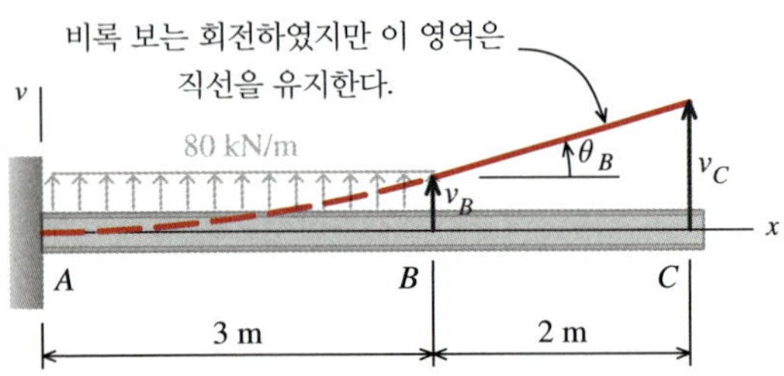


$$w = -80 \text{ kN/m}$$
$$L = 3 \text{ m}$$
$$EI = 130 \times 10^3 \text{ kN·m}^2$$

**주의:** 빔 테이블에 나타난 방향과 반대 방향으로 분포하중이 작용하므로 여기서의 분포하중 $w$는 나타난 음수이다. 균일분포하중 구간의 길이가 3 m이므로 외팔보 보의 길이 $L$을 3 m로 잡는다.

이 값들을 식 (a)에 대입하여 구하면

$$v_B = -\frac{wL^4}{8EI} = -\frac{(-80 \text{ kN/m})(3 \text{ m})^4}{8(130 \times 10^3 \text{ kN·m}^2)} = 6.231 \times 10^{-3} \text{ m} = 6.231 \text{ mm}$$

예상한 대로 양의 값은 위쪽으로 굽어진 것을 의미한다.

$C$에서의 처짐량: $C$에서의 처짐량은 $B$에서의 처짐량에 $B$와 $C$ 사이의 기울기로 인한 추가 처짐량을 더한 것과 같다. $B$에서의 회전각이 식 (b)에 주어져 있고 앞에서와 같은 변수를 사용하면

$$\theta_B = -\frac{wL^3}{6EI} = -\frac{(-80 \text{ kN/m})(3 \text{ m})^3}{8(130 \times 10^3 \text{ kN·m}^2)} = 2.769 \times 10^{-3} \text{ rad}$$

$C$에서의 처짐량은 $v_B$, $\theta_B$와 $B$와 $C$ 사이의 길이로부터 계산한다.

$$\begin{aligned} v_C = v_B + \theta_B(2 \text{ m}) &= (6.231 \times 10^{-3} \text{ m}) + (2.769 \times 10^{-3} \text{ rad})(2 \text{ m}) \\ &= 11.769 \times 10^{-3} \text{ m} = 11.769 \text{ mm} \end{aligned}$$

양의 값은 위쪽으로 굽어진 것을 의미한다.

**경우 2—집중모멘트를 받는 보**

부록 C의 빔 테이블로부터 자유단에 집중모멘트를 받는 외팔보의 탄성굽힘곡선은 다음과 같이 주어진다.

$$v = -\frac{Mx^2}{2EI} \qquad \text{(c)}$$

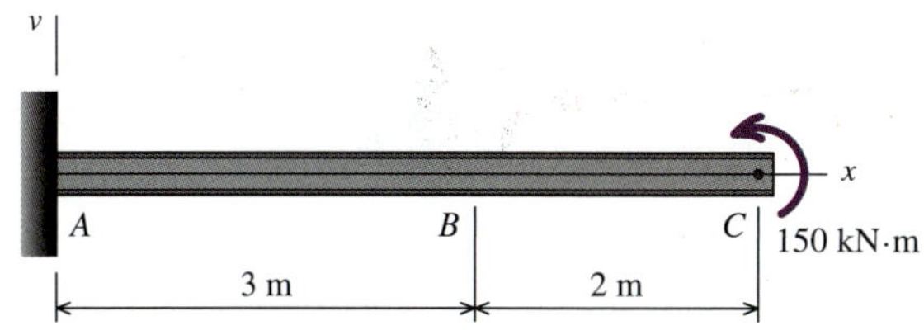


*B*에서의 처짐: 이 경우 *B*와 *C*에서의 처짐을 계산할 때 탄성굽힘곡선을 사용한다. 이 보의 경우,

$$M = -150 \text{ kN·m}$$
$$EI = 130 \times 10^3 \text{ kN·m}^2$$

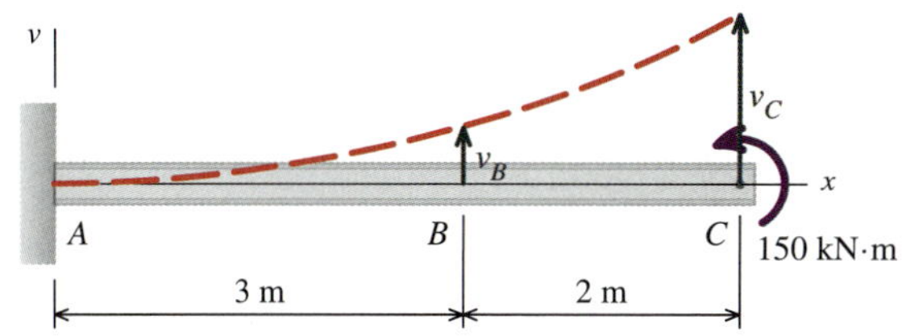


**주의:** 집중모멘트 *M*은 테이블에서 보인 것과 반대 방향이므로 음이다.

이 값을 식 (c)에 $x = 3$ m과 같이 대입하여 *B*의 처짐을 구한다.

$$v_B = -\frac{Mx^2}{2EI} = -\frac{(-150 \text{ kN·m})(3 \text{ m})^2}{2(130 \times 10^3 \text{ kN·m}^2)} = 5.192 \times 10^{-3} \text{ m} = 5.192 \text{ mm}$$

*C*에서의 처짐: 이 값을 식 (c)에 $x = 5$ m과 같이 대입하여 *C*의 처짐을 구한다.

$$v_C = -\frac{Mx^2}{2EI} = -\frac{(-150 \text{ kN·m})(5 \text{ m})^2}{2(130 \times 10^3 \text{ kN·m}^2)} = 14.423 \times 10^{-3} \text{ m} = 14.423 \text{ mm}$$

**두 가지 경우의 결합**

경우 1과 2에서 구한 *B*와 *C*에서의 처짐량을 더하여 구한다.

$v_B = 6.231 \text{ mm} + 5.192 \text{ mm} = 11.42 \text{ mm}$ **Ans.**

$v_C = 11.769 \text{ mm} + 14.423 \text{ mm} = 26.2 \text{ mm}$ **Ans.**

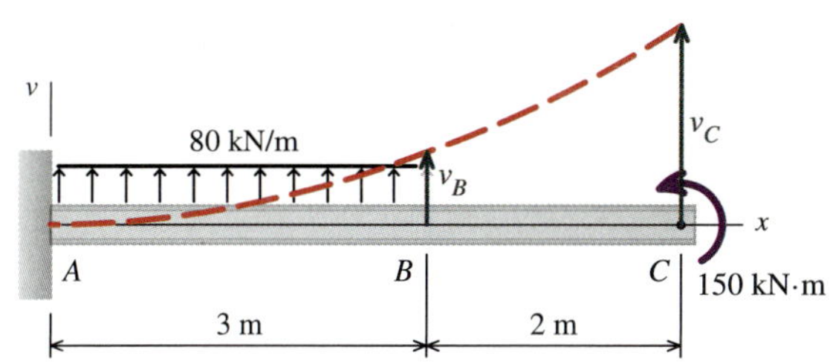


**MecMovies Example M10.8**

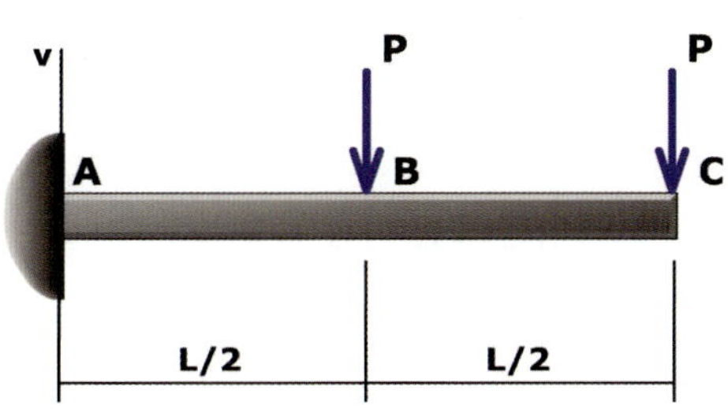


그림의 외팔보의 최대 처짐량을 구하라. *EI*는 보에서 일정하다.

## MecMovies Example M10.9

그림의 보에서 점 $C$의 처짐량을 구하라. $EI$는 보에서 일정하다.

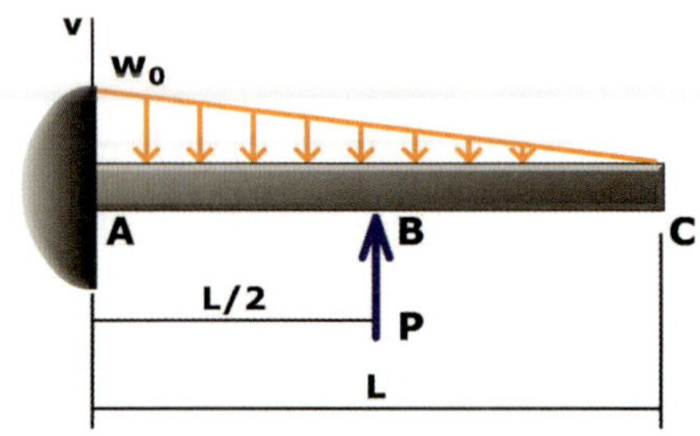


## 예제 10.10 EXAMPLE

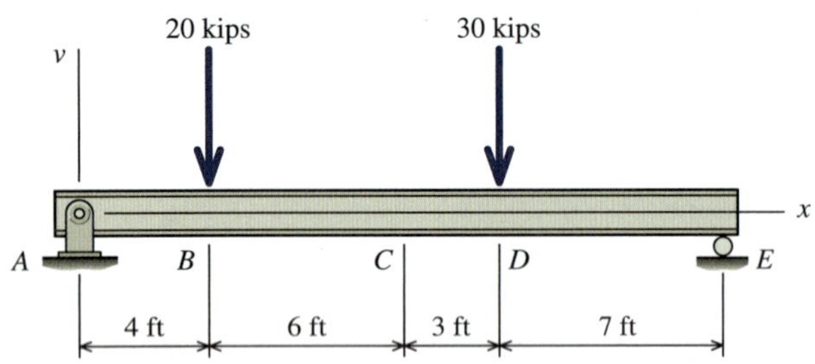


단순지지보가 넓은 플랜지 형상인 W16 × 40의 W형강으로 이루어져 있다[$E = 29{,}000$ ksi; $I = 518$ in.$^4$]. 그림과 같은 하중을 받을 때 점 $C$에서의 처짐량을 구하라.

### 풀이 계획

빔 테이블의 표준 형상 중의 하나는 단순지지보가 중앙 이외의 지점에서 집중하중을 받는 것이다. 표준 형상의 탄성굽힘곡선식이 처짐량을 구하는 데 사용될 것이다. 예제에는 두 개의 집중하중이 있다. 주어진 식이 전체 보의 일부에만 적용이 가능하므로 탄성굽힘곡선식은 각 하중의 경우에 다르게 적용하여야만 한다.

### 풀이

처짐을 구하기 위해 문제를 두 가지 경우로 나누어야 한다. 경우 1에서는 30 kip의 하중이 단순지지보에 작용하는 경우를 고려한다. 경우 2에서는 20 kip 하중을 고려한다. 빔 테이블에서 중앙 이외의 위치에서 한 개의 집중하중이 작용하는 탄성굽힘곡선식은 다음과 같다.

$$v = -\frac{Pbx}{6LEI}(L^2 - b^2 - x^2) \quad 0 \le x \le a\text{에서} \tag{a}$$

예제의 경우 탄성계수 $E = 29{,}000$ ksi이고 관성모멘트 $I = 518$ in.$^4$이다. 모든 계산에 포함되는 $EI$는 다음 값을 갖는다.

$$EI = (29{,}000\ \text{ksi})(518\ \text{in.}^4) = 15.022 \times 10^6\ \text{kip-in.}^2$$

**경우 1—30 kip 하중의 경우**

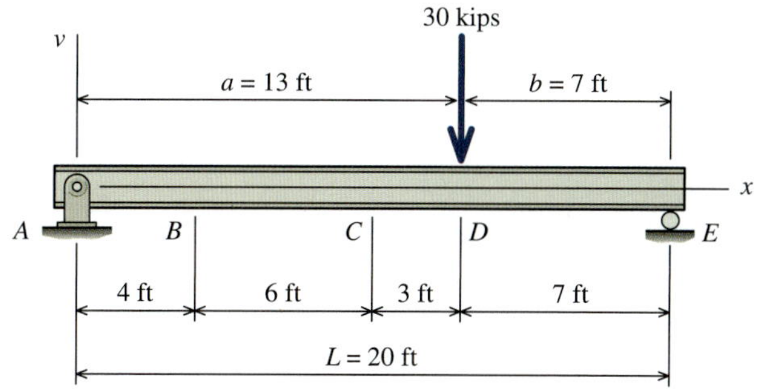


탄성굽힘곡선식을 적용할 수 있는 구간을 아는 것이 필수적이다. 식 (a)는 원점에서 집중하중이 작용하는 점까지(넘을 수는 없다)의 처짐을 구할 수 있다. 식에서 $a$로 표시되어 있으며 $a = 13$ ft이다. 점 $C$이 $x = 10$ ft에 위치해 있으므로 이 경우에 처짐곡선을 적용할 수 있다.

처진 보의 형상이 보인다. 탄성굽힘곡선식에서 나타나는 변수들의 값을 열거해 보라.

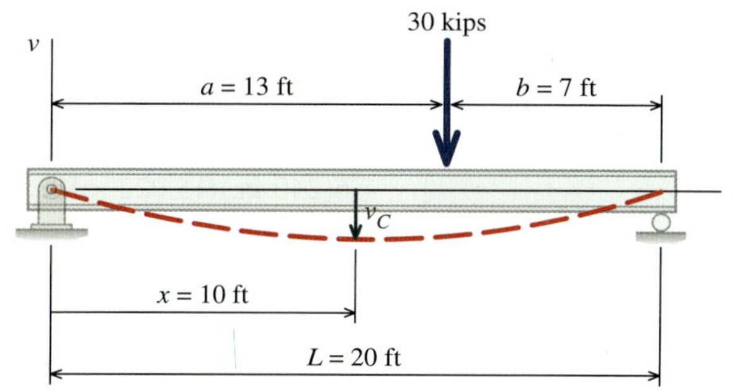


$$P = 30 \text{ kips}$$
$$b = 7 \text{ ft} = 84 \text{ in.}$$
$$L = 20 \text{ ft} = 240 \text{ in.}$$
$$EI = 15.022 \times 10^6 \text{ kip-in.}^2$$

$C$에서의 처짐량: $C$에서 $x = 10$ ft $= 120$ in.이므로 처짐량은 다음과 같다.

$$\begin{aligned} v_C &= -\frac{Pbx}{6LEI}(L^2 - b^2 - x^2) \\ &= -\frac{(30 \text{ kips})(84 \text{ in.})(120 \text{ in.})}{6(240 \text{ in.})(15.022 \times 10^6 \text{ kip-in.}^2)}[(240 \text{ in.})^2 - (84 \text{ in.})^2 - (120 \text{ in.})^2] \\ &= -0.5053 \text{ in.} \end{aligned}$$

**경우 2—20 kip 하중의 경우**

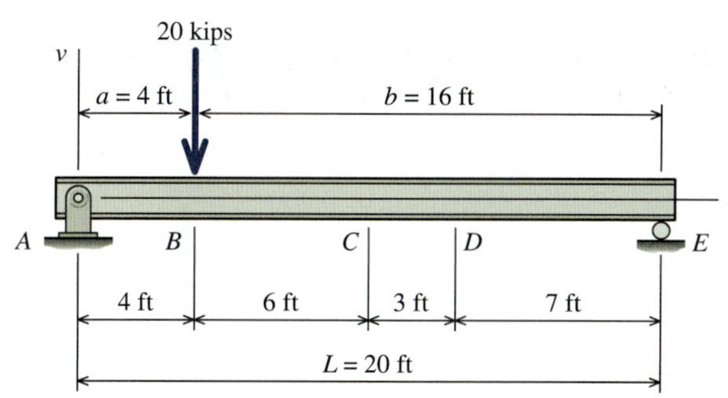


다음으로 단순지지보에 20 kip만 작용하는 경우를 고려해 본다. 그림으로부터 20 kip 하중이 적용되는 $a$의 거리가 $a = 4$ ft임이 명백하다. $C$가 $x = 10$ ft에 위치하여 $x > a$이므로 탄성굽힘곡선을 적용할 수 없다.

그러나 이 경우에도 간단한 좌표변환을 통하여 탄성굽힘곡선식을 이용할 수 있다. $x-v$ 좌표축의 원점을 보의 오른쪽 끝으로 옮기고 양의 $x$방향을 보의 핀지지 방향인 왼쪽으로 다시 정의한다. 이러한 변환을 통하여 $x < a$인 경우의 탄성굽힘곡선을 사용할 수 있다.

처짐곡선에서 나타나는 변수들은 다음과 같다.

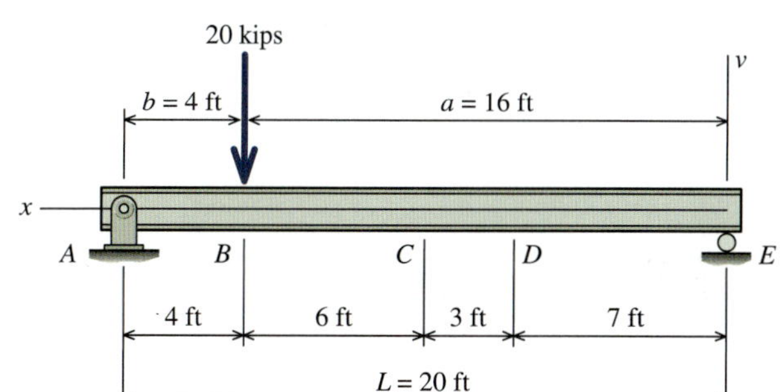

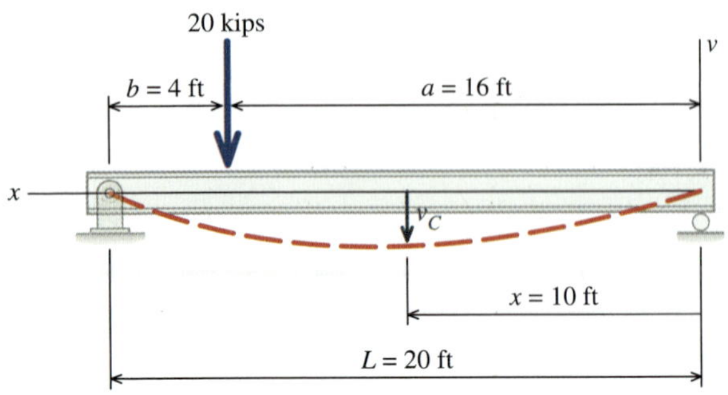


$P = 20$ kips

$b = 4 \text{ ft} = 48 \text{ in.}$

$L = 20 \text{ ft} = 240 \text{ in.}$

$EI = 15.022 \times 10^6 \text{ kip-in.}^2$

$C$에서의 처짐량: $C$에서 $x = 10 \text{ ft} = 120 \text{ in.}$이므로 점 $C$의 처짐량은 다음과 같다.

$$\begin{aligned} v_C &= -\frac{Pbx}{6LEI}(L^2 - b^2 - x^2) \\ &= -\frac{(20 \text{ kips})(48 \text{ in.})(120 \text{ in.})}{6(240 \text{ in.})(15.022 \times 10^6 \text{ kip-in.}^2)}[(240 \text{ in.})^2 - (48 \text{ in.})^2 - (120 \text{ in.})^2] \\ &= -0.2178 \text{ in.} \end{aligned}$$

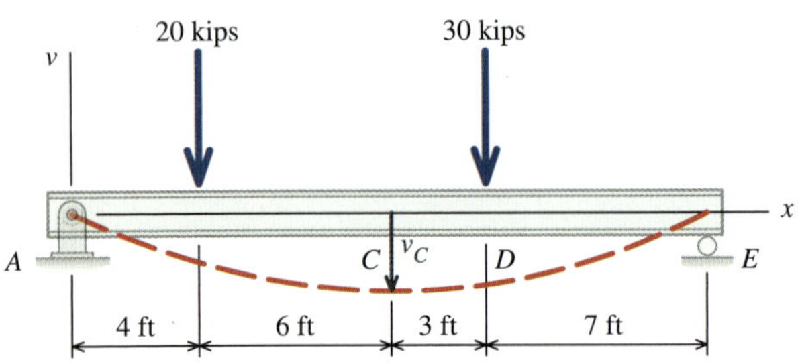


**두 가지 경우의 결합**

경우 1과 2의 합으로 $C$의 처짐량을 구한다.

$$v_C = -0.5053 \text{ in.} - 0.2178 \text{ in.} = -0.723 \text{ in.} \qquad \textbf{Ans.}$$

## 예제 10.11 EXAMPLE

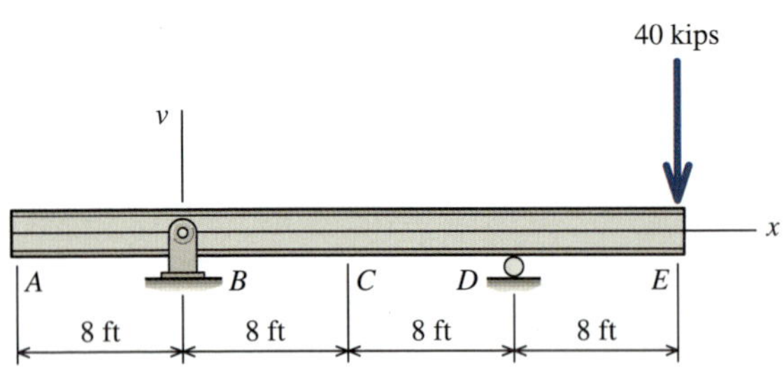


단순지지보가 광폭 플랜지 형상인 W24 × 76인 W형강으로 이루어져 있다[$E = 29{,}000$ ksi; $I = 518 \text{ in.}^4$]. 그림과 같은 하중을 받을 때 다음을 구하라.

(a) 점 $C$에서의 처짐량

(b) 점 $A$에서의 처짐량

(c) 점 $E$에서의 처짐량

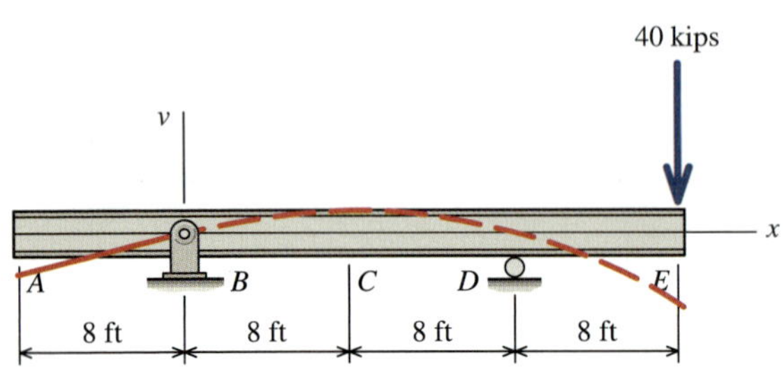


**풀이 계획**

이 문제를 풀기 전에 탄성곡성의 처진 모양을 그린다. 40 kip의 하중으로 $E$에서 아래 방향으로 처질 것이다. 이로 인해 두 지지점 사이의 보는 위로 굽을 것이다. $B$는 핀지지이므로 처짐량은 영이고 기울기는 영이 아닐 것이다.

$B$와 $C$ 사이의 보 구간을 좀더 자세히 고려해 본다. 무엇이 이 구간에서 보를 위쪽으로 굽게 할까? 확실히 40 kip의 하중이 영향을 끼쳤다. 그러나 좀더 자세히 보면, 40 kip 하중은 굽힘모멘트를 일으키고 이 굽힘모멘트가 보를 위쪽으로 굽게 한다. 이러한 이유로 단순지지보의 한 끝에 작용하는 집중모멘트의 영향은 점 $C$에서의 처짐을 계산할 때만 고려해야 한다.

다음으로 구간 $A$와 $B$ 사이에서 돌출된 구간을 고려해 본다. 아무런 굽힘모멘트가 이 구간에 작용하지 않는다. 따라서 이 구간의 보는 굽지 않을 것이나 가운데 부분의 영향으로 회전은 한다. 돌출된 구간 $AB$의 회전각은 $\theta_B$와 같다. 돌출된 구간 $AB$의 처짐량은 전적으로 이 회전에 의한 것이다. 당연히 $A$에서의 처짐은 가운데 부분의 회전각 $\theta_B$로부터 계산할 수 있다.

마지막으로 $D$와 $E$ 사이의 돌출된 구간을 고려해 본다. $E$에서의 처짐은 두 가지 영향을 복합적으로 받는다. 두 영향 중 좀더 명백한 영향은 외팔보의 자유단에 집중하중으로 인한 처짐이다. 그러나 이 처짐이 $E$에서의 모든 처짐을 의미하지 않는다. 부록 C에 있는 표준 외팔보의 경우 고정단에서 회전하지 않는다. 다시 말하면 외팔보의 경우 지지점을 강체로 가정한다. 그러나 돌출된 구간 $DE$는 강체지지로 되어 있지 않고 유연한 가운데 구간 $BD$와 연결되어 있다. 가운데 구간이 굽혀지면서 돌출구간은 아래로 회전한다. 이것이 $E$점의 처짐에 미치는 두 번째 영향이다. $E$에서의 처짐을 계산하기 위해서는 외팔보와 단순지지보 두 가지 모두를 고려해야만 한다.

**풀이**

예제의 경우 탄성계수가 $E = 29{,}000$ ksi이고 관성모멘트가 $I = 2{,}100$ in.$^4$이다. 모든 계산에 포함되는 $EI$는 다음 값을 갖는다.

$$EI = (29{,}000\text{ ksi})(2{,}100\text{ in.}^4) = 60.9 \times 10^6\text{ kip-in.}^2$$

40 kip의 하중으로 $D$에 생기는 굽힘모멘트는 $M = (40\text{ kips})(8\text{ ft}) = 320\text{ kip-ft} = 3{,}840\text{ kip-in.}$

**경우 1—가운데 구간의 상향 처짐량**

보 가운데 구간에 있는 점 $C$에서의 상향 처짐량은 단순지지보에서 점 $D$에 집중모멘트가 작용할 때 처짐곡선으로부터 계산할 수 있다.

$$v = -\frac{Mx}{6LEI}(x^2 - 3Lx + 2L^2) \tag{a}$$

$C$에서의 처짐량: 다음 값을 식 (a)에 대입한다.

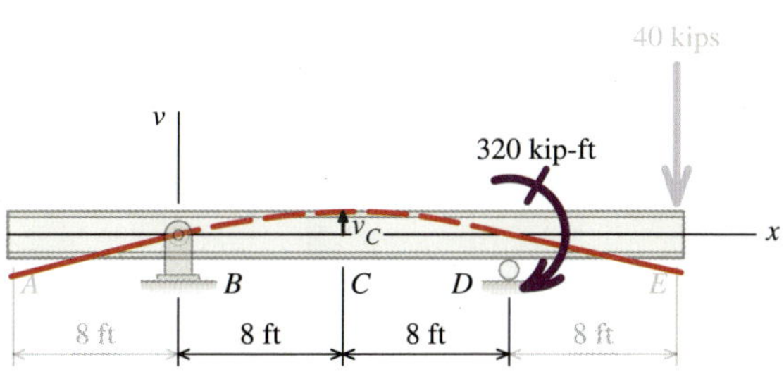


$$M = -320\text{ kip-ft} = -3{,}840\text{ kip-in.}$$
$$x = 8\text{ ft} = 96\text{ in.}$$
$$L = 16\text{ ft} = 192\text{ in.}$$
$$EI = 60.9 \times 10^6\text{ kip-in.}^2$$

$C$의 처짐량을 구하기 위해

$$v_C = -\frac{Mx}{6LEI}(x^2 - 3Lx + 2L^2)$$
$$= -\frac{(-3{,}840\text{ kip-in.})(96\text{ in.})}{6(192\text{ in.})(60.9 \times 10^6\text{ kip-in.}^2)}[(96\text{ in.})^2 - 3(192\text{ in.})(96\text{ in.}) + 2(192\text{ in.})^2] = +0.1453\text{ in.}$$ **Ans.**

**경우 2—돌출구간 $AB$의 하향 처짐**

돌출구간에 있는 점 $A$에서의 하향 처짐량은 단순지지보에서 점 $D$에 집중모멘트가 작용할 때 지지점 $B$에서의 회전각으로부터 계산할 수 있다. 빔 테이블에서 집중모멘트로 인한 보 끝단의 회적각 크기는 반대이며 다음과 같이 주어진다.

$$\theta = \frac{ML}{6EI} \tag{b}$$

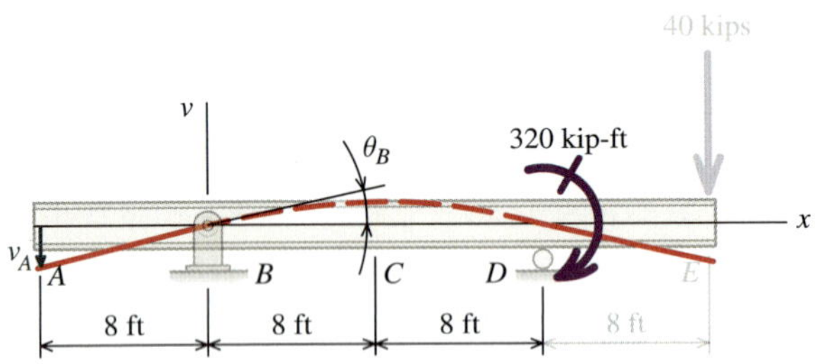


앞에서 정의한 값으로 점 $B$의 회전각 크기를 구하면

$$\theta_B = \frac{ML}{6EI} = \frac{(3{,}840\text{ kip-in.})(192\text{ in.})}{6(60.9\times10^6\text{ kip-in.}^2)} = 0.0020177\text{ rad}$$

$A$에서의 처짐량: 잘 관찰해 보면, $B$에서의 회전각은 양이어야 한다. 즉 보의 기울기는 지지점에서 오른쪽으로 올라가야 한다. 돌출구간에 굽힘모멘트가 없으므로 $A$와 $B$ 사이 구간에서 굽어지지 않는다. 그 기울기는 일정하고 $\theta_B$와 같아야 한다. $A$에서의 처짐량을 기울기로부터 계산한다.

$$v_A = \theta_B L_{AB} = (0.0020177\text{ rad})(96\text{ in.}) = 0.1937\text{ in.}$$

잘 살펴보면 돌출구간은 $A$에서 아래로 처질 것이다. 따라서 $v_A = -0.1937$ in.이다. **Ans.**

**경우 3—돌출구간 $DE$의 하향 처짐**

돌출구간 상에 있는 $E$점의 하향처짐을 계산하기 위해서는 두 가지를 고려해야 한다. 첫째로 자유단에서 집중하중을 받는 외팔보를 고려해 본다. 외팔보 끝단에서의 처짐은 다음과 같이 주어진다.

$$v_{max} = -\frac{PL^3}{3EI} \tag{c}$$

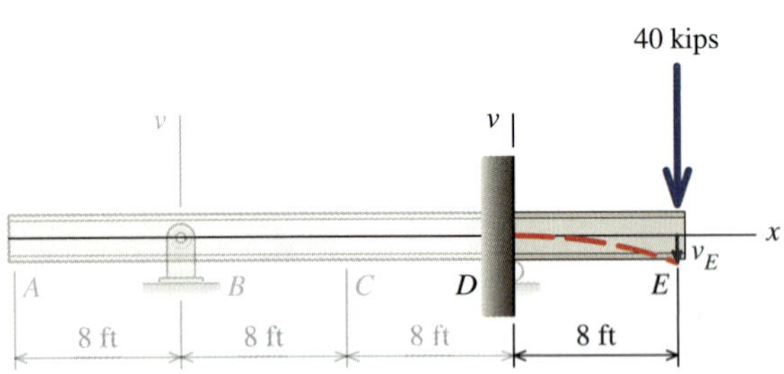


다음의 값들을 사용하면,

$$P = 40\text{ kips}$$
$$L = 8\text{ ft} = 96\text{ in.}$$
$$EI = 60.9\times10^6\text{ kip-in.}^2$$

$E$에서의 처짐량 중 한 가지 성분을 계산할 수 있다.

$$v_E = -\frac{PL^3}{3EI} = -\frac{(40\text{ kips})(96\text{ in.})^3}{3(60.9\times10^6\text{ kip-in.}^2)} = -0.1937\text{ in.} \tag{d}$$

앞에서 논의한 대로, 이 외팔보가 $E$에서의 모든 처짐을 설명하지는 않는다. 식 (c)에서 외팔보가 지지점에서 회전되지 않는다고 가정하였다. 그러나 보의 가운데 구간 $BD$는 유연하므로 돌출구간 $DE$는 가운데 부분이 굽혀짐에 따라 아래로 회전한다. 집중모멘트 $M$으로 인한 보 가운데 구간의 회전각 크기는 다음과 같다.

$$\theta = \frac{ML}{3EI} \tag{e}$$

**주의:** 식 (e)는 단순지지보에서 한쪽 지지점에서 집중모멘트 $M$이 작용할 때 보의 회전각이다. 경우 2의 값들을 사용하여 지지점 $D$에서의 회전각을 계산할 수 있다.

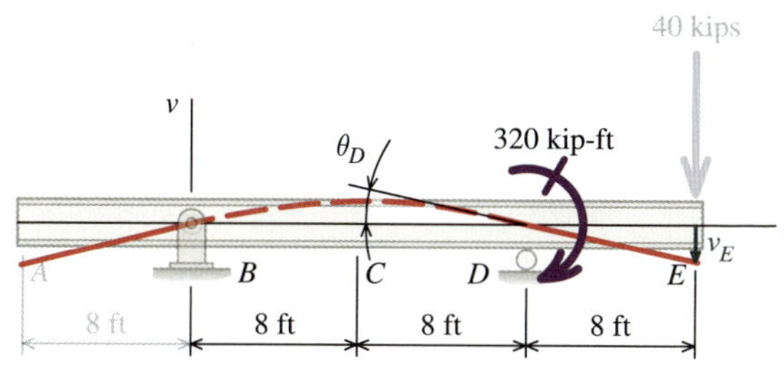


$$\theta_D = \frac{ML}{3EI} = \frac{(3{,}840\text{ kip-in.})(192\text{ in.})}{3(60.9\times 10^6\text{ kip-in.}^2)} = 0.0040355\text{ rad}$$

관찰해 보면 회전각 $D$는 음이어야만 한다. 즉 보의 기울기는 롤러지지점에서 오른쪽 방향으로 하향되어야 한다. 점 $D$에서의 회전에 의한 $E$에서의 처짐량은 기울기와 돌출구간 $DE$의 길이로부터 계산할 수 있다.

$$v_E = \theta_D L_{DE} = (0.0040355\text{ rad})(96\text{ in.}) = 0.3874\text{ in.}$$

관찰해 보면, 돌출구간은 $E$에서 아래쪽으로 처져야 한다. 결론적으로 이 처짐 성분은

$$v_E = -0.3874\text{ in.} \tag{f}$$

$E$에서의 전체 처짐은 (d)와 (f)의 합으로 구한다.

$$v_E = -0.1937\text{ in.} - 0.3874\text{ in.} = -0.581\text{ in.}$$ **Ans.**

## MecMovies Example M10.10

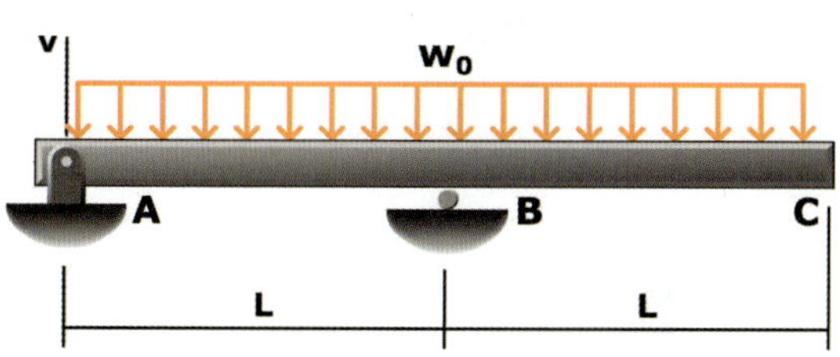


그림과 같은 보에서 점 $C$에서의 기울기 $\theta_C$와 처짐량 $v_C$를 구하는 식을 구하라. $EI$는 보에서 일정하다.

## 예제 10.12 EXAMPLE

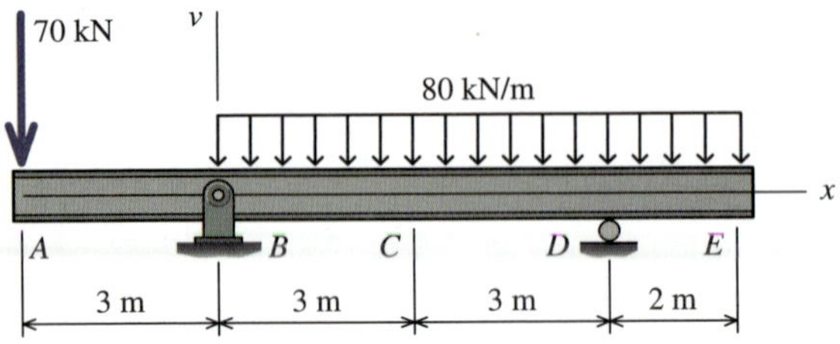


단순지지보가 넓은 플랜지 형상인 W410 × 60의 W형강으로 이루어져 있다[$E$ = 200 Gpa; I = 216 × $10^6$ $mm^4$]. 그림과 같은 하중을 받을 때 다음을 구하라.

(a) 점 $A$에서의 처짐량

(b) 점 $C$에서의 처짐량

(c)점 $E$에서의 처짐량

### 풀이 계획

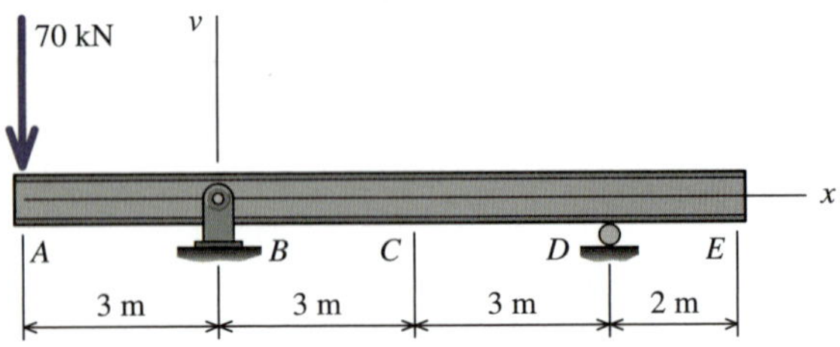


**경우 1—왼쪽 돌출구간에 집중하중**

이 예제의 경우 하중이 좀더 복잡하지만 예제 10.8을 풀 때 사용된 것과 같은 순서를 밟는다. 하중을 3가지 경우로 분리한다. $A$, $C$, $E$에서의 처짐은 각각의 경우에 부록 C의 표준식을 사용하여 처짐량과 기울기 모두 계산한다. 경우 1과 3은 단순지지보와 외팔보 모두가 필요하나 경우 2에는 단순지지보만 필요하다. 3가지 경우에 대한 모든 계산이 끝난 후 각각 더하여 세 위치에서의 최종 처짐량을 구한다.

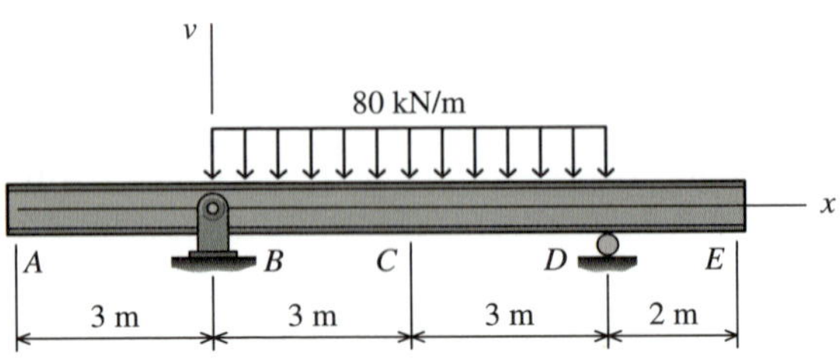


**경우 2—가운데 구간에 균일분포하중**

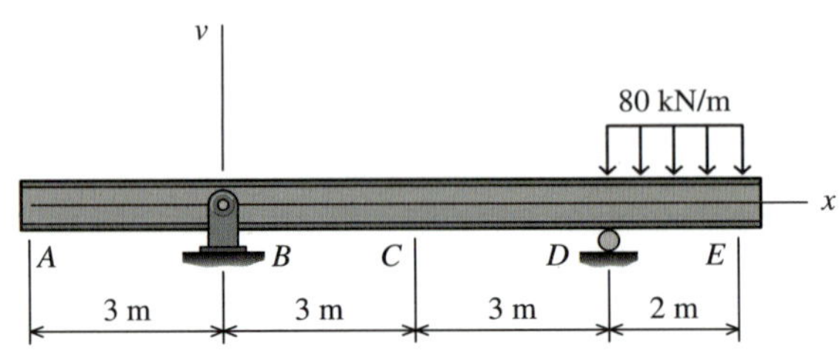


**경우 3—오른쪽 돌출구간에 균일분포하중**

### 풀이

이 예제의 경우 탄성계수가 $E$ = 200 Gpa이고, 관성모멘트는 $I$ = 216 × $10^6$ $mm^4$이다. 따라서

$$EI = (200\text{ GPa})(216 \times 10^6\text{ mm}^4) = 43.2 \times 10^{12}\text{ N}\cdot\text{mm}^2 = 43.2 \times 10^3\text{ kN}\cdot\text{m}^2$$

**경우 1—왼쪽 돌출구간에 집중하중**

$A$의 처짐을 구하기 위해 단순지지보와 외팔보가 모두 필요하나 $C$와 $E$의 처짐을 구하기 위해서는 단순지지보만 필요하다.

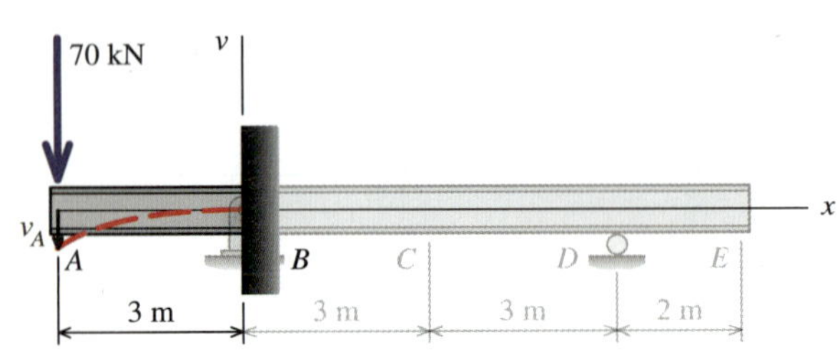


$A$에서의 처짐: $A$가 3 m 길이로 돌출된 외팔보를 고려해 본다. 부록 C로부터 끝단에서 집중하중을 받는 외팔보의 최대 처짐량은 다음과 같이 주어진다.

$$v_{max} = -\frac{PL^3}{3EI} \tag{a}$$

식 (a)를 이용하여 $A$에서의 처짐 중 일부분을 구할 때 다음 값을 사용한다.

$$P = 70 \text{ kN}$$
$$L = 3 \text{ m}$$
$$EI = 43.2 \times 10^3 \text{ kN·m}^2$$

외팔보의 $A$에서의 처짐은 다음과 같다.

$$v_A = -\frac{PL^3}{3EI} = -\frac{(70 \text{ kN})(3 \text{ m})^3}{3(43.2 \times 10^3 \text{kN·m}^2)} = -14.583 \times 10^{-3} \text{ m} = -14.583 \text{ mm}$$

이 계산은 지지점 $B$가 강체고정으로 되어 있다고 암시적으로 가정된 것이다. 그러나 돌출부는 $B$에서 강체지지로 되어 있지 않고 70 kN의 하중에 의해 발생된 모멘트에 반응하여 회전하는 유연한 보에 연결되어 있다. $B$에서 돌출부의 회전은 $A$의 처짐을 구할 때 반듯이 고려되어야 한다.

70 kN 하중으로 인한 $B$에서의 모멘트는 $M = (70 \text{ kN})(3 \text{ m}) = 210 \text{ kN·m}$이며, 그림에서 보는 바와 같이 반시계방향이다. 부록 C에 단순지지보가 집중모멘트를 받을 때 보의 끝에서 회전된 각을 얻을 수 있다.

$$\theta_1 = -\frac{ML}{3EI} \quad (M\text{이 작용한 지점}) \tag{b}$$

$$\theta_2 = +\frac{ML}{6EI} \quad (M\text{이 작용한 지점의 반대 지점}) \tag{c}$$

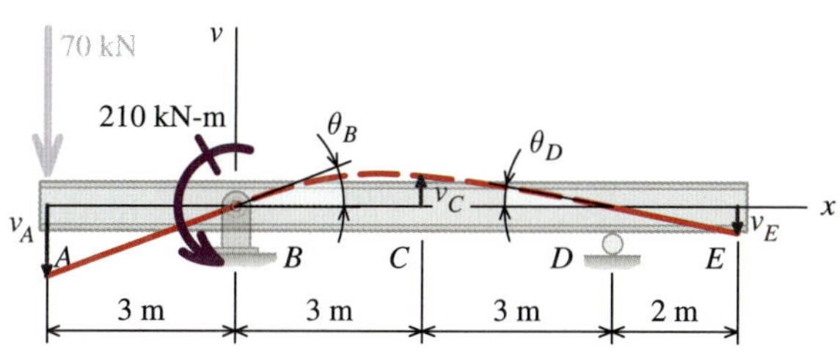


$A$에서의 처짐을 구하기 위해 $B$에서의 회전각이 필요하다. $D$에서의 회전각은 나중에 $E$의 처짐량을 계산할 때 사용될 것이다.

다음 변수들의 값들을 사용하여,

$$M = -210 \text{ kN·m}$$
$$L = 6 \text{ m} \quad (\text{즉, 보 양 단지지점 사이의 길이})$$
$$EI = 43.2 \times 10^3 \text{ kN·m}^2$$

식 (b)로부터 $B$에서의 회전각을 계산한다.

$$\theta_B = -\frac{ML}{3EI} = -\frac{(-210 \text{ kN·m})(6 \text{ m})}{3(43.2 \times 10^3 \text{kN·m}^2)} = 9.722 \times 10^{-3} \text{ rad}$$

$A$에서의 처짐은 회전각 $\theta_B$와 돌출부 길이로부터 계산한다.

$$v_A = \theta_B x_{AB} = (9.722 \times 10^{-3} \text{ rad})(-3 \text{ m}) = -29.167 \times 10^{-3} \text{ m} = -29.167 \text{ mm}$$

*C*에서의 처짐: *C*에서의 처짐은 단순지지보의 한 끝단에서 집중모멘트를 받을 때의 탄성굽힘곡선식으로부터 구할 수 있다. 부록 C에서 처짐곡선은 다음과 같다.

$$\boxed{v = -\frac{Mx}{6LEI}(x^2 - 3Lx + 2L^2)} \tag{d}$$

다음의 변수들의 값으로

$$\begin{aligned} M &= -210 \text{ kN·m} \\ x &= 3 \text{ m} \\ L &= 6 \text{ m} \quad (\text{즉, 보 가운데 부분의 길이}) \\ EI &= 43.2 \times 10^3 \text{ kN·m}^2 \end{aligned}$$

식 (d)로부터 *C*의 처짐을 구할 수 있다.

$$\begin{aligned} v_C &= -\frac{Mx}{6LEI}(x^2 - 3Lx + 2L^2) \\ &= -\frac{(-210 \text{ kN·m})(3 \text{ m})}{6(6 \text{ m})(43.2 \times 10^3 \text{ kN·m}^2)}[(3 \text{ m})^2 - 3(6 \text{ m})(3 \text{ m}) + 2(6 \text{ m})^2] \\ &= 10.938 \times 10^{-3} \text{ m} = 10.938 \text{ mm} \end{aligned}$$

*E*에서의 처짐: 오른쪽 돌출된 보 구간에는 굽힘모멘트가 작용하지 않는다. 따라서 이 부분은 굽지 않는다. 식 (c)로 주어지는 *D*에서의 회전각과 돌출부의 길이가 *E*에서의 처짐을 계산하는 데 사용된다. 다음 변수와 값을 사용하여

$$\begin{aligned} M &= -210 \text{ kN·m} \\ L &= 6 \text{ m} \quad (\text{즉, 보 가운데 부분의 길이}) \\ EI &= 43.2 \times 10^3 \text{ kN·m}^2 \end{aligned}$$

식 (c)로부터 *D*에서의 회전각을 계산한다.

$$\theta_D = +\frac{ML}{6EI} = \frac{(-210 \text{ kN·m})(6 \text{ m})}{6(43.2 \times 10^3 \text{ kN·m}^2)} = -4.861 \times 10^{-3} \text{ rad}$$

*E*에서의 처짐량은 회전각 $\theta_D$ 와 돌출부의 거리로부터 계산할 수 있다.

$$v_E = \theta_D x_{DE} = (-4.861 \times 10^{-3} \text{ rad})(2 \text{ m}) = -9.722 \times 10^{-3} \text{ m} = -9.722 \text{ mm}$$

**경우 2—가운데 구간에 균일분포하중**

보의 가운데 부분에 균일분포하중이 작용하는 경우에 보의 중앙에서 최대 처짐을 구하는 식과 보 양단의 지지점에서의 기울기 식이 필요하다.

*A*에서의 처짐: 양 지지점 사이에 균일분포하중이 작용하므로 돌출부에는 굽힘모멘트가 없다. *A*에서의 처짐을 계산하기 위하여 단순지지보 끝 기울기를 구하는 것으로부터 시작한다. 부록 C로부터 보 양단의 회전각은 다음과 같이 주어진다.

$$\theta_1 = -\theta_2 = -\frac{wL^3}{24EI} \tag{e}$$

$B$에서의 회전각을 계산하기 위해, 다음과 같이 둔다.

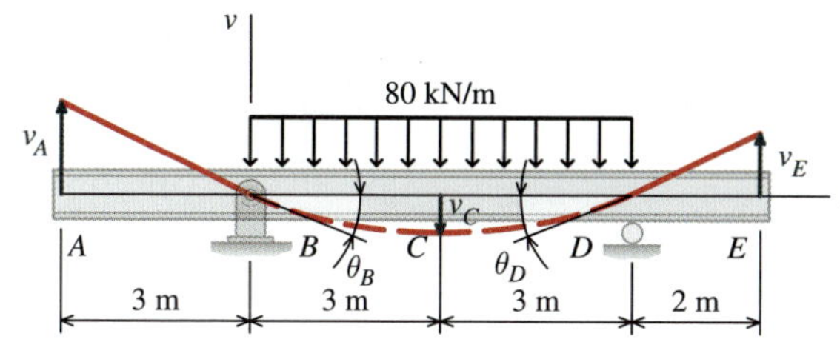


$$w = 80 \text{ kN/m}$$
$$L = 6 \text{ m}$$
$$EI = 43.2 \times 10^3 \text{ kN}\cdot\text{m}^2$$

그리고 식 (e)로부터 $\theta_B$를 계산한다.

$$\theta_B = -\frac{wL^3}{24EI} = -\frac{(80 \text{ kN/m})(6 \text{ m})^3}{24(43.2 \times 10^3 \text{ kN}\cdot\text{m}^2)} = -16.667 \times 10^{-3} \text{ rad}$$

$A$에서의 처짐량은 회전각 $\theta_B$와 돌출부 길이로 계산한다.

$$v_A = \theta_B x_{AB} = (-16.667 \times 10^{-3} \text{ rad})(-3 \text{ m}) = 50.001 \times 10^{-3} \text{ m} = 50.001 \text{ mm}$$

**$C$에서의 처짐:** 부록 C로부터 균일분포하중을 받는 단순지지보 중앙의 처짐식을 얻을 수 있다.

$$v_{\max} = -\frac{5wL^4}{384EI} \tag{f}$$

식 (f)로부터 경우 2의 $C$에서의 처짐은

$$v_C = -\frac{5wL^4}{384EI} = -\frac{5(80 \text{ kN/m})(6 \text{ m})^4}{384(43.2 \times 10^3 \text{ kN}\cdot\text{m}^2)} = -31.250 \times 10^{-3} \text{ m} = -31.250 \text{ mm}$$

**$E$에서의 처짐:** 식 (e)로부터 $D$에서의 회전각을 계산한다.

$$\theta_D = \frac{wL^3}{24EI} = \frac{(80 \text{ kN/m})(6 \text{ m})^3}{24(43.2 \times 10^3 \text{ kN}\cdot\text{m}^2)} = 16.667 \times 10^{-3} \text{ rad}$$

$E$에서의 처짐량을 회전각 $\theta_D$와 돌출부의 길이로 계산한다.

$$v_E = \theta_D x_{DE} = (16.667 \times 10^{-3} \text{ rad})(2 \text{ m}) = 33.334 \times 10^{-3} \text{ m} = 33.334 \text{ mm}$$

**경우 3—오른쪽 돌출구간에 균일분포하중**

$E$에서의 처짐을 계산하기 위하여 단순지지보와 외팔보 모두가 필요하다. $A$와 $C$의 처짐을 구하기 위한 경우에는 단순지지보의 식만 필요하다.

**$E$에서의 처짐:** 2 m 길이로 돌출된 외팔보의 점 $E$에서의 처짐을 고려해 본다. 부록 C로부터 끝단에서 집중하중을 받는 외팔보의 최대 처짐량은 다음과 같이 주어진다.

$$v_{\max} = -\frac{wL^4}{8EI} \tag{g}$$

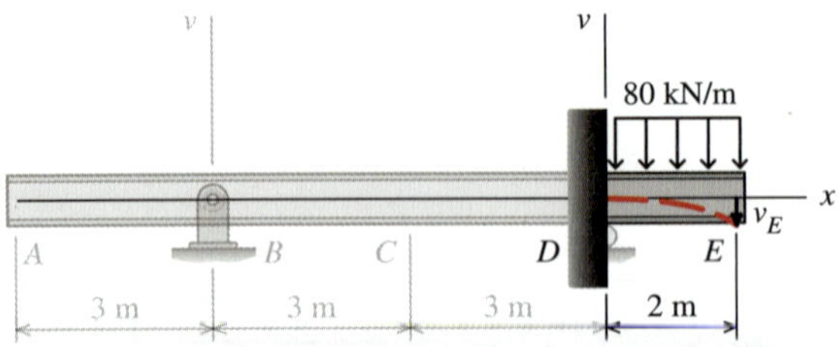


다음과 같이 둔다.

$$w = -80 \text{ kN/m}$$
$$L = 2 \text{ m}$$
$$EI = 43.2 \times 10^3 \text{ kN·m}^2$$

식 (g)를 사용하여 $E$에서 처짐의 일부분을 계산한다.

$$v_E = -\frac{wL^4}{8EI} = -\frac{(80 \text{ kN/m})(2 \text{ m})^4}{8(43.2 \times 10^3 \text{ kN·m}^2)} = -3.704 \times 10^{-3} \text{ m} = -3.074 \text{ mm}$$

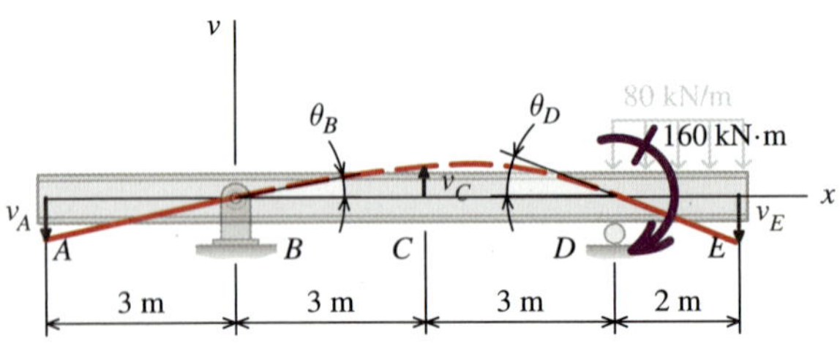


이 계산은 지지점 $D$가 강체고정으로 되어 있다고 암시적으로 가정된 것이다. 그러나 돌출부는 $D$에서 강체지지로 되어 있지 않고, 80 kN의 균일분포 하중에 의해 발생된 모멘트에 반응하여 회전하는 유연한 보에 연결되어 있다. $D$에서 돌출부의 회전은 $E$의 처짐을 구할 때 반듯이 고려해야 한다.

80 kN 분포하중으로 인한 $D$에서의 모멘트는 $M = (0.5)(80 \text{ kN/m})(2 \text{ m})^2 = 160 \text{ kN·m}$이며, 그림에서 보는 바와 같이 시계방향이다. 단순지지보가 집중모멘트를 받을 때 지지점에서의 회전각은 식 (b)와 (c)로 주어진다. 다음과 같이 둔다.

$$M = -160 \text{ kN·m}$$
$$L = 6 \text{ m} \ \text{(즉, 보 가운데 부분의 길이)}$$
$$EI = 43.2 \times 10^3 \text{ kN·m}^2$$

그리고 식 (b)를 이용하여 $D$에서의 회전각을 계산한다.

$$\theta_D = \frac{ML}{3EI} = -\frac{(-160 \text{ kN·m})(6 \text{ m})}{3(43.2 \times 10^3 \text{ kN·m}^2)} = -7.407 \times 10^{-3} \text{ rad}$$

$E$에서의 처짐을 회전각 $\theta_D$와 돌출부 길이를 이용하여 계산한다.

$$v_E = \theta_D x_{DE} = (-7.407 \times 10^{-3} \text{ rad})(2 \text{ m}) = -14.814 \times 10^{-3} \text{ m} = -14.814 \text{ mm}$$

**$C$에서의 처짐:** $C$에서의 처짐량은 한 끝단에서 집중모멘트를 받는 단순지지보의 처짐곡선식[식 (d)]에서 구할 수 있다. 다음의 변수와 값을 이용하여

$$M = -160 \text{ kN·m}$$
$$x = 3 \text{ m}$$
$$L = 6 \text{ m} \ \text{(즉, 보 가운데 부분의 길이)}$$
$$EI = 43.2 \times 10^3 \text{ kN·m}^2$$

$C$에서의 처짐을 식 (d)로부터 계산한다.

$$v_C = -\frac{Mx}{6LEI}(x^2 - 3Lx + 2L^2)$$
$$= -\frac{(-160\ \text{kN·m})(3\ \text{m})}{6(6\ \text{m})(43.2 \times 10^3\ \text{kN·m}^2)}[(3\ \text{m})^2 - 3(6\ \text{m})(3\ \text{m}) + 2(6\ \text{m})^2]$$
$$= 8.333 \times 10^{-3}\ \text{m} = 8.333\ \text{mm}$$

*A*에서의 처짐: *B*에서의 회전각을 계산하기 위하여 식 (c)를 사용하자.

$$\theta_B = -\frac{ML}{6EI} = -\frac{(-160\ \text{kN·m})(6\ \text{m})}{6(43.2 \times 10^3\ \text{kN·m}^2)} = 3.704 \times 10^{-3}\ \text{rad}$$

*A*에서의 처짐은 회전각 $\theta_B$와 돌출부 길이를 이용하여 구한다.

$$v_A = \theta_B x_{AB} = (3.704 \times 10^{-3}\ \text{rad})(-3\ \text{m}) = -11.112 \times 10^{-3}\ \text{m} = -11.112\ \text{mm}$$

| 중첩의 경우 | $v_A$ (mm) | $v_C$ (mm) | $v_E$ (mm) |
|---|---|---|---|
| 경우 1 왼쪽 돌출구간에 집중하중 | −14.583<br>−29.167 | 10.938 | −9.722 |
| 경우 2 가운데 구간에 균일분포하중 | 50.001 | −31.250 | 33.334 |
| 경우 3 오른쪽 돌출구간에 균일분포하중 | −11.112 | 8.333 | −3.704<br>−14.814 |
| **전체 처짐량** | **− 4.86** | **−11.98** | **5.09** |

**Ans.**

## MecMovies Example M10.11

그림의 보에서 구간 *BD* 중앙에서의 처짐을 표현하는 식을 구하라. *EI*는 보 전체에서 일정하다.

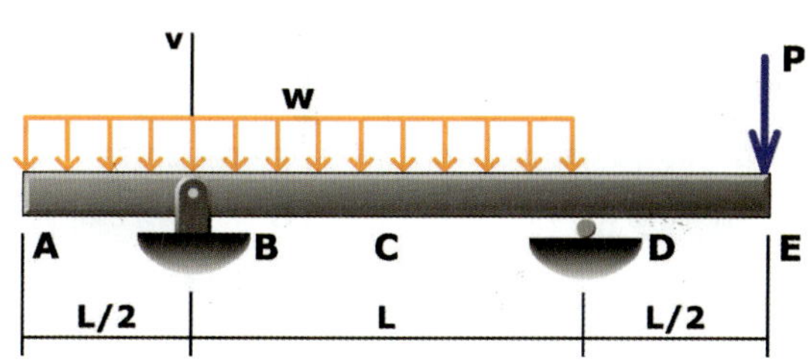

## MecMovies Example M10.12

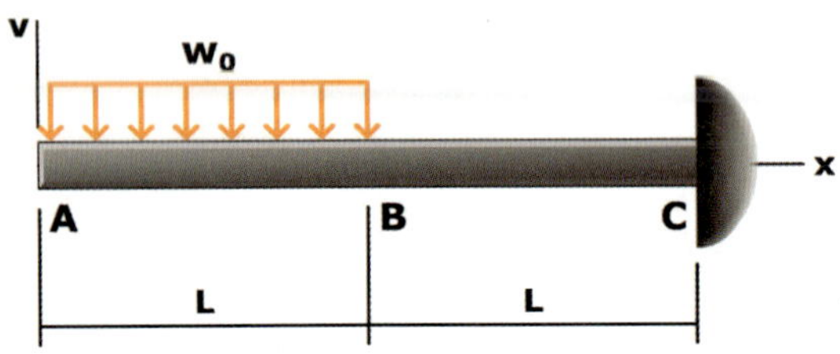


중첩법을 사용하여 그림의 보에서 점 $A$의 처짐을 구하라. $EI$는 보 전체에서 일정하다.

## MecMovies Example M10.13

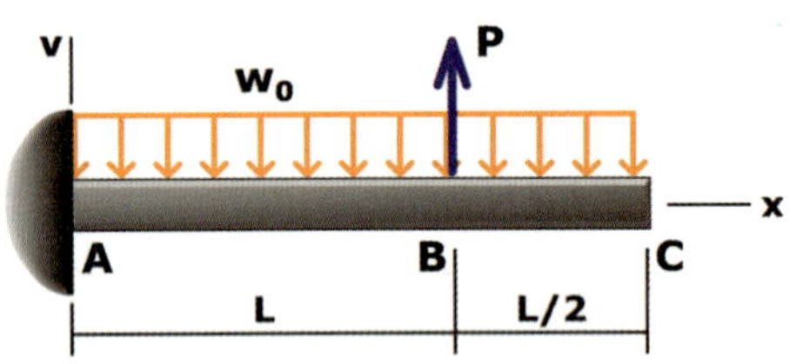


중첩법을 사용하여 그림의 보에서 점 $B$의 처짐이 0이 되기 위한 힘 $P$의 크기를 구하라. $EI$는 보 전체에서 일정하다.

## MecMovies Example M10.14

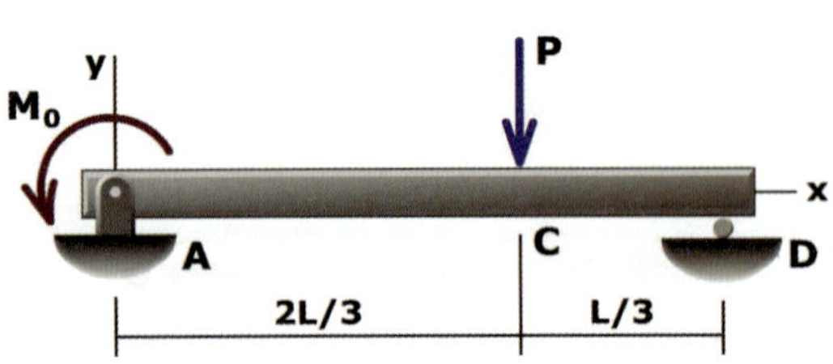


그림의 보의 점 $A$에서 보의 기울기가 0이 되기 위한 최대 모멘트 $M_0$를 구하라. $EI$는 보 전체에서 일정하다.

## MecMovies EXERCISES

**M10.3** **8가지 기술.** part I: 기술 1–4. 중첩법을 이용하여 보의 처짐을 구하는 데 필요한 일련의 기술

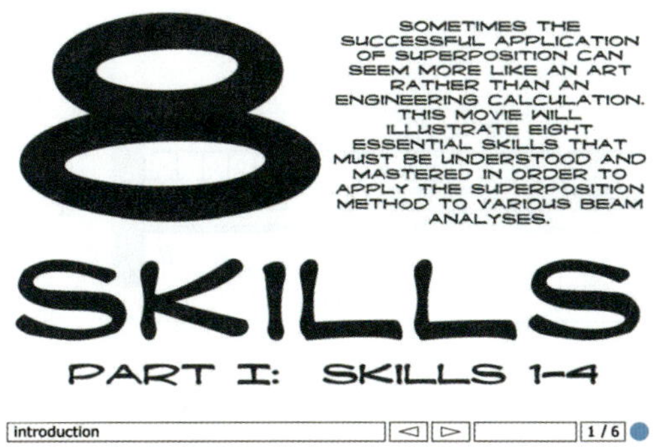


그림 M10.3

**M10.4** **8가지 기술.** part II: 기술 5–8. 중첩법을 이용하여 보의 처짐을 구하는 데 필요한 일련의 기술

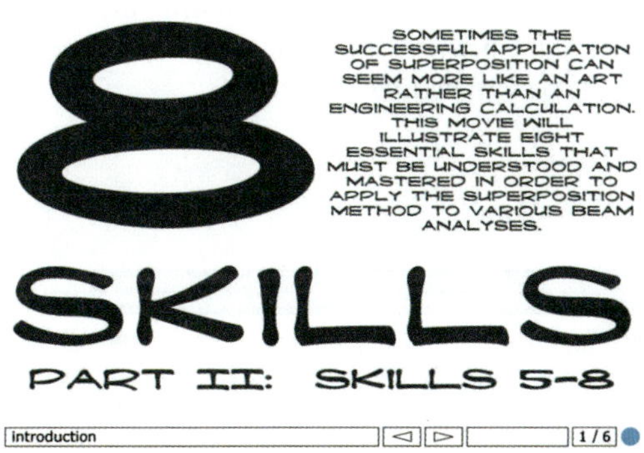


그림 M10.4

**M10.5** **중첩법 시동걸기.** 4가지 기본 기술에 관련된 예제와 개념 확인

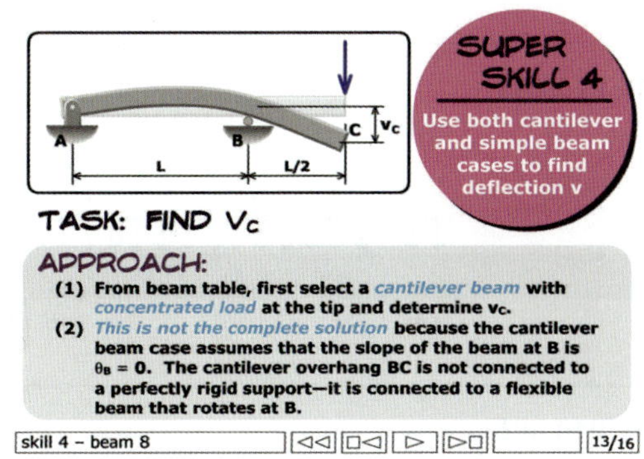


그림 M10.5

**M10.6** **한 개의 단순지지보, 한 개의 하중, 3가지 경우.** 양쪽에 돌출부를 가진 단순지지보에서 여러 지점의 처짐량을 숫자로 구하라. 모든 처짐은 3가지 기본 처짐 이내의 중첩으로 구할 수 있다.

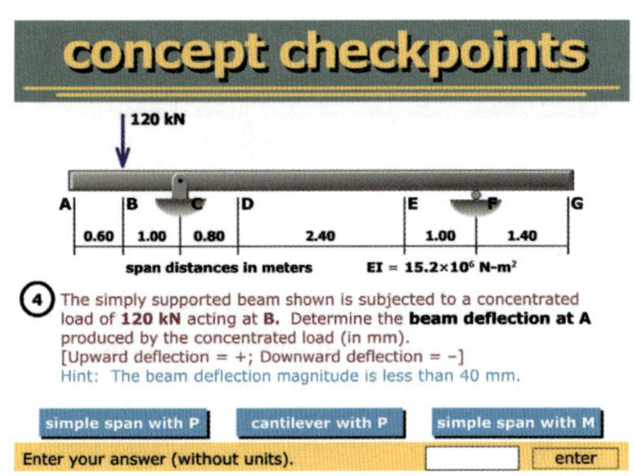


그림 M10.6

## PROBLEMS

**P10.49** For the beams and loadings shown in Figures P10.49*a–d*, determine the beam deflection at point *H*. Assume that $EI = 8 \times 10^4$ kN-m² is constant for each beam.

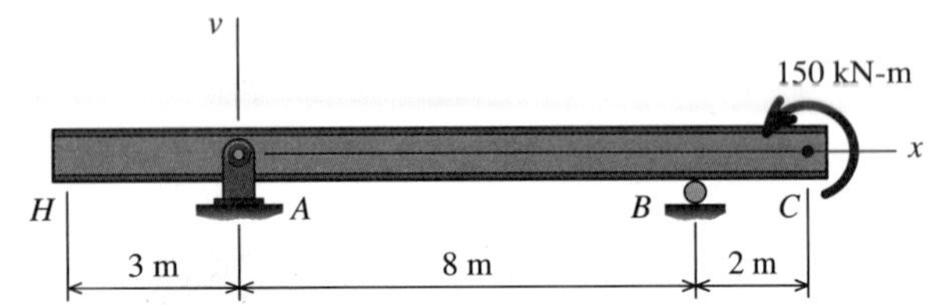


FIGURE P10.49*a*

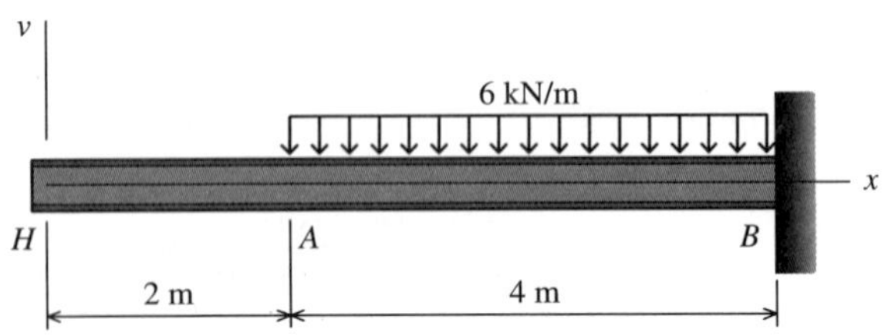


FIGURE P10.49*b*

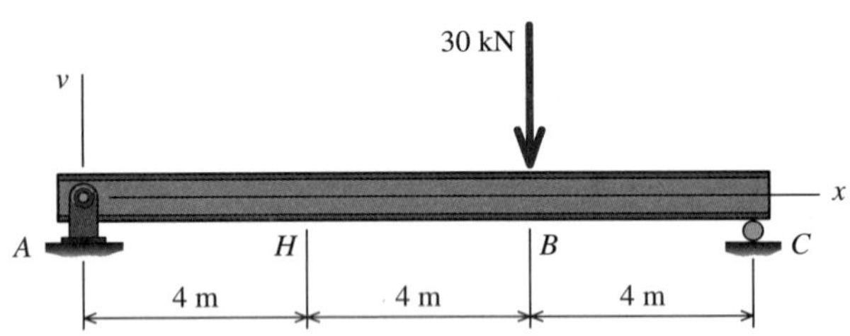


FIGURE P10.49*c*

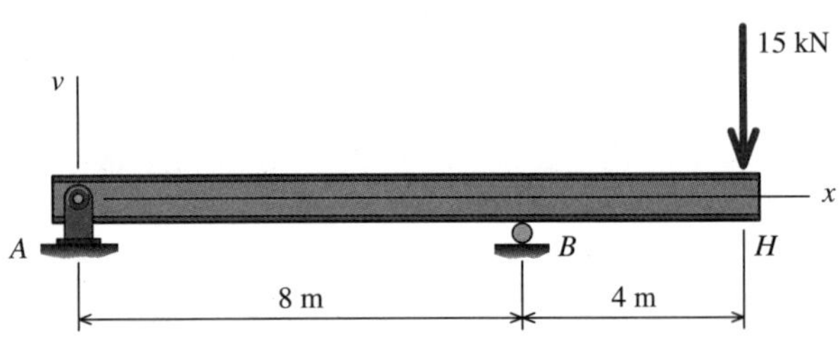


FIGURE P10.49*d*

**P10.50** For the beams and loadings shown in Figures P10.50*a–d*, determine the beam deflection at point *H*. Assume that $EI = 1.2 \times 10^7$ kip-in.² is constant for each beam.

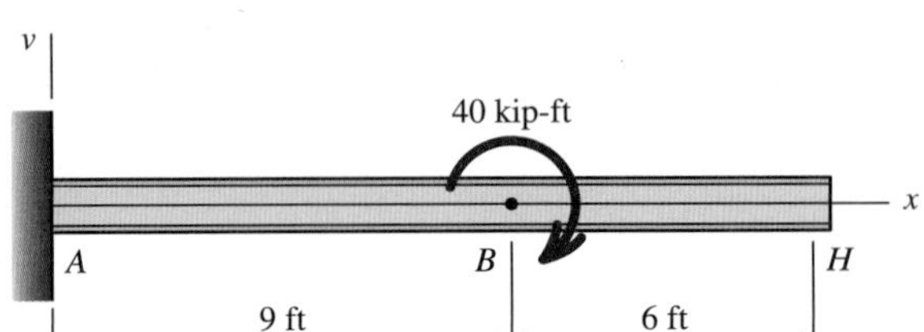


FIGURE P10.50*a*

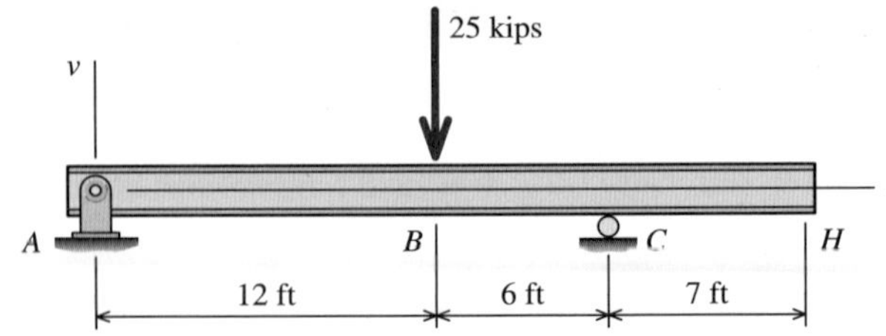


FIGURE P10.50*b*

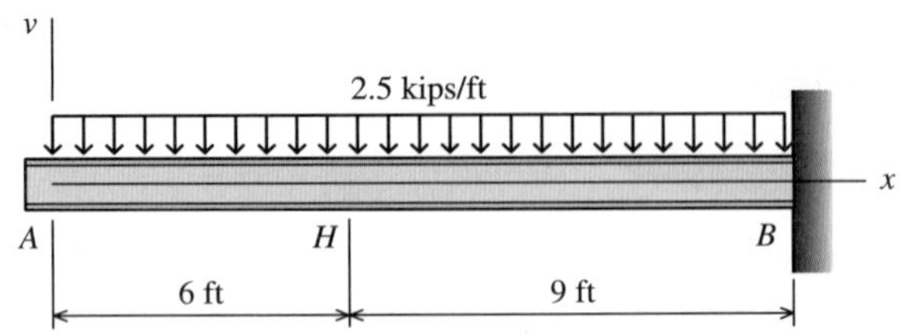


FIGURE P10.50*c*

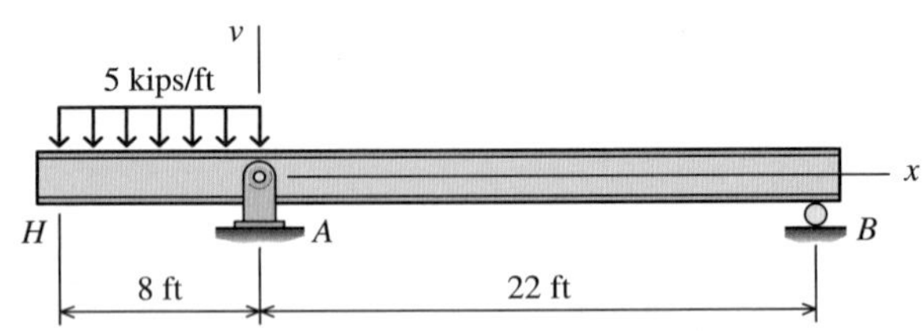


FIGURE P10.50*d*

**P10.51** For the beams and loadings shown in Figures P10.51*a–d*, determine the beam deflection at point *H*. Assume that $EI = 6 \times 10^4$ kN-m² is constant for each beam.

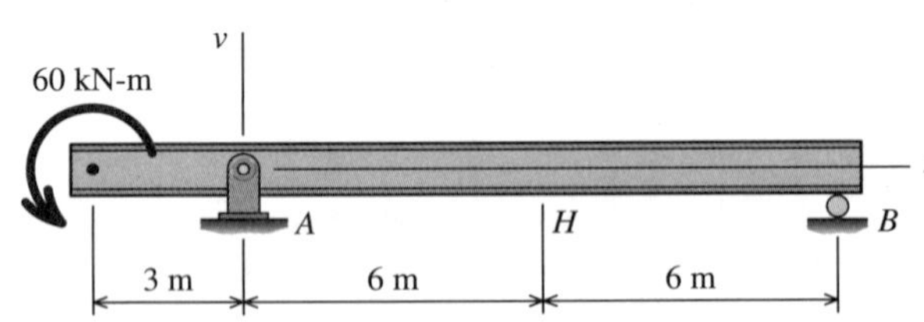


FIGURE P10.51*a*

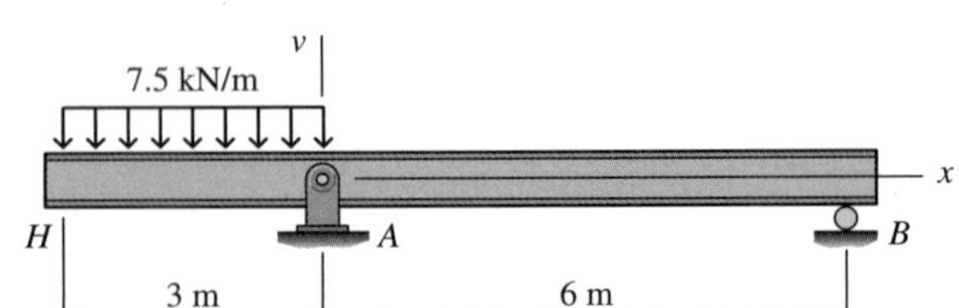


FIGURE P10.51*b*

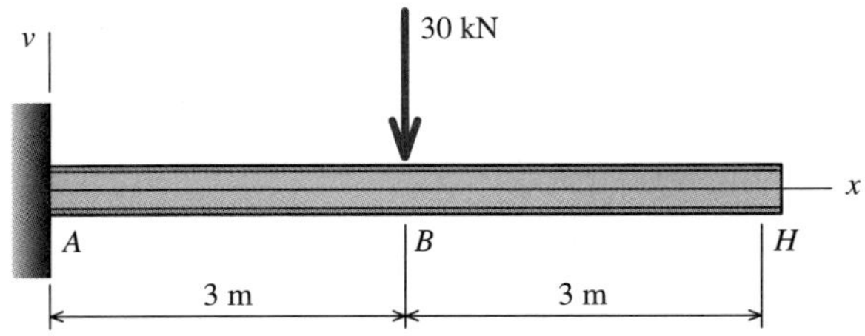


**FIGURE P10.51*c***

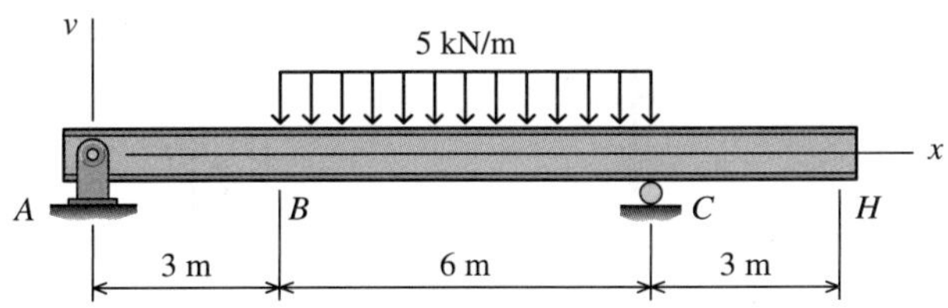


**FIGURE P10.51*d***

**P10.52** For the beams and loadings shown in Figures P10.52*a*–*d*, determine the beam deflection at point *H*. Assume that $EI = 3.0 \times 10^6$ kip-in.$^2$ is constant for each beam.

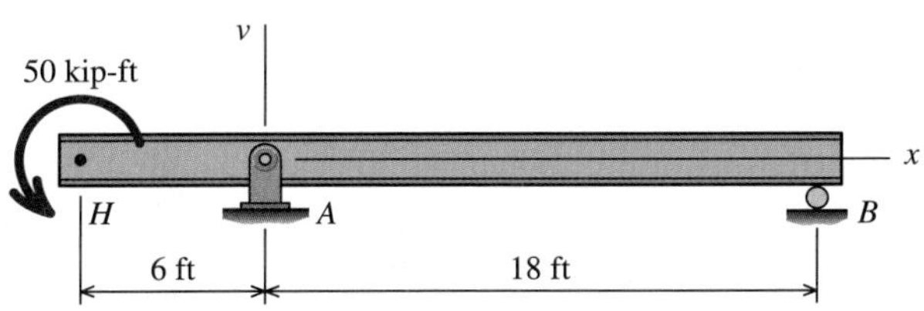


**FIGURE P10.52*a***

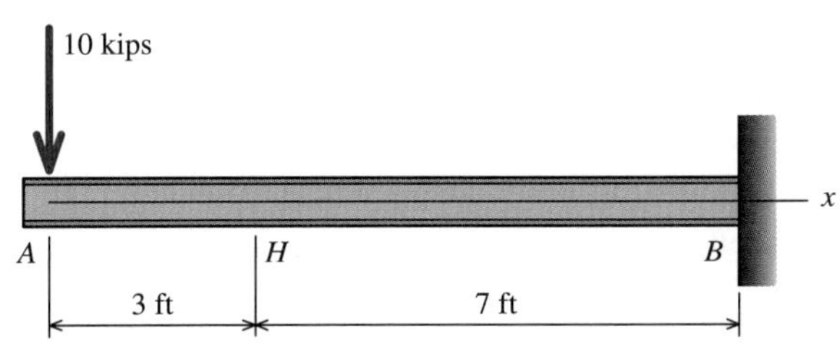


**FIGURE P10.52*b***

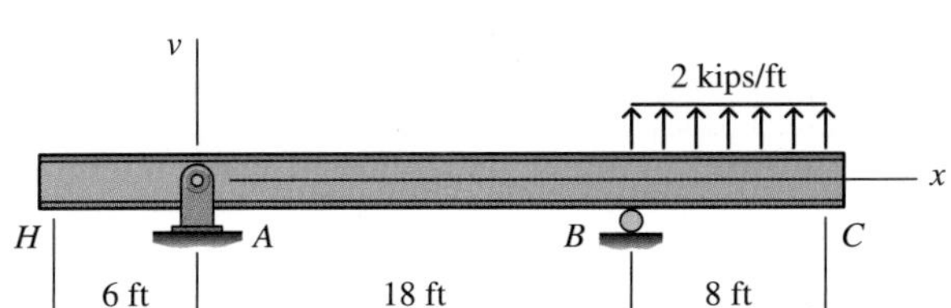


**FIGURE P10.52*c***

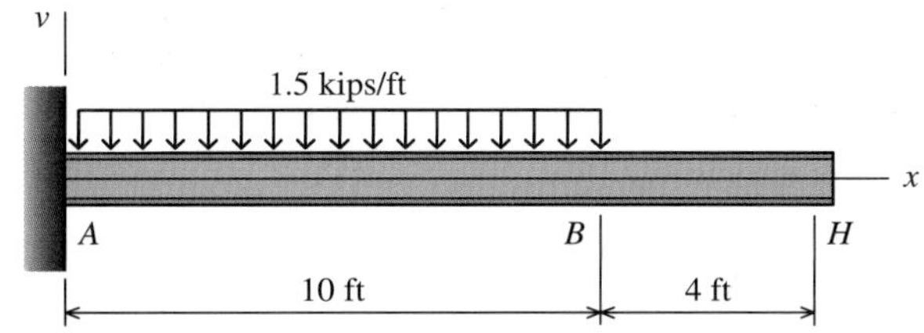


**FIGURE P10.52*d***

**P10.53** The simply supported beam shown in Figure P10.53 consists of a W24 × 94 structural steel wide-flange shape [$E = 29{,}000$ ksi; $I = 2{,}700$ in.$^4$]. For the loading shown, determine the beam deflection at point *C*.

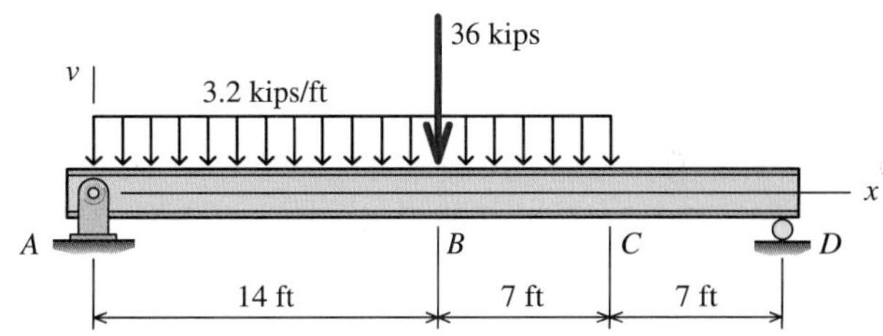


**FIGURE P10.53**

**P10.54** The simply supported beam shown in Figure P10.54 consists of a W460 × 82 structural steel wide-flange shape [$E = 200$ GPa; $I = 370 \times 10^6$ mm$^4$]. For the loading shown, determine the beam deflection at point *C*.

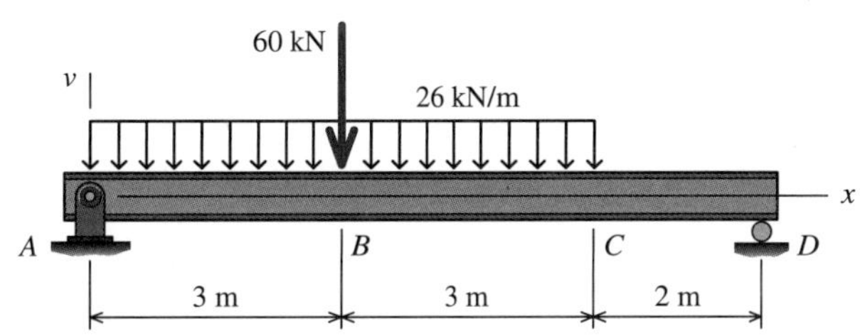


**FIGURE P10.54**

**P10.55** The simply supported beam shown in Figure P10.55 consists of a W410 × 60 structural steel wide-flange shape [$E = 200$ GPa; $I = 216 \times 10^6$ mm$^4$]. For the loading shown, determine the beam deflection at point *B*.

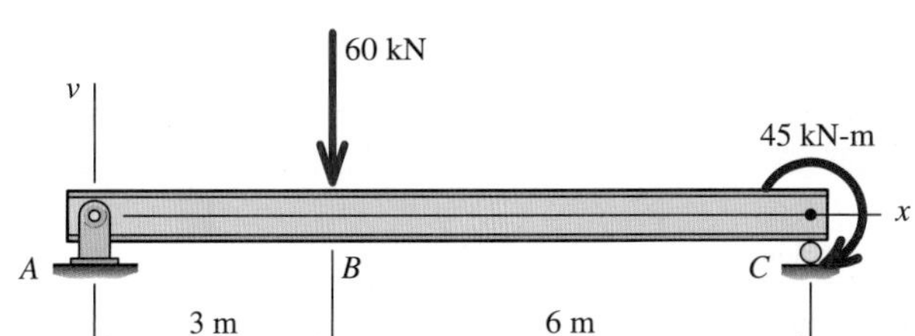


**FIGURE P10.55**

**P10.56** The simply supported beam shown in Figure P10.56 consists of a W21 × 44 structural steel wide-flange shape [$E = 29{,}000$ ksi; $I = 843$ in.$^4$]. For the loading shown, determine the beam deflection at point $B$.

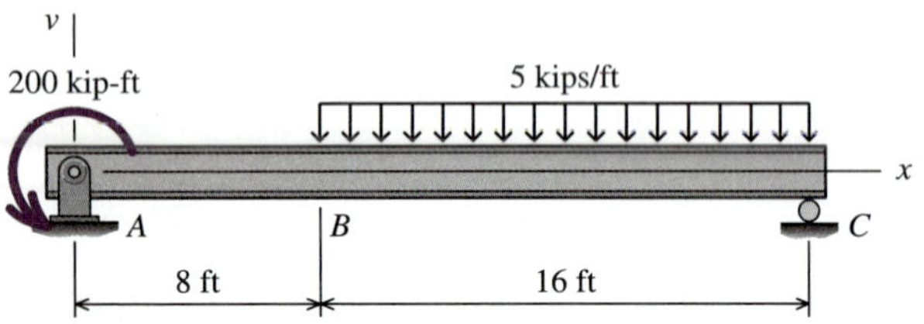


**FIGURE P10.56**

**P10.57** The cantilever beam shown in Figure P10.57 consists of a rectangular structural steel tube shape [$E = 29{,}000$ ksi; $I = 476$ in.$^4$]. For the loading shown, determine:

(a) the beam deflection at point $B$.
(b) the beam deflection at point $C$.

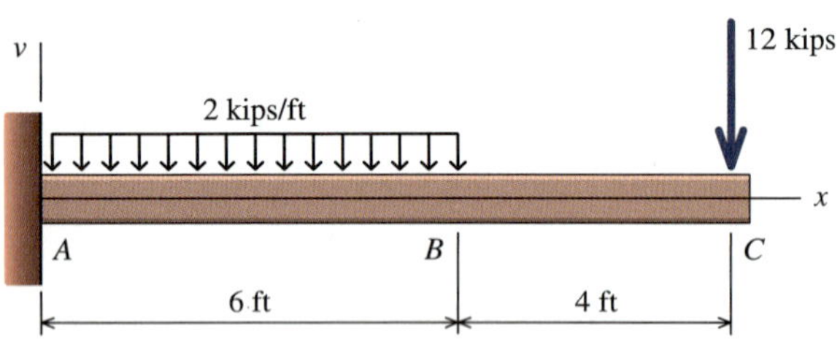


**FIGURE P10.57**

**P10.58** The cantilever beam shown in Figure P10.58 consists of a rectangular structural steel tube shape [$E = 200$ GPa; $I = 400 \times 10^6$ mm$^4$]. For the loading shown, determine:

(a) the beam deflection at point $A$.
(b) the beam deflection at point $B$.

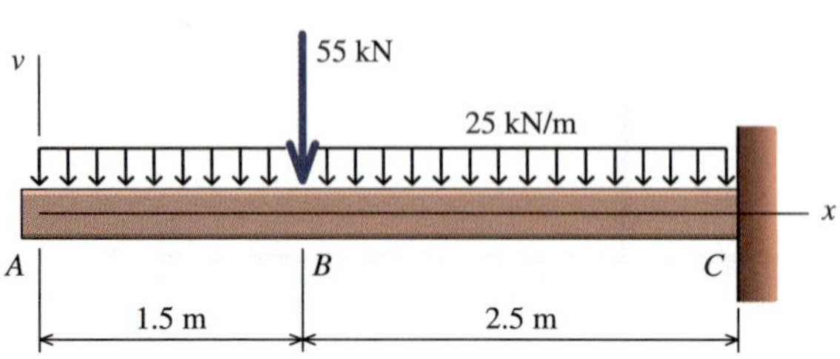


**FIGURE P10.58**

**P10.59** The solid 1.25-in.-diameter steel [$E = 29{,}000$ ksi] shaft shown in Figure P10.59 supports two pulleys. For the loading shown, determine:

(a) the shaft deflection at point $B$.
(b) the shaft deflection at point $C$.

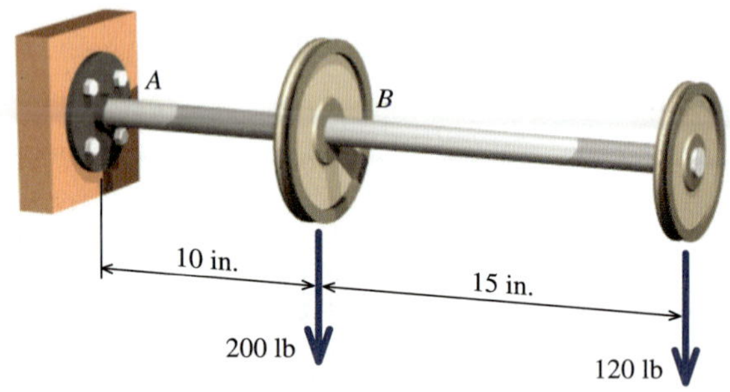


**FIGURE P10.59**

**P10.60** The cantilever beam shown in Figure P10.60 consists of a rectangular structural steel tube shape [$E = 29{,}000$ ksi; $I = 1{,}710$ in.$^4$]. For the loading shown, determine:

(a) the beam deflection at point $A$.
(b) the beam deflection at point $B$.

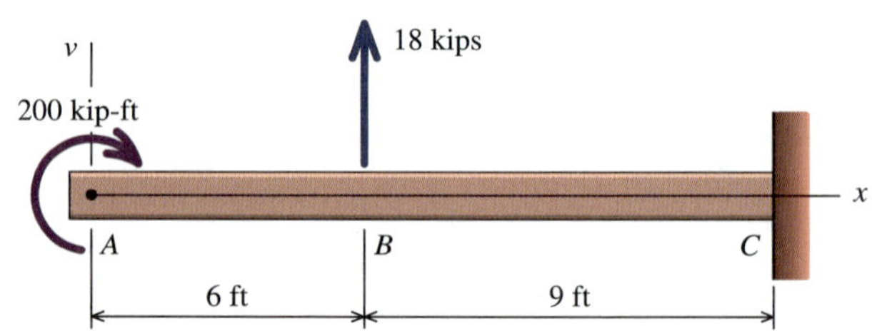


**FIGURE P10.60**

**P10.61** The simply supported beam shown in Figure P10.61 consists of a W21 × 44 structural steel wide-flange shape [$E = 29{,}000$ ksi; $I = 843$ in.$^4$]. For the loading shown, determine:

(a) the beam deflection at point $A$.
(b) the beam deflection at point $C$.

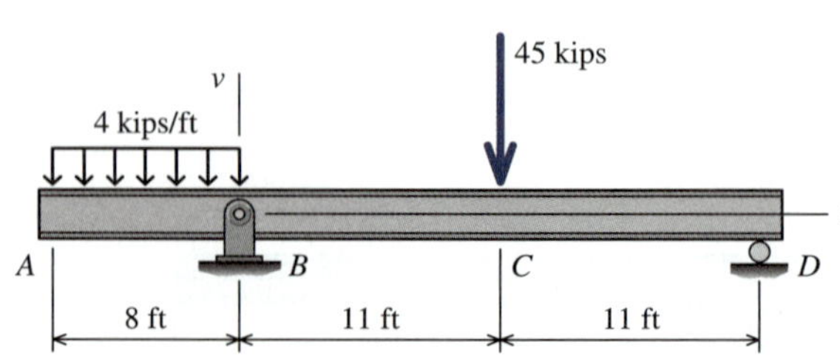


**FIGURE P10.61**

**P10.62** The simply supported beam shown in Figure P10.62 consists of a W530 × 66 structural steel wide-flange shape [$E$ = 200 GPa; $I$ = 351 × $10^6$ mm$^4$]. For the loading shown, determine:

(a) the beam deflection at point $B$.
(b) the beam deflection at point $D$.

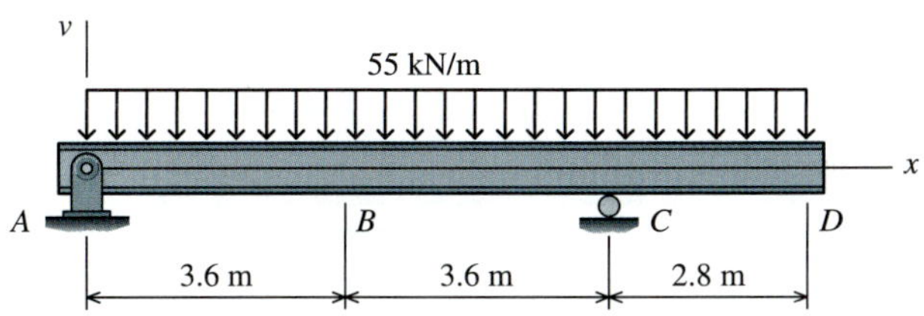


**FIGURE P10.62**

**P10.63** The simply supported beam shown in Figure P10.63/64 consists of a W21 × 44 structural steel wide-flange shape [$E$ = 29,000 ksi; $I$ = 843 in.$^4$]. For a loading of $w$ = 6 kips/ft, determine:

(a) the beam deflection at point $A$.
(b) the beam deflection at point $C$.

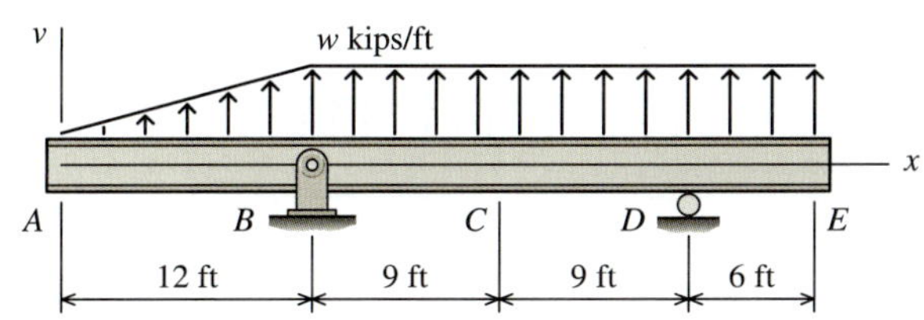


**FIGURE P10.63/64**

**P10.64** The simply supported beam shown in Figure P10.63/64 consists of a W21 × 44 structural steel wide-flange shape [$E$ = 29,000 ksi; $I$ = 843 in.$^4$]. For a loading of $w$ = 8 kips/ft, determine:

(a) the beam deflection at point $C$.
(b) the beam deflection at point $E$.

**P10.65** The solid 30-mm-diameter steel [$E$ = 200 GPa] shaft shown in Figure P10.65 supports two belt pulleys. Assume that the bearing at $B$ can be idealized as a roller support and that the bearing at $D$ can be idealized as a pin support. For the loading shown, determine:

(a) the shaft deflection at pulley $A$.
(b) the shaft deflection at pulley $C$.

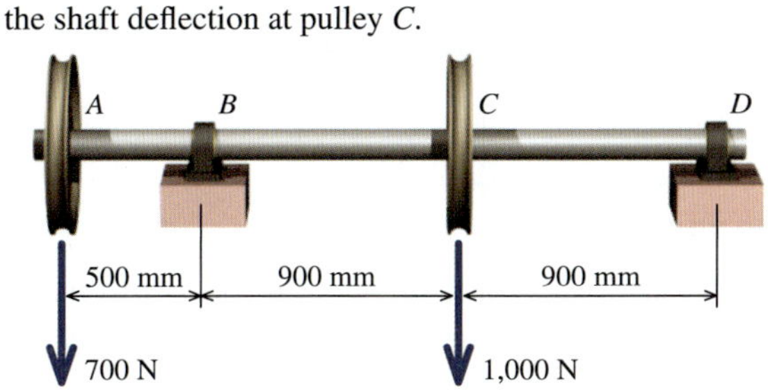


**FIGURE P10.65**

**P10.66** The cantilever beam shown in Figure P10.66 consists of a W530 × 92 structural steel wide-flange shape [$E$ = 200 GPa; $I$ = 552 × $10^6$ mm$^4$]. For the loading shown, determine:

(a) the beam deflection at point $A$.
(b) the beam deflection at point $B$.

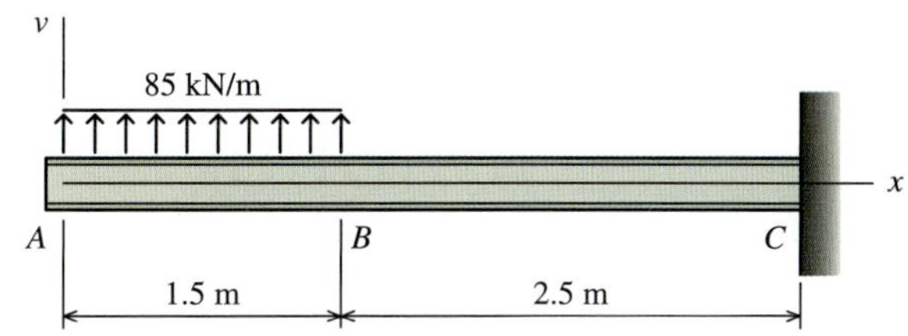


**FIGURE P10.66**

**P10.67** The solid 30-mm-diameter steel [$E$ = 200 GPa] shaft shown in Figure P10.67/68 supports two belt pulleys. Assume that the bearing at $A$ can be idealized as a pin support and that the bearing at $E$ can be idealized as a roller support. For the loading shown, determine the shaft deflection at pulley $B$.

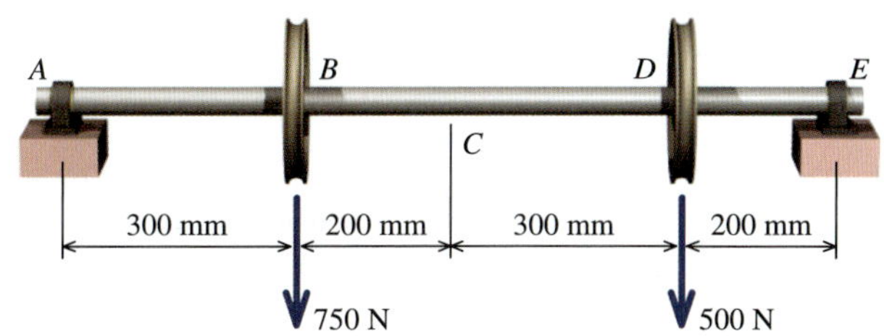


**FIGURE P10.67/68**

**P10.68** The solid 30-mm-diameter steel [$E$ = 200 GPa] shaft shown in Figure P10.67/68 supports two belt pulleys. Assume that the bearing at $A$ can be idealized as a pin support and that the bearing at $E$ can be idealized as a roller support. For the loading shown, determine the shaft deflection at pulley $D$.

**P10.69** The simply supported beam shown in Figure P10.69/70 consists of a W410 × 60 structural steel wide-flange shape [$E$ = 200 GPa; $I$ = 216 × $10^6$ mm$^4$]. For the loading shown, determine the beam deflection at point $B$.

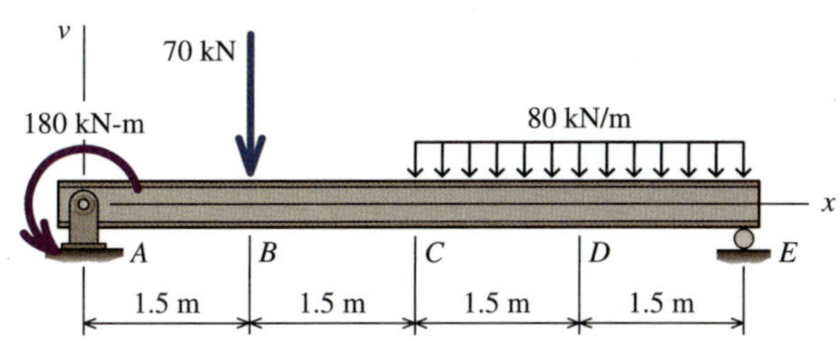


**FIGURE P10.69/70**

**P10.70** The simply supported beam shown in Figure P10.69/70 consists of a W410 × 60 structural steel wide-flange shape [$E$ = 200 GPa; $I$ = 216 × $10^6$ mm$^4$]. For the loading shown, determine the beam deflection at point $C$.

**P10.71** The simply supported beam shown in Figure P10.71/72 consists of a W530 × 66 structural steel wide-flange shape [$E$ = 200 GPa; $I = 351 \times 10^6$ mm$^4$]. If $w$ = 80 kN/m, determine:

(a) the beam deflection at point $A$.
(b) the beam deflection at point $C$.

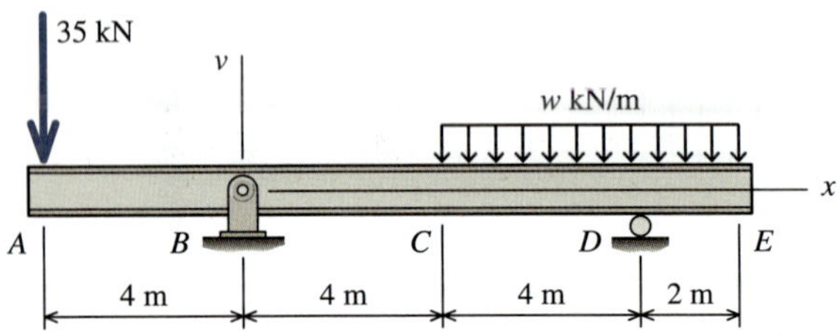


FIGURE P10.71/72

**P10.72** The simply supported beam shown in Figure P10.71/72 consists of a W530 × 66 structural steel wide-flange shape [$E$ = 200 GPa; $I = 351 \times 10^6$ mm$^4$]. If $w$ = 90 kN/m, determine:

(a) the beam deflection at point $C$.
(b) the beam deflection at point $E$.

**P10.73** The simply supported beam shown in Figure P10.73 consists of a W16 × 40 structural steel wide-flange shape [$E$ = 29,000 ksi; $I$ = 518 in.$^4$]. For the loading shown, determine:

(a) the beam deflection at point $C$.
(b) the beam deflection at point $F$.

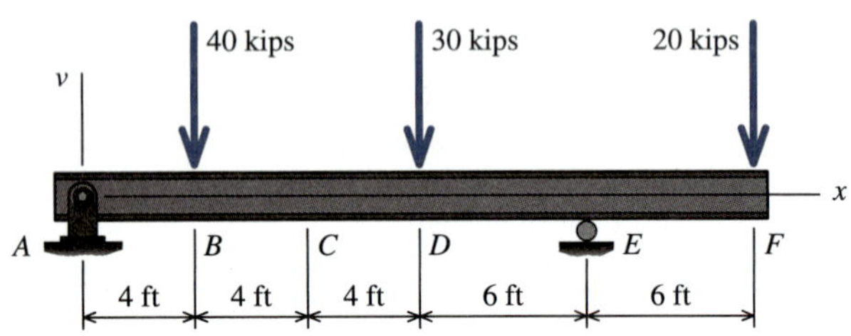


FIGURE P10.73

**P10.74** The cantilever beam shown in Figure P10.74 consists of a rectangular structural steel tube shape [$E$ = 200 GPa; $I = 170 \times 10^6$ mm$^4$]. For the loading shown, determine:

(a) the beam deflection at point $A$.
(b) the beam deflection at point $B$.

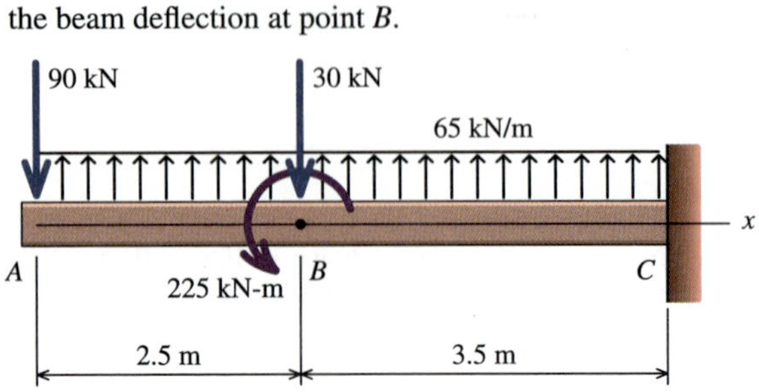


FIGURE P10.74

**P10.75** The simply supported beam shown in Figure P10.75 consists of a rectangular structural steel tube shape [$E$ = 200 GPa; $I = 350 \times 10^6$ mm$^4$]. For the loading shown, determine:

(a) the beam deflection at point $C$.
(b) the beam deflection at point $E$.

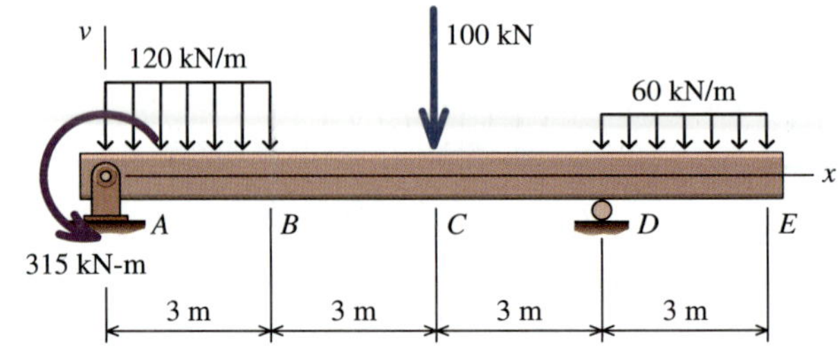


FIGURE P10.75

**P10.76** The cantilever beam shown in Figure P10.76/77 consists of a rectangular structural steel tube shape [$E$ = 200 GPa; $I = 95 \times 10^6$ mm$^4$]. For the loading shown, determine the beam deflection at point $B$.

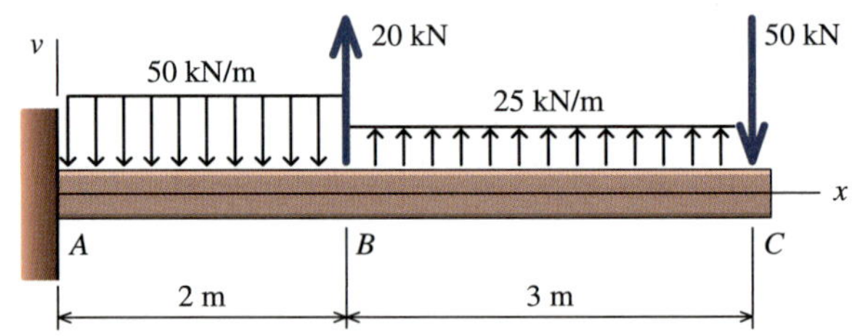


FIGURE P10.76/77

**P10.77** The cantilever beam shown in Figure P10.76/77 consists of a rectangular structural steel tube shape [$E$ = 200 GPa; $I = 95 \times 10^6$ mm$^4$]. For the loading shown, determine the beam deflection at point $C$.

**P10.78** The simply supported beam shown in Figure P10.78/79 consists of a W10 × 30 structural steel wide-flange shape [$E$ = 29,000 ksi; $I$ = 170 in.$^4$]. If $w$ = 5 kips/ft, determine:

(a) the beam deflection at point $A$.
(b) the beam deflection at point $C$.

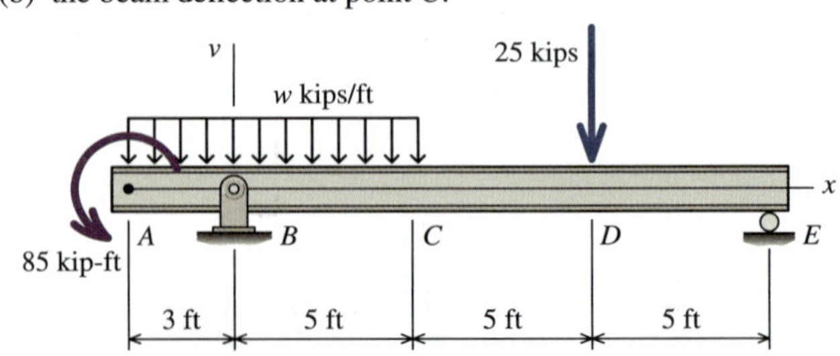


FIGURE P10.78/79

**P10.79** The simply supported beam shown in Figure P10.78/79 consists of a W10 × 30 structural steel wide-flange shape [$E$ = 29,000 ksi; $I$ = 170 in.$^4$]. If $w$ = 9 kips/ft, determine:

(a) the beam deflection at point $A$.
(b) the beam deflection at point $D$.

**P10.80** The simply supported beam shown in Figure P10.80 consists of a W10 × 30 structural steel wide-flange shape [$E$ = 29,000 ksi; $I$ = 170 in.$^4$]. For the loading shown, determine:

(a) the beam deflection at point $A$.
(b) the beam deflection at point $C$.

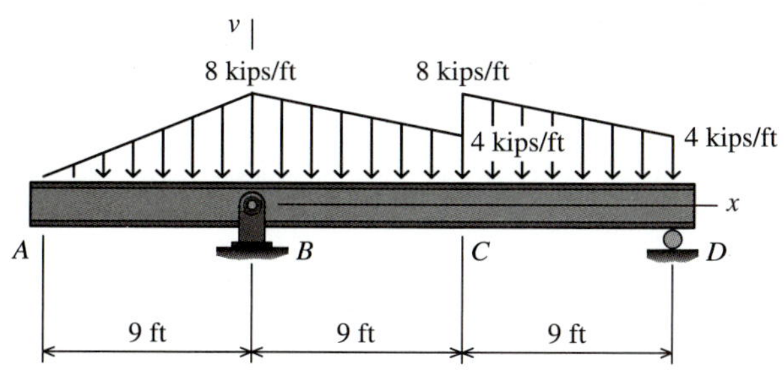


**FIGURE P10.80**

**P10.81** The simply supported beam shown in Figure P10.81 consists of a W21 × 44 structural steel wide-flange shape [$E$ = 29,000 ksi; $I$ = 843 in.$^4$]. For the loading shown, determine:

(a) the beam deflection at point $A$.
(b) the beam deflection at point $C$.

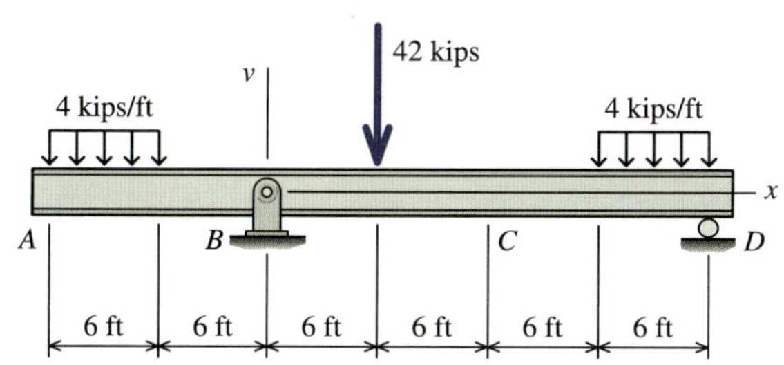


**FIGURE P10.81**

**P10.82** The simply supported beam shown in Figure P10.82/83 consists of a W530 × 66 structural steel wide-flange shape [$E$ = 200 GPa; $I$ = 351 × 10$^6$ mm$^4$]. If $w$ = 85 kN/m, determine the beam deflection at point $B$.

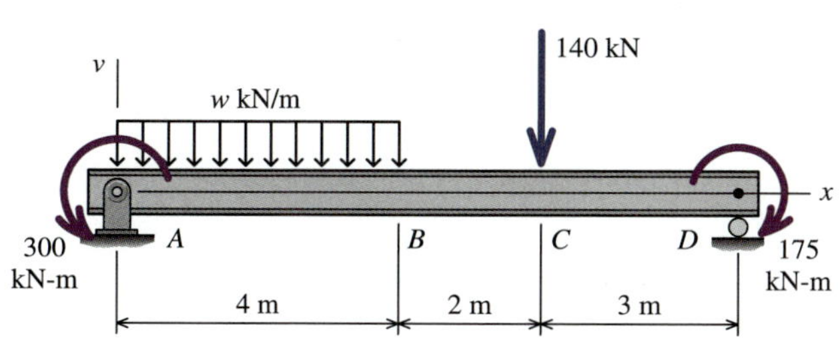


**FIGURE P10.82/83**

**P10.83** The simply supported beam shown in Figure P10.82/83 consists of a W530 × 66 structural steel wide-flange shape [$E$ = 200 GPa; $I$ = 351 × 10$^6$ mm$^4$]. If $w$ = 115 kN/m, determine the beam deflection at point $C$.

**P10.84** A 25-ft-long soldier beam is used as a key component of an earth retention system at an excavation site. The soldier beam is subjected to a soil loading that is linearly distributed from 520 lb/ft to 260 lb/ft as shown in Figure P10.84. The soldier beam can be idealized as a cantilever with a fixed support at $A$. Added support is supplied by a tieback anchor at $B$, which exerts a force of 5,000 lb on the soldier beam. Determine the horizontal deflection of the soldier beam at point $C$. Assume $EI = 5 \times 10^8$ lb-in.$^2$.

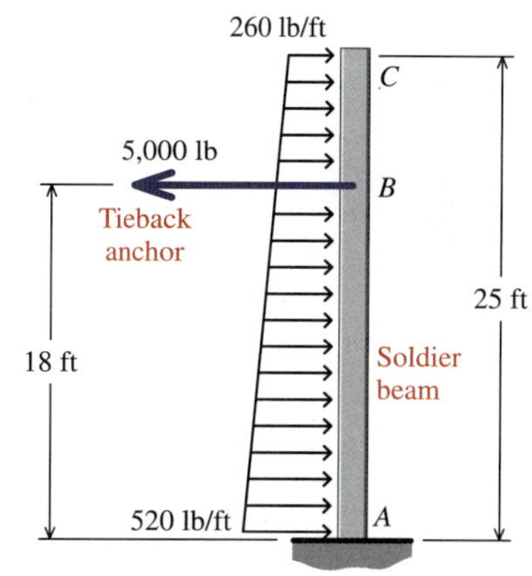


**FIGURE P10.84**

**P10.85** A 25-ft-long soldier beam is used as a key component of an earth retention system at an excavation site. The soldier beam is subjected to a uniformly distributed soil loading of 260 lb/ft as shown in Figure P10.85. The soldier beam can be idealized as a cantilever with a fixed support at $A$. Added support is supplied by a tieback anchor at $B$, which exerts a force of 4,000 lb on the soldier beam. Determine the horizontal deflection of the soldier beam at point $C$. Assume $EI = 5 \times 10^8$ lb-in.$^2$.

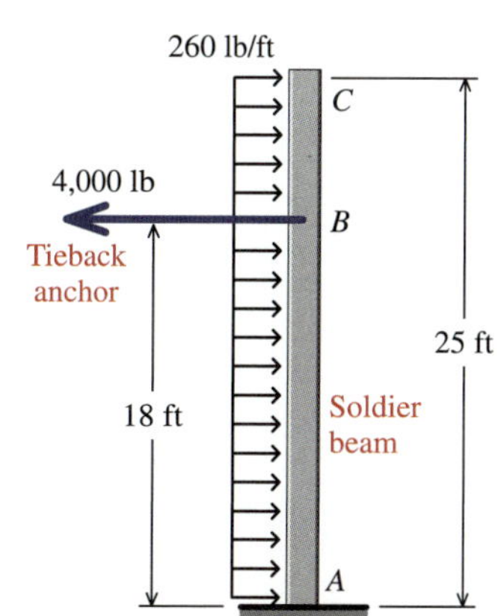


**FIGURE P10.85**

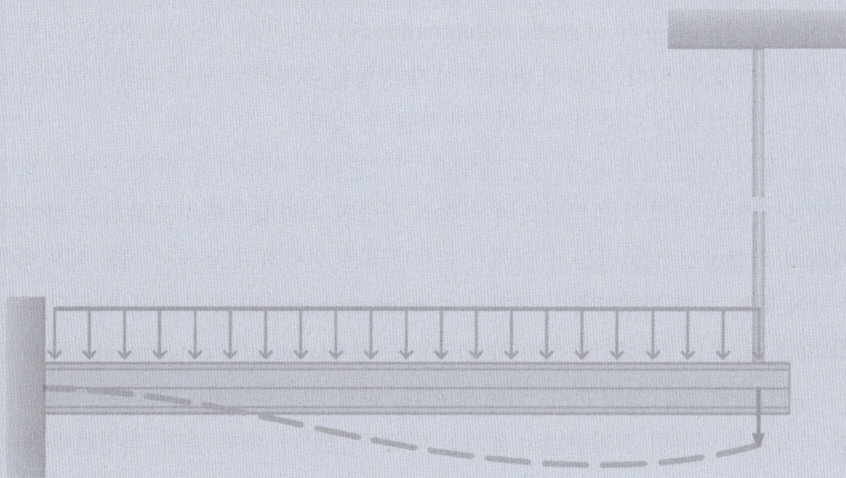

CHAPTER 11

# 부정정보

## 11.1 서론

보에서 미지 반력의 개수가 사용할 수 있는 평형조건식의 개수보다 많을 때 이 보를 부정정으로 분류한다. 이러한 경우 미지의 반력(또는 미지의 힘)을 구하기 위해 필요한 추가 관계식을 하중을 받는 보의 변형으로부터 얻는다. 10장에서 보여준 계산 방법은 지지점(또는 다른 구속)에서 알고 있는 기울기와 처짐과 함께 적합방정식을 구하기 위하여 사용된다. 적합방정식과 평형조건식은 모두 보의 반력을 결정하기 위한 기본을 제공한다. 일단 보에 작용하는 모든 하중을 안다면 7장에서 10장까지 소개된 방법들이 보에 걸리는 응력과 처짐량을 구하는 데 사용된다.

## 11.2 부정정보의 종류

부정정보는 그 지지의 조합에 따라 구별할 수 있다. 그림 11.1$a$에 한쪽이 지지된 외팔보(propped cantilever)가 있다. 이런 종류의 보는 한쪽은 고정지지이고 반대 끝은 롤러지지로 되어 있다. 고정지지에는 3가지 반력이 작용한다: 수평과 수직방향의 변위를 구속하는 $A_x$와 $A_y$, 그리고 회전을 구속하는 $M_A$. 롤러지지는 수직방향 변위를 구속한다($B_y$). 결론적으로 지지된 외팔보는 4개의 미지의 반력을 받고 있다. 보에 대하여 3개의 평형조건식을 만들 수 있다($\Sigma F_x = 0,\ \Sigma F_y = 0,\ \Sigma M = 0$). 미지의 반력의 수가 평형조건식의 개수보다 많으므로 지지된 외팔보는 **부정정(statically indeterminate)**이다. 반력의 수가 평형조건식의 수를 초과

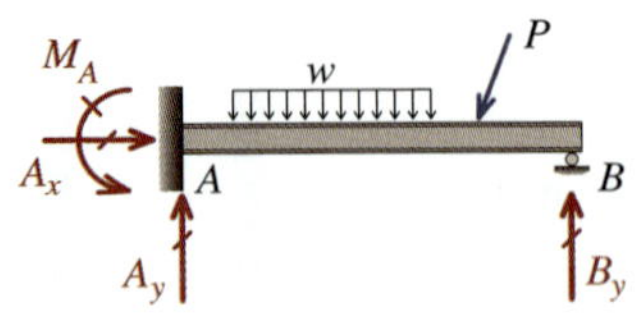


($a$) 하중과 반력이 포함된 실제의 보

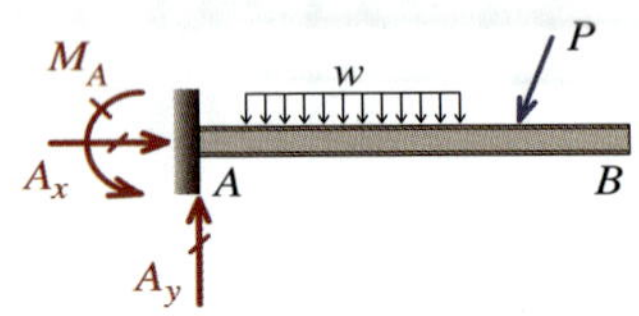


($b$) $B_y$의 과잉반력이 이완된 보

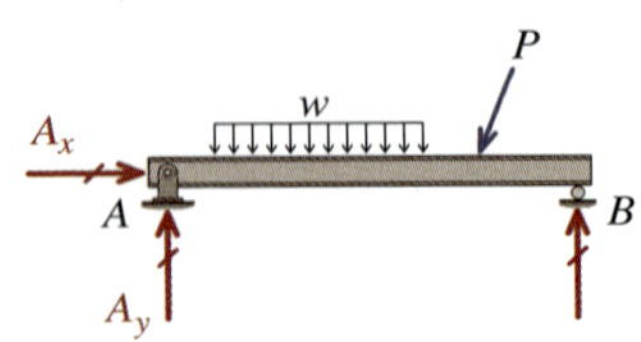


($c$) $M_A$의 과잉반력이 이완된 보

**그림 11.1** • 지지된 외팔보

한 개수를 **정적 부정정도(degree of static indeterminacy)**라고 한다. 따라서 지지된 외팔보는 1차 부정정이라 말할 수 있다. 여분의 반력은 보가 평형을 유지하는 데 필수적이 아니므로 초과된 반력을 과잉반력 또는 단순히 과잉력이라 부를 수 있다.

부정정보를 풀기 위한 일반적인 접근 방법은 과잉반력을 선정하고 하중을 받는 보의 변형된 모양에 의거하여 각각의 과잉반력이 적절히 반영된 적합방정식을 도출하는 것이다. 이러한 기하학적 적합방정식을 만들기 위해서 과잉반력을 선정하고 보에서 이를 제거해야 한다. 이때, 남아 있는 보를 과잉구속이 이완된 보(released beam)라고 부른다. 이완된 보는 안정해야 하며(즉, 하중을 지탱할 수 있어야 한다), 또 정정(statically determinate)하여 평형조건식으로부터 반력들을 결정할 수 있어야 한다. 과잉 지지점에서 나타나는 처짐이나 회전에 대한 지식들을 이용한 과잉반력의 효과는 따로 언급한다. 예를 들면, 과잉반력 $B_y$가 위나 아래로의 이동을 막아 주므로 $B$에서의 처짐은 0이 되어야만 한다는 것을 확실히 알고 있다.

전술한 바와 같이 과잉구속이 해제된 보는 안정하고 정정이다. 예를 들면, 롤러지지반력 $B_y$는 지지된 외팔보에서 제거될 수 있어(그림 11.1$b$) 외팔보로 남아 있다. 이 외팔보는 아직도 하중을 지탱할 수 있다. 다시 말하면 그 외팔보는 안정(stable)하다. 다른 방법으로 모멘트반력 $M_A$ 역시 지지된 외팔보에서 제거할 수 있어(그림 11.1$c$) $A$가 핀지지이고 $B$가 롤러지지인 단순지지보로 되었다. 과잉구속이 제거된 이 보도 안정하다.

모든 하중이 보의 길이방향에 수직으로 작용한다면 특별한 경우가 생긴다. 그림 11.2에 있는 지지된 외팔보에 수직하중만 받고 있다. 이 경우 평형조건식 $\Sigma F_x = A_x = 0$으로부터 $A$에서의 수평반력은 0이다. 따라서 미지의 반력은 3개뿐($A_y$, $B_y$, $M_A$)이다. 비록 그렇더라도 두 개의 평형조건식만 사용할 수 있으므로 이 보는 아직 부정정이며 정적 부정정도는 1 또는 1차이다.

다른 종류의 부정정보로 양단고정보(fixed-end beam) 또는 고정-고정보(fixed-fixed beam)(그림 11.3)가 있다. $A$와 $B$에서 고정 연결은 각각 3개의 반력을 생성시킨다. 평형조건식은 오직 3개뿐이므로 이 보는 3차 부정정이다. 횡하중만 작용하는 특별한 경우(그림 11.4), 양단고정보에는 4개의 0이 아닌 반력이 있으며 2개의 평형조건식을 사용할 수 있다. 따라서

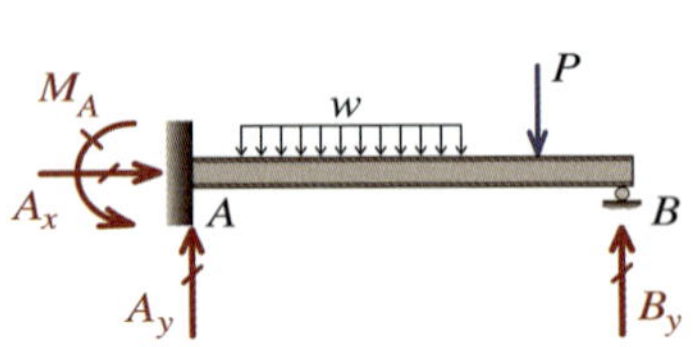


**그림 11.2** • 횡하중만 받는 지지된 외팔보

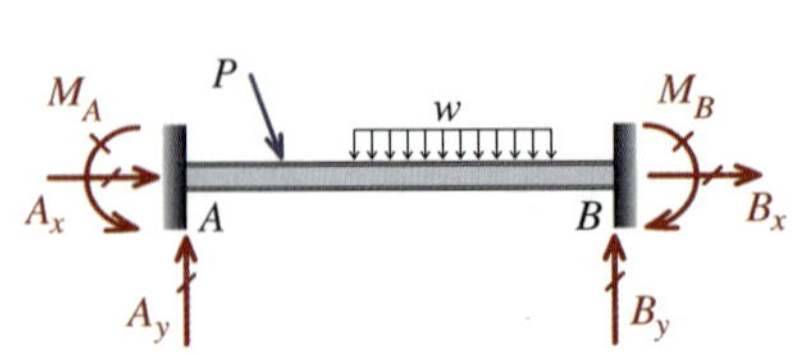


**그림 11.3** • 양단 고정보의 하중과 반력

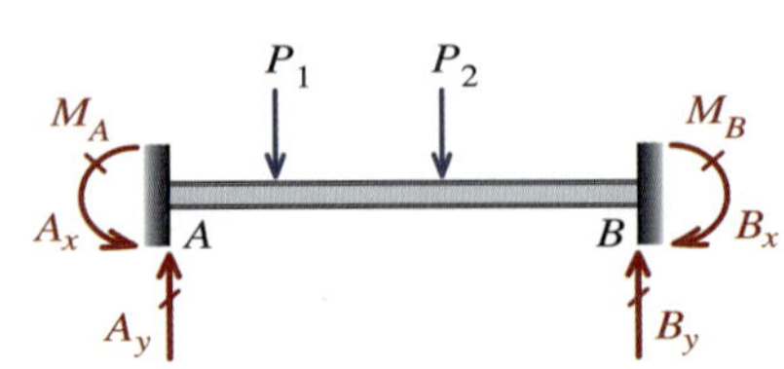


**그림 11.4** • 횡하중만 받는 양단고정보

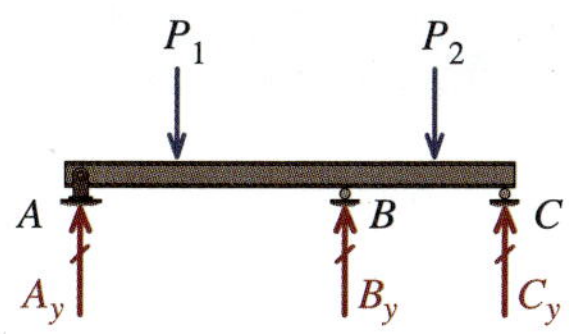


**그림 11.5*a*** • 3개의 지지가 있는 연속보

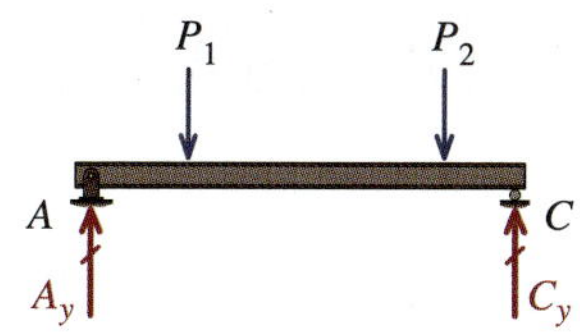


**그림 11.5*b*** • 과잉반력 $B_y$가 이완된 보

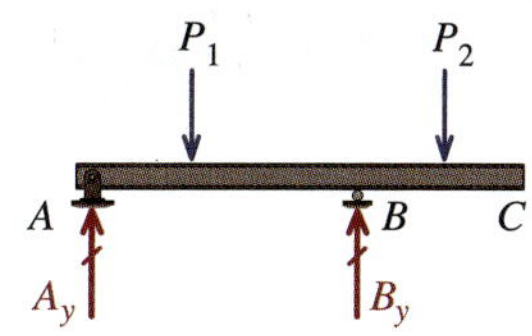


**그림 11.5*c*** • 과잉반력 $C_y$가 이완된 보

그림 11.4의 양단고정보는 2차 부정정이다.

그림 11.5*a*에 있는 보를 연속보(continuous beam)라고 부른다. 그 이유는 보가 1개 이상의 구간을 가지고 있고 보 내부의 지지점에서 불연속이 아니기 때문이다. 횡하중만 작용한다면 이 보는 1차 부정정이다. 이 보는 두 가지 방법으로 과잉구속을 해제할 수 있다. 그림 11.5*b*에서 내부의 롤러지지를 제거하면 이 과잉구속이 해제된 보는 $A$와 $C$에서 지지하는 단순지지가 되며 안정하다. 그림 11.5*c*에서 외부지지 $C$를 제거하였다. 이 과잉구속이 제거되어도 마찬가지로 단순지지이다. 그러나 이 보는 돌출 부분($B$에서 $C$까지)을 갖고 있다. 그럼에도 불구하고 이 보는 안정하다.

다음의 절에서 부정정보를 해석하기 위한 3가지 방법이 논의될 것이다. 가장 중요한 목적은 과잉반력의 크기를 결정하는 것이다. 과잉반력이 결정된 후 나머지 반력들은 평형조건식으로부터 결정된다. 이 모든 반력을 구한 후에 전단력, 굽힘모멘트, 굽힘응력, 전단응력, 횡방향 처짐 등을 7장에서 10장까지에 걸쳐 소개된 방법으로 구할 수 있다.

## 11.3 적분법

정정보의 경우, 탄성굽힘곡선식의 적분상수를 결정하는 데 필요한 경계조건과 연속조건을 구하기 위하여 기지의 기울기와 처짐을 이용하였다. 부정정보의 경우에도 그 과정은 동일하다. 그러나 초기 단계에서 유도된 굽힘모멘트에 평형조건식으로 결정할 수 없는 반력(또는 하중)이 포함된다. 그러한 미지의 힘을 구하기 위하여 추가적인 경계조건이 필요하다. 예를 들면, 횡하중을 받아 4개의 미지의 반력을 받는 보를 고려해 보자. 곡률을 두 번 적분하여 탄성굽힘곡선식 $v(x)$를 구하는 이중적분법을 사용하기 위해서는 미지의 반력을 알고 있어야 한다. 굽힘모멘트식을 2번 적분하면 2개의 적분상수가 발생한다. 결론적으로 이 부정정보는 6개의 미지수를 갖고 있다. 횡하중을 받는 보는 오직 2개의 의미 있는 평형조건식이 존재하므로, 4개의 방정식이 추가적으로 경계조건(또는 연속조건)으로부터 유도되어야만 한다. 2개의 경계조건(또는 연속조건)이 적분상수를 구하기 위해 필요하고, 여분의 경계조건(또는 연속조건)이 2개의 모르는 반력을 구하기 위해 필요하다. 다음 예제가 그 방법을 설명한다.

## 예제 11.1 EXAMPLE

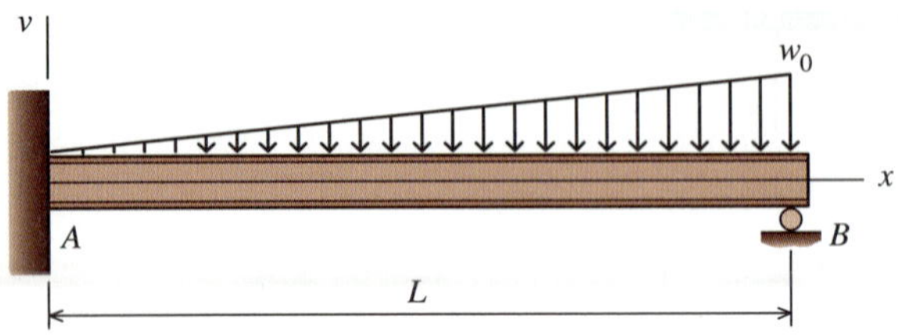


반대편이 단순지지된 외팔보가 그림과 같이 하중을 받고 있다. 보에서 $EI$는 일정하다. 지지점 $A$와 $B$에서의 반력을 구하라.

### 풀이 계획

우선 전체 보의 자유물체도를 그리고 3개의 평형조건식을 4개의 미지의 반력 $A_x$, $A_y$, $B_y$, $M_A$ 등으로 유도한다. 그 다음에 원점에서 $x$만큼 떨어진 위치에서 보를 자른 자유물체도를 고려한다. 모멘트 평형조건식을 유도하고, $x$의 함수인 굽힘모멘트를 구한다. $M$을 식 (10.4)에 대입한 후 2번 적분하면 2개의 적분상수가 나타난다. 풀이 과정 중 이 순간에 6개의 미지수가 있으며 이를 풀기 위해서 6개의 식이 필요하다. 3개의 평형조건식 이외에 3개 이상의 식을 3개의 경계조건에서 구할 것이다. 6개의 식을 풀어서 적분상수와 미지의 반력을 구한다.

### 풀이

**평형**

전체 보의 자유물체도를 고려해 보자. $x$방향의 하중이 없으므로 수평방향 힘의 합에 관한 식으로부터

$$\Sigma F_x = A_x = 0$$

수직방향의 힘의 평형조건으로부터 다음을 얻는다.

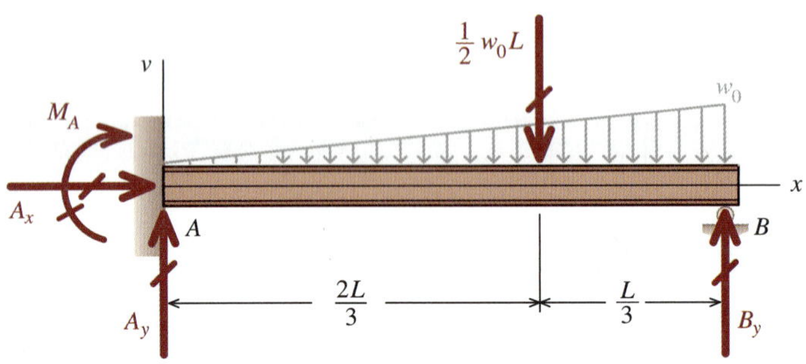


$$\Sigma F_y = A_y + B_y - \frac{1}{2}w_0L = 0 \tag{a}$$

롤러지지 $B$에서 모멘트 평형조건으로부터 다음 식을 얻는다.

$$\Sigma M_B = \frac{1}{2}w_0L\left(\frac{L}{3}\right) - A_yL - M_A = 0 \tag{b}$$

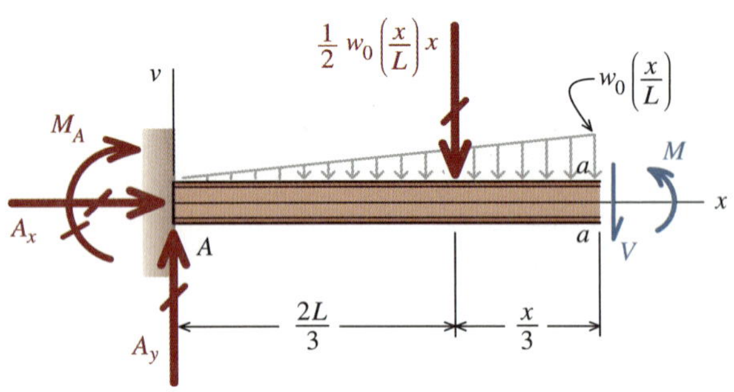


다음으로 보를 임의의 위치 $x$에서 자른 후 자유물체도를 그린다. 이때, 보의 단면에서 작용하는 굽힘모멘트 $M$이 양의 방향으로 작용하도록 해야 한다. 단면 $a$–$a$에 대한 모멘트 평형조건식은 다음과 같다.

$$\Sigma M = \frac{1}{2}w_0\left(\frac{x}{L}\right)x\left(\frac{x}{3}\right) - A_yx - M_A + M = 0$$

이 식으로부터 굽힘모멘트를 다음과 같이 구할 수 있다.

$$M = -\frac{w_0}{6L}x^3 + A_yx + M_A \qquad (0 \le x \le L) \tag{c}$$

식 (10.4)에 $M$의 식을 대입하여 다음 식을 얻는다.

$$\boxed{EI\frac{d^2v}{dx^2} = -\frac{w_0}{6L}x^3 + A_y x + M_A} \tag{d}$$

**적분**

식 (d)를 2번 적분하여 다음 식을 얻는다

$$\boxed{EI\frac{dv}{dx} = -\frac{w_0}{24L}x^4 + \frac{A_y}{2}x^2 + M_A x + C_1} \tag{e}$$

$$\boxed{EIv = -\frac{w_0}{120L}x^5 + \frac{A_y}{6}x^3 + \frac{M_A}{2}x^2 + C_1 x + C_2} \tag{f}$$

**경계조건**

이 예제의 경우 식 (c)에 있는 굽힘모멘트 $M$은 구간 $0 \leq x \leq L$에서 유효된다. 따라서 경계조건은 $x = 0$과 $x = L$에서 찾을 수 있다. $A$의 고정지지에서 경계조건은 $x = 0$에서 $dv/dx = 0$이고 $v = 0$이다. 롤러지지 $B$에서 경계조건은 $x = L$에서 $v = 0$이다.

**적분상수 결정**

경계조건 $x = 0$에서 $dv/dx = 0$을 식 (e)에 대입하여 $C_1 = 0$을 얻었다. 경계조건 $x = 0$에서 $v = 0$을 식 (f)에 대입하면 $C_2 = 0$이 나온다. 다음으로 $C_1$, $C_2$와 경계조건 $x = L$에서 $v = 0$를 식 (f)에 대입하여 다음을 얻는다.

$$EI(0) = -\frac{w_0}{120L}(L)^5 + \frac{A_y}{6}(L)^3 + \frac{M_A}{2}(L)^2$$

위 식에서 $M_A$를 $A_y$ 항으로 표시한다.

$$\boxed{M_A = \frac{w_0 L^2}{60} - \frac{A_y L}{3}} \tag{g}$$

평형조건식 (b)로부터 $M_A$는 다음과 같이 쓸 수 있다.

$$\boxed{M_A = \frac{w_0 L^2}{6} - A_y L} \tag{h}$$

**반력 구하기**

식 (g)와 (h)를 연립한다.

$$\frac{w_0 L^2}{60} - \frac{A_y L}{3} = \frac{w_0 L^2}{6} - A_y L$$

그리고 $A$에서의 수직 반력을 구한다.

$$A_y = \frac{27}{120}w_0 L = \frac{9}{40}w_0 L$$ **Ans.**

이 결과를 식 (g)나 (h)에 대입하여 모멘트 $M_A$를 결정한다.

$$M_A = -\frac{7}{120} w_0 L^2 \qquad \textbf{Ans.}$$

롤러지지에서의 반력을 구하기 위해 $A_y$의 결과를 식 (a)에 대입하여 $B_y$를 구한다.

$$B_y = \frac{33}{120} w_0 L = \frac{11}{40} w_0 L \qquad \textbf{Ans.}$$

## 예제 11.2 EXAMPLE

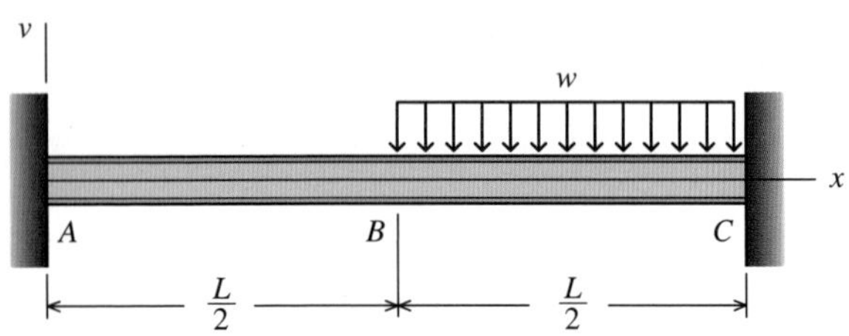


보가 그림과 같이 하중과 지지를 받고 있다. 보의 $EI$는 일정하다. 지지점 $A$와 $C$에서의 반력을 구하라.

**풀이 계획**

우선 전체 보의 자유물체도를 그리고, 2개의 평형조건식을 4개의 모르는 반력 $A_y$, $C_y$, $M_A$, $M_C$ 등으로 표시한다. 예제의 보와 하중에는 두 개의 탄성굽힘곡선식이 유도되어야 한다. 한 곡선식은 구간 $0 \le x \le L/2$에 적용되고 두 번째 곡선식은 구간 $L/2 \le x \le L$에 적용된다. 두 개의 식을 두 번 적분하면 4개의 적분상수가 나타난다. 따라서 모두 8개의 미지수를 구해야 한다. 8개의 미지수를 구하기 위해서는 8개의 식이 필요하다. 4개의 식은 처짐과 기울기를 알고 있는 보의 지지점의 경계조건으로부터 구한다. 두 구간의 접점에서 두 개의 식을 $x = L/2$에서의 연속조건으로부터 구할 수 있다. 마지막으로 전체 보에 대한 평형으로부터 두 개의 의미 있는 식을 구할 수 있다. 8개의 식을 풀어서 적분상수와 미지의 반력을 구할 것이다.

**풀이**

**평형**

전체 보의 자유물체도를 그린다. $x$방향의 하중이 없으므로 반력 $A_x$와 $C_x$는 제외한다. 두 개의 평형조건식을 유도한다.

$$\Sigma F_y = A_y + C_y - \frac{wL}{2} = 0 \qquad \text{(a)}$$

$$\Sigma M_C = \frac{wL}{2}\left(\frac{L}{4}\right) - A_y L - M_A + M_C = 0 \qquad \text{(b)}$$

전체 보의 굽힘모멘트를 표현하기 위해서는 2개의 식이 필요하다. 두 개의 자유물체도를 그린다. 첫 번째는 $A$와 $B$ 사이를 자른 자유물체도이고 두 번째는 $B$와 $C$ 사이를 자른 자유물체도이다. 이 두 개의 자유물체도로부터 굽힘모멘트를 유도하고 차례대로 탄성굽힘곡선의 미분방정식을 구한다.

**구간 $A$와 $B$ 사이의 구간 $0 \le x \le L/2$**

$$M = A_y x + M_A$$

이 식으로부터 미분방정식은 다음과 같다.

$$EI\frac{d^2v}{dx^2} = A_y x + M_A \qquad \text{(c)}$$

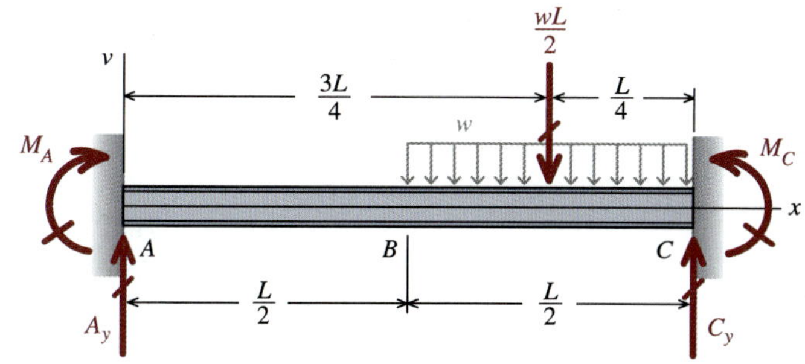


**적분**

식 (c)를 두 번 적분하여 다음을 얻는다.

$$EI\frac{dv}{dx} = \frac{A_y}{2}x^2 + M_A x + C_1 \qquad \text{(d)}$$

$$EIv = \frac{A_y}{6}x^3 + \frac{M_A}{2}x^2 + C_1 x + C_2 \qquad \text{(e)}$$

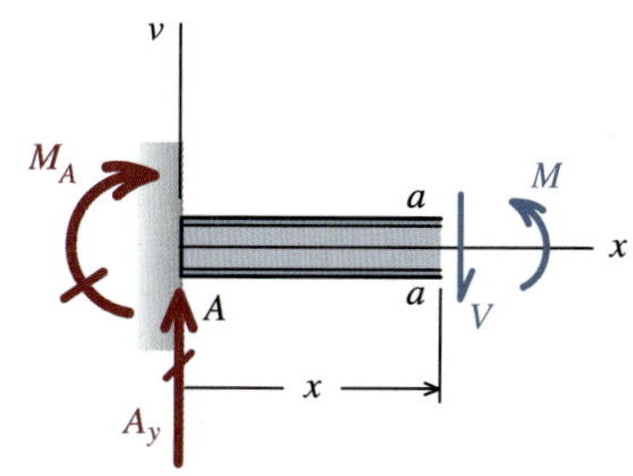


**구간 $B$와 $C$ 사이의 구간 $L/2 \le x \le L$**

$$M = -\frac{w}{2}\left(x - \frac{L}{2}\right)^2 + A_y x + M_A$$

이 식으로부터 미분방정식은 다음과 같다.

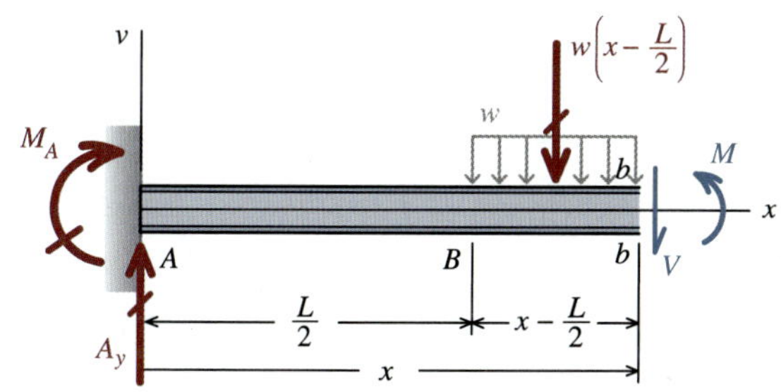


$$EI\frac{d^2v}{dx^2} = -\frac{w}{2}\left(x - \frac{L}{2}\right)^2 + A_y x + M_A \qquad \text{(f)}$$

**적분**

식 (c)를 두 번 적분하여 다음을 얻는다.

$$EI\frac{dv}{dx} = -\frac{w}{6}\left(x - \frac{L}{2}\right)^3 + \frac{A_y}{2}x^2 + M_A x + C_3 \qquad \text{(g)}$$

$$EIv = -\frac{w}{24}\left(x - \frac{L}{2}\right)^4 + \frac{A_y}{6}x^3 + \frac{M_A}{2}x^2 + C_3 x + C_4 \qquad \text{(h)}$$

**경계조건**

보에는 4개의 경계조건이 있다. $x = 0$에서 $dv/dx = 0$을 식 (d)에 대입하면 $C_1 = 0$이다. 그리고 $x = 0$에서 $v = 0$을 식 (e)에 대입하면 $C_2 = 0$이다. 다음으로 $x = L$에서 $dv/dx = 0$인 경계조건을 식 (g)에 대입하면 $C_3$를 다음의 식으로 표현할 수 있다.

$$C_3 = \frac{wL^3}{48} - \frac{A_yL^2}{2} - M_A L$$

마지막으로 $x = L$에서 $v = 0$인 경계조건과 $C_3$의 표현을 식 (h)에 대입하여 $C_4$를 다음의 식으로 표현할 수 있다.

$$C_4 = -\frac{7wL^4}{384} + \frac{A_yL^3}{3} + \frac{M_AL^2}{2}$$

**연속조건**

보는 한 개의 연속부재이다. 결과적으로 $x = L/2$에서 2개의 식은 같은 기울기와 같은 처짐을 가져야 한다. 기울기식 (d)와 (g)를 고려해 보자. $x = L/2$에서 두 개의 식은 같은 기울기를 가져야 한다. 따라서 변수 $x$에 $L/2$의 값을 대입하고 두 식을 등식으로 놓는다.

$$\frac{A_y}{2}\left(\frac{L}{2}\right)^2 + M_A\left(\frac{L}{2}\right) = -\frac{w}{6}(0)^3 + \frac{A_y}{2}\left(\frac{L}{2}\right)^2 + M_A\left(\frac{L}{2}\right) + C_3$$

이 식을 정리하면 다음과 같다.

$$0 = C_3 = \frac{wL^3}{48} - \frac{A_yL^2}{2} - M_A L \qquad \therefore \frac{A_yL^2}{2} + M_A L = \frac{wL^3}{48} \tag{i}$$

마찬가지로 처짐식 (e)와 (h)도 $x = L/2$에서 같아야 한다.

$$\frac{A_y}{6}\left(\frac{L}{2}\right)^3 + \frac{M_A}{2}\left(\frac{L}{2}\right)^2 = -\frac{w}{24}(0)^4 + \frac{A_y}{6}\left(\frac{L}{2}\right)^3 + \frac{M_A}{2}\left(\frac{L}{2}\right)^2 + C_3\left(\frac{L}{2}\right) + C_4$$

이 식을 정리하면 다음과 같다.

$$C_4 = -C_3\left(\frac{L}{2}\right) \qquad \therefore -\frac{7wL^4}{384} + \frac{A_yL^3}{3} + \frac{M_AL^2}{2} = -\left[\frac{wL^3}{48} - \frac{A_yL^2}{2} - M_A L\right]\left(\frac{L}{2}\right) \tag{j}$$

**반력의 결정**

식 (j)에서 반력 $A_y$를 푼다.

$$A_y = \frac{36wL}{384} = \frac{3wL}{32} \qquad \textbf{Ans.}$$

반력 $A_y$를 식 (e)에 대입하여 $A$에서의 모멘트를 구한다.

$$M_A = \frac{wL^2}{48} - \frac{A_yL}{2} = \frac{wL^2}{48} - \frac{3wL^2}{64} = -\frac{10wL^2}{384} = -\frac{5wL^2}{192} \qquad \textbf{Ans.}$$

반력 $A_y$를 식 (a)에 대입하여 반력 $C_y$를 구한다.

$$C_y = \frac{wL}{2} - A_y = \frac{wL}{2} - \frac{3wL}{32} = \frac{13wL}{32} \qquad \textbf{Ans.}$$

마지막으로 식 (b)로부터 반력 모멘트 $M_C$를 구한다.

$$M_C = M_A + A_y L - \frac{wL^2}{8} = -\frac{10wL^2}{384} + \frac{3wL^2}{32} - \frac{wL^2}{8} = -\frac{22wL^2}{384} = -\frac{11wL^2}{192}$$ **Ans.**

# PROBLEMS

**P11.1** A beam is loaded and supported as shown in Figure P11.1. Use the double-integration method to determine the magnitude of the moment $M_0$ required to make the slope at the left end of the beam equal to zero.

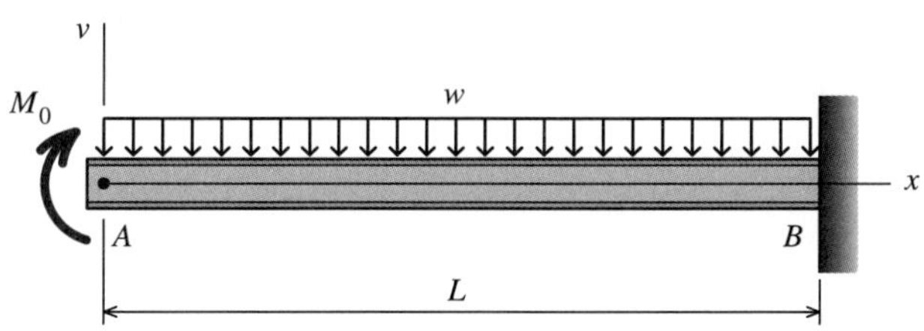


**FIGURE P11.1**

**P11.2** When moment $M_0$ is applied to the left end of the cantilever beam shown in Figure P11.2, the slope of the beam at $A$ is zero. Use the double-integration method to determine the magnitude of the moment $M_0$.

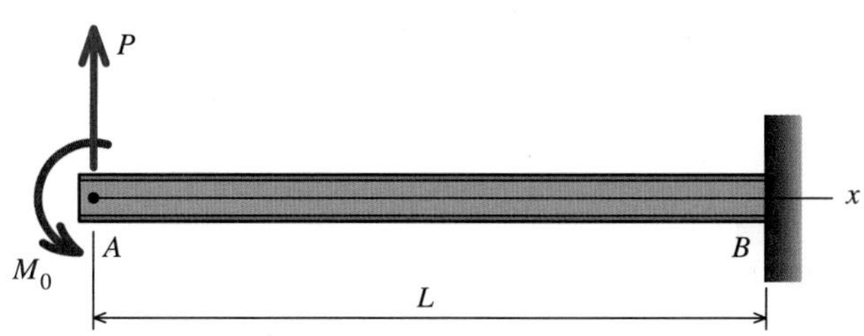


**FIGURE P11.2**

**P11.3** When the load $P$ is applied to the right end of the cantilever beam shown in Figure P11.3, the deflection at the right end of the beam is zero. Use the double-integration method to determine the magnitude of the load $P$.

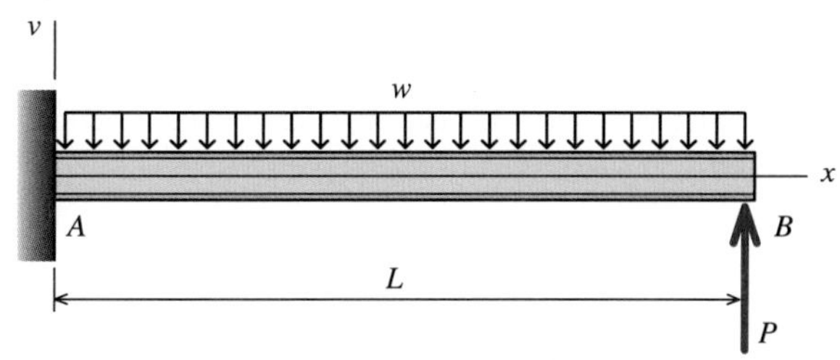


**FIGURE P11.3**

**P11.4** A beam is loaded and supported as shown in Figure P11.4. Use the double-integration method to determine the reactions at supports $A$ and $B$.

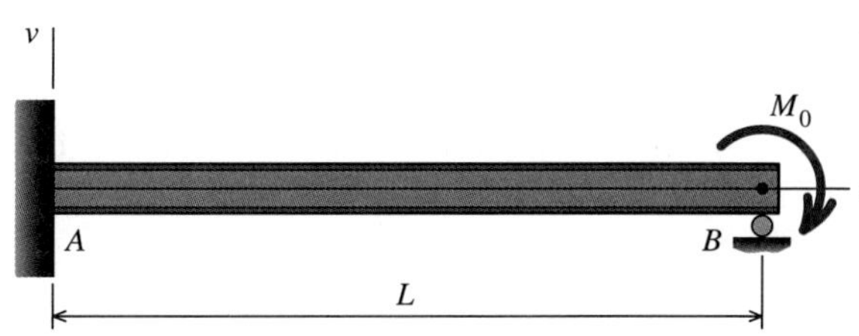


**FIGURE P11.4**

**P11.5** A beam is loaded and supported as shown in Figure P11.5.

(a) Use the double-integration method to determine the reactions at supports $A$ and $B$.

(b) Draw the shear-force and bending-moment diagrams for the beam.

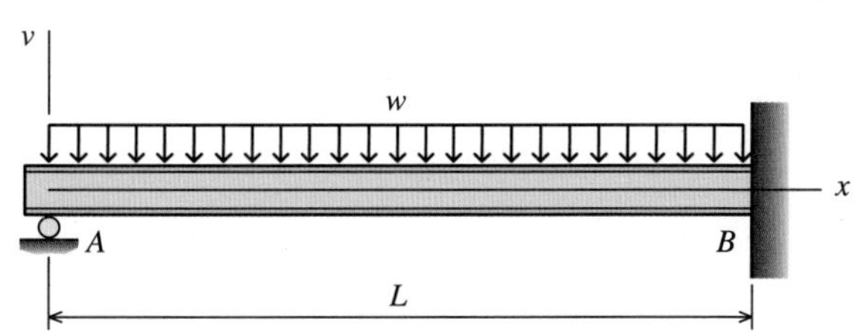


**FIGURE P11.5**

**P11.6** A beam is loaded and supported as shown in Figure P11.6. Use the double-integration method to determine the reactions at supports $A$ and $B$.

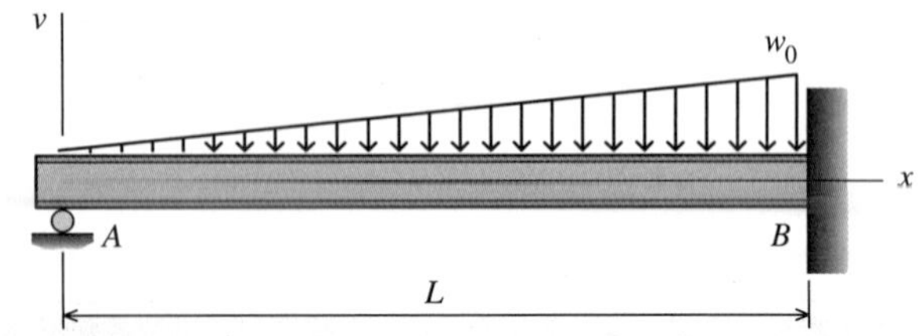


**FIGURE P11.6**

**P11.7** A beam is loaded and supported as shown in Figure P11.7. Use the fourth-order integration method to determine the reaction at roller support $B$.

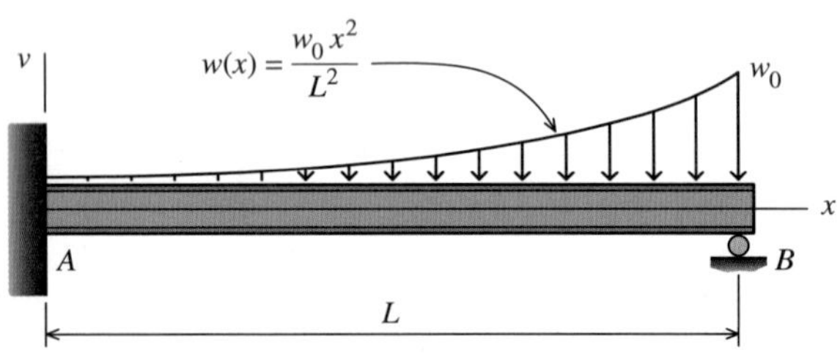


**FIGURE P11.7**

**P11.8–P11.9** A beam is loaded and supported as shown in Figures P11.8 and P11.9. Use the fourth-order integration method to determine the reaction at roller support $A$.

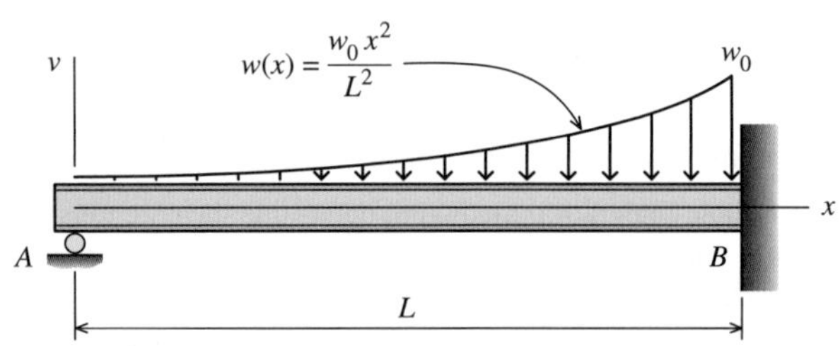


**FIGURE P11.8**

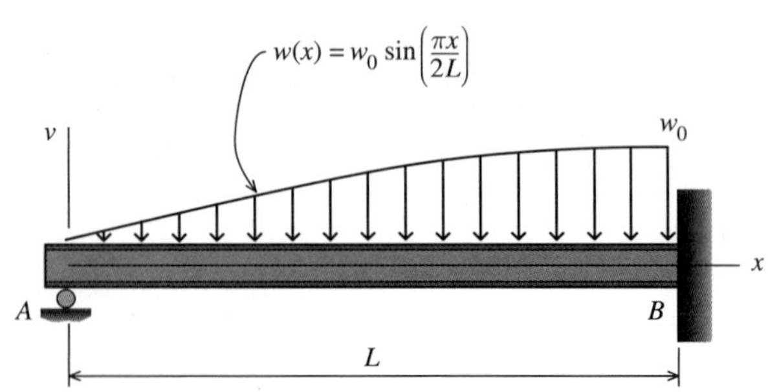


**FIGURE P11.9**

**P11.10** A beam is loaded and supported as shown in Figure P11.10. Use the fourth-order integration method to determine the reactions at supports $A$ and $B$.

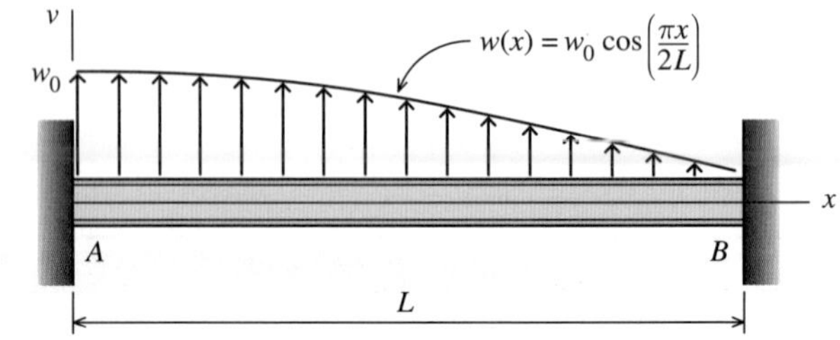


**FIGURE P11.10**

**P11.11** A beam is loaded and supported as shown in Figure P11.11. Use the fourth-order integration method to determine the reactions at supports $A$ and $B$.

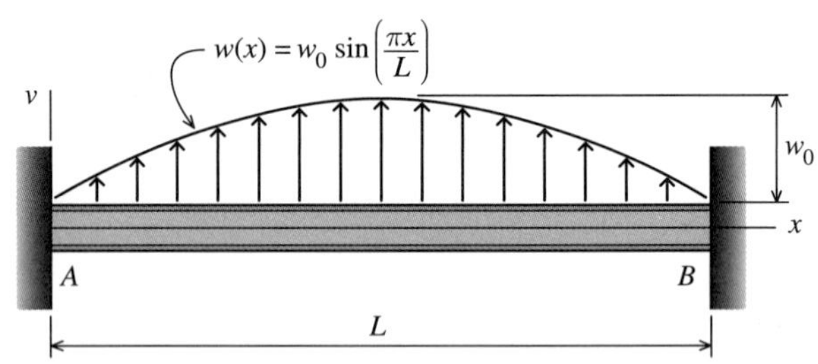


**FIGURE P11.11**

**P11.12** A beam is loaded and supported as shown in Figure P11.12.

(a) Use the double-integration method to determine the reactions at supports $A$ and $C$.
(b) Draw the shear-force and bending-moment diagrams for the beam.
(c) Determine the deflection in the middle of the span.

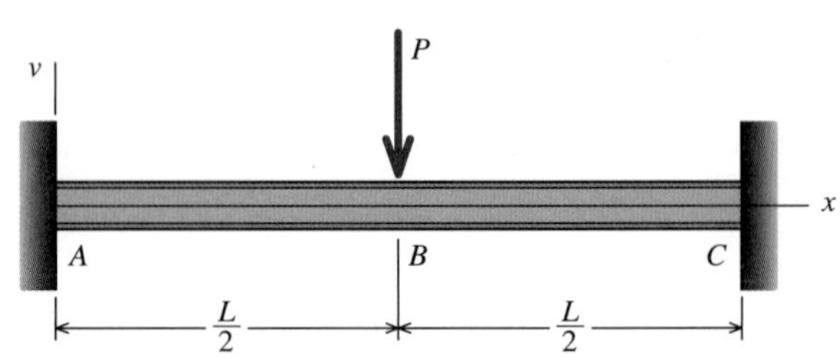


**FIGURE P11.12**

**P11.13** A beam is loaded and supported as shown in Figure P11.13.

(a) Use the double-integration method to determine the reactions at supports *A* and *B*.
(b) Draw the shear-force and bending-moment diagrams for the beam.
(c) Determine the deflection in the middle of the span.

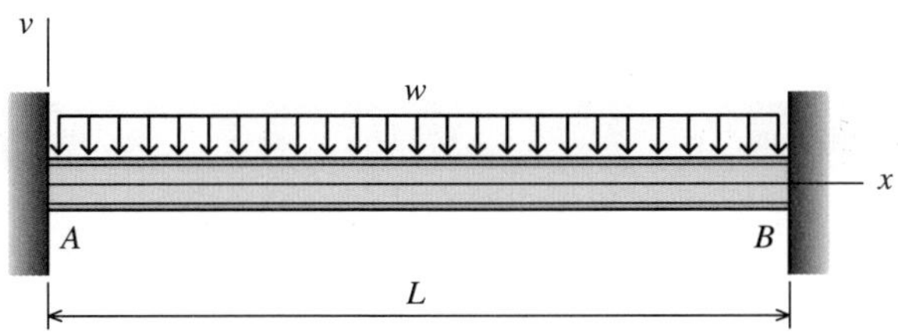


FIGURE P11.13

**P11.14** A beam is loaded and supported as shown in Figure P11.14.

(a) Use the double-integration method to determine the reactions at supports *A* and *C*.
(b) Determine the deflection in the middle of the span.

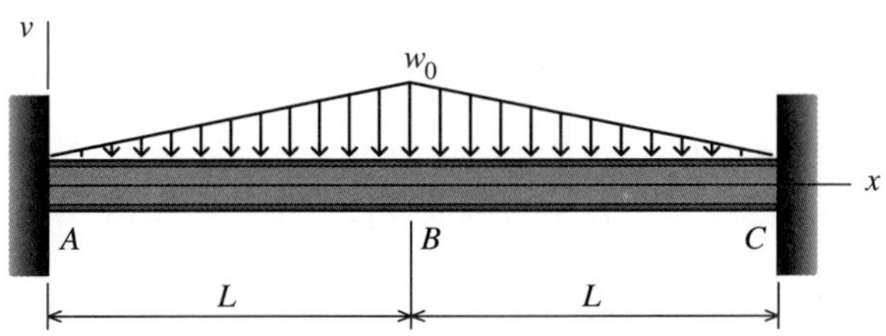


FIGURE P11.14

**P11.15** A beam is loaded and supported as shown in Figure P11.15.

(a) Use the double-integration method to determine the reactions at supports *A* and *C*.
(b) Draw the shear-force and bending-moment diagrams for the beam.
(c) Determine the deflection in the middle of the span.

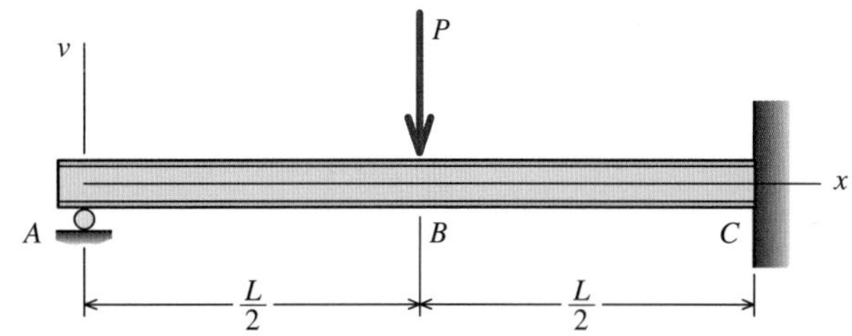


FIGURE P11.15

**P11.16–P11.17** A beam is loaded and supported as shown in Figures P11.16 and P11.17.

(a) Use the double-integration method to determine the reactions at supports *A* and *C*.
(b) Draw the shear-force and bending-moment diagrams for the beam.

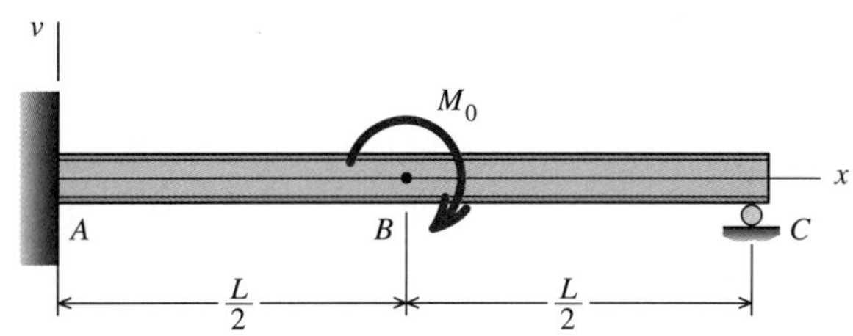


FIGURE P11.16

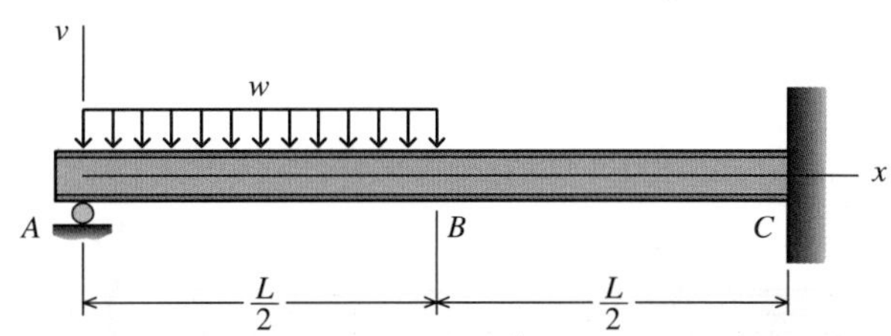


FIGURE P11.17

## 11.4 부정정보에서 불연속함수의 사용

정정보의 경우에 불연속함수를 사용하여 해석하는 방법은 7장과 10장에서 논의되었다. 7.4절에서 보의 전단력과 굽힘모멘트를 표현하기 위해서 불연속함수가 사용되었다. 불연속함수로 정정보의 처짐을 계산하는 방법은 10.6절에서 다루었다. 평형을 고려하여 반력과 모멘트는 미리 계산하였다. 평형을 고려하면, 계산과정의 초기에 구한 기지의 값을 하중함수 $w(x)$에 값을 포함시킬 수 있다. 부정정보에서 부가되는 어려움은 반력이 평형만을 고려해서는 결정할 수 없어, 기지의 반력(힘과 모멘트)만으로 $w(x)$를 표현할 수 없다.

부정정보의 경우, 하중밀도함수 $w(x)$에서 반력은 처음에는 미지수의 형태로 표현된다. 10.6절에서 서술된 방법대로 적분을 수행하면 2개의 적분상수 $C_1$과 $C_2$가 발생한다. 완전한 탄성굽힘곡선을 구하기 위하여 적분상수와 미지의 반력들이 구해져야만 한다. 상수 $C_1$과 $C_2$를 포함하는 식은 경계조건으로부터 유도되며, 이 식들과 평형조건식을 동시에 풀어 $C_1$, $C_2$, 반력 등을 구할 수 있다. 다음 예제에서 풀이과정을 상술한다.

## 예제 11.3 EXAMPLE

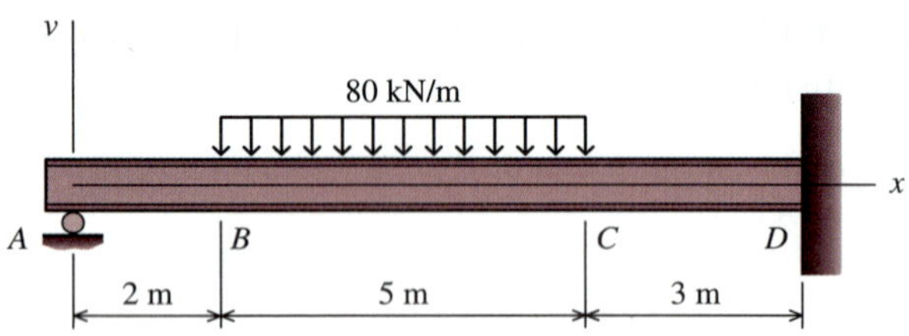


불연속함수를 이용하여 그림의 부정정보에서 다음을 구하라.

(a) $A$와 $D$에서의 반력(힘과 모텐트)

(b) $C$에서의 처짐

보에서 $EI = 120{,}000 \text{ kN·m}^2$로 일정하다.

**풀이 계획**

보가 부정정이므로 $A$와 $D$에서의 반력을 힘의 평형만을 고려하여 결정할 수 없다. 보의 자유물체도로부터 두 개의 의미 있는 평형조건식을 유도할 수 있다. 그러나 부정정보이므로 반력(힘과 모멘트)은 미지수로 남아 있다. 미지의 반력과 보에 작용하는 분포하중을 불연속함수로 표현할 수 있다. 이 하중밀도함수를 두 번 적분하여 보의 굽힘모멘트를 구할 수 있다. 처음 두 번의 적분에서 적분상수는 필요 없다. 그 후 굽힘모멘트 함수를  두 번 적분하여 탄성굽힘곡선을 구할 수 있다. 나중 두 번의 적분에서는 적분상수를 고려해야 한다. $A$와 $D$에서 세 개의 알고 있는 경계조건과 두 개의 평형조건식으로부터 모두 5개의 방정식을 유도할 수 있다. 이 5개의 방정식을 동시에 풀어 두 개의 적분상수와 3개의 미지의 반력을 구해야 한다. 이러한 미지수를 모두 구한 후, 임의의 위치에서 보의 처짐을 탄성굽힘곡선으로부터 구할 수 있다.

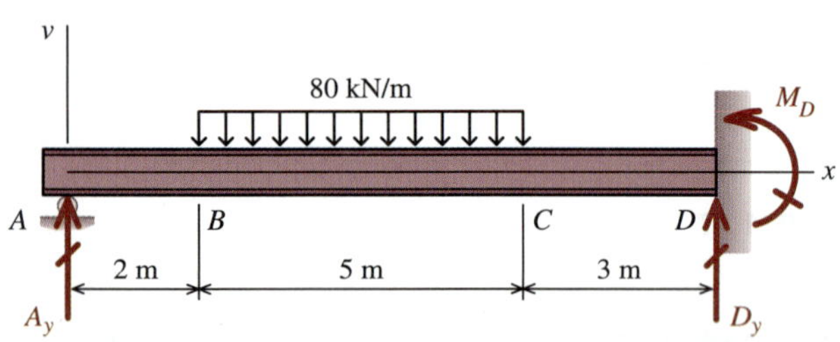


**풀이**

**(a) 반력**

자유물체도를 왼쪽에 나타내었다. $x$방향으로 힘이 작용하지 않으므로 $x$방향의 반력은 여기서 생략한다. 자유물체도로부터 보의 반력들을 다음의 관계식으로 표현할 수 있다.

$$\Sigma F_y = A_y + D_y - (80 \text{ kN/m})(5 \text{ m}) = 0 \qquad \therefore A_y + D_y = 400 \text{ kN} \tag{a}$$

$$\Sigma M_D = -A_y(10 \text{ m}) + (80 \text{ kN/m})(5 \text{ m})(5.5 \text{ m}) + M_D = 0$$
$$\therefore M_D - A_y(10 \text{ m}) = -2{,}200 \text{ kN·m} \tag{b}$$

**불연속함수 표현**

*B*와 *C* 사이의 분포하중: 표 7.2의 경우 5를 이용하여 분포하중을 다음과 같이 표현한다.

$$w(x) = -80 \text{ kN/m}\langle x - 2 \text{ m}\rangle^0 + 80 \text{ kN/m}\langle x - 7 \text{ m}\rangle^0$$

반력 $A_y$, $D_y$, $M_A$: 부정정보이므로 $A$와 $D$에서의 반력들은 미지수인 채로 표현된다.

$$w(x) = A_y\langle x - 0 \text{ m}\rangle^{-1} + D_y\langle x - 10 \text{ m}\rangle^{-1} - M_D\langle x - 10 \text{ m}\rangle^{-2}$$

보의 길이가 10 m이므로 반력 $D_y$와 $M_D$가 포함된 항은 항상 0의 값을 갖는다. 따라서 이 항들은 생략한다.

**하중밀도함수의 적분:** 완성된 하중밀도함수는 다음과 같다

$$w(x) = A_y\langle x - 0 \text{ m}\rangle^{-1} - 80 \text{ kN/m}\langle x - 2 \text{ m}\rangle^0 + 80 \text{ kN/m}\langle x - 7 \text{ m}\rangle^0$$

함수 $w(x)$를 적분하여 전단력 $V(x)$를 구한다.

$$V(x) = \int w(x)\,dx = A_y\langle x - 0\text{m}\rangle^0 - 80 \text{ kN/m}\langle x - 2 \text{ m}\rangle^1 + 80 \text{ kN/m}\langle x - 7 \text{ m}\rangle^1$$

$A$에서의 미지의 반력이 하중밀도함수에 포함되어 있으므로 적분상수가 필요 없다. 전단력 함수를 적분하여 굽힘모멘트 $M(x)$를 구한다.

$$M(x) = \int V(x)\,dx = A_y\langle x - 0 \text{ m}\rangle^1 - \frac{80 \text{ kN/m}}{2}\langle x - 2 \text{ m}\rangle^2 + \frac{80 \text{ kN/m}}{2}\langle x - 7 \text{ m}\rangle^2$$

앞에서와 같이 적분상수가 이 결과에 필요하지 않다. 그러나 그 다음의 두 적분(보의 기울기와 처짐함수를 구하기 위한)에서는 경계조건으로부터 결정될 적분상수가 고려되어야 한다.

식 (10.1)로부터 다음 식이 성립한다.

$$EI\frac{d^2v}{dx^2} = M(x) = A_y\langle x - 0 \text{ m}\rangle^1 - \frac{80 \text{ kN/m}}{2}\langle x - 2 \text{ m}\rangle^2 + \frac{80 \text{ kN/m}}{2}\langle x - 7 \text{ m}\rangle^2$$

굽힘모멘트를 적분하여 보의 기울기를 구한다.

$$EI\frac{dv}{dx} = \frac{A_y}{2}\langle x - 0 \text{ m}\rangle^2 - \frac{80 \text{ kN/m}}{6}\langle x - 2 \text{ m}\rangle^3 + \frac{80 \text{ kN/m}}{6}\langle x - 7 \text{ m}\rangle^3 + C_1 \quad \text{(c)}$$

다시 적분하여 보의 굽힘함수를 구한다.

$$EIv = \frac{A_y}{6}\langle x - 0 \text{ m}\rangle^3 - \frac{80 \text{ kN/m}}{24}\langle x - 2 \text{ m}\rangle^4 + \frac{80 \text{ kN/m}}{24}\langle x - 7 \text{ m}\rangle^4 + C_1x + C_2 \quad \text{(d)}$$

**경계조건을 이용하여 적분상수 구하기:** $x = 0$ m에서 처짐을 알고 있다. $x = 0$에서 $v = 0$인 경계조건을 식 (d)에 대입하여 $C_2$를 구한다.

$$\boxed{C_2 = 0} \tag{e}$$

다음으로 $x = 10$에서 $v = 0$인 경계조건을 식 (d)에 대입한다.

$$\boxed{\begin{gathered} 0 = \frac{A_y}{6}(10\ \text{m})^3 - \frac{80\ \text{kN/m}}{24}(8\ \text{m})^4 + \frac{80\ \text{kN/m}}{24}(3\ \text{m})^4 + C_1(10\ \text{m}) \\ \therefore (166.6667\ \text{m}^3)A_y + (10\ \text{m})C_1 = 13{,}383.3333\ \text{kN}\cdot\text{m}^3 \end{gathered}} \tag{f}$$

마지막으로 $x = 10$ m에서 $dv/dx = 0$인 경계조건을 식 (c)에 대입하여 다음 식을 얻는다.

$$\boxed{\begin{gathered} 0 = \frac{A_y}{2}(10\ \text{m})^2 - \frac{80\ \text{kN/m}}{6}(8\ \text{m})^3 + \frac{80\ \text{kN/m}}{6}(3\ \text{m})^3 + C_1 \\ \therefore (50\ \text{m}^2)A_y + C_1 = 6{,}466.6667\ \text{kN}\cdot\text{m}^2 \end{gathered}} \tag{g}$$

식 (f)와 식 (g)를 동시에 풀어 $C_1$과 $A_y$를 구한다.

$$C_1 = -1{,}225.8333\ \text{kN}\cdot\text{m}^2, \qquad A_y = 153.85\ \text{kN} \qquad \textbf{Ans.}$$

이제 $A_y$를 알고 있으므로 식 (a)와 (b)로부터 반력 $D_y$와 $M_D$를 구할 수 있다.

$$D_y = 400\ \text{kN} - A_y = 400\ \text{kN} - 153.85\ \text{kN} = 246.15\ \text{kN} \qquad \textbf{Ans.}$$

$$\begin{aligned} M_D = A_y(10\ \text{m}) - 2{,}200\ \text{kN}\cdot\text{m} &= (153.85\ \text{kN})(10\ \text{m}) - 2{,}200\ \text{kN}\cdot\text{m} \\ &= -661.50\ \text{kN}\cdot\text{m} \end{aligned} \qquad \textbf{Ans.}$$

식 (c)는 보의 기울기 식이고 식 (d)는 처짐곡선 식이다.

$$\boxed{EI\frac{dv}{dx} = \frac{153.85\ \text{kN}}{2}\langle x - 0\ \text{m}\rangle^2 - \frac{80\ \text{kN/m}}{6}\langle x - 2\ \text{m}\rangle^3 + \frac{80\ \text{kN/m}}{6}\langle x - 7\ \text{m}\rangle^3 - 1{,}225.8333\ \text{kN}\cdot\text{m}^2} \tag{h}$$

$$\boxed{EIv = \frac{153.85\ \text{kN}}{6}\langle x - 0\ \text{m}\rangle^3 - \frac{80\ \text{kN/m}}{24}\langle x - 2\ \text{m}\rangle^4 + \frac{80\ \text{kN/m}}{24}\langle x - 7\ \text{m}\rangle^4 - (1{,}225.8333\ \text{kN}\cdot\text{m}^2)x} \tag{i}$$

**(b) $C$에서의 처짐**

식 (i)로부터 점 $C$ ($x = 7$ m)에서의 처짐을 계산하면 다음과 같다.

$$\begin{aligned} EIv_C &= \frac{153.85\ \text{kN}}{6}(7\ \text{m})^3 - \frac{80\ \text{kN/m}}{24}(5\ \text{m})^4 - (1{,}225.8333\ \text{kN}\cdot\text{m}^2)(7\ \text{m}) \\ &= -1{,}869.075\ \text{kN}\cdot\text{m}^3 \end{aligned}$$

$$\therefore v_C = -\frac{1{,}869.075\ \text{kN}\cdot\text{m}^3}{120{,}000\ \text{kN}\cdot\text{m}^2} = -0.015576\ \text{m} = 15.58\ \text{mm}\downarrow \qquad \textbf{Ans.}$$

## 예제 11.4 EXAMPLE

불연속함수를 이용하여 그림의 부정정보에서 다음을 구하라.

(a) $B$, $D$, $E$ 등에서의 반력
(b) $A$에서의 처짐
(c) $C$에서의 처짐

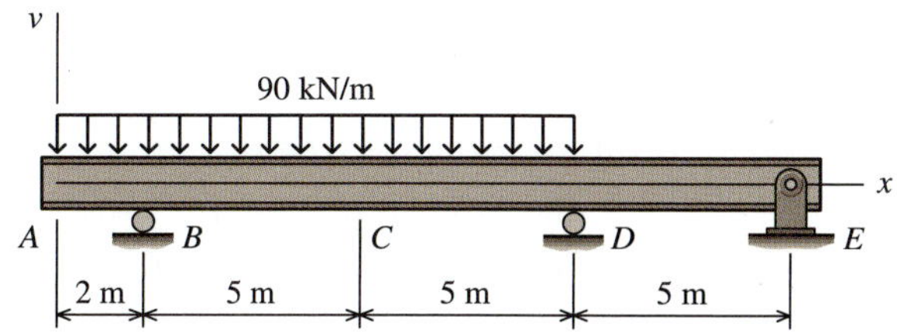


보의 굽힘강성은 $EI = 120{,}000 \text{ kN·m}^2$로 일정하다.

**풀이 계획**

보가 부정정이므로 $A$와 $D$에서의 반력을 힘의 평형조건만으로 결정할 수 없다. 보의 자유물체도로부터 두 개의 의미 있는 평형조건식을 유도할 수 있다. 그러나 부정정보이므로 반력은 미지수로 남아 있다. 미지의 반력과 보에 작용하는 분포하중을 불연속함수로 표현할 수 있다. 이 하중밀도함수를 두 번 적분하여 보의 굽힘모멘트 함수를 구할 수 있다. 처음 두 번의 적분에서 적분상수는 필요 없다. 그 후 굽힘모멘트 함수를 두 번 더 적분하여 처짐곡선을 구할 수 있다. 이 두 번의 적분에서는 적분상수를 고려해야 한다. $B$, $D$, $E$ 등에서 세 개의 알고 있는 경계조건과 두 개의 평형조건식으로부터 모두 5개의 방정식을 유도할 수 있다. 이 5개의 방정식을 동시에 풀어 두 개의 적분상수와 3개의 미지의 반력을 구해야 한다. 이러한 미지수를 모두 구한 후, 임의의 위치에서 보의 처짐을 처짐곡선으로부터 구할 수 있다.

**풀이**

**(a) 반력**

그림에 자유물체도를 나타내었다. $x$방향으로 힘이 작용하지 않으므로 $x$방향의 힘의 평형조건의 적용은 여기서 생략한다. 자유물체도로부터 보의 반력들의 관계를 다음 식으로 표현할 수 있다.

$$\Sigma F_y = B_y + D_y + E_y - (90 \text{ kN/m})(12 \text{ m}) = 0 \qquad \therefore B_y + D_y + E_y = 1{,}080 \text{ kN} \tag{a}$$

$$\begin{aligned} \Sigma M_E &= -B_y(15 \text{ m}) - D_y(5 \text{ m}) + (90 \text{ kN/m})(12 \text{ m})(11 \text{ m}) = 0 \\ &\therefore B_y(15 \text{ m}) + D_y(5 \text{ m}) = 11{,}880 \text{ kN·m} \end{aligned} \tag{b}$$

**불연속함수 표현**

$A$와 $D$ 사이의 분포하중: 표 7.2의 경우 5를 이용하여 분포하중을 다음과 같은 식으로 표현한다.

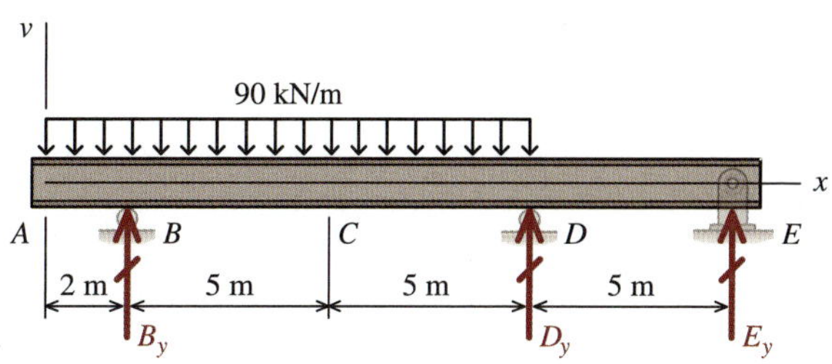


$$w(x) = -90 \text{ kN/m}\langle x - 0 \text{ m}\rangle^0 + 90 \text{ kN/m}\langle x - 12 \text{ m}\rangle^0$$

반력 $B_y$, $D_y$, $E_y$: 부정정보이므로 $B$, $D$, $E$ 등에서의 반력들은 미지수인 채로 표현된다.

$$w(x) = B_y\langle x - 2 \text{ m}\rangle^{-1} + D_y\langle x - 12 \text{ m}\rangle^{-1} + E_y\langle x - 17 \text{ m}\rangle^{-1}$$

이 예제에서 보의 길이가 17 m이므로 반력 $E_y$가 포함된 항은 항상 0의 값을 갖는다. 따라서 이 항은 생략한다.

**하중함수의 적분:** 완성된 하중밀도함수 $w(x)$는 다음과 같다.

$$w(x) = -90\text{ kN/m}\langle x - 0\text{ m}\rangle^0 + B_y\langle x - 2\text{ m}\rangle^{-1} + 90\text{ kN/m}\langle x - 12\text{ m}\rangle^0 + D_y\langle x - 12\text{ m}\rangle^{-1}$$

함수 $w(x)$를 적분하여 전단력 $V(x)$를 구한다.

$$V(x) = \int w(x)\,dx = -90\text{ kN/m}\langle x - 0\text{ m}\rangle^1 + B_y\langle x - 2\text{ m}\rangle^0 + 90\text{ kN/m}\langle x - 12\text{ m}\rangle^1 + D_y\langle x - 12\text{ m}\rangle^0$$

전단력 함수를 적분하여 굽힘모멘트 $M(x)$를 구한다.

$$M(x) = \int V(x)\,dx = -\frac{90\text{ kN/m}}{2}\langle x - 0\text{ m}\rangle^2 + B_y\langle x - 2\text{ m}\rangle^1 + \frac{90\text{ kN/m}}{2}\langle x - 12\text{ m}\rangle^2 + D_y\langle x - 12\text{ m}\rangle^1$$

미지의 반력이 함수에 포함되어 있으므로 아직까지는 적분상수가 필요 없다. 그러나 다음의 두 적분(보의 기울기와 처짐함수를 구하기 위한)에서는 경계조건으로부터 결정될 적분상수가 필요하다.

식 (10.1)로부터 다음 식을 쓸 수 있다.

$$EI\frac{d^2v}{dx^2} = M(x) = -\frac{90\text{ kN/m}}{2}\langle x - 0\text{ m}\rangle^2 + B_y\langle x - 2\text{ m}\rangle^1 + \frac{90\text{ kN/m}}{2}\langle x - 12\text{ m}\rangle^2 + D_y\langle x - 12\text{ m}\rangle^1$$

굽힘모멘트 함수를 적분하여 보의 기울기를 구한다.

$$EI\frac{dv}{dx} = -\frac{90\text{ kN/m}}{6}\langle x - 0\text{ m}\rangle^3 + \frac{B_y}{2}\langle x - 2\text{ m}\rangle^2 + \frac{90\text{ kN/m}}{6}\langle x - 12\text{ m}\rangle^3 + \frac{D_y}{2}\langle x - 12\text{ m}\rangle^2 + C_1 \quad \text{(c)}$$

이를 다시 적분하여 보의 굽힘함수를 구한다.

$$EIv = -\frac{90\text{ kN/m}}{24}\langle x - 0\text{ m}\rangle^4 + \frac{B_y}{6}\langle x - 2\text{ m}\rangle^3 + \frac{90\text{ kN/m}}{24}\langle x - 12\text{ m}\rangle^4 + \frac{D_y}{6}\langle x - 12\text{ m}\rangle^3 + C_1x + C_2 \quad \text{(d)}$$

**경계조건을 이용하여 적분상수 구하기:** $x = 0$ m에서 처짐을 알고 있다. $x = 2$ m에서 $v = 0$인 경계조건을 식 (d)에 대입한다.

$$\begin{aligned} 0 &= -\frac{90\text{ kN/m}}{24}(2\text{ m})^4 + C_1(2\text{ m}) + C_2 \\ \therefore C_1(2\text{ m}) + C_2 &= 60\text{ kN}\cdot\text{m}^3 \end{aligned} \quad \text{(e)}$$

다음으로 $x = 12$에서 $v = 0$인 경계조건을 식 (d)에 대입한다.

$$\begin{aligned} 0 &= -\frac{90\text{ kN/m}}{24}(12\text{ m})^4 + \frac{B_y}{6}(10\text{ m})^3 + C_1(12\text{ m}) + C_2 \\ \therefore B_y(166.6667\text{ m}^3) + C_1(12\text{ m}) + C_2 &= 77{,}760\text{ kN}\cdot\text{m}^3 \end{aligned} \quad \text{(f)}$$

마지막으로 $x = 17$에서 $v = 0$인 경계조건을 식 (d)에 대입하여 다음을 얻는다.

$$0 = -\frac{90\,\text{kN/m}}{24}(17\text{ m})^4 + \frac{B_y}{6}(15\text{ m})^3 + \frac{90\,\text{kN/m}}{24}(5\text{ m})^4 + \frac{D_y}{6}(5\text{ m})^3 + C_1(17\text{ m}) + C_2$$
$$\therefore B_y(562.5\text{ m}^3) + D_y(20.8333\text{ m}^3) + C_1(17\text{ m}) + C_2 = 310{,}860\text{ kN}\cdot\text{m}^3 \quad \text{(g)}$$

5개의 식[식 (a), (b), (e), (f), (g)]을 동시에 풀어 $B$, $D$, $E$ 등에서의 반력과 적분상수 $C_1$과 $C_2$를 구한다.

$$C_1 = -1{,}880\text{ kN}\cdot\text{m}^2, \qquad C_2 = 3{,}820\text{ kN}\cdot\text{m}^3$$
$$B_y = 579\text{ kN} \qquad D_y = 639\text{ kN} \qquad E_y = -138\text{ kN}$$ **Ans.**

식 (c)는 보의 기울기 식이고 식 (d)는 처짐곡선 식이다.

$$EI\frac{dv}{dx} = -\frac{90\,\text{kN/m}}{6}\langle x - 0\text{ m}\rangle^3 + \frac{579\text{ kN}}{2}\langle x - 2\text{ m}\rangle^2 + \frac{90\,\text{kN/m}}{6}\langle x - 12\text{ m}\rangle^3 + \frac{639\text{ kN}}{2}\langle x - 12\text{ m}\rangle^2 - 1{,}880\text{ kN}\cdot\text{m}^2 \quad \text{(h)}$$

$$EIv = -\frac{90\text{ kN/m}}{24}\langle x - 0\text{ m}\rangle^4 + \frac{579\text{ kN}}{6}\langle x - 2\text{ m}\rangle^3 + \frac{90\text{ kN/m}}{24}\langle x - 12\text{ m}\rangle^4 + \frac{639\text{ kN}}{6}\langle x - 12\text{ m}\rangle^3 - (1{,}880\text{ kN}\cdot\text{m}^2)x + 3{,}820\text{ kN}\cdot\text{m}^3 \quad \text{(i)}$$

**(b) $A$에서의 처짐**

식 (i)로부터 점 $A$ ($x = 0$ m)에서의 처짐을 계산하면 다음과 같다.

$$EIv_A = 3{,}820\text{ kN}\cdot\text{m}^3$$

$$\therefore v_A = \frac{3{,}820\text{ kN}\cdot\text{m}^3}{120{,}000\text{ kN}\cdot\text{m}^2} = 0.031833\text{ m} = 31.8\text{ mm}\uparrow$$ **Ans.**

**(c) $C$에서의 처짐**

식 (i)로부터 점 $C$ ($x = 7$ m)에서의 처짐을 계산하면 다음과 같다.

$$EIv_C = -\frac{90\text{ kN/m}}{24}(7\text{ m})^4 + \frac{579\text{ kN}}{6}(5\text{ m})^3 - (1{,}880\text{ kN}\cdot\text{m}^2)(7\text{ m}) + 3{,}820\text{ kN}\cdot\text{m}^3$$
$$= -6{,}281.250\text{ kN}\cdot\text{m}^3$$

$$\therefore v_C = -\frac{6{,}281.250\text{ kN}\cdot\text{m}^3}{120{,}000\text{ kN}\cdot\text{m}^2} = -0.052344\text{ m} = 52.3\text{ mm}\downarrow$$ **Ans.**

## PROBLEMS

**P11.18** A propped cantilever beam is loaded as shown in Figure P11.18. Assume $EI = 200{,}000$ kN-m$^2$ and use discontinuity functions to determine:

(a) the reactions at $A$ and $C$.
(b) the beam deflection at $B$.

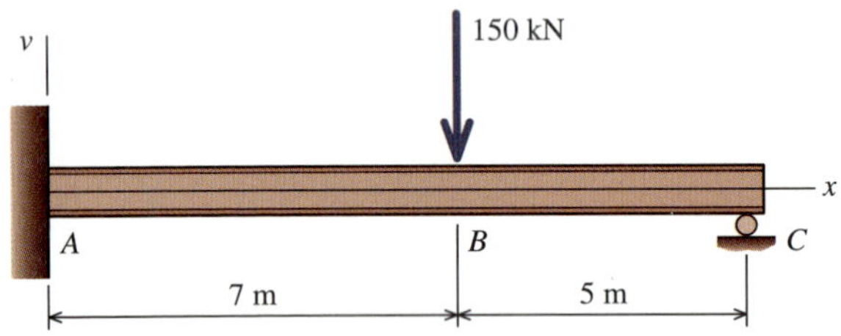


FIGURE P11.18

**P11.19** A propped cantilever beam is loaded as shown in Figure P11.19. Assume $EI = 200{,}000$ kN-m$^2$ and use discontinuity functions to determine:

(a) the reactions at $A$ and $B$.
(b) the beam deflection at $C$.

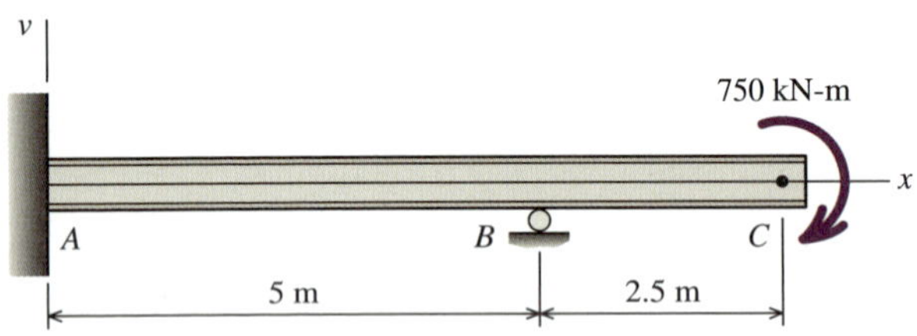


FIGURE P11.19

**P11.20** A propped cantilever beam is loaded as shown in Figure P11.20. Assume $EI = 100{,}000$ kip-ft$^2$ and use discontinuity functions to determine:

(a) the reactions at $A$ and $E$.
(b) the beam deflection at $C$.

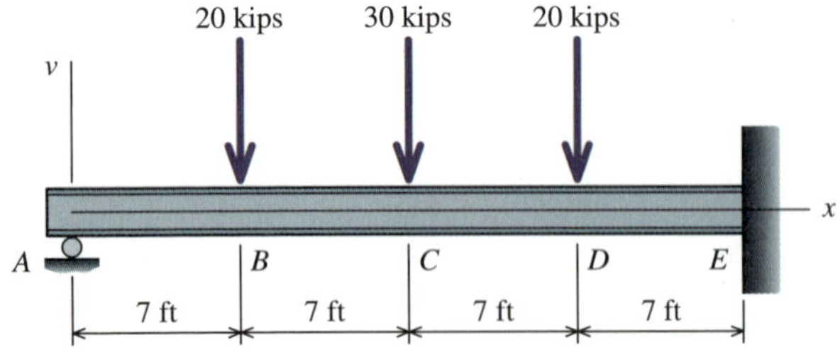


FIGURE P11.20

**P11.21** A propped cantilever beam is loaded as shown in Figure P11.21. Assume $EI = 100{,}000$ kip-ft$^2$ and use discontinuity functions to determine:

(a) the reactions at $A$ and $B$.
(b) the beam deflection at $x = 7$ ft.

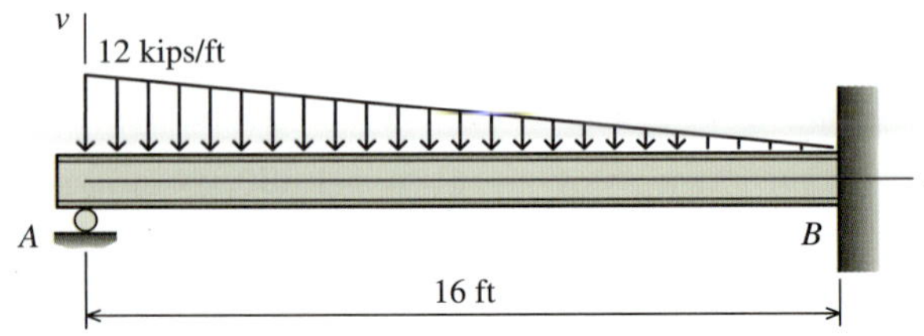


FIGURE P11.21

**P11.22** A propped cantilever beam is loaded as shown in Figure P11.22. Assume $EI = 200{,}000$ kN-m$^2$ and use discontinuity functions to determine:

(a) the reactions at $A$ and $B$.
(b) the beam deflection at $C$.

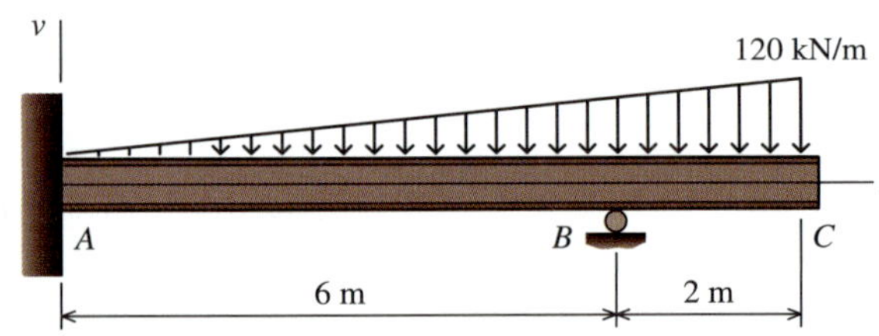


FIGURE P11.22

**P11.23** For the beam shown in Figure P11.23, assume $EI = 200{,}000$ kN-m$^2$ and use discontinuity functions to determine:

(a) the reactions at $A$, $C$, and $D$.
(b) the beam deflection at $B$.

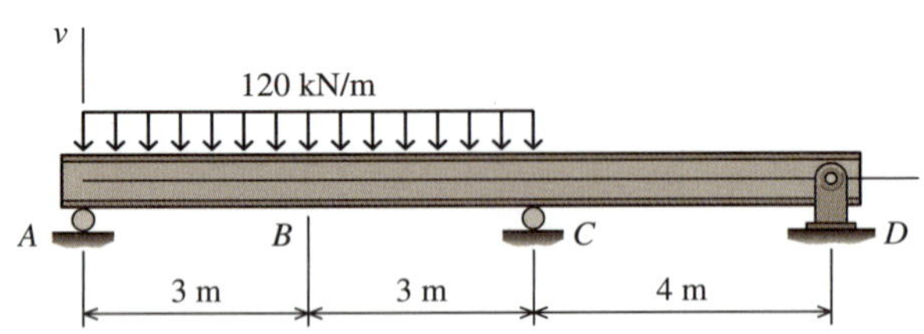


FIGURE P11.23

**P11.24** For the beam shown in Figure P11.24, assume $EI = 100{,}000$ kip-ft$^2$ and use discontinuity functions to determine:

(a) the reactions at $A$, $C$, and $D$.
(b) the beam deflection at $B$.

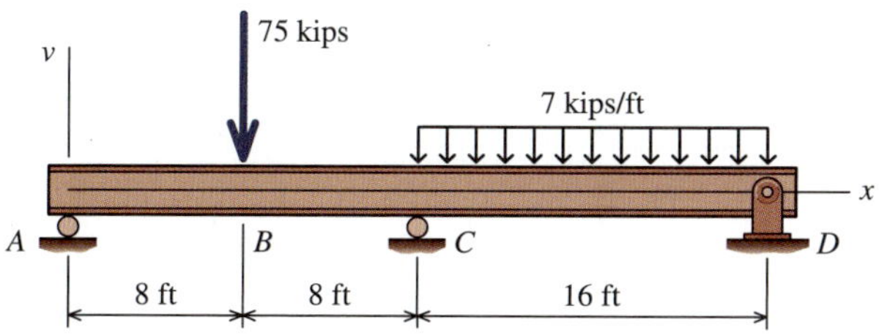


**FIGURE P11.24**

**P11.25** For the propped cantilever beam shown in Figure P11.25, assume $EI = 100{,}000$ kip-ft$^2$ and use discontinuity functions to determine:

(a) the reactions at $B$ and $D$.
(b) the beam deflection at $C$.

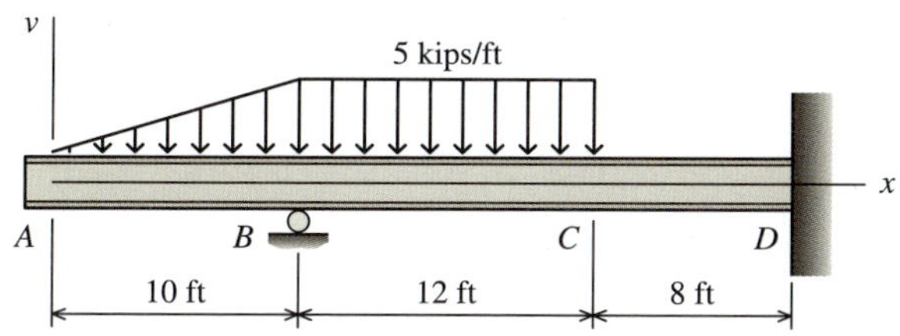


**FIGURE P11.25**

**P11.26–P11.27** For the beams shown in Figures P11.26 and P11.27, assume $EI = 200{,}000$ kN-m$^2$ and use discontinuity functions to determine:

(a) the reactions at $B$, $C$, and $D$.
(b) the beam deflection at $A$.

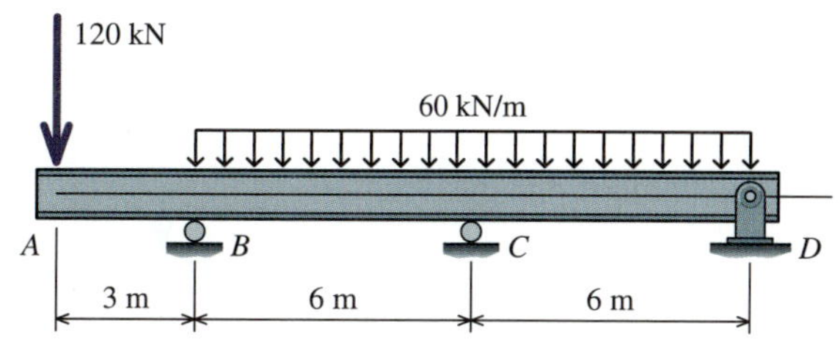


**FIGURE P11.26**

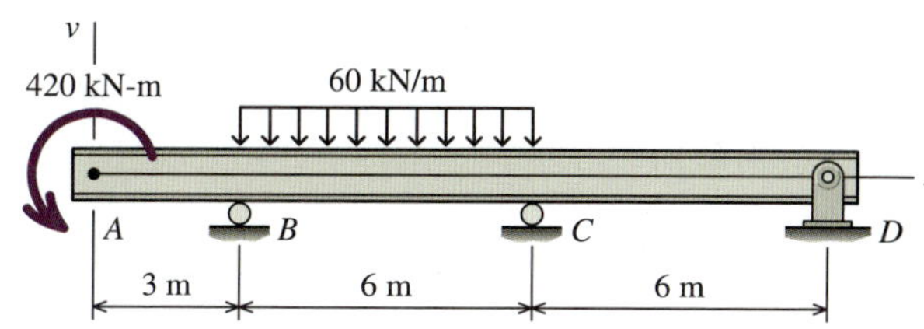


**FIGURE P11.27**

## 11.5 중첩법

11.2절에서 과잉반력(redundant reactions)과 과잉구속이 이완된 보(released beam)의 개념이 소개되었다. 이 개념과 중첩의 원리를 결합하여 부정정보의 지지 반력을 구하는 방법을 도출할 수 있다. 개략적인 접근방법은 다음과 같다.

- 부정정보에 작용하는 과잉반력을 구별해야 한다.
- 선택된 과잉반력을 구조물에서 제거한다. 과잉반력이 해제된 보는 안정하고 정정이다.
- 하중을 받는 과잉반력이 해제된 보를 고려한다. 과잉반력이 작용되었던 그 지점에서 처짐이나 회전(과잉반력의 특성에 따른)을 구한다.
- 다음으로 과잉반력이 해제된 보(적용 하중이 없는)가 과잉반력 중의 하나를 받도록 한다. 그리고 처짐이나 회전을 과잉반력이 작용하는 위치에서 구한다. 만약 하나 이상의 과잉반력이 존재하면 이 과정을 각 과잉반력에 대해 반복한다.
- 중첩의 원리를 사용하여 개개의 경우로 인하여 발생한 결과는 원래의 보와 같아야 한다.
- 과잉반력을 구하기 위해 과잉반력이 작용하는 곳의 기하학적 관계식을 구한다. 과잉반력의 크기는 이 관계식으로부터 구한다.
- 일단 과잉반력이 구해지면 나머지 과잉반력은 평형조건식으로부터 구한다.

이 접근방법을 명확히 하기 위하여 그림 11.6의 반대편이 단순지지된 외팔보를 고려하여 보

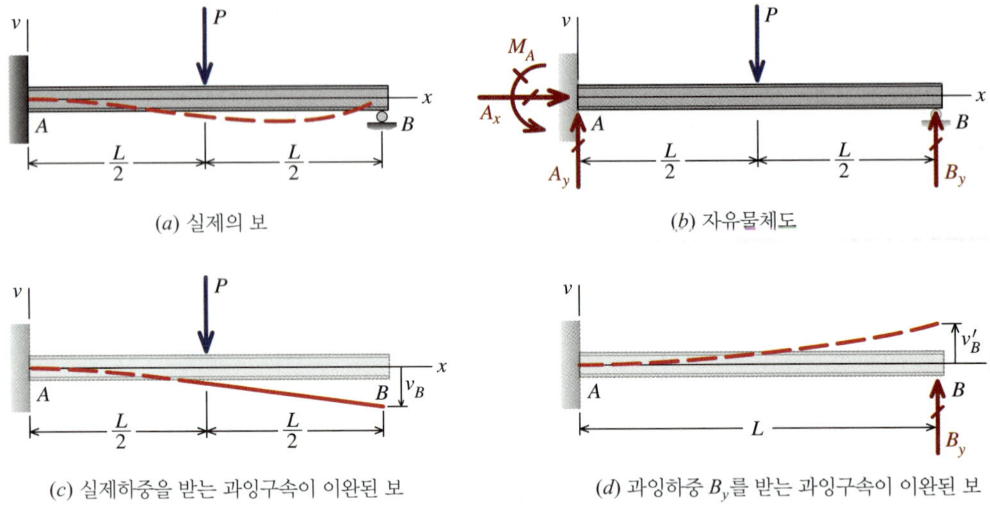


**그림 11.6** • 지지된 외팔보에 중첩법 적용

자. 이 보의 자유물체도(그림 11.6*b*)에 4개의 미지의 반력이 표시된다. 세 개의 평형조건식을 이 보에 적용할 수 있다($\Sigma F_x = 0$, $\Sigma F_y = 0$, $\Sigma M = 0$). 그러므로 이 보는 1차 부정정이다. 반력을 구하기 위하여 추가로 한 개의 식을 만들어야만 한다.

롤러지지반력 $B_y$가 과잉반력으로 선택되었다. 이 반력을 보에서 제거하면 외팔보가 된다. 이 과잉구속이 해제된 보는 안정하며 정정이다. 다음으로 두 가지 하중에 대하여 과잉하중이 작용하였던 곳의 처짐을 해석한다. 첫 번째 경우는 외팔보에 하중 $P$를 적용하여 과잉하중 작용 지점의 하향 처짐량 $v_B$를 결정한다(그림 11.6*c*). 두 번째 경우는 외팔보에 과잉반력 $B_y$만을 작용시켜 $B_y$로 인한 상향 처짐량 $v'_B$를 결정한다(그림 11.6*d*).

중첩의 원리에 따라 두 가지 하중의 경우에 발생한 결과(그림 11.6*c*와 11.6*d*)를 더한 것이 원래 보의 결과(그림 11.6*a*)와 같아야 한다. 즉 $v_B$와 $v'_B$를 더한 값이 실제 점 $B$의 처짐과 같아야 한다. 실제 보의 $B$에서 처짐은 미리 알고 있으며, 롤러지지를 받고 있으므로 처짐은 0이다. 이 사실로부터 두 가지 하중의 경우에 대한 기하학적 관계식은 다음과 같다.

$$v_B + v'_B = 0 \tag{a}$$

처짐 $v_B$와 $v'_B$은 부록 C에 있는 표로부터 구할 수 있다.

$$v_B = -\frac{5PL^3}{48EI}, \qquad v'_B = \frac{B_y L^3}{3EI} \tag{b}$$

이 처짐식을 식 (a)에 대입하여 미지의 반력 $B_y$로 표시되는 기하학적 관계식에 근거한 방정식을 만든다. 이 적합방정식(compatability equation)은 과잉반력에 대하여 풀 수 있다

$$-\frac{5PL^3}{48EI} + \frac{B_y L^3}{3EI} = 0 \qquad \therefore B_y = \frac{5}{16}P \tag{c}$$

일단 $B_y$의 크기가 결정되면 나머지 반력들은 평형조건식으로부터 구할 수 있다. 그 결과는 다음과 같다.

$$A_x = 0 \qquad A_y = \frac{11}{16}P \qquad M_A = \frac{3}{16}PL \tag{d}$$

과잉반력은 원래의 보가 안정하기만 하면 임의로 선택할 수 있다. 앞에서의 지지된 외팔보(그림 11.6*a*)를 다시 고려해 보자. 여기에 4개의 반력이 있다(그림 11.6*b*). 롤러지지 *B* 대신에 모멘트반력 $M_A$를 과잉반력으로 선정해 보자. 그 결과, 과잉구속이 이완된 보는 단순지지보로 되었다. $M_A$를 제거하였기 때문에 보는 *A*에서 자유롭게 회전할 수 있다. 그러므로 하중 *P*를 받을 때(그림 11.7*b*) 회전각 $\theta_A$를 구해야 한다. 다음으로 보에 $M_A$만이 작용하였을 때 그 결과로 나타나는 회전각 $\theta'_A$ 역시 구해야 한다(그림11.2*c*).

앞에서와 같이 두 하중의 경우에 발생하는 결과(그림 11.7*b*와 11.7*c*)를 더하면 실제의 보(그림 11.7*a*)와 같게 되어야 한다. 즉 각각의 하중에 의한 회전각의 합이 원래 *A*의 회전과 같아야 한다. *A*는 고정되어 있으므로 회전각은 0이 되어야만 한다. 이것으로부터 다음의 기하학적 관계식이 유도된다.

$$\theta_A + \theta'_A = 0 \tag{e}$$

다시 부록 C의 표를 이용하여 두 가지 경우의 회전각을 구하면 다음과 같이 표현된다.

$$\theta_A = -\frac{PL^2}{16EI}, \qquad \theta'_A = \frac{M_A L}{3EI} \tag{f}$$

이 식을 식 (e)에 대입하면 다음의 관계식, 즉 적합방정식이 나오고 미지의 과잉반력에 대하여 풀면 다음과 같다.

$$-\frac{PL^2}{16EI} + \frac{M_A L}{3EI} = 0 \qquad \therefore M_A = \frac{3}{16}PL \tag{g}$$

$M_A$의 값이 앞서의 계산과 같다. 일단 $M_A$를 결정하면 나머지 반력들은 평형조건식으로부터 구할 수 있다.

다음 예제가 부정정보에서 중첩법을 이용하여 반력을 결정하는 방법을 보여줄 것이다.

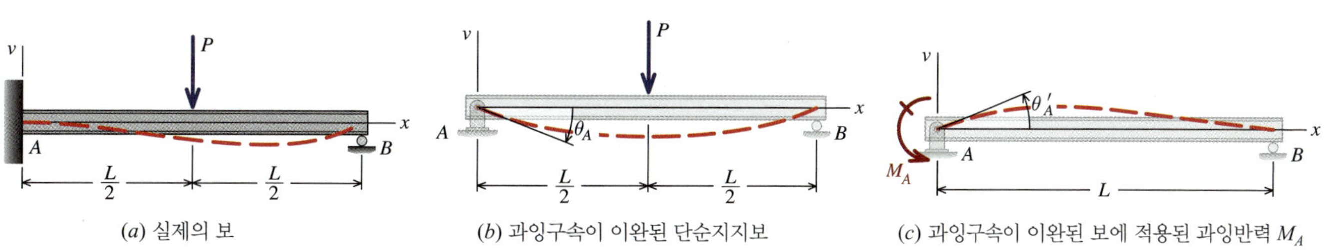


**그림 11.7** • 과잉구속을 이완하여 단순지지보로 변한 지지된 외팔보의 중첩법

## MecMovies Example M11.3

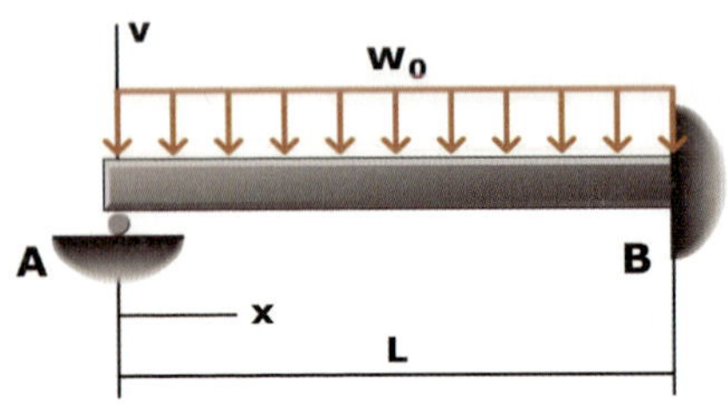


중첩법으로 $A$에서의 롤러지지반력을 서로 다른 두 가지 다른 방법을 사용하여 구하라.

## 에제 11.5 EXAMPLE

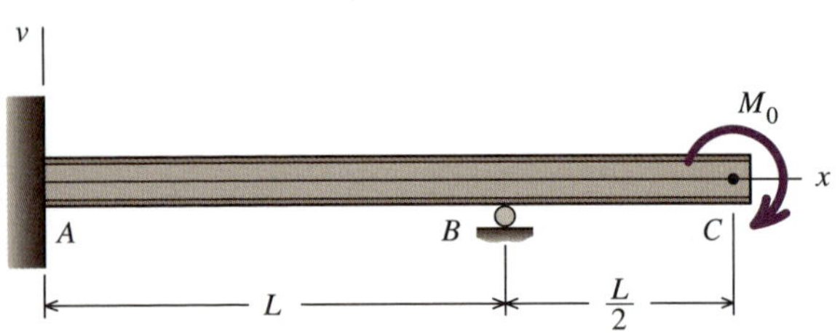


그림과 같이 하중을 받는 보에 대하여 지지점 $B$에서의 반력을 구하는 식을 유도하라. $EI$는 전체 보에서 일정하다.

**풀이 계획**

그림과 같이 지지된 외팔보는 4개의 미지의 반력($A$에서 수평과 수직 반력, $A$에서의 반력모멘트, $B$에서의 롤러지지반력)이 있다. 보에 대하여 3개의 평형조건식만 쓸 수 있으므로 이 문제를 풀기 위하여 방정식을 추가로 만들어야만 한다. 추가적인 식은 보의 처짐형상을 고려하여 만들어진다. 특히 롤러지지 $B$에서 알고 있는 보의 처짐을 이용한다. $B$에서 이 롤러지지반력을 과잉반력으로 선택한다. 그러면 과잉구속이 해제된 보는 외팔보가 된다. 해석을 두 가지로 나누어 진행한다. 첫 번째 경우는 집중모멘트 $M_0$에 의한 점 $B$의 처짐을 구하는 것이다. 두 번째 경우는 미지의 롤러지지반력을 $B$에 작용시켜 이에 해당하는 보의 처짐을 구한다. 점 $B$의 전체 처짐을 나타내기 위한 적합방정식을 유도하기 위하여 이 두 가지 경우에서 나타난 결과를 더한다. 점 $B$의 처짐은 롤러지지이므로 0이다. 이 적합방정식으로부터 미지의 롤러지지반력의 크기가 결정된다.

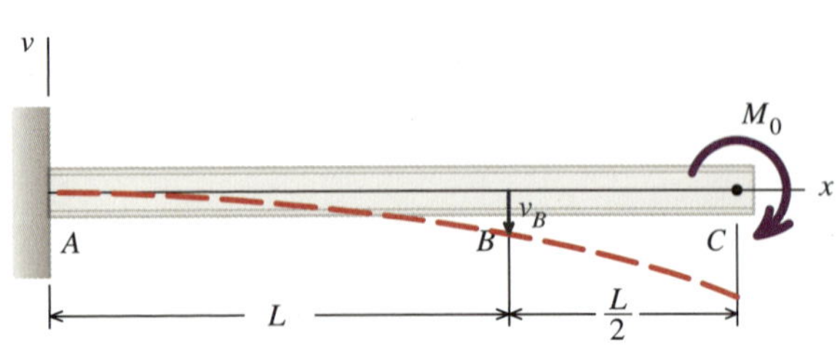


**풀이**

이 예제의 보는 두 가지 외팔보의 경우로 해석할 예정이다. 두 가지 경우 모두 $B$에서의 롤러지지가 제거되어 원래의 지지된 외팔보는 보통의 외팔보와 같게 된다. 첫 번째 경우에 집중모멘트 $M_0$가 외팔보 끝단에 작용하는 것을 고려한다. 그리고 두 번째로 $B$의 롤러지지반력의 작용으로 나타나는 처짐을 고려한다.

**경우 1—외팔보의 끝에 집중모멘트 작용**

롤러지지를 제거한 외팔보 $ABC$를 고려하자. 부록 C로부터 끝단에 집중모멘트를 받는 외팔보의 탄성굽힘곡선식은 다음과 같다.

$$v = -\frac{Mx^2}{2EI} \tag{a}$$

$B$에서의 처짐을 구하기 위하여 처짐곡선식을 이용한다. 식 (a)에서 $M = M_0$, $x = L$로 놓고 $EI$가 일정하다고 가정하자. 이 값들을 식 (a)에 대입하여 $B$에서의 처짐을 구한다.

$$v_B = -\frac{M_0L^2}{2EI} \tag{b}$$

**경우 2—롤러지지에서 집중하중 작용**

과잉하중 $B_y$만을 외팔보에 적용하여 $B$에서의 처짐에 관한 식을 유도한다. 부록 C로부터 끝단에서 집중하중을 받는 외팔보의 최대 처짐량은 다음과 같이 주어진다.

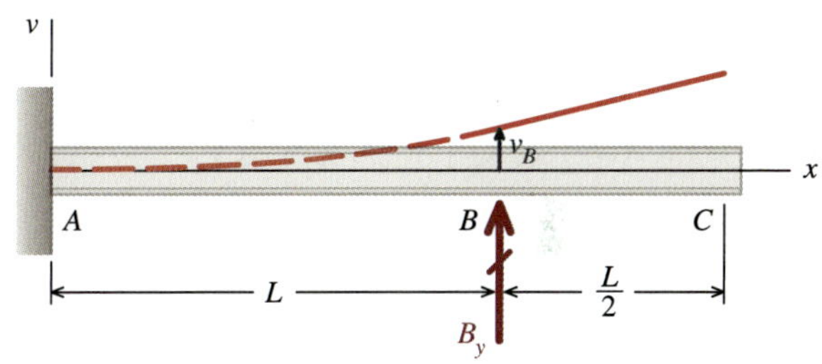


$$v_{max} = -\frac{PL^3}{3EI} \tag{c}$$

식 (c)에서 $P = -B_y$, $L = L$로 두자. 표에서의 방향과 반대인 위쪽으로 작용하므로 $B_y$의 부호가 음이어야 한다. 이 값들을 식 (c)에 대입하여 $B$에서의 처짐량을 미지의 반력 $B_y$의 항으로 표시한다.

$$v_B = -\frac{(-B_y)L^3}{3EI} = \frac{B_yL^3}{3EI} \tag{d}$$

**적합방정식**

$B$에서의 처짐을 두 개의 식으로 구하였다[식 (b)와 (d)]. 이 두 식을 더하고 $B$의 처짐과 같게 한다. 롤러지지에서의 처짐은 0이다.

$$v_B = -\frac{M_0L^2}{2EI} + \frac{B_yL^3}{3EI} = 0 \tag{e}$$

$EI$가 두 개의 항에 모두 나타나므로 약분해 버린다. 이 예제의 경우 $EI$의 값이 롤러지지반력에 아무런 영향을 미치지 않는다. 롤러지지반력 $B_y$가 적합방정식에서 유일한 미지의 힘이므로 그 값은 다음과 같다.

$$B_y = \frac{3M_0}{2L} \qquad \textbf{Ans.}$$

일단 $B$에서의 반력을 구하면 보는 더 이상 부정정이 아니다. 고정단에 나타나는 미지의 나머지 3개의 반력은 평형조건식으로부터 결정할 수 있다.

## 예제 11.6 EXAMPLE

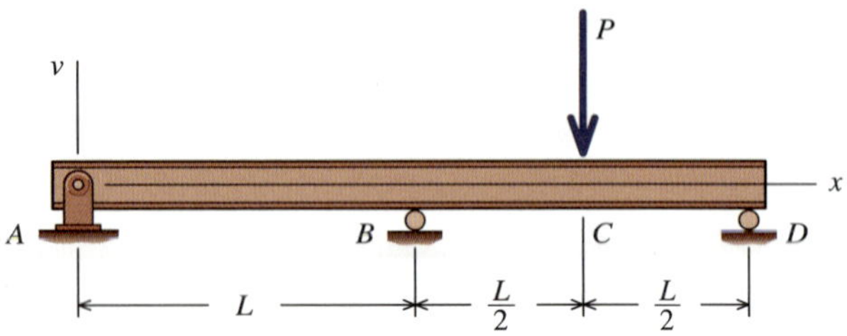


그림과 같이 하중을 받는 보에 대하여 지지점 $B$에서의 반력을 구하는 식을 유도하라. $EI$는 보에서 일정하다.

**풀이 계획**

여기서 고려된 보는 4개의 모르는 반력(핀 $A$에서 수평과 수직 반력, $B$와 $D$에서의 롤러지지반력)이 있다. 보에 대하여 3개의 평형조건식만 쓸 수 있으므로 이 문제를 풀기 위하여 네 번째 방정식을 추가로 만들어야만 한다. 이 네 번째 방정식을 구하기 위해 여러 가지 방법이 있으나 롤러지지 $B$에 초점을 맞춘다. $B$에서의 롤러지지반력을 과잉반력으로 선택한다. 그러면 과잉구속이 해제된 보는 $A$와 $D$에서 지지된 단순지지보가 된다. 해석은 두 가지로 나누어 진행된다. 첫 번째 경우는 하중 $P$를 받는 단순지지보 $AD$가 그것이다. 두 번째 경우는 미지의 롤러지지반력을 $B$에 작용시킨 단순지지보 $AD$가 그것이다. 두 가지 경우 모두 $B$에서의 처짐을 나타내는 식을 구한다. 두 처짐식과 점 $B$의 처짐이 0이라는 사실을 이용하여 적합방정식을 만든다. 이 적합방정식으로부터 $B$에서의 미지의 롤러지지반력을 결정할 수 있다.

**풀이**

**경우 1—$C$에서 집중하중을 받는 단순지지보**

$B$에서의 롤러지지를 제거하여 $C$에서 집중하중을 받는 단순지지보 $AD$를 고려해 보자. 이 보에서 점 $B$의 처짐을 구해야 한다. 부록 C로부터 이 보의 탄성굽힘곡선식은 다음과 같이 주어진다.

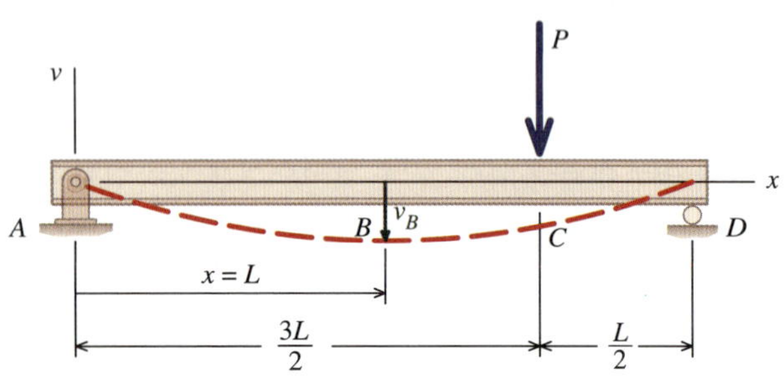


$$v = -\frac{Pbx}{6LEI}(L^2 - b^2 - x^2) \qquad \text{(a)}$$

위 식에 다음의 값들을 대입한다.

$$P = P$$
$$b = L/2$$
$$x = L$$
$$L = 2L$$
$$EI = \text{일정}$$

이 값들을 식 (a)에 대입하여 $B$에서의 처짐을 구한다.

$$v_B = -\frac{P(L/2)(L)}{6(2L)EI}[(2L)^2 - (L/2)^2 - (L)^2] = -\frac{PL}{24EI}\left[\frac{11}{4}L^2\right] = -\frac{11PL^3}{96EI} \qquad \text{(b)}$$

**경우 2— $B$에서 모르는 반력이 작용하는 단순지지보**

미지의 롤러지지반력을 $B$에 집중하중으로 작용시킨 단순지지보 $AD$를 고려해 보자. 부록 C로부터 끝단에서 집중하중을 받는 단순지지보에서 중앙의 최대 처짐량은 다음과 같이 주어진다.

$$v_{max} = -\frac{PL^3}{48EI} \quad \text{(c)}$$

이 식에서 다음과 같이 놓자.

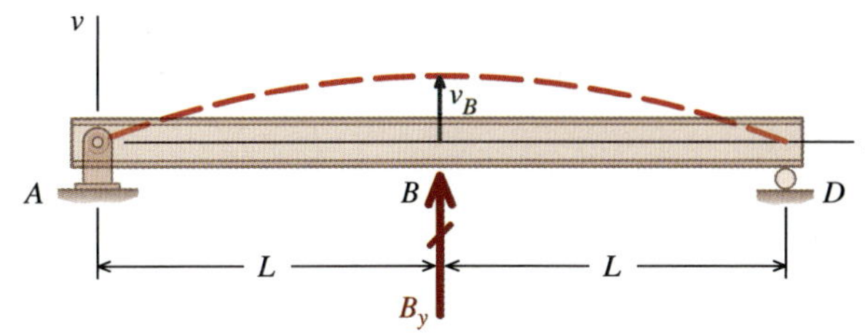


$P = -B_y$ ($B_y$가 위로 작용하므로 음이다)

$L = 2L$

$EI =$ 일정

이 값들을 식 (c)에 대입하여 $B$에서의 처짐량을 다음과 같이 구한다.

$$v_B = -\frac{(-B_y)(2L)^3}{48EI} = \frac{B_yL^3}{6EI} \quad \text{(d)}$$

**적합방정식**

$B$에서의 처짐을 구하기 위해 식 (b)와 (d)를 더한다. $B$는 롤러지지를 받으므로 이곳의 처짐은 0이 되어야 한다.

$$v_B = -\frac{11PL^3}{96EI} + \frac{B_yL^3}{6EI} = 0 \quad \text{(e)}$$

앞의 예제와 같이 $EI$가 두 개의 항에 모두 나타나므로 약분한다. 이 예제의 경우 $EI$의 값이 $B$에서의 롤러지지반력에 아무런 영향을 미치지 않는다. 적합방정식으로부터 미지의 롤러지지반력 $B_y$는 다음과 같다.

$$B_y = \frac{11}{16}P$$ **Ans.**

## 예제 11.7 EXAMPLE

예제 11.6에 있는 보와 하중을 고려해 보자. 보는 넓은 플랜지형 구조용 강 W530 × 66으로 이루어져 있다[$E = 200$ Gpa; $I = 351 \times 10^6$ mm$^4$]. $P = 240$ kN, $L = 5$ m이다. 다음을 구하라.

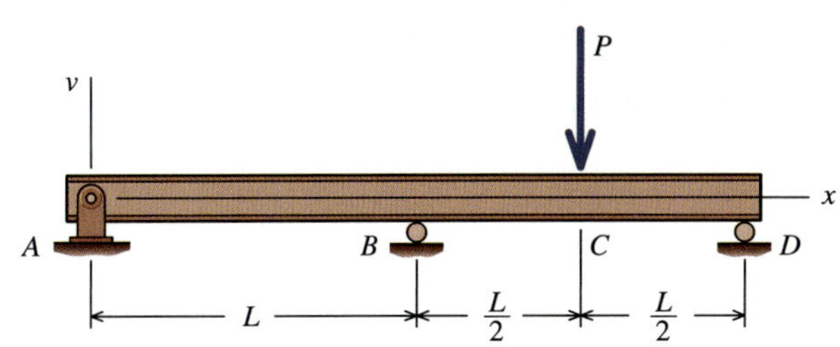


(a) 롤러지지 $B$에서의 반력

(b) 롤러지지가 5 mm 침하할 때 $B$에서의 반력

**풀이 계획**

문제 (a)의 답을 얻기 위해서는 예제 11.6에서 구한 식들을 이용하여 반력을 구한다. 이 예제의 (b)에서 가운데 롤러지지가 5

mm 침하한다. 이것은 롤러지지가 아래로 5 mm 가라앉는 것을 의미한다. 예제 11.6에서 $B$의 처짐이 0이라는 가정 하에 적합방정식을 구하였다. 그러나 이 예제에서는 5 mm의 침하를 고려하여 적합방정식을 유도해야 한다.

**풀이**

(a) 예제 11.6에서 $B$의 반력이 다음과 같이 주어져 있다.

$$B_y = \frac{11}{16}P$$

$P = 240$ kN이 주어지면 $B$에서의 반력은 $B_y = 165$ kN이다.

(b) 예제 11.6에서 구한 적합방정식은 다음과 같다.

$$v_B = -\frac{11PL^3}{96EI} + \frac{B_yL^3}{6EI} = 0$$

이 식은 롤러지지 $B$의 처짐이 0이라는 가정에서 유도된 것이다. 예제 (b)는 지지가 5 mm 침하한 경우이다. 이것은 매우 실용적 예제이다. 모든 건물이 기초 위에 놓여 있다. 만약 기초가 토양 암반 위에 건설되었을 때 아마도 침하는 조금 또는 없을지도 모른다. 그러나 기초가 토양 또는 모래 위에 있을 때 항상 약간이나마 침하한다. 만약 모든 지지가 강체운동으로 같은 양만큼 이동한다면 구조물의 내부 힘과 모멘트에 아무런 영향을 미치지 않을 것이다. 그러나 만약 어떤 하나의 지지가 다른 지지보다 더 침하한다면 구조물의 반력과 내부 힘에 영향을 미칠 것이다. 예제 (b) 부분에서는 롤러지지 $B$가 $A$와 $C$ 지지보다 5 mm 더 침하하는 경우에 반력의 변화를 검토한다. 이런 상황을 부동침하라고 부른다.

롤러지지가 5 mm 침하한다. 보가 이 지지와 연결되어 있으므로 점 $B$의 처짐은 $v_B = -5$ mm이어야 한다. 예제 11.6의 적합방정식은 점 $B$의 처짐이 0이 아니라는 것을 고려하여 다음과 같이 수정된다.

$$v_B = -\frac{11PL^3}{96EI} + \frac{B_yL^3}{6EI} = -5\text{ mm}$$

그리고 $B$의 반력에 관한 식은 다음과 같이 유도된다.

$$\boxed{B_y = \frac{6EI}{L^3}\left[-5\text{ mm} + \frac{11PL^3}{96EI}\right]} \qquad \text{(a)}$$

앞의 예제와 달리, 이 식에서 $EI$가 소거되지 않는다. $B_y$의 크기는 지지점의 침하의 크기뿐만 아니라 보의 굽힘강성이 영향을 받는다. 이 식에서 다음의 값들을 사용한다.

$$\begin{aligned} P &= 240\text{ kN} = 240{,}000\text{ N} \\ L &= 5\text{ m} = 5{,}000\text{ mm} \\ I &= 351 \times 10^6\text{ mm}^4 \\ E &= 200\text{ GPa} = 200{,}000\text{ MPa} \end{aligned}$$

이 값들을 식 (a)에 대입하여 $B_y$를 구한다. 각각의 변수에 따르는 단위에 특히 주의를 기울여야 하고, 계산할 때 단위의 일관성을 유지해야 한다. 예제에서 모든 힘은 뉴턴을 사용하고 모든 길이는 밀리미터를 사용한다.

$$B_y = \frac{6(200{,}000\ \text{N/mm}^2)(351\times10^6\ \text{mm}^4)}{(5{,}000\ \text{mm})^3}\left[-5\ \text{mm} + \frac{11(240{,}000\ \text{N})(5{,}000\ \text{mm})^3}{96\,(200{,}000\ \text{N/mm}^2)(351\times10^6\ \text{mm}^4)}\right]$$
$$= (3{,}369.6\ \text{N/mm})[-5\ \text{mm} + 48.967\ \text{mm}]$$
$$= 148.152\times10^3\ \text{N} = 148.2\ \text{kN}$$

**Ans.**

지지점 $B$에서 5 mm의 침하가 반력 $B_y$를 165 kN에서 148.2 kN으로 감소시켰다. 보의 굽힘모멘트도 지지점의 침하로 변할 것이다. 롤러지지가 침하하지 않는 경우 보 내의 최대 양의 굽힘모멘트는 243.75 kN·m이고 최대 음의 굽힘모멘트는 −112.5 kN·m이었다. 롤러지지 5 mm의 침하로 인한 최대 양의 굽힘모멘트는 264.81 kN·m(8.6% 증가)이고 최대 음의 굽힘모멘트는 −70.38 kN·m(37% 감소)이다. 이 값들이 상대적으로 작은 부동침하가 보에 걸리는 굽힘모멘트에 큰 변화를 줄 수 있다는 것을 보여 준다. 기술자들은 이러한 변화 가능성에 세심하게 주의를 기울여야만 한다.

## 예제 11.8 EXAMPLE

구조용 강 튜브[$E$ = 200 Gpa; $I$ = 300 × 10⁶ mm⁴]로 이루어진 보가 40 kN/m의 균일분포 하중을 지탱하고 있다. 이 보는 왼쪽이 고정단이고, 지름이 30 mm이고, 길이가 9 m인 긴 알루미늄봉[$E1$ = 70 Gpa]으로 연결되어 있다. 연결봉의 장력과 $B$에서의 처짐을 구하라.

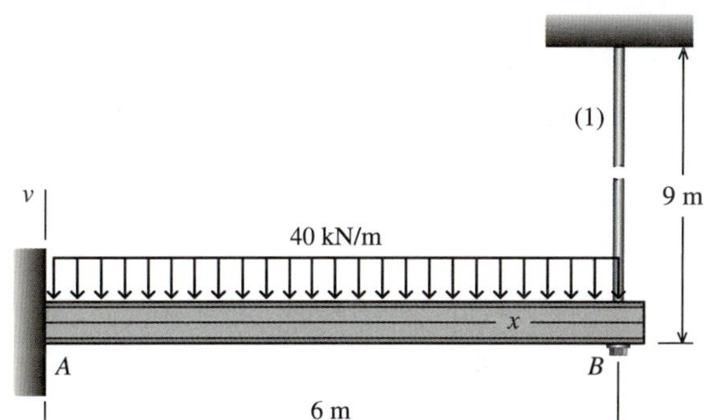


### 풀이 계획

외팔보가 $B$에서 연결봉으로 지지되고 있다. 롤러지지와 달리 연결봉은 강체가 아니다. 이것은 내부장력에 의하여 늘어난다. 이러한 종류의 지지를 **탄성지지(elastic supports)**라고 부른다. $B$에서 보의 처짐은 0이 아니라 오히려 처짐량이 연결봉의 늘어난 양과 같을 것이다. 이 보를 해석하기 위하여 연결봉에 걸리는 반력을 과잉반력으로 선택한다. 이 과잉반력을 제거하면 외팔보가 과잉반력이 이완된 보가 된다. 두 가지 경우의 외팔보를 고려한다. 첫 번째 경우에는 외팔보에 분포하중으로 인한 $B$의 하향 처짐을 구하는 것이다. 두 번째 경우는 연결봉의 축력에 의한 $B$의 상향 처짐을 고려한다. 이 두 개의 식을 더하여 적합방정식을 만들어 연결봉 끝단의 아래 방향으로의 처짐량(즉, 연결봉의 늘어난 길이)과 같게 놓는다. 봉의 늘어난 길이는 축력에 의존하므로 적합방정식은 봉에 걸리는 미지의 축력이 포함된 두 개의 항으로 이루어진다. 적합방정식을 풀어 일단 봉에 걸리는 축력이 결정되면 $B$에서의 처짐을 구할 수 있다.

### 풀이

**경우 1—균일분포하중을 받는 외팔보**

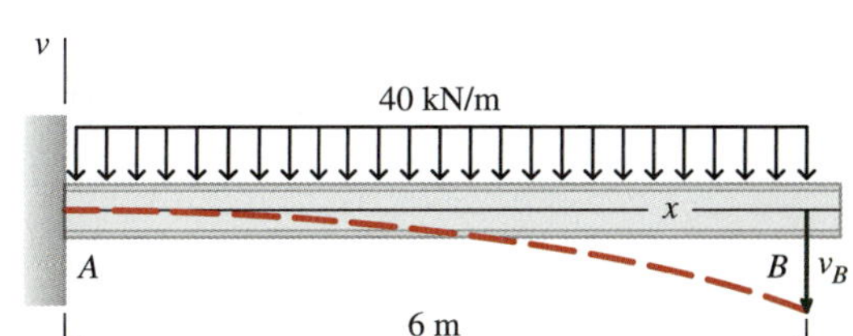


$B$에서 과잉구속을 하는 연결봉을 제거하고 균일분포하중을 받는 외팔보를 고려해 보자. $B$에서의 처짐량을 결정해야 한다. 부록 C에서 최대 처짐량($B$에서)은 다음과 같이 주어진다.

$$v_{max} = v_B = -\frac{wL^4}{8EI} \tag{a}$$

**경우 2—집중하중을 받는 외팔보**

연결봉은 외팔보의 $B$에서 반력을 부과한다. 따라서 위로 향하는 반력 $B_y$를 받는 외팔보를 고려해 보자. 부록 C로부터 끝단에서 집중하중을 받는 외팔보의 최대 처짐량($B$에서 일어난다)은 다음과 같이 주어진다.

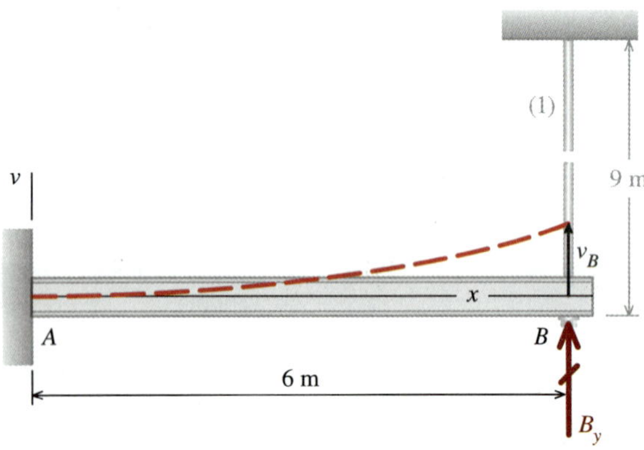


$$v_{max} = v_B = -\frac{PL^3}{3EI} = -\frac{(-B_y)L^3}{3EI} = \frac{B_yL^3}{3EI} \tag{b}$$

**적합방정식**

두 가지 경우에 대하여 구한 $v_B$의 식[식 (a)와 (b)]을 결합하여 적합방정식을 만든다.

$$v_B = -\frac{wL^4}{8EI} + \frac{B_yL^3}{3EI} \neq 0 \tag{c}$$

이 경우 $B$의 처짐은 0이 아니다. 만약 $B$에 롤러지지가 있었다면 0이 되었을 것이다. 보는 $B$에서 늘어나는 축부재로 지지되어 있다. 결론적으로 이 상황에서 얼마만큼 봉이 늘어나는지를 구해야만 한다.

알루미늄봉의 자유물체도를 고려하자. 일반적으로 봉 (1)이 늘어난 길이는 다음과 같다.

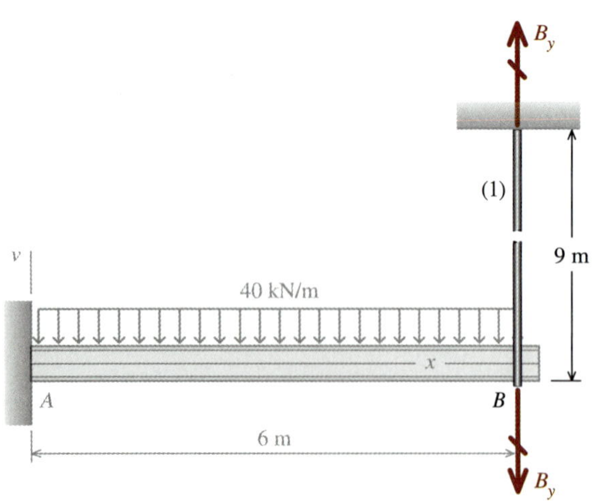


$$\delta_1 = \frac{F_1L_1}{A_1E_1}$$

봉이 외팔보에 대하여 위쪽으로 $B_y$의 힘을 발휘하고 있다. 바꾸어 말하면 외팔보는 크기가 같고 방향이 반대인 힘을 연결봉에 작용하고 있다. 그러므로 봉 (1)의 변형을 반력 $B_y$로 다음과 같이 표시할 수 있다.

$$\delta_1 = \frac{B_yL_1}{A_1E_1}$$

봉 (1)이 하중을 받아 늘어나면서 봉이 아래 부분이 아래로 처진다. 보가 봉에 의해 지지되므로 이 점에서 봉도 아래로 처질 것이

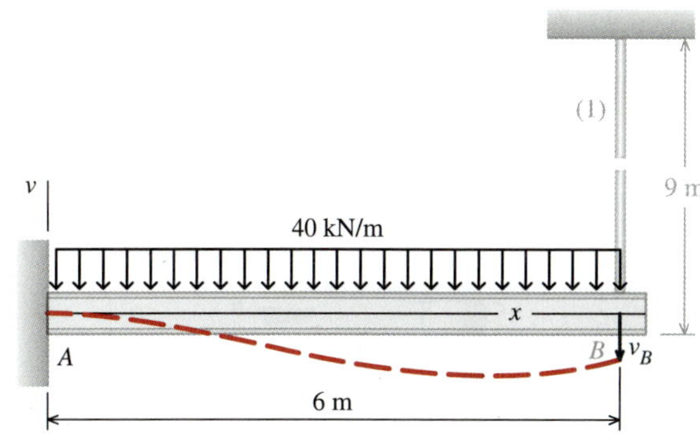


다. 적합방정식 [식 (c)]는 봉이 늘어난 것을 고려하여 조정되어야 한다.

$$v_B = -\frac{wL^4}{8EI} + \frac{B_y L^3}{3EI} = \frac{B_y L_1}{A_1 E_1} \quad \text{(d)}$$

이 식은 전혀 옳지 않다. 오류는 난해하지만 중요하다. 왜 식 (d)가 틀렸을까?

보의 처짐에서는 위쪽 방향이 양의 방향으로 정의되었다. 연결봉 (1)이 늘어날 때 점 $B$(봉의 아래 끝단)는 아래로 이동한다. 적합방정식이 보의 처짐과 연관되어 있어 식의 오른쪽에 있는 연결봉의 항은 음의 부호를 가져야만 한다.

$$v_B = -\frac{wL^4}{8EI} + \frac{B_y L^3}{3EI} = -\frac{B_y L_1}{A_1 E_1} \quad \text{(e)}$$

이 식에서 유일한 미지의 항은 연결봉의 힘 $B_y$이다. 이 식을 다시 정리하여 다음을 얻는다.

$$B_y\left[\frac{L^3}{3EI} + \frac{L_1}{A_1 E_1}\right] = \frac{wL^4}{8EI} \quad \text{(f)}$$

계산을 시작하기 전에 $L_1$, $A_1$, $E_1$ 등에 특별한 관심을 두어야 한다. 이 물성치들은 보가 아니라 연결봉의 것이다. 이런 종류의 문제에서 흔히 하는 실수는 보와 연결봉의 탄성계수 $E$를 같이 사용하는 것이다.

다음의 수치들을 이용하여 연결봉에 의해 보로 전달되는 반력을 구한다.

| **보의 물성치** | **연결봉의 물성치** |
|---|---|
| $w = 40$ kN/m $= 40$ N/mm | $L_1 = 9$ m $= 9{,}000$ mm |
| $L = 6$ m $= 6{,}000$ mm | $d_1 = 30$ mm |
| $I = 300 \times 10^6$ mm$^4$ | $A_1 = 706.858$ mm$^2$ |
| $E = 200$ GPa $= 200{,}000$ N/mm$^2$ | $E_1 = 70$ GPa $= 70{,}000$ N/mm$^2$ |

이 값들을 식 (f)에게 대입하여 계산하면 $B_y = 78{,}153.8$ N $= 78.2$ kN이 된다. 따라서 연결봉의 축력은 78.2 kN(인장)이다. **Ans.**

$B$에서의 처짐을 식 (e)로부터 계산하면 다음과 같다.

$$v_B = -\frac{B_y L_1}{A_1 E_1} = -\frac{(78{,}153.8 \text{ N})(9{,}000 \text{ mm})}{(706.858 \text{ mm}^2)(70{,}000 \text{ N/mm}^2)} = -14.22 \text{ mm} = 14.22 \text{ mm} \downarrow \quad \textbf{Ans.}$$

## MecMovies Example M11.4

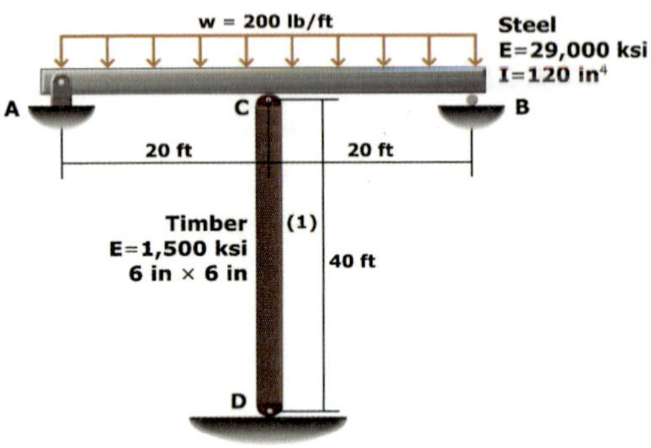


중앙에 탄성지지를 받는 단순지지보의 반력을 구하라.

## MecMovies EXERCISES

**M11.1** **지지된 외팔보.** 지지된 외팔보에서 롤러지지의 반력을 구하라. 각 형상에서 롤러지지의 반력은 두 가지 외팔보($P$ 작용 외팔보와 $w$ 작용 외팔보)의 중첩을 이용하여 구할 수 있다.

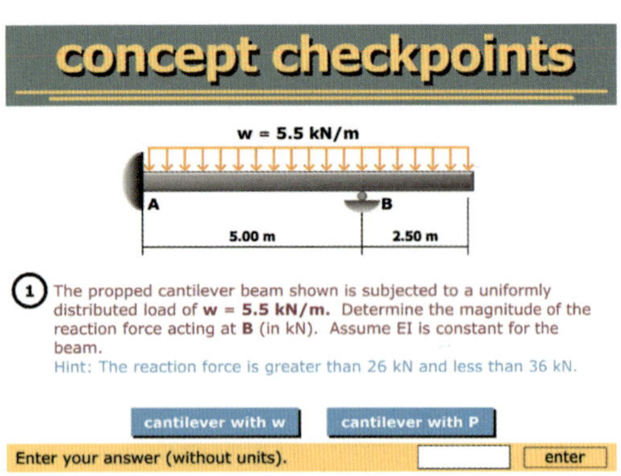


그림 M11.1

**M11.2** **3개의 지지를 받는 보.** 중첩을 이용하여 3개의 지지를 받는 단순보의 롤러지지반력을 구하라.

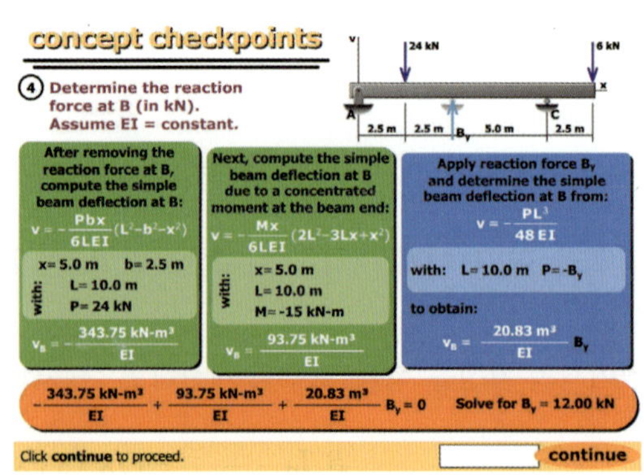


그림 M11.2

## PROBLEMS

**P11.28** For the beams and loadings shown below, assume that $EI = 3.0 \times 10^4$ kN-m$^2$ is constant for each beam.

(a) For the beam in Figure P11.28*a*, determine the concentrated upward force $P$ required to make the total beam deflection at $B$ equal to zero (i.e., $v_B = 0$).

(b) For the beam in Figure P11.28*b*, determine the concentrated moment $M$ required to make the total beam slope at $A$ equal to zero (i.e., $\theta_A = 0$).

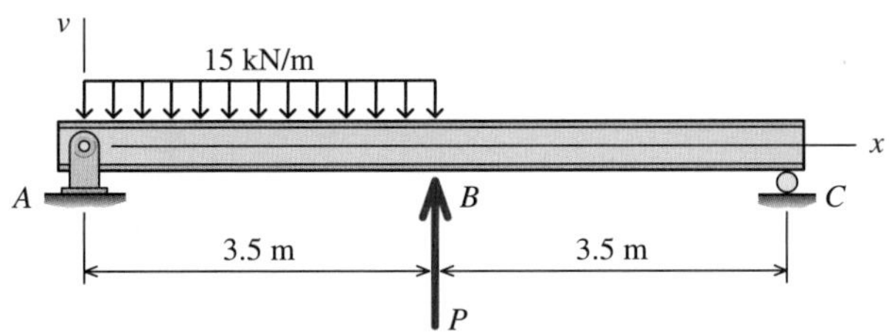


**FIGURE P11.28*a***

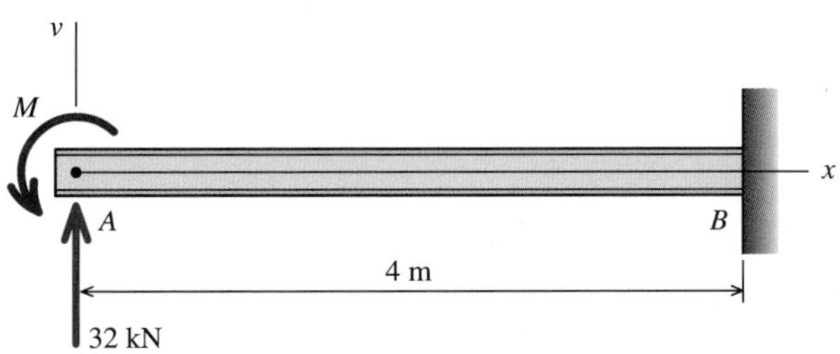


**FIGURE P11.28*b***

**P11.29** For the beams and loadings shown below, assume that $EI = 5.0 \times 10^6$ kip-in.$^2$ is constant for each beam.

(a) For the beam in Figure P11.29*a*, determine the concentrated upward force $P$ required to make the total beam deflection at $B$ equal to zero (i.e., $v_B = 0$).

(b) For the beam in Figure P11.29*b*, determine the concentrated moment $M$ required to make the total beam slope at $C$ equal to zero (i.e., $\theta_C = 0$).

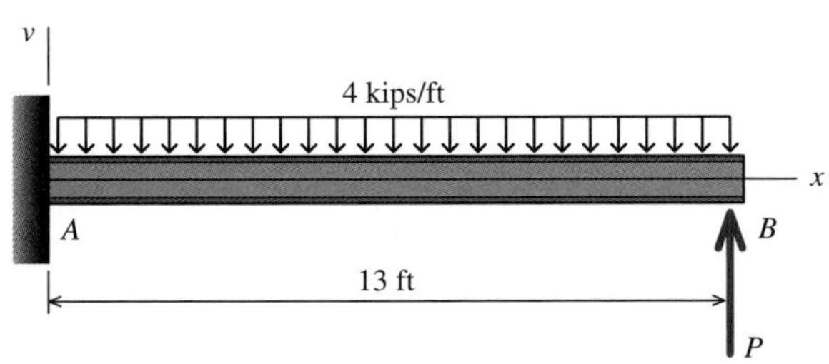


**FIGURE P11.29*a***

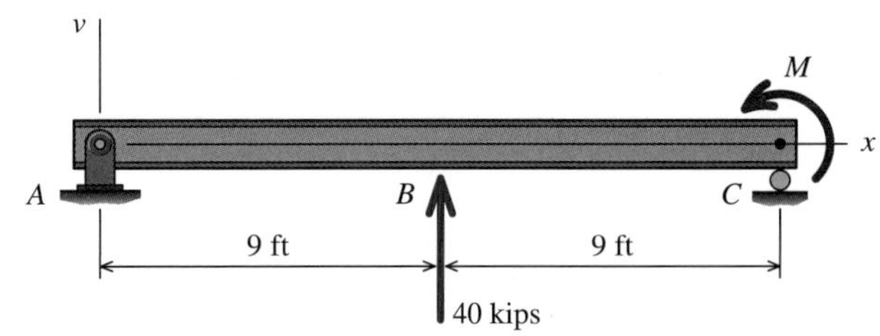


**FIGURE P11.29*b***

**P11.30** For the beams and loadings shown below, assume that $EI = 5.0 \times 10^4$ kN-m$^2$ is constant for each beam.

(a) For the beam in Figure P11.30*a*, determine the concentrated downward force $P$ required to make the total beam deflection at $B$ equal to zero (i.e., $v_B = 0$).

(b) For the beam in Figure P11.30*b*, determine the concentrated moment $M$ required to make the total beam slope at $A$ equal to zero (i.e., $\theta_A = 0$).

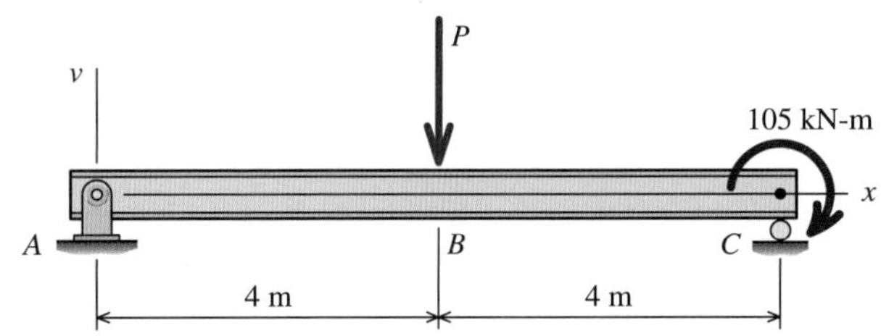


**FIGURE P11.30*a***

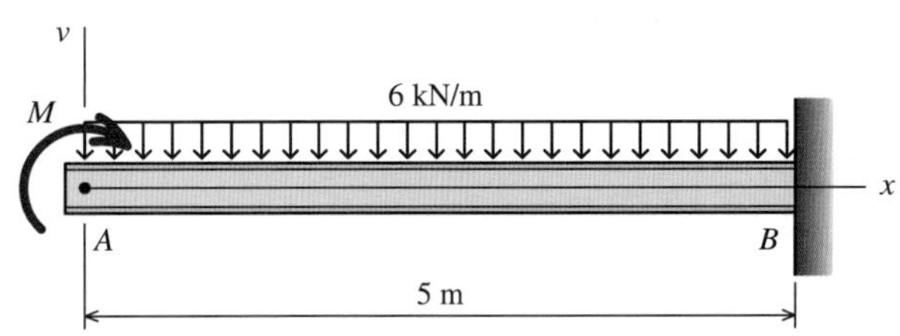


**FIGURE P11.30*b***

**P11.31** For the beams and loadings shown below, assume that $EI = 8.0 \times 10^6$ kip-in.$^2$ is constant for each beam.

(a) For the beam in Figure P11.31*a*, determine the concentrated downward force $P$ required to make the total beam deflection at $B$ equal to zero (i.e., $v_B = 0$).

(b) For the beam in Figure P11.31*b*, determine the concentrated moment $M$ required to make the total beam slope at $A$ equal to zero (i.e., $\theta_A = 0$).

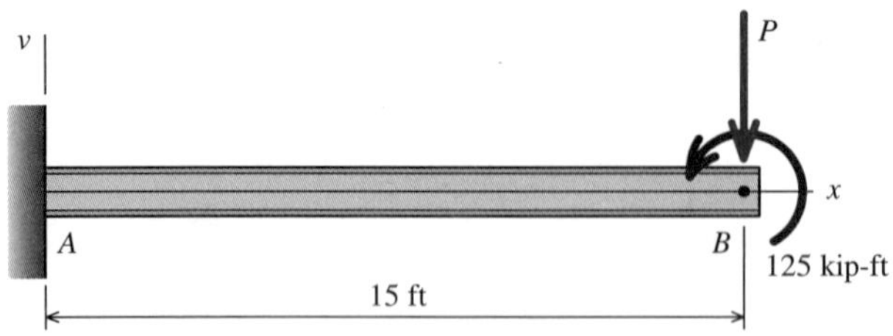


FIGURE P11.31*a*

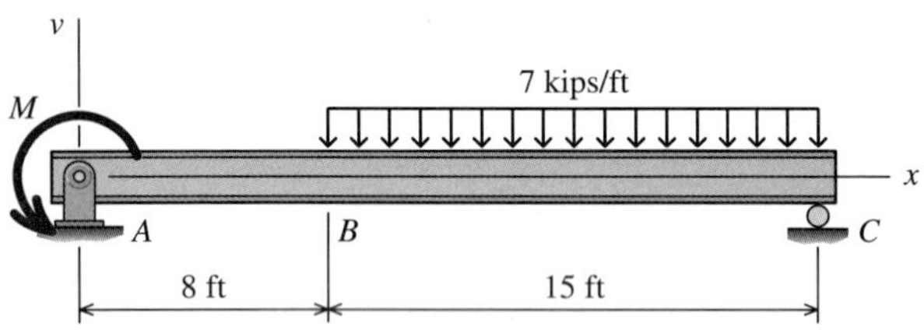


FIGURE P11.31*b*

**P11.32–P11.36** For the beams and loadings shown in Figures P11.32–P11.36, derive an expression for the reactions at supports *A* and *B*. Assume that *EI* is constant for the beam.

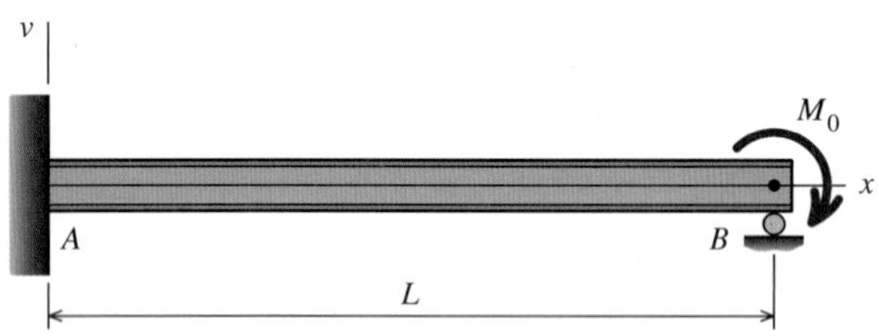


FIGURE P11.32

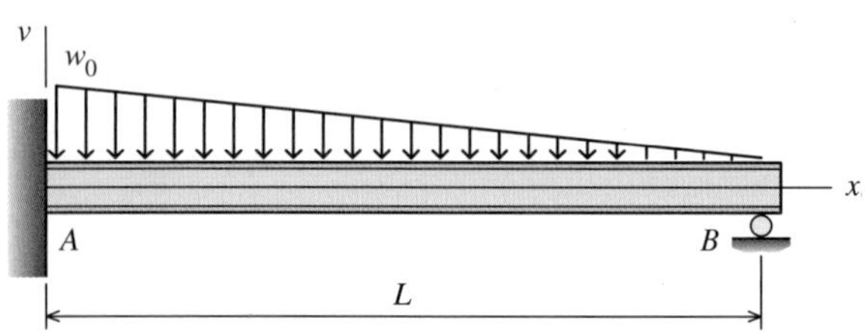


FIGURE P11.33

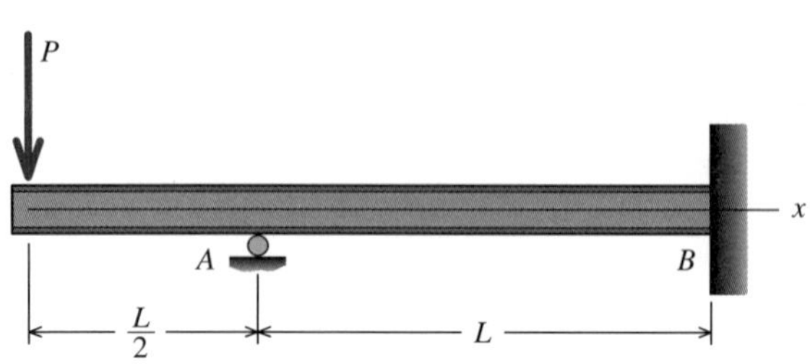


FIGURE P11.34

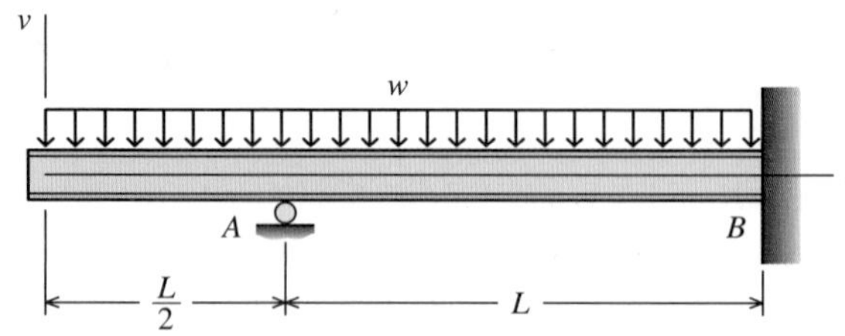


FIGURE P11.35

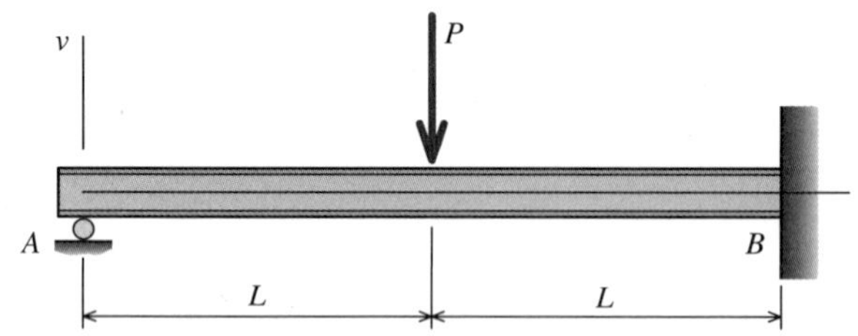


FIGURE P11.36

**P11.37–P11.38** For the beams and loadings shown in Figures P11.37 and P11.38, derive an expression for the reactions at supports *A* and *C*. Assume that *EI* is constant for the beam.

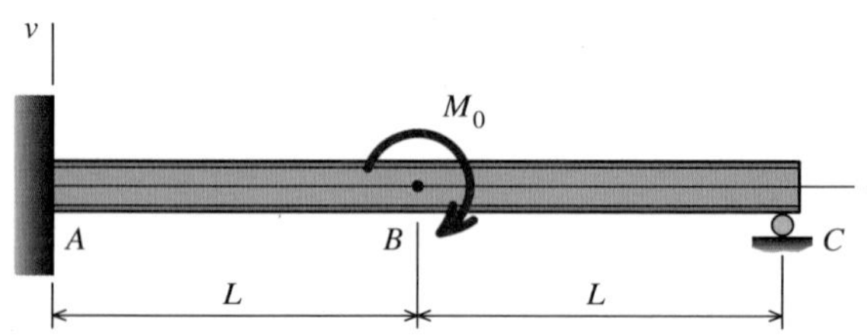


FIGURE P11.37

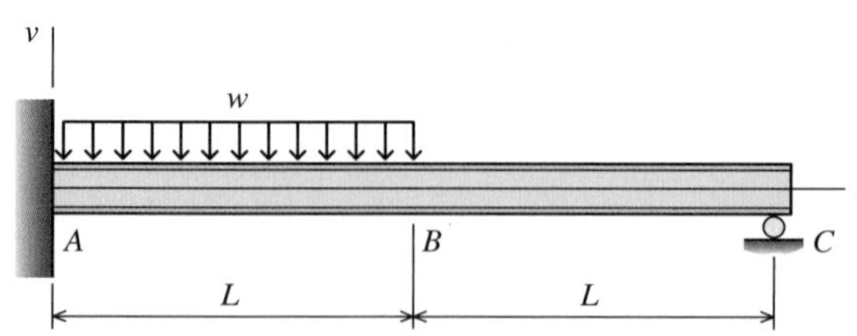


FIGURE P11.38

**P11.39** For the beam and loading shown in Figure P11.39, derive an expression for the reaction forces at *A*, *C*, and *D*. Assume that *EI* is constant for the beam. (*Reminder:* The roller symbol implies that both upward and downward displacements are restrained.)

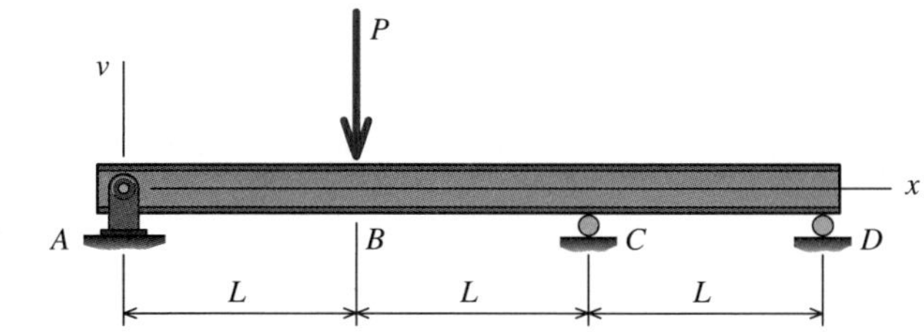


FIGURE P11.39

**P11.40–P11.44** For the beams and loadings shown in Figures P11.40–P11.44, derive an expression for the reaction force at $B$. Assume that $EI$ is constant for the beam. (*Reminder:* The roller symbol implies that both upward and downward displacements are restrained.)

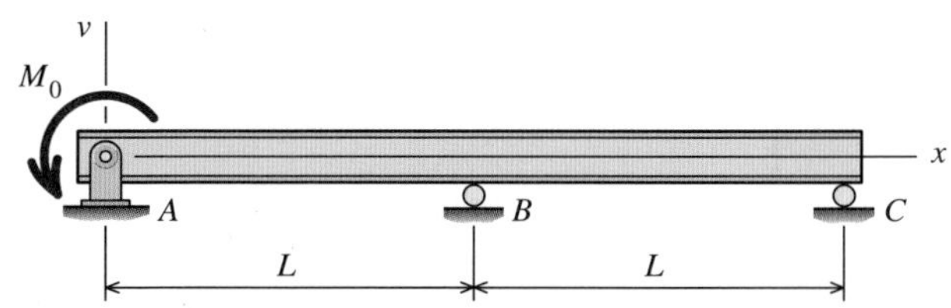


FIGURE P11.40

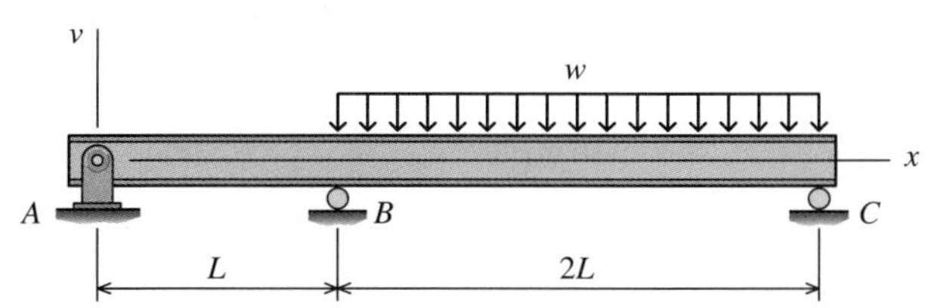


FIGURE P11.41

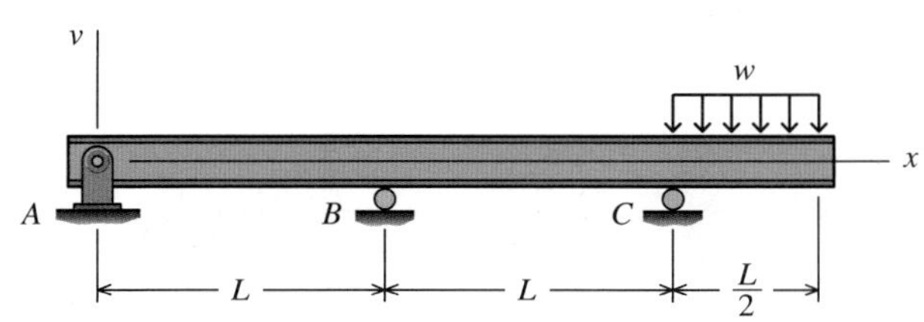


FIGURE P11.42

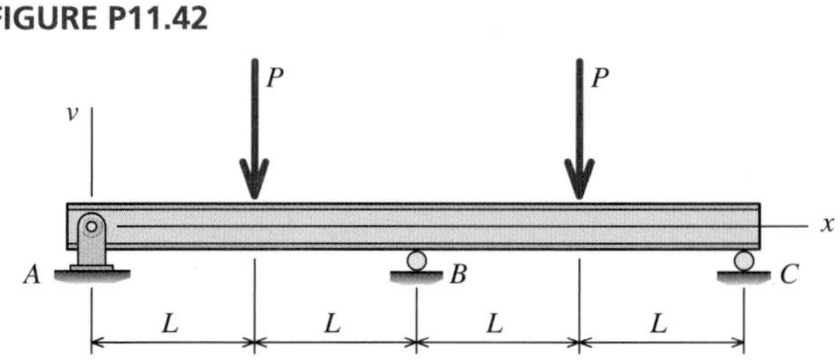


FIGURE P11.43

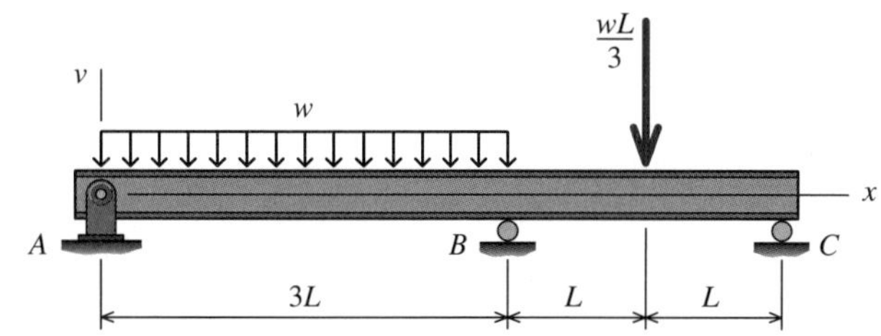


FIGURE P11.44

**P11.45** The beam shown in Figure P11.45 consists of a W360 × 79 structural steel wide-flange shape [$E = 200$ GPa; $I = 225 \times 10^6$ mm$^4$]. For the loading shown, determine:

(a) the reactions at $A$, $B$, and $C$.
(b) the magnitude of the maximum bending stress in the beam.

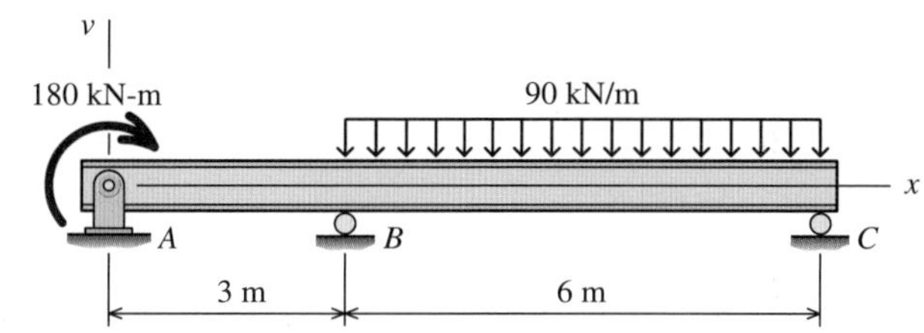


FIGURE P11.45

**P11.46** The beam shown in Figure P11.46 consists of a W610 × 140 structural steel wide-flange shape [$E = 200$ GPa; $I = 1{,}120 \times 10^6$ mm$^4$]. For the loading shown, determine:

(a) the reactions at $A$, $B$, and $D$.
(b) the magnitude of the maximum bending stress in the beam.

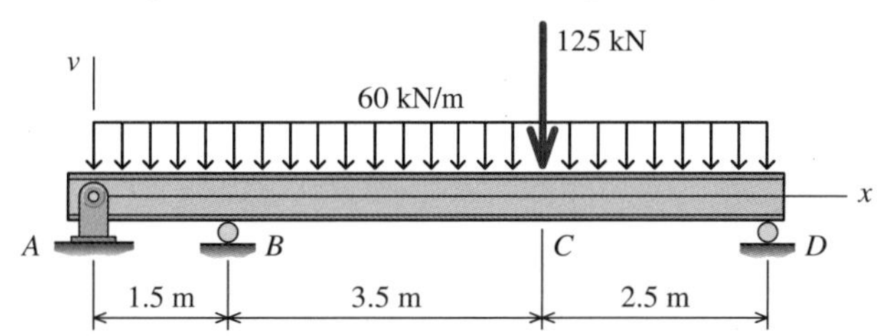


FIGURE P11.46

**P11.47** A propped cantilever beam is loaded as shown in Figure P11.47. Determine the reactions at $A$ and $D$ for the beam. Assume $EI = 12.8 \times 10^6$ lb-in.$^2$.

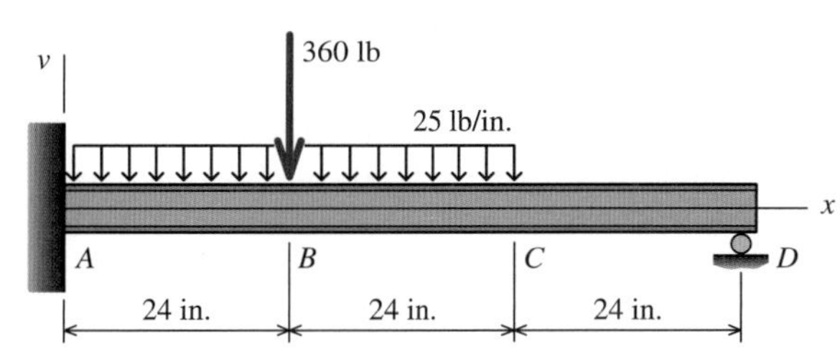


FIGURE P11.47

**P11.48** A propped cantilever beam is loaded as shown in Figure P11.48. Assume $EI = 24 \times 10^6$ kip-in.$^2$. Determine:

(a) the reactions at $B$ and $C$ for the beam.
(b) the beam deflection at $A$.

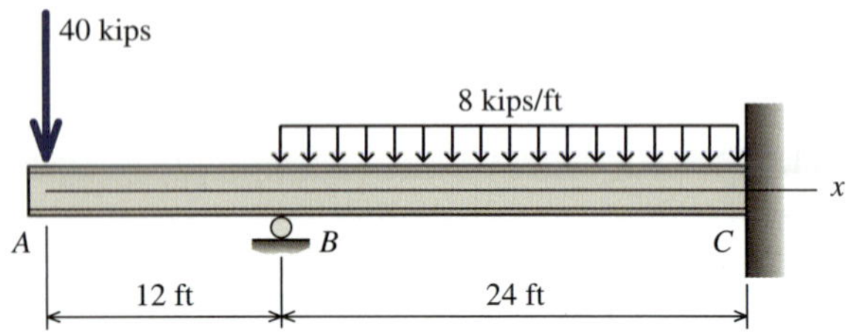


**FIGURE P11.48**

**P11.49** A propped cantilever beam is loaded as shown in Figure P11.49. Assume $EI = 86.4 \times 10^6$ N-mm$^2$. Determine:

(a) the reactions at $A$ and $C$ for the beam.
(b) the beam deflection at $B$.

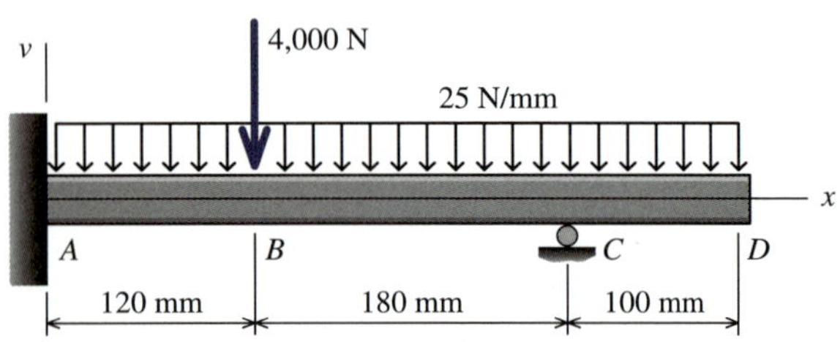


**FIGURE P11.49**

**P11.50** The beam shown in Figure P11.50 consists of a W610 × 82 structural steel wide-flange shape [$E$ = 200 GPa; $I = 562 \times 10^6$ mm$^4$]. For the loading shown, determine:

(a) the reaction force at $C$.
(b) the beam deflection at $A$.

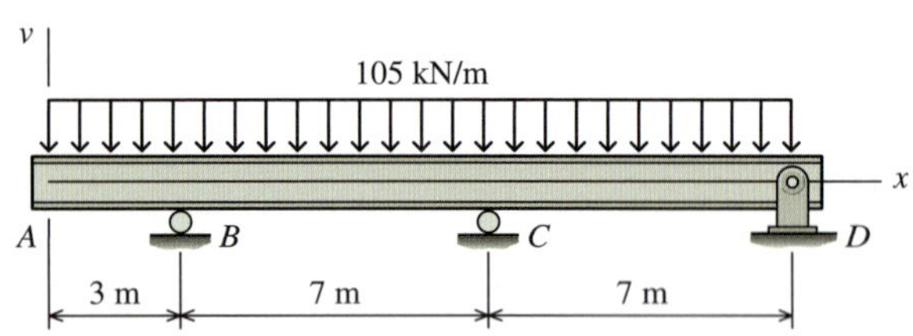


**FIGURE P11.50**

**P11.51** The beam shown in Figure P11.51 consists of a W8 × 15 structural steel wide-flange shape [$E$ = 29,000 ksi; $I$ = 48 in.$^4$]. For the loading shown, determine:

(a) the reactions at $A$ and $B$.
(b) the magnitude of the maximum bending stress in the beam.

(*Reminder:* The roller symbol implies that both upward and downward displacements are restrained.)

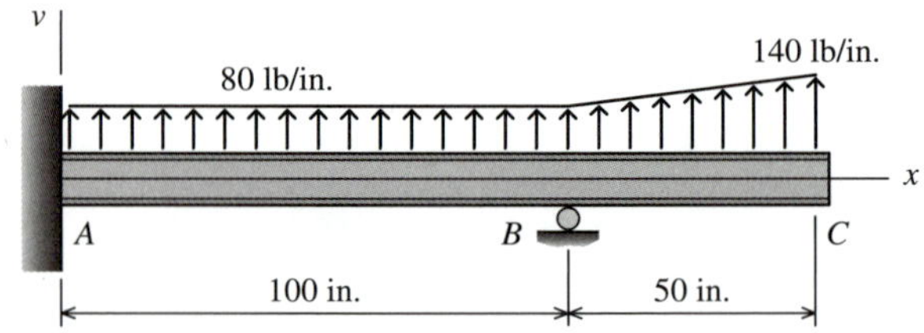


**FIGURE P11.51**

**P11.52** The beam shown in Figure P11.52 consists of a W24 × 94 structural steel wide-flange shape [$E$ = 29,000 ksi; $I$ = 2,700 in.$^4$]. For the loading shown, determine:

(a) the reactions at $A$ and $D$.
(b) the magnitude of the maximum bending stress in the beam.

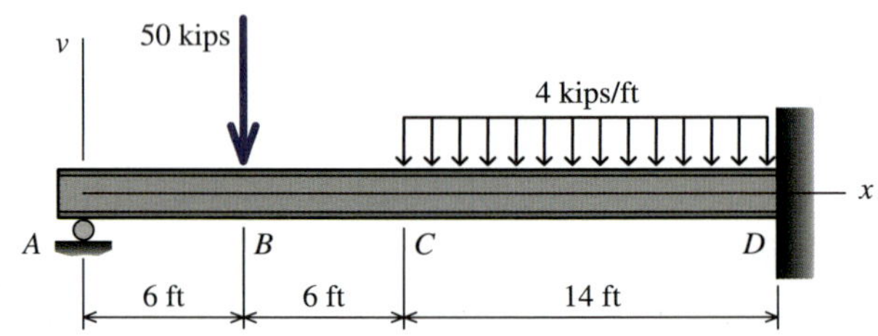


**FIGURE P11.52**

**P11.53** The solid 20-mm-diameter steel [$E$ = 200 GPa] shaft shown in Figure P11.53 supports two belt pulleys. Assume that the bearing at $A$ can be idealized as a pin support and that the bearings at $C$ and $E$ can be idealized as roller supports. For the loading shown, determine:

(a) the reaction forces at bearings $A$, $C$, and $E$.
(b) the magnitude of the maximum bending stress in the shaft.

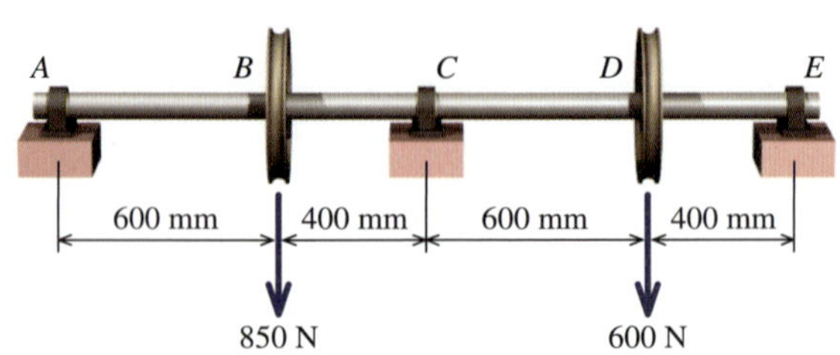


**FIGURE P11.53**

**P11.54** The solid 1.00-in.-diameter steel [$E$ = 29,000 ksi] shaft shown in Figure P11.54 supports three belt pulleys. Assume that the bearing at $A$ can be idealized as a pin support and that the bearings at $C$ and $E$ can be idealized as roller supports. For the loading shown, determine:

(a) the reaction forces at bearings $A$, $C$, and $E$.
(b) the magnitude of the maximum bending stress in the shaft.

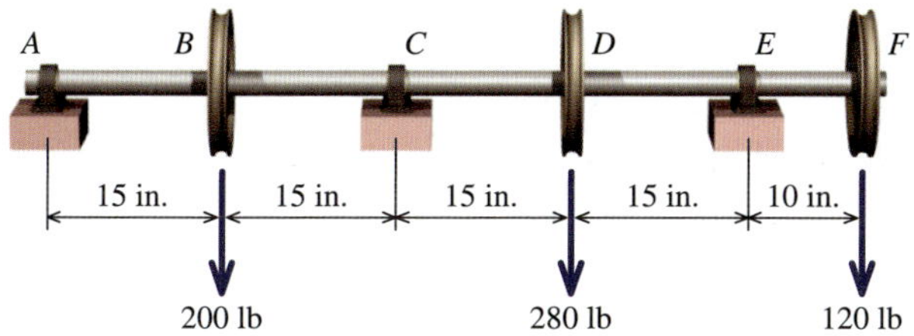


**FIGURE P11.54**

**P11.55** The solid 1.00-in.-diameter steel [$E = 29{,}000$ ksi] shaft shown in Figure P11.55 supports two belt pulleys. Assume that the bearing at $E$ can be idealized as a pin support and that the bearings at $B$ and $C$ can be idealized as roller supports. For the loading shown, determine:

(a) the reaction forces at bearings $B$, $C$, and $E$.
(b) the magnitude of the maximum bending stress in the shaft.

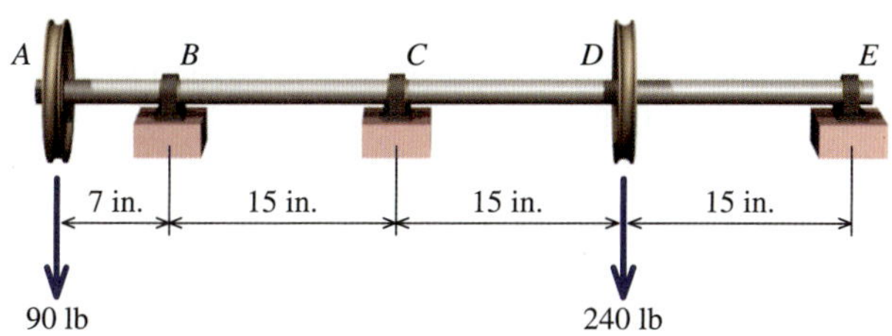


**FIGURE P11.55**

**P11.56** The beam shown in Figure P11.56 consists of a W360 × 101 structural steel wide-flange shape [$E = 200$ GPa; $I = 301 \times 10^6$ mm$^4$]. For the loading shown, determine:

(a) the reactions at $A$ and $B$.
(b) the magnitude of the maximum bending stress in the beam.

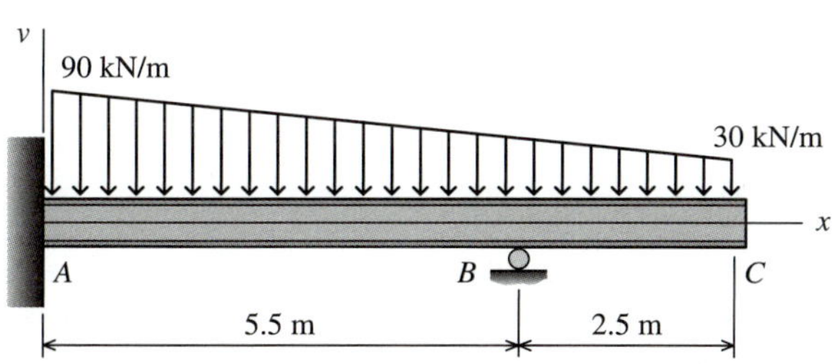


**FIGURE P11.56**

**P11.57–P11.58** A W530 × 92 structural steel wide-flange shape [$E = 200$ GPa; $I = 554 \times 10^6$ mm$^4$] is loaded and supported as shown in Figures P11.57 and P11.58. Determine:

(a) the force and moment reactions at supports $A$ and $C$.
(b) the maximum bending stress in the beam.
(c) the deflection of the beam at $B$.

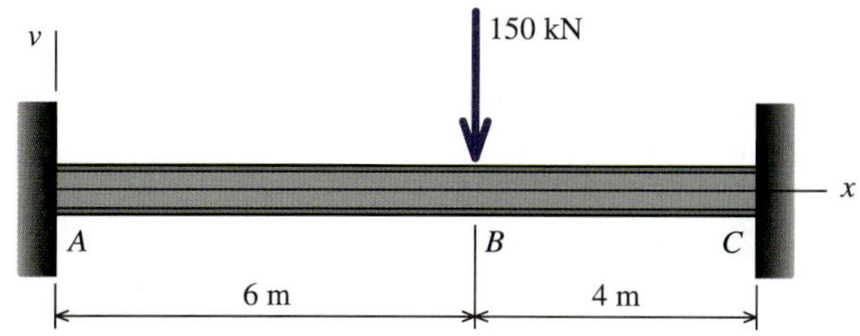


**FIGURE P11.57**

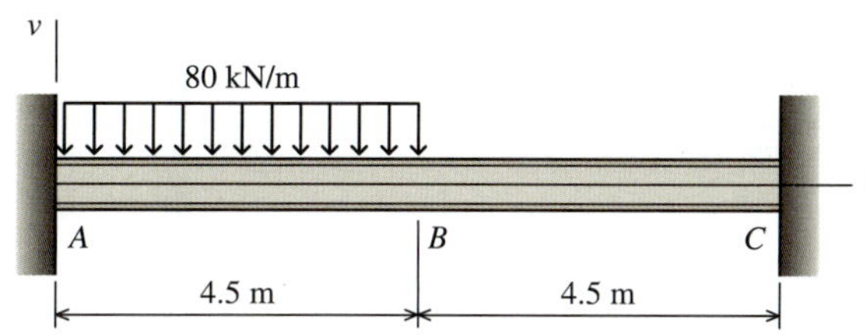


**FIGURE P11.58**

**P11.59** A timber [$E = 1{,}800$ ksi] beam is loaded and supported as shown in Figure P11.59. The cross section of the timber beam is 4 in. wide and 8 in. deep. The beam is supported at $B$ by a 1/2 in.-diameter steel [$E = 30{,}000$ ksi] rod, which has no load before the distributed load is applied to the beam. After a distributed load of 900 lb/ft is applied to the beam, determine:

(a) the force carried by the steel rod.
(b) the maximum bending stress in the timber beam.
(c) the deflection of the beam at $B$.

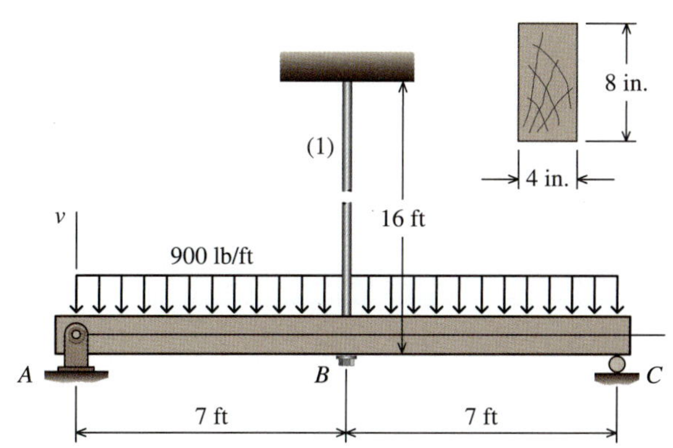


**FIGURE P11.59**

**P11.60** A W360 × 72 structural steel [$E$ = 200 GPa] wide-flange shape is loaded and supported as shown in Figure P11.60. The beam is supported at $B$ by a 20-mm-diameter solid aluminum [$E$ = 70 GPa] rod. After a concentrated load of 40 kN is applied to the tip of the cantilever, determine:

(a) the force produced in the aluminum rod.
(b) the maximum bending stress in the beam.
(c) the deflection of the beam at $B$.

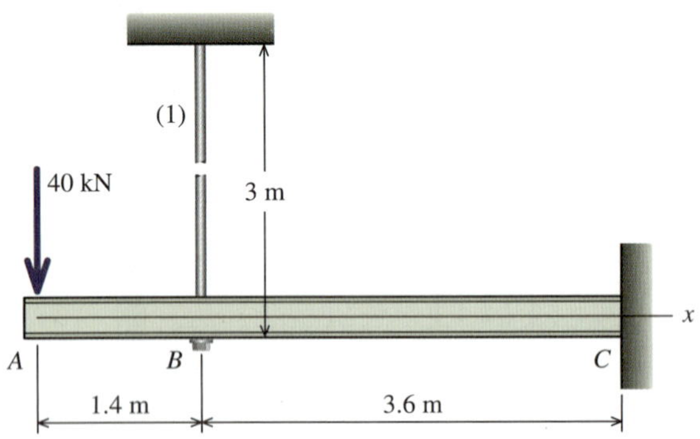


**FIGURE P11.60**

**P11.61** A W18 × 55 structural steel [$E$ = 29,000 ksi] wide-flange shape is loaded and supported as shown in Figure P11.61. The beam is supported at $C$ by a 3/4-in.-diameter aluminum [$E$ = 10,000 ksi] rod, which has no load before the distributed load is applied to the beam. After a distributed load of 4 kips/ft is applied to the beam, determine:

(a) the force carried by the aluminum rod.
(b) the maximum bending stress in the steel beam.
(c) the deflection of the beam at $C$.

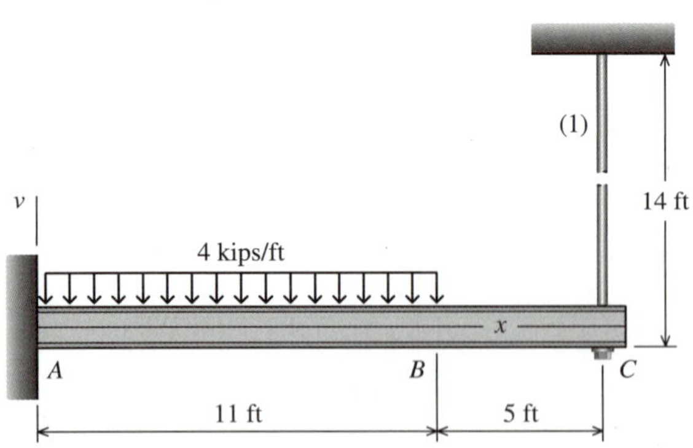


**FIGURE P11.61**

**P11.62** A W250 × 32.7 structural steel [$E$ = 200 GPa] wide-flange shape is loaded and supported as shown in Figure P11.62. A uniformly distributed load of 16 kN/m is applied to the beam, causing the roller support at $B$ to settle downward (i.e., displace downward) by 15 mm. Determine:

(a) the reactions at supports $A$, $B$, and $C$.
(b) the maximum bending stress in the beam.

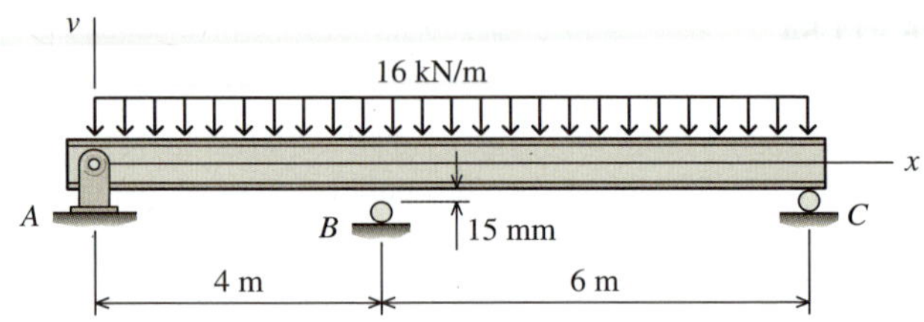


**FIGURE P11.62**

**P11.63** A W10 × 22 structural steel [$E$ = 29,000 ksi] wide-flange shape is loaded and supported as shown in Figure P11.63. The beam is supported at $C$ by a timber [$E$ = 1,800 ksi] post having a cross-sectional area of 16 in.$^2$. After a concentrated load of 10 kips is applied to the beam, determine:

(a) the reactions at supports $A$ and $C$.
(b) the maximum bending stress in the beam.
(c) the deflection of the beam at $C$.

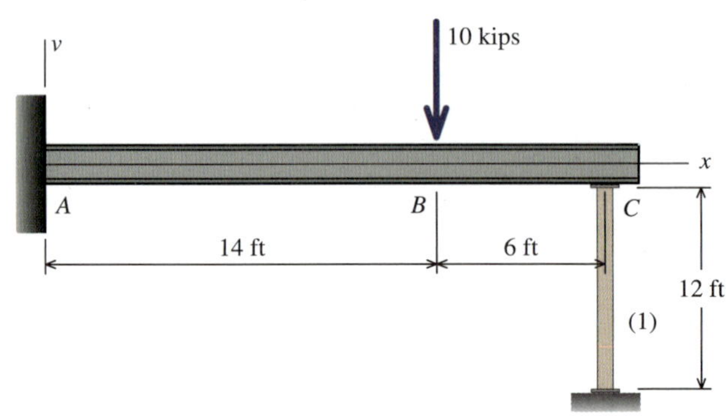


**FIGURE P11.63**

**P11.64** A timber [$E$ = 12 GPa] beam is loaded and supported as shown in Figure P11.64. The cross section of the timber beam is 100 mm wide and 300 mm deep. The beam is supported at $B$ by a 12-mm-diameter steel [$E$ = 200 GPa] rod, which has no load before the distributed load is applied to the beam. After a distributed load of 7 kN/m is applied to the beam, determine:

(a) the force carried by the steel rod.
(b) the maximum bending stress in the timber beam.
(c) the deflection of the beam at $B$.

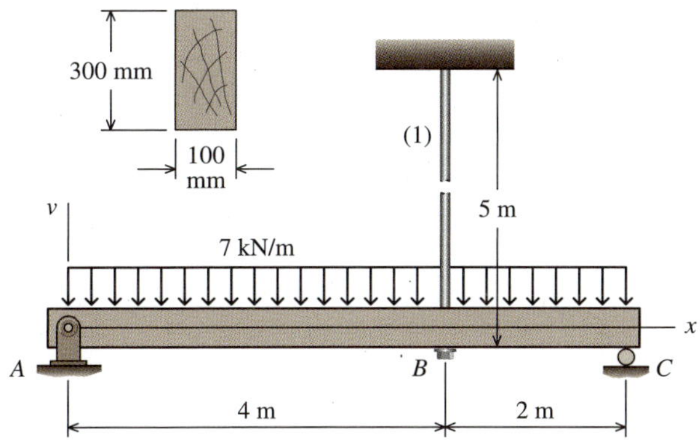


FIGURE P11.64

**P11.65** A W360 × 72 structural steel [$E$ = 200 GPa] wide-flange shape is loaded and supported as shown in Figure P11.65. The beam is supported at $B$ by a timber [$E$ = 12 GPa] post having a cross-sectional area of 20,000 mm$^2$. After a uniformly distributed load of 50 kN/m is applied to the beam, determine:

(a) the reactions at supports $A$, $B$, and $C$.
(b) the maximum bending stress in the beam.
(c) the deflection of the beam at $B$.

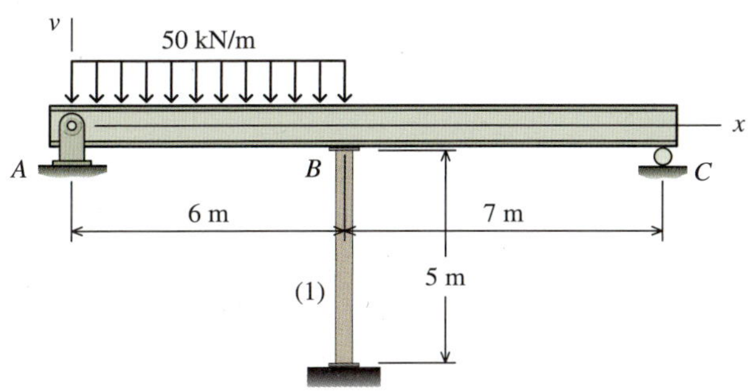


FIGURE P11.65

**P11.66** A timber [$E$ = 1,800 ksi] beam is loaded and supported as shown in Figure P11.66. The cross section of the timber beam is 4 in. wide and 8 in. deep. The beam is supported at $B$ by a 3/4-in.-diameter aluminum [$E$ = 10,000 ksi] rod, which has no load before the distributed load is applied to the beam. After a distributed load of 800 lb/ft is applied to the beam, determine:

(a) the force carried by the aluminum rod.
(b) the maximum bending stress in the timber beam.
(c) the deflection of the beam at $B$.

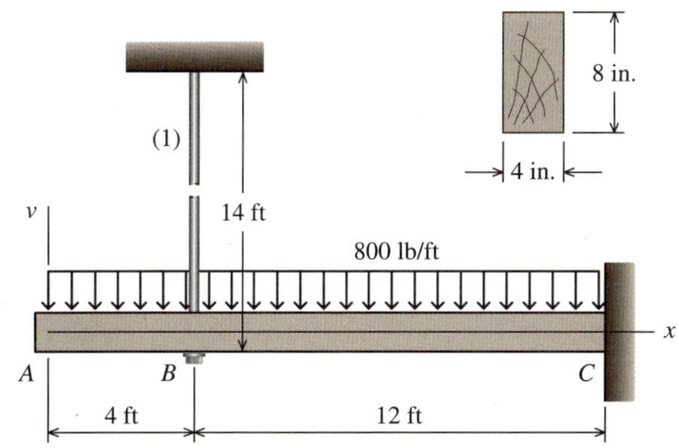


FIGURE P11.66

**P11.67** A W530 × 66 structural steel [$E$ = 200 GPa] wide-flange shape is loaded and supported as shown in Figure P11.67. A uniformly distributed load of 70 kN/m is applied to the beam, causing the roller support at $B$ to settle downward (i.e., displace downward) by 10 mm. Determine:

(a) the reactions at supports $A$ and $B$.
(b) the maximum bending stress in the beam.

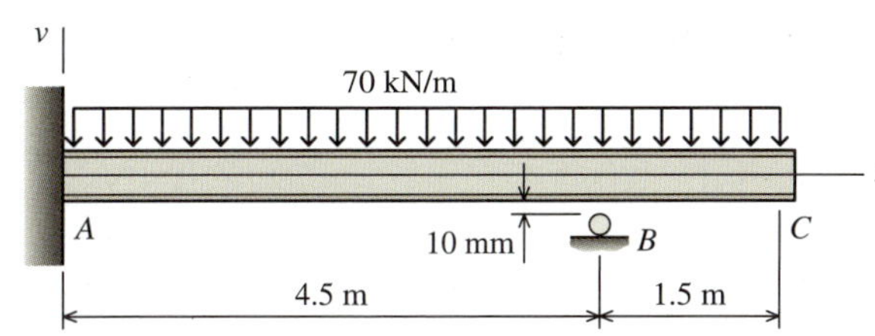


FIGURE P11.67

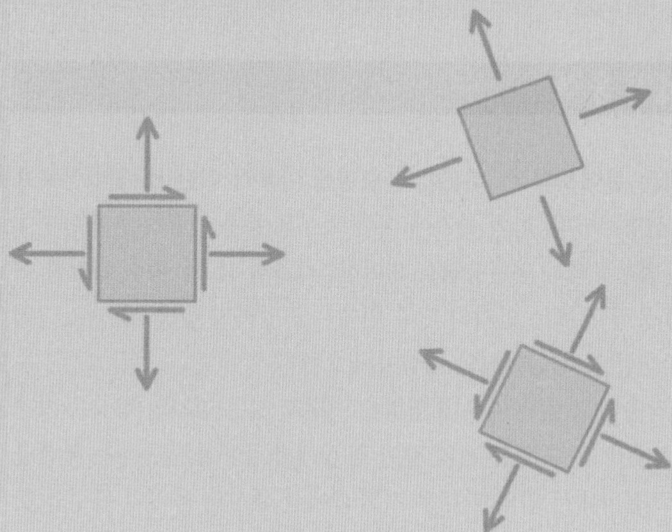

# CHAPTER 12 응력의 좌표변환

## 12.1 서론

앞의 장들에서는 단축하중이 작용하는 봉, 원형 단면을 가진 축, 그리고 보에서의 특정한 평면에서 작용하는 법선응력과 전단응력에 대한 식들을 유도하였다. 단축하중이 작용하는 봉에 대해서는 1.5절에서 봉을 관통하는 경사면에서 작용하는 법선응력 식 (1.8)과 전단응력 식 (1.9)에 대하여 추가로 식을 유도하였다. 이 해석을 통하여 최대 법선응력은 횡방향의 평면에서, 최대 전단응력은 봉의 축방향과 45°를 이루는 평면에서 일어나는 것이 밝혀졌다(그림 1.4 참조). 원형 단면을 가진 축에서의 순수 비틀림의 경우에 대한 유사한 식이 개발되었다. 식 (6.9)에서 최대 전단응력은 비틀림을 받는 부재의 횡단면에서 발생하지만, 식 (6.10)의 최대 인장응력과 압축응력은 부재 축과 45°를 이루는 면에서 발생됨을 알 수 있다. 단축하중과 비틀림을 받는 부재의 특정한 평면에서 작용하는 법선응력과 전단응력은 자유물체도 방법을 사용하여 결정한다. 이 방법은 교육적으로 가치가 있기는 하지만 응력해석 시에 자주 요구되는 최대 법선응력과 전단응력을 결정하는 데는 비효율적이다. 이 장에서는 다음 사항들을 결정할 수 있도록 더 강력한 방법들을 개발하도록 할 것이다.

(a) 관심 있는 지점을 통과하는 평면에서 작용하는 법선응력과 전단응력
(b) 관심 있는 지점에서 모든 가능한 방향에서의 최대 법선응력과 전단응력

## 12.2 임의의 하중이 작용하는 물체 내의 한 점에서의 응력

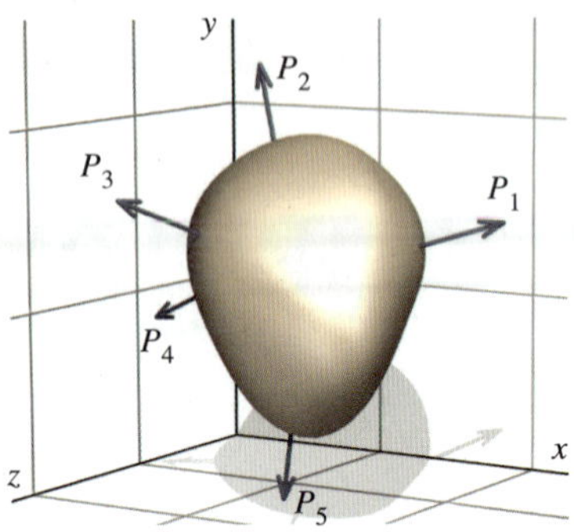


**그림 12.1** • 평형 상태에 있는 고체

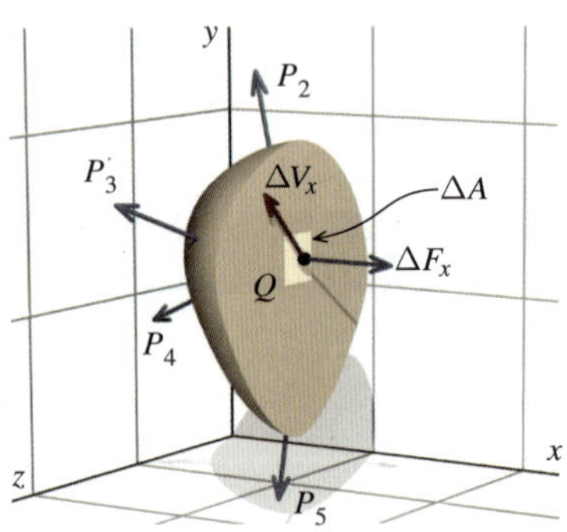


**그림 12.2*a*** • 면적 $\Delta A$에서의 힘의 총합

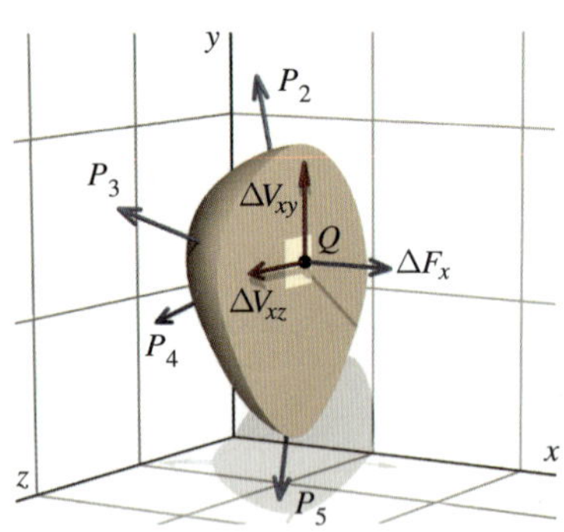


**그림 12.2*b*** • 면적 $\Delta A$에서의 힘의 총합에 대한 $x, y, z$ 성분으로의 분해

1장에서는 단축응력이 작용하는 봉에서의 한 부분에서 평형을 이루기 위한 내력의 분포를 고려하므로써 응력의 개념을 설명하였다. 힘의 분포에 대한 특성은 봉을 관통하는 횡단면에서 작용하는 균일하게 분포된 법선응력과 전단응력을 의미한다(1.5절 참조). 좀더 복잡한 구조의 부재나 기계 부품에서의 응력 분포는 임의의 내부 면에서 균일하지 않을 것이다. 그러므로 한 점에서의 응력상태에 대한 보다 일반적인 개념이 필요하다.

다수의 하중 $P_1, P_2$ 등이 작용하고 있는 가운데 평형을 이루고 있는 임의의 형상을 가진 물체를 고려해 보자. 그림 12.2에서 볼 수 있는 바와 같이 점 $Q$에서 물체를 관통하는 부분을 $y$–$z$ 평면과 평행인 절단면으로 잘라내서 임의의 내부 지점 $Q$에서 생성된 응력의 특성을 찾아낼 수 있다.

수직력 $\Delta F_x$의 방향이 잘 정의되었다고 할지라도, 전단력 $\Delta V_x$는 $x$면 위의 임의의 방향으로 위치할 수 있다. 그러므로 전단력 $\Delta V_x$는 두 개의 성분 $\Delta V_{xy}$와 $\Delta V_{xz}$로 분리될 것이며, 두 번째 지수는 $x$면에서 각각 $y$방향과 $z$ 방향으로 작용하는 전단력이다. $\Delta A$에서 작용하는 수직력과 전단력의 $x, y, z$ 성분은 그림 12.2*b*에 나타나 있다. 만일 각 힘의 성분을 면적 $\Delta A$로 나눈다면, 단위 면적당의 평균력을 얻게 된다. $\Delta A$를 0으로 수렴시킴으로써, 세 개의 응력성분이 점 $Q$에서 정의된다(그림 12.3).

$$\sigma_x = \lim_{\Delta A \to 0} \frac{\Delta F_x}{\Delta A} \qquad \tau_{xy} = \lim_{\Delta A \to 0} \frac{\Delta V_{xy}}{\Delta A} \qquad \tau_{xz} = \lim_{\Delta A \to 0} \frac{\Delta V_{xz}}{\Delta A} \tag{12.1}$$

반복하면 응력 $\sigma_x$, $\tau_{xy}$, $\tau_{xz}$에서의 첫 번째 지수는 응력이 작용하는 면에 수직인 방향이 $x$축이라는 것을 의미한다. $\tau_{xy}$와 $\tau_{xz}$에서 두 번째 지수는 $x$면에서 작용하는 전단응력의 방향을 의미한다.

다음은 $x$–$z$평면과 평행인 전단면이 원래의 물체(그림 12.1)를 관통하고 있다고 가정하자. 이 전단면은 $y$ 방향이 면에 수직인 한 표면을 의미한다. 앞에서와 같은 원리로 $y$평면 상에 있는 점 $Q$에서 3개의 응력은 각각 $y$방향으로 작용하는 법선응력 $\sigma_y$, $y$면에서 $x$방향으로 작용하는 전단응력 $\tau_{yz}$, 그리고 $y$면에서 $z$방향으로 작용하는 전단응력 $\tau_{yz}$이다.

마지막으로 $x$–$y$평면과 평행인 절단면이 원래의 물체를 관통하여 $z$방향에 수직인 방향의 면을 보여준다(그림 12.5). 마찬가지로 $z$면 위의 점 $Q$에서 작용하고 있는 3개의 응력은 $z$ 방향으로의 법선응력 $\sigma_z$, $z$ 면에서 $x$ 방향으로 작용하는 전단응력 $\tau_{zx}$, 그리고 $z$ 면에서 $y$ 방향으로 작용하는 전단응력 $\tau_{zy}$이다.

만일 앞의 경우에 다른 종류의 좌표축($x'$–$y'$–$z'$)이 주어진다면 점 $Q$에서의 응력은 $x, y, z$ 면에서 결정된 응력과는 다를 것이다. 그러나 $x'$–$y'$–$z'$ 좌표계에서의 응력은 $x$–$y$–$z$ 좌표계에서의 응력과 관련이 있으며 좌표변환이라는 수학적인 과정을 통해서 응력은 하나의 좌표계에서 다른 좌표계로 변환할 수 있게 된다. 만일 $x$, $y$, $z$ 면에 있는 점 $Q$에서 법선응력과 전단응력이 주어진다면 (그림 12.3, 12.4, 12.5), 점 $Q$를 관통하는 임의의 면에서의 법선응력과 전단응력을 결정할 수 있다. 이런 이유로 이러한 면에서의 응력을 한 점에서의 응력상태라고 한다. 응력상태는 서로 직교하는 세 개의 면에서 작용하는 세 개의 응력요소에 의해서 유일하게 정의된다.

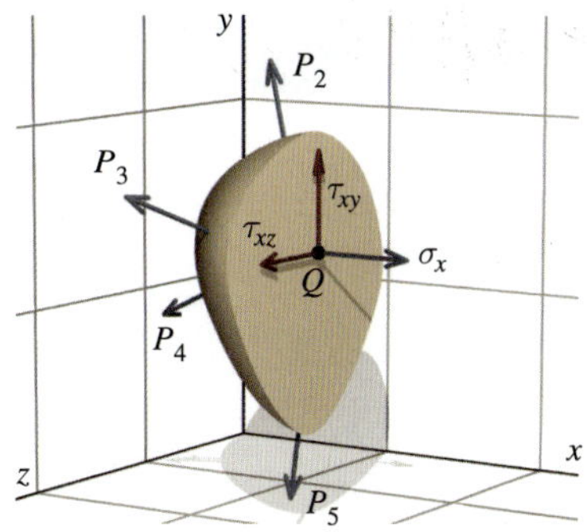


**그림 12.3** • 물체 내의 한 점 $Q$에서의 $x$면에서 작용하는 응력

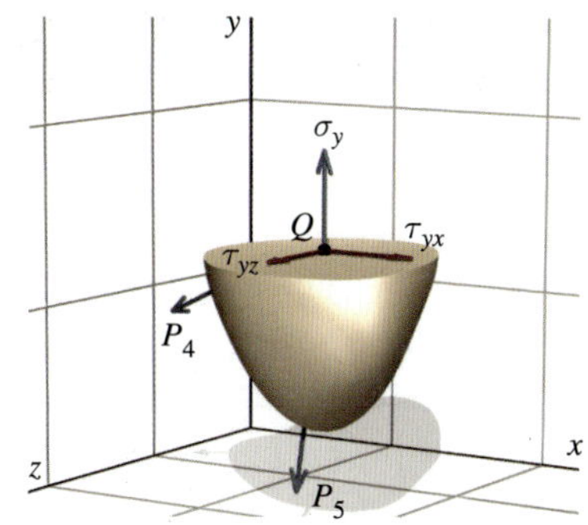


**그림 12.4** • 물체 내의 한 점 $Q$에서의 $y$면에서 작용하는 응력

한 점(예를 들어 앞 그림에서의 점 $Q$)에서의 응력상태는 **응력요소**(그림 12.6)라고 불리는 입방체에 작용하는 응력 성분으로 편리하게 표시할 수 있다. 응력요소는 물체(예를 들어 축이나 보)에 속한 관심 있는 한 점을 그림으로 나타낸 것이다. 입방체 요소의 6면은 각 면에 대하여 바깥쪽으로 수직인 방향으로 구별된다. 예를 들어, 양의 $x$면은 그 면에서 바깥쪽으로 수직인 방향이 $x$축의 양의 방향이 되는 면이다. 좌표축 $x$, $y$ 그리고 $z$는 오른손법칙을 따라 배열된다.

응력요소 $\sigma_x$, $\sigma_y$, $\sigma_z$는 $x$, $y$, $z$ 좌표축과 직교하는 면에서 작용하는 법선응력이다. 입방체 요소에서 작용하는 6개의 전단응력이 존재하며 $\tau_{xy}$, $\tau_{xz}$, $\tau_{yx}$, $\tau_{yz}$, $\tau_{zx}$, $\tau_{zy}$가 그것이다. 그러나 이 중에 단지 3개의 전단응력만 독립적이며 그 이유는 아래에서 설명할 것이다. 응력 성분과 관련된 특정한 값들은 좌표축의 방향에 따라 달라진다. 만일 좌표축이 회전한다면 그림 12.6에서의 응력상태는 응력 성분의 다른 조합으로 표시될 것이다.

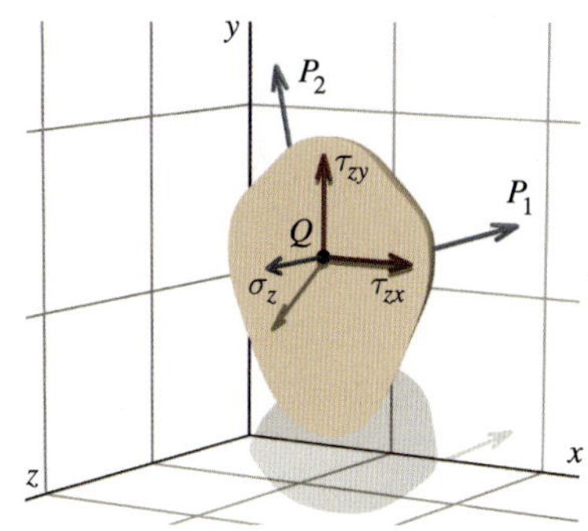


**그림 12.5** • 물체 내의 한 점 $Q$에서의 $z$면에서 작용하는 응력

## 응력 부호규약

법선응력은 $\sigma$로 표시되며 단일의 아래첨자는 응력이 작용하고 있는 면을 가리킨다. 만일 바깥쪽으로 수직한 방향을 가리키면 응력요소의 한 면에서 작용하는 법선응력은 양이다. 다시 말하면, 재료에 대하여 인장을 일으킬 때, 법선응력의 부호는 양이다. 압축법선응력의 부호는 음이다.

전단응력은 $\tau$로 표시하며 두 개의 하첨자를 사용한다. 첫 번째 하첨자는 전단응력이 작용하는 면을 결정하는 것이다. 두 번째 하첨자는 응력이 작용하는 방향을 가리킨다. 예를 들면, $\tau_{xz}$는 $x$면에서 $z$방향으로 작용하는 전단응력이다. 양과 음의 전단응력을 구분하기 위하여 두 가지 사항을 고려한다. (1) 전단응력이 작용하고 있는 응력요소의 면, (2) 응력이 작용하고 있는 방향.

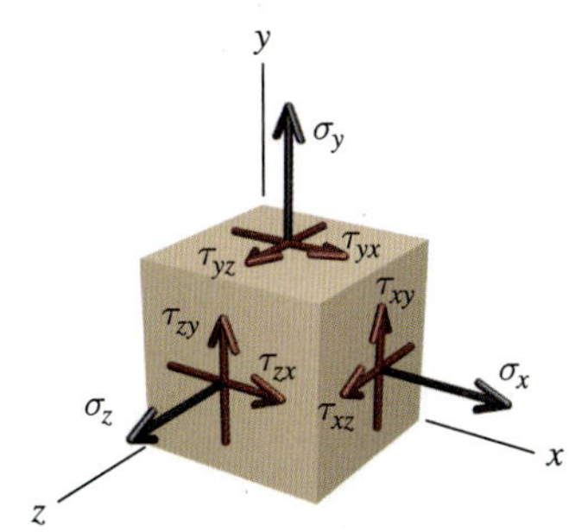


**그림 12.6** • 한 점에서의 응력상태를 표시하는 응력요소

예를 들면, 양의 $x$면에서 양의 $z$방향으로 작용하고 있는 전단응력은 양의 전단응력이다. 마찬가지로, 음의 $y$면에서 음의 $x$방향으로 작용하고 있는 전단응력은 양의 전단응력이다. 그림 12.6에서 응력요소에 있는 응력은 모두 양이다.

전단응력은 다음과 같을 때 양이다.

- 응력요소의 양의 면에서 양의 좌표 방향으로 작용하고 있을 때, 또는
- 응력요소의 음의 면에서 음의 좌표 방향으로 작용하고 있을 때

**MecMovies 12.5**는 응력변환에 관한 용어들에 대한 동영상 토론을 보여준다.

## 12.3 응력요소의 평형

그림 12.7에서의 정사각형은 단순히 그림 12.6의 입방체를 2차원으로 투영한 것임을 기억해야 한다. 다시 말하면, 그림 12.7에서의 미소 입방체의 한 면만을 보고 있는 것이지만 이 응력요소는 여전히 입방체이다.

그림 12.7에서 전단응력과 전단력의 화살표가 응력요소의 면으로부터 약간 떨어져 있는 것같이 보이지만, 전단응력과 전단력은 응력요소의 표면 바로 위에서 작용하고 있음을 이해해야 한다. 응력요소의 면으로부터 화살표를 벗어나게 그린 것은 명확함을 위해서이다.

그림 12.7$a$에서는 너비 $dx$와 높이 $dy$를 가지는 응력요소의 2차원 투영을 보여준다. $x$–$y$면과 직교하는 응력요소의 두께는 $dz$이다. 응력요소는 실제 물체에서의 아주 작은 한 부분을 대표한다. 만일 물체가 평형상태에 있으면 물체의 어떤 부분을 택하여 검증하더라도 평형을 이루어야 하며 이는 아무리 작은 부분에서도라도 마찬가지이다. 결과적으로 응력요소는 반드시 평형상태에 있어야 한다.

평형은 응력이 아니라 힘과 관련이 있다. 그림 12.7$a$에서 응력요소의 평형을 고려하기 위하여 각 면에서 작용하는 응력으로 인한 힘은 각 면에서 작용하는 응력과 면의 면적의 곱으로 계산한다. 이러한 힘들은 요소의 자유물체도에서 고려될 수 있다.

응력요소의 크기는 너무 작기 때문에 응력요소의 반대쪽 면에서 작용하는 법선응력 $\sigma_x$와 $\sigma_y$는 각각 해당하는 짝과 비교하여 크기가 동일하고 동일 선상에 놓여져 있다고 볼 수 있다. 결과적으로 법선응력으로 인한 힘은 상호 간에 상쇄되고, 평형은 병진($\Sigma F = 0$)과 회전($\Sigma M = 0$)에 대하여 성립된다.

이제 응력요소의 $x$와 $y$면에서 작용하는 전단응력을 고려해 보자(그림 12.7$b$). 양의 전단응력 $\tau_{xy}$가 응력요소의 양의 $x$면에서 작용한다고 생각하자. 이 응력에 의하여 $x$면에서 $y$방향으로 작용하는 전단력은 $V_{xy} = \tau_{xy}\,(dy\,dz)$이다(여기서 $dz$는 $x-y$ 평면 응력요소의 두께이다).

$y$방향에서의 평형($\Sigma F_y = 0$)을 이루기 위하여 $-x$면에서 작용하는 전단응력은 반드시 $-y$방향으로 작용해야 한다. 마찬가지로 응력요소의 양의 $y$면에서 작용하는 양의 전단응력 $\tau_{yx}$는 $x$방향의 전단응력[$V_x = \tau_{yx}\,(dx\,dz)$]을 발생시킨다. $x$방향으로의 평형($\Sigma F_x = 0$)을 만족시키기 위하여, $-y$면에서의 전단응력은 반드시 $-x$방향으로 작용해야 한다. 그러므로 그림 12.7에서의 전단응력은 $x$와 $y$방향에서 평형을 만족한다.

전단응력에 의한 모멘트도 마찬가지로 평형을 만족해야 한다. 응력요소의 왼쪽 아래에 위치하고 있는 점 $O$에 대한 모멘트를 고려해 보기로 하자. $-x$면과 $-y$면에서 작용하고 있는 전단응력의 작용선은 점 $O$를 관통하는데, 그러므로 이 힘들은 모멘트를 생성하지 않는다. $+y$면(점 $O$에서 $dy$ 떨어진 거리)에서 작용하는 전단력 $V_{yx}$는 시계방향의 모멘트 $V_{yx}\,dy$

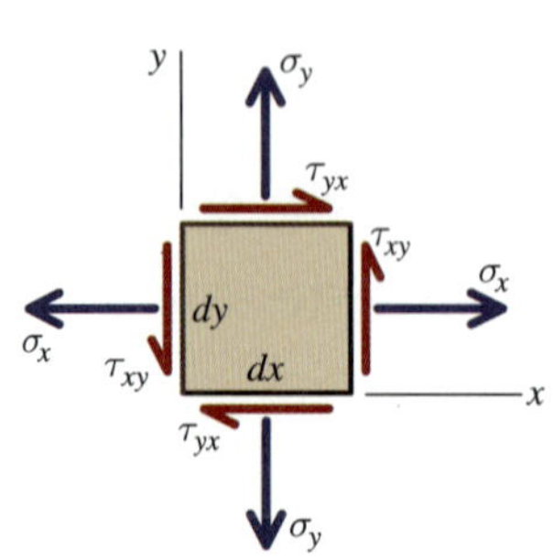

그림 12.7$a$

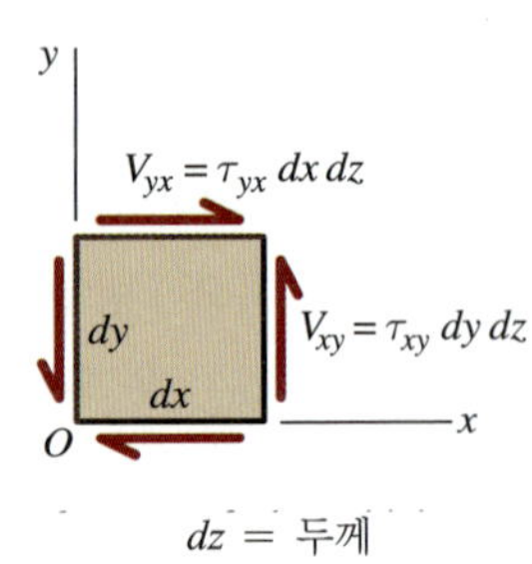

그림 12.7$b$

를 생성한다. $+x$면에서 작용하는 전단력 $V_{xy}$는 반시계방향의 모멘트 $V_{xy}\,dx$를 생성한다. 방정식 $\Sigma M_O = 0$을 적용하면

$$\Sigma M_O = V_{xy}\,dx - V_{yx}\,dy = \tau_{xy}(dy\;dz)\,dx - \tau_{yx}(dx\;dz)\,dy = 0$$

위 식은 다음과 같이 정리된다.

$$\boxed{\tau_{yx} = \tau_{xy}} \tag{12.2}$$

전술한 응력요소에 대한 힘의 평형조건의 적용 결과는 다음과 같은 중요한 사실을 암시한다.

> 한 점의 어떤 면에서 전단응력이 존재한다면, 그 면과 전단응력의 작용 방향에 동시에 직교하는 면(수직하는 면)에서 동일한 크기의 전단응력이 반드시 존재한다.

위의 결론을 통해서, 다음과 같은 결과를 얻는다.

$$\tau_{yx} = \tau_{xy} \qquad \tau_{yz} = \tau_{zy} \qquad \tau_{xz} = \tau_{zx}$$

이번 해석으로부터 응력의 하첨자는 교환 가능하다는 것을 알 수 있으며, 이는 하첨자의 순서는 바꿀 수 있다는 것을 의미한다. 결과적으로 그림 12.6에서의 응력 입방체에서 작용하는 6개의 전단응력 성분 중에서 3개만 독립적이다.

---

*역자주: 이 책에서 한 점에서의 응력요소가 비록 작지만 실제의 물리적 체적($dx\,dy\,dz$)을 가진 것으로 표현되었다. 그림 12.7에서 그 점을 확인할 수 있다. 그러나 한 점에서의 체적요소는 크기가 없다. 다만, 한 점을 표현할 때 일반성을 잃지 않으므로 통상 정사각형 또는 정육면체로 표현한다. 물론 한 점에 대해서도 평형조건이 성립해야 하며, 때로는 정사각형 또는 정육면체로 표현된 응력요소가 가상의 길이, 면적 또는 체적을 가진 것으로 취급되고 있다.

엄밀히 말하면 $dx$와 $dy$의 작은 길이로 정의된 응력요소, 즉 그림 12.7$a$에서 $-x$면의 $\sigma_x$와 $+x$면의 $\sigma_x$는 다르고, $-y$면의 $\tau_{yx}$와 $+y$면의 $\tau_{yx}$는 다르다. 따라서 $\sigma_x$와 $\tau_{yx}$ 간에는 어떤 관계식이 존재한다. 체적력이 $(f_x, f_y)$일 경우, $x$ 방향으로의 평형조건은 다음의 평형방정식을 낳는다.

$$\frac{\partial \sigma_x}{\partial x} + \frac{\partial \tau_{yx}}{\partial y} + f_x = 0$$

마찬가지로 $y$항으로의 평면조건으로부터 $\frac{\partial \tau_{xy}}{\partial x} + \frac{\partial \sigma_y}{\partial y} + f_x = 0$ 가 유도된다. 이 식을 2차원 문제의 평형방정식이라고 한다. 체적력을 $(f_x, f_y, f_z)$을 고려한 3차원 공간에서의 평형방정식은 다음과 같다.

$$\frac{\partial \sigma_x}{\partial x} + \frac{\partial \tau_{yx}}{\partial y} + \frac{\partial \tau_{zx}}{\partial z} + f_x = 0,\quad \frac{\partial \tau_{xy}}{\partial x} + \frac{\partial \sigma_y}{\partial y} + \frac{\partial \tau_{zy}}{\partial z} + f_x = 0,\quad \frac{\partial \tau_{xz}}{\partial x} + \frac{\partial \tau_{yz}}{\partial y} + \frac{\partial \sigma_z}{\partial z} + f_x = 0$$

만약 $dx$와 $dy$를 사용하지 않고 응력요소가 한 점을 나타낸다면, $-x$면에서의 $\sigma_x$, $\tau_{xy}$와 $+x$면에서의 $\sigma_x$와는 $\tau_{xy}$ 각각 작용과 반작용의 법칙에 의하여 같아야 한다. $\sigma_y$와 $\tau_{yx}$도 마찬가지이다. 그리고 모서리 점에서의 모멘트 평형조건으로부터 $\tau_{xy} = \tau_{yx}$가 구해진다. 모서리 점에 대한 모멘트 평형조건을 적용할 때 전술한 가상의 길이 개념을 사용한다. 가상의 길이(면적, 체적)와 미소길이(면적, 체적)는 다른 의미를 갖는다. 다시 말해, 가상의 길이는 점의 크기를 가상적으로 나타낸 것으로 점에 대한 힘의 평형을 서술할 목적으로 도입된 것이다. 전술한 내용에 관해서는 관련 문헌을 참조하기 바란다.

그리고 이 책에서 저자는 식 $\Sigma \vec{F} = 0$, $\Sigma \vec{M}_A = 0$ 등을 평형방정식으로 서술하였으나, 전술한 바와 같이 평형방정식(equation of equilibrium)은 별도로 정의된 전공 용어이고, 대신 $\Sigma \vec{F} = \vec{0}$, $\Sigma \vec{M}_A = \vec{0}$ 등은 힘의 평형조건을 수식화한 것이므로 역서에서는 이를 평형조건식(requirement on equilibrium)으로 번역하였다. 일부의 책에서 이것을 '강체에 관한 평형방정식'으로 표현한 것은 나름대로 타당성이 있다. 그러나 '강체에 관한'이란 말을 삭제했을 때는 엄밀히 말해 뜻이 달라진다.

## 12.4 평면응력

**평면응력**에서의 응력상태에 대하여 공부함으로써 물체 내부의 응력상태에 대한 심오한 통찰을 얻을 수 있다. 평면응력의 경우, 그림 12.6에서 보듯이 응력요소의 두 평행한 면에서의 모든 응력 성분이 0이다. 일반적으로 $z$축(즉, $+z$면과 $-z$면)과 수직한 면에서의 응력이 0인 것으로 간주한다. 즉,

$$\sigma_z = \tau_{zx} = \tau_{zy} = 0$$

그러나 식 (12.2)로부터 평면응력은 또한 다음의 조건을 암시하는데

$$\tau_{xz} = \tau_{yz} = 0$$

그 이유는 전단응력은 대칭이기 때문이다. 그러므로 $\sigma_x$, $\sigma_y$, $\tau_{xy} = \tau_{yx}$ 등의 응력성분만 평면응력 해석에서 나타난다. 이러한 응력상태는 편의상 대개 그림 12.8에서 보는 것과 같은 2차원 그림으로 나타낸다. 그러나 이러한 종류의 그림에서는 비록 2차원 정사각형으로 표시하였지만, 면에 수직한 방향으로 두께를 가진 3차원 입방체를 의미하고 있음을 기억해야 한다.

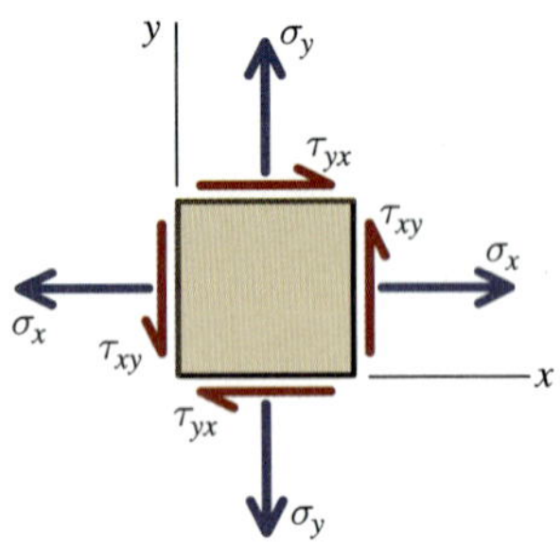


**그림 12.8**

공학 설계에 있어서 많은 구조요소와 기계요소들이 평면응력 상태에 놓여 있다고 간주할 수 있다. 보의 웹과 플렌지 등과 같은 얇은 판재 요소는 일반적으로 평면응력 물체로 취급된다. 평면응력은 또한 구조 요소와 기계 요소의 모든 자유표면에서의 응력상태를 표현하기도 한다.

## 12.5 응력요소의 생성

이 장의 12.6절부터 12.11절까지에 걸쳐 아래에 주어진 내용들을 결정하기 위하여 사용되는 응력의 좌표변환에 관하여 학습한다.

(a) 관심 있는 점을 통과하며 특정한 면에서 작용하는 법선응력 및 전단응력
(b) 관심 있는 점에서 모든 가능한 방향에 대한 최대 법선응력과 최대 전단응력

응력의 좌표변환들을 논의함에 있어서, 물체의 특정한 점에서의 응력상태를 표시하기 위하여 그림 12.8에서의 응력요소를 사용하는 것이 편리하다. 응력요소가 편리한 방법이기는 하지만, 앞 장들에서 공부한 축력이나 굽힘모멘트로 인한 법선응력 또는 축의 비틀림모멘트나 보의 횡 전단으로 인한 전단응력 등의 주제들과 응력요소의 개념을 연결시키는 것이 처음에는 어려울 수 있다. 응력의 좌표변환에 나아가기에 앞서, 해석 기술자들이 어떻게 응력요소에 나타나는 응력들을 결정하는지를 검토하는 것은 많은 도움이 된다. 이 절에서는 한 부재의 단면에서 다수의 내력 또는 모멘트가 작용하고 있는 고체의 구조 또는 기계 요소에 집중하기로 한다. 중첩법은 특정한 지점에서 작용하는 다양한 응력을 취합하는 데 사용되며, 그 결과는 응력요소 상에서 합해진 후에 표시된다.

부재의 단면에서 동시에 작용하는 다수의 힘과 모멘트를 **복합하중**이라고 한다. 복합하중

은 15장에서 좀더 상세하게 다루어질 것이다. 예를 들면, 15장에서는 다수의 외력이 작용하는 구조물과 아울러서 3차원 형상과 하중을 가지는 고체 요소도 고려될 것이다. 그때, 응력의 좌표변환도 해석과 연관시키게 될 것이다. 이번 절의 의도는 단순히 독자들에게 특정한 점에서의 응력상태를 구하는 과정을 소개하는 데 있다. 기하학적으로 단순한 구조 또는 기계 요소와 기본적인 하중을 사용함으로써 응력요소를 완성하는 과정을 보여준다.

## 예제 12.1 EXAMPLE

바깥지름이 $D = 114$ mm이고 안지름이 $d = 102$ mm인 수직 관 기둥이 그림과 같이 하중을 지지하고 있다. 점 $H$에서의 법선응력과 전단응력을 결정하고 이를 응력요소에 표시하라.

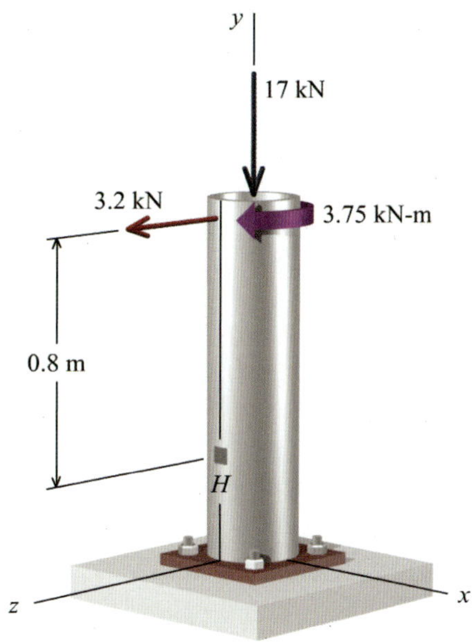


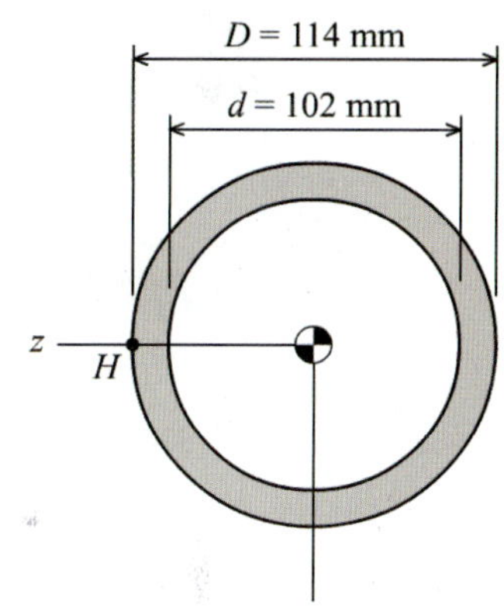


기둥의 단면 치수

### 풀이 계획

관 기둥의 단면특성치들이 계산되어야 한다. 작용하고 있는 각 하중을 차례대로 고려한다. 점 $H$에서 생성된 법선응력과 전단응력이 각각 계산된다. 응력의 크기와 방향이 계산되어야 하며 이는 응력요소의 적합한 면에 표시된다. 중첩의 원리를 사용하여 응력을 적절히 결합하고, 응력상태를 응력요소에 간결하게 표시한다.

### 풀이

**단면특성치**

관의 바깥지름은 $D = 114$ mm이며, 안지름은 $d = 102$ mm이다. 단면에 대한 면적, 단면2차관성모멘트, 단면극관성모멘트는

$$A = \frac{\pi}{4}[D^2 - d^2] = \frac{\pi}{4}[(114\text{ mm})^2 - (102\text{ mm})^2] = 2{,}035.752\text{ mm}^2$$

$$I = \frac{\pi}{64}[D^4 - d^4] = \frac{\pi}{64}[(114\text{ mm})^4 - (102\text{ mm})^4] = 2{,}977{,}287\text{ mm}^4$$

$$J = \frac{\pi}{32}[D^4 - d^4] = \frac{\pi}{32}[(114\text{ mm})^4 - (102\text{ mm})^4] = 5{,}954{,}575\text{ mm}^4$$

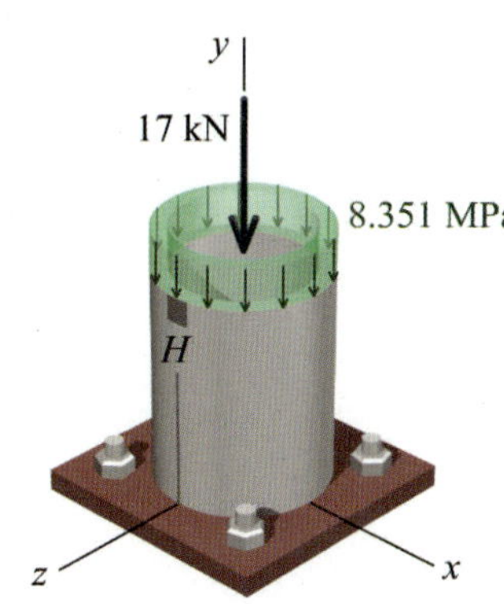


**점 $H$에서의 응력**

관심 있는 단면에 작용하고 있는 축력, 전단력, 비틀림모멘트, 굽힘모멘트는 점 $H$에 작용하는 응력의 형식, 크기, 방향 등을 결정하기 위하여 순서대로 고려된다.

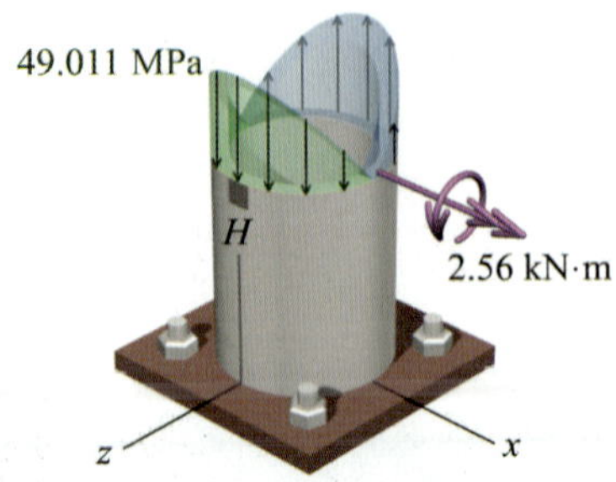


17 kN의 축력은 $y$방향으로 작용하는 압축의 법선응력을 발생시킨다.

$$\sigma_y = \frac{F_y}{A} = \frac{17{,}000\ \text{N}}{2{,}035.752\ \text{mm}^2} = 8.351\ \text{MPa (C)}$$

양의 $z$방향으로 작용하는 3.2 kN의 힘은 관의 단면 전체에서 전단력을 유발하며, 이는 전단응력(즉, $\tau = VQ/It$)을 생성시킨다. 그러나 이 전단응력의 크기는 점 $H$에서 0이 된다.

양의 $z$방향으로 작용하는 3.2 kN의 힘은 또한 점 $H$가 위치하고 있는 부분에서 굽힘모멘트를 유발시킨다. 굽힘모멘트의 크기는

$$M_x = (3.2\ \text{kN})(0.8\ \text{m}) = 2.56\ \text{kN·m}$$

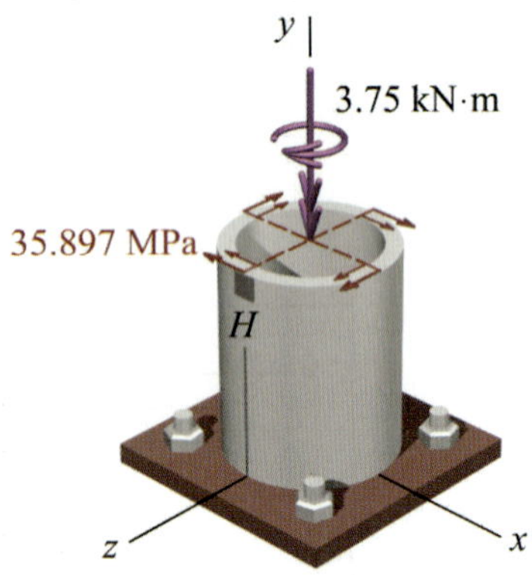


살펴보면, $x$축에 대한 굽힘모멘트가 점 $H$에서 응력요소의 수평 표면에 작용하는 압축응력을 유발시킨다.

$$\begin{aligned}\sigma_y &= \frac{M_x c}{I_x} \\ &= \frac{(2.56\ \text{kN·m})(57\ \text{mm})(1{,}000\ \text{mm/m})(1{,}000\ \text{N/kN})}{2{,}977{,}287\ \text{mm}^4} \\ &= 49.011\ \text{MPa (C)}\end{aligned}$$

$y$축에 대하여 작용하는 3.75 kN·m의 토크는 $H$에서 전단응력을 야기시킨다. 이 전단응력의 크기는 탄성비틀림 공식에 의하여 계산될 수 있다.

$$\begin{aligned}\tau &= \frac{Tc}{J} \\ &= \frac{(3.75\ \text{kN·m})(57\ \text{mm})(1{,}000\ \text{mm/m})(1{,}000\ \text{N/kN})}{5{,}954{,}575\ \text{mm}^4} \\ &= 35.897\ \text{MPa}\end{aligned}$$

### $H$에서의 복합응력

점 $H$에서 작용하는 법선응력과 전단응력을 응력요소에 요약하여 나타낼 수 있다. 점 $H$에서 비틀림 전단응력은 응력요소의 $+y$ 면에서 $-x$방향으로 작용한다. 하나의 면에 대하여 적절한 전단응력 방향이 결정되면, 나머지 세 면에 대한 전단응력의 방향도 결정된다.

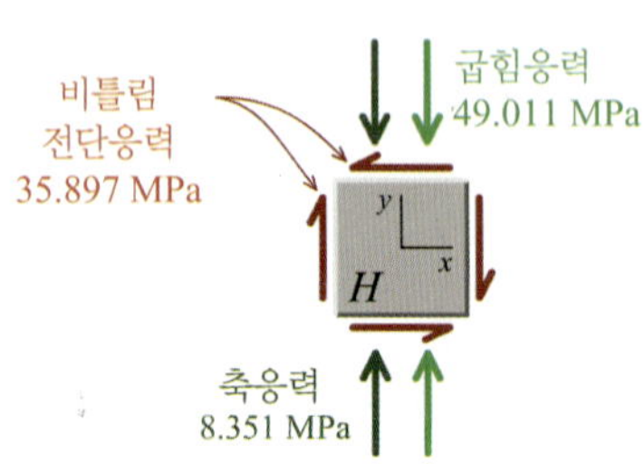


**점 $H$에서 작용하는 복합 응력**

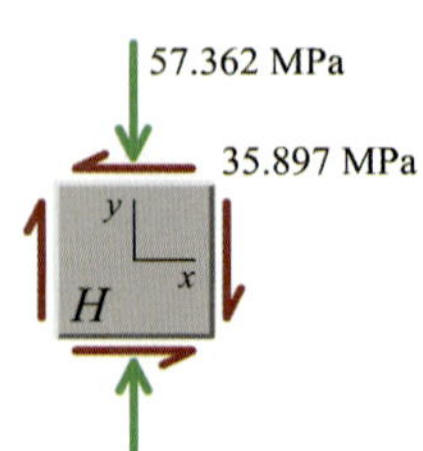


**점 $H$에서 작용하는 응력의 총합**

# PROBLEMS

**P12.1** A 25-mm-diameter solid shaft is subjected to both a torque of $T = 150$ N-m and an axial tension load of $P = 13$ kN as shown in Figure P12.1. Determine the normal and shear stresses at point $H$ and show them on a stress element.

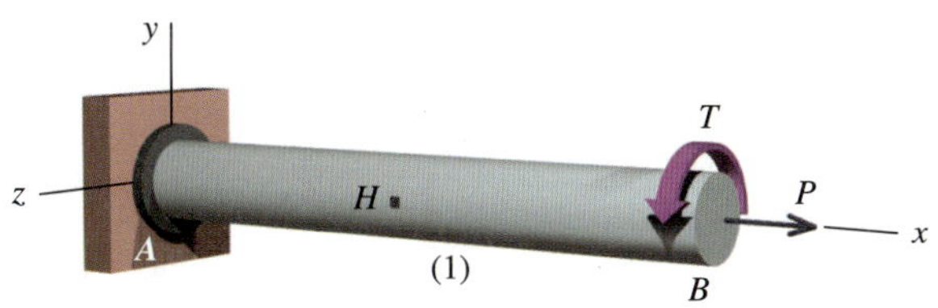


**FIGURE P12.1**

**P12.2** A hollow shaft with an outside diameter of 142 mm and an inside diameter of 128 mm is subjected to both a torque of $T = 7$ kN-m and an axial tension load of $P = 90$ kN as shown in Figure P12.2. Determine the normal and shear stresses at point $H$ and show them on a stress element.

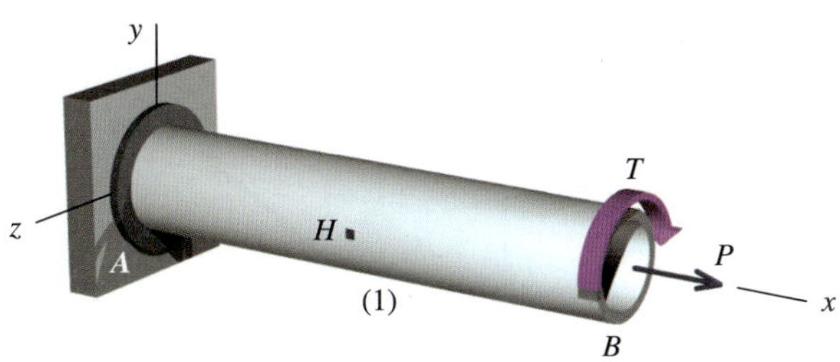


**FIGURE P12.2**

**P12.3** A solid compound shaft consists of segment (1), which has a diameter of 1.5 in., and segment (2), which has a diameter of 1.0 in. The shaft is subjected to an axial compression load of $P = 7$ kips and torques $T_B = 5$ kip-in. and $T_C = 1.5$ kip-in., which act in the directions shown in Figure P12.3/4. Determine the normal and shear stresses at:

(a) point $H$.
(b) point $K$.

For each point, show the stresses on a stress element.

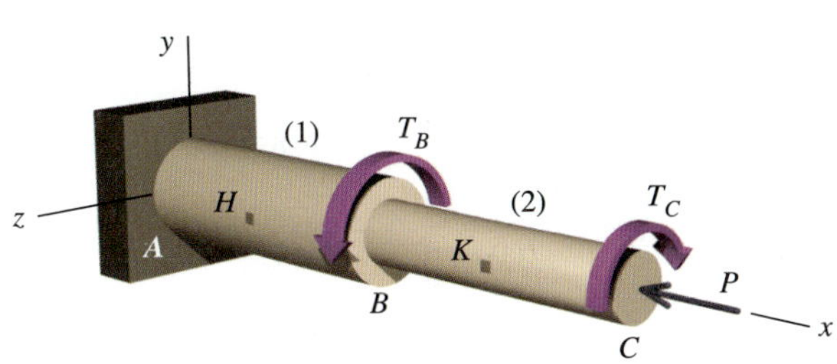


**FIGURE P12.3/4**

**P12.4** A solid compound shaft consists of segment (1), which has a diameter of 40 mm, and segment (2), which has a diameter of 25 mm. The shaft is subjected to an axial compression load of $P = 22$ kN and torques $T_B = 725$ N-m and $T_C = 175$ N-m, which act in the directions shown in Figure P12.3/4. Determine the normal and shear stresses at:

(a) point $H$.
(b) point $K$.

For each point, show the stresses on a stress element.

**P12.5** A tee-shaped flexural member (Figure P12.5$b$) is subjected to an internal axial force of 2,200 lb, an internal shear force of 1,600 lb, and an internal bending moment of 4,000 lb-ft as shown in Figure P12.5$a$. Determine the normal and shear stresses at point $H$, which is located 1.5 in. below the top surface of the tee shape. Show these stresses on a stress element.

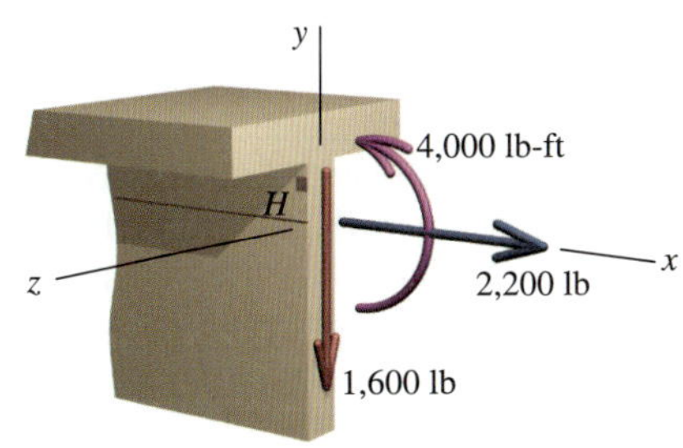


**FIGURE P12.5$a$**

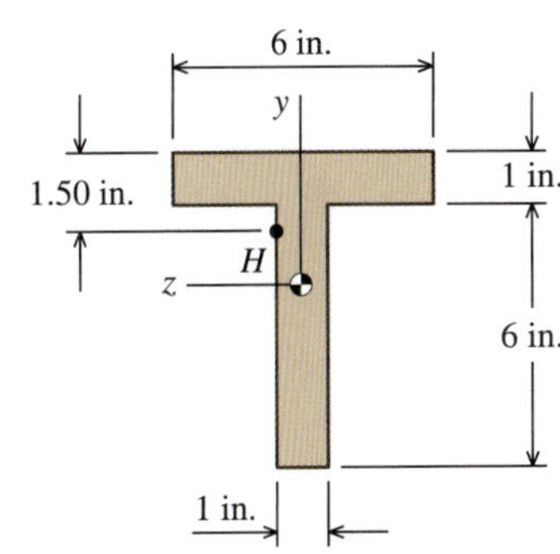


**FIGURE P12.5$b$**

**P12.6** A flanged-shaped flexural member is subjected to an internal axial force of 12.7 kN, an internal shear force of 9.4 kN, and an internal bending moment of 1.6 kN-m as shown in Figure P12.6$a$. Determine the normal and shear stresses at points $H$ and $K$ as shown in Figure P12.6$b$. For each point, show these stresses on a stress element.

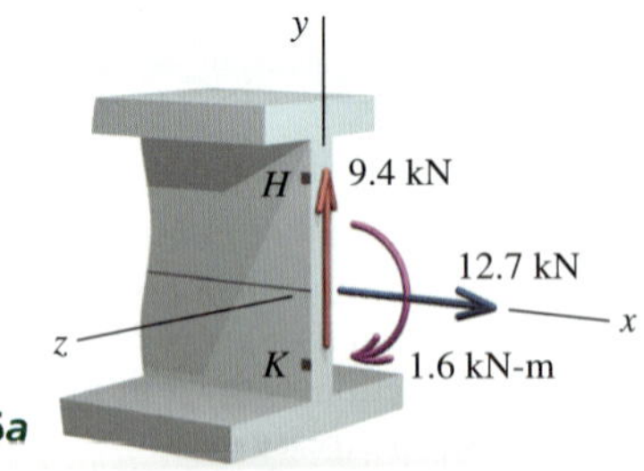


FIGURE P12.6*a*

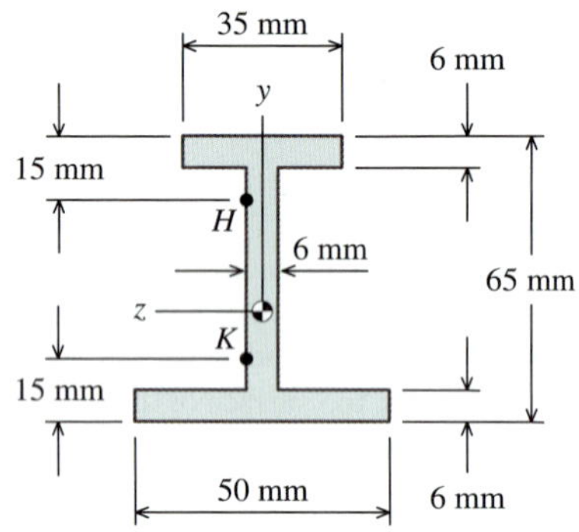


FIGURE P12.6*b*

**P12.7** A flanged-shaped flexural member is subjected to an internal axial force of 6,300 lb, an internal shear force of 8,500 lb, and an internal bending moment of 18,200 lb-ft as shown in Figure P12.7*a*. Determine the normal and shear stresses at points *H* and *K* as shown in Figure P12.7*b*. Show these stresses on a stress element for each point.

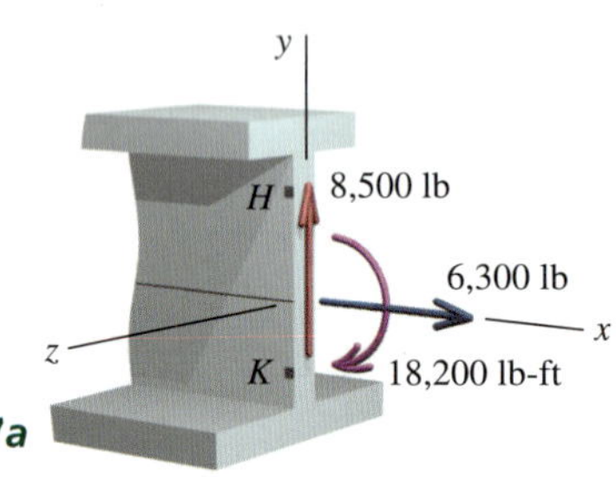


FIGURE P12.7*a*

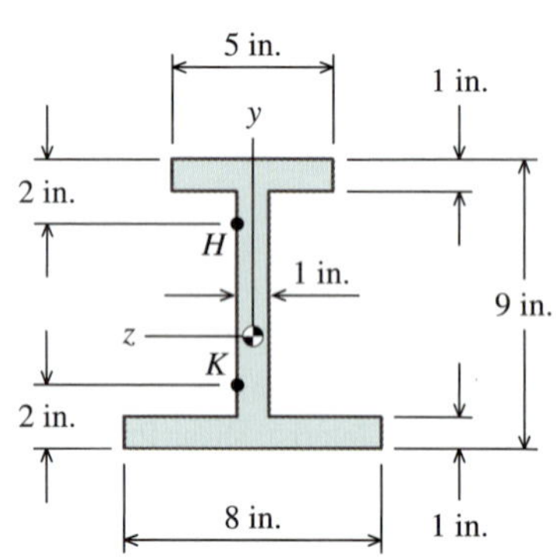


FIGURE P12.7*b*

**P12.8** A hollow structural steel flexural member is subjected to the load shown in Figure P12.8*a*. Determine the normal and shear stresses at points *H* and *K* as shown in Figure P12.8*b*. Show these stresses on a stress element for each point.

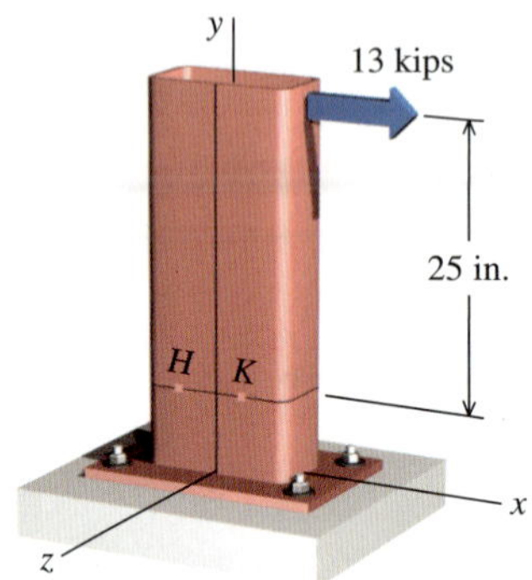


FIGURE P12.8*a*

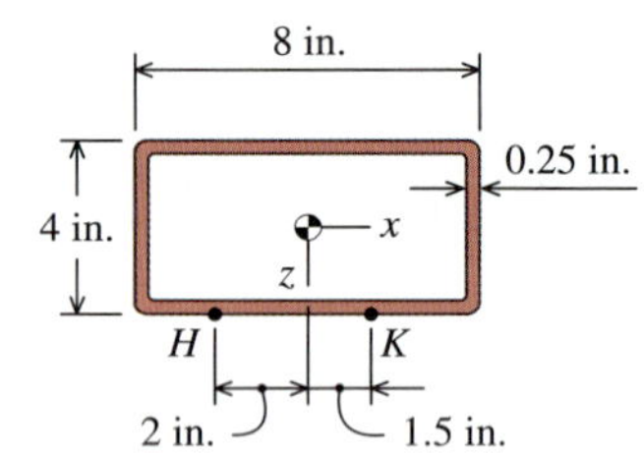


FIGURE P12.8*b*

**P12.9** A machine component is subjected to a load of 4,700 N. Determine the normal and shear stresses acting at point *H* as shown in Figures P12.9*a* and P12.9*b*. Show these stresses on a stress element.

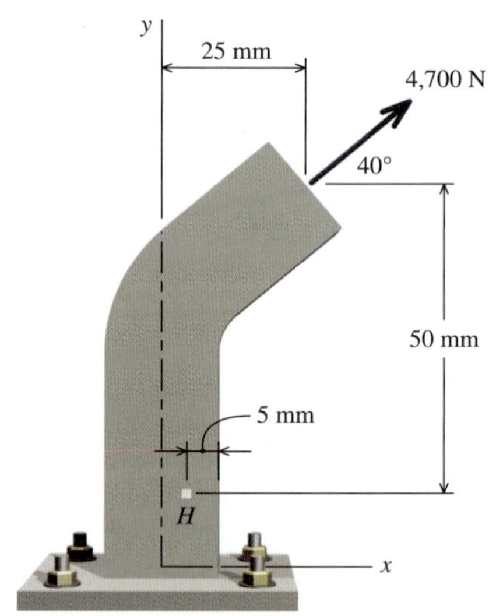


FIGURE P12.9*a*

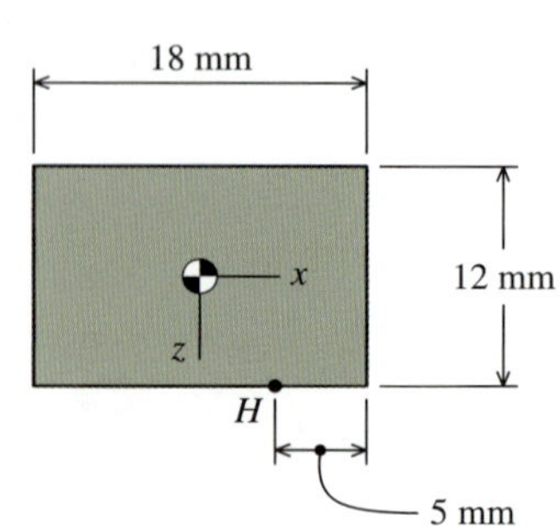


FIGURE P12.9*b* Cross section at point *H*.

**P12.10** A load of 6,100 N acts on the machine part shown in Figure P12.10*a*. The machine part has a uniform thickness of 15 mm (i.e., 15-mm thickness in the *z* direction). Determine the normal and shear stresses acting at points *H* and *K*, which are shown in detail in Figure P12.10*b*. For each point, show these stresses on a stress element.

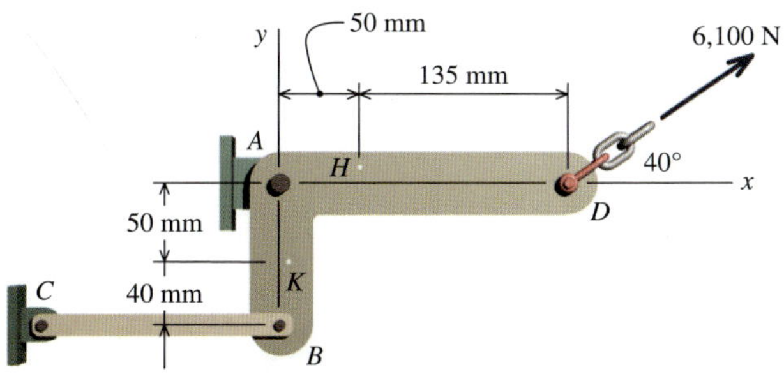


**FIGURE P12.10*a***

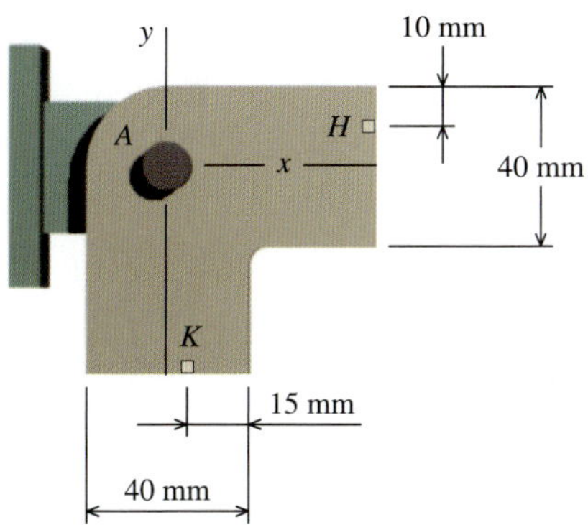


**FIGURE P12.10*b*** Detail at pin *A*.

**P12.11** A load of 2,700 N acts on the machine part shown in Figure P12.11*a*. The machine part has a uniform thickness of 12 mm (i.e., 12-mm thickness in the *z* direction). Determine the normal and shear stresses acting at points *H* and *K*, which are shown in detail in Figure P12.11*b*. For each point, show these stresses on a stress element.

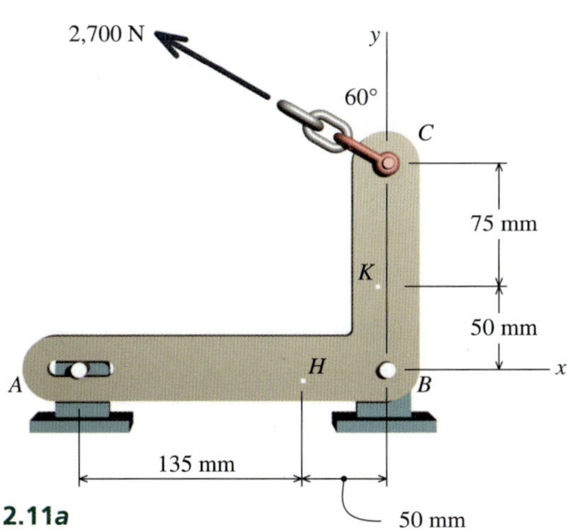


**FIGURE P12.11*a***

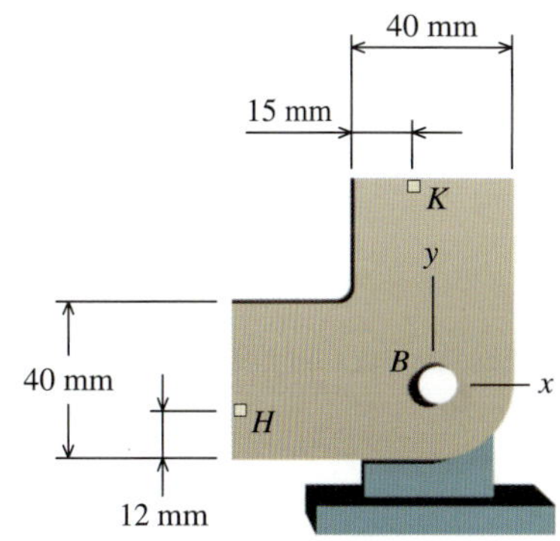


**FIGURE P12.11*b*** Detail at pin *B*.

**P12.12** A 2.5-in.-diameter solid aluminum post is subjected to a horizontal force of $V = 6$ kips, a vertical force of $P = 15$ kips, and a concentrated torque of $T = 22$ kip-in., acting in the directions shown in Figure P12.12/13. Assume $L = 4.5$ in. Determine the normal and shear stresses at:

(a) point *H*.
(b) point *K*.

For each point, show these stresses on a stress element.

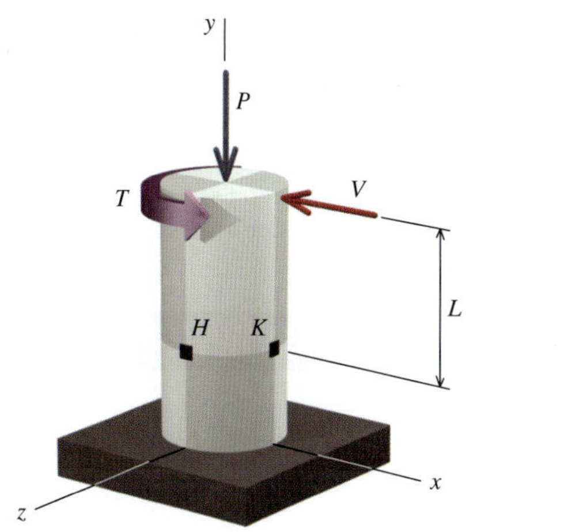


**FIGURE P12.12/13**

**P12.13** A 60-mm-diameter solid aluminum post is subjected to a horizontal force of $V = 25$ kN, a vertical force of $P = 70$ kN, and a concentrated torque of $T = 3.25$ kN-m, acting in the directions shown in Figure P12.12/13. Assume $L = 90$ mm. Determine the normal and shear stresses at:

(a) point *H*.
(b) point *K*.

For each point, show these stresses on a stress element.

**P12.14** A 1.25-in.-diameter solid shaft is subjected to an axial force of $P = 520$ lb, a horizontal shear force of $V = 275$ lb, and a concentrated torque of $T = 880$ lb-in., acting in the directions shown in Figure P12.14/15. Assume $L = 7.0$ in. Determine the normal and shear stresses at:

(a) point *H*.
(b) point *K*.

For each point, show these stresses on a stress element.

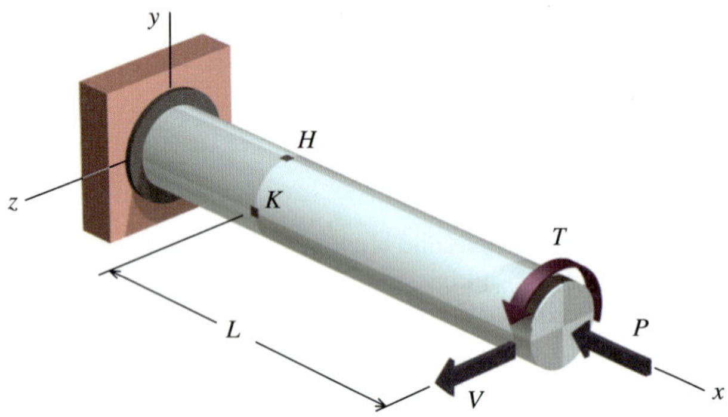


**FIGURE P12.14/15**

**P12.15** A 30-mm-diameter solid shaft is subjected to an axial force of $P = 4{,}000$ N, a horizontal shear force of $V = 2{,}200$ N, and a concentrated torque of $T = 100$ N-m, acting in the directions shown in Figure P12.14/15. Assume $L = 125$ mm. Determine the normal and shear stresses at:

(a) point *H*.
(b) point *K*.

For each point, show these stresses on a stress element.

**P12.16** A steel pipe with an outside diameter of 114 mm and an inside diameter of 102 mm supports the loadings shown in Figure P12.16. Determine the normal and shear stresses at:

(a) point *H*.
(b) point *K*.

For each point, show these stresses on a stress element.

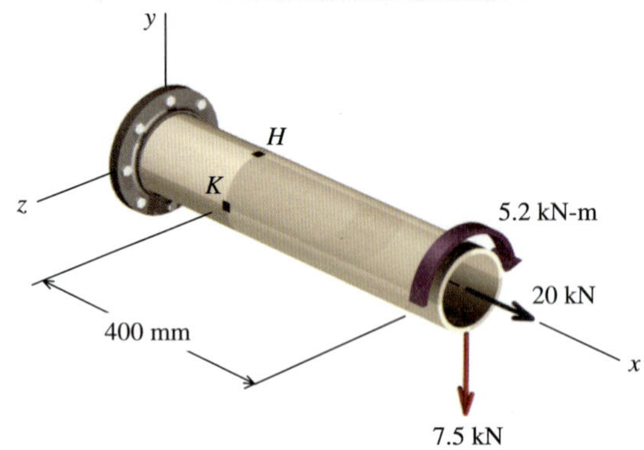


**FIGURE P12.16**

## 12.6 평면응력의 좌표변환을 위한 평형법

1.5절과 12.2절에서 학습한 바와 같이 응력은 벡터량이 아니다. 응력은 응력이 작용하고 있는 평면의 방향에 의존한다. 12.2절에서 보는 바와 같이 평면응력 조건 하에 있는 재료의 한 점에서의 응력상태는 $x$–$y$ 좌표 축에 대하여 정의된 두 개의 직교하는 평면 $x$와 $y$평면에서 작용하는 3개의 응력 성분—$\sigma_x$, $\sigma_y$, $\tau_{xy}$—에 의하여 완전하게 결정된다. 한 점에서의 동일한 응력상태는 $x$와 $y$평면에 대하여 회전된 다른 종류의 직교하는 평면 $n$과 $t$에서 작용하는 응력—$\sigma_n$, $\sigma_t$, $\tau_{nt}$—에 의하여 표현될 수 있다. 다시 말하면, 한 점에서는 오직 하나의 유일한 응력상태가 존재하나, 응력상태는 다르게 표현될 수 있으며 그것은 사용되는 축들의 방향에 따라 달라진다. 하나의 좌표축으로부터 다른 좌표축으로의 응력의 변환 과정을 응력의 좌표변환이라고 한다.

어떤 면에서는 응력의 좌표변환의 개념은 벡터의 합과 유사하다. $x$와 $y$축과 각각 평행한 방향을 가지는 두 힘의 성분 $F_x$, $F_y$가 있다고 가정하자(그림 12.9). 두 벡터의 합은 합력 $F_R$이다. $n$–$t$ 좌표계에서 정의된 두 개의 다른 힘의 성분 $F_n$과 $F_t$의 합도 합력 $F_R$이 되도록 할 수 있다. 다시 말하면, 합력 $F_R$은 $x$–$y$ 좌표계에서의 $F_x$와 $F_y$ 성분의 합 또는 $n$–$t$ 좌표계에서의 성분 $F_n$과 $F_t$의 합으로 표시할 수 있다. 두 좌표계에서의 성분은 다르지만 두 경우 모두 성분의 조합은 동일한 합력을 표현한다.

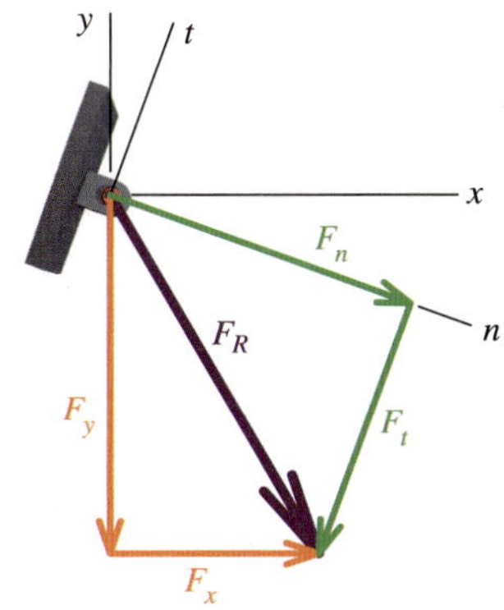

그림 12.9

이러한 벡터 합의 예시로부터 하나의 좌표계(즉, $x$–$y$ 좌표계)로부터 회전된 $n$–$t$ 좌표계로 힘을 변환할 때는 반드시 각 힘의 성분에 대한 크기와 방향을 고려해 주어야만 한다. 그러나 응력 성분의 변환은 벡터의 합보다 더 복잡하다. 응력의 좌표변환에서는 각 응력성분의 크기와 방향뿐만 아니라 응력성분이 작용하는 면의 방향도 고려해야 한다.

응력의 좌표변환에 대한 보다 일반적인 접근은 12.7절에서 다루어질 것이지만, 그에 앞서 임의의 평면에서 작용하는 법선응력 및 전단응력을 결정하기 위하여 힘의 평형을 고려하는 방법을 사용하는 것이 교육적인 도움이 된다. 여기서 사용된 해법은 1.5절에서 축 부재, 즉 봉재의 기울어진 단면에 대한 응력을 구하는 데 사용한 것과 유사하다. 다음 예들은 평면 응력 상태에서 이 방법의 적용을 보여준다.

## 예제 12.2 EXAMPLE

기계 부품의 주어진 한 점에서 다음과 같이 응력이 결정되었다. 수직평면에 인장응력 150 MPa, 수평평면에서 압축응력 30 MPa, 전단응력은 0. 수직과 수평의 경사비가 3 대 4인 평면에 있는 한 점에서의 응력을 구하라.

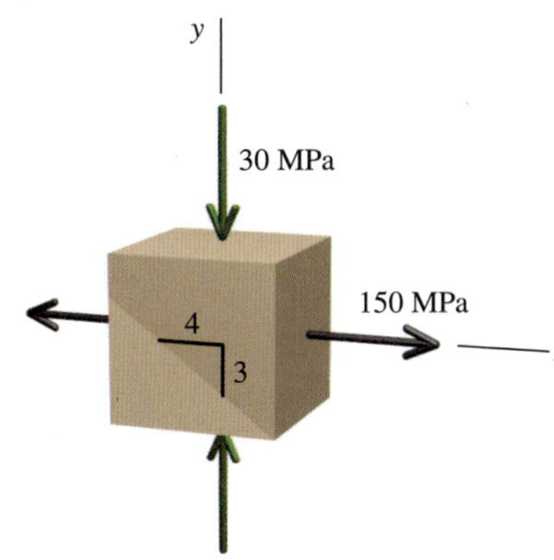


**풀이 계획**

응력요소의 쐐기 모양 부분에 대한 자유물체도를 고려한다. 수직면과 수평면에서 작용하는 힘들을 주어진 응력과 쐐기 면의 면적으로부터 계산한다. 응력요소의 쐐기 모양의 일부분에 대한 힘의 평형조건이 성립되어야 하므로 경사면에서의 법선응력및 전단응력이 결정될 수 있다.

**풀이**

응력요소에서 쐐기 모양의 일부분에 대한 자유물체도를 그린다. 3:4의 기울기를 갖는 경사면에서 수직면과 경사면이 이루는 각도는 53.13°이다. 경사면의 면적을 $dA$라고 놓는다. 따라서 수직면의 면적은 $dA\cos 53.13°$이며, 수평면의 면적은 $dA\sin 53.13°$로 표시할 수 있다. 이들 면적에 작용하는 힘은 주어진 응력과 면적을 곱함으로써 얻을 수 있다.

쐐기의 수직면과 수평면에서 작용하는 힘들은 $n$방향(즉, 경사면에 수직인 방향)과 $t$방향(즉, 경사면과 접선 또는 평행한 방향)의 성분으로 분해될 수 있다.

경사면에 수직한 방향으로의 힘의 평형조건을 이러한 힘의 성분을 사용하여 정리하면

$$\begin{aligned}\Sigma F_n &= \sigma_n\,dA + (30\text{ MPa})(dA\sin 53.13°)\sin 53.13° \\ &\quad - (150\text{ MPa})(dA\cos 53.13°)\cos 53.13° = 0\end{aligned}$$

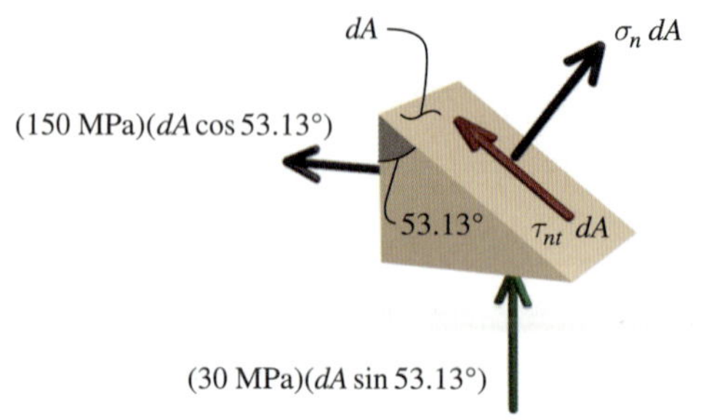


면적 $dA$는 모든 항에 포함되어 있다. 결과적으로 그것은 방정식에서 삭제된다. 이 평형조건식으로부터 $n$방향의 법선응력은

$$\sigma_n = 34.80 \text{ MPa (T)}$$ **Ans.**

$t$방향으로의 힘의 평형조건으로부터

$$\Sigma F_t = \tau_{nt}\,dA + (30 \text{ MPa})(dA \sin 53.13°)\cos 53.13° + (150 \text{ MPa})(dA \cos 53.13°)\sin 53.13° = 0$$

그러므로 쐐기의 $n$면에서 $t$방향으로 작용하는 전단응력은

$$\tau_{nt} = -86.4 \text{ MPa}$$ **Ans.**

음의 부호는 전단응력이 실제로는 양의 $n$면에서 음의 $t$방향으로 작용하고 있는 것을 의미한다. 법선응력은 인장이나 압축으로 명시되어야 한다는 점에 유의해야 한다. 만약 수평면과 수직면에서 전단응력이 조금이라도 존재했었다면, 이것은 자유물체도에서 단순히 두 개의 힘을 더 요구한 것에 불과했을 것이다. 하나는 수직면과 평행한 것이고 하나는 수평면과 평행한 것이다. 그러나 전단응력의 크기는 두 개의 직교 평면에서 동일해야 함에 유의해야 한다.

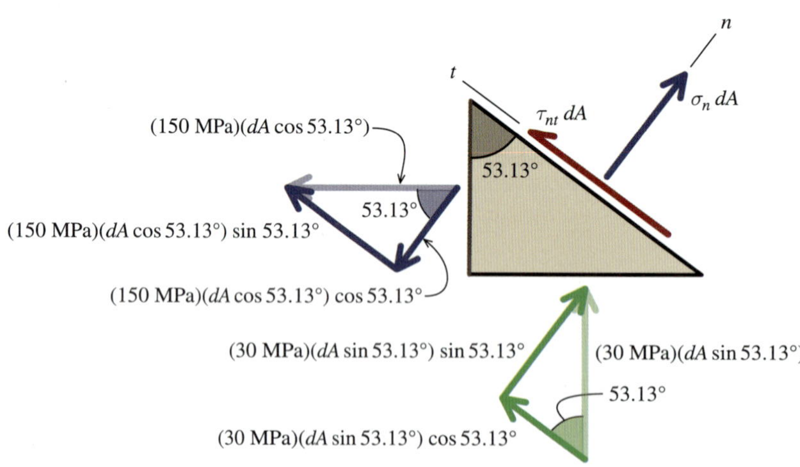

## PROBLEMS

**P12.17–P12.24** The stresses shown in Figures P12.17– P12.24 act at a point in a stressed body. Using the equilibrium equation approach, determine the normal and shear stresses at this point on the inclined plane shown.

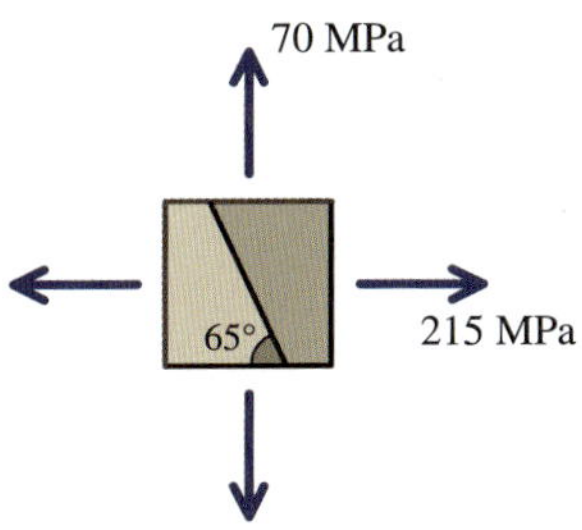


**FIGURE P12.17**

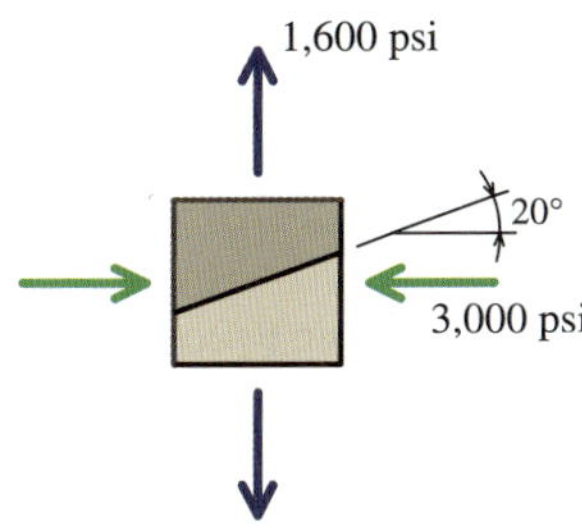


**FIGURE P12.18**

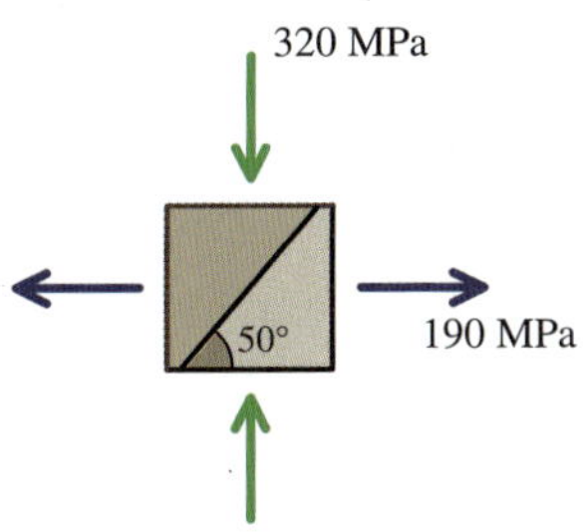


**FIGURE P12.19**

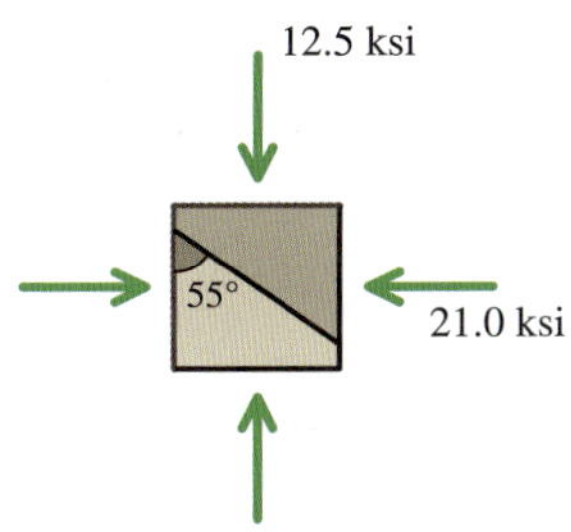


**FIGURE P12.20**

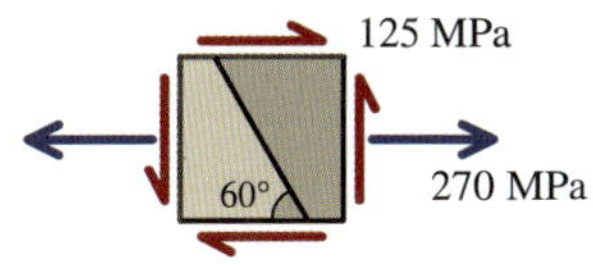


**FIGURE P12.21**

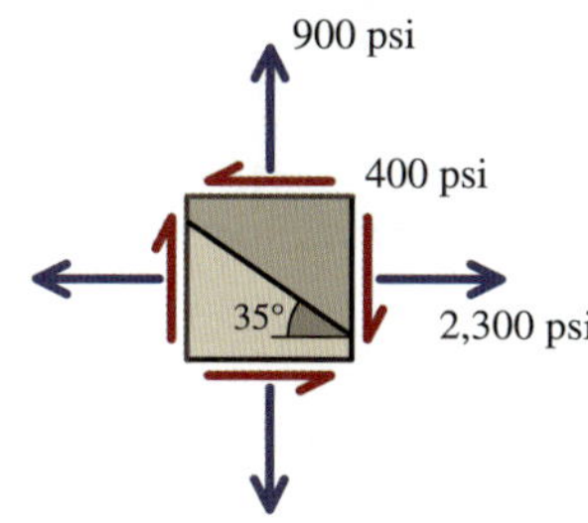


**FIGURE P12.22**

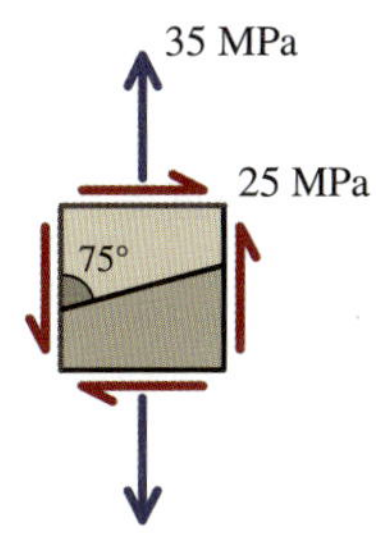


**FIGURE P12.23**

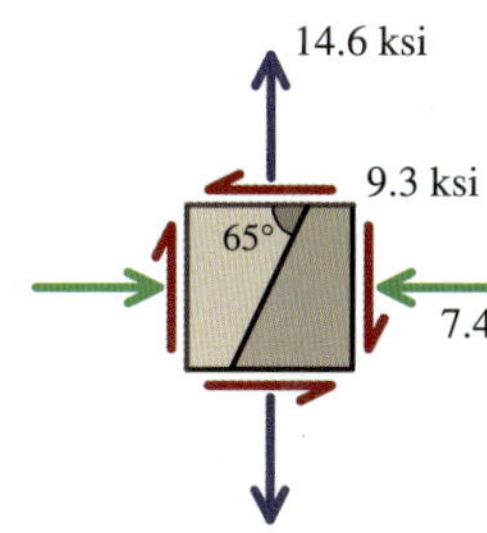


**FIGURE P12.24**

## 12.7 평면응력의 좌표변환의 일반식

성공적인 설계를 위해서 공학자들은 물체에서 관심 있는 모든 점에서의 중요 응력을 결정할 수 있어야만 한다. 축 부재, 비틀림 부재, 그리고 보에 대하여 개발된 고체역학적 이론을 사용하여 특정한 좌표계(예를 들면, $x$–$y$ 좌표계)를 기준으로 하여 물체의 한 점에서의 법선응력과 전단응력이 계산될 수 있다. 그러나 이러한 좌표계는 구조 또는 기계 요소에서 사용된 재료를 위한 불가피한 또는 태생적 중요성을 갖지는 않는다. 재료의 파손은 물체에 작용하는 최대 응력에 대한 반응으로 발생하며, 그 응력이 작용하는 방향과는 상관이 없다. 예를 들면, 설계자는 광폭플랜지 보의 웨브에서의 한 점에서 계산된 수평 굽힘응력이 그 점에서 최대 법선응력이 되는 것에 대한 확신이 없다. 물체의 한 점에서의 중요 응력을 알기 위해서는 모든 가능한 방향으로 작용하는 응력을 검사할 수 있는 방법이 개발되어야 한다.

**MecMovies 12.1**에서는 응력변환에 대한 필요성에 대한 애니메이션 예제를 보여준다.

그림 12.10$a$에서 보는 것과 같이 응력 $\sigma_x$, $\sigma_y$, $\tau_{xy} = \tau_{yx}$가 가해지고 있는 평면응력요소에 의해서 표현되고 있는 응력상태를 고려하자. 응력요소란 단순히 물체 내(예를 들어, 축이나 보)의 관심 있는 한 점에서의 응력상태를 표시해 주는 편리한 그림도구라는 것을 기억하라. 모든 방향에서 적용 가능한 식을 유도하기 위하여 먼저 $x$축과 $\theta$의 각도를 이루는 평면

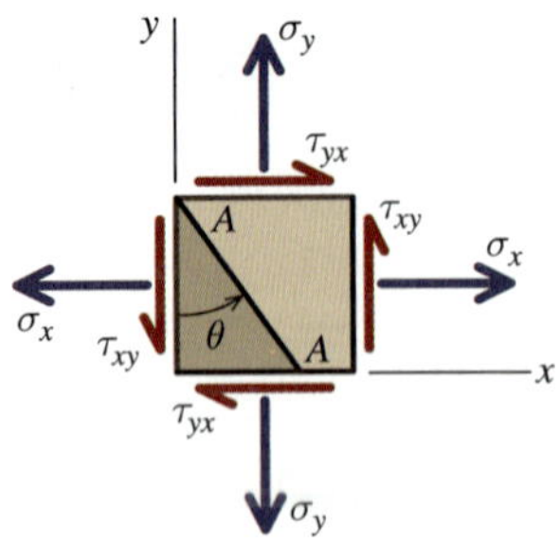


**그림 12.10*a***

$A$–$A$를 정의한다. $n$축은 면 $A$–$A$와 수직하다. 면 $A$–$A$와 평행인 축은 $t$축으로 놓는다. $z$축은 응력요소에 수직한 축으로 오른손법칙에 따른다. 이제 응력요소의 $x$면과 $y$면에 작용하는 응력 $\sigma_x$, $\sigma_y$, $\tau_{xy} = \tau_{yx}$가 주어지면, 응력요소의 $n$면인 면 $A$–$A$에 작용하는 법선응력과 전단응력을 결정하게 된다. 하나의 좌표계(즉, $x-y-z$)로부터 다른 좌표계(즉, $n-t-z$)로 응력을 바꾸는 이러한 과정을 응력의 좌표변환이라고 한다.

그림 12.10$b$는 경사면(평면 $A$–$A$)의 면적이 $dA$이고, 수직면(즉, $x$면)의 면적이 $dA\cos\theta$이며, 수평면(즉, $y$면)의 면적이 $dA\sin\theta$인 쐐기 모양의 요소에 대한 자유물체도이다. $n$방향으로의 힘의 평형조건은 다음과 같다.

$$\begin{aligned}\Sigma F_n = \sigma_n dA - \tau_{yx}(dA\sin\theta)\cos\theta - \tau_{xy}(dA\cos\theta)\sin\theta \\ - \sigma_x(dA\cos\theta)\cos\theta - \sigma_y(dA\sin\theta)\sin\theta = 0\end{aligned}$$

$\tau_{xy} = \tau_{yx}$이므로 이 식은 쐐기 요소의 $n$면에 작용하는 법선응력에 대한 다음의 식으로 표현된다.

$$\sigma_n = \sigma_x\cos^2\theta + \sigma_y\sin^2\theta + 2\tau_{xy}\sin\theta\cos\theta \tag{12.3}$$

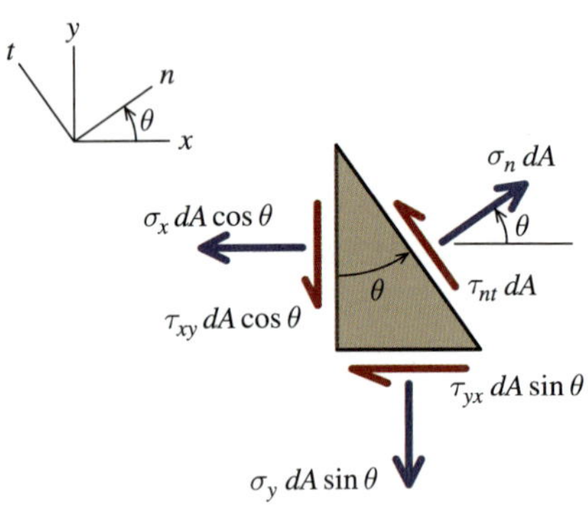


**그림 12.10*b***

그림 12.10$b$의 자유물체도로에서 $t$방향으로의 힘의 평형조건은 다음과 같다.

$$\begin{aligned}\Sigma F_t = \tau_{nt} dA - \tau_{xy}(dA\cos\theta)\cos\theta + \tau_{yx}(dA\sin\theta)\sin\theta \\ + \sigma_x(dA\cos\theta)\sin\theta - \sigma_y(dA\sin\theta)\cos\theta = 0\end{aligned}$$

$\tau_{xy} = \tau_{yx}$이므로 위의 식은 쐐기 요소의 $n$면에 $t$방향으로 작용하는 전단응력에 대한 다음과 같은 식으로 표현된다.

$$\tau_{nt} = -(\sigma_x - \sigma_y)\sin\theta\cos\theta + \tau_{xy}(\cos^2\theta - \sin^2\theta) \tag{12.4}$$

위의 두 식은 다음의 삼각함수 2배각 공식을 적용함으로써 동일한 형태로 쓸 수 있다.

$$\cos^2\theta = \frac{1}{2}(1 + \cos 2\theta)$$

$$\sin^2\theta = \frac{1}{2}(1 - \cos 2\theta)$$

$$2\sin\theta\cos\theta = \sin 2\theta$$

2배각 공식을 사용하여, 식 (12.3)은 다음과 같이 쓸 수 있다.

$$\sigma_n = \frac{\sigma_x + \sigma_y}{2} + \frac{\sigma_x - \sigma_y}{2}\cos 2\theta + \tau_{xy}\sin 2\theta \tag{12.5}$$

그리고 식 (12.4)는

$$\tau_{nt} = -\frac{\sigma_x - \sigma_y}{2}\sin 2\theta + \tau_{xy}\cos 2\theta \tag{12.6}$$

**MecMovies 12.6**에서는 평면응력 변환 방정식의 유도에 대한 애니메이션을 보여준다.

식 (12.3), 식 (12.4), 식 (12.5), 식 (12.6) 등을 **평면응력의 좌표변환 식**이라고 한다. 이 식들은 다음의 (a)와 (b)의 조건을 만족하는 외향법선벡터에 의해 정의된 임의의 평면에 작용하는 법선응력과 전단응력을 결정하는 수단을 제공한다.

(a) $z$축(즉, 응력요소에 수직한 축)에 직교한다.
(b) 기준좌표계의 $x$축과 $\theta$의 각을 이루는 방향을 향한다.

좌표변환 식은 평형조건만을 고려하여 유도되었기 때문에, 이 식은 재료의 선형 또는 비선형, 탄성 또는 비탄성에 상관없이 어떠한 종류의 재료에도 적용될 수 있다.

## 응력의 불변성

그림 12.11의 응력요소의 $n$면에 작용하는 법선응력은 식 (12.5)로부터 결정될 수 있다. $t$면에 작용하는 법선응력도 식 (12.5)에서 $\theta$ 대신으로 $\theta + 90°$를 대입하여 구할 수 있으며 다음과 같은 식을 얻는다.

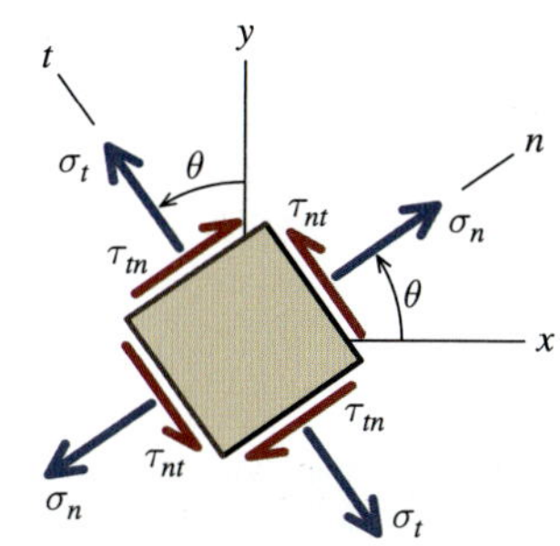


그림 12.11

$$\sigma_t = \frac{\sigma_x + \sigma_y}{2} - \frac{\sigma_x - \sigma_y}{2}\cos 2\theta - \tau_{xy}\sin 2\theta \tag{12.7}$$

만일 $\sigma_n$과 $\sigma_t$[식 (12.5)와 식 (1.27)]를 더하면 다음과 같은 관계식을 얻는다.

$$\sigma_n + \sigma_t = \sigma_x + \sigma_y \tag{12.8}$$

이 방정식은 평면응력의 응력요소에서 임의의 직교하는 두 면에서 작용하는 법선응력의 합은 각도 $\theta$와 관계없이 일정하다는 것을 의미한다. 응력의 이러한 수학적 성질을 **응력의 불변성**이라고 한다.

응력은 특정한 좌표계를 기준으로 하여 표현된다. 응력의 좌표변환 식은 비록 동일한 응력상태에 대한 표현이라 할지라도 응력의 $n$–$t$ 성분이 $x$–$y$ 성분과 다름을 보여준다. 그러나 응력 성분의 특정한 함수는 좌표계의 방향에 의존하지 않는다. **응력불변량**이라고 불리는 이 함수들은 사용된 좌표계와 상관없이 같은 값을 갖는다. 평면응력에서는 $I_1$과 $I_2$로 표시되는 두 개의 불변량이 존재한다.

MecMovies 12.5에서는 응력의 좌표변환에 사용되는 용어에 대한 애니메이션을 보여준다.

$$\begin{aligned} I_1 &= \sigma_x + \sigma_y \qquad &(\text{or } I_1 = \sigma_n + \sigma_t) \\ I_2 &= \sigma_x\sigma_y - \tau_{xy}^2 \qquad &(\text{or } I_2 = \sigma_n\sigma_t - \tau_{nt}^2) \end{aligned} \tag{12.9}$$

## 부호규약

응력의 좌표변환 식을 사용함에 있어서 유도하는 데 사용된 부호규약을 엄격하게 따라 주어야 한다. 부호규약은 다음과 같이 요약될 수 있다.

**1.** 인장법선응력은 양이며, 압축법선응력은 음이다. 그림 12.11의 모든 법선응력은 양이다.

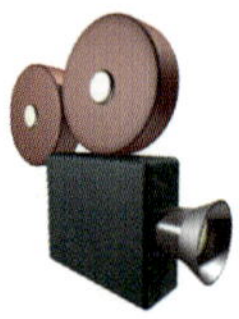

**MecMovies 12.2**에서는 각도 $\theta$의 적절한 결정을 위한 대화 형식의 내용을 보여준다.

**MecMovies 12.3**에서는 적합한 부호규약을 이해하고 응력 변환 방정식에서 사용할 수 있는가를 측정하는 게임을 제공한다.

**2.** 전단응력은 다음의 경우에 양이다.

- 응력요소의 양의 면에서 양의 좌표방향으로 작용하거나
- 응력요소의 음의 면에서 음의 좌표방향으로 작용한다.

그림 12.11의 모든 전단응력은 양이다. 그 반대 방향을 가리키고 있는 전단응력은 음이다.

전단응력에 대한 부호규약을 기억하는 쉬운 방법은 두 개의 하첨자와 관련된 방향을 사용하는 것이다. 첫 번째 하첨자는 전단응력이 작용하고 있는 응력요소의 면을 의미한다. 그것은 양의 면(+)이거나 음의 면(−)이다. 두 번째 하첨자는 응력이 작용하고 있는 방향을 가리키며 양의 방향 (+)이거나 음의 방향(−)이다.

- 양의 전단응력은 양–양이나 음–음의 첨자를 가진다.
- 음의 전단응력은 양–음이나 음–양의 첨자를 갖는다.

**3.** 기준 $x$축에 대하여 반시계방향으로 측정된 각도는 양이다. 반대로 기준좌표계의 $x$축에 대하여 시계방향으로 측정된 각도는 음이다.

**4.** $n$–$t$–$z$ 좌표계는 $x$–$y$–$z$ 좌표계와 같은 순서를 갖는다. 두 좌표계는 모두 오른쪽 좌표계 규칙을 따른다.

## 예제 12.3 EXAMPLE

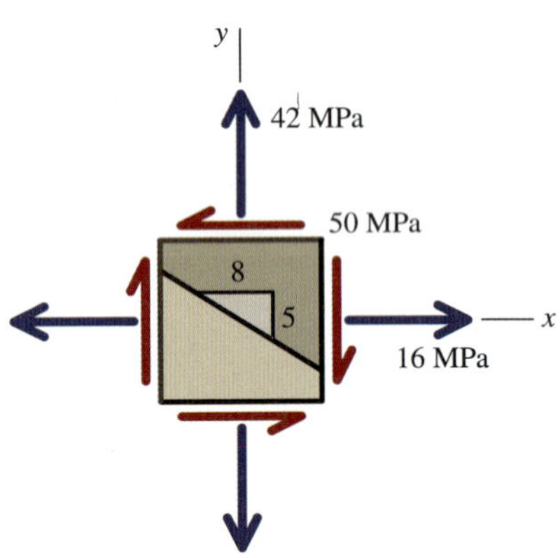


평면응력 상태에 있는 구조 요소와 한 점에서 법선응력과 전단응력은 그림에서 보는 바와 같이 그 점을 관통하는 수평면과 수직면에 작용한다. 응력의 좌표변환 식을 사용하여 경사 평면에서의 법선응력과 전단응력을 구하라.

### 풀이 계획

이러한 유형의 문제는 어렵지 않으나 올바른 결과를 얻기 위해서는 응력의 좌표변환 식을 유도하는 데 사용된 부호규약을 엄정하게 따라야 한다. 그리고 평면의 기울기를 결정짓는 데 필요한 적절한 $\theta$를 정하는 데 특별한 주의를 기울여야 한다.

### 풀이

$x$면에서 작용하는 법선응력은 응력요소에 인장을 유발하므로 응력의 좌표변환 식에서 양의 법선응력($\sigma_x = +16$ MPa)으로 간주한다. 같은 방식으로, $y$면에서의 법선응력은 양의 값 $\sigma_y = +42$ MPa를 갖는다.

50 MPa의 응력은 양의 $x$면에서 음의 $y$방향으로 작용하므로 이 전단응력은 응력의 좌표변환 식을 사용할 때 음으로 간주된다($\tau_{xy} = -50$ MPa). 수평면에서의 전단응력 또한 음이 됨에 유의해야 한다. 양의 $y$면에서 전단응력은 음의 $x$방향으로 작용하므로 $\tau_{yx} = -50$ Mpa $= \tau_{xy}$이다.

이 예제에서는 −5(수직) 대 8(수평)의 기울기를 갖는 평면상에 작용하는 법선응력과 접선응력을 계산한다. 이 기울기 정보는 응력의 좌표변환 식에서 사용되기 위하여 적절한 값의 $\theta$로 변환되어야만 한다.

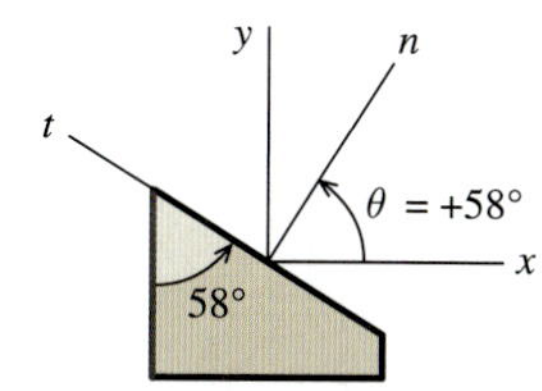


$\theta$를 결정하는 편리한 방법은 수직 평면과 경사면 사이의 각도를 구하는 것이다. 이 각도는 항상 $x$축과 $n$축 사이의 각도와 동일하다. 이 예제에서 주어진 면을 위한 수직면과 경사면 사이의 각도의 크기는

$$\tan\theta = \frac{8}{5} \qquad \therefore \theta = 58°$$

위의 계산은 각도의 크기만 결정하는 것임을 유의해야 한다. $\theta$에 대한 적절한 부호는 조사 및 검증에 의해 결정된다. 만일 수직면으로부터 경사면까지의 각도가 반시계방향으로 돌면, $\theta$의 값은 양이다. 그러므로 이 예제에서는 $\theta = +58°$이다.

$\sigma_x$, $\sigma_y$, $\tau_{xy}$, $\theta$ 등에 대한 적절하게 결정된 값으로부터 경사면에 작용하는 법선응력과 전단응력을 계산할 수 있다. $n$방향의 법선응력은 식 (12.3)에서 다음과 같이 주어진다.

$$\begin{aligned}\sigma_n &= \sigma_x \cos^2\theta + \sigma_y \sin^2\theta + 2\tau_{xy}\sin\theta\cos\theta \\ &= (16\ \text{MPa})\cos^2 58° + (42\ \text{MPa})\sin^2 58° + 2(-50\ \text{MPa})\sin 58°\cos 58° \\ &= -10.24\ \text{MPa}\end{aligned}$$

물론 식 (12.5)를 사용해도 동일한 결과를 얻는다.

$$\begin{aligned}\sigma_n &= \frac{\sigma_x + \sigma_y}{2} + \frac{\sigma_x - \sigma_y}{2}\cos 2\theta + \tau_{xy}\sin 2\theta \\ &= \frac{(16\ \text{MPa}) + (42\ \text{MPa})}{2} + \frac{(16\ \text{MPa}) - (42\ \text{MPa})}{2}\cos 2(58°) + (-50\ \text{MPa})\sin 2(58°) \\ &= -10.24\ \text{MPa}\end{aligned}$$

경사면에 작용하는 법선응력을 계산하기 위하여 식 (12.3) 또는 식 (12.5)을 선택하는 것은 개인적인 선호의 문제이다.

$n$면에서 $t$방향으로 작용하는 전단응력 $\tau_{nt}$는 다음 식들 중의 하나로부터 계산할 수 있는데, 식 (12.4)을 사용할 경우,

$$\begin{aligned}\tau_{nt} &= -(\sigma_x - \sigma_y)\sin\theta\cos\theta + \tau_{xy}(\cos^2\theta - \sin^2\theta) \\ &= -[(16\ \text{MPa}) - (42\ \text{MPa})]\sin 58°\cos 58° + (-50\ \text{MPa})[\cos^2 58° - \sin^2 58°] \\ &= +33.6\ \text{MPa}\end{aligned}$$

혹은 식 (12.6)을 사용할 경우,

$$\begin{aligned}\tau_{nt} &= -\frac{\sigma_x - \sigma_y}{2}\sin 2\theta + \tau_{xy}\cos 2\theta \\ &= -\frac{(16\ \text{MPa}) - (42\ \text{MPa})}{2}\sin 2(58°) + (-50\ \text{MPa})\cos 2(58°) \\ &= +33.6\ \text{MPa}\end{aligned}$$

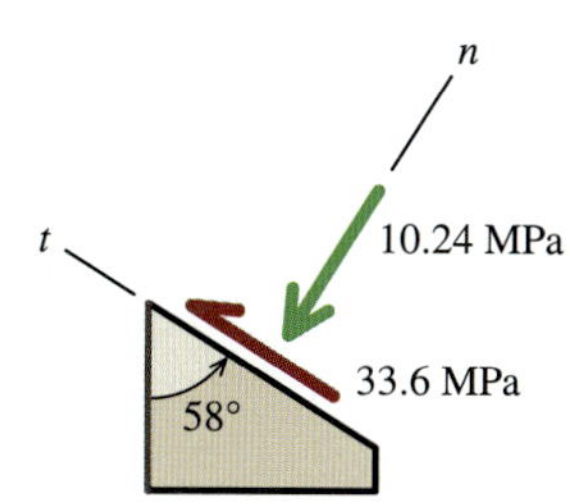


문제를 마무리하기 위하여 경사면에 작용하는 응력을 그림으로 나타낸다. $\sigma_n$은 음의 값을 가지므로, $n$방향으로 작용하는 법선응력은 보는 바와 같이 압축이다. $\tau_{nt}$의 양의 값은 응력 화살표가 양의 $n$면에서 양의 $t$방향으로 가리키는 것을 의미한다. 응력의 크기를 화살표에 나타낸다. 응력과 연관된 부호는 화살표의 방향에 따른다.

## 예제 12.4 EXAMPLE

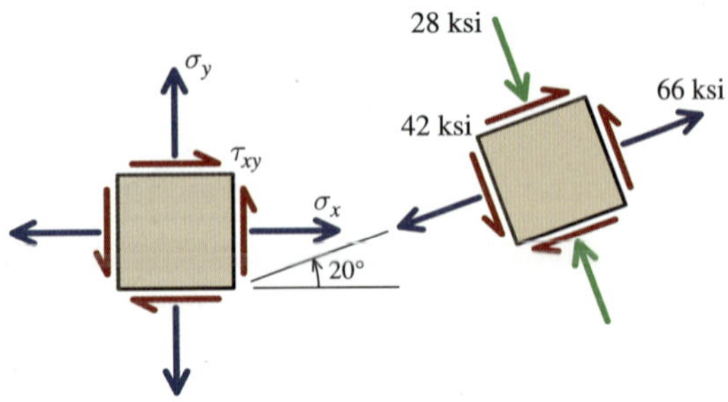


기계 부품의 자유 표면에의 한 점에서 작용하는 응력이 그림에 나타나 있다. 이 점에서의 법선응력 $\sigma_x$ 및 $\sigma_y$와 전단응력 $\tau_{xy}$를 결정하라.

**풀이 계획**

응력의 좌표변환 식은 한 점에서의 법선응력 $\sigma_x$ 및 $\sigma_y$와 전단응력 $\tau_{xy}$로 표시되어 있으나, $x$와 $y$방향이 반드시 각각 수평과 수직 방향이어야 할 필요는 없다. 오른손 좌표계가 성립되는 한 어떠한 직교하는 두 방향도 $x$와 $y$로 간주될 수 있다. 이 문제를 풀기 위하여 회전된 응력요소에 맞추어 $x$와 $y$축을 다시 정의한다. 회전하지 않은 응력요소의 면들은 $n$과 $t$면으로 다시 정의된다.

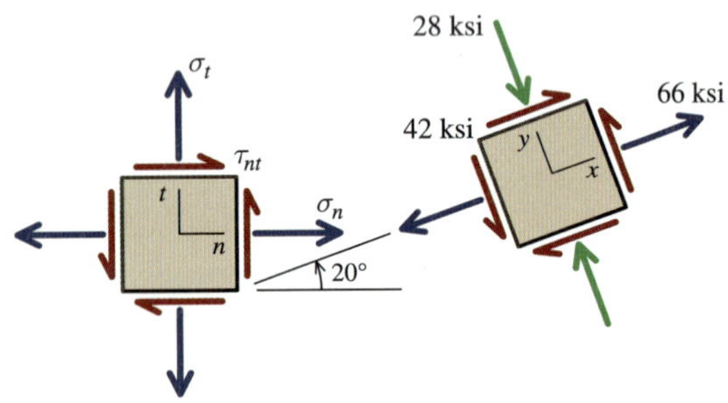


**풀이**

$x$와 $y$방향을 회전된 응력요소에 대하여 맞춤으로써 새로 정의한다. 회전되지 않은 응력요소의 축을 $n$과 $t$방향으로 다시 정의한다.

따라서 회전된 응력요소에 작용하는 응력은 다음과 같이 정의된다.

$$\sigma_x = +66 \text{ ksi}$$
$$\sigma_y = -28 \text{ ksi}$$
$$\tau_{xy} = +42 \text{ ksi}$$

새로이 정의된 $x$축의 $n$축에 대한 각도 $\theta$는 시계방향으로 20°이므로 $\theta = -20°$이다.

회전되지 않은 응력요소의 수직면에서의 법선응력은 식 (12.3)으로부터 계산된다.

$$\begin{aligned}\sigma_n &= \sigma_x \cos^2\theta + \sigma_y \sin^2\theta + 2\tau_{xy} \sin\theta\cos\theta \\ &= (66 \text{ ksi})\cos^2(-20°) + (-28 \text{ ksi})\sin^2(-20°) + 2(42 \text{ ksi})\sin(-20°)\cos(-20°) \\ &= +28.0 \text{ ksi}\end{aligned}$$

회전되지 않은 응력요소의 수평면에 작용하는 법선응력은 각도 $\theta$를 $\theta = -20° + 90° = 70°$로 바꾸어 적용함으로써 식 (12.3)으로부터 구해진다.

$$\begin{aligned}\sigma_n &= \sigma_x \cos^2\theta + \sigma_y \sin^2\theta + 2\tau_{xy} \sin\theta\cos\theta \\ &= (66 \text{ ksi})\cos^2 70° + (-28 \text{ ksi})\sin^2 70° + 2(42 \text{ ksi})\sin 70°\cos 70° \\ &= +9.99 \text{ ksi}\end{aligned}$$

회전되지 않은 응력요소에 대한 전단응력은 식 (12.4)로부터 계산된다.

$$\begin{aligned}\tau_{nt} &= -(\sigma_x - \sigma_y)\sin\theta\cos\theta + \tau_{xy}(\cos^2\theta - \sin^2\theta)\\ &= -[(66\ \text{ksi}) - (-28\ \text{ksi})]\sin(-20°)\cos(-20°)\\ &\quad + (42\ \text{ksi})[\cos^2(-20°) - \sin^2(-20°)]\\ &= +62.4\ \text{ksi}\end{aligned}$$

따라서 수평면과 수직면에서 작용하는 응력은 그림과 같다.

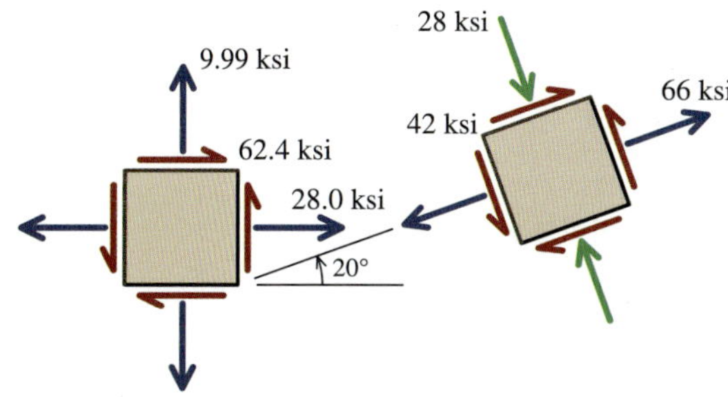


## MecMovies Example M12.7

그림과 같이 특정한 평면에 작용하는 법선응력과 전단응력을 결정하라.

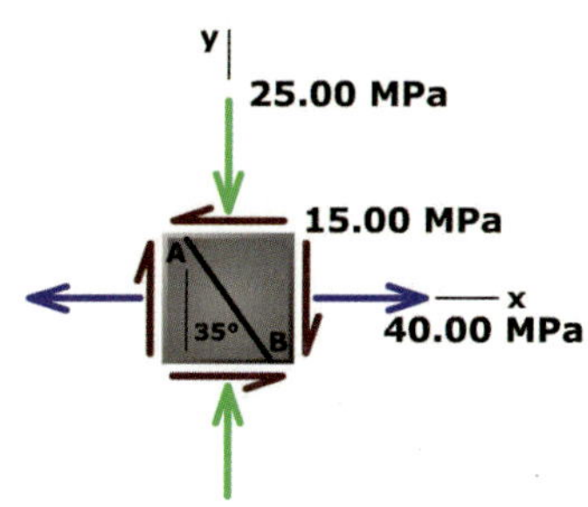


## MecMovies Example M12.8

그림과 같이 나무로 만든 물체의 특정한 평면에 작용하고 있는 법선응력과 전단응력을 결정하라.

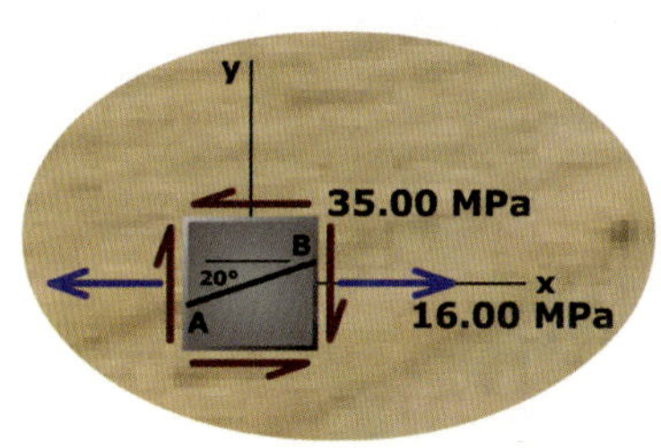

# MecMovies EXERCISES

**M12.1 경이로운 응력 카메라.**

응력 변환에 대한 내용을 대화형으로 소개하는 프로그램

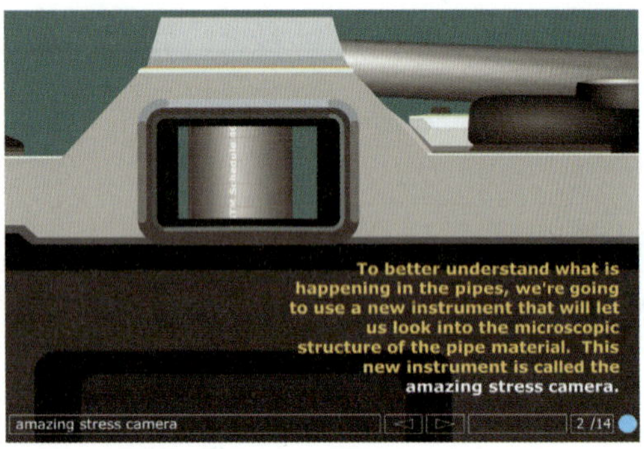


그림 M12.1

**M12.2 Top-Drop-Sweep the clock.**

$\theta$를 결정하기 위한 적절한 방법을 알려주는 애니메이션. 8개의 다중 선택형 문제.

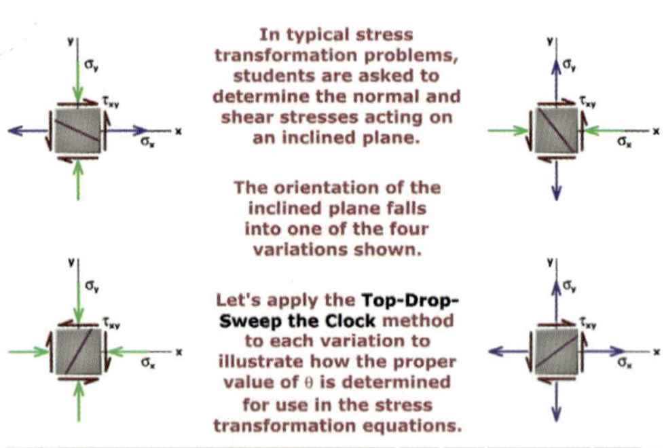


그림 M12.2

**M12.3 부호, 부호, 전부 부호.**

응력의 좌표변환 식에서 필요한 올바른 부호규약에 대한 내용을 설명하는 게임. $\sigma_n$과 $\tau_{nt}$에 대한 두 개의 계산이 정확하게 수행되었을 때 점수를 얻는다.

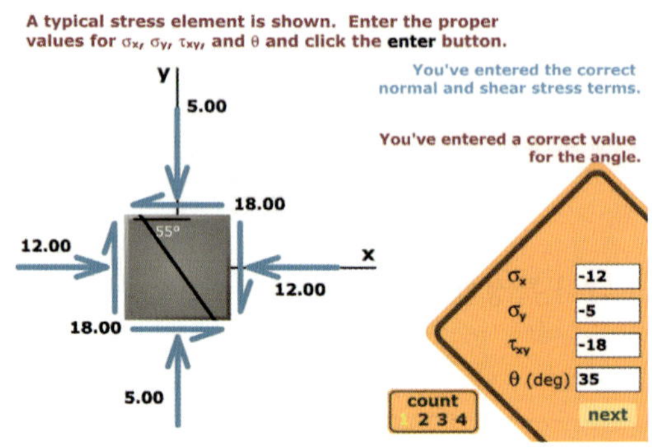


그림 M12.3

# PROBLEMS

**P12.25–P12.36** The stresses shown in Figures P12.25– P12.36 act at a point in a stressed body. Determine the normal and shear stresses at this point on the inclined plane shown.

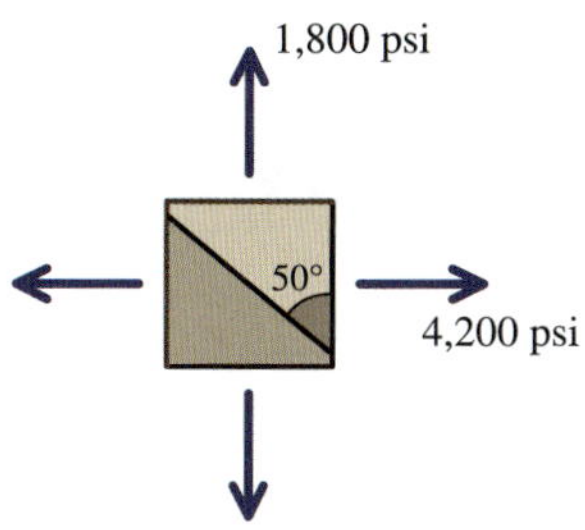


**FIGURE P12.25**

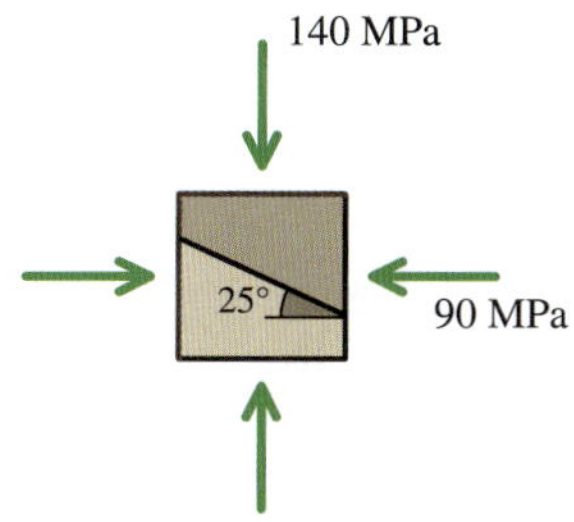


**FIGURE P12.26**

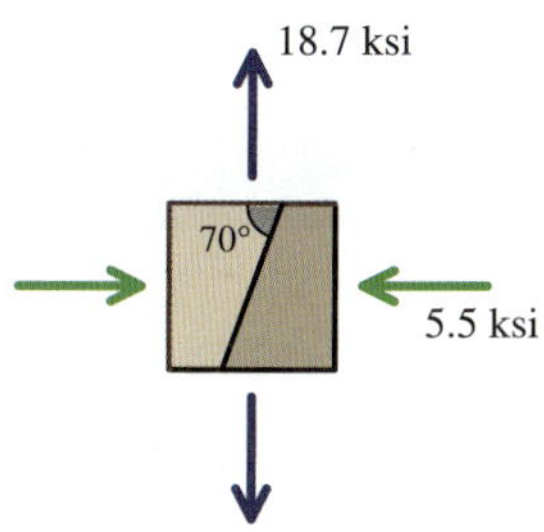


**FIGURE P12.27**

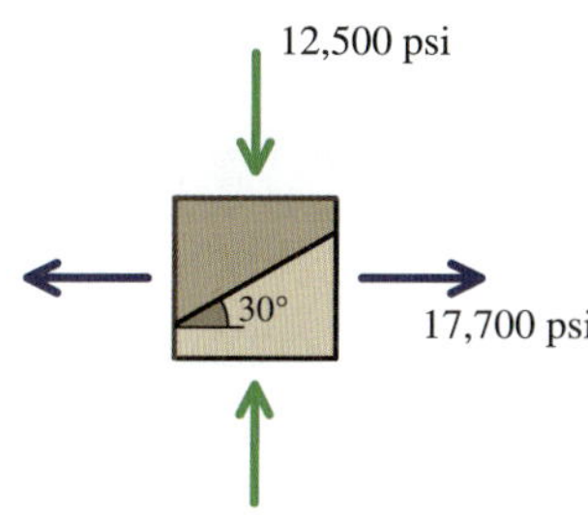


**FIGURE P12.28**

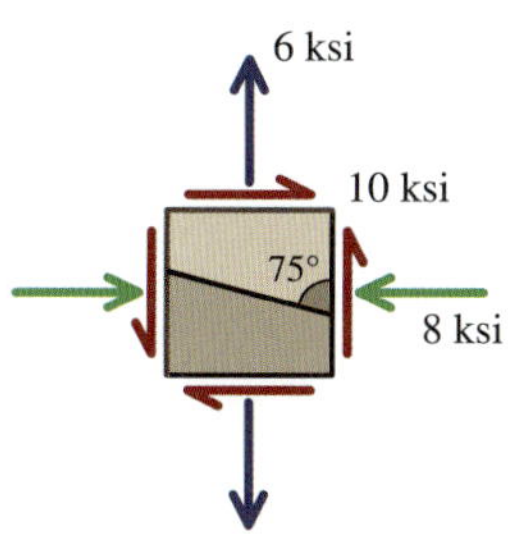


**FIGURE P12.29**

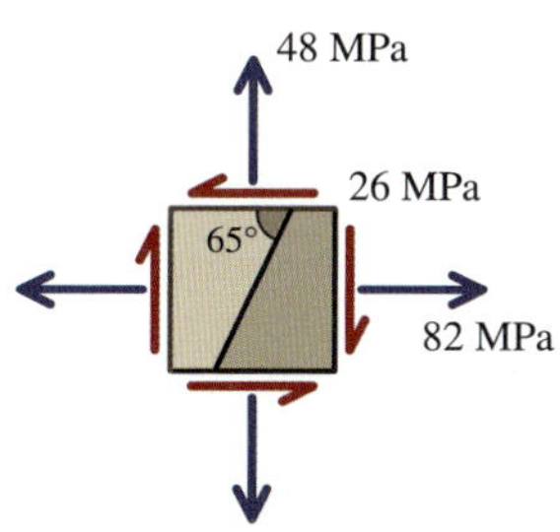


**FIGURE P12.30**

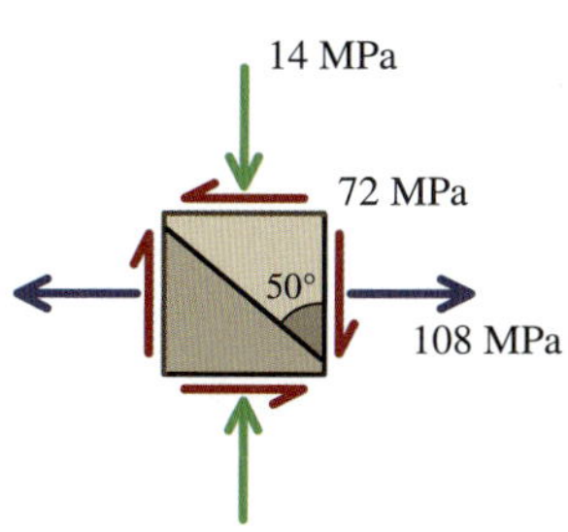


**FIGURE P12.31**

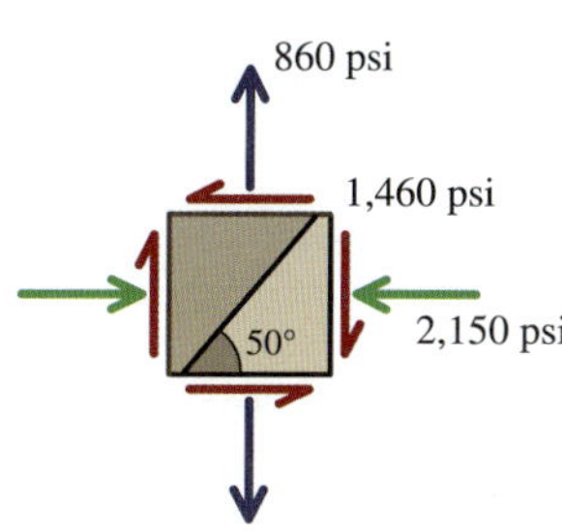


**FIGURE P12.32**

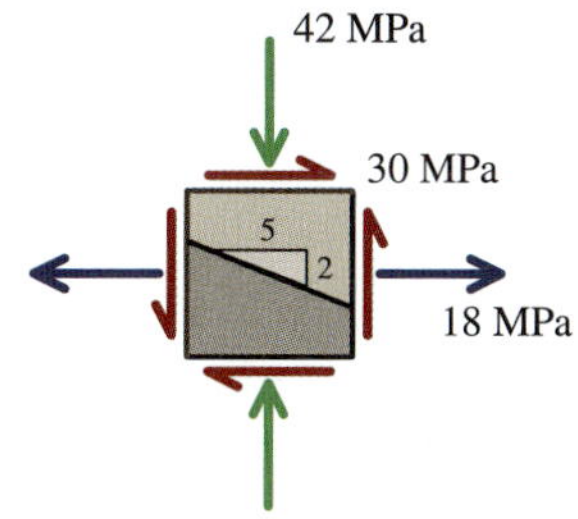


**FIGURE P12.33**

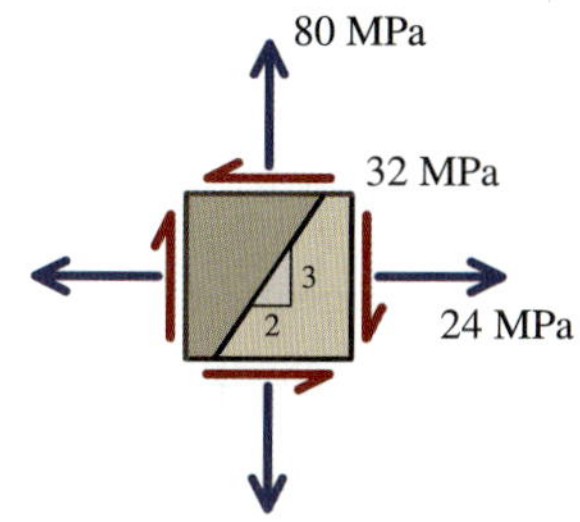


**FIGURE P12.34**

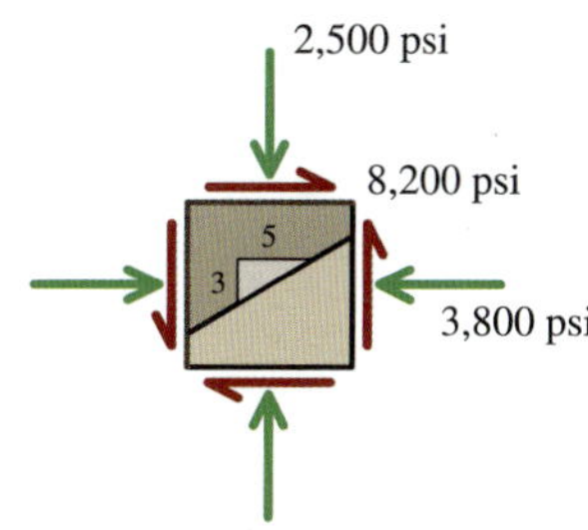


**FIGURE P12.35**

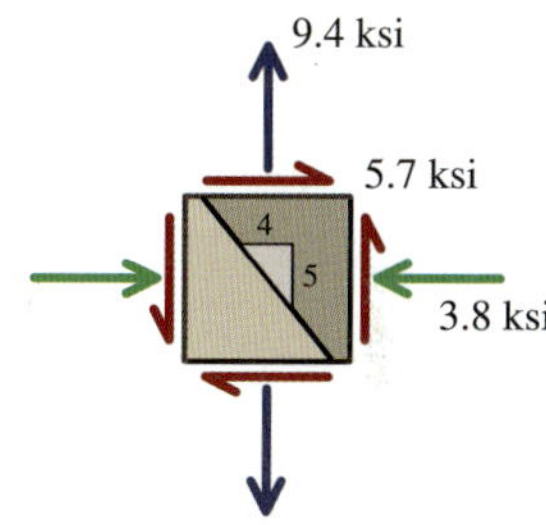


**FIGURE P12.36**

**P12.37–P12.38** The stresses shown in Figures P12.37*a* and P12.38*a* act at a point on the free surface of a stressed body. Determine the normal stresses $\sigma_n$ and $\sigma_t$, and the shear stress $\tau_{nt}$ at this point if they act on the rotated stress element shown in Figures P12.37*b* and P12.38*b*.

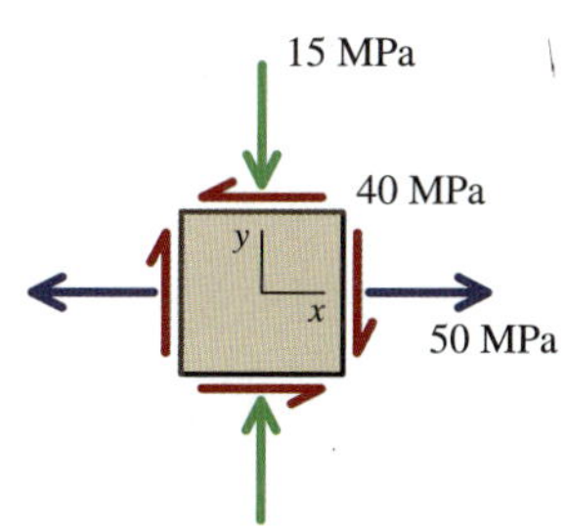


**FIGURE P12.37*a***

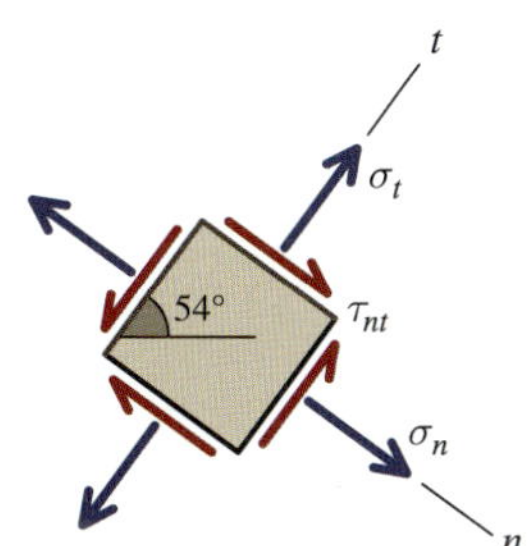


**FIGURE P12.37*b***

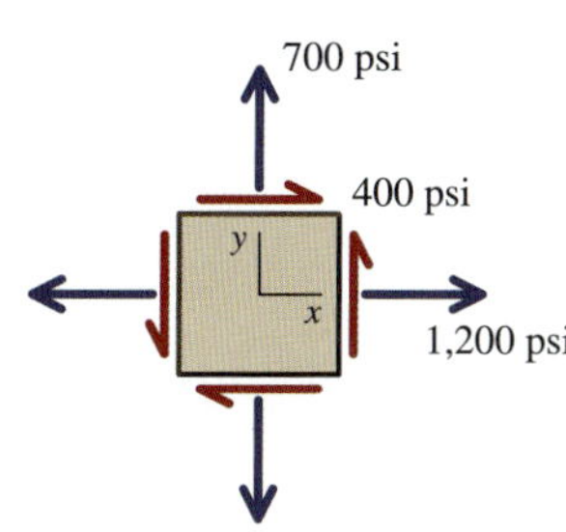


**FIGURE P12.38*a***

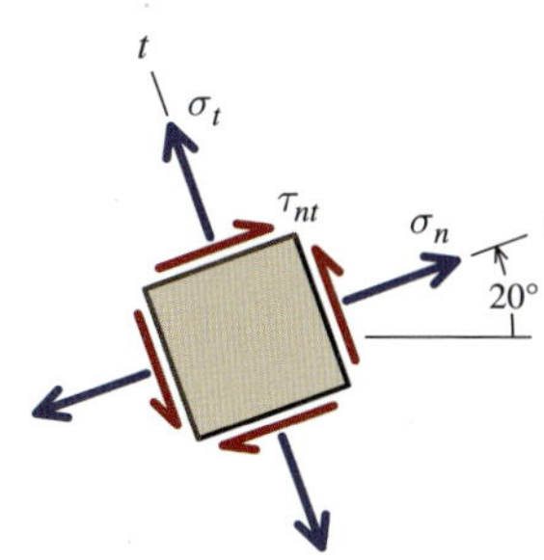


**FIGURE P12.38*b***

**P12.39–P12.40** The stresses shown in Figures P12.39 and P12.40 act at a point on the free surface of a machine component. Determine the normal stresses $\sigma_x$ and $\sigma_y$, and the shear stress $\tau_{xy}$ at the point.

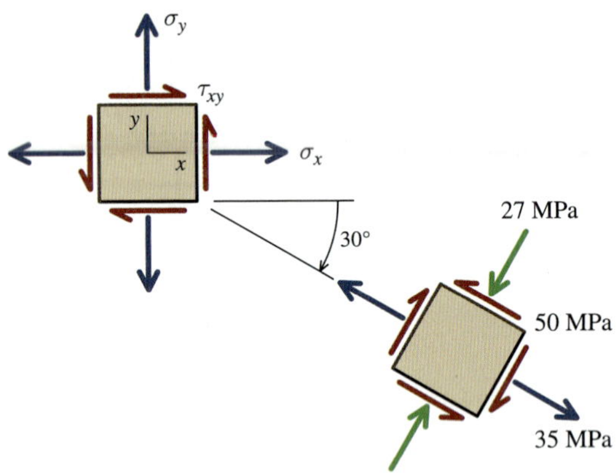


**FIGURE P12.39**

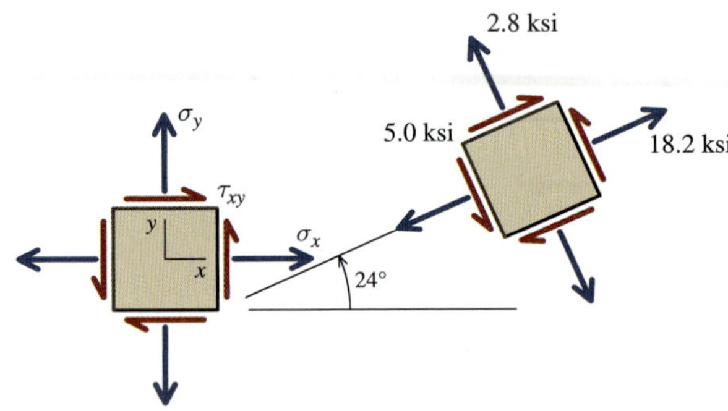


**FIGURE P12.40**

## 12.8 주응력과 최대 전단응력

평면응력에 대한 응력의 좌표변환 식, 즉 식 (12.3), 식 (12.4), 식 (12.5), 식 (12.6)들은 응력이 작용하고 있는 물체의 한 점을 통과하는 어떠한 평면에 대하여서도 법선응력과 전단응력을 결정할 수 있는 방법을 제공한다. 설계 목적상 중요 응력은 주로 최대 및 최소 법선응력과 최대 전단응력이 된다. 응력의 좌표변환 식은 다음과 같은 추가적인 관계식을 개발하는 데 사용될 수 있다.

(a) 최대 및 최소 법선응력이 발생하는 면의 방향
(b) 최대 및 최소 법선응력의 크기
(c) 최대 전단응력의 크기
(d) 최대 전단응력이 발생하는 면의 방향

평면응력에서의 응력의 좌표변환 식은 12.7절에서 유도되었다. 법선응력 $\sigma_n$과 전단응력 $\tau_{nt}$에 관한 식은

$$\sigma_n = \sigma_x \cos^2\theta + \sigma_y \sin^2\theta + 2\tau_{xy}\sin\theta\cos\theta \tag{12.3}$$

$$\tau_{nt} = -(\sigma_x - \sigma_y)\sin\theta\cos\theta + \tau_{xy}(\cos^2\theta - \sin^2\theta) \tag{12.4}$$

그리고 이와 동일한 방정식을 2배각 삼각함수로 나타낼 수 있다.

$$\sigma_n = \frac{\sigma_x + \sigma_y}{2} + \frac{\sigma_x - \sigma_y}{2}\cos 2\theta + \tau_{xy}\sin 2\theta \tag{12.5}$$

$$\tau_{nt} = -\frac{\sigma_x - \sigma_y}{2}\sin 2\theta + \tau_{xy}\cos 2\theta \tag{12.6}$$

## 주평면

주어진 평면응력 상태에서 응력성분 $\sigma_x$, $\sigma_y$, $\tau_{xy}$ 등은 상수이다. 종속변수 $\sigma_n$과 $\tau_{nt}$는 실제로는 단지 독립변수 $\theta$만의 함수이다. 그러므로 법선응력 $\sigma_n$이 최대 또는 최소가 되는 $\theta$값은 식 (12.5)를 $\theta$로 미분하고 그 미분을 0으로 놓음으로써 결정될 수 있다.

$$\frac{d\sigma_n}{d\theta} = -\frac{\sigma_x - \sigma_y}{2}(2\sin 2\theta) + 2\tau_{xy}\cos 2\theta = 0 \tag{12.10}$$

이 방정식에 대한 해는 최대 또는 최소 법선응력이 발생하는 면의 방향 $\theta = \theta_p$를 알려준다.

$$\tan 2\theta_p = \frac{\tau_{xy}}{(\sigma_x - \sigma_y)/2} \tag{12.11}$$

탄젠트 함수의 주기가 180°이므로 주어진 응력성분 $\sigma_x$, $\sigma_y$, $\tau_{xy}$ 등의 조합에 대하여 식 (12.11)은 $0 < 2\theta_p \leq 360°$ 또는 $-180° < 20\theta_p \leq 180°$ 범위에서 $2\theta_p$의 두 값을 만족시킬 수 있으며, 이 값들은 서로 180°만큼 떨어져 있다. 따라서 두 개의 $\theta_p$의 값들은 90°만큼 차이가 난다. 이 결과로부터 다음과 같은 결론을 내릴 수 있다.

(a) 오직 두 평면에서만 최대 또는 최소 법선응력이 발생한다.
(b) 이들 두 평면의 사이각은 90°이다(즉, 서로 직교한다).

여기서 주목할 점은 식 (12.10)에서의 $d\sigma_n/d\theta$와 식 (12.6)에서의 $\tau_{nt}$의 표현이 유사하다는 것이다. $\sigma_n$의 미분을 0으로 놓는 것은 $\tau_{nt}$를 0으로 놓는 것과 동일하기 때문에 식 (12.11)의 해인 $\theta_p$ 값은 식 (12.6)에서 $\tau_{nt} = 0$의 값을 생성한다. 결론적으로

> 전단응력은 최대와 최소 법선응력이 발생하는 면에서 사라진다.

전단응력이 없는 면을 주면 또는 주평면이라고 한다. 이 평면에서 작용하는 법선응력(최대 또는 최소 법선응력)을 **주응력**이라고 한다.

식 (12.11)을 만족시키는 $\theta_p$의 두 값을 주각이라고 부르고 이는 주응력의 방향, 즉 주축의 방향을 나타낸다. 이는 tan $2\theta_p$가 양수이면, $\theta_p$가 양수이고, $\theta_p$에 의하여 정의된 주면은 기준좌표계의 $x$축으로부터 반시계방향으로 회전된다. tan $2\theta_p$가 음수이면, 회전은 시계방향이 된다. $\theta_p$의 값 중의 하나는 항상 양과 음의 45° 사이에 있으며, 두 번째 값은 이 값과 90° 만큼 차이가 난다는 점을 확인하기 바란다.

## 주응력의 크기

응력이 가해진 물체의 한 점의 주면에 작용하는 법선응력을 주응력이라고 한다. 한 점에 작용하는 최대 법선응력(즉, 대수적으로 가장 큰 값)을 $\sigma_{p1}$으로 하고, 최소 법선응력(즉, 대수적으로 가장 작은 값)을 $\sigma_{p2}$라고 한다. 주면에서 작용하는 법선응력의 크기를 계산하는 방법으로 두 가지가 있다.

**방법 1:** 첫 번째 방법은 단순히 각 $\theta_p$를 식 (12.3)이나 식 (12.5)에 대입하고 해당하는 법선응력을 계산하는 것이다. 이 방법은 주응력의 값 뿐 아니라 각각의 주각과 주응력의 크기를 직접적으로 관련시킨다는 장점이 있다.

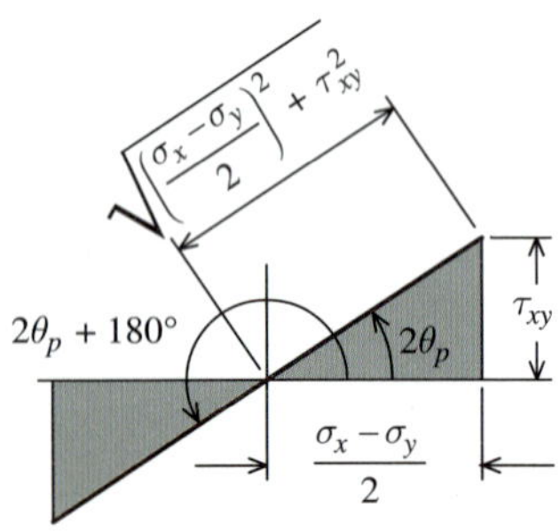

그림 12.12

**방법 2:** 일반화된 방정식은 $\sigma_{p1}$과 $\sigma_{p2}$의 값을 동시에 줄 수 있도록 유도될 수 있다. 이러한 일반 방정식을 유도하기 위하여 $2\theta_p$의 값들은 식 (12.5)에 대입되어야만 한다. 식 (12.11)은 그림 12.12에서 보는 바와 같이 삼각형들을 사용하여 기하학적으로 표현될 수 있다. 이 그림에서 우리는 $\tau_{xy}$와 $(\sigma_x - \sigma_y)$는 둘 다 양 혹은 둘 다 음의 양을 가진다고 가정할 것이다. 식 (12.5)의 해를 위해 필요한 두 항 $\sin 2\theta_p$와 $\cos 2\theta_p$에 대한 표현이 삼각형의 기하학으로부터 나올 수 있다.

$$\sin 2\theta_p = \frac{\tau_{xy}}{\sqrt{\left(\frac{\sigma_x - \sigma_y}{2}\right)^2 + \tau_{xy}^2}} \qquad \cos 2\theta_p = \frac{(\sigma_x - \sigma_y)/2}{\sqrt{\left(\frac{\sigma_x - \sigma_y}{2}\right)^2 + \tau_{xy}^2}}$$

위의 $2\theta_p$에 대한 함수를 식 (12.5)에 대입하고 정리하면, 다음 식을 얻는다.

$$\sigma_{p1} = \frac{\sigma_x + \sigma_y}{2} + \sqrt{\left(\frac{\sigma_x - \sigma_y}{2}\right)^2 + \tau_{xy}^2}$$

주각 $2\theta_p + 180°$에 대하여 같은 과정을 반복하여 $\sigma_{p2}$를 위한 유사한 표현을 얻는다.

$$\sigma_{p2} = \frac{\sigma_x + \sigma_y}{2} - \sqrt{\left(\frac{\sigma_x - \sigma_y}{2}\right)^2 + \tau_{xy}^2}$$

이때 이 두 식들은 평면상의 두 주응력 $\sigma_{p1}$과 $\sigma_{p2}$를 위한 하나의 식으로 결합될 수 있다.

$$\sigma_{p1,\,p2} = \frac{\sigma_x + \sigma_y}{2} \pm \sqrt{\left(\frac{\sigma_x - \sigma_y}{2}\right)^2 + \tau_{xy}^2} \tag{12.12}$$

식 (12.12)은 $\sigma_{p1}$ 또는 $\sigma_{p2}$ 중 어느 쪽이 어느 주각과 관련되는지를 직접적으로 가리키지 않는다. 그러나 이것은 중요하게 고려되어야 한다. 식 (12.11)의 해로부터 $\theta_p$의 값은 항상 $+45°$와 $-45°$ 사이의 값이다. $\theta_p$의 이 값과 연관된 주응력은 다음과 같은 규칙에 의하여 결정될 수 있다.

- 만일 $\sigma_x - \sigma_y$ 항이 양이면, $\theta_p$는 $\sigma_{p1}$의 방향을 의미한다.
- 만일 $\sigma_x - \sigma_y$ 항이 음이면, $\theta_p$는 $\sigma_{p2}$의 방향을 의미한다.

다른 주응력은 $\theta_p$와 직교하는 방향에 있다.

식 (12.12)로부터 결정된 주응력은 둘 다 양이 되거나, 둘 다 음이 되거나, 또는 서로 다른 부호가 될 수도 있다. 주응력을 지정함에 있어서 $\sigma_{p1}$은 대수적으로 가장 큰 양의 값이다. 만일 식 (12.12)에서 하나 또는 두 개의 주응력이 음이면, $\sigma_{p1}$의 절대값이 $\sigma_{p2}$의 절대값보다 더 작을 수도 있다.

## 주면에서의 전단응력

앞에서의 토의에서 보았듯이, 식 (12.11)의 해인 $\theta_p$의 값은 식 (12.6)에서 $\tau_{nt} = 0$을 유발시킨다. 그러므로 주면에 작용하는 전단응력은 0이 되어야만 한다. 이것은 매우 중요한 결론이다.

주평면의 이러한 특성은 다음과 같이 다시 쓸 수 있다.

> 만일 어떤 면이 주면이면, 그 면에서 작용하는 전단응력은 반드시 *0*이 되어야 한다.

이 명제의 역도 성립된다.

> 만일 어떤 면에서의 전단응력이 *0*이면, 그 면은 주면이 되어야 한다.

많은 경우에 응력요소는(특정한 점에서의 응력의 상태를 표현하는) $x$와 $y$면에서 작용하는 법선응력만 가지고 있을 것이다. 이러한 경우에는 $x$와 $y$면은 반드시 주면이 되어야 하는데 그 이유는 그 평면에서 작용하는 전단응력이 없기 때문이다.

이 명제에 대한 또 하나의 중요한 응용은 평면응력 상태에 관한 것이다. 12.4절에서 토의한 바와 같이 $x$–$y$ 평면에서의 평면응력 상태는 응력요소의 $z$면에서 작용하는 응력이 모두 0이라는 것을 의미한다.

$$\sigma_z = \tau_{zx} = \tau_{zy} = 0$$

만일 $z$면에서의 전단응력이 0이면, $z$면은 주면이 되어야 하는 것으로 결론을 내릴 수 있다. 결과적으로 $z$면에서 작용하는 법선응력은 주응력이 되어야 한다–세 번째의 주응력.

## 세 번째의 주응력

앞에서 학습한 내용에서 주평면과 주응력이 평면응력의 상태에서 결정되었다. 식 (12.11)로부터 구한 두 개의 주면은 기준좌표계의 $x$축에 대하여 각각 $\theta_p$와 $\theta_p + 90°$만큼의 각도로 위치되어 있으며, 평면에 대한 바깥쪽 수직 방향이 $z$축과 수직을 이룬다. 해당하는 주응력은 식 (12.12)로부터 결정되고 이를 평면내 주응력이라고 한다.

만일 표면의 수직이 $x$–$y$ 평면에 놓이면 그 때의 그 표면에서 작용하는 응력은 **평면내 응력**이다.

편의상 응력요소를 2차원 정사각형으로 표시하지만, 이것은 실제로는 $x$면, $y$면, $z$면을 가진 3차원 정육면체이다. 평면응력 상태에서 $z$면에 작용하는 응력($\sigma_z$, $\tau_{zx}$, $\tau_{zy}$)은 모두 0이다. $z$면에서의 전단응력은 0이므로, $z$면에서 작용하는 법선응력은 설사 그 크기가 0이더라도 주응력이 되어야만 한다. 그러므로 평면응력에서의 한 점은 3개의 주응력을 갖는다: 2개의 평면내 주응력 $\boldsymbol{\sigma}_{p1}$과 $\boldsymbol{\sigma}_{p2}$, 응력요소에 수직한 방향($z$축 방향)으로 작용하는 크기가 0인 주응력 $\boldsymbol{\sigma}_{p3}$.

## 최대 평면내 전단응력의 방향

최대 평면내 전단응력 $\tau_{\max}$가 발생하는 면을 결정하기 위하여, 식 (12.6)을 $\theta$로 미분하고 0으로 놓으면

$$\frac{d\tau_{nt}}{d\theta} = -(\sigma_x - \sigma_y)\cos 2\theta - 2\tau_{xy}\sin 2\theta = 0 \tag{12.13}$$

이 방정식의 해는 전단응력이 최대 또는 최소가 되는 평면에 대한 방향 $\theta = \theta_s$를 준다.

$$\tan 2\theta_s = -\frac{(\sigma_x - \sigma_y)/2}{\tau_{xy}} \tag{12.14}$$

이 방정식은 서로 180°가 떨어져 있는 두 각도 $2\theta_s$를 정의한다. 그러므로 $\theta_s$의 두 값은 90° 만큼 떨어지게 된다. 식 (12.14)와 식 (12.11)을 비교해 보면 두 개의 탄젠트 함수가 역수의 음임을 알 수 있다. 따라서 식 (12.11)을 만족시키는 $2\theta_p$의 값들은 식 (12.14)에서의 해당하는 해 $2\theta_s$로부터 90°만큼 떨어져 있다. 결과적으로 $\theta_p$와 $\theta_s$는 45° 떨어져 있다. 이것은 최대 평면내 전단응력이 발생하는 평면들은 주면으로부터 45° 회전된 것임을 의미한다.

## 최대 평면내 전단응력의 크기

주응력과 유사하게 최대 평면내 전단응력 $\tau_{\max}$의 크기를 계산하는 방법에는 두 가지가 있다.

**방법 1.** 첫 번째 방법은 단순히 $\theta_s$의 값을 식 (12.4)나 식 (12.6)에 대입하고 해당되는 전단응력을 계산하는 것이다. 이 방법은 최대 평면내 전단응력의 값뿐 아니라 전단응력의 크기(적절한 부호를 포함하여)와 $\theta_s$를 직접적으로 연관 맺게 하는 장점이 있다. 직교하는 평면에서의 전단응력이 같아야 하기 때문에 하나의 $\theta_s$ 값에 대한 응력을 결정하는 것은 두 평면에서의 전단응력을 유일하게 정의하는 데 있어서 충분하다.

일반적으로 주응력과 최대 평면내 전단응력을 구하는 것이 관심사이므로 최대 평면내 전단응력의 크기와 방향을 구하는 효율적인 계산 방식은 다음과 같다.

(a) 식 (12.11)로부터 $\theta_p$의 특정한 값이 결정될 것이다.
(b) $\theta_p$와 $\theta_s$는 항상 45° 떨어져 있으므로 $\theta_p$의 부호를 고려하여 $\theta_p$에다 45°를 더하거나 빼

서 최대 평면내 전단응력 $\theta_s$의 방향을 구한다. $\theta_s$가 $+45°$와 $-45°$ 사이에 있도록 하기 위하여 $\theta_p$가 양수이면 45°를 빼고 $\theta_p$가 음수이면 45°를 더한다.

(c) $\theta_s$의 값을 식 (12.4)나 식 (12.6)에 대입하고, 해당하는 전단응력을 계산한다. 그 결과는 $\tau_{max}$이며 최대 평면내 전단응력이다.

(d) $\theta_s$에 대하여 식 (12.4)나 식 (12.6)에서 구한 결과는 최대 평면내 전단응력 $\tau_{max}$의 크기와 부호를 알려준다. 이 방법에서는 부호가 특별히 값어치가 있다. 그 이유는 아래의 방법 2에서는 $\tau_{max}$의 부호를 결정하는 데 필요한 직접적인 도구를 제공하지 않기 때문이다.

**방법 2.** 식 (12.14)에서 구한 각도를 식 (12.6)에 대입함으로 $\tau_{max}$의 크기를 계산하는 일반적인 식을 유도할 수 있다. 그 결과는

$$\tau_{max} = -\frac{\sigma_x - \sigma_y}{2}\left[\frac{\pm(\sigma_x - \sigma_y)/2}{\sqrt{\left(\frac{\sigma_x - \sigma_y}{2}\right)^2 + \tau_{xy}^2}}\right] + \tau_{xy}\left[\frac{\mp\tau_{xy}}{\sqrt{\left(\frac{\sigma_x - \sigma_y}{2}\right)^2 + \tau_{xy}^2}}\right]$$

정리하면

$$\tau_{max} = \pm\sqrt{\left(\frac{\sigma_x - \sigma_y}{2}\right)^2 + \tau_{xy}^2} \tag{12.15}$$

식 (12.15)는 식 (12.12)에서의 두 번째 항의 크기와 같다는 점을 유의해야 한다.

식 (12.15)에서 $\tau_{max}$의 부호는 불확실하다. 최대 전단응력은 최소 전단응력과 단지 부호만 다르다. 인장이나 압축으로 될 수 있는 법선응력과는 달리, 최대 평면내 전단응력의 부호가 응력이 작용하는 물체의 재료 거동에 관한 중요한 물리적 의미를 갖지 않는다. 부호는 단순히 특정한 평면 표면에서 작용하는 전단응력의 방향을 나타낸다.

주응력과 최대 평면내 전단응력 사이의 유용한 관계식은 식 (12.12)의 두 개의 평면내 주응력값의 차를 구하고 식 (12.15)를 이용하여 구해진다. 그 결과를 말로 표현하면, 최대 평면내 전단응력 $\tau_{max}$의 크기는 두 개의 평면내 주응력의 차이의 절반이다.

$$\tau_{max} = \frac{\sigma_{p1} - \sigma_{p2}}{2} \tag{12.16}$$

## 최대 평면내 전단응력 표면에서의 법선응력

전단응력이 없는 주면과 달리 $\tau_{max}$가 작용하는 면은 대개는 법선응력을 가지고 있다. 식 (12.14)로부터 얻은 각도를 식 (12.5)에 대입하고 정리하면, 최대 평면내 전단응력의 평면에서 작용하는 법선응력은 다음 식으로부터 얻어진다.

$$\sigma_{avg} = \frac{\sigma_x + \sigma_y}{2} \tag{12.17}$$

법선응력은 두 개의 $\tau_{max}$ 평면에서 동일하다.

## 절대 최대 전단응력

식 (12.15)에서 전단응력을 받고 있는 물체의 평면에 작용하는 최대 전단응력의 크기에 대한 표현을 유도하였다. 그리고 최대 평면내 전단응력 $\tau_{max}$는 식 (12.16)에서 두 개의 평면내 주응력의 차이의 절반 값임을 확인하였다. "보다 일반적인 응력상태에서의 최대 전단응력은 무엇인가?"라는 의문을 가지면서 응력이 세 방향으로 작용하는 물체의 한 점을 고려해 본다. 최대 평면내 전단응력 $\tau_{max}$와 차별화하기 위하여 그 점을 통과하는 모든 평면에 작용하는 최대 전단응력의 크기를 $\tau_{abs\ max}$로 둔다. 관심을 가진 그 점에서 전단응력이 없는(12.11절 참조) 세 개의 직교하는 평면 즉, 주평면이 존재한다. 이러한 평면에서 작용하고 있는 법선응력은 주응력이라 하며, 일반적으로 각각은 고유의 실수값을 가진다(즉, ($\sigma_{p1} \geq \sigma_{p2} \geq \sigma_{p3}$). 결과적으로 이 세 개 중에서 하나의 주응력은 최대가 될 것이고($\sigma_{max}$), 또 다른 하나의 주응력은 최소가 될 것이며($\sigma_{min}$), 세 번째의 주응력은 두 값의 사이에 존재할 것이다. 절대 최대 전단응력 ($\tau_{abs\ max}$)의 크기는 최대와 최소 주응력의 차이의 절반과 같다.

예를 들어, 만일 응력이 $x-y$ 평면에서만 작용한다면 그때의 응력요소의 $z$면은 주평면이 된다.

$$\tau_{abs\ max} = \frac{\sigma_{max} - \sigma_{min}}{2} \tag{12.18}$$

더구나 $\tau_{abs\ max}$는 최대와 최소 주응력 평면 사이의 각도를 반으로 나누는 평면에 작용한다.

평면응력 상태가 존재하면, 응력요소와 수직한 면에서의 법선응력과 전단응력은 0이다. $z$면에 작용하는 전단응력이 0이므로 $z$면은 주면이 되고, 작용하는 주응력을 $\sigma_{p3}$로 놓는다. 그러므로 두 개의 주응력 $\sigma_{p1}$과 $\sigma_{p2}$는 응력요소의 평면에서 작용하며, 응력요소와 수직한 평면에서 작용하는 세 번째 주응력은 $\sigma_{p3} = 0$의 크기를 갖는다. 따라서 평면응력에서는 절대 최대 전단응력의 크기는 다음의 세 조건 중의 하나로부터 결정될 수 있다.

(a) 만일 $\sigma_{p1}$과 $\sigma_{p2}$가 모두 양이면,

$$\tau_{abs\ max} = \frac{\sigma_{p1} - \sigma_{p3}}{2} = \frac{\sigma_{p1} - 0}{2} = \frac{\sigma_{p1}}{2}$$

(b) 만일 $\sigma_{p1}$과 $\sigma_{p2}$가 모두 음이면,

$$\tau_{abs\ max} = \frac{\sigma_{p3} - \sigma_{p2}}{2} = \frac{0 - \sigma_{p2}}{2} = -\frac{\sigma_{p2}}{2}$$

(c) 만일 $\sigma_{p1}$이 양이고, $\sigma_{p2}$가 음이면

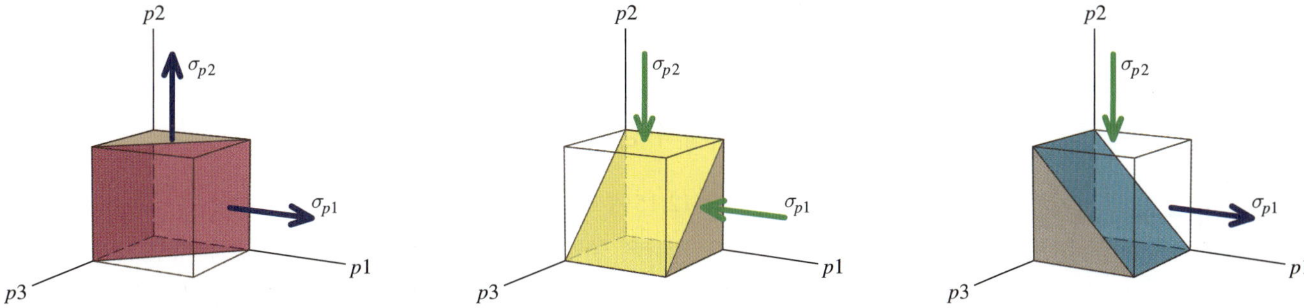


(a) $\sigma_{p1}$과 $\sigma_{p2}$가 모두 양일 때 (b) $\sigma_{p1}$과 $\sigma_{p2}$가 모두 음일 때 (c) $\sigma_{p1}$이 양이고 $\sigma_{p2}$가 음일 때

**그림 12.13** • 평면응력 상태에서의 절대 최대 전단응력 평면

$$\tau_{\text{abs max}} = \frac{\sigma_{p1} - \sigma_{p2}}{2}$$

이러한 세 가지 가능성은 그림 12.3에 나타나 있으며, 최대 전단응력이 작용하는 두 개의 직교 평면 중의 하나가 각 예시에서 강조되어 있다. 세 가지 모든 경우에 있어서 $\sigma_{p3} = 0$임을 유의하기 바란다.

절대 최대 전단응력의 방향은 최대와 최소 주응력이 작용하는 두 개의 음의 평면과 이 두 평면과 45°의 각도를 갖는 세 번째 평면으로 이루어진 쐐기 모양의 블록을 그려서 결정할 수 있다. 이 세 번째 변에서 최대 전단응력의 방향은 두 주응력 중 더 큰 값의 주응력과 반대 방향이어야만 한다.

## 응력의 불변성

그림 12.14에서 보는 바와 같이 직교하는 평면에서의 주응력과 법선응력 사이의 유용한 관계식은 식 (12.12)에서 계산된 두 개의 주응력을 더함으로써 얻을 수 있다. 그 결과는

$$\sigma_{p1} + \sigma_{p2} = \sigma_x + \sigma_y \qquad (12.19)$$

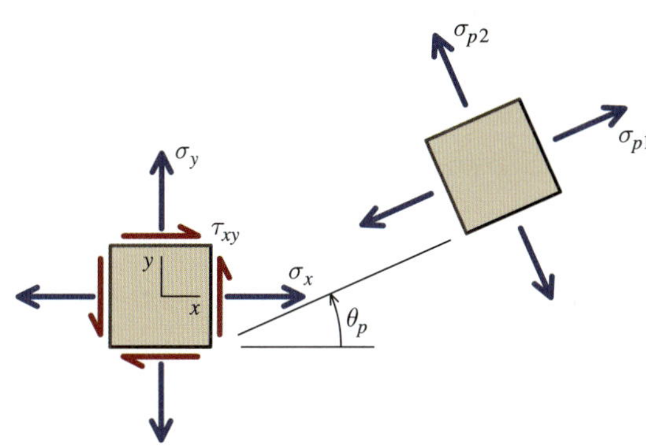


**그림 12.14**

이를 말로 표현하면, 평면응력에서 물체의 한 점을 지나는 두 개의 직교하는 모든 평면에서의 법선응력은 상수이며 각도 $\theta$와 무관하다.

# 12.9 응력의 좌표변환 결과의 표시

주응력과 최대 평면내 전단응력의 결과는 모든 응력의 방향을 나타내는 그림과 함께 표시되어야 한다. 일반적으로 두 가지의 그림 형태가 사용된다:

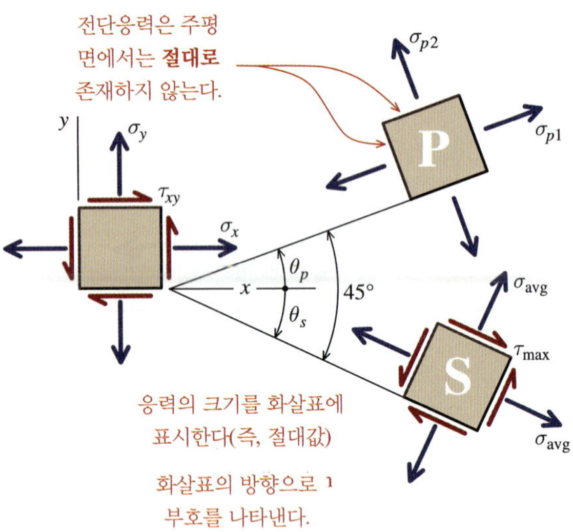


그림 12.15

(a) 두 개의 정사각형 응력요소 또는

(b) 하나의 쐐기 모양의 응력요소

## 두 개의 정사각형 응력요소

그림 12.15에서 보는 바와 같이 두 개의 정사각형 응력요소가 그려져 있다. 하나의 응력요소는 주응력의 방향과 크기를 보여주고, 두 번째 응력요소는 주응력과 함께 최대 평면내 전단응력의 방향과 크기를 보여준다.

## 주응력요소

- 식 (12.11)에서 계산된 각도 $\theta_p$는 $+45°$ 와 $-45°$ 사이의 값을 가지며 그 각도로 회전된 주응력요소를 보여준다.

$$\tan 2\theta_p = \frac{\tau_{xy}}{(\sigma_x - \sigma_y)/2} \tag{12.11}$$

- $\theta_p$가 양수이면, 응력요소는 기준좌표계의 $x$축으로부터 반시계방향으로 회전된다. 만일 $\theta_p$가 음수이면, 회전은 시계방향이다.
- 식 (12.11)에서 계산된 각도는 $\sigma_{p1}$을 위한 것일 수도 있고 그 반대일 수도 있음을 유의해야 한다. $\theta_p$로 회전된 주응력은 다음과 같은 방식으로 결정될 수 있다.
  - $\sigma_x - \sigma_y$가 양수이면, $\theta_p$는 $\sigma_{p1}$의 방향을 가리킨다.
  - $\sigma_x - \sigma_y$가 음수이면, $\theta_p$는 $\sigma_{p2}$의 방향을 가리킨다.
- 다른 하나의 주응력은 응력요소에서 첫 번째 주응력이 작용하는 면과 수직인 면에 작용한다.
- 그림에서 주응력이 인장 또는 압축을 가리킬 때는 화살표의 방향을 사용한다. $\sigma_{p1}$이나 $\sigma_{p2}$의 절대값을 화살표와 함께 표시한다.
- 주평면 위에는 전단응력이 존재하지 않기 때문에 주응력요소에는 전단응력 화살표가 올 수 없다.

## 최대 평면내 전단응력요소

- 주응력요소로부터 45° 회전된 최대 전단응력요소를 그린다.
  - 만일 주응력요소가 기준좌표계의 $x$축으로부터 반시계방향으로 회전된다면(즉, 양의 $\theta_p$), 그때의 최대 전단응력요소는 주응력요소로부터 시계방향으로 45°만큼 회전된 상태로 되어야 한다. 그러므로 최대 전단응력요소는 $x$축에 대하여 $\theta_s = \theta_p - 45°$의 각도로 위치하게 된다.

- 만일 주응력요소가 기준좌표계의 $x$축으로부터 시계방향으로 회전된다면(즉, 음의 $\theta_p$), 최대 전단응력요소는 주응력요소로부터 반시계방향으로 45°만큼 회전된 상태로 되어야 한다. 그러므로 최대 전단응력요소는 $x$축에 대하여 $\theta_s = \theta_p + 45°$의 각도로 위치하게 될 것이다.

- $\theta_s$의 값을 식 (12.4) 또는 식 (12.6)에 대입하고 $\tau_{max}$를 계산한다.
- 만일 $\tau_{max}$의 값이 양이면, 응력요소를 반시계방향으로 회전시키려고 하는 방향으로 $\theta_s$ 면 상의 전단응력의 화살표를 그린다. 만일 $\tau_{max}$가 음이면, $\theta_s$ 면에서의 전단응력 화살표는 응력요소를 시계방향으로 회전시키려는 방향으로 향해야 한다. 이 화살표에 $\tau_{max}$의 절대값을 표시한다.
- $\theta_s$면에 대하여 전단응력 화살표가 완성되면, 다른 세 면에서도 적절한 전단응력 화살표를 작도한다.
- 식 (12.17)로부터 최대 평면내 전단응력 평면에 작용하는 평균 법선응력을 계산한다.
- 4면 모두에 작용하는 평균 법선응력을 화살표로 표시한다. 화살표의 방향을 사용하여 평균 법선응력이 인장 또는 압축임을 표시한다. 한 쌍의 화살표에 이 응력의 크기를 표시한다.
- 일반적으로 최대 평면내 전단응력요소는 4면 모두에서 법선응력 및 전단응력 화살표를 포함한다.

## 쐐기 모양의 응력요소

쐐기 모양의 응력요소는 그림 12.16에서 볼 수 있는 바와 같이 하나의 요소에서 주응력과 최대 평면내 전단응력의 결과를 함께 알려주는 데 사용될 수 있다.

- 쐐기 요소의 두 직교하는 면들은 주응력의 방향과 크기를 알려주는 데 사용된다.
- 쐐기 요소의 두 직교하는 면에서 작용하는 주응력을 명시하기 위해서 주응력요소에 대한 위에서의 절차를 따른다. 이 두 면은 주평면이므로 두 면 위에는 전단응력 화살표가 없어야 한다.
- 쐐기에서의 경사면은 직교하는 두 면으로부터 45°만큼 떨어져 있으며, 최대 평면내 전단응력 및 관련된 법선응력을 명시하는 데 사용된다.

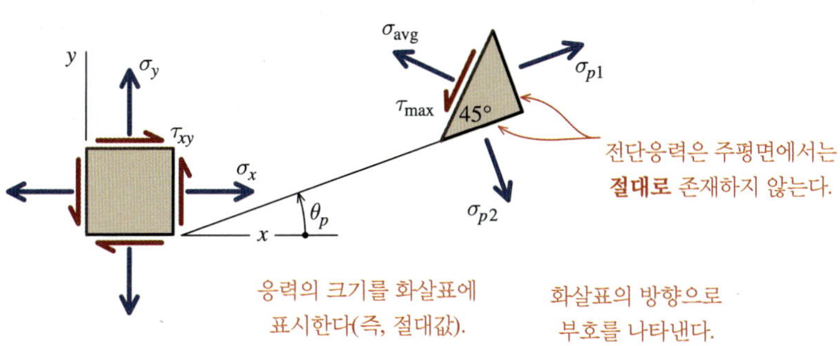


그림 12.16

- 경사면에 전단응력 화살표를 그리고, 식 (12.15)에서 계산된 최대 평면내 전단응력의 크기를 함께 표시한다.
- 최대 평면내 전단응력 화살표의 올바른 방향을 결정하는 데는 몇 가지 방법이 있다. 적절한 그림을 구성하는 손쉬운 방법은 다음과 같다: 전단응력 화살표의 꼬리는 쐐기의 $\sigma_{p1}$ 쪽에서 시작하고, 화살표는 쐐기의 $\sigma_{p2}$ 쪽을 가리킨다.
- 식 (12.17)에서 최대 평면내 전단응력 평면에서 작용하는 평균 법선응력을 계산한다.
- 쐐기의 경사면에서의 평균 법선응력을 표시한다. 평균 법선응력이 인장 또는 압축임을 보이기 위하여 화살표를 사용한다. 이 화살표에 평균 법선응력의 크기를 명기하라.

## 예제 12.5 EXAMPLE

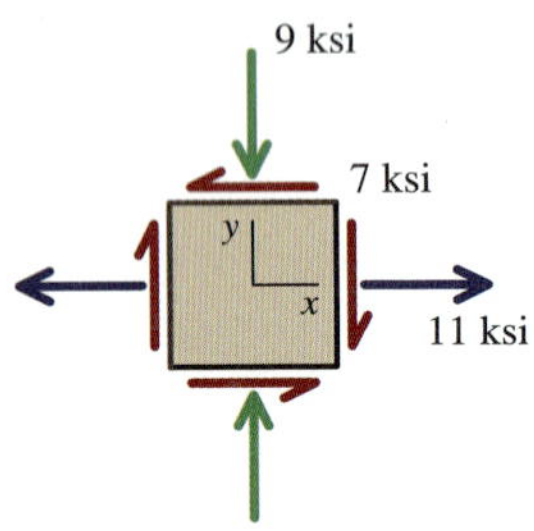


평면응력 상태에 있는 구조물 부재에서의 한 점을 고려하라. 그 점에서의 수평면과 수직면에서 작용하는 법선응력 및 전단응력은 그림과 같다.

(a) 이 점에서의 주응력과 최대 평면내 전단응력을 결정하라.
(b) 응력들을 적당한 그림으로 그려 나타내어라.
(c) 그 점에서의 절대 최대 전단응력을 결정하라.

**풀이 계획**

앞 절에서 유도한 응력의 좌표변환 식이 그 점에서 작용하는 주응력과 최대 전단응력을 계산하는데 사용될 것이다.

**풀이**

(a) 주어진 응력에 기초하여, 응력의 좌표변환 식에서 사용될 값들은 $\sigma_x = +11$ ksi, $\sigma_y = -9$ ksi, $\tau_{xy} = -7$ ksi이다. 평면내 주응력 크기는 식 (12.12)에서 계산될 수 있다.

$$\begin{aligned}\sigma_{p1,p2} &= \frac{\sigma_x + \sigma_y}{2} \pm \sqrt{\left(\frac{\sigma_x - \sigma_y}{2}\right)^2 + \tau_{xy}^2} \\ &= \frac{(11\text{ ksi}) + (-9\text{ ksi})}{2} \pm \sqrt{\left(\frac{(11\text{ ksi}) - (-9\text{ ksi})}{2}\right)^2 + (-7\text{ ksi})^2} \\ &= 13.21\text{ ksi},\ -11.21\text{ ksi}\end{aligned}$$

그러므로

$$\begin{aligned}\sigma_{p1} &= 13.21\text{ ksi} = 13.21\text{ ksi (T)} \\ \sigma_{p2} &= -11.21\text{ ksi} = 11.21\text{ ksi (C)}\end{aligned}$$

최대 평면내 전단응력은 식 (12.15)에서 계산될 수 있다.

$$\tau_{max} = \pm\sqrt{\left(\frac{\sigma_x - \sigma_y}{2}\right)^2 + \tau_{xy}^2} = \pm\sqrt{\left(\frac{(11\text{ ksi}) - (-9\text{ ksi})}{2}\right)^2 + (-7\text{ ksi})^2}$$
$$= \pm 12.21\text{ ksi}$$

최대 평면내 전단응력이 있는 평면에서 식 (12.17)에서 주어진 것과 같이 법선응력은 평균 법선응력이다.

$$\sigma_{avg} = \frac{\sigma_x + \sigma_y}{2} = \frac{(11\text{ ksi}) + (-9\text{ ksi})}{2} = 1\text{ ksi} = 1\text{ ksi (T)}$$

(b) 주응력과 최대 평면내 전단응력을 적절한 그림으로 나타내야만 한다. 각도 $\theta_p$는 기준 $x$면에 대한 하나의 주평면의 방향을 의미한다. 식 (12.11)에서

$$\tan 2\theta_p = \frac{\tau_{xy}}{(\sigma_x - \sigma_y)/2} = \frac{-7\text{ ksi}}{[(11\text{ ksi}) - (-9\text{ ksi})]/2} = \frac{-7\text{ ksi}}{10\text{ ksi}}$$
$$\therefore \theta_p = -17.5°$$

$\theta_p$가 음수이므로 그 각도는 시계방향으로 회전된다. 다시 말하면 하나의 주평면의 수직은 기준 $x$축의 아래로 17.5°만큼 회전된다. 평면내 주응력($\sigma_{p1}$ 또는 $\sigma_{p2}$) 중의 하나는 이 주응력 평면에서 작용한다. $\theta_p = -17.5°$에서 작용하는 주응력을 결정하기 위해서 다음 규칙을 사용한다.

- 만일 $\sigma_x - \sigma_y$가 양이면, $\theta_p$는 $\sigma_{p1}$의 방향을 의미한다.
- 만일 $\sigma_x - \sigma_y$가 음이면, $\theta_p$는 $\sigma_{p2}$의 방향을 의미한다.

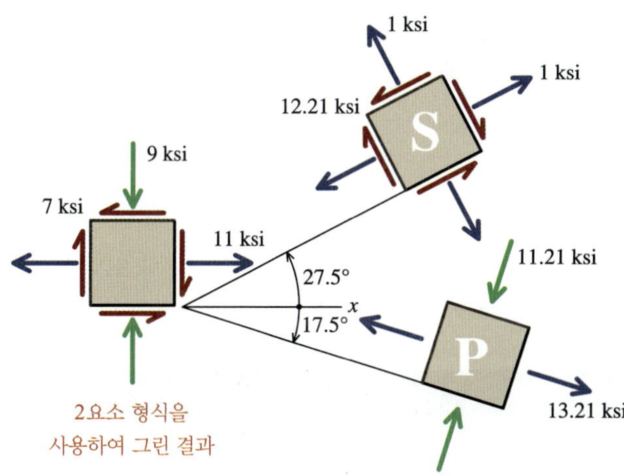


$\sigma_x - \sigma_y$가 양이므로, $\theta_p$는 $\sigma_{p1} = 13.2$ ksi의 방향을 의미한다. 다른 주응력 $\sigma_{p2} = 11.21$ ksi는 $\sigma_{p1}$이 작용하는 평면과 수직인 평면에 작용한다. 평면내 주응력이 그림에서 *P*라고 쓰여 있는 응력요소에 나타나 있다. 주평면에서는 전단응력이 0이라는 점을 유의해야 한다.

최대 평면내 전단응력의 평면은 주평면으로부터 항상 45°만큼 떨어져 있으므로 $\theta_s = +27.5°$이다. 식 (12.15)에서 최대 평면내 전단응력의 크기가 주어지더라도 그것은 $\theta_s$에 의하여 정의된 평면에서 작용하는 전단응력의 방향을 알려주지 않는다. 전단응력의 방향을 결정하기 위해서는 $\sigma_x = +11$ ksi, $\sigma_y = -9$ ksi, $\tau_{xy} = -7$ ksi 그리고 $\theta = \theta_s = +27.5°$의 값들을 사용하여 식 (12.4)으로부터 $\tau_{nt}$를 구해야 한다.

$$\tau_{nt} = -(\sigma_x - \sigma_y)\sin\theta\cos\theta + \tau_{xy}(\cos^2\theta - \sin^2\theta)$$
$$= -[(11\text{ ksi}) - (-9\text{ ksi})]\sin 27.5°\cos 27.5° + (-7\text{ ksi})[\cos^2 27.5° - \sin^2 27.5°]$$
$$= -12.21\text{ ksi}$$

$\tau_{nt}$가 음이므로 전단응력은 양의 $n$면에서 음의 $t$방향으로 작용한다. 하나의 면에 대한 전단응력의 방향이 결정되면, 응력요소의 다른 4면 모두에 대한 전단응력의 방향이 결정된다. 최대 평면내 전단응력과 평균 법선응력은 "S"라고 쓰여 있는 응력요소에 나타나 있다. 주응력요소와는 달리 일반적으로 최대 평면내 전단응력의 평면에 법선응력이 작용한다.

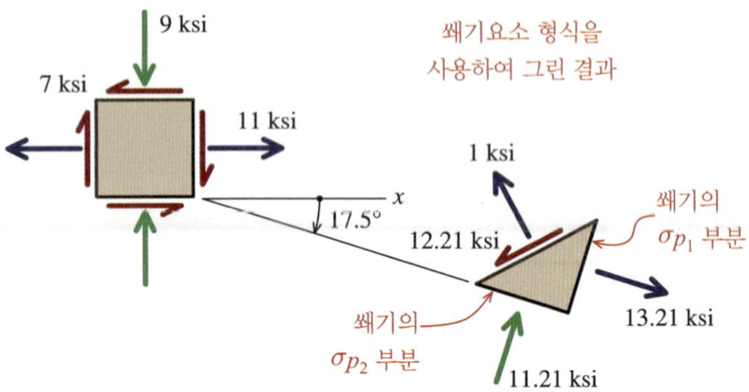


주응력과 최대 평면내 전단응력은 왼쪽 그림에서 보듯이 또한 하나의 쐐기 모양 응력요소로도 표시될 수 있다. 이러한 형식은 두 개의 요소를 사용하는 형식보다 특별히 최대 평면내 전단응력의 방향에 관하여서는 약간 더 쉬울 수도 있다. 최대 평면내 전단응력과 결부된 평균 응력은 쐐기의 경사면에 표시되어 있으며, 주평면으로부터 45°만큼 회전되었다. 이 평면에서의 전단응력 화살표는 쐐기의 $\sigma_{p1}$ 쪽에서 시작되며, 방향은 쐐기의 $\sigma_{p2}$ 쪽을 가리킨다. 주평면(즉, 쐐기의 $\sigma_{p1}$과 $\sigma_{p2}$ 쪽)에서는 전단응력이 절대 없음을 다시 한 번 강조한다.

(c) 여기에 예를 든 것과 같이 평면응력에서는 응력의 $z$ 성분이 모두 0이다. 그러므로 $\tau_{zx} = 0$, $\tau_{zy} = 0$, $\sigma_z = 0$이다. $z$면에서의 전단응력이 0이므로, $z$면은 주면이 되어야만 하며 주응력은 $\sigma_{p3} = \sigma_z = 0$이다. 절대 최대 전단응력(단순히 $z$축과 직교하는 수직방향을 가지는 평면만 아니라 모든 가능한 평면을 고려하여)은 3개의 주응력 $\sigma_{p1} = 13.21$ ksi, $\sigma_{p2} = -11.21$ ksi, $\sigma_{p3} = 0$ 등으로부터 결정될 수 있다. 최대 주응력(대수적인 관점에서)은 $\sigma_{max} = 13.21$ ksi이고 최소 주응력은 $\sigma_{min} = -11.21$ ksi이다. 절대 최대 전단응력은 식 (12.18)로부터 계산된다.

$$\tau_{\text{abs max}} = \frac{\sigma_{max} - \sigma_{min}}{2} = \frac{13.21 \text{ ksi} - (-11.21 \text{ ksi})}{2} = 12.21 \text{ ksi}$$

이 경우에 있어서 절대 최대 전단응력은 최대 평면내 전단응력과 같다. 이것은 $\sigma_{p1}$이 양의 값이고 $\sigma_{p2}$가 음의 값인 경우에 항상 성립된다. $\sigma_{p1}$과 $\sigma_{p2}$가 동시에 양이거나 또는 음인 경우에는 절대 최대 전단응력은 최대 평면내 전단응력보다 크다.

## 예제 12.6 EXAMPLE

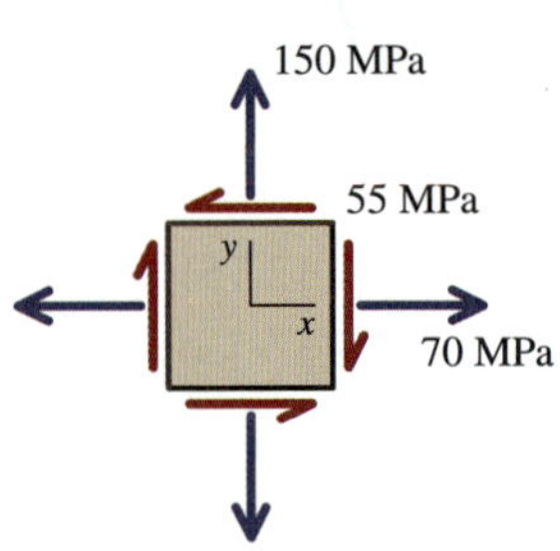


평면응력 상태에 있는 구조 부재에서의 한 점을 고려한다. 그 점에서의 수평면과 수직면에서 작용하는 법선응력과 전단응력이 그림에 나타나 있다.

(a) 그 점에서 작용하는 주응력과 최대 평면내 전단응력을 결정하라.
(b) 응력들을 적당한 그림으로 그려서 나타내어라.
(c) 그 점에서의 절대 최대 전단응력을 결정하라.

### 풀이 계획

앞 절에서 유도된 응력의 좌표변환 식이 그 점에서 작용하는 주응력과 최대 전단응력을 계산하는 데 사용된다.

### 풀이

(a) 주어진 응력에 기초하여의 좌표 응력의 좌표변환 식에서 사용될 값들은 $\sigma_x = 70$ Mpa, $\sigma_y = +150$ MPa, $\tau_{xy} = -55$ Mpa이다. 평면내 주응력 크기는 식 (12.12)에서 계산된다.

$$\sigma_{p1,p2} = \frac{\sigma_x + \sigma_y}{2} \pm \sqrt{\left(\frac{\sigma_x - \sigma_y}{2}\right)^2 + \tau_{xy}^2}$$
$$= \frac{70\text{ MPa} + 150\text{ MPa}}{2} \pm \sqrt{\left(\frac{70\text{ MPa} - 150\text{ MPa}}{2}\right)^2 + (-55\text{ MPa})^2}$$
$$= 178.0\text{ MPa},\ 42.0\text{ MPa}$$

최대 평면내 전단응력은 식 (12.15)에서 계산된다.

$$\tau_{max} = \pm\sqrt{\left(\frac{\sigma_x - \sigma_y}{2}\right)^2 + \tau_{xy}^2} = \pm\sqrt{\left(\frac{70\text{ MPa} - 150\text{ MPa}}{2}\right)^2 + (-55\text{ MPa})^2}$$
$$= \pm\ 68.0\text{ MPa}$$

최대 평면내 전단응력이 있는 평면에서 식 (12.17)에서 주어진 것과 같이 법선응력은 단순히 **평균 법선응력**이 된다.

$$\sigma_{avg} = \frac{\sigma_x + \sigma_y}{2} = \frac{70\text{ MPa} + 150\text{ MPa}}{2} = 110\text{ MPa} = 110\text{ MPa (T)}$$

(b) 주응력과 최대 평면내 전단응력은 적절한 그림으로 나타내야만 한다. 각도 $\theta_p$는 기준좌표계의 $x$면에 대한 하나의 주평면의 상대적인 방향을 가리킨다. 식 (12.11)로부터

$$\tan 2\theta_p = \frac{\tau_{xy}}{(\sigma_x - \sigma_y)/2} = \frac{-55\text{ MPa}}{(70\text{ MPa} - 150\text{ MPa})/2} = \frac{-55\text{ MPa}}{-40\text{ MPa}}$$
$$\therefore \theta_p = 27.0°$$

각도 $\theta_p$는 양수이다. 결과적으로 각도는 $x$축으로부터 반시계방향으로 회전된다. $\sigma_x - \sigma_y$가 음수이므로 $\theta_p$는 $\sigma_{p2} = 42.0$ MPa 의 방향을 가리킨다. 평면내 주응력은 왼편의 그림에 나타나 있다. 나머지 주응력 $\sigma_{p1} = 178.0$ MPa은 $\sigma_{p2}$가 작용하는 면과직교하는 평면에 작용한다. 평면내 주응력은 왼쪽 그림에 나타나 있다.

최대 평면내 전단응력과 연관된 평균 법선응력은 쐐기의 경사면 위에서 나타나는데, 그것은 주평면으로부터 45°만큼 회전된 곳이다. $\tau_{max}$에 대한 화살표는 쐐기의 $\sigma_{p1}$ 부분에서 시작하며 $\sigma_{p2}$ 부분을 가리킨다는 것을 유의하라.

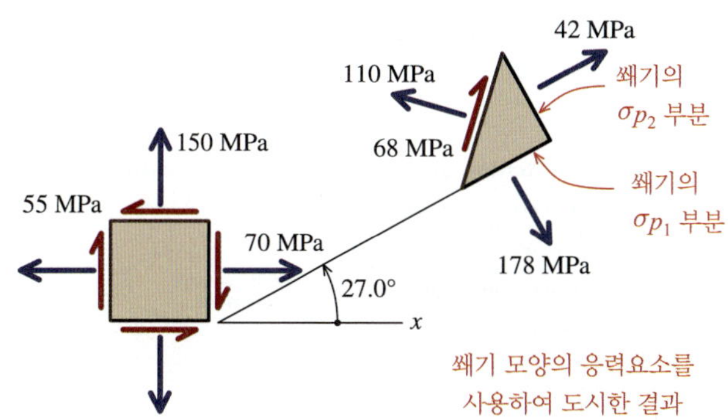


쐐기 모양의 응력요소를 사용하여 도시한 결과

(c) $\sigma_{p1}$과 $\sigma_{p2}$ 모두 양의 값을 가지므로 절대 최대 전단응력은 최대 평면내 전단응력보다 클 것이다. 이번 예제에서 3개의 주응력은 $\sigma_{p1} = 178$ MPa, $\sigma_{p2} = 42$ MPa, $\sigma_{p3} = 0$이다. 최대 주응력은 $\sigma_{max} = 178$ MPa이고, 최소 주응력은 $\sigma_{min} = 0$이다. 절대 최대 전단응력은 식 (12.18)로부터 계산될 수 있다.

$$\tau_{abs\ max} = \frac{\sigma_{max} - \sigma_{min}}{2} = \frac{178\text{ MPa} - 0}{2} = 89.0\text{ MPa}$$ **Ans.**

절대 최대 전단응력은 그 법선벡터가 $x$–$y$ 평면 상에 있지 않는 평면에서 작용한다.

## MecMovies Example M12.9

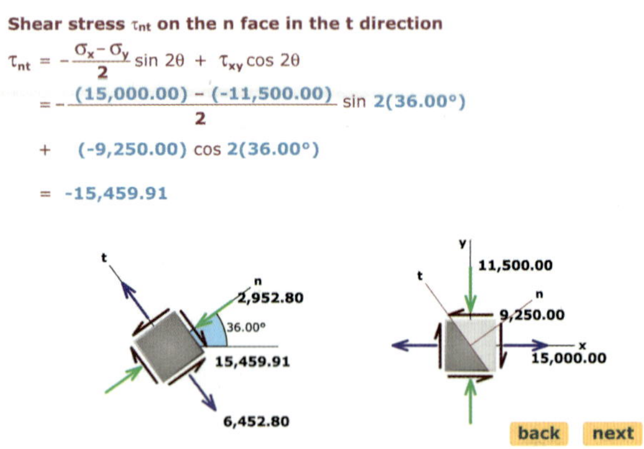


**응력의 좌표변환 학습 도구**

응력의 좌표변환 학습 도구는 특정한 평면에서 작용하는 응력, 주응력, 그리고 사용자에 의하여 주어진 응력 값에 대한 최대 평면내 전단응력 상태를 결정함에 있어서 응력의 좌표변환 식의 올바른 사용법을 알려준다.

## MecMovies EXERCISES

M12.4 **응력 좌표변환 결과의 도시.** 이 대화형 과정(학습도구)에서 최소한 100점을 획득하라.

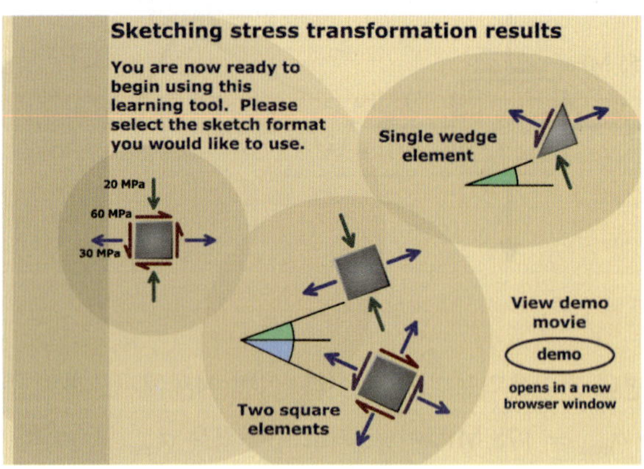


그림 M12.4

# PROBLEMS

**P12.41–P12.44** Consider a point in a structural member that is subjected to plane stress. Normal and shear stresses acting on horizontal and vertical planes at the point are shown in Figures P12.41–P12.44.

(a) Determine the principal stresses and the maximum in-plane shear stress acting at the point.
(b) Show these stresses in an appropriate sketch (e.g., see Figure 12.15 or Figure 12.16).

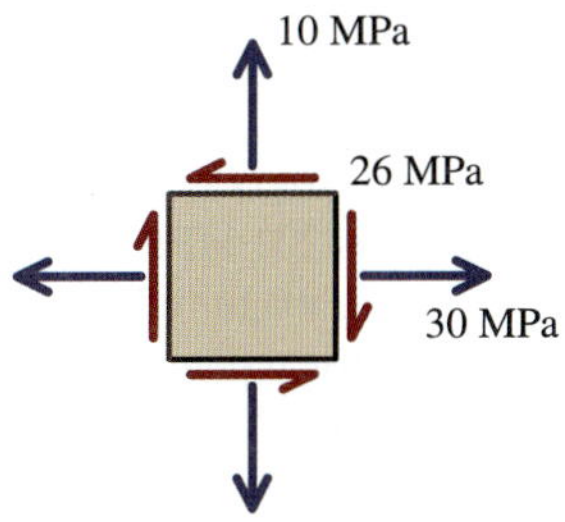


**FIGURE P12.41**

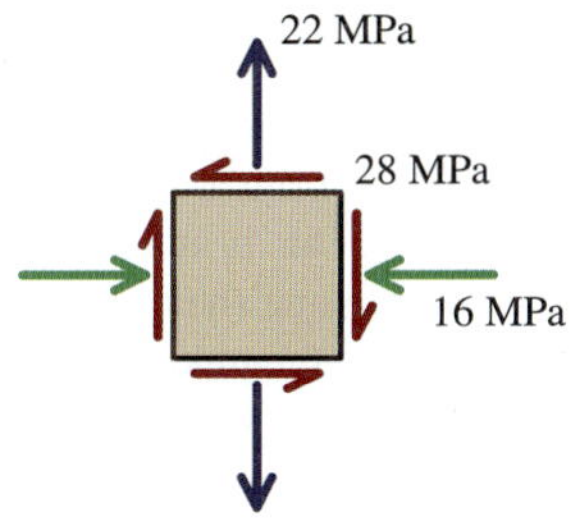


**FIGURE P12.42**

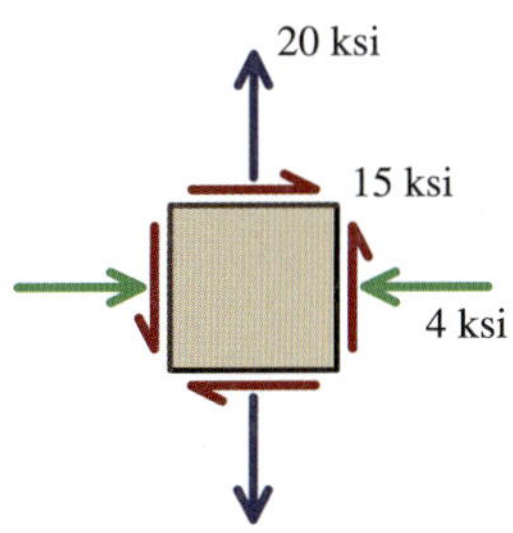


**FIGURE P12.43**

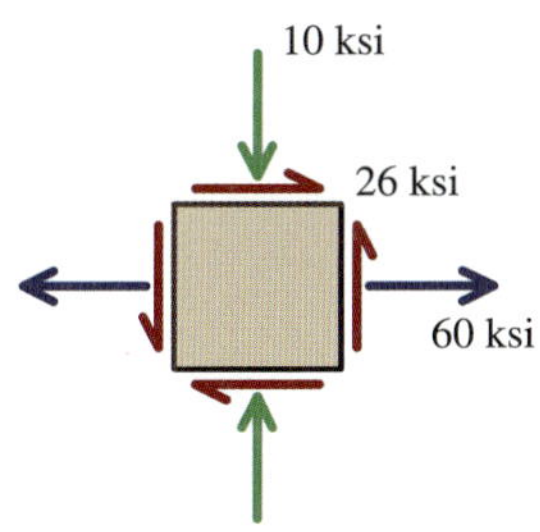


**FIGURE P12.44**

**P12.45–P12.48** Consider a point in a structural member that is subjected to plane stress. Normal and shear stresses acting on horizontal and vertical planes at the point are shown in Figures P12.45–P12.48.

(a) Determine the principal stresses and the maximum in-plane shear stress acting at the point.
(b) Show these stresses in an appropriate sketch (e.g., see Figure 12.15 or Figure 12.16).
(c) Compute the absolute shear stress at the point.

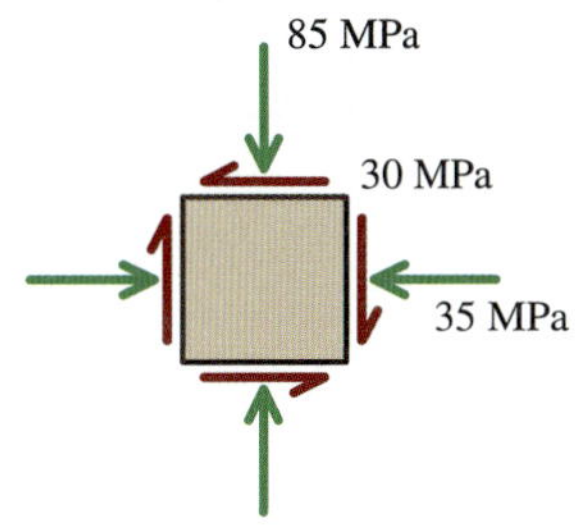


**FIGURE P12.45**

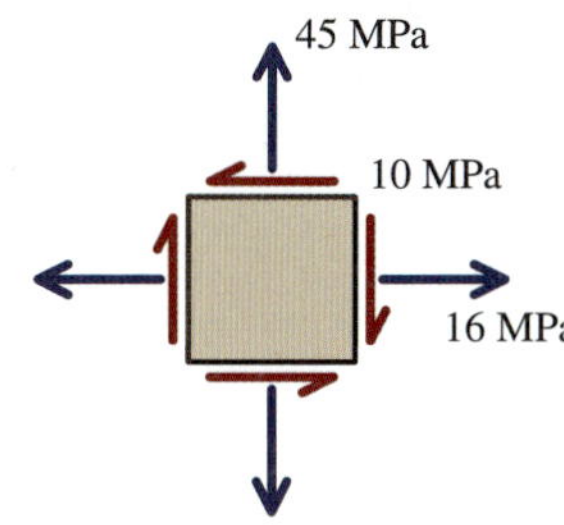


**FIGURE P12.46**

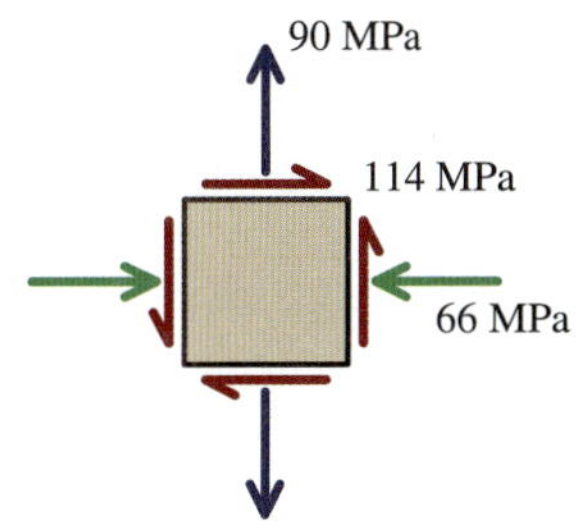


**FIGURE P12.47**

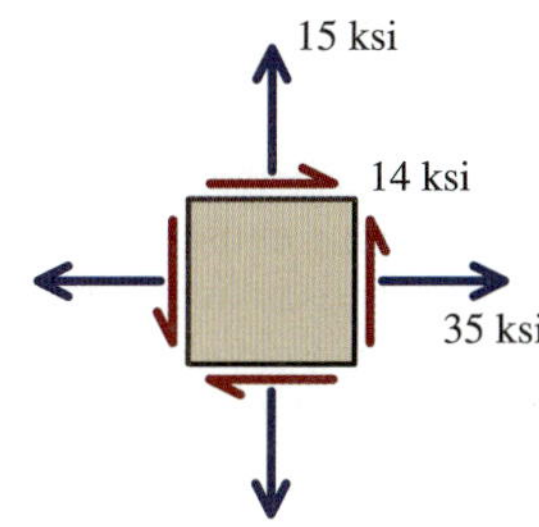


**FIGURE P12.48**

**P12.49–P12.52** Consider a point in a structural member that is subjected to plane stress. Normal and shear stresses acting on horizontal and vertical planes at the point are shown in Figures P12.49–P12.52.

(a) Determine the principal stresses and the maximum in-plane shear stress acting at the point.
(b) Show these stresses in an appropriate sketch (e.g., see Figure 12.15 or Figure 12.16).
(c) Compute the absolute maximum shear stress at the point.

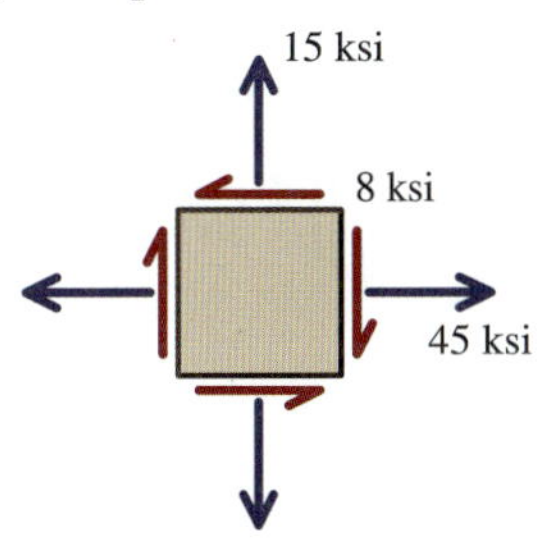


**FIGURE P12.49**

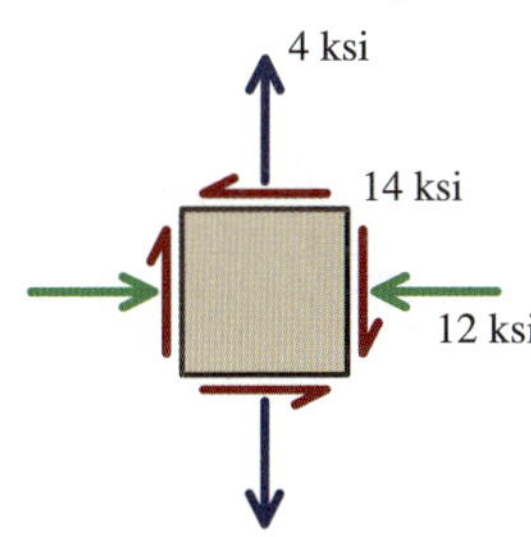


**FIGURE P12.50**

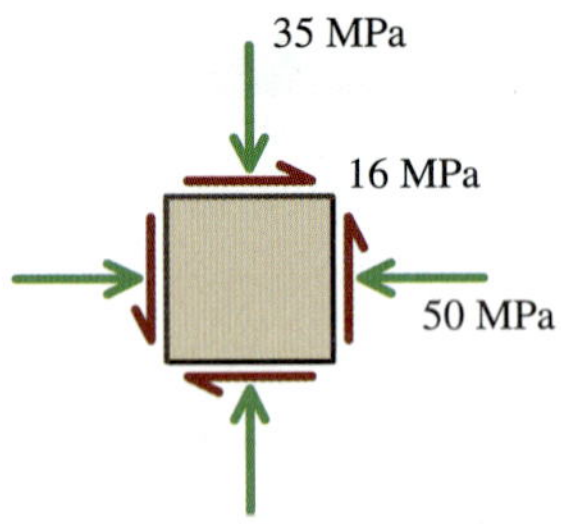


**FIGURE P12.51**

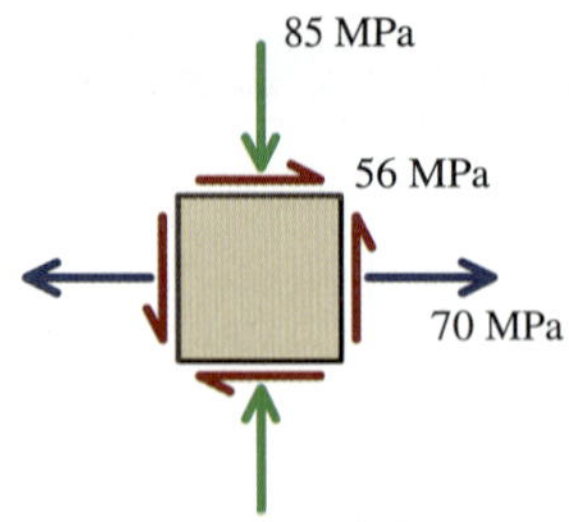


**FIGURE P12.52**

**P12.53–P12.56** Consider a point in a structural member that is subjected to plane stress. Normal and shear stresses acting on horizontal and vertical planes at the point are shown in Figures P12.53–P12.56.

(a) Determine the principal stresses and the maximum in-plane shear stress acting at the point.
(b) Show these stresses in an appropriate sketch (e.g., see Figure 12.15 or Figure 12.16).
(c) Compute the absolute maximum shear stress at the point.

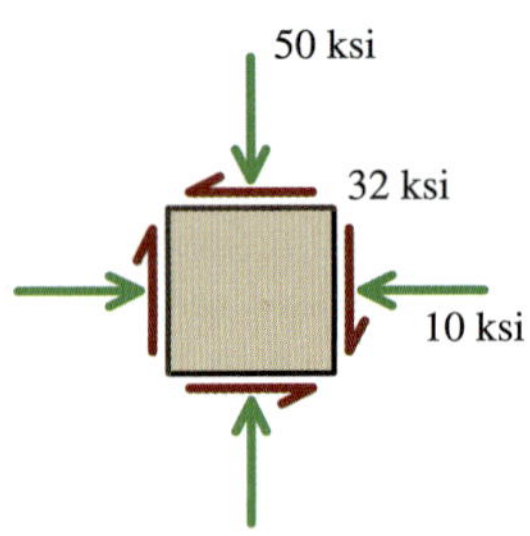


**FIGURE P12.53**

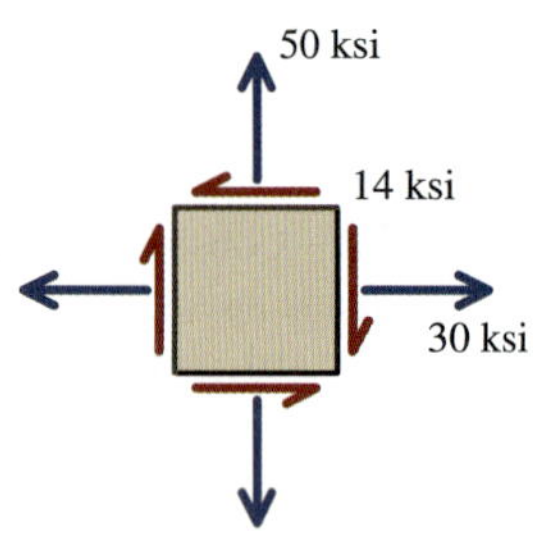


**FIGURE P12.54**

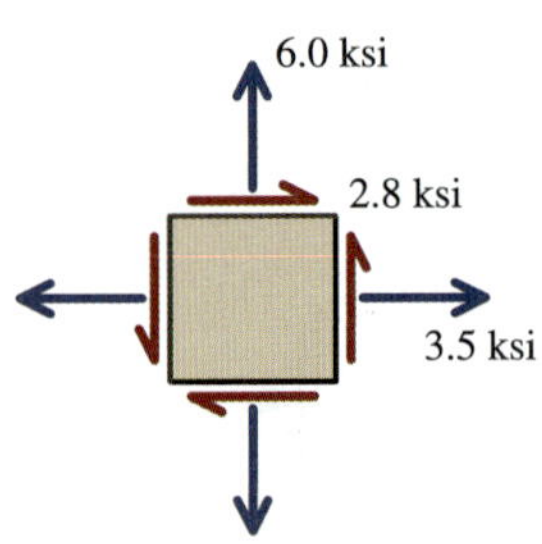


**FIGURE P12.55**

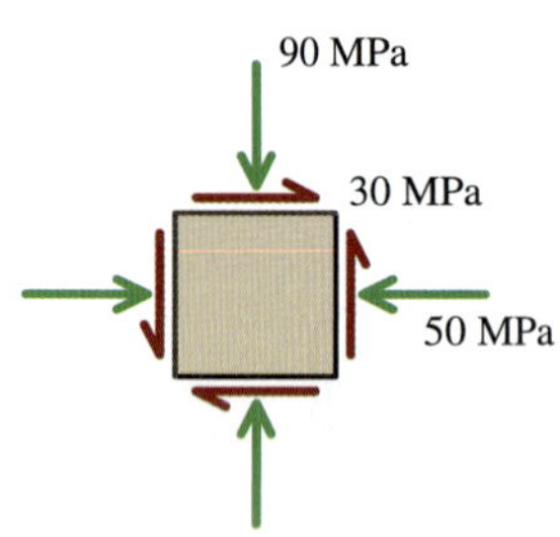


**FIGURE P12.56**

**P12.57** The principal compressive stress on a vertical plane through a point in a wooden block is equal to three times the principal compression stress on a horizontal plane. The plane of the grain is 25° clockwise from the vertical plane. If the normal and shear stresses must not exceed 400 psi (C) and 90 psi shear, determine the maximum allowable compressive stress on the horizontal plane.

**P12.58** At a point on the free surface of a stressed body, a normal stress of 64 MPa (C) and an unknown positive shear stress exist on a horizontal plane. One principal stress at the point is 8 MPa (C). The absolute maximum shear stress at the point has a magnitude of 95 MPa. Determine the unknown stresses on the horizontal and vertical planes and the unknown principal stress at the point.

**P12.59** At a point on the free surface of a stressed body, the normal stresses are 20 ksi (T) on a vertical plane and 30 ksi (C) on a horizontal plane. An unknown negative shear stress exists on the vertical plane. The absolute maximum shear stress at the point has a magnitude of 32 ksi. Determine the principal stresses and the shear stress on the vertical plane at the point.

**P12.60** At a point on the free surface of a stressed body, a normal stress of 75 MPa (T) and an unknown negative shear stress exist on a horizontal plane. One principal stress at the point is 200 MPa (T). The maximum in-plane shear stress at the point has a magnitude of 85 MPa. Determine the unknown stresses on the vertical plane, the unknown principal stress, and the absolute maximum shear stress at the point.

**P12.61** For the state of plane stress shown in Figure P12.61, determine:

(a) the largest value of $\sigma_y$ for which the maximum in-plane shear stress is equal to or less than 16 ksi.
(b) the corresponding principal stresses.

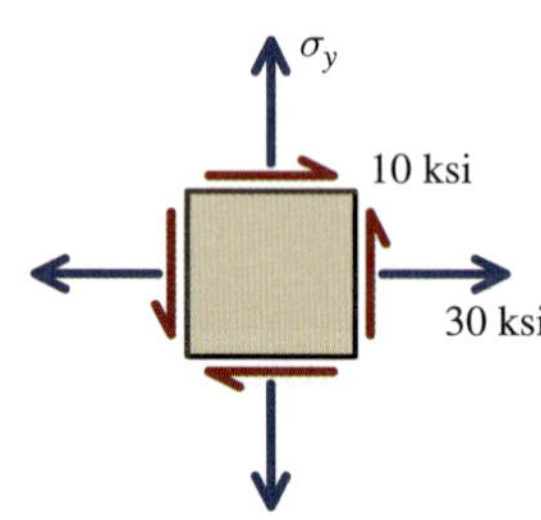


**FIGURE P12.61**

**P12.62** For the state of plane stress shown in Figure P12.62, determine:

(a) the largest value of $\tau_{xy}$ for which the maximum in-plane shear stress is equal to or less than 150 MPa.
(b) the corresponding principal stresses.

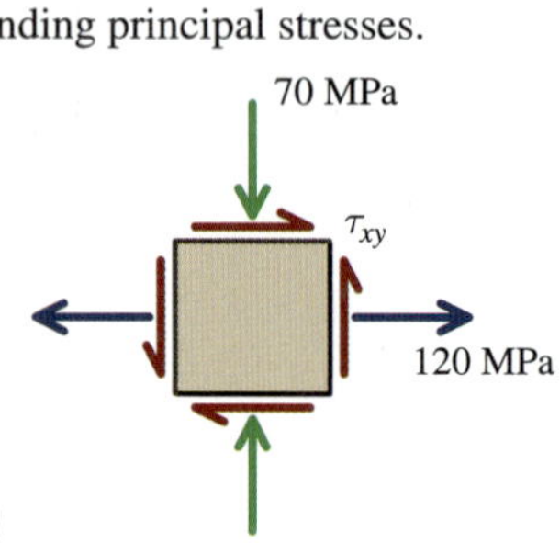


**FIGURE P12.62**

## 12.10 평면응력에 대한 Mohr의 원

한 좌표계(즉, $x$–$y$–$z$)에서 다른 좌표계(즉, $n$–$t$–$z$)로 응력을 변환하는 과정을 응력의 좌표변환이라 하며, 평면응력 변환을 위한 일반 식을 12.7절에서 유도하였다. 응력을 받고 있는 물체내의 한 점에서의 주응력과 최대 평면내 전단응력을 계산하기 위한 식은 12.8절에서 유도하였다. 이번 절에서는 평면응력 변환을 위한 도식적인 과정이 개발된다. 12.7절과 12.8절에서 유도된 다양한 식을 비교해 보면 이러한 도식적인 과정이 훨씬 더 기억하기 쉽고, 한 점에 대한 여러 평면들에서 작용하는 응력 성분들 사이의 관계에 대한 체계적인 표현방법을 제공한다.

독일의 토목 공학자인 Otto Christian Mohr(1835~1918)는 응력의 좌표변환 식에 대하여 유용한 도식적인 해석을 개발하였다. 이 방법을 Mohr의 원 방법이라고 한다. 여기서는 평면응력의 좌표변환에 사용될 것이나 Mohr의 원 방법은 수학적으로 유사한 다른 변환, 예를 들면, 단면관성모멘트, 질량관성모멘트, 변형률, 3차원 응력의 좌표변환 등에 대해서도 유효하다.

**MecMovies 12.15** Mohr 원을 사용한 응력의 좌표변환 식에 대한 내용에 대한 애니메이션을 보여준다.

### 원 방정식의 유도

평면응력에 대한 Mohr의 원은 수평축을 따라 그려진 법선응력 $\sigma$와 수직축을 따라 그려진 전단응력 $\tau$로 구성된다. Mohr 원은 원 위에서의 각 점이 응력을 받는 물체의 한 점을 통과하는 하나의 특정한 평면에서 작용하는 법선응력 $\sigma$와 전단응력 $\tau$의 조합을 나타내도록 구성된다. 2배각 삼각함수 공식으로 표현되는 일반적인 평면응력의 좌표변환 식은 12.7절에서 소개되었다.

$$\sigma_n = \frac{\sigma_x + \sigma_y}{2} + \frac{\sigma_x - \sigma_y}{2}\cos 2\theta + \tau_{xy}\sin 2\theta \tag{12.5}$$

$$\tau_{nt} = -\frac{\sigma_x - \sigma_y}{2}\sin 2\theta + \tau_{xy}\cos 2\theta \tag{12.6}$$

식 (12.5)와 식 (12.6)을 정리하면,

$$\sigma_n - \frac{\sigma_x + \sigma_y}{2} = \frac{\sigma_x - \sigma_y}{2}\cos 2\theta + \tau_{xy}\sin 2\theta$$

$$\tau_{nt} = -\frac{\sigma_x - \sigma_y}{2}\sin 2\theta + \tau_{xy}\cos 2\theta$$

두 방정식의 좌우변을 모두 제곱하여 좌변은 좌변끼리 우변은 우변끼리 더한 후에 정리하면,

$$\left(\sigma_n - \frac{\sigma_x + \sigma_y}{2}\right)^2 + \tau_{nt}^2 = \left(\frac{\sigma_x - \sigma_y}{2}\right)^2 + \tau_{xy}^2 \tag{12.20}$$

이것은 변수 $\sigma_n$과 $\sigma_{nt}$의 항으로 나타낸 원의 방정식이다. 원의 중심$(C, 0)$은 $\sigma$축 상의

$$C = \frac{\sigma_x + \sigma_y}{2} \tag{12.21}$$

에 위치한다.

원의 반지름은 식 (12.20)의 우변에 의하여 주어진다.

MecMovies 12.16 평면응력 상태에서 Mohr 원의 구성을 위한 단계적인 지침을 보여준다.

$$R = \sqrt{\left(\frac{\sigma_x - \sigma_y}{2}\right)^2 + \tau_{xy}^2} \tag{12.22}$$

식 (12.20)을 $C$와 $R$에 대한 항으로 다시 쓸 수 있으며, 이것은 반지름 $R$과 중심 $C$를 가지는 원의 표준 대수 방정식이다.

$$(\sigma_n - C)^2 + \tau_{nt}^2 = R^2 \tag{12.23}$$

MecMovies 12.17 Mohr 원을 사용하여 주응력과 주평면을 구하는 방법을 보여준다.

MecMovies 12.18 Mohr 원을 사용하여 최대 평면내 전단응력을 구하는 방법을 보여준다.

## Mohr 원의 응용

Mohr 원은 응력을 받는 물체의 한 점을 통과하는 다양한 평면에서의 응력을 가시화하는 데 매우 유용하게 사용된다. Mohr 원은 한 점을 통과하는 임의의 평면에 작용하는 응력을 결정하는 데 사용될 수 있다. Mohr 원을 이용하여 주응력과 최대 전단응력을 결정하는 것은 매우 편리하다(평면내과 절대 최대 전단응력 모두). 만일 Mohr 원을 1:1의 척도로 그린다면, 그 그림으로부터 직접 측정하여 응력 값을 구하는 데 사용될 수도 있다. 그러나 아마도 가장 유용한 것은 한 점에서의 응력과 방향을 결해야 하는 기술자나 연구자들에게 도식적인 도움을 준다는 것이다.

## Mohr 원 작도 시에 사용되는 부호규약

Mohr 원을 작도하는 데 있어서 법선응력은 수평 좌표에 그리고 전단응력은 수직 좌표에 그린다. 결과적으로 수평축은 $\sigma$축이 되고 수직축은 $\tau$축이 된다. 다시 말하면, 평면응력에 대한 Mohr 원은 전적으로 법선응력 $\sigma$와 전단응력 $\tau$의 항으로 그려지는 원이다.

**법선응력.** 인장 법선응력은 $\tau$축의 오른편에 그려지고, 압축 법선응력은 $\tau$축의 왼편에 그려진다. 다시 말하면, 인장 법선응력은 양의 값(대수적으로)으로 압축 법선응력은 음의 값으로 그려진다.

**전단응력.** 어떠한 전단응력을 $\sigma$축의 위쪽 또는 아래쪽에 그려야 하는가를 결정하기 위해서는 부호규약이 필요하다. $x$면에 작용하는 전단응력 $\tau_{xy}$는 $y$면에서 작용하는 전단응력 $\tau_{yx}$와 항상 같아야만 한다(12.3절 참조). 만일 양의 전단응력이 응력요소의 $x$면에서 작용하면, 양의 전단응력이 $y$면에서도 작용해야 하고, 그 반대도 성립한다. 그러므로 전단응력에 대하여는 통상적인 부호규약(예를 들어 양의 $\tau$는 $\sigma$축의 위에, 음의 $\tau$는 $\sigma$축 아래에 그린다)으로서는 불충분한데, 그 이유는

(a) $x$와 $y$면의 양면에서의 전단응력은 항상 같은 부호를 가지며
(b) Mohr의 원의 중심은 $\sigma$축에 위치해야만 한다[식 (12.20) 참조].

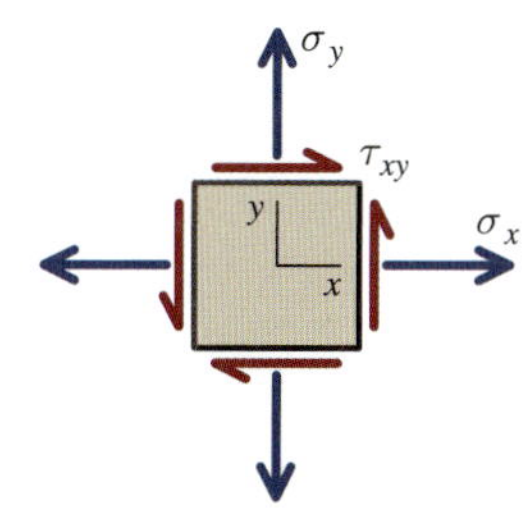


- 만일 응력요소의 한 면에 작용하는 전단응력이 응력요소를 시계방향으로 회전시키려 한다면, 그때의 전단응력은 $\sigma$축의 위쪽에 그린다.
- 만일 응력요소의 한 면에 작용하는 전단응력이 응력요소를 반시계방향으로 회전시키려 한다면, 그 때의 전단응력은 $\sigma$축의 아래쪽에 그린다.

## Mohr 원의 기본 작도법

Mohr 원은 어떤 응력이 주어지고, 어떤 응력을 구해야 하는가에 따라 여러 가지 방법으로 작도될 수 있다. 평면응력에 대한 Mohr의 원에 대한 기본 작도법을 설명하기 위하여 응력 $\sigma_x$, $\sigma_y$, $\tau_{xy}$ 등이 주어졌다고 가정한다. 다음은 Mohr 원을 작도하는 과정을 정리한 것이다.

**1.** 한 점에서의 직교하는 평면들에 대한 응력을 파악한다. 이들은 대개 응력요소의 $x$면과 $y$면에서 작용하는 $\sigma_x$, $\sigma_y$, $\tau_{xy}$ 등이다. Mohr 원을 그리기 시작하기 전에 응력요소를 그리는 것이 유용하다.

**2.** 한 쌍의 좌표축을 작도한다. $\sigma$축은 수평이다. $\tau$축은 수직이다. Mohr 원을 그릴 때 적당한 축척값에 맞추는 것은 필요하다. 주어진 수치에 대하여 적당한 응력의 간격을 선택하고 $\sigma$와 $\tau$의 양쪽에 같은 간격을 사용한다. $\tau$축의 윗부분에 시계방향의 화살표를 사용하여 표시한다. 아랫부분의 반에 반시계방향의 화살표를 표시한다. 이들 기호는 전단응력을 그릴 때 사용되는 부호규약을 기억하는 데 도움을 줄 것이다.

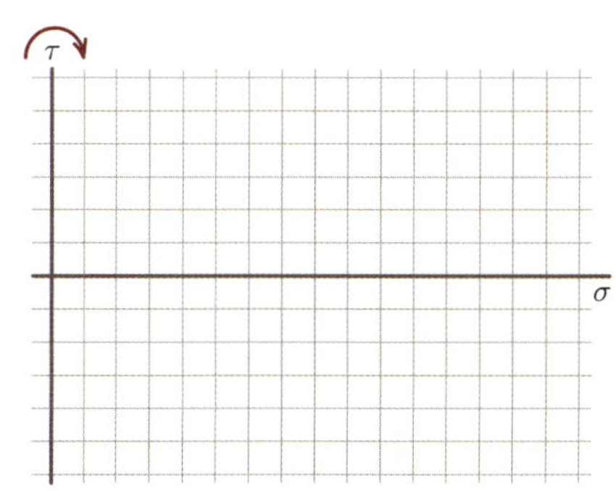


**3.** $x$면에서 작용하고 있는 응력의 상태를 작도한다. 만일 $\sigma_x$가 양이면(즉, 인장), 그때 그 점은 $\tau$축의 오른쪽에 그려진다. 반대로, 음의 $\sigma_x$는 $\tau$축의 왼쪽에 그린다.

시계/반시계방향의 부호규약을 사용하면, $\tau_{xy}$의 값을 올바르게 그리는 것이 더 쉬워진다. 만일 $x$면에서의 전단응력의 화살표가 응력요소를 시계방향으로 회전시키려는 경향이 있으면 $\sigma$축의 위에 작도한다. 그림의 응력요소에서 $x$면에 작용하는 전단응력은 응력요소를 반시계방향으로 회전시키므로 그 점은 $\sigma$축의 아래에 그려져야만 한다.

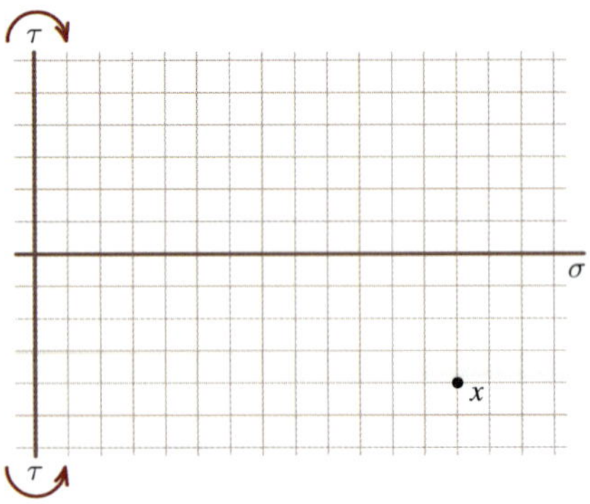


4. 이 점을 $x$로 표기한다. 이 점은 응력요소의 $x$면에서 작용하는 법선응력과 전단응력의 조합을 의미한다. Mohr 원을 작도하는 데 사용되는 좌표는 흔히 사용되는 $x$와 $y$ 의 좌표가 아니다. 오히려 Mohr 원의 좌표는 $\sigma$와 $\tau$이다. Mohr 원을 사용하여 특정한 평면의 방향을 정하기 위해서 어떤 기준점(예를 들면 응력요소의 $x$면에서의 응력상태를 표현하는 점 $x$)에 대한 상대 각도를 결정해야 한다. 결과적으로 점들을 그릴 때에 명칭을 붙이는 것이 매우 중요하다.

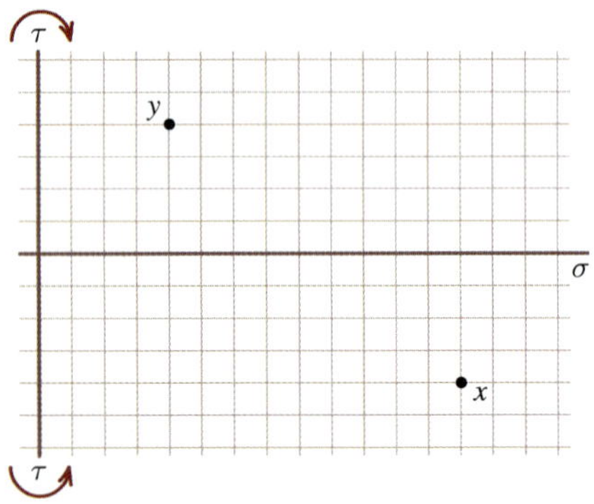


5. $y$면에서 작용하는 응력의 상태를 그린다. 응력요소의 위쪽에 있는 $y$면의 전단응력의 화살표를 보면, 이 화살표는 응력요소를 시계방향으로 회전시키려 하므로 그 점은 $\sigma$축의 위에 그려진다. 그것은 응력요소의 $y$면에서 작용하는 법선응력 및 전단응력의 조합을 의미하고 있으므로 이 점을 $y$라 놓는다. 점 $x$와 $y$는 모두 $\sigma$ 축으로부터 같은 거리만큼 떨어져 있어야 한다. 한 점은 $\sigma$축의 위에 다른 점은 아래에 위치해야 한다. 그 이유는 $x$와 $y$면에서 작용하는 전단응력은 반드시 같은 크기를 가져야 하기 때문이다[식 (12.3)과 식 (12.2)].

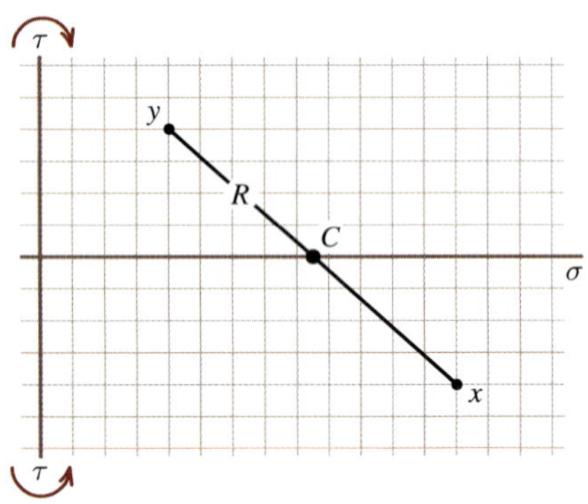


6. 점 $x$와 $y$를 잇는 직선을 그린다. 이 직선이 $\sigma$축을 지나는 지점을 Mohr 원의 중심 $C$로 정한다. Mohr 원의 반지름 $R$은 중심 $C$에서부터 점 $x$나 점 $y$까지의 거리이다.

**식 (12.23)에서 보는 바와 같이**
**Mohr 원의 중심 $C$는 항상 $\sigma$축 위에 위치한다.**

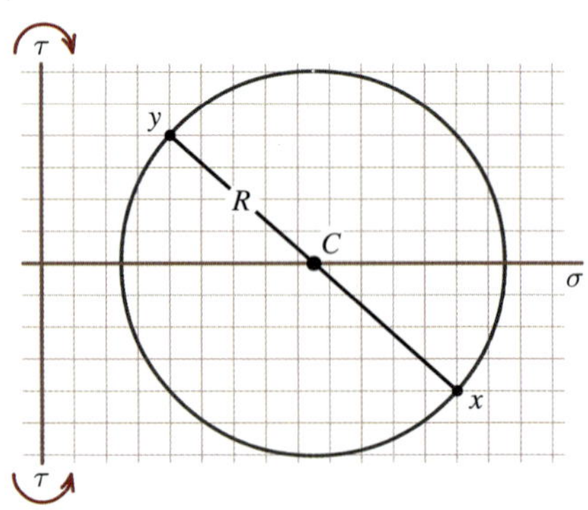


7. 중심 $C$와 반지름 $R$인 원을 작도한다. 원 위의 모든 점은 어떤 방향에서 존재하는 $\sigma$와 $\tau$의 조합을 의미한다. Mohr 원을 유도하기 위하여 사용된 식 (12.5)와 식 (12.6)은 2배각 삼각함수의 항으로 표시되었다. 결과적으로 Mohr 원의 모든 각도는 두 배각 $2\theta$를 나타낸다. 점 $x$와 $y$는 $x$–$y$ 좌표계에서 90°만큼 떨어진 평면에서의 응력을 나타내며, Mohr 원의 $\sigma$–$\tau$ 좌표계에서 180°만큼 떨어져 있다. 임의의 지름 끝부분에서의 두 점은 직교하는 평면에서의 응력을 의미한다.
8. Mohr 원에서의 몇몇 점들은 특별한 의미를 갖는다. 어떤 응력 $\sigma_x$, $\sigma_y$, $\tau_{xy}$가 $x$와 $y$방향으로 작용하고 있을 때, 주응력은 응력을 받고 있는 물체에 존재하는 법선응력의 최대값이다. Mohr 원으로부터 $\sigma$의 극한값은 원이 $\sigma$축과 만나는 두 점에서 발생한다. 오른쪽 극한값은 $\sigma_{p1}$이 되고 왼쪽의 극한값은 $\sigma_{p2}$가 된다. 두 점에서의 전단응력은 0이 되어야 한다. 앞에서 학습한 바와 같이 전단응력 $\tau$는 법선응력 $\sigma$가 최대 또는 최소값을 가지는 곳에서 항상 0이다.
9. Mohr 원은 주평면의 방향을 결정하는 데 사용될 수 있다. 원으로부터 점 $x$와 최대 주응력 점이 이루는 각도 $2\theta_p$를 결정할 수 있다. $2\theta_p$의 크기와 더불어 각도의

방향(시계방향 또는 반시계방향)은 원을 검토함으로써 알 수 있다. 점 $x$로부터 주응력 점까지의 $2\theta_p$의 회전각이 결정되어야 한다. 응력요소의 $x$–$y$ 좌표계에서 응력요소의 $x$면과 주평면이 이루는 각도는 $\theta_p$이며, $\theta_p$는 Mohr 원에서 $2\theta_p$에 해당하고 $x$–$y$ 좌표계에서와 같은 방향(시계방향 또는 반시계방향)으로 회전한다.

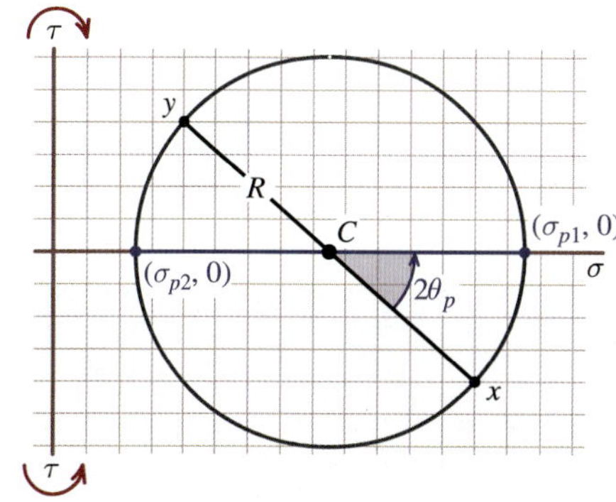


**10.** Mohr 원에서 또 다른 흥미로운 점들은 극한 전단응력 점들이다. 가장 큰 전단응력의 크기는 원의 위와 아래에 있는 점들에서 발생할 것이다. 원의 중심 $C$는 항상 $\sigma$축 위에 있으므로, $\tau$의 가장 큰 값은 원의 반지름 $R$과 같다. 이 두 점들은 원의 중심 $C$의 바로 위와 아래에 위치한다. 항상 0의 전단응력을 가지는 주평면과는 대조적으로 최대 전단응력의 평면은 대개 법선응력을 갖는다. 이 법선응력의 크기는 원의 중심 $C$의 $\sigma$ 좌표와 동일하다.

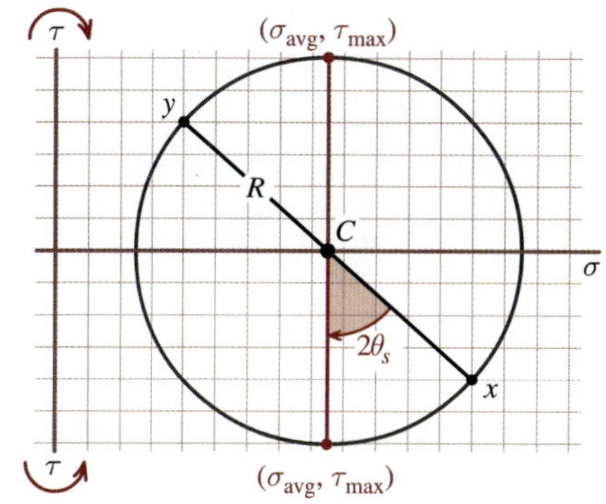


**11.** Mohr 원에서 주응력 점들과 최대 전단응력 점들이 이루는 각도는 90°이다. Mohr 원에서의 각도는 실제의 두 배이므로 주응력과 최대 전단응력 평면과의 각도는 항상 45°가 될 것이다.

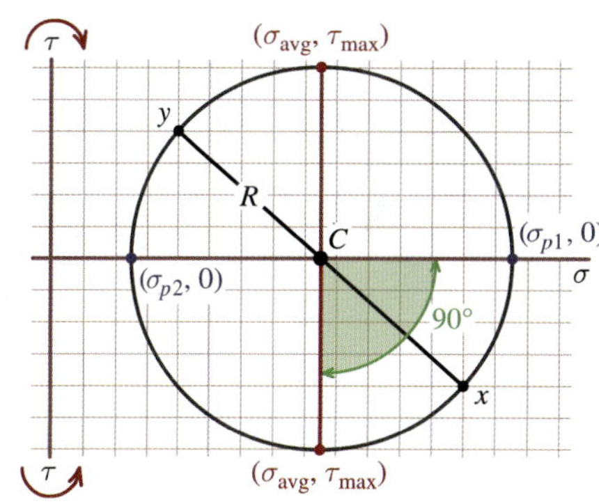


12.7절과 12.8절에서 제시된 응력의 좌표변환 식과 여기서 학습한 Mohr 원의 활용법은 동일한 결과를 얻게 하는 두 가지의 방법이다. Mohr 원의 장점은 가능한 모든 응력의 조합에 대한 간결한 시각적 결과를 제공하는 것이다. 모든 응력 계산은 원의 기하학적 형상과 기초 삼각함수를 사용하여 수행될 수 있으므로 Mohr 원은 응력해석 기법을 쉽게 기억할 수 있게 한다. 응력해석에 대하여 숙달해 가는 동안 12.7절과 12.8절에서 주어진 응력의 좌표변환 식과 Mohr 원의 활용법을 자연스럽게 연결할 수 있게 될 것이다. 즉 12.7절과 12.8절에서 유도한 식을 Mohr 원으로부터 구하는 것이 가능하게 될 것이다. 따라서 원하는 모든 양을 계산하는 데 있어서 원의 기하학을 사용하는 Mohr 원의 장점을 이용하기 바란다.

## MecMovies Example M12.10

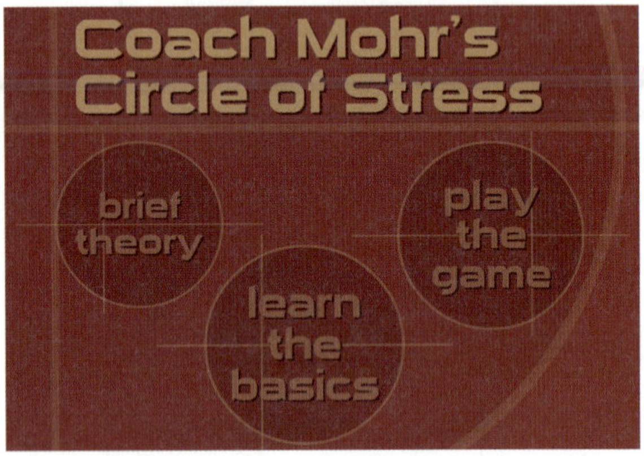


**응력에 대한 Mohr 원의 코치**

주응력과 주면 주응력의 방향을 결정하기 위하여 Mohr 원을 그리고 사용하는 것을 익혀라.

## 예제 12.7 EXAMPLE

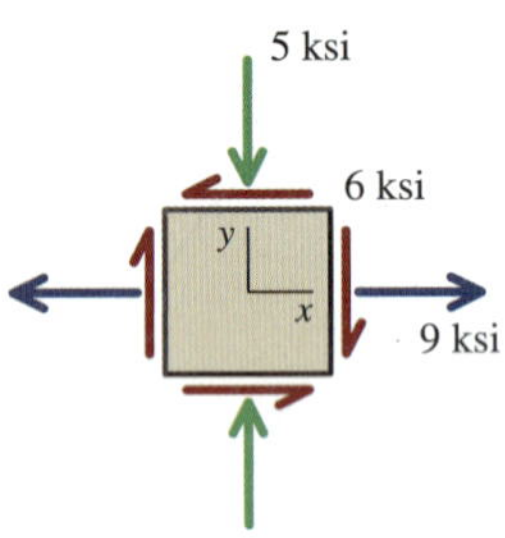


**주응력과 최대 평면내 전단응력**

평면응력 상태에 있는 구조 부재의 한 점을 고려한다. 그 점에서의 수평면과 수직면에서 작용하는 법선응력 및 전단응력이 그림에 나타나 있다.

(a) 그 점에 작용하는 주응력과 최대 평면내 전단응력을 결정하라.

(b) 응력들을 적당한 그림으로 표현하라.

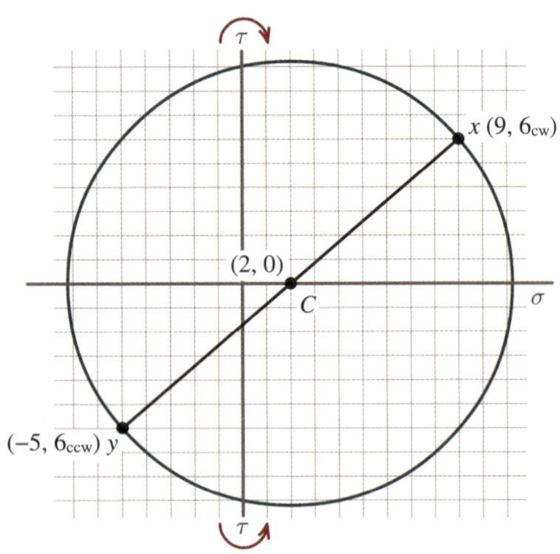


**풀이**

응력요소의 $x$면에서 작용하는 법선응력과 전단응력으로부터 시작한다. $\sigma_x = 9$ ksi는 인장응력이므로 Mohr 원에서는 $\tau$축의 오른쪽에 표시될 것이다. $x$면에서 작용하는 전단응력은 응력요소를 시계방향으로 회전시키려 하므로, Mohr 원 위의 점 $x$는 $\sigma$축의 윗부분에 위치하게 된다.

$y$면에 법선응력 $\sigma_y = -5$ ksi를 표시하는 점 $y$는 $\tau$축의 왼쪽에 위치하게 된다. $y$면에 작용하는 전단응력은 응력요소를 반시계방향으로 회전시키려 하므로 Mohr 원 위의 점 $y$는 $\sigma$축 아래에 위치한다.

**주의:** 점 $x$와 $y$에서 $\tau$값에 양이나 음의 부호를 붙이는 것은 Mohr 원을 이용한 응력 해석에서 아무런 유용한 정보를 주지 않는다. 원이 제대로 구성되면, 모든 계산은 부호에 관계없이 원의 기하학적 형상을 기반으로 이루어진다. 이 입문 예제에서는 $x$점에서의 전단응력에 cw라는 하첨자를 더하였으

며 이는 $x$면에서의 전단응력이 응력요소를 시계방향으로 회전시킨다는 것을 단순히 강조하기 위해서이다. 마찬가지로 하첨자 ccw는 $y$면에서의 전단응력이 요소를 반시계방향으로 회전시킨다는 것을 강조하고 있다.

점 $x$와 $y$는 $\sigma$축의 위 또는 아래로부터 항상 같은 거리에 있으므로 Mohr 원의 중심은 $x$와 $y$면에서 작용하는 법선응력을 평균함으로 구할 수 있다.

$$C = \frac{\sigma_x + \sigma_y}{2} = \frac{9 \text{ ksi} + (-5 \text{ ksi})}{2} = +2 \text{ ksi}$$

Mohr 원의 중심은 항상 $\sigma$축 위에 있다.

원의 형상은 반지름을 계산하는 데 사용된다. 점 $x$의 좌표($\sigma$, $\tau$)와 $C$는 주어진다. 이러한 좌표를 사용하여 피타고라스 정리로 음영된 삼각형의 빗변을 구한다.

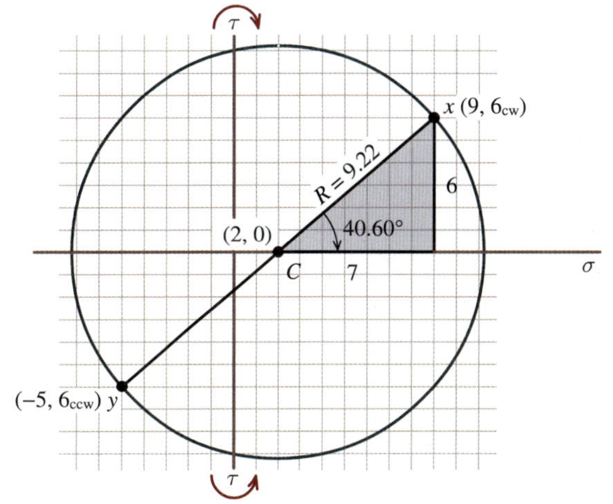


$$R = \sqrt{(9 \text{ ksi} - 2 \text{ ksi})^2 + (6 \text{ ksi} - 0)^2} = \sqrt{7^2 + 6^2} = 9.22 \text{ ksi}$$

$x$–$y$의 선분과 $\sigma$축이 이루는 각도는 $2\theta_p$이며, tangent 함수를 사용하여 계산될 수 있다.

$$\tan 2\theta_p = \frac{6}{7} \qquad \therefore 2\theta_p = 40.60°$$

이 각도는 $x$점에서 $\sigma$축으로 시계방향으로 회전한다.

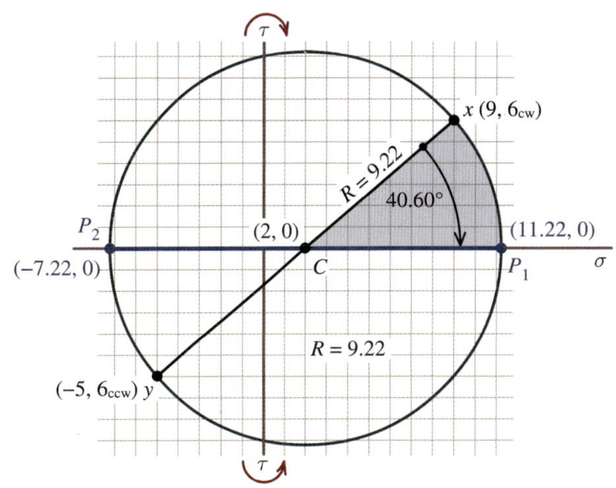


$\sigma$의 최고값(즉, 대수적으로 최대 양의 값)은 Mohr 원이 $\sigma$축을 지나는 점 $P_1$에서 발생한다.

$$\sigma_{p1} = C + R = 2 \text{ ksi} + 9.22 \text{ ksi} = +11.22 \text{ ksi}$$

$\sigma$의 최소값(즉, 대수적으로 최대 음의 값)은 점 $P_2$에서 발생한다. 원의 형상으로부터

$$\sigma_{p2} = C - R = 2 \text{ ksi} - 9.22 \text{ ksi} = -7.22 \text{ ksi}$$

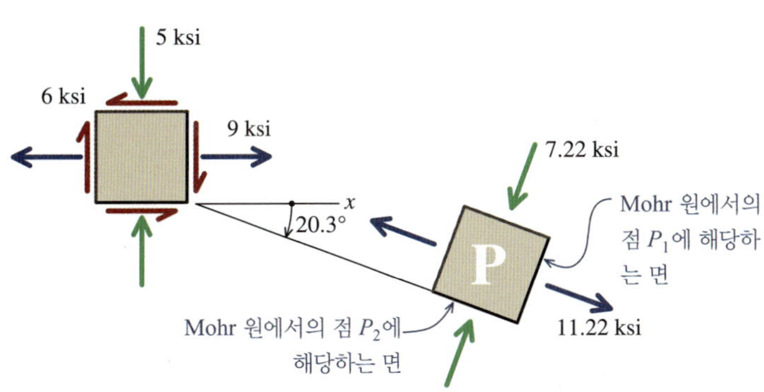


점 $x$와 점 $P_1$이 이루는 각도는 $2\theta_p = 40.60°$에서 계산되었으며, Mohr 원에서의 각도는 두 배각이다. $x$–$y$ 좌표계에서 주응력 평면의 방향을 결정하기 위하여 이 값을 2로 나눈다. 그러므로 주응력 $\sigma_{p1}$은 응력요소의 $x$면으로부터 20.30°의 각도로 회전된 평면에서 작용한다. Mohr 원에

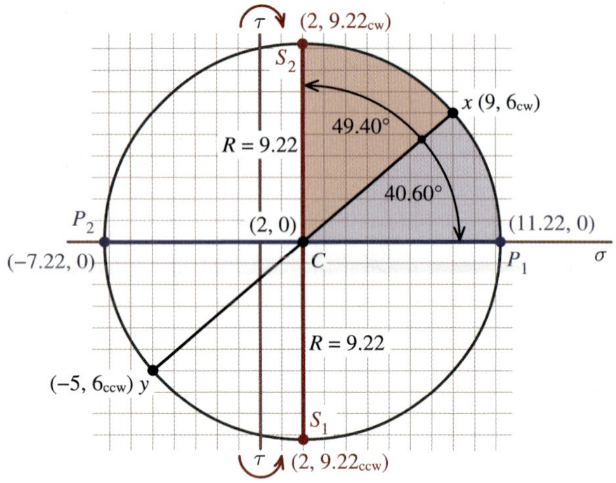


서의 $2\theta_p$와 동일한 방향으로 $x$–$y$ 좌표계에서 20.30°의 각도만큼 회전한다. 이번 예제에서는 20.30° 각도가 $x$축으로부터 시계방향으로 회전한다.

주응력뿐만 아니라 주평면의 방향도 그림에 나타나 있다.

$\tau$의 최대값은 Mohr 원의 꼭대기와 바닥에 있는 점 $S_1$과 $S_2$에서 발생한다. 이들 점에서의 전단응력 크기는 간단히 원의 반지름 $R$과 같다. 점 $S_1$과 $S_2$에서의 법선응력이 0이 아님을 유의해야 한다. 오히려 이들 점에서의 법선응력은 원의 중심 $C$와 같다.

점 $P_1$과 $S_2$ 사이의 각도는 90°이다. 점 $x$와 점 $P_1$ 사이의 각은 40.60°이므로 점 $x$와 점 $S_2$ 사이의 각도는 49.40°가 되어야만 한다. 이 각도는 반시계방향으로 회전한다.

최대 평면내 전단응력이 작용하는 하나의 평면은 $x$면에서 반시계방향으로 24.70°에 위치하고 있다. 이 전단응력의 크기는 원의 지름과 같다.

$$\tau_{\max} = R = 9.22 \text{ ksi}$$

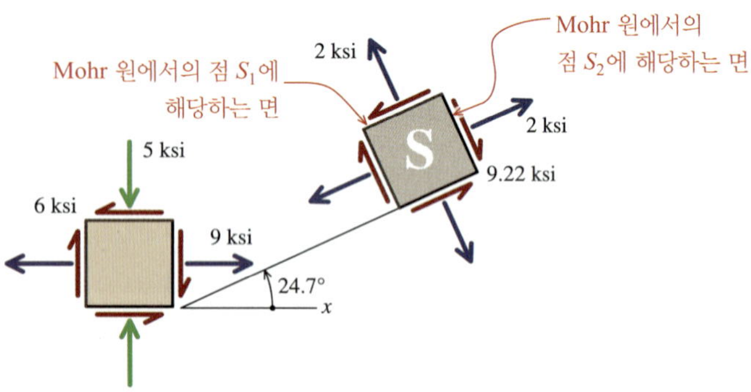


이 면에 작용하는 전단응력의 화살표의 방향을 결정할 때, 점 $S_2$는 $\sigma$축 위쪽에 있다는 점을 유의하라. 결과적으로 이 면에서 작용하는 전단응력은 응력요소를 시계방향으로 회전시킨다. 하나의 면에서 전단응력의 방향이 결정되면, 다른 3면에서의 전단응력의 방향들도 알려진다. 주응력, 최대 평면내 전단응력, 각 평면의 방향 등은 그림에서 보는 바와 같다.

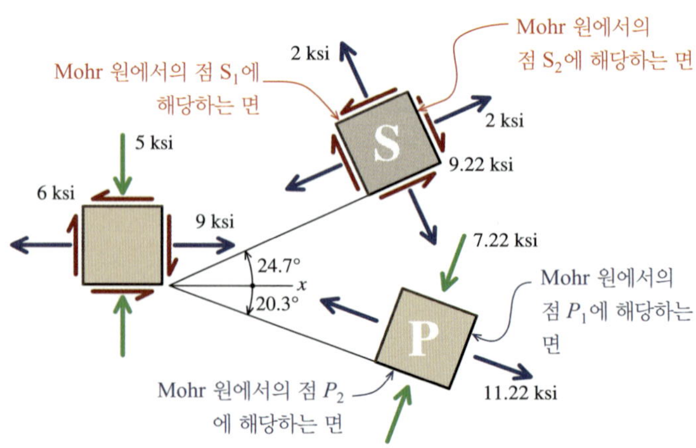

## 예제 12.8 EXAMPLE

**주응력과 최대 평면내 전단응력**

평면응력 상태에 있는 구조 부재의 한 점을 고려한다. 그 점에서의 수평면과 수직면에 작용하는 법선응력 및 전단응력이 나타나 있다.

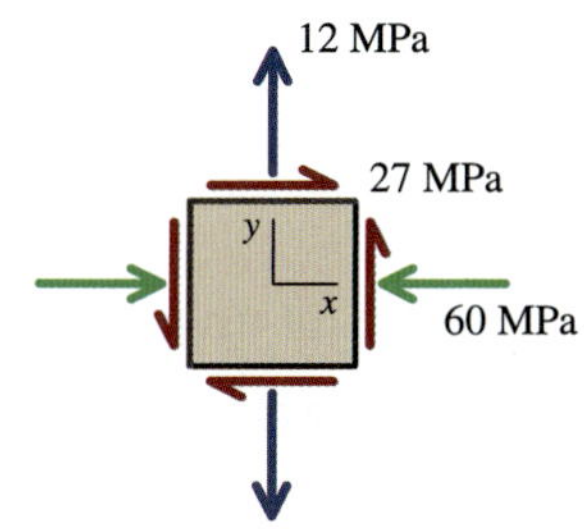


(a) 그 점에 작용하는 주응력과 최대 평면내 전단응력을 결정하라.

(b) 응력들을 적당한 그림으로 나타내어라.

**풀이**

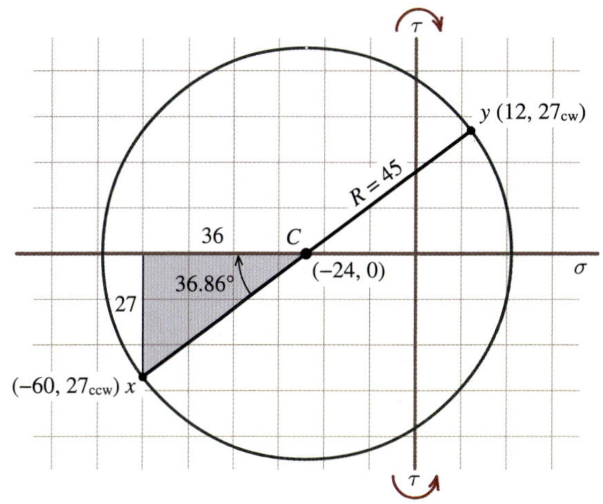


응력요소의 $x$면에 작용하는 법선응력과 전단응력으로부터 시작한다. $\sigma_x = 60$ MPa(C)과 $x$면에 작용하는 전단응력 $\tau$는 응력요소를 반시계방향으로 회전시키려 하므로 점 $x$는 $\tau$축의 왼쪽, $\sigma$축의 아래쪽에 위치하게 된다. $y$면에서 법선응력 $\sigma_y = 12$ MPa(T)이 작용하고 전단응력 $\tau$는 응력요소를 시계방향으로 회전시키려 하므로 점 $y$는 $\tau$축의 오른쪽, $\sigma$축의 위쪽에 위치하게 된다.

**주의:** 이 예제에서는 $x$점에서의 전단응력에 ccw의 하첨자를 사용하였으며 이는 $x$면에서의 전단응력이 응력요소를 반시계방향으로 회전시킨다는 것을 더 강조하기 위해서이다. 마찬가지로 아래첨자 cw는 $y$면에서의 전단응력이 요소를 시계방향으로 회전시킨다는 것을 강조하고 있다.

Mohr 원의 중심은 $x$와 $y$면에서의 법선응력을 평균함으로 구할 수 있다.

$$C = \frac{\sigma_x + \sigma_y}{2} = \frac{(-60 \text{ MPa}) + 12 \text{ MPa}}{2} = -24 \text{ MPa}$$

원의 반지름 $R$은 음영된 삼각형의 빗변으로부터 구해진다.

$$R = \sqrt{[(-60 \text{ MPa}) - (-24 \text{ ksi})]^2 + (27 \text{ MPa} - 0)^2}$$
$$= \sqrt{36^2 + 27^2} = 45 \text{ MPa}$$

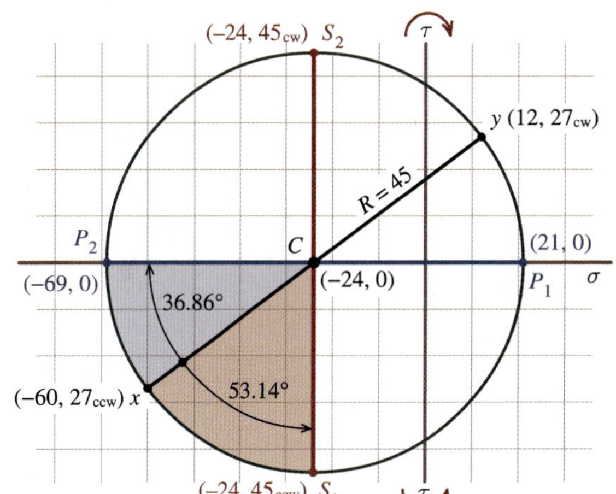


$x$–$y$의 선분과 $\sigma$축 사이의 각도는 $2\theta_p$이며, 다음과 같이 계산할 수 있다.

$$\tan 2\theta_p = \frac{27}{36} \qquad \therefore 2\theta_p = 36.86°$$

이 각도는 점 $x$로부터 $\sigma$축으로 시계방향으로 회전함에 각별히 유의해야 한다.*

* 역자주: 일반적으로 $\theta_p$는 $x$축과 $p_1$축(최대 주응력축)이 이루는 각도로 정의되고 있다. 이 책에서는 $\theta_p$의 절대값이 45°가 넘지 않도록 하고 있다는 점에 유념할 필요가 있다. $\theta_p$를 $x$축과 $p_1$축이 이루는 각도로 정의할 경우 $\theta_p$는 71.67°가 된다.

주응력은 원의 중심 $C$의 위치와 원의 반지름 $R$로부터 결정된다.

$$\sigma_{p1} = C + R = -24 \text{ MPa} + 45 \text{ MPa} = +21 \text{ MPa}$$
$$\sigma_{p2} = C - R = -24 \text{ MPa} - 45 \text{ MPa} = -69 \text{ MPa}$$

Mohr 원의 바닥과 꼭대기에 위치한 점 $S_1$과 $S_2$에서 최대의 전단응력이 발생한다. 이들 점에서의 전단응력 크기는 단순히 원의 반지름 $R$과 같으며, 이들 점에서의 수직 응력 $\sigma$는 원의 중심 $C$와 같다.

점 $P_2$와 $S_2$의 사이 각은 90°이다. 점 $x$와 점 $P_2$가 이루는 각도는 36.86°이므로 점 $x$와 점 $S_1$ 사이의 각도는 53.14°이다. 살펴보면 이 각도는 반시계방향으로 회전한다.

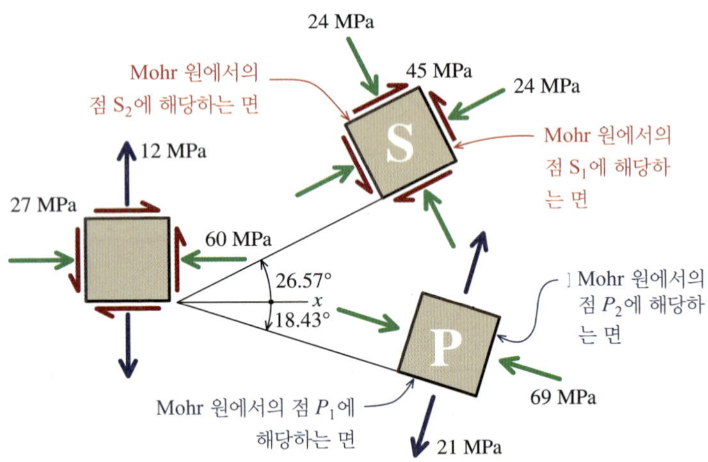


점 $x$와 $P_2$ 사이의 각도는 $2\theta_p = 36.86°$로 계산되었다. $x$–$y$ 좌표계에서 이 주평면의 방향은 응력요소의 $x$면으로부터 시계방향으로 18.43° 회전된 것이다.

점 $x$와 $S_1$ 사이의 각도는 53.14°이며, $x$–$y$ 좌표계에서 최대 평면내 전단응력에 대한 이 평면의 방향은 응력요소의 $x$면으로부터 26.57°로 회전된 것이다.

$\sigma$축의 아래에 있는 이 면에서의 전단응력의 화살표의 방향을 결정하기 위하여, $S_1$은 원의 아래 절반 부분에 있음을 유의해야 한다. 결과적으로 이 면에서 작용하는 전단응력은 응력요소를 반시계방향으로 회전시킨다.

주응력, 최대 평면내 전단응력, 각 평면에 대한 방향 등을 오른쪽의 그림으로 나타내었다.

**예제 12.9** EXAMPLE

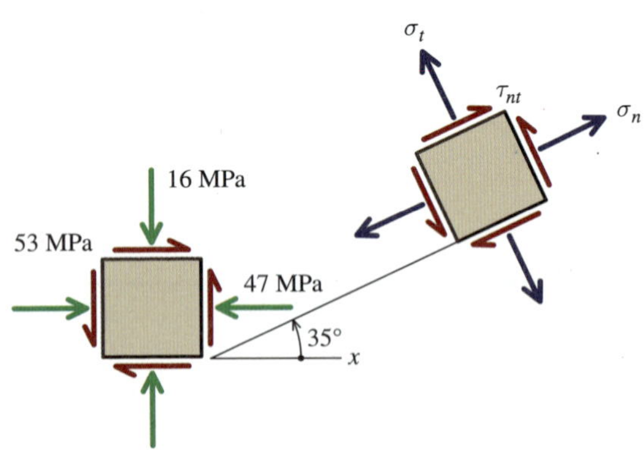


**경사면에서의 응력**

응력을 받는 물체의 자유 표면 위의 한 점에 작용하는 응력이 표시되어 있다.

(a) 이 점에 작용하는 주응력과 최대 평면내 전단응력을 결정하라.

(b) 적절한 그림으로 이 응력을 표현하라.

(c) 회전된 응력요소에 작용하는 법선응력 $\sigma_n$ 및 $\sigma_t$와 전단응력 $\tau_{nt}$를 결정하라.

**풀이**

**Mohr 원의 구성**

응력요소의 $x$와 $y$면에서 작용하는 법선응력과 전단응력으로부터 Mohr 원을 그림과 같이 그릴 수 있다.

Mohr 원의 중심은

$$C = \frac{-47 + (-16)}{2} = -31.5 \text{ MPa}$$

에 의치한다.

원의 반지름 $R$은 음영된 삼각형의 빗변으로부터 구해진다.

$$R = \sqrt{15.5^2 + 53^2} = 55.22 \text{ MPa}$$

$x$–$y$의 선분과 $\sigma$축이 이루는 각도는 $2\theta_p$이며

$$\tan 2\theta_p = \frac{53}{15.5} \qquad \therefore 2\theta_p = 73.7° \text{ (cw)}$$

와 같이 계산된다.

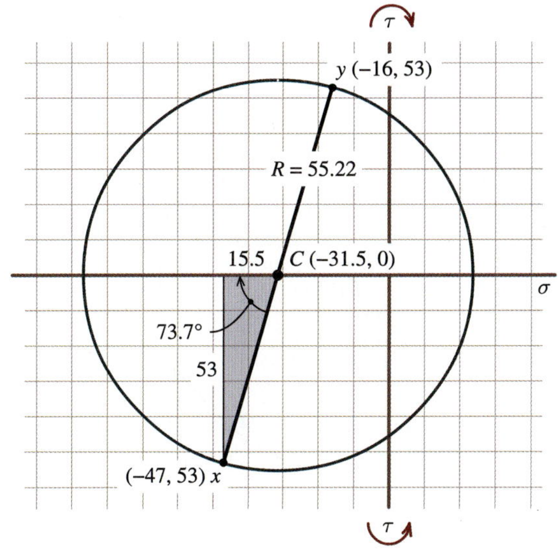


**주응력과 최대 전단응력**

주응력(점 $P_1$과 $P_2$)은 원의 중심 $C$의 위치로부터 결정된다.

$$\sigma_{p1} = C + R = -31.5 + 55.22 = +23.72 \text{ MPa}$$
$$\sigma_{p2} = C - R = -31.5 - 55.22 = -86.72 \text{ MPa}$$

최대 평면내 전단응력은 Mohr 원에서의 점 $S_1$과 $S_2$에 해당한다. 최대 평면내 전단응력의 크기는

$$\tau_{max} = R = 55.22 \text{ MPa}$$

최대 전단응력의 평면에서 작용하는 법선응력은

$$\sigma_{avg} = C = -31.5 \text{ MPa}$$

주응력, 최대 평면내 전단응력, 각 평면에 대한 방향 등을 그림에 나타내었다.

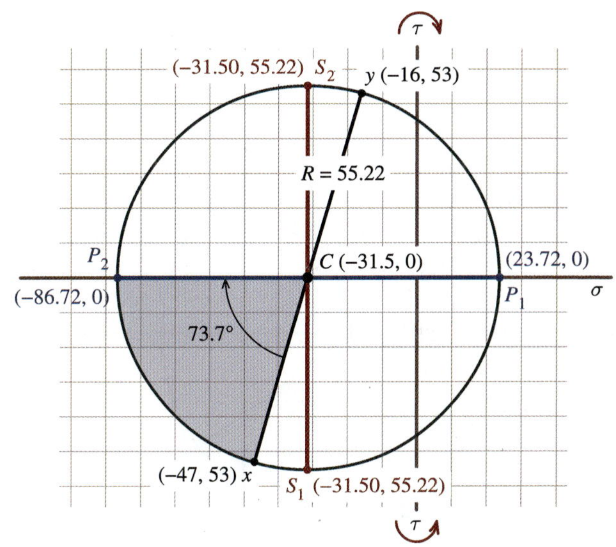


**$\sigma_n$, $\sigma_t$, $\tau_{nt}$ 등의 결정**

이제 아래 그림에서 보는 바와 같이 $x$방향으로부터 반시계방향으로 35°만큼 회전된 응력요소에 작용하는 법선응력 $\sigma_n$과 $\sigma_t$ 그리고 전단응력 $\tau_{nt}$를 결정해야 한다.

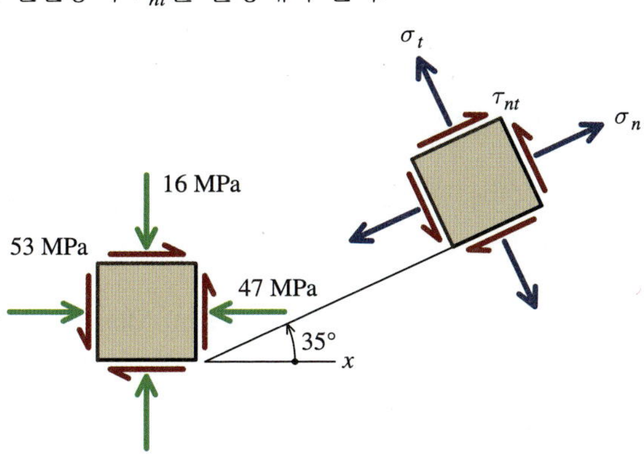


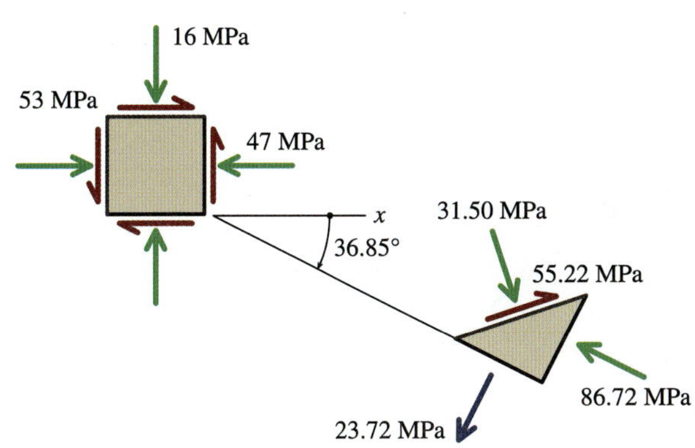

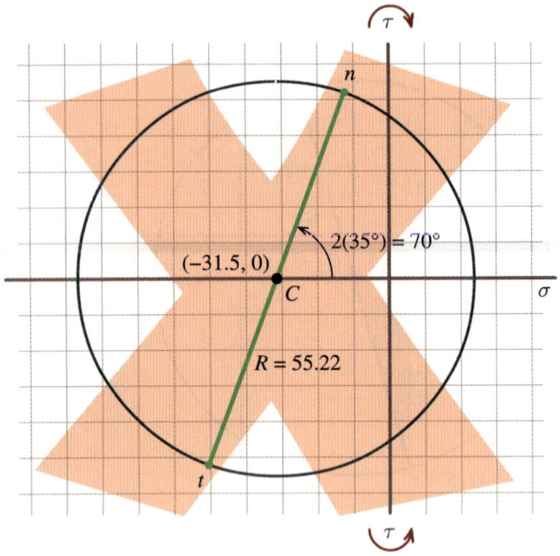


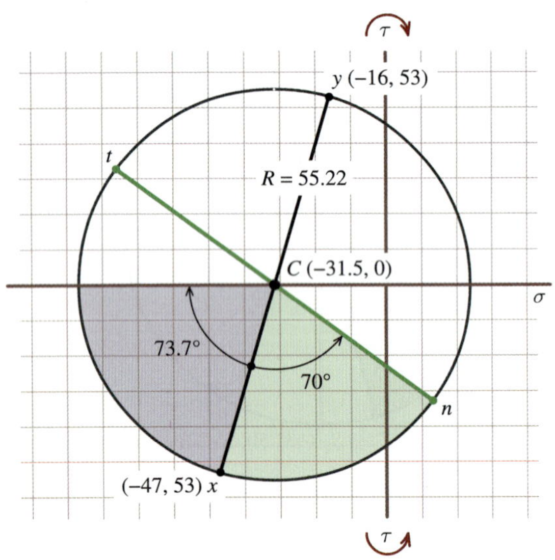


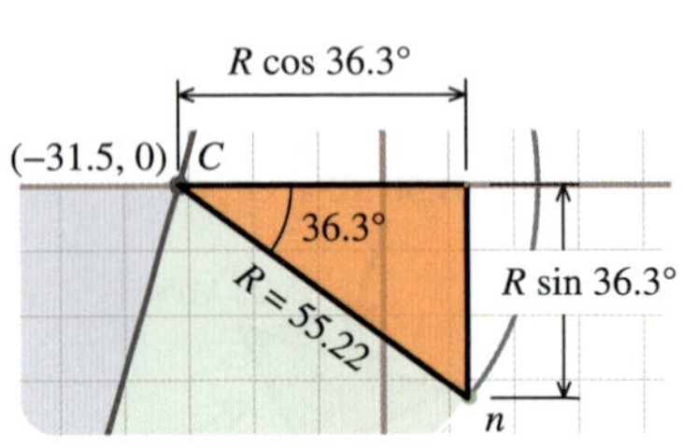


Mohr 원에서의 점 $x$로부터 시작하라. 이것은 당연하게 보일 수도 있으나, 이러한 형식의 문제를 해결하는 데 있어서 흔하게 저지르는 실수일 것이다.

$x$–$y$ 좌표계에서 수평축으로부터 반시계방향으로 35° 회전되었다. 이러한 각도의 값을 Mohr 원으로 변환시킬 때, 자연스러운 경향은 수평축으로부터 반시계방향으로 2(35°) = 70°만큼 회전된 선분을 그리는 것이다. 이것은 틀린 것이다.

Mohr 원은 법선응력 $\sigma$와 전단응력 $\tau$의 항으로 구성되는 그림이라는 것을 명심해야 한다. Mohr 원에서의 수평축이 반드시 응력요소의 $x$면과 일치할 필요는 없다. Mohr 원에서 $x$라고 표시된 점은 $x$면에 해당하는 것이다(이것은 Mohr 원을 그릴 때, 점을 표기하는 이유이다).

$x$면으로부터 35° 회전된 평면에서의 응력을 결정하기 위하여 점 $x$로부터 반시계방향으로 2(35°) = 70°만큼 회전된 선분을 Mohr 원에 그린다. 점 $x$로부터 70°만큼 떨어진 점에 점 $n$으로 표시한다. 이 점의 좌표는 회전된 응력요소의 $n$면에서 작용하는 법선응력과 전단응력이다. 지름의 다른 끝은 점 $t$로 둔다. 그것의 좌표는 회전된 응력요소의 $t$면에서 작용하는 $\sigma$와 $\tau$이다.

Mohr 원의 점 $x$에서 시작한다. 회전된 $n$면은 $x$면으로부터 반시계방향으로 35°만큼 회전된다. Mohr 원에서의 각도는 2배가 되므로 점 $n$은 점 $x$로부터 2(35°) = 70°만큼 회전된다. 점 $n$의 좌표는($\sigma_n$, $\tau_{nt}$)이다. 이러한 좌표들은 원의 기하학으로부터 결정된다.

살펴보면 $\sigma$축과 점 $n$이 이루는 각도는 180° − 73.7° − 70° = 36.3°이다. Mohr 원의 좌표는 $\sigma$와 $\tau$ 임을 기억하면서 원의 중심 $C$와 점 $n$ 사이의 선분의 수평 성분은

$$\Delta\sigma = R\cos 36.3° = (55.22 \text{ MPa})\cos 36.3° = 44.50 \text{ MPa}$$

그리고 수직 성분은

$$\Delta\tau = R\sin 36.3° = (55.22 \text{ MPa})\sin 36.3° = 32.69 \text{ MPa}$$

회전된 응력성분의 $n$면에서의 법선응력은 원의 중심 $C$의 좌표와 $\Delta\sigma$를 사용하여 계산된다.

$$\sigma_n = -31.5 \text{ MPa} + 44.50 \text{ MPa} = +13.0 \text{ MPa}$$

마찬가지로 전단응력이 계산된다.

$$\tau_{nt} = 0 + 32.69 \text{ MPa} = 32.69 \text{ MPa}$$

점 $n$은 $\sigma$축의 아래에 위치하므로 $n$면에서 작용하는 전단응력은 응력요소를 반시계방향으로 회전시키려는 경향이 있다.

유사한 과정이 점 $t$에서의 응력을 결정하기 위하여 사용된다. 원의 중심 $C$에 대한 응력 성분은 동일하다. $\Delta\sigma = 44.50$ MPa과 $\Delta\tau = 32.69$ MPa. 회전된 응력요소의 $t$면에서의 법선응력은

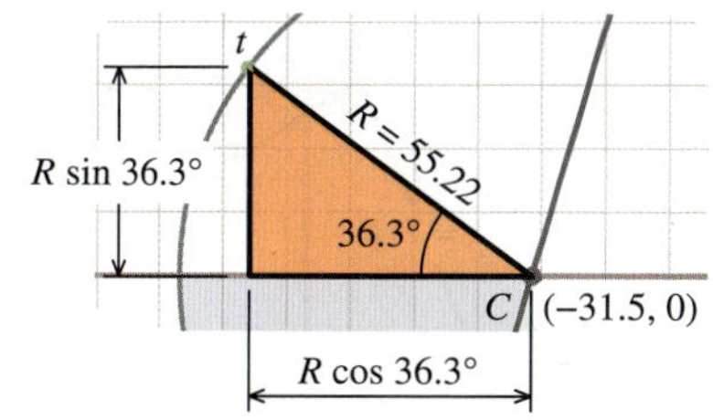


$$\sigma_t = -31.5 \text{ MPa} - 44.50 \text{ MPa} = -76.0 \text{ MPa}$$

물론, $t$면에서 작용하는 전단응력은 $n$면에서 작용하는 전단응력과 같은 크기이어야 한다. 점 $t$는 $\sigma$축 위쪽에 위치하므로 $t$면에서 작용하는 전단응력은 응력요소를 시계방향으로 회전시키려 한다.

$t$면에서의 법선응력을 결정하기 위하여 응력불변성의 개념을 사용할 수도 있다. 식 (12.8)은 평면응력요소에서 임의의 두 개의 직교하는 면에 작용하는 법선응력의 합은 일정한 값임을 말해 준다.

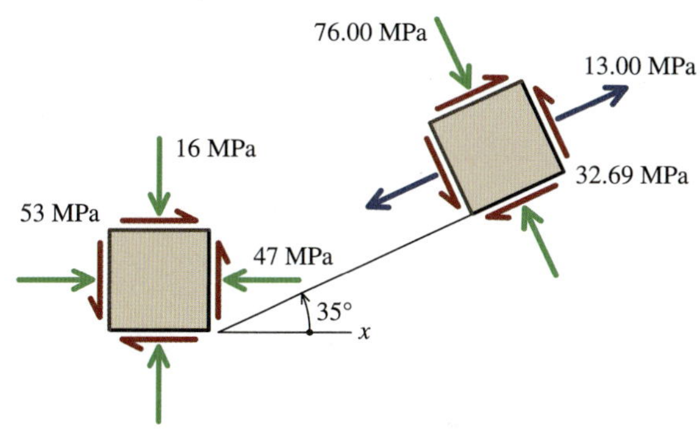


$$\sigma_n + \sigma_t = \sigma_x + \sigma_y$$

그러므로

$$\begin{aligned}\sigma_t &= \sigma_x + \sigma_y - \sigma_n \\ &= -47 \text{ MPa} + (-16 \text{ MPa}) - 13 \text{ MPa} \\ &= -76 \text{ MPa}\end{aligned}$$

회전된 요소에서 작용하는 법선응력과 전단응력을 그림에 나타내었다.

## 예제 12.10 EXAMPLE

**경사면에서의 응력**

그림의 응력은 물체의 자유표면 위의 한 점에 작용한다. 경사 평면의 표면에 작용하는 법선응력 $\sigma_n$과 전단응력 $\tau_{nt}$를 결정하라.

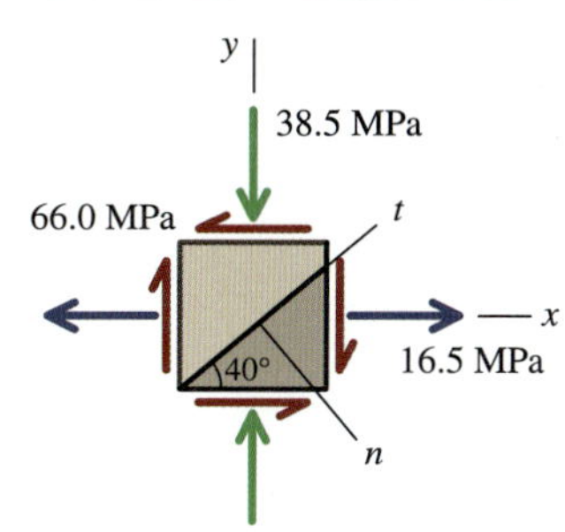


**풀이**

응력요소의 $x$와 $y$면에 작용하는 법선응력과 전단응력으로부터 그림의 Mohr 원이 작성된다.

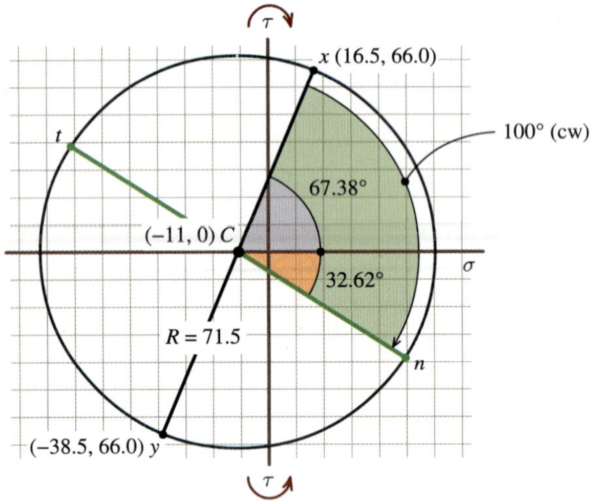


**경사면의 방향은 어떻게 결정되는가?**

$x$면에 대한 법선(즉, $x$축)과 경사 평면의 법선(즉, $n$축)이 이루는 각도를 구해야 한다. $x$축과 $n$축이 이루는 각도는 50°이다. 결과적으로 경사면은 $x$면으로부터 시계방향으로 50°만큼 회전된 것이다.

Mohr 원에서 점 $n$은 점 $x$로부터 시계방향으로 100° 떨어진 곳에 위치한다.

점 $x$와 원의 중심 $C$의 좌표를 사용하여 점 $x$와 $\sigma$축이 이루는 각도는 67.38°로 구해진다.

결과적으로 점 $n$과 $\sigma$축이 이루는 각도는 32.68°이다.

원의 중심 $C$와 점 $n$ 사이의 선분의 수평 성분은

$$\Delta\sigma = R\cos 32.62° = (71.5\text{ MPa})\cos 32.62° = 60.22\text{ MPa}$$

그리고 수직 성분은

$$\Delta\tau = R\sin 32.62° = (71.5\text{ MPa})\sin 32.62° = 38.54\text{ MPa}$$

회전된 응력요소의 $n$면에서의 법선응력은 원의 중심 $C$와 $\Delta\sigma$를 이용하여 계산될 수 있다.

$$\sigma_n = -11.0\text{ MPa} + 60.22\text{ MPa} = +49.22\text{ MPa}$$

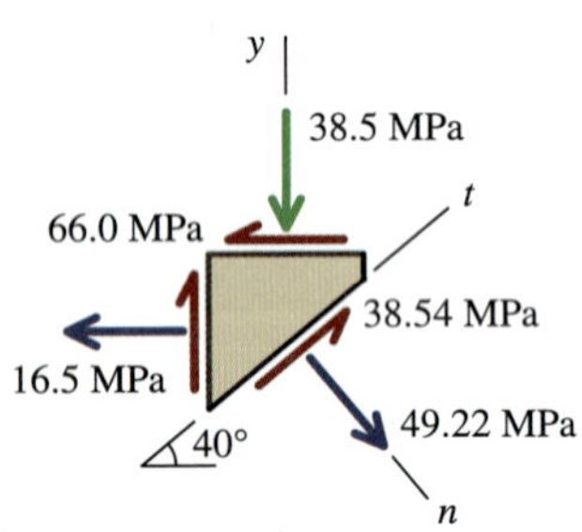


전단응력은 유사하게 계산된다.

$$\tau_{nt} = 0 + 38.54\text{ MPa} = 38.54\text{ MPa}$$

Mohr 원에서의 점 $n$은 $\sigma$축의 아래쪽에 위치하므로 $n$면에 작용하는 전단응력은 응력요소를 반시계방향으로 회전시키려는 경향이 있다

## MecMovies Example M12.19

**Mohr 원 학습도구**

사용자가 지정한 응력 값에 대하여 특정한 평면에 작용하는 응력, 주응력, 최대 평면내 전단응력 등을 결정하기 위한 Mohr 원의 적절한 사용방법을 보여준다. 상세한 방법론의 교본이다.

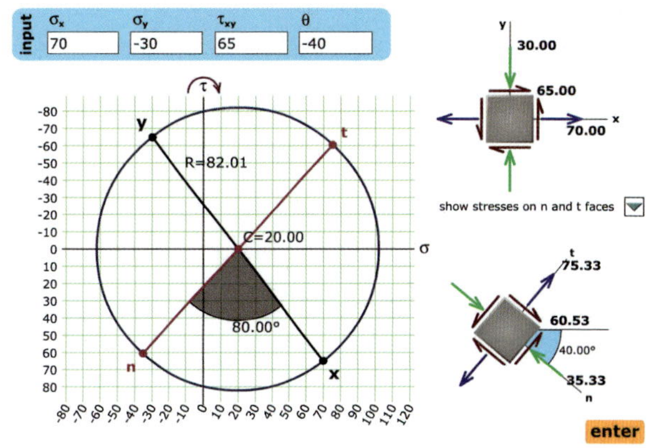


## 예제 12.11 EXAMPLE

**절대 최대 전단응력**

평면응력 상태에 있는 두 개의 요소가 그림에 나타나 있다. 각 응력요소에 대하여 절대 최대 전단응력을 결정하라.

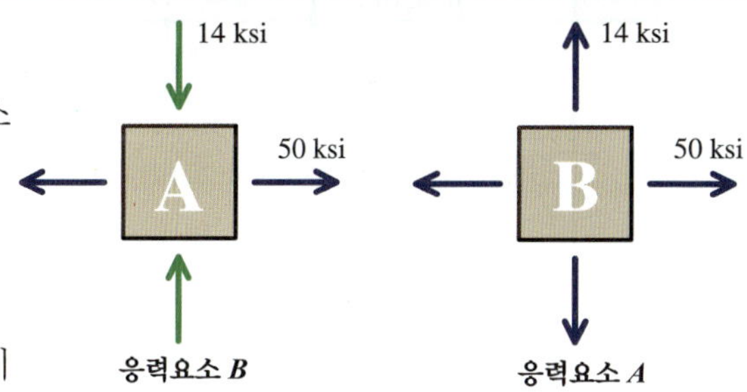


**풀이**

12.8절에서 최대 및 최소 법선응력이 발생하는 평면에서는 전단응력이 존재하지 않음을 보였다. 뿐만 아니라 다음의 내용도 맞다.

**만일 어떤 평면에서 전단응력이 0이라면,**
**그때의 평면은 반드시 주평면이어야 한다.**

그림의 응력요소 $A$와 응력요소 $B$에 대한 $x$와 $y$면에 작용하는 0이므로 전단응력은 이들 응력요소에서 작용하는 응력은 주응력이다.

응력요소 $A$에 대한 Mohr 원은 그림과 같다. 점 $x$는 주응력 $\sigma_{p1}$이며, 점 $y$는 $\sigma_{p2}$이다. 이 원은 $x$–$y$ 평면에서 일어나는 $\sigma$와 $\tau$의 모든 가능한 조합을 보여준다.

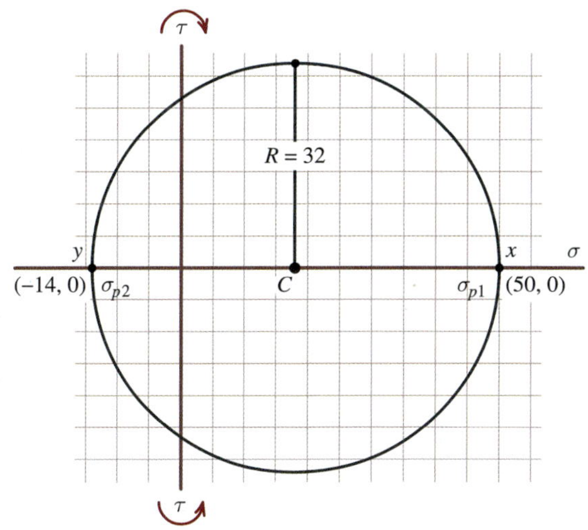

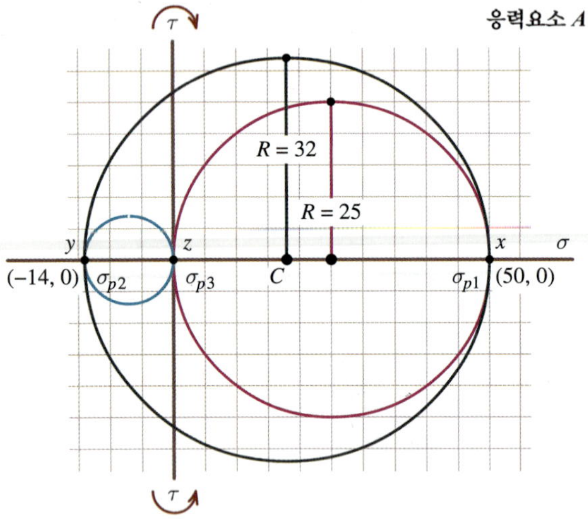


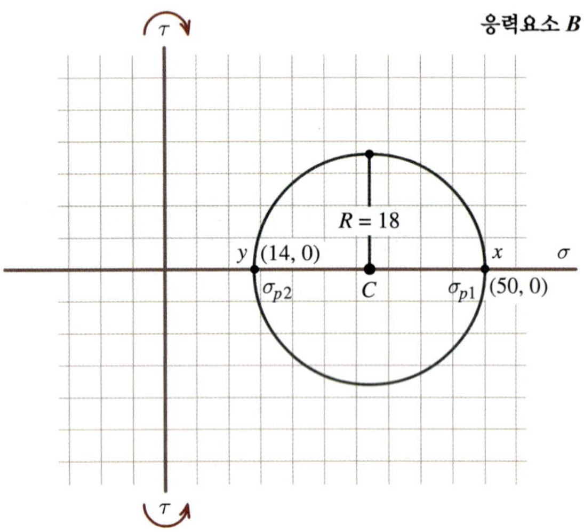


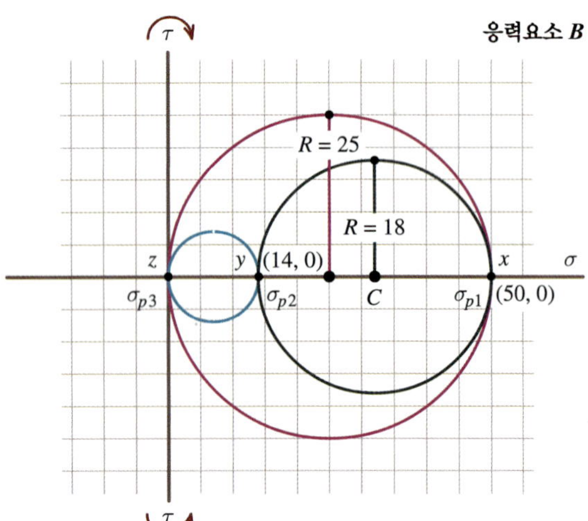


$x$–$y$ 평면이란 무엇을 의미하는가? 이것은 $z$축과 직교하는 법선을 가진 평면의 표면을 가리킨다.

응력요소 $A$에 대한 최대 평면내 전단응력은 단순히 Mohr 원의 반지름과 같으며 $\tau_{\max} = 32$ ksi이다.

문제의 설명에서 응력요소 $A$는 평면응력이 작용하는 한 점이라고 하였다. 12.4절에서 평면응력이라는 것은 응력요소와 수직한 면에 작용하는 응력 성분이 모두 0임을 의미한다는 것을 강조하였다. 즉 $\sigma_z = 0$, $\tau_{zx} = 0$, $\tau_{zy} = 0$이다. 전단응력이 없는 평면은 정의에 의해서 주평면이 된다. 그러므로 응력요소의 $z$면은 주평면이며, 이 표면에 작용하는 주응력은 세 번째의 주응력이다. 즉 $\sigma_z = \sigma_{p3} = 0$.

$z$면에서의 응력상태는 Mohr 원에 그려질 수 있고, 추가로 두 개의 원이 더 작성된다.

- $\sigma_{p1}$과 $\sigma_{p3}$에 의하여 정의된 원은 $x$–$z$ 평면(법선이 $y$축과 직교하는 평면의 표면을 의미한다)의 표면에서 가능한 모든 $\sigma$–$\tau$의 조합을 보여준다.
- $\sigma_{p2}$와 $\sigma_{p3}$를 연결하는 원은 $y$–$z$ 평면(법선이 $x$축과 직교하는 평면의 표면을 의미한다)의 표면에서 가능한 모든 $\sigma$–$\tau$의 조합을 보여준다.

$x$–$z$ 평면에서 최대 전단응력은 점 $x$와 $z$를 잇는 Mohr 원의 반지름에 의하여 주어지며, $y$–$z$ 평면에서 최대 전단응력은 점 $y$와 $z$를 잇는 원의 반지름에 의하여 주어진다. 살펴보면, 이 원들 모두가 $x$–$y$ 원보다 작다. 결과적으로 절대 최대 전단응력은(모든 가능한 평면에서 발생할 수 있는 최대 전단응력)은 응력요소 $A$에 대한 최대 평면내 전단응력과 같다.

응력요소 $A$의 절대 최대 전단응력은 $\tau_{\text{abs max}} = 32$ ksi이다.

응력요소 $B$에 대한 Mohr 원의 구성은 그림에서 보는 바와 같다. 이 원은 $x$–$y$ 평면에서 발생할 수 있는 모든 가능한 $\sigma$와 $\tau$의 조합을 보여준다.

응력요소 $B$에 대한 최대 평면내 전단응력은 Mohr 원의 반지름과 같으므로 $\tau_{\max} = 18$ ksi이다. 응력요소 $A$에서와 같이 응력요소 $B$의 $z$면은 주평면이므로 $\sigma_z = \sigma_{p3} = 0$이다.

추가로 두 개의 원을 더 구성할 수 있다. $x$–$z$ 평면에서의 최대 전단응력은 점 $x$와 $z$를 잇는 Mohr 원의 반지름에 의하여 주어지며, $y$–$z$ 평면에서의 최대 전단응력은 점 $y$와 점 $z$를 있는 원의 반지름으로 주어진다.

살펴보면, 이들 두 개의 원 중에 더 큰 원($x$–$z$ 원)은 $x$–$y$ 원보다 더 큰 반지름을 갖는다. 결과적으로 응력요소 $B$의 절대 최대 전단응력은 최대 평면내 전단응력보다 크다.

## MecMovies Example M12.13

Mohr 원을 사용하여 한 점에서의 3차원 응력상태를 대화형식으로 살펴본다.

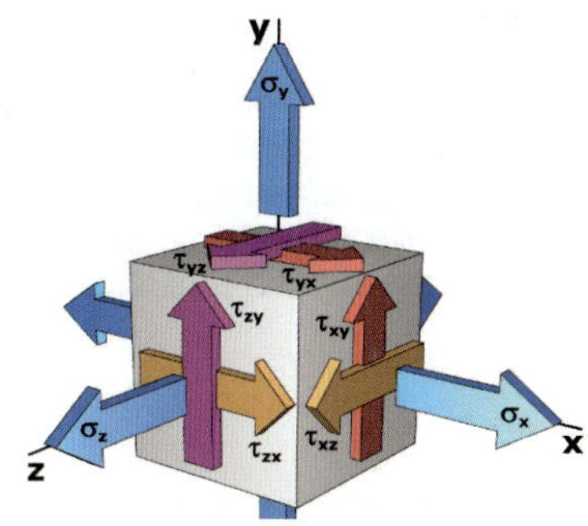


# MecMovies EXERCISES

**M12.10** **응력에 대한 Mohr 원.** 주응력 평면의 적절한 방향을 포함한 주응력을 결정하기 위한 Mohr 원을 작성하고 사용하는 법을 학습하라.

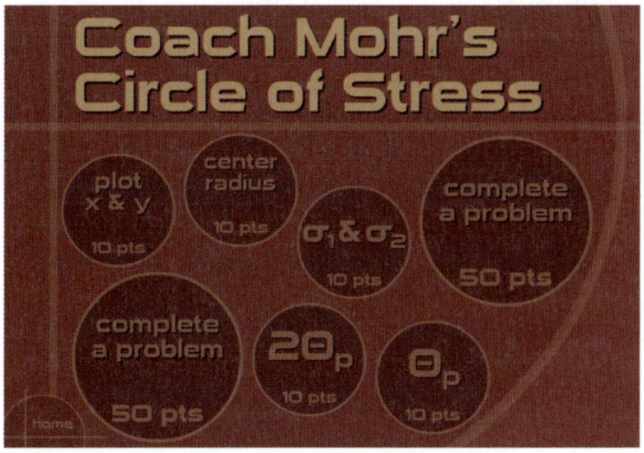


그림 M12.10

**M12.11** **Mohr 원 게임.** Mohr 원을 올바로 작도하는가에 대한 능력을 알아보기 위한 이 게임에서 최소한 400점(450점 만점)을 얻어야 한다.

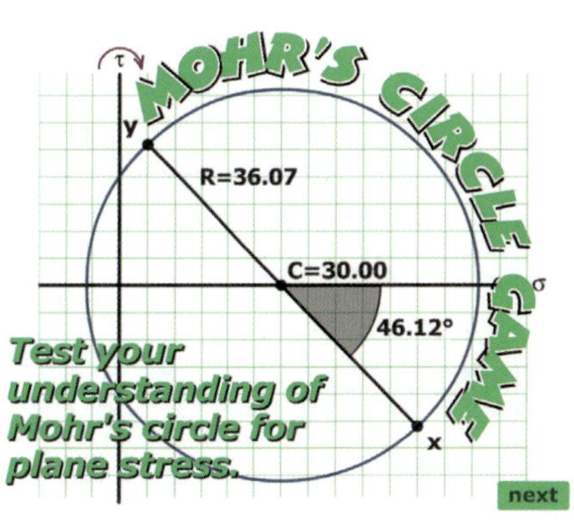


그림 M12.11

**M12.12** **Mohr 원 게임.** 주어진 Mohr 원에 대하여 주응력요소 또는 최대 평면내 응력요소를 알고 있는지에 대한 능력을 알아보기 위한 이 게임에서 최소한 1,800점(2,000점 만점)을 얻어야 한다.

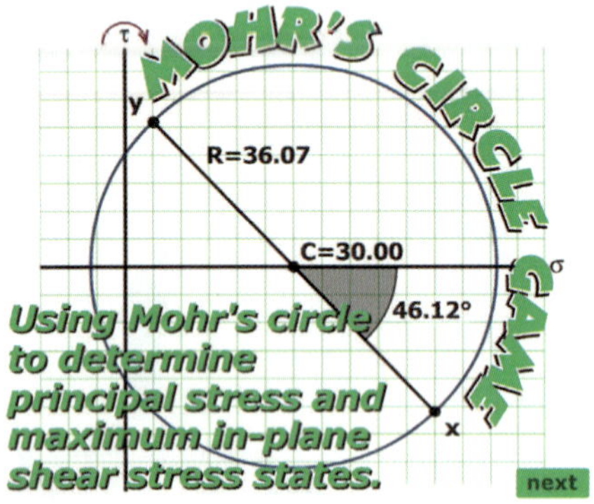


그림 M12.12

**M12.13** 주어진 응력상태에서 주응력 크기, 최대 평면내 응력 크기, 절대 최대 전단응력 등을 결정하라.

**M12.14** **응력의 좌표변환 결과를 도시함.** 이 대화형 학습활동에서 최소한 100점을 획득해야 한다.

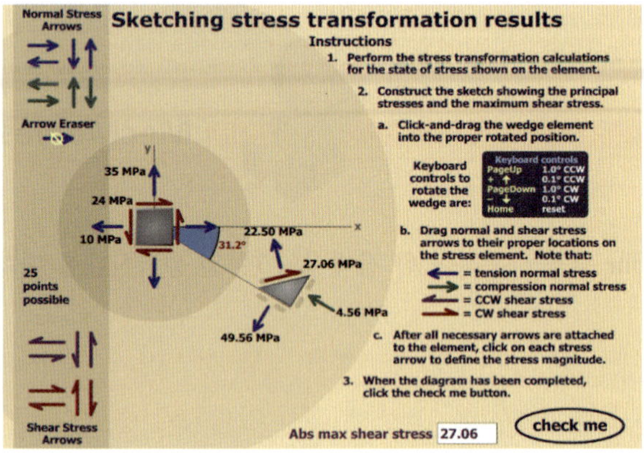


그림 M12.14

## PROBLEMS

**P12.63–P12.66** Mohr's circle is shown in Figures P12.63–P12.66 for a point in a physical object that is subjected to plane stress.

(a) Determine the stresses $\sigma_x$, $\sigma_y$, and $\tau_{xy}$ and show them on a stress element.

(b) Determine the principal stresses and the maximum in-plane shear stress acting at the point and show these stresses in an appropriate sketch (e.g., see Figure 12.15 or Figure 12.16).

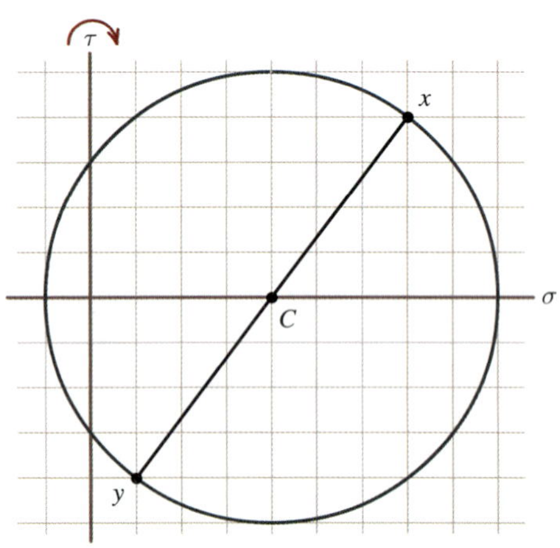


1 grid square = 5 ksi

**FIGURE P12.63**

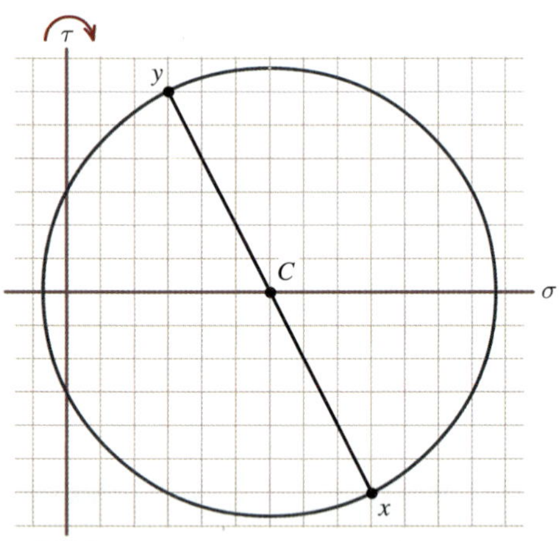


1 grid square = 10 ksi

**FIGURE P12.64**

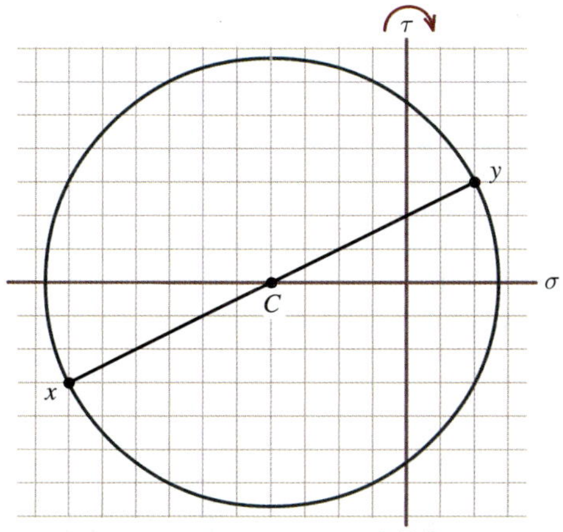


FIGURE P12.65

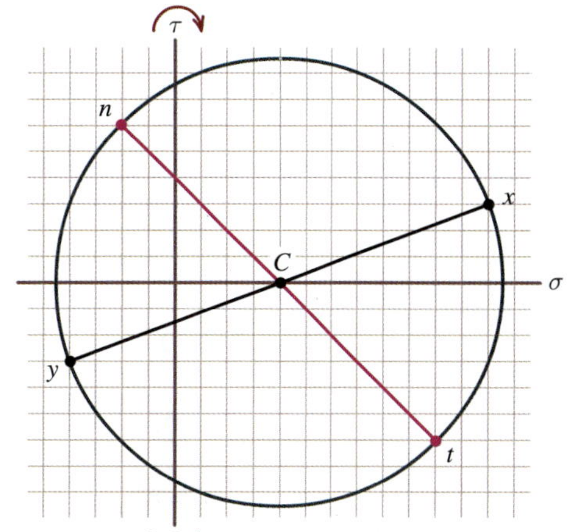


FIGURE P12.67

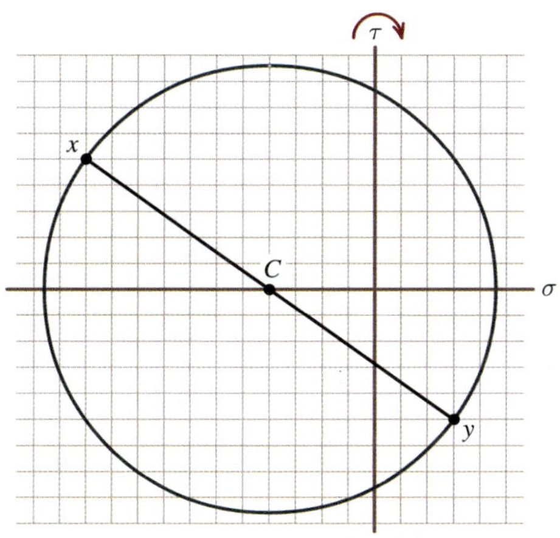


FIGURE P12.66

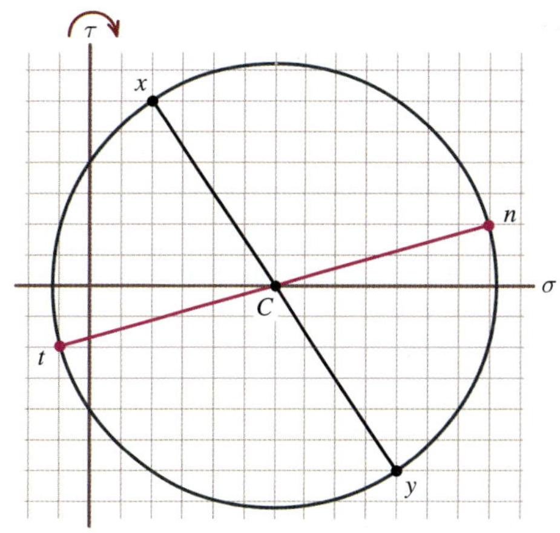


FIGURE P12.68

**P12.67–P12.68** Mohr's circle is shown in Figures P12.67 and P12.68 for a point in a physical object that is subjected to plane stress.

(a) Determine the stresses $\sigma_x$, $\sigma_y$, and $\tau_{xy}$ and show them on a stress element.

(b) Determine the stresses $\sigma_n$, $\sigma_t$, and $\tau_{nt}$ and show them on a stress element that is **properly rotated** with respect to the $x$–$y$ element. The sketch must include the magnitude of the angle between the $x$ and $n$ axes and an indication of the rotation direction (i.e., either clockwise or counterclockwise).

**P12.69–P12.72** Consider a point in a structural member that is subjected to plane stress. Normal and shear stresses acting on horizontal and vertical planes at the point are shown in Figures P12.69–P12.72.

(a) Draw Mohr's circle for this state of stress.

(b) Determine the principal stresses and the maximum in-plane shear stress acting at the point using Mohr's circle.

(c) Show these stresses in an appropriate sketch (e.g., see Figure 12.15 or Figure 12.16).

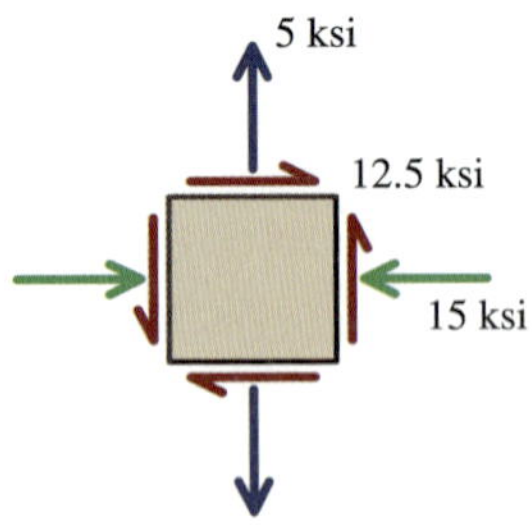


**FIGURE P12.69**

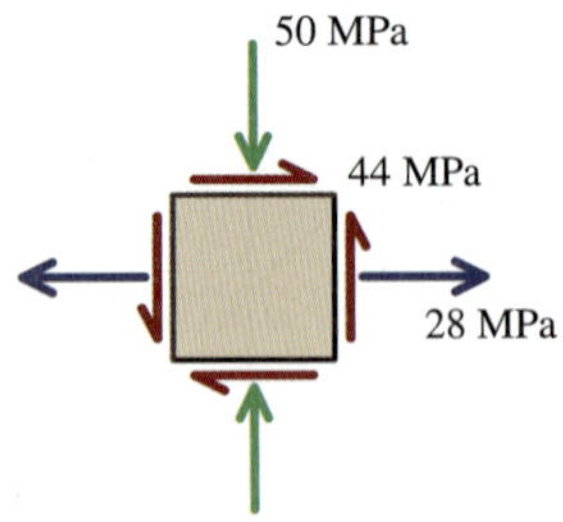


**FIGURE P12.70**

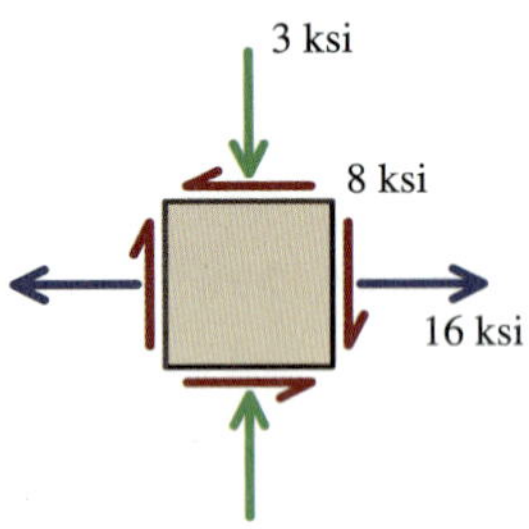


**FIGURE P12.71**

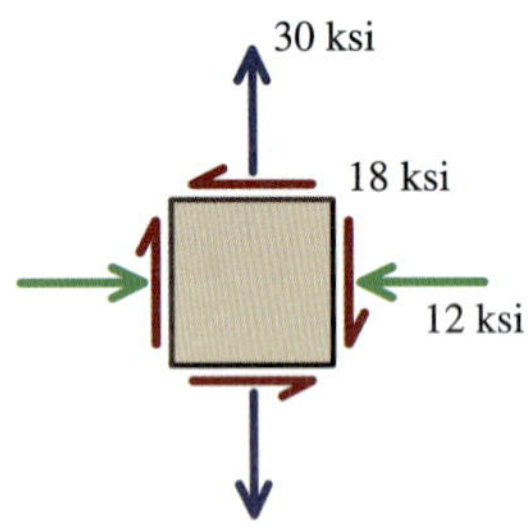


**FIGURE P12.72**

**P12.73–P12.76** Consider a point in a structural member that is subjected to plane stress. Normal and shear stresses acting on horizontal and vertical planes at the point are shown in Figures P12.73–P12.76.

(a) Draw Mohr's circle for this state of stress.
(b) Determine the principal stresses and the maximum in-plane shear stress acting at the point.
(c) Show these stresses in an appropriate sketch (e.g., see Figure 12.15 or Figure 12.16).
(d) Determine the absolute maximum shear stress at the point.

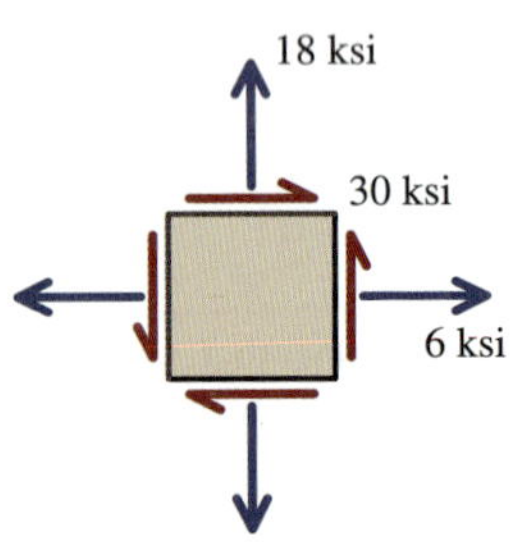


**FIGURE P12.73**

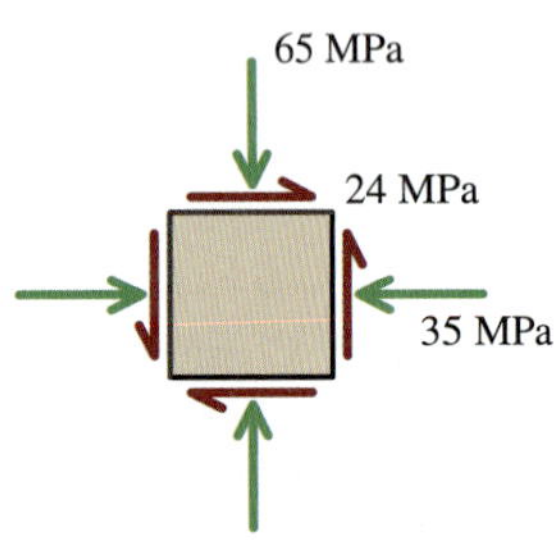


**FIGURE P12.74**

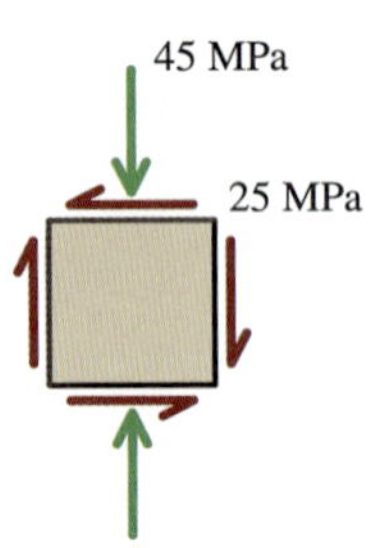


**FIGURE P12.75**

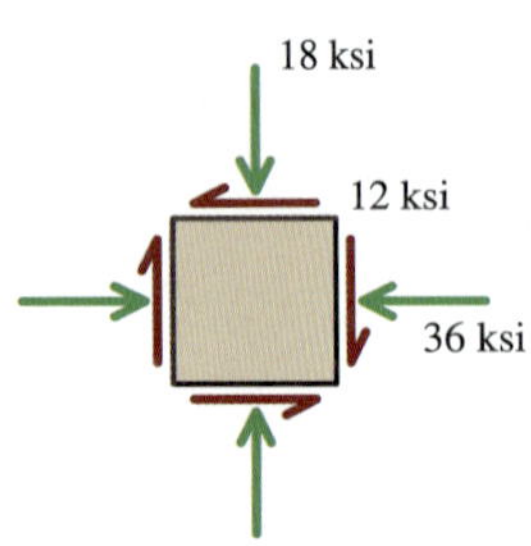


**FIGURE P12.76**

**P12.77–P12.80** Consider a point in a structural member that is subjected to plane stress. Normal and shear stresses acting on horizontal and vertical planes at the point are shown in Figures P12.77–P12.80.

(a) Draw Mohr's circle for this state of stress.
(b) Determine the principal stresses and the maximum in-plane shear stress acting at the point.
(c) Show these stresses in an appropriate sketch (e.g., see Figure 12.15 or Figure 12.16).
(d) Determine the absolute maximum shear stress at the point.

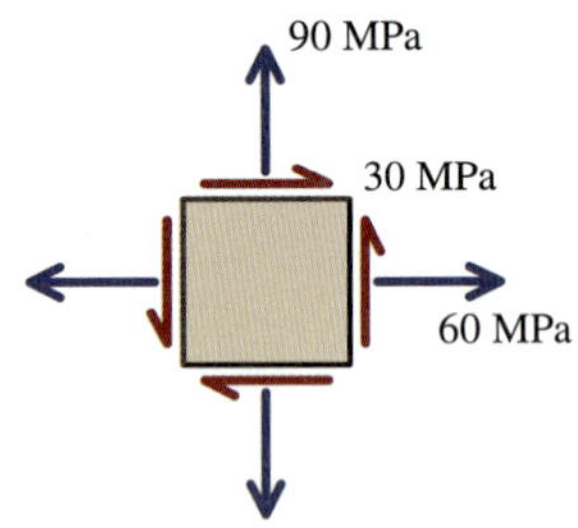


**FIGURE P12.77**

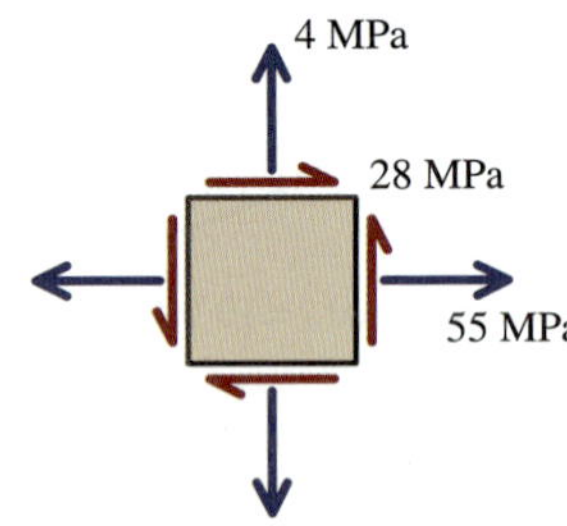


**FIGURE P12.78**

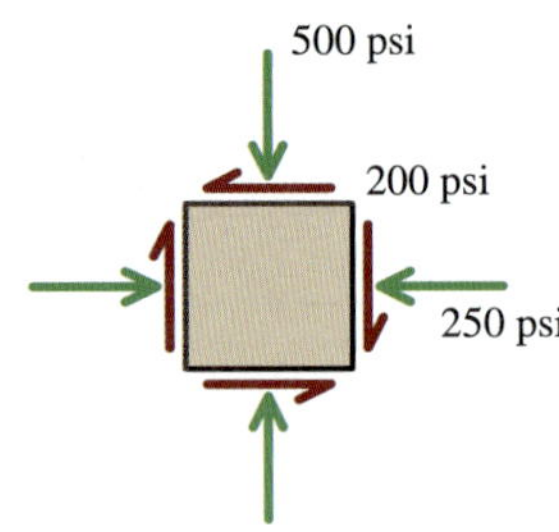


**FIGURE P12.79**

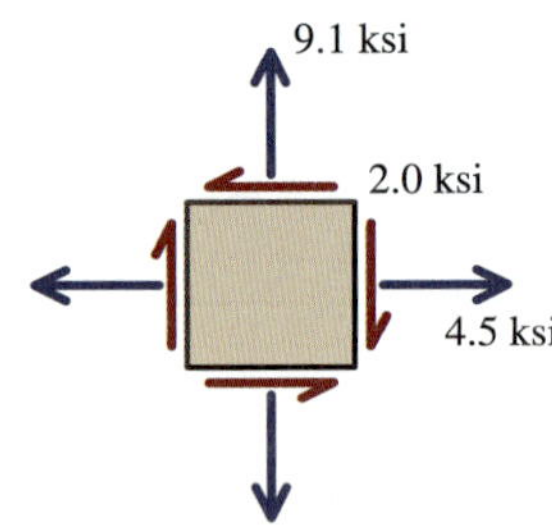


**FIGURE P12.80**

**P12.81–P12.84** Consider a point in a structural member that is subjected to plane stress. Normal and shear stresses acting on horizontal and vertical planes at the point are shown in Figures P12.81–P12.84.

(a) Draw Mohr's circle for this state of stress.
(b) Determine the principal stresses and the maximum in-plane shear stress acting at the point, and show these stresses in an appropriate sketch (e.g., see Figure 12.15 or Figure 12.16).
(c) Determine the normal and shear stresses on the indicated plane, and show these stresses in an appropriate sketch.
(d) Determine the absolute maximum shear stress at the point.

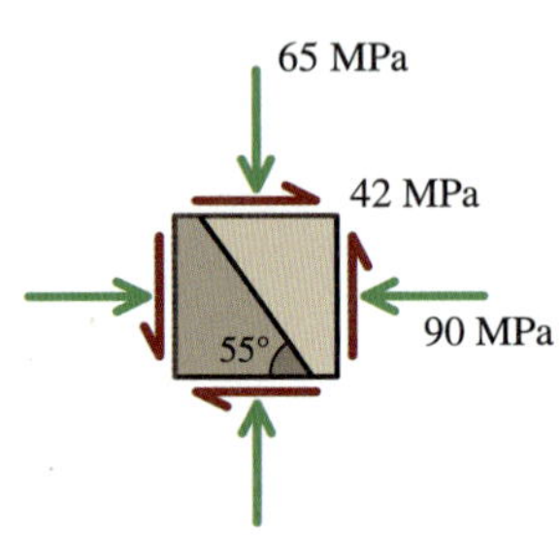


**FIGURE P12.81**

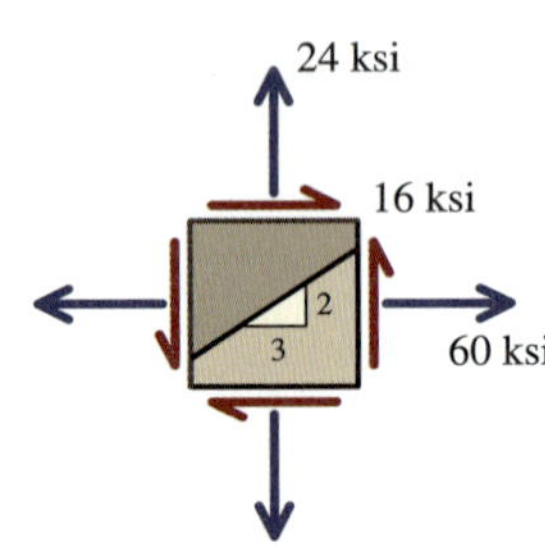


**FIGURE P12.82**

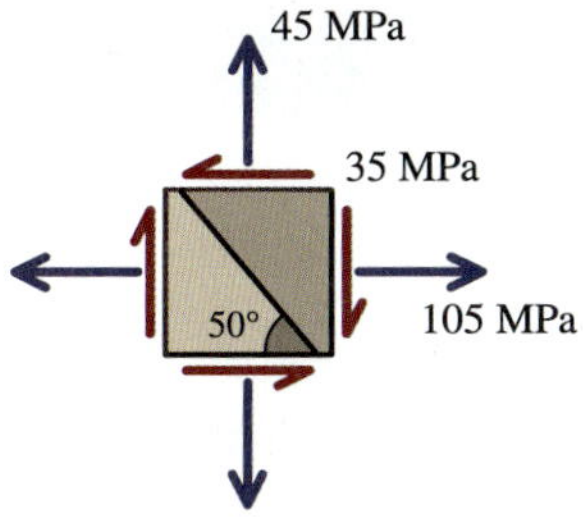


FIGURE P12.83

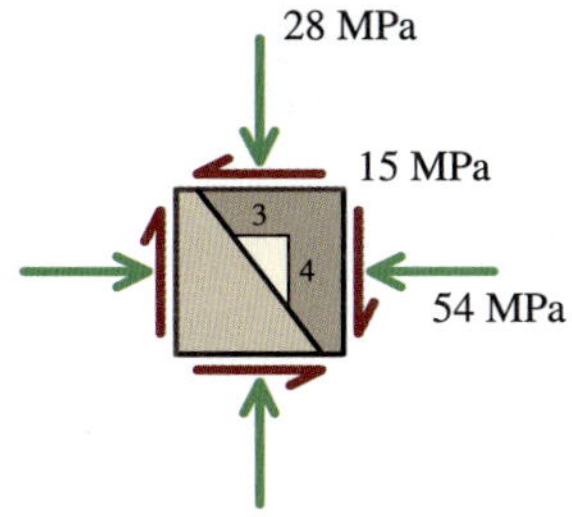


FIGURE P12.84

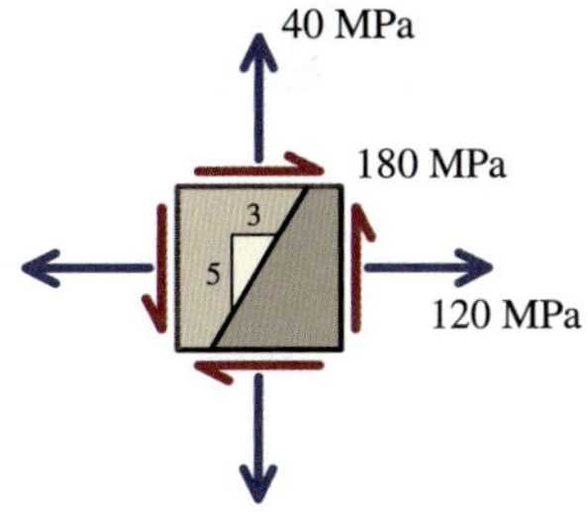


FIGURE P12.87

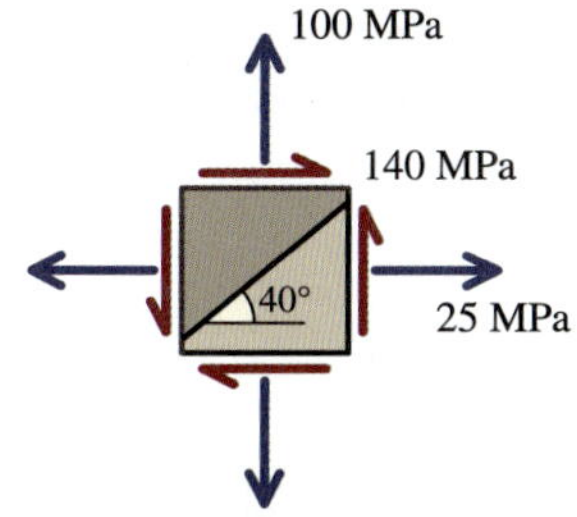


FIGURE P12.88

**P12.85–P12.88** Consider a point in a structural member that is subjected to plane stress. Normal and shear stresses acting on horizontal and vertical planes at the point are shown in Figures P12.85–P12.88.

(a) Draw Mohr's circle for this state of stress.
(b) Determine the principal stresses and the maximum in-plane shear stress acting at the point, and show these stresses in an appropriate sketch (e.g., see Figure 12.15 or Figure 12.16).
(c) Determine the normal and shear stresses on the indicated plane, and show these stresses in an appropriate sketch.
(d) Determine the absolute maximum shear stress at the point.

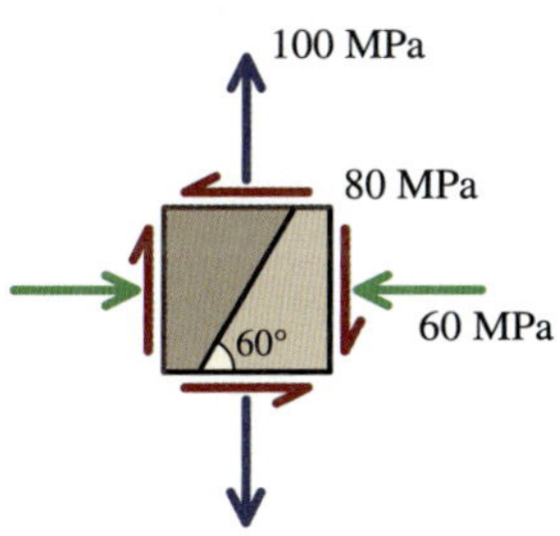


FIGURE P12.85

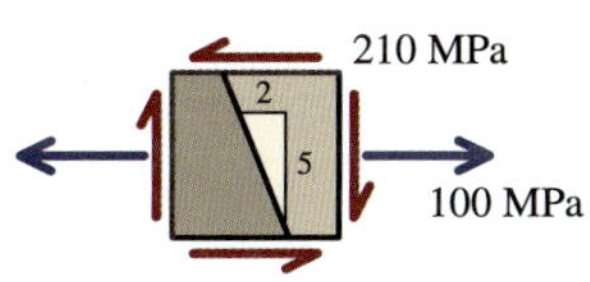


FIGURE P12.86

**P12.89–P12.90** At a point in a stressed body, the principal stresses are oriented as shown in Figures P12.89 and P12.90. Use Mohr's circle to determine:

(a) the stresses on plane *a–a*.
(b) the stresses on the horizontal and vertical planes at the point.
(c) the absolute maximum shear stress at the point.

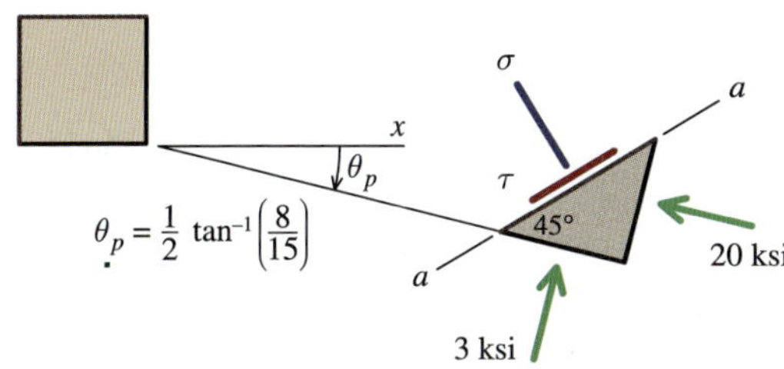


FIGURE P12 89

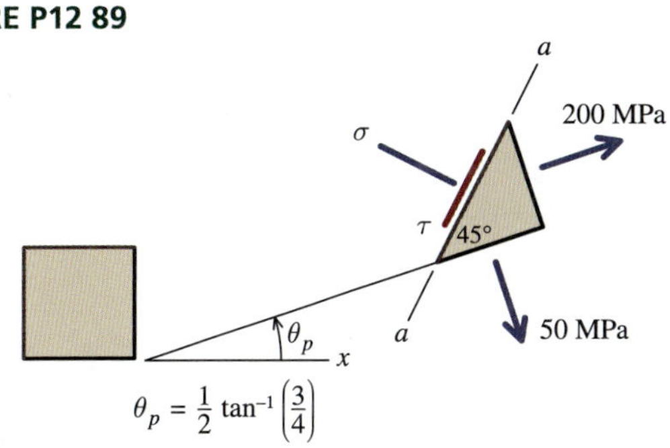


FIGURE P12.90

## 12.11 한 점에서의 응력의 일반적인 상태

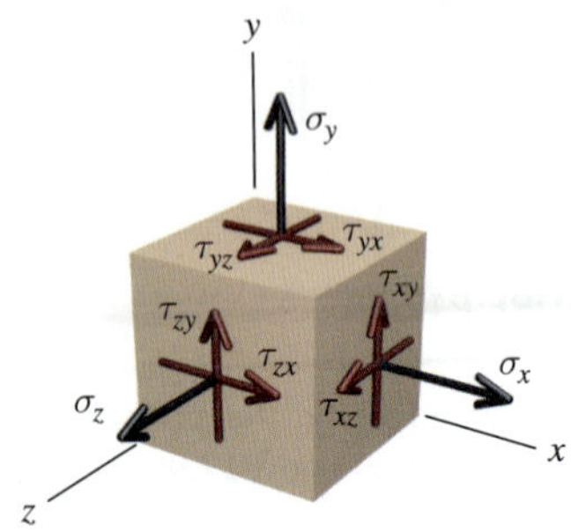


**그림 12.17**

12.2절에서 한 점에서의 일반적인 3차원 응력상태를 소개하였다. 이 응력상태는 그림 12.17에서 볼 수 있듯이 3개의 법선응력 성분과 6개의 전단응력 성분을 포함하고 있다. 그림 12.17에서 볼 수 있는 전단응력 성분 모두가 독립적이지 않다. 그 이유는 모멘트 평형조건이 다음 조건을 요구하고 있기 때문이다.

$$\tau_{yx} = \tau_{xy} \qquad \tau_{yz} = \tau_{zy} \qquad \tau_{xz} = \tau_{zx}$$

그림 12.17의 응력은 12.2절에서 설명한 법선응력과 전단응력의 부호규약에 따라 모두 양이다.

### 법선응력과 전단응력

한 점을 통과하는 경사면에서의 응력은 $x$면, $y$면, $z$면에서의 응력의 항으로 표현할 수 있다. 그림 12.18$a$의 자유물체도는 이 목적으로 사용되기 위한 것이다. $n$축은 경사면(음영된)의 법선 방향이다. $n$축의 방향은 그림 12.8$b$에서 보듯이 3개의 각도 $\alpha$, $\beta$, $\gamma$에 의하여 정의된다. 그림에서 사면체 응력요소의 경사면의 면적을 $dA$로 둔다. 그러면 $x$면, $y$면, $z$면의 면적은 각각 $dA \cos\alpha$, $dA \cos\beta$, $dA \cos\gamma$이다.[1] 경사면에서의 합력 $F$는 $S\,dA$이며, 여기서

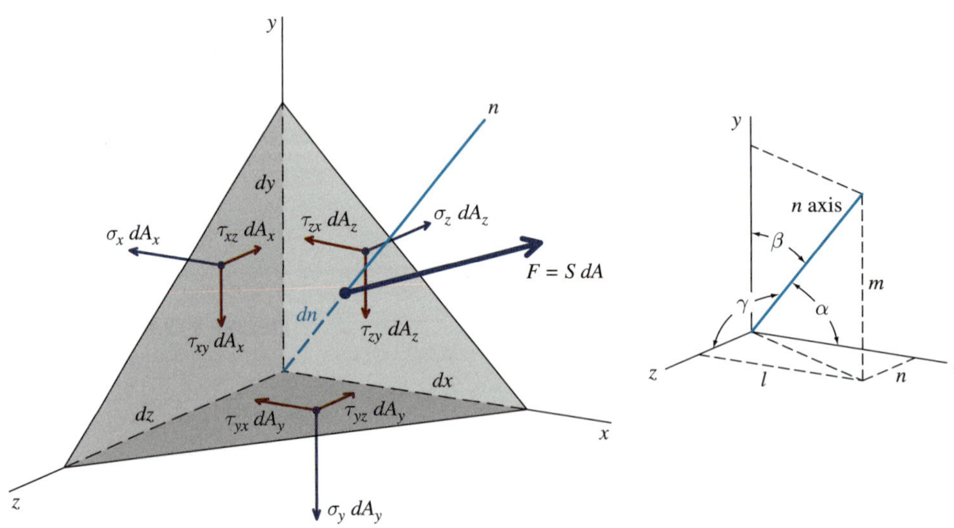


($a$) 사면체에 대한 자유물체도 ($b$) $n$축의 방향 결정

**그림 12.18** • 경사면에서 작용하는 주응력을 유도하기 위한 사면체

[1] 이러한 관계식은 그림 12.18$a$에서 사면체의 체적을 고려함으로 성립될 수 있다. 사면체의 체적 $V$는 $V = 1/3\,dn\,dA = 1/3\,dx\,dA = 1/3\,dx\,dA_x = 1/3\,dy\,dA_y = 1/3\,dz\,dA_z$이다. 그러나 원점에서 경사면의 중심까지의 거리 $dn$은 또한 $dn = dx\cos\alpha = dy\cos\beta = dz\cos\gamma$이다. 그러므로 사면체의 면의 면적은 $dA_x = dA\cos\alpha$, $dA_y = dA\cos\beta$, $dA_z = dA\cos\gamma$이다.

$S$는 경사면에서 응력의 합이다. 응력의 합 $S$는 다음 식에 의하여 경사면에서의 법선응력과 전단응력 성분과 연관되어 있다.

$$S = \sqrt{\sigma_n^2 + \tau_{nt}^2} \tag{12.24}$$

$x$면, $y$면, $z$면에서의 힘은 3개의 성분으로 나타나 있으며, 각각의 크기는 각 면적에 해당하는 응력을 곱한 것이다. 만일 우리가 $\cos\alpha$, $\cos\beta$, $\cos\gamma$를 표시하기 위하여 l, $m$, $n$을 각각 사용한다면, $x$, $y$, $z$ 방향에서의 힘의 평형조건식은

$$\begin{aligned} F_x &= S_x\, dA = \sigma_x\, dA \bullet l + \tau_{yx}\, dA \bullet m + \tau_{zx}\, dA \bullet n \\ F_y &= S_y\, dA = \sigma_y\, dA \bullet m + \tau_{zy}\, dA \bullet n + \tau_{xy}\, dA \bullet l \\ F_z &= S_z\, dA = \sigma_z\, dA \bullet n + \tau_{xz}\, dA \bullet l + \tau_{yz}\, dA \bullet m \end{aligned}$$

($l = 0$, $m = 0$, $n = 0$)을 **방향여현 (directional sine)**이라고 한다.

이로부터 응력의 합에 대한 3개의 직교 응력성분은

$$\begin{aligned} S_x &= \sigma_x \bullet l + \tau_{yx} \bullet m + \tau_{zx} \bullet n \\ S_y &= \tau_{xy} \bullet l + \sigma_y \bullet m + \tau_{zy} \bullet n \\ S_z &= \tau_{xz} \bullet l + \tau_{yz} \bullet m + \sigma_z \bullet n \end{aligned} \tag{a}$$

응력 합 $S$의 수직 성분 $\sigma_n$은 $S_x \bullet l + S_y \bullet m + S_z \bullet n$ 이며, 식 (a)로부터 그 점을 통과하는 경사면에서의 법선응력에 대한 다음 식이 얻어진다.

$$\sigma_n = \sigma_x l^2 + \sigma_y m^2 + \sigma_z n^2 + 2\tau_{xy} lm + 2\tau_{yz} mn + 2\tau_{zx} nl \tag{12.25}$$

경사 평면에서의 전단응력 $\tau_{nt}$는 $S^2 = \sigma_n^2 + \tau_{nt}^2$ 으로부터 얻을 수 있다. 주어진 문제에서 $S$와 $\sigma_n$의 값은 식 (a)와 식 (12.25)로부터 얻어진다.

## 주응력의 크기와 방향

주평면은 앞에서 전단응력 $\tau_{nt}$가 0인 평면이라고 정의되었다. 그러한 평면에서의 법선응력 $\sigma_n$은 주응력 $\sigma_p$로 정의되었다. 만약 그림 12.18의 경사 평면이 주평면이라면, $S = \sigma_p$, $S_x = \sigma_p l$, $S_y = \sigma_p m$, $S_z = \sigma_p n$이다. 이들 성분을 식 (a)에 대입하면, 방향여현 $l$, $m$, $n$을 미지수로 하는 다음의 제차선형방정식이 유도된다.

$$\begin{aligned} (\sigma_x - \sigma_p) l + \tau_{yx} m + \tau_{zx} n &= 0 \\ (\sigma_y - \sigma_p) m + \tau_{zy} n + \tau_{xy} l &= 0 \\ (\sigma_z - \sigma_p) n + \tau_{xz} l + \tau_{yz} m &= 0 \end{aligned} \tag{b}$$

이 방정식은 $l$, $m$, $n$의 계수에 대한 행렬의 판별치가 0이 아닌 경우에만 답을 갖는다. 그러므로

$$\begin{vmatrix} (\sigma_x - \sigma_p) & \tau_{yx} & \tau_{zx} \\ \tau_{xy} & (\sigma_y - \sigma_p) & \tau_{zy} \\ \tau_{xz} & \tau_{yz} & (\sigma_z - \sigma_p) \end{vmatrix} = 0 \tag{12.26}$$

행렬의 판별치를 전개하면, 다음과 같이 주응력을 결정하기 위한 3차 방정식이 유도된다.

$$\sigma_p^3 - I_1\sigma_p^2 + I_2\sigma_p - I_3 = 0 \tag{12.27}$$

여기서

$$\begin{aligned} I_1 &= \sigma_x + \sigma_y + \sigma_z \\ I_2 &= \sigma_x\sigma_y + \sigma_y\sigma_z + \sigma_z\sigma_x - \tau_{xy}^2 - \tau_{yz}^2 - \tau_{zx}^2 \\ I_3 &= \sigma_x\sigma_y\sigma_z + 2\tau_{xy}\tau_{yz}\tau_{zx} - (\sigma_x\tau_{yz}^2 + \sigma_y\tau_{zx}^2 + \sigma_z\tau_{xy}^2) \end{aligned} \tag{12.28}$$

식 (12.27)의 해는 방정식의 좌변을 $\sigma$의 함수로 하여 그래프를 그리면 쉽게 얻어질 수 있다.

상수 $I_1, I_2, I_3$는 응력불변치이다. 12.7절에서 평면응력에 대한 응력불변치가 언급되었으며, 불변치 $I_1$과 $I_2$는 $\sigma_z = \tau_{yz} = \tau_{zx} = 0$인 평면응력의 경우 식 (12.9)로 간소화될 수 있다. 식 (12.27)은 항상 3개의 실근을 가지는데, 이들은 주어진 점에서의 주응력이다. 식 (12.27)의 해는 다양한 수치해석 방법으로 구할 수 있다.

주어진 $\sigma_x, \sigma_y, \ldots \tau_{zx}$의 값에 대하여 식 (12.27)은 3개의 주응력 $\sigma_{p1}, \sigma_{p2}, \sigma_{p3}$의 값을 얻게 해준다. $\sigma_p$에 대하여 이들 값을 차례로 식 (b)에 대입하고 다음의 관계식을 사용하면, 세 개의 주평면의 법선벡터를 얻게 해준다.

$$l^2 + m^2 + n^2 = 1 \tag{c}$$

위의 설명은 일반적인 응력상태에서 3개의 상호 수직한 주평면이 존재함을 말해 준다.

식 (b)는 행렬로 다음과 같이 표기할 수 있다.

$$\begin{bmatrix} (\sigma_x - \sigma_p) & \tau_{yx} & \tau_{zx} \\ \tau_{xy} & (\sigma_y - \sigma_p) & \tau_{zy} \\ \tau_{xz} & \tau_{yz} & (\sigma_z - \sigma_p) \end{bmatrix} \begin{Bmatrix} l \\ m \\ n \end{Bmatrix} = \begin{Bmatrix} 0 \\ 0 \\ 0 \end{Bmatrix}$$

이 방정식의 해답을 일반적으로 직접 구할 수 없는 이유는 미지수인 $l, m, n$이 식 (c)를반드시 만족해야 하기 때문이다. 이 방정식은 표준화된 고유값 문제이다. 세 개의 고유값들은 세 개의 주응력 $\sigma_{p1}, \sigma_{p2}, \sigma_{p3}$에 해당한다. 각각의 고유값에 해당하는 고유벡터는 주면의 법선벡터이다. 최대와 최소 법선응력에 대한 방정식을 세우는 데 있어서 $\tau_{xy} = \tau_{yz} = \tau_{zx} = 0$인 특별한 경우를 고려해 본다. 이러한 특별한 경우를 고려하더라도 일반성이 상실되지 않는다. 그 이유는 기준좌표계의 $x, y, z$축의 방향을 단순히 재배열하여 주방향과 일치시키는 것을 포함하기 때문이다. $x, y, z$면이 이제 주면으로 주어졌다면, 응력 $\sigma_x, \sigma_y, \sigma_z$는 $\sigma_{p1}, \sigma_{p2}, \sigma_{p3}$가 된다. 식 (a)를 방향 $l, m, n$에 대하여 푼 결과는

$$l = \frac{S_x}{\sigma_{p1}} \qquad m = \frac{S_y}{\sigma_{p2}} \qquad n = \frac{S_z}{\sigma_{p3}}$$

이들 값을 식 (c)에 대입하면, 다음의 식을 얻는다.

$$\frac{S_x^2}{\sigma_{p1}^2} + \frac{S_y^2}{\sigma_{p2}^2} + \frac{S_z^2}{\sigma_{p3}^2} = 1 \tag{d}$$

식 (d)를 그림으로 나타내면 그림 12.19에서 보는 것과 같은 타원체이다. $\sigma_n$의 크기는 $S$가 $\sigma_{p1}$, $\sigma_{p2}$, $\sigma_{p3}$로 되는 교점을 제외한 모든 곳에서 $S(S^2 = \sigma_n^2 + \tau_{nt}^2$ 이므로)보다 작다는 것이 관찰된다. 그러므로 주응력 중의 2개(그림 12.19에서 $\sigma_{p1}$과 $\sigma_{p3}$)는 그 점에서의 최대와 최소 법선응력(절대값 기준)이 된다는 결론을 내릴 수 있다. 나머지의 주응력은 값으로는 중간이며 특별한 중요성이 없다. 위에서 언급한 내용은 세 개의 주응력은 그 점에서의 최대와 최소 법선응력을 포함한다는 것을 의미한다.

*S*는 그림 12.19*a*에서의 경사면에서 작용하는 응력합이며 $S_x$, $S_y$, $S_z$는 응력합 *S*의 직교 성분이다.

## 최대 전단응력의 크기와 방향

주어진 응력 $\sigma_x$, $\sigma_y$, $\sigma_z$가 주응력인 특별한 경우를 계속 고려해 보면, 그 점에서의 최대 전단응력에 관한 식을 유도할 수 있다. 경사 평면에서의 응력 합 $S$는 다음과 같이 주어진다.

$$S^2 = S_x^2 + S_y^2 + S_z^2$$

전단응력을 0으로 하고 식 (a)로부터 $S_x$, $S_y$, $S_z$를 응력성분과 방향벡터 성분으로 표현하여 윗식에 대입하면

$$S^2 = \sigma_x^2 l^2 + \sigma_y^2 m^2 + \sigma_z^2 n^2$$

(e)

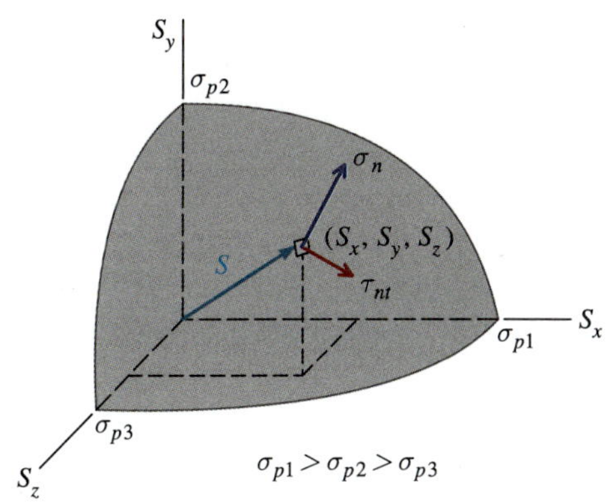


**그림 12.19**

그리고 식 (12.25)로부터

$$\sigma_n^2 = (\sigma_x l^2 + \sigma_y m^2 + \sigma_z n^2)^2 \tag{f}$$

$S^2 = \sigma_n^2 + \tau_n^2$이므로 식 (e)와 식 (f)로부터 경사 평면에서의 전단응력 $\tau_{nt}$에 대한 표현은 다음과 같다.

$$\tau_{nt} = \sqrt{\sigma_x^2 l^2 + \sigma_y^2 m^2 + \sigma_z^2 n^2 - (\sigma_x l^2 + \sigma_y m^2 + \sigma_z n^2)^2} \tag{12.29}$$

최대와 최소 전단응력이 발생하는 평면은 식 (12.29)에서 $l$, $m$, $n$에 대하여 미분함으로 얻을 수 있다. 식 (12.29)에서 방향여현 중의 하나(즉, $n$)는 식 (c)를 $n^2$에 대하여 풀고, 식 (12.29)

에 대입하여 얻을 수 있다. 그러므로

$$\tau_{nt} = \{(\sigma_x^2 - \sigma_z^2)l^2 + (\sigma_y^2 - \sigma_z^2)m^2 + \sigma_z^2 - [(\sigma_x - \sigma_z)l^2 + (\sigma_y - \sigma_z)m^2 + \sigma_z]^2\}^{1/2} \tag{g}$$

먼저 $l$에 대하여 그리고 $m$에 대하여 식 (g)를 편미분한 후 0으로 놓으면, 최대와 최소 전단응력을 가지는 평면과 연관된 방향벡터를 결정하기 위한 다음의 방정식이 유도된다.

$$l\left[\frac{1}{2}(\sigma_x - \sigma_z) - (\sigma_x - \sigma_z)l^2 - (\sigma_y - \sigma_z)m^2\right] = 0 \tag{h}$$

$$m\left[\frac{1}{2}(\sigma_y - \sigma_z) - (\sigma_x - \sigma_z)l^2 - (\sigma_y - \sigma_z)m^2\right] = 0 \tag{i}$$

이들 방정식에 대한 하나의 해는 명확하게 $l = m = 0$이다. 이때 식 (c)로부터, $n = \pm 1$이다. 이 방정식들에 대한 0이 아닌 해 또한 가능하다. 예를 들면, 방향여현이 $m = 0$인 값을 가지는 표면을 고려한다. 식 (h)에서 $l = \pm\sqrt{1/2}$ 이고 식 (c)에서 $n = \pm\sqrt{1/2}$이다. 그러므로 이 평면에 대한 법선은 $x$와 $z$축 모두에 대하여 45°의 각도를 이루고, $y$축과는 직교한다. 이 평면이 $y$축과 직교하는 모든 평면 중에서 가장 큰 전단응력을 갖는다. 다음으로 법선이 $x$축과 직교하는 즉, 방향여현의 값이 $l = 0$인 표면을 고려한다. 식 (i)에서 $m = \pm\sqrt{1/2}$ 이고, 식 (c)에서 $n = \pm\sqrt{1/2}$ 이다. 이 표면의 법선은 $y$와 $z$축과 45° 각도를 만든다. 이 평면의 법선이 $x$축과 직교하는 모든 표면에서들 중에서 가장 큰 전단응력을 갖는다. 식 (g)에서 $l$과 $m$을 차례로 소거하며 위의 과정을 반복하면 전단응력을 최대 또는 최소로 만드는 방향여현에 대한 다른 값들을 얻는다. 모든 가능한 조합이 표 12.1에 나타나 있다. 표의 마지막 행에서 그 열 바로 위에서의 방향여현에 해당하는 평면을 음영으로 표시하였다. 각 경우에서 두 가지의 가능한 평면 중에서 단지 하나만 나타내었음을 유의하라.

표 12.1의 첫 번째 세 열은 최소 전단응력 평면에 대한 방향여현을 준다. 여기서 주어진 응력 $\sigma_x$, $\sigma_y$, 그리고 $\sigma_z$가 주응력인 특별한 경우를 고려하며, 이 때 1, 2와 3열은 단순히 전단응력이 0이 되어야만 하는 주평면이다. 그러므로 최소 전단응력은 $\tau_{nt} = 0$ 이다.

최대 전단응력을 결정하기 위하여, 표 12.1에서의 방향여현 값을 식 (12.29)에 대입하고, $\sigma_x$, $\sigma_y$ 와 $\sigma_z$ 값을 $\sigma_{p1}$, $\sigma_{p2}$, 그리고 $\sigma_{p3}$로 대치한다. 표 12.1의 4열에서의 방향여현은 최대 전단응력에 대한 다음과 같은 표현을 준다.

$$\tau_{\max} = \sqrt{\frac{1}{2}\sigma_{p1}^2 + \frac{1}{2}\sigma_{p2}^2 + 0 - \left(\frac{1}{2}\sigma_{p1} + \frac{1}{2}\sigma_{p2}\right)^2} = \frac{\sigma_{p1} - \sigma_{p2}}{2}$$

마찬가지로 5열과 6열에서의 방향여현은

**표 12.1** • 최대 및 최소 전단응력 평면에 대한 방향여현

| | 최소 | | | 최대 | | |
|---|---|---|---|---|---|---|
| | **1** | **2** | **3** | **4** | **5** | **6** |
| $l$ | $\pm 1$ | 0 | 0 | $\pm\sqrt{1/2}$ | $\pm\sqrt{1/2}$ | 0 |
| $m$ | 0 | $\pm 1$ | 0 | $\pm\sqrt{1/2}$ | 0 | $\pm\sqrt{1/2}$ |
| $n$ | 0 | 0 | $\pm 1$ | 0 | $\pm\sqrt{1/2}$ | $\pm\sqrt{1/2}$ |
| 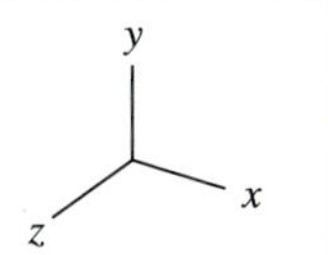 | 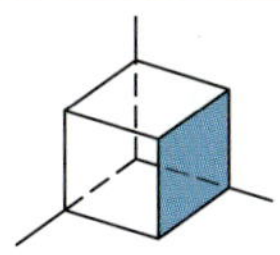 | 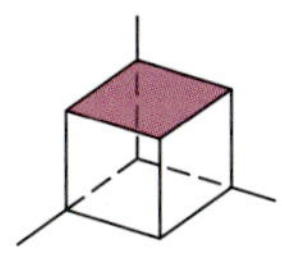 | 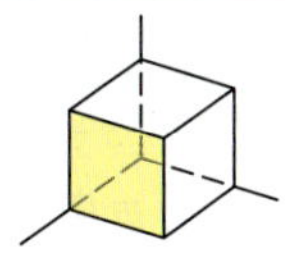 | 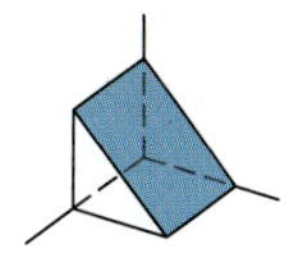 | 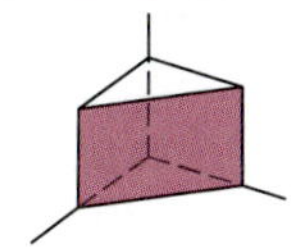 | 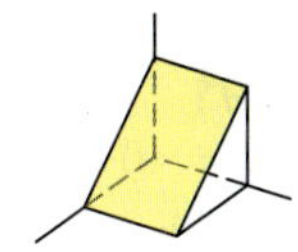 |

$$\tau_{\max} = \frac{\sigma_{p1} - \sigma_{p3}}{2}, \qquad \tau_{\max} = \frac{\sigma_{p2} - \sigma_{p3}}{2}$$

이러한 3개의 가능한 결과로부터 가장 큰 크기는 $\tau_{\text{abs max}}$이므로, 절대 최대 전단응력에 대한 표현은

$$\tau_{\text{abs max}} = \frac{\sigma_{\max} - \sigma_{\min}}{2} \tag{12.30}$$

이며 절대 최대 전단응력 크기에 대한 식 (12.18)을 입증한다. 최대 전단응력은 최대 및 최소 주응력 사이의 각도를 둘로 나누는 평면에서 작용한다.

## Mohr 원의 3차원 응력해석에 대한 응용

그림 12.20$a$에서 한 점에서의 주응력 $\sigma_{p1}$, $\sigma_{p2}$ 그리고 $\sigma_{p3}$가 응력요소에 나타나 있다. 주응력

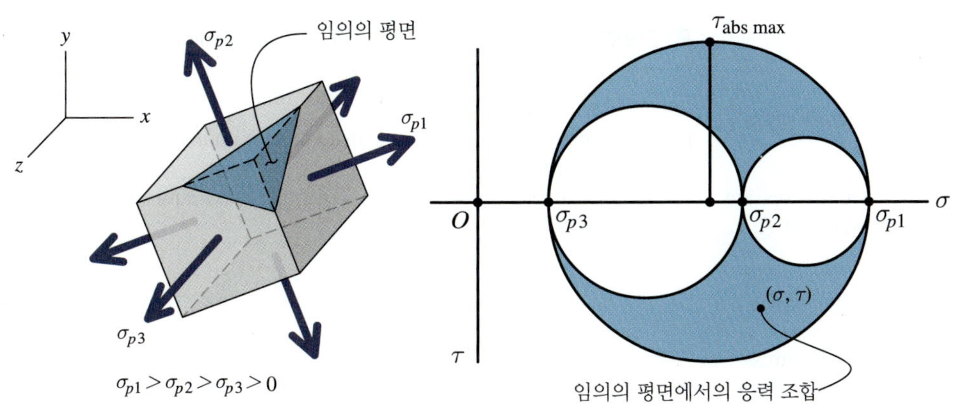


($a$) 주응력요소　($b$) Mohr 원

**그림 • 12.20**

은 $\sigma_{p1} > \sigma_{p2} > \sigma_{p3}$가 되도록 하며, 세 개 모두 0보다 크다고 가정할 것이다. 또한 응력요소를 사용하여 나타낸 주평면들은 $x$–$y$–$z$ 축에 대하여 회전됨을 주시한다. 세 개의 주응력을 사용하여, 그 점에서의 가능한 많은 응력 조합을 시각적으로 표시하도록 Mohr 원을 작도할 수 있다(그림 12.20*b*). 모든 가능한 평면에 대한 응력 조합은 원들 중의 하나 또는 음영된 영역에 표시된다. Mohr 원으로부터, 식 (12.30)에서 주어진 절대 최대 전단응력의 크기는 명확하다.

## PROBLEMS

**P12.91** At a point in a stressed body, the known stresses are $\sigma_x = 40$ MPa (T), $\sigma_y = 20$ MPa (C), $\sigma_z = 20$ MPa (T), $\tau_{xy} = +40$ MPa, $\tau_{yz} = 0$, and $\tau_{zx} = +30$ MPa. Determine:

(a) the normal and shear stresses on a plane whose outward normal is oriented at angles of 40°, 75°, and 54° with the *x*, *y*, and *z* axes, respectively.
(b) the principal stresses and the absolute maximum shear stress at the point.

**P12.92** At a point in a stressed body, the known stresses are $\sigma_x = 14$ ksi (T), $\sigma_y = 12$ ksi (T), $\sigma_z = 10$ ksi (T), $\tau_{xy} = +4$ ksi, $\tau_{yz} = -4$ ksi, and $\tau_{zx} = 0$. Determine:

(a) the normal and shear stresses on a plane whose outward normal is oriented at angles of 40°, 60°, and 66.2° with the *x*, *y*, and *z* axes, respectively.
(b) the principal stresses and the absolute maximum shear stress at the point.

(a) the normal and shear stresses on a plane whose outward normal is oriented at angles of 30°, 80°, and 62° with the *x*, *y*, and *z* axes, respectively.
(b) the principal stresses and the absolute maximum shear stress at the point.

**P12.93** At a point in a stressed body, the known stresses are $\sigma_x = 60$ MPa (T), $\sigma_y = 90$ MPa (T), $\sigma_z = 60$ MPa (T), $\tau_{xy} = +120$ MPa, $\tau_{yz} = +75$ MPa, and $\tau_{zx} = +90$ MPa. Determine:

(a) the normal and shear stresses on a plane whose outward normal is oriented at angles of 60°, 70°, and 37.3° with the *x*, *y*, and *z* axes, respectively.
(b) the principal stresses and the absolute maximum shear stress at the point.

**P12.94** At a point in a stressed body, the known stresses are $\sigma_x = 0$, $\sigma_y = 0$, $\sigma_z = 0$, $\tau_{xy} = +6$ ksi, $\tau_{yz} = +10$ ksi, and $\tau_{zx} = +8$ ksi. Determine:

(a) the normal and shear stresses on a plane whose outward normal makes equal angles with the *x*, *y*, and *z* axes.
(b) the principal stresses and the absolute maximum shear stress at the point.

**P12.95** At a point in a stressed body, the known stresses are $\sigma_x = 72$ MPa (T), $\sigma_y = 32$ MPa (C), $\sigma_z = 0$, $\tau_{xy} = +21$ MPa, $\tau_{yz} = 0$, and $\tau_{zx} = +21$ MPa. Determine:

(a) the normal and shear stresses on a plane whose outward normal makes equal angles with the *x*, *y*, and *z* axes.
(b) the principal stresses and the absolute maximum shear stress at the point.

**P12.96** At a point in a stressed body, the known stresses are $\sigma_x = 60$ MPa (T), $\sigma_y = 50$ MPa (C), $\sigma_z = 40$ MPa (T), $\tau_{xy} = +40$ MPa, $\tau_{yz} = -50$ MPa, and $\tau_{zx} = +60$ MPa. Determine:

**P12.97** At a point in a stressed body, the known stresses are $\sigma_x = 60$ MPa (T), $\sigma_y = 40$ MPa (C), $\sigma_z = 20$ MPa (T), $\tau_{xy} = +40$ MPa, $\tau_{yz} = +20$ MPa, and $\tau_{zx} = +30$ MPa. Determine:

(a) the principal stresses and the absolute maximum shear stress at the point.
(b) the orientation of the plane on which the maximum tensile stress acts.

**P12.98** At a point in a stressed body, the known stresses are $\sigma_x = 18$ ksi (T), $\sigma_y = 12$ ksi (T), $\sigma_z = 6$ ksi (T), $\tau_{xy} = +12$ ksi, $\tau_{yz} = -6$ ksi, and $\tau_{zx} = +9$ ksi. Determine:

(a) the principal stresses and the absolute maximum shear stress at the point.
(b) the orientation of the plane on which the maximum tensile stress acts.

**P12.99** At a point in a stressed body, the known stresses are $\sigma_x = 18$ ksi (C), $\sigma_y = 15$ ksi (C), $\sigma_z = 12$ ksi (C), $\tau_{xy} = -15$ ksi, $\tau_{yz} = +12$ ksi, and $\tau_{zx} = -9$ ksi. Determine:

(a) the principal stresses and the absolute maximum shear stress at the point.
(b) the orientation of the plane on which the maximum tensile stress acts.

CHAPTER 13

# 변형률의 좌표변환

## 13.1 서론

2장에서 언급한 변형률은 변형의 척도로서의 변형률의 개념을 소개하는 데 있어서 유용하였다. 그러나 그것은 오직 단축부하에 대해서만 적합한 것이었다. 구조물이나 기계 부품의 설계와 관련된 많은 실제적인 경우에 있어 2 또는 3차원적인 형상과 부하로 인하여 변형률이 2차원 또는 3차원적으로 발생한다.

힘을 받고 있는 임의의 한 점에서의 변형률의 모든 성분은 그 점을 둘러싸고 있는 작은 물질의 체적과 관련된 변형을 고려함으로써 결정될 수 있다. 편의상 체적은 변형률요소로 명명된 블록 모양을 가지고 있다고 가정한다. 변형 전의 상태에서 변형률요소의 면은 그림 13.1*a*에서 보는 바와 같이 기준좌표계의 $x$, $y$, $z$축과 직교하는 방향이다. 변형률요소가 매우 작으므로 변형은 균일하다고 가정한다. 이것은 다음 사항들을 의미한다.

(a) 초기에 상호 간에 평행한 평면은 변형 후에도 평행을 유지하며,
(b) 변형 전의 직선들은 그림 13.1*b*에서 보는 바와 같이 변형 후에도 직선을 유지한다.

변형된 요소의 최종 크기는 $dx'$, $dy'$, $dz'$의 세 모서리의 길이에 의하여 결정된다. 요소의 뒤틀린 형상은 면 사이의 각도 $\theta'_{xy}$, $\theta'_{yz}$, $\theta'_{zx}$에 의하여 결정된다.

한 점에서의 변형률의 $x$, $y$, $z$ 성분은 2.2절에서 설명한 법선변형률 및 전단변형률의 개념을 사용하여 변형의 항으로 표시될 수 있다.

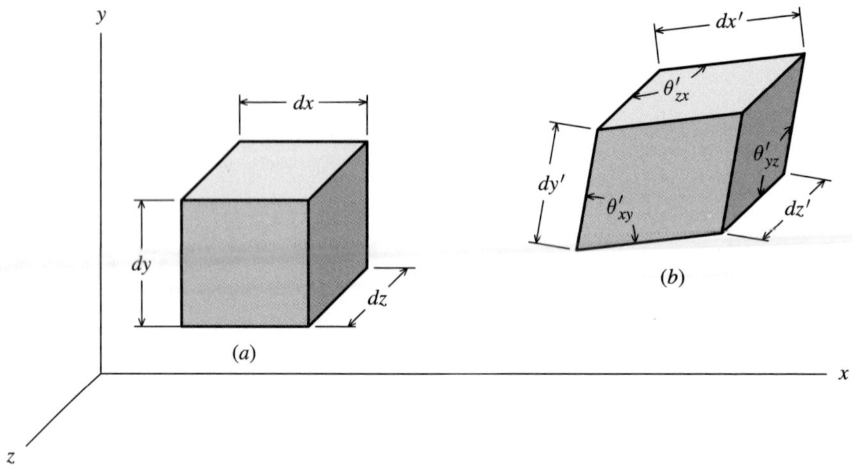


**그림 13.1**

$$\varepsilon_x = \frac{dx' - dx}{dx} \qquad \gamma_{xy} = \frac{\pi}{2} - \theta'_{xy}$$
$$\varepsilon_y = \frac{dy' - dy}{dy} \qquad \gamma_{yz} = \frac{\pi}{2} - \theta'_{yz} \tag{13.1}$$
$$\varepsilon_z = \frac{dz' - dz}{dz} \qquad \gamma_{zx} = \frac{\pi}{2} - \theta'_{zx}$$

같은 방법으로 임의의 $n$방향으로 위치한 미소 선분의 법선변형률 성분과 변형 전의 변형률요소에서 직교하는 $n$과 $t$방향으로 위치한 두 개의 미소 선분의 전단변형률은 각각 다음과 같이 정의된다.

$$\varepsilon_n = \frac{dn' - dn}{dn} \qquad \gamma_{nt} = \frac{\pi}{2} - \theta'_{nt} \tag{13.2}$$

## 13.2 평면변형

변형률의 속성에 관한 통찰력은 평면변형이라고 알려진 특수한 조건 하의 변형률의 상태를 고려함으로써 상당한 수준까지 얻어질 수 있다. 이 상태에 관한 기준 평면으로 $x$–$y$ 평면이 사용된다. 평면변형일 때, 그림 13.1에서 길이 $dz$는 변하지 않으며 $\theta'_{yz}$와 $\theta'_{zx}$는 90°로 유지된다. 그러므로 평면변형의 조건은 $\varepsilon_z = \gamma_{xz} = \gamma_{yz} = 0$이다.

만일 $x-y$ 평면에서의 변형만 있다면, 그때는 3개의 변형률 성분만 존재한다. 그림 13.2에서 $dx$와 $dy$는 미소 크기의 선분이며, 점 $O$의 변형률을 정의하는 데 사용된다. 그림 13.2$a$에서 양의 법선변형률 $\varepsilon_x$가 발생한 미소요소는 수평 방향으로 $\varepsilon_x\,dx$만큼 늘어난다. 양의 법선변형률 $\varepsilon_y$가 발생한다면, 미소요소는 수직 방향으로 $\varepsilon_y\,dy$만큼 늘어난다(그림 13.2$b$). 양

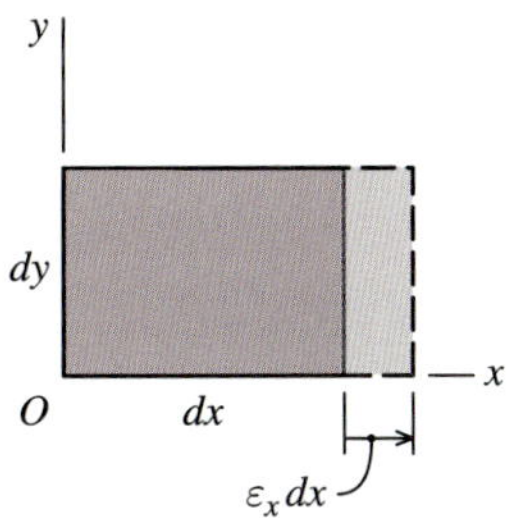


그림 13.2*a*

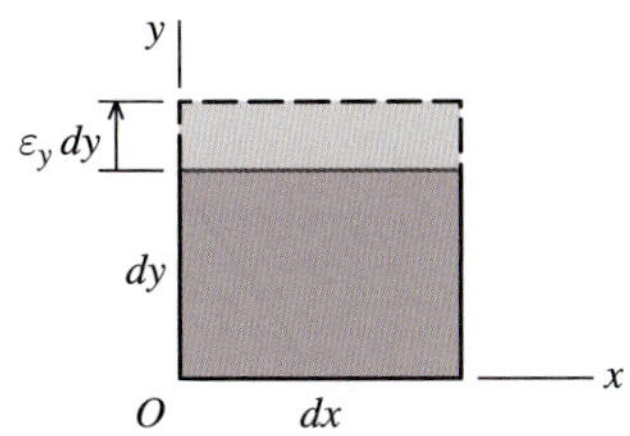


그림 13.2*b*

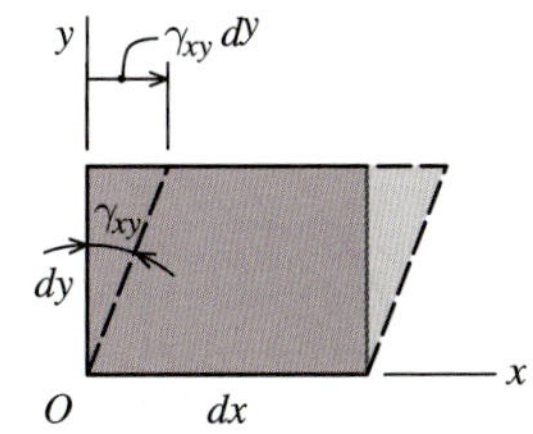


그림 13.2*c*

의 법선변형률은 재료의 신장을 의미하고, 음의 법선변형률은 재료의 수축을 의미한다.

그림 13.2*c*에서 가시화된 전단변형률 $\gamma_{xy}$는 초기에 직교하는 미소 선분요소 *dx*와 *dy* 사이의 각도의 변화를 측정한 것이다. 전단변형률은 축 사이의 각도가 감소할 때를 양으로 하고 각도가 증가할 때를 음으로 간주한다.

변형률에 관한 부호규약은 응력의 부호규약과 일치한다. *x*방향의 양의 법선응력(즉, 인장 법선응력)은 양의 법선변형률 $\varepsilon_x$(즉, 신장, 그림 13.2*a*)를 발생시키며, *y*방향의 법선응력은 양의 법선변형률 $\varepsilon_y$를 생성하며(그림 13.2*b*), 양의 전단응력은 양의 전단변형률 $\gamma_{xy}$를 만든다(그림 13.2*c*).

## 13.3 평면변형률의 좌표변환 관계식*

점 *O*에서의 평면변형의 상태는 3개의 변형률 성분 $\varepsilon_x$, $\varepsilon_y$, $\gamma_{xy}$ 등에 의하여 결정된다. 변환 변형률의 좌표관계식은 *x*축에 대하여 임의의 각도 $\theta$로 회전된 직교하는 축에 대한 점 *O*에서의 법선변형률 및 전단변형률을 결정하는 데 사용된다.

*x*–*y* 축의 법선변형률 및 전단변형률을 임의의 직교축의 성분으로 변환시키는 식이 유도될 수 있다. 유도과정을 간소화하기 위하여 요소의 치수는 요소의 대각선 *OA*와 *n*축이 일치하도록 선택한다(그림 13.3). 편의상 모서리 *O*는 고정되어 있고 *x*축과 일치하는 요소의 모서리는 회전하지 않는다고 가정한다.

3개의 모든 변형률($\varepsilon_x$, $\varepsilon_y$ $\gamma_{xy}$)이 동시에 발생할 때, 요소의 모서리 *A*는 *A*′으로 표시된 새로운 위치로 이동한다. 그림에서 변형을 명확하게 하기 위해서 매우 과장하여 표시하였다.

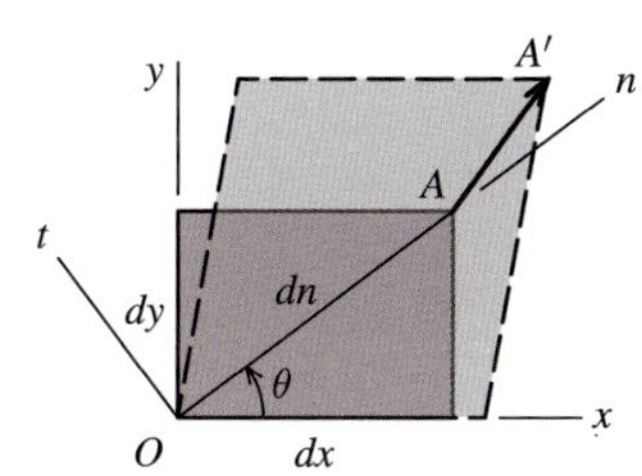


그림 13.3

### 법선변형률의 좌표변환

그림 13.3의 *A*로부터 *A*′까지의 변위벡터는 따로 분리되어 그림 13.4에서 확대되었다. 벡터 **AA′** 의 수평 성분은 $\varepsilon_x$(그림 13.2*a*)와 $\gamma_{xy}$(그림 13.2*c*)에 기인하는 변위로 구성되어 있다.

* 역자주: 이 절에서 평면변형률의 좌표변환 관계식이 기하학적 접근방법으로 설명되고 있다. 여기서 유도된 관계식은 변형률에 관한 정의와 좌표변환 및 사슬법칙에 의하여 수학적으로 유도될 수 있다. 관련 문헌을 참조하기 바란다.

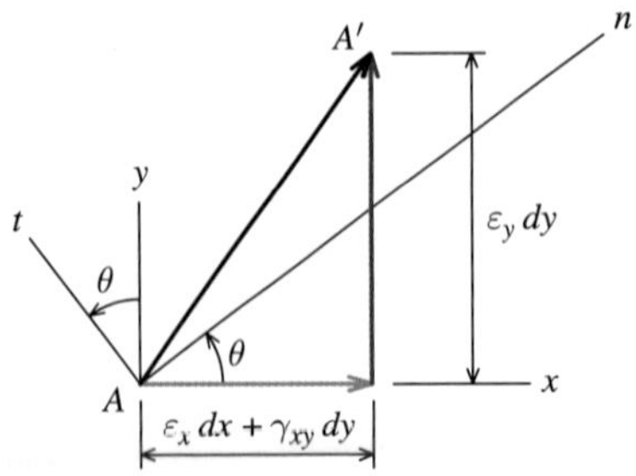


**그림 13.4*a***

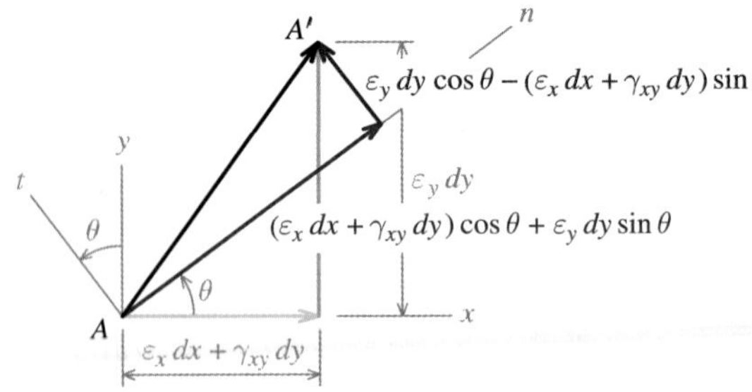


**그림 13.4*b***

**AA′**의 수직 성분은 $\varepsilon_y$에 의하여 발생한다(그림 13.2*b*).

여기서 변위벡터 **AA′**을 *n*방향 성분과 *t*방향 성분으로 분해한다. *n*방향과 *t*방향의 단위벡터는

$$\mathbf{n} = \cos\theta\,\mathbf{i} + \sin\theta\,\mathbf{j} \qquad \mathbf{t} = -\sin\theta\,\mathbf{i} + \cos\theta\,\mathbf{j}$$

*n*방향의 변위 성분은 내적으로부터 결정될 수 있으며

$$\mathbf{AA'} \cdot \mathbf{n} = (\varepsilon_x\, dx + \gamma_{xy}\, dy)\cos\theta + \varepsilon_y\, dy \sin\theta \tag{a}$$

*t*방향의 변위 성분은

$$\mathbf{AA'} \cdot \mathbf{t} = \varepsilon_y\, dy \cos\theta - (\varepsilon_x\, dx + \gamma_{xy}\, dy)\sin\theta \tag{b}$$

*n*방향과 *t*방향의 변위는 그림 13.4*b*에 나타나 있다.

*n*방향의 변위는 법선변형률 $\varepsilon_x$ 및 $\varepsilon_y$와 전단변형률 $\gamma_{xy}$에 기인한 대각선 *OA*의 신장(그림 13.3)을 나타낸다. *n*방향의 변형률은 식 (a)에서 주어진 신장을 대각선의 초기 길이 *dn*으로 나눔으로써 구해진다.

$$\begin{aligned} \varepsilon_n &= \frac{(\varepsilon_x\, dx + \gamma_{xy}\, dy)\cos\theta + \varepsilon_y\, dy \sin\theta}{dn} \\ &= \left(\varepsilon_x \frac{dx}{dn} + \gamma_{xy} \frac{dy}{dn}\right)\cos\theta + \varepsilon_y \frac{dy}{dn} \sin\theta \end{aligned} \tag{c}$$

그림 13.3에서 $dx/dn = \cos\,\theta$와 $dy/dn = \sin\,\theta$이다. 이들 관계식을 식 (c)에 대입하면, *n*방향의 변형률은 다음과 같이 표현된다.

$$\varepsilon_n = \varepsilon_x \cos^2\theta + \varepsilon_y \sin^2\theta + \gamma_{xy} \sin\theta\cos\theta \tag{13.3}$$

다음의 2배각 삼각함수 정리를 사용하여

$$\cos^2\theta = \frac{1}{2}(1+\cos 2\theta)$$
$$\sin^2\theta = \frac{1}{2}(1-\cos 2\theta)$$
$$2\sin\theta\cos\theta = \sin 2\theta$$

식 (13.3)은 다음과 같이 표현된다.

$$\varepsilon_n = \frac{\varepsilon_x+\varepsilon_y}{2} + \frac{\varepsilon_x-\varepsilon_y}{2}\cos 2\theta + \frac{\gamma_{xy}}{2}\sin 2\theta \tag{13.4}$$

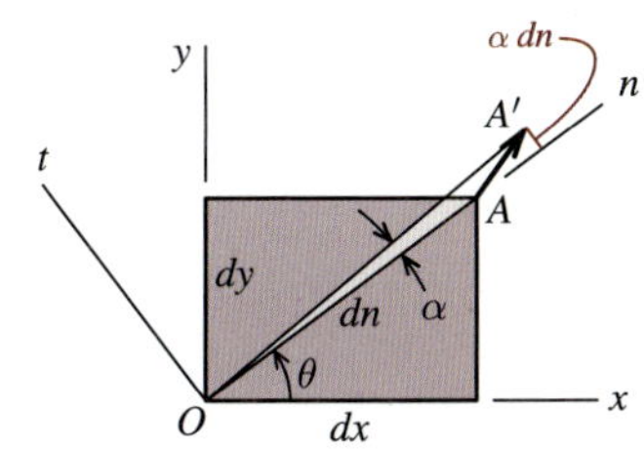

그림 13.5*a*

## 전단변형률의 좌표변환

변위벡터 **AA′**의 $t$방향의 성분[식 (b)]은 대각선 $OA$가 점 $O$를 중심으로 회전하면서 만든 원호의 길이이다. 이 회전각을 $\alpha$라 하면, 반지름 $dn$과 연관된 원호의 길이는 다음과 같다.

$$\alpha\, dn = \varepsilon_y\, dy\cos\theta - (\varepsilon_x\, dx + \gamma_{xy}\, dy)\sin\theta$$

그러므로 대각선 $OA$는 다음의 각도로 반시계방향으로 회전한다.

$$\begin{aligned}\alpha &= \varepsilon_y\frac{dy}{dn}\cos\theta - \left(\varepsilon_x\frac{dx}{dn} + \gamma_{xy}\frac{dy}{dn}\right)\sin\theta \\ &= \varepsilon_y\sin\theta\cos\theta - \varepsilon_x\sin\theta\cos\theta - \gamma_{xy}\sin^2\theta\end{aligned} \tag{d}$$

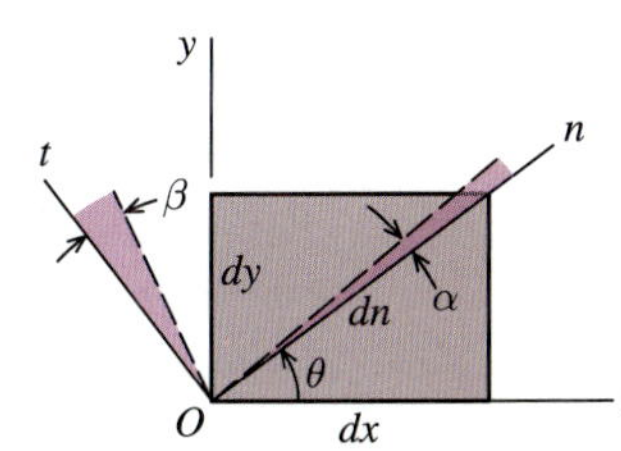

그림 13.5*b*

$OA$와 직각인 선 요소(즉, 그림 13.5*b*에서 $t$방향으로)의 회전각 $\beta$는 식 (d)에서 $\theta$ 대신 $\theta + 90°$를 대입하여 결정된다.

$$\beta = -\varepsilon_y\sin\theta\cos\theta + \varepsilon_x\sin\theta\cos\theta - \gamma_{xy}\cos^2\theta \tag{e}$$

$\beta$의 회전은 시계방향이다. $\alpha$와 $\beta$ 모두에 대한 양의 방향은 반시계방향이므로 $n$과 $t$축에 의해 만들어진 직각의 감소량, 즉 전단변형률 $\gamma_{nt}$는 다음과 같다.

$$\gamma_{nt} = \alpha - \beta = 2\varepsilon_y\sin\theta\cos\theta - 2\varepsilon_x\sin\theta\cos\theta - \gamma_{xy}\sin^2\theta + \gamma_{xy}\cos^2\theta$$

이 식을 정리하면

$$\gamma_{nt} = -2(\varepsilon_x - \varepsilon_y)\sin\theta\cos\theta + \gamma_{xy}(\cos^2\theta - \sin^2\theta) \tag{13.5}$$

이 식은 다음과 같은 2배각 삼각함수의 항으로 표현된다.

$$\frac{\gamma_{nt}}{2} = -\frac{\varepsilon_x-\varepsilon_y}{2}\sin 2\theta + \frac{\gamma_{xy}}{2}\cos 2\theta \tag{13.6}$$

**표 13.1** • 응력–변형률의 좌표변환 관계식에서의 변수 대응

| 응력 | 변형률 |
|---|---|
| $\sigma_x$ | $\varepsilon_x$ |
| $\sigma_y$ | $\varepsilon_y$ |
| $\tau_{xy}$ | $\gamma_{xy}/2$ |
| $\sigma_n$ | $\varepsilon_n$ |
| $\tau_{nt}$ | $\gamma_{nt}/2$ |

## 응력의 좌표변환 관계식과의 비교

여기서 유도된 변형률의 좌표변환 관계식은 12장에서 유도된 응력의 좌표변환 관계식과 비교된다. 두 가지의 기계량의 변환 관계식들에서 서로 상응하는 변수들은 표 13.1과 같다.

## 변형률불변성

$t$방향의 법선변형률은 식 (13.4)에서 $\theta$ 대신 $\theta + 90°$를 대입함으로써 다음과 같이 구할 수 있다.

$$\varepsilon_t = \frac{\varepsilon_x + \varepsilon_y}{2} - \frac{\varepsilon_x - \varepsilon_y}{2}\cos 2\theta - \frac{\gamma_{xy}}{2}\sin 2\theta \tag{13.7}$$

만일 $\varepsilon_n$[식 13.4)]과 $\varepsilon_t$[식 13.7)]를 더하면 다음과 같은 관계식이 얻어진다.

$$\varepsilon_n + \varepsilon_t = \varepsilon_x + \varepsilon_y \tag{13.8}$$

이 식은 두 개의 직교하는 방향에서의 법선변형률의 합은 각도 $\theta$에 관계없이 일정하다는 것을 의미한다.

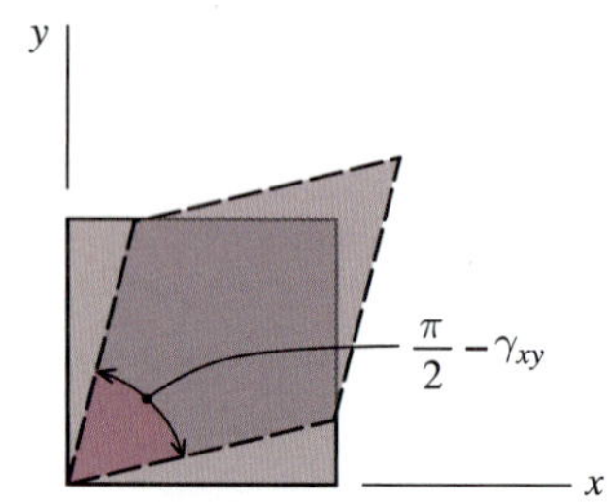


원점에서의 양의 전단변형률 $\gamma_{xy}$

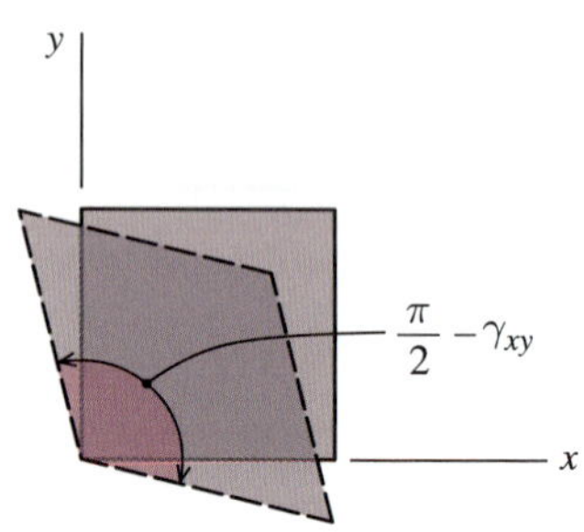


원점에서의 음의 전단변형률 $\gamma_{xy}$

## 부호규약

식 (13.3) 또는 식 (13.4)는 $x$–$y$ 평면에서 임의의 $n$방향으로 위치한 선분의 법선변형률 $\varepsilon_n$을 결정하는 데 사용된다. 식 (13.5) 또는 식 (13.6)은 $x$–$y$ 평면에서 $n$과 $t$방향으로 향한 직교하는 두 개의 선분의 전단변형률 $\gamma_{nt}$를 결정하도록 한다. 이들 식의 활용 과정에서 다음의 부호규약을 준수해야 한다.

**1.** 신장을 발생시키는 법선변형률은 양이며, 수축을 발생시키는 법선변형률은 음이다.
**2.** 양의 전단변형률은 좌표축의 원점에서 두 선분의 사이각을 감소시킨다.
**3.** 기준좌표계의 $x$축으로부터 반시계방향으로 측정된 각도는 양이다. 반대로 $x$축으로부터 시계방향으로 측정된 각도는 음이다.
**4.** $n$–$t$–$z$ 좌표계는 $x$–$y$–$z$ 좌표계와 같은 순서를 갖는다. 두 개의 좌표계는 오른손규칙을 따른다.

**예제 13.1** EXAMPLE

점 $O$에서 재료의 변형요소가 $\varepsilon_x = +600\ \mu\varepsilon$, $\varepsilon_y = -300\ \mu\varepsilon$, $\gamma_{xy} = 400\ \mu\text{rad}$의 평면변형 상태에 있다. 이들 변형률에 의하여 변형된 변형요소의 형상은 그림과 같다. 원래의 위치로부터 반시계방향으로 40°만큼 회전한 변형요소의 $O$점에서의 변형률을 결정하라.

**풀이 계획**

$\varepsilon_n$, $\varepsilon_t$, $\gamma_{nt}$ 등을 계산하기 위하여 변형률의 좌표변환 관계식이 사용된다.

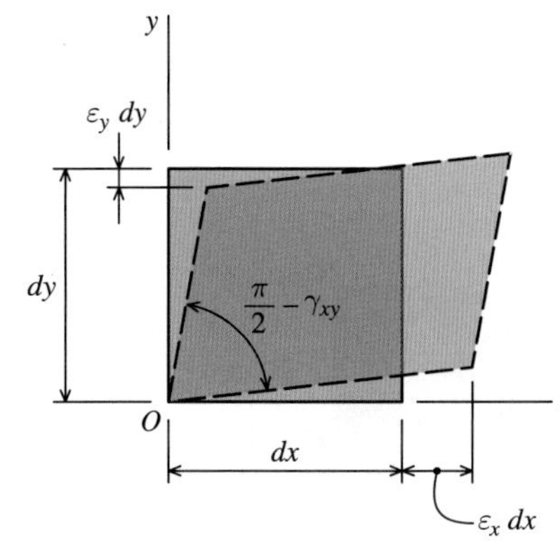


**풀이**

다음의 변형률의 좌표변환 식이 법선변형률 $\varepsilon_n$과 $\varepsilon_t$를 계산하는 데 사용된이다.

$$\varepsilon_n = \varepsilon_x \cos^2\theta + \varepsilon_y \sin^2\theta + \gamma_{xy}\sin\theta\cos\theta \tag{13.3}$$

반시계방향의 각도는 양이므로 이 문제에서 사용될 각도는 $\theta = +40°$이다. $\varepsilon_n$에 대하여

$$\begin{aligned}\varepsilon_n &= (600)\cos^2(40°) + (-300)\sin^2(40°) + (400)\sin(40°)\cos(40°)\\ &= 425\ \mu\varepsilon\end{aligned}$$

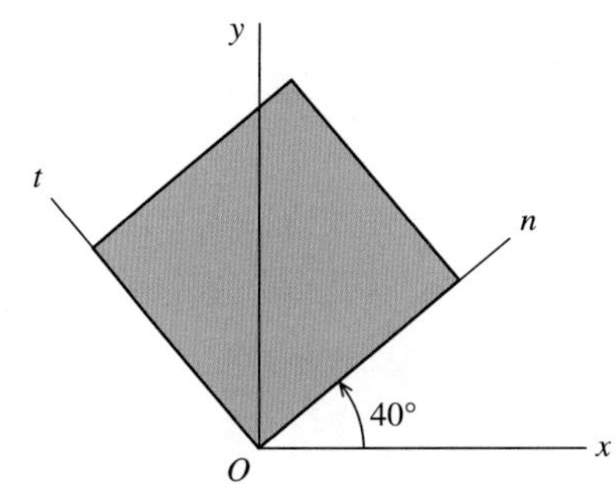


법선변형률 $\varepsilon_t$를 계산하기 위하여 식 (13.3)에 각도 $\theta = 40° + 90° = 130°$를 대입한다.

$$\begin{aligned}\varepsilon_t &= (600)\cos^2(130°) + (-300)\sin^2(130°) + (400)\sin(130°)\cos(130°)\\ &= -125\ \mu\varepsilon\end{aligned}$$

전단변형률 $\gamma_{nt}$는 각도 $\theta = +40°$를 사용하여 식 (13.5)로부터 계산된다.

$$\begin{aligned}\gamma_{nt} &= -2[600 - (-300)]\sin(40°)\cos(40°) + (400)[\cos^2(40°) - \sin^2(40°)]\\ &= -817\ \mu\text{rad}\end{aligned}$$

계산된 변형률은 변형요소를 왼쪽에서 보는 바와 같이 뒤틀리게 하려는 경향이 있다. 양의 법선변형률은 $n$방향으로 변형요소를 신장하는 것을 의미한다. $\varepsilon_t$의 음의 값은 $t$방향에서의 변형요소의 수축을 의미한다. 음의 전단변형률 $\gamma_{nt} = -817\ \mu$rad는 점 $O$에서 $n$과 $t$축이 이루는 각도를 90° 보다 더 커지게 한다.

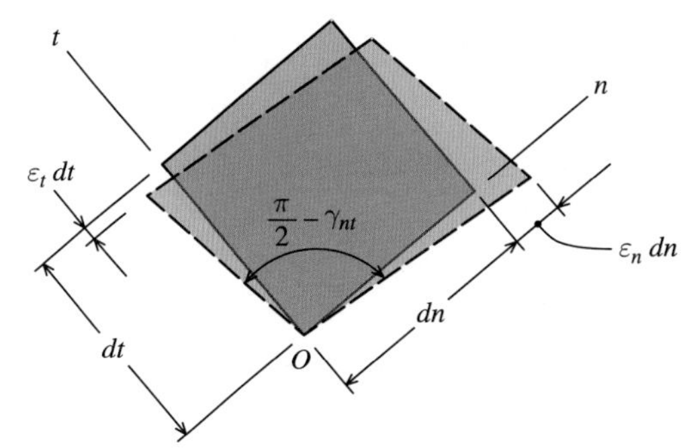

## MecMovies Example M13.1

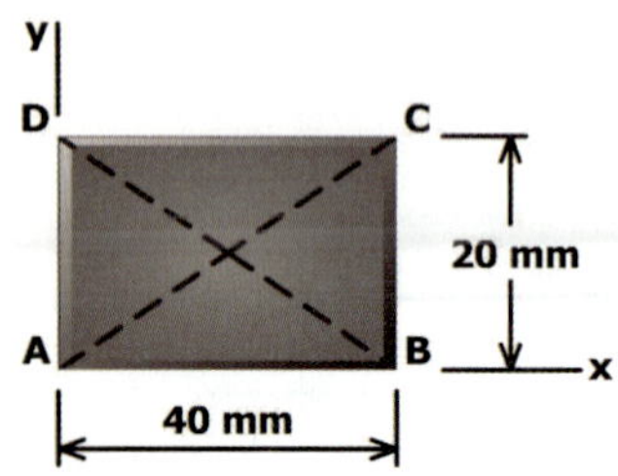


얇은 직사각형 강판이 균일하게 변형되어 $\varepsilon_x = -700\ \mu\varepsilon$, $\varepsilon_y = -500\ \mu\varepsilon$, $\gamma_{xy} = +900\ \mu\text{rad}$의 균일한 변형률 분포를 나타내었다. 아래 방향으로의 법선변형률을 결정하라.

(a) 대각선 $AC$ 방향

(b) 대각선 $BD$ 방향

## MecMovies Example M13.2

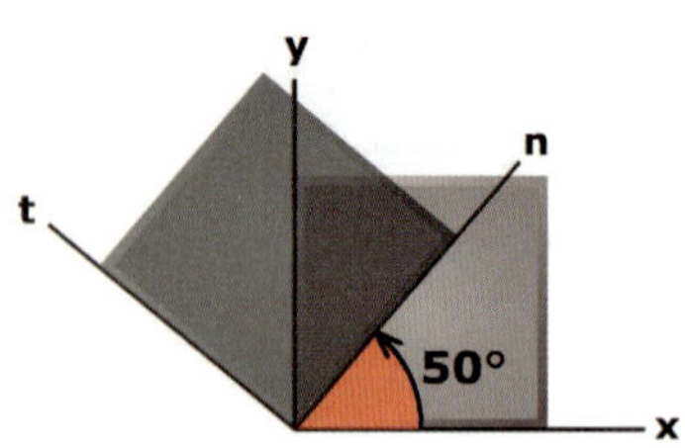


얇은 직사각형 판이 균일하게 변형되어 $\varepsilon_x = +900\ \mu\varepsilon$, $\varepsilon_y = -600\ \mu\varepsilon$, $\gamma_{xy} = -850\ \mu\text{rad}$의 균일한 변형률 분포를 나타내었다. $\theta = +50°$에 의하여 정의된 $n-t$ 좌표계에서 법선변형률 $\varepsilon_n$ 및 $\varepsilon_t$와 전단변형률 $\gamma_{nt}$를 결정하라.

## MecMovies Example M13.3

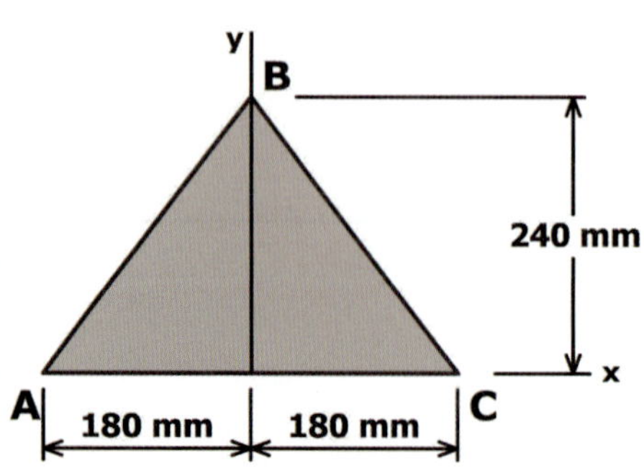

변형 전

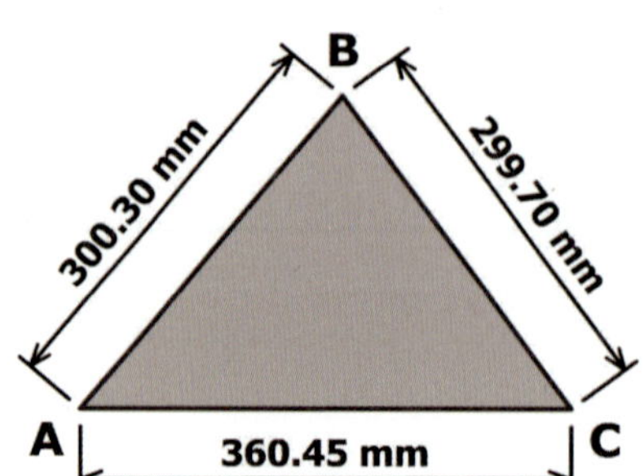

변형 후

얇은 직사각형 판이 균일하게 변형되었으며 변형 후의 삼각형의 각 모서리는 $AB = 300.30$ mm, $BC = 299.70$ mm, $AC = 360.45$ mm와 같이 측정되었다. 판의 변형률 $\varepsilon_x$ 및 $\varepsilon_y$와 전단변형률 $\gamma_{xy}$를 결정하라.

## 13.4 주변형률과 최대 전단변형률

평면변형에 관한 식 (13.3), 식 (13.4), 식 (13.5), 식 (13.6) 등과 평면응력에 관한 식 (12.5), 식 (12.6), 식 (12.7), 식 (12.8) 등의 유사성을 감안한다면, 평면응력에 대하여 유도된 모든 관계식들을 평면변형의 해석에 적용할 수 있다는 것은 당연하다. 따라서 평면내 주변형률 방향, 평면내 주변형률*, 최대 평면내 전단변형률에 대한 이 책에서의 표현은 다음과 같다.

$$\boxed{\tan 2\theta_p = \frac{\gamma_{xy}}{(\varepsilon_x - \varepsilon_y)}} \tag{13.9}$$

$$\boxed{\varepsilon_{p1,p2} = \frac{\varepsilon_x + \varepsilon_y}{2} \pm \sqrt{\left(\frac{\varepsilon_x - \varepsilon_y}{2}\right)^2 + \left(\frac{\gamma_{xy}}{2}\right)^2}} \tag{13.10}$$

$$\boxed{\frac{\gamma_{\max}}{2} = \pm\sqrt{\left(\frac{\varepsilon_x - \varepsilon_y}{2}\right)^2 + \left(\frac{\gamma_{xy}}{2}\right)^2}} \tag{13.11}$$

식 (13.9), 식 (13.10), 식 (13.11) 등은 식 (12.11), 식 (12.12), 식 (12.15) 등과 동일한 형태를 갖는다. 물론 응력 관계식에서의 $\tau_{xy}$는 변형률 관계식에서 $\gamma_{xy}/2$로 대치된다. 응력 해석과 변형률 해석을 오갈 때에 2라는 인수를 놓치지 않도록 유의해야 한다.

앞의 식들에서 신장(즉, 인장응력에 의하여 생성된 늘어남)을 일으키는 법선변형률은 양이다. 양의 전단변형률은 좌표(축)의 원점에서 변형요소의 두 면 사이의 각도를 감소시킨다(그림 13.3).

평면응력의 좌표변환에서와 마찬가지로 식 (13.9)는 두 개의 주변형률 각을 정의하고 식 (13.10) 및 식 (13.11)은 평면내 주변형률 및 최대 평면내 전단변형률을 정의한다. 그러나 이 식들로부터 주변형률 $\varepsilon_{p1}$ 또는 $\varepsilon_{p2}$ 중의 어느 것이 두 개의 주변형률 각과 관련되는지 알 수 없다. 식 (13.9)를 만족하는 $\theta_p$는 무수히 많으나, $45° \leq \theta_p \leq 45°$의 범위에 속한 두 개를 이 책에서는 택한다. $\theta_p$의 값과 관련된 주변형률은 다음의 규칙으로부터 결정될 수 있다.

- 만일 $\varepsilon_x - \varepsilon_y$가 양이면, $\theta_p$는 $\varepsilon_{p1}$의 방향을 가리킨다.
- 만일 $\varepsilon_x - \varepsilon_y$가 음이면, $\theta_p$는 $\varepsilon_{p2}$의 방향을 가리킨다.

나머지의 주변형률은 $\theta_p$와 직교하는 방향으로 위치한다.

식 (13.10)에 의하여 결정되는 두 개의 주변형률은 모두 양이거나, 모두 음이거나, 아니면 하나는 양이고 하나는 음인 세 가지 경우에 속한다. 명칭을 취하는 데 있어서 $\varepsilon_{p1}$은 대수적으로 더 큰 양의 값이다. 만일 주변형률 중의 하나 이상이 음이라면, $\varepsilon_{p1}$은 $\varepsilon_{p2}$보다 더 작은 절대값을 가질 수도 있다.

* 역자주: 주응력축과 주변형률축은 재료가 등방성일 경우 동일하다. 그러나 복합재료와 같이 등방성이 아닐 경우에는 두 축은 일반적으로 일치하지 않는다. 이 책에서 두 축을 구분하지 않고 있으나, 일반적으로 두 축을 구분하여 표기하고 있다.

## 절대 최대 전단변형률

평면변형 상태에서 $\varepsilon_x$, $\varepsilon_y$, $\gamma_{xy}$ 등이 0이 아닌 값을 가질 수 있다. 그러나 $z$방향에서의 변형률 성분은 모두 0이다. 즉 $\varepsilon_z = 0$, $\gamma_{xz} = 0$, $\gamma_{yz} = 0$이다. 식 (13.10)은 두 개의 평면내 주변형률과 세 번째의 주변형률 $\varepsilon_{p3} = \varepsilon_z = 0$을 준다. 식 (13.10)과 식 (13.11)로부터 최대 평면내 전단변형률이 두 개의 평면내 주변형률의 차이와 같다는 것을 알 수 있다.

$$\gamma_{\max} = \varepsilon_{p1} - \varepsilon_{p2} \tag{13.12}$$

그러나 평면변형의 변형요소에서 주변형률의 상대적인 크기와 주변형률의 부호에 따라 절대 최대 전단변형률의 크기가 최대 평면내 전단변형률보다 클 수도 있다. 절대 최대 전단변형률은 표 13.2의 3가지 조건 중의 하나로부터 결정된다.

이러한 조건들은 오직 평면변형에서만 적용된다. 13.7절과 13.8절에서 보듯이, 평면응력 상태에서 세 번째 주변형률은 0이 아니다.

**표 13.2** • 절대 최대 전단변형률

| | 주변형률 | 절대 최대 전단변형률 |
|---|---|---|
| (a) 만일 $\varepsilon_{p1}$과 $\varepsilon_{p2}$가 양이면, $\gamma_{\text{abs max}} = \varepsilon_{p1} - \varepsilon_{p3} = \varepsilon_{p1} - 0 = \varepsilon_{p1}$ | 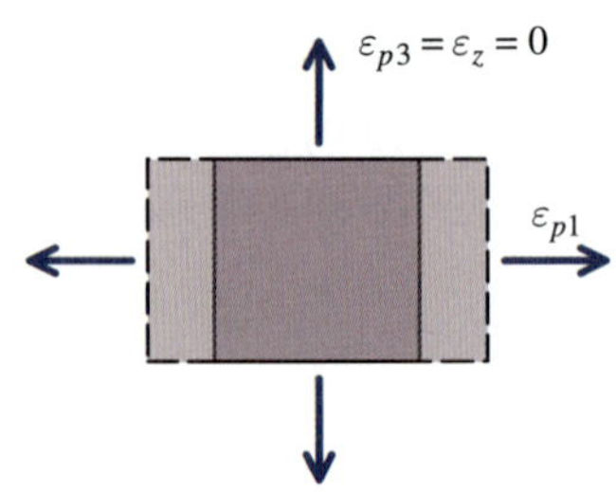  | 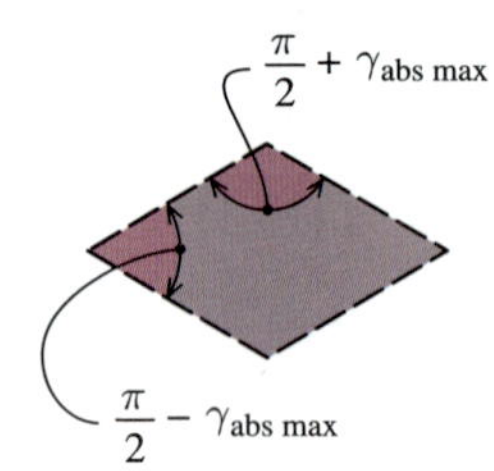  |
| (b) 만일 $\varepsilon_{p1}$과 $\varepsilon_{p2}$가 음이면, $\gamma_{\text{abs max}} = \varepsilon_{p3} - \varepsilon_{p2} = 0 - \varepsilon_{p2} = -\varepsilon_{p2}$ | 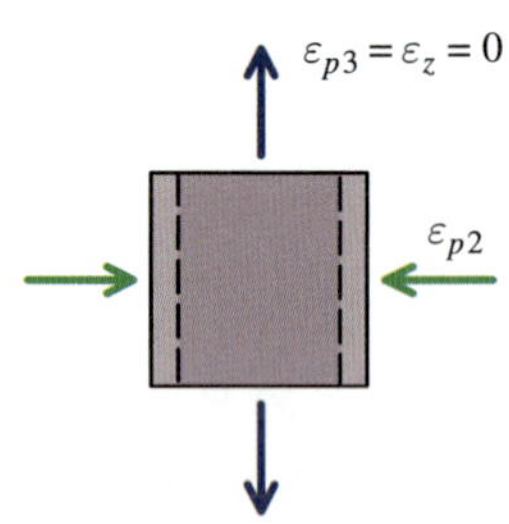  | 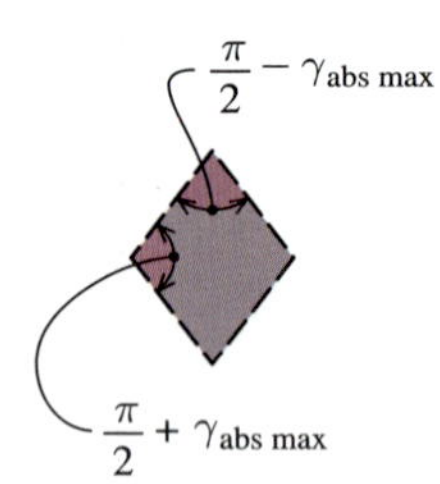  |
| (c) 만일 $\varepsilon_{p1}$이 양이고 $\varepsilon_{p2}$가 음이면, $\gamma_{\text{abs max}} = \varepsilon_{p1} - \varepsilon_{p2}$ | 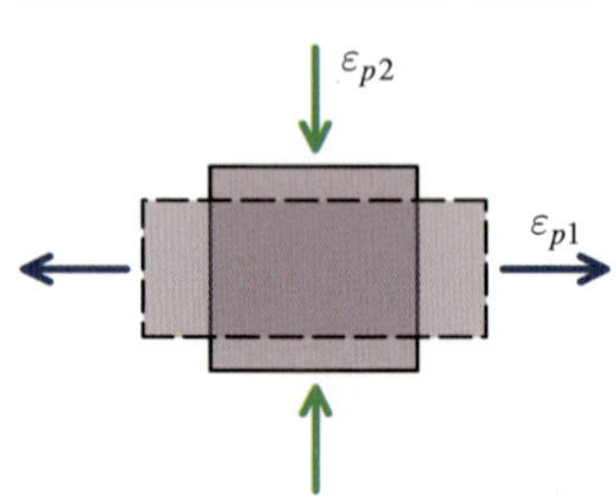  | 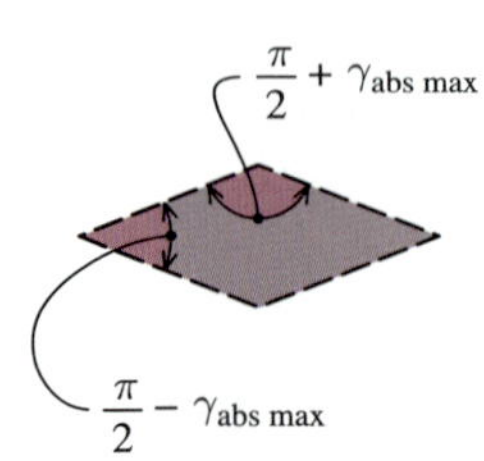  |

## 13.5 변형률의 좌표변환 결과의 표기

주변형률과 최대 내응력 전단변형률의 결과는 모든 변형률 성분의 방향이 나타나는 그림으로 표시 가능하다. 변형률의 성분은 하나의 변형요소에서 간편하게 보여줄 수 있다.

식 (13.9)에서 계산된 각도 $\theta_p(-45° \leq \theta_p \leq 45°)$로 회전된 요소를 작도한다.

$$\tan 2\theta_p = \frac{\gamma_{xy}}{(\varepsilon_x - \varepsilon_y)} \tag{13.9}$$

- $\theta_p$가 양이면, 변형요소는 기준좌표계의 $x$축으로부터 반시계방향으로 회전된 것이다. $\theta_p$가 음수이면, 회전은 시계방향이다.
- 식 (13.9)로부터 계산된 각도는 반드시 $\varepsilon_{p1}$의 방향을 가리키지는 않는다. $\varepsilon_{p1}$ 또는 $\varepsilon_{p2}$는 식 (13.9)에서 주어진 $\theta_p$ 방향으로 작용한다. $\theta_p$로 회전된 주변형률은 다음과 같은 규칙에 의하여 결정된다.
  - 만일 $\varepsilon_x - \varepsilon_y$가 양이면, $\theta_p$는 $\varepsilon_{p1}$의 방향을 가리킨다.
  - 만일 $\varepsilon_x - \varepsilon_y$가 음이면, $\theta_p$는 $\varepsilon_{p2}$의 방향을 가리킨다.
- 두 개의 직교하는 방향으로 작용하는 주변형률에 따라 변형요소를 사각형으로 신장시키거나 수축시킨다. 만일 주변형률이 양이면, 변형요소는 그 방향으로 신장된다. 만일 주변형률이 음이면 그 변형요소는 그 방향으로 수축된다.
- 변형요소의 각 모서리에 관련된 변형률의 크기를 나타내는 숫자와 함께 화살표(인장 또는 압축)를 기입한다.
- 전단변형률에 의한 뒤틀림을 가시화하기 위하여 사각형의 주변형률의 변형요소의 내부에 다이아몬드 모양을 그린다. 다이아몬드의 꼭지점들은 사각형의 각 변의 중간점에 위치해야 한다.
- 식 (13.11) 또는 식 (13.12)로부터 계산된 최대 평면내 전단변형률은 양의 값을 가질 것이다. 양의 전단변형률이 두 축 사이의 각도를 감소시키므로 $\pi/2 - \gamma_{\max}$ 값을 갖는 예각들 중의 하나에 표시한다.

### 예제 13.2 EXAMPLE

평면변형 상태에 있는 물체의 한 점에서의 변형률 성분이 $\varepsilon_x = 680\ \mu\varepsilon$, $\varepsilon_y = 320\ \mu\varepsilon$, $\gamma_{xy} = -980\ \text{m}\,\mu\text{rad}$이다. 이 변형률 성분에 의하여 변형된 변형요소의 형상이 그림에 나타나 있다. 점 $O$에서의 주변형률, 최대 평면내 전단변형률, 절대 최대 전단변형률 등을 결정하라. 주변형률에 의한 변형과 최대 평면내 전단변형률에 의한 뒤틀림을 그림으로 나타내어라.

**풀이**

식 (13.10)으로부터 평면내 주변형률은

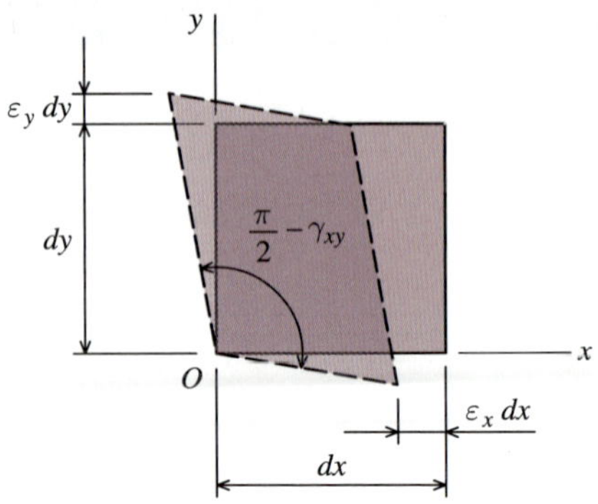


$$\begin{aligned}\varepsilon_{p1,p2} &= \frac{\varepsilon_x+\varepsilon_y}{2} \pm \sqrt{\left(\frac{\varepsilon_x-\varepsilon_y}{2}\right)^2+\left(\frac{\gamma_{xy}}{2}\right)^2} \\ &= \frac{-680+320}{2} \pm \sqrt{\left(\frac{-680-320}{2}\right)^2+\left(\frac{-980}{2}\right)^2} \\ &= -180 \pm 700 \\ &= +500\ \mu\varepsilon,\ -800\ \mu\varepsilon\end{aligned}$$ **Ans.**

그리고 식 (13.11)로부터 최대 평면내 전단변형률은

$$\begin{aligned}\frac{\gamma_{\max}}{2} &= \pm\sqrt{\left(\frac{\varepsilon_x-\varepsilon_y}{2}\right)^2+\left(\frac{\gamma_{xy}}{2}\right)^2} \\ &= \pm\sqrt{\left(\frac{-680-320}{2}\right)^2+\left(\frac{-980}{2}\right)^2} \\ &= 700\ \mu\text{rad} \\ \therefore \gamma_{\max} &= 1{,}400\ \mu\text{rad}\end{aligned}$$ **Ans.**

평면내 주변형률의 방향은 식 (13.9)로부터 결정된다.

$$\tan 2\theta_p = \frac{\gamma_{xy}}{(\varepsilon_x-\varepsilon_y)} = \frac{-980}{-680-320} = \frac{-980}{-1000}$$

$$\therefore 2\theta_p = 44.42°, \quad \theta_p = 22.21°$$

$\varepsilon_x - \varepsilon_y < 0$이므로 각도 $\theta_p$는 $x$축과 $p_2$축의 방향 사이 각도이다.

문제는 평면변형 조건이므로 $z$축 방향의 법선변형률 $\varepsilon_z = 0$은 세 번째의 주변형률 $\varepsilon_{p3}$이다. $\varepsilon_{p1}$이 양이고 $\varepsilon_{p2}$가 음이므로 절대 최대 전단변형률은 최대 평면내 전단변형률이다. 그러므로 절대 최대 전단변형률(표 13.2 참조)의 크기는

$$\gamma_{\text{abs max}} = \varepsilon_{p1} - \varepsilon_{p2} = 1{,}400\ \mu\text{rad}$$

**변형과 뒤틀림의 작도**

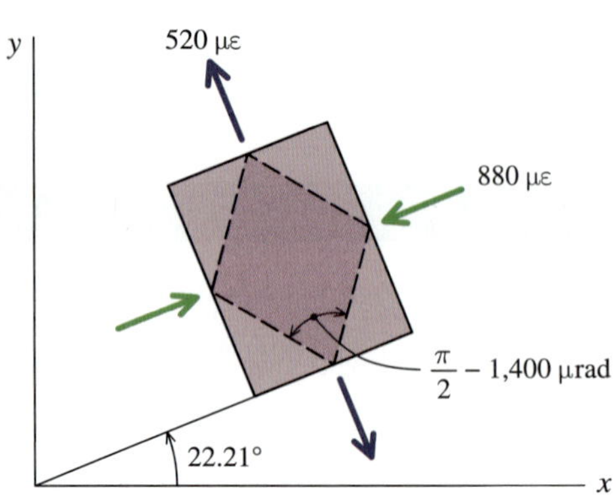


주변형률은 $x$방향으로부터 반시계방향으로 22.21° 회전되었다. 이 방향에 해당하는 주변형률은 $\varepsilon_{p2} = -880\ \mu\varepsilon$이므로 변형요소는 22.21° 방향과 평행한 방향으로 수축한다. 직교 방향에서는 주변형률이 $\varepsilon_{p1} = 520\ \mu\varepsilon$이며, 이는 요소를 신장시킨다.

최대 평면내 변형률에 의하여 발생한 뒤틀림을 나타내기 위하여 다이아몬드를 생성하는 사각형의 각 모서리의 중간 지점을 연결한다. 이 다이아몬드에서의 두 개의 내부 각도는 예각(즉, 90°보다 작은 각)을 만들며, 두 개의 내부 각도는 둔각(즉, 90°보다 큰 각)을 만든다. 예각의 내부 각도 중의 하나에 $\pi/2 - \gamma_{\max}$를 표시하기 위하여 식 (13.11)로부터 구한 $\gamma_{\max}$의 양의 값을 사용한다. 둔각의 내부 각도는 $\pi/2 + \gamma_{\max}$의 크기를 가질 것이다. 다이아몬드(또는 임의의 사각형)의 4개의 내부 각도는 합이 $2\pi$ 라디안(또는 360°)이 되어야 함을 유의하라.

# PROBLEMS

**P13.1** The thin rectangular plate shown in Figure P13.1 is uniformly deformed such that $\varepsilon_x = +890\ \mu\varepsilon$, $\varepsilon_y = -510\ \mu\varepsilon$, and $\gamma_{xy} = +680\ \mu\text{rad}$. Determine:

(a) the normal strain $\varepsilon_{AC}$ along diagonal $AC$ of the plate.
(b) the normal strain $\varepsilon_{BD}$ along diagonal $BD$ of the plate.

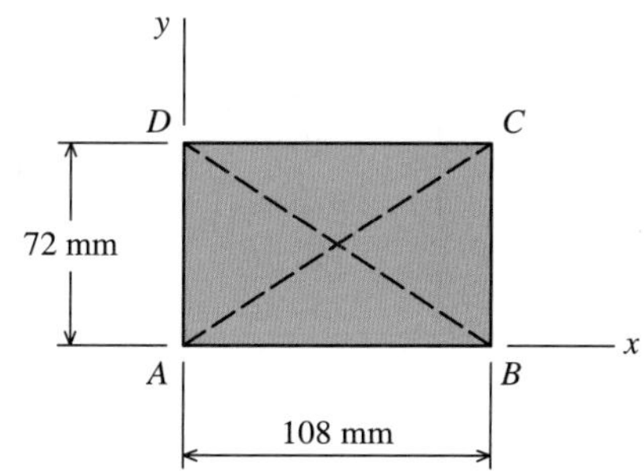


FIGURE P13.1

**P13.2** The thin rectangular plate shown in Figure P13.2 is uniformly deformed such that $\varepsilon_x = -475\ \mu\varepsilon$, $\varepsilon_y = +750\ \mu\varepsilon$, and $\gamma_{xy} = -1{,}320\ \mu\text{rad}$. Determine:

(a) the normal strain $\varepsilon_{AC}$ along diagonal $AC$ of the plate.
(b) the normal strain $\varepsilon_{BD}$ along diagonal $BD$ of the plate.

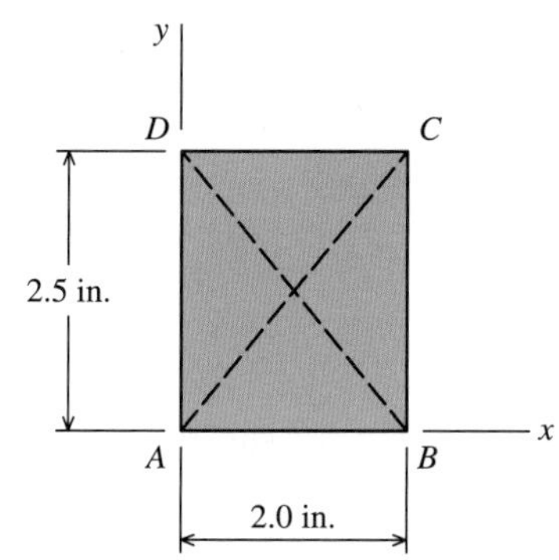


FIGURE P13.2

**P13.3** The thin square plate shown in Figure P13.3 is uniformly deformed such that $\varepsilon_x = +1{,}400\ \mu\varepsilon$, $\varepsilon_y = -650\ \mu\varepsilon$, and $\gamma_{xy} = +1{,}200\ \mu\text{rad}$. Determine:

(a) the normal strain $\varepsilon_n$ in the plate.
(b) the shear strain $\gamma_{nt}$ in the plate.

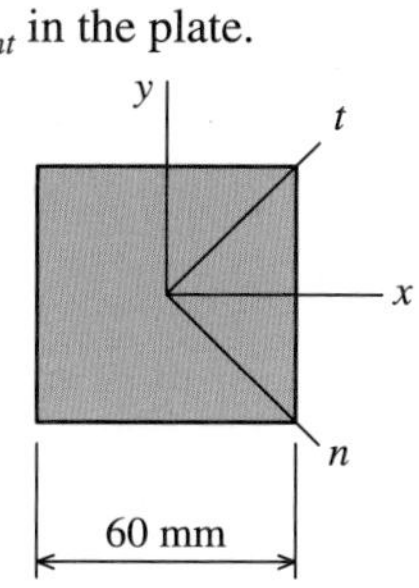


FIGURE P13.3

**P13.4** The thin square plate shown in Figure P13.4 is uniformly deformed such that $\varepsilon_x = -450\ \mu\varepsilon$, $\varepsilon_y = -250\ \mu\varepsilon$, and $\gamma_{xy} = +900\ \mu\text{rad}$. Determine:

(a) the normal strain $\varepsilon_n$ in the plate.
(b) the shear strain $\gamma_{nt}$ in the plate.

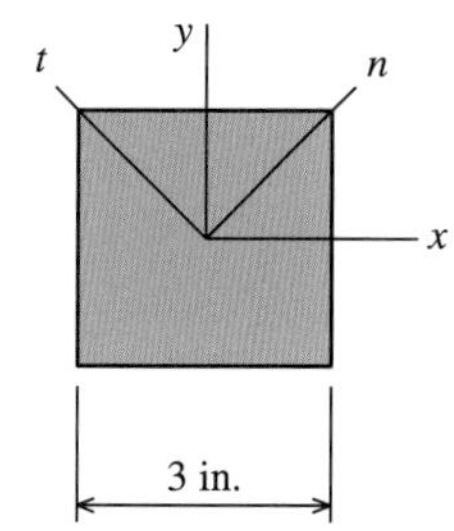


FIGURE P13.4

**P13.5–13.10** The strain components $\varepsilon_x$, $\varepsilon_y$, and $\gamma_{xy}$ are given for a point in a body subjected to **plane strain**. Determine the strain components $\varepsilon_n$, $\varepsilon_t$, and $\gamma_{nt}$ at the point if the $n$–$t$ axes are rotated with respect to the $x$–$y$ axes by the amount and in the direction indicated by the angle $\theta$ shown in either Figure P13.5 or Figure P13.6. **Sketch the deformed shape of the element.**

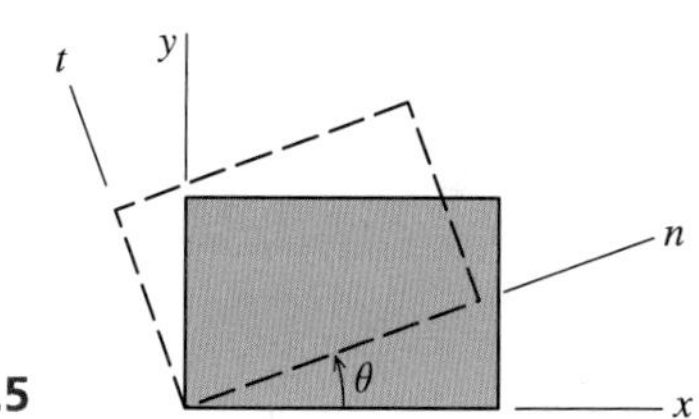


FIGURE P13.5

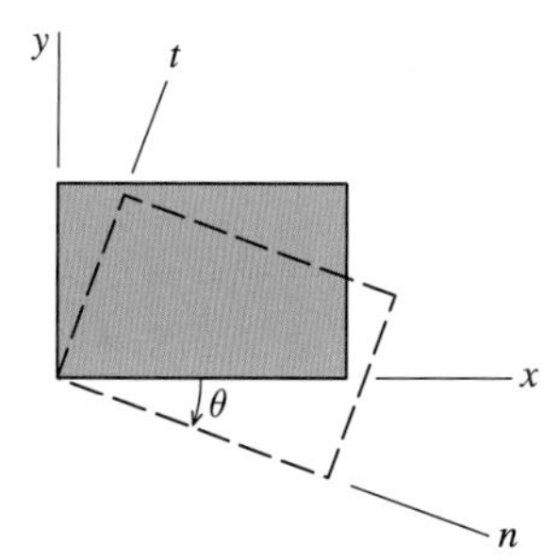


FIGURE P13.6

| Problem | Figure | $\varepsilon_x$ | $\varepsilon_y$ | $\gamma_{xy}$ | $\pi$ |
|---|---|---|---|---|---|
| 13.5 | P13.5 | 520 με | −650 με | 750 μrad | 35° |
| 13.6 | P13.6 | −1,230 με | 570 με | 325 μrad | 26° |
| 13.7 | P13.5 | 946 με | −294 με | −362 μrad | 12° |
| 13.8 | P13.6 | 480 με | −730 με | −510 μrad | 40° |
| 13.9 | P13.5 | −790 με | 310 με | −830 μrad | 32° |
| 13.10 | P13.6 | −190 με | 260 με | 1,260 μrad | 15° |

**P13.11–13.22** The strain components $\varepsilon_x$, $\varepsilon_y$, and $\gamma_{xy}$ are given for a point in a body subjected to **plane strain**. Determine the principal strains, the maximum in-plane shear strain, and the absolute maximum shear strain at the point. Show the angle $\theta_p$, the principal strain deformations, and the maximum in-plane shear strain distortion in a sketch.

| Problem | $\varepsilon_x$ | $\varepsilon_y$ | $\gamma_{xy}$ |
|---|---|---|---|
| 13.11 | 420 με | −510 με | −582 μrad |
| 13.12 | −800 με | 400 με | −1,350 μrad |
| 13.13 | −1,250 με | −415 με | 1,800 μrad |
| 13.14 | 460 με | −290 με | 350 μrad |
| 13.15 | −760 με | −240 με | 480 μrad |
| 13.16 | 630 με | 1,050 με | −842 μrad |
| 13.17 | −410 με | −1,090 με | 375 μrad |
| 13.18 | 1,020 με | 420 με | −730 μrad |
| 13.19 | −540 με | −240 με | −120 μrad |
| 13.20 | 690 με | 370 με | 290 μrad |
| 13.21 | −610 με | −960 με | −705 μrad |
| 13.22 | 850 με | 250 με | 390 μrad |

## 13.6 평면변형에 대한 Mohr 원

2배각 삼각함수로 표시된 일반적인 변형률의 변환 좌표식은 13.3절에서 소개되었다.

$$\varepsilon_n = \frac{\varepsilon_x + \varepsilon_y}{2} + \frac{\varepsilon_x - \varepsilon_y}{2}\cos 2\theta + \frac{\gamma_{xy}}{2}\sin 2\theta \tag{13.4}$$

$$\frac{\gamma_{nt}}{2} = -\frac{\varepsilon_x - \varepsilon_y}{2}\sin 2\theta + \frac{\gamma_{xy}}{2}\cos 2\theta \tag{13.6}$$

식 (13.4)를 우변이 $2\theta$ 항만 포함하도록 정리하면,

$$\varepsilon_n - \frac{\varepsilon_x + \varepsilon_y}{2} = \frac{\varepsilon_x - \varepsilon_y}{2}\cos 2\theta + \frac{\gamma_{xy}}{2}\sin 2\theta$$

$$\frac{\gamma_{nt}}{2} = -\frac{\varepsilon_x - \varepsilon_y}{2}\sin 2\theta + \frac{\gamma_{xy}}{2}\cos 2\theta$$

두 식을 제곱하여 더하면, 다음과 같다.

$$\left(\varepsilon_n - \frac{\varepsilon_x + \varepsilon_y}{2}\right)^2 + \left(\frac{\gamma_{nt}}{2}\right)^2 = \left(\frac{\varepsilon_x - \varepsilon_y}{2}\right)^2 + \left(\frac{\gamma_{xy}}{2}\right)^2 \tag{13.13}$$

이것은 변수 $\varepsilon_n$과 $\gamma_{nt}/2$의 항으로 표시된 원의 방정식이다. 이것은 식 (12.21)과 형식상 유사하며, 변형률에 대한 Mohr 원의 기본이다.

평면변형에 대한 Mohr 원은 평면응력에 대한 Mohr 원과 많은 부분이 동일한 방법으로 구성되고 사용된다. 구성하는 데 있어서의 수평축은 $\varepsilon$축이며 수직축은 $\gamma/2$이다. 원의 중심은 $\varepsilon$축의 $C$에 위치하며

$$C = \frac{\varepsilon_x + \varepsilon_y}{2}$$

다음과 같은 반지름 $R$을 갖는다.

$$R = \sqrt{\left(\frac{\varepsilon_x - \varepsilon_y}{2}\right)^2 + \left(\frac{\gamma_{xy}}{2}\right)^2}$$

응력에 대한 Mohr 원과 비교하면 Mohr 원을 구성하고 사용하는 데 크게 두 가지 차이점이 존재한다. 첫 번째는 변형률에 관한 Mohr 원에서 수직축은 $\gamma/2$임을 유의하여야 하며, 전단변형률의 값은 그리기 전에 반드시 2로 나누어 주어야 한다. 두 번째는 법선변형률을 그리는 데 있어서의 부호규약은 법선응력을 그릴 때와 유사하지만, 전단변형률을 그릴 때의 규약은 별도의 설명이 필요하다.

## Mohr 원의 작도에 사용되는 부호규약

인장 법선변형률은 $\gamma/2$ 축의 오른편에 그려지며, 압축 법선변형률은 $\gamma/2$ 축의 왼편에 그려진다. 다시 말하면, 인장 법선변형률은 대수적으로 양의 값으로 압축 법선변형률은 음의 값으로 그려진다.

**전단변형률** Mohr 원에 전단변형률을 그리기 위해서는 주어진 전단변형률 $\gamma_{xy}$가 작용하는 변형요소의 변형된 형상을 정확하게 그려야만 한다. 양의 $\gamma_{xy}$ 값이 작용하는 하나의 변형요소를 고려해 보자. 이 변형요소의 변형된 형상은 그림 13.6*a*에 나타나 있다. 양의 $\gamma_{xy}$의 값은 변형된 물체에 있어서 $x$와 $y$축 사이의 각이 감소함을 의미한다. 이 경우에 $x$축과 평행한 변형요소의 수평 모서리는 반시계방향으로 회전하려는 경향이 있다. 이것은 법선변형률 $\varepsilon_x$에 의하여 신장되거나 수축되는 모서리이다. $x$방향을 표시하는 Mohr 원에서의 그 점은 수평축 아래에 그려진다. 양의 $\gamma_{xy}$는 또한 변형요소의 수직 변이 시계방향으로 회전한다는 것을 의미한다. 이것은 법선변형률 $\varepsilon_y$에 의하여 신장되거나 수축되는 모서리이다. Mohr 원에서의 $y$점은 수평축 위에 그려진다. 그러므로 전단변형률을 작도하기 위한 부호규약은 다음과 같이 요약될 수 있다.

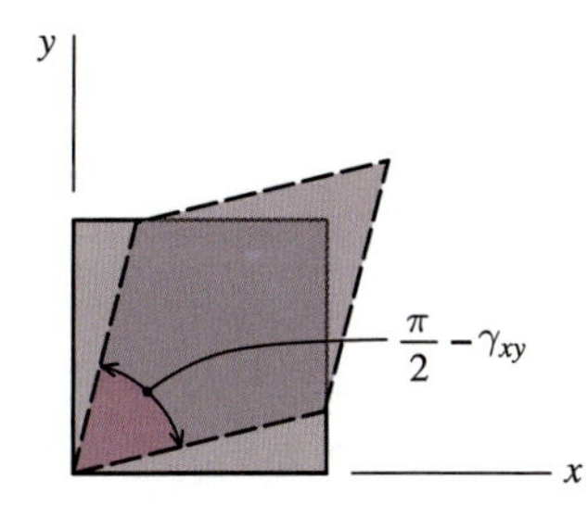

**그림 13.6*a***

> 만일 전단변형률이 요소의 모서리를 시계방향으로 회전시킨다면, 그것은 수평축(즉, $\varepsilon$ 축) 위에 그려진다. 만일 반시계방향으로 회전하면 그 점은 수평축 아래에 그려진다.

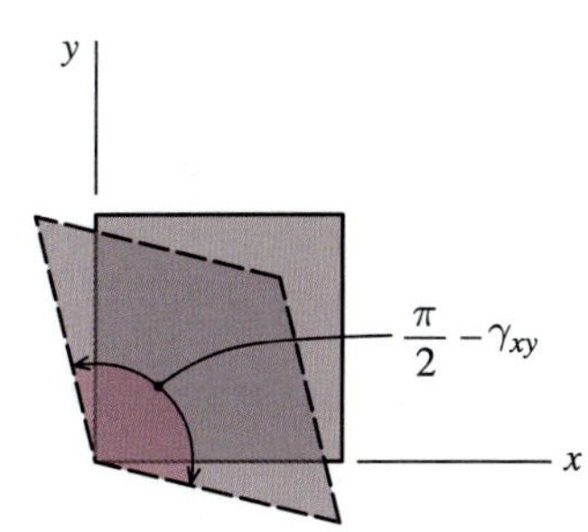

**그림 13.6*b***

음의 $\gamma_{xy}$의 값이 작용하는 변형요소를 고려한다. 이 변형요소의 변형된 형상은 그림 13.6*b*에 나타나 있다. 전단변형률 $\gamma_{xy}$가 음의 값을 가질 때 $x$축과 $y$축 사이의 각도는 증가한다. 이 경우에 $x$축과 평행한 변형요소의 모서리는 시계방향으로 회전하려고 하므로 점 $x$는 수평축 위에 그려진다. 음의 $\gamma_{xy}$는 또한 변형요소의 $y$ 모서리가 반시계방향으로 회전하는 것을 의미하므로 Mohr 원에서의 $y$점은 수평축 아래에 그려진다.

이러한 부호규약은 평면응력에 대한 Mohr 원을 작도하는 데 사용되는 전단응력 부호규약과 일치한다.

## 예제 13.3 EXAMPLE

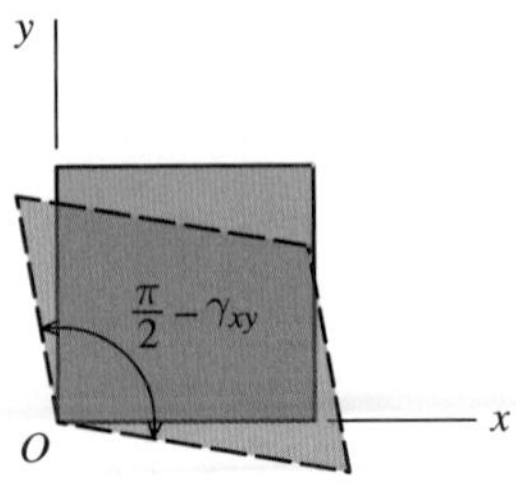


평면변형 상태에 있는 물체의 한 점에서의 변형률 성분은 $\varepsilon_x = +435$ με, $\varepsilon_y = -135$ με, $\gamma_{xy} = -642$ με이다. 이들 변형률 성분에 의하여 변형된 응력요소의 형상이 그림에 나타나 있다. 점 $O$에서의 주변형률, 최대 평면내 전단변형률, 절대 최대 전단변형률을 결정하라. 주변형률에 의한 최대 평면내 전단변형률에 의한 뒤틀림을 스케치하여 나타내어라.

**풀이**

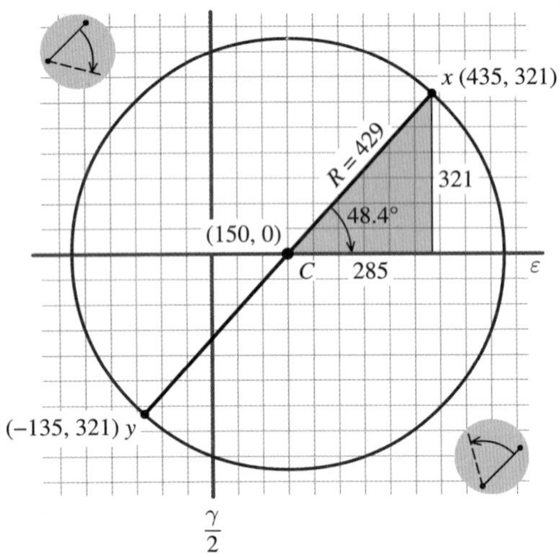


$x$방향의 변형률과 연관된 Mohr 원 위의 점은 $\gamma/2$ 축에서 오른쪽에 위치한다. 변형된 변형요소의 그림에서 $\gamma_{xy} = -642$ μrad의 전단변형률은 $x$축과 평행한 요소의 모서리를 시계방향으로 아래쪽으로 회전시킨다는 것을 유의해야 한다. 그러므로 Mohr 원에서의 점 $x$는 $\varepsilon$축 위쪽에 그려진다.

$\varepsilon_y$가 음이므로 점 $y$는 $\gamma/2$ 축의 왼쪽에 그려진다. 변형된 요소의 그림으로부터 변형요소의 $y$ 모서리는 음의 전단응력의 결과로 인해 반시계방향으로 왼쪽으로 회전한다. 그러므로 Mohr 원에서의 점 $y$는 $\varepsilon$축 아래에 그려진다.

점 $x$와 점 $y$는 $\varepsilon$축의 위나 아래에서 항상 동일한 거리에 있으므로 Mohr 원의 중심은 $x$와 $y$방향에 작용하는 법선변형률을 평균함으로써 구할 수 있다.

$$C = \frac{\varepsilon_x + \varepsilon_y}{2} = \frac{435 + (-135)}{2} = +150\ \mu\varepsilon$$

Mohr 원의 중심은 항상 $\varepsilon$축 상에 있다.

원의 형상은 반지름을 계산하는 데 사용된다. 점 $x$와 중심 $C$의 좌표($\varepsilon$, $\gamma/2$)는 주어진다. 음영된 삼각형의 빗변을 계산하기 위하여 이들 좌표와 피타고라스 정리를 사용한다.

$$\begin{aligned} R &= \sqrt{(435-150)^2 + (321-0)^2} \\ &= \sqrt{285^2 + 321^2} = 429\ \mu \end{aligned}$$

Mohr 원을 그릴 때 사용된 수직 좌표 축은 $\gamma$가 아니라 $\gamma/2$임을 유의해야 한다. 주어진 전단변형률은 $\gamma_{xy} = -642$ μrad이므로 Mohr 원을 그리는 데 사용되는 수직 좌표는 321 μrad이다. $x$점과 $y$점을 연결하는 선분과 $\varepsilon$축 사이의 각은 $2\theta_p$이고, 그 크기는 탄젠트 함수를 사용하여 계산될 수 있다.

이 각도는 점 $x$로부터 $\varepsilon$축으로 시계방향으로 회전하는 것임을 유의해야 한다.

$$\tan 2\theta_p = \frac{321}{285} \qquad \therefore 2\theta_p = 48.4°$$

주변형률은 원의 중심 $C$와 원의 반지름 $R$의 위치로부터 결정된다.

$$\varepsilon_{p1} = C + R = 150\ \mu\varepsilon + 429\ \mu\varepsilon = 579\ \mu\varepsilon$$
$$\varepsilon_{p2} = C - R = 150\ \mu\varepsilon - 429\ \mu\varepsilon = -279\ \mu\varepsilon$$

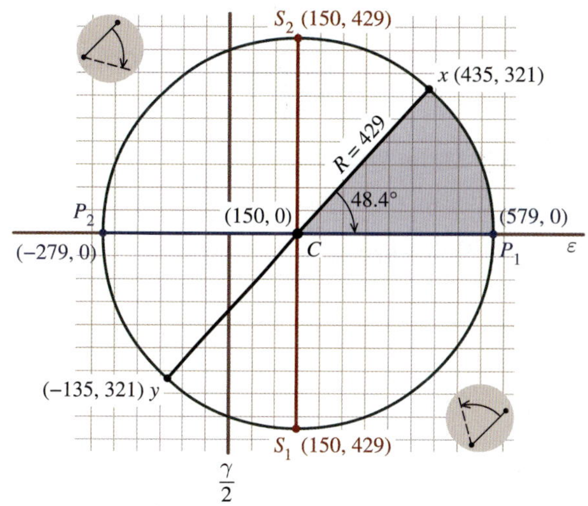


$\gamma$의 최대값은 Mohr 원의 바닥과 꼭대기에 위치한 점 $S_1$과 $S_2$에서 발생한다. 이들 점에서의 전단변형률의 크기는 원의 반지름 $\boldsymbol{R}$에 2를 곱한 것과 같으므로 최대 평면내 전단변형률은

$$\gamma_{\max} = 2R = 2(429\ \mu) = 858\ \mu\text{rad}$$

최대 평면내 전단변형률과 관련된 법선변형률은 원의 중심 $C$에 의하여 다음과 같이 주어진다.

$$\varepsilon_{\text{avg}} = C = 150\ \mu\varepsilon$$

이 문제는 평면변형 조건이므로 $x$–$y$ 평면에 수직한 방향으로의 변형률 즉, $\varepsilon_z = 0$은 세 번째 주변형률 $\varepsilon_{p3}$이다. $\varepsilon_{p1}$이 양이고, $\varepsilon_{p2}$는 음이므로 절대 최대 전단변형률은 최대 평면내 전단변형률과 같다. 그러므로 절대 최대 전단변형률(표 13.2 참조)의 크기는

$$\gamma_{\text{abs max}} = \varepsilon_{p1} - \varepsilon_{p2} = 858\ \mu\text{rad} \qquad \textbf{Ans.}$$

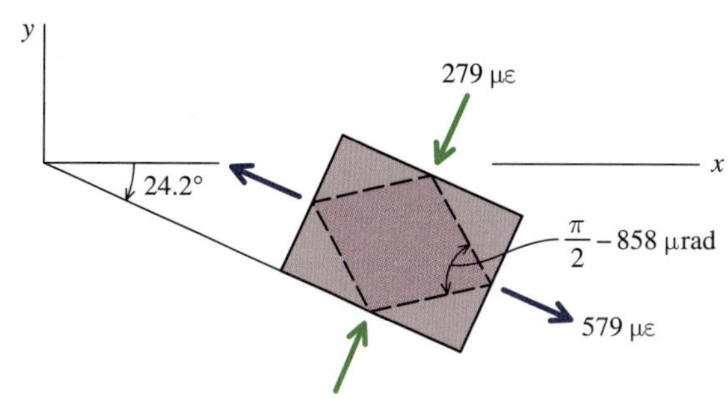


주변형률, 최대 평면내 전단변형률, 각 방향의 위치가 표시된 완성된 그림이 보는 바와 같다. 주변형률은 $\varepsilon_{p1}$ 방향으로 신장되고($\varepsilon_{p1} = +579\ \mu\varepsilon$이므로), $\varepsilon_{p2}$ 방향으로는 수축된($\varepsilon_{p2} = -279\ \mu\varepsilon$) 굵은 선의 사각형으로 표시된다.

최대 평면내 전단변형률에 의해서 생성된 뒤틀림은 주변형률요소에서의 4개의 중간점을 잇는 다이아몬드 모양으로 표시된다. Mohr 원의 반지름이 $R = 429\ \mu\text{rad}$이므로 최대 평면내 전단변형률은 $\gamma_{\max} = 2R = \pm 858\ \mu\text{rad}$이다. 그림 13.6을 참조하면, 양의 $\gamma$값은 면적요소의 인접한 모서리 사이의 각도를 감소시켜 예각을 만든다. 그러므로 뒤틀린 다이아몬드 형상에서 예각 중의 하나는 $\gamma_{\max}$의 양의 값 $\pi/2 - 858\ \mu\text{rad}$로 표기한다.

## MecMovies Example M13.4

**변형률에 대한 Mohr 원의 학습**

주변형률과 주변형률의 방향의 적절한 위치를 결정하기 위하여 Mohr 원을 구성하는 방법을 배우고 사용하라.

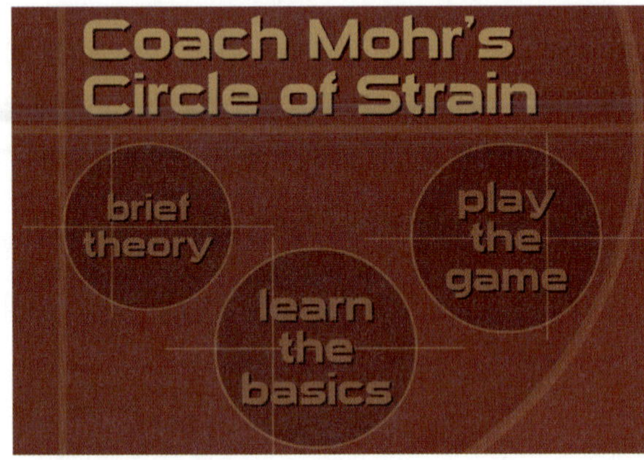


## MecMovies EXERCISES

M13.4 **변형률에 대한 Mohr 원의 학습**. 주변형률과 주변형률의 방향의 적절한 위치를 결정하기 위하여 Mohr 원을 구성하는 방법을 배우고 사용하라.

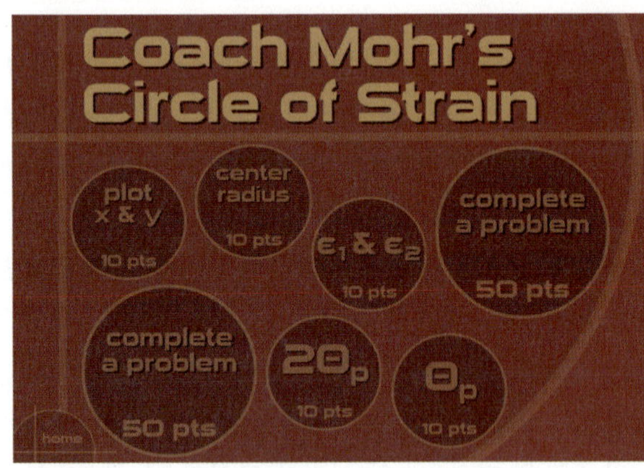


그림 M13.4

# PROBLEMS

**P13.23–P13.26** The principal strains are given for a point in a body subjected to **plane strain**. Construct Mohr's circle and use it to:

(a) determine the strains $\varepsilon_x$, $\varepsilon_y$, and $\gamma_{xy}$ (assume $\varepsilon_x > \varepsilon_y$).
(b) determine the maximum in-plane shear strain and the absolute maximum shear strain.
(c) draw a sketch showing the angle $\theta_p$, the principal strain deformations, and the maximum in-plane shear strain distortions.

| Problem | $\varepsilon_{p1}$ | $\varepsilon_{p2}$ | $\theta_p$ |
|---|---|---|---|
| 13.23 | 630 με | −470 με | −20.10° |
| 13.24 | 760 με | −930 με | 26.23° |
| 13.25 | 1,500 με | 335 με | 29.53° |
| 13.26 | −575 με | −2,225 με | −37.98° |

**P13.27–P13.38** The strain components $\varepsilon_x$, $\varepsilon_y$, and $\gamma_{xy}$ are given for a point in a body subjected to **plane strain**. Using Mohr's circle, determine the principal strains, the maximum in-plane shear strain, and the absolute maximum shear strain at the point. Show the angle $\theta_p$, the principal strain deformations, and the maximum in-plane shear strain distortion in a sketch.

| Problem | $\varepsilon_x$ | $\varepsilon_y$ | $\gamma_{xy}$ |
|---|---|---|---|
| 13.27 | −300 με | 410 με | −320 μrad |
| 13.28 | −240 με | −540 με | 500 μrad |
| 13.29 | −400 με | −300 με | 1,060 μrad |
| 13.30 | 1,100 με | −1,000 με | −715 μrad |
| 13.31 | 900 με | 700 με | −850 μrad |
| 13.32 | −825 με | −225 με | −420 μrad |
| 13.33 | −1,300 με | −650 με | 1,300 μrad |
| 13.34 | 140 με | −280 με | −810 μrad |
| 13.35 | 290 με | 1,540 με | −660 μrad |
| 13.36 | 970 με | 850 με | −775 μrad |
| 13.37 | −780 με | 120 με | 950 μrad |
| 13.38 | −235 με | −835 με | 175 μrad |

## 13.7 변형률의 측정과 변형률 로제트

많은 구조 및 기계 부품은 축하중, 비틀림, 하중 굽힘하중 등의 조합하에 있다. 이러한 하중에 의하여 발생한 응력을 계산하기 위한 이론과 절차가 이 책을 통하여 개발되었다. 그러나 이러한 효과의 조합이 너무 복잡하거나 이론적인 해석만으로 확증하기가 불확실한 경우도 있다. 이러한 경우에는 실제 응력에 대한 결정이나 관련 수치 모델의 타당성 검증의 목적으로 실험적 접근이 필요하다. 응력은 수학적으로 추상적인 개념이며 측정될 수 없다. 반면에 변형률은 잘 계획된 실험 절차들을 통해서 직접적으로 측정될 수 있다. 부품에서의 변형률이 일단 측정되면 해당되는 응력은 후크법칙을 사용하여 계산될 수 있다.

### 스트레인게이지

변형률은 **스트레인게이지**라고 부르는 간단한 도구로 측정될 수 있다. 스트레인게이지는 전기적인 저항을 이용하는 센서이다. 대부분 스트레인게이지는 기계 또는 구조 요소의 표면에 접착되는 얇은 금속 박편 격자이다. 하중이 작용할 때 측정되는 물체는 신장하거나 수축하며 법선변형률을 생성한다. 스트레인게이지는 물체에 접착되어 있으므로 물체와 같은 변형률을 가지게 된다. 금속 박편 격자의 전기적 저항은 변형률에 비례하여 변한다. 결과적으로 게이지에서의 저항의 변화를 하는 것은 간접적으로 변형률을 측정하는 것이 된다. 스트레인게이지에서의 저항 변화는 너무 작아서 일반적인 저항계로는 측정하기가 어렵다. 따라서 휘트스톤 브리지라는 전기회로로 그 값을 증폭시켜 측정한다. 각 게이지에 대한 변형률과 저항 변화의 관계는 제조사에서 실시하는 보정 과정의 수행을 통하여 결정된다. 스트레인게이지 제작사는 게이지 인자라고 불리는 이 값을 알려주며, 이는 길이 $L$의 단위 길이당 변화량에 대한 저항 $R$의 단위 저항당 변화량의 비로 정의된다.

$$GF = \frac{\Delta R/R}{\Delta L/L} = \frac{\Delta R/R}{\varepsilon_{\text{avg}}}$$

여기서 $\Delta R$은 저항의 변화이고 $\Delta L$은 스트레인게이지에서의 길이의 변화이다. 게이지 인자는 일반적인 작은 저항 변화의 범위에서 상수이며, 대부분의 게이지에서의 인자는 약 2의 값을 갖는다. 만일 화학적 손상이나 물론 물리적 손상으로부터 적절하게 보호된다면, 스트레인게이지는 정확하다. 상대적으로 저렴하며 내구성이 있다. 스트레인게이지는 정적 변형률과 동적 변형률에 있어서 $1 \times 10^{-6}$까지의 법선변형률을 측정할 수 있다.

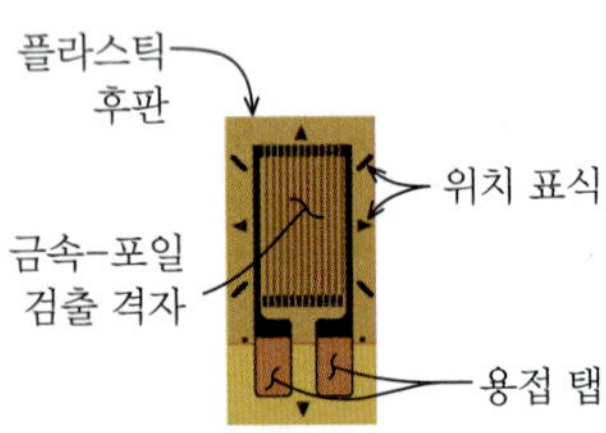


**그림 13.7**

금속 박편 격자를 만들기 위하여 사용되는 포토 에칭은 다양한 크기의 게이지와 격자 모양을 만들어 낼 수 있다. 일반적인 단일 스트레인게이지가 그림 13.7에 나타나 있다. 박편 자체는 깨지기 쉽고 찢어지기 쉬우므로 격자는 얇은 플라스틱 필름 보강재에 접착되는데, 이는 스트레인게이지와 테스트하고자 하는 물체 사이에서 강도와 전기적인 절연성을 제공해 준다. 범용의 스트레인게이지를 위해서는 강하고 신축성 있는 폴리이미드 플라스틱이 뒤를 받치는 재료로 사용된다. 정확한 설치를 돕기 위하여 설치 시 기준이 될 표시를 보강재에 실시한다. 납 선이 게이지의 납땜 부분에 붙어 있으므로 저항의 변화는 적절한 기기에 의하여 관찰될 수 있다.

실험에 의한 응력 해석의 목적은 실험 대상 물체의 특정한 점에서의 응력상태를 결정하는 것이다. 다시 말하면, 측정하는 사람은 한 점에서의 $\sigma_x$, $\sigma_y$, $\tau_{xy}$를 알고 싶은 것이다. 이를 위해서 스트레인게이지는 $\varepsilon_x$, $\varepsilon_y$, $\gamma_{xy}$를 결정하고 응력을 계산하기 위하여 관련된 응력-변형률 관계식이 사용된다. 그러나 스트레인게이지는 한 방향에서의 법선변형률만 측정할 수 있다. 그러므로 "한 방향에서의 법선변형률 $\varepsilon$만 측정한 성분을 가지고 어떻게 3개의 성분 ($\varepsilon_x, \varepsilon_y$, $\gamma_{xy}$)을 결정할 수 있는가?"가 문제가 된다.

임의의 방향 $\theta$에서의 법선변형률 $\varepsilon_n$에 대한 변형률의 좌표변환 관계식이 13.3절에서 유도되었다.

$$\varepsilon_n = \varepsilon_x \cos^2\theta + \varepsilon_y \sin^2\theta + \gamma_{xy} \sin\theta\cos\theta \tag{13.3}$$

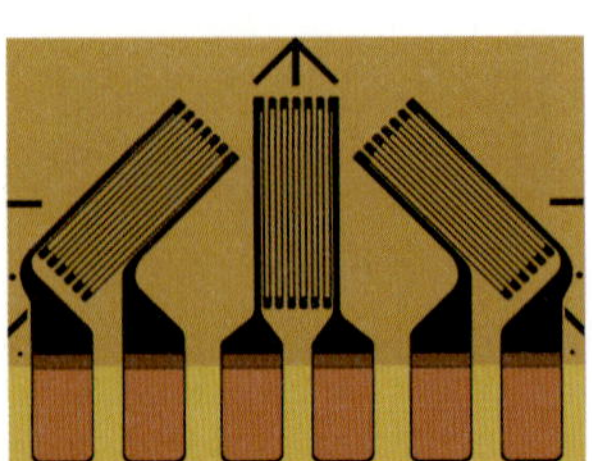

**그림 13.8** • 일반적인 스트레인 로제트

만일 $\varepsilon_n$가 주어진 각도 $\theta$에 위치한 스트레인게이지에 의하여 측정된다고 가정하자. 물론 서로 다른 세 개의 $\theta$에 대하여 3개의 미지의 변수($\varepsilon_x$, $\varepsilon_y$, $\gamma_{xy}$)는 식 (13.3)에서 변하지 않는다. 이들 3개의 미지의 변수를 구하기 위하여, $\varepsilon_x$, $\varepsilon_y$, $\gamma_{xy}$ 등으로 표시된 3개의 방정식이 필요하다. 이들 방정식은 3개의 스트레인게이지를 하나의 조합으로 사용하여 구할 수 있으며 각 스트레인게이지는 다른 방향의 변형률을 측정한다. 이러한 스트레인게이지의 조합을 **스트레인 로제트**라고 한다.

## 스트레인 로제트

일반적인 스트레인 로제트가 그림 13.8에 나타나 있다. 게이지는 3개의 게이지들 사이의 각을 알 수 있도록 구성된다. 테스트할 물체에 로제트가 부착할 때, 3개의 게이지 중의 하나를 물체의 기준 축과 일치하는 것이 편리할 수 있다. 예를 들면, 보나 축의 길이 방향으로 하나를 배치한다. 실험 중에는 변형률이 3개의 스트레인게이지로부터 각각 측정된다. 3개의 스트레인게이지 각각에 대한 변형률의 좌표변환 관계식은 그림 13.9에서 명시된 대로 쓸 수 있다.

그림 13.8의 스트레인 로제트는 사각형 로제트라 불리는데 그 이유는 게이지 사이의 각도가 45°이기 때문이다. 사각형 로제트는 가장 널리 사용되는 로제트 형태이다.

$$\begin{aligned}\varepsilon_a &= \varepsilon_x \cos^2\theta_a + \varepsilon_y \sin^2\theta_a + \gamma_{xy}\sin\theta_a\cos\theta_a \\ \varepsilon_b &= \varepsilon_x \cos^2\theta_b + \varepsilon_y \sin^2\theta_b + \gamma_{xy}\sin\theta_b\cos\theta_b \\ \varepsilon_c &= \varepsilon_x \cos^2\theta_c + \varepsilon_y \sin^2\theta_c + \gamma_{xy}\sin\theta_c\cos\theta_c\end{aligned} \tag{13.14}$$

이 책에서는 각 로제트 게이지의 방향을 지정하기 위한 각도는 항상 기준좌표계의 $x$축으로부터 반시계방향으로 측정한 것으로 한다.

식 (13.14)에서의 3개의 변형률의 좌표변환 방정식을 연립하여 풂으로써 $\varepsilon_x$, $\varepsilon_y$, $\gamma_{xy}$ 등을 구할 수 있다. 일단 $\varepsilon_x$, $\varepsilon_y$, $\gamma_{xy}$ 등이 결정되면, 식 (13.9), 식 (13.10), 식 (13.11) 등을 이용하거나 해당하는 Mohr 원을 이용하여 그 점에서의 평면내 주변형률의 크기와 방향, 최대 평면내 전단변형률 등을 결정할 수 있다.

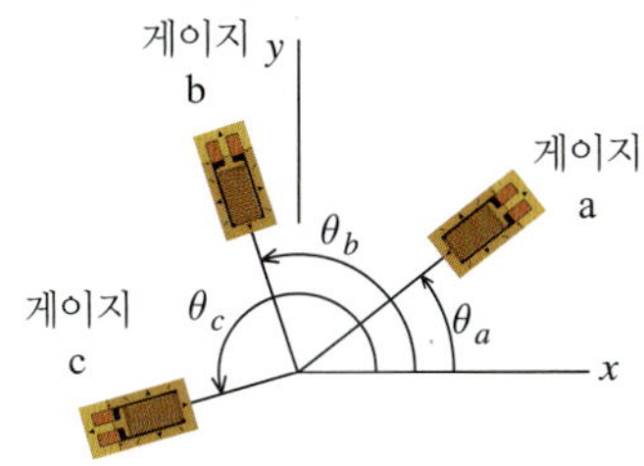

그림 13.9

## x–y 평면에 수직한 방향으로의 변형률

스트레인 로제트는 물체의 표면에 부착되고, 물체의 자유표면에 수직한 방향($z$축 방향)으로의 응력은 항상 0이다. 결과적으로 로제트는 평면응력 상태에 놓이게 된다. 평면변형 상태에서는 $z$축 방향의 변형률이 0이 되는 반면, 평면응력 상태에서는 $z$축 방향의 변형률이 0이 아니다.

주변형률 $\varepsilon_z = \varepsilon_{p3}$는 측정된 평면내 정보로부터 다음 식에 의해 결정될 수 있다.

$$\varepsilon_z = -\frac{\nu}{1-\nu}(\varepsilon_x + \varepsilon_y) \tag{13.15}$$

여기서 $\nu$은 포아송비이다. 이 식의 유도 배경은 다음 절의 일반적인 후크법칙에 대한 내용에서 다룰 것이다. 주변형률의 상대적 크기와 부호에 따라 그 점에서의 절대 최대 전단변형률이 $(\varepsilon_{p1} - \varepsilon_{p2})$, $(\varepsilon_{p1} - \varepsilon_{p3})$, $(\varepsilon_{p3} - \varepsilon_{p2})$ 중의 하나가 되므로 $z$축의 주변형률은 중요하다(13.4절 참조).

## 예제 13.4 EXAMPLE

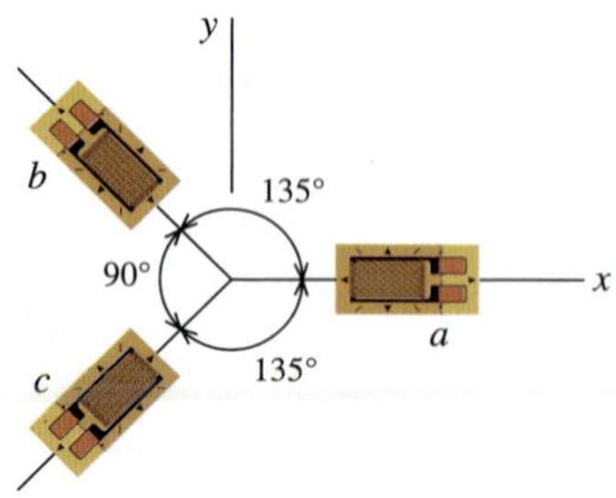


그림의 스트레인게이지로 구성된 스트레인 로제트가 강으로 만든 기계 부품의 자유 표면 위에 부착되어 있다. 하중 작용 시에 다음과 같은 변형률이 측정되었다.

$$\varepsilon_a = -600\ \mu\varepsilon \qquad \varepsilon_b = -900\ \mu\varepsilon \qquad \varepsilon_c = +700\ \mu\varepsilon$$

그 점에서의 주변형률과 최대 전단변형률을 결정하라. 주변형률에 대한 변형과 최대 평면내 전단변형률에 의한 뒤틀림을 그림으로 그려서 나타내어라.

### 풀이 계획

주변형률과 최대 평면내 전단변형률을 결정하기 위하여 변형률 $\varepsilon_x$, $\varepsilon_y$, $\gamma_{xy}$ 등을 결정해야 한다. 이들 법선변형률과 전단변형률은 각 게이지에 대한 변형률의 좌표변환 관계식으로부터 유도된 3개의 방정식에 로제트 데이타를 대입하여 연립하여 풀므로써 구할 수 있다. 게이지 $a$는 $x$축과 일치되게 놓여 있으므로 법선변형률 $\varepsilon_x$를 직접 측정할 수 있다. 따라서 스트레인게이지의 데이타의 감소로 인하여 $\varepsilon_x$와 $\gamma_{xy}$에 대한 두 개의 방정식만 동시에 푸는 것과 같게 된다.

### 풀이

먼저 3개의 스트레인게이지의 각도 $\theta_a$, $\theta_b$, $\theta_c$ 등이 결정되어야 한다. 비록 이것이 절대적인 요구사항이 아니라고 해도, 만일 모든 각도 $\theta$가 기준좌표계의 $x$축으로부터 반시계방향으로 측정되면 위와 같은 스트레인 로제트 문제는 해석하기가 더 쉽다. 이 문제에 사용된 로제트 구성에 대한 3개의 각도는 $\theta_a = 0°$, $\theta_b = 135°$, $\theta_c = 225°$ 이다. 이들 각도를 사용하여 각 게이지에 대한 변형률의 좌표변환 관계식을 나열한다. 단, $\varepsilon_n$은 실험적으로 측정된 변형률 값이다. 즉

**게이지 $a$에 대한 방정식:**

$$-600 = \varepsilon_x \cos^2(0°) + \varepsilon_y \sin^2(0°) + \gamma_{xy} \sin(0°)\cos(0°) \tag{a}$$

**게이지 $b$에 대한 방정식:**

$$-900 = \varepsilon_x \cos^2(135°) + \varepsilon_y \sin^2(135°) + \gamma_{xy} \sin(135°)\cos(135°) \tag{b}$$

**게이지 $c$에 대한 방정식:**

$$+700 = \varepsilon_x \cos^2(225°) + \varepsilon_y \sin^2(225°) + \gamma_{xy} \sin(225°)\cos(225°) \tag{c}$$

$\sin(0°) = 0$이므로 식 (a)는 $\varepsilon_x = -600\ \mu\varepsilon$이 된다. 이 결과를 식 (b)와 식 (c)에 대입하고 상수항을 방정식의 좌변으로 모으면 다음과 같다.

$$-600 = 0.5\varepsilon_y - 0.5\gamma_{xy}$$
$$+1{,}000 = 0.5\varepsilon_y + 0.5\gamma_{xy}$$

일반적으로 통상적인 로제트 형식에서 사용되는 게이지 방향은 이들 두 방정식과 유사한 형태의 쌍을 형성하며 동시에 풀기 쉽도록 만들어 준다. $\varepsilon_y$를 구하기 위해서 두 방정식을 더하여 $\varepsilon_y = +400\ \mu\varepsilon$을 얻는다. 두 방정식을 빼면 $\gamma_x = +1{,}600\ \mu\text{rad}$를

얻는다. 그러므로 강으로 만든 기계 요소의 한 점에서 발생한 변형률의 성분은 $\varepsilon_x = -600\ \mu\varepsilon$, $\varepsilon_y = +400\ \mu\varepsilon$, $\gamma_{xy} = +1{,}600\ \mu\text{rad}$로 요약될 수 있다. 이들 변형률은 주변형률과 최대 평면내 전단변형률을 결정하는 데 사용된다.

식 (13.10)으로부터 주변형률은 다음과 같이 계산될 수 있다.

$$\begin{aligned}\varepsilon_{p1,p2} &= \frac{\varepsilon_x + \varepsilon_y}{2} \pm \sqrt{\left(\frac{\varepsilon_x - \varepsilon_y}{2}\right)^2 + \left(\frac{\gamma_{xy}}{2}\right)^2} \\ &= \frac{-600 + 400}{2} \pm \sqrt{\left(\frac{-600 - 400}{2}\right)^2 + \left(\frac{1{,}600}{2}\right)^2} \\ &= -100 \pm 943 \\ &= +843\ \mu\varepsilon,\ -1{,}043\ \mu\varepsilon \end{aligned}$$

**Ans.**

그리고 식 (13.11)로부터 최대 평면내 전단변형률은

$$\begin{aligned}\frac{\gamma_{\max}}{2} &= \pm\sqrt{\left(\frac{\varepsilon_x - \varepsilon_y}{2}\right)^2 + \left(\frac{\gamma_{xy}}{2}\right)^2} \\ &= \pm\sqrt{\left(\frac{-600 - 400}{2}\right)^2 + \left(\frac{1{,}600}{2}\right)^2} \\ &= 943.4\ \mu\text{rad} \\ \therefore \gamma_{\max} &= 1{,}887\ \mu\text{rad}\end{aligned}$$

**Ans.**

평면내 주 방향은 식 (13.9)로부터 결정될 수 있다.

$$\tan 2\theta_p = \frac{\gamma_{xy}}{(\varepsilon_x - \varepsilon_y)} = \frac{1{,}600}{-600 - 400} = \frac{1{,}600}{-1{,}000}$$

$$\therefore 2\theta_p = -58.0°; \quad \theta_p = -29.0°$$

$\varepsilon_x - \varepsilon_y < 0$이므로 각도 $\theta_p$는 $x$방향과 $p_2$방향 사이의 각도이다.

스트레인 로제트는 기계 요소의 표면에 부착되어 있으므로 평면응력 조건이 된다. 따라서 $z$축의 법선변형률 $\boldsymbol{\varepsilon}_z$는 **0**이 되지 않는다. 세 번째의 주변형률 $\varepsilon_{p3}$는 식 (13.15)로부터 계산된다.

$$\varepsilon_{p3} = \varepsilon_z = -\frac{\nu}{1-\nu}(\varepsilon_x + \varepsilon_y) = -\frac{0.3}{1-0.3}(-600 + 400) = +85.7\ \mu\varepsilon$$

$\varepsilon_{p2} < \varepsilon_{p3} < \varepsilon_{p1}$(표 13.2 참조)이므로 절대 최대 전단변형률은 최대 평면내 전단변형률과 같다.

$$\gamma_{\text{abs max}} = \varepsilon_{p1} - \varepsilon_{p2} = 843\ \mu\varepsilon - (-1{,}043\ \mu\varepsilon) = 1{,}887\ \mu\text{rad}$$

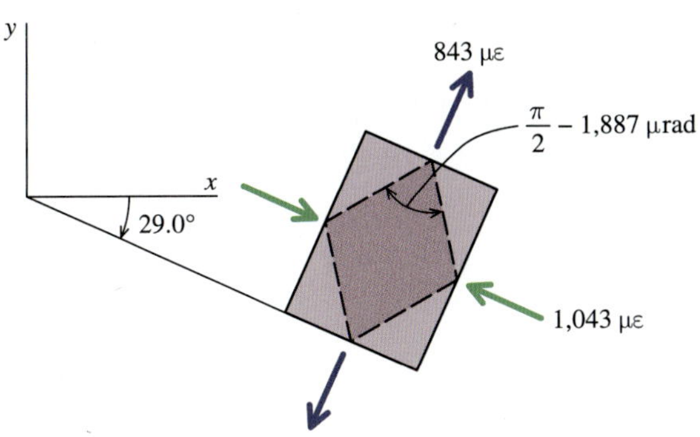


**변형과 뒤틀림 작도**

주변형률은 $x$방향으로부터 시계방향으로 29° 회전된 위치에 있다. $\varepsilon_x$ −

$\varepsilon_y < 0$이므로 이 방향에 해당하는 주변형률은 $\varepsilon_{p2} = -1043\ \mu\varepsilon$이다. 이 방향으로 변형요소는 수축한다. 직교하는 방향으로는 주변형률은 $\varepsilon_{p1} = 843\ \mu\varepsilon$이며 이는 변형요소가 신장함을 의미한다.

그림에서 최대 평면내 전단변형률에 의해서 발생되는 비틀림을사각형의 각 모서리의 중점을 잇는 다이아몬드로 나타내었다.

## MecMovies Example M13.5

기계 부품의 자유표면 위의 한 점에서의 법선변형률 정보를 얻기 위해 사용된 스트레인 로제트가 그림과 같다.

(a) 그 점에서의 변형률 성분 $\varepsilon_x$, $\varepsilon_y$, $\gamma_{xy}$ 등을 구하라.

(b) 그 점에서의 주변형률과 최대 전단변형률을 구하라.

**Example 1**

$\varepsilon_a = -215\ \mu\varepsilon$
$\varepsilon_b = -130\ \mu\varepsilon$
$\varepsilon_c = +460\ \mu\varepsilon$

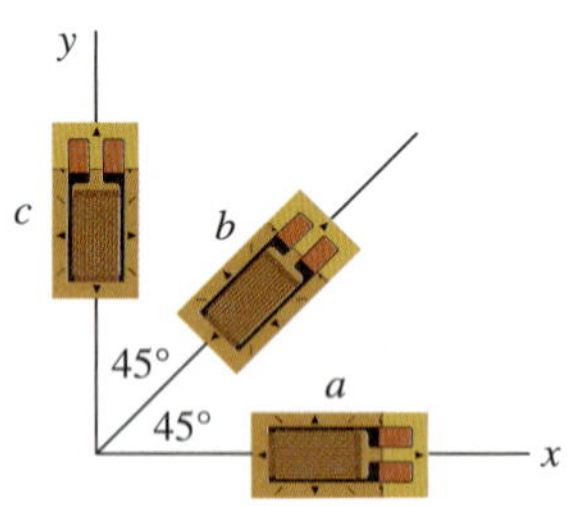


**Example 2**

$\varepsilon_a = +800\ \mu\varepsilon$
$\varepsilon_b = -200\ \mu\varepsilon$
$\varepsilon_c = +625\ \mu\varepsilon$

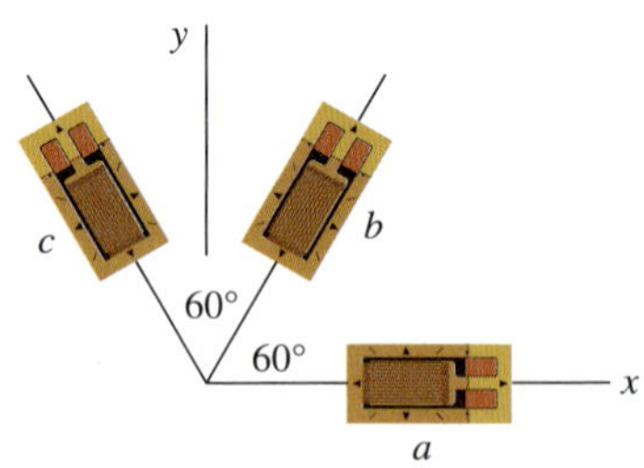


## MecMovies EXERCISES

**M13.5 스트레인 로제트를 사용한 변형률 측정.** 기계의 한 부품의 자유 표면 위의 한 점에서의 법선변형률 자료를 얻기 위하여 스트레인 로제트가 사용되었다. $x$–$y$ 평면에서의 법선변형률, 전단변형률, 주변형률 등을 결정하라.

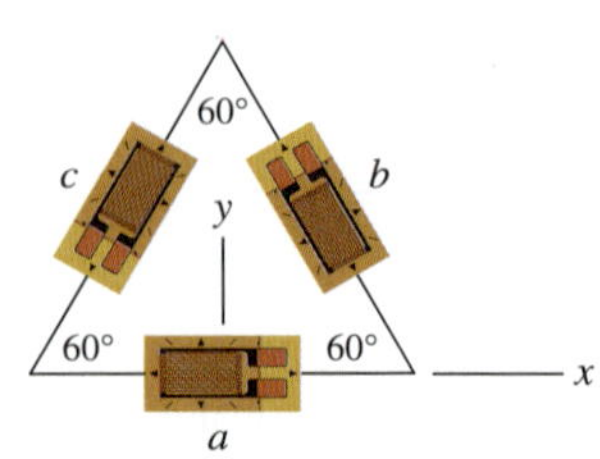


그림 M13.5

## PROBLEMS

**P13.39–P13.48** The strain rosette shown in Figures P13.39–P13.48 was used to obtain normal strain data at a point on the free surface of a machine part.

(a) Determine the strain components $\varepsilon_x$, $\varepsilon_y$, and $\gamma_{xy}$ at the point.
(b) Determine the principal strains and the maximum in-plane shear strain at the point.
(c) Draw a sketch showing the angle $\theta_p$, the principal strain deformations, and the maximum in-plane shear strain distortions.
(d) Determine the magnitude of the absolute maximum shear strain.

| Problem | $\varepsilon_a$ | $\varepsilon_b$ | $\varepsilon_c$ | $\nu$ |
|---|---|---|---|---|
| 13.39 | 550 με | −730 με | −375 με | 0.30 |
| 13.40 | 650 με | −450 με | −585 με | 0.12 |
| 13.41 | 730 με | 235 με | 335 με | 0.33 |
| 13.42 | −1,320 με | −840 με | −215 με | 0.33 |
| 13.43 | −230 με | −130 με | 205 με | 0.15 |
| 13.44 | −490 με | −375 με | 350 με | 0.30 |
| 13.45 | −1,450 με | −1,625 με | −440 με | 0.15 |
| 13.46 | 680 με | 1,830 με | 430 με | 0.33 |
| 13.47 | 380 με | 590 με | −295 με | 0.12 |
| 13.48 | 285 με | −470 με | 525 με | 0.30 |

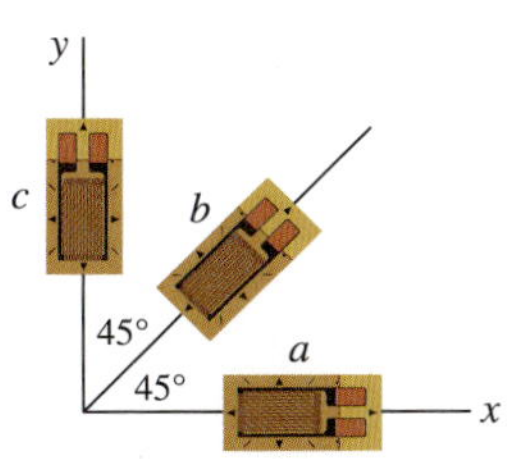

FIGURE P13.39

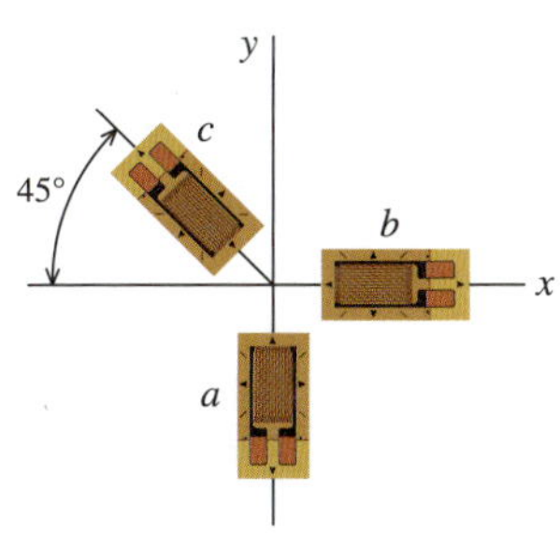

FIGURE P13.40

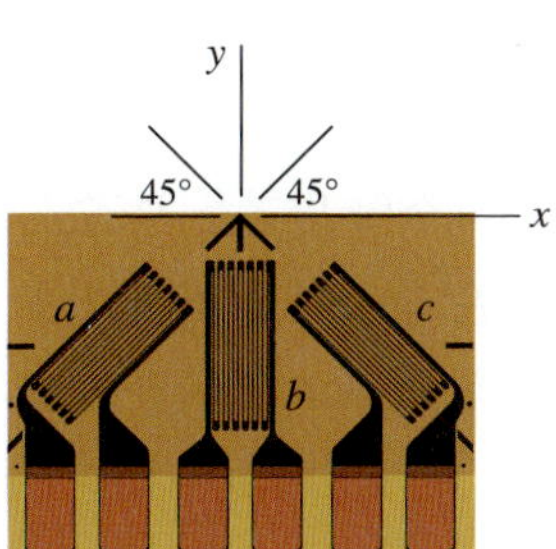

FIGURE P13.41

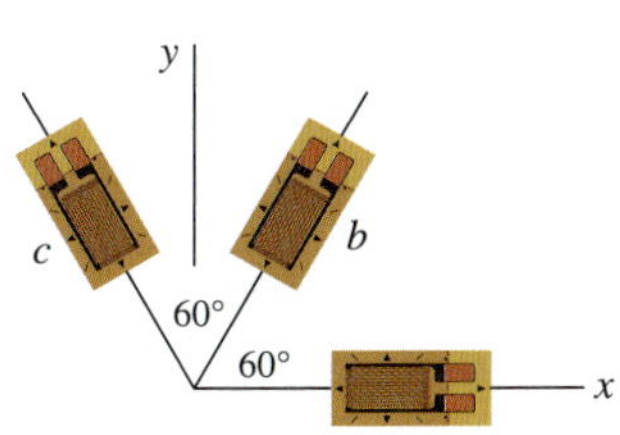

FIGURE P13.42

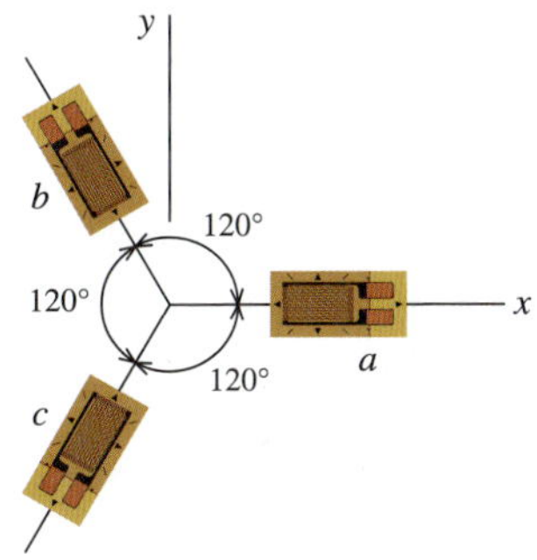

FIGURE P13.43

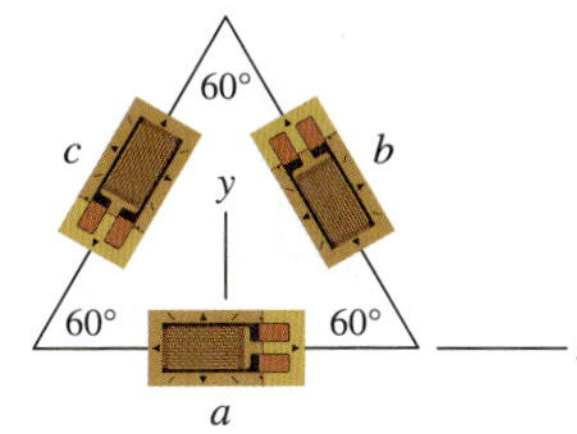

FIGURE P13.44

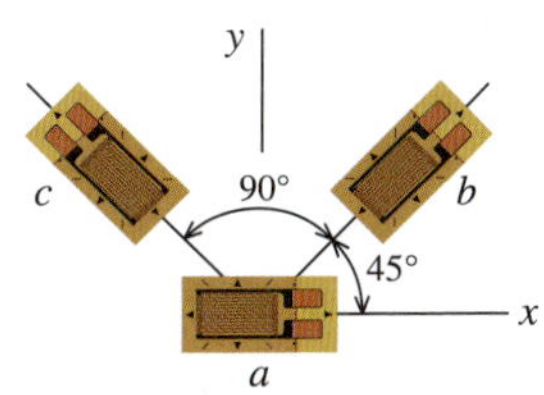

FIGURE P13.45

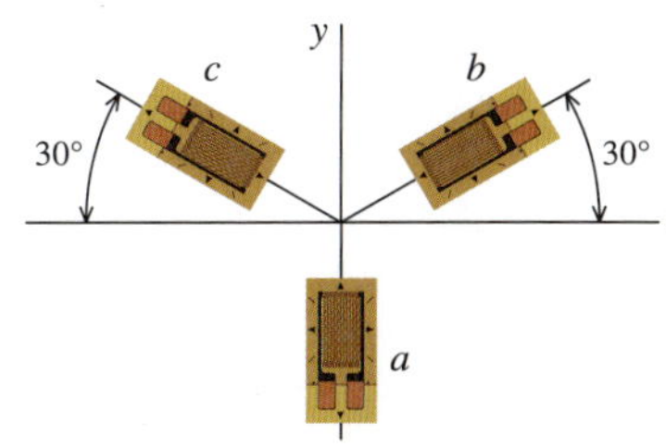

FIGURE P13.46

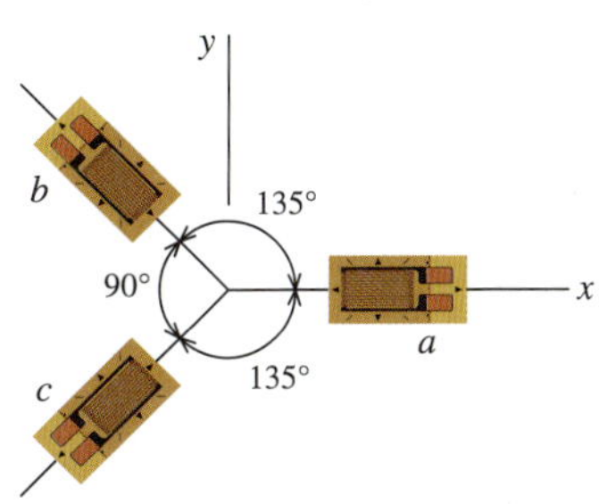

FIGURE P13.47

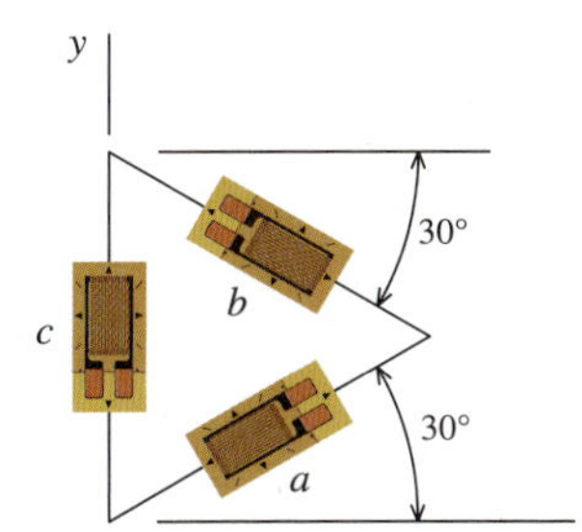

FIGURE P13.48

## 13.8 등방성 재료에 대한 일반화된 후크법칙

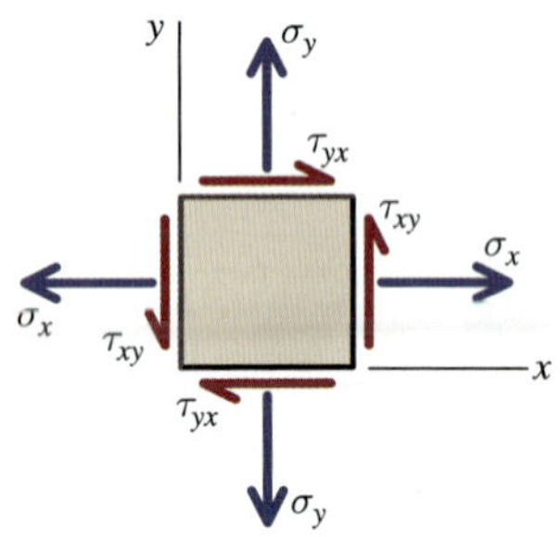


**그림 13.10**

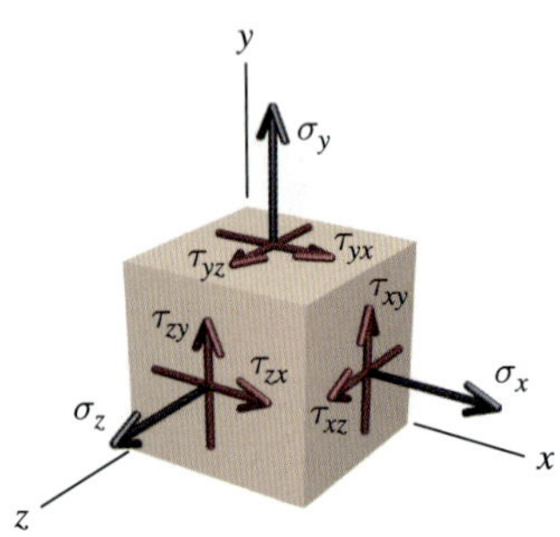


**그림 13.11**

후크법칙[식 (3.4)]은 공학 분야에서 흔히 고려되는 2차원(그림 13.10)과 3차원(그림 13.11) 응력상태를 포함하도록 확장될 수 있다. 방향에 무관한 성질(예를 들어, 탄성계수 $E$, 포아송 비 $\nu$)을 갖는 재료인 등방성 재료를 고려한다. 다시 말하면, $E$와 $\nu$는 등방성 재료의 모든 방향에 대하여 같은 값을 갖는다. 후크법칙[식 (3.4)]은 공학 분야에서 흔히 고려되는 2차원(그림 13.10)과 3차원(그림 13.11) 응력상태를 포함하도록 확장될 수 있다. 방향에 무관한 성질(예를 들어, 탄성계수 $E$, 포아송 비 $\nu$)을 갖는 재료인 등방성 재료를 고려한다. 다시 말하면, $E$와 $\nu$는 등방성 재료의 모든 방향에 대하여 같은 값을 갖는다.

그림 13.12에서는 3개의 다른 법선응력 $\sigma_x$, $\sigma_y$, $\sigma_z$ 등을 받고 있는 재료의 미소 요소를 보여준다. 그림 13.12*a*에서 양의 수직 응력 $\sigma_x$는 $x$방향으로 양의 법선변형률(즉, 신장)을 생성시킨다.

$$\varepsilon_x = \frac{\sigma_x}{E}$$

응력이 $x$방향으로만 작용하고 있음에도 불구하고 포아송 효과로 인해서 법선변형률이 $y$방향과 $z$방향으로 발생된다.

$$\varepsilon_y = -\nu \frac{\sigma_x}{E} \qquad \varepsilon_z = -\nu \frac{\sigma_x}{E}$$

가로 방향에서 이들 변형률은 음이 됨(즉, 수축)을 유의해야 한다. 미소요소가 $x$방향으로 인장되면 가로 방향으로는 수축되며, 반대의 경우도 성립된다.

마찬가지로 수직 응력 $\sigma_y$는 $y$방향으로의 변형률뿐만 아니라 가로 방향으로의 변형률도 발생시킨다(그림 13.12*b*).

$$\varepsilon_y = \frac{\sigma_y}{E} \qquad \varepsilon_x = -\nu \frac{\sigma_y}{E} \qquad \varepsilon_z = -\nu \frac{\sigma_y}{E}$$

같은 방식으로 수직 응력 $\sigma_z$는 다음의 변형률을 발생시킨다(그림 13.12*c*).

$$\varepsilon_z = \frac{\sigma_z}{E} \qquad \varepsilon_x = -\nu \frac{\sigma_z}{E} \qquad \varepsilon_y = -\nu \frac{\sigma_z}{E}$$

만약 3개의 수직 응력 $\sigma_x$ $\sigma_y$, $\sigma_z$가 미소요소에서 동시에 작용한다면, 요소의 변형은 각 수직 응력으로 인한 변형을 모두 합함으로써 결정될 수 있다. 이러한 과정은 중첩의 원리에 기초를 두고 있으며, 이는 각 하중에 의한 영향은 대수적으로 더할 수 있다는 것이다. 이를 위해서는 다음과 같은 두 가지 조건을 만족해야 한다.

**1.** 하중이 유발하는 결과는 하중과 선형적인 관계에 있다.
**2.** 첫 번째 하중의 결과는 두 번째 하중의 결과를 크게 변경하지 않는다.

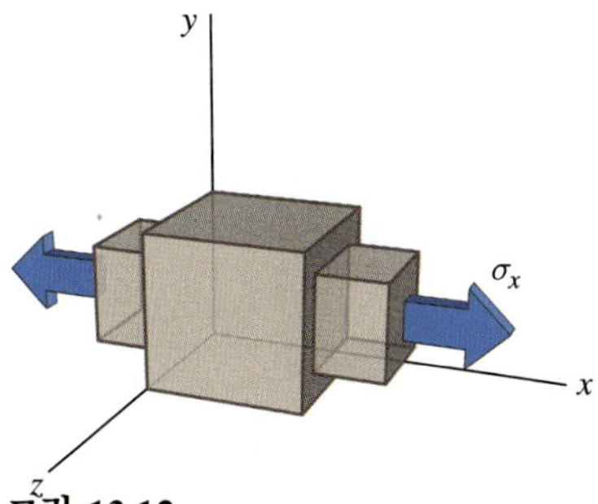

**그림 13.12*a***

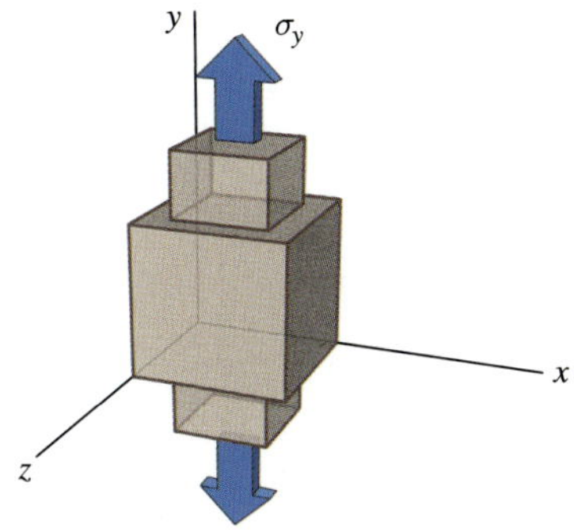

**그림 13.12*b***

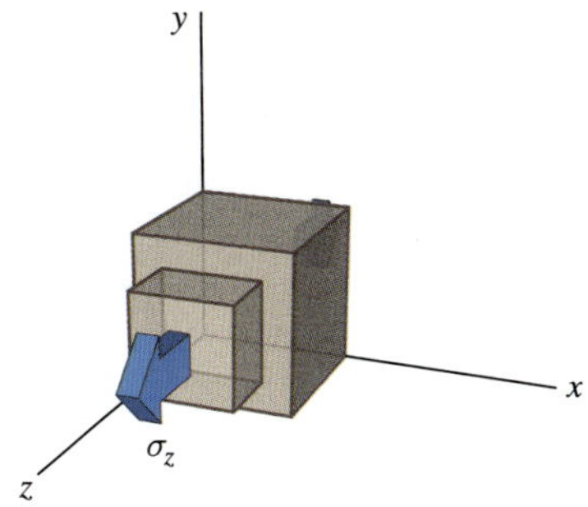

**그림 13.12*c***

만약 응력이 재료의 비례한계를 넘지 않는다면, 첫 번째 조건은 만족된다. 만약 변형이 작아서 요소의 각 면의 면적의 변화가 작아서 응력 변화가 크지 않다면, 두 번째 조건이 만족된다.

중첩의 원리를 사용하여 법선변형률과 법선응력의 관계식은 다음과 같이 쓸 수 있다.

$$\begin{aligned} \varepsilon_x &= \frac{1}{E}[\sigma_x - \nu(\sigma_y + \sigma_z)] \\ \varepsilon_y &= \frac{1}{E}[\sigma_y - \nu(\sigma_x + \sigma_z)] \\ \varepsilon_z &= \frac{1}{E}[\sigma_z - \nu(\sigma_x + \sigma_y)] \end{aligned} \tag{13.16}$$

전단응력에 의하여 요소에 생성된 변형은 그림 13.13에 나타나 있다. 포아송 효과는 전단응력과 상관이 없으므로 전단변형률과 전단응력의 관계는 다음과 같다.

$$\gamma_{xy} = \frac{1}{G}\tau_{xy}, \qquad \gamma_{yz} = \frac{1}{G}\tau_{yz}, \qquad \gamma_{zx} = \frac{1}{G}\tau_{zx} \tag{13.17}$$

여기서 $G$는 전단탄성계수이며 탄성계수 $E$ 및 포아송비 $\nu$와 다음의 관계식에 있다.

$$G = \frac{E}{2(1+\nu)} \tag{13.18}$$

식 (13.16)과 식 (13.17)을 등방성 재료에 대한 **일반화된 후크법칙**이라고 한다. 전단응력은 법선변형률에 영향을 주지 않으며 법선응력은 전단변형률에 영향을 주지 않으므로 법선과 전단의 관계는 상호 독립적이다. 더구나 식 (13.17)의 전단변형률은 3개의 응력이 모두 포함된 식 (13.16)에서의 법선변형률과 달리 상호 독립적이다. 예를 들면, 전단변형률 $\gamma_{xy}$는 오직 전단응력 $\tau_{xy}$에 의해서만 영향을 받는다.

그리고 식 (13.16)과 식 (13.17)은 다음과 같이 응력에 관하여 풀어쓸 수 있다.

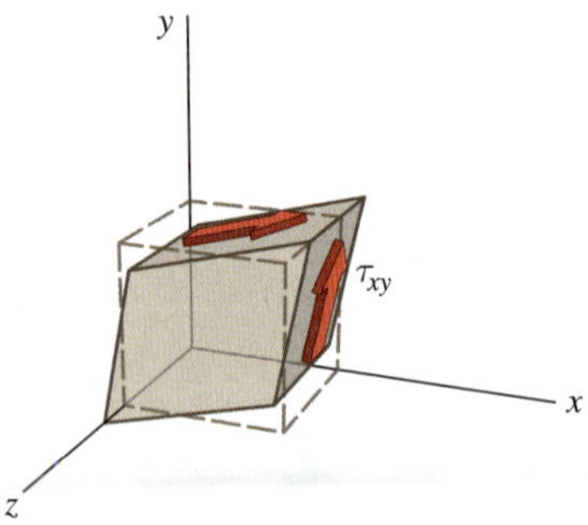


그림 13.13*a*

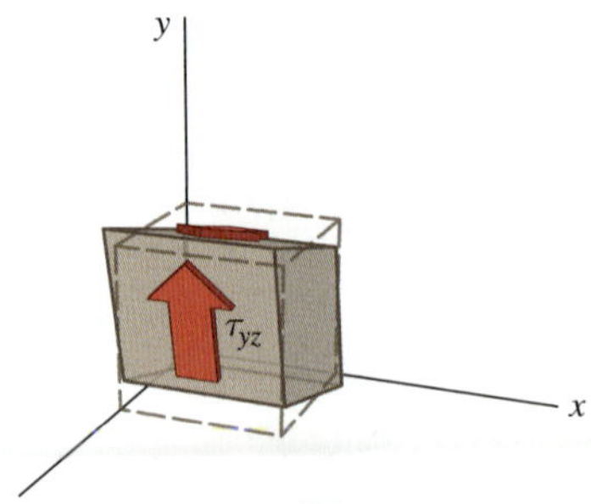


그림 13.13*b*

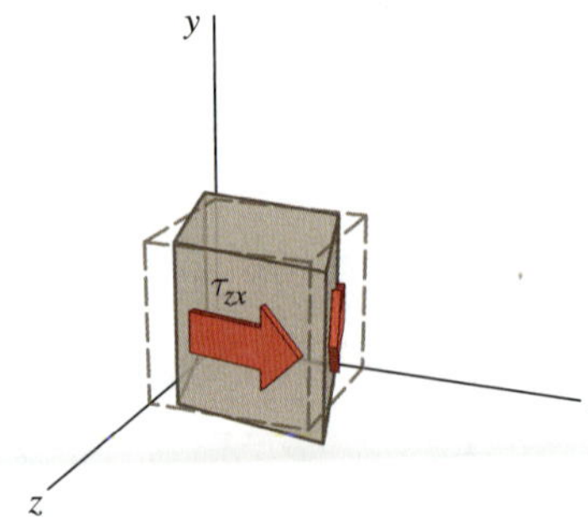


그림 13.13*c*

$$\begin{aligned}\sigma_x &= \frac{E}{(1+\nu)(1-2\nu)}[(1-\nu)\varepsilon_x + \nu(\varepsilon_y + \varepsilon_z)]\\ \sigma_y &= \frac{E}{(1+\nu)(1-2\nu)}[(1-\nu)\varepsilon_y + \nu(\varepsilon_x + \varepsilon_z)]\\ \sigma_z &= \frac{E}{(1+\nu)(1-2\nu)}[(1-\nu)\varepsilon_z + \nu(\varepsilon_x + \varepsilon_y)]\end{aligned} \tag{13.19}$$

그리고

$$\tau_{xy} = G\gamma_{xy} \qquad \tau_{yz} = G\gamma_{yz} \qquad \tau_{zx} = G\gamma_{zx} \tag{13.20}$$

## 평면응력의 경우

평면응력에서 $\sigma_z = 0,\ \tau_{yz} = \tau_{zx} = 0$이다. 결과적으로 식 (13.16)은 다음과 같다.

$$\begin{aligned}\varepsilon_x &= \frac{1}{E}(\sigma_x - \nu\sigma_y)\\ \varepsilon_y &= \frac{1}{E}(\sigma_y - \nu\sigma_x)\\ \varepsilon_z &= -\frac{\nu}{E}(\sigma_x + \sigma_y)\end{aligned} \tag{13.21}$$

**MecMovies 13.7**은 이 축응력에 대한 일반화된 후크법칙을 유도하는 애니메이션을 보여준다.

그리고 식 (13.17)은 간략하게 되어

$$\gamma_{xy} = \frac{1}{G}\tau_{xy} \tag{13.22}$$

식 (13.21)을 변형률 항으로 된 응력에 대하여 풀면 다음과 같다.

$$\sigma_x = \frac{E}{1-\nu^2}(\varepsilon_x + \nu\varepsilon_y)$$
$$\sigma_y = \frac{E}{1-\nu^2}(\varepsilon_y + \nu\varepsilon_x) \tag{13.23}$$

식 (13.23)은 측정되거나 계산된 법선변형률로부터 수직 응력을 계산하는 데 사용될 수 있다.

$z$축의 법선변형률 $\varepsilon_z$는 평면응력 상태에서 일반적으로 0이 아니다. $\varepsilon_x$와 $\varepsilon_y$의 항으로 주어진 $\varepsilon_z$가 식 (13.15)에서 주어져 있다. 식 (13.24)는 식 (13.23)을 다음 식에 대입하여 유도할 수 있다.

$$\varepsilon_z = -\frac{\nu}{E}(\sigma_x + \sigma_y)$$

$$\begin{aligned}\varepsilon_z &= -\frac{\nu}{E}(\sigma_x + \sigma_y) = -\frac{\nu}{E}\frac{E}{1-\nu^2}[(\varepsilon_x + \nu\varepsilon_y) + (\varepsilon_y + \nu\varepsilon_x)] \\ &= -\frac{\nu}{(1-\nu)(1+\nu)}[(1+\nu)\varepsilon_x + (1+\nu)\varepsilon_y] \\ &= -\frac{\nu}{(1-\nu)}(\varepsilon_x + \varepsilon_y)\end{aligned} \tag{13.24}$$

## 예제 13.5 EXAMPLE

알루미늄으로 만들어진 부품의 자유표면에서 3개의 스트레인게이지가 그림과 같이 배열되었으며 다음과 같은 변형률이 측정되었다. $\varepsilon_a = -420\ \mu\varepsilon$, $\varepsilon_b = +380\ \mu\varepsilon$, $\varepsilon_c = +240\ \mu\varepsilon$.

게이지 $b$의 축(즉, 양의 $x$축에 대하여 $+45°$의 각도를 갖는 곳)을 따라 작용하는 법선응력을 결정하라.

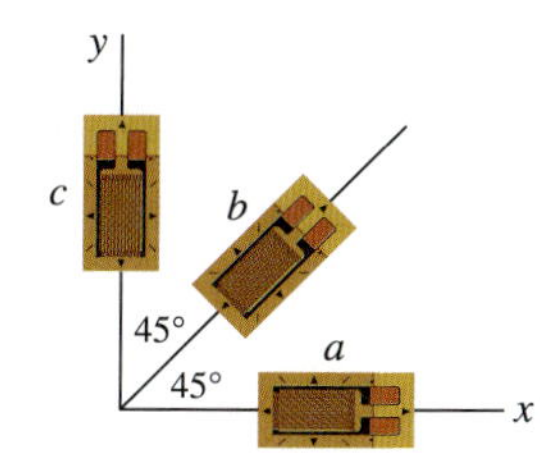


### 풀이 계획

문제를 쉽게 생각하여 게이지 $b$에 측정된 변형률과 탄성계수 $E$를 사용하여 측정한 방향에서 작용하는 법선변형률을 계산하고자 할 수 있다. 그러나 이 문제는 단축 응력이 작용하는 경우가 아니므로 이 생각은 옳지 않다. 이 문제를 해결하기 위하여 먼저 스트레인 로제트 데이타를 $\varepsilon_x$, $\varepsilon_y$, $\gamma_{xy}$ 등을 얻는 데 사용한다. 식 (13.23)과 (13.22)로부터 응력 $\sigma_x$, $\sigma_y$, $\tau_{xy}$는 계산될 수 있다. 마지막으로 특정한 방향의 법선응력은 응력의 좌표변환 관계식으로부터 계산된다.

### 풀이

로제트의 구조로부터 게이지 $a$는 $x$방향에서의 변형률을 측정하고, 게이지 $c$는 $y$방향에서의 변형률을 측정한다. 그러므로 $\varepsilon_x = -420\ \mu\varepsilon$과 $\varepsilon_y = +240\ \mu\varepsilon$이다. 전단변형률 $\gamma_{xy}$를 계산하기 위해서 게이지 $b$에 대한 변형률의 좌표변환 식을 고려한다.

$$+380 = \varepsilon_x \cos^2(45°) + \varepsilon_y \sin^2(45°) + \gamma_{xy} \sin(45°)\cos(45°)$$

그리고 $\gamma_{xy}$에 대하여 풀면

$$+380 = (-420)\cos^2(45°) + (240)\sin^2(45°) + \gamma_{xy} \sin(45°)\cos(45°)$$

$$\therefore \gamma_{xy} = \frac{380 + (420)(0.5) - (240)(0.5)}{0.5} = +940\ \mu\text{rad}$$

스트레인 로제트는 알루미늄 요소의 표면에 부착되어 있으므로 이것은 평면응력 조건이다. 일반화된 후크법칙, 식 (13.23)과 재료의 성질, $E = 10{,}000$ ksi와 $\nu = 0.33$을 사용하여 법선변형률 $\varepsilon_x$와 $\varepsilon_y$로부터 수직응력 $\sigma_x$와 $\sigma_y$를 계산한다.

$$\sigma_x = \frac{E}{1-\nu^2}(\varepsilon_x + \nu\varepsilon_y) = \frac{10{,}000\text{ ksi}}{1-(0.33)^2}[(-420 \times 10^{-6}) + 0.33(240 \times 10^{-6})] = -3.82\text{ ksi}$$

$$\sigma_y = \frac{E}{1-\nu^2}(\varepsilon_y + \nu\varepsilon_x) = \frac{10{,}000\text{ ksi}}{1-(0.33)^2}[(240 \times 10^{-6}) + 0.33(-420 \times 10^{-6})] = 1.138\text{ ksi}$$

**주의:** 이러한 계산을 할 때 με으로 측정된 변형률은 반드시 무차원 양(예, in/in)으로 변환시켜야 한다.

전단응력 $\tau_{xy}$를 계산하기 전에 알루미늄의 전단탄성계수 $G$는 식 (13.18)로부터 계산되어야 한다.

$$G = \frac{E}{2(1+\nu)} = \frac{10{,}000\text{ ksi}}{2(1+0.33)} = 3{,}760\text{ ksi}$$

전단응력 $\tau_{xy}$는 식 (13.22)로부터 계산될 수 있다.

$$\tau_{xy} = G\gamma_{xy} = (3{,}760\text{ ksi})(940 \times 10^{-6}) = 3.53\text{ ksi}$$

최종적으로 $\theta = 45°$의 방향으로 작용하는 법선응력은 식 (12.5)와 같은 응력의 좌표변환 식을 사용하여 계산된다.

$$\begin{aligned}\sigma_n &= \sigma_x \cos^2\theta + \sigma_y \sin^2\theta + 2\tau_{xy}\sin\theta\cos\theta \\ &= (-3.82\text{ ksi})\cos^2 45° + (1.138\text{ ksi})\sin^2 45° + 2(3.53\text{ ksi})\sin 45°\cos 45° \\ &= 2.19\text{ ksi (T)}\end{aligned}$$

**Ans.**

## 예제 13.6 EXAMPLE

강($E$ = 210 GPa, $G$ = 80 GPa)으로 만들어진 얇은 판이 2축응력 상태에 있다. $x$방향으로의 법선응력은 $\sigma_x$ = 70 MPa이다. 판의 자유표면 위에서의 지정된 방향에서 스트레인게이지에 의하여 측정된 법선변형률은 230 με이다.

(a) 판에서 작용하는 $\sigma_y$의 크기를 결정하라.
(b) 판에서의 주변형률과 최대 평면내 전단변형률을 결정하라. 주변형률에 의한 변형과 최대 평면내 전단변형률에 의한 비틀림을 그림으로 보여라.
(c) 판에서의 절대 최대 전단변형률의 크기를 결정하라.

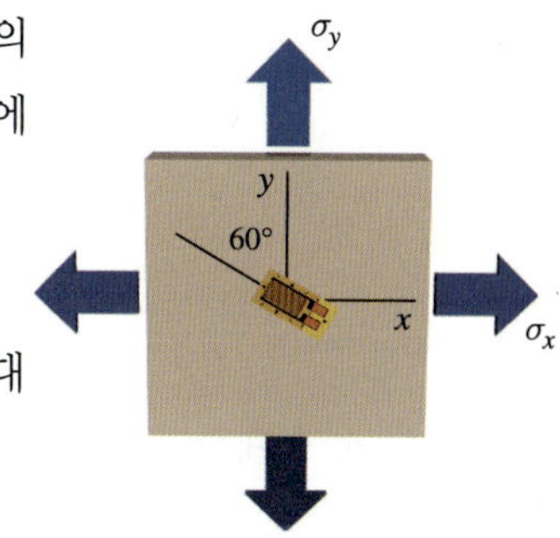


**풀이 계획**

문제를 풀기 전에 그림의 스트레인게이지의 위치에 대한 변형률의 좌표변환 식을 고려한다. 이 식은 게이지에 의해서 측정된 $\varepsilon_n$을 $x$방향과 $y$방향에서의 변형률 성분으로 표시한다. 판에 작용하는 전단응력 $\tau_{xy}$는 없으므로 전단변형률 $\gamma_{xy}$는 0이며, 변형률의 좌표변환 식은 오직 $\varepsilon_x$와 $\varepsilon_y$의 항으로 표시된다. $\sigma_x$와 $\sigma_y$의 항으로 표시된 $\varepsilon_x$와 $\varepsilon_y$에 대한 일반화된 후크법칙으로부터 식 (13.21)은 변형률의 좌표변환 식에 대입될 수 있으며, 미지수가 오직 $\sigma_y$ 뿐인 방정식을 만든다. $\sigma_y$를 구한 뒤에 식 (13.21)은 $\varepsilon_x$, $\varepsilon_y$, $\varepsilon_z$ 등을 계산하는 데 사용된다. 이 값들은 판에서의 주변형률, 최대 평면내 전단변형률, 그리고 절대 최대 전단변형률 등을 결정하는 데 사용된다.

**풀이**

**(a) 주응력 $\sigma_y$**

게이지는 $\theta$ = 150° 각도로 놓여 있다. 이 각도를 사용하여 게이지에 대한 변형률의 좌표변환 식을 적는다. 단, $\varepsilon_n$은 게이지에 의해서 측정된 값이다.

$$+230\ \mu\varepsilon = \varepsilon_x \cos^2(150°) + \varepsilon_y \sin^2(150°) + \gamma_{xy} \sin(150°)\cos(150°)$$

전단변형률 $\gamma_{xy}$는 식 (13.22)에서 전단응력 $\tau_{xy}$와 관계되어 있다.

$$\gamma_{xy} = \frac{1}{G}\tau_{xy}$$

$\tau_{xy}$ = 0이므로 전단변형률은 반드시 0이 되어야 하며, 변형률의 좌표변환 식은 다음과 같다.

$$+230\ \mu\varepsilon = 230 \times 10^{-6}\,\text{mm/mm} = \varepsilon_x \cos^2(150°) + \varepsilon_y \sin^2(150°)$$

일반화된 후크법칙으로부터 식 (13.21)은 평면응력 상태의 응력과 변형률 사이의 관계를 다음과 같이 결정한다.

$$\varepsilon_x = \frac{1}{E}(\sigma_x - \nu\sigma_y), \qquad \varepsilon_y = \frac{1}{E}(\sigma_y - \nu\sigma_x)$$

이 식들을 변형률의 좌표변환 식에 대입하여 정리하면

$$
\begin{aligned}
230\times10^{-6}\,\text{mm/mm} &= \varepsilon_x\cos^2(150°)+\varepsilon_y\sin^2(150°)\\
&= \frac{1}{E}(\sigma_x-\nu\sigma_y)\cos^2(150°)+\frac{1}{E}(\sigma_y-\nu\sigma_x)\sin^2(150°)\\
&= \frac{1}{E}[\sigma_x\cos^2(150°)-\nu\sigma_x\sin^2(150°)]+\frac{1}{E}[\sigma_y\sin^2(150°)-\nu\sigma_y\cos^2(150°)]\\
&= \frac{\sigma_x}{E}[\cos^2(150°)-\nu\sin^2(150°)]+\frac{\sigma_y}{E}[\sin^2(150°)-\nu\cos^2(150°)]
\end{aligned}
$$

미지의 응력 $\sigma_y$에 대하여 풀면

$$(230\times10^{-6}\,\text{mm/mm})E-\sigma_x[\cos^2(150°)-\nu\sin^2(150°)]=\sigma_y[\sin^2(150°)-\nu\cos^2(150°)]$$

$$\therefore\sigma_y=\frac{(230\times10^{-6}\,\text{mm/mm})E-\sigma_x[\cos^2(150°)-\nu\sin^2(150°)]}{\sin^2(150°)-\nu\cos^2(150°)}$$

수직응력 $\sigma_y$를 계산하기 전에 탄성계수 $E$와 전단계수 $G$로부터 포아송비의 값이 먼저 계산되어야 한다.

$$G=\frac{E}{2(1+\nu)}\qquad\therefore\nu=\frac{E}{2G}-1=\frac{210\text{ GPa}}{2(80\text{ GPa})}-1=0.3125$$

수직응력 $\sigma_y$는 다음과 같이 계산된다.

$$\sigma_y=\frac{(230\times10^{-6}\,\text{mm/mm})(210{,}000\text{ MPa})-(70\text{ MPa})[\cos^2(150°)-(0.3125)\sin^2(150°)]}{\sin^2(150°)-(0.3125)\cos^2(150°)}=81.2\text{ MPa}\qquad\textbf{Ans.}$$

**(b) 주변형률과 최대 평면내 전단변형률**

$x, y, z$ 방향에서의 법선변형률은 식 (13.21)로부터 계산된다.

$$
\begin{aligned}
\varepsilon_x &= \frac{1}{E}(\sigma_x-\nu\sigma_y)=\frac{1}{210{,}000\text{ MPa}}[70\text{ MPa}-(0.3125)(81.2\text{ MPa})]=212.5\times10^{-6}\,\text{mm/mm}\\
\varepsilon_y &= \frac{1}{E}(\sigma_y-\nu\sigma_x)=\frac{1}{210{,}000\text{ MPa}}[81.2\text{ MPa}-(0.3125)(70\text{ MPa})]=282.5\times10^{-6}\,\text{mm/mm}\\
\varepsilon_z &= -\frac{\nu}{E}(\sigma_x+\sigma_y)=-\frac{0.3125}{210{,}000\text{ MPa}}[81.2\text{ MPa}+70\text{ MPa}]=-225\times10^{-6}\,\text{mm/mm}
\end{aligned}
$$

$\gamma_{xy}=0$이므로 변형률 $\varepsilon_x$와 $\varepsilon_y$는 주변형률이다. 그 이유는 주변형률 방향에서 전단변형률은 결코 존재하지 않으며, 전단변형률이 0인 방향은 반드시 주변형률의 방향이 되기 때문이다. 그러므로

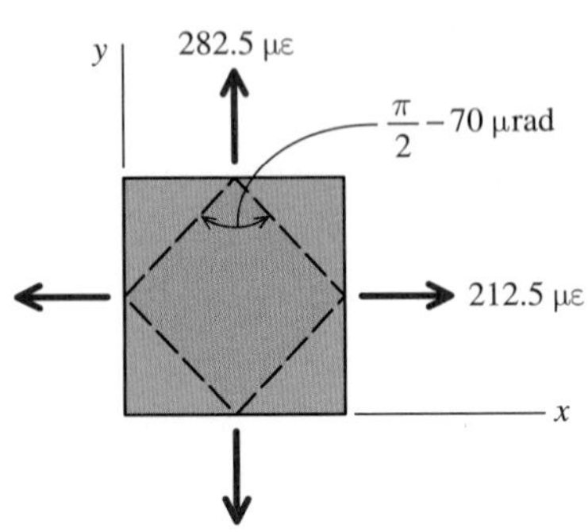


$$\varepsilon_{p1}=282.5\ \mu\varepsilon\qquad\varepsilon_{p2}=212.5\ \mu\varepsilon\qquad\varepsilon_{p3}=-225\ \mu\varepsilon\qquad\textbf{Ans.}$$

식 (13.12)에서 최대 평면내 전단변형률은 $\varepsilon_{p1}$과 $\varepsilon_{p2}$로부터 결정된다.

$$\gamma_{max}=\varepsilon_{p1}-\varepsilon_{p2}=282.5-212.5=70\ \mu\text{rad}\qquad\textbf{Ans.}$$

평면내 주변형률에 의한 변형과 최대 평면내 전단변형률에 기인한 뒤틀림을 그림에 나타내었다.

**(c) 절대 최대 전단변형률**

절대 최대 전단변형률을 결정하기 위하여 3가지의 가능성을 고려해야 한다(표 13.2 참조).

$$\gamma_{\text{abs max}} = \varepsilon_{p1} - \varepsilon_{p2} \quad \text{(i)}$$

$$\gamma_{\text{abs max}} = \varepsilon_{p1} - \varepsilon_{p3} \quad \text{(ii)}$$

$$\gamma_{\text{abs max}} = \varepsilon_{p2} - \varepsilon_{p3} \quad \text{(iii)}$$

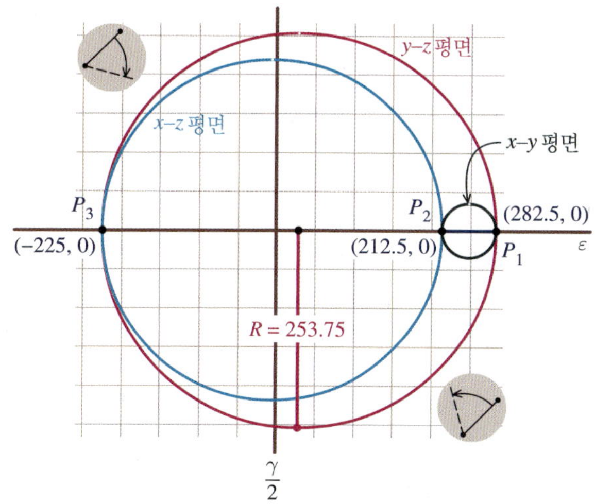


이러한 가능성들은 변형률에 대한 Mohr 원을 통해서 쉽게 시각화될 수 있다. $x$–$y$ 평면에서 가능한 $\varepsilon$과 $\gamma$의 조합이 점 $P_1$($y$방향을 의미한다)과 $P_2$($x$방향을 의미한다) 사이의 작은 원에 의하여 표시된다. 이 원의 반지름은 상대적으로 매우 작아서 $x$–$y$ 평면에서의 최대 전단변형률은 작다($\gamma_{\text{max}} = 70$ μrad). 이 문제에서의 강판은 평면응력 상태 하에 있으며, 결과적으로 수직응력 $\sigma_{p3} = \sigma_z = 0$이다. 그러나 $z$방향으로의 법선변형률은 0이 아니다. 이 문제에서는 $\varepsilon_{p3} = \varepsilon_z = -225$ με이다. 이 주변형률을 Mohr 원(즉, 점 $P_3$)에 표시할 때, 면외 전단변형률은 $x$–$y$ 평면에서의 전단변형률보다 더 큰 값을 가진다는 것이 명확하게 된다.

가장 큰 전단변형률은 $x$–$y$ 평면에 수직한 평면에서 일어날 것이며, 이 경우에 있어서는 $y$–$z$ 방향에서의 뒤틀림이다. 따라서 절대 최대 전단변형률은 다음과 같다.

$$\gamma_{\text{abs max}} = \varepsilon_{p1} - \varepsilon_{p3} = 282.5 - (-225) = 507.5 \ \mu\text{rad}$$ **Ans.**

## 예제 13.7 EXAMPLE

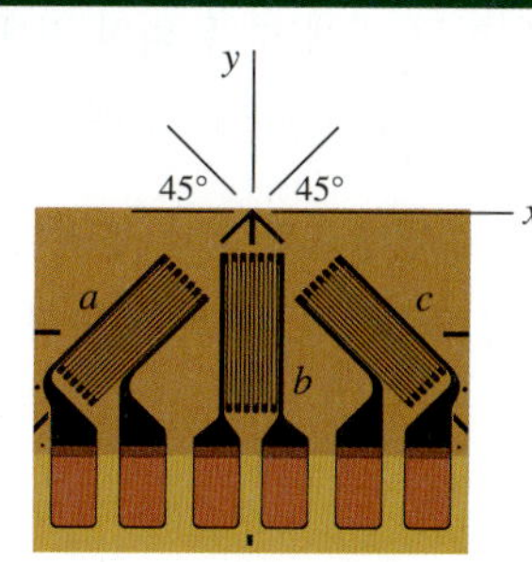


구리 합금($E = 115$ GPa, $\nu = 0.307$)으로 만들어진 기계 부품의 자유표면 위에 3개의 변형률 게이지를 그림과 같이 배열하여 측정한 변형률이 다음과 같다.

$$\varepsilon_a = +350 \ \mu\varepsilon \qquad \varepsilon_b = +900 \ \mu\varepsilon \qquad \varepsilon_c = +900 \ \mu\varepsilon$$

(a) 그 점에서의 변형률 성분 $\varepsilon_x$, $\varepsilon_y$, $\gamma_{xy}$ 등을 결정하라.
(b) 그 점에서의 주변형률과 최대 평면내 전단변형률을 결정하라.
(c) (b)에서의 결과를 사용하여 주응력과 최대 평면내 전단응력을 결정하라. 이들 응력을 주평면의 방향과 최대 평면내 전단응력 평면을 가리키는 적절한 그림에서 표시하라.
(d) 그 점에서의 절대 최대 전단응력의 크기를 결정하라.

**풀이 계획**

스트레인 로제트 데이타를 이용하여 $\varepsilon_x$, $\varepsilon_y$, $\gamma_{xy}$를 구한다. 주변형률, 최대 평면내 전단변형률, 이들 변형률의 방향 등을 결정하기 위하여 식 (13.9), 식 (13.10), 식 (13.11)을 사용한다. 주응력은 식 (13.23)을 사용하여 주변형률로부터 계산될 수 있고, 식 (13.22)로부터 최대 평면내 전단응력이 계산된다.

**풀이**

**(a) 변형률 성분** $\varepsilon_x$, $\varepsilon_y$, $\gamma_{xy}$

스트레인 로제트 데이타를 변환시키기 위해서 3개의 게이지의 각도 $\theta_a$, $\theta_b$, $\theta_c$ 등을 결정해야만 한다. 이 문제에서 사용된 로제트의 구성에서 3개의 각도는 $\theta_a = 45°$, $\theta_b = 90°$, $\theta_c = 135°$이다(대안으로는 각도 $\theta_a = 225°$, $\theta_b = 270°$, $\theta_c = 315°$가 사용될 수도 있다). 이들 각도를 사용하여 각 게이지에 대한 변형률의 좌표변환 방정식을 작성한다. 단, 변형률 $\varepsilon_n$은 실험에서 측정된 값이다. 그러므로

**게이지 *a*에 대한 방정식:**

$$+350 = \varepsilon_x \cos^2(45°) + \varepsilon_y \sin^2(45°) + \gamma_{xy} \sin(45°)\cos(45°) \tag{a}$$

**게이지 *b*에 대한 방정식:**

$$+990 = \varepsilon_x \cos^2(90°) + \varepsilon_y \sin^2(90°) + \gamma_{xy} \sin(90°)\cos(90°) \tag{b}$$

**게이지 *c*에 대한 방정식:**

$$+900 = \varepsilon_x \cos^2(135°) + \varepsilon_y \sin^2(135°) + \gamma_{xy} \sin(135°)\cos(135°) \tag{c}$$

$\cos(90°) = 0$이므로 식 (b)에서 $\varepsilon_y = 990\ \mu\varepsilon$이다. 이 결과를 식 (a)와 (c)에 대입하고 방정식의 좌변으로 상수항을 모으면

$$-145 = 0.5\varepsilon_x + 0.5\gamma_{xy}$$
$$+405 = 0.5\varepsilon_x - 0.5\gamma_{xy}$$

$\varepsilon_x$를 구하기 위해 두 방정식을 더하면 $\varepsilon_x = +260\ \mu\varepsilon$ 을 얻는다. 두 방정식을 빼면 $\gamma_{xy} = -550\ \mu\text{rad}$를 얻는다. 그러므로 구리 합금 기계 부품 위의 점에 존재하는 변형률의 상태는 $\varepsilon_x = +260\ \mu\varepsilon$, $\varepsilon_y = +990\ \mu\varepsilon$, $\gamma_{xy} = -550\ \mu\text{rad}$가 된다. 이들 변형률은 주변형률과 최대 평면내 전단변형률을 결정하는 데 사용된다. **Ans.**

**(b) 주변형률과 최대 평면내 전단변형률**

식 (13.10)으로부터 주변형률은 다음과 같이 계산된다.

$$\begin{aligned}\varepsilon_{p1,p2} &= \frac{\varepsilon_x + \varepsilon_y}{2} \pm \sqrt{\left(\frac{\varepsilon_x - \varepsilon_y}{2}\right)^2 + \left(\frac{\gamma_{xy}}{2}\right)^2} \\ &= \frac{260 + 990}{2} \pm \sqrt{\left(\frac{260 - 990}{2}\right)^2 + \left(\frac{-550}{2}\right)^2} \\ &= 625 \pm 457 \\ &= +1{,}082\ \mu\varepsilon,\ \ +168\ \mu\varepsilon\end{aligned}$$

**Ans.**

그리고 식 (13.11)로부터 최대 평면내 전단변형률은

$$\frac{\gamma_{max}}{2} = \pm\sqrt{\left(\frac{\varepsilon_x - \varepsilon_y}{2}\right)^2 + \left(\frac{\gamma_{xy}}{2}\right)^2}$$

$$= \pm\sqrt{\left(\frac{260 - 990}{2}\right)^2 + \left(\frac{-550}{2}\right)^2}$$

$$= 457\ \mu\text{rad}$$

$$\therefore \gamma_{max} = 914\ \mu\text{rad}$$ **Ans.**

평면내 주변형률 축의 방향은 식 (13.9)로부터 결정된다.

$$\tan 2\theta_p = \frac{\gamma_{xy}}{(\varepsilon_x - \varepsilon_y)} = \frac{-550}{260 - 990} = \frac{-550}{-730}$$

$$\therefore 2\theta_p = +37.0°, \quad \theta_p = +18.5°$$

$\varepsilon_x - \varepsilon_y < 0$이므로 $\theta_p$는 $x$방향과 $p_2$ 방향의 사이의 각도이다.

스트레인 로제트는 구리 합금 요소의 표면에 부착되어 있으므로 평면응력 상태가 된다. 결과적으로 $z$축에 대한 법선변형률 $\boldsymbol{\varepsilon_z}$는 0이 아니다. 세 번째의 주변형률 $\varepsilon_{p3}$는 식 (13.15)로부터 계산된다.

$$\varepsilon_{p3} = \varepsilon_z = -\frac{\nu}{1-\nu}(\varepsilon_x + \varepsilon_y) = -\frac{0.307}{1 - 0.307}(260 + 990) = -554\ \mu\varepsilon$$ **Ans.**

절대 최대 전단변형률은 3가지의 가능성으로부터 얻어진 가장 큰 값이 된다.

$$\gamma_{abs\,max} = \varepsilon_{p1} - \varepsilon_{p2} \quad \text{또는} \quad \gamma_{abs\,max} = \varepsilon_{p1} - \varepsilon_{p3} \quad \text{또는} \quad \gamma_{abs\,max} = \varepsilon_{p2} - \varepsilon_{p3}$$

이 경우에는 절대 최대 전단변형률은

$$\gamma_{abs\,max} = \varepsilon_{p1} - \varepsilon_{p3} = 1{,}082 - (-554) = 1{,}636\ \mu\text{rad}$$

이 경우에 있어서 $\gamma_{abs\,max}$가 결정되는 방식을 더 잘 이해하기 위해서 변형률에 대한 Mohr 원을 그리는 것이 도움이 된다. $x$–$y$ 평면에서의 변형률은 중심이 $C = 625$, 반지름이 $R = 457$ μ인 실선으로 그린 원으로 표시된다. $x$–$y$ 평면에서의 주변형률은 $\varepsilon_{p1} = 1{,}082$ με과 $\varepsilon_{p2} = 168$ με이다.

변형률 측정은 구리 합금 부품의 자유표면에서 수행되었으므로 이것은 평면응력 조건에 해당된다. 평면응력 조건에서는 세번째의 주응력 $\sigma_{p3}$(면외 방향에서의 주응력)는 0이 되지만, 세 번째의 주변형률 $\varepsilon_{p3}$(면외 방향으로의 주변형률)는 포아송 효과로 인하여 0이 되지 않는다.

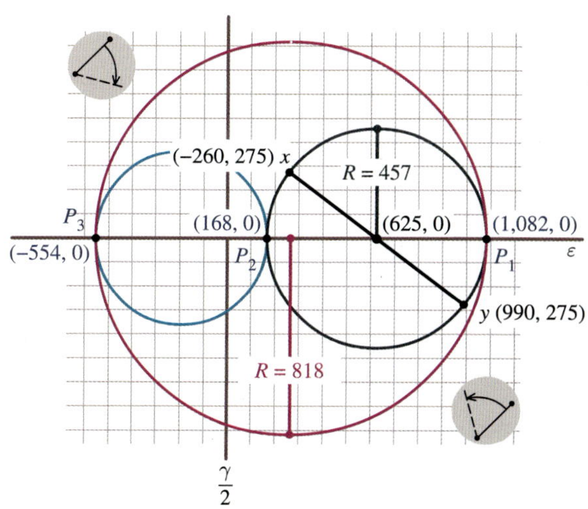

이 경우에 있어서 세 번째의 주변형률은 $\varepsilon_{p3} = -554\ \mu\varepsilon$이다. 이 점이 $\varepsilon$축에 표시되고 추가로 두 개의 Mohr 원이 그려진다. 그림에서 보는 바와 같이 $\varepsilon_{p3}$와 $\varepsilon_{p1}$으로 정의된 원이 가장 큰 원이 된다. 이 결과는 절대 최대 전단변형률 $\gamma_{\text{abs max}}$가 $x$–$y$ 평면에서 발생되지 않음을 의미한다.

**(c) 주응력과 최대 평면내 전단응력**

$x$와 $y$의 방향에서 일반화된 후크법칙이 식 (13.23)으로 주어지는데, 이들 식은 직교하는 모든 두 방향에 대하여 적용될 수 있다. 이 경우에는 주방향이 사용될 것이다. 재료의 성질 $E = 115$ GPa과 $\nu = 0.307$을 사용하여, 주응력 $\sigma_{p1}$과 $\sigma_{p2}$는 주변형률 $\varepsilon_{p1}$과 $\varepsilon_{p2}$로부터 계산될 수 있다.

$$\sigma_{p1} = \frac{E}{1-\nu^2}(\varepsilon_{p1} + \nu\varepsilon_{p2}) = \frac{115{,}000 \text{ MPa}}{1-(0.307)^2}[(1{,}082 \times 10^{-6}) + 0.307(168 \times 10^{-6})] = 143.9 \text{ MPa} \qquad \textbf{Ans.}$$

$$\sigma_{p2} = \frac{E}{1-\nu^2}(\varepsilon_{p2} + \nu\varepsilon_{p1}) = \frac{115{,}000 \text{ MPa}}{1-(0.307)^2}[(168 \times 10^{-6}) + 0.307(1{,}082 \times 10^{-6})] = 63.5 \text{ MPa} \qquad \textbf{Ans.}$$

**주의:** $\mu\varepsilon$으로 측정된 변형률은 계산을 위해서는 무차원 양으로 변환되어야만 한다.

최대 평면내 전단응력 $\tau_{\text{max}}$를 계산하기 전에 식 (13.18)로부터 구리 합금 재료에 대한 전단탄성계수가 계산되어야 한다.

$$G = \frac{E}{2(1+\nu)} = \frac{115{,}000 \text{ MPa}}{2(1+0.307)} = 44{,}000 \text{ MPa}$$

최대 평면내 전단응력 $\tau_{\text{max}}$는 식 (13.22)로부터 계산된다.

$$\tau_{\text{max}} = G\gamma_{\text{max}} = (44{,}000 \text{ MPa})(914 \times 10^{-6}) = 40.2 \text{ MPa} \qquad \textbf{Ans.}$$

다른 방식으로 최대 평면내 전단응력을 주응력으로부터 구할 수도 있다.

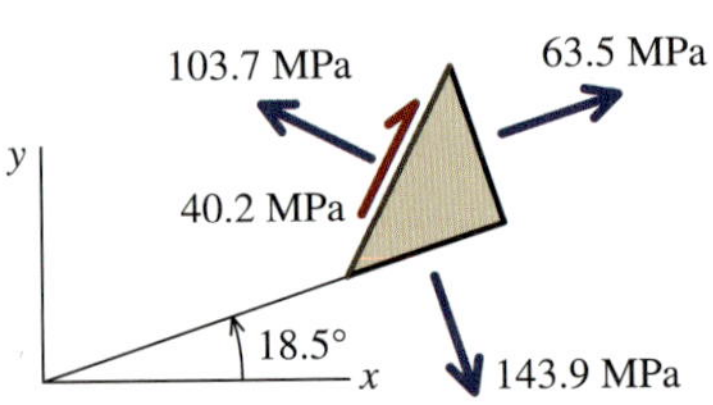


$$\tau_{\text{max}} = \frac{\sigma_{p1} - \sigma_{p2}}{2} = \frac{143.9 - 63.5}{2} = 40.2 \text{ MPa} \qquad \textbf{Ans.}$$

$$\sigma_{\text{avg}} = \frac{\sigma_{p1} + \sigma_{p2}}{2} = \frac{143.9 + 63.5}{2} = 103.7 \text{ MPa}$$

평면내 주응력, 최대 평면내 전단응력, 이들 평면의 방향 등을 그림에서 적절히 나타내었다.

**(d) 절대 최대 전단응력**

절대 최대 전단응력 $\tau_{\text{abs max}}$는 절대 최대 전단변형률로부터 계산된다.

$$\tau_{\text{abs max}} = G\gamma_{\text{abs max}} = (44{,}000 \text{ MPa})(1{,}636 \times 10^{-6}) = 72.0 \text{ MPa} \qquad \textbf{Ans.}$$

그리고 주응력으로부터 구리 합금의 자유표면에서 $\sigma_{p3} = \sigma_z = 0$임을 유의하여 계산될 수 있다.

$$\tau_{\text{abs max}} = \frac{\sigma_{p1} - \sigma_{p3}}{2} = \frac{143.9 - 0}{2} = 72.0 \text{ MPa} \qquad \textbf{Ans.}$$

## MecMovies Example M13.6

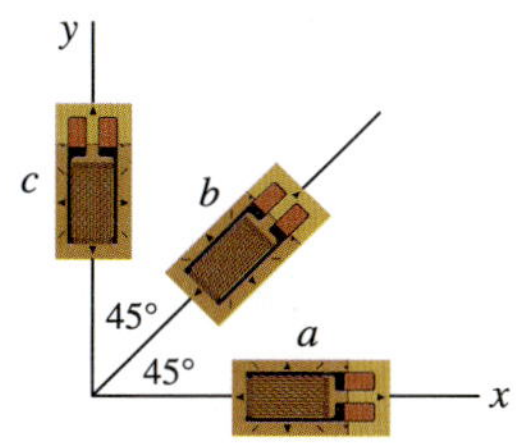


알루미늄[$E = 70$ GPa, $\nu = 0.33$]으로 만들어진 판의 자유표면 상의 한 점에서 스트레인 로제트로 측정한 법선변형률은 다음과 같다.

(a) 그 점에서의 응력 성분 $\sigma_x$, $\sigma_y$, $\tau_{xy}$를 결정하라.

(b) 그 점에서의 주응력을 결정하라.

(c) 주응력을 적절한 그림을 그려서 나타내어라.

## MecMovies EXERCISES

**M13.6 로제트 자료로부터의 주응력**

강판[$E = 200$ GPa; $\nu = 0.32$]의 자유표면에서의 한 점에 대한 법선변형률의 정보를 얻기 위하여 스트레인 로제트가 사용되었다. $x-y$ 평면에서의 법선변형률, 전단변형률, 주응력 등을 구하라.

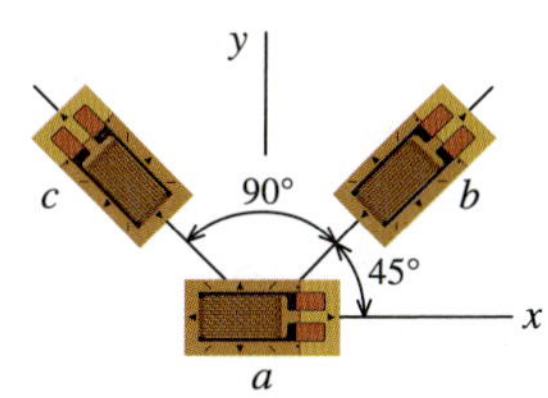


그림 M13.6

## PROBLEMS

**P13.49** A 10-mm-thick aluminum [$E = 70$ GPa; $\nu = 0.33$] plate is subjected to biaxial stress with $\sigma_x = 120$ MPa and $\sigma_y = 60$ MPa. The plate dimensions are $b = 100$ mm and $h = 50$ mm (Figure P13.49/50). Determine:

(a) the change in length of edges $AB$ and $AD$.
(b) the change in length of diagonal $AC$.
(c) the change in thickness of the plate.

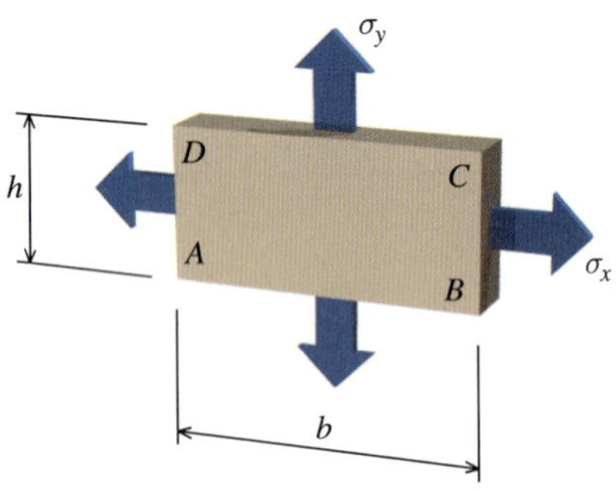


**FIGURE P13.49/50**

**P13.50** A 0.500-in.-thick titanium [$E = 14{,}000$ ksi; $\nu = 0.32$] plate is subjected to biaxial stress with $\sigma_x = 20$ ksi and $\sigma_y = 80$ ksi. The plate dimensions are $b = 10.00$ in. and $h = 4.00$ in. (Figure P13.49/50). Determine:

(a) the change in length of edges $AB$ and $AD$.
(b) the change in length of diagonal $AC$.
(c) the change in thickness of the plate.

**P13.51** A stainless steel [$E = 190$ GPa; $\nu = 0.12$] plate is subjected to biaxial stress (Figure P13.51/52). The strains measured in the plate are $\varepsilon_x = 2{,}400$ με and $\varepsilon_y = 750$ με. Determine $\sigma_x$ and $\sigma_y$.

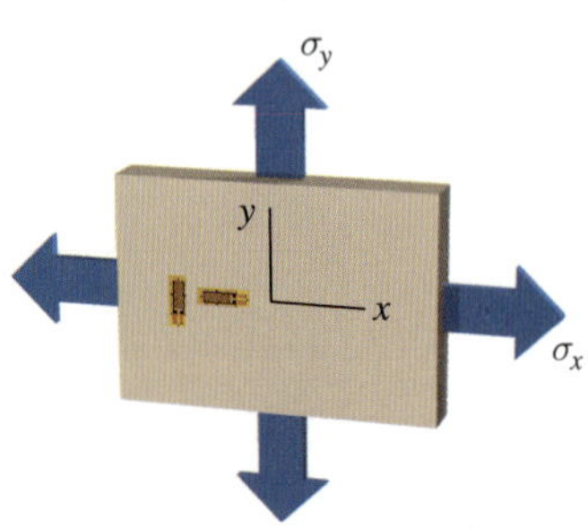


**FIGURE P13.51/52**

**P13.52** A metal alloy plate is subjected to tensile stresses of $\sigma_x = 8$ ksi and $\sigma_y = 5$ ksi (Figure P13.51/52). The strains measured in the plate are $\varepsilon_x = 950$ με and $\varepsilon_y = 335$ με. Determine Poisson's ratio $\nu$ and the elastic modulus $E$ for the material.

**P13.53** A thin aluminum [$E = 10{,}000$ ksi; $G = 3{,}800$ ksi] plate is subjected to biaxial stress (Figure P13.53/54). The strains measured in the plate are $\varepsilon_x = 540$ με and $\varepsilon_z = 1{,}220$ με. Determine $\sigma_x$ and $\sigma_z$.

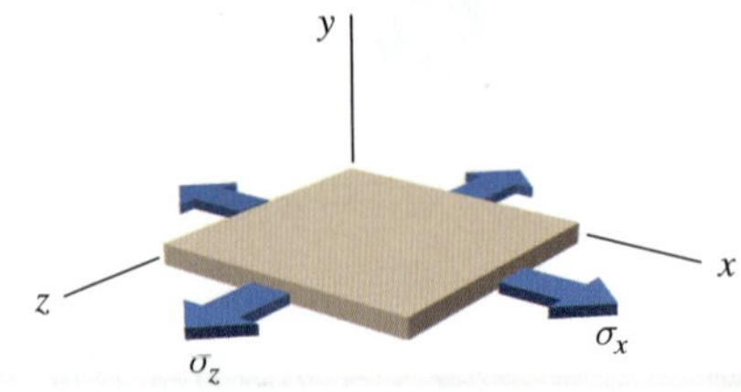


**FIGURE P13.53/54**

**P13.54** A thin stainless steel [$E = 190$ GPa; $G = 86$ GPa] plate is subjected to biaxial stress (Figure P13.53/54). The strains measured in the plate are $\varepsilon_x = 625$ με and $\varepsilon_z = 475$ με. Determine $\sigma_x$ and $\sigma_z$.

**P13.55** A thin brass [$E = 100$ GPa; $G = 39$ GPa] plate is subjected to biaxial stress (Figure P13.55/56). The normal stress in the $y$ direction is known to be $\sigma_y = 125$ MPa. If the strain gage measures a normal strain of $+725$ με in the indicated direction, determine:

(a) the magnitude of $\sigma_x$ that acts on the plate.
(b) the in-plane principal strains, $\varepsilon_{p1}$ and $\varepsilon_{p2}$, and the maximum in-plane shear strain $\gamma_{max}$ in the plate; show the principal strain deformations and the maximum in-plane shear strain distortion in a sketch.
(c) the absolute maximum shear strain in the plate.

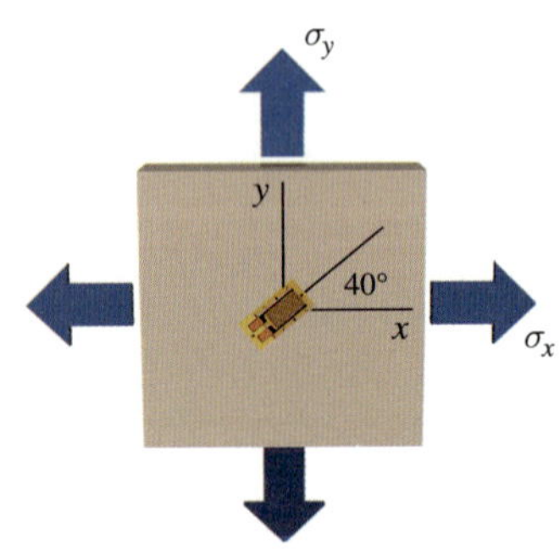


**FIGURE P13.55/56**

**P13.56** An aluminum [$E = 10{,}600$ ksi; $G = 4{,}000$ ksi] plate is subjected to biaxial stress (Figure P13.55/56). The normal stress in the $x$ direction is known to be twice as large as the normal stress in the $y$ direction. If the strain gage measures a normal strain of $+560$ με in the indicated direction, determine:

(a) the magnitudes of the normal stresses $\sigma_x$ and $\sigma_y$ acting on the plate.
(b) the in-plane principal strains, $\varepsilon_{p1}$ and $\varepsilon_{p2}$, and the maximum in-plane shear strain $\gamma_{max}$ in the plate; show the principal strain deformations and the maximum in-plane shear strain distortion in a sketch.
(c) the absolute maximum shear strain in the plate.

**P13.57** On the free surface of an aluminum [$E = 10{,}000$ ksi; $\nu = 0.33$] component, the strain rosette shown in Figure P13.57 was used to obtain the following normal strain data: $\varepsilon_a = -500$ με, $\varepsilon_b = -220$ με, and $\varepsilon_c = +600$ με. Determine the normal stress that acts along an axis that is rotated at an angle of $\theta = 45°$ counterclockwise from the positive $x$ axis.

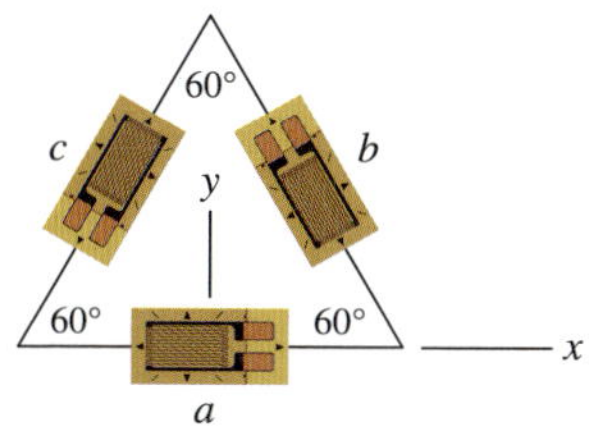


**FIGURE P13.57**

**P13.58** On the free surface of an aluminum [$E = 70$ GPa; $\nu = 0.35$] component, the strain rosette shown in Figure P13.58 was used to obtain the following normal strain data: $\varepsilon_a = 980$ με, $\varepsilon_b = 870$ με, and $\varepsilon_c = 400$ με. Determine the normal stress that acts along an axis that is rotated at an angle of $\theta = 20°$ below the positive $x$ axis.

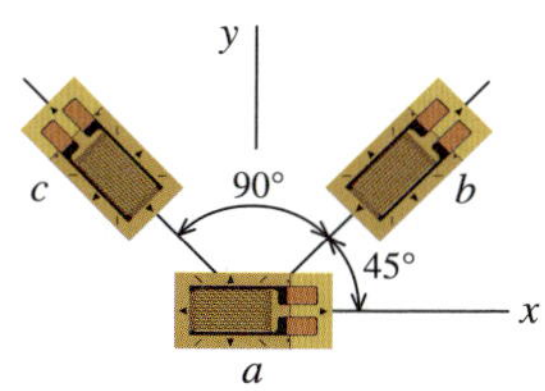


**FIGURE P13.58**

**P13.59–P13.66** The strain components $\varepsilon_x$, $\varepsilon_y$, and $\gamma_{xy}$ are given for a point on the free surface of a machine component. Determine the stresses $\sigma_x$, $\sigma_y$, and, $\tau_{xy}$ at the point.

| Problem | $\varepsilon_x$ | $\varepsilon_y$ | $\gamma_{xy}$ | $E$ | $\nu$ |
|---|---|---|---|---|---|
| 13.59 | −420 με | 290 με | 570 μrad | 28,000 ksi | 0.12 |
| 13.60 | 390 με | 820 με | −560 μrad | 73 GPa | 0.30 |
| 13.61 | 620 με | −310 με | 870 μrad | 14,000 ksi | 0.32 |
| 13.62 | −530 με | 450 με | −525 μrad | 190 GPa | 0.10 |
| 13.63 | 465 με | −490 με | −600 μrad | 6,500 ksi | 0.35 |
| 13.64 | −1,020 με | −650 με | −750 μrad | 96 GPa | 0.33 |
| 13.65 | −720 με | 860 με | 1,080 μrad | 15,000 ksi | 0.34 |
| 13.66 | −380 με | 200 με | 310 μrad | 100 GPa | 0.11 |

**P13.67–P13.72** The strain rosette shown in Figures P13.67–P13.72 was used to obtain normal strain data at a point on the free surface of a machine component. Determine:

(a) the stress components $\sigma_x$, $\sigma_y$, and $\tau_{xy}$ at the point.
(b) the principal stresses and the maximum in-plane shear stress at the point; show these stresses in an appropriate sketch that indicates the orientation of the principal planes and the planes of maximum in-plane shear stress.
(c) the magnitude of the absolute maximum shear stress at the point.

| Problem | $\varepsilon_a$ | $\varepsilon_b$ | $\varepsilon_c$ | $E$ | $\nu$ |
|---|---|---|---|---|---|
| 13.67 | −1,250 με | −670 με | −845 με | 10,600 ksi | 0.33 |
| 13.68 | −425 με | 420 με | 230 με | 100GPa | 0.28 |
| 13.69 | 760 με | 1,220 με | 1,270 με | 28,000 ksi | 0.12 |
| 13.70 | 125 με | 250 με | 815 με | 210GPa | 0.31 |
| 13.71 | −585 με | 785 με | −425 με | 15,000 ksi | 0.15 |
| 13.72 | −80 με | −420 με | −1,190 με | 96GPa | 0.33 |

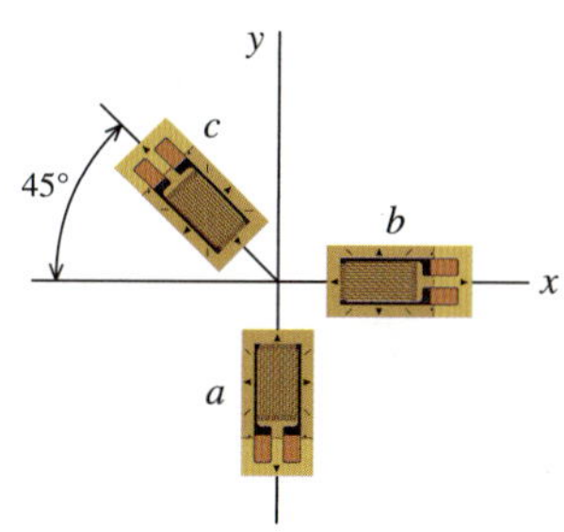


**FIGURE P13.67**

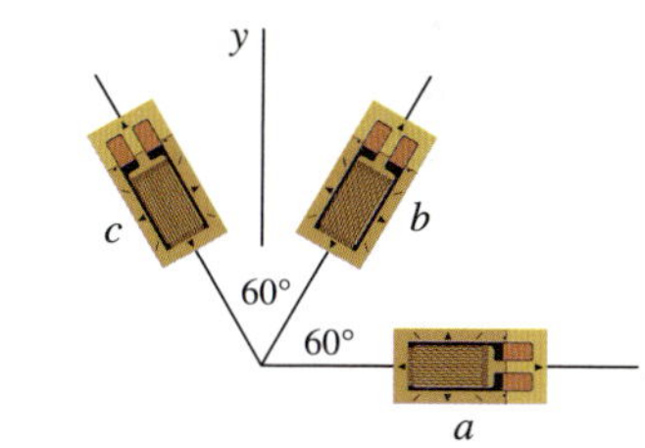


**FIGURE P13.68**

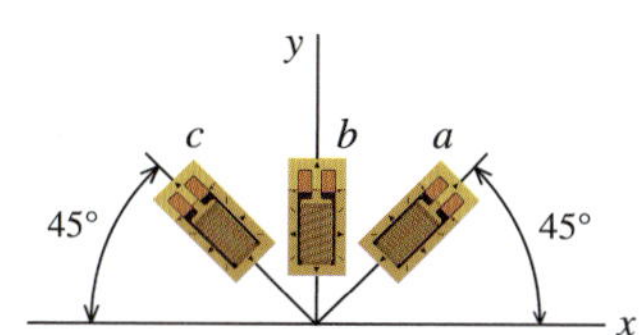


**FIGURE P13.69**

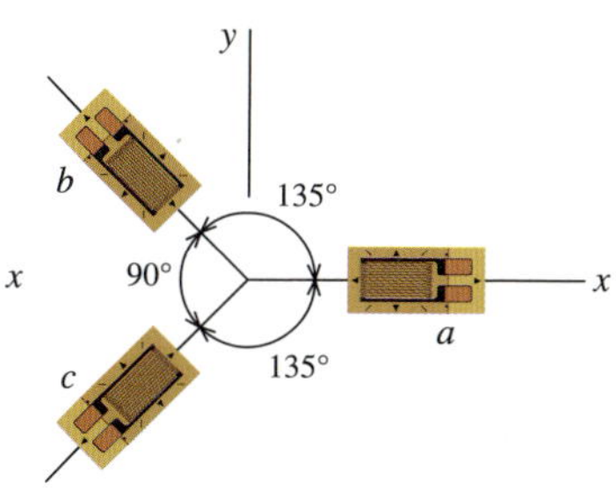


**FIGURE P13.70**

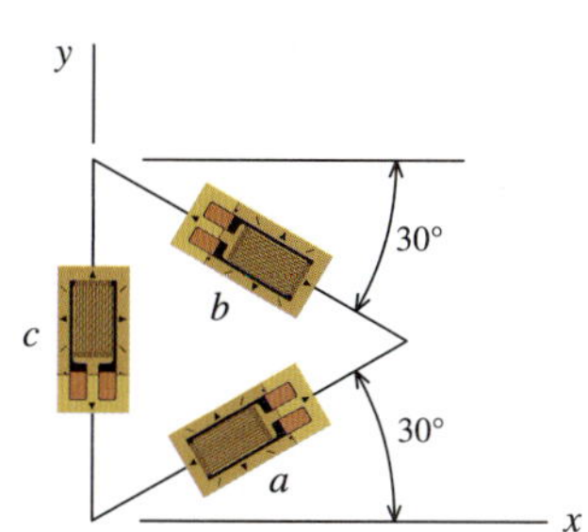


**FIGURE P13.71**

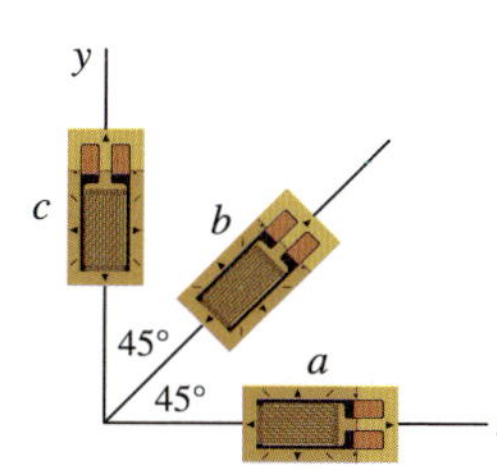


**FIGURE P13.72**

**P13.73–P13.76** The strain rosette shown in Figures P13.73–P13.76 was used to obtain normal strain data at a point on the free surface of a machine component.

(a) Determine the strain components $\varepsilon_x$, $\varepsilon_y$, and $\gamma_{xy}$ at the point.
(b) Determine the principal strains and the maximum in-plane shear strain at the point.
(c) Using the results from part (b), determine the principal stresses and the maximum in-plane shear stress; show these stresses in an appropriate sketch that indicates the orientation of the principal planes and the planes of maximum in-plane shear stress.
(d) Determine the magnitude of the absolute maximum shear stress at the point.

| Problem | $\varepsilon_a$ | $\varepsilon_b$ | $\varepsilon_c$ | $E$ | $\nu$ |
|---|---|---|---|---|---|
| 13.73 | −910 με | −150 με | −620 με | 9,000 ksi | 0.24 |
| 13.74 | 630 με | −315 με | 100 με | 103 GPa | 0.28 |
| 13.75 | 120 με | 690 με | 970 με | 17,000 ksi | 0.18 |
| 13.76 | −400 με | −240 με | −1,280 με | 212 GPa | 0.30 |

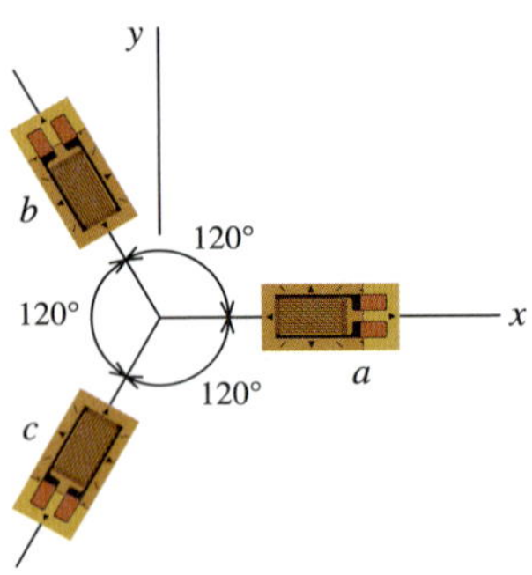

**FIGURE P13.73**

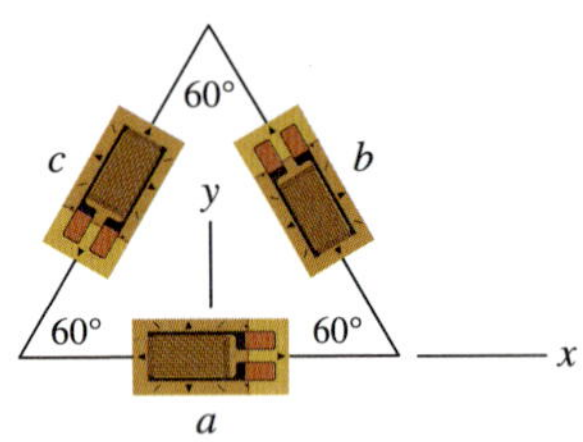

**FIGURE P13.74**

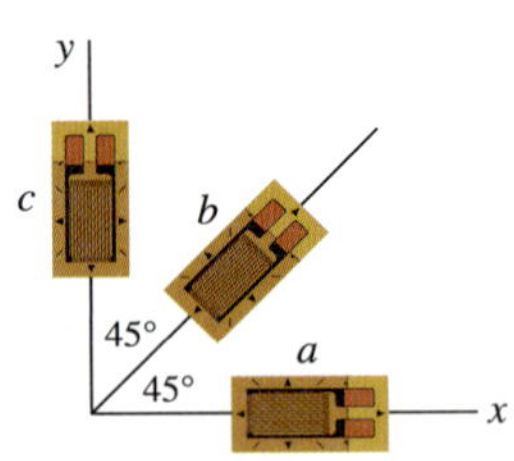

**FIGURE P13.75**

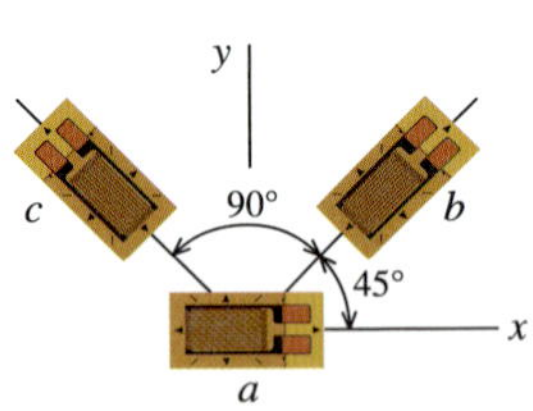

**FIGURE P13.76**

**P13.77** A solid 20-mm-diameter shaft is subjected to an axial load $P$. The shaft is made of aluminum [$E = 70$ GPa; $\nu = 0.33$]. A strain gage is mounted on the shaft at the orientation shown in Figure P13.77.

(a) If $P = 18.5$ kN, determine the strain reading that would be expected from the gage.
(b) If the gage indicates a strain value of $\varepsilon = 950$ με, determine the axial force $P$ applied to the shaft.

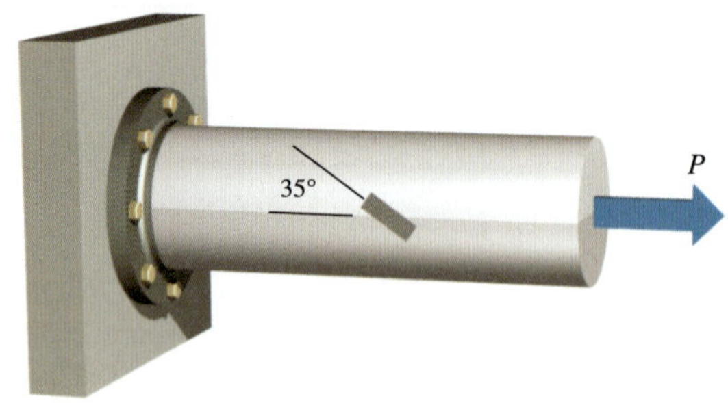

**FIGURE P13.77**

**P13.78** A hollow shaft with an outside diameter of 100 mm and an inside diameter of 90 mm is subjected to torque $T$. The shaft is made of aluminum [$E = 70$ GPa; $\nu = 0.33$]. A strain gage is mounted on the shaft at the orientation shown in Figure P13.78.

(a) If $T = 2.75$ kN-m, determine the strain reading that would be expected from the gage.
(b) If the gage indicates a strain value of $\varepsilon = -1{,}630$ με, determine the torque $T$ applied to the shaft.

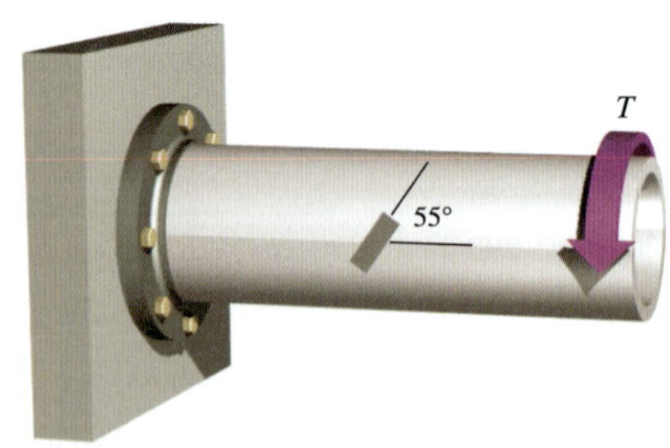

**FIGURE P13.78**

CHAPTER 14

# 박벽 압력용기

## 14.1 서론

압력용기는 비교적 높은 압력에서 저장되는 액체나 가스 등의 유체를 수용하기 위해 사용된다. 압력용기는 화학공장, 항공기, 발전소, 잠수정 및 여러 제조과정과 같은 곳에서 찾아볼 수 있다. 보일러, 가스저장탱크, 펄프 침지기, 항공기 동체, 급수탑, 팽창 가능한 보트, 증류탑, 팽창탱크, 압력관 등이 압력용기의 예로 들 수 있다.

압력용기는 벽 두께에 대한 내부 반지름의 비가 충분히 커서 반지름방향 법선응력이 용기 벽을 따라 기본적으로 균일하게 분포할때 **박벽**이라고 표현할 수 있다. 실제의 법선응력은 내부표면에서의 최대값으로부터 용기벽 외부면에서의 최소값까지 변화한다. 그러나 벽 두께에 대한 내부 반지름의 비가 10보다 크다면, 최대 법선응력은 평균 법선응력보다 단지 5% 더 큰 것에 지나지 않는다. 그러므로 만약 벽 두께에 대한 내부 반지름의 비가 10보다 크다면 (즉, $\gamma / t > 10$) 용기는 박벽으로 분류될 수 있다.

박벽 압력용기는 **쉘구조**로 분류된다. 쉘구조는 구조물 자체의 모양으로부터 강도를 상당히 얻는다. 쉘구조는 쉘 면에서 면내 방향으로 두 개 혹은 그 이상의 방향에서 발생되는 응력을 통해서 하중 또는 압력을 견디는 곡면의 구조로 정의될 수 있다.

압력 $p$인 유체를 담고 있는 박벽용기와 관련된 문제는 용기 단면과 그 안에 포함된 유체의 자유물체도를 이용해서 쉽게 풀린다. 구 및 원통 압력용기는 다음 절에서 다룬다.

## 14.2 구형 압력용기

전형적인 박벽 구형 압력용기는 그림 14.1*a*에 보여진다. 만약에 가스와 용기의 중량이 무시될 수 있다면(일반적인 상황), 하중과 기하학적 형상의 대칭성은 응력이 구의 중심을 가로지르는 단면 상에서 같아야 한다는 것을 요구하게 된다. 그리하여 그림 14.1*a*에서 보여진 작은 요소에서 $\sigma_x = \sigma_y = \sigma_n$이다. 뿐만 아니라 전단응력을 유발시키는 어떠한 하중도 없기 때문에 그 평면 위의 전단응력은 전혀 없다. 구 안에서 법선응력 성분은 **축 응력**이라고 하며, 보통 $\sigma_a$라고 표기한다.

그림 14.1*b*의 자유물체도는 압력 $p$, 구 용기의 내부 반지름 $r$과 벽 두께 $t$의 항으로 $\sigma_x = \sigma_y = \sigma_n = \sigma_a$를 계산하기 위해서 사용될 수 있다. 구는 반구를 노출시키기 위해서 구의 중심을 통과하는 면으로 잘랐고, 그 안에는 유체로 채워져 있다. 유체압력 $p$는 반구 안에 채워진 유체의 원형면적에 대하여 수평으로 작용한다. 내부압력으로부터의 합력 $P$는 유체압력 $p$와 구의 내부단면적의 곱이다.

$$P = p\pi r^2$$

여기서 $r$은 구의 내부 반지름이다.

유체압력과 구벽은 $x$축에 대하여 대칭이기 때문에 벽에서 발생하는 법선응력 $\sigma_a$는 원주에서 균일하다. 용기가 박벽이므로 벽 두께를 따라 균일하게 분포한다고 가정한다. 박벽용기에 대해서 구의 노출부 면적은 내부 원주$(2\pi r)$와 구의 벽 두께 $t$의 곱으로서 근사화될 수 있다. 그러므로 구벽의 내부응력으로 인한 합력 $R$은 다음과 같이 표현될 수 있다.

$$R = \sigma_a(2\pi rt)$$

$x$방향의 힘의 평형으로부터

$$\Sigma F_x = R - P = \sigma_a(2\pi rt) - p\pi r^2 = 0$$

평형조건식으로부터 구벽의 축방향 응력에 대한 표현식은 내부 반지름 $r$ 또는 안지름 $d$에 대한 식으로 유도될 수 있다.

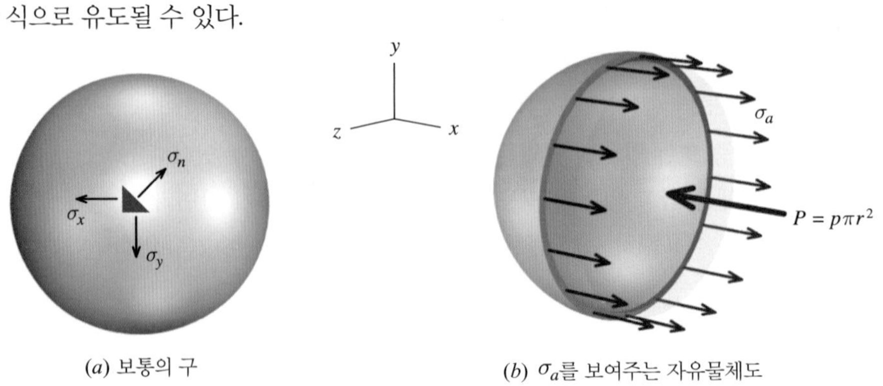


(*a*) 보통의 구 (*b*) $\sigma_a$를 보여주는 자유물체도

**그림 14.1** • 구형 압력용기

$$\sigma_a = \frac{pr}{2t} = \frac{pd}{4t} \tag{14.1}$$

여기서 $t$는 용기의 벽 두께이다.

대칭성에 의해서 압력을 받는 구는 모든 방향에서 균일한 법선응력 $\sigma_a$를 받는다.

## 외부면에서의 응력

보통 용기에 대해 표시된 압력은 대기압을 받는 상태에서 측정된 압력이라는 의미의 게이지 압력이다. 만약 용기가 대기압을 외부에 받으며 내부 게이지 압력을 받는다면 용기의 외부 압력은 내부압력이 게이지 압력과 같기 때문에 0으로 한다. 구형 압력용기 속의 내부압력은 쉘의 원주방향으로 작용하는 수직응력 $\sigma_a$를 발생시킨다. 대기압(즉, 0 게이지압력)은 구의 외부에 존재하기 때문에 반지름방향으로는 응력이 작용하지 않을 것이다.

구 속의 압력은 전단응력을 발생시키지 않는다. 그러므로 주응력은 $\sigma_{p1} = \sigma_{p2} = \sigma_a$이다. 뿐만 아니라 구의 자유면에도 전단응력이 존재하지 않는데, 이것은 반지름방향(쉘 벽에 수직)에서 어떠한 법선응력도 역시 주응력이 된다는 것을 의미한다. 구 외부압력이 0이기 때문에(구가 대기압으로 둘러싸여 있다고 가정할 때) 외부압력으로부터 발생하는 반지름방향의 법선응력은 0이다. 그러므로 3번째 주응력은 $\sigma_{p3} = \sigma_{\text{radial}} = 0$이다. 결론적으로 구의 외부면(그림 14.2)은 여기서 2축 응력으로 표현하는 평면응력 상태이다.

구형 압력용기(내부 게이지 압력을 받는)의 외부면에 대한 Mohr 원이 그림 14.3에 있다. 쉘 벽의 평면에서의 응력을 표현하는 Mohr 원은 하나의 점이다. 그러므로 쉘 벽의 평면에서의 최대 전단응력은 0이다. 최대 **면외전단응력**은 다음과 같다.

$$\tau_{\text{abs max}} = \frac{1}{2}(\sigma_a - \sigma_{\text{radial}}) = \frac{1}{2}\left(\frac{pr}{2t} - 0\right) = \frac{pr}{4t} \tag{14.2}$$

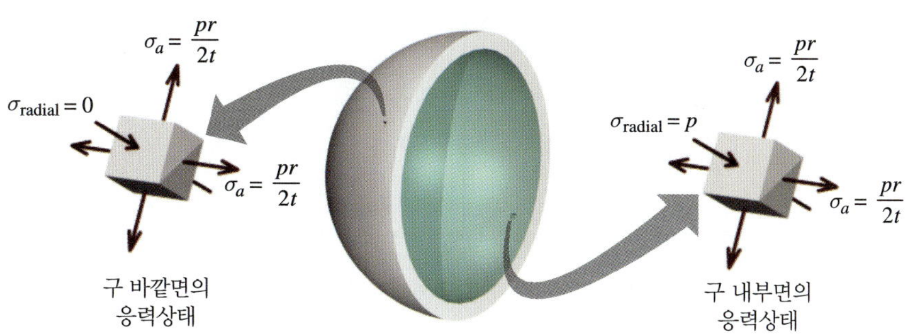


**그림 14.2** • 구 압력용기의 내부면 및 외부면에서의 응력요소

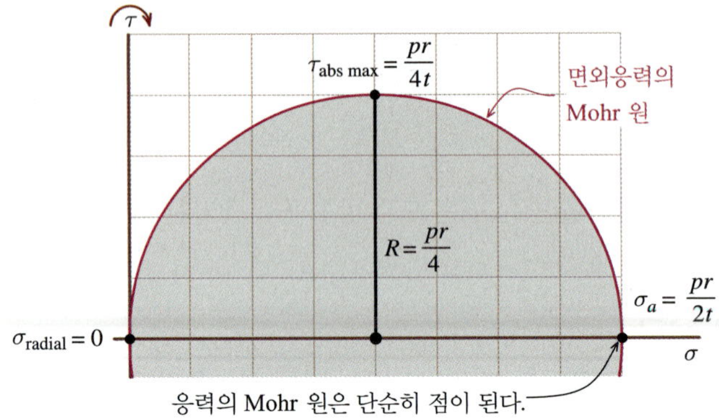


**그림 14.3** • 구 외부면에 대한 Mohr 원

## 내부면에서의 응력

구형 압력용기의 내부면에서의 응력 $\sigma_a$는 용기가 박벽이기 때문에 외부면 상의 응력 $\sigma_a$와 같다. 압력은 용기의 내부에 존재하며, 이 압력은 쉘 벽을 압박하여 반지름방향으로 법선응력을 발생시킨다. 반지름방향의 법선응력은 압력 $\sigma_{\text{radial}} = -p$와 같다. 그러므로 내부면은 3축 응력상태이다.

구형 압력용기(내부 게이지압력을 받는)의 내부면에 대한 Mohr 원은 그림 14.4에 보여진다. 최대 면내전단응력은 0이다. 그러나 내부면 상의 최대 면외전단응력은 압력에 의해 발생하는 반지름방향 응력에 의해 증가된다.

$$\tau_{\text{abs max}} = \frac{1}{2}(\sigma_a - \sigma_{\text{radial}}) = \frac{1}{2}\left[\frac{pr}{2t} - (-p)\right] = \frac{pr}{4t} + \frac{p}{2} \tag{14.3}$$

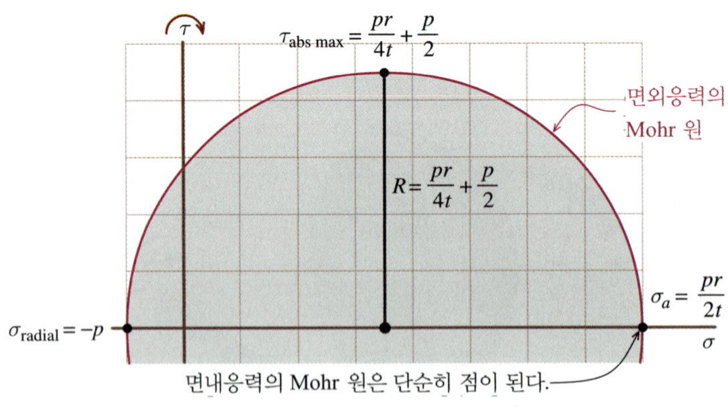


**그림 14.4** • 구 내부면에 대한 Mohr 원

## 14.3 원통형 압력용기

전형적인 박벽 원통형 압력용기는 그림 14.5*a*에 보여진다. 횡단면 상의 법선응력 성분은 축 응력($\sigma_a$) 또는 보다 보편적으로 $\sigma_{\text{long}}$ 혹은 간단히 $\sigma_l$로 표기되는 축 응력으로 알려져 있다. 축단면 상의 법선응력 성분은 후프응력 혹은 원주응력으로 알려져 있고, $\sigma_{\text{hoop}}$ 또는 $\sigma_{\text{h}}$로 표기한다. 횡단면이나 종단면 상에는 압력으로 인한 전단응력은 없다.

축 응력을 결정하기 위해 사용되는 자유물체도(그림 14.5*b*)는 구에 대해 사용된 그림 14.1*b*와 유사하며, 그 결과는 같다. 구체적으로 다음과 같다.

$$\sigma_{\text{long}} = \frac{pr}{2t} = \frac{pd}{4t} \tag{14.4}$$

원통형 압력용기의 원주방향으로 작용하는 응력을 계산하기 위하여 그림 14.5*c*에서 보여진 자유물체도가 고려된다. 이 자유물체도는 원통 벽의 종단면을 보여준다. 자유물체도의 반원 끝에 작용하는 압력에 의해 유발된 *x*방향으로 작용하는 두 개의 합력 $P_x$가 있다. 이 힘들은 크기는 같지만 방향은 반대여서 상쇄된다.

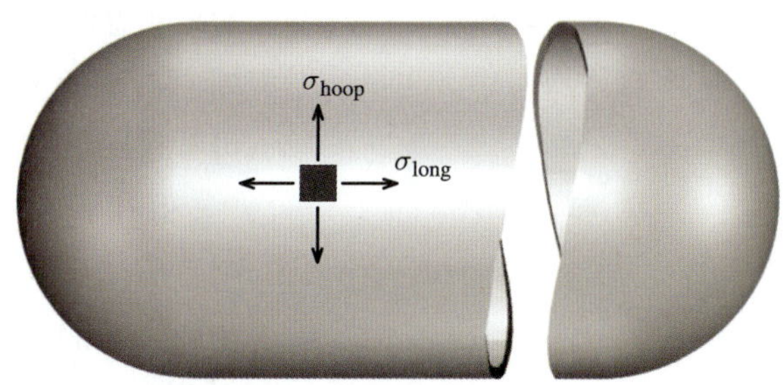


그림 14.5*a* • 원통형 압력용기

횡방향(즉, *z*방향)에서 $2r\Delta x$의 내부면에 작용하는 압력 $p$에 기인하는 합력 $P_z$는 다음과 같다.

$$P_z = p2r\Delta x$$

여기서 $\Delta x$는 자유물체도에서 임의로 선택한 부분의 길이이다.

축방향 단면에 의해 드러난(즉, 드러난 *z*면) 원통 벽의 넓이는 $2t\ \Delta x$이다. 원통의 내부 압력은 드러난 면에 원주방향으로 작용하는 법선응력에 의해서 지지된다. 이러한 원주응력으로부터 *z*방향에서의 총 합력은 다음과 같다.

$$R_z = \sigma_{\text{hoop}}\,(2t\Delta x)$$

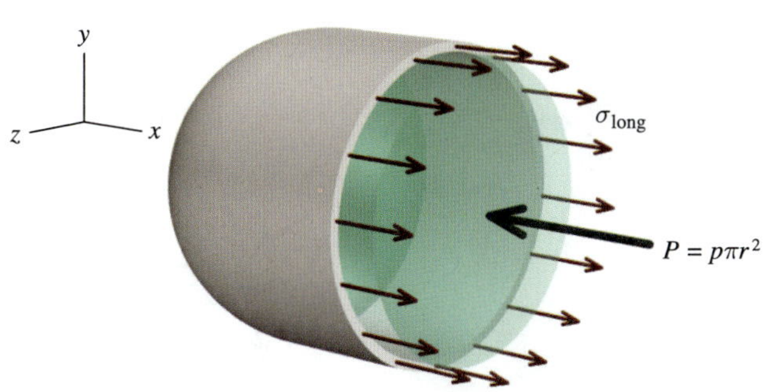


그림 14.5*b* • $\sigma_{\text{long}}$을 보여 주는 자유물체도

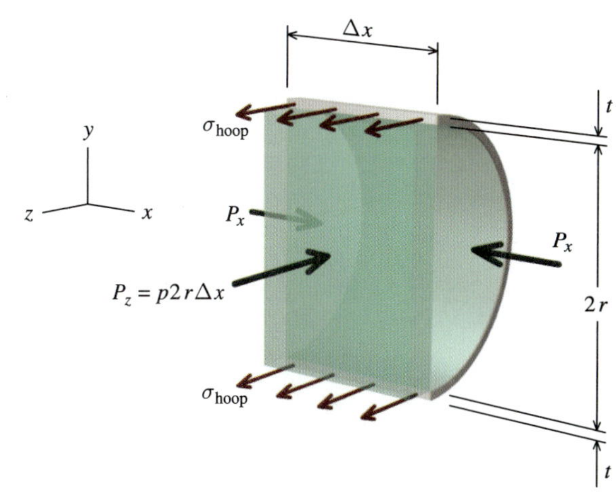


그림 14.5*c* • $\sigma_{\text{hoop}}$을 보여 주는 자유물체도

$z$방향으로의 힘의 평형조건은 다음과 같다.

$$\Sigma F_z = R_z - P_z = \sigma_{\text{hoop}}(2t\Delta x) - p\,2r\Delta x = 0$$

이러한 평형조건식으로부터 원통벽에서의 원주응력에 대한 표현은 내부 반지름 $r$ 또는 안지름 $d$에 대한 식으로 유도될 수 있다.

$$\sigma_{\text{hoop}} = \frac{pr}{t} = \frac{pd}{2t} \tag{14.5}$$

원통형 압력용기에서 원주응력 $\sigma_{\text{hoop}}$는 축 응력 $\sigma_{\text{long}}$보다 2배 크다.

## 외부면에서의 응력

원통형 압력용기 속의 압력은 축방향과 원주방향으로 응력을 발생시킨다. 만약에 원통 외부에 대기압(즉, 0 게이지 압력)이 존재한다면, 원통 벽에 반지름방향으로 어떠한 응력도 작용하지 않는다.

용기 속의 압력은 축방향 또는 원주방향 면 위에 어떠한 전단응력도 발생시키지 않기 때문에, 축 응력과 원주응력은 주응력($\sigma_{p1} = \sigma_{\text{hoop}}$ 및 $\sigma_{p2} = \sigma_{\text{long}}$)이 된다. 뿐만 아니라 원통의 자유면 위에 어떠한 전단응력도 존재하지 않기 때문에 반지름방향(원통 벽에 수직)의 법선응력은 역시 모두 주응력이다. 원통 외부의 압력이 0(대기압 가정)이기 때문에 외부 압력에 의한 반지름방향의 법선응력은 0이다. 그러므로 3번째 주응력은 $\sigma_{p3} = \sigma_{\text{radial}} = 0$이다. 원통의 외부면(그림 14.6)은 2축 응력이라 할 수 있는 평면응력 상태이다.

내부 압력이 있는 원통형 압력용기의 외부면에 대한 Mohr 원은 그림 14.7에 보여진다. 최대 면내전단응력(즉, 원통 벽 평면에서의 응력)은 반지름방향에 대해서 45° 회전한 면에서 발생한다. Mohr 원으로부터 이 전단응력의 크기는 다음과 같다.

$$\tau_{\max} = \frac{1}{2}(\sigma_{\text{hoop}} - \sigma_{\text{long}}) = \frac{1}{2}\left(\frac{pr}{t} - \frac{pr}{2t}\right) = \frac{pr}{4t} \tag{14.6}$$

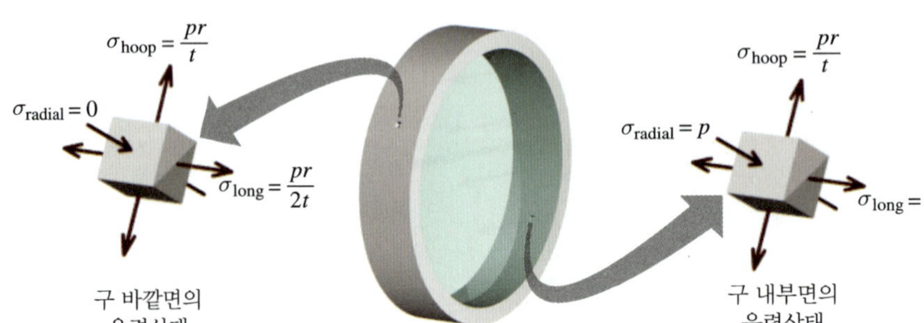


**그림 14.6** • 원통형 압력용기의 외부 및 내부면에서 응력요소

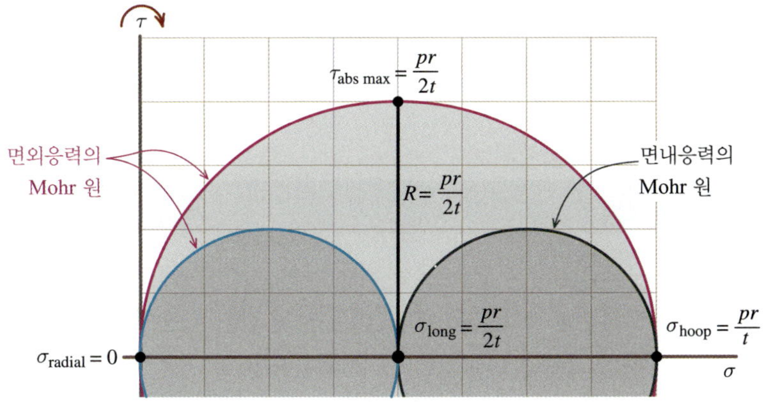


**그림 14.7** • 원통 외부면에 대한 Mohr 원

최대 면외전단응력은 다음과 같다.

$$\tau_{abs\ max} = \frac{1}{2}(\sigma_{hoop} - \sigma_{radial}) = \frac{1}{2}\left(\frac{pr}{t} - 0\right) = \frac{pr}{2t} \tag{14.7}$$

## 내부면에서의 응력

응력 $\sigma_{long}$과 $\sigma_{hoop}$는 원통 압력용기의 내부면에 작용하며, 용기는 박벽으로 가정(그림 14.6)하였기 때문에 외부면에 작용하는 응력과 같다. 용기의 내부압력은 원통벽을 압박하여 내부압력과 크기가 같은 반지름방향의 법선응력을 발생시킨다. 결과적으로 내부면은 3축 응력상태이고, 세 번째 주응력은 $\sigma_{p3} = \sigma_{radial} = -p$와 같다.

내부 게이지 압력을 받는 원통 압력용기의 내부면에 대한 Mohr 원은 그림 14.8에 보여진다. 내부면 상의 최대 면내전단응력은 외부면 상에서의 값과 같다. 그러나 내부면 상의 최대 면외전단응력은 압력에 의해 생긴 반지름응력 때문에 증가된다.

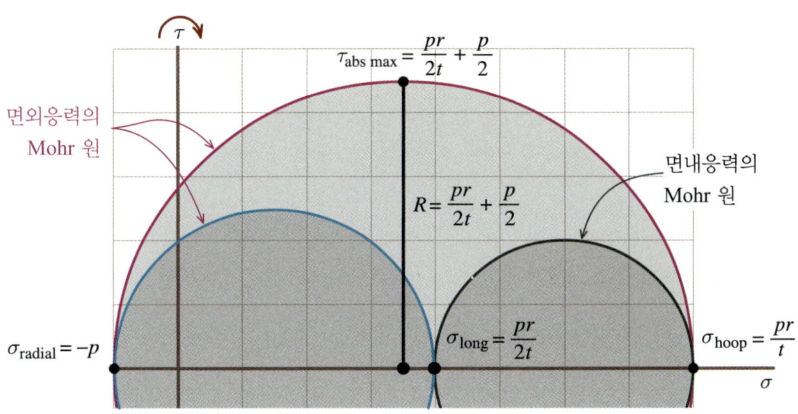


**그림 14.8** • 원통의 내부면에 대한 Mohr 원

$$\tau_{\text{abs max}} = \frac{1}{2}(\sigma_{\text{hoop}} - \sigma_{\text{radial}}) = \frac{1}{2}\left[\frac{pr}{t} - (-p)\right] = \frac{pr}{2t} + \frac{p}{2} \tag{14.8}$$

## 14.4 압력용기의 변형률

압력용기는 2축 응력(외부면) 또는 3축 응력(내부면)을 받기 때문에 응력과 변형률을 관련시키기 위해 일반화된 후크법칙(13.8절)이 사용되어야 한다. 구형 압력용기의 외부면에 대해서 식 (13.21)은 축 응력 $\sigma_a$의 항으로 다시 쓸 수 있다.

$$\varepsilon_a = \frac{1}{E}(\sigma_a - \nu\sigma_a) = \frac{1}{E}\left(\frac{pr}{2t} - \nu\frac{pr}{2t}\right) = \frac{pr}{2tE}(1-\nu) \tag{14.9}$$

원통형 압력용기의 외부면에 대해서 식 (13.21)은 축 응력과 원주응력에 대한 식으로 다시 쓸 수 있다.

$$\varepsilon_{\text{long}} = \frac{1}{E}(\sigma_{\text{long}} - \nu\sigma_{\text{hoop}}) = \frac{1}{E}\left(\frac{pr}{2t} - \nu\frac{pr}{t}\right) = \frac{pr}{2tE}(1-2\nu) \tag{14.10}$$

$$\varepsilon_{\text{hoop}} = \frac{1}{E}(\sigma_{\text{hoop}} - \nu\sigma_{\text{long}}) = \frac{1}{E}\left(\frac{pr}{t} - \nu\frac{pr}{2t}\right) = \frac{pr}{2tE}(2-\nu) \tag{14.11}$$

이러한 식들은 압력용기가 $E$와 $\nu$로 묘사될 수 있는 등방성, 균질 재료로 제작되었다는 가정에 근거한다.

**MecMovies Example M14.1**

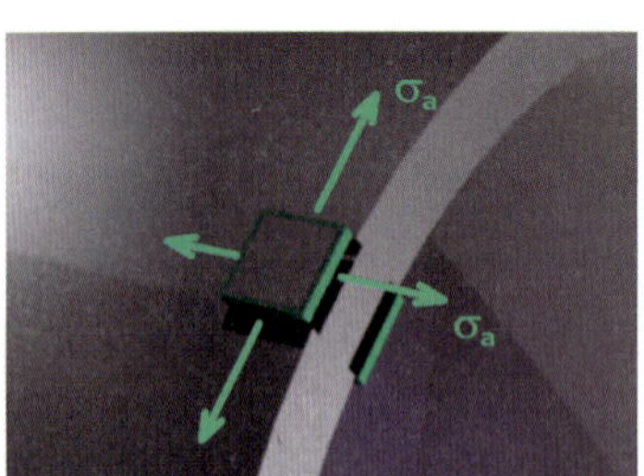


구형 압력용기 내의 압력에 의한 축 응력에 대한 식의 유도

## MecMovies Example M14.2

원통형 압력용기 내의 압력에 의한 축 응력과 원주응력에 대한 식의 유도

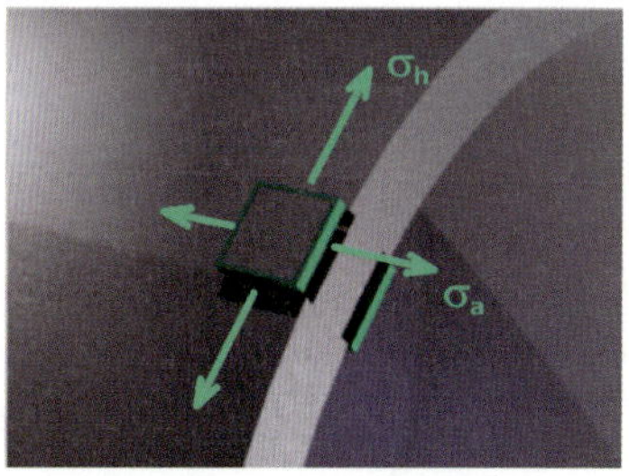

## 예제 14.1 EXAMPLE

내경 108 in.인 급수탑이 비중 62.4 lb/ft$^3$인 물을 담고 있다. 물기둥의 높이는 인출관 위로 30 ft이다. 인출관의 바깥지름은 6.625 in.이고, 안지름은 6.065 in.이다.

(a) 인출관의 $B$점에서 축 응력과 원주응력을 결정하라.

(b) 만약 급수탑의 점 $A$에서 최대 원주응력이 2,500 psi로 제한된다면, 급수탑으로 사용될 수 있는 최소 벽 두께를 결정하라.

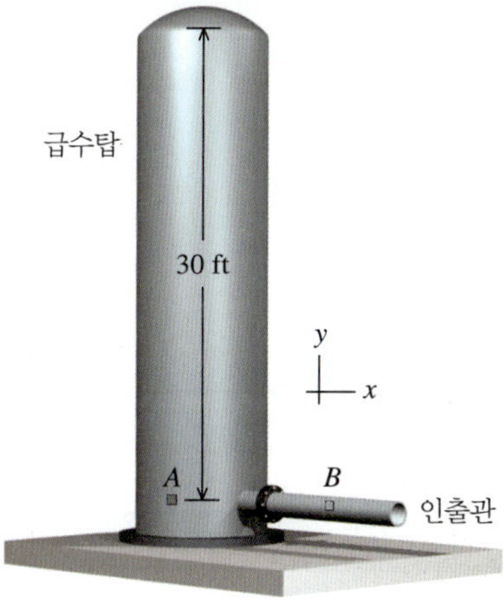


**풀이 계획**

점 $A$와 $B$에서 유체압력은 비중과 유체의 높이로부터 찾는다. 일단 압력을 알고 있다면, 축 응력과 원주응력에 대한 식은 인출관에서의 응력과 급수관이 요구하는 최소 벽 두께를 결정하기 위해 사용된다.

**풀이**

**유체압력**

유체압력은 유체의 비중과 높이의 곱이다.

$$p = \gamma h = (62.4 \text{ lb/ft}^3)(30 \text{ ft}) = 1{,}872 \text{ lb/ft}^2 = 13 \text{ lb/in.}^2 = 13 \text{ psi}$$

**인출관 응력**

유체압력에 의해 원통내부에서 발생되는 축 응력과 원주응력은 다음과 같다.

$$\sigma_{\text{long}} = \frac{pd}{4t} \qquad \sigma_{\text{hoop}} = \frac{pd}{2t}$$

여기서 $d$는 원통의 안지름이고, $t$는 벽 두께이다. 인출관에 대해서 벽 두께는 $t = (6.625 \text{ in.} - 6.065 \text{ in.})/2 = 0.280$ in.이다. 축 응력은

$$\sigma_{long} = \frac{pd}{4t} = \frac{(13 \text{ psi})(6.065 \text{ in.})}{4(0.280 \text{ in.})} = 70.4 \text{ psi} \qquad \textbf{Ans.}$$

원주응력은 축 응력에 비하여 2배 크다.

$$\sigma_{hoop} = \frac{pd}{2t} = \frac{(13 \text{ psi})(6.065 \text{ in.})}{2(0.280 \text{ in.})} = 140.8 \text{ psi} \qquad \textbf{Ans.}$$

**$B$에서 응력요소**

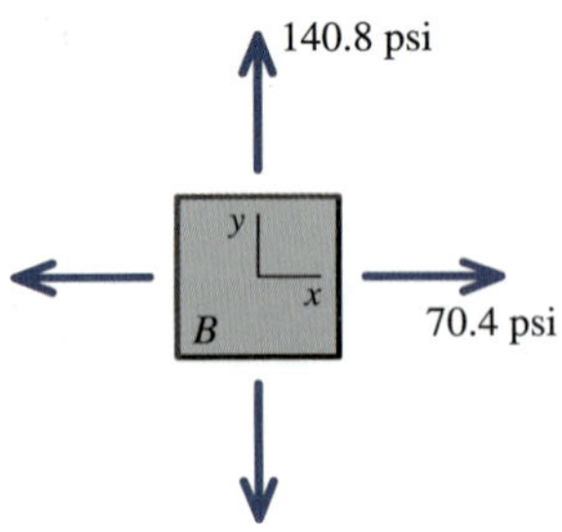


인출관의 길이방향 축은 $x$방향과 일치한다. 그러므로 점 $B$에서 축 응력은 수평방향으로 작용하고, 원주응력은 수직방향으로 작용한다.

**인출관에 대한 최소 벽 두께**

인출관의 최대 원주응력은 2,500 psi로 제한되어야 한다.

$$\sigma_{hoop} = \frac{pd}{2t} \leq 2{,}500 \text{ psi}$$

최소 벽 두께에 대해 풀기 위해 관계식을 재정리한다.

$$t \geq \frac{pd}{2\sigma_{hoop}} = \frac{(13 \text{ psi})(108 \text{ in.})}{2(2{,}500 \text{ psi})} = 0.281 \text{ in.} \qquad \textbf{Ans.}$$

## 예제 14.2 EXAMPLE

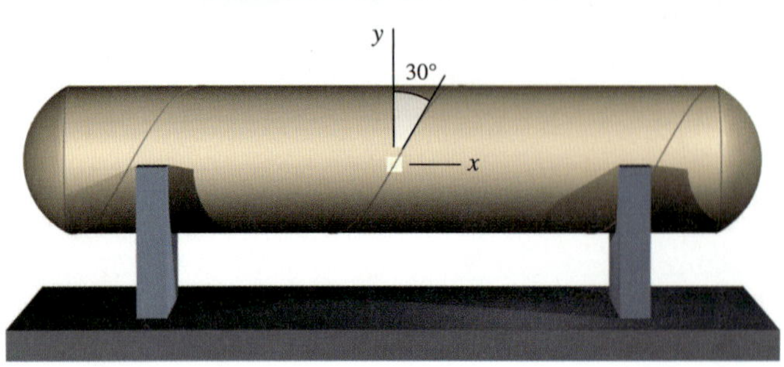


반지름 900 mm인 원통형 압력용기가 15 mm 두께의 강판으로 나선형 포장과 가장자리에 맞대기 용접으로 제작되었다. 맞대기 용접 경계는 실린더를 통해 횡방향 평면으로 30°의 각도로 형성된다. 용기의 내부압력이 2.2 MPa일 때, 용접부에 수직인 법선응력 $\sigma$와 용접부와 평행인 전단응력 $\tau$를 결정하라.

**풀이 계획**

원통 벽에서 축 응력과 원주응력을 계산한 후, 용접부에 수직인 법선응력과 용접부에 수평인 전단응력을 결정하기 위하여 응력의 좌표변환 식이 사용된다.

**풀이**

유체압력에 의해 원통에서 발생되는 축 응력과 원주응력은 다음과 같이 주어진다.

$$\sigma_{\text{long}} = \frac{pd}{4t} \qquad \sigma_{\text{hoop}} = \frac{pd}{2t}$$

여기서 $d$는 원통의 안지름이고, $t$는 벽 두께이다. 원통의 안지름은 $d = 900\text{ mm} - 2(15\text{ mm}) = 870\text{ mm}$이다. 탱크에서 축 응력은

$$\sigma_{\text{long}} = \frac{pd}{4t} = \frac{(2.2\text{ MPa})(870\text{ mm})}{4(15\text{ mm})} = 31.9\text{ MPa}$$

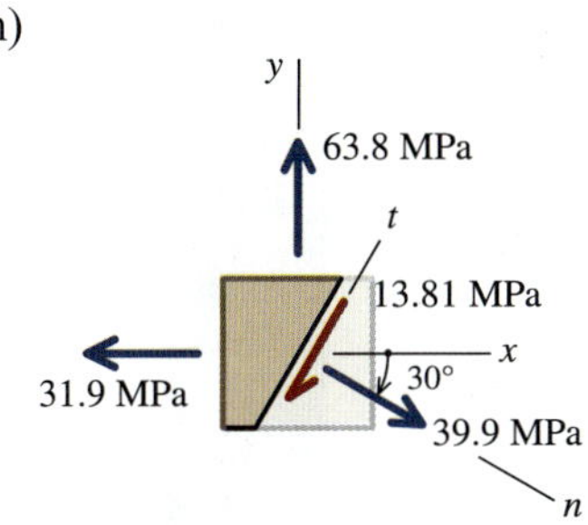


원주응력은 축 응력보다 2배 크다.

$$\sigma_{\text{hoop}} = \frac{pd}{2t} = \frac{(2.2\text{ MPa})(870\text{ mm})}{2(15\text{ mm})} = 63.8\text{ MPa}$$

용접경계는 그림과 같이 30° 각도로 주어졌다. 용접경계에 수직인 법선응력은 식 (12.3)에서 $\theta = -30°$를 사용해서 결정될 수 있다.

$$\begin{aligned}\sigma_n &= \sigma_x \cos^2\theta + \sigma_y \sin^2\theta + 2\tau_{xy}\sin\theta\cos\theta \\ &= (31.9\text{ MPa})\cos^2(-30°) + (63.8\text{ MPa})\sin^2(-30°) \\ &= 39.9\text{ MPa}\end{aligned}$$

**Ans.**

용접경계와 평행한 전단응력은 식 12.4로부터 결정될 수 있다.

$$\begin{aligned}\tau_{nt} &= -(\sigma_x - \sigma_y)\sin\theta\cos\theta + \tau_{xy}(\cos^2\theta - \sin^2\theta) \\ &= -(31.9\text{ MPa} - 63.8\text{ MPa})\sin(-30°)\cos(-30°) \\ &= -13.81\text{ MPa}\end{aligned}$$

**Ans.**

## MecMovies Example M14.3

그림에서 보는 바와 같이 바깥지름 200 mm, 벽 두께 5 mm의 압력탱크가 있다. 탱크는 횡방향 평면에 $\beta = 25°$의 각도로 맞대기 용접 경계부를 갖고 있다. 내부 게이지 압력 $p = 1{,}500$ kPa에 대하여 용접부에 수직인 법선응력과 용접부에 평행인 전단응력을 결정하라.

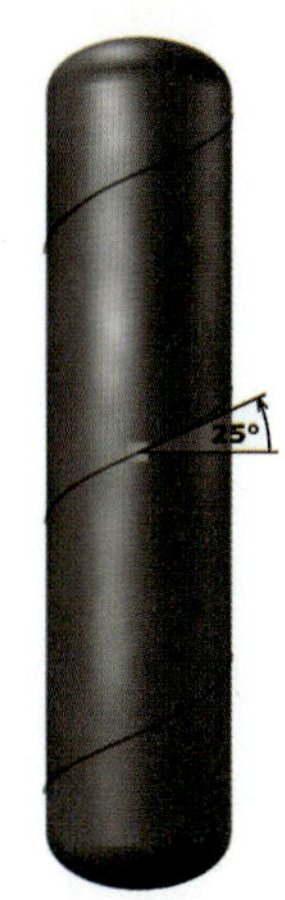

## MecMovies Example M14.4

원통형 강판 탱크 속의 게이지 압력을 결정하기 위하여 스트레인게이지가 사용되었다. 탱크는 바깥지름 1,250 mm, 벽 두께 15 mm이며 강판으로 제작된다[$E = 200$ GPa; $\nu = 0.32$]. 게이지는 탱크의 길이방향에 대하여 30° 각도로 기울어져 있다. 스트레인게이지의 표시값 290 $\mu\varepsilon$에 해당하는 탱크 속의 압력을 결정하라.

## MecMovies Example M14.5

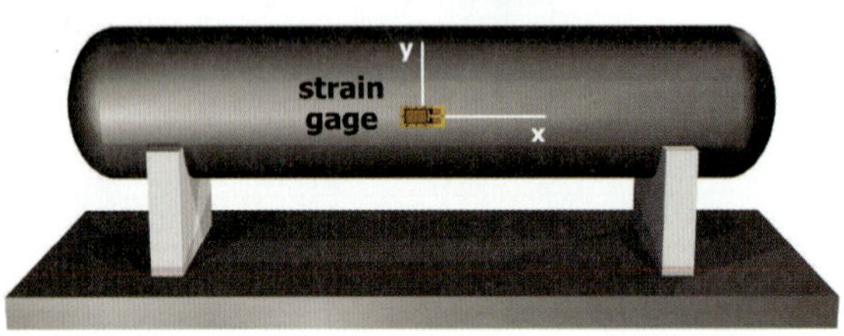


원통형 강판탱크[$E = 200$ GPa; $\nu = 0.3$]에 액체가 채워져 있어 압력을 받고 있다. 강판의 전단 극한강도는 300 MPa이고, 안전계수 4가 요구된다. 원통에서 전단응력이 허용전단응력한계를 벗어나지 않게 하기 위해서 유체압력은 조심스럽게 제어되어야 한다. 탱크를 관찰하기 위해서 스트레인게이지가 탱크의 축변형률을 기록한다. 탱크의 안전한 사용을 위해 넘지 말아야 하는 임계 스트레인게이지 표시값을 결정하라.

## MecMovies EXERCISES

**M14.3** 표시된 내부 게이지 압력에 대하여 용접부와 수직인 법선 응력과 용접부와 평행인 전단응력을 결정하라.

그림 M14.3

**M14.4** 다음 그림과 같이 스트레인게이지가 원통형 강판탱크[$E = 200$ GPa; $\nu = 0.32$]의 게이지 압력을 결정하기 위해 사용된다. 탱크의 바깥지름과 두께가 명시되어 있다. 명시된 내부 탱크압력에 대한 스트레인게이지 표시값을 결정하라.

그림 M14.4

**M14.5** 유체로 채워져 있는 구형강판[$E = 200$ GPa; $\nu = 0.32$] 탱크의 변형률을 관찰하기 위해 스트레인게이지가 사용된다. 강판의 전단 극한강도는 560 MPa이다. 스트레인게이지 표시값이 명시된다고 할 때, 전단 극한강도에 대한 안전계수를 결정하라.

## PROBLEMS

**P14.1** Determine the normal stress in a ball (Figure P14.1), which has an outside diameter of 220 mm and a wall thickness of 3 mm, when the ball is inflated to a gage pressure of 110 kPa.

**FIGURE P14.1**

**P14.2** A spherical gas-storage tank with an inside diameter of 30 ft is being constructed to store gas under an internal pressure of 200 psi. The tank will be constructed from structural steel that has a yield strength of 36 ksi. If a factor of safety of 3.0 with respect to the yield strength is required, determine the minimum wall thickness required for the spherical tank.

**P14.3** A spherical gas-storage tank with an inside diameter of 12 m is being constructed to store gas under an internal pressure of 1.75 MPa. The tank will be constructed from structural steel that has a yield strength of 250 MPa. If a factor of safety of 3.0 with respect to the yield strength is required, determine the minimum wall thickness required for the spherical tank.

**P14.4** A spherical pressure vessel has an inside diameter of 4 m and a wall thickness of 15 mm. The vessel will be constructed from structural steel [$E = 200$ GPa; $\nu = 0.29$] that has a yield strength of 250 MPa. If the internal pressure in the vessel is 1,200 kPa, determine:

(a) the normal stress in the vessel wall.
(b) the factor of safety with respect to the yield strength.
(c) the normal strain in the sphere.
(d) the increase in the outside diameter of the vessel.

**P14.5** The normal strain measured on the outside surface of a spherical pressure vessel is 820 $\mu\varepsilon$. The sphere has an outside diameter of 54 in. and a wall thickness of 0.50 in., and it will be fabricated from an aluminum alloy [$E = 10{,}000$ ksi; $\nu = 0.33$]. Determine:

(a) the normal stress in the vessel wall.
(b) the internal pressure in the vessel.

**P14.6** A typical aluminum-alloy scuba diving tank is shown in Figure P14.6. The outside diameter of the tank is 200 mm and the wall thickness is 12 mm. If the air in the tank is pressurized to 20 MPa, determine:

(a) the longitudinal and hoop stresses in the wall of the tank.
(b) the maximum shear stress in the plane of the cylinder wall.
(c) the absolute maximum shear stress on the outer surface of the cylinder wall.

**FIGURE P14.6**

**P14.7** A cylindrical boiler with an outside diameter of 3.60 m and a wall thickness of 40 mm is made of a steel alloy that has a yield stress of 415 MPa. Determine:

(a) the maximum normal stress produced by an internal pressure of 2 MPa.
(b) the maximum allowable pressure if a factor of safety of 3.3 with respect to yield is required.

**P14.8** When filled to capacity, the unpressurized storage tank shown in Figure P14.8 contains water to a height of $h = 24$ ft. The outside diameter of the tank is 8 ft and the wall thickness is 0.625 in. Determine the maximum normal stress and the absolute maximum shear stress on the outer surface of the tank at its base. (Weight density of water = 62.4 lb/ft$^3$.)

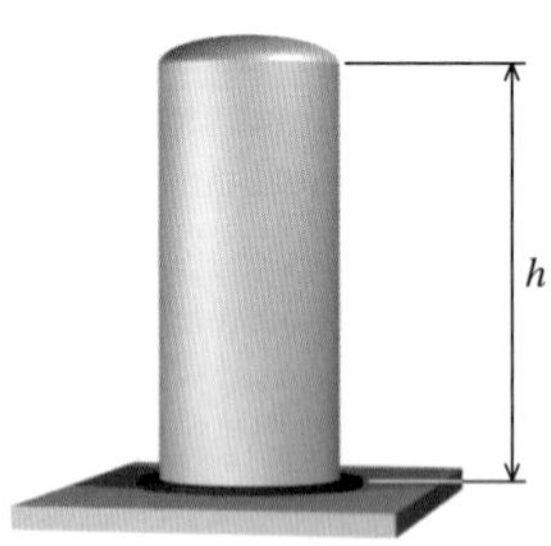


**FIGURE P14.8**

**P14.9** A tall open-topped standpipe (Figure P14.9) has an inside diameter of 2,250 mm and a wall thickness of 8 mm. The standpipe contains water, which has a mass density of 1,000 kg/m$^3$.

(a) What height $h$ of water will produce a circumferential stress of 16 MPa in the wall of the standpipe?
(b) What is the axial stress in the wall of the standpipe due to the water pressure?

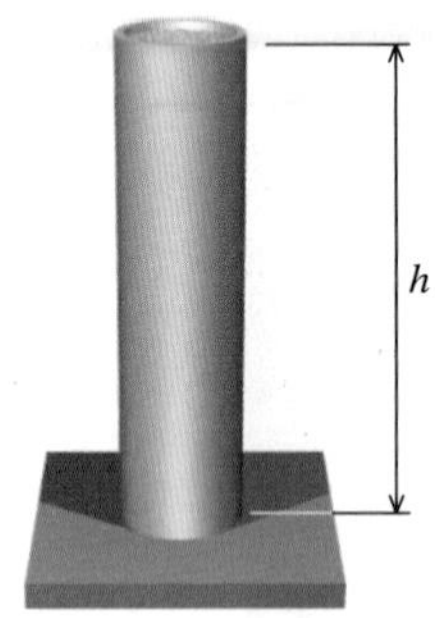


**FIGURE P14.9**

**P14.10** The pressure tank in Figure P14.10/11 is fabricated from spirally wrapped metal plates that are welded at the seams in the orientation shown. The tank has an inside diameter of 600 mm and a wall thickness of 5 mm. Determine the largest allowable gage pressure if the allowable normal stress perpendicular to the weld is 100 MPa and the allowable shear stress parallel to the weld is 30 MPa.

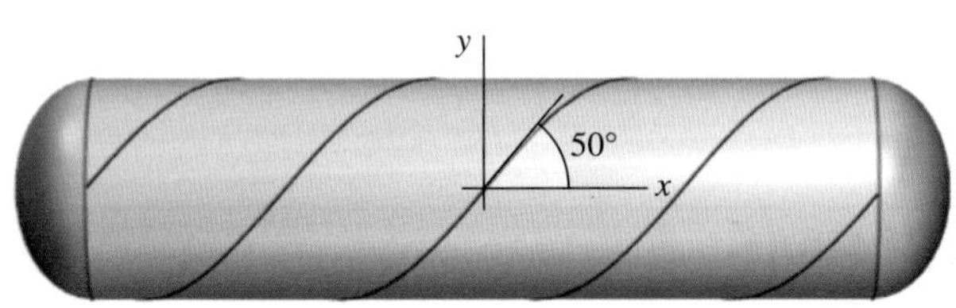


**FIGURE P14.10/11**

**P14.11** The pressure tank in Figure P14.10/11 is fabricated from spirally wrapped metal plates that are welded at the seams in the orientation shown. The tank has an inside diameter of 800 mm and a wall thickness of 10 mm. For a gage pressure of 1.25 MPa, determine:

(a) the normal stress perpendicular to the weld.
(b) the shear stress parallel to the weld.

**P14.12** The pressure tank in Figure P14.12/13 is fabricated from spirally wrapped metal plates that are welded at the seams in the orientation shown. The tank has an inside diameter of 1,500 mm and a wall thickness of 8 mm. For a gage pressure of 1.2 MPa, determine:

(a) the normal stress perpendicular to the weld.
(b) the shear stress parallel to the weld.

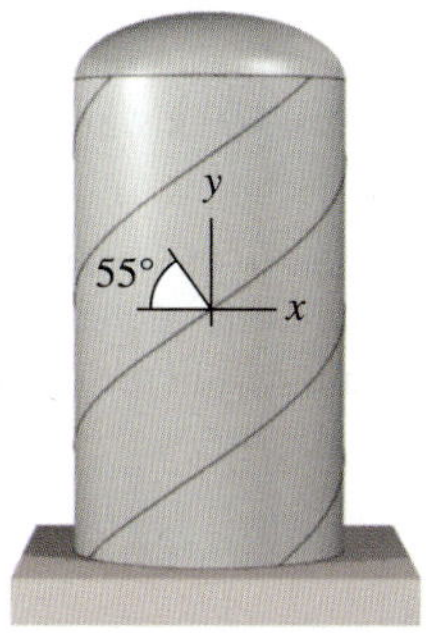


FIGURE P14.12/13

**P14.13** The pressure tank in Figure P14.12/13 is fabricated from spirally wrapped metal plates that are welded at the seams in the orientation shown. The tank has an inside diameter of 48 in. and a wall thickness of 0.375 in. Determine the largest allowable gage pressure if the allowable normal stress perpendicular to the weld is 12 ksi and the allowable shear stress parallel to the weld is 7 ksi.

**P14.14** A strain gage is mounted to the outer surface of a thin-walled boiler as shown in Figure P14.14. The boiler has an inside diameter of 60.0 in. and a wall thickness of 1.000 in., and it is made of stainless steel [$E = 28{,}000$ ksi; $\nu = 0.27$]. Determine:

(a) the internal pressure in the boiler when the strain gage reads 120 $\mu\varepsilon$.
(b) the maximum shear strain in the plane of the boiler wall.
(c) the absolute maximum shear strain on the outer surface of the boiler.

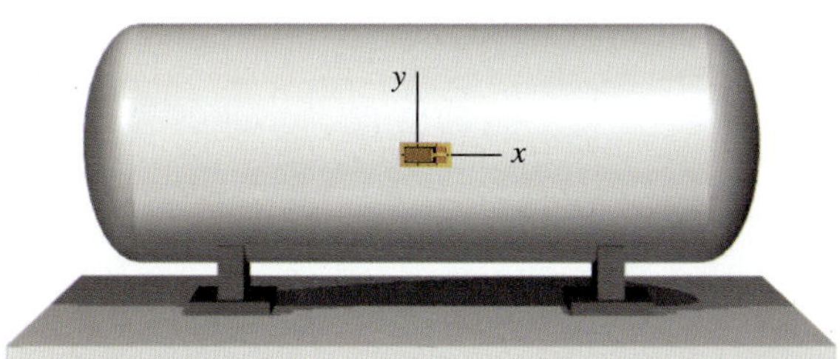


FIGURE P14.14

**P14.15** A closed cylindrical tank containing a pressurized fluid has an inside diameter of 250 mm and a wall thickness of 10 mm. The stresses in the wall of the tank acting on a rotated element have the values shown in Figure P14.15. Determine the fluid pressure.

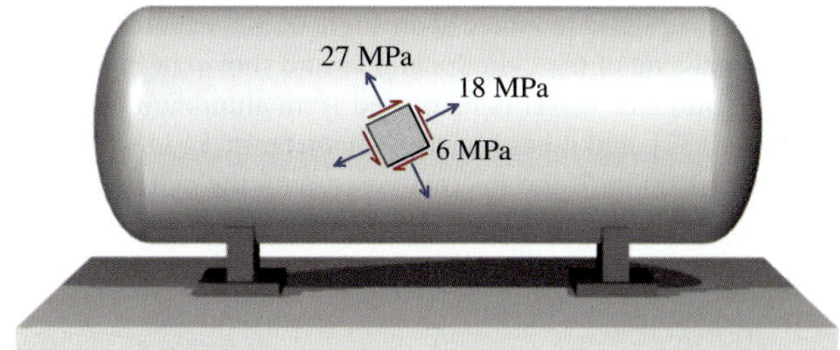


FIGURE P14.15

**P14.16** A closed cylindrical vessel (Figure P14.16) contains a fluid at a pressure of 720 psi. The cylinder, which has an outside diameter of 64 in. and a wall thickness of 1.000 in., is fabricated from stainless steel [$E = 28{,}000$ ksi; $\nu = 0.27$]. Determine the increase in both the diameter and the length of the cylinder.

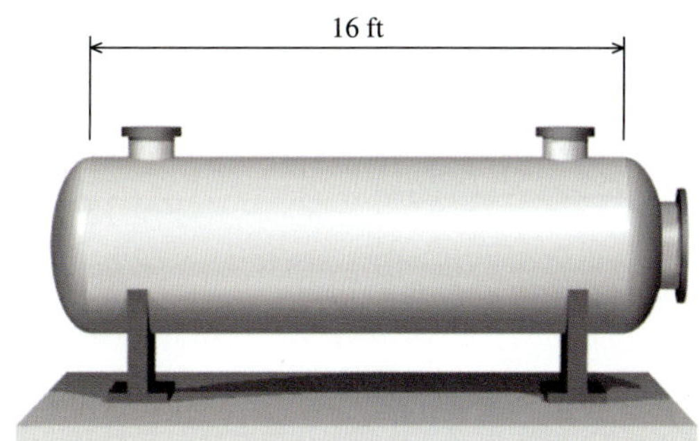


FIGURE P14.16

**P14.17** A strain gage is mounted at an angle of 30° with respect to the longitudinal axis of the cylindrical pressure vessel shown in Figure P14.17/18. The pressure vessel is fabricated from aluminum [$E = 10{,}000$ ksi; $\nu = 0.33$], and it has an inside diameter of 48 in. and a wall thickness of 0.375 in. If the strain gage measures a normal strain of 330 $\mu\varepsilon$, determine:

(a) the internal pressure in the cylinder.
(b) the absolute maximum shear stress on the outer surface of the cylinder.
(c) the absolute maximum shear stress on the inner surface of the cylinder.

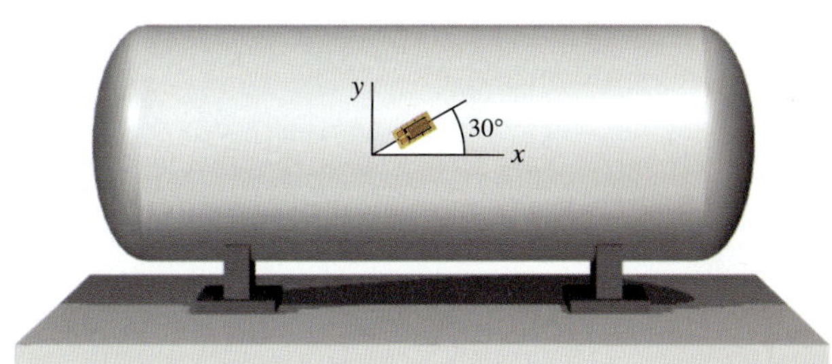


FIGURE P14.17/18

**P14.18** A strain gage is mounted at an angle of 30° with respect to the longitudinal axis of the cylindrical pressure shown in Figure P14.17/18. The pressure vessel is fabricated from aluminum [$E =$ 10,000 ksi; $\nu = 0.33$], and it has an inside diameter of 54 in. and a wall thickness of 1.00 in. If the internal pressure in the cylinder is 720 psi, determine:

(a) the expected strain gage reading (in $\mu\varepsilon$).
(b) the principal strains, the maximum shear strain, and the absolute maximum shear strain on the outer surface of the cylinder.

**P14.19** The pressure vessel in Figure P14.19 consists of spirally wrapped steel plates that are welded at the seams in the orientation shown. The cylinder has an inside diameter of 600 mm and a wall thickness of 8 mm. The ends of the cylinder are capped by two rigid end plates. The gage pressure inside the cylinder is 3.6 MPa and compressive axial loads of $P = 160$ kN are applied to the rigid end caps. Determine:

(a) the normal stress perpendicular to the weld seams.
(b) the shear stress parallel to the weld seams.
(c) the absolute maximum shear stress in the cylinder.

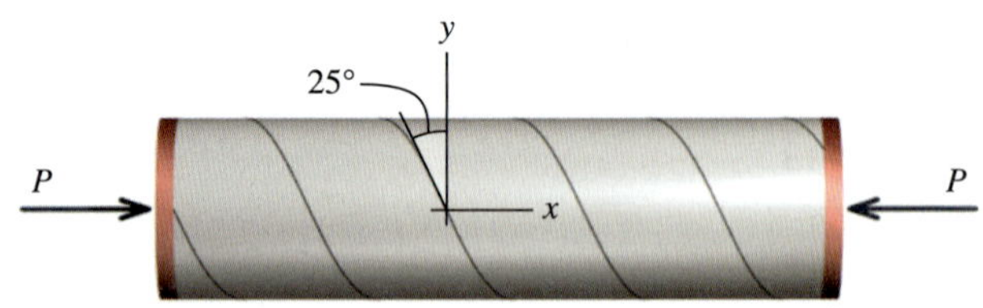


FIGURE P14.19

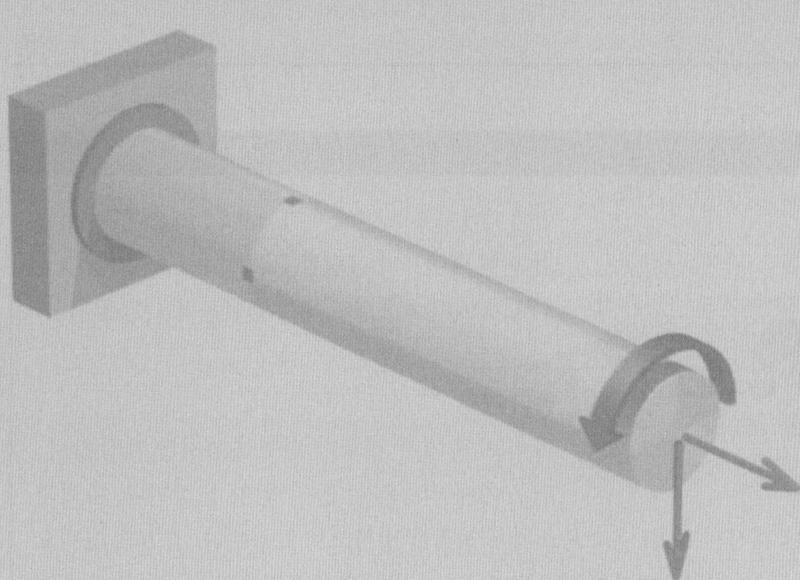

CHAPTER 15

# 조합하중

## 15.1 서론

세 가지의 기본적인 하중의 유형[단축부하 또는 단축인장압축(unirial loading), 비틀림, 굽힘]으로부터 발생하는 응력과 변형률은 앞선 장에서 분석되었다. 많은 기계나 구조 부품들은 이러한 조합하중 형태로 힘을 받고, 특정 부분의 한 점에서 발생하는 응력들을 계산하기 위한 절차가 요구된다. 한 가지 방법은 원하는 단면에서 주어진 힘과 모멘트를 정역학적으로 동등한 힘, 즉 등가의 힘과 모멘트로 바꾸는 것이다. 등가 힘 시스템은 그 점에서 생성된 응력의 크기와 형태를 결정하기 위해 체계적으로 평가될 수 있고, 이러한 응력들은 이전의 장들에서 기술된 방법을 사용하여 계산될 수 있다. 만약 복합하중이 비례한도를 초과하지 않는다면 조합된 결과는 중첩의 원리로부터 얻어질 수도 있다. 이러한 방법으로 해석할 수 있는 다양한 하중의 조합은 다음 절에서 설명된다.

## 15.2 단축부하와 비틀림의 조합하중

축이나 혹은 다른 기계 부품들은 많은 상황에서 축 하중과 비틀림 하중을 받는다. 우물을 파기 위한 드릴링 축과 선박의 추진축이 그 예이다. 반지름방향 및 원주방향의 법선응력은 영이기 때문에 축 하중과 비틀림 하중 조합은 물체 내의 모든 점에서 평면응력 상태를 유지한다. 축 방향 법선응력이 단면의 모든 점에서 동일하긴 하지만 비틀림 전단응력은 축 바깥 표면에서 가장 크다. 이러한 이유로 임계응력은 일반적으로 축의 바깥 표면에서 나타난다.

다음의 예제에서는 비틀림모멘트와 단축하중의 복합하중을 받는 부재의 응력 해석을 설명하고자 한다.

**예제 15.1** EXAMPLE

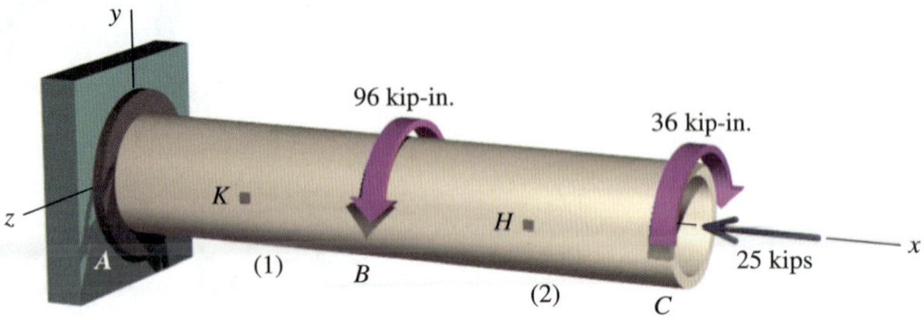


바깥지름이 4 in.이고 두께가 0.25 in.인 구멍이 뚫린 원형 파이프가 그림과 같이 하중을 받는다. 점 $H$와 점 $K$에서 주응력과 최대 전단응력을 결정하라.

**풀이 계획**

파이프 축에서 필요한 단면특성치를 계산한 후, 점 $H$에서 작용하는 등가 힘이 결정된다. 축력과 비틀림모멘트로부터 발생하는 법선응력과 전단응력이 계산되고, 한 응력요소에서 적절한 방향으로 표현된다. 점 $H$의 응력요소를 위한 주응력과 최대 전단응력을 결정하기 위하여 응력의 좌표변환이 사용된다. 그 과정은 점 $K$에 작용하는 응력들에 대해서도 반복된다.

**풀이**

**단면특성치**

파이프의 바깥지름 $D$는 4 in.이고 파이프의 벽 두께는 0.25 in.이다. 그러므로 안지름 $d = 3.5$ in.이다. 파이프의 단면적은 축력으로부터 발생하는 법선응력을 계산하기 위해 필요하다.

$$A = \frac{\pi}{4}[D^2 - d^2] = \frac{\pi}{4}[(4\text{ in.})^2 - (3.5\text{ in.})^2] = 2.9452\text{ in.}^2$$

그리고 단면극관성모멘트는 파이프의 비틀림모멘트로부터 발생하는 전단응력을 계산하기 위해 필요하다.

$$J = \frac{\pi}{32}[D^4 - d^4] = \frac{\pi}{32}[(4\text{ in.})^4 - (3.5\text{ in.})^4] = 10.4004\text{ in.}^4$$

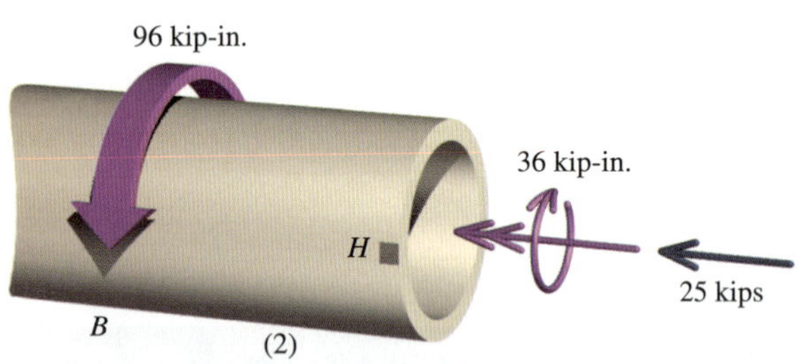


**점 $H$에서의 등가 힘**

점 $H$에서 응력요소의 바로 오른쪽에서 파이프를 자르고, 단면에서 작용하는 등가의 힘들과 모멘트들을 결정한다. 점 $H$에서 등가의 힘은 25 kip의 축력이고, 등가의 비틀림모멘트는 $C$에서 작용하는 36 kip-in.과 같다.

**점 $H$에서의 법선응력과 전단응력**

점 $H$에서의 법선응력과 전단응력은 그림에서의 등가 힘들로부터 계산된다. 25 kip 축력은 압축법선응력을 발생시킨다.

$$\sigma_{\text{axial}} = \frac{F}{A} = \frac{25\text{ kips}}{2.9452\text{ in.}^2} = 8.49\text{ ksi (C)}$$

36 kip-in.의 비틀림모멘트로부터 발생하는 전단응력은 비틀림 공식으로 계산된다.

$$\tau = \frac{Tc}{J} = \frac{(36 \text{ kip-in.})(2 \text{ in.})}{10.4004 \text{ in.}^4} = 6.92 \text{ ksi}$$

응력의 좌표변환을 시작하기 전에 한 점에 작용하는 법선응력과 전단응력들을 응력요소에 나타낸다. 적절한 공식으로부터 응력의 크기를 구하되 그 방향을 조사분석을 통하여 결정하는 것이 때로는 매우 효율적이다.

축 응력은 25 kip 힘과 같은 방향으로 작용한다. 그러므로 8.49 ksi의 축 압축응력은 $x$방향으로 작용한다.

원하는 점에서 비틀림 전단응력의 방향을 결정하는 데 혼란이 올 수 있다. 위의 설명들을 살펴보고 점 $H$에서 작용하는 비틀림모멘트의 방향을 주목한다. 응력요소의 $+x$ 표면에서 전단응력 화살표는 비틀림모멘트와 같은 방향으로 작용한다. 그러므로 6.92 ksi 전단응력은 응력요소의 $+x$면의 위쪽으로 작용한다. 한쪽 표면에 전단응력의 방향이 확정되면, 다른 세 개의 면에 작용하는 전단응력의 방향이 결정된다.

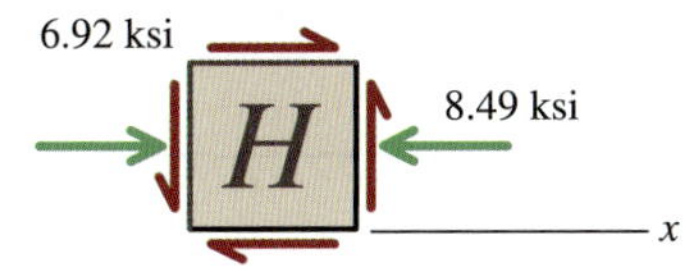


### 점 $H$에서 응력의 좌표변환 결과

주응력과 최대 전단응력은 응력의 좌표변환 식과 12장에서 설명한 상세한 과정으로부터 결정된다. 이러한 계산의 결과는 오른쪽의 그림에 제시되었다.

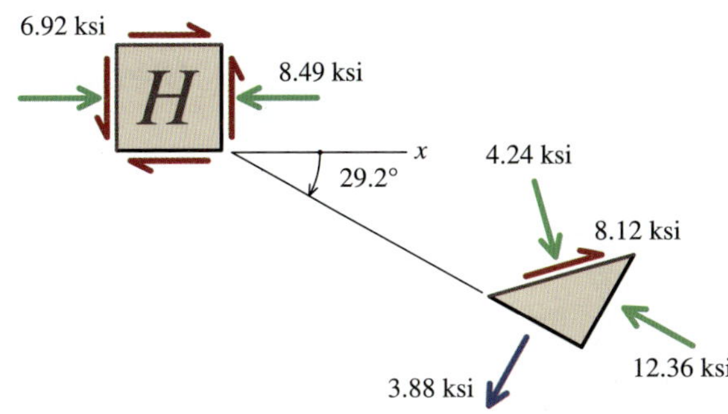


### 점 $K$에서 동등한 힘들

점 $K$의 응력요소 바로 오른쪽에서 파이프를 절단하고, 등가 힘들과 모멘트를 결정한다. 점 $K$에서 등가의 힘은 25 kip의 축력이고, 점 $K$에서 비틀림모멘트는 $B$와 $C$에서 파이프 축에 가해진 모멘트의 합이다. 이 단면에서의 비틀림모멘트는 60 kip-in.이다.

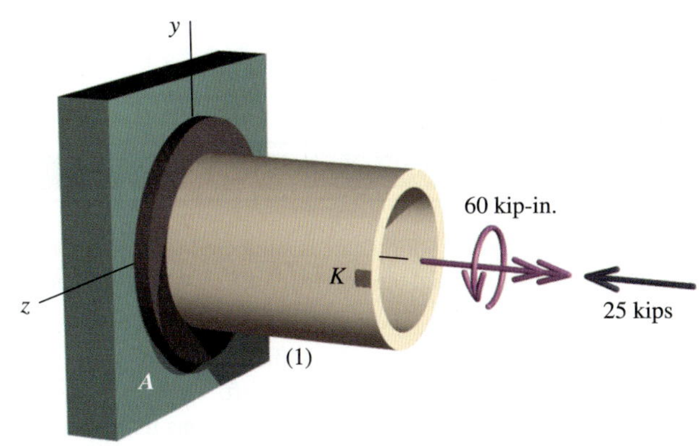


### 점 $K$에서 법선응력과 전단응력

점 $K$에서 법선응력과 전단응력은 오른쪽에 나타난 등가의 힘으로부터 계산된다. 25 kip의 축력은 8.49 ksi의 압축법선응력을 발생시킨다. 60 kip-in.의 비틀림모멘트는 아래 식으로부터 전단응력을 유발시킨다.

$$\tau = \frac{Tc}{J} = \frac{(60 \text{ kip-in.})(2 \text{ in.})}{10.4004 \text{ in.}^4} = 11.54 \text{ ksi}$$

점 $H$에서와 마찬가지로 8.49 ksi의 축 응력은 $x$방향으로의 압축응력으로 작용한다. 점 $K$에서 비틀림모멘트는 응력요소의 $+x$ 표면에 아래로 작용하는 전단응력을 발생시킨다. 그림에 점 $K$의 적절한 응력요소를 나타내었다.

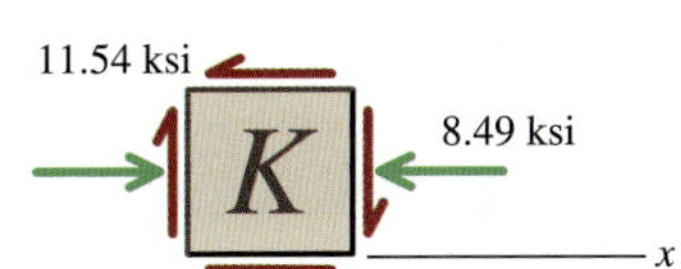

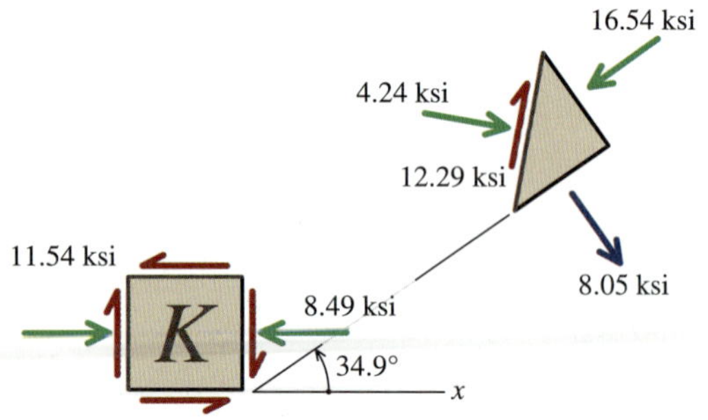


**점 *K*에서 응력의 좌표변환 결과**

점 *K*에서의 주응력과 최대 전단응력은 왼쪽의 그림에 제시되었다.

## MecMovies Example M15.1

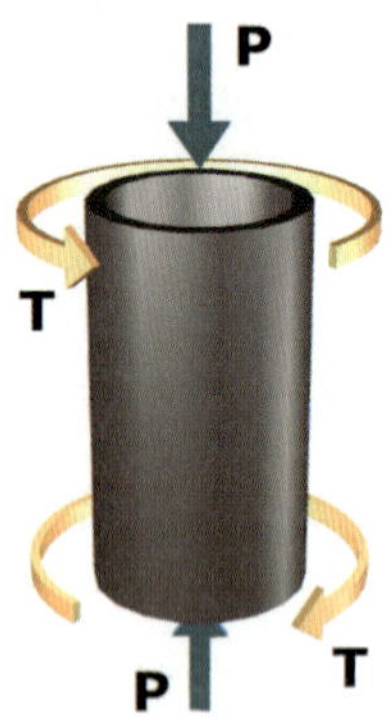


바깥지름이 $D = 114$ mm이고, 안지름이 $d = 102$ mm인 관이 $T = 5$ kN·m의 토크와 $P = 40$ kN 축 하중을 동시에 받고 있다. 축 표면에서의 임의의 점에서 주응력과 최대 전단응력을 구하라.

# PROBLEMS

**P15.1** A 3-in.-diameter solid shaft is subjected to both a torque of $T = 25$ kip-in. and an axial tension load of $P = 40$ kips as shown in Figure P15.1/2.

(a) Determine the principal stresses and the maximum shear stress at point *H* on the surface of the shaft.
(b) Show the stresses of part (a) and their directions in an appropriate sketch.

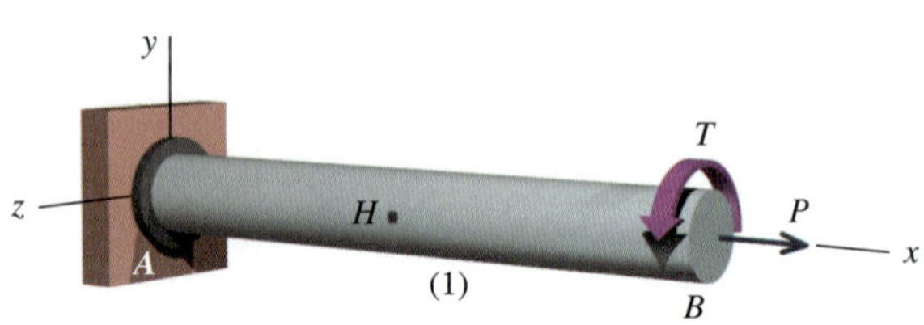


**FIGURE P15.1/2**

**P15.2** A 90-mm-diameter solid shaft is subjected to both a torque of $T = 4{,}000$ N-m and an axial tension load of $P = 150$ kN as shown in Figure P15.1/2.

(a) Determine the principal stresses and the maximum shear stress at point *H* on the surface of the shaft.
(b) Show the stresses of part (a) and their directions in an appropriate sketch.

**P15.3** A hollow shaft with an outside diameter of 400 mm and an inside diameter of 350 mm is subjected to both a torque of $T = 300$ kN-m and an axial tension load of $P = 1{,}200$ kN as shown in Figure P15.3/4.

(a) Determine the principal stresses and the maximum shear stress at point *H* on the surface of the shaft.
(b) Show the stresses of part (a) and their directions in an appropriate sketch.

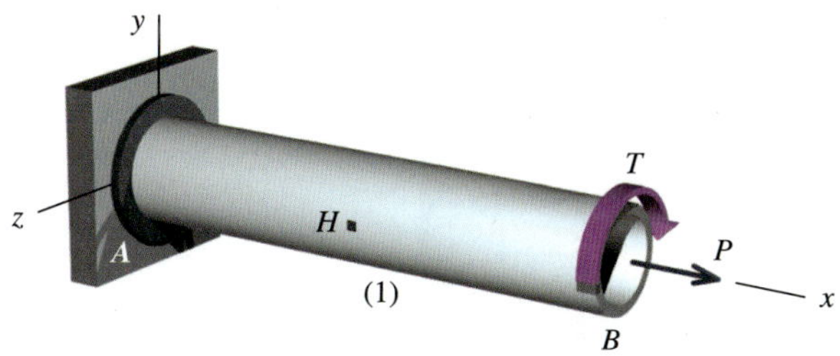


FIGURE P15.3/4

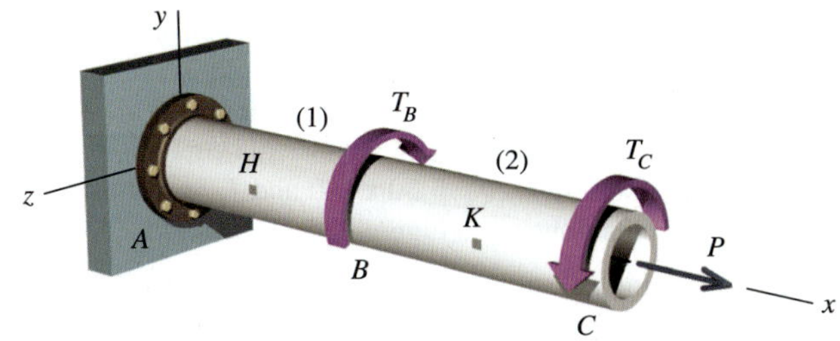


FIGURE P15.9/10

**P15.4** A hollow shaft with an outside diameter of 4.50 in. and an inside diameter of 4.00 in. is subjected to both a torque of $T = 600$ lb-ft and an axial tension load of $P = 7{,}000$ lb as shown in Figure P15.3/4.

(a) Determine the principal stresses and the maximum shear stress at point $H$ on the surface of the shaft.
(b) Show the stresses of part (a) and their directions in an appropriate sketch.

**P15.5** A solid 2-in.-diameter shaft is used in an aircraft engine to transmit 130 hp at 2,100 rpm to a propeller that develops a thrust of 1,800 lb. Determine the magnitudes of the principal stresses and the maximum shear stress at any point on the outside surface of the shaft.

**P15.6** A solid 40-mm-diameter shaft is used in an aircraft engine to transmit 100 kW at 1,600 rpm to a propeller that develops a thrust of 12 kN. Determine the magnitudes of the principal stresses and the maximum shear stress at any point on the outside surface of the shaft.

**P15.7** A 3.5-in.-diameter shaft must support an axial tensile load of unknown magnitude while it is transmitting a torque of 60 kip-in. Determine the maximum allowable value for the axial load if the tensile principal stress on the outside surface of the shaft must not exceed 9,000 psi.

**P15.8** A solid 60-mm-diameter shaft must transmit a torque of unknown magnitude while it is supporting an axial tensile load of 40 kN. Determine the maximum allowable value for the torque if the tensile principal stress on the outside surface of the shaft must not exceed 100 MPa.

**P15.9** A hollow shaft with an outside diameter of 150 mm and an inside diameter of 130 mm is subjected to an axial tension load of $P = 75$ kN and torques $T_B = 16$ kN-m and $T_C = 7$ kN-m, which act in the directions shown in Figure P15.9/10.

(a) Determine the principal stresses and the maximum shear stress at point $H$ on the surface of the shaft.
(b) Show these stresses in an appropriate sketch.

**P15.10** A hollow shaft with an outside diameter of 150 mm and an inside diameter of 130 mm is subjected to an axial tension load of $P = 75$ kN and torques $T_B = 16$ kN-m and $T_C = 7$ kN-m, which act in the directions shown in Figure P15.9/10.

(a) Determine the principal stresses and the maximum shear stress at point $K$ on the surface of the shaft.
(b) Show these stresses in an appropriate sketch.

**P15.11** A compound shaft consists of two pipe segments. Segment (1) has an outside diameter of 220 mm and a wall thickness of 10 mm. Segment (2) has an outside diameter of 140 mm and a wall thickness of 15 mm. The shaft is subjected to an axial compression load of $P = 100$ kN and torques $T_B = 8$ kN-m and $T_C = 12$ kN-m, which act in the directions shown in Figure P15.11/12/13/14.

(a) Determine the principal stresses and the maximum shear stress at point $K$ on the surface of the shaft.
(b) Show these stresses in an appropriate sketch.

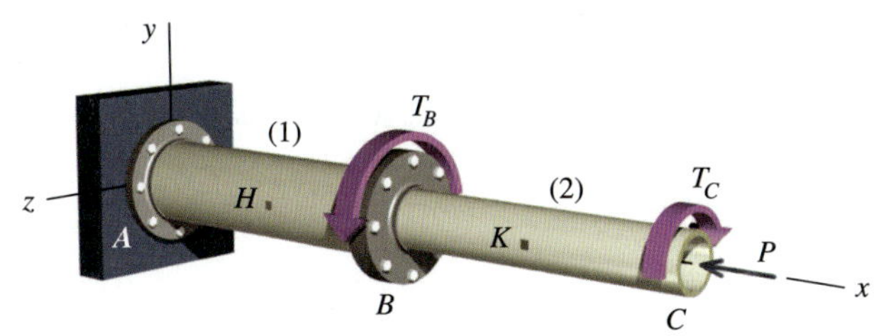


FIGURE P15.11/12/13/14

**P15.12** A compound shaft consists of two pipe segments. Segment (1) has an outside diameter of 220 mm and a wall thickness of 10 mm. Segment (2) has an outside diameter of 140 mm and a wall thickness of 15 mm. The shaft is subjected to an axial compression load of $P = 100$ kN and torques $T_B = 8$ kN-m and $T_C = 12$ kN-m, which act in the directions shown in Figure P15.11/12/13/14.

(a) Determine the principal stresses and the maximum shear stress at point $H$ on the surface of the shaft.
(b) Show these stresses in an appropriate sketch.

**P15.13** A compound shaft consists of two pipe segments. Segment (1) has an outside diameter of 6.50 in. and a wall thickness of 0.375 in. Segment (2) has an outside diameter of 4.50 in. and a wall thickness of 0.50 in. The shaft is subjected to an axial compression load of $P = 50$ kips and torques $T_B = 30$ kip-ft and $T_C = 8$ kip-ft, which act in the directions shown in Figure P15.11/12/13/14.

(a) Determine the principal stresses and the maximum shear stress at point $H$ on the surface of the shaft.
(b) Show these stresses in an appropriate sketch.

**P15.14** A compound shaft consists of two pipe segments. Segment (1) has an outside diameter of 6.50 in. and a wall thickness of 0.375 in. Segment (2) has an outside diameter of 4.50 in. and a wall thickness of 0.50 in. The shaft is subjected to an axial compression load of $P = 50$ kips and torques $T_B = 30$ kip-ft and $T_C = 8$ kip-ft, which act in the directions shown in Figure P15.11/12/13/14.

(a) Determine the principal stresses and the maximum shear stress at point $K$ on the surface of the shaft.
(b) Show these stresses in an appropriate sketch.

**P15.15** The cylinder in Figure P15.15 consists of spirally wrapped steel plates that are welded at the seams in the orientation shown. The cylinder has an outside diameter of 320 mm and a wall thickness of 8 mm. The ends of the cylinder are capped by two rigid end plates. The cylinder is subjected to tension axial loads of $P = 85$ kN and torques of $T = 40$ kN-m, which are applied to the rigid end caps in the directions shown in Figure P15.15. Determine:

(a) the normal stress perpendicular to the weld seams.
(b) the shear stress parallel to the weld seams.
(c) the absolute maximum shear stress on the outer surface of the cylinder.

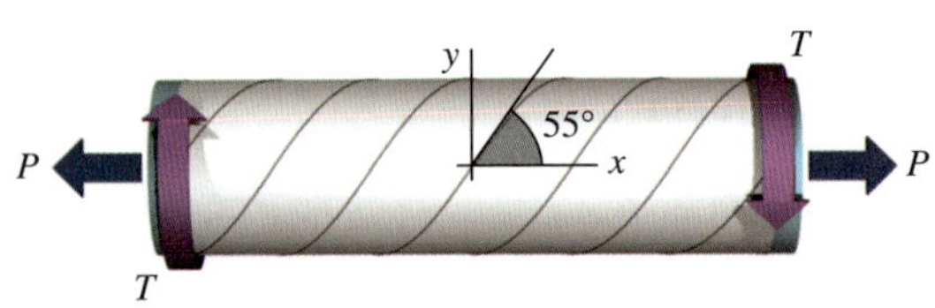


**FIGURE P15.15**

**P15.16** The cylinder in Figure P15.16 consists of spirally wrapped steel plates that are welded at the seams in the orientation shown. The cylinder has an inside diameter of 36 in. and a wall thickness of 0.375 in. The end of the cylinder is capped by a rigid end plate. The cylinder is subjected to a compressive load of $P = 100$ kips and a torque of $T = 240$ kip-ft, which are applied to the rigid end cap in the directions shown in Figure P15.16. Determine:

(a) the normal stress perpendicular to the weld seams.
(b) the shear stress parallel to the weld seams.
(c) the principal stresses and the maximum in-plane shear stress on the outer surface of the cylinder.

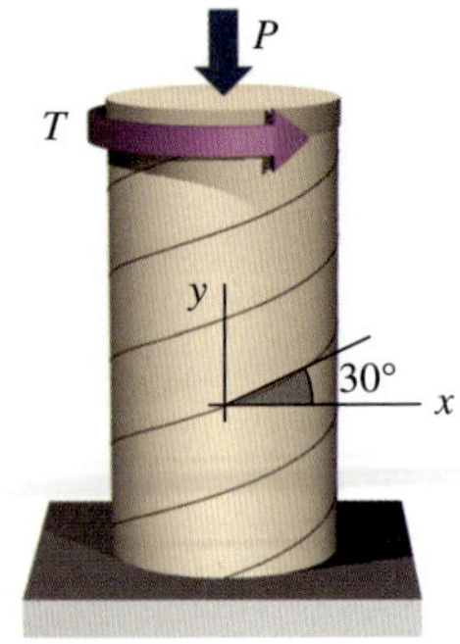


**FIGURE P15.16**

**P15.17** A hollow shaft is subjected to an axial load $P$ and a torque $T$, acting in the directions shown in Figure P15.17. The shaft is made of aluminum [$E = 70$ GPa; $\nu = 0.33$], and it has an outside diameter of 100 mm and an inside diameter of 90 mm. A strain gage is mounted at an angle of 35° with respect to the longitudinal axis of the shaft as shown in Figure P15.17.

(a) If $P = 45{,}000$ N and $T = 3{,}100$ N-m, determine the strain reading that would be expected from the gage.
(b) If the strain gage gives a reading of $-1{,}700\ \mu\varepsilon$ when the axial load has a magnitude of $P = 52{,}000$ N, what is the magnitude of the torque $T$ applied to the shaft?

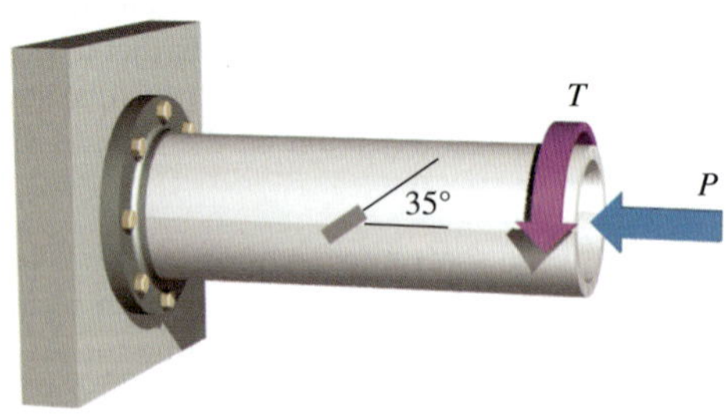


**FIGURE P15.17**

**P15.18** A solid 3-in.-diameter shaft is subjected to an axial load $P$ and a torque $T$, acting in the directions shown in Figure P15.18. The shaft is made of aluminum [$E = 10{,}000$ ksi; $\nu = 0.33$]. Strain gages $a$ and $b$ are mounted on the shaft at the orientations shown in Figure P15.18.

(a) If $P = 43$ kips and $T = 27$ kip-in., determine the strain readings that would be expected from the gages.
(b) If the strain gage readings are $\varepsilon_a = 870\ \mu\varepsilon$ and $\varepsilon_b = -635\ \mu\varepsilon$, determine the axial force $P$ and the torque $T$ applied to the shaft.

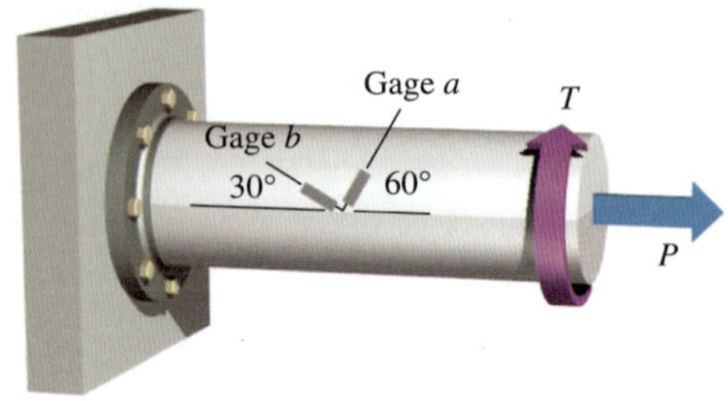


**FIGURE P15.18**

## 15.3 보의 주응력

보의 임계단면의 위치(최대 전단력 $V$와 최대 굽힘모멘트 $M$이 작용하는 지점)를 구하는 절차를 7장에서 학습하였다. 보의 어떤 점의 굽힘응력을 계산하는 방법을 8.3절과 8.4절에서 설명하였고 수평 전단응력과 수직 전단응력을 계산하는 방법을 9.5절에서 9.7절에 걸쳐 설명하였다. 그러나 최대 전단력과 최대 굽힘모멘트의 위치에서 발생하는 주응력과 최대 전단응력에 관한 고려 없이 보에 관한 응력을 논의하는 것은 미흡하다.

굽힘으로부터 발생하는 최대 법선응력은 보의 윗면과 아래 면 둘 중에서 나타난다. 그러나 이러한 위치에서는 수평 전단응력과 수직 전단응력은 0이 된다. 결과적으로 윗면과 아래 면의 인장과 압축법선응력은 주응력이고, 해당 최대 전단응력은 굽힘응력의 1/2과 같다 [$\tau_{\text{max}} = (\sigma_p - 0)/2$]. 중립 면에서 굽힘에 의한 법선응력은 0이다. 그러나 가장 큰 수평 및 수직 전단응력은 보통 중립 면에서 발생한다. 예를 들면 주응력과 최대 전단응력은 모두 수평 전단응력과 동일하다. 이러한 양 끝단 사이의 점들에서 끝단에서 발생하는 것보다 더 큰 주응력을 발생시키는 법선응력과 전단응력의 조합이 있는지의 여부를 잘 알지 못한다. 불행히도 단면적을 통한 주응력의 크기는 위치의 기본적인 식으로 모든 단면에서 표현할 수 없다. 그러나 최초의 공학해석 소프트웨어는 색깔로 구분된 등고선 그림을 통하여 주응력의 분포에 관한 직관을 갖도록 해준다.

### 직사각형 단면

직사각형 단면 보에서 가장 큰 주응력은 항상 보의 윗면과 아래면에 발생하는 최대 굽힘응력이다. 최대 전단응력은 굽힘응력의 반과 같은 크기를 가지고 항상 같은 위치에서 발생한다. 비록 작은 크기일지라도, 중립 면에서의 수평 전단응력($\tau = VQ/It$로 계산되어진)은 특히 목재보과 같은 수평면에서 약점을 가지고 있는 재료에서는 상당한 고려대상이 된다.

### 플랜지 단면

만약 보 단면이 플랜지 형상이면, 플랜지와 웹 사이의 연결지점에서 주응력들이 검토되어야 한다. 큰 전단력과 큰 굽힘모멘트의 조합이 부과되었을 때, 플랜지와 웹의 연결지점에서 발생하는 굽힘응력과 수직 전단응력은 플랜지의 가장 바깥 지점에서 최대 굽힘응력보다 더 큰 주응력을 자주 발생시킨다. 일반적으로 보의 어떠한 점에서 $t$가 작고 $V$, $M$, $Q$, $y$ 등이 모두 클 경우, 주응력의 확인이 필요하다. 그러한 경우가 아니라면, 최대 굽힘응력은 주응력과 매우 유사하게 될 것이고, 최대 평면내 전단응력은 아마도 같은 점에서 발생할 것이다.

### 응력궤적

주응력의 방향에 대한 지식은 취성 재료(콘크리트) 내에 균열의 방향에 대한 예상에 도움을

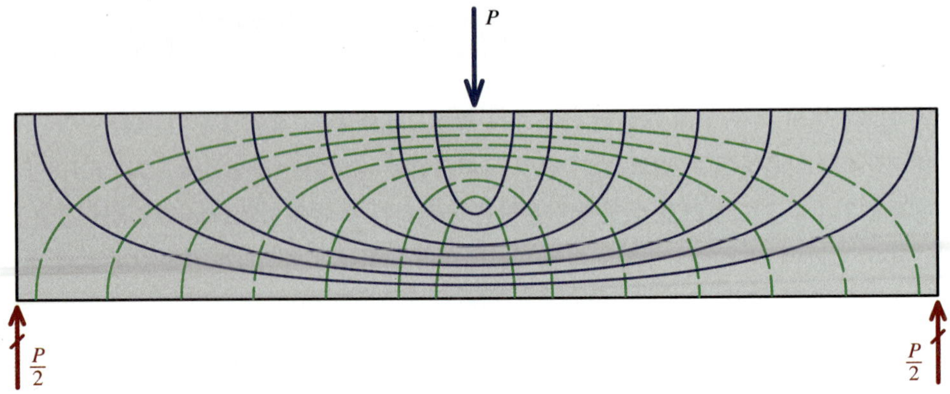


**그림 15.1** • 한 가운데 집중하중이 가해진 사각단면 보의 응력궤적

주고 인장응력을 견디기 위한 디자인 강화에 도움을 줄 수 있다. 주응력의 방향 내의 각 점에서 그것들의 접선들로 그려진 곡선을 **응력궤적**이라고 부른다. 일반적으로 각 점에서 영이 아닌 두 개의 주응력이 있기 때문에(평면응력) 각 점을 통과하는 두 개의 응력궤적이 있다. 주응력이 수직이기 때문에 이러한 곡선들은 서로 직각을 이룬다. 곡선들의 한 세트는 최대 응력을 보여줄 것이다. 반면에 곡선들의 다른 세트는 최소 응력을 보여줄 것이다. 그림 15.1은 중앙부에 집중하중을 받는 사각형 단면의 단순지지 보이다. 점선들은 압축응력의 방향을 의미하고 실선은 인장응력의 방향을 의미한다. 응력집중은 하중과 반력들 주변에서 존재하고, 결과적으로 응력궤적은 그것들의 부근에서 훨씬 더 복잡하게 된다. 그림 15.1에서는 응력집중의 영향을 생략하였다.

## 일반적인 계산 절차

보의 특정 점의 주응력과 최대 전단응력을 결정하기 위해서 아래의 절차가 유용하다.

**1.** 만약 있다면, 보의 반력(힘과 모멘트)을 계산한다.

**2.** 원하는 단면에서 작용하는 내력의 합, 즉 축력(해당된다면), 전단력, 굽힘모멘트를 결정한다. 내력을 결정하기 위하여 보의 전단력과 굽힘모멘트선도를 작도하는 것이 편리하다. 경우에 따라서는 원하는 단면에서 보를 잘라낸 자유물체도를 그리는 것 만으로도 충분할 수 있다.

**3.** 일단 내력(힘과 모멘트)을 알고 있다면, 원하는 특정한 점에서 주어지는 각각의 법선응력과 전단응력의 크기를 구한다.

   **a.** 내부의 축력 $F$와 굽힘모멘트 $M$으로부터 법선응력들이 발생한다. 축 응력의 크기는 $\sigma = F/A$로부터 구해지고, 굽힘응력의 크기는 휨 공식 $\sigma = -My/I$으로부터 계산된다.

   **b.** 불균일굽힘으로부터 생기는 전단응력은 $\tau = VQ/It$로부터 계산된다.

**4.** 응력의 계산 결과를 응력요소에 표시한다. 이때 적절한 방향을 잡도록 한다.

   **a.** $F$와 $M$은 보의 길이방향으로 인장응력 또는 압축을 발생시킨다.

**b.** 불균일굽힘으로부터 발생하는 전단응력 $\tau$의 올바른 방향을 설정하는 것이 어려울 경우가 있다. 원하는 보의 단면에 작용하는 전단력 $V$의 방향을 결정한다(그림 15.2). 단면에서의 전단응력 $\tau$는 이 평면에서 $V$와 같은 방향으로 작용한다. 응력요소의 한 면에서의 전단응력의 방향이 결정되면, 다른 네 개의 면에서 전단응력의 방향을 알 수 있다.

**c.** 응력요소에 작용하는 법선응력과 전단응력의 방향을 설정하기 위한 조사분석은 결과의 신뢰성을 높인다. 그림 15.2에 나타난 양의 내부전단응력 $V$를 고려한다(양의 $V$는 빔 조각의 오른쪽 면에서 아래 방향으로 작용하고, 왼쪽 면에서 윗방향으로 작용한다). 전단력 $V$가 양이라고 하더라도 이에 해당하는 전단응력 $\tau_{xy}$는 응력의 좌표변환 식에 사용된 부호규약에 따라 음으로 취급된다.

**5.** 일단 점을 통과하는 직교 평면상의 모든 응력들을 알고 있고 이들을 응력요소에 표현하였다면, 12장의 방법이 그 점에서 주응력과 최대 전단응력을 계산하기 위한 목적으로 사용된다.

아래의 예제는 그 과정을 설명한다.

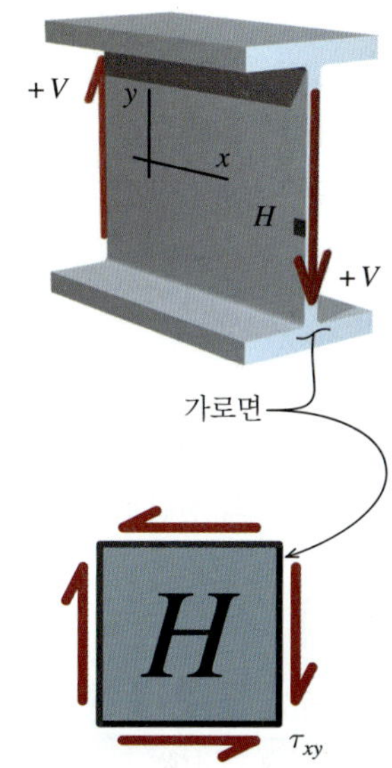


**그림 15.2** • $V$와 $\tau$ 사이의 방향 일치

## 예제 15.2 EXAMPLE

단순지지 광폭플랜지 보가 그림과 같이 하중을 받고 있다. 점 $H$와 점 $K$에서 주응력과 최대 전단응력을 결정하라. 적절한 방향의 응력요소에 구한 응력들을 나타내어라.

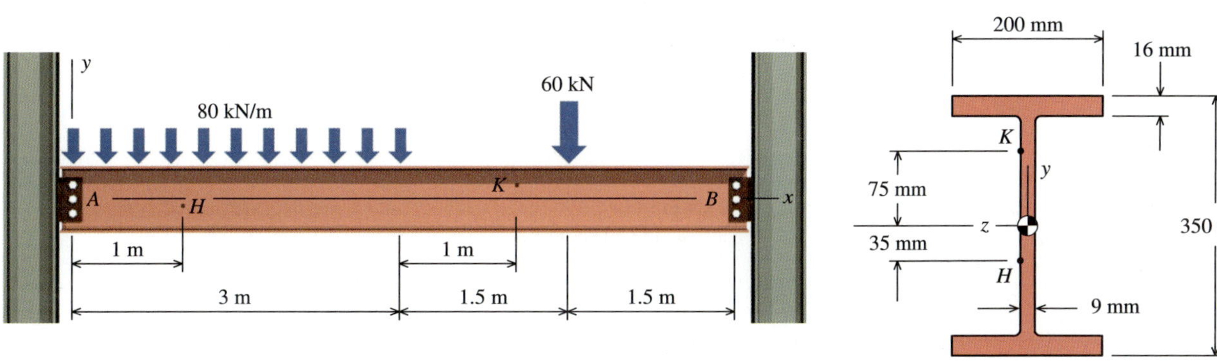


### 풀이 계획

광폭플랜지 보의 단면2차관성모멘트는 단면의 치수로부터 계산된다. 단순지지지 보에 대한 전단력과 굽힘모멘트선도를 작도한다. 이 선도들로부터 원하는 점에서의 전단력과 굽힘모멘트를 결정한다. 휨 공식과 전단응력 공식을 이용하여 각 점에 작용하는 법선응력과 전단응력을 계산한다. 이러한 응력들을 각 점의 응력요소에 표시한 후 응력의 좌표변환 식을 이용하여 점 $H$에서 응력요소의 주응력과 최대 전단응력을 결정한다. 이 과정을 점 $K$에 대해서도 반복한다.

**풀이**

**단면2차관성모멘트**

광폭플랜지 보의 단면2차관성모멘트는 다음과 같다.

$$I_z = \frac{(200\text{ mm})(350\text{ mm})^3}{12} - \frac{(191\text{ mm})(318\text{ mm})^3}{12} = 202.74 \times 10^6\text{ mm}^4$$

**전단력과 굽힘모멘트선도**

단순지지 보의 전단력과 굽힘모멘트선도는 다음과 같다.

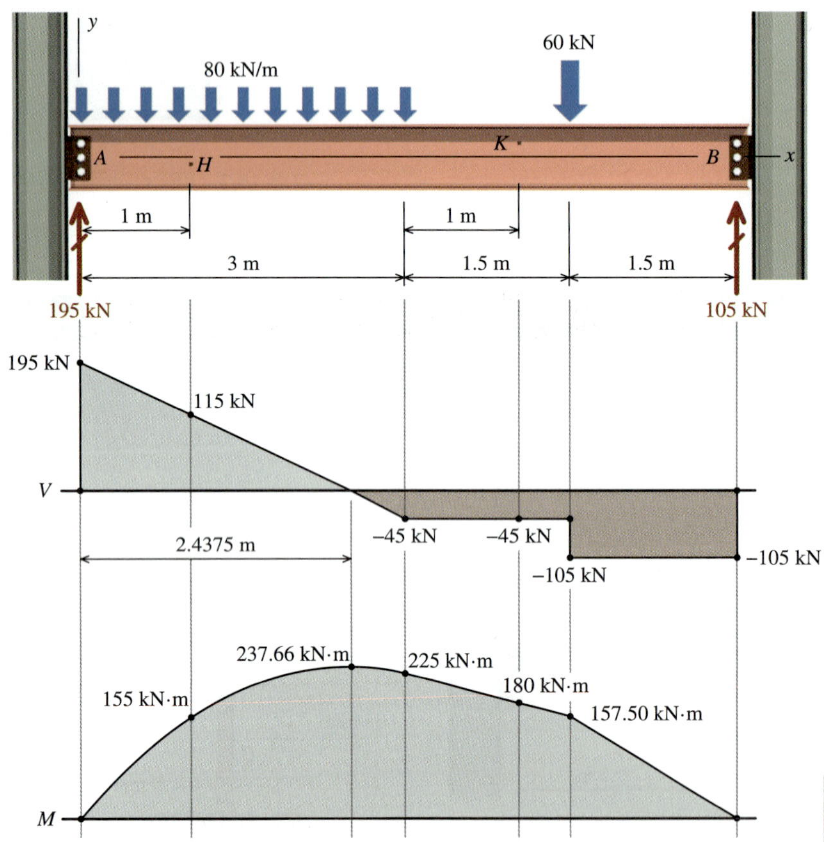


**점 $H$에서의 전단력과 굽힘모멘트**

점 $H$의 위치에서 전단력은 $V = 115$ kN이고, 굽힘모멘트는 $M = 155$ kN·m이다. 이러한 내력은 왼쪽에 그려진 방향으로 작용한다.

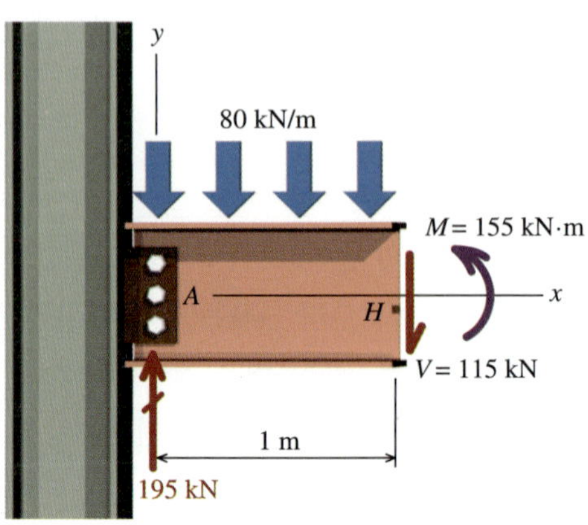


**점 $H$에서의 법선응력과 전단응력**

점 $H$는 $z$ 도심축에서부터 아래로 35 mm만큼 떨어진 지점에 위치한다. 그러므로 $y = -35$ mm이다. $H$에서 굽힘응력은 굽힘공식으로부터 계산된다.

$$\sigma_x = -\frac{My}{I_z} = -\frac{(155\ \text{kN·m})(-35\ \text{mm})(1{,}000\ \text{N/kN})(1{,}000\ \text{mm/m})}{202.74 \times 10^6\ \text{mm}^4}$$
$$= 26.76\ \text{MPa} = 26.76\ \text{MPa (T)}$$

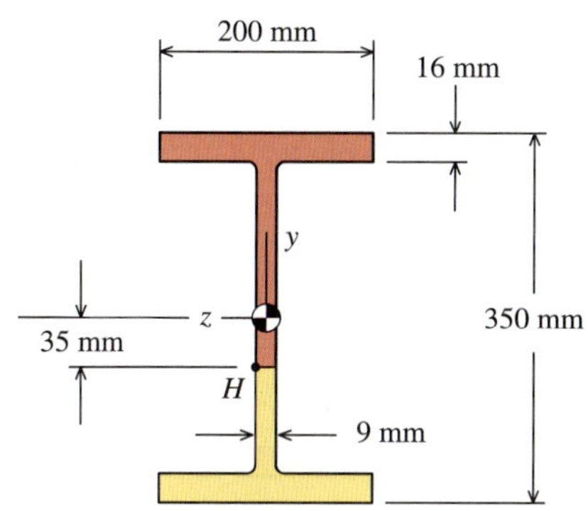


이 인장법선응력은 보의 길이방향과 평행하게, 즉 $x$축 방향으로 작용한다.

점 $H$에서 전단응력을 계산하기 전에 그림에서 색깔로 강조된 면적에 대한 $Q$를 계산해야 한다. $z$ 도심축에 대한 그림에서 색깔로 강조된 면적의 1차모멘트는 $Q$ = 645,652 $\text{mm}^3$이다. 보의 휨에 의한 $H$에서의 전단응력은 다음과 같이 계산된다.

$$\tau = \frac{VQ}{I_z t} = \frac{(115\ \text{kN})(642{,}652\ \text{mm}^3)(1{,}000\ \text{N/kN})}{(202.74 \times 10^6\ \text{mm}^4)(9\ \text{mm})} = 40.50\ \text{MPa}$$

이 전단응력은 전단력 $V$와 같은 방향으로 작용한다. 그러므로 응력요소의 오른 면에 전단응력 $\tau$은 아랫방향으로 작용한다.

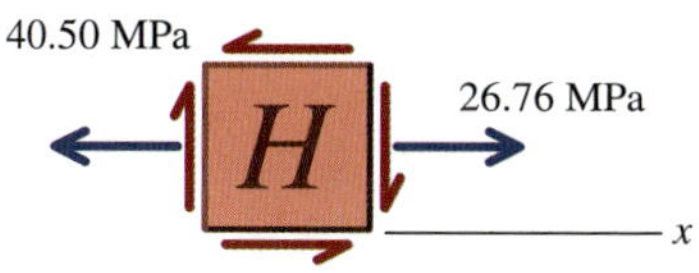


**점 $H$에서 응력요소**

굽힘모멘트로 인한 인장법선응력은 응력요소의 $x$면에 작용한다. 전단응력은 응력요소의 $+x$면에서 아랫방향으로 작용한다. 전단응력 방향이 한 면에서 결정되면, 다른 세 면의 전단응력 방향은 자동적으로 결정된다.

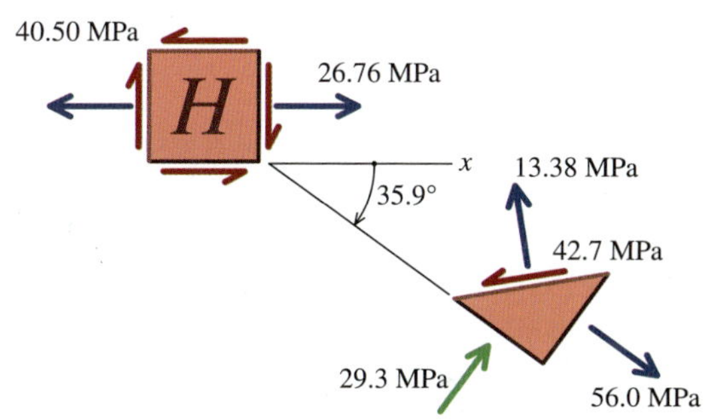


**점 $H$에서 응력의 좌표변환 결과**

점 $H$에서 주응력과 최대 전단응력은 응력의 좌표변환 식과 12장에서의 상술한 과정들로부터 결정된다. 이러한 계산의 결과들을 오른쪽 그림에 제시하였다.

**점 $K$에서 전단력과 굽힘모멘트**

점 $K$의 위치에서 전단력은 $V$ = −45 kN이고 굽힘모멘트는 $M$ = 180 kN·m이다. 이러한 내력들은 오른쪽에 제시된 방향으로 작용한다.

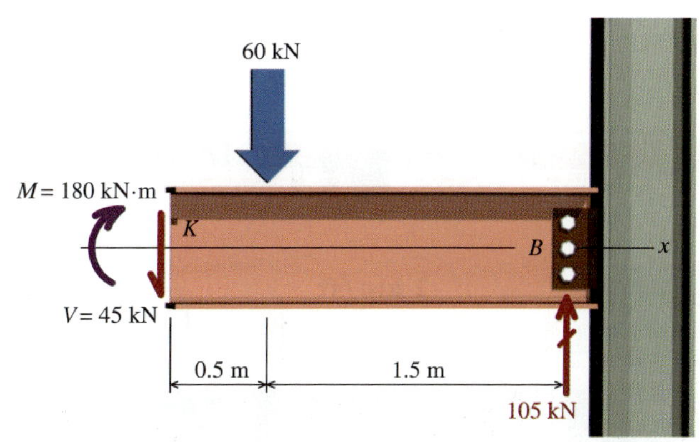


**점 $K$에서 법선응력과 전단응력**

점 $K$는 $z$ 도심축으로부터 위쪽으로 75 mm만큼 떨어진 지점에 위치한다. 그러므로 $y$ = 75 mm이다. $K$에서 굽힘응력은 휨 공

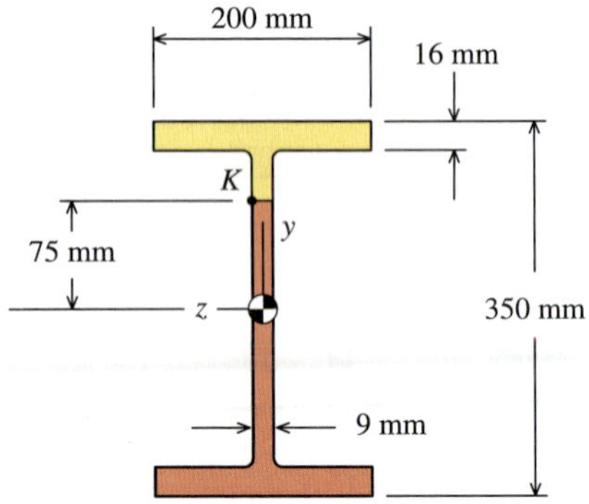


식으로부터 계산된다.

$$\sigma_x = -\frac{My}{I_z} = -\frac{(180\ \text{kN·m})(75\ \text{mm})(1{,}000\ \text{N/kN})(1{,}000\ \text{mm/m})}{202.74 \times 10^6\ \text{mm}^4}$$
$$= -66.6\ \text{MPa} = 66.6\ \text{MPa (C)}$$

이 압축법선응력은 보의 길이방향에 평행하게, 즉 $x$축 방향으로 작용한다.

점 $K$에서 전단응력을 계산하기 위해 그림에서 색깔로 강조된 면적에 대한 $Q$를 계산해야 한다. 그림에서 색깔로 강조된 면적의 $z$ 도심축에 대한 1차모멘트는 $Q = 622{,}852\ \text{mm}^3$이다. 보의 휨에 의한 점 $K$에서의 전단응력은 다음과 같다.

$$\tau = \frac{VQ}{I_z t} = \frac{(45\ \text{kN})(622{,}852\ \text{mm}^3)(1{,}000\ \text{N/kN})}{(202.74 \times 10^6\ \text{mm}^4)(9\ \text{mm})} = 15.36\ \text{MPa}$$

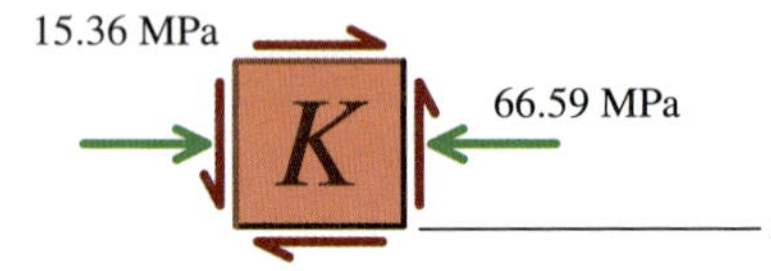


일반적으로 $V$의 크기는 이 계산에서 사용되고, 전단응력의 방향은 조사 분석으로부터 결정된다. 전단응력은 전단력 $V$와 같은 방향으로 작용한다. 그러므로 응력요소의 왼쪽 면에서 전단응력 $\tau$는 아랫방향으로 작용한다.

**점 $K$에서 응력요소**

압축굽힘응력은 응력요소의 $x$면에서 작용하고, 전단응력은 응력요소의 $-x$면에서 아랫방향으로 작용한다. 한쪽 면에서 전단응력의 방향이 결정되면, 나머지의 세 면의 전단응력 방향은 자동적으로 결정된다.

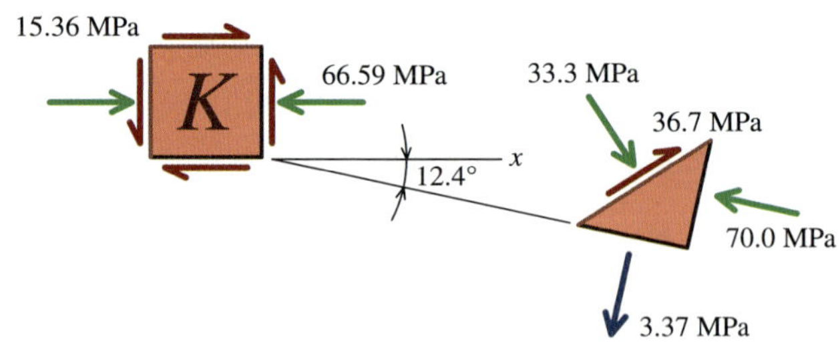


**점 $K$에서 응력의 좌표변환 결과**

점 $K$에서 주응력과 최대 전단응력은 왼쪽 그림에서 보는 바와 같다.

## MecMovies Example M15.2

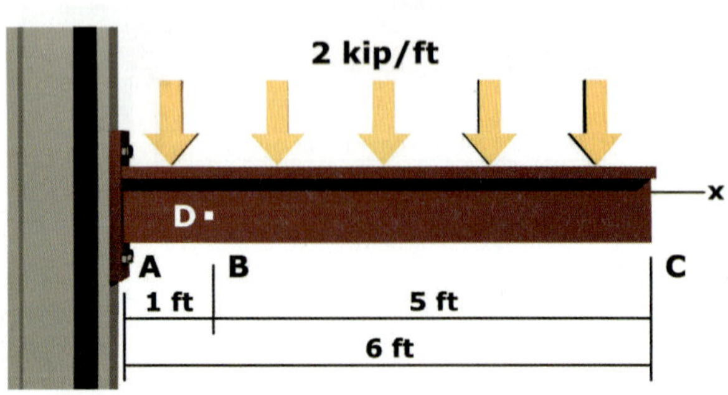


외팔보는 2 kips/ft의 하중을 균일하게 받는다. 보의 단면은 T모양이다. 고정된 지지대로부터 1 ft의 거리에서 T대의 바닥면에서부터 위쪽으로 4 in.만큼 떨어진 지점에 위치한 점 $D$에서의 주응력과 최대 전단응력을 구하라.

## MecMovies Example M15.3

사각 강관이 그림과 같은 하중을 받는 보로 사용된다. 핀지지점 $A$로부터 오른쪽으로 1 m에 위치한 점 $H$에서의 주응력과 최대 전단응력을 구하라.

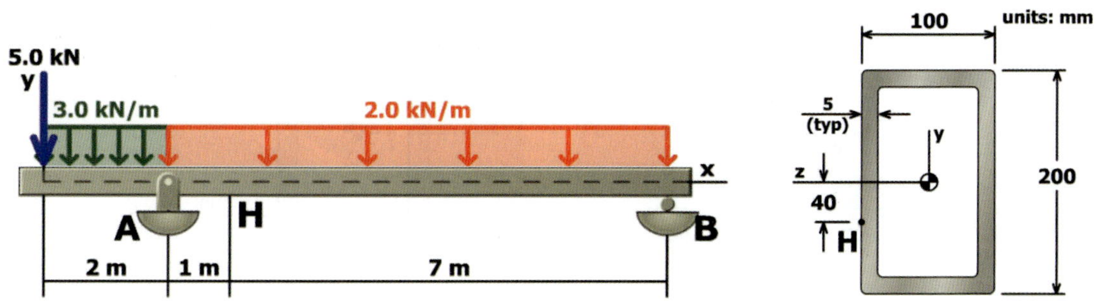


## MecMovies Example M15.4

광폭플랜지 보는 어떤 단면에서 $V = 60$의 전단력과 $M = 150$ kip-ft의 굽힘모멘트를 발생시키는 하중을 받고 있다. 도심으로부터 위쪽으로 3 in.만큼 떨어진 보의 표면에 위치한 점 $B$에 작용하는 법선응력과 전단응력을 구하라.

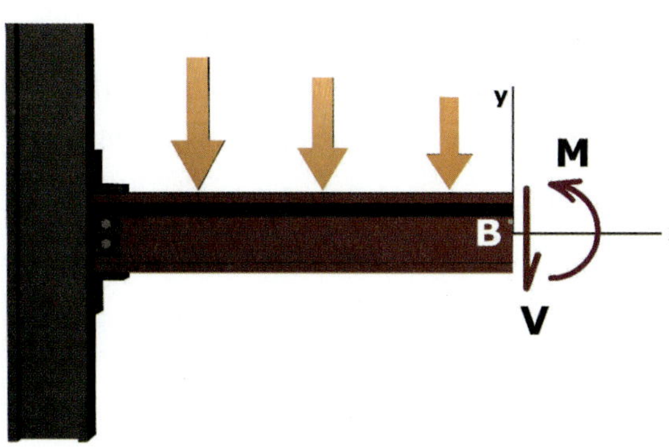

## 예제 15.3 EXAMPLE

중공형강(HHS)이 그림과 같이 점 $A$에서의 핀 연결과 점 $B$에서의 경사진 강봉 (1)로 지지되어 있다. 20 kips의 집중하중이 보의 $C$에 작용한다. 점 $H$에 작용하는 주응력과 최대 전단응력을 구하라.

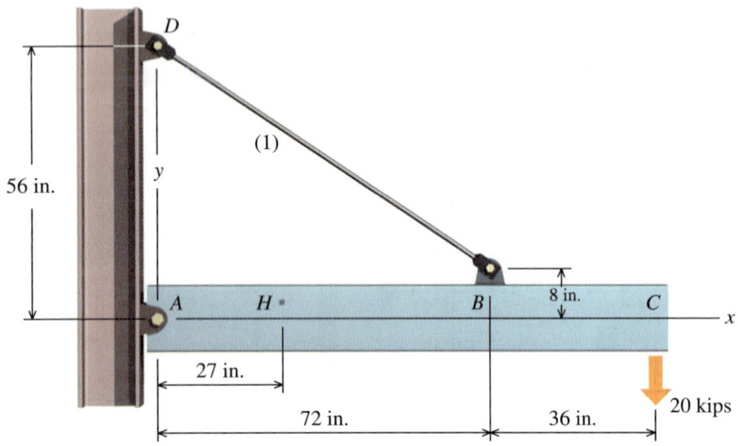


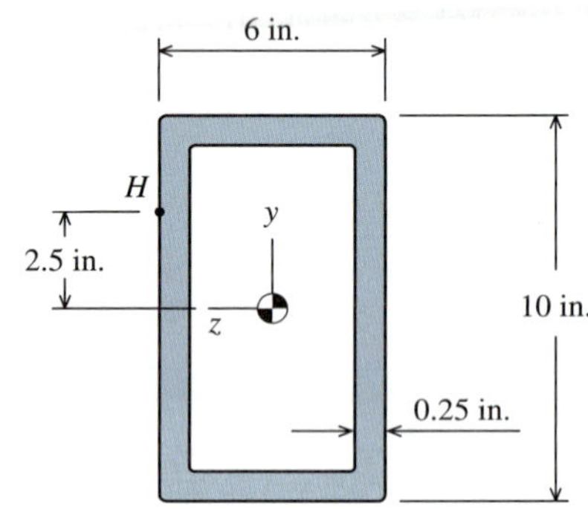


단면 치수

### 풀이 계획

단축하중을 받는 경사진 봉 (1)은 점 $B$에서 보에 수직반력을 가한다. 봉이 경사져 있기 때문에 점 $A$와 점 $B$ 사이에서 보를 압축하는 축력을 발생시킨다. 봉은 또한 중공형강의 중심선 위로 8 in.에 연결되어 있고, 이 편심은 보에 추가적으로 굽힘모멘트를 가한다. 점 $A$와 점 $B$에서 보의 반력을 계산하는 것으로부터 해석을 시작한다. 일단 이러한 힘들이 결정되면, 점 $H$를 자른 자유물체도를 작성하고 단면에 작용하는 모든 내력의 합(축력, 전단력, 굽힘모멘트)을 구한다. 구해진 내력의 합으로부터 생기는 법선응력과 전단응력을 계산하고 점 $H$의 응력요소 상에 표시한다. 응력의 좌표변환을 통하여 점 $H$에서의 주응력과 최대 전단응력을 계산한다.

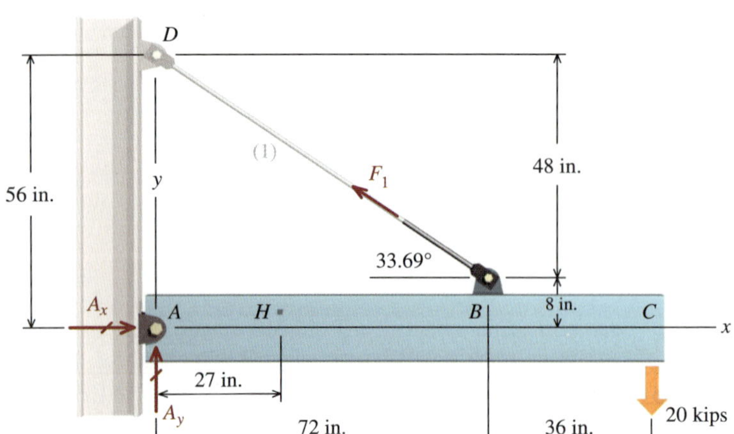


### 풀이

**보 반력**

보의 자유물체도는 점 $A$에서 핀 연결에 의한 수평 및 수직 반력과 봉 (1)에서의 축력으로 완성된다. 봉 (1)의 각도의 계산에서 중공형강의 중심선으로부터 봉의 연결 지점까지 8 in.만큼 떨어져 있다는 점에 유의해야 한다.

$$\tan\theta = \frac{56\text{ in.} - 8\text{ in.}}{72\text{ in.}} = 0.66667$$

$$\therefore \theta = 33.69°$$

아래의 자유물체도에서 평형조건식이 유도된다.

$$\Sigma F_x = A_x - F_1 \cos(33.69°) = 0 \quad \text{(a)}$$

$$\Sigma F_y = A_y + F_1 \sin(33.69°) - 20 \text{ kips} = 0 \quad \text{(b)}$$

$$\begin{aligned}\Sigma M_A &= F_1 \sin(33.69°)(72 \text{ in.}) + F_1 \cos(33.69°)(8 \text{ in.}) \\ &\quad -(20 \text{ kips})(72 \text{ in.} + 36 \text{ in.}) = 0\end{aligned} \quad \text{(c)}$$

식 (c)로부터 봉 (1)의 축력은 $F_1 = 46.4$ kips로 계산된다. 이 결과는 핀 $A$에서의 반력을 구하기 위해 식 (a)와 (b)에 대입할 수 있다. $A_x = 38.6$ kips, $A_y = -5.71$ kips. $A_y$의 계산된 값이 음수이기 때문에 이 반력은 사실상 초기에 가정했던 방향과 반대로 작용한다.

**점 $H$에서의 내력을 나타내는 자유물체도**

자유물체도는 점 $H$를 통과하는 자유물체도를 그린다. 그림에 핀 $A$에서 외부반력을 포함하는 자유물체도를 나타내었다. 이 단면에 작용하는 내력을 이 자유물체도로부터 계산할 수 있다.

축력의 크기는 $F = 38.6$ kips이고 압축하는 방향으로 작용한다. 전단력은 $V = 5.71$ kips이고 자유물체도의 노출된 오른쪽 면($+x$면)에서 위쪽 방향으로 작용한다. 굽힘모멘트는 중공형강의 중심선에 대한 모멘트의 합으로부터 계산된다.

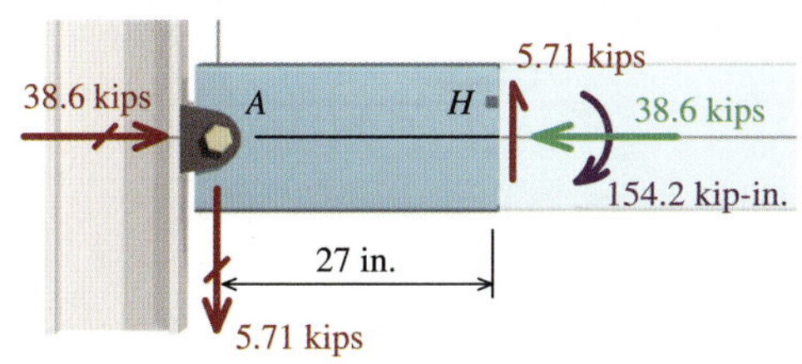

**$H$에서의 자유물체도.**

$$\Sigma M_H = (5.71 \text{ kips})(27 \text{ in.}) - M = 0 \qquad \therefore M = 154.2 \text{ kip-in.} \quad \text{(d)}$$

단면 특성: 중공형강의 단면적은

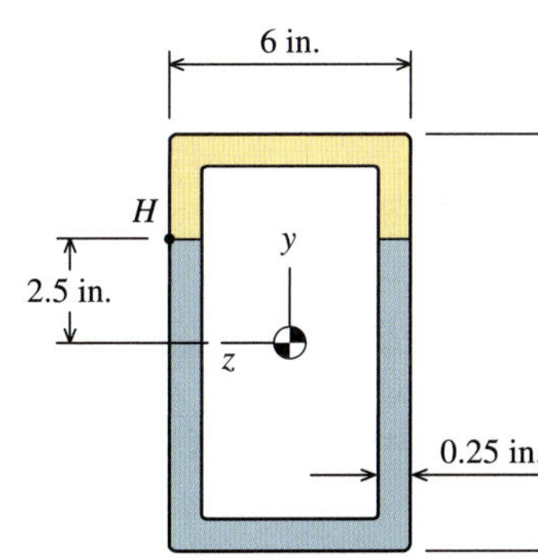


$$A = (6 \text{ in.})(10 \text{ in.}) - (5.5 \text{ in.})(9.5 \text{ in.}) = 7.75 \text{ in.}^2$$

$z$ 도심축에 대한 단면2차관성모멘트는

$$I_z = \frac{(6 \text{ in.})(10 \text{ in.})^3}{12} - \frac{(5.5 \text{ in.})(9.5 \text{ in.})^3}{12} = 107.04 \text{ in.}^4$$

점 $H$에 상응하는 면적에 대한 1차모멘트 $Q$는 그림에서 색깔로 강조된 면적을 위해 계산된다.

$$\begin{aligned}Q_H &= 2(0.25 \text{ in.})(2.5 \text{ in.})(3.75 \text{ in.}) + (5.5 \text{ in.})(0.25 \text{ in.})(4.875 \text{ in.}) \\ &= 11.391 \text{ in.}^3\end{aligned}$$

**응력 계산**

$F$로 인한 축응력: 축력 $F = 38.6$ kip는 $x$방향으로 균일한 압축법선응력을 유발한다. 응력의 크기는 다음과 같이 계산된다.

$$\sigma_{axial} = \frac{F}{A} = \frac{38.6 \text{ kips}}{7.75 \text{ in.}^2} = 4.98 \text{ ksi (C)}$$

154.2 kip-in.의 굽힘모멘트는 중공형강에서 $z$ 도심축 위쪽에서 인장법선응력을 만들어 낸다. 점 $H$에서 $y$좌표가 $y = 2.5$ in.이므로

$$\sigma_{bend} = -\frac{My}{I_z} = -\frac{(-154.2 \text{ kip-in.})(2.5 \text{ in.})}{107.04 \text{ in.}^4} = 3.60 \text{ ksi (T)}$$

5.71 kip의 전단력에 기인한 점 $H$에서의 전단응력은 전단응력 공식으로부터 계산된다.

$$\tau_H = \frac{VQ}{I_z t} = \frac{(5.71 \text{ kips})(11.391 \text{ in.}^3)}{(107.04 \text{ in.}^4)(2 \times 0.25 \text{ in.})} = 1.215 \text{ ksi}$$

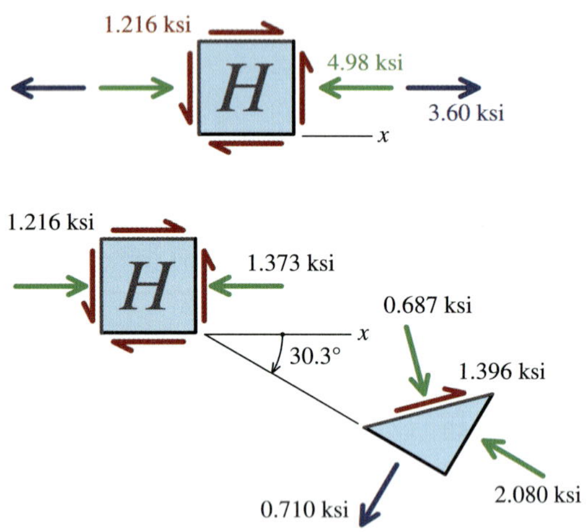


**응력요소:** 점 $H$의 법선응력과 전단응력을 응력요소에 나타내었다. 축력과 굽힘모멘트로 인해 법선응력들은 $x$방향으로 작용한다.

응력요소에서 전단응력의 방향은 $H$에서 자유물체도로부터 결정된다. 점 $H$에서의 전단력은 자유물체도의 오른쪽 면에서 위쪽 방향으로 작용한다. 따라서 $V = 5.71$ kip로 인한 전단응력은 응력요소의 오른쪽 면에서 위쪽 방향으로 작용한다.

**점 $H$에서의 응력의 좌표변환 결과:** 점 $H$에서의 주응력과 최대 전단응력은 응력의 좌표변환 식과 12장에서 설명된 절차로부터 결정된다. 이러한 계산의 결과를 왼쪽의 그림에 나타내었다.

## MecMovies EXERCISES

**M15.2** 역 T형 빔은 그림과 같은 전단력 $V$와 굽힘모멘트 $M$을 받는다. $H$에 작용하는 굽힘응력, 전단응력, 주응력, 최대 전단응력 등을 구하라.

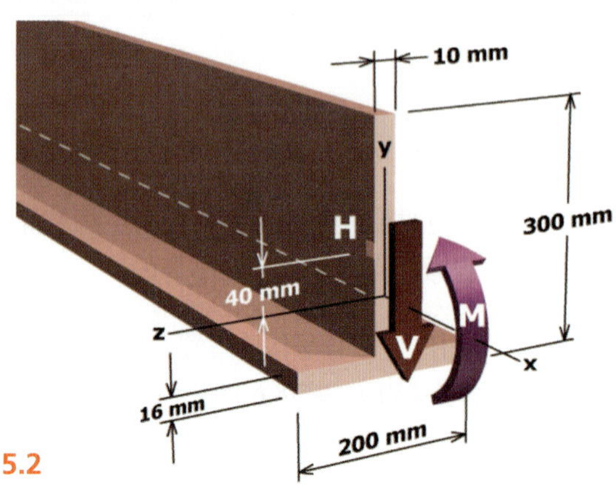


그림 M15.2

**M15.3** 사각 튜브에 그림과 같은 전단력 $V$와 굽힘모멘트 $M$이 작용한다. 점 $H$에 작용하는 굽힘응력, 전단응력, 주응력, 최대 전단응력 등을 구하라.

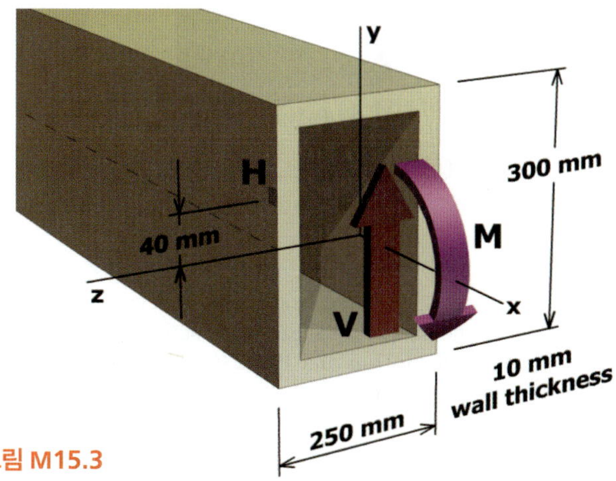


그림 M15.3

**M15.4** 광폭플랜지 보에 그림과 같은 전단력 $V$와 굽힘모멘트 $M$이 작용한다. 점 $H$에 작용하는 굽힘응력, 전단응력, 주응력, 최대 전단응력 등을 구하라.

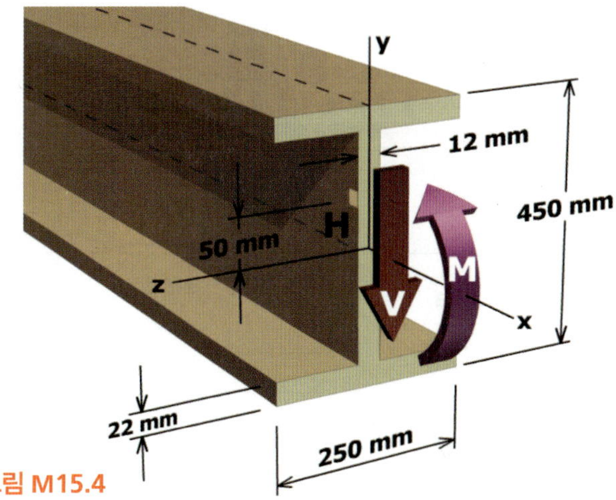


그림 M15.4

## PROBLEMS

**P15.19** A flanged-shaped flexural member is subjected to an internal axial force of 8.5 kN, an internal shear force of 13.2 kN, and an internal bending moment of 2.1 kN-m as shown in Figure P15.19*a*. Determine the principal stresses and the maximum shear stress acting at points $H$ and $K$ as shown in Figure P15.19*b*. Show these stresses in an appropriate sketch for each point.

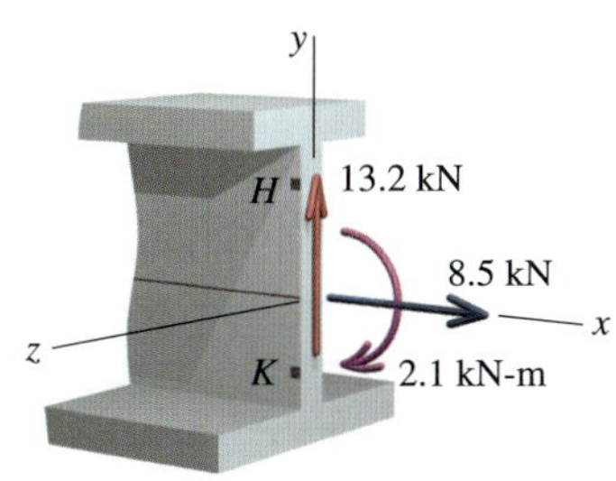


**FIGURE P15.19*a***

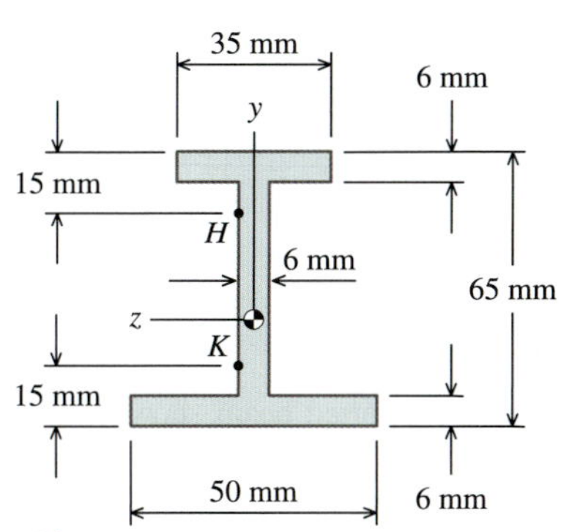


**FIGURE P15.19*b***

**P15.20** A hollow structural steel flexural member (Figure P15.20*b*) is subjected to the load shown in Figure P15.20*a*. Determine the principal stresses and the maximum shear stress acting at points $H$ and $K$ as shown in Figure P15.20*b*. Show these stresses in an appropriate sketch for each point.

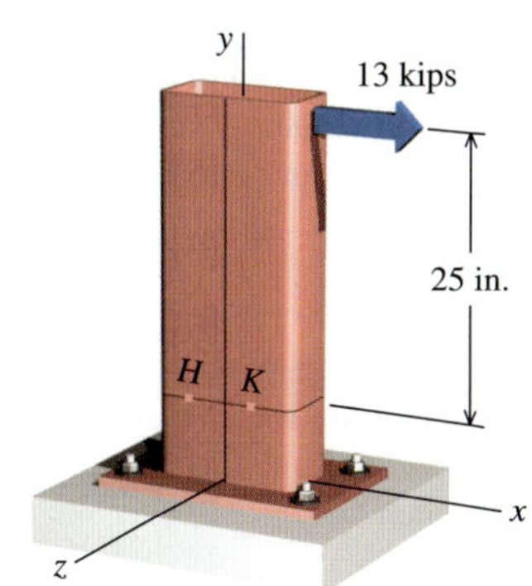


**FIGURE P15.20*a***

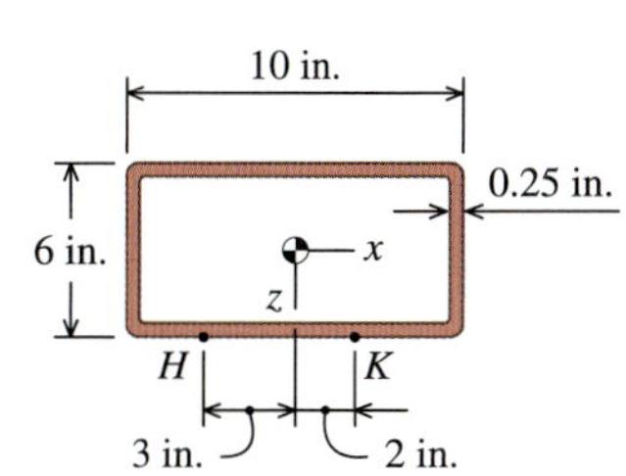


**FIGURE P15.20*b***

**P15.21** For the simply supported beam shown, determine the principal stresses and the maximum shear stress acting at point $H$ as shown in Figures P15.21*a*/22*a* and P15.21*b*/22*b*. Show these stresses in an appropriate sketch.

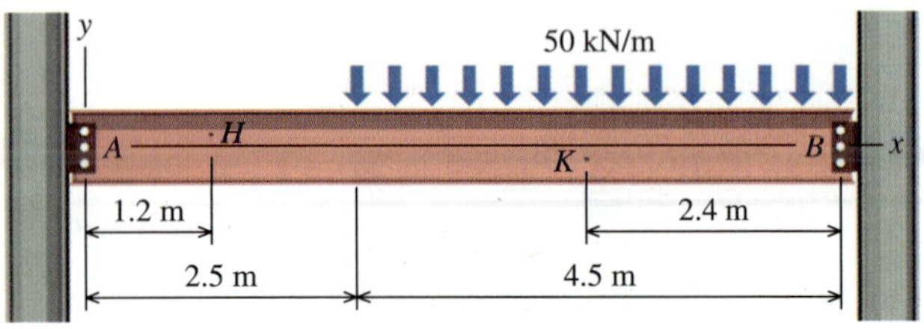


**FIGURE P15.21*a*/22*a***

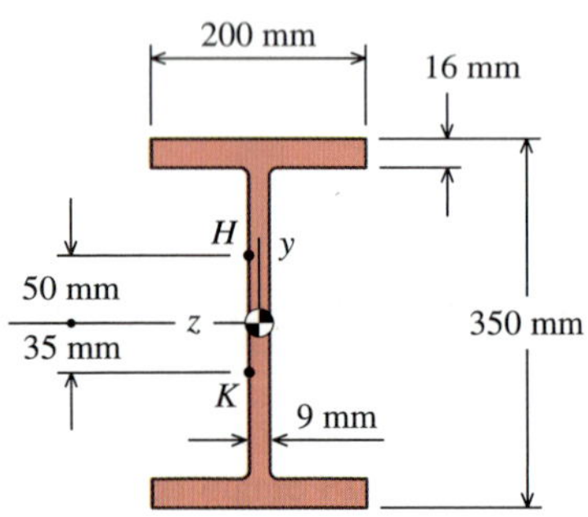


**FIGURE P15.21*b*/22*b***

**P15.22** For the simply supported beam shown, determine the principal stresses and the maximum shear stress acting at point $K$ as shown in Figures P15.21*a*/22*a* and P15.21*b*/22*b*. Show these stresses in an appropriate sketch.

**P15.23** For the simply supported beam shown, determine the principal stresses and the maximum shear stress acting at point $H$ as shown in Figures P15.23*a*/24*a* and P15.23*b*/24*b*. Show these stresses in an appropriate sketch.

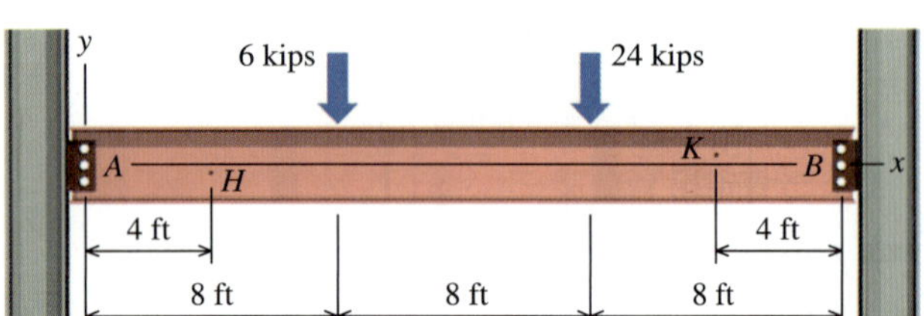


**FIGURE P15.23*a*/24*a***

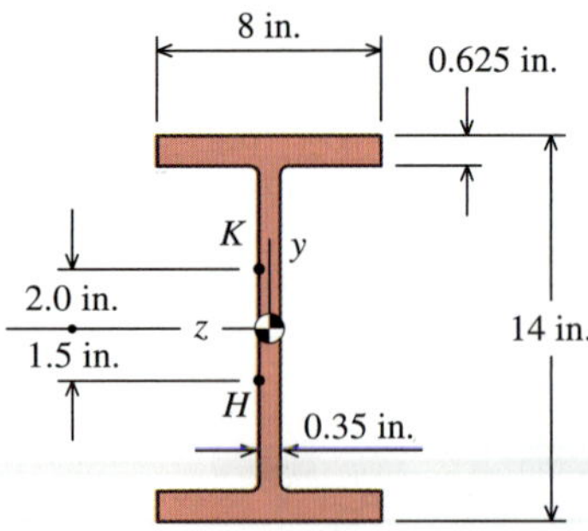


**FIGURE P15.23*b*/24*b***

**P15.24** For the simply supported beam shown, determine the principal stresses and the maximum shear stress acting at point $K$ as shown in Figures P15.23*a*/24*a* and P15.23*b*/24*b*. Show these stresses in an appropriate sketch.

**P15.25** For the simply supported beam shown, determine the principal stresses and the maximum shear stress acting at point $H$ as shown in Figures P15.25*a*/26*a* and P15.25*b*/26*b*. Show these stresses in an appropriate sketch.

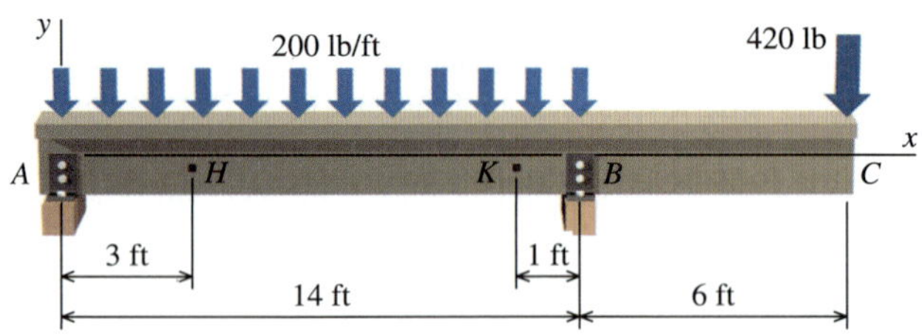


**FIGURE P15.25*a*/26*a***

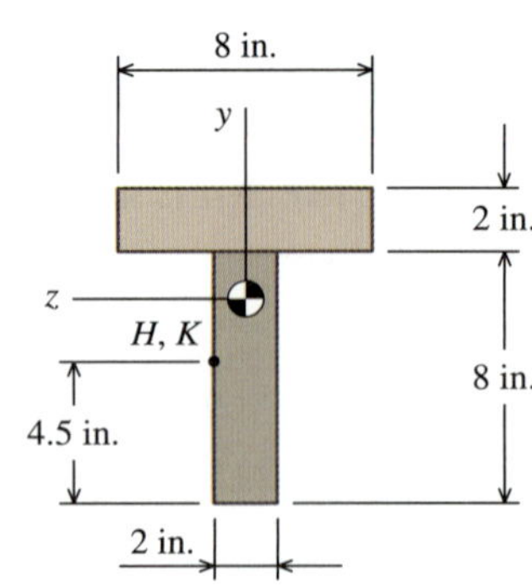


**FIGURE P15.25*b*/26*b***

**P15.26** For the simply supported beam shown, determine the principal stresses and the maximum shear stress acting at point $K$ as shown in Figures P15.25*a*/26*a* and P15.25*b*/26*b*. Show these stresses in an appropriate sketch.

**P15.27** For the vertical flexural member shown, determine the principal stresses and the maximum shear stress acting at points $H$ and $K$ as shown in Figures P15.27$a$ and P15.27$b$. Show these stresses in an appropriate sketch for each point.

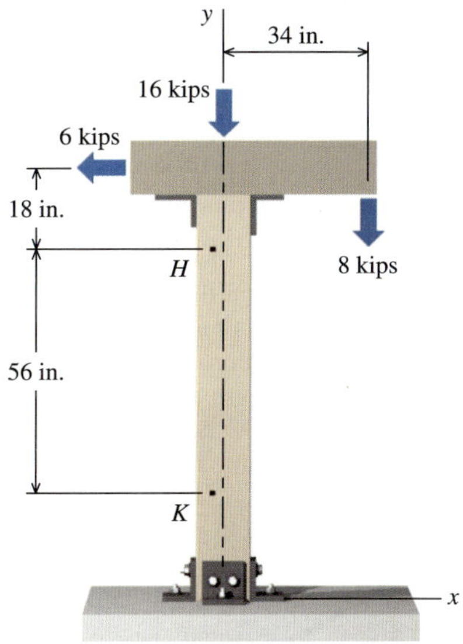


**FIGURE P15.27*a***

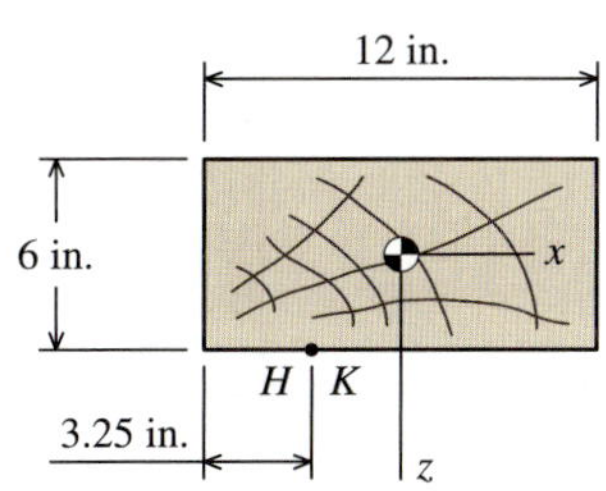


**FIGURE P15.27*b***

**P15.28** For horizontal flexural member $AB$, determine the principal stresses and the maximum shear stress acting at points $H$ and $K$ as shown in Figures P15.28$a$ and P15.28$b$. Show these stresses in an appropriate sketch for each point.

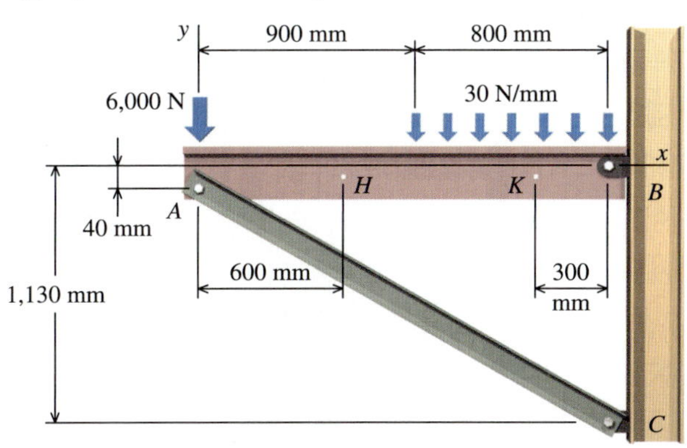


**FIGURE P15.28*a***

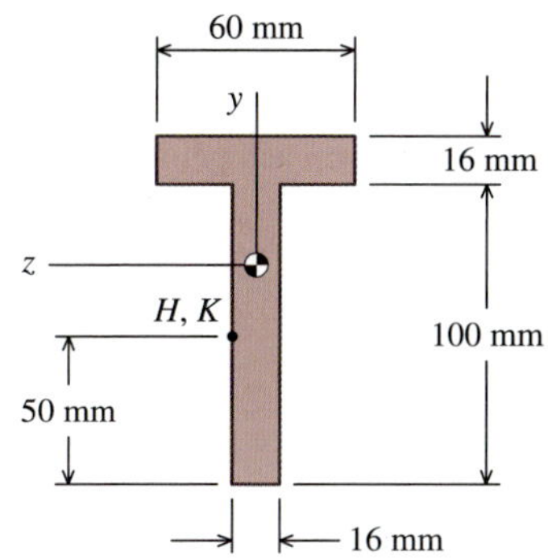


**FIGURE P15.28*b***

**P15.29** For vertical flexural member $BD$, determine the principal stresses and the maximum shear stress acting at point $H$ as shown in Figures P15.29$a$ and P15.29$b$. Show these stresses in an appropriate sketch.

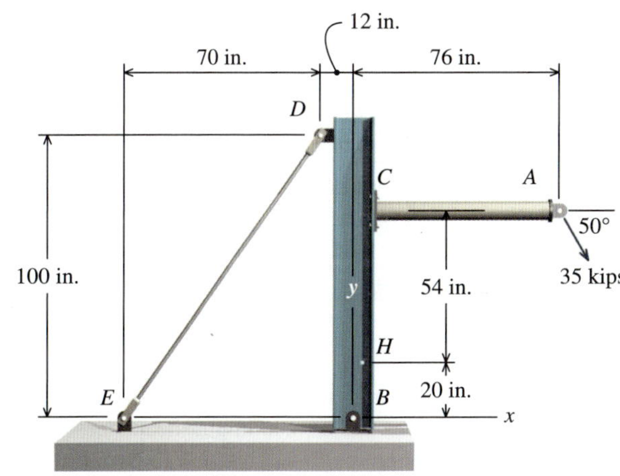


**FIGURE P15.29*a***

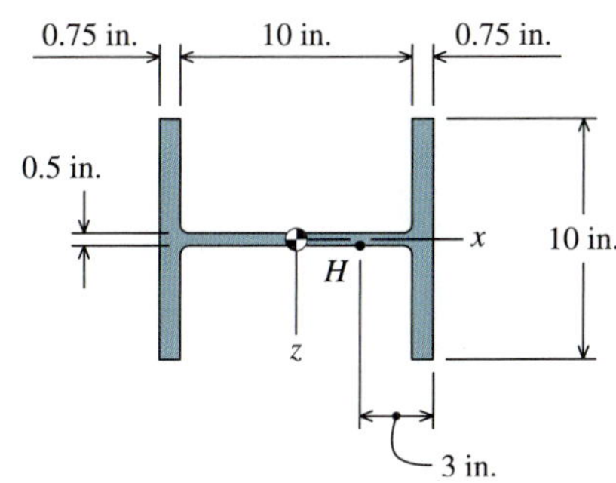


**FIGURE P15.29*b***

**P15.30** For horizontal flexural member *AB*, determine the principal stresses and the maximum shear stress acting at points *H* and *K* as shown in Figures P15.30*a* and P15.30*b*. Show these stresses in an appropriate sketch for each point.

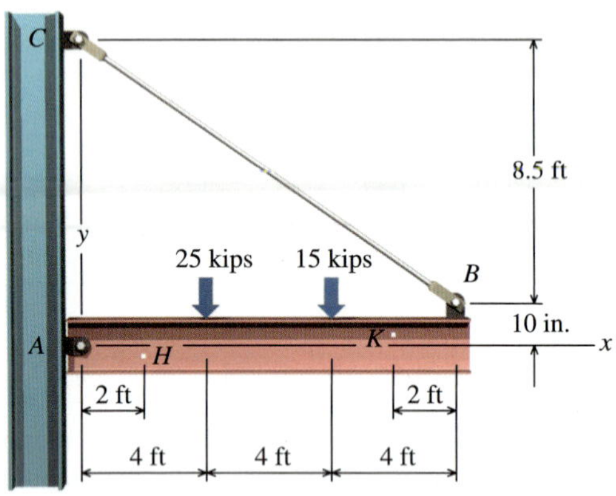


**FIGURE P15.30*a***

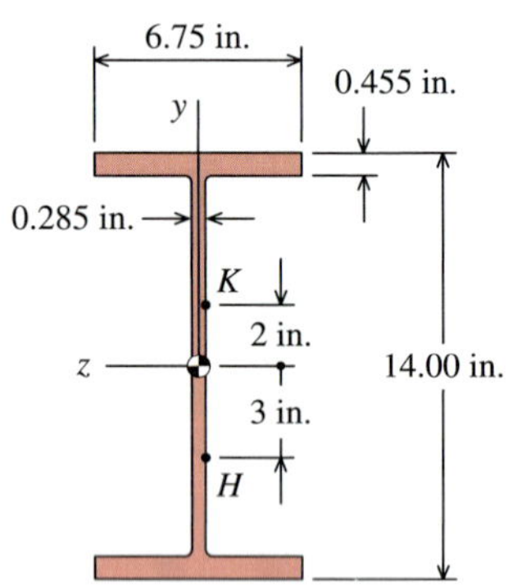


**FIGURE P15.30*b***

**P15.31** A machine component is subjected to a load of 3,800 N. Determine the principal stresses and the maximum shear stress acting at point *H* as shown in Figures P15.31*a* and P15.31*b*. Show these stresses in an appropriate sketch.

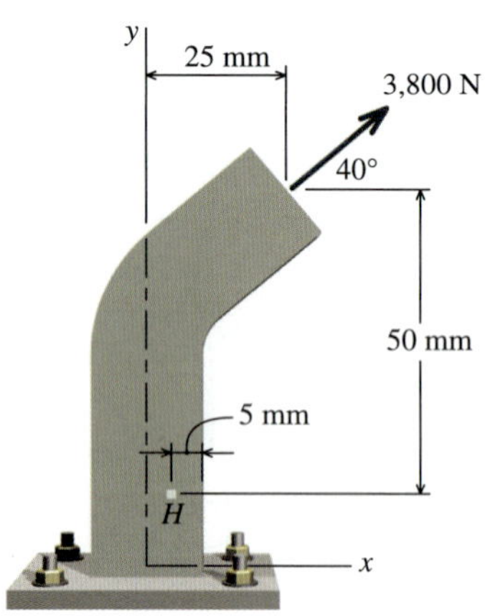


**FIGURE P15.31*a***

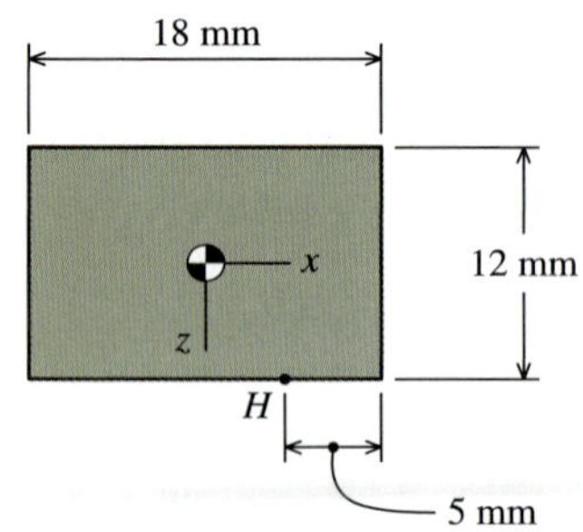


**FIGURE P15.31*b*** Cross-sectional dimensions.

**P15.32** A load of 1,800 N acts on the machine part shown in Figure P15.32*a*. The machine part has a uniform thickness of 6 mm (i.e., 6-mm thickness in the *z* direction). Determine the principal stresses and the maximum shear stress acting at points *H* and *K*, which are shown in detail in Figure P15.32*b*. Show these stresses in an appropriate sketch for each point.

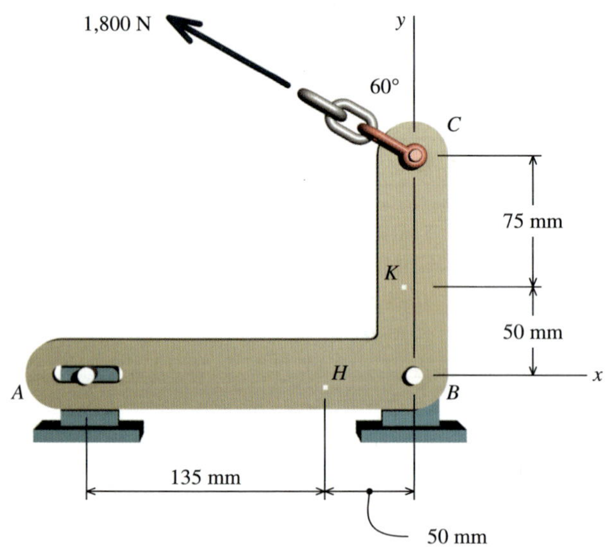


**FIGURE P15.32*a***

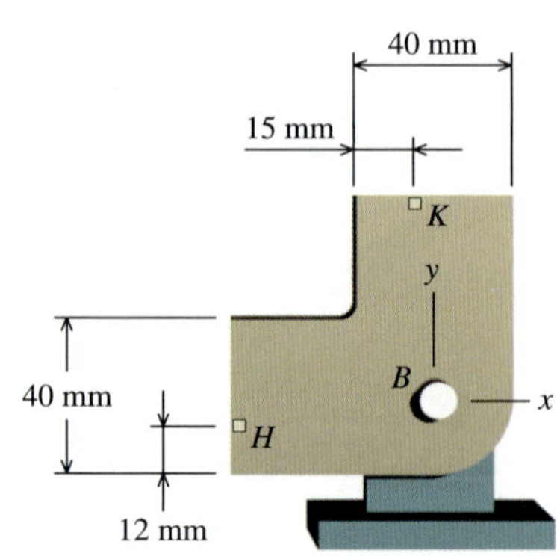


**FIGURE P15.32*b*** Detail at pin *B*.

**P15.33** The timber beam shown in Figure P15.33*a* has the cross section shown in Figure P15.33*b*. At point *H*, the allowable compression principal stress is 400 psi and the maximum allowable in-plane shear stress is 110 psi. Determine the maximum allowable load *P* that may be applied to the beam.

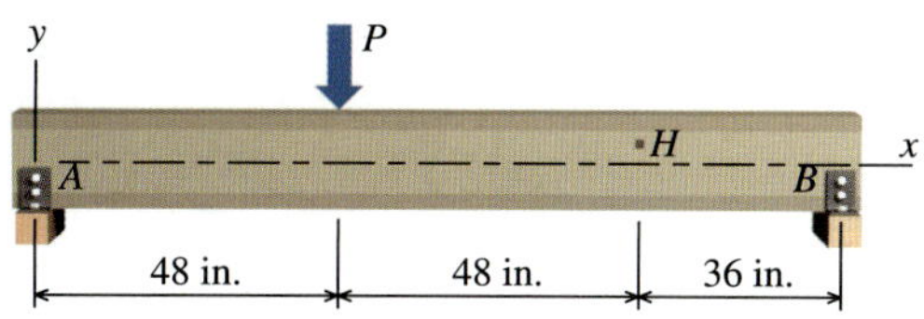


**FIGURE P15.33*a***

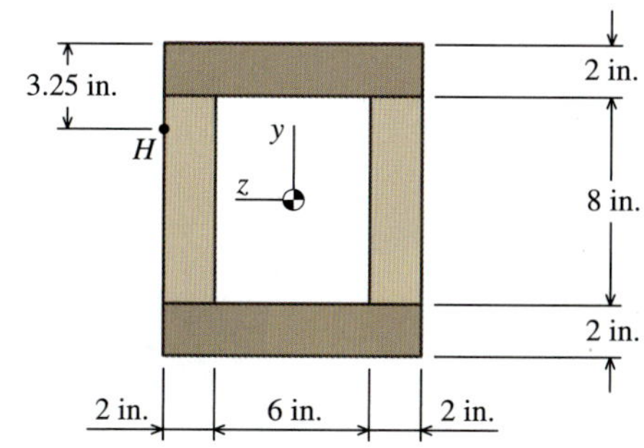


**FIGURE P15.33*b***

## 15.4 일반적인 조합하중

산업현장의 실제 상황에서 대부분 축 하중, 비틀림 하중, 휨 하중 등이 기계 부품에 동시에 작용하고, 이러한 하중의 종합적인 영향 또는 결과가 부품 안에서 발생하는 중요 응력을 결정하기 위해 분석되어야 한다. 비록 숙련된 설계 기술자들은 높은 응력이 발생할 가능성이 높은 하나 또는 여러 점을 예측할 수는 있지만 어떤 특정 단면에서 가장 가혹하게 응력이 부과된 점은 분명하지 않을 수도 있다. 결과적으로 부품 내의 중요 응력을 알기 전에 일반적으로 하나 이상의 점들에서 응력 해석을 실시해야 한다.

### 계산 절차

단축부하, 비틀림, 굽힘, 압력 등을 받는 부품의 특정한 점에서 주응력과 최대 전단응력을 계산하는 데 있어, 다음의 절차는 유용하다.

**1.** 원하는 면에 작용하는 정역학적 등가 힘과 모멘트를 결정한다. 이 단계에서, 복잡한 3차원 부품이나 다중 하중에 영향을 받는 구조는 관심 단면에서 3개 이내 하중과 3개 이내의 모멘트를 갖는 단순 균일단면 부재로 변한다.

**a.** 정역학적 등가 힘과 모멘트를 구할 때, 구조의 일부분, 즉 관심 단면으로부터 구조의 자유단까지를 고려하는 것이 편리하다. 원하는 단면에서 정역학적 등가 힘은 구조의 일부분에 작용하는 하중을 합하여 구한다(즉, $\Sigma F_x$, $\Sigma F_y$, $\Sigma F_z$). 이때, 즉 하중을 더할 때, 반력은 포함되지 않는다는 사실에 유념해야 한다.

**b.** 하중의 크기와 거리 모두 각 모멘트 성분을 만들기 때문에 정역학적 등가 모멘트를 정확하게 결정하기가 보다 어려울 수 있다. 한 가지 접근 방법으로 구조의 각 하중을 순서대로 고려하는 것이다. 모멘트 크기, 모멘트가 작용하는 축, 모멘트 부호 등은 각 하중에 대하여 결정되어야 한다. 뿐만 아니라, 구조에서의 단일 하중은 2축에 대한 별도의 모멘트를 유발한다. 모든 모멘트 성분들이 결정되었다면, 원하는 단면에서의 정역학적 등가 모멘트는 각 방향의 모멘트 성분의 합으로부터 구할 수 있다(즉, $\Sigma M_x$, $\Sigma M_y$, $\Sigma M_z$).

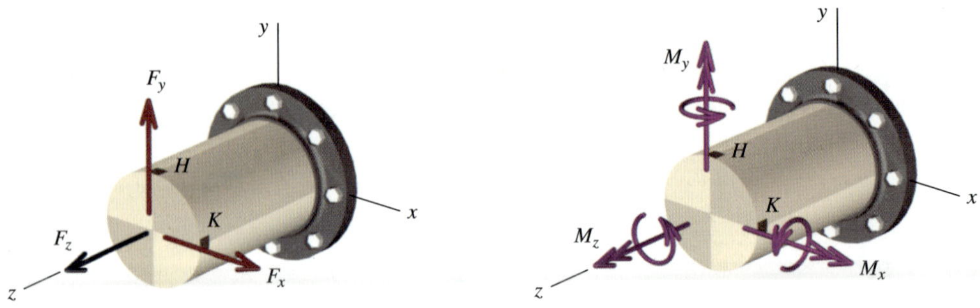


(a) 등가 힘 (b) 등가 모멘트

**그림 15.3** • 원하는 면에서 정적 등가 힘과 모멘트

벡터적은 교환법칙이 성립하지 않는다. 그러므로 모멘트 벡터는 **F** × **r**이 아닌 **M** = **r** × **F**로 계산되어야 한다.

**c.** 구조의 기하학적 형상과 하중이 복잡할 경우에는 정역학적 등가 모멘트를 구하기 위하여 위치벡터와 힘벡터를 사용하는 것이 보다 쉬울 수 있다. 관심 단면에서 하중이 부과된 특정한 점까지의 위치벡터 **r**을 그 점에 작용하는 힘벡터 **F**와 함께 결정한다. 모멘트 벡터 **M**은 위치벡터와 힘벡터의 벡터적으로부터 계산되어진다. 즉 **M** = **r** × **F**. 만일 하중이 구조상의 하나 이상의 위치에 작용한다면, 그만큼 많은 벡터적이 계산되어야 한다.

**2.** 관심 단면에서 정역학적 등가 힘과 모멘트가 결정되었다면, 관심 단면에 작용하는 모든 힘과 모멘트의 크기와 방향을 가시화하기 위한 두 개의 그림을 그린다. 전형적인 그림을 그림 15.3과 그림 15.4에 나타내었다. 이러한 그림은 응력 계산을 진행하기 이전에 결과를 구상하고 명확하게 하도록 도와준다.

**단면2차관성모멘트**는 전단력과 관계된 전단응력을 계산하기 위해 사용된다. 이러한 전단응력들은 보에서의 불균일굽힘에 의해 발생한다.

**3.** 각 정역학적 등가 힘으로부터 발생하는 응력들을 계산한다.

**a.** 축력(그림 15.3*a*에서의 힘 $F_z$와 그림 15.4*a*에서의 힘 $F_y$)은 $\sigma = F/A$로부터 결정된 인장법선응력이나 압축법선응력을 유발한다.

**b.** $\tau = VQ/It$ 식으로 계산된 전단응력들은 전단력(그림 15.3*a*에서의 힘 $F_x$와 $F_y$, 그림 15.4*a*에서의 힘 $F_x$와 $F_z$)과 관련된다. 응력요소 위에 $\tau$의 방향을 정하기 위하여 관심

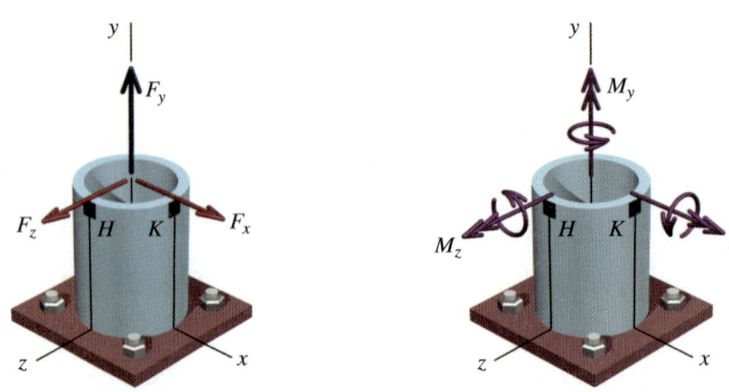


(a) 등가 힘 (b) 등가 모멘트

**그림 15.4** • 원하는 면에서 정적 등가 힘과 모멘트

단면 위의 전단력의 방향을 활용한다. 전단력과 관련된 $\tau$가 단면 상에 포물선 형태로 분포한다는 것을 기억할 필요가 있다(그림 9.10). 원형단면에서 $Q$는 중실 단면일 경우 식 (9.7) 또는 (9.8)로부터 계산되고 중공단면일 경우 식 (9.10)으로부터 계산된다.

**4.** 정역학적 등가 모멘트로부터 발생하는 응력을 결정하라.

**a.** 관심 단면에서 부품의 길이방향에 대한 모멘트를 토크, 즉 비틀림모멘트라고 부른다. 그림 15.3*b*에서 $M_z$는 토크이고, 반면 그림 15.4*b*에서 $M_y$가 토크이다. 토크는 $\tau = Tc/J$의 전단응력을 유발한다. 여기서 $J$는 단면극관성모멘트이다. 원형 단면의 단면극관성모멘트는 다음으로부터 계산된다.

$$J = \frac{\pi}{32} d^4 \qquad (\text{중실축})$$

$$J = \frac{\pi}{32}[D^4 - d^4] \qquad (\text{중공축})$$

원하는 점을 위한 응력요소의 측면에 작용하는 $\tau$의 방향을 결정하기 위해 토크의 방향을 사용한다.

**b.** 굽힘모멘트는 굽힘 축에 대하여 선형적으로 분포하는 법선응력을 발생시킨다. 그림 15.3*b*에서 $M_x$와 $M_y$는 굽힘모멘트이고, 그림 15.4*b*에서는 $M_x$와 $M_z$가 굽힘모멘트이다. $\sigma = My/I$로부터 굽힘응력의 크기를 계산한다. 여기서 $I$는 단면2차관성모멘트이다. 원형 단면의 단면2차관성모멘트는 다음 식으로 계산된다.

$$I = \frac{\pi}{64} d^4 \qquad (\text{중실축})$$

$$I = \frac{\pi}{64}[D^4 - d^4] \qquad (\text{중공축})$$

응력(인장 또는 압축)의 방향은 조사분석으로부터 결정된다. 굽힘응력은 보의 길이방향에 평행하게 작용한다. 그러므로 그림 15.3*b*에서 굽힘응력은 $z$방향으로 작용한다. 반면 그림 15.4*b*에서는 굽힘응력이 $y$방향으로 작용한다.

**5.** 만약 부품이 내압을 받는 속이 비어 있는 균일 원형 단면이라면, 길이방향과 원주방향의 법선응력이 발생한다. 길이방향의 응력은 $\sigma_{\text{long}} = pd/4t$로부터 계산되고, 원주방향의 응력은 $\sigma_{\text{hoop}} = pd/2t$로부터 계산된다. 여기서 $d$는 안지름이다. 이 두 식에서 $t$는 파이프와 튜브의 벽 두께를 나타낸다. 전단응력 식 $\tau = VQ/It$에서 나타나는 $t$는 다른 의미를 가지고 있다. 파이프에서 $\tau = VQ/It$의 식 안의 $t$는 실제 벽 두께의 2배와 같다.

**6.** 중첩의 정리를 사용하여 응력요소에 응력을 표시한다. 이때, 각 응력성분들에 올바른 방향을 부여하는 데 세심한 주의가 요구된다. 이전에 언급한 대로 응력요소에 작용하는 법선응력과 전단응력의 방향을 정하기 위한 별도의 조사분석을 실시하는 것이 일반적으로 더 믿음을 줄 수 있다.

중첩원리는 비례한도 이하의 응력에서 특정 위치에서의 동일한 유형의 응력들을 더할 수 있도록 한다. 예를 들면, 응력요소의 $x$면에 작용하는 모든 법선응력은 대수적으로 더해질 수 있다.

**7.** 관심의 점을 통과하는 직교하는 면에 작용하는 응력들을 알고 있고 응력요소에 표현되었다면, 12장에서 상술한 방법으로 그 점에서의 주응력과 최대 전단응력을 계산할 수 있다.

## 예제 15.4 EXAMPLE

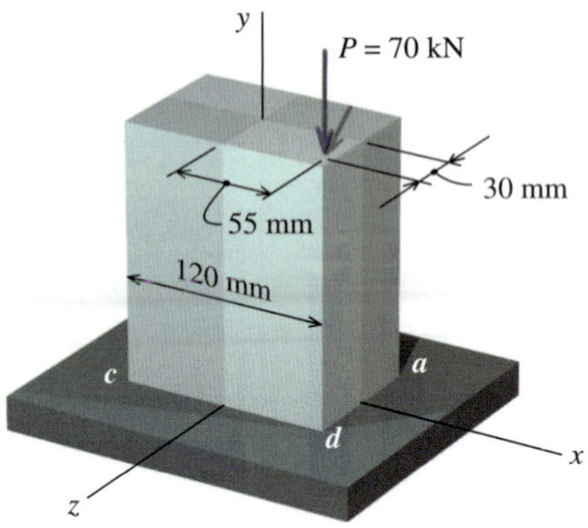


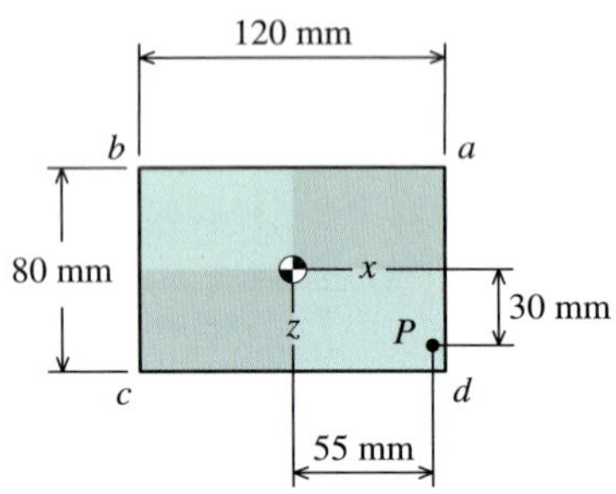


**단면 치수와 하중적용 위치**

그림과 같이 $P = 70$ kN의 하중을 짧은 기둥이 지지하고 있다. 기둥의 $a$, $b$, $c$, $d$의 모서리에서 법선응력을 구하라.

### 풀이 계획

$P = 70$ kN의 하중은 기둥의 모서리에서 세 가지의 방법으로 법선응력을 유발한다. 축력은 단면에서 균일한 압축법선응력을 유발한다. $P$는 $x$ 도심축으로부터 30 mm 떨어진 곳에 작용하고 $z$ 도심축으로부터 55 mm 떨어진 곳에 작용하기 때문에 $P$는 이러한 두 개의 축에 대한 굽힘모멘트를 유발한다. $x$축에 대한 모멘트는 기둥의 80 mm 폭에서 선형적으로 분포하는 인장과 압축법선응력을 유발한다. $z$축에 대한 모멘트는 단면의 120 mm 폭에서 선형적으로 분포하는 인장과 압축법선응력을 유발한다. 축력과 굽힘모멘트로부터 발생되는 법선응력은 네 개의 각 모서리에서 각각 결정되고, 그 결과는 $a$, $b$, $c$, $d$에서 법선응력을 구하기 위해 최종적으로 중첩된다.

### 풀이

**단면특성치**

기둥의 단면적은

$$A = (80 \text{ mm})(120 \text{ mm}) = 9{,}600 \text{ mm}^2$$

$x$ 도심축에 대한 단면2차관성모멘트는

$$I_x = \frac{(120 \text{ mm})(80 \text{ mm})^3}{12} = 5.120 \times 10^6 \text{ mm}^4$$

이고, $z$ 도심축에 대한 단면2차관성모멘트는

$$I_z = \frac{(80 \text{ mm})(120 \text{ mm})^3}{12} = 11.52 \times 10^6 \text{ mm}^4$$

이다. 그림의 좌표축에서 $I_z > I_x$이기 때문에 $x$축은 약축(weak axis)이라 칭하고 $z$축은 강축(strong axis)이라 칭한다.

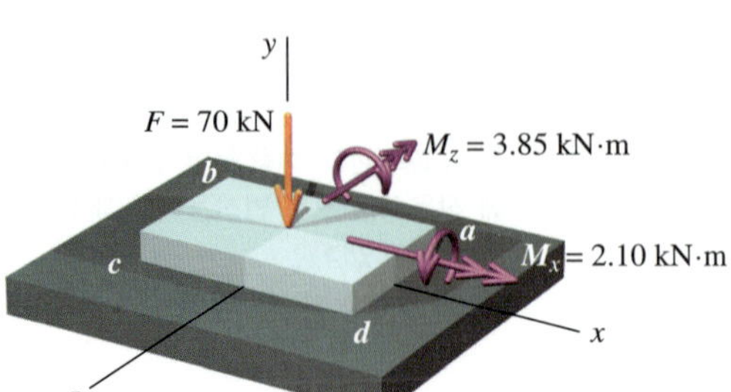


**기둥에서 등가의 힘**

$x$축으로부터 30 mm에 작용하고 $z$축으로부터 55 mm에 작용하는 수직힘 $P = 70$ kN은 축력 $F = 70$ kN과 굽힘모멘트 $M_x = 2.10$ kN·m과 $M_z = 3.85$ kN·m과 정역학적으로 동등하다. 각 내력(축력과 굽힘모멘트)이 유발하는 응력을 차례대로 고려한다.

**$F$로 인한 축 응력**

축력 $F = 70$ kN은 전체의 단면에서 균일한 압축법선응력을 발생시킨다. 응력의 크기는 다음과 같다.

$$\sigma_{\text{axial}} = \frac{F}{A} = \frac{(70\ \text{kN})(1{,}000\ \text{N/kN})}{9{,}600\ \text{mm}^2} = 7.29\ \text{MPa (C)}$$

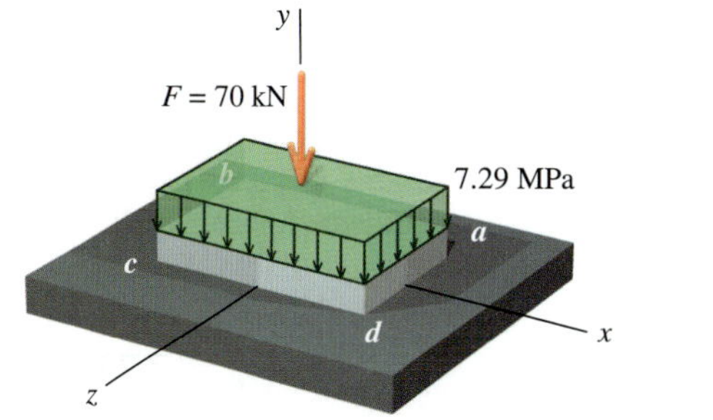


**$M_x$로 인한 굽힘응력**

그림에서처럼 $x$축에 대해 작용하는 굽힘모멘트는 $cd$ 쪽에서의 압축법선응력과 $ab$ 쪽에서의 인장법선응력을 발생시킨다. 최대 굽힘응력은 중립축($M_x$의 $x$ 도심축)으로부터 $z = \pm 40$ mm의 거리에서 발생한다. 최대 굽힘응력의 크기는 다음과 같이 계산된다.

$$\sigma_{\text{bend}} = \frac{M_x z}{I_x} = \frac{(2.10\ \text{kN·m})(\pm 40\ \text{mm})(1{,}000\ \text{N/kN})(1{,}000\ \text{mm/m})}{5.120 \times 10^6\ \text{mm}^4}$$
$$= \pm 16.41\ \text{MPa}$$

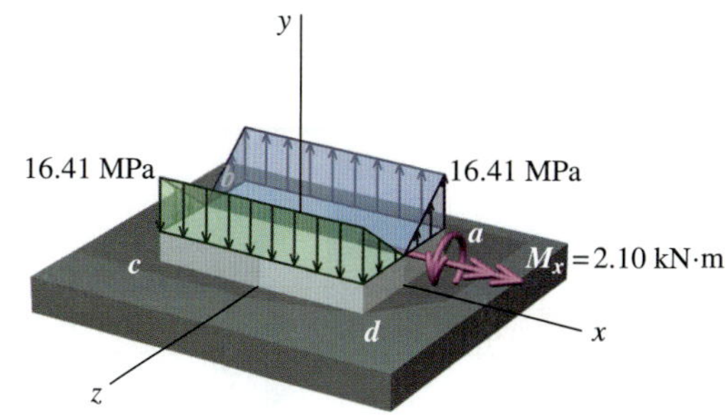


**$M_z$로 인한 굽힘응력**

$z$ 도심축에 대해 그림에서처럼 작용하는 굽힘모멘트는 $ad$ 쪽에서의 압축법선응력과 $bc$ 쪽에서의 인장법선응력을 발생시킨다. 최대 굽힘응력은 중립축($M_z$의 $z$ 도심축)으로부터 $x = \pm 60$ mm의 거리에서 발생한다. 최대 굽힘응력의 크기는 다음과 같이 계산된다.

$$\sigma_{\text{bend}} = \frac{M_z x}{I_z} = \frac{(3.85\ \text{kN·m})(\pm 60\ \text{mm})(1{,}000\ \text{N/kN})(1{,}000\ \text{mm/m})}{11.52 \times 10^6\ \text{mm}^4}$$
$$= \pm 20.05\ \text{MPa}$$

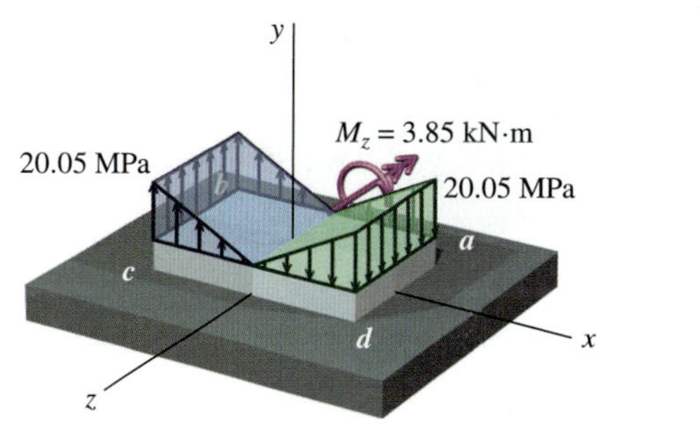


**모서리 $a$, $b$, $c$, $d$에서의 법선응력**

기둥의 네 개의 모서리에 각각 작용하는 법선응력은 아래에 앞에서 구한 결과를 중첩함으로써 결정한다. 모든 경우에서 법선응력은 수직 방향 즉, $y$방향으로 작용한다. 응력의 방향은 인장이나 압축 둘 다 조사분석에 의해 결정된다.

모서리 $a$:

$$\sigma_a = 7.29\ \text{MPa (C)} + 16.41\ \text{MPa (T)} + 20.05\ \text{MPa (C)}$$
$$= -7.29\ \text{MPa} + 16.41\ \text{MPa} - 20.05\ \text{MPa}$$
$$= -10.93\ \text{MPa} = 10.93\ \text{MPa (C)}$$

**Ans.**

모서리 $b$:

$$\sigma_b = 7.29\ \text{MPa (C)} + 16.41\ \text{MPa (T)} + 20.05\ \text{MPa (T)}$$
$$= -7.29\ \text{MPa} + 16.41\ \text{MPa} + 20.05\ \text{MPa}$$
$$= 29.17\ \text{MPa} = 29.17\ \text{MPa (T)}$$

**Ans.**

모서리 $c$:

$$\begin{aligned}\sigma_c &= 7.29 \text{ MPa (C)} + 16.41 \text{ MPa (C)} + 20.05 \text{ MPa (T)} \\ &= -7.29 \text{ MPa} - 16.41 \text{ MPa} + 20.05 \text{ MPa} \\ &= -3.65 \text{ MPa} = 3.65 \text{ MPa (C)}\end{aligned}$$ **Ans.**

모서리 $d$:

$$\begin{aligned}\sigma_d &= 7.29 \text{ MPa (C)} + 16.41 \text{ MPa (C)} + 20.05 \text{ MPa (C)} \\ &= -7.29 \text{ MPa} - 16.41 \text{ MPa} - 20.05 \text{ MPa} \\ &= -43.75 \text{ MPa} = 43.75 \text{ MPa (C)}\end{aligned}$$ **Ans.**

### MecMovies Example M15.5

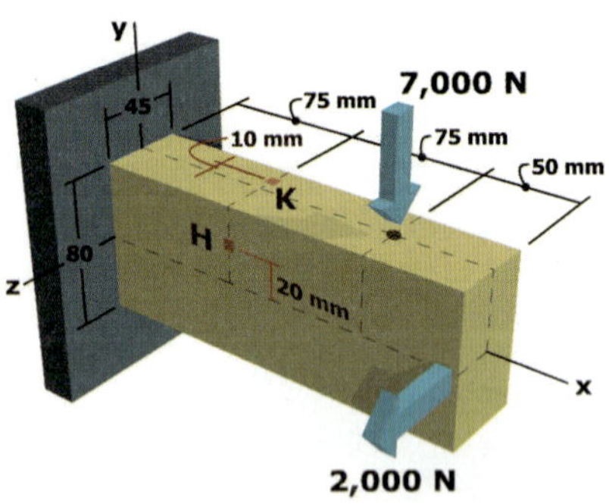


두 개의 하중이 직사각형 단면의 폭이 45 mm와 80 mm인 외팔보에 작용한다. 점 $H$에서의 법선응력과 전단응력을 구하라.

### MecMovies Example M15.6

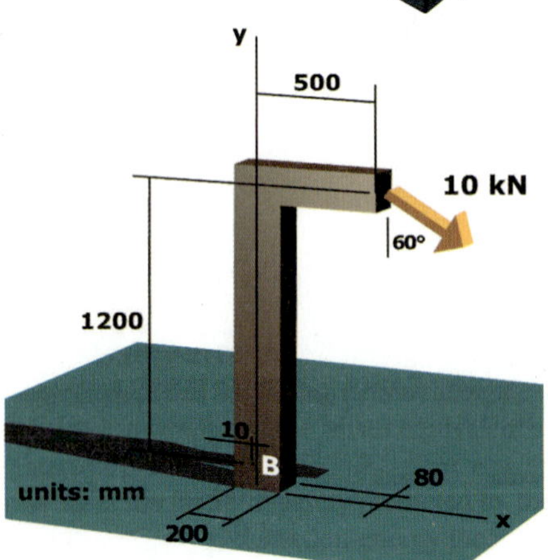


그림의 사각 기둥의 단면 치수는 200 mm(높이)와 80 mm(폭)이다. 이 기둥은 $x$–$y$ 평면상에서 $y$축과 60°의 방향으로 10 kN의 집중하중을 받는다. 기둥의 앞면에서 길이방향의 중앙선의 왼쪽으로 10 mm의 거리에 위치한 점 $B$에서 $x$ 방향과 $y$방향으로 작용하는 응력을 구하라.

## 예제 15.5 EXAMPLE

36 mm의 중실축은 그림에서처럼 640 N의 하중을 받고 있다. 점 $H$와 점 $K$에서 주응력과 최대 전단응력을 구하라.

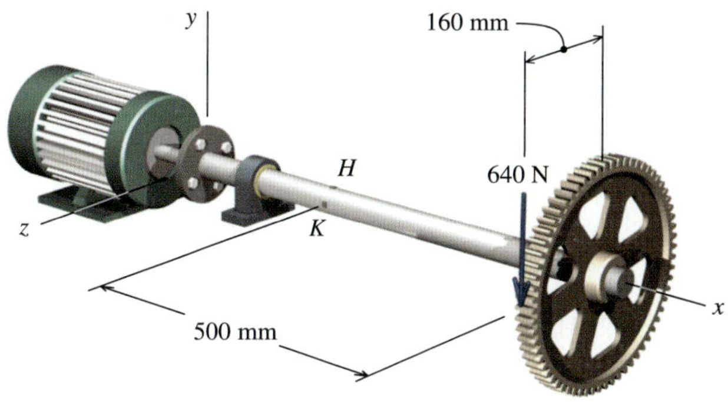


### 풀이 계획

기어에 작용하는 640 N의 하중은 축 내부의 원하는 단면에서의 전단력, 비틀림모멘트(내부토크), 굽힘모멘트를 유발한다. 내력은 점 $H$와 $K$에서 법선응력과 전단응력을 유발하지만 점 $H$는 축의 상단에 위치하고 $K$는 축의 측면에 위치하기 때문에 두 개의 점에서 응력의 상태는 다르다. 풀이는 원하는 면에서 기어의 이에 작용하는 640 N의 하중에 상응하는 정역학적 등가 힘과 모멘트를 결정하는 것으로부터 시작된다. 이 정역학적 등가 힘 시스템으로부터 발생된 법선응력과 전단응력은 점 $H$와 점 $K$에서 계산되고 응력요소 상에 방향과 함께 표시된다. 응력의 좌표변환 식이 각 응력요소의 주응력과 최대 전단응력을 결정하기 위해 사용된다.

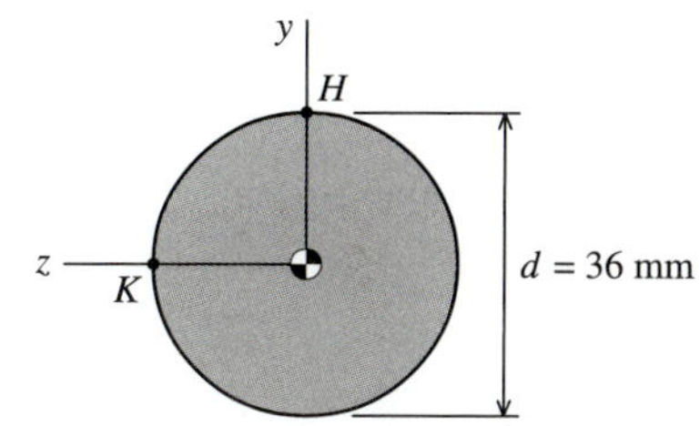

수직단면

### 풀이

### 정역학적 등가 힘 시스템

640 N의 하중과 정역학적 등가 힘과 모멘트의 시스템은 관심 단면에서 손쉽게 결정된다.

단면에서 정역학적 등가 힘은 기어에 작용하는 640 N의 하중과 같다. 640 N의 하중의 작용선이 점 $H$와 $K$를 포함하는 단면을 지나지 않기 때문에 이 하중으로부터 생성된 모멘트를 구해야 한다.

$x$축에 대한 모멘트(토크)는 힘의 크기와 관심 단면에서 기어의 이까지의 $z$방향으로의 거리의 결과이다. $M_x = (640\text{ N})(160\text{ mm}) = 102{,}400\text{ N}\cdot\text{mm} = 102.4\text{ N}\cdot\text{m}$. 마찬가지로 $z$ 축에 대한 모멘트는 힘의 크기와 점 $H$와 점 $K$에서 기어의 이까지의 $x$방향으로의 거리의 결과이다. $M_z = (640\text{ N})(500\text{ mm}) = 320{,}000\text{ N}\cdot\text{mm} = 320\text{ N}\cdot\text{m}$. 조사분석에 의해 이 모멘트 등은 그림의 방향으로 작용한다.

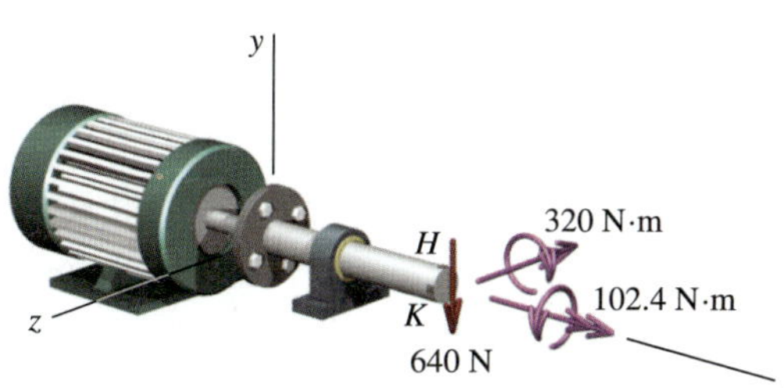


다른 해법: 이 문제의 기하학은 비교적 간단하다. 그러므로 정역학적 등가 모멘트는 조사분석으로부터 쉽게 결정된다. 더 복잡한 상황에서는 위치벡터와 힘벡터를 사용하여 등가 모멘트를 결정하는 것은 더 쉽다.

관심 단면에서 하중 작용점까지의 위치벡터 **r**은 $\mathbf{r} = 500\text{ mm}\,\mathbf{i} + 160\text{ mm}\,\mathbf{k}$이다. 기어의 이에 작용하는 하중은 힘벡터 $\mathbf{F} = -640\text{ N}\mathbf{j}$로 표현된다. 정역학적 등가 모멘트 벡터 **M**은 $\mathbf{M} = \mathbf{r} \times \mathbf{F}$의 백터적으로부터 구할 수 있다.

$$\mathbf{M} = \mathbf{r} \times \mathbf{F} = \begin{vmatrix} \mathbf{i} & \mathbf{j} & \mathbf{k} \\ 500 & 0 & 160 \\ 0 & -640 & 0 \end{vmatrix} = 102{,}400\text{ N}\cdot\text{mm}\,\mathbf{i} - 320{,}000\text{ N}\cdot\text{mm}\,\mathbf{k}$$

여기에 사용된 좌표계에서 $x$축과 축의 방향과 일치한다. 그러므로 모멘트 벡터의 $x$성분은 비틀림모멘트(내부토크)이고, 반면 $z$성분은 굽힘모멘트이다.

**단면특성치**

축의 지름은 36 mm이다. 단면극관성모멘트는 축의 내부토크로부터 발생한 전단응력을 계산하기 위해 필요하다.

$$J = \frac{\pi}{32}d^4 = \frac{\pi}{32}(36\ \text{mm})^4 = 164{,}896\ \text{mm}^4$$

$z$ 도심축에 대한 축의 단면극관성관성모멘트는

$$I_z = \frac{\pi}{64}d^4 = \frac{\pi}{64}(36\ \text{mm})^4 = 82{,}448\ \text{mm}^4$$

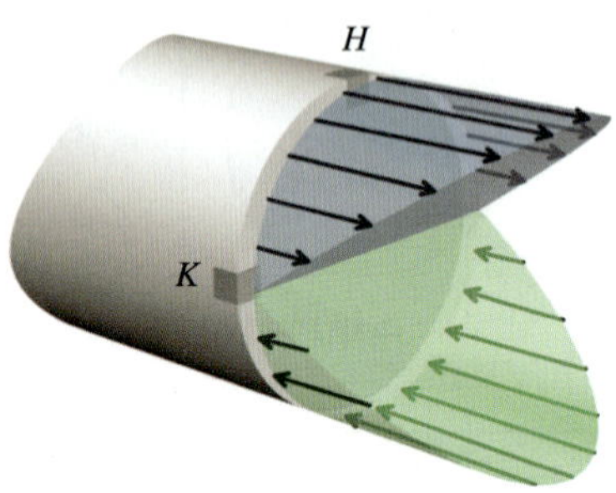


**점 $H$에서의 법선응력**

$z$축에 대해 작용하는 320 N·m의 굽힘모멘트는 축의 $y$축 방향 상에 서로 다른 법선응력을 유발한다. 점 $H$에서 굽힘응력은 휨 공식으로부터 계산된다.

$$\sigma_x = \frac{Mc}{I_z} = \frac{(320{,}000\ \text{N·mm})(18\ \text{mm})}{82{,}448\ \text{mm}^4} = 69.9\ \text{MPa (T)}$$

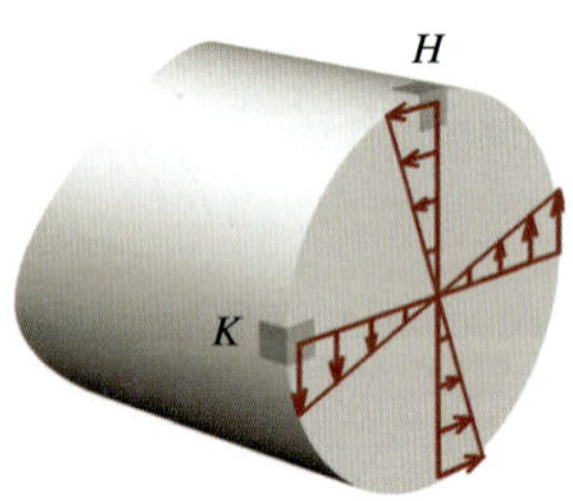


**점 $H$에서의 전단응력**

$x$축에 대해 작용하는 102.4 N·m의 토크는 점 $H$에서 전단응력을 만든다. 이러한 전단응력의 크기는 탄성 비틀림 공식으로부터 계산된다.

$$\tau = \frac{Tc}{J} = \frac{(102{,}400\ \text{N·mm})(36\ \text{mm}/2)}{164{,}896\ \text{mm}^4} = 11.18\ \text{MPa}$$

640 N의 전단력과 관련된 전단응력은 $H$에서 0이다.

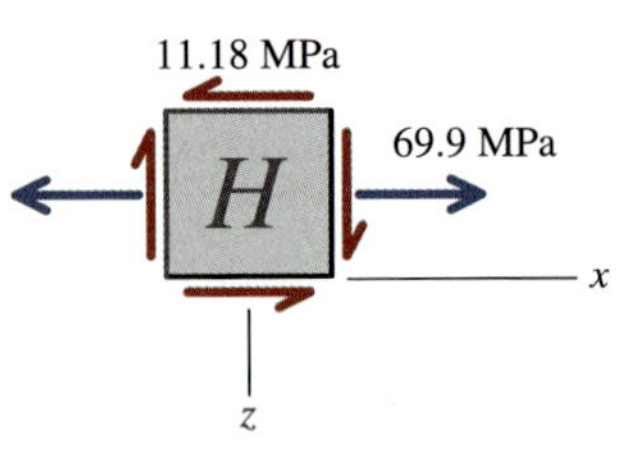


**점 $H$에서의 조합응력**

점 $H$에서 작용하는 법선응력과 전단응력을 응력요소에 나타내었다.

**점 $H$에서의 응력의 좌표변환 결과**

점 $H$에서 주응력과 최대 전단응력은 아래의 그림에 제시되었다.

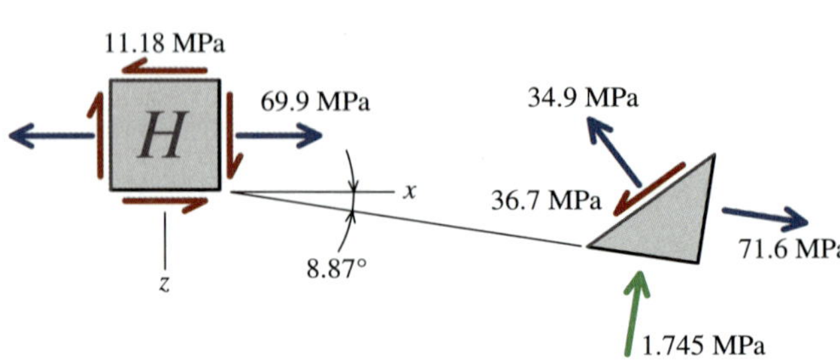

**점 $K$에서의 법선응력**

$z$축에 대해 작용하는 320 N·m의 굽힘모멘트는 축의 $y$축 방향으로 서로 다른 법선응력을 유발한다. 그러나 점 $K$는 굽힘모멘트에 대한 중립축, 즉 $z$ 중립축 위에 위치한다. 결과적으로 점 $K$에서의 굽힘응력은 0이다.

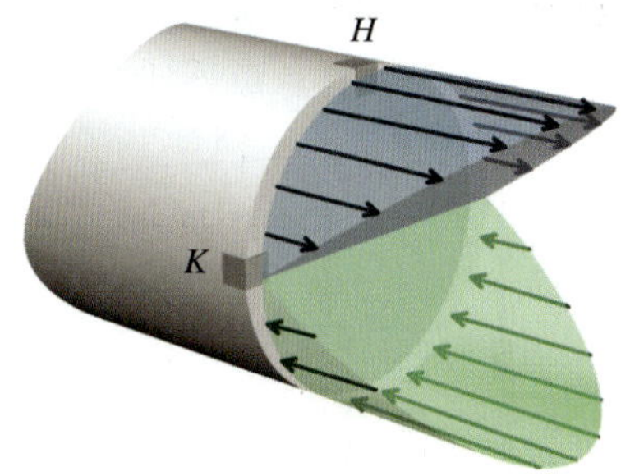


**점 $K$에서의 전단응력**

$x$축에 대해 작용하는 102.4 N·m의 토크는 점 $K$에서 전단응력을 만든다. 점 $K$에서 이 전단응력의 크기는 점 $H$에서의 그것과 같다. $\tau = 11.18$ MPa.

관심 단면에서 수직으로 작용하는 640 N의 전단력은 점 $K$에서의 전단응력과 관련된다. 식 (9.8)로부터 중실원형단면의 1차면적모멘트 $Q$는

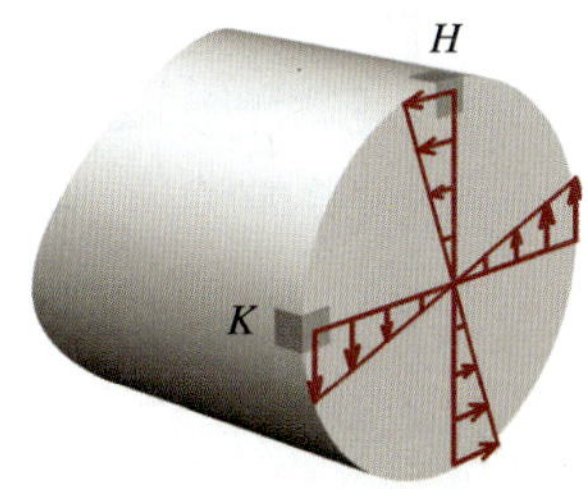


$$Q = \frac{d^3}{12} = \frac{(36 \text{ mm})^3}{12} = 3{,}888 \text{ mm}^3$$

전단응력 공식 [식 (9.2)]는 전단응력을 계산하기 위해 사용된다.

$$\tau = \frac{VQ}{I_z t} = \frac{(640 \text{ N})(3{,}888 \text{ mm}^3)}{(82{,}448 \text{ mm}^4)(36 \text{ mm})} = 0.838 \text{ MPa}$$

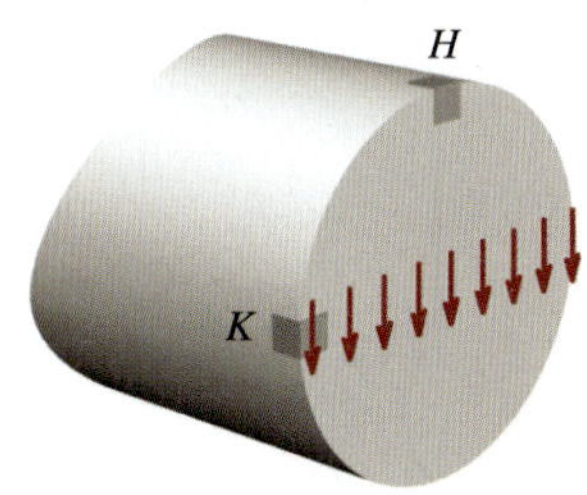


**점 $K$에서의 조합응력**

점 $K$에서 작용하는 법선응력과 전단응력은 그림과 같이 응력요소에 요약되어 표시된다. 점 $K$에서 전단응력들은 모두 응력요소의 $+x$ 면에서 아랫방향으로 작용한다. 한 면에 적절한 전단응력 방향이 결정되면 다른 세 면에서 전단응력의 방향은 자동적으로 결정된다.

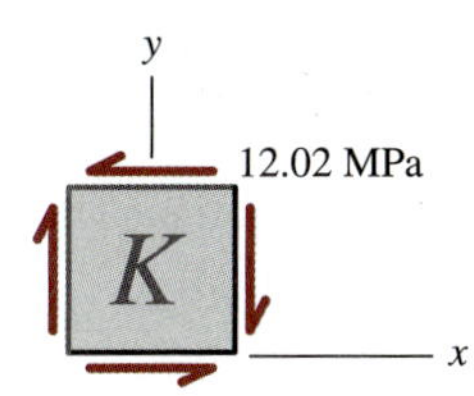


**점 $K$에서의 응력의 좌표전환 결과**

점 $K$에서의 주응력과 최대 전단응력은 응력의 좌표변환 공식과 12장에서 상술한 과정으로부터 결정된다. 이러한 계산의 결과는 오른쪽의 그림과 같다.

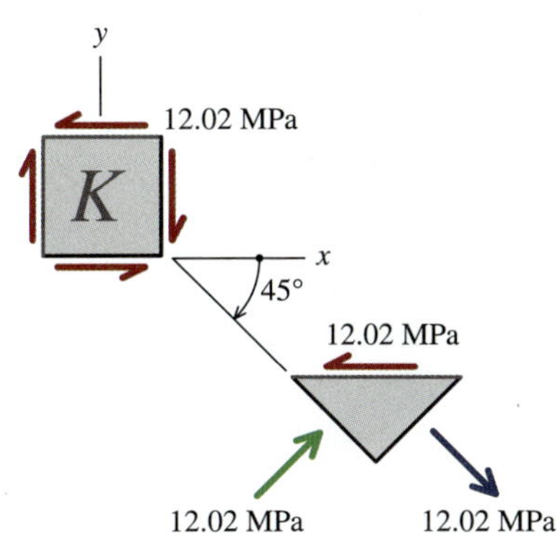

## 예제 15.6 EXAMPLE

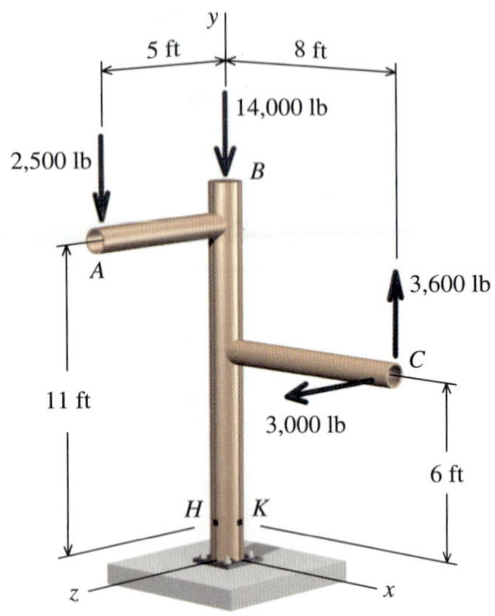


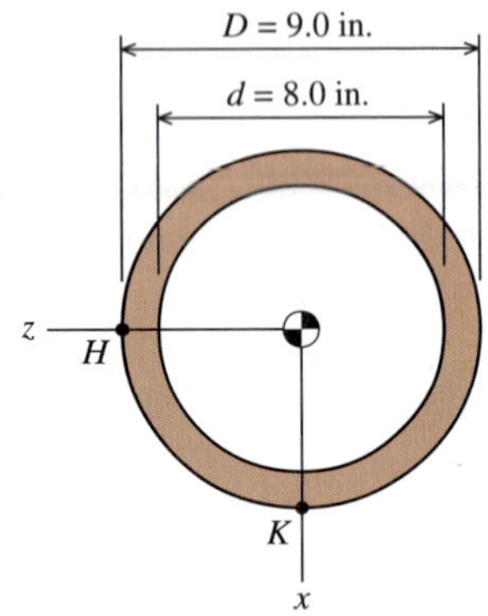


기둥 단면적 치수

바깥지름 $D = 9.0$ in.와 안지름 $d = 8.0$ in.의 수직 파이프 기둥이 그림과 같이 조합하중을 받고 있다. 점 $H$와 점 $K$에서의 주응력과 최대 전단응력을 구하라.

### 풀이 계획

몇 개의 하중이 그림의 구조물에 작용한다. 먼저 4개의 조합하중에 상응하는 정역학적 등가 힘과 모멘트를 관심 단면에서 구해야 한다. 그리고 이 등가 힘 시스템으로 인하여 점 $H$와 점 $K$에 발생하는 법선응력과 전단응력을 구하고 이를 적절한 방향과 함께 점 $H$와 $K$의 응력요소에 표시한다. 응력의 좌표변환 식을 이용하여 각 응력요소의 주응력과 최대 전단응력을 결정한다.

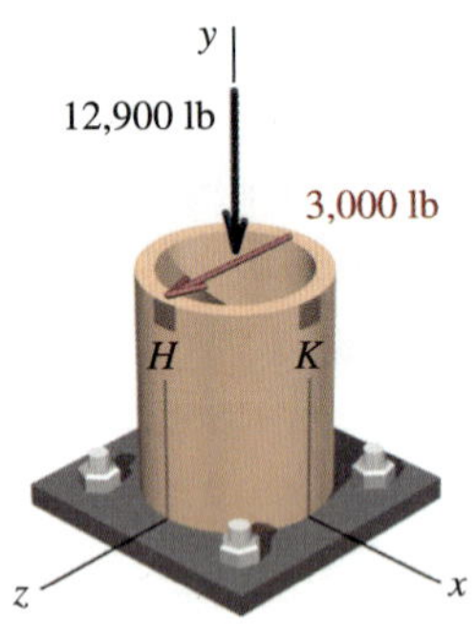


점 $H$와 $K$를 포함하는 면에서의 등가 힘

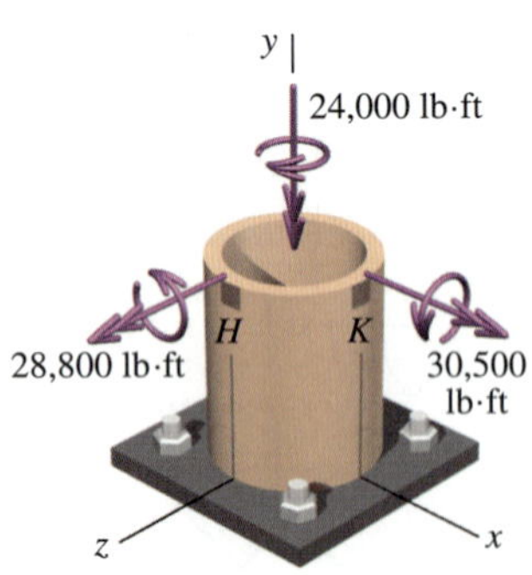


점 $H$와 $K$를 포함하는 면에서의 등가 모멘트

### 풀이

**등가 힘 시스템**

점 $A$, 점 $B$, 점 $C$ 등에 작용하는 4개의 하중에 대하여 정역학적으로 등가 힘과 모멘트의 시스템을 관심 단면에서 손쉽게 결정할 수 있다.

여기서 등가 힘은 부과된 하중과 같다. $x$방향으로 작용하는 하중은 없다. $y$방향의 하중의 합은

$$\Sigma F_y = -2{,}500 \text{ lb} - 14{,}000 \text{ lb} + 3{,}600 \text{ lb} = -12{,}900 \text{ lb}$$

$z$방향으로 작용하는 하중은 점 $C$에 작용하는 3,000 lb 하나밖에 없다. 단면에 작용하는 정역학적 등가 힘은 왼쪽의 그림에서 보는 바와 같다.

관심 단면에 작용하는 등가 모멘트는 순서대로 각 하중을 고려함으로써 결정된다.

- $A$에 작용하는 2,500 lb 하중은 $+x$축에 작용하는 (2,500 lb)(5 ft) = 12,500 lb·ft의 모멘트를 만든다.
- 14,000 lb 하중의 작용선은 원하는 단면을 지난다. 그러므로 $H$와 $K$에 어떤 모멘트도 유발하지 않는다.
- $C$에서 수직으로 작용하는 3,600 lb 하중은 $+z$축에 대해 (3,600 lb)(8 ft) = 28,800 lb·ft의 모멘트를 발생시킨다.

- $C$에서 수평으로 작용하는 3,000 lb 하중은 두 개의 모멘트 성분을 발생시킨다.
  - 하나의 모멘트 성분은 (3,000 lb)(8 ft) = 24,000 lb·ft의 크기로 $-y$축에 대한 것이다.
  - 두 번째 모멘트 성분은 (3,000 lb)(6 ft) = 18,000 lb·ft의 크기로 $+x$축에 대한 것이다.
- $x$축에 대해 작용하는 모멘트는 등가 모멘트를 결정하기 위해 더해져야 한다.

$$M_x = 12{,}500 \text{ lb·ft} + 18{,}000 \text{ lb·ft} = 30{,}500 \text{ lb·ft}$$

여기서 사용된 좌표계에서 파이프 기둥의 축은 $y$축과 일치한다. 따라서 $y$축에 대해 작용하는 모멘트 성분은 비틀림모멘트를 발생시킨다. $x$와 $z$축에 대한 성분은 굽힘모멘트에 해당한다.

다른 해법: 네 개의 하중 시스템에 등가인 모멘트는 위치벡터와 힘벡터를 사용하여 체계적으로 계산할 수 있다. 원하는 단면으로부터 점 $A$까지의 위치벡터 $\mathbf{r}$은 $\mathbf{r_A} = 11 \text{ ft}\,\mathbf{j} + 5 \text{ ft}\,\mathbf{k}$이다. $A$에서 하중은 힘벡터 $\mathbf{F_A} = -2{,}500 \text{ lb}\,\mathbf{j}$로 표현된다. 2,500 lb 하중으로부터 생성된 모멘트는 $\mathbf{M_A} = \mathbf{r_A} \times \mathbf{F_A}$의 벡터적으로부터 구할 수 있다.

$$\mathbf{M_A} = \mathbf{r_A} \times \mathbf{F_A} = \begin{vmatrix} \mathbf{i} & \mathbf{j} & \mathbf{k} \\ 0 & 11 & 5 \\ 0 & -2{,}500 & 0 \end{vmatrix} = 12{,}500 \text{ lb·ft}\,\mathbf{i}$$

관심 단면으로부터 $C$까지의 위치벡터는 $\mathbf{r_C} = 8 \text{ ft}\,\mathbf{i} + 6 \text{ ft}\,\mathbf{j}$이다. $C$에서의 하중은 $\mathbf{F_C} = 3{,}600 \text{ lb}\,\mathbf{j} + 3{,}000 \text{ lb}\,\mathbf{k}$로 표현된다. 모멘트는 $\mathbf{M_C} = \mathbf{r_C} \times \mathbf{F_C}$의 벡터적으로부터 구할 수 있다.

$$\mathbf{M_C} = \mathbf{r_C} \times \mathbf{F_C} = \begin{vmatrix} \mathbf{i} & \mathbf{j} & \mathbf{k} \\ 8 & 6 & 0 \\ 0 & 3{,}600 & 3{,}000 \end{vmatrix} = 18{,}000 \text{ lb·ft}\,\mathbf{i} - 24{,}000 \text{ lb·ft}\,\mathbf{j} + 28{,}800 \text{ lb·ft}\,\mathbf{k}$$

관심 단면에서 정역학적 등가 모멘트는 $\mathbf{M_A}$와 $\mathbf{M_C}$의 합으로 구할 수 있다.

$$\mathbf{M} = \mathbf{M_A} + \mathbf{M_C} = 30{,}500 \text{ lb·ft}\,\mathbf{i} - 24{,}000 \text{ lb·ft}\,\mathbf{j} + 28{,}800 \text{ lb·ft}\,\mathbf{k}$$

### 단면특성치

파이프 기둥의 바깥지름은 $D = 9.0$ in.이고 안지름은 $d = 8.0$ in.이다. 단면의 면적, 단면2차관성모멘트, 단면극관성모멘트는

$$A = \frac{\pi}{4}[D^2 - d^2] = \frac{\pi}{4}[(9.0 \text{ in.})^2 - (8.0 \text{ in.})^2] = 13.352 \text{ in.}^2$$

$$I = \frac{\pi}{64}[D^4 - d^4] = \frac{\pi}{64}[(9.0 \text{ in.})^4 - (8.0 \text{ in.})^4] = 121.00 \text{ in.}^4$$

$$J = \frac{\pi}{32}[D^4 - d^4] = \frac{\pi}{32}[(9.0 \text{ in.})^4 - (8.0 \text{ in.})^4] = 242.00 \text{ in.}^4$$

### 점 $H$에서의 응력

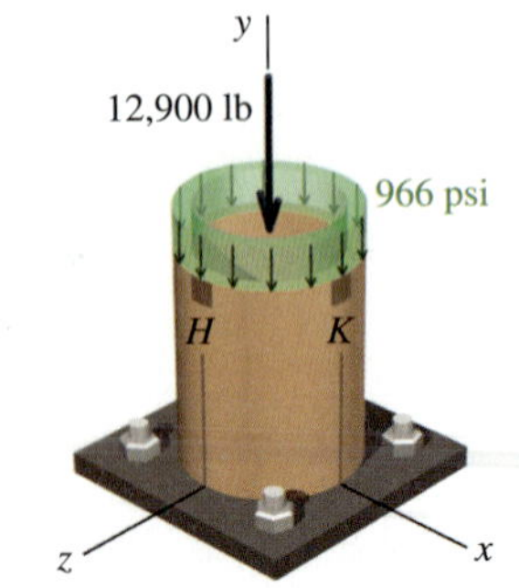


관심 단면에 작용하는 정역학적 등가 힘과 모멘트는 점 $H$에서의 응력의 유형, 크기, 방향 등을 결정하기 위해 순차적으로 고려된다.

12,900 lb의 축력은 $y$방향으로 작용하는 다음의 압축법선응력을 발생시킨다.

$$\sigma_y = \frac{F_y}{A} = \frac{12{,}900\ \text{lb}}{13.352\ \text{in.}^2} = 966\ \text{psi (C)}$$

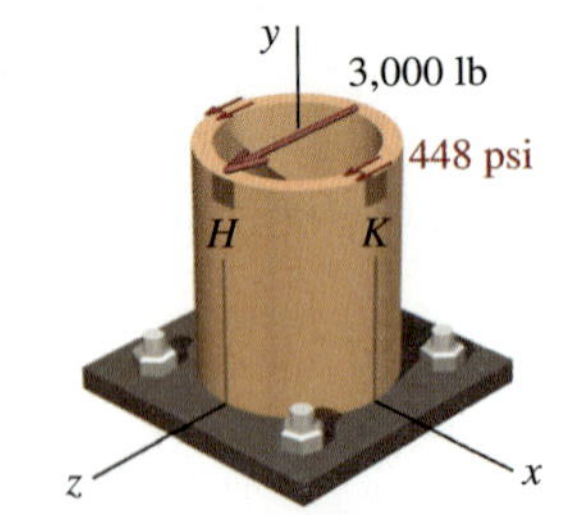


비록 3,000 lb 전단력이 전단응력을 유발하지만, 점 $H$에서의 전단력은 0이다.

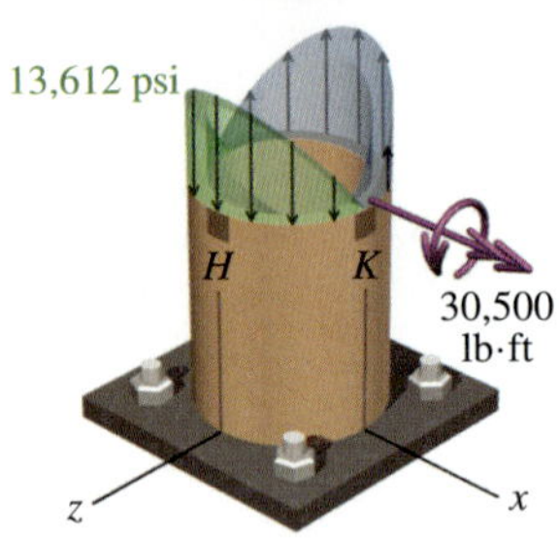


$x$축에 대한 30,500 lb·ft의 굽힘모멘트는 점 $H$에서 다음의 압축법선응력을 유발한다.

$$\sigma_y = \frac{M_x c}{I_x} = \frac{(30{,}500\ \text{lb·ft})(4.5\ \text{in.})(12\ \text{in./ft})}{121.0\ \text{in.}^4} = 13{,}612\ \text{psi (C)}$$

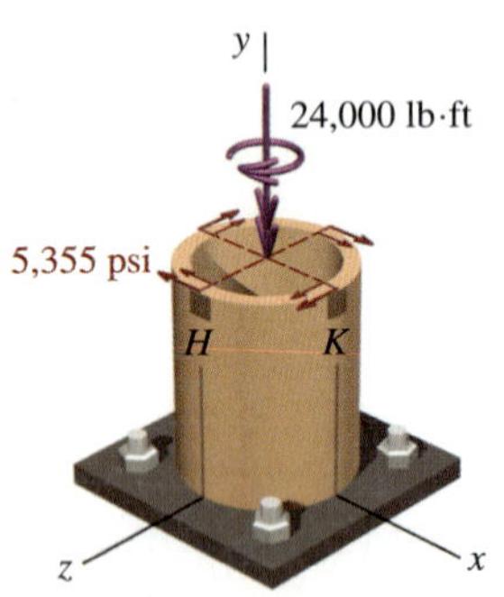


$y$축에 대해 작용하는 24,000 lb의 토크는 점 $H$에서 전단응력을 유발한다. 이 전단응력의 크기는 탄성 비틀림 공식으로부터 다음과 같이 계산된다.

$$\tau = \frac{Tc}{J} = \frac{(24{,}000\ \text{lb·ft})(4.5\ \text{in.})(12\ \text{in./ft})}{242.0\ \text{in.}^4} = 5{,}355\ \text{psi}$$

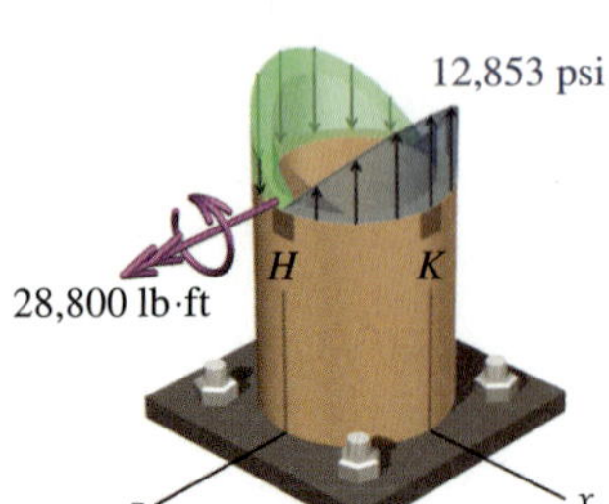


$z$축에 대한 28,800 Ib·ft 굽힘모멘트는 관심 단면에서 굽힘응력을 유발한다. 그러나 점 $H$는 이 굽힘모멘트의 중립축에 위치하므로 점 $H$에서의 굽힘응력은 0이다.

### 점 *H*에서의 조합응력

점 $H$에 작용하는 법선응력과 전단응력은 응력요소에 요약되어 표현된다. 비틀림에 기인하는 전단응력은 응력요소의 $+y$ 면에서 $-x$방향으로 작용한다. 한 면에서 적절한 전단응력 방향이 결정되면 다른 세 면의 전단응력 방향은 자동적으로 결정된다.

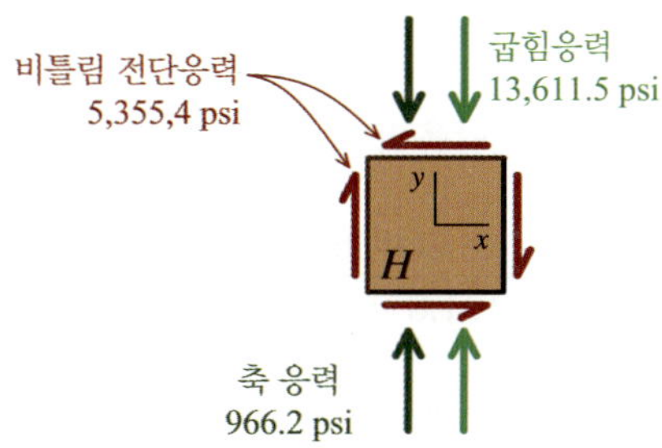


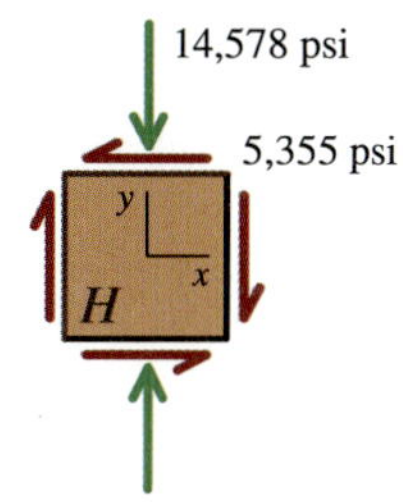


### 점 *H*에서의 응력의 좌표변환 결과

점 $H$에서의 주응력과 최대 전단응력은 응력의 좌표변환 식과 12장에서 상술한 과정으로부터 결정된다. 이러한 계산의 결과를 다음의 그림으로 표현하였다.

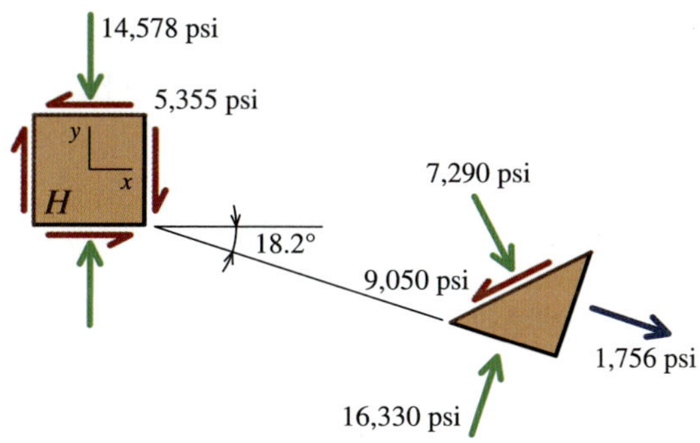


### 점 *K*에서의 응력

관심 단면에 작용하는 정역학적 등가 힘과 모멘트는 이번에도 점 $K$에서 발생하는 응력의 유형, 크기, 방향 등을 결정하기 위해 순차적으로 사용된다.

12,900 lb의 축력은 $y$방향에 작용하는 다음의 압축법선응력을 유발한다.

$$\sigma_y = \frac{F_y}{A} = \frac{12{,}900 \text{ lb}}{13.352 \text{ in.}^2} = 966 \text{ psi (C)}$$

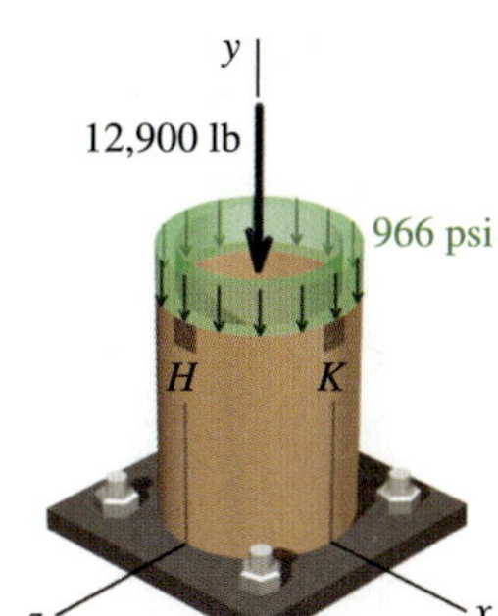

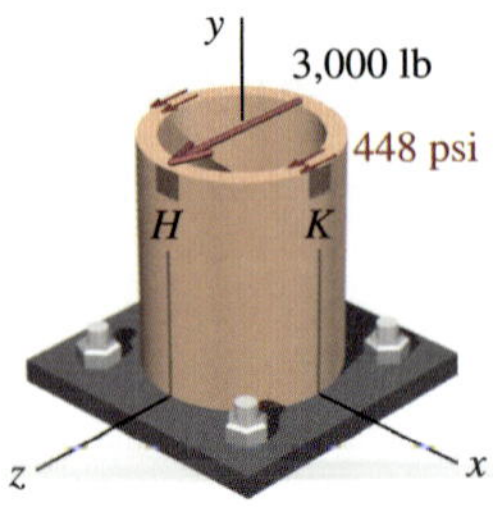


관심 단면에 수평으로 작용하는 3,000 lb의 전단력은 점 $K$에서의 전단응력과 관련된다. 식 (9.10)으로부터 구멍 난 원형 단면의 1차면적모멘트 $Q$는

$$Q = \frac{1}{12}[D^3 - d^3] = \frac{1}{12}[(9.0\text{ in.})^3 - (8.0\text{ in.})^3] = 18.083\text{ in.}^3$$

전단응력 공식[식 (9.2)]이 다음의 전단응력의 계산을 위해 사용된다.

$$\tau = \frac{VQ}{I_x t} = \frac{(3{,}000\text{ lb})(18.083\text{ in.}^3)}{(121.0\text{ in.}^4)(9\text{ in.} - 8\text{ in.})} = 448\text{ psi}$$

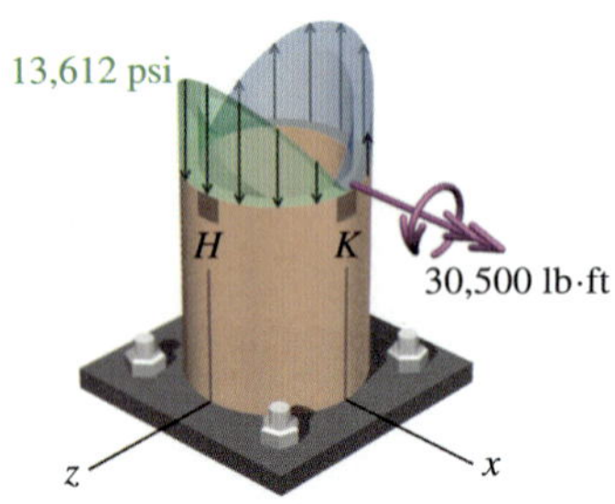


$x$축에 대한 30,500 lb·ft의 굽힘모멘트는 관심 단면에서 굽힘응력을 만든다. 그러나 점 $K$는 이 굽힘모멘트의 중립축 위에 위치하므로 점 $K$에서 굽힘응력은 0이다.

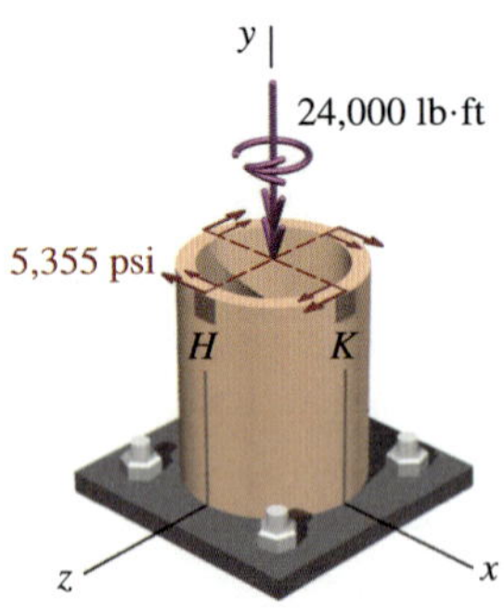


$y$축에 대해 작용하는 24,000 lb·ft의 토크는 점 $K$에서 전단응력을 만든다. 전단응력의 크기는 탄성 비틀림 공식으로부터 다음과 같이 계산된다.

$$\tau = \frac{Tc}{J} = \frac{(24{,}000\text{ lb·ft})(4.5\text{ in.})(12\text{ in./ft})}{242.0\text{ in.}^4} = 5{,}355\text{ psi}$$

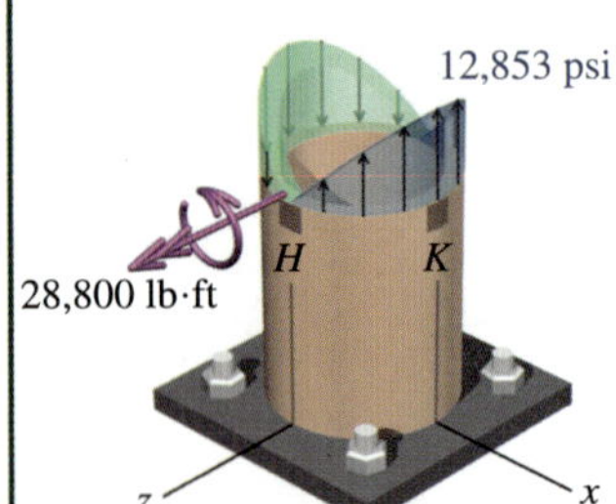


$z$축에 대한 28,800 lb·ft의 굽힘모멘트는 점 $K$에서 인장법선응력을 만든다.

$$\sigma_y = \frac{M_x c}{I_x} = \frac{(28{,}800\text{ lb·ft})(4.5\text{ in.})(12\text{ in./ft})}{121.0\text{ in.}^4} = 12{,}853\text{ psi (T)}$$

**점 $K$에서의 조합응력**

점 $K$에서 작용하는 법선응력과 전단응력은 응력요소에 표현된다.

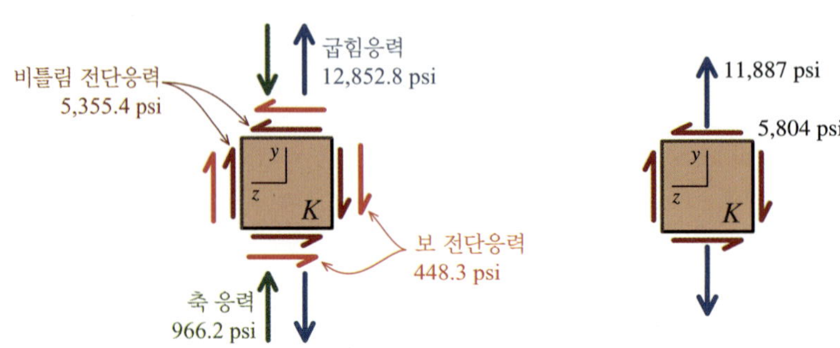

***K*에서의 응력의 좌표변환 결과**

*K*에서 주응력과 최대 전단응력을 오른편의 그림에 나타내었다.

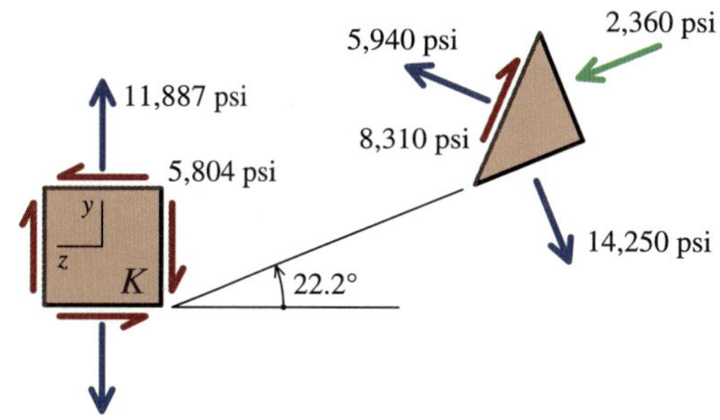


## 예제 15.7 EXAMPLE

그림의 파이프 시스템은 내부 압력 1,500 kPa의 유체를 운반한다. 유체의 압력에 추가하여 플랜지 *A*에서 파이프는 9 kN의 수직 하중과 13 kN의 수평 하중을 받는다. 파이프의 바깥지름은 $D = 200$ mm이고, 안지름은 $d = 176$ mm이다. 점 *H*와 점 *K*에서의 주응력, 최대 전단응력, 절대 최대 전단응력 등을 구하라.

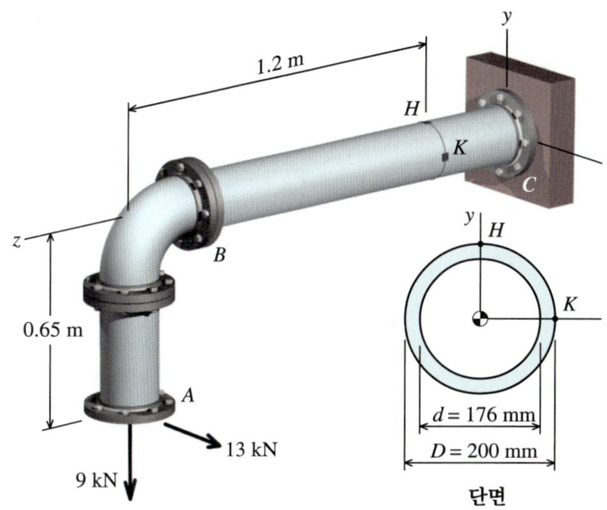

단면

**풀이 계획**

문제의 풀이는 점 *H*를 포함하는 단면에 작용하는 힘과 모멘트의 등가 시스템을 결정하는 것으로부터 시작한다. 정역학적 등가 힘 및 모멘트 시스템으로부터 발생하는 법선응력과 전단응력이 계산되고 점 *H*와 점 *K*의 응력요소에서 그들의 적절한 방향을 정한다. 내부 압력은 파이프 내벽의 원주방향과 길이방향으로 작용하는 법선응력을 발생시킨다. 이 응력들은 응력요소 *H*와 *K*에 포함되어 계산된다. 응력의 좌표변환 계산은 각 응력요소의 주응력과 최대 전단응력 등을 결정하기 위해 사용된다.

**풀이**

**등가 힘 시스템**

플랜지 *A*에 작용하는 하중과 정역학적 등가의 힘과 모멘트의 시스템은 관심 단면에서 결정되어질 수 있다.

등가 힘은 작용되는 하중과 같다. 13 kN의 힘은 $+x$방향으로 작용하고 9 kN의 힘은 $-y$방향으로 작용하며, $z$방향으로 작용하는 힘은 없다.

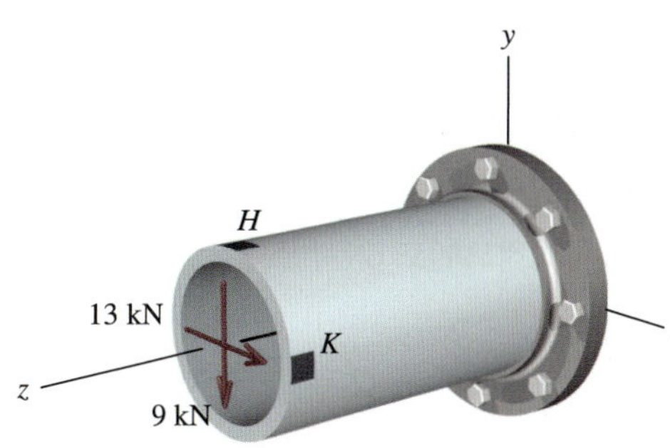

**점 *H*와 *K*를 포함하는 면에서의 등가 힘**

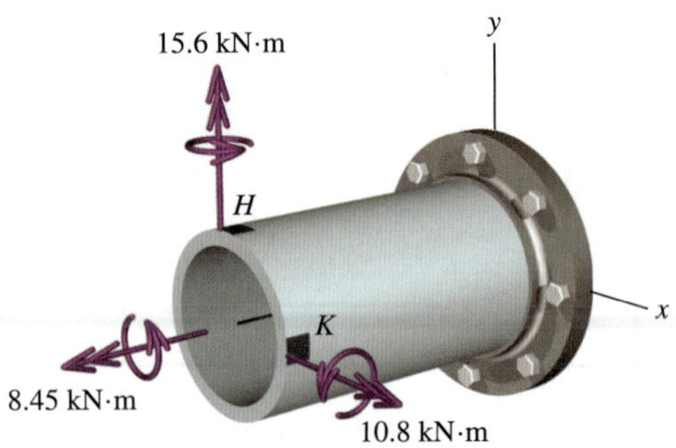


**점 $H$와 $K$를 포함하는 면에서의 등가 모멘트**

관심 단면에 작용하는 등가 모멘트는 각 하중을 순차적으로 고려함으로써 결정된다. $A$에 작용하는 9 kN의 하중은 $+x$축에 대한 (9 kN)(1.2 m) = 10.8 kN·m의 모멘트를 만든다. $H$에 수평으로 작용하는 13 kN 하중은 두 개의 모멘트 성분을 유발한다.

- 첫 번째 모멘트 성분은 (13 kN)(1.2 m) = 15.6 kN·m의 크기로 $+y$축에 대해 작용한다.
- 두 번째 모멘트 성분은 (13 kN)(0.65 m) = 8.45 kN·m의 크기로 $+z$축에 대해 작용한다.

여기서 사용된 좌표계에서 파이프의 길이방향은 $z$방향과 일치한다. $z$축에 대해 작용하는 모멘트 성분은 비틀림모멘트인 반면, $x$와 $y$축 성분은 굽힘모멘트이다.

다른 해법: $A$의 두 하중에 상응하는 등가 모멘트는 위치벡터와 힘벡터를 사용하여 체계적으로 계산할 수 있다. 관심 단면으로부터 점 $A$까지의 위치벡터 $\mathbf{r}$은 $\mathbf{r_A} = -0.65\text{ m}\,\mathbf{j} + 1.2\text{ m}\,\mathbf{k}$이다. $A$의 두 하중은 힘벡터 $\mathbf{F_A} = 13\text{ kN}\,\mathbf{i} - 9\text{ kN}\,\mathbf{j}$로 표현된다. $\mathbf{F_A}$로부터 생성된 모멘트는 $\mathbf{M_A} = \mathbf{r_A} \times \mathbf{F_A}$의 벡터적으로부터 구할 수 있다.

$$\mathbf{M_A} = \mathbf{r_A} \times \mathbf{F_A} = \begin{vmatrix} \mathbf{i} & \mathbf{j} & \mathbf{k} \\ 0 & -0.65 & 1.2 \\ 13 & -9 & 0 \end{vmatrix}$$
$$= 10.8\text{ kN·m}\,\mathbf{i} + 15.6\text{ kN·m}\,\mathbf{j} + 8.45\text{ kN·m}\,\mathbf{k}$$

**단면특성치**

파이프 기둥의 바깥지름은 $D = 200$ mm이고, 안지름은 $d = 176$ mm이다. 단면2차관성모멘트와 단면극관성모멘트는

$$I = \frac{\pi}{64}[D^4 - d^4] = \frac{\pi}{64}[(200\text{ mm})^4 - (176\text{ mm})^4] = 31{,}439{,}853\text{ mm}^4$$
$$J = \frac{\pi}{32}[D^4 - d^4] = \frac{\pi}{32}[(200\text{ mm})^4 - (176\text{ mm})^4] = 62{,}879{,}706\text{ mm}^4$$

***H*에서의 응력**

관심 단면에 작용하는 정역학적 등가 힘과 모멘트는 $H$에서 발생하는 응력의 유형, 크기, 방향 등을 결정하기 위해 순차적으로 계산된다. 관심 단면에서 $+x$방향에 작용하는 13 kN의 전단력은 전단응력과 관련된다. 식 (9.10)으로부터 중공 원형 단면의 중립축에서 1차면적모멘트 $Q$는

$$Q = \frac{1}{12}[D^3 - d^3] = \frac{1}{12}[(200\text{ mm})^3 - (176\text{ mm})^3] = 212{,}352\text{ mm}^3$$

전단응력 공식[식 (9.2)]을 이용하여 전단응력을 다음과 같이 계산한다.

$$\tau = \frac{VQ}{I_y t} = \frac{(13\ \text{kN})(212{,}352\ \text{mm}^3)(1{,}000\ \text{N/kN})}{(31{,}439{,}853\ \text{mm}^4)(200\ \text{mm} - 176\ \text{mm})} = 3.659\ \text{MPa}$$

비록 $-y$방향에 작용하는 9 kN의 전단력은 전단력과 관련 있지만, 점 $H$에서의 전단응력은 0이다.

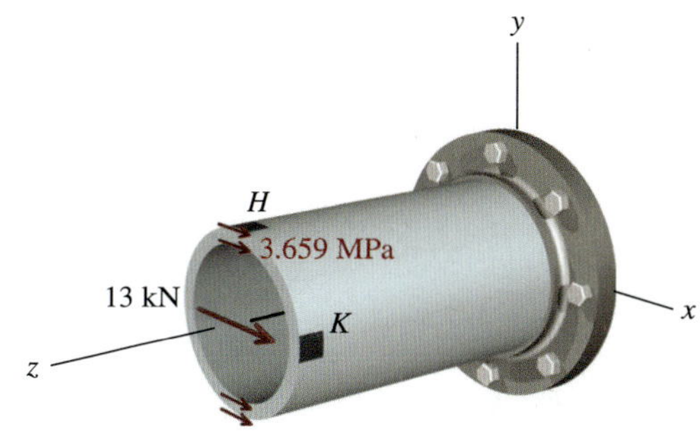


$x$축에 대한 굽힘모멘트 10.8 kN·m (10.8 × $10^6$ N·mm)는 점 $H$에서 다음의 인장법선응력을 발생시킨다.

$$\sigma_z = \frac{M_x c}{I_x} = \frac{(10.8 \times 10^6\ \text{N·mm})(100\ \text{mm})}{31{,}439{,}853\ \text{mm}^4} = 34.351\ \text{MPa (T)}$$

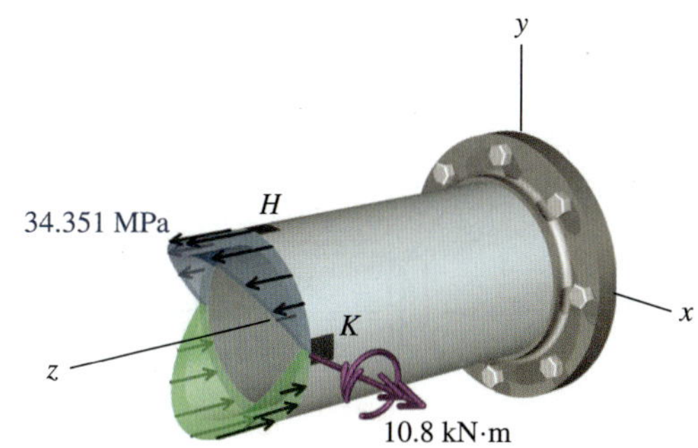


$y$축에 대한 15.6 kN·m의 굽힘모멘트는 관심 단면에서 굽힘응력을 유발한다. 점 $H$는 이 굽힘모멘트의 중립축 상에 위치하므로 $H$에서의 굽힘응력은 0이다.

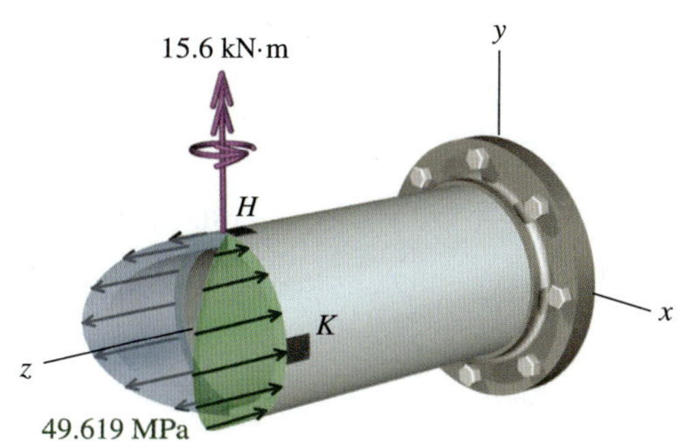


$z$축에 대해 작용하는 토크 8.45 kN·m (8.45 × $10^6$ N·mm)는 $H$에서 전단응력을 유발한다. 이 전단응력의 크기는 탄성 비틀림 공식으로부터 다음과 같이 계산된다.

$$\tau = \frac{Tc}{J} = \frac{(8.45 \times 10^6\ \text{N·mm})(100\ \text{mm})}{62{,}879{,}706\ \text{mm}^4} = 13.438\ \text{MPa}$$

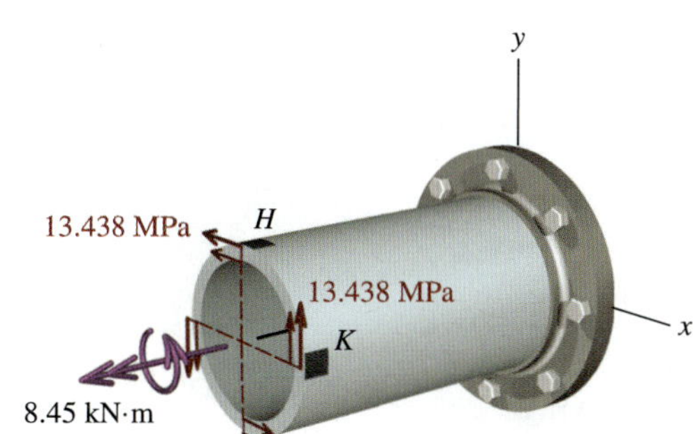

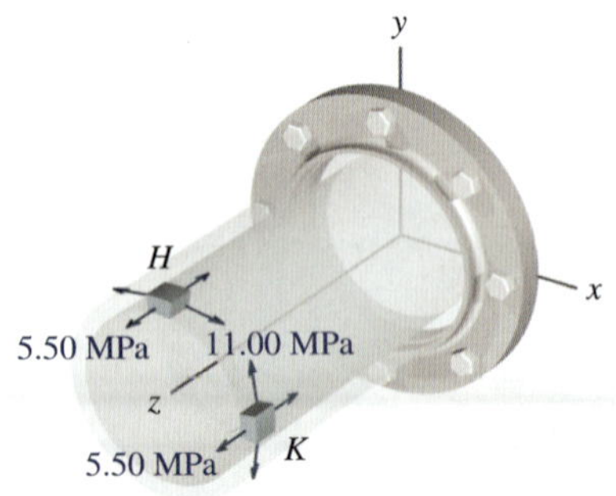


내부의 유체 압력 1,500 kPa은 12 mm 두께의 파이프 벽에 인장법선응력을 발생시킨다. 이 파이프 벽에서 길이방향(z축 방향)의 응력은

$$\sigma_{\text{long}} = \frac{pd}{4t} = \frac{(1{,}500 \text{ kPa})(176 \text{ mm})}{4(12 \text{ mm})} = 5{,}500 \text{ kPa} = 5.500 \text{ MPa (T)}$$

이고, 원주방향 응력은

$$\sigma_{\text{hoop}} = \frac{pd}{2t} = \frac{(1{,}500 \text{ kPa})(176 \text{ mm})}{2(12 \text{ mm})} = 11{,}000 \text{ kPa} = 11.000 \text{ MPa (T)}$$

길이방향의 응력은 $z$방향으로 작용하고, 점 $H$에서 원주방향은 $x$방향이다.

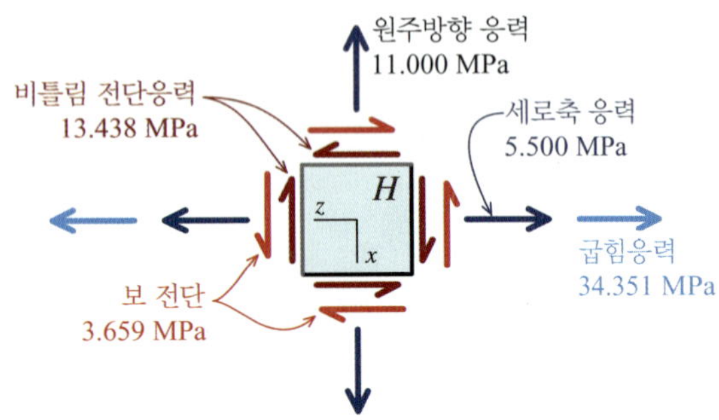


**점 $H$에서의 조합응력**

점 $H$에 작용하는 법선응력과 전단응력을 응력요소에 표시한다. 점 $H$에서 비틀림에 의한 전단응력은 응력요소의 $+z$ 면에서 $-x$방향으로 작용한다. 13 kN의 전단력과 관련된 전단응력은 반대 방향으로 작용한다.

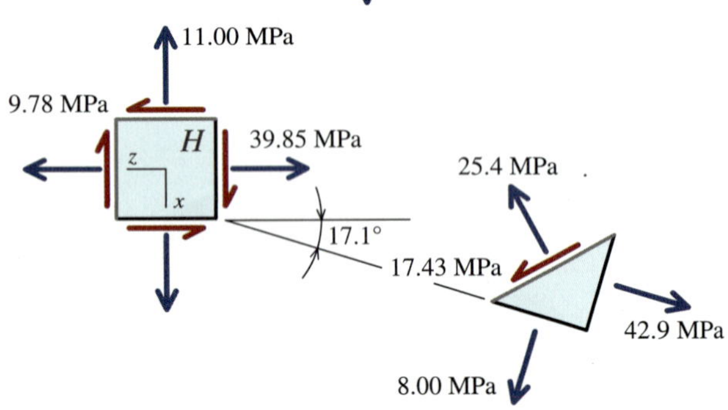


**점 $H$에서의 응력의 좌표변환 결과**

점 $H$에서의 주응력과 최대 전단응력은 응력의 좌표변환 식과 12장에서의 상술한 과정으로부터 결정된다. 이러한 계산의 결과를 왼쪽의 그림에 나타내었다.

점 $H$에서의 절대 최대 전단응력은 21.43 MPa이다.

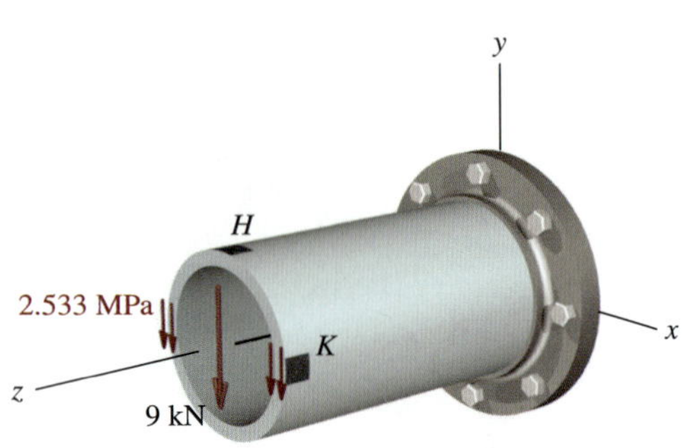


**점 $K$에서의 응력**

비록 $-y$방향으로 작용하는 13 kN의 전단력은 전단응력을 야기하지만, 점 $K$에서의 전단응력은 0이다.

관심 단면에서 $-y$방향으로 작용하는 9 kN의 전단력은 수직 전단응력과 관계된다. 전단응력 공식 [식 (9.2)]는 전단응력을 계산하기 위해 사용된다.

$$\tau = \frac{VQ}{I_y t} = \frac{(9 \text{ kN})(212{,}352 \text{ mm}^3)(1{,}000 \text{ N/kN})}{(31{,}439{,}853 \text{ mm}^4)(200 \text{ mm} - 176 \text{ mm})} = 2.533 \text{ MPa}$$

$x$축에 대한 10.8 kN·m의 굽힘모멘트는 관심 단면에서 굽힘응력을 발생시킨다. 점 $K$는 이 굽힘모멘트의 중립축 위에 위치하므로 점 $K$에서 굽힘응력은 0이다.

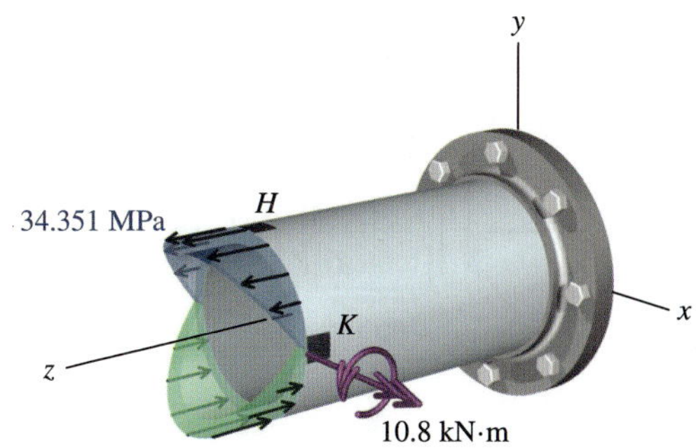


$y$축에 대해 작용하는 굽힘모멘트 15.6 kN·m (15.6 × 10⁶ N·mm)는 점 $K$에서 다음의 압축법선응력을 유발한다.

$$\sigma_z = \frac{M_x c}{I_x} = \frac{(15.6\times 10^6\ \text{N·mm})(100\ \text{mm})}{31{,}439{,}853\ \text{mm}^4} = 49.619\ \text{MPa (C)}$$

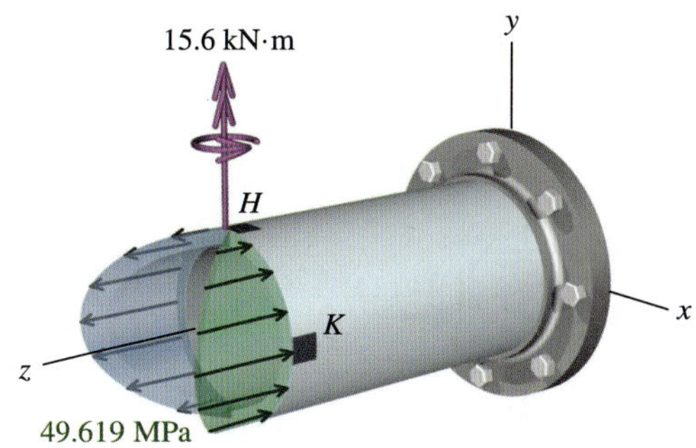


$z$축에 대해 작용하는 토크 8.45 kN·m (8.45 × $10^6$ N·mm)는 $K$에서 전단응력을 유발한다. 이 전단응력의 크기는 탄성 비틀림 공식으로부터 다음과 같이 계산된다.

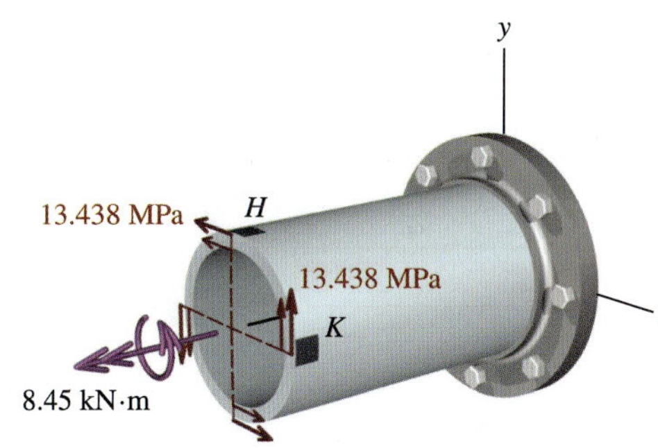


$$\tau = \frac{Tc}{J} = \frac{(8.45\times 10^6\ \text{N·mm})(100\ \text{mm})}{62{,}879{,}706\ \text{mm}^4} = 13.438\ \text{MPa}$$

내부 유체압력 1,500 kPa은 12 mm 두께의 파이프 벽에 인장법선응력을 유발한다. 이 파이프 벽의 길이방향의 응력은

$$\sigma_{\text{long}} = \frac{pd}{4t} = \frac{(1{,}500\ \text{kPa})(176\ \text{mm})}{4(12\ \text{mm})} = 5{,}500\ \text{kPa} = 5.500\ \text{MPa (T)}$$

이고, 원주방향의 응력은

$$\sigma_{\text{hoop}} = \frac{pd}{2t} = \frac{(1{,}500\ \text{kPa})(176\ \text{mm})}{2(12\ \text{mm})} = 11{,}000\ \text{kPa} = 11.000\ \text{MPa (T)}$$

길이방향의 응력은 $z$방향으로 작용한다. 그리고 점 $K$에서 원주방향은 $y$방향이다.

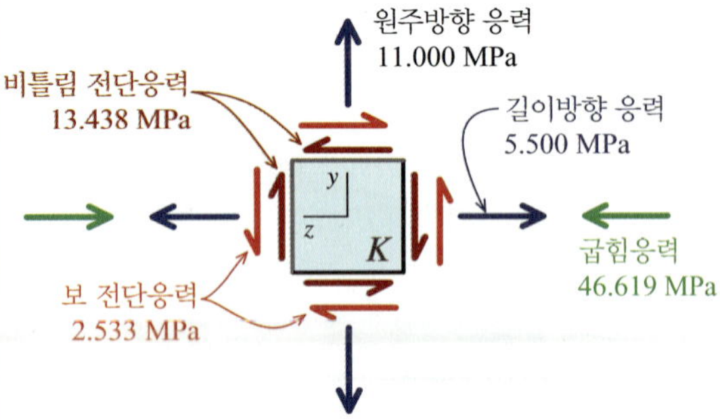


**점 $K$에서의 조합응력**

점 $K$에 작용하는 법선응력과 전단응력은 응력요소 상에 표시되었다. 점 $K$에서 비틀림 전단응력은 응력요소의 $+z$ 면에서 $+y$ 방향으로 작용한다. 9 kN의 전단력과 관련된 횡방향 전단응력은 반대 방향으로 작용한다.

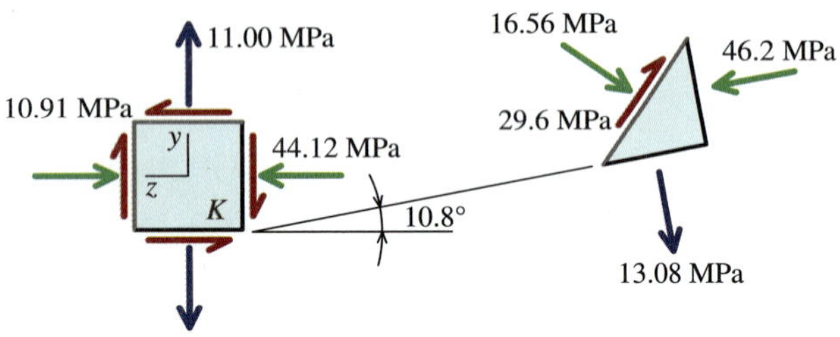


**점 $K$에서의 응력의 좌표변환 결과**

점 $K$에서의 주응력과 최대 전단응력은 응력의 좌표변환 식과 12장에서 상술한 과정으로부터 결정된다. 이러한 계산 결과를 왼쪽의 그림에 나타내었다.

점 $K$에서의 절대 최대 전단응력은 29.64 MPa이다.

**MecMovies Example M15.7**

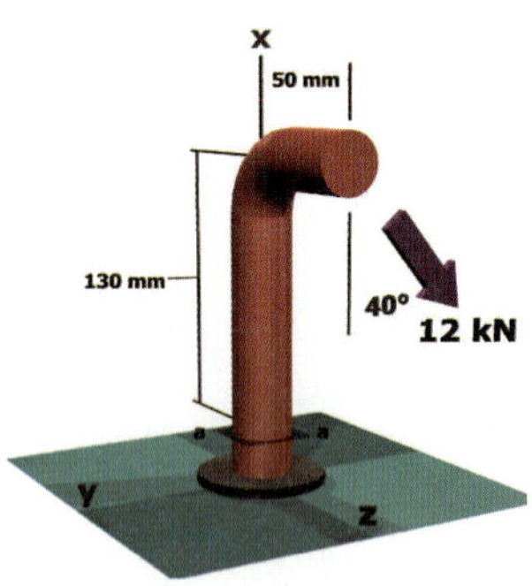


그림과 같은 12 kN의 힘이 부품에 작용한다. 단면 $a$–$a$에 작용하는 내력을 구하라.

## MecMovies EXERCISES

**M15.5** 보의 점 *K*에 작용하는 응력을 결정하라.

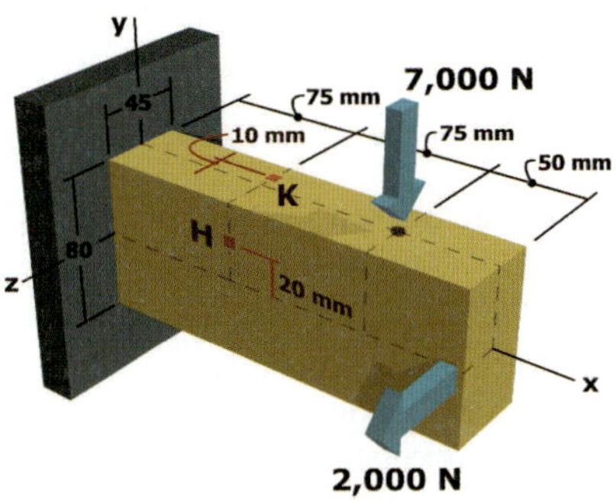


그림 M15.5

**M15.6** 평면 내에서 또는 평면 외의 방향으로 힘을 받는 부품의 특정한 위치에서 내력(축력, 전단력, 비틀림모멘트, 굽힘모멘트)을 결정하라.

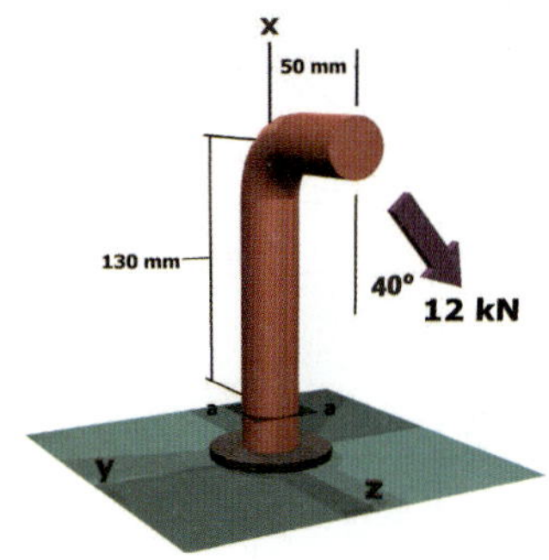


그림 M15.6

## PROBLEMS

**P15.34** A short rectangular post supports a compressive load of $P = 90$ kN as shown in Figure P15.34*a*. A top view of the post showing the location where load *P* is applied to the top of the post is shown in Figure P15.34*b*. Determine the vertical normal stresses at corners *a*, *b*, *c*, and *d* of the post.

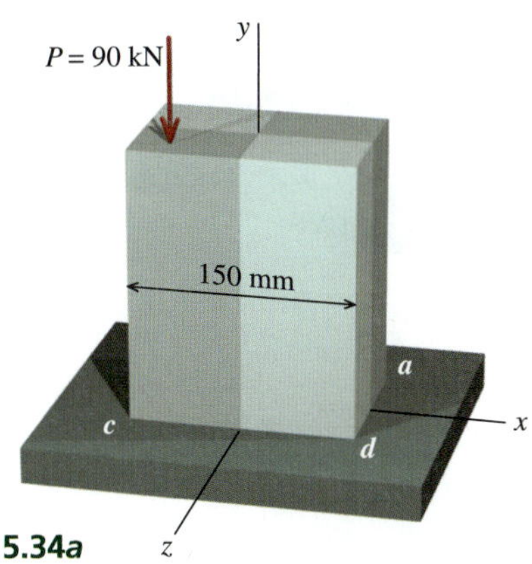


**FIGURE P15.34*a***

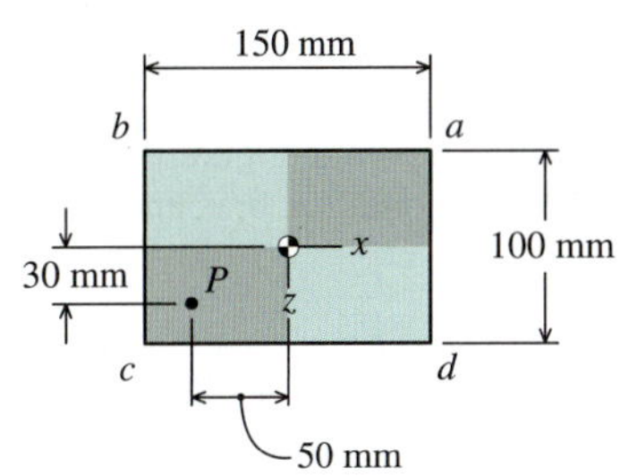


**FIGURE P15.34*b*** Top view of the post.

**P15.35** A short rectangular post supports a compressive load of $P = 38{,}000$ lb as shown in Figure P15.35*a*. A top view of the post showing the location where load *P* is applied to the top of the post is shown in Figure P15.35*b*. Determine the vertical normal stresses at corners *a*, *b*, *c*, and *d* of the post.

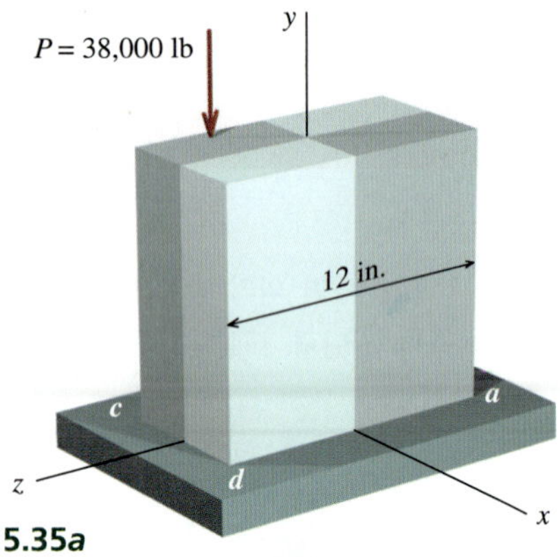


**FIGURE P15.35*a***

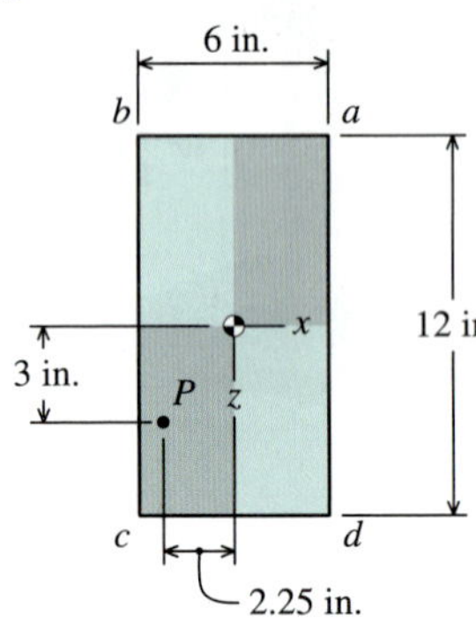


**FIGURE P15.35*b*** Top view of the post.

**P15.36** A short rectangular post supports compressive loads of $P = 175$ kN and $Q = 90$ kN as shown in Figure P15.36*a*. A top view of the post showing the locations where loads $P$ and $Q$ are applied to the top of the post is shown in Figure P15.36*b*. Determine the vertical normal stresses at corners $a$, $b$, $c$, and $d$ of the post.

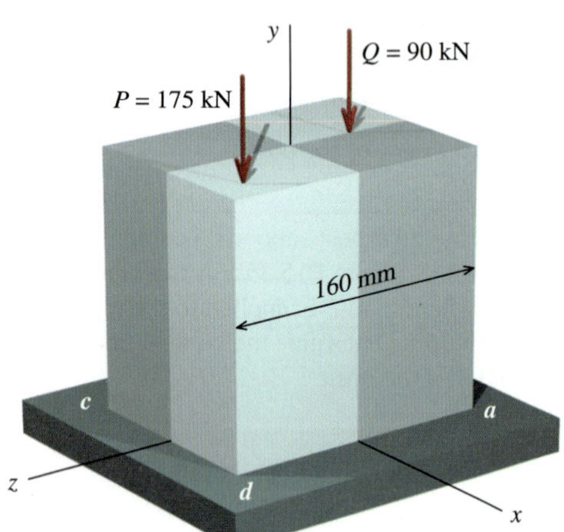


**FIGURE P15.36*a***

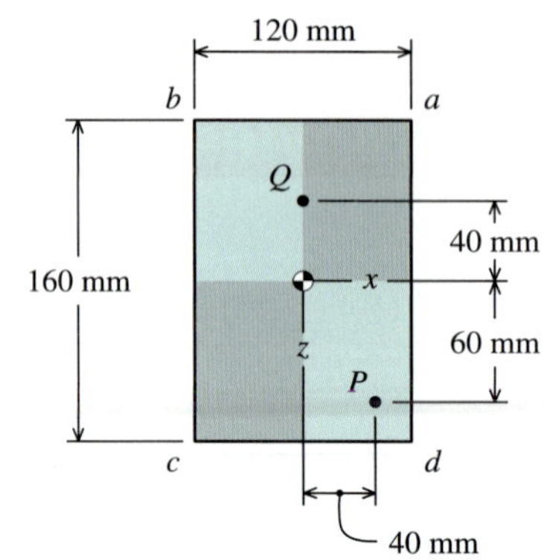


**FIGURE P15.36*b*** Top view of the post.

**P15.37** Three loads are applied to the short rectangular post shown in Figure P15.37*a*/38*a*. The cross-sectional dimensions of the post are shown in Figure P15.37*b*/38*b*. Determine:

(a) the normal and shear stresses at point $H$.
(b) the principal stresses and maximum in-plane shear stress at point $H$, and show the orientation of these stresses in an appropriate sketch.

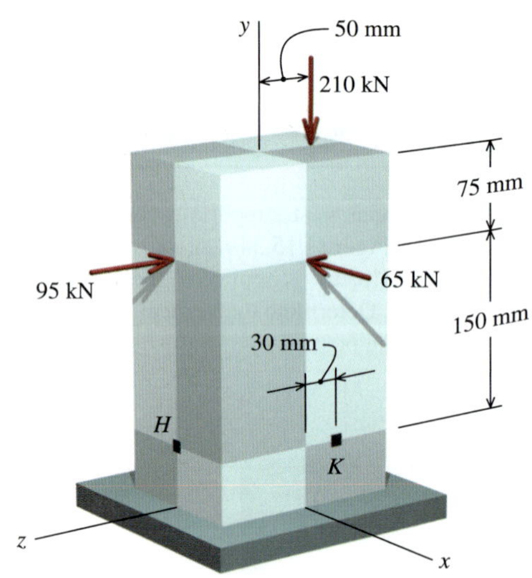


**FIGURE P15.37*a*/38*a***

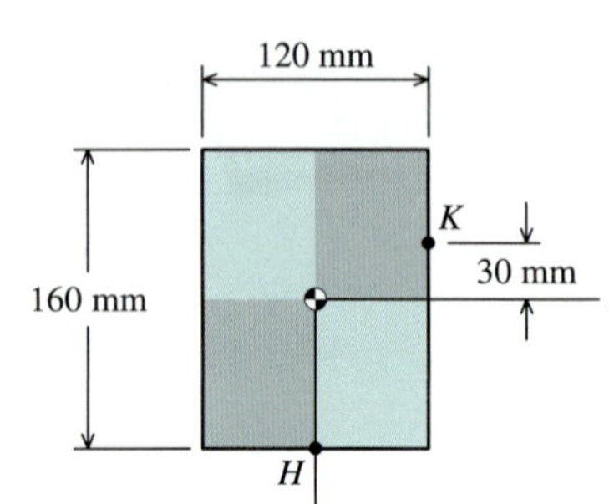


**FIGURE P15.37*b*/38*b*** Cross-sectional dimensions.

**P15.38** Three loads are applied to the short rectangular post shown in Figure P15.37*a*/38*a*. The cross-sectional dimensions of the post are shown in Figure P15.37*b*/38*b*. Determine:

(a) the normal and shear stresses at point *K*.
(b) the principal stresses and maximum in-plane shear stress at point *K*, and show the orientation of these stresses in an appropriate sketch.

**P15.39** Three loads are applied to the cantilever beam shown in Figure P15.39*a*/40*a*. The cross-sectional dimensions of the beam are shown in Figure P15.39*b*/40*b*. Determine:

(a) the normal and shear stresses at point *H*.
(b) the principal stresses and maximum in-plane shear stress at point *H*, and show the orientation of these stresses in an appropriate sketch.

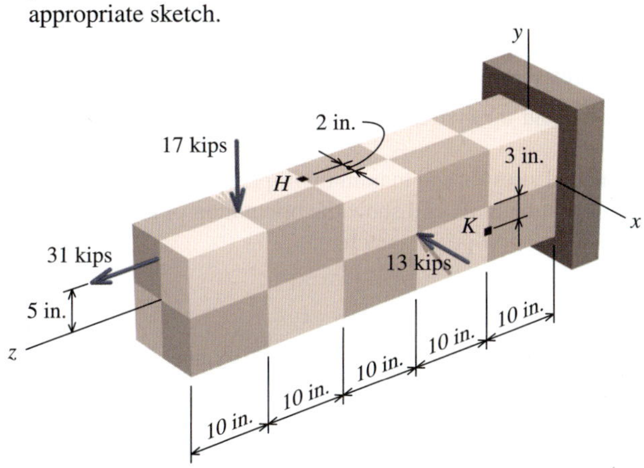


**FIGURE P15.39*a*/40*a***

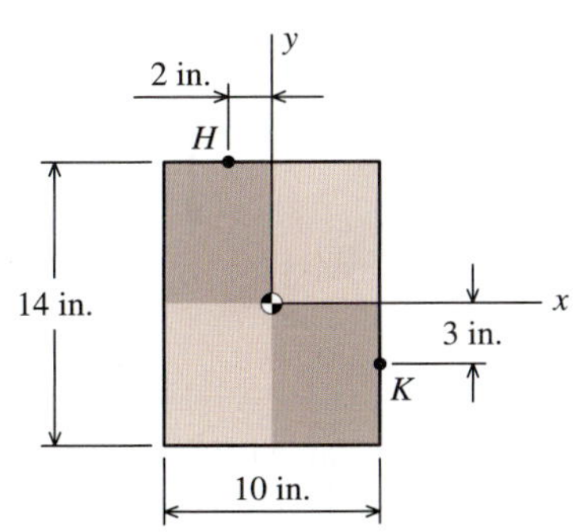


**FIGURE P15.39*b*/40*b*** Cross-sectional dimensions.

**P15.40** Three loads are applied to the cantilever beam shown in Figure P15.39*a*/40*a*. The cross-sectional dimensions of the beam are shown in Figure P15.39*b*/40*b*. Determine:

(a) the normal and shear stresses at point *K*.
(b) the principal stresses and maximum in-plane shear stress at point *K*, and show the orientation of these stresses in an appropriate sketch.

**P15.41** A 2.5-in.-diameter solid aluminum post is subjected to a horizontal force of $V = 3$ kips, a vertical force of $P = 7$ kips, and a concentrated torque of $T = 11$ kip-in., acting in the directions shown in Figure P15.41/42. Assume $L = 3.5$ in. Determine the normal and shear stresses at:

(a) point *H*.
(b) point *K*.

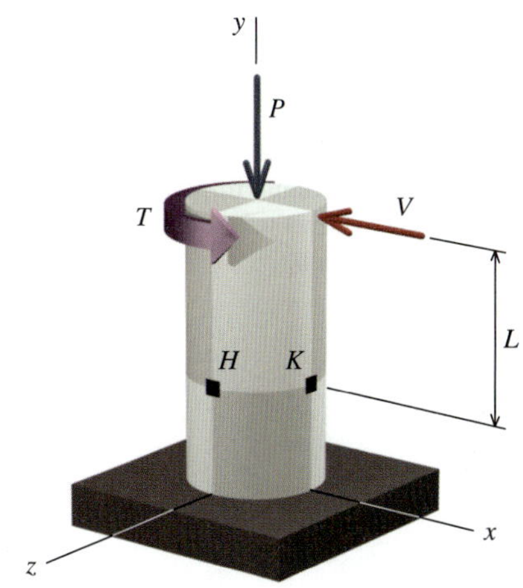


**FIGURE P15.41/42**

**P15.42** A 75-mm-diameter solid aluminum post is subjected to a horizontal force of $V = 17$ kN, a vertical force of $P = 50$ kN, and a concentrated torque of $T = 2.50$ kN-m, acting in the directions shown in Figure P15.41/42. Assume $L = 120$ mm. Determine the normal and shear stresses at:

(a) point *H*.
(b) point *K*.

**P15.43** A 1.25-in.-diameter solid shaft is subjected to an axial force of $P = 360$ lb, a vertical force of $V = 215$ lb, and a concentrated torque of $T = 430$ lb-in., acting in the directions shown in Figure P15.43/44. Assume $L = 4.5$ in. Determine the normal and shear stresses at:

(a) point *H*.
(b) point *K*.

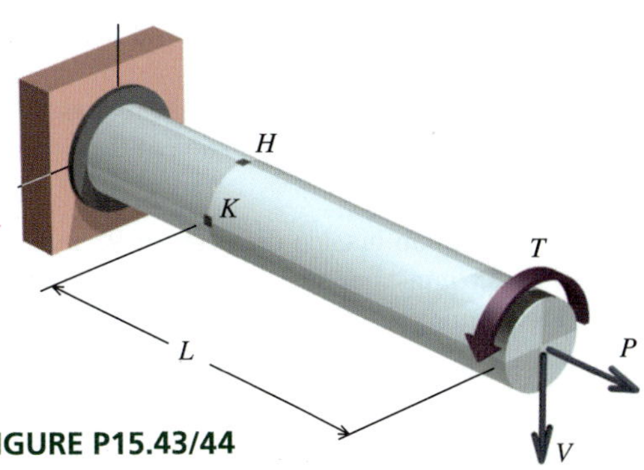


**FIGURE P15.43/44**

**P15.44** A 40-mm-diameter solid shaft is subjected to an axial force of $P = 2{,}600$ N, a vertical force of $V = 1{,}700$ N, and a concentrated torque of $T = 60$ N-m, acting in the directions shown in Figure P15.43/44. Assume $L = 130$ mm. Determine the normal and shear stresses at:

(a) point $H$.
(b) point $K$.

**P15.45** A steel pipe with an outside diameter of 4.500 in. and an inside diameter of 4.026 in. supports the loadings shown in Figure P15.45/46. Determine:

(a) the normal and shear stresses on the top of the pipe at point $H$.
(b) the principal stresses and maximum in-plane shear stress magnitude at point $H$, and show the orientation of these stresses in an appropriate sketch.

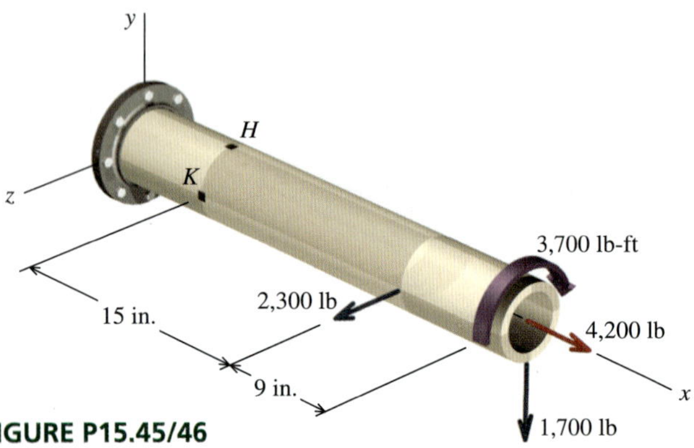


**FIGURE P15.45/46**

**P15.46** A steel pipe with an outside diameter of 4.500 in. and an inside diameter of 4.026 in. supports the loadings shown in Figure P15.45/46. Determine:

(a) the normal and shear stresses on the side of the pipe at point $K$.
(b) the principal stresses and maximum in-plane shear stress magnitude at point $K$, and show the orientation of these stresses in an appropriate sketch.

**P15.47** A steel pipe with an outside diameter of 95 mm and an inside diameter of 85 mm supports the loadings shown in Figure P15.47/48. Determine:

(a) the normal and shear stresses on the top surface of the pipe at point $H$.
(b) the principal stresses and maximum in-plane shear stress magnitude at point $H$, and show the orientation of these stresses in an appropriate sketch.

**P15.48** A steel pipe with an outside diameter of 95 mm and an inside diameter of 85 mm supports the loadings shown in Figure P15.47/48. Determine:

(a) the normal and shear stresses on the side of the pipe at point $K$.
(b) the principal stresses and maximum in-plane shear stress magnitude at point $K$, and show the orientation of these stresses in an appropriate sketch.

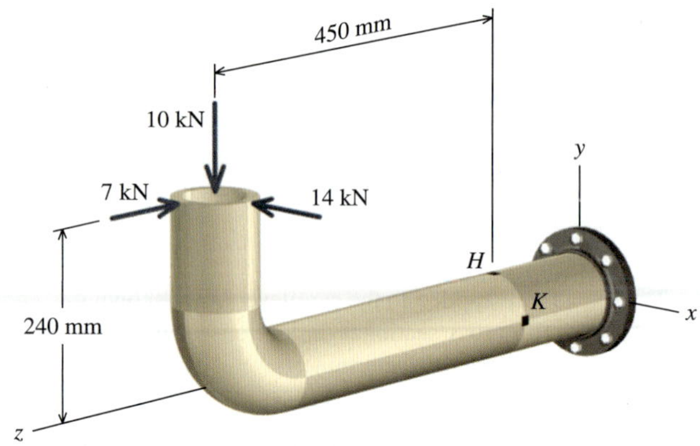


**FIGURE P15.47/48**

**P15.49** A solid steel crank has an outside diameter of 30 mm. For the loadings shown in Figure P15.49/50, determine:

(a) the normal and shear stresses on the top surface of the crank at point $H$.
(b) the principal stresses and maximum in-plane shear stress magnitude at point $H$, and show the orientation of these stresses in an appropriate sketch.

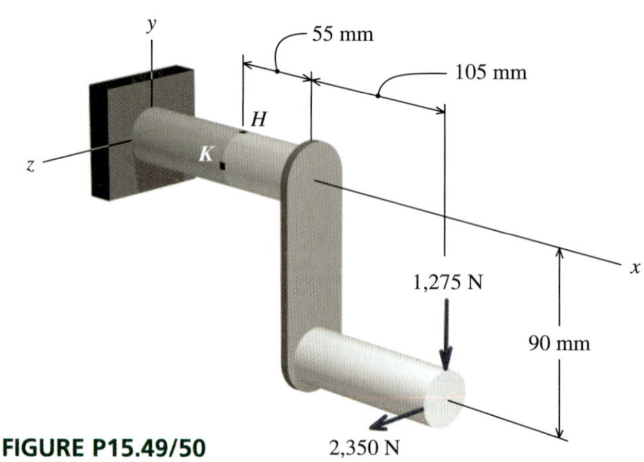


**FIGURE P15.49/50**

**P15.50** A solid steel crank has an outside diameter of 30 mm. For the loadings shown in Figure P15.49/50, determine:

(a) the normal and shear stresses on the side of the crank at point $K$.
(b) the principal stresses and maximum in-plane shear stress magnitude at point $K$, and show the orientation of these stresses in an appropriate sketch.

**P15.51** A steel pipe with an outside diameter of 6.625 in. and an inside diameter of 6.065 in. supports the loadings shown in Figure P15.51. Determine:

(a) the normal and shear stresses on the top surface of the pipe at point $H$.
(b) the normal and shear stresses on the side of the pipe at point $K$.

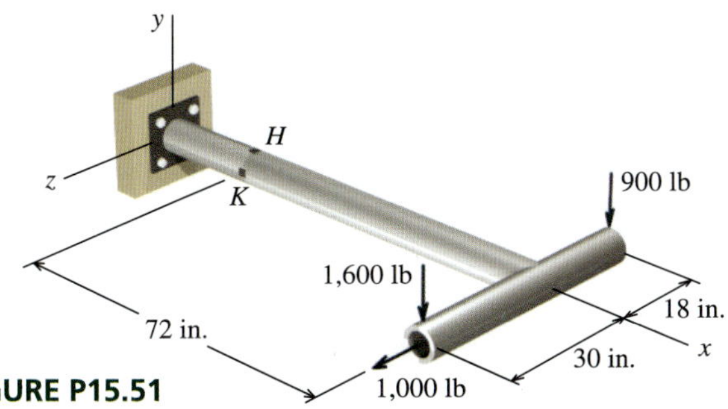


**FIGURE P15.51**

**P15.52** A roadway sign weighs 6 kN and is supported by a structural pipe that has an outside diameter of 275 mm and a wall thickness of 12.5 mm. The resultant force of the wind pressure acting on the sign is 11 kN as shown in Figure P15.52. Determine:

(a) the normal and shear stresses at point $H$.
(b) the normal and shear stresses at point $K$.

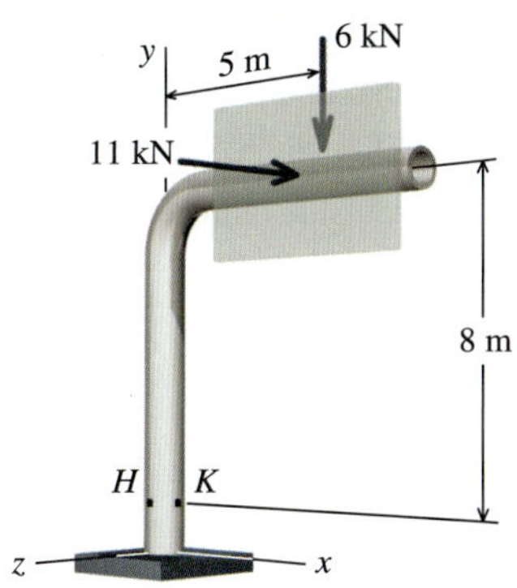


**FIGURE P15.52**

**P15.53** A vertical pipe column with an outside diameter of 325 mm and a wall thickness of 10 mm supports the loads shown in Figure P15.53/54. Determine the magnitudes of the principal stresses and maximum shear stresses at point $H$.

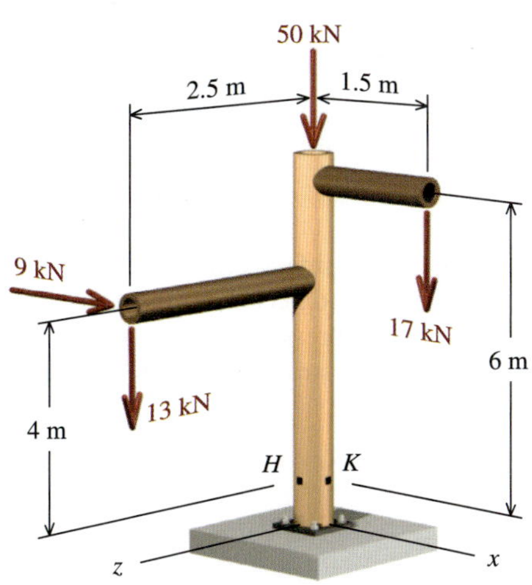


**FIGURE P15.53/54**

**P15.54** A vertical pipe column with an outside diameter of 325 mm and a wall thickness of 10 mm supports the loads shown in Figure P15.53/54. Determine the magnitudes of the principal stresses and maximum shear stresses at point $K$.

**P15.55** A steel shaft with an outside diameter of 1.25 in. is supported in flexible bearings at its ends. Two pulleys are keyed to the shaft, and the pulleys carry belt tensions as shown in Figure P15.55. Determine:

(a) the normal and shear stresses on the top surface of the shaft at point $H$.
(b) the normal and shear stresses on the side of the shaft at point $K$.

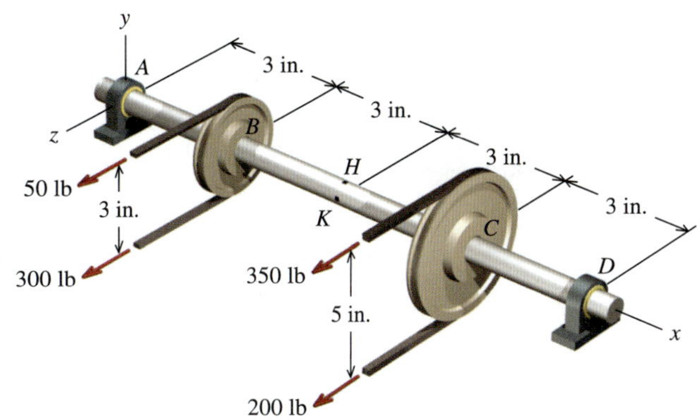


**FIGURE P15.55**

**P15.56** A steel shaft with an outside diameter of 30 mm is supported in flexible bearings at its ends. Two pulleys are keyed to the shaft, and the pulleys carry belt tensions as shown in Figure P15.56. Determine:

(a) the normal and shear stresses on the top surface of the shaft at point $H$.
(b) the normal and shear stresses on the side of the shaft at point $K$.

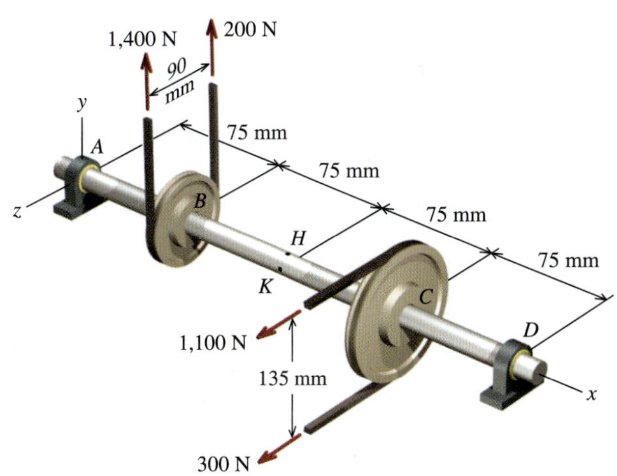


**FIGURE P15.56**

**P15.57** A steel shaft with an outside diameter of 36 mm supports a 240-mm-diameter pulley (Figure P15.57*a*/58*a*). Belt tensions of 2,400 N and 400 N act at the angles shown in Figure P15.57*b*/58*b*. Determine:

(a) the normal and shear stresses on the top surface of the shaft at point *H*.
(b) the principal stresses and maximum in-plane shear stress at point *H*, and show the orientation of these stresses in an appropriate sketch.

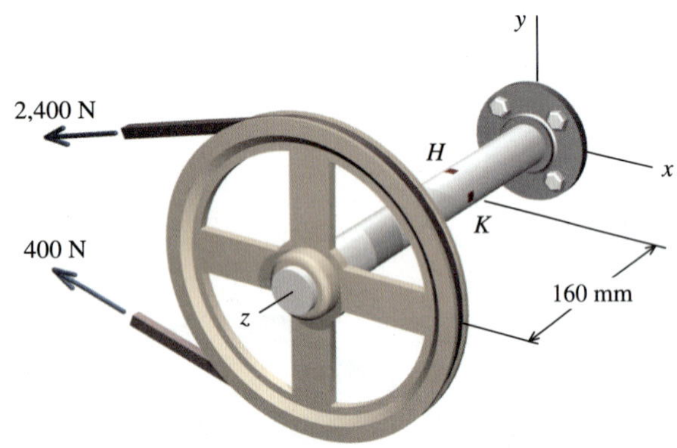


**FIGURE P15.57*a*/58*a***

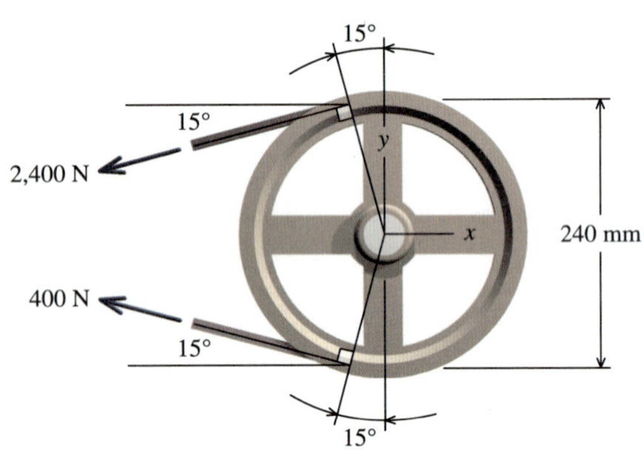


**FIGURE P15.57*b*/58*b***

**P15.58** A steel shaft with an outside diameter of 36 mm supports a 240-mm-diameter pulley (Figure P15.57*a*/58*a*). Belt tensions of 2,400 N and 400 N act at the angles shown in Figure P15.57*b*/58*b*. Determine:

(a) the normal and shear stresses on the side of the shaft at point *K*.
(b) the principal stresses and maximum in-plane shear stress at point *K*, and show the orientation of these stresses in an appropriate sketch.

**P15.59** A pressurized pipe with an outside diameter of 355 mm and a wall thickness of 10 mm is subjected to an axial force of $P = 18$ kN and a torque of $T = 5.5$ kN-m as shown in Figure P15.59/60. If the internal pressure in the pipe is 1,200 kPa, determine the principal stresses, the maximum in-plane shear stress, and the absolute maximum shear stress on the outside surface of the pipe.

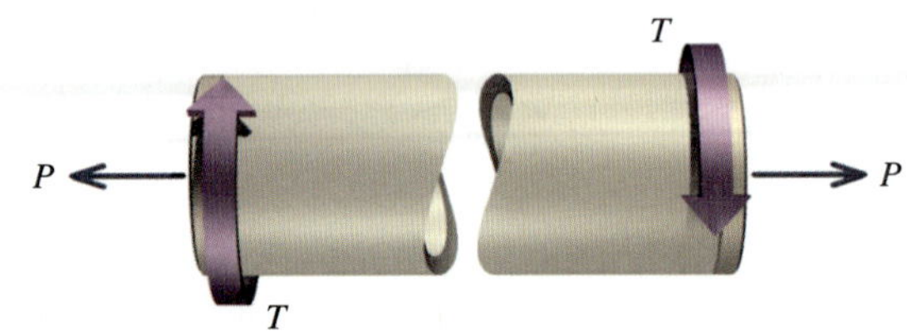


**FIGURE P15.59/60**

**P15.60** A pressurized pipe with an outside diameter of 10.75 in. and a wall thickness of 0.25 in. is subjected to an axial force of $P = 33{,}000$ lb and a torque of $T = 12{,}000$ lb-ft as shown in Figure P15.59/60. If the internal pressure in the pipe is 240 psi, determine the principal stresses, the maximum in-plane shear stress, and the absolute maximum shear stress on the outside surface of the pipe.

**P15.61** A pipe with an outside diameter of 140 mm and a wall thickness of 5 mm is subjected to the loadings shown in Figure P15.61. The internal pressure in the pipe is 1,600 kPa. Determine the normal and shear stresses at:

(a) point *H*.
(b) point *K*.

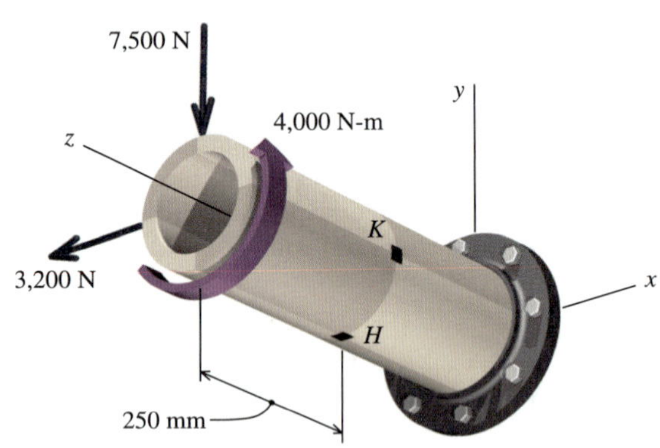


**FIGURE P15.61**

**P15.62** A pipe with an outside diameter of 220 mm and a wall thickness of 5 mm is subjected to the load shown in Figure P15.62/63. The internal pressure in the pipe is 2,000 kPa. Determine the normal and shear stresses on the top surface of the pipe at point *H*.

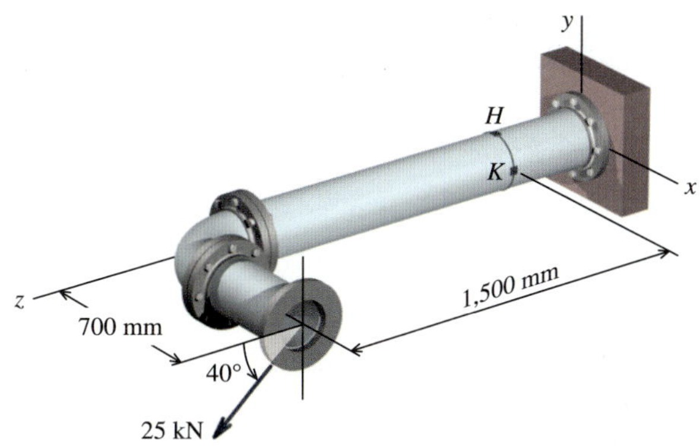

FIGURE P15.62/63

**P15.63** A pipe with an outside diameter of 220 mm and a wall thickness of 5 mm is subjected to the load shown in Figure P15.62/63. The internal pressure in the pipe is 2,000 kPa. Determine the normal and shear stresses on the side of the pipe at point *K*.

**P15.64** A pipe with an outside diameter of 8.50 in. and a wall thickness of 0.25 in. is subjected to the 3-kip load shown in Figure P15.64/65. The internal pressure in the pipe is 320 psi.

(a) Determine the normal and shear stresses on the top surface of the pipe at point *H*.
(b) Determine the principal stresses and maximum in-plane shear stress at point *H*, and show the orientation of these stresses in an appropriate sketch.
(c) Compute the absolute maximum shear stress at *H*.

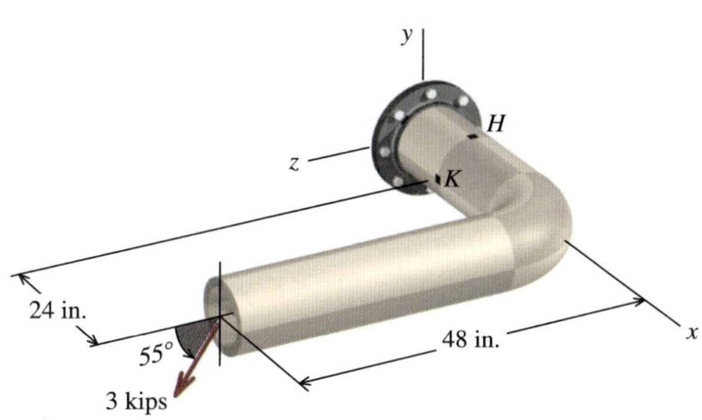

FIGURE P15.64/65

**P15.65** A pipe with an outside diameter of 8.50 in. and a wall thickness of 0.25 in. is subjected to the 3-kip load shown in Figure P15.64/65. The internal pressure in the pipe is 320 psi.

(a) Determine the normal and shear stresses on the side of the pipe at point *K*.
(b) Determine the principal stresses and maximum in-plane shear stress at point *K*, and show the orientation of these stresses on an appropriate sketch.
(c) Compute the absolute maximum shear stress at *K*.

**P15.66** A pipe with an outside diameter of 8.50 in. and a wall thickness of 0.25 in. is subjected to the loads shown in Figure P15.66/67. The internal pressure in the pipe is 320 psi.

(a) Determine the normal and shear stresses on the outer surface of the pipe at point *H*.
(b) Determine the principal stresses and maximum in-plane shear stress at point *H*, and show the orientation of these stresses in an appropriate sketch.
(c) Compute the absolute maximum shear stress at *H*.

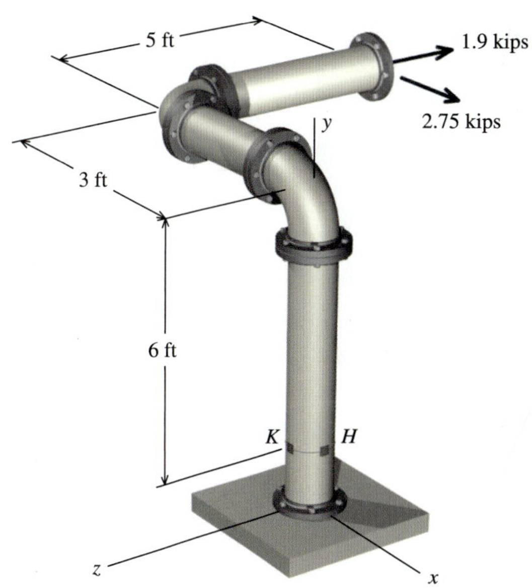

FIGURE P15.66/67

**P15.67** A pipe with an outside diameter of 8.50 in. and a wall thickness of 0.25 in. is subjected to the loads shown in Figure P15.66/67. The internal pressure in the pipe is 320 psi.

(a) Determine the normal and shear stresses on the outer surface of the pipe at point *K*.
(b) Determine the principal stresses and maximum in-plane shear stress at point *K*, and show the orientation of these stresses in an appropriate sketch.
(c) Compute the absolute maximum shear stress at *K*.

## 15.5 파손이론

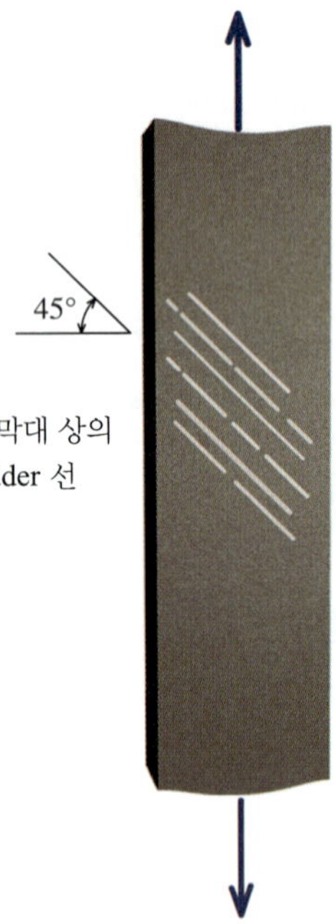


**그림 15.5** • 연성재료 시편의 인장시험 Lüder 선

단축 하중을 받는 부재에 대한 인장시험은 수행하기 쉬우며, 다양한 종류의 재료에 대한 결과도 잘 알려져 있다. 어떤 부재가 파단되었을 때, 파단은 주응력, 변형률, 최대 전단응력, 단위체적당 변형에너지 등이 특정한 값에 도달할 때 발생한다. 이러한 모든 제한이 축 하중에서는 동시에 도달하기 때문에 다른 축 하중을 받는 동일한 재료의 부재에서 파단을 예측하기 위해 사용되는 기준(응력, 변형률, 에너지)들 사이에 차이가 없다.

2축 또는 3축 하중을 받는 부재의 파단 시에 법선응력, 법선변형률, 전단응력, 변형에너지 등이 동시에 한계값에 도달하지 않기 때문에 상황은 훨씬 복잡하다. 즉 일반적으로 정확한 파단의 원인은 알려져 있지 않다. 이러한 경우에 파단을 예측하기 위한 가장 좋은 기준을 결정하는 것은 매우 중요하다. 왜냐하면 실험 결과를 얻기는 어렵고 가능한 하중의 조합은 끝이 없기 때문이다. 많은 조합하중 조건에서 여러 가지 재료의 파단을 예측하기 위해 몇몇 이론들이 제안되었다. 불행히도 어떤 이론도 모든 종류의 재료와 모든 조합하중의 시험 데이타와 일치하지는 않는다. 이 절에서는 몇몇 일반적인 파손이론들에 대해 소개하고 간단히 설명한다.

### 연성 재료(Ductile materials)

**최대전단응력이론(Maximum-shear-stress theory).**[1] 연강과 같은 연성 재료의 납작한 막대(bar)를 일축 인장 상태에서 시험할 때, 재료의 항복은 막대 표면에 선이 나타나는 현상을 동반한다. **Lüder 선**이라고 부르는 이 선은 재료를 이루는 무작위로 정렬된 결정들의 평면을 따라 발생하는 미끄러짐(미시적 스케일에서)에 의해 발생한다. Lüder 선은 시편의 길이방향에 대하여 45°로 발생한다(그림 15.5). 그러므로 미끄러짐이 재료의 항복과 관련된 파손 과정이라고 가정하면, 미끄러짐이 발생하는 평면에서의 전단응력이 이 파단의 특성을 가장 잘 나타내는 응력이다. 단축 인장시험에서 항복할 때의 응력상태는 그림 15.6*a*의 응력요소에 의해 나타난다. 이 응력상태에 상응하는 Mohr 원이 그림 15.6*b*에 나타나 있다. Mohr의 원은 Lüder 선처럼 단축시험 시편에서 하중방향(그림 15.6*c*)에 대하여 45° 방향으로 최대 전단응력이 발생한다는 사실을 강조한다.

이러한 관찰에 기초하여 최대전단응력(항복)이론은 조합하중을 받고 있는 부품 내의 최대 전단응력이 재료의 파단전단응력 $\tau_f = \sigma_Y/2$에 도달할 때 파단이 발생한다고 예측한다. 여기서 $\sigma_Y$는 동일한 재료의 인장 또는 압축 시험에서 결정되는 항복강도이다. 연성 재료에서 비틀림 시험(순수 전단)에서 결정되는 전단탄성한계는 인장탄성한계의 절반보다 더 크다($\tau_f$

[1] 종종 Coulomb 이론이라고 불리는데 이는 1773년에 그가 처음으로 발표하였기 때문이다. 좀더 흔하게 Tresca 이론이나 Tresca-Guest 항복표면이라고 불리는데, 1900년 영국에서 J.J Guest의 도움을 받은 프랑스인 탄성학자 H. E. Tresca의 작품이기 때문이다.

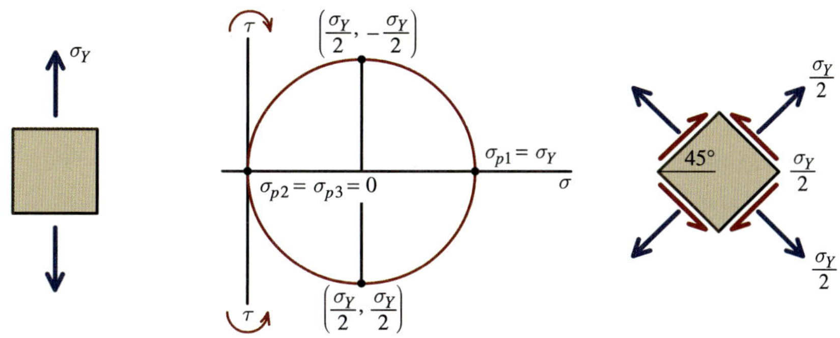


(*a*) 시험시편의 항복점에서의 응력요소

(*b*) 항복점에서의 시험시편의 Mohr의 원

(*c*) 최대 전단응력요소

**그림 15.6** • 단축 인장시험에 의한 응력상태

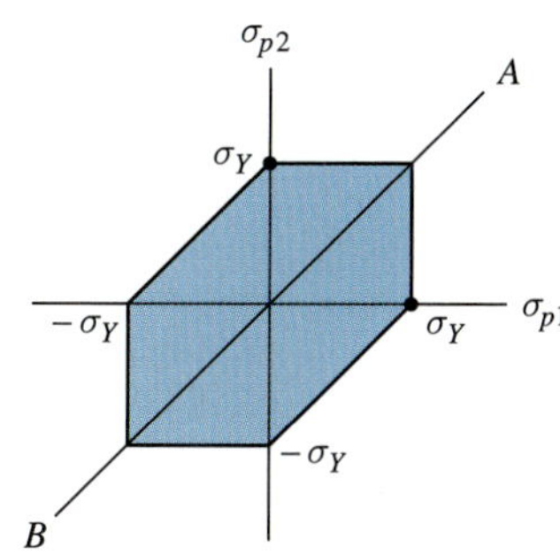


• 인장시험에서의 실험 데이타

**그림 15.7** • 최대전단응력이론

주응력의 명명법이 (즉, $\sigma_{p1} > \sigma_{p2}$)를 따른다면, $\sigma_{p1}$과 $\sigma_{p2}$의 모든 조합은 그림 15.7에서 보는 바와 같이 선 *AB*의 오른쪽 또는 아래에 그려진다.

의 평균값은 0.57 $\sigma_Y$이다). 최대전단응력이론은 단축 시험에서 구해진 $\sigma_Y$를 기초로 하기 때문에 실제보다 보수적으로 예측한다.

최대전단응력이론은 2축 주응력(평면응력)을 받는 요소에 대하여 그림 15.7에 시각적으로 나타내었다. 1사분면과 3사분면에서 $\sigma_{p1}$와 $\sigma_{p2}$는 같은 부호를 갖는다. 그러므로 절대 최대 전단응력은 평면에 수직한 방향으로 작용하며, 그 크기는 12.7절[식 (12.18)]에서 설명한 것처럼 $\sigma_{p1}$ 또는 $\sigma_{p2}$의 절대값 중에서 더 큰 것의 절반과 같다. 2사분면과 4사분면에서 $\sigma_{p1}$과 $\sigma_{p2}$는 정반대의 부호를 가지며, 최대 전단응력은 두 주응력의 합의 절반과 같다. 즉 평면 내 Mohr 원의 반지름과 같다.

그러므로 평면 내의 주응력 $\sigma_{p1}$과 $\sigma_{p2}$를 가진 평면응력 상태에 적용된 최대전단응력이론은 다음의 조건 하에서 파손이 발생한다고 예측한다.

- $\sigma_{p1}$과 $\sigma_{p2}$가 같은 부호를 가진 경우, $|\sigma_{p1}| \geq \sigma_Y$ 또는 $|\sigma_{p2}| \geq \sigma_Y$이면 파손이 발생한다.
- $\sigma_{p1}$이 양수이고 $\sigma_{p2}$가 음수이면, $\sigma_{p1} - \sigma_{p2} \geq \sigma_Y$이면 파손이 발생한다.

**최대뒤틀림에너지이론(Maximum-distortion-energy theory).**[2] 최대뒤틀림에너지(항복)이론은 **변형에너지**(*strain energy*)의 개념을 기초로 하여 만들어졌다. 단위 부피당 총 변형에너지는 어떤 복합적인 하중을 받는 시편에 대해 결정될 수 있다. 더욱이 총 변형에너지는 두 가지 부류로 구분할 수 있다. 이는 시편의 체적 변화와 관련된 변형에너지와 시편의 형상의 변화 또는 변형과 관련된 변형에너지이다. 이 이론은 변형을 초래한 변형에너지가 동일 재료의 인장시험 또는 압축시험에서 확인된 파 단시의 변형에너지와 같은 크기에 도달할 때 파단이 발생한다고 예측한다. 이를 입증하는 증거들이 균질 재료가 매우 높은 정수압 상태(세 개의 직교

[2] 이는 1904년에 폴란드의 M. T. Huber에 의해 제안되었고, 이와는 독립적으로 1913년 독일의 R. von Mises에 의해 제안되었기 때문에 흔히 Huber–von Mises–Hencky 이론 또는 von Mises 항복이론으로 불린다. 이 이론은 H. Hencky와 von Mises에 의해 더욱 발전되었다.

방향에서 법선응력이 동일한 상태)에서 항복 없이 견디어 내는 실험에서 나왔다. 이러한 관찰에 근거하여 최대뒤틀림에너지이론은 형상을 변하게 만드는 변형에너지가 재료의 파단 원인이라고 가정한다. 뒤틀림에 기인하는 변형에너지는 응력을 받고 있는 재료의 총 변형에너지에서 이를 입증하는 증거들이 부피 변화와 관련된 변형에너지를 뺀 것으로서 쉽게 계산된다.

하중의 부과와 연관된 어떤 운동에너지도 배제하기 위하여 하중 $P$는 천천히 적용되어야 한다. $P$에 의한 모든 일은 변형된 보에 변형에너지로 축적된다.

변형에너지에 관한 개념은 그림 15.8에 나타나 있다. 천천히 축 하중 $P$를 받고 있는 균일한 단면의 막대가 그림 15.8*a*에 나타나 있다. 막대의 하중-변형선도는 그림 15.8*b*에 나타나 있다. $\delta_2$로 늘어나는 과정에서 막대에 행한 일은

$$W = \int_0^{\delta_2} P\,d\delta \tag{a}$$

이다. 여기서 $P$는 $\delta$의 함수이다. 막대에 행해진 일은 재료의 에너지 변화와 같아야 하고,[3] 이 에너지 변화는 재료의 형태의 변형을 동반하기 때문에 이것을 변형에너지 $U$로 정한다. $\delta$를 축 방향의 변형률로 표현되고($\delta = L\varepsilon$) $P$가 축 방향의 응력으로 표현된다면($P = A\sigma$), 식 (a)는

$$W = U = \int_0^{\varepsilon_2} (\sigma)(A)(L)\,d\varepsilon = AL\int_0^{\varepsilon_2} \sigma\,d\varepsilon \tag{b}$$

이 된다. 여기서 $\sigma$는 $\varepsilon$의 함수이다. 만약 재료가 후크법칙을 따른다면,

$$\varepsilon = \sigma/E \qquad d\varepsilon = d\sigma/E$$

이고, 식 (b)는

$$U = \left(\frac{AL}{E}\right)\int_0^{\sigma_2} \sigma\,d\sigma$$

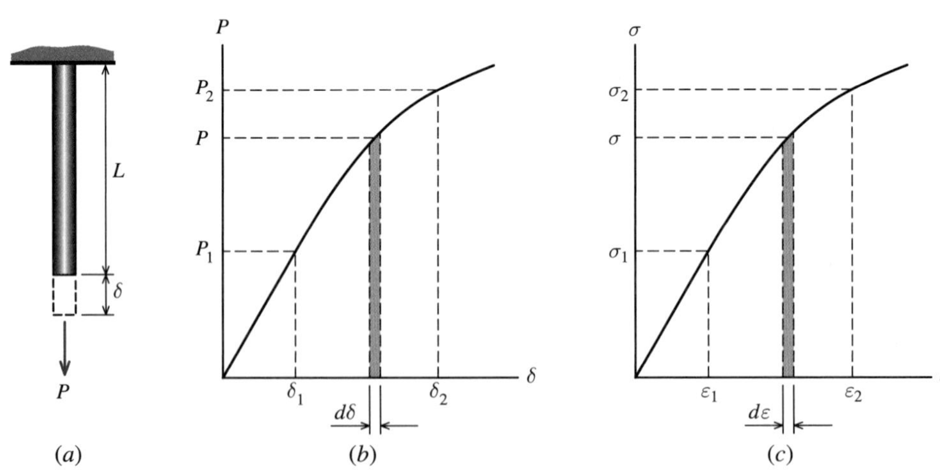


**그림 15.8** • 변형에너지의 개념

[3] 프랑스 공학자 B. P. E. Clapeyron이 발표한 이후로 *Clapeyron* 이론이라고 알려졌다.

또는

$$U = AL\left(\frac{\sigma_2^2}{2E}\right) \tag{c}$$

가 된다. 식 (c)는 축 하중을 받는 후크법칙을 따르는 재료의 탄성 변형에너지(elastic strain energy)(일반적으로 회복 가능하다)[4]이다. 괄호 안의 양 $\sigma_2^2/(2E)$는 인장 또는 압축에서의 단위 부피당 탄성 변형에너지 또는 재료의 비례한계 내의 응력 $\sigma$에서 변형에너지 밀도이다. 따라서

$$u = \frac{\sigma^2}{2E} = \frac{\sigma\varepsilon}{2} \tag{15.1}$$

이다. 전단 하중 하에서는 이 식에서 $\sigma$가 $\tau$로 바뀌고, $\varepsilon$이 $\gamma$로, $E$가 $G$로 바뀌는 점만 제외하면 동일하다.

탄성 변형에너지의 개념은 $\sigma\varepsilon/2$와 같은 변형에너지 밀도 $u$의 표현을 쓰고 각각의 응력에 기인하는 에너지들을 합산함으로써 2축 또는 3축 응력을 포함하도록 확장할 수 있다. 에너지는 양의 스칼라 양이기 때문에 합산은 단순한 에너지의 대수 더하기를 의미한다. $\sigma_{p1}$, $\sigma_{p2}$, $\sigma_{p3}$ 등의 3축 주응력 시스템에서 총 탄성변형에너지 밀도는

$$u = (1/2)\,\sigma_{p1}\varepsilon_{p1} + (1/2)\,\sigma_{p2}\varepsilon_{p2} + (1/2)\,\sigma_{p3}\varepsilon_{p3} \tag{d}$$

이다. 응력으로 표현된 변형률에 대한 일반화된 후크법칙[13.8절, 식 (13.16)]을 식 (d)에 대입하면,

$$u = \frac{1}{2E}\{\sigma_{p1}[\sigma_{p1} - \nu(\sigma_{p2} + \sigma_{p3})] + \sigma_{p2}[\sigma_{p2} - \nu(\sigma_{p3} + \sigma_{p1})] + \sigma_{p3}[\sigma_{p3} - \nu(\sigma_{p1} + \sigma_{p2})]\}$$

이고, 이로부터

$$u = \frac{1}{2E}[\sigma_{p1}^2 + \sigma_{p2}^2 + \sigma_{p3}^2 - 2\nu(\sigma_{p1}\sigma_{p2} + \sigma_{p2}\sigma_{p3} + \sigma_{p3}\sigma_{p1})] \tag{15.2}$$

이다. 총 변형에너지는 그림 15.9$a$–$c$에 나타난 것과 같이 두 세트(sets)의 응력으로 이루어진 주응력을 고려함으로써 부피 변화 $(u_v)$와 뒤틀림 $(u_d)$와 관련된 요소로 분해할 수 있다. 그림 15.9$c$에 묘사된 응력상태는 다른 세 법선변형률의 합이 0이 되면(체적 변화가 없이), 뒤틀림만을 가져올 것이다. 이는

$$\begin{aligned} E(\varepsilon_{p1} + \varepsilon_{p2} + \varepsilon_{p3})_d &= [(\sigma_{p1} - p) - \nu(\sigma_{p2} + \sigma_{p3} - 2p)] \\ &\quad + [(\sigma_{p2} - p) - \nu(\sigma_{p3} + \sigma_{p1} - 2p)] \\ &\quad + [(\sigma_{p3} - p) - \nu(\sigma_{p1} + \sigma_{p2} - 2p)] = 0 \end{aligned}$$

[4] 탄성 이력현상(hystersis)은 불필요하게 문제를 복잡하게 만들기 때문에 여기서는 무시한다.

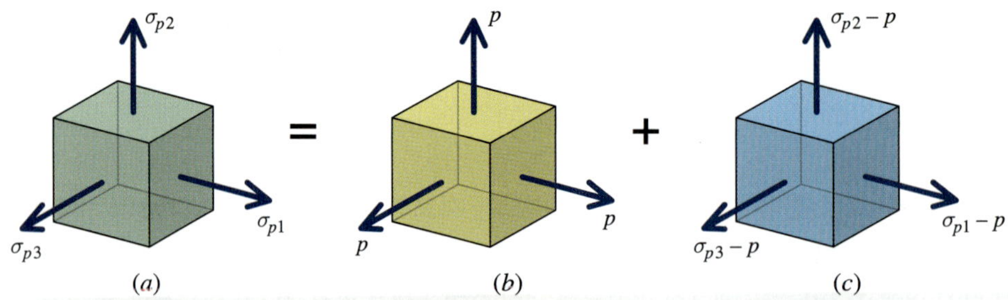


**그림 15.9** • 체적변화 요소와 뒤틀림 요소의 응력상태 표현

이다. 여기서 $p$는 평균응력이다. 이 방정식은 다음과 같이 줄일 수 있다.

$$(1-2\nu)(\sigma_{p1}+\sigma_{p2}+\sigma_{p3}-3p)=0$$

따라서 평균응력 $p$는

$$p=\frac{1}{3}(\sigma_{p1}+\sigma_{p2}+\sigma_{p3})$$

이다. 평균응력 $p$에 의한 세 법선변형률은 식 (13.16)으로부터

$$\varepsilon_v=\frac{1}{E}(1-2\nu)p$$

이고, 평균응력(체적변화)으로부터 초래된 에너지는

$$u_v=3\left(\frac{p\varepsilon_v}{2}\right)=\frac{3}{2}\frac{1-2\nu}{E}p^2=\frac{(1-2\nu)}{6E}(\sigma_{p1}+\sigma_{p2}+\sigma_{p3})^2$$

이다. 뒤틀림(형상변화)으로부터 초래된 에너지는

$$\begin{aligned}u_d&=u-u_v\\&=\frac{1}{6E}\left[3(\sigma_{p1}^2+\sigma_{p2}^2+\sigma_{p3}^2)-6\nu(\sigma_{p1}\sigma_{p2}+\sigma_{p2}\sigma_{p3}+\sigma_{p3}\sigma_{p1})-(1-2\nu)(\sigma_{p1}+\sigma_{p2}+\sigma_{p3})^2\right]\end{aligned}$$

괄호 안의 세 번째 항을 확장하여 식을 다음과 같이 정리할 수 있다.

$$\begin{aligned}u_d&=\frac{1+\nu}{6E}[(\sigma_{p1}^2-2\sigma_{p1}\sigma_{p2}+\sigma_{p2}^2)+(\sigma_{p2}^2-2\sigma_{p2}\sigma_{p3}+\sigma_{p3}^2)+(\sigma_{p3}^2-2\sigma_{p3}\sigma_{p1}+\sigma_{p1}^2)]\\&=\frac{1+\nu}{6E}\left[(\sigma_{p1}-\sigma_{p2})^2+(\sigma_{p2}-\sigma_{p3})^2+(\sigma_{p3}-\sigma_{p1})^2\right]\end{aligned}\tag{e}$$

최대뒤틀림에너지이론은 비탄성 거동이 식 (e)에서 주어진 에너지가 인장시험에서 얻어진 한계값을 넘어설 때 파손이 발생한다고 예측한다. 인장시험에서 하나의 주응력만이 0이 아니다. 만일 이를 $\sigma_Y$라 한다면 $u_d$의 값은

$$(u_d)_Y = \frac{1+\nu}{3E}\sigma_Y^2$$

이 되고, 이 값을 식 (e)에 대입하면, 항복에 의한 파손을 위한 최대뒤틀림에너지이론은 다음과 같이 표현된다.

$$\sigma_Y^2 = \frac{1}{2}\left[(\sigma_{p1} - \sigma_{p2})^2 + (\sigma_{p2} - \sigma_{p3})^2 + (\sigma_{p3} - \sigma_{p1})^2\right] \tag{15.3}$$

또는

$$\sigma_Y^2 = \sigma_{p1}^2 + \sigma_{p2}^2 + \sigma_{p3}^2 - (\sigma_{p1}\sigma_{p2} + \sigma_{p2}\sigma_{p3} + \sigma_{p3}\sigma_{p1})$$

최대뒤틀림에너지이론은 임의의 세 수직 평면에서의 법선응력과 전단응력의 항으로 표현될 수 있다.

$$\sigma_Y^2 = \frac{1}{2}\left[(\sigma_x - \sigma_y)^2 + (\sigma_y - \sigma_z)^2 + (\sigma_x - \sigma_z)^2 + 6(\tau_{xy}^2 + \tau_{yz}^2 + \tau_{xz}^2)\right] \tag{15.4}$$

평면응력 상태일 때, 식 (15.3)은

$$\sigma_Y^2 = \sigma_{p1}^2 - \sigma_{p1}\sigma_{p2} + \sigma_{p2}^2 \tag{15.5}$$

이다. 마지막 식은 그림 15.10에서 보이는 것처럼 $\sigma_{p1} - \sigma_{p2}$ 평면에서 $\sigma_{p1} = \sigma_{p2}$를 주축으로 하는 타원 방정식이다. 이와 비교하기 위하여 최대전단응력항복이론의 파손 육각형을 그림 15.10에 점선으로 나타내었다. 두 이론 모두 육각형의 여섯 꼭지점에서는 파손이 일어날 것이라고 예측하는 반면, 다른 모든 복합하중에 대하여 육각형이 타원 안에 있기 때문에 최대전단응력이론은 항복을 일으키는 데 필요한 응력의 추정에 있어 좀더 보수적이다.

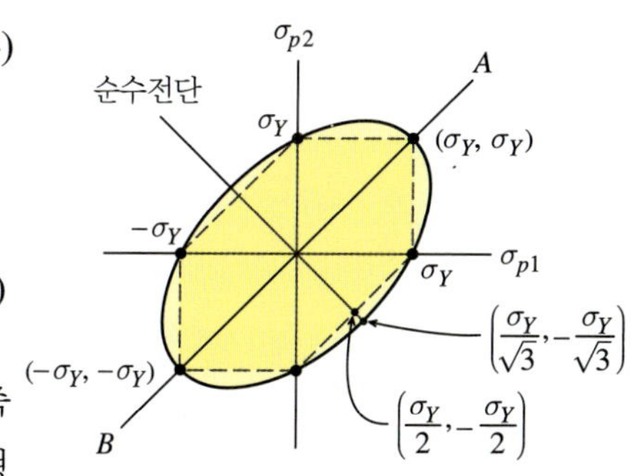


**그림 15.10** • 최대변형에너지이론

**Mises 등가응력(Mises equivalent stress).** 최대뒤틀림에너지이론을 사용하는 편리한 방법은 식 (15.3)의 오른쪽 항의 제곱근을 등가응력 $\sigma_M$으로 정하는 것이다. 응력 $\sigma_M$은 Mises 등가응력(또는 von Mises 등가응력)이라고 부른다. $\sigma_M$을 흔히 상당응력 또는 유효응력이라고 한다.

주응력 명명법이 (즉, $\sigma_{p1} > \sigma_{p2}$)를 따른다면 $\sigma_{p1}$과 $\sigma_{p2}$의 모든 조합은 오른쪽 방향으로 그려지거나 그림 15.10에서 보여지는 것처럼 선 *AB* 아래에 있다.

$$\sigma_M = \frac{\sqrt{2}}{2}\left[(\sigma_{p1} - \sigma_{p2})^2 + (\sigma_{p2} - \sigma_{p3})^2 + (\sigma_{p3} - \sigma_{p1})^2\right]^{1/2} \tag{15.6}$$

마찬가지로 식 (15.4) 또한 Mises 등가응력의 계산을 위하여 사용될 수 있다.

$$\sigma_M = \frac{\sqrt{2}}{2}\left[(\sigma_x - \sigma_y)^2 + (\sigma_y - \sigma_z)^2 + (\sigma_x - \sigma_z)^2 + 6(\tau_{xy}^2 + \tau_{yz}^2 + \tau_{xz}^2)\right]^{1/2} \tag{15.7}$$

평면응력의 경우, Mises 등가응력은 식 (15.5)로부터 다음과 같이 쓸 수 있다.

$$\sigma_M = [\sigma_{p1}^2 - \sigma_{p1}\sigma_{p2} + \sigma_{p2}^2]^{1/2} \tag{15.8}$$

또는 $\sigma_z = \tau_{yz} = \tau_{xz} = 0$으로 두고 식 (15.4)로부터 다음 식이 주어진다.

$$\sigma_M = [\sigma_x^2 - \sigma_x\sigma_y + \sigma_y^2 + 3\tau_{xy}^2]^{1/2} \tag{15.9}$$

Mises 등가응력을 사용하기 위하여 $\sigma_M$은 응력을 받는 어떤 요소의 특정한 점에 대하여 계산되었다. $\sigma_M$의 값은 인장 항복응력 $\sigma_Y$와 비교되고, $\sigma_M > \sigma_Y$이면 재료는 최대뒤틀림에너지이론을 따라서 파손될 것이라고 예측한다.

## 취성 재료

연성 재료와는 다르게 취성 재료(brittle materials)는 매우 작은 항복 흔적을 동반하는 균열에 의해 갑작스럽게 파손된다. 따라서 취성 재료의 적절한 한계응력은 항복응력이라기보다는 파손응력(또는 극한 강도)이다. 그리고 취성 재료의 인장 강도는 때때로 압축 강도와 다르다.

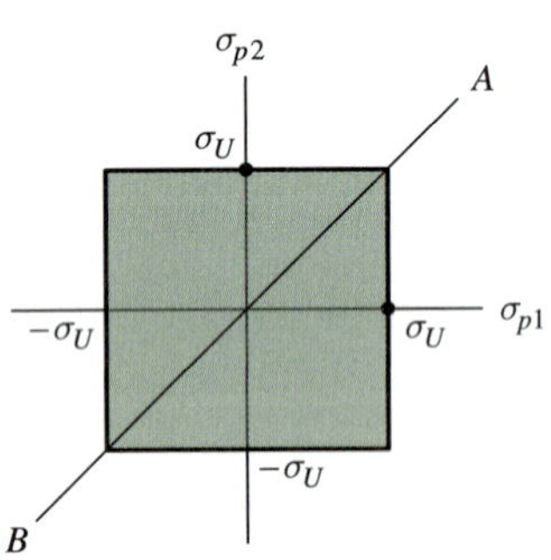


• 인장시험에서의 실험 데이타

**그림 15.11** • 최대법선응력이론

**최대법선응력이론(Maximum-normal-stress theory).**[5] 최대법선응력(항복)이론은 어떤 복합하중 조건의 시편의 어떤 점에서 최대법선응력이 동일한 재료의 인장시험 또는 압축시험에서 결정된 파손응력에 도달할 때 파단이 일어날 것이라고 예측한다.

$p1$과 $p2$ 축에서 2축 주응력을 받는 응력요소의 최대법선응력이론은 그림 15.11에 시각적으로 표시되었다. 한계응력 $\sigma_U$는 축 하중을 받을 때의 재료의 파단응력이다. 이 이론에 따르면, 그림 15.11의 사각형 내부의 점에 상응하는 $\sigma_{p1}$, $\sigma_{p2}$의 2축 주응력의 모든 조합은

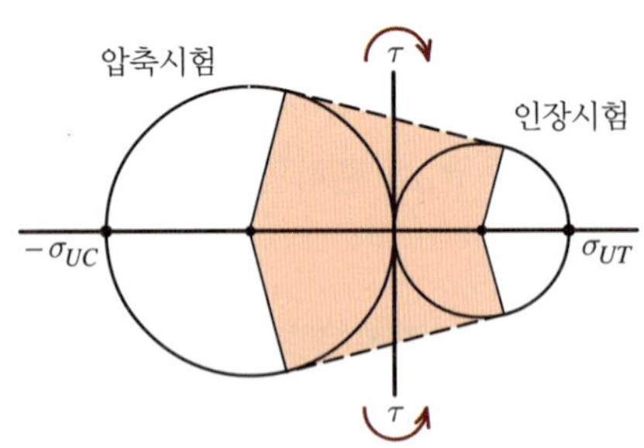


(a)

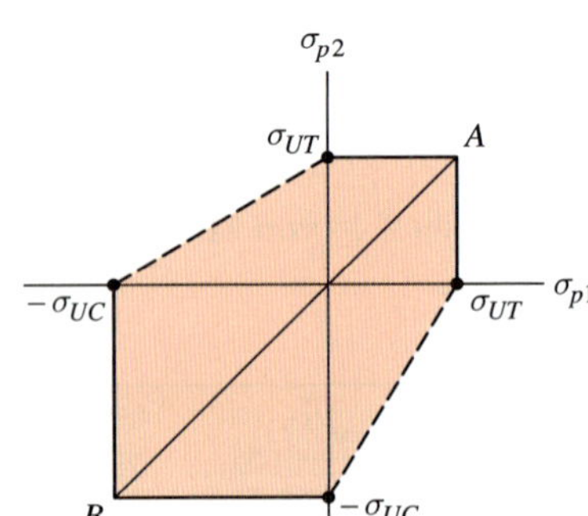


• 인장과 압축시험에서의 실험 데이타

(b)

**그림 15.12** • Mohr 파손이론

[5] 스코틀랜드의 Glasgow 대학의 저명한 공학교육자 W. J. M. Rankine (1820–1872) 이후로 종종 Rankine 이론이라 불린다.

안전하다. 이에 비해 이 이론에 기초하여 사각형 밖의 점에 해당하는 응력 조합은 요소의 파손을 유발한다.

**Mohr's 파손이론(Mohr's failure criterion).** 많은 취성 재료에서 극한 인장이나 압축 강도는 다르고, 이 같은 경우에 최대법선응력이론은 사용되지 않는다. 이를 대체할 파손이론은 독일 공학자 Otto Mohr에 의해 제안된 Mohr 파손이론이다. 이 파손이론을 사용하기 위해서는 재료의 극한 인장응력 $\sigma_{UT}$와 극한 압축응력 $\sigma_{UC}$ 각각을 구하기 위한 일축 인장시험과 일축 압축시험을 수행해야 한다. 인장시험과 압축시험에 대한 Mohr의 원이 그림 15.12*a*에 나타나 있다. Mohr의 이론은 물체 내의 한 점에서 응력 조합의 Mohr의 원이 인장시험과 압축시험의 Mohr의 원에 의해 결정된 그림 15.12에서 강조된 영역을 넘어설 때 재료의 파손이 일어난다고 제안했다.

평면응력 상태의 Mohr의 파손이론은 $\sigma_{p1} - \sigma_{p2}$ 평면에 주응력의 그래프로 표시된다(그림 15.12*b*). 그림 15.12*a*에서 $\sigma$ 축에 중심을 두고 있는 모든 Mohr의 원의 주응력은 점선에 접하고 그림 15.12*b*의 $\sigma_{p1} - \sigma_{p2}$ 평면에서 점선을 따라서 그려질 것이다.

주응력의 명명법이 (i.e., $\sigma_{p1} > \sigma_{p2}$)를 따른다면 $\sigma_{p1}$과 $\sigma_{p2}$의 모든 조합은 오른쪽으로 그려지거나 그림 15.11에 보여지는 것처럼 선 *AB* 아래이다.

$\sigma_{p1}$과 $\sigma_{p2}$의 평면 내 주응력와 함께 평면응력 상태에 있는 Mohr 파손이론은 다음의 조건 하에서 파단이 발생할 것이라고 예측한다.

- $\sigma_{p1}$과 $\sigma_{p2}$ 모두 양수일 경우, $\sigma_{p1} \geq \sigma_{UT}$이면 파단이 발생할 것이다.
- $\sigma_{p1}$과 $\sigma_{p2}$ 모두 음수일 경우, $\sigma_{p2} \leq -\sigma_{UC}$이면 파단이 발생할 것이다.

주응력의 명명법 관습을 따른다면($\sigma_{p1} > \sigma_{p2}$), 모든 $\sigma_{p1}$과 $\sigma_{p2}$의 조합은 오른쪽으로 그려지거나 그림 15.12*b*에서 나타난 *AB*선보다 아래에 그려지게 된다. $\sigma_{p1} > 0$, $\sigma_{p2} < 0$의 응력 상태는 그림 15.12*b*의 4사분면이 된다. 이러한 경우에서 Mohr 파손이론은 하중의 조합이 점선 위에 있거나 더 바깥쪽에 위치하면 파손이 일어날 것이라고 예측한다.

- $\sigma_{p1}$이 양수이고 $\sigma_{p2}$가 음수일 경우, $\dfrac{\sigma_{p1}}{\sigma_{UT}} - \dfrac{\sigma_{p2}}{\sigma_{UC}} \geq 1$ 이면 파손이 발생할 것이다.

만약 비틀림 시험 데이타를 구할 수 있다면, 4사분면의 점선은 이 실험 데이타를 포함하기 위해 수정될 수 있다.

다음의 예제는 요소의 하중 수용능력을 예측하는 데 있어서 파단이론의 적용을 보여준다.

## 예제 15.8 EXAMPLE

기계 부품의 자유표면 위의 응력은 그림의 응력요소로 제시되었다. 부품은 $\sigma_Y = 270$ MPa의 항복응력을 가지는 6061-T6 알루미늄으로 만들어졌다.

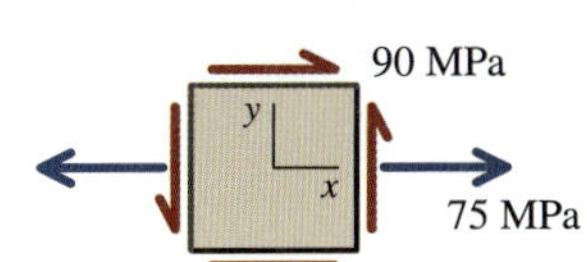


(a) 그림의 응력상태에서 최대전단응력이론에 의해 예측한 안전계수는 얼마인가? 이 이론에 따르면 부품은 파단되는가?

(b) 주어진 평면응력 상태에서 Mises 등가응력은 얼마인가?

(c) 최대뒤틀림에너지이론의 파손이론에 의해 예측한 안전계수는 얼마인가? 이 이론에 따르면 부품은 파손되는가?

**풀이 계획**

주응력이 주어진 응력상태에서 결정된다. 이 응력들을 이용하여, 최대전단응력이론과 최대뒤틀림에너지이론은 파손 가능성을 조사하는 데 이용된다.

**풀이**

주응력은 12.9절에서 설명된 것과 같이 응력의 좌표변환 식[식 (12.12)] 또는 Mohr의 원으로부터 계산된다. 여기서는 식 12.12가 사용된다. 이 응력요소로부터 응력의 좌표변환 식에서 사용되어질 값들은 $\sigma_x = +75$ MPa, $\sigma_y = 0$ MPa, $\tau_{xy} = +90$ MPa이다. 평면 내 주응력은 다음과 같이 계산된다.

$$\begin{aligned}\sigma_{p1,p2} &= \frac{\sigma_x + \sigma_y}{2} \pm \sqrt{\left(\frac{\sigma_x - \sigma_y}{2}\right)^2 + \tau_{xy}^2} \\ &= \frac{75\text{ MPa} + 0\text{ MPa}}{2} \pm \sqrt{\left(\frac{75\text{ MPa} - 0\text{ MPa}}{2}\right)^2 + (90\text{ MPa})^2} \\ &= 135.0\text{ MPa}, -60.0\text{ MPa}\end{aligned}$$

**(a) 최대전단응력이론**

$\sigma_{p1}$은 양수이고 $\sigma_{p2}$는 음수이기 때문에, $\sigma_{p1} - \sigma_{p2} \geq \sigma_Y$이면 파단이 발생한다. 부품의 주응력에 대하여

$$\sigma_{p1} - \sigma_{p2} = 135.0\text{ MPa} - (-60.0\text{ MPa}) = 195.0\text{ MPa} < 270\text{ MPa}$$

그러므로 최대전단응력이론에 따르면, 부품은 파손되지 않는다. 이 응력상태와 관련된 안전계수는 다음과 같이 계산된다.

$$\text{FS} = \frac{270\text{ MPa}}{195.0\text{ MPa}} = 1.385$$ **Ans.**

**(b) Misese 등가응력**

최대변형에너지이론과 관련된 Mises 등가응력 $\sigma_M$은 여기서 고려된 평면응력 상태에 대하여 식 (15.8)로부터 계산될 수 있다.

$$\begin{aligned}\sigma_M &= [\sigma_{p1}^2 - \sigma_{p1}\sigma_{p2} + \sigma_{p2}^2]^{1/2} \\ &= [(135.0\text{ MPa})^2 - (135.0\text{ MPa})(-60.0\text{ MPa}) + (-60.0\text{ MPa})^2]^{1/2} \\ &= 173.0\text{ MPa}\end{aligned}$$ **Ans.**

**(c) 최대변형에너지이론의 안전계수**

최대변형에너지이론의 안전계수는 Mises 등가응력으로부터 계산될 수 있다.

$$\text{FS} = \frac{270\text{ MPa}}{173.0\text{ MPa}} = 1.561$$ **Ans.**

최대변형에너지이론에 따르면 부품은 파손되지 않는다.

## 예제 15.9 EXAMPLE

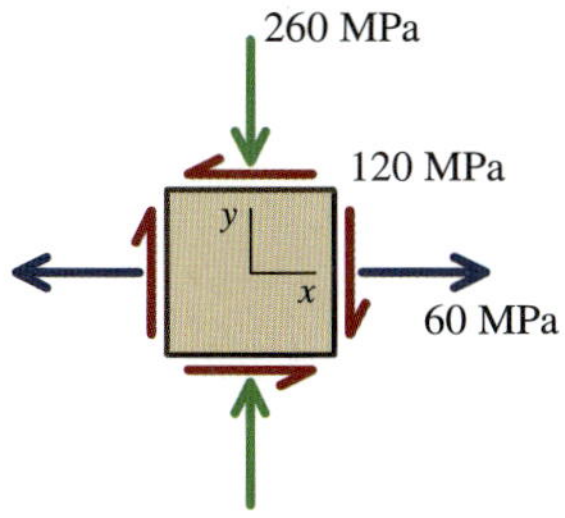


기계 부품의 자유표면 위의 응력이 그림의 응력요소 위에 나타나 있다. 요소는 200 MPa의 극한 인장강도와 500 MPa의 극한 압축강도를 가진 취성 재료로 만들어졌다. Mohr 파손이론을 이용하여 주어진 응력상태에서 이 부품이 안전한지 여부를 결정하라.

**풀이 계획**

주어진 응력상태에 대한 주응력을 결정한다. 이 응력들을 이용하여 Mohr 파손이론에 바탕을 둔 파손 가능성 여부를 조사한다.

**풀이**

식 (12.12)로부터 주응력은 다음과 같이 계산된다.

$$\begin{aligned}\sigma_{p1,p2} &= \frac{\sigma_x + \sigma_y}{2} \pm \sqrt{\left(\frac{\sigma_x - \sigma_y}{2}\right)^2 + \tau_{xy}^2} \\ &= \frac{60\text{ MPa} + (-260\text{ MPa})}{2} \pm \sqrt{\left(\frac{60\text{ MPa} - (-260\text{ MPa})}{2}\right)^2 + (-120\text{ MPa})^2} \\ &= 100\text{ MPa},\ -300\text{ MPa}\end{aligned}$$

**Mohr 파손이론**

$\sigma_{p1}$은 양수이고 $\sigma_{p2}$는 음수이기 때문에, 다음의 상호작용 방정식이 1보다 크거나 같다면 파손이 일어날 것이다.

$$\frac{\sigma_{p1}}{\sigma_{UT}} - \frac{\sigma_{p2}}{\sigma_{UC}} \geq 1$$

부품 내에 존재하는 주응력에 대하여

$$\frac{\sigma_{p1}}{\sigma_{UT}} - \frac{\sigma_{p2}}{\sigma_{UC}} = \frac{100\text{ MPa}}{200\text{ MPa}} - \frac{(-300\text{ MPa})}{500\text{ MPa}} = 0.5 - (-0.6) = 1.1 > 1 \qquad \textbf{Ans.}$$

이다. 따라서 Mohr 파손이론에 의하면 부품은 파손된다.

# PROBLEMS

**P15.68** The stresses on the surface of a beam are shown in Figure P15.68. The beam is made of structural steel that has a yield strength of $\sigma_Y = 36$ ksi.

(a) What is the factor of safety predicted by the maximum-shear-stress theory of failure for the stress state shown? Does the beam fail according to this theory?
(b) What is the value of the Mises equivalent stress for the given state of plane stress?
(c) What is the factor of safety predicted by the failure criterion of the maximum-distortion-energy theory of failure? Does the beam fail according to this theory?

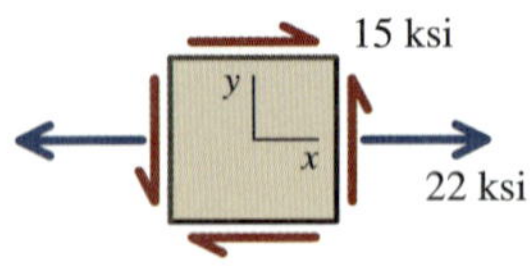


**FIGURE P15.68**

**P15.69** The stresses on the surface of a structural steel component are shown in Figure P15.69. The yield strength of the steel is $\sigma_Y = 36$ ksi.

(a) What is the factor of safety predicted by the maximum-shear-stress theory of failure for the stress state shown? Does the component fail according to this theory?
(b) What is the value of the Mises equivalent stress for the given state of plane stress?
(c) What is the factor of safety predicted by the failure criterion of the maximum-distortion-energy theory of failure? Does the component fail according to this theory?

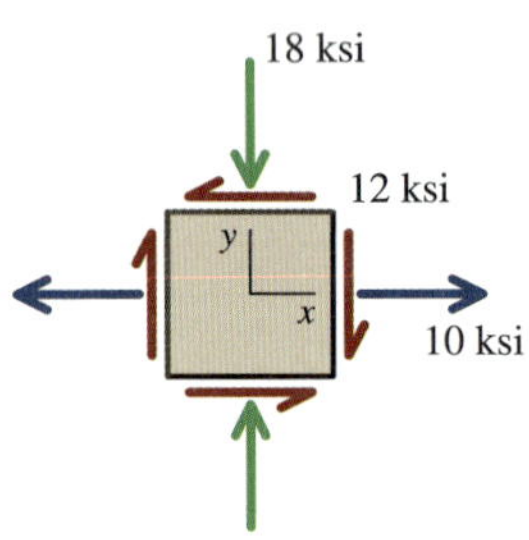


**FIGURE P15.69**

**P15.70** The stresses on the surface of a hard bronze component are shown in Figure P15.70. The yield strength of the bronze is $\sigma_Y = 345$ MPa.

(a) What is the factor of safety predicted by the maximum-shear-stress theory of failure for the stress state shown? Does the component fail according to this theory?
(b) What is the value of the Mises equivalent stress for the given state of plane stress?
(c) What is the factor of safety predicted by the failure criterion of the maximum-distortion-energy theory of failure? Does the component fail according to this theory?

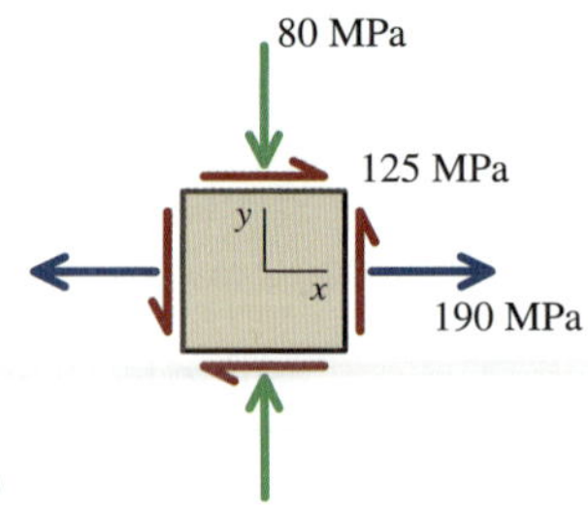


**FIGURE P15.70**

**P15.71** The stresses on the surface of a hard bronze component are shown in Figure P15.71. The yield strength of the bronze is $\sigma_Y = 345$ MPa.

(a) What is the factor of safety predicted by the maximum-shear-stress theory of failure for the stress state shown? Does the component fail according to this theory?
(b) What is the value of the Mises equivalent stress for the given state of plane stress?
(c) What is the factor of safety predicted by the failure criterion of the maximum-distortion-energy theory of failure? Does the component fail according to this theory?

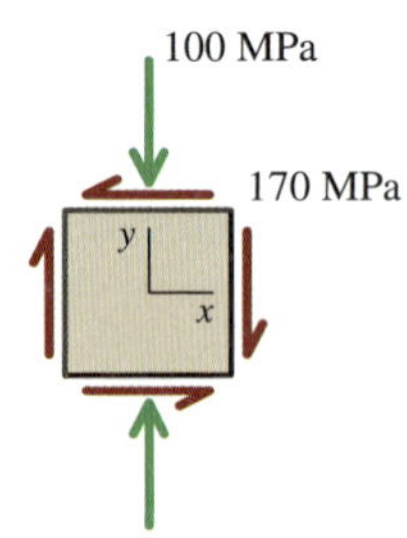


**FIGURE P15.71**

**P15.72** If a shaft is made of an aluminum alloy for which $\sigma_Y = 410$ MPa, determine the minimum torsional shear stress required to cause yielding using:

(a) the maximum-shear-stress theory.
(b) the maximum-distortion-energy theory.

**P15.73** The solid circular shaft shown in Figure P15.73 has an outside diameter of 75 mm and is made of a bronze alloy for which $\sigma_Y = 340$ MPa. Determine the largest permissible torque $T$ that may be applied to the shaft based on:

(a) the maximum-shear-stress theory.
(b) the maximum-distortion-energy theory.

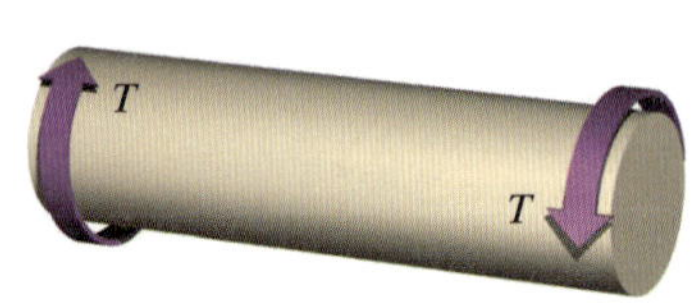


**FIGURE P15.73**

**P15.74** A compound shaft consists of two steel pipe segments. Segment (1) has an outside diameter of 6.50 in. and a wall thickness of 0.375 in. Segment (2) has an outside diameter of 4.50 in. and a wall thickness of 0.50 in. The shaft is subjected to an axial compression load of $P = 50$ kips and torques $T_B = 30$ kip-ft and $T_C = 10$ kip-ft, which act in the directions shown in Figure P15.74. The yield strength of the steel is $\sigma_Y = 36$ ksi, and a minimum factor of safety of $FS_{min} = 1.67$ is required by specification. Consider points $H$ and $K$, and determine whether the compound shaft satisfies the specifications according to:

(a) the maximum-shear-stress theory.
(b) the maximum-distortion-energy theory.

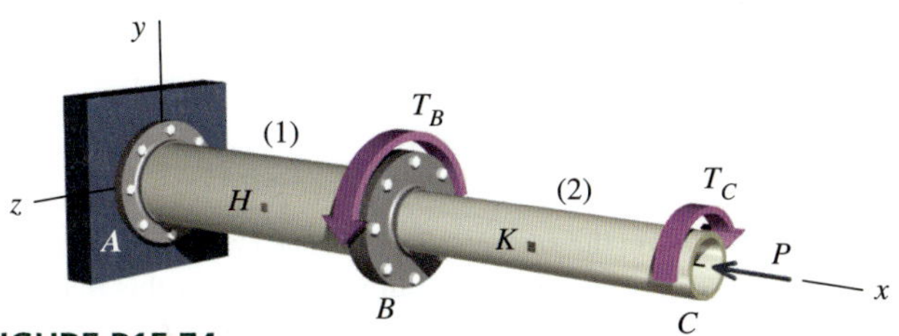


**FIGURE P15.74**

**P15.75** A hollow structural steel flexural member (Figure P15.75*b*) is subjected to the load shown in Figure P15.75*a*. The yield strength of the steel is $\sigma_Y = 320$ MPa. Determine:

(a) the factors of safety predicted at points $H$ and $K$ by the maximum-shear-stress theory of failure.
(b) the Mises equivalent stresses at points $H$ and $K$.
(c) the factors of safety at points $H$ and $K$ predicted by the maximum-distortion-energy theory.

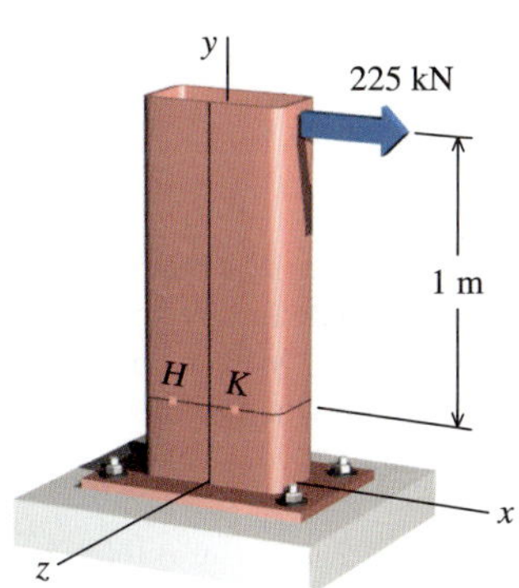


**FIGURE P15.75*a***

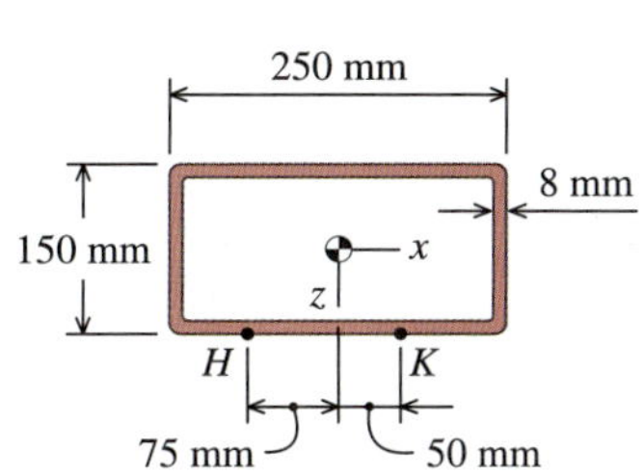


**FIGURE P15.75*b***

**P15.76** A 2.5-in.-diameter solid aluminum post is subjected to a horizontal force of $V = 9$ kips, a vertical force of $P = 20$ kips, and a concentrated torque of $T = 4$ kip-ft, acting in the directions shown in Figure P15.76. Assume $L = 3.5$ in. The yield strength of the aluminum is $\sigma_Y = 50$ ksi, and a minimum factor of safety of $FS_{min} = 1.67$ is required by specification. Consider points $H$ and $K$, and determine whether the aluminum post satisfies the specifications according to:

(a) the maximum-shear-stress theory.
(b) the maximum-distortion-energy theory.

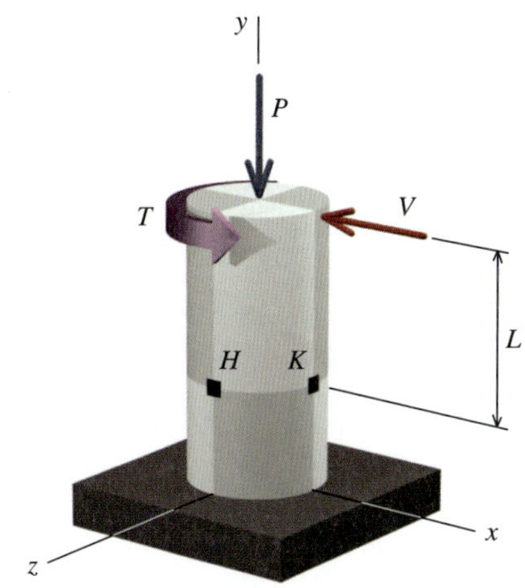


**FIGURE P15.76**

**P15.77** A steel shaft with an outside diameter of 20 mm is supported in flexible bearings at its ends. Two pulleys are keyed to the shaft, and the pulleys carry belt tensions as shown in Figure P15.77. The yield strength of the steel is $\sigma_Y = 350$ MPa. Determine:

(a) the factors of safety predicted at points $H$ and $K$ by the maximum-shear-stress theory of failure.
(b) the Mises equivalent stresses at points $H$ and $K$.
(c) the factors of safety at points $H$ and $K$ predicted by the maximum-distortion-energy theory.

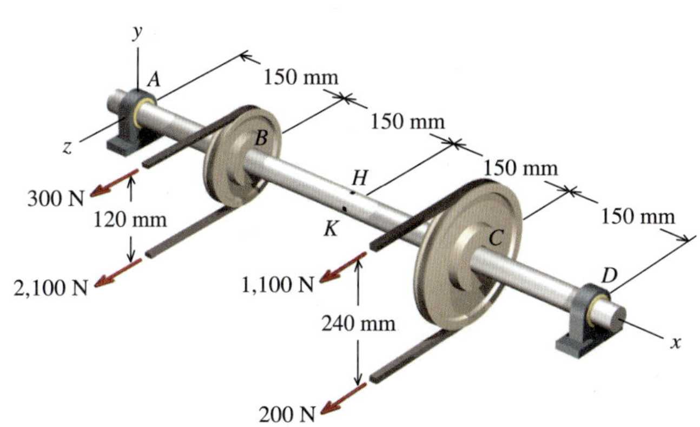


**FIGURE P15.77**

**P15.78** A steel shaft with an outside diameter of 20 mm is supported in flexible bearings at its ends. Two pulleys are keyed to the shaft, and the pulleys carry belt tensions as shown in Figure P15.78. The yield strength of the steel is $\sigma_Y = 350$ MPa. Determine:

(a) the factors of safety predicted at points *H* and *K* by the maximum-shear-stress theory of failure.
(b) the Mises equivalent stresses at points *H* and *K*.
(c) the factors of safety at points *H* and *K* predicted by the maximum-distortion-energy theory.

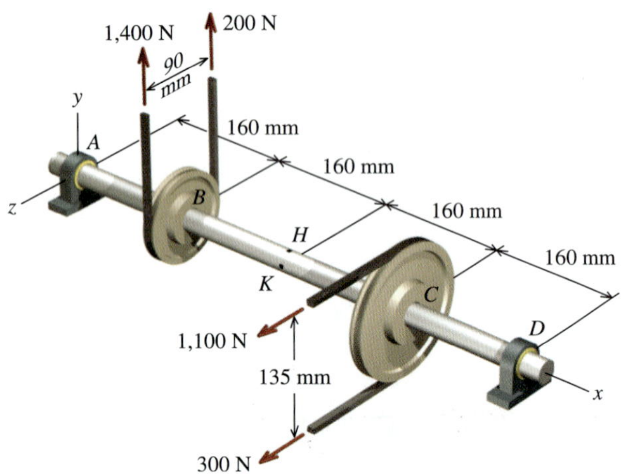


**FIGURE P15.78**

**P15.79** A pipe with an outside diameter of 140 mm and a wall thickness of 7 mm is subjected to the 16-kN load shown in Figure P15.79. The internal pressure in the pipe is 2.50 MPa, and the yield strength of the steel is $\sigma_Y = 240$ MPa. Determine:

(a) the factors of safety predicted at points *H* and *K* by the maximum-shear-stress theory of failure.
(b) the Mises equivalent stresses at points *H* and *K*.
(c) the factors of safety at points *H* and *K* predicted by the maximum-distortion-energy theory.

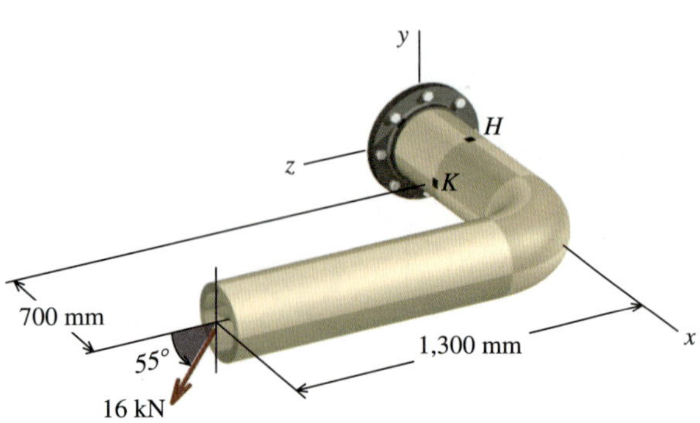


**FIGURE P15.79**

**P15.80** An aluminum alloy is to be used for a driveshaft that transmits 160 hp at 1,200 rpm. The yield strength of the aluminum alloy is $\sigma_Y = 37$ ksi. If a factor of safety of FS = 3.0 with respect to yielding is required, determine the smallest-diameter shaft that can be selected based on:

(a) the maximum-shear-stress theory.
(b) the maximum-distortion-energy theory.

**P15.81** An aluminum alloy is to be used for a driveshaft that transmits 90 kW at 12 Hz. The yield strength of the aluminum alloy is $\sigma_Y = 255$ MPa. If a factor of safety of FS = 3.0 with respect to yielding is required, determine the smallest-diameter shaft that can be selected based on:

(a) the maximum-shear-stress theory.
(b) the maximum-distortion-energy theory.

**P15.82** The stresses on the surface of a machine component are shown in Figure P15.82. The ultimate failure strengths for this material are 200 MPa in tension and 600 MPa in compression. Use the Mohr failure criterion to determine whether this component is safe for the state of stress shown. Support your answer with appropriate documentation.

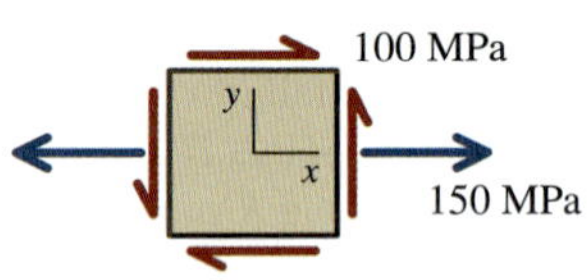


**FIGURE P15.82**

**P15.83** The stresses on the surface of a machine component are shown in Figure P15.83. The ultimate failure strengths for this material are 200 MPa in tension and 600 MPa in compression. Use the Mohr failure criterion to determine whether this component is safe for the state of stress shown. Support your answer with appropriate documentation.

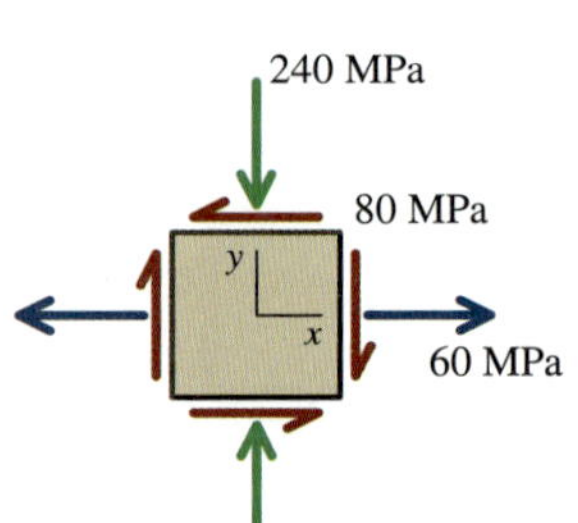


**FIGURE P15.83**

**P15.84** The solid circular shaft shown in Figure P15.84 has an outside diameter of 50 mm and is made of an alloy that has ultimate failure strengths of 260 MPa in tension and 440 MPa in compression. Determine the largest permissible torque $T$ that may be applied to the shaft based on the Mohr failure criterion.

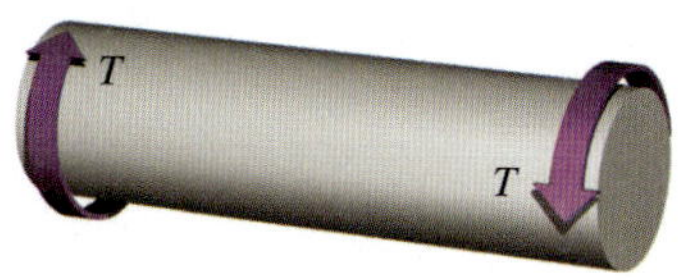


**FIGURE P15.84**

**P15.85** A 1.25-in.-diameter solid shaft is subjected to an axial force of $P = 7{,}000$ lb, a horizontal force of $V = 1{,}400$ lb, and a concentrated torque of $T = 220$ lb-ft, acting in the directions shown in Figure P15.85. Assume $L = 6.0$ in. The ultimate failure strengths for this material are 36 ksi in tension and 50 ksi in compression. Use the Mohr failure criterion to evaluate the safety of this component at points $H$ and $K$. Support your answers with appropriate documentation.

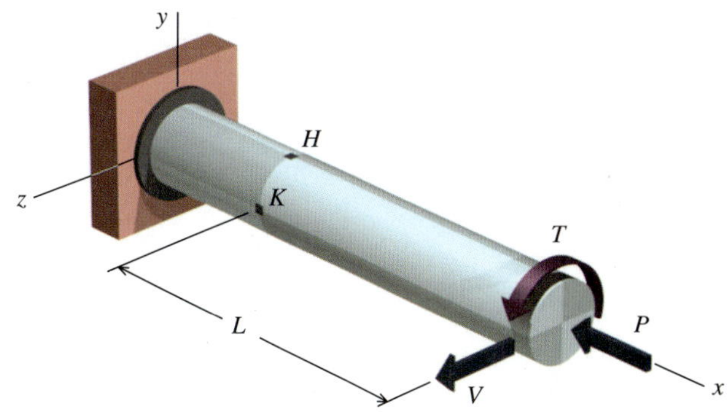


**FIGURE P15.85**

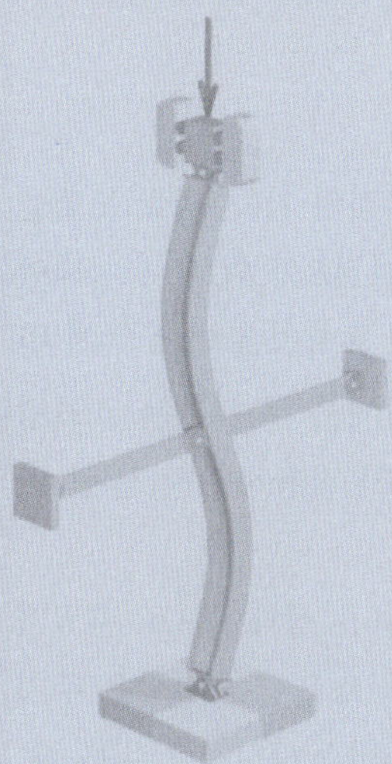

CHAPTER 16

# 기둥

## 16.1 서론

기둥의 가장 단순한 형태는 길고 곧으며 압축 축하중을 받는 균일 단면 부재이다. 기둥이 계속해서 곧은 형태로 유지된다면 1장에서 배운 방법으로 해석될 수 있다. 그러나 기둥이 측면으로 변형되기 시작한다면, 처짐은 커지게 되고 결국 완전히 파괴된다. 이런 현상을 **좌굴**이라 하며, 구조물에 하중이 증가하기 전에 아주 작은 변형이 존재할 때, 약간의 하중 증가만으로도 급격한 변형이 생기는 현상을 말한다.

간단한 실험은 기둥을 대신하는 가느다란 자나 지팡이 등을 이용한 간단한 실험을 통해 이러한 현상을 확인할 수 있다. 기둥의 끝단에 작용하는 작은 압축 축하중으로는 이런 현상을 유발하지 않는다. 기둥의 끝단에 작용하는 압축하중의 크기를 서서히 증가시켰을 때 어떤 임계 하중에서 기둥은 갑자기 횡방향으로 구부러지거나 "항복"할 것이다. 이를 기둥이 좌굴이라고 한다. 일단 좌굴이 발생하면, 비교적 작은 양의 압축하중의 증가는 이에 비하여 큰 횡방향의 변형을 유발할 것이고, 기둥의 휘어짐을 더욱 크게 할 것이다. 그러나 압축하중이 사라진다면 기둥은 원래의 곧은 형대로 돌아올 것이다. 이 실험에서 나타난 좌굴에 의한 파손은 재료에 의한 파손이 아니다. 사실 압축하중이 사라진 이후에 기둥이 다시 곧은 형태로 돌아오는 것은 기둥의 응력이 재료의 항복강도에 도달하지 않았다는 사실, 즉 탄성 상태에서 머무르고 있다는 사실을 보여준다. 좀더 정확히 말하면, 좌굴에 의한 파손은 불안정성에 기인한 파손이다. 기둥은 안정된 평형상태에서 불안정한 평형상태로 변환된다.

## 평형상태의 안정성

기둥에 대한 안정된 평형상태의 개념은 그림 16.1*a*에서 제시된 기본적인 기둥–좌굴 모델을 통하여 살펴 볼 수 있다. 이 모델에서 기둥은 양단이 핀으로 고정된 보 *AB*와 *BC*로 묘사되었다. 이 기둥 모델은 *A*점에서 핀으로 지지되어 있고, *C*점에서 횡방향 움직임을 막고 수직 방향으로 자유롭게 움직일 있는 슬롯으로 지지되어 있다. 추가로 *B*점에서 두 부재는 스프링 상수 *K*를 갖는 회전 스프링으로 연결되어 있다. 부재들은 축하중 *P*가 작용하기 이전에 완전히 일직선이라 가정한다.

하중 *P*가 축방향으로 작용하기 시작하고 기둥 모델은 초기의 곧은 상태이므로 핀 *B*가 하중 *P*에 의해 횡방향으로 움직이는 경향이 없어야 한다. 또한 회전 스프링에 영향을 주지 않고 하중 *P*가 충분한 크기로 증가할 수 있다고 생각할 것이다. 그러나 상식적으로 볼 때, 전술한 내용은 사실과 다르다. 어떤 하중 *P*에 도달하면 핀 *B*는 횡방향으로 움직일 것이다. 이를 좀 더 알아보기 위하여 핀 *B*가 횡방향으로 약간 움직인 이후의 기둥 모델에 대하여 조사하여야 한다.

그림 16.1*b*에서 *B*점의 핀은 오른쪽으로 약간 움직였다. 따라서 각 부재는 작은 각 $\Delta\theta$만큼 회전하였다. *B*점의 회전 스프링은 *B*에서 회전각이 $2\Delta\theta$가 되고, 보 *AB*와 *BC*를 처음의 상태로 되돌리려는 경향을 가진다. 이러한 상황에서 문제는 기둥 모델에서 축하중 *P*가 처음의 상태로 되돌려질 것인가 또는 핀 *B*가 계속해서 오른쪽으로 움직일 것인가를 판단하는 것이다. 만일 기둥 모델이 처음으로 되돌아간다면, 계는 **안정**되었다고 말할 수 있다. 만일 핀 *B*가 오른쪽으로 움직이려는 경향을 보인다면, 계는 **불안정**하다고 말할 수 있다.

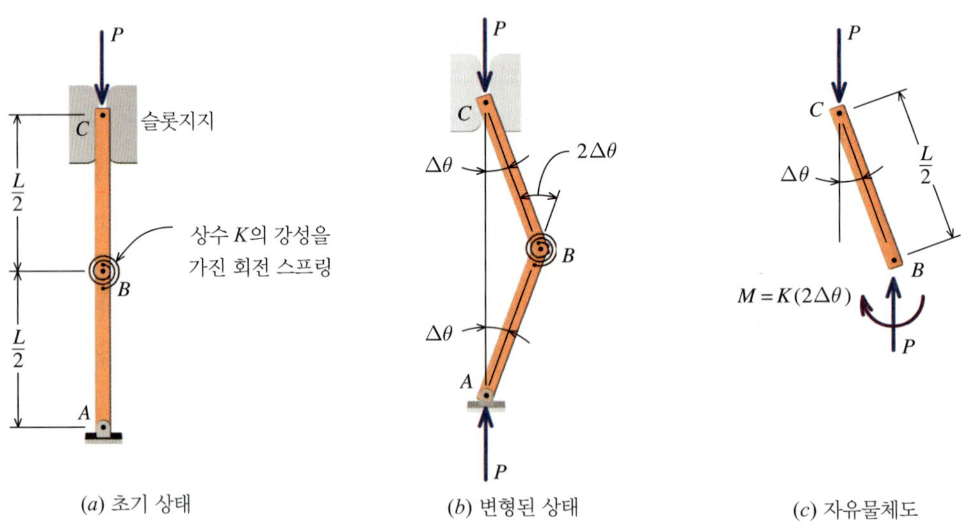


(*a*) 초기 상태 (*b*) 변형된 상태 (*c*) 자유물체도

**그림 16.1** • 기둥–좌굴 모델

이 질문에 대한 해답을 얻기 위하여 그림 16.1$c$에서 제시된 부재 $BC$의 자유물체도를 고려한다. 위치의 이동으로 핀 $B$와 $C$에 가해지는 힘 $P$는 핀 $B$를 처음의 상태에서 더 멀어지도록 하는 짝힘을 만든다. 이 모멘트는 전복모멘트(upsetting moment)라고 부르는 짝힘에 의해 만들어진다. 회전 스프링은 반력 $M$을 만들고, 계를 처음의 상태로 되돌리려는 경향을 보인다. 회전 스프링에 의해 만들어진 모멘트는 스프링상수 $K$에 의해 만들어진 것과 같고 $B$점에서 $2\Delta\theta$의 회전각을 만들어 낸다. 그러므로 회전 스프링은 점 $B$에서 반력모멘트 $M = K(2\Delta\theta)$를 만든다. 만일 반력모멘트가 전복모멘트(upsetting moment)보다 크다면, 계는 처음의 상태로 되돌아가려는 경향을 보일 것이다. 그러나 전복모멘트가 반력모멘트보다 크다면, 계는 그림의 위치에서 불안정하게 될 것이고 핀 $B$는 평형상태가 만족될 때까지 계속해서 오른쪽으로 움직이려고 하거나 모델이 붕괴될 것이다. 전복모멘트와 반력모멘트가 같은 압축하중 $P$의 크기를 **임계하중** $P_{cr}$이라 한다. 기둥 모델에서 임계하중을 결정하기 위하여 그림 16.1$c$의 부재 $BC$에서 $P = P_{cr}$의 모멘트 평형을 고려한다.

$$\Sigma M_B = P_{cr}(L/2)\sin\Delta\theta - K(2\Delta\theta) = 0 \tag{a}$$

$B$에서 횡방향으로 미소 변형이 있다고 가정하면, $\sin\Delta\theta \approx \Delta\theta$이므로 식 (a)는 단순화되고 $P_{cr}$에 대하여 풀면,

$$P_{cr}(L/2)\Delta\theta = K(2\Delta\theta) \qquad \therefore P_{cr} = \frac{4K}{L} \tag{b}$$

만일 압축하중 $P$가 기둥 모델의 $P_{cr}$보다 작게 작용한다면 반력모멘트는 전복모멘트보다 더 크고 계는 안정된다. 그러나 $P > P_{cr}$이면 계는 불안정하다. $P = P_{cr}$인 분기점에서 계는 안정한 것도 아니고 불안정한 것도 아니고 **중립평형상태**에 있다고 말할 수 있다. 식 (b)에서 $\Delta\theta$가 없다는 사실은 임계하중이 $\Delta\theta$의 값에 영향을 받지 않는다는 것을 보여준다. 중립평형상태에서 핀 $B$는 횡방향으로 어떤 위치로든 움직일 수 있고 기둥 모델에서 부재들이 처음의 곧은 상태로 돌아오거나 더 멀어지는 쪽으로 움직이는 경향은 없다.

식 (b)는 또한 강성 $K$를 증가시키거나 길이 $L$을 줄이는 것이 기본적인 기둥 좌굴 모델의 안정성을 높이는 것을 보여준다. 후속된 절에서는 이러한 관계가 실제 기둥에 적용할 수 있는지 여부를 살펴볼 것이다.

안정성과 불안정성의 개념은 다음과 같이 정의될 수 있다.

> 안정(Stable)— 작은 작용이 작은 영향을 일으킨다.
> 불안정(Unstable)— 작은 작용이 큰 영향을 일으킨다.

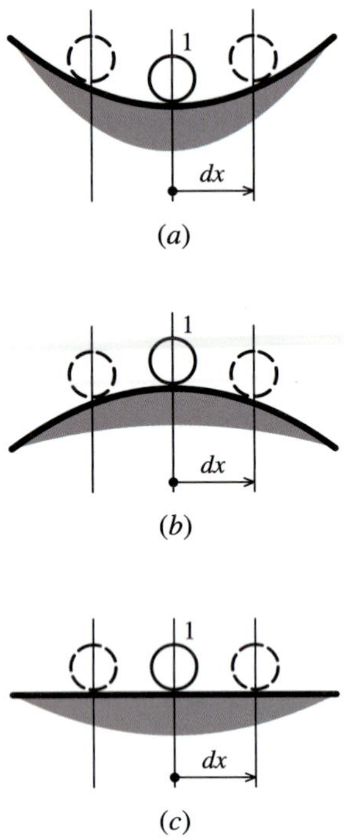


**그림 16.2** • (*a*) 안정, (*b*) 불안정, (*c*) 중립평형상태 개념

세 가지 평형상태에 관한 개념은 그림 16.2에서 제시된 것처럼 세 가지 다른 형태의 표면에 놓인 공의 평형으로 나타낼 수 있다. 세 가지 경우 모두에서 공은 위치 1의 평형상태에 있다. 각각의 표면에 대한 안정성을 알아보기 위하여, 공을 위치 1로부터 매우 작은 미소 거리 $dx$만큼 떨어진 곳에 위치시킨다. 그림 16.2*a*에서 공이 횡방향으로 $dx$만큼 떨어진 위치에 놓여지면 처음의 위치로 되돌아온다. 다시 말하면, 작은 작용(공의 위치이동 $dx$)은 작은 영향(되돌아 온 거리 $dx$)을 일으킨다. 그러므로 그림 16.2*a*의 위로 오목한 표면상의 공의 위치 1은 **안정한 평형상태**의 개념을 보여준다. 그림 16.2*b*에서 공을 횡방향으로 $dx$만큼 떨어진 곳에 놓는다면 위치 1로 되돌아오지 않는다. 오히려 위치 1로부터 더욱 먼 곳으로 굴러 갈 것이다. 다시 말하면, 작은 작용(공의 위치이동 $dx$)이 큰 영향(새로운 평형상태에 도달할 때까지 계속해서 멀리 이동한다)을 일으킨다. 그림 16.2*b*의 아래쪽으로 구부러진 표면 위의 공은 **불안정한 평형상태**의 개념을 보여준다. 그림 16.2*c*에서는 공을 어떤 새로운 위치에 두어도 원래의 위치로 돌아오거나 더 멀어지는 경향을 보이지 않고 계속해서 그 자리에 있기 때문에 평평한 평면 위에 있는 공은 중립평형위치에 있다.

### 요약

안정된 평형상태에서 기둥에 작용하는 압축하중이 서서히 0으로 변할 때, 기둥은 원래 상태로 돌아온다. 이런 상태에서 약간의 횡방향 변화를 유발하는 것으로 기둥에 혼란을 준다면 하중이 제거될 때 곧은 상태로 되돌아올 것이다. 하중이 더 증가하면 기둥이 큰 횡방향 변형을 겪게 되는 임계하중에 도달한다. 이것은 기둥이 안정된 평형상태와 불안정한 평형상태 사이의 분기점에 와 있다는 것이다. 안정된 평형상태에 있는 기둥의 최대 압축하중은 **임계좌굴하중**이라 부른다. 압축하중은 기둥이 횡방향으로 구속받지 않는 한 임계값보다 더 증가할 수는 없다. 길고 가는 기둥에서 탄성 좌굴 형태의 임계좌굴하중은 재료가 가진 탄성한계보다 훨씬 작다.

## 16.2 핀으로 지지된 기둥의 좌굴

실제 기둥의 안정성을 공부하기 위하여 가늘고 긴 핀으로 지지된 기둥을 분석해 보라(그림 16.3*a*). 기둥은 끝단에서 기둥 단면의 중심을 지나는 위치에 압축하중 $P$를 받고 있다. 양쪽 끝단의 핀은 마찰이 없고, 하중은 핀을 통해 기둥에 전달된다. 기둥은 완전히 곧으며 후크법칙을 만족하는 선형 탄성 재료로 만들어졌다. 기둥은 어떤 결함도 없다고 가정하고, 이를 **이상기둥(ideal column)**이라고 칭한다. 그림 16.3*a*의 이상기둥은 $x$–$y$평면에 대칭이라 가정하고, $x$–$y$평면상에서 어떠한 변형도 없다.

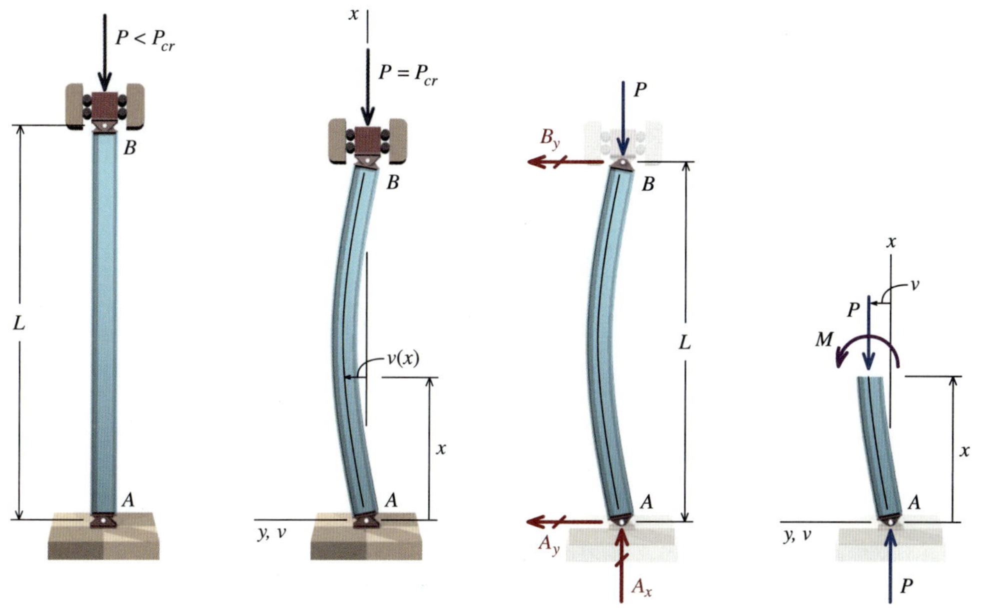


**그림 16.3** • 양단 핀지지 기둥의 좌굴

## 좌굴형상

압축하중 $P$가 임계하중 $P_{cr}$보다 작다면 기둥은 계속해서 곧은 상태를 유지할 것이고, $\sigma = P/A$의 균일한 압축응력에 의해 기둥은 짧아질 것이다. $P < P_{cr}$이면 기둥은 안정된 평형상태에 있다. 압축하중 $P$가 임계하중 $P_{cr}$까지 증가할 때, 기둥은 중립평형이라 부르는 안정 평형과 불안정 평형 사이의 분기점에 있게 된다. $P = P_{cr}$에서 처짐의 형태는 그림 16.3$b$에 나타나 있고, 이 또한 평형상태를 만족한다. 임계하중 $P_{cr}$의 값과 좌굴된 모양은 이 변형모델의 해석을 통하여 결정될 것이다.

## 좌굴된 기둥의 평형

좌굴된 기둥 전체에 대한 자유물체도는 16.3$c$에 나타내었다. 수직방향 힘의 합력은 $A_x = P$로 주어졌고, $A$점에 대한 모멘트 평형조건으로부터 $B_y = 0$이고, 수평방향 힘의 평형조건으로부터 $A_y = 0$이다.

다음으로 시작점으로부터 $x$만큼 떨어진 위치를 잘라낸 기둥의 자유물체도를 고려해 보자(그림 16.3$d$). $A_y = 0$이므로, 평형을 만족하기 위하여 기둥의 자유물체도에서 표면에 수평방향으로 작용하는 전단력 $V$도 0이어야 한다. 따라서 수평방향 반력 $A_y$와 전단력 $V$는 그림 16.3$d$의 자유물체도에서 생략할 수 있다.

## 기둥 좌굴에 대한 미분방정식

그림 16.3$d$의 좌굴된 기둥에서 기둥의 처짐 $v$와 굽힘모멘트 $M$를 모두 양의 방향으로 나타내었다. 10.2절에서 정의한 것처럼 굽힘모멘트 $M$은 양의 방향의 곡률을 야기한다. 그림 16.3$d$의 자유물체도의 $A$에 대한 모멘트 평형조건으로부터

$$\Sigma M_A = M + Pv = 0 \tag{a}$$

이다. 식 (10.1)로부터 굽힘모멘트–처짐 관계식(변형이 작다고 가정)은 다음과 같이 쓸 수 있다.

$$M = EI\frac{d^2v}{dx^2} \tag{b}$$

식 (b)를 식 (a)에 대입하면 다음과 같이 주어진다.

$$EI\frac{d^2v}{dx^2} + Pv = 0 \tag{16.1}$$

식 (16.1)은 양단이 핀으로 지지된 이상기둥의 변형 형상을 결정하는 지배방정식이다. 이 식은 $v(0) = 0$과 $v(L) = 0$의 경계조건을 갖는 2차 제차 상미분방정식이다.

## 미분방정식의 해

수학적으로 확립된 방법을 이용하여 식 (16.1)의 지배방정식의 해를 구할 수 있다. 먼저 식 (16.1)의 양변을 $EI$로 나누어 단순화할 수 있다.

$$\frac{d^2v}{dx^2} + \frac{P}{EI}v = 0$$

$P/EI$를 $k^2$으로 둔다.

$$k^2 = \frac{P}{EI} \tag{16.2}$$

따라서 식 (16.1)는 다음과 같이 다시 쓸 수 있다.

$$\frac{d^2v}{dx^2} + k^2v = 0$$

이 제차 선형미분방정식의 일반해는

$$v = C_1 \sin kx + C_2 \cos kx \tag{16.3}$$

여기서 $C_1$과 $C_2$는 상수이며 경계조건으로부터 구할 수 있다. 경계조건 $v(0) = 0$으로부터

$$0 = C_1 \sin(0) + C_2 \cos(0) = C_1(0) + C_2(1) \\ \therefore C_2 = 0 \tag{c}$$

을 얻을 수 있다. 경계조건 $v(L) = 0$으로부터

$$0 = C_1 \sin(kL) \tag{d}$$

방정식 (d)로부터 $C_1 = 0$이라고 할 수도 있을 것이다. 그러나 이것은 $v(x) = 0$을 의미하는 명백한 해이고 이러한 이유로 기둥은 완벽히 곧은 상태를 유지한다. 식 (d)의 다른 해는 $\sin(kL) = 0$이다. 이때 $C_1$을 유일하게 결정할 수 없으므로 해는 부정이 된다. 사인(sine)함수는 $\pi$의 정수배에서 0과 같다. 그러므로

$$kL = n\pi \qquad n = 1,2,3,\ldots \tag{e}$$

방정식 (16.2)에서 $k$는 다음과 같이 나타낼 수 있다.

$$k = \sqrt{\frac{P}{EI}}$$

이 $k$에 대한 표현을 식 (e)에 대입하면 다음과 같이 주어진다.

$$\sqrt{\frac{P}{EI}}L = n\pi$$

하중 $P$에 대하여 풀면

$$P = \frac{n^2\pi^2 EI}{L^2} \qquad n = 1,2,3,\ldots \tag{16.4}$$

이다.

## 오일러 좌굴하중과 좌굴모드

이 해석의 목적은 기둥에서 횡방향 변형이 발생하는 최소 하중 $P$를 결정하기 위함이다. 그러므로 좌굴을 일으키는 하중 $P$는 식 (16.4)에서 $n = 1$일 때 발생하며, 이것은 부정 해에서 가장 작은 $P$값이 된다. 이 하중을 양단이 핀으로 지지된 이상기둥의 임계좌굴하중 $P_{cr}$이라 한다.

$$P_{cr} = \frac{\pi^2 EI}{L^2} \tag{16.5}$$

이상기둥의 임계하중은 1757년 스위스 공학자 Leonhard Euler(1707~1783)가 길고 가는

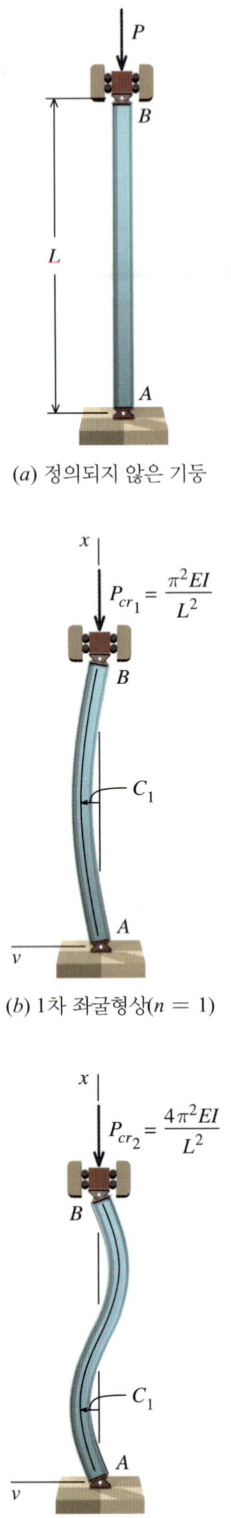


(*a*) 정의되지 않은 기둥

(*b*) 1차 좌굴형상($n = 1$)

(*c*) 2차 좌굴형상($n = 2$)

**그림 16.4** • 좌굴모드

기둥의 좌굴에 대한 해를 처음으로 발표한 이후로 **오일러 좌굴하중(Euler buckling load)** 으로 알려졌다. 식 (16.5)는 **오일러 공식(Euler formula)**로 알려져 있다.

좌굴된 기둥의 변형 형태를 설명하기 위하여 식 (e)를 식 (16.3)에 대입하면

$$v = C_1 \sin kx = C_1 \sin\left(\frac{n\pi}{L}x\right) \qquad n = 1, 2, 3, \ldots \tag{16.6}$$

압축 축하중 $P$를 받는 이상기둥은 그림 16.4*a*에 나타내었다. 식 (16.5)에서 주어진 오일러 좌굴하중과 일치하는 좌굴된 기둥의 변형 형상은 그림 16.4*b*에 나타내었다. 여기서 강조할 점은 좌굴된 기둥의 특정 위치를 알 수 없기 때문에 상수 $C_1$을 특정 값으로 결정할 수 없다는 사실이다. 이 점은 계의 불안정성을 의미한다. 즉 답이 부정이기 때문에 작용에 대한 유일해가 존재하지 않는다. 그러나 이론의 유도 과정에서 변형이 작다고 가정하였다. 변형 형상은 모드형상이라고 부르며, 식 (16.6)에서 $n = 1$일 때와 같은 좌굴형상은 1차 좌굴모드(first buckling mode, 그림 16.4*b*)라고 부른다. 식 (16.4)와 식 (16.6)에서 $n$값이 높아짐에 따라 이론적으로 임계하중과 해당하는 모드형상의 수는 무한하게 늘어날 수 있다. 2차 좌굴모드(second buckling mode)의 임계하중과 모드형상은 그림 16.4*c*에 나타내었다. 2차 모드의 임계하중은 1차 모드의 임계하중보다 4배 더 크다. 그러나 기둥 좌굴은 가장 낮은 임계하중 값에서 발생하기 때문에 높은 모드의 좌굴형상은 현실적이지 않다. 높은 모드형상은 기둥의 중간 위치에서 1차 모드 좌굴을 막는 기둥의 횡방향 저항이 있는 경우에만 발생할 수 있다.

## 오일러 좌굴응력

임계하중을 받는 기둥에서 수직응력은

$$\sigma_{cr} = \frac{P_{cr}}{A} = \frac{\pi^2 EI}{AL^2} \tag{f}$$

회전반지름(*radius of gyration*) $r$은 단면 요소에 의해 다음과 같이 정의된다.

$$r^2 = \frac{I}{A} \tag{16.7}$$

관성모멘트가 $Ar^2$이라면 식 (f)는

$$\sigma_{cr} = \frac{\pi^2 E(Ar^2)}{AL^2} = \frac{\pi^2 Er^2}{L^2} = \frac{\pi^2 E}{(L/r)^2} \tag{16.8}$$

이 된다.

여기서 $L/r$은 세장비라고 부르며 굽힘이 발생하는 축에 의해 결정된다. 횡방향 변형을

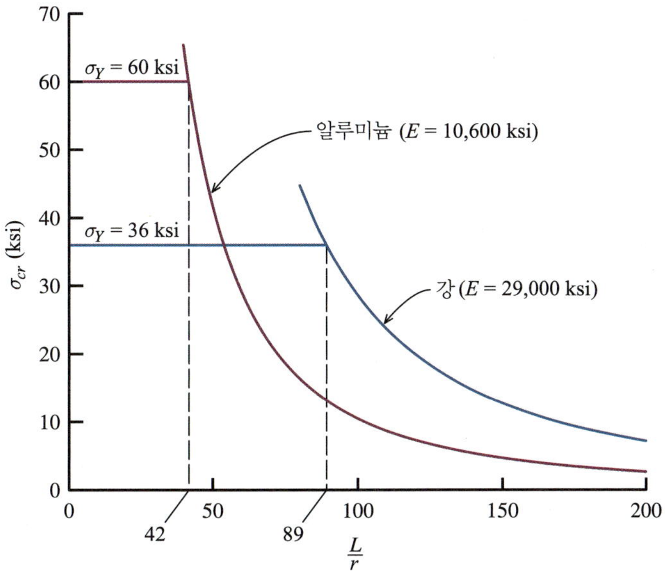


**그림 16.5** • 구조용 강과 알루미늄합금의 오일러 좌굴응력 그래프

막기 위한 중간 지지대가 없는, 양단이 핀으로 지지된 이상기둥에서 좌굴은 최소 단면2차관성모멘트의 축(이는 최소 회전반지름과 일치한다)에 대하여 발생한다.

오일러 좌굴은 탄성 현상임을 강조한다. 여기에서 설명한 것과 같이 좌굴된 이상기둥으로부터 압축 축하중이 제거된다면 기둥은 처음의 곧은 상태로 돌아올 것이다. 오일러 좌굴에서 임계응력 $\sigma_{cr}$은 재료의 비례한계 내에서만 타당하다.

구조용 강과 알루미늄합금의 오일러 좌굴응력 [식 (16.8)] 그래프가 그림 16.5에 나타나 있다. 오일러 좌굴은 탄성현상으로 후크법칙으로부터 유도되었기 때문에 식 (16.8)은 임계응력이 비례한계보다 낮을 때에만 타당하다. 그러므로 그래프에 구조용 강의 비례한계 36 ksi와 알루미늄합금의 비례한계 60 ksi에서 수평선으로 그려지고, 각각의 오일러 응력곡선은 이 값들에서 끊어진다.

## 오일러 좌굴 의미

식 (16.5)와 (16.8)의 조사는 양단이 핀으로 지지된 이상기둥의 좌굴에 관한 여러 가지 암시를 얻게 해 준다.

- 오일러 좌굴하중은 기둥 길이의 제곱에 반비례한다. 따라서 기둥의 길이가 증가하면 좌굴이 일어나는 하중이 급격하게 감소한다.
- 식 (16.5)와 식 (16.8)에서 유일하게 언급되는 재료의 특성은 재료의 강성을 나타내는 탄성계수 $E$이다. 주어진 기둥의 부하 용량을 증가시키는 하나의 방법은 높은 $E$값을 가지는 재료를 사용하는 것이다.
- 좌굴은 최소 단면2차관성모멘트(최소 회전반지름과도 일치한다)와 일치하는 단면 축에

서 발생한다. 따라서 일반적으로 기둥으로 사용하기 위해 최대 관성모멘트와 최소 관성모멘트 사이의 차가 큰 부재를 사용하는 것은 비효율적이다. 취약한 축에 대해 횡방향 변형을 막는 보강재를 추가한다면 이러한 비효율성을 완화시킬 수 있다.

- 오일러 좌굴하중은 단면2차관성모멘트 $I$와 직접적으로 관련되어 있기 때문에, 단면 면적을 증가시키지 않고 박벽튜브형상을 사용으로써 기둥의 부하 용량을 증가시킬 수 있다. 원형 파이프와 구조적으로 속이 빈 정사각형의 단면은 이런 점에서 매우 효율적이다. 식 (16.7)에서 정의된 회전반지름 $r$은 단면2차관성모멘트와 단면의 면적 사이의 관계에 관한 적절한 기준을 제공한다. 두 개의 동일한 단면적을 가진 기둥 중에서 더 큰 회전반지름을 가진 형상이 더 많은 하중을 지지할 수 있다.
- 오일러 좌굴하중공식[식 (16.5)]과 오일러 좌굴응력공식[식 (16.8)]은 기둥의 길이 ($L$), 재료의 강성($E$), 단면의 특성($I$)에 의존할 뿐이다. 임계하중은 재료의 강도에 독립적이다. 예를 들어 동일한 지름과 길이를 가지고 있지만 다른 강도를 지닌 두 개의 둥근 강 막대를 생각해 보자. $E$, $I$, $L$ 등이 모두 같기 때문에 두 개의 막대의 오일러 좌굴하중은 같을 것이다. 따라서 이러한 경우 낮은 강도의 강을 사용하는 것 대신에 고강도 강(일반적으로 훨씬 비싸다)을 사용함으로 인한 어떤 이점도 없다.

식 (16.5)의 오일러 좌굴하중은 세장비가 큰 경우(대표적인 예로 세장비가 140 이상인 강 기둥) 실험결과와 잘 들어맞는다. 짧은 압축 부재는 1장에서 설명한 바와 같이 다룰 수 있다. 그런데 대부분의 실제 기둥은 중간 길이를 가지고 있다. 따라서 두 해법 모두 적용되지 않는다. 중간 길이의 기둥은 후속된 절에서 실험적 방법으로 해석된다. 세장비는 긴 기둥, 중간 기둥, 짧은 기둥을 분류하는 데 사용되는 중요한 변수이다.

## 예제 16.1 EXAMPLE

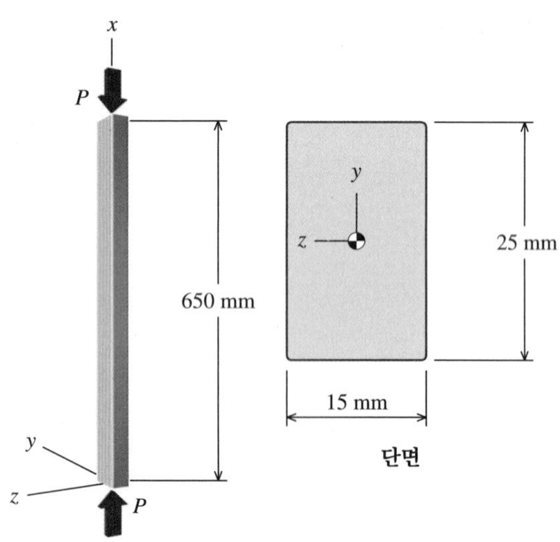


15 mm× 25 mm의 직사각형 알루미늄 부재가 650 mm 길이의 압축 부재로 사용되었다. 압축 부재의 양 끝단은 핀으로 지지되어 있다. 압축 부재의 세장비와 오일러 좌굴하중을 결정하라. $E = 70$ GPa이다.

**풀이 계획**

여기서 고려되는 압축 부재의 단면 형상의 두 주축 중에서 취약한 쪽으로 좌굴이 발생한다. 단면에서 더 작은 관성모멘트가 $y$축에 대하여 발생한다. 따라서 좌굴은 임계하중 $P_{cr}$일 때 $x$–$z$평면에서 압축 부재의 굽힘을 발생시킨다.

**풀이**

압축 부재의 단면 면적은 $A = (15\text{ mm})(25\text{ mm}) = 375\text{ mm}^2$이고, $y$축에 대한 단면2차관성모멘트는

$$I_y = \frac{(25\text{ mm})(15\text{ mm})^3}{12} = 7{,}031.25\text{ mm}^4$$

이다. 세장비는 길이를 회전반지름으로 나눈 것과 같다. $y$축에 대하여 이 단면의 회전반지름은

$$r_y = \sqrt{\frac{I_y}{A}} = \sqrt{\frac{7{,}031.25\text{ mm}^4}{375\text{ mm}^2}} = 4.330\text{ mm}$$

이다. 그러므로 $y$축에 대한 좌굴의 세장비는

$$\frac{L}{r_y} = \frac{650\text{ mm}}{4.330\text{ mm}} = 150.1 \qquad \textbf{Ans.}$$

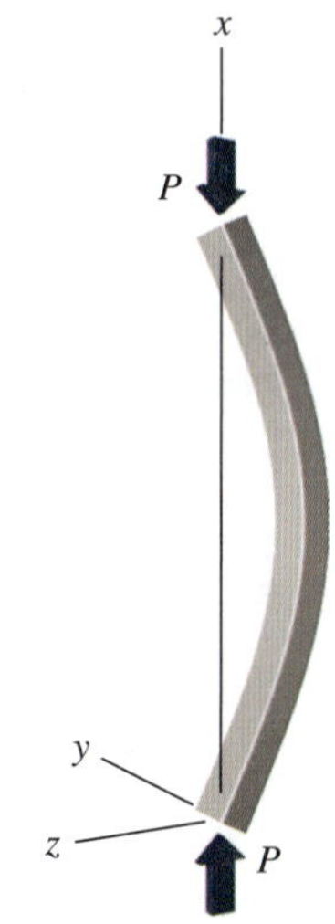


이다.

**주의**: 이러한 경우에 세장비는 오일러 좌굴하중을 결정하는 데 필요하지 않다. 그러나 많은 실제적인 기둥 공식에서 사용되는 중요한 변수이다.

이 압축 부재의 오일러 좌굴하중은 식 (16.5)으로부터 계산될 수 있다.

$$P_{cr} = \frac{\pi^2 EI}{L^2} = \frac{\pi^2(70{,}000\text{ N/mm}^2)(7{,}031.25\text{ mm}^4)}{(650\text{ mm})^2} = 11{,}498\text{ N}$$
$$= 11.50\text{ kN} \qquad \textbf{Ans.}$$

압축 부재가 좌굴될 때, 그림에서 보는 것처럼 $x$–$z$평면에서 구부러질 것이다.

## 예제 16.2 EXAMPLE

그림의 40 ft 길이의 기둥은 두 개의 표준 강재 채널 C10 × 15.3이 고정막대 또는 연결부재로 조립되어 있다(단면 특성치는 부록 B에 수록되어 있다). 끝단은 핀으로 지지되어 있다. 기둥의 오일러 좌굴하중을 구하라. 강의 탄성계수는 $E = 29{,}000$ ksi이다.

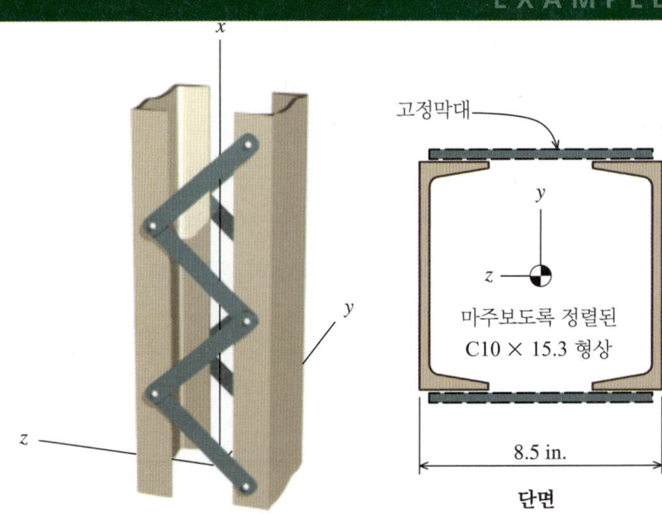


**풀이 계획**

기둥은 두 개의 표준 강재 채널로 만들어져 있다. 연결부재는 두 채널을 연결하는 목적으로만 사용되므로 하나의 구조 요소로 작용하며, 기둥의 압축 강도에는 영향을 주지 않는다. 단면의 두 주축 중 어떤 것이 강축이고 어떤 것이 약

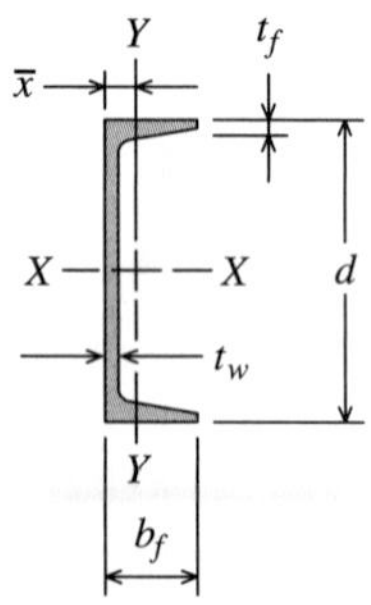

부록 B로부터

한 축일까? 이것의 해답은 육안 검사만으로는 분명하지 않다. 따라서 먼저 두 축에 대한 단면2차관성모멘트가 계산되어야 한다. 양 끝단은 핀으로 지지되어 있기 때문에 좌굴은 둘 중 작은 단면2차관성모멘트와 일치하는 축에 대하여 발생한다.

**풀이**

표준 강재 채널 C10 × 15.3의 단면특성치는 부록 B에 주어졌다.

$$A = 4.48 \text{ in.}^2$$
$$I_x = 67.3 \text{ in.}^4$$
$$I_y = 2.27 \text{ in.}^4$$
$$\overline{x} = 0.634 \text{ in.}$$

부록 B에서 *X*–*X*축은 채널의 강축이고 *Y*–*Y*축은 약축이다. 이 문제에서 좌표계를 설정했기 때문에 *X*–*X*축은 $z'$ 축을 나타내고 *Y*–*Y*축은 $y'$ 축을 나타낸다. $y$축과 $z$축은 기둥의 단면의 중심에서 정의되며 각각 $y'$ 축과 $z'$ 축과 평행하다.

조립된 기둥의 단면적은 한 개의 채널 단면적의 두 배와 같다.

$$A = 2(4.48 \text{ in.}^2) = 8.96 \text{ in.}^2$$

조립된 기둥의 $z$축에 대한 단면2차관성모멘트는 강축($z'$축)에 대한 한 개의 채널에 대한 단면2차관성모멘트의 두 배와 같다.

$$I_z = 2(67.3 \text{ in.}^4) = 134.6 \text{ in.}^4$$

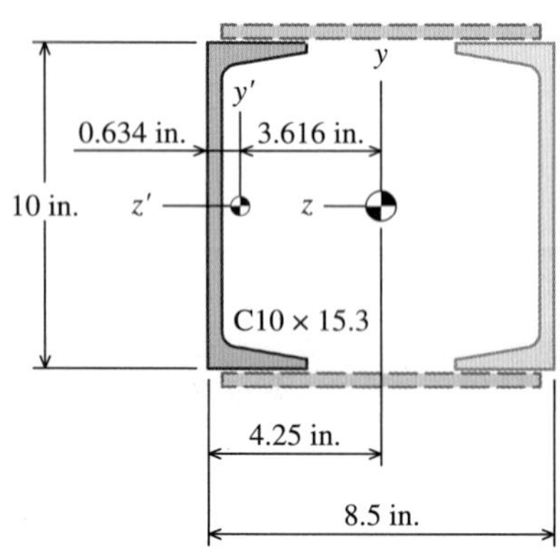


조립된 기둥의 $y$축에 대한 단면2차관성모멘트는 평행축 정리를 이용하여 계산되어야 한다. $y$축으로부터 한쪽 채널의 끝까지의 수평거리는 4.25 in.이다. 채널의 뒤쪽으로부터 $y'$축 중심까지의 거리는 부록 B에서 0.634 in.로 주어졌다. 따라서 전체 단면의 중심축과 단일 채널 형상의 중심축까지의 거리는 4.25 in. − 0.634 in. = 3.616 in.와 같다. 이 거리는 왼쪽에 보이는 그림에 나타나 있다.

평행축 정리를 사용하여 조립된 형상의 $y$축 중심에 대한 단면2차관성모멘트는 계산될 수 있다.

$$I_y = 2[2.27 \text{ in.}^4 + (3.616 \text{ in.})^2(4.48 \text{ in.})^2] = 121.6961 \text{ in.}^4$$

$I_y < I_z$이기 때문에 조립된 기둥은 $y$축에 대하여 좌굴될 것이다.

오일러 좌굴하중은 식 (16.5)로부터 계산된다.

$$P_{cr} = \frac{\pi^2 EI}{L^2} = \frac{\pi^2(29{,}000 \text{ ksi})(121.6961 \text{ in.}^4)}{[(40 \text{ ft})(12 \text{ in./ft})]^2} = 151.2 \text{ kips} \qquad \textbf{Ans.}$$

# PROBLEMS

**P16.1** Determine the slenderness ratio and the Euler buckling load for round wooden dowels that are 1 m long and have a diameter of:

(a) 16 mm.
(b) 25 mm.

Assume $E = 10$ GPa.

**P16.2** An aluminum alloy tube with an outside diameter of 3.50 in. and a wall thickness of 0.30 in. is used as a 14-ft-long column. Assume that $E = 10{,}000$ ksi and that pinned connections are used at each end of the column. Determine the slenderness ratio and the Euler buckling load for the column.

**P16.3** A WT8 × 25 structural steel section (see Appendix B for its cross-sectional properties) is used for a 20-ft column. Assume pinned connections are at each end of the column. Determine:

(a) the slenderness ratio.
(b) the Euler buckling load; use $E = 29{,}000$ ksi for the steel.
(c) the axial stress in the column when the Euler load is applied.

**P16.4** A WT205 × 30 structural steel section (see Appendix B for its cross-sectional properties) is used for a 6.5-m column. Assume pinned connections are at each end of the column. Determine:

(a) the slenderness ratio.
(b) the Euler buckling load; use $E = 200$ GPa for the steel.
(c) the axial stress in the column when the Euler load is applied.

**P16.5** Determine the maximum compressive load that a HSS6 × 4 × 1/4 structural steel column (see Appendix B for its cross-sectional properties) can support if it is 24 ft long and a factor of safety of 1.92 is specified. Use $E = 29{,}000$ ksi for the steel.

**P16.6** Determine the maximum compressive load that a HSS254 × 152.4 × 12.7 structural steel column (see Appendix B for its cross-sectional properties) can support if it is 9 m long and a factor of safety of 1.92 is specified. Use $E = 200$ GPa for the steel.

**P16.7** Two C12 × 25 structural steel channels (see Appendix B for its cross-sectional properties) are used for a column that is 35 ft long. Assume pinned connections are at each end of the column and use $E = 29{,}000$ ksi for the steel. Determine the total compressive load required to buckle the two members if:

(a) they act independently of each other.
(b) they are latticed back-to-back as shown in Figure P16.7.

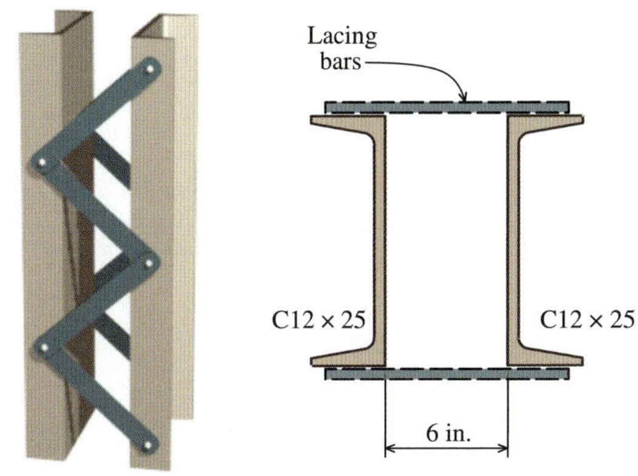


**FIGURE P16.7**

**P16.8** Two L5 × 3 × 1/2 structural steel angles (see Appendix B for its cross-sectional properties) are used as a compression member that is 20 ft long. The angles are separated at intervals by spacer blocks and connected by bolts as shown in Figure P16.8, which ensure that the double-angle shape acts as a unified structural member. Assume pinned connections are at each end of the column and use $E = 29{,}000$ ksi for the steel. Determine the Euler buckling load for the double-angle column if the spacer block thickness is:

(a) 0.25 in.
(b) 0.75 in.

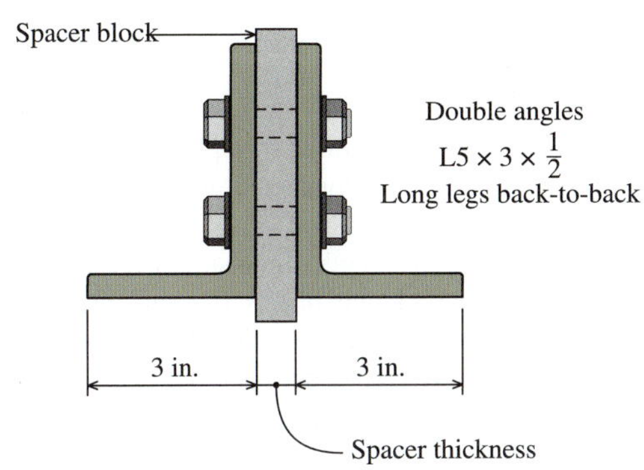


**FIGURE P16.8**

**P16.9** Two L102 × 76 × 9.5 structural steel angles (see Appendix B for its cross-sectional properties) are used as a compression member that is 4.5 m long. The angles are separated at intervals by spacer blocks and connected by bolts as shown in Figure P16.9, which ensure that the double-angle shape acts as a unified structural member. Assume pinned connections are at each end of the column and use $E = 200$ GPa for the steel. Determine the Euler buckling load for the double-angle column if the spacer block thickness is:

(a) 5 mm.
(b) 20 mm.

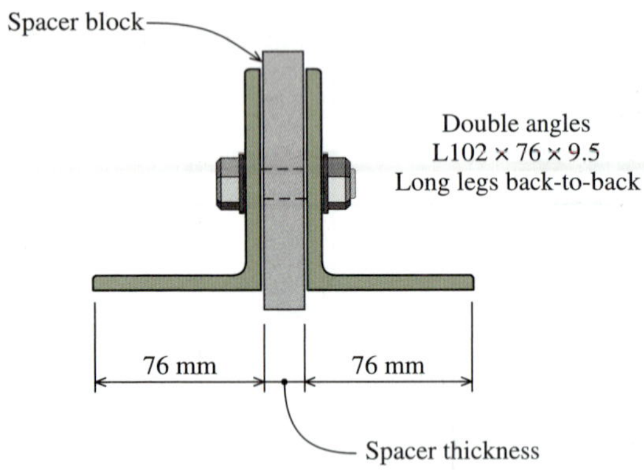


**FIGURE P16.9**

**P16.10** A solid 0.5-in.-diameter cold-rolled steel rod is pinned to fixed supports at $A$ and $B$ as shown in Figure P16.10. The length of the rod is $L = 24$ in., its elastic modulus is $E = 30{,}000$ ksi, and its coefficient of thermal expansion is $\alpha = 6.6 \times 10^{-6}/°\text{F}$. Determine the temperature increase $\Delta T$ that will cause the rod to buckle.

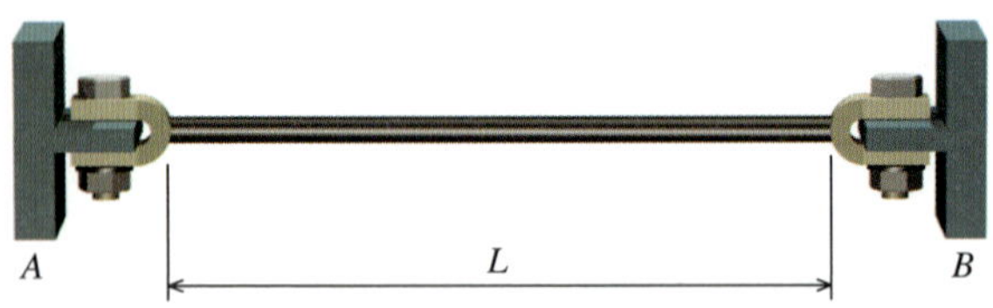


**FIGURE P16.10**

**P16.11** Rigid beam $ABC$ is supported by a pinned connection at $A$ and by a timber post that is pin-connected at $B$ and $D$ as shown in Figure P16.11/12. A distributed load of $w = 2$ kips/ft acts on the 14-ft-long beam, which has length dimensions of $x_1 = 8$ ft and $x_2 = 6$ ft. The timber post has a length of $L = 10$ ft, an elastic modulus of $E = 1{,}800$ ksi, and a square cross section. If a factor of safety of 2.0 with respect to buckling is specified, determine the minimum width required for the square post.

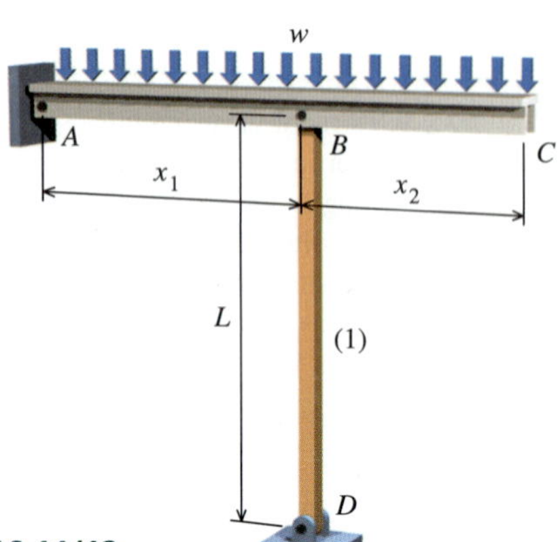


**FIGURE P16.11/12**

**P16.12** Rigid beam $ABC$ is supported by a pinned connection at $A$ and by a 180-mm by 180-mm square timber post that is pin-connected at $B$ and $D$ as shown in Figure P16.11/12. The length dimensions of the beam are $x_1 = 3.6$ m and $x_2 = 2.8$ m. The timber post has a length of $L = 4$ m and an elastic modulus of $E = 12$ GPa. If a factor of safety of 2.0 with respect to buckling is specified, determine the magnitude of the maximum distributed load $w$ that may be supported by the beam.

**P16.13** Rigid beam $ABC$ is supported by a pinned connection at $C$ and by an inclined strut that is pin-connected at $B$ and $D$ as shown in Figure P16.13*a*. The strut is fabricated from two steel [$E = 200$ GPa] bars, which are each 70 mm wide and 15 mm thick. Between $B$ and $D$, the bars are separated and connected by two spacer blocks, which are 25 mm thick. The strut cross section is shown in Figure P16.13*b*. Determine:

(a) the compression force in strut $BD$ that is created by the loads acting on the rigid beam.
(b) the slenderness ratios for the strut about its strong and weak axes.
(c) the minimum factor of safety in the strut with respect to buckling.

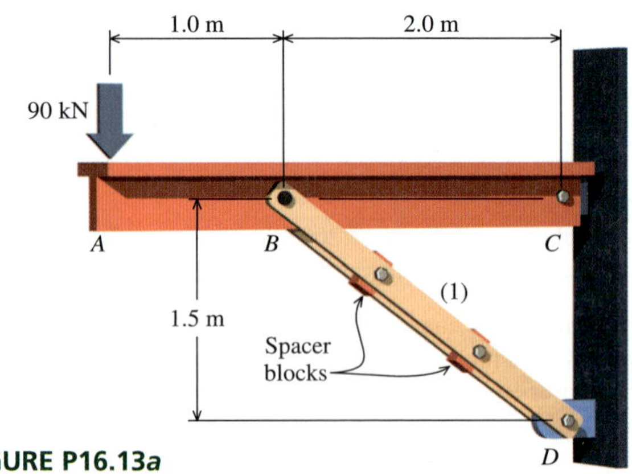


**FIGURE P16.13*a***

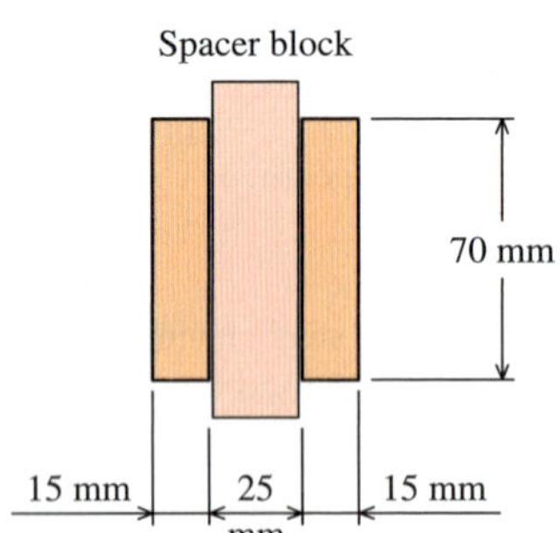


**FIGURE P16.13*b***

**P16.14** A rigid beam is supported by a pinned connection at $B$ and by an inclined strut that is pin-connected at $A$ and $C$ as shown in Figure P16.14*a*. The strut is fabricated from two steel [$E = 200$ GPa] L102 × 76 × 9.4 angles, which are oriented with the long legs back-to-back as shown in Figure P16.14*b*. The angles are separated and connected by spacer blocks, which are 30 mm thick. Determine:

(a) the compression force in the strut created by the loads acting on the beam.
(b) the slenderness ratios for the strut about the strong and weak axes of the double-angle shape.
(c) the minimum factor of safety in the strut with respect to buckling.

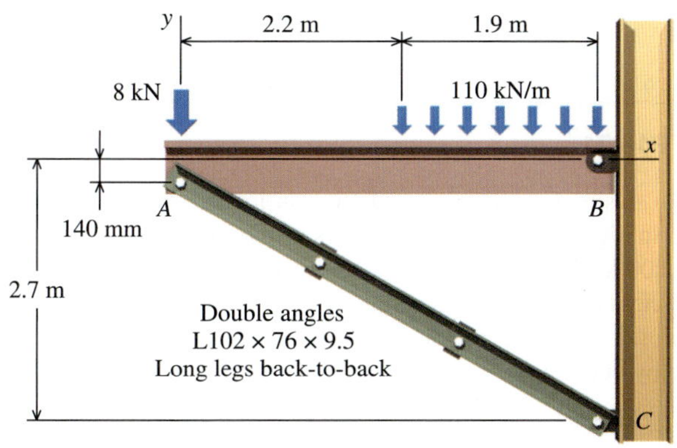


**FIGURE P16.14*a***

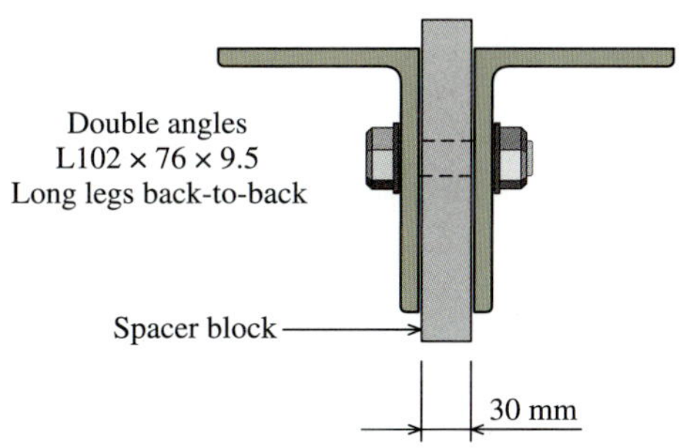


**FIGURE P16.14*b***

**P16.15** In Figure P16.15, rigid bar *ABC* is supported by pin-connected bar (1). Bar (1) is 1.50 in. wide and 1.00 in. thick, and made of aluminum that has an elastic modulus of $E = 10{,}000$ ksi. Determine the maximum magnitude of load $P$ that can be applied to the rigid bar without causing member (1) to buckle.

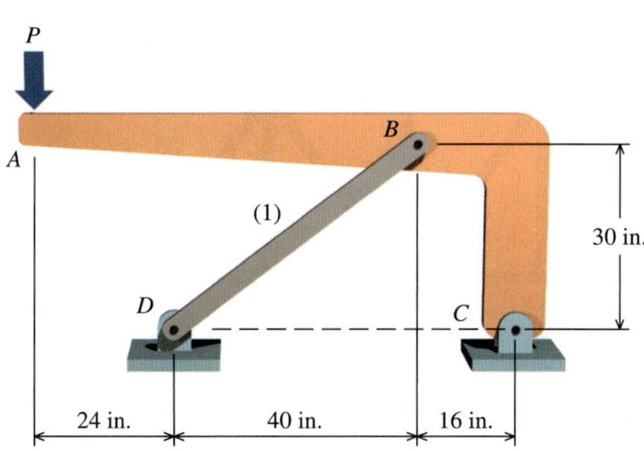


**FIGURE P16.15**

**P16.16** The members of the truss shown in Figure P16.16 are aluminum pipes that have an outside diameter of 4.50 in., a wall thickness of 0.237 in., and an elastic modulus of $E = 10{,}000$ ksi. Determine the maximum magnitude of load $P$ that can be applied to the truss without causing any of the members to buckle.

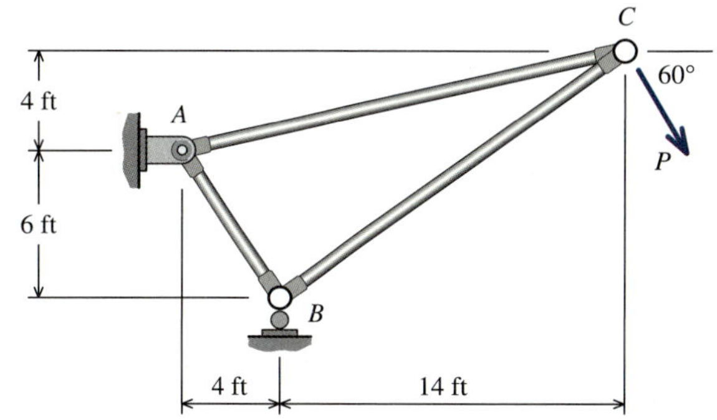


**FIGURE P16.16**

**P16.17** The assembly shown in Figure P16.17/18 consists of two solid 50-mm-diameter steel [$E = 200$ GPa] rods (1) and (2). Assume that the rods are pin-connected and that joint $B$ is restrained against translation in the $z$ direction. A minimum factor of safety of 3.0 is required for the buckling capacity of each rod. Determine the maximum allowable load $P$ that can be supported by the assembly.

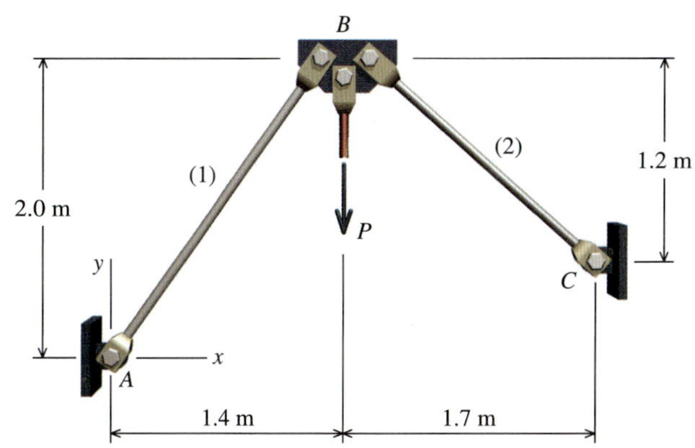


**FIGURE P16.17/18**

**P16.18** The assembly shown in Figure P16.17/18 consists of two solid circular steel [$E = 200$ GPa] rods (1) and (2). Assume that the rods are pin-connected and that joint $B$ is restrained against translation in the $z$ direction. If a load of $P = 60$ kN is applied to the assembly, determine the minimum rod diameters required if a factor of safety of 3.0 is specified for each rod.

**P16.19** An assembly consisting of tie rod (1) and pipe strut (2) is used to support an 80-kip load, which is applied to joint $B$. Strut (2) is a pin-connected steel [$E = 29{,}000$ ksi] pipe with an outside diameter of 8.625 in. and a wall thickness of 0.322 in. For the loading shown in Figure P16.19, determine the factor of safety with respect to buckling for member (2).

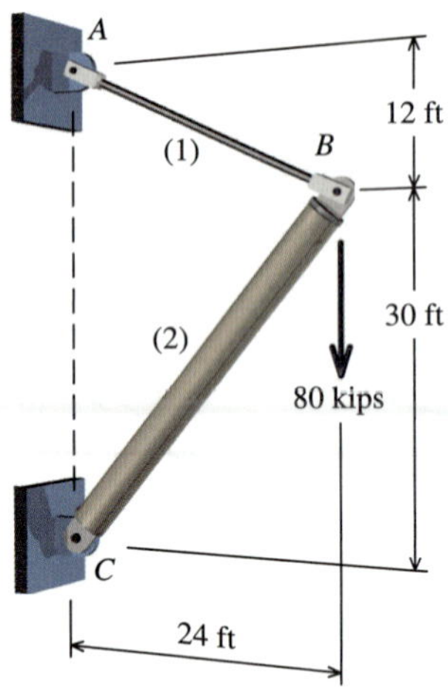


FIGURE P16.19

**P16.20** A tie rod (1) and a structural steel WT shape (2) are used to support a load $P$ as shown in Figure P16.20. Tie rod (1) is a solid 1.125-in.-diameter steel rod, and member (2) is a WT8 × 20 structural shape oriented so that the tee stem points upward. Both the tie rod and the WT shape have an elastic modulus of 29,000 ksi and a yield strength of 36 ksi. Determine the maximum load $P$ that can be applied to the structure if a factor of safety of 2.0 with respect to failure by yielding and a factor of safety of 3.0 with respect to failure by buckling are specified.

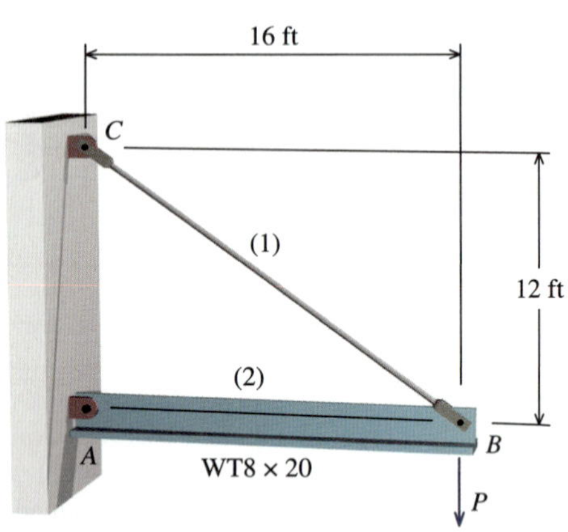


FIGURE P16.20

**P16.21** A simple pin-connected wood truss is loaded and supported as shown in Figure P16.21. The members of the truss are 3.5-in. by 3.5-in. square Douglas fir posts that have an elastic modulus of $E = 1{,}600$ ksi. Consider all compression members and determine the minimum factor of safety for the truss with respect to failure by buckling.

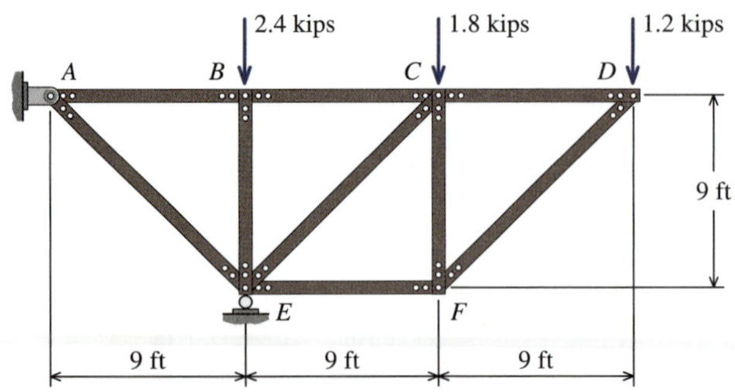


FIGURE P16.21

**P16.22** A simple pin-connected truss is loaded and supported as shown in Figure P16.22. All members of the truss are aluminum [$E = 10{,}000$ ksi] pipes with an outside diameter of 4.00 in. and a wall thickness of 0.226 in. Consider all compression members and determine the minimum factor of safety for the truss with respect to failure by buckling.

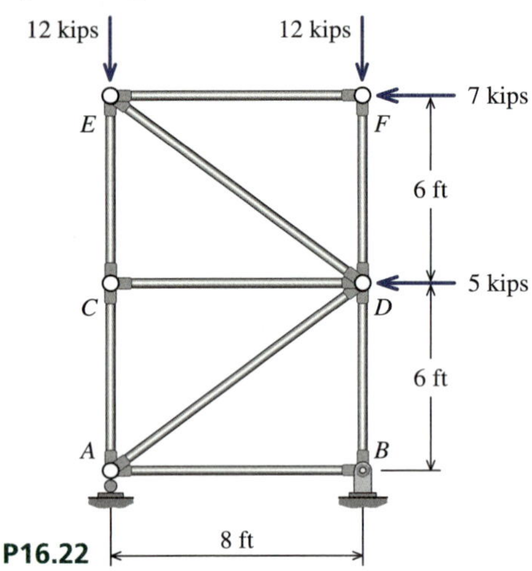


FIGURE P16.22

**P16.23** A simple pin-connected wood truss is loaded and supported as shown in Figure P16.23. The members of the truss are 150-mm by 150-mm square Douglas fir timbers that have an elastic modulus of $E = 11$ GPa. Consider all compression members and determine the minimum factor of safety for the truss with respect to failure by buckling.

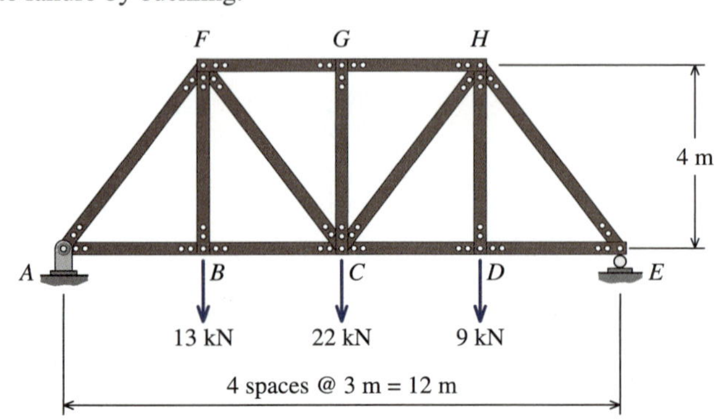


FIGURE P16.23

**P16.24** A simple pin-connected truss is loaded and supported as shown in Figure P16.24. All members of the truss are aluminum [$E = 70$ GPa] tubes with an outside diameter of 50 mm and a wall thickness of 5 mm. The yield strength of the aluminum is 250 MPa. Determine the maximum load $P$ that may be applied to the structure if a factor of safety of 2.0 with respect to failure by yielding and a factor of safety of 3.0 with respect to failure by buckling are specified.

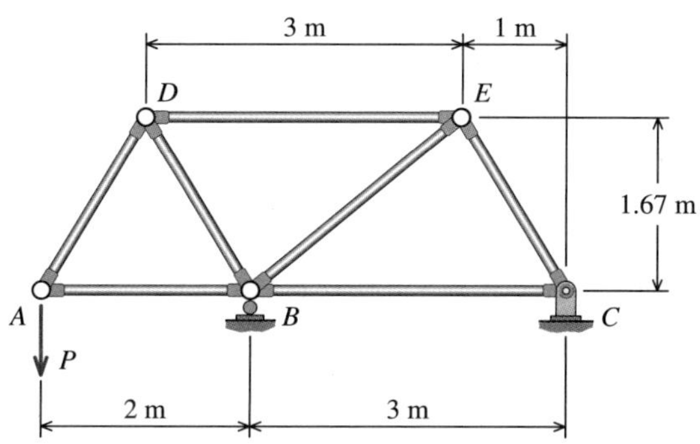


FIGURE P16.24

**P16.25** A simple pin-connected truss is loaded and supported as shown in Figure P16.25. All members of the truss are steel [$E = 200$ GPa] pipes with an outside diameter of 140 mm and a wall thickness of 10 mm. The yield strength of the aluminum is 250 MPa. Determine the maximum value of $P$ that may be applied to the structure if a factor of safety of 2.0 with respect to failure by yielding and a factor of safety of 3.0 with respect to failure by buckling are specified.

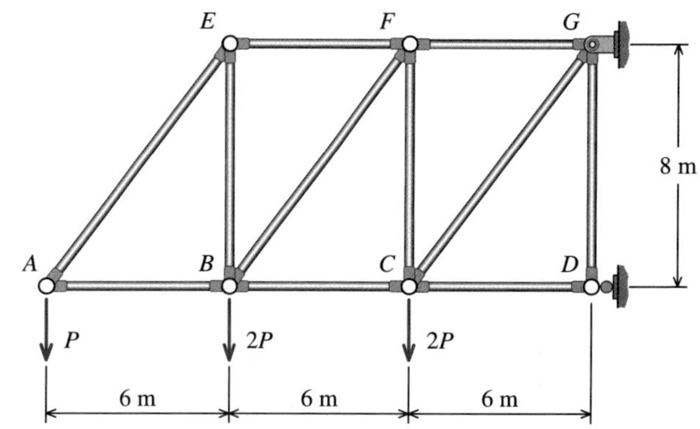


FIGURE P16.25

## 16.3 기둥좌굴에서의 끝단 조건의 영향

식 (16.5)나 식 (16.8)의 오일러 좌굴공식은 핀으로 지지된 이상기둥에 대해 유도되었다(양끝단은 자유회전을 하지만 변위가 구속되어 있다). 기둥은 일반적으로 이와 다른 방법으로 지지되어 있고, 기둥의 이러한 다른 끝단 조건은 좌굴이 발생할 때의 하중에 큰 영향을 준다. 이 절에서는 기둥의 임계좌굴하중에서 다른 이상화된 끝단 조건, 즉 경계조건의 영향에 대하여 살펴본다.

다양한 합성 경계조건을 가진 기둥의 임계좌굴하중을 구하기 위하여 16.2절에서 핀으로 지지된 기둥을 해석하기 위해 사용된 것과 같은 접근방법을 사용할 수 있다. 일반적으로 기둥이 좌굴 상태에 있다고 가정하고, 좌굴된 기둥에서 굽힘모멘트에 대한 식을 유도한다. 이 식으로부터 처짐곡선의 미분방정식은 모멘트–곡률 관계식[식 (10.1)]을 이용하여 유도된다. 이 미분방정식은 조건에 적합한 경계조건을 적용함으로써 풀 수 있고, 이 해답으로부터 기둥의 임계좌굴하중과 좌굴형상을 결정할 수 있다.

이제 이러한 접근방법을 이용하여, 그림 16.6$a$에 나타난 고정지지–핀지지 기둥의 임계좌굴하중과 기둥의 좌굴형상을 결정하기 위한 해석을 실시한다. 그리고 **유효길이**의 개념을 소개한다. 이 개념은 다양한 경계조건을 가진 기둥의 임계좌굴하중을 결정하는 데 편리한하게 사용될 것이다.

## 좌굴형상

고정된 지지점 $A$가 기둥의 하단에서 변위와 회전을 막고 있다. 핀으로 지지된 점 $B$가 기둥의 상단에서 $y$축의 변위를 막지만 기둥의 회전은 허용하고 있다. 기둥이 좌굴되었을 때, $A$점에서 회전이 막혀 있기 때문에 모멘트 $M_A$는 커질 것이다. 이러한 제약에 기초하여, 기둥의 좌굴형상은 그림 16.6$b$에 나타난 것처럼 그려질 것이다. 임계하중 $P_{cr}$의 값과 좌굴형상은 이러한 변형 형상의 해석을 통해 결정될 것이다.

## 좌굴된 기둥의 평형

완전히 좌굴된 기둥의 자유물체도가 그림 16.6$c$에 나타나 있다. 수직축에 대한 힘은 $A_x = P$로 주어졌다. $A$점에 대한 모멘트 평형조건은 고정지지 점의 모멘트 $M_A$의 결과로 기둥의 위쪽 끝단에서 수평 반력 $B_y$가 존재한다는 것을 암시한다. $B_y$의 존재는 반대로 수평축에서의 힘의 평형을 만족시키기 위해 기둥의 하단에 수평 반력 $A_y$를 필요로 하게 된다.

다음은 하단으로부터 $x$만큼 떨어진 지점을 잘라낸 기둥의 자유물체도를 고려해 보자(그림 16.6$d$). 기둥의 아래쪽이나 위쪽을 고려할 수 있지만 여기서는 위쪽 부분을 고려한다.

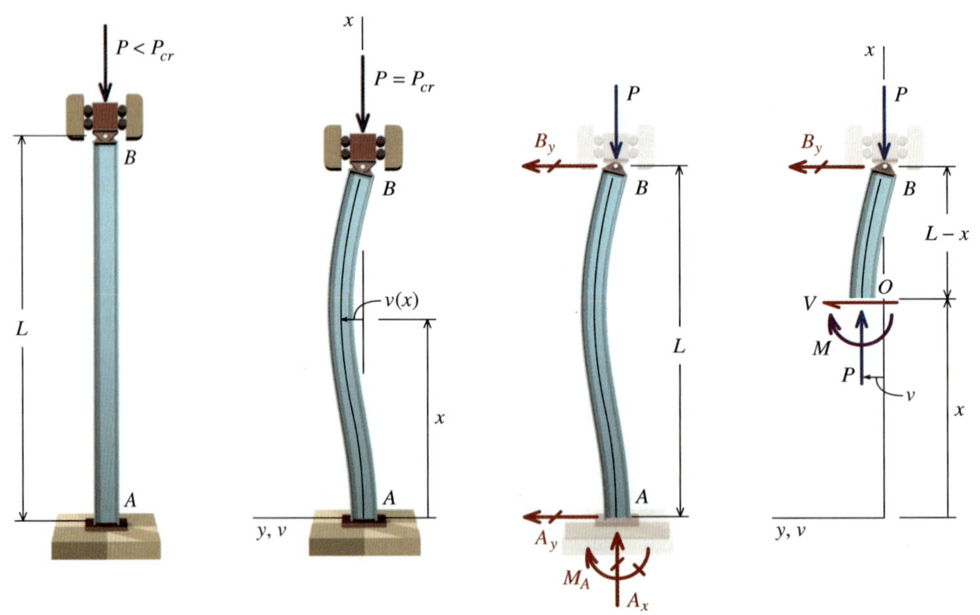


($a$) 고정단을 가지는 기둥 ($b$) 중립축에서 좌굴된 기둥 ($c$) 전체 기둥의 자유물체도 ($d$) 부분 기둥의 자유물체도

**그림 16.6** • 고정지지 기둥의 좌굴

## 기둥좌굴의 지배방정식

그림 16.6$d$의 좌굴된 기둥에서 기둥의 처짐 $v$와 굽힘모멘트 $M$ 모두 양의 방향으로 표시되었다. 그림 16.6$d$의 자유물체도로부터 드러난 $O$면에 대한 모멘트 평형조건은

$$\Sigma M_O = -M - Pv + B_y(L - x) = 0 \tag{a}$$

이다. 식 (10.1)로부터 굽힘모멘트–곡률 관계식(변형이 작다고 가정)은 다음과 같은 식이 된다.

$$M = EI\frac{d^2v}{dx^2} \tag{b}$$

이를 식 (a)에 대입하면 다음과 같은 식이 주어진다.

$$EI\frac{d^2v}{dx^2} + Pv = B_y(L - x) \tag{16.9}$$

식 (16.9)의 양변을 $EI$로 나누고 $k^2 = P/EI$를 대입하면 고정지지–핀지지 기둥의 미분방정식은 다음과 같이 된다.

$$\frac{d^2v}{dx^2} + k^2v = \frac{B_y}{EI}(L - x) \tag{16.10}$$

식 (16.10)은 $v(0) = 0$, $v'(0) = 0$, $v(L) = 0$의 경계조건을 가지는 상수계수의 2차 비제차상미분방정식이다.

## 지배방정식의 풀이

식 (16.10)의 일반해는

$$v = C_1 \sin kx + C_2 \cos kx + \frac{B_y}{P}(L - x) \tag{16.11}$$

이다. 식의 처음 두 항은 재차해(homogeneous solution)(양 끝단이 핀으로 지지된 기둥의 제차해와 같다)이고 세 번째 항은 특별해(particular solution)이다. 상수 $C_1$과 $C_2$는 경계조건을 이용하여 구해야 하는 상수이다. 경계조건 $v(0) = 0$으로부터 다음을 얻을 수 있다.

$$0 = C_1 \sin(0) + C_2 \cos(0) + \frac{B_y}{P}(L) = C_2 + \frac{B_yL}{P} \tag{c}$$

경계조건 $v(L) = 0$으로부터

$$0 = C_1 \sin(kL) + C_2 \cos(kL) + \frac{B_y}{P}(L - L)$$

이고, 이를 간단히 하면

$$\boxed{0 = C_1 \tan(kL) + C_2} \tag{d}$$

이다. 식 (16.11)을 $x$에 대하여 미분하면

$$\frac{dv}{dx} = C_1 k \cos kx - C_2 k \sin kx - \frac{B_y}{P}$$

이다. 경계조건 $v'(0) = 0$로부터, 다음의 식을 얻는다.

$$\boxed{0 = C_1 k \cos(0) - C_2 k \sin(0) - \frac{B_y}{P} = C_1 k - \frac{B_y}{P}} \tag{e}$$

유의미 해(nontrivial solution)을 얻기 위해 식 (c)와 (e)로부터 $B_y$를 제거하여 $C_2$에 대한 식을 구한다. 즉 $B_y$를 제거한다. 식 (e)로부터, $B_y = C_1 kP$이고, 이 식을 식 (c)에 대입한다. 따라서,

$$\boxed{C_2 = -\frac{B_y L}{P} = -\frac{C_1 kPL}{P} = -C_1 kL} \tag{f}$$

이다. 대입한 결과를 다시 식 (d)에 대입하면 다음 식이 구해진다.

$$0 = C_1 \tan(kL) + C_2 = C_1 \tan(kL) - C_1 kL$$

단순화하면 다음과 같다

$$\boxed{\tan(kL) = kL} \tag{16.12}$$

식 (16.12)의 해는 고정지지–핀지지 기둥의 임계좌굴하중이 된다. 이 방정식은 해석적 방법으로 명쾌한 해답을 구할 수 없다. 그러나 이 식에 대한 해는 수치해석으로 구할 수 있다.

$$\boxed{kL = 4.4934} \tag{g}$$

식 (16.12)의 해는 무수히 많지만 가장 작은 $kL$값이 최대의 관심사이다. $k^2 = P/EI$이므로 식 (g)는 다음과 같이 쓸 수 있다.

$$\sqrt{\frac{P}{EI}} L = 4.4934$$

임계좌굴하중 $P_{cr}$을 풀면

$$P_{cr} = \frac{20.1907EI}{L^2} = \frac{2.0457\pi^2 EI}{L^2} \tag{16.13}$$

이다. 좌굴된 기둥의 식은 $C_2 = -C_1 kL$[식 (f)]과 $By/P = C_1 k$[식 (e)]를 식 (16.11)에 대입함으로써 얻어진다.

$$\begin{aligned} v &= C_1 \sin kx - C_1 kL \cos kx + C_1 k(L - x) \\ &= C_1[\sin kx - kL \cos kx + k(L - x)] \\ &= C_1 \left\{ \sin\left(\frac{4.4934x}{L}\right) + 4.4934\left[1 - \frac{x}{L} - \cos\left(\frac{4.4934x}{L}\right)\right]\right\} \end{aligned} \tag{16.14}$$

중괄호 안의 식은 고정지지–핀지지 기둥의 첫 번째의 좌굴의 변형모드이다. 상수 $C_1$은 결정될 수 없다. 따라서 처짐은 작다고 가정되지만 곡선의 진폭은 확실하지 않다. 이 역시 불안정계임을 함시하는 결과이다.

## 유효길이 개념

핀–핀으로 지지된 오일러 좌굴하중은

$$P_{cr} = \frac{\pi^2 EI}{L^2} \tag{16.5}$$

이고, 고정지지–핀지지 기둥의 임계좌굴하중은 다음과 같이 구하였다.

$$P_{cr} = \frac{2.0457\pi^2 EI}{L^2} \tag{16.13}$$

두 식을 비교하면 고정지지–핀지지 기둥의 임계하중 식과 오일러 좌굴하중 식이 꽤 유사하다는 것을 알 수 있다. 두 식의 유일한 차이점은 상수이다. 이러한 유사성은 다양한 경계조건을 가진 기둥의 좌굴하중과 오일러 좌굴하중을 연관짓는 것이 가능하다는 것을 시사한다.

길이가 $L$인 고정지지–핀지지 기둥의 임계좌굴하중은 식 (16.13)에 주어졌고, 이 임계하중은 양단이 핀으로 지지된 같은 길이 $L$을 가진 기둥의 오일러 좌굴하중보다 크다($EI$는 두 경우에서 동일하다고 가정). 핀-핀지지 기둥과 고정지지-핀지지 기둥이 같은 임계하중을 가지기 위해 핀-핀지지 기둥의 길이는 얼마일까? 고정지지–핀지지 기둥의 길이를 $L$이라 하고, 동일한 임계하중에서 좌굴되는 핀–핀지지 기둥의 길이를 $L_e$라 하고 두 임계하중이 동일하다고 두면,

$$\frac{2.0457\pi^2 EI}{L^2} = \frac{\pi^2 EI}{L_e^2}$$

또는

$$L_e = 0.7L$$

그러므로 오일러 좌굴하중 식에서 사용된 기둥 길이를 **유효길이** $L_e = 0.7L$로 바꾸었다면, 식 (16.5)로부터 계산된 임계하중은 식 (16.13)에서 실제 기둥 길이를 사용하여 계산된 임계하중과 같을 것이다. 이 다양한 경계조건을 가진 기둥의 임계하중과 오일러 좌굴하중의 관계에 대한 아이디어는 **유효길이** 개념으로 알려져 있다.

어떤 기둥의 유효길이 $L_e$는 등가 핀-핀지지 기둥의 길이로 정의하였다. 이 문맥에서 등가의 의미는 무엇인가? 등가의 핀-핀지지 기둥은 모든 또는 일부분의 실제 기둥과 같은 임계좌굴하중과 변형 형상을 가진다.

유효길이의 아이디어를 설명하는 또 다른 방법은 굽힘모멘트가 0이 되는 점들을 고려하는 것이다. 정의에 의하여 핀으로 지지된 기둥은 각 끝단이 굽힘모멘트가 0이 되는 점이다. 오일러 좌굴하중에서 길이 $L$은 연이은 굽힘모멘트가 0인 점 사이의 거리이다. 다른 경계조건에서 오일러 좌굴하중 식이 사용되기 위해 필요한 것은 $L$을 기둥의 유효길이로 정의된 $L_e$로 대체하는 것밖에 없다. 물론 여기서 유효길이는 굽힘모멘트가 0인 두 개의 연속된 점 간의 거리이다. 굽힘모멘트가 0인 점을 변곡점이라 한다.

네 가지 일반적인 기둥의 유효길이가 그림 16.7에 나와 있다. 양 끝단이 핀으로 지지된 기둥은 16.7$a$에 나와 있고, 정의에 의하여 이 기둥의 유효길이 $L_e$는 실제 기둥의 길이 $L$과 같다. 고정지지-핀지지 기둥은 그림 16.7$b$에 나와 있고, 앞에서 공부한 바와 같이 유효길이는 $L_e = 0.7L$이다.

그림 16.7$c$의 기둥의 양 끝단은 고정되어 있다. 이 기둥에서 처짐곡선은 대칭되기 때문에, 변곡점은 기둥의 양쪽 고정된 끝단에서 $L/4$만큼 떨어진 위치에서 발생한다. 그러므로

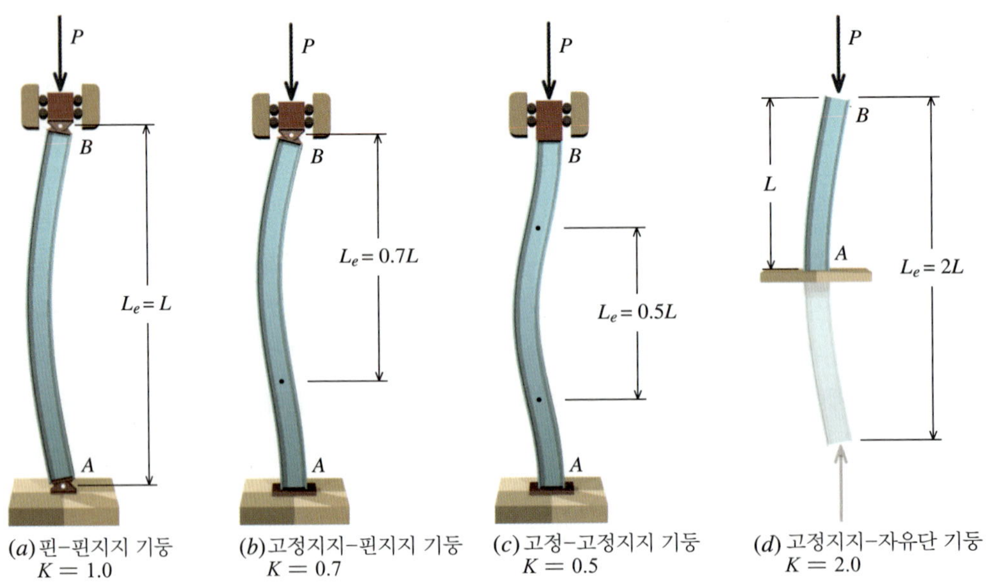


**그림 16.7** • 다양한 끝단지지 기둥의 일반적인 유효길이 $L_e$와 유효길이 인자 $K$

이 기둥의 유효길이는 기둥의 중간에 위치하는 기둥 길이의 절반에 해당한다. 그러므로 오일러 좌굴하중 식을 사용하기 위한 고정–고정지지 기둥의 유효길이 $L_e$는 실제 기둥의 절반, 즉 $L_e = 0.5L$이다.

그림 16.7*d*에서 보이는 기둥은 한쪽은 고정되어 있고 다른 한쪽은 자유단이다. 따라서 기둥은 자유단에서만 0인 굽힘모멘트를 갖는다. 고정단에 대한 기둥의 거울상을 도시한다면, 모멘트가 0인 점 사이의 유효길이는 실제 기둥 길이의 2배에 해당한다($L_e = 2L$).

## 유효길이인자

임계하중 계산을 간단히 하기 위하여 많은 설계 코드는 **유효길이인자**라고 부르는 다음과 같이 정의된 무차원 계수 $K$를 사용한다.

$$L_e = KL \tag{16.15}$$

여기서 $L$은 실제 기둥의 길이이다. 네 가지 일반적인 기둥 종류에 대한 유효길이인자는 그림 16.7에 주어졌다. 유효길이 인자를 사용하여 기둥 용량에서 경계조건에 따른 영향을 즉시 임계좌굴하중식에 포함시킬 수 있다.

$$P_{cr} = \frac{\pi^2 EI}{(KL)^2} \tag{16.16}$$

그리고 임계좌굴응력공식은

$$\sigma_{cr} = \frac{\pi^2 E}{(KL/r)^2} \tag{16.17}$$

이다. 여기서 $KL/r$은 **유효세장비**(*effective-slenderness ratio*)이다.

## 실제 고려사항

그림 16.7의 기둥의 경계조건은 이상화된 것이라는 점을 잊어서는 안 된다. 핀으로 지지된 기둥은 흔히 마찰 때문에 완벽하게 자유 회전을 하지 못하는 핀을 통해 하중이 부과된다. 따라서 양 끝단이 핀으로 지지된 기둥 끝단에서 알 수 없는 모멘트가 항상 존재하고 변곡점 사이의 거리를 $L$보다 작게 만들 것이다. 고정 끝단 연결은 이론적으로는 회전에 대해 완벽하게 저항한다. 그러나 기둥은 일반적으로 어느 정도 유연성을 가진 다른 구조 요소에 연결되어 있고 회전을 완벽하게 막는 연결을 실제 만드는 것은 매우 힘들다. 따라서 고정–고정지지 기둥(그림 16.7*c*)은 $L/2$보다 어느 정도 더 큰 유효길이를 가질 것이다. 이러한 실제적인 고려사항 때문에 그림 16.7에 주어진 이론적인 $K$인자는 일반적으로 연결 부위의 거동에 관한 이론과 실제의 차이를 반영하기 위하여 수정된다. 유효길이인자를 활용하는 설계 코드는 일반적으로 이론값보다 선호하는 실용적인 $K$값을 추천값으로 정하고 있다.

## 예제 16.3 EXAMPLE

길고 가는 W8 × 24 구조용 형강이 35 ft길이의 기둥으로 사용되었다. 기둥은 $A$점에서 수직으로 지지되어 있고, $y$축과 $z$축의 변위에 대해 끝단 $A$와 $C$에서 핀으로 지지되어 있다. $x$–$z$평면에서 기둥의 변형을 막는 횡방향 지지는 중간 높이 $B$에서 위치하고 있다. 그러나 기둥은 $x$–$y$평면에서 자유롭게 변형한다. 안전계수가 2.5로 주어졌다면 이를 지지할 수 있는 기둥의 최대 압축하중 $P$을 구하라. 이 해석에서 기둥의 강축($z$축) 또는 약축($y$축)에 대한 좌굴 가능성을 고려하라. $E = 29{,}000$ ksi이고 $\sigma_Y = 36$ ksi로 가정하라.

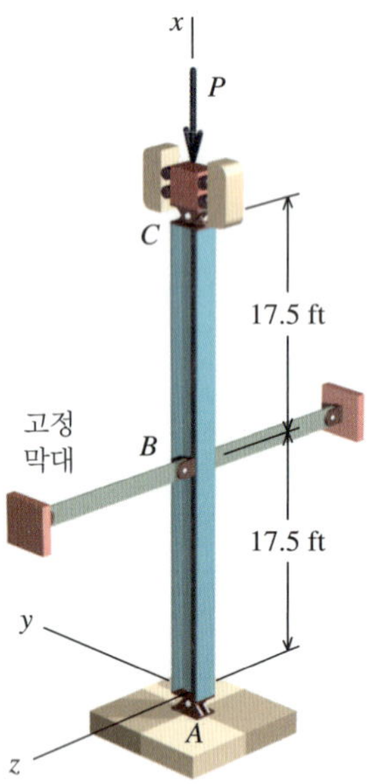


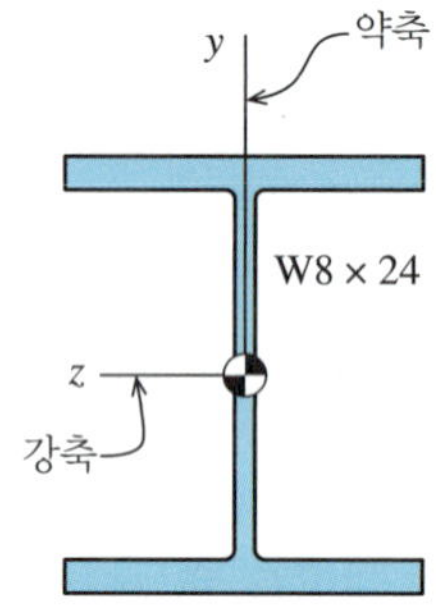


### 풀이 계획

W8 × 24 구조용 형강 기둥이 단지 끝단에만 지지되어 있다면 단면의 약축에 대한 좌굴을 기대할 수 있다. 그러나 이 기둥에 추가적인 횡방향 지지가 있고, 이는 약축의 좌굴에 대해 유효길이를 줄인다. 이러한 이유로 기둥의 강축과 약축 모두에 대하여 유효길이와 회전반지름이 고려되어야 한다. 임계좌굴하중은 두 유효세장비 중 더 큰 쪽으로 발생한다.

### 풀이

W8 × 24 구조용 강 형상의 단면특성치는 부록 B에서 찾을 수 있다. 다음에 기입한 특성은 위에 보이는 단면의 축에 일치하도록 수정되었다.

$$I_z = 82.7\text{ in.}^4 \qquad I_y = 18.3\text{ in.}^4$$
$$r_z = 3.42\text{ in.} \qquad r_y = 1.61\text{ in.}$$

#### 강축에 대한 좌굴

기둥은 강축에 대하여 좌굴될 수 있고 결과적으로 좌굴형상은 기둥이 $x$–$y$평면에서 변형되는 것으로 보인다. 이러한 방식의 파단에서 기둥의 유효길이는 $KL = 35$ ft이다. 그러므로 임계좌굴하중은

$$P_{cr} = \frac{\pi^2 EI_z}{(KL)_z^2} = \frac{\pi^2(29{,}000\text{ ksi})(82.7\text{ in.}^4)}{[(35\text{ ft})(12\text{ in./ft})]^2} = 134.2\text{ kips}$$

이다. $P_{cr}$를 결정하는 데 필요하지는 않지만, 강축에 대한 좌굴을 위한 유효세장비의 계산은 유용하다.

$$(KL/r)_z = \frac{(35\text{ ft})(12\text{ in./ft})}{3.42\text{ in.}} = 122.8$$

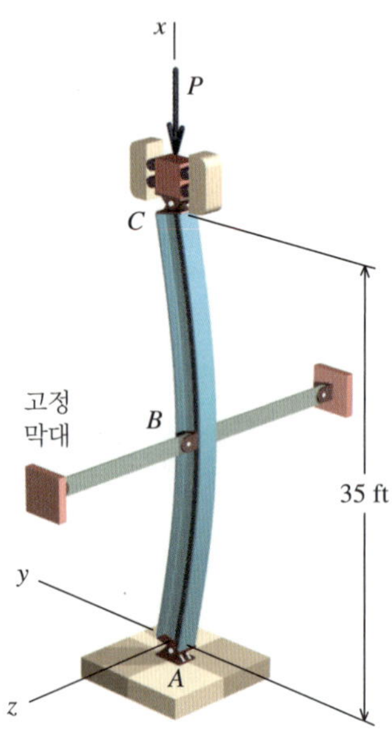


강축에 대한 좌굴

#### 약축에 대한 좌굴

기둥은 약축에 대하여 좌굴될 수 있다. 이 경우 기둥의 변형은 다음 페이지에서 보는 것처

럼 $x$–$z$평면에서 발생한다. 이런 방식의 파단에서 기둥의 유효길이는 $KL = 17.5$ ft이다. 그러므로 약축에 대한 임계좌굴하중은

$$P_{cr} = \frac{\pi^2 EI_y}{(KL)_y^2} = \frac{\pi^2(29{,}000 \text{ ksi})(18.3 \text{ in.}^4)}{[(17.5 \text{ ft})(12 \text{ in./ft})]^2} = 118.8 \text{ kips}$$

이고, 약축에 대한 유효세장비는

$$(KL/r)_y = \frac{(17.5 \text{ ft})(12 \text{ in./ft})}{1.61 \text{ in.}} = 130.4$$

이다. 기둥의 임계하중은 두 하중 값 중 더 작은 것이다.

$$P_{cr} = 118.8 \text{ kips}$$

**임계좌굴응력**

임계하중공식[식 (16.16)]은 응력이 기둥의 탄성영역 내에 있을 때에만 유효하다. 그러므로 임계좌굴응력은 재료의 비례한계 와 비교되어야 한다. 구조용 강에서 비례한계는 기본적으로 항복응력과 같다.*

임계좌굴응력은 두 유효세장비 중 **더 큰** 것을 사용하여 계산된다.

$$\sigma_{cr} = \frac{\pi^2 E}{(KL/r)^2} = \frac{\pi^2(29{,}000 \text{ ksi})}{(130.4)^2} = 16.83 \text{ ksi} < 36 \text{ ksi} \qquad \text{O.K.}$$

16.83 ksi의 임계좌굴응력이 강의 항복응력 36 ksi보다 작기 때문에 전술한 임계하중의 계산은 유효하다.

**기둥의 허용하중**

안전계수 2.5가 이 기둥에 요구되었다. 그러므로 허용축하중은

$$P_{\text{allow}} = \frac{118.8 \text{ kips}}{2.5} = 47.5 \text{ kips} \qquad \textbf{Ans.}$$

이다.

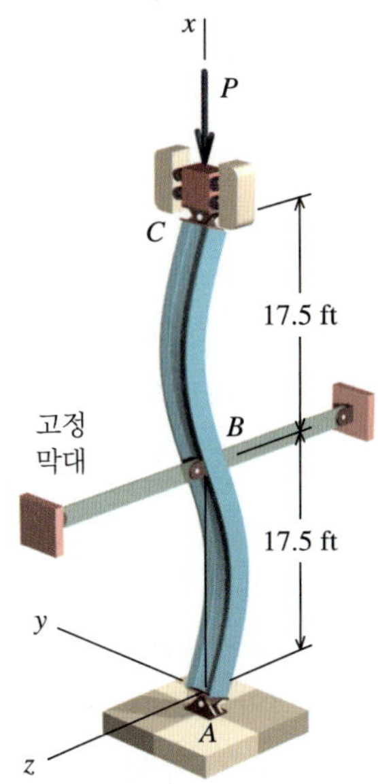

약축에 대한 좌굴

* 역자주: 비례한계는 항복응력(강도)와 엄밀히 다르다. 비례한계와 항복점 사이에는 비선형 탄성구간이 존재한다. 그러나 이 책에서는 구조용 강과 같이 비선형탄성구간이 적을 경우, 상황에 따라 비례한계와 항복응력 또는 항복강도를 동일시하고 있다.

## 예제 16.4 EXAMPLE

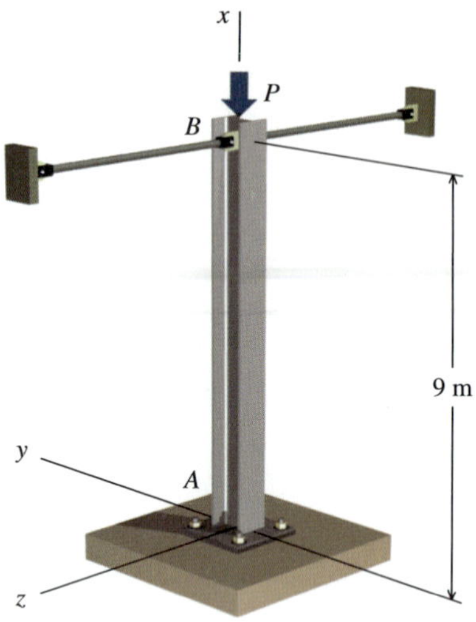


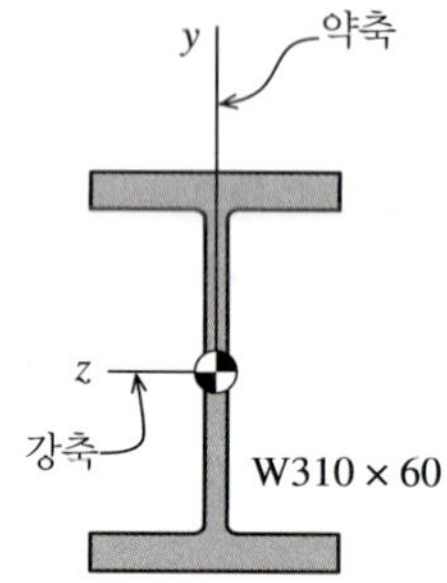


W310 × 60의 구조용 형강(부록 B의 단면특성치 참조)이 $L = 9$ m의 실제 길이를 가진 기둥으로 사용되었다. 기둥은 $A$점에서 고정되었다. 기둥의 $x$–$z$평면에서의 변형을 막는 횡방향 지지가 기둥의 위쪽 끝단에 설치되어 있다. 그러나 기둥의 $B$점은 $x$–$y$평면에서 자유롭게 유식일 수 있다. 기둥의 임계좌굴하중 $P_{cr}$을 구하라. $E = 200$ GPa, $\sigma_Y = 250$ MPa로 가정하라.

### 풀이 계획

기둥의 실제 길이가 9 m이지만, 단면의 강축과 약축에 대한 경제조건의 차이가 두 축의 유효길이의 현격한 차이를 야기시킨다. 기둥의 끝단 조건에 기초로 한 적절한 유효길이 계수는 그림 16.7로부터 선택된다.

### 풀이

**단면특성치**

단면특성치로 부록 B의 W310 × 60 구조용 형강으로부터 구할 수 있다. 다음에 기입한 특성치는 그림에서 표시된 단면의 축과 일치하도록 수정되었다.

$$I_z = 128 \times 10^6\ \text{mm}^4 \qquad r_z = 130\ \text{mm} \qquad I_y = 18.4 \times 10^6\ \text{mm}^4 \qquad r_y = 49.3\ \text{mm}$$

**강축에 대한 좌굴**

기둥은 강축에 대하여 좌굴될 수 있고, 결과적으로 좌굴형상은 기둥이 $x$–$y$평면과 $z$축에 대하여 구부러지는 것으로 보인다. 이러한 방식의 좌굴에서 기둥의 아래쪽은 고정되어 있고 위쪽 끝단은 자유단이다. 그림 16.7로부터 적절한 유효길이 인자는 $K_z = 2.0$이고, 기둥의 유효길이는 $(KL)_z = (2.0)(9\text{ m}) = 18$ m이다. 따라서 임계좌굴하중은

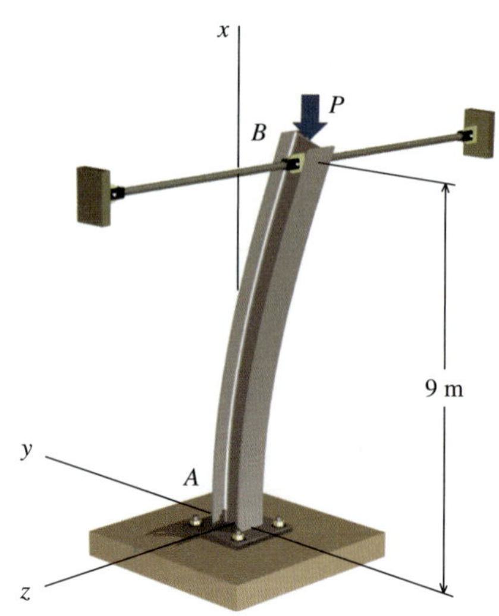


$$P_{cr} = \frac{\pi^2 EI_z}{(KL)_z^2} = \frac{\pi^2(200{,}000\ \text{N/mm}^2)(128 \times 10^6\ \text{mm}^4)}{[(2.0)(9\ \text{m})(1{,}000\ \text{mm/m})]^2}$$
$$= 779{,}821\ \text{N} = 780\ \text{kN}$$

이다. 강축에 대한 좌굴의 유효세장비는

$$(KL/r)_z = \frac{(2.0)(9\ \text{m})(1{,}000\ \text{mm/m})}{130\ \text{mm}} = 138.5$$

이다.

**약축에 대한 좌굴**

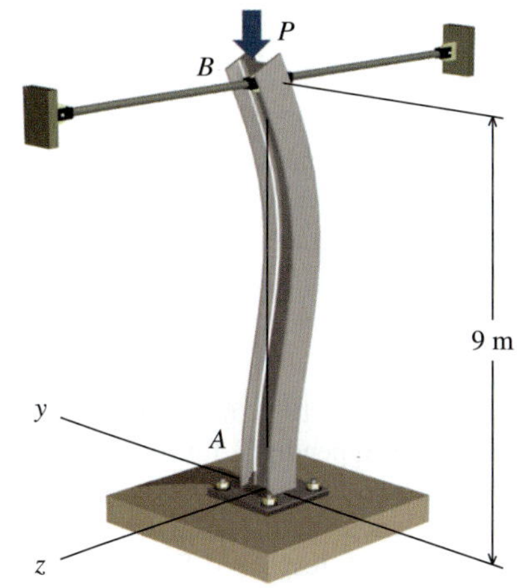


기둥은 약축에 대해서도 좌굴될 수 있다. 이런 경우에 기둥은 $y$축에 대해 구부러지고, 변형은 보이는 것처럼 $x$–$z$에서 발생한다. 약축에 대한 좌굴에서 기둥은 $A$점에서 고정되어 있고 $B$점은 핀으로 지지되어 있다. 그림 16.7로부터 적절한 유효길이 인자는 $K_y = 0.7$이고, 기둥의 유효길이는 $(KL)_y = (0.7)\ (9\ \text{m}) = 6.3\ \text{m}$이다. 그러므로 약축에 대한 임계좌굴하중은

$$P_{cr} = \frac{\pi^2 EI_y}{(KL)_y^2} = \frac{\pi^2(200{,}000\ \text{N/mm}^2)(18.4\times10^6\ \text{mm}^4)}{[(0.7)(9\ \text{m})(1{,}000\ \text{mm/m})]^2}$$
$$= 915{,}096\ \text{N} = 915\ \text{kN}$$

이다. 약축에 대한 좌굴의 유효세장비는

$$(KL/r)_y = \frac{(0.7)(9\ \text{m})(1{,}000\ \text{mm/m})}{49.3\ \text{mm}} = 127.8$$

이다. 기둥의 임계하중은 두 값 중 작은 값이다.

$$P_{cr} = 780\ \text{kN} \qquad \textbf{Ans.}$$

**임계좌굴응력**

임계하중공식[식 (16.16)]은 응력이 기둥의 탄성영역 내에 있을 때에만 유효하다. 그러므로 임계좌굴응력은 재료의 비례한계 내에서 다루어야 한다. 구조용 강에서 비례한계는 기본적으로 항복응력과 같다.
임계좌굴응력은 두 유효세장비 중 **더 큰** 것을 사용하여 계산된다.

$$\sigma_{cr} = \frac{\pi^2 E}{(KL/r)^2} = \frac{\pi^2(200{,}000\ \text{MPa})}{(138.5)^2} = 102.9\ \text{MPa} < 250\ \text{MPa} \qquad \text{O.K.}$$

102.9 MPa의 임계좌굴응력이 강의 항복응력 250 MPa보다 작기 때문에 전술한 임계하중 계산은 유효하다.

## PROBLEMS

**P16.26** A 9-m-long steel [$E = 200$ GPa] pipe column has an outside diameter of 220 mm and a wall thickness of 8 mm. The column is supported only at its ends and it may buckle in any direction. Calculate the critical load $P_{cr}$ for the following end conditions:

(a) pinned-pinned
(b) fixed-free
(c) fixed-pinned
(d) fixed-fixed

**P16.27** A HSS10 × 6 × 3/8 structural steel [$E = 29{,}000$ ksi] section (see Appendix B for its cross-sectional properties) is used as a column with an actual length of 32 ft. The column is supported only at its ends and it may buckle in any direction. If a factor of safety of 2 with respect to failure by buckling is specified, determine the maximum safe load for the column for the following end conditions:

(a) pinned-pinned
(b) fixed-free
(c) fixed-pinned
(d) fixed-fixed

**P16.28** A HSS152.4 × 101.6 × 6.4 structural steel [$E = 200$ GPa] section (see Appendix B for its cross-sectional properties) is used as a column with an actual length of 6 m. The column is supported only at its ends and it may buckle in any direction. If a factor of safety of 2 with respect to failure by buckling is specified, determine the maximum safe load for the column for the following end conditions:

(a) pinned-pinned
(b) fixed-free
(c) fixed-pinned
(d) fixed-fixed

**P16.29** A W8 × 48 structural steel [$E = 29{,}000$ ksi] section (see Appendix B for its cross-sectional properties) is used as a column with an actual length of $L = 27$ ft. The column is supported only at its ends and it may buckle in any direction. The column is fixed at its base and pinned at its upper end as shown in Figure P16.29/30. Determine the maximum load $P$ that may be supported by the column if a factor of safety of 2.5 with respect to buckling is specified.

**P16.30** A W250 × 80 structural steel [$E = 200$ GPa] section (see Appendix B for its cross-sectional properties) is used as a column with an actual length of $L = 12$ m. The column is supported only at its ends and it may buckle in any direction. The column is fixed at its base and pinned at its upper end as shown in Figure P16.29/30. Determine the maximum load $P$ that may be supported by the column if a factor of safety of 2.5 with respect to buckling is specified.

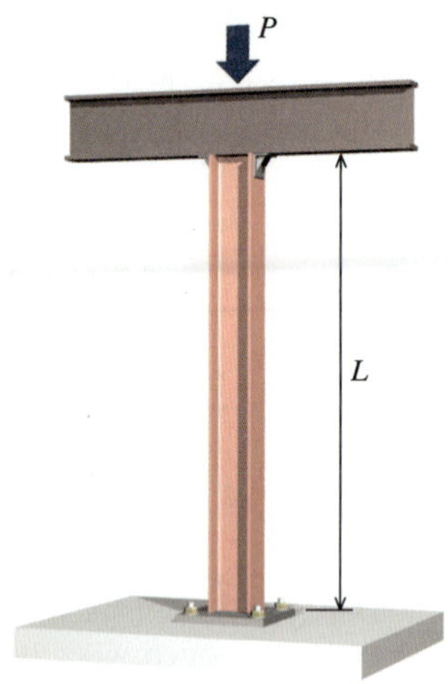


**FIGURE P16.29/30**

**P16.31** A W14 × 53 structural steel [$E = 29{,}000$ ksi] section (see Appendix B for its cross-sectional properties) is used as a column with an actual length of $L = 16$ ft. The column is fixed at its base and unrestrained at its upper end as shown in Figure P16.31/32. Determine the maximum load $P$ that may be supported by the column if a factor of safety of 2.5 with respect to buckling is specified.

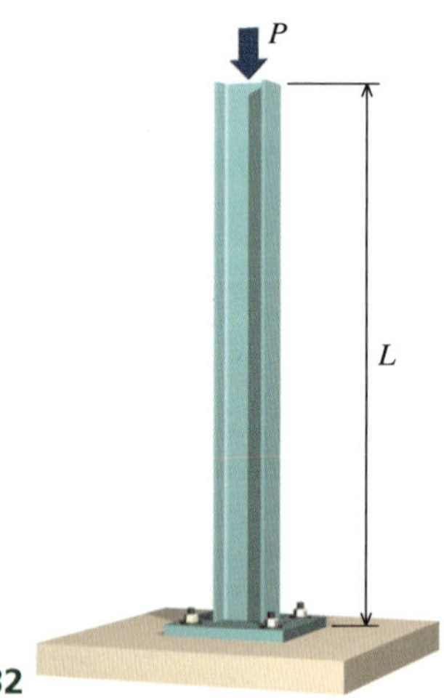


**FIGURE P16.31/32**

**P16.32** A W310 × 74 structural steel [$E = 200$ GPa] section (see Appendix B for its cross-sectional properties) is used as a column with an actual length of $L = 5$ m. The column is fixed at its base and unrestrained at its upper end as shown in Figure P16.31/32. Determine the maximum load $P$ that may be supported by the column if a factor of safety of 2.5 with respect to buckling is specified.

**P16.33** A long, slender structural aluminum [$E = 70$ GPa] flanged shape (Figure P16.33*b*) is used as a 7-m-long column. The column is supported in the *x* direction at base *A* and pinned at ends *A* and *C* against translation in the *y* and *z* directions. Lateral support is provided to the column so that deflection in the *x–z* plane is restrained at mid-height *B*; however, the column is free to deflect in the *x–y* plane at *B* (Figure P16.33*a*). Determine the maximum compressive load *P* the column can support if a factor of safety of 2.5 is required. In your analysis, consider the possibility that buckling could occur about either the strong axis (i.e., the *z* axis) or the weak axis (i.e., the *y* axis) of the aluminum column.

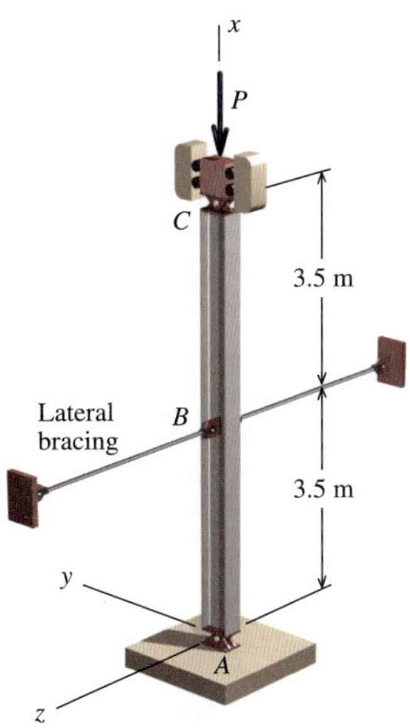


FIGURE P16.33*a*

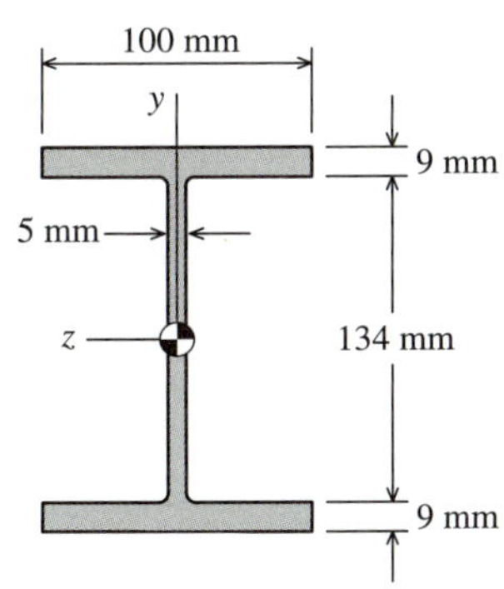


FIGURE P16.33*b*

**P16.34** A long, slender structural steel [$E = 29{,}000$ ksi] HSS8 × 4 × 1/4 shape (see Appendix B for its cross-sectional properties) is used as a 32-ft-long column. The column is supported in the *x* direction at base *A* and pinned at ends *A* and *C* against translation in the *y* and *z* directions. Lateral support is provided to the column so that deflection in the *x–z* plane is restrained at mid-height *B*; however, the column is free to deflect in the *x–y* plane at *B* (Figure P16.34). Determine the maximum compressive load the column can support if a factor of safety of 1.92 is required. In your analysis, consider the possibility that buckling could occur about either the strong axis (i.e., the *z* axis) or the weak axis (i.e., the *y* axis) of the steel column.

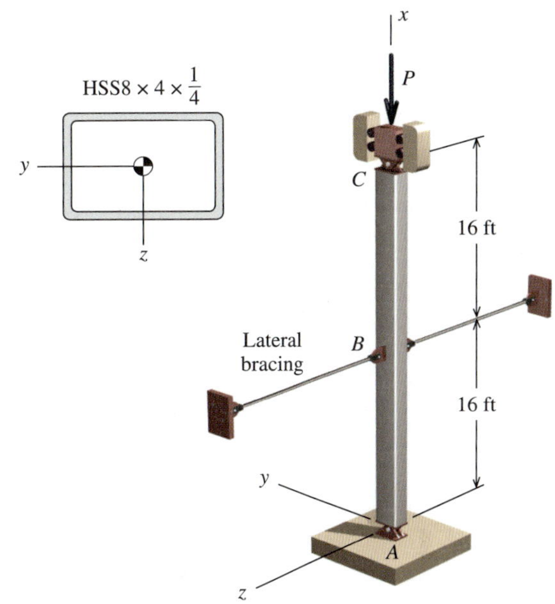


FIGURE P16.34

**P16.35** The uniform brass bar *AB* shown in Figure P16.35 has a rectangular cross section. The bar is supported by pins and brackets at its ends. The pins permit rotation about a horizontal axis (i.e., the strong axis of the rectangular cross section) but the brackets prevent rotation about a vertical axis (i.e., the weak axis). Determine:

(a) the critical buckling load of the assembly for the following parameters: $L = 400$ mm, $b = 6$ mm, $h = 14$ mm, and $E = 100$ GPa.

(b) the ratio $b/h$ for which the critical buckling load about both the strong and weak axes is the same.

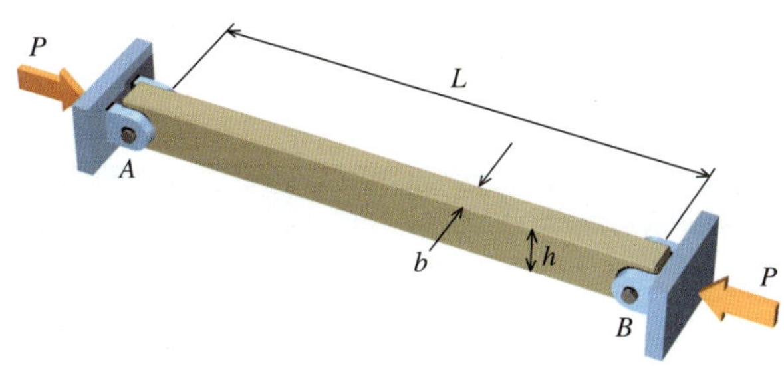


FIGURE P16.35

**P16.36** The aluminum column shown in Figure P16.36 has a rectangular cross section and supports an axial load of $P$. The base of the column is fixed. The support at the top allows rotation of the column in the $x$–$y$ plane (i.e., bending about the strong axis) but prevents rotation in the $x$–$z$ plane (i.e., bending about the weak axis). Determine:

(a) the critical buckling load of the column for the following parameters: $L = 50$ in., $b = 0.50$ in., $h = 0.875$ in., and $E = 10{,}000$ ksi.

(b) the ratio $b/h$ for which the critical buckling load about both the strong and weak axes is the same.

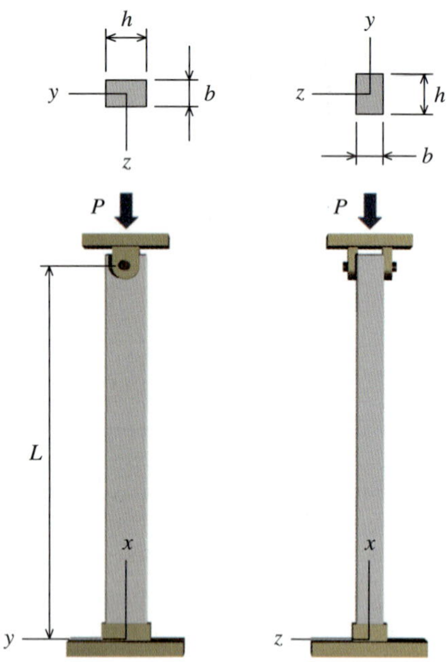


FIGURE P16.36

**P16.37** The steel compression link shown in Figure P16.37/38 has a rectangular cross section and supports an axial load of $P$. The supports allow rotation about the strong axis of the link cross section but prevent rotation about the weak axis. Determine the allowable compression load $P$ if a factor of safety of 2.0 is specified. Use the following parameters: $L = 36$ in., $b = 0.375$ in., $h = 1.250$ in., and $E = 30{,}000$ ksi.

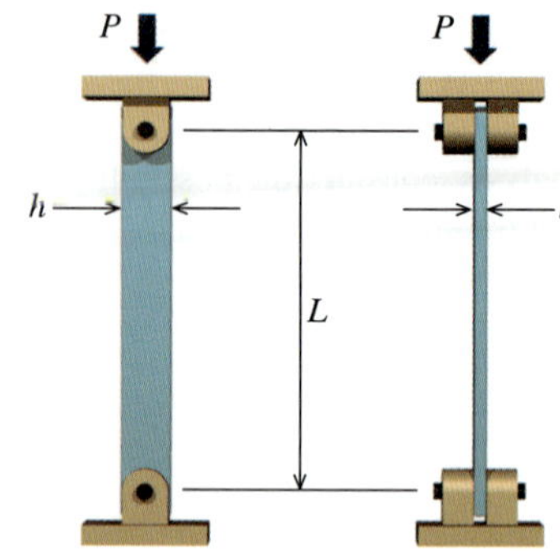


FIGURE P16.37/38

**P16.38** Solve Problem 16.37 with the following parameters: $L = 1{,}200$ mm, $b = 15$ mm, $h = 40$ mm, and $E = 200$ GPa.

**P16.39** A stainless steel pipe with an outside diameter of 100 mm and a wall thickness of 8 mm is rigidly attached to fixed supports at $A$ and $B$ as shown in Figure P16.39. The length of the pipe is $L = 8$ m, its elastic modulus is $E = 190$ GPa, and its coefficient of thermal expansion is $\alpha = 17.3 \times 10^{-6}/°C$. Determine the temperature increase $\Delta T$ that will cause the pipe to buckle.

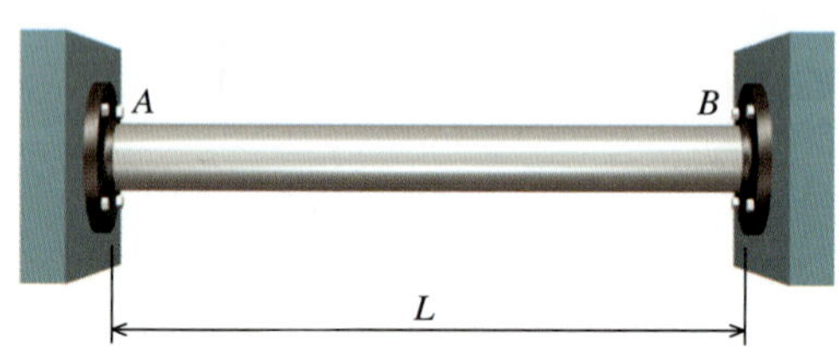


FIGURE P16.39

## 16.4 시컨트 공식

다수의 실제 기둥들의 기동 특성은 하중과 기둥이 일직선이 아니기 때문에 오일러 공식으로부터 예상한 것과 약간 다르다. 이 절에서는 하중과 기둥의 불완전한 정렬의 효과를 편심하중을 고려하여 알아본다. 그림 16.8$a$에서 보는 바와 같이 이제 압축하중이 기둥의 축에서 $e$만큼 편심되어 작용하는 핀-핀지지 기둥을 고려한다(지지대는 명확성을 위해 그림에서 생략하였다). 편심량 $e$가 0이 아닐 때, 기둥의 자유물체도는 그림 16.8$b$와 같다. 자유물체도로부터 좌표 $x$에서 굽힘모멘트는 다음과 같이 표현된다.

$$\Sigma M_A = M + Pv + Pe = 0$$
$$\therefore M = -Pv - Pe$$

그리고 응력이 비례한계를 넘지 않고 처짐이 작다면 처짐곡선의 지배방정식은

$$EI\frac{d^2v}{dx^2} + Pv = -Pe$$

또는

$$\frac{d^2v}{dx^2} + \frac{P}{EI}v = -\frac{P}{EI}e$$

이다. 오일러 공식의 유도와 같이, $P/EI = k^2$[식 (16.2)]로 둔다. 그러면 지배방정식은 다음과 같이 된다.

$$\frac{d^2v}{dx^2} + k^2v = -k^2e$$

이 미분방정식의 일반해는

$$v = C_1\sin kx + C_2\cos kx - e \qquad \text{(a)}$$

이다. 두 경계조건을 기둥으로부터 얻을 수 있다. 핀지지점 $A$에서의 경계조건 $v(0) = 0$으로부터

$$v(0) = 0 = C_1\sin k(0) + C_2\cos k(0) - e$$
$$\therefore C_2 = e$$

이고, 핀지지점 $B$에서의 경계조건 $v(L) = 0$으로부터

$$v(L) = 0 = C_1\sin kL + C_2\cos kL - e = C_1\sin kL - e(1 - \cos kL)$$
$$\therefore C_1 = e\left[\frac{1-\cos kL}{\sin kL}\right]$$

이다. 삼각함수 공식을 이용하면

$$1 - \cos\theta = 2\sin^2\frac{\theta}{2}, \qquad \sin\theta = 2\sin\frac{\theta}{2}\cos\frac{\theta}{2}$$

이다. 식 (a)를 다시 쓰면

$$C_1 = e\left[\frac{2\sin^2(kL/2)}{2\sin(kL/2)\cos(kL/2)}\right] = e\tan\frac{kL}{2}$$

이다. 상수 $C_1$과 $C_2$를 식 (a)에 대입하면 미분방정식의 해는 다음과 같다.

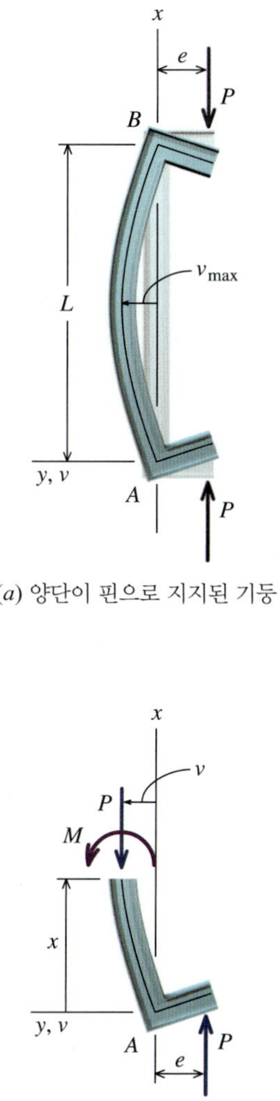


**그림 16.8** • 양단이 핀으로 지지된 기둥의 편심하중

$$\begin{aligned} v &= e\tan\frac{kL}{2}\sin kx + e\cos kx - e \\ &= e\left[\tan\frac{kL}{2}\sin kx + \cos kx - 1\right] \end{aligned} \tag{16.18}$$

따라서 $x = L/2$에서 발생하는 핀-핀지지 기둥의 최대 처짐 $v_{max}$와 하중 $P$의 관계를 찾을 수 있다. 즉

$$\begin{aligned} v_{max} &= e\left[\tan\frac{kL}{2}\sin\frac{kL}{2} + \cos\frac{kL}{2} - 1\right] \\ &= e\left[\frac{\sin^2(kL/2)}{\cos(kL/2)} + \frac{\cos^2(kL/2)}{\cos(kL/2)} - 1\right] \\ &= e\left[\frac{1}{\cos(kL/2)} - 1\right] = e\left[\sec\frac{kL}{2} - 1\right] \end{aligned} \tag{b}$$

$k^2 = P/EI$이므로 식 (b)는 하중 $P$와 굽힘강성 $EI$로 표현된다.

$$v_{max} = e\left[\sec\left(\frac{L}{2}\sqrt{\frac{P}{EI}}\right) - 1\right] \tag{c}$$

$E, I, L$ 등이 고정되고 $e > 0$인 기둥에 아주 작은 하중 $P$가 작용하더라도 횡방향 처짐이 발생한다는 사실을 식 (c)는 말해주고 있다. 어떤 $e$값에 대해서

$\frac{L}{2}\sqrt{\frac{P}{EI}}$ 가 $\pi/2, 3\pi/2, 5\pi/2, \ldots$ 등의 각도에 접근할 때 다음의 값은 양 또는 음의 무한대에 접근한다.

$$\sec\left(\frac{L}{2}\sqrt{\frac{P}{EI}}\right) - 1$$

그리고 처짐 $v$가 끝없이 증가하는 것은 임계하중이 이 각도들 중의 하나와  일치한다는 것을 의미한다. $\pi/2$가 선택되면(이 각에서 최소 하중이 되기 때문에)

$$\frac{L}{2}\sqrt{\frac{P}{EI}} = \frac{\pi}{2}$$

또는

$$\sqrt{\frac{P}{EI}} = \frac{\pi}{L}$$

이것들로부터

$$P_{cr} = \frac{\pi^2 EI}{L^2} \tag{16.19}$$

이것은 16.2절에 설명된 오일러 공식이다.

$P$가 오일러 좌굴하중과 같거나 클 경우에만 횡방향으로 변형되는 오일러 기둥과 달리, 편심하중기둥은 어떠한 $P$값에 대해서도 횡방향으로 처진다. 이것을 설명하기 위하여, 최대 횡방향 기둥 처짐량을 $P$와 $P_{cr}$의 항으로 표현하기 위한 목적으로 $E$, $I$, $L$은 식 (16.19)를 이용해 식 (b)로부터 제거될 수 있다. 식 (16.19)로부터 $EI = P_{cr}L^2/\pi^2$이다. 이것을 식 (b)에 대입하면

$$v_{max} = e\left[\sec\left(\frac{L}{2}\sqrt{\frac{P}{EI}}\right) - 1\right] = e\left[\sec\left(\frac{L}{2}\sqrt{\frac{P}{P_{cr}}\frac{\pi^2}{L^2}}\right) - 1\right] = e\left[\sec\left(\frac{\pi}{2}\sqrt{\frac{P}{P_{cr}}}\right) - 1\right] \tag{d}$$

이다. 이 식으로부터 $P$가 오일러 좌굴하중 $P_{cr}$로 접근할 때 최대 처짐이 무한대가 되는 것처럼 보일 것이다. 그러나 이런 조건에서, 처짐 기둥의 기울기는 곡률 식에서 더 이상 무시될 만큼 충분히 작지 않다. 그 결과, 정확한 처짐은 오직 비선형 형태의 탄성곡선 미분방정식을 이용함으로써 얻을 수 있다.

편심 $e$의 다양한 값에 대한 식 (d)의 그래프는 그림 16.9에 나와 있다. 하중 $P$가 오일러 임계하중 $P_{cr}$에 접근하기 이전까지 $e$가 0에 가까워지면 최대 기둥 처짐 $v_{max}$는 극도로 작아지는 것을 이 곡선들은 보인다. $P$가 $P_{cr}$에 가까워지면서 $v_{max}$는 급격히 증가한다. 극단적으로 $e \to 0$일 때, 곡선은 퇴화되어 두 개의 직선으로 바뀌며, 이들은 비좌굴 기둥($P < P_{cr}$)과 좌굴된 기둥($P = P_{cr}$)을 의미한다. 달리 말하면, 단순히 오일러 기둥 좌굴과 같게 된다.

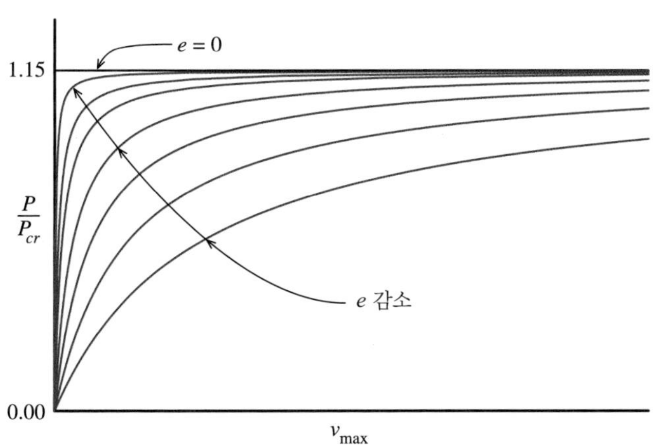


**그림 16.9** • 편심하중을 받는 하중-처짐 곡선

## 시컨트 공식

탄성곡선식을 쓰면서 응력은 비례한계를 초과하지 않는다고 가정하였다. 이 가정을 기초로 하여 최대 압축응력은 축응력과 최대 굽힘응력의 중첩에 의해 얻어질 수 있다. 최대 굽힘 응력은 굽힘모멘트가 최대[ $M_{max} = P(e + v_{max})$]가 되는 기둥의 단면 중앙 점에서 발생한다. 따라서 기둥에서 최대 압축응력의 크기는 다음과 같이 표현된다.

$$\sigma_{max} = \frac{P}{A} + \frac{M_{max}c}{I} = \frac{P}{A} + \frac{P(e + v_{max})c}{Ar^2} \tag{e}$$

$r$은 굽힘 축에 관한 기둥 단면의 회전반지름이다. 식 (c)로부터

$$v_{max} = e\left[\sec\left(\frac{L}{2}\sqrt{\frac{P}{EI}}\right) - 1\right]$$

이 식을 $e + v_{max}$로 다시 정리해 보면

$$e + v_{max} = e\sec\left(\frac{L}{2}\sqrt{\frac{P}{EI}}\right)$$

와 같다. 이 표현을 이용해서 식 (e)는 다음과 같이 표현된다.

$$\sigma_{max} = \frac{P}{A}\left[1 + \frac{ec}{r^2}\sec\left(\frac{L}{2}\sqrt{\frac{P}{EI}}\right)\right]$$

이 식은 처진 기둥에 작용하는 최대 압축응력을 표현하기 위한 목적으로 $I = Ar^2$을 사용하여 더 간략화될 수 있다.

$$\sigma_{max} = \frac{P}{A}\left[1 + \frac{ec}{r^2}\sec\left(\frac{L}{2r}\sqrt{\frac{P}{EA}}\right)\right] \tag{16.20}$$

식 (16.20)은 **시컨트(secant)** 공식으로 널리 알려져 있다. 시컨트 공식은 기둥에 특정한 최대 응력 $\sigma_{max}$을 야기하는 단위 면적당 평균 힘 $P/A$와 기둥의 크기, 기둥의 재료 물성치, 편심 $e$ 등의 관계를 지어준다. 세장비 $L/r$은 오일러 좌굴응력공식 [식 (16.8)]에서 사용된 것과 동일하다. 따라서 경계조건이 다른 기둥(16.3절)의 시컨트 공식은 다음과 같이 표현된다.

$$\sigma_{max} = \frac{P}{A}\left[1 + \frac{ec}{r^2}\sec\left(\frac{KL}{2r}\sqrt{\frac{P}{EA}}\right)\right] \tag{16.21}$$

$ec/r^2$은 편심비라고 불리며 기둥의 치수와 하중의 편심량에 의존한다. 하중이 정확히 기둥의 중심에 부과되면 $e = 0$이고 $\sigma_{max} = P/A$이다. 그러나 기둥의 초기 뒤틀림, 재료의 미세한 흠집, 단면적의 불균일성, 우발적 편심하중 등과 같은 다양한 요소로부터의 결과에서 모든 편심을 없애는 것은 사실상 불가능하다.

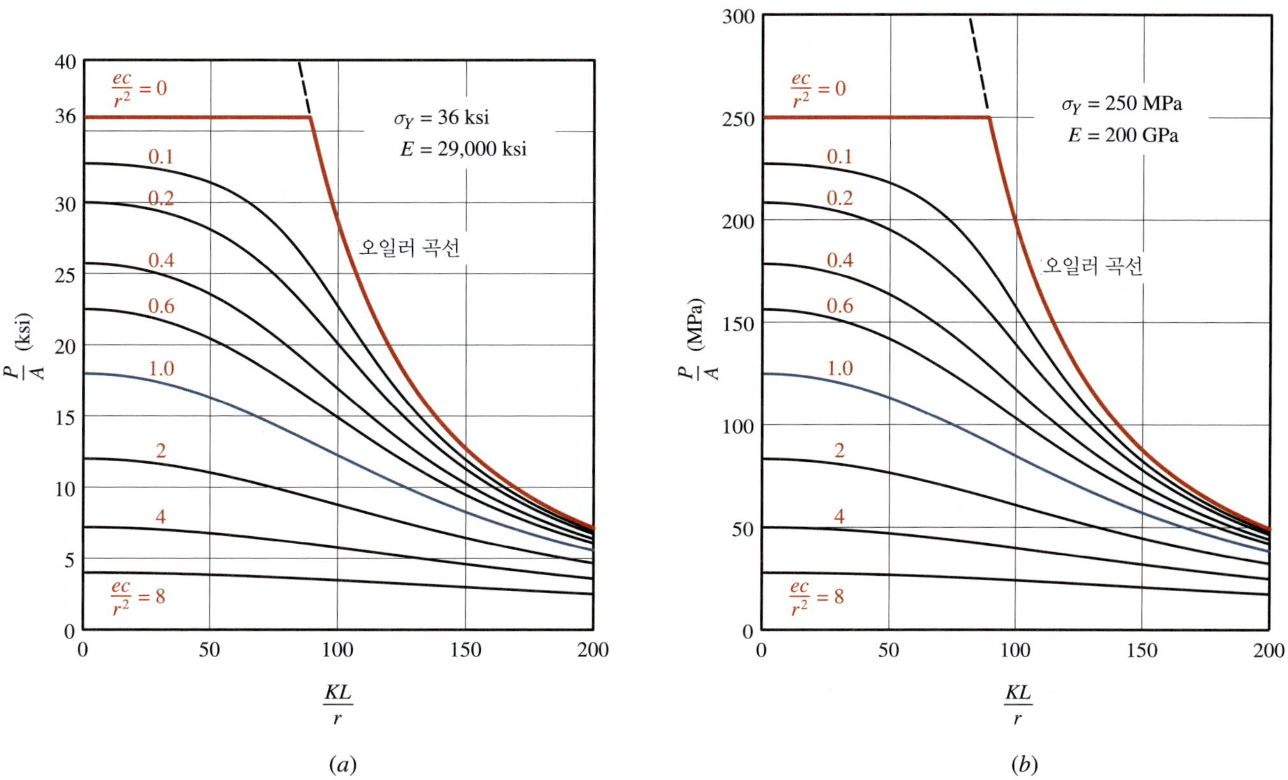


**그림 16.10** • 평균 압축응력과 세장비에 대한 시컨트 공식(secant formula)의 그래프

어떤 기중에 주어진 편심량에 대해서 부과할 수 있는 최대 압축하중을 결정하기 위하여 최대 압축응력과 압축항복응력을 같게 두고 식 (16.20)으로부터 $P/A$를 수치적으로 구할 수 있다. 그림 16.10은 몇몇 편심비 $ec/r^2$의 값에 대한 단위 면적당 힘 $P/A$ 대비 세장비 $L/r$의 그래프이다. 그림 16.10$a$는 탄성계수 $E = 29{,}000$ ksi와 압축항복응력 $\sigma_y = 36$ ksi를 가지는 구조용 강에 대한 그래프이고, 그림 16.10$b$는 동일한 곡선을 SI 단위로 그린 것이다.

그림 16.10에서 수평선 $P/A = 36$ ksi와 오일러 곡선으로 이루어진 외곽선은 $e = 0$에 해당된다. 오일러 곡선은 재료의 최대 허용응력 때문에 36 ksi에서 잘린다. 그림 16.10에 나타나는 곡선은 짧거나 중간 길이 기둥(그림 16.10에서 강을 위해 가정한 약 126 이하의 세장비)에서 최대 안전하중을 감소시키는 데 있어 하중 편심도의 중요성을 강조한다. 큰 세장비에서 다양한 편심비에 대한 곡선은 오일러 곡선과 합해지는 경향이 있다. 그 결과, 오일러 공식은 큰 세장비의 기둥을 분석하는 데 사용될 수 있다. 주어진 문제에서 세장비는 반드시 오일러식이 타당한지 아닌지를 확인하기 위하여 계산되어야 한다.

## PROBLEMS

**P16.40** An axial load $P$ is applied to a solid 30-mm-diameter steel rod $AB$ as shown in Figure P16.40/41. For $L = 1.5$ m, $P = 18$ kN, and $e = 3.0$ mm, determine:

(a) the lateral deflection midway between $A$ and $B$.
(b) the maximum stress in the rod.

Use $E = 200$ GPa.

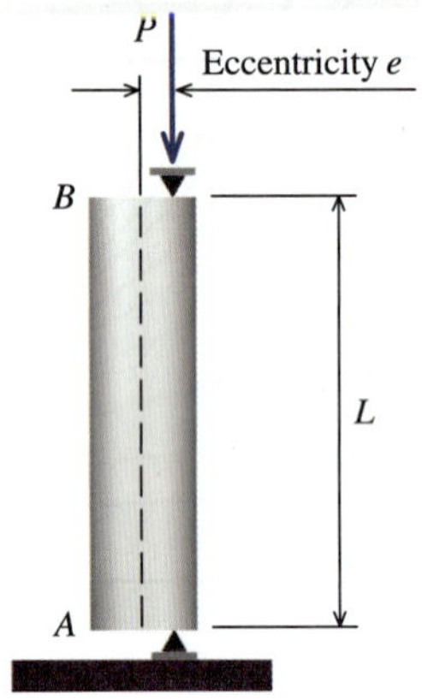


**FIGURE P16.40/41**

**P16.41** An axial load $P$ is applied to a solid 2.0-in.-diameter steel rod $AB$ as shown in Figure P16.40/41. For $L = 6$ ft, $P = 8$ kips, and $e = 0.50$ in., determine:

(a) the lateral deflection midway between $A$ and $B$.
(b) the maximum stress in the rod.

Use $E = 29{,}000$ ksi.

**P16.42** A square tube shape made of an aluminum alloy supports an eccentric compression load $P$ that is applied at an eccentricity of $e = 4.0$ in. from the centerline of the shape (Figure P16.42).

The width of the square tube is 3 in. and its wall thickness is 0.12 in. The column is fixed at its base and free at its upper end, and its length is $L = 8$ ft. For an applied load of $P = 900$ lb, determine:

(a) the lateral deflection at the upper end of the column.
(b) the maximum stress in the square tube.

Use $E = 10 \times 10^6$ psi.

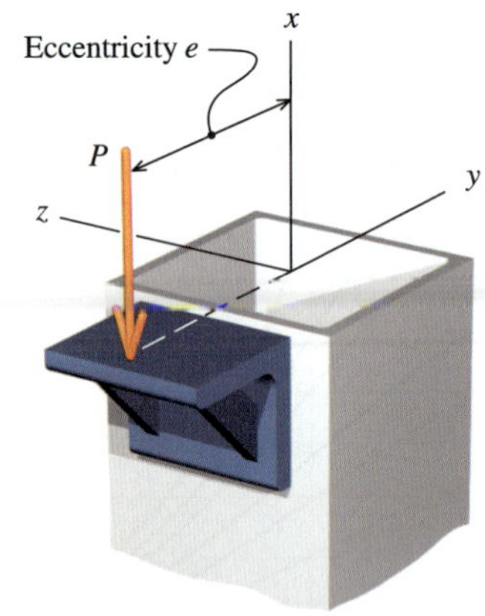


**FIGURE P16.42**

**P16.43** A steel pipe (outside diameter = 130 mm; wall thickness = 12.5 mm) supports an axial load of $P = 25$ kN, which is applied at an eccentricity of $e = 175$ mm from the pipe centerline (Figure P16.43/44). The column is fixed at its base and free at its upper end, and its length is $L = 4.0$ m. Determine:

(a) the lateral deflection at the upper end of the column.
(b) the maximum stress in the pipe.

Use $E = 200$ GPa.

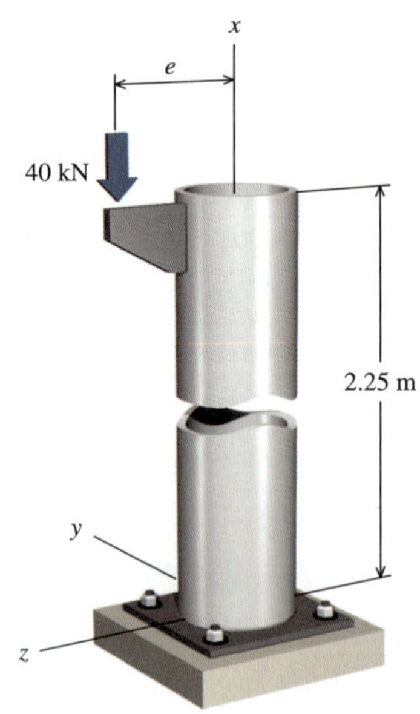


**FIGURE P16.43/44**

**P16.44** A steel [$E = 200$ GPa] pipe with an outside diameter of 170 mm and a wall thickness of 7 mm supports an axial load of $P$, which is applied at an eccentricity of $e = 150$ mm from the pipe centerline (Figure P16.43/44). The column is fixed at its base and free at its upper end, and its length is $L = 4.0$ m. The maximum compression stress in the column must be limited to $\sigma_{max} = 80$ MPa.

(a) Use a trial-and-error approach or an iterative numerical solution to determine the allowable eccentric load $P$ that can be applied.
(b) Determine the lateral deflection at the upper end of the column for the allowable load $P$.

**P16.45** The structural steel [$E = 29{,}000$ ksi] column shown in Figure P16.45/46 is fixed at its base and free at its upper end. At the top of the column, a load $P = 35$ kips is applied to the stiffened seat support at an eccentricity of $e = 7$ in. from the centroidal axis of the wide-flange shape. Determine:

(a) the maximum stress produced in the column.
(b) the lateral deflection of the column at its upper end.

**P16.46** The structural steel [$E = 29{,}000$ ksi] column shown in Figure P16.45/46 is fixed at its base and free at its upper end. At the top of the column, a load $P$ is applied to the stiffened seat support at an eccentricity of $e = 6$ in. from the centroidal axis of the wide-flange shape. If the yield stress of the steel is $\sigma_Y = 36$ ksi, determine:

(a) the maximum load $P$ that may be applied to the column.
(b) the lateral deflection of the column at its upper end for the maximum load $P$.

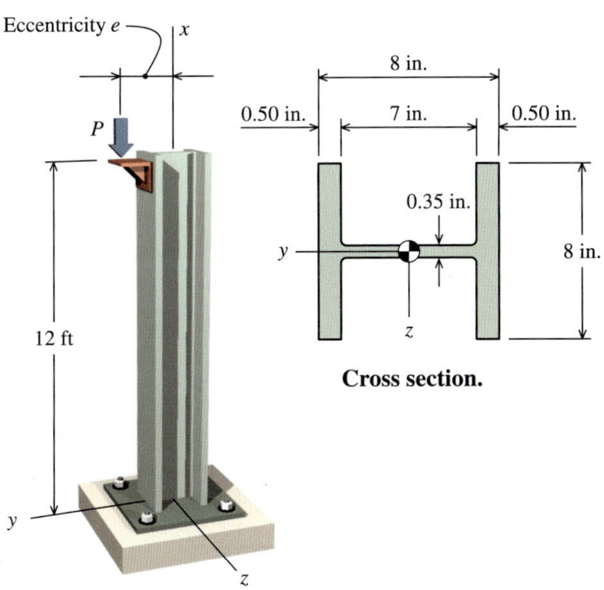


**FIGURE P16.45/46**

**P16.47** A 3-m-long steel [$E = 200$ GPa] tube supports an eccentrically applied axial load $P$ as shown in Figure P16.47/48. The tube has an outside diameter of 75 mm and a wall thickness of 6 mm. For an eccentricity of $e = 8$ mm, determine:

(a) the load $P$ for which the horizontal deflection midway between $A$ and $B$ is 12 mm.
(b) the corresponding maximum stress in the tube.

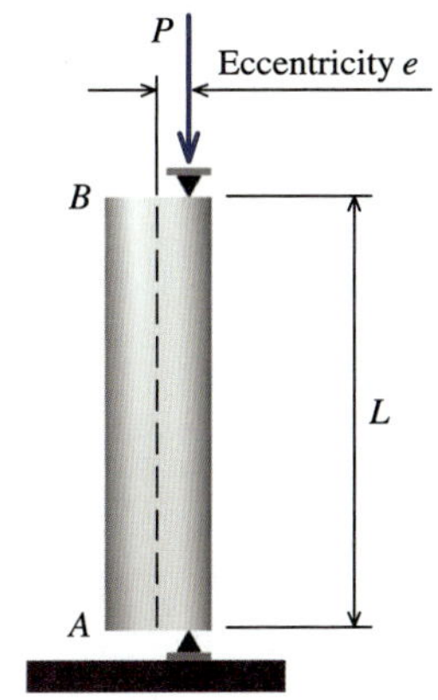


**FIGURE P16.47/48**

**P16.48** A 4-ft-long steel [$E = 29{,}000$ ksi; $\sigma_Y = 36$ ksi] tube supports an eccentrically applied axial load $P$ as shown in Figure P16.47/48. The tube has an outside diameter of 2.00 in. and a wall thickness of 0.15 in. For an eccentricity of $e = 0.25$ in., determine:

(a) the maximum load $P$ that can be applied without causing either buckling or yielding of the tube.
(b) the corresponding maximum deflection midway between $A$ and $B$.

## 16.5 실험에 의한 기둥공식—중심하중

임계좌굴하중[식 (16.16)]과 임계좌굴응력[식 (16.17)]에 의한 오일러 좌굴공식들은 이상기둥으로부터 유도되었다. 이상기둥을 고려할 때, 기둥은 완벽히 곧고, 압축하중은 정확히 단면의 중심에 적용되고, 응력은 좌굴되는 동안 비례한도 이하로 유지된다고 가정하였다. 그러나 실제 기둥은 이상기둥의 조건을 좀처럼 만족시키지 못한다. 오래전에 학자들은 오일러 좌굴공식이 길고 가는 기둥의 강도에 대해선 잘 맞지만 짧거나 중간 길이 기둥의 강도는 잘 맞지 않는다는 것을 발견했다. 다양한 기둥 하중 실험으로부터 얻은 대표적인 결과 그래프를 세장비의 함수로 그림 16.11에 나타내었다. 이 그래프는 매우 짧은 기둥의 항복응력으로부터 긴 기둥의 오일러 좌굴응력으로 천이되는 값들의 분포된 범위를 보여준다. 두 극한 사이의 넓은 세장비 범위에서 항복응력도 오일러 좌굴응력도 기둥 강도의 좋은 예측변수가 될 수 없다. 더욱이 대부분의 실제 기둥은 중간 범위의 세장비를 가지고 있다. 따라서 실제 기둥 설계는 실험공식에 기초한다. 실험공식은 실물 크기의 실제의 기둥에 대한 실험결과를 가장 잘 반영하도록 발전되어 온 것이다. 이 실험식들은 적절한 안전계수, 유효길이 계수, 다른 보정계수 등을 포함한다.

파단에서의 기둥의 강도와 방식은 효과적인 길이에 크게 의존한다. 예를 들어, 강으로 만들어진 기둥의 상태를 고려해 보자.

**짧은 강 기둥**: 매우 짧은 강 기둥은 강이 항복응력에 도달할 때까지 하중을 받을 수 있다. 따라서 매우 짧은 기둥은 좌굴되지 않는다. 이 부재의 강도는 압축과 인장에서 같다. 그러나 이 기둥들은 매우 짧아서 실용가치가 없다.

**중간 강 기둥**: 대부분의 실제 강 기둥은 이 범주에 속한다. 효용길이(또는 세장비)가 증가할

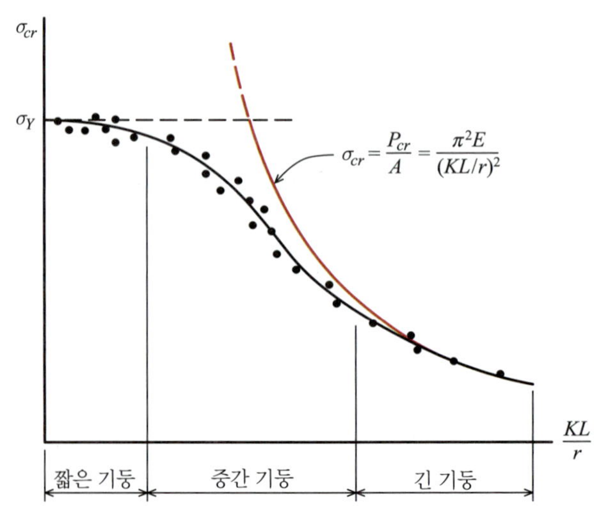


**그림 16.11** • 세장비 범위에 대한 대표적인 기둥 실험데이타선도

수록 파단의 원인이 더 복잡하게 된다. 강 기둥, 특히 열간압연된 강 기둥에서 작용 하중은 단면의 일부분에서 비례한도를 넘는 압축응력을 초래하며, 그 결과 기둥이 항복과 좌굴로 인하여 파손된다.이러한 현상을 비탄성좌굴이라고 한다. 열간압연된 강 기둥의 **좌굴 강도**는 특히 잔류응력의 존재에 의한 영향을 받는다. 잔류응력은 제조 과정에서 플랜지와 웹이 그 필렛 부분보다 더 빨리 식기 때문에 형강에 갇혀 있는 응력이다. 잔류응력과 다른 요소들 때문에 중간 강 기둥의 설계와 분석은 실험 결과로부터 발달된 실험식에 주로 의존하고 있다.

**긴 강 기둥**: 길고 가느다란 강 기둥은 오일러 좌굴응력은 비례한도에 훨씬 못 미치기 때문에 탄성적으로 좌굴된다(잔류응력의 존재를 고려했을 때조차도 탄성적으로 좌굴된다). 그래서 오일러 좌굴공식은 긴 기둥에 대해 신뢰할 수 있는 예측수단이다. 그러나 길고 가느다란 강 기둥은 오일러 좌굴응력이 강에 대한 비례한도보다 아주 적기 때문에 매우 효율적이진 못하다.

기둥 설계의 기본적인 현황을 소개하기 위해 중심 축 하중을 받는 강, 알루미늄, 목재 등의 기둥을 위한 몇몇 대표적인 실험에 의거한 설계공식이 아래에 제시된다.

## 구조용 강재 기둥

구조용 강재 기둥은 미국강구조학회(AISC)에 의해 발행된 시방서에 따라 설계된다. AISC의 허용응력 설계[1] 절차는 짧거나 중간 길이 기둥과 긴 기둥으로 구별한다. 두 영역 사이의 천이 지점은 $\sigma_{cr} = 0.5\sigma_Y$의 오일러 좌굴응력에 상응하는 유효세장비로 정의된다. 이 유효세장비를 $C_c$로 나타내며, 다음과 같이 정의된다.

$$C_c = \sqrt{\frac{2\pi^2 E}{\sigma_Y}} \tag{16.22}$$

$C_c$보다 작거나 같은 유효세장비를 가진 짧거나 중간 길이 기둥을 위한 AISC의 공식은 포물선 형태를 가진다.

$$\sigma_{\text{allow}} = \frac{\sigma_Y}{\text{FS}}\left[1 - \frac{(KL/r)^2}{2C_c^2}\right] \quad \text{여기서} \quad \frac{KL}{r} \le C_c \tag{16.23}$$

여기서 FS는 다음과 같이 정의되는 가변 안전계수로 정의된다.

$$\text{FS} = \frac{5}{3} + \frac{3}{8}\left(\frac{KL/r}{C_c}\right) - \frac{1}{8}\left(\frac{KL/r}{C_c}\right)^3 \tag{16.24}$$

[1] 철강건설메뉴얼 9번째 개정판, 미국강구조학회, 뉴욕 1989(*Manual of Steel Construction*, 9th ed., American Institute of Steel Construction, New York, 1989).

식 (16.24)에 의해 정의된 안전계수는 $KL/r = 0$일 때 최소값 FS = 5/3에서부터 $KL/r = C_c$일 때 FS = 23/12의 값까지 변한다.

$C_c$보다 큰 유효세장비를 가진 긴 기둥을 위한 AISC 공식은 오일러 좌굴응력 곡선의 형상을 가진다.

$$\sigma_{\text{allow}} = \frac{\pi^2 E}{\text{FS}(KL/r)^2} = \frac{12\pi^2 E}{23(KL/r)^2} \quad \text{여기서} \quad \frac{KL}{r} > C_c \tag{16.25}$$

여기서 FS의 값은 23/12이다. AISC는 200보다 큰 유효세장비를 가지는 기둥은 허용하지 않는다.

## 알루미늄합금 기둥

알루미늄협회는 알루미늄합금 구조물의 설계를 위한 시방서 또는 요구조건을 정하여 출판하고 있다. 긴 기둥 영역에서는 오일러 공식은 설계식의 기반이 된다. 그리고 짧은 기둥과 중간 기둥을 위하여 직선식이 주어진다. 개별 알루미늄합금에 대한 설계공식은 알루미늄협회[2]에 의해 명시된다. 구조용으로 가장 널리 사용되는 합금 중 하나는 6061-T6이며, 이 합금에 대한 기둥 설계공식은 여기서 주어진다. 설계공식들 각각은 적절한 안전계수를 포함한다.

유효세장비가 9.5보다 작거나 같은 짧은 기둥에 대해서

$$\begin{aligned}\sigma_{\text{allow}} &= 19 \text{ ksi} \\ &= 131 \text{ MPa} \qquad \text{여기서} \quad \frac{KL}{r} \le 9.5\end{aligned} \tag{16.26}$$

유효세장비가 9.5에서 66 사이 값인 중간 길이 기둥에 대해서

$$\begin{aligned}\sigma_{\text{allow}} &= [20.2 - 0.125(KL/r)] \text{ ksi} \\ &= [139 - 0.868(KL/r)] \text{ MPa} \qquad \text{여기서 } 9.5 < \frac{KL}{r} \le 66\end{aligned} \tag{16.27}$$

유효세장비가 66보다 큰 기둥에 대해서

$$\begin{aligned}\sigma_{\text{allow}} &= \frac{51{,}000}{(KL/r)^2} \text{ ksi} \\ &= \frac{351{,}000}{(KL/r)^2} \text{ MPa} \qquad \text{여기서} \quad \frac{KL}{r} > 66\end{aligned} \tag{16.28}$$

[2] 알루미늄 지방서, 알루미늄협회, 워싱톤, 1986(*Specifi cations for Aluminum Structures*, Aluminum Association, Inc., Washington, D.C., 1986).

## 목재 기둥

구조용 목재 부재의 설계는 미국 삼림 및 종이 협회(Aemerican Forest & Paper Association)에서 발간한 목재 건축에 대한 설계 시방서(NDS)를 따른다. NDS(*National Design Specification*)[3]는 직사각형 단면의 기둥의 설계에 대한 공식을 제공한다. 이 공식의 형식은 유효세장비가 $KL/d$로 표현되는 강재나 알루미늄 공식과 다소 차이가 있다. 여기서 $d$는 직사각형 단면의 최종 치수이다. 목재 기둥에 대한 유효세장비는 $KL/d \leq 50$을 만족해야 한다.

$$\sigma_{\text{allow}} = F_c\left\{\frac{1+(F_{cE}/F_c)}{2c} - \sqrt{\left[\frac{1+(F_{cE}/F_c)}{2c}\right]^2 - \frac{F_{cE}/F_c}{c}}\right\} \tag{16.29}$$

여기서

$F_c$ = 나무 결에 평행한 허용압축응력

$F_{cE} = \dfrac{K_{cE}E}{(KL/d)^2}$ = 감소된 오일러 좌굴응력

$E$ = 탄성계수

$K_{cE}$ = 육안 등급 목재의 경우 0.3

$c$ = 용재(sawn lumber)의 경우 0.8

유효세장비 $KL/d$는 $KL/d_1$과 $KL/d_2$에서 큰 값을 취한다. 여기서 $d_1$과 $d_2$는 사각단면의 최종 치수이다.

## 국부 불안정성

지금까지의 모든 논의는 기둥이 전체적으로 부드러운 곡선으로 휘어지는 경우, 즉 기둥의 전반적 안정성과 관련된 것이다. **국부 불안정성**의 언급 없이 압축하중을 완벽하게 논의할 수 없다. 국부 불안정성은 그들에 작용하는 압축하중 때문에 휘어지는 플랜지나 웹과 같은 단면의 요소에서 발생한다. 앵글, 채널, W-단면과 같은 개방단면은 국부 불안정성에 특히 민감하다. 그러나 국부 불안정성은 어떠한 얇은 판 또는 셀 요소와 관련될 수 있다. 국부 불안정성을 다루기 위해, 설계사양은 전형적으로 단면요소의 다양한 유형에서 받아들여지는 폭-두께 비에서의 제한을 정의한다.

[3] 목재건축에 대한 국가 설계 규격, 미국 삼림 및 종이 협회. 워싱톤 DC, 1997(*National Design Specifi cation for Wood Construction*, American Forest & Paper Association, Washington, D.C., 1997).

## 예제 16.5 EXAMPLE

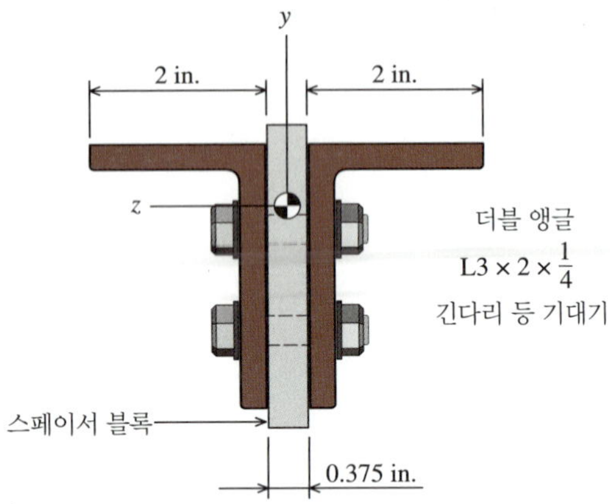


그림의 강재 단면은 서로 등을 맞댄 두 개의 L3 × 2 × 1/4 강재 앵글로 이루어져 있다. 앵글은 0.375 in. 두께인 영역 블록의 간격으로 떨어져 있다. 만약 유효길이가 다음과 같을 때 그림의 강재 조합이 지지할 수 있는 허용축하중 $P_{allow}$를 구하라.

(a) $KL = 8$ ft.

(b) $KL = 10$ ft.

AISC 식을 이용하라. $E = 29{,}000$ ksi, $\sigma_Y = 36$ ksi이다.

**풀이 계획**

조립 형상(형강)의 단면계수를 계산한 후에, AISC 허용응력설계 식[식 (16.22)에서 (16.25)까지]은 허용축하중을 결정하기 위해 사용된다.

**풀이**

**단면특성**

아래의 단면특성치는 부록 B에 수록된 L3 × 2 × 1/4 구조용 강재 형상정보로부터 얻어질 수 있다. 특성치의 하첨자는 위의 그림에 나타난 단면 상의 축에 해당한다.

$$A = 1.19 \text{ in.}^2 \qquad I_z = 1.09 \text{ in.}^4 \qquad r_z = 0.953 \text{ in.} \qquad I_y = 0.390 \text{ in.}^4$$

한편, 3in.의 다리 뒤에서 앵글 형상의 중앙까지 거리는 $x = 0.487$ in.로 부록 B에 주어진다. 정의된 좌표계에서 이 거리는 $z$방향으로 측정이 된다. 따라서 3in.의 다리 뒤에서 앵글 형상의 도심까지의 거리는 $z = 0.487$ in.이다.

더블 앵글 형상은 0.375 in.의 거리에서 마주하는 두 앵글로부터 만들어진다. 더블 앵글 형상 면적은 두 앵글 면적의 합이다. 즉 $A = 2(1.19 \text{ in.}^2) = 2.38 \text{ in.}^2$이다. 이 조립 형상에 대한 추가적인 단면계수들이 결정되어야 한다.

**더블 앵글 형상에 대한 $z$축 특성치:** 더블 앵글 형상에 대한 $z$축의 도심은 하나의 앵글 형상의 도심과 같다. 따라서 더블 앵글 형상의 $z$축에 대한 관성모멘트는 하나의 앵글 형상의 단면2차관성모멘트의 두 배이다. $I_z = 2(1.09 \text{ in.}^4) = 2.18 \text{in.}^4$. $z$도심축에 대한 회전반지름은 하나의 앵글과 같다. 따라서 더블 앵글 형상에서 $r_z = 0.953$ in.이다.

**더블 앵글 형상에 대한 $y$축 특성치:** 더블 앵글 형상에 대한 $y$도심축은 대칭축에 놓인다. 더블 앵글 형상에 대한 $y$도심축과 각각의 두 각의 $y$도심축은 일치하지 않기 때문에 수직 축에 대한 단면2차관성모멘트는 평행축 이론을 이용하여 계산되어져야 한다.

$$I_y = 2\left[0.390 \text{ in.}^4 + \left(\frac{0.375 \text{ in.}}{2} + 0.487 \text{ in.}\right)^2 (1.19 \text{ in.}^2)\right] = 1.8628 \text{ in.}^4$$

$y$도심축에 관한 회전반지름은 더블 앵글 관성모멘트 $I_y$와 면적 $A$로부터 계산된다.

$$r_y = \sqrt{\frac{I_y}{A}} = \sqrt{\frac{1.8628 \text{ in.}^4}{2.38 \text{ in.}^2}} = 0.885 \text{ in.}$$

지배 세장비: 이 더블 앵글 형상에서 $r_y < r_z$ 이므로 $y$축 좌굴의 유효세장비는 $z$축 좌굴의 유효세장비보다 더 크다. 따라서 $y$도심축에 관한 좌굴이 여기서 고려된 더블 앵글 강재 조합을 좌우할 것이다.

**AISC 허용응력 설계공식**

AISC ASD 공식은 짧거나 중간 기둥과 긴 기둥을 구분하기 위해 유효세장비 매개변수 $C_c$ [식 (16.22)]를 사용한다. $\sigma_Y = 36$ ksi에서 매개변수 $C_c$는 다음과 같이 계산된다.

$$C_c = \sqrt{\frac{2\pi^2 E}{\sigma_Y}} = \sqrt{\frac{2\pi^2(29{,}000 \text{ ksi})}{36 \text{ ksi}}} = 126.1$$

*(a) $KL = 8$ ft일 경우 허용축하중 $P_{allow}$*: 유효길이 $KL = 8$ ft일 경우, 더블 앵글 강재 조합의 지배 유효세장비는

$$\frac{KL}{r} = \frac{KL}{r_y} = (8 \text{ ft})(12 \text{ in./ft})/0.885 \text{ in.} = 108.5$$

$KL/r_y \le C_c$이기 때문에 기둥은 중간 길이 기둥으로 고려된다. 그리고 허용압축응력은 식 (16.23)을 이용하여 계산된다. AISC 공식에서 요구한 안전계수는 식 (16.24)로부터 계산된다.

$$\text{FS} = \frac{5}{3} + \frac{3}{8}\left(\frac{KL/r}{C_c}\right) - \frac{1}{8}\left(\frac{KL/r}{C_c}\right)^3 = \frac{5}{3} + \frac{3}{8}\left(\frac{108.5}{126.1}\right) - \frac{1}{8}\left(\frac{108.5}{126.1}\right)^3 = 1.910$$

허용압축응력은 식 (16.23)으로부터 결정된다.

$$\sigma_{allow} = \frac{\sigma_Y}{\text{FS}}\left[1 - \frac{(KL/r)^2}{2C_c^2}\right] = \frac{36 \text{ ksi}}{1.910}\left[1 - \frac{(108.5)^2}{2(126.1)^2}\right] = \frac{36 \text{ ksi}}{1.910}[0.62983] = 11.87 \text{ ksi}$$

이 허용응력을 이용하여 유효길이가 $KL = 8$ ft일 경우 허용축하중은

$$P_{allow} = \sigma_{allow} A = (11.87 \text{ ksi})(2.38 \text{ in.}^2) = 28.3 \text{ kips}$$ **Ans.**

*(b) $KL = 10$ ft일 경우 허용축하중 $P_{allow}$*: 유효길이가 $KL = 10$ ft일 경우, 더블 앵글 강재 조합의 지배 유효세장비는

$$\frac{KL}{r} = \frac{KL}{r_y} = (10 \text{ ft})(12 \text{ in./ft})/0.885 \text{ in.} = 135.6$$

$KL/r_y > C_c$이기 때문에 기둥은 긴 기둥으로 분류된다. 그리고 허용압축응력은 식 (16.25)를 이용하여 계산된다.

$$\sigma_{allow} = \frac{12\pi^2 E}{23(KL/r)^2} = \frac{12\pi^2(29{,}000 \text{ ksi})}{23(135.6)^2} = 8.12 \text{ ksi}$$

$KL = 10$ ft일 경우, 허용축하중은 허용응력으로부터 다음과 같이 계산 된다.

$$P_{allow} = \sigma_{allow} A = (8.12 \text{ ksi})(2.38 \text{ in.}^2) = 19.33 \text{ kips}$$ **Ans.**

**예제 16.6** EXAMPLE

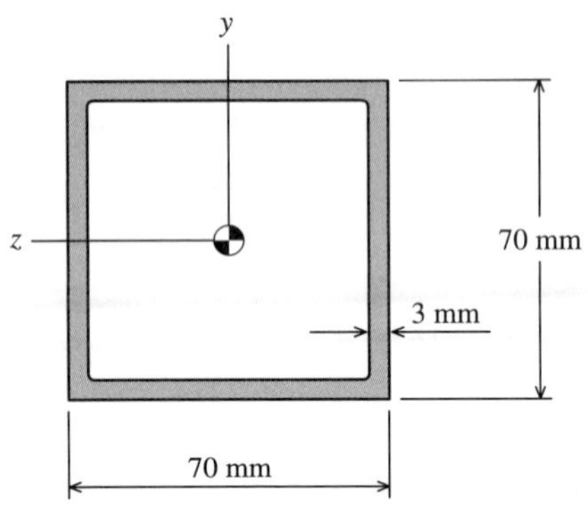


6061-T6 알루미늄합금으로 만들어진 사각 튜브는 그림과 같은 단면 치수를 가진다. 압축 부재의 유효길이가 아래와 같다면 알루미늄협회 기둥 설계공식을 이용하여 튜브의 지지를 받는 허용축력 $P_{allow}$를 결정하라.

(a) $KL = 1{,}500$ mm.

(b) $KL = 2{,}750$ mm.

**풀이 계획**

사각 튜브의 단면특성치를 계산한 후, 알루미늄협회 설계공식들[식 (16.26)부터 식 (16.28)까지]을 이용하여 명시된 유효길이에 대한 허용하중을 계산한다.

**풀이**

**단면특성치**

사각 튜브의 도심은 대칭이다. 튜브의 단면적은

$$A = (70 \text{ mm})^2 - (64 \text{ mm})^2 = 804 \text{ mm}^2$$

$y$와 $z$의 도심축에 대한 단면2차관성모멘트는 다음과 같다.

$$I_y = I_z = \frac{(70 \text{ mm})^4}{12} - \frac{(64 \text{ mm})^4}{12} = 602{,}732 \text{ mm}^4$$

마찬가지로 두 도심축에 대한 회전반지름은 다음과 같다.

$$r_y = r_z = \sqrt{\frac{602{,}732 \text{ mm}^4}{804 \text{ mm}^2}} = 27.38 \text{ mm}$$

*(a)* $KL = 1{,}500$ mm인 경우, 허용축하중 $P_{allow}$: 유효길이가 $KL = 1{,}500$ mm인 사각 튜브 부재의 유효세장비는

$$\frac{KL}{r} = \frac{1{,}500 \text{ mm}}{27.38 \text{ mm}} = 54.8$$

유효세장비가 9.5보다 크고 66보다 작기 때문에 식 (16.27)은 허용압축응력을 구하는 데 사용된다. 이 식의 SI 단위는 $\sigma_{allow}$를 구하기 위해 사용되어진다.

$$\sigma_{allow} = [139 - 0.868(KL/r)] \text{ MPa} = [139 - 0.868(54.8)] = 91.43 \text{ MPa}$$

허용응력으로부터 허용축하중을 계산할 수 있다.

$$P_{allow} = \sigma_{allow} A = (91.43 \text{ N/mm}^2)(804 \text{ mm}^2) = 73{,}510 \text{ N} = 73.5 \text{ kN}$$ **Ans.**

*(b)* $KL = 2{,}750$ mm인 경우, 허용축하중 $P_{allow}$: 유효길이가 $KL = 2{,}750$ mm인 유효세장비는

$$\frac{KL}{r} = \frac{2{,}750 \text{ mm}}{27.38 \text{ mm}} = 100.4$$

유효세장비가 66보다 크기 때문에 허용압축응력은 식 (16.28)에 의해 결정된다.

$$\sigma_{allow} = \frac{351{,}000}{(KL/r)^2} \text{MPa} = \frac{351{,}000}{(100.4)^2} = 34.82 \text{ MPa}$$

따라서 허용축하중은

$$P_{allow} = \sigma_{allow} A = (34.82 \text{ N/mm}^2)(804 \text{ mm}^2) = 27{,}995 \text{ N} = 28.0 \text{ kN}$$ **Ans.**

## 예제 16.7 EXAMPLE

직사각형 목재 단면의 치수는 7.25 in. × 9.25 in.이다. 나뭇결에 평행한 허용압축응력 $F_c = 975$ psi이고, 탄성계수는 $E = 1{,}100{,}000$ psi이다. 목재 기둥의 길이가 $L = 16$ ft이고, 핀 접합부가 기둥의 끝에서 사용되었다. NFPA NDS 기둥 설계공식을 이용하여 기둥에 지지하는 허용축하중 $P_{allow}$를 구하라.

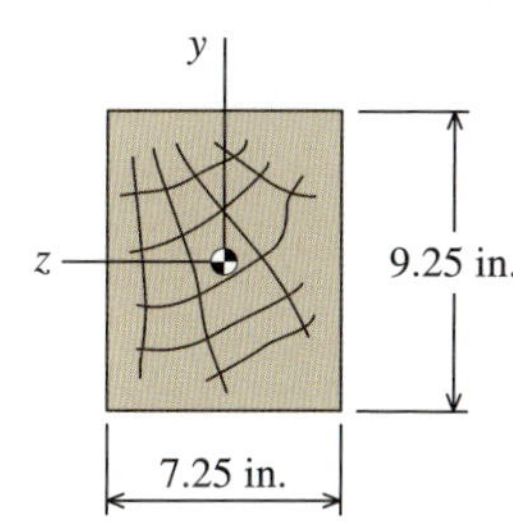


**풀이 계획**

식 (16.29)에 주어진 NFPA NDS 기둥 설계공식이 허용축하중을 계산하는 데 이용된다.

**풀이**

NFPA NDS 기둥 설계공식은

$$\sigma_{allow} = F_c \left\{ \frac{1 + (F_{cE}/F_c)}{2c} - \sqrt{\left[\frac{1 + (F_{cE}/F_c)}{2c}\right]^2 - \frac{(F_{cE}/F_c)}{c}} \right\}$$

여기서

$F_c$ = 나무결에 평행한 허용압축응력

$F_{cE} = \dfrac{K_{cE} E}{(KL/d)^2}$ = 감소된 오일러 좌굴응력

$E$ = 탄성계수

$K_{cE}$ = 육안 등급 목재의 경우 0.3

$c$ = 용재(sawn lumber)의 경우 0.8

목재 기둥의 치수는 7.25 in. × 9.25 in.이다. 두 치수 중, 작은 값은 $KL/d$항에서 $d$가 된다. 기둥은 핀으로 고정되어 있기 때문에 유효길이계수는 $K = 1.0$이다 따라서

$$\frac{KL}{d} = \frac{(1.0)(16\text{ ft})(12\text{ in./ft})}{7.25\text{ in.}} = 26.48$$

NFPA NDS 공식에 이용하는 감소된 Euler 좌굴응력 항 $F_{cE}$는 다음과 같다.

$$F_{cE} = \frac{K_{cE}E}{(KL/d)^2} = \frac{(0.30)(1{,}100{,}000\text{ psi})}{(26.48)^2} = 470.63\text{ psi}$$

$F_{cE}/F_c$의 비는

$$\frac{F_{cE}}{F_c} = \frac{470.63\text{ psi}}{975\text{ psi}} = 0.4827$$

이다.

$F_c = 975$ psi와 $c = 0.8$과 함께 이 비값은 NFPA NDS 공식에서 목재 기둥에서 허용압축응력을 계산하기 위하여 이용된다.

$$\begin{aligned}\sigma_{\text{allow}} &= F_c\left\{\frac{1+(F_{cE}/F_c)}{2c} - \sqrt{\left[\frac{1+(F_{cE}/F_c)}{2c}\right]^2 - \frac{(F_{cE}/F_c)}{c}}\right\} \\ &= (975\text{ psi})\left\{\frac{1+(0.4827)}{2(0.8)} - \sqrt{\left[\frac{1+(0.4827)}{2(0.8)}\right]^2 - \frac{0.4827}{0.8}}\right\} \\ &= (975\text{ psi})\left\{0.9267 - \sqrt{0.9267^2 - 0.6034}\right\} \\ &= 410.8\text{ psi}\end{aligned}$$

따라서 기둥에 지지되는 허용축하중 $P_{\text{allow}}$는 다음과 같다.

$$P_{\text{allow}} = \sigma_{\text{allow}}A = (410.8\text{ psi})(7.25\text{ in.})(9.25\text{ in.}) = 27{,}549\text{ lb} = 27{,}500\text{ lb}$$ **Ans.**

# PROBLEMS

### Steel Columns

**P16.49** Use the AISC equations to determine the allowable axial load $P_{\text{allow}}$ that may be supported by a W8 × 48 wide-flange column for the following effective lengths:

(a) $KL = 13$ ft
(b) $KL = 26$ ft

Assume $E = 29{,}000$ ksi and $\sigma_Y = 50$ ksi.

**P16.50** Use the AISC equations to determine the allowable axial load $P_{\text{allow}}$ that may be supported by a HSS152.4 × 101.6 × 6.4 column for the following effective lengths:

(a) $KL = 3.75$ m
(b) $KL = 7.5$ m

Assume $E = 200$ GPa and $\sigma_Y = 320$ MPa.

**P16.51** Use the AISC equations to determine the allowable axial load $P_{\text{allow}}$ that may be supported by a W310 × 86 wide-flange column for the following effective lengths:

(a) $KL = 7.0$ m
(b) $KL = 10.0$ m

Assume $E = 200$ GPa and $\sigma_Y = 250$ MPa.

**P16.52** Use the AISC equations to determine the allowable axial load $P_{allow}$ that may be supported by a W12 × 40 wide-flange column for the following effective lengths:

(a) $KL = 12$ ft
(b) $KL = 24$ ft

Assume $E = 29{,}000$ ksi and $\sigma_Y = 36$ ksi.

**P16.53** Use the AISC equations to determine the allowable axial load $P_{allow}$ for a steel pipe column that is fixed at its base and free at the top (Figure P16.53/54) for the following column lengths:

(a) $L = 10$ ft
(b) $L = 22$ ft

The outside diameter of the pipe is 8.625 in. and the wall thickness is 0.322 in. Assume $E = 29{,}000$ ksi and $\sigma_Y = 36$ ksi.

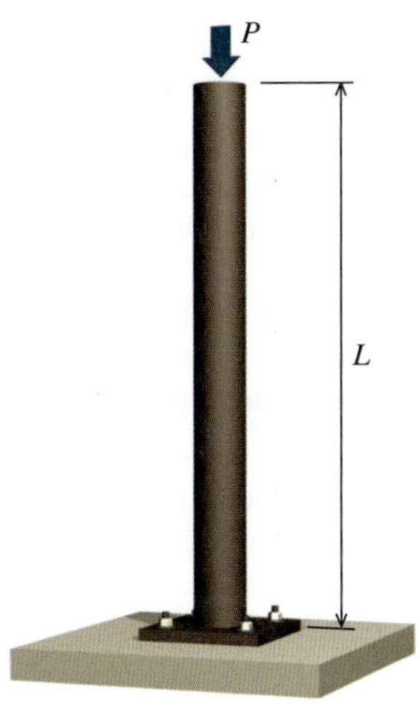


**FIGURE P16.53/54**

**P16.54** Use the AISC equations to determine the allowable axial load $P_{allow}$ for a steel pipe column that is fixed at its base and free at the top (Figure P16.53/54) for the following column lengths:

(a) $L = 3$ m
(b) $L = 4$ m

The outside diameter of the pipe is 168 mm and the wall thickness is 11 mm. Assume $E = 200$ GPa and $\sigma_Y = 250$ MPa.

**P16.55** The 10-m-long HSS304.8 × 203.2 × 9.5 (see Appendix B for its cross-sectional properties) column shown in Figure P16.55/56 is fixed at base $A$ with respect to bending about both the strong and weak axes of the HSS cross section. At upper end $B$, the column is restrained against rotation and translation in the $x$–$z$ plane (i.e., bending about the weak axis), and it is restrained against translation in the $x$–$y$ plane (i.e., free to rotate about the strong axis). Use the AISC equations to determine the allowable axial load $P_{allow}$ that may be supported by the column based on:

(a) buckling in the $x$–$y$ plane.
(b) buckling in the $x$–$z$ plane.

Assume $E = 200$ GPa and $\sigma_Y = 320$ MPa.

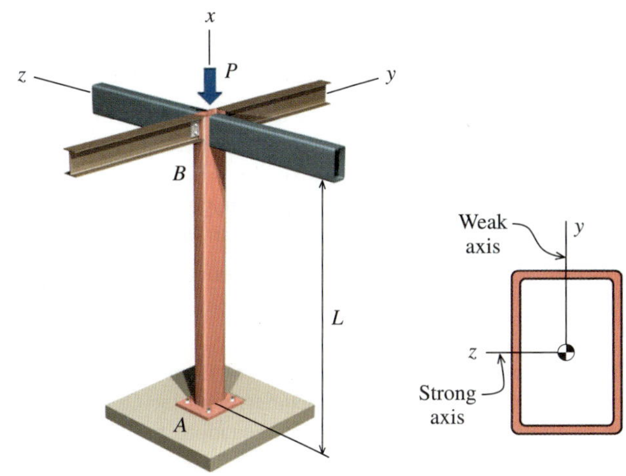


**FIGURE P16.55/56**

**P16.56** The 25-ft-long HSS6 × 4 × 1/8 (see Appendix B for its cross-sectional properties) column shown in Figure P16.55/56 is fixed at base $A$ with respect to bending about both the strong and weak axes of the HSS cross section. At upper end $B$, the column is restrained against rotation and translation in the $x$–$z$ plane (i.e., bending about the weak axis), and it is restrained against translation in the $x$–$y$ plane (i.e., free to rotate about the strong axis). Use the AISC equations to determine the allowable axial load $P_{allow}$ that may be supported by the column based on:

(a) buckling in the $x$–$y$ plane.
(b) buckling in the $x$–$z$ plane.

Assume $E = 29{,}000$ ksi and $\sigma_Y = 46$ ksi.

**P16.57** A column with an effective length of 28 ft is fabricated by connecting two C15 × 40 steel channels (see Appendix B for its cross-sectional properties) with lacing bars as shown in Figure P16.57/58. Use the AISC equations to determine the allowable axial load $P_{allow}$ that may be supported by the column if $d = 10$ in. Assume $E = 29{,}000$ ksi and $\sigma_Y = 36$ ksi.

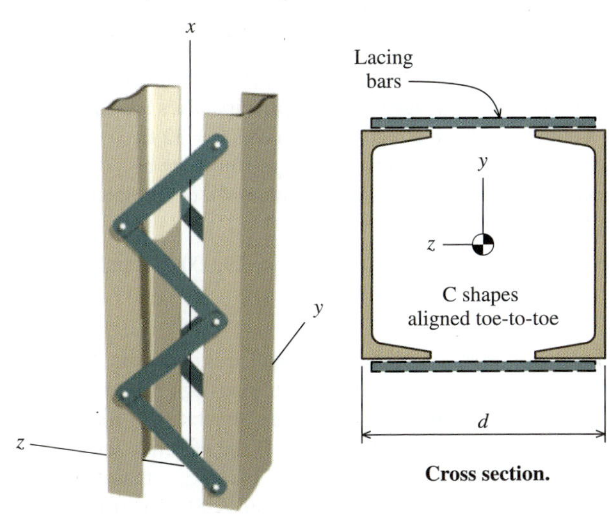


**FIGURE P16.57/58**

**P16.58** A column is fabricated by connecting two C310 × 45 steel channels (see Appendix B for its cross-sectional properties) with lacing bars as shown in Figure P16.57/58.

(a) Determine the distance $d$ required so that the moments of inertia for the section about the two principal axes are equal.
(b) For a column with an effective length of $KL = 9.5$ m, determine the allowable axial load $P_{allow}$ that may be supported by the column using the value of $d$ determined in part (a).

Use the AISC equations and assume $E = 200$ GPa and $\sigma_Y = 340$ MPa.

**P16.59** A column with an effective length of 12 m is fabricated by connecting two C230 × 30 steel channels with lacing bars as shown in Figure P16.59/60. Use the AISC equations to determine the allowable axial load $P_{allow}$ that may be supported by the column if $d = 100$ mm. Assume $E = 200$ GPa and $\sigma_Y = 250$ MPa.

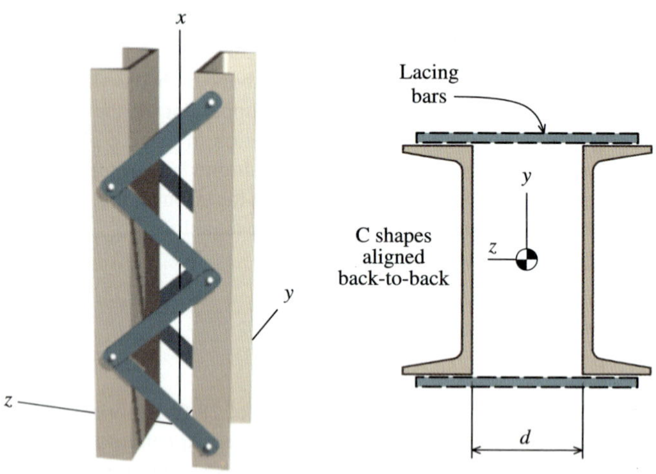


**FIGURE P16.59/60**

**P16.60** A column is fabricated by connecting two C8 ×18.7 steel channels with lacing bars as shown in Figure P16.59/60.

(a) Determine the distance $d$ required so that the moments of inertia for the section about the two principal axes are equal.
(b) For a column with an effective length of $KL = 32$ ft, determine the allowable axial load $P_{allow}$ that may be supported by the column using the value of $d$ determined in part (a).

Use the AISC equations and assume $E = 29{,}000$ ksi and $\sigma_Y = 36$ ksi.

**P16.61** A compression chord of a small truss consists of two L5 × 3 × 1/2 steel angles arranged with long legs back-to-back as shown in Figure 16.61. The angles are separated at intervals by spacer blocks that are 0.375 in. thick. If the effective length is $KL = 12$ ft, determine the allowable axial load $P_{allow}$ that may be supported by the compression chord. Use the AISC equations and assume $E = 29{,}000$ ksi and $\sigma_Y = 36$ ksi.

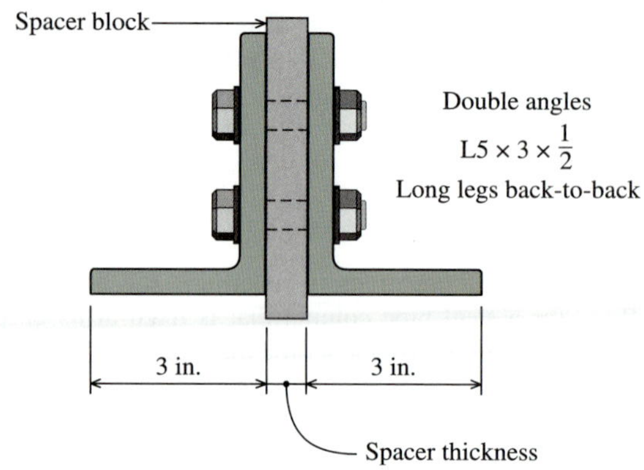


**FIGURE P16.61**

**P16.62** A compression chord of a small truss consists of two L127 × 76 × 12.7 steel angles arranged with long legs back-to-back as shown in Figure 16.62. The angles are separated at intervals by spacer blocks.

(a) Determine the spacer thickness required so that the moments of inertia for the section about the two principal axes are equal.
(b) For a compression chord with an effective length of $KL = 7$ m, determine the allowable axial load $P_{allow}$ that may be supported by the column using the spacer thickness determined in part (a).

Use the AISC equations and assume $E = 200$ GPa and $\sigma_Y = 340$ MPa.

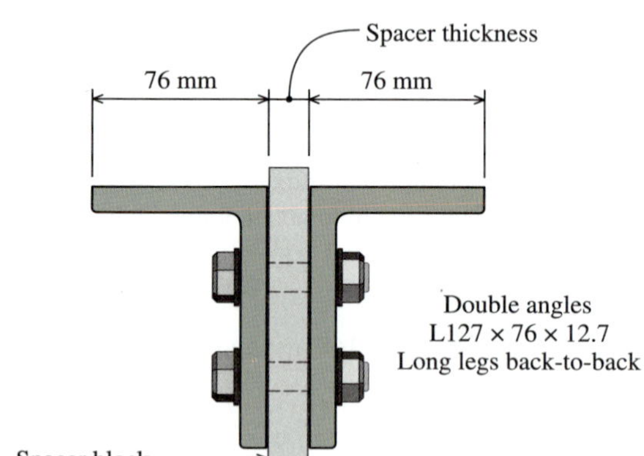


**FIGURE P16.62**

**P16.63** Develop a list of three acceptable structural steel WT shapes (from those listed in Appendix B) that can be used as an 18-ft-long pin-ended column to carry an axial compression load of 30 kips. Include the most economical WT8, WT9, and WT10.5 shapes on the list of possibilities and select the most economical shape from the available alternatives. Use the AISC equation for long columns [Equation (16.25)] and assume $E = 29{,}000$ ksi and $\sigma_Y = 50$ ksi.

**P16.64** Develop a list of three acceptable structural steel WT shapes (from those listed in Appendix B) that can be used as a 6-m-long pin-ended column to carry an axial compression load of 230 kN. Include the most economical WT205, WT230, and WT265 shapes on the list of possibilities and select the most economical shape from the available alternatives. Use the AISC equation for long columns [Equation (16.25)] and assume $E = 200$ GPa and $\sigma_Y = 340$ MPa.

## Aluminum Columns

**P16.65** A 6061-T6 aluminum-alloy pipe column with pinned ends has an outside diameter of 4.50 in. and a wall thickness of 0.237 in. Determine the allowable axial load $P_{allow}$ that may be supported by the aluminum pipe column for the following effective lengths:

(a) $KL = 7.5$ ft
(b) $KL = 15$ ft

Use the Aluminum Association column design formulas.

**P16.66** A 6061-T6 aluminum-alloy tube with pinned ends has an outside diameter of 42 mm and a wall thickness of 3.5 mm. Determine the allowable compression load $P_{allow}$ that may be supported by the aluminum tube for the following effective lengths:

(a) $KL = 625$ mm
(b) $KL = 1{,}250$ mm

Use the Aluminum Association column design formulas.

**P16.67** A 6061-T6 aluminum-alloy wide-flange shape has the dimensions shown in Figure P16.67. Determine the allowable axial load $P_{allow}$ that may be supported by the aluminum column for the following effective lengths:

(a) $KL = 5$ ft
(b) $KL = 15$ ft

Use the Aluminum Association column design formulas.

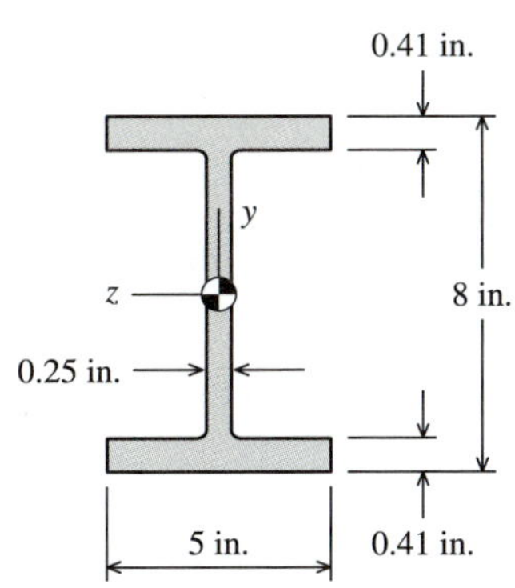


**FIGURE P16.67**

**P16.68** A 6061-T6 aluminum-alloy rectangular tube shape has the dimensions shown in Figure P16.68/69. The rectangular tube is used as a compression member that is 2.5 m long. Both ends of the compression member are fixed. Determine the allowable axial load $P_{allow}$ that may be supported by the rectangular tube. Use the Aluminum Association column design formulas.

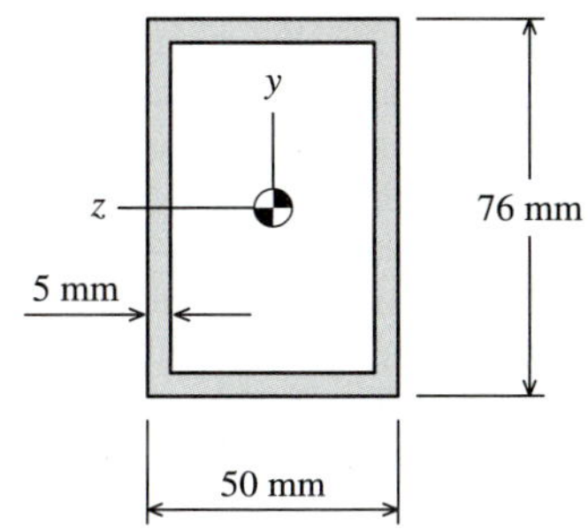


**FIGURE P16.68/69**

**P16.69** A 6061-T6 aluminum-alloy rectangular tube shape has the dimensions shown in Figure P16.68/69. The rectangular tube is used as a compression member that is 3.6 m long. For buckling about the $z$ axis, assume that both ends of the column are pinned. For buckling about the $y$ axis, however, assume that both ends of the column are fixed. Determine the allowable axial load $P_{allow}$ that may be supported by the rectangular tube. Use the Aluminum Association column design formulas.

**P16.70** The aluminum column shown in Figure P16.70/71 has a rectangular cross section and supports a compressive axial load $P$. The base of the column is fixed. The support at the top allows rotation of the column in the $x$–$y$ plane (i.e., bending about the strong axis) but prevents rotation in the $x$–$z$ plane (i.e., bending about the weak axis). Determine the allowable axial load $P_{allow}$ that may be applied to the column for the following parameters: $L = 1{,}800$ mm, $b = 30$ mm, and $h = 40$ mm. Use the Aluminum Association column design formulas.

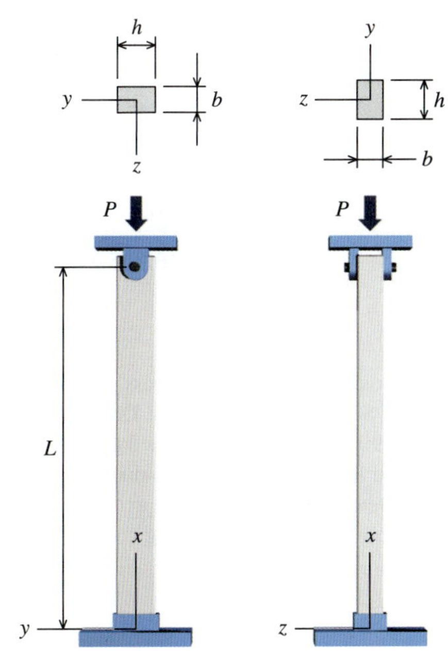


**FIGURE P16.70/71**

**P16.71** The aluminum column shown in Figure P16.70/71 has a rectangular cross section and supports a compressive axial load $P$. The base of the column is fixed. The support at the top allows rotation of the column in the $x$–$y$ plane (i.e., bending about the strong axis) but prevents rotation in the $x$–$z$ plane (i.e., bending about the weak axis). Determine the allowable axial load $P_{allow}$ that may be applied to the column for the following parameters: $L = 60$ in., $b = 1.25$ in., and $h = 2.00$ in. Use the Aluminum Association column design formulas.

**P16.72** A 6061-T6 aluminum-alloy wide-flange shape, having the cross-sectional dimensions shown in Figure P16.72*b*, is used as a column of length $L = 4.2$ m. The column is fixed at base $A$. Pin-connected lateral bracing is present at $B$ so that deflection in the $x$–$z$ plane is restrained at the upper end of the column; however, the column is free to deflect in the $x$–$y$ plane at $B$ (Figure P16.72*a*). Use the Aluminum Association column design formulas to determine the allowable compressive load $P_{allow}$ that the column can support. In your analysis, consider the possibility that buckling could occur about either the strong axis (i.e., the $z$ axis) or the weak axis (i.e., the $y$ axis) of the aluminum column.

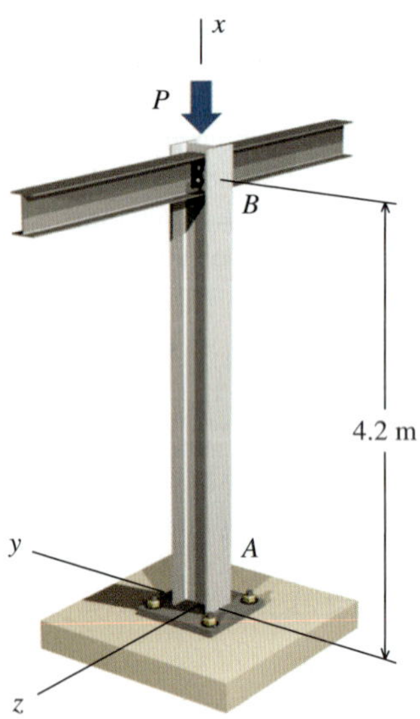


**FIGURE P16.72*a***

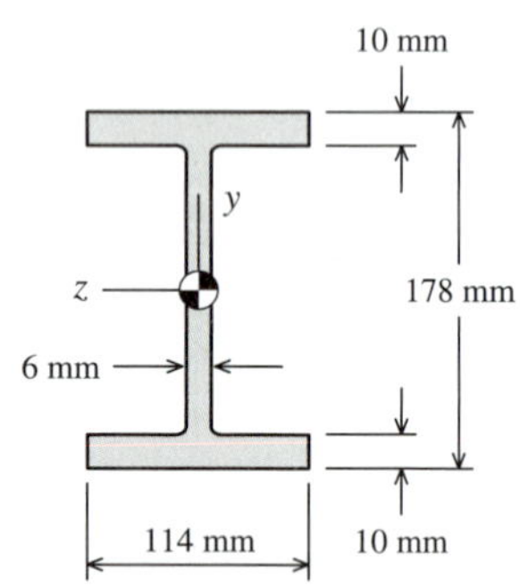


**FIGURE P16.72*b***

## Wood Columns

**P16.73** A wood post of rectangular cross section (Figure P16.73/74) consists of Select Structural grade Douglas fir lumber ($F_c = 1{,}700$ psi; $E = 1{,}900{,}000$ psi). The finished dimensions of the post are $b = 3.5$ in. and $h = 5.5$ in. Assume pinned connections at each end of the post. Determine the allowable axial load $P_{allow}$ that may be supported by the post for the following column lengths:

(a) $L = 6$ ft
(b) $L = 10$ ft
(c) $L = 14$ ft

Use the NFPA NDS column design formula.

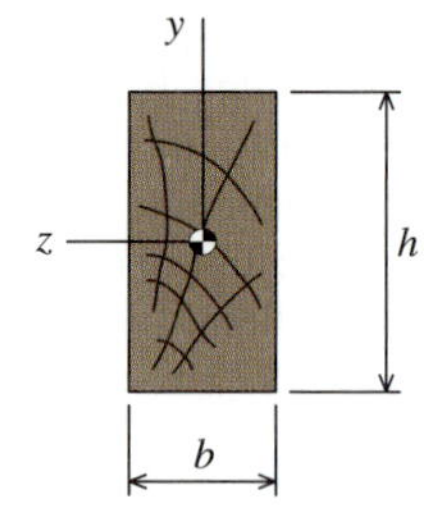


**FIGURE P16.73/74**

**P16.74** A wood post of rectangular cross section (Figure P16.73/74) consists of No. 1 grade Spruce-Pine-Fir lumber ($F_c = 7.25$ MPa; $E = 8.25$ GPa). The finished dimensions of the post are $b = 140$ mm and $h = 185$ mm. Assume pin connections at each end of the post. Determine the allowable axial load $P_{allow}$ that may be supported by the post for the following column lengths:

(a) $L = 3$ m
(b) $L = 4.5$ m
(c) $L = 6$ m

Use the NFPA NDS column design formula.

**P16.75** A Select Structural grade Hem-Fir ($F_c = 1{,}500$ psi; $E = 1{,}600{,}000$ psi) wood column of rectangular cross section has finished dimensions of $b = 4.50$ in. and $h = 9.25$ in. The length of the column is $L = 18$ ft. The column is fixed at base $A$. Pin-connected lateral bracing is present at $B$ so that deflection in the $x$–$z$ plane is restrained at the upper end of the column; however, the column is free to deflect in the $x$–$y$ plane at $B$ (Figure P16.75/76). Use the NFPA NDS column design formula to determine the allowable compressive load $P_{allow}$ that the column can support. In your analysis, consider the possibility that buckling could occur about either the strong axis (i.e., the $z$ axis) or the weak axis (i.e., the $y$ axis) of the wood column.

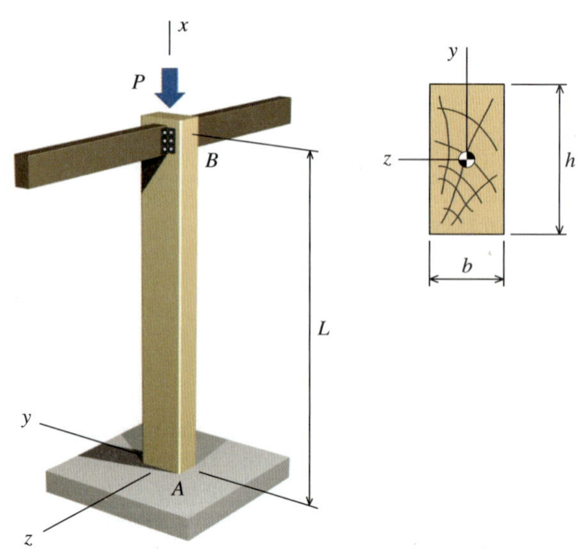


**FIGURE P16.75/76**

**P16.76** A Select Structural grade Hem-Fir ($F_c = 10.3$ MPa; $E = 11$ GPa) wood column of rectangular cross section has finished dimensions of $b = 75$ mm and $h = 185$ mm. The length of the column is $L = 4.5$ m. The column is fixed at base $A$. Pin-connected lateral bracing is present at $B$ so that deflection in the $x$–$z$ plane is restrained at the upper end of the column; however, the column is free to deflect in the $x$–$y$ plane at $B$ (Figure P16.75/76). Use the NFPA NDS column design formula to determine the allowable compressive load $P_{allow}$ that the column can support. In your analysis, consider the possibility that buckling could occur about either the strong axis (i.e., the $z$ axis) or the weak axis (i.e., the $y$ axis) of the wood column.

**P16.77** A simple pin-connected wood truss is loaded and supported as shown in Figure P16.77. The members of the truss are square Douglas fir timbers (finished dimensions = 3.5 in. by 3.5 in.) with $F_c = 1{,}500$ psi and $E = 1{,}800{,}000$ psi.

(a) For the loads shown, determine the axial forces produced in chord members $AF$, $FG$, $GH$, and $EH$ and in web members $BG$ and $DG$.
(b) Use the NFPA NDS column design formula to determine the allowable compressive load $P_{allow}$ for each of these members.
(c) Report the ratio $P_{allow}/P_{actual}$ for each of these members.

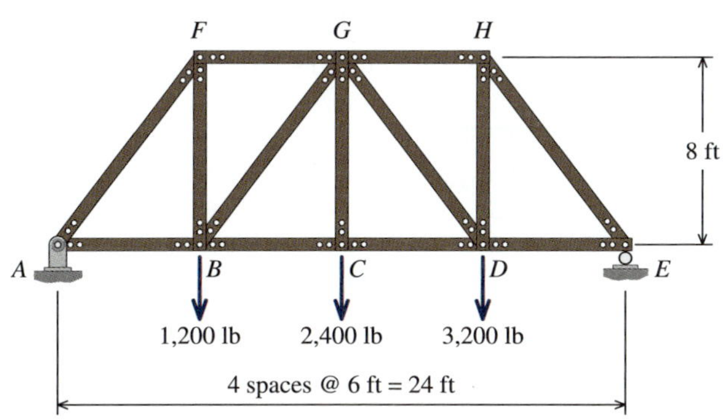


**FIGURE P16.77**

**P16.78** A simple pin-connected wood truss is loaded and supported as shown in Figure P16.78. The members of the truss are square No. 2 grade Spruce-Pine-Fir timbers (finished dimensions = 90 mm by 90 mm), which have the properties $F_c = 6.7$ MPa and $E = 7.5$ GPa.

(a) For the loads shown, determine the axial forces produced in chord members $AE$, $EF$, and $DF$ and in web member $BF$.
(b) Use the NFPA NDS column design formula to determine the allowable compressive load $P_{allow}$ for each of these members.
(c) Report the ratio $P_{allow}/P_{actual}$ for each of these members.

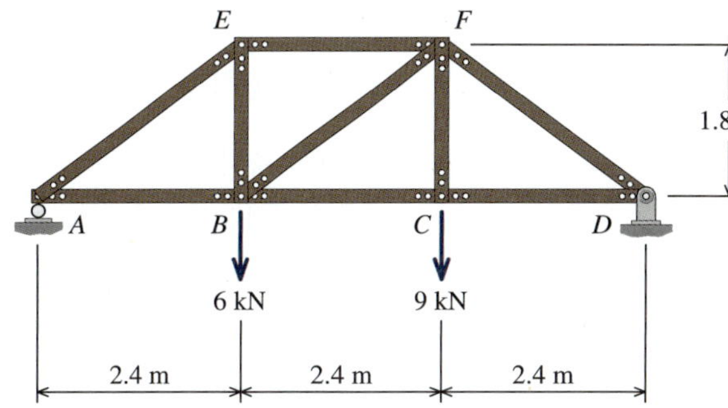


**FIGURE P16.78**

## 16.6 편심 축하중을 받는 기둥

주어진 기둥은 하중이 중심축으로 적용될 때 최대 하중을 지지하지만, 때때로 기둥에 편심 하중을 적용하는 것이 불가피할 수 있다. 예를 들면, 그림 16.12보는 바와 같이 건물에서 가로보는 기둥 한쪽 면에서 볼트로 연결되거나 용접된 앵글에 의해 지지된다. 기둥의 도심축으로부터의 $e$만큼 편심된 지점에 작용하는 외력 $P$로 인하여 기둥에서 축 압축하중에 더하여 굽힘모멘트가 생긴다. 기둥에 적용된 굽힘모멘트는 응력을 증가시키며, 이것은 기둥의 하중 수용능력은 감소할 것이다. 편심 축하중을 받는 기둥의 분석을 위한 세 가지 방법을 소개한다.

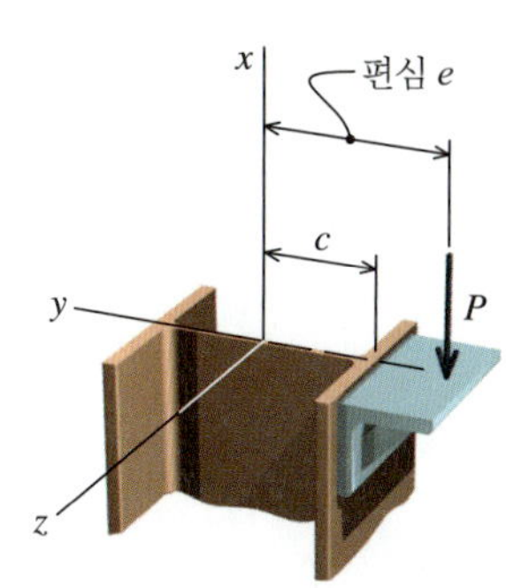


**그림 16.12** • 편심 하중 $P$를 받는 기둥

## 시컨트 공식

시컨트 공식[식 (16.20)]은 초기 편심 $e$를 가지는 하중이 작용한다는 가정하에 유도되었다. $e$를 알고 있다면, 그 값은 파괴하중(즉, 초기 비탄성 거동을 야기시키는 하중)을 결정하기 위해 시컨트 공식에 대입될 수 있다. 이미 기술한 바와 같이 중심축하중에 대하여 이 공식을 이용할 때, 보통 작은 크기의 편심을 가정한다. 시컨트 공식 형식은 특정한 최대 압축응력을 구하기 위하여 $P/A$를 알아내는 것을 다소 어렵게 만든다. 그러나 수많은 컴퓨터 프로그램들은 수치해를 제공하기 위해 개발되어 있다.

## 허용응력법

편심 축하중에 의한 굽힘에 관해서는 8.7절에 논하였다. 그림 8.14는 축하중과 굽힘모멘트에 의한 응력 분포를 나타내었고, 조합 효과로부터 응력 분포의 결과를 보여주었다. 식 (8.19)는 축력과 굽힘모멘트의 조합에 의해 만들어진 법선응력을 계산하였다. 8.7절에서 좌굴은 고려되지 않았다. 그러나 식 (8.19)에서 채택된 접근방법이 이러한 맥락에서 적용이 될 수 있다.

허용응력법은 압축 축응력과 압축 굽힘응력의 합이 축하중에 대한 적절한 기둥 공식에 의해 규정된 허용압축응력보다 작을 것을 요구한다. 식 (8.19)는 다음과 같이 다시 표현된다.

$$\sigma_x = \frac{P}{A} + \frac{Mc}{I} \leq \sigma_{\text{allow}} \tag{16.30}$$

여기에서 압축응력은 양의 값으로 다루어진다. 식 (16.30)에서 $\sigma_{\text{allow}}$는 16.5절에서 제시된 실험 설계공식 중의 하나로부터 계산된 허용응력이다. 이 실험 설계공식의 계산 시, 굽힘이 발생하는 축과는 상관없이 단면에서 정의되는 최대 유효세장비를 사용한다. 그러나 굽힘응력 계산에 이용되된 $c$와 $I$는 굽힘 축에 의존한다. 허용응력법과 식 (16.30)은 일반적으로 보수적인 설계를 낳는다.

## 상호작용법

편심하중을 받는 기둥에서 총 응력의 대부분은 굽힘모멘트에 기인한다. 그러나 허용굽힘응력은 일반적으로 허용압축응력보다 크다. 그러면 두 허용응력들 사이에서 균형은 어떻게 얻어질 수 있겠는가? 축응력 $\sigma_a = P/A$를 고려해 본다. 기둥으로 사용되는 요소에 대한 허용축응력을 $(\sigma_{\text{allow}})_a$로 표시하면 주어진 축력 $P$을 위해 필요한 면적 $A_a$는 다음과 같이 표현될 수 있다.

$$A_a = \frac{P}{(\sigma_{\text{allow}})_a}$$

다음으로 $\sigma_b = Mc/I$로 주어진 굽힘응력을 고려해 본다. 관성모멘트를 $I = Ar^2$로서 면적과 회전반지름의 항으로 표현될 수 있다. 여기서 $r$은 굽힘 평면에서의 회전반지름이다. 허용굽힘응력을 $(\sigma_{\text{allow}})_b$로 표현하기로 하자. 주어진 굽힘모멘트 $M$을 위하여 필요한 면적 $A_b$는 다음과 같이 표현될 수 있다.

$$A_b = \frac{Mc}{r^2(\sigma_{\text{allow}})_b}$$

따라서 축력과 굽힘모멘트를 받는 기둥을 위하여 필요한 총 면적 $A$는 두 표현의 합으로 표현될 수 있다.

$$A = A_a + A_b = \frac{P}{(\sigma_{\text{allow}})_a} + \frac{Mc}{r^2(\sigma_{\text{allow}})_b}$$

이 식을 총 면적 $A$로 나누고 $Ar^2 = I$로 두면,

$$\boxed{\frac{P/A}{(\sigma_{\text{allow}})_a} + \frac{Mc/I}{(\sigma_{\text{allow}})_b} = 1} \tag{16.31}$$

기둥이 축하중을 갖지만 굽힘모멘트가 없다면(즉, 중심축하중을 받는 기둥) 식 (16.31)은 기둥이 허용축응력과 부합되게 분석됨을 나타낸다. 기둥이 굽힘모멘트는 있지만 축하중이 없다면(실제 보) 법선응력은 반드시 허용굽힘응력을 만족한다. 양 극단 사이에서 식 (16.31)은 조합 효과 관계에서 각 법선응력 성분의 상대적인 중요성을 설명한다. **상호작용공식**으로 알려진 식 (16.31)에 근거한 접근방법은 기둥에서 축하중과 굽힘모멘트의 조합 효과를 고려하는 일반적인 방법이다.

식 (16.31)을 이용할 때, $(\sigma_{\text{allow}})_a$는 16.5절에서 실험 기둥 설계 식으로부터 주어진 허용축응력이고, $(\sigma_{\text{allow}})_b$는 허용굽힘응력이다. AISC 시방서는 $(P/A)/(\sigma_{\text{allow}})_a \leq 0.15$일 때 식 (16.31)을 축 압축과 굽힘이 동시에 가해진 기둥 문제를 해석하도록 허락한다. 그렇지 않으면 식 (16.31)의 두 번째 항은 기둥의 측방향 처짐에 연유한 2차적인 굽힘모멘트를 제공하기 위하여 확장된다.

## 예제 16.8 EXAMPLE

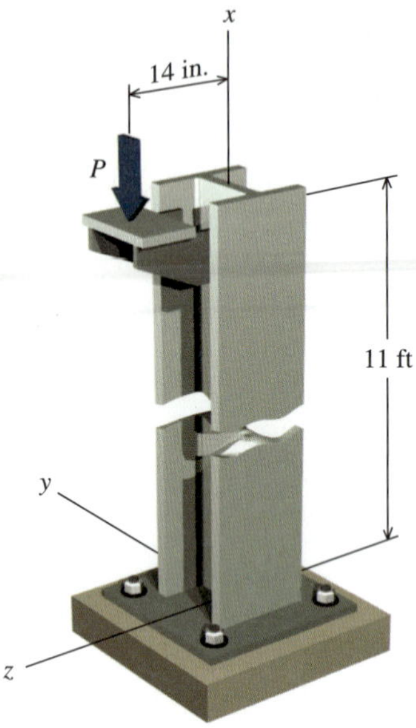


그림의 W12 × 58 구조용 강재 기둥(단면특성치는 부록 B 참조)의 하단은 고정되고 상단은 자유단이다. 기둥의 맨 위 부분의 하중 $P$는 H형강(Wide-flange shape)의 중심축으로부터 편심 $e$ = 14 in.에서 버팀대에 작용된다. 16.5절에서의 AISC 허용응력 설계공식을 이용하고, $E$ = 29,000 ksi, $\sigma_Y$ = 36 ksi로 가정한다.

(a) 허용응력법을 이용하여 하중 $P$ = 25 kips일 때 기둥은 안전한지 확인하라. 응력비 $\sigma_x/\sigma_{allow}$의 형태로 결과를 보여라.

(b) 허용응력법에 기초하여 기둥에 작용하는 가장 큰 편심하중 $P$의 크기를 결정하라.

(c) 상호작용법을 이용하여 해석을 반복하고, 하중 $P$ = 25 kips일 때 기둥은 안전한지 확인하라. 허용굽힘응력은 $(\sigma_{allow})_b$ = 24 ksi로 가정한다. 상호작용식의 값을 구하라.

(d) 상호작용법에 기초하여, 기둥에 작용하는 가장 큰 편심하중 $P$의 크기를 결정하라.

**풀이 계획**

W12 × 58 구조용 강재 형상의 단면특성치는 부록 B로부터 얻을 수 있다. 이 특성치들을 이용하여 압축력과 굽힘모멘트에 의한 압축응력을 주어진 25-kip 하중에 대하여 구할 수 있다. 그리고 허용압축응력은 AISC ASD 공식으로부터 구할 수 있다. 주어진 허용굽힘응력과 함께 이 값들은 주어진 14 in. 편심 상태의 하중 $P$ = 25 kips에 의한 기둥이 안전하게 견딜 수 있는지 결정하기 위하여 허용응력법에 대한 식 (16.30)과 상호작용법에 대한 식 (16.31)에 적용된다. 가장 큰 허용편심하중을 결정하기 위하여 축응력과 굽힘응력을 $P$의 항으로 표현하고 이로부터 최대 하중 값을 구한다.

**풀이**

**단면특성치**

W12 × 58 구조용 강재 형상에 대한 단면특성치는 부록 B로부터 얻을 수 있다. 이 특성들의 하첨자는 위의 그림에서 표시된 축에 부합하도록 수정되었다.

$$A = 17.0 \text{ in.}^2 \qquad I_z = 475 \text{ in.}^4 \qquad r_z = 5.28 \text{ in.} \qquad I_y = 107 \text{ in.}^4 \qquad r_y = 2.51 \text{ in.}$$

W12 × 58 형상의 플랜지 폭은 $b_f$ = 10.0 in.이다.

**축응력 계산**

25 kips 하중은 기둥에서 압축 법선응력을 발생시킨다.

$$\sigma_{axial} = \frac{P}{A} = \frac{25 \text{ kips}}{17.0 \text{ in.}^2} = 1.47 \text{ ksi} \qquad \text{(a)}$$

**굽힘응력 계산**

편심 $e = 14$ in.에서 적용되는 편심 축하중 $P$는 H형강의 $y$축에 대한 굽힘모멘트 $M_y = Pe$를 야기시킨다. 굽힘응력은 힘 공식 $\sigma_{\text{bend}} = M_y c/I_y$로부터 계산될 수 있다. 여기서 $c$는 플랜지 폭의 1/2이다. $c = b_f/2 = 10.0\text{ in.}/2 = 5.0\text{ in.}$ 명시된 축하중 $P = 25$ kips에서 최대 굽힘응력은

$$\sigma_{\text{bend}} = \frac{M_y c}{I_y} = \frac{Pec}{I_y} = \frac{(25\text{ kips})(14\text{ in.})(5.0\text{ in.})}{107\text{ in.}^4} = 16.36\text{ ksi} \tag{b}$$

이다. 인장응력과 압축응력 모두 굽힘에 의해 만들어질 것이다. 그러나 여기에서 압축 법선응력이 주요 관심사이다.

**AISC 허용응력 설계 공식**

AISC ASD 공식은 짧거나 중간 기둥과 긴 기둥 사이의 구분하기 위하여 유효세장비 매개변수 $C_c$ [식 (16.22) 참고]를 이용한다. $\sigma_Y = 36$ ksi에서 매개변수 $C_c$는

$$C_c = \sqrt{\frac{2\pi^2 E}{\sigma_Y}} = \sqrt{\frac{2\pi^2(29{,}000\text{ ksi})}{36\text{ ksi}}} = 126.1$$

이다. 그림 16.7로부터 하단은 고정되고 상단은 자유단인 기둥의 적절한 유효길이계수는 $K_y = K_z = 2.0$이다. W12 × 58의 강축과 약축 각각의 좌굴에 대한 유효세장비는

$$\frac{K_z L}{r_z} = \frac{(2.0)(11\text{ ft})(12\text{ in./ft})}{5.28\text{ in.}} = 50.0 \qquad \frac{K_y L}{r_y} = \frac{(2.0)(11\text{ ft})(12\text{ in./ft})}{2.51\text{ in.}} = 105.2$$

이다. 이 기둥의 지배 유효세장비는 105.2이다. $KL/r_y \le C_c$이기 때문에 기둥은 중간 길이 기둥으로 고려된다. 그리고 허용압축응력은 식 (16.23)을 이용하여 계산된다. 이 AISC 공식에 필요한 안전계수는 식 (16.24)로부터 계산된다.

$$\text{FS} = \frac{5}{3} + \frac{3}{8}\left(\frac{KL/r}{C_c}\right) - \frac{1}{8}\left(\frac{KL/r}{C_c}\right)^3 = \frac{5}{3} + \frac{3}{8}\left(\frac{105.2}{126.1}\right) - \frac{1}{8}\left(\frac{105.2}{126.1}\right)^3 = 1.907$$

허용압축응력은 식 (16.23)으로부터 결정된다.

$$\begin{aligned}\sigma_{\text{allow}} &= \frac{\sigma_Y}{\text{FS}}\left[1 - \frac{(KL/r)^2}{2C_c^2}\right] = \frac{36\text{ ksi}}{1.910}\left[1 - \frac{(105.2)^2}{2(126.1)^2}\right] \\ &= \frac{36\text{ ksi}}{1.907}[0.65201] = 12.31\text{ ksi}\end{aligned} \tag{c}$$

(*a*) 허용응력법을 이용하여 하중 *P = 25 kips*일 때 기둥은 안전한가? 허용응력법은 압축 축응력의 압축 굽힘응력의 합이 중심축하중에 대한 적절한 AISC ASD 기둥 공식에 의해 규정된 허용압축응력보다 작아야 함을 요구한다. 압축 축응력과 압축 굽힘응력의 합은

$$\sigma_x = 1.47\text{ ksi} + 16.36\text{ ksi} = 17.83\text{ ksi (C)} \tag{d}$$

$\sigma_x$는 허용압축응력 12.31보다 크기 때문에, 허용응력법에 근거하여 판단할 때, 하중 $P = 25$ kips일 때 기둥은 **안전하지 않다**. 허용응력과 실제 응력의 비는

$$\frac{\sigma_x}{\sigma_{\text{allow}}} = \frac{17.83 \text{ ksi}}{12.31 \text{ ksi}} = 1.45 > 1 \qquad \text{N.G.} \qquad \textbf{Ans.}$$

(*b*) 가장 큰 편심하중 $P$의 크기: 허용응력법에서 축응력과 굽힘응력은 미지수 $P$의 항으로 표현된다.

$$\boxed{\sigma_x = \frac{P}{A} + \frac{Pec}{I_y} = P\left[\frac{1}{A} + \frac{ec}{I_y}\right]} \qquad \text{(e)}$$

가장 큰 하중 크기는 식 (e)를 식 (c)로부터 계산되는 허용압축응력과 같도록 한 후 $P$를 구함으로써 얻어진다.

$$\sigma_x = \sigma_{\text{allow}} = 12.31 \text{ ksi} = P\left[\frac{1}{A} + \frac{ec}{I_y}\right] = P\left[\frac{1}{17.0 \text{ in.}^2} + \frac{(14 \text{ in.})(5.0 \text{ in.})}{107 \text{ in.}^4}\right] = P[0.71303 \text{ in.}^{-2}]$$

$$\therefore P = 17.26 \text{ kips} \qquad \textbf{Ans.}$$

(*c*) 상호작용법을 이용하여 하중 $P = 25$ *kips*일 때 기둥은 안전한가? 상호작용법에서 축응력은 허용압축응력으로 나누어지고 굽힘응력은 허용굽힘응력으로 나누어진다. 그리고 두 항의 합은 1을 초과할 수 없다.

$$\frac{P/A}{(\sigma_{\text{allow}})_a} + \frac{M_y c/I_y}{(\sigma_{\text{allow}})_b} = 1$$

축응력과 굽힘응력은 식 (a)와 (b)에서 계산되어졌다. 허용압축응력 $(\sigma_{\text{allow}})_a$는 식 (c)에서 계산되었고 허용굽힘응력은 $(\sigma_{\text{allow}})_b = 24$ ksi로 명시되었다. 이 값들을 이용하면, 편심하중을 받는 W12 × 58 기둥에 대한 상호작용식은 다음과 같다.

$$\frac{1.47 \text{ ksi}}{12.31 \text{ ksi}} + \frac{16.36 \text{ ksi}}{24 \text{ ksi}} = 0.1194 + 0.6817 = 0.8011 < 1 \qquad \text{O.K.} \qquad \textbf{Ans.}$$

상호작용식의 값은 1보다 작기 때문에 상호작용법을 이용한 하중 $P = 25$ kips에 대한 기둥은 안전하다.

*(d)* 가장 큰 편심하중 $P$의 크기: 편심하중을 받는 W12 × 58 기둥에 대한 축응력과 압축굽힘응력의 합은 미지수 $P$의 항으로 표현될 수 있다.

$$\boxed{\frac{P}{A(\sigma_{\text{allow}})_a} + \frac{Pec}{I_y(\sigma_{\text{allow}})_b} = P\left[\frac{1}{A(\sigma_{\text{allow}})_a} + \frac{ec}{I_y(\sigma_{\text{allow}})_b}\right] = 1} \qquad \text{(f)}$$

식 (f)는 최대 하중 $P$에 대하여 구할 수 있다.

$$P\left[\frac{1}{A(\sigma_{\text{allow}})_a} + \frac{ec}{I_y(\sigma_{\text{allow}})_b}\right] = P\left[\frac{1}{(17.0 \text{ in.}^2)(12.31 \text{ ksi})} + \frac{(14 \text{ in.})(5.0 \text{ in.})}{(107 \text{ in.}^4)(24 \text{ ksi})}\right] = P[0.032037 \text{ kip}^{-1}]$$

$$\therefore P = 31.2 \text{ kips} \qquad \textbf{Ans.}$$

## 예제 16.9 EXAMPLE

6061-T6 알루미늄합금 튜브(외경 = 130 mm, 벽 두께 = 12.5 mm)는 튜브 중심선으로부터 편심 $e$에서 작용하는 $P$ = 40 kN인 축하중을 받는다. 2.25 m의 긴 튜브는 하단이 고정되고 상단은 자유단인 기둥이다. 16.5절에서 주어진 알루미늄협회 식들을 적용하라. 그리고 6061-T6 합금의 허용굽힘응력은 150 MPa로 가정한다. 이용될 수 있는 편심 $e$의 최대값을 구하라.

(a) 허용응력법을 기반으로

(b) 상호작용법을 기반으로

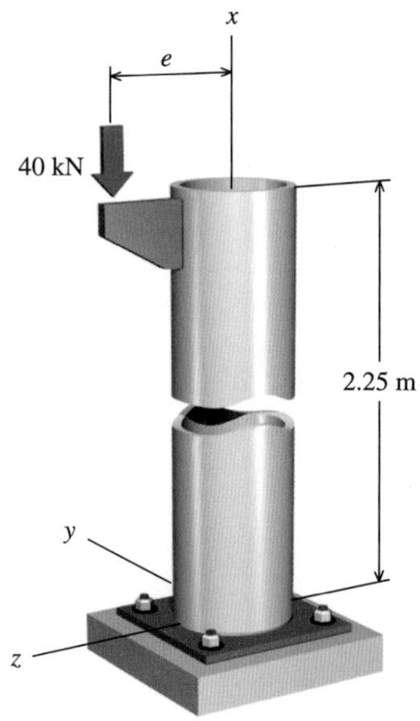


### 풀이 계획

튜브의 단면특성치를 계산한다. 그런 다음 하단은 고정되고 상단은 자유인 2.25 m의 긴 기둥에 대한 허용압축응력을 결정하기 위해 알루미늄협회 식들을 사용한다. 허용응력법과 상호작용법을 $P$와 $e$의 항으로 표현하고 허용 편심 $e$를 구한다.

### 풀이

**단면특성치**

튜브의 내경은 $d$ = 130 mm – 2(12.5 mm) = 150 mm

튜브의 단면적

$$A = \frac{\pi}{4}[(130\text{ mm})^2 - (105\text{ mm})^2] = 4{,}614.2\text{ mm}^2$$

$y$축과 $z$축에 대한 단면2차관성모멘트는 다음과 같이 동일하다.

$$I_y = I_z = I = \frac{\pi}{64}[(130\text{ mm})^4 - (105\text{ mm})^4] = 8{,}053{,}246\text{ mm}^4$$

마찬가지로 두 도심축에 대한 회전반지름은 다음과 같다.

$$r_y = r_z = r = \sqrt{\frac{8{,}053{,}246\text{ mm}^4}{4{,}614.2\text{ mm}^2}} = 41.78\text{ mm}$$

**허용압축응력**

그림 16.7로부터 하단은 고정되고 상단은 자유인 기둥에 대한 유효길이계수는 $K$ = 2.0이다. 따라서 2.25 m의 긴 6061-T6 튜브의 유효세장비는

$$\frac{KL}{r} = \frac{(2.0)(2{,}250\text{ mm})}{41.78\text{ mm}} = 107.7$$

이다. 이 세장비는 66보다 크기 때문에 허용압축응력은 식 (16.24)로부터 구해진다.

$$\sigma_{allow} = \frac{351{,}000}{(KL/r)^2}\text{ MPa} = \frac{351{,}000}{(107.7)^2} = 30.26\text{ MPa} \qquad \text{(a)}$$

(*a*) 허용응력법에 기반을 둔 최대 편심: 허용응력법 식에서 축응력과 굽힘응력은 다음과 같이 표현될 수 있다.

$$\sigma_x = \frac{P}{A} + \frac{Pec}{I} = P\left[\frac{1}{A} + \frac{ec}{I}\right] \qquad \text{(b)}$$

여기서 $c$는 튜브의 외경이다($c = 130\text{ mm}/2 = 65\text{ mm}$). 식 (b)는 식 (a)에서 구해진 허용압축응력과 같다고 설정하고 최대 편심 $e$를 구하자.

$$30.26\text{ MPa} = (40{,}000\text{ N})\left[\frac{1}{4{,}614.2\text{ mm}^2} + \frac{(65\text{ mm})e}{8{,}053{,}246\text{ mm}^4}\right]$$

$$\frac{30.26\text{ N/mm}^2}{40{,}000\text{ N}} - \frac{1}{4{,}614.2\text{ mm}^2} = \left[\frac{65\text{ mm}}{8{,}053{,}246\text{ mm}^4}\right]e$$

$$\therefore e_{max} = 66.9\text{ mm}$$ **Ans.**

(*b*) 상호작용법에 기반을 둔 최대 편심: 최대 편심 $e$를 결정하기 위해 축응력과 굽힘응력에 대한 상호작용 식은 다음과 같이 표현된다.

$$\frac{P}{A(\sigma_{allow})_a} + \frac{Pec}{I(\sigma_{allow})_b} = P\left[\frac{1}{A(\sigma_{allow})_a} + \frac{ec}{I(\sigma_{allow})_b}\right] = 1 \qquad \text{(c)}$$

허용압축응력은 식 (a)에서 계산했다. 따라서 $(\sigma_{allow})_a = 30.26\text{ MPa}$이다. 허용굽힘응력은 $(\sigma_{allow})_b = 150\text{ MPa}$로 주어졌다. 상호작용법에 기반을 둔 최대 허용편심 $e_{max}$는 $P = 40\text{ kN}$과 함께 값들을 사용하여 계산할 수 있다.

$$P\left[\frac{1}{A(\sigma_{allow})_a} + \frac{ec}{I(\sigma_{allow})_b}\right] = 1$$

$$(40{,}000\text{ N})\left[\frac{1}{(4{,}614.2\text{ mm}^2)(30.26\text{ N/mm}^2)} + \frac{(65\text{ mm})e}{(8{,}053{,}246\text{ mm}^4)(150\text{ N/mm}^2)}\right] = 1$$

$$\left[\frac{(65\text{ mm})}{(8{,}053{,}246\text{ mm}^4)(150\text{ N/mm}^2)}\right]e = \frac{1}{40{,}000\text{ N}} - \frac{1}{(4{,}614.2\text{ mm}^2)(30.26\text{ N/mm}^2)}$$

$$\therefore e_{max} = 332\text{ mm}$$ **Ans.**

튜브의 유효세장비는 상대적으로 크기 때문에 식 (a)에서 계산된 허용압축응력은 상대적으로 작다. 허용응력법은 이 허용응력에 전적으로 의존하기 때문에 최대 편심 66.9 mm는 매우 보수적이다. 상호작용법에서 축응력 항(즉, $P/A$)만이 작은 허용압축응력으로부터 직접적으로 영향을 받는다. 총 응력의 상당부분인 굽힘응력 성분은 허용굽힘응력 150 MPa에 의해 나누어진다. 따라서 상호작용법에 의해 결정된 최대 편심은 허용응력법으로 구한 편심보다 매우 크다.

## PROBLEMS

**P16.79** A compression load $P$ is applied at an eccentricity of $e = 10$ mm from the centerline of a solid 40-mm-diameter steel rod (Figure P16.79). The rod has a length of $L = 1{,}200$ mm, and it is pinned-connected at $A$ and $B$. Using the allowable stress method, determine the magnitude of the largest eccentric load $P$ that may be applied to the column. Assume $E = 200$ GPa and $\sigma_Y = 415$ MPa, and use the AISC equations given in Section 16.5.

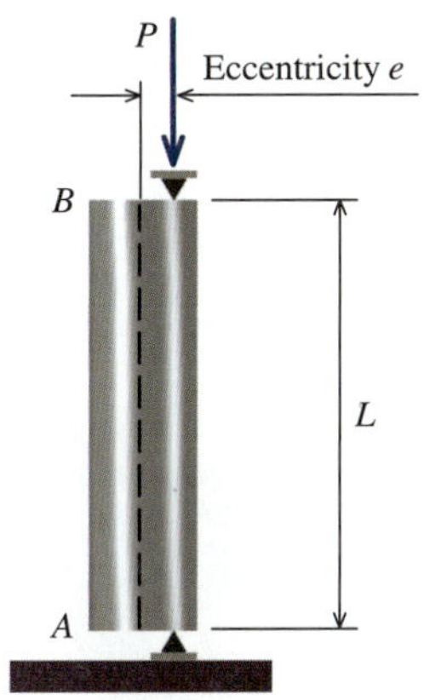


**FIGURE P16.79**

**P16.80** A HSS10 × 4 × 3/8 structural steel shape (see Appendix B for its cross-sectional properties) is used as a column to support an eccentric axial load $P$. The column is 80 in. long, and it is fixed at its base and free at its upper end. At the upper end of the column (Figure P16.80/81), the load $P$ is applied to a bracket at a distance of $e = 8$ in. from the $x$ axis, creating a bending moment about the weak axis of the HSS shape (i.e., the $y$ axis). Apply the AISC equations given in Section 16.5 and assume that $E = 29{,}000$ ksi and $\sigma_Y = 46$ ksi. Based on the allowable stress method, determine:

(a) whether the column is safe for a load of $P = 25$ kips; report the results in the form of the stress ratio $\sigma_x/\sigma_{\text{allow}}$.
(b) the magnitude of the largest load $P$ that may be applied to the column.

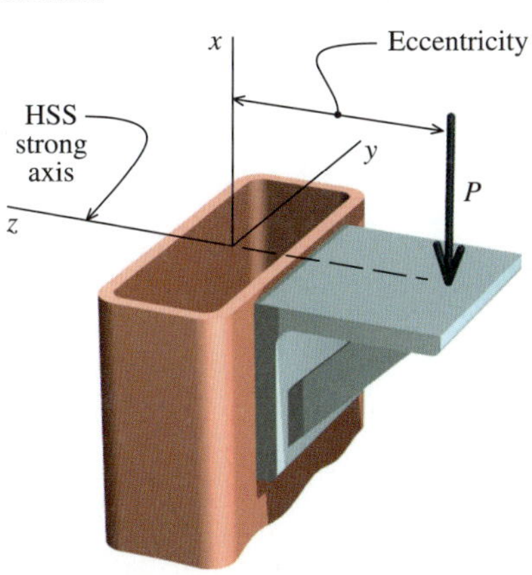


**P16.81** A HSS203.2 × 101.6 × 9.5 structural steel shape (see Appendix B for its cross-sectional properties) is used as a column to support an eccentric axial load. The 2-m-long column is fixed at its base and free at its upper end. At the upper end of the column (Figure P16.80/81), a load $P$ is applied to a bracket at an eccentricity $e$ from the $x$ axis, creating a bending moment about the weak axis of the HSS shape (i.e., the $y$ axis). Based on the allowable stress method, determine the maximum eccentricity $e$ that may be used at the bracket if the applied load is:

(a) $P = 80$ kN.
(b) $P = 160$ kN.

Apply the AISC equations given in Section 16.5 and assume $E = 200$ GPa and $\sigma_Y = 320$ MPa.

**P16.82** The structural steel column shown in Figure P16.82/83 is fixed at its base and free at its upper end. At the top of the column, a load $P$ is applied to the stiffened seat support at an eccentricity of $e = 9$ in. from the centroidal axis of the wide-flange shape. Use the AISC equations given in Section 16.5 and assume that $E = 29{,}000$ ksi and $\sigma_Y = 36$ ksi. Employ the allowable stress method to determine:

(a) whether the column is safe for a load of $P = 15$ kips; report the results in the form of the stress ratio $\sigma_x/\sigma_{\text{allow}}$.
(b) the magnitude of the largest eccentric load $P$ that may be applied to the column.

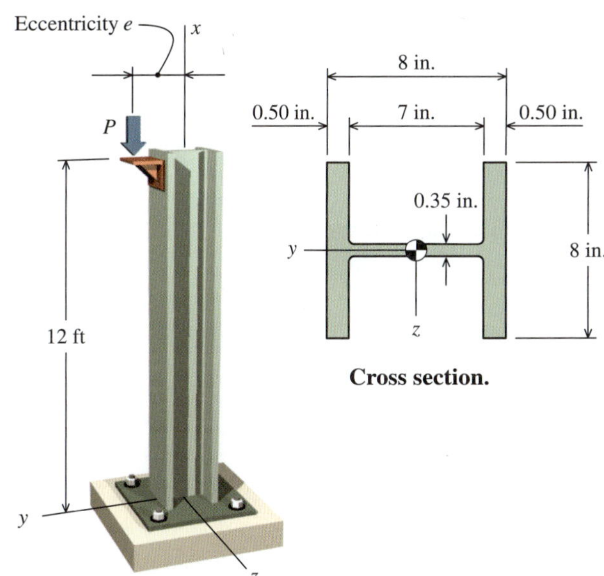


**FIGURE P16.82/83**

**P16.83** The structural steel column shown in Figure P16.82/83 is fixed at its base and free at its upper end. At the top of the column, a load $P$ is applied to the stiffened seat support at an eccentricity of $e$ from the centroidal axis of the wide-flange shape. Using the allowable stress method, determine the maximum allowable eccentricity $e$ if:

(a) $P = 15$ kips.
(b) $P = 35$ kips.

Apply the AISC equations given in Section 16.5 and assume that $E = 29{,}000$ ksi and $\sigma_Y = 50$ ksi.

**P16.84** The structural steel pipe column $BC$ shown in Figure P16.84 is fixed at its base and free at its top. The outside diameter of the pipe column is 8.625 in. and the wall thickness is 0.322 in. A load $P$ is applied to beam $AB$, which is connected to the upper end of the column. Use the AISC equations given in Section 16.5 and assume that $E = 29{,}000$ ksi, $\sigma_Y = 36$ ksi, and $(\sigma_{allow})_b = 24$ ksi. Using the interaction equation method, determine:

(a) whether column $BC$ is safe for a load of $P = 2.5$ kips; report the value of the interaction equation.
(b) the magnitude of the largest load $P$ that may be applied to the column.

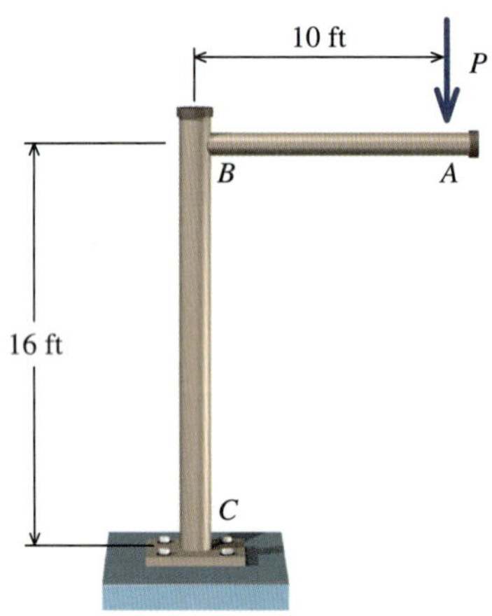


**FIGURE P16.84**

**P16.85** A W10 × 54 structural steel shape (see Appendix B for its cross-sectional properties) is used as a column to support an eccentric axial load $P$. The column is 25 ft long, and it is pinned both at its base and at its upper end. At the upper end of the column (Figure P16.85/86), the load $P$ is applied to a bracket at a distance of $e = 9$ in. from the $x$ axis, creating a bending moment about the strong axis of the W10 × 54 shape (i.e., the $z$ axis). Use the AISC equations given in Section 16.5 and assume $E = 29{,}000$ ksi and $\sigma_Y = 50$ ksi. Using the allowable stress method, determine:

(a) whether the column is safe for a load of $P = 75$ kips; report the results in the form of the stress ratio $\sigma_x/\sigma_{allow}$.
(b) the magnitude of the largest eccentric load $P$ that may be applied to the column.

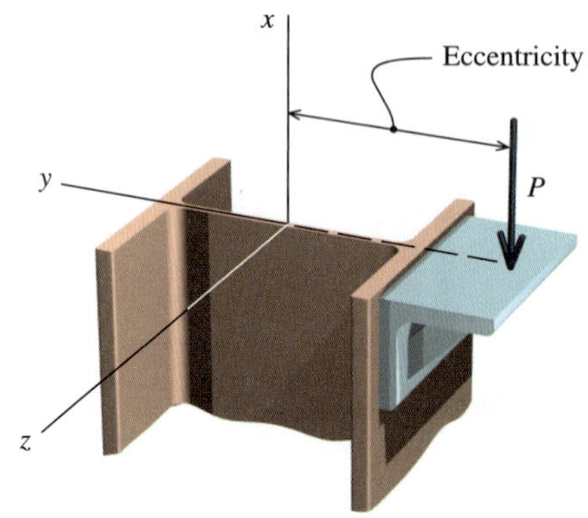


**FIGURE P16.85/86**

**P16.86** A W200 × 46.1 structural steel shape (see Appendix B for its cross-sectional properties) is used as a column to support an eccentric axial load $P$. The column is 3.6 m long, and it is fixed at its base and free at its upper end. At the upper end of the column (Figure P16.85/86), the load $P$ is applied to a bracket at a distance of $e = 170$ mm from the $x$ axis, creating a bending moment about the strong axis of the W200 × 46.1 shape (i.e., the $z$ axis). Apply the AISC equations given in Section 16.5 and assume $E = 200$ GPa and $\sigma_Y = 250$ MPa. Based on the allowable stress method, determine:

(a) whether the column is safe for a load of $P = 125$ kN; report the results in the form of the stress ratio $\sigma_x/\sigma_{allow}$.
(b) the magnitude of the largest eccentric load $P$ that may be applied to the column.

**P16.87** The column shown in Figure P16.87/88 is fabricated from two C250 × 30 standard steel shapes (see Appendix B for its cross-sectional properties) that are oriented back-to-back with a gap of 25 mm between the two channels. The column is fixed at its base and free to translate in the $y$ direction at its upper end. Translation in the $z$ direction, however, is restrained at its upper end. The load $P$ is applied at an offset distance from the channel flanges. Using the allowable stress method, determine the maximum offset distance that is acceptable if:

(a) $P = 125$ kN.
(b) $P = 200$ kN.

Use the AISC equations given in Section 16.5 and assume that $E = 200$ GPa and $\sigma_Y = 250$ MPa.

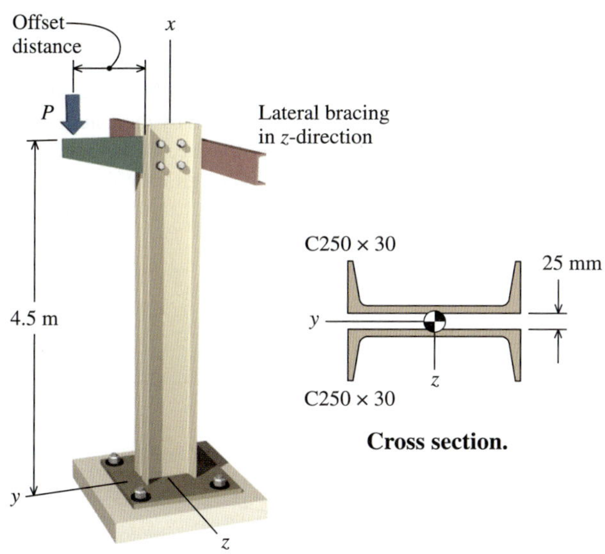


**FIGURE P16.87/88**

**P16.88** The column shown in Figure P16.87/88 is fabricated from two C250 × 30 standard steel shapes (see Appendix B for its cross-sectional properties) that are oriented back-to-back with a gap of 25 mm between the two channels. The column is fixed at its base and free to translate in the $y$ direction at its upper end. Translation in the $z$ direction, however, is restrained at its upper end. A load $P$ is applied at an offset distance of 500 mm from the channel flanges. Use the AISC equations given in Section 16.5 and assume that $E = 200$ GPa, $\sigma_Y = 250$ MPa, and $(\sigma_{\text{allow}})_b = 150$ MPa. Using the interaction equation method, determine:

(a) whether the column is safe for a load of $P = 75$ kN; report the value of the interaction equation.
(b) the magnitude of the largest load $P$ that may be applied to the column.

**P16.89** A 3-m-long column consists of a wide-flange shape made of 6061-T6 aluminum alloy. The column, which is pinned at its upper and lower ends, supports an eccentric axial load $P$. At the upper end of the column, the load $P$ is applied at an eccentricity of $e = 180$ mm from the $x$–$y$ plane (Figure P16.89*a*), creating a bending moment about the weak axis of the flanged shape (i.e., the $y$ axis). The cross-sectional dimensions of the aluminum wide-flange shape are shown in Figure P16.89*b*. Use the interaction method to determine the maximum allowable magnitude of $P$. Use the Aluminum Association equations given in Section 16.5 and assume that the allowable bending stress of the 6061-T6 alloy is 150 MPa.

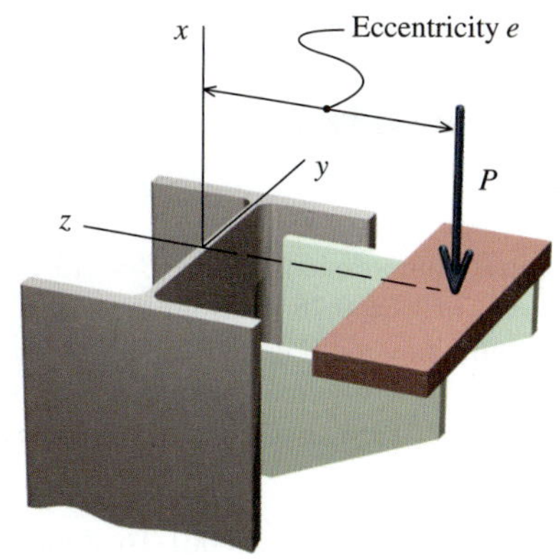


**FIGURE P16.89*a***

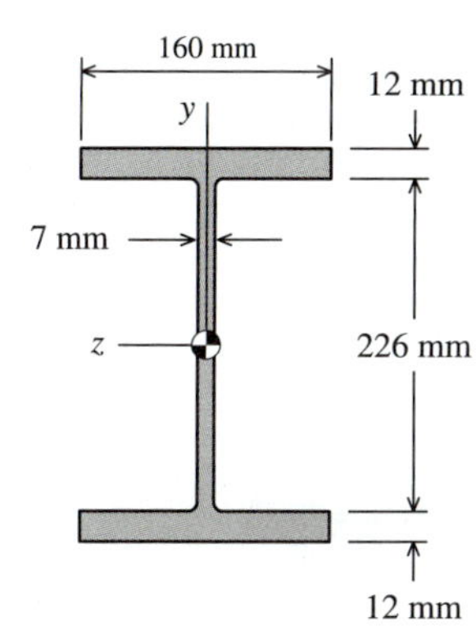


**FIGURE P16.89*b***

**P16.90** An eccentric compression load of $P = 32$ kN is applied at an eccentricity of $e = 12$ mm from the centerline of a solid 45-mm-diameter 6061-T6 aluminum-alloy rod (Figure P16.90/91). Using the interaction method and an allowable bending stress of 150 MPa, determine the longest effective length $L$ that can be used.

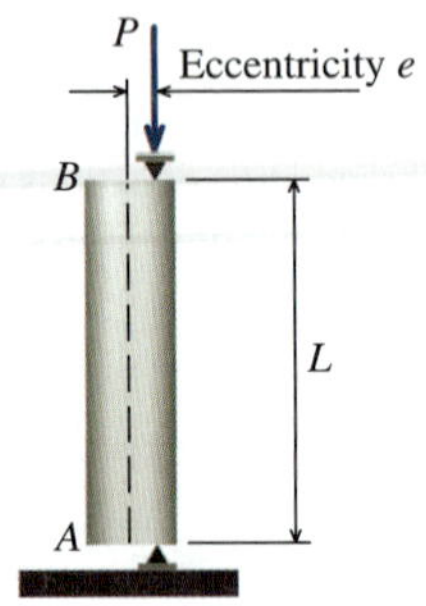


**FIGURE P16.90/91**

**P16.91** An eccentric compression load of $P = 13$ kips is applied at an eccentricity of $e = 0.75$ in. from the centerline of a solid 6061-T6 aluminum-alloy rod (Figure P16.90/91). The rod has an effective length of 45 in. Using the interaction method and an allowable bending stress of 21 ksi, determine the smallest diameter that can be used.

**P16.92** A square tube shape made of 6061-T6 aluminum alloy supports an eccentric compression load $P$ that is applied at an eccentricity of $e = 4.0$ in. from the centerline of the shape (Figure P16.92). The width of the square tube is 3 in., its wall thickness is 0.12 in., and its effective length is $L = 65$ in. Using the interaction method and an allowable bending stress of 21 ksi, determine the maximum allowable load $P$ that can be supported by the column.

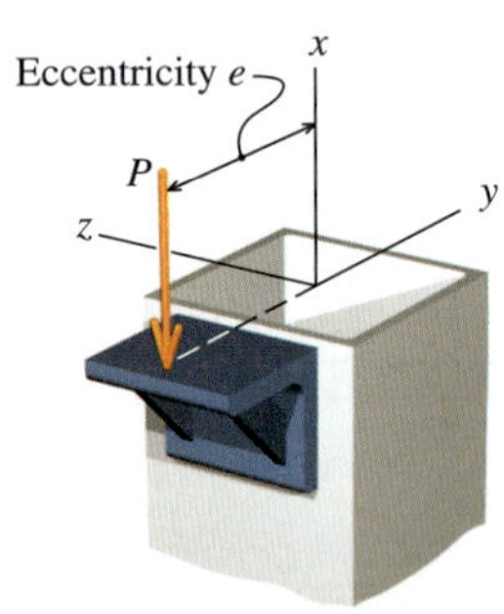


**FIGURE P16.92**

**P16.93** A sawn wood post of rectangular cross section (Figure P16.93) consists of No. 1 Spruce-Pine-Fir lumber ($F_c = 1{,}050$ psi; $E = 1{,}200{,}000$ psi). The finished dimensions of the post are $b = 5.5$ in. and $h = 7.25$ in. The post is 12 ft long and the ends of the post are pinned. Using the interaction method and an allowable bending stress of 850 psi, determine the maximum allowable load that can be supported by the post if the load $P$ acts at an eccentricity of $e = 6$ in. from the centerline of the post. Use the NFPA NDS column design formula.

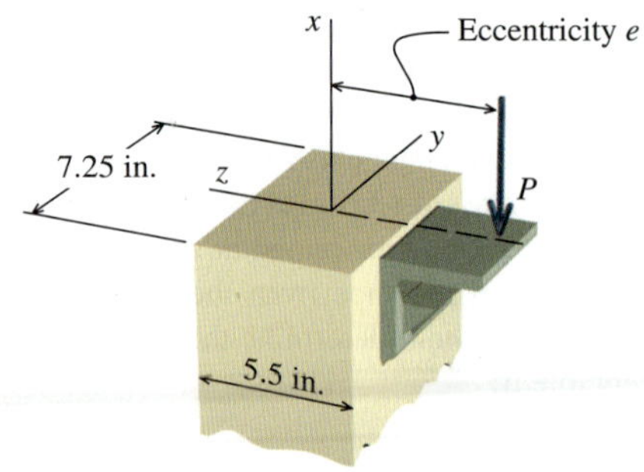


**FIGURE P16.93**

**P16.94** A square wood column is made from No. 1 Spruce-Pine-Fir lumber ($F_c = 7.2$ MPa; $E = 8.3$ GPa). The finished dimensions of the column are 140 mm by 140 mm, the column is 3.5 m long, and the ends of the column can be assumed to be pinned. Using the interaction method and an allowable bending stress of 6.0 MPa, determine the maximum allowable load that can be supported by the column if the load $P$ acts at an offset of 400 mm from the face of the column (Figure P16.94). Use the NFPA NDS column design formula.

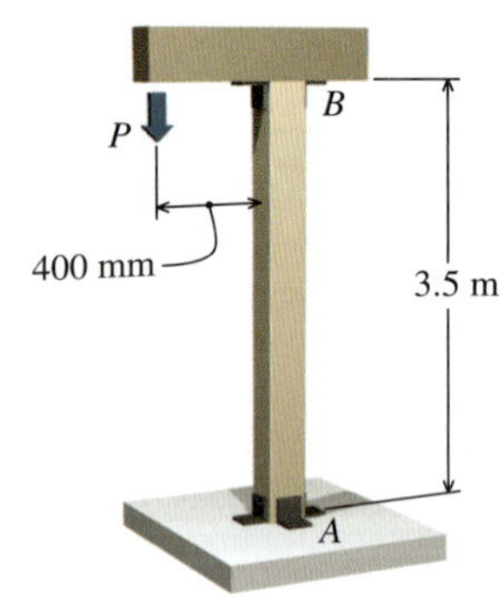


**FIGURE P16.94**

**P16.95** A square wood column is made from No. 2 cedar lumber ($F_c = 7.2$ MPa; $E = 8.3$ GPa). The finished dimensions of the column are 140 mm by 140 mm and the effective length of the column is 5 m. Using the allowable stress method, determine the maximum allowable load that can be supported by the column if the load $P$ acts at an eccentricity of $e = 90$ mm (Figure P16.95). Use the NFPA NDS column design formula.

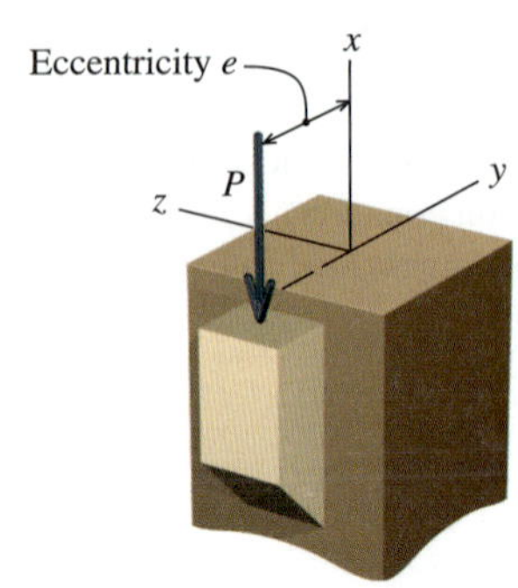


**FIGURE P16.95**

APPENDIX

# A 단면치

## A.1 도심

도심(centroid of area)은 면적 또는 평면상의 도형의 기하학적 중심을 정의한다. 그림 A.1*a*의 임의 형상의 도형에 대하여 도심 $c$의 $x$좌표와 $y$좌표는 각각 다음의 식에 의하여 결정된다.

$$\bar{x} = \frac{\int_A x\,dA}{\int_A dA} \qquad \bar{y} = \frac{\int_A y\,dA}{\int_A dA} \tag{A.1}$$

1차모멘트 $x dA$를 부를 때 사용된다. 그 이유는 $x$가 1차항이기 때문이다. 단면 또는 도형의 관성모멘트인 또다른 면적(도형, 단면)의 기하학적 특성치는 $x^2$항을 포함하므로 흔히 이를 2차관성모멘트라고 일컫는다.

여기서 $x\,dA$와 $y\,dA$는 각각 $y$축과 $x$축에 대한 면적 $dA$의 1차모멘트(first moment)이다(그림 A.1*b*). 식 (A.1)의 분모는 도형의 전체 면적을 의미한다.

도형이 대칭면을 가질 경우, 도심은 항상 대칭축 상에 위치한다. 따라서 두 개의 대칭축을 가진 도형의 도심은 두 대칭축의 교점과 일치한다. 널리 사용되는 도형의 도심을 표 A.1에 정리하였다.

### 복합도형

상당수의 기계부품이나 구조용 부품의 단면은 직사각형이나 원과 같은 단순 형상의 도형, 단순도형으로 분할할 수 있다. 이렇게 분할된 도형을 복합도형이라고 한다. 직사각형과 원이 가진 기하학적 대칭성으로부터 분할된 복합도형의 각 요소, 즉 단순도형들의 도심은 쉽게 결정된다. 그래서 단순도형으로 분할된 복합도형의 도심을 계산하는 데 있어 복잡한 적분은 불필요하게 된다. 즉 식 (A.1)을 대신하여 적분기호가 합산기호로 대체된 수식이 사용

**표 A.1 • 평면 도형의 도형(단면, 면적) 특성치**

### 1. 도형

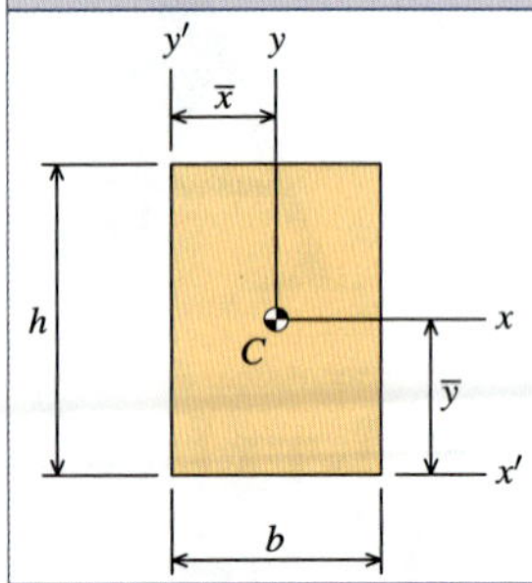


$$A = bh$$

$$\bar{y} = \frac{h}{2} \qquad I_x = \frac{bh^3}{12}$$

$$\bar{x} = \frac{b}{2} \qquad I_y = \frac{hb^3}{12}$$

$$I_{x'} = \frac{bh^3}{3} \qquad I_{y'} = \frac{hb^3}{3}$$

### 6. 중실 원형

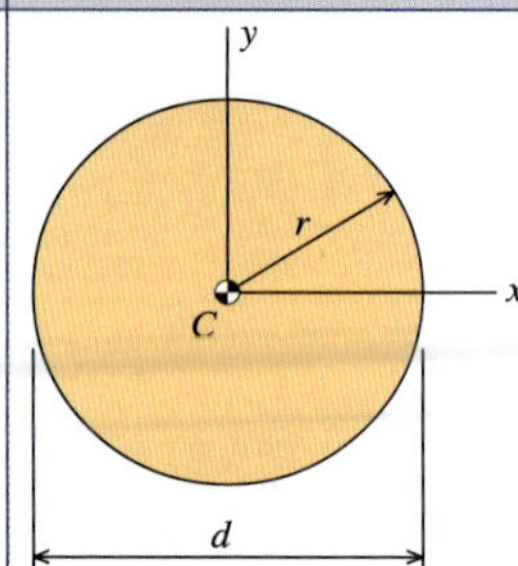


$$A = \pi r^2 = \frac{\pi d^2}{4}$$

$$I_x = I_y = \frac{\pi r^4}{4} = \frac{\pi d^4}{64}$$

### 2. 직삼각형

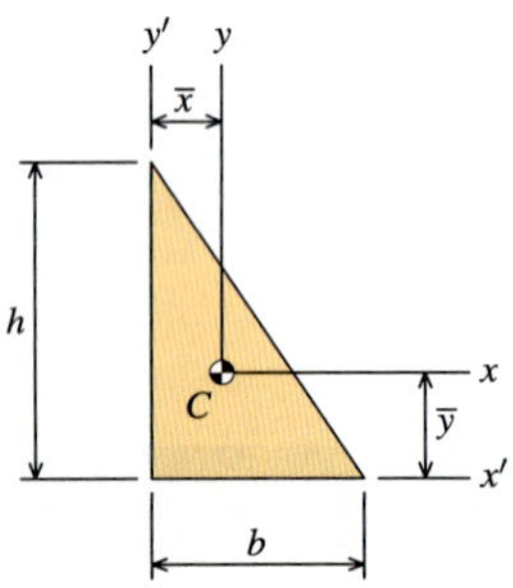


$$A = \frac{bh}{2}$$

$$\bar{y} = \frac{h}{3} \qquad I_x = \frac{bh^3}{36}$$

$$\bar{x} = \frac{b}{3} \qquad I_y = \frac{hb^3}{36}$$

$$I_{x'} = \frac{bh^3}{12} \qquad I_{y'} = \frac{hb^3}{12}$$

### 7. 중공 원형

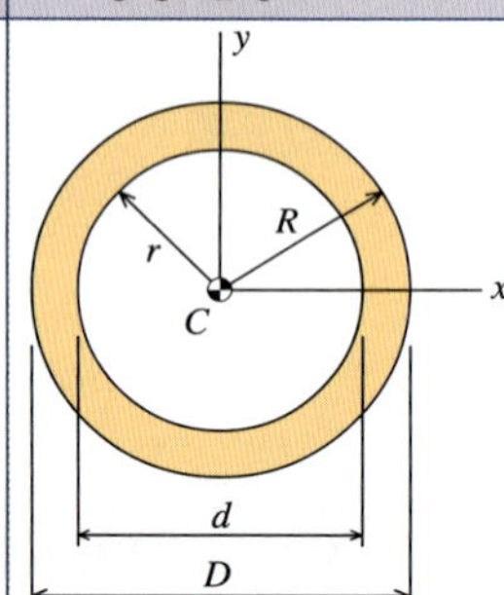


$$A = \pi(R^2 - r^2) = \frac{\pi}{4}(D^2 - d^2)$$

$$I_x = I_y = \frac{\pi}{4}(R^4 - r^4)$$

$$= \frac{\pi}{64}(D^4 - d^4)$$

### 3. 삼각형

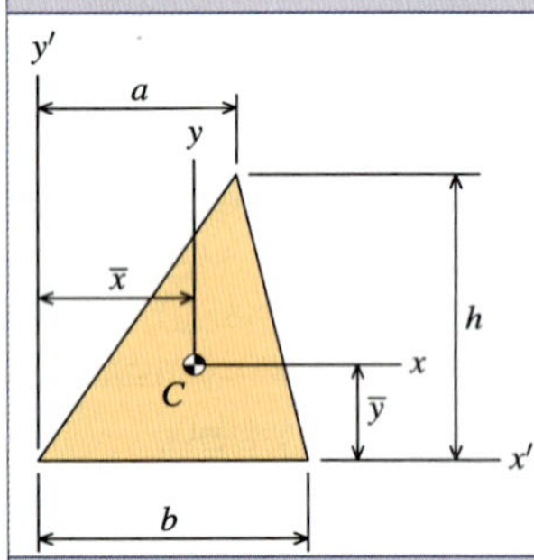


$$A = \frac{bh}{2}$$

$$\bar{y} = \frac{h}{3} \qquad I_x = \frac{bh^3}{36}$$

$$\bar{x} = \frac{(a+b)}{3} \qquad I_y = \frac{bh}{36}(a^2 - ab + b^2)$$

$$I_{x'} = \frac{bh^3}{12}$$

### 8. 포물선내형

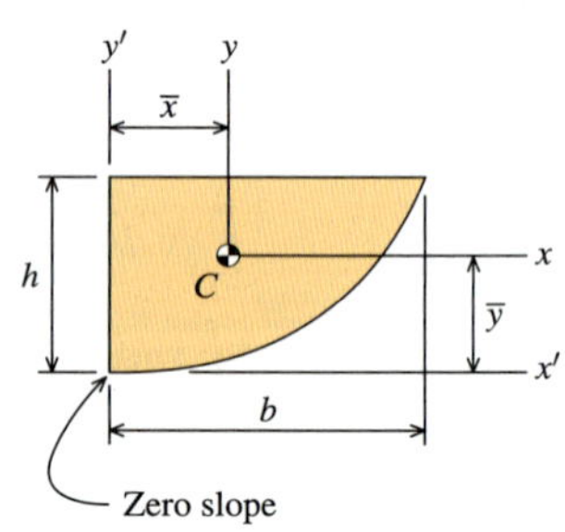


$$y' = \frac{h}{b^2}x'^2$$

$$A = \frac{2bh}{3}$$

$$\bar{x} = \frac{3b}{8} \qquad \bar{y} = \frac{3h}{5}$$

### 4. 사다리꼴형

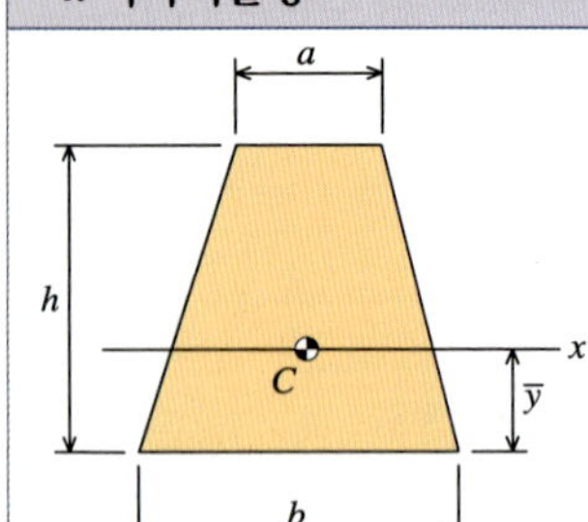


$$A = \frac{(a+b)h}{2}$$

$$\bar{y} = \frac{1}{3}\left(\frac{2a+b}{a+b}\right)h$$

$$I_x = \frac{h^3}{36(a+b)}(a^2 + 4ab + b^2)$$

### 9. 포물선외형

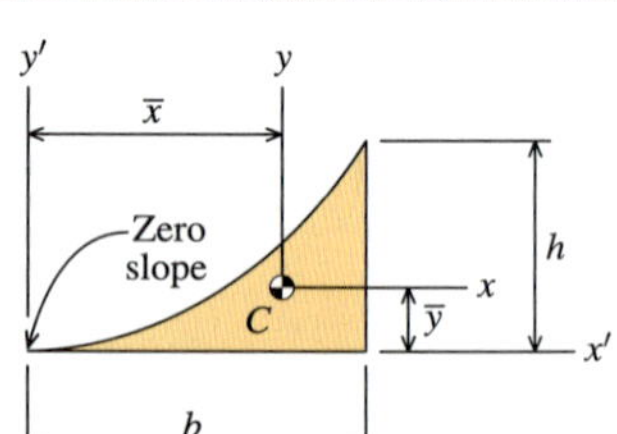


$$y' = \frac{h}{b^2}x'^2$$

$$A = \frac{bh}{3}$$

$$\bar{x} = \frac{3b}{4} \qquad \bar{y} = \frac{3h}{10}$$

### 5. 반원형

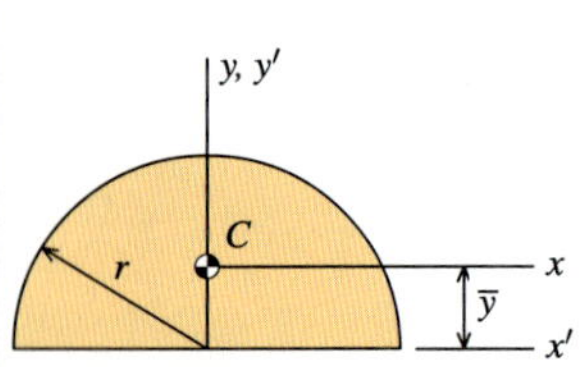


$$A = \frac{\pi r^2}{2}$$

$$\bar{y} = \frac{4r}{3\pi} \qquad I_x = \left(\frac{\pi}{8} - \frac{8}{9\pi}\right)r^4$$

$$I_{x'} = I_{y'} = \frac{\pi r^4}{8}$$

### 10. 일반 n차선 외형

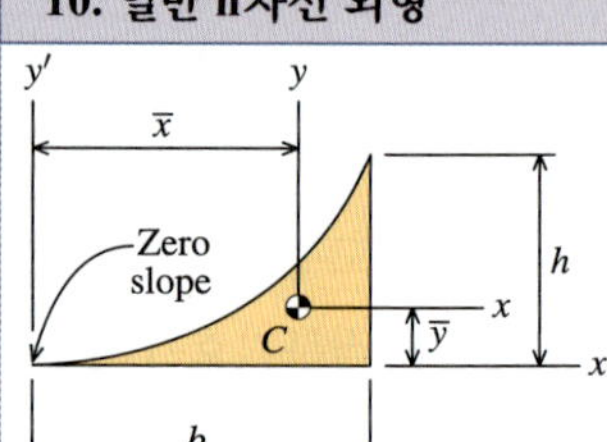


$$y' = \frac{h}{b^n}x'^n$$

$$A = \frac{bh}{n+1}$$

$$\bar{x} = \frac{n+1}{n+2}b \qquad \bar{y} = \frac{n+1}{4n+2}h$$

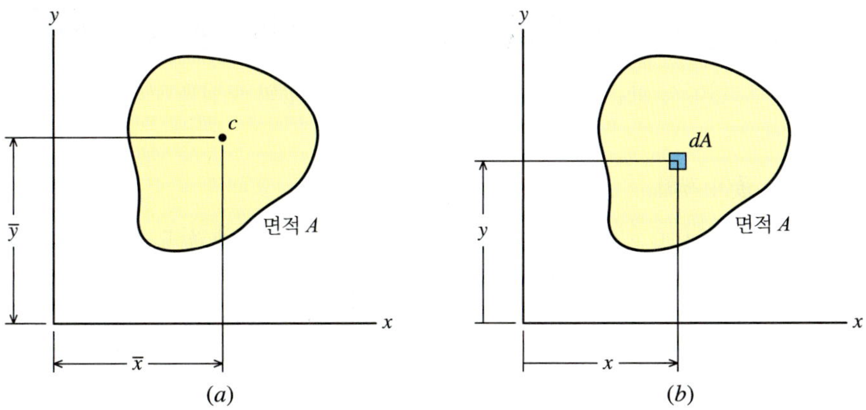


**그림 A.1** • 면적의 도심

될 수 있다. $i$개의 단순도형으로 분할된 복합도형의 도심은 다음의 수식에 의하여 결정된다.

$$\bar{x} = \frac{\Sigma x_i A_i}{\Sigma A_i} \qquad \bar{y} = \frac{\Sigma y_i A_i}{\Sigma A_i} \tag{A.2}$$

여기서 $x_i$와 $y_i$는 각각 $i$번째의 단순도형의 도심의 $x$좌표와 $y$좌표를 의미한다. $\Sigma A_i$ 는 분할된 단순도형의 면적의 합, 즉 전체 도형의 면적이다. 만약, 복합도형 내부에 구멍이 나 있다면, 그 영역은 적분 과정에서 음수의 면적으로 취급된다.

**MecMovies Example A.1**

**The Centroids Game: Learning the Ropes**

게임의 도움을 받아 직사각형으로 이루어져 있는 복합도형의 도심 계산에 능숙하게 되자.

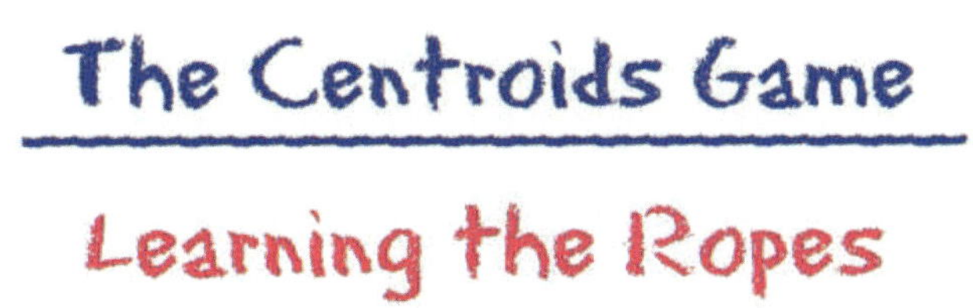

## 예제 A.1 EXAMPLE

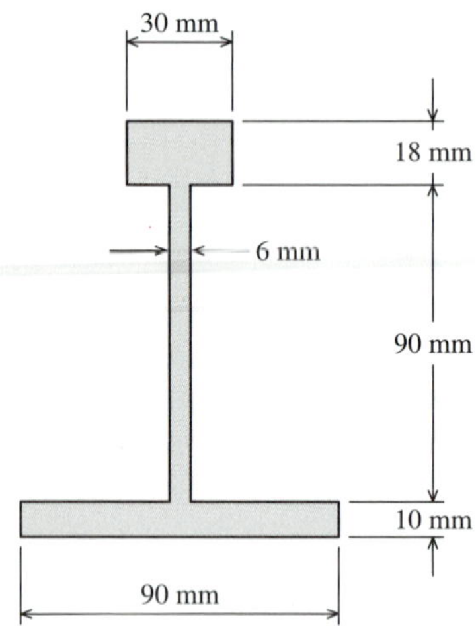


그림에서 보는 바와 같은 플랜지 형상의 도형의 도심을 구하라.

**풀이 계획**

도심의 수평방향 위치는 대칭성만으로도 쉽게 구해진다. 도심의 수직방향 위치를 결정하기 위해서는 도형을 세 개의 직사각형으로 분할해야 한다. 도형의 최하단을 기준좌표계로 잡고 식 (A.2)를 적용하여 도심의 수직방향 위치를 결정할 수 있다.

**풀이**

도심의 수평방향 위치는 대칭성만으로도 쉽게 구해진다. 그러나 도심의 $y$좌표는 계산되어야 한다. 플랜지 형상의 복합도형은 직사각형 (1), (2), (3)으로 분할되며, 이 직사각형의 면적은 쉽게 계산된다. 구체적인 계산을 위해 기준좌표계의 설정이 필요한데, 여기서는 복합도형의 최하단을 기준좌표계의 $y$좌표축의 시발점으로 삼는다. $y_i$, 즉 $i$번째 직사각형의 도심의 $y$좌표를 구하고 1차모멘트라고 불리는 $y_iA_i$를 구한다. 복합도형의 도심의 $y$좌표, $\bar{y}$는 1차모멘트의 합을 전체면적으로 나누어 계산한다. 전술한 계산 과정을 아래의 표에 정리하였다.

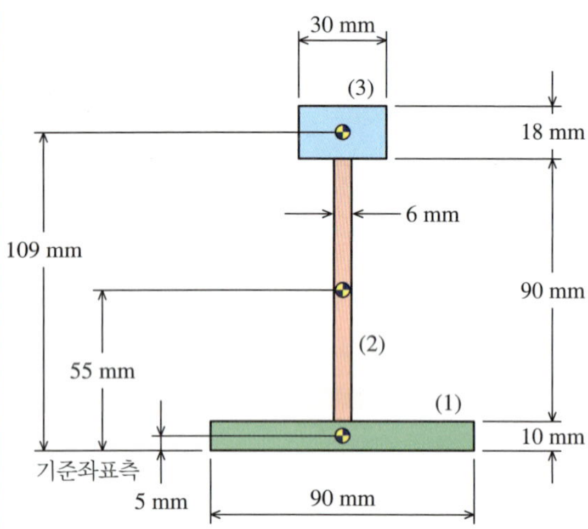


| | $A_i$ (mm²) | $y_i$ (mm) | $y_iA_i$ (mm³) |
|---|---|---|---|
| (1) | 900 | 5 | 4,500 |
| (2) | 540 | 55 | 29,700 |
| (3) | 540 | 109 | 58,860 |
| | 1,980 | | 93,060 |

$$\bar{y} = \frac{\Sigma y_i A_i}{\Sigma A_i} = \frac{93{,}060 \text{ mm}^3}{1{,}980 \text{ mm}^2} = 47.0 \text{ mm} \qquad \textbf{Ans.}$$

따라서 도심은 도형의 최하단에서 47.0 mm 떨어진 지점에 위치한다.

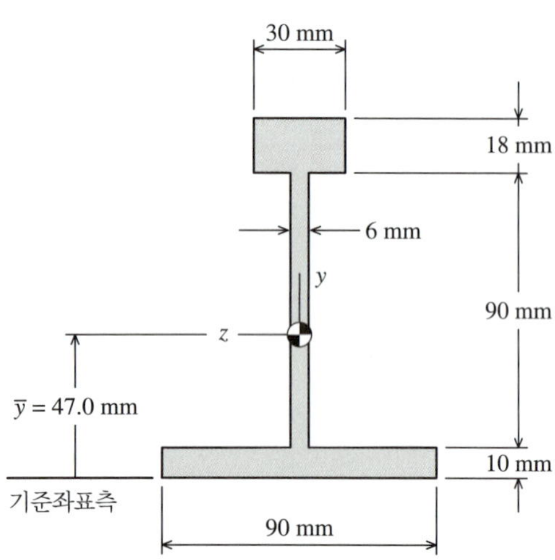

## MecMovies Example A.2

이것은 T-형상의 도심 계산을 위한 에니메이션 예제이다.

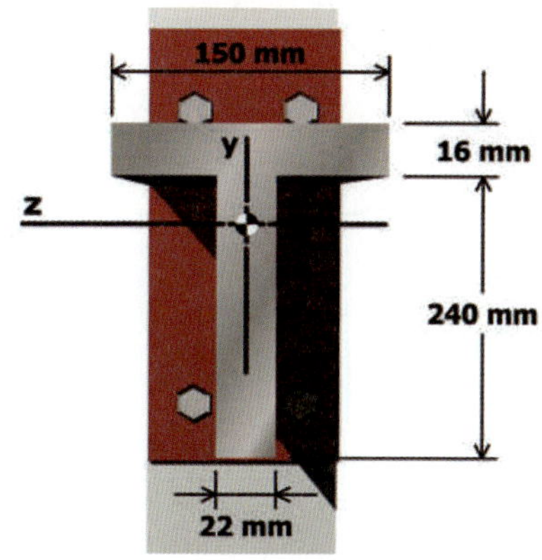


## MecMovies Example A.3

이것은 U-형상의 도심 계산을 위한 에니메이션 예제이다.

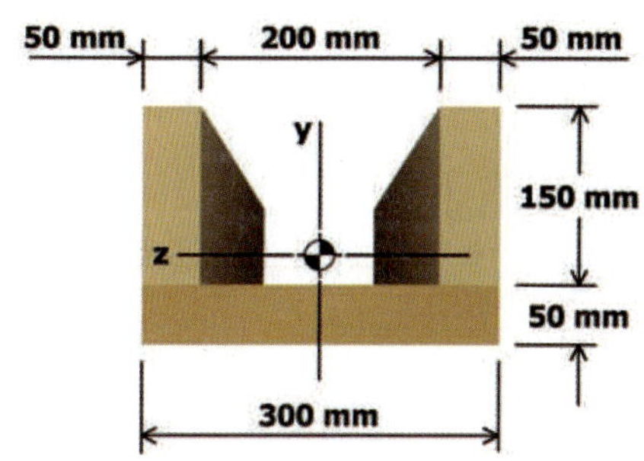


## A.2 도형의 관성모멘트

항 $\int x\, dA$와 $\int y\, dA$는 식 (A.1)에서 기술한 도심의 정의에 나타난다. 이 항들은 $x$와 $y$에 대하여 1차이므로 각각 도형의 $y$축과 $x$축에 대한 1차모멘트라고 불러진다. 고체역학에서는 다수의 수식이 $\int x^2\, dA$와 $\int y^2\, dA$ 형태의 적분을 포함하며, 이 적분에서 적분 영역이 부재의 단면이 된다. 따라서 이러한 항을 단면2차관성모멘트 또는 단면관성모멘트라고 한다. 2차라는 용어를 사용하는 이유는 피적분함수가 $x^2$과 $y^2$에 대한 2차 함수이기 때문이다.

2차관성모멘트에서 관성모멘트의 용어를 사용한 이유는 물체의 질량관성모멘트와의 유사성 때문이다.

그림 A.2에서 도형 $A$의 $x$축에 대한 단면2차관성모멘트, 즉 $x$축 단면2차관성모멘트는 다음과 같이 정의된다.

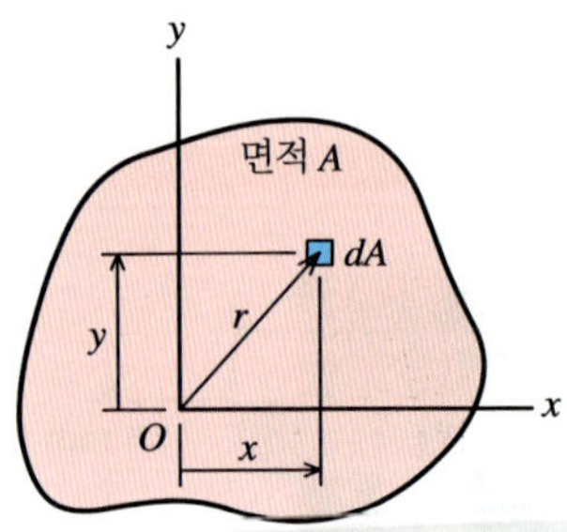


그림 A.2

$$I_x = \int_A y^2\, dA \tag{A.3}$$

마찬가지로 $y$축 단면2차관성모멘트는 다음과 같이 정의한다.

$$I_y = \int_A x^2\, dA \tag{A.4}$$

단면2차관성모멘트는 도형이 이루는 평면에 수직한 방향으로도 정의될 수 있다. 그림 A.2에서 $z$축은 평면을 이루는 도형에 수직하면서 원점 $O$를 통과한다. 단면극관성모멘트, $J$는 다음 식과 같이 $z$축에서 면적요소 $dA$에 이르는 거리 $r$로 정의된다.

$$J = \int_A r^2\, dA \tag{A.6}$$

피타고라스의 정리를 이용하면, $r^2 = x^2 + y^2$이므로 식 (A.5)는 다음 식으로 표현될 수 있다.

$$J = \int_A r^2\, dA = \int_A (x^2 + y^2)\, dA = \int_A x^2\, dA + \int_A y^2\, dA$$

결과적으로 다음 식이 성립한다.

$$J = I_y + I_x \tag{A.6}$$

식 (A.3), 식 (A.4), 식 (A.5)에서 정의된 것으로부터 알 수 있는 바와 같이 단면2차관성모멘트 또는 단면극관성모멘트는 모두 양수이며, 차원은 길이의 4차가 된다. 흔히 사용되는 단위는 $\text{mm}^4$과 $\text{in}^4$이다.

널리 사용되는 도형의 단면2차관성모멘트를 표 A.1에 정리하였다.

## 도형의 평행축 이론

단면2차관성모멘트가 하나의 축에 대해서 구해져 있을 때, 이 축에 평행한 다른 축에 대한 단면2차관성모멘트는 두 축 중에서 어느 하나가 도형의 도심을 통과한다면, 도형의 평행축 이론에 의하여 기지의 단면2차관성모멘트로부터 계산될 수 있다.

그림 A.3에서 $b$축에 대한 단면2차관성모멘트는 다음과 같다.

$$\begin{aligned} I_b &= \int_A (y + d)^2\, dA = \int_A y^2\, dA + 2d\int_A y\, dA + d^2\int_A dA \\ &= I_x + 2d\int_A y\, dA + d^2 A \end{aligned} \tag{a}$$

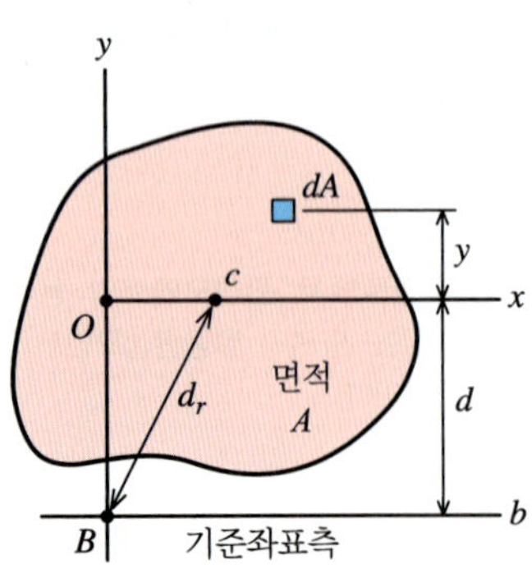


그림 A.3

적분 $\int_A$는 $x$축에 대한 도형 $A$의 1차모멘트이므로 식 (A.1)로부터 다음과 같이 표현된다.

$$\int_A y\, dA = \bar{y}A$$

만약 $x$축이 도형의 도심 $c$를 통과하면 $\bar{y} = 0$이 되고, 식 (a)는 다음과 같이 간소화된다.

$$I_b = I_c + d^2 A \tag{A.7}$$

여기서 $I_c$는 기준축, 즉 $b$축에 평행하면서 도심을 지나는 축에 대한 단면2차관성모멘트이며, $d$는 두 축 간의 수직거리, 즉 최단거리이다. 같은 논리, 즉 도형의 평행축 이론이 단면극관성모멘트의 계산에도 적용된다. 즉 다음의 식이 성립한다.

$$J_b = J_c + d_r^2 A \tag{A.8}$$

도형의 평행축 이론에 따르면, 어떤 축에 대한 (극)단면2차관성모멘트는 도심에 대한 (극)단면2차관성모멘트에다 면적과 두 축 간의 최단거리의 재곱의 곱을 더해준 것이다.

## 복합 도형

종종 비규칙적인 복합도형을 위한 단면2차관성모멘트의 계산이 요구된다. 만약, 그러한 도형이 직사각형, 삼각형, 원 등의 단순도형으로 분할된다면, 그 도형에 대한 (극)단면2차관성모멘트는 도형의 평행축 이론으로 쉽게 구할 수 있다. 복합도형의 (극)단면2차관성모멘트는 다음 식과 같이 각 단순도형의 (극)단면2차관성모멘트의 합으로부터 구해진다.

$$I = \Sigma(I_c + d^2 A)$$

만약 도형에 구멍이 나 있을 경우, 그에 해당하는 면적은 위의 적분 시에 고려하지 않아야 한다.

**MecMovies Example A.4**

**The Moment of Inertia Game: Starting from Square One**

게임의 도움을 받아 직사각형으로 이루어져 있는 복합도형의 관성모멘트의 계산에 능숙하게 되자.

## MecMovies Example A.5

T-형상의 도심축과 도심축에 대한 도형의 관성모멘트를 구하라.

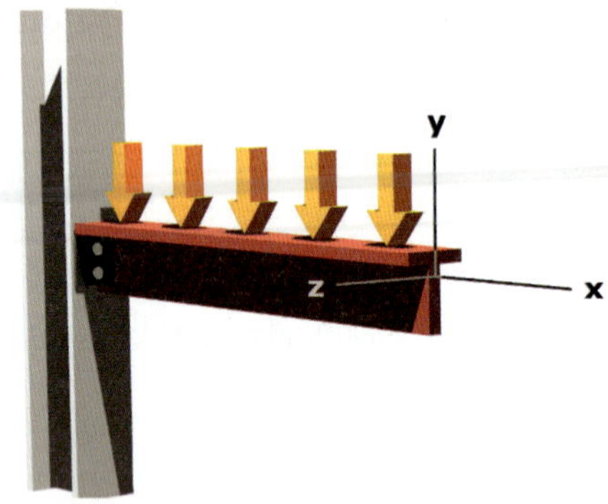


## 예제 A.2 EXAMPLE

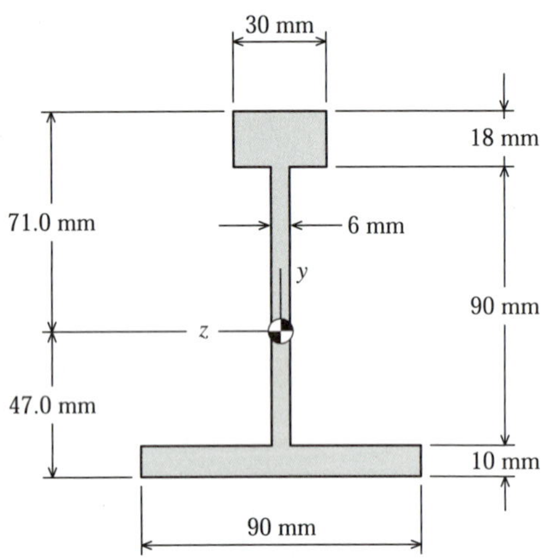


그림에서 보는 바와 같은 플랜지 형상의 도형에 대한 $z$축과 $y$축 단면2차관성모멘트를 구하라.

**풀이 계획**

문제 A.1에서 이미 이 복합도형은 3개의 직사각형으로 분할된 바 있다. 직사각형의 도심에서 단면2차관성모멘트는 $I_c = bh^3/12$이다. 이 식에서 $b$는 관심축에 팽행한 방향으로의 직사각형의 변의 길이이고 $h$는 다른 한 변의 길이이다. $I_z$를 계산하는 데 있어서 이 관계식은 도형의 평행축 이론과 함께 복합도형의 $z$도심축에 대한 각 직사각형의 단면2차관성모멘트의 계산에 사용된다. 물론 복합도형 전체에 대한 $I_z$는 세 개의 단순도형에 대한 $I_z$값을 더하면 된다. $I_y$의 계산도 근본적으로 $I_z$의 계산과 동일하다. 그러나 단순도형의 도심이 모두 $y$축 상에 있으므로 도형의 평행축 이론은 불필요하다.

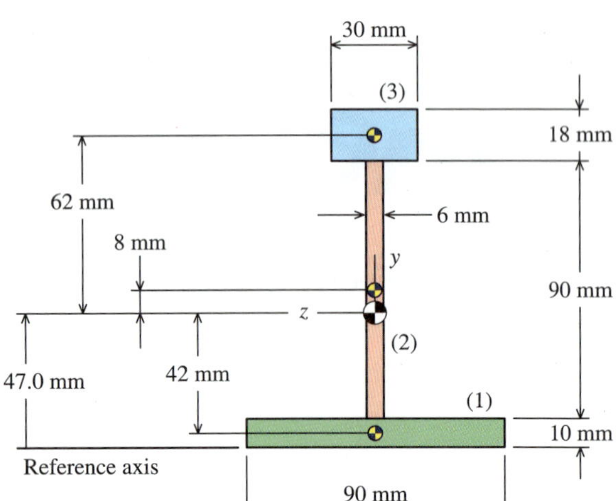


**풀이**

**(a) $z$도심축에 대한 단면2차관성모멘트**

각 직사각형의 도심에 대한 그 자신의 단면2차관성모멘트 $I_{ci}$의 계산은 첫 번째 관문이다. 이 값은 $I_c = bh^3/12$의 수식에 의하여 결정된다.

예를들면, 단순도형 (1)에 대한 이 값은 다음과 같이 계산된다. $I_c = bh^3/12 = (90\text{ mm})(10\text{ mm})^3/12 = 7{,}500\text{ mm}^4$. 다음으로 전체의 복합도형의 도심의 $z$축과 관심으로 하는 직사각형의 단순도형 $i$(면적의 크기를 $A_i$라고 함)의 도심의 $z$축 간의 수직거리, 즉 최단거리 $d_i$를 구한다. $d_i$를 재곱하고 면적 $A_i$를 곱한 후 더해 줌으로써 각 직사각형이 전체의 복합도형의 $z$도심축에 대한 단면2차관성모멘트에 기여하는 양을 반영한다. 이제 전체 복합도형의 $z$도심축에 대한 단면2차관성모멘트를 각 직사각형의 $z$도심축에 대한 단면2차관성모멘트를 합산하여 구한다. 전체의 계산 과정을 아래의 표에 정리하였다.

| | $I_{ci}$ (mm$^4$) | $\|d_i\|$ (mm) | $d_i^2 A_i$ (mm$^4$) | $I_z$ (mm$^4$) |
|---|---|---|---|---|
| (1) | 7,500 | 42.0 | 1,587,600 | 1,595,100 |
| (2) | 364,500 | 8.0 | 34,560 | 399,060 |
| (3) | 14,580 | 62.0 | 2,075,760 | 2,090,340 |
| | | | | 4,084,500 |

따라서 $z$도심축에 대한 플랜지 형상의 복합도형에 대한 단면2차관성모멘트는 $I_z$ = 4,080,000 mm$^4$이다. **Ans.**

**(b) $y$도심축에 대한 단면2차관성모멘트**

(a)에서와 마찬가지로 먼저 각 직사각형의 도심에 대한 그 자신의 단면2차관성모멘트 $I_{ci}$의 계산은 첫 번째 관문이다. 여기서는 수식축에 대한 단면2차관성모멘트를 구한다는 점이 (a)와 다른 점이다. 예를 들면, 단순도형 (1)의 수직축에 대한 단면2차관성모멘트는 다음과 같이 계산된다. $I_{c1} = bh^3/12 = (10 \text{ mm})(90 \text{ mm})^3/12 = 607{,}500 \text{ mm}^4$. 여기서 강조해야 할 점은 $I_y$의 계산을 위하여 일반공식 $bh^3/12$에서 $I_z$의 계산 때와는 서로 다른 $b$와 $h$값이 연결된다는 점이다. 모든 직사각형의 도심이 복합도형의 $y$도심축에 존재하므로 도형의 팽형 축 이론의 적용은 불필요하다. 전체의 계산 과정을 아래의 표에 정리하였다.

| | $I_{ci}$ (mm$^4$) | $\|d_i\|$ (mm) | $d_i^2 A_i$ (mm$^4$) | $I_y$ (mm$^4$) |
|---|---|---|---|---|
| (1) | 607,500 | 0 | 0 | 607,500 |
| (2) | 1,620 | 0 | 0 | 1,620 |
| (3) | 40,500 | 0 | 0 | 40,500 |
| | | | | 649,620 |

따라서 $y$도심축에 대한 플랜지 형상의 복합도형에 대한 단면2차관성모멘트는 $I_y$ = 650,000 mm$^4$이다. **Ans.**

## 예제 A.3 EXAMPLE

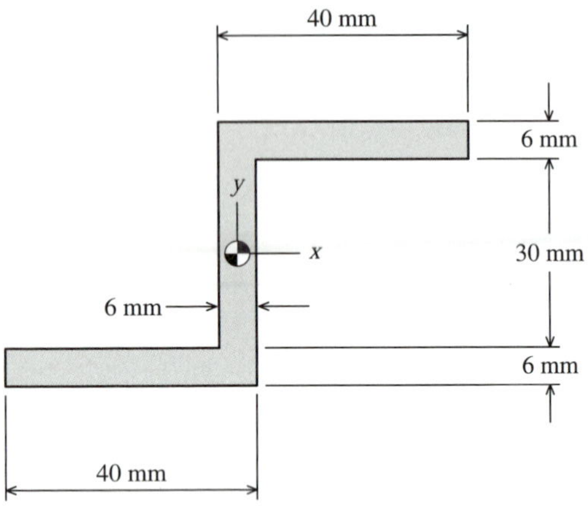


그림에서 보는 바와 같은 $Z$형 도형에 대한 $z$축과 $y$축 단면2차관성모멘트를 구하라.

### 풀이 계획

$Z$형 복합도형을 세 개의 단순도형으로 분할한 후, 단면2차관성모멘트 $I_z$와 $I_y$를 $I_z = bh^3/12$ 일반공식과 도형의 평행축 이론을 이용하여 계산한다.

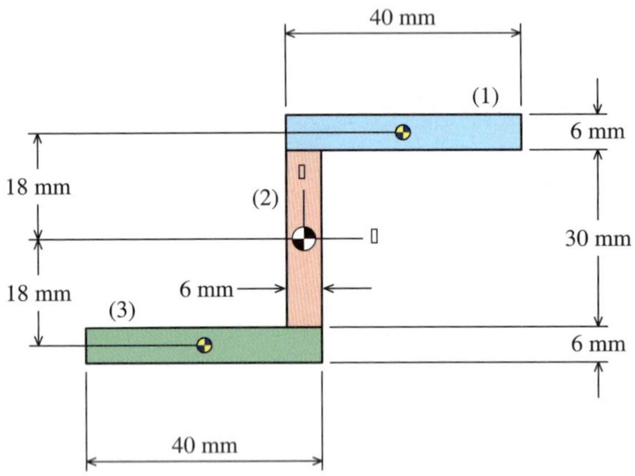


### 풀이

$Z$형 복합도형의 도심의 위치은 그림에서 보는 바와 같다. $I_z$와 $I_y$의 전체 계산 과정을 다음과 같이 정리하였다.

**(a) $x$도심축에 대한 단면2차관성모멘트**

| | $I_{ci}$ (mm⁴) | $\|d_i\|$ (mm) | $A_i$ (mm²) | $d_i^2 A_i$ (mm⁴) | $I_z$ (mm⁴) |
|---|---|---|---|---|---|
| (1) | 720 | 18.0 | 240 | 77,760 | 78,480 |
| (2) | 13,500 | 0 | 180 | 0 | 13,500 |
| (3) | 720 | 18.0 | 240 | 77,760 | 78,480 |
| | | | | | 170,460 |

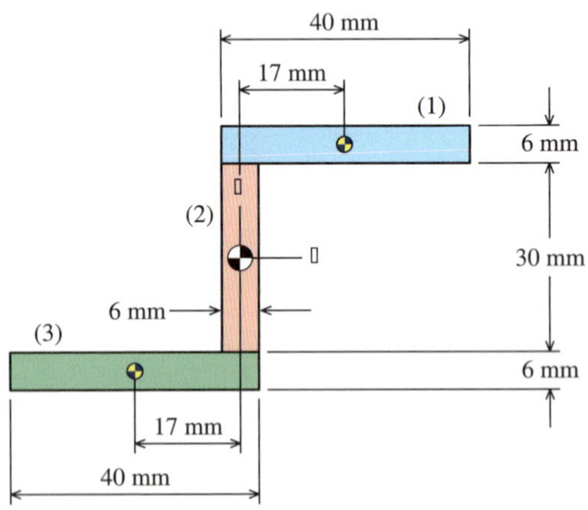


**(b) $y$도심축에 대한 단면2차관성모멘트**

| | $I_{ci}$ (mm⁴) | $\|d_i\|$ (mm) | $A_i$ (mm²) | $d_i^2 A_i$ (mm⁴) | $I_z$ (mm⁴) |
|---|---|---|---|---|---|
| (1) | 32,000 | 17.0 | 240 | 69,360 | 101,360 |
| (2) | 540 | 0 | 180 | 0 | 540 |
| (3) | 32,000 | 17.0 | 240 | 69,360 | 101,360 |
| | | | | | 203,260 |

$Z$형 복합도형의 2차관성모멘트는 $I_x = 170{,}500\ \text{mm}^4$ and $I_y = 203{,}000\ \text{mm}^4$. **Ans.**

## A.3 도형의 관성적

그림 A.4의 면적요소 $dA$에 의한 $x$축과 $y$축에 관한 단면관성적은 그 면적요소의 크기, 즉 면적과 두 좌표축의 곱으로 정의된다. 따라서 전체 도형에 대한 단면관성적은 다음과 같다.

$$I_{xy} = \int_A xy\,dA \tag{A.9}$$

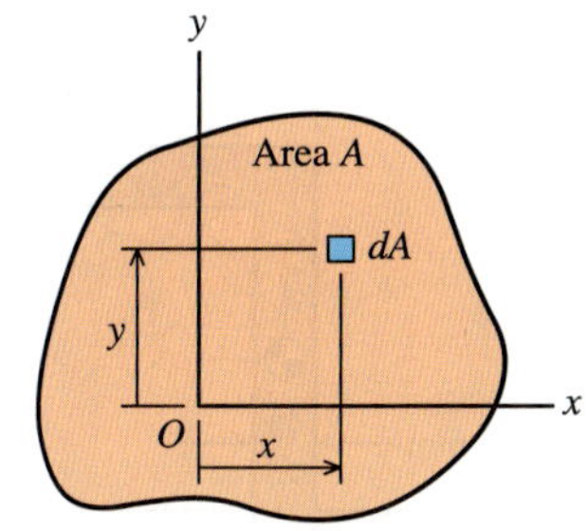


그림 A.4

단면관성적의 차원은 길이의 4차이며, 단면2차관성모멘트와 동일하다. 단면2차관성모멘트가 모두 양수인 반면, 단면관성적은 양수가 아닐 수도 있다.

두 축 중에서 하나라도 대칭축이면, 두 직교 축에 대한 단면관성적은 0이 된다. 이것은 그림 A.5(그림 속의 도형에서 $x$축에 대해서 대칭임)에 의해서 쉽게 설명된다. 대칭축에 대해서 서로 정반대 위치에 있는 면적요소 $dA$와 $dA'$의 단면관성적은 그 크기는 같고 부호가 반대이다. 따라서 두 면적요소에 기인하는 단면관성적은 더하면 상쇄된다. 결과적으로 이러한 경우에 단면관성적은 0이다.

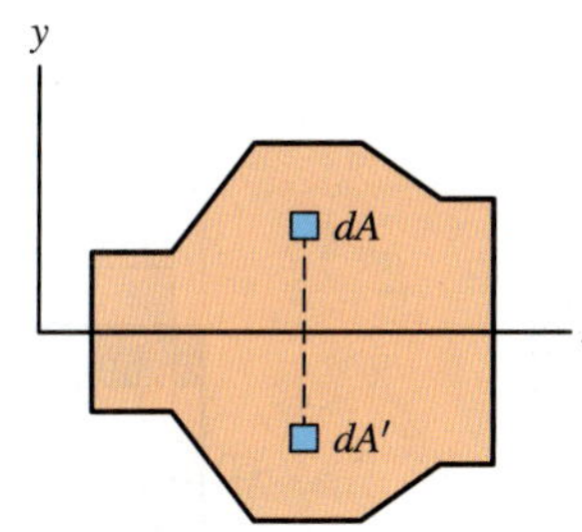


그림 A.5

단면관성적의 평행축 이론은 그림 A.6으로부터 유도될 수 있다. 그림에서 $x'$축과 $y'$축은 도심 $c$를 통과하며 각각 $x$축과 $y$축과 평행하다. $x$축과 $y$축에 대한 단면관성적은 다음과 같다.

$$\begin{aligned} I_{xy} &= \int_A xy\,dA \\ &= \int_A (x_c + x')(y_c + y')\,dA \\ &= x_c y_c \int_A dA + x_c \int_A y'\,dA + y_c \int_A x'\,dA + \int_A x'y'\,dA \end{aligned}$$

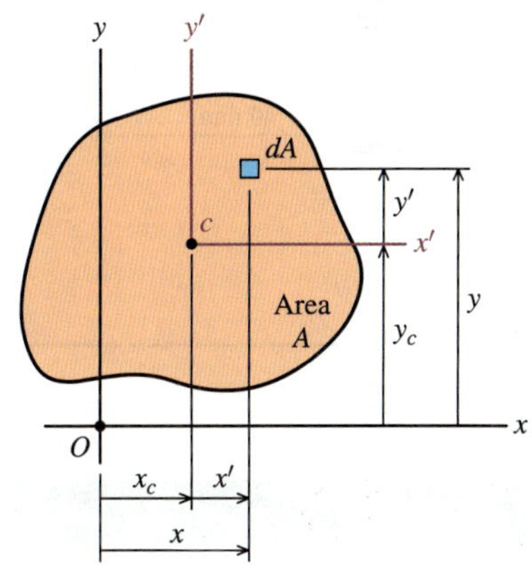


그림 A.6

위 식에서 두 번째와 세 번째 적분은 $x'$축과 $y'$축이 도심을 통과하므로 모두 0이다. 마지막 적분은 도형의 도심에서의 단면관성적이다. 결과적으로 단면관성적은 다음 식으로 정리된다.

$$I_{xy} = I_{x'y'} + x_c y_c A \tag{A.10}$$

단면관성적의 평행축 이론은 다음과 같다. 직교하는 $x$축과 $y$축에 대한 단면관성적은 이 두 축에 평행한 한 쌍의 도심축에 대한 단면관성적에다 도형의 면적과 $x$축 및 $y$축에서 도심축에 이르는 두 개의 거리의 곱과 같다.

단면관성적은 다음 절에서 공부하는 주단면관성축의 계산에 사용된다. 다음의 두 예제는 단면관성적의 계산과 관련된 것이다.

## 예제 A.4 EXAMPLE

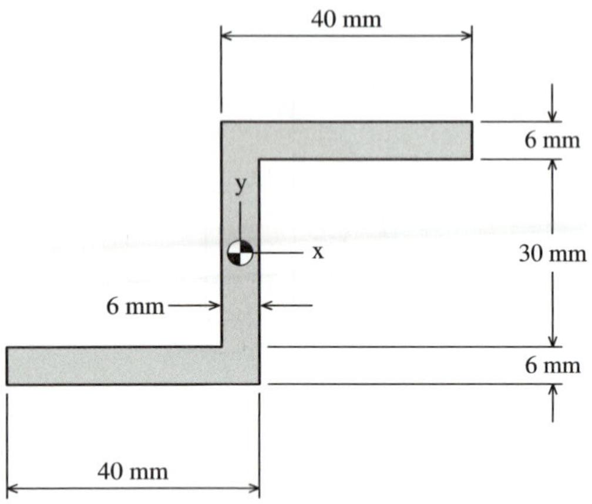


그림에서 보는 바와 같은 $Z$형 도형에 대한 단면관성적을 구하라.

**풀이 계획**

$Z$형 복합도형은 세 개의 단순도형으로 분할된다. 직사각형은 대칭적이기 때문에 그 자신의 도심에 대한 단면2차관성적은 0이다. 따라서 전체의 복합도형에 대한 단면관성적은 도형의 평행축 이론에 의하여 구해진다.

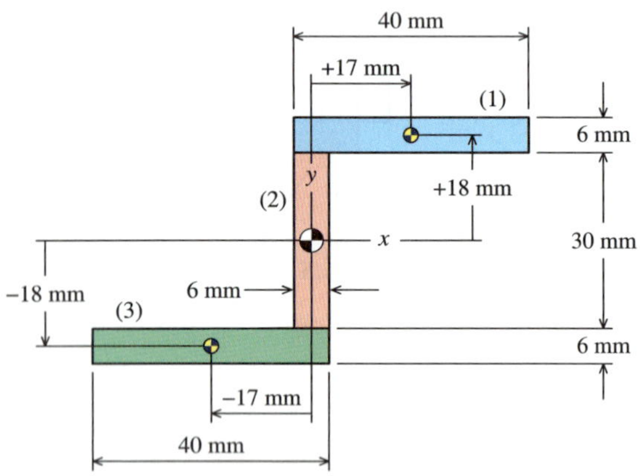


**풀이**

$Z$형 복합도형의 도심의 위치은 그림에서 보는 바와 같다. 식 (A.10)의 평행축 이론으로부터 단면관성적을 구하는 데 있어, $x_c$와 $y_c$의 부호에 대한 세심한 주의가 요구된다. $x_c$와 $y_c$는 전체 복합도형의 도심부터 분할된 각 단순도형까지에 이르는 변위로부터 구한다. $I_{xy}$의 전체 계산 과정을 다음과 같이 정리하였다.

| | $I_{x'y'}$ ($mm^4$) | $x_c$ (mm) | $y_c$ (mm) | $A_i$ ($mm^2$) | $x_c y_c A_i$ ($mm^4$) | $I_{xy}$ ($mm^4$) |
|---|---|---|---|---|---|---|
| (1) | 0 | 17.0 | 18.0 | 240 | 73,440 | 73,440 |
| (2) | 0 | 0 | 0 | 180 | 0 | 0 |
| (3) | 0 | – 17.0 | – 18.0 | 240 | 73,440 | 73,440 |
| | | | | | | 146,880 |

따라서 $Z$형 복합도형의 단면관성적은 $I_{xy} = 146{,}900\ mm^4$이다. **Ans.**

## 예제 A.5 EXAMPLE

그림에서 보는 바와 같은 다리 길이가 다른 앵글의 도심에 대한 단면2차관성모멘트와 단면관성적으로 구하라.

**풀이 계획**

다리 길이가 다른 앵글은 두 개의 직사각형으로 분할된다. 단면2차관성모멘트는 두 개의 축, 즉 $x$축과 $y$축에 대해서 구한다. 단면관성적은 예제 A.4에서 설명한 바와 동일한 방법으로 구한다.

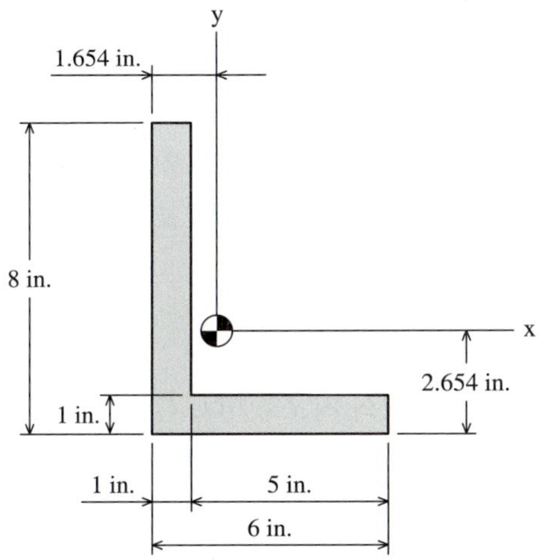


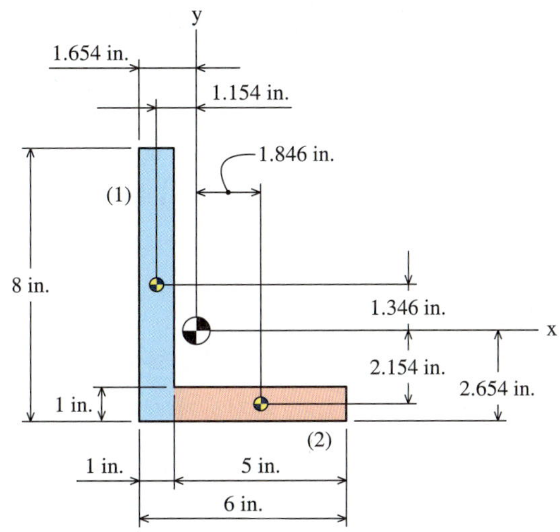


**풀이**

다리 길이가 다른 앵글의 도심은 그림에서 보는 바와 같다. 이 도형의 $x$도심축에 대한 단면2차관성모멘트는 다음과 같이 계산된다.

$$I_x = \frac{(1\text{ in.})(8\text{ in.})^3}{12} + (1\text{ in.})(8\text{ in.})(1.346\text{ in.})^2 + \frac{(5\text{ in.})(1\text{ in.})^3}{12} + (5\text{ in.})(1\text{ in.})(2.154\text{ in.})^2$$
$$= 80.8\text{ in.}^4 \qquad \textbf{Ans.}$$

그리고 $y$도심축에 대한 단면2차관성모멘트는 다음과 같이 구해진다.

$$I_y = \frac{(8\text{ in.})(1\text{ in.})^3}{12} + (8\text{ in.})(1\text{ in.})(1.154\text{ in.})^2 + \frac{(1\text{ in.})(5\text{ in.})^3}{12} + (1\text{ in.})(5\text{ in.})(1.846\text{ in.})^2$$
$$= 38.8\text{ in.}^4 \qquad \textbf{Ans.}$$

식 (A.10)의 평행축 이론으로부터 단면관성적을 구하는 데 있어, $x_c$와 $y_c$의 부호에 대한 세심한 주의가 요구된다. $x_c$와 $y_c$는 전체 복합도형의 도심부터 분할된 각 단순도형까지에 이르는 변위로부터 구한다. $I_{xy}$의 전체 계산 과정을 다음의 표에 정리하였다.

| | $I_{x'y'}$ (in.$^4$) | $x_c$ (in.) | $y_c$ (in.) | $A_i$ (in.$^2$) | $x_c y_c A_i$ (in.$^4$) | $I_{xy}$ (in.$^4$) |
|---|---|---|---|---|---|---|
| (1) | 0 | −1.154 | 1.346 | 8.0 | −12.426 | −12.426 |
| (2) | 0 | 1.846 | −2.154 | 5.0 | −19.881 | −19.881 |
| | | | | | | −32.307 |

따라서 다리 길이가 다른 앵글 단면의 단면관성적은 $I_{xy} = -32.3\text{ in.}^4$이다. **Ans.**

## A.4 주단면2차관성모멘트

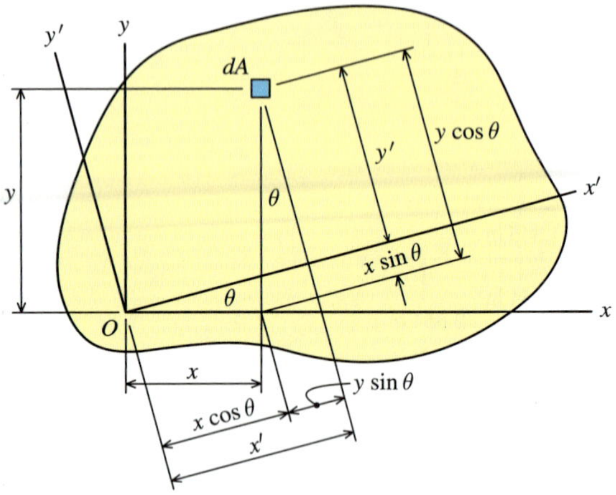


그림 A.7

그림 A.7의 도형에서 점 $O$를 통과하는 $x$축에 대한 도형 $A$의 단면2차관성모멘트는 일반적으로 각도 $\theta$에 따라 변한다. 식 (A.6)을 유도하는 데 사용된 $x$축과 $y$축은 도형 상의 점 $O$를 통과하는 한 쌍의 직교축이다. 따라서 다음 식이 성립한다.

$$J = I_x + I_y = I_{x'} + I_{y'}$$

여기서 $x'$과 $y'$은 점 $O$를 통과하는 한 쌍의 직교축이다. $I_{x'}$과 $I_{y'}$의 합이 일정하기 때문에, 어떤 특별한 각도에서 $I_{x'}$은 최대의 단면2차관성모멘트가 되고 $I_{y'}$은 최소의 단면2차관성모멘트가 된다.

단면2차관성모멘트가 최대 또는 최소가 되는 축을 점 $O$를 통과하는 축에 대한 단면의 도형의 주축이라고 하며, 그것을 $p1$축과 $p2$축으로 표시한다. 이 축들에 대한 단면2차관성모멘트를 주단면2차관성모멘트라고 하고 $I_{p1}$과 $I_{p2}$로 표시한다. 만약 원과 달리 모든 축에 대한 어떤 도형의 단면2차관성모멘트가 동일하지 않으면, 그 도형의 주축은 한 쌍밖에 존재할 수 없다.

어떤 도형의 주단면2차관성모멘트를 결정하는 편리한 방법은 $I_{x'}$을 $I_x$, $I_y$, $I_{xy}$, $\theta$ 등의 함수로 표현한 후, $\theta$에 대한 $I_{x'}$의 1차도함수를 0으로 두어 $I_{x'}$이 극값, 즉 최대값 또는 최소값을 갖는 조건을 찾는 방법이다. 그림 A.7로부터

$$dI_{x'} = y'^2 dA = (y\cos\theta - x\sin\theta)^2 dA$$

이므로

$$\begin{aligned} I_{x'} &= \cos^2\theta\int_A y^2\,dA - 2\sin\theta\cos\theta\int_A xy\,dA + \sin^2\theta\int_A x^2\,dA \\ &= I_x\cos^2\theta - 2I_{xy}\sin\theta\cos\theta + I_y\sin^2\theta \end{aligned}$$

이다. 이 식은 다음 식으로 정리된다.

$$I_{x'} = I_x\cos^2\theta + I_y\sin^2\theta - 2I_{xy}\sin\theta\cos\theta \tag{A.11}$$

식 (A.11)에 다음의 삼각함수의 배각공식을 대입하면,

$$\cos^2\theta = \frac{1}{2}(1+\cos 2\theta)$$
$$\sin^2\theta = \frac{1}{2}(1-\cos 2\theta)$$
$$2\sin\theta\cos\theta = \sin 2\theta$$

다음 식이 구해진다.

$$I_{x'} = \frac{I_x + I_y}{2} + \frac{I_x - I_y}{2}\cos 2\theta - I_{xy}\sin 2\theta \tag{A.12}$$

$I_{x'}$ 이 최대가 되도록 하는 각도 $2\theta$는 $\theta$에 대한 $I_{x'}$ 의 1차도함수를 0으로 둠으로써 구해진다. 즉,

$$\frac{dI_{x'}}{d\theta} = -(2)\frac{I_x - I_y}{2}\sin 2\theta - 2I_{xy}\cos 2\theta = 0$$

으로부터

$$\tan 2\theta_p = -\frac{2I_{xy}}{I_x - I_y} \tag{A.13}$$

이다. 여기서 $\theta_p$는 주축인 $p1$축과 $p2$축이 향하는 방향을 결정하는 두 개의 각도이다. 양의 $\theta$는 기준좌표계의 $x$축으로부터 반시계방향으로의 회전을 의미한다.

주목할 점으로 식 (A.13)에서 구해진 두 개의 $\theta_p$의 차이는 90°이다. 두 개의 주단면2차관성모멘트는 두 개의 $\theta_p$를 식 (A.12)에 대입하여 구한다. 식 (A.13)으로부터

$$\cos 2\theta_p = \mp\frac{(I_x - I_y)/2}{\sqrt{\left(\frac{(I_x - I_y)}{2}\right)^2 + I_{xy}^2}}$$

$$\sin 2\theta_p = \pm\frac{I_{xy}}{\sqrt{\left(\frac{(I_x - I_y)}{2}\right)^2 + I_{xy}^2}}$$

이다. 이 표현을 식 (A.12)에 대입하면, 주단면2차관성모멘트는 다음과 같이 정리된다.

$$I_{p1,p2} = \frac{I_x + I_y}{2} \pm \sqrt{\left(\frac{I_x - I_y}{2}\right)^2 + I_{xy}^2} \tag{A.14}$$

식 (A.14)는 $I_{p1}$과 $I_{p2}$ 중의 어떤 주단면2차관성모멘트와 식 (A.13)에서 정의된 주축을 결정하는 두 개의 각도 $\theta$와 연결되는지에 관한 정보를 담고 있지 않다. 식 (A.13)의 해는 항상 +45°와 −45° 사이의 $\theta_p$의 값을 구해준다(inclusive). $\theta_p$의 값과 연관된 주단면2차관성모멘트는 다음의 규칙에 의하여 구해진다.

- 만약 $I_x - I_y$가 양수이면, $\theta_p$는 $I_{p1}$의 방향을 나타낸다.
- 만약 $I_x - I_y$가 음수이면, $\theta_p$는 $I_{p2}$의 방향을 나타낸다.

식 (A.14)로부터 결정된 주단면2차관성모멘트는 항상 양의 값이 된다. 일반적으로 두 개의 주단면2차관성모멘트 중에서 큰 값을 $I_{p1}$으로 정한다.

그림 A.7에서 $x'$축과 $y'$축에 대한 면적요소의 단면관성적은

$$dI_{x'y'} = x'y'dA = (x\cos\theta + y\sin\theta)(y\cos\theta - x\sin\theta)\,dA$$

이며, 도형에 대한 단면관성적은 다음과 같다.

$$\begin{aligned} I_{x'y'} &= (\cos^2\theta - \sin^2\theta)\int_A xy\,dA + \sin\theta\cos\theta\int_A y^2\,dA - \sin\theta\cos\theta\int_A x^2\,dA \\ &= I_{xy}(\cos^2\theta - \sin^2\theta) + I_x\sin\theta\cos\theta - I_y\sin\theta\cos\theta \end{aligned}$$

이 식은 다음 식으로 손쉽게 변환될 수 있다.

$$\boxed{I_{x'y'} = (I_x - I_y)\sin\theta\cos\theta + I_{xy}(\cos^2\theta - \sin^2\theta)} \tag{A.15}$$

식 (A.15)의 수식에 삼각함수의 배각공식을 적용하여 다음의 수식을 구할 수 있다.

$$\boxed{I_{x'} = \frac{I_x + I_y}{2} + \frac{I_x - I_y}{2}\cos 2\theta - I_{xy}\sin 2\theta} \tag{A.16}$$

단면관성적 $I_{x'y'}$은 다음의 조건을 만족하는 $\theta$에 대해서 0이 된다.

$$\tan 2\theta = -\frac{2I_{xy}}{I_x - I_y} \tag{A.16}$$

주목할 것은 이 표현이 식 (A.13)과 동일하다는 점이다. 따라서 단면의 주축에 대한 단면관성적은 0이다. 그리고 어떤 대칭축에 대한 단면관성적이 0이므로 대칭축은 단면의 주축이 된다.

## 예제 A.6 EXAMPLE

예제 A.4에서 고려되었던 Z형 도형에 대한 주단면2차관성모멘트를 구하라. 그리고 단면의 주축을 표시하라.

**풀이 계획**

예제 A.3과 A.4에서 결정한 단면2차관성모멘트와 단면관성적을 사용하면, 식 (A.14)로부터 $I_{p1}$과 $I_{p2}$의 크기를 구할 수 있고, 식 (A.13)은 도형의 주축의 방향을 결정한다.

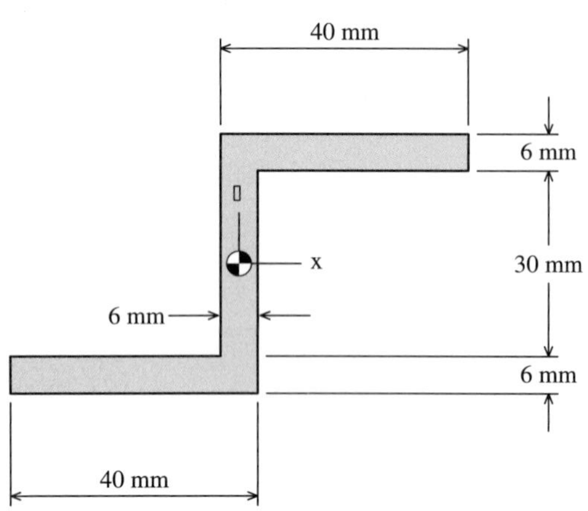


**풀이**

예제 A.3과 A.4로부터 Z형 도형의 단면2차관성모멘트와 단면관성적은 다음과 같다.

$$I_x = 170{,}460 \text{ mm}^4$$
$$I_y = 203{,}260 \text{ mm}^4$$
$$I_{xy} = 146{,}880 \text{ mm}^4$$

식 (A.14)로부터 주단면2차관성모멘트는 다음과 같이 계산된다.

$$\begin{aligned} I_{p1,p2} &= \frac{I_x + I_y}{2} \pm \sqrt{\left(\frac{I_x - I_y}{2}\right)^2 + I_{xy}^2} \\ &= \frac{170{,}460 + 203{,}260}{2} \pm \sqrt{\left(\frac{170{,}460 - 203{,}260}{2}\right)^2 + (146{,}880)^2} \end{aligned}$$

$= 186{,}860 \pm 147{,}793$

$= 335{,}000\ \text{mm}^4,\ 39{,}100\ \text{mm}^4$ **Ans.**

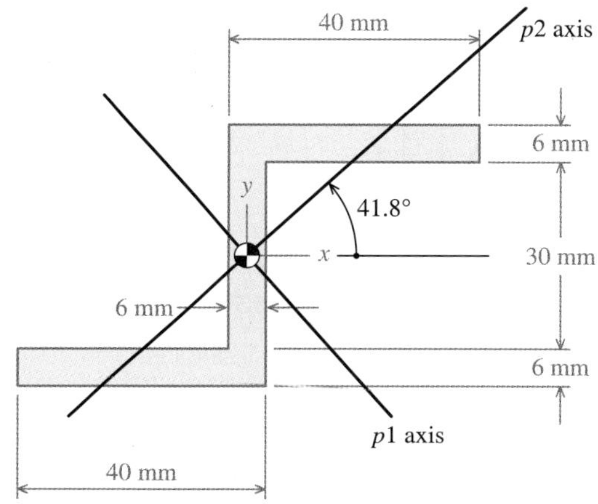


단면의 주축의 방향은 식 (A.13)으로부터 다음과 같이 구해진다.

$$\tan 2\theta_p = -\frac{2I_{xy}}{I_x - I_y} = -\frac{2(146{,}880)}{170{,}460 - 203{,}260} = 8.9561$$

$$\therefore 2\theta_p = 83.629°$$

따라서 $\theta_p = 41.8°$이다. 위의 계산에서 분모, 즉 $I_x - I_y$는 음수이기 때문에 여기서 구한 $\theta_p$의 값은 $x$축에 대한 $p2$축의 방향을 의미한다. 양의 $\theta_p$는 $p2$축이 $x$축으로부터 반시계방향으로 41.8° 회전한 위치에 존재함을 의미한다.

단면의 주축의 방향은 그림에서 보는 바와 같다.

## 예제 A.7 EXAMPLE

예제 A.5에서 고려된 다리 길이가 다른 앵글의 주단면2차관성모멘트와 단면관성적으로 구하라. 그리고 도형의 주축을 도시하라.

### 풀이 계획

예제 A.5에서 결정된 단면2차관성모멘트와 단면관성적을 이용하면, 식 (A.14)로부터 $I_{p1}$과 $I_{p2}$의 크기를 구할 수 있고, 식 (A.13)으로부터 도형의 주축을 결정할 수 있다.

### 풀이

예제 A.5로부터 다리 길이가 다른 앵글의 단면2차관성모멘트와 단면관성적을 다음과 같이 구한다.

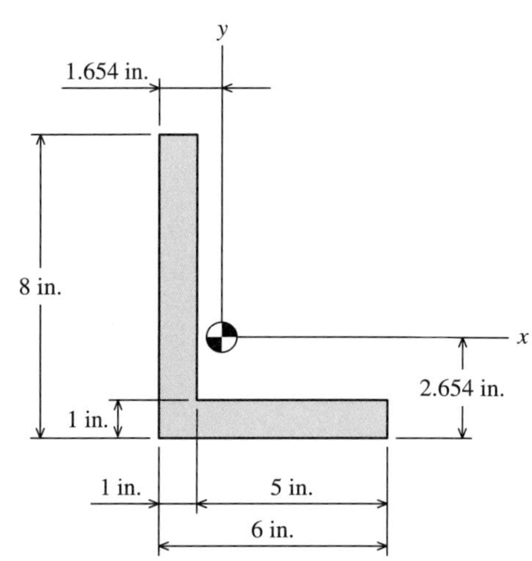


$$I_x = 80.8\ \text{in.}^4$$
$$I_y = 38.8\ \text{in.}^4$$
$$I_{xy} = -32.3\ \text{in.}^4$$

주단면2차관성모멘트는 식 (A.14)으로부터 다음과 같이 구한다.

$$I_{p1,p2} = \frac{I_x + I_y}{2} \pm \sqrt{\left(\frac{I_x - I_y}{2}\right)^2 + I_{xy}^2}$$

$$= \frac{80.8 + 38.8}{2} \pm \sqrt{\left(\frac{80.8 - 38.8}{2}\right)^2 + (-32.3)^2}$$ **Ans.**

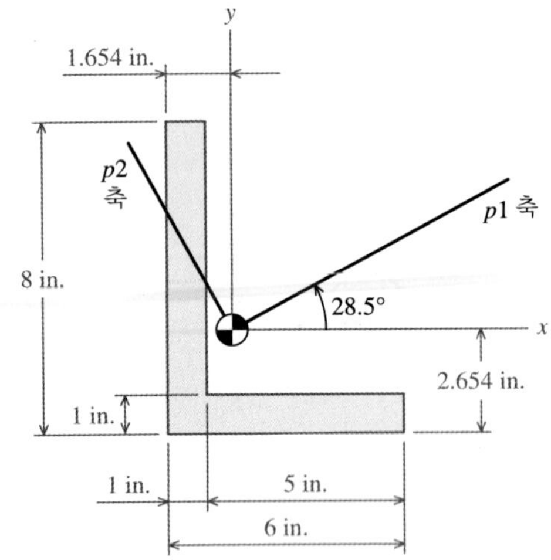


$$= 186{,}860 \pm 147{,}793$$
$$= 335{,}000 \text{ mm}^4,\ 39{,}100 \text{ mm}^4$$

단면의 주축의 방향은 식 (A.13)으로부터 다음과 같이 구해진다.

$$\tan 2\theta_p = -\frac{2I_{xy}}{I_x - I_y} = -\frac{2(-32.3)}{80.8 - 38.8} = 1.538095$$
$$\therefore 2\theta_p = 56.97°$$

따라서 $\theta_p = 28.5°$이다. 위의 계산에서 분모, 즉 $I_x - I_y$는 양수이기 때문에 여기서 구한 $\theta_p$의 값은 $x$축에 대한 $p1$축의 방향을 의미한다. 양의 $\theta_p$는 $p1$축이 $x$축으로부터 반시계방향으로 28.5° 회전한 위치에 존재함을 의미한다.

단면의 주축의 방향은 그림에서 보는 바와 같다.

## A.5 주단면2차관성모멘트과 Mohr 원

주응력을 결정하기 위한 Mohr 원은 12.9절에서 상술하였다. 식 (12.5)와 식 (12.6)을 식 (A.12)와 식 (A.16)과 비교해 보면, 응력과 마찬가지로 Mohr 원이 주단면2차관성모멘트의 계산에도 사용될 수 있을을 직관적으로 알 수 있다.

그림 A.8는 단면2차관성모멘트를 위한 Mohr 원의 사용을 예시하고 있다. $I_x$가 $I_y$보다 크고, $I_{xy}$가 양수라고 가정하자. 단면2차관성모멘트는 수평축을 따라서 표시하고 단면관성적은 수직축을 따라서 표시된다. 단면2차관성모멘트는 양수이므로 이것은 항상 원점의 오

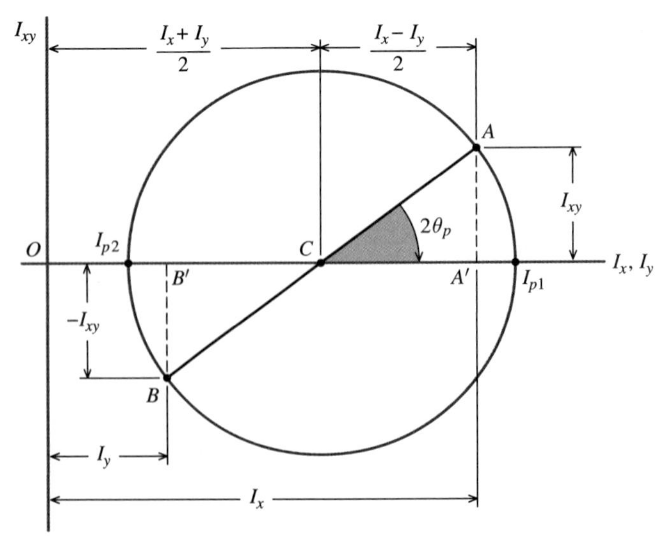


**그림 A.8** ◦ 관성모멘트의 계산을 위한 Mohr 원

른쪽에 표시된다. 단면관성적은 양수도 될 수 있고, 음수도 될 수 있다. 양수일 경우 수평축 위의 면에 위치한다. 수평거리 $OA'$은 $I_x$이고 수직거리 $A'A$는 $I_{xy}$이다. 동일한 방법으로 수평거리 $OB'$은 $I_y$와 같고, 수직거리 $B'B$는 $-I_{xy}$와 같다. 선분 $AB$는 $C$점에서 수평축과 만나며, 선분 $AB$는 Mohr 원의 지름이 된다. Mohr 원 상의 각 점은 특정한 $x'$축과 $y'$축에 대한 $I_{x'}$과 $I_{x'y'}$을 나타낸다. 응력해석을 위한 Mohr 원에서와 마찬가지로 Mohr 원에서의 각도는 배각, 즉 $2\theta$이다. 그러므로 Mohr 원 상의 모든 각도는 실제의 도형상에서의 각도에 비하여 2배 크다.

Mohr 원 상의 각 점의 수평축 좌표는 특정한 $I_{x'}$ 값을 의미하므로 최대 및 최소 단면2차관성모멘트는 Mohr 원과 수평축이 만나는 곳에서 결정된다. 그 최대값이 $I_{p1}$이 되고, 최소값이 $I_{p2}$가 된다. Mohr 원의 중심은 다음 위치에 놓이게 되고,

$$C = \frac{I_x + I_y}{2}$$

Mohr 원의 반지름은 $CA$의 길이가 된다. 따라서 Mohr 원의 반지름은 피타고라스의 정리로부터 다음 식으로 구해진다.

$$CA = R = \sqrt{\left(\frac{I_x - I_y}{2}\right)^2 + I_{xy}^2}$$

그러므로 최대 단면2차관성모멘트는 다음과 같고,

$$I_{p1} = C + R = \frac{I_x + I_y}{2} + \sqrt{\left(\frac{I_x - I_y}{2}\right)^2 + I_{xy}^2}$$

최소 단면2차관성모멘트는 다음 식과 같다.

$$I_{p2} = C - R = \frac{I_x + I_y}{2} - \sqrt{\left(\frac{I_x - I_y}{2}\right)^2 + I_{xy}^2}$$

이 표현은 식 (A.14)와 일치한다.

**MecMovies Example A.6**

Mohr 원을 이용하여 주관성모멘트를 결정하는데 필요한 이론과 절차가 대화식 에니메이션의 도움으로 설명된다.

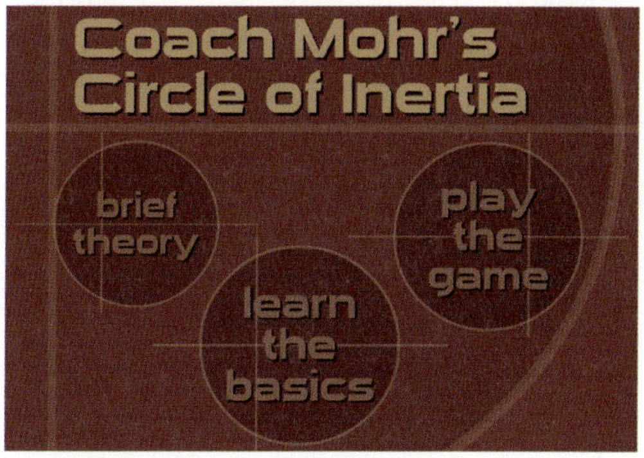

## 예제 A.8 EXAMPLE

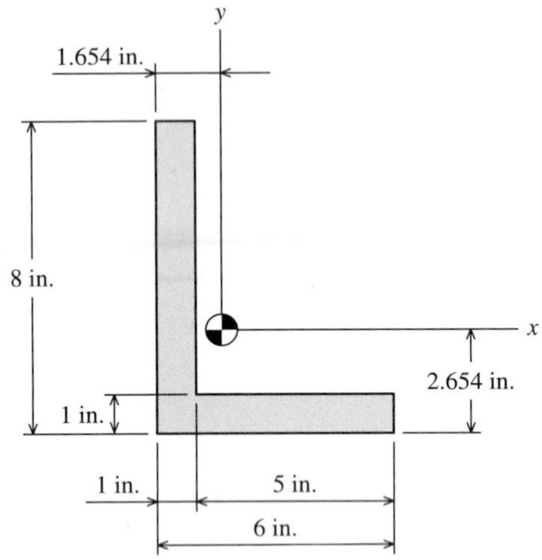


예제 A.7을 Mohr 원을 이용하여 풀어라.

### 풀이 계획

예제 A.5에서 구한 단면2차관성모멘트와 단면관성적을 이용하여 단면2차관성모멘트를 위한 Mohr 원을 그린다.

### 풀이

예제 A.5로부터 다리 길이가 다른 앵글의 단면2차관성모멘트와 단면관성적은 다음과 같다.

$$I_x = 80.8 \text{ in.}^4$$
$$I_y = 38.8 \text{ in.}^4$$
$$I_{xy} = -32.3 \text{ in.}^4$$

단면2차관성모멘트을 수평축에 표시하고 단면관성적을 수직축에 표시한다. 점 $(I_x, I_{xy})$를 찍고 이곳에 $x$의 기호를 부여한다. 주목할 점은 $I_{xy}$가 음수이므로 이 점은 수평축 아랫면에 찍혀진다는 것이다.

다음으로 점 $(I_y, -I_{xy})$를 찍고 이곳에는 $y$의 기호를 부여한다. $I_{xy}$가 음수이므로 이 점은 수평선 상단에 위치하게 된다.

점 $x$와 점 $y$를 연결하는 원의 지름을 작도한다. 수평선과 지름이 만나는 지점이 Mohr 원의 중심이 되며, 이 점에 $C$의 기호를 표시한다. 점 $C$를 원의 중심으로 하고 점 $x$와 점 $y$를 지나는 원을 작도한다. 이것이 단면2차관성모멘트를 위한 Mohr 원이다. Mohr 원 상의 점은 이 도형에서 가능한 단면2차관성모멘트와 단면관성적의 조합을 나타낸다.

Mohr 원의 중심은 점 $x$와 점 $y$의 중심에서 결정되므로

$$C = \frac{80.8 + 38.8}{2} = 59.8$$

이다. 점 $x$의 좌표와 중심점 $C$의 좌표를 이용하면, Mohr 원의 반지름 $R$을 피타고라스 정리로부터 다음과 같이 구할 수 있다.

$$R = \sqrt{\left(\frac{80.8 - 59.8}{2}\right)^2 + (-32.3)^2} = 38.5$$

주단면2차관성모멘트는 다음과 같다.

$$I_{p1} = C + R = 59.8 + 38.5 = 98.3 \quad \text{그리고} \quad I_{p2} = C - R = 59.8 - 38.5 = 21.3$$

도형의 주축의 방향은 중심점에서 점 $x$을 연결하는 선분과 수평축이 이루는 각도로부

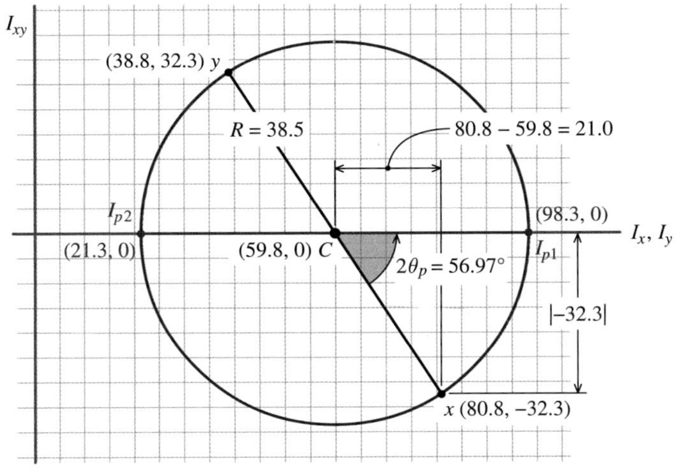


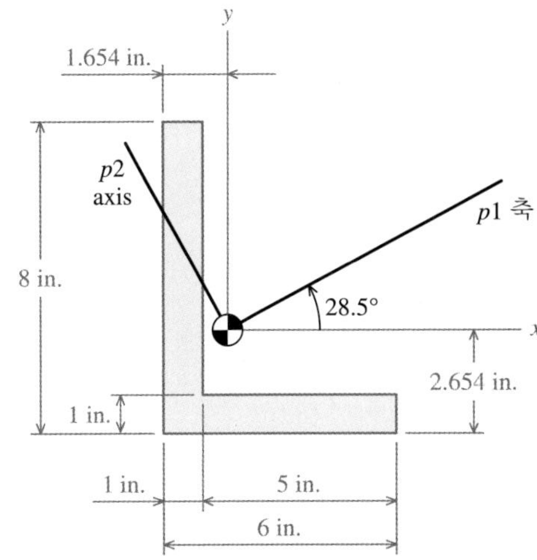


터 구해지며, 다음과 같다.

$$\tan 2\theta_p = \frac{|-32.3|}{80.8 - 59.8} = 1.538095$$
$$\therefore 2\theta_p = 56.97°$$

여기서 분자에 절대값이 사용된 이유는 $2\theta_p$의 크기만 필요로 하기 때문임을 상기하기 바란다. Mohr 원을 조사해 보면, 점 $x$에서 $I_{p1}$으로 가는 각도의 방향은 반시계방향이다.

마지막으로 Mohr 원으로부터 구한 결과는 실제의 도형에 반영되어야 한다. Mohr 원에서 구해진 각도는 두 배로 되어 있기 때문에 $x$축에서부터 최대 단면2차관성모멘트 축까지의 각도는 $\theta_p = 28.5°$이고, 방향은 반시계방향이다. 이 도형에 대한 최대의 단면2차관성모멘트는 $p1$축에 발생한다. 최소 단면2차관성모멘트 축은 $p1$축와 직교한다.

APPENDIX

# B

# 구조용 형강의 단면특성치

### 광폭플랜지형상 또는 W형강(영국공학단위계)

| 명칭 | 면적 $A$ | 깊이 $d$ | 웹 두께 $t_w$ | 플랜지 폭 $b_f$ | 플랜지 두께 $t_f$ | $I_x$ | $S_x$ | $r_x$ | $I_y$ | $S_y$ | $r_y$ |
|---|---|---|---|---|---|---|---|---|---|---|---|
| | in.$^2$ | in. | in. | in. | in. | in.$^4$ | in.$^3$ | in. | in.$^4$ | in.$^3$ | in. |
| W24 × 94 | 27.7 | 24.3 | 0.515 | 9.07 | 0.875 | 2700 | 222 | 9.87 | 109 | 24.0 | 1.98 |
| 24 × 76 | 22.4 | 23.9 | 0.440 | 8.99 | 0.680 | 2100 | 176 | 9.69 | 82.5 | 18.4 | 1.92 |
| 24 × 68 | 20.1 | 23.7 | 0.415 | 8.97 | 0.585 | 1830 | 154 | 9.55 | 70.4 | 15.7 | 1.87 |
| 24 × 55 | 16.2 | 23.6 | 0.395 | 7.01 | 0.505 | 1350 | 114 | 9.11 | 29.1 | 8.30 | 1.34 |
| W21 × 68 | 20.0 | 21.1 | 0.430 | 8.27 | 0.685 | 1480 | 140 | 8.60 | 64.7 | 15.7 | 1.80 |
| 21 × 62 | 18.3 | 21.0 | 0.400 | 8.24 | 0.615 | 1330 | 127 | 8.54 | 57.5 | 14.0 | 1.77 |
| 21 × 50 | 14.7 | 20.8 | 0.380 | 6.53 | 0.535 | 984 | 94.5 | 8.18 | 24.9 | 7.64 | 1.30 |
| 21 × 44 | 13.0 | 20.7 | 0.350 | 6.50 | 0.450 | 843 | 81.6 | 8.06 | 20.7 | 6.37 | 1.26 |
| W18 × 55 | 16.2 | 18.1 | 0.390 | 7.53 | 0.630 | 890 | 98.3 | 7.41 | 44.9 | 11.9 | 1.67 |
| 18 × 50 | 14.7 | 18.0 | 0.355 | 7.50 | 0.570 | 800 | 88.9 | 7.38 | 40.1 | 10.7 | 1.65 |
| 18 × 40 | 11.8 | 17.9 | 0.315 | 6.02 | 0.525 | 612 | 68.4 | 7.21 | 19.1 | 6.35 | 1.27 |
| 18 × 35 | 10.3 | 17.7 | 0.300 | 6.00 | 0.425 | 510 | 57.6 | 7.04 | 15.3 | 5.12 | 1.22 |
| W16 × 57 | 16.8 | 16.4 | 0.430 | 7.12 | 0.715 | 758 | 92.2 | 6.72 | 43.1 | 12.1 | 1.60 |
| 16 × 50 | 14.7 | 16.3 | 0.380 | 7.07 | 0.630 | 659 | 81.0 | 6.68 | 37.2 | 10.5 | 1.59 |
| 16 × 40 | 11.8 | 16.0 | 0.305 | 7.00 | 0.505 | 518 | 64.7 | 6.63 | 28.9 | 8.25 | 1.57 |
| 16 × 31 | 9.13 | 15.9 | 0.275 | 5.53 | 0.440 | 375 | 47.2 | 6.41 | 12.4 | 4.49 | 1.17 |
| W14 × 68 | 20.0 | 14.0 | 0.415 | 10.0 | 0.720 | 722 | 103 | 6.01 | 121 | 24.2 | 2.46 |
| 14 × 53 | 15.6 | 13.9 | 0.370 | 8.06 | 0.660 | 541 | 77.8 | 5.89 | 57.7 | 14.3 | 1.92 |
| 14 × 48 | 14.1 | 13.8 | 0.340 | 8.03 | 0.595 | 484 | 70.2 | 5.85 | 51.4 | 12.8 | 1.91 |
| 14 × 34 | 10.0 | 14.0 | 0.285 | 6.75 | 0.455 | 340 | 48.6 | 5.83 | 23.3 | 6.91 | 1.53 |
| 14 × 30 | 8.85 | 13.8 | 0.270 | 6.73 | 0.385 | 291 | 42.0 | 5.73 | 19.6 | 5.82 | 1.49 |
| 14 × 26 | 7.69 | 13.9 | 0.255 | 5.03 | 0.420 | 245 | 35.3 | 5.65 | 8.91 | 3.55 | 1.08 |
| 14 × 22 | 6.49 | 13.7 | 0.230 | 5.00 | 0.335 | 199 | 29.0 | 5.54 | 7.00 | 2.80 | 1.04 |

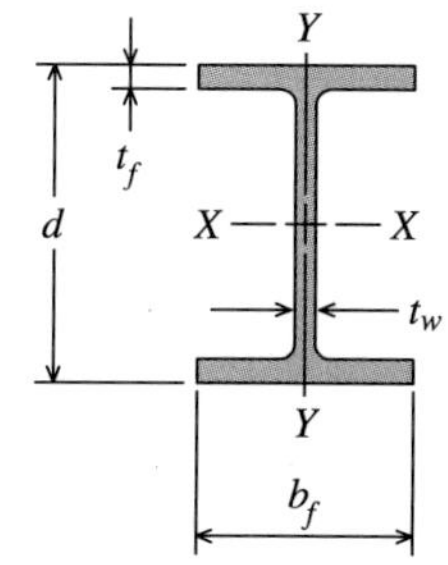


| 명칭 | 면적 $A$ | 깊이 $d$ | 웹 두께 $t_w$ | 플랜지 폭 $b_f$ | 플랜지 두께 $t_f$ | $I_x$ | $S_x$ | $r_x$ | $I_y$ | $S_y$ | $r_y$ |
|---|---|---|---|---|---|---|---|---|---|---|---|
| | $in.^2$ | in. | in. | in. | in. | $in.^4$ | $in.^3$ | in. | $in.^4$ | $in.^3$ | in. |
| W12 × 58 | 17.0 | 12.2 | 0.360 | 10.0 | 0.640 | 475 | 78.0 | 5.28 | 107 | 21.4 | 2.51 |
| 12 × 50 | 14.6 | 12.2 | 0 370 | 8.08 | 0.640 | 391 | 64.2 | 5.18 | 56.3 | 13.9 | 1.96 |
| 12 × 40 | 11.7 | 11.9 | 0.295 | 8.01 | 0.515 | 307 | 51.5 | 5.13 | 44.1 | 11.0 | 1.94 |
| 12 × 30 | 8.79 | 12.3 | 0.260 | 6.52 | 0.440 | 238 | 38.6 | 5.21 | 20.3 | 6.24 | 1.52 |
| 12 × 26 | 7.65 | 12.2 | 0.230 | 6.49 | 0.380 | 204 | 33.4 | 5.17 | 17.3 | 5.34 | 1.51 |
| 12 × 22 | 6.48 | 12.3 | 0.260 | 4.03 | 0.425 | 156 | 25.4 | 4.91 | 4.66 | 2.31 | 0.848 |
| 12 × 14 | 4.16 | 11.9 | 0.200 | 3.97 | 0.225 | 86.6 | 14.9 | 4.62 | 2.36 | 1.19 | 0.753 |
| W10 × 54 | 15.8 | 10.1 | 0.370 | 10.0 | 0.615 | 303 | 60.0 | 4.37 | 103 | 20.6 | 2.56 |
| 10 × 45 | 13.3 | 10.1 | 0.350 | 8.02 | 0.620 | 248 | 49.1 | 4.32 | 53.4 | 13.3 | 2.01 |
| 10 × 30 | 8.84 | 10.5 | 0.300 | 5.81 | 0.510 | 170 | 32.4 | 4.38 | 16.7 | 5.75 | 1.37 |
| 10 × 26 | 7.61 | 10.3 | 0.260 | 5.77 | 0.440 | 144 | 27.9 | 4.35 | 14.1 | 4.89 | 1.36 |
| 10 × 22 | 6.49 | 10.2 | 0.240 | 5.75 | 0.360 | 118 | 23.2 | 4.27 | 11.4 | 3.97 | 1.33 |
| 10 × 15 | 4.41 | 10.0 | 0.230 | 4.00 | 0.270 | 68.9 | 13.8 | 3.95 | 2.89 | 1.45 | 0.81 |
| W8 × 48 | 14.1 | 8.50 | 0.400 | 8.11 | 0.685 | 184 | 43.2 | 3.61 | 60.9 | 15.0 | 2.08 |
| 8 × 40 | 11.7 | 8.25 | 0.360 | 8.07 | 0.560 | 146 | 35.5 | 3.53 | 49.1 | 12.2 | 2.04 |
| 8 × 31 | 9.12 | 8.00 | 0.285 | 8.00 | 0.435 | 110 | 27.5 | 3.47 | 37.1 | 9.27 | 2.02 |
| 8 × 24 | 7.08 | 7.93 | 0.245 | 6.50 | 0.400 | 82.7 | 20.9 | 3.42 | 18.3 | 5.63 | 1.61 |
| 8 × 15 | 4.44 | 8.11 | 0.245 | 4.01 | 0.315 | 48 | 11.8 | 3.29 | 3.41 | 1.70 | 0.876 |
| W6 × 25 | 7.34 | 6.38 | 0.320 | 6.08 | 0.455 | 53.4 | 16.7 | 2.70 | 17.1 | 5.61 | 1.52 |
| 6 × 20 | 5.87 | 6.20 | 0.260 | 6.02 | 0.365 | 41.4 | 13.4 | 2.66 | 13.3 | 4.41 | 1.50 |
| 6 × 15 | 4.43 | 5.99 | 0.230 | 5.99 | 0.260 | 29.1 | 9.72 | 2.56 | 9.32 | 3.11 | 1.45 |
| 6 × 12 | 3.55 | 6.03 | 0.230 | 4.00 | 0.280 | 22.1 | 7.31 | 2.49 | 2.99 | 1.50 | 0.918 |

**광폭플랜지형상 또는 W형강(SI 단위계)**

| 명칭 | 면적 $A$ | 깊이 $d$ | 웹 두께 $t_w$ | 플랜지 폭 $b_f$ | 플랜지 두께 $t_f$ | $I_x$ | $S_x$ | $r_x$ | $I_y$ | $S_y$ | $r_y$ |
|---|---|---|---|---|---|---|---|---|---|---|---|
| | $mm^2$ | mm | mm | mm | mm | $10^6$ $mm^4$ | $10^3$ $mm^3$ | mm | $10^6$ $mm^4$ | $10^3$ $mm^3$ | mm |
| W610 × 140 | 17900 | 617 | 13.1 | 230 | 22.2 | 1120 | 3640 | 251 | 45.4 | 393 | 50.3 |
| 610 × 113 | 14500 | 607 | 11.2 | 228 | 17.3 | 874 | 2880 | 246 | 34.3 | 302 | 48.8 |
| 610 × 101 | 13000 | 602 | 10.5 | 228 | 14.9 | 762 | 2520 | 243 | 29.3 | 257 | 47.5 |
| 610 × 82 | 10500 | 599 | 10.0 | 178 | 12.8 | 562 | 1870 | 231 | 12.1 | 136 | 34.0 |
| W530 × 101 | 12900 | 536 | 10.9 | 210 | 17.4 | 616 | 2290 | 218 | 26.9 | 257 | 45.7 |
| 530 × 92 | 11800 | 533 | 10.2 | 209 | 15.6 | 554 | 2080 | 217 | 23.9 | 229 | 45.0 |
| 530 × 74 | 9480 | 528 | 9.65 | 166 | 13.6 | 410 | 1550 | 208 | 10.4 | 125 | 33.0 |
| 530 × 66 | 8390 | 526 | 8.89 | 165 | 11.4 | 351 | 1340 | 205 | 8.62 | 104 | 32.0 |
| W460 × 82 | 10500 | 460 | 9.91 | 191 | 16.0 | 370 | 1610 | 188 | 18.7 | 195 | 42.4 |
| 460 × 74 | 9480 | 457 | 9.02 | 191 | 14.5 | 333 | 1460 | 187 | 16.7 | 175 | 41.9 |
| 460 × 60 | 7610 | 455 | 8.00 | 153 | 13.3 | 255 | 1120 | 183 | 7.95 | 104 | 32.3 |
| 460 × 52 | 6650 | 450 | 7.62 | 152 | 10.8 | 212 | 944 | 179 | 6.37 | 83.9 | 31.0 |
| W410 × 85 | 10800 | 417 | 10.9 | 181 | 18.2 | 316 | 1510 | 171 | 17.9 | 198 | 40.6 |
| 410 × 75 | 9480 | 414 | 9.65 | 180 | 16.0 | 274 | 1330 | 170 | 15.5 | 172 | 40.4 |
| 410 × 60 | 7610 | 406 | 7.75 | 178 | 12.8 | 216 | 1060 | 168 | 12.0 | 135 | 39.9 |
| 410 × 46.1 | 5890 | 404 | 6.99 | 140 | 11.2 | 156 | 773 | 163 | 5.16 | 73.6 | 29.7 |
| W360 × 101 | 12900 | 356 | 10.5 | 254 | 18.3 | 301 | 1690 | 153 | 50.4 | 397 | 62.5 |
| 360 × 79 | 10100 | 353 | 9.40 | 205 | 16.8 | 225 | 1270 | 150 | 24.0 | 234 | 48.8 |
| 360 × 72 | 9100 | 351 | 8.64 | 204 | 15.1 | 201 | 1150 | 149 | 21.4 | 210 | 48.5 |
| 360 × 51 | 6450 | 356 | 7.24 | 171 | 11.6 | 142 | 796 | 148 | 9.70 | 113 | 38.9 |
| 360 × 44 | 5710 | 351 | 6.86 | 171 | 9.78 | 121 | 688 | 146 | 8.16 | 95.4 | 37.8 |
| 360 × 39 | 4960 | 353 | 6.48 | 128 | 10.7 | 102 | 578 | 144 | 3.71 | 58.2 | 27.4 |
| 360 × 32.9 | 4190 | 348 | 5.84 | 127 | 8.51 | 82.8 | 475 | 141 | 2.91 | 45.9 | 26.4 |

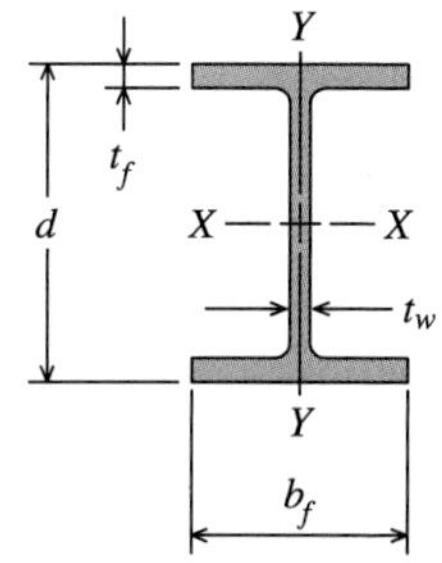


| 명칭 | 면적 $A$ | 깊이 $d$ | 웹 두께 $t_w$ | 플랜지 폭 $b_f$ | 플랜지 두께 $t_f$ | $I_x$ | $S_x$ | $r_x$ | $I_y$ | $S_y$ | $r_y$ |
|---|---|---|---|---|---|---|---|---|---|---|---|
| | $mm^2$ | mm | mm | mm | mm | $10^6$ $mm^4$ | $10^3$ $mm^3$ | mm | $10^6$ $mm^4$ | $10^3$ $mm^3$ | mm |
| W310 × 86 | 11000 | 310 | 9.14 | 254 | 16.3 | 198 | 1280 | 134 | 44.5 | 351 | 63.8 |
| 310 × 74 | 9420 | 310 | 9.40 | 205 | 16.3 | 163 | 1050 | 132 | 23.4 | 228 | 49.8 |
| 310 × 60 | 7550 | 302 | 7.49 | 203 | 13.1 | 128 | 844 | 130 | 18.4 | 180 | 49.3 |
| 310 × 44.5 | 5670 | 312 | 6.60 | 166 | 11.2 | 99.1 | 633 | 132 | 8.45 | 102 | 38.6 |
| 310 × 38.7 | 4940 | 310 | 5.84 | 165 | 9.65 | 84.9 | 547 | 131 | 7.20 | 87.5 | 38.4 |
| 310 × 32.7 | 4180 | 312 | 6.60 | 102 | 10.8 | 64.9 | 416 | 125 | 1.94 | 37.9 | 21.5 |
| 310 × 21 | 2680 | 302 | 5.08 | 101 | 5.72 | 36.9 | 244 | 117 | 0.982 | 19.5 | 19.1 |
| W250 × 80 | 10200 | 257 | 9.40 | 254 | 15.6 | 126 | 983 | 111 | 42.9 | 338 | 65.0 |
| 250 × 67 | 8580 | 257 | 8.89 | 204 | 15.7 | 103 | 805 | 110 | 22.2 | 218 | 51.1 |
| 250 × 44.8 | 5700 | 267 | 7.62 | 148 | 13.0 | 70.8 | 531 | 111 | 6.95 | 94.2 | 34.8 |
| 250 × 38.5 | 4910 | 262 | 6.60 | 147 | 11.2 | 59.9 | 457 | 110 | 5.87 | 80.1 | 34.5 |
| 250 × 32.7 | 4190 | 259 | 6.10 | 146 | 9.14 | 49.1 | 380 | 108 | 4.75 | 65.1 | 33.8 |
| 250 × 22.3 | 2850 | 254 | 5.84 | 102 | 6.86 | 28.7 | 226 | 100 | 1.20 | 23.8 | 20.6 |
| W200 × 71 | 9100 | 216 | 10.2 | 206 | 17.4 | 76.6 | 708 | 91.7 | 25.3 | 246 | 52.8 |
| 200 × 59 | 7550 | 210 | 9.14 | 205 | 14.2 | 60.8 | 582 | 89.7 | 20.4 | 200 | 51.8 |
| 200 × 46.1 | 5880 | 203 | 7.24 | 203 | 11.0 | 45.8 | 451 | 88.1 | 15.4 | 152 | 51.3 |
| 200 × 35.9 | 4570 | 201 | 6.22 | 165 | 10.2 | 34.4 | 342 | 86.9 | 7.62 | 92.3 | 40.9 |
| 200 × 22.5 | 2860 | 206 | 6.22 | 102 | 8.00 | 20 | 193 | 83.6 | 1.42 | 27.9 | 22.3 |
| W150 × 37.1 | 4740 | 162 | 8.13 | 154 | 11.6 | 22.2 | 274 | 68.6 | 7.12 | 91.9 | 38.6 |
| 150 × 29.8 | 3790 | 157 | 6.60 | 153 | 9.27 | 17.2 | 220 | 67.6 | 5.54 | 72.3 | 38.1 |
| 150 × 22.5 | 2860 | 152 | 5.84 | 152 | 6.60 | 12.1 | 159 | 65.0 | 3.88 | 51.0 | 36.8 |
| 150 × 18 | 2290 | 153 | 5.84 | 102 | 7.11 | 9.2 | 120 | 63.2 | 1.24 | 24.6 | 23.3 |

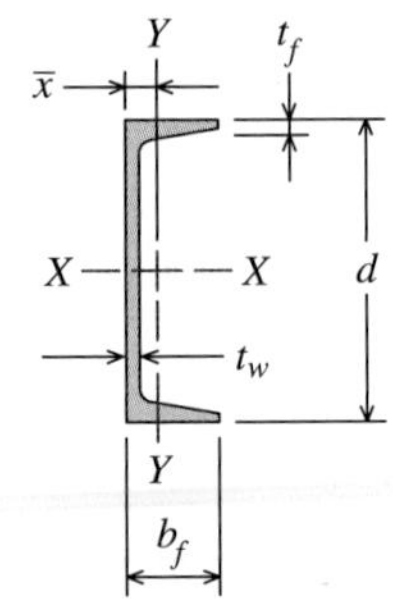


**(미국표준) 채널형상 C형강(영국공학단위계)**

| 명칭 | 면적 $A$ | 깊이 $d$ | 웹 두께 $t_w$ | 플랜지 폭 $b_f$ | 플랜지 두께 $t_f$ | 도심 $\bar{x}$ | $I_x$ | $S_x$ | $r_x$ | $I_y$ | $S_y$ | $r_y$ |
|---|---|---|---|---|---|---|---|---|---|---|---|---|
| | in.$^2$ | in. | in. | in. | in. | in. | in.$^4$ | in.$^3$ | in. | in.$^4$ | in.$^3$ | in. |
| C15 × 50 | 14.7 | 15 | 0.716 | 3.72 | 0.650 | 0.799 | 404 | 53.8 | 5.24 | 11.0 | 3.77 | 0.865 |
| 15 × 40 | 11.8 | 15 | 0.520 | 3.52 | 0.650 | 0.778 | 348 | 46.5 | 5.45 | 9.17 | 3.34 | 0.883 |
| 15 × 33.9 | 10.0 | 15 | 0.400 | 3.40 | 0.650 | 0.788 | 315 | 42.0 | 5.62 | 8.07 | 3.09 | 0.901 |
| C12 × 30 | 8.81 | 12 | 0.510 | 3.17 | 0.501 | 0.674 | 162 | 27.0 | 4.29 | 5.12 | 2.05 | 0.762 |
| 12 × 25 | 7.34 | 12 | 0.387 | 3.05 | 0.501 | 0.674 | 144 | 24.0 | 4.43 | 4.45 | 1.87 | 0.779 |
| 12 × 20.7 | 6.08 | 12 | 0.282 | 2.94 | 0.501 | 0.698 | 129 | 21.5 | 4.61 | 3.86 | 1.72 | 0.797 |
| C10 × 30 | 8.81 | 10 | 0.673 | 3.03 | 0.436 | 0.649 | 103 | 20.7 | 3.42 | 3.93 | 1.65 | 0.668 |
| 10 × 25 | 7.34 | 10 | 0.526 | 2.89 | 0.436 | 0.617 | 91.1 | 18.2 | 3.52 | 3.34 | 1.47 | 0.675 |
| 10 × 20 | 5.87 | 10 | 0.379 | 2.74 | 0.436 | 0.606 | 78.9 | 15.8 | 3.66 | 2.80 | 1.31 | 0.690 |
| 10 × 15.3 | 4.48 | 10 | 0.240 | 2.60 | 0.436 | 0.634 | 67.3 | 13.5 | 3.87 | 2.27 | 1.15 | 0.711 |
| C9 × 20 | 5.87 | 9 | 0.448 | 2.65 | 0.413 | 0.583 | 60.9 | 13.5 | 3.22 | 2.41 | 1.17 | 0.640 |
| 9 × 15 | 4.41 | 9 | 0.285 | 2.49 | 0.413 | 0.586 | 51.0 | 11.3 | 3.40 | 1.91 | 1.01 | 0.659 |
| 9 × 13.4 | 3.94 | 9 | 0.233 | 2.43 | 0.413 | 0.601 | 47.8 | 10.6 | 3.49 | 1.75 | 0.954 | 0.666 |
| C8 × 18.7 | 5.51 | 8 | 0.487 | 2.53 | 0.390 | 0.565 | 43.9 | 11.0 | 2.82 | 1.97 | 1.01 | 0.598 |
| 8 × 13.7 | 4.04 | 8 | 0.303 | 2.34 | 0.390 | 0.554 | 36.1 | 9.02 | 2.99 | 1.52 | 0.848 | 0.613 |
| 8 × 11.5 | 3.37 | 8 | 0.220 | 2.26 | 0.390 | 0.572 | 32.5 | 8.14 | 3.11 | 1.31 | 0.775 | 0.623 |
| C7 × 14.7 | 4.33 | 7 | 0.419 | 2.30 | 0.366 | 0.532 | 27.2 | 7.78 | 2.51 | 1.37 | 0.772 | 0.561 |
| 7 × 12.2 | 3.6 | 7 | 0.314 | 2.19 | 0.366 | 0.525 | 24.2 | 6.92 | 2.60 | 1.16 | 0.696 | 0.568 |
| 7 × 9.8 | 2.87 | 7 | 0.210 | 2.09 | 0.366 | 0.541 | 21.2 | 6.07 | 2.72 | 0.957 | 0.617 | 0.578 |
| C6 × 13 | 3.81 | 6 | 0.437 | 2.16 | 0.343 | 0.514 | 17.3 | 5.78 | 2.13 | 1.05 | 0.638 | 0.524 |
| 6 × 10.5 | 3.08 | 6 | 0.314 | 2.03 | 0.343 | 0.500 | 15.1 | 5.04 | 2.22 | 0.86 | 0.561 | 0.529 |

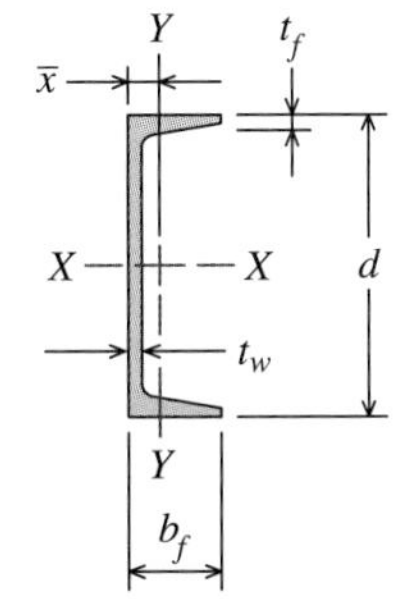


**(미국표준) 채널형상 C형강(SI 단위계)**

| 명칭 | 면적 $A$ | 깊이 $d$ | 웹 두께 $t_w$ | 플랜지 폭 $b_f$ | 플랜지 두께 $t_f$ | 도심 $\bar{x}$ | $I_x$ | $S_x$ | $r_x$ | $I_y$ | $S_y$ | $r_y$ |
|---|---|---|---|---|---|---|---|---|---|---|---|---|
| | $mm^2$ | mm | mm | mm | mm | mm | $10^6$ $mm^4$ | $10^3$ $mm^3$ | mm | $10^6$ $mm^4$ | $10^3$ $mm^3$ | mm |
| C380 × 74 | 9480 | 381 | 18.2 | 94.5 | 16.5 | 20.3 | 168 | 882 | 133 | 4.58 | 61.8 | 22.0 |
| 380 × 60 | 7610 | 381 | 13.2 | 89.4 | 16.5 | 19.8 | 145 | 762 | 138 | 3.82 | 54.7 | 22.4 |
| 380 × 50.4 | 6450 | 381 | 10.2 | 86.4 | 16.5 | 20.0 | 131 | 688 | 143 | 3.36 | 50.6 | 22.9 |
| C310 × 45 | 5680 | 305 | 13.0 | 80.5 | 12.7 | 17.1 | 67.4 | 442 | 109 | 2.13 | 33.6 | 19.4 |
| 310 × 37 | 4740 | 305 | 9.83 | 77.5 | 12.7 | 17.1 | 59.9 | 393 | 113 | 1.85 | 30.6 | 19.8 |
| 310 × 30.8 | 3920 | 305 | 7.16 | 74.7 | 12.7 | 17.7 | 53.7 | 352 | 117 | 1.61 | 28.2 | 20.2 |
| C250 × 45 | 5680 | 254 | 17.1 | 77.0 | 11.1 | 16.5 | 42.9 | 339 | 86.9 | 1.64 | 27.0 | 17.0 |
| 250 × 37 | 4740 | 254 | 13.4 | 73.4 | 11.1 | 15.7 | 37.9 | 298 | 89.4 | 1.39 | 24.1 | 17.1 |
| 250 × 30 | 3790 | 254 | 9.63 | 69.6 | 11.1 | 15.4 | 32.8 | 259 | 93.0 | 1.17 | 21.5 | 17.5 |
| 250 × 22.8 | 2890 | 254 | 6.10 | 66.0 | 11.1 | 16.1 | 28.0 | 221 | 98.3 | 0.945 | 18.8 | 18.1 |
| C230 × 30 | 3790 | 229 | 11.4 | 67.3 | 10.5 | 14.8 | 25.3 | 221 | 81.8 | 1.00 | 19.2 | 16.3 |
| 230 × 22 | 2850 | 229 | 7.24 | 63.2 | 10.5 | 14.9 | 21.2 | 185 | 86.4 | 0.795 | 16.6 | 16.7 |
| 230 × 19.9 | 2540 | 229 | 5.92 | 61.7 | 10.5 | 15.3 | 19.9 | 174 | 88.6 | 0.728 | 15.6 | 16.9 |
| C200 × 27.9 | 3550 | 203 | 12.4 | 64.3 | 9.91 | 14.4 | 18.3 | 180 | 71.6 | 0.820 | 16.6 | 15.2 |
| 200 × 20.5 | 2610 | 203 | 7.70 | 59.4 | 9.91 | 14.1 | 15.0 | 148 | 75.9 | 0.633 | 13.9 | 15.6 |
| 200 × 17.1 | 2170 | 203 | 5.59 | 57.4 | 9.91 | 14.5 | 13.5 | 133 | 79.0 | 0.545 | 12.7 | 15.8 |
| C180 × 22 | 2790 | 178 | 10.6 | 58.4 | 9.30 | 13.5 | 11.3 | 127 | 63.8 | 0.570 | 12.7 | 14.2 |
| 180 × 18.2 | 2320 | 178 | 7.98 | 55.6 | 9.30 | 13.3 | 10.1 | 113 | 66.0 | 0.483 | 11.4 | 14.4 |
| 180 × 14.6 | 1850 | 178 | 5.33 | 53.1 | 9.30 | 13.7 | 8.82 | 100 | 69.1 | 0.398 | 10.1 | 14.7 |
| C150 × 19.3 | 2460 | 152 | 11.1 | 54.9 | 8.71 | 13.1 | 7.20 | 94.7 | 54.1 | 0.437 | 10.5 | 13.3 |
| 150 × 15.6 | 1990 | 152 | 7.98 | 51.6 | 8.71 | 12.7 | 6.29 | 82.6 | 56.4 | 0.358 | 9.19 | 13.4 |

(W형강을 반으로 절단한) T형상 또는 WT형강(영국공학단위계)

| 명칭 | 면적 $A$ | 깊이 $d$ | 웹 두께 $t_w$ | 플랜지 폭 $b_f$ | 플랜지 두께 $t_f$ | 도심 $\bar{y}$ | $I_x$ | $S_x$ | $r_x$ | $I_y$ | $S_y$ | $r_y$ |
|---|---|---|---|---|---|---|---|---|---|---|---|---|
| | in.$^2$ | in. | in. | in. | in. | in. | in.$^4$ | in.$^3$ | in. | in.$^4$ | in.$^3$ | in. |
| WT12 × 47 | 13.8 | 12.2 | 0.515 | 9.07 | 0.875 | 2.99 | 186 | 20.3 | 3.67 | 54.5 | 12.0 | 1.98 |
| 12 × 38 | 11.2 | 12.0 | 0.440 | 8.99 | 0.680 | 3.00 | 151 | 16.9 | 3.68 | 41.3 | 9.18 | 1.92 |
| 12 × 34 | 10.0 | 11.9 | 0.415 | 8.97 | 0.585 | 3.06 | 137 | 15.6 | 3.70 | 35.2 | 7.85 | 1.87 |
| 12 × 27.5 | 8.10 | 11.8 | 0.395 | 7.01 | 0.505 | 3.50 | 117 | 14.1 | 3.80 | 14.5 | 4.15 | 1.34 |
| WT10.5 × 34 | 10.0 | 10.6 | 0.430 | 8.27 | 0.685 | 2.59 | 103 | 12.9 | 3.20 | 32.4 | 7.83 | 1.80 |
| 10.5 × 31 | 9.13 | 10.5 | 0.400 | 8.24 | 0.615 | 2.58 | 93.8 | 11.9 | 3.21 | 28.7 | 6.97 | 1.77 |
| 10.5 × 25 | 7.36 | 10.4 | 0.380 | 6.53 | 0.535 | 2.93 | 80.3 | 10.7 | 3.30 | 12.5 | 3.82 | 1.30 |
| 10.5 × 22 | 6.49 | 10.3 | 0.350 | 6.50 | 0.450 | 2.98 | 71.1 | 9.68 | 3.31 | 10.3 | 3.18 | 1.26 |
| WT9 × 27.5 | 8.10 | 9.06 | 0.390 | 7.53 | 0.630 | 2.16 | 59.5 | 8.63 | 2.71 | 22.5 | 5.97 | 1.67 |
| 9 × 25 | 7.33 | 9.00 | 0.355 | 7.50 | 0.570 | 2.12 | 53.5 | 7.79 | 2.70 | 20.0 | 5.35 | 1.65 |
| 9 × 20 | 5.88 | 8.95 | 0.315 | 6.02 | 0.525 | 2.29 | 44.8 | 6.73 | 2.76 | 9.55 | 3.17 | 1.27 |
| 9 × 17.5 | 5.15 | 8.85 | 0.300 | 6.00 | 0.425 | 2.39 | 40.1 | 6.21 | 2.79 | 7.67 | 2.56 | 1.22 |
| WT8 × 28.5 | 8.39 | 8.22 | 0.430 | 7.12 | 0.715 | 1.94 | 48.7 | 7.77 | 2.41 | 21.6 | 6.06 | 1.60 |
| 8 × 25 | 7.37 | 8.13 | 0.380 | 7.07 | 0.630 | 1.89 | 42.3 | 6.78 | 2.40 | 18.6 | 5.26 | 1.59 |
| 8 × 20 | 5.89 | 8.01 | 0.305 | 7.00 | 0.505 | 1.81 | 33.1 | 5.35 | 2.37 | 14.4 | 4.12 | 1.56 |
| 8 × 15.5 | 4.56 | 7.94 | 0.275 | 5.53 | 0.440 | 2.02 | 27.5 | 4.64 | 2.45 | 6.2 | 2.24 | 1.17 |

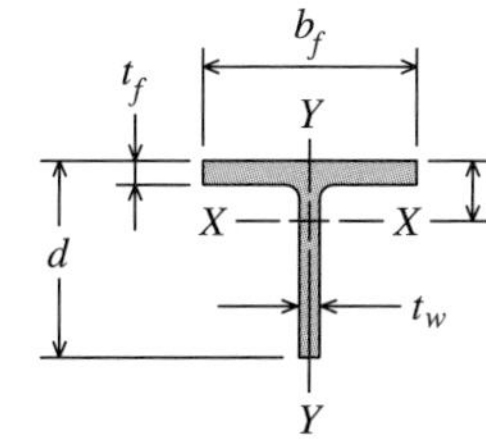


**(W형강을 반으로 절단한) T형상 또는 WT형강(SI 단위계)**

| 명칭 | 면적 $A$ | 깊이 $d$ | 웹 두께 $t_w$ | 플랜지 폭 $b_f$ | 플랜지 두께 $t_f$ | 도심 $\bar{y}$ | $I_x$ | $S_x$ | $r_x$ | $I_y$ | $S_y$ | $r_y$ |
|---|---|---|---|---|---|---|---|---|---|---|---|---|
| | $mm^2$ | mm | mm | mm | mm | mm | $10^6$ $mm^4$ | $10^3$ $mm^3$ | mm | $10^6$ $mm^4$ | $10^3$ $mm^3$ | mm |
| WT305 × 70 | 8900 | 310 | 13.1 | 230 | 22.2 | 75.9 | 77.4 | 333 | 93.2 | 22.7 | 197 | 50.3 |
| 305 × 56.5 | 7230 | 305 | 11.2 | 228 | 17.3 | 76.2 | 62.9 | 277 | 93.5 | 17.2 | 150 | 48.8 |
| 305 × 50.5 | 6450 | 302 | 10.5 | 228 | 14.9 | 77.7 | 57.0 | 256 | 94.0 | 14.7 | 129 | 47.5 |
| 305 × 41 | 5230 | 300 | 10.0 | 178 | 12.8 | 88.9 | 48.7 | 231 | 96.5 | 6.04 | 68.0 | 34.0 |
| WT265 × 50.5 | 6450 | 269 | 10.9 | 210 | 17.4 | 65.8 | 42.9 | 211 | 81.3 | 13.5 | 128 | 45.7 |
| 265 × 46 | 5890 | 267 | 10.2 | 209 | 15.6 | 65.5 | 39.0 | 195 | 81.5 | 11.9 | 114 | 45.0 |
| 265 × 37 | 4750 | 264 | 9.65 | 166 | 13.6 | 74.4 | 33.4 | 175 | 83.8 | 5.20 | 62.6 | 33.0 |
| 265 × 33 | 4190 | 262 | 8.89 | 165 | 11.4 | 75.7 | 29.6 | 159 | 84.1 | 4.29 | 52.1 | 32.0 |
| WT230 × 41 | 5230 | 230 | 9.91 | 191 | 16.0 | 54.9 | 24.8 | 141 | 68.8 | 9.37 | 97.8 | 42.4 |
| 230 × 37 | 4730 | 229 | 9.02 | 191 | 14.5 | 53.8 | 22.3 | 128 | 68.6 | 8.32 | 87.7 | 41.9 |
| 230 × 30 | 3790 | 227 | 8.00 | 153 | 13.3 | 58.2 | 18.6 | 110 | 70.1 | 3.98 | 51.9 | 32.3 |
| 230 × 26 | 3320 | 225 | 7.62 | 152 | 10.8 | 60.7 | 16.7 | 102 | 70.9 | 3.19 | 42.0 | 31.0 |
| WT205 × 42.5 | 5410 | 209 | 10.9 | 181 | 18.2 | 49.3 | 20.3 | 127 | 61.2 | 8.99 | 99.3 | 40.6 |
| 205 × 37.5 | 4750 | 207 | 9.65 | 180 | 16.0 | 48.0 | 17.6 | 111 | 61.0 | 7.74 | 86.2 | 40.4 |
| 205 × 30 | 3800 | 203 | 7.75 | 178 | 12.8 | 46.0 | 13.8 | 87.7 | 60.2 | 5.99 | 67.5 | 39.6 |
| 205 × 23.05 | 2940 | 202 | 6.99 | 140 | 11.2 | 51.3 | 11.4 | 76.0 | 62.2 | 2.58 | 36.7 | 29.7 |

중공구조단면 또는 HSS형강(영국공학단위계)

| 명칭 | 면적 $d$ | 폭 $b$ | Wall 두께 (nom.) $t$ | 단위 피트당 무게 | 면적 $A$ | $I_x$ | $S_x$ | $r_x$ | $I_y$ | $S_y$ | $r_y$ |
|---|---|---|---|---|---|---|---|---|---|---|---|
| | in. | in. | in. | lb/ft | in.$^2$ | in.$^4$ | in.$^3$ | in. | in.$^4$ | in.$^3$ | in. |
| HSS12 × 8 × 1/2 | 12 | 8 | 0.5 | 62.3 | 17.2 | 333 | 55.6 | 4.41 | 178 | 44.4 | 3.21 |
| × 8 × 3/8 | 12 | 8 | 0.375 | 47.8 | 13.2 | 262 | 43.7 | 4.47 | 140 | 35.1 | 3.27 |
| × 6 × 1/2 | 12 | 6 | 0.5 | 55.5 | 15.3 | 271 | 45.2 | 4.21 | 91.1 | 30.4 | 2.44 |
| × 6 × 3/8 | 12 | 6 | 0.375 | 42.7 | 11.8 | 215 | 35.9 | 4.28 | 72.9 | 24.3 | 2.49 |
| HSS10 × 6 × 1/2 | 10 | 6 | 0.5 | 48.7 | 13.5 | 171 | 34.3 | 3.57 | 76.8 | 25.6 | 2.39 |
| × 6 × 3/8 | 10 | 6 | 0.375 | 37.6 | 10.4 | 137 | 27.4 | 3.63 | 61.8 | 20.6 | 2.44 |
| × 4 × 1/2 | 10 | 4 | 0.5 | 41.9 | 11.6 | 129 | 25.8 | 3.34 | 29.5 | 14.7 | 1.59 |
| × 4 × 3/8 | 10 | 4 | 0.375 | 32.5 | 8.97 | 104 | 20.8 | 3.41 | 24.3 | 12.1 | 1.64 |
| HSS8 × 4 × 1/2 | 8 | 4 | 0.5 | 35.1 | 9.74 | 71.8 | 17.9 | 2.71 | 23.6 | 11.8 | 1.56 |
| × 4 × 3/8 | 8 | 4 | 0.375 | 27.4 | 7.58 | 58.7 | 14.7 | 2.78 | 19.6 | 9.80 | 1.61 |
| × 4 × 1/4 | 8 | 4 | 0.25 | 19.0 | 5.24 | 42.5 | 10.6 | 2.85 | 14.4 | 7.21 | 1.66 |
| × 4 × 1/8 | 8 | 4 | 0.125 | 9.85 | 2.70 | 22.9 | 5.73 | 2.92 | 7.90 | 3.95 | 1.71 |
| HSS6 × 4 × 3/8 | 6 | 4 | 0.375 | 22.3 | 6.18 | 28.3 | 9.43 | 2.14 | 14.9 | 7.47 | 1.55 |
| × 4 × 1/4 | 6 | 4 | 0.25 | 15.6 | 4.30 | 20.9 | 6.96 | 2.20 | 11.1 | 5.56 | 1.61 |
| × 4 × 1/8 | 6 | 4 | 0.125 | 8.15 | 2.23 | 11.4 | 3.81 | 2.26 | 6.15 | 3.08 | 1.66 |
| × 3 × 3/8 | 6 | 3 | 0.375 | 19.7 | 5.48 | 22.7 | 7.57 | 2.04 | 7.48 | 4.99 | 1.17 |
| × 3 × 1/4 | 6 | 3 | 0.25 | 13.9 | 3.84 | 17.0 | 5.66 | 2.10 | 5.70 | 3.80 | 1.22 |
| × 3 × 1/8 | 6 | 3 | 0.125 | 7.30 | 2.00 | 9.43 | 3.14 | 2.17 | 3.23 | 2.15 | 1.27 |

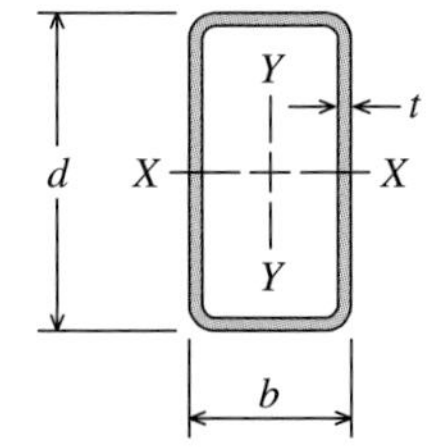


**중공구조단면 또는 HSS형강(SI 단위계)**

| 명칭 | 면적 $d$ | 폭 $b$ | Wall 두께 (nom.) $t$ | 단위 미트당 무게 | 면적 $A$ | $I_x$ | $S_x$ | $r_x$ | $I_y$ | $S_y$ | $r_y$ |
|---|---|---|---|---|---|---|---|---|---|---|---|
| | mm | mm | mm | kg/m | $mm^2$ | $10^6$ $mm^4$ | $10^3$ $mm^3$ | mm | $10^6$ $mm^4$ | $10^3$ $mm^3$ | mm |
| HSS304.8 × 203.2 × 12.7 | 304.8 | 203.2 | 12.7 | 137 | 11100 | 139 | 911 | 112 | 74.1 | 728 | 81.5 |
| × 203.2 × 9.5 | 304.8 | 203.2 | 9.53 | 105 | 8520 | 109 | 716 | 114 | 58.3 | 575 | 83.1 |
| × 152.4 × 12.7 | 304.8 | 152.4 | 12.7 | 122 | 9870 | 113 | 741 | 107 | 37.9 | 498 | 62.0 |
| × 152.4 × 9.5 | 304.8 | 152.4 | 9.53 | 94.2 | 7610 | 89.5 | 588 | 109 | 30.3 | 398 | 63.2 |
| HSS254 × 152.4 × 12.7 | 254 | 152.4 | 12.7 | 107 | 8710 | 71.2 | 562 | 90.7 | 32.0 | 420 | 60.7 |
| × 152.4 × 9.5 | 254 | 152.4 | 9.53 | 82.9 | 6710 | 57.0 | 449 | 92.2 | 25.7 | 338 | 62.0 |
| × 101.6 × 12.7 | 254 | 101.6 | 12.7 | 92.4 | 7480 | 53.7 | 423 | 84.8 | 12.3 | 241 | 40.4 |
| × 101.6 × 9.5 | 254 | 101.6 | 9.53 | 71.7 | 5790 | 43.3 | 341 | 86.6 | 10.1 | 198 | 41.7 |
| HSS203.2 × 101.6 × 12.7 | 203.2 | 101.6 | 12.7 | 77.4 | 6280 | 29.9 | 293 | 68.8 | 9.82 | 193 | 39.6 |
| × 101.6 × 9.5 | 203.2 | 101.6 | 9.53 | 60.4 | 4890 | 24.4 | 241 | 70.6 | 8.16 | 161 | 40.9 |
| × 101.6 × 6.4 | 203.2 | 101.6 | 6.35 | 41.9 | 3380 | 17.7 | 174 | 72.4 | 5.99 | 118 | 42.2 |
| × 101.6 × 3.2 | 203.2 | 101.6 | 3.18 | 21.7 | 1740 | 9.53 | 93.9 | 74.2 | 3.29 | 64.7 | 43.4 |
| HSS152.4 × 101.6 × 9.5 | 152.4 | 101.6 | 9.53 | 49.2 | 3990 | 11.8 | 155 | 54.4 | 6.20 | 122 | 39.4 |
| × 101.6 × 6.4 | 152.4 | 101.6 | 6.35 | 34.4 | 2770 | 8.70 | 114 | 55.9 | 4.62 | 91.1 | 40.9 |
| × 101.6 × 3.2 | 152.4 | 101.6 | 3.18 | 18.0 | 1440 | 4.75 | 62.4 | 57.4 | 2.56 | 50.5 | 42.2 |
| × 76.2 × 9.5 | 152.4 | 76.2 | 9.53 | 43.5 | 3540 | 9.45 | 124 | 51.8 | 3.11 | 81.8 | 29.7 |
| × 76.2 × 6.4 | 152.4 | 76.2 | 6.35 | 30.6 | 2480 | 7.08 | 92.8 | 53.3 | 2.37 | 62.3 | 31.0 |
| × 76.2 × 3.2 | 152.4 | 76.2 | 3.18 | 16.1 | 1290 | 3.93 | 51.5 | 55.1 | 1.34 | 35.2 | 32.3 |

엥글형상 또는 L형강(영국공학단위계)

| 명칭 | 단위 피트당 무게 | 면적 $A$ | $I_x$ | $S_x$ | $r_x$ | $y$ | $I_y$ | $S_y$ | $r_y$ | $x$ | $r_z$ | tan $\alpha$ |
|---|---|---|---|---|---|---|---|---|---|---|---|---|
| | lb/ft | in.$^2$ | in.$^4$ | in.$^3$ | in. | in. | in.$^4$ | in.$^3$ | in. | in. | in. | |
| L5 × 5 × 3/4 | 23.6 | 6.94 | 15.7 | 4.52 | 1.50 | 1.52 | 15.7 | 4.52 | 1.50 | 1.52 | 0.972 | 1.00 |
| × 5 × 1/2 | 16.2 | 4.75 | 11.3 | 3.15 | 1.53 | 1.42 | 11.3 | 3.15 | 1.53 | 1.42 | 0.980 | 1.00 |
| × 5 × 3/8 | 12.3 | 3.61 | 8.76 | 2.41 | 1.55 | 1.37 | 8.76 | 2.41 | 1.55 | 1.37 | 0.986 | 1.00 |
| L5 × 3 × 1/2 | 12.8 | 3.75 | 9.43 | 2.89 | 1.58 | 1.74 | 2.55 | 1.13 | 0.824 | 0.746 | 0.642 | 0.357 |
| × 3 × 3/8 | 9.80 | 2.86 | 7.35 | 2.22 | 1.60 | 1.69 | 2.01 | 0.874 | 0.838 | 0.698 | 0.646 | 0.364 |
| × 3 × 1/4 | 6.60 | 1.94 | 5.09 | 1.51 | 1.62 | 1.64 | 1.41 | 0.600 | 0.853 | 0.648 | 0.652 | 0.371 |
| L4 × 4 × 1/2 | 12.8 | 3.75 | 5.52 | 1.96 | 1.21 | 1.18 | 5.52 | 1.96 | 1.21 | 1.18 | 0.776 | 1.00 |
| × 4 × 3/8 | 9.80 | 2.86 | 4.32 | 1.50 | 1.23 | 1.13 | 4.32 | 1.50 | 1.23 | 1.13 | 0.779 | 1.00 |
| × 4 × 1/4 | 6.60 | 1.94 | 3.00 | 1.03 | 1.25 | 1.08 | 3.00 | 1.03 | 1.25 | 1.08 | 0.783 | 1.00 |
| L4 × 3 × 5/8 | 13.6 | 3.89 | 6.01 | 2.28 | 1.23 | 1.37 | 2.85 | 1.34 | 0.845 | 0.867 | 0.631 | 0.534 |
| × 3 × 3/8 | 8.50 | 2.48 | 3.94 | 1.44 | 1.26 | 1.27 | 1.89 | 0.851 | 0.873 | 0.775 | 0.636 | 0.551 |
| × 3 × 1/4 | 5.80 | 1.69 | 2.75 | 0.988 | 1.27 | 1.22 | 1.33 | 0.585 | 0.887 | 0.725 | 0.639 | 0.558 |
| L3 × 3 × 1/2 | 9.40 | 2.75 | 2.20 | 1.06 | 0.895 | 0.929 | 2.20 | 1.06 | 0.895 | 0.929 | 0.580 | 1.00 |
| × 3 × 3/8 | 7.20 | 2.11 | 1.75 | 0.825 | 0.910 | 0.884 | 1.75 | 0.825 | 0.910 | 0.884 | 0.581 | 1.00 |
| × 3 × 1/4 | 4.90 | 1.44 | 1.23 | 0.569 | 0.926 | 0.836 | 1.23 | 0.569 | 0.926 | 0.836 | 0.585 | 1.00 |
| L3 × 2 × 1/2 | 7.70 | 2.25 | 1.92 | 1.00 | 0.922 | 1.08 | 0.667 | 0.470 | 0.543 | 0.580 | 0.425 | 0.413 |
| × 2 × 3/8 | 5.90 | 1.73 | 1.54 | 0.779 | 0.937 | 1.03 | 0.539 | 0.368 | 0.555 | 0.535 | 0.426 | 0.426 |
| × 2 × 1/4 | 4.10 | 1.19 | 1.09 | 0.541 | 0.953 | 0.980 | 0.390 | 0.258 | 0.569 | 0.487 | 0.431 | 0.437 |

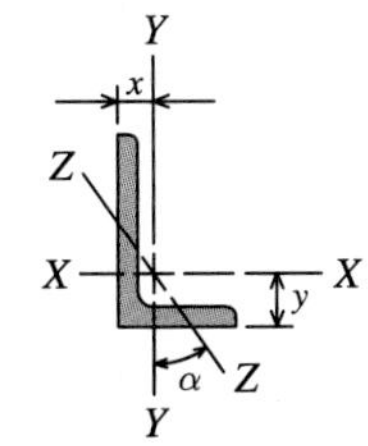


### 엥글형상 또는 L형강(SI 단위계)

| 명칭 | 단위 미트당 무게 | 면적 $A$ | $I_x$ | $S_x$ | $r_x$ | $y$ | $I_y$ | $S_y$ | $r_y$ | $x$ | $r_z$ | tan $\alpha$ |
|---|---|---|---|---|---|---|---|---|---|---|---|---|
| | kg/m | mm$^2$ | $10^6$ mm$^4$ | $10^3$ mm$^3$ | mm | mm | $10^6$ mm$^4$ | $10^3$ mm$^3$ | mm | mm | mm | |
| L127 × 127 × 19 | 35.1 | 4480 | 6.53 | 74.1 | 38.1 | 38.6 | 6.53 | 74.1 | 38.1 | 38.6 | 24.7 | 1.00 |
| × 127 × 12.7 | 24.1 | 3060 | 4.70 | 51.6 | 38.9 | 36.1 | 4.70 | 51.6 | 38.9 | 36.1 | 24.9 | 1.00 |
| × 127 × 9.5 | 18.3 | 2330 | 3.65 | 39.5 | 39.4 | 34.8 | 3.65 | 39.5 | 39.4 | 34.8 | 25.0 | 1.00 |
| L127 × 76 × 12.7 | 19.0 | 2420 | 3.93 | 47.4 | 40.1 | 44.2 | 1.06 | 18.5 | 20.9 | 18.9 | 16.3 | 0.357 |
| × 76 × 9.5 | 14.5 | 1850 | 3.06 | 36.4 | 40.6 | 42.9 | 0.837 | 14.3 | 21.3 | 17.7 | 16.4 | 0.364 |
| × 76 × 6.4 | 9.80 | 1250 | 2.12 | 24.7 | 41.1 | 41.7 | 0.587 | 9.83 | 21.7 | 16.5 | 16.6 | 0.371 |
| L102 × 102 × 12.7 | 19.0 | 2420 | 2.30 | 32.1 | 30.7 | 30.0 | 2.30 | 32.1 | 30.7 | 30.0 | 19.7 | 1.00 |
| × 102 × 9.5 | 14.6 | 1850 | 1.80 | 24.6 | 31.2 | 28.7 | 1.80 | 24.6 | 31.2 | 28.7 | 19.8 | 1.00 |
| × 102 × 6.4 | 9.80 | 1250 | 1.25 | 16.9 | 31.8 | 27.4 | 1.25 | 16.9 | 31.8 | 27.4 | 19.9 | 1.00 |
| L102 × 76 × 15.9 | 20.2 | 2510 | 2.50 | 37.4 | 31.2 | 34.8 | 1.19 | 22.0 | 21.5 | 22.0 | 16.0 | 0.534 |
| × 76 × 9.5 | 12.6 | 1600 | 1.64 | 23.6 | 32.0 | 32.3 | 0.787 | 13.9 | 22.2 | 19.7 | 16.2 | 0.551 |
| × 76 × 6.4 | 8.60 | 1090 | 1.14 | 16.2 | 32.3 | 31.0 | 0.554 | 9.59 | 22.5 | 18.4 | 16.2 | 0.558 |
| L76 × 76 × 12.7 | 14.0 | 1770 | 0.916 | 17.4 | 22.7 | 23.6 | 0.916 | 17.4 | 22.7 | 23.6 | 14.7 | 1.00 |
| × 76 × 9.5 | 10.7 | 1360 | 0.728 | 13.5 | 23.1 | 22.5 | 0.728 | 13.5 | 23.1 | 22.5 | 14.8 | 1.00 |
| × 76 × 6.4 | 7.30 | 929 | 0.512 | 9.32 | 23.5 | 21.2 | 0.512 | 9.32 | 23.5 | 21.2 | 14.9 | 1.00 |
| L76 × 51 × 12.7 | 11.5 | 1450 | 0.799 | 16.4 | 23.4 | 27.4 | 0.278 | 7.70 | 13.8 | 14.7 | 10.8 | 0.413 |
| × 51 × 9.5 | 8.80 | 1120 | 0.641 | 12.8 | 23.8 | 26.2 | 0.224 | 6.03 | 14.1 | 13.6 | 10.8 | 0.426 |
| × 51 × 6.4 | 6.10 | 768 | 0.454 | 8.87 | 24.2 | 24.9 | 0.162 | 4.23 | 14.5 | 12.4 | 10.9 | 0.437 |

APPENDIX

# C

# 보의 기울기와 처짐량의 표

단순지지보

| 보 | 기울기 | 처짐량 | 처짐곡선 |
|---|---|---|---|
| 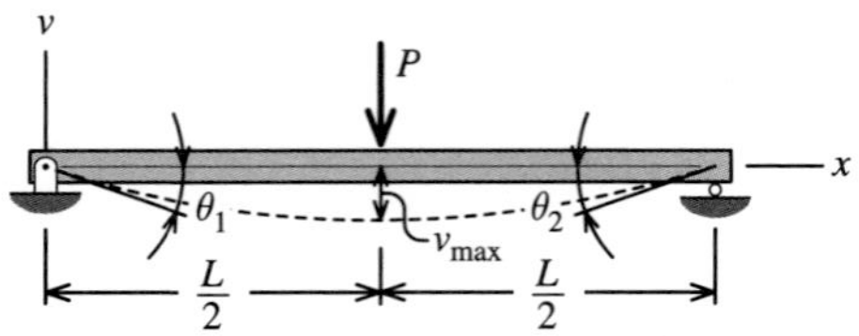 | $\theta_1 = -\theta_2 = -\frac{PL^2}{16EI}$ | $v_{max} = -\frac{PL^3}{48EI}$ | $v = -\frac{Px}{48EI}(3L^2 - 4x^2)$ <br> for $0 \le x \le \frac{L}{2}$ |
| 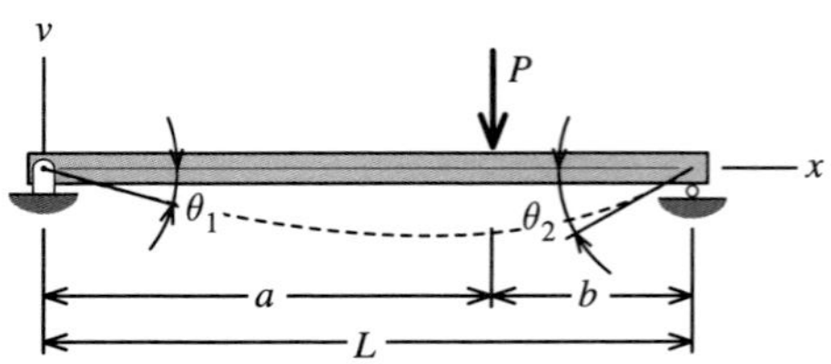 | $\theta_1 = -\frac{Pb(L^2 - b^2)}{6LEI}$ <br> $\theta_2 = +\frac{Pa(L^2 - a^2)}{6LEI}$ | $v = -\frac{Pab}{6LEI}(L^2 - a^2 - b^2)$ <br> at $x = a$ | $v = -\frac{Pbx}{6LEI}(L^2 - b^2 - x^2)$ <br> for $0 \le x \le a$ |
| 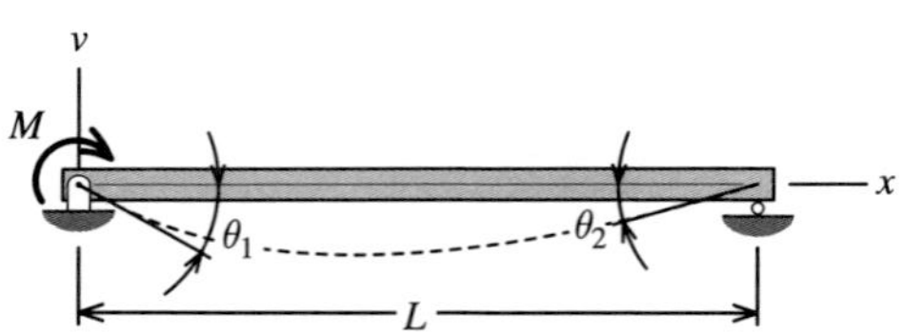 | $\theta_1 = -\frac{ML}{3EI}$ <br> $\theta_2 = +\frac{ML}{6EI}$ | $v_{max} = -\frac{ML^2}{9\sqrt{3}EI}$ <br> at $x = L\left(1 - \frac{\sqrt{3}}{3}\right)$ | $v = -\frac{Mx}{6LEI}(2L^2 - 3Lx + x^2)$ |
| 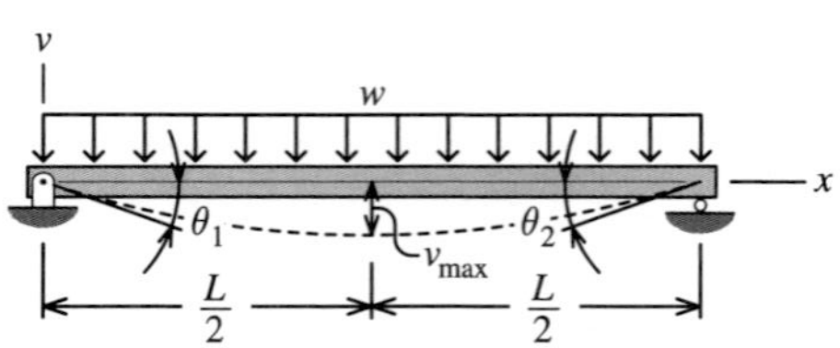 | $\theta_1 = -\theta_2 = -\frac{wL^3}{24EI}$ | $v_{max} = -\frac{5wL^4}{384EI}$ | $v = -\frac{wx}{24EI}(L^3 - 2Lx^2 + x^3)$ |
| 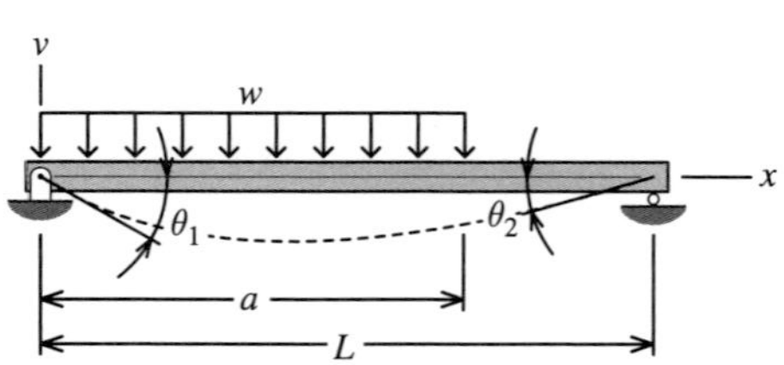 | $\theta_1 = -\frac{wa^2}{24LEI}(2L - a)^2$ <br> $\theta_2 = +\frac{wa^2}{24LEI}(2L^2 - a^2)$ | $v = -\frac{wa^3}{24LEI}(4L^2 - 7aL + 3a^2)$ <br> at $x = a$ | $v = -\frac{wx}{24LEI}(Lx^3 - 4aLx^2 + 2a^2x^2 + 4a^2L^2 - 4a^3L + a^4)$ <br> for $0 \le x \le a$ <br> $v = -\frac{wa^2}{24LEI}(2x^3 - 6Lx^2 + a^2x + 4L^2x - a^2L)$ <br> for $a \le x \le L$ |
| 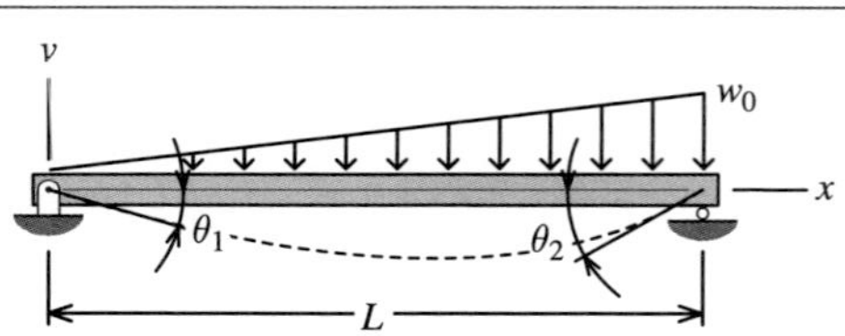 | $\theta_1 = -\frac{7w_0L^3}{360EI}$ <br> $\theta_2 = +\frac{w_0L^3}{45EI}$ | $v_{max} = -0.00652\frac{w_0L^4}{EI}$ <br> at $x = 0.5193L$ | $v = -\frac{w_0x}{360LEI}(7L^4 - 10L^2x^2 + 3x^4)$ |

**외팔보**

| 보 | 기울기 | 처짐량 | 처짐곡선 |
|---|---|---|---|
| 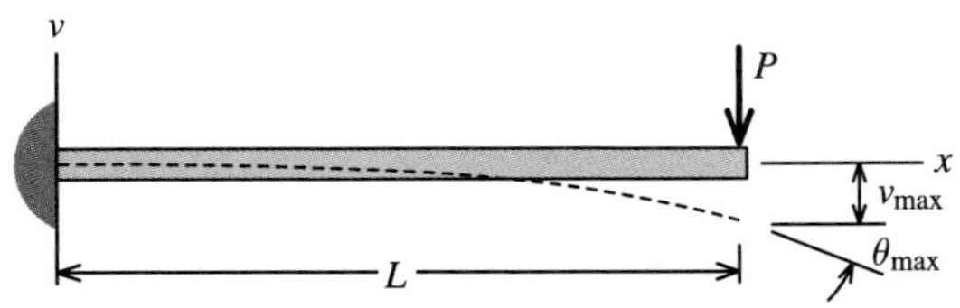 | $\theta_{max} = -\frac{PL^2}{2EI}$ | $v_{max} = -\frac{PL^3}{3EI}$ | $v = -\frac{Px^2}{6EI}(3L - x)$ |
| 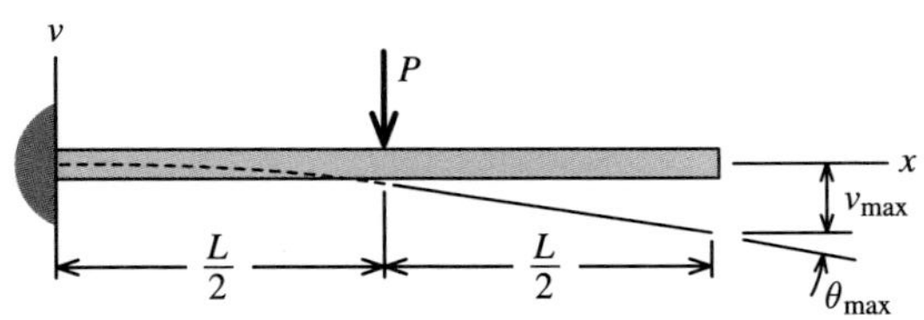 | $\theta_{max} = -\frac{PL^2}{8EI}$ | $v_{max} = -\frac{5PL^3}{48EI}$ | $v = -\frac{Px^2}{12EI}(3L - 2x) \quad \text{for } 0 \le x \le \frac{L}{2}$<br>$v = -\frac{PL^2}{48EI}(6x - L) \quad \text{for } \frac{L}{2} \le x \le L$ |
| 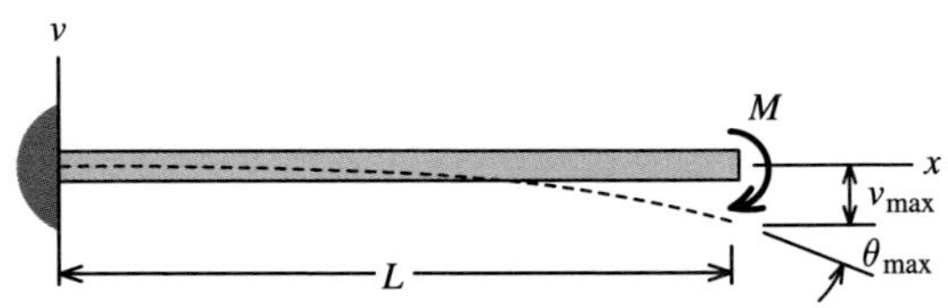 | $\theta_{max} = -\frac{ML}{EI}$ | $v_{max} = -\frac{ML^2}{2EI}$ | $v = -\frac{Mx^2}{2EI}$ |
| 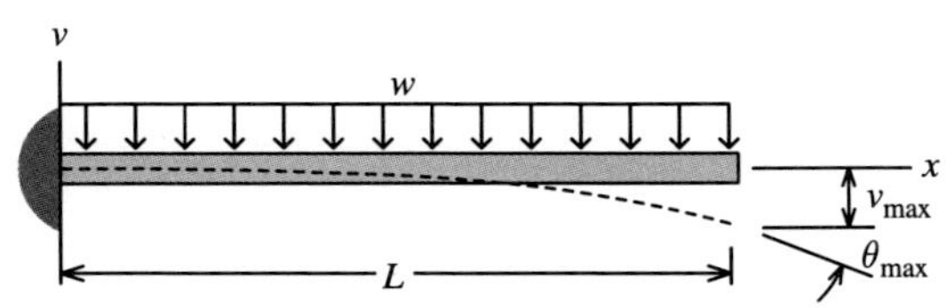 | $\theta_{max} = -\frac{wL^3}{6EI}$ | $v_{max} = -\frac{wL^4}{8EI}$ | $v = -\frac{wx^2}{24EI}(6L^2 - 4Lx + x^2)$ |
| 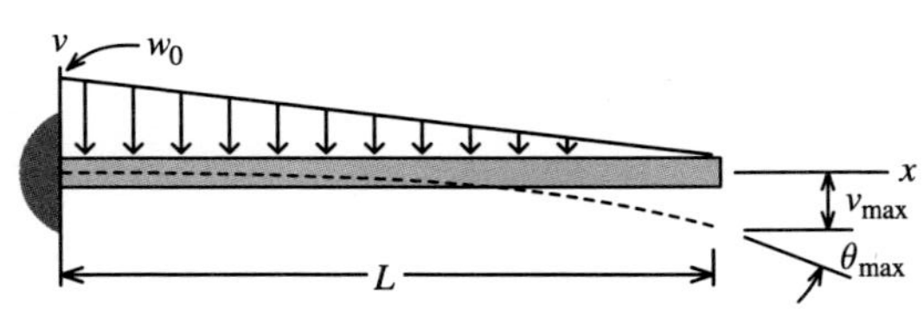 | $\theta_{max} = -\frac{w_0L^3}{24EI}$ | $v_{max} = -\frac{w_0L^4}{30EI}$ | $v = -\frac{w_0x^2}{120LEI}(10L^3 - 10L^2x + 5Lx^2 - x^3)$ |

APPENDIX

# D

# 주요 재료의 평균 물성치

산업용 금속재료의 기계적 성질은 제조공정, 열처리, 화학적 조성, 기타 요소들에 따라 크게 변한다. 표 D.1a와 표 D.1.b에 제시된 값들을 교육 목적으로 제시된 대표적인 평균값으로 간주해야 한다. 상업용 설계 목적으로 적용할 경우 재료의 구체적인 상태와 적용 환경에 적합한 수치를 사용해야 한다.

**표. D.1*a*  주요 재료의 물성치(영국공학단위계)**

| 재료 | 비중 (lb/ft³) | 항복 강도 (ksi)[a b] | 인장 강도 (ksi)[a] | 탄성계수 (1,000 ksi) | 전단 탄성계수 (1,000 ksi) | 포아송비 | 2in. 게이지 길이에 대한 백분율 연신 | 열팽창계수 ($10^{-6}$/°F) |
|---|---|---|---|---|---|---|---|---|
| **알루미늄 합금** | | | | | | | | |
| Alloy 2014-T4 (A92014) | 175 | 42 | 62 | 10.6 | 4 | 0.33 | 20 | 12.8 |
| Alloy 6061-T6 (A96061) | 170 | 40 | 45 | 10 | 3.8 | 0.33 | 17 | 13.1 |
| **황동** | | | | | | | | |
| Red Brass C23000 | 550 | 18 | 44 | 16.7 | 6.4 | 0.307 | 45 | 10.4 |
| Red Brass C83600 | 550 | 17 | 37 | 12 | 4.5 | 0.33 | 30 | 10.0 |
| **청동** | | | | | | | | |
| Bronze C86100 | 490 | 48 | 95 | 15.2 | 6.5 | 0.34 | 20 | 12.2 |
| Bronze C95400 TQ50 | 465 | 45 | 90 | 16 | 6 | 0.316 | 8 | 9.0 |
| **주철** | | | | | | | | |
| Gray, ASTM A48 Grade 20 | 450 | | 20 | 12.2 | 5 | 0.22 | <1 | 5.0 |
| Malleable, ASTM A47 45008 | 450 | 45 | 65 | 26 | 10.2 | 0.27 | 8 | 6.7 |
| **강** | | | | | | | | |
| Structural, ASTM-A36 | 490 | 36 | 58 | 29 | 11.5 | 0.26 | 21 | 6.5 |
| AISI 1020, Cold-rolled | 490 | 62 | 90 | 30 | 11.6 | 0.29 | 15 | 6.5 |
| SAE 4340, Heat-treated | 490 | 132 | 150 | 31 | 12 | 0.29 | 20 | 6.0 |
| Stainless (18-8) annealed | 490 | 36 | 85 | 28 | 12.5 | 0.12 | 55 | 9.6 |
| Stainless (18-8) cold-rolled | 490 | 165 | 190 | 28 | 12.5 | 0.12 | 8 | 9.6 |
| **타이타늄** | | | | | | | | |
| Alloy (6% Al, 4% V) | 280 | 120 | 130 | 16.5 | 6.2 | 0.33 | 10 | 5.3 |

[a] 연성재료의 경우, 관행적으로 압축상태의 물성치는 인장상태의 물성치와 동일하다고 간주한다.

[b] 대부분의 재료의 경우, 이것은 0.2% 옵셋 기법으로 구한 값이다.

**표. D.1*b* 주요 재료의 물성치(SI 단위계)**

| 재료 | 비중 (kN/m³) | 항복 강도 (MPa)[a b] | 인장 강도 (MPa)[a] | 탄성계수 (GPa) | 전단 탄성계수 (GPa) | 포아송비 | 50 mm. 게이지 길이에 대한 백분율 연신 | 열팽창계수 ($10^{-6}$/°C) |
|---|---|---|---|---|---|---|---|---|
| **알루미늄 합금** | | | | | | | | |
| Alloy 2014-T4 (A92014) | 27 | 290 | 427 | 73 | 28 | 0.33 | 20 | 23.0 |
| Alloy 6061-T6 (A96061) | 27 | 276 | 310 | 69 | 26 | 0.33 | 17 | 23.6 |
| **황동** | | | | | | | | |
| Red Brass C23000 | 86 | 124 | 303 | 115 | 44 | 0.307 | 45 | 18.7 |
| Red Brass C83600 | 86 | 117 | 255 | 83 | 31 | 0.33 | 30 | 18.0 |
| **청동** | | | | | | | | |
| Bronze C86100 | 77 | 331 | 655 | 105 | 45 | 0.34 | 20 | 22.0 |
| Bronze C95400 TQ50 | 73 | 310 | 621 | 110 | 41 | 0.316 | 8 | 16.2 |
| **주철** | | | | | | | | |
| Gray, ASTM A48 Grade 20 | 71 | | 138 | 84 | 34 | 0.22 | <1 | 9.0 |
| Malleable, ASTM A47 45008 | 71 | 310 | 448 | 179 | 70 | 0.27 | 8 | 12.1 |
| **강** | | | | | | | | |
| Structural, ASTM-A36 | 77 | 248 | 400 | 200 | 79 | 0.26 | 21 | 11.7 |
| AISI 1020, Cold-rolled | 77 | 427 | 621 | 207 | 80 | 0.29 | 15 | 11.7 |
| SAE 4340, Heat-treated | 77 | 910 | 1,034 | 214 | 83 | 0.29 | 20 | 10.8 |
| Stainless (18-8) annealed | 77 | 248 | 586 | 193 | 86 | 0.12 | 55 | 17.3 |
| Stainless (18-8) cold-rolled | 77 | 1,138 | 1,310 | 193 | 86 | 0.12 | 8 | 17.3 |
| **타이타늄** | | | | | | | | |
| Alloy (6% Al, 4% V) | 44 | 827 | 896 | 114 | 43 | 0.33 | 10 | 9.5 |

[a] 연성재료의 경우, 관행적으로 압축상태의 물성치는 인장상태의 물성치와 동일하다고 간주한다.

[b] 대부분의 재료의 경우, 이것은 0.2% 옵셋 기법으로 구한 값이다.

표. D.2 주요 건축용 목재의 전형적인 물성치(SI 단위계)

| | 허용응력 | | | | | | | | | | | |
|---|---|---|---|---|---|---|---|---|---|---|---|---|
| | 굽힘 | | 결에 평행한 방향의 인장 | | 수평방향의 진단 | | 결에 수직한 방향의 압축 | | 결에 수직한 방향의 압축 | | 탄성 계수 | |
| 종류와 등급 | psi | MPa | psi | MPa | psi | MPa | psi | MPa | psi | MPa | ksi | GPa |
| **프래임용 목재:** 2in.에서 4in.의 두께, 2in. 이상의 폭 | | | | | | | | | | | | |
| Douglas Fir-Larch | | | | | | | | | | | | |
| Select Structural | 1,450 | 10.0 | 1,000 | 6.9 | 95 | 0.66 | 625 | 4.3 | 1,700 | 11.7 | 1,900 | 13.1 |
| No. 2 | 875 | 6.0 | 575 | 4.0 | 95 | 0.66 | 625 | 4.3 | 1,300 | 9.0 | 1,600 | 11.0 |
| Hem-Fir | | | | | | | | | | | | |
| Select Structural | 1,400 | 9.7 | 900 | 6.2 | 75 | 0.52 | 405 | 2.8 | 1,500 | 10.3 | 1,600 | 11.0 |
| No. 2 | 850 | 5.9 | 500 | 3.4 | 75 | 0.52 | 405 | 2.8 | 1,250 | 8.6 | 1,300 | 9.0 |
| Spruce-Pine-Fir (South) | | | | | | | | | | | | |
| Select Structural | 1,300 | 9.0 | 575 | 4.0 | 70 | 0.48 | 335 | 2.3 | 1,200 | 8.3 | 1,300 | 9.0 |
| No. 2 | 750 | 5.2 | 325 | 2.2 | 70 | 0.48 | 335 | 2.3 | 975 | 6.7 | 1,100 | 7.6 |
| Western Cedars | | | | | | | | | | | | |
| Select Structural | 1,000 | 6.9 | 600 | 4.1 | 75 | 0.52 | 425 | 2.9 | 1,000 | 6.9 | 1,100 | 7.6 |
| No. 2 | 700 | 4.8 | 425 | 2.9 | 75 | 0.52 | 425 | 2.9 | 650 | 4.5 | 1,000 | 6.9 |
| **보:** 5in.이상의 두께, 두께에 비하여 2in.이상의 큰 폭 | | | | | | | | | | | | |
| Douglas Fir-Larch | | | | | | | | | | | | |
| Select Structural | 1,600 | 11.0 | 950 | 6.6 | 85 | 0.59 | 625 | 4.3 | 1,100 | 7.6 | 1,600 | 11.0 |
| No. 2 | 875 | 6.0 | 425 | 2.9 | 85 | 0.59 | 625 | 4.3 | 600 | 4.1 | 1,300 | 9.0 |
| Hem-Fir | | | | | | | | | | | | |
| Select Structural | 1,250 | 8.6 | 725 | 5.0 | 70 | 0.48 | 405 | 2.8 | 925 | 6.4 | 1,300 | 9.0 |
| No. 2 | 675 | 4.7 | 325 | 2.2 | 70 | 0.48 | 405 | 2.8 | 475 | 3.3 | 1,100 | 7.6 |
| Spruce-Pine-Fir (South) | | | | | | | | | | | | |
| Select Structural | 1,050 | 7.2 | 625 | 4.3 | 65 | 0.45 | 335 | 2.3 | 675 | 4.7 | 1,200 | 8.3 |
| No. 2 | 575 | 4.0 | 300 | 2.1 | 65 | 0.45 | 335 | 2.3 | 350 | 2.4 | 1,000 | 6.9 |
| Western Cedars | | | | | | | | | | | | |
| Select Structural | 1,150 | 7.9 | 700 | 4.8 | 70 | 0.48 | 425 | 2.9 | 875 | 6.0 | 1,000 | 6.9 |
| No. 2 | 625 | 4.3 | 325 | 2.2 | 70 | 0.48 | 425 | 2.9 | 475 | 3.3 | 800 | 5.5 |
| **기둥:** 두께와 폭이 5in. 또는 그 이상, 두께에 비하여 2in. 이상 크지 않는 폭 | | | | | | | | | | | | |
| Douglas Fir-Larch | | | | | | | | | | | | |
| Select Structural | 1,500 | 10.3 | 1,000 | 6.9 | 85 | 0.59 | 625 | 4.3 | 1,150 | 7.9 | 1,600 | 11.0 |
| No. 2 | 700 | 4.8 | 475 | 3.3 | 85 | 0.59 | 625 | 4.3 | 475 | 3.3 | 1,300 | 9.0 |
| Hem-Fir | | | | | | | | | | | | |
| Select Structural | 1,200 | 8.3 | 800 | 5.5 | 70 | 0.48 | 405 | 2.8 | 975 | 6.7 | 1,300 | 9.0 |
| No. 2 | 525 | 3.6 | 350 | 2.4 | 70 | 0.48 | 405 | 2.8 | 375 | 2.6 | 1,100 | 7.6 |
| Spruce-Pine-Fir (South) | | | | | | | | | | | | |
| Select Structural | 1,000 | 6.9 | 675 | 4.7 | 65 | 0.45 | 335 | 2.3 | 700 | 4.8 | 1,200 | 8.3 |
| No. 2 | 350 | 2.4 | 225 | 1.6 | 65 | 0.45 | 335 | 2.3 | 225 | 1.6 | 1,000 | 6.9 |
| Western Cedars | | | | | | | | | | | | |
| Select Structural | 1,100 | 7.6 | 720 | 5.0 | 70 | 0.48 | 425 | 2.9 | 925 | 6.4 | 1,000 | 6.9 |
| No. 2 | 500 | 3.4 | 350 | 2.4 | 70 | 0.48 | 425 | 2.9 | 375 | 2.6 | 800 | 5.5 |

# 홀수 번호 문제의 해답

## Chapter 1

1.1 $P = 172.8$ kN

1.3 $\sigma_1 = 176.8$ MPa (T), $\sigma_2 = 144.4$ MPa (C)

1.5 $d_1 = 0.691$ in., $d_2 = 1.545$ in.

1.7 $\sigma_1 = 5.09$ ksi (C), $\sigma_2 = 7.92$ ksi (T), $\sigma_3 = 3.68$ ksi (C)

1.9 $d_1 = 19.96$ mm, $d_2 = 16.13$ mm

1.11 $\sigma_{AB} = 5.97$ ksi (C), $\sigma_{AC} = 7.51$ ksi (T), $\sigma_{BC} = 7.93$ ksi (C)

1.13 $\sigma_{AB} = 41.6$ MPa (T), $\sigma_{AC} = 87.3$ MPa (T), $\sigma_{BC} = 62.6$ MPa (C)

1.15 $P_{max} = 13.50$ kips

1.17 $\tau = 118.4$ MPa

1.19 $\tau = 14.97$ ksi

1.21 $d_{min} = 0.595$ in.

1.23 $P_{min} = 125.3$ kips

1.25 $a = 8.89$ mm

1.27 $a_{min} = 396$ mm

1.29 $P_{max} = 23.6$ kips

1.31 $d_{min} = 2.21$ in.

1.33 $\sigma_n = 3.43$ ksi, $\tau_{nt} = 5.94$ ksi

1.35 $P_{max} = 479$ kN

1.37 $t_{min} = 15.32$ mm

1.39 $t_{min} = 0.900$ in.

1.41 (a) $P = 187.5$ kN
(b) $\sigma = 16.00$ MPa
(c) $\sigma_{max} = 25.0$ MPa, $\tau_{max} = 12.50$ MPa

## Chapter 2

2.1 $\delta_2 = 0.1170$ in., $\varepsilon_1 = 825$ με

2.3 (a) $\varepsilon_2 = 1{,}147$ με
(b) $\varepsilon_2 = 2{,}260$ με
(c) $\varepsilon_2 = 35.6$ με

2.5 $\varepsilon_2 = 3{,}040\ \mu\varepsilon$

2.7 (a) $\delta = \dfrac{\gamma L^2}{6E}$

(b) $\varepsilon_{avg} = \dfrac{\gamma L}{6E}$

(c) $\varepsilon_{max} = \dfrac{\gamma L}{3E}$

2.9 $\gamma = 412{,}000\ \mu\text{rad}$, $\tau = 627$ kPa

2.11 $\gamma_{Q'} = 2{,}300\ \mu\text{rad}$

2.13 $\gamma_P = -1{,}944\ \mu\text{rad}$

2.15 $\delta = -52.0$ mm

2.17 (a) $\Delta D = 0.1999$ mm, $\Delta d = 0.1762$ mm, $\Delta L = 2.54$ mm

2.19 35.1°C

2.21 $v_{pointer} = 0.0241$ in. ↑

2.23 $\Delta T = 175.9°\text{C}$, $T = 25°\text{C} + 175.9°\text{C} = 201°\text{C}$

## Chapter 3

3.1 (a) $E = 10{,}360$ ksi
(b) $\nu = 0.321$
(c) $\sigma_{PL} = 43.0$ ksi

3.3 (a) $E = 2.17$ GPa
(b) $\nu = 0.370$
(c) $\Delta$thickness $= -0.0833$ mm

3.5 (a) $\nu = 0.306$
(b) $E = 117.3$ GPa

3.7 (a) $F = 30.4$ kips
(b) $\delta = 0.318$ in.

3.9 (a) permanent set $= 0.0035$ mm/mm
(b) bar length unloaded $= 351.225$ mm
(c) $\sigma_{PL} = 444$ MPa

3.11 $G = 64.7$ psi

3.13 $\delta = 1.336$ mm

3.15 (a) $\sigma_1 = 87.5$ MPa
(b) $P = 20.4$ kN
(c) $v_C = 13.82$ mm ↓

3.17 (a) $E = 30{,}000$ ksi
(b) $\sigma_{PL} = 60$ ksi
(c) $\sigma_U = 159$ ksi
(d) $\sigma_Y = 80$ ksi
(e) $\sigma_{fracture} = 135$ ksi
(f) true $\sigma_{fracture} = 270$ ksi

3.19 (a) $E = 138{,}400$ MPa
(b) $\sigma_{PL} = 234$ MPa
(c) $\sigma_U = 394$ MPa
(d) 0.05% offset $\sigma_Y = 239$ MPa
(e) 0.20% offset $\sigma_Y = 259$ MPa
(f) $\sigma_{fracture} = 350$ MPa
(g) true $\sigma_{fracture} = 457$ MPa

3.21 (a) $E = 11{,}180$ ksi
(b) $\sigma_{PL} = 33.6$ ksi
(c) $\sigma_U = 70.4$ ksi
(d) 0.05% offset $\sigma_Y = 44.4$ ksi
(e) 0.20% offset $\sigma_Y = 54.5$ ksi
(f) $\sigma_{fracture} = 70.4$ ksi
(g) true $\sigma_{fracture} = 87.9$ ksi

3.23 (a) $P = 1.800$ kips
(b) $v_E = 0.1913$ in.

3.25 (a) $P = 5.74$ kips
(b) $\varepsilon_2 = 1{,}833\ \mu\varepsilon$

3.27 (a) $P = 18.19$ kN
(b) $\tau_C = 42.7$ MPa

## Chapter 4

4.1 (a) bar stress $\sigma = 362.5$ MPa, $\sigma_Y = 550$ MPa, $FS_{yield} = 1.517$
(b) $\sigma_U = 1{,}100$ MPa, $FS_{ultimate} = 3.03$

4.3 bar (1) red brass FS = 1.494,
bar (2) aluminum FS = 1.303

4.5 $P_{allow} = 79.3$ kips,
bar (1): FS = 1.825, bar (2): FS = 1.600

4.7 (a) pin $A$: FS = 2.64, pin $B$: FS = 1.848
(b) link $BC$: FS = 2.23

4.9 (a) $P_{max} = 15.03$ kN
(b) pin at $A$: $d_{min} = 13.46$ mm

4.11 $P_{max} = 2.47$ kips

4.13 $P_{max} = 5.65$ kips

4.15 (a) $d_1 = 1.335$ in.
(b) $d_B = 0.771$ in.
(c) $d_A = 1.033$ in.

4.17 (a) $P_{max} = 11.28$ kips

4.19 (a) $A_{min} = 6.01$ in.$^2$
(b) $A_{min} = 5.78$ in.$^2$

4.21 (a) $d_{min} = 1.578$ in.
(b) $d_{min} = 1.358$ in.

## Chapter 5

5.1 $d_{min} = 21.9$ mm

5.3 $P = 118.7$ kN

5.5 $u_A = 3.18$ mm $\rightarrow$ (i.e., moves toward $C$)

5.7 (a) $P = 80.6$ kN
(b) $u_B = 0.497$ mm $\downarrow$

5.9 (a) $\delta_1 = -0.0581$ in.
(b) $u_D = -0.0946$ in.
(c) $\sigma_{max} = 29.0$ ksi (C)

5.11 $\delta = 0.000393$ in. $\downarrow$

5.13 $\delta = 90.6 \times 10^{-6}$ in. $\downarrow$

5.15 (a) $\sigma_1 = 186.0$ MPa (C), $\sigma_2 = 26.0$ MPa (T)
(b) $v_A = 1.488$ mm $\downarrow$
(c) $P = 77.5$ kN

5.17 (a) $P_{max} = 15.05$ kips
(b) $v_D = 0.248$ in. $\downarrow$
(c) pin at $B$: $d_{min} = 0.730$ in.

5.19 $P_{max} = 77.3$ kN

5.21 $d_{min} = 1.901$ in.

5.23 (a) $\sigma_1 = 75.0$ MPa (C), $\sigma_2 = 4.50$ MPa (C)
(b) $u_B = 0.450$ mm $\downarrow$

5.25 (a) $\sigma_1 = 74.8$ MPa (T), $\sigma_2 = 6.58$ MPa (C)
(b) $u_B = 1.122$ mm $\downarrow$

5.27 (a) $\sigma_1 = 7.84$ ksi (T), $\sigma_2 = 17.10$ ksi (C)
(b) $u_B = 0.1254$ in. $\rightarrow$

5.29 $d_{min} = 26.4$ mm

5.31 (a) $P_{max} = 130.6$ kips
(b) $u_B = 0.0720$ in. $\downarrow$

5.33 (a) $\sigma_1 = 12.08$ ksi (T), $\sigma_2 = 20.5$ ksi (T)
(b) $v_D = 0.1034$ in. $\downarrow$

5.35 (a) $P_{max} = 79.3$ kN
(b) $v_B = 2.24$ mm $\downarrow$

5.37 (a) $\sigma_1 = 146.7$ MPa (T), $\sigma_2 = 67.4$ MPa (T)
(b) $v_D = 1.761$ mm $\downarrow$

5.39 (a) $P_{max} = 231$ kN
(b) $u_B = 2.24$ mm $\downarrow$
(c) $\varepsilon_1 = -393$ με

5.41 (a) $\sigma_1 = 26.0$ ksi (T), $\sigma_2 = 8.66$ ksi (C)
(b) $FS_1 = 2.38$, $FS_2 = 8.66$
(c) $u_B = 0.1458$ in. $\downarrow$

5.43 (a) $\sigma_1 = 10.98$ ksi (C), $\sigma_2 = 12.81$ ksi (T)
(b) $v_D = 0.0598$ in. $\downarrow$

5.45 (a) $\Delta T = -94.0°F$
(b) $d_{min} = 0.405$ in.

5.47 (a) $\sigma = 561$ psi (C)
(b) $\varepsilon = 3{,}125$ με

5.49 (a) 108.6°F
(b) aluminum: $\sigma_1 = 20.9$ ksi (C),
stainless steel: $\sigma_2 = 31.4$ ksi (C)
(c) aluminum: $\varepsilon_1 = 283$ με (C),
stainless steel: $\varepsilon_2 = 703$ με (C)
(d) $\Delta$width $= 0.00913$ in. (increase)

5.51 (a) aluminum: $\sigma_1 = 29.3$ ksi (C),
bronze: $\sigma_2 = 13.03$ ksi (C)
(b) $u_B = 0.01389$ in. $\leftarrow$
(c) $\Delta d = 0.00294$ in. (increase)

5.53 (a) $\sigma_1 = 15.24$ MPa (T), $\sigma_2 = 19.51$ MPa (C)
(b) $\varepsilon_1 = -693$ με, $\varepsilon_2 = -693$ με

5.55 (a) $\sigma_1 = 22.6$ MPa (C), $\sigma_2 = 29.0$ MPa (C)
(b) $u_B = 0.0369$ mm $\rightarrow$

5.57 (a) $\sigma_1 = 1.550$ ksi (T), $\sigma_2 = 9.66$ ksi (T)
(b) $v_D = 0.1767$ in. $\downarrow$

5.59 (a) $\sigma_1 = 74.5$ MPa (T), $\sigma_2 = 9.97$ MPa (C)
(b) $v_D = 0.454$ mm $\downarrow$

5.61 (a) $\sigma_1 = 35.0$ MPa (C), $\sigma_2 = 70.0$ MPa (C)
(b) $v_A = 0.365$ mm $\uparrow$

5.63 (a) $\sigma_1 = 7.68$ ksi (C), $\sigma_2 = 18.32$ ksi (T)
(b) $\varepsilon_1 = -520$ με, $\varepsilon_2 = 347$ με
(c) $v_C = 0.0277$ in. $\downarrow$

5.65 (a) aluminum: $\sigma_1 = 124.0$ MPa (C),
cast iron: $\sigma_2 = 53.1$ MPa (C),
bronze: $\sigma_3 = 186.0$ MPa (C)
(b) force on supports = 148.8 kN (C)
(c) $u_B = 0.01257$ mm $\rightarrow$, $u_C = 0.1600$ mm $\rightarrow$

5.67 $P_{allow} = 103.3$ kN

5.69 $P_{allow} = 51.1$ kN

5.71 $r_{min} = 9$ mm

5.73 (a) $d_{max} = 37$ mm
(b) $r_{min} = 5$ mm

## Chapter 6

6.1 $\tau_{max} = 7{,}850$ psi

6.3 (a) $\tau_{max} = 47.4$ MPa
(b) $d_{min} = 83.9$ mm

6.5 $\tau_1 = 7.22$ ksi, $\tau_2 = 16.95$ ksi

6.7 (a) $d_1 = 125.0$ mm
(b) $d_2 = 109.2$ mm

6.9 (b) $d_{min} = 24.1$ mm

6.11 (a) $\tau = 76.0$ MPa
(b) $\phi = 0.0815$ rad $= 4.67°$

6.13 $d_{min} = 0.882$ in.

6.15 inside diameter: $d_{max} = 2.66$ in.

6.17 $T_{C,max} = 3{,}310$ lb-in.

6.19 inside diameter: $d_{max} = 56.4$ mm

6.21 (a) $\tau_{max} = 9{,}170$ psi
(b) $\phi_C = 0.0220$ rad
(c) $\phi_D = -0.0257$ rad

6.23 (b) $\tau_2 = -32.8$ MPa
(c) $\phi_C = -0.001352$ rad

6.25 (a) $\tau_{max} = 5{,}010$ psi
(b) $\phi_C = 0.0520$ rad
(c) $\phi_E = 0.0433$ rad

6.27 (a) $T_A = 270$ N-m
(b) $\tau_1 = 50.9$ MPa, $\tau_2 = 84.9$ MPa
(c) $d_{1,min} = 28.4$ mm, $d_{2,min} = 33.7$ mm

6.29 $T_D = 31.4$ N-m

6.31 (a) $d_1 = 2.09$ in., $d_2 = 1.597$ in.
(b) $d_{min} = 2.09$ in.

6.33 (a) $d_1 = 53.5$ mm, $d_2 = 39.9$ mm
(b) $d_{min} = 53.5$ mm

6.35 (a) $T_E = 3{,}600$ N-m
(b) $d_1 = 50.8$ mm, $d_2 = 64.0$ mm

6.37 (a) $T_A = 120$ lb-ft
(b) $\tau_1 = 6{,}520$ psi, $\tau_2 = 5{,}500$ psi

6.39 (a) $T_1 = -405$ lb-ft, $T_2 = 225$ lb-ft
(b) $\phi_1 = -0.0317$ rad, $\phi_2 = 0.0293$ rad
(c) $\phi_B = -0.0317$ rad, $\phi_C = 0.0570$ rad
(d) $\phi_D = 0.0863$ rad

6.41 $d_{min} = 48.8$ mm

6.43 $\tau = 2{,}280$ psi

6.45 $\tau = 44.6$ MPa

6.47 $P = 113.6$ hp

6.49 (a) $P = 40.6$ hp
(b) $P = 146.0$ hp

6.51 $D_{min} = 2.88$ in.

6.53 (a) $d_{min} = 1.401$ in.
(b) inside diameter: $d_{max} = 1.800$ in.
(c) weight savings = 61.3%

6.55 (a) $d_1 = 87.7$ mm
(b) $d_3 = 56.9$ mm
(c) $\phi_D = 0.0503$ rad $= 2.88°$

6.57 (a) $\tau_1 = 61.5$ MPa, $\tau_2 = 25.0$ MPa
(b) $P = 5.65$ kW @ 120 rpm
(c) $T_A = 450$ N-m

6.59 (a) $\tau_1 = 4{,}890$ psi, $\tau_2 = 16{,}510$ psi
(b) $\phi_D = 0.0394$ rad

6.61 (a) $\tau_1 = 3{,}194$ psi
(b) $d_2 = 0.606$ in.

6.63 (a) $\tau_1 = 31.1$ MPa, $\tau_2 = 46.7$ MPa
(b) $\phi_D = 0.0747$ rad

6.65 (a) $P_{max} = 19.28$ kW
(b) $T_E = 368$ N-m
(c) $\omega_E = 8.33$ Hz

6.67 (a) $T_{allow} = 35.2$ kip-in.
(b) $T_1 = 21.0$ kip-in., $T_2 = 14.22$ kip-in.
(c) $\phi = 0.0475$ rad per 10-in. length.

6.69 (a) $\tau_1 = 67.5$ MPa, $\tau_2 = 77.2$ MPa
(b) $\phi_B = 0.0289$ rad

6.71 (a) $T_{allow} = 1{,}196$ N-m
(b) $T_1 = 736$ N-m, $T_2 = 460$ N-m
(c) $\phi_B = 0.0540$ rad

6.73 (a) $\tau_1 = 58.0$ MPa, $\tau_2 = 39.4$ MPa
(b) $\phi_B = 0.0259$ rad

6.75 (a) $T_{B,allow} = 1.837$ kip-in.
(b) $T_1 = 1.571$ kip-in., $T_2 = 0.266$ kip-in.
(c) $\phi_B = 0.0429$ rad

6.77 (a) $\tau_1 = 6.69$ ksi, $\tau_2 = 9.32$ ksi
(b) $\phi_B = 0.01903$ rad

6.79 (a) $\tau_1 = 27.2$ ksi
(b) $\tau_3 = 9.81$ ksi
(c) $\phi_C = 0.0420$ rad

6.81 (a) $T_{C,\text{allow}} = 15.91$ kN-m
(b) $\tau_1 = 40.1$ MPa
(c) $\tau_3 = 152.0$ MPa

6.83 (a) $T_{0,\text{allow}} = 41.5$ kip-in.
(b) $\tau_3 = 21.8$ ksi
(c) $\tau_2 = 3.02$ ksi

6.85 (a) $\tau_3 = 169.0$ MPa
(b) $\tau_2 = 91.9$ MPa
(c) $\phi_C = -0.0326$ rad

6.87 (a) $\tau_1 = 77.8$ MPa
(b) $\tau_2 = 72.2$ MPa
(c) $\tau_2 = 188.6$ MPa
(d) $\phi_B = 0.0463$ rad
(e) $\phi_C = -0.0343$ rad

6.89 (a) $\tau_1 = 11.46$ ksi
(b) $\tau_3 = 5.64$ ksi
(c) $\phi_E = -0.0353$ rad
(d) $\phi_C = 0.1846$ rad

6.91 (a) $\tau_1 = 12.93$ ksi
(b) $\tau_3 = 14.55$ ksi
(c) $\phi_E = -0.0213$ rad
(d) $\phi_C = 0.0329$ rad

6.93 (a) $T'_B = 14.24$ kip-in.
(b) $\tau_{\text{initial}} = 4.01$ ksi
(c) $\tau_1 = 18.54$ ksi, $\tau_2 = 19.05$ ksi

6.95 $\tau = 40.4$ MPa

6.97 $r_{\min} = 0.25$ in.

6.99 $r_{\min} = 7$ mm

6.101 $P_{\max} = 202$ kW

6.103 $T_{\max} = 310$ N-m

6.105 $P_{\max} = 4.08$ hp

6.107 (a) $b_{\min} = 27.0$ mm
(b) $b_{\min} = 26.5$ mm
(c) $b_{\min} = 19.87$ mm

6.109 (a) $T_a = 230$ N-m, $T_b = 308$ N-m
(b) $\phi_a = 0.0542$ rad, $\phi_b = 0.0424$ rad

6.111 (a) $T = 110.0$ kip-in.
(b) $T = 66.5$ kip-in.
(c) $T = 86.4$ kip-in.
(d) $T = 76.8$ kip-in.

6.113 $t_{\min} = 0.0983$ in.

6.115 $\tau = 12.73$ ksi

6.117 $\tau = 12.20$ ksi

## Chapter 7

7.1 (a) $V = w_0(L - x)$,
$$M = -\frac{w_0}{2}(L^2 + x^2) + w_0 Lx$$

7.3 (a) $0 \leq x < a$: $V = -w_a x$, $M = -\dfrac{w_a}{2}x^2$
$a \leq x < a + b$: $V = -(w_a - w_b)a - w_b x$,
$$M = -\frac{w_b}{2}x^2 - (w_a - w_b)ax + \frac{(w_a - w_b)a^2}{2}$$

7.5 (a) $V = -\dfrac{w_0}{2L}x^2$, $M = -\dfrac{w_0}{6L}x^3$

7.7 (a) $0 \leq x < 3$ m:
$V = 65$ kN, $M = (65\text{ kN})x$
$3\text{ m} \leq x < 6$ m:
$V = 15$ kN, $M = (15\text{ kN})x + 150$ kN-m
$6\text{ m} \leq x < 10$ m:
$V = -60$ kN, $M = -(60\text{ kN})x + 600$ kN-m

7.9 (a) $0 \leq x < 9$ ft:
$V = -(7\text{ kips/ft})x$, $M = -(3.5\text{ kips/ft})x^2$
$9\text{ ft} \leq x < 30$ ft:
$V = -(7\text{ kips/ft})x + 150$ kips,
$M = -(3.5\text{ kips/ft})x^2 + (150\text{ kips})x - 1{,}350$ kip-ft

7.11 (a) $0 \leq x < 10$ ft:
$V = 68$ kips, $M = (68\text{ kips})x$
$10\text{ ft} \leq x < 30$ ft:
$V = -(6\text{ kips/ft})x + 86$ kips,
$M = -(3\text{ kips/ft})x^2 + (86\text{ kips})x + 120$ kip-ft

7.13 (a) $0 \leq x < 8$ ft:
$V = 0$, $M = -120$ kips-ft
$8\text{ ft} \leq x < 14$ ft:
$V = -(5\text{ kips/ft})x + 40$ kips,
$M = -(2.5\text{ kips/ft})x^2 + (40\text{ kips})x - 280$ kip-ft

7.15 (a) $0 \leq x < 13$ ft:
$V = -(7\text{ kips/ft})x + 61.03$ kips,
$M = -(3.5\text{ kips/ft})x^2 + (61.03\text{ kips})x$
$13\text{ ft} \leq x < 17$ ft:
$V = -(7\text{ kips/ft})x + 61.03$ kips,
$M = -(3.5\text{ kips/ft})x^2 + (61.03\text{ kips})x - 250$ kip-ft

$17 \text{ ft} \leq x < 25 \text{ ft}$:
$V = -(7 \text{ kips/ft})x + 175 \text{ kips}$,
$M = -(3.5 \text{ kips/ft})x^2 + (175 \text{ kips})x - 2{,}187.5 \text{ kip-ft}$

(c) max. $+M = 266$ kip-ft at $x = 8.72$ ft,
max. $-M = -224$ kip-ft at $x = 17$ ft

7.17

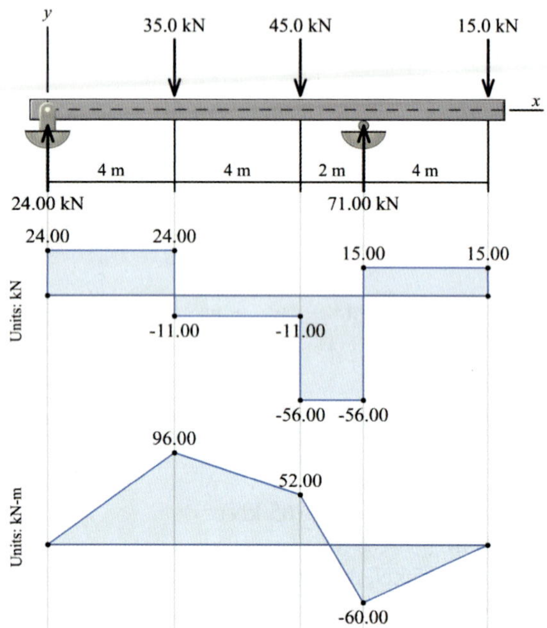


7.19

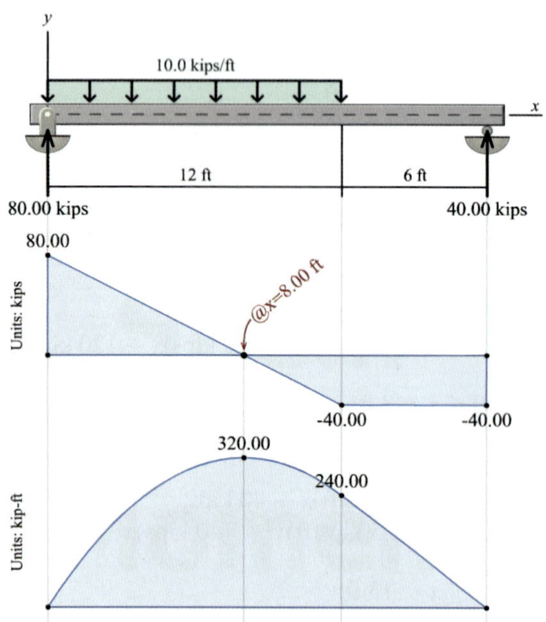


7.21

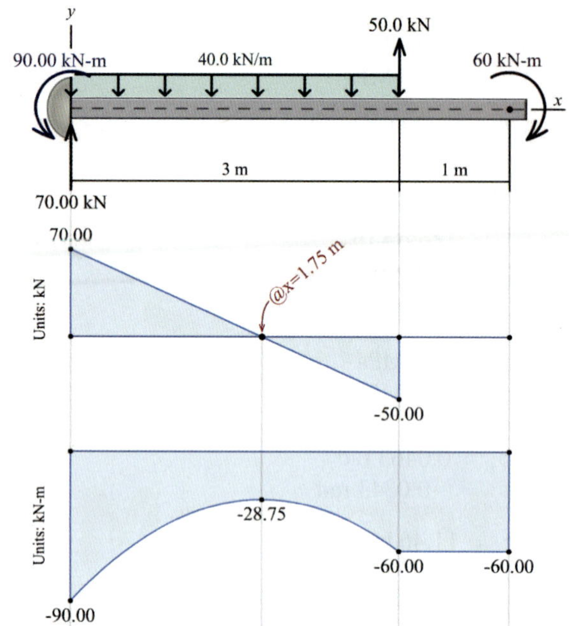


7.23

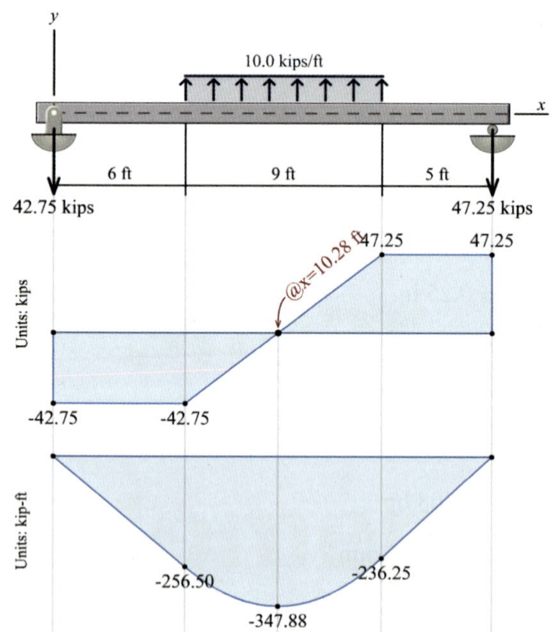

7.25

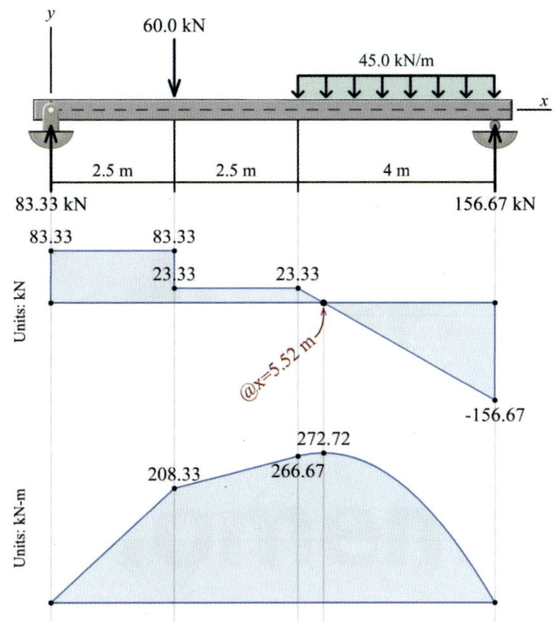


7.29

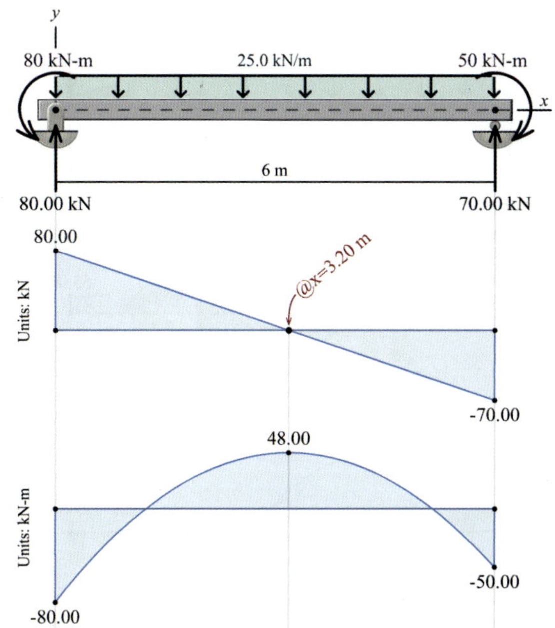


7.27

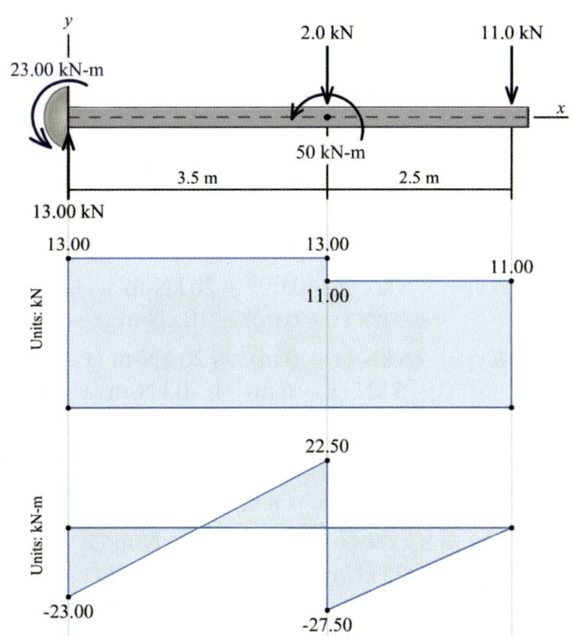


7.31 (a) $V_{max} = 16.50$ kips
(b) $M_{max} = 33.0$ kip-ft

7.33 (a) $V = 177.5$ kN, $M = 1{,}167$ kN-m
(b) $V = -323$ kN, $M = 442$ kN-m

7.35 (a) $V = 91.3$ kN, $M = 199.2$ kN-m
(b) $V = -103.8$ kN, $M = 180.5$ kN-m

7.37 (a) $V = 93.7$ kN, $M = 23.9$ kN-m
(b) $V = -125.1$ kN, $M = 75.7$ kN-m

7.39 (a) $V = 285$ kN, $M = 63.8$ kN-m
(b) $V = -190.0$ kN, $M = 331$ kN-m

7.41 $V_{max} = 32.3$ kips, $M_{max} = 88.3$ kip-ft

7.43 $V_{max} = -32.0$ kips, $M_{max} = 90.0$ kip-ft

7.45 $V_{max} = 55.0$ kN, $M_{max} = -50.0$ kN-m

7.47 $V_{max} = -5{,}640$ lb, $M_{max} = 20{,}700$ lb-ft

7.49 $V_{max} = -245$ kN, $M_{max} = -208$ kN-m

7.51

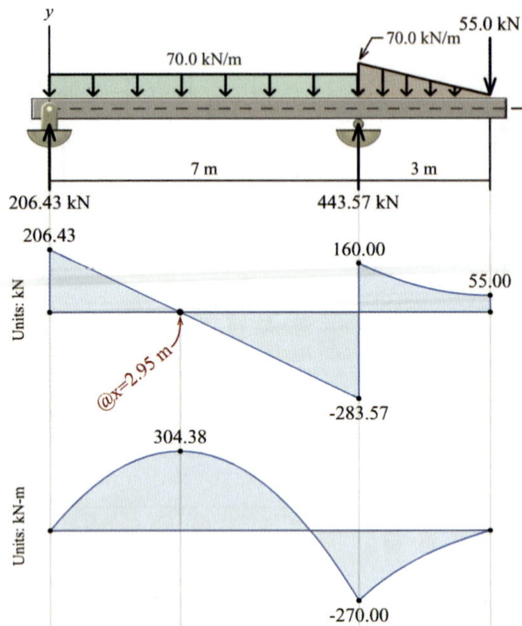


7.55

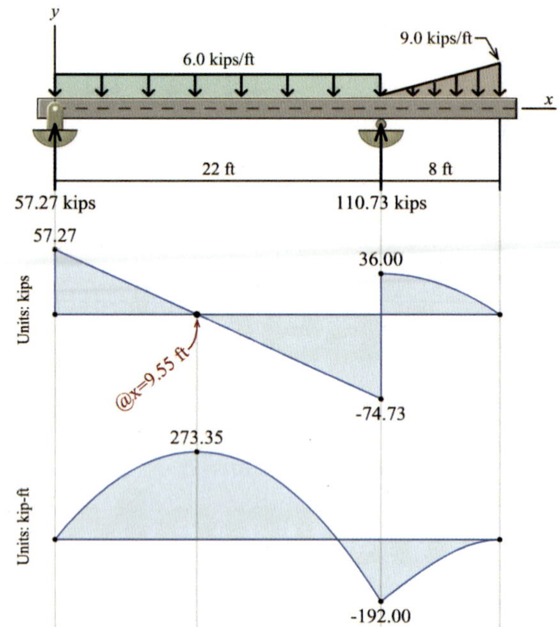


7.53

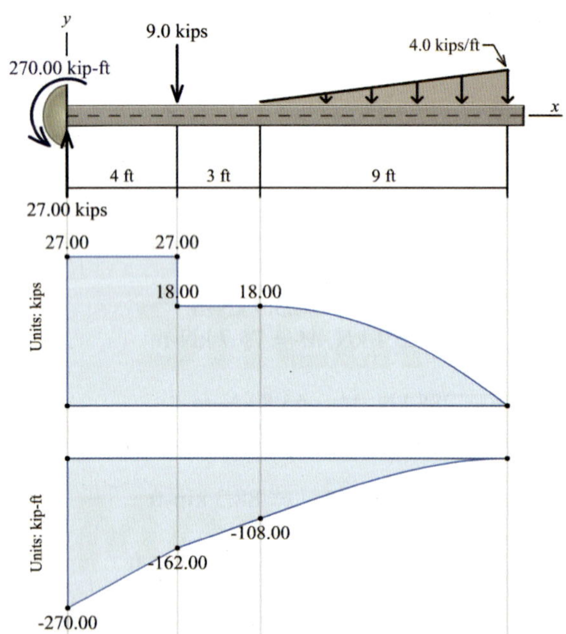


7.57 (a) $w(x) = -10\text{ kN}\,\langle x - 0\text{ m}\rangle^{-1} + 29\text{ kN}\,\langle x - 2.5\text{ m}\rangle^{-1} - 35\text{ kN}\,\langle x - 5.5\text{ m}\rangle^{-1} + 16\text{ kN}\,\langle x - 7.5\text{ m}\rangle^{-1}$

(b) $V(x) = -10\text{ kN}\,\langle x - 0\text{ m}\rangle^{0} + 29\text{ kN}\,\langle x - 2.5\text{ m}\rangle^{0} - 35\text{ kN}\,\langle x - 5.5\text{ m}\rangle^{0} + 16\text{ kN}\,\langle x - 7.5\text{ m}\rangle^{0}$

$M(x) = -10\text{ kN}\,\langle x - 0\text{ m}\rangle^{1} + 29\text{ kN}\,\langle x - 2.5\text{ m}\rangle^{1} - 35\text{ kN}\,\langle x - 5.5\text{ m}\rangle^{1} + 16\text{ kN}\,\langle x - 7.5\text{ m}\rangle^{1}$

7.59 (a) $w(x) = -5\text{ kN}\,\langle x - 0\text{ m}\rangle^{-1} + 20\text{ kN-m}\,\langle x - 3\text{ m}\rangle^{-2} + 5\text{ kN}\,\langle x - 6\text{ m}\rangle^{-1} + 10\text{ kN-m}\,\langle x - 6\text{ m}\rangle^{-2}$

(b) $V(x) = -5\text{ kN}\,\langle x - 0\text{ m}\rangle^{0} + 20\text{ kN-m}\,\langle x - 3\text{ m}\rangle^{-1} + 5\text{ kN}\,\langle x - 6\text{ m}\rangle^{0} + 10\text{ kN-m}\,\langle x - 6\text{ m}\rangle^{-1}$

$M(x) = -5\text{ kN}\,\langle x - 0\text{ m}\rangle^{1} + 20\text{ kN-m}\,\langle x - 3\text{ m}\rangle^{0} + 5\text{ kN}\,\langle x - 6\text{ m}\rangle^{1} + 10\text{ kN-m}\,\langle x - 6\text{ m}\rangle^{0}$

7.61 (a) $w(x) = 83\text{ kN}\,\langle x - 0\text{ m}\rangle^{-1} - 25\text{ kN/m}\,\langle x - 0\text{ m}\rangle^{0} + 25\text{ kN/m}\,\langle x - 4\text{ m}\rangle^{0} - 32\text{ kN}\,\langle x - 6\text{ m}\rangle^{-1} + 49\text{ kN}\,\langle x - 8\text{ m}\rangle^{-1}$

(b) $V(x) = 83\text{ kN}\,\langle x - 0\text{ m}\rangle^{0} - 25\text{ kN/m}\,\langle x - 0\text{ m}\rangle^{1} + 25\text{ kN/m}\,\langle x - 4\text{ m}\rangle^{1} - 32\text{ kN}\,\langle x - 6\text{ m}\rangle^{0} + 49\text{ kN}\,\langle x - 8\text{ m}\rangle^{0}$

$$M(x) = 83\text{ kN}\langle x - 0\text{ m}\rangle^{1} - \frac{25\text{ kN/m}}{2}\langle x - 0\text{ m}\rangle^{2} + \frac{25\text{ kN/m}}{2}\langle x - 4\text{ m}\rangle^{2} - 32\text{ kN}\langle x - 6\text{ m}\rangle^{1} + 49\text{ kN}\langle x - 8\text{ m}\rangle^{1}$$

7.63

(a) $$w(x) = 14{,}400\ \text{lb}\langle x - 0\ \text{ft}\rangle^{-1} - 158{,}400\ \text{lb-ft}\langle x - 0\ \text{ft}\rangle^{-2} - 800\ \text{lb-ft}\langle x - 0\ \text{ft}\rangle^{0} + 800\ \text{lb/ft}\langle x - 12\ \text{ft}\rangle^{0} - 800\ \text{lb/ft}\langle x - 18\ \text{ft}\rangle^{0} + 800\ \text{lb/ft}\langle x - 24\ \text{ft}\rangle^{0}$$

(b) $$V(x) = 14{,}400\ \text{lb}\langle x - 0\ \text{ft}\rangle^{0} - 158{,}400\ \text{lb-ft}\langle x - 0\ \text{ft}\rangle^{-1} - 800\ \text{lb-ft}\langle x - 0\ \text{ft}\rangle^{1} + 800\ \text{lb/ft}\langle x - 12\ \text{ft}\rangle^{1} - 800\ \text{lb/ft}\langle x - 18\ \text{ft}\rangle^{1} + 800\ \text{lb/ft}\langle x - 24\ \text{ft}\rangle^{1}$$

$$M(x) = 14{,}400\ \text{lb}\langle x - 0\ \text{ft}\rangle^{1} - 158{,}400\ \text{lb-ft}\langle x - 0\ \text{ft}\rangle^{0} - \frac{800\ \text{lb-ft}}{2}\langle x - 0\ \text{ft}\rangle^{2} + \frac{800\ \text{lb/ft}}{2}\langle x - 12\ \text{ft}\rangle^{2} - \frac{800\ \text{lb/ft}}{2}\langle x - 18\ \text{ft}\rangle^{2} + \frac{800\ \text{lb/ft}}{2}\langle x - 24\ \text{ft}\rangle^{2}$$

7.65 (a)

$$w(x) = 57.27\ \text{kips}\langle x - 0\ \text{ft}\rangle^{-1} - 6\ \text{kips/ft}\langle x - 0\ \text{ft}\rangle^{0} + 110.73\ \text{kips}\langle x - 22\ \text{ft}\rangle^{-1} + 6\ \text{kips/ft}\langle x - 22\ \text{ft}\rangle^{0} - \frac{9\ \text{kips/ft}}{8\ \text{ft}}\langle x - 22\ \text{ft}\rangle^{1} + \frac{9\ \text{kips/ft}}{8\ \text{ft}}\langle x - 30\ \text{ft}\rangle^{1} + 9\ \text{kips/ft}\langle x - 30\ \text{ft}\rangle^{0}$$

(b)

$$V(x) = 57.27\ \text{kips}\langle x - 0\ \text{ft}\rangle^{0} - 6\ \text{kips/ft}\langle x - 0\ \text{ft}\rangle^{1} + 110.73\ \text{kips}\langle x - 22\ \text{ft}\rangle^{0} + 6\ \text{kips/ft}\langle x - 22\ \text{ft}\rangle^{1} - \frac{9\ \text{kips/ft}}{2(8\ \text{ft})}\langle x - 22\ \text{ft}\rangle^{2} + \frac{9\ \text{kips/ft}}{2(8\ \text{ft})}\langle x - 30\ \text{ft}\rangle^{2} + 9\ \text{kips/ft}\langle x - 30\ \text{ft}\rangle^{1}$$

$$M(x) = 57.27\ \text{kips}\langle x - 0\ \text{ft}\rangle^{1} - \frac{6\ \text{kips/ft}}{2}\langle x - 0\ \text{ft}\rangle^{2} + 110.73\ \text{kips}\langle x - 22\ \text{ft}\rangle^{1} + \frac{6\ \text{kips/ft}}{2}\langle x - 22\ \text{ft}\rangle^{2} - \frac{9\ \text{kips/ft}}{6(8\ \text{ft})}\langle x - 22\ \text{ft}\rangle^{3} + \frac{9\ \text{kips/ft}}{6(8\ \text{ft})}\langle x - 30\ \text{ft}\rangle^{3} + \frac{9\ \text{kips/ft}}{2}\langle x - 30\ \text{ft}\rangle^{2}$$

(c)

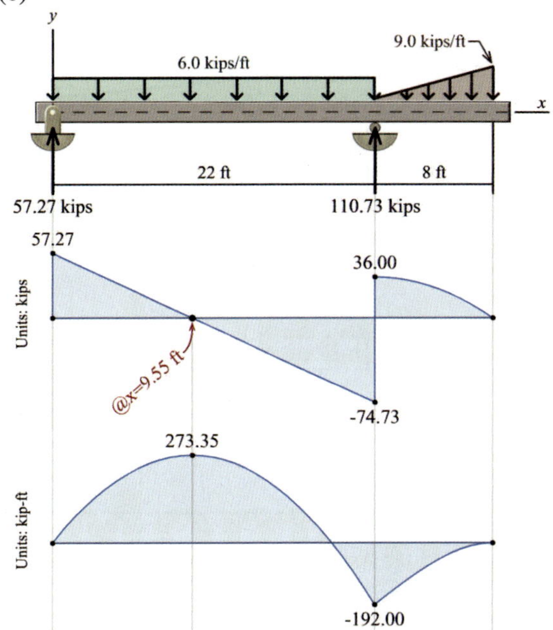


7.67 (a)

$$w(x) = -9\ \text{kN-m}\langle x - 0\ \text{m}\rangle^{-2} + 21\ \text{kN}\langle x - 1\ \text{m}\rangle^{-1} - 18\ \text{kN/m}\langle x - 1\ \text{m}\rangle^{0} + \frac{18\ \text{kN/m}}{3\ \text{m}}\langle x - 1\ \text{m}\rangle^{1} - \frac{18\ \text{kN/m}}{3\ \text{m}}\langle x - 4\ \text{m}\rangle^{1} + 6\ \text{kN}\langle x - 4\ \text{m}\rangle^{-1}$$

(b)

$$V(x) = -9\ \text{kN-m}\langle x - 0\ \text{m}\rangle^{-1} + 21\ \text{kN}\langle x - 1\ \text{m}\rangle^{0} - 18\ \text{kN/m}\langle x - 1\ \text{m}\rangle^{1} + \frac{18\ \text{kN/m}}{2(3\ \text{m})}\langle x - 1\ \text{m}\rangle^{2} - \frac{18\ \text{kN/m}}{2(3\ \text{m})}\langle x - 4\ \text{m}\rangle^{2} + 6\ \text{kN}\langle x - 4\ \text{m}\rangle^{0}$$

$$M(x) = -9\ \text{kN-m}\langle x - 0\ \text{m}\rangle^{0} + 21\ \text{kN}\langle x - 1\ \text{m}\rangle^{1} - \frac{18\ \text{kN-m}}{2}\langle x - 1\ \text{m}\rangle^{2} + \frac{18\ \text{kN-m}}{6(3\ \text{m})}\langle x - 1\ \text{m}\rangle^{3} - \frac{18\ \text{kN-m}}{6(3\ \text{m})}\langle x - 4\ \text{m}\rangle^{3} + 6\ \text{kN}\langle x - 4\ \text{m}\rangle^{1}$$

(c)

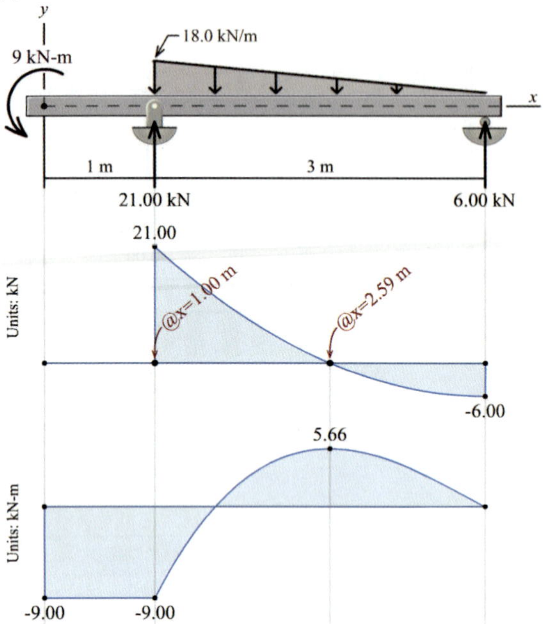


7.69 (a)

$$w(x) = 42.09 \text{ kips}\langle x - 0 \text{ ft}\rangle^{-1} - 5 \text{ kips/ft}\langle x - 0 \text{ ft}\rangle^{0} + 5 \text{ kips/ft}\langle x - 6 \text{ ft}\rangle^{0} - 9 \text{ kips/ft}\langle x - 6 \text{ ft}\rangle^{0} + \frac{9 \text{ kips/ft}}{21 \text{ ft}}\langle x - 6 \text{ ft}\rangle^{1} + 82.41 \text{ kips}\langle x - 16 \text{ ft}\rangle^{-1} - \frac{9 \text{ kips/ft}}{21 \text{ ft}}\langle x - 27 \text{ ft}\rangle^{1}$$

(b)

$$V(x) = 42.09 \text{ kips}\langle x - 0 \text{ ft}\rangle^{0} - 5 \text{ kips/ft}\langle x - 0 \text{ ft}\rangle^{1} + 5 \text{ kips/ft}\langle x - 6 \text{ ft}\rangle^{1} - 9 \text{ kips/ft}\langle x - 6 \text{ ft}\rangle^{1} + \frac{9 \text{ kips/ft}}{2(21 \text{ ft})}\langle x - 6 \text{ ft}\rangle^{2} + 82.41 \text{ kips}\langle x - 16 \text{ ft}\rangle^{0} - \frac{9 \text{ kips/ft}}{2(21 \text{ ft})}\langle x - 27 \text{ ft}\rangle^{2}$$

$$M(x) = 42.09 \text{ kips}\langle x - 0 \text{ ft}\rangle^{1} - \frac{5 \text{ kips/ft}}{2}\langle x - 0 \text{ ft}\rangle^{2} + \frac{5 \text{ kips/ft}}{2}\langle x - 6 \text{ ft}\rangle^{2} - \frac{9 \text{ kips/ft}}{2}\langle x - 6 \text{ ft}\rangle^{2} + \frac{9 \text{ kips/ft}}{6(21 \text{ ft})}\langle x - 6 \text{ ft}\rangle^{3} + 82.41 \text{ kips}\langle x - 16 \text{ ft}\rangle^{1} - \frac{9 \text{ kips/ft}}{6(21 \text{ ft})}\langle x - 27 \text{ ft}\rangle^{3}$$

(c)

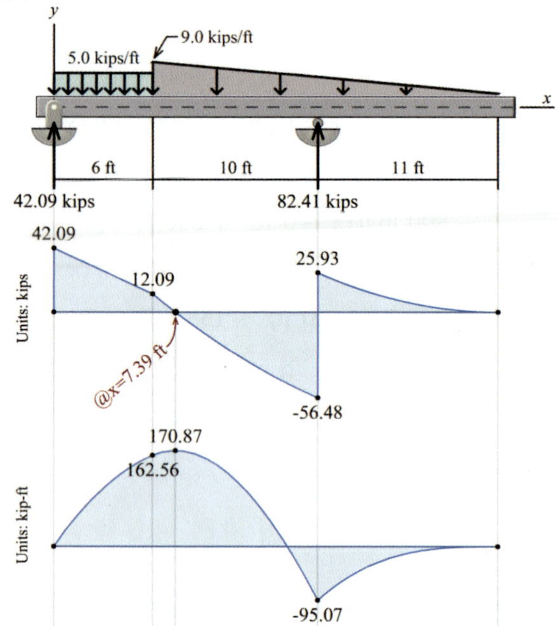


7.71 (a)

$$w(x) = -30 \text{ kN/m}\langle x - 0 \text{ m}\rangle^{0} - 40 \text{ kN/m}\langle x - 0 \text{ m}\rangle^{0} + \frac{40 \text{ kN/m}}{7.0 \text{ m}}\langle x - 0 \text{ m}\rangle^{1} + 234.24 \text{ kN}\langle x - 1.5 \text{ m}\rangle^{-1} + 30 \text{ kN/m}\langle x - 7 \text{ m}\rangle^{0} - \frac{40 \text{ kN/m}}{7.0 \text{ m}}\langle x - 7 \text{ m}\rangle^{1} + 215.76 \text{ kN}\langle x - 7 \text{ m}\rangle^{-1} - 50 \text{ kN/m}\langle x - 7.0 \text{ m}\rangle^{0} + 50 \text{ kN/m}\langle x - 9.0 \text{ m}\rangle^{0}$$

(b)

$$V(x) = -30 \text{ kN/m}\langle x - 0 \text{ m}\rangle^{1} - 40 \text{ kN/m}\langle x - 0 \text{ m}\rangle^{1} + \frac{40 \text{ kN/m}}{2(7.0 \text{ m})}\langle x - 0 \text{ m}\rangle^{2} + 234.24 \text{ kN}\langle x - 1.5 \text{ m}\rangle^{0} + 30 \text{ kN/m}\langle x - 7 \text{ m}\rangle^{1} - \frac{40 \text{ kN/m}}{2(7.0 \text{ m})}\langle x - 7 \text{ m}\rangle^{2} + 215.76 \text{ kN}\langle x - 7 \text{ m}\rangle^{0} - 50 \text{ kN/m}\langle x - 7.0 \text{ m}\rangle^{1} + 50 \text{ kN/m}\langle x - 9.0 \text{ m}\rangle^{1}$$

$$M(x) = -\frac{30 \text{ kN/m}}{2}\langle x - 0 \text{ m}\rangle^{2} - \frac{40 \text{ kN/m}}{2}\langle x - 0 \text{ m}\rangle^{2} + \frac{40 \text{ kN/m}}{6(7.0 \text{ m})}\langle x - 0 \text{ m}\rangle^{3} + 234.24 \text{ kN}\langle x - 1.5 \text{ m}\rangle^{1} + \frac{30 \text{ kN/m}}{2}\langle x - 7 \text{ m}\rangle^{2} - \frac{40 \text{ kN/m}}{6(7.0 \text{ m})}\langle x - 7 \text{ m}\rangle^{3} + 215.76 \text{ kN}\langle x - 7 \text{ m}\rangle^{1} - \frac{50 \text{ kN/m}}{2}\langle x - 7.0 \text{ m}\rangle^{2} + \frac{50 \text{ kN/m}}{2}\langle x - 9.0 \text{ m}\rangle^{2}$$

(c)

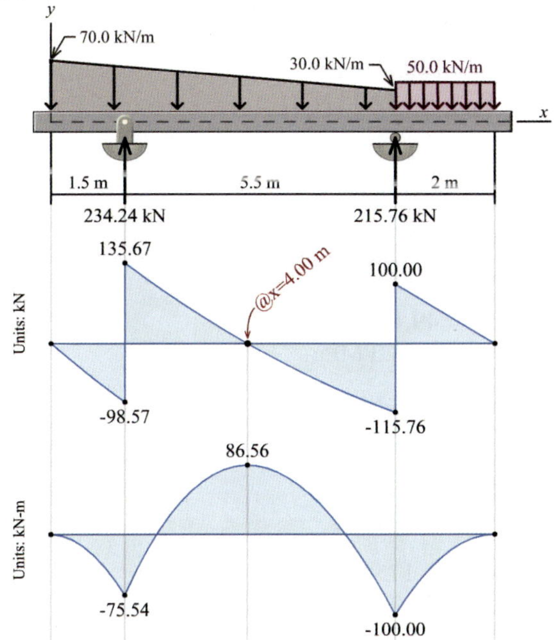


## Chapter 8

8.1 $\sigma = 1.979$ ksi

8.3 $\sigma = 443$ MPa

8.5 (a) $y = 110.0$ mm above the bottom surface, $I_z = 18{,}646{,}000\ \text{mm}^4$, $S_z = 169{,}500\ \text{mm}^3$
(b) at $H$, $\sigma_b = 25.7$ MPa (C)
(c) $\sigma_b = 70.8$ MPa (T)

8.7 (a) $y = 19.67$ mm above the bottom surface, $I_z = 257{,}600\ \text{mm}^4$, $S_z = 8{,}495\ \text{mm}^3$
(b) at $H$, $\sigma_b = 21.3$ MPa (T)
(c) $\sigma_b = 55.3$ MPa (C)

8.9 (a) $M_z = 790$ N-m
(b) at $H$, $\sigma_b = 130.8$ MPa (T)

8.11 $M_z = 2{,}240$ lb-ft

8.13 (a) at $H$: $\sigma_b = 68.1$ MPa (T)
(b) $M_z = 379$ kN-m

8.15 (a) $\sigma_b = 703$ psi (T)
(b) $\sigma_b = 825$ psi (C)

8.17 max. tension: $\sigma_b = 157.8$ MPa (T),
max. compression: $\sigma_b = 40.7$ MPa (C)

8.19 (a) $\sigma_b = 133.3$ MPa (T)
(b) $\sigma_b = 195.9$ MPa (C)

8.21 (a) $\sigma_b = 14.73$ ksi (T)
(b) $\sigma_b = 9.94$ ksi (C)

8.23 (a) $\sigma_b = 11.51$ ksi (T)
(b) $\sigma_b = 12.80$ ksi (C)

8.25 $\sigma_b = 9{,}980$ psi

8.27 $\sigma_b = 116.5$ MPa

8.29 $\sigma_b = 26.9$ ksi

8.31 $d_{\text{min}} = 1.563$ in.

8.33 $b_{\text{min}} = 9.71$ in.

8.35 $b_{\text{min}} = 322$ mm

8.37 (a) answer not given
(b) W16×31

8.39 (a) answer not given
(b) W460×74

8.41 (a) answer not given
(b) HSS10×4×3/8

8.43 (a) $\sigma_{\text{fiberglass@face}} = 11.12$ MPa, $\sigma_{\text{core}} = 2.65$ MPa
(b) $\sigma_{\text{fiberglass@interface}} = 7.94$ MPa

8.45 (a) $\sigma_{\text{alum}} = 4{,}970$ psi (T), $\sigma_{\text{steel}} = 9{,}570$ psi (C)
(b) $\sigma_{\text{alum}} = 1{,}706$ psi (T), $\sigma_{\text{steel}} = 5{,}120$ psi (T)

8.47 $M_{\text{max}} = 97.7$ kip-ft

8.49 (a) $\sigma_{\text{timber}} = 5.85$ MPa (C), $\sigma_{\text{CFRP}} = 50.9$ MPa (T)
(b) $P_{\text{max}} = 6.15$ kN

8.51 $P_{\text{max}} = 5.02$ kips

8.53 $\sigma_H = 16{,}430$ psi (T), $\sigma_K = 14{,}930$ psi (C)

8.55 $\sigma = 12.09$ ksi (C)

8.57 $P = 88.3$ kips

8.59 $\sigma_H = 40.0$ MPa (C), $\sigma_K = 44.0$ MPa (T)

8.61 $P = 9{,}570$ lb

8.63 $P = 35.6$ kN

8.65 (a) $\sigma_x = \pm 102.7$ MPa
(b) $\beta = 128.0°$ or $\beta = -52.0°$

8.67 (a) $\sigma_H = 3.42$ ksi (T)
(b) $\sigma_K = 3.42$ ksi (C)
(c) $\sigma_x = \pm 9.47$ ksi
(d) $\beta = 54.9°$

8.69 $M_{max} = 42.0$ kN-m

8.71 $M_{max} = 26.3$ kip-in.

8.73 (a) $\sigma_H = 40.8$ MPa (T)
(b) $\sigma_K = 82.6$ MPa (C)
(c) $\sigma_{max} = 101.0$ MPa (T), $\sigma_{max} = 82.6$ MPa (C)
(d) $\beta = 40.1°$

8.75 $M_{max} = 5.82$ kip-ft

8.77 $M_{max} = 796$ N-m

8.79 $M_{max} = 111.8$ lb-ft

8.81 $P_{max} = 1{,}525$ N

8.83 $P_{max} = 1{,}572$ N

## Chapter 9

9.1 (b) $F_{1A} = 8.36$ kips (C), $F_{1B} = 9.75$ kips (C)
(c) $F_H = 1.393$ kips directed from $A$ to $B$ required for equilibrium of area (1).

9.3 (b) $F_{1A} = 20.5$ kN (T), $F_{1B} = 11.33$ kN (T)
(c) $F_H = 9.21$ kN directed from $A$ to $B$ required for equilibrium of area (1).

9.5 (b) $F_{1A} = 3.41$ kips (T), $F_{1B} = 2.92$ kips (T)
(c) $F_H = 0.487$ kips directed from $A$ to $B$ required for equilibrium of area (1).

9.7 (b) $F_{1A} = 7.15$ kN (C), $F_{1B} = 7.63$ kN (C)
(c) $F_H = 0.477$ kN directed from $A$ to $B$ required for equilibrium of area (1).

9.9 $y = 140$ mm, $\tau = 0$ kPa; $y = 105$ mm, $\tau =$ not given; $y = 70$ mm, $\tau = 241$ kPa; $y = 35$ mm, $\tau =$ not given; $y = 0$ mm, $\tau =$ not given

9.11 (a) $\tau_H = 756$ kPa
(b) $\tau_K = 416$ kPa
(c) $\tau_{max} = 1{,}500$ kPa
(d) $\sigma = 25.0$ MPa (C)

9.13 (a) $w = 1{,}024$ lb/ft
(b) $\tau_H = 84.0$ psi
(c) $\sigma = 2{,}400$ psi (T)

9.15 (a) $\tau_{max} = 633$ kPa
(b) $\sigma = 8{,}680$ kPa (T)

9.17 (a) $\tau_{max} = 522$ psi
(b) $\sigma = 17{,}520$ psi (T)

9.19 (a) $\tau_{max} = 5.41$ MPa
(b) $\sigma = 137.5$ MPa (C)

9.21 (a) $\tau_{max} = 5.98$ MPa
(b) $\sigma = 78.2$ MPa (T)

9.23 (a) $Q = 128{,}170$ mm$^3$
(b) $P_{max} = 189.0$ kN

9.25 (a) $\tau_{max} = 1{,}427$ psi
(b) $\sigma = 17{,}130$ psi (T)

9.27 (a) $Q_K = 26.3343$ in.$^3$
(b) $P_{max} = 49.7$ kips

9.29 (a) $\tau_K = 49.1$ MPa
(b) $\tau_{max} = 53.3$ MPa

9.31 (a) $\tau_H = 42.3$ MPa
(b) $\tau_{max} = 42.9$ MPa

9.33 (a) $\tau_H = 4.80$ ksi
(b) $\tau_K = 7.42$ ksi

9.35 (a) $V_{max} = 175$ kN
(b) $\tau_H = 59.3$ MPa
(c) $\tau_{max} = 65.6$ MPa
(d) $\sigma_{max} = 169.4$ MPa

9.37 (a) $\tau_{max} = 1{,}356$ psi
(b) $\sigma_b = 12{,}800$ psi (C)
(c) $\sigma_b = 11{,}510$ psi (T)

9.39 (a) $V_{max} = 3{,}664$ lb
(b) $\tau_H = 1{,}307$ psi
(c) $\tau_{max} = 1{,}439$ psi
(d) $\sigma_b = 6{,}670$ psi (C), 5.86 ft to the right of $A$.

9.41 (a) $P_{max} = 831$ lb
(b) $P_{max} = 2{,}140$ lb, $s_{max} = 1.750$ in.

9.43 $s_{max} = 52.8$ mm

9.45 $V_{max} = 6.14$ kN, $M_{max} = 15.79$ kN-m

9.47 (a) $\tau_{web} = 133.9$ psi
(b) $\tau_{bolts} = 4{,}550$ psi
(c) $\sigma_{max} = 753$ psi

9.49 (a) $\tau_{max} = 228$ kPa
(b) $V_f = 802$ N
(c) $\sigma_{max} = 8.31$ MPa

9.51 (a) $V_{max} = 6.85$ kN
(b) $s_{max} = 281$ mm

9.53 (a) $s_{max} = 811$ mm
(b) W310×60 alone: $M_{allow} = 127.2$ kN-m,
W310×60 with cover plate: $M_{allow} = 141.4$ kN-m,
percentage increase = 11.17%

9.55 $d_{min} = 22.7$ mm

9.57 (a) $F_{bolt} = 32.5$ kN
(b) $d_{min} = 23.5$ mm

## Chapter 10

10.1 (a) $v = -\dfrac{M_0 x^2}{2EI}$

(b) $v_B = -\dfrac{M_0 L^2}{2EI}$

(c) $\theta_B = -\dfrac{M_0 L}{EI}$

10.3 (a) $v = -\dfrac{w_0}{120LEI}(x^5 - 5L^4 x + 4L^5)$

(b) $v_A = -\dfrac{w_0 L^4}{30EI}$

(c) $\theta_A = \dfrac{w_0 L^3}{24EI}$

10.5 (a) $v = -\dfrac{M_0 x}{6LEI}(x^2 - 3Lx + 2L^2)$

(b) $\theta_A = -\dfrac{M_0 L}{3EI}$

(c) $\theta_B = \dfrac{M_0 L}{6EI}$

(d) $v_{x=L/2} = -\dfrac{M_0 L^2}{16EI}$

10.7 (a) $v = \dfrac{Px}{12EI}(L^2 - x^2)$

(b) $v_{x=L/2} = \dfrac{PL^3}{32EI}$

(c) $\theta_A = \dfrac{PL^2}{12EI}$

(d) $\theta_B = -\dfrac{PL^2}{6EI}$

10.9 (a) $v = -\dfrac{wx}{24EI}(x^3 - 2Lx^2 + L^3) - \dfrac{Px}{24EI}(x^2 - L^2)$

(b) $v_{x=L/2} = -\dfrac{5wL^4}{384EI} + \dfrac{PL^3}{64EI}$

(c) $\theta_B = \dfrac{wL^3}{24EI} - \dfrac{PL^2}{12EI}$

10.11 $v_B = -8.27$ mm

10.13 $v_B = -18.10$ mm

10.15 (a) $v = -\dfrac{w_0 x^2}{120LEI}(x^3 - 10L^2 x + 20L^3)$

(b) $v_B = -\dfrac{11 w_0 L^4}{120EI}$

(c) $\theta_B = -\dfrac{w_0 L^3}{8EI}$

10.17

(a) $v = -\dfrac{wLx^2}{48EI}(9L - 4x)$
$(0 \le x \le L/2)$
$v = -\dfrac{w}{384EI}(16x^4 - 64Lx^3 + 96L^2x^2 - 8L^3x + L^4)$
$(L/2 \le x \le L)$

(b) $v_B = -\dfrac{7wL^4}{192EI}$

(c) $v_C = -\dfrac{41wL^4}{384EI}$

(d) $\theta_C = -\dfrac{7wL^3}{48EI}$

10.19 (a) not given

(b) $v_C = -\dfrac{5wL^4}{8EI}$

(c) $\theta_B = -\dfrac{wL^3}{2EI}$

10.21 (a) $v = -\dfrac{w_0}{120LEI}(x^5 - 5L^4 x + 4L^5)$

(b) $v_{max} = -\dfrac{w_0 L^4}{30EI}$

10.23 (a) $v = -\dfrac{w_0}{840EIL^3}(x^7 - 7L^6 x + 6L^7)$

(b) $v_A = -\dfrac{w_0 L^4}{140EI}$

(c) $B_y = \dfrac{w_0 L}{4}\uparrow$, $M_B = \dfrac{w_0 L^2}{20}$ (CW)

10.25 (a) $v = \frac{w_0}{2\pi^4 EI}\left[-32L^4 \cos\frac{\pi x}{2L} - 4\pi^2 L^2 x^2 + 8(\pi - 2)\pi L^3 x + 4\pi(4-\pi)L^4\right]$

(b) $v_A = -0.1089\frac{w_0 L^4}{EI}$

(c) $B_y = \frac{2w_0 L}{\pi}\uparrow,\; M_B = \frac{4w_0 L^2}{\pi^2}$ (CW)

10.27

(a) $v = -\frac{2w_0}{3\pi^4 EI}\left[24L^4 \sin\frac{\pi x}{2L} + \pi^2 L x^3 - (24+\pi^2)L^3 x\right]$

(b) $v_{x=L/2} = -0.00869\frac{w_0 L^4}{EI}$

(c) $\theta_A = -0.0262\frac{w_0 L^3}{EI}$

(d) $A_y = \frac{2w_0 L}{\pi^2}(\pi - 2)\uparrow,\; B_y = \frac{4w_0 L}{\pi^2}\uparrow$

10.29 $v_D = 0.226$ in. ↓

10.31 (a) $\theta_C = -0.00915$ rad
(b) $v_C = 8.15$ mm ↓

10.33 $v_C = 27.3$ mm ↓

10.35 (a) $\theta_A = -0.01174$ rad
(b) $v_{midspan} = 27.7$ mm ↓

10.37 (a) $\theta_A = -0.00994$ rad
(b) $v_{midspan} = 0.712$ in. ↓

10.39 (a) $v_A = 0.0407$ in. ↓
(b) $v_C = 0.0951$ in. ↓

10.41 (a) $\theta_E = 0.01326$ rad
(b) $v_C = 0.858$ in. ↓

10.43 (a) $\theta_B = 0.00575$ rad
(b) $v_A = 1.028$ in. ↓

10.45 (a) $\theta_A = -0.00778$ rad
(b) $v_B = 0.717$ in. ↓

10.47 (a) $v_A = 6.77$ mm ↑
(b) $v_C = 11.30$ mm ↓

10.49 (a) $v_H = 7.50$ mm ↑
(b) $v_H = 4.00$ mm ↓
(c) $v_H = 9.33$ mm ↓
(d) $v_H = 12.00$ mm ↓

10.51 (a) $v_H = 9.00$ mm ↑
(b) $v_H = 4.64$ mm ↓
(c) $v_H = 11.25$ mm ↓
(d) $v_H = 6.00$ mm ↑

10.53 $v_C = 0.584$ in. ↓

10.55 $v_B = 12.50$ mm ↓

10.57 (a) $v_B = 0.257$ in. ↓
(b) $v_C = 0.577$ in. ↓

10.59 (a) $v_B = 0.0566$ in. ↓
(b) $v_C = 0.242$ in. ↓

10.61 (a) $v_A = 0.0942$ in. ↑
(b) $v_C = 0.432$ in. ↓

10.63 (a) $v_A = 0.0641$ in. ↑
(b) $v_C = 0.219$ in. ↑

10.65 (a) $v_A = 4.14$ mm ↓
(b) $v_C = 6.37$ mm ↓

10.67 $v_B = 1.933$ mm ↓

10.69 $v_B = 6.06$ mm ↓

10.71 (a) $v_A = 1.520$ mm ↓
(b) $v_C = 13.30$ mm ↓

10.73 (a) $v_C = 0.432$ in. ↓
(b) $v_F = 0.0665$ in. ↑

10.75 (a) $v_C = 8.79$ mm ↓
(b) $v_E = 9.43$ mm ↓

10.77 $v_C = 21.4$ mm ↓

10.79 (a) $v_A = 0.1230$ in. ↓
(b) $v_D = 0.409$ in. ↓

10.81 (a) $v_A = 0.733$ in. ↓
(b) $v_C = 0.214$ in. ↓

10.83 $v_C = 41.0$ mm ↓

10.85 $v_C = 1.325$ in. →

## Chapter 11

11.1 $M_0 = \frac{wL^2}{6}$ (CW)

11.3 $P = \frac{3wL}{8}\uparrow$

11.5 (a) $A_y = \dfrac{3wL}{8}\uparrow,\ B_y = \dfrac{5wL}{8}\uparrow,$

$M_B = \dfrac{wL^2}{8}$ (CW)

11.7 $B_y = \dfrac{13w_0L}{60}\uparrow$

11.9 $A_y = \dfrac{2w_0L}{\pi} - \dfrac{48w_0L}{\pi^4}$

11.11 $A_y = B_y = \dfrac{w_0L}{\pi}\downarrow,\ M_A = M_B = \dfrac{2w_0L^2}{\pi^3}$

11.13 (a) $A_y = B_y = \dfrac{wL}{2}\uparrow,$

$M_A = \dfrac{wL^2}{12}$ (CCW), $M_B = \dfrac{wL^2}{12}$ (CW)

(c) $v_{x=L/2} = \dfrac{wL^4}{384EI}\downarrow$

11.15 (a) $A_y = \dfrac{5P}{16}\uparrow,\ C_y = \dfrac{11P}{16}\uparrow,\ M_C = \dfrac{3PL}{16}$ (CW)

(c) $v_B = \dfrac{7PL^3}{768EI}\downarrow$

11.17 (a) $A_y = \dfrac{41wL}{128}\uparrow,\ C_y = \dfrac{23wL}{128}\uparrow,$

$M_C = \dfrac{7wL^2}{128}$ (CW)

11.19 (a) $A_y = 225$ kN $\downarrow$, $M_A = 375$ kN-m (CW),
$B_y = 225$ kN $\uparrow$
(b) $v_C = 23.4$ mm $\downarrow$

11.21 (a) $A_y = 52.8$ kips $\uparrow$, $B_y = 43.2$ kips $\uparrow$,
$M_B = 179.2$ kip-ft (CW)
(b) $v = 0.285$ in. $\downarrow$

11.23 (a) $A_y = 306$ kN $\uparrow$, $C_y = 495$ kN $\uparrow$,
$D_y = 81.0$ kN $\downarrow$
(b) $v_B = 6.48$ mm $\downarrow$

11.25 (a) $B_y = 65.9$ kips $\uparrow$, $D_y = 19.13$ kips $\uparrow$,
$M_D = 105.9$ kip-ft (CW)
(b) $v_C = 0.211$ in. $\downarrow$

11.27 (a) $B_y = 245$ kN $\uparrow$, $C_y = 120.0$ kN $\uparrow$,
$D_y = 5.00$ kN $\downarrow$
(b) $v_A = 14.40$ mm $\downarrow$

11.29 (a) $P = 19.50$ kips
(b) $M = 135.0$ kip-ft

11.31 (a) $P = 12.50$ kips
(b) $M = 310$ kip-ft

11.33 $A_y = 2w_0L/5\uparrow$, $B_y = w_0L/10\uparrow$,
$M_A = w_0L^2/15$ (CCW)

11.35 $A_y = 17wL/16\uparrow$, $B_y = 7wL/16\uparrow$,
$M_B = wL^2/16$ (CW)

11.37 $A_y = 9M_0/16L\downarrow$, $C_y = 9M_0/16L\uparrow$,
$M_A = M_0/8$ (CW)

11.39 $A_y = 3P/8\uparrow$, $C_y = 7P/8\uparrow$, $D_y = P/4\downarrow$

11.41 $B_y = 3wL/2\uparrow$

11.43 $B_y = 11P/8 = 1.375P\uparrow$

11.45 (a) $A_y = 160.0$ kN $\downarrow$, $B_y = 480$ kN $\uparrow$,
$C_y = 220$ kN $\uparrow$
(b) $\sigma_{max} = 235$ MPa

11.47 $A_y = 1{,}284$ lb $\uparrow$, $D_y = 276$ lb $\uparrow$,
$M_A = 17{,}600$ lb-in. (CCW)

11.49 (a) $A_y = 7{,}230$ N $\uparrow$, $C_y = 6{,}770$ N $\uparrow$,
$M_A = 449{,}000$ N-mm (CCW)
(b) $v_B = 15.83$ mm $\downarrow$

11.51 (a) $A_y = 2{,}750$ lb $\downarrow$, $B_y = 10{,}750$ lb $\downarrow$,
$M_A = 25{,}000$ lb-in. (CW)
(b) $\sigma_{max} = 12{,}670$ psi

11.53 (a) $A_y = 208$ N $\uparrow$, $C_y = 1{,}014$ N $\uparrow$,
$E_y = 228$ N $\uparrow$
(b) $\sigma_{max} = 168.1$ MPa

11.55 (a) $B_y = 79.0$ lb $\uparrow$, $C_y = 157.5$ lb $\uparrow$,
$E_y = 93.5$ lb $\uparrow$
(b) $\sigma_{max} = 14{,}290$ psi

11.57 (a) $A_y = 52.8$ kN $\uparrow$, $C_y = 97.2$ kN $\uparrow$,
$M_A = 144$ kN-m (CCW), $M_C = 216$ kN-m (CW)
(b) $\sigma_{max} = 103.9$ MPa (at $C$)
(c) $v_B = 6.24$ mm $\downarrow$

11.59 (a) $F_1 = 7{,}150$ lb (T)
(b) $\sigma_{max} = 1{,}160$ psi
(c) $v_B = 0.233$ in. $\downarrow$

11.61 (a) $F_1 = 6.08$ kips (T)
(b) $\sigma_{max} = 17.66$ ksi
(c) $v_C = 0.231$ in. $\downarrow$

11.63 (a) $A_y = 4.39$ kips ↑, $C_y = 5.61$ kips ↑,
$M_A = 27.7$ kip-ft (CCW)
(b) $\sigma_{max} = 17.47$ ksi (at $B$)
(c) $v_C = 0.0281$ in. ↓

11.65 (a) $A_y = 134.5$ kN ↑, $B_y = 178.8$ kN ↑,
$C_y = 13.31$ kN ↓
(b) $\sigma_{max} = 157.9$ MPa
(c) $v_B = 3.73$ mm ↓

11.67 (a) $A_y = 193.7$ kN ↑, $B_y = 226$ kN ↑,
$M_A = 242$ kN-m (CCW)
(b) $\sigma_{max} = 181.2$ MPa (at $A$)

## Chapter 12

12.1 $\sigma_x = 26.5$ MPa, $\tau_{xy} = -48.9$ MPa

12.3 (a) $\sigma_x = -3.96$ ksi, $\tau_{xy} = -5.28$ ksi
(b) $\sigma_x = -8.91$ ksi, $\tau_{xy} = 7.64$ ksi

12.5 $\sigma_x = -468$ psi, $\tau_{xy} = -319$ psi

12.7 (a) $\sigma_x = 3{,}250$ psi, $\tau_{xy} = 981$ psi
(b) $\sigma_x = -1{,}486$ psi, $\tau_{xy} = 1{,}092$ psi

12.9 $\sigma_y = -57.7$ MPa, $\tau_{xy} = 20.1$ MPa

12.11 (a) $\sigma_x = 26.7$ MPa, $\tau_{xy} = -4.15$ MPa
(b) $\sigma_y = -10.89$ MPa, $\tau_{xy} = -6.85$ MPa

12.13 (a) $\sigma_y = -24.8$ MPa, $\tau_{xy} = 64.8$ MPa
(b) $\sigma_y = 81.3$ MPa, $\tau_{yz} = -76.6$ MPa

12.15 (a) $\sigma_x = -5.66$ MPa, $\tau_{xz} = 23.0$ MPa
(b) $\sigma_x = -109.4$ MPa, $\tau_{xy} = -18.86$ MPa

12.17 $\sigma_n = 189.1$ MPa, $\tau_{nt} = -55.5$ MPa

12.19 $\sigma_n = -20.7$ MPa, $\tau_{nt} = 251$ MPa

12.21 $\sigma_n = 311$ MPa, $\tau_{nt} = -54.4$ MPa

12.23 $\sigma_n = 20.2$ MPa, $\tau_{nt} = -30.4$ MPa

12.25 $\sigma_n = 2{,}790$ psi, $\tau_{nt} = -1{,}182$ psi

12.27 $\sigma_n = -2.67$ ksi, $\tau_{nt} = -7.78$ ksi

12.29 $\sigma_n = 10.06$ ksi, $\tau_{nt} = -5.16$ ksi

12.31 $\sigma_n = -34.5$ MPa, $\tau_{nt} = -47.6$ MPa

12.33 $\sigma_n = -13.03$ MPa, $\tau_{nt} = -42.4$ MPa

12.35 $\sigma_n = -10{,}080$ psi, $\tau_{nt} = -4{,}430$ psi

12.37 $\sigma_n = 65.6$ MPa, $\sigma_t = -30.6$ MPa,
$\tau_{nt} = 18.55$ MPa

12.39 $\sigma_x = -23.8$ MPa, $\sigma_y = 31.8$ MPa,
$\tau_{xy} = -51.8$ MPa

12.41

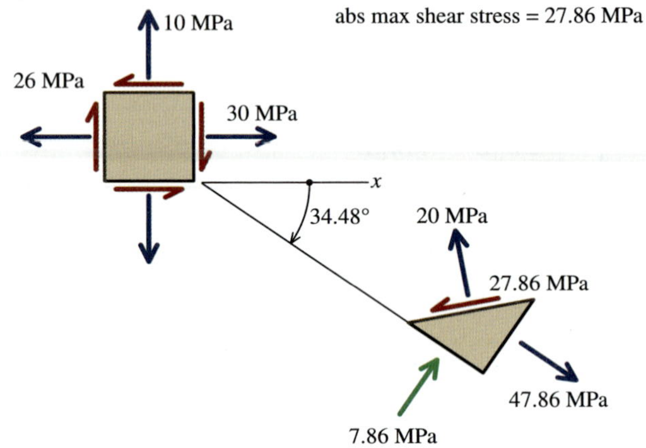


12.43

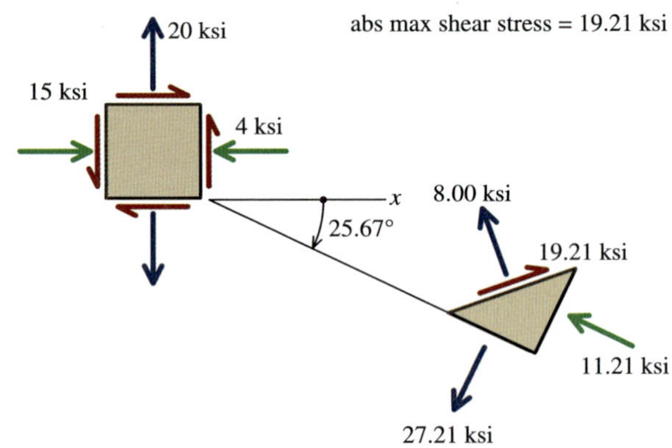


12.45

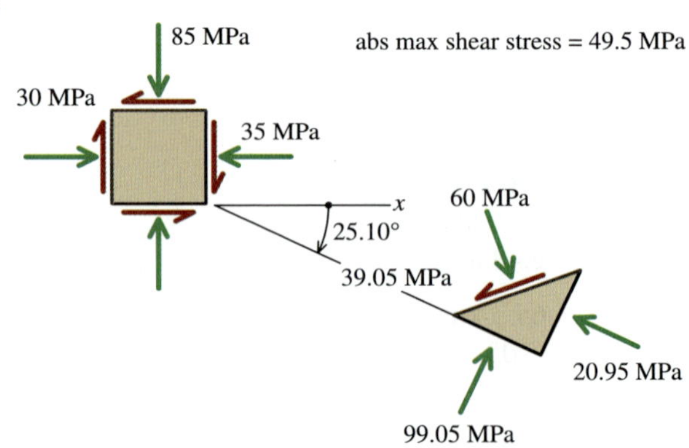

12.47

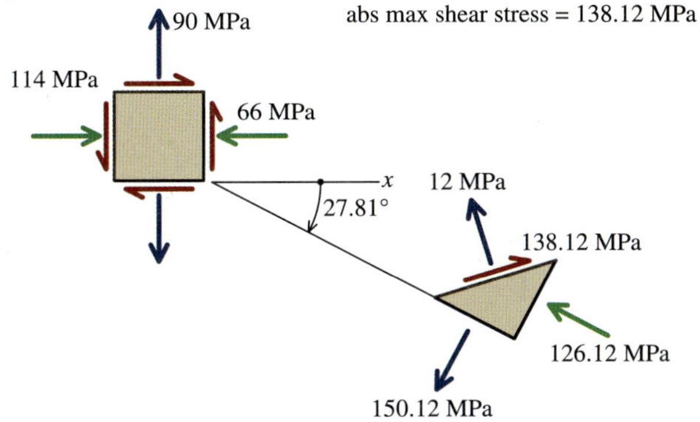


12.49 (a) $\sigma_{p1} = 47.0$ ksi, $\sigma_{p2} = 13.00$ ksi, $\theta_p = -14.04°$, $\tau_{\max} = 17.00$ ksi
(c) $\tau_{\text{abs max}} = 23.5$ ksi

12.51 (a) $\sigma_{p1} = -24.8$ MPa, $\sigma_{p2} = -60.2$ MPa, $\theta_p = -32.44°$, $\tau_{\max} = 17.67$ MPa
(c) $\tau_{\text{abs max}} = 30.1$ MPa

12.53 (a) $\sigma_{p1} = 7.74$ ksi, $\sigma_{p2} = -67.7$ ksi, $\theta_p = -29.0°$, $\tau_{\max} = 37.7$ ksi
(c) $\tau_{\text{abs max}} = 37.7$ ksi

12.55 (a) $\sigma_{p1} = 7.82$ ksi, $\sigma_{p2} = 1.68$ ksi, $\theta_p = -32.97°$, $\tau_{\max} = 3.07$ ksi
(c) $\tau_{\text{abs max}} = 3.91$ ksi

12.57 $\sigma_y = -117.5$ psi

12.59 $\tau_{xy} = -19.98$ ksi, $\sigma_{p1} = 27.0$ ksi, $\sigma_{p2} = -37.0$ ksi, $\sigma_{p3} = 0$

12.61 (a) max. $\sigma_y = 55.0$ ksi
(b) $\sigma_{p1} = 58.5$ ksi, $\sigma_{p2} = 26.5$ ksi

12.63

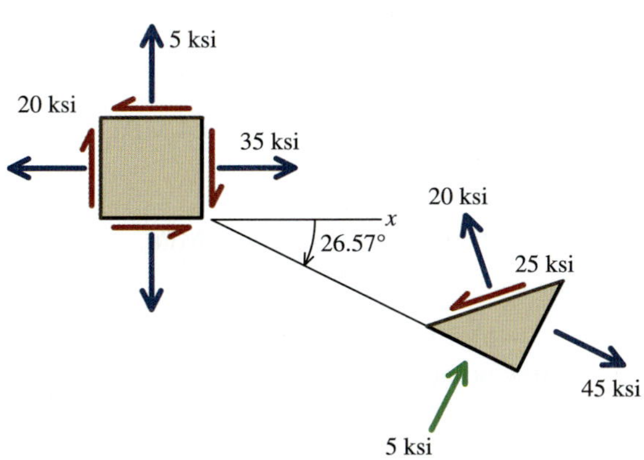


12.65

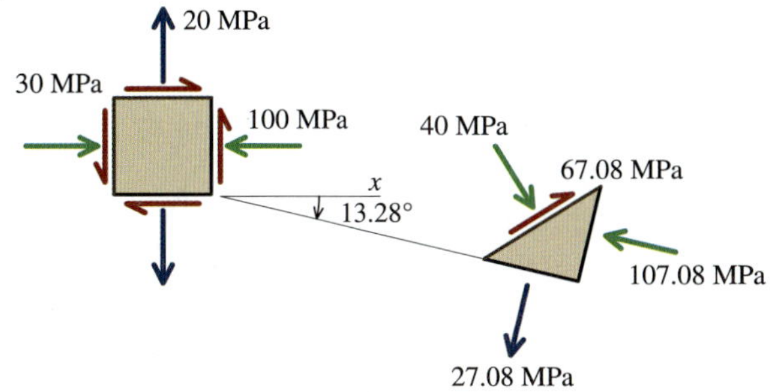


12.67

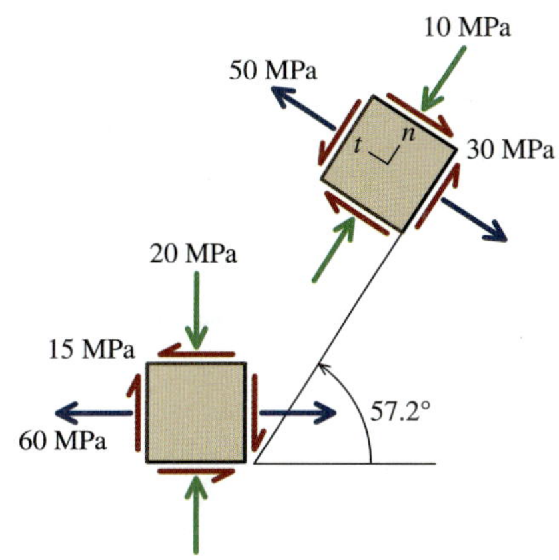


12.69

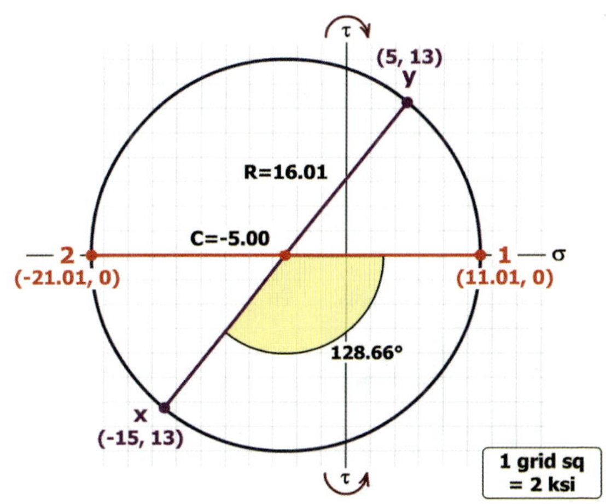


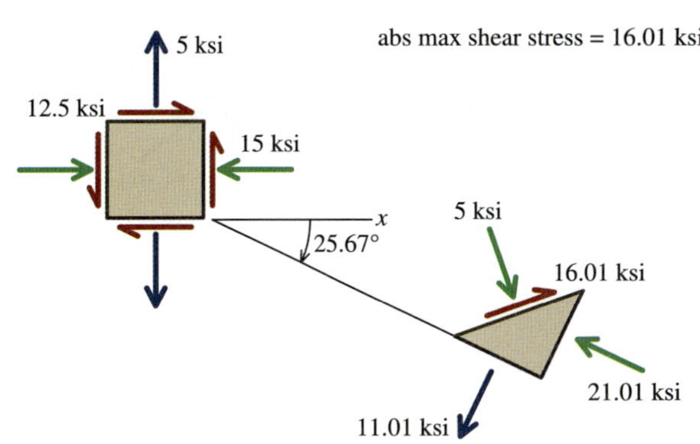

12.71

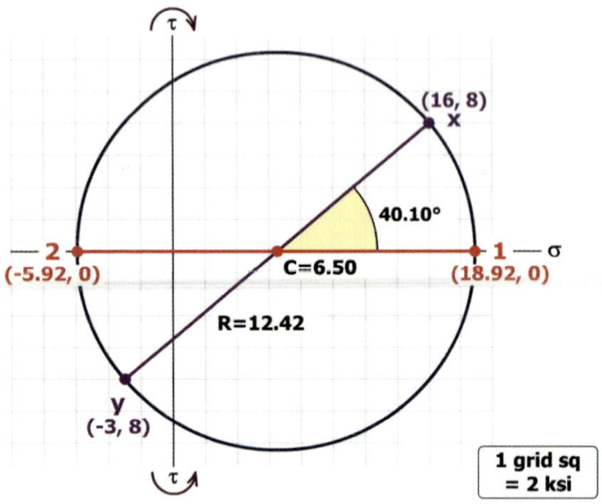


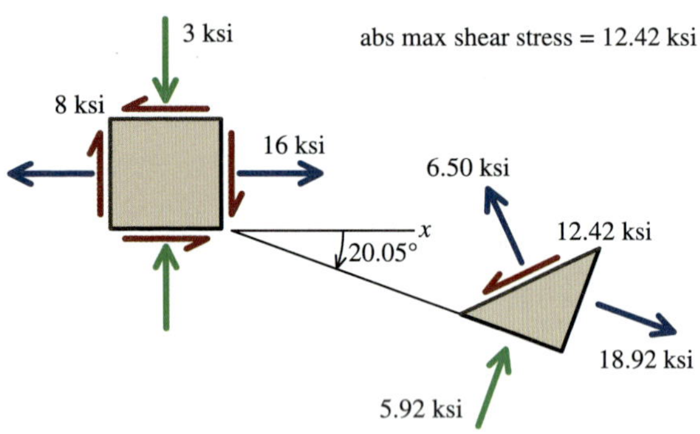


12.73

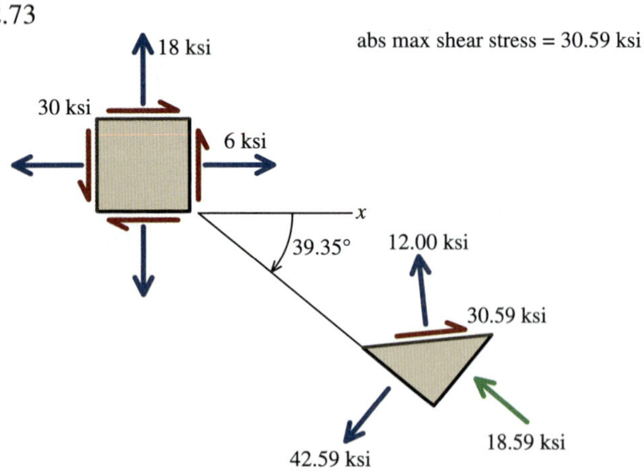


12.75

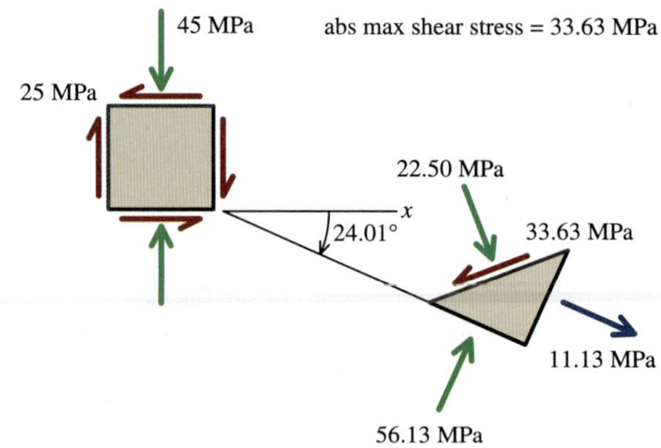


12.77 (b) $\sigma_{p1} = 108.5$ MPa, $\sigma_{p2} = 41.5$ MPa,
$\tau_{max} = 33.5$ MPa,
$\theta_p = -31.72°$ (to $\sigma_{p2}$)
(d) $\tau_{abs\ max} = 54.3$ MPa

12.79 (b) $\sigma_{p1} = -139.2$ psi, $\sigma_{p2} = -610.8$ psi,
$\tau_{max} = 235.8$ psi,
$\theta_p = -29.00°$ (to $\sigma_{p1}$)
(d) $\tau_{abs\ max} = 305.4$ psi

12.81 (b) $\sigma_{p1} = -33.7$ MPa, $\sigma_{p2} = -121.3$ MPa,
$\tau_{max} = 43.8$ MPa,
$\theta_p = -36.71°$ (to $\sigma_{p2}$)
(c) $\sigma_n = -42.3$ MPa, $\tau_{nt} = 26.1$ MPa
(d) $\tau_{abs\ max} = 60.7$ MPa

12.83 (b) $\sigma_{p1} = 121.1$ MPa, $\sigma_{p2} = 28.9$ MPa,
$\tau_{max} = 46.1$ MPa,
$\theta_p = -24.70°$ (to $\sigma_{p1}$)
(c) $\sigma_n = 45.7$ MPa, $\tau_{nt} = -35.6$ MPa
(d) $\tau_{abs\ max} = 60.55$ MPa

12.85 (b) $\sigma_{p1} = 133.1$ MPa, $\sigma_{p2} = -93.1$ MPa,
$\tau_{max} = 113.1$ MPa,
$\theta_p = 22.50°$ (to $\sigma_{p2}$)
(c) $\sigma_n = 49.3$ MPa, $\tau_{nt} = -109.3$ MPa
(d) $\tau_{abs\ max} = 113.1$ MPa

12.87 (b) $\sigma_{p1} = 264.4$ MPa, $\sigma_{p2} = -104.4$ MPa,
$\tau_{max} = 184.4$ MPa,
$\theta_p = 38.74°$ (to $\sigma_{p1}$)
(c) $\sigma_n = -60.0$ MPa, $\tau_{nt} = 120.0$ MPa
(d) $\tau_{abs\ max} = 184.4$ MPa

12.89 (a) $\sigma = -11.50$ ksi, $\tau = 8.50$ ksi
(arrow points to the right)
(b) $\sigma_x = -19.00$ ksi, $\sigma_y = -4.00$ ksi, $\tau_{xy} = 4.00$ ksi
(c) $\tau_{abs\ max} = 10.00$ ksi

12.91 (a) $\sigma_n = 71.9$ MPa, $\tau_{nt} = 10.95$ MPa
(b) $\sigma_{p1} = 73.8$ MPa, $\sigma_{p2} = 9.41$ MPa, $\sigma_{p3} = -43.2$ MPa, $\tau_{abs\ max} = 58.5$ MPa

12.93 (a) $\sigma_n = 217$ MPa, $\tau_{nt} = 99.7$ MPa
(b) $\sigma_{p1} = 262$ MPa, $\sigma_{p2} = -0.999$ MPa, $\sigma_{p3} = -51.5$ MPa, $\tau_{abs\ max} = 157.0$ MPa

12.95 (a) $\sigma_n = 41.3$ MPa, $\tau_{nt} = 53.0$ MPa
(b) $\sigma_{p1} = 81.3$ MPa, $\sigma_{p2} = -4.75$ MPa, $\sigma_{p3} = -36.6$ MPa, $\tau_{abs\ max} = 58.9$ MPa

12.97 (a) $\sigma_{p1} = 91.3$ MPa, $\sigma_{p2} = 3.97$ MPa, $\sigma_{p3} = -55.2$ MPa, $\tau_{abs\ max} = 73.3$ MPa
(b) $\alpha = 33.2°$, $\beta = 71.2°$, $\gamma = 63.7°$

12.99 (a) $\sigma_{p1} = 9.15$ ksi, $\sigma_{p2} = -22.4$ ksi, $\sigma_{p3} = -31.7$ ksi, $\tau_{abs\ max} = 20.4$ ksi
(b) $\alpha = 57.8°$, $\beta = 128.2°$, $\gamma = 125.3°$

## Chapter 13

13.1 (a) $\varepsilon_{AC} = 773$ με
(b) $\varepsilon_{BD} = 145.4$ με

13.3 (a) $\varepsilon_n = -225$ με
(b) $\gamma_{nt} = 2{,}050$ μrad

13.5 $\varepsilon_n = 487$ με, $\varepsilon_t = -617$ με, $\gamma_{nt} = -843$ μrad

13.7 $\varepsilon_n = 819$ με, $\varepsilon_t = -166.8$ με, $\gamma_{nt} = -835$ μrad

13.9 $\varepsilon_n = -854$ με, $\varepsilon_t = 374$ με, $\gamma_{nt} = 625$ μrad

13.11 $\varepsilon_{p1} = 504$ με, $\varepsilon_{p2} = -594$ με, $\gamma_{max} = 1{,}097$ μrad, $\theta_p = -16.02°$, $\gamma_{abs\ max} = 1{,}097$ μrad

13.13 $\varepsilon_{p1} = 159.6$ με, $\varepsilon_{p2} = -1{,}825$ με, $\gamma_{max} = 1{,}984$ μrad, $\theta_p = -32.56°$, $\gamma_{abs\ max} = 1{,}984$ μrad

13.15 $\varepsilon_{p1} = -146.2$ με, $\varepsilon_{p2} = -854$ με, $\gamma_{max} = 708$ μrad, $\theta_p = -21.35°$, $\gamma_{abs\ max} = 854$ μrad

13.17 $\varepsilon_{p1} = -362$ με, $\varepsilon_{p2} = -1{,}138$ με, $\gamma_{max} = 777$ μrad, $\theta_p = -14.44°$, $\gamma_{abs\ max} = 1{,}138$ μrad

13.19 $\varepsilon_{p1} = -228$ με, $\varepsilon_{p2} = -552$ με, $\gamma_{max} = 323$ μrad, $\theta_p = 10.90°$, $\gamma_{abs\ max} = 552$ μrad

13.21 $\varepsilon_{p1} = -391$ με, $\varepsilon_{p2} = -1{,}179$ με, $\gamma_{max} = 787$ μrad, $\theta_p = -31.80°$, $\gamma_{abs\ max} = 1{,}179$ μrad

13.23 $\varepsilon_x = 500$ με, $\varepsilon_y = -340$ με, $\gamma_{xy} = -710$ μrad; or $\varepsilon_x = -340$ με, $\varepsilon_y = 500$ με, $\gamma_{xy} = 710$ μrad
(b) $\gamma_{max} = \gamma_{abs\ max} = 1{,}100$ μrad

13.25 (a) $\varepsilon_x = 1{,}217$ με, $\varepsilon_y = 618$ με, $\gamma_{xy} = 999$ μrad; or $\varepsilon_x = 618$ με, $\varepsilon_y = 1{,}217$ με, $\gamma_{xy} = -999$ μrad
(b) $\gamma_{max} = 1{,}165$ μrad, $\gamma_{abs\ max} = 1{,}500$ μrad

13.27 $\varepsilon_{p1} = 444$ με, $\varepsilon_{p2} = -334$ με, $\gamma_{max} = 779$ μrad, $\theta_p = 12.13°$, $\gamma_{abs\ max} = 779$ μrad

13.29 $\varepsilon_{p1} = 182.4$ με, $\varepsilon_{p2} = -882$ με, $\gamma_{max} = 1{,}065$ μrad, $\theta_p = -42.31°$, $\gamma_{abs\ max} = 1{,}065$ μrad

13.31 $\varepsilon_{p1} = 1{,}237$ με, $\varepsilon_{p2} = 363$ με, $\gamma_{max} = 873$ μrad, $\theta_p = -38.38°$, $\gamma_{abs\ max} = 1{,}237$ μrad

13.33 $\varepsilon_{p1} = -248$ με, $\varepsilon_{p2} = -1{,}702$ με, $\gamma_{max} = 1{,}453$ μrad, $\theta_p = -31.72°$, $\gamma_{abs\ max} = 1{,}702$ μrad

13.35 $\varepsilon_{p1} = 1{,}622$ με, $\varepsilon_{p2} = 208$ με, $\gamma_{max} = 1{,}414$ μrad, $\theta_p = 13.92°$, $\gamma_{abs\ max} = 1{,}622$ μrad

13.37 $\varepsilon_{p1} = 324$ με, $\varepsilon_{p2} = -984$ με, $\gamma_{max} = 1{,}309$ μrad, $\theta_p = -23.27°$, $\gamma_{abs\ max} = 1{,}309$ μrad

13.39 (a) $\varepsilon_x = 550$ με, $\varepsilon_y = -375$ με, $\gamma_{xy} = -1{,}635$ μrad
(b) $\varepsilon_{p1} = 1{,}027$ με, $\varepsilon_{p2} = -852$ με, $\gamma_{max} = 1{,}879$ μrad, $\theta_p = -30.25°$ (to $\varepsilon_{p1}$)
(d) $\gamma_{abs\ max} = 1{,}879$ μrad

13.41 (a) $\varepsilon_x = 830$ με, $\varepsilon_y = 235$ με, $\gamma_{xy} = 395$ μrad
(b) $\varepsilon_{p1} = 890$ με, $\varepsilon_{p2} = 175$ με, $\gamma_{max} = 714$ μrad, $\theta_p = 16.79°$ (to $\varepsilon_{p1}$)
(d) $\gamma_{abs\ max} = 1{,}414$ μrad

13.43 (a) $\varepsilon_x = -230$ με, $\varepsilon_y = 126.7$ με, $\gamma_{xy} = 387$ μrad
(b) $\varepsilon_{p1} = 211$ με, $\varepsilon_{p2} = -315$ με, $\varepsilon_{p3} = 18.24$ με, $\gamma_{max} = 526$ μrad, $\theta_p = -23.66°$ (to $\varepsilon_{p2}$)
(d) $\gamma_{abs\ max} = 526$ μrad

13.45 (a) $\varepsilon_x = -1{,}450$ με, $\varepsilon_y = -615$ με, $\gamma_{xy} = -1{,}185$ μrad
(b) $\varepsilon_{p1} = -308$ με, $\varepsilon_{p2} = -1{,}757$ με, $\varepsilon_{p3} = 364$ με, $\gamma_{max} = 1{,}450$ μrad, $\theta_p = 27.42°$ (to $\varepsilon_{p2}$)
(d) $\gamma_{abs\ max} = 2{,}120$ μrad

13.47 (a) $\varepsilon_x = 380$ με, $\varepsilon_y = -85$ με, $\gamma_{xy} = -885$ μrad
(b) $\varepsilon_{p1} = 647$ με, $\varepsilon_{p2} = -352$ με, $\varepsilon_{p3} = -40.2$ με, $\gamma_{max} = 1{,}000$ μrad, $\theta_p = -31.14°$ (to $\varepsilon_{p1}$)
(d) $\gamma_{abs\ max} = 1{,}000$ μrad

13.49 (a) elongation $AB = 0.1431$ mm, elongation $AD = 0.01457$ mm
(b) elongation $AC = 0.1345$ mm
(c) change in thickness $= -0.00849$ mm

13.51 $\sigma_x = 480$ MPa, $\sigma_y = 200$ MPa

13.53 $\sigma_x = 10.28$ ksi, $\sigma_z = 15.45$ ksi

13.55 (a) $\sigma_x = 88.3$ MPa
(b) $\varepsilon_{p1} = \varepsilon_y = 1{,}001\ \mu\varepsilon$, $\varepsilon_{p2} = \varepsilon_x = 531\ \mu\varepsilon$, $\theta_p = 0$, $\gamma_{max} = 470\ \mu$rad
(c) $\gamma_{abs\ max} = 1{,}603\ \mu$rad.

13.57 $\sigma_n = 2.96$ ksi

13.59 $\sigma_x = -10.94$ ksi, $\sigma_y = 6.81$ ksi, $\tau_{xy} = 7.13$ ksi

13.61 $\sigma_x = 8.12$ ksi, $\sigma_y = -1.741$ ksi, $\tau_{xy} = 4.61$ ksi

13.63 $\sigma_x = 2.17$ ksi, $\sigma_y = -2.42$ ksi, $\tau_{xy} = -1.444$ ksi

13.65 $\sigma_x = -7.25$ ksi, $\sigma_y = 10.43$ ksi, $\tau_{xy} = 6.05$ ksi

13.67 (a) $\sigma_x = -12.88$ ksi, $\sigma_y = -17.50$ ksi, $\tau_{xy} = -0.917$ ksi
(b) $\sigma_{p1} = -12.70$ ksi, $\sigma_{p2} = -17.67$ ksi, $\tau_{max} = 2.49$ ksi, $\theta_p = -10.82°$ (to $\sigma_{p1}$)
(c) $\tau_{abs\ max} = 8.84$ ksi

13.69 (a) $\sigma_x = 27.2$ ksi, $\sigma_y = 37.4$ ksi, $\tau_{xy} = -6.38$ ksi
(b) $\sigma_{p1} = 40.5$ ksi, $\sigma_{p2} = 24.1$ ksi, $\tau_{max} = 8.18$ ksi, $\theta_p = 25.60°$ (to $\sigma_{p2}$)
(c) $\tau_{abs\ max} = 20.2$ ksi

13.71 (a) $\sigma_x = 3.24$ ksi, $\sigma_y = -5.89$ ksi, $\tau_{xy} = -10.32$ ksi
(b) $\sigma_{p1} = 9.96$ ksi, $\sigma_{p2} = -12.61$ ksi, $\tau_{max} = 11.28$ ksi, $\theta_p = -33.07°$ (to $\sigma_{p1}$)
(c) $\tau_{abs\ max} = 11.28$ ksi

13.73 (a) $\varepsilon_x = -910\ \mu\varepsilon$, $\varepsilon_y = -210\ \mu\varepsilon$, $\gamma_{xy} = -543\ \mu$rad
(b) $\varepsilon_{p1} = -117.1\ \mu\varepsilon$, $\varepsilon_{p2} = -1{,}003\ \mu\varepsilon$, $\varepsilon_{p3} = 354\ \mu\varepsilon$, $\gamma_{max} = 886\ \mu$rad
(c) $\sigma_{p1} = -3.42$ ksi, $\sigma_{p2} = -9.85$ ksi, $\tau_{max} = 3.21$ ksi, $\theta_p = 18.89°$ (to $\sigma_{p2}$)
(d) $\tau_{abs\ max} = 4.92$ ksi

13.75 (a) $\varepsilon_x = 120\ \mu\varepsilon$, $\varepsilon_y = 970\ \mu\varepsilon$, $\gamma_{xy} = 290\ \mu$rad
(b) $\varepsilon_{p1} = 994\ \mu\varepsilon$, $\varepsilon_{p2} = 95.9\ \mu\varepsilon$, $\varepsilon_{p3} = -239\ \mu\varepsilon$, $\gamma_{max} = 898\ \mu$rad
(c) $\sigma_{p1} = 17.77$ ksi, $\sigma_{p2} = 4.83$ ksi, $\tau_{max} = 6.47$ ksi, $\theta_p = -9.42°$ (to $\sigma_{p2}$)
(d) $\tau_{abs\ max} = 8.88$ ksi

13.77 (a) $\varepsilon = 473\ \mu\varepsilon$
(b) $P = 37.1$ kN

## Chapter 14

14.1 $\sigma_a = 1.962$ MPa

14.3 $t_{min} = 63.0$ mm

14.5 (a) $\sigma_{long} = 12.24$ ksi
(b) $p = 462$ psi

14.7 (a) $\sigma_{hoop} = 88.0$ MPa
(b) $p_{max} = 2.86$ MPa

14.9 (a) $h = 11.60$ m
(b) $\sigma_{long} = 0$ MPa

14.11 (a) $\sigma_n = 35.3$ MPa
(b) $\tau_{nt} = -12.31$ MPa

14.13 $p_{allow} = 282$ psi

14.15 $p = 2.40$ MPa

14.17 (a) $p = 153.3$ psi
(b) $\tau_{abs\ max} = 4.91$ ksi
(c) $\tau_{abs\ max} = 4.98$ ksi

14.19 (a) $\sigma_n = 71.0$ MPa
(b) $\tau_{nt} = 29.9$ MPa
(c) $\tau_{abs\ max} = 69.3$ MPa (out-of-plane)

## Chapter 15

15.1 (a) $\sigma_{p1} = 8.33$ ksi, $\sigma_{p2} = -2.67$ ksi, $\theta_p = -29.52°$ (to $\sigma_{p1}$), $\sigma_{avg} = 2.83$ ksi, $\tau_{max} = 5.50$ ksi, $\tau_{abs\ max} = 5.50$ ksi

15.3 (a) $\sigma_{p1} = 81.6$ MPa, $\sigma_{p2} = -40.8$ MPa, $\theta_p = 35.28°$ (to $\sigma_{p1}$), $\sigma_{avg} = 20.4$ MPa, $\tau_{max} = 61.2$ MPa, $\tau_{abs\ max} = 61.2$ MPa

15.5 $\sigma_{p1} = 2{,}790$ psi, $\sigma_{p2} = -2{,}210$ psi, $\sigma_{avg} = 286$ psi, $\tau_{max} = 2{,}500$ psi

15.7 $P_{max} = 32.3$ kips

15.9 (a) $\sigma_{p1} = 40.8$ MPa, $\sigma_{p2} = -23.8$ MPa, $\theta_p = 37.35°$ (to $\sigma_{p1}$), $\sigma_{avg} = 8.53$ MPa, $\tau_{max} = 32.3$ MPa, $\tau_{abs\ max} = 32.3$ MPa

15.11 (a) $\sigma_{p1} = 28.5$ MPa, $\sigma_{p2} = -45.5$ MPa, $\theta_p = 51.64°$ (to $\sigma_{p1}$) or $\theta_p = -38.36°$ (to $\sigma_{p2}$), $\sigma_{avg} = -8.49$ MPa, $\tau_{max} = 37.0$ MPa, $\tau_{abs\ max} = 37.0$ MPa

15.13 (a) $\sigma_{p1} = 9.63$ ksi, $\sigma_{p2} = -16.56$ ksi, $\theta_p = -52.67°$ (to $\sigma_{p1}$) or $\theta_p = 37.33°$ (to $\sigma_{p2}$), $\sigma_{avg} = -3.46$ ksi, $\tau_{max} = 13.10$ ksi, $\tau_{abs\ max} = 13.10$ ksi

15.15 (a) $\sigma_n = 38.8$ MPa
(b) $\tau_{nt} = -6.37$ MPa
(c) $\tau_{abs\ max} = 34.0$ MPa

15.17 (a) $\varepsilon = -1{,}062\ \mu\varepsilon$
(b) $T = 5{,}370$ N-m

15.19 point $H$: $\sigma_{p1} = 107.0$ MPa, $\sigma_{p2} = -11.72$ MPa, $\theta_p = 18.31°$ (to $\sigma_{p1}$), $\sigma_{avg} = 47.7$ MPa, $\tau_{max} = 59.4$ MPa;
point $K$: $\sigma_{p1} = 21.1$ MPa, $\sigma_{p2} = -69.5$ MPa, $\theta_p = 61.15°$ (to $\sigma_{p1}$) or $\theta_p = -28.85°$ (to $\sigma_{p2}$), $\sigma_{avg} = -24.2$ MPa, $\tau_{max} = 45.3$ MPa

15.21 $\sigma_{p1} = 16.72$ MPa, $\sigma_{p2} = -38.12$ MPa, $\theta_p = -56.49°$ (to $\sigma_{p1}$) or $\theta_p = 33.51°$ (to $\sigma_{p2}$), $\sigma_{avg} = -10.70$ MPa, $\tau_{max} = 27.4$ MPa

15.23 $\sigma_{p1} = 3.69$ ksi, $\sigma_{p2} = -1.990$ ksi, $\theta_p = -36.29°$ (to $\sigma_{p1}$), $\sigma_{avg} = 0.850$ ksi, $\tau_{max} = 2.84$ ksi

15.25 $\sigma_{p1} = 235$ psi, $\sigma_{p2} = -7.08$ psi, $\theta_p = -9.85°$ (to $\sigma_{p1}$), $\sigma_{avg} = 113.9$ psi, $\tau_{max} = 121.0$ psi

15.27 point $H$: $\sigma_{p1} = 231$ psi, $\sigma_{p2} = -42.2$ psi, $\theta_p = -66.84°$ (to $\sigma_{p1}$) or $\theta_p = 23.16°$ (to $\sigma_{p2}$), $\sigma_{avg} = 94.3$ psi, $\tau_{max} = 136.6$ psi;
point $K$: $\sigma_{p1} = 10.93$ psi, $\sigma_{p2} = -892$ psi, $\theta_p = -6.32°$ (to $\sigma_{p1}$), $\sigma_{avg} = -440$ psi, $\tau_{max} = 451$ psi

15.29 $\sigma_{p1} = 0.561$ ksi, $\sigma_{p2} = -5.21$ ksi, $\theta_p = 18.17°$ (to $\sigma_{p1}$), $\sigma_{avg} = -2.33$ ksi, $\tau_{max} = 2.89$ ksi

15.31 $\sigma_{p1} = 5.09$ MPa, $\sigma_{p2} = -51.7$ MPa, $\theta_p = 17.41°$ (to $\sigma_{p1}$), $\sigma_{avg} = -23.3$ MPa, $\tau_{max} = 28.4$ MPa

15.33 $P_{max} = 6{,}230$ lb

15.35 $\sigma_a = 1{,}451$ psi (T), $\sigma_b = 924$ psi (C), $\sigma_c = 2{,}510$ psi (C), $\sigma_d = 131.9$ psi (C)

15.37 (a) $\sigma_x = 0$ MPa, $\sigma_y = 37.4$ MPa, $\tau_{xy} = -5.08$ MPa
(b) $\sigma_{p1} = 38.1$ MPa, $\sigma_{p2} = -0.677$ MPa, $\theta_p = 7.60°$ (to $\sigma_{p2}$), $\sigma_{avg} = 18.70$ MPa, $\tau_{max} = 19.38$ MPa

15.39 (a) $\sigma_x = 0$ psi, $\sigma_z = 1{,}216$ psi, $\tau_{xz} = 0$ psi
(b) $\sigma_{p1} = 1{,}216$ psi, $\sigma_{p2} = 0$ psi, $\theta_p = 0°$ (to $\sigma_{p1}$), $\sigma_{avg} = 608$ psi, $\tau_{max} = 608$ psi

15.41 (a) point $H$: $\sigma_x = 0$ psi, $\sigma_y = -1{,}426$ psi, $\tau_{xy} = 2{,}770$ psi
(b) point $K$: $\sigma_z = 0$ psi, $\sigma_y = 5{,}420$ psi, $\tau_{yz} = -3{,}590$ psi

15.43 (a) point $H$: $\sigma_x = 5{,}340$ psi, $\sigma_z = 0$ psi, $\tau_{xz} = 1{,}121$ psi
(b) point $K$: $\sigma_x = 293$ psi, $\sigma_y = 0$ psi, $\tau_{xy} = -1{,}355$ psi

15.45 (a) $\sigma_x = 14{,}020$ psi, $\sigma_z = 0$ psi, $\tau_{xz} = -5{,}460$ psi
(b) $\sigma_{p1} = 15{,}890$ psi, $\sigma_{p2} = -1{,}876$ psi, $\theta_p = 18.96°$ (CCW from $x$ axis to $\sigma_{p1}$), $\sigma_{avg} = 7{,}010$ psi, $\tau_{max} = 8{,}880$ psi

15.47 (a) $\sigma_x = 0$ MPa, $\sigma_z = 88.3$ MPa, $\tau_{xz} = -75.3$ MPa
(b) $\sigma_{p1} = 131.5$ MPa, $\sigma_{p2} = -43.2$ MPa, $\theta_p = -29.81°$ (CW from $z$ axis to $\sigma_{p1}$), $\sigma_{avg} = 44.2$ MPa, $\tau_{max} = 87.3$ MPa

15.49 (a) $\sigma_x = 77.0$ MPa, $\sigma_z = 0$ MPa, $\tau_{xz} = -35.5$ MPa
(b) $\sigma_{p1} = 90.8$ MPa, $\sigma_{p2} = -13.85$ MPa, $\theta_p = 21.33°$ (CCW from $x$ axis to $\sigma_{p1}$), $\sigma_{avg} = 38.5$ MPa, $\tau_{max} = 52.3$ MPa

15.51 (a) point $H$: $\sigma_x = 21{,}200$ psi, $\sigma_z = 0$ psi, $\tau_{xz} = 2{,}230$ psi
(b) point $K$: $\sigma_x = -8{,}470$ psi, $\sigma_y = 0$ psi, $\tau_{xy} = -2{,}770$ psi

15.53 $\sigma_{p1} = 4.97$ MPa, $\sigma_{p2} = -56.0$ MPa, $\sigma_{avg} = -25.5$ MPa, $\tau_{max} = 30.5$ MPa

15.55 (a) point $H$: $\sigma_x = 0$ psi, $\sigma_z = 0$ psi, $\tau_{xz} = 1{,}032$ psi
(b) point $K$: $\sigma_x = 7{,}040$ psi, $\sigma_y = 0$ psi, $\tau_{xy} = -978$ psi

15.57 (a) $\sigma_x = 0$ MPa, $\sigma_z = 18.08$ MPa, $\tau_{xz} = -29.7$ MPa
(b) $\sigma_{p1} = 40.1$ MPa, $\sigma_{p2} = -22.0$ MPa, $\theta_p = -36.55°$ (CW from $z$ axis to $\sigma_{p1}$), $\sigma_{avg} = 9.04$ MPa, $\tau_{max} = 31.1$ MPa

15.59 $\sigma_{p1} = 21.1$ MPa, $\sigma_{p2} = 10.73$ MPa, $\theta_p = 17.90°$ (CCW from long. axis to $\sigma_{p2}$), $\sigma_{avg} = 15.91$ MPa, $\tau_{max} = 5.17$ MPa, $\tau_{abs\ max} = 10.54$ MPa

15.61 (a) point $H$: $\sigma_x = 20.8$ MPa, $\sigma_z = -16.73$ MPa, $\tau_{xz} = 25.9$ MPa
(b) point $K$: $\sigma_y = 20.8$ MPa, $\sigma_z = 22.0$ MPa, $\tau_{yz} = 21.9$ MPa

15.63 $\sigma_y = 42.0$ MPa, $\sigma_z = 102.2$ MPa, $\tau_{yz} = -41.2$ MPa

15.65 (a) $\sigma_x = -0.621$ ksi, $\sigma_y = 5.12$ ksi, $\tau_{xy} = -5.30$ ksi
(b) $\sigma_{p1} = 8.28$ ksi, $\sigma_{p2} = -3.78$ ksi, $\theta_p = 30.78°$ (CCW from $x$ axis to $\sigma_{p2}$), $\sigma_{avg} = 2.25$ ksi, $\tau_{max} = 6.03$ ksi
(c) $\tau_{abs\ max} = 6.03$ ksi

15.67 (a) $\sigma_x = 5.12$ ksi, $\sigma_y = 13.10$ ksi, $\tau_{xy} = -8.14$ ksi
(b) $\sigma_{p1} = 18.17$ ksi, $\sigma_{p2} = 0.0434$ ksi,
$\theta_p = 31.95°$ (CCW from $x$ axis to $\sigma_{p2}$),
$\sigma_{avg} = 9.11$ ksi, $\tau_{max} = 9.07$ ksi
(c) $\tau_{abs\ max} = 9.09$ ksi

15.69 (a) FS = 0.976; the component fails.
(b) $\sigma_M = 32.2$ ksi
(c) FS = 1.118; the component does not fail.

15.71 (a) FS = 0.973; the component fails.
(b) $\sigma_M = 311$ MPa
(c) FS = 1.109; the component does not fail.

15.73 (a) $T_{max} = 14.08$ kN-m
(b) $T_{max} = 16.26$ kN-m

15.75 (a) $FS_H = 0.935$, $FS_K = 1.281$
(b) point $H$: $\sigma_M = 338$ MPa,
point $K$: $\sigma_M = 242$ MPa
(c) $FS_H = 0.948$, $FS_K = 1.325$

15.77 (a) $FS_H = 2.59$, $FS_K = 0.923$
(b) point $H$: $\sigma_M = 117.1$ MPa,
point $K$: $\sigma_M = 373$ MPa
(c) $FS_H = 2.99$, $FS_K = 0.939$

15.79 (a) $FS_H = 1.115$, $FS_K = 1.104$
(b) point $H$: $\sigma_M = 197.8$ MPa,
point $K$: $\sigma_M = 189.0$ MPa
(c) $FS_H = 1.213$, $FS_K = 1.270$

15.81 (a) $d_{min} = 52.3$ mm
(b) $d_{min} = 49.9$ mm

15.83 safe; interaction equation = 0.833

15.85 point $H$: safe; interaction equation = 0.402;
point $K$: not safe; interaction equation = 1.035

## Chapter 16

16.1 (a) $L/r = 250$, $P_{cr} = 318$ N
(b) $L/r = 160$, $P_{cr} = 1{,}892$ N

16.3 (a) $L/r = 150.9$
(b) $P_{cr} = 92.4$ kips
(c) $\sigma_{cr} = 12.54$ ksi

16.5 $P_{allow} = 19.95$ kips

16.7 (a) $P_{cr} = 14.44$ kips
(b) $P_{cr} = 336$ kips

16.9 (a) $P_{cr} = 307$ kN
(b) $P_{cr} = 320$ kN

16.11 $b_{min} = 4.67$ in.

16.13 (a) $F_{BD} = 225$ kN (C)
(b) 123.7, 122.2
(c) FS = 1.204

16.15 $P_{max} = 2{,}070$ lb

16.17 $P_{allow} = 41.5$ kN

16.19 FS = 1.334

16.21 $FS_{min} = 1.425$

16.23 $FS_{min} = 1.738$

16.25 $P_{max} = 23.5$ kN, $2P_{max} = 47.0$ kN

16.27 (a) $P_{allow} = 60.0$ kips
(b) $P_{allow} = 15.00$ kips
(c) $P_{allow} = 122.4$ kips
(d) $P_{allow} = 240$ kips

16.29 $P_{allow} = 135.5$ kips

16.31 $P_{allow} = 44.8$ kips

16.33 $P_{allow} = 33.9$ kN

16.35 (a) $P_{cr} = 6{,}220$ N
(b) $b/h = 0.5$

16.37 $P_{allow} = 2{,}510$ lb

16.39 $\Delta T = 38.0°C$

16.41 (a) $v_{max} = 0.1403$ in.
(b) $\sigma_{max} = 9.07$ ksi

16.43 (a) $v_{max} = 24.2$ mm
(b) $\sigma_{max} = 45.6$ MPa

16.45 (a) $\sigma_{max} = 12.23$ ksi
(b) $v_{max} = 0.780$ in.

16.47 (a) $P = 93.2$ kN
(b) $\sigma_{max} = 161.2$ MPa

16.49 (a) $P_{allow} = 282$ kips
(b) $P_{allow} = 93.6$ kips

16.51 (a) $P_{allow} = 891$ kN
(b) $P_{allow} = 461$ kN

16.53 (a) $P_{allow} = 127.4$ kips
(b) $P_{allow} = 38.8$ kips

16.55 (a) $P_{allow} = 1{,}247$ kN
(b) $P_{allow} = 1{,}258$ kN

16.57 $P_{allow} = 368$ kips

16.59 $P_{allow} = 242$ kN

16.61 $P_{allow} = 81.8$ kips

16.63 lightest is WT8×20; other acceptable shapes are WT9×20 and WT10.5×22.

16.65 (a) $P_{allow} = 40.5$ kips
(b) $P_{allow} = 11.39$ kips

16.67 (a) $P_{allow} = 82.4$ kips
(b) $P_{allow} = 13.46$ kips

16.69 $P_{allow} = 23.6$ kN

16.71 $P_{allow} = 18.45$ kips

16.73 (a) $P_{allow} = 19{,}830$ lb
(b) $P_{allow} = 8{,}700$ lb
(c) $P_{allow} = 4{,}610$ lb

16.75 $P_{allow} = 8{,}870$ lb

16.77 (a) not given
(b) not given
(c) ratio of $P_{allow}/P_{actual}$: chord members $AF = 1.438$, $FG = 5.35$, $GH = 3.98$, $EH = 1.070$; web members $BG = 2.45$, $DG = 5.96$

16.79 $P_{max} = 30.0$ kN

16.81 (a) $e = 173.0$ mm
(b) $e = 70.1$ mm

16.83 (a) $e_{max} = 12.10$ in.
(b) $e_{max} = 3.51$ in.

16.85 (a) The column is not safe for $P = 75$ kips. $\sigma_x/\sigma_{allow} = 1.471$
(b) $P_{max} = 51.0$ kips

16.87 (a) max. offset = 187.7 mm (corresponds to $e = 314.7$ mm)
(b) max. offset = 44.1 mm (corresponds to $e = 171.1$ mm)

16.89 $P_{max} = 67.4$ kN

16.91 $d_{min} = 2.13$ in.

16.93 $P_{max} = 4{,}030$ lb

16.95 $P_{max} = 7.38$ kN

# 찾아보기

### ▶ 옮긴이 소개


전만수 경상대학교 기계공학부

신광복 한밭대학교 기계공학부

유승현 아주대학교 기계공학부

이성범 인제대학교 기계자동차공학부

이영신 충남대학교 기계설계공학과

이수용 항공대학교 항공우주기계공학부

임문혁 계명대학교 기계자동차공학과

최덕기 단국대학교 기계공학과


# 고체역학 2판


초판 1쇄 발행 | 2012년 2월 22일

저 자 | Timothy A. Philpot

역 자 | 전만수 · 신광복 · 유승현 · 이성범 · 이영신 · 이수용 · 임문혁 · 최덕기

발행인 | 현영덕

발행처 | 도서출판 YOUNG

등 록 | 105-90-67568

주 소 | 경기도 고양시 일산동구 백석동 1324 동문굿모닝 타워 2 1005

전 화 | (031) 904-7905~6

팩 스 | (031) 904-7907

ISBN 978-89-92843-47-8

정가 38,000원

**Average Properties of Selected Materials—U.S. Customary Units**

| Materials | Specific weight ($lb/ft^3$) | Yield strength (ksi)[a b] | Ultimate strength (ksi)[a] | Modulus of elasticity (1,000 ksi) | Shear modulus (1,000 ksi) | Poisson's ratio | Percent elongation over 2-in. gage length | Coefficient of thermal expansion ($10^{-6}/°F$) |
|---|---|---|---|---|---|---|---|---|
| **Aluminum Alloys** | | | | | | | | |
| Alloy 2014-T4 (A92014) | 175 | 42 | 62 | 10.6 | 4 | 0.33 | 20 | 12.8 |
| Alloy 6061-T6 (A96061) | 170 | 40 | 45 | 10 | 3.8 | 0.33 | 17 | 13.1 |
| **Brass** | | | | | | | | |
| Red Brass C23000 | 550 | 18 | 44 | 16.7 | 6.4 | 0.307 | 45 | 10.4 |
| Red Brass C83600 | 550 | 17 | 37 | 12 | 4.5 | 0.33 | 30 | 10.0 |
| **Bronze** | | | | | | | | |
| Bronze C86100 | 490 | 48 | 95 | 15.2 | 6.5 | 0.34 | 20 | 12.2 |
| Bronze C95400 TQ50 | 465 | 45 | 90 | 16 | 6 | 0.316 | 8 | 9.0 |
| **Cast Iron** | | | | | | | | |
| Gray, ASTM A48 Grade 20 | 450 | — | 20 | 12.2 | 5 | 0.22 | $<1$ | 5.0 |
| Malleable, ASTM A47 45008 | 450 | 45 | 65 | 26 | 10.2 | 0.27 | 8 | 6.7 |
| **Steel** | | | | | | | | |
| Structural, ASTM-A36 | 490 | 36 | 58 | 29 | 11.5 | 0.26 | 21 | 6.5 |
| AIST 1020, Cold-rolled | 490 | 62 | 90 | 30 | 11.6 | 0.29 | 15 | 6.5 |
| SAE 4340, Heat-treated | 490 | 132 | 150 | 31 | 12 | 0.29 | 20 | 6.0 |
| Stainless (18-8) annealed | 490 | 36 | 85 | 28 | 12.5 | 0.12 | 55 | 9.6 |
| Stainless (18-8) cold-rolled | 490 | 165 | 190 | 28 | 12.5 | 0.12 | 8 | 9.6 |
| **Titanium** | | | | | | | | |
| Alloy (6% Al, 4% V) | 280 | 120 | 130 | 16.5 | 6.2 | 0.33 | 10 | 5.3 |

[a]For ductile metals, it is customary to assume the properties in compression have the same values as those in tension.

[b]For most metals, this is the 0.2% offset value.

## Average Properties of Selected Materials—SI Units

| Materials | Specific weight (kN/m³) | Yield strength (MPa)[a b] | Ultimate strength (MPa)[a] | Modulus of elasticity (GPa) | Shear modulus (GPa) | Poisson's ratio | Percent elongation over 50-mm gage length | Coefficient of thermal expansion ($10^{-6}$/°C) |
|---|---|---|---|---|---|---|---|---|
| **Aluminum Alloys** | | | | | | | | |
| Alloy 2014-T4 (A92014) | 27 | 290 | 427 | 73 | 28 | 0.33 | 20 | 23.0 |
| Alloy 6061-T6 (A96061) | 27 | 276 | 310 | 69 | 26 | 0.33 | 17 | 23.6 |
| **Brass** | | | | | | | | |
| Red Brass C23000 | 86 | 124 | 303 | 115 | 44 | 0.307 | 45 | 18.7 |
| Red Brass C83600 | 86 | 117 | 255 | 83 | 31 | 0.33 | 30 | 18.0 |
| **Bronze** | | | | | | | | |
| Bronze C86100 | 77 | 331 | 655 | 105 | 45 | 0.34 | 20 | 22.0 |
| Bronze C95400 TQ50 | 73 | 310 | 621 | 110 | 41 | 0.316 | 8 | 16.2 |
| **Cast Iron** | | | | | | | | |
| Gray, ASTM A48 Grade 20 | 71 | — | 138 | 84 | 34 | 0.22 | <1 | 9.0 |
| Malleable, ASTM A47 45008 | 71 | 310 | 448 | 179 | 70 | 0.27 | 8 | 12.1 |
| **Steel** | | | | | | | | |
| Structural, ASTM-A36 | 77 | 248 | 400 | 200 | 79 | 0.26 | 21 | 11.7 |
| AISI 1020, Cold-rolled | 77 | 427 | 621 | 207 | 80 | 0.29 | 15 | 11.7 |
| SAE 4340, Heat-treated | 77 | 910 | 1,034 | 214 | 83 | 0.29 | 20 | 10.8 |
| Stainless (18-8) annealed | 77 | 248 | 586 | 193 | 86 | 0.12 | 55 | 17.3 |
| Stainless (18-8) cold-rolled | 77 | 1,138 | 1,310 | 193 | 86 | 0.12 | 8 | 17.3 |
| **Titanium** | | | | | | | | |
| Alloy (6% Al, 4% V) | 44 | 827 | 896 | 114 | 43 | 0.33 | 10 | 9.5 |

[a]For ductile metals, it is customary to assume the properties in compression have the same values as those in tension.

[b]For most metals, this is the 0.2% offset value.